Gesamtverzeichnis des deutschsprachigen Schrifttums (GV) 1700 – 1910

Bearbeitet unter der Leitung von
Hilmar Schmuck und Willi Gorzny
Bibliographische und redaktionelle Beratung:
Hans Popst und Rainer Schöller

8

Bam-Baud

K·G·Saur München · New York · London · Paris 1979

Redaktion:

Monika Eichler, Ursula Geier, Robert Mittelstaedt, Sabine Nebinger, Hildegard Roßberg, Hermann Schrott, Brigitte Semmler, Eva von Troschke, Helga Werner, Gabriele Winter

CIP-Kurztitelaufnahme der Deutschen Bibliothek

Gesamtverzeichnis des deutschsprachigen Schrifttums :
(GV). – München, New York, London, Paris : Saur.
Bd. 1 – 6 bearb. unter d. Leitung von Peter Geils
u. Willi Gorzny.
ISBN 3-598-30000-X

1700 – 1910 / bearb. unter d. Leitung von Hilmar Schmuck u. Willi Gorzny. Bibliograph. u. red. Beratung: Hans Popst u. Rainer Schöller

NE: Schmuck, Hilmar [Bearb.]

8. Bam – Baud. – 1979.

Techn. Realisierung und Druck: Norbert Gärtner, Mainz-Kastel
Binden: Karl Schaumann, Darmstadt
Printed in the Federal Republic of Germany
ISBN 3-598-30000-X (Gesamtwerk)

Bam Arnold: Motive und Stil im Hildebrandslied. 18. Iglau R. 96.
Progr

Bam, J.
— Die englische Kolonisation in Irland. 2 Bde. 8⁰. Stuttgart 1906.

Bamanji Nasarvanji Dhabhar
s. Dhabhar, Bamanji Nasarvanji.

Bamann, Otto, a. Regensburg: Die burlesken Elemente in Rabelais' Werk. München 1904: C. Wolf. (63 S.) 8°
Würzburg, Phil. Fak., Ref. Schneegans, Diss. v. 15. Dez. 1904
[Geb. 14. April 78 Regensburg; Wohnort: Regensburg; Staatsangeh.: Bayern; Vorbildung: Gymn. Regensburg Reife Juli 97; Studium: München 3, Paris 1, München 2, Würzburg 1 S.; Rig. 12. Nov. 04.]

Bamba Gothicus Hispaniae Rex. Bamba, ein gothischer König in Spanien. Auff offentlicher Schau-Bühne vorgestellet ... A. 1722. — München [1722]: Riedl. 4 Bl. 8°
12: 4° Bavar. 2193-VIII,65.
10.9582

Bambach: Der Postverkehr, s. Bambach, August

Bambach, Adolf, a. Eiberg: Ueber Dihydrazidchloride. Heidelberg 1905: K. Rössler. (31 S.) 8°
Heidelberg, Naturw.-math. Fak., Ref. Curtius, Diss. v. 1. Aug. 1905
[Geb. 2. Okt. 80 Eiberg, Kr. Hattingen, Westf.; Wohnort: Crefeld; Staatsangeh.: Preußen; Vorbildung: Friedr. Wilh.-Gymn. Cöln Reife O. 00; Studium: Bonn 4, Heidelberg 6 S.; Rig. 7. Juni 05.]

Bambach, August
Bambach, d. Post-Verkehr. F. d. Schulunterr. u. z. Gebr. f. Familie u. Kleingewerbe. 4. Aufl. 4. (32 S. m. 1 Frachtbrief.) Dortmund 895. F. W. Ruhfus. n.n. — 30

Bambach: Der Post-Verkehr. Für d. Schulunterr. u. z. Gebr. f. Familie u. Kleingewerbe. 6. Afl. 4° (32 m. 1 Frachtbrief.) Dortm. 97, FW Ruhfus. — 30

Bambach, der Postverkehr. Für den Schulunterricht u. zum Gebrauche f. Familie u. Kleingewerbe. 6.—8. Aufl. 4 (à 32 S. m. 1 Frachtbrief.) Dortmund 899—902. F. W. Ruhfus. n. — 30

Der Post-Verkehr. Für d. Schulunterricht u. z. Gebr. f. Familien u. Kleingewerbe. Bearb. von [August] Bambach, Rektor. 9. Aufl. *Dortmund: F. W. Ruhfus 1903.* (28 S.) 4° [Umschlagt. 5] [illegible]

Bambach, der Post-Verkehr. Für den Schulunterricht u. zum Gebrauche f. Familie u. Kleingewerbe. 10. verm. Aufl. (32 S.) Lex.-8. Dortmund 905. F. W. Ruhfus. n. — 30

Bambach, Johann Adolf: Brevis Illustratio Epistolae Danielis Episcopi Vintoniensis ad Bonifacium, quae exemplum prodit iustae christianorum sacrorum commendationis. — Halae Magdeburgicae 1768: Hundt. 16 S. 8°
2. 3. 4. 11. 17. 27. 45.
10.9594

(—) Predigten für Jünglinge in Closter Berge gehalten. Nebst e. Vorr. von Pastor Sturm. — Halle: Hemmerde 1778. 124 S. 8° 1: 2 in Bd 8588. 3. 32. 61.
10.9595

Bambach, Max, a. Runowo ⟨Kreis Wirsitz⟩, Referendar in Berlin: Ueber die Besitzvererbung. Berlin 1907: W. Pilz. (56 S.) 8°
Erlangen, Jur. Fak., Ref. Siber, Diss. v. 24. Dez. 1907
[Geb. 30. März 80 Runowo; Wohnort: Berlin; Staatsangeh.: Preußen; Vorbildung: Gymn. Nakel a. N. Reife O. 98; Studium: Berlin 2, Kiel 1, Königsberg 3 S.; Rig. 10. Dez. 07.]

Bambach, Peter (Red.), s. Bau-Industrie-Zeitung, Wiener.

Bambach, Peter [Hrsg.] s. Schmidt, F.: Das Wiener Rathaus

Bambach, Valentin: Unius veri Dei una vera Religio adversus modernos incredulos, et novatores profanos vindicata. T. 1. 2. — Wirceburgi: Stahel 1785–86. 8°
12: Dogm. 57m. 19. 20. 25.
10.9596

Bamballon, Kaspar Zacharias: Des auf trockner See nach der teutschen Bastille, der Trotzer genannt, ... zuschiffenden und aus solchem zierlich-redenden stummen Redners, Paul Seligs jüdisches Leben. — o. O. [1729]. 12 S. 8° 3.
10.9598

Bambam, Prinz, ein Mährchen für Jung und Alt. Berlin 1802. V: *Unger, Friederike Helene.* (MGT)

Bambam, Hartwig (Hamburg), Ex antiquitate orientali Spencerianam de Zabiis hypothesin. Präs. Jo. Christoph Wolf. Wittenberg (Aug. Koberstein) 19. X. 1706. 12 Bl. (5.—)

Bambanus, Hartw., Apparatus enthymemomatico-exegetic. observat. sacras exquisitior. comprehendens. II Tmi. 8. Hamb. Brand. 722.

Bambam, Hartwig: Hartwici Bambami Apparatus enthymematico-exegeticus, observationes sacras exquisitiores comprehendens. P. (1.) 2. — Hamburgi: Fickweiler & Brandt 1726–27. 8°
1. (Observationes V. T. exegeticas comprehendens.) 1726.
Sondert.: Bambam: Observationum sacrarum exegeticarum centuria, enthymemata Mosaica continens. Hamburgi: Fickweiler 1723.
2. Apparatus sacri, enthymematico-exegetici, p. 2., observationes in Novum Foedus, exquisitiores comprehendens. 1727.
17[= 1]. 18[= 1]. 24. 27[= 2]. 41 [= 2]. 45.
10.9599

— Hartwig Bambamii Kurtzer Auszug einiger merckwürdiger Historien bey den Religions-Streitigkeiten mit den Reformirten. — o. O. 1706. 83 S. 8°
3. 18. 24. 29. 35. 39.
10.9600

— d. vertriebne Bitterkeit d. Todes, d. i. Rath u. Trost wider d. Schreck. d. Todes. 8. Ebend. 748.

— Denckmahl der hamburgischen Jubel-Feyer, wegen der vor 200. Jahren zu Augspurg übergebenen Confession, in e. ... Predigt. Von Hartwig Bambamius. — Hamburg: Brandt 1730. 30 S. 8° 18.
10.9601

— Hartwig Bambamii Pietistischer Catechismus [Katechismus]. — Cölln [vielm. Hamburg: Brandt] 1708. 80 S. 8°
Wird auch Sebastian Edzardi zugeschrieben.
1: Dm 9582. 14. 18. 23. 24. 29. 32. 41.
10.9602

— Hartwig Bambamii Neuvermehrter pietistischer Catechismus. — [Hamburg: Brandt] 1709. 162 S. 8°
2. 12: Catech. 12. 18. 19. 24. 27. 32. 35. 41. 70.
10.9603

— Hartwig Bambamii Abermahls neuvermehrter pietistischer Catechismus. Nebst e. Anh.: Von der Pietisten Verfahren gegen die Obrigkeit. — Ebd. 1720. 212 S. 8°
17. 18.
10.9604

— Hartwig Bambami Kurtzgefaste chur-pfältzische Kirchen-Historie, von Anfang der gesegneten Reformation Lutheri, biß auff gegenwärtige Zeit. — Hamburg 1719. 32 S. 8° 18.
10.9605

— Hartw. Bambamii Observationum sacrarum exegeticarum centuria, enthymemata Mosaica continens. — Hamburgi: Fickweiler 1723. 132 S. 8° 7. 18. 24. 41.
10.9606

— — 1723 in: *Bambam:* Apparatus enthymematico-exegeticus. 1. 1726. 10.9607

[—] Triga animadversionum ad Catalogum bibliothecae theologicae Reimannianae. — o.O. 1731. 16 S. 8° 7. 35. 10.9608

— Hartwig Bambamii Vertheidigung seines Pietistischen Catechismi wider den uber alle massen unverschämten und recht furieusen Relations Schmid Bartholdum Feind. — o.O. 1706. 18 S. 8° 1:an Dm 9582. 7. 12:Catech. 12/1. 18. 23. 24. 32. 35. 41. 79. 10.9609

— Verzeichniß auserlesener Bücher, welche ... Hartwig Bambamius ... gesammlet. [Auktionskat.] — Hamburg [1743]:Trausold. 162 S. 8° 18. 10.9610

Bambamius, H.: Pietistischer Catechismus, s. Bambam, Hartwig

Bambanus, Hartw., s. Bambam, Hartwig

Bambas, Václav F.

Bambas, Viačeslav, Die Formbildung der slavischen Sprache, das ist: systematische Entwicklung der grammatischen u. lexicalischen Formen aller slavischen Dialekte, mit besonderer Auszeichnung einer allgemeinen slavischen Mustersprache u. paralleler Darstellung der griechischen u. lateinischen Formen. (4 Hefte.) 1—3. Heft. Lex. 8. (VIII. 287 S.) Prag 1861 u. 1862, Bellmann. à 1 fl.

Bambas, Viačeslav, die Formbildung der slavischen Sprache, d. i. systematische Entwickelung der grammat. u. lexikal. Formen aller slavischen Dialekte, mit besond. Auszeichnung einer allgem. slavischen Muttersprache u. paralleler Darstellung der griech. u. latein. Formen. Prag 863. Bellmann. Lex.-8. (VIII, 287 S.) n. 2 ₰

Bambas, W. F., das Sprachgeheimniß enthüllt u. praktisch dargethan. Als Prospekt zu einer allgem. Genesis d. Sprachen. gr. 8. (52 S.) Prag 849. (Haase Söhne.) 12 ngr

— Tvarosklad jazyka slovanského ... Die Formbildung der slavischen Sprache. — V Praze 1861:Bellmann. 284 S. 8°
Text tschechisch u. deutsch.
1 [unvollst.]:Zm 246. 6. 9. 11. 12 [unvollst.]:L. rel. 500. 14. 18. 19. 20. 300:65.735-B. 302. 10.9652

Bambas, Viačeslav: Die Formbildung der slavischen Sprache, s. Bambas, Václav F.

Bambas, W.F.: Das Sprachgeheimnis..., s. Bambas, Václav F.

Bamberg [Sachtitel]

Bamberg. Zuverlässiger Führer durch die Stadt u. ihre Sehenswürdigkeiten. Mit einer kurzen Chronik. Für Fremde u. Einheimische, nach den besten Quellen u. eigener Anschauung bearb. 8. (40 S.) Bamberg 879. Buchner. n. — 60; m. lith. Stadtplan n. 1. —; Stadtplan ap. n. — 40

Bamberg. Zuverlässiger Führer durch d. Stadt u. ihre Sehenswürdigkeiten. Mit e. kurzen Chronik. — Bamberg: Hübscher 1879. 40 S. 8° 12:Bavar. 191 md. 22. 75. 304. 10.9672

Bamberg im Jahre 1825 vom K. Steuer-Kataster. 1:2500. 4 Bl.

Das in eine völlige Trauer-Verhängnuß gesturzte Hoch-stifft Bamberg, als der hochwürdigste ... Herr Lotharius Franciscus, des heil. Stuhls zu Maynts Ertz-Bischoff ..., Bischoff zu Bamberg ... den 30. Jan. dieses lauffenden 1729. Jahrs eingeschlaffen, wolte ... den Tods-Fall seines gnädigsten Lands-Fürstens vermittelst gegenwärtiger Trauer-Versen bewehcklagen. — Bamberg [1729]:Gärtner. 4 Bl. 4° 12:2° Bavar. 970-VII,33 m/2. 19. 22. 10.9675

Bamberg auf der II. Bayerischen Landes-Industrie-, Gewerbe- und Kunstausstellung. Ein Erinnerungsblatt ... Bamberg 1896. V: *Leitschuh, Friedrich.* (BMarsch 1182)

Bamberg auf d. II. bayer. Landes-Industrie-Gewerbe- u. Kunst-Ausstellung. E. Erinnerungsblatt. Hrsg. v. Gewerbeverein Bamberg. gr. 8. (26 S. m. 1 Abb. u. 7 Taf.) Bamberg 896. (Schmidt.) n.n. — 50

Bamberg im Porte-Monnaie. Kleiner Führer f. Fremde u. Einheimische. Nr. 1. Sommer-Fahrplan 1876. 128. (48 S.) Bamberg 876. Schmidt. — 25

Bamberg im Portemonnaie. 1877. 128. (41 S.) Bamberg, [Schmidt'sche Buchh.] Hübscher's Buchh. *

Bamberg u. seine Umgebung. Ein Wegweiser für Fremde. Bamberg 866. Züberlein. 16. (15 S.) 3 ngr.

Bamberg und seine Umgebung. Ein Wegweiser für Fremde. — Bamberg: Züberlein [um 1880]. 15 S. 8° 12:Bavar. 191 me [2 Ex.] 22. 10.9677

Bamberg u. dessen Umgebungen, mit 5 Abbild. 16. Bamb. 813. (Göbhardt). 1 ₰

Bamberg und dessen Umgebungen. Ein Taschenbuch vom Bibl. [Joachim Heinrich] Jäck ... 2. verb. u. verm. Ausg.
Erlangen: J. J. Palm in Komm. 1813. 12 Bl., 256 S., 5 Kupfertaf. [*Davon fehlt 1 Kupfertaf.*] 12°

Bamberg und seine Umgebungen. Ein Wegweiser für Fremde und Einheimische. Bamberg 1834. V: *Schwarz, Ignaz Chr.* (BMarsch 1140)

Bamberg und seine Umgebungen. Ein Wegweiser für Fremde u. Einheimische. — Bamberg: Lachmüller 1834. VIII,227 S. 8° 12:Bavar. 191 m. 17. 22. 10.9678

Bamberg wie es einst war und wie es jetzt ist. Ein Taschenbuch vom Bibl. [Joachim Heinrich] Jäck. ([Mit e. Kupf. v. F[riedrich] S[ebastian] Neuberger.)
Bamberg: Kompt. d. Zeitung; Erlangen: Palm & Enke [1819]. 54 Bl., 1 Titelkupf. 12°

Bamberg [Schlagwort]
— s. a.: Deutschland. Uebersichtskarte.

Bamberg, s.a. Europa. Liebenow.

Bamberg, s.a. Woerl's Reisehandbücher.

Bamberg — Karte von dem Hochstift und Fürstenthum — nebst verschiedenen angränzenden Gegenden. Herausgegeben von Joannes Roppelt, Professor der Mathem. zu Bamberg 1811. Nürnberg in der Schneider u. Weigel. K. K. priv. Kunsthandlung. 1: 190,000. 4 Bl.

Bamberg. Plan d. Stadt Bamberg. 1:8750. Lith. Fol. Bamb. 1883, Hübscher.

Bamberg. Plan der Stadt Bamberg. 1 : 8750. (2. Aufl.) Lith. gr. 4. Bamberg 889. Hübscher. n. — 80

Bamberg. Plan neuester, der Stadt Bamberg, auf Grund zuverläss. amtl. Quellen u. Vermessgn. bearb. 1:10,000. Farbendr. 26×26 cm. Bamberg 891. Buchner's Sort. n. 1. —; m. kleinem Führer. 8. (8 S.) n. 1. 20

Bamberg — Special-Charte der königl. baier. Provinz — nach der neuen Eintheilung in die neuen Landgerichte nebst dem Pegniz- und Rezat-, dem Erlanger- und Neustädter-Kreis, ingl. einem Theil vom Naab-Kreis und dem Baireuther Oberlande. Auf das genaueste gezeichnet von Joannes Roppelt, Professor der Mathematik. Nurnberg bei Schneider und Weigels 1810. 1: 190,000. 4 Bl.

Bamberg. Verkehrskarte v. Bamberg m. weiterer Umgebung. 26×33 cm. Farbdruck. Bamberg (907). Buchner's Sort. — 10

Bamberg und **Bayreuth** [Schlagwort]

Bamberg, und Bayreuth — Charte von den Fürstenthümern — oberhalb Geburgs, nach verschiedenen Hülfsmitteln neu entworfen von C. F. Hammer, Major 1807; westlich ist angefügt: Charte von dem Grossherzogthum Würzburg, nebst dem Fürstenthum Schwarzenberg, den Grafschafften Castel u. s. w. von demselben Verfasser 1810. Nürnberg, gestochen von Carl Fried. Lechner. 1: 240,006. 1 Bl.

Bamberg [Verfasser]

Bamberg, Dr. phil., Direktor d. Halvor-Breda A.-G. 1915 s. *Bamberg*, Friedrich.

Bamberg: Gesch. d. oriental. Angelegenheit. . ., s. Bamberg, Felix

Bamberg, A. v., geb. Zimmermann: Auction des Nachlasses der Frau von Bamberg, bestehend in Gemälden, Büchern, Kunstsachen und Möbeln . . . nebst reichhaltiger Bibliothek. [Auktionskat.] — (Berlin [1888] : Kayssler.) 23 S. 8° (Lepke, Rudolf: Berliner Auctions-Katalog. 645.) 1: Nv 2598-654. 12: Art. 292 i-147. 10.9679

Bamberg, A. v., Bericht über die Litteratur der griechischen Komoedie aus den Jahren 1873—75. S.-A. 1876. 18 S. —.80

Bamberg, A.: Laienzeugnisse f. den evangelischen Bund, s. Bamberg, Albert.

Bamberg, A. v., Quaest. de nonnullis Aristophanis Pluti locis. S.-A. 1864. 12 S. —.75

Bamberg, Adolf Hubert: Fastenpredigten über die vier letzten Dinge. — Paderborn: Schöningh 1908. 66 S. 8° 1: Ec 28314. 6. 26. 102. 10.9680

— Sieben Fastenpredigten über die fünf Geheimnisse des schmerzensreichen Rosenkranzes. — Paderborn: Schöningh 1908. 59 S. 8° 1: Ec 28308. 6. 211. 10.9681

Bamberg, A. Hub., der katholische Katechismus, in Predigten erklärt. 3 Bde. gr. 8. Paderborn, F. Schöningh. n. 7. 60

1. Vom Glauben. In 4 Lfgn. (IV, 295 S.) 903. n. 3. —
2. Von den Geboten. (IV, 326 S.) 904. n. 2. 40
3. Von den Gnadenmitteln. (IV, 310 S.) 904. n. 2. 20

— Der kathol. Katech., in Predigten erklärt. 3 Bde. 2. Afl. 8°. Ebd. 7.60; Einbde je n — 70 d

1. Vom Glauben. (321) '07. 3 — | 2. Von d. Geboten. (348) '07. 2.40 | 3. Von d. Gnadenmitteln. (332) '08. 2.20.

Bamberg, Adolf Hubert

Die Personen der Leidensgeschichte Jesu in Fastenpredigten dargest. von Hubert **Bamberg,** Pfarrer zu Siegburg. Zyklus 1–3. Paderborn: F. Schöningh 1908. 3 Bde 8° [F.]

1. Judas Petrus. Barabbas. Kaiphas Das jüdische Volk. Pilatus. Das Kreuzesopfer
2. Herodes. Simon von Cyrene. Die weinenden Frauen. Der Schächer zur Linken. Der Schächer zur Rechten. Maria Christus am Kreuze
3. Der hl. Johannes Maria Magdalena Der Hauptmann Nikodemus. Joseph von Arimathäa. Der Baum d. Kreuzes. [08. 8030

v. **Bamberg,** [Albert]: [Ansprache bei der Feier des 150. Geburtstags Friedrich Schillers.] S. 24—25. 4. Progr. Herz. Gymn. Ernestinum *Gotha* 1910

v. **Bamberg,** [Albert]: [Bericht über die Feier seines 25jährigen Jubiläums als Leiters des Gymnasium Ernestinum.] S. 22—24. 4. **Progr.**

Bamberg, Albert v.: Der Evangelische Bund im Lichte seiner Darmstädter Generalversammlung. Vortrag. — Gotha (1896): Stollberg. 19 S. 8° 4. 21. 27. 39. 10.9688

Bamberg, Alb. v., der evangelische Bund u. der Zusammenschluß der deutschen evangel. Landeskirchen. Vortrag, geh. am 9. III. 1902 in e. Versammlg. des Jenaer Zweigvereins des evangel. Bundes. gr. 8. (IV, 30 S.) Gotha 902. F. A. Perthes. n. — 40

de Bamberg, Albertvs ⟨geb. am 6 Mai 1844 in Rudolstadt⟩: De Ravennate et Veneto Aristophanis codicibvs ... Bonnae, typ. C. Georgii 1865. 2 Bl., 40 S., 1 Bl. 8. ¶ Erschien zugleich selbständig bei Teubner in Leipzig.

Bonn, Phil. Fak., Diss. v. 27 Juli 1865

Bamberg, Alb. de, de Ravennate et Veneto Aristophanis codicibus. gr. 8. (38 S.) Leipzig 865, Teubner. *

Bamberg, Alb. v. Die älteren Druckwerke der kön. Joachimsthalschen Gymnasialbibliothek. S. 9—38. Progr. Joach. *Berlin* 1878.

Bamberg, [Albert] v.: Hundertjährige nationale Erinnerungen. Gotha 1909: Engelhard-Reyher. S. 1—19. 4°
Gotha, herz. G Ernestinum P 1909 (945) [S 09. 7

Bamberg, Al. v.: Exercitationes criticae in Aristophanis Plutum. 53 S. Progr. Berlin Joach. G. 1869.

— **Exercitationes criticae in Aristophanis Plutum. — Berolini: Calvary 1869. 53 S. 4°**
Erschien auch als Progr. Berlin 1869. **27. 29. 33. 39. 10.9691**

— **Exercitationes criticae in Aristophanis Plutum novae. Gothae 1885: Engelhard-Reyher. 23 S. 4°**
Erschien auch als Progr. Gotha 1885. **39. 10.9692**

Bamberg, Alb. v., homerische Formen. Zur Ergänzg. v. Carl Franke's griech. Formenlehre. gr. 8. (19 S.) Berlin 874. Springer's Verl. — 30

Bamberg, Alb. v., Homerische Formen. Zur Ergänzung von Dr. Carl Franke's Griechischer Formenlehre zusammengestellt. 2. verm. und verb. Aufl. 8. (36 S.) Berlin 878, Springer. *

Bamberg, A. v., Homerische Formen. 6. Aufl. 1890. 24 S.

Homerische Formen. Zsgest. von Albert v. **Bamberg.** 7. durchges. Aufl. *Berlin: J. Springer 1894.* (x, 37 S.) 8° [F.]
= **Bamberg**: Griech. Schulgrammatik. 3. [03. 11238

[F.] Homerische Formen. Zsgest. v. Dr. Albert v. **Bamberg** . . . Dir. . . . zu Gotha. 8. durchges. Aufl. *Berlin: J. Springer 1898.* (x, 37 S.) 1 Bd 8.
= **Bamberg,** A. v.: Griech. Schulgrammatik. Tl III. [98. 6749

Homerische Formen. Zsgest. von Dr. Albert v. **Bamberg,** Dir. zu Gotha. 9. durchges. Aufl. Berlin: J. Springer 1903. (x, 37 S.) 8° [F.]
= **Bamberg**: Griechische Schulgrammatik. 3. [03. 4084

Bamberg, Albert v. (Bearb.). s. Franke, Carl: Griechische Formenlehre.

Bamberg, Alb. v.: D. Dr. Emil Herrmann. Sein Eintritt in d. Leitg d. Berliner Oberkirchenrats u. s. Austritt. Mitteilgn a. s. schriftl. Nachlass. [Aus: „Deutsch-ev. Blätter".] (587—759) gr8° Halle '06. Gross-Salze, E Strien. 1 — d

— Ideale. Ausgewählte Schulreden. — Berlin: Springer 1900. IV,138 S. 8° 1: Nc 8413. 5. 11. 12: Paed. Th. 285. 21. 31. 207.
10.0691

— Ist für die deutschen evangelischen Kirchengemeinschaften Föderation oder Union anzustreben? Ein Versuch. — (Gotha 1887: Engelhard-Reyher.) 8 S. 8° 4. 21. 39.
10.0695

v. Bamberg, *Eduard Heinrich* Albert *Prof. Dr. Johann Albert van Kampen, † 13. Juli 1891.* 4 (S. 25—26).
Progr. Herz. G. Ernestinum *Gotha* 1892

Katalog der Prof. Dr. [Albert] v. **Bamberg**'schen Bibliothek, bestehend aus Werken deutscher u. ausländ. Lit. über Kunst, Musik, Geschichte, Belletristik etc. Glogau 1907: Glogauer Dr. (297 S.) 8° 108. 407

Bamberg, Alb v., D. deutsch-evang. Kirchenbund. Bericht, d. Gesamtvorstand d. G. Gothaischen Hauptvereins d. Evang. Bundes a. 25. V. 1898 z. Gotha erstattet. gr. 8. (31 S.) Berlin 898. J. Springer. n. — 60

— Laienzeugnisse für den Evangelischen Bund. — Berlin: Springer 1890. XIII,46 S. 8° 1: Di 9194. 4. 12: Polem. 157 o. 21. 26. 30. 39.
10.0697

(**Bamberg**, [Albert] v.), Dir.: Die Lehrpläne des Gymnasium Ernestinum seit 1860. *Gotha 1903: Engelhard-Reyher.* (S. 1—21.) 4°
Gotha, herz. G Ernestinum, P 1903 (804)

—: [Professor Dr. Wilhelm Pabst † 22. September 1908.] S. 25 bis 26. 4. Progr. Herz. Gymn. Ernestinum *Gotha* 1909

Bamberg, Albertus de, Dir. Dr.: Quaestiones criticae in Platonis quae fertur Apologiam. *Gotha 1899: Engelhard-Reyher.* (S. 1—12.) 4°
Gotha, herz. G Ernestinum, OP 1899 (748)

[F.] Sammlung geistlicher Lieder z. Schulgebr. Anh.: Der luth. Katechismus m. Belegstellen. 3. Aufl. (Hrsg.: Dr. Albert v. Bamberg. Vorr.: Dr. J. Klein.) *Berlin: J. Springer 1897.* (VIII, 75 S.) 1 Bd 8. 153 915

Bamberg, Alb. v., griechische Schulgrammatik. 3 Thle. gr. 8. Berlin, Springer. *

Inhalt:

Thl. 1. Franke's, Carl, griechische Formenlehre. Bearb. von Alb. v. Bamberg. 13. und 14. verm. und verb. Aufl. (XII, 143 S.) 1880,81; 15. durchges. Aufl. (XIV, 143 S.) 1882; 16. und 17. durchges. Aufl. (XIV, 154 S.) 883,84. * ℳ 1,60.
" 2. Seyffert's, Mor., Hauptregeln der griechischen Syntax. Als Anhang der griech. Formenlehre von Carl Franke. Bearb. von Alb. v. Bamberg. 13. und 14. Aufl. (VIII, 58 S.) 1880,81; 15. und 16. durchges. Aufl. (X, 69 S.) 883. * 80 Pf.
" 3. Homerische Formen. Zusammengestellt von Alb. v. Bamberg. 3. verm. und verb. Aufl. (IV, 30 S.) 1880; 4. durchges. Aufl. (X, 37 S.) 883. * 40 Pf.

Bamberg, Alb. v., griechische Schulgrammatik. 3 Thle. gr. 8. Berlin 885. Springer. n. 2. 80
I. Carl Franke's griechische Formenlehre. Bearb. von Alb. v. Bamberg. 17. Aufl. (XIII, 154 S.) n. 1. 60
II. Mor. Seyffert's Hauptregeln der griechischen Syntax. Als Anh. der griech. Formenlehre v. Carl Franke. Bearb. von Alb. v. Bamberg. 17. durchgeseh. Aufl. (X, 74 S.) n. — 80
III. Homerische Formen. 5., durchgeseh. Aufl. (X, 37 S.) n. — 40

Bamberg, Alb. v., griechische Schulgrammatik. 3 Tle. gr. 8. Berlin, Springer. *

Inhalt:

Tl. 1. Franke's, Carl, griechische Formenlehre. Bearb. von A. v. Bamberg. 18. Aufl. 1. und 2. unveränd. Abdr. und 19. Aufl. (XIV, 154 S.) 886,87. * ℳ 1,60.
" 2. Seyffert's, Mor., Hauptregeln der griechischen Syntax. Als Anhang der griech. Formenlehre von Carl Franke. Bearb. von A. v. Bamberg. 17. und 18. Aufl. 1. und 2. unveränd. Abdr. (X, 81 S.) 885,87. * 80 Pf.
" 3. Homerische Formen. 5. durchges. Aufl. (X, 37 S.) 885. * 40 Pf.

Bamberg, Alb. v. Griech. Schulgrammatik. 3 Tle. gr. 8. Berl. Springer. · 2 80
1. Carl Franke's griechische Formenlehre. Bearb v. Alb. von Bamberg. 20.—22. Aufl. (XIV, 154 S.) 889—92. * 1 60. — 2. Mor. Seyffert's Hauptregeln der griech. Syntax. Als Anh. der griech. Formenlehre v. Carl Franke. Bearb. v. Alb. von Bamberg. 20.—22. Aufl. (X, 81 S.) 889—92. * — 80. — 3. Homerische Formen. Zusammengestellt v. Alb. v. Bamberg. 6. durchgeseh. Aufl. (X, 37 S.) 890. * 40.
Vgl.: Heller, H. Griech. Lesebuch f. Untertertia.

Bamberg, Alb. v., griechische Schulgrammatik. 3 Tle. gr. 8. Berlin, J. Springer. n. 2. 80
1. Carl Franke's griechische Formenlehre. Bearb. v. Alb. v. Bamberg. 23. Aufl. (XIV, 154 S.) 893. n. 1. 60; geb. n.n. 1. 90
2. Mor. Seyffert's Hauptregeln der griechischen Syntax. Als Anh. der griech. Formenlehre v. Carl Franke. Bearb. v. Alb. v. Bamberg. 23. Aufl. (XI, 81 S.) 893. n. — 80
3. Homerische Formen. Zusammengestellt v. Alb. v. Bamberg. 6. durchgesch. Aufl. (X, 37 S.) 890. n. — 40

Griechische Schulgrammatik. Hrsg. von Dr. Albert v. **Bamberg**, Dir. zu Gotha. *Berlin: J. Springer 1894–96.* 3 Bde 8° [F.]
1 — Franke, Karl: Griech. Formenlehre. Bearb von A. v. Bamberg. 24. Aufl 1894.
2 — Seyffert, Moritz: Hauptregeln d griech. Syntax. Bearb. von A. v. Bamberg. 25. Aufl 1896.
3 — Bamberg, A. v.: Homerische Formen. 7. Aufl. 1894. 103. 11131 3

Griechische Schulgrammatik. Hrsg. von Dr. Albert v. **Bamberg**, Dir. zu Gotha. T. 1–3. *Berlin: J. Springer 1897–98.* 3 Bde 8° [F.]
1 — Franke, Carl: Griech. Formenlehre. Bearb. von A. v. Bamberg. 26. Aufl. 1897.
2 — Seyffert, Moritz: Hauptregeln d. griech. Syntax. Bearb. von A. v. Bamberg 26. Aufl. 1898.
3 — Bamberg, A. v.: Homerische Formen. 8. Aufl. 1898. 103. 11139

1 a. 98. 728 2 a. 98. 6949 3 a. 98. 6749

– Griech. Schulgrammatik. 1. u. 2. Tl. 8° Ebd. 2.40
1. Franke's, C, griech. Formenlehre. Bearb. v. A v. Bamberg. 27. Afl. (154) 99. 1.60; Einbd. nnn — 30
2. Seyffert's, M, Hauptregeln d. Syntax. (Syntax d. att. Prosa.) Als Anh. d. griech. Formenlehre v. C Franke. Bearb. v. A v. Bamberg. 27. Afl. (81) 1900. — 80

— **griechische Schulgrammatik.** 1. u. 2. Tl. gr. 8. Berlin, J. Springer. n. 2. 40
I. Griechische Formenlehre. Von Carl Franke. Bearb. v. Alb. Bamberg. 27. durchgesch. Aufl. (XVI, 154 S.) 899. n. 1. 60; Einbd. n.n.n. — 30
II. Hauptregeln der Syntax. (Syntax der att. Prosa.) Von Mor. Seyffert. Als Anh. der griech. Formenlehre v. Carl Franke. Bearb. v. Alb. v. Bamberg. 28. Aufl. (XI, 81 S.) 901. n. — 80

Bamberg, Alb. v., griechische Schulgrammatik. I–III. gr. 8. Berlin, J. Springer. n. 2. 80
I. Griechische Formenlehre. Von Carl Franke. Bearb. von Alb. v Bamberg. 29. durchges. Aufl. (XVI, 154 S.) 903. n. 1. 60
II. Hauptregeln der Syntax. (Syntax der att. Prosa.) Als Anh. der griech. Formenlehre v. Carl Franke. Von Mor. Seyffert. Bearb. v. Alb. v. Bamberg. 29. Aufl. (XI, 81 S.) 904. n. — 80
III. Homerische Formen. 9. durchges. Aufl. (X, 37 S.) 903. n. — 40

Bamberg, Alb. v., griechische Schulgrammatik. II. 8. Berlin 908. J. Springer. — 80
Seyffert's, Mor., Hauptregeln der griechischen Syntax. Als Anh. der griech. Formenlehre v. Carl Franke. Bearb. von Alb. v. Bamberg. 30. Aufl. (XI, 81 S.)

— Griech. Schulgrammatik. 3. Homerische Formenlehre. 10. Afl. (10, 37) 8° Berl., J Springer '07. — 40 d

von Bamberg, *Eduard Heinrich* Albert: Ausgewählte Schulreden 4 (33 S.) **Progr.** Herz G Ernestinum *Gotha* 1898
I „Drei sind Einer in mir, der Hellene, der Christ und der Deutsche" Entlassungsrede Ostern 1891 II. Sophokles' Antigone im Lichte des Christentums Entlassungsrede, gehalten am 10 März 1894 III Kaiser Friedrich Rede, gehalten bei der Trauerfeier des Gymnasiums am 18 Juni 1888 IV Von wahrer Mannhaftigkeit. Entlassungsrede Ostern 1896 V Kaiser Wilhelm der Erste Rede zur Hundertjahrfeier und Entlassung der Abiturienten am 22 März 1897

— Ausgewählte Schulreden. (1-5.) — o.O. [um 1900]. 33 S. 4° 84.
10.0698

— Zwei Schulreden. — Berlin: Springer 1884. 36 S. 8° 1: 18 in Nc 2974. 4. 11. 21. 30. 39. 62.
10.0699

v. Bamberg, *Albert* [Dr.]: *Professor Dr. Alfred Schulz, gest. am 20. Sept. 1895.* Gotha, Druck d. Engelhard-Reyherschen Hofbuchdr., 1896; 42—43 S. 4.
Gotha, herz. G Ernestinum, OP 1896 (710)

Bamberg, Albert v. (Bearb.), s. S e y f f e r t, Moritz: Hauptregeln der griechischen Syntax.

v Bamberg, *Eduard Heinrich Albert Hofrat Professor Dr. Eduard Wilhelm Sievers, geb. am 19. März 1820 zu Hamburg, † am 9 Dezember 1894 zu Gotha.* 4 (S. 48—50).
Progr. Herz. G. Ernestinum *Gotha* 1895

– **Übungsbuch zum Übersetzen aus dem Deutschen in das Griechische, s.: Seyffert, Mor.**

Bamberg, Albertus de, s. B a m b e r g , Eduard Heinrich Albert von

Bamberg, Carl: Tympanites uteri. Halle a. S. (1877): Plötz. 31 S. 8°
Halle-Wittenberg, Med. Diss. v. 26. Nov. 1877
Geb. Zeitz 5. 5. 1848. V.

Bamberg, Carol(us) Tim(otheus): De avium nervis rostri atque linguae Halis (1842): Schimmelpfennig. 38 S. 8°
Halle-Wittenberg, Med. Diss. v. 30. Aug. 1842
Geb. Zeitz [18. 2.] 1818. V.

Bamberg, Eduard v.

— **Katalog der Professor Dr. von Bamberg'schen Bibliothek,** bestehend aus Werken deutscher und ausländischer Literatur über Kunst, Musik, Geschichte, Belletristik etc. [Auktionskat.] — Glogau 1907: Glogauer Dr. 297 S. 8° 1:Ap 931. 2. 16. 27.
10.9704

— **Otto Lehfeld.** Ein Erinnerungsblatt für s. Freunde. — Halle: Beyer & Ronnger 1886. 55 S. 8°
1:Yp 1802. 3. 14. 22. 32. 39. 300:622.789–B. Th. S.
10.9705

Bamberg, E. v., die List d. Liebe. Komödie in 5 Aufzügen, frei nach Motiven d. Lope de Vega. gr. 8. (III, 154 S.) Halle 886. Beyer & Ronnger. n. 1. 20

Bamberg, Ed. v., Auf d. Spuren d. französischen Volksliedes, s.: Pasqué, Ernst.

Bamberg, Eduard Heinrich Albert von, s. B a m b e r g , Albert von

Bamberg, F., s.a. B a m b e r g , Frz.

Bamberg's, F, Schulwandk. v. Deut. Reich, d. angrenz. Österr. u. d. Schweiz. Kl. bill. Ausg. f. d. 1. Kurs. 1:750,000. 30. Afl. (Physikal. Ausg. m. od. ohne rot markierte polit. Grenzen.) Je 6 Bl. je 78,5×49,5 cm. Berl., C Chun ('05). Je 12 —; auf L. in M. je 16.50; m. St. je 18 —

— dass. (Polit. Ausg.) 6 Bl. je 78,5×49,5 cm u. 1 Bl. 42×51,5 cm. Farbdr. Ebd. ('05). 10 —; auf L. in M. 15 —; m. St. 16 —

— dass. Ausg. m. farbig unterschied. preuss. Provinzen. 6 Bl. je 78,5×49,5 cm. Farbdr. Ebd. ('05). 12 —; auf L. in M. 16.50; m. St. 18 —

— Wandk. z. Kultur-, Wirtschafts- u. Handels-Geogr. v. Deutschl. u. s. Nachbargebieten. 1; 750,000. 12 Bl. je 49,5×63 cm. Farbdr. Ebd. ('04). 20 —; auf L. in M. od. m. St. 28 —; lackiert 30 —

Bamberg, F.S. s. *Bamberg,* Felix.

Bamberg, Felix: Ueber den Ablauf der orientalischen Angelegenheit um die Mitte des neunzehnten Jahrhunderts. [Verf.: Felix Bamberg.] Mit e. Anh. enthaltend d. Friedensvertrag vom 30. März 1856 nebst Erl. — Leipzig: Wigand 1857. XVI,142 S. 8°
Nebent.: Türkische Rede nach besondern Quellen.
6. 7. 12: J. publ. E. 353 h. 14. 18. 38. 52. 302.
10.9708

— **Bibliothek des verstorbenen Herrn Generalconsul Dr. Felix Bamberg mit Galeriewerken und werthvollen Büchern.** [Auktionskat.] — Berlin: Lepke [1894]. 68 S. 8° (Lepke, Rudolf: Bücher-Auction. 963.) 1:4° Nv 2508–963. 14.
10.9710

Bamberg, Felix

— **Ueber den Einfluß der Weltzustände auf die Richtungen der Kunst und über die Werke Friedrich Hebbel's.** — Hamburg: Hoffmann & Campe 1846. 94 S. 8°
1:Au 8250. 8. 18. 33. 309.
10.9711

Bamberg, Fel., Geschichte der orientalischen Angelegenheit im Zeitraum d. Pariser u. d. Berliner Friedens, s.a. **Geschichte, allgemeine, in Einzeldarstellungen.**

— **Geschichte der orientalischen Angelegenheit im Zeitraume des Pariser und des Berliner Friedens.** — Berlin: Grote (1888-91). 622 S. 8° 303.
10.9712

— — **Ebd. 1892. 622 S. 8° (Allgemeine Geschichte in Einzeldarstellungen. 4,5.)**
In einigen Exemplaren mit dem Erscheinungsvermerk 1888.
1:Py 1945–4,5 [u.] Py 1945ª–4,5. 2→11. 12: H. Un. 401 n –4,5 [2 Ex.] 14→21. 23→36. 38. 39. 41→48. 51. 52. 60. 61. 62. 64. 66. 75. 78. 79. 82→85. 89. 90. 93. 102. 106. 109. 111. 117. 123. 169. 203. 205. 207. 208. 209. 213. 300: 390.621–B. L. S. 4,5. 302. 304.
10.9713

— **Geschichte der Februar-Revolution und des ersten Jahres der französischen Republik von 1848.** Mit e. Einl., enthaltend d. Darstellung d. Regierung Frankreichs seit 1830 und d. Ursachen d. Revolution. — Braunschweig: Westermann 1848(–49). 544 S. 8° 1:Rc 7295. 5. 7. 10. 11. 12: Gall. rev. 65 h. 17. 18. 19. 22. 23. 28. 30. 32. 33. 34. 39. 43. 44. 45. 48. 62. 79. 109. 123. 203. 208. 214. 302. 303. 308.
10.9714

Bamberg, Felix: Geschichte des zweiten Kaiserreichs, s. G e s c h i c h t e , allgemeine, in Einzeldarstellungen.

[—] **[franz.] Histoire diplomatique de la crise orientale, de 1853 à 1856, d'après des documents inédits, suivie d'un mémoire sur la question des lieux saints.** (Hrsg. u. Übers.: A[ugust] G[athy].) — Bruxelles & Leipzig: Flatau 1858. V,157 S. 8° 1:Qo 3096. 7. 11. 203.
10.9709

Bamberg, Friedrich,

Bamberg, F, 80 Bibelabschnitte. Schulgemässe Auslegg f. Lehrer u. Seminaristen. 2 Tle. 8° Gotha 95, G Schloessmann. 4.60
in 1 Bd geb. 5.40
1. Das alte Test. (Abschn. 1—80.) (136) 1.60
2. Das neue Test. (Abschn. 81—80,) (137—442) 3 —

— **Ausführliche Bibelkunde. Hilfsbuch für Lehrer, Seminaristen u. Präparanden.** — Wiesbaden: Nemnich 1901. VI,175 S. 8° 42. 207.
10.9717

— **Die Eingliederung der Volkswirtschaftslehre und Gesetzeskunde in den Lehrplan der Volksschule.** — Breslau: Dülfer 1901. 58 S. 8° 1:Nf 5870. 2.
10.9718

Bamberg, Fr., Epistel-Erklärung. Eine schulgemäße Auslegg. f. Lehrer u. Seminaristen. gr. 8. (VIII, 176 S.) Berlin 894. Nicolai's Verl. n. 1. 80

Bamberg, Fr., die ländliche Fortbildungsschule, s.a. **Abhandlungen, pädagogische. XI 12.**

— **Die ländliche Fortbildungsschule.** — Bielefeld: Helmich [1906]. 18 S. 8° (Pädagogische Abhandlungen. N.F. 11,12.) 1:Nc 3973–N. F. 11,12. 6. 12: Paed. Th. 5a–11. 18. 207. 309.
10.9720

— die Gefahren der Veräußerlichung der Schularbeit infolge der vielen Sonderbestrebungen der pädagog. Neuerer, s.a. **Abhandlungen, pädagogische. XII. 4.**

— Die Gefahren der Veräußerlichung der Schularbeit infolge der vielen Sonderbestrebungen der pädagogischen Neuerer. — Bielefeld: Helmich [1906]. 16 S. 8° (Pädagogische Abhandlungen. N. F. 12,4.)
1: Nc 3973–N. F. 12,4. 6. 12: Paed. Th. 5a–12. 18. 207. 309.
10.9721

Bamberg, Frdr.: Der bibl. Geschichtsunterr. Enth. Lebensbilder bibl. Personen d. Alten u. Neuen Test. Präparationen f. d. Mittelst. (6, 104) 8° Langens., Schulbh. '12. 2.50 d

— dass. f. d. Oberst. (8, 494) 8° Ebd. '12. 5.50 d

Bamberg, Frdr., der biblische Geschichtsunterricht auf der Unterstufe. Prakt. Anleitg. f. Lehrer u. Lehrerinnen. (V, 87 S.) 8. Potsdam 907. A. Stein. 1.—; geb. 1.80

— — Ebd. [1907]. IV,87 S. 8° (Steins Handbücher für Lehrer. 27.)
107. 207.
10.9725

— Der bibl. Geschichtsunterr. auf d. Unterst. Prakt. Anleitg f. Lehrer u. Lehrerinnen. 2. Aufl. (8, 140) 8° Ebd. '11. 1.50 d

Bamberg, Friedrich
— Heimatkunde der Prov. Brandenburg. s.a. Heimatkunden des Königr. Preußen. I.

Heimatkunde der Provinz Brandenburg nach natürlichen Landschaftsgebieten von Friedrich **Bamberg**. Mit 28 Bild. u. 1 Kt. Leipzig: Grunow 1909. 104 S. 8°
(Heimatkunden d. Königr. Preußen. Bd 1.) 09. 5976

Bamberg, Friedrich (Hrsg.), s. Heimatkunden des Königreichs Preußen.

— der kleine Katechismus Dr. Martin Luthers, f. den Schul- u. Konfirmandenunterricht erklärt. (VI, 76 S.) 8. Kattowitz 909. Phönix-Verlag. Geb. nn —50

Lehrbuch der biblischen Geschichte. Enth. Bemerkungen u. Winke sowie Anwendungen auf Glauben u. Leben d. Kinder. Von Fr. Bamberg, Lehrer zu Ragösen. T. 1. 2. *Potsdam: A. Stein 1897–98.* 2 Bde 8° [F.]
1. Das alte Testament. 1897. 2. Das neue Testament. 1898.
= Handbücher. Steins, f. Lehrer. No 4. 5.

— Lehrproben üb. d. gebräuchl. Lieder d. evang. Kirche. (7, 324) gr8° Gosl., R Danehl '12. 3.50; L 4.20 d

— Die innere Mission in der Volksschule. — Leipzig: Sigismund & Volkening [1901]. IV,94 S. 8° (Pädagogische Sammelmappe. 178.)
1: Nc 3844–178. 207. 302.
10.9729

— Die neuen (sog. Eisenacher) Perikopen des Kirchenjahres. T. 1. 2. — Langensalza: Greßler 1903. 8°
1: Dy 14220. 8. 207.
10.9730

— die neuen (sog. Eisenacher) Perikopen des Kirchenjahres. Eine schulgemäße Auslegg. f. Lehrer u. Seminaristen. 2 Tle. gr. 8. Langensalza, Schulbuchh. n. 4.75
1. Evangelien. (VI, 202 S.) 903. n. 2.25
2. Episteln. (VI, 217 S.) 903. n. 2.50

— Die neuen (sog. Eisenacher) Perikopen d. Kirchenj. Eine schulgemässe Auslegg f. Lehrer u. Seminaristen. 1. Tl: Evangelien. 3. Afl. (214) 8° Langens., Schulbh. '08. 2.50 d

— Repetitorium d. Pädagogik. Hilfsbuch f. Seminaristen u. Lehrer z. 1. u. 2. Prüfg. Nebst pädagogisch-didakt. Winken f. d. Lehrerseminaristen v. Hoffmann. 8° (131) Dresd. 93, G Kühtmann. 2.40

③ — Repetitorium d. Pädagogik. 893. (KBG 27.) Jetzt: Leipzig, O. R. L. Degener. Erm. Pr. 1.20

— Schulgeographie nach natürl. Landschaftsgebieten. Für den Unterricht bearb. (VIII, 167 S.) 8. Langensalza 909. Schulbuchh. 2.25

— Die Sonn- und Festtagsevangelien des Kirchenjahres. Eine schulgemäße Auslegung für Lehrer u. Seminaristen. Gotha: Schloessmann 1894. VII,240 S. 8° 8. 39.
10.9733

— — 2. Aufl. Langensalza: Greßler 1910. VIII,257 S. 8°
1: N 11.63. 8.
10.9734

— Die Sonn- u. Festtagsevang. d. Kirchenj. Schulgemässe Auslegg f. Lehrer u. Seminaristen. 2. Afl. (8, 257) 8° Langens., Schulbh. '10. 2.75 d

Bamberg, Friedrich, aus Stradem b. Dt. Eylau, Westpreussen: I. Ueber Triphenyl-methyl-methan. II. Zur Kenntnis der aromatischen Sulfinsäuren und Thiophenole. *Heidelberg 1898: Ph. Wiese.* (33 S.) 8°
Heidelberg, Naturw.-math. Diss. v. [16. Nov.] 1898

— d. grammat. Unterr. i. d. Volksschule. 8. (49 S.) Gotha 896. G. Schloeßmann. n. —80

Der grammatische Unterricht in der Volksschule. Von Friedrich **Bamberg**. 2. verb. Aufl. *Langensalza: F. G. L. Greßler 1903.* (64 S.) 8° [F.] 03. 4603 3

Der grammatische Unterricht in der Volksschule. Von Friedrich **Bamberg** 3. verb. Aufl. Langensalza: F. G. L. Gressler 1906. (63 S.) 8° [F.] 07. 14934 3

Bamberg, Frz., s.a. Bamberg, F.

Bamberg, F(rz.), s.a. Bamberg, Karl

Bamberg's, Frz, Schulwandkte v. Asien. (Physikal. Ausg. m. od. ohne polit. Grenzen.) 24. Afl. 1:6,000,000. 4 Bl. je ca 72,5×117 cm u. 2 Bl. je ca 48,5×117 cm. Farbdr. Berl., C Chun ('12); Polit. Ausg. 25. Afl. je 15 —; auf L m. St. je 22 —

— dass. d. östl. u. westl. Halbkugel. (Physikal. Ausg.) (Neue Ausg.) 1:10,000,000. Je 4 Bl. je ca 76,5×91,5 cm. u. 2 Bl. je ca 31×69,5 cm. Farbdr. Ebd. ('12). je 13 —; auf L m. St. je 20 —

Bamberg, Frz: Schulwandk. z. Kultur-, Wirtschafts- u. Handels-Geogr. v. Deutschl., d. angrenz. Österr. u. d. Schweiz. Vereinf. Ausg. 1:750,000. 6 Bl. je 79×50 cm. Farbdr. Berl., C Chun (06). 18 —; auf L. in M. od. m. St. 30 —; m. Text: Leitf. f. d Unterr. in d. Kulturgeogr. v. Deutschl. Bearb. v. W Maetschke. (18) 8° (07.) (15 —) 16 — bezw. (22 —) 24 —

— dass. v. Nord-Amerika. (Physikal. Ausg. m. od. ohne polit. Grenzen.) 25. Afl. 1:6,000,000. 4 Bl. je ca 104×78,5 cm. Farbdr. Berl., C Chun ('12). 15 —; auf L m. St. 21 —

— dass. v. Süd-Amerika. (Physikal. Ausg. m. od. ohne polit. Grenzen.) 25. Afl. 1:6,000,000. 4 Bl. Je ca 104×78,5 cm. Farbdr. Ebd. ('12); Polit. Ausg. 21. Afl. je 15 — auf L m. St. je 21 —

— Wandk. d. deut. Kolonien. 1:3,000,000. 6 Bl. 2 Bl. je 48×81,5 cm, 2 Bl. je 60×81,5 cm. u. 2 Bl. je 55×81,5 cm. Farbdr. Ebd. (06). 13 —; auf L. m. St. 20 —

— Wandk. v. Mittel-Europa. Physikal. Ausg. 1:750,000. 8 Bl. je 100×63 cm. Farbdr. Ebd. (09). 20 —; auf L. in M. od. m. St. 28 —; Ausg. m. rot markierten polit. Grenzen zu gl. Pr.

— Wandk. v. Österr.-U. 1:750,000. (Physikal. Ausg. m. rot markierten polit. Grenzen.) 4 Bl. je 78×108 cm. Farbdr. Ebd. (09). 15 —; auf L. in M. od. m. St. 22 —; polit. Ausg. zu gl. Pr.

— Wandktn z. Kulturgeogr. Mittel-Europa. Bodenbenutzg, Fischerei u. Tierzucht. 1:750,000. 5 Bl. je ca 100×77 cm. Farbdr. Ebd. ('11). 17 —; auf L m. St. 25 —

— dass. Mittel-Europa. Bodenbenutzg, Tierzucht, Verkehr, Industrie, Bergbau u. Handel. 1:750,000. 5 Bl. je ca 100×77 cm. Ebd. ('11). 24 —; auf L m. St. 32 —

— dass. Mittel-Europa. Industrie, Bergbau, Handel u. Verkehr. 1:750,000. 5 Bl. je ca 100×77 cm. Farbdr. Ebd. ('11). 17 —; auf L m. St. 25 —

Bamberg, Georg Philipp: Gott-geheiligter Poesie, auf alle Sonn-, Fest- und Feyer-Täge des gantzen Jahrs, in der Hoch-Fürstlichen Hof-Capelle zu Stutgart, musicalisch componirt Jg. 1. 2. — Stutgart: Cotta 1745–47. 8° 24.
10.9740

Bamberg, Gerh., Volkskunst. Vorschläge zur Errichtg. e. Wiener Kunsthalle. schmal gr. 8. (23 S.) Wien 900. S. Kende. n. — 40

Bamberg, Guenter v.: Schwarzburg-rudolstädtische Katechismusgeschichte. [Verf.: Günter v. Bamberg.] — Rudolstadt: Hofbuchdr. 1864. VIII,51 S. 8° (Beiträge zur Landesgeschichte d. Fürstentums Schwarzburg - Rudolstadt. 1.) 78.
10.9744

v. **Bamberg,** Günther, das Schwarzburg-Rudolstädtische Privatrecht. In einer systemat. Uebersicht bearbeitet. 8. Rudolstadt 844, Froebel. (Leipzig, Böhme.) 1¼ ℔

[—] Schwarzburgisches Sion oder Schwarzburgs geistliche Liederdichter in biographischen Skizzen nebst e. Auswahl ihrer Lieder. — Rudolstadt: Hofbuchdr. 1857. 215 S. 8°
14. 18. 27. 28. 39. 78.
10.9746

Bamberg, Gustav, aus Bernburg ⟨Anhalt⟩: Aus d. III. medic. Universitätsklinik zu Berlin. Untersuchungen über den Einfluss der Leber auf das Zustandekommen der alimentären Glycosurie. *Würzburg 1898: P. Scheiner.* (34 S.) 8°
Würzburg, Med. Diss. v. 1898

Bamberg, Heinr. (Meseritz/Posen), De hydrocephalo acuto. Diss. med. Bln. (Aug. Petsch) 29. XII. 1826. 32 S. mit Biogr. (4.60)
Oppon.: Lud. Neustadt, Aug. Blumensaat, Theod. Brand. — Gew.: M. Bamberg (Bruder).

Bamberg, Henr.: De hydrocephalo acuto, s. B a m b e r g , Heinr.

Bamberg, Horst, Referendar in Dresden: Die gesetzlichen Konkurrenzverbote im Handelsgesetzbuche vom 10. Mai 1897 unter Berücksichtigung der hauptsächlichsten Bestimmungen des alten Rechts. Borna-Leipzig 1906: R. Noske. (VIII, 74 S.) 8°
Leipzig, Jur. Fak., Diss. v. 20. Juni 1906
[Geb. 24. April 80 Annaberg i. Erzgeb.; Wohnort: Dresden; Staatsangeh.: Sachsen; Vorbildung: Gymn. Chemnitz Reife O. 99; Studium: Berlin 3, Jena 1, Leipzig 4 S.; Rig. 9. Juli 03.]

Bamberg, Hubert s. *Bamberg,* Adolf Hubert.

Bamberg, Hugo: Zur Lehre von der Deliktsfähigkeit der juristischen Personen. *Berlin 1898: O. Drewitz.* (69 S.) 8° [F.]
Greifswald, Jur. Diss. v. 1898

B a m b e r g , J., Dank- und Fürbitte-Gottesdienst. Rede, gehalten am ersten Tage des Wochenfestes aus Anlaß des Attentats auf Se. Maj. den Kaiser in der Synagoge zu Königsberg. gr. 8. (11 S.) Königsberg 878, Hartung'sche Zeitung und Verlagsdruckerei. *

Bamberg, Jh. Tob., zwei Predigten f. Kinder u. Jünglinge. 8. Dresd. 782, 83. Walther. 4 gr.

Bamberg, Joh.: De t e s t a m e n t o militari. 30 S. – Basel, Jur.Diss. v. 22.Dez.1702.

Bamberg, Johannes, approb. Arzt aus Fürstenwalde a. d. Spree: Beiträge zur Lehre vom primären Lebercarcinom. Aus d. pathol.-anat. Anstalt d. städt. Krankenhauses Am Urban zu Berlin ⟨Prof. Dr. Benda⟩. *Konitz Westpr. 1901: C. Schulz.* (45 S.) 8°
Leipzig. Med. Diss. v. (14. Nov.) 1901

Bamberg, Josef Freiherr v., Oberlieut. A u s z u g aus der Geschichte des k. k. Dragoner-Regiments Alexander Prinz von Hessen und bei Rhein Nr. 6. Nebst einem Verzeichnisse der Regiments-Inhaber, Oberste, Maria-Theresien-Ordensritter und der decorirten Mannschaft aus den Feldzügen 1848, 1849 und 1866. 8. Brünn 1888.

Bamberg, Josef Frhr v.: Auszug aus der Geschichte des k.k. Dragoner-Regimentes 'Alexander Prinz von Hessen und bei Rhein' Nr. 6. — Brünn: Verl. d. Regiments 1888. 64 S. 8° 289.
10.9747

Bamberg, Joseph ⟨geb. am 20 Sept. 1847 in Grimberg Siegkr.⟩: Ueber Lähmung des musculus serratus anticus major ... Bonn, Druck v. J. F. Carthaus (1872). 25 S., 1 Bl. 8.
Bonn, Med. Fak., Diss. v. 23 Dez. 1872

Bamberg, Julius (geb Kranichfeld in S.-Meiningen 9 5 1845). Ueber Chorea gravidarum Berlin (1873) (38 S.) 8°
Berlin, Med Diss v 25 Aug. 1873

Bamberg, K., Deutschland. Photolithographie nach einem Relief. M. 1:1050000. Berlin [1878?] 12 Bll.

B a m b e r g K, Europa. Wandkarte in Photolithographie. Nach einem Relief. 1:4000000. auf Leinwand mit Stäben. Berlin

Bamberg, K.: H a n d k a r t e ..., s. B a m b e r g , Karl

Bamberg, K.: Geologische Schulwandkarte von Deutschland, s.a. M o h r , E.A.

Bamberg, Karl, s.a. B a m b e r g , F(rz.)

Bamberg, Karl, appr. Arzt: Aus d. Universitätskinderklinik Leipzig ⟨Geheimrat Prof. Dr. Soltmann⟩. Ueber Appendicitis bei Säuglingen. Leipzig 1905: B. Georgi. (33 S.) 8°
Leipzig, Med. Fak., Ref. Hoffmann, Diss. v. 24. Juni 1905
[Geb. 29. Jan. 81 Kreischa b. Dresden; Wohnort: Dresden; Staatsangeh.: Sachsen; Vorbildung: Kreuzgymn. Dresden Reife O. 99; Studium: Halle 5, München 1, Leipzig 5 S.; Coll. 19. Juli 05; Approb. 22. Juli 04.]

B a m b e r g , Karl, Handkarte von Afrika. 1:26,400,000. Chromolithogr. qu. Fol. Berlin 888, Chun. **

B a m b e r g , Karl, Handkarte von Asien. 1:36,000,000. Chromolithogr. qu. Fol. Berlin 888, Chun. **

B a m b e r g ' s , K., Handkarte von Deutschland. 1:4,250,000. Physikalische und polit. Ausg. Chromolithogr. Fol. Berlin 888, Chun. à Ausg. **

Bamberg, K: Handkarte v. Deutschl. Politisch. 1:8,000,000. 41×42,5 cm. Farbdr. Berl. 99, C Chun. — 15

B a m b e r g ' s , Karl, Handkarte von Europa. 1:15,000,000. Physikalische und polit. Ausg. Chromolithogr. Fol. Berlin 888, Chun. à Ausg. **

B a m b e r g , K., Handkarte von Nord-Amerika. 1:23,000,000. Chromolithogr. qu. Fol. Berlin 888, Chun. **

—— **Handkarte** von Süd-Amerika. 1:23,000,000. Physikalische Ausg. mit polit. Carton. Chromolithogr. Fol. Ebendas. 888. **

— Heimatskarten. Farbdr. Ebd. à — 15
Baden. 1:600,000. 43×83 cm. 1900.
Bayern. 1:1000,000. 40×51 cm. 99.
Brandenburg. 1:750,000. 40×50,5 cm. 99.
Elsass-Lothr. 1:800,000. 42,5×58 cm. 1900.
Hessen, Grossh. 1:600,000. 42×23,5 cm. 1900.
Rheinland. 1:750,000. 42,5×29,5 cm. 99.
Sachsen, Prov., u. Anhalt. 1:750,000. 42×39 cm. 99.
Thüring. Staaten. 1:750,000. 28,5×42 cm. 99.
Westfalen u. Fürstentümer: Lippe u. Waldeck. 1:750,000. Nebenk.: Ruhrkohlengebiet. 1:250,000. 51×42 cm.))
Württemberg u. hohenzollernsche Lande. 1:600,000. 42,5×33 cm. 1900

— Schul-Atlas. Im Anschl. an K Bambergs Schulwandk. bearb. 40 Karten auf 86 S. 4° (1 Bl. Text.) Ebd. 99. — 80; kart. — 95; geb. in L. 1.40; m. Heimatskarte — 85, 1 — u. 1.50; Ausg. f. Bayern zu gleichen Preisen.

B a m b e r g ' s , K., Schul-Handkarte d. Prov. Brandenburg. 1:1,000,000. Chromolithogr. qu. Fol. Berl. 889, Chun. ** — 25

B a m b e r g ' s , K., Schul-Handkarte v. Deutschland f. den 1. Kurs. Physikal. Ausg. 1:5,200,000. Chromolithogr. Imp.-4. Berl. 889, Chun. ** — 25

B a m b e r g ' s , K., Schul-Handkarte v. Palästina im biblischen Zeitalter. 1:1,125,000. Chromolithogr. Fol. Berl. 889, Chun. ** — 25

Bamberg's, K, Schulk. v. Elsass-L. Beigabe zu: Seytter-Hummel's Atlanten f. Volks- u. Mittelsch. 1:800,000. 42×33 cm. Farbdr. Biber., Dorn (09). — 20

Bamberg, Karl: Schulwandkarte von…, s.a. Bamberg: Schulwandkarten

—— **Schulwandkarte von Afrika.** 1:6,000,000. 12 Bl. 10. Aufl. Chromolithogr. qu. gr. Fol. Ebendas. 887.
Auf Leinw. in Mappe *ℳ 16.50.; mit Stäben *

Bamberg K, Schulwandkarte von Afrika. Physikalische Ausgabe. 1:6000000. 14 Aufl. auf Leinwand mit Stäben. Berlin 1893
Dieselbe. Politisch. 1:6000000. 1. Aufl. auf Lwd m St. Berlin 1893

Bamberg's K, Schulwandkarte v. Afrika. 1: 6,000,000. Physikal. Asg. 14. Afl. 12 Bl. à 48×38 cm. Farbendr. Berl. 91, C Chun. 12 —; auf Lnw. in Mappe 16.50; m. St. 18 —; polit. Asg. 13. Afl. 1893 zu gleichen Preisen.

Bamberg, K. Schulwandkarte v. Asien. 1:6,700,000. 16 Blatt. 11. Aufl. Chromolithogr. qu. gr. Fol. Berl. 890, Chun. * 15 —
Auf Leinw. in Mappe * 20 —; m. Stäben * 22 —
—— desgl. — Physikalische Ausg. m. polit. Carton. 16 Bl. 12. Aufl. Farbendr. 38×47 cm. Ebd. 892. * 15 —
Auf Leinw. in Mappe * 20 —; m. Stäben * 22 —

Bamberg, Karl, Schul-Wandkarte von Australien. 1:8,330,000. 9 Bl. Politische Ausg. 6. und 7. Aufl. Chromolithogr. qu. gr. Fol. Berlin 886,87, Chun.
Auf Leinw. in Mappe *ℳ 12.—.; mit Stäben *

— Schulwandkarte d. Balkan-Halbinsel. 1:800,000. 12 Bl. à 38,5×46,5 cm. Farbendr. Ebd. 94. 13 —; auf Lnw. in Mappe 17 — m. St. 20 —

Bamberg's, K., Schulwandkarte vom Königr. Bayern. 1:375,000. 12 Bl. Farbendr. 42×37 cm. Berl. 891, Chun. 12 —
Auf Leinw. in Mappe * 16 50; m. Stäben * 18 —

Bamberg K, Schulwandkarte vom Konigreich Bayern. 1:375000 Physikal. Politische Ausgabe. auf Leinwand mit Stäben. Berlin (1893)

Bamberg, Karl, Schul-Wandkarte von der Prov. Brandenburg. 1:180,000. 16 Bl. Chromolithogr. qu. gr. Fol. Berlin 885, Chun.
Auf Leinw. in Mappe *ℳ 16.50.; mit Stäben *
2. Aufl. u. d. T.:

— Schulwandkarte d. Prov. Brandenburg. 1:180,000. 6. Afl. 16 Bl. (15 Bl. à 31,5×46,5 cm. u. 1 Bl. 39×54,5 cm.) Farbendr. Ebd. 95. 12 —; auf Lnw. in Mappe 16.50; m. St. 18 —

Bamberg, Karl, Schul-Wandkarte von Deutschland. Photolithogr. (und color.) nach einem Relief. 1:1,050,000. 12 Bl. qu. gr. Fol. Berlin 877, Chun. *
Auf Leinw. in Mappe *ℳ 17.; mit Stäben *

—— Schulwandkarte v. Deutschland, f. den 1. Cursus bearb. 1:1,050,000. Physikalische Ausg. 12 Bl. 19. Aufl. Farbendr. 36,5×48 cm. Ebd. 891. 12 —; auf Leinw. in Mappe * 16 50
Mit Stäben * 18 —; polit. Ausg. * 10 —
Auf Leinw. in Mappe * 15 —; m. Stäben * 16 —

Bamberg K, Schulwandkarte v. Deutschland für den ersten Kursus 1:1050000. Politische Ausgabe. 21. Auflage. auf Leinwand mit Stäben. Berlin 1893

Bamberg, Karl, Schul-Wandkarte von Deutschland für Mittel- und Oberklassen in 20 Blättern. 1:700,000. 8. Aufl. Chromolithogr. Politische Ausg. qu. Fol. Berlin 884, Chun. * 16 —
Auf Leinw. in Mappe *ℳ 22.; mit Stäben * 24 —
Physikalische Ausg. 12 —
Auf Leinw. in Mappe *ℳ 16,50.; mit Stäben * 18 —

Bamberg, Karl, Schul-Wandkarte von Europa in 16 Blättern. 1:3,300,000. 9. Aufl. Chromolithogr. Physikalische Ausg. qu. Fol. Berlin 884, Chun. * 15 —
Auf Leinw. in Mappe *ℳ 20.; mit Stäben * 22 —

—— Schulwandkarte von Europa. 1:3,300,000. 16 Bl. 9.—12. Aufl. Physikalische Ausg. Chromolithogr. qu. gr. Fol. Ebendas. 885—87. *
Auf Leinw. in Mappe *ℳ 20.—.; mit Stäben *
—— dass. — Politische Ausg. Chromolithogr. qu. gr. Fol. Ebendas. 885—87. *
Auf Leinw. in Mappe *ℳ 20.—.; mit Stäben *

Bamberg's, Karl, Schulwandkarte v. Europa. 1:3,000,000. Physikalische Ausg. 16 Blatt. 13. u. 14. Aufl. Farbendr. 39,5×47 cm. Berl. 889,91, Chur. * 15 —; auf Leinw. in Mappe * 20 —
Mit Stäben * 22 —
Politische Ausg. zu gleichen Preisen.

— Schulwandkarte von Europa 1:3000000. Physikalische Ausgabe. 15. Auflage. auf Leinwand mit Stäben. Berlin (1893)

— — Politische Ausgabe. 16. Auflage. auf Leinwand mit Stäben. Berlin 1893

— Schulwandkarte v. Europa. 1:3,000,000. Physikal. Asg. 17. Afl. 16 Bl. à 39,5×47 cm. Farbendr. Berl. 95, C Chun. 15 —; auf Lnw. in Mappe 20 —; m. St. 22 —; polit. Asg. 17. Afl. 95 zu gleichen Preisen.

Bamberg's, Karl, Schulwandkarte von Frankreich. 1:800,000. 12 Bl. Chromolithogr. gr. Fol. Berlin 887, Chun. *
Auf Leinw. in Mappe *ℳ 16.—.; mit Stäben *

Bamberg K, Schulwandkarte von Frankreich. 1:800000. Physikalische Ausgabe. auf Leinwand mit Stäben. Berlin (1893)

— geolog. Schulwandkarte v. Deutschland, s.: Mohr, EA.

Bamberg's, Karl, Schulwandkarte der östlichen Halbkugel. 12 Bl. Chromolithogr. qu. gr. Fol. Berlin 884, Chun. 12 —
Auf Leinw. in Mappe *ℳ 16,50.; mit Stäben * 18 —

Bamberg, Karl, Schulwandkarte der östlichen Halbkugel. 12 Bl. Politische Ausg. 2. Aufl. Chromolithogr. gr. Fol. Berlin 885, Chun.
Auf Leinw. in Mappe *ℳ 16.50.; mit Stäben *

Bamberg K, Schulwandkarte der ostlichen Halbkugel. Physikalisch auf Leinwand mit Stäben. Berlin 1893

— Dieselbe. Politisch. auf Leinwand mit Stäben. Berlin 1893

— Schulwandkarte d. östl. Halbkugel. Asg. 1895. Polit. Asg. 12 Bl. à 48,5×37 cm. Farbendr. Ebd. 95. 12 —; auf Lnw. in Mappe 16.50; m. St. 18 —; physikal. Asg. 94 zu gleichen Preisen.

—— Schulwandkarte der östlichen und westlichen Halbkugel. à 12 Bl. 2. und 3. Aufl. Physikalische Ausg. Chromolithogr. qu. gr. Fol. Ebendas. 886,87. à
Auf Leinw. in Mappe à *ℳ 16.50.; mit Stäben à *

Bamberg's, K., Schulwandkarte der östlichen u. westlichen Halbkugel. Physikal. Ausg. 4. Aufl. Beide Karten à 12 Bl. in Farbendr. Berl. 892, Chun. à Karte * 12 —
Auf Leinw. in Mappe * 16 50; m. Stäben * 18 —
Polit. Ausg. von beiden Karten zu gleichen Preisen.

—— Schulwandkarte der westlichen Halbkugel. 12 Bl. Chromolithogr. qu. gr. Fol. Ebendas. 884. 12 —
Auf Leinw. in Mappe *ℳ 16,50.; mit Stäben * 18 —

—— dass. — der westlichen Halbkugel. 12 Bl. Politische Ausg. 2. Aufl. Chromolithogr. gr. Fol. Ebendas. 885.
Auf Leinw. in Mappe *ℳ 16.50.; mit Stäben *

— Schulwandkarte der westlichen Halbkugel. Physikal. a. Lwd m St. Berlin 1893

— Dieselbe. Politisch. auf Leinwand mit Stäben. Berlin 1893

— Schulwandkarte d. westl. Halbkugel. Physikal. Asg. Asg. 1894. 12 Bl. à 48,5×37 cm. Farbendr. Ebd. 12 —; auf Lnw. in Mappe 16.50; m. St. 18 —; polit. Asg. 1895 zu gleichen Preisen.

Bamberg's, Karl, Schulwandkarte der Britischen Inseln. 1:800,000. 9 Bl. Chromolithogr. gr. Fol. Berlin 886, Chun. *

Bamberg, K. Schulwandkarte d. Britischen Inseln. 1:800,000. 9 Bl. 3. Aufl. Chromolithogr. qu. gr. Fol. Berl. 890, Chun.

Bamberg K, Schulwandkarte der Britischen Inseln. 1:800000. Physikalische Ausgabe. 4. Auflage. auf Leinwand mit Stäben. Berlin 1893

— Schulwandkarte d. Brit. Inseln. 1:800,000. 4. Afl. 9 Bl. à 47,5×39 cm. Farbendr. Ebd. 94. 9 —; auf Lnw. in Mappe 15 —; m. St. 16 —

Bamberg's, K., Schulwandkarte von Italien. 1:800,000. 12 Bl. Chromolithogr. qu. gr. Fol. Berlin 888, Chun. *
Auf Leinw. in Mappe *ℳ 16.—.; mit Stäben *

Bamberg K. Schulwandkarte von Italien. 1 800000. Physikalische Ausgabe. 4. Auflage. Auf Leinwand mit Stäben. Berlin 1893

-- Schulwandkarte v. Italien. 1: 800,000. 4. Afl. 12 Bl. à 40× 46 cm. Farbendr. Ebd. 94. 10 —; auf Lnw. in Mappe 16 —; m. St. 17 50

Bamberg, Karl, Schul-Wandkarte von Nordamerika. 1:5,300,000. 16 Bl. Chromolithogr. Fol. Berlin 881, Chun. 12 —
Auf Leinw. in Mappe *ℳ 16,50.; mit Stäben * 18 —

Bamberg, K., Schulwandkarte von Nord-Amerika. 1:5,300,000. 16 Bl. 6. und 8. Aufl. Physikalische Ausg. Chromolithogr. qu. gr. Fol. Berlin 885,87, Chun.
Auf Leinw. in Mappe *ℳ 16.50.; mit Stäben *

Bamberg's, Karl, Schulwandkarte v. Nord-Amerika. 1:5,300,000. Physikal. Ausg. 16 Blatt. 13. Aufl. Farbendr. 40×42,5 cm. Berl. 892, C. Chun. * 12 —

Bamberg K. Schulwandkarte von Nordamerika. 1:5300000. Physikalische Ausgabe. 14. Aufl. auf Lwd m St. Berlin (1894)

— dieselbe. Politische Ausgabe. auf Lwd m St. Berlin (1894)

Bamberg's, Karl, Schulwandkarte von Palästina im biblischen Zeitalter. 1:250,000. 9 Bl. Chromolithogr. gr. Fol. Mit Begleitwort von G. Coordes. 8. (11 S.) Berlin 884, Chun. * 10 —
Auf Leinw. in Mappe *ℳ 15.; mit Stäben * 16 —

—— Schulwandkarte v. Palästina im biblischen Zeitalter. 1:250,000. 9 Blatt. 7. Aufl. Chromolithogr. qu. gr. Fol. Ebd. 890. * 10 —; auf Leinw. in Mappe * 15 —; m. Stäben * 16 50

Bamberg K. Schulwandkarte von Palästina im biblischen Zeitalter. 1:250000 9. Auflage auf Leinwand mit Stäben. Berlin 1893

— Schulwandkarte v. Palästina im bibl. Zeitalter. Physikal. Asg. m. polit. Carton. 1: 250,000. 11. Afl. 9 Bl. à 53×36 cm. Farbendr. Ebd. 95. 10 —; auf Lnw. in Mappe 15 —; m. St. 16.50

Bamberg's, Karl, Schulwandkarte vom Kgr. Preussen. 1:600,000. 138×192 cm. 16 Bl. Farbendr. Berl. 891, Chun. 12 —
Auf Leinw. in Mappe * 16 50; m. Stäben * 18 —

Bamberg K. Schulwandkarte vom Königreich Preussen. 1:600000. Physikalisch politische Ausgabe. Auf Leinwand mit Stäben. Berlin (1893)

Bamberg, K., Schulwandkarte der Pyrenäen-Halbinsel. 1:800,000. 12 Bl. 1. und 2. Aufl. Chromolithogr. qu. gr. Fol. Berlin 886,87, Chun. *
Auf Leinw. in Mappe *ℳ 16.—.; mit Stäben *

Bamberg, K. Schulwandkarte d. Pyrenäen-Halbinsel. 1:800,000. 12 Bl. 3. Aufl. Chromolithogr. qu. gr. Fol. Berl. 891, Chun. * 10 —; auf Leinw. in Mappe * 16 —; m. Stäben * 17 50

Bamberg K. Schulwandkarte der Pyrenäen-Halbinsel. 1:800000. Physikalische Ausgabe. 4 Auflage. Auf Leinwand mit Stäben. Berlin 1893

Bamberg, Karl, Schulwandkarte von Russland. 1:2,500,000. 12 Bl. Chromolithogr. qu. gr. Fol. Berlin 885, Chun. *
Auf Leinw. in Mappe *ℳ 16.—.; mit Stäben *

Bamberg, Karl. Schulwandkarte von Russland. 1:2,500,000. (8. Aufl.) 12 Bl. Farbendr. à 38,5×46,5 cm. Berl. 892, Chun. * 10 —; auf Leinw. in Mappe * 16 —; m. Stäben * 17 50

Bamberg K. Schulwandkarte v. Russland. 1.2500000. Physikal. Ausg. A Lwd m St. Berlin 1892

Bamberg's, K., Schulwandkarte vom Königr. Sachsen. 1:750,000. 9 Bl. 5. verb. Aufl. Chromolithogr. qu. gr. Fol. Berlin 884, Chun.
Auf Leinw. in Mappe *ℳ 12,50.; mit Stäben *

Bamberg's, K., Schulwandkarte vom Königr. Sachsen. 1:175,000. 8 Bl. 6. Aufl. Chromolithogr. qu. gr. Fol. Berlin 887, Chun. 9 —
Auf Leinw. in Mappe *ℳ 12.50.; mit Stäben * 14 50

Bamberg's, Karl, Schulwandkarte vom Kgr. Sachsen. 1:175,000. 7. verb. Aufl. 9 Bl. Farbendr. 36×46,5 cm. Berl. 891, Chun. * 7 50; auf Leinw. in Mappe * 10 —; m. Stäben * 12 —

Bamberg K. Schulwandkarte vom Königreich Sachsen 1:175000. Physikalische Ausgabe. 7. Aufl. Auf Leinwand mit Stäben. Berlin (1891)

—— Schul-Wandkarte von Süd-Amerika. 1:6,000,000. 12 Bl. Chromolithogr. qu. gr. Fol. Ebendas. 880. * 12 —
Auf Leinw. in Mappe *ℳ 17.; mit Stäben * 18 —

— Schulwandkarte v. Süd-Amerika. 1:5,300,000. 14. Afl. Physikal. Asg. m. polit. Carton. 12 Bl. (11 Bl. à 37,5×43,5 cm. u. 1 Bl. 54,5×43,5 cm.) Farbendr. Ebd. 95. 12 —; auf Lnw. in Mappe 16.50; m. St. 18 —; polit. Asg. zu gleichen Preisen

Bamberg, K: Schulwandkarten. Farbdr. Berl., C Chun.
Afrika. Physikal. Asg. m. rot markierten polit. Grenzen. 1:6,300,000. 16. Afl. 12 Bl. à 47,5×38 cm. 98. 12 —; auf L. in M. 16.50; m. St. 18 —; polit. Asg., 5. Afl., 99, zu gleichen Preisen.
Asien. Physikal. Asg. m. rot markierten polit. Grenzen. 1:6,700,000. 18. Afl. 16 Bl. à 38,5×46,5 cm. 99. 15 —; auf L. in M. 20 —; m. St. 22 —; polit. Asg., 8. Afl., 98, zu gleichen Preisen.
Australien. 1:6,330,000. 16. Afl. 9 Bl. à 38×50,5 cm. 99. 9 —; auf L. in M. 12.50; m. St. 13 —
Bayern. 1:375,000. Physikal. Asg. 4. Afl. 12 Bl. à 43×37 cm. 99. 12 —; auf L. in M. 16,50; m. St. 18 —; polit. Asg., 2. Afl., 98, zu gleichen Preisen.
Brandenburg, Prov. 1:180,000. 8. Afl. 16 Bl. à 38,5×46,5 cm. 98. 12 —; auf L. in M. 16.50; m. St. 18 —
Britische Inseln. 1:800,000. 6. Afl. 9 Bl. à 47,5×39 cm. 98. 9 —; auf L. in M. 15 —; m. St. 16 —; Asg. m. rot markierten polit. Grenzen, 6. Afl., 99, zu gleichen Preisen.
Deutschland, f. d. 1. Curs. bearb. 1:1,050,000. 25. Afl. Physikal. Asg. m. rot markierten polit. Grenzen. 12 Bl. à 36×47,5 cm. 99. 12 —; auf L. in M. 16.50; m. St. 18 —; polit. Asg., 24. Afl., 97. 10 —; bezw. 15 — u. 16 —
— Dass. f. Mittel- u. Oberklassen. 1:700,000. Physikal. Asg. m. rot markierten polit. Grenzen. 26. Afl. 20 Bl. à 40×47,5 cm. 98. 16 —; auf L. in M. 22 —; m. St. 24 —; polit. Asg., 20. Afl., 98, zu gleichen Preisen.
Europa. 1:3,000,000. Physikal. Asg. m. rot markierten polit. Grenzen. 21. Afl. 16 Bl. à 39,5×46,5 cm. 98. 15 —; auf L. in M. 20 —; m. St. 22 —; polit. Asg., 21. Afl., 98, zu gleichen Preisen.
— Dass. 1:4,000,000. 8 Bl. à 44,5×48 cm. 1900. 11 —; auf L. 13 —
Frankreich. 1:800,000. 4. Afl. 12 Bl. à 47,5×35 cm. 98. 10 —; auf L. in M. 16 —; m. St. 17.50; Asg. m. rot markierten polit. Grenzen, 4. Afl., 99, zu gleichen Preisen.
Halbkugel, östl. Asg. 1899. Physikal. Asg. 12 Bl. à 48,5×37 cm. 12 —; auf L. in M. 16,50; m. St. 18 —; polit. Asg. zu gleichen Preisen.
— östl. u. westl. (Physikalisch-polit. Asg. f. einfache Schulverhältnisse.) 1:12,000,000. à 4 Bl. à 37×87 cm u. 1 Bl. 43×87 cm. 1900. à 11 —; auf L. à 16 —; beide Karten zusammen auf L. 30 —
— westl. Asg. 1899. Physikal. Asg. m. rot markierten polit. Grenzen. 12 Bl. à 48,5×36,5 cm. 12 —; auf L. in M. 16.50; m. St. 18 —; polit. Asg. 96, zu gleichen Preisen.
Italien. 1:800,000. 5. Afl. 12 Bl. à 39,5×46 cm. 97. 10 —; auf L. in M. 16 —; m. St. 17.50; 6. Afl. Asg. m. rot markierten polit. Grenzen. 99. 12 —; bezw. 16 — u. 17.50
Nord-Amerika. 1:5,300,000. Physikal. Asg. m. rot markierten polit. Grenzen. 17. Afl. 16 Bl. à 40×41 cm. 98. 12 —; auf L. in M. 16.50; m. St. 18 —; polit. Asg., 16. Afl., zu gleichen Preisen.
Palästina im bibl. Zeitalter. 1:250,000. Physikal. Asg. m. polit. Karton. 14. Afl. 9 Bl. à 53,5×35,5 cm. 10 —; auf L. in M. 15 —; m. St. 16.50
Preussen, Kgr. 1:600,000. 4. Afl. 16 Bl. à 36×49 cm. 98. 12 —; auf L. in M. 16.50; m. St. 18 —
Pyrenäen-Halbinsel. 1:800,000. 5. Afl. 12 Bl. à 48×40,5 cm. 98. 10 —; auf L. in M. 16 —; m. St. 17.50, Asg. m. rot markierten polit. Grenzen. 5. Afl., 99. 12 —; bezw 16 — u. 17.50
Rheinland u. Westfalen. 1:200,000. 3. Afl. 12 Bl. à 39×40,5 cm. 97. 12 —; auf L. in M. 16.50; m. St. 18 —
Russland. 1:2,500,000. (4. Afl.) 12 Bl. à 38,5×44,5 cm. 96. 10 —; auf L. in M. 16 —; m. St. 17.50; Asg. m. rot markierten polit. Grenzen. 99. 12 —; bezw. 16 — u. 17.50
Skandinavien. 1:1,400,000. 12 Bl. à 39,5×49 cm. 97. 10 —; auf L. in M. 16 —; m. St. 17.50; Asg. m. rot markierten polit. Grenzen. 99. 12 —; bezw. 16 — u. 17.50
Süd-Amerika. 1:5,300,000. Physikal. Asg. m. rot markierten polit. Grenzen. 16. Afl. 12 Bl. (9 Bl. à 37,5×43.5; 1 Bl. 30,5×43,5; 1 Bl. 46×43,5 u. 1 Bl. 54×43,5 cm.) 97. 12 —; auf L. in M. 16,50; m. St. 18 —; polit. Asg., 16. Afl., 99, zu gleichen Preisen.
Süddeutschland. 1:375,000. 16 Bl. (12 Bl. à 43,5×37 cm u. 4 Bl. à 43,5×22 cm.) 98. 13 —; auf L. in M. 17 —; m. St. 20 —
Thüringen. 1:140,000. Physikal. Asg. 9 Bl. à 39,5×47,5 cm. 96. 10 —; auf L. in M. 15 —; m. St. 16.50; polit. Asg., 2. Afl., 98, zu gleichen Preisen.

Bamberg's, K, Schulwandk. Farbdr. Berl., C Chun.
Afrika. 1:6,300,000. 20. Afl. (Physikal. Ausg. m. od. ohne rot markierte polit. Grenzen.) Je 12 Bl. je 47,5×38 cm. ('05.) Je 12 —; auf L. in M. je 16.50; m. Stäben je 18 —; polit. Ausg. 7. Afl. zu gl. Preisen.
Asien. 1:6,700,000. 21. Afl. (Physikal. Ausg. m. od. ohne rot markierte polit. Grenzen.) Je 16 Bl. je 38,5×46,5 cm. ('04.) Je 15 —; auf L. in M. je 20 —; m. St. je 22 —; polit. Ausg. 7. Afl. ('05.) zu gl. Preisen.
Australien. 1:8,000,000. 5. Afl. v. F Bamberg. (Physikal. Ausg. m. od. ohne rot markierte polit. Grenzen.) Je 9 Bl. je 38×49,5 cm. ('05.) Je 11 —; auf L. in M. od. m. St. je 16 —; polit. Ausg. 10. Afl. 9 —; auf L. in M. 12.50; m. St. 13 —
Balkan-Halbinsel. 1:800,000. 4. Afl. 12 Bl. je 30×47 cm. ('05.) 10 —; auf L. in M. 16 —; m. St. 17.50
Brit. Inseln. 1:800,000. 7. Afl. (Physikal. Ausg. m. rot markierten polit. Grenzen.) 9 Bl. je 48×39 cm. ('05.) 9 —; auf L. in M. 15 —; m. St. 16 —
Deutschl. u. s. Nachbargebiete. Für Mittel- u. Oberkl. 30. Afl. v. F Bamberg. 1:750,000. (Physikal. Ausg. m. od. ohne rot markierte polit. Grenzen.) Je 20 Bl. je 40×48 cm. ('04.) Je 16 —; auf L. in M. je 22 —; m. St. je 24 —; polit. Ausg. zu gl. Preisen.
Europa. 1:3,000,000. 25. Afl. v. F Bamberg. (Physikal. Ausg. m. od. ohne rot markierte polit. Grenzen.) Je 16 Bl. je 39,5×47 cm. ('05.) Je 15 —; auf L. in M. je 20 —; m. St. je 22 —; polit. Ausg. zu gl. Preisen.
— dass. 1:4,000,000. Ausg. f. einf. Schulverhältn. 4. Afl. v. K u. F Bamberg. 9 Bl. je 44,5×48 cm. ('04.) 11 —; auf L. in M. od. m. St. 16 —
Frankr. 1:8,000,000. 7. Afl. 12 Bl. je 47,5×35,5 cm. ('05.) 10 —; auf L. in M. 16 —; m. St. 17.50
Östl. Halbkugel. (Neue Ausg.) (Physikal. Ausg. m. od. ohne rot markierte polit. Grenzen.) Je 12 Bl. je 48,5×37 cm ('04.) Je 12 —; auf L. in M. je 16.50; m. St. je 18 —; polit. Ausg. zu gl. Preisen.
Östl. u. westl. Halbkugel. (Physikalisch-polit. Ausg. f. einf. Schulverhältn. 2. Afl. 1:12,000,000. Je 4 Bl. je 37×87 cm u. 1 Bl. 43×87 cm. ('04.) Je 11 —; auf L. je 16 —
Westl. Halbkugel. (Neue Ausg.) (Physikal. Ausg. m. od. ohne rot markierte polit. Grenzen.) Je 12 Bl. je 48,5×37 cm. ('04.) Je 12 —; auf L. in M. je 16.50; m. St. je 18 —; polit. Ausg. zu gl. Preisen.
Italien. 1:800,000. 8. Afl. 12 Bl. je 40×46 cm. Farbdr. ('05.) 10 —; auf L. in M. 16 —; m. St. 17.50
Nord-Amerika. 1:5,300,000. (Physikal. Ausg. m. od. ohne rot markierte polit. Grenzen.) 21. Afl. Je 16 Bl. je 40,5×41 cm. ('05.) Je 12 —; auf L. in M. je 16.50; m. St. je 18 —

Palästina. 19. Afl. v. F Bamberg. Gr. Ausg. (Physikal. Ausg. m. 4 Kartons.) 12 Bl. je 54×35,5 cm. (04.) 12 —; auf L. in M. 16.50; m. St. 18 —
— dass. im bibl. Zeitalter. 16. Afl. v. F Bamberg. 1:250,000. Physikal. Ausg. m. polit. Carton. 9 Bl. je 52,5×35,5 cm. (02.) 9.50; auf L. in M. od. m. St. 15 —
Kgr. Preussen. 1:600,000. 8. Afl. 16 Bl. je 56×40 cm. (04.) 12 —; auf L. in M. 16.50; m. St. 18 —
Pyrenäen-Halbinsel. 1:800,000. 7. Afl. 12 Bl. je 48×40,5 cm. (05.) 10 —; auf L. in M. 16 —; m. St. 17.50
Russland. 1:2,500,000. 5. Afl. 12 Bl. je 38,5×47 cm. (05.) 10 —; auf L. in M. 16 —; m. St. 17.50
Skandinavien. 1:1,400,000. 3. Afl. 12 Bl. je 39,5×49,5 cm. (05.) 10 —; auf L. in M. 16 —; m. St. 17.50
Süd-Amerika. 1:5,800,000. (Physikal. Ausg. m. od. ohne rot markierte polit. Grenzen.) 21. Afl. Je 12 Bl. je 38×44 cm. (05.) Je 12 —; auf L. in M. je 16 —; m. St. je 18 —
Süddeutschl. 1:875,000. 2. Afl. 16 Bl. 12 Bl. je 43,5×37 cm 4 Bl. je 43,5×22,5 cm. (05.) 12 —; auf L. in M. 17 —; m. St. 20 —
Thüringen. 3. Afl. v. F Bamberg. 1:140,000. Physikal. Ausg. m. rot markierten polit. Grenzen. 9 Bl. je 39,5×47,5 cm. (02.) 10 —; auf L. m. St. 16.50; polit. Ausg. zu gl. Preisen.

— Schulwandk. Farbdr. Berl., C Chun.
Afrika. 21. Afl. v. Frz Bamberg. 1:6,800,000. (Physikal. Ausg. m. od. ohne polit. Grenzen.) Je 6 Bl. je 58×76 cm. (06.) Je 13 —; auf L. in M. od. m. St. je 20 —; polit. Ausg. 8. Afl., zu gl. Preisen.
Asien. 1:6,700,000. 23. Afl. (Physikal. Ausg. m. od. ohne polit. Grenzen.) Je 8 Bl. je 77×48,5 cm. (07.) Je 15 —; auf L. m. St. je 22 —
Australien. Neu bearb. v. Frz Bamberg. 1:8,000,000. 6. Afl. (Physikal. Ausg. m. polit. Grenzen.) 9 Bl. je 38×49 cm. (07.) 11 —; auf L. m. St. 16 —
Balkan-Halbinsel. 1:800,000. 5. Afl. 12 Bl. je 39×47 cm. (07.) 12 —; auf L. m. St. (17.50) 18 —
Bayern. 8. Afl. v. Frz Bamberg. (Physikal. Ausg.) 5 Bl. je 58×84 cm. (07.) 10 —; auf L. m. St. 15 —; polit. Ausg. zu gl. Preisen.
Brandenburg, Prov. 12. Afl. v. Frz Bamberg. 1:180,000. 9 Bl. je 50×63,5 cm. (06.) 12 —; auf L. in M. 16.50; m. St. 18 —
Brit. Inseln. 1:800,000. 8. Afl. 4 Bl. je 70×57 cm. (07.) 12 —; aufgez. (17.50) 18 —
Deutschl. u. Nachbargebiet. Für Mittel- u. Oberkl. 32. Afl. v. Frz Bamberg. 1:750,000. (Physikal. Ausg. m. od. ohne polit. Grenzen.) Je 20 Bl. je 40×48 cm. (06.) Je 16 —; auf L. in M. je 22 —; m. St. je 24 —; polit. Ausg. zu gl. Preisen.
— — Geolog. Wandk. Bearb. v. Frz Bamberg. (Neue Ausg.) 1:750,000. 12 Bl. je ca 49,5×63 cm. (06.) 20 —; auf L. 23 —
Europa. 26. Afl. v. Frz Bamberg. 1:3,000,000. (Physikal. Ausg. m. od. ohne polit. Grenzen.) Je 9 Bl. je 58,5×60 cm. (07.) Je 15 —; auf L. m. St. je 22 —; polit. Ausg. 27. Afl. zu gl. Preisen.
— dass. Kl. (bill.) Ausg. 1:4,000,000. (Physikal. Ausg. m. od. ohne polit. Grenzen.) Je 9 Bl. je 44,5×48 cm. (06.) Je 11 —; auf L. in M. od. m. St. je 16 —; polit. Ausg. 5. Afl. (07) zu gl. Preisen.
Frankr. 1:800,000. 8. Afl. 12 Bl. je 47,5×35,5 cm. (07.) 12 —; auf L. m. St. (17.50) 18 —
Halbkugel, östl. u. westl. Bill. Ausg. 4. Afl. 1:12,000,000. Je 4 Bl. je ca. 87×87 cm u. 1 Bl. 53×93 cm. (07). Je 11 —; auf L. m. St. je 16 —; zus. bezogen, aufgez. 30 —
Italien. 1:800,000. 9. Afl. 12 Bl. je 40×46 cm. (07.) 12 —; aufgez. (17.50) 18 —
Nord-Amerika. 1:5,800,000. (Physikal. Ausg. m. od. ohne polit. Grenzen.) 22. Afl. Je 16 Bl. je 30×41 cm. (07.) Je 12 —; auf L. in M. je 16.50; m. St. je 18 —; polit. Ausg., 21. Afl., zu gl. Preisen.
Palästina. 20. Afl. v. Frz Bamberg. 1:250,000. (Physikal. Ausg. m. polit. Grenzen. Kl. Ausg.) 9 Bl. je 54×35,5 cm. (07.) 9.50; auf L. m. St. 15 —
— dass. (Gr. Ausg.) 22. Afl. 12 Bl. je 54×35,5 cm. (07.) 12 —; auf L. m. St. 18 —
Preussen, Kgr. 10. Afl. v. Frz Bamberg. 1:600,000. 8 Bl. je 72,5×49,5 cm. (07.) 12 —; auf L. m. St. 18 —
Rheinld u. Westf. 1:200,000. 6. Afl. 15 Bl. je 39×49,5 cm. (07.) 12 —; auf L. m. St. 18 —
Skandinavien. 1:1,400,000. 4. Afl. 12 Bl. je 39,5×49,5 cm. (07.) 12 —; auf L. m. St. (17.50) 18 —
Süd-Amerika. 1:5,800,000. (Physikal. Ausg. m. od. ohne polit. Grenzen.) 22. Afl. Je 12 Bl. je 38×44 cm. (07.) Je 12 —; auf L. in M. je 16 —; m. St. je 18 —; polit. Ausg., 19. Afl., zu gl. Preisen.
Süddeutschland. Bearb. v. Frz Bamberg. 1:875,000. (Physikal. Ausg.) 5 Bl. je 58×85 cm. (07.) 13 —; auf L. m. St. 20 —
Thüringen. 4. Afl. v. Frz Bamberg. 1:140,000. (Polit. Ausg.) 9 Bl. je 39,5×47,5 cm. (07.) 10 —; auf L. m. St. 16.50

Bamberg, Karl, a. Berlin: Ueber Sinus-Thrombose im Kindesalter. ⟨Mit e. Taf.⟩ München 1905: C. Wolf & Sohn. (24 S.) 8°
München, Med. Fak., Ref. v. Bollinger, Diss. v. 1. Dez. 1906
[Geb. 8. Sept. 81 Berlin; Wohnort: Berlin; Staatsangeh.: Preußen; Vorbildung: Askan. Gymn. Berlin Reife O. 00; Studium: Freiburg i. B. 1, Berlin 5, Straßburg 1, München 2 S.; Coll. 1. Dez. 06; Approb. 25. Nov. 06.]

Bamberg's, K., **Wandkarte von Afrika.** 1:5,300,000. 9 Bl. Chromolithogr. Fol. Weimar 881. (Berlin, Deutsche Reichsbuchhandlung.)
Auf Leinw. in Mappe *ℳ 16,50.; mit Stäben *
—— dass. — 1:5,300,000. 12 Bl. 6. revid. Aufl. Physikalische Ausg. mit polit. Carton und Carton: Gross-Namaqua-Land und Lüderitz-Besitzung. Chromolithogr. qu. gr. Fol. Ebendas. 884.
Auf Leinw. in Mappe *ℳ 16,50.; mit Stäben *

—— **Wandkarte von Afrika.** 1:6,000,000. 12 Bl. 8. und 9. Aufl. Chromolithogr. Fol. Ebendas. 885,86.
Auf Leinw. in Mappe *ℳ 16.50.; mit Stäben *
10. Aufl. u. d. T.:

Bamberg's, Karl, Wandkarte v. Afrika. 1:6,000,000. Physikal. Ausg. m. polit. Carton. 12 Bl. 13. revid. Aufl. Farbendr. 47,5×38 cm. Berl. 892, Chun. 12 —; auf Leinw. in Mappe * 16 50

—— **Wandkarte von Asien.** 1:6,700,000. 16 Bl. Chromolithogr. Fol. (Ebendas.) 881. * 15 —
Auf Leinw. *ℳ 20.; mit Stäben * 22 —

Bamberg's, K., **Wandkarte von Asien.** Physikalische Ausg. mit polit. Carton. 1:6,700,000. 16 Bl. 5. Aufl. Chromolithogr. qu. gr. Fol. Weimar 884. (Berlin, Deutsche Reichsbuchhandlung.) * 15 —
Auf Leinw. in Mappe *ℳ 20.; mit Stäben * 22 —

—— **Wandkarte von Asien.** 1:6,700,000. 16 Bl. 6.—9. Aufl. Chromolithogr. qu. gr. Fol. Ebendas. 885—88. *
Auf Leinw. in Mappe *ℳ 20.—.; mit Stäben *
—— dass. — 8. Aufl. Physikalische Ausg. mit polit. Karton. Chromolithogr. qu. gr. Fol. Ebendas. 887. *
Auf Leinw. in Mappe *ℳ 20.—.; mit Stäben *

Bamberg K, Wandkarte von Asien. 1:6700000. Physikalische Ausgabe mit politischem Carton. 13. Aufl. auf Leinwand mit Stäben. Berlin (1893)

— Wandkarte v. Asien. 1:6,700,000. Physikal. Asg. m. polit. Carton. 14. Afl. 16 Bl. à 38×47 cm. Farbendr. Ebd. 94. 15 — auf Lnw. in Mappe 20 —; m. St. 22 —; polit. Asg. zu gleichen Preisen.

—— **Wandkarte von Australien.** 1:4,285,000. 12 Bl. Chromolithogr. gr. Fol. (Ebendas.) 884. * 12 —
Auf Leinw. in Mappe *ℳ 16,50.; mit Stäben * 18 —

—— **Wandkarte von Australien.** 1:8,330,000. 12 Bl. 8. Aufl. Chromolithogr. qu. gr. Fol. Ebendas. 888.
Auf Leinw. in Mappe *ℳ 12.—.; mit Stäben *

Bamberg's, Karl, Wandkarte von Australien. 1:8,330,000. 12 Blatt. 11. rev. Aufl. Farbendr. 89×50 cm. Berl. 892, Chun. 9 —; auf Leinw. in Mappe * 12 —; m. Stäben * 13 —

Bamberg K, Wandkarte von Australien. Physik.-Politische Ausgabe 1:8330000 12. Auflage auf Leinwand mit Stäben. Berlin 1894

— Wandkarte v. Australien. 1:8,330,000. 13. Afl. Physikalisch-polit. Asg. 8 Bl. à 88×50,5 cm. Farbendr. Ebd. 95. 9 —; auf Lnw. in Mappe 12.50; m. St. 13 —

—— **Wandkarte der Prov. Brandenburg.** 1:180,000. 16 Bl. 2. Aufl. Chromolithogr. gr. Fol. Ebendas. 886.
Auf Leinw. in Mappe *ℳ 16.50.; mit Stäben *

—— Wandkarte der Prov. Brandenburg. 1:180,000. 12 Bl. 3. Aufl. Chromolithogr. qu. gr. Fol. Ebd. 889. 12 —
Auf Leinw. in Mappe * 16 ; m. Stäben * 18 —

—— **Wandkarte von Deutschland für den 1. Kursus bearb.** 12 Bl. 1:1,050,000. 13. Aufl. Politische Ausg. Chromolithogr. qu. gr. Fol. Ebendas. 885. *
Auf Leinw. in Mappe *ℳ 15.—.; mit Stäben *
—— dass. — 14.—16. Aufl. Physikalische Ausg. Chromolithogr. qu. gr. Fol. Ebendas. 885,87. *
Auf Leinw. in Mappe *ℳ 16.50.; mit Stäben *
Politische Ausg. *
Auf Leinw. in Mappe *ℳ 15.—.; mit Stäben *

— Wandkarte v. Deutschland, f. d. I. Curs. bearb. 1:1,050,000. Physikal. Asg. 22. Afl. 12 Bl. à 36×47,5 cm. Farbendr. Ebd. 95. 12 —; auf Lnw. in Mappe 16.50; m. St. 18 —; polit. Asg. 22. Afl. 95. 10 —; auf Lnw. in Mappe 15 —; m. St. 16 —

- - Wandkarte von Deutschland für Mittel- und Oberklassen 1 700 000. 2. Aufl Physikalische Ausgabe. Berlin 1882. Fol. 20 Bll. Chromolith

Bamberg, Wandkarte von Deutschland für Mittel- und Oberklassen. 1.700 000. 8—19 Aufl. Ebda. 1884—92 Fol. 20 Bll Chromolith. (M. 16)

—— dass. — Politische Ausg. qu. gr. Fol. Ebendas. 885—88. *
Auf Leinw. in Mappe *ℳ 22.—.; mit Stäben *

— Wandkarte von Deutschland für Mittel- und Oberklassen. 1:700000. Physikalische Ausgabe. 21. Auflage. auf Leinwand mit Stäben. Berlin 1893

— dass. f. Mittel- u. Oberklassen. 1:700,000. Physikal. Asg. 23. Afl. 20 Bl. à 40×47,5 cm. Farbendr. Ebd. 95. 16 —; auf Lnw. in Mappe 22 —; m. St. 24 —; polit. Asg. zu gleichen Preisen

Bamberg, Karl, **Wandkarte von Europa.** Photolithogr. nach einem Relief 12 Bl. gr. Fol. Weimar 876. (Berlin, Chun.) *
Auf Leinw. *ℳ 16.; in Mappe *
Mit lackirten Rollen *

Bamberg, Karl, Wandkarte von Nordamerika. 1:5,300,000. 12 Bl. Politische Ausg. 6. Aufl. Chromolithogr. gr. Fol. Berlin 884, Chun. 12 —
Auf Leinw. in Mappe *M 16,50.; mit Stäben * 18 —

—— Wandkarte von Nordamerika. 1:5,300,000. Politische Ausg. 7. und 9. Aufl. 16 Bl. Chromolithogr. qu. gr. Fol. Ebendas. 887.
Auf Leinw. in Mappe *M 16.50.; mit Stäben *

Bamberg, K., Wandkarte von Palästina im biblischen Zeitalter. 1:250,000. 9 Bl. 3.—5. Aufl. Chromolithogr. qu. gr. Fol. Berlin 887,88, Chun. *
Auf Leinw. in Mappe *M 15.—.; mit Stäben *

Bamberg's, K., Wandkarte der Provinzen Rheinland u. Westfalen. 1:200,000. 15 Bl. Chromolithogr. qu. gr. Fol. Berl. 889, Chun.
12 —; auf Leinw. in Mappe * 16 50; m. Stäben * 18 —

Bamberg K, Wandkarte der Provinzen Rheinland und Westfalen (mit den Hohenzollernschen Landen. 1:200000. Physikal.-polit. Ausg. Auf Lwd mit St. Berlin 1893

—— Wandkarte von Süd-Amerika. 1:5,300,000. 12 Bl. Politische Ausg. 8. Aufl. Chromolithogr. gr. Fol. Ebendas. 884. 12 —
Auf Leinw. in Mappe *M 16,50.; mit Stäben * 18 —

—— Wandkarte von Süd-Amerika. 1:5,300,000. 12 Bl. 8. und 9. Aufl. Physikalische Ausg. Chromolithogr. qu. gr. Fol. Ebendas. 885.
Auf Leinw. in Mappe *M 16.50.; mit Stäben *
—— dass. — 8. Aufl. Politische Ausg. Chromolithogr. qu. gr. Fol. Ebendas. 887.
Auf Leinw. in Mappe *M 16.50.; mit Stäben *

Bamberg's, Karl, Wandkarte v. Süd-Amerika. 1:5,300,000. Physikal. Ausg. 12 Blatt. 12. rev. Aufl. Farbendr. 38×43,5 cm. Berl. 892, Chun. 12 —
Auf Leinw. in Mappe * 16 50; m. Stäben * 18 —
—— desgl. — Politische Ausg. 12 Blatt. 11. Aufl. Chromolithogr. qu. gr. Fol. Ebd. 890. 12 —
Auf Leinw. in Mappe * 16 50; m. Stäben * 18 —

Bamberg, K.: Wandk. v. Südamerika. Politische Ausgabe. 12. Aufl. auf Lwd. m. St. Berlin, 1893.

— Wandk. v. Sudamerika. 1:5300000. Physik. Ausg. 13. A. a. Lwd m St. Berlin (1893)

Bamberg, Ludwig: Bismarck Posthumus, s.a. Bamberger, Ludwig.

Bamberg, Ludwig: – Bismarck Posthumus. Sonderabdruck aus der Wochenschrift „Die Nation". Berlin 1899. 8°.

Bamberg, Ludwig, Buchhandlung, Greifswald
— **Verzeichniss des antiquarischen Bücherlagers (Antiquarischer Catalog; Antiquarisches Bücherlager). — Greifswald 1874–1904. 8°** 9.
10.9749

Bamberg, Ottomar: Dem Frühling entgegen! (Briefe von e. Fahrt nach Unteritalien.) — Laibach 1909. 52 S. 8°
300:466.260–B.
10.9750

Bamberg, Paul, aus Bernburg: 1. Zur Kenntnis halogenisierter und nitrierter Diazosalze. 2. Zur Kenntnis des Cotarnins. *Berlin 1902: A. W. Schade.* (43 S.) 8°
Würzburg, Phil. Diss. v. 1902

Bamberg, Raimund: Über Chinazoline aus Ortho-Amido-meta-Xylyl-para-Toluidin. 1904. 69 S. 8° ¶ Ausz. in: Journal f. prakt. Chemie. Bd 181. N. F. Bd 73. 1906.
Dresden, Dr.-Ing.-Diss. v. 20. 7. 1904

Bamberg, Theoph Frd (geb [Malzin] auf Rugen 31 3 1840) Observationes aliquot de ovarii tumoribus Berolini (1864) (32 S.) 8°
Berlin, Med. Diss v 13 Mai 1864

Bambergensis [Schlagwort]
Bambergensis — Tabula Geographica novissima Principalis Episcopatus — Demonstratis omnibus Toparchys et Praefecturis, etiam in Ducatu Carinthiae à Fundatoribus pleno Jure collatis, cum confiniis aliorum S R.J. statuum a Matheo Seuttero. Aug. Vind. 1747? 1: 250,000. 1 Bl.

Bambergensis — Sac. Rom. Imperii Principatus et Episcopatus — Nova Tabula Geographica in qua non solum omnes ejusdem Toparchiae Officia et Präfecturae proximae et remotae, sed etiam Dominatus Carinthiaci à S.S. Imperatorib. Henrico et Cunegunda praefato Episcopatui non tam titulo Dotis, quam Donationis annexi cum vicinis finitimorum quorundam S. R. J. Statuum confiniis exhibentur à Joh. Bapt. Homanno Norimbergae. 1712? 1: 270,000. 1 Bl.

Bamberger, Prof., Landschaftsmaler, 1814-1873. 1844
s. *Bamberger*, Fritz.

Bamberger, Hofprediger, Potsdam, 1722-1804. 1759
s. *Bamberger*, Johann Peter.

Bamberger, Rabbiner, Königsberg, 1834-1896. 1864
s. *Bamberger*, Isaak.

Bamberger, Dr., Rabbiner, Schönlanke, geb. 1869. 1891
s. *Bamberger*, Moses Loeb.

Bamberger's, Biographisch-litterarische Anecdoten von den berühmtesten Grossbritannischen Gelehrten. Berl. 786. 87. 2 Th. 8. 2 rthl. 8 gr.

Bamberger: D. Arbeiterfrage unt. d. Gesichtsp. d. Vereinsr. Stuttg., s. Bamberger, Ludwig.

Bamberger: Die sozialpädagogischen Strömungen der Gegenwart, s. Bamberger, Isaak.

Bamberger, Adolf [app. Arzt]: 40 Fälle von Laparotomie wegen Tubenerkrankung ... Berlin, Druck v. Penner & Janetzke, 1894; 37 S., 1 Bl. 8.
Leipzig, Med. Fak., Inaug.-Diss. v. 23. Nov. 1894

Bamberger, Aron (geb Punitz in Posen 1860). Ovariotomie in einem Falle von Hemianaesthesia hysterica Berlin (1882). (31 S.) 8°
Berlin, Med Diss. v. 12 Dez 1882

Bamberger, Barth. Brömel gegen d. Staatssocialismus. Berlin 884.

Bamberger, Bernhard

Bamberger, B, Electr. u. Magnetismus als Heilmittel. 8. (66) Berl. 54. (Lpsg, Felix.) — 15

Bamberger, B., Electricität und Magnetismus als Heilmittel. Kurze Betrachtungen über deren Anwendung im Allgemeinen mit gleichzeit. Hinblick auf die Ergebnisse u. Tendenz seines Instituts. Berlin 854. (Leipzig.) Förstner. gr. 8. (V, 66 S.) 15 ngr

Bamberger, Bernhard: Electricität und Magnetismus als Heilmittel. — Berlin: Jeanrenaud 1854. IV,66 S. 8°
1: Kh 1513 [u.] 4 in Kh 1200. 2. 11.
12: M. med. 1129–11. 21. 24. 26. 52. 303.
10.9756

Bamberger, Bernh. Baruch (Duisburg), De variis torsionis arteriarum methodis. Diss. med. Bln. (Nietack) 3. X. 1833. 32 S. mit Biogr. (Mutter: Bella Baruch.) (4.—)
Oppon.: E. Lexis, W. Davidson, B. Ginsberg. — Gew.: Wutzer, F. Dieffenbach.

Bamberger, Conr., deutsches Schützenlied. Eine Gabe zum 8. deutschen Bundesschießen. gr. 8. (8 S.) Wien 868, Herzfeld und Bauer. [Brüder Winter.] *

Bamberger D, das Schreiben des Reichskanzlers an den Bundesrat vom 15. Dezember 1878 betreffend die Revision des Zolltarifs. (Zeitfragen, Volksw. 1) Berlin 1879

Bamberger, Schreiben d. Reichskanzlers an d. Bundesrath v. 15. XII. 1878. betr. Revision d. Zolltarifs. 2. Aufl. Berlin 879.

Bamberger, Ernst: Das Scleroedem und seine Beziehungen zu den Sclerodermien. Heidelberg 1910: Hörning. 54 S. 8°
Heidelberg, Med. Diss. v. 4. Juli 1910, Ref. Krehl
[Geb. 30. April 85 Frankfurt a. M.; Wohnort: Bonn; Staatsangeh.: Preußen; Vorbildung: Goethe-Gymn. Frankfurt Reife O. 03; Studium: Heidelberg 10 S.; Coll. 24. Juli 09; Approb. 28. Juli 09.] [U 10. 2048

Bamberger, Eugen v., Arzt, Wien, 1858-1921. 1899: **Ein Fall von osteoplastischem Prostatacarcinom. Von E. Bamberger u. R. Paltauf. — Wien [usw.]: Braumüller 1899. 20 S. 8°**
Aus: Wiener klinische Wochenschrift. 12. 1899. **302.**
10.9757

Bamberger, Eugen (geb. Berlin 19. 7. 1857) Ueber guanylirte Harnstoffe und Guanidine. Berlin (1881) (42 S.) 8°
Berlin, Phil. Diss. v. 14. Jan. 1881

Bamberger, Eug., über guanylirte Harnstoffe u. Guanidine. Inaugural-Dissertation. gr. 8. (42 S.) Berlin 881. (Mayer & Müller.) n. 1. —

Bamberger, Eugen, Chemiker, Zürich, 1857-1932. 1881: **Sodalith von Tiahuanaco. Von E. Bamberger u. K. Feussner. Leipzig: Engelmann 1881. S. 580-585. 8°**
Aus: Zeitschrift für Krystallographie und Mineralogie. 5. 1881.
21.
10.9758

Bamberger, F., s. Bamberger, Ferdinand

Bamberger, Ferdinand
Bamberger, Ferd., de Aeschyli Agamemnone. 4. (3 B.) Brunsvigae 835, (Leibrock.)

Bamberger, F., De Aeschyli Agamemnone commentatio (Quo sententiarum nexu chori carmina contineantur. — De excubitoris et praeconis persona.). Pr. 1835. 25 S. 4°. 1.20

— [Hrsg.] s. *Aeschylus:* Choephori. 1840.

Bamberger, Ferd., de Carminibus Aeschyleis a partibus chori cantatis. Dissert. inaug.. 8 maj. (5½ B.) Marburgi Cattor. 832. (Brunsvigae, Pluchart.)

Bamberger, F., Coniectaneorum in poetas Graecos capita II. (Aeschyl., Homer., Theognis, Solon, Sophocl. fragm., Eurip.) Pr. 1841. 19 S. 4°. 1.—

— De Interregibus Romanis. — Brunsvigae 1844: Otto. 16 S. 8°
Erschien auch als Progr. Braunschweig 1844.
1: Rn 5110. 2. 4. 12: H. ant. 8 i. 15. 26. 111.
10.9760

Bamberger, Ferdinand: [Teils.] F. Bambergeri Opuscula philologica maximam partem Aeschylea. Coll. F. G. Schneidewin. Praemissa est Memoria F. Bambergeri a G. T. A. Krügero conscripta. — Lipsiae: Teubner 1856. XXXVIII, 269 S. 8° **1: Vg 2460. 2→11. 12: Philol. 14q. 14. 15. 18. 20. 21. 23. 25. 27. 29. 32. 34. 53. 78. 300: 10.484–B. 302.**
10.9759

Bamberger, Fr., s.: Adreß- u. Geschäftshandbuch der Stadt Glauchau.

— s.: **Adreß- u. Geschäftshandbuch der Stadt Werdau.**

Bamberger, Fr.: Beschreibung und Abbildung. . . , s. Bamberger, Friedrich.

[F.] **Bamberger,** Franz [Dr. jur.]: Ein Vergleich zwischen Kommanditgesellschaft und Stiller Gesellschaft. München, Druck v. Knorr & Hirth, 1896; 2 Bl., 59 S. 8.
Erlangen, Jur. Fak., Inaug.-Diss. v. 1895

Bamberger, Friedrich
Bamberger, Beschreibung und Abbildung der in neuester Zeit erfundenen und verbesserten Maschinen zum Wagen, sowie kleinerer, sehr empfindlicher Wagen. Quedlinburg u. Leipzig 1832. 8.

Bamberger, Friedr., Beschreibung u. Abbild. d. in neuer. Zeit erfund. u. verbess. Maschinen zum Wägen, sowie kleiner, sehr empfindl. Wagen, insbesond. d. Brückenwagen, Federwagen, hydraul. Wagen rc. Nebst ein. Vergleichung d. engl., franz., schwed. u. deutschen Gewichte u. Hohlmaße. M. 32 lith. Abbild. (auf 1½ B.) 8. (4½ B.) Quedlinburg 832, Basse.

Bamberger, Fritz, Prof., Landschaftsmaler, 1814-1873. 1844: **Album de la Bergstrasse. Vues pittoresques de Darmstadt, du Mélibocus, de Auerbach, Weinheim, Heidelberg, Mannheim, Schwetzingen, Carlsrouhe et Baden. — Francfort s. M.: Jugel [um 1850]. 21 Bl., 20 Taf. quer-8°**
16. 20.
10.9763

— Album des Mains. Eine Sammlung d. interessantesten Ansichten von s. Ursprunge bis zu s. Mündung in d. Rhein. Vues pittoresques du Main. — Würzburg: Etlinger [um 1850]. 52 Taf. quer-8° 22. 30.
10.9764

— Panoramen der Rheinlande. Eine Sammlung panoramenförmiger Ansichten ... In Stahl gestochen von Wilh. Lang u. Rudolf nach Original-Zeichn. von Bamberger u. Wegelin. — Frankfurt a. M.: Jügel [1852]. 15 Bl. quer-8°
61.
10.9765

Bamberger, G.: Die Arbeitsschule. Vortrag. — Milwaukee: Doerflinger 1882. 20 S. 8°
Aus: Erziehungsblätter. 1882. **1: Nf 5800/50.**
10.9768

Bamberger, Georg
Bamberger, Geo.: Für d. Erbrecht d. Reiches. (52) Lex8° Berl., Verl. d. Grenzboten ('12). — 50 d

— Erbrechtsreform. Ein sozialpolitischer Vorschlag zur Befestigung d. Reichsfinanzen. — Berlin: Guttentag 1908. 78 S. 8° **1: Gn 7905. 5. 7. 11. 12: J. germ. 1131. 14. 15. 20. 21. 25. 28. 30. 35. 41. 43. 44. 46. 47. 51. 106. 111. 169. 203. 205. 208.**
10.9780

Bamberger, Georg, Schriftsteller, Berlin, geb. 1860. 1902: **Moderne Feigenblätter. 2. Aufl. — Berlin: Eckstein [1907]. 111 S. 8°**
11.
10.9769

— Hast Du ne Ahnung! Dolle Zicken verzappt von Wilhelm Neunauge [d. i. Georg Bamberger]. 3. Aufl. — Berlin: Eckstein [1910]. 126 S. 8°
32.
10.9771

Bamberger, Geo., fidele Musensprünge. Vorträge f. moderne Kreise. (Umschlag: 4. u. 5. Aufl.) (à 64 S.) kl. 8. Berlin (905). M. Eckstein Nachf. n. — 50

Bamberger, Geo., „Sellerie". Ueber die moderne Moral. Mit Buchschmuck v. Walt. Caspari, Hans Stubenrauch u. P. Wendling. schmal gr. 8. (94 S.) Berlin (902). R. Eckstein Nachf. n. 1. —; geb. n. 1. 50

— **Se. Tollität! 10 karnevalist. Ulkreden f. fröhl. Leute, u. solche, die es werden wollen.** (64 S.) gr. 8. Berlin (904). Harmonie. n. 1. —

Se. Tollität! Zehn karnevalistische Ulkreden f. fröhliche Leute, u. solche, die es werden wollen, von Georg **Bamberger**. Berlin: Harmonie [1910]. 63 S. 8° [10. 13275

Bamberger, H. v., über Bacon v. Verulam besonders vom medicinischen Standpunkte. Der k. k. Universität zu Wien zur Feier ihres 500jähr. Jubiläums dargebracht v. der Julius-Maximilians-Universität zu Würzburg. (Anastatischer Neudruck.) gr. 4. (80 S.) Würzburg 865. (Stuber's Verl.) n. 1. 50

Bamberger, H v., üb. Bacon v. Verulam bes. v. medicin. Standpunkte. (Anastat. Neudr.) 4. (30) Würzb. 65, (89), (Stuber's V.). n. 1. 50

Bamberger, Heinrich v.: Ueber die Anwendbarkeit der Oertel'schen Heilmethode bei Klappenfehlern des Herzens. — Wien:Hölder 1888. 12 S. 8°
Aus: Wiener klinische Wochenschrift. 1. 1888. **20.**
10.9780

Bamberger, Heinrich
Bamberger, Heinr. (geb. Glogau ... 1809) De olei Crotonis externe adhibiti efficacia. Berolini (1833) (27 S.) 8°
Berlin, Med. Diss. v. 18. Nov. 1833

— **Heinr.** (Glogau/Schles.), De olei Crotonis externe adhibiti efficacia. Diss. med. Bln. (Nietack) 18. XI. 1833. 31 S. mit Biogr. (4.80)
Oppon.: S. Oppler, L. Meyer, A. Faudel. — Gew.: K. B. Hayn.

— **Zur Erinnerung an Joh.Peter Frank. — Wien:Hölder 1886. S.98–116. 8°**
Aus: Medizinische Jahrbücher. N. F. 1. 1886. **302.**
10.9787

Bamberger, Heinrich [aus Kronach, Oberfranken]: Ueber Condensation von Paranitroanilin mit Acet- und Propionaldehyd. München 1896. 38 S. 8°.
Basel. Phil. Diss. 1896/97.

Bamberger, H., Krankheiten des chylopoëtischen Systems, s.a. Handbuch der speciellen Pathologie.

— Krankheiten des chylopoëtischen Systems. Digestionstractus – Leber – Milz – Pankreas – Nebennieren – Bauchfell. — Erlangen:Enke 1855. VIII,710 S. 8° (Handbuch d. speciellen Pathologie u. Therapie. 6,1.) 1:Id 2070–6,1. 2→5. 7. 8. 10. 11. 12:Path. 1329u–6,1 [2Ex.] 15. 17→21. 26. 28→31. 33. 34. 41. 43→48. 60. 64. 75. 79. 123. 202. 304. 308.
10.9789

— — 2., verm. Aufl. Ebd. 1864. VIII,664 S. 8° (Handbuch d. speciellen Pathologie u. Therapie. 6,1.)
1:Id 2071–6,1. 4. 6. 8. 9. 11. 12:Path. 1329ub–6,1. 15. 19. 20. 25. 26. 29. 30. 33. 36. 38M. 46. 47. 48. 79. 202. 300:106.133–C. Bd 6,1. 302. 303.
10.9790

— Lehrbuch der Krankheiten des Herzens. — Wien:Braumüller 1857. VIII,459 S. 8° 1:Iv 4230. 2→5. 7. 8. 9. 11. 12:Path. 88gm. 15→22. 24→27. 29. 30. 31. 33. 34. 36. 38M. 42. 43. 44. 46. 47. 48. 52. 53. 60. 61. 75. 79. 111. 133. 202. 302. 303. 304.
10.9791

Bamberger, H. v., über Morbus Brightii u. seine Beziehungen zu anderen Krankheiten, s.a. Sammlung klinischer Vorträge.

— Ueber Morbus Brightii und seine Beziehungen zu anderen Krankheiten. — (Leipzig:Breitkopf & Härtel 1879.) S.1533–1568. 8° (Sammlung klinischer Vorträge. 173 – Innere Medicin 58.) 1:Ic 2465–173. 3→11. 12:Path. 1352g–I,58. 15. 16. 17. 20. 21. 24→31. 33. 38M. 43. 46. 202. 300:60.812–B. Innere Med. 58. 308.
10.9793

Bamberger, Henr.: De olei Crotonis. . . , s. Bamberger, Heinrich

Bamberger Hermann: Joh. Wolfg. Goethe und Lorenz Sterne.
H. 1892 PN 735 D... Univ.

Bamberger, Hermann: Fünf Oden Klopstocks, nach ihrem Gedankengange erläutert. S. 17–48. 8.
Progr. K. k. Staatsgymn. *Mähr.-Weißkirchen* 1901.

Bamberger, Herz, Geschichte der Rabbiner der Stadt u. des Bez. Würzburg. Aus seinem Nachlass hrsg., ergänzt u. vervollständigt v. seinem Bruder S. Bamberger. (III, 118 S.) gr. 8. Wandsbek 905. Würzburg, J. Frank. n. 2. 50

Bamberger, Herz: Geschichte der Rabbiner der Stadt und des Bezirkes Würzburg. Aus seinem Nachlass hrsg., ergänzt u. vervollst. von S. Bamberger. — Wandsbek 1905 (:Schmersow in Kirchhain N.-L.) 118 S. 8°
In den Exemplaren von 12 u. 30 ist das Impressum überklebt mit Würzburg: Frank 1906.
1:Ez 10102. 12:Bavar. 101 ol. 16. 18. 19. 20. 30.
10.9794

Bamberger, Herz [cand. phil. aus Würzburg]: Das Tier in der Philosophie Schopenhauer's ... Würzburg, Becker's Univ.-Buchdr., 1897; VIII, 135 S., 1 Bl. 8.
Würzburg, Phil. Fak., Inaug.-Diss. v. 1897

Bamberger, Herz, D. Tier i. d. Philosophie Schopenhauer's. Diss. gr. 8. (VIII, 136 S.) Würzburg 897. (J. Frank.) n. 2. 60

Bamberger, J.: Dank- u. Fürbitte-Gottesdienst, s. Bamberger, Isaak.

Bamberger, J.P. (Hrsg.), s. Bibliothek, Brittische theologische.

Bamberger, J. Pet., literar. Anekdoten v. d. berühmtest. Gelehrt. 2 Thle. gr. 8. Berl. Unger. 786 u. 787.

Bamberger, Jacob, Aschaffenburg. 1900: **Rabbi Abigedor Cohen Zedek. — Mainz 1900:Wirth. 21 S. 8°**
Aus: Blätter für jüdische Geschichte u. Litteratur. 1. 1900.
1:Ev 148. 12:Biogr. 2uk. 30.
10.9794

– Anleit. z.e. bessern Weinbereitung. Prag 1835.

Bamberger, Jacob, Agronom. 1833: **Anleitung zu einer verbesserten Weinbereitung für die vaterländischen Weinbauer. — Prag [1833]:Haase. 51 S. 8°**
Nebent.: Poučenj k lepšjmu připrawowánj wjna pro winaře české.
Text deutsch u. tschechisch.
300:BE 4 K 42.
10.9795

Bamberger, Jak., Unterricht in der Obstbaumzucht, zum Gebrauche für die Landjugend in Böhmen. Herausg. von dem pomolog. Vereine auf Kosten der k. k. patr. ökon. Gesellschaft. Mit bildl. Darstellungen auf 4 Taf. 8. Prag 835. Haase Söhne. n. 7 gl

Bamberger, Jh.Pt., s.a. Bamberger, Johann Peter

Bamberger, Jh.Pt., s. Andersons Gesch. d. Handels.

Bamberger, Jh. Pt., biograph. u. literar. Anekdoten von den ber. Großbrit. Gottesgelehrten des 18. Jahrh.; aus dem Engl. mit Zusätzen verm. 2 Thle. gr. 8. Berl. 786, 87. (Reimer). 2 th 8 gl

– s. Geo. Benson.

– s. A.B. Desvoeur, Versuch.

– s. Endick, Zustand.

– s. Farmer, üb. d. dämon. Leute, u. üb. d. Wunderwerte.

– s. Gellerts freundschaftl. Briefe.

– s. A. Gerard, Rechtfertigung.

– s. Hoadin, Unterr.

– s. B. Knox, Versuche.

– s. Predigten protest. Gottesgelehrten.

– s. R. Watson, Anrede.

Bamberger, Jiṣḥāq Döb Halewi
s. *Bamberger,* Seeligmann Baer.

Bamberger, Johann Peter s.a. Bamberger, Jh.Pt.

Bamberger, Johann Peter [Übers.] s. *Anderson*, Adam: Historische und chronologische Geschichte des Handels [Deduction of the origin of commerce, deutsch]. 1773-79.

— **Friedens-Predigt** über Psalm 46,9-12. — Berlin: Buchh. d. Realschule 1779. 23 S. 8° **109.**
10.9797

— Gedächtnißpredigt auf Friedrich II. 8. Berl. 786. (Potsd., Horvath). 2 gr

— **Gedächtnißpredigt** auf den Tod Friedrichs des Großen, Königs von Preussen &c. &c. &c. über 1. Chronik 18,8. Potsdam: Horvath [1786]. 24 S. 8°
1:12 in Sv 24. **2. 10. 109.**
10.9798

Bamberger, Johann Peter (Hrsg.), s. Magazin, Brittisches theologisches.

Bamberger, Johann Peter

— **Predigten.** — Dessau; Leipzig: Buchh. d. Gelehrten [in Komm.] 1784. 330 S. 8° 1:Eb 12250. **14. 111.**
10.9799

— Predigten. 8. Dessau 784. 2e A. 794. (Leipz., Wienbrack). 12 gr

— Predigten. 8. Dessau. (Gräff, Leipz.) 794.

— **Verzeichniß** der Bücher-Sammlung des verstorbenen Königlichen Hofprediger Herrn Bamberger. [Auktionskat.] — o.O. 1804. 62 S. 8° **7. 21.**
10.9800

Bamberger, Josef: Ein Wort zu seiner Zeit. Oder: Betrachtungen bei Gelegenheit des großen Sanhedrin in Paris. — [Frankfurt a. M.: Brönner] 1808. 93 S. 8°
17. 22. 30. 36.
10.9801

— Ein Wort zu seiner Zeit. 1817 in: *Beitraege* von jüdischen und christlichen Gelehrten zur Verbesserung der Bekenner des jüdischen Glaubens. 10.9802

Bamberger, Js.: Die sozialpädagogischen Strömungen..., s. Bamberger, Isaak.

Bamberger, Isaak, Rabbiner, Königsberg. 1834-1896. 1864: **Dank- und Fürbitte-Gottesdienst.** Rede aus Anlaß des Attentats auf Se. Maj. den Kaiser. — Königsberg [1878]: Hartung. 11 S. 8° 1:Ez 26684. **10.**
10.9803

— **Zur Erinnerung** an H. Weintraub, Königl. Musikdirektor und Cantor der Synagogengemeinde Königsberg in Pr. Trauerrede. — Königsberg: Beyer 1882. 8 S. 8°
1:Ez 26728. **10.**
10.9804

— **Rede zur Einweihungsfeier** des neuen israelitischen Stiftes zu Königsberg i. Pr. — Königsberg: Theile [1870]. 15 S. 8° **10.**
10.9805

— **Rede zur Einweihungsfeier** der Synagoge in Rössel am 26. August 1884. — Rössel (1884): Kruttke. 13 S. 8°
10.
10.9806

— **Rede bei Errichtung** des Grabdenkmals für den sel. Herrn Rabbiner Dr. Josue Wallerstein zu Danzig. — Königsberg [1877]: Schwibbe. X S. 8° **10.**
10.9807

— **Rede zur Feier** der Grundsteinlegung der Synagoge zu Königsberg i. Pr. am 27. Mai 1894. — Königsberg: Hartung [1894]. 10 S. 8° 1:Ez 26810. **10.**
10.9808

— **Rede bei dem Trauer-Gottesdienst** für Dr. Raphael Kosch ... Nebst: 'Worte der Erinnerung' am Grabe gesprochen von Dr. Bender-Catharinenhof. — Königsberg: Beyer 1872. 16 S. 8° **10. 30.**
10.9809

Bamberger, J., Rede bei dem Trauer-Gottesdienst f. Raphael Kosch am 4. April 1872, in der Synagoge zu Königsberg geh. Nebst: „Worte der Erinnerg. am Grabe gesprochen v. Bender. gr. 8. (16 S.) Königsberg 872. Theile. - - 50

Bamberger, Isaak, aus Bad Kissingen: Ueber die Resorption des Silbers von der Haut aus. *Würzburg 1902: J. B. Grunwald Nachf.* (30 S.) 8°
Würzburg, Med. Diss. v. 1902

Bamberger, Isaak, über die Resorption des Silbers v. der Haut aus. Diss. (31 S.) gr. 8. Würzburg 902. (E. Mönnich.) n. 1. —

— **Die Schulverhältnisse** des Verbandes der Synagogengemeinden Ostpreussens. — Königsberg i. Pr. 1894: Jacoby. 24 S. 8° **47.**
10.9810

— **'Imrê qôdeš.** Hebräischer Spruch- und Wortschatz, nebst Erklärung der im Cultus gebräuchlichen hebräischen Ausdrücke. Ein Hilfsbuch. — Königsberg: Hartung 1884. 41 S. 8° [Hebr. u. Ant.] 1:Ez 16280. **10. 47.**
10.9811

Bamberger, Isaak

— Die gesetzliche **Stellung** des jüdischen Religions-Unterrichts in Preussen und deren Folgen. — Königsberg 1874: Rosbach. 24 S. 8°
Aus: Bericht über die Religionsschule der Synagogen-Gemeinde. 8. 1874.
30.
10.9812

Bamberger, Js., die sozialpädagogischen Strömungen der Gegenwart, s.a. **Studien**, Berner, zur Philosophie u. ihrer Geschichte.

Bamberger, Is[aac], Lehrer in Nürnberg: Die sozialpädagogischen Strömungen der Gegenwart. Bern 1905. IV + 96 S. 8°. [24. VII. 05.]
Bern. Phil. Diss. 1905/1906.

Bamberger, Isaak, Institutslehrer, Nürnberg. 1906: Die sozialpädagogischen **Strömungen** der Gegenwart. — Bern: Scheitlin, Spring & Cie 1906. 95 S. 8° (Berner Studien zur Philosophie u. ihrer Geschichte. 43.)
Erschien auch als Diss. Bern 1905. 1:Nh 11538-43.
12:Ph. U. 483g-43. **29. 31. 109. 207. 302. 309.**
10.9816

— unsere Synagoge. Ansprache, geh. am Ausgange des Versöhnungstages 5640—1879. gr. 8. (12 S.) Königsberg 880. Hartung. - - 30

— **Urtheile** griechischer und römischer Autoren über Juden und Judenthum. Vortrag. — Breslau 1864: Sulzbach. 22 S. 8° **10.**
10.9814

Bamberger, J., Worte des Friedens. Predigt, gehalten am Friedensfeste, den 11. Novbr. 1866 in der Synagoge zu Königsberg i. Pr. Königsberg i. Pr. 866. Theile. gr. 8. (10 S.) 4 ngr.

Bamberger, Karl, aus Berlin (Luckenwalde): Widerstandsmessungen im Magnetfelde. *Berlin 1901: Ullstein & Co.* (31 S.) 8°
Rostock, Phil. Diss. v. [1. Mai] 1901

Bamberger, Konrad: Deutsches **Schützenlied.** Eine Gabe zum 3. deutschen Bundesschießen. — Wien: Herzfeld & Bauer 1868. 8 S. 8° 300:116.743-B.
10.9817

Bamberger, L.: Die innere u. die chirurgische Behandlung..., s. Bamberger, Leopold

Bamberger L., Bericht über den Entwurf eines Bankgesetzes. Berlin 1875

Bamberger, Dr. L. Reichskassenscheine, Münzreform und Reichsbank. Annalen des Deutschen Reiches für Gesetzgebung etc., 1874.

Bamberger, L: Die Stoffwechselkrankh., s: Hesse's, Max, Bücherei d. modernen Wissens. Strauss.

Bamberger, L. M. s. *Bamberger*, Moses Loeb.

Bamberger, Leopold, (Dr. med.), aus Stuttgart: Ein medulläres Adenocarcinom der Prostata mit chronisch-katarrhalischer nekrotisierender Cystitis und chronischem Katarrh und Hämorrhoidenbildung im Mastdarm als Folgeerscheinungen. *Nordhausen 1900: E. Strecker.* (28 S.) 8°
Würzburg, Med. Diss. v. 1900

Bamberger, Leopold, Dr. med., Berlin-Grunewald. 1909: Die innere und die chirurgische Behandlung des chronischen Magengeschwürs und ihre Erfolge. — Berlin : Springer 1909. 269 S. 8° 1:K 11794. 11. 26. 44. 202.
10.9819

Bamberger, Leopold v. 1906: Gymnasium oder Zuchthaus? Ein Vorschlag zur Lösung d. Gymnasialfrage. Von L. Grafenmüllner [d.i. Leopold v. Bamberger]. — Wien [usw.]: Stern 1906. 72 S. 8° 302.
10.9818

Bamberger, Lily [Übers.] s. *Arrhenius*, Svante: Die Vorstellung vom Weltgebäude im Wandel der Zeiten [Människan inför världsgåtan, deutsch]. 1908 u. ö.

— [Übers.] s. *Arrhenius*, Svante: Das Werden der Welten [Världarnas Utveckling, deutsch]. 1907 u. ö.

Bamberger, Ludwig

— Die Arbeiterfrage unter dem Gesichtspunkte des Vereinsrechtes. — Stuttgart: Cotta 1873. IV,359 S. 8°
1:Fd 1351. 2→7. 10. 11. 12:Pol. g–39d [2 Ex.] 14. 16. 17. 19. 20. 21. 23→32. 34. 35. 36. 38. 41. 43. 45→48. 52. 62. 64. 83. 87. 90. 91. 106. 109. 111. 117. 169. 203. 205. 206. 208. 302. 304.
10.9825

— die Aufhebung der indirecten Gemeindeabgaben in Belgien, Holland u. Frankreich. Eine Vorstudie zur Frage üb. die Beseitigg. der Schlacht- u. Mahlsteuer. [Aus „Vierteljahrsschrift f. Volkswirthschaft"] gr. 8. (31 S.) Berlin 871. Herbig. · · 7½

Bamberger, L., die Aufhebung der indirekten Gemeindeabgaben in Belgien, Holland und der Schweiz. gr. 8. Berlin, Herbig. 1872 1. —

— Die culturgeschichtliche Bedeutung des Socialistengesetzes. Vortrag. — Leipzig: Brockhaus 1878. 46 S. 8°
1:2 in F 1021. 4. 7. 8. 12:Crim. 103tn/3. 14. 24. 36. 38. 43. 60. 62. 106. 109. 203. 205. 206. 207.
10.9827

Bamberger, Ludw., die culturgeschichtliche Bedeutung des Socialistengesetzes. Vortrag, geh. am 21. Octbr. 1878 in der Gemeinnützigen Gesellschaft zu Leipzig. 2. Aufl. gr. 8. (46 S.) Leipzig 879. Brockhaus. n. — 80

— Bericht über die Angelegenheit des Oktrois. — Mainz [1870]: Gottsleben. 39 S. 8° 36.
10.9829

— Herr v. Bismarck. Aus dem Französ. übertragen von K. A. Von dem Verf. durchgesehen und bis auf die neueste Zeit fortgesetzt. Als Einleitung: Deutschland, Frankreich und die Revolution. gr. 8. (LVI, 166 S.) Breslau [Leipzig] 868, E. Günther's Verlag. *

— Count Bismarck. A political biography. Translated from the German by Charles Lee Lewes. Authorized edit. br. 8. (VIII, 229 S.) Breslau [Leipzig] 869, E. Günther's Verlag. *

Bamberger, Ludwig: Bismarck Posthumus, s.a. Bamberg, Ludwig.

— Bismarck Posthumus. — Berlin: Harmonie 1899. 64 S. 8°
Erschien zuerst in: Die Nation. 16. 1898-99.
14. 24. 29. 30. 36. 38. 41. 43→46. 64. 203. 205.
10.9833

— — 3. u. 4. Taus. Ebd. 1899. 64 S. 8°
1:Sw 15013. 4. 5. 11. 15. 16. 18. 21. 23. 25. 27. 61. 79. 109. 117. 123. 300:97.149–B.
10.9834

Bamberger, Ludw., vertrauliche Briefe aus dem Zollparlament [1868—1870]. Breslau, (Leipzig) 870. Günther's Verlag. 8. (XIV, 184 S.) n. 20 ngr.

Bamberger, Ludw.: Charakteristiken. Berlin: Rosenbaum & Hart. 1894
Inhalt: Vorwort. Adam Lux. Moriz Hartmann. Napoleon III. Ed. Lasker. Friedr. Kapp. Karl Hillebrand. Heinr. v. Treitschke. In Ferienstimmung (Reichstagsskizzen). Heinr. Homberger. Ernst Renan. Adolf Soetbeer. Arthur Chuquet. Otto Gildemeister

— Charakteristiken. — Berlin: Rosenbaum [um 1895]. 328 S. 8°
Nach d. Norm=Bamberger: Gesammelte Schriften. 2.
26. 35. 109. 169. 205.
10.9837

(—) Denkschrift in Sachen der Großh. Hess. Staatsbehörde zu Mainz gegen Ludwig Bamberger und Genossen, betr. das Einverständniß zwischen dem Ministerium Dalwigk und der kirchlichen Intoleranz. — (Mainz 1869: Hellermann.) 21 S. 4° 11.
10.9838

Bamberger, Ludwig

— Deutschland und der Socialismus. — Leipzig: Brockhaus 1878. VIII,140 S. 8°
1:Fc 7929. 3. 5. 6. 7. 10. 11. 12:Pol. g. 39c. 14. 17. 20. 24. 27. 30. 33. 35. 38. 39. 42→46. 48. 62. 82. 83. 84. 93. 107. 123. 203. 205. 206. 300:86.994–B. 302. 304.
10.9840

— — 2., unveränd. Aufl. Ebd. 1878. VIII,140 S. 8°
8. 11. 26. 29. 31. 36. 41. 47. 60. 79. 109.
10.9841

Bamberger, Ludw., Deutschthum und Judenthum. 1. und 2. unveränd. Aufl. gr. 8. (VI, 38 S.) Leipzig 880, Brockhaus. +
Aus: Unsere Zeit, besonders abgedruckt.

Bamberger L, zur Entwicklung der internationalen Sozialdemokratie. Bericht über d. 4. internat. Sozial.-Kongr. in London 1896. (56 S) (Zeitfr. Volksw. 145-46) Berlin 1897

— Erinnerungen. Hrsg. von Paul Nathan. — Berlin: G. Reimer 1899. X,541 S. 8° 1:Qn 1504. 2→11. 12:Biogr. 61f. 14→26. 28→36. 38. 41. 43→46. 61. 62. 79. 86. 102. 106. 107. 109. 117. 123. 169. 203. 205. 300:402.869–B. 302.
10.9844

— Erlebnisse aus der pfälzischen Erhebung im Mai und Juni 1849. — Frankfurt a. M.: Lit. Anst. 1849. VIII,88 S. 8°
1:Si 726; Bibl. Varnh. 1109 [u.] 1110. 4. 5. 6. 8. 12:Bavar. 191p. 16. 17. 18. 20. 22. 25. 27. 30. 31. 32. 36. 45. 106. 109. 117. 123. 203. 209.
10.9845

Bamberger, Ludwig, Festrede bei der Einweihung einer von den Mainzer Frauen und Jungfrauen der Turngemeinde daselbst übergebenen Fahne am 15. 8. 1848, 8 S., 8°.

— Die Flitterwochen der Preßfreiheit. Ein politisches Mosaikbild aus leitenden Artikeln. — Mainz: Wirth 1848. XII,216 S. 8°
1:Fm 16959. 12:Germ. g. 29t. 17. 18. 24. 36. 107.
10.9846

— Gedächtnissrede bei der Todtenfeier zum Andenken Robert Blums. — (Frankfurt a. M.: Wentz) 1848. 4 S. 8°
17.
10.9847

Bamberger, L., die socialistische Gefahr, s.a. Zeitfragen, volkswirthschaftliche.

— Die socialistische Gefahr. Ein Nachwort zu d. Verhandlungen d. Reichstags vom März u. April d. J. — Berlin: Simion 1886. 32 S. 8°
Erschien zuerst in: Die Nation. 3. 1885-86. 47.
10.9849

— — Ebd. 1886. 32 S. 8° (Volkswirthschaftliche Zeitfragen. H. 59 – Jg. 8,3.) 1:Fe 630-8,3. 3. 5→8. 10. 11. 12:Cam. 187h-8,3. 14→19. 21. 24. 29. 30. 38. 41. 44. 46. 47. 52. 62. 79. 86. 92. 106. 109. 169. 202. 205. 206. 300:410.630-B. Per. 59. 302. 304.
10.9850

Bamberger, L., Geldwesen, siehe Schriften z. Schutz d. Goldwährung.

Bamberger, L., Geldwesen, siehe Schriften d. Vereins f. Goldwährg.

— Die Geschäftswelt angesichts der Geschäftslage in Deutschland. Vortrag. — Mainz: Diemer [in Komm.] 1875. 23 S. 8° 1:Sa 7093. 17. 36. 60. 106. 169. 205.
10.9851

— über das Gesetz betr. den Sitz des Reichsgerichtes. Rede, gehalten in der Reichstagssitzung vom 21. März 1877. Nach dem stenograph. Bericht. gr. 8. (18 S.) Berlin 877. Springer's Verl. — 50

Bamberger, Ludwig
— Zum Jahrestag der Entlassung Bismarck's. — Berlin: Rosenbaum & Hart 1891. 36 S. 8°
Erschien zuerst in: Die Nation. 8. 1890-91.
14. 18. 36. 38. 79. 109. 169.
10.9853

— — 2. Aufl. Ebd. [1891]. 36 S. 8° 47.
10.9854

— — 3. Aufl. Ebd. 1891. 36 S. 8° 32.
10.9855

— — 4. Aufl. Ebd. 1891. 36 S. 8° 7. 38.
10.9856

[Bamberger, Ludwig.] Juchhe nach Italia! I. Im Mai. II. Im Juli. (*Umschlag:* III. Der Waffenstillstand von Villafranka. 7. Juli 1859.) 8. Bern u. Genf 1859.

[—] Juchhe nach Italia! — Bern [usw.]: Vogt 1859. 60 S. 8° 1:Rm 4446. 7. 12:Eur. 293d-49. 15. 30. 31. 34. 36. 41. 43. 109. 203. 300:30.750-A.
10.9857

— Candidaten-Rede [Kandidatenrede], gehalten zu Mainz bei Gelegenheit der Wahlen für das erste Deutsche Zollparlament in der Volksversammlung vom 27. Febr. 1868. Mainz [1868]: Gottaleben. 48 S. 8° 10. 17. 36. 202.
10.9858

— Eduard Lasker. Gedenkrede. — Leipzig: Brockhaus 1884. 38 S. 8° 3. 12:Biogr. 599of. 14. 16. 17. 22. 30. 36. 46. 47. 83. 109. 293.
10.9859

— Eduard Lasker. Gedenkrede, geh. am 28. Jan. 1884 im Saale der Singakademie zu Berlin. 2. Aufl. gr. 8. (38 S.) Leipzig 884. Brockhaus. n. — 80

— Die fünf Milliarden. — Berlin: G. Reimer 1873. 24 S. 8°
Aus: Preußische Jahrbücher. 31. 1873.
1:Flugschr. 1873-51. 11. 24. 36. 44. 47. 84. 203. 205.
10.9861

— Monopol und Sozialismus. Reichstagsrede ... gegen d. Branntweinmonopol. — Berlin: 'Fortschritt' 1886. 23 S. 8°
79. 106. 109. 203.
10.9862

— zur deutschen Münzgesetzgebung, s.a. Sammlung gemeinverständl. wissenschaftl. Vorträge.

— Zur deutschen Münzgesetzgebung. Vortrag. — Berlin: Lüderitz 1872. 30 S. 8° (Sammlung gemeinverständlicher wissenschaftlicher Vorträge. 161.) 1:Ag 9016-161. 2→11. 12:Var. 366 am-161. 15→21. 24→28. 30. 31. 33. 35. 36. 38. 39. 41. 43→47. 51. 52. 60. 61. 62. 64. 79. 82. 83. 84. 87. 89. 90. 93. 109. 169. 203. 205→208. 300:395.139-B. Per. 7,161. 302. 304.
10.9863

— u. O Arendt, dass., s.a. Arendt, O, wie Deutschland z. Goldwährg kam.

— Die Nachfolge Bismarck's. — Berlin: Rosenbaum & Hart 1889. 43 S. 8°
Erschien zuerst in: Die Nation. 6. 1888-89.
12:J. publ. G. 40xf. 18. 41. 44. 123. 169. 203.
10.9864

— — 2. Aufl. Ebd. 1889. 43 S. 8° 8. 35. 109. 123. 302.
10.9865

— — 3. Aufl. Ebd. 1889. 43 S. 8° 18. 60.
10.9866

— — 4. Aufl. Ebd. 1889. 43 S. 8° 16. 17. 18. 21.
10.9867

— — 5. Aufl. Ebd. 1889. 43 S. 8° 2. 11. 14. 36.
10.9868

— — 6. Aufl. Ebd. 1889. 43 S. 8° 1:Rz 15622[4]. 5. 14. 48.
10.9869

— National. — Berlin: Rosenbaum & Hart 1888. 22 S. 8°
Erschien zuerst in: Die Nation. 5. 1887-88.
12:Pol. g. 39 ed. 30. 38. 169. 203.
10.9870

— — 2. Aufl. Ebd. 1888. 22 S. 8° 1:F 12056[8]. 6. 14.
10.9871

— Zur Naturgeschichte des französischen Krieges. — Leipzig: Günther 1871. IV, 94 S. 8°
1:Qo 9503 [u.] Kr. Samml. S 5. 3. 7. 10. 11. 12:Eur. 694d-177. 14. 16. 17. 24. 36. 38. 46. 47. 60. 93. 106. 109. 169. 203. 205. 211.
10.9872

—— alte Partheien u. neue Zustände. 8. (49) Berl. 66, F Duncker. n. — 5

— Alte Partheien und neue Zustände. — Berlin: Duncker 1867. 48 S. 8° 1:Flugschr. 1867-22. 7. 11. 12:J. publ. G. 927-16. 15. 17. 30. 35. 36. 38. 41. 44. 47. 109. 169. 203. 209.
10.9873

Bamberger, Ludwig
—— Pessimistisches. 1. und 2. Aufl. gr. 8. (14 S.) Berlin 888, Walther und Apolant. *
Vorstehende zwei Schriften sind aus: Die Nation, besonders abgedruckt.

—— Der wunde Punkt. 1.—4. Aufl. gr. 8. (36 S.) Ebd. 889. * — 60

— Der wunde Punkt. — Berlin: Rosenbaum & Hart 1889. 36 S. 8°
Erschien zuerst in: Die Nation. 6. 1888-89.
15. 29. 36. 44. 109. 203.
10.9876

— Rede gehalten im Deutschen Reichsverein zu Dresden am 22. Februar 1876. — Berlin [1876]: Moeser. 28 S. 8° 1:Rz 11225. 2. 14. 17. 23. 30. 36. 46. 62. 109. 203.
10.9879

— Rede gehalten in der Wähler-Versammlung zu Alzey am 9. Februar 1890. — Mainz 1890: Wirth. 15 S. 8° 5.
10.9880

– ausgewählte Reden u. Aufsätze üb. Geld- u. Bankwesen, s.a. Schriften des Vereins zum Schutz der deutschen Goldwährung. I.

— [Teils.] Ausgewählte Reden und Aufsätze über Geld- und Bankwesen. Hrsg. von Karl Helfferich. — Berlin: Guttentag 1900. VI,670 S. 8° (Schriften d. Vereins zum Schutz d. deutschen Goldwährung. 1.)
1: Fh 4260–1. 5. 11. 12: Cam. 141 o–1. 16. 17. 20. 21. 26. 27. 28. 30. 31. 36. 38. 41. 43→46. 79. 82. 83. 106. 109. 203. 205. 206. 208. 300: 406.668–B. Per. 1. 302.
10.9823

— Reichsgold. Studien über Währung u. Wechsel. — Leipzig: Brockhaus 1876. VI,201 S. 8° 1: Fh 8050. 3. 4. 6. 7. 11. 12: Merc. 12 imr. 14. 17. 22. 26. 27. 30. 31. 33. 36. 38. 41. 45. 46. 60. 82. 106. 203. 205. 208.
10.9882

— — 2. Aufl. Ebd. 1876. VI,201 S. 8° 5. 8. 9. 10. 18. 19. 21. 25. 26. 35. 36. 38. 52. 86. 109. 111. 206.
10.9883

— — 3. Aufl. Ebd. 1876. VI,201 S. 8°
1: Fh 8050ª. 2. 15. 16. 19. 20. 22. 24. 26. 28. 29. 30. 41. 43. 44. 47. 62. 79. 87. 109. 203. 302.
10.9884

Bamberger, Ludwig: Die Reichstags-Verhandlungen über Münzreform u. Bankwesen, s.a. Zeitfragen, Volkswirthschaftliche.

— Die Reichtags-Verhandlungen über Münzreform und Bankwesen. ⟨24. u. 25. Febr. 1880.⟩ — Berlin: Simion 1880. 56 S. (Volkswirthschaftliche Zeitfragen. H. 11–Jg. 2,3.)
1: Fe 630–2,3. 2. 3. 5→8. 10. 11. 12: Cam. 187h–2,3. 14. 16→19. 21. 24. 27. 29. 30. 36. 38. 41. 43. 47. 52. 62. 79. 86. 93. 106. 109. 203. 205. 206. 300: 410.630–B. Per. 11. 302.
10.9886

— Die Schicksale des lateinischen Münzbundes. Ein Beitrag zur Währungspolitik. — Berlin: Simion 1885. VI, 156 S. 8° 1: Fh 3788. 2. 3. 5. 7. 10. 11. 12: Cam. 8 thp. 14→21. 23→27. 29. 30. 31. 34. 35. 36. 38. 41. 44. 46. 60. 79. 89. 106. 109. 169. 203. 205. 206. 208. 302.
10.9887

Bamberger, Ludwig: Das Schreiben des Reichskanzlers an den Bundesrath vom 15. Decbr. 1878 betr. die Revision des Zolltarifs, s.a. Zeitfragen, Volkswirtschaftliche.

— Das Schreiben des Reichskanzlers an den Bundesrath vom 15. December 1878 betreffend die Revision des Zolltarifs. Vortrag. — Berlin: Simion 1879. 46 S. 8° (Mittheilungen d. Vereins zur Förderung d. Handelsfreiheit. 1879,2.) 1: Fg 286–1879,2. 8. 18. 22. 46. 48. 79. 106. 205.
10.9888

— — Ebd. 1879. 46 S. 8° (Volkswirthschaftliche Zeitfragen. H. 1 [–Jg. 1,1].) 8. 15. 17. 18. 25. 36. 44. 47. 86. 205.
10.9889

— — 2. Aufl. Ebd. 1879. 46 S. 8° 206.
10.9890

— — 2. Aufl. Ebd. 1879. 46 S. 8° (Volkswirthschaftliche Zeitfragen. H. 1 [– Jg. 1,1].) 1: Fe 630–1,1. 2. 10. 14. 16. 21. 26. 29. 30. 32. 38. 41. 52. 93. 203. 302.
10.9891

— — 3. (Umschlagt.: 2.) Aufl. Ebd. 1879. 46 S. 8° (Mittheilungen d. Vereins zur Förderung d. Handelsfreiheit. 1879,2.) 14. 79.
10.9892

— — 3. Aufl. Ebd. 1879. 46 S. 8° (Volkswirthschaftliche Zeitfragen. 1,1.) 3. 4. 5. 7. 12: Cam. 187h–1,1. 14. 17. 19. 24. 27. 35. 47. 109. 300: 410.630–B. Per. 1.
10.9893

— — 4. (Umschlagt.: 3.) Aufl. Ebd. 1879. 46 S. 8° (Mittheilungen d. Vereins zur Förderung d. Handelsfreiheit. 1879,2.) 5. 44. 208.
10.9894

— — 4. Aufl. Ebd. 1879. 46 S. 8° 18.
10.9895

— — 4. Aufl. Ebd. 1879. 46 S. 8° (Volkswirthschaftliche Zeitfragen. 1,1.) 6. 11. 47. 62. 128. 206.
10.9896

Bamberger, Ludwig, Politiker u. Nationalökonom, 1823–1899. 1848: [Werke] Gesammelte Schriften. Bd 1–5. — Berlin: Rosenbaum & Hart 1894–98. 8°
1. Studien u. Meditationen. Aus 25 Jahren. 1898.
2. Charakteristiken. 1894.
3. Politische Schriften von 1848 bis 1868. 1895.
4. Politische Schriften von 1868 bis 1878. 1896.
5. Politische Schriften von 1879 bis 1892. 1897.
1: Ak 4342. 2. 3. 5. 7. 9. 10. 11. 12: Opp. 451 n. 14→18. 20. 21. 24. 25. 29. 30. 31. 35. 36. 38. 39. 44. 45. 46. 48. 52. 61. 106. 107. 109. 169. 203. 206. 300: 80.304–B. 302.
10.9820

— — Bd 1. 3. 5. Berlin: Rosenbaum [um 1895]. 8°
Inhalt wie in 10.9820. 26.
10.9821

— — Bd 1–5. Berlin: G. Reimer 1912. 8°
Inhalt wie in 10.9820. 6. 27. 75. 82. 107. 109.
10.9822

— s.a. Secession, die.

[—] Die Secession. — Berlin: Springer 1881. 78 S. 8°
1: Fc 4537 [u.] Rz 11550. 2. 3. 5→8. 14. 24. 27. 30. 31. 35. 41. 47. 109. 203. 205.
10.9897

[—] — 2. Aufl. Ebd. 1881. 78 S. 8°
1: Fc 4537ª. 8. 9. 10. 15. 16. 17. 19. 44. 46.
10.9898

[—] — 3. Aufl. Ebd. 1881. 78 S. 8° 4. 27. 79. 302.
10.9899

(—) — 4. Aufl. Ebd. 1881. 80 S. 8°
7. 8. 27. 44. 46. 47. 60. 107. 169.
10.9900

— Silber. — Berlin: Rosenbaum & Hart 1892. 35 S. 8°
Erschien zuerst in: Die Nation. 9. 1891–92.
12: Cam. 8 thq. 14. 29. 38. 44. 60. 169. 203. 205. 206.
10.9901

— Silber. 2. Aufl. Berlin 892.

— — 3. Aufl. Ebd. 1892. 35 S. 8° 18. 36.
10.9902

— Die neue Silberkommission. — Berlin: Rosenbaum & Hart 1894. 38 S. 8°
Erschien zuerst in: Die Nation. 11. 1893–94.
11. 14. 17. 18. 26. 30. 41. 44. 48. 79. 128. 205. 206. 302.
10.9903

— — 2. Aufl. Ebd. 1894. 38 S. 8°
38. 44. 89. 169. 203. 206.
10.9904

— Die erste Sitzungsperiode des ersten deutschen Reichstags. — Leipzig: Duncker & Humblot 1871. 41 S. 8°
Aus: Holtzendorffs Jahrbuch für Gesetzgebung, Verwaltung u. Rechtspflege. 1. 1871. 36.
10.990ŧ

— gegen don Staatssooialismus, s.a. Zeitfragen, volkswirthschaftlioho.

— Gegen den Staatssocialismus. 3 Abhandlungen von Ludwig Bamberger, Theodor Barth, Max Broemel. — Berlin: Simion 1884. 80 S. 8° (Volkswirthschaftliche Zeitfragen. H. 41. 42–Jg. 6,1.2.)
1: Fe 630–6,1.2. 2. 3. 5→8. 11. 12: Cam. 187h–6. 14→19. 21. 23. 24. 26. 27. 29. 30. 31. 36. 38. 39. 41. 43. 44. 46. 47. 51. 52. 60. 62. 79. 93. 106. 109. 169. 203. 205. 207. 300: 410.630–B. Per. 41.42. 302. 304
10.990(

— Die Stichworte der Silberleute. — Berlin: Rosenbaum & Hart 1893. 136 S. 8° 1: Fh 5711. 7. 10. 11 12: Cam. 8 thr. 18. 22. 27. 36. 44. 79. 86. 169. 203 205. 206. 208. 302
10.990'

— — 2. Aufl. Ebd. 1893. 136 S. 8° 2. 14. 38. 106. 206
10.990

— — 3. Aufl. Ebd. 1893. 136 S. 8° 15. 38. 44. 46. 106
10.990

— — 4., verb. u. verm. Aufl. Ebd. 1893. 151 S. 8°
5. 7. 16. 17. 24. 26. 30. 41. 43. 47. 69. 206
10.991

— — 5., verb. u. verm. Aufl. Ebd. 1893. 151 S. 8°
12: Cam. 359 u. 20. 21. 23. 30. 31. 38. 62
10.991

— Eine Stimme aus der Fremde. [Flugschrift zur Parlamentswahl.] — Berlin: Duncker [1867]. 1 Bl. 2° 26
10.991

Bamberger, Ludwig Studien und Meditationen Aus 35 Jahren Berlin. Rosenbaum & H. 1898

Die Kunst zu schenken Etwas über das Briefschreiben Ein Weihnachtsbrief. Ueber Toaste. Fragen an die ewigen Sterne Ueber einige Formen geselligen Verkehrs Ueber das Alter. Die Französelei am Rhein Ein Vademecum fur deutsche Unterthanen Die deutsche Kolonie in Paris. Das Reich und die Wissenschaft Verdirbt die Politik den Charakter? Staatsmännische Indiskretionen Die wahre Militarpartei Dunkle Vorstellungen im Theater. Die Aera der Toaste. Fleisch und Brot — oder Papier? Der staatserhaltende Beruf der Hölle Unsere Neuesten (Fr Nietzsche) Die neueste Aera der Spekulation Vor 25 Jahren Frankreich und Russland.

[—] Trauerrede auf Robert Blum. ([Mainz 1848:] Wirth.) 15 S.
Aus: Mainzer Zeitung. 1848. 17. 22. 36. 109.
10.9848

– Ueber Rom und Paris nach Gotha oder die Wege des Herrn v. Treitschke. — Stuttgart: Ebner 1866. 58 S. 8°
1: Rz 10400. 7. 12: J. publ. G. 40x. 16. 19. 22. 24. 25. 27. 29→32. 36. 44. 46. 48. 106. 109. 117. 300: 32.258.
10.9913

—— üb. Rom u. Paris nach Gotha od. d. Wege d. Hrn. v. Treitschke. 8. (58) Stuttg. 66, Vogler & B. — 7½

Bamberger, Ludwig: s.a. Verhandlungen des Deutschen Reichstages üb. d. Währungsfrage.

– Die Verschleppung der deutschen Münzreform. Ein Appell an d. Reichsregierung. — Köln: Du Mont-Schauberg 1882. VI,66 S. 8°
Aus: Währungs-Correspondenz. 1882. 1: Fh 8086. 5. 7. 12: J. publ. G. 40xd. 14. 16. 21. 26. 29. 31. 35. 36. 38. 46. 48. 60. 79. 106. 169. 203. 205. 206. 304.
10.9914

– Politisches Volksbüchlein. Von A. Freimund [d. i. Ludwig Bamberger]. — Mainz: Wirth [1849]. 130 S. 8°
36.
10.9915

– zur Vorgeschichte der deutschen Münzreform, s.: Verhandlungen der Kommission behufs Erörterung v. Maßregeln zur Hebung u. Befestigung des Silberwerthes.

– u. O. Arendt, dasselbe, s.: Arendt, Otto, wie Deutschland zur Goldwährung kam.

– Wandlungen und Wanderungen in der Sozialpolitik. — Berlin: Rosenbaum & Hart 1898. 29 S. 8°
Erschien zuerst in: Die Nation. 15. 1897-98.
14. 38. 169. 203.
10.9916

—— was uns der Schutzzoll bringt. Ein Schreiben an seine Rhein. Wähler. 1. und 2. Aufl. gr. 16. (39 S.) Berlin 879, Simion.

Bamberger, Ludw., die Zettelbank vor dem Reichstag. Versuch einer gemeinverständl. Darstellung. 1. und 2. Aufl. gr. 8. (VII, 122 S.) Leipzig 874, Brockhaus.

— s.a. Zur Entwicklung d. internat. Socialdemokratie.

Bamberger, M. (Chemiker), s. Bamberger, Max

Bamberger, M.: Über Zusammensetzung u. Schleifkraft..., s. Bamberger, Mendel

Bamberger, Max

Bamberger, Max Zur Analyse der Harze und Balsame S 99 IIb 108 . . . . . vgr
Separatabdruck

Bamberger, Max, Dr. phil., Chemiker, Wien, 1861-1927. 1890: Atmungsapparat zur Selbstrettung aus dem Bereiche irrespirabler Gase. (Verf.: Max Bamberger u. Friedrich Böck.) — [Berlin: Springer 1904.] 11 S. 4°
Aus: Zeitschrift für angewandte Chemie. 17. 1904. 305.
10.9938

— und Praetorius Artur Autoxydationsprodukte des Anthragallols. 1. Mitteilung. S. 110. IIb. 471 . . . . . vgr.
— — 2. Mitteilung (mit 2 Textfiguren) S. 111. IIb. 750 . . . . . vgr.
Separatabdruck

Bamberger, M., und F. Böck, Beiträge zur Chemie und Mechanik von Rettungsapparaten. Essen-Ruhr, 1906. 7 S.

— — Beiträge zur Chemie der Sklerodermeen 1. Mitteilung. S 114. IIb. 681 . vgr.
— — — 2 Mitteilung Scleroderma aurantium (Vaill Pers), Syn. Scl vulgare (Horn). S 115 IIb. 765 . . . . . vgr.
Separatabdruck

— Beiträge zur Kenntnis der Radioaktivität der Mineralquellen Tirols. Von Max Bamberger (2 ff.: u. Karl Krüse). ⟨Mitt. 1–5.⟩ — Wien: Hölder in Komm. 1907–13. 8°
1-4 = Aus: Monatshefte für Chemie. 29. 31. 32. 34. 1908-13.
5 = Aus: Sitzungsberichte d. Kaiserl. Akademie d. Wissenschaften in Wien. Math.-nat. Kl. Bd 122. Abt. 2a, H. 5. 1913.
101 [= 1–4]. 302.
10.9939

— u. Karl Krüse: Beiträge z. Kenntn. d. Radioaktivität d. Mineralquellen Tirols. (2. u. 3. Mitteilg.) [Aus: „Sitzgsber. d. k. Akad. d. Wiss."] gr8° Wien, A Hölder. (1—3: 1.85)
2. (24 m. Fig.) '10. — 75 ‖ 3. (17) '11. — 60

— Beiträge zur Kenntnis der Radioaktivität einiger Quellen Oberösterreichs. ⟨Mitt. 1.⟩ — Wien: Hölder in Komm. 1908. 10 S. 8°
Aus: Sitzungsberichte d. Kaiserl. Akademie d. Wissenschaften in Wien. Math.-nat. Kl. Bd 117. Abt. 2a, H. 7. 1908.
302.
10.9940

— Beiträge zur Kenntnis der Radioaktivität einiger Quellen des Semmeringgebietes. — Wien: Hölder in Komm. 1908. 4 S. 8°
Aus: Sitzungsberichte d. Kaiserl. Akademie d. Wissenschaften in Wien. Math.-nat. Kl. Bd 117. Abt. 2a, H. 7. 1908.
302.
10.9941

Bamberger, Max und Anton Landsiedl

— — Zur Chemie der Sellerie (Apium graveolens). 1. Mitteilung. S 113. IIb 657 vgr.
Separatabdruck

— — Erythrit in Trentepohlia Jolithus Vorläufige Mitteilung. S 109. IIb. 452 . vgr.
Separatabdruck

– Über die Geschwindigkeit chemischer Reaktionen, s.: Vorträge des Vereines zur Verbreitung naturwiss. Kenntnisse in Wien. 50. Jahrg. 15. Heft.

Bamberger, M., über die höchsten erreichbaren Hitzegrade, s.a. Vorträge des Vereines zur Verbreitung naturwissensch. Kenntnisse in Wien. 40. Jahrg. 11. Hft.

Bamberger, M: Ueber die höchsten erreichbaren Hitzegrade. Wien 1900

Bamberger, Max, Über die Industrie komprimierter u. verflüssigter Gase, s.: Vorträge des Vereines zur Verbreitung naturwiss. Kenntnisse in Wien. 49. Jahrg. 13. Heft.

— Zur Kenntnis des Polyporus rutilans (P.) Fr. Von Max Bamberger u. Anton Landsiedl. ⟨Mitt. 1.⟩ — Wien: Hölder in Komm. 1909. 2 S. 8°
Aus: Sitzungsberichte d. Kaiserl. Akademie d. Wissenschaften in Wien. Math.-nat. Kl. Bd 118. Abt. 2b, H. 6. 1909.
302.
10.9943

— Zur Kenntnis des Polyporus rutilans (P.) Fr. 1. Mitteilung. S. 118. IIb. 657 . . . . . vgr.
Separatabdruck

— Zur Kenntnis der Überwallungsharze 1 Abhandlung (mit 1 Textfigur) S 100 IIb 40 vgr
Separatabdruck

— Zur Kenntnis der Überwallungsharze 2 Abhandlung (mit 1 Textfigur) S 105 IIb. 445 vgr.
Separatabdruck

— und Landsiedl Anton: Zur Kenntnis der Überwallungsharze 3. Abhandlung. S. 106. IIb. 497 . . . vgr.
Separatabdruck

— — Zur Kenntnis der Überwallungsharze. 4 Abhandlung. S. 108 IIb. 392 . . . vgr.
— — — 5. Abhandlung. S. 108. IIb 308 . . . vgr.
Separatabdruck

— und Vischner E.. Zur Kenntnis der Überwallungsharze 6 Abhandlung S. 109. IIb 445 . . . vgr.
— — — 7 Abhandlung. S 109. IIb. 727 . . . vgr.
Separatabdruck

— und Renezeder Heinrich Zur Kenntnis der Überwallungsharze 8. Abhandlung. S. 112 IIb. 47 . . . vgr.
Separatabdruck

— Zur Kenntnis der Xanthorrhoeaharze. S 102 IIb 338 . . . vgr.
Separatabdruck

Bamberger, Max, Leitfaden f. den Unterricht in der Naturlehre, s.: Lainer, Alex.

— über colloidale Metalle, s.: Vorträge des Vereines zur Verbreitung naturwissenschaftlicher Kenntnisse in Wien. 41. Jahrg. 15. Hft.

Bamberger, Max und Anton Landsiedl
— — Vorläufige Mitteilung über ein Vorkommen von Harnstoff im Pflanzenreiche. S 112. IIb. 61 . . . vgr.
Separatabdruck

— Über die allotropen Modifikationen der Elemente, s.: Vorträge des Vereines zur Verbreitung naturwiss. Kenntnisse in Wien. 48. Jahrg. 15. Heft.

Bamberger, Max und Anton Landsiedl
— — Über den Nachweis von Argon in den Badequellen von Voslau bei Wien. S. 107. IIb 198 . . . vgr.
Separatabdruck

Bamberger Max: Über den Nachweis von Argon in dem Gase einer Quelle in Perchtoldsdorf bei Wien (mit 1 Taf und 1 Textfigur) S. 105 IIb 390 . . vgr.
Separatabdruck

— und Böck F.. Über Nitroverbindungen des Anthragallols. 1 Mitteilung (mit 1 Taf. und 1 Textfigur). S 106 IIb. 272 . . . vgr.
— -- Über Nitroverbindungen des Anthragallols. 2 Mitteilung S 110 IIb 643 vgr.
— — — 3. Mitteilung. S 110 IIb. 658 . . . vgr.
Separatabdruck

— Nutzbarmachung des Luftstickstoffes, s.a. Vorträge des Vereines zur Verbreitung naturwiss. Kenntnisse in Wien. 47. Jahrg. 14. Heft.

— Nutzbarmachung des Luftstickstoffes. Vortrag. — Wien: Verein 1907. 39 S. 8° (Vorträge d. Vereines zur Verbreitung naturwissenschaftlicher Kenntnisse in Wien. 47,14.)
305.
10.9945

— 'Pneumatogen', ein neues System von Atmungsapparaten von M. Bamberger u. Friedrich Böck. — Essen 1905: Reismann-Grone. 15 S. 4°
Aus: Glückauf. 41. 1904. **305.**
10.9946

Bamberger, Mendel: Aus d. Zahnärztlichen Institut d. Universität Heidelberg. Ueber Zusammensetzung und Schleifkraft einiger Zahnpulver. — Berlin [1908]: Schmitz & Bukofzer. 12 S. 8°
Aus: Deutsche zahnärztliche Wochenschrift. 11. 1908. **20.**
10.9949

Bamberger, M., über Zusammensetzung u. Schleifkraft einiger Zahnpulver. (Mit dem Kollmarpreise ausgezeichnete Arbeit.) (12 S.) 8. Berlin 908. Kissingen (Maxstr. 5), Selbstverlag. — 60
Sonderabdruck aus: „Deut. zahnärzt. Wochensch."

Bamberger, Moses Loeb
— Beiträge zur Geschichte der Juden in Würzburg-Heidingsfeld. — Würzburg: Frank (1905). 26 S. 8°
Aus: Der Israelit. 46. 1905. **1:Ez 10164. 30. 47.**
10.9951

— Ein Blick auf die Geschichte der Juden in Würzburg. — Würzburg: Frank 1905. 14 S. 8°
1:Ez 10163. 12:Bavar. 191 q. 29. 36.
10.9952

Bamberger, M. L., Dokumente zur Geschichte der Bücher-Zensur. Beitrag zur Geschichte der Juden in Baden. Aus Anlass des 50jähr. Regierungs-Jubiläums Sr. kgl. Hoh. des Grossherzogs Friedrich veröffentlicht. gr. 8. (20 S.) Karlsruhe 902. G. Pillmeyer. n. — 50

Bamberger, ML: Geschichte d. Juden in Schönlanke. [Aus: „Jüd. Lit.-Blatt".] (44) gr8° Berl., L Lamm '12. 1.50

— Macht und Frieden. Predigt. — Berlin 1897: Scholem. 7 S. 8° 1:Ez 26825/3. 47.
10.9954

Bamberger, M.L.: Josef Nachmias u. sein Commentar zum Buche Esther, s.a. Nachmias, Jos.: Commentar.

Bamberger, M. L., s.: Nachmias, Jos., Commentar zu den Pirke Aboth.

Bamberger, Moses Löb [Aschaffenburg]: Josef Nachmias und sein Commentar zum Buche Esther. II. Th. ... (Th. I: R. Jos. Nachmias, Comment. z. Buche Esther z. erst. Male hrsg. ... Frankf. a. M. 1891.) Leipzig, G. Fock, 1893; 39 S. 8.
Heidelberg, Phil. Fak., Inaug.-Diss. v. [24. Febr.] 1893

Bamberger, ML, Josef Nachmias u. sein Commentar z. Buche Ester, zum 1. Male hrsg. nach e. Handschrift d. kgl. Hof- u. Staatsbibliothek München m. Emendationen, Quellennachweisen u. Anmerkgn. (Deutsch u. hebr.) 8° (54) Frankf. a/M. 91. (J Kauffmann). 2 —

— Predigt zur hundertjährigen Geburtstagsfeier des höchstseligen Königs und Kaisers Wilhelm des Grossen. — Kirchhain N.-L. [1897]: Schmersow. 14 S. 8°
1: in Hundertjahrfeier. Kaiser Wilhelm I. 1897. Predigten. 18.
10.9955

Bamberger, N.: Leitfaden...,
s. Bamberger, Nathan

Bamberger, Naphtalie
— Rabbiner Seligmann Bär Bamberger, dessen Leben und Wirken. Beigabe zum Jahresbericht pro 1896/97 der von demselben begründeten ... Israelitischen Lehrerbildungs-Anstalt zu Würzburg. — Würzburg 1897: Stahel. XXXII S. 8° 1:Ey 1710. 12:Bavar. 4028. I. 23-33. 30.
10.9959

Bamberger, Naphtalie: Geschichte der Juden von Kitzingen. Festgabe anläßlich d. 25jährigen Bestehens d. Synagoge, 1883-1908. — Kitzingen 1908 (: Meschett & Hissiger). 45 S. 8° 1:Ez 9288. 12:Jud. 2nk. 20. 21. 30.
10.9958

Bamberger, Nathan. Leitfaden f. d. Religions-Unterricht in d. israelit. Schule. 1. Aufl. (IV, 63 S.) 890; 2. verm. u. verb. Aufl. 8. (X, 76 S.) Frankf. a. M. 892, (Kauffmann). ** — 50

Bamberger, Nathan, Leitfaden f. den Religions-Unterricht in der israelitischen Schule. 3., verm. Aufl. 8. (VIII, 76 S.) Frankfurt a/M. 894. (J. Kauffmann.) Kart. n.n. — 50

Bamberger, Nathan, Leitfaden f. d. Religions-Unterr. i. d. israelit. Schule. 4., verm. u verb. Aufl. 8. (VI, 76 S.) Frankfurt a/M. 896. (J. Kauffmann.)
Kart. n.n. — 50

Bamberger, Nathan, Leitfaden f. den Religions-Unterricht in der israelitischen Schule. 5., verm. u. verb. Aufl. 8. (VI, 78 S. m. 1 Abbildg.) Frankfurt a/M. 900. (J. Kauffmann.) Geb. in Leinw. n.n. — 60

Bamberger, Nath., Leitfaden f. den Religions-Unterricht in der israelitischen Schule. 6., verm. u. verb. Aufl. (VI, 80 S.) gr. 8. Frankfurt a/M. 904. (J. Kauffmann.) Geb. n.n. — 60

Bamberger, Nath., Leitfaden f. den Religions-Unterricht in der israelit. Schule. 7., verm. u. verb. Aufl. (VIII, 80 S.) 8. Frankf. a/M. 908. (J. Kauffmann.) Geb. nn — 75

[Hebr.] S. Liqqûṭe hal-Lewi. Minmenni Natan hal-Lêwi B'mb'rg'r (**Bamberger**). (Frankfurt a M. 5007 [1907]: Kauffmann in Komm.). x, 00 S. 8°

[Umschlagt]. Lekute ha'Levi enth.: Die synagogalen Gebräuche d. Gemeinde Würzburg mit Erl. u. Zusätzen verf. von Nathan Bamberger, Distrikts-Rabb

(09. 1116)

Bamberger, Rud.

Bamberger, R., Wiener Vergolder-Vorlagen. Entwürfe v. Fantasie-Möbeln, Etagères, Ofenschirmen, Rahmen etc. in modernem Rococo. (In 4 Hftn.) 1. Hft. Fol. (5 Lichtdruck-Taf.) Wien 890. Schroll & Co. In Mappe. n. 5. —

Bamberger, Rud., Wiener Vergolder-Vorlagen. Entwürfe v. Fantasie-Möbeln, Etagères, Ofenschirmen, Rahmen etc. in modernem Rococo. 4 Hfte. Fol. (à 5 Lichtdr.-Taf.) Wien 891. A. Schroll & Co. In Mappe. à n. 5. —

Bamberger, Rud., Wiener Vergolder-Vorlagen Entwürfe von Phantasie-Möbeln, Rahmen etc. in modernem Rococo. Liefrg. 3. (5 Bl.) Fol. Zinkogr. Wien Schroll & Co. 1892 3.—

Bamberger, Rud., Wiener Vergolder-Vorlagen. Entwürfe von Phantasie-Möbeln, Rahmen etc in modernem Rococo. Liefrg. 4. (5 Bl) Fol. Zinkogr. Wien Schroll & Co. 1892 3.—

Bamberger, S., Einleitung, s.: **Tobia ben Elieser**, Lekak Tob.

Bamberger, Sal., die Vorschriften üb. das Schächten nach dem Werke More le Sochim des Rabb. S. B. Bamberger, in deutscher Sprache (m. hebr. Lettern). 2., verb. Aufl. gr. 8. (II, 137 S.) Frankfurt a/M. 894. J. Kauffmann. n. 1. 60

Bamberger, Salomon, Rabbiner, Brüssel, geb. 1875. 1900: Historische Berichte über die Juden der Stadt und des ehemaligen Fürstentums Aschaffenburg. — Strassburg: Singer 1900. 112 S. 8° 1: Es 7572.
12: Bavar. 191 r. 14. 15. 29. 30. 36. 300: 404.685–B.
10.9960

Bamberger, Salomon, Bibel- u. Talmudschatz, s.: **Kohn, J. H.**

Bamberger, Salomon [cand. phil.]: Maimonides' Commentar zum Tractat Kilajim. Zum ersten Male im arab. Urtext hrsg., mit verbess. hebr. Übs. u. m. Anm. vers. ... (Auch m. hebr. Tit.) Berlin, Druck v. H. Itzkowski, 1891; 28 S., 1 Bl., 58 S., 1 Taf. 8.

Leipzig. Phil. Fak., Inaug.-Diss. v. [25. Sept.] 1891

— Sadducäer u. Pharisäer in ihren Beziehungen zu Alexander Jannai u. Salome. (28 S.) gr. 8. Frankfurt a/M. 907. J. Kauffmann. 1. —

— Die neuesten Veröffentlichungen aus dem arabischen Mischnakommentare des Maimonides. H. [1.] 2. — Frankfurt a. M.: Kauffmann 1904. 8°
Aus: Jahrbuch d. Jüdisch-literarischen Gesellschaft. 1.2. 1903-04.
30.
10.9963

— Die neuesten Veröffentlichgn a. d. arab. Mischnakommentare d. Maimonides. 1. u. 2. Heft. [S.-A.] 8° Frankf. a/M., J Kauffmann. Je 1.50

1. Bemerkgn u. Berichtiggn zu d. Neuausg. d. Kommentars u. zu d. Traktaten Moedkatan, Sabbath (V—VII), Taanith, Jomah (I—IV), Kidduschin u. Tamid, (28) '04.
2. Dass. zu d. Traktaten Sabbath (VIII—XXIV), Schekalim (I—IV) Sukkah (I—III), Kethuboth (I—V), Gittin u. Sanhedrin (IV, V). (49) '05

— die neuesten Veröffentlichungen aus dem arabischen Mischnakommentare des Maimonides. Bemerkungen u. Berichtiggn. zu den Neuausgaben des Kommentars zu den Traktaten Moed katan, Sabbath (V—VII), Kidduschin u. Tamid. (28 S.) gr. 8. Frankfurt a/M. 904. J. Kauffmann. n. 1. 50

— dasselbe. 2. Heft. Bemerkungen u. Berichtiggn. zu den Neuausgaben des Kommentars zu den Traktaten Sabbath (VIII—XXIV), Schekalim (I—IV), Sukkah (I—III), Kethuboth (I—V), Gittin u. Sanhedrin (IV, V). (49 S.) gr. 8. Ebd. 905. n. 1. 50
2 Sonderabdrucke aus: „Jahrb. d. jüd.-lit. Gesellsch."

Bamberger, Sebastian: Untersuchungen über 6-Oxy-1,2-toluylsäure. Marburg 1909: Koch. 45 S. 8°
Marburg, Phil. Diss. v. 7. Mai 1909, Ref. Zincke

[Geb. 29. Jan. 85 Mainz; Wohnort: Mainz; Staatsangeh.: Hessen; Vorbildung: Realgymn. Mainz Reife O. 03; Studium: Marburg 7, München 1, Marburg 4 S.; Rig. 24. Febr. 09.] [U 09. 3156

Bamberger, Seckel (Bearb.), s. A b o t, Pirqe

[—] Offene Frage über den Allgemeinen Rabbiner-Verband Deutschlands von e. conservativen Rabbiner. — Strassburg i. E.: Singer 1899. 23 S. 8° 30.
10.9964

— Hechschar utwilas Kelim, enthaltend: Die Religions-Vorschriften bezüglich der Benutzung von Geräthen zur Speise-Bereitung. Nach d. Rituale bearb. u. ins Deutsche übertr. 2., mehrfach verb. Aufl. — Frankfurt a. M. 5644 [1884]: Slobotzky. 16 S. 8° 30. 47.
10.9965

Bamberger, Seckel [aus Aschaffenburg]: Lekach Tob (Pesikta Sutrata). Ein agadischer Kommentar zu Megillat Ruth von Rabbi Tobia ben Elieser ... Einleitung .... Würzburg, Anton Boegler'sche Buchdr. (1887); 58 S. 8°.
Leipzig. Phil. Fak., Inaug.-Diss. v. 3. Aug. 1887.

Bamberger, Seeligmann Baer

B a m b e r g e r, Seeligmann Bär, Amirah le-beth Jacob, enth.: die drei besondern Pflichten jüd. Ehefrauen: Niddah, Challah, Hadlakah. Nach dem Rituale bearb. 2., durch einen Anh., die Vorschriften über Melichah enth., verm. Aufl. (In hebr. Sprache.) 8. (XVIII und 55 S.) Fürth 864. (Würzburg, Bamberger.) *

— s.a *Antwort*, Offene, auf den Offenen Brief des Herrn Rabbiners S. R. Hirsch an Herrn Rabbiner S. B. Bamberger von X. 1877.

— Offene Antwort auf den an ihn gerichteten Offenen Brief Sr. Ehrwürden des Herrn S. R. Hirsch, Rabbiner der Israelitischen Religionsgesellschaft zu Frankfurt a. M. — Würzburg: Frank 1877. 27 S. 8°
1: Ex 22662. 12: Jud. 2o. 20. 30. 122.
10.9967

[—] Fackel der Wahrheit. Eine kritische Beleuchtung d. Philippson'schen Bibelwerkes von e. orthodoxen Bibelfreunde. H. 1. — Würzburg 1860: Richter. 15 S. 8°
12: Exeg. 354 f. 30.
2 2 * 10.9968

— Sêfer Halâkôt šeḥîṭâ û-bediqâ. In dejtšer sprake ... hrzg. fan Zimn Bamberger. 2., ferb. aufl. — Frankfurt a. M.: Kauffmann 1894. 138 S. 8° [Hebr.] [Vorschriften für Schächtung u. Untersuchung.] 106.
10.9969

— Hilchoth Melichah, die Vorschriften über das Fleischsalzen. Nach dem Rituale bearb. (In hebr. Sprache.) 8. (18 S.) Würzburg 864, Bamberger. *

Bamberger, Selig: Bibel-u. Talmudschatz, s. K o h n , J. H.

Bamberger, Selig: Bibel-u. Talmudschatz, s. T r a u e r g e s ä n g e , Die, f. Tischah bearb.

Bamberger, Selig, s.a. **Maimonides'** Commentar zum Tractat Challah.

Bamberger, Selig: Maimonides' Commentar zum Tractat Challah. Z. 1. Male im arab. Urtext hrsg., m. verb. hebr. Uebs., deutscher Uebs., Einl. u. Anm. vers. ... Berlin, Druck v. H. Itzkowski, 1895; 57, 28 S., 1 Bl. 8.
Heidelberg, Phil. Fak., Inaug.-Diss. v. [11. Febr.] 1896

Bamberger, Selomo
[Hebr.] S. Limmud 'aruk 'al masseket Megilla. Pēruše tebōt we-'injanim be-halakot we-aggadōt, ašer nimṣaim 'al massikta zu be-tok sēfer he-'Āruk. We-sippaḥnu ēze tešubot še-hinniaḥ aḥaraw a[dōni] a[bi] Šelomo B'mb'rg'r [**Bamberger**]. Sennheim 657 [1897]: H. Itzkowski, Berlin. (46 S.) 8°
[Die im 'Arūk enthaltenen Erklärungen z. Traktat Megillā, nebst einigen Gutachten v. Vater d. Verf.] 108. 1397

Bamberger, Simon: **Zu den Ataxiephänomenen bei Tabes dorsalis.** *München 1898: Kastner & Lossen.* (28 S.) 8°
München, Med. Diss. v. 1898

Bamberger, Simon [Hrsg.] s. *Bamberger,* **Herz: Geschichte der Rabbiner der Stadt und des Bezirkes Würzburg. 1905.**

Bamberger, Simon: Beitrag zur Frage von dem Zusammenhange des Strabismus mit der Refraction des Auges. *Strassburg: J. Singer 1897.* (40 S.) 8°
Strassburg, Med. Diss. v. 1897

— Festpredigt zur Feier der Einweihung der neuen Synagoge zu Aschaffenburg am 5. Tage des Sukkothfestes 5654, 29. September 1893. — Aschaffenburg (1893): Schippner. 14 S. 8° 12: Hom. 222t/10. 30.
10.9972

Bamberger, Simon, Festpredigt zur Feier der Einweihung der neuen Synagoge zu Aschaffenburg am Tage des Sukkothfestes 5654, 29. Septbr. 1893. gr. 8. (14 S.) Aschaffenburg 893. (A. Wailandt.) n. — 40

— Predigt, geh. in d. Synagoge bei d. von d. Kabbronim-Verein anläßlich s. 100jähr. Bestehens veranstalteten Fest-Andacht. — (Wandsbek [1903]: Bobers.) 13 S. 8°
18. 30.
10.9973

— Die Schöpfungsurkunde nach Darstellung des Midrasch nebst Vergleichung mit d. Septuaginta, Peschitta und d. Targum Jonathan. H. 1. — Mainz 1903: Wirth. 48 S. 8° 1: Es 20789. 10. 16. 18. 19. 30.
10.9974

Bambergerus s. ***Bamberger.***

Bambergius s. ***Bamberg.***

Bambino. — L'amoroso Bambino oder: die seltsamen Veränderungen des menschlichen Hertzen in den Begebenheiten des Marquis von * ... aus d. frans. Sprache übers. — (Franckfurt a. M.) 1747. 196 S. 8° 17.**
10.9980

— — Franckfurt [usw.]: Eßlinger & Knoch 1747. 196 S. 8°
14.
10.9981

Bambino, sentimental-politische, comisch-tragische Geschichte. Korrecte umgearb. ... Ausgabe. Leipzig 1791. V: *Klinger, Friedrich Maximilian von.* (EE)

Bambino's sentimentalisch-polit.-kom.-trag. Geschichte (v. F. M. Klinger). 4 Thle. 8. Leipz. 791. (Auf in Alt.) 2 ß 16 gl

Bambino's sentimentalisch-politisch-komisch-tragische Geschichte. (v. F. M. v. Klinger.) 4 Thle. 8. Leipz. Jacobäer. 791.

Bambinos, sentimentalisch-politisch-komisch-tragische Geschichte; Umarbeitung des Orpheus (von Klinger), 4 Theile, 8. Leipzig, 791. Jacobäer. 2 Rthl. 20 sgl.

Bambino's, sentimentalisch-politische, komisch-tragische Geschichte. 4 Thle. neue wohlf. Ausg. 8. Leipz. Jacobäer. 813.

Bambocciaden. Berlin 1797—1800. H: *Bernhardi, Joh. Chn Aug. Ferd. & Joh. Ludw. Tieck.* (BrMm) (EE) (Ky) (GGr)

Bambocciaden (v. Aug. Fd. Bernhardi u. Sophn Bernhardi). 3 Thle. 8. Berl. 797—800. Maurers B. 2 ß 2 gl

Bambridge, Frederick, biblische Geschichte für die Jugend. Mit Stahlst. Nr. 1—4. 8. (1. Bd. S. 1—128 mit 60 Stahlst.) New-York 851. (Philadelphia, Schäfer.) à Nr. * 15 Ngr. *

Bambridge, Frederick, biblische Geschichte für die Jugend. Mit schönen Stahlst. Nr. 5—9. 8. (1. Bd. S. 129—288 mit 80 Stahlst.) New-York 852—54. (Philadelphia, Schäfer und Koradi.) à Nr. * 15 Ngr. *
Nr. 1—4. Ebendas. 1851. * 2 Thlr.

Bambus, Willy: Die jüdische Ackerbaukolonisation in Palästina und ihre Geschichte. — Berlin: Schildberger 1895. 19 S. 8° (Zion. [1,] 2, Beil.) 1: Ez 14042. 11.
10.9987

— Die jüdischen Ackerbaukolonien in Palästina und ihre Geschichte. — Ebd. 1895. 22 S. 8° 30.
10.9988

— Die jüdischen Dörfer in Palästina, ihre Entstehung und Entwickelung bis auf die Gegenwart. — Berlin: Cronbach 1896. 36 S. 8°
1: Ez 14046. 11. 12: H. As. 151m. 30. 47. 128. 203.
10.9989

— — Nachdr. Hamburg: Kimmelstiel 1897. 32 S. 8°
18. 30.
10.9990

— Die jüdischen Kolonien in Palästina, ihre Entstehung und Entwicklung. — Wien: 'Karmel' 1904. 31 S. 8°
21.
10.9991

— Herr Mozkin und die Wahrheit über die Kolonisation Palästinas. — [Berlin:] Zion 1898. 16 S. 8° 1: Ez 14048.
10.9992

— Palästina. Land u. Leute. — Berlin: Cronbach 1898. 6,175 S. 8°
1: Ul 8056. 10. 11. 12: H. As. 151 mb. 30. 38. 109. 302.
10.9993

Bambus, Willy, Palästina in der Gegenwart. Kurzgefaßter Abriß der polit. u. phys. Geographie d. heil. Landes. gr. 8. (23 S. m. 1 Karte.) Brünn 891. L. Epstein & Co. n. — 36

— — Ebd. [1894]. 22 S. 8° (Jüdische Volkszeitung. [7,] 26, Beil.) 1: Ul 8029.
10.9995

! Bambus, W.: P a l ä s t i n a in d. Gegenwart. Jetzt: Berlin, H. Schildberger.

Bambus , Willi (Hrsg.), s. Z i o n .

Bamert, Jakob, Medizinalprakt.: Ueber den Einfluss der Uterusmyome auf die Sterilität und Fertilität des Weibes. München 1909: Wolf. 27 S. 8°
München, Med. Diss. v. 22. Juni 1910, Ref. Döderlein
[Geb. 18. Okt. 84 Rothsürben; Wohnort: München; Staatsangeh.: Preußen; Vorbildung: Matthias-Gymn. Breslau Reife O. 04; Studium: Breslau 2, Freiburg i. B. 1, Breslau 2, Würzburg 1, München 4 S.; Coll. 22. Juni 10; Approb. 3. Juni 10.] [U 10. 3479

Bames, Präzeptor in Pfullingen u. Reutlingen. 1806-1875. 1835
s. *Bames*, Karl.

Bames, lehrreiche Bilder aus der Kinderwelt. Zur Belehrg. u. Warng. f. die liebe Jugend. Mit 6 color. (lith.) Bildern. 4. (16 S.) Reutlingen 873. Enßlin & Laiblin. 1. 10

Bames, lehrreiche Bilder aus d. Kinderwelt. 4. (16) Reutl. 73, Neugebauer u. V. 1. 10

— s. G. G. Bredow, merkw. Begebenheiten.

Bames, Weitzmann u. A., Heitere Gedichte in schwäb. Mundart. 16. (125 S) Reutlingen 898. R. Bardtenschlager. — 30; m. farb. Umschlag — 60; kart. — 80

Bames, Ernst: Ueber Rhodanatostannate. Tübingen 1909: Laupp. 32 S. 8°
Tübingen, Naturw. Diss. v. 3. März 1909, Ref. Wislicenus
[Geb. 10. Juni 80 Saulgau; Wohnort: Tübingen; Staatsangeh.: Württemberg; Vorbildung: Gymn. Ulm Reife Juli 99; Studium: Berlin 1, Tübingen 8 S.; Coll. 3. März 09.] [U 09. 3996

Bames, Karl: Kurzgefaßte Beschreibung des Königreichs Württemberg. Zum Gebrauche für Schule und Volk. — Tuttlingen: Kling 1864. IV,142 S. 8° 24.
10.9997

— Beschreibung des Großfürstenthums Siebenbürgen, ein Wegweiser für alle, die auswandern wollen. — Reutlingen: Fleischhauer & Spohn 1846. 16 S. 8° 24.
10.9998

— Chronica von Reutlingen in Freud und Leid, im Festtags- und im Werktagskleid. (Von 1803-1874.) — Reutlingen: Fehleisen [um 1875]. 288 S. 8°
Forts. s. *Fehleisen*, Egmont: Chronica der Stadt Reutlingen ... (Von 1874-1900.) 1900.
1:Sh 8052. 21. 24. 282.
10.9999

— Neueste Geographie oder Abriß der mathematischen, physischen und politischen Erdkunde ... Für Schule und Haus. [Nebst] Atlas. — Reutlingen: Mäcken 1835. 8°
24.
10.10001

Bames, Präceptor, neueste Geographie, oder Abriß d. mathemat., physischen u. polit. Erdkunde nach d. neuesten Bestimmungen u. Entdeckungen. Für Schule u. Haus. Mit 1 Atlas von 30 Karten. 4. Stuttg. 835. Löflund u. S. (Köhler.) 2 ℛ

Bames, Handelsgeschichte und Geographie für Fortbildungs- und Gewerbeschulen, höhere Bürger- und Realschulen, sowie für angehende Kaufleute und Handwerker. Nebst einer Productentabelle, Münz-, Maß- und Gewichtstafel, Kurszettel etc. Reutlingen 855. Fleischhauer u. Spohn. 8. (IV, 144 S.) 12 *ngr*

— Allgemeine Länder- und Völkerkunde für Schule und Volk. 2., völlig umgearb. Aufl. — Reutlingen: Fleischhauer & Spohn 1853. IV,254 S. 8° 24.
10.10002

Bames, allg. Länder- u. Völkerkde f. Schule u. Volk. 3. Atl. 8. (280) Reutl. 64, Fleischhauer & Sp. — 18

—— allgemeine Länder- und Völkerkunde für Schule und Volk. 3., verb. und verm. Aufl. 8. (IV und 280 S.) Reutlingen 866, Fleischhauer und Spohn.

—— die Reise durch die Welt in Versen zum Auswendiglernen. 8. (48 S.) Reutlingen 865, Fleischhauer und Spohn.

— Die Reise durch die Welt in Versen zum Auswendiglernen. 2., verm. u. verb. Aufl. — Reutlingen: Fleischhauer & Spohn 1869. 56 S. 8° 24.
10.10005

— Volksgedichte aus Schwaben von Bamesius [d. i. Karl Bames]. — Reutlingen: Bardtenschlager 1857. VIII,191 S. 8° 24.
10.10006

Bamesius, Volksged. a. Schwaben. 8. (191) Reutl. 57, Enßlin u. L. — 15

Bamesius [Pseud.] s. *Bames*, Karl.

Bamler, Georg
— Lemasum, ein Beispiel zu Römer 10,13. 2. Aufl., durchges. u. bevorw. von J. Flierl. — Neuendettelsau: Verl. d. Missionshauses 1910. 29 S. 8° ('Komm herüber und hilf uns!' 5.) (Schriften d. Missionshauses Neuendettelsau. 8.)
12:H. ref. 351 ni-8. 29.
10.10020

— Zehn Jahre Missionsarbeit auf Tami von 1889–1899. — Neuendettelsau: Verl. d. Missionshauses 1900. 39 S. 8° (Komm herüber und hilf uns! 5.) ([Schriften d. Missionshauses Neuendettelsau.] 5.) 101.
10.10022

Bamler, Karl, Dr.: Beiträge zur Reduktion kurzjähriger Temperatur-Beobachtungen auf langjährige Normalmittel. *Barmen (1899): D. B. Wiemann.* (80 S.) 8°
Barmen, G, OP 1899 (450)

Bamler, Karl, Oberlehrer: Strassburger Temperaturmittel nach 100jährigen Beobachtungen. *Barmen 1899: (D. B. Wiemann).* (80 S.) 8°
Strassburg, Phil. Diss. v. 1898

Bamlett, A. C: Preisverzeichniß über Bamlett's Gras-, Klee- und Getreide-Mähmaschinen. Thirsk 1896

Bammann, D. J.: Ausgeführte Stuckornamente für äussere Decoration von Architecten, Bildhauern u. Zeichnern in Berlin. — Berlin: Stuhr (1848). 12 Taf. 2° (Titz, Eduard: Architectonische Ornamente. 2.3.)
1:1 in 2° Ny 9186. 23. 101.
10.10026

Bammann, J. D., s.: Stuckornamente.

Bammann, Johannes [aus Altona]: Ueber Tetrahydro $\alpha_1\alpha_2$-Naphtylendiamin und seine Derivate. . . . München, akad. Buchdr. v. F. Straub, 1889; 43 S. 8°
München, Phil. Fak., Inaug.-Diss. v. 1889

Bamme, E.

—— die Klassen- und klassificirte Einkommensteuer. Eine Sammlung der sämmtl. darüber erschien. Gesetze und Verordnungen. Zur Belehrung der Steuerzahlenden, resp. Steuer-Reclamanten. 8. (VI und 130 S.) Quedlinburg 866, Basse.

Bamme, E., die Grund- u. Gebäudesteuer. Nach den vorhandenen Gesetzen u. Verordnungen. Nebst den allgemeinen Grundsätzen bei Abschätzung des Reinertrages der Liegenschaften. Ein Rathgeber für Jedermann, insbes. für resp. Steuer-Reclamanten. Quedlinburg 866. Basse. 8. (IV, 94 S.) 10 *ngr.*

Bamme, Julius: Die Adoptivtochter. Schauspiel. — o. O.: Verf. 1862. 82 S. 8° 1:Ys 12371. 30. 48.
10.10030

Bamme, Jul., die Adoptivtochter. Schauspiel in 5 Akten. Gotha 862. (Halle, Anton.) 8. (82 S.) 20 *ngr.*

Bamme, Jul., Charlotte Corday. Dramatisches Gedicht. gr. 8. (72 S.) Magdeburg 852, (Halle) Delbrück. n. $^2/_3$ ℛ

— Gedichte. — Halle: Anton in Comm. 1861. 130 S. 8°
1:Yo 9871. 2. 3.
10.10032

— Marie Stuart. Drama. — Gotha 1860: Engelhard-Reyher. 159 S. 8° 1:Ys 11317. 31. 32.
10.10033

— Marie Stuart, oder die Reformation in Schottland. Drama. — Halle: Anton 1860. 159 S. 8°   1: Ys 11316.
10.10034

Bamme, Kuno, a. Bergeshövede: Aus d. Psychiatr. u. Nervenklinik zu Kiel. Zur Lehre der Stirnhirntumoren. Kiel 1908: Fiencke. 37 S. 8°
Kiel, Med. Diss. v. 26. Mai 1910, Ref. Siemerling
[Geb. 10. Sept. 82 Leer; Wohnort: Leer; Staatsangeh.: Preußen; Vorbildung: Gymn. Emden Reife O. 02; Studium: Tübingen 3, Erlangen 2, München 2, Kiel 3 S.; Coll. 18. Dez. 08; Approb. 10. Mai 10.]   [U 10. 2420

Bammel: Zur Gesch. d. preuss. Verwaltg im Reg.-Bez. Düsseldorf. Mit Beschreibg d. Neubaus d. neuen Regiergsgebäudes von v. Saltzwedel. (103 m. Abb., 1 Doppel-Taf. u. 2 [1 farb.] Ktn.) Lex8° Düsseld., Schmitz & O. '12. 2 — d

Bammert: Anwendungen d. Determinanten i.d. analytisch. Geometrie. Ehingen. 4°36 S.u.Tfl.– Schul-/Univ.-Schrift. 1864.

Bammert, Aufgaben aus der mathematischen Geographie. Ehingen 870. (Tübingen, Fues.) 4. (16 S. u. 1 lith. Taf. in Fol.)   7½ ngr.

Bammert, Gust. Über das mathematische Unendliche. 27 S. u. 2 Taf.   Progr. *Ehingen a. d. D.* 1884.

Bammert, üb. das mathematische Unendliche. 4. (27 S. m. 2 Steintaf.) Ehingen 884. (Tübingen, Fues.) n. 2. —

Bammes, Adolf

Bammes, A., der Konsumverein Leipzig-Plagwitz. Seine Entstehg., Entwickelg. u. sein gegenwärt. Stand. Anläßlich seines 20jähr. Bestehens zusammengestellt. (89 S. m. Abbildgn. u. 1 Taf.) 8. Leipzig (904). (Leipziger Buchdruckerei.)   n. — 25

Bammes, Reinhold: Betrachtungen über den modernen Werksatz. — München 1910: Fachschule für Buchdrucker. 32 S. 8° (Abhandlungen aus d. Unterrichtsgebiete d. Fachschule für Buchdrucker zu München.)
12: Typ. 1c–6.
10.10042

— Der goldene Schnitt im Akzidenzsatz. — München 1908: Fachliche Fortbildungsschule für Buchdrucker. 19 S. 8° (Abhandlungen aus d. Unterrichtsgebiete d. Fachlichen Fortbildungsschule für Buchdrucker in München.)
Erschien zuerst in: Archiv für Buchgewerbe. 40. 1903.
12: Typ. 1c–2. 60.
10.10044

Bammes, Rhold: Der Titelsatz, s. Entwicklg u. s. Grundsätze, s: Monographien d. Buchgewerbes.

Bampfield, R(obert) W(illiam): Über die Krankheiten des Rückgrathes und des Brustkorbes. Eine von der medicinischen Gesellschaft zu London gekrönte Preisschrift. (An Essay on the distortion and diseases of the spine and chest. Second edition. Dt.) Bearb. von Friedrich Julius Siebenhaar. 376 S., gbd. 2 Taf.

Leipzig: Nauck 1831

BAN, Daniel, De evangelii quarti dispositione, indole, fine et tempore conscriptionis. — (1887) 102 S. 4° (Handschr.)   Diss. 451
Diss. Wien Univ.

Ban, Guido du, Manuale di stenografia secondo il sistema di Gabelsberger, s.: Noe, Enrico.

Ban, Matija

— [Pravo srpskoga naroda u turskom carstvu, deutsch] Das Recht des serbischen Volkes im ottomanischen Reiche ... Deutsch von M. Rosen. — Wien: v. Delpiny 1867. 24 S. 8°
Aus: Zukunft. 4. 1867.   1: Ui 906/5. 300: 69.662–B. 302.
10.10083

Bāṇa s. *Bāṇabhaṭṭa*.

Bāṇabhaṭṭa

(—) [Pārvatīparinaya, deutsch] Pārvatī's Hochzeit. Ein indisches Schauspiel ... Übers. von K. Glaser. — Triest (: Verf.) 1886: Buchdr. des Österr.-ungar. Lloyd. IX, 38 S. 8°
Aus: Jahresbericht des k. k. Staats-Gymnasiums. Triest 1886.
21. 302.
10.10090

Banasch, Richard: Die Niederlassungen der Minoriten zwischen Weser und Elbe im dreizehnten Jahrhundert. ... Breslau, W. Koebner, 1891; 3 Bl., 57 S. 8°
Erlangen, Phil. Fak., Inaug.-Diss. v. 1891

Banaschewski, Franz [pr. Arzt aus Rauschken, Ostpr.]: Ueber Tuberkulose des Wurmfortsatzes und des Coecum ... Jena, Frommannsche Hof-Buchdr., 1897; 30 S. 8.
Jena, Med. Fak., Inaug.-Diss. v. [25. Juni] 1897

Banasz, Artur: Aus der Königlichen Universitäts-Frauenklinik zu Breslau. Direktor: Geh. Medizinalr. Prof. Dr. Küstner. Die Stellung des Kaiserschnitts zu konkurrierenden Verfahren auf Grund der Operationsresultate der letzten Jahre. Breslau 1907: Breslauer Genossenschafts-Buchdruckerei. (30 S.) 8°
Breslau, Med. Fak., Ref. Küstner, Diss. v. 29. Juni 1907
[Geb. 24. Aug. 84 Lodz (Polen); Wohnort: Lodz; Staatsangeh.: Rußland; Vorbildung: Gymn. Lodz Reife Juni 02; Studium: Warschau 3, Breslau 7 S.: Rig. 27. Juni 07.]

Banat [Sachliches OW]

Banat. *Herausgeg. v. k. k. General-Stab im J. 1847. 1 Bl. 22" H., 31" Br. Massstab: 1 Wr. Zoll = 6,000 Wr. Klftr. Verhältn. 1 : 432.000.* Aus den vorhandenen Militär-Aufnahmen mit besonderer Rücksicht auf die Strassen zusammengestellt. Auf Stein gravirt.

Banat [Schlagwort]

Banat   Geognostische Karte der Banater Domäne d. k. k. priv. österr. Staats-Eisenbahn-Gesellschaft, enthaltend den vormaligen k. k. ärarischen Montan-Complex nebst den Staatsherrschaften Oravicza u. Bogschan. Wien 1860. Fol.

Banater. — Banater Frage eine europäische Frage. Ein Wunsch d. Bevölkerung Südungarns an den Pariser Friedenskongreß. — Budapest 1919: Pallas. 16 S. 8°
1: Krieg 1914–32474.
10.10118

Banaterbahn. — Die projectirte Banaterbahn vom politischen, militärischen und volkswirthschaftlichen Standpuncte beleuchtet. Wien, im Jänner 1870. — Wien: Seidel 1870. 21 S. 8°   300: 434.502–B. 302.
10.10119

Bancalari: Beiträge zur Geschichte..., s. B a n c a l a r i, Gustav

Bancalari, Dominic: Der Curort Krapina-Töplitz und seine warmen Quellen und Bäder. — Wien: Braumüller 1868. 80 S. 8° (Braumüller's Bade-Bibliothek. 26.)
300: 400.725–B. Per. 26. 302. 305.
10.10138

Bancalari, Gustav
Pseudonym: Carl Abani

Bancalari: B e i t r ä g e zur Geschichte ... s.a. G a l l i n a.

Bancalari, G., Beiträge zur Geschichte des österreichischen Heerwesens. 2 Theile. Wien 1872. 8.

Bancalari, Gust., s.a. Bibliotheks-Katalog des Museum Francisco-Carolinum in Linz a. D.

— Bibliotheks-Katalog des Museum Francisco-Carolinum in Linz a.D. [Nebst] Nachtr. (1.) 2. — Linz: Fink in Comm. 1897–1900. IX, 767 S. 8°
Nachtr. 2. Bücherzugang 1896–1900.
1 [∞Nachtr. 2]: Ao 8280/5. 2. 3. 8. 11. 12: Cat. 301 oc. 14. 17. 25. 26. 27. 29. 30. 33. 41. 43. 46. 84. 86. 300: 90.426–C. Kat. 302→305.
10.10139

— Nationale Eiferer und oesterreichische Pessimisten. Von Carl Abani. — Leipzig [usw.]: Prochaska 1871. 150 S. 8°
12: Austr. 3. 106. 300: 110.693-B.
10.10140

— Prinz Eugen, s.a. Helden, unsere.

— Prinz Eugen. — Salzburg: Dieter 1880. 69 S. 8° (Unsere Helden. 3.) 17. 43. 300: 507.794-A. Bd 3. 302. 304.
10.10141

— — 2. Aufl. Ebd. 1898. 70 S. 8° (Unsere Helden. 3.)
300: 507.794-A. Bd 3.2.Aufl. 302.
10.10142

— Forschungen und Studien über das Haus. 1-3. — Wien: Anthropol. Ges. 1896-98. 4°
1. Rauchhaus, Herd, Ofen, Rauchfang, Kamin. 1896.
2. Gegensätze des 'oberdeutschen' Typus und der ländlichen Häuser Frankreichs. 1897.
3. Volksmäßige Benennungen von Gegenständen der Landwirtschaft. 1898.
Aus: Mittheilungen der Anthropologischen Gesellschaft in Wien. 26-28. 1896-98.
88[** 3]. 302.
10.10144

— Forschungen u. Studien üb. d. Haus. I—III. [Aus: „Mittheilg. d. anthropolog. Gesellsch. in Wien".] gr. 4. Wien (A. Hölder). n. 6. 50
I. Rauchhaus, Herd, Ofen, Rauchfang, Kamin. (36 S. m. 55 Abb.) 896. n. 4. —
II. Gegensätze d. „oberdeutschen" Typus u. d ländl. Häuser Frankreichs. (17 S. m. 19 Abb.) 897. n. 1. 50
III. Volksmäss. Benenngn. v. Gegenständen d. Landwirthschaft. (10 S.) 898. n. 1. —

— Geschichte des deutsch-französischen Krieges in den Jahren 1870 und 1871 ... Von Carl Abani. Abth. 1.2. — Leipzig [usw.]: Prochaska 1871. 8°
1. Im Lager d. Franzosen. Bericht e. Augenzeugen über d. Krieg in Frankreich im Jahre 1870 bis zur Einnahme von Straßburg.
2. Der Volkskrieg in Frankreich 1870.1871. Von der Einnahme Straßburgs bis zum Friedensschlusse.
1[** 2]: Kr. Samml. A 3. 12: Eur. 694d-123. 15. 17. 30. 41. 46. 209. 300: 70.809-B.
10.10145

Bancalari, Gust., Hand- u. Instruktions-Buch f. die Unteroffiziers-Schulen der Fußtruppen d. k. k. Heeres u. der Landwehr, die Kadetten- u. Einjährig-Freiwilligen-Schulen im Vereine m. mehreren Mitarbeitern verf. Mit 225 (eingedr. Holzschn.-)Abbildgn. I. Genetische Skizzen u. Prüfungsfragen. 1—5. Hft. 2. verm. Aufl. 8. (90; VI, 194; XIII, 262; X, 157 u. VI, 283 S.) Wien 876. Seidel & Sohn in Comm. n. 8. —

— Hand- und Instruksions-Buch für die Unteroffiziers- und Mannschafts-Schulen der Fusstruppen des k.k. Heeres und der Landwehr. H. 1-4. — Wien: Selbstverl.; Seidel in Komm. 1875. 8° 300: e2722.
10.10146

— — 2., verm. Aufl. H. 1-5 [nebst] Nachtr. 1. Ebd. 1876-77. 8°
Nachtr. 1. Neuerungen bis zum 31. Jänner 1877; Gesammelte Vorschriften für den Einjährig-Freiwilligen; für den Offizier(Dienstreglement; Gebühren; Adjustirung). 1877.
17[** Nachtr.] 300 [** 1.4.5]: 51.724-B. 302[** Nachtr.]
10.10147

Bancalari, Gustav

— Die Hausforschung und ihre Ergebnisse in den Ostalpen. — Wien: Hölder 1893. 47 S. 8°
Aus: Zeitschrift d. Deutschen u. Oesterreichischen Alpenvereins. 24. 1893.
1: Ny 346. 8. 12: H. g. hum. 12gi. 14. 33. 44. 47. 83. 86. 87. 88. 91. 106. 300: 147.775-B. 302. 304.
10.10148

— der nächste Krieg und die militärische Ausbildung und Erziehung. Zwei Vorträge, gehalten im militär-wissenschaftl. Verein zu Kaschau. gr. 8. (III, 64 S.) Wien 883, Seidel und Sohn.
Aus: Streffleur's österreichischer militärischer Zeitschrift, besonders abgedruckt.

— Kriegsbilderbuch eines Unbefangenen, von Carl Abani. Leipzig [usw.]: Prochaska 1871. 224 S. 8°
1: Kr. Samml. R 1. 12: Eur. 694d-227. 30.
10.10149

— Lehr- und Handbuch für den Unterricht im deutschen Aufsatze militärischen Inhaltes. (Militär-Stilistik.) ... Für die k.k. Militär-Akademien und Cadeten-Schulen, dann zum Selbstunterrichte bearb. von Gustav Bancalari u. Béla Kuderna. — Prag: Bellmann 1889. VII, 345 S. 8°
300: 193.772-B. 302.
10.10150

— — 2. Aufl. Ebd. 1892. VIII, 345 S. 8° 300: 149.972-B.
10.10151

— — 3. Aufl. Ebd. 1899. IX, 345 S. 8° 300: 402.378-B.
10.10152

— Quellen der oesterreich. Kriegs- u. Organisations-Geschichte, s.a. Beiträge zur Geschichte d. oesterreich. Heerwesens.

— Quellen der oesterreichischen Kriegs- und Organisations-Geschichte nebst e. Anh. über die Aufgabe der militärischen Geschichtsschreibung und ihre Methode. — Wien: Seidel 1872. VI, 101 S. 8° (Beiträge zur Geschichte d. österreichischen Heerwesens. 2.)
3. 5. 16. 17. 26. 46. 209. 300: 107.548-B. Bd 2. 302. 304.
10.10153

Bancalari, G.: Quellen der österr. Kriegs- und Organisations-Geschichte nebst Anhang über die Aufgaben der Kriegsgeschichte und ihre Methode. – Wien 1872. 101 S.
(= Beitraege zur Geschichte des österr. Heerwesens. H.2.)

Bancalari, G. Quellen der österreichischen Kriegs- u Organisationsgeschichte 8 Wien 1873.

— Feldmarschall Graf Radetzky als Kriegsheld u. Heerführer m. besond. Berücksicht. seiner Wirksamkeit in den Befreiungskriegen 1813—1815 u. seines Einflusses auf das moderne Kriegswesen. (Festschrift zur Enthüllg. d. Radetzky-Monumentes in Wien, am 24. Apr. 1892.) [Aus: „Organ d. militär-wissenschaftl. Vereine".] M. e. Abbildg. d. Radetzky-Monumentes in Wien. gr. 8. (35 S.) Wien 892. (C. Konegen.) n. — 60

Bancalari, Gust., Feldmarschall Carl Philipp Fürst Schwarzenberg, s.a. Helden, unsere. VI.

— Feldmarschall Carl Philipp Fürst Schwarzenberg. Zugleich Darstellung der Franzosenkriege von 1792-1815. — Salzburg: Dieter 1882. 64 S. 8° (Unsere Helden. 6.)
43. 300: 507.794-A. Bd 6. 302. 305.
10.10155

— — 2. Aufl. Ebd. 1907. 63 S. 8° (Unsere Helden. 6.)
101.
10.10156

— Studien über die österreichisch-ungarische Militär-Kartographie. — Wien: Lechner in Comm. 1894. 78 S. 8°
Aus: Organ der militär-wissenschaftlichen Vereine. 49. 1894.
300: 156.931-B.
10.10157

— Vorgang bei der Hausforschung. — Wien: Anthropol. Ges. 1892. 30 S. 8°
Aus: Mittheilungen d. Anthropologischen Gesellschaft in Wien. 22. 1892.
16. 11. 300: 83.301-B. 302.
10.10158

— Vorgang bei der Hausforschg. [Aus: „Mittheilgn. der anthropolog. Gesellsch. in Wien".] 8. (30 S.) Wien 892. (A. Hölder.) n. 1. 20

Bancelin, Henri Charles: Catalogue librorum, quorum auctio habebitur ... in aedibus H. C. Bancelini. [Auktionskat.] — Berlin [1704]: Wessel. 58 S. 8° 14.
10.10174

— Catalogus librorum theologico-historicorum, aliorumque varii generis ... vendendorum. In des sehl. Herrn Bancelin ... Hause. [Auktionskat.] — [Berlin 1712]: Wessel. 23 Bl. 8° 14.
10.10175

Bancels, Marie-Louise, v., Aktstudien der weiblichen Psyche u. andere Gedichte. (64 S. m. Bildnis.) gr.8. Leipzig 909. Reform-Verlag. 1.50; geb 2.50

— Kokette Füsschen u. andere Novellen. (118 S.) 8. Breslau (908). Kattowitz, Phönix-Verlag. —90

— Junge Mädchen über Liebe u. andere Novellen. — Breslau: Phönix-Verl. [1908]. 147 S. 8° 1: Yx 38932. 2.
10.10178

— Prismen. Gedichte. — Berlin: Lilienthal 1905. 76 S. 8° 1: Yo 30545. 11. 15. 30. 32.
10.10181

— Kein Weib u. andere Novellen. — Breslau: Phönix-Verl. [1908]. 143 S. 8° 1: Yx 38930. 2.
10.10182

Banck, C. Drei Lieder für eine Singstimme mit Begleitung des Pianoforte in Musik gesetzt von — —. Op. 67. 1. Nr. 16123. Hoffnung. Volkslied. (4 S.) — 2. Nr. 16124. Frage. Gedicht von J. G. Seidl. (4 S.) — 3. Nr. 16125. Wiegenlied. Gedicht von O. Banck. (7 S.) Fol. Wien, C. A. Spina. 1857.

Banck, Carl: Malerei mit näherer Berücksichtigung d. diesjährigen Kunstausstellung. Von C...* [d. i. Karl Banck] u. O...* [d. i. Otto Alexander Banck]. — Dresden [usw.]: Arnold in Comm. 1843. 29 S. 8° (Dresdener Kunstzustände. 1.) 8. 14.
10.10314

(F) Banck, E., Richtet nicht. Roman. [Weicherts Wochenbibliothek. Bd. 246.] 8°. (96 S.) K —.30
Wien, Derflinger & Fischer 1909

Banck, J.: Die klimatischen Curorte Cairo und Nil, Nizza, Mentone, Madeira, Palermo, Pau. — Erlangen: Enke 1869. IV,64 S. 8° 12: M. med. 67 h. 14. 16. 17. 20. 25. 29. 48. 52. 64. 122. 302.
10.10308

Banck, J., die klimatischen Curorte Cairo u. Nil, Nizza, Montone, Madeira, Palermo, Pau. Nach eigenen Beobachtungen u. Erfahrungen bewährter Aerzte zusammengestellt. Erlangen 870. Enke. gr. 8. (V, 64 S.) n. 10 ngr.

Banck. O.A.
Gallerien von München, die. Eine Stahlstichsammlung der vorzüglichsten Gemälde der k. Pinakothek, d. herzogl. Leuchtenberg'schen u. Schleissheimer Gallerien. Nebst Text von O. A. Banck. 2 Bde. Leipzig u. Dresden. Verlag d. engl. Kunstanstalt von A. H. Payne, o. J. (c. 185*). 4°. Sehr eleg. orangefarb. Saffianbde. m. Rückenvergold. Wie bei den meisten Expl. fehlen (laut Inh.-Verz.) einige Stiche. Bd. 2 beginnt bei unserem Expl. mit Bog. 23 (od. S. 177).
340 fortl. S Text u. 1 Bl. Inh. Mit 2 Frontisp.

Banck, O. A., s.: Kunstverein. der, 3. Serie.

Banck, Otto s. *Banck*, Otto Alexander.

Banck, Otto Alexander: Alpenbilder. Schilderungen aus Natur u. Leben in d. Alpenwelt. Bd 1.2. — Leipzig: Schlicke 1863. 8°
1. Vom Bodensee durch Graubündten nach Südtyrol.
2. Aus d. Bayerischen Alpen u. Nordtyrol.
7. 12: It. sing. 39 k. 14. 15. 17. 34. 38. 209. 211. 300: 111.393–B. 302.
10.10319

Banck, Otto, Alpenbilder. Schilderungen aus Natur u. Leben in der Alpenwelt. 2. verm. Aufl. 2 Bde. Leipzig 868. Schlicke. 8. (XVI, 554 S.) n. 2 Thlr. 15 ngr.

— — 2., verm. Aufl. Bd 1.2. Ebd. 1869. 8°
Inhalt wie in 10.10319. 14. 16. 32. 41. 51. 308.
10.10320

— literarisches Bilderbuch. Populäre Darstellungen für alle Kreise. Ein Beitrag zur Literaturgeschichte der Gegenwart in literar. Briefen u. charakterist. Probestücken. 3 Bde. Leipzig 866. Kummer. gr. 8. (XVIII, 1128 S.) n. 5 Thlr.

— Aus der deutschen Bühnenwelt. Dramaturgische Studien. — Leipzig: Dürr 1865. XVI,443 S. 8° (Banck: Kritische Wanderungen. 1.) 1: X 298–1. 3. 7. 8. 11. 12: L. eleg. g. 23 m–1. 14. 15. 17. 18. 19. 27. 30. 33. 34. 38. 48. 52. 106. 109. 300: 622.629–B. Th. S.
10.10323

Banck, Otto Alexander

— Gedichte. — Leipzig: Fleischer 1858. XVI,476 S. 8° 1: Yo 8636. 3. 5. 14. 15. 78. 302.
10.10324

— Vom Literaturgeist unserer Tage. — Leipzig: Dürr 1866. XII,374 S. 8° (Banck: Kritische Wanderungen. 2.) 1: X 298–2. 3. 7. 12: L. eleg. g. 23 m–2. 14. 15. 17. 18. 19. 27. 33. 34. 38. 48. 64. 87. 102. 109.
10.10325

— Malerei mit näherer Berücksichtigung der diesjährigen Kunstausstellung. 1843 s. *Banck*, Carl.

— kritische Wanderungen in drei Kunstgebieten. Licht- u. Schattenbilder zur Geschichte der deutschen Bühne, modernen Literatur u. bild. Kunst. 2 Bde. Leipzig 865, 66. Dürr'sche Buchhdlg. 8. Jeder Bd. 1 Thlr. 20 ngr.
1. Bd. Aus der deutschen Bühnenwelt. Dramaturgische Studien über Theater u. Theaterdichtung, Schauspielkunst u. Schauspieler, mit Hinblick auf die Blüthezeit der Dresdener Hofbühne. (XVI, 443 S.)
2. Bd. Vom Literaturgeist unserer Tage. Aesthetische Unterhaltungen u. kritische Schlaglichter über Dichten u. Schaffen in Poesie u. Prosa. (XIII, 371 S.)

— Worte für Welt und Haus. — Leipzig: Fleischer 1863. 174 S. 8° 14. 22.
10.10327

[J.] Banck, Rudolf *Karl Otto* [aus Dresden]: Geschichte der Sächsischen Banken m. Berücks. d. Wirthschaftsverhältnisse ... (Erscheint vollst. in: Staats- u. Socialw. Forsch. hrsg. v. G. Schmoller.) Dresden, Druck v. C. Heinrich, *1896*; 2 Bl., 36 S. 8.
Berlin, Phil. Fak., Inaug.-Diss. v. 27. Juni 1896

Bancken, Johannes (geb. Ottenstein in Westf. 6 4 1845): Ueber Total-Resection des Handgelenkes. Berlin (1868). (36 S) 8°
Berlin, Med Diss. v 23. Juli 1868

Banckes, W., Horae succisivae seu eclogae Vergili rusticae dorico carmine donatae. Hrsg v. W. Müldener. Gel. 1868 47 S. —.90

Banckes, W, horae succis. s. eclogae Virgilii rust. dorico carmine donatae. Hrsg. v. W Müldener. 8. (47) Gött. 68, Vandenhoeck & R. n. — 10

Bancke, John s. *Banks*.

Banckwitz's (Oscar) illustr. Monatsblätter. 1. Jahrg. 1847. 1. u. 2. Hft. gr. 4. (à 4 B. m. eingedr. Holzschn.) Leipzig, Renger. 1/2 Thlr.

— illustrirtes Wochenblatt. (1. Jahrg.) 1847. März–Decbr. 44 Nrn. Fol. (à 2 B. m. eingedr. Holzschn.) Ebd. Vierteljährlich 3/4 Thlr. — Einzelne Nrn. à 1/12 Thlr.

Banco Contarini, der Räuberhauptmann rc., s. Ritter u. Räubergeschichten.

Banco-Ordnung
Eines hoch-edlen und hochweisen Raths des H. Röm. Reichs freyen Stadt Nürnberg neu-revidirte und erläuterte Banco- und Wechsel-Ordnung, samt zweyen obrigkeitlichen Decretis, vom 28. Febr. 1713. und 4. May 1714. der Juden Handlung betreffend. — Nürnberg: Felßecker 1722. 92 S. 8°
3. 7. 8. 12: 4° Merc. 5 [2 Ex.] 19. 24. 27. 29. 30. 31.
10.12252

Banco- u. Wechselordnung, neu revidirte u. erläuterte; der Stadt Nürnberg, sammt ihren obrigkeitl. Rescriptis, den Juden-Handel betreff. 4. Nürnb. 823. Felssecker. 8 gr.

Banco-Patent

Kayser- und Königl. Banco-Patent. Mit sonderbahrer Concession einer hohen Landes-Obrigkeit. — Breslau: Brachvogel 1715. 12 S. 4°
2.
10.12259

Bancour. — Bancour von Clairval. Th. 1. 2. — Leipzig: Fleischer 1797–98. 8°
19.
10.10355

Bancourt, Etienne Montain de

de Bancourt, Et. Mont., († 1793.) Phrases sur les verbes ou méthode très-courte et très-facile pour apprendre en peu de temps à bien conjuguer les verbes tant réguliers qu'irréguliers. 8, Frankf. a. M. 772. Hermann. 8 gl.

— Traité prosodique de la prononciation française. 8. Wetzlar 783. (Frankf. a. M., Gebhard et K.) 6 gl.

Bancourt, Étienne Montain de: Traité prosodique de la prononciation françoise. — Wetzlar 1783: Winkler. 78 S. 8°
10. 15. 31.
10.10356

Banco-Verfassung

Banco-Verfassungen. — [Hamburg um 1765: Piscator.] 124 S. 8°
18.
10.12418

Bancroft, Dr. 1769 s. *Bancroft*, Edward.

Bancroft, Edward

— [Instructions and explanations, concerning the preparations called Lac Lake and Lac Dye, deutsch] Anweisung zum Gebrauche des Lac Lake und Lac Dyes als Stellvertretern der Cochenille in der Scharlachfärberei. Nach d. Engl. ... hrsg. vom Geh. Rath Hermbstädt. — Berlin: Amelang 1816. 16 S. 8°
12: Techn. 10 gs. 210.
10.10363

— [deutsch] Englisches Färbebuch oder Versuche und Bemerkungen über die Farben natürlicher Körper und deren Anwendung zum Färben, Cattundrucken und Malen ... Mit Anm. und Zusätzen von Daniel Jäger. Th. 1. Leipzig: Griesshammer 1797. VIII, 278 S. 8°
12: Techn. 10 gr. 27. 210.
10.10367

— Englisches Färbebuch oder Versuche und Bemerkungen über die Farben natürlicher Körper ... mit Anm. u. Zusätzen von D. Jäger. Neue Ausg. — Leipzig: Fischer & Fuchs 1834. VIII, 278 S. 8°
88.
10.10369

Bancroft, Ed., engl. Färbebuch, od. Versuche u. Bemerkn. üb. d. Farben natürl. Körper u. deren Anwend. z. Färben, Cattundrucken u. Malen. Mit Anmerkn. u. Zusätzen v. D. Jäger. Neue Ausg. gr. 8. (17¾ B.) Leipzig 834, [Seria'sche Bh.]

— Neues englisches Färbebuch oder gründliche Untersuchungen über die Natur beständiger Farben ... Übers. von Joh. Andrä Buchner. Hrsg. u. mit Anm. vers. von Johann Gottfried Dingler u. Wilhelm Heinrich v. Kurrer. Bd 1. 2. — Nürnberg: Schrag 1817–18. 8°
1: Op 7375.
12: Techn. 10 grb [2 Ex.] 14. 18. 83. 84. 89. 93. 201. 210. 302. 305.
10.10368

— [Ausz., deutsch] Über den Gebrauch der Quercitron-Rinde. — London 1795: Heydinger. 131 S. 8°
1: Op 7312. 7. 17. 27.
10.10370

— [deutsch] Naturgeschichte von Guiana. Frankfurt [usw.]: Dodsley 1769. X, 248 S. 8°
1: Lh 11490. 2. 5. 6. 9. 10. 12: H. nat. 15. 16. 17. 21. 22. 24→27. 29. 30. 32. 33. 35. 39. 42. 45. 70. 205. 302.
10.10361

— Naturgesch. v. Guiana in Südamerika. A. d. Engl. gr. 8. Frankf. 769. (Schwickert in Leipz.) 12 gl.

Bancroft, George

[—] The Case of the United States to be laid before the Tribunal of Arbitration, to be convened at Geneva under the provisions of the treaty between the United States of America and Her Majesty the Queen of Great Britain, concluded at Washington, May 8, 1871. — Washington: Gov. Print. Off. 1871. 501 S. 4° (Alabama Claims.)
Franz. Ausg. s. *Bancroft*: Exposé des États-Unis présenté au Tribunal d'arbitrage réuni à Genève. 1871.
1: 4° Fo 10171. 2→5. 7→10. 12: 4° J. publ. E. 54 x. 14. 16. 17. 19. 21. 24. 28. 29. 31. 39. 46. 205. 208.
10.10394

[—] — Leipzig: Brockhaus 1872. IX, 322 S. 8°
5. 14. 16. 21.
10.10395

— Denkschrift über den Canal von Haro als Grenzlinie der Vereinigten Staaten von Amerika. — (Berlin [nach 1871]: v. Decker.) 36, 56 S. 4°
Engl. Ausg. s. *Bancroft*: Memorial on the Canal de Haro. Nach 1871.
1: 4° Uu 3454. 5. 12: 4° Am. B. 401 e. 208.
10.10398

(Bancroft, George): Denkschrift über den Canal von Haro als Grenzlinie der Vereinigten Staaten von Amerika. Seiner Majestät Wilhelm I. Deutschen Kaiser und König von Preussen als Schiedsrichter im Namen der Amerikanischen Regierung überreicht von dem amerikanischen Bevollmächtigten George Bancroft. [Mit Appendix.] (Berlin 1872.) 36, 56 S., 6 Krt. 4°.

— Geschichte der amerikanischen Revolution, s.a. Geschichtschreiber, moderne. 1. Bd.

Bancroft, G. Geschichte der amerikanischen Revolution. Deutsch v. Drugulin. 1.–3. Bd. (1124). Leipzig 1853. 9,00. — Deutsch von Kretschmar und Bartels. 10 Bd. 8. Leipzig 1852—75. 51,00.

— [deutsch] Geschichte der Amerikanischen Revolution. Aus d. Engl. von W. E. Drugulin. Mit e. Vorw. von Fr. Bülau. Bd 1–3. — Leipzig: Lorck 1852–54. 8°
24. 44. 300: e 6276.
10.10409

— — Bd 1–3. Ebd. 1852–54. 8° (Moderne Geschichtschreiber. 1/3.)
3. 10. 12[^m3]: Am. B. 172. 15. 16. 19. 27. 32. 34. 38. 39. 41. 43. 44. 51. 111. 203. 204.
10.10410

— — Deutsch von A. Kretzschmar. Bd 1–5. Leipzig: Wigand 1852–64. 8°
12: Am. B. 172 b. 15[^m5]. 75[^m5].
10.10411

— [deutsch] Geschichte der Vereinigten Staaten von Nordamerika von der Entdeckung des amerikanischen Kontinents (3 ff.: Continents) an bis auf die neueste Zeit. Nach d. 9. Aufl. d. Orig. deutsch (4 ff.: Deutsch) von A. Kretzschmar (9. 10: von A. Bartels. Autoris. Ausg.) Bd 1–10. — Leipzig: Wigand 1845–75. 8°
4–10. Geschichte der Amerikanischen Revolution. 1–7. 1852–75.
Vollst. . . . 1: Uu 1044. 2. 10. 14. 21. 31. 34. 53. 66. 78. 305.
1–5 . . . . 12: Am. B. 170 b.
2–10 . . . 3. 16. 17. 25. 30. 35. 36. 39. 46. 109. 203. 208. 302.
10.10471

Bancroft, George, Geschichte der Vereinigten Staaten von Nordamerika, von der Entdeckung des amerikanischen Kontinents an bis auf die neufste Zeit. Nach der 9. Aufl. des Originals, deutsch von A. Kretschmar. 1. Bd. 2. Aufl. (IX und 402 S.) Leipzig 847, O. Wigand.
Vgl. 10. Bd. 1. Abthl. S. 54.

—— Gesch. d. Verein. Staaten v. Nordamer. Deutsch v. A Kretzschmar. 4—8. Bd. = Gesch. d. amerik. Revolution. 5 Bde. 8. (1857) Lpzg 52—64, O Wigand. à 1. 15

Bancroft, G, Geschichte d. Vereinigten Staaten v. Nordamerika. Deutsch v. A Bartels. 9. Bd. 8. (392) Lpzg 75, O Wigand. n. 7. — ‖ 10. Bd. (450) 75. n. 8. — (1—10.: n. 51. —)

— histoire de l'action commune de la France et de l'Amerique pour l'indépendance des Etats-Unis. Traduit et annoté par Cte. Ad. de Circourt. 3 tomes. gr. 8. (XIV, 400, 360 u. 360 S.) Paris 876. Vieweg. n. 22. 50

— [franz.] Histoire des États-Unis depuis la découverte du continent américain. Trad. de l'anglais par Isabelle Gatti de Gamond. T. 1–9. — Paris: Didot [usw.] (2–9: Paris: Didot; Bruxelles & Leipzig: Lacroix, Verboeckhoven & Cie) 1861–64. 8°
Sér. 1 = T. 1-5. Histoire de la colonisation. 1861-63.
Sér. 2 = T. 6. Histoire de la révolution américaine. 1863.
Ser. 3 = T. 7-9. Comment la Grande Bretagne s'aliéna l'Amérique. 1864.
(Bancroft: Œuvres.) (Collection d'historiens contemporains.) 204.
10.10473

Bancroft, George

— History of the United States from the discovery of the American continent. [1. ed.] Vol. 4. 5. — Boston: Little, Brown & Co. 1854. 8° 36. 46.
10.10413

—— 9. ed. Vol. 1–3. Paris: Baudry [usw.]; Leipzig: Michelsen 1842. 8° (Collection of ancient and modern British authors. 345/347.) 14. 30 [°° 2]. 34. 35.
10.10426

—— 10. ed. Vol. 1–3. Paris: Baudry [usw.]; Leipzig: Michelsen 1843. 8°
1-3. History of the colonization of the United States. 1-3. Boston: Little & Brown 1843.
(Collection of ancient and modern British authors. 345/347.)
Das Exemplar von 30 hat keinen Bandtitel.
17. 27. 30 [°° 1.3]. 36.
10.10429

— history of the United States, from the discovery of the american continent. Vol. 10. gr. 8. (593 S.) Boston 874. (Leipzig, Brockhaus' Sort.) geb. n.n. 6. —

— **Memorial on the Canal de Haro as the boundary line of the United States of America.** — (Berlin [nach 1871]: v. Decker.) 32,56 S. 4°
Deutsche Ausg. s. *Bancrofts* Denkschrift über den Canal von Haro. Nach 1871.
1 an Un 3454.
10.10478

Bancroft, Hubert Howe, the native races of the Pacific States of North America. 5 vols. Lex.-8. San Francisco 875. (Leipzig, Brockhaus' Sortiment und Antiq.) à vol. * ℳ 24. *
Inhalt:
Vol. 1. Wild tribes. (XLIX, 797 S. mit lithogr. Karten in qu. gr. 4. und qu. Fol.)
» 2. Civilized nations. (X, 805 S. mit eingedr. Holzschn. und 1 lithogr. Karte in qu. Fol.)
» 3. Myths and languages. (X, 796 S.)
» 4. Antiquities. (VII, 807 S. mit eingedr. Holzschn. und 1 Karte in qu. Fol.)
» 5. Primitive History. (XI, 796 S. mit 2 Karten in qu. 4.)

Bancroft, Wilder *Dwight* [aus Newport (Amer.)]: Über Oxydationsketten ... (Aus: Zeitschr. f. physik. Chemie, Bd x Heft 3.) Leipzig, W. Engelmann, 1892; 25 S. 8.
Leipzig, Phil. Fak., Inaug.-Diss. v. [11. Nov.] 1892

Ein Band mit Dienstvorschriften a. d. J. 1809—13.
[1]) Instruktion f. d. Feldlaz.-Inspektoren v. 18. 4. 1812. — [2]) Instrukt. f. d. Aufseher od Revier-Inspektoren b. d. Laz. v 23. 4. 1812 — [3]) Instrukt. f. d. Krankenwärter b. d. Laz v 23. 3. 1812. — [4]) Pflichten d. Waschweiber b. d. Feldlaz. v 26. 4. 1812 — [5]) Instrukt. f. d. Rendanten b. d. Feldlaz. v. 9. 5. 1812. — [6]) Instrukt. f. d. Sekretare b. d. Feldlaz. v. 16. 5. 1812. — [7]) Instrukt. f. die den Feldlaz. als Dirigenten vorgesetzten ersten Militärchirurgen v. 2. 10. 1809 — [8]) Instrukt., nach welcher b. d. Feldlaz. d. königl. preuß. Armee alle Bedurfnisse angeschafft u. berechnet werden sollen v. 3. 10. 1809 — [9]) Instrukt. f. d. Feld-Apotheken-Personal i. allgemeinen u. f. Reise- u. detachierte Apotheker insbesondere v. 28. 3. 1812 — [10]) Instrukt. f. d. Feldlaz. d. Kgl. preuß. Armee wegen Anschaffung u. Berechnung d. Bedurfnisse v. 28. 9. 1805. (Handschrift.) — [11]) Tagesbefehl d. Kriegs-Kommissars. Königsberg 1812. — [12]) Pflichten d. Kochweiber b. d. Feldlaz. d. 24. 4. 1812. — [13]) Instrukt. f. d. Sekretare b. d. Feldlaz. v. 2. 10. 1809. — [14]) Instrukt. f. d. Dirigenten b. d. Feldlaz. in betreff d. Verteilung d. eingegangenen Geldbeitrage f. d. Blessierten u. Kranken v. 12. 12. 1812. — [15]) Instrukt. f. d. in d. Feldlaz. angestellten Unteroffiziere, welche d. Aufsicht üb. d. Waffen, d. Lederzeug usw. d. kranken u. verwundeten Soldaten fuhren sollen v. 3. 11. 1812. — [16]) Verordnungen üb. d. kais. russ. Hospitäler. — [17]) Tarif üb. d. Lohnungs-Abzuge f. d. in d. Lazaretten befindlichen kranken u. Blessierten v. 28. 4. 1813. — [8]) Instrukt. f. d. b. d. Lazaretten angestellten Offiziere v. 28. 6. 1813. — [19]) Etat f. ein fliegendes Lazarett auf 200 Kranke. — [20]) Nachweisung d. f. ein stehendes Lazarett auf 1200 Kranke erforderlichen Fahrzeuge, Geschirre usw. — [21]) Instrukt., nach welcher d. Kranken v. d. Kgl. preuß. Armee i. d. Garnisonlazaretten verpflegt werden sollen v. 30. 9. 1809. — [22]) Vorläufige Instrukt. f. d. ärztl. Dirigenten des Kgl. preuß. Provinzial-Militärlazaretts zu . . . . v. 30. 12. 1813.

Band, das, der Ehe. s. Gondologie.

Band, Das, der Ehe. Aus dem Archiv des Natur- und Bürgerstandes. Berlin 1795—1796. V: *Flittner, Chn Gfr.* (BGG)

Das Band der Ehe. Aus dem Archiv des Natur- und Bürgerstandes. In 2 Theilen. [Th. 1.] Berlin, Oehmigke jun. 1795. 4 Bl. 214 S. 8.

* **Band, das, der Ehe; aus d. Archiv des Natur- und Bürgerstandes.** 2 Bde. mit K. 8. Berlin, Neue Societätsbuchh. 795—96. ist der Preis jetzt (Ir 1 Rthlr. 8 gr. IIr 1 Rthlr. 20 gr.)
Auch unt. dem Titel:
Gondologie 5r u. 6r Bd.

Band, Das, der Ehe, oder das eheliche Leben geschildert nach natürlichen und bürgerlichen Gesetzen. Berlin 1795-99. V: *Rumpf, Johann Daniel Friedrich.* (EB) (Ky)

Band, das, der Ehe, oder das ehel. Leben geschildert nach natürl. u. bürgerl. Gesetzen, (v. J. D. F. Rumpf). 2 Thle. Mit ill. Kpf. 8. Berl. 796. N. A. 810. 3 ℛ 4 ℊ 3e A. 8. Ebd. 824. (Sander). 2 ℛ

Band, Das, der Ehe oder das eheliche Leben. Geschildert nach den Gesetzen des Socialvereins und der Natur. 3. Ausg. Berlin 1824. V: *Flittner, Chn Gottfried.* (BGG)

Band, Das gestickte. Von A. O. [Münster 1803.] V: *Otto, Amoene geb. Herold.* (schl)

Band, Ein kleiner, voll Allerhand von E. Frankf. und Leipzig 1755. V: *Eichholz (Eichholtz), Friedrich Wilhelm.* (Ky) (MGT) (ML)

Band, Ein kleiner, von Allerhand. Von E. Frankfurt u. Leipzig [Halberstadt] 1755. Ü & V: *Eichholz, Friedrich Wilhelm.* MV: *Bonnefont, Jean.* (GBE I[8], 170—171)

Band, e. kleiner, v. allerhand, v. E. 8. Frankf. (Sommer, L.) 755.

Band, v.: Drei S e e l e n u. ein Gedanke, s.a. B ü c h e r e i , lustige.

Band, Erich, s.: Tanzbilder.

Band, F.H. Georg, s. B a n d , Josef Hermann Georg

Band, Geo: Die E i n w i r k u n g v. Anilin . . . , s.a. B a n d , Joseph Hermann Georg

Band, Geo., die Einwirkung v. Anilin auf den Diaethylester der 6-Aethoxylcumalin-3,5 Dicarbonsäure sowie auf den Diaethylester der Dicarboxylglutaconsäure. gr. 8. (80 S.) Leipzig 894. A. Stein. n. 2.50

Band, Heinrich: Die moderne Teppichgärtnerei. Eine praktische Anleitung zur Anlage u. Bepflanzung von Teppichbeeten in Villen- u. Hausgärten. Hrsg. von Otto Pfeiffer. — Wien: 'Illustrirte Flora' 1888. 16 S. 8°
302. 308.
10.10536

Band, Joseph Hermann Georg: Die E i n w i r k u n g von Anilin. . . , s.a. B a n d , Geo.

Band, *Joseph Hermann* Georg [aus Eilenburg]: Die Einwirkung von Anilin auf den Diaethylester der 6-Aethoxylcumalin-3,5-dicarbonsäure sowie auf den Diaethylester der Dicarboxylglutaconsäure ... Leipzig, Druck v. Grimme & Trömel, 1894; 79 S. 8.
Leipzig, Phil. Fak., Inaug.-Diss. v. [10. Okt.] 1894

Band, Moriz

Band, Mor., Angiolina, s.a. Buch d. Novellen.

— dasselbe, s.a. Lesehalle, die.

Band, Moriz: Angiolina. Eine Künstlergeschichte von d. Adria. — Wien: Anger 1895. 38 S. 8° (Die Lesehalle. 2.) 300: 419.642-B. Bd 2. 302.
10.10537

— — Wien: Derflinger & Fischer 1895. 38 S. 8° (Buch d. Novellen. 5.) 302.
10.10538

— **Dalmatien,** das Land der Sonne. Eine Wanderfahrt an d. Adria. — Wien [usw.]: Hartleben [1910]. VII,108 S. 8° 14. 24. 30. 31. 91. 203. 205. 209. 300: 473.177-C. 302.
10.10539

Band, M: Handbuch des Radfahr-Sport. Wien, Pest und Leipzig 1895

— Handbuch d. Radfahr-Sport. Technik u. Praxis d. Fahrrades u. d. Radfahrens. 12. (XVI, 319 S. m. 120 Abb.) Wien 895. A. Hartleben.
Geb. in Leinw. n. 5. 40

— **Handbuch des Radfahrsport.** — Wien [usw.]: Hartleben 1895. XVI,319 S. 8° (A. Hartleben's Sport-Bibliothek.) 10. 11. 201. 300: 79.411-B. 302.
10.10540

— **Semmering-Führer.** Mit bes. Berücks. d. Eisenbahnfahrt von Wien bis Mürzzuschlag, d. Schneebergs u. d. Raxalpe. — Wien: Gottlieb [1887]. 45 S. 8° 302.
10.10541

— **Die lustigen Weiber.** Burlesker Schwank. — Wien: Zwerenz [1909]. 24 S. 8° 302.
10.10542

Band, Oskar

Band, O., das attische Demeter-Kore-Fest der Epikleidia. Neuer Beitrag zur griech. Heortologie. 1. Tl. gr. 4. (31 S.) Berlin 887. Gaertner. n. 1. —

— Die attischen Diasien. E. Beitr. z. griech. Heortologie. Pr. 1883. 28 S. 4°.

Band, Osk., die attischen Diasien. Ein Beitrag zur griech. Heortologie. gr. 4. (23 S.) Berlin 883. Gaertner. n. 1. —

Band, Oskar [Referendar]: Kommandit- und stille Gesellschaft ... Dillenburg, Druck d. E. Weidenbach'schen Buchdr., 1895; 1 Bl., 60 S. 8.
Göttingen, Jur. Fak., Inaug.-Diss. v. [29. Juli] 1895

Band, Oskar: De diipoliorum Sacro Atheniensium. — Halae Sax. 1873: Ploetz. 67 S. 8°
Erschien auch als Diss. Halle 1873. 19. 30.
10.10543

Band, Otto, s.: Sachs, Hans, als Humorist i. s. Gedicht. u. Schwänken.

Band, Otto, Wandkarte des Kreises Colmar, zunächst für die Schule bearb. Gezeichnet von X. Saile. 4 Bl. Fol. Gebweiler 874, Boltze.

Band, Viktor

— **Ihr erster Erfolg** u. andere Geschichten. — Berlin: Freund 1904. 176 S. 8° 1: Yx 35980.
10.10545

— **Ein süßes Geheimniß.** Lustspiel. — Berlin (: Entsch) 1896. 34 S. 8° 1: Ys 29361. 11.
10.10547

— **Ihr Paradies.** Eine lustige Flitterwochen-Geschichte. — Berlin: Freund 1907. 168 S. 8° 1: Yy 13307. 43.
10.10549

Band, V., der Pseudo-Lorenz, s.a. Bücherei, lustige.

— **Der Pseudo-Lorenz.** Militärische Humoreske. — Berlin: Laverrenz 1887. 34 S. 8° (Lustige Bücherei. 2.) 1: Yy 153-2.
10.10550

Band, Viktor: Drei Seelen u. e. Gedanke, s.a. Bücherei, Lust.

— **Drei Seelen und ein Gedanke oder der verunglückte Buden-Skat.** — Berlin: Laverrenz 1887. 30 S. 8° (Lustige Bücherei. 3.) 1: Yy 153-3.
10.10551

— **Der kritische Tag.** Eine lustige Geschichte. — Berlin: Freund 1903. 160 S. 8° 1: Yy 12035.
10.10552

— — 6. Taus. Ebd. 1906. 176 S. 8° 1: Yy 12035 a. 11.
10.10553

— **Und sie erfährt es doch** u. andere Humoresken. — Berlin: Freund & Jeckel 1899. 184 S. 8° 1: Yy 11898. 11.
10.10554

Bandagisten-Kalender

Deutscher Bandagisten-Kalender. Ein Taschen- u. Nachschlagebuch f. Bandagisten, Chirurg. Instrumentenmacher, Orthopädisten u. s. w. Von M. Heszky, Berlin (2: Von Carl Techentin). [1/2.] Für d. J. 1900. 1902. *Berlin: Deutscher Verl. (1900–02).* 2 Bde 8° [Ŋ.] [04. 3669]

Bandael, s.a. richtiger unter Vandael.

Bandael, ..., der Pariser Modenschneider. Oder die neuesten Pariser Methoden im Maßnehmen, Abzeichnen, Zuschneiden u Anfertigen der versch'ed. Kleidungsstücke. Mit vielen erläut. Abbildd. auf 5 Taf. Nach d. Franz. bearb. 8. Quedlinb. 834. Basse. 2/3 rf

Bandan, Victor Matthias, s. Bandau

Bandau, Adelheid: Bilder aus Rumänien. — Berlin: Hempel 1882. IV,120 S. 8°
1: Ui 28380. 2. 7. 14. 29. 41. 43. 106.
10.10574

— **Zwölf Jahre als Diakonissin.** — Berlin: Hempel 1881. 323 S. 8° 1: Cv 39343. 12: Biogr. 61 h. 14.
10.10575

— — 2. Aufl. Ebd. 1881. 323 S. 8° 4. 5. 106.
10.10576

— — 3. Ausg. Ebd. 1882. 323 S. 8°
1: Cv 39343 a. 24. 28. 61. 109. 211.
10.10577

Bandau, Andreas: Abdruck der vorlängst den 9. Novembr. A. 1702. in versamleter Bürgerschafft übergebenen Designation oder Rechnung; sampt jetzo beygefügter kurtzen Anzeige und eventualen Vorbehalt, abseiten meiner wieder Hn. Alberti Twestreng, neugesuchte Irrmachung und vermeintlich annoch erfoderte Liquidation. — Hamburg 1707. 4 Bl. 8° 18. 205.
10.10579

Bandau, Georg

Bandau, Gg., s.: Archiv f. Feuerschutz, Rettungs- u. Feuerlöschwesen.

Bandau's, Geo., Feuerwehr-Kalender auf d. J. 1895. 11. Jahrg. gr. 16. (120 S. m. Fig., 1 Tab. u. Schreibkalender.) Leipzig, O. Leiner. Geb. in Halbleinw. n. — 60; in Leinw. n. 1. 20; in Ldr. n. 2. —
Bisher u. d. T.: Feuerwehr-Kalender f. das Deutsche Reich.

Bandau's, G, Feuerwehr-Kalender f. 1896. 12. Jahrg. 16° (116 m. Fig. u. Schreibkalender.) Lpzg, O Leiner. Geb. in Hlblnw. — 60; in Lnw. 1.20; in Ldr 2 —
Bis 1894 u. d. T.: Feuerwehr-Kalender f. d. Deut. Reich.

Bandau's, Geo., Feuerwehr-Kalender f. 1899. 15. Jahrg. gr. 16. (125 S. m. 41 Abb. u. Schreibkal.) Leipzig, O. Leiner. Geb. n. — 80; in Leinw. n. 1. 20; in Ldr. n. 2. —

Bandau's, G., Feuerwehr-Kalender f. 1900. 16. Jahrg. gr. 16. (140 S. m. 46 Abbildgn. u. Schreibkalender.) Leipzig, O. Leiner.
Geb. —. 80; in Leinw. 1. 20; in Ldr. 2 —

Bandau's, G, Feuerwehr-Kalender f. 1901. 17. Jahrg. 16° (138 m. Abb. u. Schreibkalender.) Lpzg, O Leiner. Geb. — 80; in L. 1.20: in Ldr 2 —

Bandau's Geo., Feuerwehr-Kalender f. 1903. 19. Jahrg. gr. 16. (141 S. m. 80 Abbildgn. u. Schreibkalender.) Leipzig, O. Leiner. Geb. n. — 80; in Leinw. n. 1.20; in Ldr. n. 2. —

— Feuerwehr-Kalender f. 1906. 22. Jahrg. 2 Tle. (180 S. m. 24 Abbildgn., Schreibkalender u. 82 S. m. 23 Abbildgn.) 16. Leipzig, O. Leiner. Geb. u. geh. n. — 80; in Leinw. u. geh. n. 1.20; in Ldr. u. geh. n. 2. —

Bandau's, Geo., Feuerwehr-Kalender f. 1910. 28. (irrtümlich aufgedr. 25.) Jahrg. 2 Tle. (IV, 152 S. m. 82 Abbild., Schreibkalender u. 82 S. m. Fig.) 16. Leipzig, O. Leiner. Geb. u. geh. — 90; in Leinw. u. geh. 1.40; in Ldr. u. geh. 2. 20

Bandau's Feuerwehr-Kaldr f. '12. 28. J. Red. v. Carl Kaestner. 2 Tle. (4, 140 m. Abb., Schreibkaldr u. 32 m. Abb.) 16° Lpzg, O Leiner. geb. u. geh. — 90; L u. geh. 1.40; Ldr u. geh. 2.20 d
Fortsetzg s: Feuerwehr-Taschenbuch, Deutsches.

— **Patent-Schlauch-Kuppelungen m. gleichen Hälften.** Mit 80 Abbildgn. Plakat. 66×41 cm. Ebd. 891. n. — 50

— Patent-Schlauch-Kuppelgn m. gleichen Hälften. Mit 30 Abbildgn. Plakat. 66×41 cm. Mit Text 8. (8) Ebd. 94. — 50

Bandau, Victor Matthias

— De excerpendis Teutonicorum poetarum carminibus. Comment. epist. Ad Christoph Deutschbein memoriam. Bernburg (Joh. Ludw. Stark) 3. IX. 1772. 20 S. (4.—)

Bandau, Victor Matthias, Ad audiendam orationem viri Jacob Ludecke. — De linguis sine scientiarum dispendio. Bernburg (J. Ludw. Stark) 25. VII. 1766. 15 S. (4.—)
Namen.

Bandan, Victor Matthias, Die Grösse Friedrichs II als ein herrliches Werk Gottes. Gedächtnisspredigt der verwittweten Königin Majestät allerunterthänigst gewidmet. Delitzsch. 1786 8.

Bandau, Victor Matthias: Die Größe Friedrichs des Zweyten als ein herrliches Werk Gottes. — Delitzsch 1786: Schmidt. 28 S. 8° 1:4 in Bibl. Diez 4603°. 2.
10.10580

— Manibus Friderici Magni Borussorum Regis. — o. O. 1786. 2 Bl. 2° 2.
10.10581

— Von den abwechselnden Schicksalen der deutschen Litteratur. Eine Einladungsschrift zu der auf den wohlseeligen Herrn Jacob Luedecke ... zu haltenden Gedächtniß-Rede und einer damit verbundenen Rede-Uebung. — Bernburg [1775]: Starke. 12 S. 8° 14.
10.10582

— Verbesserungsplan für lateinische Schulen in Provinzialstädten. Th. 1.2. — Wittenberg [usw.]: Zimmermann 1781–86. 8°
2. Vorschläge zur Verbesserung d. Oekonomie u. Polizey landständischer Schulen. 1786.
2[=2]. 7[=2]. 25[=2]. 117. 302.
10.10583

Bändchen, ein, z. Lesen, od. Predigten üb. d. wicht. Frage: Wie kann man Deutschlands unglückl. Staaten Ruhe u. Zufriedenheit verschaffen? 8. Gmünd 799. Ritter. 12 K

Schaffsteins Blaue Bändchen. Hrsg. von J. v. Harten u. K[arl] Henniger. Bdch. 1. Cöln: Schaffstein (1910). 8° (11. 13456

Bändchenspitze, die. (Point Lace) (76 S 10 T u 10 Pausen) Mulhausen (1902)

Die Bändchenspitze (Point—Lace). Gr.-8°. (76 S. mit 10 Tafeln und 10 auf Stoff gedruckten Vorlagen) K 2.—
Gerold, Wien 1903.

Bande. — Alte Bande. Drama. — Frankfurt a. M. 1896: Voigt & Gleiber. 74 S. 8° 17.
10.10584

Bandeco, Christian Samuel: Die Freudigkeit der Gläubigen am Tage des Gerichts wurde bey Gelegenheit des vortrefflichen Sieges, welchen ... Fridericus II., König in Preussen, ... den 17. May in Böhmen bey Chotusitz wieder die Königl. Ungarische Armee erhalten, an dem ... Danck-Feste bey der christlichen Gemeinde zu St. Marien in Berlin ... vorgetragen. — Berlin: Haude [1742]. 24 S. 8° 28.
10.10595

Bandekow, Oswald: Wie baut und betreibt..., s. Himbeck, Adolf

Bandel, Erbauer des Hermannsdenkmals, 1800-1876. 1846
s. *Bandel*, Ernst v.

Bandel, Novellist, Castelnuovo, Agen, um 1485-1562. Um 1520
s. *Bandello*, Matteo.

Bandel, Alexander

Bandel, A. Ein Beitrag zur Frage der Vernichtung der Phyloxera unter Erhaltung des Weinstockes auf electro-chemischem Wege. In-8°. 31 S. m. 2 Farben-Drucktafeln. Aarau, Emil Wirz.

Bandel, Alexander: Ein Beitrag zur Frage der Vernichtung der Phylloxera unter Erhaltung des Weinstockes auf electro-chemischem Wege. (Verf.: Alexander Bandel.) — Neustadt a. H.: Pfälz. Verl. Anst. 1898. 31 S. 8°
1:Lt 2646. 16.
10.10609

Bandel, Ernst v., Erbauer des Hermannsdenkmals, 1800-1876. 1846: Arminsäule. Armin, des Cherusker-Fürsten Denkmal, dem Befreier Deutschlands errichtet vom deutschen Volke. (Verf.: Bandel.) — Hannover 1861: Jänecke. 64 S. 8°
7. 10. 17. 46. 60.
10.10610

(—) Hermanns-Denkmal. Dem Cherusker-Fürsten Hermann, dem Befreier Deutschlands, errichtet vom deutschen Volke. — Ebd. 1862. 58 S. 8°
2. 6. 14. 30. 41. 46. 48. 51. 64.
10.10611

Bandel, Ernst v., Baurat. Enkel des vorigen. † 1932. 1897: Schön Jutta. Ein Frauenbild aus alter Zeit. — Berlin: Kahlenberg & Günther 1903. 80 S. 4° 1:Yo 29464. 51. 123.
10.10612

Bandel, Ernst v. Ein deutscher Mann u. Künstler, s. Schmidt, Herm.

— Der Pfeiffer von Rappoltsweiler. — Berlin: Freund & Jeckel 1897. 232 S. 8° 1:Yo 26554. 11. 79.
10.10613

Bandel, Georg Karl Fr.: Gutachten über eine schickliche Vereinigung der baierischen und preußischen Prozeß-Ordnungen. Als Zugabe: Gedanken über das Wesentliche der Preußischen Hypotheken und Deposital-Gesetze. — Nürnberg: Campe 1809. IV, 120 S. 8°
2. 12: Bavar. 192 [2 Ex.] 19. 21. 27. 44. 48.
10.10614

Bandel, Heinrich Anton Cyprian

Bandel, Hnr Ant. Cyprian, mein Gebet, oder erweckende Betrachtungen, Empfindungen u. Ergießungen des Herzens vor Gott dem Allmächtigen, für Gebildete, und in der Wahrheit Betende. 8. Tübingen 838. Lauppsche Buchh. 1 1/6 rf

Bandel, Jo. Georg Carl Friedrich (Stettin), De usuris ex mandato solvendis. Diss. jur. Präs. Jo. Sam. Friedr. Boehmer. Frankfurt/O. (Joh. Chn. Winter) Okt. 1768. 32 S. (5.—)
Gew.: Phil. Jos. v. Jarriges, Carl Jos. Frh. v. Fuerst u. Kupferberg. — Widm. v. Präs.

Bandel, Ios. comes de: Consilium utriusque medici, s. Bandel, Josef Anton von

Bandel, Josef Anton v., Katholischer Polemiker, Konstanz, † 1771. 1750: **Abdanckung** an die Leiche-Träger des zu Göttingen verstorbenen Helmstättischen Professors Herrn Frantz Rotfischers. — o. O. 1755. 12 Bl. 8°
12:4° Polem. 300 h. 17. 20. 25. 307.
10.10618

Bandel, Jos. Anton v. (Hrsg.) s.a. A d v o c a t , Der stumme

Bandel, Joseph Anton von. Der stumme Advocat, Oder … Vertheidigung der Heiligen Catholischen Religion nebs Historisch-geographisch- und critischen Staats-Betrachtungen über die merckwürdigste Neuigkeiten des … Jahrs 1750 [= Jahrg. 1]. O. O. u. Dr. Kl.8°. Titel, 8 Bl. 524 S. Etwas benutzter HLdbd. d. Z. mit Rsch.
Der erste Jahrgang. Diesch 618cN. H.-G. nennen nur den sehr seltenen Jahrgang 1759

— — Der mit seiner gantzen Familie promovirte **Aman** — — aber an Galgen! Esther Cap. 16. Das ist: Straf-Schul für die Majestäts-Verletzer der marianischen Esther. — Constantz: Stumm-advocatische Expedition [um 1760]. 32 S. 8°
17. 25. 307.
10.10619

(—) Taciti Hercynii **Annales** nostri temporis, per eiusdem alter-ego, advocatum quondam mutum. — o. O. [1760]. 314 S. 8°
24.
10.10620

— **Auf** eine Lüge eine Maultasche! Oder der, bey Bestürmung der Herzogl. Würtemb. Ehre, zurückgeschlagene Feind. — Frankfurt [usw.] 1766. 95 S. 8°
1:Sh 1618/10. 17. 19. 21.
10.10621

— **Auf** eine Lüge eine Maultasche! Oder der, bey Bestürmung der Herzoglich-Würtembergischen Ehre, zurückgeschlagene Feind. — Ebd. 1766. 104 S. 8°
20.
10.10622

— — Salmansweil 1766. 75 S. 8°
5. 7. 8. 12:Germ. sp. 506/1. 14. 16. 24. 29. 31. 35. 78.
10.10623

— — Ebd. 1766. 127 S. 8°
12:J. publ. G. 41. 209.
10.10624

— **Beweiß** aus der Staats-Wissenschaft, das die Heiligste Jungfrau und Mutter Gottes Maria ohne Mackel empfangen worden. — o.O. [um 1760]. 16 S. 8°
2. 12:4° Diss. 1178/4. 17. 25. 26. 30. 32. 303. 307.
10.10625

Bandel, Jos. Ant. v., das Bild des Advocaten. 8. Kempt. 812. Dannheimer. 2 gr.

Bandel, J. A., Bild des Beamten. 8. Augsb. v. Jenisch u. Stage. 811.

— **Cicero** catholico-romanus pro domo Domini ex causa Bullae Unigenitus historico-iuridico-dogmatice loquens pro lege, rege et grege. — [Konstanz um 1750:] Litteris Trans-Acronianis. 16 S. 8°
25.
10.10626

— **Consilium** utriusque medici ad Justinum Febronium De statu ecclesiae & potestate Papae, aegerrime febricitantem. Traiecti ad Lac. Acronian.: Author 1764. 93 S. 8°
2. 7. 12:J. can. P. 78. 16. 19. 20. 31. 302. 307. 308.
10.10627

— Das **Gerichte** Daniels über die zween alten Professores iuris auf der hohen Schul zu Jena, Hr. Guiliel. Hieron. Bruckner, und Hr. Adrian. Beyer, welche die unbeflektestund heiligste jungfräuliche Mutter Maria einer Makel angeklagt, wie jene im alten Testament die reine Susanna. — o. O. [1754]. 23 S. 8°
12:4° Polem. 3361–12. 19. 25. 307.
10.10628

BANDEL, Jos. Ant.: Gutachten üb. d. schickl. Vereinig. d. Baierschen u. Preuss. Processordnn.; als Zugabe: Gedanken üb. d. Wesentl. d. Preuss. Hypotheken- und Depositalgesetze. *Nürnberg*, Campe. 809. 8. (16 Gr.)

Bandel, Josef Anton, Stadtrichter, Salzburg. 1814: **Katechismus** über das Strafgesetzbuch für das Königreich Bayern vom Jahr 1813. — Kempten: Dannheimer 1814. VIII, 312 S. 8°
12:Bavar. 192 d. 19. 308.
10.10648

— Katzenmusik. 8. Frankf. u. Leipz. 767.

— Kurzgefaßte **Kirchengeschichte**. Ein gemeinfaßliches Handbuch für jedermann. Bd 1.2. — Salzburg: Mayr 1818. 8°
35. 300:•43 X 14. 308.
10.10649

Bandel, J. A. (Laye), kurzgefaßte Kirchengeschichte für Jedermann. 2 Bändchen. 12. Salzburg 1818, Mayr. 1⅙ Thlr. — 1 fl. 45 kr.

— Condolentz-Schreiben [**Kondolenzschreiben**] an den weinenden Mufti über den Tod Mahomeds, das ist Antwort-Schreiben an den unbekannten Vertheidiger des After-Prophetens Johann Jacob Othons, gewesenen Pastors zu Saildorff. — o.O. 1756. 28 S. 8°
307.
10.10629

— Catholisches **Kriegs-Recht**, über den Closter- und Glaubens-Deserteur P. Gregorius Rothfischer, welcher … 1752 von … der … catholischen Kirche zum Feinde übergangen. — o.O. 1752. 71 S. 8°
7. 8. 14. 16. 18. 28. 30. 307.
10.10630

— — Bamberg: Göbhardt 1752. 71 S. 8°
2. 22. 78.
10.10631

— — 2. u. verb. Aufl. Ebd. 1752. 71 S. 8°
7. 20. 23. 30. 34. 38. 78. 300:25 R 41 (4).
10.10632

v. Bandel, Jos. Ant. I., († d. 7. Juni 1771.) kathol. Kriegsrecht über den Glaubensdeserteur P. Greg. Rothfischer. 4. Bamb. 752. (Wesché in Frankf.) 4 gr.

— Catholisches Kriegs-Recht … Costantz 1752. 71 S. 8°
2. 15. 20. 23. 41.
10.10633

— — Costantz 1752: Labhart. 71 S. 8°
12:4° Polem. 300 d [2 Ex.] 17. 19. 25. 31.
300:19 H 18. 303. 308.
10.10634

— Leichenrede üb. den Erlanger Hrn. J. Gfr. Groß. gr. 4. Bamb. 753. (Wesché in Frankf.) 4 gr.

— Polemische **Leichen-Rede** über den sogenannten Erlanger Hrn. Johann Gottfried Groß, welcher zu Christian-Erlang durch einen preusischen [!] Schlagfluß getroffen worden. — Constantz 1752: Labhart. 96 S. 8°
1:Dh 13716. 22. 23. 29. 303. 307.
10.10635

— — Ebd. 1752. 98 S. 8°
41.
10.10636

— — Ebd. 1752. 110 S. 8°
2 verschiedene Drucke.
2. 12:4° Polem. 300f [u.ö.] 19. 25. 30. 31. 36. 303. 309.
10.10637

— — Bamberg: Göbhardt 1753. 110 S. 8°
5. 16. 22. 24. 32. 211. 300:25 R 41 (5).
10.10638

— — Constantz 1753: Labhart. 96 S. 8°
24. 41.
10.10639

— s. Obstbaumpflanzung.

Bandel, Josef Anton v.
— Das **Oster-Ey** mit zwey Dotter, das ist: Sammlung der Bandlischen Controvers-Schriften zur Ehre der heil. Catholischen Kirche, und zur Bekehrung der Uncatholischen. Bd 1.2. — Costantz [usw.]: Verf. 1757. 8°
1:Dh 14155. 2. 12:Polem. 158. 17. 20. 25. 66. 303. 307. 308.
10.10640

(—) **Pro Memoria** an die belobte Kaufmannschaft des Heil. Röm. Reichs teutscher Nation. — Dat. Uberlingen 24. Brachmonat 1765. 2 Bl. 8°
30.
10.10641

— Die hohe Schul der Eheleuten, zu Erlernung einer ohnfehlbar-glüklichen Kinderzucht im wahren Christenthum, und Sitten. — Constanz: Verf. 1764: Labhart. 628 S. 8°
5.
10.10642

— Schutzschrifft Benedicti XIV. und dessen ohnfehlbaren päbstlichen Excommunications-Bulle gegen die Freymaurer. — Costantz 1751: Labhart. 22 S. 8°
2. 17. 20. 25. 26. 31. 307.
10.10643

— Schutzschrift Benedicti XIV und dessen ohnfehlbaren päbstl. Excommunications-Bulle gegen die Freymaurer. — München 1751: Vötter. 23 S. 8°
12: 4° Polem. 300 [2 Ex.] 19. 22.
10.10644

— Straf-Schul der falschen Ausspäher vom Land Chanaan. Strasburg 1756: Le Roux. 72 S. 8°
7. 12: H. mon. 42 [2 Ex.] 16. 19. 20. 25. 31. 32.
300: 19 K 64. 303. 307.
10.10645

— Der Herr Vetter vom Lügen-Prophet Mahomet. Das ist: Der gezüchtigte After-Prophet Herr Johann Jacob Otho, luthrischer Pastor, welcher sich rühmet den Umsturtz der catholischen Residentz-Stadt Lisabona im Königreich Portugall, der durch das Erdbeben ... erfolget, prophezeyet zu haben. — Constantz: Stummadvocatische Expedition [um 1756]. 32 S. 8°
12: 4° Phys. sp. 302-21. 19. 20. 25. 307.
10.10646

Bandel, Jos.A.v.: Des stummen Advocats Wochenstücke und Extra-Blätter von der 4. Woche des Mertzens bis zur 3. Woche im Christmonat 1759.
Constanz. 8°

— Würg-Engel Sennacheribs, oder *kriegsrechtliche Execution ueber den ertäppten Glaubens- u. Kloster-Deserteur Franz Rothfischer u. dessen Helfers-Helfer Gottfried Guastta, Clemens Romani, und Johann Klinger*, lauter apostatirten Monchen, welche sich dermals zu Frankfurt am Mayn, zu Leipzig, und zu Königsberg aufhalten. . . . . O. O. u. J. (ebd. 1753). 4°. 27+1 S. Beibd.

— Würg-Engel Sennacheribs oder kriegs-rechtliche Execution ueber den ertappten Glaubens- und Kloster-Deserteur Franz Rothfischer und dessen Helfers-Helfer. Th. [1]-3. — o.O. [um 1760]. 8°
2 verschiedene Drucke.
2. 12 [= 2. 3]: 4° Polem. 300g [2 Ex.] 17 [= 1]. 19 [= 2. 3].
25. 41 [= 1. 3]. 307.
10.10647

Bandel, Paul, Referendar in Lissa i. P.: Ueber dolus und Betrug im gemeinen Privatrecht. *Breslau 1899: R. Galle.* (69 S.) 8°
Breslau, Jur. Diss. v. 1899

Bandel, Rudolf, approb. Arzt aus Nürnberg: **Ansichten und Aussprüche** des Hippokrates über die Ernährung von Gesunden und Kranken und über die Verdaulichkeit verschiedener Nahrungsmittel. *Erlangen 1899: F. Junge.* (18 S.) 8°
Erlangen, Med. Diss. v. (18. Mai) 1899

Bandelier, Chefarzt, Schwarzwaldheim, geb. 1871. 1908
s. *Bandelier,* Bruno.

Bandelier, Alphonse. Verfassung und Verwaltung der Stadt Bern. ([Sep.-Abdr. aus den] Schriften [des Vereins für Socialpolitik, Band] 121.) S. 87–144. 8. (Altenburg, Hofbuchdr. Stephan Geibel & Co., [1906].)

Bandelier, A., Verfassung u. Verwaltungsorganisation der Städte der Schweiz. s.: Escher, C.

Bandelier, Bruno
Die Klinik der Tuberkulose. Handbuch d. gesamten Tuberkulose f. Ärzte u. Studierende. Von Dr. B[runo] Bandelier u. Dr. O[tto] Roepke. Würzburg: Kabitzsch 1911. X, 473 S. 8° [10. 17473]

— Lehrbuch der spezifischen Diagnostik und Therapie der Tuberkulose ... Von Bandelier u. Roepke. — Würzburg: Stuber 1908. VI,113 S. 8° 1: Iz 5401. 12: Path. 88 gw.
17. 20. 21. 27. 29. 30. 38 M. 47. 123. 202. 302. 303.
10.10671

— — 2., erw. u. verb. Aufl. Würzburg: Kabitzsch 1909. VIII,177 S. 8°
1: Iz 5401 a. 6.
12: Path. 88 gwa. 17. 20. 38 M. 43. 202. 302.
10.10672

— — 3., erw. u. verb. Aufl. Ebd. 1909. XI,223 S. 8°
2. 12: Path. 88 gwb. 15. 17. 20. 24. 33. 202.
10.10673

— — 4., erw. u. verb. Aufl. Mit e. Vorw. von R. Koch. Ebd. 1910. XII,250 S. 4°
11. 12: 4° Path. 29 di. 15.
17. 20. 24. 25. 27. 30. 38 M. 39. 47. 202. 303.
10.10674

— Lehrbuch der spezifischen Diagnostik u. Therapie der Tuberkulose. Für Ärzte u. Studierende. 5., erweit. u. verb. Aufl. Mit e. Vorwort v. R. Koch. Mit 19 Temperaturkurven a. 5 lith. Taf., 1 farb. lith. Taf. u. 4 Textabb. (XII, 292 S.) Lex. 8. Ebd. 911. 6.60; geb. 7. 80
1. Aufl. (VI, 113 S.) 908. 4. —; geb. 4. 80 — 2. Aufl. (VIII, 178 S.) 909. 6. —; geb. 7.—. — 3. Aufl. (XI, 223 S.) 909. 6. —; geb. 7. —. — 4. Aufl. (XII. 250 S.) 910. 6. —; geb. 7. —

— Die Verhütung und Bekämpfung der Tuberkulose als Volkskrankheit. — Würzburg: Kabitzsch 1909. IV,44 S. 8°
12: Path. 88 gwd. 17. 20. 24. 26. 38 M. 75.
10.10683

— Die Verhütung und Bekämpfung der Tuberkulose. 6.–10. Taus. — Ebd. 1910. IV,44 S. 8°
16. 27.
10.10684

Bandelier, Bruno *Ernst Gottlieb* [aus Marienwerder, W.-Pr.]: Beitrag zur Casuistik der Pankreastumoren ... Greifswald, Druck v. J. Abel, 1896; 67 S. 8.
Greifswald, Med. Fak., Inaug.-Diss. v. 24. März 1896

Bandelin, Ericus [Pommeranus]: De rebus inter Aegyptios et Romanos intercedentibus usque ad bellum Alexandrinum a Caesare gestum ... Halis Sax., form. Kaemmereranis, 1893; 63 S. 8.
Halle, Phil. Fak., Inaug.-Diss. v. [1. Juni] 1893

Bandelin, J.P.: Üb. Saul's Bekehrungsgeschichte, s. Bandelin, Johann Niklas.

Bandelin, Johann Niklas: Ueber Sauls Bekehrungsgeschichte. — Lübeck: Donatius 1789. 68 S. 8°
28. 44.
10.10685

— — 2., verb. u. verm. Ausg. Lübeck: Niemann 1821. XII, 68 S. 8°
33. 48. 207.
10.10686

Bandelin, J. N., üb. d. Bildung des Propheten v. Nazareth zum ersten Religionsgründer. Lüb. 1809. 8.

— Ueber die Bildung des großen Propheten von Nazareth zum ersten Religionslehrer auf Gottes Erde. — Lübeck 1809: Römhild. 55 S. 8°
1: Bq 4096. 28. 48.
10.10687

Bandelin, Jh. Nikl. jun., über die Bildung des großen Propheten v. Nazareth rc. gr. 8. Lübeck 810. Niemann. 6 gr.

— Gedichte geistlichen Inhalts. Lübeck: Verf. 1786. 158 S. 8°
1: Ei 7826. 18. 23. 33. 48.
10.10690

Bandelin, Jh. Nikl. sen., († d. 9. Febr. 1824.) Gedichte, religiösen Inhalts. 8. Lübeck 786. 7e Aufl. 818. Niemann. 22 gr.

— Gedichte religiösen Inhalts. Lübeck: Donatius 1792. 160 S. 8°
18. 48.
10.10691

— — 5., sehr verb. Ausg. Lübeck: Verf. 1801. 160 S. 8°
28. 33. 48.
10.10692

— — 6., verb. u. auch verm. Ausg. Ebd. 1809. XVI,168 S. 8°
7. 18. 48.
10.10693

— Gedichte, religiös. Inhalts. 8. Ebend. 810.

— — 7., verb. u. verm. Ausg. Ebd. 1817. XVI,184 S. 8°
1:Ei 7827. 8.
10.10694

— — 7., verb. u. verm. Ausg. Lübeck: Niemann in Comm. 1817. XVI,184 S. 8°
1:Ei 7827a. 18. 48.
10.10695

Bandelin, J. H., Gedichte religiösen Inhalts. 7te Aufl. 8. (Lübeck, Niemann in Comm.) 818.

— Gesänge zur Erbauung. — Bützow [usw.]: Berger & Boedner 1778. 66 S. 8° 1:Ei7824[u.]7824a. 5. 18. 28. 29. 33.
10.10688

— Gesänge z. Erbauung. 8. Wism. 778. 2e A. 780. Bödner. 3 gl

— — 2., bericht. u. verm. Aufl. Lübeck: Iversen 1780. 90 S. 8°
1:Ei 7825. 18.
10.10689

— Neujahrspredigt von den Vorrechten getaufter Kinder Gottes über Gal. 3,v.26–29. — Lübeck: Iversen 1780. 27 S. 8°
48.
10.10696

Bandelin, Johann Niklas

— Predigt über Sauls Bekehrungsgeschichte. — Bützow [usw.]: Berger & Boedner 1778. 32 S. 8°
33.
10.10697

— Predigt über die Feyer des Todes Jesu. — Lübeck 1796: Römhild. 30 S. 8°
48.
10.10698

— Predigt von der christlichen Frömmigkeit, über das gewöhnliche Evangelium am 6ten Sonntage nach Trinitatis. Bützow [usw.]: Berger & Boedner 1775. 29 S. 8°
33.
10.10699

— Predigt von der christlichen Vorbereitung zu den Geschäften dieses Lebens, über das gewöhnliche Evangelium am Sonntage Lätare. — Bützow [usw.]: Berger & Boedner 1776. 31 S. 8°
33. 48.
10.10700

— Letzte Sammlung geistlicher Gedichte. — Lübeck 1820. 24 S. 8°
18.
10.10701

— tabellar. Uebersicht d. Naturkörper des Erdballes, für höhere Classen d. Bürgerschulen. 8. Lübeck 808. 2e A. 818.

— Unterhaltungen über Religion überhaupt, und besonders über die christliche. — Lübeck 1805: Römhild. 144 S. 8°
48.
10.10702

— Unterh. üb. Religion überh. 8. Lübeck, Niemann u. R. 806.

Bandelin, J. N., Unterhaltungen üb. Religion, besond. üb. die christliche. 2te Ausg. 8. Hamburg, Perthes und Besser. 812.

— Unterhalt. über Religion überhaupt. 8. Lübeck 806. 2e Ausg. 818. (Perthes u. Besser in Hamb.) 16 gl

— — 3., von neuem durchges. u. verm. Ausg. Lübeck: Niemann 1818. XXXII,216 S. 8°
48.
10.10704

Bandelin, J. N., Unterhaltungen über Religion. 2te Aufl. 8. Ebend. 819.

— über die Unzufriedenheit mit unserm Schicksal. 8. Lübeck 793. Bohn. 2 gl

— Die Weisheit des Erlösers bey der Wahl der Zeugen seiner Auferstehung. Eine Predigt. — Bützow [usw.]: Berger & Boedner 1777. 32 S. 8°
33. 48.
10.10705

Bandelli, Giovannina, Notizie storiche di Trieste e guida per la città. gr. 16. (VIII und 328 S.) Trieste 851, Coën. Thlr. *

Bandello, Matteo

Bandello, Matteo, Künstler-Novellen aus d. Renaissance, s.a. Liebhaber-Bibliothek, kulturhistorische. 3. Bd.
-- dasselbe, s.a. Bibliothek, galante.

— Künstler-Novellen aus der Renaissance. Aus d. Ital. von Paul Seliger. — Leipzig: Hegner (1903). 143 S. 8° (Kulturhistorische Liebhaberbibliothek. 3.)
30. 109.
10.10724

— — 3. Aufl. Berlin [usw.]: Hegner 1903. 143 S. 8° (Kulturhistorische Liebhaberbibliothek. 3.)
1:Ag 216/20a–3. 10. 19. 302.
10.10725

Bandello, Matteo: Künstler-Novellen a. d. Renaissance. Aus d. Ital. v. Paul Seliger. 4. Afl. (144) kl8° Lpzg, F Rothbarth ('10).
2 — d

— — 5. Aufl. Leipzig: Rothbarth [um 1910]. 143 S. 8°
7.
10.10727

Bandello, Matteo

— [deutsch] Novellen. Von Adrian. Bd 1–3. Frankfurt a. M.: Sauerländer 1818–19. 8°

3. Mit e. Anh.: Die Geschichte der schönen Theolinda [Cervantes Saavedra, Miguel de: Galatea, Ausz., deutsch]. 1819.

1:Xr 3152/40. 6. 10. 19.
10.10721

Bandello's Novellen, von Adrian. 3 Bde. 2te verm. Aufl. 8. Frankf. a. M., Sauerländer. 818.

— — 2., verm. Aufl. Bd 1. Ebd. 1819. VIII,288 S. 8°
1:Xr 3152/40a. 11. 17.
10.10722

— Novellen. 2., verm. Aufl. Bd 1–3. Ebd. 1826. 8°
12:P. o. it. 104pm. 21. 30. 32. 36. 111.
10.10723

Bandello: N o v e l l e n. Seitenstück zu Boccaccio's Decameron.
O.O. um 1860. 8°

Bandello: 9 N o v e l l e n in ungekürzter Uebersetzung in: Das Reich der Kypris. 16 Novellen aus dem Italienischen mit Einleit. u. Anmerkungen hrsg. von Alfred Semerau. . . 1906. 8°

Bandello: Erotische S c h w a e n k e, aus Kupido's Brieftasche. (Freie Bearb. meist italien. Novellen.)
2 Tle.
Leipzig: Schaeferische Buchhandlung 1797-99. 8°

Bandellus, Matthaeus s. *Bandello*, Matteo.

Bändelmeyer, Itzig Ai waih' Preußen, geliebtes Vaterland' jo gaihste doch futsch! Ane Straifpredigt an de praiß'schen Depentirten in Frankfort, von ainem Jüden, welcher nischt is Isac Moses Hersch. Druck von E. Litfaß. 1 Bl. Fol.
Flugblatt. Berlin 1848/49.

Bandelow, *Adolf David*, M. D., * Dessau 1776. † Dessau 11. März 1835
—— Foliorum Ilicis Aquifolii analysis et virtutes medicae. D. Halae 1789. 8. 24 p.

Bandelow, A. D., üb. d. Pocken u. deren Einimpfung. 8. Dessau 792. (Hamb., Herold jun.) 4 gl

Bandelow, Adolf David: Ueber die Pocken und ihre Einimpfung. — Dessau: K. L. Müller 1792. 63 S. 8°
1:4 in Bibl. Diez 7176. 2. 15. 16. 27. 30.
10.10748

Bandelow, üb. d. Pocken u. deren Einimpfung. 8. Dessau, (Vollmer, Hamb.). 792.

Bandelow, Ern. Gust. Aretinus Henr.: De diabete mellito, s. B a n d e l o w, Ernst

Bandelow, Ernst (Dessau), De diabete mellito. Diss. med. Bln. (Nietack) 29. V. 1838. 32 S. mit Biographie. (Mutter: Grat. Maria Anna Clara Concha.) (4.80)
Oppon.: A. Benzler, A. Schultz, A. Scholler.
Gew.: Joh. v. Wiebel.

Bandelow, Johann, approb. Arzt aus Rendsburg (Holstein): Aus d. Anschar-Krankenhause zu Kiel. Ein Fall von Schussverletzung der rechten Orbita. *Kiel 1899: P. Peters.* (14 S.) 8°
Kiel, Med. Diss. v. [25. März] 1899

Bandelow, Paul, d. Tochter d. Brandstifters, s.a. Album f. Liebhaber-Bühnen.

Bandelow, Paul: Die Tochter des Brandstifters. Schauspiel. — Berlin: Kühling & Güttner [1896]. 16 S. 8°
(Album für Liebhaber-Bühnen. 308.) 1:Yp 6329–308.
10.10749

A. Bandemer. Ein Traum. Bei Gelegenheit des Geburtsfestes Friedrichs des Grossen am 24. Januar 1852. Berlin. 4°.

Bandemer, Adolf: Herrmann Hendrichs. Biographische Skizze. — Berlin: Selbstverl. (1864). 15 S. 8°
1:Yp 1700/3. 5. 8.
10.10750

— Der alte Onkel. Original-Lustspiel ... von B. E. Erdman [d. i. Adolf Bandemer]. — Berlin 1853: Litfaß. 26 S. 8°
41.
10.10751

— Roger. Sein Leben u. Wirken. Eine Skizze. — Hamburg 1851(: Nobiling). 7 S. 8° 18.
10.10752

— Der Zusammenstoß der Erde mit dem Kometen oder der 13. Juni 1857. — Dresden: Ernst in Comm. [um 1860]. 28 S. 8° 14. 32. 41. 300: 624.818-B. Th. S.
10.10753

Bandemer, Hermann: Die Heimatkunde als Grundlage für den Unterricht in den Realien mit bes. Berücks. der Stadt Königsberg i. Pr. in schulgemäßer Form für d. 3. Schuljahr dargest. — Königsberg i. Pr.: Gräfe & Unzer 1905. 79 S. 8° 1:Nf 1639/4. 10. 207.
10.10754

Bandemer, M., Feldmessen u. Nivellieren, f. Bau- u. ähnl. Schulen u. zum Selbstunterricht bearb. Mit 65 in den Text gedr. Abbildgn. u. 1 lith. Taf. gr. 8. (VIII, 68 S.) Wiesbaden 901. C. W. Kreidel. n 1. 60

Bandemer, Susanna von: Zerstreute Blätter..., s. Bandemer, Susanne von

Bandemer, Susanne von
v. Bandemer, (Susanne,) zerstreute Blätter, s.a. wissenschaftl. Werke.

— Zerstreute Blätter aus dem letzten Zehntheil des abgeschiedenen Jahrhunderts. — Coblenz: Neue Gelehrten-Buchh. 1821. XVI,292 S. 8°
1:Yz 6873. 5. 8. 17. 109. 300: 27.438.
10.10760

v. Bandemer, Susanna, geb. v. Franklin, zerstreute Blätter aus dem letzten Zehntheil des abgeschied. Jahrhunderts. 8. Koblenz u. Hadam. 821. Hergt in Kobl. 1 Rthlr. 12 gr. Velinp. 2 Rthlr.

— Klara von Bourg, eine wahre Geschichte aus dem letzten Zehntheil des abscheidenden Jahrhunderts. (Bd 1.) — Frankfurt a. M.: Zeßler 1798. 318 S. 8° 1:Yw 4886.
10.10761

v. Bandemer, Susanne, Klara v. Bourg. 1r Thl. 8. Erfurt 798. Zeßler. (Diez). 1 Rthlr. 8 gr.

— — Wien: Walishausser 1799. 229 S. 8° 44.
10.10762

— Knapp' Edmund oder die Wiedervergeltung. Schauspiel. Frankfurt a. M.: Diez 1800. VIII,94 S. 8° 17.
10.10763

— Gedichte. Neue Aufl. Neustrelitz: Albanus 1811. VIII, 222 S. 8° 1:Ym 5038. 18. 22. 109.
10.10765

— Gedichte und prosaische Kleinigkeiten. Neue Aufl. Neustrelitz: Albanus 1811. V,188 S. 8°
1:an Ym 5038. 18. 22. 109.
10.10759

Bandemer, Sus. v., neue verm. Gedichte rc. 2 Thle. gr. 8. Berlin, Mauter. 802.

— Edmund Knapp, oder die Wiedervergeltung. Schspl. 8. Frkf. 800. Diez. 8 gr.

v. Bandemer, Susanne, Sidney u. Eduard, oder was vermag die Liebe. Schspl. in 3 Aufz. 8. Hannov. 792. Hahn. 4 gr.

— Sidney und Eduard oder was vermag die Liebe? Ein Schauspiel. — Hannover: Ritscher 1792. 94 S. 8°
1:Ys 631. 18. 42. 109. 300: 2442-A [u.] 624.819-A. Th. S. 307.
10.10766

[—] Biographische Skizze der Madame Ritz jetzigen Gräfinn von Lichtenau. — Paris [vielm. Leipzig: Rein] 1798. 168 S. 8° 1:Sw 691. 8. 14. 32. 30. 35. 41. 109. 300: 6098-A.
10.10768

— s.a. Skizze d. Madame Ritz.

– s.a. Versuche, poet., d. Frau v. B.

Bandemer, Susanne v.: [Teils.] Poetische und prosaische Versuche von Susanne von B... [d. i. Bandemer], geb. von Francklin. — Berlin 1787. 216 S. 8°
1:Ym 5031. 9. 11. 18. 44. 109.
10.10757

— — 2., sehr verm. u. veränd. Aufl. Berlin 1802: Decker. XXII,188 S. 8° 1:an Bibl. Diez 8469.
10. 11. 15. 28. 27. 32. 38. 39. 41. 42. 44. 109. 214.
10.10758

(—) Zuruf einer Mutter an ihren Sohn bei dem Preußischen Heere, im Juny 1790. — o. O. [um 1790]. 1 Bl. 8° 2.
10.10769

Das Bandenwesen in Makedonien, s.a. Le brigandage en Macédoine

Bandenwesen. — Das Bandenwesen in Makedonien. Ein Geheimbericht an d. Bulgarische Regierung mit Kommentaren. — Berlin: Unger 1908. 59 S. 8°
1:Uh 1670/45. 11. 14. 46. 61. 106. 203.
10.10770

Bander, Ludw., rationelle Behandlung des Weins und die Bereitung desselben nach vielen praktischen Methoden, mit einer Unterweisung zur Obstmost-Bereitung und einem Anhang, die im Keller vorzunehmenden Arbeiten. Viele höchst wichtige Geheimnisse für Weinbergbesitzer, Wirthe, Küfer, Privaten rc. 12. (48 S.) Reutlingen 887, Bardtenschlager.

Bänder deutscher Studentenverbindungen. o.O.u.J., 18 Taf. m. d. Originalstreifen. 4°

Baender, Martin [aus Myslowitz in Schles.]: Beitrag zu den sarkomatösen Geschwülsten in der Bauchhöhle.... Greifswald, Druck v. J. Abel, 1891; 29 S. 8°
Greifswald, Med. Fak., Inaug.-Diss. v. 26. Febr. 1891

Banderet, Paul, Causeries parisiennes, s.: Peschier, A.

Banderet, P., et Ph. Reinhard. Cours pratique de langue française à l'usage des écoles allemandes. (Abrégé des trois parties „Grammaire et lectures françaises"). In-8°. VII, 160 p. Berne, Schmid, Francke & Co. 1891 Relié 2 —

— u. P **Reinhard:** Cours prat. de langue franç. à l'usage des écoles allemandes. 2. éd. 8° (160 m. 1 Schrifttaf.) Ebd. 93. Kart. 1.25 ‖ 4. éd. (224 m. 1 Schrifttaf.) 1900. Geb. 1.50

— u. Ph. Reinhard, Cours pratique de langue française à l'usage des écoles allemandes. (Abrégé des 3 parties „Grammaire et lectures françaises".) 5me éd. Conforme à la 4me. gr. 8. (XII, 224 S.) Ebd. 902. Geb. n. 1.50

Banderet, P(aul), & Reinhard, Ph[ilipp]. Cours pratique de langue française à l'usage des écoles allemandes ⟨Abrégé des trois parties «Grammaire et lectures françaises»⟩. 6e éd. XIV + 227 p. 8. Berne, A. Francke, 1904. (relié fr. 1. 80)

— & P Reinhard: Cours prat. de langue franç. à l'usage des écoles allemandes. (Abrégé des 8 parties »Grammaire et lectures franc.«) 7me éd. (227) 8° Ebd.'05. Geb. 1.50

— u. Ph. Reinhard, Cours pratique de langue française à l'usage de écoles allemandes. (Abrégé des 8 parties „Grammaire et lectures françaises".) 8. éd. (XIV, 244 S.) 8. Bern 906. A. Francke. Geb. 1. 50

Banderet, P(aul), & Reinhard, Ph[ilipp]. Cours pratique de langue française à l'usage des écoles allemandes ⟨Abrégé des trois parties «Grammaire et lectures françaises»⟩. 9e éd. XIV + 244 p. 8. Berne, A. Francke, 1907. (relié fr. 1. 80)

(.. durchaus unveränderter Abdruck der 8 Aufl.)

Banderet, P(aul), & Reinhard, Ph[ilipp]. Cours pratique de langue française à l'usage des écoles allemandes ⟨Abrégé des trois parties «Grammaire et lectures françaises»⟩. 10e éd. XIV + 244 p. 8. Berne, A. Francke, 1909. [relié fr. 1. 80]

Banderet, Paul, grammaire française, s.: Borel, Eugène.

Banderet, Paul: Grammaire franç. à l'usage des écoles normales et des lycées. (8, 210) 8° Bern, A Francke '11. L 2.10

— et Ph. Reinhard, grammaire et lectures françaises à l'usage des écoles allemandes. 3 parties. 8. Ebd. 888. 889. cart. n. 2. 90

1. Déclinaison — avoir — être — planter. (IV, 92 S.) n. — 75
2. Pronoms, — Verbes en ir — re — evoir. (IV, 102 S.) n. — 90
3. Verbes passifs et pronominaux, verbes irréguliers, règles du subjonctif et du participe. (IV, 143 S.) n. 1. 25

Banderet, P, et P Reinhard. grammaire et lectures franc. à l'usage des écoles allemandes. Vocabulaire pour les trois parties. 8. (46) Bern 89. Schmid, F & Co. n. — 50

— grammaire et lectures francaises à l'usage des écoles allemandes. 1. partie. Déclinaison avoir-être-planter. 2. éd. gr. 8. (IV, 96 S.) Ebd. 891. Geb. n. — 75

Banderet, P., et Ph. Reinhard. Grammaire et lectures françaises à l'usage des écoles allemandes. IIme partie. Pronoms, verbes en ir, re, evoir. 4me éd. Gr. in-8°. IV, 103 p. Berne, Schmid, Francke & Co. 1896 Cart. 1 —

— — Grammaire et lectures franç. à l'usage des écoles allemandes. 3 parties. 8° Ebd. Kart. nn 3.05

1. Déclinaison. — Avoir. — Être. — Planter. 4. éd. (110) 01. nn — 75
2. Pronoms. — Verbes en ir, re, evoir. 5. éd. (103) 98. — 80
3. Verbes passifs et pronominaux, verbes irréguliers, règles du subjonctif et du participe. 2. éd. (143) 93. 1.25 ‖ 4. éd. (172) 1900. 1.50

Banderet, P[aul], et Reinhard, Ph[ilippe]. Grammaire et lectures françaises à l'usage des écoles allemandes. 3 parties. 8. Berne, Schmid & Francke.

1re patrie: Déclinaison — Avoir — Être — Planter. 4e éd. XII + 110 p. 1901. [relié fr. 1. —]
2e partie: Pronoms — Verbes en -ir -re -evoir. 6e éd. 128 p. 1901. [relié fr. 1. —]
3e partie: Verbes passifs et pronominaux, Verbes irréguliers, Règles du subjonctif et du participe. 4e éd. IV + 172 p. 1900. [relié fr. 1. 80]

Banderet, P(aul), & Reinhard, Ph[ilipp]. Grammaire et lectures françaises à l'usage des écoles allemandes. 3 parties. 8. Berne, A. Francke.

1re partie: Déclinaison — Avoir — Être — Planter. 5e éd. XIV + 110 p. 1903. (relié fr. 1. —)
2e partie: Pronoms — Verbes en ir -re -evoir. 7e éd. VI + 122 p. 1904. [relié fr. 1. —]
3e partie: Verbes passifs et pronominaux, Verbes irréguliers, Règles du subjonctif et du participe. 6e éd. VI + 176 p. 1904. (relié fr. 1. 80)

Banderet, P(aul), & Reinhard, Ph[ilipp]. Grammaire et lectures françaises à l'usage des écoles allemandes. 1re partie: Déclinaison — Avoir — Être — Planter. XIV + 110 p. 8. Berne, A. Francke. (geb. fr. 1. —)

6e éd. [réimpression de la 5e]. 1904.
7e éd. (réimpression de la 6e). 1905.

— grammaire et lectures françaises à l'usage des écoles allemandes I.—III. partie. 8. Ebd. Geb. n. 3. 10

I. Déclinaison. — Avoir — Être. — Planter. 7. éd. (XIV, 110 S.) 905. Geb. n. — 80
II. Pronoms — Verbes en ir — re — evoir. 8. éd. (VI, 122 S.) 905. Geb. n. — 80
III. Verbes passifs et pronominaux, verbes irréguliers, règles du subjonctif et du participe. 6. éd. (VI, 176 S.) 908. Geb. n. 1. 50

— — dasselbe. Vocabulaire pour les trois parties. 3. éd. (45 S.) 8. Ebd. 905. n. — 40

Banderet, P(aul), & Reinhard, Ph[ilipp]. Grammaire et lectures françaises à l'usage des écoles allemandes. 3 parties *et* Vocabulaire.... 8. Berne, A. Francke.

1re partie: Déclinaison — Avoir — Être — Planter. 7e éd. XIV + 110 p. 1905. (geb. fr. 1. —)
2me partie: Pronoms — Verbes en ir -re -evoir. 9e éd. VI + 122 p. 1907. (geb. fr. 1. —)
3e partie: Verbes passifs et pronominaux, Verbes irréguliers, Règles du subjonctif et du participe. 7e éd. VI + 176 p. 1907. (geb. fr. 1 80)
Vocabulaire pour les trois parties. 3e éd. 45 p. 1905. (cart. fr. —.50)

Banderet, P(aul), & Reinhard, Ph[ilipp]. Grammaire et lectures françaises à l'usage des écoles allemandes. 1re partie: Déclinaison — Avoir — Être — Planter. 8e éd. (réimpression de la 7e). XIV + 110 p. 8. Berne, A. Francke, 1906. (geb. fr. 1.—)

Banderet, P(aul), & Reinhard, Ph[ilipp]. Grammaire et lectures françaises à l'usage des écoles allemandes. 1re partie: Déclinaison — Avoire — Être — Planter. 9e éd. (réimpression de la 7e et de la 8e). XIV + 110 p. 8. Berne, A. Francke, 1907. (geb. fr. 1. —)

— — Grammaire et lectures franç. à l'usage des écoles allemandes. I—III. partie. 8° Ebd. Geb. 3.10

I. Déclinaison. — Avoir. — Être. — Planter. 10. éd. (14,110) '09. — 80 ‖ II. Pronoms. — Verbes en ir, re, evoir. 9. éd. (122) '07. — 80 ‖ III. Verbes passifs et pronominaux, verbes irréguliers, règles du subjonctif et du participe. 8. éd. (178) '08. 1.50.

— Grammaire et lectures françaises à l'usage des écoles allemandes. 3 Tle. 8. Ebd. Geb. in Leinw. 3. 10

1. Déclinaison-avoir-être-planter. 10. éd. (XIV, 110 S.) 900. Geb. in Leinw. — 80
2. Pronoms-verbes en ir-re-evoir. 10. éd. (VI, 122 S.) 909. Geb. in Leinw. — 80
3. Verbes passifs et pronominaux, verbes irréguliers, règles du subjonctif et du participe. 8. éd. (VI, 178 S.) 909. Geb. in Leinw. 1. 50

— — dass. Vocabulaire pour les trois parties. 3. éd. (45) 8° Ebd.'05. — 40

— u. Ph. Reinhard: Grammaire et lectures à l'usage des écoles allemandes. 3 Tle. 8° Bern, A Francke.

1. Déclinaison — avoir — être — planter. 11. éd. (14, 110) '11. geb. — 80 ‖ 2. Pronoms-verbes en ir re evoir. 10. éd. (6, 122) '09. L — 80 ‖ 3. Verbes passifs et pronominaux, verbes irréguliers, règles du subjonctif et du participe. 9. éd. (6, 178) '11. geb. 1.50

Banderet, Paul
— Handbuch der franzöf. Umgangssprache, s.: Coursier, Eduard.

— Histoire résumée de la littérature française depuis ses origines jusqu'à nos jours. — Berne: Schmid, Francke & Co. 1894. 272 S. 8° 26.
10.10781

Banderet, P., Histoire résumée de la littérature française depuis ses origines jusqu'à nos jours. 2 éd. gr. 8. (IV, 304 S.) Bern 897. Schmid & Francke. n. 2. —; geb. n. 2. 50

— — 3. éd. Berne: Francke 1903. 334 S. 8° 21. 47. 53. 107.
10.10782

— Hist. résumée de la litt. franç. depuis ses origines jusqu'à nos jours. 4. éd. (347) 8° Bern, A Francke '09. Geb. 2.50

— Lehrbuch der französischen Sprache mit bes. Berücks. von Handwerk, Gewerbe, Handel u. Industrie von Paul Banderet u. Philipp Reinhard. — Bern: Francke 1907. VIII,285 S. 8° 16. 17. 38. 52. 207.
10.10784

Banderet, Paul, und **Reinhard**, Philipp. Lehrbuch der französischen Sprache, mit besonderer Berücksichtigung von Handwerk, Gewerbe, Handel und Industrie. 2., durchgesehene Aufl. XIV + 285 S. 8. Bern, A. Francke, 1909. (geb. fr. 2. 50)

— — Lehrb. d. französ. Sprache m. bes. Berücks. v. Handwerk, Gewerbe, Handel u. Industrie. 3. Afl. (10, 285) 8° Ebd. '11. L 2 — d

Banderet, P(aul). Recueil de Thèmes. Pour servir d'applications au «Cours pratique» de P(aul) Banderet et Ph[ilipp] Reinhard. VI + 101 p. 8. Berne, A. Francke, 1905. (relié fr. 1. 25)

Banderet, P(aul). Recueil de Thèmes. Pour servir d'applications au «Cours pratique» de P(aul) Banderet et Ph[ilipp] Reinhard. 2me éd. VI + 101 p. 8. Berne, A. Francke, 1907. (relié fr. 1. 25)

Banderet, P(aul). Recueil de thèmes. 2e partie. Pour servir d'applications au «Résumé» du même auteur, et à tout ouvrage analogue. VIII + 161 p. 8. Berne, A. Francke, 1909. (geb. fr. 1. 60)
[1re partie, 1re éd.] *et* 2me éd., Berne 1905 *et* 1907:

— dass. 1—3. Tl. 8° Ebd. '11.
1. Partie du maître. (68) 1.50 ‖ 2. (122) '12. 2.80 ‖ 3. (88) '12. 2 —

— Recueil de thèmes. 3. partie. Pour servir d'applications à la „Grammaire franç." du même auteur et à tout ouvrage analogue. (6, 110) 8° Berne '12. Bern, A Francke. geb. 1.20 (1—3: 3.15)

Banderet, P., résumé de grammaire française [avec exercices], à l'usage des écoles secondaires supérieures et progymnases. gr. 8. (IV, 116 S.) Bern 890. Schmid, Francke & Co. cart. n. 1. 80

— Résumé de grammaire franç. (avec exercises) à l'usage des écoles secondaires, supérieures et progymnases. 2. éd. 8° (116) Ebd. 93. Kart. 1.50

— résumé de grammaire française (avec exercices) à l'usage des écoles secondaires supérieures et progymnases. (Partie du maître.) gr. 8. (III, 60 S.) Ebd. 893. Kart. n. 1. —

— Résumé de grammaire française (avec exercices) à l'usage des écoles secondaires, supérieures et progymnases. 4. éd. gr. 8. (IV, 179 S.) Bern 902. A. Francke. Geb. in Leinw. n. 1. 60

Banderet, Paul. Résumé de grammaire française ⟨avec exercices⟩ à l'usage des écoles secondaires, supérieures et progymnases. 5e éd. IV + 178 p. 8. Berne, A. Francke, 1906. (geb. fr. 2.—)

Banderet, Paul. Résumé de grammaire française ⟨avec exercices⟩ à l'usage des écoles secondaires, supérieures et progymnases. Partie du maître, 2de éd. II + 40 p. 8. Berne, A. Francke, 1906. (cart. fr. 1.25)

— Résumé de grammaire franç. (avec exercices) à l'usage des écoles secondaires, supérieures et progymnases. 6. éd. (4, 194) 8° Ebd. '11. geb. 1.60

Banderet, P(aul), & **Reinhard**, Ph[ilipp]. Petit Résumé de Grammaire française. Pour servir de répétition systématique au «Cours pratique» et à «Grammaire et lectures» des mêmes auteurs. IV + 76 p. 8. Berne, A. Francke, 1910. (geb. fr. 1. 25)

Banderet, P., u. Ph. Reinhard. Deutsche Übungsstücke zum Übersetzen in das Französische. Als Anhang u. in unmittelbarem Anschluss an „Cours pratique" u. „Grammaire et lectures françaises". In-8°. 31 S. Bern, Schmid & Francke. — 40
1897.

Banderet, P(aul), und **Reinhard**, Ph[ilipp]. Deutsche Übungsstücke zum Übersetzen ins Französische. Als Anhang und in unmittelbarem Anschluss an «Cours pratique» und «Grammaire et lectures françaises» von P. B' und Ph. R'. 2. vermehrte Aufl. 36 S. 8. Bern, A. Francke, 1904. (fr. —.50)

— — Deut. Übgsstücke z. Übersetzen ins Französische. Als Anh. u. in unmittelbarem Anschluss an „Cours prat." u. „Grammaire et lectures franç." 3. Afl. (36) 8° Ebd. '11. — 40 d

— Petit vocabulaire systématique de la langue française, s.: Courtier, Eduard.

Banderia. — Banderia Prutenorum oder die Fahnen des Deutschen Ordens und seiner Verbündeten, welche in Schlachten und Gefechten des 15. Jahrhunderts eine Beute der Polen wurden. Nach der Dlugoßschen Handschrift hrsg. von F. A. Vossberg. — Berlin 1849(: Feister). 65 S. 8° 1:Sz 1721. 5. 12:Herald. 157 p. 203. 300:9136-B.
10.10787

Banderium Simighiense in Sio-Fok anno 1790 16 a Junii salutatum. Anno 1790. V: *Nagy, Franc.* (PK 8/823) (BIBlPORT)

Bandhauer: Die Katastrophe von Magdeburg 1631, s. Bandhauer, Zacharias

Bandhauer, Gottfried

Bandhauer, G., die beste u. wohlfeilste Bauart der Scheunen u. Magazine, oder Bericht über die landwirthschaftl. Quadrat-Hohlbauten im Herzogthum Anhalt-Köthen; erläutert durch die Zeichnungen von derartigen Bauten auf den Herzogl. Domainen zur Sorge u. zu Baasdorf. Mit 1 Taf. Abbild. von e. Quadrat-Hohlbaue. gr 12. Wien 836. Förster. 1/3 ₰ (Aus Försters allgem. Bauzeitung besond. abgedr.)

[—] Bogenlinie des Gleichgewichts oder Theorie der Gewölbe u. Kettenlinien.—Leipzig: Hartmann 1831. 174 S. 8°
Nebent.: 1. Theorie der Gewölbe und Kettenlinien.
Nebent.: 2. Der festen Körper Formen des Gleichgewichts bei zwei äußern Stützpunkten.
4. 17. 18. 31. 33. 83. 302.
10.10796

— Drei Pläne von verschiedenen Baumeistern zu einem Baue, dem Hospital zum heiligen Geist, mit dazu gehörigem Oeconomiehofe in Cöthen. — Leipzig: Hartmann in Comm. 1826. 18 Bl. quer-2° 83. 89.
10.10797

Bandhauer, G., drei Pläne von verschied. Baumeistern zu e. Baue des Hospitals zum heil. Geist, mit dazu gehörigem Oekonomiehofe in Köthen. Ein Beitrag zur bürgerl. u. Landbaukunst. Enthalt. 4 Kupfer- u. 8 Steint. mit Erläutt. u. mit Bemerkk. rc. Fol. Leipz. 826. (Volckmar). 3 ₰

Bandhauer, G. Drei Pläne zum Hospital zum heiligen Geist mit dazu gehörigem Oekonomiehofe in Cöthen. Leipzig 1826. Querfol.

— s. Theorie d. Gewölbe u. Kettenlinie.

— Verhandlungen über die artistische Untersuchung des Baues der Hängebrücke über die Saale bei Mönchen-Nienburg. [Nebst] Kupfertaf. — Leipzig: Hartmann 1827–29. 8° (Taf.: quer-2°)
1: Hauptw.-Nz 11016; Kupfertaf.-quer-2° Nz 11017.
7. 14. 17. 36. 83. 90. 305.
10.10798

— Verhandl. über die artistische Untersuchung des Baues d. Hängebrücke über die Saale bei Mönchen — Nienburg. Nebst 1 Hft mit 4 Kpft. u. Erläuterr. gr. 8. Leipz. 827. (Volckmar). 2 ₰ 16 gr. Das Kupferh. apart 1 ₰ 8 gr.

—— Verhandlungen üb. d. artistische Untersuchung d. Baues d. Hängebrücke üb. d. Saale b. Mönchen-Nienburg. Nebst 4 Kpfrt. u. 3 B. Erläuterungen, in gr. qu. Fol. gr. 8. (20½ B.) Leipzig 829. (Volckmar.)
Das Kupferheft apart 1 Thlr. 8 Gr.

Bandhauer, Zacharias: Die Katastrophe von Magdeburg 1631. Auszug aus d. Tagebuch, mit e. kritisch-historischen Uebersicht von Onno Klopp. — Freiburg i. Br.: Herder 1874. 78 S. 8° 1:Te 7883. 12:Bor. 21 cg. 14. 16. 35. 38. 52. 300:a 8504.
10.10799

Bandi, E[rnst]. An der 1. internationalen Ausstellung für moderne dekorative Kunst in Turin. April bis November 1902. ⟨Separatabdruck aus der Aargauischen Gewerbezeitung [Jahrg. 4, 1902, Nº 14—19. — Mit 1 Tafel].⟩ II + 19 S. 8. Aarau, H. R. Sauerländer & Co. [fr. —. 80]

Bandi, H[ans], und **Zaugg**, E[rnst]. Das schwedische Turnen. Bericht über eine Studienreise nach Stockholm vom 25. März bis 22. April 1903. Separatabdruck aus «Monatsblätter für das Schulturnen», Jahrg. 15. 16 S. 8. [Zürich, Orell Füssli, 1904.]

Bandi, Joh., Übungsgruppen für das Riegenturnen am Barren, f. T.V. nach Stufen geordnet, Bern 1902.
— — 2. verb. Aufl., — 1906, 16°.

Bandi, Joh[ann]. Uebungsgruppen für das Riegenturnen am Pferd und für Springen. Für Turnvereine nach Stufen geordnet. Leitfaden für Turnlehrer, Oberturner und Vorturner von Joh. B', Turnlehrer in Bern. XII + 160 S. 8. Selbstverlag des Verfassers; Bern, Buchdr. Gottfr. Iseli, 1905. [geb. fr. 2. —]

Bandi, Joh., Übungsgruppen für das Riegenturnen am Reck, f. T.V. nach Stufen geordnet, 2. verb. Aufl., Bern 1905, 94 S., kl.-8°.

Bandi, Joh[ann]. Uebungsgruppen für das Riegenturnen am Reck. Für Turnverereine nach Stufen geordnet. Leitfaden für Turnlehrer, Oberturner und Vorturner von Joh. B', Turnlehrer in Bern. 3. Aufl. 94 S. 8. Selbstverlag des Verfassers; Bern, Buchdr. Gottfr. Iseli, 1908. [geb. fr. 1.20]

Bandi, Walter [aus Bern]: Beiträge zur Biologie der Uredineen (Phragmidium subcorticium [Schrank] Winter. Puccinia caricis montanae Ed. Fischer.) Dresden 1903. 36 S. 8°. [20. VII. 03.]
Bern. Phil. Diss. 1903/1904.

Bandi, Walter. Beiträge zur Biologie der Uredineen (Phragmidium subcorticium (Schrank) Winter [und] Puccinia Caricis montanae Ed. Fischer). Diss. Phil. Bern. [Sep.-Abdr. aus: Hedwigia, Organ für Kryptogamenkunde.... Band 42. Jahrg. 1903.] IV + 36 S. 8. Dresden, C. Heinrich, (1903).

Bandi W.: Beiträge z. Biologie d. Uredineen ... 1903. Diss. [Rostr. Saml.].

Bandian, Alexander: Zeitgemäße Betrachtungen über unsere taktische Ausbildung. Ein Beitrag zur Lösung der Frage der Ausgestaltung der Wehrmacht Österreich-Ungarns von A[lexander] B[andian]. — Wien: Seidel 1899. 53 S. 8° 300:400.368–B. 302.
10.10825

Bändiger, zwei, d. „Löwen v. Paderborn". Eine Duplik v Tertius Gaudens. Nebst e. Anh. 1. u. 2. Aufl. 8. (11 S.) Barmen 887. Wiemann. n. — 10

Bandinel, Esqu., James, der afrikanische Sklavenhandel von seiner ersten Einführung in das neue Europa bis auf die jetzige Zeit; mit besonderer Rücksicht auf die Bemühungen der britischen Regierung, ihn auszurotten. Aus dem Engl. von Alex. Hechsel. gr. 8. Berlin 843, Hermes. 1 ℛ

Bandinelli, Rolando s. *Alexander III.* Papa.

Bandini, Bibliothekar, Florenz, 1726-1803. 1745
s. *Bandini*, Angelo Maria.

Bandini, Angelo Maria
Der Name des Verfassers erscheint meist in d. Form Angelus Maria Bandinius

Bandini, A. Ma., catalog. codicum mscrptor biblioth. mediceae Laurentianae. 5 Tmi. Fol. Floront. (Weidmann, L.) 766—71.

— [deutsch] Americus Vespucci, eines florenzischen Edelmannes, Leben und nachgelassene Briefe, worinnen dessen Entdeckungen der neuen Welt ... beschrieben werden. — Hamburg: Grund [usw.] 1748. 299 S. 8°
1:Ut 2841 [u.] 1 in Bibl. Diez 577. 5. 7. 8. 10. 14. 17. 18. 22. 23. 26. 27. 30. 32. 34. 35. 39. 41. 44. 46. 117. 300: • 69 F 162. 302.
10.10873

— graecae ecclesiae vetera monumenta ex biblioth. medicea. II Tmi. fol. Floreut. (Gleditsch, L.) 763.

— fascic. rerum graecar. ecclesiasticar. 8. maj. Florent. (Trattner, W.) 765.

Bandini, Cl., ital. et germanor. epistolae ad Victorium. 3 Tmi. 4. Leipz. Gleditsch. 758.

Bandinius s. *Bandini.*

Bandis, Geo. F., nicht mehr nerdssl, s.: Osiris-Bücher.

Bandisch, Karl Ludwig: Zeugnisse. — Königsberg [usw.]: Bon 1846. 50 S. 8° 1:14 in Yo 1. 10.
10.10900

Bandisch, Rud., 80 Fälle v. Ovariotomie aus der gynäkologischen Universitäts-Klinik zu Königsberg in der Zeit vom 11. Mai 1889 bis 13. Febr. 1892. Diss. gr. 8. (68 S.) Königsberg i/Pr. 892. (W. Koch.) n. 1. —

Bandisch, Rudolf [pr. Arzt]: 80 Fälle von Ovariotomie aus der gynäkologischen Universitäts-Klinik zu Königsberg in der Zeit vom 11. Mai 1889 bis 13. Febr. 1892 ... Königsberg i. Pr., Druck v. M. Liedtke, 1892; 2 Bl., 70 S., 1 Bl. 8.
Königsberg. Med. Fak., Inaug.-Diss. v. 29. Febr. 1892

Bandit, Der, in Rom oder die schreckliche Verwechselung. Quedlinburg 1820. V: *Müller, Heinrich August.* (GGr VI, 401) (Zeitschr. f. Büch. 1923, S. 79)

Bandit, der, in Rom, od. die schreckl. Verwechselung. Vom Verf. d. „Albert v. Reinstein." 3 Thle. 8. Quedlinb. 820. Basse. 3 ℛ 4 gℛ

Banditen im Frack. Politisch-socialer Roman aus der Gegenwart. Wien 1867. V: *Schneeberger, Franz Julius* (pseud. *Artur Storch*). (Brü[6] 6, 255) (Zeitschr. f. Büch. 1923, S. 79.)

Banditen im Frack. Politisch-socialer Roman aus der Gegenwart. 3 Bde. Wien 867. Hartleben. 8. (799 S. m. Holzschn. im Text.) 2 ℛ 25 ngr

Banditenhöle, die, von Carastro; Roman von C. Nicolai. 8. Quedlinburg, Basse. 818.

Banditenrache. — Banditenrache oder der Verfolgte im Begräbnißgewölbe. Eine wahre Geschichte. Th. 1–3. — Erfurt: Beyer & Maring 1808. 8° 14. 17. 19.
10.10902

Banditenrache, od. d. Verfolgte im Begräbnißgewölbe. 3 Bde. 8. Erf. 808. Maring. (Otto). 3 ℛ

Banditenrache, od. d. Verfolgte im Begräbnißgewölbe. 3 Bde. 2., verb. Aufl. 8. (41 B.) Leipzig 845. (Literar. Museum.)

Die **Banditen-Tochter**, oder der schreckliche Fluch der Sünde. Eine furchtbare und schreckliche Räubergeschichte der neuesten Zeit. Text.
Salzhemmendorf: Verlag v. L. Henneberg. o.J.
8 S.

Bandke, B Einwirkung eines entfernten Magnets und einer von diesem inducierten Eisenkugel auf eine parallelepipedische Magnetnadel. 32 S. Progr. *Saalfeld* 1880

Bandke, [Bruno]: [Einrichtung der Räume für den Physikunterricht.] S. 15—17, 1 Taf. 4.
Progr. Herzogl. Gymn. Georgianum *Hildburghausen* 1909

Bandke, Erich, aus Berlin: Über Gleichgewichte in basischen Lösungsmitteln. *Berlin 1898: W. Büxenstein.* (60 S.) 8°
Heidelberg, Naturw.-math. Diss. v. [10. Nov.] 1898

Bandl, Carl Anton, s. B a n d l, Karl Anton

Bandl, Jos. Ant., kurzgefaßte Weltgesch. nach Holberg, Schröckh, Zimmer u. A. Ein Lese- u. Taschenbuch f. alle Stände. 2 Bdchn. Schwabach 824. Weber. 1 ℛ 8 gℛ

Bandl, Karl Anton, Mass und Preis. Umrechnungs-Tabellen für Wein und Spirituosen. II. Aufl. 16. (27 S.) Ung. Weisskirchen. Theob. Hepke. 20 kr. 1884.

Bandl, Carl Ant., Maß- und Preisumrechnungs-Tabellen für Wein und Spirituosen. 2. Aufl. 16. (27 S.) Ungar.-Weißkirchen 884. Hevke. * 40 Pf.: geb. *

Bandl, Ludw., über **Blutgeschwülste** des weiblichen Beckens, deren Diagnose u. Behandlung, s.: **Klinik**, Wiener, 1879.

Bandl, Ludwig: Zur Entstehung und Behandlung der Harnleiter-Scheidenfisteln und zur Operation der Blasen-Scheidenfisteln. ‹Werth der Bozeman'schen Operations-Methode.› — Wien: Braumüller 1878. 55 S. 8°
Aus: Wiener medizinische Wochenschrift. 27. 1877. **11.**
10.10904

— die **Krankheiten** der Tuben, der Ligamente, d. Beckenperitoneum u. d. Beckenbindegewebes, s.a. **Chirurgie**, deutsche.

—— die **Krankheiten** der Tuben, der Ligamente, des Beckenperitonäum und des Beckenzellgewebes, s.a. **Handbuch** der allgem. und speciellen Chirurgie.

— die **Krankheiten** der Tuben, der Ligamente, des Beckenperitonäum u. des Beckenzellgewebes, s.a. **Handbuch** der Frauenkrankheiten.

— **Die Krankheiten der Tuben, der Ligamente, des Beckenperitonäum und des Beckenzellgewebes. — Stuttgart: Enke 1879. VI,202 S. 8° (Handbuch d. Frauenkrankheiten. 2,5.)**
1: Ke 910-2,5. 2→5. 8. 10. 12: Path. 135 bp-2,5. 14. 15. 20. 22. 24. 26. 44. 64. 202. 302. 308.
10.10905

Bandl, L[udwig]: Die Krankheiten der Tuben, der Ligamente, des Beckenperitoneum und des Beckenbindegewebes, einschliesslich der Extrauterin-Schwangerschaft. Mit 32 in d. Text gedr. Holzschnitten. Stuttgart 1886. XX, 232 S.
(Deutsche Chirurgie, Lfg. 59)

— **Die Bozeman'sche Methode der Blasen-Scheidenfistel-Operation und Beiträge zur Operation der Harnleiter- und Blasen-Scheidenfisteln. — Wien: Braumüller 1883. 116 S. 8°**
Aus: Wiener medizinische Wochenschrift. 25-32. 1875-82.
4. 6. 12: 4° Chir. 2 n. 20. 27. 29. 302. 304.
10.10908

—— über **Ruptur** der Gebärmutter und ihre Mechanik. Nach klin. Beobachtungen. gr. 8. (118 S. mit 4 lithogr. Taf. in gr. 8. und qu. gr. 4.) Wien 875, [Czermak.] Toeplitz und Deuticke. *

— über das **Verhalten** d. Uterus u. Cervix in der Schwangerschaft u. während der Geburt. Nach klin. Beobachtgn. u. anatom. Untersuchgn. Mit 4 lith. Taf. u. schemat. Zeichgn. (in eingedr. Holzschn.) gr. 8. (58 S.) Stuttgart 870. Enke. n. 2. 40

Bandler, Heinrich: Künstler-Porträts. Federzeichnungen von H. Berland [d. i. Heinrich Bandler]. — Wien: Österr. Monatsblätter' 1897. 41 S. 8°.
300: 419.239-A. 302.
10.10911

Bandler, Samuel Wyllis: Die Dermoidcysten des Ovariums, ihre Abkunft von dem Wolff'schen Körper. — Berlin: Hirschwald 1901. 231 S. 8°
Aus: Archiv für Gynäkologie. 61. 1900. **1: Ke 3030. 11.**
10.10913

Bandli, Christoph [med. pract. aus Andeer, Graubünden]: Aus der chirurg. Privatklinik des Herrn Professor Emil Burckhardt zu Basel. Ueber Prostatitis phlegmonosa. Ein Beitrag zur Frage der Behandlung derselben. Basel 1902. 30 S. 8°.
Basel. Med. Diss. 1902/1903.

Bandli, Christoph. Über Prostatitis phlegmonosa. Ein Beitrag zur Frage der Behandlung derselben. Diss. Med. Basel. *Kopftitel:* Aus der chirurg. Privatklinik des Herrn Professor Emil Burckhardt zu Basel. 30 S. 8. Basel, Basler Druck- und Verlags-Anstalt, 1902.

Bandlin, A.F. s. ***Bandlin*****, August.**

Bandlin, August

Bandlin, A., Grindelwald als Winterkurort. Mit e. briefl. Vorrede v. H. Lebert. gr. 8. (20 S. m. 1 Steintaf.) Bern 875. (Dalp.) n. — 80

Bandlin, August: Grindelwald als Winterkurort. — Bern 1875: Stämpfli. 20 S. 8° **14. 15. 16. 30.**
10.10916

Bandlin, August, von Untervatz, Canton Graubünden: Zur Kenntniss der umspinnenden Spiralfasern des Bindegewebes. Zür. Zürcher u. Furrer Dr. 1858. 18 S., 1 Bl., 1 Taf. 8°.
Zürich, Med. Diss. v. 6. März 1858.

Bandlin, Johann Baptist

Bandlin, J(oh.) B(apt.), Anleitung zum Schul- u. Selbstunterricht in d. Naturlehre. Nach Pestalozzi's Elementar-Grundsätzen u. v. populärer Lebensanschauung aus bearb. gr. 8. (VI u. 571 S. m. 4 lith. Taf. in qu. 4.) Zürich 847, Leuthy. 1 ß 22 ngr.

Bandlin, J(oh.) B(apt.), Anleitung zum Schul- und Selbstunterricht in der Naturlehre. Nach Pestalozzi's Elementar-Grundsätzen und von populärer Lebensanschauung aus bearb. gr. 8. (VI und 571 S. mit 4 Stnt. in qu. 4.) Zürich 848, Leuthy's Vrlgs.-Bureau.

Bandlin, Jh. Bapt., Anleitung zum Unterricht d. Vaterlandskunde in Volkschulen. Lex.-8. Chur 835. Kellenbergers W. 1 1/3 ß

Bandlin, Jh. Bapt., **Aufruf** und Andeutungen zu dem, was Lehrer und Aeltern leisten sollen, um zeitgemäß zu erziehen und zu bilden. Aus den allgemeinen schweiz. Schulblättern besonders abgedr. gr. 8. Zürich 841, Höhr. 1/6 ß

Bandlin, Johann Baptist: Der Genius von Vater Pestalozzi oder der Menschenbildner, seine Idee, seine Methode, seine Schriften ... und sein Grab. — Zürich: Höhr 1846. VIII,506 S. 8° 5. 12: Biogr. 884 hd. 14. 18. 41. 207.
10.10917

Bandlin, Jh. Bapt., **Pestalozzi**, seine Zeit, seine Schicksale und sein Wirken. Eine Schrift für Freunde der Menschenbildung und Förderer einer bessern Zukunft. 8. Schaffhausen 843, Brodtmann. 2/3 ß

— **Schönheiten und Schrecknisse der schweizerischen Alpenwelt. Von J. B. Bandlin u. Vogel von Glarus. 3. Aufl. Glarus: Vogel 1868. 120 S. 8°** **21.**
10.10919

— u. **Vogel v. Vogel,** Schönheiten u. Schrecknisse der schweizerischen Alpenwelt. gr. 8. (110 S.) Ebd. 870. 1. 20

— Sieg der Tugend, oder Rettung und Wiedersehen. Nebst Zulagen für Geschichts- und Sagenfreunde. Ein Neujahr- und Festgeschenk. (Ein Schauspiel in 5 Aufzügen.) 16. Zürich 842, Höhr. 1/2 ß

Bandlin, J. B., die Verheerungen der rhätischen Alpenthäler durch Wasser u. Menschen, nebst e. histor., topograph., statist., naturgeschichtl. u. geograph. Rundschau Ein Leitfaden f. Touristen, Natur-, Sagen-, Geschichts- u. Sprachfreunde. gr. 8. (VIII, 238 S. m. 2 Abbildgn.) Glarus 869. J. Vogel. 2. 50

— das Walten Gottes. In Parabeln nachgewiesen für Volk und seine Lehrer. 8. St. Gallen 840. Scheitlin u. Zollikofer. 1/4 ß

Bandlin, Ottfr.

Bandlin, O., die Gifte u. ihre Gegengifte. 2 Bde. Basel 869.70. Richter. gr. 8. (280 S.: IV, 242 S.) n. 2 ß 15 ngr.

Bandlin, O., die Gifte u. ihre Gegengifte. 3. Bd. gr. 8. (184 S.) Basel 873. Richter. n. 3. — (1—3.: n. 10. 50)

Bandlow, Heinrich

[—] Erinnerungsschrift an die Jubiläumsfeier des 650-jährigen Bestehens von Richtenberg am 8. November 1881. Richtenberg: Rohrberg in Comm. [1881]. 25 S. 8°
9. 39.
10.10927

— Geschichte der Cisterzienser-Abtei Neuenkamp und der Stadt Franzburg. — Tribsees 1890: Henk. VI,52 S. 8°
1:T 4835. 9.
10.10928

Bandlow, H., Geschichte d. Landes u. der Stadt Tribsees [in den J. von 1136—1486]. Nach den Quellen umrißlich dargestellt u. hrsg. gr. 8. (55 S.) Tribsees 881. (Stralsund, Bremer.) n. 1. 50

— Geschichte des Landes und der Stadt Tribsees (in den Jahren von 1136–1486). — Tribsees 1881: Henk. 55 S. 8°
1:T 7995. 5. 9. 26. 28. 33. 39.
10.10929

Bandlow, Heinr., Köster Hemp, s.a. Universal-Bibliothek.

— Köster Hemp. Lose Geschichten von en lütten Mann. — Leipzig: Reclam [1900]. 72 S. 8° (Universal-Bibliothek. 4029.) 1:Ag 7201–4029. 8. 9. 10. 12: Var. 380k–4029. 28. 60. 62. 78. 109. 123. 300: 410.411–A. Per. 4029. 302.
10.10930

— Ut de Hiringslak. Ne plattdütsch Schöttel ut Vörpommern. — Wismar: Hinstorff 1904. VI,240 S. 8°
1:Yc 3193/356. 7. 8. 9. 18. 33. 48. 79.
10.10931

Bandlow, Heinr., ut min Kâk. (240 S.) 8. Greifswald (909). Bruncken & Co.) 8.—; geb. in Leinw. 4.—

Ut min Kak von Heinrich Bandlow. Bd 1. (Greifswald: Selbstv. l. [1909]) 8°
[09. 10551

— Ut min Käk. Bd 1. — Stralsund [1909]: Königl. Regierungs-Buchdr. 239 S. 8°
1:Yc 3193/3330. 9. 62. 79. 123.
10.10933

Bandlow, Heinr.: Kaptiän Möller. (103) 8° Greifsw., Brunncken & Co. ('11). 1 — d

— In'n Posthus'. Plattdeutscher Roman in mecklenburgisch-vorpommerscher Mundart. — Leipzig: Lenz [1906]. 148 S. 8° 1:Yc 3193/832. 8. 9. 28. 48. 79.
10.10937

— Nordgermanaj Rakontoj, s: Esperanta biblioteko internacia.

— Frisch Salat, s.a. Bibliothek, plattdeutsche. Bd. 2.

— Frisch Salat. Plattdütsche Geschichten. — Berlin: Süsserott 1901. 104 S. 8° (Plattdeutsche Bibliothek. 2.)
1:Yc 3193–2. 8. 9. 11. 26. 28. 44. 48. 79. 123.
10.10939

! — Frisch Salat. Jetzt: Potsd., A Stein.

Bandlow, Heinrich

— Ferdinand Schult. Geschichte von den klauken Mann, de von de Schriftstelleri anstickt würd, äwer Gott sei Dank wedder kurirt is. — Bremen: Schünemann 1897. 94 S. 8°
8. 9. 48. 79.
10.10940

— Schwänke und Skizzen. — Greifswald: Bruncken (1910). 205 S. 8° 1:Yc 3193/3461. 8. 9. 48. 79.
10.10941

— Ernst Spillbom, s.a. Universal-Bibliothek.

— Ernst Spillbom. Eine heitere Geschichte. — Leipzig: Reclam [1903]. 104 S. 8° (Universal-Bibliothek. 4415.) 1:Ag 7201–4415. 8. 9. 12: Var. 380k–4415. 17. 28. 48. 300: 410.411–A. Per. 4415.
10.10942

— Stratenfegels, s.a. Universal-Bibliothek.

— Stratenfegels. Humoristische Geschichten. Bd 1–5. — Leipzig: Reclam [1896–1902]. 8° (Universal-Bibliothek. 3580.3648.3705.4098.4276.)
1:Ag 7201–3580. 3648. 3705. 4098. 4276. 9. 10. 12[= 1/3]: Var. 380k–4098.4276. 28. 48. 52. 60. 61. 123. 300: 410.411 – A. Per. 3580.3648.3705. 4098.4276. 302.
10.10943

– Naturdoktor Stremel, s.a. Universal-Bibliothek.

— Naturdoktor Stremel. 'ne Fürsten- un Börgergeschicht ut Pommern. — Leipzig: Reclam [1899]. 81 S. 8° (Universal-Bibliothek. 3920.)
1:Ag 7201–3920. 8. 9. 10. 12: Var. 380k–3920. 28. 60. 79. 109. 123. 300: 410.411 – A. Per. 3920. 302.
10.10944

— Lustig Tügs, s.a. Universal-Bibliothek 4909.

— Lustig Tügs. Humoresken. Bd 1–5. — Leipzig: Reclam [1904–15]. 8° (Universal-Bibliothek. 4538.4909.5038.5278. 5747.) 1:Ag 7201–4538.4909.5038.5278.5747. 9. 12: Var. 380k–4538.4909.5038.5278.5747. 32. 48. 300: 410.411 – A. Per. 4538. 4909. 5038.5278.5747. 302.
10.10946

Bandmann, Adolf, prakt. Arzt aus Oels i. Schl.: Beitrag zur Kenntnis der Pankreastuberkulose. *Jena 1899: A. Kämpfe.* (30 S.) 8°
Jena, Med. Diss. v. (22. Sept.) 1899

Bandmann, Alfons, Referendar in Glatz: Das gemeinsame Indigenat und sein Verhältnis zur Reichs- und Staatsangehörigkeit. *Breslau 1904: Th. Schatzky.* (68 S.) 8°
Breslau, Jur. Diss. v. 16. Juli 1904

Bandmann, Benjamin *(geb. Trebnitz in Schles. [24 8] 1816)*: De musices vi in homines sanos et aegrotos et in animalia. Vratislaviae (1843). (28 S.) 8°
Breslau, Med. Diss. v 10. Jan. 1843

Bandmann, Herm., s: Lesebuch f. mehrklass. Volkssch.

Bandmann, Otto, die deutsche Presse u. die Entwicklung der deutschen Frage 1864—66, s.a. Abhandlungen, Leipziger historische. 15. Hft.

Bandmann, Otto: Die deutsche Presse und die nationale Frage 1864—66. Leipzig: Quelle & Meyer 1909. 167 S. 8° ¶ (Ersch. vollst. u. d. T.: Die deutsche Presse u. d. Entwickl. d. dtsch. Frage 1864—66, als: Leipziger histor. Abhandlungen. H. 15. 1910.)
Leipzig, Phil. Diss. v. 5. Jan. 1910, Ref. Brandenburg, Seeliger
[Geb. 6. Nov. 86 Hamburg; Wohnort: Hamburg; Staatsangeh.: Hamburg; Vorbildung: Oberrealsch. vor d. Holstentore Hamburg Reife O. 06; Studium: Heidelberg 1, München 2, Leipzig 4 S.; Rig. 17. Juli 09.] [U 10. 3094

Bandmann, Otto: Die deutsche Presse und die Entwicklung der deutschen Frage 1864–66. — Leipzig: Quelle & Meyer 1910. XI,193 S. 8° (Leipziger historische Abhandlungen. 15.)
Erschien teilweise auch als Diss. Leipzig 1910.
1:P 7812–15. 3. 5. 7. 9. 10. 11. 12: H. misc. 1 n–15. 14→18. 21. 24. 25. 28→31. 35. 38. 45. 60. 106. 107. 109. 203. 205. 208. 300: 448.042–B. Bd 15. 302. 303.
10.10951

Bandmann, Tony: Die Gewichtstechnik des Klavierspiels. Mit e. Einführung von F. A. Steinhausen. — Leipzig: Breitkopf & Härtel 1907. VIII,115 S. 8°
1: Mus. Fk 191. 5. 12: Mus. Th. 248. 14. 15. 18. 24. 43. 44.
10.10952

Band-Massstäbe, 240, im Verhältniss von 1 : 1 bis 1 : 1000 zum Gebrauche beim Bau-, Plan- u. Maschinen-Zeichnen. qu. gr. 4. (11 Steintaf. m. 1 S. Text.) Holzminden 878. Müller. n. 1. —

Bando, Oberförster, Neustadt-Eberswalde. 1854
s. *Bando*, Wilhelm.

Bando, Superintendent, Neustadt-Eberswalde. 1769-1840. 1809
s. *Bando*, Wilhelm.

Bando, Josef Friedrich: Poetische Dankpredigt, wegen des zwischen Preußen, Oesterreich und Sachsen zu Hubertsburg ... geschlossenen erwünschten Friedens. — Brandenburg: Halle 1763. 16 S. 8° 1:7 in Yl 6670. 2. 39.
10.11203

— Danck-Predigt [Dankpredigt] wegen des, bey Borne ... den 5ten December 1757, abermahls erfochtenen glorreichen Sieges. — Berlin: Winter [1757]. 32 S. 8°
1:6 in Sv 31.
10.11204

— Danck-Predigt [Dankpredigt] wegen des, den 5ten November 1757, bey Roßbach erhaltenen sehr herrlichen Sieges. — Berlin: Winter [1757]. 32 S. 8° 109.
10.11205

Bando, Josephus Fridericus (Resp.): De Discrimine virtutum aeternarum et cessantium post mortem, s.a. Baumgarten, Siegm. Jakob.

Bando Josef Friedrich, (Marckovia/Mittelmark), De discrimine virtutum aeternarum et cessantium post mortem. Diss. tholog.-moral. Präs. Sigism. Jac. Baumgarten. Halle (Joh. Chn. Hilliger) April 1749. 52 S. (6.—)
Gew.: Carl Jos. v. Dewitz, Joh. Pet. Süsmilch, Joh. Ulr. Chn. Koeppen, Nathan. Baumgarten. — Widm. v.: Chn. Bened. Michaelis, Ge. Fried. Meier.

— Zwo poetische Friedenspredigten, auf den ⟨24. April/5. May⟩ und auf den 22. May 1762 ... zu Pritzerbe und Fohrde ... gehalten. — Brandenburg: Halle [1762]. 24 S. 8° 1:10 in E 161. 78.
10.11206

— Visitationspredigt, über das Gebet Mosis im 90. Psalm zu Pritzerbe gehalten, und dem Könige von Preußen ... mit patriotischer Ehrfurcht demüthigst zugeschrieben. — Brandenburg: Halle 1761. 40 S. 8° 14.
10.11207

Bando, Joseph Friedr.: Danck-Predigt, ..., s. Bando, Josef Friedrich

Bando, Wilhelm, Oberförster, Neustadt-Eberswalde. 1854 [Mitarb.] s. *Anlage*, Ueber die, und Bewirthschaftung von Eichenschälwaldungen, mit besonderer Berücksichtigung der mittleren Provinzen des Preußischen Staats. 1854.

Bando, Wilhelm, Superintendent, Neustadt-Eberswalde, 1769-1840. 1809: Predigt vor der Wahl der Stadtverordneten in Neustadt-Eberswalde, geh. den 4. April 1809. — Berlin [1809]: Dieterici. 15 S. 8° 1:Ec 2746.
10.11208

Bandorf, Georg: Die menschliche Gesellschaft der Gegenwart im Familien-, Gemeinde- und Staatshaushalte. — Regensburg: Manz 1860. XII, 457 S. 8°
12:Pol. g. 39h. 19. 308.
10.11216

Bandorf, G, d. menschl. Gesellschaft d. Gegenw. im Familien-, Gemeinde- u. Staatshaushalte. 8. (457) Rgsbg 61, Manz. 1. 15

—— die kommende Umgestaltung der Erde, als nothwendige Folge der früheren Erdrevolution. Erklärt und bewiesen aus den Vorgängen und aus dem Leben in der Natur im Zusammenhalte mit der Offenbarung. gr. 8. (VIII und 368 S.) Regensburg 860, Manz.

— Die unausbleibliche Wiederkehr einer Erdrevolution. Offenes Sendschreiben an Physiker, Geologen u. Astronomen. — Regensburg: Manz 1862. 24 S. 8°
3. 12:Phys. sp. 30ss. 18. 19. 305.
10.11217

Bandorf, Robert: Der Einfluss der Konkurs-Eröffnung auf die Geschäfts-Prozessfähigkeit und Sachlegitimation des Gemeinschuldners mit e. Anh. Würzburg 1909: Staudenraus. 153 S. 8°
Würzburg, Jur. Diss. v. 19. Nov. 1909, Ref. Mendelssohn-Bartholdy
[Geb. 10. Aug. 84 Dachau; Wohnort: Würzburg; Staatsangeh.: Bayern; Vorbildung: Gymn. Würzburg Reife Juli 03; Studium: München 1, Würzburg 7 S.; Rig. 21. Juli 08.] [U 10. 4378

Bandow, C.: Lehrbuch d. engl. Sprache ..., s. Bandow, Karl

Bandow, Erich: I. Beiträge zur Kenntnis des Isonarkotins. II. Ueber zwei neue Basen aus Hydrocotarnin. 1901. 45 S. 8°
Berlin, Dr.-Ing.-Diss. v. 14. 6. 1901

Bandow, Ernst: Führer zu dem Hauptausflug in die Oberförsterei Steegen auf der Frischen Nehrung am 23. August 1906. — Danzig 1906: Kafemann. 65 S. 8° 44.
10.11222

Bandow, Eugen: Die Pflegetochter. Charaktergemälde. Berlin [um 1880]: G. Hoffmann. 36 S. 8° 1:Ys 31977/195.
10.11223

Bandow, Eug., die Pflegetochter. Charactergemälde i. 5 Bild. gr. 8. (36 S.) Berlin 888. M. Böhm. 2. —

Bandow, Georg Friedrich: Borsig. Eine biographische Skizze. — Berlin: Verf. 1854. 22 S. 8° 1:5 in Fg 3291.
10.11224

— Die funfzigjährige Dienst-Jubelfeier Seiner Königlichen Hoheit Friedrich Wilhelm Ludwig, Prinzen von Preußen am 1. Januar 1857. Ein Erinnerungsblatt. — Berlin: Verf. 1857. 104 S. 8°
1:Sw 13720. 6. 11. 21. 33. 109. 111. 169.
10.11225

— Der feierliche Einzug Ihrer Majestäten des Königs Wilhelm I. und der Königin Augusta am 22. Oktober 1861 zu Berlin ... Beschreibung der Einzugsfeierlichkeiten. — Berlin: Verf. [1861]. 60 S. 8° 1:Sw 17010.
10.11226

— Die Fahnenweihe zu Berlin, am 18. Januar 1861. Ein Gedenkblatt. — Berlin: Verf. 1861. IV, 36 S. 8°
1:Sy 434. 10. 33.
10.11227

— Preußens und Englands neuester Fest- und Freudentag. Beschreibung der bei Sr. Königl. Hoheit des Prinzen Friedrich Wilhelm von Preußen und Ihrer Königl. Hoheit der Prinzessin Victoria von Großbritannien und Irland Vermählung und Einholung stattgehabten Feierlichkeiten. Berlin 858. (Cassar.) gr. 8. (231 S.) n. 15 ngr

— Preußens und Englands neuester Fest- und Freudentag. Beschreibung der bei ... des Prinzen Friedrich Wilhelm von Preussen und ... der Prinzessin Victoria von Grossbritannien und Irland Vermählung ... stattgehabten Feierlichkeiten. — Berlin: Verf. 1858. 231 S. 8°
1:Rz 12910. 5. 33. 43. 109.
10.11228

— Nicolaus der Erste, Kaiser von Rußland. Ein Beitrag zur Geschichte d. großen Kaisers. — Berlin: Verf.; Spaeth in Comm. 1855. 71 S. 8°
1:Ue 5447; 5 [u.] 10 in Ue 28. 12: Russ. 180-33. 17. 42.
10.11229

— Pferdezucht und Pferderennen. Ein Wort zur Aufmunterung. Berlin 854. (Schneider u. Co.) gr. 8. (39 S.) n. 10 ngr

— Pferdezucht und Pferderennen. Ein Wort zur Aufmunterung. — Berlin: Selbstverl. 1854. 39 S. 8°
1:4 in Ov 18884. 6. 9. 11. 12: Oecon. 173 x. 33.
10.11230

—— Pferdezucht u. Pferderennen. 8. (39) Berl. 54, (Weber.) n. — 10

Bandow, K., s. Bandow, Karl

Bandow, Karl
Bandow, K., Auswahl englischer Gedichte d. 18. u. 19. Jahrhunderts. 8. (97 S.) Elberfeld 874. Baedeker. n. 1. —

Bandow, Karl: Auswahl englischer Gedichte des 18. und 19. Jahrhunderts. 2. Aufl. — Elberfeld: Baedeker 1894. 117 S. 8° 1:Za 1375°. 5.
10.11232

Bandow, K, s: Authors, English, Stories, Simple, for young folks.

— Charakterbilder aus der Geschichte der englischen Literatur. 8. (V, 94 S.) Berlin 876. Oppenheim. n. 1. 50

— dasselbe, zugleich als Materialien zum Uebersetzen aus dem Deutschen in's Englische. 8. (V, 153 S.) Ebend. 876. n. 2. —

Bandow, K, Charakterbilder a. d. Geschichte d. engl. Litt. 8. (94) Berl. 76, Simion. n. 1. 50

Bandow, K., Charakterbilder aus der Geschichte der englischen Litteratur. Materialien zum Uebersetzen aus dem Deutschen ins Englische. 2. Aufl. 8. (VII, 147 S.) Berlin 881. Simion. n. 1. 50

Bandow, K., Charakterbilder aus der Geschichte der englischen Litteratur. Materialien zum Übersetzen aus dem Deutschen ins Englische. 3. Aufl. 8. (VII, 147 S.) Berlin 886. Simion. n. 1. 50

— Charakterbilder aus der Geschichte der englischen Litteratur. Materialien zum Übersetzen aus dem Deutschen ins Englische. 4. Aufl. gr. 8. (VII, 153 S.) Berlin 898. L. Simion. n. 1. 50

Bandow, Karl [Dr., Prof. u. Dir.]: Zur Geschichte der Luisenstädtischen Oberrealschule (Gewerbeschule) während der ersten fünfundzwanzig Jahre ihres Bestehens. Berlin, R. Gaertners Verlagsbuchh., 1890; 89 S. 4°
Berlin, Luisenst. OR, OP 1890 (101)

—— History of Charles I., King of England, and of the Commonwealth. (Aus A History of England by David Hume.) Mit einem kurzgefassten Commentar. gr. 8. (IV, 151 S.) Berlin 873, Oppenheim. *

Bandow, K. Der Conjunctiv in der neuenglischen Prosa. Berlin, Luisenstädt. G. S., 1869. S. 14—36. 4.

— Lehrbuch der englischen Sprache f. kaufmännische u. gewerbliche Fortbildungsanstalten, Fortbildungsschulen, Handels- u. Gewerbeschulen u. s. w. Materialien f. den 1. Jahreskursus. gr. 8. (IV, 171 S.) Elberfeld 893. Baedeker. n. 1. 60

Bandow, K., Lehrbuch d. engl. Sprache f. kaufmänn. u. gewerbl. Fortbildungsanst., Fortbildungsschulen, Handels- u. Gewerbeschulen. Materialien f. d. 1. Jahreskurs. 2. Aufl. gr. 8. (IV, 171 S.) Elberfeld 897. Baedeker. n. 1. 60

Lehrbuch der Englischen Sprache für kaufmännische und gewerbliche Fortbildungsanstalten, Fortbildungsschulen... von Dr. K[arl] Bandow, Prof. Materialien f. d. 1. Jahreskursus. 3. Aufl. Elberfeld: Baedeker 1903. (171 S.) 8° [J.] [os. ... 5]

Bandow, K., Lehrbuch der englischen Sprache f. kaufmännische u. gewerbliche Fortbildungsanstalten, Fortbildungsschulen. Handels- u. Gewerbeschulen usw. Materialien f. den 1. Jahreskursus. 3. Aufl. (IV, 171 S.) gr. 8. Elberfeld 903. A. Martini & Grüttefien. n. 1. 60; geb. n. 2. —

Bandow, K., Lehrbuch der englischen Sprache f. kaufmänn. u. gewerbl. Fortbildungsanstalten, Fortbildungsschulen, Handels- u. Gewerbeschulen usw. Materialien f. den 1. Jahreskursus. 4. Aufl. (IV, 171 S.) gr. 8. Elberfeld 908. A. Martini & Grüttefien. 1.60; geb. 2. —

Bandow, C., Lehrbuch der englischen Sprache für Realschulen und Gymnasien. 1. Thl. Für Tertia. Elberfeld 864. Bädeker. 8. (VIII, 208 S.) 15 ngr; cart. 18 ngr

— — 2. Thl. [für Secunda.] Ebend. 866. 8. (VIII, 308 S.) n. 20 ngr; cart. n. 22 ngr

Bandow, C., Lehrbuch der englischen Sprache für höhere Unterrichts-Anstalten. 1. Thl. Elementarbuch. [Für Tertia.] 2. verm. u. verb. Aufl. Elberfeld 867. Bädeker. 8. (IV, 247 S.) n. 15 ngr; cart. n. 18 ngr

—— Lehrbuch der englischen Sprache für höhere Unterrichts-Anstalten. 3 Thle. 8. Elberfeld, Bädeker'sche Buchh. *

Inhalt:
Thl. 1. Elementarbuch. 3. Aufl. (IV, 256 S.) 871. * ℳ 1,50., und 4. Aufl. (X, 304 S.) 874. * ℳ 2,40.
" 2. Schulgrammatik. 2. völlig umgearb. Aufl. (XII, 220 S.) 874. * ℳ 1,80.
" 3. Aufgaben zum Uebersetzen aus dem Deutschen ins Englische. 2. völlig umgearb. Aufl. (IV, 163 S.) 874. * ℳ 1,20.

—— Lehrbuch der englischen Sprache für höhere Unterrichts-Anstalten. 4 Thle. 8. Elberfeld, Bädeker'sche Buchh. *
Inhalt:
Thl. 1. Elementarbuch. 5. Aufl. (VIII, 310 S.) 877. und 6. Aufl. (VIII, 312 S.) 878. * ℳ 2,40.
" 2. Schulgrammatik. 3. Aufl. (X, 242 S.) 876. * ℳ 1,80.
" 3. Aufgaben zum Uebersetzen aus dem Deutschen in's Englische für die Mittelstufe. 3. verm. Aufl. (IV, 162 S.) 877. * ℳ 1,20.
" 4. Aufgaben zum Uebersetzen aus dem Deutschen in's Englische für die Oberstufe [Ober-Sekunda und Prima]. 3. verm. Aufl. (VIII, 248 S.) 877. * ℳ 2.

—— Lehrb. d. engl. Sprache f. höh. Unterrichts-Anst. 1. Thl. Elementarbuch. 6. Afl. 8. (310) Elberf. 79, Bädeker. n. 2. 40 ‖ 3. Thl. Aufgaben z. Uebersetzen a. d. Deutschen in's Engl. f. d. Mittelstufe. 3. Afl. (161) 77. n. 1. 20 ‖ 4. Thl. Aufgaben z. Uebersetzen a. d. Deutschen ins Engl. f. d. Oberstufe [Ober-Sekunda u. Prima]. 3. Afl. (248) 78. n. 2. —

—— Lehrbuch der englischen Sprache für höhere Unterrichts-Anstalten. 1.—3. Teil. 8. Elberfeld, Bädeker'sche Buchh. *
Inhalt:
Teil 1. Elementarbuch. 7.—9. Aufl. (VIII, 310 S.) 881—84. * ℳ 2,40.
" 2. Schulgrammatik. 4. verb. und verm. Aufl. (X, 288 S.) 882. * ℳ 2,40.
" 3. Aufgaben zum Uebersetzen aus dem Deutschen in's Englische für die Mittelstufe. 4. verm. Aufl. (183 S.) 881. * ℳ 1,20.
4. Teil. Ebendas. 1877. * ℳ 2.

—— Lehrbuch der englischen Sprache für höhere Unterrichts-Anstalten. 1. und 3. Tl. gr. 8. Elberfeld 887, Bädeker'sche Buchh. *
Inhalt:
Tl. 1. Elementarbuch. 10. Aufl. (VII, 255 S.) * ℳ 2.40.
" 3. Aufgaben zum Übersetzen aus dem Deutschen ins Englische im Anschluß an den 2. Tl. des Lehrbuchs [Schulgrammatik]. 5. verm. und verb. Aufl. (VIII, 184 S.) * ℳ 1.80.
2. und 4. Tl. Ebendas. 1882,87. * ℳ 4.40.

— Lehrbuch der englischen Sprache f. höhere Unterrichts-Anstalten. 3 Tle. gr. 8. Elberfeld, Bädeker. n. 6. 60
1. Elementarbuch. 11. Aufl. (VII, 255 S.) 890. n. 2. 40
2. Schulgrammatik. 5., umgearb. Aufl. (VII, 254 S.) 889. n. 2. 40
3. Aufgaben zum Übersetzen aus dem Deutschen ins Englische im Anschluß an den II. Tl. d. Lehrbuchs [Schulgrammatik]. 5. Aufl. (VIII, 184 S.) 887. n. 1. 80

Bandow, Karl. Lehrbuch d. engl. Sprache für höhere Unterrichts-Anstalten. 1.—3. Tl. gr. 8. Elberfeld, Baedeker. * 6 60
1. Elementarbuch. 11. Aufl. (VII, 255 S.) 890. * 2 40. — 2. Schulgrammatik. 5. umgearb. Aufl. (VII, 254 S.) 889. * 2 40. — 3. Aufgaben zum Übersetzen aus d. Deutschen in's Engl. im Anschluß an den 2. Tl. 6. verm. u. verb. Aufl. (VIII, 207 S.) 891. * 1 80.
4. Tl. Ebd. 1877. * 2 —.

— dasselbe f. höhere Unterrichts-Anstalten. 3 Tle. gr. 8. Ebd. n. 6. —
1. Elementarbuch (1. Jahreskurs.). 12., nach Maßgabe der „Lehrpläne u. Lehraufgaben v. 1891" umgearb. Aufl. (222 S.) 894. n. 2. 40
2. Schulgrammatik. 6., nach Maßgabe der „Lehrpläne u. Lehrpensen v. 1891" umgearb. Aufl. (VIII, 158 S.) 893. n. 1. 80
3. Aufgaben zum Übersetzen aus dem Deutschen ins Engl. 7., nach Maßgabe der Lehrpläne u. Lehraufgaben v. 1891" umgearb. Aufl. (VIII, 195 S.) 893. n. 1. 80

— Lehrb. d. engl. Sprache f. höh. Unterr.-Anst. 2. u. 3. Tl. 8° Elberf., A Martini & Gr. je 1.80; L 2.20 d
2. Schulgrammatik. 7. Afl. (8, 158) '10. ‖ 3. Aufg. z. Übers. a. d. Deut. ins Engl. Hierzu als 2. Tl: Schulgramm. 8. Afl. (8, 195) '10.

— dasselbe f. höh. Unterrichtsanstalten. III. Tl. Aufgaben zum Übersetzen aus dem Deutschen ins Englische. Hierzu als II. Tl.: Schulgrammatik. 8. Aufl. (VIII, 195 S.) 8. Ebd. 910. 1.80; geb. in Leinw. 2. 20

Bandow, Karl
— readings from Shakespeare. Scenes, passages, analyses. Lesebuch aus Shakespeare. Scenen, Stellen, Inhaltsangaben. Mit Einleitg. u. Wörterbuch hrsg. 8. (VI, 214 S.) Berlin 873. Oppenheim. n. 2. —

—— readings fr. Shakespeare. Scenes, passages, analyses. 8. (214) Ebd. 74. n. 2. —

—— Readings from Shakespeare. Scenes, passages, analyses. Lesebuch aus Shakespeare. Scenen, Stellen, Inhaltsangaben. Mit Einleitung und Wörterbuch. 2. verb. und verm. Aufl. gr. 8. (VII, 246 S.) Berlin 879, [Oppenheim.] Simion. *

— readings from Shakespeare. Scenes, passages, analyses. Lesebuch aus Shakespeare. Scenen, Stellen, Inhaltsangaben. Mit Einleitung u. Wörterbuch hrsg. 3., verb. Aufl. gr. 8. (VII, 246 S.) Berlin 887. Simion. n. 2. —

— s.a. Stories, simple, for young folks from various authors.

Bandow, K., Simple stories for young folks from various authors, s.a. Authors, English.

— Simple Stories for young folks from various authors. In Ausz. mit Anm. ... hrsg. [Nebst] Anm. — Bielefeld [usw.]: Velhagen & Klasing 1901. 8° (Velhagen & Klasings Sammlung französischer u. englischer Schulausgaben. English authors. 78 B.) 1:X 8358–78 B. 6.
10.11233

— — Ebd. 1904. 8° (Velhagen & Klasings Sammlung französischer u. englischer Schulausgaben. English authors. 78 B.) 123.
10.11234

—— Uebungsaufgaben zur deutschen Grammatik, für die Unter- und Mittelklassen höherer Lehranstalten von W. Wilmanns. 1. Heft. Für Sexta und Quinta. 8. (IV, 60 S.) Berlin 878, Klönne und Müller. cart. **

— Uebungsaufgaben zur deutschen Grammatik für die Unter- u. Mittelklassen höherer Lehranstalten v. W. Wilmanns. 1. u. 2. Hft. 8. Berlin 881. 82. Klönne & Müller. à n. — 50; cart. à n.n. — 60
1. Sexta u. Quinta. 2. umgearb. Aufl. (IV, 80 S.)
2. Quarta u. Tertia. (76 S.)

—— Übungsaufgaben zu Wilmanns' deut. Grammatik f. d. Unter- u. Mittelklassen höh. Lehranstalten. 1. u. 2. Hft. 2. Afl. 8. Berl. 82, Klönne & M. à n. — 50; cart. à n.n. — 60
1. Für Sexta u. Quinta. (80) 82.
2. Für Quarta u. Tertia. (97) 84.

— Übungsaufgaben zu Wilmann's deutscher Schulgrammatik. 1. u. 2. Heft. gr. 8. Berlin, Klönne Nachf. geb. n.n. 1. 40
1. Hft. Für die Vorschule. Sexta u. Quinta. 3. Aufl. (VI, 101 S.) 885. n. — 80
2. .. Für Quarta u. Tertia. 2. Aufl. (77 S.) 884. n.n. — 60

—— Übungsaufgaben zu Wilmanns' deutscher Schulgrammatik. 2 Hefte. 3. nach der 6. Aufl. von Wilmanns' Schulgrammatik umgearb. Aufl. gr. 8. Berlin, Klönne Nachf. geb. *

Inhalt:
Heft 1. Für die Vorschule, Sexta und Quinta. (IV, 101 S.) 883. geb. * 80 Pf.
» 2. Für Quarta und Tertia. (IV, 152 S.) 887. geb. * ℳ 1,20.

— Uebungsaufgaben zu Wilmanns' deutscher Schulgrammatik. 1. u. 2. Hft. 8. Berlin, Klönne Nachf. geb. n. 2. —
1. Für die Vorschule, Sexta u. Quinta. 4. Aufl. (IV, 103 S.) 890. n. — 80
2. Quarta u. Tertia. 3., nach der 6. Aufl. v. Wilmanns' Schulgrammatik umgearb. Aufl. (IV, 152 S.) 888. n. 1. 20

—— Übungsaufgaben zu Wilmanns' deutscher Schulgrammatik. 2. Hefte. Berl., Klönne Nachf. geb. * 2 —
1. Für die Vorschule, Sexta u. Quinta. 4. nach d. 7. Aufl. v. Wilmanns' Schulgrammatik umgearb. Aufl. 8. (IV, 103 S.) 890. geb. * — 80. — 2. Quarta u. Tertia. 4. Aufl. gr. 8. (IV, 152 S.) 891. geb. * 1 20.

Bandow, K., Übungsaufgaben z. Wilmanns' deutscher Schulgrammatik. 2 Hfte. 5. Aufl. 8. Berlin 896. J. Klönne Nachf. Geb. n. 2. —
1. F. Sexta u. Quinta (IV, 103 S.) n. — 80
2. Quarta u. Tertia. (IV, 152 S.) n. 1. 20

— Übungsaufgaben zu Wilmanns' deutscher Schulgrammatik. 1. u. 2. Hft. 8. Berlin, J. Klönne Nachf. Geb. n. 2. 40
1. Für Sexta u. Quinta. 6. unveränd. Aufl. (IV, 103 S.) 901. n. 1. —
2. Quarta u. Tertia. 6. Aufl. (V, 152 S.) 900. n. 1. 40

— Übungsaufgaben zu Prof. Dr. Wilmanns' deutscher Schulgrammatik. 2. Heft. Quarta u. Tertia. 7. Aufl. Nach der neuesten Orthographie bearb: (IV, 152 S.) 8. Berlin 903. J. Klönne Nachf. Geb. n. 1. 40

— Übungsaufgaben zu Prof. Dr. Wilmanns' deutscher Schulgrammatik. 1. Heft. Für Sexta u. Quinta. 7. unveränd. Aufl. (Nach der neuesten Orthographie bearb.) (IV, 108 S.) 8. Berlin 907. J. Klönne Nachf. Geb. 1. —

Bandow, Karl (Bearb.), s. Verne, Jules: Le tour du monde...

Bandow, Käthe, D. Mädchen soll d. Grenze d. Gelehrsamkeit fast ebenso fürchten wie d. d. Unschicklichkeit, s.a. Sammlung pädagog. Vorträge.

Bandow, Kaethe: Das Mädchen soll die Grenze der Gelehrsamkeit fast ebenso fürchten wie die der Unschicklichkeit. — Bonn [usw.]: Soennecken [1897]. 12 S. 8° (Sammlung pädagogischer Vorträge. 10,5.)
1:Nc 3944–10,5. 5. 207. 302.
10.11231

Bandow, [Theodor]: Festrede [zum 100jähr. Todestage Schillers.] 8. 9—12. 4. Progr. Kgl. Gymn. *Elbing* 1906

Bandrowski, Ernst

— Über Derivate des Chinonimids. S. 97. IIb. 96 . . . . vgr.
Separatabdruck

— Über das Diphenylparazophenylen. S. 96. II. 521 . . . . vgr.
Separatabdruck

— Über die Einwirkung von Anilin auf Chinonphenylimid und Diphenylparazophenylen. Synthese des Dianilidochinonanils und des Azophenins. S. 97. IIb. 380 vgr.
Separatabdruck

— Zur Kenntnis der Dinitrobenzidine. S. 96. II. 519 . . . . . vgr.
Separatabdruck

Bandrowski Ernst von, Dr.: Über die Oxydation des Diphenylamins mit Kaliumpermanganat in alkalischer Lösung. S. 94. II. 303 . . . . . . vgr.
Separatabdruck

— Über die Oxydation des Paraphenylendiamins und des Paraamidophenols. S. 98. IIb. 112 . . . . vgr.
Separatabdruck

Bandrowski, Franciszek Xavery,
s. Bandrowski, Franz Xaver

Bandrowski, Franz Xaver

Bandrowski, Franciszek Xavery: Über die Einwirkung von primären aromatischen Aminen auf Benzil. — Wien: Tempsky in Komm. 1888. 10 S. 8°
Aus: Sitzungsberichte d. Kaiserl. Akademie d. Wissenschaften. Math.-nat. Cl. 97. 2b. 1888.
302.
10.11244

— Über die Einwirkung von primären aromatischen Aminen auf Benzil. S. 97. IIb. 738 . . . . vgr.
Separatabdruck

Bandrowski Franz Xaver Über das Vorkommen alkaloidartiger Basen im galizischen Roherdöle. S. 95. II. 867 . . . . vgr.
Separatabdruck

Bandrup s.: Entfernungs- u. Reise-Karte d. Kreises Köslin.

Bandte, Paul: Schatzkästl. d. Poesie. Edelsteine. — Perlen. — Anthol. ernster u. heiterer Dichtg f. Vortr. u. z. Unterhaltg gesammelt. 2 Bde. (7, 353 u. 7, 373) 8° Berl., O Dreyer ('12). L 7 — d

Bandtel, J., einfache Buchführung f. gewerbliche u. kaufmännische Fortbildungsschulen sowie f. Frauenarbeitsschulen. 4. Aufl. v. J. G. Mailänder's „Buchführg.", neubearb. (VIII, 127 S.) gr. 8. Schwäb. Hall (908). W. German. Kart. n. 1. 20

Bandtke, Georg Samuel s. *Bandtkie*, Jerzy Samuel.

Bandtke, Johannes Vincentius
s. *Bandtkie* Stężyński, Jan Wincenty.

Bandtkie, J.W. s. *Bandtkie* Stężyński, Jan Wincenty.

Bandtkie, Jan Wincenty s. *Bandtkie* Stężyński.

Bandtkie, Jerzy Samuel

Bandtke, Geo. Sam., histor.: krit. Analekten z. Erläuter. d. Gesch. d. Osten v. Europa. 8. Bresl. 802. (Gosohorsky). 1 Rthlr

Bandtkie, Jerzy Samuel: Historisch critische Analecten zur Erläuterung der Geschichte des Ostens von Europa. Von George Samuel Bandtke. — Breslau: Meyer 1802. XII,308 S. 8° 1: Uc 4308. 2. 3. 7. 10. 12: Eur. 45. 14. 15. 17. 19. 24. 39. 41. 43. 117. 203. 300: + 43 Z 4. 303.
10.11256

[--] Nouveau dictionnaire portatif ... Nouvelle éd., augm. et entièrement refondue. Nowy Słownik kieszonkowy ... Nowa ed., zup. popr. [Hrsg.: Jan Wincenty Bandtkie Stężyński.] — Breslau: Korn 1838. 828 S. 8°
1: Zo 883. 2.
10.11275

Bandtke, Geo. Sam., Gesch. d. Königr. Polen, in poln. Sprache. 2 Thle. M. Kpf. 8. Bresl. 810. 2e A. 822. W. G. Korn. 3 Rthlr Schrbp. 3 Rthlr Velinp. 7 Rthlr 12 Gr

— neue polnische Grammatik f. Deutsche, welche die polnische Sprache gründlich erlernen wollen, nebst e. kl. etymolog. Wörterbuche. 8. Bresl. 808. 2e A. 818. 3e A. 824. W. G. Korn. 1 Rthlr

— Polnische Grammatik für Deutsche ... nebst e. kleinen etymologischen Wörterbuche, von Georg Samuel Bandtke. Breslau: Korn 1808. XVI,428,258 S. 8°
1: Zo 1686. 2. 5. 10. 11. 12: L. rel. 897. 14. 15. 17. 24. 44. 207. 214. 304.
10.11257

* Bandtke, G. S., Polnische Grammatik f. Deutsche, welche die polnische Sprache gründlich erlernen wollen, nebst einem Wörterbuche. 8. Breslau, W. G. Korn. 809.

Bandtke's, G. S., polnische Grammatik f. Deutsche, welche die polnische Sprache gründlich erlernen wollen, nebst einem kleinen etymolog. Wörterbuche. 2te Aufl. 8. Bresl. W. G. Korn. 818.

Bandtke, (G. S.,) polnische Grammatik f. Deutsche, welche d. poln. Sprache gründlich erlernen wollen, nebst etymolog. Wörterbuche. 3e Aufl. gr. 8. Breslau 824, W. G. Korn.

— de primis Craroviae in arte typographica incunabulis. 4. Cracov. 812.

— s. Miscellanea Cracoviensia nova.

— s. Jac. Parkoss, Antiqnissimns.

— Słownik dokładny języka polskiego i niemieckiego ... Vollständiges polnisch-deutsches Wörterbuch. T. 1. 2. — Breslau: Korn 1806. XC,1988 S. 8°
2 verschiedene Drucke. 1: Zo 780. 2→5. 7. 10. 11. 12: L. rel. 895. 14. 15. 17. 19. 20. 24. 32. 39. 41. 43. 78. 82. 102. 202. 205. 214. 300: 25 L 31. 302. 307.
10.11266

[—] Nowy Słownik kieszonkowy. Nouveau dictionnaire portatif. (Hrsg.: Jan Wincenty Bandtkie.) T. 1-3. — Breslau: Korn 1807. 8°
1. Polsko-niemiecko-francuzki.
2. 3. François-polonois et allemand. 1: Zo 790.
10.11267

[--] Nowy Słownik kieszonkowy ... Nowe i popr. wyd. Nouveau dictionnaire portatif ... Nouvelle éd., augm. [Hrsg.: Jan Wincenty Bandtkie Stężyński.] — Ebd. 1834. IV,525 S. 8° 1: Zo 882. 2.
10.11274

(Bandtke): Neues Taschenwörterbuch der polnischen, deutschen und französischen Sprache. Breslau 1805

(—) Neues Taschenwörterbuch der deutschen, polnischen und französischen Sprache. [Hrsg.: Jan Wincenty Bandtkie Stężyński.] T. 1. 2. — Breslau: Korn 1813. 8°
Nebent.: Nowy słownik kieszonkowy ... Nouveau dictionnaire portatif.
1: Zo 816. 2. 8. 17. 24.
10.11269

— neues Taschenwörterbuch der deutschen, polnischen u. französ. Sprache. 5 Bde. 8. Bresl. 813. N. Aufl. 824. W. G. Korn. 3 Rthlr 12 Gr Die Theile einzeln unt. d. Titeln: Taschenwörterbuch der poln., deutsch. u. französ. Sprache. 1 Rthlr 12 Gr — der französ., poln. u. deutschen Sprache. 2 Thle. 2 Rthlr — d. deutschen, poln. u. französ. Sprache. 2 Thle. 3 Rthlr (A. u. d. T.: Nouv. Dictionnaire portatif etc.)

(—) Neues Taschenwörterbuch ... Nowy Słownik kieszonkowy ... [Hrsg.: Jan Wincenty Bandtkie Stężyński.] T. 1. 2. — Ebd. 1820. 8° 300: 28.043.
10.11272

(Bandtke, J. S.) neues Taschenwörterbuch d. deutsch., polnisch. u. französischen Sprache. — Nowy Słownik kieszonkowy Niemiecko-Polsko-Francuzki. II Tom. 8. (85¼ B.) Wrocławiu (Breslau) 828, W. G. Korn.

[--] Neues Taschenwörterbuch ... Neue, verb. Ausg. Nowy Słownik kieszonkowy ... Nowa ed., zup. popr. [Hrsg.: Jan Wincenty Bandtkie Stężyński.] T. 1. 2. — Ebd. 1839. 8° 2.
10.11276

Bandtke, Geo. Sam., vollständ. polnisch-deutsches Wörterbuch. 2 Bde. gr. 8. Bresl. 806. W. G. Korn. 5 Rthlr ist d. Pr. jetzt 3 Rthlr

— über die gräfl. Würde in Schlesien. Eine Erörterung, was die in den alten Urkunden Schlesiens u. Polens vorkommenden Grafen, Comites u. Baronen bedeuten, nebst der Erklärung der meisten in den alten Urkunden des 12., 13. u. 14. Jahrh. vorkomm. Würden u. Aemter. 8. Bresl. 810. J. F. Korn. 8 Gr

Bandtkie Stężyński, Jan Wincenty [Hrsg.] Nouveau Dictionnaire portatif françois, polonois et allemand. 1820 u. ö.
s. *Bandtkie*, Jerzy Samuel: Nowy Słownik kieszonkowy.

— s. Mt. Gall, Chronicon.

— Historya prawa polskiego ... Dzieło pogrobowe. — Warszawa 1850: Bank Polski. Getr. Pag. 8° [Geschichte d. polnischen Rechts.] 2. 300: 27.648-B.
10.11282

Bandtkie, ..., historya prwa polskiego. 8. Warzawie 850. (Friedlein.) n. 4½ Rthlr

— jus Culmense, cum appendice privilegior. et jurium selector. municipal. et dissert. histor.-jurid. exhib. 8. Warschau 814.

— prawo prywatne polskie. 8. Ebd. 851. n. 2 Rthlr

— [Hrsg.] Nowy Słownik kieszonkowy. 1807 u. ö.
s. *Bandtkie*, Jerzy Samuel.

Bandtke, Jos. Vinc., de studio juris polonici. 8. Bresl. 806. J. F. Korn. 6 Gr

— [Hrsg.] Neues Taschenwörterbuch der deutschen, polnischen und französischen Sprache. 1813 u. ö.
s. *Bandtkie*, Jerzy Samuel: Nowy Słownik kieszonkowy.

— vindiciae juris romani etc. 8. Bresl. 808. J. F. Korn. 8 Gr

Bandtkius, Johannes Vincentius
s. *Bandtkie* Stężyński, Jan Wincenty.

Banduri, Anselmo

— Anselmi Bandurii Bibliotheca nummaria, sive auctorum qui de re nummaria scripserunt ... Cum notulis et ind. recusa, cur. Jo. Alberto Fabricio. — Hamburgi: Liebezeit & Felginer 1719. 248 S. 8°
1:Pi 10 [u.] 4° Bibl. Diez 3075. 2→5. 7→11.
12:4° Num. ant. 7 [u. 5.] 14→21. 23→29. 31.
32. 35. 36. 38. 39. 41. 43. 44.
211. 300:77 Bb 30. 302. 304.
10.11291

Bandurius, Anselmus s. *Banduri*, Anselmo.

Bandurus, A.: Bibliotheca nummaria ..., s. Banduri, Anselmo

Der Bandwirker. Fachblatt d. Bergischen u. niederrhein. Seidenband-Hausindustrie. Organ des Bandwirkermeisterverbandes. Jg. 1. Lennep: Mann 1900 4° (o. 341

Band- und Bortenwirkerei in Sachsen. [Dresden 1809.] V: *Weinart, Benjamin Gottfried.* (MGT)

Bandwurm, d., u. dess. sich. Abtreibg binnen zwei Tagen. 5. Afl. 8. (47) Schaffh. 56. Brodtmann. — 12

Bandwurm, der, u. die Behandlung Bandwurmkranker. Mit Recepten, vermittelst welcher man sich mit so viel Groschen als der Wurmdoktor Mark nimmt, in zwei Stunden vom Bandwurm befreien kann. 12. (17 S.) Hannover 882. Leop. Weigel. n. — 20

Bandwurm, der, und dessen sichere Heilung binnen zwei Tagen oder neu erfundenes, sicheres und in allen Fällen bewährt gefundenes Mittel, den Bandwurm etc. unfehlbar in zwei Tagen abzutreiben, nebst einer kurzen Abhandlg. über Eingeweidewürmer im Allgemeinen u.s.w. u. über die Bandwürmer im Besondern etc. Zum Besten aller am Bandwurm Leidenden, sowie für Aerzte. 3. verm. Aufl. 1853. (33 S.) — 4. verm. Aufl. Schaffhausen 854. Brodtmann. 8. (35 S.) 12 ngr

Bandwurm, der, und dessen sichere Heilung binnen zwei Tagen, nebst einer kurzen Abhandlung über die Eingeweidewürmer im Allgemeinen, deren Vermehrung und Fortpflanzung und über die Bandwürmer im Besonderen, sowie eine genaue Angabe der wichtigsten Mittel, welche früher gegen das fürchterliche Leiden am Bandwurm angewendet wurden. Zum Besten aller am Bandwurm Leidenden, sowie für Aerzte. 3. Aufl. (33 S.) 1853., 4. Aufl. (35 S.) 1854. und 5., verm. Aufl. 8. (47 S.) Schaffhausen 856, Brodtmann'sche Buchh.

Der philosophische Bandwurm. Eine Appellation an d. Verein d. Philosophen in Gotha. — Würzburg: Stahel in Komm. 1847. 24 S. 8° 12:Ph. U. 576-9. 31.
10.11314

Bandwurm, der philosophische. Eine Appellation an d. Verein der Philosophen in Gotha. gr. 8. (24 S.) Würzburg 848, L. Stahel in Comm. n. 1/6 ß

Bandwurm- u. Trichinen-Merkblatt. (Auf Menschen übertragbare Tier-Schmarotzer.) Bearb. im kaiserl. Gesundheitsamte. (4 S. m. 5 Abbildgn.) schmal 4. Berlin (904). J. Springer. n.n.n. — 05; 10 Stück n.n. — 50

Banerjee, Frau: Die Hoffnungsschule f. d. Hoffnungslosen. Bericht a. d. ind. Frauenleben v. d. ind. Witwe Frau B. [Aus: „Der Wegweiser".] (16) kl8° Elberf. (Bergstr. 50), Buchh. d. evang. Jugendhs ('12). — 15 d

Banès, Antoine: [Le Bonhomme de neige, deutsch] Der Schneemann. Phantastische Operette ... nach Chivot u. Vanloo von Bolten-Baeckers. Musik von Antoine Banès. [Textb.] — Berlin [usw.]: Ahn [1894]. 76 S. 8°
1:Mus. Tb 158.
10.11333

— Der Schneemann. Phantastische Operette ... von Chivot u. Vanloo. Freie deutsche Bearb. von Bolten-Baeckers. Musik von Antoine Banès. [Textb.] — Ebd. 1897. 31 S. 8° (Ahn's Operntext-Bibliothek. 61.)
1:Mus. T 113-61. 5.
10.11334

Tata-Toto. Vaudeville in 3 Acten von [Paul] Bilhaud u. [Albert] Barré. Deutsch von Victor Léon u. F. Zell [d. i. Kamillo Walzel]. Musik von Antoine **Banès**. [Text.] Leipzig, Wien: J. Weinberger [zwischen 1892 u. 1897]. (31 S.) 8° [A.] [o8, 840]

— [deutsch] Tata-Toto. Vaudeville ... nach Bilhaud u. Barré von Victor Léon u. F. Zell. Musik von Antoine Banès. [Textb.] — Wien: Eirich 1894. 92 S. 8°
24. 300:99.778-B.
10.11336

— Tata-Toto. Vaudeville ... von Bilhaud u. Barré. Deutsch von Victor Léon u. F. Zell. Musik von Antoine Banès. [Textb.] — Leipzig [usw.]: Weinberger [um 1895]. 31 S. 8°
1:Mus. Tb 160. 33.
10.11337

— Toto. Opérette ... de Paul Bilhaud & Albert Barré. Musique de A. Banès. [Textb.] — Paris: Choudens 1892. 130 S. 4°
Text autographiert. 300:633.393-C.M.S.
10.11335

Banes, H., systematical Vocabulary and Guide to English Conversation. Anleitung zum Englisch-Sprechen vermittelst einer das Lernen und Behalten erleichternden Anordnung der Wörter und Redensarten mit besond. Berücksichtigung der Synonymik des neueren Sprachgebrauchs. Für Schulen und zum Privatgebrauch. Leipzig 855. Teubner in Comm. 8. (X, 249 S.) 18 ngr

Banes, H., systematical Vocabulary and Guide to English Conversation. Anleitung zum Englisch-Sprechen vermittelst einer das Lernen u. Behalten erleichternden Anordnung der Wörter u. Redensarten mit besond. Berücksichtigung der Synonymik des neueren Sprachgebrauchs. Für Schulen u. zum Privatgebrauch 2. verm. u. mit Dialogen verseh. Aufl. Leipzig 864. Teubner. 8. (X, 262 S.) 18 ngr

Banes, H., systematical vocabulary a. guide to english conversation. — Anleitung zum Englisch-Sprechen vermittelst e. das Lernen u. Behalten erleichternden Anordng. der Wörter u. Redensarten m. besond. Berücksicht. der Synonymik d. neueren Sprachgebrauchs. Für Schulen u. zum Privatgebrauch. 3. Aufl. 8. (X, 290 S.) Leipzig 872. Teubner. 1. 80

Banes, H., systomatical vocabulary and guido to english convorsation. Anleitung zum Englisch-Sprechen vermittelst einer das Lernen u. Behalten erleicht. Anordng. der Wörter u. Redensarten, mit besonderer Berücksicht. der Synonymik des neueren Sprachgebrauchs. Für Schulen u. zum Privatgebrauch. 4. Aufl. 8. (XII, 311 S.) Leipzig 877. Teubner. 1. 80

Banes, H., systematical vocabulary and guide to English conversation. Anleitung zum Englisch Sprechen vermittelst e. das Lernen u. Behalten erleichternden Anordng. der Wörter u. Redensarten m. besond. Berücksicht. der Synonymik d. neueren Sprachgebrauchs. Für Schulen u. zum Privatgebrauch. 5. Aufl. 12. (XIV, 311 S.) Leipzig 890. Teubner. geb. n. 2. —

Baneth, B: Das jüd. Ritualgesetz in hygien. Beleuchtg. Betrachtgn z. Statistik. [Aus: „Grunewald, M: Hygiene d. Juden".] (43—103 u. 157—163) gr8° Dresd. ('12). (Berl., M Poppelauer.) 1.50

Baneth, E., s.: Mischnaioth.

Baneth, Eduard

Baneth Ed., Sadokäer u. Boethosäer. Dessau 1882. 8. Var. 74.

— Der Sederabend. Ein Vortrag. — Berlin: Poppelauer 1904. 47 S. 8° 1:Ez 18350. 11. 30.
10.11351

— Ursprung der Sadokäer und Boëthosäer. — Frankfurt a. M.: Kauffmann 1882. 71 S. 8°
Erschien auch als Diss. Leipzig 1882.
12:B. hist. 322 l. 19. 30.
10.11352

Baneth, Ed., Ursprung der Sadokäer u. Boëthosäer. gr. 8. (71 S.) Frankfurt a/M. 882. Berlin, M. Poppelauer. n. 1. —

Baneth, E, Ursprung d. Sadokäer u. Boëthosäer. 8° (71) Frankf. a/M. 82. (Berl., E Rosenstein.) 1 —; erb. Pr. 1.50

Baneth, Hermann: בן מרקה מימר מדבק בשנים ועשרים אית עקרי מלי עקריאתה. Des Samaritaners Marqah an die 22 Buchstaben, den Grundstock der hebräischen Sprache anknüpfende Abhandlung.... Halle, *Druck v. H. Itzkowski, Berlin,* 1888; 56 S. 8°
Halle, Phil. Fak., Inaug.-Diss. v. [25. Jul.]*) 1888

Baneth, Herm., des Samaritaners Marquah an die 22 Buchstaben, den Grundstock der hebräischen Sprache anknüpfende Abhandlung. Nach einer Berliner Handschrift hrsg., übers. und mit Noten und Anmerkungen versehen. 1. Heft. gr. 8. (58 S.) Berlin 888, Mayer und Müller. *

Banéth, Noëmi, soziale Hilfsarbeit der modernen Juden. Ein Vortrag. (31 S.) gr. 8. Berlin 907. L. Lamm. — 50

— Soziale Hilfsarbeit der modernen Jüdin. Ein Vortrag. — Berlin: Lamm 1907. 31 S. 8° 1: Es 22772. 30. 38. 203.
10.11353

Banf, Ed., Sprache u. Aufsatz. Ein Leitfaden f. Schulen beim Unterrichte in der Muttersprache u. im Aufsatze. gr. 8. (412 S.) Schwelm 872. (Barmen, Klein.) n. 1. —

Banf, Eduard: Licht und Schatten. — Elberfeld: Born 1889. 151 S. 8° 1: Tg 9987. 5. 62.
10.11376

Banf, Erwin: Kinderfehler u. -Schwächen u. d. Begründg wissenschaftl.-erzieher. Nachhülfe im Lichte d. Pädagogik u. d. pädagog. Pathol. (67) Lex8° Lpzg-St., Fritzsche & Schm. '11. 1.25

Banf, Erwin: Die Stellung des Gefühls im Seelenleben mit besonderer Rücksicht auf die Zieglersche Lehre und ihren Gegensatz zur Herbartischen. Jena 1910: Kämpfe. 51 S. 8°
Jena, Phil. Diss. v. 8. Juni 1910, Ref. Eucken
[Geb. 19. Juni 73 Schwelm; Wohnort: Jena; Staatsangeh.: Preußen; Vorbildung: Realgymn. Barmen Reife O. 05; Studium: Marburg 7, Jena 2 S.; Rig. 30. April 10.] [U 10. 2322

Banf, J. s. *Banf,* Karl.

Banf, Karl
— Was schlichte Leute erkennen. — Charlottenburg: Banf 1909. 31 S. 8° 44.
10.11391

Bánfi, Gisella [Mitarb.]
s. *Bánfi,* János: Das neue Buch der Lieder. 1906.

Bánfi, Gisella, das neue Buch der Lieder, s.: Heine, Heinr.

Bánfi, Gisella, Ahasver's Traum. Legende. Automatisch geschrieben. (24 S.) 8. Leipzig (907). [E. Fiedler.] M. Spohr. — 60

Bánfi, János
— Das neue Buch der Lieder. Von Heinrich Heine. Automatisch geschrieben von Gisella Bánfi. Hrsg. von Johann Bánfi. — Leipzig: Fiedler [1906]. XI, 195 S. 8° 61.
10.11404

— Niederländische Maler-Idyllen. Schauspiel ... mediumistisch geschrieben. — o. O.: Selbstverl. 1902. 44 S. 8° 12: P. o. germ. 76 pm. 19.
10.11405

Bánfi, Joh., niederländische Maler-Idyllen. Schauspiel in 3 Akten. Mediumistisch geschrieben. 8. (48 S.) München 902. (F. C. Mickl.) — 50

! Bánfi: Maler-Idyllen. Verl. jetzt: Wien.

Bánfi, Joh., Schatten u. Licht, s.a. Heine, Heinr.

— Schatten und Licht. Mediumistische Mitteilungen von Dr. Heinrich Heine. Hrsg. von Johann Bánfi. — Leipzig: Fiedler (1904). 88 S. 8°
1: Na 10948. 61. 300: 578.257–B.
10.11406

Banfi, Joh.: Niederländische Maler-Idyllen, s. Banfi, Janos

Banfield, Edmund James: The Confessions of a beachcomber. Scenes and incidents in the career of an unprofessional beachcomber in tropical Queensland. — London & Leipsic: Fisher Unwin 1908. XII, 336 S. 8°
1: Uz 5942. 205.
10.11412

Banfield, F. C., four Lectures on the organization of Industry; Being part of a course delivered in the University of Cambridge in Easter term 1844. gr. 8. London 845 (Frankfurt, Hermann.) n. 1⅓ ℛ

Banfield, Thomas Collins

Banfield, Th. Collins-, Beauties of the poets of Great Britain etc., s.a. Beauties.

Banfield, Thomas Collins: The Beauties of the poets of Great Britain with explanatory notes, selected and arranged. Vol. 1. 2. — Brunswick: Vieweg 1829–31. 8°
27. 30 [**2]. 46 [**2]. 303.
10.11427

— **De montium apud antiquissimas gentes Cultu dissertatio. Viennae 1834: Gerold. 25 S. 8°**
1: Qb 9540. 5. 11. 18. 43.
10.11428

— **Neue practische Grammatik der englischen Sprache für Deutsche. — Wien: Tendler 1832. X, 106 S. 8° 302.**
10.11429

— a key to the practical English Grammar for Germans. gr. 12. Wien 832. Tendler. à ℛ

Bang, Conference-Raad og General-Procureur. 1786
s. *Bang,* Oluf Lundt.

Bang, Dänischer Arzt, 1788-1877. 1819 s. *Bang,* Oluf Lundt.

Bang, Dr., Oberfinanzrat, später Staatssekretär, Berlin, geb. 1879. 1915
s. *Bang,* Paul.

Bang, Oberschulrat. 1887 s. *Bang,* Simon.

Bang: Arbeitsrufe u. Feiergrüsse. Konferenzansprachen. (1, 135) gr8° Dresd.-Blasew., Bleyl & K. '12. 2—; geb. n 2.60 d

Bang's Bilder aus dem Tierleben. Nr. 1—5. à 67×92,5 cm. Farbdr. Kopenhagen (908). Leipzig, K. F. Koehler. à n. 2. 50
1. Hof u. Garten. — 2. Das Feld. — 3. Der Wald. — 4. Der See. — 5. Der Strand.

Bang: Luthers kleiner Katechism., s. Bang, Simon

Bang, Bureauchef. Statistische Notizen über die Rolle, die in Norwegen der Missbrauch geistiger Getränke in kriminalistischer Beziehung spielt. 1891.

Bang, A. Chr., Vǫluspá u. die Sibyllinischen Orakel. Aus dem Dän. übers. u. erweitert v. Jos. Cal. Poestion. 8. (43 S.) Wien 880. Gerold's Sohn. n. 1. 20

Bang B.: Chronische pseudotuberkulöse Darmentzündung beim Rinde. [Berl. 1907]. (14) S. (Særtr.). P.

— Die spezifische chronische Enteritis d. Rindes (Enteritis pseudotuberculosa bovis, Johnes disease). [Haag 1909]. 27 S. 4°.
(9. internationaler tierärztlicher Kongress im Haag).

Bang B.: Ist die Milch tuberculöser Kuhe virulent, wenn das Euter nicht ergriffen ist? (1890). 5 S. (Særtr.). P.

Bang B.: Ueber Rothlauf-Endocarditis bei Schweinen. (Leipz.) [1892]. (17) S. 1 kol. Tvl. (Særtr.). P.

Bang, Balthasar
— **[Knud Lavard, deutsch] Knud Laward, Herzog von Schleswig. Ein Trauerspiel. (Übers.: v. Brömbsen.) — Schleswig: Kgl. Taubstummen-Inst. [usw.] 1822. VI, 170 S. 8°**
8.
10.11454

— Privattheater. — Kjøbenhavn: Becken 1822. 320 S. 8°
8.
10.11456

Bang, Bernhard: La Valeur de la tuberculine comme moyen de diagnostic de la tuberculose; son emploi dans la lutte contre cette maladie. O.O. 1895. 12 S.

— Die Verwendung des Tuberculins in dem Kampfe gegen die Tuberculose des Rindviehs. — Leipzig: Vogel 1896. 31 S. 8°
Aus: Deutsche Zeitschrift für Thiermedicin u. vergleichende Pathologie. 22. 1897.
15. 304.
10.11460

Bang, Dora

Erinnerungen einer alten Schleswig-Holsteinerin [d. i.: Frau Dora Bang, geb. Lorenzen]. Ausschnitt aus: Hamburgischer Correspondent. Abend-Ausgabe. Nr. 451—485. Hamburg. 1897. Fol. geb. in 4°.
—— Separatabzug. [Hamburg. 1897.] 4°.
—— Lübeck. [1898.] 8°.

Bang, Ferdinand, Referendar: Der unlautere Wettbewerb als strafbare Handlung nach dem Gesetz zur Bekämpfung des unlauteren Wettbewerbs vom 27. Mai 1896 und dem vorläufigen Entwurf eines Gesetzes betreffend die Abänderung des Gesetzes vom 27. Mai 1896. Borna-Leipzig 1909: Noske. IX, 96 S. 8°
Heidelberg, Jur. Diss. v. 27. Juni 1909, Ref. v. Lilienthal
[Geb. 24. Jan. 84 Frankfurt a. M.: Wohnort: Frankfurt; Staatsangeh.: Preußen; Vorbildung: Goethe-Gymn. Frankfurt Reife O. 02; Studium: Marburg 4, München 1, Göttingen 1, Marburg 2 S.; Rig. 11. Mai 09.] [U 09. 1739

Bang, Frederik Ludvig

Bang, Fr. Ldw., gekr. Abhdlg. üb. d. Preisaufgabe: Warum reden d. Menschen im Umgange so wenig v. Gott? Ins Deutsche übers. v. Chr. G. Zahle. 8. Kopenh. 791. Schubothe. 4 gl

Bang, Frederik Ludvig: [Afhandling, som har vundet den udsatte Priis over Spørsmaalet: Hvorfor tale Menneskene saa lidet om Gud i deres Omgang og Selskaber... ?, deutsch] Gekrönte Abhandlung über die Preisaufgabe: Warum reden die Menschen im Umgange und in Gesellschaften so wenig und so selten von Gott ... ? Übers. von Christian Gottlieb Zahle. — Kopenhagen 1791: Thiele. 63 S. 8° 1: 14 in Bibl. Diez 5329i. 5.
10.11468

Bang, F.L.: Abhandlung über eine Mißgeburt, s. Bang, Jens

— [deutsch] Auswahl aus den Tagebüchern des Königlichen Friedrichs-Krankenhauses zu Copenhagen. Übers. von Johann Heinrich Jugler. Th. 1.2. — Copenhagen [usw.]: Proft 1790. 8°
1: I 14105. 2. 3. 5. 7. 12 [=2]: M. med. 68. 14. 15. 19. 20. 21. 23. 28. 29. 41. 46. 47. 75. 202. 302.
10.11477

— Auswahl a. d. Tagebüchern d. Krankenhauses in Kopenhagen. A. d. Lat. v. J. H. Jugler. 2 Thle. 8. Kopenh. 790, 91. Brummer. 1 ₰ 16 gl Schrbp. 2 ₰

— ferneres Bedenken, z. Antwort auf Zoega's Versuch etc. gr. 8. Kopenh. 787. Brummer. 6 gl Schrbp. 8 gl

— [Nyere Betænkninger grundede paa Hr. Zoegas Forsøg etc., deutsch] Ferneres Bedenken zur Antwort auf des Herrn Etatsraths Zoega Versuch etc. — Kopenhagen: Proft 1787. 120 S. 8°
Beigedr.: Zoega, Johan: Anmerkungen zu des Herrn Professors Bang Fernerem Bedenken über die neue Münzeinrichtung in Holstein.
5. 6. 18. 21. 46.
10.11470

— Pharmacopoea in usum nosocomii Fridericiani Hafniens. 8. Kopenh. 788. Ludwig. 3 gl

— Pharmacopoea in usum Nosocomii Fridericiani Hafniens. 8. Hafniae. Rothe. 788.

— Praxis medica systematice exposita etc. 8 maj. Kopenh. 789. Brummer. 1 ₰ 6 gl Edit. II. 8 maj. ibid. 818. Gyldendal. 2 ₰ 18 gl

— medicin. Praxis, systematisch entworfen. A. d. Lat. v. F. A. Heinze. gr. 8. Kopenh. 791. N. A. 796. Brummer. 1 ₰ 16 gl Schrbp. 2 ₰

— [deutsch] Medicinische Praxis, systematisch erklärt u. mit ausgewählten Krankengeschichten, aus d. Tagebuche des Friedrichs-Hospitals erl. Übers. ... von Friedrich Adolph Heinze. — Kopenhagen: Proft 1791. 762 S. 8°
1: Id 7863. 5. 12: Path. 88 h. 14. 17. 19. 20. 23. 25. 27. 28. 30. 34. 202.
10.11474

—— 2. Aufl. Kopenhagen: Proft & Storch 1796. 792 S. 8°
1: Id 7863ᵃ. 8. 14. 15. 21. 29. 123.
10.11475

— selecta diarii nosocomi Frid. Hafniens. II Tomi 1782—87 etc. 8 maj. Kopenh. 789. Brummer. 2 ₰

Bang, Friedrich Ludwig s. *Bang*, Frederik Ludvig.

Bang, Geo. Wlh., prakt. Anleit. z. leicht. Selbstunterr. in d. deutschen Sprache. 8. Hamb. 808. Schmidt. 1 ₰

Bang, Gerhard Heinrich Wilhelm: Biblisch-psychologische Ansichten des Christenthums, als Beitrag zur christlichen Religions-Philosophie. — Braunschweig 1826: Vieweg. XIV, 138 S. 8°
7. 35.
10.11478

—— Braunschweig: Schulbuchh. in Comm. 1827. XIV, 138 S. 8°
19. 27. 303.
10.11479

Bang, Gerhard Wilhelm: Kurze und praktische Anleitung zum leichten Selbstunterrichte in der deutschen Sprache nebst e. Anh. über d. Briefschreiben u. über einige in d. deutsche Sprache aufgenommene fremde Wörter. — Hamburg: Verf.; A. Schmidt in Comm. 1808. 181, 72 S. 8°
18.
10.11480

Bang, German s. *Bang*, Herman.

Bang, H.J. s. *Bang*, Herman.

Bang, Herman

— [Vorr.] s. *Asbjoernsen*, Peter Christen: Norwegische Volksmärchen [Norske Folkeeventyr, deutsch]. 1908.

Bang, Herm., Fräulein Caja, s.a. Bibliothek Langen, kleine.

— [deutsch] Fräulein Caja. Übers. ... von R. Blumenreich. — Paris, Leipzig [usw.]: Langen 1897. 147 S. 8° (Kleine Bibliothek Langen. 6.)
1: Yt 715/3-6. 12: L. eleg. g. 222p-6. 19. 30.
10.11510

— [deutsch] Gedichte. Übers. von Etta Federn. Berlin: Bondy [1910]. 93 S. 8° 1: Zk 7700. 11. 30. 302.
10.11535

— Seltsame u. and. Geschichten. Aus d. Dän. v. Julia Koppol.) (224) kl8° Ebd. '11. 3 —; geb. n 4 — d

— Hoffnungslose Geschlechter, s.a. Fischers Bibliothek zeitgenössischer Romane. I, 8.

— [deutsch] Hoffnungslose Geschlechter. Roman. [Übers.: Rosa Blumenreich.] — Berlin: S. Fischer 1900. 311 S. 8°
1: Zk 15181/330. 11. 12: DD. II. 122. 14. 15. 19. 24. 60.
10.11595

—— Ebd. [1909]. 207 S. 8° (Fischers Bibliothek zeitgenössischer Romane. Jg. 1, 8.) 1: Yt 729/70-1, 8. 11. 12: L. eleg. g. 45tn-1, 8. 19. 79. 109. 302.
10.11596

— [deutsch] Das graue Haus. Roman. (Übers.: Hermann Kiy.) 2. Taus. — Berlin: S. Fischer 1909. 233 S. 8°
1: Zk 15181/530ᵃ. 5. 11. 48. 109.
10.11551

—— 3. Taus. Ebd. 1909. 233 S. 8° 60. 109. 302.
10.11552

— dasselbe. (Deutsch v. Therese Krüger.) 3. Taus. (161 S.) kl. 8. Ebd. 910.) 2.50; geb. n 3.50

— [deutsch] Das weiße Haus. Roman. (Übers.: Therese Krüger.) — Berlin: S. Fischer 1902. 165 S. 8°
1: Zk 15181/345. 11. 19. 24. 30. 60. 109.
10.11555

— Das weisse Haus. Roman. (Deutsch v. Therese Krüger.) 3. Taus. (161) kl8° Ebd. '10. 2.50; geb. n 3.50 d

— — 4. Taus. Ebd. 1910. 161 S. 8° 38. 302.
10.11556

Bang, Herm., Ihre Hoheit, s.a. Eckstein's moderne Bibliothek.

— [Ausz., deutsch] Ihre Hoheit. Novelle. 1.–10. Taus. Berlin: Eckstein [1905]. 96 S. 8° (Ecksteins moderne Bibliothek. 40.) 1: Yt 724–40. 14. 19.
10.11538

— — 16.–20. Taus. Ebd. [um 1910]. 96 S. 8° 61.
10.11539

Josef Kainz. Von Herman Bang. Berlin: Bondy 1910. 86 S. 8° [illegible]

— [deutsch] Leben und Tod. 3 Erzählungen. (Übers.: O. Reventlow.) — Berlin: S. Fischer 1901. 182 S. 8°
11. 17. 30. 60.
10.11562

— [deutsch] Verfehltes Leben. Aus d. Dänischen von Emil Jonas. — Leipzig: Friedrich [1887]. 162 S. 8°
28. 30.
10.11499

— Verfehltes Leben. 2 Erzählungen. Übers. von Emil Jonas. — Berlin: Janke 1908. 104 S. 8° (Kollektion Otto Janke.) 1: Zk 15181/500. 11. 43.
10.11500

— [deutsch] Ludwigshöhe. Roman einer Krankenpflegerin. (Übers.: Marie Franzos.) — Berlin: S. Fischer 1908. 377 S. 8° 1: Zk 15181/480. 24. 209.
10.11564

— — 2. Aufl. Ebd. 1908. 377 S. 8°
12: DD. II. 123. 43. 60. 109.
10.11565

— — 3. Taus. Ebd. 1908. 377 S. 8° 11.
10.11566

— — 4. Taus. Ebd. 1910. 377 S. 8° 302.
10.11567

— Aus der Mappe. Novellen. (Übers.: Julia Koppel.) Berlin: Bondy 1908. 261 S. 8°
1: Zk 15181/540. 9. 11. 24. 30. 43. 62. 302.
10.11501

l — Aus der Mappe. — Menschen u. Masken. Jetzt: Berl., S Fischer. 06/09

— [deutsch] Menschen und Masken. Schauspieler-Portraits. — Berlin: Bondy 1909. 186 S. 8° 1: Xs 4650. 11. 12: L. eleg. g. 551. 14. 24. 109. 111. 300: 469.441–B. 302.
10.11571

— [deutsch] Michael. Roman. (Übers.: Julia Koppel.) Berlin: S. Fischer 1906. 339 S. 8°
1: Zk 15181/360. 12: DD. II. 124. 19. 24. 43. 60.
10.11574

— Michael. Roman. 3. u. 4. Taus. (Übers. v. Julia Koppel. (336) 8° Berl., S Fischer '09. 4 —; geb. n 5 — d

— s.: Novellen, dänische.

— [deutsch] Excentrische Novellen. (Illustr.: Marcus Behmer.) — Berlin: S. Fischer 1905. 329 S. 8°
1: Zk 15181/300. 11. 12: DD. II. 125. 14. 61. 302.
10.11583

— Exzentr. Novellen. Neue Ausg. (3. u. 4. Taus. Übertragg.) (272 m. Abb.) 8° Berl., S Fischer '12. 4 —; geb. n 5 — d

— Die Tänzerin u. and. Erzählgn. (136) 8° Berl., O Janke ('10). 1 — d

— D. 4 Teufel, s.a. Collection Fischer.

— Die 4 Teufel u. and. Novellen, s.a. Fischer's Bibl. zeitgenöss. Romane.

— [deutsch] Die vier Teufel, eine excentrische Novelle. Uebers. von Ernst Brausewetter. — Berlin: S. Fischer 1897. 91 S. 8° (Collection Fischer. 1.) 1: X 8418. 11. 12: P. o. rel. 4891 l. 18. 21. 300: 547.012–B. 302.
10.11529

— [deutsch] Tine. Roman. Übers. von E. Weise. Berlin: S. Fischer 1903. 256 S. 8°
1: Zk 15181. 7. 11. 30. 48. 60. 109. 302.
10.11611

— [deutsch] Gräfin Urne. Roman. [Übers.: Emil Jonas.] Berlin: Janke 1887. 308 S. 8° 1: Zk 15181/420. 24.
10.11543

— — Übers. von Emil Jonas. 2. Aufl. Ebd. [1906]. 309 S. 8° (Kollektion Otto Janke.)
1: Zk 15181/420ᵃ. 11. 17. 18. 60. 302.
10.11544

— Gräfin Urne. Roman. Aus d. Dän. v. Emil Jonas. 2. Afl. (309) 8° Berl., O Janke ('06). 2 — d

— Die Vaterlandslosen. Roman. (Übertr. v. Julia Koppel.) 1—4. Taus. (358 m. Bildn.) 8° Berl., S Fischer '12. 4 —; geb. n 5 — d

— Am Wege, s.a. Fischer's Bibliothek zeitgenössischer Romane. II. 4.

— [Ved Vejen, deutsch] Am Wege. Roman. [Übers.: Emil Jonas.] — Berlin: S. Fischer 1898. 228 S. 8°
1: Zk 15181/550. 11. 43. 60. 79.
10.11618

— — Ebd. [1910]. 182 S. 8° (Fischers Bibliothek zeitgenössischer Romane. Jg. 2,4.)
1: Yt 729/70–2,4. 8. 11. 12: L. eleg. g. 45tn–2,4. 19. 24. 45. 51. 78. 109. 123. 302.
10.11619

— Zusammenbruch, s.a. Bibliothek Bondy. 1. Bd.

Herman Bang. Zusammenbruch. Roman. (Autor. Übers. von Helene Klepetar.) Berlin: Bondy 1910. 412 S. 8°
(Bibliothek Bondy Bd 1) [illegible]

Bang, Hermann: Hoffnungslose Geschlechter, s. Bang, Herman.

Bang, J., s.: Cato, Mark. Port.

Bang, J P., De auctore Iphigoniae Aulidensis disputatio. Diss. 1857. 134 S. 3.—

Bang, Janus s. *Bang*, Jens.

Bang, Jens: [Afhandling om et Misfoster med Hjernen i en Pose, hengende fra Nakken ned paa Ryggen, deutsch] Abhandlung über eine Misgeburt, deren Gehirn in einem Beutel vom Nacken hinunter auf den Rücken hing; nebst Vermuthungen über die Ursachen der Misgeburten, Muttermäler und dergl. Übers. von D. M. H. Mendel. — Kopenhagen & Leipzig: Schubothe 1801. 16 S. 8°
Das Original erschien in: Det Kongelige Danske Videnskabers Selskabs Skrivter. 1,2. 1801.
1: Ki 390. 2. 15. 17. 19. 27. 30. 46.
10.11636

Bang, Jens: Nervorum cervicalium Anatome. A Jano Bang. Hauniae [1770] Möller. 19 S. 8°.

— nervorum cervicalium anatome, c. fig. 8. Kopenh. 772. Rothe. 2ℓ

Bang, Jens, Cato's Beschreibung eines Wein- und Oel-Kelterhauses durch Anmerkungen u. Abbildungen ins Licht gesetzt. Aus dem Dänischen übersetzt von J. A. Markussen. Mit 3 Kupf. Kopenh. u. Leipz. 805. 8. 12 gr.

Bang, Jh.: Abhandl. üb.e. Mißgeburt, s. B a n g , Jens.

Bang, Johann Christian: Elogium D. Danielis Wyttenbachii, Professoris theologiae nuper in Academia Marburgensi primarii. — Bernae: Haller 1781. 74 S. 8°
1: Av 24772. 4. 7. 19. 24. 34. 43.
10.11642

— Pr. de usu patrum ad recte discendam theologiam. 4. Marb. 772.

* Bang, Ivar: Üb. Blutzucker. Wiesb., JF Bergmann. ca 5 —

— Chemie u. Biochemie d. Lipoide. (11, 187) Lex8° Ebd. '11.
6.65

— Methode der Zuckerbestimmung. — Berlin: Springer 1908. 2 Bl. 8°
1: Kc 2470. 11.
10.11653

Bang, Martin, a. Friedenau in Brandenburg: Die Germanen im römischen Dienst bis zum Regierungsantritt Constantins I. T. 1. (Berlin: Weidmann 1906.) (45 S.) 8° ¶ Erschien vollst. 1906 im gleichen Verlage.)
Berlin, Phil. Fak., Ref. Hirschfeld, Diss. v. 5. Jan. 1906
[Geb. 11. Nov. 82 Friedenau bei Berlin; Wohnort: Friedenau; Staatsangeh.: Preußen; Vorbildung: Gymn. Steglitz Reife O. 01; Studium: Berlin 9 S.; Rig. 9. Nov. 05.]

Bang, Minna: Charaden-Büchlein. — Wiesbaden 1910: Schellenberg. 24 S. 8°
32.
10.11667

Bang, Nina Ellinger

— Tabeller over Skibsfart og Varetransport gennem Øresund. Tables de la navigation et du transport des marchandises passant par le Sund. Udarb. efter de bevarede Regnskaber over Øresundstolden. [1,] D. 1. 2. — København: Gyldendal; Leipzig: Harrassowitz 1906–22. 4°
[1,] D. 1. 2. 1497-1660. 1906-22.
1: 4° Fg 3902. 6. 8. 10. 12: 4° A. hydr. 507 d. 14. 28. 30. 35. 44. 48. 205. 206.
10.11675

Bang, O., Dänischer Arzt, 1788-1877. 1819 s. *Bang,* Oluf Lundt.

Bang, Olaus Lundt, Solennia academica ..... Kopenhagen (Jan Hostrup Schultz) Sept. 1824. 20 S. mit Biogr. v. Paul Dethlef Christian Paulsen (Flensburg. Mutter: Ingeb. Sophia Gadebusch.) (4.—)
Petersen, Fr. Christ.; Observat. in Plinii histor. natural. 34, 19, 1.

Bang, Oluf, Dänischer Arzt, 1788-1877. 1819 s. a. *Bang,* Oluf Lundt.

Lebensbeschreibung Tycho von Brahe's. Aus der Dänischen Sprache (des Oluf Bang) in die Deutsche übersetzt, v. Philander von der Weistritz [d. i.: Christian Gottlob Mengel]

Bang, Oluf Lundt, Dänischer Arzt, 1788-1877. 1819
Der Verfasser nennt sich auch Dr. Balfungo, Dr. B-o, Ernst, H. H. N., Hans Hansen Navnløse, S. Norby, Esbern Snare, Espern Snare, X. Y. Z.

— [Medicinsk-klinisk Maanedsberetning fra det Kongl. Frederiks-Hospitals medicinske Afdeling, deutsch] Die Medicinische Klinik des Königl. Frederiks-Hospital zu Kopenhagen (im Jahre 1833). Übers. u. mit Anm. vers. von J. F. W. Nevermann. (Vorr.: Hahn.) — Stuttgart: Rieger 1851. IV,255 S. 8°
Das Original erschien in: Journal för Medicin och Chirurgie. 1-4. 1833-34.
4. 12: Path. 88 i. 21. 24. 25. 43. 46. 47.
10.11711

Bang, Oluf Lundt, Kranken-Diätetik. n. 10 ngr. — 2. wohlf. Volksausg. Leipzig 866. Fritsch. 8. (52 S.) n. 5 ngr.

— — 2., wohlfeile Volksausgabe. Leipzig: Fritsch 1866. 52 S. 8°
15.
10.11727

— [deutsch] Kranken-Diätetik. Leipzig: Lorck 1866. VIII,52 S. 8°
12: Path. 88 ih. 27. 202.
10.11726

Bang, Oluf Lundt, Kranken-Diätetik. Zugleich Krankenkochbuch für jede Familie. 3. Aufl. 8. (52 S.) Leipzig 871, Theile. [Moderne Antiquariatsbuchh.] (* 50 Pf.)

— Lungentuberculose und Lippspringe. — Dortmund 1859: Crüwell. 8 S. 8°
Aus: Deutsche Klinik. 51. 1858.
Das Original erschien in: Hospital-Tidende. 1. 1858.
47.
10.11710

— [deutsch] Natur und Kunst oder wen wähle ich zu meinem Hausarzt? und wie helfe ich mir bis derselbe kommt? — Leipzig: Fritsch 1867. VIII,200 S. 8°
15.
10.11705

— Die Tuberkulose d. Geflügels in ihren Beziehungen zu der Tuberkulose d. Säugetiere. U. St. 1909. 18 S. 4°.
(9. internationaler tierärztlicher Kongress im Haag).

— [deutsch] Kaltes Wasser. 2 Vorlesungen. Hamburg 1863 (: Köhler). 30 S. 8°
18.
10.11733

— — Nach d. 4. dän. Ausg. deutsch vom Verf. Leipzig: Fritsch 1865. 45 S. 8°
15.
10.11734

— — Leipzig: Lorck 1865. 45 S. 8°
31.
10.11735

—— kaltes Wasser. 8. (45) Lpzg 65. Theile. n. — 7½

— — 2., wohlfeile Volksausg. Leipzig: Fritsch 1866. 45 S. 8°
15. 21.
10.11736

—— Kaltes Wasser. Praktischer Rathgeber für den innnern und äußern Gebrauch. 3. Aufl. 8. (45 S.) Leipzig 871, Theile. [Moderne Antiquariatsbuchh.] (* 50 Pf.)

Bang, P.G., s. B a n g, Peter Georg

Bang, Paul, Referendar in Dresden: Die rechtliche Stellung der Handwerker nach dem Handelsgesetzbuche. *Leipzig 1904: W. Wigand.* (104 S.) 8°
Leipzig, Jur. Diss. v. 1904

Bang, Peter Georg

— [Om den fuldstændige Skattebevillingsret, deutsch] Ueber das vollständige Steuerbewilligungsrecht und die Staatsverfaßungsfrage im Allgemeinen. Übertragen von E. Gardthausen. — Kopenhagen 1840: Luno. 28 S. 8°
1: Fa 2006. 8.
10.11799

Bang, P. G., über d. vollständige Steuerbewilligungsrecht u. die Staatsverfassungsfrage im Allgemeinen. Ins Deutsche übertragen von E. Gerdthausen. 8. Kopenhagen 841, Gyldendal. n. 1/6 ₰

Bang, Simon

Bang, S., aus 25 Amtsjahren. Ansprachen, Reden u. Vorträge. gr. 8. (III, 320 S.) Gera 900. Leipzig, Th. Hofmann. n. 3. —; geb. n.n. 3. 60

— — 2. Aufl. Leipzig [usw.]: Teubner 1906. VI,319 S. 8°
1: Nc 8402/4°. 10. 11. 15. 207.
10.11801

— Katechetische Bausteine zu christozentrischer Behandlung des I. Hauptstückes. — Leipzig: Wunderlich 1897. 142 S. 8°
107. 207.
10.11803

Bang, S: Katechet. Bausteine zu christozentr. Behandlg d. I. Hauptstückes. 2. Afl. (142) 8° Lpzg, E Wunderlich '01. 1.60; geb. 2 — d

— Katechetische Bausteine zu christozentrischer Behandlg. des I. Hauptstückes. 3. durchges. Aufl. (III, 145 S.) gr. 8. Leipzig 908. E. Wunderlich. 1.60; geb. 2. —

— Grundlinien eines religionsunterrichtlichen Neubaues auf altem Grunde. — Dresden: Huhle 1909. 36 S. 8°
14. 117. 207.
10.11807

— Heimatskunde des Königreichs Sachsen. — Gera [usw.]: Hofmann 1887. 47 S. 8° 14. 207.
10.11808

Bang, S, Heimatkunde d. Kgr. Sachsen. 2. Afl. 8° (50 m. 2 Kart.) Gera 93, T Hofmann. Kart. — 30

— — 3., verb. Aufl. Gera: Hofmann 1897. 52 S. 8°
14. 43. 207.
10.11810

— Heimatkde d. Kgr. Sachsen. 4. Afl. 8° (52 m. 1 Karte.) Gera 99, T Hofmann. Kart. — 30

— — 5. Aufl. Leipzig: Hofmann 1902. 56 S. 8° 14. 207.
10.11811

— — 6. Aufl. Leipzig [usw.]: Teubner 1908. 60 S. 8°
1: N 09.237. 15. 106.
10.11812

— Luthers Kleiner Katechismus, ein Kleinod der Volksschule. Vortrag. — Leipzig: Dörffling & Franke 1909. 38 S. 8° [(Schriften d. Allgemeinen evang.-luth. Schulvereins. 49.)] 14. 29. 101. 207.
10.11814

— Kinderstimmen aus dem Unterricht im Leben Jesu. — Leipzig: Wunderlich 1901. VIII, 143 S. 8° 14. 60. 207.
10.11815

— d. Leben unf. Heilandes. F. Schule u. Haus i. Wortlaute d. Evangelien u. f. geschichtl. Verlaufe einheitl. dargest. M. 1 Christusbilde u. 1 Karte v. Palästina. gr. 8. (VIII, 127 S.) Leipzig 896. E. Wunderlich.
n. — 60; in Schulbd. n.n. — 75; Geschenkausg. in Prachtb. n. 1. 20

— Das Leben uns. Heilandes. Für Schule u. Haus im Wortlaute d. Evangelien u. s. geschichtl. Verlaufe einheitlich dargestellt. 2. Afl. (122 m. 1 Abb. u. 1 Karte.) 8° Lpzg, E Wunderlich '05.
— 60: geb. — 80 d

— das Leben Jesu. Seine unterrichtl. Behandlg. in der Volksschuloberklasse u. in der Fortbildungsschule. Ein dringl. Reformvorschlag. Konferenz-Vortrag. Mit 2 Beilagen: 1) Lehrplan f. den Religionsunterricht o. 8stuf. Volksschule. 2) Entwürfe f. den bibl. Geschichts- u. den Katechismusunterricht. gr. 8. (IV, 126 S.) Leipzig 893. E. Wunderlich. n. 1. 20

— — 2., verm. Aufl. Ebd. 1895. 206 S. 8°
17. 21. 24. 31. 36. 46. 107. 207.
10.11820

— — 3., verm. Aufl. Ebd. 1899. XI, 206 S. 8°
12: Paed. Th. 286. 14. 27. 46. 64. 79. 207. 303.
10.11821

— — 4., verm. Aufl. Ebd. 1902. IX, 232 S. 8°
6. 23. 46. 47. 107. 207.
10.11822

— Das Leben Jesu. Seine unterrichtl. Behandlg in der Volksschuloberkl. u. in d. Fortbildgssch. Ein Reform-Vorschlag. Konferenz-Vortr. Mit 3 Beig.: 1. Lehrplanvorschlag f. d. Relig.-Unterr. e. 8stuf. Volkssch. 2. Winke f. and. Lehrplanformen. 3. Entwürfe f. d. bibl. Geschichts- u. d. Katech.-Unterr. 5. Afl. (12, 254) gr8° Lpzg, E Wunderlich '12. 2.40; geb. n 3 — d

— Das Leben Jesu in historisch-pragmatischer Darstellung. T. 1. 2. — Leipzig: Wunderlich 1898–1907. 8°
3 [*1]. 12: B. hist. 10tb. 14 [*2]. 27. 107 [*2]. 207.
10.11824

— Lehrplan für die zwei- bis achtklassige einfache Volksschule. T. 1. — Leipzig: Wunderlich 1906. 241 S. 8°
1. Der Religionsunterricht. 106.
10.11825

— Zur Reform des Katechismusunterrichts. — Leipzig: Wunderlich 1895. 76 S. 8° 17. 41. 107. 207.
10.11827

— — 2., verm. Aufl. Ebd. 1904. VIII, 76 S. 8°
1: Eo 2286*. 7. 47.
10.11828

— Zur Reform des Religionsunterrichts. Ein Wort an alle, die unser Volk lieb haben. — Dresden: Huhle 1908. 31 S. 8° 14. 46. 106. 207.
10.11829

— Schule u. Leben. Vortrag, geh. a. Gauverbandstage d. erzgeb. Gewerbevereine i. Schneeberg a. 6. Septbr. 1896. gr. 8. (16 S.) Schneeberg 896. (B. F. Goedsche.)
n. — 35

— Sind die gegen e. historisch-pragm. Behandlung d. Lebens Jesu erhob. Bedenken gerechtfertigt?, s.a. Beiträge zur Lehrerbildg.

— Sind die gegen eine historisch-pragmatische Behandlung des Lebens Jesu erhobenen Bedenken gerechtfertigt? — Gotha: Thienemann 1898. 15 S. 8°
Aus: Pädagogische Blätter für Lehrerbildung. 27. 1898.
(Beiträge zur Lehrerbildung u. Lehrerfortbildung. 8.)
1: Ne 4950/4–8. 12: Paed. Th. 3931–8. 47. 107.
10.11831

— f. Wahrheit u. Freiheit. Ein Wort an die Freunde u. an die Gegner seiner Schrift „Das Leben Jesu", insonderheit an die Leipziger Lehrerzeitg. u. an die Herbart-Zillersche Schule. gr. 8. (129 S.) Leipzig 894. (B. Hermann.) n. 1. —

Bang, Theodora: Erinnerungen einer alten Schleswig-Holsteinerin. [Verf.: Theodora Bang.] — Lübeck: Schmersahl [1898]. 117 S. 8°
1: So 4255. 12: Hols. 24n. 21. 36. 41. 48. 300: 93.538–A.
10.11837

Bang, W., s.: Bale's kynge Johan.

* Bang, W: Osttürk. Dialektstudien. Berl., Weidmann. ca 15 —

Bang, W., s.: Enterlude, the, of Youth.

Bang, W.: Turkologische Epikrisen, s. Bang, Willy

Bang, W., f. Hübner, Jh., bibl. Historien.

— s.: King and Queenes, the, entertainement at Richmond.

Bang, W.: Üb. d. Rätsel d. Codex Cumanicus, s. Bang, Willy

Bang, Wilhelm: Der kurhessische Kinderfreund. 2. Ausg. Cassel 1848: Hof- u. Waisenhaus-Buchdr. IV, 304 S. 8°
4.
10.11856

Bang, Willy

— Beiträge zur Erklärung des komanischen Marienhymnus. Mit e. Nachw. von F. C. Andreas. — [Berlin: Weidmann] 1910. S. 61–78. 8°
Aus: Nachrichten von d. Kgl. Gesellschaft d. Wissenschaften zu Göttingen. Phil.-hist. Kl. 1910.
4. 21. 303. 304.
10.11857

— Beiträge zur Kunde der asiatischen Sprachen. — Leide: Brill 1891. 23 S. 8°
Aus: T'oung-Pao. 2,3. 1891. 17.
10.11859

— Turkologische Epikrisen. — Heidelberg: Winter 1910. 31 S. 8° 1: Zy 1316/15. 4. 5. 7. 11. 14. 16. 17. 21. 300: 477.282–B. 302. 304.
10.11862

Bang, Willy, uralaltaische Forschungen, s.a. Einzelbeiträge zur allgemeinen u. vergleichenden Sprachwissenschaft.

— Uralaltaische Forschungen. — Leipzig: Friedrich 1890. X, 44 S. 8° (Einzelbeiträge zur allgemeinen u. vergleichenden Sprachwissenschaft. 10.) 1: V 3604–10. 2. 3. 6→11. 12: L. gen. 25 f–10. 14→18. 20. 24→28. 30. 34. 46. 61. 302. 303.
10.11864

— — Leipzig: Heitz [1890]. X, 44 S. 8° 5.
10.11865

— s.: Goosecappe, Sir Gyles.

— Zur vergleichenden Grammatik der altaischen Sprachen. Wien: Hölder 1895. 12 S. 8°
Aus: Wiener Zeitschrift für d. Kunde d. Morgenlandes. 9,3. 1895.
17.
10.11866

— Manichaeische Hymnen. — Louvain 1925: Istas. 55 S. 4°
Aus: Le Muséon. 38. 1925. 17. 30.
10.11867

Bang, Willy

— Über die köktürkische Inschrift auf der Südseite des Kül Tägin-Denkmals. — Leipzig: Harrassowitz 1896. 20 S. 8°
1: Ph 9960. 7. 12: H. As. 151 p. 14. 15. 17. 26.
300: 92.779-C. 302.
10.11868

Bang, W., die altpersischen Keilinschriften, s.: Weissbach, F. W.

— Zu den Kök Türk-Inschriften der Mongolei. — Leiden: Brill 1896. 33 S. 8°
Aus: T'oung-Pao. 7,4. 1896. 15. 17. 26. 302.
10.11870

— Ueber einen komanischen Kommunionshymnus. — Bruxelles 1910: Hayez. 11 S. 8°
Aus: Bulletins de l'Académie Royale de Belgique. Cl. des lettres. 1910.
4. 7. 21. 303. 304.
10.11871

— Zur Kritik des Codex Cumanicus. — Louvain: Libr. universelle des Trois Rois 1910. 16 S. 4°
4. 7. 21. 303. 304.
10.11872

Bang, Willy (Hrsg.), s. Materialien zur Kunde des älteren Englischen Dramas.

— Parentalia. Grundlagen zu e. Geschichte der Bangen, zsgest. von W. Bang Kaup. — Loewen 1908: Uystpruyst. Getr. Pag. 8°
1: S 2424. 4. 6. 7. 15. 17. 24. 26.
34. 47. 61. 300: 480.728-B.
10.11877

— Üb. d. Rätsel d. Codex Cumanicus. [Aus: „Sitzgsber. d. preuss. Akad. d. Wiss."] (334—353 m. 2 Taf.) Lex8° Berl., G Reimer '12. 1 —

— Altaische Streiflichter? — Louvain: Libr. universelle des Trois Rois 1910. 16 S. 4°
1: 4° Zy 1430. 4. 14. 21. 303. 304.
10.11880

Bang-Kaup, W. s. *Bang*, Willy.

Banga, Heinrich: Die Kolpoperineoplastik, nach Bischoff, ein neues Verfahren zur operativen Behandlung des Gebärmuttervorfalles. — Basel: Riehm 1875. 38 S. 8°
Erschien auch als Diss. Basel 1875.
1: Ke 5595. 8. 14. 15. 16. 18. 26. 27. 46.
10.11889

Banga, J. J. Joh. Kitto's Jugendjahre. Eine wahre Geschichte für die Jugend. In-12°, 35 S. Basel, C. F. Spittler. 1882 — 25

Banga, J. J., Johann Kittos Jugendjahre. Eine wahre Geschichte, erzählt f. die Jugend. 2. Aufl. 8. (36 S.) Basel 885. Spittler. n. — 20

Banga, J. J., Johann Kittos Jugendjahre. Eine wahre Geschichte, erzählt f. die Jugend. 3. Aufl. 12. (36 S.) Basel 892. Jaeger & Kober. n. — 20

Banga, J. J. Johann Kittos Jugendjahre. 3. Aufl. In-16°. 35 S. Basel, C. F. Spittler. 1892 — 25

— der Pfarrerssohn v. Dübendorf. Eine wahre Geschichte, f. die Jugend erzählt. 2. Aufl. Mit 3 (Holzschn.-) Bildern. 12. (54 S.) Ebend. 885. n. — 20

— der Pfarrerssohn v. Dübendorf. Eine wahre Geschichte, f. die Jugend erzählt. 2. Aufl. 12. (53 S. m. 3 Bildern.) Ebd. 892. n. — 20

Banga, J. J., aus dem Seemannsleben. Eine Erzählung f. die Jugend u. ihre Freunde. Frei nach einem engl. Original. Mit einem Bild in Farbendr. 12. (93 S.) Basel 881. Spittler. n. — 70

— aus dem Seemannsleben. Eine Erzählg. f. die Jugend u. ihre Freunde. Frei nach e. engl. Original. 2. Aufl. 12. (87 S. m. 1 Farbendr.) Ebd. 894. n. — 70; geb. in Leinw. n. 1. —

Banga, J. J. Des Pfarrers Sohn von Dübendorf. Jugendgeschichte eines Gehörlosen. Mit 3 Bild. In-8°, 48 S. Basel, Spittler. 1884 — 25

Banga, Johann Jakob: Gedichte. — Basel: F. Schneider 1828. 76 S. 8°
1: Yn 5238. 18. 23. 75.
10.11893

— Gedichte. 2. Buch. Straßburg: Schmidt & Grucker in Komm. 1831. 69 S. 8°
25.
10.11894

— Das Volk Israel. Eine Elegie. — (Strassburg) 1827 (: Silbermann). 7 S. 8°
30.
10.11895

Bange: Sendschreiben an den Herrn Magister Lessing, die Allgemeine deutsche Bibliothek betreffend. [Verf.: Bange u. Lampe.] — Leipzig: Hilscher 1768. 38 S. 8°
4. 10. 34.
10.11898

Bangel, Ludw.

Satzungen der Wohlfahrtskasse der vereinigten Logen in Frankfurt a. M. [Unterz.:] L[udw.] Bangel. [Dat.:] Frankfurt a. M. 1902. 1 Bl. 8° [Kopftit.]
Abgedr. in: FZ. 56 (1902) S. 397.

Bangel, Rudolf, Kunstauktionator, Frankfurt a. M. 1882: Auctionskatalog (Auction von Kunstgegenständen; Kunst-Auction; Kunst-Auctions-Catalog; Katalog). 1-1122. — (Frankfurt a. M.: Bangel 1882-1928.) 8°
Der Katalog ist in allen Bibliotheken nur lückenhaft vorhanden.
1: 1 in 4° Ns 8921/5. 3. 12: Art. 14 xt. 14. 15. 16. 25.
26. 29. 30. 123.
10.11912

(—) Sammlung von Pracht-Einbänden. Collection de chefs d'oeuvre de l'art de reliure. [Verkaufskat.] — (Frankfurt a. M.: Bangel [um 1890].) 21 S. 8° 1: Op 19378. 14.
10.11913

Bangel & Schmitt, Antiquariat, Heidelberg. 1910: Antiquariats-Katalog (Lagerkatalog). Nr 41. 45. 52-54. 56. 57. — Heidelberg: Bangel & Schmitt [um 1910]. 8°
1: Aq 5505.
10.11915

Bangemann, C, d. Invalide in d. Winterabenden. 8. (337) Magdeb. 51. (Lpzg, Fernau.) 1. —

Bangemann, C., der Invalide in den Winterabenden. Eine Sammlung auserlesener Geschichten u. Begebenheiten zur Unterhaltung gemüthvoller Leser. 8. (337 S.) Magdeburg 851, Quednow in Comm. baar 1 ₰

Bangen u. Hoffen der aargauischen Katholiken. Dankadresse der kantonalen Priesterkonferenz Aargau's auf die Denkschrift der hochwürdigsten Bischöfe der Schweiz vom Januar 1872. gr. 8. (14 S.) Einsiedeln 872. Gebr. Benziger. — 20

Bangen, Kirchenrechtler, 1833-1865. 1854
s. *Bangen*, Johann Heinrich.

Bangen, Johann Heinrich: Instructio practica de sponsalibus et matrimonio in usum sacerdotum curatorum. 1–4. Monasterii: Aschendorff 1858–60. 8°
1. De sponsalibus. 1858. 2. De matrimonio contrahendo. 1860. 3. De matrimonio contracto. 1860. 4. De matrimonio mixto. 1860.
1: Ft 2520. 3. 6. 20. 21. 102. 211. 214. 300: 190.814–B. 308.
10.11916

Bangen, Joh. Heinr., die Römische Curie, ihre gegenwärtige Zusammensetzung und ihr Geschäftsgang. Nach mehrjähriger eigener Anschauung dargestellt. Mit einer Sammlung von Belegstücken und Formularen. Münster 854. Aschendorff. gr. 8. (VIII, 580 S.) n. 1 ⁄ 20 ngr

Bangen, u. Giese, zwei Vorträge über die päpstliche Encyclica vom 8. Decbr. 1864, gehalten zu Münster am 2. u. 9. Febr. 1865 in der Gesellschaft „Eintracht". Stenographisch aufgenommen von Mitgliedern des Gabelsberger Stenographen Vereins. Münster 865. Regensberg. gr. 8. (48 S.) n. 5 ngr

Banger, Aug. Friedr. (Stuttgart), De prolongatione cambii eiusque effectibus. Präs. Sixt Jac. Kapff. Tüb. (Fues) Mai 1777. 32 S. (5.50)

Banger, C.: „Systematischer Forstkatechismus", s. Banger, Karl

Banger, Georg: 11. Judithfest am 3. Febr. 1872. Der Füsilier August Kutschke. Humoristisch-satirische Kriegsoper. [Verf.: Georg Banger.] — Darmstadt 1872: Herbert. 38 S. 8° 17.
10.11919

Banger, Karl
— Anleit. zur Forstwissensch. 8. Ebend. 792.

Banger, Karl: Systematischer Forst-Katechismus für Forstbediente und Liebhaber des Forstweesens ... zur Ausbreitung der Forstkenntnisse in den königl. erzherzogl. V. Oest. Landen (2: in den Kais. Königl. Vorderoesterreichischen Landen). Th. [1.] 2. — [Freiburg i. Br.] (2: Stuttgart: Mezler) 1790–92: Zehnder. 8°.
2. Anleitung zur Forstwirthschaft für Forstbediente u. Liebhaber des Forstwesens.
12: Oecon. 174.175. 21. 23. 24. 48 [°2].
10.11920

Bangert, Geh. Archivrat, Prof. Dr. 1903 s. *Bangert*, Wilhelm.

Bangert, Adolphus: De fabula Phaethontea. Halis Saxonum 1885: Schlesinger. 41 S. 8°
Halle-Wittenberg, Phil. Diss. v. [21. März] 1885
Geb. Barmen 1. 3. 1858. V.
Im Buchhandel Halis Sax. (Leipzig: Fock) 1885.

Bangert, Christoph (Esens), Vindiciae omniscientiae in deo. Diss. theol. dogm.-polem. Präs. Sigism. Jac. Baumgarten. Halle (Joh. Chn. Hendel) Sept. 1752. 60 S. (6.—)
Gew.: Joh. Ludw. Lindhammer, Andr. Arnold Gossel. — Widm. v.: Joh. Diet. Deimann, Aug. Friedr. Willrath, H. Wolken, Joh. Wilh. Gittermann, O. G. Altona.

Bangert, Curt, Referendar in Rudolstadt in Thür.: Der Anspruch des Finders auf Finderlohn nach dem B.G.B. unter Berücksichtigung des gemeinen Rechts. Rudolstadt 1904: F. Mitzlaff. (90 S.) 8°
Leipzig, Jur. Fak., Diss. v. 23. Aug. 1904
[Geb. 5. Dez. 80 Rudolstadt; Wohnort: Rudolstadt; Staatsangeh.: Schwarzburg-R.; Vorbildung: Gymn. Frideric. Rudolstadt Reife O. 99; Studium: Leipzig 4, München 1, Jena 2 S.; Rig. 25. Apr. 03.]
81°

Bangert, Friedrich: Beitrag zur Geschichte der Floovent-sage. — Heilbronn: Henninger 1879. 23 S. 8°
Erschien auch als Progr. Bockenheim 1878-79.
1: 13 in 4° X 3. 4. 7. 32. 300: 58.219–B.
10.11922

Bangert, Frdr., Beitrag zur Geschichte der Flooventsage. gr. 4. (23 S.) Heilbronn 879. (Oldesloe, H. L. Meyer.) n. 1. —

Bangert, Friedrich: Bericht über die Einweihungsfeier. Oldesloe 1909: Schüthe. S. 8—16. 4°
Oldesloe, OR P 1909 (400) [S 09. 8

Bangert, Friedrich [Rekt. Dr.]: Ein Inventar der Oldesloer Kirchenkleinode vom Jahre 1480. Oldesloe, Druck v. J. Schüthe, 1890; S. 3—11; 4°
Oldesloe, RPG, OP 1890 (289)

Bangert, Friedrich, Dir. Dr.: **Rückblick** auf die Geschichte der Anstalt. *Oldesloe 1900: J. Schüthe.* (S. 3—25.) 4° [Ant. u. F.]
Oldesloe, RPG in Umwandl., OP 1900 (309)

[F.] **Bangert,** Friedrich [Dir. Dr.]: Die Sachsengrenze im Gebiete der Trave. Oldesloe, Druck v. J. Schüthe, 1893; 3—35 S., 1 Kt. 4.
Oldesloe, RPG, OP 1893 (295)

— die Sachsengrenze im Gebiete der Trave. Progr. 4. (35 S. m. 1 autogr. Karte.) Oldesloe 893. (Leipzig, G. Fock.) n. 1. 20

Bangert, Friedrich Kleine Schulreden 1 Einführung 2 Schulschluss und Zeugnisverteilung am 19. December 1885 3 Schulanfang am 4. Januar 1886. Jubelfeier der Thronbesteigung Seiner Majestät des Kaisers. 4 (S. 3—7) Rprg. *Oldesloe* 1886 Progr.

— **Die Spuren der Franken am nordalbingischen Limes Saxoniae. — Hannover 1904: Jänecke. 63 S. 8°**
Aus: Zeitschrift d. Historischen Vereins für Niedersachsen. 1904.
18.
10.11924

Bangert, Frdr., die Spuren d. Franken am nordalbingischen Limes Saxoniae. Mit 2 Kartenskizzen. (62 S.) 8. Hannover 904. (Oldesloe, L. H. Meyer.) n. 1. 60
Sonderabdruck aus: „Ztschr. d. hist. Ver. f. Niedersachsen".

Bangert, F., die Tiere im altfranzösischen Epos, s.a. Ausgaben u. Abhandlungen aus dem Gebiete der romanischen Philologie.

Bangert, F. Die Tiere im altfranzösischen Epos. Diss. Marburg 1884. 122 S.

— **Die Tiere im altfranzösischen Epos. — Marburg: Elwer 1885. 244 S. 8° (Ausgaben u. Abhandlungen aus d. Gebiete d. romanischen Philologie. 34.)**
Erschien auch als Diss. Marburg 1884.
1: Xi 216–34. 2→5. 7→11. 12: L. eleg. g. 16a–34. 14→21. 25→30. 33. 300: 390.815–B. Per. 34. 302. 303.
10.11925

Bangert, Friedrich [Rekt. Dr.]: Eine Oldesloer Urkunde aus dem Jahre 1389. Oldesloe, Druck v. J. Schüthe, 1889; S. 3–10, 4°
Oldesloe, RPG, OP 1889 (283)

Bangert, Friedrich *Heinrich*: Rückblick auf die Geschichte der Anstalt 4 (S 3—25).
Progr. Rprg in Umwandlung z. ein Rsch *Oldesloe* 1900

Bangert, K. s. *Bangert*, Karl Wilhelm.

Bangert, Karl Wilhelm, a. Frankfurt a. M.: Versuche zum Nachweis der magnetischen Kraft bei elektromagnetischen Wellen auf Drähten. Marburg 1907: (B. Paul, Berlin). (60 S.) 8°
Marburg, Phil. Fak., Ref. Richarz, Diss. v. 1. März 1907
[Geb. 8. Jan. 83 Frankfurt a. M.; Wohnort: Frankfurt; Staatsangeh.: Preußen; Vorbildung: Goethe-Gymn. Frankfurt Reife O. 01; Studium: München 2, Berlin 3, Marburg 6 S.; Rig. 7. Nov. 06]

Bangert, Wilhelm
Bangert, Wilh. Der Einfluss lateinischer Quellen auf die gotische Bibelübersetzung des Vulfila. 26 S. *Rudolstadt* 1880 Progr.

Bangert, W, Fibel f. d. ersten Sprach-, Lese- u. Schreibunterricht. Nach d. Grundsätzen d. Phonetik bearb. 8° (120 m. Abbildgn.) Frankf. a. M. 94, M Diesterweg. Geb. — 90 ‖ 2. Afl. Asg. B in preuss. Normalschrift. (120 m. Abbildgn.) Kart. — 90

— dasselbe. 2. Aufl. Ausg. B i. preuß. Normalschrift. gr. 8. (III, VII, 120 S.) Ebd. 895. Kart. n. — 90

Bangert, Wilh., Fibel f. den ersten Sprech-, Lese- u. Schreibunterricht. Nach den Grundsätzen der Phonetik bearb. Mit 27 Orig.-Zeichngn. v. C. J. Müller. 6. Aufl. (Ausg. A m. Frankfurter Duktus.) gr. 8. (III, 120 S.) Frankfurt a/M. 903. M. Diesterweg. Geb. n. — 90

— dasselbe. 7. Aufl. (Ausg. B in preuß. Normalschrift.) gr. 8. (III, 120 S.) Ebd. 903 Geb. n. — 90

— dasselbe. 8. Aufl. Ausg. C. f. Volksschulen. In preuß. Normalschrift. gr. 8. (III, 88 S.) Ebd. 903. Geb. n.n. — 50

Bangert, W: Fibel f. d. 1. Sprech-, Lese- u. Schreibunterr. Nach d. Grundsätzen d. Phonetik bearb. 9. Afl. (Ausg. A m. Frankfurter Duktus.) (120 m. Abb.) 8° Frankf. a/M., M Diesterweg '04. Geb. — 90 d

— dasselbe. 10., m. der 7. übereinstimm. Aufl. (Ausg. B in preuß. Normalschrift.) (III, 120 S.) 8. Ebd. 904. Geb. n. — 90

— dass. 11. Afl. (Ausg. D m. Hamburger Duktus.) (120 m. Abb.) 8° Ebd. '04. Geb. nn — 60 d

— Fibel f. den ersten Sprech-, Lese- u. Schreibunterricht. Nach den Grundsätzen der Phonetik bearb. Mit 27 Orig.-Zeichngn. v. C. J. Müller. 12. Aufl. (Ausg. A m. Frankfurter Duktus.) (III, 120 S.) 8. Frankfurt a/M. 906. M. Diesterweg. Geb. n. — 90

— dasselbe. 13. Aufl. (Ausg. D m. Hamburger Duktus.) (IV, 120 S.) 8. Ebd. 906. Geb. n.n. — 60

— dasselbe. 14. Aufl. (Ausg. B in preuß. Normalschrift.) (IV. 120 S.) 8. Ebd. 907. Geb. 1. —

Bangert, Wilh., Fibel f. den ersten Sprech-, Lese- u. Schreibunterricht. Nach den Grundsätzen der Phonetik bearb. Mit 35 Orig.-Zeichngn. v. C. J. Müller. 15. Aufl. (Ausg. A m. Frankfurter Duktus.) (IV, 120 S.) 8. Frankfurt a/M. 908. M. Diesterweg. Geb. 1. —

— dasselbe. 16. Aufl. (Ausg. E in steiler Schrift.) (IV, 120 S.) 8. Ebd. 909. Geb. 1. —

Bangert, Wilh.: Fibel f. d. Sprech-, Lese- u. Schreibunterr. Nach d. Grunds. d. Phonetik bearb. 17. Afl. (Ausg. D m. Hamburger Duktus.) (4, 120 m. Abb.) 8° Frankf. M., M Diesterweg '10. geb. 1.15

Bangert, Wilh., Biblische Geschichten f. die Vorschule höherer Lehranstalten, sowie f. die Unterstufe der Bürger-, Volks- u. höheren Mädchenschulen. Mit Bildern von Schnorr v. Carolsfeld. (VII, 99 S.) gr. 8. Frankfurt a/M. 903. Kesselring. Geb. in Leinw. n n. — 80

— Geschichte des Lübecker Lehrervereins während der ersten 100 Jahre seines Bestehens. ⟨1809–1909.⟩ — Lübeck (1909): Rahtgens. 160 S. 8° 1:Az 4130. 48. 101.
10.11947

— Hilfsb. f. d. deut. Unterr. in d. Vorsch. auf phonet. Grundl. 3. Afl. (111) 8° Frankf. a/M., M Diesterweg 05. — 80; geb. 1 —; Begleitwort. (20) '05. — 30 d

— Hilfsbuch f. den deutschen Unterricht in der Vorschule auf phonetischer Grundlage. 4. Aufl. (VII, 101 S.) 8. Ebd. 906. n. — 80; geb. n. 1. —; Begleitwort (48 S.) n. — 50

— Hilfsbuch f. den deutschen Unterricht in der Vorschule auf phonetischer Grundlage. 5. Aufl. (VI, 101 S.) 8. Ebd. 907. Geb. 1.—; Begleitwort. (48 S.) 909. — 50

Bangert, W[ilhelm], Prof. Dr.: Katalog der Lehrerbibliothek des Fürstlichen Gymnasiums und Realprogymnasiums zu Rudolstadt. Nachträge 1888–1905. Rudolstadt 1906: F. Mitzlaff. (24 S.) 8° ¶(Forts. d. P-Beil. 1888.)
Rudolstadt, fürstl. G u. RPG P 1906 (891)

-- s.a. Lesebuch, Deutsches, f. höh. Lehranst.

— Deut. Leseb. f. d. Vorsch. höh. Lehranst. (Deut. Leseb. f. höh. Lehranst. Hrsg. v. O Liermann.) 2 Tle. 8° Frankf. a/M., Kesselring. Geb. nn 3.20 d
I. 2. Schulj., Oktava. (192) '03. nn 1.50 ‖ II. 3. Schulj., Septima. (222) '03. nn 1.70.
Das Leseb f. Sexta u. ff. s. u. d. T.: Lesebuch, deut., f. höh. Lehranst.

— Die Schwarzburg-Rudolstädter Münzstätten in der Kipperzeit ⟨1620–1622⟩. — [Rudolstadt: Mitzlaff um 1900.] 32 S. 8°
Erschien zuerst in: Landeszeitung für Schwarzburg-Rudolstadt.
78.
10.11944

Bangert, Wilhelm, Lehrer, Lübeck. 1909

— Rechenbuch f. die Vorschule höherer Lehranstalten. 3 Tle. 8. Frankfurt a/M. 910. Kesselring. 1. 85
I. Lehraufgaben f. das 1. Schulj. (IV, 44 S. m. Abb.) — 50
II. Lehraufgaben f. das 2. Schulj. (IV, 54 S. m. 1 Taf.) — 65
III. Lehraufgaben f. das 3. Schulj. (IV. 58 S. m. 1 Taf.) — 70

Bangert, W: Sprachstoff f. d. Unterr. im Sprechen u. in d. Rechtschreibg, sowie f. d. grammat. Anschaugsunterr. auf phonet. Grundl. 8° (121) Frankf. a/M. 99, M Diesterweg. 1 —; geb. 1.20

— Sprachstoff f. den Unterricht im Sprechen u. in der Rechtschreibung, sowie f. den grammat. Anschauungsunterricht auf phonet. Grundlage. 2. veränd. Aufl. In neuer Rechtschreibg. gr. 8. (IX, 120 S.) Frankfurt a/M. 902. M. Diesterweg. n. 1. —; geb. n. 1. 20

— der deutsche Unterricht in den ersten Schuljahren, s.: Heß, Karl.

Bangert, Wilh[elm]: *De usu negationum Plautino. 96 S. 4° (2*)
Halle-Wittenberg, Phil. Diss. v. 15. Jan. 1873
Geb. [Hettstedt (Gebirgskr. Mansfeld) 16. 6. 1847]
Verf. erlebte die Diplomerneuerung zum 60jährigen Dr.-Jubiläum 1933 als Geheimer Archivrat, Gymnasialprofessor und Vorstand a. D. des Archivs und der Bibliothek in Rudolstadt

Bangert, Wilhelm, Referendar in Rudolstadt: Die Verpfändung eines Sparkassebuchs. Rudolstadt 1906: F. Mitzlaff. (V, 66 S.) 8°

Jena, Jur. Fak., Ref. Thon, Diss. v. 18. Jan. 1907

[Geb. 18. Nov. 83 Rudolstadt; Wohnort: Rudolstadt; Staatsangeh.: Schwarzburg-Rudolstadt; Vorbildung: Gymn. Rudolstadt Reife O. 02; Studium: Leipzig 2, München 1, Berlin 1, Jena 2 S.; Rig. 18. Dez. 06.]

— Verzeichnis der Wiegendrucke in der Fürstl. Bibliothek zu Rudolstadt. — Rudolstadt 1903: Mitzlaff. 11 S. 8°
Erschien auch als Progr. Rudolstadt 1903.
1: Ao 7570. 78. 302.
10.11945

Bangerter, A. [Arzt]: Beitrag zur Lehre von der Placenta prævia. Basel 1900. 28 S. 8°.
Basel. Med. Diss. 1899/1900.

Bangerter, Max. Das Aktienrecht in seiner Anwendung auf die schweizerischen Eisenbahnen. Diss. Jur. Bern. VIII + 243 S. 8. Bern, Stämpfli & Cie., 1910.

BANGHA, ADALBERT, S. J.: Ist die Lehre vom Opfertode des Messias paulinische Erfindung? Innsbruck ca. 1910. Theol. Diss.

Bangha, Emerich v., das Schiesswesen der k. u. k. Feld- u. Gebirgs-Artillerie. Leichtfassl. Behelf zum Selbststudium f. Offiziere aller Waffen, sowie zum Gebrauche an Einjährigfreiwilligenschulen d. Feldartillerie. (IV, 279 S. m. 175 Fig.) gr. 8. Budapest 908. (Wien, L. W. Seidel & Sohn.) 4. 50

Bangha, Emerich v.: Das Schiesswesen der K. u. K. Feld- und Gebirgsartillerie. — Budapest: Verf. [usw.] 1908. IV, 279 S. 8°
302.
10.11950

Bangi, Coelum orientis, siehe Langius de annis Chr.

Bangius, Th.
— Epitome elegantiarum syntaxeos latinae. Hafn. 664. 8. Ib. 668. 8. Giefs. 712. 8.

Bangka [Schlagwort]
Bangka, s.: Sumatra.

Banglii, F.L.: Praxis medica (u. and. Schriften), s. B a n g, Frederik Ludwig

Bangold, Josef Konrad v.: Die materielle Begründung des Deutschen Bundesstaates durch die organische Gestaltung der Staatengebiete. — Stuttgart [usw.]: Cotta 1848. 32 S. 8°
Aus: Deutsche Vierteljahrsschrift. 1848,3.
1: Rx 9315. 5. 11. 12: Germ. g. 554–23. 14. 16. 17. 19. 21. 24. 25. 27. 30. 32. 35. 48. 106.
10.11954

v. Bangold, Joſ. Konr., die materielle Begründung des Deutſchen Bundesſtaates durch die organ. Geſtaltung der Staatengebiete. Ein unpartheiiſches, patriot. Votum, der hoh. konſtituirenden Nationalverſammlung in Frankfurt zur geneigten Prüfung vorgelegt. gr. 8. (32 S.) Stuttgart 848, Cotta. 6 ngr

— Ueber die Cholera. Ein Beitrag zur Beleuchtung des Wesens dieser Krankheit und zur Ermittlung einer entsprechenden Heilmethode, sowie eines angemessenen Verhaltens zur Vorbauung. — Stuttgart [usw.]: Cotta 1849. 48 S. 8° 12: Path. 1428–18. 16. 24. 27.
10.11955

— Die evident und nothwendig wahre Religion, nämlich die Religion der Gotteinigkeit des Menschen. — Winterthur: Hegner 1846. XII,83 S. 8°
1: Dc 6110. 19. 24. 32. 39. 75.
10.11956

v. Bangold, Joſ. Konr., die evident und nothwendig wahre Religion, nämlich die Religion der Gotteinigkeit des Menſchen, oder die Uebereinſtimmung des menſchl. Willens mit d. göttlichen. Ein freiſinniges offenes Glaubensbekenntniß. 8. Zürich 846. Lit. Compt. 12 ngr

— Verzeichniss der von dem K. Württ. Generallieutenant v. Bangold in Stuttgart und dem K. K. Russ. Staatsrath v. Ledebour in München hinterlassenen Bibliotheken. [Auktionskat.] — Stuttgart 1852. 118 S. 8° 18.
10.11957

Bangratz, Christian: Wie der protest. Verein der Pfalz eine Nothwendigkeit geworden ist. [Verf.: Christian Bangratz.] — Landau 1893: Kaußler. 16 S. 8° (Vereinsgabe d. protestantischen Vereins d. Pfalz. 1893.) 107.
10.11959

Bangssel, Eduard: Aerztliche Berichte und gemeinnuetzige Mittheilungen über die mit der Hamannschen Medizin gemachten Versuche. — Danzig: Anhuth 1831. 38 S. 8° (Bangssel: Der Schumacher Haamann in Heubude. 3.)
1: an Ka 2940. 10. 44.
10.11990

— Die Blumensprache, nebst Bedeutung der Farben in Busenschleifen und Bändern an Sträussen und Hüten. — Danzig: Ewert 1830. 21 S. 8° 10.
10.11997

Bangſiel, Ed., die Blumenſprache, nebſt Bedeutung der Farben in Buſenſchleifen u. Bändern an Sträußen u. Kränzen. Ein Geſchenk der Liebe u. Freundſchaft. 2e Aufl. 12. Danzig 837. Ewert. 1/6 Rthlr

— Erinnerungsbuch für alle, welche im Jahre 1831 die Gefahr der Cholera-Epidemie in Danzig mit einander getheilt haben. — Danzig 1832: Botzon. VIII,192 S. 8°
1: Ka 8147. 44.
10.11998

— — 2. Aufl. Ebd. 1833. 192 S. 8° 44.
10.11999

— Erzählungen und Novellen. — Danzig 1831: Botzon. X,136 S. 8° 10. 44.
10.12000

— — 2. Aufl. Bdch. 1. Danzig: Gerhard 1832. 136 S. 8°
1: Yx 1402.
10.12001

— d. Farbenſprache od. Bedeut. d. Ur- u. d. gemiſchten Farben ꝛc. 16. Danzig 827. Gerhard. 8 gr

— Der Schumacher Haamann (3: Johann Jacob Hamann) in Heubude und seine Wundertropfen wider die Cholera. Bogen [1].2. H. 3. — Danzig: Anhuth 1831. 8°
3. Bangssel: Aerztliche Berichte und gemeinnuetzige Mittheilungen über die mit der Hamannschen Medizin gemachten Versuche.
1: an Ka 2940. 10. 44.
10.12003

— — 2., unveränd. Aufl. Bogen [1.] 2. H. 3. Ebd. 1831. 8°
3. Bangssel: Aerztliche Berichte und gemeinnuetzige Mittheilungen über die mit der Haman'schen Medizin gemachten Versuche.
1: Ka 12596. 2. 11. 28 [∞ 2.3]. 53 [∞ 2.3]. 169.
10.12004

— der Schumacher Hamann in Heubude u. ſeine Wundertropfen wider die Cholera. 16, 26 Hft. (Bog.) 2e Aufl. à 2 gr 36 Hft. A. u. d. T.: Aerztliche Berichte u. gemeinnütz. Mittheilungen über die mit der Hamannſchen Medicin gemachten Verſuche. 2e Aufl. 4 gr 8. Danzig 831. Anhuth. 8 gr

— Lebensgeschichte der in Bremen hingerichteten Giftmischerin Gesche Marg. Gottfried geb. Timm. — Danzig: Gerhard 1831. 48 S. 8° 1: Fy 24104.
10.12005

— das orientaliſche Mädchen als Prophetin in Deutſchland, oder Aufſchluß über geheime Ahnungen, Hoffnungen u. Herzenswünſche. Ein Converſationsbüchlein f. Damen u. Herren. 16. Danzig 828. Ewert. 8 gr

Banholzer, Ferdinand: Die Frage nach dem Erdinnern und die Geographie. (Verf.: F. Banholzer.) — Brünn 1902: Rohser. 10 S. 8°
Erschien auch als Progr. Brünn 1902. 30. 300: 574.041–B.
10.12010

Banholzer, Jakob: Fünffte Contradiction oder rechtmässige catholische Widersprechung, dem Lomerischen un-evangelischen Panier entgegen gesetzt. — Augspurg: Stretter [1701]. 41 S. 8° 12: 4° Polem. 301. 19.
10.12014

Banholzer, Johann
— Sermones breves, de officio hominis christiani et Mariani clientis, sive exhortationes sacrae. — Oeniponti: Wagner 1715. 678 S. 8°
2. 6. 12: 4° Hom. 162. 19. 21. 24. 25. 304. 308.
10.12017

— Sermones breves, sive allocutiones sacrae ad sodales academicos. — Ebd. 1716. 678 S. 8° 12: 4° Hom. 163.
10.12018

Banholzer, Max [aus Augsburg, Assist.]: Zur pathologischen Anatomie und Pathogenese der Retinitis proliferans '(Manz)'. '(Aus d. Züricher Univ.-Augenklinik.)' ... M. e. Taf. (Aus: Arch. f. Augenheilk., Bd XXV.) Wiesbaden, J. F. Bergmann, 1892; 28 S., 1 Taf. 8.
Freiburg i. B., Med. Fak., Inaug.-Diss. v. 1892

Baniarz, A.: Kurze Abhandlung über die Polarisation des Lichtes und deren Anwendung. 28 S. 8°.
Progr. Troppau OR. 1855.

Banier, Antoine
— [deutsch] Erläuterung der Götterlehre und Fabeln aus der Geschichte. Übers. ... u. mit Anm. begleitet von Johann Adolph Schlegeln (2: u. Johann August Schlegeln; 3: Übers. von Johann Adolph Schlegeln ... u. mit Anm. begleitet von Johann Matthias Schroeckh; 4.5: Übers. u. mit Anm. begleitet von Johann Matthias Schroeckh). Bd 1-5. — Leipzig: Dyck 1754–66. 8° 1: Qb 1006.
2→8. 10. 12: Ant. 33. 14. 19→21. 23. 24. 26. 30. 34. 36. 39. 45. 46. 48. 51. 61. 75. 117. 300: 60 L 3. 302. 304.
10.12039

— — (6.7: Übers. von Johann Adolf Schlegel ... u. mit Anm. begleitet von Johann Matthias Schroeckh; 8-11: Übers. ... u. mit Anm. begleitet von Johann Matthias Schroeckh). Letzte, verb. Aufl. Bd 1-11. — Wien: Schrämbl 1790-91. 8°
12:Ant. 34. 22. 64. 302. 303. 304.
10.12040

— Mythologie, oder die Fabeln des Alterthums erklärt. Aus dem Französ. von J. M. Schröckh und Schlegel. Leipzig 754-66. 5 Thle. 8. 11 rthl.

Banik, Franz [Arzt aus Stanitz in Oberschlesien]: Über die Häufigkeit der thierischen Darmparasiten bei Kindern in München. (Aus der pädiatrischen Poliklinik des Prof. Dr. H. Ranke)... München, Jos. Ant. Finsterlin, 1886; 15 S. 8°.
München, Med. Fak., Inaug.-Diss. v. 1886.

Banik, Franz, über die Häufigkeit der thierischen Darmparasiten bei Kindern in München. (Aus der pädiatrischen Poliklinik des Prof. Dr. H. Ranke.) Diss. München 1886, A. Buchholz. 8°. 15 S.

Banim, Giovanni s. *Banim*, John.

Banim, John
Schreibt zusammen mit Michael Banim unter d. Pseudonym The O'Hara Family.

Banim, (John) der geächtete Bruder, gen. Hauptmann Reh. Ein romant. Gemälde a. d. Volksleben in Irland. A. d. Engl. übers. v. Wilh. Ad. Lindau. 2 Thle. 2., wohlf. Ausg. (nur geänd. Tit. 8. (26½ B.) [Celle 833, Schulze.]
Die 1. Aufl. erschien u. d. T.: Hauptmann Reh. Ein rom. Gem. 16. 8. (26½ B.) Dresden, Hilscher. 1830. 2 Thlr.

— [deutsch] Der Geisterjäger. Von der O'Hara Familie. Deutsch von L. v. Alvensleben. Bdch. 1. 2. — Leipzig: Kayser 1833. 8°
2. 14.
10.12070

— The Mayor of Wind-Gap and Canvassing. By the O'Hara Family. — Brussels: Wahlen; Frankfort o/M.: Wilmans 1835. 427 S. 8° (Wahlen's modern British Authors.)
Verf. der Schrift Canvassing ist Selina Martin.
17. 18. 26. 27. 30. 46. 52. 75.
10.12071

— [deutsch] Das Haus Nowlan, oder: Hang und Geschick. Ein irländisches Familiengemälde. [Übers.: Adolf Wagner.] Bdch. 1. 2. — Leipzig: Brockhaus 1835. 8°
7. 12:P. o. angl. 25i. 16.
10.12076

— [deutsch] Peter aus der alten Burg. Übers. von Wilhelm Adolf Lindau. Th. 1. 2. — Leipzig: Brockhaus 1834. 8°
1:Zd 6934/350. 7. 12:P. o. angl. 25h. 16. 27.
10.12079

— [deutsch] Hauptmann Reh. Ein romantisches Gemälde aus d. Volksleben in Irland. Übers. von Wilhelm Adolf Lindau. Th. 1. 2. — Dresden: Hilscher 1830. 8°
2.
10.12065

— Hauptmann Reh. Aus d. Engl. v. W. A. Lindau. 2 Thle. 8. Dresden 830. (Celle, Schulze.) 2 ₰

[—] [deutsch] Der Zwerg. Ein irländisches Sittengemälde. Übers. von E. L. Domeier geb. Gad. Th. 1. 2. — Hamburg: Campe 1828. 8°
2.
10.12056

Banise, ein Trauerspiel. [Leipzig 1743.] V: *Grimm, Friedr. Melchior v.* (MGT)

Banise, d. Asiatische, od. blutiges, doch muthiges Pegu. 2 Thle. 8. Lpz. 738—41.

— — dasselbe, v. H. A. v. Ziegler, beygefügt d. tapfern Herkuliskus. 2 Thle. 8. Königsb. Hartung. (Unzer.) 764.

Banise, der Deutschen, sonderbare Lebensgeschichte, (von Jh. Karl Eberhard). 8. Leipz. 752. Jacobäer. 3 ₰

Banise, Die Engelländische. Oder: Begebenheiten der Prinzessin von Sussex, in einer Liebes- und Heldengeschichte der curiösen Welt.
Franckfurt, Leipzig 1754. 8°

Banisetta, Der Europäischen, unvergleichlichen Schäferin, Liebes-Geschichte.
O.O. 1753. 8°

Baenitz
Referat aus den Vorträgen u. Discussionen des Casseler Geometervereins, betreffend die Aufnahme von Höhenschichtencurven bei Grundstückszusammenlegungen und die Verwendung des Aneroidbarometers dabei. Referent: **Baenitz**. Separatabdruck aus der Zeitschrift für Verm. 1882, Band XI., Heft 22.
Karlsruhe. 1882. Buchdruckerei von Malsch & Vogel. 8°.

Bänitz, A.W.: Das Stempel-Gesetz, s. Bänitz, G.A.W.

Baenitz, C.
— s. Arendt, Rud., Antwort auf den offenen Brief des Herrn Dr. C. B.

Baenitz, C.: Beiträge zur Flora, s. Baenitz, Carl

Baenitz, Carl
Baenitz (C.). Beitraege zur Flora des Koenigreichs Polen. Koenigsb. 1871. 4°.

Baenitz, C., Botanik f. gehobene Elementarschulen. Nach method. Grundsätzen bearb. Mit 268 in den Text eingedr. Holzschn. gr. 8. (IV, 180 S.) Berlin 878. Stubenrauch. n. 1. —

— Chemie und Mineralogie für gehobene Elementar- und höhere Mädchenschulen. Nach method. Grundsätzen bearb. 1.—3. verb. und verm. Aufl. gr. 8. (VIII, 108 S. mit 102 in den Text eingedr. Holzschn.) Ebendas. 875—79.

— Chemie u. Mineralogie f. gehob. Elementar- u. höh. Mädchenschulen. 3. Afl. 8. (108 m. H.) Ebd. 79. n. 1. —

Baenitz, C., Chemie f. Volksschulen. Nach method. Grundsätzen bearb. Mit 50 in den Text eingedr. Holzschn. gr. 8. (IV, 60 S.) Berlin 875. Stubenrauch. n. — 60

Baenitz, Carl: Flora der östlichen Niederlausitz. Mit bes. Berücks. der Umgebungen von Neuzelle, Guben. [Nebst] Nachtr. — Görlitz: Heyn (Nachtr.: Remer) 1861-68. 8°
1:Lx 9190. 2. 3. 10 [ᵒⁿ Nachtr.] 28.
9.8538

Baenitz, *C.*
— Flora der östlichen Niederlausitz. Mit besonderer Berücksichtigung der Umgebungen von Neuzelle, Guben, Sommerfeld und Sorau zum Gebrauche auf Excursionen. Görlitz, Heyn. (E. Remer) 1861. 8. XL, 162 p. (⅚ ₰) — * Nachtrag: ib. 1868. 8. 16 p.

Baenitz, C., Nord- und Mittel-Deutschlands Gramineen. Ein Herbarium mit Beiträgen von Ascherson, Lasch und Schäde, für Freunde der Botanik, wie auch für Landwirthe. 1. und 2. Lfg. Fol. (62 Bl. mit aufgeklebten Pflanzen.) Görlitz 861, [Remer.] à Lfg. * 1 Thlr. 7½ Ngr. *

Baenitz, C., Nord- und Mittel-Deutschlands Gramineen. Ein Herbarium mit Beiträgen von Ascherson, Lasch u. Schäde, für Freunde der Botanik, wie auch für Landwirthe Lfg. 1—5. (Mit aufgekl. Pflanzen.) Görlitz 1861—64. Bromberg 1865. Fol.

— Nord- und Mittel-Deutschlands Gramineen (Gräser.) Ein Herbarium mit Beiträgen von Ascherson, Lasch und Schäde, für Freunde der Botanik, wie auch für Landwirthe. 1. u. 2. Liefg. Ebend. 862. Fol. (62 Bl. mit aufgeklebten Pflanzen.) Jede Liefg. n. 1 ₰ 7½ ngr.

— Nord- u. Mittel-Deutschl. Gramineen [Gräser]. 1—5. Lfg. 2. Afl. Fol. (114 Bl.) Bromb. 62—65, Carow. n. 6. —

Baenitz, C., Nord- und Mittel-Deutschla... Gramineen (Gräser). Ein Herbarium mit Beiträgen v... Ascherson, Bochkolz, Fintelmann &c. für Freunde der Botanik, wie auch für Landwirthe hrsg. 3. und 4. Lfg. (2. Aufl. der 7. Lfg. des Herbars norddeutscher Pflanzen von W. Lasch und C. Baenitz.) Fol. (52 Blatt mit aufgeklebten Pflanzen.) Görlitz 863, (Remer). In Mappe *

— **Nord- u. Mittel-Deutschlands Gramineen** [Gräser]. Ein Herbarium mit Beiträgen von Ascherson, Bochkolz, Bolle &c. für Freunde der Botanik, wie auch für Landwirthe herßg. 5. Liefg. Bromberg 865. Carow in Comm. Fol. (13 Bll.) n. 1 *rf* 9 *ngr*

Baenitz, C., Grundzüge für den Unterricht in der Botanik. Nach method. Grundsätzen bearb. Mit 439 Abbildgn. auf 167 in den Text gedr. Holzschn. gr. 8. (IV, 96 S.) Bielefeld 887. Velhagen & Klasing. cart. n. 1. —

Grundzüge für den Unterricht in der Botanik. Nach method. Grunds. bearb. v. Dr. C. **Baenitz**. M. 470 Abb. ... 2., verm. u. verb. Aufl. *Bielefeld & Leipzig: Velhagen & Klasing 1896.* (2 Bl., 104 S.) 1 Bd 8. [96. 6651

Baenitz, C., Grundzüge f. den Unterricht in der Botanik. Nach method. Grundsätzen unter Mitwirkg. v. K. Kienast bearb. Mit üb. 470 Abbildgn. auf 179 in den Text gedr. Holzschn. 8., verm. u. verb. Aufl. gr. 8. (IV, 113 S.) Bielefeld 901. Velhagen & Klasing. Geb. n. 1. 10

Baenitz, C., Grundzüge f. den Unterricht in der Botanik. Auf biologisch-method. Grundlage unter Mitwirkg. v. H. Kienast bearb. Mit üb. 470 Abbildgn. auf 181 in den Text gedr. Holzschn. 4. verm. Aufl. (IV, 120 S.) gr. 8. Bielefeld 904. Velhagen & Klasing. Geb. n. 1. 10

Baenitz, C: Grundz. f. d. Unterr. in d. Botanik. Auf biologisch-method. Grundlage bearb. 5. Afl. (4, 132 m. Abb. u. 1 Kte.) gr8° Bielef., Velh. & Kl. '11. geb. 1.20

Baenitz, Carl

— Grundzüge für den Unterricht in der Chemie u. Mineralogie. Nach method. Grundsätzen bearb. Mit 76 in den Text gedr. Holzschn. gr. 8. (IV, 98 S.) Ebd. 888. cart. n. 1. —

Grundzüge für den Unterricht in der Chemie und Mineralogie. Nach method. Grundsätzen unter Mitw. d. Prof. Dr. R[einhart] **Blochmann** in Königsberg i. Pr. u. mit Berücks. d. chemischen Technologie bearb. von Dr. C[arl] **Baenitz**. Mit 82 Holzschn. 2., durchges. u. verm. Aufl. *Bielefeld & Leipzig: Velhagen & Klasing 1902.* (110 S.) 8° [03. 6005

Baenitz, C., Grundzüge f. den Unterricht in d. Physik. Nach method. Grundsätzen bearb. Mit 138 in den Text gedr. Holzschn. 12., verb. Aufl. der Physik für Volksschulen. gr. 8. (75 S.) Bielefeld 887. Velhagen & Klasing. cart. n. — 90

Baenitz, C., Grundzüge f. den Unterricht in der Physik. Nach method. Grundsätzen bearb. 13., verm. Aufl. der Physik f. Volksschulen. gr. 8. (VI, 74 S. m. 142 Holzschn.) Bielefeld 891. Velhagen & Klasing. Kart. n.n. — 90

— Grundzüge f. d. Unterricht i. d. Physik. N. method. Grundsätzen bearb. 14., verm. u. vorb. Aufl. gr. 8. (VI, 77 S. m. 143 Holzschn.) Ebd. 896. Kart. n.n. — 90

— Grundzüge f. den Unterricht in der Zoologie. Nach method. Grundsätzen bearb. Mit 225 Abbildgn. auf 154 in den Text gedr. Holzschn. gr. 8. (IV, 104 S.) Ebd. 886. cart. n. 1. —

Grundzüge für den Unterricht in der Zoologie. Nach method. Grundsätzen bearb. v. Dr. C. **Baenitz**. M. 226 Abb. Auf 162 in d. Text gedr. Holzschn. 2. verm. u. verb. Aufl. *Bielefeld & Leipzig: Velhagen & Klasing 1896.* (2 Bl., 109 S.) 1 Bd 8. [97. 2695

Grundzüge für den Unterricht in der Zoologie. Nach method. Grundsätzen unter Mitw. d. Oberl. Dr. H[erm.] **Kienast** bearb. von Dr. C[arl] **Baenitz**. Mit über 200 Abb. 3. verm. u. verb. Aufl. *Bielefeld & Leipzig: Velhagen & Klasing 1901.* (IV, 118 S.) 8° [01. 9439

Baenitz, C: Grundz. f. d. Unterr. in d. Zool. Unter Mitwirkg v. H Kienast bearb. 4. Afl. (126 m. H.) 8° Bielef., Velhagen & Kl. '04. Geb. 1.10

Baenitz (C.). Handbuch der Botanik in populärer Darstellung. Berlin, 1877. 8°. Ed. 2. 1880.

— Handbuch der Botanik in populärer Darstellung. Nach dem natürl. Systeme u. unter steter Berücksicht. des linné'schen Systems f. höhere Lehranstalten u. den Selbstunterricht bearb. Mit über 1700 Abbildgn. auf 663 in den Text gedr. Holzschn. 2., verb. u. stark verm. Aufl. gr. 8. (VI, 516 S.) Berlin 880. Stubenrauch. n. 4. —

— Ein Herbarium mit Beiträgen von Ascherson, Bochkolz, Fintelmann &c. für Freunde der Botanik, wie auch für Landwirthe herausg. 3. u. 4. Liefg. (2. Aufl. der 7. Liefg. des Herbars norddeutscher Pflanzen von W. Lasch und C. Baenitz.) Ebend. 863. Fol. (52 Bl. mit aufgeklebten Pflanzen.) n. 2 *rf* 6 *ngr*

— Herbarium für Landwirthe. 4. Aufl. gr. Fol. (50 Taf. mit aufgeklebten Pflanzen mit 19 S. Text in gr. 8.) Berlin 867. Görlitz, Remer. *

— und W. Lasch, Herbarium norddeutscher Pflanzen, s. Lasch, W.

— **Herbarium norddeut. Pflanzen.** 4. Lfg. [2. Afl.] Fol. (8 Bl.) Görl. 64. (Bromb., Carow.) n. — 24
cf.: Lasch, W.

— Herbarium norddeutscher Pflanzen für angehende Lehrer, Pharmaceuten und alle Freunde der Botanik. 4. Lfg. 2. Aufl. Fol. (8 Blatt mit aufgeklebten Pflanzen.) Görlitz 864, (Remer.) In Mappe *
Vgl.: Lasch, W., und C. Baenitz, Herbarium.

— Herbarium meist seltener und kritischer Pflanzen Nord- und Mitteldeutschlands. 1.—3. Lfg. gr. Fol. Görlitz 867,68, (Remer.) [1. Lfg. (83 Blatt mit aufgeklebten Pflanzen.) * 4 Thlr., 2. Lfg. (87 Blatt mit aufgeklebten Pflanzen.) * 4 Thlr. 5 Ngr., 3. Lfg. (20 Blatt mit aufgeklebten Pflanzen.) * 1 Thlr. 15 Ngr.] In Mappe *

— und G. Limpricht, Nord- und Mittel-Deutschlands Junca-ceen und Cyperaceen (Halbgräser). Ein Herbarium mit Beiträgen von Ascherson, Bochkolz, Gallee &c. für Freunde der Botanik, wie auch für Landwirthe hrsg. 1. Lfg. (2. Aufl. der 6. Lfg. des Herbars norddeutscher Pflanzen von W. Lasch und C. Baenitz.) Fol. (47 Blatt mit aufgeklebten Pflanzen.) Görlitz 863, (Remer.) In Mappe *

— Nord- und Mittel-Deutschlands Juncaceen und Cyperaceen (Halbgräser). Ein Herbarium mit Beiträgen von Ascherson, Bochkolz, Gallee &c. für Freunde der Botanik wie auch für Landwirthe hrsg. 2. Lfg. Fol. (30 Blatt mit aufgeklebten Pflanzen.) Bromberg 865, (Carow.) In Mappe *
Die 1. Lfg. ist von Baenitz und G. Limpricht herausgegeben, vgl. diese.

Lehrbuch der Botanik in gemeinfaßlicher Darstellung. Auf biolog.-method. Grundlage f. gehobene u. höh. Lehranst. ... bearb. von Dr. C[arl] **Baenitz**. Mit 8 Taf., 1 pflanzengeogr. Karte u. 1380 Einzelabb. 8., umgearb. Aufl. Bielefeld & Leipzig: Velhagen & Klasing 1906. (VI, 397 S.) 8° [07. 3374

Baenitz (C.). Lehrbuch der Botanik in populaere Darstellung. (Ausgaben A. und B.) Berlin, 1877. 8°.

Baenitz, C., Lehrbuch der Botanik in populärer Darstellung. Ausg. B. Nach dem natürl. Systeme und unter steter Berücksicht. des Linné'schen Systems für Gymnasien, Realschulen, Seminarien, Präparandenanstalten, landwirthschaftl. Institute etc. bearb. gr. 8. (VI, 274 S. mit 443 in den Text gedr. Holzschn.) Berlin 877, Stubenrauch. *

— Lehrbuch der Botanik in populärer Darstellung. Ausg. A. Nach method. Grundsätzen für gehobene Lehranstalten, sowie zum Selbstunterrichte bearb. 1. Aufl. (VIII, 274 S. mit 451 in den Text gedr. Holzschn.) 1877. und 2. verm. und verb. Aufl. gr. 8. (VIII, 292 S. mit 462 in den Text gedr. Holzschn.) Ebendas. 878. *

Baenitz, C., Lehrbuch der Botanik in populärer Darstellung. Ausg. A. Nach method. Grundsätzen f. gehobene Lehranstalten, sowie zum Selbstunterrichte bearb. Mit über 1200 Abbildgn. auf 517 in den Text gedr. Holzschn. 3., verm. u. verb. Aufl. gr. 8. (VI, 314 S.) Berlin 880. Stubenrauch. n. 2. —

Baenitz, C., Lehrbuch der Botanik in populärer Darstellung. Nach method. Grundsätzen f. gehobene Lehranstalten, sowie zum Selbstunterrichte bearb. Mit 1530 Abbildgn. auf 595 in den Text gedr. Holzschn. u. 1 pflanzengeograph. (chromolith.) Karte. 4. Aufl. gr. 8. (VIII, 366 S.) Berlin 884. Stubenrauch. geb. n. 2. 75

— Lehrbuch der Botanik in populärer Darstellung. Nach method. Grundsätzen f. gehobene Lehranstalten, sowie zum Selbstunterrichte bearb. Mit 1499 Abbildgn. auf 555 in den Text gedr. Holzschn. u. 1 pflanzengeograph. Karte. 5., verb. Aufl. gr. 8. (VIII, 346 S.) Ebd. 887. n. 2. 75

— Lehrbuch der Botanik in populärer Darstellung. Nach method. Grundsätzen f. gehobene Lehranstalten, sowie zum Selbstunterrichte bearb. Mit 1468 Abbildgn. auf 552 in den Text gedr. Holzschn. u. 1 pflanzengeographischen Karte. 6., verm. Aufl. gr. 8. (VI, 356 S.) Ebd. 894. n. 2. 80

Lehrbuch der Botanik in populärer Darstellung. Nach method. Grundsätzen f. gehobene Lehranst., sowie z. Selbstunterr. unter bes. Berücks. d. essbaren u. giftigen Pilze bearb. von Dr. C[arl] **Baenitz**. Mit über 1400 Abb., 2 farb. Pilztaf. u. 1 pflanzengeogr. Karte. 7. verm. u. verb. Aufl. *Bielefeld & Leipzig: Velhagen & Klasing* 1899. (304 S.) 8° ℳ 3.—

Baenitz, C., Lehrbuch der anorganischen Chemie in populärer Darstellung. Nach method. Grundsätzen für gehobene Lehranstalten, sowie zum Selbstunterrichte bearb. gr. 8. (IX, 137 S. mit 132 in den Text gedr. Holzschn. und 1 Farbentaf.) Berlin 873, Stubenrauch. *

—— Lehrbuch der Chemie und Mineralogie in populärer Darstellung. Nach method. Grundsätzen für gehobene Lehranstalten, sowie zum Selbstunterrichte bearb. 1. Thl.: Chemie. 2. und 3. verm. und verb. Aufl. gr. 8. (XII, 165 S. mit 146 in den Text gedr. Holzschn. und 1 Farbentaf.) Ebendas. 875,78. *

—— dass. — 2. Thl.: Mineralogie. Mit 90 in den Text gedr. Holzschn. 1. Aufl. (VI, 74 S.) 1877. * 80 Pf. und 2. verm. und verb. Aufl. gr. 8. (VI, 77 S.) Ebendas. 879. *

— Lehrbuch der Chemie u. Mineralogie in populärer Darstellung. Nach method. Grundsätzen f. gehobene Lehranstalten sowie zum Selbstunterrichte bearb. 2 Thle. gr. 8. Ebend. 879. 82. n. 3. —

1. Chemie. Mit 146 in den Text gedr. Holzschn. u. einer Farbentaf. 4., verm. u. verb. Aufl. 8. (VIII, 224 S.) n. 2. —
2. Mineralogie. Mit 104 in den Text gedr. Holzschn. 2., verm. u. verb. Aufl. (VI, 77 S.) n. 1. —

— Lehrbuch der Chemie und Mineralogie unter besond. Berücksicht. der chemischen Technologie in populärer Darstellung. Nach method. Grundsätzen für gehobene Lehranstalten, sowie zum Selbstunterrichte bearb. 2 Thle. gr. 8. Ebendas. geb. à Thl. *ℳ 2. *

Inhalt:

Thl. 1. Chemie. 4. verb. und bedeutend verm. Aufl. (VIII, 224 S. mit 202 in den Text gedr. Holzschn. und 1 Farbentaf.) 882.
» 2. Mineralogie. 3. verb. und stark verm. Aufl. (VIII, 135 S. mit 183 Abbild. auf 159 in den Text gedr. Holzschn.) 884.

—— Lehrbuch der Chemie u. Mineralogie in populärer Darstellg. 2. Tl.: Mineralogie. Mit 194 Abbildgn. auf 165 in d. Text gedr. Holzschn. 4. verb. u. verm. Aufl. gr. 8. (VIII, 144 S.) Ebd. 890. * 2 20; geb. * 2 50
1. Tl.: Chemie. Ebd. 1885. * 2 50.

— Lehrbuch der Chemie u. Mineralogie unter besond. Berücksicht. der chemischen Technologie in populärer Darstellung. Nach method. Grundsätzen f. gehobene Lehranstalten, sowie zum Selbstunterricht bearb. 1. Tl.: Chemie. Mit 214 in den Text gedr. Holzschn. u. 1 Farbentaf. 5., verb. u. verm. Aufl. gr. 8. (VIII, 248 S.) Ebd. 885. n. 2. 50

— Lehrbuch der Chemie u. Mineralogie in populärer Darstellung. Nach method. Grundsätzen f. gehobene Lehranstalten, sowie zum Selbstunterrichte bearb. 2. Tl.: Mineralogie. Mit 194 Abbildgn. auf 165 in den Text gedr. Holzschn. 4., verm. Aufl. gr. 8. (VIII, 144 S.) Ebd. 892. n. 2. 20

— Lehrbuch d. Chemie u. Mineralogie unt. bes. Berücksicht. d. chem. Technologie i. populärer Darstellg. N. method. Grundsätzen f. gehob. Lehranst., sow. z. Selbstunterr. unt. Mitwirkg. v. R. Blochmann bearb. 1. Tl.: Chemie. M. 216 i. d. Text gedr. Holzschn. u. 1 Farbentaf. 6., umgearb. u. verm. Aufl. gr. 8. (VIII, 305 S.) Ebd. 895. Geb. n. 3. —

Baenitz, C., Lehrbuch der **Chemie** u. **Mineralogie** in populärer Darstellung. Nach method. Grundsätzen f. gehobene Lehranstalten, sowie zum Selbstunterrichte bearb. 2. Tl.: Mineralogie. Mit 206 Abbildgn. auf 176 in den Text gedr. Holzschn. 5. verb. u. verm. Aufl. gr. 8. (VIII, 158 S.) Bielefeld 898. Velhagen & Klasing. Geb. 2. 50

BAENITZ, C.
Lehrbuch der organischen Chemie in populärer Darstellung. Nach methodischen Grundsätzen für gehobene Lehranstalten, sowie zum Selbstunterrichte bearbeitet. Berlin, 1873. 8vo. III.

—— u. **Kopka**, Lehrb. d. Geographie. 1. Tl.: Untere u. mittlere Stufe. 8. (288 m. Il. u. Kart.) Bielef. 84, Velhagen & K. *n.* 2. 50; cart. *n.* 2. 80; in Halbfrz. geb. *n.* 3. —

—— —— dass. — 1. Thl. 1. Kursus: Untere Stufe. 2. unveränd. Abdr. gr. 8. (III, 76 S. mit 82 farb. Karten und 14 Holzschn.) Ebendas. 884. *

— u. **Kopka**, Lehrbuch der Geographie. Nach method. Grundsätzen f. gehobene u. höhere Lehranstalten unter Mitwirkg. der Geograph. Anstalt v. Velhagen & Klasing in Leipzig bearb. 2 Tle. gr. 8. Bielefeld 885. Velhagen & Klasing. cart. n. 8. 10; geb. n. 8. 50

1. Untere u. mittlere Stufe. Mit 57 farb. Karten u. 143 Holzschn. 2. Aufl. (VIII, 289 S.) cart. n. 3. 80; geb. n. 4. —
2. Obere Stufe. Mit 32 farb. Karten u. 102 Holzschn. (VIII, 338 S.) n. 4. 30; geb. n. 4. 50

— u. **Kopka**, Lehrbuch der Geographie. Nach method. Grundsätzen f. gehobene u. höhere Lehranstalten bearb. Mit 62 farb. Karten u. 117 Holzschn. 3. Aufl., hrsg. v. W. Petzold. gr. 8. (VII, 302 S.) Ebd. 892. n. 3. 50

— u. **Kopka**, Lehrbuch d. Geographie. N. method. Grundsätzen f. gehob. u. höh. Lehranst. M. 62 farb. Karten u. 117 Holzschn. 4., durchges. Aufl. gr. 8. (VII, 302 S.) Ebd. 896. Geb. in Halbldr. n. 4. —

— u. **Kopka**, Lehrbuch der Geographie. Nach method. Grundsätzen f. gehobene u. höh. Lehranstalten Mit 62 farb. Karten u. 117 Holzschn. 5. durchgesch. Aufl. gr. 8. (VII, 302 S.) Ebd. 902. Geb. in Halbldr. n. 4. —

— Lehrbuch der **Physik** in populärer Darstellung. Nach method. Grundsätzen für gehobene Lehranstalten, sowie zum Selbstunterricht bearb. Mit 167 in den Text eingedr. Holzschn. Berlin 871. Stubenrauch. gr. 8. (X, 154 S.) n. 1⅓ ℳ

Baenitz C, Lehrbuch der Physik in populärer Darstellung. 2. Auflage. Berlin 1872

—— Lehrb. d. Physik in popul. Darstellg. 3. Afl. 8. (176) Ebd. 74. n. 2. —

—— Lehrbuch der Physik in populärer Darstellung. Nach method. Grundsätzen für gehobene Lehranstalten, sowie zum Selbstunterrichte bearb. 4. und 5. verm. und verb. Aufl. (XVIII, 178 S. mit 221 in den Text gedr. Holzschn. und 1 Farbentaf.) 1876. und 6. und 7. verm. und verb. Aufl. gr. 8. (XVI, 184 S. mit 289 in den Text gedr. Holzschn. und 1 Farbentaf.) Ebendas. 878,79. *

— Lehrbuch der Physik in populärer Darstellung. Nach method. Grundsätzen für gehobene Lehranstalten, sowie zum Selbstunterrichte bearb. 8. verm. und verb. Aufl. gr. 8. (XVI, 188 S. mit 307 Abbild. auf 268 in den Text gedr. Holzschn. und 1 Farbentaf.) Berlin 880, Stubenrauch. *

— Lehrbuch der Physik in populärer Darstellung. Nach method. Grundsätzen f. gehobene Lehranstalten, sowie zum Selbstunterrichte bearb. Mit 482 Abbildgn. auf 418 in den Text gedr. Holzschn. u. 1 Farbentaf. 9. Aufl. gr. 8. (VII, 258 S.) Berlin 885. Stubenrauch. geb. n. 2. 50

— Lehrbuch der Physik in populärer Darstellung. Nach method. Grundsätzen f. gehobene Lehranstalten, sowie zum Selbstunterrichte bearb. Mit 491 Abbildgn. auf 418 in den Text gedr. Holzschn. u. 1 Farbentaf. 10., verb. Aufl. gr. 8. (VII, 248 S.) Ebd. 888. n. 2. —

— Lehrbuch der Physik in populärer Darstellung. Nach method. Grundsätzen f. gehobene Lehranstalten, sowie zum Selbstunterrichte bearb. Mit 510 Abbildgn. auf 427 in den Text gedr. Holzschn. u. 1 Farbentaf. 11., verb. Aufl. gr. 8. (VI, 257 S.) Bielefeld 891. Velhagen & Klasing. Geb. n. 2. 50

Baenitz, C., Lehrbuch d. Physik in populärer Darstellg. N. method. Grundsätzen f. gehob. Lehranst., sow. z. Selbstunterr. unt. Mitwirkg. v. W. Weiler bearb. M. üb. 500 Abb. a. 440 i. d. Text gedr. Holzschn. u. 1 Farbentaf. 12., verb. u. stark verm. Aufl. gr. 8. (VI, 277 S.) Bielefeld 895. Velhagen & Klasing. n. 2. 50

— Lehrbuch der Physik in populärer Darstellung. Nach method. Grundsätzen f. gehobene Lehranstalten, sowie zum Selbstunterrichte unter Mitwirkg. v. W. Weiler bearb. Mit üb. 500 Abbildgn. auf 483 in den Text gedr. Holzschn. u. 1 Farbentaf. 13., verb. u. verm. Aufl. gr. 8. (VIII, 287 S.) Ebd. 900. n. 2. 60; geb. n. 3. —

— Lehrbuch der Zoologie in gemeinfasslicher Darstellung. Nach method. Grundsätzen f. gehobene u. höhere Lehranstalten, sowie zum Selbstunterrichte unter Mitwirkg. v. H. Kienast bearb. Mit üb. 800 Einzelabbildgn. auf 581 in den Text gedr. Holzschn. u. e. (farb.) Karte „Tierregionen der Erde" nach A. R. Wallace. 10., vollständig durchgesch. u. verm. Aufl. (VI, 373 S.) gr. 8. Ebd 902. Geb. n. 3. 40

— Lehrbuch der Zoologie in populärer Darstellung. Nach method. Grundsätzen für gehobene Lehranstalten, sowie zum Selbstunterrichte bearb. 1. und 2. Aufl. (VIII, 280 S. mit 882 in den Text gedr. Holzschn.) 1876. und 3. verm. und verb. Aufl. gr. 8. (VI, 281 S. mit 477 in den Text gedr. Holzschn.) Ebendas. 878. *

Baenitz C, Lehrbuch der Zoologie in populärer Darstellung. Berlin 1877

— Lehrbuch der Zoologie in populärer Darstellung. Nach method. Grundsätzen f. gehobene Lehranstalten, sowie zum Selbstunterrichte bearb. Mit 720 Abbildgn. auf 519 in den Text gedr. Holzschn. 4., verm. u. verb. Aufl. gr. 8. (VI, 293 S.) Ebend. 880. n. 2. —

— dass. — 5. verm. und verb. Aufl. gr. 8. (VII, 326 S. mit 792 Abbild. auf 552 in den Text gedr. Holzschn.) Ebendas. 880. geb. *

Baenitz, C., Lehrbuch der Zoologie in populärer Darstellung. Nach method. Grundsätzen f. gehobene Lehranstalten, sowie zum Selbstunterrichte bearb. Mit 792 Abbildgn. auf 552 in den Text gedr. Holzschn. 5. Aufl. gr. 8. (VII, 326 S.) Berlin 884. Stubenrauch. geb. n. 2. 50

— dass. — 6. verm. und verb. Aufl. Mit 887 Abbild. auf 579 in den Text gedr. Holzschn. und 1 Karte „Tierregionen der Erde" nach A. R. Wallace. gr. 8. (VIII, 350 S.) Ebendas. 884. geb. *

Baenitz, C., Lehrbuch der Zoologie in populärer Darstellung. Nach method. Grundsätzen f. gehobene Lehranstalten, sowie zum Selbstunterricht bearb. Mit 850 Abbildgn. auf 636 in den Text gedr. Holzschn. u. 1 Karte „Tierregionen der Erde" nach A. R. Wallace. 8., verm. Aufl. gr. 8. (VIII, 341 S.) Bielefeld 890. Velhagen & Klasing. n. 2. 80

Lehrbuch der Zoologie in populärer Darstellung. Nach method. Grundsätzen f. gehob. Lehranst., sowie z. Selbstunterrichte bearb. v. Dr. C. Baenitz. M. üb. 800 Einzelabb. auf 524 in d. Text gedr. Holzschn. u. 1 Kt. 'Tierregionen d. Erde' nach A. R. Wallace. 9., verb. u. verm. Aufl. *Bielefeld & Leipzig: Velhagen & Klasing 1895.* (VI, 356 S., 1 Kt.) 1 Bd 8. [90. 6c68

— Leitfaden f. den Unterricht in der Botanik. Nach method. Grundsätzen bearb. Mit 754 Abbildgn. auf 275 in den Text gedr. Holzschn. 2., fast unveränd. Aufl. gr. 8. (IV, 164 S.) Ebend. 880. n. 1. —

— dass. — 3. verb. und verm. Aufl. gr. 8. (IV, 180 S. mit 803 Abbild. auf 296 in den Text gedr. Holzschn.) Ebendas. 883. +

— Leitfaden f. den Unterricht in der Botanik. Nach method. Grundsätzen bearb. Mit 803 Abbildgn. auf 296 in den Text gedr. Holzschn. 4. Aufl. gr. 8. (IV, 195 S.) Ebend. 884. n. 1. 50

— Leitfaden f. den Unterricht in der Botanik. Nach method. Grundsätzen bearb. Ausg. A. Nach dem Linnéschen Systeme. Mit 819 Abbildgn. auf 302 in den Text gedr. Holzschn. 6., verm. Aufl. gr. 8. (IV, 208 S.) Ebd. 892. n. 1. 50

— dasselbe. Ausg. B Nach dem natürl. Systeme. 6., verm. Aufl. gr. 8. (IV, 206 S. m. 810 Abbildgn. auf 296 in d. Text gedr. Holzschn.) Ebd. 893. Geb. n.n. 1. 75

Leitfaden für den Unterricht in der Botanik. Nach method. Grunds. bearb. v. Dr. C. Baenitz. Ausg. A. Nach d. Linnéschen Syst. M. üb. 800 Abb. auf 296 in d. Text gedr. Holzschn. 7., verb. u. verm. Aufl. *Bielefeld & Leipzig: Velhagen & Klasing 1896.* (IV, 211 S.) 1 Bd 8. [96. 7648

Leitfaden für den Unterricht in der Botanik. Nach method. Grunds. bearb. v. Dr. C. Baenitz. Ausg. B. Nach d. natürl. Syst. M. 800 Abb. auf 296 in d. Text gedr. Holzschn. 7., verb. u. verm. Aufl. *Bielefeld & Leipzig: Velhagen & Klasing 1896.* (IV, 212 S.) 1 Bd 8. [96. 7649

Leitfaden für den Unterricht in der Botanik. Nach method. Grundsätzen unter Mitw. d. Oberl. Dr. H[erm.] Kienast bearb. von Dr. C[arl] Baenitz. Ausgabe A. Nach d. Linnéschen Syst. Mit über 800 Abb. u. 2 Taf. 8. verb. u. verm. Aufl. *Bielefeld & Leipzig: Velhagen & Klasing 1901.* (IV, 222 S.) 8° [04. 9444

Leitfaden für den Unterricht in der Botanik. Nach method. Grundsätzen unter Mitw. d. Oberl. H[erm.] Kienast bearb. von Dr. C[arl] Baenitz. Ausg. B. Nach d. natürl. Syst. Mit über 800 Abb. u. 2 Taf. 8. verb. u. verm. Aufl. *Bielefeld & Leipzig: Velhagen & Klasing 1901.* (IV, 223 S.) 8° [04. 9440

— Leitfaden f. den Unterricht in der Botanik. Auf biologisch-method. Grundlage bearb. Ausg. B. Nach dem natürl. Systeme. Mit 8 Taf. in Farbendr., 1 pflanzengeograph. Karte u. üb. 800 Abbildgn. auf 314 in den Text gedr. Holzschn. 9., verb. u. verm. Aufl. (VI, 246 S.) gr. 8. Ebd. 905. Geb. n. 2 50

— Leitfaden f. den Unterricht in der Chemie u. Mineralogie. Nach method. Grundsätzen bearb. Mit 131 in den Text gedr. Holzschn. 4., verb. u. stark verm. Aufl. gr. 8. (VII, 120 S.) Ebend. 881. n. 1. —

— Leitfaden für den Unterricht in der Chemie und Mineralogie. 4. Aufl. 1882. —.60

— Leitfaden f. den Unterricht in der Chemie. Unter Berücksicht. der Mineralogie u. der chem. Technologie nach method. Grundsätzen bearb. Mit 181 in den Text gedr. Holzschn. 5., umgearb. Aufl. gr. 8. (VIII, 190 S. m. 1 farb. Spectraltaf.) Ebd. 887. n. 1. 70

Leitfaden für den Unterricht in der Chemie. Unter Mitw. von Prof. Dr. R[einhart] Blochmann in Königsberg i. Pr. u. mit Berücks. d. Mineralogie u. d. chem. Technol. nach method. Grundsätzen bearb. von Dr. C[arl] Baenitz. Mit 159 Holzschn. u. 1 Spektraltaf. 6., verb. u. verm. Aufl. *Bielefeld & Leipzig: Velhagen & Klasing 1899.* (VIII, 203 S.) 8° [00. 975

— Leitfaden f. den Unterricht in der Physik. Nach method. Grundsätzen bearb. Mit über 200 Abbildgn. auf 177 in den Text gedr. Holzschn. u. 1 Farbentaf. gr. 8. (IV, 120 S.) Ebend. 880. n. 1. —

— Leitfaden f. den Unterricht in der Physik. Nach method. Grundsätzen bearb. Mit 269 Abbildgn. auf 236 in den Text gedr. Holzschn. u. 1 Farbentaf. 2. Aufl. gr. 8. (IV, 148 S.) Ebend. 885. geb. n. 1. 50

— Leitfaden f. den Unterricht in der Physik. Nach method. Grundsätzen bearb. Mit 243 in den Text gedr. Holzschn. u. 1 Farbentaf. 3., verb. Aufl. gr. 8. (IV, 150 S.) Ebd. 888. n. 1. 20

— dass. in d. Physik. 4. Afl. 8° (151 m. Il. u. 1 Farbentaf.) Ebd. 91. Geb. 1.50 ‖ 5. Afl. Unter Mitwirkg v. W Weiler bearb. (162 m. Il. u. 1 Farbentaf.) 94. n.n. 1.30; geb. 1.60

Leitfaden für den Unterricht in der Physik. Nach method. Grundsätzen unt. Mitw. d. Prof. W. Weiler in Esslingen bearb. v. Dr. C. Baenitz. M. über 300 Abb. . . . u. 1 Farbentaf. 6. verb. Aufl. *Bielefeld & Leipzig: Velhagen & Klasing 1896.* (IV, 164 S., 1 Taf.) 1 Bd 8. [96. 6838

Leitfaden für den Unterricht in der Physik. Nach method. Grundsätzen unter Mitw. des Prof. W. Weiler in Esslingen bearb. von Dr. C[arl] Baenitz. Mit über 300 Abb. u. 1 Farbentaf. 7. verb. Aufl. *Bielefeld & Leipzig: Velhagen & Klasing 1899.* (IV, 166 S.) 8° [00. 976

— dasselbe in der Physik. Nach method. Grundsätzen unter Mitwirkg. v. W. Weiler bearb. Mit üb. 300 Abbildgn. auf 259 in den Text gedr. Holzschn. u. 1 Farbentaf. 8. verb. Aufl. (IV, 168 S) gr. 8. Ebd. 903. Geb. in Leinw. n. 1. 80

— Leitfaden f. den Unterricht in der Zoologie. Nach method. Grundsätzen bearb. Mit 360 Abbildgn. auf 281 in den Text gedr. Holzschn. 2., verm. u. verb. Aufl. gr. 8. (IV, 186 S.) Ebend. 880. n. 1. 20

— Leitfaden f. den Unterricht in der Zoologie. Nach method. Grundsätzen bearb. Mit 448 Abbildgn. auf 314 in den Text gedr. Holzschn. 3., verm. u. verb. Aufl. gr. 8. (IV, 228 S.) Ebend. 884. geb. n. 1. 75

—— Leitfaden für den Unterricht in der Zoologie. Nach method. Grundsätzen bearb. 4. verm. und verb. Aufl. gr. 8. (IV, 224 S. mit 480 Abbild. auf 324 in den Text gedr. Holzschn.) Ebendas. 887. *

— Leitfaden f. den Unterricht in der Zoologie. Nach method. Grundsätzen bearb. Mit 487 Abbildgn. auf 327 in den Text gedr. Holzschn. 5., verm. u. verb. Aufl. gr. 8. (IV, 227 S.) Ebd. 890. n. 1. 50

— Leitfaden f. den Unterricht in der Zoologie. Nach method. Grundsätzen bearb. Mit üb. 500 Abbildgn. auf 335 in den Text gedr. Holzschn. u. 1 (farb.) Karte: „Tierregionen der Erde" nach A. R. Wallace. 6., verm. Aufl. gr. 8. (IV, 246 S.) Ebd. 894. Geb. n. 2. —

— Leitfaden f. d. Unterricht i. d. Zoologie. N. method. Grundsätzen bearb. M. üb. 500 Abb. a. 335 i. d. Text gedr. Holzschn. u. e. (farb.) Karte: „Tierregionen d. Erde" n. A. R. Wallace. 7., verm. u. verb. Aufl. gr. 8. (IV, 249 S.) Ebd. 898. Geb. n. 2 50

— Leitfaden f. den Unterricht in der Zoologie. Nach method. Grundsätzen unter Mitwirkg. v. H. Kienert bearb. Ausg. A. Nach der method. u. system. Anordng. der früh. Auflagen. Mit üb. 500 Einzelabbildgn. auf 336 in den Text gedr. Holzschn. u. e. (farb.) Karte: „Tierregionen der Erde" nach A. R. Wallace. 8. vollst. durchgesch. u. verm. Aufl. gr. 8. (IV, 262 S.) Ebd. 902. Geb. in Leinw. n. 2. 20

Leitfaden für den Unterricht in der Zoologie. Nach method. Grundsätzen unter Mitw. d. Prof. Dr. H[ermann] Kienast bearb. von Dr. C[arl] Baenitz. Ausg. B. Nach d. neuen Lehrplänen ⟨1901⟩ f. d. höh. Schulen Preußens. Mit über 500 Einzelabb. u. 1 Karte. 8. Aufl. *Bielefeld & Leipzig: Velhagen & Klasing 1903.* (IV, 260 S.) 8° [03. 6484

Leitfaden für den Unterricht in der Zoologie. Auf biolog.-method. Grundlage bearb. von Dr. C[arl] Baenitz. Ausg. A. Nach d. method. u. systemat. Anordnung d. früheren Aufl. Mit 8 Taf., 1 Karte u. über 500 Einzelabb. 9., stark verm. Aufl. Bielefeld & Leipzig: Velhagen & Klasing 1906. (IV, 282 S.) 8° [07. 3373

Leitfaden für den Unterricht in der Zoologie. Auf biolog.-method. Grundlage bearb. von Dr. C[arl] Baenitz. Ausg. B. Nach d. neuen Lehrplänen ⟨1901⟩ f. d. höh. Schulen Preußens. Mit 8 Taf., 1 Karte u. über 500 Einzelabb. 9., stark verm. Aufl. Bielefeld & Leipzig: Velhagen & Klasing 1996. (IV, 278 S.) 8° [07. 3374

Baenitz, C., Nachtrag zur Flora der östlichen Niederlausitz. Mit besonderer Berücksichtigung der Umgebungen von Neuzelle, Guben, Sommerfeld rc. zum Gebrauche auf Excursionen bearb. Görlitz 868. Remer. 16. (16 S.) n. 2 ngr.

—— Naturgeschichte für Volksbücher. Mit Berücksichtigung des Münsterberger Volksschul-Lesebuchs bearb. 8. (56 S.) Görlitz 863, Remer. *

—— Naturgesch. f. Volksch. Asg. A. Mit Berücksicht. d. Leseb. v. Fix, Hästers, Preuss u. Vetter etc. bearb. 8. (58) Görl. 64, Remer. n. — 2; geb. n.n. — 2½

— Naturgeschichte für Volksschüler. Ausg. A. Mit Berücksichtigung der Volksschul-Lesebücher von Fix, Hästers, Preuß u. Vetter, Theel, Wetzel rc. bearb. Ebend. 864. 8. (58 S.) n. 2 ngr.

Baenitz, C., Naturgeschichte für Volksschüler. Ausg. B. (Schlesien.) Mit Berücksichtigung des Münsterberger Volksschul-Lesebuchs bearb. 2., verb. Aufl. 8. (56 S.) Görlitz 864, Remer. * 2 Ngr.; geb. *

—— Physik für Volksschulen. Nach method. Grundsätzen bearb. 1. Aufl. (mit 63 Holzschn.) 1871, und 2. verm. und verb. Aufl. gr. 8. (VIII, 54 S. mit 77 in den Text gedr. Holzschn.) Berlin 873, Stubenrauch. *

—— Physik für Volksschulen. Nach method. Grundsätzen bearb. 7. verm. und verb. Aufl. (VI, 58 S. mit 98 in den Text eingedr. Holzschn.) 1877. und 8. und 9. verm. und verb. Aufl. gr. 8. (64 S. mit 108 in den Text eingedr. Holzschn.) Ebendas. 879. *

— Physik f. Volksschulen. Nach method. Grundsätzen bearb. Mit 115 in den Text eingedr. Holzschn. 10., verm. u. verb. Aufl. gr. 8. (64 S.) Ebend. 880. n. — 60

Baenitz, C, Physik f. Volksschulen. 11. Afl. 8. (70 m. Il.) Berl. 84. Stubenrauch. geb. n.n. — 90

— Über Schulbuchfabrikation und Benutzung fremden geistigen Eigentums. Erörtert an Rud. Arendts Lehrbuch der anorganischen Chemie. — Berlin: Stubenrauch 1886. 10 S. 8° 47. 9.8539

— der naturwissenschaftliche Unterricht in Bürger-, Mittel- u. höheren Töchterschulen. Methodisch beleuchtet. Berlin 869. Bornträger. gr. 8. (68 S.) n. 8 ngr.

— der naturwissenschaftliche Unterricht in gehobenen Lehranstalten. Methodisch beleuchtet u. mit Lehrplänen u. Hinweisgn. auf die hierher gehör. Litteratur u. die geeigneten Lehrmittel versehen. Mit 60 in den Text gedr. Holzschn. 2., stark verm. Aufl. gr. 8. (III, 340 S.) Berlin 883. Bornträger. n. 5. —

—— der naturgeschichtliche Unterrichtsstoff des Münsterberger Volksschul-Lesebuchs. Systematisch geordnet und für Lehrer bearb. 3 Hefte. gr. 8. Görlitz 863, Remer. *

Inhalt:

Heft 1. Zoologie. (X und 89 S.) * 8 Ngr.
" 2. Botanik. (IV und 85 S.) * 8 Ngr.
" 3. Mineralogie. (III und 46 S.) * 4 Ngr.

—— naturgeschichtlicher Unterrichtsstoff für die Volksschule. Ausg. A. Mit Berücksichtigung der Volksschul-Lesebücher von Fix, Haesters, Preuß und Vetter, Theel, Wetzel rc. für Lehrer bearb. gr. 8. (VIII und 216 S.) Görlitz 864, Remer. *

— Zoologie für gehobene Elementarschulen. Nach method. Grundsätzen bearb. Mit 280 in den Text eingedr. Holzschn. gr. 8. (IV, 188 S.) Berlin 878. Stubenrauch. n. 1. —

Bänitz, G.A.W.

Bänitz, Das Stempelgesetz für die Königl. preussischen Staaten vom 7. März 1822. Landsberg a. d. W. und Driesen 1846. Fol.

Bänitz, G. A. W., das Stempel-Gesetz für die kön. preuß. Staaten v. 7. März 1822 in den Ergänzungen und Erläuterungen, z. prakt. Gebrauch f. Beamte, Geschäfts- u. Privatleute, mit besond. Rücksicht auf die mit dem Kostenliquidiren beschäftigten Justiz-Beamten zusammengestellt. Fol. Landsberg 846, Volger u. Klein. $1^{3}/_{4}$ ℛ

— **Allgemeine preußische Tax-Ordnung.** Eine Sammlung u. Zusammenstellung von Gesetzen und Verordnungen über die Abschätzung von Grundstücken und Mobilien, insbesondere bei Erbtheilungen, Subhastationen, Prozessen, Eisenbahn-Anlagen. — Berlin: Bornträger 1868. VII,104 S. 8° 1:Gs 6510. 43. 205.
9.8537

Bänitz, Moritz

Baenitz, M. Bemerkungen zum ersten u. zweiten Buche der Ilias. 30 S. Progr. *Inowraclaw* 1881.

Baenitz, Moritz: Das neue Gymnasium und das neue Realgymnasium. Ein Wort an alle Freunde höherer Bildung. Berlin: Wilhelmi 18(90–)91. IV,35 S. 8°
1:Ne 11029/12. 7. 12:Paed. Th. 6093/1. 15. 30. 31. 106. 203. 207. 302.
9.8543

Baenitz, M(oritz), Prof.: **Text** einer zusammenhängenden griechischen Lektüre für das ganze Jahr der Untertertia. *Leipzig 1899: B. G. Teubner.* (32 S.) 8°
Schneidemühl, k. G, OP 1899 (174)

[J.] M[oritz] **Bänitz.** Griechisches Übungsbuch fur Tertia. Von d. Anfängen bis z. Anabasislekt. führend, m. gleichzeit. Lekt. d. pers.-griech. Geschichte v. Kyros d. Alt. bis Kyros d. Jüng. (Tl 2: u. während d. Anabasislektüre d. Tertia.) 2. gemäss d. neuen preuss. Lehrpl. umgearb. Aufl. Tl I. II. *Leipzig: Selbstv. d. Vfs.; Dr. v. Gressner & Schramm 1895. 96.* 2 Bde 8.
I. Bis zum Verbum liqu einschl. 1895 (XII, 240, XXIII S.)
II. Obertertia .. 1896. (VI, 174, XXIII S.) [96 9260

Bänitz, M: Griech. Übgsb. f. Tertia. Von d. Anfängen bis z. Anabasislektüre führend u. währ. d. Anabasislektüre d. Tertia. 2. Afl. 2 Tle. 8° Schneidemühl, Prof. Bänitz. Geb. 3.70
1. Bis z. Verbum liquidum einschliesslich. (240 u. 23) 95. 2 —
2. Obertertia, vor u. währ. d. Anabasislektüre. (174 u. 23.) 96. 1.70

— Über die Zusammensetzung von Ilias γ—δ 1—219. 13 S *Rogasen* 1884. Progr.

Baenitz, W. s. ***Baenitz,*** **G.A.W.**

Bank, die. Monatshefte f. Finanz- u. Bankwesen. Hrsg.: Lansburgh. Red.: Erwin Stein. J. '08 u. 9 je 12 Hefte. (1208 u. 1227 m. 8 u. 4 Taf.) gr8° Berl.-Ch., Bank-Verl. Viertelj. 4 —; einz. Hefte 1.50

Bank, Die. Monatsh. f. Finanz- u. Bankwesen. Hrsg.: Alfr. Lansburgh. Red.: Alfr. Burgmann. J. '10—12 je 12 Hefte. (1217, 1232, 1228 m. 3, 3, 2 Taf.) gr8° Berl., Bank-Verl. viertelj. 4 —; einz. Hefte 1.50

Bank, aargauische. 31. Jahresbericht für 1885. Gr. in-4°, 44 S. Aarau, H. R. Sauerländer. 1886

Badische Bank. 1870–1895. — [Mannheim 1895:] Hahn. 20 S. 4° 7. 31.
10.12092

Die Bank in Basel 1844—1907 und die Entwicklung des Konkordats der schweizerischen Emissionsbanken. Denkschrift, verfaßt im Auftrage der Vorsteherschaft der Bank in Basel von F. Mangold. Basel 1909.

Bergisch-Märkische Bank in Elberfeld. Denkschrift aus Anlass des fünfundzwanzigjährigen Bestehens Elberfeld 1896.

Brasilianische Bank für Deutschland. Hamburg-Brasilien 1887-1912. — (Hamburg 1912: Lütcke & Wulff.) 39 S. 8° 1:Fg 10352/2. 2. 5. 6. 7. 10. 12: Merc. 323e. 15. 16. 18. 19. 20. 25. 29. 38. 44. 203→206.
10.12093

Bremer Bank, Filiale der Dresdner Bank, Bremen. – Berlin: Eckstein o. J. (um 1900). 23 S. 4°

Bremer Bank. Filiale der Dresdner Bank. — Bremen [um 1902]: Hauschild. 80 S. 8° 46.
10.12094

Die Dresdner Bank 1872-1897. Hrsg. anläßlich des 25jähr. Bestehens der Dresdner Bank von deren Direction. (Dresden [1897]: Baensch.) 12 Bl., 95 Taf. quer-4° 14. 106.
10.12098

Bank für Handel und Industrie in Darmstadt. Bericht für 1873. 74. 76. 78. Darmstadt

Die Hannöverische Bank. — Hannover 1865: Culemann. 18 S. 8° 35.
10.12100

Die Bank des Berliner Kassen-Vereins. 1850-1900. Denkschrift zum 1. Oct. 1900. — (Berlin [usw.] 1900: Giesecke & Devrient.) 141 S. 4° 1:4° Fg 10272. 2→5. 7→11. 15. 16. 25→30. 38. 109. 169. 203. 205. 206. 302.
10.12107

Leipziger Bank. Ein Beitrag zur Geschichte der. Leipzig 1888.

Die Leipziger Bank vor Gericht. Der Prozess gegen d. Direktoren u. Aufsichtsräte vor d. Schwurgericht zu Leipzig. — Leipzig: Leipziger Verl.-Comptoir 1902. 165 S. 8° 1:Fy 15025. 14. 20. 47. 106. 117. 203.
10.12110

Bank. (Die) B' in Luzern (und deren Tätigkeit ...). 1856—1906 s.a. [Blankart, Charles].

Bank, Die, von Luzern und deren Tätigkeit seit der Gründung im Jahre 1856) 1856—1906. Luzern 1906. V: *Blankart, Charles.* (Bibliogr. Bull. d. Schweiz. 1907.)

Bank in Luzern. 1856—1906. [Mit Abb. u. 8 Diagr.] (Luzern 1906: Bucher.) 43 S. 8°

Norddeutsche Bank in Hamburg 1856—1906. Denkschrift.

Bank, Norddeutsche, in Hamburg 1856—1906 Hamburg (1906). 4°.

Bank, Oesterreich.-ungarische. (Gesetze über die Errichtung und Privilegien derselben sowie auch deren Statuten.) Wien 1878. H: *Lucam, Wilhelm Ritter von.* (EB)

Die Preussische Bank und ihre Filiale. — (Berlin) 1853 (:Decker). 4 Bl. 8° 1:46 in 2° An 8630–42.
10.12115

— Ebd. 1861. 4 Bl. 8° 1:145 in 2° An 8630–55.
10.12116

— Ausgegeben im Januar 1868. Ebd. 1868. 15 S. 8° 38.
10.12117

Bank in St. Gallen 1837—1907. Die Geschichte einer Schweizerischen Notenbank. Verfasst im Auftrage der Bankkommission von P. Gygax. St. Gallen 1907.

Bank
— f. Süddeutschland in Darmstadt. Ber. ub. d. 13. Geschaftsjahr 1868. 4° Darmstadt

Bank in Wyl. Bericht über das 31. Geschäftsjahr 1900. 19 S. 4. Wyl, J. Zehnder, 1901.

Bank, v.d.

— Erinnerung an den Gletschergarten in Luzern f. eine Singstimme mit Pianoforte-Begleitung. Zürich, Selbstverlag. 1877 1. 35

Bank, v. d., die heilige Nacht f. eine und zwei Singstimmen mit Pianoforte-Begleitung. 2. Aufl. Zürich, Selbstverlag 1877 —. 60

Bank, B., Deutsches Lesebuch für Bürger- u. Töchterschulen, so wie für untere Gymnasialklassen. 8. (X u. 308 S.) Wolfenbüttel 851, Holle. n. 1/6 ₰

Bank, B., deutsches Lesebuch für Bürger- u. Töchterschulen, so wie für untere Gymnasialklassen. 1. Stufe. Wolfenbüttel 853. Holle. 8. (VIII. 312 S.) 7 1/2 ngr

Bank, B., deutsches Lesebuch für Bürger- und Töchterschulen, so wie für untere Gymnasialklassen. 1. Stufe. 2. Stereot.-Aufl. Wolfenbüttel 857. Holle. 8. (VIII, 312 S.) 7½ ngr

BANK, Constantius: De schismate occidentali. — (1852) 66 S. 4° (Handschr.) Diss. Wien Univ.
Diss. 111

Bank, F. J. J., die preußischen Gesetze zum Schutze der Forsten u. Forstbeamten nebst dem Strafverfahren vor dem Einzelrichter, den Instruktionen für die Polizeianwalte u. einem Anh., die Jagdgesetze enthltd., zum prakt. Gebrauche für Forstbeamte, Waldeigenthümer u. Forstpolizeianwalte zusammengestellt u. erläutert. Berlin 867. G. Reimer. gr. 8. (VIII, 136 S.) n. 20 ngr

Bank, Heinrich: Der tausendjährige Rosenstock am Dome zu Hildesheim. — Hildesheim: Steffen 1904. 16 S. 8°
12: Bor. 258x.
10.12126

von der Bank, Henr. Hilgerus (geb Frotzheim 18 10 1815) De purpura haemorrhagica, addita nova hujus morbi observatione. Berolini (1840) (32 S.) 8°
Berlin, Med Diss v 15 Febr 1840

Bank, J., die klimatischen Curorte Cairo und Nil, Nizza, Mentone, Madeira, Palermo, Pau. Nach eigenen Beobachtungen und Erfahrungen bewährter Aerzte zusammengestellt. gr. 8. (V, 64 S.) Erlangen [Stuttgart] 869, Enke.
(* ℳ 1.) *

Bank, Joseph [app. Arzt aus Einum in Hannover]: Aus d. chirurg. Klinik zu Kiel. Ueber die Enderfolge der Nervennaht ... Kiel, Druck d. »Nord-Ostsee-Zeitg«, 1893; 30 S., 1 Bl. 8.
Kiel. Med. Fak., Inaug.-Diss. v. [4. Mai] 1893

Bank, Otto s. *Banck.*

Bank, Theodor Wilhelm Heinrich: Altarrede ... bei der Feier der Eröffnung des Wolfenbüttelschen Predigerseminars. — Wolfenbüttel: Bindseil 1836. 19 S. 8°
7. 23. 27.
10.12131

— Die Beförderung der Glaubenseintracht ... Amtspredigt am 31. Oct. 1819. — Braunschweig: Lucius 1819. 38 S. 8°
23.
10.12132

— Tabellarische Darstellung alles dessen, was die Beamten des Civilstandes im Königreiche Westfalen in Ansehung der Acte des Civilstandes zu beobachten haben. — Helmstedt: Fleckeisen 1808. 6 Bl. 2°
44.
10.12133

Bank, Thdr. W. H., tabellar. Darstellg. Alles dessen, was d. Beamten d. Civilstandes im Königr Westphalen rc. Fol. Helmst. 809. Fleckeisen. 8 gr 2e A. gr. Fol. Ebd. 810. 10 gr

— Denkschrift für die Freunde und Verehrer des Hn. D. Aug. Chr. Bartels. — Braunschweig 1824: J. H. Meyer. 136 S. 8°
23. 35.
10.12134

Bank, Th. W. H., kurzgefaßtes Hülfsbuch für Volksschullehrer beim Unterricht in der Religion nach dem Ziegenbein-Bank'schen Lehrbuche: Die kleine Bibel. gr. 8. Braunschweig 812, Meyer sen. 1½ ₰

— Hülfsbuch für Lehrer an protestantisch-evangelischen Volksschulen beim Unterrichte der reiferen Schuljugend in der christlichen Religion. T. 1. — Braunschweig 1831: G. C. E. Meyer. VI, 430 S. 8°
23. 27.
10.12136

— Das Predigerseminar zu Wolffenbüttel. Von T. W. H. Bank u. E. L. T. Henke. — Braunschweig: Vieweg 1837. 79 S. 8°
1: Dp 6810. 3. 4. 7. 23. 27. 35. 84.
10.12137

— Predigt nach dem großen Brande in Runstedt ... den 10. Mai 1807. — Helmstädt 1807. 31 S. 8°
23.
10.12138

— Predigt zur Einweihung einer neuen Orgel in der Kirche zu Vorsfelde. — Helmstedt: Fleckeisen in Comm. 1823. 21 S. 8°
23. 28.
10.12139

— Predigt zur Feier des Gedächtnisses der vor 25 Jahren erfolgten Rückkehr des damaligen Durchlauchtigsten Herzogs Friedrich Wilhelm in seine Staaten. — Wolfenbüttel 1838. 15 S. 8°
23. 27.
10.12140

— s. Wirk, A. C. G., Erläuterungen d. vorzügl. Sprüche d. heil. Schrift. — Erinnerungen aus Ziegenbein's Bibel.

— Worte am Grabe des wohlseligen Herrn Ernst Heinrich Anton Lentz. — Wolfenbüttel: Bindseil [1835]. 2 Bl. 4°
7. 23.
10.12141

— Die Zeugnisse der Vergangenheit wider das, was in unsern Tagen Jesu Christi Herrlichkeit in den Augen der Menschen erniedrigen will. Eine Predigt. — Braunschweig 1842: G. C. E. Meyer. 16 S. 8°
23. 27.
10.12142

Bankanstalt

Württembergische Bankanstalt vormals Pflaum & Co. in Stuttgart. 1881 - 1905. – Stuttgart 1906: Grüninger. 28 S. 4°

Bankar, H.: Aus einer jungen Ehe. — (Berlin: Metropol-Verl. [1908].) 32 S. 8° (Intime Geschichten. 242.)
1: Yt 726/52-242.
10.12145

— Der ganz undenkbare Fall. Novelle. — Berlin: Metropol-Verl. [1909]. 64 S. 8° (Intime Geschichten. 311.)
1: Yt 726/52-311.
10.12146

Bank-Archiv. Zeitschrift f. Bank- u. Börsenwesen. Red.: Hatschek, (4. Jahrg.) i. V.: M Wittner. 1—4. Jahrg. Oktbr 1901—Septbr 1905 je etwa 12 Nrn. (1—3.: 214, 196 u. 212) 4° Frankf. a/M. Berl., J Guttentag.
Je 10 —

— dass. Hrsg. v. Riesser. Red.: M Wittner. 5. Jahrg. Oktbr 1905—Septbr 1906. 24 Nrn. (Nr. 1. 16) 4° Berl., J Guttentag.
Halbj. 7.50: einz. Nrn nn — 75

Bank-Archiv. Zeitschr. f. Bank- u. Börsenwesen. Hrsg. v. Riesser. Red.: Max Wittner. 6—9. J. Oktbr '06—Septbr '10 je 24 Nrn. (Nr 1. 16) 31,5×23 cm. Berl., J Guttentag. Halbj. 7.50; einz. Nrn nn — 75

— dass. Red.: Max Wittner, seit d. 11. J. Otto Bernstein. 10—12. J. Okt. '10—Septbr '13 je 24 Nrn. (10. J.: 4, 386, 52; 11. J.: 4, 408, 52) 31,5×23,5 cm. Ebd. halbj. 7.50; einz. Nrn nn — 75

Bank-Archiv. Zeitschr. f. Bank- u. Börsenwesen. Hrsg. v. Riesser. Red.: Otto Bernstein. Gesamtreg. d. Jahrgänge 1—10, bearb. v. Herm. Ohse. (49) 31,5×23 cm. Berl., J Guttentag ('10).
3 —

Bankbeamte, der österreichische. Unabhängiges Organ zur Wahrung der Interessen der österreich. Bankbeamtenschaft. Red.: Heinr. Erdinger. 1. Jahrg. Aug. bis Dezbr. 1903. 5 Nrn. (à ca. 16 S.) gr. 8. Wien (Szolinski & Co). à Nr. n. — 50
Erscheint nicht mehr.

Bankbeamten-Zeitung. Offiz. Organ d. deutschen Bankbeamten-Vereins i. Berlin u. s. Zweigvereine. 1. Jahrg. April 1896—März 1897. 12 Nrn. (Bog.) gr. 4. Berlin, W. Möller. n. 2. —

— dasselbe. 2. u. 3. Jahrg. 1897—1898. 12 Nrn. (Bog.) gr. 4. Ebd. à Jahrg. n. 1. 20

Bankbeamten-Zeitung. Officielles Organ des deutschen Bankbeamten-Vereins u. seiner Zweigvereine. Red. v. H. Knobel. 4. u. 5. Jahrg. 1899 u. 1900. à 12 Nrn. gr. 4. (158 u. 204 S.) Berlin, Möller, Borel & Ginzel. à Jahrg. 2.—

— dasselbe. Red. v. H. Knobel u. Max Junge. 6. u. 7. Jahrg. 1901 u. 1902. à 24 Nrn. gr. 4. (à 228 S.) Ebd. à Jahrg. 3.—

Bankbeamten-Zeitung. Officielles Organ des deutschen Bankbeamten-Vereins u. seiner Zweigvereine. Red. v. H. Knobel u. Max Junge. 8. Jahrg. 1903. 24 Nrn. (IV, 224 S.) gr. 4. Berlin, Möller & Borel. n. 3.—

— dasselbe. Hrsg. vom deutschen Bankbeamten-Verein (eingetrag. Verein). Verantwortlich: M. Fürstenberg. 9. bis 11. Jahrg. 1904—1906. à 24 Nrn. (IV, 256; IV, 312 u. IV, 388 S.) Ebd. à Jhrg. n. 3.—
Erscheint seit Jan. 1907 im Verlag v. Boll & Pickardt in Berlin.

Bankbeamten-Zeitung. Hrsg. vom deutschen Bankbeamten-Verein (Eingetrag. Verein). Verantwortl.: M. Fürstenberg. 12.—15. Jahrg. 1907—1910. à 24 Nrn. (420, 484, 528 u. 544 S.) 30,5×23,5 cm. Berlin, Boll & Pickardt. à Jhrg. 3.—

Bankberger, Hilarius

Bankberger, H., s.a. „Reichsbank", die sogenannte deutsche.

Bankberger, Hilarius. Die sogenannte Deutsche »Reichs-Bank«, eine privilegirte Aktien-Gesellschaft von und für Juden. Nebst Betrachtungen über Lasker'hafte und Bamberger'liche Politik. Berlin 1876.

Bank- und Handelsblatt, süddeutsches. Organ für Volkswirthschaft, Bank-, Genossenschafts- und Versicherungswesen. Redact.: L. Schwarzmaier. Jahrg. 1875—1879. à Jahrg. 52 Nrn. (à 1½ Bog.) gr. 4. München, Administration. à Jahrg. *

Bank- u. Handelsblatt, süddeutsches. Organ f. Handel, Bank-, Genossenschafts- u. Versicherungswesen. Red.: L. Schwarzmaier. Jahrg. 1878. 52 Nrn. (1½ B.) gr. 4. München, Administration. n. 4. 80

Bank-Depot-Gesetz
s.a. **Gesetz** betr. d. Pflichten d. Kaufleute bei Aufbewahrung fremder Wertpapiere. Vom 5. Juli 1896.

[J.] Das **Bankdepotgesetz** v. 5. Juli 1896. Aus d. Praxis u. f. d. Praxis insbes. d. Handelsstandes erläut. v. Justizr. Dr. J[acob] Riesser, Bankdir. in Berlin. *Berlin: O. Liebmann 1897.* (VIII, 74 S.) 1 Bd 8.

Bank- u. Bankiersdiebstähle, die, u. die Auflösung v. Eigenthum u. Besitz in Scheinbesitz. Von Germanicus. 1. Hft. gr. 8. (IV, 69 S.) Frankfurt a/M. 888. Germanicus-Verlag. n. 1. 50

Bank- u. Bankiers-Diebstähle, die, u. die Auflösung v. Eigenthum u. Besitz in Scheinbesitz. Von Germanicus. Neue (Titel-)Ausg. gr. 8. (VI, 69 S.) Leipzig 893. [G. Uhl.] Herm. Beyer. n. — 50

Banke, Hellmuth, Referendar in Haynau i. Schl.: Über die Rechtsunwirksamkeit von Verfügungen während des Schwebens einer aufschiebenden Bedingung. *Breslau 1902: Th. Schatzky.* (44 S.) 8°
Breslau, Jur. Diss. v. 8. März 1902

Banke, Hermann

Banke, Herm., beliebte deutsche Weisen. Mit besond. Berücksicht. der sangbaren Lieder in unsern gangbarsten deutschen Lesebüchern f. höhere Schulen u. m. Hilfen f. das Singen nach Noten bearb. u. hrsg. 1. Hft. gr. 8. (70 S.) Breslau 884. Kuh. n. — 50

Banke, H., beliebte deutsche Weisen. Mit besond. Berücksicht. der sangbaren Lieder in unseren gangbarsten deutschen Lesebüchern f. höhere Schulen, der älteren u. neueren patriotischen Lieder, der Parallel-Melodien u. Parallel-Texte u. m. Hilfen f. das Singen nach Noten bearb. u. hrsg. 1. Allgemeiner Tl. [Vornehmlich f. Vorschulen, untere u. mittlere Klassen höherer Lehranstalten.] 2., umgearb. Aufl. gr. 8. (IV, 124 S.) Breslau 889. Woywod. n. 1. —

Banke, Herm., Zeichen-Wandvorlagen, o. Formensammlg. in zwanglosen Heften. I. u. II. Hft. 80,5×110 cm. Breslau, Schles. Verlags-Anstalt. n. 13. 50
I. (5 Taf.) 892. n. 6.—. — II. (6 Taf.) 893. n. 7. 50.

Banke, Paul, Assistenzarzt beim 3. Magd. Inf. Reg. No 66 in Magdeburg, aus Thorn: Über Brüche der Fußwurzelknochen. *Halle a. S. 1904: C. A. Kaemmerer & Co.* (40 S.) 8°
Halle, Med. Diss. v. 18. Juni 1904

Banke, Waldem.: Der 1. Entwurf e. deut. Einheitsstrafrechts. 1. Die Verfasser d. Entwurfs 1849, s: Abhandlungen d. kriminalist. Seminars an d. Univ. Berlin.

Bankel, C., Baumschlag-Studien. 30 Blatt Stiftzeichngn. nach der Natur. 8. Berlin 893. Hessling & Spielmeyer. In Mappe. n. 3. -

Bankel, C., Baumschlag-Studien. Stiftzeichngn. n. d. Natur. 2. [Titel-] Aufl. gr. 8. (30 Blatt.) Berlin [893.] 896. B. Hessling. In Mappe n. 3. —

Bänkelsang am Vermählungstag Christian Kesslers mit R. B. Hollin. Ulm: Wagner 1795.

Baenkelsang, Nepomuk: Fragmente aus der Lebens- und Liebesgeschichte des stattlichen Brautpaares Herrn Kaufmann Joh. Lud. Kiderlen und A. M. Kienlin.
Ulm 1797.

Bänkelsänger, der, oder Leierkastenlieder. Mügeln 865. (Leipzig, Senf.) 32. (96 S.) 6 ngr

Bänkelsänger, der, oder Leierkastenlieder. br. 32. (96 S.) Mügeln 871. (Leipzig, G. Senf.) — 60

Bänkelsänger, der, oder Leierkastenlieder. 16. (112 S.) Mügeln 877. (Leipzig, G. Senf.) — 50

Bänkel-Sänger, der. 21 urkom. Schauerballaden, Moritaten u. ähnl., die tollste Heiterkeit hervorruf. Vorträge. (96 S.) 8. Mühlhausen i/Th. (906). G. Danner. n. — 60

Bänkelsänger, d. kleine, Bilderbuch mit Reimen etc. M. 9 illum. Kpf. 8. Leipzig 825, Voicke in Berl.

Bänkelsänger, d. kleine, Bilderbuch mit Reimen etc. M. 9. ill. Kpf. 8. Leipz. 825. (Recht in Berl.) 16 gl

Bänkelsänger, der kleine, Bilderbuch in Reimen für Knaben u. Mädchen. Mit 25 ill. Kpfr. 2e unveränd. Aufl. 16. Berlin 839. Recht. 1/4 ₰

Bänkelsänger, der lustige. Eine Sammlg. der effektvollsten Schauerballaden u. Mordgeschichten. (42 S. m. Abb.) kl. 8. Dresden (910). E. Neumann & Co. — 75

Baenkelsaengerei. — Bänkelsängerei zur Feier des 300-jährigen Bestehens des Hirzel'schen Familienfonds. — o. O. [um 1885]. 7 S. 8°
Titelblatt u. Text lithographiert.

Bänkelsängerlieder, politische. 1. Hft.: Wundersame Historie v. Prinzen Albrecht: wie selbiger drei Mägdlein Einer Mutter elendiglich verführet u. mit je 25 Thlrn. Pr. Cour. monatlich großmüthigst honoriret. Mit Holzschn. gr. 16. (16 S.) Leipzig 850. Weller. n. 1/12 ₰

Banken, über die. (Von einem schwed. Fürsten.) Deutsch von F. C. Feller. gr. 8. Leipzig 843, Goetz. 3/8 ₰

Banken, Bankhäuser u. Bankcommissionsgeschäfte, deutsche, (1905/06). Nach e. genauen Umfrage bei den Beteiligten auf Grund der Aufzeichngn. der Auskunftei wie des Delcredere-Contors v. Eitzen & Co. Zusammengestellt unter Leitg. v. F. W. Eitzen in Firma Eitzen & Co., Hamburg. Abgeschlossen im Septbr. 1905. (XVI, 801 S.) 8. Hamburg (8, Dovenhof 84–87), Eitzen & Co. Geb. n. 5. —

Banken, Bankhäuser u. Bankcommissionsgeschäfte, deut. Zusammengest. v. Eitzen & Co., Hamburg. 2. Aufl. (9, 872) 8° Hambg (I, Bieberhaus), Ohlfest & Lilienthal '08. Geb. 4 —

Deutsche Banken und Banquiers nach den Orten des Domicils der Firmen alphab. geordnet. Hrsg. von der Berliner Börsen-Zeitung. Berlin 1883.

Gegen die neuen Banken. — Hamburg: Nolte & Köhler 1856. 16 S. 8° 1: Stala 639. 7. 18. 205.
10.12107

Banken-Organisation. 1. Organisation e. Grossbank, v. Carl Porges. 2. Organisation e. Volksbank, v. W Rehmer. 3. Buchhalterische Einrichtgn in e. mittl. Bankbetr., v. Eug. Schach. (10, 246) gr8° Lpzg, CE Poeschel '11. 7 —; geb. n 8.50

Bankenquete. — Bankenquete 1908. 1[-5,1.2]. — Berlin 1908: Reichsdr. 4°
1. Reichsbank-Statistik. [Nebst] Nachtr. 1.2.
2. Vergleichende Notenbank Statistik.
3. Währungs- u. handelsstatistische Übersichten. [Nebst] Nachtr. 1.
[4,1.] Stenographische Berichte. Die Verhandlungen d. Gesamtkommission zu d. Punkten 1. u. 2 d. Fragebogens.
[4,2.] Stenographische Berichte. Die Verhandlungen d. Gesamtkommission zu d. Punkten 3-5 d. Fragebogens.
[5,1.] Stenographische Berichte d. Unterkommission 1. Die Äusserungen d. Sachverständigen zu d. Punkten 1 u. 2 d. Fragebogens.
[5,2.] Stenographische Berichte d. Gesamtkommission. Die Äusserungen d. Sachverständigen zu d. Punkten 3-5 d. Fragebogens.
1[∞4.5]: 4° Gz 14423–1/3. 9[∞4.5]. 11[∞4.5]. 27[∞Nachtr. 2 zu 1; 4.5]. 38[∞1/3.5]. 206[∞4].
10.12171

— — 1[-6]. Ebd. 1909–10. 4°
1. Reichsbank-Statistik. 1909.
2. Vergleichende Notenbank-Statistik. 1909.
3. Währungs- u. handelspolitische Übersichten.
[4.] Die Verhandlungen d. Gesamtkommission zu den Punkten 1-5 d. Fragebogens.
[5.] Bankenquete 1908/09. Stenographische Berichte. Die Verhandlungen der Gesamtkommission zu Punkt 6 d. Fragebogens (Depositenwesen). 1910.
[6.] Bankenquete 1908/09. Materialien zur Frage d. Depositenwesens (Punkt 6 d. Fragebogens). 1910.
9[∞1/3]. 14[∞1/4]. 16[∞1/3.5.6]. 30[∞1/3.5.6]. 38[∞1/4]. 203[∞4/6].
10.12172

— — [4-6.] Berlin: Mittler 1909–10. 4°
[4.] Stenographische Berichte. Die Verhandlungen d. Gesamtkommission zu d. Punkten 1-5 d. Fragebogens. 1909.
[5.] Bankenquete 1908/09. Stenographische Berichte. Die Verhandlungen d. Gesamtkommission zu Punkt 6 d. Fragebogens (Depositenwesen). 1910.
[6.] Bankenquete 1908/09. Materialien zur Frage d. Depositenwesens (Punkt 6 d. Fragebogens). 1910.
1: 4° Gz 14423–4/6. 3. 6. 17. 19. 20. 26. 29. 106. 203. 205. 206.
10.12173

Zur Bilanzstatistik der deutschen Kreditgenossenschaften. Bankenquête 1908/09. Berlin 1910.

Banken-Regulativ! Drei Briefe u. „Ein Wort an den Minister". Von einem Verschollenen. (39 S.) gr. 8. Wien 902. (G. Szelinski.) n. — 80

Banken-Regulativ! Drei Briefe und »Ein Wort an den Minister«. Von einem Verschollenen. Wien 1903. V: *Franz, Friedrich.* (EB)

Banken-Zeitung — Gazette des Banques
v. Schweizerische Eisenbahn- und Handels-Zeitung.

Bankerott, s.a. Bankerutt

Bankerott s. a.: Bankrott.

Bankerott, der,. Lustsp. v. Lessing. 8. Berl. Voß. 780. -

— der,. Posse in 1 A. nach e. Canefaß d. Federici, von Julius v. Voß. 8. Berlin, Schöne. 805.

Bankerott, der, die Hiobspost und andere Schwänke und Erzählungen, von C. Hildebrand. 8. Ebend. 821.

Bankerott der Los v. Rom-Apostel. Von Gracchus, s.: Volksaufklärung. Nr. 55. 56.

Russlands Bankerott. Aufsätze zur Warnung und als Dokumente der Zeitgeschichte. (Hrsg.: Georg Bernhard.) Berlin: Plutus Verl. (1906). 125 S. 8°
Erschien zuerst in: Plutus. 1906. 38. 52. 169. 203. 309.
10.12267

Bankerott des Schubflickers, s. Theaterstücke, kleine englisch-deutsche

Bankerotten Fallimente, über, (v. Deg. Pott). 8. Leipz. 785. 4 ₰

Bankerottgesetz

[Bankruptcy act, deutsch] Bankerottgesetz der Vereinigten Staaten von Nord-Amerika. Übertr. von A.C. Richter. Linz: Oberösterr. Landesausschuß 1882. 43 S. 8°
302. 304. 307. 308.
10.12275

Bankerutt. Untreue. Wucher u. Ausbeutung. Verletzung fremder Geheimnisse. Jagd- u. Fischereivergehen. Bearb. v. Wach, Freudenthal, Rich. Schmidt, Finger, Nagler, s.a. Darstellung, vergleichende, des deutschen u. ausländischen Strafrechts.

Bankerutt. Untreue. Wucher u. Ausbeutung. Verletzung fremder Geheimnisse. Jagd- u. Fischereivergehen. Bearb. von d. Professoren Dr. (Adolf) Wach [u. a.]. Berlin: O. Liebmann 1906. (XIII, 529 S.) 4°(8°)
— Darstellung, Vergleichende, d. deutschen u. ausländ. Strafrechts. Besond. T. Bd 8.
[od. 1906]

Banket, Das, der Dunsen. 1758.
V: *Bodmer, Johann Jacob.* (GGr) (ML)

Bankewitz, Hermann: Die Entwickelung des Knappschaftswesens in Anhalt. — Wernigerode [1906]: Angerstein. X, 156 S. 8°
1: Fe 11195/172. 12: Cam. 216 y. 17. 60. 111.
10.12185

Bankforderungen, die neuen, in Preußen. Unmaßgebliches Votum eines Finanzmannes. gr. 8.. Hamburg 840, Vogel. n. 1/2 ₰

Bankfrage
Zur Bankfrage. 2 Hefte Hamburg 1856

Zur Bankfrage. Ein Vermittelungs-Vorschlag aus Süddeutschland. — ([Berlin 1857:] Decker.) 7 S. 8°
Aus: Die Zeit. 1857. 167.169. 1: 144 in 2° An 8630–49.
10.12187

Bankfrage. — Die Bankfrage. Ein Wort zur Verständigung von einem Mitgliede des Bankausschusses. — Wien: Typogr.-liter.-artistische Anstalt 1862. 27 S. 8°
300: 168.098–B. 302. 305.
10.12186

Zur Bankfrage. (Denkschrift des deutschen Handelstages über die Zettelbanken vom November 1872)

Deutscher Handelstag. Die Bankfrage. (Ohne bes. Titelblatt. – Berlin, 8. Mai 1872. Druck von H.S. Hermann.) fol.

Zur Bankfrage. (Unterzeichn.: Kuehn u. a.) — (Braunschweig [1872]: Krampe.) 25 S. 8°
1: 4° Gz 14277. 11. 14. 17. 26. 30. 31. 33. 38. 46. 47. 48. 51. 106. 111. 205. 206.
10.12188

Zur Bankfrage. Ueber die Nachtheile der Noten-Kontingentirung der Bank von England und die bessere Organisation der Preussischen Bank. Von J.B. — Berlin: Kortkampf 1873. 28 S. 8°
1:15 in Fg 9404. 24. 30. 38. 46. 203. 205. 206.
10.12189

Bankfrage, die. Von Mercator. (508.) 8. Budapest 909. M. Ráth. 1.—

Zur **Bank- und Finanzfrage.** Zur Beachtung oder Widerlegung. Von einem böhmischen Industriellen. — Prag: Mercy 1861. 16 S. 8° 300:174.810-B.
10.12190

Bankgesetz, s.a. Gareis, C., deutsche Reichsgesetze in Einzel-Abdrucken.

Bankgesetz. — Zum Bankgesetz. — (Bonn [1874]: Neusser.) 14 S. 8° 17. 33. 38. 47. 106. 111. 203. 205.
10.12192

Bankgesetz. Vom 14. März 1875. (Amtliche Ausgabe) Berlin 1875.

Bankgesetz v. 14/3. 75. Text. Berlin 875.
Mit Erläuterungen von:

Gerothwohl. Fkft. 875.	1 —	**Stommel.** Berlin 875.
Höinghaus. Berlin 875.	1 75	**Strölt.** Ndlgn. 875.
Seetbeer. Erlgn. 876.	4 —	

Bankgesetz. Vom 14. März 1875. gr. 8. (32 S.) Berlin 875. v. Decker. — 40

Bankgesetz. Vom 14. März 1875. — Berlin: Kgl. Geh. Ober-Hofbuchdr. 1875. 32 S. 8°
1:Gz 14300. 11. 16. 18. 205. 208. 214.
10.12193

Bank-Gesetz vom 14. März 1875. Mit dem Preußischen Gesetz betr. Abtretung der Preußischen Bank an das Deutsche Reich und Errichtung von Zweig-Anstalten derselben in außerpreußischen Gebieten des Reichs. — Berlin: Kortkampf 1875. 31 S. 8° (Reichs-Gesetze. Text. Kortkampf'sche Ausgabe. Titel 4,1a.)
1:9 in Fg 9404*. 26. 38.
10.12194

— das, vom 14. März 1875. 32. (78 S.) Kempten 875. Kösel. — 30

Bankgesetz vom 14.3.75 nebst Abänderungen und ergänzenden Bestimmungen. (Gareis, Reichsgesetze 166) Giessen 1893

Bankgesetz. Vom 14. März 1875. Nebst d. Novellen vom 18. Dez. 1889, 7. Juni 1899 u. 1. Juni 1909 sowie d. Statut d. Reichsbank. Erl. Ausg. ... nebst Sachreg. Hrsg. von Albert Henschel. — Berlin: Vahlen 1910. XV,492 S. 8° 1:Gz 14438. 6. 11. 16. 19. 26. 30. 38. 41. 106. 107. 203. 208. 302.
10.12199

Bankgesetz vom 14. März 1875. Mit d. Novellen v. 18. Dez. 1889, 7. Juni 1899 u. 1. Juni 1909, dem Reichsbankstatut ... m. Einl. u. Erl. von Dr. E[lias] Straus, Rechtsanw. Mannheim & Leipzig: Bensheimer [1910]. VII, 396 S. 8°
(Sammlung deutscher Gesetze.) [10. 8363

Das deutsche **Bankgesetz.** Mit e. kommentirenden Einl. Zunächst für kaufmännische Kreise bearb. von B. Gerothwohl. — Frankfurt a. M.: Jäger 1875. 48 S. 8°
17. 44. 208.
10.12196

Bankgesetz und Münzgesetz. Textausg. mit Erl. u. Sachreg. von Georg Obst. — Leipzig: Poeschel 1910. VII, 181 S. 8° 43.
10.12200

— das, im deutschen Reichstage. Die bei der 1. Berathg. d. Bankgesetzes im deutschen Reichstage, 16. bis 18. Novbr. 1874, v. dem Reichskanzler Fürsten v. Bismarck, dem Vice-Präsidenten d. preuß. Staats-Ministeriums Staats- u. Finanz-Minister Camphausen, dem Bundesbevollmächtigten Präsidenten d. Reichskanzler-Amts Staats-Minister Dr. Delbrück, sowie dem Kommissar. d. Bundesraths, Geh. Ob.-Reg.-R. Dr. Michaelis geh. Reden. [Aus: „Deutscher Reichs- u. kgl. preuß. Staats-Anzeiger".] gr. 8. (46 S.) Berlin 874. C. Heymann's Verl. n. — 50

— dasselbe. Mit dem preuß. Gesetz, betr. Abtretg. der preuß. Bank an das deutsche Reich u. Errichtg. v. Zweig-Anstalten derselben in außerpreuß. Gebieten d. Reichs. Mit ausführl. Sachregister. 8. (31 S.) Berlin 875. Kortkampf. n. — 45

Bánki, Dónát

— Über Hochdruck-Zentrifugalpumpen. — Wien: Verf. 1908. 29 S. 8°
Aus: Zeitschrift des Österr. Ingenieur- u. Architekten-Vereins. 60. 1908.
302.
10.12212

Bankier s. a.: Banquier.

Der Bankier für Alle. Berlin: Franz Krupka 1898 –

Bankier, der, f. Alle. Red.: S. Jaraczewski. 3.—5. Jahrg. 1900—1902. à 52 Nrn. Fol. (à ca. 4 S.) Berlin, F. Krupke & Co. à Jahrg. n. 12. —

Bankier, der, f. Alle. Red.: S. Jaraczewski. 6.—8. Jahrg. 1903—1905. à 52 Nrn. (à ca. 4 S.) gr. 4. Berlin, F. Krupke & Co. à Jhrg. n. 12. —

Bankier, ein Londoner, oder Liebe und Geld. Von dem Verf. von Whitefriars, Cäser Borgia etc. Aus dem Engl. von A. Kretzschmar. 4 Thle. Wien 857. Hartleben. 8. (210; 213; 211; 221 S.) 2 ℛ 12 ℳ

Bankierbuch, s.a Banquierbuch

Deutsches **Bankier-Buch.** Deutsche Banken und Bankiers nach d. Orten d. Domizils d. Firmen alphabetisch geordnet. 9. Aufl. Hrsg. von d. Berliner Börsen-Zeitung. Berlin: Börsen-Zeitung 1909. X, 944 S. 4°(8°) [10. 13337

Bankiewicz, Zygmut, über die Reduktions-Produkte des Dinitroparaacettoluid's. Diss. Leipzig 1888, Gustav Fock. 8°. 48 S.

Bankiewicz, Zygmunt [aus Zagrody in Polen]: Über die Reduktions-Produkte des Dinitroparaacettoluid's.... Lemberg, Buchdr. v. Piller & Comp., 1888; 48 S. 8°
Leipzig, Phil. Fak., Inaug.-Diss. v. 8. Aug. 1888

Bankimacandra Caṭṭopādhyāya: [Kapālakuṇḍalā, deutsch] Kopal-Kundala. Ein bengalischer Roman von Bunkim Chandra Chattopâdhyâya. Deutsch von Curt Klemm. — Leipzig: Friedrich 1886. 200 S. 8°
1:Zw 19621/10.
10.12220

Bankim Chandra Chatterji s. *Bankimacandra* Caṭṭopādhyāya.

Bank-Institute u. Bank-Geschäfte in Bayern, Württemberg u. Baden. 8° (12) Münch. 93, G Franz' V. 1 —

Bank-Institute u. Bank-Geschäfte in Bayern, Württemberg u. Baden, Berlin u. Frankfurt a/M. [Aus: „Handbuch der süddeutschen Action-Gesellschaften".] gr. 8. (XIII S.) München 894. G. Franz' Verl. n. 1. -

Bank- und Borse-Kalender. Jahrbuch für Bank-, Assecuranz-, Eisenbahn- und Industrie Wesen für 1887. XV. Jahrg. Herausg von J. B. Krall. Taschenformat. (256 S. mit Tagebuch.) Wien, Perles. In Leinw. gebdn. fl. 1.60, in Leder gebdn. fl. 2.20.

Bank- und Börse-Kalender. Jahrbuch für Bank-, Assecuranz-, Eisenbahn- und Industriewesen für 1887. XV. Jahrg. Herausg. von J. B. Krall. Taschenformat. 8°. (VIII, 262 S. m. Tagebuch) Wien, Perles. In Leinwand geb. fl. 1.60, in Leder geb. fl. 2.—

Bank-u.Börsenkalender f. 1898. Hrsg. v. M Fuchs u. G Schweitzer. 1. Jahrg. 12° (Schreibkalender u. 589) Gross-Lichterf., C Chun's Buch-Verl. Geb. 5 —
Nicht weiter erschienen. — Firma ist erloschen.

Bank- u. Börsen-Kalender, deutscher, f. d. J. 1886 u. das 4. Quartal 1885. Hrsg. v. Otto Haenel. 16. (248 S. m. 1 Tab.) Steglitz b. Berlin. Selbstverlag d. Hrsg. geb. n. 2.—

Bank - u. Börse - Kalender, Österreichisch-ungarischer,
s.a. Bank - u. Börsen - Kalender, Österreichisch-ungarischer.

Bank- u. Börse-Kalender, österreich.-ungarischer, s.a. **Krall, J. B.**

Bank- und Börse-Kalender, österreichisch-ungarischer, für die J. 1876 und 1877. Hrsg. von J. B. Krall. 4. und 5. Jahrg. 16. (X, 239, 190; XVI, 225, 128 S.) Wien, Perles. geb. in Leinw. à Jahrg. * ℳ 8,20.; in Leder *

—— —— dass. — Jahrbuch für Bank-, Assecuranz-, Eisenbahn- und Industrie-Wesen für 1878—1880. Hrsg. von J. B. Krall. 6.—8. Jahrg. 16. (215, 128; 220; 340 S.) Ebendas. geb. in Leinw. à Jahrg. * ℳ 8,20.; in Leder *

Bank- und Börse-Kalender, österreichisch-ungarischer. Jahrbuch für Bank-, Assecurranz-, Eisenbahn- und Industrie-Wesen für 1881—1885. Hrsg. von J. B. Krall. 9.—13. Jahrg. 16. (à Jahrg. ca. 350 S.) Wien, Perles. geb. à Jahrg. *

Bank- und Börse-Kalender, österreichisch-ungarischer. Jahrbuch für Bank-, Assecuranz-, Eisenbahn- und Industriewesen für 1886—1888. 14.—16. Jahrg. von J. B. Krall. 16. (à Jahrg. ca. 350 S.) Wien, Perles.
geb. in Leinw. à Jahrg. *
geb. in Leder à Jahrg. *

—— —— dass. — für 1889. 17. Jahrg., hrsg. von J. B. Krall. 16. (270, 140 S.) Ebendas. geb. in Leinw. *
geb. in Leder *

Bank- u. Börse-Kalender, österr.-ungar. Jahrbuch f. Bank-, Assecuranz-, Eisenbahn- u. Industrie-Wesen f. 1890—1892. 18.—20. Jahrg. Hrsg. v. J. B. Krall. 16. (VIII, 247, 130 S.; VIII, 252 S. u. Tagebuch; VIII, 261 S. u. Tagebuch.) Wien, Perles. geb. in Leinw. à Jahrg. * 3 —; in Ldr. * 4 —

Bank- und Börsekalender, Oesterreichisch-ungarischer. Jahrbuch für Bank-, Assecuranz-, Eisenbahn- und Industriewesen für 1893. XXI. Jahrg. Herausgeg. von J. B. Krall, Taschenf. (296 S. m. Tagebuch) In Lwd. geb.
Wien: Perles 1.60, in Ldr. geb. 2.—

Bank- und Börsekalender, Oesterreichisch-ungarischer. Jahrbuch für Bank-, Assecuranz-, Eisenbahn- und Industriewesen für 1894. XXII. Jahrg Herausgegeben von J. B. Krall, Taschenformat. (302 S. mit Tagebuch) In Lnwd. geb. 1.60, in Led. geb. 2.—
Wien, Perles

Bank- u. Börse-Kalender, österreichisch-ungarischer. Jahrbuch f. Bank-, Assecuranz-, Eisenbahn- u. Industrie-Wesen f. 1895. 23. Jahrg. Hrsg. v. J. B. Krall. 16. (VIII, 281 S. u. Schreibkalender.) Wien, M. Perles. Geb. in Leinw. n. 3.—; in Ldr. n. 4.—

Bank- und Börse-Kalender, Oesterreichisch-ungarischer. Jahrbuch für Bank-, Assecuranz-, Eisenbahn- und Industrie-Wesen für 1896. XXIV. Jahrgang. Herausgegeben von J. B. Krall. 16. (VIII, 306 S. u. Tagebuch.) In Lnwd. geb. 1.60, in Leder geb. 2.—
Wien: Perles

Bank- und Börse-Kalender, Oesterreichisch-ungarischer. Jahrbuch für Bank-, Assecuranz-, Eisenbahn- und Industrie-Wesen für 1897. XXV. Jahrgang. Herausgegeben von J. B. Krall. 16. (VIII, 300 S. u. Tagebuch.) In Lnwd. geb. 1.60, in Leder geb. 2.—
Wien: Perles

Bank- und Börse-Kalender, Oesterreichisch-ungarischer. Jahrbuch für Bank- Assecuranz-, Eisenbahn- und Industrie-Wesen für 1898. XXVI. Jahrgang. Herausgegeben von J. B. Krall. 16. (VIII, 304 S. u. Tagebuch.) In Lnwd. geb. Wien: Perles 1.60

— — österr.-ungar. Jahrbuch f. Bank-, Assecuranz-, Eisenbahn- u. Industrie-Wesen f. 1899. 27. Jahrg. Hrsg. v. J. B. Krall. gr. 16. (IX, 269 S. u. Schreibkal.) Wien, M. Perles. Geb. in Leinw. n. 3.—; in Ldr. n. 4.—

Bank- u. Börse-Kalender, österreichisch-ungarischer. Jahrbuch f. Bank-, Assecuranz-, Eisenbahn- u. Industrie-Wesen f. 1900. 28. Jahrg. Hrsg. v. J. B. Krall. gr. 16. (X, 272 S. u. Tagebuch.) Wien, M. Perles. Geb. in Leinw. n. 3.—; in Ldr. n. 4.—
Fortsetzung s.: Krall, J. B.

Bank- u. Börse-Kalender, österreichisch-ungarischer. 1908. 36. Jahrg. Begründet v. J. B. Krall. (IX, 175 S. u. Tagebuch.) 16. Wien, M. Perles. Geb. in Leinw. 3.—
Bisher u. d. T.: Krall's, J. B., österr.-ungar. Bank- u. Börsekalender. — Erscheint nicht mehr.

Bank - u. Börsen - Kalender, Österreichisch-ungarischer,
s.a. Bank - u. Börse - Kalender, Österreich-ungarischer.

Bank- u. Börsen-Kalender, österreichich-ungarischer, f. 1875. Hrsg. u. red. v. J. B. Krall u. Heinr. Stryk. 3. Jahrg. Neue Folge. 1. Jahrg. 16. (X, 433 S.) Wien 875. Perles. geb. n. 3. —

— — dasselbe, f. d. Schaltj. 1876. Hrsg. v. J. B. Krall. 4. Jahrg. Neue Folge. 2. Jahrg. 16. (X, 239 u. 190 S.) Ebend. geb. n. 3. 20; in Ldr. geb. n. 4. —

Bank- u. Börsen-Kalender, Oesterr.-ungar., für 1882. Jahrbuch f. Bank-, Assecuranz-, Eisenbahn- u. Industrie-Wesen. X. Jahrg. Herausg. v. J. B. Krall. kl. 8. (VIII, 228 S. u. Tagebuch.) 1 fl. 60 kr., in Leder geb. 2 fl. Wien: Perles

Bank- und Börsenkalender, österreichisch-ungarischer, Jahrbuch für Bank-, Assecuranz-, Eisenbahn- und Industrie-Wesen für 1883. XI. Jahrg. Herausgeg. von J. B. Krall. Taschenformat. (238 S. mit Tagebuch) geb. 1 fl. 60 kr.
Wien: Moritz Perles

Bank- und Börsenkalender, österr.-ungar. Jahrbuch für Bank-, Assecuranz-, Eisenbahn- u. Industriewesen für 1884. XII. Jahrg. Herausgeg. von J. B. Krall. Taschenformat. (236 S. mit Tageb.) Wien, Moritz Perles. 1 fl. 60 kr.

Oesterr.-ungar. Bank- u. Börsen-Kalender. Jahrbuch f. Bank-, Assecuranz-, Eisenbahn- u. Industriewesen f. 1885. XIII. Jahrg. Herausgeg. v. J. B. Krall. Taschenf. (242 S. mit Tageb.) Wien, Moritz Perles. Geb. 1 fl. 60 kr.

Oesterreichisch-ungarischer Bank- u. Börsenkalender, Jahrbuch für Bank-, Assecuranz-, Eisenbahn- u. Industrie-Wesen für 1886. XIV. Jahrg. Herausgeg. v. J. B. Krall. Taschenformat. (246 S. mit Tageb.) Wien, Moritz Perles. Geb. 1 fl. 60 kr.

Bank- und Börsenkalender, Oesterreichisch-ungarischer. Jahrbuch für Bank-, Assecuranz-, Eisenbahn- und Industriewesen für 1892. XX. Jahrg. Herausgegeben von J. B. Krall Taschenformat. (290 S. mit Tagebuch.) In Leinwd. geb. 1.60, in Leder geb. 2.—
Wien: Perles

Bankkatastrophe. — Die Warnsdorfer Bankkatastrophe. Schlußverhandlung gegen die Leiter der Warnsdorfer Escompte-Gesellschaft. — Warnsdorf: Strache 1879. 269 S. 8° 300:180.116-B.
10.12241

Bankmann, Carrière. Der Herr Direktor, s.a. Sammlung moderner Kampfschriften.

(F) Bankmann, Carrière. Der Herr Direktor. Zwei Skizzen aus dem Bankleben. 8°. (84 S.) † K -.60
Wien: Huber & Lahme (Eduard Turba), 1902.

– Denunciant u. Judas, s. Sammlung mod. Kampfschriften.

Banknoten, die falschen. Trspl. 8. Wien 787. Schaumburg. 5 gr.

Banknoten. — Die falschen Banknoten. Ein Trauerspiel. Wien [usw.]: Stahel 1787. 96 S. 8°
12:P. o. germ. 1235/2. 18. 300:2613-A.
10.12243

Banknoten, Die, und die Noth der Banken. Lpzg. 1858. V: *Hübner, Hnr.* (Calvary-Berlin, Cat. Nr. 220.)

Banknoten, die, und die Noth der Banken. Leipzig 858. Hübner. gr. 8. (47 S.) n. 10 ngr.

Banknotenfrage. — Zur Banknotenfrage. — (Leipzig [1857]: Brockhaus.) 14 S. 8° 39. 48.
10.12244

Banknotenkontrolle. Auszug aus dem Bericht des schweizerischen Bundesrates an die Bundesversammlung über seine Geschäftsführung im Jahre 1898 (Geschäftskreis des Finanz- und Zolldepartements.) — Derselbe für 1899 ff. bis 1910.

Banknoten-Liste
Bepler's Banknoten-Liste: Jahrgang 1, no 1, Mar 1858 –
Monthly Octavo, ca. 38 pages; illustrated. A German counterfeit detector and bank-note list Has supplement entitled "Das Gewicht, Mass und Geld der Vereinigten Staaten und Europas, nebst Notizen für den Geschäftsmann und Handwerker" published 1861, 32 pages Published by Bepler & Co. [Edward Bepler]
Cincinnati, OH.

Banknoten-Reporter, Chicago deutscher. Hrsg. von Alb. C. Oertel. März 1861 — Febr. 1862. 12 Nrn. (à ca. 4 Bog.) hoch 4. Chicago 861. (Philadelphia, Schäfer und Koradi.)

Friedrich Gerhard's Deutscher Banknoten Reporter: Jahrgang 1—9, May 1, 1856—1865
Valuable for determining false money.
PAmHS: some issues.

Banknotenwesen. — Das schweizerische Banknotenwesen. Gutachten des Schweizerischen Handels- und Industrie-Vereins. Vorort Zürich. — Zürich 1887: Cotti. 63 S. 4°
11.
10.12246

Banko, Emil: Kostbarkeiten, zur angenehmen Unterhaltung; gesammelt an Pregollens Ufern aus der deutschen Literatur. (Hrsg.: Aemilius Banko.) — Königsberg: Fasch 1797. VIII,358 S. 8° 1:Yt 534. 10.
10.12247

Bankó, Julius: Antiken-Sammlung im Erzbischöfl. Seminare zu Udine. Beschrieben von Julius Bankó u. Piero Sticotti. — Wien: Hölder 1895. 56 S. 8°
Aus: Archaeologisch-epigraphische Mittheilungen aus Oesterreich-Ungarn. 18. 1895.
9.
10.12248

Bankó, Julius: Bogenspanner auf e. Vasenbilde. *Wien 1898.*
in: Festschrift f. Otto Benndorf zu seinem 60. Geburtstage 1898

Banko Julius: Untersuchungen über die Darstellungen von Architektur in der griechischen Vasenmalerei. II. 1899 PN 1239 Diss. Wien, Univ.

Bankordnung. — Preußische Bank-Ordnung. — Berlin: Decker 1846. 30 S. 8°
1:5 in Fg 9402 [u.] 95 in An 8630-34. 12:Merc. 12 l. 18. 24. 38. 41. 43. 205. 206.
10.12249

Bank-Ordnung, preußische. gr. 8. (30 S.) Berlin 847, Decker'sche geheime Ober-Hofbuchdruckerei.

Preußische Bank-Ordnung vom 5. Oktober 1846. Gesetz, betreffend die Verminderung der unverzinslichen Staatsschuld um funfzehn Millionen Thaler, sowie die Ausgabe verzinslicher Staatsschuld-Verschreibungen über 16,598,000 Thaler. Vom 7. Mai 1856. Gesetz wegen Abänderung und Ergänzung einiger Bestimmungen der Bank-Ordnung vom 5. Oktober 1846, vom 7. Mai 1856. Berlin: Königl. Geh. Ober-Hofbuchdr. 1857. 44 S. 8°
12:Merc. 325. 18. 38. 100. 304.
10.12250

Bankovitsch, Bozidar [aus Belgrad (Serb.)]: Die Messung des Blutdruckes am Menschen mit Hülfe des v. Basch'schen Sphygmomanometers ... Würzburg, P. Scheiner's Buchdr., 1896; 42 S. 8.
Würzburg, Med. Fak., Inaug.-Diss. v. 1896

Bankrolle. — Bankrolle der ehemaligen Brauerzunft in Köln. Enthaltend: den Amtsbrief der Brauer aus dem Jahre 1497, nebst den im Jahre 1603 erneuerten uralten Ordnungen derselben, wie auch das Namensverzeichniß der noch gegenwärtig dieser Corporation, resp. der St. Peter von Mailand-Bruderschaft, angehörigen Mitglieder. Von Wilhelm Scheben. — Köln 1880: Gehly. 65 S. 8° 38.
10.12264

Bankrott, s.a. Bankerott

Bankrott, s.a. Bankerutt

Bankrott der pädagogischen Oberkonsistorialkünste in Bayern. Von Willehelm Magister. gr. 8. (20 S.) Würzburg 901. Memminger. —60

Der Bankrott des Schauspielers. Local-Lustspiel. — Hamburg: Tramburg 1841. 28 S. 8° 18.
10.12268

Bankrottgesetz, s.a. Bankerottgesetz

Bankrottordnung, s. Banquerouter Ordnung

The Bankruptcy Act 1883. Die Englische Konkurs-Ordnung vom 25. Aug. 1883. Lankwitz b. Berlin 1884.

[deutsch] Uebersetzung des englischen Bankruptcy act 1883 von Ferdinand Ritter Krapf von Liverhoff. — Leipzig: Tauchnitz 1888. XII,132 S. 8°
3. 7. 12:J. rel. 5 e. 25. 106. 203. 208. 302.
10.12285

Banks. Zwei Rechtsgutachten über § 180 Str.GB. Hamburg 1872.
67 S. 8°

Banks, Alice, Frau Kelly's billiger Einkauf, s.: Macht, die, der Liebe. 19.

Banks, Edgar James: Sumerisch-babylonische Hymnen der von George Reisner herausgegebenen Berliner Sammlung umschrieben, übersetzt und erklärt ... Leipzig, Druck v. A. Pries, 1897; 31 S., 2 Bl. 8.
Breslau, Phil. Fak., Inaug.-Diss. v. 9. Nov. 1897 [vielm. 1896]

Banks, Edgar James, Sumerisch-babylonische Hymnen d. v. George Reisner herausgeg. Berliner Sammlg., umschrieben, übers. u. erkl. Diss. gr. 8. (31 S.) Leipzig 897. (Breslau, Schlotter.) n. 1. —

Banks, Friedrich: [Teils.] Dichtungen und Briefe. Mit e. Lebensabriß von Menzel, bevorw. von Julius Smend. — Gotha: F.A.Perthes 1910. XII,355 S. 8°
1:Yo 31806. 5. 6. 14. 18. 302.
10.12308

Banks, Frdr.: Dichtgn u. Briefe. Lebensabriss v. Menzel, bevorwortet v. Jul. Smend. (13, 357 m. 2 Bildn.) 8° Gotha '10. Lpzg, J Wörner. (6 —; geb. 7 —) 5 —; geb. 6 —

— Aus Zeit und Ewigkeit. Ein Spruchbüchlein. — Frankfurt a. M. 1907: Naumann. 87 S. 8° 1:Yo 31005. 27.
10.12309

— — Dresden: Pierson 1908. 88 S. 8° 6.
10.12310

— dasselbe. 2. Aufl. (97 S.) 8. Gotha 910. F. A. Perthes. 1.80; geb. in Leinw. 2.75; in Ldr. 4. 50

Banks, John
— [deutsch] Abhandlung über die Mühlenwerke. Übers. von Christian Gottlieb Zimmermann. — Berlin: Quien 1800. XXXVI,308 S. 8°
1:Nz 9686. 2. 12:Math. A. 12. 14. 17. 78. 89. 302. 305.
10.12304

Banks, Jh., Abhandl. über die Mühlwerke, in 4 Theilen; a. d. Engl. v. C. G. Zimmermann. M. Kpf. gr. 8. Berl. 800. (Reimer). 2 ⁿ/ß

Banks, Sir Joseph
— [Illustrationen von Pflanzen, gesammelt auf der 1. Weltreise des Kapitän Cook von Sir Joseph Banks u. Daniel Solander.] — o.O. [um 1780]. 28 Bl. 2°
Titel fingiert. 1:2° Ma 8575.
10.12308

Bankskandal. — Ein Bankskandal und die Gerechtigkeit! — Velbert: Schuth (1904). 1 Bl. 4° 6.
10.12411

Bank-Statistik. Hrsg. v. der Redaction d. Deutsch-Amerikan. Oeconomist. Imp.-Fol. (2 Blatt.) Frankfurt a. M. 873. Zimmer. n. 1. 25

Bankstatistik. — Bank-Statistik. Hrsg. von d. Redaction des Deutsch-Amerikanischen Oeconomist. 2., verm. Aufl. Frankfurt a. M.: Zimmer 1874. 5 Bl. gr. 2°
30. 203. 205.
10.12412

Bankvaluta, die Hamburger, in ihren Beziehungen zur allgemeinen deutschen Münzreform. Zusammenstellung v. Aktenstücken u. Nachweisen. gr. 8. (48 S.) Hamburg 872. O. Meissner. n. 1. 20

Bankverein
Dortmunder Bank-Verein (Dortmund). Bericht aus Anlaß des 25jähr. Bestehens. 1878 - 1903. – Dortmund (1903): Herfort. 20 S.

Schlesischer Bankverein 17. Juli 1856—1906. Denkschrift.

Schlesischer Bankverein. 17. Juli 1856–1906. — (Breslau [usw.] 1906: Wiskott.) 46 S. 4°
1:Stala 644. 2. 38. 41. 169.
10.12417

Bankverfassungen, s. Banco-Verfassungen

Bankverordnungen. — Die neuen Bankverordnungen in Preußen. Unmaßgebliches Votum eines Finanzmannes. — Hamburg: Vogel 1846. 56,III S. 8°
1:Sx 12552 [u.] 6 in Fg 9402. 7. 12:Merc. 12m. 18. 28. 35. 41. 84. 109. 205. 302.
10.12420

Bankwesen, Das. In Beziehung auf das Königreich Sachsen. Leipz. [1838.] V: *Feller, Frdr. Ernst.* (Kat. d. stat. Bureaus. Dresden 1890.)

Das Bankwesen in Deutschland am Schlusse des Jahres 1856.– o.O.(1857). 20 S. 8°
Aus: Minerva. 1857.

Das schweizerische Bankwesen in den Jahren 1906—1908. Vom Statistischen Bureau der Schweizerischen Nationalbank. Separatabdruck aus der »Zeitschrift für schweizerische Statistik«. Bern 1909.

Bankwitz, Arthur
Bankwitz, Arth., die religiöse Lyrik der Annette v. Droste-Hülshoff, s.a. Beiträge, Berliner, zur germanischen u. romanischen Philologie. Germ. Abt. 9.

— Die religiöse Lyrik der Annette von Droste-Hülshoff. — Berlin: Ebering 1899. VIII,96 S. 8° (Berliner Beiträge zur germanischen u. romanischen Philologie. 20 = German. Abt. 9.)
Erschien teilweise auch als Diss. Jena 1899. 1:X 8384-20.
2. 3. 6. 7. 8. 10. 11. 12:H. lit. P. 36 nfo-Germ. Abt. 9. 14. 15. 16. 18. 21. 24. 25. 27. 28. 30. 32. 35. 43. 45. 60. 109. 117. 300:394.658-B. Per. 9. 302. 303.
10.12425

Bankwitz, Richard: ⟨Aus der Augenklinik zu Jena.⟩ Beitrag zur Kenntniss der einseitigen Retinitis haemorrhagica. *Leipzig: W. Engelmann 1898.* (18 S.) 8° ¶(Aus: v. Graefe's Archiv für Ophthalmologie, Bd 45 H. 2.)
Jena, Med. Diss. v. [7. Mai] 1898

Bankwitz, Walther

Bankwitz, Walth., Bernhard v. Weimar, s.a. Wartburghefte. 21.

Bernhard von Weimar. Von Pfarrer Walther Bankwitz. (*Leipzig: C. Braun 1904.*) (17 S.) 8° [F.]
— Wartburghefte. No 21. 10

— Johann Friedrich der Großmütige, Kurfürst v. Sachsen, s.a. Wartburghefte. 23. Hft.

— Johann Friedrich der Großmütige, Kurfürst von Sachsen. — (Leipzig: Braun 1903.) 23 S. 8° (Wartburghefte. 23.) 1:Di 11012-23. 2-10. 17. 18. 24-27. 29. 30. 38.
10.12428

Bank-Zeitung. Gazette des Banques. 1868. fol Zürich 1868

Bank- und Handels-Zeitung. Politik. Börse. Handel. Industrie. Landwirthschaft. Bergbau. Capitalverwerthung. Speculation. Redig. von J. Treuherz. 4. und 5. Jahrg. 1857 und 1858. à Jahrg. 640 Nrn. (Bog.) Mit dem Beiblatt: Landwirthschaftlicher Anzeiger. Hrsg. von G. Scheidtmann. Jahrg. 1857 und 1858. à Jahrg. 52 Nrn. (Bog.) Fol. Berlin, Th. Heymann. à Jahrg.
Der landwirthschaftliche Anzeiger allein. à Jahrg.
Der 4. Jahrg. trägt den Titel: Berliner Bank- und Handelszeitung.
Der 1—3. Jahrg. erschienen unter dem Titel: Landwirthschaftliches Handelsblatt, im Verlag von Bosselmann in Berlin. à Jahrg. 6 Thlr. 8 Ngr.

— dass. — Redig. von Demselben. 6–8. Jahrg. 1859—61. à Jahrg. 640 Nrn. (à ⅓—1 Bog.) Mit den Beiblättern: Landwirthschaftlicher Anzeiger. 6—8. Jahrg. 1859—61. à Jahrg. 52 Nrn. (Bog.) und Bergwerks- und Industrie-Anzeiger. 1—3. Jahrg. à 52 Nrn. (Bog.) Fol. Berlin, Expedition der Bank- und Handels-Zeitung. (Th. Heymann.) à Jahrg.
Vgl.: Anzeiger, landwirthschaftlicher. — Bergwerks- und Industrie-Anzeiger.

Bank- und Handels-Zeitung. Redact.: J. Treuherz. 9.—14. Jahrg. 1862—67. à Jahrg. 640 Nrn. (à ⅓—1 Bog.) Mit: Landwirthschaftlicher Anzeiger. 9.—14. Jahrg. à Jahrg. 52 Nrn. (Bog.) und Bergwerks- und Industrie-Anzeiger. 4.—9. Jahrg. à Jahrg. 52 Nrn. (Bog.) Fol. Berlin, Expedition der Bank- und Handelszeitung. (Th. Heymann.) à Jahrg.
Vgl.: Anzeiger, landwirthschaftlicher. — Bergwerks- und Industrie-Anzeiger.

Bank-Zeitung: Schweizerische Bank-Zeitung
v. Schweizerische Eisenbahn- und Handels-Zeitung.

Bann. — Der Bann. Ein Gemälde d. Vorwelt. — Prag & Leipzig: Albrecht 1794. 128 S. 8° 7.
10.12430

Bann, der, e. Gemälde der Vorwelt. 8. Prag 794. (Hinrichs in Leipz.) 10 gr

Bann, der, e. Gemälde der Vorwelt. 8. Prag, Neurentter. (Hinrichs in Lpz.) 794.

Der **gelöste Bann.** Eine Weihnachtsgeschichte. Übers. von L. Harnisch. — Kassel: Oncken [1904]. 72 S. 8° (Jugendheim. 34.) 4. 34.
10.12431

Bann, Otto, Anleitung, s.: Göppinger, A., Vorlagen zum Porzellanmalen.

Bann, Otto, Anleitung z. Porzellanmalen, s.: Göppinger, A., Vorlagen.

Bann, Otto, Kurt. Eine Erzählg. aus dem XVI. Jahrh. f. die Jugend. Mit Illustr. v. Heinr. Braun. gr. 8. (V, 64 S. m. eingedr. Illustr. u. 7 Chromolith.) München 882. Bassermann. geb. n. 4. —

Banna, Filib Basil
— [Al-Qaṣīda al-'asǧadīja fīl-maḥāmid al-maǧīdīja, deutsch] Des Philipp Basil Benna ... Lobgedicht auf den jetzt regierenden Sultan Abd-ul-Medschid ... in wortgetreuer Übers. mitgetheilt von F. L. O. Roehrig. — Breslau: Grass, Barth & Co. 1844. 8 Bl. 4°
1: 4° Zu 3583. 2. 3. 10. 15. 18. 28.
10.12436

Bannā, Filib Bāsīl: Des Syriers Philipp Basil Benna Lobgedicht zur Danksagung ... an Se. Königl. Hoheit den Prinzen Joinville ... deutsch mitgetheilt von Otto Röhrig. 2. Ausg. — Breslau: Graß, Barth & Co. 1844. 4 Bl. 8°
1: 16 in Zu 4. 12: A. or. 700. 15. 18. 28.
10.12434

— Des Philippus Benna – Filib Bāsīl Bannā Ḥalabī – Lobgedicht auf Se. Majestät Friedrich Wilhelm IV. von Preussen ... deutsch mitgetheilt von Otto Röhrig. — Breslau: Graß, Barth & Co. 1844. 3 Bl. 4° [Ant. u. Arab.]
1: 4° Zu 3584. 2. 3. 15. 18. 28.
10.12435

Bannas, S. [pr. Arzt in Breslau]: Ein objektives Augensymptom der Neurasthenie. '(Aus d. Dr. Wolffberg'schen Augenklinik zu Breslau.)' ... Breslau, Druck d. Bresl. Gen.-Buchdr., 1893; 26 S., 1 Bl. 8.
Leipzig, Med. Fak., Inaug.-Diss. v. 13. Dez. 1893

Bannasch, G. W., die Darstellung der Marine und das Gemälde einer Seeschlacht. (Trafalgar.) Vorlesung, gehalten in der deutschen Ressource am 28. September 1843. gr. 8. Königsberg 843, Voigt. n. 1/3 rß

— s. Marquardt, J. F., Handbuch für die Seeschiffsführer.

— der Stand der Nautik zu Zeiten des Columbus im Vergleich mit unserer heutigen Schiffahrtkunde. Vorlesung, gehalten in der deutschen Ressource am 17. Mai 1843. gr. 8. Ebd. 843. n. 1/3 rß

Bannasch, G. W., Standarten u. Flaggen sämmtl. Seemächte, s.a. Standarten.

Bannasch, G. W., Standarten u. Flaggen sämmtlicher Seemächte. 1 lith. u. color. Taf. in Imp. Fol. Königsberg 850, Voigt. 3 rß

Bannbrieff
Der durch Ihre Röm. Kays. Majestät Josephum I. widerlegte Apostolische Päbstliche Bann-Brieff, welchen Seine Heiligkeit Clemens XI. ... ergehen lassen ... Anjetzo nach dem zu Wien gedruckten lateinisch- und italiänischen Exemplar in das Hochteutsche übersetzt und nebst einigen Anmerckungen herauß gegeben. — o. O. 1708. 32 S. 8° 12: 4° J can. P. 92 [2 Ex.] 26. 20.
10.12457

— o. O. (1708). 40 S. 8°
2 verschiedene Drucke.
1: Flugschr. 1708-1 [u.] Qk 3352. 14. 19. 23. 27. 45.
10.12458

Bannbuch. — Zweibrücker Oberamts Bannbuch vom Jahr 1547. 1908 s. *Beitraege* zur westpfälzischen Ortsgeschichte.

Banne
Im Banne. Eine Erzählung für's Volk von F. A. — Gernsbach: Verb. d. Christl. Kolportage-Vereins 1891. 54 S. 8° 47.
10.12459

Im Banne der dritten Abtheilung. Zeit-Roman von ***. Bd 1. 2. — Berlin: Janke 1884. 8° 1: Yx 21484. 24.
10.12460

Im Banne der Loge. Trier: Paulinus-Druckerei [ca 1885]. 144 S. 8°
(Dasbach's Novellenkranz 23.)
TB. 408. Ultramontane Erzählung.

Im **Banne** der Venus. Gedicht-Sammlung zum Preise des Weibes. Hrsg. von K.v.d. Ems.
Berlin 1885.

Im **Banne** der Venus. Bohême-Geschichten. — Berlin: Berliner Verl.-Inst. [1905]. 139 S. 8° 1: Yx 30687.
10.12464

Im **Banne** des Weibes. — Berlin 1897. 55 S. 8°
101. 300: 419.539–A.
10.12466

Im **Banne** des Weibes. (Sotadisches Opus).
o.O., o.J.

Im **Banne** des Weibes (Flagellation)
O.O., nach 1900.

Im **Banne** der Wollust. 12 hocherotische Erzählungen aus d. Französ.
O.O., ca. 1895.
48 S. 12°

Bannehr, John, Anleitung zur neuen plastischen Faltenschnitzerei zum Selbstunterricht f. Dilettanten nach eigener, vereinfachter Methode, nebst 6 Mustertaf. m. 6 Bordüren, 4 Rosetten u. 2 Grundmustern. gr. 8. (10 S.) Leipzig 902. Seemann & Co. n. — 60

— Anleitung für Kerbschnitt-Arbeiten zum Selbstunterricht. — Leipzig: Seemann 1900. 26 S., 16 Taf. 8°
207.
10.12469

— Anleitung f. Kerbschnitt-Arbeiten zum Selbstunterricht f. Dilettanten nach eigener, vereinfachter Methode, nebst systemat. Lehrgang der Kerbschnitzerei. Mit 25 Textbildern u. 16 Taf. 2. Aufl. gr. 8. (26 S.) Ebd. 902. n. 1. —

Bannehr J, Kerbschnittvorlagen I. (15 T) fol Nebst Anleitung. (26 S 16 T) 8° Leipzig (1899)

— Kerbschnittvorlagen, 1. Sammlg. 12 Taf. in Photo-Lith. gr. Fol. Nebst: Anleitung f. Kerbschnitt-Arbeiten zum Selbstunterricht f. Dilettanten nach eigener vereinfachter Methode (nebst systemat. Lehrgang der Kerbschnitzerei). gr. 8. (26 S. m. 16 Taf.) Ebd. 900.
In Mappe n. 6. —; Anleitg. einzeln n. 1. —

Bannenberg, Ferdinand: Theodora von Alexandrien. Ein christliches Schauspiel. — Berlin: Walter [um 1900]. 126 S. 8° 2. 19. 60. 102. 211.
10.12473

—— Trier: Paulinus-Dr. 1900. 126 S. 8° 1: Ys 31184. 5.
10.12474

Bannenberg, Philipp

Bannenberg, Ph., die Bergpolizeiverordnung [des königl. Oberbergamts zu Dortmund, sowie auf einzelne einschläg. Materien bezügl. Ministerial-Erlasse, Bekanntmachgn. u. Instructionen. [Aus: „Vademecum des westfäl. Bergbeamten".] 8. (32 S.) Dortmund 881. Dreist. n. — 20

— Vademecum des westfälischen Bergbeamten. Eine gedrängte Sammlung der f. die bergbaul. Praxis wichtigeren allgemeingesetzl. u. polizeil. Bestimmgn., m. besond. Berücksicht. der im Bezirke des königl. Oberbergamts zu Dortmund in Kraft befindl. bergpolizeil. Verordnungen, Erlasse u. Instructionen. 8. (III, 121 S.) Ebend. 881. geb. n. 1. 50

Das Banner : 1879? --1893?

Independent weekly Published in English and German Title varies Bucks County Banner Circulation 1885, 900, 1892, 1150 Edited & published by Charles Kolbe, 1879 –93.

Perkasie, PA

Das Banner : 1880? --Feb 1883.

Weekly Organ of Greenback Party Continued from Die Laterne Circulation 1883, 3500 Edited by C. H. Steinke, & published by Banner Printing Co

Buffalo, NY

Das Banner : 1901? –?

Republican weekly. Published by Banner Publishing Co.

Erie, PA

Banner von Berks : Dec 1, 1864 - 1909

Democratic weekly, supported Tilden, published as weekly edition of Die Reading Post, May 28, 1878 ?, with title Banner von Berks und Wochenblatt der "Reading Post." Issue for Dec 1 1864 is numbered "Jahrgang 1, no 1," but that of Jan 10, 1865, is numbered "Jahrgang 1865, no 2," and continues as yearly Jahrgang, up to the issue of May 28, 1878, which is called Jahrgang 14, no 22, when paper becomes weekly edition Circulation 1870, 2000 (est.), 1885, 1500, 1902 1800, 1908, 1100 Edited & published by Wilhelm Rosenthal, 1864-1908; by John Weiler, 1908 09

Reading, PA

Davenport Tägliches Banner : 1870?--1871?

Democratic daily, evening except Sunday. Continued as Deutscher Anzeiger. For weekly edition, see Davenport Banner Circulation: 1871, approx. 800. Edited by Dr. Carl de Haas, & published by German Publishing Co.

Davenport, JA

Banner, das, der Freiheit. (Früher „Das Evangelium".) Von Gfr. Schwarz. 6. u. 7. Jahrg. 1901 u. 1902. à 12 Hfte. 8. (à ca. 32 S.) Heidelberg. (Dresden, F. Jacobi.) à Jahrg. n. 3.—; einzelne Hfte. n. — 30.
Vgl.: „Evangelium", das.

Banner, das, der Freiheit. Monatsschrift v. Gottfried Schwarz. 8.—11. Jahrg. 1903—1906. à 12 Hefte. (à 32 S.) 8. Karlsruhe, Verlag des „Banner der Freiheit". à Jhrg. n. 3. —

Banner, das, der Freiheit. Monatsschrift v. Gottfr. Schwarz. 12.—15. Jahrg. 1907—1910. à 12 Hefte. (à 32 S.) 8. Karlsruhe, G. Schwarz. à Jhrg. 3. —

Banner, Das, d. Freih. Monatsschr. v. Gottfr. Schwarz. 15—17. J. '10—12 je 12 Hefte. (194. Heft: 32) 8° Oberweiler, G Schwarz. halbj. 1.50; einz. Hefte — 30 d
Erschien bis z. 16. J. in Karlsruhe.

Das Logansporter Banner : Aug. 26, 1871 –1873?

Independent Democratic weekly. Title varies slightly, in that "Das" is occasionally omitted at first, and finally dropped with Jahrgang 2, no 19. Circulation 1872, 800 (est.). Edited & published by Pfabe & Maroc, Aug 26 --Nov. 18, 1871; by H Pfabe & Co., Nov. 25, 1871 -Mar. 23, 1872, edited by William Maroc, Mar. 30– July 1872, by Julius C. Klonne, Aug 3 - Oct ? 1872; published by John Hermann (also as German Publishing Co.), Mar. 30 –Dec 20, 1872, edited & published by John A. N Frentzel, Dec 20, 1872 June 1873, by G. A. Selbach (also as Gebrüder Selbach), June 20, 1873--?

Logansport, JN

Banner und Volksfreund : Jahrgang 1 36, no 188, Sept 7, 1844-- May 11, 1880.

Weekly, Sept. 7, 1844 – Sept 1, 1847?, semi-weekly, Sept 11, 1847 1849, daily, evening except Sunday Jan 1850- May 11, 1880. Democratic when established, supported Polk, Tilden. Sub title Eine demokratische Zeitung für Stadt und Land, May 29, 1850? - 1880? First date-line, Milwaukee, W T Title varies 1) Wiskonsin Banner, Sept 7, 1844 - Apr. 18, 1845; 2) Wisconsin Banner, Apr 25, 1845 Apr. 1855, Banner und Volksfreund, Apr. 10 1855– May 11, 1880 Other slight variations in title, e.g. Tägliches Banner Absorbed Täglicher Volksfreund, Apr 1855 Merged with Milwaukee Freie Presse, but "Jahrgang" numbering continued. For literary supplement, see Stadt und Land For weekly edition, see Wisconsin Banner und Volksfreund For Sunday edition, see Sonntagsblatt des Banner und Volksfreund. Circulation 1870, 2500, 1875, 1600, 1878 1600 Edited by Moritz Schöffler, Sept. 7, 1844--Nov 1847, by Ernst Prüger, Dec 1847 -1850?, by Dr. ? Aigner, Jan – July 1851, by F. W. Orban, July 1851 Oct ? by August Kruer, Nov 1851 Dec 1852?, by Hermann Kemper, by Wilhelm Vette, by F. W. Orban, Apr. 1855 Nov. 1870, by B. H. Guterbock, June 1877– May 1880 by H Siegel, May 1880. Published by Moritz Schöffler, Sept. 7, 1844 –May 1851?; by Moritz Schöffler & Rudolph Wendte, May 1851 -1857, by Moritz Schöffler, 1857--Sept. 1874, by Banner und Volksfreund Printing Co., Sept 1874 - May 1880.

Milwaukee, WI

Banner, Adolph [Übers.]

s.a. **Dickens, Charles: Boz's sammtliche Werke. 1855.**

Banner, Adf., die Rebellen von Lübeck. Histor. Seeroman aus den Zeiten der Hansa. 2 Bde. Dessau 854. Gebr. Katz. 8. (VII, 311; 2 Bl., 320 S.) 2 ℔ 15 ngl

Banner, A, d. Rebellen v. Lübeck. Hist. Seeroman. 2 Bde. 8. (631) Dess. 54. (Dresd., L Wolf.) 2. 15

Banner, Edmund

Banner, E., Bar Kochba, der letzte König der Juden, s.a. Theater, neues Wiener.

Banner, Edm., Bar Kochba, der letzte König der Juden. Tragödie in 5 Aufzügen. gr. 8. (III, 107 S.) Brünn 872. Nitsch in Comm. n. 2. ---

Banner, Edmund: Bar Kochba der letzte König der Juden. Tragödie. — [Brünn:] Verf. (; Wien: Rosner 1880). 107 S. 8° (Neues Wiener Theater. 102.)
1: Ys 21449. 300: 104.092–B. Bd 102. 302.
10.12487

Banner, *Franz* Paul [aus Dabrowa '(Posen)']: Über die klinische Bedeutung der Wanderniere ... Greifswald, Druck v. F. W. Kunike, *1894*; 42 S. 8.
Greifswald, Med. Fak., Inaug.-Diss. v. 27. Juli 1894

Banner, Max, Pädagog. Aphorismen u. Aufsätze. 12. (116 S.) Frankfurt a/M. 897. Kesselring. n. 1. —

Banner, Max: Pädagogische Aphorismen und Aufsätze. — Leipzig [usw.]: Kesselring [1897]. 116 S. 8°
27. 30. 47. 107. 207.
10.12498

— Begleitwort zu der Französischen Satzlehre. — Bielefeld [usw.]: Velhagen & Klasing 1895. 6 S. 8° 16.
10.12499

*** — Tote Bildgsfaktoren in Schule u. Haus. Lpzg, Teutonia-Verl. ca 1 —**

— Das Französische als Unterrichtsgegenstand an unsren Gymnasien. — Frankfurt a. M. 1887: Mahlau & Waldschmidt. 31 S. 8°
Aus: Festschrift d. Neuphilologischen Sektion d. Freien Deutschen Hochstifts zur Begrüssung des 2. Allg. Deutschen Neuphilologentages am 31. Mai u. 1. Juni 1887.
30.
10.12500

Banner, Max: Introduction du génie classique dans la poésie française par Ronsard. 8 (S. 113—125). **Progr.**
Festschrift zu der Einweihung des Goethe-G. *Frankfurt a. M.* 1897.

Banner, Max, französisches Lese- u. Übungsbuch. 1.--3. Kurs. gr. 8. Bielefeld, Velhagen & Klasing. n. 5. 30; geb. n.n. 6. 20
1. (XII, 137 S.) 892. n. 1. 30; geb. n.n. 1. 60. — 2. (IX, 165 S.) 893. n. 1. 60; geb. n.n. 1. 90. — 3. (VIII, 248 S.) 894. n. 2. 40; geb. n.n. 2. 70.

Französisches Lese- und Übungsbuch von Dr. **Max Banner**, Oberl. zu Frankfurt a. M. 2. Aufl. Kursus 1–3. *Bielefeld & Leipzig: Velhagen & Klasing 1896–1900.* 3 Bde 8°
1. 1896. 2. 1898.
3. Eine Chrestomathie f. d. Mittel- u. Oberklassen höh. Lehranst. 1900. [illegible]

Banner, Max, französisches Lese- u. Übungsbuch. 1.—3. Kurs. gr. 8. Bielefeld, Velhagen & Klasing. Geb. in Halbleinw. n. 6.80
1. 3. Aufl. (XVIII, 151 S.) 909. n. 1.60
2. 3. Aufl. (Mit e. Karte v. Frankreich u. e. Plan v. Paris.) (X, 233 S.) 901. n. 2.40
3. Eine Chrestomathie f. die Mittel- u. Oberklassen höh. Lehranstalten. 2. Aufl. Mit 2 (farb.) Übersichtskarten. (VIII, 224 S.) 900. n. 2.80

Banner, Max, französisches Lese- u. Übungsbuch. 1. Kurs. 4. Aufl. (XXII, 151 S.) 8. Bielefeld 905. Velhagen & Klasing. Geb. n.n. 1.75

Banner, Max, französisches Lese- u. Übungsbuch. 2. Kurs. 4. Aufl. (Mit 1 Karte v. Frankreich u. 1 Plan v. Paris.) (X, 233 S.) 8. Bielefeld 907. Velhagen & Klasing. Geb. 2.50

Banner, Max: Französ. Lese- u. Übgsb. I. Kurs. (Regelmäss. Formenlehre.) 6. Afl. (22, 166) 8° Bielef., Velh. & Kl. '12. geb. 1.75

[F.] Französische Satzlehre v. Dr. Max Banner, Oberl. ... zu Frankfurt a. M. [Nebst] Begleitwort. *Bielefeld & Leipzig: Velhagen & Klasing 1895.* 2 Bde 8.
Satzlehre. (IV, 82 S.) Begleitwort. (6 S.) [96. 4567

Französische Satzlehre von Dr. Max Banner, Oberlehrer. 2. Aufl. *Bielefeld & Leipzig: Velhagen & Klasing 1900.* (VIII, 122 S.) 8° [F.] [00. 2130

— französische Satzlehre. 3. Aufl. (VII, 139 S.) gr. 8. Ebd. 904. Geb. in Leinw. n. 1.50

— Französische Satzlehre. 4. Aufl. (VIII, 139 S.) 8. Ebd. 907. Geb. 1.60

— Französ. Satzlehre. 5. Afl. (7, 139) 8° Ebd. '12. geb. 1.60 d

— Tabelle der unregelmäßigen Verba des Französischen. Ein Lern- u. Nachschlagebuch als Ergänzg. zu jeder französ. Grammatik. 2. verb. Aufl. 4. (15 S.) Frankfurt a/M. C. Jügel. n. — 50

Banner, M., Tabelle der unregelmäßigen Verba d. Französischen. Im Auftrage der Lehrer-Konferenz d. städt. Gymnasiums zu Frankfurt a/M. zusammengestellt. 4. (15 S.) Frankfurt a/M. 887. Jügel's Verl. n. — 35

— Tab. d. unregelmäss. Verba d. Französ. 2. Afl. (15) 4° Frankf. a/M., C Jügel '02. — 50 d

— Tabelle der unregelmäßigen Verba des Französischen. Ein Lern- u. Nachschlagebuch als Ergänzg. zu jed. französ. Grammatik. 3. Aufl. (15 S.) gr. 8. Frankfurt a/M. 907. C. Jügel. n. — 50

Banner, Max
— Pädagogische Tagesfragen. — Frankfurt a. M.: Auffarth 1902. 71 S. 8°
26. 30. 207. 302.
10.12502

— Das französische Theater der Gegenwart. — Leipzig: Renger 1898. VI, 199 S. 8°
1: Xv 845/14. 5. 9. 10. 12: L. eleg. g. 23o. 14. 16. 18. 20. 24→27. 30. 34. 43. 48. 302.
10.12503

— deutscher Übersetzungsstoff zum Einprägen der französischen Formen- u. Satzlehre. gr. 8. (VII, 119 S.) Ebd. 894. n. 1.20

Deutscher Übersetzungsstoff zum Einprägen der französischen Formen- und Satzlehre von Dr. Max Banner, Oberl. zu Frankfurt a. M. 2. Aufl. *Bielefeld & Leipzig: Velhagen & Klasing 1899.* (VI, 231 S.) 8 [99. 8

— deutscher Übersetzungsstoff zum Einprägen der französischen Formen- u. Satzlehre. 3. Aufl. gr. 8. (VII, 231 S.) Bielefeld 902. Velhagen & Klasing. Geb. n. 2.60

— Deutscher Übersetzungsstoff zum Einprägen der französ. Formen- u. Satzlehre. 4. Aufl. (VII, 231 S.) 8. Bielefeld 907. Velhagen & Klasing. Geb. 2.80

— Deut. Übersetzgsstoff z. Einprägen d. französ. Formen- u. Satzlehre. 5. Afl. (231 u. 5) 8° Ebd. '11. L 2.80

Banner, M., üb. den regelmässigen Wechsel männlicher u. weiblicher Reime in der französischen Dichtung, s.a. Ausgaben u. Abhandlungen aus dem Gebiete der romanischen Philologie.

— Über den regelmäßigen Wechsel männlicher und weiblicher Reime in der französischen Dichtung. — Marburg: Elwert 1884. 51 S. 8° (Ausgaben u. Abhandlungen aus d. Gebiete d. romanischen Philologie. 14.)
Erschien auch als Diss. Marburg 1883. 1: Xi 216-14. 2→11. 12: L. eleg. g. 16a-14. 14→18. 21. 25. 27→30. 34. 38. 109. 300: 390.815-B. Per. 14. 302. 303.
10.12504

— Wie helfe ich meinem Schulkinde? 1.-4. Aufl. — Bielefeld [usw.]: Velhagen & Klasing 1904. IV, 115 S. 8°
1: Ne 9270. 4. 6. 62. 109. 207.
10.12505

Banner, Mor., über den regelmässigen Wechsel männlicher und weiblicher Reime in der französischen Dichtung, s. Ausgaben und Abhandlungen aus dem Gebiete der romanischen Philologie.

Bannergesänge und Wehrlieder. [Leipzig] 1813. V: *Arndt, Ernst Moritz.* (GGr)

Banner- u. Schwertlieder, Deutsche. Für vierstimm. Männergesang gesetzt v. Carl Geißler, Ed. Tauwitz u. Th. Täglichsbeck. 1. Hft.: Carl Geißler, 87. Werk. Partitur u. Stimmen. br. 8. (180 S.) Stuttgart 849, Södel. 1 ℛ 21 𝔤𝔯 Die vier Stimmen allein 1 ℛ 9 𝔤𝔯 — 2. Hft.: Ed. Tauwitz, 31. 32. u. 33 Werk. Partitur u. Stimmen. br. 8. (208 S.) Ebd. 849. 1 ℛ 21 𝔤𝔯 Die 4 Stimmen allein 1 ℛ 9 𝔤𝔯 — 3. Hft.: Th. Täglichsbeck, 32. u. 33. Werk. Partitur u. Stimmen. br. 8. (167 S.) Ebd. 849. 1 ℛ 21 𝔤𝔯 Die vier Stimmen allein 1 ℛ 9 𝔤𝔯 (1—3. Hft.: 5 ℛ 3 𝔤𝔯 Die vier Stimmen allein 3 ℛ 27 𝔤𝔯)

Banner- und Schwertlieder, deutsche. Für vierstimmigen Männergesang gesetzt von C. Geißler, Ed. Tauwitz u. Th. Täglichsbeck. 3 Hefte. Neue wohlfeilere Gesammt-Ausg. Partitur u. 4 Stimmen. Stuttgart (853.) Södel. br. 8. (Partitur: 56, 64, 47 S.; Singstimmen à 31, 36, 30 S.) Partitur: 1. ℛ; Stimmen à 15 𝔤𝔯

Bannert, Emil: Viehlose Wirtschaft? Zahlen u. Gedankensplitter über Schafhaltung im allgemeinen u. Viehhaltung im besonderen. — Greifswald: Abel 1904. 50 S. 8°
1: Ov 16058. 9. 26. 41. 91. 203.
10.12515

Bannert, Hans [aus Breslau]: Beiträge zur Kenntnis des ortho- und ana-Amidochinolins und des ortho-Nitrocarbostyrils... Breslau, Druck v. Grass, Barth & C., 1897; 54 S., 1 Bl. 8.
Freiburg i. B., Phil. Fak., Inaug.-Diss. v. 1897

Bannerth, Benedictus: De ophthalmia syphilitica. Vratislaviae 1814. (26 S.) 4°
Breslau, Med Diss v. [23 März] 1814

Bannerth, Florian: Bade- und Brunnen-Kur-Tagebuch zum Gebrauche für Kranke während der Kur zu Landeck. Breslau: Graß, Barth & Co. 1842. 55 S. 8° 2. 15. 103.
10.12516

Bannerth, Florian, spezieller Bericht über die Bade- und Brunnen-Anstalt zu Landeck während der Curzeit des Jahres 1844. gr. 8. Breslau 845. (W. G. Korn.) 1/4 ℛ

— dass. 2. Bericht. Umfassend die Kurzeit des Jahres 1845. gr. 8. Ebd. 846. 1/3 ℛ

Bannerth, (Florian), 3. specieller Bericht über die Bade- u. Brunnen-Anstalt zu Landeck, umfassend die Kurzeit des Jahres 1846. gr. 8. (VI u. 74 S.) Breslau 848, Korn in Comm. n. 1/3 ₰ (1 — 3.1 n. 1 ₰)

Bannerth, Florian, die Heilquellen zu Landeck in der Grafschaft Glatz. Mit 1 lithogr. Ansicht der Marianenquelle u. Abbildd. der Thermalconferven auf 2 lithograph. Bl. gr. 8. Breslau 838. Graß, Barth u. Comp. 1 1/3 ₰.

Bannerth, Florianus (geb. am 4 Mai 1807 in Stodoll Rgbz. Oppeln): Naturae conaminum in ossibus laesis sanandis indagatio anatomica-physiologica ... Accedd. tab. II lith. Bonnae, typ. Thormannianis (1831). VI, 50 S., 2 Taf. 4. ¶ In Komm. bei Weber in Bonn.
Bonn, Med. Fak., Diss. v. 4 Mai 1831

Bannerth, Flor., die Thermen von Landeck. Rückblicke auf ihre Wirkungen, gestützt durch die Statistik aus der Kurzeit der Jahre 1849, 1850 u. 1851. Ein Beitrag zur Pathologie u. Therapie chronischer Krankheiten. Breslau 853. Max u. Co. gr. 12. (XII, 2 Bl., 235 S.) 24 ngr

Bannerth, Flor., die Thermen von Landeck. Studien über ihre Anwendung bei Krankheiten des Weibes und der Nerven, gestützt durch die Beobachtungen aus den Kurzeiten der Jahre 1852—1857. Breslau 860. Max & Co. 8. (VIII, 211 S.) 24 ngr

— **Verzeichniss der werthvollen Sammlung medicinischer Bücher aus dem Nachlasse des Herrn Sanitäts-Rath Dr. Fl. Bannerth.** [Auktionskat.] — Breslau [1862]: Schletter. 28 S. 8° 2. 23.
10.12521

Der Bannerträger. Jg. 1–
Frankfurt a.M. (Bremen: Verlag des Traktathauses) 1882 –

Bannerträger, der. Mittheilungen f. die christlichen Jünglings-Vereine der bischöfl. Methodistenkirche. Red. v. P. G. Junker. 7. 8. Jahrg. 1889. 1890. à 6 Nrn. (B.) gr. 8. Bremen, Verlag d. Tractathauses. à Jahrg. n. — 50

Bannerträger, der. Mittheilungen f. die christlichen Jünglings-Vereine der bischöfl. Methodistenkirche. Red. v. P. G. Junker. 9. u. 10. Jahrg. 1891. 1892. à 6 Nrn. (Bog.) gr. 8. Bremen, Verlag d. Tractathauses. à Jahrg. n. — 50

— dasselbe. 11. u. 12. Jahrg. 1893. 1894. à 12 Nrn. (Bog.) gr. 8. Ebd. à Jahrg. n. — 75

Bannerträger, der. Monatsschrift f. d. christl. Jünglings-Vereine d. bischöfl. Methodistenkirche. Red. v. P. G. Junker. 13. u. 15. Jahrg. 1895 u. 1897. à 12 Nrn. (à 8 S.) gr. 8. Bremen (Verlag d. Traktathauses). à Jahrg. — 75

Bannerträger, der. Monatsschrift f. d. christl. Jünglings-Vereine d. bischöfl. Methodistenkirche. Red. v. P. G. Junker. 14. u. 16. Jahrg. 1896 u. 1898. à 12 Nrn. (à 8 S.) gr. 8. Bremen (Verlag d. Traktathauses). à Jahrg. n. — 50

Bannerträger, der. Monatsschrift f. die Jünglings-Vereine u. den Jugendbund der bischöfl. Methodistenkirche. Red. v. R. Wobith. 17.—20. Jahrg. 1899—1902. (à 12 Nrn.) gr. 8. (à ca. 8 S.) Frankfurt a/M. (Bremen, Verlag des Traktathauses.) à Jahrg. — 80
Der Preis der früh. Jahrgänge ist auf à — 80 erhöht worden.

Bannerträger, der. Offizielles Organ f. die Vereine u. den Jugendbund der bischöfl. Methodistenkirche in Deutschland u. der Schweiz. Red. v. R. Wobith. 21.—24. Jahrg. 1903—1906. à 12 Nrn. (à 4 S.) Lex.-8. Bremen, Buchh. u. Verlag des Traktathauses. à Jhrg. — 60

Bannerträger, der. Offizielles Organ f. die Vereine u. den Jugendbund der bischöfl. Methodistenkirchen Deutschlands u. der Schweiz. Red. v. R. Wobith. 25. Jahrg. 1907. 12 Nrn. (à 4 S.) Lex. 8. Bremen, Buchh. u. Verlag des Traktathauses. — 60
Erscheint nicht mehr.

Bannerträger des Evangeliums in der Heidenwelt. Von Paul Richter. 1-4. — Stuttgart: Steinkopf 1905-08. 8°
1: Cv 10002. 18. 24. 26 [°° 1].
10.12522

Bannerweihe. — Banner-Weihe der Innung Dresdner Buchdruckereibesitzer. Zur Erinnerung an den 26. September 1897 am 12jährigen Stiftungstage der Innung, den 18. Januar 1898, gewidmet. — (Dresden 1898.) 23 S. 4° 14.
10.12523

Bannes, Franz, prakt. Arzt: Aus d. pharmakol. Institut d. Universität Breslau (Dir.: Herr Prof. Dr. Filehne). **Das Wesen der genuinen und künstlichen Vogelgicht und deren Beziehungen zur Arthritis urica des Menschen.** *Gent 1901: G. Eylenbosch.* (49 S.) 8°
Breslau, Med. Diss. v. 1. Aug. 1901*)

Bannes, Johann: Kritische Anmerkungen über die sogenannte gnadenvolle Erzbruderschaft Maria von Trost, oder der schwarzledernen Gürtel der heiligen Mutter Monica. — Laibach 1783: Kleinmayer. 54 S. 8°
300: 13.428.
10.12525

Bannholz, Blöchlinger vom, s. Blöchlinger vom Bannholz.

Bannholz, Hugo (Hugo Hölzel), Wingolf v. d. Kranichberge. E. idyll. Erzählg. a. d. Ritterzeit. 8. (IV, 177 S.) Wien 895. C. Graeser. n. 2. —; geb. n. 3. —

Bannholzer, Carl (Hrsg.), s. Jahrbuch des k.k. Hof-Burgtheaters.

Bannier, Alfred, appr. Arzt a. Boernen, Kr. Rummelsburg in Pommern: Aus der Medizinischen Klinik zu Marburg. Physiologische Studien am gesunden Menschen im Ueberdruckapparate. Marburg 1906: H. Bauer. (33 S.) 8°
Marburg, Med. Fak., Ref. Brauer, Diss. v. 18. Sept. 1906
[Geb. 14. Jan. 79 Boernen, Kr. Rummelsburg (Pommern); Wohnort: Marburg; Staatsangeh.: Preußen; Vorbildung: Gym. Stolp Reife O. 01; Studium: Marburg 4, Freiburg i. B. 1, Königsberg 1, Marburg 3 S.; Coll. 4. Sept. 06; Approb. 5. Juli 06.]

Bannier, Wilhelm
Bannier, W, s.: Handbuch, statist., d. Volks-, Mittel- u. Privatsch. d. Reg.-Bez. Hildesheim.

Bannier, W.: Die griechische Mythologie.
Berlin: R. Heinrich.

Bannier, Guilelmus [Saxo-Borussus]: De titulis aliquot atticis rationes pecuniarum Minervae exhibentibus ... Berolini, Heinrich & Kemke, 1891; 2 Bl., 26 S., 1 Bl. 8.
Berlin, Phil. Fak., Inaug.-Diss. v. 16. Nov. 1891

Banning (—.). Die Brombeeren ... von Minden. Minden, 1874. 4°.

[J.] **Banning**, Adolf [Dr.]: Dickens' Beziehungen zu Carlyle. (Tl 1.)' Hagen, Buchdr. v. G. Butz, 1895; 1 Bl., 20 S. 4.
Hagen, RG u. G, P 1895 (375)

Banning, Adolf, die epischen Formeln im Beowulf. I. Teil: Die verbalen Synonyma. Diss. Marburg 1886, N. G. Elwertsche Univ.-Buchh. 8°. 56 S.

Banning, Adolf [Cand. d. höh. Schulamts]: Die epischen Formeln im Beowulf. I. Teil: Die verbalen Synonyma .... Marburg, Univ.-Buchdr. (R. Friedrich), 1886; 56 S. 8°.
Marburg, Phil. Fak., Inaug.-Diss. v. 26. Jun. 1886.

Banning, Émile: L'Afrique et la Conférence géographique de Bruxelles. — Bruxelles; Leipzig: Muquardt 1877. 150 S. 8° 1:Uq 6. 7. 12:H. Afr. 1427. 14. 17. 21. 20. 32. 33. 39. 205. 232.
10.12551

— — 2. éd., rev. et augm. Ebd. 1878. XVI,224 S. 8°
10. 15. 20. 203. 205.
10.12552

— La Conférence africaine de Berlin et l'Association internationale du Congo. — Bruxelles; Leipzig: Muquardt 1885. 26 S. 8°
Aus: Revue de Belgique. 49. 1885. 5.
10.12558

Banning, Émile
— Le Partage politique de l'Afrique d'après les transactions internationales les plus récentes (1885 à 1888). — Bruxelles; Leipzig: Muquardt 1888. XI,181 S. 8°
1:Uq 386. 26. 38. 106. 203. 205. 208.
10.12564

— [deutsch] Die politische Theilung Afrika's nach den neuesten internationalen Vereinbarungen (1885 bis 1889). Übertr. von Arthur Pfungst. — Berlin: Walther & Apolant 1890. XII,210 S. 8° 1:Uq 387. 2. 3. 5. 6. 11. 12:H. Afr. 1427b. 21. 24. 30. 31. 33. 34. 38. 45. 87. 203. 207. 208. 209.
10.12565

Banning, Florentius (Ludov.) (geb. Lengerich 16 12 1801): De herba Nicotianae. Berolini (1824) (30 S.) 8°
Berlin, Med Diss v. 20 Sept 1824

Banning, Friedrich [aus Münster i. W.]: Zur Kenntnis der Oxalsäurebildung durch Bakterien. (Mit 1 Tafel.) (S.-A. aus Centralblatt f. Bakteriologie.) Jena 1902. 32 S. 8°.
Basel. Phil. Diss. 1901/1902.

Banning, Friedrich. Zur Kenntnis der Oxalsäurebildung durch Bakterien. Diss. Phil. Basel. [Mit 1 Tafel.] 32 S. 8. Jena, Gustav Fischer, 1902.

Banning, *Friedrich* Rudolf [aus Minden]: Ueber Kugel- und Cylinderfunktionen und deren Kettenbruchentwickelung ... Bonn, Univ.-Buchdr. v. C. Georgi, 1894; 33 S., 1 Bl. 8.
Bonn, Phil. Fak., Inaug.-Diss. v. 5. März 1894

Banning, H.A., s. Banning Henricus Adrianus

Banning, H.M.: Predigten,
s. Banning, Hermann Moritz

Banning, Henricus Adrianus
— [De Beeldstormer en zijne dochter, deutsch] Der Bilderstürmer und seine Tochter. Eine niederländische Geschichte aus dem 16. Jahrhundert. Übertr. von Karl Tücking. — Paderborn: Schöningh (1863). V,206 S. 8°
6. 12:P. o. rel. 5517. 14. 38.
10.12573

Banning, H.A.: Cäcilia, s.a. Unterhaltungs-Bibliothek, katholische.

— [Cécile. Eenige bladzijden uit het boek der revolutie, deutsch] Cäcilie. Einige Blätter aus dem Buche der Revolution. Übers. von Dr. Alten. — Aachen: Tepe 1872. 211 S. 8° (Katholische Unterhaltungsbibliothek. 1,12.)
1:Ah 4121–1,12.
10.12575

Banning, Henricus Adrianus: [Teils.] Gute Geschichten. 3 Novellen von dem alten Valentin [d.i. Henricus Adrianus Banning]. Aus d. Holl. übers. (von F.A. Biermann). [1–3.] Paderborn: Kleine 1879. 8° 1:Zh 7620.
10.12572

– Die Hexe v. der Amersfoorter Haide, s. Unterhaltungs-Bibliothek, katholische.

– Vor 3 Jahrhunderten, s. Unterhaltungs-Bibliothek, katholische.

Banning, H.A.: Ko Folkes, s. Unterhaltungs-Bibliothek, Katholische

Banning, Hermann Moritz: Abschiedspredigt über II. Korinther 13,11. — Gütersloh 1843: Bertelsmann. 16 S. 8° 1:9 in E 236. 6.
10.12580

— Die fünf Hauptstücke sammt der Heilsordnung. Eine Anleitung zum Verständniß derselben für Confirmanden und Confirmirte. — Gütersloh 1860: Bertelsmann. 120 S. 8° 17.
10.12581

— Geistliche Lieder, nebst einem kurzen Lebensabriß des Verf. — Barmen: Langewiesche 1867. XVI,143 S. 8°
1:Ek 5210. 62.
10.12582

Banning, H. M., vier Predigten über ausgewählte Texte. 8. Osnabr. 831. (Rackhorst). 7 gr.

— Rede des Herrn Uhlich vom 4. August und Beleuchtung derselben. — Barmen [1862]: Steinhaus. 25 S. 8° 5.
10.12583

— Reden gehalten am Begräbnißtage des Inspectors Doctor Heinrich Richter am 9. April 1847 von H.M. Banning u. J.F.E. Sander. — Elberfeld (1847): Schober. 24 S. 8°
1:Ee 11172.
10.12584

Banning, Hubert: Muḥammad ibn al-Ḥanafija. Ein Beitrag zur Geschichte des Islams des ersten Jahrhunderts. Erlangen 1909: Jacob. VI, 96 S. 8°
Erlangen, Phil. Diss. v. 5. Okt. 1909, Ref. Jacob
[Geb. 24. Okt. 82 New York; Wohnort: New York; Staatsangeh.: Vereinigte Staaten; Vorbildung: Columbia Coll. New York B. A. 04; Studium: Columbia-Univ. New York 1, Berlin 9, Erlangen 1 S.; Rig. 6. Juli 09.] [U 10. 833

Banning, Julius Florens (geb. Lengerich in Westf 1 8 2 1835): De Hueggelo Guestphaliae monte inter oppida Monasterium Osnabrugumque sito. Vratislaviae (1857) (30 S., 2 Taf.) 4°
Breslau, Phil Diss v 14 Aug. 1857

Banning, Rud., zur Theorie des Segelns. Progr. (12 S.) Lex.-8. Hamburg 904. (Herold.) n n. 2. 50

Banning, Rudolf, Dr.: Zur Theorie des Segelns. Hamburg 1904: Lütcke & Wulff. (12 S.) 4°
Hamburg, Gelehrtenschule d. Johanneums P 1904 (849)

Bänninger, J.: Der Schulreformator ..., s. Bänninger, Johann Jacob

Bänninger, Johann Jacob

Bänninger, J. J., Blumenleben. Kinderlieder im Dialekt u. in der Schriftsprache. Mit Orig.-Zeichnungen von L.W., in Holz geschn. von Ed. Ade. Winterthur 868. Bleuler-Hausheer & Co. 4. (IV, 54 S.) n. 16 ngr.

Bänninger, J. J., illustrirtes Kinderbuch. Ausgewählte Lieder u. Sprüche des verstorbenen Dichters. Mit (eingedr.) Holzschn. v. Bachmann u. A. 8. (VII, 112 S.) Zürich 882. (Winterthur, Bleuler-Hausheer & Co.) n. 1. —

Bänninger. J[ohann Jacob]. Der Schulreformator Doktor [Ignaz] Thomas Scherr. Sein Leben und Wirken. 8. Zurich 1871.

Baenninger, Johann Jacob: Der Schulreformator Doktor Thomas Scherr. — Zürich 1871: Herzog. 248 S. 8°
1:Av 10750. 15. 207.
9.8551

Bänninger, J., der Schulreformator Thomas Scherr. Sein Leben u. Wirken. gr. 8. (248 S.) Zürich 871. (Kompfe.)
n. 1. 30

Bänninger, J. J., der Schulreformator Dr. Thomas Scherr. Sein Leben und Wirken. gr. 8. (248 S.) Zürich 875. (Kompfe.) *

— der Unterricht im ersten Schuljahr. Ein Beitrag zur prakt. Lösg. der v. Hrn. Treichler aufgeworfenen Schulreformfrage. 8. (86 S.) Zürich 877. Verlags-Magazin. n. 1. —

Bannis, Les, du duc d'Albe à Cologne. S. l. ca. 1861. V: *Rahlenbeck, Carl Alexander.* (stbKöln I, 214)

Bannister, Henry, s: Thesauri hymnologici prosarium.

Bannister, Henry Marriott, M. A., s.: Analecta hymnica medii aevi.

Bannister, Henry Marriott, s.: Prosen, liturgische, des Mittelalters.

Bannister, Henry Marriott (Hrsg.), s. Tropi graduales

Bannitza, J.P.de: Programma de insigniis ..., s. Banniza, Johann Peter von

Banniza, C. C.: Delineatio historiae jurisprudentiae judiciariae Romanorum ac Germanorum in usum auditorum adornata et collegiis practicis juris communis et provincialis Austriaci praemissa. *Viennae*, Gerold. 764. 8maj. (8 Gr.)

Banniza, Ernst, approb. Arzt aus Recklinghausen, Westf.: Aus d. pathol. Institute zu Kiel. Ein Fall von infantiler Osteomalacie. *Kiel 1899: Vollbehr & Riepen.* (22 S.) 8°
Kiel, Med. Diss. v. [2. Sept.] 1899

Banniza, H., s.a. Berg- u. Hüttenwesen, das d. Oberharzes.

Banniza, H., F. Klockmann, A. Lengemann und A. Symphor, Das Berg- und Hüttenwesen des Oberharzes. Stuttgart, 1895. 327 S. mit 8 Abb., 22 Tab. und 4 Karten.

Banniza, J.L., s. Banniza Josef Leonhard von

Banniza, Johann Peter v.: Commentarius in quo processus criminalis, ex eoque referendi methodus, nec non causae mitigantes, augentes, aut cessare facientes poenas legibus statutas continentur. Acc. Examen Centgraviorum. Wirceburgi 1744: Kleyer. 248 S. 8°
22. 300:35 K 16. 302.
10.12621

Banniza, Jo. Pet.: Discursus de jure reformandi singulis imperii civitatum incolis aut etiam majori civium parti non competente. *Wirceb.* 744. 4.

— Gründliche Einleitung zu des Kayserlichen Reichs-Cammer-Gerichts-Processen, mit nutzlichen Anmerckungen vermehrt. — Wirtzburg 1740: Kleyer. 76 S. 4°
4. 5. 12:4° Diss. 560/31 [2 Ex.] 15. 17. 19. 20. 21. 23. 24. 26. 27. 31. 300:21.370 a.
10.12622

— Gründliche Einleitung zu des Kaiserlichen und Reichs Cammer-Gerichts Processen, mit nützlichen Anmerkungen vermehret. 2., verb. Aufl. — Wetzlar: Winkler 1769. 48 S. 8°
17. 30. 33.
10.12623

v. Banniza, J. Pet.: Einleit. z. d. Kayserl. u. Reichs-Kammer-Gerichts-Process. *Wetzlar*, Winkler. (734.) 769. 4. (4 Gr.)

Bannitza, J. P. de, Programma de insigniis rever. et celsiss. S. R. I. comitum de Schönborn. Wirzeburgi 1736.

Banniza, J. P.: Nodus Gordius novus henrematum bellicorum ex jure tam naturali quam gentium etc. *Wirceb.* 738.

— Novum Paradigma in insignibus ... Principis ac Domini D. Friderici Caroli, ex Comitibus de Schönborn ... exhibitum. — Wirceburgi [1736]: Engmann. 54 S. 8°
1:9 in Pf 2774. 4. 5. 12:4° Diss. 3022–7. 14. 15. 17. 19. 22. 24→27. 30. 36. 39. 75. 300:38.098–B.
10.12624

Banniza, Jo.Pet.: De potestate principis saecularis, ferendi leges indirecte etiam ecclesias et monasteria concernentes. Wirceb. 1738.

— Jo. Petri Bannizae Systema iurisprudentiae criminalis... Acc. in calce Constitutio criminalis Caroli V. — Viennae Austriae 1755: Trattner. 208,150 S. 8°
5. 7. 8. 16. 20. 28. 300:•28 T 79. 303.
10.12625

— — Ebd. 1763. 208,150 S. 8°
16. 20. 302. 307.
10.12626

Banniza, Josef Leonhard v.: Vollständige Abhandlung von den sämmtlichen oestereichischen Gerichtsstellen. — Wien: v. Trattner 1767. 176 S. 8°
5. 7. 12: J. austr. 4. 14. 16. 17. 19. 20. 21. 24. 30. 43. 48. 300:13.144–B. 302. 307. 308.
10.12627

— gründl. Anleit. zu dem allgem. bürgerlichen Gesetzbuche. 1r Thl. 8. Wien, Camesina. 787.

— gründl. Anleit. zu d. allgem. bürgerl. Gesetzbuche. 1r Thl. 8. Wien 787. (Heubner). 20 gr.

— Gründliche Anleitung zu dem allgemeinen bürgerlichen Gesetzbuche. Th. 1. — Wien: v. Kurzbeck 1787. 346 S. 8°
9. 302. 309.
10.12628

— Gründliche Anleitung zu der allgemeinen Kriminalgerichtsordnung. — Innsbruck: Merx 1790. 374 S. 8°
25. 307.
10.12629

— delineatio historiae jurisprudentiae judiciariae Romanor. ac Germanor. 8maj. Wien 764. Gerold. 8 gr.

— Josephi Leonardi Bannizae Delineatio historiae iurisprudentiae iudiciariae Romanorum ac Germanorum. — Vindobonae 1764: Kaliwoda. 179 S. 8°
7. 300:•28 S 82.
10.12630

— Jos. Leonardi Banniza. Delineatio iuris criminalis secundum Constitutionem Theresianam ac Carolinam in usum auditorum adornata. P. 1.2. — Oeniponti 1771–73: de Trattner. 8°
7. 309:•28 T 150. 307.
10.12631

— — P. 1.2. Ebd. 1773. 8°
14. 16. 25. 36. 117. 304.
10.12632

— Josephi Leonardi Bannizae Delineatio iurisprudentiae naturalis dissertationibus, quae de singulis materiis prodierunt, illustrata. Ed. 2. — Vindobonae 1762: G. L. Schulz. 138 S. 8°
20.
10.12633

— disquisitio de analogia juris germanici civ. com. c. jure provinciali Austriaco et al. quoad tutelam. 4. Wien 761. Gerold. 8 gr.

— Josephi Leonardi Bannizae Disquisitio de analogia iuris Germanici civilis communis cum iure provinciali Austriaco, Hungarico, Bohemico, Moravico et Tirolensi, quoad tutelam. — Vindobonae 1761: G. L. Schulz. XII,124 S. 8°
300:32 F 7. 304. 307.
10.12634

— Josephi Leonardi Bannizae Disquisitio de analogia iuris Germanici civilis communis et provincialis Austriaci quoad successionem. — Viennae Austriae 1765: Kaliwoda. X, 53 S. 8°
19. 300:14 V 65.
10.12635

— Josephi Leonardi Banniza. Disquisitio de inani doctorum distinctione inter mutationem monetae intrinsecam et extrinsecam. — Oeniponti 1769: de Trattner. 46 S. 8°
12:4° Num. rec. 4. 304.
10.12636

— Josephi Leonardi Banniza. Disquisitio ex iure criminali de praescriptione, contra iudicem ex officio in crimina inquirentem, locum non habente. — Oeniponti 1769: de Trattner. 35 S. 8°
12:Crim. 8. 304.
10.12637

— disquisitio ex jure criminali de praescriptione contra judicem ex officio in crimina inquirentem locum non habente. 4. Wien 769. Trattner. 2 gl.

Banniza, Josef Leonhard v.

— Josephi Leonardi Bannizae Disquisitio ex iure Germanico de requisitis perfecti systematis iuris Germanici civilis communis. — Viennae 1760: Trattner. 31 S. 8°
8. 7. 300:27 Ff 9. 304.
10.12638

— Josephi Leonardi Bannizae Disquisitio ex iure Germanico de utilitate atque necessitate studii iuris Germanici civilis communis. — Vindobonae 1760: Trattner. 47 S. 8°
8. 24. 300: • 28 P 12. 304. 307.
10.12639

— Josephi Leonardi Bannizae Disquisitio ex iurisprudentia iudiciaria hodierna communi et provinciali Austriaca, quoad litis contestationem. — Viennae 1766: Kaliwoda. 20 gez. Bl. 8°
23. 25.
10.12640

— Jos. Leonardi Banniza. Disquisitio de tortura nec ex integro reprobata, nec ex integro adprobata. — Oeniponti 1774: de Trattnern. 94 S. 8°
1:Fx 8610. 7. 8.
12:Crim. 9 h. 19. 21. 24. 117. 300: • 28 T 81. 304. 308.
10.12641

Banniza, Jos. Lh.: Disquis. de tortnra nec ex integro reprob., nec ex int. adprob. *Wien*, Trattner. 774. gr. 8. (8 Gr.)

— disquisitiones juris plani ac controversi, ad J. G. Heineccii elementa juris civilis, sec. ord. pandectarum. III Tomi. 8 maj. Insbr. 780 — 82.

— Disquisitiones iuris plani, ac controversi Pandectarum, ad Joan. Gottl. Heineccii, Icti Elementa iuris civilis secundum ordinem Pandectarum. T. 2. 3. — Oeniponte: Trattner 1781–82. 8°
304.
10.12642

— Einleit. zu d. kaiserl. u. reichskammergerichtl. Processen. 4. Wetzlar. 769. Winkler. 4 gl.

— alphabet. Gesetzlexicon üb. d. Gesetzbuch. 1r Thl. 8. Wien 788. (Heubner). 9 gl.

— alphabet. Gesetzlexicon über das Gesetzbuch. 1r Thl. 8. Ebend. 789.

— Alphabetisches Gesetzlexikon über das allgemeine bürgerliche Gesetzbuch. Th. 1. — Wien: v. Kurzbek 1788. VIII, 145 S. 8°
308.
10.12643

— Sätze aus der heutigen gemeinen gerichtl. Rechtsgelehrsamkeit. 8. Insbr. 777.

Banniza, J. L.: Sätze aus d. heutigen gemein. und besond. österr. gerichtl. Rechtsgelehrsamkeit. *Wien*, Trattner. 766. 8. (3 Gr.)

Banniza, Jos. Leonh.: Systema jurisprudentiae criminalis. *Viennae*, Trattner. (755.) 763. 8. (10 Gr.)

— De tortura, s. Banniza: Disquisitio de tortura

— Josephi Leonardi Bannizae Triga disquisitionum. 1. Ex iure naturae de testamenti validitate. 2. Ex iure publico universali de maiestate tempore interregni. 3. Ex iure ecclesiastico de praescriptione iuris patronatus. Ed. 2. — Vindobonae 1759: Trattner. 66 S. 8°
Erschien auch als Diss. Wien 1758.
8. 15. 25. 304.
10.12644

— Vorbereitung zu der heutigen gemeinen und besondern oesterreichischen gerichtlichen Rechtsgelehrsamkeit. — Wien 1766: v. Trattner. 104 S. 8°
25. 42. 48. 308.
10.12645

Josephus Banniza, aa. ll. et philosophiae magistro eiusdemque in principali Athenaeo Marchio-Badensi professore publico et ordinario, propugnabunt ornati et eruditi: I. Franciscus Xaverius Wich, Badensis, II. Ignatius Dyhlin, Steinbacensis, III. Constantinus Meining, Rülsheimensis, IV. Aloysius Becker, Ettlinganus, physices, ethices et metaphysices auditores paulo post emeriti. Badenae in aula principalis Athenaei die 30. Augusti 1756.
Rastadii typis C. A. Schell, typogr. aul. 4°. 8 B.

Progr. Rastatt 1756.

Banniza, Konrad: Gedichte. — Düsseldorf 1841: Stahl. 80 S. 8°
11. 61.
10.12646

— Standrede an den verrathenen und verkauften deutschen Michel. — (Düsseldorf: Kampmann [1848].) 4 S. 8°
12:J. publ. G. 626 m/8.
10.12647

Banniza v. Bazan, Franz: Beiträge zur Armee-Bemontirungs- und Ausrüstungs-Frage. — Wien: Verf. 1867 17 S. 8°
300:69.948–B. 302.
10.12648

Banniza v Bazan, Franz, k. k Hauptmann des Pensionsstandes. Beiträge zur Reorganisation des Berechnungs- und Controlswesens der k k österreichischen Armee. (Donation Liechtenstein.)
8 Wien 1867.

— Beiträge zur Reorganisation des Verrechnungs- und Kontrolswesens der k. k. österreichischen Armee. — Wien: Verf. 1867. 26 S. 8°
302.
10.12649

Banniza von Bazan, Franz, k. k Hauptmann in Pension. Über die Heranbildung der Unteroffiziere und Mannschaften. (Lithographiert) (Donation Liechtenstein)
8 Wien 1868.

Bannkreis. — Im Bannkreis der Chemnitzerhütte. Jubiläumsschrift der Sektion Chemnitz des D. u. Ö. Alpenvereins 1882–1907. — Chemnitz 1907: Bruckmann in München. VIII, 79 S. 8°
12:4° It. coll. 52 y. 14. 44.
10.12650

Bannmüller, s. a. Fündling, der.

Bannmueller, W.: Der Fündling. Ein Roman von A. B. n. m. l. r. [d. i. W. Bannmüller]. — Braunschweig: Schröder 1801. 192 S. 8°
1:Yw 5395. 15.
10.12652

Bannow, A. Ueber einige Zersetzungsprodukte des Paracyans. Rostock, 1868. Diss.
S. I.

Bannrollen, die Metzer, d. 13. Jahrh., hrsg. v. Karl Wichmann. s. a. Quellen zur lothring. Geschichte. V. VI.

Bannrollen. — Die Metzer Bannrollen des dreizehnten Jahrhunderts. Hrsg. von Karl Wichmann (4: Nach d. Verf. Tode zum Druck befördert von Fritz Grimme). T. 1–4. — Metz: Scriba (2: Leipzig: Quelle & Meyer; 3.4: Metz: Ges. für Lothringische Geschichte u. Altertumskunde) 1908–16. 8° (Quellen zur lothringischen Geschichte. 5/8.)
1[∞4]: Rh 4402–5/7. 2→6. 8. 10. 11. 12[∞4]: 4° Als. 42 s–5/7. 14→18. 20. 24→27. 30. 31. 35. 38. 41. 43. 208.
300[∞3.4]: 413.990–B. Per. 5.6.
10.12658

Bannstrahl, der, od. der geächtete Ritter. 8. Leipz. 815. Joachim. 12 gr.

Bannstrahl. — Der Bannstrahl oder die geächteten Ritter. Ein dramatisches Gemälde d. Vorwelt. — Leipzig: Joachim in Comm. [1815]. 142 S. 8° 19. 10.12660

Ehrfurchtsvoller, doch aber auch treffender Bannstrahl wider verschiedene herrschende Flugschriften. — o.O. 1795. 19 S. 8° 30. 35. 10.12661

Bannstrahl, der, des Herrn Harms, gegen d. Vernunftreligion und ihre Freunde; ein Antwortschreiben auf Harms Schrift: daß es mit d. Vernunftreligion nichts sey. 8. Magdeb. 819. Rubach. 10 gr.

Der Bannstrahl des Herrn Claus Harms gegen die Vernunftreligion und ihre Freunde. — Magdeburg: Rubach 1819. 126 S. 8° 1:6 in Dl 4207. 12: Polem. 1230n-10,49. 18. 19. 23. 10.12662

Der Bannstrahl des Hofes gegen den neuesten Landständischen Bundbrief in Baiern. — [München] 1800. 16 S. 8° 12: Bavar. 102/1. 14. 17. 19. 32. 10.12663

Bannstrahl und Inquisition. — München 1783. 100 S. 8° 14. 300: 16.697-A. 10.12664

Bannstrahl, Roms, aus dem elften Jahrhundert; ein Trauerspiel in 5 Aufzügen. Leipzig 1788. V: *Dyk, Johann Gottfried.* (MGT)

Bannstreit. — Der Bannstreit zwischen der Stadt Neuenburg und der Gemeinde Auggen nach den von beiden Seiten beigebrachten, nun geschlossenen, Akten geschichtlich und rechtlich dargestellt. — Freiburg 1831: Herder. 114 S. 8° 25. 10.12665

Bannwart, Clem., S. J., Enchiridion symbolorum, definitionum et declarationum de rebus fidei et morum, s.: Denzinger, Henr.

Bannwart, Ferdinand: Dank der deutschen Schüler der Kaiserl. Königl. Normalschule bey der feyerlichen Austheilung ihrer ersten Lorber. — Freyburg i. Br. 1775: Satron. 17 S. 8° 25. 10.12666

Bannwart, Joseph Alexander, med. pract. von Kirchberg, Kt. St. Gallen, in Wyl, Kt. St. Gallen, z. Z. Assistenzarzt an der kant. Krankenanstalt Luzern: Aus der Privatklinik für Hautkrankheiten von Dr. Heuss, Privatdozent in Zürich. Beitrag zur Kenntnis der spontanen multiplen Hautgangrän. [Mit 10 Tafeln.] Luzern 1905. 43 S. 8°. [14. VI. 05.]
Zürich, Med. Diss. 1904/1905.

Bannwart, Joseph Alexander. Beitrag zur Kenntnis der spontanen multiplen Hautgangrän. Diss. Med. Univ. Zürich. [Mit 10 Tafeln.] *Kopftitel:* Aus der Privatpoliklinik für Hautkrankheiten von Dr. (E[rnst]) Heuss ... in Zürich. II + 43 S. 8. Luzern, Räber & Cie., 1905.

Bannwart, P., der Dienstspiegel oder Belehrungen u. Weisungen zunächst f. Dienstboten, vorzüglich Dienstmägde, aber auch den Herrschaften, Eltern u. Vormündern höchst nützlich u. geeignet zu Geschenken an ihre Kinder u. Pflegempfohlenen. Nach d. Franz. des Hrn. Büsson bearb. u. m. Erzählungen durchwirkt. Mit einem Anhang v. Andachtsübungen für kath. Dienstboten. 12. (XII u. 444 S. m. 2 Lith.) Einsiedeln 852, Gebr. Benziger. 12 ngr

Bannwart, Peter s. A[eby, François-Xavier]). Abrégé élémentaire. Fribourg, Genève 1846 — Archiv für die schweizerische Reformations-Geschichte. Freiburg....

Bannwart, P., Geschichte der Schweiz, ein Lesebuch für die reifere Jugend und das Volk. gr. 12. Lucern 837. Augsburg, Kollmannsche Buchh. 1 fl

[Bannwart, Peter.] Geschichte der Schweiz für Volksschulen, zunächst des Kantons Lucern. Aus dem grössern Lesebuche von P. Bannwart [von ihm selbst] ausgezogen. (Auf Anordnung des Erziehungsrathes des Kantons Lucern gedruckt.) 8. Lucern 1843.

Bannwarth, v.: Zur Erinerung[!] an die erste Anwesenheit S. K. Hoheit des Prinzen von Preussen in Sigmaringen den 21ten und 22ten September 1850. — (Sigmaringen 1850.) 11 Taf. quer-8° 1: Kart. quer-8° Y 39153. 10.12667

Bannwarth, E., Crania helvetica antiqua, s.: Studer, Th.

— Histologie. Ein kurzes Lehrbuch für Studierende u. Ärzte. — Leipzig: Abel 1894. VIII, 198 S. 8° (Abels medizinische Lehrbücher.) 5. 15. 17. 19. 21. 26. 10.12668

Bannwarth, E., Histologie. Ein kurzes Lehrbuch f. Studierende u. Ärzte. gr. 8. (VIII, 198 S. m. 182 Abbildgn.) Leipzig 894. J. A. Barth. n. 5. —

— anthropologische Wandtafeln. Für den Gebrauch in höheren Schulen u. an Universitäten hrsg. (In 9 Taf.) Taf. 1. Orthognather Brachycephale (geradgesicht. Kurzkopf). 80×60 cm. Lichtdr. Ebd. 894. n. 4. —

Bannwarth, E., anthropolog. Wandtafeln. F. d. Gebr. i. höh. Schulen u. a. Universitäten hrsg. Taf. 2—9. à 80 × 60 cm Lichtdr. Leipzig 896. J. A. Barth. Subskr.-Pr. n. 28. —; Ladenpr. n. 32. — (kplt.: Ladenpr. n. 36. —)

Bannwarth, Emil s. Studer, Theophil, und Bannwarth, Emil.

Bannwarth, J(ohann) B(aptist), prakt. Arzt a. Mülhausen: Die Typhusmortalität in Elsaß-Lothringen bis zur Einführung der organisierten Typhusbekämpfung. Straßburg i. E. 1905: C. Müh. (48 S.) 8°
Straßburg, Med. Fak., Ref. Forster, Diss. v. 3. Jan. 1906
[Geb. 24. Juni 73 Obermorschweier, Ob.-Els.; Wohnort: Mülhausen i. E.; Staatsangeh.: Elsaß-Lothringen; Vorbildung: Gymn. Mülhausen Reife M. 93; Studium: Straßburg 10 S.; Coll. 30. Nov. 05; Approb. 18. Dez. 99.]

Bannwarth, Karl: St. Ottilien. St. Wendelin. St. Valentin. Drei bei der Stadt Freiburg im Breisgau gelegene Waldheiligtümer. — Freiburg: Charitasdr. in Komm. 1905. VI, 162 S. 8° 25. 31. 38. 10.12670

Bánóczi, József: Die Geschichte des ersten Jahrzehnts der Landes-Rabbinerschule. Budapest: Athenaeum 1888. 107 S. 8°
Aus: Jahresbericht der Landes-Rabbinerschule in Budapest. 10. 1886-87.

la Banque d'Hambourg, rendue facile aux négociateurs de l'etranger etc. extraites des ouvrages de Büsch. gr. 8. Hamb. ... (A. Campe). 12 gr.

Banque, la, d'Hambourg, rendue facile aux négociateurs de l'étranger. gr. 8. Hamb. Hofmann.

Banquerotteur. — Le Banquerotteur en désespoir; das ist: Der verzweifflende Banquerottirer, welchem bey dem missippischen Lufft- und Wind-Handel das Maul mit lauter Millionen ... Actien geschmieret, der Beutel aber ... mit lauter ... Pappier gefüttert worden. — Gedruckt nach d. Holländischen Exemplar 1720. 12 Bl. 8° 205. 10.12724

— Gedruckt nach d. Hamburgischen Exemplar 1721. 12 Bl. 8° 1:17 in Fi 180. 2. 14. 17. 10.12725

Banquerouter-Ordnung

Neu revidirte Banquerouter Ordnung der Stadt Dantzig aus Schluss sämmtl. Ordnungen publiciret d. 23 Julii Anno 1777. — Dantzig [1777]:Schreiber. 34 S. 8°
10. 44.
10.12273

— Neu aufgelegt. Dantzig 1809:Wedel. 34 S. 8°
5. 19. 44.
10.12274

Banqueroutirer, die, eine Helden- u. Lobrede. 4. Frankfurt. 756.

Banquier s. a.: Bankier.

— der, enthält den Wechselnegoz in seinem ganz. Umfange rc. (ist der erste Thl. von Illings Kaufmann in seinem Wirkungskreis). 8. Pirna, Friese. 804.

Banquier, ein londoner, oder: Liebe und Geld, s. Roman-Zeitung.
Vgl.: Bankier.

Banquier, der vorsichtige, 2 Thle. 4. Nürnb. 733.

Der in allen Vorfällen vorsichtige Banquier ... Zum Druck befördert ... durch E.B.A. Th.(1.)2. — Franckfurt [usw.]: Author; Prag [usw.]: Rüdiger in Comm. (2: Nürnberg [usw.]: Rüdiger) 1733. 8°
1:4° Fg 8021. 3. 5. 6. 7. 10. 11. 12: 4° Merc. 7. 15. 17. 18. 19. 29. 30. 43. 46. 48. 61. 205. 208. 302. 304.
10.12214

Banquier-Buch, deutsches. Deutsche Banken u. Banquiers, nach den Orten d. Domicils der Firmen alphabetisch geordnet. Hrsg. v. der Berliner Börsen-Zeitung. Lex.-8. (VI, 384 S.) Berlin 888. (Kühl.) n. 15. —

Banquier-Buch, deutsches. Deutsche Banken u. Banquiers, nach den Orten d. Domicils der Firmen alphabetisch geordnet. Hrsg. v. der Berliner Börsen-Zeitung. 4. (VI, 412 S.) Berlin 892. (Puttkammer & Mühlbrecht. — W. H. Kühl.) n. 15. —

Deutsches Banquier-Buch. Deutsche Banken u. Banquiers, nach d. Orten d. Domicils d. Firmen alphabet. geordnet. Hrsg. v. d. Berliner Börsen-Zeitg. *Berlin: Exped. d. Berl. Börsenzeitg 1895.* (VIII, 416, 20 S.) 1 Bd 4.
[96. 2097

Banquier-Buch, deutsches. Deutsche Banken u. Banquiers, n. d. Orten d. Domicils d. Firmen alphabet. geordnet. Hrsg. v. d. Berliner Börsen-Zeitg. 4. (VIII, 416 S.) Berlin 895. (Puttkammer & Mühlbrecht.) n. 16. —; kart. n. 16. —

Deutsches Banquier-Buch. Deutsche Banken u. Banquiers, nach d. Orten d. Domicils d. Firmen alphab. geordnet. Hrsg. von d. Berliner Börsen-Zeitung. *Berlin: Börsen-Zeitung 1899.* (VIII, 536 S.) 4° [99. 4986

Banquier-Buch, deutsches. Deutsche Banken u. Banquiers, nach den Orten des Domicils der Firmen alphabetisch geordnet. Hrsg. v. der Berliner Börsen-Zeitg. Ausg. 1899. 4. (VIII, 532 S.) Berlin (Puttkammer & Mühlbrecht.) n. 14. —; in Leinw n. 16. —; u. durchsch. n. 18. —

— dasselbe. (Ausg. 1902.) 4. (VIII, 751 S.) Ebd. n. 14. —; geb. in Leinw. n. 16. —; u. durchsch. n. 18. —

Banquier-Buch, deutsches. Deutsche Banken u. Banquiers, nach den Orten des Domicils der Firmen alphabetisch geordnet. VIII. Aufl. Hrsg. v. der Berliner Börsen-Zeitg. (X, 944 S.) Lex.-8. Berlin 906. (Puttkammer & Mühlbrecht.) n. 14. —; geb. in Leinw. n. 16. — u. durchsch. n. 18. —

Deutsches Banquier-Buch. Deutsche Banken und Banquiers, nach den Orten des Domicils der Firmen alphabetisch geordnet. Herausgegeben von der Berliner Börsen-Zeitung. Berlin.
Jahrgang 1895. 1902. 1906. 1909.

Banquier-Conto-Corrent, das, dargestellt u. erläutert in Voraus- u. Rückrechnung m. einheitlichem u. wechselndem Zinsfuße. Praktische Anleitg. zum richt. Verständniß wie zur selbstständ. Ausarbeitg. der Conto-Corrente. Hrsg. vom kaufmänn. Verein in Crefeld. 3. Aufl. gr. 8. (16 S. m. 5 Tab.) Crefeld 883. (Kramer & Baum.) n. 1. —

— 2. Aufl. Ebd. 1883. 16 S. 8°
5.
10.12218

— 3. Aufl. Ebd. 1883. 16 S. 8°
1:9 in Fg 4990.
10.12219

Bansa, Dr. ..., Schreiben an Dr. P. Wigand rc. s. Nachtrag.

Bansa, Conrad [aus Frankfurt a. M.]: Über Kalium-Doppelsalze der Unterphosphorsäure ... Berlin, Buchdr. v. G. Schade, *1893*; 55 S., 1 Bl. 8.
Berlin, Phil. Fak., Inaug.-Diss. v. 22. Dez. 1893

Bansa, Friedrich: Die deutsche Hügelgemeinde in Paris. 1858–1908. — Berlin: Christl. Zeitschriftenverein 1908. 106 S. 8°
10. 16. 17. 26. 30. 78. 203.
10.12755

Bansa, Fr[iedrich]: Zur fünfzigjähr. Jubelfeier der dt. Hügelgemeinden in Paris. — Bln: Verl. des christl. Zeitschriftenvereins (1908). 106 S.

Bansa, G., s. B a n s a , Gottlieb

Bansa, Gerhard (Frankfurt/M.), De usuris ultra alterum tantum secundum jus Romanum, Germanicum universale ac Francofurtense. Diss. jur. Götting. (J. A. Barmeier) 2. IX. 1780. 25 S. (5.—)

Bansa, Gottlieb

Bansa, G., die Bankdepotgeschäfte des Effektenkommissionärs, s.a. Arbeiten zum Handels-Gewerbe- u. Landwirtschaftsrecht. Nr. u.

Bansa, Gottlieb: Die Bankdepotgeschäfte des Effektenkommissionärs. — Marburg: Elwert 1910. VI,52 S. 8° (Arbeiten zum Handels-, Gewerbe- u. Landwirtschaftsrecht. 6.)
Zugleich Diss. Marburg 1910.
1: Fn 504–6. 2. 4. 7. 8. 10. 11. 12: J. germ. 6 f–6. 14. 16. 19. 20. 27. 30. 34. 38. 47. 52. 100. 203. 205. 208. 302.
10.12753

Bansa, J. Fernando, aus der Heimat od. die Meineidbauern, s.a. Dilettantenbühne, katholische. 173. Hft.

Bansa, J. Fernando: Aus der Heimat oder die Meineidbauern. Volksdrama. — Kempten: Kösel 1903. 39 S. 8° (Katholische Dilettantenbühne. 173.)
12: P. o. germ. 274qh–173. 10.
10.12757

Bansa, Johann Matthias: Kleine Bilder-Bibel sowohl Alt- als Neuen Testamentes. Mit 235 Merianischen Kupfferstichen. (Verf.: Johann Matthias Bansa.) — Franckfurt a. M.: Hutter 1746. 122 Bl. 8°
30.
10.12758

— Genealogia oder Stamm-Register des Bansaischen Geschlechtes, und zwar dessen nähesten Ag- und Cognaten. [Frankfurt a. M.] 1747: Waldau. 24 S. 4°
30. 123.
10.12759

Bansa, Konrad, s. B a n s a , Conrad

Bansai! Von Parabellum. (Ferd. Grautoff.) 1. Aufl. 1—5. Taus. (VII, 277 S.) 8. Leipzig 908. Dieterich. 3. —; geb. 3. 60

Bansbach, Johann Peter: Der Amtsbezirk Staufen ... Bearb. von J. P. Bansbach u. F. A. Roth. — Mannheim 1872: Schmidt & Oberlies. 19 S. 8° 180.
10.12704

Baensch, Geheimer Baurat, 1825-1898. 1872 s. *Baensch,* Otto.

Baensch, Verlag, Leipzig u. Dresden, 1867 s. *Baensch,* Wilhelm.

Baensch: Pocket Miscellany,
s. B a e n s c h, W.

Baensch, C, s Abhandlungen, volkswirtschaftliche, 7. Heft.

Baensch, Egon, deutsches Singebuch, s.: Kumm, Frz. A.

Baensch, Emanuel

Baensch, Eman., die Neuerungen in der Tarifgemeinschaft der deutschen Buchdrucker, s.a. Abhandlungen, volkswirtschaftliche, der badischen Hochschulen. IX, 7.

Baensch, Emanuel, a. Magdeburg: Die Neuerungen in der Tarifgemeinschaft der deutschen Buchdrucker. Karlsruhe 1908: G. Braun. (76 S.) 8°
Freiburg i. B., Rechts- u. staatsw. Fak., Ref. Fuchs, Diss. v. 1908
[Geb. 16. Aug. 84 Magdeburg; Wohnort: Magdeburg; Staatsangeh.: Preußen; Vorbildung: Kloster-Gymn. Magdeburg, Gymn. Blankenburg am Harz, Dom-Gymn. Magdeburg Reife O. 04; Studium: München 2, Heidelberg 1, Berlin 3, Freiburg i. B. 1 S.; Rig. 27. Juli 07.]

Baensch, Emanuel: Die Neuerungen in der Tarifgemeinschaft der deutschen Buchdrucker. — Karlsruhe: Braun 1908. 70 S. 8° (Volkswirtschaftliche Abhandlungen. 9,7.)
Erschien auch als Diss. Freiburg i. Br. 1908.
1: Fe 684 - 9,7. 2. 4→8. 10. 11. 12: Cam. 3 q-9,7. 14→17. 20. 24. 25. 27. 28. 30. 38. 47. 84. 86. 90. 106. 203. 205. 206. 208. 300: 393.544-B. Per. 9,7. 302.
9.8560

Baensch, Felix, Referendar: Der authentische Gesetzesnachweis im internationalen Verkehr. *Greifswald 1902: J. Abel.* (50 S.) 8°
Greifswald, Jur. Diss. v. [12. März] 1902

Baensch, Henry v.: Geschichte der Familie von Wrangel vom Jahre 1250 bis auf die Gegenwart. (Verf.: Henry v. Baensch; Mitarb.: Emil v. Maltitz.) Hälfte (1.) 2 [nebst] Beil., Stammtaf. [u.] Nachtr. — Berlin [usw.]: Baensch [u.a.] 1887–1909. 4°
Nachtr. u. d. T.: Wrangel, Robert Frhr v.: Die Familie von Wrangel 1887-1908. Görlitz 1909: Starke.
1: 4° S 10196 [u.] Hs. Abt. Genealogica Quart 14 ·17. 2. 10. 11. 12: 4° Geneal. 31 c-1/3. 14. 22. 33. 34.
9.8562

Baensch, J. (Red.), s. Z e i t s c h r i f t für Museologie und Antiquitätenkunde sowie für verwandte Wissenschaften.

Baensch, Otto, Geheimer Baurat, 1825-1898. 1872: Vom Bau des Nord-Ostsee-Canals. — Berlin: Ernst 1891. 5 S. 4°
Aus: Zentralblatt der Bauverwaltung. 11. 1891. 18. 106. 205.
9.8563

Baensch, der Nord-Ostsee-Canal. Nach e. Vortrag, geh. im Architekten-Verein zu Berlin am 18. Febr 1889. [Aus: „Centralbl. d. Bauverwaltg."] gr. 4. (7 S. m. eingedr. Fig.) Berlin 889. Ernst & Korn. n 1. 60

Baensch, Otto: Johann Heinrich Lamberts Philosophie und seine Stellung zu Kant. *Magdeburg 1902: E. Baensch jun.* (69 S.) 8° ¶ [Erschien vollst. 1902 bei Mohr in Tübingen.]
Strassburg, Phil. Diss. v. 1901

Baensch, Otto, Prof. d. Philosophie, Straßburg. 1902: Johann Heinrich Lamberts Philosophie und seine Stellung zu Kant. — Tübingen [usw.]: Mohr 1902. 103 S. 8°
Erschien teilweise auch als Diss. Straßburg 1901.
1: Nm 2680. 4. 5. 10. 11. 20. 24. 26. 60. 302.
9.8567

Baensch, Otto, s.: Spinoza, Baruch de, Ethik.

— Studien aus dem Gebiete der Ostsee. — Berlin: Ernst & Korn 1872. 24 S. 4°
Aus: Zeitschrift für Bauwesen. 22. 1872. 90. 205.
9.8565

Baensch, Studien aus dem Gebiete der Ostsee. Mit 5 Kpfrtaf. hoch 4. (24 S.) Berlin 873. Ernst & Korn. n. 4. —

— die Sturmfluth an den Ostsee-Küsten d. preussischen Staates vom 12./13. Novbr. 1872. In meteorolog. u. hydrotechn. Beziehg. bearb. im Auftrage Sr. Exc. d. Herrn Ministers f. Handel, Gewerbe u. öffentl. Arbeiten. Mit 10 (lith.) Kpfrtaf. (in gr. 4. u. qu. gr. Fol.) [Aus „Zeitschr. f. Bauwesen."] gr. 4. (33 S.) Ebend. 873. n. 10. —

Baensch, W. v., s.: Alldeutschland.

Baensch, W., All-Deutschland, s. All-Deutschland.

Baensch's Pocket Miscellany. Vol. 1—29. 8. (à Bd. 130—160 S.) Leipzig [Dresden] 866—74, Baensch. à Vol. *
Inhalt:
Vol. 1. The estranged hearts by Clara Moreton. — Ascent of Mont Blanc. — Story of Rembrandt. — American and European Scenery compared by Fenimore Cooper. — The point of honor.
» 2. Charity and Humor. — The mother of Napoleon. — Visit to a copper mine. — How to be idolized. — Meeta Clifton's first and second love. — Hymn to the setting sun. — Conspiracy of the clocks. — Sketches in South Africa, etc. 3d edit.
» 3. Remarks on living English authors. — A terribly strange bed. — A trip to Cintra. — Habits and amusements of the London costermongers. — The game of chess. — A German settlement.
» 4. Wolfert's Roost. — Guests from Gibbet-Island. — The early Experiences of Ralph Ringwood. — The Seminoles. — The Creole Village. — The Phantom Island.
» 5. The lawyer's story of a stolen letter (Wilkie Collins). — The London Lady of fashion (an original sketch by B. A. v. C.). — A day at Sierra Leone. — The child commodore.
» 6. How London balls are sometimes given (an original sketch by A. B. v. C.). — A new mind. — Douglas Jerrold. — A Chinese monastery. — My uncle Roland's tale (by Bulwer), etc.
» 7. The young surgeon. — Belladonna. — Are we a happy people (by an American). — Gambling houses in Germany (by an American). — Villainy outwitted—from the recollections of a police officer (by Wilkie Collins), etc.
» 8. The Queen's Counsel and his pretty wife (by A. Castello). — The man with the Hessian boots. — A hard struggle (by Westland Marston), etc.
» 9. The fair Donna Bella. (A tale of Cordova, in Spain.) — The Ambassador's ball. — The bronze gaiters; or, „All's well thats ends well", etc.
» 10. A Romance through a Bedroom Window. In four chapters. — Blucher's Judgment. — „Who did it?" For Life or Death. — Life on the Sea Island of South Carolina. — Street Sights in Constantinople.
» 11. Something like a Conjuror. — The Hungarian Dervish. — Village Curiosity; or, the Tenants of Rose Cottage. — My first Ball. — A Night in a Glacier. — A Night with the Rebels.
» 12. The Polish Deserter. — What I went through to get her. — The recent Earthquake at Manilla. — Aunt Mabel's Bequest. — The Valley of the Sweet Waters. — Catharine of Russia at home. — My Railway Collision.
» 13. The Governor's Lady. — From Red Bluffs to Yreka City. — My boys. — Monastic mysteries. — The tenants of Rose Cottage. — Memoirs of Helen of Mecklenburg-Schwerin, Duchess of Orleans.
» 14. Christmas at Sunnydale. — The two Fingers. — The gallan Glazier. — Religion, love, and marriage in Italy.
» 15. The Postman's Knock. — What is called a pleasant dream. — A day with the Goorkhas.
» 16. Handsome is that handsome does, by the Author of Gideon Giles, etc. — Music mad. — Indecision. — A nut for younger sons. — Frances Beaumont, by L. E. L.
Vol. 17. The Miniature. — How to raise the wind, by Captain Marryat. — Just going out, by Laman Blanchard. — London: its street nomenclature. — The mourner, by the author of „Frankenstein". — Little Spitz, by Michael Angelo Titmarsh. — A nut for the Doctors.
» 18. The struggles of Peter Hooley. — Anecdotes respecting a trait of American character. — The Pleader. — A dialogue for year 2130. — Kellingham House. — Random readings. — The painter's page.
» 19. 20. Marlitt, E., Goldelse. Translated from the German. Revised, corrected and authorized edit. (158; 151 S.). 874.
» 21. Mustapha, the Miser. By Michael Burke Honan. — Story of Bruno. From the Swedish, by M. Howitt. — Theatricals. — The last Baron of Hautmont. — A Story of a Country Town. — A nut for „political Economists".
» 22. My Mexican Mines. — The Night Attack. — Derrington's Reception Day. — Grayling: or, „Murder will out." — The red Nose. — Tom Harding's Mistake. — Lost.

» 23. Mr. Gregory. — A Heroine. — A strange Destiny. — A simple Story. — The Bear Hunt: „A Sketch of life in Sweden". — Our trip to Egypt. — The Scene-Painter's Wife.

» 24. My little Sister. — An anatomical Adventure. — The lost Jackson Boy. — How I was victimized. — Bessie's Husband. — The Peasant Soldier and his Dog. — A Rose with its Thorns. — The fatal Five, a Whist Story. — Papa André. — Fate.

» 25. Burke and the Painter Barry. — Voyage of an Elephant from India. — Drowne's wooden Image. — A Night Adventure. — Scenes of other Days. — Lines written in Italy. — The Story of the Second Mate. — Mrs. Ent's Lodger. — American Railway Travelling. — Burned to Death. — The Poteen Vender. — Mark Swelton's Christmas. — Three Calico Gowns.

» 26. Looking up in the World. — Story of Martin Guerre. — The Cherokee's threat. — A rather fishy Transaction. — The Ledge on the Cliff. — That Gentleman. — Ralph Stackpole and the Quaker. — Pete Featherton. — The Story of Grazy Martha. — The beautiful Star.

» 27. A Domestic Romance. — La Rabbiata. — The lost Bridegroom. — Killing an old man. — The Struggle and the Triumph. — Mrs. Robertson's Boarders. — Scene with a Panther. — The Magic Palace. — The wrong one.

» 28. Miss Foljambe's Last. — The Burglars of Macon. — Right at last. — Faith and Fallibility. — Paying Bill Harding. A Dream of Love. — The Rival Actors. — The Way I made my Fortune.

» 29. Little Polly Pilkerton. — Milly's Mishaps. — A Waiter's Romance. — Nazareth Pitcher, etc.

Baensch's Pocket Miscellany. Vol. 30.—34. 8. (161; 151; 148; 168; 154 S.) Dresden 875—78, Baensch. à Vol. *

Inhalt:

Vol. 30. Straight to the Mark. — The last of the proud Pulsifers. — In the Family. — The Scotch Emigrant. — Drawn by Lot. — An Engine-room Story. — The female Artist. — Elsie Gordon. — The squinting Sisters.

» 31. Twice alone. — A Tale of the Labrador. — The over-attentive Husband. — Eve Danesbury. — A Bachelor's Fate. — Martha's Vineyard. — Sey Love; or, Cousin Frank. — Eleanor Creveling.

» 32. Lota's Missionary Field. — A hidden Witness. — The blind Girl's Story. — Mr. John Stott's Difficulty. — A Ghost on Shipboard. — The borrowed Teapot. — Pedro el Moro, the Sword-Blade Maker of Puebla. — Nathalie.

» 33. Grimm. — A fearful Leap. — Hasty Words. — On an Engine. — Only a Rose. — The Misunderstanding. — The Story of Niskagah. — My Adventure on Skates. — Arctic Travelling in Winter. — Remarkable Fortune-Telling. — The Mock Doctor. — Mr. Trick, the great Bear-Hunter. — My Death and Resurrection.

» 34. The Mystery of the Sea. — Warned in a Dream. — Sir Philip's Wooing. — The Sergeant's Story. — Three Turns of Fortune's Wheal; or, twice won. — Limpet. — The strange Legend of Monksworth Abbey. — Doctor Newbold's Patient.

Baensch, Wilhelm

(—) **Zur Geschichte der Firma Wilhelm Baensch.** — Dresden(: Baensch) 1898. 70 S., 23 Taf. 8°
14. 21. 46. 106. 117.
9.8579

Baensch, Wilhelm (Hrsg.), s. Neuzeit.

— **Saxonica.** [Verkaufskat.] — (Dresden) 1894(: Baensch). 16 S. 8°
3. 14. 34.
9.8575

— — Ebd. 1894. 17 S. 8°
39.
9.8576

— — Ebd. 1896. 18 S. 8°
17.
9.8577

— — Ebd. 1899. 24 S. 8°
14.
9.8578

Baensch, Willy, appr. Arzt a. Breslau: Aus d. mediz. Abt. des Allerheiligen-Hosp. zu Breslau ⟨Primärarzt: Prof. Dr. Buchwald⟩. Beitrag zur Casuistik der traumatischen Syringomyelie. Leipzig 1904: B. Georgi. (31 S.) 8°

Leipzig, Med. Fak., Ref. Flechsig, Diss. v. 16. Dez. 1904

[Geb. 1. Jan. 76 Jauer; Wohnort: Breslau; Staatsangeh.: Preußen; Vorbildung: St. Maria-Magdalen.-Gymn. Breslau Reife M. 96; Studium: Breslau 4, München 2, Breslau 4 S.; Coll. 22. Dez. 04; Approb. 24. Juni 02.]

Baensch-Drugulin, Johann: Marksteine aus der Weltlitteratur in Originalschriften. — Leipzig: Drugulin 1902. Getr. Pag. 2°
1: 2° An 1302. 3. 12: 2° Typ. 4du–20. 14. 15. 17. 18. 19. 21. 23. 24. 30. 44. 45. 48. 75. 117. 210.
9.8581

— — (Fürstenausgabe.) Ebd. 1902. Getr. Pag. 2°
16.
9.8582

Banse: De Polycrate Samiorum tyranno. 24 S. Progr. Warendorf 1854.

Banse, Ewald, Ägypten, s.a. Geographie, angew. III, 7.

— **Ägypten.** Eine Landeskunde. — Halle a. S.: Gebauer-Schwetschke 1909. 84 S. 8° (Angewandte Geographie. 3,7.)
1: Po 2582–3,7. 3. 5. 6. 7. 10. 11. 12: Geo. U. 145mc–3,7. 14. 15. 17. 21. 23. 30. 31. 38. 41. 43. 44. 46. 47. 48. 52. 60. 62. 79. 89. 90. 106. 109. 203. 207. 209. 212. 300: 433.859–B. Kt. S. 3,7. 302.
10.12768

— Die Atlasländer (Orient I), s.a. Aus Natur u. Geisteswelt.

— **Die Atlasländer.** Eine Länderkunde. — Leipzig: Teubner 1910. IV, 111 S. 8° (Banse: Orient. 1.) (Aus Natur u. Geisteswelt. 277.)
1: Ag 7234/20–277. 6. 10. 11. 12: Var. 348t–277. 15. 17→20. 24. 26. 27. 30. 31. 32. 36. 38. 41. 43. 45. 46. 47. 52. 60. 61. 62. 79. 107. 109. 111. 123. 160. 205. 207. 209. 210. 300: 393.546–B. Per. 277. 302. 303.
10.12770

Banse, Ewald

— **Orient.** Eine Länderkunde. 1–3. — Leipzig: Teubner 1910. 8°

1. Banse: Die Atlasländer. 2. Banse: Der arabische Orient. 3. Banse: Der arische Orient.

(Aus Natur u. Geisteswelt. 277/279.)

Die Besitzvermerke sind nur bei den Stücktiteln angegeben.
10.12785

— Der arabische Orient (Orient II). — Der arische Orient (Orient III), s.a. Aus Natur u. Geisteswelt.

— **Der arabische Orient.** Eine Länderkunde. — Leipzig: Teubner 1910. 109 S. 8° (Banse: Orient. 2.) (Aus Natur u. Geisteswelt. 278.)
1: Ag 7234/20–278. 6. 10. 11. 12: Var. 348t–278. 15. 17→20. 24. 26. 27. 30. 31. 38. 41. 45. 46. 47. 52. 60. 62. 107. 109. 111. 123. 160. 205. 206. 207. 209. 210. 302. 303. 307.
10.12786

— **Der arische Orient.** Eine Länderkunde. — Leipzig: Teubner 1910. 103 S. 8° (Banse: Orient. 3.) (Aus Natur u. Geisteswelt. 279.)
1: Ag 7234/20–279. 2. 6. 11. 12: Var. 348t–279. 15. 17→20. 24. 26. 27. 30. 31. 33. 41. 45. 46. 47. 52. 60. 62. 79. 107. 109. 111. 123. 160. 205. 207. 209. 210. 302. 303. 307.
10.12787

— Auf d. Spuren d. Bagdadbahn. — Tripolis, s: Abenteuer u. Forschgn im Orient.

Banse, Franz: Erinnerungen und Reisebilder eines alten Hennebergers. [Verf.: Franz Banse.] — [Schleusingen] 1910. 697 S. 8°
1: Pv 6979. 3. 44.
10.12799

Banse, Friedrich

— **Schulatlas für den ersten Unterricht in der Geographie** ... Entworfen vom Lehrer J. F. Banse, gezeichnet u. lithogr. von Albrecht Platt. — Magdeburg: Heinrichshofen 1835. 36 Bl. quer-8°
1: Stala 653. 3. 61.
10.12800

Banse, Guido [aus Bernburg]: Ueber einige Abkömmlinge des p-Cyantoluols ... Berlin, A. W. Schade's Buchdr., 1894; 40 S., 2 Bl. 8.

Berlin, Phil. Fak., Inaug.-Diss. v. 25. Apr. 1894

Banse, Hermann: 50 Jahre der Braunschweiger Liedertafel. Festgabe zur 50jährigen Jubelfeier am 15. und 16. Juni 1901. [Verf.: Hermann Banse.] — (Braunschweig) 1901 (: Stottmeister). 127 S. 8°

Nebent.: Festschrift zur 50jährigen Jubelfeier d. Braunschweiger Liedertafel. 1901.
23.
10.12801

Banse, J. F. s. *Banse*, Friedrich.

Banse, Johannes. Assistenzarzt am städt. Krankenhause zu Stralsund: Aus d. pathol. Institut d. Univ. Greifswald. Direktor: Geheimrat Prof. Dr. Grawitz. Ueber intrathoracische Fibrome, Neurome und Fibrosarkome. Greifswald 1908: H. Adler. (40 S.) 8°
Greifswald, Med. Fak., Ref. Grawitz, Diss. v. 20. März 1908
[Geb. 23. Juni 81 Mettmann (Rheinprovinz); Wohnort: Stralsund: Staatsangeb.: Preußen; Vorbildung: Ritterakad. Liegnitz Reife O. 01; Studium: Marburg 1, Kiel 3, Greifswald 6 S.; Coll. 22. Juli 07; Approb. 30 März 07.]

Banse, Robert
—— kurzgef. Erklärung d. Lesestücke i. d. Neubearbeitung d. Ausg. A v. Ferdinand Hirts deutschem Lesebuche II. Tl.: Mittel- u. Oberstufe. gr. 8. (87 S.) Breslau 898. F. Hirt. n. 1. —

Banse, R., J. Fischer, Karl Krause, kurzgefaßte Erklärung der Lesestücke in der Mittel- u. Oberstufe. (Tle. III u. IV) v. Ferd. Hirts deutschem Lesebuche. (Neue) Ausg. G. 2 Hfte. gr. 8. Breslau 899. F. Hirt. n. 1. 80
1. Mittelstufe. (56 S.) n. — 60. — 2. Oberstufe. (72 S.) n. — 70.

Kurzgefaßte Erklärung der Lesestücke in der Mittel- und Oberstufe ⟨T. 2⟩ der Ausgabe A von Ferd. Hirts Deutschem Lesebuche. Bearb. von R[obert] **Banse** in Stralsund. 2. Aufl. Breslau: F. Hirt 1904. (87 S.) 8° [F] [4 „ 2

Bansen, Anton Cyriac Karl (Hrsg.), s.a. G e s c h i c h t e , Neuere, der beiden Jahrhunderte, zum Nutzen und Vergnügen beschrieben.

Bansen, Anton Cyriacus Karl: Neuere Geschichte der beiden letzten Jahrhunderte zum Nutzen und Vergnügen beschrieben. [Verf.: Anton Cyriacus Karl Bansen.] Bd 1.2. Hannover 1775–77. 8°
2 u. d. T.: Neuere Geschichte zum Nutzen und Vergnügen beschrieben von B... Hannover 1777: Schlüter.
1:Qd 204 [u.] Bibl. Diez 3733.3734. 7. 17[∞ 2]. 35. 62[∞ 2].
10.12803

Bansen, Hans
— Die bergmännischen Auf- und Untersuchungsarbeiten. — Potsdam [usw.]: Bonneß & Hachfeld [um 1905]. 176 S. 8° (Technische Unterrichtsbriefe d. Systems Karnack-Hachfeld.) 1:N 09.919.
10.12804

— Einführung in den Bergbau. — Potsdam [usw.]: Bonneß & Hachfeld [um 1905]. 77 S. 8° (Technische Unterrichtsbriefe d. Systems Karnack-Hachfeld.) 1:N 09.920.
10.12806

— Der Grubenausbau. — Berlin: Springer 1906. XV, 259 S. 8°
1:Ot 4540. 11. 30. 82. 83. 84. 86. 87. 89. 90. 201. 210.
10.12808

— — 2., verm. u. verb. Aufl. Ebd. 1909. XI,348 S. 8°
1:Ot 4540ᵃ. 11. 60. 82. 83. 91. 201. 305.
10.12809

— Die Streckenförderung. — Berlin: Springer 1908. XI, 279 S. 8° 1:Ot 4542/20.
11. 33. 60. 82. 86. 89. 90. 201. 210. 302. 305.
10.12811

— Die Systematik der Wetterverteilung. — Kattowitz O.-S.: Böhm 1910. 19 S., 9 Taf. 8° 1:Ot 7600. 2. 210. 305.
10.12813

--- Das Tiefbohrwesen, unter Mitwirkg v. Arth. Gerke u. Leo Herwegen bearb., s: Bergwerksmaschinen, Die.

Bansen, Max, aus [Grünberg,] Schlesien: Über Aetiologie des Typhus abdominalis. Winterthur J. Westfehling Dr. [u. Verl.] 1872. 61 S., 1 Bl., 1 Karte. 8°.
Zürich, Med. Diss. v. 26. Juli 1872.

Bansen, Max: Über Entstehung des Typhus abdominalis. 2. Aufl. — Schaffhausen: Baader in Comm. 1872. 61 S. 8°
Erschien zuerst als Diss. u. d. T.: Bansen: Über Aetiologie des Typhus abdominalis. Zürich 1872.
1:It 11925. 12:Path. 88 n. 20. 38ᴹ. 40. 304.
10.12815

Bansen, Dr. M., über Entstehung des Typhus, mit speziellem Bericht über die Epidemie in Winterthur 1872. Mit Plan. 2. Auflage. 61 Stn. 8. Winterthur, J. Westfehling. 1. 50

Banseril, s.a. K. F. A. Dähne.

Banseril oder über den Nachtheil, welchen das tiefe Stillschweigen unserer Erzieher in Rücksicht des Geschlechtstriebs nach sich zieht. Leipzig 1801. V: *Daehne, Carl Fr. Adolph.* (EB)

Bansi, Gust.: Die G e b i e t s h o h e i t . . . , s.a. B a n s i , Gustav Emil Robert

Bansi, Gust., d. Gebietshoheit als rein staatsrechtl. Begriff durchgeführt. Diss. gr. 8. (96 S.) Königsberg 897. (W. Koch.) n. 1. 60

[Gedicht.] Zum Johannisfest. [Unterz.:] Gust. **Bansi.** o. O. u. J. 1 Bl. 8° [Kopftit.]
„O schönstes, heil'ges Fest der Brüder, ...“

Dem Landesfürsten: [Lied.] Dem Könige und Protektor. [Unterz.:] Gust. **Bansi.** Düsseldorf o. J.: Voss. 1 Bl. 8° [Kopftit.]
Mit Noten: „Wer ist auf stolzem Königsthron der ritterliche Held, . . .“

Bansi, Gustav Emil Robert: Die G e b i e t s h o h e i t . . . , s.a. B a n s i , Gust.

Bansi, Gustav *Emil Robert* [Referendar]: Die Gebietshoheit als rein staatsrechtlicher Begriff durchgeführt ... Königsberg in Pr., Buchdr. v. R. Leupold, 1897; 2 Bl., 96 S., 2 Bl. 8.
Königsberg, Jur. Fak., Inaug.-Diss. v. 15. Febr. 1897

Bansi, *Johann Friedrich Carl* [aus Cholewitz in Westpr.]: Zusammenstellung der bis jetzt bekannten Fälle von Echinococcus der Brustdrüse nebst Mitteilg e. neuen Falles aus d. chirurg. Klinik zu Greifswald ... Greifswald, Druck v. J. Abel, 1893; 30 S. 8.
Greifswald, Med. Fak., Inaug.-Diss. v. 8. Aug. 1893

Bansin [Schlagwort]
Bansin, s.: Ostseebäder.

Bansin, s.: Ueckeritz. — Usedom.

Banspach, A., e. einjährig Freiwilliger. Lustspiel in 1 Akt. 8. (24 S.) Straßburg 874. Schneider's Verl. — 50

Banspach, Andreas: Gedichte. — Mannheim: Dieter [um 1885]. 234 S. 8° 25. 31.
10.12824

— Ein Volksschullehrer. Schauspiel. — Tauberbischofsheim: Lang 1879. 56 S. 8° 1:Ys 20746.
10.12825

Bantel, Chr. Heinrich: Die Sängerfahrt am Rhein und das Gesang- und Künstlerfest in Düsseldorf vom 1. bis 4. August 1852. — Wiesensteig 1852: Schmid. 40 S. 8°
1:Yb 9252/40. 61.
10.12833

Banthien, Hans, a. Hamburg: Beiträge zur Kenntnis der Autoxydationserscheinungen. Marburg 1906: R. Friedrich. (39 S.) 8°

Marburg, Phil. Fak., Ref. Zincke, Diss. v. 20. Juni 1906

[Geb. 12. Nov. 83 Hamburg; Wohnort: Hamburg; Staatsangeh.: Hamburg; Vorbildung: Johanneum Hamburg Reife O. 02; Studium: Marburg 7 S.; Rig. 1. Nov. 05.]

Bantisch-Kamensky, Dmitry. Reise von Moskau durch die Moldau, Wallachey und Servien im J. 1808. Berlin 1812. Ü: *Strandmann, Johann Gustav Magnus von.* (R-N)

Bantlin, Albert: Elementare Ableitung der Trägheitsmomente. — Berlin(:Springer) 1896. 14 S. 4°
Aus: Zeitschrift d. Vereines deutscher Ingenieure. 40. 1896.
93. 210.
10.12852

— Beitrag zur Bestimmung der Biegungsspannung in gekrümmten stabförmigen Körpern. — Berlin(:Springer) 1901. 10 S. 4°
Aus: Zeitschrift d. Vereines deutscher Ingenieure. 45. 1901.
93. 210.
10.12854

— Zur Beurteilung von Expansionsschiebersteuerungen. — Berlin(:Springer) 1900. 7 S. 4°
Aus: Zeitschrift d. Vereines deutscher Ingenieure. 44. 1900.
93. 210.
10.12855

Bantlin, A., amerikanische Dampfturbinen. Erweiterung e. am 2. II. 1905 im württemberg. Ingenieur-Verein geh. Vortrages. (IV, 76 S. m. 104 Abbildgn.) Lex.-8. Stuttgart 905. A. Kröner. n. 3. —

Bantlin, A., Formänderung u. Beanspruchung federnder Ausgleichrohre., s.a. Mitteilungen üb. Forschungsarbeiten auf dem Gebiete des Ingenieurwesens. 96.

— Formänderung und Beanspruchung federnder Ausgleichröhren. — (Berlin: Springer) 1910. 6 S. 4°
Aus: Zeitschrift d. Vereines deutscher Ingenieure. 54. 1910.
93.
10.12859

— Formänderung und Beanspruchung federnder Ausgleichrohre. — Berlin: Springer in Komm. 1910. 84 S. 4° (Mitteilungen über Forschungsarbeiten auf d. Gebiete d. Ingenieurwesens. 96.) 12: Math. A. 173 md-96.
14. 60. 82. 84→87. 89. 90. 91. 93. 210.
10.12860

— Zur Frage der Berechnung gekrümmter stabförmiger Körper. — (Berlin: Springer 1899.) 3 S. 4°
Aus: Zeitschrift d. Vereines deutscher Ingenieure. 43. 1899.
93.
10.12861

— Die Hamilton-Holzwarth-Dampfturbine. — Berlin(:Springer) 1905. 8 S. 4°
Aus: Zeitschrift d. Vereines deutscher Ingenieure. 49. 1905.
93. 210.
10.12862

Bantlin, A., die deutsche Industrie u. die Arbeiterversicherung. Festrede, geh. am Geburtsfest S M. des Königs Wilhelm II. v. Württemberg am 25. II. 1901 in der Aula der techn. Hochschule in Stuttgart. gr. 8. (48 S. m. 14 Taf.) Stuttgart 901. A. Bergsträsser. n. 1. 20

— Der Nutzen des Dampfmantels nach neueren Versuchen. Berlin(:Springer) 1906. 39 S. 4°
Aus: Zeitschrift d. Vereines deutscher Ingenieure. 50. 1906.
93.
10.12868

— Der Wärmeaustausch zwischen Dampf und Cylinderwandung nach neueren Versuchen. — Berlin(:Springer) 1899. 16 S. 4°
Aus: Zeitschrift d. Vereines deutscher Ingenieure. 43. 1899.
93. 210.
10.12869

Bantlin, August

Bantlin, Aug., üb. neue Nitroderivate d. Phenols. Inaugural-Dissertation. 8. (31 S.) Tübingen 875. (Fues.) n. — 60

Bantlin, David, approb. Arzt aus Reutlingen: Ueber einen Fall von Lebercirrhose im Kindesalter. *Tübingen 1903: G. Schnürlen.* (26 S.) 8°
Tübingen, Med. Diss. v. 1903

Bantlis Gespräch über den Weberhans. In Zürcher Mundart. Zum Besten der Winkelriedstiftung. Zürich. Th. Bauer in Commission.

Bantock, Granville
Die Perle von Iran. 'The Pearl of Iran.' Romantische Oper in 1 Aufz. v. Granville Bantock. Vollständ. Klavierausz. m. Text '(Deutsche Übs. v. John Fenton)' ... *Leipzig, Brüssel, London, New York: Breitkopf & Härtel (1894).* (1 Bl., 151 S.) 1 Bd 4. [96 2320

Bantock, Granville: Ruba'iyat, s: Omar Khayyám.

Baentsch, Theologe. 1892 s. *Baentsch,* Bruno.

Baentsch, Alexander: Ueber die Melaphyre des südlichen und östlichen Harzes. — Halle: H. W. Schmidt 1858. 58 S. 4°
Aus: Abhandlungen der Naturforschenden Gesellschaft in Halle. 4. 1858.
1: 4° Mm 13828. 18. 21. 84. 88. 89.
9.8583

Bäntsch. A. Ueber die Melaphyre des südlichen und östlichen Harzgebirges. Halle, 1858.

Baentsch, Bruno
Baentsch, B., s.: Bericht üb. die Literatur zur Religionsgeschichte.

Baentsch, Bruno: Die moderne Bibelkritik und die Autorität des Gotteswortes. Vortrag. — Erfurt: Güther (1892). 47 S. 8° 1: Bf 7724. 3. 23. 26. 27.
9.8584

— das Bundesbuch, Ex. XX 22—XXIII 33, seine ursprüngliche Gestalt, sein Verhältnis zu den es umgebenden Quellenschriften u. seine Stellung in der alt-testamentlichen Gesetzgebung. gr. 8. (VII, 123 S.) Halle a/S. 892. M. Niemeyer. n. 2. 80

Baentsch, B., David u. sein Zeitalter, s.a. Wissenschaft u. Bildung.

David und sein Zeitalter von Dr. B[runo] Baentsch, Prof., Jena. Leipzig: Quelle & Meyer 1907. (IV, 172 S.) 8° [F]
— Wissenschaft u. Bildung. 16. [07. 14180

Baentsch, B.: Exodus, s. Handkommentar z. Alten Test.

Baentsch, Bruno, Geschichtsconstruction od. Wissenschaft? E. Wort z. Verständigg. üb. d. Wellhausensche Geschichtsauffassg m. bes. Beziehg. a. d. vorprophet. Stufe d. Religion Israels u. d. religionsgeschichtl. Stellg. Davids. Vortrag, geh. in o. Kreise v. Pastoren. gr. 8. (IV, 50 S.) Halle 896. J. Krause. n. 1. —

Baentsch, Bruno, Geschichtsconstruction od. Wissenschaft? gr. 8. (IV, 50 S.) Halle 896. Leipzig, C. F. Tiefenbach. n. 1. —

— Das Heiligkeits-Gesetz Lev. XVII–XXVI. — Erfurt: Güther 1893. VII,152 S. 8°
Erschien teilweise als Hab.-Schrift. Jena 1893.
1:Bm 5610. 2. 5. 7. 11. 12:Exeg. 65mc. 15. 27. 29. 123. 302.
9.8588

Baentsch, B.: Leviticus, s. Handkommentar z. Alten Test.

Altorientalischer und israelitischer Monotheismus. Ein Wort z. Revision d. entwicklungsgeschichtl. Auffassung d. israelit. Religionsgeschichte von B[runo] Baentsch, Prof. Tübingen: J.C.B. Mohr 1906. (XII, 120 S.) 8° [o4. 7070

— Numeri, übers. u. erklärt, s.: Handkommentar zum Alten Testament. 2. II.

— Monotheistische Strömungen im alten Orient und der Monotheismus Israels. — Erfurt: Villaret 1907. 21 S. 8°
Aus: Jahrbücher der Königlichen Akademie gemeinnütziger Wissenschaften zu Erfurt. N. F. 33. 1907.
27.
9.8590

Baentsch, Bruno, H. St. Chamberlains Vorstellungen üb. die Religion der Semiten spez. der Israeliten, s.a. Magazin, pädagogisches. 216. Hft.

— H. St. Chamberlains Vorstellungen über die Religion der Semiten spez. der Israeliten. — Langensalza: Beyer 1905. 83 S. 8° (Pädagogisches Magazin. 246.)
1:Nc 3971–246. 2. 3. 5→8. 10. 11. 12:Paed. Th. 6609c–246. 14. 15. 18. 19. 21. 25. 26. 27. 29. 30. 207. 309.
9.8591

Baentsch, Bruno: Die Wüste, ihre Namen und ihre bildliche Anwendung in den alttestamentlichen Schriften. T. 1. Halle a/S. 1883: Karras. 45 S. 8°
Halle-Wittenberg, Phil. Diss. v. 16. Juni 1883
Geb. Halle a. d. S. 25. 3. 1859. V.

Bäntsch, Bruno, Die Wüste, Namen u. bildl. Anwendungen in den alttestamentl. Schriften. Halle a. d. S. 1883. 8. Varia 74.

Baentsch, Bruno [Lic. theol. Dr. phil.]: Das Zeitalter des Heiligkeits-Gesetzes ... [= Cap. III § 1 u. 2 aus des Vfs gröss. Schrift: Das Heiligk.-Ges. Lev. XVII—XXVI ... Erfurt 1893.] Erfurt, *Lippert & C., Naumburg a. S.*, 1893; 2 Bl., 43 S. 8.
Jena, Theol. Fak., Hab.-Schr. v. 1893

Bäntsch, Lebr. Ldw., Handbuch d. Gesch. u. Geographie v. Anhalt. 8. Leipz. u. Dessau 801. (Köthen, Aue). 1 ℛ 10 ℊ

Baentsch, Lebrecht Ludwig: Traurede zur goldnen Hochzeit des Bielerschen Ehepaars aus Wiendorf. — Köthen [1820]: Aue. 15 S. 8° 1:Ee 11190. 111.
9.8592

Baentsch, Max [pr. Arzt aus Sorau N.-L.]: Ueber die Grenzen der Operirbarkeit des Gebärmutterkrebses.... Sorau N.-L., Buchdr. v. J. D. Rauert, 1890; 30 S. 8°
Strassburg, Med. Fak., Inaug.-Diss. v. 1890

Baentsch, M., üb. die Grenzen der Operirbarkeit d. Gebärmutterkrebses. 8. (30 S.) Tübingen 890. Moser. n. — 90

Baentsch, Th., s.: Gewerbe-Kalender, hessischer.

Baentsch, Vidus (Ulricus Albert Aemil) (geb Frankfurt a O 1810)
De moxis Berolini (1839) (27 S) 8°
Berlin, Med Diss v 18 Dez 1839

Baentsch & Behrens: Preisliste Nr. 13 über Triebwerkstheile (Transmissionen). Ludwigshütte-Sandersleben 1890

Baentsch & Behrens: Preislisten über Locomobilen usw. Ludwigshütte-Sandersleben (1897?)

Bantzer, Eduard: Der Raritäten-Sammler oder du sollst und mußt lachen. Eine Auswahl der neuesten Anekdoten. (Reutlingen: Bardtenschlager [1885].) 48 S. 8° 24.
10.12898

Bantzer, Ed., der Raritäten-Sammler od. du sollst u. mußt lachen. Eine Auswahl der neuesten Anekdoten. 8. (48 S.) Reutlingen 886. Bardtenschlager. n.n. — 15

Bantzland, Christian: Diss. inaug. jur. de buccinatoribus eorumque jure, vom Recht der Trompeter, quam... sub praesidio Christiani Wildvogelii...
Jena: Müller 1711.
52 S. 8°

Banvil' s. *Banville*, Théodore de.

Banville, Théodore de
— [La Pomme, deutsch] Der Apfel. Lustspiel. Deutsch von Ludwig Braunfels. — Frankfurt a. M.: Societätsdr. 1866. 31 S. 8° 30. 32.
10.12972

– Gringoire, s.a. Bibliothek der Gesamtlitteratur des In- u. Auslandes.

— dasselbe. s.a. Bloch's, E., Theater-Correspondenz.

Banville, Th. de, Gringoire, s.a. Théâtre français.

Banville, Th. de, Gringoire, s.a. Theater, neues Wiener.

— dasselbe. s.a. Universal-Bibliothek.

— Gringoire. Comédie. — Paris: M. Lévy 1866. 68 S. 8° 8. 109.
10.12942

— — Avec notes et vocabulaire par A. W. Kastan. Berlin: Friedberg & Mode 1879. 62 S. 8° (Théâtre français. Collection Friedberg & Mode. 68.) 1:Xv 2034–68. 11. 309.
10.12944

— [deutsch] Gringoire. Charakterbild. Deutsch von A. Winter. — Berlin: Michaelson in Comm. 1867. 24 S. 8° 24.
10.12955

Banville, Théodore de
— Gringoire. Schauspiel. Deutsch von O. F. Eirich. Wien 1867: Jasper. 21 S. 8° 300:72.251-B. 302.
10.12956

— — Deutsch von Betty Paoli. Wien: Rosner 1872. 39 S. 8° [(Neues Wiener Theater. 10.)]
300:104.092-B. Bd 10. 302. 303.
10.12957

— Gringoire. Charakterbild. Deutsch von A. von Winterfeld. — Berlin: Bloch [1875]. 42 S. 8° (Eduard Bloch's Theater-Correspondenz. 91.) 1:Yp 6305–91.
10.12958

— Gringoire. Schauspiel. Deutsch von Otto Randolf. Leipzig: Reclam [1880]. 42 S. 8° (Universal-Bibliothek. 1319.) 1:Ag 7201–1319. 12:Heyse-Archiv XI-30,4. 19. 47. 300:410.411-A. Per. 1319.
10.12959

— [deutsch] Socrates und seine Frau. Lustspiel. Berlin: Entsch in Komm. 1889. 31 S. 8° 30. 32.
10.12980

— Socrates und Xantippe. Lustspiel in Versen. Berlin: Bloch in Komm. 1889. S. 44–92. 8° 30.
10.12981

Bányász, Eugen: Das Marken- und Musterschutzrecht in Ungarn, s. Bányász, Jenoe.

Bányász, Jenoe
— Das Marken- und Musterschutzrecht in Ungarn. Übers. von J. Schima. — Nagyvárad 1910: Sonnenfeld. 56, XVIII S. 8° **38. 52. 201. 205.**
10.13001

Banz
Banz, Vierzehnheiligen, Lichtenfels, Staffelstein & Karolinenhöhe. — Lichtenfels: Schier 1862. 67 S. 8° **107.**
10.13003

Banz, August: Taschenbuch für Gerichtsvollzieher. Auf Grund der neuen Civilprozeßordnung und der zu ihrer Durchführung erschienenen Verordnungen. — München: Franz 1871. 290 S. 8° **12: Bavar. 192x. 19. 22.**
10.13004

Banz, P., s. B a n z , Placidus

Banz, P. R., Soll der Unterricht in den klassischen Sprachen auf den oberen Stufen des Gymnasiums den Forderungen der Gegenwart entgegenkommen? S.-A. 1899. 29 S. 1.—

Banz, Placidus: Christlich-sozial! oder der richtige Weg zur Lösung der sozialen Frage. — Feldkirch [usw.]: Pelikan [1897]. 72 S. 8° **12: Asc. 241h/3. 19. 211.**
10.13005

Banz, Placidus, O. S. B.: Christlich-sozial! od. d. richt. Weg z. Lösg. d. soz. Frage. 12. (72 S.) Lindau 897. Verlag d. Pelikan. n. — 35

Banz, Placidus, O. S. P., Gebetbüchlein f. Erstbeichtende. Dem neuen österreich. Katechismus angepaßt. (182 S. m. Abbildgn. u. Titelbild.) 16. Feldkirch (908). F. Unterberger. Geb. n. — 60

— Gold, Edelsteine und Perlen oder die Zeremonien u. Gebete bei d. heiligen Messe. — Einsiedeln [usw.]: Benziger (1910). 240 S. 8° **1: N 12.16. 5.**
10.13006

Banz, Placidus: Gold, Edelsteine u. Perlen od. Die Zeremonien u. Gebete bei d. hl. Messe. (240) kl8° Eins., Verl.-Anst. Benziger & Co. ('11). L 3 — d

Banz, Placidus. Schule der Anbetung, oder Kurze Anleitung die Stunde der Anbetung vor dem Hochwürdigsten Gute ... zum Heile der Seelen gut zuzubringen. Von P. Pl' Banz, O. S. B. [Mit Vignetten und 2 Tafeln.] 334 S. 8. Einsiedeln *etc.*, Benziger & Co. A. G., 1902. [geb. fr. 1.25 *u.* 2.50]

Banz, Romuald, O. S. B., Auferstehung. Acht Vorträge u. Predigten. (IV, 127 S.) 8. Einsiedeln 908. Eberle, Kälin & Co. 1.20

— Christus u. die Minnende Seele, s.a. Abhandlungen, germanistische. 29. Hft.

Banz, P. Romuald. Christus und die Minnende Seele. Zwei spätmittelhochdeutsche mystische Gedichte. Im Anhang ein Prosadisput verwandten Inhaltes. [Mit Einleitung und kritischem Apparat hrg.] Von Dr. P. R' B'.... Wissenschaftliche Beilage zum Jahresbericht der Lehr- und Erziehungsanstalt des Benediktinerstiftes Einsiedeln im Studienjahre 1906/07. XII + 150 S. 8. Breslau, A. Favorke, [1907].

Banz, P. Romuald, Lic. phil., O. S. B. Stift Einsiedeln (Schweiz): **Christus und die Minnende Seele. Zwei spätmittelhochdeutsche mystische Gedichte. Im Anhang ein Prosadisput verwandten Inhaltes.** Solothurn 1907. XII + 144 S. 8°.
Freiburg i. Schw. Phil. Diss. 1906/1907.

Banz, Romuald. Christus und die Minnende Seele. Zwei spätmittelhochdeutsche mystische Gedichte. Im Anhang ein Prosadisput verwandten Inhaltes. [Mit Einleitung und kritischem Apparat hrg. als] Diss. Phil. Freiburg in der Schweiz ... von Lic. phil. P. R' Banz, O. S. B. XII + 144 S. 8. Solothurn, Union, 1907.

Banz, Romuald: Deut. Leseb. f. Schweizer Gymn., Seminarien u. Realsch., s: Gadient, Veit.

— Die Würdigung Ciceros in Sallusts Geschichte der catilinarischen Verschwörung. — Einsiedeln 1904: Benziger. 23 S. 4°
Erschien auch als Progr. Einsiedeln, Schweiz 1904. **2. 26.**
10.13014

Banz, Romuald. Die Würdigung Ciceros in Sallusts Geschichte der catilinarischen Verschwörung. Von P. R' Banz, O. S. B. .... 23 S. 4. Einsiedeln, Benziger & Co. A. G., 1904.
(Jahresbericht über die Lehr- und Erziehungs-Anstalt ... Maria-Einsiedeln im Studienjahre 1903/1904. ... Beilage... .)

Banza, J. Ch., über den gegenwärtigen Zustand der Geographie v. Süd-Amerika, übers. a. d. Span. durch Frhrn. v. Karbinsky. gr. 4 München 823 (Franz.) $1/2$ rf

Ban-Zai-Sau. Pour servier à la connaissance de l'extrême orient. Recueil publié par F. Turrettini. Fasc. 1—14. gr. 8. Genève 873. 74. (Basel, Georg.) pro Fasc. 1—10: n.n. 32. —
The chinese mandarin language after Ollendorff's new method of learning languages by Charles Rudy. (1. Bd. 111, 218 S.)
San-Tseu-King ou le livre des trois mots. Traduit du chinois par Stanisl. Julien. (247 S.)
Deux traductions du San-Tseu-King et de son commentaire. Réponse à un article de la Revue critique du 8. Novbre. 1873 par le Marquis d'Hervey de Saint-Denys. (27 S.)
Kan-ing-pien. Texte chinois du livre des récompenses et des peines. (96 S.)

Banze, Angela. Leicht fassliches Lehrbuch fur Damen zum gründlichen Selbstunterrichte im Schnittzeichnen und Anfertigen der Damenkleider Zweite vermehrte und verbesserte Auflage . Graz 1369, im Selbstverlage der Verfasserin und in Commission bei Ludewig und Wohlfahrt
56 S ; 42 Taf in Lithogr 8°

Banze, Angela, leicht fassliches Lehrbuch für Damen zum gründlichen Selbstunterricht im Schnittzeichnen u. Anfertigen der Damenkleider. 2. verm. u. verb. Aufl., mit 1 (lith.) Titelbilde u. 40 (lith.) Zeichn.-Figg. (in 4. u. Fol.) Graz 870. Ludewig & Wohlfahrt in Comm. gr. 8. (56 S.) n. 1 rf 15 ngr; mit Reductionsschema n. 1 rf 20 ngr; das Reductionsschema apart n. 8 ngr

Banze, Angela, leichtfaßliches Lehrbuch zum gründlichen Selbstunterrichte im Schnittzeichnen u. Anfertigen der Frauen-, Mädchen- u. Kinderkleider. In 2 Abthlgn. m. 2 (lith.) Titelbildern, 50 (lith.) Taf. m. Zeichngn. u. e. Reduktions-Schema. Neue verb. reducirte Maßstäbe zum Nachzeichnen aller mögl. geometrisch berechneten Kleiderschnitte in jeder Körpergröße. 1. Bl. in qu. gr. Fol. 3. verb. u. sehr erweit. Aufl. gr. 8. (164 S.) Graz 873. Moser. 4. 40; geb. 5. 20; Reductions-Schema apart — 80

Banze, Angela, leichtfaßliches Lehrbuch zum gründlichen Selbstunterrichte im Schnittzeichnen u. Anfertigen der Frauen-, Mädchen- u. Kinderkleider. In 2 Thln. Enth.: 3 (lith.) Titelbilder, ein Suppl., Reductions-Schema u. einen Atlas m. 100 Fig. auf 50 lith. Taf. nebst Beilagebogen zur „Modification der Journal-Schnittmuster f. individuelle Körpermaße". 4., neu bearb. u. sehr erweit. Aufl. gr. 8. (XII, 198 S.) Graz 881. Moser. cart. 7. 50

— Massstäbe zum Nachzeichnen aller Kleiderschnitte. Graz 1873

Banze, Angela: Neue verbesserte „reduzierte Massstäbe" z. Nachzeichnen aller mögl., mathemat. berechneten u. geometr. construirten Kleiderschnitte f. jede (normale u. abnorme) Form d. Körper. 12. Afl. 1 Bl. 55×75 cm. Graz, U Moser '11 (Umschl.: '12). — 80;
aufgez. auf Pappstreifen 1.80

— der Zauber d. Fleißes, s.a. Frauenwelt, deutsche.

— Der Zauber des Fleißes. Die Kunst mit wenig Mitteln eine geschmackvolle Toilette herzustellen. Nebst Anleitung zum Schnittzeichnen. — Wien [usw.]: Hartleben 1871. VIII, 239 S. 8° (Deutsche Frauenwelt. 8.)
309: 123.416-B. Bd 8. 302.
10.13018

Banzemer, Jan: Ogólne Uwagi nad urządzeniem kredytu dla nieruchomości miejskich. — Berlin [usw.]: Behr 1862. 44 S. 8° [Allgemeine Betrachtungen über d. Einrichtung d. Kredits für städtische Immobilien.]
1:21 in Fg 10665.
10.13019

Banzenmacher, Emil: Anleitung zur Spargel-Zucht. — Ulm 1905: Reinecke. 20 S. 8°
24.
10.13020

Banzer, A.: Maistre Pierre Pathelin und seine Bearbeitungen in der französischen, italienischen, deutschen und englischen Literatur. — München 1888: Wolf. 44 S. 8°
12: P. o. gall. 1649 g.
10.13021

Banzer, Adalbert: Radreisen im Zick-Zack nördlich und südlich der Alpen. Eine Ferientour mit Frau. Vorträge. — (Berlin [1894]: Gernbeck.) 15 S. 4°
12: 4° It. coll. 52 [2 Ex.]
10.13022

Banzer, Anton [app. Arzt aus Bamberg]: Die Kreuzotter. Ihre Lebensweise, ihr Biss und ihre Verbreitung mit besonderer Berücksichtigung ihres Vorkommens in Bayern. . . . München, Druck d. Akad. Buchdr. v. F. Straub, 1891; 48 S., 1 Kart. 8°
München, Med. Fak., Inaug.-Diss v. 1891

Banzer, Ant., die Kreuzotter, s.a. Abhandlungen, Münchoner medicinische.

Banzer, Anton: Die Kreuzotter. Ihre Lebensweise, ihr Biss u. ihre Verbreitung mit bes. Berücks. ihres Vorkommens in Bayern. — München: Lehmann 1891. 48 S. 8° (Münchener medicinische Abhandlungen. 1,1.)
Zugleich Diss. München 1891.
1: I 6415-1.
6. 12: Med. g. 1 cp-I, 1. 19. 26. 38M. 302. 304.
10.13023

Banzer, Matthaeus Carl

Banzer, M. C., Aufgabenbuch m. 5 Kontobüchern zum Selbstunterricht, m. prakt. Uebgn. in der „Modernen Hôtelbuchführung". hoch 4 u. Fol. (V, 57 u. Kontobücher 32, 4, 20, 76 u. 32 S.) Frankfurt a/M. 894. Gebr. Knauer. n. 12. —; ohne Kontobücher n. 3. —

— die moderne Hôtel-Buchführung u. die Buchführung f. Restaurant u. Café. Für den Selbstunterricht u. als Leitfaden bei der Einrichtg. u. Führg. der Bücher bearb. Lex.-8. (VI; 127 S.) Ebd. 894. n. 6. —; geb. in Leinw. n. 7. 50; auch in 8 Lfgn. à n. — 75

— Die moderne Hotel-Buchführung und die Buchführung für Restaurant und Café. Für den Selbstunterricht. Frankfurt a. M.: Knauer [1895]. 127 S. 4°
30.
10.13027

Banzer, M. C., die moderne Hôtel-Buchführung u. die Buchführung f. Restaurant u. Café. Für den Selbstunterr. u. als Leitf. bei der Einrichtg. u. Führg. der Bücher bearb. (2. Ausg. m. Aufgabenbuch.) Lex.-8. (VIII, 127 u. IV, 56 S. m. 2 Formularen.) Frankfurt a/M. (900). Gebr. Knauer. Kart. n. 8.—

Banzer, M. C., die moderne Hotel- u. Restaurations-Buchführung. Doppeltes amerikan. Kolonnen- u. kombiniertes System f. mittlere u. grosse Betriebe. Für den Unterricht in Fachschulen, den Selbstunterricht u. als Leitfaden bei der Einrichtg. u. Führg. der Bücher bearb. 2. völlig umgearb. Aufl. (IV, 148 S.) Lex. 8. Frankfurt a/M. (909). Gebr. Knauer. 7.—; geb. 8. 50

Banzer, M.C. (Red.), s. Kochkunst.

— die Korrespondenz im Hôtel- u. Restaurantgewerbe. Enth. das Ganze der Hôtel-Korrespondenz, theoret. u. prakt. dargestellt, m. viel. Mustern v. Briefen u. Eingaben sowie e. ausführl. Titulaturtabelle. 8. (VII, 205 S.) Ebd. (900). Kart. n. 3. 50

— Die Küchen-Kontrolle in den Restaurations-Betrieben. Frankfurt a. M.: Internat. Verb. d. Köche 1906. 23 S. 8° (Grosses Restaurations-Kochbuch. Nachtr.)
30.
10.13029

— Küchen-Lexikon der Fische, Krebse und Muscheln. 1903 s. *Anker*, Adolf.

Banzer, MC, u. P Garthe: Ubgshefte f. d. moderne Hotelbuchführg z. Gebr. in Fach- u. Fortbildgssch. sowie z. Privatgebr. A. Äussere Hotelbuchführg. 38×25 cm. Mit Formularen. Frankf.M., Gebr. Knauer ('12). nn 2.50
Fremdenb. (8) 33×21,5 cm. — Hotel-Journal. (11) 22,5×30,5 cm. — Lehrgang f. d. Eintraggn in d. Hotel-Journal u. Restaurationsb. Für 3 Tage durchgeführt. (7) 30,5×12,5 cm. — Restaurationsb. (8) 32,5×24 cm. — Table d'hôte-Buch. (8) 33×21,5 cm.

— — dass. B. Innere Hotelbuchführg. Mit Formularen. 38×25 cm. Ebd. ('12). nn 2.50
Haupt-Journal. (15) 22,5×30,5 cm. — Inventur- u Bilanzb. (8) Lex8° — Kontokorrentb. (8) 32×20,5 cm. — Lehrg. f. d. innere Hotelbuchführg. Auf 1 Monat durchgeführt. (6 in Leporelloform.) 30,5×12,5 cm. — Nebenbb. z. inneren Hotelbuchführg. (22) Lex8° — Rekapitulationsb. (4) 21×26,5 cm.

Banzer, M. C., Universal-Briefsteller f. Gasthofbesitzer u. Gasthofangestellte. Enth. d. Ganze d. Hôtel-Korrespondenz, theoret. u. prakt. dargest. m. vielen Mustern v. Briefen u. Eingaben, sow. e. ausführl. Titulaturtabelle. 12. (VII, 205 S) Frankfurt a/M. 895. Gebr. Knauer. Kart. n. 3. 50

Banzet, S., orthopädische Chirurgie, s.: Berger, Paul.

Banzhaf, Carl, Blätter für Bau-Handwerker. Eine Sammlung von Ansichten über hölzerne u. steinerne Brunnen u. Brunnengehäuse wie folgt: Ziehbrunnen, Pumpbrunnen, sowie laufende Brunnen. 12 Hefte. (à 4 lith. Taff.) Stuttgart 867. Werther. 4. Jedes Heft 7½ ngr.

— Blätter für Bau-Handwerker u. Gewerbe-Vereine. Eine Sammlung von Gartenhäusern, Pavillons, Kegelbahnen ꝛc. 12 Hefte (à 8 lith. Taff.). Ebend. 867. 4. Jedes Heft 12 ngr.

— Blätter für Bau- u. Möbeltischler u. Gewerbe-Vereine. Eine Sammlung von Ansichten, Grundrissen, Durchschnitten u. Details verschiedener Möbeln. 24 Hefte. (à 4 lith. Taff.) Ebend. 867. 4. Jedes Heft 7½ ngr.

— Blätter für Schreiner, Glaser u. Gewerbe-Vereine. Eine Sammlung von Thüren, Fenstern u. verschied. in diese Fächer einschlagenden Arbeiten. 12 Hefte (à 8 lith. Taff.). Ebend. 867. 4. Jedes Heft 12 ngr.

Banzhaf, Friedrich, Oberamtstierarzt: Aus d. hygien. Inst. d. tierärztl. Hochsch. zu Berlin. Leiter: P. Frosch. Einwirkung normaler Tiersera auf Rotlaufbazillen. Stuttgart 1909: Enzig. 29 S. 8°
Gießen, Veterinär-Med. Diss. v. 21. April 1909, Ref. Olt
[Geb. 27. Juni 80 Eglosheim; Wohnort: Maulbronn; Staatsangeh.: Württemberg; Vorbildung: Gymn. Eßlingen Reife Juli 08; Studium: Stuttgart Tierärztl. Hochsch. 7 S.; Rig. 12. Febr. 09.] [U 09. 1133

Banzhaf, Richard, approb. Arzt aus Korntal: Aus d. med. Klinik in Tübingen. ⟨Prof. Dr. von Liebermeister.⟩ Drei Fälle von Familiärer und hereditärer cerebraler Lähmung im Kindesalter. *Tübingen: F. Pietzcker 1902.* (26 S.) 8°
Tübingen, Med. Diss. v. 1902

Bänziger: Leben und Wirken . . ., s.a. Bänziger-La Nicca, Anna

Baenziger, Anna: Leben und Wirken des schweizerischen Ingenieurs Richard La Nicca ... Von seiner Tochter [d.i. Anna Baenziger] zsgest. — Davos: Richter 1896. 306 S. 8°
1:Oo 240.
9.8593

Bänziger, Emil, von Lutzenberg ([Kt.] Appenzell A.-Rh.): Zur Kenntnis des 2,5 Dichlorbenzaldehydes. Zür. J. Schabelitz Dr. 1896. 78 S. 1 Bl. 8°.
Zürich, Phil. Diss. [v. 26. Mai 1896].

Bänziger, E. Zur Kenntnis des 2,5 Dichlorbenzaldehydes. In-8°. 78 S. Zürich. These.

Baenziger, Ernst: Die volkswirtschaftliche Bedeutung der schweizerischen Alp- und Weidewirtschaft. Borna-Leipzig 1910: Noske. 85 S. 8°
Tübingen, Staatswiss. Diss. v. 3. März 1910, Ref. Fuchs
(Nur in beschränkter Anzahl für den Austausch)
[Geb. 17. Okt. 75 Rheineck; Wohnort: Rheineck; Staatsangeh.: Schweiz; Vorbildung: Realsch. Rheineck Reife 96; Studium: Zürich Techn. Hochsch. 7, Leipzig 4, Tübingen 3 S.; Rig. 3. Aug. 09.] [U 10. 4203

Bänziger, Ferd.

Bänziger, F. Federzeichnungen. 50 Blatt. In-fol. St. Gallen, Comm.-Verlag von F. Hassolbrink. In Mappe 60 —

Bänziger, F, Federzeichngn. Material f. Zeichner. 3. Afl. Fol. (30 Bl.) Heid. 93. (Bas., A Geering.) 24 —

Bänziger, Ferd., Federzeichnungen. Material f. Zeichner. 3. Aufl. gr. Fol. (30 Bl.) Plauen i/V. 894. Ch. Stoll. n. 18. —

Bänziger, F. 30 Blatt Federzeichnungen. Material für Zeichner. — Aristic Motives for Designers. — Esquisses pour Dessinateurs. Imperial in-fol. Basel, A. Geering. 1893 30 —

Bänziger, F[erdinand]. Moderne Motive für Dessinateurs. 24 Tafeln. II S. + 24 Tafeln. fol. Zürich, Art. Institut Orell Füssli, [1902]. [in *Mappe* fr. 25. —]

Bänziger, F., 200 kunstgewerbliche Motive. III. Werk. schmal Lex.-8. (40 Lichtdr.-Taf.) Stuttgart 898. H. O. Sperling. n. 24. —

— 200 kunstgewerbliche Motive. (III. Werk.) (40 T) hoch 8° Heiden (1899)

— Original-Compositionen. Federzeichngn. Material f. Dessinateurs. II. Werk. qu. gr. 8. (100 Bl.) Plauen 895. (Ch. Stoll.) In Mappe n. 50. — (I. u. II.: n. 68. —)

Baenziger, Joh. C.: Predigt, veranlaßt durch zwey Selbstmord-Fälle. — St. Gallen 1813: Zollikofer & Züblin. 25 S. 8°
19.
9.8594

Bänziger, J[ohann] C[onrad]. Leichenpredigt am Tage der Beerdigung des Herrn Alt-Regierungsrath J(oh[ann]) Mathias Naff in Altstätten. Gehalten am Ostermontag den 28. (* *Umschlag:* 27.) März 1853. 8. Altstätten.

Baenziger, Theodor

Baenziger jun., Th., Prof. Friedrich Horner. Ein Lebensbild. [Aus: „Neue Zürcher Zeitg."] 8. (30 S.) Zürich 887. Meyer & Zeller. n. — 50

Bänziger-La Nicca, Anna: Leben und Wirken ..., s.a. Bänziger

[**Bänziger**-La Nicca, Anna.] Leben und Wirken des schweizerischen Ingenieurs Richard La Nicca. Aus seinen nachgelassenen Papieren von seiner Tochter zusammengestellt und bearb. [Mit Porträt-Tafel.] 8. Davos 1896.

Baour-Lormian, Pierre Marie François Louis

Baour-Lormian, Stephan Duranti s.a. Bibliothek d. Belletristiker. 6—8. Bdchn.

— Stephan Duranti oder die Ligua in der Provinz. Historisch-romantisches Gemälde aus dem 16. Jahrhundert. Deutsch bearb. von Paul Gauger. Th. 1. 2. — Karlsruhe: Macklot 1840. 8° 16. 25. 31.
10.13061

— Omasis, oder: Joseph in Egypten. Ein historisches Drama. Übers. von Robert. — Berlin: Hitzig 1808. VIII, 103 S. 8° 11. 10. 31.
10.13062

Baphides, P. J., De Synesio Plotinizante. Diss. 1875. 56 S.

Baphius, Bartholomaeus s. *Baffi*, Bartolomeo.

Bapp, C. A., s. Bapp, Karl

Bapp, Karl, Beiträge zur Quellenkritik des Athenaeus, s. Commentationes Philologae quibus Ottoni Ribbeckio congratulantur Discipuli Lipsienses.

Bapp, C. A., De fontibus quibus Athenaeus in rebus musicis lyricisque enarrandis usus sit. Diss. 1885. 39 S. 1 —

Bapp, Karl [Dr.]: Prometheus. E. Beitr. z. griech. Mythologie. Oldenburg, Druck v. G. Stalling, 1896; 1—46 S. 4.
Oldenburg, grossh. G, OP 1896 (680)

Bappavme [Schlagwort]
Bappavme. Ohne M. 1 Bl.

Bappert, Hans: Erdkde f. höh. Schulen, s: Fischer, Heinr.

Bappert, Johann Ferdinand: Richard von Cornwall seit seiner Wahl zum deutschen König. 1257-1272. — Bonn: Hanstein 1905. VIII, 144 S. 8°
Erschien teilweise auch als Diss. Bonn 1905.
1:Rx 21375. 3. 5. 11. 12: Germ. g. 29 tl. 14. 18. 20. 24. 34. 35. 38. 41. 52. 200: 440.943-B. 302. 30?.
10.13030

Bappert, Jos. Ferd., s. Bappert, Johann Ferdinand

Bapst, Friedrich Ludwig: Alphabetisches Verzeichniß sämtlicher Ortschaften der Provinz Oberhessen, mit Angabe deren Seelenzahl. — Giessen 1824: Schröder. 31 S. 8°
17.
10.13090

Bapst, Germain: Marschall Canrobert, s: Pfaff, v.

Bapst, Germain Der Friede von Villafranca — Siehe: „Deutsche Revue" 28. Jhrg., September ff Heft.
Stuttgart, Leipzig 1903.

Bapst, Germain Napoleon III. und Italien Nach bisher ungedruckten Quellen — Siehe: „Revue, Deutsche." 2. Bd.
Stuttgart, Leipzig 1903.

Baptême. Le b' d'eau s. [Tauxe-Dufour, Emile].

Baptist s.a. Loiser.

Baptist, Ailey Moore, s.: Sammlg unterh. Schriften d. engl. Liter.

Baptist (O'Brien), Ailey Moore, s. Sammlung unterhaltender Schriften der neuern englischen Literatur.

Baptist, Joh., O. Cap., die Uebung der drei Ave Maria. Auf Wunsch des Verf. ins Deutsche übers. v. Isidor Schmitt, O. Cap. Erste u. einzige autoris. deutsche Uebersetzg. 5. verm. Aufl. (61 S. m. 1 Abbildg.) 16. München 903. (J. Pfeiffer.) n.n. — 15

Baptist, Pet., O. Cap., Predigt üb. den Bau e. Herz-Jesu-Kirche in Bregenz, geh. am 18. XI. 1900. 8. (14 S.) Bregenz (900). (J. N. Teutsch.) n. — 20

Baptist-Loiset, s. Loiset.

Baptista's Lebensbeschreibung der ehrwürdigen Schwestern: Cinzia, Olympia und Gridonia (a. d. fürstl. Hause v. Gonzaga); übersetzt von Haza-Radlitz. 8. Wien 1841, Mechitar. B. 16 ggr. — 1 fl. 12 kr.

Baptista, Jo., De apoplexia. 75 pp. Vindob. 4°.

Baptista, Jos.: Das Handelsrecht d. Kaiserreichs Indien, s: Handelsgesetze, Die, d. Erdballs.

Baptiste, Jean, kleiner Lehrkursus französ.-deutsch oder die neueste u. beste Methode zur schnellen u. gründl. Erlernung der französ. Sprache durch sich selbst. 2. verb. Aufl. gr. 16. (VI u. 234 S.) Berlin 848. (Schneider & Co.) n. 16 ngr

Baptiste, J, kl. Lehrkurs, franz.-deutsch od. neue prakt. Meth. z. Erlerng d. franz. Sprache. 2 Thle. 16. (464) Münch. 51. (Augsb., Pilon u. Co.) (?) n. — 24

— kleiner Lehrkurs, französ.-deutsch oder neue prakt. Methode zur schnellen Erlernung der französ. Sprache durch sich selbst. 2 Thle. gr. 16. (IV u. 404 S.) München 851. (Leipzig, H. Fritzsche.) n. 24 ngr

Baptiste, Olivier Jean: Poème français-allemand: Les Alliés de hauts airs ou la tempête dans la forêt Bohème. 1. éd. — Augsbourg: Auteur [um 1860]. 46 S. 8° 22.
11.441

— Poème français-allemand: Louis et sa Bavaria ou l'abeille et sa ruche. — Munic: Auteur (1855). 48 S. 8°
Nebent.: Gedicht, französisch-deutsch: Ludwig und seine Bavaria oder die Biene und ihr Korb.
1: Xu 6690. 12: P. o. gall. 195 n. 48. 209.
11.442

Baptiste, D. J., praktische französische Sprachlehre für Schul- und Selbstgebrauch, oder Leçons de grammaire et de conversation française. 1. Cursus. 3., verm. und verb. Ausg. gr. 16. (IV und 184 S.) München 853, (Finsterlin.) *

Baptisterium, Das, von Riva S. Vitale. [Zürich] 1882. V: *Rahn, Joh. Rud.* (Zuwachsverz. d. Bibliotheken in Zürich 1898 ff.)

Bāqī, Maḥmūd 'Abd-al-: [Dīwān, deutsch] Baki's Diwan. Zum ersten Mahle ganz verdeutscht von Joseph v. Hammer. — Wien: Beck 1825. L, 142 S. 8° 1: Zy 726. 2→5. 7. 8. 11. 12: A. or. 5766. 15→18. 24. 25. 27. 28. 29. 32. 35. 39. 43. 45. 52. 79. 117. 300: 79 Aa 12. 302. 303.
11.456

Baquevillus, Carolus

— Comes de Baquevill ope divi Juliani libertati, patriae, suis redditus. Oder Graff von Baquevill, einstens durch Hilff deß heiligen Juliani auß der Dienstbarkeit erlediget. [Rottweil 1721]: Kennerknecht. 4 Bl. 8°
12: 4° Bavar. 2193-VIII, 43.
11.455

Baquilides s. *Bacchylides.*

Baquis, El. Etude expérimentale sur les rétinites en rapport avec la réaction irritative des divers éléments rétiniens, s. Beiträge zur patholog. Anatomie u. zur allgemeinen Pathologie.

Bar, Familie. 1840. Stammtafeln und Nachrichten von dem Geschlechte der Bar, de Bare, de Bere, de Baer, von Baar, jetzt von Bar im Fürstenthume Osnabrück. 1840 s. *Bar*, Herbord Sigismund Ludwig v.

Bar, v., Erblanddrost d. Stifts Osnabrück, 1701-1767. 1740 s. *Bar*, Georg Ludwig v.

Bar, v., Jurist, Göttingen, 1836-1913. 1859 s. *Bar*, Ludwig v.

Bar: Die Ausscheidung von Damänen, s. Bar, Karl Ludwig

Bar; Erzählungen 1756, s. Bar, Gotthard Ludwig

Bar, v.: Die Goldwährung etc., s. Bar, Otto v.

Bar, Carl Ludwig, s. Bar, Ludwig

Bar, Georg Ludwig v.

Bar, Gr. v., verm. Abhandl. zum Nutzen u. Vergnügen. 8. Frankf. Metternich. 766.

— l'Antihegesias dialogue en vers sur le Suicide. 8. Hamburg, Bohn. 762.

— l'Antihegesias. Dialogue en vers sur le Suicide. 8. Hamb. 762. (Hoffmann et C.) 6 gr

BAR GEORG LUDWIG VON, Canonicus in Osnabrück und Minden: Anti-Hegesias. Dialogue en vers sur le suicide, avec des remarques critiques et historiques. Hambourg, Bohn 1763, 120 pp. Deutsch unter dem Titel: „Scherz- und ernsthafte Widerlegung des Hegesias. Über den Selbstmord. Nürnberg, Adam Lochner 1766.

[—] Babioles littéraires & critiques en prose et en vers. T. [1]-5. — Hambourg: Bohn 1760-64. 8°
1[∞1]: Xu 1215-2/5. 18. 24. 25. 32. 41. 44. 45.
11.476

— — 2. éd., corr. & augm. T. [1.] Ebd. 1761. 153 S. 8°
1: Xu 1215-1. 3. 5. 7. 12: Opp. 217a-1. 19. 24. 31. 34. 35. 42. 45. 308.
11.477

— Babioles littéraires etc. V Tom. 8. Hamb. 760—64. (A. Campe). 1 ⅌ 16 gr

Bar, Baron de, Babioles littéraires et critiques en Prose et en Vers. 5 Tom. 8. 760-64. Jetzt Hoffmann et Campe.

[—] Consolations dans l'infortune, poème. — Amsterdam: van Harreveld 1758. 116 S. 8° 7. 46.
11.480

[—] — Hambourg [usw]: Bohn 1758. 116 S. 8°
3. 8. 12: P. o. gall. 443 [u. ö.] 17. 18. 24. 41. 44. 111. 308.
11.481

— Consolations dans l'infortune. Poëme. gr. 8. Hamb. 758. (Hoffmann et C., a. Schnuphase in Altenb.) 6 gr

[··] Épîtres diverses sur des sujets différens. T. [1.] 2. — Londres [vielm. Amsterdam]: Changuion 1740-45. 8°
3. 7. 14. 17. 23. 31. 35. 45.
11.485

[—] — Nouvelle éd., rev., corr. & augm. T. 1. 2. Francfort [usw.]: Hechtel 1753. 8° 1: Xu 1204.
11.489

[—] Épîtres diverses sur des sujets différens. T. 3. Amsterdam: Changuion 1755. XXII, 296 S. 8°
3. [Bar:] Rêveries poétiques sur des sujets différens.
Verschiedene Drucke.
1: Xu 1203-3. 3. 7. 14. 17. 18. 23. 24. 28. 33. 35. 39. 45. 111.
11.492

[—] — Nouvelle éd., rev. & augm. T. 1-3. Francfort [usw.]: Broenner 1755. 8°
3. [Bar:] Rêveries poétiques sur des sujets différens.
3. 6 [∞1.2]. 14. 28 [∞1.2]. 30 [∞1.2]. 31. 32 [∞1.2]. 35 [∞1.2]. 38 [∞1.2]. 52 [∞1.2]. 308 [∞2.3].
11.493

[—] — Nouvelle éd., rev. & augm. T. 1-3. Ebd. 1763. 8°
3. [Bar:] Rêveries poétiques sur des sujets différens.
1: Xu 1206. 4. 10. 18. 33. 34. 38. 39. 41. 42.
11.494

— — [Ausz., deutsch] Der gerächete und gerettete Horaz. Nebst einigen andern Auszügen u. Zusätzen aus d. sinnreichen Schriften des Herrn v. Bar. — Frankfurt a. M.: Andreä 1763. 5,348 S. 8°
Darin außerdem:
Lessing, Gotthold Ephraim: Rettung des Horaz.
Hagedorn, Friedrich v.: Horaz.
1:Wh 771. 2. 10. 12:A. lat. a. 565. 14. 18. 20. 27. 41. 117.
11.478

[—] Rêveries poétiques sur des sujets différens. Par l'auteur des Épîtres diverses. — Amsterdam: Changuion 1755. XXII,296 S. 8° ([Bar:] Épîtres diverses sur des sujets différens. 3.)
Verschiedene Drucke. 1:Xu 1203-3. 3. 7. 14. 17. 18. 23. 24. 28. 33. 35. 39. 45. 111.
11.497

[—] — Nouvelle éd., rev. & augm. Francfort [usw.]: Broenner 1755. XXII,296 S. 8° ([Bar:] Épîtres diverses sur des sujets différens. 3.) 3. 6. 14. 28. 30. 31. 32. 35. 38. 52. 304.
11.498

[—] [Ausz., deutsch] Poetisches Sendschreiben an George Dandin, über die mißlichen Ehen. — o. O. [um 1750]. 14 S. 8° 1:Xv 5291/123 [u.] 2 in Bd 8603-26. 18.
11.496

Bar, Georg Ludwig v.: [Teils., deutsch] Poetische Werke. Aus d. franz. übers. (von C. G. Lieberkühn). Th. 1-3. Berlin: Voß 1756. 8°
1:Xu 1226. 2. 3. 4. 7. 14. 16. 18. 20. 22. 25. 28. 30. 33. 78.
11.474

— Widerlegung des Hegesias vom Selbstmord. 8. Nürnberg, Grattenauer, 766.

— scherz- u. ernsthafte Widerlegung d. Hegesias vom Selbstmord. 8. Nürnb. 766. (v. Jenisch u. Stage in Augsb.) 12 K

— [L'Anti-Hégésias, deutsch] Scherz- und ernsthafte Widerlegung des Hegesias über den Selbstmord. — Nürnberg: Lochner 1766. 231 S. 8°
1:1 in Nh 274-12. 5. 6. 12:Ph. Pr. 73m [2 Ex.] 33. 75. 78.
11.475

Bar, Gotthard Ludwig v.: Erzählungen. [Verf.: Gotthard Ludwig v. Bar.] — Hannover [usw.]: J. W. Schmidt 1756. 65 S. 8° 1:Yl 4621.
11.500

Bar, Herbord Sigismund Ludwig v.: Stammtafeln und Nachrichten von dem Geschlechte der Bar, de Bare, de Bere, de Baer, von Baar, jetzt von Bar im Fürstenthume Osnabrück. Mit Urkunden. (Verf.: [Herbord Sigismund] L[udwig] B[ar].) — Osnabrück 1840: Kißling. 62,87 S. 4° 1:4° S 2436. 7. 28. 106. 203.
11.502

(—) Stammtafeln und Nachrichten von dem Geschlechte der Bar, de Bare, de Barn, de Baer, von Baar, jetzt von Bar im Fürstenthume Osnabrück. — Ebd. 1840. II,62,87 S. 4°
Nebent.: Geschlecht von Bar. 16. 101.
11.503

Bar, Johann Baptist: Beiträge zur Topographie des königl. Landgerichtes Freysing nebst Situations-Karte. pg. 1-11. 4°. Franz Datterer.
Progr. Freising 1846/47.

Bar, Josef (Hrsg.), s. A u f z e i c h n u n g e n eines Junkers am Hofe zu Athen.

Bar, Karl Ludwig v., Jurist, Göttingen, 1836-1913. 1859 s. *Bar*, Ludwig v.

Bar, Karl Ludwig, Geh. Finanzdirektor, Hannover. 1862: Die Ausscheidung von Domainen für Seine Majestät den König von Hannover. — Hannover: Hahn 1862. 87 S. 8°
1:Sl 9570. 4. 7. 17. 19. 24. 35. 203.
11.506

Bar, L. v. (Jurist), s. B a r, Ludwig v.

Bar, L.: Das A u s s c h e i d e n v. Domänen, s. B a r, Karl Ludwig

Bar, Ludwig v., Landdrost, Osnabrück, 1763-1844. 1840 s. *Bar*, Herbord Sigismund Ludwig v.

Bar, Ludwig v., Jurist, Göttingen, 1836-1913. 1859: Die Befreiung von Schuld und Strafe durch das Strafgesetz. — Berlin: Guttentag 1909. XXVII,610 S. 8° (Bar: Gesetz u. Schuld im Strafrecht. 3.) 1:Fu 8535-3. 2→11. 12:Crim. 9 kx-3. 14→19. 21. 24→30. 38. 41. 42. 45. 64. 106. 203. 208. 300:465.250-B. Bd 3. 302→304.
11.507

— Die juristische Beurtheilung der Zustände geistiger Krankheit und Störung. 8°
Aus: Zeitschrift für d. Privat- u. öffentliche Recht d. Gegenwart. 1. 1874.
19.
11.508

— Das Beweisurtheil des germanischen Processes. Ein Beitrag zur Geschichte u. Kritik des deutschen Processes u. des deutschen Rechtes. — Hannover: Hahn 1866. XVI, 286 S. 8° 1:Gl 4263. 2→11. 12:J. pract. 17 mb. 15→21. 26→30. 35. 38. 45. 79. 111. 117. 203. 208. 300:445.235-B. 302. 304.
11.509

— Der Burenkrieg, die Russificirung Finnlands, die Haager Friedensconferenz und die Errichtung einer internationalen Academie zur Ausgleichung von Streitigkeiten der Staaten. — Hannover: Helwing 1900. VII,61 S. 8°
1:Qo 17151. 2. 4. 5. 7. 10. 12:J. publ. E. 559 w. 14. 15. 19. 20. 21. 29. 35. 38. 106. 203. 208. 300:406.810-B. 302.
11.510

— Cavour. Eine historisch-politische Skizze. — Berlin: H. S. Hermann 1886. 28 S. 8° Aus: Die Nation. 3. 1885.
1:Ro 1213. 6. 7. 12:Biogr. 202 ki. 16. 44. 79. 302.
11.511

— Differenzpunkte des Entwurfs einer Civilprocessordnung für die im Reichsrathe vertretenen Länder des Österreichischen Kaiserstaates und der Civilprocessordnung für das Deutsche Reich vom 30. Januar 1877. — Wien: Hölder 1877. 78 S. 8°
Aus: Zeitschrift für d. Privat- u. öffentliche Recht d. Gegenwart. 4. 1877.
302.
11.513

— Zur Frage der Geschworenen- und Schöffengerichte. — Berlin: Guttentag 1873. 31 S. 8°
1:5 in Fx 12785. 2. 6. 11. 12:Crim. 9 kb. 15. 19. 21. 24. 29. 31. 48. 203. 208. 302. 303.
11.515

Bar, L. v., das Fremdenrecht u. seine volkswirthschaftliche Bedeutung, s.a. Zeitfragen, volkswirthschaftliche.

— Das Fremdenrecht und seine volkswirthschaftliche Bedeutung. — Berlin: Simion 1892(-93). 30 S. 8° (Volkswirthschaftliche Zeitfragen. H. 113-Jg. 15,1.) 87.
11.516

— — Ebd. 1893. 30 S. 8° (Volkswirthschaftliche Zeitfragen. H. 113-Jg. 15,1.) 1:Fe 630-15,1. 3. 5→8. 10. 11. 12:Cam. 187 h-15,1. 14→19. 24. 25. 26. 29. 30. 41. 43. 44. 47. 51. 52. 79. 86. 93. 106. 109. 203. 205. 206. 208. 300:410.630-B. Bd 113. 302.
11.517

— Geltungsgebiet des Strafgesetzes. — Berlin: Guttentag 1910. S. 38-65. 8°
Aus: Die Reform d. Reichsstrafgesetzbuches. 1. 1910. 19.
11.518

— Geschichte und Reform der deutschen Civiljustiz. Ein gemeinverständlicher Vortrag. — Leipzig: Tauchnitz 1871. 43 S. 8° 2. 11. 12:J. pract. 17 mf. 15. 19. 21. 26. 27. 31. 33. 41. 106. 111. 302.
11.519

— Geschichte des deutschen Strafrechts und der Strafrechtstheorien. — Berlin: Weidmann 1882. XVI,361 S. 8° (Bar: Handbuch d. deutschen Strafrechts. 1.)
1: Fu 13200-1. 2→11. 12: Crim. 9 ku-1. 14→21. 24→30. 33. 35. 36. 38. 41. 48. 106. 203. 208. 302. 303. 304.
11.520

— Gesetz und Schuld im Strafrecht. Fragen d. geltenden deutschen Strafrechts u. seiner Reform. Bd 1-3. — Berlin: Guttentag 1906-09. 8°
1. Bar: Das Strafgesetz. 1906.
2. Bar: Die Schuld nach d. Strafgesetze. 1907.
3. Bar: Die Befreiung von Schuld u. Strafe. 1909.
Die Besitzvermerke sind nur bei den Stücktiteln angegeben.
11.522

— Das Gesetz über das Telegraphenwesen des Deutschen Reiches. — Berlin: Internat. Verl.-Anst. [1892]. 35 S. 8°
Erschien zuerst in: Neuzeit. Internationale Rundschau über Erfindungs-, Urheber-, Muster-, Modell-, Marken- & Industrie-Wesen. 1892.
1: Gz 5595. 6. 7. 11. 12: J. publ. G. 41 kd. 19. 21. 24. 29. 30. 76. 106. 208. 302. 305.
11.523

v. Bar, Ges. üb. das Telegraphenwesen d. Deut. Reiches. Berlin 893.

— Die Grundlagen des Strafrechts. Eine Einleitung in d. Theorie d. Strafrechts. — Leipzig: Tauchnitz 1869. VI, 93 S. 8° 1: Fu 6767. 2→7. 9. 11. 12: Crim. 9 kc. 15. 18. 19. 21. 23→29. 43. 111. 203. 208. 302. 304.
11.524

— Grundlagen d. deut. Strafrechts. Leipz. 869.

— Grundriss zu Vorlesungen über deutsches Strafrecht. — (Göttingen [1873]: Kästner.) 13 S. 8° 26.
11.525

— Grundriss zu Vorlesungen über deutsches Strafrecht (mit den Bestimmungen des deutschen Strafgesetzbuchs). 2. Aufl. — Breslau: Koebner 1878. IV,74 S. 8°
1: Fu 13125. 2. 4. 6. 7. 11. 12: Crim. 9 ks. 15. 19. 20. 29. 33. 41. 302.
11.526

— Gutachten über den Entwurf einer Prozeßordnung in bürgerlichen Rechtsstreitigkeiten für den Norddeutschen Bund. — Berlin: Guttentag 1870. 50 S. 8°
Aus: Verhandlungen d. 9. deutschen Juristentags. 1870.
1: 6 in Hb 3070. 6. 7. 15. 17. 19. 21. 26. 27. 31. 33. 35. 36. 203.
11.527

— Handbuch des deutschen Strafrechts. Bd 1. — Berlin: Weidmann 1882. XVI,361 S. 8°
1. Bar: Geschichte d. deutschen Strafrechts.
Die Besitzvermerke sind nur bei dem Stücktitel angegeben.
11.529

—— d. hannov. Hypothekenrecht, s.a. Hypothekenrecht, deut.

— Das hannoversche Hypothekenrecht nach dem Gesetze vom 14. December 1864. — Leipzig: Breitkopf & Härtel 1871. X,136 S. 8° (Deutsches Hypothekenrecht. 1.)
1: Gm 19470-1. 2→11. 12: J. germ. 95c. 15. 16. 18→21. 24. 25. 27→31. 33. 35. 45. 111. 203. 204. 208. 302. 303. 304. 307.
11.530

— Die Justizgesetze des deutschen Reichs. Rede. — Leipzig: Hirzel 1877. 15 S. 8°
Aus: Im neuen Reich. 7. 1877.
Zugleich Univ.-Schrift. Breslau 1877. 19.
11.531

— Kritik der Principien des Entwurfs einer Deutschen Strafproceßordnung vom Januar 1873. — Berlin: Guttentag 1873. 58 S. 8° 1: Fx 4414. 2. 4→7. 10. 11. 12: Crim. 9 km. 15. 16. 19. 20. 25. 27. 29. 31. 33. 45. 66. 106. 203. 208. 302. 303.
11.532

— Lehrbuch des internationalen Privat- und Strafrechts. — Stuttgart: Enke 1892. XVI,360 S. 8° (Juristische Handbibliothek.) 1: Fi 8050-11 [u.] Fm 1972. 2. 4→11. 12: J. rel. 1 lc [2 Ex.] 15→19. 21. 24→30. 35. 38. 106. 111. 203. 208. 302. 303. 304.
11.533

— Zur Lehre von der Beleidigung mit besonderer Rücksicht auf die Presse. — Stuttgart [1896]: Deutsche Verlagsges. 128 S. 8° Aus: Der Gerichtssaal. 52. 1896. 19.
11.534

— Die Lehre vom Causalzusammenhange im Rechte, besonders im Strafrechte. — Leipzig: Tauchnitz 1871. VII, 155 S. 8° 1: Fv 864. 2→11. 12: Crim. 9 kh. 15→21. 23. 25. 26. 28. 29. 30. 33. 35. 43. 44. 45. 47. 48. 111. 203. 208. 302. 303. 304.
11.535

— Zur Lehre von Versuch und Theilnahme am Verbrechen. Hannover: Hahn 1859. X,100 S. 8°
1: Fv 1879. 2. 5. 6. 7. 9. 10. 11. 12: Crim. 9 ki. 16. 18. 19. 21. 23. 24. 28. 29. 35. 43. 45. 203. 208. 302. 303.
11.536

— Das internationale Privat- und Strafrecht. — Hannover: Hahn 1862. XVIII,616 S. 8°
2. Aufl. s. *Bar:* Theorie und Praxis des internationalen Privatrechts. 1889.
1: Fm 1802. 2→11. 12: J. rel. 1 l. 14→21. 23→31. 33. 35. 36. 39. 41. 43→46. 48. 51. 106. 111. 117. 123. 203. 205. 206. 208. 300: 146.235-B. 302. 303. 304.
11.537

— Internationales Privatrecht. — Leipzig: Duncker & Humblot 1882. S. 673-718. 8°
Aus: Enzyklopädie d. Rechtswissenschaft. 4. Aufl. 1. 1882. 302.
11.539

— Festrede ... geh. von C. Ludw. v. Bar. Probleme des Strafrechts. — Göttingen: Dieterich 1896. 29 S. 8°
Zugleich Univ.-Schrift. Göttingen 1896.
1: Fu 8384. 5. 12: Crim. 9 kv. 15. 16. 18. 19. 21. 26. 27. 29. 51. 84. 89. 91. 106. 203. 208. 300: 98.506-C.
11.540

— Probleme d. Strafrechts. Festrede. 8° (29) Gött. 96, (Vandenhoeck & R.). — 80: erh. Pr. — 40

— Recht und Beweis im Geschworenengericht. Ein Beitrag zur Kritik d. Praxis u. Gesetzgebung auf d. Gebiete d. Strafverfahrens. — Hannover: Hahn 1865. XVI,368 S. 8°
1: Fx 12592. 2→8. 10. 11. 12: Crim. 9 k. 15→21. 23→28. 33. 35. 43. 45. 46. 48. 64. 79. 111. 117. 203. 208. 302. 303. 304.
11.541

— Recht und Beweis im Civilprocesse. Ein Beitrag zur Kritik u. Reform d. deutschen Civilprocesses. — Leipzig: Tauchnitz 1867. XVIII,270 S. 8° 1: He 440. 2→11. 12: J. pract. 17 mc. 15. 16. 18. 19. 20. 23. 24. 26→29. 31. 33. 38. 41. 45. 48. 79. 106. 208. 302. 304.
11.542

— s.: Rechtswissenschaft, systemat.

v. Bar, .., Rede über den Entwurf zum 2n Thle d. bürgerl, Proceßordnung. gr. 8. Hannov. 810. Hahn. 4 gr

— Die Redefreiheit der Mitglieder gesetzgebender Versammlungen mit besonderer Beziehung auf Preussen. — Leipzig: Tauchnitz 1868. 56 S. 8°
1: Gt 211. 2. 5. 7. 12: J. publ. G. 41 k. 14. 15. 19. 21. 24. 27. 28. 33. 34. 38. 106. 117. 203. 208. 302.
11.543

— s.: Reform, die, des Reichsstrafgesetzbuchs.

— Die Reform des Strafrechts. — Berlin: Springer 1903. IV,35 S. 8° 1: Fu 8503. 5. 6. 7. 11. 12: Crim 9 kw. 15. 16. 18→21. 26. 29. 30. 38. 41. 106. 203. 208. 300: 450.370-B. 302. 303.
11.544

—— das deutsche Reichsgericht s.a Zeit- und Streit-Fragen, deutsche.

— Das deutsche Reichsgericht. — Berlin: Lüderitz 1875. 62 S. 8° (Deutsche Zeit- u. Streit-Fragen. 4,60.) 1:Ag 9122-4,60. 2→9. 11. 12: Var. 392d-4,60. 14. 15. 17→21. 24. 26→31. 33→36. 38. 41. 45. 47. 61. 62. 82. 93. 106. 111. 203. 205. 208. 211. 300: 406.065-B. Bd 4,60. 302. 303. 11.545

— De la Responsabilité des États à raison des dommages soufferts par des étrangers en cas de troubles, d'émeute ou de guerre civile. [Übers.: Léon Devogel.] — Bruxelles: Bureau de la Revue [usw.]; Berlin: Puttkammer & Mühlbrecht 1900. 20 S. 8°
Aus: Revue de droit international et de législation comparée. 2. 1899. 19. 11.546

— Die Schuld nach dem Strafgesetze. — Berlin: Guttentag 1907. XIX,855 S. 8° (Bar: Gesetz u. Schuld im Strafrecht. 2.) 1: Fu 8535-2. 2→11. 12: Crim. 9 kx-2. 14→19. 21. 24→30. 38. 41. 42. 45. 64. 106. 203. 208. 300: 465.250-B. Bd 2. 302. 303. 304. 11.547

— Staat und katholische Kirche in Preußen. — Berlin: Springer 1883. IV,130 S. 8° 1: Sy 9164. 2→7. 10. 11. 12: J. can. P. 78 r. 14→17. 19. 20. 22. 24→31. 34. 35. 38. 41. 43. 52. 61. 79. 117. 203. 205. 208. 211. 302. 11.548

— Das Strafgesetz. — Berlin: Guttentag 1906. XXII,272 S. 8° (Bar: Gesetz u. Schuld im Strafrecht. 1.) 1: Fu 8535-1. 2→11. 12: Crim. 9 kx-1. 14→19. 21. 24→30. 38. 41. 42. 45. 64. 106. 203. 208. 300: 465.250-B. Bd 1. 302. 303. 304. 11.549

— Strafrechtsfälle. — Berlin: Guttentag 1875. VII,168 S. 8° 1: Fy 8787. 2. 5. 6. 7. 11. 12: Crim. 9 ko. 14. 15. 17. 19. 20. 21. 27→30. 44. 79. 302. 304. 11.550

—— Strafrechtsfälle. Zum akadem. Gebrauch und zum Selbststudium. gr. 8. (VII, 168 S.) Berlin 875, Guttentag. *

— Systematik des deutschen Strafprocessrechtes auf Grundlage der deutschen Reichsjustizgesetze. — Berlin: Weidmann 1878. XII,112 S. 8° 1: Fx 1374. 2. 5→7. 10. 11. 12: Crim. 9 kq. 15. 17. 19. 20. 26. 29. 33. 41. 60. 79. 111. 203. 11.551

—— Systematik des deutschen Strafprocessrechtes auf Grundlage der deutschen Reichsjustizgesetze [zugleich Grundriss zu Vorlesungen]. gr. 8. (XII, 112 S.) Berlin 878, Weidmann'sche Buchh. *

— Systematik des deutschen Civilprocess-Rechts auf Grundlage der deutschen Reichsjustizgesetze. — Breslau: Koebner 1878. IX,148 S. 8° 1: Hb 5940. 2. 3. 4. 6. 7. 10. 11. 12: J. pract. 17 mh. 14. 16. 17. 18. 20. 21. 23. 28. 29. 33. 34. 47. 79. 109. 111. 123. 201. 208. 302. 11.552

—— Systematik des deutschen Civilprocess-Rechts auf Grundlage der deutschen Reichsjustizgesetze, zugleich Grundriss zu Vorlesungen. gr. 8. (IX, 148 S.) Breslau 878, Koebner. *

— Theorie und Praxis des internationalen Privatrechts. 2., umgearb. Aufl. d. Internationalen Privat- und Strafrechts. Bd 1. 2. — Hannover: Hahn 1889. 8° 1: Fm 1802². 2→11. 12: J. rel. 1 la. 14→17. 19. 20. 21. 24→31. 33. 35. 36. 38. 43. 45. 48. 106. 107. 201. 203. 205. 206. 208. 302. 303. 307. 11.553

[—] Vor den Wahlen. Von e. Nichtpolitiker. — Berlin: Springer 1881. 31 S. 8° 1: Flugschr. 1881-9. 3. 7. 11.555

— Civilprozeß. Ebd. 1882. S. 723-816. 8°
Aus: Enzyklopädie d. Rechtswissenschaft. 4. Aufl. 1. 1882. 16. 302. 11.558

— Das deutsche Civilprozeßrecht [Zivilprozeßrecht] mit Rücksicht auf die Justizgesetze des Deutschen Reichs in den Grundzügen systematisch dargestellt. Zugleich e. Suppl. zur 3. Aufl. der v. Holtzendorff'schen Encyclopädie d. Rechtswissenschaft. — Leipzig: Duncker & Humblot 1880. VIII,93 S. 8° 1: Hb 6010. 2. 3. 6. 7. 9. 10. 11. 12: J. pract. 17 mk. 16. 17. 19. 21. 28→31. 33. 35. 43. 45. 82. 106. 123. 203. 208. 302. 304. 11.556

—— 2., durch e. Nachtr. ergänzte Ausg. Ebd. 1882. VIII, 96 S. 8° 2. 7. 15. 16. 29. 46. 169. 11.557

— Das deutsche Civilprozessrecht nach den Justizgesetzen des Deutschen Reichs in den Grundzügen systematisch dargestellt. — Ebd. 1890. VI,93 S. 8°
Aus: Enzyklopädie d. Rechtswissenschaft. 5. Aufl. 1. 1890. 5. 7. 15. 22. 26. 36. 41. 47. 208. 302. 303. 11.559

Bar, Otto v.: Des Silbers Fluch. Zoll- u. Disconterhöhungen, d. Folge d. Goldwährung. — Castrop: Culbart 1881. 16 S. 8° 30. 203. 206. 11.563

— Die Geldnoth oder die Goldwährung und das Münzgesetz in ihrer Schädlichkeit für die Production, in Sonderheit für die Landwirthschaft und den Arbeiterstand. Vortrag ... von O. Rabnow [d. i. Otto v. Bar]. — Osnabrück: Wehberg 1880. 47 S. 8° 33. 38. 11.564

Bar, Otto v., die Goldwährung der Ruin der deutschen Produktion, insbesondere der Landwirthschaft. Ein Vortrag, gehalten im landwirthschaftl. Centralverein Osnabrück am 23. Octbr. 1880. 2. vollständig umgearb. Aufl. gr. 8. (58 S.) Osnabrück 881, Wehberg.
1. Aufl. erschien 1880 u. d. T.: Rabnow, O., die Geldnoth oder die Goldwährung und das Münzgesetz.

— Die Noth der Productivstände. — Osnabrück: Wehberg 1883. 29 S. 8° 1: Stala 655. 38. 11.566

Bär [Sachliches OW]

(Bär. Der Bär.) Njbl. s. [Schinz, Heinrich Rudolf].

Der Bär oder die Stadt Berlin an Nicolai's Ihn und Sie. Den 11. Dec. 1785. — (Berlin 1785:) Unger. 2 Bl. 8° 2. 9.8595

Der Bär. Berlinische Blätter f. vaterländ. Gesch. u. Alterthumskunde. Unter Mitw. von ... hrsg. von George Hiltl u. Ferdinand Meyer (5. 6: hrsg. von Ernst Friedel u. Emil Dominik; 7–10: von E. Dominik; 11: von E. Dominik u. Peter Wallé; 12–14: von P. Wallé; 15: von Oskar Schwebel; 16: von O. Schwebel u. Hans Brendicke; 17–22: von Friedrich Zillessen u. Richard George; 23: von F. Zillessen; 24: von F. Zillessen u. Paul Warncke). Jg. 1–27, No 1–18. [Mehr nicht erschienen.] *Berlin: (A. Weile; 5: Nicolai; 6–15: Gebr. Paetel; 16–24: F. Zillessen: 25. 26: F. Schirmer; 27, No 1–10: Verl. d. Bär; 27, 11 ff.: C. Seydel & Co.) 1875–1901.* 27 Bde 4° [F.]

Bär, der. Berlinische Blätter für vaterländ. Geschichte und Alterthumskunde. Unter Mitwirkung von Brecht, Fidicin, Thdr. Fontane etc. hrsg. von George Hiltl und Ferd. Meyer. 1. Jahrg. April 1875 — März 1876. 26 Nrn. (à 1 — 1½ Bog. mit eingedr. Holzschn.) gr. 4. Berlin, [Gülker und Comp.] Gebr. Paetel.

Bär, der. Berlin. Blätter f. vaterländ. Geschichte u. Alterthumskde. Hrsg. v. G Hiltl u. F Meyer. 1. Jahrg. April 1875—März 1876. 26 Nrn. (à 1—1½ B. m. H.) 4. Berl., Weile. n. 6. —

Bär, der. Berlin. Blätter f. vaterländ. Geschichte u. Alterthumskunde. Hrsg. v. G Hiltl, F Meyer, E Friedel u. R Schillmann. 2—5. Jahrg. 1876—1879. à 21 Nrn. (à 1—1½ B. m. H.) 4. Berl. Paetel. à Jahrg. n. 6. — || 6. u. 7. Jahrg. Octbr. 1879—Septbr. 1881. Hrsg. v. E Friedel u. E Dominik. à 52 Nrn. (2 B. m. H.) à Jahrg. n. 8. —

Bär, der. Illustr. Berliner Wochenschrift. Eine Chronik für's Haus. Hrsg. u. Red.: E Dominik. 8. u. 9. Jahrg. Octbr. 1881—Septbr. 1883. à 52 Nrn. (2 B. m. H.) 4. Berl., Paetel. à Jahrg. 8. — ‖ 10. u. 11. Jahrg. Octbr. 1883—Septbr. 1885. à Jahrg. n. 10. —

—— d. Illustr. Berliner Wochenschrift. Eine Chronik für's Haus. Hrsg. u. Red.: P Wallé. 12—15. Jahrg. Octbr 1885—Septbr 1889. à 52 Nrn. (à 1½—2 B.) 4. Berl., Bh. d. Deut. Lehrer-Zeitg. à Jahrg. n. 10. —

—— dass. Illustr. Wochenschrift f. d. Geschichte Berlins u. d. Mark. Hrsg. v. F Zillessen u. R George. 16. u. 17. Jahrg. Octbr 1889—Septbr 1891. à 52 Nrn. (à 1¾—2 B.) 4. Ebd. à Jahrg. n. 10. —

— der. Illustr. Wochenschrift f. d. Geschichte Berlins u. d. Mark. Hrsg. v. F Zillesen u. R George. 18. Jahrg. Octbr 1891—Septbr 1892 52 Nrn. (à 1½—2 B.) 4° Berl., Bh. d. deut. Lehrer-Zeitg. 10 — ‖ 19. Jahrg. Octbr 1892—Decbr 1893. 66 Nrn. 12.50 ‖ 20. u. 21. Jahrg. 1894 u. 1895 à 52 Nrn. à Jahrg. 10 —

Bär, der. Illustr. Wochenschrift f. d. Gesch. Berlins u. d. Mark. Hrsg. v. F Zillessen u. R George. 22. Jahrg. 1896. 52 Nrn. 4° (Nr. 1. 12 m. 1 Abb.) Berl., F Schirmer. 5 —

— dass. Illustr. Wochenschrift f. d. vaterländ. Gesch., vorzüglich f. d. Gesch. d. Hohenzollern, d. Kaiserstadt Berlin, d. Mark Brandenburg u. d. angrenz. Gebiete. Hrsg. v. F Zillessen u. P Warncke. 23. u. 24. Jahrg. 1897 u. 1898 à 52 Nrn. 4° (Nr. 1. 12) Ebd. à Jahrg. 10 —

— dass. Illustr. Wochenschrift f. Gesch. u. modernes Leben. Red.: M Folticineano. 25. Jahrg. 1899. 52 Nrn. 4° (Nr. 1. 16) Ebd. 10 —; einz. Nrn — 20

Bär, der. Illustrierte Berliner Wochenschrift. Red.: M. Folticineano. 26. Jahrg. 1899 u. 1900. à 52 Nrn. Mit den Sonderbeilagen „Der Reichsaar". Monatsschrift f. die Interessen der deutschen Export-Industrie u. „Der Frauenspiegel". Wochenschrift f. Mode u. hauswirtschaftl. Angelegenheiten. gr. 4. (VIII, 828 u. VIII, 840 S.) Berlin, F. Schirmer. à Jahrg. n. 10. —

— Illustrierte Wochenschrift f. Geschichte, Kultur u. modernes Leben. 27. Jahrg. 1901. 52 Nrn. gr. 4. (à ca. 14 S.) Berlin, Preuß. Verlagsgesellschaft C. Seydel & Co. n. 10. —
Erscheint nicht mehr.

Bär, der. Illustrierte Wochenschrift f. Heimatsgeschichte u. Städtewesen. Schriftleiter: Adf. Sommerfeld. 28. Jahrg. April—Septbr. 1904. 26 Nrn. (à ca. 16 S.) 4. Berlin, Preuß. Verlagsanstalt Hub. Walther. n. 5. —
Erscheint nicht mehr.

—— Zeitschrift für vaterländ. Geschichte und Alterthumskunde. Unter Mitwirkung von Beringuier, F. Brunold, Paulus Cassel ꝛc. hrsg. von E. Friedel und R. Schillmann. 5. Jahrg. 1879. 24 Nrn. (à 1—1½ Bog. mit eingedr. Holzschn. und Stnt.) gr. 4. Berlin, [Nicolai'sche Verlagsb.] Ebendas. *

Bär, der. Berlinisch-märk. Kalender f. d. J. 1890, 1891. Begründet u. hrsg. v. Alfr. Weile. 8. (LXXIV, 208 S. m. Abbildgn.; LXIV, 228 S. m. Illustr.) Berl., Lüstenöder. geb. à Jahrg. 1 —
Nicht weiter erschienen.

Bär, der. Volkskalender f. 1894. 8. (64 u. 16 S. m. Illustr.) Berlin, Friedrichs & Co. — 20

Bär, der. Volkskalender f. 1891. 8° (80 m. Illustr.) Berl., A Weichert. — 20

Der Berliner Bär. 1. Jahrgang. Juli bis Dezember 1847. 2. Jahrgang 1848. Nur 5 Nummern erschienen.

— Berliner. Illustr. Volks-Kalender 1906. 26. Jahrg. (64) 8° Neuweissens., E Bartels. — 10 d

— Berliner. Illustrierter Volks-Kalender 1907. 27. Jahrg. (XVI, 72 S.) 8. Weißensee, E. Bartels. — 10

Bär, Berliner. Illustrierter Volks-Kalender 1909. 29. Jahrg. (XVI, 16, 5 u. 10 S.) 8. Weißensee, E. Bartels. — 10

Baer, de, Familie. 1840 s. *Bar*, L.: Stammtafeln und Nachrichten von dem Geschlechte der Bar, de Bare, de Barn, de Baer, von Baar, jetzt von Bar im Fürstenthume Osnabrück. 1840.

— d. **Familie.** Bilderbuch f. liebe Kinder. 4° (14 m. 4 farb. u. 11 schwarzen Bildern.) Konst. u. Emmish. 95, C Hirsch. — 75

Bär, der, und der Mond. Hamburg (854.) Hoffmann u. Campe. 4. (Lith. u. color. Titel u. 21 S. m. lith. u. color. Bildern im Text.) n. 1 ℳ 15 ngr

Bär, Der, und der Mond. Mit lithogr. u. color. Titel u. Bildern im Text. Hamburg 1855. 4°. 21 S.

Der neue Berliner Bär. Erster Jahrg. 1848. 5 Nummern.

Bär [Verfasser]
— s. auch Bähr.

Baer, Dr., Geh. Sanitätsrat, Oberarzt am Strafgefängnis, Berlin-Plötzensee. 1871 s. *Baer*, Abraham Adolf.

Baer, Stadtschultheiß, Isny. 1908 s. *Baer*, Albert.

Baer, Direktor d. Großh. Oberdirektion d. Wasser- u. Straßenbaues, Karlsruhe. 1870 s. *Baer*, Franz Josef.

Baer, Pfarrer, Hanau. 1908 s. *Baer*, Heinrich.

Baer, Oberlehrer, Professor, Frankfurt a. O. 1889 s. *Baer*, Karl.

Baer, v., Arzt u. Naturforscher, Petersburg. 1792-1876. 1819 s. *Baer*, Karl Ernst v.

Baer: Erfolg, s. Baer, Jakob

Baer, experimenta chemica. 4. Erl. Palm. 789.

Baer (Bergass.), s.a. Geinitz, Franz Eugen

Baer, v. 1851: Lebensabriß des am 2. Oktober 1851 verstorbenen Opernregisseurs Johann Baptist Krebs, Meister vom Stuhl der Freimaurerloge Wilhelm zur aufgehenden Sonne in Stuttgart. [Verf.: v. Bär.] — [Stuttgart 1851:] Kienzler. 20 S. 8° 61.
9.8598

Baer, Polizeiübertretungen, s. Baer, Fritz

Baer: Rechenaufgaben (u. ähnl. Schriften), s. Baer, Franz

Baer, A., Dr., Geh. Sanitätsrat, Oberarzt am Strafgefängnis, Berlin-Plötzensee. 1871 s. *Baer*, Abraham Adolf.

Baer, A., Arzt am Sanatorium Wienerwald, Pernitz, Niederösterreich. 1906 s. *Baer*, Artur.

Baer, A, s. Abhandlungen, strafrechtliche.

Baer, A.: Beiträge zur Geschichte d. Herrschaft Wiesenburg, s. Baer, Anton

Baer, A.: Die Beziehungen Venedigs..., s. Baer, August

Baer, A.: Entwicklung der Mannheimer Eisenindustrie, s. Baer, Albert

Baer, A.: Heeresverfassung, s. Baer, Adolf

Baer, A.: Leibgedingevertrag, s. Baer, Alfred.

Baer, A.: Charlotte von Lengefeld, s. Baer, Adolf

Baer, Abraham (Oberarzt am Strafgefängnis Berlin-Plötzensee), s. Baer, Abraham Adolf

Baer, Abr., Baal t'fillah oder „der pract. Vorbeter". Vollständige Sammlung der gottesdienstl. Gesänge und Recitative der Israeliten nach poln., deutschen [aschk 'nas.] und portugies. [sephard.] Weisen, nebst allen den Gottesdienst betr. rituellen Vorschriften und Gebräuchen. Imp.-4. (XXII, 358 S.) Gothenburg 877, (Frankfurt a. M., Kauffmann.) *

Baer, Abr., Baal T'fillah oder „der practische Vorbeter". Vollständ. Sammlung der gottesdienstl. Gesänge und Recitative der Israeliten nach poln., deutschen [aschk'nas.] und portugies. [sephard.] Weisen, nebst allen den Gottesdienst betr. rituellen Vorschriften und Gebräuchen. 2. verm. und verb. Aufl. gr. 4. (XL, 358 S.) Gothenburg 888. (Frankfurt a. M., Kauffmann.) **

Baer, Abr. (geb Filehne 26 12. 1836). De electricitate in arte obstetricia adhibenda. Berolini (1861) (29 S.) 8°
Berlin, Med. Diss. v 27 Mai 1861

Baer, Abraham Adolf

Baer, A., s.a. Alkoholismus, der.

— Der Alcoholismus [Alkoholismus], seine Verbreitung und seine Wirkung auf den individuellen und socialen Organismus. — Berlin: Hirschwald 1878. X,621 S. 8°
1: Kl 1440. 2→11. 12: Path. 78 g. 14→17. 19. 20. 21. 24. 25. 26. 28. 29. 30. 35. 36. 38. 43. 46. 47. 48. 52. 78. 79. 82. 106. 202. 203. 302. 303. 304.
9.8600

— Über die Bestrafung der öffentlichen Trunksucht. 4°. 1 Bd. 52 S. Roussel. Bremen. 1885.

— Der Einfluss der Gesundheitspflege in den Gefängnissen auf die Sterblichkeit der Gefangenen. — Freiburg: Wagner 1882. 91 S. 8°
Aus: Blätter für Gefängniskunde. 16. 1883. 1: Stala 574.
9.8601

— Der Einfluss der Jahreszeit auf die Trunksucht. Vortrag. (Sonderabdruck aus der Berliner klinischen Wochenschrift.) Berlin 1890.

— Die Gefängnisse, Strafanstalten und Strafsysteme, ihre Einrichtung und Wirkung in hygienischer Beziehung. — Berlin: Enslin 1871. VI,355 S. 8°
1: Fd 14206. 2. 5. 7. 8. 10. 11. 12: Pol. civ. 8 uc. 15. 17. 20. 24. 32. 36. 38. 39. 46. 47. 48. 53. 82. 106. 202. 203. 302→305.
9.8602

Baer, A., Gefängniss-Hygiene, s.: Handbuch der speciellen Pathologie u. Therapie.

— Gefängnishygiene. (Handbuch d. Hygiene v. Pettenkofer u Z. II, 2) Leipzig 1882

Baer, A., d. Hygiene d. Gefängniswesens, s.a. Handbuch d. Hygiene.

— Die Hygiene des Gefängniswesens. — Jena: G. Fischer 1897. IV,251 S. 8° (Handbuch der Hygiene, hrsg. von Theodor Weyl. 5,2.) 1: Kr 2458–5,2. 2. 3. 4. 6→11. 12: Pol.civ. 156 oc–V,2. 14→17. 20. 22. 24→27. 29. 30. 34. 35. 36. 38. 43. 47. 48. 79. 86. 87. 90. 91. 202. 203. 208. 302→305.
9.8604

Statistische Notizen über Mortalität, Kriminalität und Geistesstörung infolge von Alkoholmißbrauch. Bericht über den III. internat. Kongr. zur Bekämpf. d. Alkoholismus. 110. 8°. Christiania. 1890.

( ) Die schwedischen und norwegischen Schank-Gesellschaften. Bericht der Reise-Commission des Deutschen Vereins gegen den Misbrauch [!] geistiger Getränke. (Verf.: Baer, Klöffler, Lammers.) — Bremen 1883: Roussell. 50 S. 8°
2. 12: Pol. civ. 129 cf.
9.8605

— Der Selbstmord im kindlichen Lebensalter. — Leipzig: Thieme 1901. 84 S. 8°
1: No 14181. 2. 12: Ph. Pr. 59e. 14. 15. 16. 20. 21. 24. 26. 29. 30. 38. 41. 43. 48. 106. 202. 207. 208. 302. 303.
9.8606

Baer, A., Dr., Geh. Sanitätsrat. Sterblichkeit der Alkoholisten. Tageblatt der 59. Deutschen Naturforscher-Versammlung 1886.

Baer, A., Die Trunksucht u. ihre Abwehr. (83 S.) Wien 1850. Urban u. Schwarzenberg. 2.50

— Die Trunksucht und ihre Abwehr 8° 83 S Urban & Schwarzenberg. Wien. 1889.

Baer, A.: Die Trunksucht und ihre Abwehr. 4 32. 8°. 82 S. Urban & Schwarzenberg. Wien u. Leipzig 1890.

Die Trunksucht und ihre Abwehr. Beiträge z. gegenwärt. Stande d. Alkoholfrage. Von Dr. A[braham] Baer, Geh. Med.R. in Berlin, u. Dr. B[enno] Laquer, Wiesbaden. 2., umgearb. Aufl. Berlin, Wien: Urban & Schwarzenberg 1907. (VII, 242 S.) 8° (07. 30

— Die Trunksucht und ihre Abwehr durch Vereinsthätigkeit. 8°. Berlin 1884.

— die Trunksucht in ihrer Bedeutung f. die Gesundheit u. die Gesundheitspflege, s.a.: Sammlung gemeinverständlicher wissenschaftlicher Vorträge.

Baer, Abraham Adolf: Die Trunksucht in ihrer Bedeutung für die Gesundheit und die Gesundheitspflege. — Berlin: Habel 1881. 32 S. 8° (Sammlung gemeinverständlicher wissenschaftlicher Vorträge. 16,369.)
1: Ag 9016–16,369. 2. 4→7. 9. 10. 11. 12: Pol. civ. 227 p [u.] Var. 366 am–369. 15. 18→21. 24→31. 33. 35. 36. 38. 39. 41. 43. 45. 46. 47. 51. 62. 79. 82. 83. 84. 87. 89. 90. 169. 202. 203. 205. 207. 300: 395.139–B. Per. 16,369. 302. 304.
9.8609

— Die Trunksucht und ihre Bekämpfung durch die Vereinsthätigkeit. — Berlin: Enslin 1884. 61 S. 8°
1: Kl 1460. 2. 6. 12: Pol. civ. 8 ud. 17. 30. 60. 106. 202. 205.
9.8610

— — 2. Aufl. Ebd. 1884. 61 S. 8° 1: Kl 1460ᵃ. 16. 27. 90. 203.
9.8611

— Über die Trunksucht, ihre Folgen und ihre Bekämpfung. Sonderabdr. aus: „Die deutsche Klinik am Eingange des 20. Jahrhunderts in akademischen Vorlesungen." Hrsg. v. Dr. E. v. Leyden und Dr. F. Klemperer. gr. 8°. 1 Bd. 225—290. Urban & Schwarzenberg. Berlin u. Wien. 1902.

— Der Verbrecher in anthropologischer Beziehung. — Leipzig: Thieme 1893. VIII,456 S. 8°
1: Fu 10119. 2. 4→7. 10. 11. 12: Crim. 9 di. 14→17. 19→22. 24. 26. 28. 30. 34. 36. 38. 39. 45. 47. 61. 62. 106. 169. 202. 208. 302. 303.
9.8612

— die Verunreinigungen d. Trinkbranntweins insbesondere in hygienischer Beziehung, s.a.: Beiträge, wissenschaftliche, zum Kampf gegen den Alkoholismus.

— Die Verunreinigungen des Trinkbranntweins insbes. in hygienischer Beziehung. — Bonn: Strauss 1885. S. 28–73. 8° (Wissenschaftliche Beiträge zum Kampf gegen den Alkoholismus. 2.) 1: Fd 9242–2. 5. 8. 12: Pol. civ. 18 k–2. 14. 16. 20. 27. 29. 36. 38. 106. 202. 203. 205. 302.
9.8613

— Wie sollen seelengestörte und gebrechliche, zu längerer Strafe verurtheilte Gefangene untergebracht werden? — o. O. [um 1875]. 52 S. 8° 38.
9.8614

Baer, Adolf (Oberarzt am Strafgefängnis Berlin-Plötzensee), s. Baer, Abraham Adolf

Bär, Adolf (Hrsg.), s. Bildersaal deutscher Geschichte.

Baer, Adolf: Bildersaal deutscher Geschichte ... Hrsg. von Adolf Bär u. Paul Quensel. — Stuttgart [usw.]: Union [1902]. XII,400 S. 2°
1: 2° Rx 5812. 6. 10. 24. 30. 32. 61. 75. 78. 123.
9.8615

Bär, Adf., methodisches Handbuch d. deutschen Geschichte. I. u. II. Tl. gr. 8. Gotha, E. F. Thienemann.
n. 6. 30; geb. n. 7. 30
I. Die deutsche Urzeit. (XI, 223 S.) 905. n. 2. 80; geb. n. 3. 30
II. Völkerwanderung u. Frankenreich. (III, 271 S.) 906.
n. 3. 50; geb. n. 4. —

Bär, Adf., methodisches Handbuch der deutschen Geschichte. III. Tl.: Ottonen u. Salier. (VII, 208 S.) gr. 8. Gotha 910. E. F. Thienemann. 2.80; geb. 3.30

Bär, A: Heeresverfassgn. Mit e. Ausw. d. wichtigsten Gesetze üb. Heer u. Marine d. Deut. Reichs. — Kapital. Stoffe a. d. Volkswirtschaftslehre f. Fortbildgssch., s.a. Magazin, pädagog.

Heeresverfassungen. M. e. Ausw. d. wichtigsten Gesetze üb. Heer u. Marine d. Deutschen Reichs. Von Adolf Bär, Seminarl. in Weimar. *Langensalza: H. Beyer & Söhne 1895.* (VI S., 1 Bl., 98 S.) 1 Bd 8.
— Magazin, Pädagogisches. H. 60.

— Hilfsmittel für den staats- und gesellschaftskundlichen Unterricht. H. 1. 2. — Langensalza: Beyer 1895–98. 8°
1. Heeresverfassungen. 1895. 2. Kapital. 1898.
(Pädagogisches Magazin. 60.101.)
1: Nc 3971–60.101. 2. 3. 5→8. 10. 11. 12: Paed. Th. 6609c–60.101. 15. 18. 19. 21. 25. 26. 27. 29. 30. 207.
9.8620

Bär, Adf., Kapital. Stoffe a. d. Volkswirtschaftslehre f. Fortbildungsschulen, s.: Magazin, pädagogisches.

— Charlotte von Lengefeld als Freundin und Braut Schillers. — Weimar: Böhlau 1905. 39 S. 8°
1: Av 11322/176. 14. 18. 20. 32. 38. 109. 123. 302.
9.8621

— üb. d. Staats- u. Gesellschaftskunde als Teil d. Geschichtsunterr., s.a. Beiträge z. Lehrerbildung.

— Über die Staats- und Gesellschaftskunde als Teil des Geschichtsunterrichts. — Gotha: Thienemann 1898. 64 S. 8°
Aus: Pädagogische Blätter für Lehrerbildung. 27. 1898.
(Beiträge zur Lehrerbildung u. Lehrerfortbildung. 7.)
1: Ne 4950/4–7. 12: Paed. Th. 3931–7. 101. 107. 300: 467.684–B. Bd 7.
9.8623

Bär, [Adolf]: Wirtschaftsgeschichte und Wirtschaftslehre in der Schule. Gedanken u. Beispiele. (No 1—5.) *Weimar 1901: Hof-Buchdr.* (S. 3—49.) 8° [F.] ¶ [Erscheint vollst. 1902 bei E. F. Thienemann in Gotha.]
Weimar, grossh. Lehrer-Sm, OP 1901**

— Wirtschaftsgeschichte und Wirtschaftslehre in der Schule. — Gotha: Thienemann 1902. X, 188 S. 8°
Erschien teilw. auch als Progr. Weimar Gr. Lehrer-Sem. 1901.
1: Nf 5871. 21. 32. 62. 106. 169. 207. 303.
9.8625

Baer, Albert, aus Heidelberg: Ueber die Entwickelung der Mannheimer Eisen- und Maschinenindustrie mit besonderer Berücksichtigung der Arbeiterverhältnisse. *Heidelberg 1901: K. Rössler.* (48 S.) 8°
Heidelberg, Phil. Diss. v. 1901

Baer, Albert, Stadtschultheiß, Isny. 1908: Isny. Geschichtliches zur Eröffnung des Krankenhauses Wilhelmsstift. (Verf.: Bär.) — (Isny 1908: Münst.) 15 S. 8° 24.
9.8629

Baer, Albert, Die Kartonnagenindustrie zu Lahr i. B. mit besonderer Berücksichtigung der Heimarbeit. Schriften d. Vereins f. Sozialpol., Bd. 84. gr. 8°. Leipzig 1899.

Baer, Albert, Bibliothekar u. Sekundarlehrer, Volketswell. 1885: Katalog der Bibliothek des Allgem. Schweiz. Stenographen-Vereins (Stolze'scher Zentralverein). (Verf.: Albert Baer.) 4., ganz veränd. Ausg. [Nebst] Nachtragsverz. 1. — Wetzikon b. Zürich: Stenographen-Verein 1885–87. 8°
1: Katalog – 7 in V 10100–1; Nachtr. – 16 in V 10100–2. 30 [^m Nachtr.]
9.8626

(—) — 5. Ausg. [Nebst] Nachtr. Ebd. 1890–96. 8°
1: 17 [u.] 18 in V 10100–2.
9.8627

— Katalog der Bibliothek des Allg. Schweiz. Stenographenvereins umfassend die seit 1896 eingegangenen Bände. — Ebd. 1903. 44 S. 8° 1: V 10710°.
9.8628

— Staats- u. verwaltgsrechtl. Praktikum. (63) 8° Berl., J Guttentag '12. HL 1.50 d

Baer, Alb.: Rücktritt u. tät. Reue bei untaugl. Versuch, s.a. Abhandlungen, Strafrechtl.

Baer, Albert, Referendar: Rücktritt und tätige Reue bei untauglichem Versuch. Breslau: Schletter 1910. X, 43 S. 8° ¶ (Ersch. auch als: Strafrechtl. Abhandlungen. H. 114.)
Greifswald, Jur. Diss. v. 13. Juni 1910, Ref. Weismann
[Geb. 4. April 88 Stettin; Wohnort: Stettin; Staatsangeh.: Preußen; Vorbildung: Stadtgymn. Stettin Reife M. 06; Studium: Berlin 1, München 2, Straßburg 1, Greifswald 2 S.; Rig. 28. Febr. 10.] [U 10. 1502

Baer, Albert, Rechtsanwalt, Berlin. 1910: Rücktritt und tätige Reue bei untauglichem Versuch. — Breslau: Schletter 1910. X, 43 S. 8° (Strafrechtliche Abhandlungen. 114.)
Erschien auch als Diss. Greifswald 1910. 1: Fu 668–114. 2. 4→7. 11. 12: Crim. 1chs–114. 15. 16. 18. 19. 21. 24. 26. 27. 28. 30. 38. 106. 203. 208. 302. 304.
9.8639

Baer, Alfr.: Der Leibgedingsvertrag n. bad. Recht, s.a. Rechtseinheit, d.

Baer, Alfred: Der Leibgedingsvertrag nach badischem Recht. — Berlin [usw.]: Rothschild 1908. XII, 161 S. 8° (Die Rechtseinheit. 3.)
Erschien teilw. auch als Diss. Heidelberg 1908.
1: Fi 9858–3. 6. 7. 11. 12: Jur. is. 149u–3. 15. 16. 18. 19. 20. 25. 26. 30. 31. 106. 203. 208. 300: 456.531–B. Per. 3. 302.
9.8643

Baer, Alfred: Der Leibgedingsvertrag nach badischem Recht. T. 1: Geschichte. Berlin & Leipzig: W. Rothschild 1908. (33 S.) 8° (Erscheint vollst. als „Rechtseinheit" H. 3.)
Heidelberg, Jur. Fak., Ref. Endemann, Diss. v. 1908
[Geb. 10. Okt. 84 Heidelberg; Wohnort: Heidelberg; Staatsangeh.: Baden; Vorbildung: Gymn. Heidelberg Reife Juli 02; Studium: Heidelberg 5, Berlin 1, München 1 S.; Rig. 20. Nov. 07.]

Baer, Alfred Nathan: Die Hygiene der Syphilis, ihre Prophylaxe und Behandlung. — Berlin: Fried 1890. 66 S. 8°
1: Kd 3382. 6.
9.8644

Baer, Alfr. N. Die Hygiene d. Syphilis, ihre Prophylaxe u. Behandlg. m. besond. Berücksicht. d. Syphilis u. Ehe. gr. 8. (66 S.) Berl. 891, [Fried u. Comp.] Steinitz Verlag. 2 —

— — 4.–5. Taus. Berlin [usw.]: Steinitz 1893. 80 S. 8° 38.
9.8645

Baer, Alfred Nathan [app. Arzt aus Mannheim]: Ueber das Verhalten des Orbita-Index bei den verschiedenen Refraktionszuständen vom 10. bis 19. Lebensjahr. (Aus d. Augenklinik v. Dr. Leopold Weiss.) . . . München, Buchdr. v. J. B. Grassl (1889); 40 S. 8°
München, Med. Fak., Inaug.-Diss. v. 1889

Baer, Anton: Beiträge zur Geschichte der Herrschaft Wiesenburg und der Stadt Kirchberg im Sächsischen Erzgebirge. — Kirchberg: Kandel 1898. 474 S. 8°
1: Sr 11232. 12: Germ. sp. 25nl. 14. 15. 18. 29. 106. 117.
9.8646

Bär, Ant., Beiträge zur Geschichte der Herrsch. Wiesenburg u. der Stadt Kirchberg im sächsischen Erzgebirge. Nach Quellen bearb. gr. 8. (IV, 475 S. m. 1 Portr. u. 25 Illustr.) Kirchberg 898. (E. Schneider.) Geb. in Halbfrz. n.n. 7.—

Baer, Artur, Leiter des Sanatorium Wienerwald, Pernitz, Niederösterreich. 1906: **Behandlung** der Lungentuberkulose mit künstlichem Pneumothorax. Von A. Baer u. H. Kraus. — Wien [usw.]: Braumüller 1910. 17 S. 8°
Aus: Wiener klinische Wochenschrift. 23,15. 1910. 302.
9.8618

— Zum **Kapitel** der Tuberkulosenfürsorge in Österreich. — Wien [usw.]: Braumüller (1907). ? S. 8°
Aus: Wiener klinische Wochenschrift. 20,5. 1907. 302.
9.8650

Baer, Arthur, a. Straßburg i. E.: Über gleichzeitige elektrische Reizung zweier Grosshirnstellen am ungehemmten Hunde. Altenburg, S.-A. 1905: St. Geibel & Co. (47 S.) 8°
Straßburg, Med. Fak., Ref. Ewald, Diss. v. 25. Febr. 1905
[Geb. 4. Febr. 80 Straßburg i. E.; Wohnort: Straßburg; Staatsangeh.: Elsaß-Lothringen; Vorbildung: Lyz. Straßburg Reife M. 99; Studium: Straßburg 5, München 1, Straßburg 5 S.; Coll. 16. Febr. 05; Approb. 26. Jan. 05.]

— Zur **Sonnenlichtbehandlung** der Kehlkopftuberkulose. — Wien [usw.]: Braumüller 1906. 6 S. 8°
Aus: Wiener klinische Wochenschrift. 19,10. 1906. 302.
9.8052

Baer, August, die Beziehungen Venedigs zum Kaiserreiche in der staufischen Zeit. I. Venedig und Friedrich Barbarossa. Diss. Heidelberg 1887. 8°. 68 S.
Erschien vollständig: Innsbruck 1888, Wagnersche Univ.-Buchh. V, 126 S. 2 M. 80 Pf.

Baer, August: Die **Beziehungen** Venedigs zum Kaiserreiche in der staufischen Zeit. — Innsbruck: Wagner 1888. 126 S. 8°
Erschien teilweise auch als Diss. Heidelberg 1887.
1:Rp 5316. 2→5. 7. 12:J. publ. E. 32f. 14. 16. 21. 24. 25. 29. 34. 36. 203. 208. 300:189.132 B. 304. 308.
9.8654

Baer, Aug., die Beziehungen Venedigs zum Kaiserreiche in der staufischen Zeit. Von der philosoph. Fakultät der Universität Heidelberg gekrönte Preisschrift. gr. 8. (V, 126 S.) Innsbruck 888, Wagner. *

Baer, B. (Arzt), s. Baer, Bernhard

Baer, Benno [Referendar aus Düsseldorf]: Die Möglichkeit des Strafprozesses gegen die Erben des Steuerdefraudanten nach Reichs- und Landesrecht ... *Düsseldorf, J. P. Ennets, 1896;* 50 S. 8.
Erlangen, Jur. Fak., Inaug.-Diss. v. 1896

Bär, Bernhard: Über die Grössenverhältnisse des linken Ventrikels bei der Mitralinsufficienz. *Frankfurt a. M. 1897: M. Slobotzky.* (39 S.) 8°
München, Med. Diss. v. 1897

Bär, Bernh., die Krankheiten der Herzklappen. (Schumann's medizin. Volksbücher.) 8. (143 S. m. 5 Fig.) Leipzig 902. J. F. W. Schumann. Geb. in Leinw. n. 1. 50

! Bär, B: Krankh. d. Herzklappen. Jetzt: Ulm, J Ebner.

Bär, Bernh., die Krankheiten des Herzmuskels. (Schumann's medizin. Volksbücher.) (127 S. m. 2 Fig.) kl. 8. Leipzig 903. W. Schumann Nachf. Geb. in Leinw. n. 1. 50

Bär, Bernh., die Krankheiten d. Herzmuskels. Jetzt: Ulm, J. Ebner.

Baer, Berthold: Stammtafeln der Familie Speyer. (Verf.: Berthold Baer.) — Frankfurt a. M. (1896): Kumpf & Reis. XXIV S., 148 gez. Bl. 4° 1:4° Ez 8873. 30.
9.8657

Bär, Berthold: Wär' nicht die Liebe, s. Bär, Berthold A.

Baer, Berthold A.
Baer, Berth. A., neue Geschichten, s.: Seemann's kleine Unterhaltungsbibliothek. Nr. 24.

Baer, Berthold A. (Bearb.), s. Green, Anna Katharina: Engel und Teufel.

— Herzens-Angelegenheiten, s.a. Seemann's kl. Unterhaltungsbibliothek. Nr. 12.

Baer, B. A. Herzens-Angelegenheiten. amerikanische Humoresken. Leipzig: Seemann, 1903. GSP

— **Herzens-Angelegenheiten.** Amerikanische Humoresken. 2. Aufl. — Leipzig: Seemann 1903. 134 S. 8° (Seemanns kleine Unterhaltungsbibliothek. 12.)
1:X 8471-12. 17. 302.
9.8658

[F.] Leidenschaften Schausp. in 3 Aufz. v. Berthold A. Bär. *Berlin, Köln, Leipzig: A. Ahn 1896.* (77 S.) 1 Bd 8. [97. 3?]

Bär, Berth. A: Leidenschaften. Schausp. (77) 8° Köln 1896. Bonn, A Ahn. 2 — d

— Die Grafen von **Manderscheid.** Ein Sang von der Eifel. Berlin [usw.]: Ahn 1895. 100 S. 8°
1:Yo 25586. 5. 12:P. o. germ. 70mr. 30. 38. 61.
9.8660

Bär, Berthold A., d. Grafen v. Manderscheid. E. Sang v. d. Eifel. 8. (VII, 100 S.) Köln 895. A. Ahn. 1. 50; geb. n. 2. 50

Baer, Berth. A: Wär' nicht d. Liebe . . . Gedichte. 2. Afl. (191) kl8° Berl. (05). (Lpzg, E Maerter.) L. nn 2.50 öH

Baer, Berthold. Wär nicht die Liebe. Gedichte .. 2d ed Berlin and Phila, 1905

— Wär' nicht die Liebe ... Gedichte. 2. Aufl. — Werdohl: Scholz 1905. 191 S. 8° 60.
9.8661

Baer, C. (Dichtungen), s. Baer, Claus

Baer, C., s.a. Baer, Karl

Baer, C. v., Arzt u. Naturforscher, Petersburg. 1792-1876. 1819 s.a. *Baer,* Karl Ernst v.

Baer, C., Güterbestätter, Würzburg. 1854: Offene **Darstellung** eines Rechtsstreites, welcher bei der Versendung einer von Wien nach Würzburg bestimmten ... Waare ... zwischen einem Spediteur in Nürnberg und einem Schiffer von Bamberg herbeigeführt, im Jahre 1848 begonnen und im Jahre 1854 beendigt wurde. — Würzburg 1854: Walz. XVI, 40 S. 8° 11.
9.8662

Baer, C.: Kurze Geschichte der Rebellion (u. a. historische Schriften), s. Baer, Conrad

Baer, C.E. (Arzt u. Naturforscher), s. Baer, Karl Ernst

Bär, C... F., (F. C. Touchy,) Anweis., wie Landgebäude zu erbauen rc. gr. 8. Leipz. 796. 2e verm. Aufl. Mit 2 Kpf. 802. Mittler. 20 gr.

Baer, C. H. (Architekt), s. Baer, Casimir Hermann

Baer, Carl: Auktionskatalog, s. Baer, Karl

Baer, Carl: Über das Gleichgewicht und die Bewegung der Wärme in einem homogenen Rotationsparaboloid. Halle a. S. 1881: Nigmann in Cüstrin. 31 S. 8° (4°)
Halle-Wittenberg Phil. Diss. v [6. Mai] 1881
Geb. Halle a. d. S. 9. 9. 1851. V.
Ersch. auch Cüstrin 1881: Nigmann. Rats- u. Friedr.-Gymn., Progr

Baer, Casimir Hermann

Baer, CH, s: Bauformen, Moderne.

Baer, C[asimir] H[ermann]. Modernes Bauschaffen. Ein Vortrag (am 17. Februar 1904 im Zürcher Ingenieur- und Architekten-Verein gehalten). Sonder-Abdruck aus der «Schweizerischen Bauzeitung» Band 43, Nr. 14, 15 und 16. II + 24 S. 8. (Zürich, Zürcher & Furrer, [1904].) N 3150**

Baer, *Casimir Hermann* [Architekt]: Die Hirsauer Bauschule. Studien z. Baugeschichte d. XI. u. XII. Jhs ... Freiburg i. B. & Leipzig, J. C. B. Mohr, 1897; VII, 130 S. 8.
München, Phil. Fak., Inaug.-Diss. v. 1897

Baer, CH: Die Hirsauer Bauschule. Studien z. Baugesch. d. XI. u. XII. Jahrh. 8° (180) Freibg i/B. 97. Tüb., JCB Mohr. 5 –

(Baer, C[asimir] H[ermann].) Das Bürgerhaus in der Schweiz = La Maison bourgeoise en Suisse. Ein Aufruf hrg. im Auftrag des Schweiz. Ingenieur- u. Architekten-Vereins = Appel au public adressé par la Société suisse des ingénieurs et architectes (trad. [par] C[amille] Martin. [Mit vielen] Abbildungen). 48 S. 4. Zürich, Schulthess & Co., 1907. [fr. 3. —] N° 5729—V°
Propagandaschrift der Kommission des Schw' I'- u. A'-V' für die Aufnahme des schweizerischen Bürgerhauses und die Bearbeitung seiner Geschichte.

Baer, CH, s.: Kunstkalender, schweiz.

— Farb. Raumkunst. — Deut. Wohn- & Festräume a. 6 Jahrh., s: Bauformen-Bibliothek.

Baer, Christian Herbert s. *Baer*, Herbert.

Baer, Claus (Pseud.), s. Baer, Salomon (wirkl. Name)

Baer, Conr. Kurze Geschichte der Rebellion uns. südl. Staaten. 8. Buffalo, Philadelphia 1862—1864.

Bär, Conr., kurze Geschichte der Rebellion unserer südlichen Staaten. 1. Heft. gr. 8. (30 S.) Buffalo 862. (Philadelphia, Schäfer und Koradi.) *

Baer, Conr., das Leben des Johann Huß, was er gelehrt, und wie er auf dem Concilio zu Costnitz wider kaiserl. Geleite und päpstl. Versprechen, um der Wahrheit willen zum Feuertode verurtheilt und lebendig verbrannt worden ist. gr. 12. (58 S. mit 1 Holzschn.) Buffalo 853. (Philadelphia, Schäfer und Koradi.) *

Baer, D., das Gesetz gegen den unlauteren Wettbewerb v. 7. VI. 1909 m. Erläuterungen unter Benutzung der Regierungsmotive u. der Plenar- u. Kommissions-Verhandlungen des Reichstages. Mit zur Anwendg. komm. Formularen, Abkürzgn. u. Sachregister. (249 S.) 8. Berlin 910. Puttkammer & Mühlbrecht. 3.—; geb. in Leinw. 4.—

Baer, E., Ingenieur, Libau. 1909: Die Entwickelung der Fabrikindustrie Libaus. — Libau 1909: Kaeten. 54 S. 8°
1: Uf 5835/8. 206. 212.
9.8664

Baer, E.: Gedenkbuch, s. Baer, Ernst

Bär, E.: Geschichte der Grafschaft Kiburg, s. Bär, Emil

Baer, E.: Vorgeschichte d. dt. Kreditgenossenschaften, s. Baer, Eugen

Bär, E. *Felix* [aus Zwickau]: Die Ablösungsgesetzgebung im Königreich Sachsen bis 1889 ... Zwickau i. S., Druck v. Förster & Borries, 1892; 47 S. 8.
Erlangen, Phil. Fak., Inaug.-Diss. v. 1892

Baer, E[lkan], aus Eppingen: Einfluss der Priessnitz- und Heisswasserumschläge auf die Peristaltik. *Heidelberg 1900: J. Hörning.* (28 S.) 8°
Heidelberg, Med. Diss. v. 1900

Bär, Emil. Zur Geschichte der Grafschaft Kiburg unter den Habsburgern und ihrer Erwerbung durch die Stadt Zürich. Diss. Phil. I. Zürich. 8. Uster-Zürich 1893.

Bär, Emil, von Hausen a. A. [Kt. Zürich]: Zur Geschichte der Grafschaft Kiburg unter den Habsburgern und ihrer Erwerbung durch die Stadt Zürich. Uster-Zür. A. Gull Dr. 1893. VI, 7—121 S., 3 Bl. 8°.
Zürich, Phil. Diss. I. S. [v. 16. Febr. 1894].

Bär, Emil *s.* Panorama der Schlacht bei Murten. (Zürich.)

Bär, Emil. Die Resultate der Appendicitisbehandlung am Kantonsspital Münsterlingen innerhalb der Jahre 1900—1907. Diss. Med. Univ. Zürich. (Sonderabzug aus Beiträge zur klinischen Chirurgie. Band 59. Heft 3.) *Kopftitel:* Aus dem Kantonsspital Münsterlingen. Chefarzt: Dr. Conrad Brunner. IV + 76 S. 8. Tübingen, H. Laupp Jr. 1908.

Bär, E[mil]. Das Frauenkloster St. Verena in Zürich. S. 5—29. 8.
Programm der Höheren Töchterschule der Stadt Zürich. Schuljahr 1902/1903. Beilage.... Zürich, Schulthess & Co., 1903.

Baer, Ernst, Berlin. 1861: Gedenkbuch zur Erinnerung an das 2. allgemeine deutsche Turn- und Jubelfest zu Berlin ... 1861. 1861 s. *Angerstein*, Eduard.

Baer, Eugen, a. Neustadt a. d. Haardt: Zur Vorgeschichte der deutschen Kreditgenossenschaften. Heidelberg 1907: D. Straus. (83 S.) 8°
Heidelberg, Phil. Fak., Ref. Rathgen, Diss. v. 18. Nov. 1907
[Geb. 20. Jan. 81 Neustadt; Wohnort: Neustadt; Staatsangeh.: Bayern; Vorbildung: Gymn. Neustadt Reife M. 02; Studium: München 4, Würzburg 2, Berlin 2, Heidelberg 2 S.; Rig. 31. Juli 07.]

Baer, F., Dr. iur., Bezirksrichter, Zürich. 1905 s. *Baer*, Fritz.

Baer, F.: Anzeiger d. Münchener Künstler-Genossenschaft (u.a. Schriften zur Kunstgeschichte), s. Baer, Franz

Bär, F.: Rechenaufgaben (u. ähnl. Schriften), s. Bär, Franz.

Baer, F.C. s. *Baer*, Friedrich Karl.

Baer, F.J. s. *Baer*, Franz Josef.

Baer, F.K., s. Baer, Friedrich Karl

Baer, Franz

Baer, F. (Red.), s. Anzeiger der Münchener Künstler-Genossenschaft.

Bär, Franz, und Krautheim, Karl, Aufgaben zur Berechnung verschiedener, in Webwaaren-Geschäften vorkommender Geschäftsfälle. Asch, Verlag von Franz Bär. 1895. (Min.-Erl. v. 3. Nov. 1896, Z. 26787.)

Baer, Franz: Baugeschichtliche Betrachtungen über Unserer lieben Frauen Münster zu Freiburg i. B. — Freiburg i. B. 1889: Wagner. 76 S. 8° 1: Si 3059. 25. 31. 86.
9.8667

Bär, Frz., Rechen-Aufgaben f. die k. k. Fachschulen f. Weberei. Unter Mitwirkg. v. Wilh. Müller verf. gr. 8. (IV, 58 S.) Asch 899. [C. Berthold.] Wien, F. Deuticke. Kart. n.n. 1. 20

Bär, Franz und **Müller, Wilhelm,** Rechenaufgaben für Weberei-Fachschulen. Mit ausgeführten Beispielen. 2., verbesserte und vermehrte Auflage. Wien und Leipzig 1903. Franz Deuticke. Preis, geheftet 1 K 30 h. gebunden 1 K 60 h.
Dieses Werkchen wird ebenso wie die 1. Auflage desselben zum Unterrichtsgebrauche an Webeschulen mit deutscher Unterrichtssprache allgemein zugelassen.
(Min.-Erl. vom 8. Mai 1903, Z. 13284)

— u. Karl Krautheim, Verbuchungs-Aufgaben f. die k. k. Fachschulen f. Weberei. 2., umgearb. u. verm. Aufl. gr. 8. (51 S.) Ebd. 899. Kart. n.n. 1.—

Bär Franz und Krautheim Karl, Verbuchungsaufgaben für Webereifachschulen. Ein zweimonatlicher Gang eines Webwarengeschäftes und die Verbuchung der Geschäftsvorfälle des ersten Monats nebst Aufgaben zur Ausstellung von Wechseln sowie deren Ausführung. 8., umgearbeitete Auflage. Wien und Leipzig 1908. Franz Deuticke, Geh. K 1.20, geb. K 1.50. (Min.-Erl. vom 16. April 1903, Z. 7806.)

Bär, Frz., u. Karl Krautheim. Verbuchungs-Aufgaben f. Weberei-Fachschulen. Ein zweimonatl. Gang e. Webwarengeschäftes u. die Verbuchg. der Geschäftsvorfälle des ersten Monates, nebst Aufgaben zur Ausstellung v. Wechseln sowie deren Ausführg. 8., umgearb. Aufl. (IV, 79 S.) 8. Wien 910. F. Deuticke. Geb. 1.25

— Die Wandgemälde in der S. Georgskirche zu Oberzell auf der Reichenau ... hrsg. von Franz Xaver Kraus. — Freiburg i. Br.: Herder 1884. 21 S., 16 Taf. 2°
1: 2° Si 4608. 3. 5. 6. 7. 10. 12: 2° Art. 34 gd. 14. 16. 21. 24. 25. 27. 30. 31. 38. 48. 63. 66. 87. 90. 121. 300: 38.266-E.
9.8668

Baer, Franz Josef: Statistische Betrachtungen über den Aufwand für Unterhaltung der Landstrassen im Grossherzogtum Baden 1882. (Verf.: Baer.) [Nebst] Nachtr. Karlsruhe 1882–84: Braun. 4°
Nachtr. u. d. T.: (Baer:) Der Kalkstein als Strassen-Unterhaltungs-Material. 1884.
25 [°° Nachtr.] 31. 90.
9.8669

— Chronik über Straßenbau und Straßenverkehr in dem Großherzogthum Baden. — Berlin: Springer 1878. 583 S. 4°
1: 4° Si 1398. 6. 16. 21. 24. 25. 28. 30. 31. 39. 44. 82. 83. 87. 89. 90. 203. 210.
9.8670

(—) Der Kalkstein als Strassen-Unterhaltungs-Material. — Karlsruhe 1884: Braun. 19 S. 4° (Baer: Statistische Betrachtungen über den Aufwand für Unterhaltung der Landstrassen im Grossherzogthum Baden. Nachtr.) 31. 90.
9.8671

[—] Der Kinzigbau und seine Folgen. Gedenkblatt für die Bewohner des Kinzigthals aus amtlichen Quellen bearb. Offenburg: Hambrecht 1881. 15 S. 8° 16. 31.
9.8672

Baer, J. Das Straßenbauwesen in d. Großherzogth. Baden unter d. Einfluß d. Eisenbahnen m. besond. Rücksicht auf d. Kreis- u. Gemeinde-Straßenbau u. auf d. Straßen-Eisenbahnen. Lex.-8. (IV, 231 S.) Karlsruhe 890. (Fulda u. Lpz., Arnd.) * 7 50

— Das Straßenbauwesen in dem Großherzogthum Baden unter dem Einfluß der Eisenbahnen. — Karlsruhe: Bielefeld 1890. IV, 231 S. 8°
1: Stala 576. 5. 12: A. hydr. 5. o. 16. 17. 21. 24. 31. 32. 35. 83. 87. 89. 106. 107. 201. 203. 305.
9.8673

— — 2. Aufl. Leipzig: Arnd 1895. IV, 231 S. 8°
1: Nz 12555. 35. 82. 83. 89.
9.8674

— Die Wasser- und Straßenbau-Verwaltung in dem Großherzogthum Baden. Systematisch geordnete Sammlung der auf diesen Verwaltungszweig bezüglichen Gesetze. — Karlsruhe: Braun 1870. XVIII, 638 S. 4°
1: 4° Gp 12418. 6. 12: 4° A. hydr. 7 e. 16. 17. 19. 24. 25. 31. 33. 42. 82. 83. 84. 86. 90. 91. 106. 111. 208. 210.
9.8675

Baer, Frédéric Charles s. *Baer*, Friedrich Karl.

Baer, Friedrich, a. München, Rechtsprakt. am Kgl. Landgericht München I: Die Auflassung auf Grund eines formlosen Kaufvertrages. Borna-Leipzig 1907: R. Noske. (VI, 86 S.) 8°
Erlangen, Jur. Fak., Ref. Siber, Diss. v. 3. Dez. 1907
[Geb. 17. Juli 83 München; Wohnort: München; Staatsangeh.: Bayern; Vorbildung: Theresien-Gymn. München Reife M. 02; Stadium: München 8 S.; Rig. 31. Okt. 07.]

Baer, Friedrich Karl: Letztes Denk- und Ehren-Mahl ... [Leichenpredigt auf Moritz Graf v. Sachsen, Franz. Feldmarschall, Gouverneur der Niederlande, † 30. Nov. 1750]. — Frankfurt [usw.]: Spring & Garbe 1751. 32 S. 8°
2. 3. 4. 14. 23. 27. 28. 41. 117.
9.8676

[—] - Nachricht von den vornehmsten Merkwürdigkeiten der Schwedischen Reichsversammlung von den Jahren 1755 und 1756. — Zürich: Orell 1757. 98 S. 8°
7. 9. 17. 27.
9.8677

v. Bär, Fr. Karl, s. Psalmen, Lobgesänge ꝛc.

— Historisch-kritischer Versuch über die Atlantiker. [Übers.: Johann Konrad Harrepeter.] — Frankfurt [usw.] 1777. 102 S. 8° 1: Pz 9300. 2. 6. 8. 12: H. ant. 25. 15. 18. 19. 23. 32. 39. 42.
9.8682

Baer, F. K., histor.-krit. Versuch über d. Atlantiker; aus d. Französ. v. Harrepeter. Mit 2 Kart. gr. 8. Nürnb. 777. Schneider u. W. 8 K

Bär, Fritz, die schweizer. Amazone, s.: Engel, Regula.

Bär, Fritz (Hrsg.), s. Engel, Regula: Die Schweizer Amazone.

Baer, F, s: Juristen-Zeitung, Schweizerische.

Baer, Fritz, das Verfahren bei Polizeiübertretungen in der schweizerischen Gesetzgebung, s.a. Beiträge, Zürcher, zur Rechtswissenschaft VIII.

Baer, Fritz. Das Verfahren bei Polizeiübertretungen in der schweizerischen Gesetzgebung. 223 S. 8. Zürich, Schulthess & Co., 1905.
Ausg. A: Diss. Jur. Univ. Zürich.
Ausg. B: (fr. 4. 60.) — Zürcher Beiträge zur Rechtswissenschaft... [Heft] 8.

Baer, G.: Beitrag zur Kenntnis der acuten Vergiftung, s. Baer, Georg.

Baer, G.: Belehrungen, Volkswirtschaftl. u. gesetzliche (u. ähnl. Schriften), s. Baer, Georg

Baer, G. Die Ethik bei Menander dargest. nach den unmittelbaren Aeusserungen. Diss. 1929. 39 S. 2.—

Baer, G.: Waisenhaus, Das Homburger, s. Baer, Gottlieb.

Baer, Georg, Lehrer, Homburg. 1900 [Übers.] s. *Balch*, Thomas: Internationale Schiedsgerichtshöfe [International Courts of arbitration, deutsch]. 1900.

Baer, Georg: Beitrag zur Kenntnis der acuten Vergiftung mit verschiedenen Alkoholen. *Berlin (1898): G. Schade.* (29 S.) 8°
Berlin, Med. Diss. v. 22. Apr. 1898

Baer. Geo., volkswirtschaftliche u. gesetzliche Belehrungen, s.a. Hilfsbücher f. den Unterricht an kaufmännischen u. gewerblichen Fach- u. Fortbildungsschulen. I.

Baer G, Volksw. und gesetzliche Belehrungen. (342 S) Stuttgart-Zweibrücken 1902

Baer, Geo., gewerbliche u. kaufmännische Buch- u. Rechnungsführg. Geschäftsaufsatz u. Geschäftskorrespondenz, s.: Hilfsbücher f. den Unterricht an kaufmänn. u. gewerbl. Fach- u. Fortbildungsschulen.

Baer, Georg: Geschäftsaufsatz u. Geschäftskorrespondenz m. d. Postwesen u. d. Telegr.- u. Telephonwesen, s. Hilfsbücher, f. d. Unterr. an kaufmänn. u. gewerbl. Fach- u. Fortbildungssch.

Baer, Georg, Lehrer, Zweibrücken. 1901: Die Gesellen- und Meisterprüfung. Unterweisungsbuch für Lehrlinge, Gesellen und Meister des deutschen Handwerks. — Stuttgart: Lehmann 1903. VII, 380 S. 8°
12: J. germ. 8 bqt. 17. 24. 207. 309.
9.8697

Baer G, die Gesellen- und Meisterprufung. Unterweisungsbuch. (380 S) Stuttgart 1904

— Heil Wittelsbach! Heil Bayern! Festschrift zur bayerischen Jubiläumsfeier des Jahres 1906. — (Zweibrücken: Reiselt [1905].) 175 S. 8°
12: 4° Bavar. 1014 r–10. 19. 75. 107. 209.
9.8699

— — Ausg. B. Zweibrücken: Reiselt 1905. 32 S. 8° 107.
9.8700

— **Hilfsbücher für den Unterricht an kaufmännischen und gewerblichen Fach- und Fortbildungsschulen, an kaufmännischen und gewerblichen Fortbildungskursen, sowie zur Vorbereitung auf die Gesellen- und Meister-Prüfung.** Bd 1–4. — Stuttgart [usw.] (2–4: Stuttgart): Lehmann 1902–05. 8°

1. Volkswirtschaftliche u. gesetzliche Belehrungen. 1902.
2. Geschäftsaufsatz u. Geschäftskorrespondenz mit d. Postwesen und d. Telegraphen- und d. Telephonwesen. 1905.
3. Gewerbliche u. kaufmännische Buch- u. Rechnungsführung. 1905.
4. Wirtschaftsgeographie. 1905. 24. 91 [=2–4].

9.8701

Baer, Georg, Rektor, Zweibrücken. 1901: Unser Prinz-Regent Luitpold! Der bayerischen Jugend als Festgabe zum 80. Geburtstage Sr. Königl. Hoheit des Prinzen Luitpold ... gewidmet. — Zweibrücken: Reiselt (1901). 16 S. 8°
12: Bavar. 1729 gob-7. 75. 107.
9.8702

— — 2., verm. Aufl. Ebd. 1901. 30 S. 8°
12: Bavar. 1729 gob-8. 209.
9.8703

Baer, Geo., Übungs-Heft f. die einfache Buchführung. 2. Aufl. (52 S.) 32,5×21 cm. Zweibrücken (910). F. Lehmann. nn — 60

— Wirtschaftsgeogr., s.: Hilfsbücher f. d. Unterr. an kaufmänn. u. gewerbl. Fach- u. Fortbildgssch.

Baer, Gottlieb: 1. Das Homburger Waisenhaus. Von G. Baer. 2. Blokade Homburgs im Jahre 1699. Von Schleussner. — Homburg v.d.H. 1903: Steinhäusser. 20 S. 8° (Mitteilungen d. Vereins für Geschichte u. Altertumskunde zu Homburg v.d. Höhe. 7.)
1: Sk 6780–7. 8. 9. 14→17. 26. 27. 30. 32. 36. 38. 42. 52.
9.8707

Baer, Gustav [aus Erlangen]: Ueber die primären Lokalisationen der Inhalationstuberkulose ... Erlangen, Druck d. Univ.-Buchdr. v. E. Th. Jacob, 1896; 46 S. 8.
Erlangen, Med. Fak., Inaug.-Diss. v. 6. März 1896

Baer, Gustav, med. pract. von Zürich, gewes. Assistenzarzt am Kinderspital Zürich: Mittheilungen aus dem Kinderspital Zürich. Tracheotomie und Intubation im Kinderspital Zürich. Beobachtungen aus den Jahren 1874–1891. [S.A. aus: Deutsche Zeitschrift für Chirurgie, Bd 35, S. 201–332]. Leipz. J. B. Hirschfeld Dr. 1892. 2 Bl., 132 S., 1 Bl. 8°.
Zürich, Med. Diss. [v. 1. Aug. 1892].

Baer, H. (Tierarzt), s. Baer, Hans

Baer, H. (Kaufm. Direktor in Solothurn), s. Baer, Heinrich

Baer, H. (Ingenieur) s. Baer, Herbert

Bär, H.: Geschichte, Diplomatische, d. Abtei Eberbach, s. Bär, Hermann

Baer, H v., s: Hephaestos, Dichtgn.

Baer, Hans: Beobachtungen über das Verhältnis von Herders Kalligone zu Kants Kritik der Urteilskraft. Heidelberg 1907: K. Rössler. (74 S.) 8°
Heidelberg, Phil. Fak., Ref. Windelband, Diss. v. 2. Okt. 1907
[Geb. 9. März 83 Karlsruhe; Wohnort: Karlsruhe; Staatsangeh.: Baden; Vorbildung: Gymn. Karlsruhe Reife M. 02; Studium: Heidelberg 3, Straßburg 1, Heidelberg 5 S.; Rig. 17. Juli 07.]

Baer, Hans, Beobachtungen üb. das Verhältnis v. Herders Kalligone zu Kants Kritik der Urteilskraft. (III, 75 S.) 8. Stuttgart 907. H. Wildt. 2.—

Baer, Hans. Das Eczema rubrum des Hundes. Diss. Vet.-Med. Bern. *Kopftitel:* Aus dem pathologischen Institut der Tierarzneischule Zürich. — Mit 2 Tafeln. 55 S. 8. Zürich, Art. Institut Orell Füssli, 1901.

Baer, Hans Uli

— **Gsüchti. E lustigi Szene uf em Rüttihof. — Biel: Kuhn 1908. 21 S. 8°**
1: Yb 8890/556.
9.8719

Baer, H(einrich). Argentinien. Eine Reise nach und durch Argentinien. Land, Leute und wirtschaftliche Verhältnisse. [Mit 2 Porträt-Tafeln.] Separat-Abdruck aus dem «Schweiz. Kaufmännischen Centralblatt», Nrn. 41/46. 1901. II + 27 S. 8. (Zürich, Aschmann & Scheller.)

Baer, H[einrich]. Argentinien. Volkswirtschaftliche und handelspolitische Vorträge, gehalten von H. B'.... [Mit Illustrationen und 18 Tafeln.] 144 S. 8. Bern, W. Wälchli, 1909. [fr. 3.—]

Baer, H[einrich]. Brasilien und Uruguay. Eine Reise nach und durch Brasilien und Uruguay. Land, Leute und wirtschaftliche Verhältnisse. [Mit Porträt.] Separat-Abdruck aus dem «Schweiz. Kaufmännischen Centralblatt», Nrn. 4/8. 1903. II + IV + 26 S. 8. (Zürich, Aschmann & Scheller.)

Baer, Heinrich, Pfarrer, Hanau. 1908: Zum Gedächtnis der Hanauischen Union 27. Mai 1818. Eine Etappenstrasse. Ansprache. — Hanau (1908): Waisenhaus. 12 S. 8°
1: Sk 6687. 4.
9.8721

Baer, H[einrich]. Aus den La Plata Staaten. Vortrag gehalten am 28. November 1904 im Bernischen Verein für Handel und Industrie. Separat-Abdruck aus dem «Solothurner Tagblatt» [Jahrg. 44, № 266–275, 1905 November 16–26. Mit 8 Porträts]. II + 39 S. 8. (Solothurn, Zepfel, [1904].)
Separat als Broschüre schon vor Einrückung in das «S' T» abgezogen.

Baer, H[einrich]. Panama, die jüngste Republik der Welt. Vortrag gehalten am 16. November 1904 im Gewerbe-Verein Solothurn. Separat-Abdruck aus dem «Solothurner Tagblatt» [Jahrg. 43, 1904, № 274–286. Illustriert.] 28 S. 8. (Solothurn, Zepfel, [1904].)

Baer, Herbert

Baer, Herb.: Grundz. d. Kinematik, s: Christmann, A.

— Das Maschinenlaboratorium d. kgl. techn. Hochsch. in Breslau. (64 m. Abb. u. 2 Doppeltaf.) Lex8° Lpzg. O Leiner '12. 5 —

Baer, Herbert: Die Regelung von Dampfturbinen und ihr Einfluß auf die Energieentwicklung in den einzelnen Druckstufen. 1909. 62 S. 4° ¶ Auch als: Mitteilungen über Forschungsarbeiten auf d. Gebiete d. Ingenieurwesens. H. 86. 1910; Ausz. in: Zeitschrift d. Vereines deutscher Ingenieure. Bd 53, Halbj. 2.
München, Dr.-Ing.-Diss. v. 18. 12. 1908

Baer, Herb., die Regelung v. Dampfturbinen u. ihr Einfluss auf die Leistungsentwicklung in den einzeln. Druckstufen, s.a. Mitteilungen üb. Forschungsarbeiten auf dem Gebiete des Ingenieurwesens. 86. Hft.

— **Die Regelung von Dampfturbinen und ihr Einfluß auf die Leistungsentwicklung in den einzelnen Druckstufen. Berlin: Springer in Komm. 1910. 60 S. 4° (Mitteilungen über Forschungsarbeiten auf d. Gebiete d. Ingenieurwesens. 86.)**
Erschien auch als Diss. München 1909.
12: Math. A. 173 md-86. 69. 82→91. 93. 210. 304. 305.
9.8726

Bär, Hermann (Hrsg.), s.a. Beyträge zur Maynzer Geschichte der mittleren Zeiten.

Bär (P. Hermann) Beyträge zur Maynzer Geschichte der mittl. Zeiten. 2 Stücke. gr. 8. Frankf. Streng. 789—90.

Baer, Hermann: Beiträge zur Mainzer Geschichte der mittleren (2: mittlern) Zeiten. (Verf.: Hermann Bär.) Stück 1.2. — Mainz: Alef (2: Häfner) 1789–90. 8°
1. Diplomatischer Versuch einer Genealogie Christians II. Erzbischofs zu Mainz. 1789.
2. Natürliche Beschaffenheit und Kultur des Rheingaues in mittlern Zeiten. 1790.
2 mit Nebent.: Diplomatische Nachrichten von der natürlichen Beschaffenheit und Kultur des Rheingaues in mittlern Zeiten. 1790.
1: Sk 7345. 2. 3. 6. 7. 12: Germ. sp. 56. 16. 17. 19. 20. 24. 26. 30. 34. 35. 38. 43. 121. 300: 38.305–B. 302. 304.
9.8727

Bär, Hermann, approb. Arzt aus Hamm: Zur Casuistik der Leber- u. Nieren-Cysten. *Gießen 1902: Heppeler & Meyer.* (36 S.) 8°
Gießen, Med. Diss. v. 1902

Baer, Hermann: Diplomatische Geschichte der Abtei Eberbach im Rheingau ... Bearb. u. hrsg. von F. G. Habel. — Wiesbaden: Verein für Nassauische Alterthumskunde u. Geschichtsforschung 1851. VI,146 S. 8°
Enthält nur die Einleitung.
1: Si 9046. 5. 15. 17. 31. 33. 43. 107.
9.8728

Bär, Herm., diplomatische Geschichte der Abtei Eberbach im Rheingau. In Auftrag des Vereins f. Nassauische Alterthumskunde u. Geschichtsforschung bearb. u. herausg. von F. G. Habel. Mit 1 Titelkpfr. u. 5 lith. Taf. 1. Bd. (in 4 Heften.) Wiesbaden 851—55. Roth in Comm. gr. 8. (XVI, 688 S.) n. 3 rℓ

Bär's, Herm., diplomatische Geschichte der Abtei Eberbach im Rheingau. Im Auftrag des Vereins für Nassauische Alterthumskunde u. Geschichtsforschung bearb. u. herausg. von K. Rossel. 2. Bd. (2 Hfte.) Mit 1 Titelkpfr. u. 1 lith. Taf. Wiesbaden 857, 58. (Roth.) gr. 8. (VI, 400 S.) n. 1 rℓ 14 ngr

— — Bearb. u. hrsg. von K. Rossel. Bd 1–3,1. Wiesbaden: Verein für Nassauische Alterthumskunde u. Geschichtsforschung (3,1: Molzberger) 1855–86. 8°
1. 1855. 2. 1858.
3. Stoff, Leopold Matthias E.: Diplomatische Geschichte der Abtei Eberbach im Rheingau von 1331 bis 1803. Abth. 1. 1886.
1: Si 9047. 3. 4. 6. 8. 12: H. mon. 41 p. 14. 16→19. 21. 24. 30. 33. 34. 36. 43. 48.
9.8729

— Diplomatische Nachrichten von der natürlichen Beschaffenheit und Kultur des Rheingaues in mittlern Zeiten. 1790 s. *Baer:* Beiträge zur Mainzer Geschichte der mittlern Zeiten. 2.

Baer, Hermann Josef: Der internationale Vertrag zum Schutze literarischer Erzeugnisse mit spezieller Beziehung auf Frankfurt am Main vom theoretisch-moralischen und praktisch-materiellen Standpunkt aus beleuchtet. (Verf.: Hermann Joseph Baer.) [1.] 2. — ([Frankfurt a.M. 1857:] Streng.) 8°
2. Nachträgliche Bemerkungen u. Erläuterungen. 30. 208.
9.8731

Baer, J., Großh. Bad. Geheimrat, Direktor d. Straßen- u. Wasserbaues. 1870 s. *Baer,* Franz Josef.

Baer, J. (Bühnenschriftsteller), s. Baer, Julius

Baer, J.: Alphabete, s. Baer, Johs

Baer, J., religiöse Ansprachen u. Betrachtungen. 2. Aufl. gr. 8. (VIII, 151 S.) Zürich 880. Schmidt. n. 1. 80

Baer, J.: Die öffentliche Besteuerung, s. Baer, Ignaz

Baer, J.: Heimatkunde, s. Baer, Johann

Baer, J., de Mutillis nonnullis rossicis, s.: Bulletin de la société Imp. des naturalistes de Moscou. Tome XXI. 1. partie.

Baer, J.: De operibu Fastidii, s. Baer, Julius

Baer J. Rechenbuch für deutsche Schulen. 5 Hefte in 1 Bd Leipzig (1886)

Bär, J. (Pfarrer in Uster.) Religiöse Vorträge. 2. verm. Aufl. In-8°. Zürich, C. Schmidt. 2 50 1880.

— wir fahren fort! Synodalpredigt, geh. am 8. Novbr. 1880 im St. Peter in Zürich. gr. 8. (16 S.) Zürich 880. Schultheß. n. — 40

Baer, J.: Das geometrische Zeichnen (u. ähnl. Schriften), s. Baer, Johann

Bär, J.C.: Deutschland, Kgr. der Niederlande etc. und andere Karten, s. Stülpnagel, Fr. von und J.C. Bär.

— — Eisenbahn-Atlas, s.: v. Stülpnagel.

— das Herzogthum Gotha und umliegende Länder. Meist nach Messungen u. örtl. Untersuchungen bearb. M. ill. Kpfr. Text v. Ad. Stieler. A. u. d. T.: Das Herzogthum u. die Residenzstadt Gotha. Erläuterr. zu dieser Karte u. zum vorsteh. Grundriß. gr. 8. Ebd. 833. 2/3 rℓ 2e Aufl. gr. Fol. Ebd. 839. n. 2/3 rℓ

Bär, J. C., Grundriß d. herzogl. Residenz-Stadt Gotha u. deren Umgebgg. Fol. (M. Erläuterr. in 4.) Gotha 823. Perthes. 20 gℓ

Bär, J. C., Grundriß der Herzogl. Residenzstadt Gotha u. deren Umgebung. Nach vorhandenen und eigenen Messungen bearb. Gestochen von E. G. Edler. Mit Erläuterungen v. Ad. Stieler. 2e Aufl. gr. 8. Gotha 833. J. Perthes. n. 2/3 rℓ

Bär, J. C., Karte des Thüringer Waldes. Im Süden bis Meiningen, Suhl u. Saalfeld. Maasstab 1 : 200000. Fol. Kupfrst. u. color. Gotha 847, J. Perthes. In 8.-Carton. n. 16 ngr; auf Leinw. in Engl. 8.-Carton n. 24 ngr

— siehe: Post- u. Eisenbahn-Karte von Deutschland.

Baer, J.C.: Zschocke, Heinrich, s. Baer, J.K.

Baer, J.D., s. Baer, Joh. David

Baer, J. J., s.a. Baer, Johann Jakob

- Haus- u. Wirthschaftskalender des schweizer. Republikaners. 1r—4r Jahrg. 1832—35. ... 5r Jahrg. 1836. 4. Zürich, Orell u. Comp. 1/12 rℓ

— Kalender für Kinder, auf d. J. 1835. Mit 3 Steindr. gr. 8. Zürich 834. Schultheß. 1/8 rℓ

— und L. Guignard, kleines franz. Lesebuch, enthalt. Gespräche, Erzählungen, Briefe u. Gedichte. Zum Gebrauche in Sekundarschulen u. zum Selbstunterricht. A. u. d. T.: Recueil de Dialogues, Contes Lettres et Poésies. 8. Zürich 840. Orell, Füßli u. Comp. 3/8 rℓ

Bär, J. J., kurzgefaßte franz. Sprachlehre für höhere Volksschulen. Nach Beckers u. Scherrs deutschen Sprachlehren und mit Rücksicht auf Selbstbeschäftigung der Schüler bearbeitet. 8. Zürich 838. Orell, Füßli u. Comp. 1/2 rℓ

Bär, J. J., kurzgefaßte französische Sprachlehre für höhere Volksschulen und zum Selbstunterrichte. 2. verm. u. ganz umgeänderte Ausgabe. 8. Zürich 841, Orell, Füßli u. Comp. 7/12 rℓ

Bär, J. K., Heinrich Zschokke s.a. Gallerie berühmt. Schweizer.

Baer, J.K.: Heinrich Zschokke. Sein Leben u. Wirken nach seiner „Selbstschau", seinen Werken u. mündlicher Mittheilung einfach erzählt. — Winterthur: Hegner 1849. 96 S. 8° (Gallerie berühmter Schweizer. 1.)
12: Biogr. C. 119 1–7. 15. 27. 43. 123.
9.8734

Baer, J. L., s. Baer, Ida L.

Baer, [Jacob]. Erfolg! oder die Kunst, bei den gegenwärtigen schwierigen Erwerbs-Verhältnissen ein Geschäft mit Erfolg zu betreiben! Das Beste von 24 Konkurrenzarbeiten eines bezüglichen Preis-Ausschreibens. Bearb. von Direktor Baer, Schaffhausen.... Vorwort von Herrn Nationalrat [Johann] Hirter. Empfohlen vom Schweizer. Gewerbeverein. IV + 64 S. 8. Bern, Büchler & Co., 1903. (fr. 2.—)

— **Vers le succès ou l'art de diriger un atelier ou un commerce avec succès dans les conditions difficiles de l'heure présente. Texte français par F. Heimann. — Berne: Büchler (1903). 64 S. 8° 101.**
9.8736

Baer, Ida L.: Gute Kameraden. — Dresden [usw.]: Pierson 1896. 200 S. 8° 800:83.894-B.
9.8737

Baer, Ignatz: Die öffentliche Besteuerung. Mit theilweiser Rücksicht auf heimathliche Verhältnisse. — Budapest 1876: Laufer. 120 S. 8° 27. 30. 106.
9.8740

Baer, Johann, Pater, Kloster Eberbach. 1742-1814. **1789 s.** ***Baer,*** Hermann.

Baer, Johann, s.a. Baer, Johannes

Baer, Johann, Hauptlehrer, Lübeck. **1881: Heimatskunde von Lübeck nebst Umgebung. — Berlin: Keller 1881. 56 S. 8° 1:5 in Sp 6000. 48.**
9.8741

Baer, Johannes, Heimatskunde von Lübeck nebst Umgebung. 8. Berlin 881, Hugo Spamer. *

Bär, Joh., colorirte Vorlagen für den Unterricht im Zirkelzeichnen. 1. Heft: Parquetmuster im Quadratnetz. qu. 4. (40 color. Stnt.) Nördlingen 876, Beck'sche Buchh. In Mappe *
Nicht weiter erschienen.

— u. G. **Dreesen,** das geometrische Zeichnen, m. besond. Berücksicht. d. geometr. Ornaments f. den Unterricht bearb. gr. 8. (8 S. m. 21 z. Thl. farb. Steintaf.) Flensburg 882, Westphalen. n. 2. 75

Baer, Joh Chrn. Post- und Eisenbahn-Karte von Deutschland und den anliegenden Ländern. .. 1848 und spätere Ausg 1853, 1858

Baer, Johann Christoph: Wahrhafte, aber auch höchstbetrübte ausführliche Beschreibung, der die Stadt Bercka an der Ilm am 5ten Jun. 1777 ... durch ein Donnerwetter und dabey entstandenen ungewöhnlichen Guß- und Schlag-Regen betroffenen Ueberschwemmung und Wasser-Fluth. — o. O. [1777]. 3 Bl. 8° 14.
9.8743

Baer, Joh. Daniel (Colmar), De episcopo patre spirituali. Diss. theol. Präs. Joh. Georg Walch. Jena (Jo. Fried. Ritter) 7. XI. 1736. 36 Seiten. (5.—)
Gewidm.: Nicol. Roettlin, Jo. Conr. Pfeffel, Gg. Scharlapaur, Friedr. Klein, Phil. Jac. Faudel, Sam. Hugeny. — Widm. v.: Gg. Chph. Stellwagen, Jo. Casp. Reuchlin, Jo. Mart. Boehm (beide Strassburg).

Bär, Joh. David (Freiberg) u. **August Gotthelf Graffen** (Freiberg), Schediasma de Judaeorum erga Christianos hostilitate. Lpz. (Joh. Andr. Zschau) 29. V. 1700. 16 Bl. (5.50)

Baer, Johann Gottfried: Die nach Anleitung der Worte aus dem Propheten Jeremia ... zu Kerbelitz bey Magdeburg ... gehaltene Feuer-Predigt. — Magdeburg: Seidel & Scheidhauer 1734. 27 S. 8° 1:10 in E 155. 3.
9.8745

Baer, Johann Jakob: [Teils.] Poetischer Nachlaß, hrsg. von Ed. Billeter. — Zürich 1842: Orell, Füßli & Co. XI, 251 S. 8° 1:Yo 475. 15.
9.8746

Baer, J J[acob]. Das Rütlilied. Festschrift zur Einweihung des Krauer-Greith-Denkmals auf dem Rütli. Hrg. von J. J. B', Pfarrer in Uster. (*Umschlag:* Mit einer Beilage in photogr. Lichtdruck....) 8. Luzern 1884.

Baer, Johann Nikolaus: Musik zur Jubelfeyer der französischen wallonischen reformirten Gemeinde zu Cottbus aufgeführt den 29. Oct. 1785 ... Der Text ist von J. G. Kühn. [Cottbus 1785.] 2 Bl. 8° 2.
9.8747

— Text zur Trauermusik, welche am 10ten Septembr. 1786 bey der dem letztverstorbenen grossen Könige Friedrich dem Zweyten gehaltenen Leichenpredigt ... aufgeführet wurde. — Cottbus [1786]: Kühn. 2 Bl. 8° 2.
9.8748

Baer, Johann Wilhelm: Der Kaffee. Ein monographischer Versuch. pg. 3 - 19. 4°. Fr. Campe & Sohn.
Progr. Nürnberg 1853/54.

Baer, Johannes, s.a. Baer, Johann

Baer, Johs., Alphabete zum Wäschezeichnen. Entworfen und method. geordnet. 2. Aufl. 16. (12 lithogr. S.) Flensburg 882, Westphalen. *
Die 1. Aufl. erschien im Selbstverlag des Verfassers.

Baer, Johs., Alphabete zum Wäschezeichnen. Entworfen und methodisch geordnet. 3. Aufl. 16. (13 lithogr. S.) Flensburg 888, Westphalen. *

Baer, J, Alphabete z. Wäschezeichnen. 4. Afl. 16° (13 Taf.) Flensb. 94, A Westphalen. — 20

Baer, Josef; Abhandlung über Rheumatologie, s. Baer, Josef Siegmund

Baer, Josef, & Co., Antiquariat, Frankfurt a. M.
Die Verkaufskataloge der Firma Josef Baer & Co. sind nur mit Auswahl berücksichtigt.

— Antiquariatskatalog s. ***Baer:*** **Lager-Catalog.**

— Bibliotheca biographica. Reichhaltige Sammlung von Biographien und Memoiren. [Verkaufskat.] — (Frankfurt a. M. [usw.]: Baer) 1887. 212 S. 8° 1:6 in Aq 5496. 14. 30.
9.8749

— Description de deux manuscrits sur vélin ornés de miniatures et de quelques livres imprimés très rares. [Verkaufskat.] — Francfort s. M.: Baer 1890. 14 S. 8° 1:Aq 5493. 30.
9.8750

(—) Faust-Bibliothek. Eintausend Werke u. Blätter zur Faust-Literatur. [Verkaufskat.] — Frankfurt a. M.: Baer 1904. 59 S. 8° 1:Yr 5632/309. 11. 18.
9.8751

Goethe 1749–1899. Autographen, Drucke, Kunstblätter zur Goethe-Litteratur ... vorräthig bei Joseph Baer & Co. Frankfurt a. M. *(Frankfurt a. M.: J. Baer & Co. 1899.)* (72 S.) 8° [F. u. Ant.] 159 9800

Handschriften und Drucke des Mittelalters & der Renaissance. Katalog 500 anlässl. d. 120jähr. Bestehens d. Antiquariates Joseph Baer & Co. hrsg. 3 Teile mit 15 Taf. u. 154 Textabb. (T. 1–3 in 1 Bd.) Frankfurt a. M.: J. Baer & Co. 1905 -08. (x, 570 S.) 8°
1. Handschriften d. 11. bis 16. Jhs. Incunabula typogr. 1450–1500. 1905
2. Drucke d. 16. Jhs mit Illustr. deutscher Kuenstler. 1907.
3 Drucke d. 16. Jhs mit Illustr. franz., ital., nederl. u. span. Kuenstler. 1908. 108, 9009

Baer, Joseph [aus Biebrich a. Rh.]: Über die Hinterscheitelbeineinstellung ... Rödelheim, Druck v. S. Lehrberger & C., 1895; 35 S. 8.
Freiburg i. B., Med. Fak., Inaug.-Diss. v. 1895

Incunabula xylographica et typographica 1455–1500. Mit 14 Taf. u. 157 Textabb. Joseph Baer & Co., Frankfurt a. M. (Frankfurt a. M.: Baer 1910.) XIV, 322 S. 8°
(Lagerkatalog 585) 10 1679

— **Kant-Bibliothek.** Schriften von u. über Immanuel Kant. [Auktionskat.] — Frankfurt a. M.: Baer [nach 1904]. 48 S. 8° 123.
9.8754

— **Katalog** s. *Baer:* Lager-Catalog.

— **Lager-Catalog** (Katalog; Antiquariatskatalog). No 1–761. — Frankfurt a. M.: Baer 1864–[1929]. 8° [u.] 4°
Der Katalog ist in den meisten Bibliotheken nur lückenhaft vorhanden.
1:Aq 5494. 7. 10. 12. 19. 30. 111.
9.8756

Monumenta typographica vetustissima. Incunabeln Lagerkatalog von Joseph Baer & Co. Frankfurt a. M. Meist aus d. Bibliotheken des Predigerklosters in Frankf., des Karmeliterklosters in Hirschhorn, des Praemonstratenserklosters in Weissenau u. des Predigerklosters in Wimpfen. (*Frankfurt a. M.: J. Baer & Co. [1900].*) (121 S.) 8° [Umschlagt.]
[illegible] 5506

Hans Sachs, von ihm und über ihn. Zum 5. Nov. 1894. Joseph Baer & Co., Buchhandl. in Frankfurt a. M. *Frankfurt a. M. 1894: (J. H. E. Heitz in Straßburg).* (16 S.) 8° [illegible]
(Joseph Baer & Co: Antiquar Anzeiger. 438) 04 3607

— **Schopenhauer-Bibliothek.** Originalhandschriften Schopenhauers, 166 Bände aus seiner Privatbibliothek, seine Schriften, Briefe u. Gespräche, Literatur über ihn. [Verkaufskat.] — Frankfurt a. M.: Baer 1905. 45 S. 8°
Nebent.: Schopenhaueriana. 14. 18. 30. 302.
9.8759

— **Tausend werthvolle Werke** aus allen Wissenschaften vom antiquarischen Lager. — (Frankfurt a. M.: Baer [1885].) 111 S. 8° 1:Aq 5492. 2. 7. 24. 304.
9.8760

Baer, Josef Siegmund: Abhandlung über die Rheumatalgie und Arthralgie. — Prag: Haase 1817. 139 S. 8°
1:Kg 6505. 3. 10. 300: 70 K 206. 302.
9.8761

Bär, Joseph, Abhandl. über die Rheumatalgie u. Arthralgie. Prag, Enders. 818.

Baer, Isidor, aus Wiesbaden: Über Splitterverletzungen des Auges. *Wiesbaden 1899.* (15 S.) 8°
Freiburg i. B., Med. Diss. v. 1899

Baer, Julius, Bühnenschriftsteller. **1900: In seiner Sünden Blüte.** Drama. — (Leipzig [um 1900]: R. Schmidt.) 40 S. 8° 30.
9.8763

— **Die Brüder.** Schauspiel. — (Meerane [um 1900]: Otto.) 35 S. 8° 30. 31. 32.
9.8764

— **Die Familie.** Schauspiel. — Leipzig [um 1900]: Mutze. 24 S. 8° 30.
9.8765

— **Eine beschränkte Frau.** Tragikomödie. — Dresden: Pierson 1900. 118 S. 8° 1:Yo 31547. 30. 38.
9.8766

Baer, Julius De operibus Fastidii, Britannorum episcopi. Dissertatio inauguralis ... Monacensis .... 70 S. 8.
Progr. Kgl. Bayer. Realgymn. *Nurnberg* 1902.

Baer, Julius, Windsheimensis: De operibus Fastidii, Britannorum episcopi. *Norimbergae (1902): G. P. J. Bieling-Dietz.* (70 S.) 8°
München, Phil. Diss. v. 1902

Baer, J., De operibus Fastidii, Britannorum episcopi. Diss. 1903. 70 S.

Baer, Julius, approb. Arzt aus Wiesbaden: Ueber Vorkommen und Verhalten einiger Zuckerarten im Blut und in pathologischen Flüssigkeiten. *Strassburg i. E. 1899: C. & J. Goeller.* (24 S.) 8°
Strassburg, Med. Diss. v. 1899

Baer, Julius, Baumeister, Zwickau. **1909: Ziegelrohbau oder** Putzbau. — (Dresden: Sächsischer Heimatschutz) 1909. 13 S. 8°
Aus: Mitteilungen d. Vereins „Sächsischer Heimatschutz". 8.1909. (Sächsischer Heimatschutz, Landesverein zur Pflege heimatlicher Natur, Kunst u. Bauweise. Flugschrift. 3.)
101.
9.8767

Baer, Justine s. *Akten* des Königl. Landgerichts zu Greifswald in Sachen der Wittwe Schuster ... gegen ... Justine Bär. 1884.

Baer, K. (Oberlehrer in Frankfurt/Oder), s. B a e r , Karl

Baer, K.: (Arzt u. Naturforscher), s. B a e r , Karl Ernst

Baer, K.E. (Arzt u. Naturforscher), s. B a e r , Karl Ernst

Baer, K.E. (Jurist), s. B a e r , Karl Ernst

Baer, Karl (Arzt und Naturforscher), s. B a e r , Karl Ernst

Baer, Karl, Mannheim. **1906: Auctions-Catalog.** Inh.: Sammlung des Herrn Carl Baer in Mannheim. Münzen u. Medaillen von Baden und d. Pfalz. — Frankfurt a. M. (: Rosenberg) 1906. 79 S. 8° 1:Ns 8973/16. 16. 29. 39.
9.8771

Baer, [Karl]: [Bericht über die Feier der Einweihung des neuen Gebäudes.] S. 22—24 der Schuln. 4. Realschule *Kiel* 1903
Progr.

Baer, (Karl): Einführung des Direktors. *Kiel 1898: A. F. Jensen.* (S. 14.) 4°
Kiel, R, P 1898 (313)

Baer, Karl Über das Gleichgewicht und die Bewegung der Wärme in einem homogenen Rotationsparaboloid. 31 S. Progr. *Cüstrin* 1881.

Baer, Karl, Handbuch der Photographie, s.a. Meyer's Volksbücher.

Baer, Karl. 1908: Handbuch der Photographie. — Leipzig [usw.]: Bibliogr. Inst. [1908]. 156 S. 8° (Meyers Volksbücher. 1525.1526.)
15. 300: 393.125–A. Per. 1525.1526. 302.
9.8772

Baer, Karl. 1895: Friedrich Kiefer. Ein Lebensbild. — Karlsruhe (1895): Macklot. 60 S. 8°
1:Si 896/500. 16. 25. 31.
9.8770

Baer, Karl, parabolische Koordinaten in der Ebene und im Raum. gr. 4. (40 S. mit 2 Fig.-Taf.) Frankfurt a. O. 888. (Berlin, Mayer und Müller.) *

Baer, *Karl* Parabolische Koordinaten in der Ebene und im Raum. (Mit 2 Figurentafeln.) 4 (40 S.).
Progr. Obersch. (Rg) *Frankfurt a. O.* 1888

Baer, Karl, d. Kugelfunktion als Lösung e. Differenzengleichung. Progr. 4. (25 S.) Kiel. (Berlin 898. Mayer & Müller.) n. 1. 50

Baer, Karl: Die Kugelfunktion als Lösung einer Differenzengleichung. *Kiel 1898: A. F. Jensen.* (25 S.) 4°
Kiel, R, P 1898 (313)

Baer, (Karl): Lehrerkollegium [der Realschule in Kiel]. *Kiel 1898: A. F. Jensen.* (14—16 S.) 4°
Kiel, R, P 1898 (313)

Baer, Karl [Dr., Prof.]: Über das logarithmische Potential einer Pascalschen Schnecke. M. e. Figurentaf. Kiel, Druck v. A. F. Jensen, 1897; 1 Bl., 24 S., 1 Taf. 4.
Kiel, OR, P 1897 (308)

Baer, die günstige Stellung der Erde im Sonnensystem, s.a. Sammlung naturwissenschaftlicher Vorträge.

Baer, Karl, Oberlehrer, Frankfurt a. O. 1889: **Die günstige Stellung der Erde im Sonnensystem. — Berlin: Friedländer 1889. 16 S. 8° (Sammlung naturwissenschaftlicher Vorträge. 2,9.)** 1:Lc 7897–2,9.
9.8769

Baer, Karl, d. Verteilung d. Elektricität a. d. Fußpunktfläche e. Kugel. Progr.-4. (44 S. m. 1 Taf.) Frankfurt a/O. 892. (Berlin, Mayer & Müller.) n. 1.80

[F.] **Baer,** Karl [Oberl. Dr.]: Die Verteilung der Elektricität auf der Fusspunktfläche einer Kugel. '(M. e. Figurentaf.)' Frankfurt a. O., k. Hofbuchdr. Trowitzsch & Sohn, 1892; 1—44 S., 1 Taf. 4.
Frankfurt a. d. O., Ober-S '(RG)', OP 1892 (104)

Baer, (Karl): **Vorgeschichte** [der Realschule in Kiel]. *Kiel 1898: A. F. Jensen.* (S. 13.) 4°
Kiel, R, P 1898 (313)

Baer, Karl, bacc. jur. aus Erfurt: **Wiederkauf und obligatorischer Vorkauf dargestellt nach gemeinem und bürgerlichem Recht.** *Borna-Leipzig 1904: R. Noske.* (VI, 60 S.) 8°
Leipzig, Jur. Diss. v. 1904

Baer, Karl Ernst
Baer's, K. E. v., Biographie, s.: **Stieda, L.**

Baer, Karl Ernst v., Vortrag über ihn, s.: Poelchau, G.

Bär, K. v. Die neuesten Acquisitionen d. craniologischen Sammlung. St. Petersb. 1859.

v. Baer, Karl Ernst, Begleiter durch das königl. zoologische Museum zu Königsberg. 8, Königsb. 822.

— [Hrsg.] s. ***Beitraege* zur Kenntniss des Russischen Reiches. 1839–72.**

Baer, Karl Ernst v. (Hrsg.), s. Beiträge zur Naturkunde aus den Ostsee-Provinzen Russlands.

Baer, C. E. v., kurzer Bericht über wissenschaftliche Arbeiten etc., s.a. Beiträge zur Kenntniss des Russischen Reiches.

— **Kurzer Bericht über wissenschaftliche Arbeiten und Reisen, welche zur nähern Kenntniss des Russischen Reichs in bezug auf seine Topographie ... eingeleitet sind. (Abth. 1.2.) — St.Petersburg: Kais. Akad. d. Wiss. 1845–55. 776 S. 8° (Beiträge zur Kenntniss des Russischen Reiches u. der angrenzenden Länder Asiens. 9,1.2.)**
1:Ue 274–9,1.2. 2. 3. 5. 7. 10. 12:Russ. 14 r–9. 14→17. 21. 24. 26. 27. 44. 202. 205. 300:105.059–B. Bd 9,1.2. 302. 303.
9.8776

— **Bericht über die Zusammenkunft einiger Anthropologen im September 1861 in Göttingen ... erstattet von Karl Ernst v. Baer u. Rudolph Wagner. — Leipzig: Voss 1861. 87 S. 4°**
2. 4. 7. 8. 12:4° Anthr. 1 i. 15. 18. 19. 21. 28. 30. 202.
9.8777

— **Berichte über die Anmeldung eines mit der Haut gefundenen Mammuths und die zur Bergung desselben ausgerüstete Expedition. — St.Petersburg 1866: Kais. Akad. d. Wiss. 161 S. 8°** 1:Mi 4660. 12:Lith. 26 f.
9.8778

Baer, Karl Ernst v., Arzt u. Naturforscher, Petersburg, 1792-1876. **1810: Berichte über die Zoographia Rosso-Asiatica von Pallas. — Königsberg 1831 (:Hartung). 36 S. 4°**
1:4° Lv 11830. 2. 5. 7. 9. 10. 15. 24. 111.
9.8779

Baer, Karl Ernst v., Berichte üb. d. Zoographia Rosso-Asiatica v. Pallas, abgest. an d. K. Akad. d. Wissensch. z. St. Petersburg. gr. 4. (5 B.) Königsberg 831. (Leipzig, Voss.)

—— über zweckmäßige Bewirthschaftung privater Fischereien. Auszug aus einem Vortrage, gehalten in der Sitzung der Dorpater Naturforscher-Gesellschaft am 21. Septbr. 1871. 8. (8 S.) Dorpat 872, Gläser's Verlag. *

Baer, K. E. v., üb. zweckmäßige Bewirthschaftung privater Fischereien. Auszug aus e. Vortrage, geh. in der Sitzg. der Dorpater Naturforscher-Gesellschaft am 21. Septbr. 1871. 8. (8 S.) Dorpat 872. Schnakenburg. n. — 40

— **Blicke auf die Entwickelung der Wissenschaft. — [Petersburg; Leipzig: Voss 1836.] S. 53–128. 4°**
Aus: Recueil des actes de la séance publique de l'Académie Impériale des sciences de St. Pétersbourg. 1836.
111.
9.8780

— **Des Branchies et des vaisseaux branchiaux dans les embryons des animaux vertébrés. Mémoire 1.2. — o.O. [1828]. 11 S. 4°**
Aus: Annales des sciences naturelles. 15. 1828. 1:4° Lm 2099.
9.8781

— **Aus den Jugendjahren von Karl Ernst v. Baer. Briefe an Ed. Aßmuth. Hrsg. von R. Hausmann. — Riga (:Jonck & Poliewsky in Komm.) 1909. 122 S. 8°**
Aus: Baltische Monatsschrift. 1909. 11. 26. 109. 212.
9.8782

Baer, Karl Ernst von (Mitarb.):

s.: Burdach, Karl Friedrich: Die Physiologie als Erfahrungswissenschaft. Bd 1 - 2. Leipzig: 1826

JB 1.041

—— **Crania selecta ex thesauris anthropologicis acad. imp. Petropolitanae. Iconibus et descriptionibus illustr. (Dissertatio.) Imp.-4. (28 S. und 16 Stnt.) St. Petersburg 859. Leipzig, Voss.** * *
Aus: Mémoires de l'académie impériale des sciences de St.-Pétersbourg, besonders abgedruckt.

Baer, K.E.v., s. Eichwald, Ed., die Urwelt Rußlands.

—— über Entstehung, Ausbildung und endliche Zerstörung einer großen besiedelten Insel in der Wolga bei Astrachan. Vortrag, gehalten in der Sitzung der Dorpater Naturforscher-Gesellschaft am 23. Febr. 1870. 8. (16 S. mit eingedr. Holzschn.) Dorpat 871, Gläser's Verlag. *
Aus: Sitzungsberichte der Dorpater Naturforscher-Gesellschaft, besonders abgedruckt.

Baer, Karl Ernst v., Entwickelt sich die Larve der einfachen Ascidien in der ersten Zeit nach dem Typus der Wirbelthiere? s.a. Mémoires de l'Académie impériale des sciences de St. Pétersbourg.

— **Entwickelt sich die Larve der einfachen Ascidien in der ersten Zeit nach dem Typus der Wirbelthiere? — St.-Pétersbourg: Eggers [usw.] in Comm.; Leipzig: Voss in Comm. 1873. 35 S. 4° (Mémoires de l'Académie Impériale des sciences de St.-Pétersbourg. Sér. 7, T. 19,8.)**
1:4° Ab 5408–Sér. 7, T. 19,8. 2→5. 7→11. 12:4° Acad. 140c–19. 14→18. 20. 21. 24→28. 30. 31. 39. 45. 46. 300:392.831–C. Sér. 7,19. 302. 303.
9.8786

— **Über Entwickelungsgeschichte der Thiere. Th. 1.2 [nebst] Schlußh. zu Th. 2. — Königsberg: Borntråger (Schlußh.: Koch) 1828–88. 8°**
1. 1828. 2. 1837.
Schlußh. Baer: Studien aus der Entwickelungsgeschichte des Menschen. 1888.
1:Ll 8252. 3. 5. 8→11. 14. 16. 21. 25. 29. 38. 84. 90. 202. 304. 305.
9.8787

Baer, Karl Ernst v., üb. Entwicklungsgeschichte der Thiere. Beobachtung u. Reflexion. 2. Thl. Schlussheft Hrsg. v. Ludw. Stieda. gr. 4. Königsberg 888. Koch. n. 4. — (cplt.: n. 28. —)
Studien aus der Entwicklungsgeschichte d. Menschen. Nach dem Tode d. Verf. hrsg. v. L. Stieda. (V u. S. 317 - 400.)

— Etwas über Fische und Fischereien. — St. Petersburg 1865: Kais. Akad. d. Wiss. 37 S. 8°
Aus: St. Petersburger Kalender für 1866. 10.
9.8788

Baer, Karl Ernst: Diss. de fossilibus mammalium reliquiis in Prussia adjacentibusque regionibus repertis. Cum icone. 4. Königsb. 824. Univers.-B.

—— zur Frage der Geschworenen- und Schöffengerichte. gr. 8. (31 S.) Berlin 878, Guttentag. *

— Geographische Fragen aus der Vorzeit. — Dorpat: Gläser 1874. 27 S. 8°
Aus: Das Ausland. 47. 1874. 32.
9.8790

—— geograph. Fragen a. d. Vorzeit. 8. (27) Dorp. 74, Schnakenburg. n. — 80

von Baer, Karl Ernst Historische Fragen mit Hülfe der Naturwissenschaften beantwortet Mit einem Kärtchen in Kupferstich und drei in den Text gedruckten Holzschnitten (Reden, gehalten in wissenschaftlichen Versammlungen und kleinere Aufsätze vermischten Inhalt. Th 3) St. Petersburg 1873. XIV, 385 S. 8°.

von Baer, Karl Ernst: Ueber den jährlichen Gang der Temperatur in Nowaja Semlja. ([S-A] Bulletin de l'Académie de St-Petersbourg. 1837.) (St-Pétersbourg 1837.) 17 S., 1 Tb.
in: Sammelband. Kleinere Schriften zur Klimatologie und physischen Geographie. No 7. 8°.

von Baer, Karl Ernst Ueber den täglichen Gang der Temperatur in Nowaja-Semlja (Bulletin scientifique, publié par l'Académie Impériale des Sciences de St-Pétersbourg T. 2 No 19) (St-Petersbourg 1837.) 11 S, 3 Tb
in Sammelband Kleinere Schriften zur Klimatologie und physischen Geographie No. 8.

Baer, Karl Ernst v., Arzt u. Naturforscher, Petersburg. 1792-1876. 1810: Über das Gefäss-System des Braunfisches. — [Bonn: Weber in Komm. 1835.] S. 306–408. 4°
Aus: Nova Acta physico-medica Academiae Caesareae Leopoldino-Carolinae naturae curiosorum. 17,1. 1835.
2. 19. 30.
9.8791

— De ovi mammalium et hominis Genesi. — Lipsiae: Voss 1827. 40 S. 4°
1: 4° Ll 11575. 2. 4. 5. 7. 8. 10. 12: 4° Anat. 11 m. 15. 16. 19. 21. 23→26. 28. 38. 43. 84. 86. 300: 79 P 17. 302. 304.
9.8792

Baer, Karl Ernst. Geschichte u. Kritik d. Verfassungsrevisionsfrage sowie d. gegenwärt. Parteiverhältnisse im Lande Baden. gr. 8. (V, 76 S.) Lörrach 892, Haerdle. * — 75

Baer, Karl Ernst, Oberlandesgerichtsrat, M. d. R. 1879: Geschichte und Kritik der Verfassungsrevisionsfrage sowie der gegenwärtigen Parteiverhältnisse im Lande Baden. — Lörrach 1892: Schmid-Burkard. V,76 S. 8°
7. 11. 16. 25. 30. 31. 123. 203. 205. 208.
9.8828

von Baer, Karl Ernst: Ueber ein allgemeines Gesetz in der Gestaltung der Flussbetten (Kaspische Studien VIII) ([S-A] Bulletin de l'Académie Impériale des Sciences de St-Pétersbourg. T. 2 p 1–49, 218–250 353–382) St-Pétersbourg 1860. 157 S 8°.

von Baer, Karl Ernst: Ueber das Klima von Nowaja-Semlja und die mittlere Temperatur insbesondere ([S-A] Bulletin de l'Académie de St-Pétersbourg 1837) (St.-Petersbourg 1837) 18 S
in Sammelband. Kleinere Schriften zur Klimatologie und physischen Geographie No. 6 8°.

von Baer, Karl Ernst: Ueber das Klima von Sitcha und den russischen Besitzungen an der Nordwestküste von Amerika überhaupt, nebst einer Untersuchung der Frage, welche Gegenstände des Landbaues in diesen Gegenden gedeihen können ([S-A] Bulletin scientifique publié par l'Académie Impériale des Sciences de St-Pétersbourg T. 5 No. 9 10) (St-Pétersbourg 1839) 31 S 8°.

Baer, C. E. v., Kopfmangel an Embryonen von Schweinen. [Nova Acta Acad. Leop.-Carol. XIV.] Leipzig 29. Engelmann. M. 1.—

Baer, K(arl) E(rnst) von: Kupfertafeln nebst Erklärung derselben zu den Vorlesungen über Anthropologie. 12 S., gbd., 11 Taf.

Königsberg: Bornträger 1824

— Lebensgeschichte Cuvier's. Hrsg. von Ludwig Stieda. Braunschweig: Vieweg 1897. 125 S. 8°
Aus: Archiv für Anthropologie. 24,3. 1897.
1: As 6446. 5. 10. 11. 12: Biogr. 291 ob. 14. 26. 27. 31. 34. 43. 62. 79. 86. 117. 202. 302. 305.
9.8794

—— über die homerischen Lokalitäten in der Odyssee. Nach dem Tode des Verf. hrsg. von L. Stieda. gr. 4. (V, 34 S. mit 3 Taf. Abbild. in Holzschn. und Lichtdr.) Braunschweig 877, Vieweg und Sohn. *

— Über die homerischen Lokalitäten in der Odyssee. Hrsg. von L. Stieda. — Braunschweig: Vieweg 1878. 33 S. 4°
1: 4° Ve 8930. 2→7. 10. 11. 12: A. gr. a. 491. 14. 15. 18. 20. 21. 23. 26. 30. 35. 82. 300: 157.547-C. 302. 304.
9.8795

—— d. Makrokephalen im Boden d. Krym u. Oesterr., s.a. Mémoires de l'acad. de St. Pétersb.

— Die Makrokephalen im Boden der Krym und Österreichs, verglichen mit der Bildungs-Abweichung, welche Blumenbach Macrocephalus genannt hat. — St. Petersburg: Eggers [usw.] in Comm.; Leipzig: Voss in Comm. 1860. 80 S. 4° (Mémoires de l'Académie Impériale des sciences de St.-Pétersbourg. Sér. 7, T. 2,6.)
1: 4° Ab 5408-Sér. 7, T. 2,6. 2→5. 7→11. 12: 4° Acad. 140c-2. 14→18. 20. 21. 24→28. 30. 31. 33. 39. 45. 46. 300: 392.831-C. Ser. 7,2. 302. 303.
9.8796

Baer, K E von, Materialien zur Kenntniss des unvergänglichen Bodeneises in Sibirien [Beitrag zur Kenntniss des Russischen Reiches. 7. Band] [o. O. u. J.]

Baer, Karl Er. v., über doppelleibige Missgeburten od. organische Verdoppelungen in Wirbelthieren. Als Anh.: Kleine Nachlese von Missgeburten, die an u. in Hühner-Eiern beobachtet sind. 1. Hälfte. gr. 4. (14¾ B. u. 10 Kpfrt.) St. Petersburg 845. (Leipzig. Voss.) **
Aus: Memoires de l'acad. imp. des sciences de St. Petersbourg, sc. natur. T. IV. besond. abgedruckt.

— Über doppelleibige Missgeburten oder organische Verdoppelungen in Wirbelthieren. Als Anhang: Kleine Nachlese von Missgeburten, die an und in Hühner-Eiern beobachtet sind. — St. Petersburg 1845: Kais. Akad. d. Wiss. 116 S. 4°
Aus: Mémoires de l'Académie Impériale des sciences de St.-Pétersbourg. Sér. 6, T. 6, P. 3,4. 1845.
17. 20. 111. 202.
9.8797

— Diss. inaug. med. de morbis inter Esthonos endemicis. 8. Dorpat 814.

— Biographische Nachrichten über den Embryologen Grafen Ludwig Sebastian Tredern. — St. Petersburg 1873: Kais. Akad. d. Wiss. 8°
Aus: Bulletin de l'Académie Impériale des sciences de St.-Pétersbourg. 19. 1874.
17. 19.
9.8798

Baer, Karl Ernst v., s.a. Nachrichten über Leben und Schriften des...

— Nachrichten über Leben und Schriften des Herrn Geheimrathes Dr. Karl Ernst v. Baer, mitgetheilt von ihm selbst. — St. Petersburg 1865: Kais. Akad. d. Wiss. VI, 674 S. 4° 1: 4° At 8760. 2→10. 12: 4° Biogr. 30 i. 15. 16. 18→21. 24→30. 32. 79. 109. 203. 302. 303. 305.
9.8799

—— St. Petersburg: Schmitzdorff 1866. XVI, 519 S. 8°
Nebent.: Baer: Selbstbiographie.
11. 14. 15. 17. 20. 21. 25. 38. 39. 43. 44. 45. 48. 84. 166. 300: 111.967-B.
9.8800

(v. Baer, Karl Ernst.) — Nachrichten über Leben u. Schriften des Herrn Geheimraths Dr. Karl Ernst v. Baer, mitgetheilt von ihm selbst. Veröffentlicht bei Gelegenheit seines 50jähr. Doctor-Jubiläums am 29. August 1864 von der Ritterschaft Ehstlands. St.-Petersburg 867. Röttger. gr. 8. (VIII, 519 S. u. Portr. in Stahlst.) 2 ℛ 22½ ngr.

Baer, Karl Ernst v., Nachrichten üb. Leben u. Schriften desselben, mitgeteilt v. ihm selbst. Veröffentlicht bei Gelegenheit seines 50jährigen Doctor-Jubiläums am 29. Aug. 1864 v. der Ritterschaft Esthlands. 2. Ausg. gr. 8. (XVI, 519 S. m. Stahlst.-Bild.) Braunschweig 886. Vieweg & Sohn. n. 6. —

—— Nachrichten über Leben und Schriften desselben, mitgeteilt von ihm selbst. Veröffentlicht bei Gelegenheit seines 50jähr. Doctor-Jubiläums am 29. Aug. 1864 von der Ritter-
489 Abbild. auf 167 in den Text gedr. Holzschn.) Bielefeld 887, Velhagen und Klasing. cart. *

Baer, Karl Ernst v., Arzt u. Naturforscher, Petersburg, 1792-1876. 1819: Nachrichten aus Sibirien und der Kirgisen-Steppe. St. Petersburg: Kais. Akad. d. Wiss. 1845. VII,341 S. 8° (Beiträge zur Kenntniss des Russischen Reiches und d. angränzenden Länder Asiens. 7.)
1: Uc 274-7. 2. 3. 5. 7. 10. 12: Russ. 14 r-7. 14→17. 21. 24. 26. 27. 28. 44. 78. 111. 205. 303.
9.8803

Baer, K. E. v., über Papuas und Alfuren. Ein Commentar zu den beiden ersten Abschnitten der Abhandlung: Crania selecta ex thesauris anthropologicis Acad. Imp. Petropolitanae. St. Petersburg 859. (Leipzig, Voss.) gr. 4. (78 S.) nn. 20 ngr.

— Über Papuas und Alfuren. — St.Pétersbourg 1859: Kais. Akad. d. Wiss. 78 S. 4°
Aus: Mémoires de l'Académie Impériale des sciences de Saint-Pétersbourg. Sér. 6,T. 10,P. 2,8. 1859.
10. 12: 4° Anthr. 1e/1. 17. 26. 28. 33.
9.8804

— Über ein neues Project, Austern-Bänke an der russischen Ostsee-Küste anzulegen. — St.Petersburg 1861: Kais.Akad. d. Wiss. S. 592-675. 8°
Aus: Bulletin de l'Académie Impériale des sciences de St.-Pétersbourg. 4. 1862.
1: Oy 28925. 20. 79.
9.8806

— — Sanktpeterburg: Glazunov in Komm.[usw.] 1862. 67 S. 8°
Aus: Zapiski Imp. Akademii nauk. 1.Pril. 2. 1862. 17.
9.8808

Baer, K. E., Reden. 3 Thle. gr. 8. St. Petersburg 864—76. Braunschweig, Vieweg und Sohn.
[2. (Titel-)Ausg. 1886. * ℳ 16.] *

— Reden gehalten in wissenschaftlichen Versammlungen u. kleinere Aufsätze vermischten Inhalts. 1. Thl. Reden. Mit dem Bildniß des Verf. in Stahlst. St. Petersburg 864. Röttger. gr. 8. (VII, 296 S.) 1 ℛ 15 ngr.

— Reden geh. in wissenschaftlichen Versammlungen u. kleinere Aufsätze vermischten Inhalts 2. u. 3. Thl. gr. 8. St. Petersburg 874. 75. Röttger. n. 19. — (I—III. n. 23. 50)
II. Studien aus dem Gebiete der Naturwissenschaften. Mit 28 in den Text gedr. Abbildgn (in Holzschn.) (480 S.) n. 10. —
III. Historische Fragen m. Hülfe der Naturwissenschaften beantwortet. Mit e. Kärtchen in Kpfrst. u. drei in den Text gedr. Holzschn. (XVI, 386 S.) n. 9. —

Baer, Karl Ernst v., Arzt u. Naturforscher, Petersburg, 1792-1876. 1819: [Teils.] Reden gehalten in wissenschaftlichen Versammlungen und kleinere Aufsätze vermischten Inhalts. Th. 1-3. — St.Petersburg: Schmitzdorff 1864-76. 8°
1. Reden. 1864.
2. Studien aus d. Gebiete d. Naturwissenschaften. 1. (2.) 18(73-)76.
3. Historische Fragen mit Hilfe der Naturwissenschaften beantwortet. 1873.
1: Lf 20950. 2→5. 7→11. 12: Opp. 451 h. 14→21. 24. 25. 27. 28. 30. 31. 32. 34. 39. 43. 45. 83. 84. 107. 109. 211. 302. 304. 305.
9.8773

— — 2. Ausg. Th. 1-3. Braunschweig: Vieweg 1886. 8°
Inhalt wie in 9.8773.
6 [= 1.2]. 23. 25 [= 2.3]. 26 [= 2.3]. 41. 83 [= 1.3.] 93 [= 1.2]. 109.
9.8774

Baer, K. E., Reichsgesetz, betr. den Verkehr mit Nahrungsmitteln, Genußmitteln und Gebrauchsgegenständen, erläutert, s. Gesetzgebung, die, des Deutschen Reiches mit Erläuterungen.

Baer K E, Reichsgesetz betreffend den Verkehr mit Nahrungsmitteln, Genussmitteln und Gebrauchsgegenständen vom 14.5.79 mit Erläuterungen. (Gesetzgebung des Deutschen Reiches III, 4) Erlangen 1881

Baer (C. E. a). De fossilibus mammalium reliquiis in Prussia adjacentibusque regionibus repertis. Dissertatio. Regiomonti 1823. 4.

— Schädel- und Kopfmangel an Embryonen von Schweinen. — [Bonn: Weber in Komm. 1829.] 12 S. 4°
Aus: Nova Acta physico-medica Academiae Caesareae Leopoldino-Carolinae naturae curiosorum. 14,2. 1829.
2. 12: 4° Zool. 470-20. 26.
9.8809

Baer, v., K. E., Dr., Ueber Schleim- oder Gallertmassen, die man für Meteorfälle angesehen hat Moskau 1865.

Baer's, Karl Ernst v., Schriften, ausgew. v. Remig. Stölzle, s. a. Bücher d. Weish. u. Schönh.

— [Werke, Ausz.] Schriften, ausgewählt u. eingeleitet von Remigius Stölzle. 1.-5. Taus. — (Stuttgart: Greiner & Pfeiffer [1907].) VI,230 S. 8° (Bücher d. Weisheit u. Schönheit.) 12: Ph. Sp. 47 dd. 15. 18. 24. 31. 34. 41. 46. 60. 61. 64. 79. 109. 121. 123. 206. 212. 309.
9.8775

Baer, K.E.von: Kleinere Schriften zur Klimatologie, s. Schriften...

— Selbstbiographie. 1866 u. ö. s. *Baer:* Nachrichten über Leben und Schriften.

Baer, Karl Ernst v., eine biographische Skizze, s. Stieda, Ludw.

— Zum Streit über den Darwinismus. — Dorpat: Gläser 1873. 15 S. 8°
Aus: Augsburger allgemeine Zeitung. 1873.
15. 33. 34. 305.
9.8811

— zum Streit üb. den Darwinismus. [Aus: „Augsburger Allg. Zeitung."] gr. 8. (15 S.) Dorpat 873. Schnakenburg. n. — 40

— Studien aus der Entwickelungsgeschichte des Menschen. Hrsg. von L. Stieda. — Königsberg: Koch 1888. 84 S. 8° (Baer: Über Entwickelungsgeschichte der Thiere. Schlußh. zu Th. 2.)
1: an Ll 8252-2. 3. 5. 8→11. 14. 16. 21. 25. 29. 38. 84. 90. 202. 304. 305.
9.8812

Baer, Karl Ernst v., Arzt und Naturforscher, Petersburg, 1792-1876. 1819: Kaspische Studien. [1.] — St. Petersburg: Eggers in Komm.; Leipzig: Voss 1855. 111 S. 8°
Aus: Bulletin de la classe physico-mathématique de l'Académie Impériale des sciences. 13. 1855.
12: Russ. 9 sf. 302.
9.8813

— — [1-3.] Ebd. 1859. 8°
Aus: Bulletin de la classe physico-mathématique de l'Académie Impériale des sciences. 13-15. 1855-57 [u.] ... de la classe historico-philologique. 14. 1857.
1 [= 3]: Um 7892. 15. 27 [= 1].
9.8814

— kaspische Studien. 3. Heft. Lex.-8. (157 S. und 1 lithogr. Karte.) St. Petersburg 860. (Leipzig, Voss.) *
Aus: Bulletin de l'académie impériale des sciences de St.-Pétersbourg, Tome II, besonders abgedruckt.
1. und 2. Heft. (Ebendas.) 1855,59. * 1 Thlr. 18 Ngr.

— **Typen von National-Physiognomien aus Steinpappe.** — ([St.Petersburg] 1861: Kais. Akad. d. Wiss.) 4 S. 8°
Aus: Deutsche St. Petersburger Zeitung. 1861.
(Heuser, J. M.: Types principaux des différentes races humaines dans les cinq parties du monde. Text.)
Franz. Ausg. s. *Baer:* Photographie des types des physionomies nationales. 1861.
1: gr. 2° Pn 664-Text. 12: 2° Anthr. 1 fd-Text. 14. 23. 25. 32. 43. 48. 61. 82. 88.
9.8815

— **Anatomische und zoologische Untersuchungen über das Wallross (Trichechus rosmarus) und Vergleichung dieses Thiers mit andern See-Säugethieren.** — o. O. [1838]. 139 S. 4°
Aus: Mémoires de l'Académie Impériale des sciences de St.-Pétersbourg. Sér. 6, T. 4,2. 1838.
18. 19. 30. 111.
9.8816

— **Untersuchungen über die Entwickelungsgeschichte der Fische.** — Leipzig: Vogel 1835. 52 S. 4°
1: 4° Lo 18963. 2→10. 12: 4° Zool. 17 tc. 15. 16. 19. 21. 24. 26. 28. 30. 44. 87. 202. 300: ∘44 F 143. 302.
9.8817

— **Untersuchungen ueber die Gefaessverbindung zwischen Mutter und Frucht in den Säugethieren.** — Leipzig: Voss 1828. 30 S. 2°
1: 2° Ln 565. 2. 5. 7. 8. 10. 11. 12: 2° Zool. 17. 15. 16. 19. 20. 24. 25. 26. 28. 29. 30. 84. 202. 302.
9.8818

—— Untersuchungen üb. d. Gefässverbind. zwisch. Mutter u. Frucht in d. Säugethieren. Ein Glückwunsch z. Jubelfeier Sam. Th. v. Sömmerring's. M. 1 ill. Kpfrt. gr. Fol (9½ B.) Leipzig 828, Voss.

—— Untersuchungen üb. d. ehemal. Verbreitung u. d. gänzl. Vertilgung d. von Steller beobacht. nordischen Seekuh (Rytina III.) Extrait des Mémoires de l'Académie Impériale des sciences de St. Pétersbourg. VI. Série Tom. V. gr. 4. (3¾ B.) St. Petersbourg 838. (Leipzig, Voss.) •

— **Untersuchungen über die ehemalige Verbreitung und die gänzliche Vertilgung der von Steller beobachteten nordischen Seekuh (Rytina III.)** — St.Petersburg 1838: Kais. Acad. d. Wiss. 28 S. 4°
Aus: Mémoires de l'Académie Impériale des sciences de St.-Pétersbourg. Sér. 6,5. 1840.
17. 19. 27.
9.8819

— Peter's d. Grossen Verdienste um die Erweiterg. der geograph. Kenntnisse, s.a. Beiträge zur Kenntniss d. russischen Reiches.

— **Peter's des Grossen Verdienste um die Erweiterung der geographischen Kenntnisse.** — St. Petersburg: Eggers [usw.] in Comm.; Leipzig: Voss in Comm. 1872. XIII,242 S. 8° (Beiträge zur Kenntniss d. Russischen Reiches und d. angrenzenden Länder Asiens. 16.)
Erschien zuerst russisch u. d. T.: Baer: Zaslugi Petra Velikago po časti rasprostranenii geografičeskich poznanij. 1849-50 in: Zapiski Russkago geografičeskago Obščestva.
1: Ue 274-16. 2. 3. 5. 7. 10. 12: Russ. 14 r-16. 14→17. 21. 24. 26. 27. 44. 203. 295. 300: 105.059-B. Bd 16. 303.
9.8820

—— Ebd. 1872. XV,290 S. 8° (Beiträge zur Kentniss d. Russischen Reiches und d. angrenzenden Länder Asiens. 16.)
9. 35.
9.8821

— **Vorlesungen über Anthropologie.** Th.1 [nebst] Kupfertaf. — Königsberg: Borntrager 1824. 8° (Taf.: quer-8°)
1: 8° (Taf.: quer-2°) La 2232. 2. 3. 7. 10. 11. 12: Text – Anthr. 6 f; Taf. –' 2° Anthr. 1 f. 15. 17. 20. 21. 23. 25. 30. 32. 38. 39. 75. 109. 300: Text – 35 S 8; Taf. – 35 C 21. 302. 304.
9.8822

—— Vortrag, s. Poelchau, G.

Baer, Karl Ernst, s. Vorträge aus dem Gebiete der Naturwissenschaft.

—— Vorträge a. d. Gebiete d. Naturwissenschaften u. d. Oekonomie. 1. Bdchn., s. Vorträge.

— Welche Auffassung der lebenden Natur ist die richtige?, s.a. Aus baltischer Geistesarbeit. III.

— **Welche Auffassung der lebenden Natur ist die richtige? und wie ist diese Auffassung auf die Entomologie anzuwenden?** — o. O. [1861]. 43 S. 8°
Aus: Horae Societatis entomologicae Rossicae. 1; 1861.
1: 18 in Li 7401. 79.
9.8823

von Baer, Karl Ernst: Welche Auffassung der lebenden Natur ist die richtige? und wie ist diese Auffassung auf die Entomologie anzuwenden? Zur Eröffnung der Russischen Entomologischen Gesellschaft im Mai 1860 gesprochen ([S.-A.] Horae Societatis Entomologicae Rossicae. Fasc. 1. Petersburg 1861) Berlin 1862. 58 S 8°.

Baer, Karl Ernst v., Arzt und Naturforscher, Petersburg. 1792-1876. 1819: **Welche Auffassung der lebenden Natur ist die richtige? und wie ist diese Auffassung auf die Entomologie anzuwenden?** — Berlin: Hirschwald 1862. 57 S. 8°
1: Lf 1780. 2→7. 10. 11. 12: H. nat. 9m. 16→19. 21. 28. 29. 30. 33. 38. 41. 46. 64. 79. 90. 123. 211.
9.8824

Baer, Carl Ernst v., welche Auffassung der lebenden Natur ist die richtige? und wie ist diese Auffassung auf die Entomologie anzuwenden? Zur Eröffnung der russ. entomolog. Gesellschaft im Mai 1860 gesprochen. gr. 8. (57 S.) Berlin 862, A. Hirschwald.

— **Welche Auffassung der lebenden Natur ist die richtige?** Als Einl.: Gedächtnisrede auf Karl Ernst v. Baer geh. von Graf Alexander Keyserling. — Riga: Jonck & Poliewsky 1908. S. 130–177. 8° (Aus baltischer Geistesarbeit. 3.)
1: Ag 422-3. 10. 21. 29. 38. 109. 206. 212. 300: 466.028-B. Bd 1,3. 302.
9.8825

— **Zwei Worte über den jetzigen Zustand der Naturgeschichte.** — Königsberg: Borntrager 1821. 47 S. 8°
1: Ld 4080. 2. 8. 9. 10. 15. 17. 18. 24. 25. 30. 38. 43. 202.
9.8826

Karl v. Baer zwei Worte über den jetzigen Zustand der Naturgeschichte. Königsberg 1822. 4.

v. Baer, K. Das neu entdeckte Wrangells-Land. Dorpat 1868.

— **Das neuentdeckte Wrangells-Land.** — Dorpat: Gläser 1868. 25 S. 8°
1: Ut 7356. 12: Geo. U. 81. 21. 26. 34. 109. 205.
9.8827

Baer, Kasimir Hermann, s. Baer, Casimir Hermann

Baer, Kaspar: Heinrich Pestalozzi. Sein Leben u. sein Wirken einfach u. getreu erzählt. — Zürich: Orell 1846. 79 S. 8°
15. 207.
9.8836

Baer, Klaus [Pseud.] s. *Baer,* Salomon.

Baer, L. (Arzt), s. Baer, Lucian

Baer, Leo, aus Frankfurt a. M.: Die illustrierten Historienbücher des 15. Jahrhunderts. Ein Beitrag zur Geschichte d. Formschnitts. T. 1: Die Anfänge. *Straßburg 1902: J. H. E. Heitz.* (33 S.) 4° ¶ (Enth. nur Kap. 5–8.) — [Die Arbeit erschien 1903 vollst. ebenda.]
Heidelberg, Phil. Diss. v. 1902

— **Die illustrierten Historienbücher des 15. Jahrhunderts.** Strassburg: Heitz 1903. 216,XCVI S. 4°
Erschien teilw. auch als Diss. Heidelberg 1902.
1: 4° Nv 896. 2. 3. 5. 6. 7. 9. 10. 11. 12: 4° Art. 3xl. 14→18. 21. 22. 24. 25. 27. 29. 30. 31. 34. 36. 38. 39. 107. 117. 300: 426.913-C. Ks. Hb. 302. 303.
9.8838

Baer, Leopold. Silicispongien von Sansibar, Kapstadt und Papeete. Diss. Phil. [II.] Univ. Zürich. (Hierzu fünf Tafeln. Separat-Abdruck aus dem Archiv für Naturgeschichte [Jahrg. 72, Band 1,] Berlin 1906.) 36 S. 8. Berlin, Nicolai, 1906.

Baer, Lucian, Assistenzarzt an d. Irrenanst. Stephansfeld: Die Paralyse in Stephansfeld. Ein Beitrag zur Statistik, Aetiologie u. Casuistik d. allgem. progressiven Paralyse d. Irren. *Strassburg i. E.: J. Singer 1900.* (90 S.) 8°
Strassburg, Med. Diss. v. 1900

Bär, Ludwig

Ahasver. Ein Tagebuch. Hrsg. von Ludwig Bär. Berlin-Leipzig: C. Wigand 1909. 203 S. 8° [10. 13818

Bär, Ludw., Ahasver. Ein Tagebuch. (205 S.) 8. Leipzig 909. Modernes Verlagsbureau. 3. —

Baer, M. (Archivar) s.a. B a e r , Max

Baer, M. (Zoologe), s.a. B a e r , Max

Baer, M., der internationale Mädchenhändel, s.a. **Großstadt-Dokumente 37. Bd.**

Baer, M.: Der internationale Mädchenhandel. 2. Aufl. — Berlin u. Leipzig: Seemann [1908]. 96 S. 8° (Grossstadt-Dokumente. Bd 37.)

— — 3. Aufl. Ebd. [1906]. 96 S. 8° (Großstadt-Dokumente. 37.)
12:H. g. hum. 102xd–37. 202. 300:441.257–B. Per. 37.
9.8843

— — 4. Aufl. Ebd. [1906]. 96 S. 8° (Großstadt-Dokumente. 37.) 17. 109.
9.8844

Bär, M.: N a r r f i n g e n , s. B ä r , Michel

Baer, M.H. (Kinderbücher), s. B a e r , Marie Hermes

v. **Baer, Magn., († d. 19. Aug. 1825.), s. Landrolle d. Esthländ. Gouvernements.**

Baer, Marie Hermes v., irdische Engelchen u. Bengelchen. Kinderbilder. (VII, 186 S.) 8. Dresden 905. E. Pierson. n. 2. —; geb. n. 3. —

— Geschichten aus dem Spessart. — Dresden: Pierson 1905. 171 S. 8° 8. 12:P. o. germ. 70 mx.
9.8848

Baer, Marie Hermes v., Regentropfen u. Sonnenstrahlen. Lieder u. Dichtgn. (VIII, 84 S.) 8. Dresden 907). E. Pierson. 1.50; geb. 2. 50

Baer, Marie Hermes v.: Im Sonnenschein d. Kindh. Humoresken u. Skizzen. (7, 128) 8° Dresd., E Pierson '10. 1.50; geb. n 2.25 d

Baer, Martin, Referendar a. Coburg: Erläuterung des § 1362 B.G.Bs. Coburg 1907: A. Roßteutscher. (X, 83 S.) 8° [J.]
Jena, Jur. Fak., Ref. Thon, Diss. v. 10. Dez. 1907
[Geb. 20. Sept. 85 Coburg; Wohnort: Coburg; Staatsangeh.: Sachsen-Coburg-Gotha; Vorbildung: Gymn. Coburg Reife O. 04; Studium: Kiel 1, München 2, Berlin 1, Jena 2 S.; Rig. 24. Sept. 07.]

Bär, Max, Abriß e. Verwaltungsgeschichte des Reg.-Bez. Osnabrück, s.a. **Quellen u. Darstellungen zur Geschichte Niedersachsens 5. Bd.**

Abriss einer Verwaltungsgeschichte des Regierungsbezirks Osnabrück. Von **Max Bär**. *Hannover & Leipzig: Hahn 1901.* (XII, 241 S.) 8° [J.]
— Quellen u. Darstellungen z. Geschichte Niedersachsens. Bd 5. [10. 4779

Bär, Max: Der Adel u. d. adl. Grundbesitz in Polnisch-Preussen z. Z. d. preuss. Besitzergreifg, s: Mitteilungen d. k. preuss. Archivverwaltg.

— Avancement. Ein Liebesspiel ... (nach e. Novelle Honoré de Balzacs). — Wien: Schmiedell 1910. 20 S. 8°
300:473.981–B. 302.
9.8856

— Die 'Bamberger' bei Posen, zugleich ein Beitrag zur Geschichte der Polonisirungsbestrebungen in der Provinz Posen. — Posen: Jolowicz in Comm. 1882. 74 S. 8°
Aus: Zeitschrift für Geschichte u. Landeskunde d. Provinz Posen. 1882.
1:Sz 10946. 6. 7. 10. 19. 22. 41. 44. 106. 117. 203. 208.
9.8861

Baer, M., üb. Bau u. Farben d. Flügelschuppen b. Tagfaltern, s.a. A r b e i t e n, Tübinger zoolog.

Baer, Max, Dr., Assistent am Zoologischen Institut, Tübingen. 1896: **Ueber Bau und Farben der Flügelschuppen bei Tagfaltern. Leipzig: Engelmann 1898. S. 464–477. 8°**
Aus: Zeitschrift für wissenschaftliche Zoologie. 65. 1899.
(Tübinger zoologische Arbeiten. 3,4.) 16. 21. 30.
9.8884

— Die Behördenverfassg in Westpreussen seit d. Ordenszeit. (11, 399) Lex8° Danz., AW Kafemann '12. 10 —; L 11.50; HF 13 —

Bär, Max, Beiträge z. Geschichte d. Grafen u. Herren v. Schack, s.: S c h a c k, Hans v.

Baer, Max, Beiträge z. Kenntnis d. Anatomie u. Physiologie d. Athemwerkzeuge b. d. Vögeln, s.a. A r b e i t e n, Tübinger zoolog.

— Beiträge zur Kenntnis der Anatomie und Physiologie der Athemwerkzeuge bei den Vögeln. — Leipzig: Engelmann 1896. S. 88–166. 8°
Aus: Zeitschrift für wissenschaftliche Zoologie. 61. 1896.
(Tübinger zoologische Arbeiten. 2,3.)
Erschien auch als Diss. Tübingen 1896. 16. 21. 24. 30.
9.8885

— Die deutsche Flotte von 1848–1852. — Leipzig: Hirzel 1898. IV,331 S. 8°
1:Sa 8190. 2. 4→11. 12:A. hydr. 5 ob. 14→18. 20. 21. 22. 24. 25. 26. 28. 30. 33→36. 38. 41. 43→46. 60. 61. 64. 86. 93. 106. 117. 203. 205. 208. 209. 300:94.470–B.
9.8866

— Über die Gerichte in Preussen zur Zeit der polnischen Herrschaft. — o. O. [um 1904]. 31 S. 8°
Aus: Zeitschrift des Westpreußischen Geschichtsvereins. 47. 1904.
61.
9.8867

— Geschichte des königl. Staatsarchivs zu Hannover, s.a Mitteilungen d. k. preuss. Archivverwaltung. 2.

Baer, Max, Archivar, 1855-1929. 1882: **Geschichte des Königlichen Staatsarchivs zu Hannover. — Leipzig: Hirzel 1900. 82 S. 8° (Mittheilungen d. K. Preussischen Archivverwaltung. 2.) 1:St 300–2. 2→11. 12:J. pract. 183s–2. 14→18. 20. 21. 23→27. 29. 30. 34. 35. 36. 38. 39. 41. 43. 44. 45. 51. 52. 60. 61. 106. 109. 123. 203. 208. 300:405.954–B. Per. 2. 302. 303.**
9.8869

Bär, Max, die Kirchenbücher der Prov. Westpreussen, s.a.: A b h a n d l u n g e n zur Landeskunde der Prov. Westpreussen.

— Die Kirchenbücher der Provinz Westpreussen. — Danzig: Saunier in Komm. 1908. XI,65 S. 4° (Abhandlungen zur Landeskunde d. Provinz Westpreussen. 13.)
1:4° Sz 4841–13. 2. 4→8. 10. 11. 12:4° Bor. 1 b–13. 14. 15. 17. 21. 35. 41. 44. 83. 86. 102.
9.8871

— **Leitfaden für Archivbenutzer.** — Leipzig:Hirzel 1896. 71 S. 8° 1:Pg 9984/4. 2. 5. 7. 9. 11. 12:Graph. 5 p. 14. 15. 16. 18. 19. 24→28. 30. 34. 38. 39. 44. 51. 52. 61. 62. 64. 78. 106. 107. 109. 111. 117. 121. 208. 209. 211. 300:40.410. 302.
9.8872

— **Justus Wilhelm Lyra,** der Komponist des Liedes 'Der Mai ist gekommen'. Von Bär u. Ziller. — Leipzig:Breitkopf & Härtel 1901. 91 S. 8°
Aus: Mittheilungen d. Vereins für Geschichte u. Landeskunde zu Osnabrück. 25. 1900.
1:Mus. Dl 797. 3. 10. 21. 35. 41. 61.
9.8873

Bär, M., der Koblenzer Mauerbau, s.a. Publikationen der Gesellschaft f. rheinische Geschichtskunde.

— **Der Koblenzer Mauerbau.** Rechnungen 1276–1289. — Leipzig:Dürr 1888. VII,146 S. 8° (Publikationen d. Gesellschaft für Rheinische Geschichtskunde. 5.)
1:Th 02-5. 2→11. 12:4° Bor. 43bf-5. 14→18. 21. 23→30. 34. 35. 36. 38. 43. 52. 61. 62. 83. 87. 89. 121. 123. 205. 300:393.044-B. Per.5. 302. 303.
9.8874

— u. Walth. Stephan: Die Ortsnamenändergn in Westpreussen gegenüber d. Namenbestande d. poln. Zeit. (131) Lex8° Danz., AW Kafemann '12. 4 —

— die Politik Pommerns während d. 30jähr. Krieges, s.a. Publikationen a. d. preuß. Staatsarchiven.

— **Die Politik Pommerns** während des dreißigjährigen Krieges. — Leipzig:Hirzel 1896. XI,503 S. 8° (Publicationen aus d. K.Preußischen Staatsarchiven. 64.)
1:St 280-64. 2→11. 12:Bor. 164o-64. 14→21. 23→36. 38. 39. 41→46. 52. 61. 79. 109. 117. 123. 203. 208. 300:393.564-B. Per. 64. 302. 304.
9.8876

Die Schriften Johann Karl Bertram Stüves, zsgest. von Max Bär u. Friedrich Runge. *Osnabrück 1898: J. G. Kisling.* (56 S.) 8°
(Histor. Verein zu Osnabrück.) [illegible] 7

Die Schriften Johann Karl Bertram Stüves zsgest. von Max Bär u. Friedrich Runge. *Osnabrück: (Aufgekl.: F. Schöningh) (1898).* (56 S.) 8° [Ŧ.]
(Histor. Ver. zu Osnabrück.) [illegible]

— Das k. Staatsarchiv zu Danzig, s: Mitteilungen d. preuss. Archivverwaltg.

— Übersicht üb. die Bestände des k. Staatsarchivs zu Hannover, s.a. Mitteilungen der k. preussischen Archivverwaltung. 8.

— **Übersicht über die Bestände des K. Staatsarchivs zu Hannover.** (Vorr.: Reinhold Koser.) — Leipzig:Hirzel 1900. VII,129 S. 8° (Mittheilungen d. K.Preussischen Archivverwaltung. 3.)
1:St 300-3. 2→11. 12:J. pract. 163e-3. 14→18. 20. 21. 23→27. 29. 30. 34. 35. 36. 38. 39. 41. 43. 45. 51. 52. 61. 106. 109. 123. 203. 208. 300:405.954-B. Per. 3. 302. 303.
9.8879

— s.: Urkunden u. Akten z. Geschichte d. Verfassg. u. Verwaltg. d. Stadt Koblenz.

— s.: Urkundenbuch, Osnabrücker.

— **Aus der Vergangenheit Westpreußens.** Vortrag. — (Berlin [1909]:Ißleib.) 11 S. 8° 44. 307.
9.8881

Bär, Max, s.: Wedel's, Lupold v., Beschreibg. s. Reisen u. Kriegserlebnisse.

— Westpreussen unter Friedrich dem Grossen, s.a. Publikationen aus den k. preuss. Staatsarchiven. 83.

— **Westpreussen unter Friedrich dem Grossen.** Bd 1.2. — Leipzig:Hirzel 1909. 8° (Publikationen aus d. K.Preussischen Staatsarchiven. 83.84.)
1:St 280-83. 84. 2→11. 12:Bor. 164 o-83. 84. 14→21. 23→36. 38. 39. 41. 43→46. 52. 61. 86. 102. 109. 117. 123. 207. 208. 212. 300:393.564-B. Per. 83. 84. 302. 304.
9.8883

Westpreussen unter Friedrich dem Großen v. Max Bär. Bd 1. 2. Leipzig 1909.
1. ⟨Darstellung.⟩ 2. ⟨Quellen.⟩ 8°
= Publikationen aus den K. Preußischen Staatsarchiven. Bd. 83. 84

Bär, Michel, Narrsingen. Die wundervollste Wundergeschichte unseres Jahrhunderts. Für Gläubige u. Ungläubige in vielen Reimen u. Bildern (eingedr. Holzschn.) historisch treu geschildert. gr. 8. (147 S.) Düsseldorf 879. Sauernheimer & Co. n. 3. —

Baer, Nicolaus

[—] **Armen-Einfälle** auff das neue Bremer Armen-Hauß, umb den Armen unter die Arme zu greiffen. — Bremen 1701:Wessel. 4 Bl. 8° 46.
9.8891

— *Εὐθανασία*, pia mortis meditatio ad eamque praeparatio. Per Novensilium Uraniam [d. i. Nikolaus Baer]. — (Bremen 1705:Brauer.) 16 S. 8° 14. 46.
9.8892

Baer, Nikolaus: Fontanalia sacra, fontes naturae, gratiae & gloriae, coronationis honore dignissimos aliquatenus exhibentia. Gottgeheiligte Brunnen-Andacht. [Verf.: Nikolaus Baer.] — Bremen 1705:Wessel. 41 S. 8° 46.
9.8893

[—] Pontificalis **Gloria,** pontis iugis memoria. Ansgari Brücken Lob-Gedicht, der Stadt zu Ehren eingericht, von e. Philomusen Sohn. — o.O. (1706). 4 Bl. 8° 14. 46.
9.8894

[—] **Korakophonia** h. e. sylvestris corvi laus & vituperium, virtus & vitium. — Bremae 1700:Brauer. 19 Bl. 8°
8. 9. 14. 23. 46.
9.8895

— *Κριτήρια* fidelium, carmine epico utcunque decantata per Camoenam Nihusio Bremensem [d. i. Nikolaus Baer]. — o.O. (1710). 32 S. 8° 46.
9.8896

— *Κυνοφωνία.* Laus canis omnia laude maioris, modulata per Nic. Baerium. — (Bremae 1709:Brauer.) 48 S. 8°
8. 46.
9.8897

[—] **Phalainodia** & crocodilophonia, Wallfisch- und Crocodil-Gedicht, aus heilger Schrifft und Welt-Geschicht. — Bremen (1702):Brauer. 28 S. 8° 7. 14. 46.
9.8901

— **Regillicinium,** h. e. regillus sive regulus sermocinans ... odâ encomiasticâ, Latino-Germanicâ, *ῥυθμικῶς* in scenam introductus, notisque illustr. per Ornithophilum Nihusio-Bremensem (d. i. Nikolaus Baer). Des Zaun-Königs Gesang oder Rede. — Bremae (1703):Brauer. 48 S. 8°
1:Xe 13436. 14. 35. 46.
9.8902

Baer, O. (Augenarzt), s. Baer, Oswald

Baer, O. (Schriftsteller), s. Baer, Oswald

Baer, O.: Üb. d. Bewegung der Wärme, s. Baer, Otto

Baer, O., éléments d'algèbre à l'usage des classes moyennes du collège royal français. gr. 8. (IV, 108 S.) Berlin 885. G. Reimer. geb. n. 2. 50

Baer, O., éléments de géométrie plane à l'usage des élèves du collège royal français. gr. 8. (IV, 113 S m. Fig.) Berlin 887. G. Reimer. geb. n. 3. —

Baer, Oswald
Baer, Osw., s.: Archiv f. Augenheilkde. 31. Bd. Ergänzungsheft.

— **Bergblumen. Landschaftsbilder von Olof Winkler. Dichtungen von Oswald Baer. — Warmbrunn: Leipelt [1892]. 12 Bl. quer-8°** 1:Yo 24431. 41. 169.
9.8904

— Der **Engel von Ruhberg. — Breslau: Max 1889. 75 S. 8°**
1:Sw 15904. 2. 6. 11. 14. 17. 24. 38. 41. 109. 169.
9.8906

Baer, O., üb. Gesichtsfeldmessung u. deren allgemeine diagnostische Bedeutung, s.a. Sammlung klinischer Vorträge.

Baer, Oswald: Ueber Gesichtsfeldmessung und deren allgemeine diagnostische Bedeutung. — Leipzig: Breitkopf & Härtel 1884. 32 S. 8° (Sammlung klinischer Vorträge. 246 – Innere Medizin. 86.)
1:Ic 2468-Ser. 9, 246. 3→11. 12:Path. 1352g-I, 86. 15. 16. 17. 20. 21. 24→31. 33. 38. 43. 46. 123. 202. 300:60.812-B. Inn. Med. 86. 308.
9.8907

Baer, Osw., Hilfe in außerordentl. Notständen. Bericht üb. d. Notstand i. Riesengebirge n. d. Hochwasser v. 30. VII. 1897, s.a. Schriften d. deutschen Vereins f. Armenpflege u. Wohlthätigkeit.

— **Hilfe in außerordentlichen Notständen. Bericht über d. Notstand im Riesengebirge nach d. Hochwasser vom 30. Juli 1897 ... Von Oswald Baer. Hilfe in außerordentlichen Notständen. Bericht von E. Falch. — Leipzig: Duncker & Humblot 1898. 80 S. 8° (Schriften d. deutschen Vereins für Armenpflege u. Wohlthätigkeit. 37.)**
1:Fd 4990-37. 2. 5. 11. 12:Pol. civ. 137 pm-37. 14→18. 21. 24→31. 35. 36. 41. 43. 46. 47. 52. 60. 61. 64. 75. 203. 204. 205. 208. 302.
9.8908

— Des alten Kaisers Jugendliebe, s: Volks- u. Jugendbücher, Schlesische.

Baer, Osw., s: Bei klarer Luft u. Sonnenschein.

Bei klarer Luft und Sonnenschein. Landschaftl. Stimmungsbilder aus d. Riesengebirge. Nach photogr. Kunstaufnahmen von J. Ostermaier. Dichtungen von Dr. Oswald Baer. Warmbrunn: Leipelt [1910]. 17 Bl. 2° (11. sch. ?

— **Prinzess Elisa Radziwill. Ein Lebensbild. — Berlin: Mittler 1908. XIV, 156 S. 8°**
1:Sw 15909. 2. 5. 7. 8. 10. 12:Biogr. 938lg. 14. 15. 16. 18. 24. 30. 33. 41. 43→47. 51. 53. 61. 62. 66. 78. 79. 109. 111. 117. 203. 300:455.699-B.
9.8910

— — **2. Aufl. Ebd. 1908. XIV, 156 S. 8°**
4. 21. 23. 26. 28. 33. 35. 39. 109. 169.
9.8911

— **In Rübezahl's Revier. — Warmbrunn: Leipelt (1892). 100 S. quer-8° (Aus Deutschlands Gauen. 3. 4.)**
1:S 10962-3.4. 2. 14. 30. 41.
9.8912

— **Durch den R[iesen-] G[ebirgs-] V[erein]. Lustspiel. Hirschberg 1886: Oertel. 45 S. 8°** 41.
9.8913

Rund um die Schneekoppe. Bilder aus d. Riesengebirge. 60 Aufnahmen in photogr. Reproduction nebst beschreibendem Text von Dr. Oswald Baer. *Warmbrunn: M. Leipelt [1902].* (72 S.) quer-4° [Ph. 15139 2

Baer, Oswald (*geb Löben in Schles 2. 4 1847*): Ueber das Verhältniss des heutigen Standpunkts der Anatomie des Corti'schen Organs zur Theorie der Tonempfindungen. Breslau (1872). (27 S., 1 Taf.) 8°
Breslau, Med Diss v 28 Okt 1872

Baer, Otto: Statistische Beiträge zur Beurteilung des Wertes der Heilstättenbehandlung bei Lungentuberkulose. Zweibrücken 1909: Hallanzy. 46 S. 8°
Erlangen, Med. Diss. v. 6. Mai 1909, Ref. Penzoldt
[Geb. 12. Aug. 80 Zweibrücken; Wohnort: Mannheim; Staatsangeh.: Bayern; Vorbildung: Gymn. Zweibrücken Reife 00; Studium: München 3, Berlin 1, Erlangen 10 S.; Coll. 25. Febr. 09; Approb. 16. Nov. 08.] [U 09. 763

Baer, Otto: Über die Bewegung der Wärme in einer homogenen Kugel. Halle a. S. 1878: Starcke in Berlin. 36 S. 8° (4°)
Halle-Wittenberg, Phil. Diss. v. [21. März] 1878
Geb. Halle a. d. S. 10. 1. 1849. V.
Ersch. auch als: Berlin. Franz. Gymn., Progr 1878. Die Forts. sollte später folgen, ersch. aber nicht.

Bär, P. Hermann, s. Baer, Hermann

Baer, S.: (Schriften zur hebräischen Religion), s. Baer, Seligmann

Baer, Salomo [cand. med.]: Die Operationen der Blasenscheidenfisteln ... München, kgl. Hof- u. Univ.-Buchdr. v. Dr. C. Wolf & Sohn, 1894; 38 S. 8.
.94. München, Med. Fak., Inaug.-Diss. v. 1894

Baer, Salomon: Rosen und Cypressen. Gedichte von Claus Baer [d. i. Salomon Baer]. — München: Merhoff 1890. XI, 162 S. 8° 12:P. o. germ. 70 mt. 19.
9.8922

— **Wetterleuchten. Aphorismen. — München: Joachim 1909. 148 S. 8°** 12:P. o. germ. 70 ng. 19. 44.
9.8923

Baer, Samuel H.: Ueber die Synthese eines inactiven Menthens. *Leipzig 1898: Metzger & Wittig.* (46 S.) 8°
Leipzig, Phil. Diss. v. [31. Mai] 1898

Baer, Seligmann: Seder hab-Berākōt ... 'al-jedē Jiṣḥāq Ben Arjē Jōsēf Dōb, S. Baer. Seder Haberachoth. — Rödelheim: Lehrberger 1858. 40 S. 8° [Hebr. u. F.] [Segenssprüche.] 30.
9.8926

— **Dibrē hab-berīt ... 'al jedē Jiṣḥāq Ben Arjē Jōsēf Dōb, S. Baer. — Rödelheim: Lehrberger 1874. 80 S. 8° [Hebr. u. F.] [Gebete bei d. Beschneidung.]** 30.
9.8927

— u. H. L. **Strack**, die Dikduke ha-ṭ'amim d. Ahron ben Moscheh ben Ascher u. andere alte grammatisch-massorethische Lehrstücke, zur Feststellung e. richt. Textes der hebr. Bibel m. Benutzung zahlreicher alter Handschriften zum ersten Male vollständig hrsg. gr. 8. (XLII, 95 S.) Leipzig 879. Fernau. n. 3. 50

— **Katalog über den litterarischen Nachlass des ... Dr. phil. h. c. S. Baer. — o. O. (1897). 179 S. 8°**
Titelblatt u. Text autographiert. 1:Ey 1711.
9.8929

Baer, S., s.: Liber chronicorum.

— s.: Liber Jeremiae.

Baer, S., s.: Liber psalmorum hebraicus atque latinus.

Baer, S., s.: Liber regum.

— **Pijuṭ ... Die Piutim für alle Sabbathe des Jahres. Sorgfältig corr. u. ins Deutsche übers. — Rödelheim: Lehrberger 1874. 256, 87 S. 8° [Hebr. u. F.]** 30.
9.8930

— — **Ebd. 1900. 256, 87 S. 8°** 30.
9.8931

Bär, S. Predigt bei der Bundesfeier in Uster, am 2. August 1891 gehalten. In-8°. 14 S. Zürich, Stenographisches Bureau. 1891 — 20

— **Hat-tōrā 'al 'ōrōt mē-Edōmīm. Zwei alte Thora-Rollen aus Arabien und Palästina. — Frankfurt a.M.: Alt 1870. 16 S. 8° [Hebr. u. Ant.]**
1: Bl 1707. 7. 9. 15. 17. 25. 300: 124.047–B.
9.8932

— zwei alte Thora-Rollen aus Arabien u. Persien beschrieben. Gegenwärtig im Besitz v. Johs. Alt in Frankfurt a. M. 1. Thora-Rolle aus Sana in Arabien geschrieben auf rothes Leder. 2. Thora-Rolle aus Hebron geschrieben auf weisses Leder. gr. 8. (16 S.) Frankfurt a/M. 870. Alt. n. 1. 20

—— zwei alte Thora-Rollen aus Arabien und Persien beschrieben. Gegenwärtig im Besitz von Johs. Alt in Frankfurt a. M. 1. Thora-Rolle aus Sana in Arabien geschrieben auf rothes Leder. 2. Thora-Rolle aus Hebron geschrieben auf weisses Leder. gr. 8. (16 S.) Frankfurt a. M. 871, Alt. *

Baer, S., Thorath Emeth sive liber et praecepta et doctrinam accentuum libb. psalmorum, proverbiorum et Jobi continens ... Accedit et epistola quae (so!) uberrime de hac materia agitur scripta ab ... S. D. Luzzatto. Rödelhemii 1852.

— **Tozeoth Chajim. Alle Gebete, die bei Krankheitsfällen, im Sterbehause und auf dem Friedhofe gebetet werden ... in ebräischer als auch in deutscher Sprache. — Rödelheim: Lehrberger 1894. VIII,351,92 S. 8° [Hebr. u. F.]**
Nebent., hebr.: Tōṣ'ōt ḥajjīm ... 'al jedē Jiṣḥāq Ben Arjē Jōsēf Dōb.
30.
9.8933

Baer, S., s.a. **Trauergesänge, die.**

— **Die Trauergesänge für Tischah beab nebst allen dazu gehörigen Gebeten, nach deutschem Ritus ... Mit deutscher Uebers. begleitet. — Rödelheim: Lehrberger 1863. 312 S. 8°**
Nebent., hebr.: Seder haq-qīnōt le-tiš'ā be-Ab .... 'al jedē Jiṣḥāq Ben Arjē Jōsēf Dōb.
30.
9.8934

— **Zibḥē ṣedeq [hebr. u. deutsch]. Sēfer kōlēl hilkōt šeḥīṭā ... 'Al jedē S. Baer. Sibche zedek. 2. Ausg. — Rödelheim: Lehrberger 1866. 67 S. 8° [Hebr. u. Ant.] [Opfer d. Gerechtigkeit. Schächtregeln.]** **1: Ev 3018.**
9.8935

Baer, Th.: Die socialdemokratische Gedankenwelt. 8°.– Berlin 1890.

Baer, Theodor [aus Würzburg]: Zur Ätiologie der Cystitis Würzburg, P. Scheiner's Buchdr., 1892; 33 S. 8.
Würzburg, Med. Fak., Inaug.-Diss. v. 1892

Baer, Theodor: Über chinoide Kohlenwasserstoffe. Strassburg i. E. 1909: Müh. 47 S. 8°
Straßburg, Math.-naturwiss. Diss. v. 30. Nov. 1909, Ref. Thiele
[Geb. 6. Okt. 84 Halberstadt; Wohnort: Halberstadt; Staatsangeh.: Preußen; Vorbildung: Oberrealsch. Halberstadt Reife O. 04; Studium: Berlin 2, Würzburg 1, Straßburg 8 S.] [U 10. 4104

Baer, W. (Hrsg.), s. Apfelsorten, Die rentabelsten, empfohlen v. estländischen Gartenbauverein z. Anbau i.d. Handelsgärten Estlands u. Nord-Livlands.

Baer, W.: Chemie der Hauswirtschaft (u. andere naturwiss. Schriften), s. Baer, Wilhelm

Bär, W., Vorlagen z. Fachzeichnen f. Schuhmacher. Veröffentl. m. Gutheißen d. kgl. württemb. Zentralstelle f. Gewerbe u. Handel. 2 Lehrgänge. Fol. Stuttgart 895. Eckstein & Stähle. n.n. 3. —
1. F. Anfänger. (11 Taf. m. 1 Bl. Text.) n.n. 1. —
2. F. Vorgerücktere. (20 Taf.) n.n. 2. —

Baer, Wilhelm
— Chemie der Hauswirthschaft s.a. Frauenwelt, deutsche.

Baer W, Chemie der Hauswirtschaft. (Frauenwelt 3) Wien 1858

Baer, Wilhelm, Naturwissenschaftler. **1859: Chemie der Hauswirthschaft. — Pest [usw.]; Leipzig: Hartleben 1869. XII, 298 S. 8° (Deutsche Frauenwelt. 3.)**
14. 17. 69. 82. 300: 123.416–B. Bd 3. 302.
9.8938

Baer, W., die Chemie des praktischen Lebens. Populaire Darstellung der Lehren der Chemie in ihrer Anwendung auf die Gewerbe, die Land- und Hauswirthschaft, so wie auf die Vorgänge im menschl. Körper, nebst einer Anleitung zur Anstellung der einfachsten chemischen Versuche. 2 Bde. 1. Aufl. 1858—60. und 2., mit einem Register verm. Aufl. gr. 8. (VIII und 2095 S. mit 388 Abbild. in eingedr. Holzschn.) Leipzig 861, O. Wigand.

Baer, W., Chemie für Schule und Haus. Populäre Darstellung der Lehren der Chemie, erläutert an einfachen Experimenten, die von Jedermann leicht angestellt werden können. 8. (XVI, 398 S. mit 342 in den Text eingedr. Holzschn.) Leipzig 869, Gebhardt und Reisland.
geb. *

— **Das Eisen. Seine Geschichte, Gewinnung und Verarbeitung. Handbuch. — Leipzig: Abel [1862]. VIII,360 S. 8°**
12: Metall. 3hm. 14. 17. 20. 21. 23. 43. 60. 61. 83. 106. 205. 303.
9.8942

Baer, W. Das Eisen. Seine Geschichte, Gewinnung und Verarbeitung. Leipzig, 1866.

— **Elektrizität und Magnetismus. — Leipzig: Abel [1863]. X,324 S. 8°**
6. 12: Phys. sp. 29k. 15. 21. 300: 116.567–B. 302.
9.8943

— **Die Industrie der Schweiz. Ein Spiegel für Deutschland's Staatsmänner u. Philister. — Leipzig: Wigand 1859. IV,245 S. 8°**
1: Ru 7912. 12: Helv. 125. 14. 15. 17. 24. 31. 39. 106. 205.
9.8944

Baer, W, d. vorgeschichtl. Mensch. s.a. Hellwald. F v.

Baer, Wilh., der vorgeschichtliche Mensch. Ursprung u. Entwickelg. d. Menschengeschlechts. Für Gebildete aller Stände. Nach dessen Tode unter Mitwirkg. v. H. Schaffhausen vollendet u. hrsg. von Frdr. v. Hellwald. In 2 Abthlgn. Mit üb. 500 in den Text gedr. Illustr. (Holzschn.) u. 10 Tonbildern. gr. 8. (XXX, 576 S.) Leipzig 873. 74. Spamer. n. 8. —; geb. n. 10. —

— **Der vorgeschichtliche Mensch ... Begonnen von Wilhelm Baer, nach dessen Tode ... vollendet u. hrsg. von Friedrich v. Hellwald. — Leipzig: Spamer 1874. XXX, 576 S. 8° (Aus d. Reiche d. Lebens in Pflanzen-, Thier- u. Menschenwelt.)**
1: Pz 6108. 4. 7. 9. 12: Anthr. 6fb. 15→19. 21. 24. 26. 28. 30. 31. 33. 35. 38. 41. 46. 51. 66. 79. 82. 84. 88. 89. 106. 107. 109. 111. 209. 304. 305. 309.
9.8945

— — **2. Aufl., bearb. von Friedrich v. Hellwald. Wohlfeile Ausg. — Ebd. (1879). X,708 S. 8°**
10. 12: Anthr. 6fc. 128.
9.8946

— — **2., völlig umgearb. Aufl. von Friedrich v. Hellwald. Ebd. 1880. X,708 S. 8° (Aus d. Reiche d. Lebens in Pflanzen-, Thier- u. Menschenwelt.)**
2. 6. 19. 28. 30. 31. 35. 38. 48. 84. 90. 107. 109. 128. 207.
9.8947

Baer, Wilhelm Karl (Oberlehrer), s. Baer, Karl

Baer & Co.: Preisliste über hydraulische Patent-Widder. Zürich 1899

Baer & Hermann

— **Schriftproben.** — [Leipzig um 1900.] 98 gez. Bl.,8 Taf. 4° 23. 39. 117.
9.8950

Baer-Oberdorf, S., s. Baer, Salomon

Baer & Rempel: Der Phoenix-Techniker. Eine Sammlung von Aufsätzen u. Erörterungen über Fragen d. neueren Nähmaschinentechnik für Nähmaschinen-Händler u. Reparateure mit neuen Erläuterungen zagest. von d. Bielefelder Nähmaschinenfabr. Baer & Rempel, Bielefeld. (2., erw. Ausg.) — (Bielefeld 1902: Gundlach.) 107 S. 8° 210.
9.8951

Baer & Stein: Preis-Verzeichniß über Metallwaaren. Berlin 1896

Barabás, Abel

— (Renaissance a dalköltészetben, Ausz., deutsch) Makrays Liedertrilogie. (Übers.: J. Babes.) Mit Einl. hrsg. von Karl Schreiber. — Stuttgart: Strecker & Schröder 1905. 49 S. 8° 17. 24.
11.594

— Goethes Wirkung in der Weltlitteratur. Goethe, Byron u. Madách. — Leipzig: Hegner 1903. 70 S. 8° 1:Au 6360/635. 12:P. o. germ. 496 cg. 32. 38. 42. 60. 107. 302.
11.597

Barabás, Abel v., Goethes Wirkung in der Weltlitteratur. Goethe, Byron u. Madách. (70 S.) 8. Leipzig 903. [Magazin-Verlag] F. Rothbarth. n. 1. 50

Barabás, Jos., die Behandlung der Bubonen nach der Porosz'schen Methode. (7 S) gr. 8. Leipzig 905. Verl. der Monatsschrift f. Harnkrankh. n. — 60
Sonderabdruck aus: „Monatsschrift f. Harnkrankh. u. sex. Hygiene".

Barabaschew, P. N., Echinokokkus der Orbita. — Kudisch, W. M., Gonorrhoea insontium. — Didrichsohn, W. K., ein Fall v. zerebrospinal. Syphilis zur Zeit des sekundären Exanthems. Aus dem Russ. v. Otto Steinborn. (8 S.) gr. 8. Leipzig 907. Verlag der Monatsschrift f. Harnkrankh. — 60
Sonderabdruck aus „Monatsschr. f. Harnkrankh. etc."

Barabasz, Stanisl., Flach-Ornamente v. d. Krakauer Kunst-Denkmälern d. XV. & XVI. Jahrh. M. Unterstützg. d. galiz. Landes-Commission f. gewerbl. Angelegenheiten. 2 Thle. gr. Fol. (Jo 25 lith. Taf. u. 1 S. Text.) Krakau 894—897. (Buchh. d. poln. Verlagsgesellschaft.) In Mappe à n n. 24. —
Erschien in poln. u. deutscher Sprache.

Barabo, Adam, über Trommelfell-Perforationen. Inaugural-Dissertation. gr. 8. (44 S.) München 880. (Augsburg, Wolff.) n. 1. 50

BARAPO, Adam (Kronach): Ueber Trommelfell-Perforationen.- Munchen: Wolf 1880. 44 S.
3.9.1881 - Urk (Titel: De membranae tympani perforationibus.); Chr 1880/81,15

Diss. Ingolst.-Landsh.-Mchn.

Barach, Adam: Bemerkungen und Erfahrungen über den Nutzen und die Heilwirkungen des versendeten karlsbader Mineral-Wassers. — Karlsbad [um 1845]: Franieck. 15 S. 8° 2. 8. 22. 305.
11.633

Barach, Adm., Bemerkungen über einige die Heilung der Krankheiten durch den Kaltwassergebrauch zu Gräfenberg fördernde Heilpotenzen; als ein Beitrag z. nähern Kenntniß und Würdigung der Kaltwasser-Heilanstalt zu Gräfenberg. Nach eigenen Beobachtungen u. Erfahrungen. 8. Lemberg 846. (Leipzig, Gebhardt u. Reisland.) n. 5/12

— Bemerkungen über einige die Heilung der Krankheiten durch den Kaltwassergebrauch zu Gräffenberg fördernde Heilpotenzen. — Lemberg: Stockmann 1846. 32 S. 8° 300:17.961-A. 304.
11.634

— Bemerkungen über die versendeten Heilwässer im allgemeinen und die versendete Eger-Franzensquelle insbesondere. — (Prag [um 1880]: Haase.) 15 S. 8° 15. 19. 47. 303.
11.635

— Die brom- und jodhaltigen alkalinischen Heilquellen ... zu Iwonicz im Königreiche Galizien. — Lemberg [usw.]: Millikowski in Comm. (1842). IV,187 S. 8°
Nebent.: Iwonicz und seine Mineralquellen.
1:Ir 36808. 2. 4. 11. 15. 29. 302. 304.
11.636

Barach, Carl Sigmund,

— [Hrsg.] s. *Alfredus* Anglicus: Excerpta e libro de motu cordis [De Motu cordis, Ausz.] 1878.

Barach, Carl Sigm., Alfredi Anglici de motu cordis item Costa-Ben-Lucae de differentia animae et spiritus, s.a. Bibliotheca philosophorum.

Barach, (C) S, üb. spekulat. Aesthetik u. Kritik. 8. (47) Wien 54. (Gerold's S.) n. — 8

Barrach, Siegm., über spekulative Aesthetik und Kritik. Ein Sendschreiben an Hrn. Dr. Rob. Zimmermann, Prof. der Philosophie an der prager Universität. gr. 8. (47 S.) Wien 854, (Tendler und Comp.) *

Barach, Carl Sigm., die gegenwärtige Aufgabe der Philosophie, aus der bisherigen Stellung der Philosophie zum Leben u. den Forderungen des Lebens entwickelt. Wien 858. Braumüller. gr. 8. (4 Bl., 248 S.) n. 28

—— zur Geschichte des Nominalismus vor Roscellin. Nach bisher unbenutzten handschriftl. Quellen der Wiener kaiserl. Hofbibliothek. gr. 8. (25 S.) Wien 866, Braumüller. *

Barach, C.S.: Hieron. Hirnhaim. z. Gesch. d. phil.-theol. Cult. 17. Jahrh. Wien. VII, 72 S. Schul-/Univ.-Schrift 1864.

— Hieronymus Hirnhaim. Ein Beitrag zur Geschichte d. philosophisch-theologischen Cultur im 17. Jh. — Wien: Braumüller 1864. 72 S. 8° 1:Au 9896. 2. 5. 7. 14. 20. 22. 25. 26. 29. 300:58.577-B. 302. 303.
11.641

— Pierre Daniel Huet als Philosoph. Ein Beitrag zur Geschichte d. geistigen Bewegung im 17. Jh. — Wien [usw.]: Typogr.-lit.-artist. Anst. 1862. 62 S. 8° 5. 7. 12:Ph. U. 25 xb. 14. 18—21. 23. 25. 26. 29. 45. 109. 207. 300:58.498-B. 302. 308.
11.642

— Kant als Anthropolog. — Wien: Verf. 1872. 17 S. 8°
Aus: Mittheilungen d. Anthropologischen Gesellschaft in Wien. 2. 1872.
5. 123. 304.
11.643

Barach, Dr. C. Sigmund, René Descartes' meditationes de prima philosophia. Zum akademischen Gebrauche neu herausgegeben und eingeleitet. gr. 8. (IV u. 72 S.) Wien, Beck'sche U.-B. (A. Hölder.) 80 kr. 1864.

Barach, Carl Sigmund, René Descartes' meditationes de prima philosophia. Zum akadem. Gebrauche neu hrsg. und eingeleitet. gr. 8. (IV und 72 S.) Wien 865, Beck'sche Universitäts-Buchh. *

Barach, Karl Siegmund: [Teils.] Kleine philosophische Schriften: Hieronymus Hirnhaim ... Zur Geschichte des Nominalismus vor Roscellin ... Die Wissenschaft als Freiheitsthat. Neue Ges.-Ausg. — Wien: Braumüller 1878. 72,25,63 S. 8° 1:Ni 2442. 2. 15. 19. 20. 24. 300:128.623-B. 302. 304.
11.637

— Die Wissenschaft als Freiheitsthat. Philosophische Principlehre. — Wien: Braumüller 1860. II,63 S. 8° 1:Ni 5033. 7. 20. 26. 29. 300:122.837-B. 302. 304.
11.644

Barach, Karl Siegmund, s. B a r a c h , Carl Sigmund

Barach, Moritz
Pseudonym: Dr. Märzroth

— Alt-Wien, Bilder u. Geschichten. Dr. Märzroth.—Leipzig [usw.]: Friedrich [1885]. 186 S. 8°
1:Yx 21956. 123. 300:453.193-A. 308.
11.645

— Aurorafalter. Dichtungen zur Erinnerung an d. 13., 14. u. 15. März 1848, von J. Märzroth. — [Wien]: Stöckholzer v. Hirschfeld [usw.] [1848]. 8 S. 8°
1:11 in Rz 8885/87. 300:427.886-B [u.ö.]
11.646

— Wiener Bilderbogen. Skizzen aus d. neuen u. alten Wien. Von Dr. Märzroth. H. [1]-8. — Wien: Pandel 1869. 8°
302.
11.647

— Bitt gar schö' - singa lass'n! Gedichte in Salzburger Mundart von Dr. Märzroth. — Salzburg: Dieter 1878. 75 S. 8° 1:Yb 9752/100. 12:P. o. germ. 76 q. 303. 308.
11.648

— — 2., verm. Aufl. Ebd. 1883. 76 S. 8° 8. 302. 308.
11.649

— Bittschriften. Original-Lustspiel ... von Dr. Barach-Märzroth. — ([Wien]: Schreiber 1854: Pichler.) 15 S. 8°
30. 300:5451-B [u.ö.] 302.
11.650

— Ernst und Scherz. Kleine Geschichten von Dr. M. Märzroth.—Prag: Weichelt [usw.] [um 1885]. 48 S. 8° (Deutsch-österreichische National-Bibliothek. 22.)
300:186.514-B. Bd 22. 302.
11.651

— Feder-Zeichnungen aus den Salzburger Alpen. Land, Leute u. Leben in Albumblättern. Von Dr. Märzroth. Abth. 1, Lfg 1. — Salzburg: Duyle 1880. 16 S., 4 Taf. quer-8°
1,1. Salzburg u. seine nächste Umgebung.
12:Austr. 297. 308.
11.652

— Geister und Gestalten aus dem alten Wien. Bilder, Geschichten u. Erinnerungen von Dr. Märzroth. — Wien: Prandel 1868. 193 S. 8° 300:176.496-A. 302. 303.
11.653

— Lachende Geschichten. Humoristische Erzählungen ... von Dr. Märzroth. Bdch. 1-4. — Leipzig: Reclam [1880-82]. 8° (Universal Bibliothek. 1266.1304.1418.1599.)
1:Ag 7201-1266.1304.1418.1599. 10. 15. 17 [= 2-4]. 107 [= 1]. 300 [= 1]: 410.411-A. Per. 1304. 1418. 1599. 302 [= 1.2]. 308 [= 3. 4].
11.654

(—) Fünfzig Jahre eines Poeten. 1834 ⟨1818⟩ 1884. (Verf.: Dr. Märzroth.) — (Salzburg 1884: Kiesel.) 2 Bl. 8°
308.
11.655

— Satans Leier. Von Dr. Märzroth. — Prag: Kober & Markgraf (1859). 130 S. 8° 300:160.628-A.
11.656

— Lieder, Bilder und Geschichten. Gedichte in niederösterreichischer Mundart von Märzroth. — Berlin: Janke 1854. 83 S. 8° 1:Yb 9610. 28. 302. 308.
11.657

— Liederbuch ohne Goldschnitt. Von Dr. Märzroth. — Dresden: Schaefer 1856. 175, III S. 8° 302.
11.658

— — 2. Aufl. Prag: Kober & Markgraf [1856]. 175, III S. 8°
1:Yo 7796². 302.
11.659

— — 2. Aufl. Wien [usw.]: Prandel & Ewald 1863. 175, III S. 8°
30.
11.660

— Ein Märchen aus unseren Tagen. Von Dr. Märzroth. — Salzburg: Selbstverl. 1878. 24 S. 8° 308.
11.661

— Der Marquis. Schauspiel ... von Märzroth. — Wien: Wallishausser 1869. 13 S. 8° (Wiener Theater-Repertoir. 224.) 300:23.032-B. Bd 12. 302. 308.
11.662

— Mysterien eines Jagdgewehres. Komisches Genrebild ... von Märzroth. — Wien: Wallishausser 1869. 10 S. 8° (Wiener Theater-Repertoir. 222.)
300:23.032-B. Bd 12. 302. 308.
11.663

— Neu-Decameron. Allerlei Geschichten von Dr. Märzroth. — Leipzig: Friedrich [1887]. 279 S. 8° 308.
11.664

— Nur Raffinement! Original-Lustspiel ... Von Märzroth. Berlin: (Michaelson in Comm.) 1857. 23 S. 8° 24.
11.665

— Schattenspiele aus dem alten und neuen Wien. Culturhistorische Croquis von Dr. Märzroth. — Wien: Gronemeyer 1872. 132,124 S. 8° 302.
11.666

— Spottvögel, Eulenspiegeleien, Fallstaffiaden u. demokritische Launen von Dr. Märzroth. — Wien: Markgraf [1864]. 100 S. 8° 18.
11.667

— Zur Statistik der Frauen. Komisches Genrebild ... von Märzroth. — Wien: Wallishausser 1869. 10 S. 8° (Wiener Theater-Repertoir. 220.)
31. 300:23.032-B. Bd 11. 302. 308.
11.668

— Umrisse aus dem Skizzenbuche eines Pädagogen. (Ein Beitrag zur Reorganisation d. Erziehungswesens.) Von J. Märzroth. — [Wien 1850.] 11 S. 8° 28.
11.669

— Kleine Wahrheiten. Aus dem Leben - für's Leben von Dr. Märzroth. — Salzburg: Dieter 1880. 64 S. 8°
23. 302. 304. 308.
11.670

— Weltlust. Historietten, Schwänke und Lieder eines heiteren Vaganten. Von Dr. Märzroth. — Leipzig: Liebeskind 1883. 164 S. 8° 1:Yo 19452/16. 36. 302. 304. 308.
11.671

Barach, Rosa: Gefesselt. Gedichte. — Wien: Leutgeb [1881]. 78 S. 8° 1:Yo 18738. 302.
11.672

Barach, Rosa, Gefesselt. Gedichte. 8. (IV, 78 S.) Wien 882. Leutgeb. n. 1. —

— Aus Oesterreichs Herzen! Eine Auswahl d. besten Poesien, welche zur Vermählungsfeier ... d. Durchlauchtigsten Herrn Erzherzogs Kronprinz Rudolf mit ... d. Durchlauchtigsten Frau Prinzessin Stefanie verfasst wurden. Gesammelt u. hrsg. von Rosa Barach u. Karoline Murau. — Wien: Leutgeb [1882]. 100 S. 8°
300:35.607. 302.
11.673

— aus eigner Kraft. Eine preisgekrönte Erzählung f. d. Jugend, m. e. Vorrede v. B. Planer. 8. (IV, 67 S.) Wien 878. Perles in Comm. n. — 90

— Aus eigener Kraft. Eine preisgekrönte Erzählung für d. Jugend. Mit e. Vorr. von B. Planer. — Wien: Waizner 1878. IV,66 S. 8° 302.
11.674

— Soldatenfritze. Preiserzählung. — Wien: Waizner 1879. 58 S. 8° 302.
11.675

— 'Das deutsche Wort'. Gewidmet allen Deutschen. — o.O.: Selbstverl. [um 1870]. 2 Bl. 8° **19. 28.**
11.676

— Zum Allerhöchsten Namensfeste Sr. Majestät dem Kaiser Franz Josef I. in tiefster Ehrfurcht gewidmet. — [Wien 1879.] 2 Bl. 8° **300:34.786.**
11.677

Barach-Maerzroth, Dr. s. *Barach*, Moritz.

Barachia, Ruben, (Eph. Eli. Richter,) die Bücher Salomo aus Mitternacht, welche enthalten die Thaten Friedrich des Großen. 4. Amsterd. (Nürnb.) 770.

Barack, Alttestamentlicher Richter s. *Barak.*

Barack, Carl August, s. Barack, Karl August

Barack, Hans *Carl Emil Rudolf* [aus Rastatt]: Ueber plötzlichen Tod durch Thymushypertrophie in gerichtlich-medicinischer Beziehung ... Berlin, C. Vogts Buchdr., *1894*; 29 S., 1 Bl. 8.
Berlin, Med. Fak., Inaug.-Diss. v. 10. Aug. 1894

Barack, Karl August

Barack, K. A., s. Bibliothek des litterarischen Vereins in Stuttgart LXX, LXXXIV, XCI—XCIV.

Barack, Karl August: Hans Böhm und die Wallfahrt nach Niklashausen im Jahre 1476, ein Vorspiel des großen Bauernkrieges. — Würzburg 1858: Thein (Umschlagt.: Nürnberg: Bauer & Raspe 1859). 108 S. 8°
Aus: Archiv d. Historischen Vereins von Unterfranken u. Aschaffenburg. 14. 1858.
1:Rx 23830. 12:Germ. sp. 25 u. **29. 32. 33. 35. 44. 45. 75. 78. 300:**30.080. **302.**
11.678

Barack, Karl Aug. Elsäss. Büchermarken bis Anfang d. 18. Jahrh., s. Büchermarken, die.

Barack, KA, elsäss. Büchermarken bis Anfang d. 18. Jahrh., s.: Heitz, P.

Barack, Karl Aug. s.a. Chronik, Zimmerische.

Barack, KA, Zimmerische Chronik, s.a. Bibliothek d. litterar. Ver

Barack, Karl August: Zimmerische Chronik. 2. verbesserte Auflage. 4 Bde. Gr 8°. Freiburg und Tübingen 1881/82. VIII, 631 S.; 2 Bl., 651 S.; 2 Bl., 634 S.; 2 Bl. 627 S.

Barack, K. A.. elsass-lothring. Handschriften u. Handzeichngn., s.a. Katalog d. kaiserl. Universitäts- u. Landesbibliothek i. Strassburg.

— Elsass-lothringische Handschriften und Handzeichnungen. — Strassburg: Heitz 1895. V,227 S. 4° (Katalog d. Kais. Universitäts- u. Landesbibliothek in Strassburg.)
1:4° Ao 4790-3. 2→11. 12:4° Cat. 87 p-3. **14→21. 23→26. 28→31. 34. 36. 38. 41. 43. 45. 46. 212. 300:**493.412-C.H.S.3. **302→305.**
11.679

— Die Handschriften der Fürstlich-Fürstenbergischen Hofbibliothek zu Donaueschingen. — Tübingen: Laupp in Comm. 1865. XII,666 S. 8° 1:Ao 6026/105. **2→5. 7→10.** 12:Cat. 176 l. **14→18. 20. 21. 23→27. 29→32. 34. 35. 38. 39. 45. 66. 117. 203. 300:**568.362-C.H.S. **302. 304.**
11.680

— ein Lobgedicht auf Nürnberg aus dem J. 1490 von dem Meister-Sänger Kuntz Haß. Ein Beitrag zur deutschen Kulturgeschichte. (Erweiterter Abdr. aus der Zeitschrift für deutsche Kulturgeschichte.) gr. 8. (87 S.) Nürnberg 858, Bauer und Raspe.

(—) Nachrichten zur Geschichte der Kirche von Eschenbach an der Pegnitz. Ein Beitrag zu der ... Feier ihrer 800jähr. Einweihung. — Nürnberg 1859: Campe. IV,68 S. 8° 1:Sg 318. **8. 10. 12:**Bavar. 192 xn. **14. 22. 29. 75.**
11.681

Barack, L., Percival Keene, nach Kapt. Marryat bearb., s.: Universal-Bibliothek f. die Jugend.

Barack, Max
Barack, M., zum 1. April, s.a. Dilettanten-Theater.

Barack, Max: Zum ersten April. Schwank. Mit e. Musikbeil. von P. Thamm. — (Paderborn: Schöningh 1890.) 20, 4 S. 8° (Dilettanten-Theater. 21.) 1:Yp 6376-21. **6.**
11.683

Barack, Max, s.: Aus Wald u. Grund.

— Baden-Baden. Ein Sagenkranz. — Stuttgart: Krabbe [1884]. 205 S. 8°
1:Yx 21367. **16. 17. 24. 31. 35. 42. 79. 107.**
11.684

— Der Brand im Hutzelwald. Schwank nach Karl Gottfried Nadlers gleichnamigen Gedicht in pfälzischem Dialekt dramatisiert. — Stuttgart: Bonz 1894. 32 S. 8°
1:Yb 10941/60. **16. 24. 31. 107.**
11.685

Barack, Max, der kleine Däumerling. Eine Erzählung f. Kinder von 6 bis 10 Jahren. Mit 4 Farbendr.-Bildern nach Aquarellen v. G. Franz. gr. 8. (102 S.) Stuttgart 880. Thienemann. geb. n. 3. 50

— Der Drumbeder vun Wallstadt. Eine Sammlung heiterer Gedichte in Pfälzer Mundart. — Heidelberg: Bassermann 1875. VII,87 S. 8°
1:Yb 10937. 12:P. o. germ. 76 r. **21. 30. 31. 52. 61. 107.**
11.687

Barack, Max, der Drumbeder vun Wallstadt. Eine Sammlung heiterer Gedichte in Pfälzer Mundart. 8. (VII, 88 S.) [Heidelberg.] München 875, Bassermann'sche Verlagsh. *

— — 2., verm. Aufl. Illustr. von Eugen Horstig. München: Bassermann 1880. VIII,96 S. 8° **19. 41. 107. 123. 207.**
11.688

— Quentin Durward. Nach Walter Scott f. die reifere Jugend bearb. Mit 4 Illustr. (Chromolith.) nach Aquarellen v. C. Offterdinger. gr. 8. (220 S.) Stuttgart 874. Thienemann. geb. n. 6. —

Barack, Max. Quentin Durward. Nach Walt. Scott f. d. Jugend bearb. Mit 70 Abbildgn. im Text u. 8 ganzseit. Tondr.-Bildern. 2. Aufl. gr. 8. (215 S.) Stuttg. 891, Thienemann.
geb. in Leinw. * 4 50

— Pälzer Duwak. Schnurrige Erzählungen in Pfälzer Mundart. — Stuttgart: Engelhorn [1886]. 139 S. 8°
16. 24. 31. 43. 79.
11.690

— — 2. Aufl. Ebd. [1895]. 139 S. 8°
1:Yb 10942². **4. 11. 12:**P. o. germ. 76 ri. **24. 31.**
11.691

— — 3. Aufl. Ebd. [1909]. 141 S. 8° **8. 24. 107.**
11.692

— Reinecke Fuchs. Für d. Jugend bearb. 4° (97 m. Abbildgn u. 6 Farbdr.) Stuttg. 95, F Loewe. Geb. 3 —

— Reineke Fuchs. F. d. Jug. bearb. M. 6 Farbdr.- u. 30 Textbild. v. Chrn. Votteler. 2. Aufl. 4. (IV, 97 S.) Stuttgart 898. F. Loewe. Geb. 3. —

— dasselbe. M. 6 Voll- u. 29 Textbild. v. Chrn. Votteler. 3. Aufl. 8. (VIII, 144 S.) Ebd. 898. Geb. 1. 20

— dass. 3. Afl. 8° (144 m. Abb. u. 6 Taf.) Ebd. 98. Geb. 1,20

Barack, Max, Reineke Fuchs. Für die Jugend bearb. Mit 6 Farbdr.- u. 30 Textbildern v. Chrn. Votteler. 5. Aufl. 4. (IV, 97 S.) Stuttgart (900). Loewe. Geb. 3.—

— dasselbe. Mit 6 Voll- u. 29 Textbildern v. Christian Votteler. 6. Aufl. 8. (VIII, 144 S.) Ebd. 902. Geb. 1.20

Barack, M: Reineke Fuchs. Für d. Jugend bearb. 7. Afl. (97 m. Abb. u. 6 Farbdr.) 4° Stuttg., Loewe ('03). Geb. 3 — d

— dass. (Volksausg.) 9. Afl. (144 m. Abb. u. 6 Taf.) 8° Ebd. ('05). Geb. 1.20 d

Barack, Max, Reineke Fuchs. Für die Jugend bearb. Mit 6 Farbdr.- u. 30 Textbild. v. Christian Votteler. 10. Aufl. (IV, 97 S.) Lex.-8. Stuttgart (906). Loewe. Geb. 3.—

— dasselbe. Mit 6 Voll- u. 29 Textbildern von Christian Votteler. 11. Aufl. (Volksausg.) (VIII, 144 S.) 8. Ebd. (906). Geb. 1.20

— dasselbe. Mit 4 Bunt-, 5 Ton-, 3 Vollbildern u. 29 Textillustr. 12. Aufl. (VIII, 193 S.) 8. Ebd. (906.) Geb. 2.50

— Reineke Fuchs. Für die Jugend bearb. Mit 6 Voll- u. 29 Textbildern v. Christian Votteler. 18. Aufl. (Volksausg.) (VIII, 144 S.) 8. Stuttgart (908). Loewe. Kart. 1.20

— Reineke Fuchs. Für d. Jugend bearb. 14. Afl. (97 m. Abb. u. 6 Farbdr.) Lex 8° Stuttg., Loewe ('07). Geb. 3 — d ‖ 15. Afl. (Volksausg.) (144 m. Abb. u. 6 Vollbildern.) 8° ('08). Geb. 1.20 d ‖ 16. Afl. (193 m. Abb. u. 12 [4 farb.] Vollbildern.) 8° ('08). Geb. 2.50 d

Barack, Max: Reineke Fuchs. Für d. Jug. bearb. 17. Afl. (6, 144 m. Abb. u. 6 Vollbild.) 8° Stuttg., Loewe ('12). HL 1.20 d

— dass., s.: Erzählungen, lust.

Barack, M., Anna v. Geierstein. gr. 8. Stuttgart 873, Gera, Griesbach's Verlag. geb.

Barack, M., Anna v. Geierstein. Nach Walter Scott für die reifere Jugend bearb. Mit (4) Illustr. (Chromolithogr.) nach Aquarellen von C. Offterdinger. gr. 8. (263 S.) Stuttgart 873, Thienemann's Verlag. geb. (* ℳ 5.) *

— s.a. Kaiser, die deutschen.

Barack M, die deutschen Kaiser. 2. Auflage. (31 kolorierte Tafeln) 4° Stuttgart

Barack, M. *Die deutschen Kaiser.* 53 Farbendruckbilder [nach Rethel, Steinle u. a.] auf 29 Tafeln mit geschichtlichem Text, in Reime gebracht. Stuttgart, Hoffmann [c. 1880]. Gr.-8°. Farb. illustr. OrHalbleinenbd. 9.—

— Die deutschen Kaiser. 53 Farbendruck-Bilder auf 29 Taf. mit geschichtlichem Text, in Reime gebracht. — Stuttgart: J. Hoffmann [1884]. 29 Taf. 4° 24.
11.695

— Novellen aus dem Hofleben. — Freiburg i. Br.: Waetzel [1898]. 166 S. 8° 1:Yx 30870. 24. 31.
11.696

— Rheinschnoke. Schnurrige Erzählungen in Pfälzer Mundart. — Stuttgart: Engelhorn [1881]. 133 S. 8° 12:P. o. germ. 76 rg. 24. 30. 31. 61. 79. 169.
11.697

— — 2. Aufl. Ebd. [1885]. 143 S. 8° 15. 24. 107.
11.698

— — 3. Aufl. Ebd. [um 1890]. 143 S. 8° 16. 43.
11.699

Barack, M: Rheinschnoke. Schnurr. Erzählgn in pfälzer Mundart. 4. Afl. 12° (143 m. Abb.) Stuttg. 99, J Engelhorn. 2 —; geb. 2.50

— — 4. Aufl. Ebd. [um 1900]. 143 S. 8° 1:Yb 10937/20⁴. 16. 22. 62. 107.
11.700

— — 5. Aufl. Ebd. [1907]. 148 S. 8° 24. 62. 107. 123.
11.701

— Rheinschnoke. Schnurrige Erzählgn. in pfälzer Mundart. 5. Aufl. (148 S. m. Abbildgn.) kl. 8. Stuttgart (908). J. Engelhorn Nachf. Geb. in Leinw. 2.50

Barack, Max, Richard Löwenherz. Nach dem W. Scott'schen Roman „Ivanhoe" f. die reifere Jugend bearb. Mit 6 Farbendr.-Bildern nach Aquarellen v. G. Bartsch. gr. 8. (196 S.) Stuttgart 876. Thienemann. n. 4.50

— Richard Löwenherz. Nach dem W. Scott'schen Roman „Ivanhoe" f. die reifere Jugend bearb. Mit 4 Farbendr.-Bildern nach Aquarellen v. G. Bartsch gr. 8. (184 S.) Stuttgart 886. Thienemann. geb. n. 3.—

— Schnoke un Schbuhze. Gedichte in Pfälzer Dialekt. — Stuttgart: Bonz 1892. VIII, 142 S. 8° 1:Yb 10941. 16. 24. 31. 107. 123.
11.703

— Pälzer Schnorre. Mundartliche Humoresken. — Karlsruhe: Lang 1907. IX, 178 S. 8° 1:Yb 10954/182. 12:P. o. germ. 76 rl. 16. 17. 25. 30. 31. 43. 107.
11.704

— Röhrle's letzter Schwank. Humoreske. — Stuttgart: Krabbe [1887]. 49 S. 8°
Nebent.: Röhrle's letzter Schwank. Ein Meisterstreich. Humoresken. 24.
11.705

— das Schwedenstübchen, s.a. Volksbibliothek d. Lahrer Hinkenden Boten.

— Das Schwedenstübchen. Eine Erzählung ... Von M. Barak. — Lahr: Schauenburg [1884]. 45 S. 8° (Volksbibliothek d. Lahrer Hinkenden Boten. 10/13.) 302.
11.706

— Spaßvögel. Gedichte. — Stuttgart: Bonz 1897. IV, 111 S. 8° 1:Yo 26800. 12:P. o. germ. 76 rk. 24. 107.
11.707

— Kapitain Spike, s.: Cooper, JF.

— der Talismann. Nach Walter Scott für die reifere Jugend bearb. Mit (4) Illustr. (Chromolithogr.) nach Aquarellen von C. Offterdinger. gr. 8. (213 S.) Stuttgart 873, Thienemann's Verlag. geb. (* ℳ 5.) *

— Wilhelm Tell. Mit Zugrundelegg. v. Schiller's Schauspiel „Wilhelm Tell" f. die reifere Jugend erzählt. Mit 1 Farbendr.-Bildern. gr. 8. (158 S.) Ebend. 876. n. 3.—

— Wilhelm Tell. Mit Zugrundelegg. v. Schiller's Schauspiel „Wilhelm Tell" f. die reifere Jugend erzählt. Mit 4 Farbendr.-Bildern. 2. Aufl. gr. 8. (158 S.) Stuttgart 879. Thienemann. geb. n. 3.—

— Wilhelm Tell. Mit Zugrundelegung von Schiller's Schauspiel „Wilhelm Tell" für die reifere Jugend erzählt. 2. Aufl. gr. 8. (158 S. mit 4 Farbendr.-Bildern.) Stuttgart 887, Thienemann's Verlag. geb. *

— Wilhelm Tell. Mit Zugrundelegg. v. Schillers Schauspiel d. Jugend erzählt. Mit 4 Farbendr.-Bildern. 3. Aufl. gr. 8. Stuttg. 891, Thienemann. geb. in Leinw. * 3 —

— Wilhelm Tell. M. Zugrundelegg. v. Schillers Schauspiel d. Jug. erzählt. M. 4 Farbendr.-Bild. n. Aquarellen v. E. Henseler. 4. Aufl. gr. 8. (158 S.) Stuttgart 897. K. Thienemann. Geb. in Leinw. n. 3.—

— Wilhelm Tell. Mit Zugrundelegg. v. Schillers Schauspiel der Jugend erzählt. Mit 4 Farbendr.-Bildern nach Aquarellen v. E. Henseler. 5. Aufl. (158 S.) 8. Stuttgart (904). K. Thienemann. Geb. in Leinw. 3.—

— Wilhelm Tell. Mit Zugrundelegg. d. Schillers Schauspiel der Jugend erzählt. Mit 4 Farbendr.-Bildern nach Aquarellen v. E. Henseler. 6. Aufl. (158 S.) 8. Stuttgart (908). K. Thienemann. Geb. in Leinw. 3. —

— Wallenstein. Eine Erzählg. f. die reifere Jugend. Nach Schiller's „Wallenstein-Trilogie" frei bearb. Mit 4 Farbendr.-Bildern nach Aquarellen v. R. Schmidt. gr. 8. (176 S.) Ebd. 888. geb. n. 3. —

Barack, Max *Karl Anton* [aus Rastatt]: Ueber Fettembolie der Lunge nach Knochenbrüchen ... Berlin, C. Vogt's Buchdr., 1892; 26 S., 2 Bl. 8.
Berlin, Med. Fak., Inaug.-Diss. v. 13. Aug. 1892

Baracke

Die transportable Baracke im Dienste der öffentlichen Krankenpflege. — Wien: Hölder 1901. 5 S., 2 Taf. 8°
Aus: Das österreichische Sanitätswesen. 1901,30.
300:414.440-B.
11.708

Baraekements in Belfort; in Charleville und Mezières; in Verdun. Belfort, Mézières. (3 Hfte. mit 19 Taf.) Fol. Verdun 1872.

Baracken-Kladderadatsch, neuer. Red.: Heinr. Thdr. Ritter. 1. Jahrg. 1864. 3 Nrn. (à 1 Bgn.) Altona, Mentzel 4 n. 6 ngr.

Baracken-Kladderadatsch, neuer. Red.: HT Ritter. 1. Jahrg. 64. 3 Nrn. (B.) 4. Lpzg, Mentzel. n. — 6

D. Barackenlager z. Unterbringg französ. Kriegsgefangener am Rhein. (S.-A.) 1872.

Barackenschule. — Die 20klassige Baracken-Schule der Stadt Berlin. Überreicht von Christoph & Unmack A.G. (Schöneberg-Berlin: Meisenbach, Riffarth & Co. 1905.) 10 Bl. quer-8° 1:Ny 10931.
11.709

Baracz, Roman: Ein Fall von penetrirender Stichwunde der Herzgegend. Lungenprolaps, Hämothorax, Pneumohämopericardium, Heilung. — Wien [usw.]: Braumüller 1899. 7 S. 8°
Aus: Wiener klinische Wochenschrift. 12. 1899. 302.
11.717

— Zur Gastroenterostomie mittelst Kohlrübenplatten. — Wien [usw.]: Braumüller 1897. 9 S. 8°
Aus: Wiener klinische Wochenschrift. 10. 1897. 302.
11.718

Barad, David
Barad, D. Zur Kenntnis der β-Alkyl-α-Phenylphenmiazine Uster 1892

BARAD, DAVID. Zur Kenntniss der β-Alkyl-α-Phenylphenmiazine. Zürich, 1892. Diss. G. S.

Baradat, Charles Joseph

— Kongress zur Bekämpfung der Tuberkulose als Volkskrankheit. Berlin, 24. bis 27. Mai 1899. Ueber die hygienischen Bedingungen der Winterkurorte am Mittelländischen Meere, besonders von Cannes, vom Standpunkte der Prophylaxe der Tuberkulose. — (Berlin [1899]: Sittenfeld.) 8 S. 8° 26. 47.
11.741

— Wahl des Klimas in der Behandlung der Tuberkulose. — Leipzig: Barth (1903). S. 492-497. 4°
Aus: Zeitschrift für Tuberkulose u. Heilstättenwesen. 4. 1903.
30.
11.742

Baradii, Seb., Comm. in Evang. V Tomi. Fol. Augsburg Wolf, 742.

Baradulin, G. I.: Aus der chirurgischen Fakultätsklinik zu Moskau. Zur Frage des Echinokokkus der Muskeln. — Wien [usw.]: Braumüller 1908. 11 S. 8°
Aus: Wiener klinische Wochenschrift. 21. 1908. 302.
11.769

Baraga, Friderik

— Geschichte, Charakter, Sitten und Gebräuche der nordamerikanischen Indier. — Laibach: Klemens 1837. VI, 195 S. 8° 309.
11.775

Baraga, Maria Verena v.: Gedichte. — Laibach 1909: Kleinmayr & Bamberg. 35 S. 8° 300:464.705-B. 309.
11.785

Baragiola, Aristide, crestomazia italiana ortofonica. Prosa. [1. Lingua letteraria antica e moderna, imitazioni trecentistiche. 2. Lingua parlata toscana della gente civile. 3. Dialetti.] gr. 8. (XXIV, 494 S.) Strassburg 881. Trübner. n. 7. —

— Italienische Grammatik mit Berücks. des Lateinischen und d. romanischen Schwestersprachen. — Strassburg: Trübner 1880. XVII, 240 S. 8°
1:Xn 2910. 2. 3. 5. 10. 11. 12:L. lat. f. 356pm. 15. 16. 18. 20. 21. 27->30. 34. 36. 41. 45. 66. 303. 304.
11.792

— das Hildebrandslied. L'inno d'Ildebrando. Versione dall' antico todesco, con introduzione ed appendice. gr. 8. (19 S.) Ebend. 882. n. 1. —

Baragiola, Aristide, Giacomo Leopardi filosofo, poeta e prosatore. Dissertazione dottorale. gr. 8. (XV, 65 S.) Strassburg 876, Trübner. *

— s.: Muspilli.

Baragiola, Aristide, s.: Übungsbibliothek, italien.

Baragiola, Aristide, s. Tristide.

(Baragiola, E[lsa] N[erina].) Auf der Arndtruhe bei Godesberg am Rhein. Wandererinnerungen und anderes im 50. Gedenkjahre des Todes Ernst Moritz Arndts. Separatabdruck aus «Schweiz. Päd[agogische] Zeitschrift». 1910, Heft 5. 11 S. 8. [Zürich, Orell Füssli.]

Baragiola, E[lsa] N[erina]. Ein schweizerischer Förderer des neusprachlichen Unterrichtes (Gottlieb Stucki). Sonderabdruck aus der Festschrift zum XIV. allgemeinen deutschen Neuphilologentage in Zürich 1910. II S. + S. 120—132. 8. Zürich, Zürcher & Furrer, 1910.

(Baragiola, [Frl.] E[lsa] N[erina].) Vom (12. Deutschen) Neuphilologentag in München (5.—8. Juni 1906). Separatabdruck aus der «Schweiz. Lehrerzeitung», [Jahrg. 51,] 1906 [Nr. 23—28]. 53 S. 8. [Zürich, Orell Füssli.]

Baragiola, E[lsa] N[erina]. Enrichetta Usuelli-Ruzza, eine italienische Erzieherin und Dichterin. Geb. 2. Mai 1836, gest. 17. November 1908. Nach einem Vortrage von E. N. B', Zürich. Separatabdruck aus der «Schweizerischen Lehrerinnenzeitung» [Jahrg. 13,] 1909, [N° 11 u. 12]. 19 S. 8. [Bern, Büchler & Co.]

Baragiola, Wilhelm Italo. Über das Verhalten der normalen Natrium- und Kaliumsalze, des Wolframs, Molybdäns und Vanadins gegen Ammoniumchlorid. Diss. Phil. Bern. 34 S. 8. Bern, Rösch & Schatzmann, 1902.

(Baraguay d'Hilliers, Louis.) Nachgelassene Denkwürdigkeiten des französischen Generals Custine. Von einem seiner Adjutanten. A. d. Französ. mit Anmerkungen. 2 Bde. 8 Berlin 1795. 3,00.

Baraguay d'Hilliers, L. Mémoires du gén. Custine sur les guerres de la République. 2 v. 8. Hambourg et Frankfort 1794. — nouv. éd. (26¼ f.) 8. Paris 1831.

(Baraguay d'Hilliers, Louis.) Mémoires posthumes du général français, comte de Custine, rédigés par un de ses aides-de-camp. 2 v. 8. Hambourg u. Frankfurt 1794. 5,00. — 2 v. 8. Paris 1824.

Baraize, M.E.
Service des Antiquités de l'Égypte. Plan des Nécropoles Thébaines levé par M. E. Baraize, opérateur du service des antiquités. Livr. 1. *Le Caire: Gen. Survey Print. Off.; Leipzig: K. W. Hiersemann 1904.* gr. 2° [ill.]

Baraize, E: Plan des nécropoles Thébaines. 2. et 3. livr. 54,5 ×71 cm. Le Caire. Lpzg, KW Hiersemann. (1—3: nn 15.20) 2. (3 Bl.) '06. nn 4 — ‖ 3. (5 Bl.) '07. nn 5.60

Barak. —Der singende Barack und die lob-spielende Debora, oder geist-reiches Gesangbuch, in sich haltend alle in hiesigen und andern evangelisch-lutherischen Kirchen übliche Lieder und Gesänge. — Ulm [um 1711]: Kühne. 310 S. 8° 25.
11.829

Barak, M. s. *Barach*, Max.

Barakov, Petr Fedorovič: Opyt izučenija estestvenno-naučnych osnov polevodstva v lěsostepnoj oblasti evropejskoj Rossii. Versuch einer Feststellung der naturwissenschaftlichen Grundlagen des Feldbaues im Gebiet der Waldsteppe des europäischen Rußlands. Č. 1. — S.-Peterburg 1898: Demakov. XV,148 S. 8° [Russ. u. Ant.]
1. Postojannye faktory polevodstva. Constante Factoren des Feldbaues.
(Trudy Imperatorskago vol'nago ėkonomičeskago Obščestva. 1898. 1,2,Pril.) 14. 19.
11.841

Bar-Ali's Lexikon, s. Hoffmann, G., syrisch-arabische Glossen.

Bar Amithai, über die Beschneidung in histor. und dogmat. Hinsicht. Ein Wort zu seiner Zeit. Den Denkenden in Israel zur Prüfung vorgelegt. gr. 8. Frankfurt a/M. 813, Hermann'sche Buchh. n. 1/6 ℛ

Baran, Anton

Baran, Ant. Schliemann's Ausgrabungen und die Frage nach dem homerischen Troia 42 S u. Karte. 8 **Progr.** G. *Krems* 1877.

Baran, A. Zur quantitierenden Aussprache des Lateinischen. 20 S. 8. **Progr.** G. *Krems* 1882

–. Professor Johann Bauer †. Nachruf S. 50—51. 8. **Progr.** K. k. Staats-Gymn. *Krems* 1901.

Baran. Ant. Zur Chronologie d. Euböischen Krieges, s. Studien, Wiener, 7. Jahrg.

Baran, Anton: † Ihre Majestät die Kaiserin Elisabeth 8 (S 3) **Progr.** K k. Staats-G *Krems* 1899

— Feier des 70. Geburtstages Sr. M., des Kaisers Franz Josef I. 4. ibd. 01. Progr.

—: Festfeier des 900jährigen Jubiläums der Stadt Krems durch ehemalige Kremser Studenten am 13. August 1895 8 (S 1—9) **Progr.** K.K.Staatsgymnasium Krems, 1896.

—: Ein melodramatisches Gedicht aus der Zeit des Jesuitengymnasiums in Krems auf Maria Theresia's sieghaftes Gottvertrauen. (Umschlagtitel: . . Jesuiten-Gymnasiums auf . . .). 8 (S 12—24). **Progr.** K.K.Staats-Gymn.Krems.1899.

—, Geschichte der alten lateinischen Stadtschule und des Gymnasiums in Krems Mit fünf Schulordnungen aus dem 14 und 16 Jahrhundert und einem Facsimile des Handschreibens der Kaiserin Maria Theresia Beitrag zur Jubelfeier des 900jährigen Bestandes der Stadt Krems. 8 (VII, 198 S., 1 Taf). **Progr.** K. k. Staats-G. *Krems* 1895

Baran, A, Geschichte d. alten latein. Stadtschule u. d. Gymnasiums in Krems. Mit 5 Schulordngn a. d. 14. u. 16. Jahrh. u. e. Facsm. d. Handschreibens d. Kaiserin Maria Theresia. Beitrag z. Jubelfeier d. 900jähr. Bestandes d. Stadt Krems. 8° (226 m. Abbildgn u. Grundrissen.) Krems 95, (F Oesterreicher). 2.80

Baran, Anton: Jubiläum der fünfzigjährigen Regierung Sr Majestät des Kaisers Franz Josef I (Umschlagtitel: Jubelfeier) 8 (S 5--11) **Progr.** K.K.Staatsgymn.Krems 1899.

Baran, Anton Director Alois Milota † 8 (S 35—41). **Progr.** K k. Ober-G. *Krems* 1889

– Die Nervosität unter der Schuljugend Rede bei Eroffnung des Schulkursus 1907/08 1907. 11 S. 4. Kantonsschule *Zurich* 1908 **Progr.**

Baran, Anton Professor Hermann Neuda † (Umschlagtitel: . Nachruf). 8 (S 28—30) **Progr.** K k Staats G *Krems* 1892

Baran, Anton: Nikotin und Alkohol, zwei falsche Freunde. Ansprache an die Schüler. S. 7—12. 8. K. k. Staats-Gymn. *Krems* 1902. **Progr.**

—: † Professor Alois Pospiech *28. Mai 1899.* 8 (S 25). **Progr.** K k Staats-G *Krems* 1899

—, Professor P Anton Powondra †. (Umschlagtitel . . Nachruf). 8 (S. 25—26). **Progr.** K. k Staats-G. *Krems* 1893.

Baran, Anton: Rechenschaftsbericht über die Thätigkeit des Gymnasial-Unterstützungs-Vereines im Schuljahre 1895/6, 1896/7, 1897/8, 1898/9, 1899/1900 . . 8 (S. 71—73, 35—37, 35--38, 51—54, 54—58). **Progr.** K k. Staats-G *Krems* 1896—1900

— Schüler-Commentar zu Demosthenes' 8 Staatsreden. 2. Afl. 8° (168 m. Abbildgn.) Wien u. Prag 94, F Tempsky. — Lpzg, G Freytag. 1 —; geb. n.n. 1.30

Baran, Ant., Schülerkommentar zu Demosthenes' 8 Staatsreden. 3. verb. Aufl. (IV, 92 S.) 8. Leipzig, G. Freytag. — Wien 906. F. Tempsky. n. — 80

Baran, A., Schul-Commentar zu Demosthenes' acht Staatsreden. 8. (VI, 168 S. m. 4 Abbildgn.) Prag 890. Tempsky. — Leipzig, Freytag. n. 1. 25; geb. n.n. 1. 50

– : Dramatische Stoffe von elf Theaterstücken aus der Zeit des Jesuiten-Gymnasiums in Krems (1616—1773) Anhang zur Geschichte des Kremser Gymnasiums 8 (S. 10—49). **Progr.** K. k Staats-G *Krems* 1896

Baran, A.: Das Studium der classischen Sprachen. 17 S. 8° Progr. Oberhollabrunn 1873.

— Zur Topographie der Ilias. 30 S. 8. **Progr** G. *Krems* 1878.

Baran, Anton: Zeno. Ein vollständiges Theaterstück aus der Zeit des Jesuiten-Gymnasiums in Krems, 1697. S. 7—49. 8. **Progr.** K.K.Staatsgymn.Krems.1901.

Baranauckas, Antanas s. *Baranowski*, Anton.

Baranauskis, Antanas s. *Baranowski*, Anton.

Barancevič, Kazimir Stanislavovič
— [Raba, deutsch] Die Sklavin. Roman von K. S. Baranzewitsch. Deutsch von A. Berger. — Dresden [usw.]: Minden 1889. 260 S. 8° 30. 60.
11.885

— Slučajno! S vvedeniem S. Mandel'kerna. — Leipzig: Gerhard 1892. 43 S. 8° [Russ.] [Aus Zufall!] (Russkaja Biblioteka. 51.)
12: P. o. rel. 2910-51. 300: 164.454-B. Bd 51.
11.889

Baranzewitsch, KS, a. Zufall! s.: Bibliothek. russ.

Barandon, George Frédéric Louis: Oraison funèbre de . . . Frédéric Second, Roi de Prusse, prononcée le 10. sept. 1786 dans le temple du fauxbourg de Koepnick. — Berlin 1786: Wegener. 32 S. 8° 1:8 in Sv 18-3. 42. 109.
11.906

— Oraison funèbre de . . . Frédéric Louis Charles, fils du Roi. Prononcée le 15. janv. 1797 dans le temple du fauxbourg de Koepnick. — Berlin 1797: Unger. 21 S. 8° 1:7 in Sw 300.
11.907

Barandon, Paul, aus Kiel, Referendar in Bordesholm: Der § 437 B.G.B. im Vergleiche zu den Rechtssätzen des gemeinen Rechts. *Leipzig 1903: W. Wigand.* (49 S.) 8°
Leipzig, Jur. Diss. v. 1903

Barandun, Johannes
Barandun, Jobs., Fablas siemis e Wilhelm Tell. 16. (248 S.) Chur 860, [Gsell.]

Barandun, Joh., fablas siemis a Wilhelm Tell. Chur 860. (Grubenmann.) 16. (248 S.) n. 20 *ngr.*

Barandun, Johannes: Fablas, siemis a Wilhelm Tell. — Cuera 1860: Senti & Hummel. 248 S. 8°
1: Xn 8780. 3. 5. 8. 12: P. o. rel. 2820. 303.
11.908

— La Giuvantegna dilg Johannes Barandun. Mral dals 1847 dilg cuming d'Ortenstein am berg. Dedicau alas 3 vischnauncas, scrit elg dialect da Feldis. — Cuera 1864. 296 S. 8° [Die Jugend d. Johannes Barandun.]
1: Xn 8795. 5.
11.909

Bárándy, Johann: Judenreform. Auszug aus d. am 4. April 1847 dem ... Grafen Georg Apponyi ... überreichten Denkschrift. — Pressburg: Reissbach 1848. 19 S. 8°
1: Ez 10385.
11.910

Bárándy, J Uebersicht der Bevölkerung in den Städten Ungarns etc. (10 Tabellen unter Schleifen in 1 Bd.)
Fol. Wien 1842.

Bárándy, über Ungarns Zustände. gr. 8. (200 S.) Preßburg 847, (Schaiba.)

— **Ueber Ungarns Zustände.** — Pressburg 1847: v. Schmid & Busch. 200 S. 8°
3. 15. 300: 52.528–B. 302. 304.
11.911

Baraneckij, Osip Vasilevič

— **Die stärkeumbildenden Fermente** in den Pflanzen. Von J. Baranetzky. — Leipzig: Felix 1878. 64 S. 8°
1: M 15490. 4. 12: Chem. 5ts. 24. 29. 43. 90. 302. 305.
11.912

Baranetzki, J., die kreisförmige Nutation u. das Winden der Stengel, s.a. Mémoires de l'académie impériale des sciences de St.-Pétersbourg.

— **Die kreisförmige Nutation** und das Winden der Stengel. Von J. Baranetzki. — St.-Pétersbourg: Eggers [usw.] 1883. 73 S. 4° (Mémoires de l'Académie Impériale des sciences de Saint-Pétersbourg. Sér. 7, T. 31, 8.)
1: 4° Ab 5408–31,8. 2→5. 7→11. 12: 4° Acad. 140c–31. 14→18. 21. 24→32. 39. 45. 46. 300: 392.831–C. Ser. 7, T. 31,8. 302. 303.
11.913

— die tägliche Periodicität im Längenwachsthum der Stengel, s.a. Mémoires de l'académie impériale des sciences de St.-Pétersbourg.

— **Die tägliche Periodicität** im Längenwachsthum der Stengel. Von J. Baranetzky. — St.-Pétersbourg: Eggers [usw.] 1879. 91 S. 4° (Mémoires de l'Académie Impériale des sciences de Saint-Pétersbourg. Sér. 7, T. 27,2.)
1: 4° Ab 5408–27,2. 2→5. 7→11. 12: 4° Acad. 140c–27. 14→18. 21. 24→32. 39. 45. 46. 300: 392.831–C. Ser. 7, T. 27,2. 302. 303.
11.914

— **Untersuchungen** über die Periodicität des Blutens der krautartigen Pflanzen und deren Ursachen. Von J. Baranetzky. — Halle: Schmidt 1873. 63 S. 4°
Aus: Abhandlungen der Naturforschenden Gesellschaft zu Halle. 13. 1873.
21.
11.915

Baranek: Zu einigen Stellen der Orestie, s. Baranek, Johann

Baranek, Joh[ann], Prof.: Bemerkungen zu Stellen der Schullektüre ⟨Tacitus, Germ. c. 2, Horaz, carm. III, 24,5 ff., die κάθαρσις bei Aristoteles⟩. Gleiwitz 1907: Neumann. (S. III bis XIII.) 4°
Gleiwitz, k. kath. G OP 1907 (232)

Baranek, Joh., Erfahrungen beim Schulturnen, Beil. z. Jber. d. kathol. Gymnas. zu Gleiwitz, Gleiwitz 1897, 11 S., 4°.

Baranek, Johann [Prof.]: Erfahrungen beim Schulturnen. Gleiwitz, Neumanns Stadtbuchdr., *1897;* 14 S. 4.
Gleiwitz, k. kath. G, OP 1897 (190)

Baranek, Parallele zwischen dem *Προμηθεύς δεσμώτης* und Horat. c. III. 24. Pr. 1884. 9 S. 4°. —.90

Baranek, Joh a) Zu einigen Stellen der Orestie; b) eine Parallele zwischen dem *Προμηθεύς δεσμώτης* u. Horat. c III. 24. 12 S.
Progr. G. *Gleiwitz* 1881.

Baranek, Joh „Was wir in einem Kunstwerke schön finden, das findet nicht unser Auge, sondern die Einbildungskraft durch das Auge schön" Lessing Laokoon cap. IV. Materialien für die Erklärung der Stelle in der Prima. 20 S. G *Gleiwitz* 1885. Progr.

Baranek, Moritz: Müßiggang. Ein Gesellschaftsstück ... von Max Egon [d. i. Moritz Baranek]. — Wien: Barker 1907. 46 S. 8°
300: 456.698–B. 302.
11.917

Baranetzki, Josef s. *Baraneckij,* Osip Vasil'evič.

Baranetzky, Josef s. *Baraneckij,* Osip Vasil'evič.

Baraniecki, August: Ein historisches Märchen aus Kujavien. — Berlin [usw.]: Wigand 1910. 48 S. 8°
1: Yx 40859/8.
11.921

Baraniecki, Aug., ein historisches Märchen aus Kujavien. (48 S.) 8. Leipzig 910. Modernes Verlagsbureau. 1. 50

Baraniecki, Maria Alex. v., über gegen einander permutable Substitutionen. Inaugural-Dissertation. Lex.-8. (33 S.) Leipzig 871, (Teubner.)

Baraniecki, Robert [Komp.]
s. *Anzengruber,* Karl: Fesche Wiener. 1907.

Baranius: Die Frau in Finnland etc., s. Baranius, Sophie

Baranius, A., s. Baranius, August Wilhelm

Baranius, August Wilhelm

Baranius, A. W., Vers. einer Biographie der Gr. v. Lichtenau. 8. Leipz. Rein. 800.

Baranius, August Wilhelm: Versuch einer Biographie der Frau Gräfin von Lichtenau, einer berühmten Dame des vorigen Jahrhunderts von August Wilhelm Baranius (nach d. Vorr. vielm. Friedrich Eisenfels). — Zürich [usw.] 1800. 132 S. 8°
Als Verfasser wird auch Johanna Isabella Eleonore v. Wallenrodt genannt.
1: Sw 700, 700a, 700b [u.] Bibl. Varnh. 1154. 2. 3. 5. 11. 12: Biogr. 631 m. 15. 16. 18. 19. 26. 27. 35. 39. 41. 44. 109. 111: 117. 203. 214. 300: 623.220–A. Th. S.
11.925

— — 2. Aufl. Ebd. 1800. 132 S. 8°
14. 18. 30. 34. 45. 53. 109. 300: 9.152–A.
11.926

Baranius, Elise, e. Beispiel f. mündliche Erteilung neusprachlichen Unterrichts ohne Hilfe der Muttersprache [Vorstufe] in Dorpat II. Semester 1891. gr. 8. (56 S.) Berlin 892. L. Oehmigke's Verl. n. 1. —

Baranius, E, e. Beispiel f. mündl. Erteilg neusprachl. Unterrichts ohne Hilfe d. Muttersprache [Vorstufe] in Dorpat II. Sem. 1891. 8° (56) Berl. 92, L Oehmigke's V. (Für Russland: Riga, A Stieda.) 1 —

Baranius, Sophie. Die Frau in Finnland und Skandinavien, s.a. Bluhm, Agnes. Leben und Streben der Studentinnen in Zürich.

Baranius, D. Frau i. Finnland u. Skandinavien. (32 S. m. 1 Portr.) Wien 1891. Bermann u. Altmann. —.60

Baranius-Mollien, Elise, Ernährung d. Säuglings u. Anweisg. v. Abelin-Stockholm. D. internat. Frauencongreß in Berlin dargebr. gr. 8. (16 S.) Dorpat 896. (E. J. Karow.) n. — 60

Baranoff, K. Beiträge zur Theorie der Flüssigkeitsentziehung in der Behandlung der Zirkulationsstörungen. In-8°. 60 S. Bern. These. 1896

Baranow, Feodor, e. Russen Leben. 8. Bresl. Barth. 801.

Baranow: Fedor; eines Russen Leben u. Schicksale etc. 8°
Breslau 801 (Serig in Leipzig)

BARANOWITZIUS, MAXIMUS, Diss. med. inaug. de internecione. Kiliæ. 1767. 4. [Præs. Gottl. Heinr. Kannegiesser]. (M. Univprogr.).

Baranowski: Wie lässt sich bei Livius der Gebrauch passiver Perfectformen ohne est, sunt erklären? 5 S.
Progr. Rzeszow 1854.

Baranowski, Anton

— Litauische Mundarten. Hrsg. von Franz Specht. Bd 1.2. Leipzig: Koehler 1920–22. 8°
1. Texte. Aus d. Weberschen Nachlass. 1920.
2. Grammatische Einleitung mit lexikalischem Anhang. 1922.
(Sächsische Forschungsinstitute in Leipzig. Forschungsinst. für Indogermanistik.)
1:V 700/11-1.2. 2→8. 10. 11. 12:L. rel. 26 r–1,1.2.
14. 15. 17. 18. 21. 24→27. 30. 300:537.549–B.
Per. B, 1,1.2. 302.
11.976

Baranowski, Ant., u. Hugo Weber, ostlitauische Texte. Mit Einleitungen u. Anmerkungen. hrsg. 1. Hft. gr. 8. (VII, XXXV, 23 S.) Weimar 882. Böhlau. n. 1. 60

Baranowski, C. A., Handbuch f. die Polizei-Verwalter und Ortsvorsteher d. platten Landes in Ausübg. ihres Dienstes, enth. e. Anleitg. zur Handhabg. der ländl. Polizei-Verwaltg., sowie e. systematisch geordnete Zusammenstellg. der in Geltg. steh. Polizei-Gesetze u. Verordngn. gr. 8. (VII, 240 S.) Kulm 868. (Konitz, Wollsdorf.) n. 3. —

Baranowski, Joseph von, über die Häufigkeit von Herzcomplicationen im Verlaufe des Gelenkrheumatismus bei Behandlung desselben mit Salicylsäure. Statistische Untersuchung auf Grund des Materials der II. med. Klinik und Abtheilung des allgemeinen Krankenhauses l/I. zu München. Diss. München 1887, A. Buchholz. 8°. 30 S.

von **Baranowski, Joseph** [cand. med.]: Ueber die Häufigkeit von Herzcomplicationen im Verlaufe des Gelenkrheumatismus bei Behandlung desselben mit Salicylsäure. Statistische Untersuchung auf Grund des Materials der II. med. Klinik und Abtheilung des allgemeinen Krankenhauses I I. zu München .... München, k. Hof- u. Univ.-Buchdr. v. Dr. C. Wolf & Sohn, 1887; 30 S. 8°
München, Med. Fak., Inaug.-Diss. v. 1887

Baranowski, Stanislaw. Synthese des 1-3'-Dioxy-3-Methylflavons. Diss. Phil. Bern. 32 S. 8. Bern, R. Suter & Cie., 1908. V Bern

Baranowski, Stefan: Einige Worte über die mineralischen Brennstoffmaterialien der österreichisch-ungarischen Monarchie. — Krakau: Verf. 1876. 30 S. 8° 300:153.232–B.
11.1015

Baranowski, Szymon, Przygody starego żołnierza z dziewiątego pułku księztwa Warszawskiego, według ustnego opowiadania zebrał i skreślił. 8. (XI und 107 S.) Leipzig 856(57,) Librairie étrangère.

Baranowskij, S., klimatolog. Karte der Erde. 2 Bl. in lith. Farbendruck in gr. Fol. (Mit 2 Bl. Text in gr. 4.) Helsingfors 847. Leipzig, Hartmann. baar 2 ₰

Baranowskij, S., klimatolog. Karte der Erde. 2 Bl. in lith. Farbendruck. gr. Fol. (Mit 2 Bl. Text in gr. 4.) Helsingfors 840. Leipzig, Hartmann. **

Baranowsky, Carl, s. Baranowsky, Karl

Baranowsky, Karl
Baranowsky, C: Moderne Ehen. Roman. (326) 8° Berl., Schles. Buchdr. etc. '01. 3 —; geb. 4 — d

Moderne Ehen. Roman von Carl **Baranowsky**. *Breslau: S. Schottlaender; Leipzig: E. F. Steinacker 1901.* (326 S.) 8° [F.] [illegible]

Baranowsky, Karl: Halbnaturen, Roman. (354) 8°.–
Berlin '03, Schles. Buchdr.

— Halbnaturen. Roman. — Breslau: Schottlaender 1903. 354 S. 8° 1:Yx 35404. 2. 18.
11.1023

Baranowsky, Karl, El Kahira. Ein Orient-Bummel. Novelle. (332 S.) 8. Breslau 904. Berlin, S. Schottländer's schles. Verlagsanstalt. n. 3. —; geb. n. 4. —

— El Kahira. Ein Orient-Bummel. Novelle. — Breslau: Schles. Verl.-Anst. 1904. 334 S. 8° 1:Yx 35453. 2.
11.1024

Baranowsky, Nikolaus: Catalog der rühmlichst bekannten Sammlung der Gemälde des verstorbenen Herrn Nicolaus Baranowsky in Wien. [Auktionskat.] — Wien 1855: Wallishausser. 128 S. 8° 14. 300:122.261–B.
11.1025

Barański, Antoni: Anfänge der Weltgeschichte im Lichte der tiergeographischen Untersuchungsmethode. — Wien: Perles 1909. 48 S. 8°
1:Pz 6767/50. 300:463.344–B. 302. 304.
11.1026

Barański, Ant., praktische Anleitung zur Vieh- und Fleischschau für Stadt- und Bezirksärzte, Thierärzte, Sanitätsbeamte, sowie besonders zum Gebrauche für Physikats-Candidaten. gr. 8. (VIII, 168 S. mit 1 Holzschntaf.) Wien 880, Urban und Schwarzenberg. *

—— Anleitung zur Vieh- und Fleischschau für Stadt- und Bezirksärzte, Thierärzte, Sanitätsbeamte, sowie besonders zum Gebrauche für Physikats-Candidaten. 2. verb. Aufl. gr. 8. (VI, 184 S. mit 6 eingedr. Holzschn.) Ebendas. 882. *

—— 3., gänzl. umgearb. u. verm. Aufl. Ebd. 1887. IV, 248 S. 8° 8. 26. 28. 36. 106. 300:76.837–B. 302. 303.
11.1029

Barański A.: Anleitung z. Vieh- u. Fleischbeschau ... 4. umgearb. Aufl. Wien u. Leipz. 1897. 242 S.

Baranski, A: Die altnord. Geschichte. I. Das nord. Pferd. (7, 73 m. 1 Ktnskizze.) gr8° Wien, W Braumüller '11. 1 —

— Geschichte der ägyptischen Kaukasusprovinz im Lichte der tiergeographischen Untersuchungsmethode. — Wien: Perles 1910. IV,93 S. 8° 302.
11.1033

— Geschichte der Thierzucht und Thiermedicin im Alterthum. — Wien: Braumüller 1886. VIII,245 S. 8°
1:Ov 17364. 7. 10. 12:Ant. 34h. 14. 15. 18. 24. 26.
45. 106. 300:92.454–B. 302. 303.
11.1034

— Handbuch sämmtlicher Veterinärgesetze und Verordnungen, die in Oesterreich-Ungarn und Bosnien giltig sind. — Wien: Manz 1884. X,445 S. 8°
12:A. vet. 6ed. 24. 300:49.979–B. 302. 304.
11.1035

Baranski A.: Leitfaden d. Veterinär-Polizei ... Wien u. Leipz. 1881. 198 S. 4°.

— Leitfaden der Veterinär-Polizei für Stadt- und Bezirksärzte. — Wien [usw.]: Urban & Schwarzenberg 1881. 198 S. 8° 1:Ks 2968.
12:A. vet. 6 e. 20. 24. 300:51.190–B. 302. 303.
11.1038

— Thierproduction. Th. 1–3. — Wien: Perles 1890–91. 8°
1. Naturgeschichte und Racenlehre der Hausthiere. 1890.
2. Die Gesundheitslehre der landwirthschaftlichen Thiere. 1890.
3. Die Züchtungslehre. 1891.
15. 24. 91. 300:90.937–B. 302. 304.
11.1041

— **Die Urgeschichte Nordeuropas nach ägyptischen Quellen. — Lemberg: Selbstverl. 1903. 352 S. 8°**
1:Pz 6712. 5. 10. 14. 15. 17. 29. 30. 64.
300:428.457–B. Pp. S. 302. 304.
11.1042

Baranski, A: Die Urgesch. Nordeuropas n. ägypt. Quellen. (352) 8° Lemberg, Prof. Dr. Baranski '03. nn 9 —
Liefert J Deubler in Wien.

— **Wo lag Troie? Im Lichte der tiergeographischen Untersuchungsmethode. — Wien: Perles 1910. IV,64 S. 8°**
300:475.417–B. 302.
11.1043

Baranski, Antoni: Zähmung und Abstammung des Pferdes, s.a. Vorträge f. Thierärzte.

— **Zähmung und Abstammung des Pferdes. — Leipzig: Dege 1884. 75 S. 8° (Vorträge für Thierärzte. 7,2.3.)**
1:Ks 1320–7, 2. 3. 12:A. vet. 101 e–7. 19. 24.
11.1044

— Zähmung und Abstammung des Pferdes. (75 S.) Leipzig 84. (H. Dürselen, Wiesbaden.) M. 3.—

Baranski, Antoni: Die Zähmung unserer Hausthiere, s.a. Vorträge f. Thierärzte.

— **Die Zähmung unserer Hausthiere. — Leipzig: Dege 1884. 67 S. 8° (Vorträge für Thierärzte. 6,9.10.)**
1:Ks 1320–6, 9. 10. 12:A. vet. 101 e–6. 15. 19. 24.
11.1045

Baransky, Ant., Die Zähmung unserer Haustiere. (67 S.) Leipzig, (H. Dürselen, Wiesbaden.) M 3

— d. vorgeschichtl. Zeit im Lichte d. Hausthiercultur. gr. 8. (IV, 296 S.) Wien 896. M. Perles. n. 9. —

— **Die vorgeschichtliche Zeit im Lichte der Hausthiercultur. Wien: Perles 1897. IV,296 S. 8°**
1:Pz 6580. 12:H. g. hum. 12 qk. 14. 300:84.376–B. 302.
11.1046

Baransky, A., s. Baranski, Antoni

Barante, de; s. Barante, Amable Guilleaume Prosper Brugière de

Barante, Amable Guillaume Prosper Brugière de
Barante's, (de,) constitutionelle Fragen. Von der Souverainität. Vom allgem. Stimmrecht. Von der Regierung und Gesetzgebung. Von den öffentl. Aemtern. Vom Eigenthum. Von der Arbeit. Von der Revision. Deutsch von Auerbach. 1. und 2. Aufl. gr. 8. (IV und 147 S.) Frankfurt a. O. 849, Trowitzsch und Sohn.

— — **Uebers. von Julius Cornet. Leipzig: Dyk 1849. 97 S. 8°**
5. 6. 11. 15. 19. 22. 30. 31. 35. 39. 47. 106. 302.
11.1127

Barante, A. de, Henri V roi d'Angleterre en France s.a. Prosateurs français.

— **Henri V Roi d'Angleterre en France ... Mit Anm. von G. Jaep. — Bielefeld [usw.]: Velhagen & Klasing 1880. 92 S. 8° (Prosateurs français. 6.)** **1:X 8355–6. 6. 33. 207.**
11.1096

— **Histoire des ducs de Bourgogne de la Maison de Valois. Enrichie de notes par M. Marchal. T. 1–10. — Bruxelles & Leipzig: Muquardt 1839. 8°**
4. 19. 12:Gall. sp. 12 ma. 15. 31. 38. 46. 48. 205. 302.
11.1080

Barante, histoire de Jeanne d'Arc, s.a. Bibliothek gediegener u. interessanter französ. Werke.

— histoire de Jeanne d'Arc, s.a. Collection de tableaux historiques.

Barante, histoire de Jeanne d'Arc, hrsg. v. Arnold Krause, s.a. Prosateurs français.

— dasselbe, erklärt v. K. Mühlefeld, s.a. Schulbibliothek, französ. u. engl.

— dasselbe, hrsg. v. H. Müller, s.a. Schulbibliothek französ. u. engl. Prosaschriften.

— **Histoire de Jeanne d'Arc ... Éd. arrangée à l'usage des écoles par F. Guill. Fulda. — Duisbourg: Ewich 1856. 176 S. 8° (Collection de tableaux historiques, à l'usage des écoles. 1.)** **1:Qw 2438. 5. 6. 12:H. misc. 3011–1. 211.**
11.1089

— — **Préc. d'une introd. historique et suivie d'un vocabulaire historique et géographique. — Munster: Theissing 1863. XV,181 S. 8° (Bibliothek gediegener u. interessanter französischer Werke. 29.)**
6. 12:Biogr. 588 abc. 27. 52. 207. 211.
11.1091

— — **Préc. d'une introd. historique et suivie d'un vocabulaire historique et géographique. Éd. stéréot. — Munster: Theissing (1874). XV,181 S. 8° (Bibliothek gediegener u. interessanter französischer Werke. 29.)** **32. 123.**
11.1094

Histoire de Jeanne Darc. Erklärt von Frz. Hummel. gr. 8. (132 S. mit 2 lithogr. und color. Karten.) Berlin 881, Weidmann'sche Buchh.
Aus: Histoire des ducs de Bourgogne, besonders abgedruckt.
dass. — s. Prosateurs français.

— **Histoire de Jeanne Darc ... Für den Schulgebrauch erkl. von K. Mühlefeld. 2., verb. Aufl. — Leipzig: Renger 1892. XII,112 S. 8° (Französische u. englische Schulbibliothek. Ser. A,20.)** **41.**
11.1098

— **Histoire de Jeanne d'Arc. Nach d. neuen Volksausg. d. Werkes für deutsche Schulen bearb. von H. Müller. [Nebst] Beih. — Berlin: Gaertner 1896. 8° (Schulbibliothek französischer u. englischer Prosaschriften aus d. neueren Zeit. 1,24.)** **1:X 8361–24. 41. 44.**
11.1099

— Jeanne d'Arc, s.a. Prosateurs français.

Barante, de, Jeanne d'Arc. Episode aus der Histoire des ducs de Bourgogne. Mit Einleitung u. Noten zum Schulgebrauch herausg. von H. Robolsky. Berlin 856. Renger. 8. (XX, 144 S.) 12 ngl

— **Jeanne d'Arc ... Bearb. von G. Jaep. Bielefeld [usw.]: Velhagen & Klasing 1880. 180 S. 8° (Prosateurs français. 9.)**
1:X 8355–9. 6. 44. 47. 79. 207.
11.1095

— **Jeanne d'Arc ... Bearb. von G. Jaep. Bielefeld [usw.]: (Velhagen & Klasing) 1892. 180 S. 8° (Velhagen & Klasings Sammlung französischer und englischer Schulausgaben. Prosateurs français. 9.)** **47.**
11.1097

— Jeanne d'Arc, Wörterbuch, s.: Schulbibliothek, französische u. englische.

— **[deutsch] Ueber die Litteratur Frankreichs im 18. Jahrhundert. 2 Abhandlungen von Barente u. Jay übers. u. mit Anm. hrsg. von F. A. Ukert. — Jena: Frommann 1810. VIII,344 S. 8°** **1:As 756. 3. 5. 7. 8. 10.**
12:Don. Lud. 10. 15. 17. 18. 19. 21. 24. 27. 29→32.
35. 39. 44. 45. 46. 53. 61. 109. 117. 207.
11.1111

— **Mélanges historiques et littéraires. T. 1–3. — Bruxelles: Meline 1835. 8°** **14. 19. 32. 44 [= 1.2].**
11.1112

— — **T. 1–3. Bruxelles & Leipzig: Allg. Niederlandische Buchh. 1835. 8°** **1:Pa 274. 7. 11. 15→18. 21. 24. 27. 46.**
11.1113

Barante, M.de, s. B a r a n t e , Amable Guilleaume Prosper Brugière de

Barany, Joh. (Sz. Lörintzio Tolnensis Hungarus), . . viro . . Carolo Andreae B e l i o. Pisoniensi ex Hungaris . . gratulabatur . . Jena (Marggraf) 21. II. 1739. Folio. 4 S. (3.—)

Bárány, Robert

— Aus der Universitäts-Ohrenklinik in Wien. Neue Methoden der Stimmgabelprüfung und deren praktische Bedeutung. — Wien [usw.]: Braumüller 1909. 7 S. 8°
Aus: Wiener klinische Wochenschrift. 22. 1909. 302.
11.1149

Aus der K. K. Univ.-Ohrenklinik in Wien. Physiologie und Pathologie ⟨Funktions-Prüfung⟩ des Bogengang-Apparates beim Menschen. Klin. Studien. Von Dr. Robert **Bárány**. (Vorr.: Prof. Dr. A[dam] Politzer.) Mit 15 Fig. Leipzig & Wien: F. Deuticke 1907. (X, 76 S.) 8° [07. 17509

— Untersuchungen über den vom Vestibularapparat des Ohres reflektorisch ausgelösten rhythmischen Nystagmus und seine Begleiterscheinungen. — Berlin: Coblentz 1906. 107 S. 8° 30.
11.1154

Baranyai, Stud. theol., Tübingen. 1797 s. *Baranyai*, Paulus.

BARANYAI, FRANCISCUS· An seine Mitbürger in der kön. Frey-Stadt Gran bey dor Gelegenheit als der Hochw.-durchlaucht Furst Alexander Rudnay, von Rudna, und Divék-Uj-falú Landes-Primas und Graner Erzbischof nach seiner zur Erzbischöflichen Stelle allergnädigsten Ernennung don 23. Sept 1819 seinen Residenz-Platz besichtigt hat zu Gran Ofen 1820 Mit kön ung Universitäts-Schriften 7 S. - 4°

Baranyai, Paulus: Carolo Austriaco Statori Baranyai et Wanko. [Lateinische Ode auf Erzherzog Karl von Österreich anläßlich seines Besuchs in Tübingen am 14. September 1797.] — Tubingae 1797: Fues. 4 Bl. 8° 21.
11.1156

BARANYAY, Josephus: De charactere s. Pauli. — (1902) III, 59 S. 8° (Handschr.) Diss. Wien Univ. Diss. 960

Baranzewitsch, K. S. s. *Barancevič*, Kazimir Stanislavovič.

Barasch, Artur: Die Breslauer Festwoche 1909. — [Breslau: 'Allegro'] 1909. 147 S. 8° 1:N 10.1230. 41.
11.1174

[—] — Breslau: 'Allegro' 1909. 147 S. 8° 2.
11.1175

Barasch, Julius
Barasch, J., s.a. Liber thesaurus scientiarum in lingua hebraica.

Barasch, J, liber thesaurus scientiarum in ling. hebr., cont. fundam. omn. scient. Sect. philos. 8. (242) Wien 56. (Lpzg, Gerhard.) n. 1. 10

Barasch, Julius: Offenes Sendschreiben an Herrn Israel Pick als Erwiderung auf seine Broschüre 'Israel hat eine Idee zu tragen, die letzte Lüge einer sterbenden Synagoge'. Von einem Bucarester Juden [d. i. Julius Barasch]. Leipzig: Fritzsche in Comm. 1854. 44 S. 8°
1:De 5114.
11.1176

Barasch, Julius (geb. Brody in Galizien Juni 1815) Synopsis impetiginum Berolini (1841) (32 S.) 8°
Berlin, Med. Diss. v. 7. Juli 1841

Barat. -- Die ehrwürdige Dienerin Gottes Magdalena Sophia Barat, Stifterin der Gesellschaft des heiligsten Herzens Jesu. Ein Lebensabriß. — Regensburg [usw.]: Pustet 1894. 48 S. 8° 12:V.SS.1030. 19.
11.1183

— Die selige Magdalena Sophia Barat. Ein Lebensabriß, hrsg. im Jahre ihrer Seligsprechung 1908. — Freiburg i. Br. [usw.]: Herder 1908. IX,127 S. 8°
12:V.SS.103p. 211. 300:461.066-B. 302.
11.1184

Barat, **Die sel. Magdalena Sophie,** u. ihre Stiftg, d. Gesellsch. d. Ordensfrauen v. hlst. Herzen. (23, 566 m. 18 Taf. u. 1 Autograph.) gr8° FreiburgB., Herder '11. 8 —; L 9.50 d

Barát, Armin: Fünfzigjährige Geschichte der ersten Temesvárer Sparkassa ⟨1846–1895⟩. Von Armin Barát, Aug. M. Stolz. Deutsche Ausg. — Temesvár: Institut 1896. XIX,224 S. 8°
Ungarische Ausg. s. *Barát:* A Temesvári első Takarékpénztár ötven éves Története. 1896.
8. 212. 300:190.531-C.
11.1189

Barát, Arnim, die königl. Freiſtadt Temesvár. Eine monograph. Skizze. Titel-Zeichnung des Umſchlags v. Edm. Tull. 52 Illuſtr. nach Orig.-Aufnahmen des Joſ. Koſſak. (268 S. m. 1 farb. Plan.) gr. 8. Temesvár 902. (Polatſek). 8. —

— Die königliche Freistadt Temesvár. Skizze. — Temesvár: Selbstverl. 1902. 268 S. 8° 1:Se 11037. 7.
11.1190

Barat, Arnim, s. B a r a t , Armin

Barat, Madeleine Sophie s. *Barat.* — Die ehrwürdige Dienerin Gottes Magdalena Sophia Barat. 1894.

— s. *Barat.* — Die selige Magdalena Sophia Barat. 1908 u. ö.

— Denksprüche. — München: Opacher (1887). 12 Bl. 8°
12:Asc. 311 w.
11.1197

Barat, Magd. Sophia, ſ. Lebensbild.

Barater, Joh. Philipp, s. B a r a t i e r , Jean Philippe

Baraterius, Johannes Philippus s. *Baratier*, Jean Philippe.

Baraterus, J. Ph., s. B a r a t i e r , Jean Philippe

BARATH, BERNHARD JOSEPH, O. CARM.: Innerliches Gebet mit anmüthigen Uibungen. 3 Thle. Krems 1749-1752. Szinnyei

BARATH, BERNHARD JOSEPH, O. CARM · Sittliche Reden. Linz 1752. Szinnyei

Baratier, François: (Histoires possibles, ou caractères de bons et de mauvois enfans, deutsch) Sittliche Gemählde guter und böser Kinder, oder Unterhaltungen des Vaters Baratier mit seinem Sohne Philipp. Neu hrsg., und mit einer Nachricht von dem Leben des jungen Baratier begleitet von F. X. Sperl. [Übers.: Johann Balbach.] — Grätz: Kienreich 1807. VIII,64 S. 8° 303.
11.1225

— - - 2. Aufl. Ebd. 1819. VIII,64 S. 8° 300:492.852-B.
11.1226

— ſittl. Gemälde z. Unterricht f. Sohnes s.a. Gemälde, ſittl. Kinder.

Baratier, ſittl. Gemälde zum Unterr. ſeines Sohnes. a. d. Franz. m. K. 8. Nürnb. Schneider u. W. 806.

Baratier, Frz., († d. 29. Juni 1751.) Le jouet des jolis petits garçons. 8. Götting. 770.

Baratier, Franz: Merkwürdige Nachricht von einem sehr frühzeitig gelehrten Kinde, nebst vielen zur Kinder-Zucht gehörig-nützlichen Anm., und e. Vorr. von gelehrten Kindern. Stettin u. Leipzig 1728.

(—) Merckwürdige Nachricht von einem sehr frühzeitig gelehrten Kinde. [Übers.: Paul Emil v. Mauclerc.] — Stettin [usw.]: Kunckel 1728. 132 S. 8°
1:At 9011. 2. 3. 8. 9. 12:4° Paed. Th. 258 [2 Ex.] 15. 41. 75.
11.1227

(—) Merckwürdige Nachricht von einem sehr frühzeitig gelehrten Kinde und jetzt vierzehen-jährigen Magistro. 2., verm. Ed. — Ebd. 1735. 132 S. 8°
1:At 9042. 6. 12:4° Paed. Th. 259. 14. 15. 17. 30. 39. 44.
11.1228

Baratier, Franz, s. B a r a t i e r , François

Baratier, Jean Philippe: Anti Artemonius seu initium Evangelii Sancti Johannis ... adversus iniquissimam L. M. Artemonii Neo-Photiniani criticam, vindicatum ... Cui in fine acc. Dissertatio de Dialogis tribus vulgo Theodorito tributis. — Norimbergae: Rüdiger 1735. 526 S. 8°
1:Bs 8609. 2. 4. 7. 9. 14. 15. 18→21. 24. 27. 29. 35. 41. 117.
11.1229

Barater, Joh. Philipp (Schwabach), Theses philosophicae inaugurales variae. Präs. Joh. Joach. Lang. Halle (Jo. Chn. Hendel) 9. III. 1735. 4 Bl. (2.50)

— — Dasselbe. Ed. II. (2.50)

— — Dasselbe. Ed. III: (Jo. Chn. Hendel). 32 S. (5.—)

Baratieri, Oreste

— [Ausz., deutsch] Aus den Memoiren Baratieris. Die Schlacht bei Adua. 1. März 1896. Bearb. von Alois Veltzé. — Wien: Seidel 1904. VIII,91 S. 4°
12:4° Mil. g. 187 t. 209. 300:429.816–C.
11.1237

Baratinsky, A.: Translations from Russian and German poets by a Russian lady [d. i. A. Baratinsky]. — Baden-Baden 1878: Hagen. 80 S. 8°
32.
11.1238

Baratsch, W: Kosmolog. Gedanken. 1. u. 2. [Tit.-]Afl. 2 Tle in 1 Bde. (55 u. 63) 8° Lpzg, FE Fischer '11'12. 1.50 d

Baratta, Giovanni

— [deutsch] Praktische Beobachtungen über die vorzüglichsten Augenkrankheiten. Übers. von Eduard Wilhelm Güntz ... u. bevorw. von Heinrich Robbi. Th. 1. 2. Leipzig: Magazin für Industrie u. Literatur 1822–23. 8°
2. 7. 12:Chir. 11 s. 15. 16. 21. 27. 43. 45. 46. 48. 53. 300:77 Ee 174. 302. 303.
11.1270

Baratta, Giov., Osservazioni pratiche sulle principali Malattie degli Occhi, 2 Vol. con varie tavole in rame. 8. gr. Milano. 818. (Vienna, Volke.)

Baratta, J., s. B a r a t t a , Giovanni

Baratta-Dragano, Richard Frhr v.: Le domaine de Budischau en Moravie. Die Herrschaft Budischau in Mähren. — Brünn: Rohrer 1900. 21 S. 4°
1:4° Stala 660. 12:4° Austr. 210 m. 302. 304.
11.1292

Baratti, Edler v., s. A l b e r t , D.neue.

–, s. C a r a c c i o l i , Paris u.dessen Reisen.

–, s. H e c q u e t , Arznei u. Chirurgie.

–, s. L a h o u s s a y e , erläut.Tacitus.

– s. S a r r a s a , Kunst.

–, s. T h i e b a u t , Christenlehrpredigten.

Barazetti, Caesar. Behandlung deutscher Nachlässe in der Schweiz, insbesondere im Kanton Zürich. Separatabdruck aus Bd. 14 d. Zeitschrift f. Internationales Privat- und Öffentliches Recht.... II S. + S. 355–361. 8. Kiel, Schmidt & Klaunig, [1904].

Barazetti, Caesar: Das Eherecht mit Ausschluss des ehelichen Vermögensrechts nach dem Code Napoléon und dem badischen Landrecht. — Hannover: Helwing 1895. XV,779 S. 8°
1:Ft 2865. 3→7. 9. 10. 11. 12:J. can. P. 78 t. 14. 15. 16. 20. 24. 25. 26. 31. 35. 36. 38. 203. 208. 302. 303.
11.1339

— Einführung in das französische Civilrecht (Code Napoléon) und das badische Landrecht (sowie in das rheinische Recht überhaupt). Mit e. Beil.: Der Code de la Convention. — Frankfurt a. M. [usw.]: Schauenburg 1889. VII, 454 S. 8°
5→7. 11. 12:J. gall. 5 m. 14→17. 20. 24. 25. 29. 31. 203. 208. 302.
11.1340

Barazetti, Caesar. Einführung in das französische Civilrecht [Code Napoléon] u. das badische Landrecht [sowie in das rheinische Recht überhaupt]. Mit e. Beilage: Der Code de la convention. gr. 8. (VII, 454 S.) Lahr 889, Schauenburg. * 10 —

— — 2. Aufl. Heidelberg: Groos 1894. VII,454 S. 8°
17. 31. 36. 303.
11.1341

— Einführg in d. französ. Civilrecht (Code Napoléon) u. d. bad. Landrecht (sowie in d. rhein. Recht überhaupt). Mit e. Beilage: Der Code de la convention. 2. Afl. 8° (454) Hdlbg 94, vorm. Weiss' Sort. 10 —

— Einführung in das französische Civilrecht (Code Napoléon) u. das badische Landrecht. 2. Aufl. Heidelberg 899.

— Das Eltern- und Kindesrecht nach dem Code Napoléon und dem badischen Landrecht. — Hannover: Helwing 1896. XII,580 S. 8° 1:Hq 7629. 6. 7. 9. 11. 12:J. gall. 5 mf. 14. 16. 17. 20. 24. 25. 29. 30. 31. 35. 36. 46. 203. 208. 302. 303.
11.1342

—— Grundriss zu Vorlesungen üb. „französisches Civilrecht u. badisches Landrecht" m. Berücksicht. der durch das Reichsrecht eingetretenen Abänderungen der Gesetzesmaterie. gr. 8. (40 S.) Heidelb. 889, [Burow] vorm. Weiss'sche Univ.-Buchh. ** 1 —

Barazetti, Cäsar, zur Lehre von der Prozeßfähigkeit mit Exkursen in die Lehre von der absolutio ab instantia, den Prozeßvoraussetzungen und den prozeßhindernden Einreden, nach der Reichscivilprozeßordnung und in Hinblick auf das gemeine Prozeßrecht. gr. 8. (48 S.) Heidelberg 881, Bangel und Schmitt. *

Barazetti, Cäs., zur Lehre v. der Prozeßfähigkeit m. Exkursen in die Lehre v. der absolutio ab instantia, den Prozeßvoraussetzgn. u. den prozeßhindernden Einreden, nach der Reichscivilprozeßordng. u. in Hinblick auf das gemeine Prozeßrecht. gr. 8. (48 S.) Heidelberg 884. Petters. n. 1. —

— Zur Lehre von der Prozeßfähigkeit mit Exkursen in die Lehre von der absolutio ab instantia, den Prozeßvoraussetzungen u. d. prozeßhindernden Einreden, nach d. Reichscivilprozeßordnung u. im Hinblick auf d. gemeine Prozeßrecht. — (Mannheim) 1884: (Vereinsdr.) 48 S. 8°
Zugleich Univ.-Schrift. Heidelberg 1884. 2. 4. 5. 9. 12:J. pract. 17 mv. 15→21. 26. 27. 29. 31. 90. 203.
11.1344

— — Heidelberg: Bangel & Schmitt 1885. 48 S. 8°
1:Hd 3533.
11.1345

— das Personenrecht m. Ausschluss d. Familienrechts nach dem Code Napoléon u. dem badischen Landrechte. Ein Lehr- u. Handbuch, enth.: Die Erläuterg. der Lehre v. den Personen u. den Grundbedinggn. ihrer Rechtsfähigkeit (die Personen als solche, nämlich die phys. u. jurist. Personen, die Rechtsfähigkeit, Rechtshandlungsfähigkeit u. Dispositionsfähigkeit, der bürgerl. Stand, der Wohnsitz u. die Abwesenheit) — Buch I, Titel I—IV, Art. 7 bis 143 d. Code Napoléon sowie d. bad. Landrechts (unter Berücksichtigg. der durch die Reichs- u. Landesgesetzgebung eingetretenen Abändergn. d. letzteren, sowie der Rechtsprechg., insbesondere d. Reichsgerichts u. der bad. Gerichte). gr. 8. (XXXII, 432 S.) Karlsruhe 893. J. Lang. n. 8. —

Barazetti, Caesar. Das internationale Privatrecht im Entwurf des schweizerischen Civilgesetzbuchs. ([Sep.-Abdr. aus:] Zeitschrift f. intern[ationales] Privat- u. öffentl. Recht. [Band] 12.) S. 270–305. 8. [Leipzig, Duncker & Humblot, 1902.]

— Das internationale Privatrecht im Bürgerlichen Gesetzbuche für das Deutsche Reich. — Hannover: Helwing 1897. 123 S. 8°
1:Gl 22471. 2→7. 9. 11. 12:J. germ. 1134. 14. 15. 16. 18. 19. 21. 26. 27. 31. 35. 38. 41. 44. 106. 113. 203. 204. 205. 208. 302. 303.
11.1347

— Die Rechtsmittel der Berufung und der Beschwerde nach der deutschen Reichscivilprozessordnung. — Berlin: Vahlen 1882. XII,279 S. 8° Zugleich Diss. Jena 1880.
1:Hf 442. 2→7. 10. 11. 12:J. pract. 17 mu. 15→18. 20. 26. 28. 29. 31. 45. 203. 208. 302.
11.1348

— Der Vorentwurf zum ersten und zweiten Teil des Schweizerischen Civilgesetzbuches (Personen- u. Familienrecht). — Bern: Wyss 1898. 302 S. 8°
1:Hm 1276. 2. 3. 5. 6. 7. 12:J. rel. 1209 b. 15. 16. 30. 106. 208. 302.
11.1349

— Vorlesungen üb. „französisches Civilrecht u. badisches Landrecht". Heidelberg 889.

Barazetti, Cäs., die Vormundschaft (la Tutelle), die Pflegschaft (la Curatelle) u. der Beistand (le Conseil) nach dem Code Napoléon u. dem badischen Landrecht. Ein Lehr- u. Handbuch, enth.: Die systemat. Erläutrg. d. X. Titels d. I. Buchs, Art. 388—515, d. Code Napoléon sowie d. bad. Landrechts (unter Berücksichtigg. der durch die Reichs- u. Landes-Gesetzgebg. eingetretenen Abändergn. u. Ergänzgn. d. letzteren, sowie der französ. Rechtsprechung u. derjenigen d. Reichsgerichts f. das Gebiet d. rhein. Rechts u. der bad. Gerichtshöfe). gr. 8. (XIII, 662 S.) Hannover 894. Helwing's Verl. n. 12.—

Barazetti, Sophie
Mädchenname: Sophie v. Le Monnier

Barazetti, Sofie, geb. v. Le Monnier. Apsara. — Zwischen Lipp' u. Kelchesrand. Novellen. gr. 8. (VII, 231 S.) Dresd. 890, Pierson. * 3 —; geb. * 4 —

— Apsara. Zwischen Lipp' und Kelchesrand. Novellen. 2. Aufl. — Dresden [usw.]: Pierson (1891). 231 S. 8° 16.
11.1351

— Im Banne des Untersberges. Eine Erzählung aus dem 17. Jahrhundert. — Wien: Konegen 1887. 354 S. 8°
16. 38. 300:108.205-B. 302. 308.
11.1352

— Gaudeamus igitur. Heidelberger Roman. — Heidelberg: Groos [1900]. 349 S. 8° 16. 31.
11.1353

[5.] Mammon. Roman in drei Büchern v. Sophie Barazetti, geb. v. Le Monnier. *Berlin, Köln, Leipzig: A. Ahn 1897.* (2 Bl., 180 S.) 1 Bd 8. (97 439)

Barb: Über die ... Kurden-Chronik, s. Barb, Heinrich Alfred

Barb, A. Heinrich s. *Barb*, Heinrich Alfred.

Barb, H.A., s. Barb, Heinrich Alfred

Barb, Heinrich Alfred

Barb, Heinr. Alfr., persische Chrestomathie. 1. Auswahl von Erzählungen; 2. Auszug aus Buffon's Naturgeschichte; 3. die Ermahnungen der Könige von Schejch Saadi. gr. 8. (171 S.) Wien 857, k. k. Hof- und Staatsdruckerei. *

Barb, H. A., persische Chrestomathie. 3 Lfgn. gr. 8. (171 S.) Wien 864. (Leipzig, Denicke.) * *

Barb, HA, pers. Chrestomathie. 3 Lfgn. 8. (171) Wien 64, Hof- u. Staatsdr. a.a. 3. —

Barb, Heinrich Alfred: Die bestehenden Dienst-Instructionen der k. und k. österreichisch-ungarischen Consularämter. — Wien: K. k. Hof- u. Staatsdr. 1871. VI,34 S. 8°
300:63.135-B. 302. 304.
11.1356

—— Dienst-Instructionen der k. k. Consularämter. 8. Wien 871, k. k. Hof- und Staatsdruckerei. *

— Geschichte der kurdischen Fürstenherrschaft in Bidlis. Aus dem Scherefname, IV. Buch. (Aus den Sitzungsber. 1859 d. k. Akad. d. Wiss.) Wien 859. Gerold in Comm. gr. 8. (105 S.) n. 16 ngr.

— Geschichte der kurdischen Furstenherrschaft in Bidlis Aus dem Scherefname 4 Buch S. 32 105 . . . . . . — 1 60
Separatabdruck

—— Geschichte von 5 Kurden-Dynastien. Lex.-8. (54 S.) Wien 858, (Gerold's Sohn.) *

— Geschichte von funf Kurdendynastien. S 28 3 . . . . . — 80
Separatabdruck

— Geschichte von weiteren funf Kurdendynastien S 30 91 . . . . . ngr
Separatabdruck

— Persisch-deutsches Glossar zum Transcriptions-Lesebuch der persischen Sprache. — Wien: K. k. Hof- u. Staatsdr. 1886. 99 S. 8° 300:508.968-B. 302.
11.1357

—— persische Grammatik. 8. (S. 1—144.) Wien 865, k. k. Hof- und Staatsdruckerei. *

—— über das Zeichen Hamze und die drei damit verbundenen Buchstaben Elif, Waw und Ja der arabischen Schrift. gr. 8. (100 S.) Wien 858, (Gerold's Sohn.) *

— Über die Conjugation [Konjugation] des persischen Verbums. — Wien: Gerold 1861. 118 S. 8° 1:Zv 556. 7. 8. 12:L. as. 389 pt. 16. 17. 29. 300:65.870-B. 302. 303.
11.1359

— Über die unter dem Namen Tarich el Akrad bekannte Kurden-Chronik von Scheref. — [Wien] 1853. 18 S. 8°
Aus: Sitzungsberichte d. Kaiserlichen Akademie d. Wissenschaften. Phil.-hist. Kl. 10. 1853. 12:A. or. 3929. 21. 302.
11.1360

Barb Heinrich Alfred, Dr. Über die unter dem Namen Tarich el Akrad bekannte Kurden-chronik von Scheref S 10 26 . . . . . . — 40
Separatabdruck

— Naurús-Blätter. Ein Neujahrsgeschenk für Freunde morgenländischen Wissens u. Schriftenthums. — Wien: Haas 1848. XII,108 S. 8°
1:Zt 1400. 15. 300:26.817-B. 302. 305.
11.1361

— Über den Organismus des persischen Verbums. — Wien: Helf 1860. 96 S. 8°
1:Zv 555. 2. 5. 7. 8. 12:L. as. 389 ps. 15. 17. 19. 21. 27. 28. 30. 39. 300:65.364-B. 302.
11.1362

— Geschichtliche Skizze der in der Chronik von Scheref behandelten dreiunddreissig verschiedenen kurdischen Fürstengeschlechter. — Wien: Gerold in Komm. 1857. 28 S. 8°
Aus: Sitzungsberichte d. Kaiserlichen Akademie d. Wissenschaften. Phil.-hist. Kl. 22. 1856. 12:H. As. 156. 21. 302.
11.1363

— Geschichtliche Skizze der in der Chronik von Scheref behandelten 33 verschiedenen kurdischen Furstengeschlechter (aus dem ersten Buche) S. 22 3 . . . — 40
Separatabdruck

— Orientalische Sprachwissenschaft. Vortrag. — Wien 1878: K. k. Hof- u. Staatsdr. 27 S. 8° (Vorlesungen d. Orientalischen Museums.) 5. 30. 300:94.095-B.
11.1364

— das System der Hamze-Orthographie in der arabischen Schrift. Ebend. 859. gr. 8. (37 S.) n. 20 ngr.

— Das System der Hamze-Orthographie in der arabischen Schrift. — Wien: Helf 1860. 37 S. 8°
1: Zu 2384. 2. 8. 12: L. as. 3 fib. 15. 16. 17. 19. 30. 39. 207. 300: 106.498–B. 302. 304.
11.1365

— Die Transcription des arabischen Alphabetes. — Wien: Gerold 1860. 89 S. 8° 1: Zu 2381. 12: L. as. 3 fib/1. 14. 15. 17. 300: 106.494–B. 302.
11.1366

— Transcriptions-Grammatik der persischen Sprache. Wien: K. k. Hof- u. Staatsdr. 1886. 201 S. 8°
12: L. as. 389 pu. 18. 28. 302.
11.1367

— Transcriptions-Lesebuch der persischen Sprache. — Wien: Gerold 1866. 122 S. 8° 302.
11.1368

—— Transcriptionslesebuch der persischen Sprache. 8. (S. 1—96.) Wien 866, k. k. Hof- und Staatsdruckerei. *

Barb, H. A., Transcriptions-Lesebuch d. persischen Sprache. Persisch-deutsches Glossar dazu. 8. (III, 90 S.) Wien 886. Hof- u. Staatsdruckerei. n. 2. —

— Ueber die Zwecke der k. und k. orientalischen Akademie. Vortrag. — Wien: Akad. 1876. 29 S. 8° (Vorlesungen d. Orientalischen Museums.) 302.
11.1369

Barb, Henry (Hrsg.), s. Z u b d a t u 'l-hikajat

Barb, Pauline: Die Kunst des Rätselmachens. Lehrbuch mit Musterbeispielen. — München: Stang 1919. 28 S. 8°
12: L. eleg. m. 1307 q [2 Ex.] 14. 19. 101.
11.1370

Barba turchina. Una favoletta per fanciulli obbedienti. Con 6 tavole colorate. hoch 4. (4 S.) Leipzig 871, Loewe.

Barba: Docimasie, s. B a r b a , Alvaro Alonso

Barba, A.: Mikroskopische B e o b a c h t u n g e n , s. B a r b a , Antonio

Barba, Albaro Alonso, s. B a r b a , Alvaro Alonso

Barba, Alphonso s. *Barba*, Álvaro Alonso.

Barba, Álvaro Alonso

— [deutsch] Berg-Büchlein, darinnen von der Metallen und Mineralien Generalia und Ursprung ... gehandelt wird. In Teutsch übers. von J[ohann] L[ange] M[ed.] C[and.] (1.)2. — Hamburg: G. Schultze 1676. 204 S. 8°
2. Das andere Buch von der Kunst der Metallen, worinnen der gemeine Weg, das Silber durch Quecksilber fein zu machen, gelehret wird.
1: 6 in Mu 650. 2. 3. 6. 7. 14. 15. 17. 18. 19. 22→26. 28. 29. 32. 35. 39. 41. 84. 111. 117. 302.
11.1374

—— Th. (1.) 2. Franckfurt: Fleischer 1726. 198 S. 8°
2. Das andere Buch von der Kunst der Metallen ...
1: 2 in Ot 100. 2. 3. 8. 12: Metall. 5 x [2 Ex.] 14. 17. 19. 24. 29. 31. 38. 211. 303. 308.
11.1375

— Berg-Büchlein, darinnen von der Metallen und Mineralien Generation und Ursprung ... gehandelt wird ... Ins Teutsche übers. von J[ohann] L[ange] M[ed.] C[and.] Th. (1.)2. — Ebd. 1739. 198 S. 8°
2. Das andere Buch von der Kunst der Metallen ...
4. 5. 12: Metall. 6. 16. 17. 19. 22. 24. 26. 27. 30. 31. 36. 82. 111. 210. 300: • 69 K 104 (2). 308.
11.1376

— [Ausz., deutsch] Docimasie oder Probir- u. Schmeltz-Kunst ... Aus d. Frantz. in das Teutsche übers. Hrsg. von Matthia Godar. — Wien: Monath 1749. 155 S. 8°
4. 7. 17. 18. 19. 22. 27. 29. 31. 202. 205. 300: BE 7 S 42. 302. 303.
11.1384

—— Wien: J.P. Krauß 1767. 165 S. 8° 14. 17. 27.
11.1385

— Docimasia, od. Probier- u. Schmelzkunst. a. d. Franz. 8. Wien, Kraus. 775.

Barba, Antonio

— [deutsch] Mikroskopische Beobachtungen über das Gehirn und die damit zusammenhängenden Theile. Übertr. u. mit e. Biographie des Verf. vers. von J. J. Albrecht v. Schoenberg. — Würzburg: Strecker 1829. X, 40 S. 4° 1: 4° Ky 14616. 2. 3. 5. 7. 9. 10. 11. 12: 4° Anat. 12 s. 15→21. 23. 24. 26. 30. 32. 169. 300: 80 D 105. 303. 304.
11.1391

Barbacovi, Francesco Vigilio Cte**:** Apologia del Cancelliere Aulico di Trento Francesco Vigilio de Barbacovi. (Verf.: Francesco Vigilio de Barbacovi.) P. 1. 2. — o. O. (2: Vienna: Alberti) 1797. 8° 304.
11.1413

[—] De perduellionis Crimine avertendo liber 1. — Viennae 1798: Hraschanzky. 38 S. 8° 32. 302.
11.1419

Barbaczy, Josef v.: Rapport officiel sur l'assassinat des ministres plénipotentiaires françois à Rastadt. (Verf.: Barbaczy.) — Dat. Gensbach 30. avril [u.] 1. mai 1799. 24 S. 8° 7. 14. 17.
11.1457

—— Dat. Gensback 30. avril [u.] 1. mai 1799. 16 S. 8° 31.
11.1458

Bar Bahlule, H, Lexicon syriacum, voces syriacas graecasque cum glossis syriacis et arabicis complectens e pluribus codicibus ed. et notulis instruxit R Duval. Fasc. 1—3. 4° (48 u. 1208 Sp.) Paris 88—92, E Bouillon. à n.n. 16 —

Barbar, Ignaz, aus Sambor (preuss. Polen): Ueber einige seltenere syphilitische Erkrankungen des Auges. Zür.-Neumünster J. Kossobudzki Dr., 1873. 30 S., 1 Bl., 1 Bl. Thesen. 8°.
Zürich, Med. Diss. [v. 3. Febr. 1873].

Barbara Sancta
s. *Acta* S. Barbarae Virginis et Martyris. 1703.

— s. *Andacht* zu Ehren der heil. Barbara und anderer Heiligen in der Pfarrkirche zu Hultrop. 1853.

Barbara, s.a. Leid u. Liebe.

Barbara, Schwester: Leid und Liebe. 2 Novellen. — Stuttgart: Hallberger 1852. 278 S. 8° 7. 24.
11.1529

Barbarabad, Das, bei Friesach in Kärnten. Klgft., v. Kleinmayr, 1890. 18 S.

Barbarabad. — Das Barbarabad bei Friesach in Kärnten (Staatsbahn-Station Friesach). — Klagenfurt: Selbstverl. d. Badbesitzers 1890. 18 S. 8° 300: 84.764–A. 309.
11.1545

Barbara-Fest. — Barbara-Fest 1893. — Darmstadt 1893: Hohmann. 7 Bl. 4° 17.
11.1546

Barbara-Taschenbuch für Feld-Artilleristen. Von E. v. W. 16. (106 S.) Wien 878, Seidel und Sohn. geb. *

Barbara-Taschenbuch zum Gebrauche in Feld-Artillerie-Regimentern und Gebirgs-Batterien von E. v. W. 2. verb. Aufl. 16. (IV, 100 S. mit 43 in den Text gedr. Zeichnungen.) Wien 881, Seidel und Sohn. geb. *

Barbararan. — Nor Barbararan jitalakanē i galiarēn, i hajeu i tačik zor jörinealē aładkertaçmeci hörn mḫitharaj. — I Wienna 1846: I wans pałtpan s. Astoiacacni. 1120 S. 8° [Armen.]
Nebent.: Nuovo Dizionario italiano - francese - armeno - turco, compilato sui migliori vocabolarii di queste quattro lingue dai padri della Congregazione mechitaristica.
300: 20.744–B. 302.
11.1558

Barbarazeitung vom 4. Dez. 1901. Redaktion: Illihe. [Illustriert.] 12 S. fol. Bern, Lith. Biglor.
Beilage: ein Sonntagsblatt s. (Simon, S[imon]).

Barbarei, s.a. Barbarey

Barbareien des aufgeklärten Jahrhunderts. Trspl. v. Verfass. d. Abällino. Für die Prager Bühne bearb. von F. J. Fischer. 8. Prag 797. (Hinrichs in Leipz.) 10 gr.

Barbaren, die rothhaarigen, im himmlischen Reiche der Mitte, s.a. Soldaten-Freund, der.

Die rothaarigen Barbaren im himmlischen Reiche der Mitte. Das heißt: Der Krieg der Engländer in China in den Jahren 1839–42. — Berlin: Hayn in Comm. 1853. 60 S. 8° (Der Soldatenfreund. 21,1.) 1:Hu 2530–21,1. 17. 45.
11.1561

Barbarenthum, s. Barbarentum

Barbarentum
Barbarenthum, d. „christliche", i. Europa, s.a. Mission, buddhistische.

Barbarentum. — Buddhistische Mission. Das 'christliche' Barbarentum in Europa. Aufruf ... Von e. Lama. Mit e. Vorr. u. Anm. vom Verf. der 'Lotusblüten' [d.i. Franz Hartmann]. — Leipzig: Friedrich [1898]. 48 S. 8°
3. 5. 7. 15. 18. 20. 21. 25. 26. 27. 29. 79. 203. 303. 304.
11.1562

— Russisches Barbarenthum im Kriege gegen die Türkei. Aus d. engl. Orig. übers. u. mit e. Vorw. vers. von Otto v. Schaching [d. i. Victor Martin Otto Denk]. — Regensburg: Manz 1877. 89 S. 8° 19.
11.1564

Barbarey und Größe. Trauerspiel, von Ziegler. 8. Wien, Wallishäußer.

Barbareyen des aufgeklärten Jahrhunderts. Trauersp. v. Verf. des Abällino, aptirt v. Fischer. 8. Prag, Neureutter. (Hinrichs in Leipz.) 797.

Barbaria. 1 : 15,000,000. 1 Bl.

Barbaria, Angelo: Varia pietatis exercitia erga sacratissim. cor Jesu, s: Nilles, Nic.

Barbarich, Eugenio
Eugenio Barbarich. Albania. ⟨Monografia antropogeogr.⟩ Con 10 ill. e 13 tav. Roma: E. Voghera 1905. (XX, 344 S.) 8° 1e5. 8733

Barbarigo, Gregor.: Lebensregeln f. Personen d. geistl. Standes, s: Frassinotti, Jos., Jesus Christus.

Barbarini, Franz: Hemiorama nach der Natur aufgenommen auf dem Gaisberge nächst Salzburg. — [Wien 1835.] 4 gez. Bl. quer-2° 302.
11.1610

Barbarino, Otto, Regierungsaccessist in München: Die Rechtskraft des Strafurteils und ihre Wirkungen. *Würzburg 1902: P. Scheiner.* (116 S.) 8°
Erlangen, Jur. Diss. v. 14. Jan. 1902

Barbaro, Giosafatte: Lettere al Senato veneto. Tratte da un codice originale dell' I. R. Biblioteca di Vienna e ann. per Enrico Cornet. — Vienna: Tendler 1852. VIII,128 S. 8° 1:Um 4530. 2. 5. 7. 8. 11. 12: Ital. 26 c. 14. 15. 18. 19. 21. 24. 27. 52. 169. 300: 7234–B. 302. 305.
11.1667

Barbaro, G, lettere al senato Veneto. Annotate per E Cornet. 8. (132) Wien 53, (Gerold's S.) n. — 20

Barbaro, Niccolò
Barbaro, N, giornale dell' assedio di Costantinopoli 1453. Corred. di docum. p. E Cornet. 8. (82) Wien 56, (Gerold's S.) n. — 16

Barbaro, Niccolò: Giornale dell'assedio di Costantinopoli 1453. Corredato di note e documenti per Enrico Cornet. Vienna: Tendler 1856. VI,82 S. 8° 1:Ui 1726. 3. 7. 8. 14. 15. 16. 19. 20. 24. 27. 36. 52. 300: 37.776–B. 302. 334.
11.1672

Barbaro di San Giorgio, Ramiro: Angiolo d'oro. 3 atti per musica. Con introd. e per cura di Umberto Paolini. — Berolino: Unger 1907. 46 S. 8° 1:Xq 15100.
11.1677

— Deutsch-Italienisch. Kleines Handbuch d. ital. Sprache, neu bearb. 10. Aufl. — Berlin: Goldschmidt [1897]. 129 S. 8° (Goldschmidt's Sammlung praktischer Sprachführer für Reisende. 2.) 1:V 59310–2.
11.1678

— — 12. Aufl. Ebd. 1903. 129 S. 8° (Goldschmidt's Sammlung praktischer Sprachführer für Reisende. 2.) 1:V 59312–2.
11.1679

— — 14. Aufl. Ebd. 1910. 129 S. 8° (Goldschmidts Sprachführer für d. Reise. 2.) 1:V 59314–2.
11.1680

— Fiori d'autunno [ital. u. deutsch]. Versi. — Berlino: Steinitz 1887. 183 S. 8°
Nebent.: Herbstblumen. Gedichte. Übers. von H. Michaelis.
1:Xp 10591.
11.1681

— Praktische Grammatik der italienischen Sprache. — Leipzig: Grieben 1888. VIII,200 S. 8° 87.
11.1682

— Neuestes Taschen-Wörterbuch. Deutsch und italienisch ... Nebst einer Sammlung von Gesprächen. [1.2.] Berlin: Steinitz [um 1890]. 8°
Nebent.: Nuovo vocabolario tascabile italiano e tedesco.
1. Deutsch-italienisch. 2. Italiano-tedesco.
1:Xn 1366.
11.1683

— Neuestes Taschen-Wörterbuch der italienischen und deutschen Sprache ... Nebst e. Sammlung von Gesprächen. [1.2.] — Ebd. [1898]. 8°
Inhalt u. Nebentitel wie in 11.1683. **11.**
11.1684

Barbaros, Herbert: Kunst und Moral. Briefwechsel zwischen William Shakespeare und Madame Gâches-Sarraute. Nach authentischen Quellen hrsg. von H(erbert) B(arbaros). — Zürich: C. Schmidt 1903. 99 S. 8°
Forts. s. *Barbaros:* Natur und Kunst. 1904. **302.**
11.1685

(—) Natur und Kunst. Fortsetzung von Kunst und Moral. Briefwechsel zwischen William Shakespeare und Madame Gâches-Sarraute. Nach authentischen Quellen hrsg. von H. B. — Zürich: C. Schmidt 1904. 311 S. 8° 33. 302.
11.1686

Barbarossa; e: Fragment aus d. Gesch. K. Karls V.; aus Paul Jovius übers. v. J. P. H. Prescher. 8. Nördl. 782. Beck. 12 gr.

Barbarossa. Festspiel der Stadt Düsseldorf unter Mitwirkg. der Künstlerschaft zu Ehren Sr. Maj. d. Kaisers u. Königs im Saale der städt. Tonhalle am 4. Mai 1891. 14 Gruppenbilder nach photograph. Orig.-Aufnahmen der Firma Haarstick-Luck in Düsseldorf. qu. Fol. Mit verbind. Dichtg. v. Edm. Henoumont. 8. (27 S.) Düsseldorf 891. F. Bagel. In Mappe. n. 25. —
Festspiel allein — 60

Barbarossa. Festspiel d. Stadt Düsseldorf. 8. Düsseld. 891. Frankf. a. M., Jaeger's Verlag. * 25 —

Barbarossa. Festspiel d. Stadt Düsseldorf zu Ehren Sr. Maj. d. Kaisers u. Königs im Saale d. städt. Tonhalle am 4. Mai 1891. 14 Gruppenbilder nach photograph. Orig.-Aufnahmen. Fol. Mit verbind. Dichtg v. E Henoumont. 8° (27) Düsseld. 91, JP Mischel. In Mappe 25 —; Festspiel allein — 50

— Die Loge 'Barbarossa zur deutschen Treue' in Kaiserslautern. Aufnahme Suchenden zur Selbstprüfung. — (Kaiserslautern [1864]: Rohr.) 2 Bl. 2° 12:2° H. g. hum. 3. 11.1687

Barbarossa-Lieder, s.a. Heldenlieder der deutschen Kaiserzeit. 3. Bd.

Barbarossalieder. — Barbarossa-Lieder übers. von Oscar Doering u. Wilhelm Gundlach, erläutert u. eingel. von Wilhelm Gundlach. Mit e. Excurse: Die Gottschalk-Frage. — Innsbruck: Wagner 1899. XXIII,1061 S. 8° (Heldenlieder d. deutschen Kaiserzeit. 3.) 1:Xc 1914. 2→11. 12:P. o. lat. 652 m-3. 15. 17→20. 24. 25. 27. 28. 29. 31. 34. 38. 41. 44. 45. 61. 203. 300:181.309-B. Bd 3. 302. 303. 11.1690

Barbaroux, Charles Ogé
[—] [deutsch] Memoiren Robert Guillemard's verabschiedeten Sergenten. [Übers.: Johann Christian Mampel.] Eingef. u. eingeleitet von Goethe. Th. 1.2. — Leipzig: Weygand 1827. 8° 1:Rb 7743. 7. 8. 11. 16. 19. 39. 11.1701

Barbarus, H: De officio legati, s.: De legatis et legationib. tractatus varii.

Barbarus, Josephus s. *Barbaro*, Giosafatte.

Barbarus, Nicolaus s. *Barbaro*, Niccolò.

Barbasetti, Luigi: [Codice cavalleresco, deutsch] Ehren-Codex. Übers. und den österreichisch-ungarischen Gebräuchen angepasst von Gustav Ristow. — Wien: Allgemeine Sport-Zeitung 1898. XXIV,164 S. 8° 12:Herald. 10x. 300:93.413-A. 302. 11.1717

— Ehren-Codex. (Vorr.: Costantino Castori.) 2., verb. Aufl. — Wien [usw.]: Braumüller 1901. XVI,151 S. 8° 30. 32. 203. 208. 300:411.500-A. 302. 11.1718

— Ehren-Kodex. 3. Aufl., vollst. umgearb. von Bernhard Dimand. — Ebd. 1908. XIX,110 S. 8° 11. 79. 208. 300:454.092-B. 302. 11.1719

— Das Säbelfechten. Übers. von Rudolf Brosch und Heinrich Tenner. — Wien: Allgemeine Sport-Zeitung 1899. 170 S. 8° 12:Gymn. 5f. 207. 302. 11.1720

Cav. Luigi Barbasetti. Das Stossfechten. Nach der Originalhandschrift übersetzt von Dr. Bernhard Dimand und Georg Ernst. Wien und Leipzig. 1900. Braumüller. Gr.-8°. XII, 227 S. mit einer Tafel. Geb. K 10.—

Barbat, Virgile J: Nietzsche. Tendances et problèmes. (147) 8° Zür., Rascher & Co. '11. 6 —

Barbaud, Anna Laetitia s. *Barbauld.*

Barbauld, Anna Laetitia
—— Hymnen für Kinder. Aus dem Engl. übers. 16. (46 S.) Chur 861(62), [Gsell.]

Barbauld, Hymnen für Kinder. Aus dem Engl. übersetzt. Chur 862. Grubenmann. 16. (46 S.) n. 4 ngr.

—— Hymnen in Prosa. Ein Weihgeschenk für die Jugend. Deutsch von H. Jolowicz. gr. 8. (32 S.) Bromberg 869, Aronsohn. [Posen, Jolowicz.] geb. *

Barbauld, Mistris, Leçons p. les enfans de cinq et dix ans. Ouvrage classique en Angleterre. Trad. sur la 12. édit. angl. 3. édit. (15¼ B.) 830, et 4. édit. française, revue et corrigée. IV Pts. (15 B.) 16. Zerbst 833, Kummer. à

Barbauld, Mistr., Leçons pour les enfans de cinq à dix ans. Ouvrage classiq. en Angleterre. Trad. sur la 12. édit. angl. 5. édit. franç., rev., corr. et augm. d'un Vocabulaire. IV Pts. 16. (19 B.) (Paris.) Zerbst 839, Kummer.

— leçons pour les enfants de 5 à 10 ans. Ouvrage classique en Angleterre. 6me Edition française, revue, corrigée et augmentée de contes moraux et instructifs et d'un Vocabulaire. 8. Zerbst 846, Kummer'sche Buchh. ½ ℛ

Barbauld, Leçons pour les enfants de cinq à dix ans. Ouvrage classique en Angleterre. 7. Édition française, revue, corrigée et augmentée de contes moraux et instructifs, de leçons de mémoire et d'un vocabulaire par Françoise Fiebig née Viret. 8. (III und 206 S.) Leipzig 858, Violet.

Barbauld (Anna Letitia), Leçons pour les enfants de 5 à 10 ans. 8e édit. française revue, corrigée et augmentée de contes moraux et instructifs, de leçons de mémoire et d'un vocabulaire. 8. (206 S.) Leipzig 869, Violet.

(—) [deutsch] Lobgesänge auf Gott, in ungebundener Rede. Für Kinder. (Verf.: Barbaud; Übers.: William Thorn.) — Neuwied 1827: Lichtfers & Faust. 87 S. 8° 1:Ep 576. 11.1770

[—] Lobgesänge auf Gott ... nebst religiösen Belehrungen ... Hrsg. von Carl Lorenz Collmann. — Cassel: Bohné 1830. X,156 S. 8° 4. 18. 47. 11.1771

Barbauld, Mrs., Lobgesänge für Kinder. Aus dem Engl. nach der 26. Aufl. des Originals ins Deutsche übertragen von einer Kinderfreundin. 16. Dresden 841. (Korl.) n. ⅙ ℛ

— Lobgesänge in Prosa für Kinder ... ins Deutsche übertr. von e. Kinderfreundin. — Dresden: Grimmer 1841. 55 S. 8° 106. 11.1772

—— Lobgesänge in Prosa für Kinder. A. d. Engl. nach d. 26. Aufl. des Orig. ins Deutsche übertragen v. e. Kinderfreundin. 16. (3½ B.) Dresden 841. (Korische Buchh.) *

Barbauld, Anna Letitia, s.a. Schreibepult

Barbault, Anna Letitia. Das geöffnete Schreibepult, zum Unterricht und Vergnügen junger Personen. Aus dem Engl. übersetzt. Leipzig 1794—1795. Ü: *Weisse, Christian Felix.* (MGT)

—— little Stories for children; being Easy Lessons adapt. to the capacities of youth; to which are added short Tales by Mrs. Opie, Edgeworth, etc. Select. and. enlarged by J. Stephens. 12. (6 B.) Baltimore, Md., 833, Scheld and. Comp. (Dresden, Walther.) Thlr.

— little Stories for children; being Easy Lessons adapted to the capacities of youth; to which are added short Tales by Mrs. Opie, Edgeworth, etc. Selected and enlarged by J. Stephens. 12. Baltimore 833. Scheld and C. (Leipzig, Einhorn.) ½ ℛ

Barbauld, Théophile Louis: Oraison funèbre de Prince George, Landgrave de Hesse. — Göttingue 1755. 55 S. 8° 1:Sk 3300. 4. 7. 34. 39. 11.1783

[—] Sermon prononcé dans le temple de la haute villeneuve, le 18 d'octobre 1747 jour de jeûne anniversaire établi par le souverain. — Cassel 1748: Estienne. 66 S. 8° 1:an Sk 3300. 4. 24. 34. 39. 66. 11.1784

Barbault, Anna Letitia, s. Barbauld, Anna Letitia

Barbault, Jean, s.a. Denkmäler des alten Roms.

Barbault, Jean. Denkmäler des alten Roms . . . Aus dem Franz. übersetzt. Augsb. und Memmingen 1767. Ü: *Brucker, Carl Heinrich.* (ML)

— — [deutsch] Denkmäler des alten Roms oder Sammlung der vornehmsten und noch in Rom vorhandenen Alterthümer nach Barbaults Zeichnung, nebst e. Erklärung derselben aus d. Franz. übers., hrsg. u. verl. von Georg Christoph Kilian. — Augsburg: Kilian 1767. 40 S., 54 Taf. 2° 17. 19. 83.
11.1788

— — Augsburg [usw.]: Stage 1767. 40 S., 54 Taf. 2° 9. 10. 12: 2° Arch. 13. 19. 20. 24. 26. 29. 30. 32. 35. 41. 61. 86. 117.
11.1789

— — Nebst einer Erklärung derselben. Aus d. Franz. übers. Mit 60 Kupfertaf. — Augsburg: Stage 1782. 40 S., 60 Taf. 2° 12: 2° Arch. 14 [2 Ex.] 16. 18. 19. 27. 31. 32. 35. 109. 117.
11.1790

— — Neue Aufl. Leipzig: Stage 1803. 40 S., 60 Taf. 2° 19. 20. 26.
11.1791

— — Ganz neubearb. Ausg. Augsburg [usw.]: Jenisch & Stage [um 1818]. 40 S., 60 Taf. 2° 5. 9. 21. 41. 46.
11.1792

— die schönsten Denkmähler des alten Roms, mit Erklärungen. Aus dem Französ. Mit 60 Kupf. Augsb. 767. fol. Ebend. 782. f. 6 rthl. Neue umgearb. Ausg. Eb. 818. fol. 9 rthl.

Bärbaum, s.a. **Leben Sr. k. H. des Prinz. Heinr. v. Preußen.**

Bärbaum, Leben Sr. Königl. Hoheit des . . . Prinzen Heinrich ältesten Sohns Sr. Königl. Hoheit des Prinzen Ferdinand von Preussen. (Mit Kupfertitel.) Berlin 1791. 8. (32 S.)

Barbaut, Madame s. *Barbauld*, Anna Laetitia.

Bärbchen, das Hirtenmädchen. Seitenstück zu Cramers Jägermädchen, (v. J.J. Brückner) 8. Leipzig, Joachim

Bärbchen oder das Hirtenmädchen. Seitenstück zu Cramers Jägermädchen. Leipzig 1799. V: *Brückner, Johann Jacob.* (Ky) (MGT) (GGr)

Bärbchen, d. Hirtenmädchen. Seitenstück zu Cramers Jägermädchen. 8. Lpz. Joachim. 804.

Bärbchen, das Hirtenmädchen. Zofingen [Leipzig] 1805. V: *Cramer, Carl Gottlob.* (GGr) »Leipzig 1804« (MGT)

Barbe, Ed., S. J., u. E. Fourer, die tägliche Kommunion. Das Dekret. Seine Autorität. — Text u. Kommentar. Antwort auf Einwendgn. Mittel zur Erlangg. der rechten Absicht. Vorbereitung u. Danksagg. (51 S.) kl. 8. Straßburg (910). F. X. Le Roux & Co. — 20

Barbe, François Paul

— [deutsch] Handbuch für Minenarbeiter. Gleichzeitige Anwendung in den Minen von Dynamit (Erfindung von A. Nobel) und der Electricität. Vorschriften, welche beim Laden der Minen zu beobachten sind. Ueber Gebrauch und Verwendung der Sprenggelatine. Übers. von A. Puricelli. — Isleten, Canton Uri, Schweiz: Dynamit Nobel 1881. 74 S. 8° 52.
11.1900

— — Hamburg: Dynamit-A. G. 1882. 74 S. 8° **83. 210.**
11.1901

Barbé, Marbois, s. Barbé-Marbois, Francois

Barbe, Paul, Ancien Officier d'Artillerie. 1870 s. *Barbe*, François Paul.

Barbé-Marbois, François

[—] [deutsch] Betrachtungen über den gegenwärtigen Zustand der französischen Colonie zu San Domingo. Übers. und mit einigen Anm. vers. Th. 1. 2. — Leipzig: Junius 1779. 8° **27. 302.**
11.1978

[—] [deutsch] Briefe der Frau Marquisinn von Pompadour. Übers. von T.A.E.H. — Leipzig: Jacobäer 1774. 432 S. 8° 1: Qz 6637. 12: Gall. com. 305 d.
11.1948

[—] Briefe der Marquise von Pompadour. Mit Vorw., Einl. u. Lebensbeschreibung. Hrsg. von Henry Perl. — Leipzig: Schmidt & Günther 1907. XXII, 280 S. 8° **12: Epist. 696h. 18. 24. 26. 79.**
11.1949

[—] Journal d'un déporté non jugé, ou déportation, en violation des lois. T. 1. 2. — Paris: Didot 1834. 8° **5.**
11.1927

— — T. 1. 2. Bruxelles & Leipzig: Allg. Niederlandische Buchh. 1835 (1836). 8° **12: Gall. rev. 66 ml. 14. 33.**
11.1929

Barbé, Marbois, Reise in d. Baierschen Salzbergwerke. A. d. Französ. 8. Münch. 803. Scherer. (Fleischmann). 12 K

Barbé d'Orevil'i s. *Barbey* d'Aurevilly, Jules Amédée.

Barbeck, Hugo: 'Als Nürnberg freie Reichsstadt war'. Geschichten, Sagen u. Legenden aus Nürnberg's vergangenen Tagen. — Nürnberg: Heerdegen-Barbeck 1895. 352 S. 8° 1: Sg 3656. 12: P. o. germ. 76 m. 22. 29. 75. 123.
11.1993

Barbeck, Hugo (Hrsg.), s.a. Alt-Nürnberg

Barbeck, Hugo, Alt-Nürnberg. Kulturgeschichtliche Bilder aus Nürnbergs Vergangenheit. 2.—14. Lfg. gr. Fol. Nürnberg, Heerdegen-Barbeck. n. 98. —
2. Die Burg. (16 Taf. m. 8 S. Text.) 895. n. 6. —
3. Nürnberg in Fehde u. Krieg. (17 Taf. m. 6 S. Text.) 895. n. 6. —
4. Alt-Nürnbergs Bürger in Waffen. (17 Taf. m. 6 S. illustr. Text.) 895. n. 6. —
5. Turm, Thor u. Wall. (15 Taf. m. 2 S. Text.) 896. n. 6. —
6. Die Handwerker. (14 Taf. m. 5 S. Text.) 896. n. 6. —
7. Kaufmann u. Handel. (12 Taf. m. 3 S. Text.) 896. n. 6. —
8. Vor den Mauern der Reichsstadt. (13 Taf. m. 3 S. Text.) 896. n. 6. —
9. Die nürnbergische Landschaft. (25 Taf. m. 7 S. Text.) 896. n. 10. —
10. Kirchen u. Kapellen. (21 Taf. m. 5 S. Text.) n. 12. —
11. Haus u. Hof Alt-Nürnbergs. (18 Taf. m. 4 S. Text.) n. 10. —
12. Von Thor zu Thor. Plätze, Brunnen, Brücken. (22 Taf. m. 6 S. Text) 900. n. 10. —
13. Kaisertage u. Bürgerlust. (15 Taf. m. 4 S. Text.) 901. n. 8. —
14. Die Universitätsstadt Altdorf u. ihre Umgebung. — Die Nachbarstadt Fürth u. ihre Umgebung. (15 Taf. m. 4 S. Text.) 902. n. 6. —

Lfg. 1 u. d. T.: Alt-Nürnberg. Ebd. 894. n. 4. —.

— **Die soziale Frage und das Programm Bebel's. Vortrag . . . Erw. dargelegt. — Nürnberg: Heerdegen-Barbeck 1890. 31 S. 8° 1: Fc 5822/10. 12: Pol. g. 39 q. 29. 44. 75. 203. 208.**
11.1994

Barbeck, Hugo, Geschichte der Juden in Nürnberg und Fürth. Auf Grund des vorhandenen gedr. Materials, der in den königl. Archiven zu Nürnberg und Bamberg befindl. Akten und Urkunden, der Archivalien im Cultusgemeindebesitz ꝛc. hrsg. und bis auf die Neuzeit ergänzt. gr. 8. (114 S.) Nürnberg 878, Heerdegen.

— **Mein Kriegs-Tagebuch vom 29. Juli bis 1. September 1870. — Nürnberg: Heerdegen in Comm. 1871. 56 S. 8° 1: Kr. Samml. R 7. 12: Eur. 694 d-556. 14. 29. 46. 75. 109.**
11.1996

— **Zur Nationalfeier am 2. September 1889. Festrede. — Nürnberg: Raw 1889. 8 S. 8° 12: Hom. 632 1/2. 75.**
11.1997

— Patrizierleben, insbesondere nürnbergisches im Mittelalter. — Nürnberg 1869: Bieling. 36 S. 8°
Aus: Album des Literarischen Vereins in Nürnberg. 1870.
14. 75.
11.1998

Barbeck, Martin

Barbeck, M., moral.-religiöses Lesebuch f. Volksschulen u. junge Christen; auch als Lehrbuch beim gründl. Unterrichte in d. Moral u. Religion rc. 8. Altona 817. N. A. 820. (Hammerich). 12 gr.

BARBECK, M[ARTIN], Moralisch-religiöses Lesebuch für Volkschulen und junge Christen. Itzehoe. 1818.

Barbeck, Martin: Moralisch-religiöses Lesebuch für Volksschulen und junge Christen. — Altona: Hammerich 1820. VIII,328 S. 8°
8.
11.1999

— Schulbuch für die Vorbereitungsclassen in Volksschulen. 8. Ebend. 819.

Barbeirac, Joh., s. Barbeyrac, Jean

Barbeirac, K., medicamentor. constitut. a. formulae. 8. Leyden, (Mayr. S.) 750.

Barbella, Emanuele

Sonate (G moll) von Emanuele Barbella (1704–1773). Bearb. von A(lfr.) Moffat. (*Berlin: N. Simrock 1899.*) (10 S.) 4° [Kopft.]
= Meistorschule d. alten Zeit. No 19.

Barbenius, Josef: Chemische Untersuchung, einiger merkwürdigen Gesund und Sauerbrunnen, des Szekler Stuhls Haromszek in Siebenbürgen. — Hermannstadt: Hochmeister 1792. 56 S. 8°
7. 15. 300:123.807–A.
11.2019

Barbequiere, G., s. C. H. E. Bischoff, Darstell.

Barber, Andr.

3957. Magnum bullarium Romanum, SS. PP. Clementis XIII. et XIV., Pii VI. et VII., Leonis XII. et Pii VIII. Constitut., literas in forma brevis, epistolas ad principes viros et alios, atque allocutiones compl., habita temporum ratione, cum suis appendicibus et summariis. Acc. cujusque Pont. vita et imago. Opus Andr. BARBERI. T. I—III. *Vienn.* (Mechitaristen-Congreg.-Buch.) 834—37. fol. (à fasc. 16 Gr. — 18 Thl. 16 Gr.)

Barber, E., Nachtrag zur Flora der Ober-Lausitz, s. Abhandlungen der naturforschenden Gesellschaft zu Görlitz.

Barber, Edmund

— [deutsch] Der erfahrene Gehülfe für Haus- und Stubenmaler und Firmaschreiber ... als Ergebniß langjähriger Erfahrung der Londoner Haus- und Stubenmaler E. Barber, Tring und Herts [vielm. Edmund Barber]. Übers. u. mit Zusätzen vers. von Emanuel Schreiber. — Weimar: Voigt 1853. XVI,166 S. 8° (Neuer Schauplatz der Künste u. Handwerke. 204.)
89. 305.
11.2032

— — 2., stark verm. Aufl. Ebd. 1859. XVIII,221 S. 8° (Neuer Schauplatz der Künste u. Handwerke. 204.)
Spätere Ausg. s. *Schreiber*, Emanuel: Der erfahrene Gehülfe für Haus- und Stubenmaler und Firmaschreiber. 3. Aufl. 1865.
32.
11.2033

Barber, Emil: Hausbacken Brut. Lausitzer Dialekt-Dichtungen. Neue Folge von 'Aus derr Heemte' von Emil Barber ⟨E. vom Zilligstein⟩. — Görlitz: Tzschaschel [1901]. IV,156 S. 8°
1:Yb 10000/4–N.F. 2. 101.
11.2047

— — 2. Aufl. Ebd. [1902]. IV,156 S. 8°
8. 14.
11.2048

— — 3. Aufl. Ebd. [1902]. IV,156 S. 8°
41.
11.2049

— — 4. Aufl. Ebd. [1908]. IV,156 S. 8°
2.
11.2050

— Aus derr Heemte. Heiteres u. Ernstes, Gereimtes u. Ungereimtes in Oberlausitzer Mundart von Emil von Zilligstein [d. i. Emil Barber]. — Görlitz: Tzschaschel [1885]. VI,170 S. 8°
1:Yb 10000/4. 2. 11. 14. 15. 41. 79.
11.2052

— — Von Emil Barber ⟨E. vom Zilligstein⟩. 2. Aufl. Ebd. (1902). IV,172 S. 8°
1:Yb 10000/4[a]. 2. 41.
11.2053

Barber, F., **Nachtrag zur Flora der Oberlausitz**, s. **Abhandlungen der naturforschenden Gesellschaft zu Görlitz.**

Barber, Hermann: Der Mittelpreisvorschlag. Mein Antrag an den Stadtrath der Hauptstadt Mannheim betr. Abänderung des städtischen Submissionsverfahrens. — Mannheim 1898: Actiendr. 23 S. 8°
16. 26. 30.
11.2060

Barber, J.: Die Buchführung im Apothekenbetrieb, s. Barber, Josef

Barber, J.: Genrebilder (u.a. Novellen), s. Barber, Ida

Barber, J.: Hauptbegebenheiten der amerikanischen Geschichte, s. Barber, John Warner.

Barber, Ida, Genrebilder a. d. jüd. Familienleben, s.: Universal-Bibliothek, jüdische.

Barber, Ida, Glaubenskämpfe, s.: Universal-Bibliothek, jüdische. Nr. 79.

Barber, Ida, gebrochene Herzen. Novellen. 8. (IX, 192 S.) Leipzig 877. Hamburg. Berendsohn. n. 3. —; geb. n. 4. —

Barber, Ida, gebrochene Herzen. Novellen. 8. (IX, 192 S.) Leipzig 877, Hoffmann und Ohnstein. *M 3.; geb. *

— Ihr Schwiegersohn. Roman. — Leipzig [usw.]: Breitenstein [1896]. 158 S. 8°
1:Yx 28293.
12:P. o. germ. 1756 v. 300:84.289–B. 302.
11.2071

— ihr Schwiegersohn. Roman. 8. (158 S.) Wien 896. M. Breitenstein.
n. 2. —

Barber, Ida (Red.), s. Zeitschrift, Deutsche.

Barber, John Warner

— [Interesting Events in the history of the United States, deutsch] Hauptbegebenheiten der amerikanischen Geschichte. Bearb. von Ernst Grünewald, bevorw. von Heinrich Künzel. — Darmstadt: Leske 1849. VIII,288 S. 8°
17. 30. 36.
11.2078

Barber, Josef

Barber, Jos., chemische Analyse der Jodquelle zu Roy, nächst Freistadt in Schlesien. Lex.-8. (10 S.) Wien 870, (Gerold's Sohn.) *

— Chemische Analyse der Jodquelle zu Roy nächst Freistadt in Schlesien. S. 60 II. 419 . . . . . —.20
Separatabdruck

Barber, J, chem. Analyse d. Jodquelle zu Roy in Schlesien. 8. (10) Wien 69, (Gerold's S.) n. — 2

—— chem. Analyse d. Mineralquellen v. Dorna Watra u. Pojana negri in d. Bukowina. 8. (14) Ebd. 69. — 3

—— chemische Analyse der Mineralquellen von Dorna Watra und Pojana negri in der Bukowina. Lex.-8. (14 S.) Wien 870, (Gerold's Sohn.) *
Vorstehende zwei Schriften wurden aus: Sitzungsberichte der k. Akademie der Wissenschaften, besonders abgedruckt.

Barber Josef Chemische Analyse der Mineralquellen von Dorna Watra und Pojana negri in der Bukowina. S. 60. II 465 . . . . . —.60
Separatabdruck

Barber, Josef, Apotheker, Czernowitz. 1904: Die Buchführung im Apothekenbetriebe nach einfachem System, angewendet auf mittlere und kleine Apotheken ... Von Josef Barber u. Valerian Schestauber. — Wien [usw.]: Hartleben 1904. V,72 S. 8° 12: M. med. 69 f. 30. 300: 431.423–B.
11.2082

BARBER, Maximilian: Über Phosphorwolframate einiger Aminosäuren. — 1905. 41 Bl. Diss. Graz, Univ.

Barber M.: Über Phosphorwolframate einiger Aminosäuren. S. 115. IIb. 307 . . . vgr.
Separatabdruck

Barberet, Denis
— Abhandlung üb. die epidemischen Krankheiten d. Viehes. Gekr. Preisschr. M. unterrichtenden Anmerk. vers. v. Bourgelat. Wittenb. u. Zerbst 1770. 182 S.

— [deutsch] Abhandlung über die epidemischen Kranckheiten des Viehes ... mit unterrichtenden Anm. versehen vom Herrn Bourgelat. — Wittenberg [usw.]: Zimmermann 1770. 8,182 S. 8° 1: Ks 9255. 2. 8. 10. 15. 16. 17. 20. 25→30. 38M. 61. 302. 303.
11.2158

Barberet, Dionys, s. Barberet, Denis

Barberett, Paul. Abhdl. v. d. epidem. Krankheiten d. Thiere. A. d. Fr. m. Anmerkk. v. Bourgelat. 8. Wittenb. 770. Zimmermann. 8 gr.

— med. chir. u. anat. Schriften. 8. Leipz. 718.

Barberey, Helene v.
— [deutsch] Elisabeth Seton und das Entstehen der kathol. Kirche in den Vereinigten Staaten von Freifrau Helene v. Barberey geb. Gräfin v. Roederer. Th. 1.2. — Münster: Theissing 1873. 8° 1: Uu 9172. 6. 12: Biogr. 1093 ft. 33. 211. 302.
11.2172

Barberi, J. Ph., Dictionnaire Français-Italien et Italien-Français, composé sur les meilleurs dictionnaires Français et Italiens. Contenant plus de 10,000 mots omis dans tous les autres dictionnaires portatifs. Revue et augmenté d'explications grammaticales par A. Ronna. Edition diamant. 32. Berlin 844, Behr. 3/4 ₰ — In Leinw. geb. n. 1 ₰

Barberii, J. P.: Erwägungen, s. Barbieri, Giuseppe Filiberto

Barberini, Maffeo [wirkl. Name], s. Biondi, Giovanni [Pseud.]

Barberius, Johannes Franciscus
s. *Barbieri*, Giovanni Francesco.

Barberius, Josephus Philibertus
s. *Barbieri*, Giuseppe Filiberto.

Barbes. — Les Barbes à la main. Ca. 100 Originalaufnahmen. Geschmacksrichtung des XVIII. Jahrhunderts. — Plauen: Haebler [1910]. 40 Taf. 2° 12: 2° Techn. 36.
11.2251

Barbette, Paul
Barbette P.: Arzney-Practick, m. beygefügten Anmerckungen F. Deckers u. J. J. Magneti ... aus d. Latein. v. neuem übers. u. z. 3.mahl verb. herausg. Lübeck u. Leipz. 1700. 340 S.

— Artzney-Practick. Mit beygef. Anm. Friderici Deckers und Jo. Jacob Magneti ... Zum drittenmahl verb. hrsg. — Lübeck [usw.]: Wiedemeyer 1700. 340 S. 8° 2. 27. 29. 48. 307.
11.2356

— — Zum vierdtenmahl verb. hrsg. Leipzig: Kloß [usw.] 1718. 340 S. 8° 29. 302.
11.2357

Barbette P.: Medicinische, chirurgische u. anatomische Schrifften, samt ... Bericht v. der Pest u. eigenen wie auch J. F. Decker's nothwendigen Anmerckungen ... z. 4. mahl verm. ... Lübeck u. Leipz. 1700. (10) 565 S.

— Medicinische, chirurgische und anatomische Schrifften, samt ... Bericht von der Pest, u. eigenen, wie auch Joh. Frider. Deckers nothwendigen Anm. ... Auffs neue zum vierdtenmahl verm. — Lübeck [usw.]: Wiedemeyer 1700. 565 S. 8° 2. 27. 29. 202. 307.
11.2322

— — Auffs neue zum fünfftehenmahl verm. Leipzig: Kloß [usw.] 1718. 565 S. 8° 29. 302.
11.2323

Barbeu-Dubourg, Jacques
Barbeu du Bourg, Anfangsgründe d. Arzneikunde; aus d. Französ. mit Anmerkk. v. J. F. C. Pichler. 8. Straßb. 783. (Leipz., Hinrichs). 6 gr.

— Gemeinnützige Arzneykunde, oder von Erhaltung der Gesundheit, Erkenntnis und Heilung der Krankheiten, in kurzen Säzzen. Aus d. Franz. 2., verb. Aufl. — Ebd. 1788. 124 S. 8° 25.
11.2369

— [deutsch] Erste Gründe der Arzneykunde, in kurzen Sätzen vorgetragen. Aus d. Franz. von Joh. Friedr. Christian Pichler. — Strasburg: Akad. Buchh. 1783. 124 S. 8° 7. 8. 23. 24.
11.2368

Barbey, A.: Die Bostrichiden, s. Barbey, Auguste

Barbey, Alb.: Carte de la chaîne du Mont-Blanc. Topogr. par X Imfeld, hypsométrie & nomenclat. par Louis Kurz. 1: 50,000. 3. éd. 53,5×102,5 cm. Farbdr. Bern, (A Francke) '10. 8 —; auf L 9.60

Barbey, Alb., s.: Chaine, la, du Mont-Blanc.

Barbey, Auguste: [Les Scolytides de l'Europe centrale, deutsch] Die Bostrichiden Central-Europas. Eine morphologische u. biologische Studie d. Familie d. Borkenkäfer. (Übers.: J. Carl.) — Giessen [usw.]: Roth 1901. 119 S. 2° 1: 2° Ls 6324. 7. 10. 12: 2° Zool. 171. 15. 16. 21. 302. 304.
11.2370

Barbey, Camille, der heutige Schnellzugsdienst. Belgien — England — Frankreich — Schweiz. Reisenotizen 1897—98. gr. Fol. (IX, 75 S. m. 99 Illustr. u. 2 Taf.) Basel 899. Georg & Co. Geb. in Leinw. n. 9. 60

— Le Service actuel des trains rapides. Belgique - Angleterre - France - Suisse. Notes de voyage 1897-98. — Bâle [usw.]: Georg 1899. VIII,70 S. 2° 210.
11.2374

Barbey, W.: Karpathos (Scarpanto), s. Stefani, C. de

Barbey, W.: Samos, s. Stefani, C. de

Barbey, William. Floræ Sardoæ Compendium. Catalogue raisonné des végétaux observés dans l'île de Sardaigne, dressé par William Barbey. Av. supplément par P. Ascherson et E. Levier. Av. 7 planches. In-fol., 254 p. Lausanne, Bridel. Bâle et Genève, H. Georg. **1885** 25 —

Barbey, Will. Epilobium genus a cl. Ch. Cuisin illustratum. 24 tables lith. av. texte. Pet. in-fol. Lausanne, G. Bridel, et Bâle, H. Georg. **1886** Cart. 25 —

Barbey d'Aurévilly, s. a. d'Aurévilly.

Barbey d'Aurevilly, Jules
s. *Barbey* d'Aurevilly, Jules Amédée.

Barbey d'Aurevilly, **Jules Amédée**
— [deutsch] Die Besessenen. Novellen. Deutsch von Hedda Moeller-Bruck. Bd 1–3. — Minden i. W.: Bruns (1900). 8°
1. Die schönste Liebe d. Don Juan. Ein Atheisten-Diner.
2. Das Glück im Verbrechen. Wie die Karten lagen.
3. Der rote Vorhang. Frauenrache.
1:Xy 11748. 6. 26. 41. 60. 302.
11.2428

— [deutsch] Vom Dandytum und von G. Brummell. Übertr. u. eingel. von Richard Schaukal. — München [usw.]: G. Müller 1909. XXXVIII,132 S. 8°
12:Biogr. 150nsb. 17. 19. 64. 79.
11.2411

— [deutsch] Finsterniss. (Übers.: Hedda u. Arthur Moeller-Bruck.) — Berlin: Bard 1902. 210 S. 8°
60. 61. 300:547.013–A.
11.2480

— — Ebd. 1902. 210 S. 8° (Sammlung merkwürdiger Bücher d. Weltlitteratur. 1.) 1:Ag 9997/32. 5. 11.
11.2481

Barbey d'Aurevilly, J: Finsterniss. Aus d. Franz. v. H u. A Moeller-Bruck. (210) 12° Berl. '02. Lpzg, G Fock V. Kart. 3 —

— [deutsch] Eine alte Geliebte. Deutsch von Hedda Moeller-Bruck. T. 1.2. — Minden i. W.: Bruns [1904]. 8°
1:Xy 11750/506. 2. 6. 43. 61.
11.2506

— [deutsch] Die schönste Liebe des Don Juan. Ein Atheisten-Diner. 2 Novellen. Deutsch von Hedda Moeller-Bruck. — Minden i. W.: Bruns [1900]. 96 S. 8° (Bücherei Bruns. 1.) 1:X 8436–1. 6.
11.2439

— die Rache e. Frau, s.a. Bibliothek berühmter Autoren. 14. Bd.

— Die Rache einer Frau. Übers. von M. v. Berthof. Wien [usw.]: Wiener Verl. 1904. 97 S. 8° (Bibliothek berühmter Autoren. 14.) 300:429.143–A. Per. 14. 302.
11.2440

— Die Teuflischen ('Les Diaboliques'). Übers. von M. v. Berthof. Umschlagbild u. Buchschmuck von Félicien Rops. — (Wien): Wiener Verl. 1900. X,414 S. 8°
300:406.616–B. 302.
11.2429

Jules Barbay d'Aurevilly. Die Teuflischen. (Les Diaboliques.) Aus dem Französischen übersetzt von M. von Berthof. Umschlagbild und Buchschmuck von Félicien Rops. 2. Auflage. Wien. 1900. Wiener Verlag. (Rosner.) 8°. X, 414 S. mit 9 Tafeln.
K 6.--

— Die Teuflischen. Aus d. Franz. v. M v. Berthof. 6—10. Taus. (415 m. Bildn. u. 8 Taf.) kl8° Wien '07. Berl., J Singer & Co. 5 —

— die Teuflischen. Aus dem Franz. übertragen von M. v. Berthof. Umschlagzeichnung u. Buchschmuck v. Felicien Rops. 6.—10. Taus. (X, 415 S. m. Bildnis u. 8 Taf.) kl. 8. Wien 907. Wiener Verlag. n. 5. —

— der rote Vorhang, s.a. Bibliothek berühmter Autoren. 39. Bd.

— Der rote Vorhang. Übers. von M. v. Berthof. Ebd. 1905. 121 S. 8° (Bibliothek berühmter Autoren. 39.)
19. 61. 300:429.143–A. Per. 39. 302.
11.2441

Barbeyrac, Französischer Jurist u. Philosoph, 1674-1744. 1706
s. *Barbeyrac*, Jean.

Barbeyrac, Jean, s. H. G r o t i u s , le droit de la guerre, et de jure belli.

— Iuxta exemplar Amstelodamense. Tubingae 1724: Pflick. 28 S. 8°
12:4° Diss. 98/29. 14. 15. 17. 18. 19. 21. 26. 27. 36. 48.
11.2578

Barbeyrac, Jean, s.a. P u f f e n d o r f , Sam.: De jure naturae

Barbeyrac, Jean, s.a. P u f f e n d o r f , Sam.: Natur- u. Völkerrecht.

Barbeyrac, Jean, s. Sam. P u f f e n d o r f , de officio hominis.

— [deutsch] Johannis Barbeiraci ... Rede, daß man die Obrigkeit, ob sie sich gleich etwan versehen möchte, keines weges auf denen Cantzeln herdurch ziehen solle. — o.O. 1722. 24 S. 8°
1:24 in Bd 8603–230. 8. 9. 14. 18. 36. 48.
11.2579

— [deutsch] Tractat vom Spiel ... Nach d. 2., rev. u. verm. Aufl. ... übers. von Jacob Wilhelm Lustig. — Bremen: Rump 1740. 782 S. 8°
1:Db 5256. 5. 7→10. 17. 23. 24. 29. 32. 41. 46.
300:72 N 302. 302. 308.
11.2582

Barbeyracius, Johannes s. *Barbeyrac*, Jean.

Barbezat, Alfred. La Turbine à gaz. Son rendement. [Avec des figures.] Extrait du No. 9 Tome 44 de la «Schweiz. Bauzeitung». II + 16 p. 8. (Zürich, Jean Frey, 1904.)

Barbezat, Alfr.: La turbine à gaz. Son rendement. [SA] (16 m. Abb.) gr8° Zür., (Rascher & Co.) ('04). — 40

Barbezat, Alfred. Turbo-Compresseur, système Rateau et Armengaud. [Avec des figures.] Extrait du N° 20, Tome 48 de la Schweiz. Bauzeitung ⟨Revue polytechnique⟩. II + 5 p. 4. Zurich, Jean Frey, 1906.

Barbl, Alice, zum Abschied. Von A. P. gr. 8. (35 S.) Wien 894. L. Doblinger. n. 1. —

Barbier [Sachliches OW] s.a. B a r b i e r e r

Der Barbier, oder Streit über Geschäfte; eine Fastnachts-Posse. — Köln 1822: Feilner. 32 S. 8° 9.
11.2639

Barbier, Der, von Bagdad. Lustspiel in 1 A. nach Palissot. Frankf. a. M. 1772. V: *André*, *Johann*. (GGr)

Barbier, der, von Bagdad. Lstspl. ; aus d. Französ. 8. Frankf. 772. Eßlinger. (Schäfer). 4 gr.

Barbier, der fertige, od. Selbstunterr. d. Bartabnehmens u. d. Behandl. d. Barbiermesser durch Wetzsteine u. Streichriemen. 8. (1¼ B.) Breslau 830, (Aderholz.)

Barbier, der fertige, od. Selbstunterr. d. Bartabnehmens u. d. Behandl. d. Barbiermesser durch Wetzsteine u. Streichriemen. 2. u. 3. Aufl. 8. (à 1¼ B.) Breslau 834, 35, Richter. à

Barbier, der fertige, od. Selbstunterr. im Bartabnehmen u. in Behandl. d. Barbiermesser durch Wetzsteine u. Streichriemen. 2. Ausg. 16. (1 B.) Magdeburg 842, Baensch. *

Barbier und Friseur, der. Zeitschrift für die gesammten Interessen des Barbier- und Friseur-Gewerbes. Organ für die Unterstützungscassen und freien Vereine der deutschen Barbiere und Friseure. Redact.: A. Broese. 1. Jahrg. 1887. 12 Nrn. (à Nr. ½ Bog.) gr. 4. Hamburg, Jensen und Comp. *
Nicht weiter erschienen.

— der geschwätzige,. Posse in 1 Aufz. v. Hensler. 8. Wien, Wallishaußer. 798.

Der Hessische Barbier und Friseur. Freies Organ f. d. Standesinteressen d. Barbiere u. Friseure von Hessen-Nassau, Waldeck u. Hessen-Darmstadt. Jg. 1. Cassel: (J. Erb) 1903. 4° [F.] fcs. 6e.c 4

Barbier von Paris, der, s. Universum, romantisches.

Barbier, Der, von Sevilla, s.a. B a r b i e r e , Il, di Siviglia

Barbier, Der, von Sevilla, s.a. B e a u m a r c h a i s

Barbier, Der, von Sevilla oder die unnütze Vorsicht, ein Lustspiel in 4 Akten mit Gesängen [von dem jüng. Benda compon.]; nach dem Franz. des Herrn von Beaumarchais. Dresden und Leipzig 1776. V: *Grossmann, Gust. Fr. Wilh.* (JL)

Barbier, Der, von Sevillia. Lustspiel in 4 Acten von Beaumarchais. Offenbach 1776. V: *André, Johann.* (GGr)

— der, von Sevillen; od. die unnütze Vorsicht. Lustsp. von Beaumarchais. 8. Offenbach, Weiß. 776.

Barbier, Der, von Sevilien; ein Lustspiel in 4 Aufzügen aus dem Französischen. Wien 1776. V: *Beaumarchais, P. A. Caron de.* Ü: *Raditsching, Joseph.* (Ky) (MGT)

— — dasselbe. 8. Leipzig, Dyk. 784.

— v. Sevilla; pantom. Ballet in 3 A. Wien 808. Wallishausser. 2 K

Der Barbier von Sevilla. (Fig.: Szene mit drei Personen, 90 x 85. Für das Volk bearbeitet von Friedrich Bronner. – Reutlingen. Druck und Verlag von Fleischhauer und Spohn. 1876. 64 S., 183 x 120.

Barbier, der, von Sevilla. Komische Oper in zwei Acten. Aus dem Italien. frei übers. von Kollmann. Musik von Rossini. Für das k. k. Hofoperntheater in Wien. (Textbuch.) 8. (56 S.) Wien 888, Künast. **

— le, de Séville, s. Répertoire du Théâtre franç. N. 244.

Der verliebte Barbier. 1897 s.a. *Bartl*, Hans.

Barbier, Der verliebte. Posse mit Gesang. Wien [1897]. V: *Bartl, Hans.* (EB)

Barbier [Verfasser]

Barbier, Französischer Theaterdichter, Paris, 1825-1901. 1843 s. *Barbier*, Jules.

Barbier, Mlle, Dramendichterin, Orléans, Paris, † 1745. 1703 s. *Barbier*, Marie Anne.

Barbier, Paris. 1843: Die Bearbeitung des Kautschuk. Von Barbier u. Daubrée. Aus d. Franz. — Quedlinburg [usw.]: Basse 1843. 16 S. 8° 12:Techn. 10 h. 33. 91. 305.
11.2643

Barbier, Auguste [Text], Benvenuto Cellini, s. Berlioz, Hector: [Mus.], Benvenuto Cellini.

— [franz. u. deutsch] Geißelhiebe für die große Nation. Übers. von L.G.Förster. — Quedlinburg [usw.]: Basse 1832. XX,95 S. 8° Nebent.: Jambes.
1:Xu 5905. 2. 3. 17. 19. 20. 33. 38. 106. 303.
11.2670

Barbier, Aug., Iambes. — A. u. d. T.: Geißelhiebe für die große Nation. A. d. Franz. übers. v. L. G. Förster. (Französ. u. Deutsch:) 8. (7¼ B.) Quedlinburg 832, Basse.

Barbier, A., s.: Lieder.

Barbier, G., Cora o la schiavitù, s. Emporeo drammatico.

Barbier, Jules: Dinorah [Text], s. Meyerbeer, Giacomo: Dinorah [Musik]

— [Les Contes d'Hoffmann, deutsch] Hoffmanns Erzählungen. Fantastisches Drama. Frei nach d. Franz. der Herren Jules Barbier u. Michel Carré von Adalbert Prix. (Leopoldstadt [um 1855]: Lell.) 52 S. 8° 48.
11.2766

— [Maxwel, deutsch] Maxwel der Richter von München. Drama ... Frei bearb. von Georg Römer. — Wiesbaden 1867: Ph. Müller. 131 S. 8°
1:Xw 8871. 300:624.824–B.Th.S.
11.2775

— Nero. Ein dramatisches Gedicht. Freie deutsche Bearb. von Adolf Ebeling. — Köln [usw.]: Ahn 1886. 114 S. 8° 5. 12:P. o. gall. 197 bm [2 Ex.] 30. 109.
11.2777

Barbier, Jules. Sylvia, die Nymphe der Diana, s.a. Delibes, Leo.

Barbier, Jules u. Mérante, Sylvia, die Nymphe der Diana. Mythologisches Ballet in 3 Bildern. Musik von Leo Delibes. 8. (11 S.) * —.20 Künast, Wien 1892.

Barbier Karl: Die Bindung im Französischen. (Nach Koschwitz' Parlers parisiens und anderen phonetisch geschriebenen Texten). 87. Tetschen a./E. 08. Progr.

Barbier, Marie Anne

— [deutsch] Cornelia die Mutter der Grachen. Übers. von L.A.V.G. 1746
in: *Schaubuehne*, Die deutsche. 2. Aufl. 2.

— — Übers. von Luise Adelg. Vict. Gottsched. [Wien]: Kraus [um 1750]. 80 S. 8° 22. 32.
11.2794

— — (Wienn: Krauß 1752.) 80 S. 8° (Die deutsche Schaubühne zu Wienn. 2,3.)
1:Yp 5882a–2,3. 18. 25. 31. 32. 33. 51.
11.2795

— — Ebd. 1761. 88 S. 8° (Die deutsche Schaubühne zu Wienn. 2,3.) 1:Yp 5882–2,3. 10. 12:P. o. germ. 1256–2. 16. 19. 180. 300:23.135–A. Bd 2,3.
11.2796

— Le Théâtre de l'amour et de la fortune. T.1.2. — Paris: Ribou 1713. 8° 24.
11.2804

— — T.1.2. Amsterdam & Leipzig: Schreuder & Mortier 1756. 8° 7. 29. 31.
11.2807

Barbier, P. J. s. *Barbier*, Jules.

Barbier, Victor

Barbier, V., Aix-les-Bains and its environs, s. Europe, illustrated.

Barbier, V., Aix-les-bains et ses environs, s.a. l'Europe illustrée.

Barbier, Victor, Directeur des douanes, Chambéry. 1875: Aix-les-Bains et ses environs. — Zürich: Orell Füssli [um 1885]. 64 S. 8° (L'Europe illustrée. 56.57.) 3.
11.2826

— le Mont Cenis, s.a. l'Europe illustrée.

Barbier, Victor: Der Mont Cenis, s.a. Wanderbilder, europäische.

Barbier, V[ictor]. Der Mont Cenis (Fréjus) von V. B', übersetzt von J[acob] H[ardmeyer-Jenny]. Mit 78 Illustrationen [wovon 13 Tafeln] von J[ohann] Weber und J[oseph] Reichlen nebst zwei Karten. (Europaische Wanderbilder. № 117. 118. 119. 120.) 8. Zurich [1887].

— [Le Mont Cenis, deutsch] Der Mont Cenis (Fréjus). Übers. von J[ohann Jakob] H[ardmeyer]. — Zürich: Orell Füssli [1887]. 160 S. 8° (Europäische Wanderbilder. 117/120.) 1:Pv 6615–117/120. 15. 24. 87. 93. 209. 300:410.628–B. Bd 117/120.
11.2831

Barbier, V., la Savoie industrielle. 1. partie. 8. (698 S.) Chambéry 875. Genf, Georg. n. 6. —

Barbier, V., La Savoie industrielle 2e partie: Mines et métaux — Chaux, Ciments, Platres — Poteries et tuileries — Horlogerie — Industries diverses. 752 pp. in-8. Genève et Bâle. H. Georg. 1875

Barbier de Montault, H. s. *Barbier* de Montault, Xavier.

Barbier de Montault, Xavier

Barbier de Montault, H., von der Andacht zu dem Agnus Dei. Nach der 84. Aufl. mit Erlaubniß des Verf. ins Deutsche übers. 16. (94 S.) Aachen 871, (Cremer'sche Buchh.) *

— [De la Dévotion aux Agnus Dei, deutsch] Von der Andacht zu den Agnus Dei. — Aachen: Cremer 1888. 95 S. 8° 1:Ce 7880. 5.
11.2881

Barbier de Montault, X., die Mosaiken im Münster zu Aachen. Aus dem Französ. übers. von And. Hub. Körner. Mit einem kurzen Vorwort von F. Bock. gr. 8. (III, 78 S. mit 6 eingedr. Holzschn. auf 1 Taf.) Köln und Neuß 872, Schwann'sche Verlag. *

Barbiere, Il, die Siviglia; dramma gioc. Vienna [1783]. V: *Beaumarchais, Pierre Aug. Caron de.* (Cat. d. Stadtbibl. Zürich. Zürich 1864—97.)

il Barbiere di Siviglia, opera buffa in II Atti. Wien 823. Wallishausser. 6 gr.

— s. auch Beaumarchais.

Barbière, Theodor s. *Barrière*, Théodore.

Barbierer.

Gesänge aus der komischen Oper: der Barbierer von Sevilien. — (Laibach [um 1780]: Eger.) 4 Bl. 8° 1:15 in Mus. T 21.
11.2640

Der weit-gereiste und wohl practicirte Barbierer ... von I. H. gewesenen Regiments-Feldscherern zusammen getragen. — Regenspurg: Bruckmayer 1709. 169 S. 8° 14. 15. 19. 29. 300:◦69 M 112 (2).
11.2641

Barbieri, Giovanni Francesco

— Suite d'estampes d'après les desseins de Fr. Barbieri dit Guercino qui n'ont pas encore été gravées, tirées de la collection de S.A.R. Monseigneur le Prince Albert de Pologne, Duc de Saxe-Teschen, de celle de Monsieur le Comte Maurice de Fries, et autres. Par A. Bartsch. P. 1.2. Mannheim: Artaria 1803–07. 2° 12[∞2]:2° Chalc. 107. 17.
11.2959

Barbieri, Giuseppe Filiberto

— [deutsch] Erwegungen und Anreden über etwelche vornehmste Wahrheiten unsers heil. Glaubens, welche ... zu Bologna in dem Gotts-Hauß der Heil. Lucia von Josepho Philiberto Barberio gesprochen. — Augspurg [usw.]: Strötter, Gastel & Ilgers 1737. 258,239 S. 8° 12:4° Hom. 165 [2 Ex.] 19. 180. 211.
11.3000

Barberii, J. P., und Diotalevi Erwägung u. Anreden. 4. Augsb. Veith, 737.

Barbieri, J[ohann], Assistent am agricultur-chemischen Laboratorium des Polytechnikums [von Graz]: Ueber die Eiweisssubstanz der Kürbissamen und über die Zersetzungsproducte, welche während des Keimprocesses aus derselben entstehen. Zür. Zürcher u. Furrer Dr. 1878. 35 S. 8°.
Zürich, Phil. Diss. [v. 26. Juli 1878].

Barbiermesser, das, nach seiner Beschaffenheit, Schärfe u. seinem Gebrauch. Nach d. Engl. 8. Pirna 810. N. Aufl. 826. Friese. 4 gr.

Das Barbiermesser, seine Schärfung und sein Gebrauch ... 3., verb. u. mit e. Anh. über Krankheiten des Barthaares verm. Ausg. — Leipzig: Friese [1834]. 34 S. 8° 21.
11.3024

Barbiermesser. — Das Barbier-Messer, wie dasselbe zweckmäßig zu gebrauchen, und ohne Wetzstein und Streichriemen immer scharf zu erhalten ist. — Pirna: Friese in Comm. [1810]. 24 S. 8° 10. 19.
11.3023

Barbieux: Zur französischen Orthoepie, s. Barbieux, Heinrich

Barbieux, Constantin: Règles générales sur l'accord du participe passé des verbes français avec leur sujet ou leur régime. — Wiesbade 1846: Schellenberg. 15 S. 8° 43.
11.3026

Barbieux, C., Règles générales sur l'accord du Participe passé des verbes français avec leur sujet ou leur régime. gr. 8. (15 S.) Wiesbade 847. Schellenberg. 6 ngr

Barbieux, Heinrich

Barbieux, H., l'abeille du parnasse français, anthologie poetique à l'usage de la jeunesse. Edit. parfaitement correcte. 16. Wiesbaden 846. (Frankfurt a/M., Andreä'sche Buchh.) n. 2/3 ₰

Barbieux, Heinrich: L'Abeille du parnasse français. Anthologie poétique. Éd. parfaitement correcte. — Wiesbaden 1846: Schellenberg. 199 S. 8° 43. 123.
11.3027

Barbieux, H., pract. Anleitung z. Uebersetzen a. d. Deutschen in's Französ. Eine vollständ. Samml. v. Uebungsstn. üb. alle Regeln ein. jed. Sprachlehre; mit besond. Rücksicht auf d. Paragraphen d. Sprachlehre v. Sanguin, nebst e. Anweis. zur Pronominal-Construction, u. e. vollständ. Abhandl. üb. d. Participien, f. d. mittl. Gymnasial-Classen eingerichtet. gr. 8. (7 B.) Wiesbaden 832, Ritter.

Barbieux, H., Antibarbarus der französischen Sprache, enth.: die beim Französisch-Sprechen u. Schreiben v. Deutschen wie v. Franzosen unrichtig gebrauchten Wörter, Redensarten u. Constructionen als gemeine Solöcismen, Barbarismen, Germanismen, Latinismen, Provinzialismen aus allen Theilen Frankreichs, Belgiens u. der Schweiz; Gaunerausdrücke 2c. Ein prakt. Hand- u. Uebungsbuch f. Jedermann. 3 Lfgn. gr. 8. (VI u. 384 S.) Frankfurt a. M. 852.53, Brönner. (à n. 16 ngr) 1 ₰ 18 ngr

Barbieux, H., Antibarbarus der französischen Sprache, enth.: die beim Französisch-Sprechen und Schreiben von Deutschen wie von Franzosen unrichtig gebrauchten Wörter, Redensarten und Constructionen 2c. Neue Ausg. Frankfurt a. M. 862. Brönner. gr. 8. (VII, 384 S.) n. 1 ₰

Barbieux, H., Antibarbarus der französischen Sprache, enth.: die beim Französisch-Sprechen und Schreiben von Deutschen wie von Franzosen unrichtig gebrauchten Wörter, Redensarten und Constructionen rc. Neue (Titel-)Ausg. gr. 8. (VII und 381 S.) Frankfurt a. M. (858)62, [Winter].

Barbieux, H., Aufgaben zum Antibarbarus der französischen Sprache. Frankfurt a. M. 854. Brönner. gr. 8. (2 Bl., 63 S.) 7½ ngr

— Causeries. Französische Unterhaltungen zur Uebung in der Umgangssprache der Gebildeten. — Mainz: Kunze 1856. VIII,160 S. 8° 22. 26. 36. 43.
11.3030

Barbieux, H., causeries. Französische Unterhaltungen zur Uebung in der Umgangssprache der Gebildeten. 2. Aufl. Mainz 867. Kunze Nachf. 8. (VIII, 160 S.) 7½ ngr

— prakt. Elementarlehrbuch der franz. Sprache f. Gymnasien u. höh. Realschulen, m. grammat. Excursen, e. Lautlehre u. e. Lesebuche verseh. 1. Curs. gr. 8. (XII u. 167 S.) Bielefeld 848, Velhagen & Klasing. 12 ngr

—— die Endungen der Hauptwörter im Französischen zur schnellen Bestimmung des Geschlechtes. gr. 8. (27 S.) Frankfurt a. M. 853, Brönner.

—— d. Endungen d. Hauptwörter im Franz. z. schnellen Bestimmg d. Geschl. 8. (27) Frankf. 53, Winter. — 4

— le livre des demoiselles. Ein französisches Lesebuch für Mädchenschulen. Mit e. vollständ. Wörterbuche. Leipzig 857. Teubner. gr. 8. (VIII, 381 S.) 1 ß; geb. n. 1 ß 10 ngr

Barbieux, H., le livre des demoiselles. Ein französisches Lesebuch für Mädchenschulen mit einem vollständigen Wörterbuche. 2. Curs. 2. verb. Aufl. Leipzig 861. Teubner. gr. 8. (VI, 307 S.) 22½ ngr

— le livre des demoiselles. Ein französisches Lesebuch für Mädchenschulen mit einem vollständigen Wörterbuche. 1. Curs. 2. Aufl. 861. — 3. verb. Aufl. Leipzig 864, Teubner. gr. 8. (VI, 79 S.) 7½ ngr

— le livre des demoiselles. Ein französ. Lesebuch für Mädchenschulen mit einem vollständ. Wörterbuche. 1. Curs. 3. und 4., verb. Aufl. gr. 8. (VI und 80 S.) Leipzig 864,67, Teubner.

— — 2. Curs. 3. Aufl. 865. — 4. verb. Aufl. Ebend. 869. 8. (VI, 307 S.) 22½ ngr

— le livre des demoiselles. Ein französ. Lesebuch für Mädchenschulen u. zum Privatgebrauche mit e. vollständigen Wörterbuche. 1. Curs. 4. Aufl. 867. — 5. durchgesehene Aufl. Leipzig 870. Teubner. 8. (VI, 80 S.) 7½ ngr

—— dass. — Ein französ. Lesebuch für Mädchenschulen mit einem vollständigen Wörterbuche. 2. Curs. 4.—6. durchgesehene Aufl. gr. 8. (VIII, 306 S.) Ebendas. 869,71,74.

Barbieux, H., le Livre des demoiselles. Ein französ. Lesebuch für Mädchenschulen und zum Privatgebrauche mit einem vollständigen Wörterbuche. 1. Curs. 5. Aufl. 1870, und 6. durchgeseh. Aufl. gr. 8. (VI, 80 S.) Leipzig 873, Teubner.

Barbieux, H., le livre des demoiselles. Ein franz. Leseb. f. Mädchenschulen u. zum Privatgebrauche. 1. Curs. 7. Afl. 8. (80) Lpzg 78. Teubner. — 75 ‖ 2. Curs. 7. Afl. (306) 79. 2. 25

Barbieux, H., le livre des demoiselles. Ein französ. Lesebuch für Mädchenschulen und zum Privatgebrauche mit einem vollständ. Wörterbuche. 1. Kursus. 8. durchges. Aufl. gr. 8. (VI, 80 S.) Leipzig 882, Teubner.
2. Kursus. Ebendas. 1879. ℳ 2,25.

Barbieux, H., le livre des demoiselles. Ein französ. Lesebuch für Mädchenschulen und zum Privatgebrauch. Mit einem vollständ. Wörterbuche. 2. Kurs. 8. durchges. Aufl. gr. 8. (VIII, 306 S.) Leipzig 886, Teubner.

Barbieux, H., le livre des demoiselles. Ein französ. Lesebuch f. Mädchenschulen u. zum Privatgebrauche. Mit e. vollständ. Wörterbuch. 1. Kurs. 9. durchgeseh. Aufl. gr. 8. (VI, 80 S.) Leipzig 890. Teubner. — 75

Barbieux, H., Materialien zu schriftlichen u. mündl. Uebungen in der franz. Umgangssprache für die obern Klassen d. Gymnasien u. höhern Realschulen, nebst e. Abhandl. über die Stellung der Beiwörter, als Beitrag zur wissenschaftl. Bearbeitung der franz. Sprache. 1r Thl. Mit phraseologischen Noten. gr. 8. Weilburg 836. Lanz. ⅔ ß

Barbieux: Zur französischen Orthoepie, mit besonderer Berücksichtigung schwebender Fragen. 16 S.
Progr. Hadamar 1867.

— Poésies germaniques, choix de pièces lyriques imitées des meilleurs poètes de l'Allemagne. Cahier 1. — Weilbourg 1844: Lanz. IV,31 S. 8°
1. Contenant des pièces de Matthison, Salis, Hölty, Körner, Göthe, Chamisso, Rückert, Freiligrath etc.
43. 78.
11.3032

Barbieux, H. Du principe rhythmique de la langue française. Hadamar, G., 1853. 16 S. 4.

—— Recueil de dialogues français instructifs et amusants à l'usage des colléges et écoles industrielles. Ein Uebungsb. in Gesprächsform. 2 Abthln. gr. 8. (20 B.) Weilburg 837, 38, Lanz.

—— Wörterbuch zu d. prakt. Anleit. z. Uebersetzen a. d. Deutschen ins Französische. gr. 8. (5¼ B.) Wiesbaden 830, Ritter.
Dass., prakt. Anleit. Ebendas. 832. 10 Gr.

Barbieux, Senn- , s. S e n n - B a r b i e u x

Barbievii, Matth. Casim., Poemata omnia. Ad. edit. optimas cur. Fried. Traug. Friedemann. 16. (19¾ B.) Lipsiae 842. [Berlin, Klemann.] *

Barbievii, Matth. Casimiri, Poemata omnia. Ad edit. optimas cur. Frid. Traug. Friedemann. 16. Lipsiae 842, G. Wigand. n. ⅔ ß

Barbiez, Frédéric: Catalogue des livres choisis de la bibliothèque de lecture françoise d'assortiment et de nouveautés. Section[1.]2 [nebst] Suppl. 7-10. — [Berlin um 1800]: Starcke. 8° 1:Aq 5511/110.
11.3034

Barbisch, Giovanni, s. B a r b i s c h , Hans

Barbisch, Hans (Giov.:) Fisica per scuole cittadine. In 3 gradi d'insegnamento uniti in 1 volume. Traduzione italiana di Gius. Murano. (224 m. z. Tl farb. Abb. u. 1 farb. Taf.) 8° Triest, M Quidde '08. Geb. 3.20

Barbisch, Hans (Giovanni), Fisica per scuole cittadine. In tre gradi d'insegnamento uniti in 1 volume. Sulla base dei piani normali d'insegnamento. Traduzione italiana di Giuseppe Murano. (VIII, 224 S. m. 316 z. Tl. farb. Abbildgn. u. 1 farb. Taf.) 8. Triest, 909. M. Quidde. Geb. 3. 30

[—] Die Kaiserin Elisabeth-Anlage in Wien. Ein Vorschlag zur Verschönerung unserer Stadt von H. B. — Wien: Manz 1903. 9 S. 8° 302.
11.3073

Barbisch, H: Leitf. d. Geometrie, s: Jahne, Jos.

Barbisch, Hans: Leitfaden der Geometrie und d. geom. Zeichnens für Bürgerschulen. s. J a h n e, Josef

Barbisch, Hans: Leitfaden der Geometrie u. d. geometr. Zeichnens f. Mädchen-Bürgerschulen. s. J a h n e, Josef

— Naturlehre s.a. Hofer.

— Naturlehre f. Bürgerschulen s.a. **Hofer.**

Barbisch Hans, Naturlehre für Bürgerschulen. In drei zu einem Bande vereinigten Lehrstufen. Auf Grund der Normallehrpläne. Mit 316 in den Text gedruckten, zum Teil farbig ausgeführten Figuren und einer farbigen Tafel. Wien 1908. Manz. Geb. K 3.—. (Min.-Erl. vom 4. April 1908, Z. 14488.)

Barbisch Hans, Naturlehre für Knabenbürgerschulen. In drei konzentrischen Lehrstufen. Auf Grundlage der Normallehrpläne. I. Stufe für die 1. Klasse. Mit 115 in den Text gedruckten Figuren. Wien 1908. Manz'sche Buchhandlung. Geb. K 1.—.

Barbisch Hans, Naturlehre für Knaben-Bürgerschulen. In drei konzentrischen Lehrstufen. Auf Grundlage der Normallehrpläne. II. Stufe, für die II. Klasse. Mit 134 in den Text gedruckten, zum Teil farbig ausgeführten Figuren. Wien 1908. Manz. Geb. K 1.30. (Min.-Erl. vom 17. Februar 1909, Z. 4657.)

Barbisch Hans, Naturlehre für Knaben-Bürgerschulen. In drei konzentrischen Lehrstufen. Auf Grundlage der Normallehrpläne. III. Stufe, für die III. Klasse. Mit 69 in den Text gedruckten, zum Teil farbig ausgeführten Figuren und einer farbigen Tafel. Wien 1909. Manz. Geb. K 1.30. (Min.-Erl. vom 18. Februar 1909, Z. 4854.)

Barbisch Hans, Naturlehre für Mädchenbürgerschulen. In drei konzentrischen Lehrstufen. Auf Grundlage der Normallehrpläne. I. Stufe für die 1. Klasse. Mit 115 in den Text gedruckten Figuren. Wien 1908. Manz'sche Buchhandlung. Geb. K 1.—.
(Min.-Erl. vom 3. Oktober 1908, Z. 39620.)

54. (F) Barbisch, H., Naturlehre für Mädchenbürgerschulen. In drei konzentrischen Lehrstufen. 2. Stufe für die 2. Klasse. Gr.-8°. (ill. IV, 68 S.) geb. K 1 20
54. (F) Barbisch, H., Naturlehre für Mädchenbürgerschulen. In drei konzentrischen Lehrstufen. 3. Stufe für die 3. Klasse. Gr.-8°. (ill. IV. 75 S.) Manz, Wien 1909. geb. K 1.30

— Zum Amtsgebrauche. Vorschläge für eine Reform des Unterrichtes in der Geometrie, im geometrischen Zeichnen und im Freihandzeichnen an den allgemeinen Volks- und Bürgerschulen, sowie an den Bildungsanstalten für Lehrer und Lehrerinnen. Erstattet von Hans Barbisch u. Josef Jahne. — Wien: K. k. Ministerium für Cultus u. Unterricht 1899. 120 S. 8° 302.
11.3078

Barblan, Domenic: Succint Intraguidamaint nella religiun cristiauna per il pövel ladin evangelic del chantun Grischun. — Cuoira 1855: Wassali. VII,142 S. 8° [Kurze Einführung in d. christliche Religion.] 1:Xn 8772. 5.
11.3079

Barblan, Florian

Barblan, F., vuschs della patria. Colleeziun da chanzuns ladinas a trais vuschs. Publichedas tres F. B. Dedichodas alla giuventüna scolastica ladina. 8. (156 S., nebst: Chanzuns romauntschas tres J. Tramêr e. Flor. Barblan [1863] 31 S.) Frauenfeld 886. (Chur, Hitz.) gob. n. 2. 50

— Vuschs della patria. Collecziun da chanzuns ladinas a 3 vuschs. — Frauenfeld 1886: Huber. IV,156 S. 8° [Stimmen d. Vaterlandes. Sammlung ladinischer Lieder für 3 Stimmen.] 1:Xn 8866.
11.3080

Barblan, G[audenz]. Landwirtschaft und Fremdenverkehr. Vortrag, gehalten am 21. März 1907 in der Gemeinnütz(igen) Gesellschaft Graubündens. Separatabzug aus der Schweiz. Zeitschrift für Gemeinnützigkeit, Jahrg. 47 [Heft 1]. 35 S. 8. Zürich-Selnau, Gebr. Leemann & Co., 1908.

Barblan, Gaud[enz]. Parablas, mitos religius, mitos eroics, legendas e da tuotta sort requints populars in Engiadina bassa. 92 p. 8. Cuera (*Umschlag:* Cuoira), Bischofberger & Hotzenköcherle. 1909. [fr. 1. 50]
[Extrat dallas Annalas della Società reto-romantscha. 24. Annada.]

Barblan, Gaud[enz]. Poesias ladinas. IV + 108 S. 8. Samaden, Engadin Press Co., 1908. [fr. 1. 50]

**Barblan, Gaud.: Poesias ladinas. — Samaden 1908: Tanner. 108 S. 8° [Ladinische Gedichte.]
1:Xn 8918/9. 2. 5. 12:P. o. rel. 2821.**
11.3081

Barblan, Gaud[enz]. Urbari dalla muntongia da Mna. In Original nel archiv da Mna. Publichà da Gaud. B'. [Mit 1 Vignette. Sep.-Abdr. aus: Annalas della Società reto-romantscha. 19. Annada.] II + 33 S. 8. Chur, H. Fiebig, [1905].

Barblan, Otto

— Berner Männerchor. Konzertmässige Aufführung der Musik zum Calven-Festspiel. Dichtung von M[ichael] Bühler und G[ian] Luck. Musik von Otto Barblan. Sonntag den 1. und 8. Dezember und Donnerstag den 5. Dezember 1901. (Text ... [und] Leitmotive.) II + 29 S. 8. Bern, H. Spahr. fr. —. 30

Barblan, Otto. Festspiel zur Hundertjahrfeier der Bündner Kantonsschule [in Chur] von M[ichael] Bühler und G[eorg] Luck. 1804—1904. Musik von O' B'. Op. 14. [Clavierauszug.] 13 S. gr.-8. Chur, Comm. F. Schuler, [1904]. [fr. 1.—]

Barblan, Otto. Salit als cantadurs. Cantata per chor viril e chor d'uffons da Otto Barblan. (Poesia da Alfons Tuor.) *Kopftitel:* Fiasta de cant a Flem 1902. *Mit Vignetten.* 12 p. 8. Cuera, Hermann Fiebig, 1902.

Barblan, Peter J[eclin]: Der Staatshaushalt des Kantons Graubünden seit dem Beitritt zum eidgenössischen Bund bis zur Einführung der direkten Steuern im Jahre 1856. München 1909. 141 S. 8°
München, Staatswirtsch. Diss. v. 9. Juni 1909, Ref. Lotz
[Geb. 22. Nov. 83 Sils, Engadin; Wohnort: Sils; Staatsangeh.: Schweiz; Vorbildung: Gymn. Chur Reife Aug. 04; Studium: Jura Zürich 1, Bern 3, Staatsw. München 5 S.; Rig. 9. Juni 09.] [U 10. 3437

Barblan, Peter J[ecklin]. Der Staatshaushalt des Kantons Graubünden seit dem Beitritt zum eidgenössischen Bund bis zur Einführung der direkten Steuern im Jahre 1856. Diss. Staatsw. München. [SA. aus: Jahresbericht der Historisch-antiquar. Gesellschaft von Graubünden, Jahrg. 1909.] München, im Mai 1909. 142 S. 8. [Chur, Victor Sprecher, 1910.]

Barblau, Florian, s. Barblan, Florian.

Barbo: Theorie d. Servituten, s. Barbo, Emil

Barbo, Artur, 2. Arzt d. Grossh. Heil- u. Pflege-Anst. zu Pforzheim: Das Trauma in der Aetiologie der Dementia paralytica. *Freiburg i. B. 1899: E. Kuttruff.* (47 S.) 8°
Freiburg i. B., Med. Diss. v. 1899

**Barbo, Emil: Die Theorie der Servituten des französischen Rechts ⟨art. 637–710. des Code civil⟩ mit den wichtigsten Streitfragen. — Karlsruhe: Verf. 1853. IV,319 S. 8°
5. 7. 17. 36.**
11.3085

**— — Mannheim: Bensheimer 1855. IV,319 S. 8°
12:J. gall. 5 n. 16. 19. 20. 24. 25. 31. 180. 208.**
11.3086

**Barbo, Max Graf: Erlebtes und Erträumtes. 5 Erzählungen. — Graz: Cieslar in Komm. 1905. 140 S. 8°
300:435.663–B. 303.**
11.3090

**— Märchen. — Graz: Cieslar in Komm. 1904. 94 S. 8°
300:428.143–B. 303.**
11.3091

— Was mir mein Vater erzählte. — Graz: Verf. 1907. 37 S. 8° 303.
11.3092

**— Aus vergangener Zeit. Jugenderinnerungen. — Graz: Cieslar in Komm. 1906. 77 S. 8°
2. 300:440.944–B. 303.**
11.3093

Barbolan, Johann: Ortus et progressus aedium religiosarum Viennensium honoribus perillustrium ... Dominorum, Dominorum cùm in Universitate Viennensi promotore Theophilo Thonhauser ... supremâ a.a.l.l. & phil. laureâ insignirentur, a rhetoribus Viennensibus dicatus annô 1727. [Verf.: Johann Barbolan.] — Viennae [1727]: Schwendimann. 108 S. 8° 2. 7. 24. 300:+28 O 81.
11.3094

Barbosa, Agostinho
Barbosa, Aug., Comment. in Codicem. Fol. Lugdun. 701.

— Comment. ad interpret. tituli pandect. de judiciis. Fol. Nürnb. Stein. 729.

— de pensionibus. Fol. Leiden. 702.

— Pastoralis Solicitudinis, sive, de officio, et potestate parochi, tripartita descriptio. Ultima ed., ab ipsomet auctore ... locupletata. — Lugduni: Durand 1634. 534 S. 8°
25. 211.
11.3207

— — 8. ed., prioribus em. Coloniae Agr.: Metternich 1712. 437 S. 8° 1: Dp 878. 2. 7. 10. 15. 211. 214. 300: 26 R 18.
11.3221

— thesaurus locor. commun. jurisprudentiae. 2 Tmi. Fol. Genev. (Gleditsch, Leipz.) 719.

Barbosa, Augustinus s. *Barbosa*, Agostinho.

Barbosa, Pedro
— Commentarii ad interpretationem tituli Pandectarum de iudiciis. Opera Petri Barbosae de Luna. Ed. nova, multis locis em. — Francofurti: Engelbrecht, & Endter 1729. 502 S. 2° 7. 14. 17. 27. 32. 66. 180. 211.
11.3200

Barbot, Gabrielle Suzanne, dame de Villeneuve: Gärtnermädchen, Das, von Vincennes. Aus d. Französ. 2 Thle. Leipzig, Hilscher, 1768. 8°

Barbot de Marni, N. s. *Barbot* de Marni, Nikolaj Pavlovič.

Barbot de Marni, Nikolaj Pavlovič
Barbot de Marny, N., über die jüngern Ablagerungen des südlichen Russland. Lex.-8. (4 S.) Wien 866, (Gerold's Sohn.)
Aus: Sitzungsberichte der k. Akademie der Wissenschaften, besonders abgedruckt.

Barbot de Marny N. Über die jüngeren Ablagerungen des südlichen Rußland. S. 53 I [illegible] ... vgr.
Separatabdruck

Barbot de Marni, Nikolaj Pavlovič: Beschreibung der Astrachanskischen oder Kalmücken-Steppe. — St. Petersburg 1863. 108 S. 8°
Aus: Verhandlungen der Kaiserl. Gesellschaft für die gesammte Mineralogie zu St. Petersburg. 1863. 12: Geo. U. 523 k.
11.3390

Barbou, Alfred
— [deutsch] Victor Hugo und seine Zeit. Frei übertr. von Otto Weber. — Leipzig: Thiel 1882. 408 S. 8°
4. 15. 30. 35. 46. 48. 60. 87. 109. 302.
11.3406

Barbour's Legendensammlung, s. Barbour, John

Barbour, Anna Maynard
Barbour, AM: Das Testament d. Bankiers, s.a. Lutz', Kriminal- u. Detektiv-Romane.

Barbour, AM: Das Testament d. Bankiers, s.a. Sammlung ausgew. Kriminal- u. Detektiv-Romane.

Barbour, Anna Maynard: [That Mainwaring Affair, deutsch] Das Testament des Bankiers. [Übers.: H. v. Remzan.] 2. Aufl. — Stuttgart: Lutz [1904]. 336 S. 8° (Sammlung ausgewählter Kriminal- u. Detektiv-Romane. 35.) 24.
11.3415

Barbour, John
— Barbour's, des schottischen Nationaldichters Legendensammlung nebst den Fragmenten seines Trojanerkrieges ... Hrsg. u. kritisch bearb. von C. Horstmann. Bd 1. 2. — Heilbronn: Henninger 1881–82. 8°
1: Za 3242. 2. 3. 5. 6. 7. 9. 10. 11. 12: P. o. angl. 25 qf. 14→18. 20. 21. 23. 24. 29. 32. 39. 45. 302. 303.
11.3441

Barbovescu, Joan: Aufsätze zur Geschichte, Politik und Volkswirtschaft Rumäniens. — Berlin 1896: (Buchbinder in Neu-Ruppin). 40 S. 8° 1: Ui 29163/5. 2. 7. 12: Turc. 220 n. 14. 18. 21. 24. 25. 30. 31. 41. 46. 300: 579.868–B.
11.3470

Barbovescu, Joan, die Basch-Araba u. die Anfänge d. rumänischen Staates. Zugleich e. Beitrag zur Geschichte der Deutschen in Siebenbürgen. [Aus: „Rumän. Revue".] gr. 8. (V, 41 S.) Berlin 892. R. L. Prager. n. 1. 20

— Geschichte der römischen Provinz Dacien. — Berlin: Prager 1885. 35 S. 8° 1: Se 1671. 43.
11.3472

Barbreck, s. Campbell v. Barbreck.

Barbrock, Wilhelm [pr. Arzt aus Büsum i/Holstein]: Aus d. med. Klinik zu Kiel. Über Pseudoleukämie mit recurrierendem Fieberverlauf. ... Kiel, Druck v. A. F. Jensen, 1890; 25 + 1 S. + 1 Bl. 8°
Kiel, Med. Fak., Inaug.-Diss. v. 19. März 1890

Barbrock, W., üb. Pseudoleukämie m. recurrirendem Fieberverlauf. Aus der medic. Klinik zu Kiel. Inaug.-Diss. gr. 8. (25 S. m. 1 Taf.) Kiel 890. (Lipsius & Tischer.) n. 1. —

Barbu, Nicolaus, de Sapphus epistola. Diss. Berlin 1887. Mayer & Müller. 8°. 44 S.

Barbu, Nicolaus [Coronensis Transilvanus]: De Sapphus epistola .... Berolini, typ. Leonhardi Simion, 1887; 44 S. 8°.
Berlin, Phil. Fak., Inaug.-Diss. v. 12. März 1887.

Barbury, das Haus, od. d. Familienzwist, von Lafontaine. 8. Berlin, Sander. 805.

Barby [Schlagwort]
Barby, s.: Preussen. Messtischblätter.

Barby, Johann Heinrich Christian
Barby, J. H. C., röm. Anthologie. gr. 8. Berl. Vellg. (Gräff, Leipz.). 797.

Barby, Johann Heinrich Christian: Römische Anthologie oder Sammlung einiger lateinischen Gedichte. — Berlin: Felisch 1797. IV,300 S. 8° 1: Wc 212. 5.
11.3585

Barby, Jh. Hnr. Chr., röm. Anthologie, od. Samml. e. latein. Gedichte. gr. 8. Berl. 797. (Leipz., Wienbrack). 16 gr.

— [Hrsg.] s. *Aurelius* Victor, Sextus: De Viris illustribus urbis Romae. 1819.

Barby, ..., De consilio quo Tacitus librum de situ ... Germaniae conscripserit et de fide ei tribuenda. Berolini 1825. 8.

— Encyklopädie und Methodologie des humanistischen Studiums oder der Philologie der Griechen und Römer. Th. 1. — Berlin: Maurer 1805. X,312 S. 8°
5. 7. 15. 18. 19. 21. 25. 27. 29. 117. 207.
11.3586

Barby, Johann Heinrich Christian, s. Erzähll., Fabeln u. Lieder.

Barby: De Taciti Germania.
Progr. Berlin F.W. 1825.

– s. O v i d , Metamorphosen.

– s. P l u t a r c h , Chaeron.

– s. S o p h o c l e s , Antigone – Philoctetes – Oedipus.

– s. V i c t o r , Aurel.

Barca s: Calderon de la Barca.

Barcelona
Die welt-berühmte Haupt-Stadt Barcelona in Catalonien, wie selbige ... Anno 1705 ... unter den Gehorsam ihres rechtmäßigen Königes Caroli III gebracht, Anno1706 aber ... vertheidiget und ... glücklich entsetzet worden. Nebst dem völligen Diario itziger remarquablen Belagerung. — Leipzig: Boetius 1706. 22 S., 8 Bl. 8°
2. 14. 27.
11.3020

Barcelona-Konstantinopel. Eine Reise in Bildern. Norddeutscher Lloyd Bremen. — (Bremen [um 1900]: Schünemann.) 32 S. 8° 22. 26. 44.
11.3021

Bárcena, M., Klima der Stadt Mexico 1877—92. Mexico 1893. 8°.

Barch, Anton Josef (Hildesheim), Levem culpam a negotiorum gestore ordinarie praestari. Präs. Gottfr. Ludw. Mencken. Helmstedt (Schnorr) 19. III. 1760. 28 S. (5.—)

Barch, L., Anleit. zur phys., astronom., mathemat., histor. u. geograph. Kenntniß d. Erdkörpers f. junge Leute. gr. 8. Glückst. ... (Altona, Hammerich). 1 ℛ 8 𝔤𝔯

— Einrichtung u. Einführung stehender Armeen. 8. Glückst. ... (Altona, Hammerich). 5 𝔤𝔯

Barchan, Paul

— Petersburger Nächte. — Berlin: S. Fischer 1910. 285 S. 8°
10. 31. 38. 302.
11.3639

— — 2. Aufl. Ebd. 1910. 285 S. 8°
1:Ue 10352². 11. 24. 203.
11.3640

Barchanek: Darstellende G e o m e t r i e ,
s. B a r c h a n e k , Klemens.

Barchanek, Cl., s. B a r c h a n e k , Klemens

Barchanek, Clemens, s. B a r c h a n e k , Klemens.

Barchanek, K., s. B a r c h a n e k , Klemens

Barchanek, Klemens: Projective Behandlung der Strahlenflächen. — Görz: Wokulat in Comm. 1879. 59 S. 8°
Aus: Jahresbericht d. K. K. Ober-Realschule Görz. 19. 1879.
1:Oe 3662. 83. 84.
11.3641

Barchanek Clemens: Bericht über die Gründung der Kaiser Franz Josef-Jubiläumsstiftung an der k. k. St. O R. in Olmütz. 17. Olmütz R. 99. Progr.

—— Beziehungen der Geraden zu Linien zweiter Ordnung, welche durch einen Diameter und eine conjugirte Sehne gegeben sind. Lex.-8. (11 S. mit 1 lithogr. Taf.) Wien 879, (Gerold's Sohn.) *
Aus: Sitzungsberichte der k. Akademie der Wissenschaften, besonders abgedruckt.

Barchanek Klemens: Beziehungen der Geraden zu Linien zweiter Ordnung, welche durch einen Diameter und eine konjugierte Sehne gegeben sind (mit 1 Taf). S. 79. II. 712 . . . . K —.80
Separatabdruck

— Die Elementargebilde im Raume und ihre Beziehungen unter einander. Ein Beitrag zu dem Unterrichte der darstellenden Geometrie im neueren Sinne. — (Görz): Selbstverl. 1874. 50 S. 8°
Aus: Jahresbericht der K. K. Ober-Realschule Görz. 14. 1874.
305.
11.3642

— Die Elemente der darstellenden Geometrie, ein Beitrag zu dem ersten Unterrichte der darstellenden Geometrie im neueren Sinne. — Görz: Seitz 1873. 52 S. 8°
Aus: Jahresbericht der K. K. Ober-Realschule Görz. 13. 1873.
300:170.150-C. 302. 305.
11.3643

Barchaneks Darstellende Geometrie und Raumlehre. Ein Lehr- und Übungsbuch für die IV. bis VII. Klasse der Realschulen. Bearbeitet von Emil Ludwig. 3., nach den neuen Lehrplänen umgearbeitete Auflage. Wien 1910. F. Tempsky. Geb. K 4.—. (Min.-Erl. vom 15. Oktober 1910, Z. 36078)

— Die darstellende Geometrie als Unterrichtsgegenstand an Realschulen. — Görz: Selbstverl. 1876. 29 S. 8°
Aus: Jahresbericht der Staatsoberrealschule Görz. 16. 1876.
305.
11.3644

— Zur Geschichte der Lehranstalt. Ein Gedenkblatt zur Feier des 50jährigen Bestandes ... 96 ibd 04. Progr.

— Jubelfeier anläßlich des 50jährigen Bestandes der Anstalt. 1854—04. 19. ibd. 05. Progr.

— Zum goldenen Jubelfeste der glorreichen Regierung S. k. u. k. Ap. M. unseres Kaisers Franz Josef I. 10. ibd. 99. Progr. *

Barchanek, Cl., Construction der Linien 2. Ordnung aus umschriebenen Vierecken. — Die darstellende Geometrie als Unterrichtsgegenstand an Realschulen. gr. 8. (51 S. mit 2 Stnt.) Görz 876. (Wien, Pichler's Wwe. und Sohn.) *

— Construction [Konstruktion] der Linien zweiter Ordnung aus umschriebenen Vierecken. — Görz: Selbstverl. 1876. 22 S. 8°
Aus: Jahresbericht der Staatsoberrealschule Görz. 16. 1876.
305.
11.3645

Barchanek, Klemens, Lehr- und Übungsbuch der darstellenden Geometrie für Oberrealschulen. Wien und Prag F. Temsky. Preis, geheftet 4 K 80 h. gebunden 5 K 40 h.

Barchanek, Klem., Lehr- u. Übungsbuch der darstellenden Geometrie für Oberrealschulen. Mit 388 in den Text gedr. Orig.-Fig. gr. 8. (VII, 374 S.) Leipzig 903. G. Freytag. Geb. in Leinw. n. 5.—

Barchanek K., Lehr- und Übungsbuch der darstellenden Geometrie für Oberrealschulen. 2., im Sinne des Normallehrplanes gekürzte Auflage. Wien 1906. F. Tempsky. Geh. K 2.70, geb. K 3.20. (Min.-Erl. vom 6. September 1906, Z. 33891.)

— Lehr- u. Übungsbuch der darstellenden Geometrie f. Oberrealschulen. Mit 309 in den Text gedr. Fig. 2., im Sinne des Normallehrplanes gekürzte Aufl. (208 S.) gr. 8. Wien 907. F. Tempsky. — Leipzig, G. Freytag. Geb. 3. 20

— Das Projiciren und die geometrischen Oerter in der Ebene. Ein Beitrag zu d. Unterrichte der darstellenden Geometrie im neueren Sinne. — Wien: L. Mayer in Komm. 1871. 32 S. 8°
Aus: Jahresberichte der Öffentlichen Oberrealschule in der inneren Stadt Wien. 1871.
82.
11.3646

— Descriptive Studien über Kegelschnitte, mit 2 Tafeln. 51 ibd. 88. Progr.

— Descriptive Studien über die orthogonale Projection des Kreises, mit 1 Tafel. 38. ibd. 87. Progr.

Barchanek Clemens: Director Adolf T h a n n a b a u r. †. 4. Olmütz R. '00. Progr.

Barche, Wilhelm: Rechtsgrundsätze des Königlich Preußischen Ober-Verwaltungsgerichts in Staatssteuersachen. Düsseldorf: Schwann in Komm. 1897. 78 S. 8°
1: Gt 3925. 5. 38. 61. 208.
11.3650

— — 2. Aufl. Ebd. 1897. 78 S. 8° 30.
11.3651

— s.: Taschen-Kalender f. Regierungs- u. Steuerbeamte.

Barche, W, s.: Taschen-Kalender f. kgl. Steuerbeamte.

Barcher, Ch.: Die galante E c h i c a. (Roman aus d. Englischen?) Mit TKpf. Leipzig 1728. 8°.

Barchet, Christus, Der erhöhte, s. B a r c h e t, Gottlob.

Barchet, Eugen, aus Ravensburg: Ueber die Beziehungen zwischen Mischkrystallen und Doppelsalzen. *Stuttgart: E. Schweizerbart 1904.* (34 S.) 8°
Tübingen, Naturw. Diss. v. 1904

Barchet, Gottlob: Rückfällige Christen. Belehrung und Warnung. — Stuttgart: Christl. Verlagshaus 1909. 39 S. 8°
12: Mor. 1223 y. 24. 101.
11.3652

Barchet, der erhöhte Christus im Himmel, s.: Israel.

— Harfenklänge. Geistliche Lieder für gemischte Chöre. H. 1. — Elberfeld: Buchh. d. Diakonissenanstalt Bethesda [1895]. 15 S. 8° 1: Mus. O. 161. 5. 24.
11.3653

Barchewitz, Leutnant im 9. Schlesischen Landwehr-Infanterie-Regiment. 1813 s. *Barchewitz,* Traugott.

Barchewitz: Gesamtkirchengemeinden in Grossstädten. (79) gr8° Lpzg, Dörffling & F. '12. 1.50 d

Barchewitz und Compagnie: Die Harfe des heiligen Dippold. Noth- und Hülfsbüchlein für durstige Kehlen. — Dippoldiswalde 1858: (Jehne). 60 S. 8° 14.
11.3672

Barchewitz, Adolph Carl (geb. Festenberg 11. 11. 1799): De febris lacteae diagnosi atque curatione. Berolini (1825). (30 S.) 8°
Berlin, Med. Diss. v. 6. Dez. 1825

Barchewitz, Ernst, Anleitung f. d. Wärter d. Cholerakranken. 8. ... Danzig 832, Gerhard.

Barchewitz, Ernst: Die Behandlung der Cholera in ihren verschiedenen Perioden und Graden. — Danzig: Gerhard 1831. IV, 36 S. 8° 1: Ka 2686. 2. 10. 14. 17. 20. 21. 23. 24. 28. 29. 169. 304.
11.3654

— die Behandlung d. Cholera, in ihren verschied. Perioden u. Graden. 8. Danzig 832. Gerhard. 8 gr

—— Bericht üb. d. Cholera in Elbing, im Auszuge s.a. Auszug a. e. Berichte.

— Auszug aus einem Berichte über die Cholera zu Elbing. Hrsg. von D. K. Th. Merrem. — Köln: Bachem 1831. 23 S. 8° 1: Ka 2069. 2. 5. 29. 38M. 46. 304.
11.3655

— Ueber die Cholera. Nach eigener Beobachtung in Rußland und Preußen. — Danzig: Gerhard 1832. XIV, 113 S. 8° 1: Ka 3722. 2. 10. 11. 14. 15. 17. 20. 21. 29. 30. 38M. 42. 44. 46. 47. 202.
11.3656

Barchewitz, Er., die epidem. Cholera, nach eigner Beobacht. in Rußland u. Preußen. 8. Danzig 832. Gerhard. 1 ⁄ 8 gr

Barchewitz, Ernst Christoph: Allerneueste und wahrhaffte ost-indianische Reise-Beschreibung, darinnen 1. seine durch Teutsch- und Holland nach Indien gethane Reise; 2. sein eilff-jähriger Auffenthalt auf Java, Banda und den Sudwester-Insulen ...; 3. seine Rück-Reise ... beschrieben wird. — Chemnitz: Stößel 1730. 657 S. 8°
1: 8° Bibl. Diez 672. 2. 4. 9. 12: It. sing. 40. 14. 17. 18. 19. 21. 23. 26. 27. 29. 34. 111. 205. 302.
11.3657

— — Neu-vermehrte ost-indianische Reise-Beschreibung ... 2. Aufl. — Erfurt: Jungnicol 1751. 680 S. 8°
1: Uo 2622. 7. 19. 27. 29. 32. 47. 302.
11.3658

— — 3. Aufl. Ebd. 1752. 687 S. 8° 3. 6. 41.
11.3659

— — 3. Aufl. Ebd. 1756. 687 S. 8° 7. 28. 29. 33. 39. 44.
11.3660

— — 4. Aufl. Erfurt: Hartung 1762. 687 S. 8°
1: Uo 2625. 12: It. sing. 40b. 17.
11.3661

Barchewitz, Fritz, Bacc. iur. aus Breslau: Das Verkaufsrecht ein Essentiale des Pfandvertrages, dargestellt am Pfandverkauf bei beweglichen Sachen. *Leipzig 1903: W. Wigand.* (110 S.) 8°
Leipzig, Jur. Diss. v. 1903

Barchewitz, Heinrich August Eduard: Kurze Geschichte der evangelischen Kirche zu Oelse Striegauer Kreises. — Schweidnitz 1842: Heege. VI, 50 S. 8° 1: Tb 6912. 2. 41.
11.3663

Barchewitz, O., (Pädagoge), s. B a r c h e w i t z, Otto

Barchewitz. Oscar [aus Bielwiese]: Zur Behandlung scrophulöser Halsdrusen-Geschwulste .... Berlin, Buchdr. v. Goedecke & Gallinek (1886); 32 S. + 2 Bl. 8°.
Berlin, Med. Fak., Inaug.-Diss. v. 13. Nov. 1886.

Barchewitz, Oscar, zur Behandlung scrophulöser Halsdrüsen-Geschwülste. Diss. Berlin 1886, Mayer & Müller. 8° 32 S.

Barchewitz, Otto, neue Bahnen im heimatkundlichen Unterrichte s.a. Zur Pädagogik der Gegenwart. 16. Hft.

Barchewitz, Otto: Neue Bahnen im heimatkundlichen Unterrichte. — Dresden: Bleyl & Kaemmerer 1905. 29 S. 8°
Aus: Pädagogische Studien. 26. 1905.
(Zur Pädagogik der Gegenwart. 16.) 107.
11.3665

Barchewitz, Otto, Gedanken zu e. zeitgemässen Umgestaltung des Religionsunterrichtes, s.: Zur Pädagogik der Gegenwart. 22.

— Schulleitung und Schulaufsicht. 2 Vorträge ... 1. Vortrag von Otto Barchewitz. 2. Vortrag von Paul Houfek. — (Chemnitz [1909]: Geidel.) 28 S. 8° 14. 101. 207.
11.3666

Barchewitz, Traugott: Kriegslieder für die Landwehr. — o. O. 1813. 4 Bl. 8° 2.
11.3667

— Freie deutsche Lieder. — Hirschberg [1814]: Krahn. 36 S. 8° 2.
11.3668

Barchewitz, Trg., patriot. Phantasien. 8. Schweidn. u. Breslau 809.

— Der Sieg des Christenthums. Weihgesang zur Feier des 700jährigen Jubiläums der Einführung des Christenthums in Pommern den 15. Junius 1824. — Stettin [1824]: Effenbart. 31 S. 8° 3.
11.3669

Barchewitz, Viktor

Barchewitz, Vikt., Das Königsgericht der Merowinger und Karolinger. Eingeleitet von W. Arndt. Leipzig 1882. 8.
A. u. d. T.: Histor. Studien II. 5.

—, — bis zum Ende des 8. Jahrhunderts. Dissertation. Leipzig 1882. 8.

Barchewitz, Vict., das Königsgericht zur Zeit der Merowinger und Karolinger. s.a Studien, historische.

Barchewitz, Viktor: Das Königsgericht zur Zeit der Merowinger und Karolinger. Eingel. von W. Arndt. — Leipzig: Veit 1882. 101 S. 8° (Historische Studien. 5.)
Erschien teilweise auch als Diss. Leipzig 1882.
1:P 7398-5. 2→7. 10. 11. 12:H. misc. 293ap-5. 14→21. 24. 25. 26. 28. 29. 30. 32. 34. 35. 36. 48. 52. 64. 203. 208. 300:184.899-B. Bd 5. 302. 304.
11.3670

Barchewiz, E.C.: Reisebeschreibung, s. Barchewitz, Ernst Christoph

Barchfeld, Wilh., de comparationum usu apud Silium Italicum. Dissertatio inauguralis. gr. 8. (33 S.) Göttingen 880, Vandenhoeck und Ruprecht's Verlag.) *

Barchi, Giuseppe Maria

Barchi, Jos. Maria: Erzherzogin Anna Julianna v. Gonzaga, s.: Zinkl, Greg. M.

— Lebenswandel der hochwürdigsten ... Fürstinn, und Frau Frau Anna Juliana Erzherzoginn zu Oesterreich &c. &c. Ordens der Dienerinnen Unser L. Frau. 2. Aufl. — Innsbruck 1770: v. Trattner. 172 S. 8° 25. 304.
11.3681

Barchi, Josef Maria, s. Barchi, Giuseppe Maria

Barchius, Nicolaus: [Rätta christnas andelige Prästerskap i Christo Jesu, deutsch] Wahrer Christen geistliches Priesterthum in Christo Jesu ... dem beygefüget das Königliche Placat, welches die heimlichen Zusammenkünffte ernstlich verbeut. — o.O. 1726. 22 S., 4 Bl. 8° 9. 10.
11.3685

Barchman: Dogma ecclesiae circa usuram expositum et vindicatum, occasione recentioris scriptionis, cui titulus est: Tractatus brevis de reditibus utrimque redimibilibus. [Verf.: Barchman, Nicolas Le Gros u. Nicolas Petitpied.] Insulis: Mathon 1730. XXIV, 474 S. 8° 3.
11.3686

Barchmann, Christian: Der Brief an Herrn Michel Meyer vom 16. Januar 1907. (Verf.: Chr. Barchmann.) — (Altona-Ottensen [1909]: Adolff.) 2 Bl. 4° 18.
11.3687

— Freiland in Deutschland. Das Mittel zur Hebung der Arbeitslosigkeit und des Darniederliegens der Geschäfte. Hamburg: Herold 1895. 47 S. 8° 18. 19. 42. 203. 205.
11.3688

Barchmann, Chr., die Wirkung der Schutzzölle auf den deutschen Wohlstand. 12. (25 S.) Hamburg 891. (Hoffmann & Campe's Sort.) — 30

— Die Wirkung der Schutzzölle auf den deutschen Wohlstand. — Hamburg 1891: Michaelis. 25 S. 8° 18. 203. 205.
11.3689

Barcholc, Ludwig: Der Gang der Natur oder Naturwissenschaft, Astronomie und Naturheilkunde. — Hamburg: Hoffmann & Campe 1881. VIII, 224 S. 8° 18.
11.3691

Barchole, L., die Schöpfung d. Alls. Das Beleben u. Ersterben der Erde. Kurzfaßlich dargestellt. gr. 8. (64 S.) Hamburg 876. (Hoffmann & Campe Verl.) n. 1. —

— Die Schöpfung des Alls. Das Beleben und Ersterben der Erde. Kurzfaßlich dargest. — Hamburg: Selbstverl. 1876. 63 S. 8° 18.
11.3692

Barchole, L., s. Barcholc, Ludwig

Barchou de Penhoën, Auguste Théodore Hilaire Bn
— **Histoire de la conquête et de la fondation de l'Empire anglais dans l'Inde.** T. 1-6. — Paris: Ladrange 1840-41. 8°
1: Uo 8160. 5. 12: Brit. 36 u. 15. 16. 21. 30. 34. 53. 300 [** 6]: 59 A 30.
11.3695

— — T. 1-6. Paris & Leipzig: Renouard 1841. 8°
4. 24. 35. 61 [** 6]. 209.
11.3697

— — T. 1-6. Ebd. 1841. 8° 14.
11.3696

Barchudarian, Johann: Einige Worte über den fremdsprachlichen Unterricht in kaukasischen Gymnasien. — Jena 1898: Frommann. 23 S. 8° 27.
11.3703

Barchudarian, Johannes [aus Akulis]: Inwiefern ist Leibniz in der Psychologie ein Vorgänger Herbarts. Ein Beitrag zur Geschichte der Psychologie. . . . Jena, Frommannsche Buchdr. (Hermann Pohle). 1889; 2 Bl. + 53 S. 8°
Jena, Phil. Fak., Inaug.-Diss. v. 1889

Barchudarian, Johs. Inwiefern ist Leibniz in der Psychologie e. Vorgänger Herbarts. Ein Beitr. zur Gesch. d. Psychologie. gr. 8. (51 S.) Jena 889, (Pohle). * 1 20

Barchusen, Johann Conrad, s. Barkhausen, Johann Konrad.

Barcia y Zambrana, José de
— [deutsch] Kurtzer Begriff deß höchst-gerühmten ... Christlichen Seelen-Weckers, von ... Josepho de Barzia ... Übers. von ... Petro Bonn. — Cölln [usw.]: Noethen 1719. 984 S. 8° 6. 30. 38. 121.
11.3762

— — Ebd. 1731. 984 S. 8° 2. 66. 180.
11.3763

— [lat.] Compendium Excitatoris christiani ... lingua primum Hispanica vulgatum ... ab authore ... Josepho de Barzia ... Nunc demum latinè versum a Petro Gummersbach. — Coloniae: Noethen 1724. 781 S. 8°
2. 6. 12: 4° Hom. 169. 17. 19. 26. 30. 38. 102.
11.3764

— [lat.] Christianus animarum excitator. A Josepho de Barzia et Zambrana. T. 1. 2. — Augustae Vind. [usw.]: Bencard 1721. 4°
1. Christianus animarum excitator, quo per sacros doctrinales sermones ... peccator e damnabili, summeque periculoso scelerum lethargo, ad se, & ad poenitentiam evocatur. Opus ... latinitate donatum operâ, & studiô Josephi Ignatii Clausen.
2. Christianus animarum excitator sive sermones doctrinales supra selectas quaspiam S. Paginae sententias. Opus ... latinitate donatum operâ, & studiô Francisci Salesii Gailler.
2 [** 1]. 6. 20. 211.
11.3758

— Christianus animarum excitator. Ab ... Josepho de Barzia & Zambrana. T. 2. — Augustae Vind. [usw.]: Bencard 1744. 538 S. 4°
2. Christianus animarum excitator sive sermones doctrinales supra selectas quaspiam S. Paginae sententias ... latinitate donati. Opera, & studio Francisci Salesii Gailler.
35.
11.3760

de Barzia et Zambrana, Jos., Christianus animarum excitator per sacr. doctrinal. sermones. II Tomi. Fol. Augsb. 765. Kranzfelder. 4 ₰ 16 ℊ

— Manuductio ad Excitatorem christianum, hoc est ... Josephi de Barzia ... sermones missionales ad dominicas & festa per annum reducti & applicati ... Opera & studio Josephi Ignatii Claus. T. 1. 2. — Augustae Vind. [usw.]: Bencard 1727. 4° 2. 6. 12: 2° Hom. 14. 17. 34. 211.
11.3765

— — T. 1. 2. Ebd. 1732. 4° 2. 6. 19. 25. 102.
11.3766

— — T. 1. 2. Ebd. 1737. 4° 2. 5. 6. 12: 2° Hom. 14b. 25.
11.3767

— — T.1.2. Ebd. 1744. 4°
2. 21. 66.
11.3768

— — T.1.2. Ebd. 1750. 2°
2. 211.
11.3769

— manuductio ad eundem a Jos. Ign. Claus. II Tomi. Fol. Augsb. 766. Wolff. 2 ℛß

— Seelenwecker. 6 Thle. Fol. Augsb. 726 — 65. Jos. Wolff. 14 ℛß 8 gℛ

— · [deutsch] Christ-eyfriger Seelen-Wecker. Verf. von Josepho de Barzia und (5: &) Zambrana. Th. 1–6. — Augspurg [usw.]: Bencard 1715–20. 4°
1.2. Christ-eyfriger Seelen-Wecker, oder lehrreiche Predigen über absonderliche Stellen der H. Schrifft ... Übers. von e. der Hochlöbl. Societet Jesu Priestern. Th. 1.2. 1715.
3. Christ-eyfrigen Seelen-Weckers Mariale. Übers. von e. sonders hoch-verpflichten Diener Mariä. 1718.
4. Christ-eyfrigen Seelen-Weckers Sanctorale. Übers. von Marco Fridl. 1718.
(5.) Christ-eyfrigen Seelen-Weckers Quadragesimale. Aus d. Span. übers. (3: von Marco Fridl). Th. 1-3. 1719.
6. Christ-eyfrigen Seelen-Weckers Tomus divinus und fürnehmlich das Eucharistiale ... Übers. von Marco Fridl. 1720.
2[∞ 1/4.6]. 5[∞ 6]. 6[∞ 1]. 12: 2° Hom. 13. 17[∞ 5]. 19[∞ 6]. 25. 26[∞ 1.2.4.5]. 30. 34[∞ 2.6]. 38[∞ 1/5]. 61[∞ 1.2.6]. 66[∞ 1/5]. 121. 180[∞ 1/5]. 211[∞ 1.2]. 300[∞ 1/4]: 21 O 5. Bd 5.6.
11.3747

— — Der 2. Druck. Th. 1–4. Ebd. 1718–21. 4°
1.2. Christ-eyfriger Seelen-Wecker, oder lehrreiche Predigen über absonderliche Stellen der H. Schrifft ... Übers. von e. der Hochlöbl. Societet Jesu Priestern. Th. 1.2. 1718.
3. Christ-eyfrigen Seelen-Weckers Mariale. Übers. von e. sonders hoch-verpflichten Diener Mariä. 1721.
4. Christ-eyfrigen Seelen-Weckers Sanctorale. Übers. von Marco Fridl. 1721.
2[∞ 1.2]. 6[∞ 3.4]. 17[∞ 3.4]. 25. 26[∞ 3.4]. 30[∞ 1.3.4]. 38[∞ 1.2]. 61[∞ 3.4]. 66[∞ 1/3]. 211[∞ 3.4]. 300[∞ 1.2]: 21 O 5. Bd 3.4.
11.3748

— — Der 3. Druck. Th. 1.2.5. Ebd. 1721–26. 4°
1.2. Christ-eyfriger Seelen-Wecker, oder lehrreiche Predigen über absonderliche Stellen der H. Schrifft ... Übers. von e. der Hochlöbl. Societaet Jesu Priestern. Th. 1.2. 1721.
5. Christ-eyfrigen Seelen-Weckers Quadragesimale ... Aus d. Span. übers. (3: von Marco Fridl). Th. 1-3. 1725-26.
2[∞ 1.2]. 17. 25[∞ 2.5]. 38[∞ 2]. 66[∞ 1.2]. 102[∞ 2.5].
11.3749

— — Der 4. Druck. Th. 1.2.6. Ebd. 1737–38. 4°
1.2. Christ-eyfriger Seelen-Wecker, oder lehrreiche Predigen über absonderliche Stellen der H. Schrifft ... Übers. von e. der Hochlöbl. Societaet Jesu Priestern. Th. 1.2. 1737.
6. Christ-eyfrigen Seelen-Weckers Tomus divinus und fürnehmlich das Eucharistiale ... Übers. von Marco Fridl. 1738.
2. 19[∞ 1.2]. 20[∞ 6]. 25[∞ 6]. 38[∞ 1.6]. 300[∞ 6]: 21 O 5. Bd 1.2.
11.3750

— — 4. Aufl. Th. 1.2. Augsburg [usw.]: Wolff 1765. 4°
1.2. Christeifriger Seelen-Wecker, oder lehrreiche Predigen über absonderliche Stellen der Heil. Schrifft. Übers. von e. der Hochlöbl. Societaet Jesu Priestern. Th. 1.2.
25.
11.3751

Barcianu, Daniel Popovici [Hrsg.] s. *Barcianu*, Sabbas Popovici: Wörterbuch der romänischen und deutschen Sprache. 1886–88 u. ö.

Barcianu (D. P.). Unters. ueber die Bluethentwickelung der Onograceen. Naumberg, 1874. 8°.

— Wörterbuch der romänischen und deutschen Sprache. 1910 s. *Barcianu*, Sabbas Popovici.

Barcianu, Sabbas Popovici.

— Theoretisch-practische Grammatik der romänischen Sprache. Zum Schul- und Selbstgebrauche. — Hermannstadt: Steinhaußen 1858. VI, 384 S. 8°
4. 5. 7. 11. 12: L. lat. f. 620. 19. 30. 46. 302.
11.3771

— — 2., verb. Aufl. Ebd. 1862. VI, 400 S. 8°
12: L. lat. f. 620b. 19. 28. 30. 300: 98.472–B. 305.
11.3772

— — 3., umgearb. u. verm. Aufl. Hermannstadt: Schmiedicke 1871. 239 S. 8° 1: Zq 23814. 2. 16. 19. 20. 21. 26. 38. 207. 208. 300: 98.195–B. 307.
11.3773

Barcianu, Sab. Pop., griechisch-orientalischer Pfarrer in Reschinar, etc. Romanisch-deutsches Wörterbuch. Mit mehreren neuen, bereits eingeführten und eingebürgerten Wörtern, die in der romanischen Umgangssprache und im Geschaftsstyle vorkommen, bereichert und herausgegeben. 4. in Octav-Form. Hermannstadt 1868.

— Romanisch-deutsches Wörterbuch. — Hermannstadt: Steinhaußen 1868. 303 S. 8°
Nebent.: Vocabulariu romanu-nemtiescu.
1: Zq 23016 [u.] Kart. Z 470. 106. 300: 39.819. 305.
11.3774

Barcianu, S. P., Wörterbuch der deutschen u. romänischen Sprache. 2. Thl. Deutsch-romänisch. 12. (XXI, 1128 S.) Hermannstadt 888. (Michaelis' Verl.) n.n. 7. 60
(cplt.: n.n. 12. 60)

Wörterbuch der deutschen und romänischen Sprache von Sab[bas] Pop[ovici] Barcianu. Durchges. u. vervollst. von D. P. Barcianu. 2 Tle. 3. Aufl. T. 1. 2. Hermannstadt: W. Krafft 1900—1905. 2 Bde 8° [Ant. u. F.]
1. Român.-deutsch. 1900. 2. Deutsch-român. 1905.
[Nebent.:] Dicţionar german-român şi român-german de Sab. Pop. Barcianu ... rev. şi compl. de D. P. Barcianu ...
(08. 606 5

— — Wörterbuch der romänischen und deutschen (2: der deutschen und romänischen) Sprache. Durchges. u. vervollst. von D. P. Barcianu. Th. 1.2. — Hermannstadt: Typogr. Anstalt 1886–88. 8°
Nebent.: Dicţionar român-german şi german-român (2: german-român şi român-german).
1: Zq 23017 [auch P.2–Zq 23017a]. 11. 12[∞ 1]: L. lat. f. 620d–2. 14. 15. 17. 91. 203. 212. 302.
11.3775

Barcianu, Sab. Pop., Wörterbuch der romänischen und deutschen Sprache. Durchges. und vervollständigt von D. P. Barcianu. 2 Thle. 12. Hermannstadt 886, Michaelis' Verlag. **
Inhalt:
Thl. 1. Romänisch-deutsch. (X, 704 S.) ** ℳ 5.—.
" 2. Deutsch-romänisch. (XVIII, 1128 S.) ** ℳ 7.60.

— — 3. Aufl. T. 1.2. Hermannstadt: Krafft 1900–05. 8°
Nebent. wie in 11.3775.
1. Romänisch-deutsch. 1900. 2. Deutsch-romänisch. 1905.
1[∞ 2]: Zq 23017°. 5. 10[∞ 2]. 12[∞ 2]: L. lat. f. 620d–1. 15[∞ 1]. 18[∞ 1]. 25. 30. 47. 109[∞ 2]. 203[∞ 2]. 208[∞ 2].
11.3776

— — Wörterbuch der romänischen und deutschen Sprache von Sab. Pop. Barcianu u. D. P. Barcianu. 4., verb. Aufl. T. 1. — Hermannstadt: Krafft 1910. 742 S. 8°
Nebent.: Dicţionar român-german şi german-român.
1. Romänisch-deutsch.
1: Zq 23017^{4} [u.] 23017^{4a}. 7. 10. 11. 12: L. lat. f. 706t. 14. 18. 19. 22. 35. 41. 48. 89. 201. 206.
11.3777

Barciński, Marceli, a. Lodz: Michael Beers 'Struensee'. Weida i. Th. 1907: Thomas & Hubert. (108 S.) 8°
Leipzig, Phil. Fak., Ref. Köster-Volkelt, Diss. v. 16. Jan. 1908
[Geb. 5. Sept. 81 Lodz (Russ.-Polen); Wohnort: Lodz; Staatsangeh.: Rußland; Vorbildung: Gymn. Lodz Reife 00; Studium: Leipzig 10 S.]

Barciński, A., Popularny wykład początków Arytmétyki. 8. Warschau 843, Orgelbrand. na pap. zwyczajnym 10 2/3 ngℛ na pap. dobrym 2/3 ℛß

Barck, Stadtpfarrer u. Dekan, Schopfheim. 1855 s. *Barck*, Eduard.

Barck, E. (Pfarrer in Lahr), s. Barck, Ernst

Barck, E.: Soldatengeschichten, s. Barck, Ernst.

Barck, Eduard: Rede zur Eröffnung der von Sr. Königl. Hoheit dem Regenten der evangelischen Gemeinde in und um Säckingen huldvoll gestatteten Privat-Gottesdienste, gehalten am h. Osterfeste 1855. — Basel 1855: Bahnmaier. 11 S. 8°
16. 31.
11.3782

Barck, Ernst, die sogenannten letzten Dinge, nach den wichtigsten Aussprüchen der heil. Schrift, sowie im genauesten Anschluß an dieselben dargestellt. 8. (IV, 52 S.) Karlsruhe 881, Reiff. *

— Gibt es ein ewiges Leben? — Heidelberg: Evang. Verlag [um 1908]. 11 S. 8° (Christliche Lebensfragen. 2.) 31.
11.3784

Barck, Ernst, Pfarrer, Lahr. 1900: Gibt es einen Gott? — Heidelberg: Evang. Verlag [um 1908]. 10 S. 8° (Christliche Lebensfragen. 1.) 31.
11.3783

— Die Konfirmation. Ihre geschichtliche Entwicklung, Bedeutung u. praktische Ausgestaltung. Nach e. Vortrage. Heidelberg: Evang. Verl. 1900. 54 S. 8°
16. 21. 30. 31. 107. 207.
11.3785

— Aus der Lebensquelle. Biblische Morgen- und Abendandachten für alle Tage des Kirchenjahres sowie Betrachtungen und Gebete für besondere Ereignisse. — Lahr i. B.: Gross & Schauenburg 1906. IV,432 S. 8°
31 [unvollst.]
11.3786

Barck, Ernst: Aus d. Lebensquelle. Bibl. Morgen- u. Abendandachten f. alle Tage d. Kirchenjahres. (4, 716 m. Titelbild.) gr8° Heidelbg, Ev. Verl. '12. L 6.50; HF m. G n8.50 d

Barck, Ernst, Bürgermeister, Sulsburg. 1909: Soldatengeschichten. Aus d. Erinnerungen e. Veteranen aus d. deutsch-französischen Krieg 1870/71. — Waldshut 1909: Zimmermann. 62 S. 8° 1: Kr. Samml. R 450. 31. 101.
11.3788

Barck, Loth.: Der Karlsruher Rheinhafen, s.a. Abhandlungen, statist. u. nationalökonom.

Barck, Lothar, Regierungsass.: Der Karlsruher Rheinhafen. Eine verkehrsstatist. Studie. Karlsruhe 1909: Braun. 65 S. 8° ¶(Erschien vollst. als: Statist. u. national-ökonom. Abhandlungen. H. 5.)
München, Staatswirtsch. Diss. v. 9. Juli 1908, Ref. v. Mayr
[Geb. 15. Jan. 80 Danzig; Wohnort: Karlsruhe i. B.; Staatsangeh.: Preußen, Baden u. Bayern; Vorbildung: Gymn. Freiburg i. B. Reife Juli 98; Studium: Jura Freiburg i. B. 2, München 4, Heidelberg 1, Staatsw. München 4 S.; Rig. 9. Juli 08.] [U 09. 3252

Barck, Lothar: Der Karlsruher Rheinhafen. Eine verkehrsstatistische Studie. — München: Reinhardt 1909. 65 S. 4°
Zugleich Diss. München 1909.
(Statistische u. nationalökonomische Abhandlungen. 5.)
1: 4° F 588-5. 7. 12: 4° Cam. 1-5. 19. 20. 27. 30. 31. 38. 106. 203. 205. 206. 300: 444.473-C. Per. 5. 302.
11.3790

Barck, Samuel: [Sannfärdig Berättelse, angående Ryssarnes ochristelige och hårda förfarande emot Kongl. Maytt. af Swerige högre och ringare fångne officerare, deutsch] Warhafftiger Bericht, von der Muscowiter unchristlichen und harten Verfahren gegen Ihro Königl. Maytt. von Schweden hohe und niedrige gefangene Officirer, Bedienten nnd [!] Unterthanen samt ihren Weibern und Kindern. [Verf.: Samuel Barck.] — Stockholm 1705. 6 Bl. 4° 7. 14.
11.3792

[—] [Thet danska manifestets Orimlighet, deutsch] Ungrund und Unfug des Dänischen Manifests, auff hohen Befehl vorgestellet. — o.O. [1710]. 16 Bl. 8°
12: 4° Herald. 9/2.
11.3794

[—] — o.O. [1710]. 36 S. 8° 3.
11.3795

[—] — Nach d. schwed. Exemplar ins Teutsche übersetzet in Aprili 1710. — o.O. [1710]. 38 S. 8° 16. 17. 29.
11.3796

[—] — Nach d. schwed. Exemplar ins Teutsche übersetzet in Aprili 1710. — o.O. [1710]. 39 S. 8°
12: 4° Eur. 392-56. 14. 28.
11.3797

[—] — o.O. [1710]. 76 S. 8°
1: 4° Flugschr. 1710-13. 9. 14. 28. 33.
11.3798

[—] — Alten-Stettin 1710. 38 S. 8°
1: 20 in Qk 3870. 2. 7. 8. 10.
11.3799

Barcke, H. v., u. J. Scheibert: Die große Reiterschlacht bei Brandy Station, 9. Juni 1863. Mit Abb. u. Krt. von C. Sellmer. Berlin 1893. 179 S.

Barcker, Johanna s. *Barker*, Jane.

Barckhaus, Heinrich v.: Numophylacium Glockianum sive collectio 3296 numorum, tam Graecorum quam Romanorum, etc. Ant. Phil. Glockii. (Verf.: Henricus de Barckhaus.) — Francofurti a. M. 1735: Andreas. 267 [vielm. 260] S. 8°
1: Pi 3527. 7. 14. 24. 30. 300: 73 M 284.
11.3807

Barckhaus, Heinr. v. (Frankfurt/M.), De obligatione successoris in principatus et clientelas. Diss. Präs. Joh. Pet. Ludewig. Halle (Chph. Andr. Zeitler) 3. XI. 1714. 146 S., stellenweis deutsch. (8.—) 1071

Barckhausen, Domänenpächter, Blumenau. 1862 s. *Barckhausen*, C. W.

Barckhausen, C. W.: Ansichten und Rathschläge über den Verbrauch von Plaggen, das Mergeln der Grundstücke und die Einrichtung sogenannter Schlagwirthschaften. Mit bes. Rücks. auf die landwirthschaftlichen Verhältnisse des Herzogthums Arenberg-Meppen, der Grafschaft Bentheim u. Lingen. — Osnabrück 1862: Kisling. 32 S. 8°
1: Stala 666. 35.
11.3808

Barckhausen, Gottlieb: Nachricht ans Publikum. Veranlaßt durch eine Schrift des Herrn Hofrath Trampel. — o.O. 1782. 30,24 S. 8°
Beigedr.: Trampel, Johann Erhard: Etwas über die Wassersucht. Dem Herrn Hofmedikus D. Barckhausen in Detmold zugeeignet. 1782.
5. 15. 27. 45.
11.3809

Barckhausen, Gottlieb: Specimen botanicus sistens fasciculum plantarum ex flora comitatus Lippiaci. Goettingae (1775): Dieterich. 28 S. 8°.–
Göttingen, Med.Diss.v.30.Dez.1775.

Barckhausen, H.: Einige Betrachtungen über Magnetismus und Elektricität, ihre Wirkungen und Wechselwirkungen, mit e. Anh.: Betrachtungen zum Ausbruch des Krakatau. — Bremen: v. Halem 1892. 90 S. 8°
1: My 5553. 7. 15. 84. 205.
11.3810

Barckhausen, H.: Lesebuch f. d. Religionsunterricht (u. andere rel. Schulbücher), s. Barckhausen, Heinrich

Barckhausen, H., die Presse, wie sie sein soll! 8. (15 S.) Bremen 881. (v. Halem.) n. — 20

— Die Presse, wie sie sein soll! — Bremen: Selbstverl. 1881. 15 S. 8°
1: Fm 15903-7. 4. 5. 7. 16. 26→29. 47. 106. 302. 303.
11.3811

Barckhausen, H. L. M. s. *Barckhausen*, Heinrich Ludwig Willibald.

Barckhausen, Heinrich
Barckhausen, H: Leseb. f. d. Relig.-Unterr. d. Oberst. höh. Lehranst., s: Schulausgaben, Deutsche.

Quellenbuch zur Kirchengeschichte. Für höhere Schulen, insbes. f. höh. Mädchenschulen, im Anschluss an die Allgem. Minist. Bestimmungen vom 31. Mai 1894 hrsg. von H[einr.] Barckhausen, Oberlehrer zu Stendal, und H[erm.] Hübner, Dir. zu Burg-Magdeburg. *Hannover & Leipzig: Hahn 1899.* (x, 240 S.) 8° (oo 8.8) 7

— u. H Hübner: Quellenb. z. Kirchengesch. Für höh. Schulen, insbes. f. höh. Mädchensch. 2. Afl. (10, 265) gr8° Hann., Hahn '10. 3 —; geb. 3.60

Religionsbuch für evangelische höhere Mädchenschulen im Anschl. an die Allgem. Ministeriellen Bestimmungen v. 31. Mai 1894 bearb. von H[einr.] Barckhausen, Oberl. zu Lüneburg, u. H[erm.] Hübner, Dir. zu Burg b. M. Mit 1 Karte u. 10 Abb. *Hannover & Leipzig. Hahn 1901.* (xi, 498 S.) 8° [5.] (oo 5.6) 7

— Religionsb. f. evang. höh. u. gehob. Mädchensch. 2 Tle. 2. Afl. 8° Ebd. d
1. (20, 223 m. 1 farb. Kte.) '10. L 1.80 ‖ 2. (4 u. 223—465 m. 10 Taf.) '11. L 2.20

Barckhausen, Heinrich Ludwig Willibald [Hrsg.] s. *Barckhausen*, Viktor: Bemerkungen über die Todesstrafen. 1805.

Barkhausen, H. L. W., statist. u. polit. Bemerkung. bey Geleg. einer Reise durch die Niederlande rc. 8. Leipz. Weygand. 787.

[—] Statistische und politische Bemerkungen bey Gelegenheit einer Reise durch die vereinigten Niederlande. — Leipzig: Weygand 1788. IV,121 S. 8°
1:Tl 5034. 2. 18. 28.
11.3816

— Bemerk. über die Todesstrafen. 8. Ebend. 805.

Barckhausen, Heinr. Ludwig Willibald (Hrsg.), s. Blätter, Magdeburg-Halberstädtische.

— Briefe über die Policey des Kornhandels. Hrsg. von H. L. W. Barkhausen. — Lemgo: Meyer 1773. 176 S. 8°
7. 9. 18. 19. 24. 28. 32. 34. 42. 43. 51. 205. 302.
11.3817

Barckhausen, Heinr. Ludw. Willbald (Westfalen), De indole bonae fidei in praescriptionibus. Diss. jur. Präs. Ernst Christian Westphal. Halle (Hendel) Okt. 1764. 48 S. (5.50)
Widm. v.: Präses. Joh. Conr. Crüsemann (Westf.), J. M. Scherpelz (Meckl.-Strelitz).

— Ueber das sicherste Mittel, die Duelle besonders auf hohen Schulen zu verhüten. — Lemgo: Meyer 1799. 30 S. 8°
16. 27.
11.3818

H. L. Wilib. **Barkhausen's** natürl. Moral in Briefen e. Vaters an se. Tochter. *Lemgo*, Meyer. B. 792. 8° 6 gl

— d. Polizei d. Getreidehandels. 8. Halle 804. Reinecke u. C. 12 gl

— Die Polizey des Getreidehandels. — Halle: Ruff 1804. 132 S. 8°
1:Ff 7998. 2. 3. 7. 8. 10. 12:Pol. civ. 9. 16. 19. 21. 28. 44. 45. 46. 48. 106. 117. 205. 302.
11.3819

Barckhausen, Johann Hermann: Denckmahl der Ehrfurcht und Danckbarkeit dem ... Herrn Johann Friederich von dem Bussche ... und deßen Frau ... Henriette Dorothee Johanne von dem Bussche gebornen von Ledebur. — Göttingen 1756: Hager. 36 S. 8° 7. 18. 35.
11.3824

Barckhausen, Konrad Heinrich s. *Barckhusen.*

Barckhausen, Viktor: Bemerkungen über die Todesstrafen und über einige damit verwandte Materien. Hrsg. von H. L. W. Barckhausen. — Halle [usw.]: Ruff 1805. 192 S. 8° 1:Fy 5336. 2. 3. 8. 10. 12:Crim. 9t. 117.
11.3825

Barckhausen, *Wilhelm:* Einhart und die vita Karoli. Burgsteinfurt, Druck v. H. Winter. 1896; 3—11 S. 4.
Burgsteinfurt, Fürstlich Bentheimsches G Arnoldinum m. Realkl, P 1896 (357)

Barckhauss, Hermann: Kurtze und einfältige Frag- und Antworten [Fragen] uber die fünff Hauptstück des Catechismi. (Verf.: Herman Barckhauß.) — Oßnabrück: Krumbein, Linge & Klingenhöwer 1725. 96 S. 8° 32.
11.3826

Barckhoff, H., Erbpacht und Erbenzins f. d. Gegenwart. Diss. Lpz. 1876. Varia 41.

Barckhusen, Johann, De corpore delicti. Disp. jur. Präs. Heinr. Hahn. Helmstedt (Henning Müller) 20. IX. 1662. 20 Bl. (6.—) 1076
Gew.: Joh., Hermann Barthold Gebr. Barckhusen.

— — Dasselbe. Jena (Heller) 1722. 22 Bl. (5.50) 1077
Widm. v.: Jac. Andr. Crusis.

— — Dasselbe. Halle (Joh. Christ. Hendel) 1740. 40 S. (5.—) 1078

Barckhusen, Konrad Heinrich: Conradi Henrici Barckhusen Animadversiones historicae in epistolam Johannis Oecolampadii de Waldensibus, quibus religio fratrum Bohemicorum illustratur. — Berolini 1726: Schlechtiger. 8 Bl. 8° 109.
11.3828

— Conradi Henrici Barckhusen Kurtze Beantwortung des critischen Brief-Wechsels betreffend Calvini Leben. — Berlin (1727): Schlechtiger. 20 S. 8° 109.
11.3829

— Amica Collatio, doctrinae de gratia, quam vera reformata confitetur ecclesia. Cum doctrina, quam Dominus Volckmannus ... anno 1712. publici iuris fecit. Authore Pacifico Verino [d. i. Konrad Heinrich Barckhusen]. — Fürthensiae: V. Hoffmann [1712]. 91 S. 8 1:Cy 3540. 2. 41.
11.3830

— Exercitatio historica de Liberio, episcopo Romano, qua Arianismum eius ... demonstrat Conradus Henricus Barckhusen. — Berolini 1723: Grynaeus. 16 S. 8° 109.
11.3831

— Exercitatio historica de Saxonia antiqua sive Westfalia, quâ sententiam Henrici de Cocceii ... de Westfalorum servitute adversus iniquam censuram Hermanni Adolphi Meinders ... defendit Conradus Barckhusen. — Berolini 1719. 8 Bl. 8° 3. 26. 28. 48. 109.
11.3832

— Nachricht von den malabarischen Heyden im Königreich Jafnapatnam, und derselben Bekehrung. — Berlin [um 1710]: Schlechtiger. 20 S. 8° 1:4° Up 4466. 109.
11.3833

— Historica Narratio de Johanne Calvino. Historische Nachricht von Johanne Calvino. — Berlin 1721: Grynaeus. 170 S. 8° 1:Cn 14230 [u.] 14233. 7. 10. 24. 27. 28. 46. 109.
11.3834

Barckmann, C., üb. Xeroderma pigmentosum. Inaug.-Diss. gr. 8. (21 S.) Kiel 888. (Lipsius & Tischer.) n. 1.—

Barckmann, Carl [approb. Arzt aus Husum]: Aus d. chirurg. Klinik zu Kiel. Ueber Xeroderma pigmentosum .... Kiel, Druck v. Schmidt & Klaunig, 1888; 21 + 1 S. + 1 Bl. 8°
Kiel, Med. Fak., Inaug.-Diss. v. 23. Febr. 1888

Barclai, J. s. *Barclay*, John.

Barclai, Rob., s. Barclay, Robert

Barclai, Wilh., s. Barclay, William

Barclaius s. *Barclay.*

Barclaius, Ioannes, s. B a r c l a y , John

Barclay, Florence L: Das Rad d. Zeit. Erzählg. Übers. v. H Bredt. (62) kl8° Barm., E Müller '12. — 60 d

— Der Rosenkranz. Frei n. d. Engl. v. Emmy v. Feilitzsch. (340) 8° Wandsb. ('11). Hambg, Verl.-Bh. Bethel. L 6 — d

Barclay, J.: A r g e n i s (u. and. satyrische Schriften), s. B a r c l a y , John

Barclay, James, M., my friend Thompson, s.a. T h e a t r e the british. No. 6.

Barclay, James M.: My friend Thompson. A farce. — Stuttgart: Hallberger 1842. 45 S. 8° (The British and American Theatre. 6.) 16. 24. 26. 28. 36.
11.3889

Barclay, Johann, s. B a r c l a y , John

Barclay, John

Barclaji Argenidem, Notis historicis, philologicis, criticisque illustraturus, speciminis loco libri I. cap. I. praemitt. voluit Agricola de Rubris in Agro Hylaeo. Cöln/Brandenburg (Ulr. Liebpert) o. J. (um 1700). 23 S. (4.—)

Barclay: A r g e n i s

— — Figuris aeneis adillustr. Ebd. 1703. 708 S. 8°
2. 5. 6. 12: P. o. lat. 112. 15. 17. 20. 21. 22. 24→27. 36. 38. 41. 180. 303. 307. 308
11.3943

— — Figuris aeneis adillustr. Ebd. 1724. 708 S. 8°
12: P. o. lat. 113. 16. 25. 26. 36. 180. 308.
11.3944

— — [Dasselbe Werk]. Nürnberg, J. E. Adelbulner für W. M. Endters Erben, 1724. 12°. Frontispiz, 11 Bl. 708 S. 18 Bl. und 36 Kupfer.

Barclay, I., Argenis, c. fig. aen. illustr. et Clave. 12. Nürnb. Enderos. 750.

— — Praef. est Joannes Winkelmannus. Ed. 17., em. et corr. Norimbergae: Schwarzkopf 1769. 640 S. 8°
7. 12: P. o. lat. 114. 18. 20. 22. 23. 33. 48. 121. 302. 307.
11.3945

Barclay, John, Argenis, ein politischer Roman mit beygefügten Erklärungen aus der Geschichte seiner Zeit. Aus dem Englischen. Augsburg 1770. Ü: *Wurz, Ign.* (WBL 59/13) (Biblport)

— Johann Barklays Argenis. Ein politischer Roman. Mit beygefügten Erkl. [Übers.: Johann Balthasar Sedlezki.] Bd 1.2. — Augsburg: Veith 1770. 8° 5. 16. 78. 211.
11.3951

— Argenis. Ein polit. Roman. Mit Erklärr. Aus d. Latein. 2 Thle. 8. Augsb. 771. Veith. 1 ℛ 16 gl

Barclaji, Jh., Argenis; Praef. est Jh. Winckelmann. Edit. XVII. auct. et emend. (Andr Götz) 8. Nürnb. 776. Stein. 5/6 ℛ

— Argenis ad praestantissimorum librorum fidem cum clave et utilissimis indicibus. Praef. est Joannes Winkelmannus. Ed. 18., em. et corr. — Ebd. 1776. 580 S. 8°
41.
11.3946

— Argenide. Ein historisch-politischer Roman. Aus dem Lat. Johann Barklay's neu übers. vom Verf. der Grauen Mappe (d. i. J. C. L. Haken). Bd 1.2. — Berlin: Unger 1794. 8° 1: Xf 12370. 4. 7. 17. 20. 41. 61. 106. 109. 300: 20.073.
11.3952

— Argenis. Politischer Roman vom Anfang des 17. Jahrh. Übers. von Gustav Waltz. — München: Bassermann 1891. XV, 684 S. 8° 1: Xf 12380. 2. 3. 9. 12: P. o. lat. 114 im. 14→19. 21. 26. 27. 30→35. 41. 43. 44. 46. 51. 52. 61. 62. 66. 79. 107. 117. 121. 180. 302. 303.
11.3953

Barclay, Joh., Argenis. Politischer Roman vom Anfang d. 17. Jahrh. Aus dem Lat. übers. v. Gust. Waltz. 8. (XV, 684 S.) München 892. F. Bassermann. n. 7. 50

— Die durchlauchtigste Argenis in einer von den vortrefflichsten Staats-Romanen dieser und voriger Zeiten von Jo. Barclajo ... Übers. von Talandern (d. i. August Bohse). — Leipzig: Gleditsch 1701. 1182 S. 8°
15. 19. 21. 22. 23. 27. 78.
11.3949

— — Gedruckt zum andern mal. Leipzig: Gleditsch & Weidmann 1709. 1128 [vielm. 1182] S. 8°
12 [defekt]: P. o. lat. 114 ic. 16. 17. 31. 36. 300: 68.290–A. 303.
11.3950

[—] [deutsch] Euphormio. Eine satyrische Geschichte, aus d. Franz. — Schleitz: Treuner 1754. 322 S. 8° 14.
11.4077

— Euphormio. Satirischer Roman nebst Euphormios Selbstverteidigung u. dem Spiegel des menschlichen Geistes. Übers. von Gustav Waltz. — Heidelberg: Winter 1902. XVIII, 605 S. 8° 1: Xg 2610. 4. 12: P. o. lat. 131 h. 16. 19. 21. 26. 29. 30. 36. 38. 41. 51. 62. 79. 106. 107. 109. 300: 416.025–B. 302.
11.4078

— Johann Barklai's Gemälde der menschlichen Charaktere nach Verschiedenheit der Alter, Zeiten, Länder, Individuen und Stände. Übers. ... von Anton Weddige. — Münster: Theissing 1821. XXVIII, 448 S. 8°
1: No 360. 5. 7. 11. 60. 211.
11.4015

— Icon animorum. Editio indice capitum etc. auctior. 8. Augsb. 774. Doll. (Landsh., Krüll). 5 gl

— Icon animorum virorum clariss. Cum Buchneri notis. Dresd. 733. 8. 10 gr.

— Paraenesis. Oder wohlgemeinte Ermahnung an die Sectirer seiner Zeiten. — Lintz: Feichtinger 1737. 567 S. 8°
12: Polem. 165. 25. 303.
11.4038

— Paraenesis ad sectarios, olim ed. Romae: dein ... in lucem denuò asserta anno 1726. Nunc verò ... in xenium oblata. — Passavii [1729]: Mangold. 365 S. 8° 302.
11.4032

— Paraenesis ad sectarios, Romae olim ed., dein verò ... in lucem denuo asserta. — Clagenfurti 1741: Kleinmayr. 508 S. 8° 12: Polem. 163. 309.
11.4035

— Paraenesis ad sectarios, Romae primum ed. ... Denuò luci publicae reddita. — Tyrnaviae 1748: Typ. Acad. Soc. Jesu. 373 [vielm. 363] S. 8° 3. 300: 14 K 17. 304. 309.
11.4036

— Paraenesis ad Sectarios etc. 4. maj. Ofen, Univers. Buchh. 775.

— Parenaesis ad Sectarios etc. 4 maj. Ofen 775. Univers.-Buchh. 1 ℛ

— Satyricon, in 6 partes dispertitum, et notis illustr. Acc. Conspiratio Anglicana. Ed. nova. — [Wien]: Krauss 1772. 628 [vielm. 728] S. 8° 1: Xg 2589. 30. 33. 52. 302.
11.4076

— Satyricon. 8 maj. Wien 773. (Heubner). 2 ℛ

— Seelengemälde. A. d. Latein. gr. 8. Pesth 784. Eggenberger. 1 ß

— Johann Barklai. Seelengemählde. Nebst des Herrn von Saint Evremont Beobachtungen über die verschiedenen Charaktere der Römer in den verschiedenen Zeitaltern ihres Standes. — Pest: Weingand & Köpf 1784. 16,342 S. 8° (Sammlung d. Schriften schöner Geister aus d. 15., 16., u. 17. Jahrhunderte. 2.) 3. 12: Anthr. 6p.
14. 16. 19. 20. 22. 24. 27. 52. 121. 302. 307.
11.4014

— Werke, s. J. H. Pfingsten, Samml.

Barclay, Peter

— [Ausz., deutsch] Auskunftertheilungen über Neu-Seeland. Zum Gebrauch der Auswanderer. — Ebd. 1873. 26 S. 8° 34.
11.4098

Barclay, Robert

— Apologie oder Vertheidigungs-Schrifft der wahren christlichen Gottesgelahrheit. — o. O. 1740. 776 S. 8°
1: Cp 3652. 2. 4. 10. 14. 19. 24. 26. 27. 39. 41. 48. 48.
11.4111

— — Germantown 1776: Saur. 797 S. 8°
1: Cp 3654. 2. 14. 17. 18. 26. 28. 30. 32. 33. 48. 79. 211.
11.4112

Barclay, Rob., Apologie der christl. Gottesgelahrh. unt. den Quäkern. gr. 8. Leipz. (Frommann in Jena). 740.

— [Ausz., deutsch] Über Gottesverehrung. Friedensthal: Seebohm 1802. 88 S. 8° 7. 17. 26. 42. 61.
11.4128

— Rob. (Katholik, dann Quäker), über Gottesverehrung. Aus dem Engl. 8. Hannover 1802. Helwing. 1/4 Thlr. — 27 kr.

Barclay, Rob., über Gottesverehrung. Aus d. Engl. 8. Hannov. 802. (Pyrm., Uslar). 5 gl.

— Catechismus und Glaubens-Bekenntniß. Amsterdam 1744. 160 S. 8° 22. 26. 29.
11.4137

Barclay, S., s. B a r c l a y, John

Barclay, William, Jurist, † 1608. 1598
Der Name d. Verfassers erscheint meist in d. Form Guilelmus Barclaius.

Barclay, W.: Abhdl. für und wider d. Macht d. Papstes. s. a. B e l l a r m i n, Rob.

— [deutsch] Abhandlung von der Macht des Papstes in zeitlichen Dingen. — München: Craetz 1768. 222 S. 8°
12: 4° J. can. P. 95 [2 Ex.] 16. 17. 20. 22. 25. 38. 66.
121. 303. 307. 308.
11.4215

— Wilh. (ICtus † 1605, Vater des Obigen), Macht des Papstes in zeitl. Dingen; wider Bellarmin. 4. München 1768, Attenkofer in Ingolst. 1 fl. 30 kr.

Barclay, Wlh., von d. Macht d. Papstes in zeitl. Dingen, wider Bellarmin. A. d. Lat. 4. Münch. 768. Crätz. (J. Lindauer). 20 gl.

— — Nachdr. d. Münchner-Aufl. d. Joseph Aloys Crätz. o. O. 1768. 243 [vielm. 244] S. 8° 31. 44. 302.
11.4216

— — o. O. 1782. 243 [vielm. 244] S. 8° 23. 24.
11.4217

Barclay de Tolly, Michael: Aufruf an die Deutschen, sich unter den Fahnen des Vaterlandes und der Ehre zu sammeln. — o. O.: Brückmann [1812]. 2 Bl. 2° 14.
11.4226

Barclayus, Guilelmus s. *Barclay*, William.

Bárcsai, Arthur Bárcsay Nagy s. *Bárcsay* Nagy-Bárcsai.

Bárcsay Nagy-Bárcsai, Arthur: Leitfaden zur Durchführung der allgemeinen Volkszählung nach dem Stande vom 31. Dezember 1890. — Bruck a. d. Mur: Smrczek 1890. 58 S. 8° 300: 87.527-B. 302. 303. 308.
11.4248

Barczat, Willy, Potsdamiensis: De figurarum disciplina atque auctoribus. P. 1 Auctores Graeci. Gottingae 1904: Dieterich. (41 S.) 8° ¶ (Ersch. vollst. in deutscher Sprache.)
Göttingen, Phil. Fak., Ref. Leo, Diss. v. 11. Nov. 1904
[Geb. 1. Mai '79 Halle a. S.; Wohnort: Potsdam; Staatsangeh.: Preußen; Vorbildung: Gymn. Potsdam O. 99; Studium: Göttingen 4, Berlin 4, Göttingen 3 S.; Coll. 18. Mai 04.]

Bárczay, Osc. v., D. Adol v. Siebenbürgen, s.: Reichenauer v. Reichenau, Const.

Barczewski, s. a. B a r s z c z e w s k i

Barczewski, B: Hand- u. Lehrb. meiner Reflexmassage f. d. prakt. Arzt. Ein neuer, prakt. Weg z. Diagnose, Therapie u. Prophylaxe d. Krankh. (154) gr8° Berl.-Schöneberg '11. (Berl., J Goldschmidt.) 3.50

Barczewski, Heinrich: Die Ausbeute im Sudhause. Einfluss der praktischen Manipulationen auf die Ausbeute. 2. Aufl. — o. O. [um 1895]. 25 S. 8° 91.
11.4256

Die technische Rechnung in der Bierbrauerei als dauernde Betriebs-Kontrolle von Heinrich Barczowski, Brauereibesitzer. *Danzig Langfuhr 1899: S. Schwalm; [Berlin A. Seydel in Komm.]* (123 S.) 8° [illegible]

— Spunden und Mousseux. 3., verm. Aufl. — ([Berlin: Seydel] 1899.) 52 S. 8° 1: Oq 3419[3].
11.4257

— — 4., rev. Aufl. o. O. 1902. 56 S. 8° 91.
11.4258

— — 5. Aufl. (Danzig) 1905: (Sauer). 54 S. 8° 210.
11.4259

— Wie sollen wir wirthschaften? Technische Winke für rationelle Arbeit in der Bierbrauerei. — Mannheim: Brautechn. Verl. d. Allg. Anzeigers für Brauereien 1895. 99 S. 8° 39. 91.
11.4260

Barczewskiego, X.W.

Chleb Anielski. Książka do Nabożeństwa dla czcicieli Najświętszego Sakramentu ołtarza przez X. W. Barczewskiego ... Wyd. 2. pomnożone. *Dülmen i. W.: A. Laumann (1895).* [Engelsbrod. Andachtsbuch f. d. Verehrer d. allerheil. Altars-Sacraments v. d. Priester W. Barczewski. 2. verm. Aufl. ...] (VII, 510 S., 1 Taf., 1 Bildert.) 1 Bd 8.
[94. 96]

Barczinski, Arthur, Referendar i. Berlin: Reklame und Recht. Borna-Leipzig 1909: Noske. VIII, 53 S. 8°
Heidelberg, Jur. Diss. v. 9. Aug. 1909, Ref. Gradenwitz
[Geb. 27. Febr. 85 Allenstein; Wohnort: Charlottenburg; Staatsangeh.: Preußen; Vorbildung: Gymn. Allenstein Reife O. 03; Studium: München 1, Berlin 3, Königsberg 2 S.; Rig. 15. Juli 09.] [U 09. 1740

Barczynski, Erziehungsinspektor der Provinz Sachsen. 1893 s. *Barczynski*, Otto.

Barczynski, O.: Über die Polarisation ..., s. B a r c z y n s k i, Otto Ferd.

Barczynski, Otto: Handbuch des deutschen Maaß- und Gewichtswesens. 2. Aufl. — Magdeburg: Baensch 1896. 421 S. 8°
Frühere Ausg. s. *Massordnung*. — Die Maaß- und Gewichtsordnung für das Deutsche Reich. 1893.
1: Fh 1861[3]. 3. 31. 44. 60. 106. 111. 203.
11.4267

— — 3. Aufl. Ebd. 1901. 464 S. 8° 1: Fh 1861[3].
3. 6. 14. 20. 31. 44. 109. 111. 201. 203. 208.
11.4268

Barczynski, Handbuch der Verwaltung des deutschen Mass- und Gewichtswesens. 2. Auflage. (421 S) Magdeburg 1896

Barczynski, Handb. d. Verwaltg. d. dtschn. Maß- u. Gewichtswesens, m. Genehm. d. Hrn. Ministers f. Handel u. Gewerbe nach amtl. Quellen bearb. 4. Aufl. (XXII, 660 S.) 8. Magdeburg 909. E. Baensch jun. Geb. in Leinw. 8. —

Barczynski, d. deut. Mass u. Gewicht. Tafel. 66,5×85 cm. Farbendr. m. eingedr. Text. Mgdbg 94, E Baensch Jun. 1.50 auf Lnw. 3.50

Barczynski, die Maaß- u. Gewichtsordnung f. das Deutsche Reich, nebst Aichordng. u. Aichgebührentaxe, ergänzt u. erläutert. gr. 8. (X, 192 S.) Magdeburg 893. E. Baensch jun. Kart. n. 3. —

Barczynski, Otto Ferd., über die elliptische Polarisation d. Lichts durch Reflexion am Fuchsin. Inaugural-Dissertation. gr. 8. (44 S.) Thorn 880. (Breslau, Barschak.) n. — 80

Barczynski, Otto Ferd., über die elliptische Polarisation des Lichts durch Reflexion am Fuchsin. Inaugural-Dissertation. gr. 8. (44 S.) Thorn 880. (Breslau, Preuss und Jünger.) *

Bard, Geh. Oberkirchenrat, Superintendent, Schwerin, 1839-1927. 1872 s. *Bard*, Paul.

Bibliothek Bard. Bd 1. *Berlin. J Bard 1902.* 8°

Bard's Museumkaldr auf '13. (Abreisskaldr m. z. Tl farb. Blättern.) 22×14 cm. Berl., J Bard. (Wien, M Perles.) als Wand- od. Schreibtischkaldr 3 —

Bard, Andreas

— Freidenker-Texte. Skizzen. — Schwerin: Bahn 1909. 47 S. 8° 12: Polem. 3079 z. 18. 26. 33. 51. 11.4276

— Das Gebet eines Zweiflers. Ein Beitrag zum besseren Verständnis des Unglaubens. — o.O. [um 1910]. 2 Bl. 8° 33. 11.4277

Bard, Friedrich

— Der Sohn des Menschen. Eine Untersuchung über Begriff u. Inhalt u. Absicht solcher Jesusbezeichnung. — Wismar: Bartholdi 1908. VIII,99 S. 8° 1: Bq 3870. 12: B. hist. 10 tbo. 18. 28. 29. 33. 11.4298

! Bard, Frdr.: Sohn d. Menschen. Jetzt: Schwer., F Bahn.

Bard, Ildefonse de: [Le Saint joyeux, ou vie du b. Crispino de Viterbe, deutsch] Leben des seligen Crispinus von Viterbo vom Orden der Mindern Brüder Kapuziner. Freie Uebers. aus d. Franz. (Hrsg.: Pie de Langogne.) — Mainz: Kirchheim 1902. XII,170 S. 8° 17. 25. 36. 169. 11.4306

Bard, Louis

Bard, L: Die physikal. Zeichen d. Mitralstenose s.a.. Sammlung klin. Vortr.

— Die physikalischen Zeichen der Mitralstenose. — Leipzig: Breitkopf & Härtel 1907. S. 36-64. 8° (Sammlung klinischer Vorträge. N.F. 455-Ser. 16,5.) 1: Ic 2472-N.F. 455. 3→11. 12: Path. 1352 ga-I,137. 14→17. 19. 20. 21. 24. 25. 26. 28→31. 33. 38M. 43. 202. 11.4328

Bard, Paul, zum Abschied! Predigt üb. Lukas 12, 49—50, geh. am 17. Sonntage nach Trinitatis 1909 im Dom zu Schwerin. (14 S.) 8. Schwerin 909. F. Bahn. — 30

— auferstanden v. den Toten! Predigt, geh. am Ostersonntage 1893 im Dom zu Schwerin. 8. (16 S.) Ebd. 893. n. — 20

— Die Auferstehung Jesu Christi - Wahrheit oder Dichtung? Predigt. — Schwerin 1879: Sandmeyer. 15 S. 8° 28. 11.4331

— Betest du? Predigt. 2. Aufl. — Schwerin: Bahn 1891. 16 S. 8° 33. 11.4332

— betest Du? Predigt, am Sonntage Rogate 1891 im Dom zu Schwerin geh. 1.—17. Aufl. 8. (16 S.) Ebd. 891. 892. n. — 20

— 'Christ ist geboren'. Predigt. 2. Aufl. — Schwerin 1888: Sandmeyer. 16 S. 8° 33. 11.4339

—— 3. Aufl. Ebd. 1888. 16 S. 8° 33. 11.4340

—— 4. Aufl. Ebd. 1888. 16 S. 8° 28. 11.4341

Bard, P: Das Christentum u. d. Intelligenz. (46) gr8° Schwerin. F. Bahn '12. — 80 d

— das tat ich für dich! Was tust du für mich? Predigt, geh. am Karfreitage 1904 üb. Matth. 27, 45—50 im Dom zu Schwerin i. M. (16 S.) gr. 8. Ebd. 904. n. — 30

Bard, P., D. Dasein Gottes. Vortrag, geh. i. christl. Vereinshause z. Schwerin i. Meckl. gr. 8. (22 S.) Schwerin 898. F. Bahn. n. — 50

Bard, P., Eins ist noth! Predigten, i. Dom z. Schwerin geh. gr. 8. (VII, 256 S.) Ebd. 897. n. 3. 20; geb. in Leinw. n. 4. —

— 'Er kam und suchte Frucht'. Silvester-Predigt. — Schwerin: Bahn 1906. 15 S. 8° 33. 11.4348

— es ist dem Menschen gesetzt zu sterben, u. dann? Predigt, am 1. p. Trin. im Dom zu Schwerin geh. 1.—3. Aufl. (16 S.) Ebd. 891. n. — 20

Bard, P., es wird Alles vollendet werden. Predigt, am Sonntage Quinquagesimae im Dom zu Schwerin geh. 1. u. 2. Aufl. 8. (16 S.) Schwerin 891. F. Bahn. n. — 20

Bard, P., das enthüllte Geheimnis der Ewigkeit. Predigt, geh. am 1. Sonntage nach Trinitatis im Dom zu Schwerin. gr. 8. (16 S.) Schwerin 899. F. Bahn. n. — 25

— gerettet od. gerichtet! Predigt, am Sonntage Sexagesimä 1892 im Dom zu Schwerin geh. 1. u. 2. Aufl. 8. (16 S.) Ebd. 892. n. — 20

— Das Gewicht der Würde Jesu von Nazareth und unseres Urteils über sie. Vortrag. — Schwerin: Bahn 1904. 24 S. 8° 28. 33. 11.4350

— Glaube u. Wissenschaft. Apologet. Vortrag, geh. a. 11. 1. 1898 i. christl. Vereinshause z. Schwerin i. M. gr. 8. (20 S.) Ebd. 898. n. — 40

Bard, christliche Glaubenslehre für Gymnasialprima, auch zur Orientierung für gebildete Christen insgemein. Mit zwei Anhängen: eine Skizze der Kirchengeschichte, das Schema des Kirchenjahrs und der Gottesdienstordnung enthaltend. 8. (V, 118 S.) Stavenhagen 888, Beholtz. cart. *

Bard, P. Auf Golgatha. Predigt, geh. am Charfreitag 1892. 1. u. 2. Aufl. gr. 8. (16 S.) Schwerin 892, Bahn. * — 20

— Halte, was du hast! Predigt. — Schwerin 1882: Sandmeyer. 15 S. 8° 28. 11.4361

— — 2. Aufl. Ebd. 1882. 15 S. 8° 28. 33.
11.4362

— Halte, was du hast! Predigten. — Schwerin: Bahn 1894. 254 S. 8° 28. 33.
11.4363

— halte, was du hast, daß niemand deine Krone nehme! Predigt, bei der Feier des 350jähr. Gedenktages der Einführg. der Reformation in Mecklenburg am 20. VI. 1899 in der Domkirche zu Schwerin geh. 8. (14 S.) Ebd. 899. n. — 25

— d. Herr ist mein Hirte! Predigt, a. Sonntag Misericordias Domini 1895 i. Dom z. Schwerin geh. gr. 8. (16 S.) Ebd. 895. n. — 25

— ins Himmelreich! Predigt, geh. am 6. Sonntage nach Trinitatis 1891 im Dom zu Schwerin. 1. u. 2. Aufl. 8. (16 S.) Ebd. 891. n. — 20

— der Güter höchstes! Predigt, am 10. Sonntag nach Trinitatis in der Domkirche zu Schwerin geh. 8. (14 S.) Ebd. 892. n. — 20

Bard, P., ich aber u. mein Haus wollen dem Herrn dienen! Predigt, bei dem am Tage des Einzugs Sr. k. H. des Großherzogs Friedrich Franz IV., 9. IV. 1901, Allerhöchst befohlenen Gottesdienste im Dom zu Schwerin geh. hoch 4. (6 S.) Schwerin 901. F. Bahn. n. — 40

— Nach Jerusalem! Erinnerungen aus der Orientreise. — Schwerin: Bahn 1899. 55 S. 8° 18. 28. 33.
11.4369

Bard, P., Jesus v. Nazareth Gottes Sohn od. — Josefs Sohn? Predigt, am 18. Sonntage nach Trinitatis 1891 im Dom zu Schwerin geh. 1. u. 2. Aufl. 8. (15 S.) Schwerin 891. F. Bahn. n. — 20

— in keinem Andern Heil! Predigten, im Dom zu Schwerin geh. gr. 8. (V, 252 S.) Ebd. 892. n. 3. 20; geb. n. 4. —

— — 2. Aufl. Ebd. 1904. 256 S. 8° 33.
11.4372

— in keinem Andern Heil als in Jesu Christo! Predigt bei dem Kirchgang JJ. KK. HH. des Großherzogs Friedrich Franz IV. u. der Großherzogin Alexandra v. Mecklenburg-Schwerin, am 10. VII. 1904 im Dom zu Schwerin geh. (16 S.) 8. Ebd. (904.) n. — 30

— In keinem andern Heil als in Jesu Christo! Predigt. — Schwerin: Bahn [1904]. 16 S. 8° 28. 33.
11.4373

Bard, P., ist die Bibel Gottes Wort od. nicht? Eine Handreichung zur Stärkung erschütterten Glaubens. gr. 8. (III. 112 S.) Stavenhagen 878. Beholtz. n. 1. 20

Bard, P., ist Jesus von Nazareth der Weltheiland oder nicht? Predigt über Matth. 11, 2—10. gr. 8. (16 S.) Schwerin 872, Stiller'sche Hofbuchh.

— dem Kaiser, was des Kaisers, u. Gott, was Gottes ist! Predigt, geh. a. 23. Sonntag n. Trinitatis i. Dom z. Schwerin. 8. (16 S.) Ebd. 895. n. — 30

— Das untrügliche Kennzeichen der rechten Religion und Lessings Nathan. Vortrag. — Schwerin: Bahn 1895. 24 S. 8° 18. 28. 33.
11.4377

— Die lutherische Kirche - ein unersetzliches Kleinod. Vortrag. — Schwerin: Bahn 1905. 24 S. 8° 28. 33.
11.4378

— komm herüber u. hilf uns! Missionsfestpredigt a. 9. Juni 1896 i. d. St. Lorenzkirche z. Nürnberg. gr. 8. (15 S.) Ebd. 896. n. — 25

— kommet her! Gehet hin! Predigt, geh. üb. Matth. 25, 31—46 am 26. Sonntage nach Trinitatis 1893 im Dom zu Schwerin. gr. 8. (15 S.) Ebd. 893. n. — 25

— kommet zur Hochzeit. Predigt, am 20. Sonntag nach Trinitatis 1893 im Dom zu Schwerin geh. 1. u. 2. Aufl. gr. 8. (16 S.) Ebd. 893. n. — 25

— Die Leichenverbrennung und die Kirche Jesu Christi. Vortrag. — Schwerin: Bahn 1903. 37 S. 8°
Aus: Der alte Glaube. 4. 1903.
17. 18. 24. 28. 29. 33. 62. 203. 208.
11.4385

— d. Menschen Leid. Predigt am 12. Sonntage nach Trinitatis im Dom zu Schwerin geh. 8. (16 S.) Schwerin 890. Burmeister. — 30

Bard, d. Menschen Leid, S. 48, jetzt Schwer., (Bahn).

— Missions-Predigt, am 24. Juni 1893 im Dom zu Braunschweig geh. gr. 8. (14 S.) Wolfenbüttel 893. J. Zwißler. n. — 25

— O Land, Land, Land, höre des Herrn Wort! Predigt. — Schwerin 1878: Sandmeyer. 15 S. 8° 28. 33.
11.4388

— — 4. Aufl. Ebd. 1878. 15 S. 8° 28.
11.4389

— Die Offenbarung Johannis auf Grund der Auslegung Kliefoths. — Stavenhagen: Beholtz 1876. 102 S. 8° 18. 28. 33. 48.
11.4390

— Die Offenbarung Johannis. 2. Aufl. Schwerin: Bahn 1895. 74 S. 8° 1: Bt 17354². 18. 28. 33.
11.4391

— Papst od. Bibel? Vortrag, geh. i. Vereinshause z. Schwerin. gr. 8. (23 S.) Ebd. 898. n. — 50

— Wagners Parsifal, nach s. relig. Werte gewürdigt. (30) gr8° Ebd. '12. — 60 d

— Predigt zur Eröffnung der deutschen evangelischen Kirchenkonferenz zu Eisenach am 14. Juni 1900. — Schwerin: Bahn 1900. 16 S. 8° 18. 28. 33.
11.4394

— Predigt am Himmelfahrtsfeste 1880. — Schwerin 1880: Sandmeyer. 14 S. 8° 28.
11.4395

— Rede, geh. b. d. Trauerfeier f. d. Oberkirchenraths-Präsidenten D. Kliefoth, s.: Wolff.

— Rede bei der Trauung Sr. Königl. Hoheit des Erbgroßherzogs Friedrich Franz von Mecklenburg-Schwerin mit Ihrer Kaiserl. Hoheit der Großfürstin Anastasia Michailowna von Russland. — Schwerin 1879: Sandmeyer. 8 S. 8° 28. 33.
11.4396

— Rede bei der Trauung Sr. königl. Hoh. des Erbgroßherzogs Friedrich Franz von Mecklenburg-Schwerin m. Ihrer kaiserl. Hoh. der Großfürstin Anastasia Michailowna v. Rußland im Alexandersaal d. kaiserl. Winterpalais zu St. Petersburg am 24. Jan. 1879 geh. gr. 8. (8 S.) Schwerin 879. (Stiller.) n. — 40

— — [St. Petersburg 1879.] 8 S. 8° 33.
11.4397

— Rede zur Weihe der Kirche des Klosters zum Heiligen Kreuz in Rostock. — Rostock 1899: Adler. 12 S. 8° 28. 33.
11.4398

— Reif sein ist alles! Vortrag. — Schwerin: Bahn 1903. 75 S. 8° 18. 28. 33. 42.
11.4399

— sei auf der Hut! Predigt a. Sonntag Oculi 1895 i. Dom z. Schwerin geh. gr. 8. (16 S.) Schwerin 895. F. Bahn. n. — 25

— der Sieg ist unser! Predigt, am Sonntage Judica 1891 im Dom zu Schwerin geh. 1.—4. Aufl. 8. (16 S.) Schwerin 891. F. Bahn. n. — 20

— siehe, dein König kommt! Predigt, am 1. Advent 1891 im Dom zu Schwerin geh. 1. u. 2. Aufl. 8. (15 S.) Ebd. 891. n. — 20

— — 3. Aufl. Ebd. 1891. 15 S. 8° 33.
11.4403

— Siehe, ich komme bald! Predigt. — Schwerin 1890: Sandmeyer. 16 S. 8° 28. 33.
11.4404

— — 2. Aufl. Ebd. 1890. 16 S. 8° 28.
11.4405

— — 5. Aufl. Ebd. 1890. 16 S. 8° 28.
11.4406

Bard, P., siehe, ich verkündige euch große Freude: euch ist heute der Heiland geboren! Predigt am 1. Weihnachtsfesttage 1903, im Dom zu Schwerin geh. (16 S) gr. 8. Schwerin 904. F. Bahn. n. — 30

— Der Sohn Gottes in Thränen! Predigt. — Schwerin 1889: Sandmeyer. 15 S. 8° 28. 33.
11.4408

— Treu dem lutherischen Bekenntnis! Predigt, b. d. 9. allgem. luther. Konferenz a. 24. VIII. 1898 i. Dom z. Braunschweig geh. gr. 8. (16 S.) Ebd. 898. n. — 25

— vergiß nicht! — Gedenke! — Rechne! Sylvester-Predigt, am 31. XII. 1899 im Dom zu Schwerin geh. gr. 8. (16 S.) Ebd. 900. — 30

— 'Viele berufen — wenige auserwählt.' Predigt. 2. Aufl. — Schwerin 1889: Sandmeyer. 15 S. 8° 33.
11.4411

— — 3. Aufl. Ebd. 1889. 15 S. 8° 28.
11.4412

— Vorträge im christlichen Männerverein zu Schwerin. 1. Der Grund unsrer Gottesgewißheit. 2. Bibel und Naturwissenschaft. 3. Was wird aus denen, zu denen in diesem Leben die Kunde von Christo nicht gelangt? — Schwerin: Bahn 1894. 34 S. 8° 28. 33.
11.4413

— — 2. Aufl. Ebd. 1894. 34 S. 8° 33.
11.4414

— Wahrhaftig auferstanden! Predigt üb. Markus 16, 1—8, geh. am Ostersonntage 1908 im Dom z. Schwerin i. M. (16 S.) 8. Ebd. 908. — 30

— Die Wahrheit des Christenthums, ihr Gewicht und ihr Erweis. Vortrag. — Schwerin: Bahn 1892. 32 S. 8° 12: Polem. 3055 v. 18. 28. 33.
11.4416

— Was heißt: 'glauben'? Predigt. — Schwerin: Pestalozzi-Verein 1890. 19 S. 8° 28. 33.
11.4418

— Was ist Wahrheit! Vortrag. — Schwerin: Bahn 1904. 23 S. 8° 33.
11.4419

— womit erweist Jesus v. Nazareth seine Heilandschaft? Predigt über Matth. 11, 2—10, am 3. Adventssonntage 1878 in der Domkirche zu Schwerin geh. 2. Aufl. gr. 8. (15 S.) Ebend. 878. n. — 40

— das Wort ward Fleisch. Predigt, am 2. Weihnachtsfesttage im Dom zu Schwerin geh. gr. 8. (16 S.) Ebd. 892. n. — 20

— die letzte Zeit. Predigt am 25. Sonntag nach Trinitatis 1894, im Dom zu Schwerin geh. gr. 8. (16 S.) Ebd. 894. n. — 25

Barda, J.H. (Pseud.), s.a. Böckel, J.H. (wirkl.Name)

Barda, J. H., schaudervolle Abentheuer eines jungen Spaniers, oder: der geheimnißvolle Greis in d. Ruinen von Sagunt. 8. Nordhausen 835. Fürst. 1 ℛ

Barda, J.H., s. Bundes-Ritter, Die.

—— Francesco de Castelletto, d. dankbare Banditenchef, od.: d. vereitelte Verbrechen in d. Schaudergewölben d. Schlosses Sorentino. 3 Bde. M. 1 lith. Abbild. 8. (36 B.) Nordhausen 833, Fürst.

† Barda, J. H., (... Böckel,) Carlo Don Covonna u. Isabella, d. Verfolgten; od. d. erlebten Schrecknisse in d. Kerkern d. Inquisition. Eine romant.-abenteuerl. Geschichte. 2 Thle. 8. (25½ B.) Quedlinburg 831, Basse.

—— Ritter Rudolph v. Eberstein, der unschuldig Verfolgte. od.: die enthüllten Geheimnisse d. Ruinen d. Schwarzburg. 8. (17 B.) Nordhausen 833, Fürst.

Barda, J.H., s. Carlo Endimiro.

—— der Findling in d. Löwengrube, od. d. mitternächtl. Schauderthat. Ein historisch-romant. Rittergemälde a. d. Zeiten d. Kreuzzüge. Zum Theil nach franzos. Quellen bearb. 4 Bde. M. 2 Titbild. gr. 16. (70½ B.) Meißen 834, Goedsche.

—— die Flammen-Ritter, od. Heldenmuth u. Geistesgröße im Kampfe wider Pfaffen-Bosheit u. Tyrannei. Ein Schaudergemälde a. d. Zeiten d. Faustrechts u. d. heil. Vehme. 3 Bde. M. 2 Titbild. 8. (35½ B.) Meißen 836, Goedsche.

Barda, J.H., s.a Francesco.

Barda, (J. H.,) Edmund von Geierstein, oder die Rächer im Schauerthale. Ritter- u. Geistergeschichte aus d. Zeiten des Vehmgerichts. 3 Theile. 8. Quedl. 827, Basse.

—— Graf Ditmund v. Heldenfels, d. Stählerne gen., od. die Ritter d. Tiegerbundes. Ein Schaudergemälde a. d. Zeiten d. Faustrechts. 2 Thle. M. 2 Titbild. 8. (25 B.) Meißen 835, Goedsche.

— Graf Richard v. Kronstein, der heldenmüthige Thüringer, und die furchtbaren Raubritter von Grimmenstein, oder blutiger Kampf u. Sieg der gerechten Sache. Ritter- u. Räubergeschichte aus d. Zeiten des Faustrechts. 2 Bde. Mit 2 Titelbild. 8. Meißen 837. Goedsche. 2⅙ ℛ

— der Liebesschwur bei der Todten-Urne, oder die mitternächtl. Erscheinung auf d. Gottesacker zu Beloni. Ein Schaudergemälde des 17. Jahrh. 2 Bde. Mit 1 Steindr. 8. Nordhausen 833. Fürst. 1⅔ ℛ

—— Richard, Graf v. Löweneck, d. Geistererlöser; od. d. furchtb. Unhold in d. Ruinen d. Waldburg. Ritter-, Räuber- u. Geistergeschichte aus d. Zeiten d. Kreuzzüge u. d. heil. Vehme. 2 Thle. 8. (26½ B.) Quedlinburg 835, Basse.

—— Odoardo Mirandolo, d. gefürcht. Räuberchef d. Gebirge, od.: die Unglücksgenossen. 2 Bde. 8. (26 B.) Nordhausen 834, Fürst.

—— Guivanno Montobello d. edle Räuberchef, u. Colomardo d. Schreckliche, od.: Gräuelthaten e. selt. Bösewichts. (Seitenstück zum Hundsfattler.) 3 Thle. M. 1 Abbild. 8. (37 B.) Weimar 835, 36, Tantz u. Comp. 3 Thlr., hrbgf. Pr.

— der **Mord** um Mitternacht, oder das schauervolle Schloß. Eine höchst abenth. Klostergeschichte. 3 Thle. 8. Nordhausen 833. Fürst. 3 ℛ

— Don **Carlo** Olivaro, d. Gefangene unter Räubern, od. Schreckensscenen aus d. Leben des Räuberhauptmanns Marosini. 2 Thle. Mit 1 lithogr. Abbild. 8. Nordhaus. 834. Fürst. $2^1/_8$ ℛ

— Don **Carlo** Orlasca, der furchtbare Guerilla-Anführer, oder die Macht der Kabale. Ein Schaudergemälde aus den Zeiten der franz. Invasion und Zwingherrschaft in Spanien. Nach Quellen bearbeitet. 2 Thle. Mit 1 Titelbild. 8. Meißen 834. Goedsche. $2^1/_6$ ℛ

—— Carlo v. **Ortobello**; od. d. furchtbare Bund d. unterird. Todtengewölbes. Eine romant. u. abenteuerl. Geschichte. 3 Thle. 8. (46 B.) Quedlinburg 829, Basse.

Barda, J.H., s. Rebellino.

— **Ritterschwur** und Meineid, oder: Das wunderbare Todtengerippe in d. Halle d. Begräbnißgewölbes zu Burg Kroneck. Eine Ritter- u. Geister-Geschichte aus d. Zeiten d. Kreuzzüge. 8. Nordhausen 835. Fürst. 1 ℛ

—— der geheimnißvolle **Warner**, od. d. Schreckensnacht in d. Ruinen v. Palozzi. Ein Schaudergemälde d. 17. Jahrh.; z. Theil n. Miß Anna Radkliff a. d. Engl. bearb. Mit Titelbld. 8. (13 B.) Meißen 837, Goedsche.

Bardach, Adolf: Über die Grundwirkung des Quecksilbers als antisyphilitisches Arzneymittel, oder Versuch zur Lösung eines Widerspruches in der rationellen Heilkunde. — Wien 1835: Edler v. Schmid. 43 S. 8°
300:76 G 54. 302.
11.4430

Bardach Bruno, Dr. Über die Gerinnungsursache erhitzter Milch S. 106. IIb 218 . vgr. Separatabdruck

BARDACH, BRUNO. Zur Kenntniss der Diazoamidokörper. Wien, 1892, Diss. G. S.

Bardach, Hermann, Schriftsteller, Wien. 1898: Als Ernst zu den Männern kam. — Wien: Knepler 1905. 308 S. 8° 302.
11.4431

— Simson's Ende. Ein Büchlein vom Dichter. — Wien: Selbstverl.; Gerold in Comm. 1898. 57 S. 8°
300:188.325-B. 302.
11.4432

— Jakob. — Wien: Selbstverl.; Gerold in Comm. 1898. 27 S. 8° 300:95.879-B. 302.
11.4433

— Studienblätter. 8. (III, 92 S.) Dresden 897. E. Pierson. n. 1. 50; geb. n. 2. 50

— Wie Hans die Weiber kennen lernen wollte. — Wien: Konegen 1899. 168 S. 8° 300:402.770-B. 302.
11.4434

— Im Winkel. — Wien: Konegen 1901. 28 S. 8°
300:412.942-B. 302.
11.4435

Bardach, Jehuda. Maskir libne reschep. Superstitum post ill. Simcha Pinsker manuscriptorum hebraicarum et arabicorum catalogus codicum antiquiorum exemplaria nec non codices ab ill. Pinsker allisve transcriptos vel' excerptos postremoque eius ipsius opuscula amplectens; quem additis excerptis et annotationibus nec non indice a. 1866 in ordinem redegit. Extractus ex Haschachar. 8. (56 S.) Wien 869, Hölder. *

Bardach, Jehuda (Red.), s. Pinsker, Simcha

Bardach, Rachel: Most. Gedichte von Rachel Bardi [d.i. Rachel Bardach]. — Leipzig: Friedrich [1900]. 94 S. 8°
15.
11.4437

Bardachzi, Franz (Hrsg.) s.a. Lesebuch, Deutsches, für Mädchenlyceen und verwandte Lehranstalten.

Bardachzi, Frz., u. Hans Baßler, deutsches Lesebuch für Mädchenlyceen u. verwandte Lehranstalten. I. u. II. Bd. gr. 8. (X, 276 u. X, 262 S.) Wien 901. 902. A. Hölder. Geb in Leinw. à n. 2. 40

Dieses Buch wird zum Lehrgebrauche an Mädchen-Lyzeen mit deutscher Unterrichtssprache allgemein zugelassen.
(Min.-Erl. vom 30. Mai 1903, Z. 13782.)

Bardachzi, Frz., u. Hans Baßler, deutsches Lesebuch für Mädchenlyzeen u. verwandte Lehranstalten. III.—VI. Bd. gr. 8. Wien, A. Hölder. Geb. in. Leinw. n. 10. 80
III. (XV, 303 S.) 903. n. 2. 30
IV. (XIV, 361 S.) 903 n. 2 60
V. (IX, 377 S.) 904. n. 2 80
VI. (XI, 423 S.) 905. n. 3. 10

Bardachzi, Frz, u. Hans Bassler: Deut. Leseb. f. Mädchenlyzeen u. verw. Anst. 4. Bd. 2. Afl. (14, 361) gr8° Wien, A Hölder '11. L 2.60 d

Bardachzi, Frz., Hans Sachs, s.a. **Sammlung** gemeinnütziger Vorträge.

Bardachzi, Franz: Hans Sachs. Ein Bild des Lebens und Wirkens des wackeren Meistersängers zur 400jährigen Gedenkfeier seiner Geburt. — (Prag: Deutscher Verein zur Verbreitung gemeinnütziger Kenntnisse) 1894. 28 S. 8° (Sammlung gemeinnütziger Vorträge. 194.)
1: Ag 309-194. 12: Var. 366ah-194 [2 Ex.] 16. 22. 75. 102. 123. 300:393.143-B. Bd 194.
11.4439

Bardale. Samml. auserl. Volkslieder, s. **Baumstark, E.**

Bardana, D.: Napoleons Ohrenbeichte, ein kräftiges deutsches Vater Unser, ein Epigramm, mein Neujahrswunsch, und noch andere Gedichte, zum Lobe des Kaisers Napoleon. — o.O. (1814). 16 S. 8° 1: Yn 1215. 10. 30.
11.4445

Bardarini, Josef

Bardarini, Ios., Dissertatio critica de cathedra Romana. Graz 1754.

Bardarini, Josef: Josephi Bardarini Theologicorum Dogmatum de peccatis et gratia libri 2. — Graecii: Lechner 1754. 571 S. 8° 309.
11.4446

—— Ebd. 1759. 571 S. 8° 17. 20. 21. 303.
11.4447

Bardas, Walter s.a. *Bardas* Edler v. Bardenau.

Bardas, W. Das öffentliche Seerecht. Österr. Sammlung der Gesetze, Verordnungen usw. Wien 1903.

Das öffentliche Seerecht Österreichs. Sammlung d. Gesetze, Verordnungen u. sonstigen Rechtsvorschriften. Hrsg. von Dr. Walter Bardas. Wien & Leipzig: Deuticke 1909. VI, 900 S. 4°(8°) [09. 10773]

Verkehr und Verkehrs-Politik in Volks- und Staatswirtschaft. Von Dr. Walter Bardas. Bd 1. Leipzig & Wien: F. Deuticke 1907. 8° [07. 10457]

Bardas Edler v. Bardenau, Walter: Das Drama und seine Vorwürfe. Eine Studie zur modernen Literaturbewegung. Friedland i. B.: Verl. des 'Rübezahl' 1902. 34 S. 8°
300:417.437-B.
11.4466

— Firnenzauber. Ein Sang aus dem Märchenlande. — Dresden [usw.]: Pierson 1899. 68 S. 8° 18.
11.4467

Barday, Curt, u. Erich Max: Der soz. Gedanke, s.: Was will d. Zeit?

Barday, Curt, u. Erich *Max*. Was will die Zeit? Der soziale Gedanke. Leitsätze aus d. Schriften d. Begründer d. Sozialismus. F. d. heutige Zeit gesamm. . . . hrsg. von Edu. *Bernstein*. Berlin, Dresden, Leipzig 1908. 8°. — Kb 373. —

Barday, C.urt: Was will die Zeit? Der soziale Gedanke. Leitsätze aus d. Schriften d. Begründer d. Sozialismus. Für d. heutige Zeit ges. von Curt Barday u. Erich Max. Hrsg. von Eduard Bernstein. — Berlin [usw.]: Soziales Erkennen 1908. XII,304 S. 8°
1: Fc 6692/10. 11. 12: Pol. g. 69 hk. 17. 30. 60. 61. 79. 106. 107. 109. 203. 207.
11.4477

Barde, der. Zeitschrift f. Lyrik. Red.: Rud. Braune-Rossla. 1. Jahrg. April—Septbr. 1904. 12 Nrn. (à ca. 8 S.) Lex.-8. Leipzig, Sude bei Itzehoe, R. Braune-Rossla. n. 6.—
Erscheint nicht mehr.

Barde, Der. (1.) u. 2. Taschen-Liederb. f. Männerchor. Hrsg. vom St gall. Kantonalgesangverein. kl8° Zür., Gebr. Hug & Co. d
(1.) 8. Afl. (8, 194) ('05) L — 80 | 2. (6, 170) ('12) L nn 1 —

Der Barde. Neue schweizerische Gesangsvereins-Zeitung und Ratgeber für Vereine, Dirigenten und Musikfreunde. Mit Musikbeilagen für den Chorgesang. (No. 1: Januar 1906.) Jg. 1-2, Nr. 5. St. Gallen: Zweifel-Weber, zum Schweizer Musikhaus, 1906-07.

Der Barde: vol. 1—2, no 2, Aug 1908—Sept 1909

Monthly Cover-title Der Barde. Deutsche Klaenge von Nah und Fern Officielles Organ für das 22 Nationale Sängerfest des Nord-Oestlichen Sängerbundes von Nord-Amerika, sowie der Vereinigten Sänger von New York, Festzeitung, no 1 Mast-head title Der Barde. An American Magazine printed in German devoted to Art, Music, Literature and the Interests of German-American Citizens. Published by The Weimann Publishing Co.
New York, NY

Barde, der, (K. Fr. Kretschmann,) am Grabe Kleists. gr. 8. Lpz. 770. Dyk. 5 gr.

Barde, Alwin Andreas de: Über Arzneiexantheme. *Greifswald 1898: J. Abel.* (24 S.) 8°
Greifswald, Med. Diss. v. 20. Aug. 1898

Barde, Aug., Clinique pour les maladies des yeux pendant ses trois premières années d'existence. Compte rendu suivi de considérations sur l'opération de la cataracte et celle de la pupille artificielle. gr. 8. (66 S.) Basel 873, Georg. *

Barde, Edouard
Barde, Ed., Samuel Hebich, missionnaire bâlois aux Indes. Esquisse biographique. 8. (48 S. m. 1 Holzschn.) Basel 882. Missionsbuchh. n. — 25

Barde, Ed., Samuel Hebig, missionnaire bâlois aux Indes. Esquisse biographique. 8. (48 S. mit 1 Holzschn.) Basel 882, Missionsbuchh. *

— Néhémie. Étude critique et exégétique. — Tubingue 1861: Fues. IV,119 S. 8°
Zugleich Diss. Genf 1861. 11. 12: Exeg. 68 n. 21.
11.4494

Barde, E., pasteur, Sevons-nous et batissons. Discours prononcé à Genève, le 10 mai 1874 dans la cathédrale de St. Pierre. 20 pp. in-12. Genève et Bâle, H. Georg. 1874 —. 30

— Théodora, histoire véritable d'une petite Hindoue. [Aus: „Missionnaire".] 2. éd. 8. (20 S. m. 1 Holzschn.) Ebend. 882. n. — 12

Barde, Julius August. (geb. Genf 6 8 1841) De syphiliticis renum affectionibus. Berolini (1863) (31 S) 8°
Berlin, Med. Diss. v 18 Aug. 1863

Bardel, Professor. 1813: Vers adressés à leurs Altesses Royales Monseigneur le Grand-Duc et Madame la Grande-Duchesse de Hesse, à l'occasion de leur fête du 25. août 1813. (Verf. Bardel.) — o. O. [1813]. 2 Bl. 4° 17.
11.4503

Bardeleben, v., Landrat, Fischhausen. 1847 s. *Bardeleben,* Kurt v.

Bardeleben: Zeitschrift, Deutsche, für Chirurgie, s. Bardeleben, Adolf.

Bardeleben, A.: Lehrbuch der Chirurgie. . . , s. Bardeleben, Adolf.

Bardeleben, A.: Zweifel und Ansichten, s. Bardeleben, Albert.

Bardeleben, Adolf

Bardeleben. v., üb. d. kriegschirurg. Bedeutg d. neuen Geschosse, s. a. Veröffentlichungen a. d. Gebiete d. Militär-Sanitätswesens.

Bardeleben, Adolf v., Chirurg, Berlin. 1852: Ueber die kriegschirurgische Bedeutung der neuen Geschosse. Rede. — Berlin: Hirschwald 1892. 23 S. 8° (Veröffentlichungen aus d. Gebiete d. Militär-Sanitätswesens. 2.)
1: Kq 172-2. 2→5. 7→11. 12: Med. g. 482 w-2. 15. 20. 21. 25. 26. 29. 30. 38M. 46. 202. 203. 302.
11.4507

Ueber die Bedeutung wissenschaftlicher Studien für die Ausbildung der Aerzte. Rede beim Antritt des Rectorats an der Friedrich-Wilhelms-Universität zu Berlin gehalten am 15. Oct. 1876 von Dr. A[dolf] **Bardeleben.** Berlin 1877. (12 S) 4°

Bardeleben, Adolf v., Chefarzt des Augusta-Hospitals, Bochum. 1906: Erfahrungen über Cholecystektomie und Cholecystenterostomie nach 286 Gallenstein-Laparotomien. Zugleich e. Beitrag zur normalen u. pathologischen Anatomie d. Gallenwege. Mit e. vollst. Verzeichnis d. Literatur seit Langenbuch 1897. — Jena: G. Fischer 1906. 131 S. 4°
1: 4° Kb 3349. 10. 11. 12: Chir. 12 ic. 15. 17. 25. 27. 38M. 43. 202. 302.
11.4520

— Lehrbuch der Chirurgie und Operationslehre, mit freier Benutzung von Vidal's Traité de pathologie externe ... bearb. 2. Ausg. Bd 1–4. — Berlin: G. Reimer 1857–60. 8°
1. Ausg. s. *Vidal,* Auguste: Lehrbuch der Chirurgie und Operationslehre [Traité de pathologie externe, deutsch]. 1852-59.
1: Ig 6015[2]. 2. 7. 11. 17. 20. 25. 26. 27. 31. 47. 60. 66. 202. 302. 304.
11.4508

— — 3. Ausg. Bd 1–4. Ebd. 1860–61. 8°
1: Ig 6015[3]. 4. 5. 9. 10. 11. 12: Chir. 315 mc. 16. 17. 25. 26. 27. 30. 36. 38M. 52. 304.
11.4509

— — 4. Ausg. Bd 1–4. Ebd. 1863–66. 8°
1: Ig 6015[4]. 5. 7. 9. 12 [= 4]: Chir. 315 mci. 14. 17. 26. 29. 30. 43. 44. 61. 79. 123. 202. 303.
11.4510

— — 5. Ausg. Bd 1–4. Ebd. 1866–67. 8°
1: Ig 6015[5]. 2. 5→8. 11. 15. 17. 24. 26. 29. 33. 38M. 39. 123. 202. 308.
11.4511

— — 6. Ausg. Bd 1–4. Ebd. 1870–72. 8° 1: Ig 6015[6]. 2. 4. 7. 8. 10. 11. 12: Chir. 315 md. 16. 17. 21. 24. 26. 29. 44. 46. 79. 121. 202. 303.
11.4512

— Lehrbuch der Chirurgie und Operationslehre, besonders für das Bedürfniss der Studirenden. 7. Ausg. Bd 1–4. Ebd. 1874–76. 8° 1: Ig 6015[7]. 2. 5. 6. 10. 20. 22. 24. 26. 27. 30. 36. 44. 51. 60. 75. 123. 202. 302. 304.
11.4513

— — 8. Ausg. Bd 1–4. Ebd. 1879–82. 8°
1: Ig 6015[8]. 2. 9. 11. 19. 21. 38M. 202.
11.4514

— Rede zur Gedächtniss-Feier der Friedrich-Wilhelms-Universität zu Berlin gehalten am 3. Aug 1877 von A[dolf] **Bardeleben,** d. Z. Rector [Über die Stiftung der Universität mit besonderem Hinblick auf die Institute der medicinischen Fakultät] Berlin 1877 (16 S.) 4°

— — Rede zur Gedächtniss-Feier der Friedrich-Wilhelms-Universität zu Berlin. — Berlin 1877: Kgl. Akad. d. Wiss. 16 S. 4° 1: 13 in 4° Ah 10107. 4. 9. 16. 25. 27. 29. 203. 207.
11.4515

— Ueber die conservative Richtung der neueren Chirurgie. Festrede. 2., unveränd. Abdr. — Berlin: G. Reimer 1861. 23 S. 8°
1. Aufl. erschien als Univ.-Schrift. Greifswald 1855.
1:22 in 4° Kg 108. 5. 17. 202. 211. 303.
11.4516

—— Rückblicke auf die Fortschritte der Chirurgie in der zweiten Hälfte dieses Jahrh. Rede, gehalten zur Feier des Stiftungstages der militärärztl. Bildungs-Anstalten am 2. Aug. 1876. gr. 8. (32 S.) Berlin 876, Hirschwald. *

—— Berlin 1876: G. Lange. 32 S. 8° 1: Ig 2535. 30. 202.
11.4518

— über die Theorie der Wunden u. die neueren Methoden der Wundbehandlung. Zwei Vorträge, geh. im wissenschaftl. Verein in der Sing-Akademie zu Berlin. gr. 8. (46 S.) Berlin 878. Hirschwald. n. 1. 20

Bardeleben, (Hrsg.), s. Zeitschrift, Deutsche, für Chirurgie.

Bardeleben, Albert
v. Bardeleben, Alb., über die örtliche Lage des von Drusus erbauten Castells an der Lippe, s. Zweifel u. Ansichten.

Bardeleben, Albert v.: Zweifel und Ansichten über die örtliche Lage des von Drusus im Jahre 11 vor Christus erbauten Castells an der Lippe. [Verf.: Albert v. Bardeleben.] — Cassel: Bohné 1839. VI,85 S. 8°
1: Rx 8444. 4. 5. 11. 12: Bor. 21 d. 14. 15. 17. 26. 28. 30. 34. 47. 51. 209. 300: 44 R 37.
11.4521

Bardeleben, C.: (Schriften über Schach), s. Bardeleben, Curt.

Bardeleben, C.: Kalender, Die Kgl. preussischen genealogischen, s. Bardeleben, Karl v.

Bardeleben, Carl v. (Generalleutnant), s. Bardeleben, Karl v.

Bardeleben, Carl Heinrich [Pseud.: Heinrich Frohreich], s. Bardeleben, Heinrich

Bardeleben, Curt, s.a. Bardeleben, Kurt
— Das Damengambit nebst dem Damenbauerspiel. — Leipzig: Veit 1906. 64 S. 8°
1: Os 16577/10. 12: Gymn. 5 gc. 15. 169. 207.
11.4580

Bardeleben, C. v., s.: Kongress, der 5., d. deutschen Schachbundes.

Bardeleben, Curt v.: Kritik der spanischen Partie, s.a. Bibliothek f. Schachfreunde.

— Kritik der Spanischen Partie. Die Lopez-Analyse der letzten Dezennien auf ihren wahren Werth geprüft und als nothwendige Erg. eines jeden Schach-Lehrbuches bearb. Leipzig: Roegner 1885. X,102 S. 8° (Bibliothek für Schachfreunde. 1.) 25. 41.
11.4582

— Lehrbuch des Schachspiels. Bearb. von C. v. Bardeleben u. J. Mieses. Zugleich 6. Aufl. des von der Lasa'schen Leitfadens. — Leipzig: Veit 1894. VIII,480 S. 8°
1: Os 16533. 12: Gymn. 5 g. 15. 16. 21. 43. 107. 109. 169.
11.4583

Bardeleben, C v.: Die span. Partie od. d. Springer-Spiel d. Ruy Lopez. (18) kl8° Berl., Adler-Verl. ('11). 1 —

— Die Wiener Partie. Eine schach-theoretische Abhandlung. — Leipzig: Veit 1893. 80 S. 8°
. 1: Os 16530. 15. 41. 169.
11.4588

— Das Schachturnier zu Ostende i. J. 1906, enth. e. ausführl. Bericht u. 50 ausgewählte Partien. (82 S.) 8. Gr.-Lichterfelde (906). (Leipzig, H. Hedewig's Nachf.) 1.—; geb. 1. 50

Das Schachturnier zu Ostende im Jahre 1906 enth. e. ausführl. Bericht u. 50 ausgewählte Partien. Hrsg. von C[urt] v. Bardeleben. Gr.-Lichterfelde: Unverdorben (1906). 32 S. 8° 11.7231

– Taschen-Lexik. d. Eröffnungen, s.a. Bibliothek f. Schachfreunde.

— Taschen-Lexikon der Eröffnungen. Ein Hilfsbuch für Turnierspiel etc. in tabellarischer Zügeordnung. Nebst e. Anh.: Lopez-Neuerungen. — Leipzig: Roegner (1886). VIII,60 S. 8° (Bibliothek für Schachfreunde. 4.) 41.
11.4591

— Taschenlexikon der Eröffnungen. Ein tabellarisches Hilfsbuch für Turnierspiel in tabellarischer Zügeordnung. 2. Aufl. — Ebd. 1906. VIII,87 S. 8° (Bibliothek für Schachfreunde. 4.) 1: Os 16491²-4. 169.
11.4592

Bardeleben, Eveline Ernestine v.: Aufzeichnungen aus den Lazarethen von Gitschin während der Zeit meiner freiwilligen Krankenpflege. — Halle: Fricke in Comm. 1870. 62 S. 8° 14. 202.
11.4522

— Ein Blick auf die einstige Stellung der Oberpräsidenten Auerswald und Schön in Königsberg in Preussen, mit Rücksicht auf einige dahin bezügliche Schriften. — Stuttgart: Sonnewald 1844. 47 S. 8° 43.
11.4523

—— Ebd. 1844. 52 S. 8° 1: Sw 2948. 2. 10. 11. 12: Bor. 233-10. 21. 24. 25. 41. 43. 44. 47. 109.
11.4524

Bardeleben, Friedrich v.: Erinnerungen eines Husaren-Offiziers aus den Jahren 1866–1871. — Frankfurt a. M.: Verein ehemal. 13er Husaren [1904]. 293 S. 8°
1: Qo 3627/30. 30. 33. 34. 36. 47. 209.
11.4525

Bardeleben, F v.: Der Pferdehuf, dessen Beschlag u. Pflege. (32) 8° Frankf.M. '11. Wiesb., R Bechtold & Co. ‖ 2. Afl. (43) Wiesb. ('12). je— 60 d

Bardeleben, H. Adolf (Chirurg), s. Bardeleben, Adolf

Bardeleben, Heinrich
Pseudonym: Heinrich Frohreich

— Begebenheiten auf Bergach. Roman durch Roman von Heinrich Frohreich. Bdch. 1-3. — Leipzig: Richter 1802. 8° (Neue Bibliothek deutscher Romane. 1/3.)
1: Yt 542/20-1/3. 17. 19.
11.4530

Bardeleben, Heinrich von, prakt. Arzt aus Berlin: (Aus d. Königl. chirurg. Universitätsklinik.) Einige klinische Beobachtungen an Echinococcuscysten der Bauchhöhle. *Berlin (1899): G. Schade.* (37 S.) 8°
Berlin. Med. Diss. v. 28. Juli 1899

— Bericht über die Frankfurter Landwehr seit dem Ausmarsch am 11. Mai 1813 bis Ende März 1814. — Frankfurt a. O. 1814. 28 S. 8° 1: 17 in Sv 8.
11.4531

— Cäsar Caffarelli, Graf von Casara, der kühne Räuber-Herzog von Heinrich Frohreich. Th. 1. 2. — Posen [usw.]: Kühn 1803. 8° 1: Yw 5715/50. 19. 24.
11.4532

Bardeleben, K.L.H., s.a. Darstellungen aus der Welt d. Erlanger Musensöhne.

[—] Darstellungen aus der Welt der Erlanger Musensöhne. Frankfurt [usw.] 1798. XVI,298 S. 8°
1: Ay 23002. 17. 24. 29. 66.
11.4533

— Friedrich Wilhelm der Dritte und sein Volk. An beide. o. O. 1809. IV,212 S. 8°
1:1 in Sw 1402. 14. 17. 42. 109. 117. 300:71.187–A.
11.4535

— — Frankfurt a. O. 1809. IV,212 S. 8° 1:an Sw 5496. 13.
11.4536

Bardeleben, H. v., Friedrich Wilhelm III. und sein Volk. An Beyde. 8. Frankf. Acad. Buchhandl. 809.

Bardeleben, K. L. H., Friedrich Wilhelm III. u. sein Volk. An Beide. 8. Frankf. a. d. O. 809. (Berl., Sander), 22 K

Bardeleben, Heinrich

— Casper Fröhlich, der Seifensieder, von Heinrich Frohreich. ⟨Aus dem Palmen-Sonntag.⟩ — Leipzig: Hinrichs 1811. 152 S. 8° 1:Yw 6881. 14.
11.4537

— Neue Gallerie deutscher Original-Romane von Heinrich Frohreich. Th. 1. — Posen [usw.]: Kühn 1804. VIII, 336 S. 8°

1. Bardeleben: Die Wahl der Braut oder Feier-Abende im Sonnenblumen-Bosquet. Roman von Heinrich Frohreich. 1804.
24.
11.4538

[—] Preussens stehendes Heer im Jahre 1813 bis 1815. Beiträge zur Geschichte seines 8ten und 12ten Infanterie-Regiments. — Frankfurt a. O. 1838: Trowitzsch. 28 S. 8°
1:1 an Qn 8854a.
11.4539

— Kunst und Vaterland. Prolog in Jamben. Zur Feier der Rückkehr ... des Königs und der Königin. Für die Schaubühne zu Königsberg am 18. Januar 1808. — Königsberg [1808]: Degen. 30 S. 8° 10.
11.4540

[—] Ueber das academische Leben, seinen Werth und Genuß ... In nächster Beziehung auf Erlangen entworfen. 2., unveränd. Ausg. — o. O. 1799. XVI,298 S. 8° 11.
11.4534

— Bernhard Naphtali oder die Religion der Religionen. Roman von Heinrich Frohreich. ⟨Aus dem Palmen-Sonntag.⟩ — Leipzig: Hinrichs 1811. 183 S. 8° 14.
11.4541

— Der Palmen-Sonntag, in 3 Romanen von Heinrich Frohreich. Bd 1-3. — Leipzig: Wichmann 1803. 8°
1:Yw 5591. 7.
11.4542

Bardeleben, K.L.H. s.a. Preußens Zukunft

Bardeleben, Heinrich: Rahmanet, König der Mauren, oder der magische Ring. Roman in drei Büchern.
Breslau und Leipzig 1805.
8°

— Rahmanet König der Mauren, oder der magische Ring. Roman ... von Heinrich Frohreich. — Leipzig [usw.]: Hamberger 1805. 266 S. 8° 1:Yw 5914. 14. 19.
11.4543

— — Neue wohlfeile Ausgabe.
Leipzig: Hinrichs, 1823.
8°

[—] Das Treffen bei Hagelsberg am 27sten August 1813. — Frankfurt a. O. 1838: Trowitzsch. 37 S. 8°
1:2 an Qn 8854a.
11.4544

— Die Wahl der Braut oder Feier-Abende im Sonnenblumen-Bosquet. Roman von Heinrich Frohreich. — Posen [usw.]: Kühn 1804. VIII,336 S. 8° (Bardeleben: Neue Gallerie deutscher Original-Romane von Heinrich Frohreich. 1.)
24.
11.4545

Bardeleben, Heinrich: Die Wahl der Braut oder Feier-Abende im Sonnenblumen-Bosquet. Roman. Mit TKpf. (nach Rosmäsler von C. Schulz gestoch.).
Posen u. Leipzig: Joh. Friedr. Kühn. 1804.
8°

— — Neue Aufl. Ebd. 1809. VIII,336 S. 8° 1:Yw 6171[a].
11.4546

— Die Werbers-Tochter zu Eichtersheim. Roman von Heinrich Frohreich. ⟨Aus dem Palmen-Sonntag.⟩ — Leipzig: Hinrichs 1811. 192 S. 8° 1:Yw 6915. 14. 19.
11.4547

[—] Preußens Zukunft. An das Vaterland von H.B. — [Berlin] 1807. 190 S. 8°
1:Sw 5496. 7. 11. 14. 30. 38. 41. 42. 109. 111.
11.4548

[—] — Frankfurt a. O.: Akad. Buchh. 1807. 190 S. 8°
1:Sw 5496a. 2. 10. 42. 109. 203.
11.4549

[—] — 2. Aufl. o. O. 1808. 191 S. 8°
1:Sw 5496[2]. 15. 35. 41. 109. 214.
11.4550

Bardeleben, K. L. H. (Pseudonym Heinrich Frohreich), s. Bardeleben, Heinrich

Bardeleben, [Heinrich] A[dolf] (Frankfurt/Oder)
Theses, welche Samstag den 2. November 1844 ...
Behufs der Erlangung der venia docendi ... öffentlich vertheidigen will: Dr. A. Bardeleben.

Bardeleben

— Heinr. Moritz Alb. v. (Berlin), De sententiarum nullitate. Diss. jur. Bln. (Nietack) 20. II. 1836. 112 S. mit Biogr. (M.: E. C. Klaproth.) (5.—) 1082
Oppon.: Heinr. Muehler, Rud. Aster, Herm. Wohlers. — Gew.: Eduard Puggäus.

Bardeleben, Karl v., die Anatomie des Menschen, s.a. Aus Natur u. Geisteswelt.

Bardeleben, Karl v., Anatom. 1849-1918. 1874: Die Anatomie des Menschen. T. 1-6. — Leipzig: Teubner 1908–13. (Aus Natur u. Geisteswelt. 201/204.422.263.)

1. Allgemeine Anatomie u. Entwickelungsgeschichte. 1908.
2. Das Skelett. 1908.
3. Das Muskel- u. Gefäß-System. 1908.
4. Die Eingeweide. 1908.
5. Nervensystem u. Sinnesorgane. 1913.
5 [vielm. 6]. Bardeleben: Statik u. Mechanik des menschlichen Körpers. 1909.

1:Ag 7234/20–201/204.422.263. 11. 12:Var. 348t–201/204.422.263. 17. 18. 26. 27. 30. 31. 45. 48. 52. 61. 62. 109. 123. 169. 207. 211. 302.
11.4551

Bardeleben, Karl (geb. Giessen 7. 3. 1849) Ueber das traumatische Aneurysma arterioso-venosum. Beobachtung eines solchen nach Schussverletzung. Berlin (1871) (31 S.) 8°
Berlin, Med. Diss. v. 17 Aug. 1871

— Anleitung zum Präparieren der Muskeln, Fascien und Gelenke. — Jena: G. Fischer 1882. VII,132 S. 8°
2. 15. 21. 22. 27. 38M.
11.4556

— Anleitung zum Praeparieren auf dem Seciersaale. 2., vervollst. Aufl. — Ebd. 1884. VI,185 S. 8° 1:Kt 10809.
3. 14. 16. 19. 24. 27. 30. 38M. 78. 123. 202. 302.
11.4557

— — 3., verb. Aufl. Ebd. 1888. VI,181 S. 8°
5. 11. 16. 22. 27. 38M. 39. 202.
11.4558

— — Mit Beiträgen von W. Müller u. G. Schwalbe. 4., gänzlich umgearb. Aufl. — Ebd. 1896. VI,223 S. 8°
5. 12:Anat. 46 cd. 21. 24→27. 38M. 43. 46. 303.
11.4559

Bardeleben, Karl (Hrsg.), s. Anzeiger, anatomischer

— Ueber bilaterale Asymmetrie beim Menschen und bei höheren Tieren. Referat. — (Jena: G. Fischer 1909.) 72 S. 8°
Aus: Verhandlungen der Anatomischen Gesellschaft. 23. 1909.
202.
11.4560

— Atlas der topographischen Anatomie des Menschen. Von Karl v. Bardeleben u. Heinrich Haeckel. — Jena: G. Fischer 1894. X S., 56 Taf. 8° 5. 8. 10. 11. 12: Anat. 46 cb. 14→17. 19. 20. 27. 28. 30. 33. 38M. 43. 53. 79. 202. 302→304.
11.4561

— — Hrsg. unter Mitw. von Fritz Frohse. Mit Beiträgen von Theodor Ziehen. 2., völlig umgearb. u. verm. Aufl. Ebd. 1901. VIII S., 69 Taf. 4°
2. 9. 11. 14. 15. 17. 21. 27. 30. 38M. 62. 79. 202. 303.
11.4562

— u. Heinr. Haeckel, Atlas der topographischen Anatomie des Menschen. Für Studierende u. Ärzte. 3., völlig umgearb. u. verm. Aufl. 8.—10. Taus. Enth. 204 grösstenteils mehrfarb. Holzschn., 1 lith. Doppeltaf. u. erläut. Text. Hrsg. unter Mitwirkg. v. Fritz Frohse. Mit Beiträgen v. Thdr. Ziehen. (VIII, 166 S.) Lex.-8. Jena 904. G. Fischer. n. 20. —; geb. n. 22. —

— u. Heinr. Haeckel, Atlas der topographischen Anatomie des Menschen. Für Studierende u. Ärzte. 4. verb. u. verm. Aufl. 10. bis 12. Taus. Enth. 208 grösstenteils mehrfarb. Holzschn., 1 lith. Doppeltaf. u. erläut. Text. Hrsg. unter Mitwirkg. v. Fritz Frohse. Mit Beiträgen v. Thdr. Ziehen. (X, 170 S.) Lex. 8. Jena 908. G. Fischer. 20.—; geb. 22. —

— üb. die kriegschirurgische Bedeutung der neuen Geschosse, s.a. Veröffentlichungen aus dem Gebiete d. Militär-Sanitätswesens.

Bardeleben, (Karl) v.: Über die kriegschirurgische Bedeutung der neuen Geschosse. Berlin 1892. 23 S.
(Veröffentlichungen aus d. Gebiete d. Militär-Sanitätswesens. H 2.)

Bardeleben, Karl, Beiträge zur Anatomie der Wirbelsäule. 4. Jena 874. Leipzig. Abel. *

— Beitraege zur Anatomie der Wirbelsäule. — Jena: Dabis 1874. 39 S. 4° 1:4° Kz 7840. 3. 7. 11. 12:4° Anat. 13 c. 16. 17. 20. 24. 25. 27. 28. 30. 302. 304.
11.4565

Bardeleben, Karl, Beiträge zur Anatomie der Wirbelsäule. Mit (eingedr.) Holzschn. u. 3 photograph. Taf. 4. (39 S.) Jena 871. Deistung. n. 6. —

Bardeleben, Karl v., Generalleutnant, Görlitz. 1905: Festlichkeiten am Brandenburgischen Hofe zur Zeit des Kurfürsten Joachim II. in Berlin. — Berlin: Mittler in Komm. 1907. 43 S. 8°
Aus: Mitteilungen des Vereins für die Geschichte Berlins. 25. 1907.
207.
11.4572

— Goethe als Anatom. — Breslau [1895]: Schles. Buchdr. 16 S. 8° Aus: Nord u. Süd. 74. 1895. 32.
11.4566

Bardeleben, Karl v. (Hrsg.) s.a. Handbuch der Anatomie des Menschen.

Handbuch der Anatomie des Menschen in 8 Bdn. In Verb. mit ... hrsg. v. Prof. Dr. Karl v. Bardeleben in Jena. Lfg 1—6. *Jena: G. Fischer 1896—98.* 4.(8.) (98. 4775 Bo

— Die Hauptvene des Armes, vena capitalis brachii. — [Jena: G. Fischer 1888.] 25 S. 8°
Aus: Jenaische Zeitschrift für Naturwissenschaft. 14=N.F. 7. 1880.
27.
11.4567

Bardeleben, K., s. Illness, the, of the emperor Frederic III.

— Die Königlich preußischen genealogischen Kalender von 1724–1850. — Berlin: E. Meyer 1909. 53 S. 8°
1: Oz 1842. 3. 5. 6. 9. 10. 12: Geneal. 8 aw. 14. 17. 19. 24. 30. 34. 66. 109. 111. 203. 208. 300: 462.773–B. 302.
11.4573

— s. Krankheit, die, Kaiser Friedrich III.

— Lehrbuch der systematischen Anatomie des Menschen f. Studierende u. Ärzte. 2 Hälften. Lex.-8. Wien, Urban & Schwarzenberg. n. 22. —; geb. in Halbfrz. n. 24. 50
1. Allgemeines, das Skelett- u. Muskelsystem. (104 S.) 906. n. 10. —
2. Darmsystem, Harn- u. Geschlechtsorgane, Gefässsystem, Nervensystem, Haut u. Sinnesorgane. (XI u. S. 405—938 m. 7 Fig.) 906. n. 12. —

— dasselbe. Mit 7 Fig. (Einzelausg.) 3 Abtlgn. Lex.-8. Ebd. 907. n. 22. —; geb. in Leinw. n. 25. —
I. Allgemeine Anatomie. — Abriss der Entwicklungsgeschichte. Skelettsystem. (XI u. S. 1—313.) n. 7. —; geb. n.n. 8. —
II. Muskelsystem. — Darmsystem. — Harn- u. Geschlechtsorgane. (S. 314—561.) n. 6. —; geb. n.n. 7. —
III. Gefässsystem. — Nervensystem. — Haut- u. Sinnesorgane. (S. 562—990.) n. 9. —; n.n. 10. —

— Muskel und Fascie. — Jena: G. Fischer 1881. S. 390-417. 8°
Aus: Jenaische Zeitschrift für Naturwissenschaft. 15=N.F. 8. 1881.
6. 27.
11.4569

— 3 Ranglisten d. kgl. preuss. Armee a. d. J. 1701, '03 u. '07, s.a. Militär-Wochenblatt.

— Drei Ranglisten der Königlich Preußischen Armee aus den Jahren 1701, 1703 und 1707. — Berlin: Mittler (1909). S. 396–444. 8° (Militär-Wochenblatt. 1909, Beih. 11.)
1: Hu 2318–1909, Beih. 11. 2. 4→7. 9. 10. 11. 12: 4° Mil. g. 110 ob–Beih. 1909. 14→17. 21. 24. 25. 26. 29. 31. 33. 34. 39. 41. 79. 106. 209. 302.
11.4574

— Stammtafeln der beiden märkischen uradeligen Geschlechter von Bardeleben. — Görlitz: (Starke in Komm. [1905]). 9 Taf. quer-4° 1: 4° S 2440. 2. 10. 30.
11.4575

Bardeleben, Carl v., Stammtafeln der beiden märkischen uradeligen Geschlechter v. Bardeleben. (9 Stammtaf. u. 1 Bl. Text.) qu. Lex.-8. Görlitz (906). (C. A. Starke.) In Umschlag n.n. 6. 50; geb. in Leinw. n.n. 8. 50

— Statik u. Mechanik des menschlichen Körpers, s.a. Aus Natur u. Geisteswelt.

— Statik und Mechanik des menschlichen Körpers (der Körper in Ruhe u. Bewegung). — Leipzig: Teubner 1909. IV, 101 S. 8° (Bardeleben: Anatomie d. Menschen. 5 [vielm. 6].) (Aus Natur u. Geisteswelt. 263.)
1: Ag 7234/20–263. 10. 11. 12: Var. 348 t–263. 14. 15. 17. 18. 20. 24. 27. 30. 31. 38M. 41. 43. 47. 52. 61. 123. 180. 207. 209. 302. 309.
11.4570

— Über Venen-Elasticität. — Jena: Fischer 1878. 48 S. 8°
Aus: Jenaische Zeitschrift für Naturwissenschaft. 12=N. F. 5. 1878.
5. 27.
11.4571

— s.: Verhandlungen der anatomischen Gesellschaft.

Bardeleben, Karl Adolf, Beiträge zur Lehre von den Gelenkmäusen. Diss. Berlin 1886, Mayer & Müller. 8°. 35 S.

Bardeleben, Karl Adolf [aus Greifswald]: Beiträge zur Lehre von den Gelenkmäusen.... Berlin, Buchdr. v. Gustav Schade (Otto Francke) (1886); 35 + 1 S. 8°.
Berlin, Med. Fak., Inaug.-Diss. v. 7. Aug. 1886.

Bardeleben, Kurt, s.a. Bardeleben, Curt.

Bardeleben, Kurt, s.a. Bardeleben, Richard

Bardeleben, Kurt v., Landrat, Fischhausen. 1847: **Sendschreiben an die Herren Landtagsabgeordneten der Provinz Preußen, welche die Wahlen der Ausschußmitglieder vollzogen haben. — Leipzig: Biedermann 1847. 6 S. 8°**
1: Flugschr. 1847–27. 5. 7. 10. 11. 14. 38. 44. 109. 203.
11.4577

Bardeleben (Kurt) von. Sind die zum vereinigten Landtag einberufenen Stände competent? Ein Beitrag zur Lösung der ständischen Frage. Leipzig, W. Jurany 1847. 25 S. 8.

Bardeleben, Kurt von, aus Wernigerode a. H.: Der **Vergleich** im deutschen bürgerlichen Recht. *Marburg 1899: C. L. Pfeil.* (89 S.) 8° [F.]
Marburg, Jur. Diss. v. [24. Jan.] 1900

Bardeleben, M.F., s. Frühlingsalmanach

Bardeleben, M.F., s.a. Lieder, junge.

Bardeleben, M.F.: Junge Lieder. [Verf.: M.F. Bardeleben.] Leipzig: Schrey 1847. 54 S. 8° 14. 44.
11.4594

Bardeleben, Marianne v.: Skizzen eines vielbewegten Lebens von e. Dame aus d. höheren Stande [d.i. Marianne v. Bardeleben]. — Stuttgart: Hallberger 1846. 274 S. 8°
1: Pb 11134. 7. 17. 24.
11.4595

[—] — 2. Aufl. Ebd. 1851. 274 S. 8° 10.
11.4596

Bardeleben, Marie v.: Am Lebensabend. — Dresden 1909: Hansa. 113 S. 8° 34.
11.4597

Bardeleben, Maur., s. Bardeleben, Moritz

Bardeleben, Moritz v.: De sententiarum Nullitate commentatio iuridica. Scripsit Mauritius a Bardeleben. — Confluentibus: Baedeker 1838. 108 S. 8°
Zugleich Diss. Berlin 1836. **15. 45. 208.**
11.4598

Bardeleben, Paul, kurzes Repetitorium der officinellen Pflanzen u. Pflanzenfamilien zur Vorbereitung zum Gehülfenexamen u. f. Studierende der Pharmacie u. Medicin. gr. 8. (III, 112 S.) Tilsit 893. (Königsberg, Gräfe & Unzer's Sort.) n. 3. —

Bardeleben, Richard, s.a. Bardeleben, Kurt

v. Bardeleben, R., Sendschreiben an die Herren Landtagsabgeordneten d. Provinz Preußen, welche die Wahlen der Ausschußmitglieder vollzogen haben. gr. 8. (6 S.) Leipzig 847, Biedermann. 1/12 ₰

Bardeleben, Richard v.: Sind die zum vereinigten Landtag einberufenen Stände competent? — Leipzig: Jurany 1847. 25 S. 8°
1: Flugschr. 1847–19. 2. 7. 11. 14. 28. 41. 47. 109. 203.
11.4600

— — 2. Aufl. Ebd. 1847. 25 S. 8° 12: J. publ. G. 914–22.
11.4601

— Die Verfassungsentwickelung in Preußen und ihre neueste Phase. — Leipzig: Spamer 1848. 58 S. 8°
1: Sx 4247/14. 5. 11. 12: J. publ. G. 41 m. 14. 25. 28. 44. 109. 203.
11.4602

— — 2. Aufl. Ebd. 1848. 58 S. 8° 16. 28. 44. 203.
11.4603

Bardeleben, Wilhelm Schmidt-
s. Schmidt-Bardeleben.

Barden, von den; hebst Bardenliedern. Aus d. Engl. übers. (v. Chr. Fel. Weiße). Leipz. 770. Dyk. 4 ₰

Barden, Bruennhild
Wirklicher Name: Adele Hahn
— Historische Grundlage des jüdischen Ritualmordes. — Königsberg: (Ostpreußische Dr. u. Verl.-Anst.) 1906. IX, 64 S. 8°
1: Es 17619/2. 6. 10. 11. 27. 29. 30. 102. 169. 203.
11.4616

— Streiflichter auf die Kultur- und Kultuszustände der deutschen Reichshauptstadt. — Königsberg: Ostpreußische Dr. u. Verl.-Anst. 1904. 24 S. 8°
1: Fc 6397/5. 10. 11. 169.
11.4617

Barden, Caecilia: Die Wirkung eines Dombaufestes. Historische Novelle von Thusnelda von Ehrenkreuz [d. i. Cäcilia Barden]. — Cöln: Hulmen (1880). 84 S. 8° 38.
11.4619

Barden, Emil: Die reformatorische Weltanschauung in Richard Wagner's letzten Werken. Erläuterungen. — Berlin: Pionier 1888. 132 S. 8°
1: Mus. Dw 345. 14. 15. 17. 26. 75. 109. 117.
11.4620

Barden, Emil, die reformatorische Weltanschauung in Rich. Wagner's letzten Werken. Erläuterungen. Mit einem Vorwort von Hans v. Wolzogen. 8. (182 S.) Berlin 888, Aktiengesellschaft Pionier. *

(B) **Barden, Emil,** die reform. Weltanschauung in Rich. Wagners letzten Werken. 888. (RBB 27.) Jetzt: Leipzig, G. Esseger. Erm. Pr. 1. —

Barden-Almanach der Teutschen, für 1802. Hrsg. v. (Friedrich David) Gräter u. (Karl Ludwig August Heino Freiherr von) Münchhausen. Mit e. Titelkupf. (v. Karl Ludwig August Heino Freiherr von) Münchhausen, (gest.v.) J(ohann) J(akob) Wagner).
Neu-Strelitz: F. L. Albanus (1802).
(XXIV, 284 S., 1 Titelkupf.)

Barden-Almanach der Teutschen. Der Erste. Hrsg. v. (Friedrich David) Gräter u. (Karl Ludwig August Heino Freiherr von) Münchhausen, Mitglieder der Hessenkasselschen Gesellschaft der Alterthum-Forscher. Mit e. Titelkupf. (v. Karl Ludwig August Heino Freiherr von)Münchhausen, (gest. v.)J(ohann) J(akob) Wagner).
Neu-Strelitz: F.L. Albanus 1803.
4 Bl., XXIV, 284 S., 1 Titelkupf.

Bardenau, Louise v., 8. Leipz. Sommer.

— — dieselbe, s. a. neue Originalromane d. Deutsch. 22r.

Bardenau, Walter Bardas Edler v.
s. *Bardas* Edler v. Bardenau.

Bardenfeier, s.a. Bardenfeyer

Bardenfeier am Tage Theresiens. Wien 1770. V: *Denis, Johann Nep. Cosmas Michael.* (GGr) (Haydinger)

Bardenfeyer, s.a. Bardenfeier

Deutsche Bardenfeyer. — Berlin: Braun 1801. 204 S. 8° 1: Ym 8336. 39.
11.4624

* **Bardenfeyer** am Tage Theresiens. 8. Wien. 770.

Bardenfleth, ... relation de la bataille livrée à la rade de Copenhague le deuxième Avril 1801. gr. 8. Kopenh., Brummer. 6 ₰

Bardengesang. — Barden-Gesang an dem feyerlichen Huldigungstage Seiner Königlichen Majestät Friedrich Wilhelm II. ... gewidmet von v. P. — Berlin 1786: Decker. 3 Bl. 8°
1: 5 in Sw 30. 2.
11.4632

Bardengesang eines abgedankten Kriegers, den Schutzgeistern u. Helden seines Vaterlandes geweiht, im Lenz d. J. 1814 v. Gr. v. K. gr. 8. Berl., Mittler. 3 gl

Barden-Gesang eines abgedankten Kriegers, den Schutzgeistern und Helden seines Vaterlandes geweiht, im Lenz des Jahres 1814 vom Gr. v. K...w. — Berlin: Dieterici (1814). 18 S. 8°
1: 55 in Yn 887; 5 in Yn 881 [u.] 10 in Ym 9780. 10. 17. 214.
11.4633

Bardengesänge und geistliche Lieder, Einige. Wien 1774. V: *Denis, Johann Nepomuk Cosmas Michael.* (EE)

Bardenhain. Eine Sammlung auserles. Lieder d. Dichter deutscher Zunge, zu Erhöhung u. Belebung gesellschaftl. Lebens, mit 4stimmig gesetzten alten u. neuen Weisen, theils für Männer-Stimmen allein, theils für Männer- u. Frauenstimmen. Gesammelt u. herausg. v. Conr. Kocher. 6 Hfte. gr. 8. Stuttg. 833, 34. Erhard. 2 2/3 rf Die Lieder für Sopran, Alt, Tenor u. Baß sind auch für 13 gl apart zu haben.

Bardenhain. Sammlung vierstimmiger Männergesänge ohne Begleitung, ernsten und heitern Inhalts von verschiedenen Componisten. 1. Heft. qu. gr. 8. Darmstadt 844, Frommann. 2/3 rf

Bardenharth, Rechtsverhältnisse zw. Herrschaft u. Gesinde in Preussen. 7. Aufl. Berlin 884.

Bardenheuer, Chirurg. Bürgerhospital, Köln, 1839-1913. 1876 s. *Bardenheuer,* Bernhard.

Bardenheuer, Bernhard
Bardenheuer, B, d. operative Behandlg d. Hodentuberculose durch Resection d. Nebenhoden, s.a. Mitteilungen a. d. Kölner Bürgerhospital.

Bardenheuer, Bernhard: Die operative Behandlung der Hodentuberculose durch Resection der Nebenhoden. Mit e. Einl. von F. Bergkammer. — Köln [usw.]: Ahn 1886. XVI,207 S. 8° (Mittheilungen aus d. Kölner Bürgerhospital. 3.) 1: I 6174-3. 5. 6. 16. 20. 21. 28. 29. 38M.
11.4634

Bardenheuer, B., die Behandlung der Vorderarm-Fracturen durch Feder-Extension, s.a. Klinik, Berliner.

— Die Behandlung der Vorderarm-Fracturen durch Feder-Extension. — Berlin: Fischer's med. Buchh. 1890. 29 S. 8° (Berliner Klinik. 23.)
1: Ic 2548-23. 7. 11. 12: Path. 685ac-1890. 15. 25. 79. 202.
11.4635

— Die Drainirung der Peritonealhöhle. Chirurgische Studien nebst e. Bericht über 7 Nierenexstirpationen. — Stuttgart: Enke 1881. 291 S. 8°
1: K 780. 6. 7. 10. 11. 12: Chir. 12kd. 15. 16. 20. 24. 28. 29. 38M. 43. 46. 48. 60. 202. 302→304.
11.4636

— Der extraperitoneale Explorativschnitt. Die differentielle Diagnostik der chirurgischen Erkrankungen und Neubildungen des Abdomens. — Stuttgart: Enke 1887. XXIX, 748 S. 8° 1: K 790. 2. 6. 7. 12: Chir. 12ke. 15. 20. 21. 24. 28. 30. 38M. 48. 60. 111. 202. 302.
11.4637

— die permanente Extensionsbehandlung. Die subcutanen und complicirten Fracturen und Luxationen der Extremitäten und ihre Folgen. 8. (XXVIII, 810 S. mit Illustr.) Ebendas. 888. *

— Die permanente Extensionsbehandlung. Die subcutanen und complicirten Fracturen und Luxationen der Extremitäten und ihre Folgen. — Stuttgart: Enke 1889. XXVIII,810 S. 8° 1: Kg 2580. 3. 4. 5. 10. 12: Chir. 12kf. 20. 21. 24. 28. 29. 30. 38M. 48. 202. 302.
11.4638

— Festschrift zur Eröffnung der Akademie für praktische Medizin in Cöln. — Cöln 1904: Dumont Schauberg. 299 S. 8° 1: Ib 13020. 5. 8. 10. 11. 15. 16. 17. 20. 25→30. 38. 38M. 87. 202.
11.4639

Festschrift zur Eröffnung der Akademie für praktische Medizin in Cöln. Dargereicht von (B[ernhard]) Bardenheuer, Prof. Cöln 1907: M. DuMont Schauberg. (299 S.) 8°
Iol. 3782 S

— Zur Frage der Drainirung der Peritonealhöhle. — Stuttgart: Enke 1880. 60 S. 8° 6. 17. 24. 46. 202.
11.4640

— Hodentuberkulose, s.: Mitteilungen aus dem Kölner Bürgerhospital.

— Jahres-Bericht über die chirurgische Thätigkeit im Cölner städtischen Bürger-Hospitale während des J. 1875. Mit 60 in den Text gedr. Holzschn. gr. 8. (413 u. LXXI S.) Köln 876. Rommerskirchen. 9. –

— Indicationen [Indikationen] zur Anwendung des Scharfen Löffels. — Cöln: Rommerskirchen 1877. 69 S. 8°
1: Ig 11600. 22. 24. 33. 38M. 46. 202.
11.4641

—— Indicationen zur Anwendung des scharfen Löffels. gr. 8. (71 S.) Ebendas. 877.
Aus: Jahresbericht über die chirurg. Thätigkeit im Cölner städt. Bürger-Hospitale, besonders abgedruckt.

—— interessante Capitel a. d. Gebiete d. Peritonealchirurgie, s.a. Mitteilungen a. d. Kölner Bürgerhospital.

— Interessante Capitel [Kapitel] aus dem Gebiete der Peritonealchirurgie. — Köln [usw.]: Ahn 1887. VIII,224 S. 8° (Mittheilungen aus d. Kölner Bürgerhospital. 4.)
1: I 6174-4. 5. 6. 20. 21. 27. 28. 29. 38M.
11.4642

Die allgemeine Lehre von den Frakturen und Luxationen. Mit besond. Berücks. d. Extensionsverfahrens. Von Geh. Med.R. Dr. B[ernhard] Bardenheuer, Coeln. Mit 11 Taf. u. 39 Textabb. Stuttgart: F. Enke 1907. (XII, 377 S.) 8°
Iof. 1080

— Leitfaden der Behandlung von Fracturen und Luxationen der Extremitäten mittelst Feder- resp. Gewichtsextension. — Stuttgart: Enke 1890. X,211 S. 8°
1: Kg 11125. 16. 20. 24. 29. 38M. 111. 202. 303.
11.4644

Bardenheuer, (Hrsg.), s. Mittheilungen aus dem Kölner Bürgerhospital.

Bardenheuer, Bern. (geb. Lamersdorf bei Duren 12 7 1839): De partu praematuro. Berolini (1864). (31 S) 8°
Berlin, Med. Diss. v. 5. Aug 1864

-- Peritonealchirurgie, s.: Mitteilungen aus dem Kölner Bürgerhospital.

— Der statische Pes valgus und valgoplanus, seine Ursache, seine Folgen und seine Behandlung. — [Stuttgart: Enke 1910.] 147 S. 8°
Aus: Zeitschrift für orthopädische Chirurgie. 26. 1910. 202.
11.4650

— die Resektion d. Mastdarmes, s.a. Sammlung klinischer Vorträge.

— Die Resektion des Mastdarmes. — Leipzig: Breitkopf & Härtel 1887. S. 2778-2800. 8° (Sammlung klinischer Vorträge. 298-Ser. 10,28.) 1: Ic 2469-Ser. 10,28. 3→11. 12: Path. 1352g-II,93. 15. 16. 17. 20. 21. 24→28. 30. 31. 33. 38M. 43. 79. 202. 308.
11.4651

Bardenheuer, osteoplastische Resection d. Manubrium sterni, s.a. Mitteilungen aus dem Kölner Bürgerhospital.

— Osteoplastische Resection [Resektion] des Manubrium Sterni. — Köln [usw.]:Ahn 1886. 79 S. 8° (Mittheilungen aus d. Kölner Bürgerhospital. 1.)
1:I 6174-1. 5. 6. 16. 20. 21. 28. 29. 38M.
11.4652

Bardenheuer, B., u. Rud. Graessner, die Technik d. Extensionsverbände bei der Behandlung der Frakturen u. Luxationen der Extremitäten. 2. vollständig umgearb. Aufl. (VIII, 120 S. m. 61 Abbildgn. u. 2 Taf.) Lex.-8. Stuttgart 905. F. Enke. n. 3.—; geb. in Leinw. n. 4.—

— u. R Graessner: Die Technik d. Extensionsverbände bei d. Behandlg d. Frakturen u. Luxationen d. Extremitäten. 3. u. 4. Afl. (130 bezw. 120 m. Abb. u. je 1 Taf.) Lex 8° Ebd. '07/09. 4 —; L. n 5 —

— die Verletzungen der oberen Extremitäten, s.a. Chirurgie, deutsche.

— Die Verletzungen der oberen Extremitäten. Th. 1. 2. — Stuttgart: Enke 1886-88. 8° (Deutsche Chirurgie. 63a.b.)
1:Ig 3225-63a.b. 2→11. 12:Chir. 32de-63a.b. 15→18. 20. 21. 22. 24. 25. 26. 28→31. 33. 38M. 39. 111. 202. 302→304.
11.4653

— s.: Zeitschrift, deutsche, f. Chirurgie.

Bardenheuer, Franz: Experimentelle Beiträge zur Abdominalchirurgie .... Deutz, J. Dietz & Baum'sche Druckerei, 1888; 141 + 1 S. + 2 Bl. u. 3 Taf. 8°
Bonn. Med. Fak., Inaug.-Diss. v. 12. März 1888

Bardenheuer, G.: Cours de la sténographie simplifiée française. — Berlin: Schrey 1895. 10,12 S. 8° 1:V 17186. 207.
11.4654

Bardenheuer, G., Götter, Helden u. Turner, s.: Bibliothek turner. Unterhaltgn.

Bardenheuer, Hubert, appr. Arzt aus Köln a. Rh.: Aus d. Kgl. Universitäts-Kinderklinik. Aus d. Kgl. pathol. Institute. Aus d. städt. Krankenhause r. d. Isar. Zur Casuistik der Grosshirntuberkel. *München 1900: Kastner & Lossen.* (51 S.) 8°
München, Med. Diss. v. 1900

Bardenheuer, Otto, appr. Arzt: Ueber postoperative aseptische Magen- und Darmparese mit tödl. Ausgang. Leipzig 1908: Georgi. 30 S. 8°
Leipzig, Med. Diss. v. 27. Okt. 1908, Ref. Zweifel
[Geb. 5. Febr. 81 Cöln; Wohnort: Cöln; Staatsangeh.: Preußen; Vorbildung: Realgymn. Cöln Reife O. 01; Studium: Leipzig 4, München 1, Berlin 1, Leipzig 4 S.; Coll. 30. Okt. 08; Approb. 6. Sept. 08.] [U 09. 2747

Bardenheuer, R. (Chirurg), s. B a r d e n h e u e r , Bernhard.

Bardenheuer, Wilhelm, approb. Arzt aus Aachen: Ein Fibrosarkom des Mastdarmes als Beitrag zu den malignen Rectalgeschwülsten. *München 1902: C. Wolf & Sohn.* (47 S.) 8°
München, Med. Diss. v. 1902

Bardenhewer, Bernhardus (geb. 1805 in Aachen): De insania cum morbis pancreatis coniuncta ... Bonnae, typ. C. F. Thormanni (1829). 2 Bl., 28 [vielmehr 24] S. 4.
Bonn, Med. Fak., Diss. v. 18 Sept. 1829

Bardenhewer, Ernst (geb. am 30 Okt. 1852 in M.-Gladbach): Ueber die therapeutische Wirkung des Jaborandi ... Bonn, Druck v. C. Georgi 1875. 33 S., 1 Taf. 8.
Bonn, Med. Fak., Diss. v. 4 Aug. 1875

Bardenhewer, Otto [Hrsg.] s. *Aristoteles:* Ueber das reine Gute [De Causis, polygl.] 1882.

Bardenhewer, Otto (Bearb.), s. A r i s t o t e l e s : Die pseudoaristotelische Schrift Ueber das reine Gute ...

Bardenhewer, Otto, s: Bibliothek d. Kirchenväter.

— s.: Vom Münch. Gelehrten-Kongresse.

— Geschichte der altkirchlichen Literatur. Bd 1-5. — Freiburg i. Br. [usw.]: Herder 1902-32. 8°
1. Vom Ausgange d. apostolischen Zeitalters bis zum Ende d. 2. Jahrhunderts. 1902.
2. Vom Ende d. 2. Jahrhunderts bis zum Beginn d. 4. Jahrhunderts. 1903.
3. Das 4. Jahrhundert mit Ausschluss d. Schriftsteller syrischer Zunge. 1912.
4. Das 5. Jahrhundert mit Einschluss der syrischen Literatur d. 4. Jahrhunderts. 1. u. 2. Aufl. 1924.
5. Die letzte Periode d. altkirchlichen Literatur mit Einschluss d. ältesten armenischen Schrifttums. 1932.
1:B 648 [auch Bd 4-B 648²-4 u. B 648²a-4; Bd 5-B 648a-5]. 2→11. 12:P. gr. C. 6o [auch Bd 4.5 - P. gr. C. 120a-4.5 u. P. gr. C. 120c-4.5]. 14. 16→22. 24→31. 34. 36. 38. 44. 52. 102. 107. 117. 169. 203. 211. 300: 417.096-B. H. S. 302→304.
11.4656

Bardenhewer, Otto, Dr.: Hieronymus. München 1906: C. Wolf. (21 S.) 4° [3.]
München, Rede beim Antritt d. Rektorats am 25. Nov. 1905

— Des heiligen Hippolytus von Rom Commentar [Kommentar] zum Buche Daniel. Ein literärgeschichtlicher Versuch. — Freiburg i. Br. [usw.]: Herder 1877. IV,107 S. 8°
Zugleich Diss. Würzburg 1877.
1:B 6097. 2→9. 12:P. gr. 209 b. 15. 16. 18. 19. 21. 22. 25→30. 38. 102. 211. 214. 302. 304.
11.4659

Bardenhewer, O., d. Name Maria, s.a. Studien, biblische.

— Der Name Maria. Geschichte der Deutung desselben. — Freiburg i. Br.: Herder 1895. X,160 S. 8° (Biblische Studien. 1,1.) 1:Bf 1464-1,1. 2. 4→7. 9. 12: B. isag. 49f-1,1. 15. 16. 18→21. 24. 25. 26. 28. 29. 38. 52. 102. 211. 300: 395.120-B. Per. 1,1. 302→304.
11.4660

— Patrologie. — Freiburg i. Br.: Herder 1894. X,635 S. 8° (Theologische Bibliothek.) 1:B 640. 2→11. 12:P. gr. C. 6m. 15→29. 31. 52. 102. 121. 169. 211. 300: 390.409-B. L. S. Ser. 1,2. 1. Aufl. 302. 304.
11.4661

— — 2., großenteils neu bearb. Aufl. Ebd. 1901. X,603 S. 8° (Theologische Bibliothek.) 1:B 640². 2. 5. 6. 11. 12:P. gr. C. 6n [2 Ex.] 15. 17→22. 24→29. 31. 39. 44. 66. 102. 169. 214. 300: 390.409-B. L. S. Ser. 1,2. 2. Aufl. 302→304.
11.4662

— — 3., großenteils neu bearb. Aufl. Ebd. 1910. XI,587 S. 8° (Theologische Bibliothek.) 1:B 640³. 2. 5→8. 10. 11. 12:P. gr. C. 6nb [2 Ex.] 14. 17→22. 24→27. 29. 30. 31. 35. 38. 48. 52. 61. 75. 102. 169. 180. 300: 390.409-B. H. S. Ser. 1,2. 3. Aufl. 302. 303.
11.4663

— Patrology. The lives and works of the fathers of the church. Translated from the 2. ed. by Thom. J. Shahan. (XVII, 680 S.) gr. 8. Ebd. 908.
10.—; geb. in Leinw. 11.50

— Polychronius, Bruder Theodors von Mopsuestia und Bischof von Apamea. Ein Beitrag zur Geschichte der Exegese. — Freiburg i. Br. [usw.]: Herder 1879. IV,99 S. 8° 1:B 9660. 2. 3. 5. 6. 7. 9. 12:P. gr. 317 [2 Ex.] 14. 15. 19. 20. 21. 26. 29. 102. 121. 169. 300: 24.821-B. 302.
11.4665

Bardenhewer, O[tto] (geb. am 16 März 1851 in M.-Gladbach): In Hermetis Trismegisti qvi apvd Arabes fertvr De castigatione animae libellvm prolegomena vna cvm capitibvs nonnvllis nondvm editis ... Bonnae, form. C. Georgi (1873). 1 Bl., XVI, 30 S., 1 Bl. 8.
¶ Sonderabdr. aus des Verf. vollständiger Ausg. des Traktats, die in dems. J. bei Marcus in Bonn erschien.
Bonn, Phil. Fak., Diss. v. 18 März 1873

Bardenhewer, Otto, die pseudoaristotelische Schrift: Ueber das reine Gute, bekannt unter dem Namen Liber de causis. Im Auftrage der Görres-Gesellschaft bearb. gr. 8. (XVIII, 330 S.) Freiburg i. Br. 882, (Herder'sche Verlagsh.) *

— s.: Studien, biblische.

Bardenhewer, Otto, Ueber den Ursprung des von den Scholastikern benutzten Textes des Buches de causis [SA] I St.

— Mariä Verkündigg, s.a. Studien, bibl.

— Mariä Verkündigung. Ein Kommentar zu Lukas 1,26–38. — Freiburg i. Br. [usw.]: Herder 1905. VIII,179 S. 8° (Biblische Studien. 10,5.) 1:Bf 1464–10,5. 2. 5. 6. 7. 9. 12: B. isag. 49 f–10,5. 15. 16. 18→21. 24→29. 38. 52. 102. 211. 300: 395.120–B. Per. 10,5. 302→304. 11.4667

— s.: Vom Münchener Gelehrten-Kongresse.

Bardenhofer, Markus: Lyrische Flugblätter für das deutsche Volk. Nr(1.)2. — Bonn: Grünewald 1904. 8°
1. Nesseln und Nattern. 2. Unter dem Kreuz.
1:Yo 30101. 27 [=2]. 11.4668

Bardenhofer, M., lyrische Flugblätter. Jetzt: Wiesbaden, Gust. Blunzeck.

Marcus Bardenhofer. Unter dem Kreuz. (1. Taus.) *Bonn: J. Grünewald 1904.* (24 S.) 8° [F.]
— Bardenhofer: Lyrische Flugblätter f. d. deutsche Volk. No 2. [04. 12. 1]

Marcus Bardenhofer. Nesseln und Nattern. (1. Taus.) *Bonn: J. Grünewald 1904.* (32 S.) 8° [F.]
— Bardenhofer: Lyrische Flugblätter f. d. deutsche Volk. No 1. [04. 1337]

Barden-Humor, Thüringer. Thüringer Sagen, travestiret, Romanzen, frei dahin geschmieret, gezieret vorn u. in der Mitten, in Reim u. Bild, in Holz geschnitten. Von Meister-Singer. gr. 8. (108 S.) Berlin 874. Stuhr. n. 3. —

Bardenhymenaeus gesungen zur Krönungsfeyer Hungariens, den Erlauchtesten der Erhabenen Nation gewidmet. Wien 1790. V: *Schram, Leop. Matthias Frz.* (WRZTG 1790, S. 3076) (Pk 3/330) (GGR VI/633, Nr. 9/6) (BIBLPORT)

Bardenklänge aus Deutschlands Wehmuthsschachtel. Genial-komische hyperbolische Poesien. Illustrirt von G. Heil. 16. (120 S.) Berlin 867, Conrad. *

Bardenklänge aus Deutschlands Wehmuthsschachtel. Genial-komisch-hyperbolische Poesien. 2. Aufl. 16. (120 S.) Berlin 868, Conrad. *

Bardenklänge a. Deutschl. Wehmuthsschachtel. 2. Afl. 16. (120) Berl. 68, Gensch. *n.* — $7^1/_2$

Bardenlied. — Bardenlied dem Durchlauchtigsten Fürstenpaar unserm Erbprinzen Ludwig und Wilhelminen bei Ihrer Durchfahrt durch hiesige Stadt gewidmet. — [Bensheim] 1804. 4 Bl. 8° 17. 11.4670

Bardenruf. — Bardenruf an Deutschlands Krieger. — o.O. [1813]. 2 Bl. 8° 14. 75. 11.4671

Bardenstein. — Gustav von Bardenstein, oder die Abentheuer der Liebe. Eine Geschichte aus dem siebenjährigen Kriege. — Cassel: Griesbach 1804. 206 S. 8° 1:Yw 5747. 10. 19. 11.4672

Bardenstein, Gustav v., od. die Abenteuer d. Liebe. Cassel. (Griesshammer in Lpz.) 804.

Bardenstern, Die Familie von. Leipzig 1793. V: *Kerndörffer, Heinrich August.* (GGR) (NN)

Bardenstern, die Familie, (v. H. A. Kerndörfer). 1r Thl. 8. Leipz. 794. Schubert. 6 gr

Bardenwerper, E. (Hrsg.), s. Bau- und Gewerbskalender.

Bardenwerper, Kurt: Die Anwendg fremder Sprachen u. Mundarten in d. französ. Farcen, Sottien, Moralitäten u. Sermons joyeux d. MAlters. (33) gr8° Halle, Buchdr. Hohmann '11. 1.10

— dass. in d. französ. Mysterien d. MAlters. (86) 8° Ebd. '12. 2 —

— Eine Universität in Helmstedt? (14) kl8° Halle a/S. '12. Wittenberg, Bez. Halle, Dr. Bardenwerper. — 50 d

Bardenwesen d. 18. Jahrh., s. National-Litteratur, deut.

Bardesanes Gnosticus Syrorum primus hymnologus. Commentatio historico-theologica, quam scripsit Aug. Hahn. Lpz. 820. W. Vogel. 16 gr Schrbp. 20 gr Velinp. 1 ₰ 4 gr

Bardet, (M.) cours abrégé de grammaire française par demande et par reponse. 8. Stuttg. 821, Sonnewald.

Bardet de Villeneuve, P.P.A.: Cours de la science militaire. T.1–15. — La Haye (12ff.: La Haye; Francfort [usw.]): van Duren 1740–57. 8°
1–6. 9–11 mit Nebent.: La science militaire.
1. Les fonctions et les devoirs des officiers tant de l'infanterie que de la cavalerie. 1740.
2. La tactique. 1740.
3. Traité de la géométrie pratique. 1740.
4. Traité de l'architecture civile. 1740.
5. Traité de l'architecture militaire. 1741.
6–8. Traité de l'artillerie. P. 1–3. 1741.
9. Traité de l'attaque des places. 1742.
10. Traité de la défense des places. 1742.
11. La Guérinière, François Robichon de: Manuel de cavalerie. 1742.
12–15. Science de la marine. P. 1–4. 1757.
1–15 . . . . 1: Hv 105. 6. 14. 39. 309.
1–14 . . . . 300: 72 Aa 3.
1–11 . 7. 12: Mil. g. 12 [auch T. 10 – App. mil. 10o]. 17. 23. 24. 34. 41. 302. 309.
11.4691

Bardeur-Cardansane

(F) Les Bardeur-Cardansane histoire d'une famille pendant cent ans par Jacques Naurouze. 2. Partie. Frères d'armes. Für den Schulgebrauch herausgegeben von Karl Roller. I. Theil: Einleitung und Text. II. Theil: Anmerkungen. Mit einer Uebersichtkarte des Kampfgebietes um Philadelphia (1777/78). (Freytag's Sammlung französischer und englischer Schriftsteller.) Wien und Prag. 1901. Tempsky. 8°. 14, VI, 114 S. Geb. K 1.50

Bardew, Alb. de

DE BARDEW, Alb.: Jus maritimum. *Buz. et Wismar.* 761.

Bardewick

, Die von Bardewick. Mit geneal. Tab. Büttner. 1704. fol. Bgn. b.

Bardewieck, Conrad

Gebetslehre Jesu Christi für alle Christen, nach d. Neuen Testamente. (Mit 12 Gebeten.) Von C. v. Bardewieck. *Berlin: F. Schlosser [1902].* (43 S.) 8° [F.] [03. 0903]

Gefahren der gedanklichen Anarchie. Von C. v. Bardewieck. 2. verb. u. verm. Aufl. *Berlin: F. Schlosser 1902.* (58 S.) 8° [03. 3699]

Bardewieck, Conr. v., christliches Kinderbüchlein für Kinder von 3–6 Jahren. (82 S. m. Abbildgn.) 8. Berlin 904. F. Schlosser. Geb. n. 1. —

Onesiphorus von C. v. Bardewieck. Berlin: F. Schneider & Co. 1903. (82 S.) 8° [F.] [03. 1193]

Bardewiek, Erich (Pseud.), s. a.: Hähnel, Franziskus.

Bardewiek, Erich (Franziskus Hähnel), Im Abendfrieden, s.: Verein f. Verbreitg. guter Schriften. Bern.

— Mit lachendem Mund zu heiterer Stund, s: Voigt, Rosa.

Bardey, Pastor, Wismar. 1901 s. *Bardey*, Franz.

Bardey, C.: Neue und vollständige Kalender-Erklärung. Zum Verständniß aller Zeichen, Namen, Angaben und Ausdrücke, welche im Kalender vorkommen. — Leipzig [usw.]:Payne [1866]. VIII,119 S. 8° 12:Chrlg. 11m. 15. 17. 27. 48. 87. 169. 209. 300:32.257. 11.4604

Bardey, Christian Wilhelm: Der Fürstenkampf. Eine Jubelpredigt, gehalten am 24. April 1835, als am Tage der 50jähr. Regierungsfeier ... des Grossherzoges Friederich Franz zu Mecklenburg, vor den Dorfgemeinen Muchow und Zierzow. — Parchim:(Hinstorff in Comm.) 1835: Zimmermann. 12 S. 8° 28. 33. 11.4605

— Ueber die Ursachen der herrschenden Gleichgültigkeit gegen die Religion. Eine Abhandlung von H. C. Bardey. — Rostock 1802:Adler. 32 S. 8° 28. 33. 11.4606

Bardey, E.: Anleitung zur Auflösung eingekleideter algebraischer Gleichungen (und andere mathemat. Schriften), s. Bardey, Ernst.

Bardey, E.: Geschichte von... Friesack (und andere historische Schriften), s. Bardey, Ernst Georg

Bardey, E.: Lehrbuch, Praktisches, der deutschen Sprache, s. Bardey, Ernst.

Bardey, E.G., s. Bardey, Ernst Georg

Bardey, Ernst

Bardey, E. (I.), Anleitung zur Auflösung eingekleideter algebraischer Aufgaben. 1. Tl.: Aufgaben mit einer Unbekannten. gr. 8. (VI, 95 S.) Leipzig 887, Teubner.

Dr. E[rnst] Bardey's Anleitung zur Auflösung eingekleideter algebraischer Aufgaben. 2., völlig umgearb. Aufl. von Friedrich Pietzker. *Leipzig & Berlin: B. G. Teubner 1903.* (VIII, 159 S.) 8° [F.] [04.1410

Bardey, E., arithmetische Aufgaben, nebst Lehrbuch der Arithmetik, vorzugsweise f. Realschulen 2. Ordng., Gewerbeschulen u. höhere Bürgerschulen. 2., verb. Aufl. gr. 8. (X, 268 S.) Leipzig 882. Teubner. n. 2. —

Bardey, E, arithmet. Aufgaben, nebst Lehrb. d. Arithmetik, vorzugsweise f. Realschulen 2. Ordng, Gewerbeschulen u. höh. Bürgerschulen. 3. Afl. 8. (268) Lpzg 84, Teubner. n. 2. —

—— arithmetische Aufgaben, nebst Lehrbuch der Arithmetik, vorzugsweise für höhere Bürgerschulen, Realschulen, Progymnasien und Prorealgymnasien. 4. und 5. Aufl. gr. 8. (X, 268 S.) Ebendas. 886,88. *

Bardey, E. Arithmetische Aufgaben nebst Lehrbuch der Arithmetik, vorzugsweise f. höhere Bürgerschulen, Realschulen, Progymnasien u. Realprogymnasien. 6. Aufl. gr. 8. (X, 269 S.) Lpz. 890, Teubner. *2 —

Bardey, Ernst, arithmetische Aufgaben nebst Lehrbuch der Arithmetik, vorzugsweise f. höhere Bürgerschulen, Realschulen, Progymnasien u. Realprogymnasien. 8. Aufl. gr. 8. (XI, 269 S.) Leipzig 893. B. G. Teubner. n. 2. —

Bardey, E, arithmet. Aufgaben nebst Lehrb. d. Arithmetik, vorzugsweise f. höh. Bürgerschulen, Realschulen, Progymnasien u. Realprogymnasien. 9. Afl. 8° (269) Lpzg 95, BG Teubner. Geb. 2.40

Bardey, E: Arithmet. Aufgaben nebst Lehrb. d. Arithmetik, vorzugsweise f. höh. Bürgersch., Realsch., Progymnasien u. Realprogymnasien. 11. Afl. 8° (269) Lpzg 1900, BG Teubner. Geb. 2.40

— Arithmetische Aufgaben nebst Lehrbuch der Arithmetik, vorzugsweise f. höhere Bürgerschulen, Realschulen, Progymnasien u. Realprogymnasien. 12. Aufl. gr. 8. (XI, 269 S.) Ebd. 901. Geb. n. 2.40

Arithmetische Aufgaben nebst Lehrbuch der Arithmetik, vorzugsweise f. höh. Bürgerschulen ... Von Dr. E[rnst] Bardey. 13. Aufl. in d. neuen Rechtschreib. *Leipzig & Berlin: B. G. Teubner 1903.* (IX, 269 S.) 8° [F.] [04.8334

Arithmetische Aufgaben nebst Lehrbuch der Arithmetik, vorzugsweise f. höh. Bürgerschulen, Realschulen ... Von Dr. E[rnst] Bardey. 14. Aufl. in d. neuen Rechtschreibung. Leipzig & Berlin: B. G. Teubner 1905. (IX, 269 S.) 8° [F.] [06. 8013

Arithmetische Aufgaben nebst Lehrbuch der Arithmetik, vorzugsweise f. höh. Bürgerschulen, Realschulen ... Von E[rnst] Bardey. 15. Aufl. in d. neuen Rechtschreibung. Leipzig & Berlin: B. G. Teubner 1907. (IX, 269 S.) 8° [F.] [08. 8404

Bardey, E: Arithmet. Aufg. nebst Lehrb. d. Arithmetik, vorzugsw. f. höh. Bürgersch., Realsch., Progymn. u. Realprogymn. 16. Afl. (10, 269) 8° Lpzg, BG Teubner '12. L 2.40 d
Hinrichs 1910—1912

Bardey's, E., arithmet. Aufgaben, nebst Lehrbuch d. Arithmetik vorzugsw. f. Realschulen, höh. Bürgerschulen u. verw. Anst., neu bearb. u. m. e. Logarithmentafel vers. v. H. Hartenstein. gr. 8. (IV, 202 S.) Leipzig 896. B. G. Teubner. Geb. n. 2. —

— dass., vorzugsweise f. Realsch., höh. Bürgersch. u. verwandte Anst., neu bearb. u. m. e. Logarithmentaf. versehen v. H Hartenstein. 3. Afl. 8° (202) Ebd. 99. Geb. 2 —; Asg. B., ohne Logarithmentaf. Geb. 1.80

Dr. E[rnst] Bardey's Arithmetische Aufgaben nebst Lehrbuch der Arithmetik, vorzugsw. f. Realschulen, höh. Bürgerschulen u. verwandte Anstalten neu bearb. u. mit e. Logarithmentaf. versehen von Dr. H[ermann] Hartenstein. 4. Aufl. *Leipzig & Berlin: B. G. Teubner 1902.* (202 S.) 8° [F.] [03.6676

— dasselbe. Ausgabe B ohne Logarithmentafel. 4. Aufl. gr. 8. (IV, 170 S.) Ebd. 902. Geb. n. 2. —

Dr. E[rnst] Bardey's Arithmetische Aufgaben nebst Lehrbuch der Arithmetik vorzugsweise f. Realschulen, höh. Bürgerschulen u. verwandte Anstalten neu bearb. u. mit e. Logarithmentaf. versehen von Dr. H[ermann] Hartenstein. 5. Aufl. *Leipzig & Berlin: B. G. Teubner 1904.* (202 S.) 8° [F.] [04. 11979

— dass. Ausg. B ohne Logarithmentaf. 5. Afl. (170) 8° Ebd. 04. Geb. 1.80 ‖ 6. Afl. (232) '05. Geb. 2.20 d

Dr. E[rnst] Bardeys Arithmetische Aufgaben nebst Lehrbuch der Arithmetik, vorzugsweise f. Realschulen ... neu bearb. u. mit e. Logarithmentaf. versehen von Prof. Dr. H[ermann] Hartenstein. 6. Aufl. Leipzig & Berlin: B. G. Teubner 1905. (V, 264 S.) 8° [F.] [05. 10134

Dr. E[rnst] Bardeys Arithmetische Aufgaben nebst Lehrbuch der Arithmetik, vorzugsweise f. Realschulen ... neu bearb. von Prof. Dr. H[ermann] Hartenstein. Ausg. B ohne Logarithmentaf. 6. Aufl. Leipzig & Berlin: B. G. Teubner 1905. (V, 232 S.) 8° [F.] [05. 10135

Dr. E[rnst] Bardeys Arithmetische Aufgaben nebst Lehrbuch der Arithmetik, vorzugsweise f. Realschulen, höhere Bürgerschulen u. verwandte Anst. neu bearb. u. mit e. Logarithmentaf. versehen von Prof. Dr. H[ermann] Hartenstein. T. [1.] 2. Leipzig & Berlin: B.G. Teubner 1906-07. 2 Bde 8° [F.]
1. 7. Aufl. [08. 1060

Bardey, E., arithmetische Aufgaben nebst Lehrbuch der Arithmetik, vorzugsweise f. Realschulen, höhere Bürgerschulen u. verwandte Anstalten neu bearb. u. m. e. Logarithmentaf. versehen v. H. Hartenstein. 7. Aufl. (VI, 264 S.) 8. Leipzig 906. B. G. Teubner. Geb. n. 2.40

Dr. E[rnst] Bardeys Arithmetische Aufgaben nebst Lehrbuch der Arithmetik, vorzugsweise f. Realschulen, höh. Bürgerschulen u. verwandte Anst., neu bearb. von Prof. Dr. H[ermann] Hartenstein. Ausg. B, ohne Logarithmentaf. 7. Aufl. Leipzig & Berlin: B. G. Teubner 1906. (V, 232 S.) 8° [F.] [07. 7387

— dasselbe, vorzugsweise f. Realschulen, höhere Bürgerschulen u. verwandte Anstalten neu bearb. u. m. e. Logarithmentaf. versehen v. H. Hartenstein. 8. Aufl. (VI, 264 S.) 8. Ebd. 909. Geb. 2.40

— dass., vorzugsweise f. Realsch., höh. Bürgersch. u. verwandte Anst., neu bearb. u. m. e. Logarithmentaf. versehen v. H Hartenstein. 8.Afl. (264) 8° Ebd/09. Geb. 2.40; Ausg. B ohne Logarithmentaf. 8. Afl. (232) 09. Geb. 2.20 d

— dass. vorzugsw. f. Realsch., höh. Bürgersch. u. verw. Anst. neu bearb. u. m. e. Logarithmentaf. versehen v. H Hartenstein. 9. Afl. (6, 264) 8° Ebd. '12. L 2.40 d

Dr. E[rnst] Bardey's Arithmetische Aufgaben nebst Lehrbuch der Arithmetik, vorzugsw. f. Realschulen, Progymn. u. Realgymn. In alter u. neuer Ausg. Neue Ausg. nach d. 10. Aufl. bearb. von F[riedrich] Pietzker, Prof. zu Nordhausen, u. O[tto] Presler, Prof. zu Hannover. *Leipzig & Berlin: B. G. Teubner 1901.* (VI, 314 S.) 8° [F.] [03. 6675

Dr. E[rnst] Bardeys Arithmetische Aufgaben nebst Lehrbuch der Arithmetik vorzugsweise f. Realschulen, Progymn. u. Realprogymn. In alter u. neuer Ausg. Neue Ausg. bearb. von F[riedrich] Pietzker, Prof. zu Nordhausen, u. O[tto] Presler, Prof. zu Hannover. 2. Aufl. *Leipzig & Berlin: B. G. Teubner 1904.* (VI, 315 S.) 8° [F.] [04. 19998

Dr. E[rnst] Bardeys Arithmetische Aufgaben nebst Lehrbuch der Arithmetik, vorzugsweise f. Realschulen, Progymn. u. Realgymn. In alter u. neuer Ausg. Neue Ausg., bearb von F[riedrich] Pietzker, Prof. zu Nordhausen, u. O[tto] Presler, Prof. zu Hannover. 3. Aufl. Leipzig & Berlin: B. G. Teubner 1906. (VI, 315 S.) 8° [F.] [07. 7386

— dasselbe. Neue Ausg., nach der 10. Aufl. bearb. v. F. Pietzker u. O. Presler. Resultate u. Auflösgn. (IV, 127 S.) gr. 8. Ebd. (907). nnn 1. (K)
Wird nur direkt an Fachlehrer abgegeben.

— dass. vorzugsweise f. Realsch., Progymn. u. Realprogymn. In alter u. neuer Ausg. Neue Ausg., bearb. v. F Pietzker u. O Presler. 4. Afl. (7, 310 m. Fig.) 8° Ebd. '11. L 2.60 d

Bardey, Ernst, arithmetische Aufgaben nebst Lehrbuch der Arithmetik. I. Tl. (f. die mittler. Klassen neunstuf. u. die oberen Klassen sechsstuf. Anstalten), bearb. v. H. Hartenstein. Ausg. B ohne Logarithmentaf. 8. Aufl. (VI, 232 S.) 8. Leipzig 909. B. G. Teubner. Geb. 2. 20

— dass. I. Tl (f. d. mittl. Kl. 9stuf. u. d. ob. Kl. 6stuf. Anst.), bearb. v. H Hartenstein. Ausg. B ohne Logarithmentaf. 9. Afl. (6,232) 8° Ebd. '12. L 2.20 d

Bardey, Ernst, arithmetische Aufgaben nebst Lehrbuch der Arithmetik. II. Tl. (f. die Oberklassen neunstuf. Anstalten.) Bearb. v. H. Hartenstein. (V, 280 S.) 8. Leipzig 907. B. G. Teubner. Geb. 2. 60

— dass. Resultate u. Auflösgn z. 6—9. Afl., v. H Hartenstein. (80) 8° Ebd. '12. nnn 1.80
Nur f. Lehrer. (Hauptw. u. Resultate: nn 4.20) d

Dr. E[rnst] Bardeys Arithmetische Aufgaben nebst Lehrbuch der Arithmetik für Metallindustrieschulen, vorzugsweise f. Maschinenbauschulen ... Nach d. Ausg. f. Realschulen von Pietzker u. Presler bearb. von Dr. Siegfried Jakobi u. Arnold Schlie. Mit 3 Doppeltaf. Leipzig & Berlin: B. G. Teubner 1908. (V, 212 S.) 8° [F.] [08. 9390

— dass. f. Metallindustriesch., vorzugsweise f. Maschinenbausch. (Werkmeistersch.), d. Unterst. d. höh. Maschinenbausch. u. verw. techn. Lehranst. Bearb. v. Siegfr. Jakobi u. Arnold Schlie. 2. Afl. (8, 224 m. Abb. u. 3 Taf.) 8° Ebd. '11. L 2.60 d

Bardey's, E, arithmet. Aufg. nebst Lehrb. d. Arithmetik. Für höh. Mädchensch., Lyzeen u. Studienanst. bearb. v. R Tiemann. 2 Tle. 8° Lpzg, BG Teubner. '11. d
1. Für höh. Mädchensch. (6, 188 m. Fig. u. 1 farb. Taf.) geb. 2.20 ‖
2. Für Lyzeen u. Studienanst. (4, 172) geb. 2 —

— Aufg.-Sammlg f. Arithmetik, Algebra u. Analysis. Reform-ausg. A: f. Gymn. 1. Tl: Unterst., hrsg. v. W Lietzmann. (Bardey: Reform-Ausg. A 1.) (6, 201 m. Fig. u. 2 Taf.) gr8° Ebd. '13. L 2 — d

— dass. B: f. Realanst. 1. Tl: Unterst., hrsg. v. W Lietzmann. (Bardey, Reform-Ausg. B 1) (6, 219 m. Fig. u. 2 Taf.) gr8° Ebd. '13. L 2 — d

Bardey, E Aufgabensammlung f. Elementararithmetik. Mit den Resultaten. Leipzig 1871 2 Bde.

Bardey, E. Aufgabensammlung für Elementararithmetik 3. A. Leipzig 1873.

Bardey, E. Aufgabensammlung für Elementararithmetik 5. A. Leipzig 1876.

Bardey, Ernst: Aufgabensammlung, methodisch geordnet, s. Bardey, Ernst, Aufgabensammlung, Methodisch geordnete. 1902 ff.

Bardey, E., methodisch geordnete Aufgabensammlung, mehr als 7000 Aufgaben enth., über alle Theile der Elementar-Arithmetik für Gymnasien, Realschulen und polytechn. Lehranstalten. 1.—3. Aufl. 1871—74, und 4. verm. und durch Einführung neuer Maße und Münzen verb. (Doppel-)Aufl. gr. 8. (XII, 322 S.) Leipzig 875, Teubner. *
Resultate dazu. (Nur direct an Lehrer.) * r

Bardey, E., methodisch geordnete Aufgabensammlung, mehr als 8000 Aufgaben enth., üb. alle Theile der Elementar-Arithmetik f. Gymnasien, Realschulen u. polytechn. Lehranstalten. 5., unveränd. [Doppel-]Aufl. gr. 8. (XII, 322 S.) Leipzig 875. Teubner. 2. 70

Bardey, Ernst, methodisch geordnete Aufgabensammlung, mehr als 8000 Aufgaben enth., über alle Theile der Elementar-Arithmetik für Gymnasien, Realschulen und polytechn. Lehranstalten. 5.—8. unveränd. Aufl. gr. 8. (XII, 322 S.) Leipzig 876—79, Teubner.
Die Resultate hierzu (1 ℳ) werden nur an Lehrer geliefert.

—— methodisch geordnete Aufgabensammlung, mehr als 8000 Aufgaben enth., über alle Teile der Elementar-Arithmetik für Gymnasien, Realschulen und polytechn. Lehranstalten. 9. revid. und verb. Aufl. (XII, 322 S.) 1880; 10. revid. und verb. Aufl. gr. 8. (XIV, 324 S.) Ebendas. 882.

— methodisch geordnete Aufgabensammlung, mehr als 8000 Aufgaben enth., über alle Teile der Elementar-Arithmetik f. Gymnasien, Realschulen u. polytechn. Lehranstalten. 10., rev. u. verb. Aufl. gr. 8. (XIV, 324 S.) Ebend. 882. 2. 70

—— methodisch geordnete Aufgabensammlung, mehr als 8000 Aufgaben enth., über alle Teile der Elementar-Arithmetik, vorzugsweise für Gymnasien, Realgymnasien und Oberrealschulen. 11. um einen neuen Abschnitt verm. Aufl. gr. 8. (XIII, 330 S.) Ebendas. 884.

—— methodisch geordnete Aufgabensammlung, mehr als 8000 Aufgaben enthaltend über alle Teile der Elementar-Arithmetik, vorzugsweise für Gymnasien, Realgymnasien und Oberrealschulen. 12. und 13. Aufl. gr. 8. (XIV, 330 S.) Ebendas. 885,86.

— dgl. 14. Auflage mit Resultaten. Ebend., 1888.

—— Methodisch geordnete Aufgabensammlung, mehr als 8000 Aufg. enth. üb. alle Teile der Elementar-Arithmetik, vorzugsweise f. Gymnasien, Realgymnasien u. Oberrealschulen. 15. Aufl. gr. 8. (XIV, 330 S.) Ebd. 889. 2 70
Die zu den vorstehenden 2 Schriften erschienenen „Resultate" werden nur direkt von d. Verlagshandlg. an Lehrer gegen Einsendg. von ℳ 1 — à Heft abgegeben.

— methodisch geordnete Aufgabensammlung, mehr als 8000 Aufgaben enth., üb. alle Teile der Elementar-Arithmetik, vorzugsweise f. Gymnasien, Realgymnasien u. Oberrealschulen. 19. Aufl. gr. 8. (XIV, 330 S.) Ebd. 893. 2. 70

— methodh. geordn. Aufgabensammlung, mehr als 8000 Aufgaben enthalt. üb. alle Teile d. Elementar-Arithmetik, vorzugsw. f. Gymnasien, Realgymnasien u. Oberrealschulen. 21. Aufl. gr. 8. (XIV, 330 S.) Ebd. 895.
Geb. in Halbldr. n. 3. 20

— Methodisch geordnete Aufgabensammlg üb. alle Teile d. Elementar-Arithmetik, vorzugsweise f. Gymnasien, Realgymnasien u. Oberrealsch. 25. Afl. 8° (330) Ebd. 1900. Geb. 3.20

— Methodisch geordnete Aufgabensammlung, mehr als 8000 Aufgaben enth., üb. alle Teile der Elementar-Arithmetik, vorzugsweise f. Gymnasien, Realgymnasien u. Oberrealschulen. 26. Aufl. gr. 8. (XIV, 330 S.) Ebd. 901.
Geb. n. 3. 20

Dr. E[rnst] Bardey's Aufgabensammlung, methodisch geordnet, mehr als 8000 Aufgaben enth. über alle Teile d. Elementar-Arithmetik, vorzugsw. f. Gymn., Realgymn. u. Oberrealschulen In alter u. neuer Ausg. Alte Ausg. 27. Aufl. *Leipzig & Berlin: B. G. Teubner 1902.* (XIV, 330 S.) 8° [F.] [03. 6676

Dr. E[rnst] Bardey's Aufgabensammlung methodisch geordnet, mehr als 8000 Aufg. enth., über alle Teile d. Elementar-Arithmetik, vorzugsweise f. Gymn. ... In alter u. neuer Ausg. Alte Ausg. 28. Aufl. Leipzig & Berlin: B. G. Teubner 1905. (XIV, 330 S.) 8° [F.]

Dr. E[rnst] Bardey's Aufgabensammlung methodisch geordnet, mehr als 8000 Aufgaben enth. über alle Teile d. Elementar-Arithmetik, vorzugsweise f. Gymn., Realgymn. u. Oberrealschulen. In alter u. neuer Ausg. Alte Ausg. 29. Aufl. Berlin & Leipzig: B. G. Teubner 1907. (XIV, 330 S.) 8° [F.]

— dass. üb. alle Teile d. Elementar-Arithmetik, vorzugsw. f. Gymn., Realgymn. u. Oberrealsch. Alte Ausg. 30. Afl. (14, 330) 8° Ebd. '11. L 3.20 d

— Aufgabensammlg, methodisch geordnet, üb. alle Teile d. Elementar-Arithmetik, vorzugsweise f. Gymnasien, Realgymnasien u. Ober-Realsch. Nach d. 24. Afl. bearb. v. F Pietzker u. O Presler. 8° (376) Ebd. 1900. Geb. 3.20

Dr. E[rnst] Bardey's Aufgabensammlung, methodisch geordnet, mehr als 8000 Aufgaben enthaltend über alle Teile d. Elementar-Arithmetik, vorzugsweise f. Gymn., Realgymn. u. Oberrealschulen, sowie f. Seminare u. Präparanden-Anst. In alter u. neuer Ausg. Neue Ausg. nach d. 26. Aufl. bearb. von F[riedrich] Pietzker, Prof. zu Nordhausen, u. O[tto] Presler, Prof. zu Hannover. 2. Aufl. *Leipzig & Berlin: B. G. Teubner 1902.* (VII, 395 S.) 8° [F.]

Dr. E[rnst] Bardeys Aufgabensammlung, method. geordnet, mehr als 8000 Aufgaben enth. über alle Teile d. Elementar-Arithmetik, vorzugsweise f. Gymn. ... In alter u. neuer Ausg. Neue Ausg. bearb. von F[riedrich] Pietzker, Prof. zu Nordhausen, u. O[tto] Presler, Prof. zu Hannover. 3. Aufl. *Leipzig & Berlin: B. G. Teubner 1904.* (VII, 395 S.) 8° [F.]

Dr. E[rnst] Bardeys Aufgabensammlung, methodisch geordnet, mehr als 8000 Aufgaben enth. über alle Teile d. Elementar-Arithmetik, vorzugsweise f. Gymn., Real-Gymn. u. Oberrealschulen. In alter u. neuer Ausg. Neue Ausg. bearb. von F[riedrich] Pietzker, Prof. zu Nordhausen, u. O[tto] Presler, Prof. zu Hannover. 4. Aufl. Leipzig & Berlin: B. G. Teubner 1905. (VII, 395 S.) 8° [F.]

Dr. E[rnst] Bardeys Aufgabensammlung, methodisch geordn., mehr als 8000 Aufgaben enth. über alle Teile d. Elementar-Arithmetik, vorzugsweise f. Gymn., Realgymn. u. Oberrealschulen ... Neue Ausg. bearb. von F[riedrich] Pietzker, Prof., u. O[tto] Presler, Prof. 5. Aufl. Leipzig & Berlin: B. G. Teubner 1907. (VII, 395 S.) 8° [F.]

— Aufgabensammlung, methodisch geordnet, mehr als 8000 Aufgaben enth., üb. alle Teile der Elementar-Arithmetik, vorzugsweise f. Gymnasien, Realgymnasien u. Oberrealschulen, sowie f. Seminare u. Präparanden-Anstalten. Neue Ausg., bearb. v. F. Pietzker u. O. Presler. 6. Aufl. (VIII, 395 S.) 8. Ebd. 908. Geb. 3. 20

— Aufg.-Sammlg, methodisch geordnet, üb. alle Tle d. Elementar-Arithmetik, vorzugsw. f. Gymn., Realgymn. u. Oberrealsch., sowie f. Seminare u. Präparanden-Anst. Neue Ausg., bearb. v. F Pietzker u. O Presler. 8. Afl. (8, 402 m. Fig.) 8° Ebd. '12. L 3.20 d

— dasselbe. Anweisungen zur Lösung der Textaufgaben, s.: Pauli, R.

Bardey, Dr. E., Aufgabensammlung, methodisch geordnet, mehr als 8000 Aufgaben enthaltend über alle Teile der Elementar-Arithmetik. Für Mittelschulen bearbeitet von F. Schiffner und Dr. L. Wagner. Wien 1903. Karl Graeser und Comp. Preis, geheftet 3 K, gebunden 3 K 60 h.

Dr. E[rnst] Bardeys Aufgabensammlung f. bayer. Mittelschulen nach d. neuesten Aufl. bearb. von Jos. Lengauer, Konrektor. Leipzig: B. G. Teubner 1907. (192 S.) 8° [F.]

— Aufgabensammlung, f. bayerische Mittelschulen bearb. v. Jos. Lengauer. 2. Aufl. (IV, 195 S.) 8. Ebd. 909. Geb. 2. 20; Resultate (II, 54 S.) (909) nnn 2. 40 (Nur f. Lehrer.)

— s.: Burchardt, A, Briefe e. Neumärkers.

Bardey, Ernst. 1884: Zur Formation quadratischer Gleichungen. — Leipzig: Teubner 1884. VIII,390 S. 8°
1: Oc 674. 2. 3. 6. 7. 11. 12: Math. P. 19 yd. 15. 17. 20. 24. 88. 89. 302. 305.
11.4697

— — 2., unveränd. Ausg. Ebd. 1894. VIII,390 S. 8°
9. 46. 86. 93. 210.
11.4098

Bardey, Ernst, algebraische Gleichungen nebst den Resultaten u. den Methoden zu ihrer Auflösung. Leipzig 868. Teubner. gr. 8. (XIII, 283 S.) n. 1 Thlr 10 ngr.

— algebraische Gleichungen nebst den Resultaten und den Methoden zu ihrer Auflösung. 1. Aufl. (X, 281 S.) 1868. * M 4., und 2., durch viele Zahlenbeispiele, erweiterte Erläuterungen und ein Register für die Aufgabensammlung verm. und verb. Aufl. gr. 8. (X, 339 S.) Ebendas. 875. *

— algebraische Gleichungen nebst den Resultaten u. den Methoden zu ihrer Auflösg. 2., durch viele Zahlenbeispiele, erweiterte Erläutergn. u. e. Register f. die Aufgabensammlg. verm. u. verb. Aufl. gr. 8. (X, 339 S.) Leipzig 876. Teubner. n. 6. —

— algebraische Gleichungen, nebst den Resultaten u. den Methoden zu ihrer Auflösung. 3., rev. u. abermals stark verm. Aufl. gr. 8. (XI, 378 S.) Ebend. 883. n. 6. 80

— algebraische Gleichungen, nebst den Resultaten u. den Methoden zu ihrer Auflösg. 4. Aufl. gr. 8. (XI, 378 S.) Ebd. 893. n. 6. —

Bardey's, Ernst, algebraische Gleichungen, nebst den Resultaten u. den Methoden zu ihrer Auflösung. 5. Aufl., bearb. v. Frdr. Pietzker. gr. 8. (XIII, 420 S.) Leipzig 902. B. G. Teubner. Geb. in Leinw. n. 8. —

Dr. Ernst Bardey. Algebraische Gleichungen nebst d. Resultaten u. d. Methoden zu ihrer Auflösung. 6. Aufl. bearb. von Friedrich Pietzker. Leipzig & Berlin: B. G. Teubner 1908. (X, 420 S.) 8°

— quadratische Gleichungen mit den Lösungen für die oberen Klassen der Gymnasien und Realschulen. gr. 8. (III, 86 S.) Leipzig 871, Teubner. *

— quadratische Gleichungen mit den Lösungen für die oberen Klassen der Gymnasien und Realschulen. 2. verm. Aufl. gr. 8. (IV, 94 S.) Leipzig 887, Teubner. +

Bardey, Ernst: Das 6. Konsulat des Marius, s. Bardey, Ernst Georg.

— praktisches Lehrbuch der deutschen Sprache für die Hand der Schüler. 2 Tle. gr. 8. Ebend. 879. 80. n. 2. 30
1. Grammatische Vorübungen. 2. Aufl. (95 u. Vorrede f. Lehrer VII S.) n. — 70
2. Vollständige Elementargrammatik. (VIII, 231 S.) n. 1. 60

— praktisches Lehrbuch der deutschen Sprache f. die Hand der Schüler. 2 Tle. gr. 8. Ebd. 889. n. 2. 30
1. Grammatische Vorübungen. 3. Aufl. (IV, 93 S.) n. — 70
2. Vollständige Elementargrammatik. 2. Aufl. (VIII, 230 S.) n. 1. 60

Praktisches Lehrbuch der Deutschen Sprache für d. Hand d. Schüler. Von Dr. E[rnst] Bardey. 3. verb. Aufl. T. 1. 2. *Leipzig (& Berlin): B. G. Teubner 1889–1900.* 2 Bde 8° [F.]
1. Grammat. Vorübungen. 1889.
2. Bardeys Lehr- u. Übungsbuch d. Deutschen Sprache. (Des 'prakt. Lehrbuchs d. deutschen Sprache' 2. T.: vollst. Elementargrammatik.) 3. Aufl. von O[skar] Weise, Prof. zu Eisenberg. 1900.

— Lehr- u. Ubgsb. d. deut. Sprache. (Des „prakt. Lehrb. d. deut. Sprache" 2. Tl: vollständ. Elementargrammatik.) 3. Afl. v. O Weise. 8° (180) Ebd. 1900. Geb. 1.80

— Lehr- u. Übungsbuch der deutschen Sprache. (Des „prakt. Lehrbuchs der deutschen Sprache" 2. Tl.: vollständ. Elementargrammatik.) 3., verb. Aufl. v. O. Weise. gr. 8. (VI, 180 S.) Ebd. 902. Geb. in Leinw. n. 1. 80

Dr. E[rnst] Bardeys Lehr- und Übungsbuch der Deutschen Sprache. Vollständ. Elementargrammatik. 4., verb. Aufl. von Prof. Dr. O[skar] Weise. Leipzig & Berlin: B. G. Teubner 1906. (VI, 185 S.) 8° [F.]

— Lehr- u. Ubgsb. d. deut. Sprache. Vollst. Elementargrammatik. 5. Afl. v. O Weise. (6, 175) 8° Lpzg, BG Teubner '11. IIL 2 — d

Resultate zu E[rnst] **Bardeys** Aufgabensammlung, methodisch geordnet, mehr als 8000 Aufgaben enth. über alle Teile d. Elementar-Arithmetik, vorzugsweise f. Gymn., Realgymn. u. Oberrealschulen. In alter u. neuer Ausg. Neue Ausg. bearb. von F[riedrich] Pietzker u. O[tto] Presler. Leipzig & Berlin: B. G. Teubner (1907). (137 S.) 8° [F.] [08. 4063

Resultate und Auflösungen zu Dr. E[rnst] **Bardeys** Arithmetischen Aufgaben nebst Lehrbuch der Arithmetik vorzugsweise f. Realschulen, Progymn. u. Realprogymn. In alter u. neuer Ausg. Neue Ausg. nach d. 10. Aufl. bearb. von F[riedrich] Pietzker u. O[tto] Presler. Leipzig & Berlin: B. G. Teubner [1907]. (127 S.) 8° [F.] [07. 11198

Resultate nebst Auflösungen und Kommentar zu den Arithmetischen Aufgaben nebst Lehrbuch der Arithmetik vorzugsweise f. höh. Bürgerschulen, Realschulen, Progymn. u. Realprogymn. von Dr. E[rnst] **Bardey**. Leipzig: B. G. Teubner [1907]. (125 S.) 8° [F.] [07. 11199

Dr. E[rnst] **Bardeys** methodisch geordnete Sammlung von Aufgaben aus der Elementar-Arithmetik. Neue Ausg. vorzugsweise z. Gebr. in d. mittleren u. oberen Klassen d. Lehrerseminare bearb. von Wilhelm Seyffarth, Oberl. zu Dresden-Friedrichstadt. *Leipzig & Berlin: B. G. Teubner 1904.* (VIII, 300 S.) 8° [F.] [04. 13361

Dr. E[rnst] **Bardeys** methodisch geordnete Sammlung von Aufgaben aus der Elementar-Arithmetik. Neue Ausg., vorzugsweise z. Gebr. in d. mittleren u. oberen Klassen d. Lehrerseminare, bearb. von Wilhelm Seyffarth. 2. Aufl. [Nebst] Ergebnisse, gültig von d. 2. Aufl. ab. Leipzig & Berlin: B. G. Teubner 1907. 2 Bde 8° [F.; Ergebnisse autogr.] [07. 8829

— dasselbe. Ergebnisse. (Gültig v. der 2. Aufl. ab. (81 autogr. S.) gr. 8. Ebd. 907. nnn 2. —
Wird nur direkt an Fachlehrer abgegeben.

— method. geordnete Sammlg v. Aufg. a. d. Elementar-Arithmetik. Neue Ausg., vorzugsw. z. Gebrauche in d. mittl. u. ob. Kl. d. Lehrerseminare bearb. v. Wilh. Seyffarth. 3. Afl. (8, 306) 8° Ebd. '11. L 2.80 d

Bardey, Ernst: Tabellen der Geschichte..., s. Bardey, Ernst Georg

Bardey, Ernst: Ausführliche Wandtafeln, s. Bardey, Ernst Georg.

Bardey, Ernst Georg

Bardey, E.v. (Hrsg.), Briefe eines Neumärkers, des... August Burchardt, s. Burchardt, August.

— Geschichte von Stadt und Ländchen Friesack mit einem Ausblick auf die Zeit der Quitzows. — Nauen: Selbstverl. 1894. VI,112 S. 8° 1:Td 6130. 109.
11.4699

— Geschichte von Nauen und Osthavelland. — Rathenow: Babenzien 1892. XIV [vielm. XXIV],653 S. 8°
1:Td 7623. 7. 11. 12:Bor. 21cs. 14. 29. 109. 203.
11.4700

Bardey, *Ernst* G. Kanon der auswendig zu lernenden Geschichtszahlen für das Realprogymnasium zu Nauen. 8 (18 S.).
Progr. Rprg. *Nauen* 1890

Bardey, Ernst Das sechste Konsulat des Marius oder das Jahr 100 in der römischen Verfassungsgeschichte. 71 S. 8. *Nauen* 1883 Diegr.

Bardey, Ernst, das sechste Consulat d. Marius od. das J. 100 in der römischen Verfassungsgeschichte. Inauguraldissertation. gr. 8. (66 S.) Brandenburg 884. (Leipzig, Fock.) n. 1. —

— Leitfaden für den staatsbürgerlichen Unterricht auf höheren Schulen. — Brandenburg a.H.: Haeckert 1891. 39 S. 8° 106.
11.4701

— Leitfaden f. d. staatsbürgerlichen Unterricht auf höheren Schulen. Im Anschluß an die Verfassgn. Preußens u. d. deutschen Reichs bearb. gr. 8. (39 S.) Brandenb. 891, Haeckert. * — 70

— Tabellen der Geschichte sämtlicher Kulturvölker. Ausführlicher Anhang: Kultur, Religion, Litteratur. Für den Handgebrauch. Abdruck der Wandtafeln desselben Verf. in 2., erweit. Aufl. gr. 16. (VI, 138 S.) Leipzig 889 Neisland. — 60

— Politisches Taschenbüchlein, enth. die wichtigsten politischen Ausdrücke u. Begriffe unserer Zeit mit unparteiischer Erklärung. — Nauen [usw.]: Harschan (1890). 53 S. 8° 1:F 5378.
11.4702

— politisches Taschenbüchlein, enth. die wichtigsten polit. Ausdrücke u. Begriffe unserer Zeit m. unparteiischer Erklärg. Zur Selbstbelehrg. f. jeden Staatsbürger. 3., stark verm. Aufl. gr. 16. (70 S.) Leipzig 892. Dresden, C. Meißner. n. — 50

— Ausführliche Wandtafeln der Geschichte sämtlicher Kulturvölker für Haus und Schule. Taf. 1. — Leipzig: Fues (1886). 1 Bl. gr. 2°, gefaltet in 8°
Nebent.: Ausführliche Wandtabellen der Geschichte sämtlicher Kulturvölker. 15. 304.
11.4704

Bardey, E. (II.), ausführliche Wandtafeln der Geschichte sämtlicher Kulturvölker für Haus und Schule. 2 Taf. Imp.-Fol. Leipzig 886, Fues's Verlag. *

Bardey, Franz

— Aus d. Finsternis z. Licht. Bilder a. d. Missionsunterr. d. Hindus. (18) 8° Ebd. '09. — 25 d

Bardey, Frz., die Bibelbesprechstunde s.a. Aus d. Arbeit f. d. Arbeit. 11.

Bardey, Franz: Die Bibelbesprechstunde. — Berlin: Ostdeutscher Jünglingsbund 1905. 56 S. 8° (Aus d. Arbeit für d. Arbeit. 11.) 1:Cv 36890–11.
11.4706

— ein Büchlein üb. das Deklamieren samt Deklamationen, s.a. Aus der Arbeit f. die Arbeit. 9.

— Ein Büchlein über das Deklamieren samt Deklamationen ⟨15 Prologen⟩ für unsere liebe Vereins-Jugend. — Berlin: Ostdeutscher Jünglingsbund 1904. 55 S. 8° (Aus d. Arbeit für d. Arbeit. 9.) 1:Cv 36890–9.
11.4707

— Ein Büchl. üb. Höflichk. u. Anstand f. uns. liebe Vereins-Jugend. 2. Afl. (84) 8° Hambg, Bundesbh. (o. J.). — 80 d

— Ein Büchlein über Höflichkeit und Anstand für unsere liebe Vereins-Jugend. 2. Aufl. — Hamburg: Norddeutscher Männer- u. Jünglingsbund [1905]. 84 S. 8° 18.
11.4708

Bardey, F: Das Ev. unter d. Jünglingen Indiens. (16) 8° Dresd., Verbandsbh. '09. — 25 d

— Gedichte, s.: Feierstunden.

— Gefunden. Bilder a.d. Mission unter d. Hindus. (24) 8° Ebd. '09. — 30 d

— Jesus der Gekreuzigte. Die 7 Kreuzesworte in Predigten. (67 S. m. 1 Abbildg.) 8. Hamburg 902. Bundes-Buchh. n. — 75

— Jesus der Gekreuzigte. Die 7 Kreuzesworte in Predigten. Hamburg: Norddeutscher Männer- u. Jünglingsbund 1902. 67 S. 8° 28.
11.4715

— Nie wieder! Erzählung aus dem Seemannsleben. — Hamburg: Norddeutscher Männer- u. Jünglingsbund [1910]. 22 S. 8°
Aus: Bardey: Wachet und wachset. 1910. 18. 101.
11.4718

— die Pflege der konfirmierten männlichen Jugend. Vortrag, auf der kirchl. Konferenz zu Neu-Brandenburg am 3. VII. 1901 geh. (40 S.) 8. Ebd. 901. n. — 80

Bardey, Frz: Bi Pip un Knütt. Plattdeut. Gedichte heit. Inhalts a. d. lit. Nachlasse meines unvergessl. Freundes, d. Past. Nüms zu Nahrends b. Rimelsrade am Läuschensee. (158) 8° Schwer., L Davids '11. 1.50; L 2 — d

— Eine Reise nach Amrum. Schilderungen in Prosa u. Poesie aus d. Nachlaß seines unvergeßlichen Freundes, d. Pfarrers Strandläufer zu Mövenheim an d. Ostsee. T. [1.] 2. Bielefeld: Bethel (2: Bethel bei Bielefeld: Seehospiz Amrum) 1908–12. 8°
2. Bardey: Bei Delphin und Möwe. 1912.
1[∞2]: So 8136. 6[∞2]. 12[∞2]: Hols. 500 l. 33.
11.4723

— Poet. Schatzkästlein f. die christl. Jugend, s.a. Aus der Arbeit f. die Arbeit. 10.

— Poetisches Schatzkästlein für die christliche Jugend. — Berlin: Ostdeutscher Jünglingsbund 1904. 58 S. 8° (Aus d. Arbeit für d. Arbeit. 10.) 1: Cv 36890–10.
11.4724

— Wachet u. wachset! Erzählgn f. meine jungen Freunde. (7, 182) 8° Hambg. Bundesbuchh. ('10). 1.60; L 2 — d

— Wachet und wachset! Erzählungen für meine jungen Freunde. — Hamburg: Norddeutscher Männer- u. Jünglingsbund [1910]. VI, 182 S. 8° 28. 33.
11.4728

— För'n Winterabend, s.a. Nüms.

— För'n Winterabend. Plattdeutsche Gedichte heiteren Inhalts aus d. literarischen Nachlasse ... d. Pastors Nüms zu Nahrends bei Rimelsrade am Läuschensee. — Schwerin i. M.: Davids 1910. 159 S. 8°
1: Yc 3193/3429. 8. 9. 28. 33. 48.
11.4730

Bardey, H. C. s. *Bardey*, Christian Wilhelm.

Bardey, Reinhold *Emil Franz* [aus Berlin]: Beitrag zur Casuistik der Ganglien an der Volarseite der Hand und der Finger ... Berlin, Druck v. E. Ebering, *1897;* 26 S., 3 Bl. 8.
Berlin, Med. Fak., Inaug.-Diss. v. 11. Aug. 1897

Bardi, Girolamo
— Il Pellegrino moribondo overo divotione da pratticarsi per ottenere una santa morte con l'intercessione di S. Francesco Saverio Apostolo dell'Indie. — Gratz 1718: Widmanstatt. 112 S. 8° 41.
11.4755

Bardi, Rachel [Pseud.] s. *Bardach.*

Bardili (Rechtswissenschaftler), s. Bardili, Burckhard

Bardili, Professor der Philosophie, Stuttgart, 1761-1808. 1783 s. *Bardili*, Christoph Gottfried.

Bardili, Feldprediger, zuletzt Pfarrer in Mergelstetten, 1769-1839. 1796 s. *Bardili*, Heinrich Friedrich.

Bardili, Reiseprediger Herzog Max Emanuels von Württemberg, 1676-1740. 1714 s. *Bardili*, Johann Wendel.

Bardili
— **Andr. Aug.** (Fleinsheim), Vindicias cantici canticorum adversus novississimam quandam obtrectationem. Disp. theolog. Präs. Chph. Friedr. Sartorius. Tübingen (Bauhof & Franck) Novbr. 1765. 64 S. (5.50) 1085

Bardili, Burckhard: Commentatio iuridica, continens Iudicii Imperialis aulici, vulgo Kayserl. Reichs-Hof-Raths ideam. Ed. 2. — Tubingae: Eisfeld 1742. 72 S. 8°
Erschien zuerst als Diss. Tübingen 1680.
4. 5. 9. 11. 12: 4° Diss. 3023–2. 14. 15. 17. 19. 23. 25→28. 30. 31. 36. 45. 48. 208. 300: 148.456–B.
11.4765

— Commentatio iuridica de auctoritate tutorum, oder: Von der Macht u. Gewalt der Vormünder ... Denuo recusa. — Tubingae: Eisfeld 1743. 56 S. 8°
Erschien zuerst als Diss. Tübingen 1660.
2. 4. 5. 9. 10. 12: 4° Bavar. 1980/2. 19. 28. 41. 48. 302.
11.4766

— Disputatio inauguralis iuridica de competentia fori, ratione contractus. [Resp.:] Joh. Christophorus Ensslinus. Recusa. — Tubingae 1746. 64 S. 8°
Erschien zuerst als Diss. Tübingen 1686. 300: 110.963–B.
11.4769

— Disputatio inauguralis de sponsalitia largitate. Sive von Geschencken zwischen Braut und Bräutigam [Resp.:] Georg Jacob Scheifelin. Recusa. — Vitebergae 1751: Hake. 46 S. 8°
Erschien zuerst als Diss. Tübingen 1675. 9.
11.4770

— Disputatio inauguralis de revocatione ultimae voluntatis. Recusa. — Tubingae 1746. 88 S. 8°
Erschien zuerst als Diss. Tübingen 1683. 9.
11.4771

— Disquisitio inauguralis de separatione cohabitationis, von Ehescheidung zu Tisch und Bett. [Resp.:] Ernestus Theophilus Majer. — Lipsiae: Schede 1724. 37 S. 8°
Erschien zuerst als Diss. Tübingen 1675.
4. 15. 300: 59.940–B.
11.4773

— — Halae Magdeburgicae [um 1740]: Grunert. 32 S. 8°
4. 5. 12: 4° Diss. 2361/7. 15. 19. 26. 28.
11.4774

— — Dissertatio iuridica inauguralis de separatione cohabitationis. Von Ehescheidung zu Tisch und Bett. [Resp.:] Ernestus Theophilus Maier. — Vitembergae 1745: Hake. 40 S. 8° 9.
11.4775

— Die beraubte, jedoch zu Frieden gestellete Jungfrauschafft, seu Tractatio iuridica de satisfactione stupratae. Ed. postrema. — Quedlinburgi [usw.]: Struntz 1727. 76 S. 8°
Erschien zuerst als Diss. Tübingen 1685.
1: 6 in Fi 2–2 [u.] 16 in Fi 15–10. 3. 12: 4° Diss. 2271/8. 14. 23. 26. 28. 32. 36. 300: 111.051–B. 302. 303. 308.
11.4778

— **De obligatione faciendi, German.:** Von der Schuldigkeit, eine versprochene That würcklich zu leisten, ohne dass solches durch Geld oder auf andere Art geschehen könne. Tract. jur. Ulm (Dan. Bartholomäus & Sohn) 1749. 174 S. 4 Bl. (7.50)

— De falso Procuratore tractatio iuridica. — Tubingae: Eisfeld 1743. 88 S. 8°
Erschien zuerst als Diss. Tübingen 1666.
3. 4. 5. 9. 10. 12: 4° Diss. 5163/33 [2 Ex.] 15. 17. 19. 25. 26. 28. 30. 36. 48. 211. 302.
11.4776

— De recognitione instrumenti. Oder: Von Erkenntniss der Hand und Siegels. Tract. jur. Tübingen (Joh. Joach. Eisfeld) 1746. 48 Seiten. (5.—)

— De satisfactione stupratae. Tract. jur. 28. II. 1685. Tüb. (J. J. Eisfeld) 1741. 78 S., z. Tl. deutsch. (5.50)

— **Burckhard** (Prof. zu Tübingen), De separatione cohabitationis, Von Ehescheidung zu Tisch u. Bett. Halle (Joh. Christ. Grunert) o. J. 32 S., stellenweis dtsch. (4.—)

— De subscriptione, vulgo: Von der Unterschrifft, sowohl hoher Standes- als Privat-Personen in allerhand rechtlichen Fällen. Tract. jur. Tübingen (Joh. Joach. Eisfeld) 1748. 100 Seiten. (7.—)

— de subscriptione, von Unterschrift in rechtl. Fällen. 4. Ulm, Cotta. 748.

— **Tractatio** iuridica de recognitione instrumenti. Oder: Von Erkenntniß der Hand und Siegels. — Tubingae: Eisfeld 1746. 48 S. 8°
Erschien zuerst als Diss. Tübingen 1670.
4. 5. 9. 12: 4° Diss. 3023–5. 17. 19. 26. 28. 30. 48. 75. 208.
11.4777

— Tractatio iuridica de satisfactione stupratae ... 3. vice recusa. — Tubingae: Eisfeld 1741. 78 S. 8°
1: 12 in Fi 15–10. 4. 5. 6. 9. 14. 19. 25. 26. 28. 47.
300: 152.125-B.
11.4779

— **Tractatus** iuridicus de obligatione faciendi, Germanice: Von der Schuldigkeit, eine versprochene That würcklich zu leisten, ohne daß solches durch Geld oder auf andere Art geschehen könne. — Tubingae: Eisfeld 1749. 174 S. 8°
Erschien zuerst als Diss. Tübingen 1682.
4. 5. 9. 11. 15. 19. 28. 32. 46.
11.4780

— — Ulmae: Bartholomaei 1749. 174 S. 8° 28. 304.
11.4781

— **Tractatus** iuridicus de subscriptione, vulgo: Von der Unterschrifft, sowohl hoher Standes- als Privat-Personen in allerhand rechtlichen Fällen. — Tubingae: Eisfeld 1748. 100 S. 8°
Erschien zuerst als Diss. Tübingen 1685.
1: Gd 20300. 4. 5. 10. 12: 4° Diss. 658/34. 17. 18. 19. 23. 25. 26. 28. 30. 32. 36. 48.
11.4782

Bardili, C.B. s. *Bardili*, Christoph Gottfried.

Bardili, C.G., s. Bardili, Christian Gottfried

Bardili, Ch.W.H., s. Caesar, C. Jul., de bello g.

– s. Cornelii Nepot. Opera – et vitae excellent.

Bardili, Christoph Gottfried: **Beytrag** zur Beurtheilung des gegenwärtigen Zustandes der Vernunftlehre. In einigen Bemerkungen über die Tieftrunkische und Schulzische Logik von L. B. Bardili. — Landshut: A. Weber 1803. 67 S. 8°
1: Nm 7364. 4. 5. 8. 10. 12: Ph. Sp. 51. 19. 21. 24. 27. 51. 61. 308.
11.4783

Bardili, C.B. od.W.?, Beitr. z Beurtheil. d. gegenwärt. Zustandes d. Vernunftlehre. gr. 8. Landsh. 803. Weber in Münch. 8 gr.

– s. a. Briefe über d. Ursprung d. Metaphysik.

[—] **Briefe** über den Ursprung einer Metaphysik überhaupt. Altona: Hammerich 1798. 117 S. 8°
1: Nm 7036. 5. 8. 23. 27.
11.4784

— C. G. Bardilis und C. L. Reinholds **Briefwechsel** über das Wesen der Philosophie und das Unwesen der Spekulation. Hrsg. von C. L. Reinhold. — München: Lentner 1804. XII,302 S. 8°
1: Nh 10523. 3. 4. 5. 9. 11. 12: Ph. U. 416. 15. 17. 18. 19. 21. 24. 28. 29. 61. 78. 117. 302. 304. 308.
11.4785

— **Philosophische Elementarlehre** mit beständiger Rücksicht auf die ältere Litteratur. Von C. B. Bardili. H. 1. 2. — Landshut: A. Weber 1802–06. 8°
1. Was ist und heißt Philosophie? 1802.
2. Was ist und leistet die philosophische Analysis? 1806.
1: Nm 7048. 3. 8. 12 [^∞ 2]: Ph. Sp. 52. 19. 24. 61. 102. 214. 302 [^∞ 2].
11.4786

[—] Ueber die **Entstehung** und Beschaffenheit des ausserordentlichen Nebels in unsern Gegenden. — o. O. 1783. 27 S. 8°
1: an Oh 4386. 7. 46.
11.4787

[—] — Frankfurt [usw.] 1783. 16 S. 8° 21.
11.4788

Bardili, Christoph Gottfried, s. Entstehung d. Nebels.

— **Epochen** der vorzüglichsten philosophischen Begriffe. Th. 1. — Halle: Gebauer 1788. XIV,198 S. 8°
1. Epochen der Ideen von einem Geist, von Gott und der menschlichen Seele. System und Aechtheit der beiden Pythagoreer, Ocellus und Timäus.
1: Nk 3240 [u.] 3240a. 2. 3. 4. 7→11. 12: Ph. U. 27. 15. 16. 18. 19. 21. 24. 42. 61. 78. 202. 207. 300: 28 Y 59. 302.
11.4789

— Ueber die **Geseze** der Ideenassoziation. — Tübingen: Heerbrandt 1796. 76 S. 8°
1: No 15048; 2 an Nm 4918a [u.] 8° Bibl. Diez 6182. 3. 6. 7. 8. 10. 12: Ph. Sp. 53. 21. 24. 26. 27. 61. 111. 202.
11.4790

— über d. Gesetze d. Ideenassoziation. 8. Tübing. 796. (Osiander). 4 gr.

— **Giebt** es für die wichtigsten Lehren der theoretischen sowohl als praktischen Philosophie, ungeachtet aller Widersprüche der Weltweisen, doch noch gewisse allgemein brauchbare Kennzeichen der Wahrheit? — Stuttgart [1791]: Herzogl. Akad. Buchdr. 29 S. 8°
Rede an d. 64. ... Geburtsfeste ... d. reg. Herzogs v. Wirtemberg. in ... d. Hohen Karlsschule, den 11. Hornung 1791 gehalten.
24. 78.
11.4791

Bardili, Cph. Gf., Gründe d. ersten Logik, gereinigt von d. Irrthümern bisher. Logik, besond. d. Kant. rc. 8. Stuttg. 800. Löfflund u. S. 1 Rthl.

— **Grundriß** der ersten Logik. — Stuttgart: Löflund 1800. XVI,360 S. 8°
1: Nm 7044. 3→10. 12: Ph. Sp. 53d. 14. 15. 16. 18→21. 24. 27. 28. 29. 34. 36. 41. 43. 48. 61. 78. 102. 117. 123. 202. 214. 302. 308.
11.4792

– s. Julians Spottschrift

[—] **Noch** zwey Worte über das logische Grundverhältniß. Herrn Geheimen Rathe Jakobi gewidmet. Erstes Wort. — München: Lentner 1806. VI,70 S. 8°
1: Nm 10248. 5. 6. 308.
11.4793

— Observationes physicae, praesertim meteorologicae. 4. Tübing. 780.

— allgem. prakt. Philosophie. 8. Stuttg. 785. Löfflund u. S. 14 gr.

— Allgemeine praktische **Philosophie**. — Stuttgart: Erhard & Löflund 1795. 189 S. 8°
1: Np 4136 [u.] 8° Bibl. Diez 6648. 2. 5. 8. 12: Don. Lud. 712. 15. 20. 21. 24. 26. 27. 34. 39. 117.
11.4794

Bardili, Christoph Gottfried, s. Pomponatus Tractat.

— **Rede** auf den Herzog Carl von Wirtemberg. Gehalten in seiner Hohenschule zu Stuttgart den 22. Febr. 1794. — [Stuttgart 1794]: Gedr. mit akad. Schriften. 24 S. 8°
1: 2 in Sh 96. 7. 21. 24. 93.
11.4795

Bardili, Christoph Gottfr.: R e c e n s e n t , Der Würzburger, oder: Luther verderbte (!) vollends alles. . .
Ulm 1787.

– s. R e c e n s i o n , d. Würzburg.

— **Significatus** primitivus vocis Προφήτης ex Platone erutus cum novo tentamine interpretandi I. Cor. cap. XIV. — Gottingae: Dieterich 1786. 56 S. 8°
1:Bt 5620. 5. 7. 15. 21. 24. 25. 28. 34. 78.
11.4796

— **Sophylus** oder Sittlichkeit und Natur, als Fundamente der Weltweisheit. — Stuttgart: Erhard & Löflund 1794. XVI,204 S. 8°
1:Nh 9812. 2. 3. 7. 21. 24. 26. 51. 61. 121. 202.
11.4797

— Sophylus, od. Sittlichkeit u Natur als Fundament d. Weltweisheit. 8. Stuttg. 794. Sattler. 14 gr.

Bardili, Ch. Gf., Ursprung des Begriffes von der Willensfreyheit. 8. Stuttg. Erhard. 790. Rthlr.

— **Ursprung** des Begriffes von der Willensfreiheit. — Stuttgart: Erhard & Löflund 1796. XXX,96 S. 8°
1:Nq 8358. 3. 10. 15. 24. 27. 78. 111.
11.4798

— Ursprung d. Begriffs von d. Willensfreiheit. 8. Stuttg. 796. Sattler. 8 gr.

— s.a. V e r s u c h über d. Lehre vom Temperamente.

[—] Neue **Versuche** über die Lehre vom Temperament und den menschlichen Neigungen. — Stuttgart: Erhard & Löflund 1795. 368 S. 8°
2. 7. 10. 27. 28. 41.
11.4799

Bardili, Cp.Gf., s. B a r d i l i , Christoph Gottfried

Bardili, Friedrich Heinrich, s. B a r d i l i , Heinrich Friedrich.

Bardili, Heinrich Friedrich: Dem **Andenken** Seiner Reichsfreiherrlichen Excellenz Herrn Philipp Heinrich von Gaißberg auf Schökingen ... gewiedmet. — Stuttgart: Verf. 1796. 23 S. 8°
21. 24. 26.
11.4800

Bardili, Heinrich Friedrich (Hrsg.), s.a. B e i t r ä g e z. Geschichte Schwabens.

[—] **Beyträge** zur Geschichte Schwabens seit dem Rheinübergange der Franken bey Kehl. Stück 1. — Nürnberg: Raw 1797. 152 S. 8°
21. 24.
11.4801

— **Predigt**, gehalten in Mergelstetten am Kirchweih-Feste, den 21. Oktober 1838, nach einem 3 Tage zuvor, den 18. Okt., ausgebrochenen Brande. — Stuttgart 1838: Müller. 15 S. 8°
24.
11.4802

— **Rede** am Geburtsfeste Seiner Herzoglichen Durchlaucht Friderich des Zweiten regierenden Herzogs von Wirtemberg und Teck etc. den 6. November 1802. gehalten ... zu Ellwangen. — o.O. 1802. 16 S. 8°
21.
11.4803

Bardili Johann Wendel: **Reise-Beschreibung** von Pultawa durch das Desert Dzike Pole nach Bender, und durch die Wallachey und Moldau nach Teutschland. — o.O. 1714. 232 S. 8°
12: It. sing. 838 s. 21. 24. 25.
11.4805

[—] **Schwedische Reiß-Beschreibung** von Pultawa nach Bender, und durch die Wallachey und Moldau nach Teutschland ... Deme noch hiebey gefüget: Die grosse Missive und das göttliche Manifest an das zwar gedruckte, aber nicht unterdruckte Schweden, betreffend: Die veritable und welt-kündige Gewißheit der Gegenwart Caroli XII. Königs in Schweden, &c. — Stralsund 1715. 112 S. 8°
3. 24.
11.4806

[—] — Noch ist hiebey gefüget: die grosse Missive und das göttliche Manifest an das zwar gedruckte, aber nicht unterdruckte Schweden, betreffend: Die veritable und weltkündige Gewißheit der Gegenwart Caroli XII. Königs in Schweden &c. [Nebst] Continuation. — Stralsund 1715. 8°
Continuation: Naundorf: Der schwedischen Reiß-Beschreibung Continuation; oder ferner-ausführlicher Bericht, was bey Bender, als Seine Majestät Carolus XII. König in Schweden &c. allda residiret, mit den Türken u. Tartarn vorgangen ... Von einem schwedisch. Officier, nahmens Frodnuan [d. i. Naundorf].
10 [∞ Cont.] 12: It. sing. 838 sa. 29 [∞ Cont.]
11.4807

[—] Des weyland Durchl. Printzens Maximilian Emanuels Hertzogs in Würtemberg ... **Reisen** und Campagnen durch Teutschland in Polen, Lithauen, roth und weiß Reußland, Volhynien, Severien und Ukrainie ... Nebst der Reys-Beschreibung von Pultawa nach Bender. — Stuttgardt: Author 1730. 653 S. 8°
1: Pv 4250. 2. 4. 7. 8. 12: It. sing. 850. 14. 16. 19. 21. 24. 27. 31. 34. 41. 44. 304.
11.4808

(Bardilli.) Maximilian Emanuels Hertzogs in Würtemberg, Obristen e Schwed. Dragoner-Reg., Reisen u. Campagner durch Teutschland, Pohlen, Lithauen, roth- u. weiss Russland, Wolhynien, Severien u. Ukrainie. (654.) 8. Stuttgart 1730 — (XX. 656.) 12. Frankf. u. Leipzig (Tübingen) 1739.

[—] — Franckfurt [usw.]: (Cotta) 1739. 656 S. 8°
2. 12: It. sing. 851. 21. 24. 34.
11.4809

[—] Des weyland Durchlauchtigsten Prinzens Maximilian Emanuel Herzogs in Würtemberg ... **Reisen** und Feldzüge, so er durch Deutschland nach Polen, Lithauen, Reußland, Volhynien, Severien und Ukraine verrichtet ... Deme noch beygefüget eine curieuse Reisebeschreibung von Pultawa nach Bender. Neue Aufl. — Frankfurt [usw.]: Cotta 1755. 656 S. 8°
12: It. sing. 852. 21. 24.
11.4810

Bardili, L.B. s. *Bardili*, Christoph Gottfried.

Bardilli, s. B a r d i l i , Johann Wendel

Bardin aus der Schweiz. Eine Samml. Anekdoten rc. 16. Wien 826. M. Lechner u. Haykul. 6 gr.

Bardin, D., Auswahl vorzüglicher, auf Erfahr. gegründ. gemeinnütziger Vorschriften. Für Kaufleute, Fabrikanten rc. 6 Hefte. 2e verm. Aufl. 8. Berl. 824. Logier. 1 ℛ

Bardin, (Dr.,) der franz. Parfümeur od. Anweis. zur Verfert. der vorzügl. u. gangbarsten franz. Parfümerien. 16. Berlin 824, Logier.

Bardin, D.: Der französische **Parfümeur**. Oder: Anweisung zur Verfertigung der vorzüglichsten und gangbarsten französischen Parfümerien. 2. Aufl. — Berlin: Logier 1829. XVI,143 S. 8°
1:Op 2658. 10.
11.4812

Bardola, Cristoffel

— Dna **Lupa**, vulgo Eupa u la duonna valorusa da Celin. Drama. — Samaden [1899]: Tanner. 71 S. 8° [Frau Lupa genannt Eupa oder die tapfere Frau von Celin.]
1:Xn 8893/8.
11.4861

— La **Nöblia** da Tschanüff ù Josue Zuanzy nöbel cavalier e chastellan in Ramosch, signuria 'Tschanüff'. Drama. — Coira 1897: Ebner. 195 S. 8° [Die Herrschaft von Tschanüff oder Josue Zuanzy der edle Ritter u. Kastellan in Remüs.]
1:Xn 8891.
11.4862

Bardon, Mich. Fr. Dandré, Costüme der alten Völker. Aus dem Französ. von W. G. Becker. Mit Kupf. Leipzig 776-80. 5 Hefte. f. 5 rthl. 4 gr. Ist nicht vollständig.

Bardon, Dantre, Costüme d. ältesten Völker. Aus d. Französ. v. W. G. Becker. Mit Kpf. 5 Hefte. 4. Leipz. 776, 77. Central-Compt. 5 Thlr.

Bardon, Dandre, Costüme der ältesten Völker. a. d. Franz. von Becker. m. K. 5 Hefte. 4. Leipzig, Müller. 776.

BARDON, STEFAN: Monatliche Anbetung vor dem Allerheiligsten in Pusztavám (Andau). Rákospalota o. J. Druckerei Don Bosco. 16 S. - 120 mm

Bardonnet des Martels, Die Musterung des Pferdes, Rindes, Schafes und des Schweines, nebst genauer Bezeichnung derjenigen Stellen, durch deren Befühlen eine genaue Gewichts- und Fettschätzung ermöglicht wird; ferner Nachweisung der abweichenden Zerlegungsart der verschiedenen Schlachttiere in Frankreich und in England, unter Angabe der zweckmässigsten Mittel, Pferde, Rinder, Esel und Maulesel zu bändigen, zu lenken und zu transportieren. Für Pferdezüchter, Landwirte, Tierärzte und Fleischer, nach dem Französischen ins Deutsche übertragen von Chr. Heinr. Schmidt. Mit 58 erläut. Fig. (auf 8 Steintaf. in qu. gr. 4) gr. 8. (VIII u. 330 S. mit 1 Tabellen in qu. gr. Fol.). Weimar 56. Voigt. M. 3.75

Bardorff, J. (Hrsg.), s. Die Zukunft.

Bárdos, Arthur: Katalog. Sonderausstellung Ludwig Márk, Budapest. Galerie Eduard Schulte, Berlin ... Okt. 1909. (Verf.: Arthur Bárdos.) — (Berlin 1909: v. Holten.) 7 S., 8 Taf. 8° 1: Nt 4354/50. 7.
11.4878

***Bardosi*, J.,** Supplem. analector. terr. scepusiens. etc. rev. a Schmauck. Tom. I. 4. Leutschoviae 802. (Pressb., Schwaiger; Pesth, Eggenberger). 2 Thlr.

— animadv. histor. crit. diplomat. in opus de instructione nobilium, auct. J. Kerestury etc. 8 maj. Wien 792. Rehm. 1 Thlr.

— Moldavensis vel Szepsiens. Decim. Indag. est proxim. terr. Scepus. 4. Pres-b. 802. Bellnay. 1 Thlr. 8 gr. id. lib. 4. Chemn. 805. (Starke). 1 Thlr. 16 gr.

— idem liber. 4. Chemnitz, Maucke. 805.

Bardou, Dandré, s. Bardon, Mich.

Bardoux, F.: Les Mystères de Hombourg. P. 1. — Francfort a. M. 1855: (Brönner). 28 S. 8° 17. 302.
11.4913

Bardoux, MF, les mystères de Hombourg. 1. Partie. 8. (28) Frankf. 55, (Winter.) — $7^{1}/_{2}$

Bardoux, M.F., s. Bardoux, F.

Bardowicz, Leo: Die rationale Schriftauslegung des Maimonides und die dabei in Betracht kommenden philosophischen Anschauungen desselben. Darstellg u. Beleuchtg der v. Maimonides versuchten rationalen Begründg d. biblischen Vorschriften ... Berlin, Druck v. H. Itzkowski, 1893; 2 Bl., 59 S. 8.
Erlangen, Phil. Fak., Inaug.-Diss. v. 1893

Bardowicz, Leo, die rationale Schriftauslegung des Maimonides u. die dabei in Betracht kommenden philosophischen Anschauungen desselben. Darstellung u. Beleuchtg. der v. Maimonides versuchten rationalen Begründg. der bibl. Vorschriften. Gekrönte Preisschrift. [Aus: „Magazin f. d. Wiss. d. Judenth."] gr. 8. (59 S.) Berlin 893. (Wien, Ch. D. Lippe.) n. — 80

— Studien zur Geschichte der Orthographie des Althebräischen. — Frankfurt a. M.: Kauffmann 1894. VIII, 112 S. 8° 1: Bk 5836. 2. 12: L. as. 80 f. 15. 28. 30.
11.4932

! Bardowicz, L.: Studien z. Geschichte d. Orthogr. d. Althebräischen. Jetzt: Berlin, M. Poppelauer.

Bardowitz, Leo, s. Bardowicz

Bardroff Wilhelm Zur Konstitution der bimolekularen Fettsäurecyanide S 121 IIb 50 Agr
Separatabdruck

Bardt: Die Priester..., s. Bardt, Carl

Bardt (Andr.Geo.Guil.) Car.: quaestiones, s. Bardt, Carl

Bardt, Carl
Bardt, C[arl] Ein verirrter Brief des Cicero an Cornificius [ad fam. XII 25]. S. 5—21. 8.
In. Novae symbolae Joachimicae. Festschrift aus Anlaß des 300 jahr. Jubil. veröffentl. v. d. Lehrer-Kollegium des Kgl. **Progr.** Joachimsthalschen Gymn. *Berlin* 1907.

Bardt, C., ein verirrter Brief des Cicero an Cornificius. (17 S.) gr. 8. Halle 907. Buchh. d. Waisenhauses. — 50
Sondernbdruck aus: „Novae symbolae Joachimicae".

Bardt, C, s. a. Briefe, ausgew., a. Ciceron. Zeit.

Bardt, Carl: Ausgewählte Briefe aus ciceronischer Zeit. Text [nebst] Kommentar 1.2 [u.] Hilfsheft. — Leipzig (Hilfsheft: Leipzig [usw.]): Teubner 1896-1901. 8° (B.G. Teubners Schülerausgaben griechischer und lateinischer Schriftsteller.)
Die späteren Auflagen und Ausgaben dieser Schrift sind nicht besonders berücksichtigt worden. Die angegebenen Bibliotheken besitzen daher die einzelnen Teile teilweise in abweichenden Ausgaben.
1: Wq 2981 [u. ö.] 2. 5→8. 11. 12: A. lat. b. 387 t. 15. 16. 18. 19. 26. 28. 29. 30. 38. 41. 43.
11.4952

Ausgewählte Briefe aus ciceronischer Zeit hrsg. von C[arl] **Bardt.** 2. Aufl. Text. Leipzig & Berlin: B. G. Teubner 1904. 8°
(B. G Teubners Schülerausgaben griech. u. latein. Schriftsteller.) [07. 11988

Bardt, C[arl]: T. Lucretius Carus: Vom Wesen der Dinge III 830—1094. Deutsch von C. B. S. 271—280. 8.
In: Novae symbolae Joachimicae. Festschrift aus Anlaß des 300 jähr. Jubil. veröffentl. v. d. Lehrer-Kollegium des Kgl. **Progr.** Joachimsthalschen Gymn. *Berlin* 1907.

Bardt, Karl Zu Ciceros Cluentiana 13 S **Progr.** *Neuwied* 1878

Bardt, *Carl* [Dir. Dr.]: Gedenktafel der Verstorbenen. II. 1891/92. (Herm. Aug. Frdr. Heller u. A.) (I: P 1890.) Berlin, Druck v. M. Oldenbourg, 1892; 3 ungez. S. 4.
Berlin, k. Joachimsthalsches G, P 1892 (58)

— s. a.: **Komödien, römische.**

— **Römische Komödien. Bd [1]-3. — Berlin: Weidmann 1903-11. 8°**
1. Plautus: Der Schatz. Die Zwillinge. Terentius: Das Mädchen von Andros. Die Brüder. 1903.
2. Plautus: Die Gefangenen. Der Bramarbas. Der Schiffbruch. Terentius: Der Selbstquäler. 1907.
3. 1911.
1: We 3480. 5. 6. 9. 11. 12: A. lat. C. 13 m. 16. 18. 19. 24. 26. 29. 39. 41. 44. 45. 61. 62. 66. 109. 300 [$^{\infty}$ 1.2]: 467.714-B. Bd 3.
11.4957

— — **2. Aufl. Bd 1.2. Ebd. 1909-13. 8°**
1. 2., verm. Aufl. 1909.
2. Plautus: Die Gefangenen. Der Bramarbas. Der Schiffbruch. Vater u. Sohn. Terentius: Der Selbstquäler. 2. Aufl. 1913.
1: We 3480^{2}. 2. 3. 10. 11. 12: A. lat. C. 13 mb. 15. 17. 19. 21. 38. 51. 62. 102. 211. 300 [$^{\infty}$ 2.3]: 467.714-B. Bd 1.
11.4958

Bardt, C. Die Legende von dem Augur Attus Navius. 11 S. G. *Elberfeld* 1883 **Progr.**

Bardt, C[arl]. Theodor Mommsen (1817—1903). [Nekrolog.] 38 S. 8. Berlin, Weidmann, 1903. [M. —. 60]

Bardt: Die Priester der vier grossen Collegien aus römisch-republikanischer Zeit. 39 S.
Progr. Berlin Wilh.-G. 1871.

Bardt, C., die Priester der vier grossen Collegien aus römisch-republikanischer Zeit. 4. (41 S.) Berlin 871. (Ebeling und Plahn.) *

Bardt, C., die Priester der 4 grossen Collegien aus römisch-republikanischer Zeit. 4. (41 S.) Berlin 871. Leipzig, Teubner. n. 1. 50

Bardt, Carol., quaestiones Tullianae. Dissert. inaug. Berlin 866. (Calvary & Co.) gr. 8. (46 S.) n. 8 *ngr.*

Zur Technik des Übersetzens lateinischer Prosa von C[arl] Bardt. *Leipzig & Berlin: B. G. Teubner 1904.* (67 S.) 8° 14. 11:08

Bardt, *Carl Worte an die Witwe des verstorbenen Geh. Regierungsrat Provinzialschulrat Dr. G. A. Klix.* 4 (S. 33 der Schuln.).
Progr. Kgl Joachimsthalsches G. *Berlin* 1894

Bardt, C[arl]: Der Zinswucher des M. Brutus. *Berlin 1898: M. Oldenbourg.* (8 S.) 4°
Berlin, K. Joachimsthalsches G, P 1898 (57)

— Der Zinswucher des M. Brutus ... Otto Kübler zum siebenzigsten Geburtstage in dankbarer Verehrung dargebracht. — (Berlin [1899]: Oldenbourg.) 8 S. 4°
Zugleich Progr. Joachimsthalsches Gymn. Berlin 1898. **15. 28.**
11.4963

Bardt, Franz
Bardt, F., der Bracteatenfund von Gross-Briesen. gr. 8. (33 S. mit 2 Lichtdr.-Taf.) Berlin 883, (Weyl.) **
Aus: Numismatische Zeitschrift, besonders abgedruckt.

Bardt, Franz: Zur G e s c h i c h t e d. vorm. königl. Appellations-Gerichts in Frankfurt a/O., s.a. M i t t h e i l u n g e n d. historischen Vereins für Heimathkunde in Frankfurt a/O.

Bardt, Franz: Zur Geschichte des vorm. Königl. Appellations-Gerichts in Frankfurt an der Oder. — Frankfurt a. O. 1880: Trowitzsch. 40 S. 8° (Mittheilungen des Historischen Vereins für Heimathkunde in Frankfurt a. O. 14.)
1:Td 5485-14. 2. 15. 21. 25. 33. 41. 43. 109. 208.
11.4948

- die M ü n z s a m m l u n g des Vereins s.a. M i t t h e i l u n g e n d. historischen Vereins für Heimathkunde in Frankfurt a/O.

— Die Münzsammlung des Vereins. 2. Verzeichniß. — Frankfurt a. O. 1880: Trowitzsch. 16 S. 8° (Mittheilungen des Historischen Vereins für Heimathkunde in Frankfurt a. O. 13.)
Das 1. Verzeichnis erschien in: Jahresberichte u. Mitteilungen d. Historisch-statistischen Vereins zu Frankfurt a. O. 6.7. 1867.
1:Td 5485-13. 2. 15. 21. 25. 33. 41. 123.
11.4949

Bardt, Karl, s. B a r d t , Carl

Bardt, Karl Friedrich s. *Bahrdt.*

Bardua, Justizrat, Berlin. 1823 **s.** ***Bardua,*** **Ludwig.**

Bardua, Ludwig: Das große Examen. Das ist wahrhaftige und abenteuerliche Historie, wie man ... 1822 ... in ... Berlin einige Candidatos zum drittenmale examinando geprüfet u. torquiret hat. — Berlin 1823. 14 S. 8°
2.29.
11.4966

Bardua, Wilhelmine
— Jugendleben der Malerin Caroline Bardua. Nach e. Ms. ihrer Schwester Wilhelmine Bardua hrsg. von Walter Schwarz (d. i. Wanda v. Dallwitz). — Breslau: R. Hoffmann 1874. VIII,295 S. 8° 1:Nt 246. 2. 4. 5. 7. 12:Art. 16 b. 14. 15. 17. 19. 21. 24. 27. 30. 32. 41. 43. 47. 64. 79. 106. 109. 111. 117. 300:60.878-B.
11.4968

Bardua, W, Jugendleben d. Malerin Caroline Bardua. Hrsg. v. W Schwarz. 8. (295) Petersw. 74, Hoffmann. n. 4. 20; geb. n.n. 5. 40

Bardo, Ernst: Unsere Diaspora u. ein Diasporaheim. Vortr. In: Kirchl. Bl. 1899/1900. S. 384—386. 389—393. 399—401.
Als SA: Hermannstadt, Krafft (1900). 23 S. 8°.

Bardy de Louil, J . Donna e mobile. Reise-Novelle. [Mit illustriertem Umschlag.] 48 S. 8. Zürich, Caesar Schmidt 1903. [fr. 1. —]

— Susanna im Bade. Eine Künstlergeschichte. — Zürich: C. Schmidt 1903. 52 S. 8° 1:Yx 34888.
11.4997

Bardzki, Wladislaus v.: Kritische Besprechung der Preußischen Grundsteuer. — Berlin [um 1880]: Niendorf. 27 S. 8° 19.
11.5001

Bare, de, Familie. 1840. **Stammtafeln und Nachrichten von dem Geschlechte der Bar, de Bare, de Bere, de Baer, von Baar, jetzt von Bar im Fürstenthume Osnabrück. 1840 s.** ***Bar,*** Herbert Sigismund Ludwig v.

Bareau de Girac, François: Lettre de Monseigneur l'Évêque de Rennes [d. i. (François) Bareau de Girac] aux prêtres de son diocèse exilés pour la cause de la foi. — Wolfenbuttel 1796. 38 S. 8° 23.
11.5003

Bar Ebhraya, s. B a r h e b r a e u s

Bar Ebraya, s. B a r h e b r a e u s.

Bareck, Max, humoristische Erzählungen, s. Hausschatz, humoristischer, für's deutsche Volk.

Baerecke, Paul
— Zum Friedrichstage. Die Schlacht von Liegnitz am 15. August 1760. Vortrag. — Ebd. 1906. 20 S. 8°
Aus: Militär-Wochenblatt. 1906, Beih. 6. **30. 209.**
9.8957

Baerecke, Paul: Die Schlacht von Liegnitz am 15. August 1760. Vortrag... von Baerecke. Die seelischen Werte im Frieden und im Kriege. Eine Studie von Ernst van den Bergh. — Berlin: Mittler (1906). S. 187-236. 8° (Militär-Wochenblatt. 1906, Beih. 6.) 1:Hu 2318-1906, Beih. 6. 2. 4→7. 9. 10. 11. 12:4° Mil. g. 110 ob-Beih. 1906. 14. 15. 16. 18. 21. 24. 25. 26. 29. 31. 33. 34. 39. 41. 52. 117. 169. 208.
9.8956

Bareille, E., s. B a r e i l l e , Jean François

Bareille, Jean François
— [Émilia Paula, deutsch] Emilia Paula. Historisches Zeit- u. Sitten-Gemälde aus d. 1. Jahrh. Deutsch hrsg. von Jos. Chowanetz. Bd 1.2. — Schaffhausen: Hurter 1859. 8° 1:Xy 11889/86.
11.5007

—— dass. N. übers. v. H Wahl. 2 Thle. 16. (311) Wien 60, (Klemm.) n. 1. 10

Bareille, J., Emilia Paula. Geschichtlicher Roman aus dem 1. Jahrhundert unserer Zeitrechnung. Nach dem Französ. in der Bearbeitung der „Gegenwart." Neu übers. von Herm. Wahl. 2 Thle. Wien 860. Sommer. 16. (311 S.) u. 1 *ℛ* 10 *ngr.*

Bareilles, Bertrand: Constantinople, ses cités franques et lévantines (Péra, Galata, Banlieue). — Paris: Bossard 1918. 405 S. 8° 1:Uh 383. 12:Turc. 2091.
11.5010

Bareis, Erwin: Briefe von Dort. — Stuttgart: Strecker & Schröder 1906. 67 S. 8° 24.
11.5019

Bareiss, Postmeister, Stuttgart. 1876 **s.** ***Bareiss,*** Heinrich.

Bareiss, Heinrich: Hauptsächlichste von 1. Januar 1876 an giltige Bestimmungen über den Postverkehr innerhalb Württembergs. 1876 s. ***Bacmeister,*** Hermann.

Barelas, J. A., *Ὁ ὁρισμὸς τῆς ψυχῆς κατὰ τὰς Ἀριστοτελείους ἀρχάς.* Diss. 1878. 108 S. 1.50

BARELL, EMIL. Ueber das Verhalten des Benzoresorcins beim Methylieren. Bern, 1895. Diss. S. I.

Barell, Ida: Ceylon 1909. Reiseerinnerungen. — Basel (1909): Böhm. 253 S. 8° 24. 79. 109. 203. 205. 212.
11.5022

Barell, J., Ceylon 1909. Reiseerinnerungen. (255 S.) gr. 8. Basel (910). Schweiz. Verlags-Druckerei G. Böhm. 2. 80; geb. in Leinw. 3. 60

Barell-Leuzinger, Ida s. *Barell*, Ida.

Barella, Friedrich Wilhelm: Ein Magnat. Eine Studie für alle Patrioten Ungarns, Landwirthe u. Geschäftsleute des Auslandes. [1]-3. — Wien: Verf. 1874. 8°
1[°°2.3]: Se 7717. 300[°°1]: 66.966-B.
11.5026

Barella, Wilhelm [aus Erkermühle '(Rheinprov.)']: Über einseitigen Exophthalmus bei Morbus Basedowii ... Berlin, Buchdr. v. G. Schade, *1894*; 32 S., 1 Bl. 8.
Berlin, Med. Fak., Inaug.-Diss. v. 16. März 1894

(F) **Barelle-Huber,** Pädagogische Winke für die Präfekten und Professoren an katholischen Lehr- und Erziehungsanstalten. 3. Aufl. 16°. (40 S.) Rauch, Innsbruck 1908 K —.30

Barelli, M.: Mailand und die Certosa von Pavia. Mit 11 Orig.-Aquarellen von N. Ramorino u. 205 Lichtbildern. — Zürich [usw.]: Amalthea-Verl. (1929). 128 S. 4° (Italien: Städte u. Landschaften.) 19. 30. 36. 48. 60. 66. 75. 107. 180. 300: 571.215-D. Kt. S. 8. 302.
11.5046

Barelmann, Dietrich [app. Arzt aus Wardenburg in Oldenburg]: Ueber einen Fall von Kropftod. ... München, Buchdr. v. M. Ernst, 1888; 16 S. 8°
München, Med. Fak., Inaug.-Diss. v. 1888

Barelmann, Johann: Zum Gedächtnis der Taufgnade. [Verf.: Johann Barelmann.] — Gütersloh: Bertelsmann 1887. 24 S. 8° 1: Dt 555. 6.
11.5052

[—] — 2. Aufl. Ebd. 1890. 24 S. 8° 1: Dt 555². 6.
11.5053

[—] — 4. Aufl. Ebd. 1900. 24 S. 8° 1: Dt 555⁴. 6.
11.5054

— Die Heilslehre nach der Heiligen Schrift. — Gütersloh: Bertelsmann 1899. 18 S. 8° 1: Eo 14312. 6.
11.5056

— — 2., verm. Aufl. Ebd. 1900. 26 S. 8°
1: Eo 14312². 6.
11.5057

— — 3. Aufl. Ebd. 1906. 64 S. 8° 1: Eo 14312³. 6.
11.5058

— Die Heilszueignung nach der heiligen Schrift. — Gütersloh: Bertelsmann 1885. 84 S. 8°
1: Cy 10560. 6.
11.5059

— — 2., verm. u. verb. Aufl. Ebd. 1890. 128 S. 8°
1: Cy 10560². 6.
11.5060

— die Heilszueignung nach der Heiligen Schrift. Unterrichtsergebnisse f. den Unterricht in der Heilslehre, e. Wegweiser zur ewigen Seligkeit. 8. verm. u. verb. Aufl. (160 S. m. 1 Abb.) 8. Ebd. 903. n. — 80; geb. n. 1. —

Barelmann, Johann Christian: Predigten über evangelische und epistolische wie auch bey besondern feyerlichen Gelegenheiten über freye Texte gehalten. — Oldenburg: Schulze 1832. XIV, 355 [vielm. 353] S. 8° 45.
11.5063

— Rede über 5. Buch Mosis 4., Vers 9. am 27sten November 1838 als dem fünf und zwanzigsten Jahrestage der Rückkehr des verewigten Herzogs von Oldenburg und Fürsten zu Lübeck, Peter Friedrich Ludwig, in sein durch den Sieg bei Leipzig von fremder feindlicher Gewalt befreites Herzogthum. — Oldenburg: Schulze 1839. 16 S. 8°
45.
11.5064

— Das Unkraut unter dem Weizen. Eine Predigt. — Oldenburg: Schulze 1836. 32 S. 8° 45.
11.5065

BARELMANN, Julius (Rensefeld/Oldenb.): Ein Fall von Lungensyphilis.- München, Nürnberg: Stich 1882. 19 S.
20.7.1882 - Urk (Titel: De casu quodam syphilidis pulmonaris singulari.); Chr 1882/83,16
Diss. Ingolst.-Landsh. Medizin.

Barème pour l'établissement des comptes courants de banque et les calculs d'escompte en général, s: Antoine f. Bank-Conto-Corrent- u. Disconto-Berechngn.

Barème de la solde et accessoires de solde des officiers, sous-officiers, brigadiers et canoniers des régiments d'artillerie. Par V. D...., officier comptable. gr. in-8. Strasbourg et Paris 842, Ve Levrault. 7/8 ₰

— de la solde et accessoires de solde des régiments d'infanterie et des bataillons de chasseurs d'Orléans, établi d'après le tarif faisant suite à l'ordonnance du 5. décembre 1840; par un ex-trésorier d'infanterie. gr. in-8. Strasbourg 843, Ve Levrault. 5/6 ₰

Baren, van: E n t w i c k l u n g der Rechtspflege, s. B a r e n, Otto van

Baren, van: Schloß I n s t e r b u r g, s. B a r e n, Otto van

Baren, van, zur gerichtärztlichen Lehre von verheimlichter Schwangerschaft, s. Cohen van Baren.

v. Baren, J. C., s. Cohen v. Baren.

Baren, Otto van: Entwickelung der Rechtspflege in Ostpreussen, mit bes. Rücks. auf Insterburg. Vortrag. — Insterburg 1882: Wilhelmi. 26 S. 8° 8. 10. 21. 29. 102.
11.5081

— Das Schloß Insterburg, seine Bewohner und seine Gäste. Vortrag. — Insterburg 1883: Wilhelmi. 36 S. 8°
1: 22 in Sz 1. 8. 10. 30. 43. 44. 79. 102.
11.5082

— Insterburger Kirchen-Nachrichten. 8°
Aus: Altpreußische Monatsschrift. 23. 1886. 10.
11.5083

— Der Zorn Friedrichs des Großen über Ostpreußen. Vortrag. — Insterburg 1885: Wilhelmi. 20 S. 8°
Aus: Altpreußische Monatsschrift. 22. 1885.
1: 22 in Sz 3. 8. 10. 26. 30. 43.
11.5084

Bären s.a. Castelli.

Bären, die drei. gr. 4. (9 S. m. z. Tl. farb. Abbildgn. u. 4 ausgestanzten Buntbildern z. Aufstellen.) Konstanz (900) C. Hirsch. — 75

Bären, 100 Neue Wiener, zusammengetrieben vom alten Bärentreiber. Wien [1844]. V: *Castelli, Jgnaz Vinc. Frz.* (GGr)

Baerenbach, Friedrich v.
Pseudonym für Medveczky Frigyes
— Vom Baume der Erkenntniß. Novellen. — Wien: Gerold 1876. X, 171, 119 S. 8° 7. 39. 300: 67.909-A. 302.
9.8959

— Die Flitterwochen des Redacteurs. Lustspiel. — Wien: Verf. 1876: Gerold. 16 S. 8° 31. 300: 154.660-B. 302.
9.8961

— Gedanken ueber die Teleologie in der Natur. — Berlin: Grieben 1878. VIII, 48 S. 8°
1: Lf 23039. 6. 7. 11. 12: Ph. Sp. 47 df. 15. 17. 36. 41. 84. 300: 113.540-B. 302. 304.
9.8962

Baerenbach, Frdr. v., Gedanken üb. die Teleologie in der Natur. Ein Beitrag zur Philosophie der Naturwissenschaften. gr. 8. (VIII, 48 S.) Leipzig 878. Grieben. n. 1. 50

— **Grundlegung** der kritischen Philosophie. Th. 1. — Leipzig: Barth 1879. XL,385 S. 8°
1. Prolegomena zu e. anthropologischen Philosophie. 1879.
1: Nm 23800. 5. 15. 17. 18. 20. 24. 26. 45. 46. 302. 303.
9.8963

— **Herder** als Vorgänger Darwin's und der modernen Naturphilosophie. — Berlin: Grieben 1877. 71 S. 8°
1: Li 11645. 5. 6. 7. 10. 12: H. nat. 9 q. 14. 15. 17. 18. 24. 109. 122. 202. 207. 300: 155.537-B. 302. 304.
9.8964

—— **Herder** als Vorgänger Darwin's und der modernen Naturphilosophie. Beiträge zur Geschichte der Entwickelungslehre im 18. Jahrh. gr. 8. (71 S.) Berlin 877, Grieben. *

— **Das Problem** einer Naturgeschichte des Weibes. — Jena: Dufft 1877. XIV,126 S. 8° 4. 10. 12: H. g. hum. 12 fe. 16. 25. 26. 27. 30. 60. 106. 300: 33.967. 302. 304.
9.8966

— das **Problem** e. Naturgeschichte d. Weibes. Historisch u. kritisch dargestellt. gr. 8. (XIV, 127 S.) Jena 877. Fischer. n. 3. —

— die **Socialwissenschaften.** Zur Orientirg. in den socialwissenschaftl. Schulen u. Systemen der Gegenwart. Kritisch u. gemeinfasslich dargestellt. gr. 8. (XV, 300 S.) Leipzig 882. O. Wigand. n. 6. -

Barenborg, Hermann v. (Ostfriesland), Diss. de diarrhoea ex principus theoriae incitationis. Erlangen (Hilpert) 16. XII. 1802. 51 S. (4.50) 1095
Gew.: Hemmo Suur.

Baerenclau, Georg s. *Baerenklau.*

Baerend, Werner: Das **Verhältnis** von Verein und Ortsgruppe. — Berlin: Ebering (1927). 78 S. 8°
Erschien auch als Diss. Freiburg 1927. 101.
9.8969

Barendt, Joh. Gottfr. (Danzig), De febre quartana intermittente. Diss. med. Präs. Carl Friedr. Kaltschmied. Jena (Tennemann) 23. III. 1757. 50 S. (6.50)

Bärenfamilie, d. 8° (16 m. Illustr. u. 6 bewegl. Buntbildchen.) Stuttg. 92, F Loewe. Kart. — 40

Bärenfänger, Carl, aus Köln a. Rh.: Ueber Derivate des p-Tolylaldehydes und Resorcylaldehydes. *Heidelberg 1900: J. Hörning.* (35 S.) 8°
Heidelberg, Naturw.-math. Diss. v. 1900

Baerenfeld, Edmund: Sein **Meisterstück.** Volksstück mit Gesang. Von E. Bärenfeld u. W. Mannstädt. Musik von W. Mannstädt. — Berlin 1879: Boll. 91 S. 8° 32.
9.8970

— **Eine Nacht** in Heidelberg. Theater-Roman. — Heidelberg 1802 (: Wiese). 76 S. 8° 31.
9.8971

Baerenfels, Anna v. s. *Baerenfels*-Warnow, Anna v.

Baerenfels-Warnow, Anna v.
Mädchenname: Anna Gräfin v. Oeynhausen
— **Während** Mamas **Badereise** und andere Geschichten für d. Jugend von A. v. Oeynhausen. — Hanau: Clauss & Feddersen 1903. 174 S. 8° 4.
9.8972

Baerenfels-Warnow, Frau v., Kochrecepte. gr. 8. (48 S.) Neustrelitz 897. (B. van Groningen.) n. 1. 25

[—] **Nehmt drum** die Bühne nie ernst! — Neustrelitz (1905): Wagner. 69 S. 8° 33.
9.8973

Baerenfels-Warnow, Paul v.: **Kurze Geschichte** des Großherzoglich Mecklenburgischen Grenadier-Regiments Nr. 89. Schwerin 1882: Bärensprung. 134 S. 8°
17. 26. 33. 42. 117.
9.8975

—— Neu bearb. von v. Koppelow. Parchim: Freise 1904. 132 S. 8° 1: Sn 7892/3. 33.
9.8976

Baerenhatz. — **Münchberger** Bärenhatz, am 1. April alten Stils 1779. — (Hof [1880]: Mintzel.) 8 S. 8°
12: Bavar. 4003-V,24.
9.8979

Bärenhaut, Die. An Herrn Doctor Schuhmacher. Bremen 1738. V: *Renner, Caspar Fr.* (MN)

Bärenhäuter, der, u. die 7 Schwaben, s.a. **Jungbrunnen.** 1. Bdchn.

Der Bärenhäuter und die 7 Schwaben [Zwei Märchen in Bildern von] Franz Stassen. *Berlin: Fischer & Franke [1899].* (28 Bl.) 8° [Umschlagt.:] = Jungbrunnen. [1.]

v. **Bärenhorst,** s. v. **Berenhorst.**

Bärenjagd, Die, am 14. Mai 1898. [Innsbruck 1898.] V: *Enzenberg, Hugo Graf von.* (Margr)

Bärenjagden, Zwei. [Stryj 1888. V: *Poschinger, J. Wilhelm Ritt. v.* (EB)

Barenius, Georg: **Nova Grammatica** linguae Germanicae praeceptis brevissimis comprehensa. Oder neue deutsche Sprachlehre, grundkürtzlichst begriffen durch G[eorg] B[arenius]. — Stockholm 1678: Kaiser. 48 S. 8° 9.
11.5089

—— **Oder neue deutsche Sprach Kunst.** Ed. 3., auct. & corr. Stockholm 1704: Laurelius. 56 S. 8° 18.
11.5090

—— **Nebst** beygefügten Büchlein, darin über tausend teutsche Sprichwörter, sinnreiche Redens-Arten und Reime enthalten. — Nordköping [usw.]: Liebezeit & Heyl in Hamburg 1707. 112 S. 8°
Sondert.: Deutsche Sprichwörter, oder kurtze sinnreiche ... Sprüche und Redens-Arten ... zusammenbracht von G. B.
1: Y 4091. 7. 9. 14. 18. 27. 29. 32. 35. 39. 109.
11.5091

Bärenklau, Georg
* *Georg Bärenklauens* Mathemat. et Geomet. zu Eisenach, Courieuse und Neue Erfindung der Quadraturae circuli, das ist: Wie der Circul mathematisch zu demonstriren und sein gerechter Inhalt zu finden sey, Nebst Beyfügung eines Quadrat-Bruchs, wie derselbe gleich einem gemeinen Zahl-Bruch gesetzt und zu verstehen sey. Eisenach Gedruckt und zu finden bey Michael Urban Füstl. S. Hof-Buchdrucker. 4. 28 S. 1700

Baerenklau, Georg: Courieuse und neue Erfindung der Quadraturae circuli. — Eisenach: Urban [1701]. 28 S. 8°
2. 7. 10. 14. 19. 53.
9.8980

Baerenkopf, Ignaz: De **Dominio** nobilium Hungariae, deque cladis ad Mohácsium causa, cum appendice in Regis Colomani decret. L. I. cap. XV. et XVI. vindiciae contra Adamum Franciscum Kollár. [Verf.: Ignaz Baerenkopf.] Posonii [usw.]: S. P. Weber 1790. 303 S. 8°
1: Se 184. 16. 300: 78 W 8. 302. 304.
9.8981

[—] De **Iure** coronandarum reginarum Hungariae disquisitio. — Posonii 1792: Oderlitzky. 80 S. 4°
300: 43 C 14. 302. 303.
9.8982

— **Flamminii Cephalii [d. i. Ignaz Baerenkopf] Vindiciae coelibatus ecclesiarum occidentis contra nuperos quosdam scriptores. — Augustae Vind.: Doll 1787. 256 S. 8°**
1: Ft 12253. 12: J. can. P. 213 [2 Ex.] 16.
9.8983

Bärenmani: Der Bärenmani
v Intelligenzblatt von und für die Stadt Bern.

Baerenreiter, Dr. J. M., Die social-politischen Aufgaben der neuen Regierung. Vortrag gehalten am 25. Januar 1894 in der Versammlung des mährischen Gewerbevereins in Brünn. Gr.-8. (28 S.) Konegen, Wien 1894. — 50

BÄRENROTH, J. L. C.: Königl. Preuss. gesetzl. Vorschriften üb. Aufgebot u. Trauung, für evangel. Prediger, zunächst in der Mark Brandenburg. Gesammelt, erläutert u. mit Anmerk. begleitet. 2e überall ergänzte, durch die neusten Verordnungen vermehrte u. mit ein doppeltem Anh. vers. Ausg. *Berlin*, Nicolai. (815.) 821. 8. (16 Gr)

Bärens, Bhd.Fr.
— s. Beobachtt. üb. d. Cholera.

Bärens, Bhd.Fr., Diss. inaug. sistens systematis lentis crystallinae monographiam physiolog.-pathologicam. Prs. 1. 4. Tübing. 819. (Laupp). 9 𝒦

Bärens, J.: Die B e d e u t u n g der Reformation (u.ä. Schriften), s. B ä r e n s , Julius.

Barens J., Leb. d. Prufungsr. d. Richt. bez. d. Rechtsgultigk. v. allg. Landesherrl. Verfug. Diss. Tubg. 1861. Varia 33.

Bärens, J.: Der zweite T h e i l u. insb. d. Schlußszene der Fausttragödie, s. B ä r e n s , Julius

Baerens, Johan Hendrik [Übers.] s. ***Ancher,*** **Peder Kofod: Dänisches Lehns-Recht [Dansk Lehns Ret, deutsch]. 1788.**

Baerens, Julius: Die Bedeutung der Reformation für die Gegenwart. — Hannover 1860: Culemann. 18 S. 8°
1: Cm 5870.
9.8990

Bärens, Jul., die Bedeutung der Reformation für die Gegenwart. Bei der Melanchthonfeier der höheren Bürgerschule zu Hannover gehaltene Rede. 2. Aufl. Hannover 862. Jänecke. gr. 8. (15 S.) 3 *ngr.*

— Die Feinde der Reformacte. Rede. — Hannover 1863: Schlüter. 16 S. 8°
106.
9.8992

— der französisch-preußische Handelsvertrag. Vortrag gehalten in der 4. Generalversammlung des Großdeutschen Vereins zu Hannover am 25. März 1863. Hannover 863. Klindworth. gr. 8. (32 S.) n. 4 *ngr.*

Bärens, Julius v. (Hrsg.), s. L a n d e s k a l e n d e r , Schleswig-Holsteinischer.

Bärens, Jul., gegen die Neuprotestanten in Hannover. Rede geh. in der am 29. Septbr. 1875 v. mehr als 2000 Personen besuchten Versammlg. luther. Christen zu Hannover, nebst dem von derselben einstimmig angenommenen Protest. 8. (16 S.) Hannover 875. Schulbuchh. n. — 50

Zwei Reden, gehalten in der öffentlichen Wahlerversammlung zu Itzehoe im November 1876. v. Julius Bärens. Enthaltend 1. Eine Rechtfertigung des eignen Programms. 2 Eine Beurtheilung des Programms der Socialdemokratie. Hrgg. v. Julius Barens. Kiel 1876. 8°

— Schleswig-Holstein und Bundesreform. Vortrag gehalten in der 5. Generalversammlung des Großdeutschen Vereins zu Hannover am 6. Mai 1863. gr. 8. (40 S.) Hannover 863, Klindworth. *

— Der preußische Staat und die hannoversche Kirche. — Hannover: Brandes 1870. 53 S. 8°
11. 15. 35.
9.8996

— Der zweite Theil und insbesondere die Schlußscene der Goetheschen Fausttragödie. — Hannover: Rümpler 1854. 58 S. 8°
Erschien auch als Progr. Hannover 1854.
7. 10. 12: P. o. germ. 487c. 15. 17. 26. 27. 28. 34. 35. 304.
9.8997

— Vertheidigung des Hannoverschen Wahlvereins gegen die Angriffe der Hannoverschen Nationalen Correspondenz. Rede. — Hannover 1870 (: Heggblom). 15 S. 8°
35.
9.8998

Wahlerversammlungen im 5. Wahlkreise Schleswig-Holsteins. (Abdruck aus dem „Wahlblatt".) Hrgg v. Julius Bärens. Hannover 1876. 8°.

Barensfeld, Ludwig [aus New-York]: Über das Vorkommen von Eiweiss im Urin nach Aethernarkosen ... München, kgl. Hof- u. Univ.-Buchdr. v. Dr. C. Wolf & Sohn, 1894; 36 S., 1 Bl. 8.
München, Med. Fak., Inaug.-Diss. v. 1894

Baerensprung. — Albert von Baerensprung. Ein Gedenkblatt. — (Berlin [1904]: Steuer.) 8 S. 8° **1: Ou 930.**
9.8999

Baerensprung, v., Major beim Stabe des Infanterie-Regiments von Horn. **1904 s.** ***Baerensprung,*** **Erik v.**

Bärensprung: A t l a s der Hautkrankheiten (u.a. medizin. Schriften), s. B ä r e n s p r u n g , Felix

Bärensprung: Geschichte d. westpreuss. Kürassier-Reg., s. B ä r e n s p r u n g , Bernh.

Bärensprung, Unterschied der evangel. und socinian. Lehre. 8. Leipz.

Bärensprung: Die U n v e r a n t w o r t l i c h k e i t , s. B ä r e n s p r u n g , Alfred

Baerensprung: W i e d e r b r i n g u n g aller Dinge (u.and. religiöse Schriften), s. B a e r e n s p r u n g , Siegmund

Bärensprung, A.: Die U n v e r a n t w o r t l i c h k e i t , s. B ä r e n s p r u n g , Alfred

Baerensprung, Albert v. s. ***Baerensprung.*** **— Albert von Baerensprung. Ein Gedenkblatt. 1904.**

Baerensprung, Alfred von, Kammergerichtsref.: Die **Unverantwortlichkeit** des Regenten. *Göttingen 1900: Dieterich.* (VII, 80 S.) 8°
Göttingen, Jur. Diss. v. [6. Juni] 1900

Baerensprung, Alfr. v., die Unverantwortlichkeit des Regenten. Diss. gr. 8. (VIII, 80 S.) Göttingen 900. (Vandenhoeck & Ruprecht.) n. 2. —

Baerensprung, Bernh. v., Geschichte des westpreußischen Kürassier-Regiments Nr. 5. von seiner Stiftung bis zur Gegenwart. 1717—1877. Im Auftrage des Regiments bearb. Mit einem Bildniß (in Lichtdr.) u. einer Taf. in Steindr. (Imp.-Fol.) gr. 8. (XIV, 677 S.) Berlin 878. Mittler & Sohn. n. 13. —

Baerensprung, Bernh. Sigism. (Liebenwerda), De fluore albo benigno. Diss. pathol.-med. Bln. (Friedlaender) 15. IV. 1837. 31 S. mit Biogr. (M.: Joh. Rosina Heinicke.) (4.20) 941
Oppon.: Herm. F. Meyer, Jul. Glokke, Mich. Plessner.

Baerensprung, Erik v.: Kurzer Abriss d. Weltgesch., s.a. U n t e r o f f i z i e r - B i b l i o t h e k

Baerensprung, Erik v.: Kurzer Abriß der Weltgeschichte. Für d. Unteroffizier bearb. T.1–3. — Oldenburg: Stalling [um 1910]. 8° (Unteroffizier-Bibliothek. 2,8.20.21.)
45. 101[** 1].
9.9001

Baerensprung, v.: Einführg in d. Kriegsspiel. Wegweiser z. Lösg v. Kriegsspielaufg. f. Offiziere d. Beurlaubtenstandes aller Dienstgrade sowie f. jüngere Offiziere d. aktiven Dienststandes. (8, 103 m. Abb. u. 1 Kte.) gr8° Berl., ES Mittler & S. ('12). 3 —; geb. 4 — d

v. Bärensprung. Geschichte des westpreuss. Kürassier-Regiments No. 5. 1717 1877 (XIV. 677) 8. M. 1 Taf. Berlin 1878 13,00.

— Kurzgefaßte vaterländische Geschichte f. Unteroffiziere u. Mannschaften des deutschen Heeres. (80 S. m. Abb.) 8. Altenburg 909. St. Geibel. — 50

Baerensprung, v.: Der Nutzen v. Armee u. Flotte f. d. deut. Volkswirtschaft, s.a. Beiheft z. Militär-Wochenbl.

— Der Nutzen von Armee und Flotte für die deutsche Volkswirtschaft. Von v. Baerensprung. Paniken. Ein Beitrag zur Psychologie des Krieges. Von Fr. Starck. — Berlin: Mittler (1904). S. 425–463. 8° (Militär-Wochenblatt. 1904, Beih. 10.)
1: Hu 2318–1904, Beih. 10. 2. 4→7. 9. 10. 11. 12: 4° Mil.g.110ob–Beih. 1904. 14→17. 24. 25. 26. 29. 33. 34. 39. 41. 45. 51. 61. 79. 208. 209.
9.9003

— Offizier-Dienstunterricht im Winter an Rekruten und älteren Jahrgang. — Altenburg: Geibel 1908. 168 S. 8°
1: Hu 19066. 33.
9.9004

— — 2. Aufl. Ebd. [um 1910]. 168 S. 8° 26. 41. 109.
9.9005

Baerensprung, Felix v.: Atlas der Hautkrankheiten. Nach Originalen von Prof. v. Baerensprung u. Professor Hebra, Zeichnungen von Carl Heitzmann. Text nach Hebra. Lfg 1. 2. — Erlangen: Enke 1867(–69). 2°
1.2 . . . . 46.
1 . . . 7. 12: 2° Path. 14d. 15. 16. 17. 21. 28. 29. 38. 111. 304.
2 . . . . 30.
9.9006

Baerensprung, v., und Hebra, Atlas der Hautkrankheiten. Nach Originalien. Text nach Hebra. 2. Lfg. Fol. (S. 17—60 mit 10 Chromolithogr.) Erlangen [Stuttgart] 869, Enke. In Mappe *
1. Lfg. Ebendas. 1867. * ℳ 12.

Baerensprung, Felix v.: Beiträge zur Anatomie und Pathologie der menschlichen Haut. — Leipzig: Breitkopf & Härtel 1848. VI, 122 S. 8°
1: Kx 9500. 2. 3. 5. 12: Anat. 42u. 15. 16. 17. 20. 22. 24. 25. 28. 29. 30. 43. 46. 202. 300: 18.209–B. 302.
9.9007

— Fernere Beiträge zur Kenntnis des Zoster. — Berlin 1862: Schade. 17 S. 8°
Aus: Annalen d. Charité-Krankenhauses. 10. 1862. 3.
9.9008

Baerensprung, Beitr. z. Pathologie u. Diagnostik d. Lebererkrankgn, s.: Veröffentlichungen üb. Krankengeschichten u. Leichenbefunde a. d. Garnisonlazarethen.

— Neue Beobachtungen über Herpes. — Berlin 1862: Schade. 23 S. 8°
Aus: Annalen d. Charité-Krankenhauses. 10. 1862. 3.
9.9009

[—] Zur Erinnerung an Dr. Heinrich Meckel von Hemsbach. — Berlin 1856: Schade. 14 S. 8°
Aus: Annalen d. Charité-Krankenhauses. 7. 1856.
1: At 6954. 3. 5.
9.9010

Baerensprung, v. Üb. d. Folge u. d. Verlauf epidem. Kranklın. Halle 1853. 4.

— Ueber die Folge und den Verlauf epidemischer Krankheiten. Beobachtungen aus der medizinischen Geschichte u. Statistik der Stadt Halle. — Halle: H. W. Schmidt 1854. 64 S. 4°
Aus: Abhandlungen d. Naturforschenden Gesellschaft zu Halle. 1. 1853.
2. 7. 12: 4° Path. 27 l. 20. 21. 29. 46.
9.9011

— Die Gürtelkrankheit. — Berlin 1861: Schade. 88 S. 8°
Aus: Annalen d. Charité-Krankenhauses. 9. 1861. 3. 22.
9.9012

— Die Hautkrankheiten. (Lfg 1.) — Erlangen: Enke 1859. IV, 128 S. 8°
1: Ko 620. 2. 4→8. 10. 12: Path. 78m. 15. 16. 18. 20. 21. 22. 27→31. 44. 47. 64. 202. 302. 304.
9.9013

— Ueber Herpes. Serpigo-Ringwurm. — Berlin 1855 (: Schade). 61 S. 8°
Aus: Annalen d. Charité-Krankenhauses. 6. 1855.
1: Kp 3725. 3.
9.9014

Baerensprung, v. (Resp.): Diss de methodo, paresin... curandi, s. B o e h m e r, Ph. Ad. (Praes.)

— Mittheilungen aus der Abtheilung und Klinik für syphilitisch Kranke. Bericht [1–3.] — Berlin 1855–[60] (: Schade). 8°
[1.] 1855. 2. 1856. [3.] [1860.]
Aus: Annalen d. Charité-Krankenhauses. 6. 7. 9. 1855–60.
1.2 . . . . 1: Kd 2920. 3. 29.
3 . . . . 22.
9.9015

— Pemphigus. Febris vesiculosa et bullosa. Schälblattern. Berlin 1862: Schade. 69 S. 8°
Aus: Annalen d. Charité-Krankenhauses. 10. 1862. 3.
9.9016

— Die hereditäre Syphilis. — Berlin: Hirschwald 1864. 196 S. 8°
1: Kd 5380. 2→5. 8→11. 12: Path. 78n. 15→20. 26. 28. 29. 30. 33. 38. 48. 52. 111. 202. 302. 304.
9.9017

— über Volkskrankheiten. Ein im wissenschaftl. Verein am 4. Jan. 1851 zu Berlin gehalt. Vortrag. gr. 8. (32 S.) Halle 851, Anton in Comm. 1/6 ℛ

Baerensprung, Fr.v., s. B a e r e n s p r u n g, Felix

Baerensprung, F(idericus) G(uilelmus) Felix de: Observationes microscopicae de penitiore tumorum nonnullorum structura. Accedit tabula lithographica. Halis (1844): Semmler. 35 S., 1 Taf. 8°
Halle-Wittenberg, Med. Diss. v. 6. Nov. 1844
Geb. Berlin 30. 5. 1822. V. [hs. V.: geb. 30. 3. 1822, ebso in seinem Gesuch um Zulassung zur Habilitation]

Baerensprung, Frid[ericus] Guil[ielmus] Felix de: De transitu medicamentorum praesertim hydrargyri per tegumenta corporis externa. Halis (1848): Schmidt. 21 S. 8° (4°)
Halle-Wittenberg, Med. Hab.-Schr. v. 8. Febr. 1848

Baerensprung, Gottraut Friedrich: Vollständige und auf Erfahrung gegründete Anweisung, Weinessig aus Branntwein auf die einfachste und wohlfeilste Art zu verfertigen. Leipzig: Lauffer 1824. IV, 60 S. 8° 34.
9.9019

— Manuale pharmaceuticum seu collectio omnium in officinis adhuc usitatarum formularum medicarum. — Lipsiae: Lauffer 1824. 122 S. 8°
1: Il 5070. 11. 17. 23. 28. 46. 202. 309.
9.9020

Bärensprung, H.W., s. B ä r e n s p r u n g, Hans Wilhelm

Baerensprung, Hans (geb. Belgern in d. Prov. Sachs. 24. 6. 1850) Zur operativen Behandlung des Pneumothorax. Berlin (1873) (32 S.) 8°
Berlin, Med. Diss. v. 3. Febr. 1873

Baerensprung, Hans Wilhelm: Versuch einer Geschichte des Theaters in Meklenburg-Schwerin. — Schwerin: Hofbuchdr.; Stiller in Comm. 1837. V,400 S. 8°
1:Yp 1161. 8. 12:L.eleg.g.17r. 14. 18. 28. 31. 32. 33. 35. 42. 300:620.447-B.Th.S.302.
9.9021

Bärensprung, H. W., Versuch e. Geschichte d. Theaters in Mecklenburg-Schwerin. Von d. ersten Spuren theatral. Vorstelln. bis z. J. 1835. 8. (25 ½ B.) Schwerin 837, (Stiller'sche Hofbuchh.)

Baerensprung, Horst Sigism (geb. Belgern bei Torgau 29. 3. 1840) De varietate symptomatum, quae in hominibus carbonum candentium vapore provocantur. Berolini (1864). (32 S.) 8°
Berlin, Med. Diss. v. 6. Juni 1864

Baerensprung, Kurt (geb. Belgern in d. Prov. Sachs. 24. 12. 1851) Der Leberabscess nach Kopfverletzungen. Berlin (1875). (41 S.) 8°
Berlin, Med. Diss. v. 3. Mai 1875

Baerensprung, Siegmund: Rechtmäßige Abhaltung der Offenbar-Unbußfertigen vom Beichtstuhl und Abendmahl ... Von Siegismund Beerensprung. — Halle 1705: Henckel. 54 S. 8°
1:12 in Ds 16000 [u.] 17 in Bd 8603-230. 3. 29. 41.
9.9022

— Entsetzlicher und seltsamer Casus, welcher sich mit einem Müller auf der Mühle eine viertel Meile von Angermünde belegen, nahmens Sigismund Schindeler, anno 1718. d. 27. April zugetragen. — Dat. 1. Juili 1718. 4 Bl. 8° 18.
9.9023

— Erklärung der Worte Judae vers. 19. Fleischliche, die keinen Geist haben, oder die fleischlichen Lehrer, wie sie sich zu allen Zeiten, neben denen wahren Knechten Christi in das Lehr-Amt mit eingeschlichen. Von Siegmund Beerensprungk. — Leipzig: Heinichen 1702. 31 S. 8°
1:8 in Cs 4 [u.] 5 in Fs 4686. 24.
9.9024

— Die grosse Gewalt des Satans, welche an zweyen merckwürdigen Exempeln zu erkennen, die also, wie sie sich zu getragen, nach der Wahrheit beschrieben ... werden. (Verf.: Siegmund Bährensprung u. Sebastian Betge.) — Berlin: Gedicke 1719. 38 S. 8° 18. 41.
9.9025

— An den ... Hn. Friedrich Augustum, König in Pohlen ... in puncto der denen Unbußfertigen verweigerten Absolution ... Memorial Siegmund Beerensprungks. — Halle 1704: Henckel. 48 S. 8°
1:7 in Bd 8584. 3. 4. 24. 31. 41.
9.9026

— Untersuchung des so genannten Gründlichen Berichts von der Privatbeichte und Absolution. — Leipzig: Walther 1737. 96 S. 8° 9. 24. 41.
9.9027

— Siegmund Beerensprungs Kurtze Vorstellung, was von dem welt-üblichen Zechen und Tantzen nach der Regel Gottes Worts ... zu halten. Nebenst e. Vorr. Clementis Thiemens. Von dem Unterscheide des gemeinen Welt- und allein wahren Christenthums. — Leipzig: Heinichen 1700. 36 S. 8° 3. 4. 12:4° Diss. 2402/10. 18. 24.
9.9028

— Die Wiederbringung aller Dinge in ihren ersten guten Zustand der Schöpfung. — Franckfurt 1739. 352 S. 8°
1:Cz 2860; 4 in Cz 2684 [u.] 2 in Cz 2992. 8. 11. 19. 23. 24. 32.
9.9029

Baerensprung, Wilhelm: Ankündigung eines neuen Werks, welches ... unter dem Titel gedruckt werden soll: Vollständige Sammlung aller derjenigen Stücke, welche über den XVten Artickel des Teschner Friedens ... herausgekommen sind. (Verf.: Wilhelm Bärensprung.) — Dat. Schwerin 17. April 1781. 2 Bl. 8° 33.
9.9030

— Herzoglich-mecklenburgische Grund-Gesetze, oder landes-grund-gesetzlicher Erb-Vergleich, welchen die Herzoge zu Mecklenburg mit ihrer Ritter- und Landschaft zu Rostock den 18. April 1755. errichtet haben. [Nebst] Repertorium. — Schwerin: Bärensprung 1778-81. 8° 1:Hauptw. - Gq 13847; Repert. - Gq 13848. 21. 27. 28. 33. 42.
9.9031

Bärensprung, W. (Hrsg.), s. Monatsschrift von und für Mecklenburg.

(—) Nachricht zur neuen und vermehrten Ausgabe des mecklenburgschen landes-grundgesetzlichen Erbvergleichs. Dat. Schwerin 16. Oct. 1776. 4 Bl. 8° 28.
9.9032

— Nachricht von dem vorhabenden Verlag einer Sammlung alter und neuer herzoglich-mecklenburgischer Landes-Gesetze, Ordnungen und Constitutionen. — Dat. Schwerin 2. Mart. 1769. 2 Bl. 8° 28. 33.
9.9033

Bärensprung, W., s. Sammlung alter und neuer Mecklenburger Landesgesetze, Ordnungen etc.

— Verzeichnis verschiedener theils kleiner, theils grösserer Schriften, welche von ... Professor Mark ... ausgearbeitet worden. — Schwerin 1765. 2 Bl. 8°
1:2 an Sn 7918. 8. 23. 28. 33.
9.9034

— Verzeichnis der Verlags-Bücher. — [Schwerin: Bärensprung] 1785. 8 Bl. 8° 33.
9.9035

— — Schwerin [: Bärensprung] 1788. 8 Bl. 8° 33.
9.9036

Bärensprung, Wlh. Fd., Predigten vor seiner Gemeinde gehalten u. ihr zur bleibenden Erinner., auch zur Erbauung jedes Freundes d. Religion herausg. 8. Leipz. 826. Kaysers B. 12 ⁄

Bärenstamm, Odomar v., od. d. unterird. Gefängnisse, Gemälde v. L. Dellarosa. 2 Thle. m. K. 8. Wien, A. Doll. 810.

Baerenstamm, Jakob Johann Josef Wosky v.: Verordnung Sr. Päbstlichen Heiligkeit Clementis des XIV., vermöge deren einige Feyertage aufgehoben, in einigen aber jedannoch nach angehörter heil. Meß den Christglaubigen ihrem Gewerbe und schweren Arbeit obzuliegen gnädigst erlaubet wird. — o. O. [1770]. 9 S. 4°
Enthält nur die Ausführungsverordnung des Bischofs J. J. J. W. v. Bärenstamm. 3.
9.9037

Bärenstein, Vogt etc. Bericht über eine nach Baden und Württemberg unternommene landwirtsch. Reise. Altenburg 1841

v. Bärenstein, Rittmstr., landwirthschaftl. Reise, s. Bericht über eine unternommene landwirthschaftl. Reise.

Barente, ... u. Jay, ... über d. Literatur Frankreichs im 18. Jahrh. 2 Abhandll. Aus d. Französ. v. F. A. Ukert. 8. Jena 810. Frommann. 1 ₰ 12 ⁄

Bareuthin, W: Kaufmann u. Bürokrat im Staats- u. Erwerbsleben. (140) 8° Berl., K Curtius '12. 3 — d

Barentin: Über das A u s s t r ö m e n brennbarer Gase, s. B a r e n t i n , Wilhelm

Barentin: Frankreichs monarch. Staatsverfassung, s. B a r e n t i n d e M o n t c h a l , Charles A. Louis de

Barentin: Die V e g e t a t i o n ... s. B a r e n t i n , Friedrich Wilhelm

Barentin, Friedrich Wilhelm
Barentin, Fried. Carl (geb. Berlin Okt. 1810) De boratibus dissertatio chemica. Berolini (1834). (47 S.) 8°
Berlin, Phil. Diss. v. 12. Apr. 1834
[Verf. wurde laut Diplom am 22. Apr. promoviert]

Barentin: Die Vegetation in der Mark Brandenburg. Ein Beitrag zur Pflanzen-Geographie. 22 S.
Progr. Berlin K. 1840.

Barentin, *Friedrich Wilhelm*, * Berlin 14. Oct. 1810.
— Die Vegetation in der Mark Brandenburg. Programm. Berlin 1840. 4. 22 p.

Barentin, G., Anweisung zur Verfert. der feuerfesten Stroh- u. Schindel-Bedach., nebst e. Beurtheil. d. zeither gewöhnl. Lehmschindelbedachung, u. einig. Bemerkn. üb. Ziegel- u. Schieferdächer. Mit Abbild. 8. (4¼ B.) Leipzig 837, [Hunger.]

Barentin, G., Anweisung z. Verfertigung d. feuerfesten Stroh- und Schindel-Bedachung, nebst einer Beurtheilung der zeither gewöhnl. Lehmschindelbedachung und einigen Bemerkk. über Ziegel- u. Schieferdächer. Mit Abbild. 8 Leipzig 837. Magazin für Ind. 5/12 ℛ︀

Barentin, G.: Anweisung zur Verfertigung der feuerfesten Stroh- und Schindel-Bedachung. — Leisnig: Selbstverl.; Leipzig: Magazin für Industrie u. Literatur 1837. X,58 S. 8°
31. 89. 93. 106. 210. 305.
11.5100

Barentin, Wilhelm (Bearb.), s. Annalen der Physik und Chemie. Namen- u. Sach-Register. 1–150. 1875.

Barentin: Ueber das Ausströmen brennbarer Gase. 14 S.
Progr. Berlin Gw. 1859.

Barentin, W., s.: Fortschritte der Physik.

Barentin, Wilhelm, s. Handwörterbuch der Chemie.

Barentin, W., Lehrbuch der Gewerbkunde od. Technologie f. Volksschulen. gr. 12. (1⅔ B.) Gießen 843, Heyer's Verlag.
Aus: Schlez, Denkfreund, 14. Aufl., besond. abgedruckt.

— **Lehrbuch der Technologie für Real- und Gewerbeschulen.** — Giessen: Heyer 1843. IV,204 S. 8°
1: Oo 5690. 17. 26. 107. 210. 305. 308.
11.5101

— — 2., unveränd. Aufl. Ebd. 1843. IV,204 S. 8°
20. 86. 207.
11.5102

— — 3., verm. u. verb. Aufl. Ebd. 1848. IV,223 S. 8°
12: Techn. 2007 h. 18. 30. 31. 47. 48. 93.
11.5103

Barentin, W., Lehrbuch der Technologie für Real- und Gewerbeschulen. 3., verm. und verb. Aufl. gr. 8. (IV und 223 S. mit eingedr. Holzschn.) Frankfurt a. M. 848, Heyer's Verlag.

— — 4., verm. u. verb. Aufl. Wien: Gerold 1856. IV,245 S. 8°
14. 17. 20. 27. 84. 123. 207. 308.
11.5104

— — 5., umgearb. Aufl. Ebd. 1864. 246 S. 8°
12: Techn. 10 hi. 17. 21. 300: 116.835–B. 302. 303. 305.
11.5105

— **Namen- und Sach-Register zu Bd. 61—90 der Annalen der Physik und Chemie, s. Annalen.**

Barentin, W., Namen- u. Sach-Register zu den Bdn. 91–120 der Annalen der Physik u. Chemie, s. Annalen der Physik u. Chemie.

— **Reg. zu Bd. 61—90 u. Bd. 91—120 d. Annalen d. Physik u. Chemie, s.: Annalen.**

Barentin de Montchal, Charles A. Louis de
— **[Rapport fait à S. M. Louis XVIII sur les principes de la monarchie française, deutsch] Frankreichs monarchische Staats-Verfassung im Kampfe mit seiner Regierung. Ein Bericht d. Königlichen Staatsministers v. Barentin an d. Prätendenten. Hrsg. von J. G. Dyk. (Übers.: Andreä.) — Leipzig: Dyk 1798. 428 S. 8°**
4. 7. 14. 17. 24. 32. 44. 46. 60. 300: 20.365. Bd 1. 302.
11.5107

Baerenwald, Nicol.
1736. * Q. F. F. S. Dissertatio mathematica methodum generalem exhibens, in omnibus conisectionibus parametrum geometrice determinandi, quam publ. ventilandam sistunt M. *Sueno Wagenius*, Acad. Carolinae Londin. Math. Adj. et *Nicol. Baerenwald*, Barda-Pom. S. S. Theol. atque Philos. Stud. in academia Gryphica. Gryphiswaldiae ex officina Höpfneri. 4. 19 S. 1 Kupf.

Barényi, Eugen: Methodische Anleitung zur praktischen Anwendung der Perspektive für Zeichner. — Wien: Eisenstein 1905. VI,34 S., 6 Taf. 8°
91. 300: 436.964–B. 302.
11.5115

Baerenzwinger. — Der Bärenzwinger in Bern, oder die Prophezeihung des Geistersehers. Romantische Erzählung. — Stuttgart: Rupfer [um 1870]. 50 S. 8°
24.
9.9042

Baror, Ljuba. Die Unglücksfälle mit tötlichem Ausgange im Kindesalter in der Schweiz während der Jahre 1896—1900. Diss. Med. Bern. II+31 S. 4. Bern, Rutishauser & Ludwig, 1905.

Barère, Bertrand s. *Barère* de Vieuzac.

Barère de Vieuzac, Bertrand
— **[deutsch] Das Benehmen der Prinzen des Hauses Bourbon ... (1789–1805). Von M. Barrère. Deutsch von L. v. Alvensleben. — Meissen: Gödsche 1835. X,278 S. 8°**
7. 14. 33.
11.5118

Barrère, M., das Benehmen der Prinzen d. Hauses Bourbon während der Revolution, der Emigration u. des Consulates [1789—1805]. In Auftrag Napoleon Bonaparte's vom Verf. geschrieben u. verm. m. Anmerkgn. des Grafen Réal. Neue illustr. (Titel-) Ausg. 8. (X u. 278 S. m. 1 lith. Portr. u. 1 lith. Facs. in hoch 4.) Meißen (835) 851, Goedsche. ½ ℛ︀

— **Mémoires de B. Barère, publ. par Hippolyte Carnot et David (d'Angers); préc. d'une notice historique, par H. Carnot. T. 1–4. — Bruxelles: Meline, Cans & Co. 1842–44. 8°**
3[= 4]. 35.
11.5130

— — **T. 1–4. Bruxelles & Leipzig 1842–44. 8°**
9. 33[= 2/4]. 205.
11.5131

Barère, M., s. Barère de Vieuzac, Bertrand

Bareš, J., Grundzüge d. Aehnlichkeitstyls. gr. 8. (44 S. m. 24 Taf.) Prag 890. (Bursik & Kohout.) n. 5.—

Bareš, J.: Grundzuege des Aehnlichkeitstyls. — Prag: Selbstverl. 1890. 44 S., 24 Taf. 8°
91. 300: 153.156–C. 305.
11.5173

Bares, Nicolaus, Priester d. Diöz. Trier: Die moderne protestantische Abendmahlsforschung. Eine dogmat. Studie. [Teildruck.] Trier: Schaar & Dathe 1909. XVI, 71 S. 8°
Breslau, Kath.-theol. Diss. v. 22. Okt. 1909, Ref. Pohle
[Geb. 24. Jan. 71 Idenheim; Wohnort: Trier; Staatsangeh.: Preußen; Vorbildung: Friedrich-Wilhelms-Gymn. Trier Reife O. 91; Studium: Trier bischöfl. Priestersem. 8, Berlin 2 S.; Rig. 15. Juli 09.] [U 10. 450

Bareste, Eugen: Die Marquise von Brinvilliers.
Mit 3 Lithogr. von J. v. Pechy.
Wien 1852.
Gr. 8°

— s.a. auch Nostradamus u. dessen Prophezeihungen.

Bareste, Eugen, Nostradamus und dessen wunderbare Prophezeihungen bis in das Jahr 3970. Nebst den Belegen für viele seiner bereits eingetroffenen Wahrnehmungen. Deutsch von C. Herrmann. 8. Leipzig 841, Hunger ⅓ ℛ︀

Barreswil, C., u. A. Sobrero's analytische Chemie. Deutsch bearb. v. Friedr. Anton Kussin. gr. 8. (38½ B. u. 1 Stnt.) Wien 844, C. Gerold's Verl.

Baret, Paul, Französischer Schriftsteller. 1751
Der Name d. Verfassers erscheint auch in d. Formen Barret u. Barrett.

[—] L'Homme ou tableau de la vie; histoire des passions, des vertus et des évènemens de tous les âges. Trouvée dans les papiers de feu M. l'Abbé P***. Livre 1–6. — Francfort: Garbe 1765. 8°
1:Xy 4811. 17. 24. 300:12.019.
11.5231

— [deutsch] Der Mensch, oder Abbildung des Lebens, Geschichte der Leidenschaften, der Tugenden und der Begebenheiten in allen Lebens-Altern. Aus d. Schriften d. verstorbenen Herrn Abbt Prevost [vielm. Paul Baret]. Th. 1(–6). — Ulm: Bartholomäi 1765. 595 S. 8° 24. 41.
11.5233

– – Th. 1 (-6). – Breslau: Korn 1775. 595 S. 8° 1:Xy 4814.
11.5234

— Tableau de la vie ou histoire des passions, des vertus et des évènemens de tous les âges. Par l'Abbé Prévot [vielm. Paul Baret]. T. 1. 2. — Augsbourg: Stage 1765. 8°
Nebent.: Nouveaux Mémoires et avantures d'un homme de qualité.
14. 24. 41.
11.5230

Baret, Paul: Z a u b e r s t r e i c h e . Eine komische Geschichte. (Nach d. französ. Roman „le grelot" des Barret.)
Leipzig: Joachim, 1805.
8°

– Dass. Neue Auflage.
Leipzig: Joachim. o.J.
168 S. 8°

Baretta, Carl, s.: Rechts-Lexikon, österreichisches.

Baretti, Giuseppe
— [deutsch] Beschreibung der Sitten und Gebräuche in Italien ... Übers., u. mit Anm. u. Zusätzen begleitet von Johann Gottlieb Schummel. Th. 1. 2. — Breslau: Korn 1781. 8° 1:Rn 0532. 4. 5. 10. 12:It. sing. 41 b. 14. 16. 17. 19. 21. 27. 30. 32. 33. 35. 36. 39. 41. 42. 53. 75. 78. 117. 214. 302.
11.5200

Baretti, Gius., Opere. 6 Tomi in 8 gr. Milano 813—814. (Vienna Volke.)

Baretti, J., Reise von London nach Genua rc. 2 Thle. 8. Leipz. Fritsch. 771.

Baretti, Jos., Reise von London nach Genua rc. 2 Thle. 8. Lpz. 771. (Hahn). 1 ℛ 8 gr.

— [deutsch] Reisen von London nach Genua durch England, Portugal, Spanien und Frankreich. Th. 1. 2. — Leipzig: Fritsch 1772. 8° 1:Pw 295. 4. 8. 10. 12:It. sing. 1347 i. 14. 15. 19. 22. 24. 27. 28. 34. 35. 38. 39. 42. 44. 79. 117. 302.
11.5290

Baretti, Joseph s. *Baretti*, Giuseppe.

Baretto, Dr. Jose-Feliciano de Castilho, Traité du Consulat, s. Ribeiro.

Barewicz: Ueber die Kennzeichen u. Würdigung der menschlichen Geistesanlagen. 19 S. 8°.
Progr. Bochnia 1854.

Barez, Dr., s. Wörterbuch, medicin.-chirurg.-therapeutisches.

Barez, F. D. (Hrsg.), s. C h o l e r a - A r c h i v.

Barez, Stephan. Frid. Dissertatio nonnulla ad morbos infantum spectantia proponens. Berolini (1820) (50 S.) 8°
Berlin, Med. Fak., Hab.-Schr. v. 21. Juli 1820

Barezi, Bareze, discours merveilleux et véritable de la conqueste faite par le jeune Demetrius, Grand Duc de Moscovie du sceptre de son père, avecque en ceste année MDCV. Nouvelle édition précédée d'une introduction et annotée par le Prince Aug. Galitzin. Halle 859. Schmidt's Verlag. 16. (XVI, 72 S.) n. 15 ngr.

Barfknecht, August
Barfknecht, d. v. 1. Octbr 1887 ab gült. Branntweinsteuer-Tarif z. Gesetze v. 24. Juni 1887. Nach § 1, 41, 42 d. Gesetzes tabellarisch zusammengestellt u. m. Erläutergn versehen. 8. (15) Berl. 87, E Schneider. n. 1. 30

Barfknecht, der vom 1. Octbr. 1887 ab gültige Branntweinsteuer-Tarif zum Gesetze vom 24. Juni 1887. Nach § 1, 41, 42 des Gesetzes tabellarisch zusammengestellt und mit Erläuterungen versehen. gr. 8. (15 S.) Minden 887, Schneider. cart. *

Barfod, (Heinrich): Das lebende Anschauungsmaterial in unsern Doppelfenstern und auf den Fluren mit besonderer Berücksichtigung unserer Seewasser-Aquarien nebst einleitenden Bemerkungen über seine Bedeutung im naturgeschichtlichen Unterricht. Kiel 1910: Handorff. S. 29—36. 4°
Kiel, OR 2 P 1910 (404)

Barfod, (Heinrich): Über Korridorschmuck und lebendes Anschauungsmaterial unserer Schule im Rahmen der Einweihungsfeier. Kiel 1909: Jensen. S. 42—47. 4°
Kiel, OR II i. E. P 1909 (398)

Barfoed, Christen Thomsen: (De organiske Stoffers qualitative Analyse, deutsch) Lehrbuch der organischen qualitativen Analyse. — Kopenhagen: Höst 1881. 522 S. 8°
7. 8. 12:36/5855. 16. 29. 83. 84. 91. 123. 202. 302. 305.
11.5394

— Ueber die Trennung d. Aepfelsäure von anderen Säuren. [Wiesbad. 1868]. 8 S. (Sœrtr.). P.

Bärführer
Der moralische Bärführer. Oder merkwürdiges Leben und Reisen Peter Langfurths nebst Begebenheiten anderer Reisenden, so mit ihm auf einer unbewohnten Insul lange Zeit zugebracht haben. — Blankenburg: Reußner 1768. 219 S. 8° (Passetemps bey langen Winterabenden in angenehmen und zeitkürzenden Geschichten. 3.)
Als Verfasser wird Christian Gotthold Hauffe genannt.
1:Yv 6891.
9.8977

Barfurth, Dietrich
— [Hrsg.] s. *Arbeiten* aus dem vergleichend-anatomischen Institut in Dorpat 1891. 1891.

— Aus dem anatomischen Laboratorium in Bonn. Zur Entwickelung der Milchdrüse. — Bonn: Habicht 1882. 42 S. 8° Zugleich Diss. Bonn 1882. 1:9 in L 115. 28.
11.5404

— Entwicklungsmechanik. Ihrem Begründer Wilhelm Roux zum 60. Geburtstage gewidmet. — Leipzig: Engelmann 1910. XXXVII S. 8°
Aus: Archiv für Entwicklungsmechanik d. Organismen. 30. 1910.
26. 28. 30. 43.
11.5405

— Die Erscheinungen der Regeneration bei Wirbeltierembryonen. — Jena: G. Fischer 1903. 129 S. 8°
Aus: Handbuch d. vergleichenden u. experimentellen Entwickelungslehre d. Wirbeltiere. 3, 3. 1906.
28. 30. 43.
11.5406

Barfurth, Dietrich, Prof. Dr., d. Z. Rector: Die **Forschungsrichtungen** der Anatomie. *Rostock 1903: Adlers Erben.* (26 S.) 8°
Rostock, Rede zur Feier d. 28. Febr. 1903

Barfurth, D[ietrich] (geb. am 25 Jan. 1849 in Dinslaken Rgbz. Düsseldorf): Ueber Nahrung und Lebensweise der Salme, Forellen und Maifische ... Bonn, Druck v. C. Georgi 1874. 41 S. 8. ¶ In Komm. bei Habicht in Bonn. — Wieder abgedr. im Arch. f. Naturgesch. XXXXI (1) 1875 S. 122 ff. m. d. Zusatz: Von d. phil. Fac. in Bonn gekrönte Preisschrift.

Bonn, Phil. Fak., Diss. v. 19 Dez. 1874

Barfurth, D., üb. Nahrung u. Lebensweise der Salme, Forellen u. Maifische. gr. 8. (41 S.) Bonn 874. Mainz, Lesimple. n. — 80

— Regeneration und Involution. 1904. — Wiesbaden: Bergmann 1905. S. 452–602. 8°
Aus: Ergebnisse d. Anatomie u. Entwickelungsgeschichte. 14.1904.
28.
11.5408

Barfurth. Dietr.: Regeneration u. Transplantation in d. Medizin, s.a. Sammlung anatom. u. physiolog. Vorträge u. Aufsätze.

— Regeneration und Transplantation in der Medizin. — Jena: G. Fischer 1910. 72 S. 8° (Sammlung anatomischer u. physiologischer Vorträge u. Aufsätze. 10.)
1:10 in Kt 3270-1. 6. 9. 10. 12: Anat. 371 c–10.
20. 21. 25. 27. 28. 38M. 53. 202. 302.
11.5410

— Vergleichend-histochemische Untersuchungen über das Glycogen. — Bonn: Cohen 1885. S. 260–404. 8°
Aus: Archiv für mikroskopische Anatomie. 25. 1885.
5.
11.5411

Barfurth, Hans, Referendar in Rostock: Der Begriff des Besitzdieners. (§ 855 B.G.B.) Rostock 1905: Adlers Erben. (86 S.) 8°

Rostock, Jur. Fak., Ref. Matthiaß, Diss. v. 24. Dez. 1905

[Geb. 28. Aug. 80 Bonn; Wohnort: Rostock; Staatsangeh.: Preußen; Vorbildung: Gymn. Rostock Reife O. 00; Studium: Göttingen 2, Rostock 4 S.; Rig. 30. März 04.]

Barfurth, Walter: Über Hyperdaktylie. Rostock [1909]: Adler. 25 S. 8°

Rostock, Med. Diss. v. 7. Mai 1909, Ref. Martius

[Geb. 3. Mai 82 Bonn; Wohnort: Rostock; Staatsangeh.: Preußen; Vorbildung: Gymn. Rostock Reife O. 03; Studium: Göttingen 2, Rostock 3, München 1, Rostock 4 S.; Coll. 10. April 09; Approb. 6. Mai 09.] [U 09. 3707

Barfus, Eginhard

Barfus, E v.: Die Ansiedler am Cheyenne, s.a. Bibliothek d. Reisen u. Abenteuer.

— dasselbe, s.a. Collection Wild-West.

— Die Ansiedler am Cheyenne. Erzählung aus d. wilden Westen. — Berlin: Gnadenfeld [1899]. 128 S. 8° (Bibliothek d. Reisen u. Abenteuer. 5.) 1:Yt 718–5.
11.5413

Barfus, E. v., deutsche Ansiedler am Cheyenne, s.a. Volks-Erzählungen, kleine.

Barfus, Eginhard v.: Deutsche Ansiedler am Cheyenne. Eine Erzählung aus den Territorien. — Mülheim a. d. Ruhr: Bagel [1893]. 8° (Kleine Volks-Erzählungen. 2445.)
1:Ng 25225–2445.
11.5412

Barfus, E. v., der schwarze Diamant u. andere Novellen, s.a. Kürschner's Bücherschatz Nr. 486.

Der schwarze Diamant u. andere Novellen. Von E(ginhard) v. Barfus. Berlin, Eisenach, Leipzig: H. Hillger [1906]. (111 S.) 8° [F.]
— Bücherschatz, Kürschners. No 486. [07. 15304

Barfus, E. v., der Diamantenschatz. Erzählung aus d. malayischen Archipel f. die reifere Jugend. 1. u. 2. Aufl. gr. 8. (146 S. m. 4 Farbendr. v. Fr. Bergen.) Stuttgart 889. 890. Loewe. 1. 80; geb. 3. —

Barfus, Eg. v., am Elefantensee. Erlebn. e. jungen Deutschen i. Afrika. F. d. reif. Jug. erz. M. 4 Farbendr.-Bild. n. Aquarellen v. W. Zweigle. gr. 8. (III, 161 S.) Stuttgart 896. G. Weise. Geb. in Leinw. 8. —; in Celluloid 4. 50

Barfus, E. v., Erzählungen, s. Volkserzählungen, kleine.

— Bei den Flibustiern auf Cuba. Erzählung aus d. spanisch-amerikanischen Kriege. — Stuttgart: Weise [1900]. 167 S. 8°
24.
11.5419

— Der Buren Freiheitskampf. Erzählung aus d. südafrikanischen Kriege von E. v. Barfuss. — Stuttgart: Süddeutsches Verl.-Inst. [1900]. 162 S. 8°
24.
11.5421

! Barfus, E.v.: Der Buren Freiheitskampf. Jetzt: Berlin, Schreiter.

*Barfuss, E v.: Treue Freunde. Erlebnisse zweier Deutschen in Nord-West-Borneo. Berl., Verl. Jugendhort. geb. ca 3 —

— Treue Freunde. Erlebnisse zweier Deutscher in Nord-West-Borneo von E. v. Barfuß. — Stuttgart: Süddeutsches Verl.-Inst. [1897]. 150 S. 8° (Illustrierte deutsche Jugendbibliothek. Ser. 1.)
24.
11.5422

! Barfus, E.v.: Treue Freunde. Jetzt; Berlin, Schreiter

— In malayischer Gefangenschaft. — Berlin: Herlet (1909). 32 S. 8° (Illustrierte Adler-Bibliothek. 35.)
1:Yt 729/143–35.
11.5423

— Die Goldsucher am Klondyke. Aus d. Erlebnissen e. jungen Deutschen. — Stuttgart: Weise [1899]. 180 S. 8°
24. 60.
11.5424

— Der fliegende Holländer. Eine Erzählung aus d. indischen Meeren. Von E. v. Barfuß. — Gotha: Perthes 1896. 190 S. 8°
39. 207.
11.5426

— Treue Kameraden. Erzählung aus der Zeit Kaiser Maximilians von Mexiko. — Stuttgart: Bardtenschlager [1893]. 110 S. 8°
24.
11.5427

— Kota-Babi; die Deserteure, s.: Volks-Erzählungen, kleine.

Barfus, Eginhard von

Kriegsfahrten eines alten Soldaten im fernen Osten. Nach den Aufzeichnungen eines ehem. Offiziers der niederl.-ostind. Armee.
Stuttgart, Leipzig: Dt. Verl.-Anst. (1892). 289 S. 8°

— Kriegsfahrten e. alten Soldaten im fernen Osten. Nach den Aufzeichngn. e. ehemal. Offiziers der niederländisch-ostind. Armee erzählt. 8. (V, 289 S.) Stuttgart 893. Deutsche Verlags-Anstalt. n. 3. —; geb. in Leinw. n.n. 4. —

— Kriegsfahrten e. alten Soldaten im fernen Osten. Nach den Aufzeichngn. e. ehemal. Offiziers der niederländisch-ostind. Armee erzählt. (Neue wohlf. [Titel-] Ausg.) 8. (III, 289 S.) Stuttgart [893]. 899. Deutsche Verlags-Anstalt. n. 1. —; geb. n. 1. 25

— Im Lande d. Buren. Erzählg. f. d. reif. Jug. gr. 8. (III, 183 S. m. 4 Farbdr.) Stuttgart 897. G. Weise. Geb. in Leinw. 3. —; in Celluloid 4. 50

— Im Lande der Buren. Erzählung. 2. Aufl. — Stuttgart: Weise 1900. 183 S. 8°
24.
11.5429

— Deutsche Marine am Kongo und in der Südsee. Erlebnisse eines deutschen Seekadetten in südlichen Meeren. — Stuttgart: Bardtenschlager [1892]. 112 S. 8° 24.
11.5430

— durch alle Meere. Denkwürdige Abenteuer e. jungen Matrosen auf seiner Erstlingsreise. Der reiferen Jugend erzählt. gr. 8. (160 S. m. 4 Farbendr.) Stuttgart 889. Thienemann. geb. n. 3.—

— Durch alle Meere. Denkwürdige Abenteuer eines jungen Matrosen auf seiner Erstlingsreise. — Stuttgart: Thienemann [1890]. 160 S. 8° 24.
11.5431

— durch alle Meere. Denkwürdige Abenteuer e. jungen Matrosen auf seiner Erstlingsreise. Der reiferen Jugend erzählt. Mit 4 Farbendr.-Bildern nach Aquarellen v. A. Zick. 3. Aufl. gr. 8. (160 S.) Stuttgart (899). K. Thienemann Geb. in Leinw. n. 3.—

— Die Meuterer in der Südsee. Abenteuer eines deutschen Seemanns in Polynesien ... Erzählt von E. v. Barfuß. — Stuttgart: Süddeutsches Verl.-Inst. [1898]. 144 S. 8° 24.
11.5434

!Barfus, E.v.: Die Meuterer in d. Südsee. Jetzt: Berlin, Schreiter

— ein rätselhafter Mord u. andere Novellen, s.a. Kürschner's, Jos., Bücherschatz Nr. 391.

Ein ratselhafter Mord und andere Novellen. Von Eg(inhard) v. Barfus. Mit Ill. von W. Roegge. *Berlin, Eisenach, Leipzig: H. Hillger [1903].* (111 S.) 8° [F.]
= Bücherschatz, Kürschners. No 391.

— auf Samoa. Erzählung f. die reifere Jugend. Mit 4 Bildern in feinem Farbendr. gr. 8. (III, 172 S.) Stuttgart (901). G. Weise. Geb. in Leinw. 3.—

— Der Schatz des Kaziken. Abenteuer und Kämpfe eines jungen Deutschen mit den Desperados im fernen Westen. Stuttgart: Thienemann [1890]. 168 S. 8° 24.
11.5437

— Dem Tode entronnen. Gefangen. 2 Erzählungen. — Mülheim a.d. Ruhr: Bagel [1894]. 62 S. 8° (Kleine Volks-Erzählungen. 2554.) 1:Ng 25225-2554.
11.5439

— s.: Volks-Erzählungen, kleine.

— Vom Kap nach Deutsch-Afrika. Streifzüge nach einem Verschollenen. — Stuttgart: Thienemann [1888]. 152 S. 8° 24.
11.5440

— v. Kap nach Deutsch-Afrika. Streifzüge nach e. Verschollenen. Der reif. Jugend erzählt. 2. Afl. 8° (152 m. 4 Farbendr.) Stuttg. 91, K Thienemann. Kart. 2—

— Watawa, die Tochter des Crow-Häuptlings. Erzählung von E. v. Barfuss. — Berlin: Georgi [1896]. 123 S. 8° (Collection Wild-West. 14.) 1:Yt 692-14.
11.5441

Barfus, Eg. v., Watawa, d. Tochter d. Crow-Häuptlings. Erzähl. 8. (123 S.) [Berlin 896. C. Georgi.] Erfurt, Fr. Bartholomäus. — 60

— — 2., unveränd. Aufl. Erfurt: Bartholomäus [um 1900]. 123 S. 8° (Wild-West. 14.) 3.
11.5442

— dasselbe, s.a. Collection Wild-West.

— im fernen Westen, s.a. Volks-Erzählungen, kleine.

— Im fernen Westen. Erzählung. — Mülheim a.d. Ruhr: Bagel [1892]. 8° (Kleine Volks-Erzählungen. 2435.) 1:Ng 25225-2435.
11.5443

Barfus, Eginhard: Bis in d. Wildnis, s.a. Collection Wild-West.

— Bis in die Wildnis. Erzählung. — Berlin: Georgi [1895]. 128 S. 8° (Collection Wild-West. 9.) 1:Yt 692-9. 3.
11.5444

— bis i. d. Wildnis. Erzählg. 8. (128 S.) [Berlin 895. C. Georgi.] Erfurt. F. Bartholomäus. — 60

— Wohl biegen, aber nicht brechen. Der fliegende Holländer. 2 Erzählungen. — Mülheim a.d. Ruhr: Bagel [1903]. 64 S. 8° (Kleine Volks-Erzählungen. 2785.) 1:Ng 25225-2785.
11.5445

Barfus, Friedrich v.: Alexander, Kaiser von Russland. Mit Benutzung des franz. Textes der Gräfin Choiseul. — (Saarlouis) 1849: (Stein). 206 S. 8° 12:4° Russ. 1 p. 42. 111.
11.5446

— — Nach d. Franz. der Gräfin Choiseul. Ebd. 1849. 206 S. 8° 17.
11.5447

Barfus, Natalie de s. *Barfuss*, Natalie v.

Barfus-Falkenberg, Franz Wilhelm v.: H. A. Graf von Barfus Königl. Preuß. General-Feldmarschall. Ein Beitrag zur Kriegsgeschichte unter den Kurfürsten Friedrich Wilhelm und Friedrich III. von Brandenburg. — Berlin: Hertz 1854. VI,72 S. 8° 1:St 7260. 2. 4. 5. 8→11. 12:Biogr. 1282-36. 15. 17. 21. 24. 27. 32. 43. 45. 109. 121. 209. 300:9141-B.
11.5449

Barfuss: Handbuch der... Messkunde. s. Barfuss, Friedrich Wilhelm

Barfuss, Eginhard v. s. *Barfus*.

Barfuss, F.: Die Entwicklungsmethode der Analysis. s. Barfuss, Friedrich Wilhelm

Barfuss, Friedrich Wilhelm

Barfuß, F. W., der Böttcher. Ausführliches Handbuch, umfassend sämtl. die handwerks- u. fabrikmäß. Herstellg. der Fässer, Bottiche, Bütten, Wannen u. Eimer betr. Arbeiten, nebst Faßberechnungstabellen u. e. Abhandlg. üb. die Verrichtgn. des Küfers im Keller. 10. verb. u. erweit. Aufl., bearb. v. R. Hentze. (VIII, 817 S. m. 328 Abb.) gr. 8. Leipzig 907. B. F. Voigt.
1 bis 9. Aufl u.d. T.: 6.—; geb. 7.50
Barfuß: Die Kunst des Böttchers oder Küfers...

Barfuss, F. Die Entwickelungsmethode der Analysis. Weimar, 1853—1854.

Barfuß, Fr. W., Geschichte der Uhrmacherkunst, s.a. Schauplatz, neuer, der Künste ꝛc. 90. Bd.

— Geschichte der Uhrmacherkunst von den ältesten Zeiten bis auf unsere Tage. — Weimar: Voigt 1837. XIV,258 S. 8° (Neuer Schauplatz d. Künste u. Handwerke. 90.) 2. 4. 17. 23. 32. 44. 302. 305.
11.5450

— — 2., sehr verm. Aufl. Hrsg. von Emanuel Schreiber. Ebd. 1850. XVIII,237 [vielm. 337] S. 8° (Neuer Schauplatz d. Künste u. Handwerke. 90.) 2. 12:Techn. 10i. 17. 36. 43. 91. 210.
11.5451

— — 3., verm. Aufl. Ebd. 1856. XVI,IV,385 S. 8° (Neuer Schauplatz d. Künste u. Handwerke. 90.)
1:Stala 671. 2. 12:Techn. 10 ib. 82.
11.5452

— — 4. Aufl. ... in vollst. Neubearb. hrsg. von Eugen Gelcich. [Nebst] Atlas. — Ebd. 1887. 8° [u.] 4° (Neuer Schauplatz d. Künste u. Handwerke. 90.) 14. 32.
11.5453

Barfuß, Fr. W., Handbuch der Feld-Meßkunde oder gründliche Unterweisung in der Feldmeßkunst, sowie zu größeren Aufnahmen, zu Nivellements und zum Gebrauch der Instrumente. 4. vollständ. umgearb. und wesentl. gekürzte Aufl., bearb. von W. Jeep. gr. 8. (VIII, 144 S.) Mit Atlas in 4. (29 Taf.) Weimar 888, B. F. Voigt.

— Handbuch der Feld-Meßkunde ... 4., vollst. umgearb. u. wesentlich gekürzte Aufl. bearb. von W. Jeep. [Nebst] Atlas. — Ebd. 1889. 8° [u.] 4° 1:8° [u.] 4° Of 4794[4]. 83. 91.
11.5457

Barfuss, Dr. F. W., Handbuch der Messkunde. Weimar 1842. Text 8°. Atlas qu. Form.

Barfuß, Friedr. Wilh., Handbuch der höh. u. niedern Meßkunde, od. gründl. Anweis. in der gewöhnl. Feldmeßkunst, so wie zu größeren geodätischen Aufnahmen, zu geograph. Triangulirungen, barometr. Höhenmessungen, zu Nivellements u. z. Instrumentenlehre. Nach dem neuesten Standpuncte d. Wissenschaft. bearb. gr. 8. (31 B. u. 14 Stnt.) Weimar, 842, Voigt.

—— Handbuch der höheren und niederen Meßkunde, oder gründl. Unterweisung in der gewöhnl. Feldmeßkunst, sowie zu größeren geodätischen Aufnahmen rc. 2., verb. und verm. Aufl. gr. 8. (XXVI und 564 S. mit 14 Tafeln in Fol.) Weimar 847, Voigt.

—— Handbuch der höheren und niederen Meßkunde oder gründliche Unterweisung in der gewöhnlichen Feldmeßkunst, sowie zu größeren geodät. Aufnahmen, zu geograph. Triangulirungen, barometr. Höhenmessungen, zu Nivellements und zum Gebrauch der Instrumente. Nach dem neuesten Standpuncte der Wissenschaft bearb. 3., verb. und verm. Aufl. gr. 8. (XXVI und 589 S. mit 15 Stnt. in Fol.) Weimar 854, Voigt.

—— die Kunst des Böttchers s.a. Schauplatz, neuer, der Künste und Handwerke.

Barfuß, F. W., die Kunst des Böttchers oder Küfers in der Werkstatt wie im Keller, s.a. Schauplatz, neuer, der Künste u. Handwerke.

— Die Kunst des Böttchers oder Küfers in der Werkstatt wie im Keller ... Nebst e. Anh. über die Verrichtung des Küfers im Bier- und Weinkeller. — Weimar: Voigt 1839. XVI,267 S. 8° (Neuer Schauplatz d. Künste u. Handwerke. 102.) 17. 32. 36. 89. 302. 305.
11.5458

— — 2., verb. u. verm. Aufl., mit e. Anh. über die Verrichtungen des Küfers im Bier- und Weinkeller von Chr. Heinrich Schmidt. — Ebd. 1847. XXII,326 S. 8° (Neuer Schauplatz d. Künste u. Handwerke. 102.) 47.
11.5459

— — 3., verb. u. verm. Aufl. Mit e. Anh. ... von Chr. Heinrich Schmidt. — Ebd. 1855. XX,311 S. 8° [(Neuer Schauplatz d. Künste u. Handwerke. 102.)] 91.
11.5460

— — 4., verb. u. verm. Aufl. Mit e. Anh. ... von Chr. Heinr. Schmidt. — Ebd. 1860. XXII,305 S. 8° (Neuer Schauplatz d. Künste u. Handwerke. 102.) 16. 123.
11.5461

— — 5., verb. u. verm. Aufl. von August Lange. Ebd. 1868. XVI,354 S. 8° (Neuer Schauplatz d. Künste u. Handwerke. 102.) 17. 47. 82.
11.5462

— — 6., verb. u. verm. Aufl. von August Lange. [Nebst] Atlas. — Ebd. 1876. 8° [u.] quer-8° (Neuer Schauplatz d. Künste u. Handwerke. 102.) 32. 201. 305.
11.5463

— — Nebst e. Abhandlung über die Verrichtungen des Küfers im Bier- und Weinkeller. 8., verb. u. verm. Aufl. von August Lange. [Nebst] Atlas. — Ebd. 1885. 8° [u.] quer-8° (Neuer Schauplatz d. Künste u. Handwerke. 102.)
43. 83. 91. 201. 210. 305.
11.5464

— — 9., verb. u. verm. Aufl. von August Lange. [Nebst] Atlas. — Ebd. 1894. 8° [u.] quer-8° (Neuer Schauplatz d. Künste u. Handwerke. 102.) 41[∞Hauptwerk]. 62. 82. 91.
11.5465

10. u. 11. Auflage u.d. T.: Barfuss, Frdr.Wilh.: Der Böttcher.

— Lehrbuch der mathematischen Analysis, besonders in Hinsicht ihrer Entwickelungsmethoden. Zum Gebrauch für Lehrer und Lernende. Th. 1.2. — Weimar: Jansen 1853–54. 8°

1. Die Entwickelungsmethoden der gemeinen mathematischen Analysis. 1853.
2. Lehrbuch der Differentialrechnung. 1854.

17. 19. 20[∞1]. 27. 32. 43[∞2]. 93[∞2]. 304[∞2]. 305[∞2].
11.5468

—— Lehrb. d. mathem. Analysis. 2 Thle. 8. Weim. 53. 54. (Berl., Mode's V.) 4. 7½; Her. Pr. 2. 10
Entwicklungsmeth. d. math. Analysis. (229) 1 22½; Her. Pr. 1. –
Lehrb. d. Differentialrechn. (282) 2. 15; Her. Pr. 1. 10

— — 2., unveränd. Ausg. Th. 1.2. Berlin: Mode 1869. 8°
Inhalt wie in 11.5468. 87.
11.5469

Barfuß, Fr. W., Lehrbuch der mathematischen Analysis. 2. Aufl. 2 Thle. Berlin 870. Friedberg und Mode. *

Barfuß, Fr. W., Lehrbuch der mathematischen Analysis, besonders in Hinsicht ihrer Entwicklungsmethoden. Zum Gebrauch für Lehrer u. Lernende beim höheren mathemat. Unterrichte hersg. 2. unveränd. Ausg. 2 Thle. Berlin 870. Mode. gr. 8. 2 ₰ 10 ngr

1. Thl.: Die Entwickelungsmethoden der gemeinen mathemat. Analysis. (XIV, 229 S.) 1 ₰
2. Thl.: Lehrbuch der Differentialrechnung. (XII, 282 S.) 1 ₰ 10 ngr

— Lehrbuch der Arithmetik. Mit e. Vorw. von Kunze. — Weimar: Böhlau 1857. XVIII,292 S. 8° 6. 207.
11.5470

Barfuß, Friedrich Wilhelm: Lehrbuch der Optik, s.a. Schauplatz der Künste.

— Lehrbuch der Optik. 3. Aufl. ... vollst. neu bearb. von Ferdinand Meisel. [Nebst] Atlas. — Ebd. 1889. 8° [u.] 4° (Neuer Schauplatz d. Künste u. Handwerke. 3) 27. 32. 201. 303.
11.5473

— Populäres Lehrbuch der Optik, Katoptrik und Dioptrik. Theoretisch-practischer Unterricht über den Bau aller optischen Instrumente. 2., völlig umgearb. Aufl. von Hermann Gieswald. [Nebst] Atlas. — Ebd. 1860. 8° [u.] quer-8° (Neuer Schauplatz d. Künste u. Handwerke. 3.)
18. 19. 32. 44. 82. 207. 210. 303. 305.
11.5472

—— Optik, Katoptrik u Dioptrik, s.a. Schauplatz d. Künste, 3. Bd.

— Optik, Catoptrik und Dioptrik oder theoretisch-praktischer Unterricht über den möglichst vollkommenen Bau aller optischen Instrumente. — Weimar: Voigt 1839. XXIV,526 S. 8° (Neuer Schauplatz d. Künste u. Handwerke. 3.) 5. 10. 33. 36. 39. 44. 45. 47. 84. 89. 91. 201. 210. 304. 305.
11.5471

— Theorie der Spiegelmikroscope mit sphärischen Glasspiegeln. — Weimar: Voigt 1840. XIV,80 S. 8°
10. 32. 36. 86. 89. 210. 305.
11.5474

Barfuss, Josef: Anleitung zur richtigen Blumenpflege im Zimmer sowie die Bepflanzung des Balkons und das Überwintern der Blumen. — Berlin [usw.]: Vobach (1906). VIII,138 S. 8° 1:N 10.4073. 12:Oecon. 176 rd. 207.
11.5475

Barfuss, J, d. Beerenbau, s.a Landmann's, d., Feierstunden.

— Der Beerenbau. — Paderborn: Schöningh 1892. VI, 152 S. 8° (Des Landmanns Feierstunden. 3.) 6. 46.
11.5476

Das Erdbeerbuch. Anzucht, Pflanzung, Pflege u. Sorten d. Erdbeere f. Gross- u. Kleinbetrieb u. die Verwertung d. Früchte als Dauerware. Von J[osef] Barfuss. Mit Textabb. *Berlin: P. Parey 1901.* (66 S.) 8° [F.]

— der wirtschaftliche Gemüsebau. Aus der Praxis f. die Praxis. Praktische Anleitg., den Gemüsebau nutzbringend u. doch m. geringen Mitteln zu betreiben. 8. (VI, 123 S. m. 59 Illustr.) Güstrow 892. Opitz & Co. n. 2. --

Barfuß, Jos., D. lohn. Gemüsetreiberei i. ihrem ganzen Umfange. Prakt. Anleitg. zu e. erfolgr. Treiben aller bekannten u. noch selt. Gemüse u. Früchte. Nebst e. Anh.: Treiberei d. Erdbeere. N. d. neuesten Erfahrgn. u. Fortschritten bearb. 5 Lfgn. gr. 8. (XV, 332 S. m. 20 Abb.) Leipzig 896/97. O. Lenz. n. 5. 40; geb. n. 6. —

— Die lohnende Gemüsetreiberei in ihrem ganzen Umfange. — Leipzig: Lenz 1897. XV, 332 S. 8° [(Leipziger landwirtschaftliche u. Gartenbau-Bibliothek. 1.)] 101.
11.5479

— d. Gurke, ihre Kultur im freien Lande u. unter Glas, sowie d. Verwertg ihrer Früchte, s.a. Neumann's, J, gärtner. Büchersammlg.

— Die Gurke, ihre Kultur ... sowie die Verwertung ihrer Früchte. — Neudamm: Neumann 1894. 88 S. 8° (J. Neumanns gärtnerische Büchersammlung. 9.) 1:Ou 29550–9. 46. 210.
11.5480

— Himbeere u. Brombeere. Kultur derselben im Garten u. im Felde, sowie unter Glas, nebst Vermehrg., Schnitt, Sorten u. Pflege. Mit Anh.: Verwertung der Früchte zu Wein, Kompott, Gelee, Säften, zum Einmachen u. s. w. gr. 8. (VII, 149 S. m. 18 Abbildgn.) Leipzig 899. Fritzsche & Schmidt. 2. 50

— — 2. Aufl. Ebd. [1904]. VIII, 149 S. 8° 18.
11.5482

Barfuss, Jos.: Die rationelle Kultur d. Kohl- u. Steckrübe, s Doerberg, Eduard.

— die Kultur der Veilchen, s.a. Bibliothek, Leipziger landwirtschaftliche, Gartenbau- u. Weinbau-Bibliothek. 8.

— Die Kultur der Veilchen. — Leipzig: Lenz [1902]. IV, 32 S. 8° (Leipziger landwirtschaftliche, Gartenbau- u. Weinbau-Bibliothek. 8.) 101.
11.5483

— d. Melone, Tomate u. d. Speisekürbis, s.a. Neumann's J., gärtner. Büchersammlg.

[F.] Die Melone, Tomate und der Speisekürbis. Ihre Kultur im freien Lande unter Anwendg v. Schutzmitteln u. unter Glas, sowie d. Verwertg ihrer Früchte. Von Josef Barfuss. M. 46 Abb. *Neudamm: J. Neumann 1896.* (112 S.) 1 Bd 8.
= Büchersammlung, J. Neumanns Gärtnerische. Bd 11.

Der Obstbau. Wegweiser, wie man den Obstbaum pflegt, düngt, beschneidet u.s.w., wie man Obstgärten u. Baumfelder anlegt, Krankheiten heilt u. Feinde vertilgt von J[osef] Barfuß. Reich ill. Berlin: W. Werner 1905. (106 S.) 8° [F.]

— Die Obstverwertg, s.a. Ullstein's Sammlg prakt. Hausbb.

Die Obstverwertung. Ueber 200 Rezepte z. Dörren u. Einmachen aller Arten Obst, z. Bereitung von Gelées, Fruchtsäften, Obstmus, Marmeladen u. a. Von J[osef] Barfuß. Mit Abb. *Berlin: Ullstein & Co. [1903].* (184 S.) 8° [F.]
= Sammlung, Ullstein's, prakt. Hausbücher. Bd 24.

— Stachelbeerkultur u. Stachelbeerwein. Anzucht u. lohn. Pflanzg., Pflege, Feinde u. Sorten, f. Groß- u. Kleinbetrieb, sowie Verwertg. der reifen Früchte. gr. 8. (VI, 87 S. m. 27 Abbildgn.) Leipzig 901. R. C. Schmidt & Co. n. 1. —

Barfuß, Jos., Stachelbeerkultur. 901. (282 Bl.) Jetzt: Berlin, P. Parey.

Barfuß, J., die Überwinterung der frischen Gemüse, Wurzel- und Knollengewächse, Küchenkräuter, einschließlich der Samenpflanzen, nebst Angabe der geeigneten Sorten. Mit besond. Berücksicht. der wichtigsten im Vor- und Nachwinter zu kultivierenden Gemüse und einem Anhang über das Dörren der Gemüse. 8. (VI, 94 S. mit 12 in den Text gedr. Holzschn.) Stuttgart 888, Ulmer. *

Der Winterschutz der Bäume, Sträucher und Pflanzen, welche in Deutschland, Oesterreich und der Schweiz frostempfindlich sind. Von Jos. Barfuß, Landschaftsgärtner. Mit zahlr. Abb. *Carlshorst-Berlin: H. Friedrich 1900.* (VIII, 120 S.) 8°

BARFUSS, Jos.: Der Winterschutz der Bäume, Sträucher und Pflanzen, welche in Deutschland, Österreich und der Schweiz frostempfindlich sind. - Carlshorst-Berlin 1901. 120 S.

Barfuss, Natalie v.: Ida und Clara. Ein Roman. Bd 1–3. — Berlin: Barthol 1854. 8° 1:Yx 8461. 7.
11.5490

— Charles Le Brun par Natalie de Barfus. — Danzic 1847: Gerhard. 103 S. 8° 1:Xy 11652. 10. 44.
11.5491

Barfuss, W., s. Barfuss, Friedrich Wilhelm

Barfuss-Falkenberg, s. Barfus-Falkenberg

Barfüsser-Kirche, Die, in Basel. Zürich 1882. V: *Rahn, Joh. Rud.* (Zuwachsverz. d. Bibliotheken in Zürich 1898 ff.)

Barg, Elias, aus Jerusalem: Ueber muskuläre Rückenversteifung (Rigiditas dorsalis myopathica Senator) mit besonderer Berücksichtigung des traumatischen Ursprungs. *Berlin 1903: L. Schumacher.* (29 S.) 8°
Berlin, Med. Diss. v. 24. Juli 1903

Barg, Friedrich
Sr. Majestät dem Deutschen Kaiser Wilhelm II gewidmet v. Friedrich Barg. Fahnenlied des Vereins ehemaliger Soldaten in Kiel. o. O. u. J. 1 Bl. 4°

Barg, Georg *Julius* [aus Schlesien]: Über perityphilitische [!] Eiterung in Bruchsäcken ... Greifswald, Druck v. C. Sell, 1893; 36 S., 2 Bl. 8.
Greifswald, Med. Fak., Inaug.-Diss. v. 10. Mai 1893

Barga, Petrus Angelius v. s.a. *Angelio* da Barga, Pietro.

Barga, Pet. Ang., quo ordine scriptorum historiae romanae monimenta legenda sint libellus etc. Ueber d. Ordnung, in welcher d. Röm. Geschichtschreiber zu lesen sind. Aus d. Latein. übers. v. Jos. Koller. Mit beigef. latein. Originaltexte. 8. Regensb. 813. Montag u. W. 4 gr.

Bargaglia, Celso
— Celsi Bargalii Tractatus insignis atque utilissimus, de dolo et culpa ... In 6. libros distinctus. — Norimbergae: Tauber 1700. 612 S. 2° 1:2° Gf 7000.
5. 7. 8. 10. 12: 2° J. rom. m. 21 b. 15. 16. 18→22. 25. 31. 32. 36. 211. 303. 308.
11.5496

Bargatzky, August (geb. am 19 Apr. 1855 in Heinsberg Rgbz. Aachen): Die Stromatoporen des rheinischen Devons ... Bonn, Univ.-Buchdr. v. C. Georgi 1881. 76 S., 1 Bl. 8. ¶ Sonderabdr. aus d. Verhandl. d. naturhist. Vereins d. preuss. Rheinl. u. Westf. XXXVIII 1881 S. 233 ff.
Bonn, Phil. Fak., Diss. v. 30 Juli 1881

Bargaeus, Petrus Angelius s. *Angelio* da Barga, Pietro.

Barge, Hermann
Barge, Herm.: Aktenstücke z. Wittenberger Bewegg Anfang 1522. Hrsg. u. erläutert. (6, 52) 8° Lpzg, JC Hinrichs '12. 1.50 (Pp.) d

— **Andreas Bodenstein von Karlstadt. T. 1. 2. — Leipzig: Brandstetter 1905. 8°**
1. Karlstadt u. d. Anfänge d. Reformation.
2. Karlstadt als Vorkämpfer d. laienchristlichen Puritanismus.
1: Au 281. 2→11. 12: Biogr. 106 pf. 14→21. 23→30. 32. 34. 36. 38. 39. 41. 43. 46. 61. 75. 102. 109. 112. 117. 203. 207. 211. 300: 435.664–B. 302.
11.5533

— **Entwicklung der geschichtswissenschaftlichen Anschauungen in Deutschland. — Leipzig: Dieterich 1898. 36 S. 8°**
1: Rw 313. 5. 12: H. Un. 18 h. 14. 15. 16. 18. 21. 28. 29. 34. 36. 38. 41. 46. 61. 107. 205. 207. 302.
11.5535

— **Frühprotestantisches Gemeindechristentum in Wittenberg und Orlamünde. Zugleich eine Abwehr gegen Karl Müllers 'Luther u. Karlstadt'. — Leipzig: Heinsius 1909. XXVI, 366 S. 8°** 1: Cn 8213. 2. 3. 5→11. 12: H. ref. 601 v. 14. 15. 17. 18. 20. 21. 25→30. 117. 203. 302.
11.5536

Barge, Herm.: Frühprotestant. Gemeindechristentum in Wittenberg u. Orlamünde. Zugl. e. Abwehr geg. Karl Müllers „Luther u. Karlstadt". (26, 366) gr8° Lpzg, M Heinsius Nf. '09. '10 —; geb. 11.50

— **Landtagswahlrede. — (Leipzig [um 1910]: E. Lehmann.) 20 S. 8°** 101. 207.
11.5538

Barge, Herm., Organisation u. Persönlichkeit, s.a. Schriften des Bundes der technisch-industriellen Beamten. Nr. 10.

— **Organisation und Persönlichkeit. Vortrag. — Berlin: Sohlich 1906. 24 S. 8° (Schriften d. Bundes d. technisch-industriellen Beamten. 10.)**
1: Ff 4273/3–10. 12: Techn. 2014 m–10. 17. 61. 84. 206.
11.5540

— **Das Programm des Liberalismus und die sächsischen Landtagswahlen. Eine Landtagswahlrede. — Leipzig [um 1910]. 20 S. 8° (Flugschriften d. Liberalen Landesverbandes für d. Königreich Sachsen. 2.)** 207.
11.5541

Barge, Hermann: Die Verhandlungen zu Linz und Passau und der Vertrag von Passau im Jahre 1552 ... [Erschien vollst. 1893 im gl. Verl.] Stralsund, E. Warnke, 1892; 2 Bl., 61 S. 8.
Leipzig, Phil. Fak., Inaug.-Diss. v. [20. Dez.] 1892

— **Die Verhandlungen zu Linz und Passau und der Vertrag von Passau im Jahre 1552. — Stralsund: Meincke 1893. 161 S. 8°**
Erschien teilweise auch als Diss. Leipzig 1892.
1: Ry 3863. 5. 7. 9. 11. 12: J. publ. G. 41 o. 14. 21. 24. 25. 27. 29. 46. 107. 117. 302. 304. 307.
11.5542

— s.: Verhör u. Akta vor d. Bischof v. Meissen geg. d. Bischof zu d. Lochau usw.

Barge, W.:
Praktische Flötenschule. Ecole pratique de la flûte.
Leipzig.

Bargebuhr, Arnold [aus Harburg]: Über Ascites chylosus und chyliformis ... Leipzig, Druck v. J. B. Hirschfeld, 1893; 35 S. 8.
Würzburg, Med. Fak., Inaug.-Diss. v. 1893

Bargen, Gustav Albert v.: Revisions-Bericht der Herren G. A. v. Bargen und F. Busse an die Herren Aktionaire der Verlagsanstalt und Druckerei A.-G. (vormals J. F. Richter) in Hamburg. — Hamburg (1892): Verlagsanst. & Dr. A.-G. 31 S. 4° 12: 4° N. libr. 2d.
11.5550

Bargen, H.: Vorteile beim Rechnen, s. Bargen, Heinrich

Bargen, H. N. v., Don Juan Redando, der Stierkämpfer und Abenteurer. Erzählung. 100 Hefte mit je 1 Chromolithogr., oder 4 Bde. gr. 8. (650; 504; 366; 806 S.) Neusalza 884—86, Oeser à Heft 10 Pf.

— d. Tode entronnen od. e. Kampf um Erb' u. Ehre. Neueste Erzählg. 4 Bde. 8. (3198 m. Chromol.) Ebd. 86. 87. 10. —

— dem Tode entronnen oder ein Kampf um Erb' und Ehre. Neueste Erzählung. 100 Hefte oder 4 Bde. gr. 8. (696; 878; 836; 788 S. mit 100 farb. Stnt.) Ebendas. 886—88. à Heft 10 Pf.

Bargen, Heinrich
Bargen, Hnr., Vortheile beim Rechnen, od. Anweis., wie d. mehrsten Vorfälle im gemeinen Leben ꝛc. berechnet werden können. 3 Hefte. gr. 8. Aurich 807, 8. Müller in Brem. 2 ß 8 gr

Bargen, Tonko (Leer), De inflammatione ejusque theoriis. Diss. med. Bln. (Aug. Petsch) 20. VIII. 1827. 28. S. mit Biographie. (M.: Crumming.) (4.80) 1097
Oppon.: L. Kersten, F. Leonhardt, E. C. Vechtmann. — Gew.: Carl Asm. Rudolph.

Bargeo, Pietro Angelio s. *Angelio* da Barga, Pietro.

Barger Friedrich: Rückblick auf die ersten 25 Jahre der Staatsrealschule in Jägerndorf 88. – 1901. Progr.

Bargetri, K.F., s. Bargetzi, Karl Franz

Bargetzi, Karl, s. Bargetzi, Karl Franz

Bargetzi, Karl Franz
Bargetzi, K. F., Dido in der Geschichte und in der Dichtung. Pr. 1898. 18 S.

Bargetzi Karl: Die Didodramen Metastasios, Lefrancs und J. E. Schlegels.
II. 1897 PN 1069 Diss. Wien, Univ.

Bargetzi Karl F.: Über die Ferialcurse für französische Sprache in Paris und Genf. 17. Wien III. R. (Rainer) 98. Progr.

Bargetzi, Karl Franz: Über die Ferialcurse für französische Sprache in Paris und Genf. — Wien: Selbstverl. 1898. 17 S. 8°
Aus: Jahresbericht über d. Öffentliche Unter-Realschule in Wien. III. 1898.
302. 304.
11.5589

Bargezi: Der Schwur der Römer im täglichen Leben. Eine kulturhistorische Studie. 26 S.
Progr. Linz 1861.

Bargheer, C. s. *Bargheer*, Karl Louis.

Bargheer, Karl Louis: L. van Beethoven's fünf letzte Quartette ... analysirt. — Hamburg 1883: Richter. IV, 56 S. 8° 7. 11. 25. 48.
11.5592

Bargiel, Woldemar [Vorr.] s. *Bach*, Johann Sebastian: Die grosse Passions-Musik nach dem Evangelium Matthäi. 1869.

Bargildi, Franconis, disquisitio de ducatu et judicio provinc. episcopatus Wirceb., in ordine ad valorem praesumtae ex situ superior. territorialis (ab Eug. Montag.) 4. Nürnb. 778. Endters. 12 gr

Barginet de Grenoble, d. Grenadier v. Elba, s. Heine, F.

Barginet, Alexandre
Barginet, A.: Die Chronik der Kaiserzeit,
s.a. Bibliothek ausgew. Romane.

Bargmer, A., Chronik d. Kaiserzeit. 1e Periode. Deutsch v. O. L. B. Wolff. gr. 12. Leipz. 833. Allgem. Niederländ. Buchh. (Fournes u. H.) $1^1/_2$ ß

— [deutsch] Chronik der Kaiserzeit. Deutsch von O. L. B. Wolff. — Leipzig: Berger 1846. XLVI,386 S. 8°
1:Xy 11234.
11.5605

— Chroniques impériales. Période 1. — Bruxelles: Meline 1833. 320 S. 8°
204.
11.5603

— — Période 1. Bruxelles: Peeters; Leipzig: Allg. Niederland. Buchh. 1833. 320 S. 8°
14. 17. 33.
11.5604

— La 32me Demi-brigade. Chronique militaire du temps de la République. — Bruxelles: Peeters; Leipzig: Allg. Niederland. Buchh. 1832. XXIII,308 S. 8°
17. 33.
11.5606

– Die 32. Halbbrigade, s.a. B i b l i o t h e k ausgew. Romane.

— [deutsch] Die zwei und dreißigste Halbbrigade. Erzählung aus d. Zeiten d. Republik. Deutsch von O. L. B. Wolff. — Leipzig: Allg. niederländ. Buchh. 1833. XXII, 311 S. 8°
1:Xy 11228. 28.
11.5608

— Les Héberard. Légende des baronnies. 1843. T. 1.2. — Bruxelles: Meline, Cans & Comp. 1837. 8°
33.
11.5612

— — T. 1.2. Bruxelles & Leipzig: Hochhausen & Fournes 1837. 8°
12:P.o.gall. 197 g. 19. 60.
11.5614

— Isarda, Novelle, übertragen v. Bernd v. Guseck, u. Flametta, oder d. Ursprung des St. Elms-Feuers. Nach Cohen v. Hulda Riebe. 8. Dresd. u. Leipz. 835. Arnold. $^3/_4$ ß

Bargmann: S t e h t der Lebensvers.-Gesellschaft . . ., s. B a r g m a n n , Adolf

Bargmann, A.: A n l e i t u n g zum Aufsatzbilden (und andere pädagogische Schriften), s. B a r g m a n n , Albert.

Bargmann, Adolf, Referendar in Bremerhaven: Steht der Lebensversicherungs-Gesellschaft ein selbständiger Schadensersatz-Anspruch gegen denjenigen zu, welcher den Tod des Versicherten schuldhaft verursacht hat? *Geestemünde [1901]: G. Niebling & Co.* (II, 37 S.) 8°
Rostock, Jur. Diss. v. [30. Juli] 1901

Bargmann, Albert: Anleitung zum Aufsatzbilden. Lehrplan u. Anschauungsbeispiele. — Leipzig: Quelle & Meyer 1907. VIII,175 S. 8°
1:Yb 969. 10. 30. 38. 46. 61. 62. 207.
11.5625

— s.: Berufsaufsatz, d., in d. Fortbildgssch.

— Himmelskunde und Klimakunde. Lehrplan, Beobachtungen u. Lektionen. — Leipzig: Quelle & Meyer 1908. VIII,215 S. 8°
10. 12: Astr. U. 22 dm. 46. 61. 207. 302.
11.5626

Methodik des Unterrichts in Erdkunde in Volks- und Mittelschulen von Dr. A. Bargmann, Schuldir. Mit 5 Taf. Leipzig & Berlin: B. G. Teubner 1905. (104 S.) 8° [J.]
— Methodik d. Volks- u. Mittelschulunterrichts. 2, 5.

Bargmann, Albert, s. R e c h e n b u c h f. Fortbildungsschulen.

— Schule des Rechtschreibunterrichts. — Leipzig: Quelle & Meyer 1908. VIII,118 S. 8°
10. 12: L. germ. 415 n. 41. 207.
11.5627

— u. A. Hoffmann, aus Stadt u. Land. Deutsche Fibel. Bilder v. A. Hennig, Schreibschrift v. R. Händler. (IV, 124 S.) gr. 8. Leipzig 909. J. Klinkhardt. Geb. — 60

Bargmann, Albert *Friedrich Jakob:* Der jüngste Schutt der nördlichen Kalkalpen in seinen Beziehungen zum Gebirge, zu Schnee und Wasser, zu Pflanzen und Menschen ... *Altenburg, Pierer'sche Hofbuchdr.*, 1894; 103 S., 1 Bl., 6 Taf. 8.
Leipzig, Phil. Fak., Inaug.-Diss. v. [8. Juni] 1894

Bargmann, Bernh. Alex. (Hedera Felix), Epheuranken um Liebe, Wald u. Vaterland (Bismarck). 8. (111 S.) Wien (902). Neue Literaturanstalt.
n. 3. —

Bargmann, BA (Hedera Felix): Epheuranken um Liebe, Wald u. Vaterland (Bismarck). (111) 8° Wien, Verl.-Anst. neuer Lit. u. Kunst (02).
(3 —) 1 — d

Bargmann, Bernh. Alex, die Verteidigung u. Sicherung der Wälder gegen die Angriffe u. die Gewalt der Stürme, unter besond. Berücksicht. der örtlichen Windablenkungen. (75 S.) Lex.-8. Frankfurt a/M. 904. J. D. Sauerländer.
n. 3. —
Sonderabdruck aus: „Allg. Forst- u. Jagd-Zeitg."

Bargmann, Hermann: Der Formalismus in Kant's Rechtsphilosophie. *Leipzig 1902: O. Schmidt.* (54 S.) 8°
Leipzig. Phil. Diss. v. [18. Sept.] 1902

Bargmann, Hermann, Dr. phil., Oberlehrer: BGB. § 579 in seiner Bedeutung für die Frage nach der Person und Rechtsstellung des Vermieters bei freiwilliger Veräußerung und Belastung des vermieteten Grundstücks. Dresden 1909: Fischer. 64 S. 8°
Leipzig, Jur. Diss. v. 15. Jan. 1910
[Geb. 17. März 81 Bremerhaven; Wohnort: Bremerhaven; Staatsangeh.: Bremen; Vorbildung: Gymn. Bremerhaven Reife O. 99; Studium: Leipzig 1, Kiel 1, Leipzig 5 S.; Rig. 22. Nov. 09.]
[U 10. 2651

Bargmann, Wilhelm: Die Einführung der General-Feuer-Cassa in Hamburg am 28. Februar 1677. Vortrag, gehalten ... 1877, zur Feier des zweihundertjährigen Gedenktages. ([Hamburg 1877]: Meißner.) 15 S. 8°
18. 106. 205.
11.5628

Bargone, Charles
Pseudonym: Claude Farrère

— [deutsch] Kulturmenschen. Roman von Claude Farrère. — Budapest: Grimm 1906. 314 S. 8°
38. 43.
11.5673

Bärgschaft, de. Der Erlgeenig. Säk'sche Idylle, s.: Boesien, säk'sche.

Bargstedt [Schlagwort]
Bargstedt, s.: Preussen. Messtischblätter.

Bargum, Pfarrer, Borsfleth. 1821 s. *Bargum,* Joachim Konrad.

Bargum: B a u p o l i z e i g e s e t z , s. B a r g u m , Ludolf Konrad

Bargum: S a m m l u n g baupolizeil. Bescheide, s. B a r g u m , Ludolf Konrad

BARGUM, CHR. LUDW., De chlorosi diss. inaug. Kiliæ. 1830. 4. P.

Bargum J.: Ein Fall v. Actinomykosis hominis unter dem Bilde einer acuten Infectionskrankheit verlaufend. Inaug.-Diss. Kiel 1884. 19 S. 4°.

Bargum, Joachim Konrad
⊙ Synodal-Predigt gehalten in der Kirche zu Itzehoe den 3. Oct. 1820 v. [Joachim Konrad] Bargum. Vorher ein Vorbericht von dem Ursprunge und der Verfassung des Münsterdorffschen Kalands und Consistoriums. Altona. 1821. 8°.

Bargum, Joachim Konrad: Synodal-Predigt gehalten in der Kirche zu Itzehoe den 3. Oct. 1820. — Altona 1821: Hammerich & Heineking. 32 S. 8°
8. 18.
11.5775

Bargum, Karl: Aus dem pathologischen Institute zu Kiel. Ein Fall von primärem Krebse der Trachea und des rechten Bronchus. *Kiel 1897: P. Peters.* (21 S.) 8°
Kiel, Med. Diss. v. [26. Okt.] 1897

Bargum, L. s. *Bargum*, Ludolf Konrad.

Bargum, Ludolf, s. B a r g u m , Ludolf Konrad

Bargum, Ludolf Konrad, Baupolizeiinspektor, Hamburg. 1863
[Hrsg.] s.a. *Baupolizei-Gesetz* der Stadt Hamburg, der Vorstadt St. Pauli und der Vororte vom 23. Juni 1882. 1892.

Bargum, L., Baupolizei-Gesetz der Stadt Hamburg, der Vorstadt St. Pauli u. der Vororte vom 23. Juni 1882. Textausg. m. Nachträgen, Anmerkgn., Sachregister u. Beiheft. Im Auftrage der Baupolizei-Behörde bearb. u. hrsg. 8. (X, 156 u. IV, 82 S.) Hamburg 892. O. Meißner's Verl. n. 4. —

Bargum, Ludolph Konr., († d. 5. Jan. 1798.) s. L. Holberg, Dän. Staatsgeschichte.

— Die Landmaaße in den Herzogthümern Schleswig, Holstein und Lauenburg. — Kiel: Homann 1863. 29 S. 8°
Aus: Jahrbücher für die Landeskunde der Herzogtümer Schleswig, Holstein und Lauenburg. 6. 1863.
1: Stala 673. 101. 205.
11.5776

— Sammlung baupolizeilicher Bescheide nebst den Entscheidungen der Senats-Section für Beschwerden in Baupolizeisachen. H. 1-4. — Hamburg: Meißner 1884-91. 8°
18. 89[^{so} 1/3]. 205. 208.
11.5777

Bargum, L, Sammlg baupolizeil. Bescheide, nebst d. Entscheidgn d. Senats-Section f. Beschwerden in Baupolizeisachen. 1. Hft. 12. (63) Hamb. 84, O Meissner's V. *n.* 1. 20

Bargum, L, Sammlg baupolizeil. Bescheide. nebst d. Entscheidgn d. Senats-Section f. Beschwerden in Baupolizeisachen. 2. Hft. 8. (88) Hamb. 86, O Meissner's V. *n.* 1. 20
(1. u. 2.: *n.* 2. 40)

— Sammlg baupolizeil. Bescheide, nebst d. Entscheidgn d. Senats-Section f. Beschwerden in Baupolizeisachen. 3. u. 4. Hft. 8° (64 u. 80 m. Abbildgn.) Ebd. 89.91. à 1.20 (1—4.: 4.80)

Bargum, Ludolf Konrad Hannibal: An das Königliche Oberappellationsgericht zu Kiel. **Vertheidigungsschrift** für den Minister ad interim für die Herzogthümer Holstein und Lauenburg ... von Scheele ... gegen den vormaligen Präsidenten der Holsteinischen Provinzial-Ständeversammlung, Kammerherrn Baron von Scheel-Plessen ... wegen angeblicher Verletzung der Verordnung vom 11. Juni 1854, betr. die Verfassung für das Herzogthum Holstein. Mit Anl. 1 bis 8. — Kiel (1856): Mohr. 72 S. 4°
1: 4° So 3863. 8. 18. 203.
11.5778

Bargum, O. L., d. Befund d. Rückenmarks u. peripherer Nerven b. e. Fall v. hochgradigem Pemphigus foliaceus, s.: Festschrift z. Feier d. 80jähr. Stiftungsfestes d. ärztl. Vereins zu Hamburg.

Bargum, Otto [aus Hannover]: Über einen Fall von Syphilis des Myocardiums .... *Altona, Druck v. Peter Meyer* (1887); 18 S. 8°
Würzburg, Med. Fak., Inaug.-Diss. v. 1887

B a r g u m , O t t o , über einen Fall von Syphilis des Myocardiums. Diss. Würzburg 1887, Stahelsche Univ.-Buchh. 8°. 18 S.

Barham, Richard Harris
Pseudonym: Thomas Ingoldsby, Esquire

— [Ausz., deutsch] Die Ingoldsby Legenden ... von Thomas Ingoldsby. Übers. von Immanuel Schmidt. — Leipzig: Reclam [1897]. 87 S. 8° (Universal-Bibliothek. 3636.)
1: Ag 7201-3636. 15. 300: 410.411-A. Per. 3636. 302.
11.5828

Barhebraeus, s.a. Abulfaragius

Barhebraeus, s.a. G r e g o r i u s A b u l f a r a g i u s

Bar-Hebraeus, s.a. **Gregorius-Bar-Hebraeus.**

Bar Ebhraya, Gregorii Abulfaragii, in actus apostolorum et epistulas catholicas adnotationes, syriace e recognitione Martini Klamroth. Dissertatio inauguralis. gr. 8. (30 S.) Göttingen 878. Dieterich's Verl. n. 1. —

Gregorii Abulfaragii Bar Ebhraya in Epistulas Paulinas adnotationes Syriace edidit Maximilianus Loehr. Gottingae 1889.

Barhebräus, Buch der Strahlen. Die größere Grammatik des B. Übersetzung nach e. kritisch berichtigten Texte m. textkrit. Apparat u. e. Anh.: Zur Terminologie v. Axel Moberg. Einleitung u. 2. Tl. (XLIV, 161 u. 120 S.) gr. 8. Leipzig 907. O. Harrassowitz. 10. —
Der 1. Teil ist noch nicht erschienen.

Barhebräus: Buch d. Strahlen. Die grössere Grammatik d. B. Übersetzg nach e. kritisch bericht. Texte m. textkrit. Apparate u. Anh.: Zur Terminol. v. Axel Moberg. 1. Tl: Einleitg u. Traktat 1—3. (436 u. 163—182) gr8° Lpzg, O. Harrassowitz '13. 15 — (1 u. 2: 25 —)

Barhebraei, Gregorii, carmina syriaca aliquot e Codice Parisiensi interpretatione notisque instructa edidit Caesar a Lengerke. 4maj. Regiomonti Boruss. 836. Hartung. (Lipsiae, Fort.) n. 1/3 ß

Gregorii Barhebraei Chronicon ecclesiasticum quod e codice Musei Britannici descriptum ... ediderunt, Latinitate donarunt annotationibusque ... illustrarunt Ioannes Baptista Abbeloos ... et Thomas Iosephus Lamy. Tomus I. II. III. 2 voll. Lovanii 1872. 1874. 1877.

— Bar-Hebraei Chronicon Syriacum e codicibus Bodleianis descriptum coniunctim ediderunt Paulus Iacobus Bruns ... et Georgius Guilielmus Kirsch. Lipsiae 1789.

- Bar-Hebraei Chronicon Syriacum. E codicibus Bodleianis descripsit maximam partem vertit ... Paulus Iacobus Bruns ... edidit ex parte vertit ... Georgius Guilielmus Kirsch. Lipsiae 1789.

Bar Ebraya, Greg., in evangelium Johannis commentarius. Ed. R. Schwartz. gr. 8. Göttingen 878. Leipzig, Drescher. *

Gregorii Bar Hebraei qui et Abulpharag grammatica linguae Syriacae in metro Ephraemeo ... Edidit, vertit, annotatione instruxit Ernestus Bertheau. Gottingae 1843.

Gregorii Barhebraei Aaronis filii Orientis Maphriani Horreum Mysteriorum sive Commentarios in Testamenti Veteris et Novi Libros Sacros ... primum edidit ... Fridericus Ferdinandus Larsow. [IV, 8 pp.] Lipsiae 1858.

— A List of Plants and their Properties from the M'nārath Kudh'šē of Gregorius Bar 'Ebhrāyā. Edited by Richard J. H. Gottheil. [Berlin 1886.]

— Proben aus der syrischen Chronik des Gregorius Barhebraeus oder Abulpharag. [Von Pius Zingerle.] [2 Schulprogramme von Meran.] Innsbruck 1858. 1859.

Bar Ebhraya, Gregorii Abulfaragii, in evangelium Matthaei scholia e recognitione Joh. Spanuth. gr. 4. (71 S.) Göttingen 879, Dieterich'sche Verlagsh. *

— Academiae Ienensi secularia tertia celebranti gratulatur Academia Vratislaviensis. Accedunt Gregorii Bar-Hebraei scholia in librum Iobi e codd. mss. emendata, quae denuo edidit ... notis criticis instruxit Ge Henr. Bernstein. Vratislaviae 1858.

B a r h e b r a e i, Gregorii, in duodecim prophetas minores scholia. Ad trium codicum fidem rec. Bernh. Moritz. gr. 8. (32 S.) Leipzig 882, (Brockhaus' Sortiment und Antiq.) *

Gregorii Barhebraei scholia in psalmum quintum et decimum octavum ... edidit ... Ioan. Theophil. Guil. Henricus Rhode Vratislaviae 1832.

Gregorii Bar-Hebraei scholia in Psalmum VIII, XL, XLI, L, e codice Berolinensi primum edita ... translata et annotationibus instructa. Dissertatio quam ... publice defendet Robertus Gustavus Feodorus Schroeter. [Diss.] Vratislaviae 1857.

— Die Scholien des Bar-Hebraeus zum XXIII. und XXIX. Psalm. Nach Handschriften herausgegeben und erlautert von Emanuel Fuchs. Halle 1871. Dc 1773.

Bar-Hebraeus, Scholien zu Ruth u. den apokryphischen Zusätzen zum Buche Daniel nach den 4 in Deutschland befindlichen Handschriften. Ediert, übers. u. m. Anmerkungn. versehen v. A. Heppner. gr. 8. (III, 33 S.) Berlin 888. (Mayer & Müller.) n. 1. 20

— Die Scholien des Gregorius Abulfaragius Bar Hebraeus zum Weisheitsbuch des Josua ben Sira ... mit Einleitung, Uebersetzung und Anmerkungen herausgegeben ... von Saul Kaatz. (Diss.) Halle 1892.

Bar-Hebraeus, s. Weingarten, Lasser.

Barheine, Wilhelm
Barheine, W: Visuelle Erinnergsbilder beim Rechnen s.a. Magazin, pädagog.

Barheine, Wilhelm: Visuelle Erinnerungsbilder beim Rechnen. — Langensalza: Beyer 1907. 46 S. 8° (Pädagogisches Magazin. 319.) 1: Nc 3971–319. 2. 3. 5→8. 10. 11. 12: Paed. Th. 6609 c–319. 15. 18. 19. 21. 25. 26. 27. 29. 30. 207. 300: 457.827–B. Per. 319. 309.
11.5834

Barhow, Laurids: Richtig angestellte und aufrichtig mitgetheilte Observationes von dem ... Phaenomeno, unter dem Namen von Nord-Licht. — Frankfurt [usw.]: Mumme 1751. 104 S. 8° 1: Mz 29900; 6 in 8° Bibl. Diez 7176 [u.] 8° Bibl. Diez 7176°. 2. 3. 4. 9. 10. 12: Phys. sp. 31. 18. 22→25. 27. 28. 29. 31. 32. 41. 46. 121. 202.
11.5835

Dr. Bäri
(5) 1867 (6) 4° (7) unregelmäßig (8) Bern (10) Wilhelm König, gen. Dr. Bäri (11) Wilhelm König gen Dr. Bäri (12) satirisches Oppositionsblatt (13) Der Schweizerische Beobachter 1950, Nr 24 (14) Be· S (Nummern 1—8) (15) Lithographierte Zeitung. Auf dem Zeitungskopf ein Bär, mit Flügelchen, Köcher, Armbrust, Glas und Flasche — Das Blatt erschien ohne Datum. Das Jahr ergibt sich aus einem Artikel in Nr. 2, da Fornerod als Bundespräsident, Dubs, Challet-Venel als Bundesräte und Stämpfli als Bankpräsident bezeichnet werden Nr 4 vermerkt »Fs ist nicht zum Verwundern, daß dieses Blatt unregelmäßig, sondern, daß es überhaupt noch erscheint.« 1886 veröffentlichte Dr. Bäri das »Mess & Märitblatt der Stadt Bern«.

Bari, Dr. [Pseudon.] s.a. König, Wilhelm.

†Bäri [Wilh. König von Bern], loset Deppis! 8. (40 S.) Bern 886, (Jenni.) *

de Barjac, le Vicomte. II Vols. 18. Leipz., Sommer. (W. Nauck). 1 ₰

Barjac, Der Vicomte von, ein Beitrag zur Geschichte dieses Jahrhunderts. Aus d. Französ. Hamb. 1784. V: *Luchet, Marquis de.* (BGE) Campe

— d. Vicomte v., e. Beytrag z. Gesch. d. Jahrhund. a. d. Frz. 2 Thle. gr. 8. Hamb. Hoffmann. 784.

Barjansky, Jacob, aus Rußland: Über das **Maretin** und seine antipyretischen Wirkungen. *Berlin-Charlottenburg (1904): J. Zaluchowski.* (32 S.) 8°
Berlin, Med. Diss. v. 11. Aug. 1904

Barjansky, Simon Herm. (geb Odessa 12 4 1855): Beitrag zur therapeutischen Wirkung der Salicylsäure bei Polyarthritis rheumatica. Berlin (1878) (30 S.) 8°
Berlin, Med Diss v 5 Okt 1878

Baribal, Albertus
Baribal, A. s.a. **Bierzeitgs-Poesie'n.**

Baribal, Albertus: Bierzeitungs-Poesie'n. Hrsg. von Albertus Baribal [d.i. Seeger]. — Breslau: Maruschke & Berendt 1860. VII, 118 S. 8° 1: Yo 9451.
11.5859

Baric, G. s. *Baritiu*, George.

Barich, C: Karte v. Afrika, s.: Stieler's Handatlas.

Barich, C. Originalkarte von Joachim Graf Pfeil's Reisen in Ost-Afrika. Okt. 1885 bis Febr 1886. 1 : 1 750 000. Gotha 1886. 1 Bl. c. A. Sch.

Barich, Emil. Der Verkehr mit Grundpfandforderungen nach schweizerischem Recht. Diss. Jur. Bern. 146 S. 8. Winterthur, Geschwister Ziegler, 1902.

Barich, Fritz
— **Marten. Geschichtliche Mitteilungen. — Dortmund [um 1890]: H. Meyer. 37 S. 8°** 6.
11.5879

(—) Stammtafel der Familie Bremme. — (Dortmund 1904: Crüwell.) 7 Bl. gr. 2° 1: gr. 2° S 2995. 60.
11.5882

Baricu, Georgiu s. *Baritiu*, George.

Barierre, Théodore s. *Barrière*.

Barillitsch, M., praktische Anleitung, das Schön- und Schnellschreiben nach der Taktir-Schreibmethode zu lehren. Für Lehrer an Volksschulen. 8. (27 S. und 5 Stnt.) Steinamanger 860, Seiler. Thlr.

Barillon, Jacob: La Correspondance légitime des pasteurs avec leurs troupeaux. Ou sermon d'entrée ... 1736, dans l'église françoise à Daubhausen, dans le comté de Greiffenstein. — Wetzlar [1736]: Winckler. 40 S. 8° 34. 43.
11.5930

Barin, J.v. (Hrsg.), s. Kirchenzeitung, Neue lutherische.

Baring, Obersteuerrat, Hannover, 1767-1835. 1803
s. *Baring*, Albrecht Friedrich Georg.

Baring: Wie Arbeiterwohnungen..., s. Baring, William

Baring, Albrecht Friedrich Georg: Auch ein Wort über die Civil-Administration der Chur-Hannöverischen Lande. December 1803. [Verf.: Albrecht Friedrich Georg Baring.] — o.O. [1803]. 30 S. 8° 1: 5 in Sl 8947. 6. 7. 23. 28. 35.
11.5980

— Bemerkungen zu der Schrift des Herrn Advocaten Gans: Über die Verarmung der Städte und des Landmanns &c. in Beziehung auf Steuerzahlungen, Gemeinheitstheilungen und Verkoppelungen im Königreich Hannover. — Hannover: Hahn 1831. 58 S. 8° 1: 2 in Sl 9065–3. 3. 7. 15. 21. 23. 33. 35. 106. 203.
11.5981

Baring, Alexander, Lord Ashburton

Baring, Alex., siehe Ashburton, Lord.

— **[deutsch] Beleuchtung der jetzigen finanziellen und commerziellen Krisis von Lord Ashburton. The financial and commercial crisis considered by Lord Ashburton. Übers. u. mit e. Einl. u. Anm. vers. von Vincent Nolte. — Stuttgart [usw.]: Cotta 1847. 83 S. 8°** 4. 7. 10. 12: Brit. 31 r. 14. 16. 18. 24. 27. 36. 38. 48. 83. 106. 302. 304.
11.5983

Baring, C., Dissert. inaug. de mercium medicinalium integritate. 8. Götting. 806. Dieterich. 3 ₰

Baring, Daniel Eberhard
Der Name d. Verfassers erscheint auch in d. Form Daniel Eberhardus Baringius

— Beytrag zur hannöverischen Kirchen- und Schul-Historia. Th. (1.) 2. — Hannover: Förster 1748. 8°
2. Baring: Entwurff der hannoverischen altstädter Schul-Historia.
1: Sm 1550. 2. 5. 7. 8. 9. 14. 15. 17. 18. 19. 21. 23. 24. 25. 28. 30. 32. 34. 35. 39. 41. 43. 45. 51.
11.5988

Baring, Dan. Eb., Beyträge zur hannöv. Kirchen- und Schulhist. 2 Thle. 8. Hannov. Helwing. 748.

— Beschr. der Saale im Amt Lauenstein des Fürstenth. Calenberg. m. K. 4. Lemgo, Meyer. 744.

— Bibliotheca Baringiana: sive catalogus librorum atque disputationum. [Auktionskat.] — Hannoverae 1755. 205 S. 8° 34.
11.5989

— Clavis diplomatica, tradens specimina veterum scripturarum ... Quibus praemittuntur introductiones necessariae, subiiciuntur Scriptores rei diplomaticae. — Hanoverae: Förster 1737. 112,80 S. 8°
1: Pg 8249 [u.] 4° Bibl. Diez 1387. 2. 4. 5. 7→11. 12: 4° Graph. 3. 14. 16→21. 23→31. 33. 34. 35. 38. 39. 41. 43→48. 53. 75. 78. 117. 123. 208. 211. 214. 300: 21.362. 303. 307.
11.5990

— Clavis diplomatica, specimina veterum scripturarum tradens ... Praemissa est Bibliotheca scriptorum rei diplomaticae. Iterata hac ed. sic ab auctore recogn., em. ac locupletata, ut novum opus videri possit. (Hrsg.: Eberhard Johannes Baring.) — Ebd. 1754. 60,616 S. 4°
1: 4° Pg 8250 [u.] 4° Bibl. Diez 1388. 2. 3. 5→10. 12: 4° Graph. 4 [2 Ex.] 14→26. 28→36. 38. 39. 41. 44. 45. 48. 51. 52. 60. 61. 66. 75. 78. 102. 117. 121. 211. 300: 109.378-C. 302. 304.
11.5991

— — id. l. 4. maj. Hannov. Helwing. 754.

— Compendia scribendi, seu abbreviationes ... collectae potissimum ex diplomatibus, res Brunsvicenses et Luneburgenses illustrantibus, aliisque codicibus ... Quibus acc. syllabus capitum proxime edendae Notitiae scriptorum rerum Brunsvic. et Luneb. provinciarumque annexarum. — Hannoverae 1735: J. C. L. Schultze. 10 S. 8°
1: Pg 8246. 7. 18. 19. 34. 35. 45. 302.
11.5992

Baring, D. E., praes. A. L. Boetticher, De cranii ossibus. 28 pp. Helmst. 4°. 1718

— Descriptio Salae principatus Calenbergici locorumque adiacentium oder Beschreibung der Saala im Amt Lauenstein des Braunschweig.-Lüneb. Fürstenthums Calenberg. Th. (1.) 2. — Lemgo: J. H. Meyer 1744. 8°
1: Sm 200. 2. 3. 4. 7. 9. 12: 4° Germ. sp. 13. 14. 15. 17. 18. 19. 23. 24. 27. 29. 31. 32. 34. 35. 36. 39. 42. 45. 48. 51. 78. 117. 302.
11.5993

— Entwurff der hannoverischen altstädter Schul-Historia ... nebst e. Anh. — Hannover: Förster 1748. 207 S. 8° (Baring: Beytrag zur hannöverischen Kirchen- u. Schul-Historia. 2.) 1: 2 in Sm 1550. 3. 5. 7. 8. 9. 14. 15. 17. 18. 19. 21. 23. 24. 25. 28. 30. 32. 34. 35. 39. 41. 43. 45. 51.
11.5994

— Epistola qua institutum suum de eruditis Brunsvicensibus ac Luneburgensibus colligendis, vitiisque eorum breviter recensendis aperit ... Daniel Eberhard Baring. — [Hanoverae 1730]: Heinius. 4 Bl. 8°
12: 4° Diss. 458/24. 14. 23. 29. 35. 300: 126.287-B.
11.5995

— Leben des Superintend. Corvini s.a. Leben.

— Leben des berühmten M. Antonii Corvini, weil. Braunschw. Lüneb. General-Superintendenten ... und vornehmsten Werkzeugs bey der Reformation. — Hannover: Förster 1749. 48,175 S. 8° 1: Au 1035. 4. 6. 7. 12: Biogr. 279. 14. 15. 18. 19. 23. 24. 32. 34. 35. 41. 78. 102.
11.5996

— Museographia Brunsvico-Luneburgica. Oder curiöse Nachricht von denen Museis, Schatz-, Kunst- und Raritäten-Cammern, so curiose Herren ... gesammlet. — Lemgo 1744: J. H. Meyer. 51 S. 8°
1: Lg 10327. 3. 7. 14. 27. 35. 45.
11.5997

— Nachr. von dem in Hannover erfund. Getränke Broihan, mit Zus. 4. Hannov. Richter. 750.

— Kurze historische und physicalische Nachricht von dem in Hannover zuerst erfundenen Getränk Broihan. — Hannover: J. C. Richter 1750. 45 S. 8°
1: Oq 3105. 2. 3. 7. 12: 4° Oecon. 20 [2 Ex.] 14. 15. 17. 18. 21→24. 29. 30. 31. 34. 35. 36. 39. 46. 91.
11.5998

— kurze histor. u. physikal. Nachricht von d. in Hannover zuerst erfundenen Getränk Breihahn. 4. Hannov. 750. Neue Nachr. u. Zusätze dazu mit beigefügten histor. Anmerkk. 4. Ebd. 751.

— Neue Nachrichten und Zusätze zu der Historischen und physicalischen Nachricht von dem in Hannover zuerst erfundenen Weißbier, Broihan genannt. — Hannover: J. C. Richter 1751. 20 S. 8° 2. 7. 21. 22. 24. 29. 34. 35. 36. 39. 45.
11.5999

— Succincta Notitia scriptorum rerum Brunsvicensium ac Luneburgensium ... Acc. quoque Recensio legum atque constitutionum terrarum Brunsvico-Luneburgicarum singularium. — Hanoverae: Foerster 1729. 151 S. 8°
Verschiedene Drucke.
1: Sl 8; Sl 8a [u.] 2 in 8° Bibl. Diez 10209. 2. 7. 8. 11. 12: Germ. sp. 26. 14. 16. 17. 18. 21. 23→27. 29. 31. 33. 34. 35. 38. 39. 42. 44. 66. 304.
11.6000

— notitia script. rerum Brunsuic. 8. Hannov. Helwing. 729.

Baring, Eberhard Johannes [Hrsg.]
s. *Baring*, Daniel Eberhard: Clavis diplomatica. 1754.

Baring, Evelyn
s. Cromer, Evelyn Baring Earl of

Baring, F., Predigt bei der Jahresfeier d. Vereins f. kirchl. Zwecke in der Inspection Verden gehalt. zu Arbergen am 12. Juni 1851 üb. Joh. 4, 34. gr. 8. (16 S.) Verden 851, Tressan. n. 1/12 ₰

Baring, G., Erzählung der Theilnahme des 2. leichten Bataillons der deutschen Legion an der Schlacht von Waterloo. 8. M. Taf. Hannover 1831.

Baring, Johann Nikolaus: Kurtze acten-mäßige Vorstellung ab seiten Hr. Otto Wilkens ... Freyherrn v. Bodenhausen ... in angemaßeter Appellations-Sache des Geheimten Rahts ... Johann Walrab v. Boineburg auff Bischhausen, Appellantens wieder besagten Freyherrn v. Bodenhausen, Appellaten. (Verf.: Johann Nicolaus Baring.) — o. O. [nach 1725]. 4 Bl. 4° 4.
11.6009

Baring, Natalie: Hannoversche Dorf-Geschichten. Bd (1)–3. — Hamburg: Agentur d. Rauhen Hauses (2.3: Hannover: C. Meyer) 18(76–)78. 8°
1 [° 2.3]: Yx 17510. 7. 18 [° 2.3]. 35 [° 1]. 43 [° 2.3].
11.6059

Baring, Otto: Ueber den Markschwamm der Hoden. — Göttingen: Dieterich 1833. XII,237 S. 8°
1: Kd 9040. 2→5. 7. 8. 11. 12: Chir. 12 l. 15. 16. 20→24. 26. 27. 28. 30. 33. 35. 45. 46. 111. 202. 300: • 70 J 87.
11.6063

Baring, W.: Der Eukalyptushonig, s. Baring, William

Baring. Wilhelm aus Lüneburg]: Ueber das Verhalten des Milchzuckers im thierischen Organismus .... Göttingen, Druck v. Louis Hofer, 1885; 47 S. 8°.
Göttingen. Med. Fak., Inaug.-Diss. v. 1885.

Baring, Wilh., über das Verhalten des Milchzuckers im thierischen Organismus. Inaugural-Dissertation. gr. 8. (47 S.) Göttingen 885, (Vandenhoeck und Ruprecht.) *

Baring, William: Der Eukalyptushonig (Mel Eukalypti globuli) als Schutzmittel gegen Diphtheritis, Heilmittel der Skrophel- und Tuberkelsucht und Ersatzmittel des schwerverdaulichen und aller antibakteriellen Heilkraft entbehrenden Leberthrans. — Leipzig: Fock 1889. 47 S. 8° 12: Oecon. 2122e. 30. 38M.
11.6064

— Wie Arbeiterwohnungen gut und gesund einzurichten und zu erhalten seien. Preisschrift. — Basel 1859: Bahnmaier. 106 S. 8° 7. 16. 35. 203. 205.
11.6065

Baring, William, Wie Arbeiterwohnungen gut und gesund einzurichten und zu erhalten seien. Preisschrift, gekrönt und hrsg. von der Gesellschaft des Guten und Gemeinnützigen in Basel. gr. 8°. Basel, Bahnmaier, 1860.

Baring-Ersehof, J., wirthschaftspolitisches Lesebuch für Deutschlands Landwirthe. 8. (126 S.) Berlin 879, Denicke's Verlag. *
Aus: Deutsche landwirthschaftliche Zeitung, besonders abgedruckt.

Baring-Ersehof, J.: Wirthschaftspolitisches Lesebuch für Deutschlands Landwirthe. — Berlin: Reinke 1879. 126 S. 8°
Aus: Deutsche landwirtschaftliche Zeitung. 1879.
1: Ff 6833. 46.
11.6068

Baring-Gould, Sabine, s.a. G o u l d , Sabine

Baring-Gould, S., Dartmoor-Idyllen. Autoris. Uebersetzg v. Osk. Wilda. 8. (245 S.) Breslau 902. Schles. Buchdruckerei xc. n. 3. —; geb. n. 4. —

Baring-Gould, S, eiserne Naturen. Roman. 8° (345) Berl. 92. Lpzg, P List. 1.50

Baring-Gould, S. Eiserne Naturen. Roman. 8. (345 S.) Berl. 892, Schorer, A.-G. * 1 50

Baring-Gould, Sabine: Margery of Quether, s. L i b r a r y , The English.

Baring-Gould, Sabine: In the roar of the sea, s. L i b r a r y , The English.

Baring-Gould, Sabine: Urith, s. L i b r a r y , The English.

Baringer, W. (Chemiker) s. B a r i n g e r , Willy

Baringer, W: Die deut. Handelsmarine, s.: Miniatur-Bibliothek

Baringer, Willy [aus New-York]: Ein Beitrag zur Kenntniss organischer Selenverbindungen. . . . Berlin, Druck v. A. Ostrowski, 1890; 32 S. 8°
Berlin, Phil. Fak., Inaug.-Diss. v. 15. März 1890

— die Chemie als Wissenschaft u. in ihrer praktischen Anwendung, s.a. Volksbibliothek, wissenschaftl. 89—93.

Baringer, Willy: Die Chemie als Wissenschaft und in ihrer praktischen Anwendung. — Leipzig: Schnurpfeil [1901]. 314 S. 8° (Wissenschaftliche Volksbibliothek. 89/93.) 12: Chem. 5 wi.
11.6069

Baringer, W: Was muss man v. d. anorgan. Chemie wissen, s.: Brauer, W.

— Was muß man von der Arithmetik und Algebra wissen? — Berlin: Steinitz (1899). 82 S. 8° 1: Ob 3538/4.
11.6070

— — 2. Aufl. Ebd. (1907). 71 S. 8° 1: N 09.238. 11.
11.6071

— Was muß man von der Chemie wissen? — Berlin: Steinitz (1898). 125 S. 8° 1: Mr 3215. 16. 83.
11.6072

— Was muß man von der Elektrotechnik wissen? — Berlin: Steinitz (1899). 107 S. 8° 1: Op 29812. 44. 210.
11.6073

— — 2., verm. u. verb. Aufl. Ebd. (1900). 110 S. 8° 1: Op 29812². 11. 18. 91.
11.6074

Baringius s. *Baring*.

Barinkay, Sandor
Pseudonym für Anna Kraus
Buch der Rosen. Gedichte von S. Barinkay [d. i. Anne Kraus]. Dresden & Leipzig: E. Pierson 1892. (VIII, 81 S.) 8° [J.] [07. 867.]

— Lava. Ein Jahr aus meinem Leben. — Leipzig: Friedrich 1894. VIII, 137 S. 8° 15. 75.
11.6080

— Liebestraum. Lieder-Cyklus. Mit e. Geleitswort von M. G. Conrad. — München: Franz [1889]. 96 S. 8° 1: Yo 23102. 12: P. o. germ. 76 t. 19.
11.6081

Barinus, Theod. (Marennensis Santo), Theses theologicae de arg. II. ex eodem veri dei elogio. Präs. Jos. Placei. Salmurii (Joh. Lesner) 1655. 23 S. (5.50) 1098
Gewidmet: Pet. Burläo, Joh. Dumesnyo, Joh. Flanco.

Barion, Dicasterialadvokat, Heidelberg. 1805: Aktenmäsige Berichtigung und Widerlegung der von dem Herrn Franz Wilhelm Gambsjäger . . . bei Vorlegung dreier rechtlichen Fragen in Hinsicht des von mütterlichem Großvater in einer letzten Willensmeinung angeblich übergangenen Enkel aufgestellten Geschichte. (Verf.: Barion.) — Heidelberg 1805: Gutmann. 78 S. 8° 19.
11.6096

Barion, Karl: Aus d. Klinik f. Syphlis [sic!] u. Hautkrankheiten zu Bonn. Zur Therapie der Psoriasis mit salzsaurem Hydroxylamin. . . Bonn, Univ.-Buchdr. v. Carl Georgi. 1880; 29 + 1 S. 8°
Bonn. Med. Fak., Inaug.-Diss. v. 5. Aug. 1880

Barjona, Julius: Eine Reise durch sieben lutherische Lutherbüchlein. — Rixheim 1883: Sutter. 57 [vielm. 87] S. 8° 1: Di 8394. 61. 123.
11.6099

Bar-Ilā'ā, Baba s. *Baba* Bar-Ilā'ā.

Barisani, Josef Joh. Bapt.
— meine Antwort zur Rettung e. verleumdeten Hebamme, u. zur Bekehrung e. medicin. Sünders. gr. 8. Salzb. 798. Mayr. 6 K

v. Barisani, Jos. Jh. Bapt., († d. 24. Jan. 1810.) Diss. inaug. de Thermis Gasteinensibus. 4. Wien 780. Von ihm selbst ins Deutsche übers.: u. d. T.: physik.-chem. Untersuch. d. berühmt. Gasteiner Wildbades, mit 1 Kpf. 8. Salzb. 785. Duyle. 6 K

Barisani, Jos., phys. chem. Unters. des Gasteiner Wildbades. m. K. 8. Salzb. Duyle. 785.

— Physikalisch-chemische Untersuchung des berühmten Gasteiner Wildbades. — Salzburg: Hochfürstl. Hof- u. akad. Waisenhausbuchh. 1785. 62 S. 8° 1: Ir 33001. 4. 7. 8. 11. 12: M. med. 71 f. 15. 16. 17. 19. 38M. 121. 300: 96.632-B. 302→304.
11.6105

Barisani, Sylvester: Didymi monstrosi foetus admiranda Historia in gratiam physiologiae historiaeque naturalis cultorum exarata. (Verf.: Sylvester Barisani.) — Salisburgi (1757): J. Mayr. 6 Bl. 8° 2. 12: 4° Anat. 13 g. 308.
11.6106

Barisch, *Bernhard Johann*.
—— Observationes phytotomicae. D. Halae, typ. Bath. 18.. 8. 31 p.

BARISCH, FELIX. Ueber einige Derivate der Bromzimmtsäure. (Freiburg i. B.) Namslau, *n. d.* Diss.

Barisch, Franc. Leo (geb. Kurtwitz in Schles 16 5 1835): De osteoplastice Berolini (1860) (31 S) 8°
Berlin, Med. Diss. v. 31 März 1860

Barisch, Hermann: Willkommen! Führer durch Breslau. Breslau: Barisch [1896] 80 S. 8° **41.**
11.6109

— — 1896/97. 1. Ausg. Ebd. [1896]. 80,8 S. 8° **2.**
11.6110

Barišić, Rafael: Kloster und Kirche der Franziskaner in Sućeska. — Wien: Gerold in Comm. 1894. 14 S. 4°
Aus: Wissenschaftliche Mittheilungen aus Bosnien u. d. Hercegovina. 2. 1894.
302.
11.6111

Barissia. — Fünfzig Semester 'Barissia'. Festschrift. — Prag: Barissia 1928. 174 S. 8° 1: Ay 4834/4. 11. 101.
11.6119

Barit, George s. *Barițiu*, George.

Barițiu, George

— Dikcionariu [Dictionariu] germano-romănų întokmitų ši în partea luj Romănŭ înabucitų ku kŭteva mij de kuvinte de Georgių Baricų ši Gavriele Munteanų. Ed. ši provezŭtorų: Rudolf Orgidan. T. 1. 2. — Brašovų: Orgidan 1853–54. 8° [Walach.]
Nebent.: Barițiu: Deutsch-romänisches Wörterbuch, bearb. u. in dessen romänischen Theile mit etlichen Tausend Wörtern bereichert von Georg Barits u. Gabriel Munteanu.
1: Zq 22972. 3. 12: L. lat. f. 627. 15. 20. 30. 300: 47.325–B. 302. 304.
11.6121

— Majestätsgesuch des Georg Baritiu und Johann Ratiu ... um Nichtsanktionirung der Union Siebenbürgens mit Ungarn, sowie auch um allergnädigste Verfügung wegen der Wiedereröffnung des siebenbürgischen Landtages auf Grund des Wahlgesetzes vom Jahre 1864. — Wien 1867: Mechitharisten-Buchdr. 12 S. 8°
300: 71.074–B. 302. 304.
11.6123

— Deutsch-romänisches Wörterbuch. 1853–54
s.a. *Barițiu:* Dictionariu germano-romănų.

Baritz, G, u. G **Munteanu,** deutsch-romän. Wörterb. 2 Bde. 8. (880) Kronst. 53, (Frank u. D.) 3. 10

Baritz, Geo., und Gabr. Munteanu, deutsch-romänisches Wörterbuch, bearb. und in dessen romänischem Theile mit etlichen Tausend Wörtern bereichert. 2 Bde. Herausgeber Rud. Orgidan. Kronstadt 853. (Németh.) gr. 8. (2 Bl., VIII, 880 S.) n. 3 ₰ 25 ₰

Baritz, G., und G. Munteanu, deutsch-romänisches Wörterbuch, bearb. und in dessen romänischem Theile mit vielen Wörtern bereichert. 8. (880 S.) Kronstadt 860, Haberl und Sindel. geb.

Barits, Adalb., († d. 10. Dec. 1813.) die gewöhnl. Krönungsfeier d. ungar. Könige u. Königinnen. 8. Pesth 790. Eggenberger. 5 K

— Die gewöhnliche Krönungsfeyer der ungarischen Könige und Königinnen beschrieben von Adalbert Edlen v. Baritsch. In ungarischer u. deutscher Sprache hrsg. — Pest 1790: Patzko. 63 S. 8°
Text nur deutsch. 300: 6569.
11.6129

Baritsch, Adalbert Edler v. s. *Barits*, Adalbert.

Baritsch, Hans: Leitfaden für den Gebrauch und die Behandlung der elektro-medizinischen Apparate in der Haut-, Haar- und Körperpflege. — Berlin: Herz [um 1920]. 63 S. 8° (Friseurfachbücherei. 2.) 1: Op 1145–2.
11.6130

Baritsch, Karl: Deutsche Industrien und der Krieg. — Hamburg: Boysen & Maasch 19(15–)16. 8°
1: Krieg 1914–13725. 4. 7. 10. 12: H. Un. App. 41 t. 14. 16. 18. 21. 27. 30. 31. 41. 60. 64. 83. 85. 86. 87. 89. 90. 106. 169. 201. 203. 205. 208. 210. 300: 514.868–B. 305.
11.6131

Baritz, Georg s. *Barițiu*, George.

Bark: Russlands Kulturbedeutung, s. Bark, Ernst

Bark, August [app. Arzt aus Sulzburg i. B.]: Über multiple Melanome der Haut ... Freiburg i. B., Buchdr. H. Epstein, 1895; 23 S. 8.
Freiburg i. B., Med. Fak., Inaug.-Diss. v. 1895

Bark, Ernst

— Russlands Culturbedeutung [Kulturbedeutung]. Betrachtungen eines Deutsch-Livländers. — Berlin: Behr 1882. 194 S. 8° 1: Ue 6592. 2. 10. 11. 12: Russ. 9 tq. 15. 19. 27. 28. 31. 38. 60. 106. 203. 205. 209. 212.
11.6138

Bark, Ernst (Red.), s. Revue, Spanisch-deutsche, für Litteratur, Politik und Handel.

Bark, Ernst, s.: Spanien.

— Wanderungen in Spanien und Portugal. 1881–82. — Berlin: Wilhelmi 1883. 352 S. 8° 1: Qt 2030. 3. 7. 12: It. sing. 41 i. 19. 21. 25. 30. 32. 34. 45. 109. 300: 53.168–B.
11.6140

— Deutschlands Weltstellung und Stellung und Aufgabe der Deutschen im Auslande. — Zürich: Verl.-Magazin 1890. IV,94 S. 8° 1: Rz 15794. 8. 106. 212.
11.6141

Bark, Friedrich [aus Charlottenburg]: Descartes' Lehre von den Leidenschaften. Ihre Darstellg nebst e. krit. Untersuchg d. Frage: „In welchem Zusammenhange steht jene mit seinen Lehren in d. Metaphysik?" ... Rostock, C. Boldt'sche Hof-Buchdr., 1892; 66 S. 8.
Rostock, Phil. Fak., Inaug.-Diss. v. [9. März] 1892

Bark, Samuel s. *Barck*.

Barka, Die Wüste, ein geographisch-kritischer Versuch. [Weimar 1807.] V: *Ehrmann, Theophil Friedrich.* (MGT)

Barkan, Adf., Beiträge zur Entwickelungsgeschichte des Auges der Batrachier. Lex.-8. (5 S. mit 1 chromolithogr. Taf.) Wien 866, Gerold's Sohn.
Aus: Sitzungsberichte der k. Akademie der Wissenschaften, besonders abgedruckt.

Barkan, Adolf: Beiträge zur Entwickelungsgeschichte des Auges der Batrachier. — (Wien 1866: K. K. Hof- u. Staatsdr.) 5 S. 8°
Aus: Sitzungsberichte d. k. Akademie d. Wissenschaften. Abth. 1. 54. 1866.
12: Anat. 46 cf. 302.
11.6144

Barkan Adolf Beiträge zur Entwickelungsgeschichte des Auges der Batrachier (mit 1 Taf.). S. 54. I. 70 . . . . — 40
Separatabdruck

Barkemeyer, Heinrich: Festtags-Gedichte und Deklamationen für kirchliche Festzeiten und Gelegenheiten in evang. Gemeinden und Familien. — Zeitz: Barkemeyer [1902]. 125 S. 8° 1: Ek 8514. 27.
11.6150

Barkemeyer, H., Festtags-Gedichte u. Deklamationen f. kirchliche Festzeiten u. Gelegenheiten in evangel. Gemeinden u. Familien. Serie II. (IV, 67 S.) 8. Eisenach (905). Christl. Verlagshaus H. Barkemeyer & Co. — 50

Barkemeyer, H., Festtags-Gedichte. Jetzt: Bremen, Buchh. u. Verlag des Traktathauses.

Hosianna-Lieder. 29 liebliche geistl. Lieder f. gemischte Gesangchöre z. Gebr. in Gottesdiensten u. Jugendvereinen etc. Zsgest. von H[einrich] B(arkemeyer) in Z(eitz). (Zumeist aus 'Himmelwärts', e. Sammlung geistl. Lieder von E.S. Lorenz.) *Zeitz: H. Barkemeyer & Co. [1902].* (32 S.) 8° [F.] [03. 1906 8

Barkemeyer, Wilh., Deutsch u. Latein. E. Schrift- u. Schreib-Studie z. Erlangg. e. schönen Handschrift. gr. 8. (48 S. m. 1 Fig.) Geestemünde (896). (J. H. Henke.) n. 1. —

Baerken, Ios. Franciscus Iacobus (geb. am 17 Juli 1798 in Doesborgh Prov. Gelderland): Theses medicae quas . . . dissertationi . . . De nutritione foetus humani proxime typis edendae praemisit. Bonnae, typ. P. Neusseri (1822). 2 Bl. 4.

Bonn, Med. Fak., Thes. v. 20 Aug. 1822

Baerken, Jos. Franciscus Jacobus (geb. am 17 Juli 1798 in Doesborgh Prov. Gelderland): Dissertatio . . . De nutritione foetus . . . Bonnae, typ. Thormannianis 1822. 48 S. 8.

Bonn, Med. Fak., Diss. v. [20 Aug.] 1822

Barker, Landschaftsmaler, 1774-1856. 1817
s. *Barker*, Henry Aston.

Barker, Lady, Englische Schriftstellerin, Jamaica, † 1911. 1870
s. *Barker*, Mary Anne.

Barker, Benjamin Fordyce
— **[The puerperal Diseases, deutsch] Die Puerperal-Krankheiten, Klinische Vorträge ... Übertr. von C.G. Rothe. — Leipzig: Abel [1880]. XII,275 S. 8°**
4. 8. 10. 11. 12: A. obst. 1 m. 17. 21. 22. 26. 27. 30. 36. 38M. 46. 48. 53. 79. 202. 302.
11.6164

Barker, David: [The parent's Monitor, deutsch] Der Eltern Rathgeber oder Erzählungen, Anekdoten und Bemerkungen über religiöse Erziehung und religiöses Leben. Frankfurt a. M.: Boselli 1835. 191 S. 8° 34.
11.6171

Barker, Fordyce, s. B a r k e r , Benjamin Fordyce

Barker, Henry Aston
— **Panorama des Schlachtfeldes bei Waterloo. (Nr 1–8.) — Leipzig: Voß [usw.] [1817]. quer-8° 18.**
11.6232

Barker, Henry Thomas (London)
On cutaneous diseases. Inaug. Diss.
[lt. Dekanatsbuch handschriftlich eingesandt.]
Dr. med. Giessen 12.3.1843.

Barker, J.E.: The new o p e r a g l a s s , s. B a r k e r , John E.

Barker, Jane: [Exilius; or the banish'd Roman, deutsch] Der ins Elend verjagte Römer Exilius. Staats-Roman ... verf. von Johanna Barcker. — Leipzig: Schuster 1721. 451 S. 8° 14. 48. 78.
11.6284

Barker, John E. and Fr. Charley. Collection of standard operas. Containing the plots of the most popular operas and a short biography of the composers. 10 parts. 12. (154 S.) Lpz. 891, K. Fr. Pfau. à part * — 30; * 3 —

Barker, John E.
Barker, J. E., the new opera glass containing the plots of the popular operas and a short biography of the composers. With a (phototype) portrait of Richard Wagner. 8. (VII, 91 S.) Leipzig 887. [K. F. Pfau.] H. Putscher in Dresden, Bergstr. 45, I. n. 1. 40

Barker, John E., the new opera glass containing the plots of the popular operas and a short biography of the composers. 1st and 2d edit. 8. (VII, 91 S. mit 1 phototyp. Portr. Richard Wagner's.) Leipzig 887, Pfau. *

Barker, JE, and F Charley, the new opera glass. Containing the plots of the most popular operas and a short biography of the composers. 3. ed. 10 parts. 12° (154) Lpzg 91, KF Pfau. à — 30 (kplt geb. in Lnw.: 1.80

!**Barker,** J.E. u. F. Charley: The new o p e r a g l a s s . Jetzt: Nordh. F. Eberhardt.

Barker, Jonathan Tong: Experimentelle Bestimmung und thermodynamische Berechnung der Dampfdrucke von Toluol, Naphthalin und Benzol. (Berlin 1909: Ebering.) 39 S. 8°
Berlin, Phil. Diss. v. 9. Jan. 1909, Ref. Nernst
[Geb. 4. April 83 Walton; Wohnort: Berlin; Staatsangeh.: Großbritannien Vorbildung: Univ. Liverpool B.Sc.; Studium: Berlin 4, Liverpool 2 S.; Rig. 21. Dez. 08.] [U 09. 136

Barker, L., s. B a r k e r , Mary Anne

Barker, Lewellys Franklin
— **Ueber einen Fall von einseitiger, umschriebener und elektiver sensibler Lähmung. — [Leipzig 1895.] S. 348–358. 8°**
Aus: Deutsche Zeitschrift für Nervenheilkunde. 8. 1896. 27.
11.6286

Barker, Mary Anne
Späterer Name: Mary Anne Broome

Barker, Lady, s.a. Broome, Lady.

— a year's housekeeping in South Afrika, s.a. Collection of british authors.

— **A year's Housekeeping in South Africa. — Leipzig: Tauchnitz 1877. 302 S. 8° (Collection of British authors. Tauchnitz Edition. 1670.)**
1: Ah 30–1670. 11. 12: P. o. angl. 25 xw–3. 17. 19. 30. 31. 41. 44. 46. 66. 302.
11.6300

— **[deutsch] Ein Jahr aus dem Leben einer Hausfrau in Süd-Afrika. Aus d. Engl. von Auguste Scheibe. — Wien [usw.]: Hartleben 1878. 333 S. 8° 1: Us 1897. 8. 12: H. Afr. 1476. 19. 46. 169. 300: 106.571–B. 302.**
11.6302

Barker, Lady, letters to Guy and a distant shore — s.s Collection of British authors.

— **Letters to Guy and A distant shore - Rodrigues. By Lady Barker (Lady Broome). — Leipzig: Tauchnitz 1885. 272 S. 8° (Collection of British authors. Tauchnitz Edition. 2325.) 1: Ah 30–2325. 11. 12: P. o. angl. 25 xw–4. 17. 27. 31. 44. 61.**
11.6304

— **Colonial Memories. By Lady Broome (Lady Barker). Leipzig: Tauchnitz 1905. 270 S. 8° (Collection of British authors. Tauchnitz Edition. 3838.)**
1: Ah 30–3838. 11. 12: P. o. angl. 25 xw–5. 24. 44. 300: 393.080–A. Per. 3838.
11.6305

Barker, Lady; Rodrigues, s. C o l l e c t i o n of British Authors.

Barker, Lady, South-Africa, s.: Trollope, A.

Barker, Mary Anne: Station amusements in New-Zealand, s.a. C o l l e c t i o n of brit. authors.

— **Station Amusements in New Zealand. — Leipzig: Tauchnitz 1874. 288 S. 8° (Collection of British authors. Tauchnitz Edition. 1438.)**
1: Ah 30–1438. 8. 10. 11. 12: P. o. angl. 25 xw–2. 17. 39. 41. 44. 300: 393.080–A. Per. 1438.
11.6306

Barker, Mary Anne: Station life in New-Zealand, s.a. C o l l e c t i o n of brit. authors.

Barker, Lady, station life in New Zealand, s.a.: Schulbibliothek franz. u. engl. Prosaschriften a. d. neuern Zeit.

— Station Life in New Zealand. — London: Macmillan 1870. XI,238 S. 8° 15. 46.
11.6307

— — Leipzig: Tauchnitz 1874. 279 S. 8° (Collection of British authors. Tauchnitz Edition. 1404.)
1: Ah 30-1404. 10. 11. 12: P. o. angl. 25 xw-1. 17. 36. 41. 44. 300: 393.080-A. Per. 1404. 303.
11.6309

— [Ausz.] Station Life in New Zealand. Ausgewählt u. erkl. von J. Hengesbach. [Nebst] Wörterbuch [u.] Questions. — Berlin: Gaertner 1895-96. 8° (Schulbibliothek französischer u. englischer Prosaschriften aus d. neueren Zeit. 2,20.)
1: X 8361-2,20. 41 [**Wörterbuch u. Questions]. 44.
11.6313

Barker, Lady, Station life in New Zealand, Wörterbuch, s.: Schulbibliothek franzōs. u. engl. Prosaschriften.

— [deutsch] Stationsleben auf Neu-Seeland. Coburg: Sendelbach [1876]. VIII,191 S. 8° 8. 17. 19. 51. 106.
11.6311

— stories about: —, s.a. Series for the young.

— Stories about: —. Copyright ed. — Leipzig: Tauchnitz 1876. 288 S. 8° [(Series for the young. 25.)] 19.
11.6314

— [This troublesome World; or 'Bet of Stow', deutsch] Lisbeth von Stow oder in der Welt habt ihr Angst. Uebers. von Marie Morgenstern. — Basel: F. Schneider 1877. 238 S. 8° 4.
11.6315

Barker, Thomas Collis (Spilsby)
On Typhusfever. Inaugural Dissertation.
Giessen: Heyer 1842. 15 S.
Diss. med. 8.4.1842.

Barker-Webb, Ph., Untersuchungen über d. ehemal. u. jetzigen Zustand d. Ebene v. Troja; aus d. Ital. v. H. Hase. Mit d. Karte v. Troja. gr. 8. Weim. 822. Geogr. Instit. 1 ₰

Barkey, Hermann [aus Cöln]: Zur Symptomatologie der Serratus-Lähmung .... Bonn, Hauptmann'sche Buchdr., 1886; 32 S. 8°.
Bonn, Med. Fak., Inaug.-Diss. v. 31. Jul. 1886.

Barkey, Hermann, zur Symptomatologie der Serratus-Lähmung. Diss. Bonn 1886, Emil Strauss. 8°. 32 S

Barkey, Nikolaus, s.a. Bibliotheka Hagana

Barkey, N., Bibliotheca Hagana ad continuationem bibl. Brem. novae. Brem. 768-71. Class. I-IV. 8. 4 rthl. 14 gr.

Barkley, N., Bibliotheca Hagana hist. phil. Theol. class. 1. 2. 3. Cl. 4. Fasc. 1. 2. 8. Leipz. Comt. f. Litt. 771.

— Die Gemeine wurde erwekket zum Lobe ... Gottes aus der Betrachtung seiner ... Werke ... über Psalm CXI, vs. 1.2.3 am ... Danktage den 3ten Merz d. J. 1756 bei Gelegenheit des ... Erdbebens und der, durch den ... Bund zwischen Großbrittannien und Preußen, bestätigten Ruhe des Vaterlandes. — Bremen: Jäger [1756]. 36 S. 8°
1: 7 in E 194. 23. 46.
11.6347

Barkey, Nikolaus, s.a. Museum Haganum

— Museum Haganum historico-philologico-theologicum. Hag. 774-77. 4 Tom. (8 P) 8. 5 rthl.

Barkey, Nikolaus, s.a. Symbolae literar. Haganae

— symb. litt. Haganae. 2 Ti in 6 Ps. 8. ib. 777—82.

— Symbolae literar. Haganae. Hag. 777-81. 2 Tom. (6 P.) 8. 3 rthl.

Barkhausen. — † D. Dr. Barkhausen gestorben am 31. August 1903. — Potsdam: Stiftungsverl. (1903). 33 S. 8°
1: At 9096. 14. 29. 41.
11.6353

Barkhausen, Präsident d. Oberkirchenrats. 1831-1903. 1893
s. *Barkhausen*, Friedrich Wilhelm.

Barkhausen, Arzt. Bremen. 1798-1862. 1821
s. *Barkhausen*, Georg.

Barkhausen, Professor für Eisenhochbau, Hannover. 1849-1923. 1882
s. *Barkhausen*, Georg.

Barkhausen, Forstmeister, Hannover. 1888
s. *Barkhausen*, Ludwig.

Barkhausen, A., welche Eigenschaften muß ein guter Stadtverordneter besitzen ꝛc.? gr. 8. Leipzig 833. Festsche Buchh. 1/12 ₰

Barkhausen, Alfred [Rechtsanw. in Bremen]. Voraussetzungen und Wirkungen des Abandon bei der Seeversicherung ... Bremen, Druck v. C. Schünemann, 1895; IV, 47 S. 8.
Erlangen, Jur. Fak., Inaug.-Diss. v. 1895

Barkhausen, Friedrich Wilhelm
s. *Barkhausen*. — D. Dr. Barkhausen. 1903.

Barkhausen, G., s. Barkhausen, Georg

Barkhausen, G.H., s. Barkhausen, Georg Heinrich

Barkhausen, Georg
— u. WH Lauter, üb. d. prakt. Ausbildg d. Studirenden d. Baufaches während d. Studienzeit, s.a. Fortschritte auf d. Gebiete d. Architektur.

Barkhausen, Georg, Professor für Eisenhochbau. Hannover. 1849-1923. 1882: Die praktische Ausbildung der Studirenden des Baufaches während und nach dem Hochschul-Studium. Referenten: Barkhausen u. Lauter. — Berlin [1894]: Greve. 46 S. 8° 47. 82. 84. 87. 90.
11.6358

Ueber die praktische Ausbildung der Studirenden des Baufaches während der Studienzeit. Vorträge, geh. vor d. 11. Wanderversammlung d. Verbandes Deutscher Architekten- u. Ingen.-Ver. zu Straßburg ... 1894 von G[eorg] Barkhausen, Prof., [&] W. H. Lauter, Oberingen. Erg.H. zu Th. 1, Bd 1, Hälfte 1 d. 'Handbuchs d. Architektur'. Darmstadt: A. Bergsträßer 1894. (27 S.) 4°(8°)
— Fortschritte auf d. Gebiete d. Architektur. No 3. [illegible]

Barkhausen, Georg: Balkendecken, s.a. Handbuch der Architektur

— Balkendecken. Von Georg Barkhausen. Gewölbte Decken (Gewölbe). Von Carl Körner. Verglaste Decken und Deckenlichter. Von Adolf Schacht u. Eduard Schmitt. Sonstige Decken-Constructionen. Von Georg Barkhausen. Darmstadt: Bergsträsser 1895. VIII,603 S. 4° (Handbuch d. Architektur. 3,2,3.) 1: 4° Ny 7018-3,2,3. 3. 4. 5. 7. 9. 10. 16. 17. 20→24. 26. 30. 31. 33. 36. 43. 45. 79. 82. 83. 84. 86→91. 93. 210.
11.6360

— Die Balkendecken. Mit bes. Berücks. der neueren feuersicheren Deckenkonstruktionen. 2. Aufl. — Stuttgart: Bergsträsser 1901. IV,268 S. 4° (Handbuch d. Architektur. 3,2,3a.) 1: 4° Ny 7018²-3,2,3a.
12: 4° A. civ. 44 ya-III,2,3a. 14. 17. 18. 24. 30. 33. 43. 60. 83. 91. 93. 109.
11.6361

— [Hrsg.] s. *Barkhausen*, Georg Heinrich: Tagebuch eines Rheinbund-Offiziers. 1808-1814. 1900.

Barkhausen, Georg, Arzt, Bremen, 1798-1862. 1821: **Bemerkungen** über die letzte Krankheit des Herrn Dr. J.A. Albers. — o.O. [1821]. 2 Bl. 8° 1:19 in 4° At 6955.
11.6355

— **Beobachtungen** über den Säuferwahnsinn oder das Delirium tremens. — Bremen:Heyse 1828. 243 S. 8°
1:Kl 1320. 2→5. 7. 8. 10. 11. 15. 16. 19→22. 24. 28→31. 36. 43. 45. 46. 48. 169. 202. 300:∘46 G 14. 304.
11.6356

Barkhausen, G., Betrachtungen üb. das Verhältnis der höheren Einheitsschule zur technischen Hochschule, s.: Schriften d. deutschen Einheitsschulvereins.

Barkhausen, Georg: Deckenconstructionen, s.a. Handbuch der Architektur.

Barkhausen, Georg: Die Eisenbahntechnik, s. Blum, A.v.

Barkhausen v. (Hrsg.), s. Eisenbahntechnik d. Gegenwart.

— Erdarbeiten, s.: Handbuch der Baukunde.

— **Neuere Formen** für Flüssigkeitsbehälter. D.R.P. 107890 und 91776. — Berlin:(Springer in Komm.) 1900. 11 S. 4°
Aus: Zeitschrift d. Vereines deutscher Ingenieure. 44. 1900.
90.
11.6365

— **Die Forth-Brücke.** [Nebst] Nachtr. — Berlin:(Springer in Comm.) 1888:Schade. 4°
Aus: Zeitschrift d. Vereines deutscher Ingenieure. 32. 1888.
82. 83. 84. 89. 90.
11.6366

— **Die Forth-Brücke.** Berlin:Springer 1889. 30 S.,9 Taf. 4°
Aus: Zeitschrift d. Vereines deutscher Ingenieure. 32. 1888.
84. 87. 91. 93. 201. 210.
11.6367

— **Die Forth-Brücke.** — Berlin 1891:Schade. 19 S. 4°
Aus: Zeitschrift d. Vereines deutscher Ingenieure. 35. 1891.
83. 210.
11.6368

— **Drei technische Gutachten** in Sachen Société ottomane pour l'éclairage de la ville de Constantinople contra Klönne. — Dortmund (1904):Krüger. 12 S. 4°
89. 90.
11.6369

— **Gutachten** über den von der Continentalen Gesellschaft für elektrische Unternehmungen in Nürnberg aufgestellten Entwurf einer Langen'schen einschienigen Schwebebahn für Hamburg. Verf. im August 1903 von d. Professoren Barkhausen, Dolezalek, Hotopp. — [Hannover 1903.] 33 S. 4° 18. 89.
11.6370

Barkhausen, Constructions-Elemente, s.: Handbuch der Architektur.

— Konstruktionselemente in Eisen, s. Handbuch der Architektur III. Tl., 1. Bd.

— s.: Organ f. die Fortschritte des Eisenbahnwesens.

— **Rückblick** auf Dr. Heinr.Wilh.Matth.Olbers' Gesundheitszustand in den beiden letzten Decennien seines Lebens. — Bremen:Heyse 1842. 25 S. 8°
1:Av 4215. 8. 18. 35. 46.
11.6357

— Sach- u. Namen-Verzeichnis, s.: Organ f. die Fortschritte des Eisenbahnwesens in technischer Beziehung.

— **Spannungsermittelung** und Stellung der Trägerquerschnitte für Biegungsmomente, welche nach Größe und Richtung veränderlich sind. — (Hannover) 1894:(Jänecke). Sp. 3-10. 4°
Aus: Zeitschrift d. Architekten u. Ingenieur-Vereins zu Hannover. 40. 1894.
210.
11.6372

— **Theorie** der Verbundbauten in Eisenbeton und ihre Anwendung. — Wiesbaden:Kreidel 1907. 26 S. 4°
Aus: Organ für d. Fortschritte d. Eisenbahnwesens in technischer Beziehung. N. F. 43. 1906.
1:4° Nz 5552/126. 30. 83. 84. 87. 89. 91. 93. 201. 210.
11.6373

Barkhausen, Georg (Hrsg.), s. Unterhaltung und Betrieb der Eisenbahnen.

— Zahlenbeispiele zur statischen Berechnung v. Brücken u. Dächern, s.a. Grages, F.

— Zahlenbeisp. z.stat.Berechng v.Brücken u.Dächern s.a.: Otzen, Rob.

— u. Rob. Otzen, Zahlenbeispiele zur statischen Berechnung v. Brücken u. Dächern. 2. Aufl. Anh. Entwickelung u. Erläuterung der benutzten Gleichungen. (IV, 119 S. m. 88 Abbildgn.) Lex. 8. Wiesbaden 909. C. W. Kreidel. 8. 60
Hauptwerk u. d. T.: Otzen, Rob., Zahlenbeispiele. 12. --

Barkhausen, Georg Heinrich: Tagebuch eines Rheinbund-Offiziers aus dem Feldzuge gegen Spanien und während spanischer und englischer Kriegsgefangenschaft. 1808 bis 1814. Hrsg. von seinem Enkel (d. i. G. Barkhausen). — Wiesbaden:Bergmann 1900. VIII,209 S. 8°
1:Qn 9336. 5. 7. 9. 11. 12:Mil. g. 12 am. 14. 15. 17. 20. 21. 25. 26. 30. 31. 34. 36. 38. 43. 51. 60. 62. 89. 107. 109. 203. 205. 209. 300:410.094-B.
11.6375

Barkhausen, Heinrich
Barkhausen, H., Einige Betrachtungen über Magnetismus und Elektricität, ihre Wirkungen und Wechselwirkungen nebst einem Anhange: Betrachtungen zum Ausbruch des Krakatau. Bremen.

— **Das Problem** der Schwingungserzeugung mit bes. Berücks. schneller elektrischer Schwingungen. — Leipzig: Hirzel 1907. IV,113 S. 8°
Zugleich Diss. Göttingen 1907.
1:My 11750. 7. 12:Phys. sp. 31 m. 15. 20. 24. 84. 85. 88. 93. 201. 210. 302. 303. 305.
11.6379

Barkhausen, Heinrich, a. Bremen: Das Problem der Schwingungserzeugung mit besonderer Berücksichtigung schneller elektrischer Schwingungen. Leipzig 1907: A. Pries. (IV, 113 S.) 8° ¶(Erschien zugleich Leipzig: S. Hirzel.)
Göttingen, Phil. Fak., Ref. Simon, Diss. v. 15. Mai 1907
[Geb. 2. Dez. 81 Bremen; Wohnort: Bremen; Staatsangeh.: Bremen; Vorbildung: Gymn. Bremen Reife O. 01; Studium: T.H. München 2, Univ. Berlin 1, München 1, Göttingen 6 S.; Rig. 7. Nov. 06.]

Barkhausen, Heinrich Ludwig Willibald s. *Barckhausen.*

Barkhausen, Karl, Referendar in Berlin: Der gegenseitige Regreß mehrerer Sicherheitssteller für dieselbe Forderung. Borna-Leipzig 1906: R. Noske. (IX, 41 S.) 8°
Leipzig, Jur. Fak., Diss. v. 30. Juli 1906
[Geb. 27. Juni 82 Hannover; Wohnort: Hannover; Staatsangeh.: Preußen; Vorbildung: Lyzeum II Hannover Reife O. 00; Studium: Genf 1, Berlin 2, Göttingen 3 S.; Rig. 4. Juli 03.]

Barkhausen, Ludwig: **Zwanglose Beiträge** zur Kenntniß der forstlichen Verhältnisse im ... Regierungs-Bezirke Lüneburg mit bes. Berücks. der Aufforstungs-Bestrebungen daselbst. — Hannover:Helwing 1888. VII,80 S. 8°
7. 21. 35. 48.
11.6381

Barkhausen, Max, a. Montjoie (Rheinland): Die Entwicklung der politischen Anschauungen Guicciardinis bis zum Sturze der florentinischen Republik 1512. Heidelberg: C. Winter 1908. (37 S.) 8° ¶ (Erscheint vollst. u. d. T.: Francesco Guicciardinis politische Theorien in seinen „Opere inedite" als: Heidelberger Abhandlungen z. mittl. u. neueren Gesch. H. 22.)
Heidelberg, Phil. Fak., Ref. Marcks, Diss. v. 25. Febr. 1908
[Geb. 9. Okt. 83 Montjoie; Wohnort: Montjoie; Staatsangeh.: Preußen; Vorbildung: Gymn. Bonn Reife O. 02; Studium: Bonn 1, Zürich 1, He...berg 3, Berlin 1, Heidelberg 3 S.; Rig. 2. Aug. 07.]

Barkhausen, Max, Francesco Guicciardinis politische Theorien in seinen Opere inedite, s.a. Abhandlungen, Heidelberger, zur mittleren u. neueren Geschichte. 22.

Barkhausen, Max: Francesco Guicciardinis politische Theorien in seinen Opere inedite. — Heidelberg: Winter 1908. VII,117 S. 8° (Heidelberger Abhandlungen zur mittleren u. neueren Geschichte. 22.)
Erschien teilweise auch als Diss. u. d. T.: Barkhausen: Die Entwicklung der politischen Anschauungen Guicciardinis bis zum Sturze der florentinischen Republik 1512. Heidelberg 1908.
1: P 7736–22. 2. 3. 5→8. 10. 11. 12: H.misc. 1k–22. 14→19. 24→28. 30. 31. 35. 38. 52. 106. 203. 208. 300: 419.171–B. Per. 22. 302→304.
11.6382

Barkhausen, Viktor
Barkhausen, (V.,) Bemerkk. über die Todesstrafen u. über einige damit verwandte Materien, herausg. v. dess. Bruder, H. L. W. Barkhausen. 8. 805, ist Verl. v. Reinicke u. C. in Halle.

Barkhausen, Vikt., Bemerkk. über d. Todesstrafen u. über einige damit verwandte Materien, herausg. von dessen Bruder, H. L. W. Barkhausen. 8. Halle 806. Reinecke u. C. 18 gr.

Barkhausen, Vict.: Bemerkk. üb. die Todesstrafen u. einige damit zusammenhängende Materien, hrsg. v. dessen Bruder G. L. Wilib. B. *Halle*, Ruff. 815. 8. (18 Gr.)

Barkhausen, Wilhelm s. *Barkhausen*, Friedrich Wilhelm.

Barkhof, H: Die Gesänge d. Sehnsucht. (9, 69) 8° Münch., G Müller '12. Pappbd 2 —; Luxusausg. 12 — d

Barkholt, Anton: Horatii de veteribus Romanorum poetis Sententiae. — Warburgi 1876: Quick. 26 S. 4°
Zugleich Progr. Warburg u. Diss. Rostock 1876.
9. 12: 4° A. lat. a. 227m. 15. 19. 21. 25. 28. 29. 33. 34. 302→304.
11.6385

Barklai, J. s. *Barclay*, John.

Barklaj de Tolli s. *Barclay* de Tolly, Michael.

Barklay, Johann s. *Barclay*, John.

Barklay de Tolly s. *Barclay* de Tolly, Michael.

Barkley, N., s. B a r k e y , Nikolaus

Barkmann, Joan. Car.: Dissertatio descriptionem febris castrensis sistens quae inter exercitum Borussicum moenia Gedani obsidentem anno proximo epidemice grassabatur Berolini (1814) (14 S.) 8°
Berlin, Med Diss v 13 Okt. 1814

Barkóczy de Szala, Ferencz.
— **Sermo habitus Tyrnaviae die 27. Septembris, anno 1761.** Vindobonae 1761: Trattner. 8 Bl. 8° 300: 79 P 28.
11.6402

Barković, Josef: Beschreibung graphischer und plastischer Lehrbehelfe für Terrainkunde und Geographie. — Wien: Selbstverl. 1873. 29 S. 8° 300: 46.070–B. 302.
11.6406

Barkovius, A.F. s. *Barkow*, August Friedrich.

Barkow: Das L e b e n der Walle, s. B a r k o w , Hans Karl Leopold.

Barkow, August
Barkow, A.: De Davide Mevio. Progr. Greifsw. 1856. Varia 156.

Barkow, Aug., de Davide Mevio narratio. Gryphiswaldiae 856. (Koch.) 4. (1 Bl., 54 S. u. 1 lith. Taf.) n. 15 ngr.

Barkow, Aug., de Davide Mevio narratio. gr. 4. (54 S. mit 1 Stnt.) Greifswald 857, (Koch's Verlagsbuchh.) *

Barkow, August Friedrich, s.a. G r u n d r i ß zu Vorlesungen üb. d. Erbrecht.

Barkow, August Friedrich: Grundriss zu Vorlesungen über das neueste römische Erbrecht, in so ferne dasselbe in Deutschland anwendbar ist. [Verf.: August Friedrich Barkow.] — Greifswald: Koch 1823. 16 S. 8° 15. 47.
11.6407

Barkow, A. F. D.: Grundriss zu Vorlesungen üb. d. neueste Röm. Erbrecht, insofern dasselbe in Deutschland anwendbar ist. *Greifsw.*, Koch, 824. gr. 8. (3 Thl.)

Barkow, August Friedrich, s.a. L e x Romana

Barkow. Aug. Frid : Lex Romana Burgundionum. Ex jure Romano et Germanico ill. Gryphiswaldiae 1826.

Barkow, A. F., specim. acad. de fatis historiae Pomeraniae. 4. Greifsw. 810.

Barkow, August Frid : Specimen editionis legis romanae Burgundiorum (vulgo Papiani liber responsorum) ex fontibus juris Romani illustratae. Berolini (1817) (16 S.) 4°
Berlin, Jur. Diss. v 7. Mai 1817

Barkow, Aug. Friedr. (Rügen), Spec. edit. legis Romanae Burgundionum (vulgo Papiani libri responsorum) ex fontibus juris Romani illustratae. Berlin (J. F. Unger) 7. V. 1817. 16 Seiten. (4.—)

Barkow, Carl [Adolf Theodor], Apotheker u. Nahrungsmittelchemiker a. Hamburg: Stereochemische Studien. Mannheim 1906: F. Steinhardt u. W. Rommel. (111 S.) 8°
Straßburg, Math.-naturw. Fak., Ref. Thiele, Diss. v. 1906
[Geb. 15. Jan. 78 Hamburg; Wohnort: Straßburg i. E.; Staatsangeh.: Hamburg; Vorbildung: Höh. Bürgersch. Hamburg, Kgl. Gymn. Altona Reife f. Obersekunda O. 95; Studium: T.H. Darmstadt 4, Univ. Straßburg 3 S.]

Barkow
— **Chn. Joach. Friedr.** (Sülze), De unitate dei Diss. philos. Präs. Joh. Chph. Muhrbeck. Greifswald (A. F. Röse) April 1778. 15 S. (3.—) 1100
Gew. Christ. Theod. v. Wackeniz (Klevenow), Joh. Henr. Puetter (Bergen).

Barkow, C. J. F., zwei Reden. 1) Bei d. Christenweihe e. Proselyten. 2) Ueber Einfluß d. Kirchen auf rühigen Bürgersinn u. Bürgerveredlung. gr. 8. Greifsw. 812. Mauritius. 5 gr.

Barkow, Erich, a. Elberfeld: Versuche über Entstehung von Nebel und dessen optische Eigenschaften bei Wasserdampf und einigen anderen Dämpfen. Mit einer Figurentafel und zwei Figuren im Text. Marburg 1906: J. Hamel. (75 S.) 8°
Marburg, Phil. Fak., Ref. Richarz, Diss. v. 26. Juli 1906
[Geb. 10. März 82 Elberfeld; Wohnort: Elberfeld; Staatsangeh.: Preußen; Vorbildung: Gymn. Elberfeld Reife O. 02; Studium: Marburg 3, Berlin 1, Marburg 4 S.; Rig. 7. März 06.]

Barkow, Frid. (Augustus) (geb. Greifswald 29 9 1827) De angina pectoris. Berolini (1852). (30 S.) 8°
Berlin, Med. Diss. v 29. Sept. 1852

Barkow, Gust (Adolph. Theod.) (geb. Prenzlau 12 10. 1838) De diphtheritide Berolini (1863) (31 S) 8°
Berlin, Med Diss. v. 16. März 1863

Barkow, H. (Hrsg.), s. Der F e u e r w e h r m a n n .

Barkow, H.C.L., s. B a r k o w , Hans Karl Leopold.

Barkow, Hans, s. B a r k o w , Hans Karl Leopold

Barkow, Hans Karl Leopold: Anatomische Abhandlungen. — Breslau:Hirt 1851. 132 S. 4°
1:4° Kt 5530. 2. 5→10. 12:4° Anat. 13 m. 15. 16. 17. 20. 24. 28. 29. 41. 52. 202. 302. 303.
11.6411

Barkow, H. C. L., Beiträge zur pathologischen Entwickelungsgeschichte, s.a. Beiträge.

(—) Beiträge zur pathologischen Entwickelungsgeschichte. Abth. [1]–4. — Breslau: Hirt 18(54)–71. 4°, 2° [u.] gr. 2°
1:2° Ke 6600. 2. 9. 11. 24. 202. 304.
11.6412

Barkow, H. C. L., Beiträge zur pathologischen Entwickelungsgeschichte. (1. Abth.) Ein Glückwunsch dem Curator der königl. Universität Hrn. Geh. Ober-Regier.-Rath Dr. Heinke etc. zum 31. Octbr. 1854 dem Tage seines 50jähr. Amtsjubiläums dargebracht von der medic. Facultät der k. Universität zu Breslau. Mit 1 lith. Taf. Breslau, Hirt. Fol. (20 S.) n. 25 ngr

— — 2. Abth. Ein Glückwunsch dem königl. Geh. Med.-Rath Dr. Ebers etc. zum 5. Septbr. 1856 dem Tage seines 50jähr. Jubiläums dargebracht von der med. Facultät der k. Universität zu Breslau. Mit 3 lith. Taf. Breslau, Hirt. Fol. (1 Bl., 64 S.) n. 1 rℬ 15 ngr

Barkow, H. C. L., Beiträge zur pathologischen Entwickelungsgeschichte. 3. Abth. Mit 3 lith. Taf. Breslau 859. Hirt. Fol. (55 S.) n. 2 rℬ 15 ngr.

— Bemerkungen über Gegenstände aus dem Gebiete der vergleichenden Anatomie, Physiologie und Zoologie. Abth. 1. Breslau 1871: Nischkowsky. 90 S. 4°
1:4° Ll 1765. 2. 9. 11. 25. 38 M. 202.
11.6413

— **Hans Carl Leopold,** Bemerkungen über Nervenanschwellungen. Mit 1 Steindrucktaf. (Sprengel, Barkow u. C. Hohe del.) 8. VII. 1827. (Akademie-Veröff. S. 517—544.) (4.50)
Joh. Wolmer (Vierow/Neupomm.) betr.

— Bemerkungen über Nervenanschwellungen. — [Bonn: Weber in Komm. 1829.] 30 S. 4°
Aus: Nova Acta physico-medica Academiae Caesareae Leopoldino-Carolinae naturae curiosorum. 14. 1829.
2. 10. 12:4° Path. 29 h. 16. 19.
11.6414

— Bemerkungen zur pathologischen Osteologie. Abth. 1. 2. Breslau: Hirt 1864. 2° 1:2° Kg 290. 2. 3. 4. 6. 7. 10. 12:2° Path. 14 h. 15. 16. 20. 21. 24. 25. 26. 79. 202. 302.
11.6415

Barkow, HCL, Bemerkgn z. pathol. Osteologie. 1. Abth. Fol. (32 m. 3 L.) Lpzg 64, Hirt u. S. n. 2. 10 || 2. Abth. (44 m. 3 L.) n. 2. 20

— zootomische Bemerkungen. Ein Glückwunsch dem Prof. Joh. Ludw. Chrn. Gravenhorst am Tage seines 50jähr. Doctor-Jubiläum's dargebracht. Fol. (IV u. 28 S. m. 1 lith. theils col. Taf.) Breslau 851. (Hirt.) n. 5/6 rℬ

— Zootomische Bemerkungen. — Breslau 1851: Nischkowsky. 28 S. 2° 1:2° Ll 1561. 2. 10.
12:2° Zool. 17 q. 28. 86. 202. 302.
11.6416

— Die Blut-Gefässe, vorzüglich die Schlagadern des Menschen in ihren minder bekannten Bahnen und Verzweigungen. Rumpf. Kopf. — Breslau: Hirt 1866. XII,86 S. gr. 2° (Barkow: Comparative Morphologie d. Menschen und d. menschenähnlichen Thiere. 5.)
1:gr. 2° Kt 9350–5. 2. 7. 9. 10. 11. 12:2° Anthr. 1 h–5. 15. 16. 17. 20. 21. 25. 38 M. 202. 300: BE 4 B 19. Bd 5. 302.
11.6417

— Die Blut-Gefässe, vorzüglich die Schlagadern der Säugethiere in ihren wesentlichsten Verschiedenheiten. — Breslau: Hirt 1866. XI,92 S. gr. 2° (Barkow: Comparative Morphologie d. Menschen und d. menschenähnlichen Thiere. 4.) 1:gr. 2° Kt 9350–4. 2. 7. 9. 10. 11. 12:2° Anthr. 1 h–4. 15. 16. 17. 20. 21. 38 M. 202. 300: BE 4 B 19. Bd 4. 302.
11.6418

Barkow, Joa. Carol. Leop., Comment. anatomico-physiolog. de monstris duplicibus verticibus inter se junctis. Cum tab. aen. IV. 4 maj. (3⅓ B.) Vratislaviae 821. (Lipsiae, Voss.)

— Commentatio anatomico-physiologica de monstris duplicibus verticibus inter se iunctis. — Lipsiae: Voss 1821. 23 S. 4°
Erschien auch als Diss. u. d. T.: Barkow: De Monstris duplicibus verticibus inter se iunctis. Berlin 1821.
1:4° Ke 8830. 16. 19. 26. 30. 300: 21 G 14. 303.
11.6419

Barkowius, Joannes: Disquisitiones nonnullae angiologicae. Vratislaviae (1830). (19 S.) 4° *(Forts. zu d. Verf.: „Disquisitiones circa originem et decursum arteriarum mammalium" [Lipsiae 1829])*
Breslau, Med. Fak., Antr. Progr. als außerord. Prof. v. 17. Febr. 1830

— Disquisitiones nonnullae angiologicae. Dissertatio. 4 maj. Bresl. 830. (Leipz., Voss). 6 gl.

Barkowius, Joann. Carol. Leop.: Disquisitiones neurologicae. Vratislaviae (1836). (16 S., 1 Taf.) 4° *[Buchausg. 1836 bei Voß in Leipzig]*
Breslau, Med. Fak., Antr.-Progr. als ord. Prof. v. 16. Juli 1836

— Disquisitiones circa originem et decursum arteriarum mammalium. — Lipsiae: Voss 1829. VIII,114 S. 4°
1:4° Ln 570. 2. 3. 5. 7. 8. 10. 15. 16. 19. 20. 24. 26. 28. 29. 30. 202. 300: 79 C 49. 302.
11.6420

Barkow, Jh. Car. Leop., Disquisitiones recentiores de arteriis mammalium et avium s.a. Acta n. phys.-med. Acad. Caes. Leopold. Carol. XX. Pars II.

— Disquisitiones recentiores de arteriis mammalium et avium. — [Breslau usw. 1844.] 114 S. 4°
Aus: Nova Acta physico-medica Academiae Caesareae Leopoldino-Carolinae naturae curiosorum. 20. 1844.
2.
11.6421

Barkowius, Joann. Car. Leop.: Disquisitiones de tractu cibario humano. Vratislaviae 1861. (16 S., 4 Taf.) gr. 2°
Breslau, Einladung d. med. Fak. z. Verkündigung d. Ehrenpromotionen beim Univ. Jubil. am 4. Aug. 1861

— Erläuterungen zur Lehre von den Erweiterungen und Verkrümmungen der Gefässe. — Breslau: Hirt 1871. XXIV, 38 S. 2° 1:2° Iv 7131. 2. 4. 10.
12:2° Path. 14 k. 16. 17. 21. 24. 25. 26. 28. 33. 302.
11.6422

— Erläuterungen zur Schlag- und Blutader-Lehre des Menschen. — Breslau: Hirt 1868. XXXII,114 S. gr. 2° (Barkow: Comparative Morphologie d. Menschen und d. menschenähnlichen Thiere. 6.)
1:gr. 2° Kt 9350–6. 2. 7. 9. 10. 11. 12:2° Anthr. 1 h–6. 16. 17. 21. 25. 38 M. 202. 300: BE 4 B 19. Bd 6. 302. 303.
11.6423

— Erläuterungen zur Skelett- und Gehirn-Lehre. — Breslau: Hirt 1865. VIII,152 S. gr. 2° (Barkow: Comparative Morphologie d. Menschen und d. menschenähnlichen Thiere. 3.)
1:gr. 2° Kt 9350–3. 2. 5. 7. 9. 10. 11. 12:2° Anthr. 1 h–3. 15. 16. 17. 20. 21. 25. 38 M. 202. 300: BE 4 B 19. Bd 3. 302.
11.6424

Barkow, Johann Karl Leopold: Jahresbericht der medicinischen Section (der Schlesischen Gesellschaft für vaterländische Kultur im Jahre 1844). 25 S.

s.: Übersicht der Arbeiten und Veränderungen der Schlesischen Gesellschaft für vaterländische Kultur im Jahre 1844. Auszug. (Breslau): (1845)

— Das Leben der Walle in seiner Beziehung zum Athmen und zum Blutlauf. Nebst Bemerkungen über die Benennung der Finnwalle. — Breslau: Hirt 1862. 40 S. 2°
1: 2° Ln 11647. 2. 7. 8. 10. 11. 12: 2° Zool. 17 r. 16. 21. 25. 28. 30. 46. 79. 202.
11.6425

Barkow: D. Leben d. Walle in s. Bezieh. z. Athmen u. z. Blutlauf. Breslau 1863. Schul/Univ.-Schrift.

— Über angebornen Mangel des Unterkiefers bei Säugethieren. — [Breslau usw. 1831.] 24 S. 4°
Aus: Nova Acta physico-medica Academiae Caesareae Leopoldino-Carolinae naturae curiosorum. 15. 1831.
2. 24. 41. 202.
11.6426

— Monstra animalium duplicia per anatomen indagata habito respectu ad physiologiam, medicinam forensem et artem obstetriciam. T. 1. 2. — Lipsiae: Voss 1828–36. 4°
1: 4° Ll 9933. 2→5. 7→11. 12: 4° Anat. 131: 15. 16. 17. 19. 20. 21. 24→29. 202. 302. 304.
11.6427

Barkow, Joan. Car. Leop. (geb. Trent auf Rugen 4. 8. 1798): De monstris duplicibus verticibus inter se iunctis. Berolini (1821) (23 S.) 4°
Berlin, Med. Diss. v. 16 Febr. 1821

— Comparative Morphologie des Menschen und der menschenähnlichen Thiere. Th. 1–6. — Greifswald: Bamberg (2–6: Breslau: Hirt) 1862–75. gr. 2°
1. Nach d. Tode d. Verf. hrsg. von W. Reinhardt. 1875.
2. Barkow: Das anthropotomisch-zootomische Museum der Königlichen Universität zu Breslau. 1862.
3. Barkow: Erläuterungen zur Skelett- und Gehirn-Lehre. 1865.
4. Barkow: Die Blut-Gefässe, vorzüglich die Schlagadern der Säugethiere in ihren wesentlichsten Verschiedenheiten. 1866.
5. Barkow: Die Blut-Gefässe, vorzüglich die Schlagadern des Menschen in ihren minder bekannten Bahnen und Verzweigungen. 1866.
6. Barkow: Erläuterungen zur Schlag- und Blutader-Lehre des Menschen. 1868.
Die Besitzvermerke der Teile 2–6 sind nur bei den Stücktiteln angegeben.
1: gr. 2° Kt 9350. 7. 9. 12: 2° Anthr. 1 h–1. 16. 17. 21. 38M. 302.
11.6428

— Das anthropotomisch-zootomische Museum der Königlichen Universität zu Breslau. — Breslau: Hirt 1862. VII, 142 S. gr. 2° (Barkow: Comparative Morphologie d. Menschen und d. menschenähnlichen Thiere. 2.)
1: 2° Kt 9350–2. 2. 7. 9. 10. 11. 12: 2° Anthr. 1 h–2. 15. 16. 17. 20. 21. 28. 38M. 202. 300: BE 4 B 19. Bd 2. 302.
11.6429

Nachricht von den Freitischen und Stipendien bei der Universität Breslau. [Verf.: Hans Barkow u. Philipp Eduard Huschke.] Breslau 1851. (29, II S.) 8° [J.]

—— zweiter Nachtrag zum neuen Verzeichniss der anatomischen Sammlung des königl. Anatomie-Instituts zu Breslau, nebst einem kurzen Bericht über den gegenwärt. Zustand dieser Anstalt. gr. 8. (VIII und 79 S.) Breslau 850, (Hirt's Verlag.) *

—— über Pseudacormus oder den scheinbar rumpflosen Kopf. (Ein Glückwunsch dem Geh.-R. Prof. Friedrich Tiedemann zum 10. März 1854 dem Tage seines 50jähr. Doctor-Jubiläums dargebracht.) Fol. (35 S. mit 1 Stnt.) Breslau 854, (Hirt's Verlag.) *

— Ueber Pseudacormus oder den scheinbar rumpflosen Kopf. — Breslau 1854: Nischkowsky. 35 S. 2°
1: gr. 2° Ki 490. 2. 7. 9. 10. 11. 12: 2° A. obst. 0 n. 15. 16. 19. 21. 25. 26. 27. 30. 79.
11.6430

— Die angiologische Sammlung im anatomischen Museum der Königlichen Universität zu Breslau. — Breslau: Hirt 1869. CXLVII, 447 S. 8°
1: 4° Kt 2085. 2. 9. 10. 12: 4° Anat. 13 o. 15. 16. 20. 26. 27. 41. 169. 207.
11.6431

— Syndesmologie oder die Lehre von den Bändern, durch welche die Knochen des menschlichen Körpers zum Gerippe vereint werden. — Breslau: Aderholz 1841. VI, 121 S. 8°
1: Kz 3695. 2. 7. 8. 9. 11. 17. 28. 30. 38M. 41. 43. 79. 300: 45 F 13. 302.
11.6432

— Syndesmologie der Vögel. Ein Glückwunsch der k. Universität zu Greifswald zum 17. October 1856, dem Tage ihres 400jähr. Jubiläums dargebracht von der k. Universität zu Breslau. 1. Abthl. Mit 3 lith. Taf. Breslau (Hirt.) Fol. (41 S.) n. 2 ₰

—— Syndesmologie der Vögel. 1. Abthl. Imp.-Fol. (41 S. mit 3 Stnt.) Breslau 857, Hirt's Verlag. * *

— Anatomische Untersuchungen über die Harnblase des Menschen nebst Bemerkungen über die männliche und weibliche Harnröhre. — Breslau: Hirt 1858. 60 S. gr. 2°
1: gr. 2° Kx 6520. 2. 4. 6→10. 12: 2° Anat. 4 v. 15. 16. 21. 24. 25. 26. 28. 29. 202. 302.
11.6433

— Anatomisch-physiologische Untersuchungen vorzüglich über das Schlagadersystem der Vögel. — Leipzig: [Voss] 1830. 243 S. 8°
Aus: Archiv für Anatomie u. Physiologie. 1829. 1830.
1: Lo 852. 2. 9. 26. 28. 36. 41.
11.6434

— Die Ursachen der Schlagader-Verkrümmungen und die Ursachen der Schlagader-Erweiterungen. — Breslau: Hirt 1872. IX, 14 S. 2° 1: 2° Iv 7956. 2. 4. 6. 7. 10. 12: 2° Path. 14 kd. 16. 17. 20. 21. 24. 25. 46. 202. 302.
11.6435

— Die Venen der obern Extremität des Menschen. — Breslau: Hirt 1868. LXVIII S. 2° 1: 2° Kv 9500. 2. 6. 7. 10. 11. 12: 2° Anat. 4 vf. 15. 16. 17. 20. 21. 25. 38M. 45. 302→304.
11.6436

— Die Verkrümmungen der Gefässe. — Breslau: Hirt 1869. XXXVI, 38 S. 2° 1: 2° Iv 7130. 2. 4. 7. 10. 12: 2° Path. 14 i. 16. 17. 20. 302. 304.
11.6437

—— die Verkrümmungen der Gefässe. gr. Fol. (36 S. mit 19 Bl. Erklärungen, 12 in den Text eingedr. Holzschn. und 19 Taf. in lithogr. Farbendr.) Breslau 870, Hirt's Verlag. geb. *

— Über den Verlauf der Schlagadern am Kopfe des Schafes. Ein Beitrag zur vergleichenden Gefässlehre. — [Bonn: Weber in Komm. 1826.] 12 S. 8°
Aus: Nova Acta physico-medica Academiae Caesareae Leopoldino-Carolinae naturae curiosorum. 13. 1826.
9.
11.6438

Barkow, L., Verlauf der Schlagadern am Kopfe des Schafes. (Nova Acta Acad. Leop. Carol XIII.) Leipzig 26. Engelmann. M. .40

— Der Winterschlaf nach seinen Erscheinungen im Thierreich dargest. — Berlin: Hirschwald 1846. X, 525 S. 8°
1: Ll 4098. 2→5. 7→10. 12: Zool. 21 u. 14. 15. 17. 20. 21. 22. 24. 26. 28→31. 41. 43. 44. 84. 169. 180. 302. 305.
11.6439

Barkow, Joh., s. B a r k o w , Hans Karl Leopold

Barkow, Johann Karl Leopold, s. B a r k o w , Hans Karl Leopold.

Barkow, L., s. B a r k o w , Hans Karl Leopold

Barkow, Rudolf
*Barkow, Rud.: Gasturbinen, ihre Theorie u. Konstruktion. Berl., M Krayn. ca 6 —

Barkow, Rudolf: Grundzüge der mechanischen Wärmetheorie. — Berlin: Hachfeld [1909]. 38 S. 8°
1: Mx 20540. 91. 210.
11.6440

— Ausgewählte Kapitel aus der Maschinenmechanik und technischen Wärmelehre. — Berlin: Seydel 1913. 159 S. 8° (Weickert: Praktisches Maschinenrechnen. 4.)
1: Og 10316-4. 91. 109. 201. 210.
11.6441

— Studien zur Frage der Gasturbine. — Rostock: Volckmann 1905. 37 S. 8° 12: Math. A. 12 rv.
30. 38. 84. 86. 87. 89. 90. 201. 210. 305.
11.6442

Barkow, *Wilhelm* Friedrich *Gustav* [app. Arzt aus Hamburg]: Aus d. Kgl. patholog. Institute zu Kiel. Verblutungen aus der Aorta infolge eingedrungener Fremdkörper ... Kiel, Druck v. P. Peters, 1895; 28 S., 1 Bl. 8.
Kiel, Med. Fak., Inaug.-Diss. v. [12. Sept.] 1895

Barkowius, Johannes Carolus Leopoldus
s. *Barkow*, Hans Karl Leopold.

Barkowski, Alexander: Pr. Friedland von 1354 bis 1904. Zur Feier des 550jähr. Bestehens der Stadt Pr. Friedland sowie des 350jähr. Bestehens der evangelischen Kirchengemeinde. — Pr. Friedland: Selbstverl. 1904. 51 S. 8°
1: Ss 9447/10. 6. 10. 44.
11.6443

Barl, Joh. Sam. (Hrsg.), s. Bibliothek, Casualistische.

Barla de Nice, J. B., Descriptions et figures de quatre espèces de champignons. gr. 4. (12 S. mit 4 ill. Stnt. in gr. 4. und qu. Fol.) Jena 860, Frommann. *
Aus: Acta acad. Caes. Leop.-Carol. naturae curiosorum, besonders abgedruckt.

Barlaam. — Barlaam und Josaphat

Barlaam und Josaphat, s.a. Bibliothek des litterarischen Vereins in Stuttgart LXXV.

Barlaam u. Josaphat, s.a. Dichtungen.

Barlaam und Josaphat, herausg. von K. Köpke. Königsberg 1818. V: *Rudolf von Ems.* (Tübz 18, 40)

— Des heiligen Johannes von Damascus Barlaam und Josaphat. Aus d. Griech. übertr. von Felix Liebrecht. Mit e. Vorw. von Ludolph v. Beckedorff. — Münster: Theissing 1847. XXVI, 304 S. 8° 1: Bs 3730. 4→7. 11.
12: P. gr. 126 od. 14. 19. 21. 23. 32. 39. 300: 66.135-B.
11.6469

Barlaam og Josaphat. En religiøs Roman. Oversat fra oldnorsk af H. E. Kinck. 8. (VIII u. 302 S.) Christiania 852, Feilberg & Landmark. n. 1 ₰ 6 ₰

Barlaam und Josaphat. Prinz und Derwisch. Ein indischer Roman enthaltend die Jugendgeschichte Buddha's in hebräischer Darstellung aus dem Mittelalter nebst einer Vergleichung der arabischen und griechischen Paralleltexte von Nathan Weisslovits. Mit einem Anhang von Fritz Hommel. München 1890.

Barlaams ok Josaphats Saga. En religiös romantisk fortaelling om Barlaam og Josaphat oprindelig forfattet paa graesk i det 8. aarhundrede, senere oversat paa latin og herfra igjen i fri bearbeidelse ved aar 1200 overfört paa norsk af Kong Haakon Sverressön. Udgivet af R. Keyser og C. R. Unger. Med lith. skriftpröve. gr. 8. (XXIV u. 263 S.) Christiania 851. (Leipzig, T. O. Weigel.) n. 2⅓ ₰

Barlach, Ernst

Barlach, Ernst: Figuren-Zeichnen. (97 m. Abb.) Lex8° Strel., M Hittenkofer (09). L. 6 — d

Barlach, Ernst, Figuren-Zeichnen. (97 S. m. Abbildgn.) Lex. 8. Strelitz (909.) Polytechn. Verlag M. Hittenkofer Geb. in Leinw. 6. —

Barlach, Ernst: Figuren-Zeichnen. 6. Afl. (97 m. Abb.) Lex8° Strel., M Hittenkofer ('12). L 6 —

Barlach, Gottlieb Ernst: Abschiedspredigt in Süsel am Ostermontage 1856. — (Hamburg [1856]: Meißner.) 16 S. 8° 18.
11.6534

Barlach, Martha, ein Blumenstrauß. (46 S.) kl. 8. Leipzig 905. C. Jacobsen. Geb. in Leinw. m. Goldschn. n. 1. 50

Barlach, Paul: Der hohe Tag. Drama. (79 m. Abb.) 35×33 cm. Mit 27 Lithographien 67,5×52 cm. Berl., P Cassirer '12. in L-M, Ausg. A nn 300 —; Ausg. B nn 150 —

Barlandus (H.). — H. Barlandi Hollandiae comitum historia et icones .. Ejusd. Barlandi Caroli Burgundiae Ducis Vita... — *Francof. a. M., S. Feyerabend,* petit in-8° de 7 ff., lim., 393 ff. ch. + 100 ff. ch. — *Becker,* p. 132.
31 portraits gravés sur bois par *J. Amman.*

Barlaeus, Caspar

— Christus am Kreuz; aus d. Latein. v. Jh. G. Angerer. 8. Oettingen 757.

— Elegiae sacrae cum aenigmatis notis illustr. per Placidum Schreger. — Augustae Vind. [usw.]: Strötter, Gastel & Ilger (1735). 198 S. 8° 1: Xe 6200. 2. 6. 12: P. o. lat. 134.
19. 24. 25. 36. 78. 304. 307. 308.
11.6561

Barlaei, Casp., Elegiae sacrae. 8. Augsb. 755. Wolf. 3 gl

— — Pedeponti, vulgò Stadt am Hof: Gastl 1755. 176 S. 8°
12: P. o. lat. 135. 24. 25. 180.
11.6562

— Virgo androphoros cum sponso Eginardo in conspectum prodit ductore Car. Poppone Froebel. — Rudolphopoli 1821. VI, 72 S. 8°
1: Xe 6232. 2. 7. 11. 14. 45. 78. 117. 300: 45.464-A.
11.6618

Barlaei, (C.) Virgo androphoros, ed. froebel. 32. Rudolstadt 821, Hofbuchhdlg. geb. in Goldschn.

Barle, Reinhard

Barle, R., der goldene Schieferstift, s.a. Schillingsbücher.

Barle, Reinhard: Der goldene Schieferstift. — Hamburg: Agentur d. Rauhen Hauses (1888). 24 S. 8° (Schillingsbücher. 49.) 18.
11.6683

— Aus goldner Zeit! Märchen und Bilder. — Hamburg: Agentur d. Rauhen Hauses (1876). 156 S. 8° 18.
11.6684

Barle, R, a. goldner Zeit! Märchen u. Bilder. (Neue Asg.) 16° (156 m. H.) Hamb. 90, Agentur d. Rauh. H. 1.50

Barle, Richard, s. Barle, Reinhard

Baerle, Josef: David. Ein biblisches Schauspiel. — (Düsseldorf: Deiters [1878].) 72 S. 8° (Die Dilettanten-Bühne. 3.)
5. 61.
9.9049

Baerle, Kaspar v. s. *Barlaeus,* Caspar.

Baerle, R[einhold] van: Die Lokalverwaltung von England und Wales, ihre Ausgaben und Einnahmen mit besonderer Berücksichtigung der lokalen Besteuerung. Freiburg i. B. 1910: Wagner. x, 162 S. 8°
Freiburg i. B., Rechts- u. staatsw. Diss. v. 1910, Ref. v. Schulze-Gävernitz
[Geb. 2. Aug. 70 Berlin; Wohnort: Freiburg i. B.; Staatsangeh.: Preußen; Vorbildung: Königstädt. Gymn. Berlin; Studium: Freiburg i. B. 6, München 2 S.; Rig. 24. Juli 09.] [U 10. 926

Baerle, Vincenz van: Erläuterungen über Wasserglas und Wasserglaspräparate und deren Verwendungen. — Worms [um 1880]: Boeninger. 15 S. 8° 14. 123. 202.
9.9050

Barleben, A.: Lehrbuch der Orthographie. Von A. Barleben u. K. Fietz. — Berlin: W. Schultze 1870. 80 S. 8° 3. 207.
11.6685

Barleben, Karl, Christrosen. Kleine Weihnachtsfestspiele u. Gedichte zur Weihnachtsfeier unserer Kinder in Haus, Schule u. Kindergottesdienst. 12. (31 S.) Dessau 899. [Buchh. des ev. Vereinshauses.] Stuttgart, Holland & Josenhans. n. — 50

Bar le Duc [Schlagwort]
Bar le Duc, s.: Europa, Liebenow.

Bärlehner, Franz Xaver
— Golias und die Goliarden. Mittelalterliche Bettelstudenten und fahrende Sänger. Ihre Schicksale und Lieder. — München: Schönbichler [um 1895]. 32 S. 8° 19. 91.
9.0053

Bärlein, Heinr., das Buch vom guten Ton. Ein unentbehrl. Wegweiser und Rathgeber auf dem Gebiete des Anstandes und der feinen Sitte. Zum Gebrauche für Damen und Herren. 9. Aufl. von J. Frötschner's Wiener Galanthomme, auf Grund der gegenwärt. gesellschaftl. Anforderungen vollständig umgearb. 12. (VIII, 232 S.) Brünn 887, Karafiat's Verlag.

Barlem: L e h r p l a n , Ausführlicher, s. B a r l e n , Karl

Barlen, Rektor d. Progymnasiums. Neuwied. 1891 s. *Barlen,* Karl.

Barlen, Carolus, s. B a r l e n , Karl

Barlen, Karl
Barlen, K. Antisthenes und Plato. 16 S. Progr. *Neuwied* 1881.

Barlen, Karl: Ausführlicher Lehrplan für das Gerätturnen. Neuwied [usw.]: Heuser 1891. 47 S. 8°
Zugleich Progr. Trarbach 1891. 1: Nf 7550. 5. 38. 207.
11.6691

Barlen. Ausführlicher Lehrplan f. das Gerätturnen, zugleich Leitfaden f. Vorturner. 8. (47 S.) Neuwied 891, Heuser's Verlag. * — 50

Barlen, *Karl* [Dr., Dir.]: Verzeichnis der Schüler, welche die Anstalt seit ihrer Verstaatlichung Ostern 1888 bis jetzt besucht haben. Trarbach, Ph. Ropp, Buchdr., 1893; 15—17 S. 4.
Trarbach, k. PG, P 1893 (463)

Barlen, Carolvs (geb. am 15 Sept. 1847 in Unna Westf.): De vocalis α pro η in tragicorvm Graecorvm versibvs trimetris vsv ... Bonnae, form. C. Georgi 1872. 47 S., 1 Bl. 8.
Bonn, Phil. Fak., Diss. v. 2 Aug. 1872

Barlet, Kurt, a. Bamberg, Rechtspraktikant am kgl. Landgericht zu Nürnberg: Das bayerische Wildschadensrecht. Rothenburg o. Tbr. 1907: J. P. Peter. (VI, 63 S.) 8° [F.]
Erlangen, Jur. Fak., Ref. Oertmann, Diss. v. 12. Febr. 1907
[Geb. 7. März 82 Bamberg; Wohnort: Nürnberg; Staatsangeh.: Bayern; Vorbildung: Gymn. Neuburg Reife M. 01; Studium: München 8 S.; Rig. 30. Okt. 06.]

Barlet, Theodor: Die rationelle Geflügelzucht für die Frauen unserer Landwirthe. — Passau 1883: Bucher. VIII, 40 S. 8° 12: Oecon. 176a. 19.
11.6713

Barleta, Historiker, Professor, Brescia. 1510 s. *Barlezio,* Marino.

Barletius, Marinus s. *Barlezio,* Marino.

Barleus, Gaspar s. *Barlaeus,* Caspar.

Barlezio, Marino
Barletius. Histoire du grand Castriotto d'Albanie, trad. du latin par Jacq. Lavardin du Plessis-Bourrot. 4. Paris 1576. — 8. ib. 1597. — 4. ib. 1621 — 8. Francfort 1779.

— Leben des würklich großen Helden und Königs in Epiro, Georgii Castrioti insgemein Scanderbeg genannt. Aus d. Lat. d. Marini Barletii. — Brandenburg: Halle 1771. 79 S. 8° 1: Ui 1538. 10. 15.
11.6768

Bärlocher, Carl. Die Entwicklung des Expropriationsrechtes im Kanton St. Gallen. Diss. Jur. Bern. VIII + 87 S. 8. Bern. Bühler & Werder, 1902.

Bärlocher, Carl, Rorschach u. seine Umgebung. 16. (38 S. m. 1 lith. u. col. Karte in Fol.) Rorschach 851. (Koch.) 1/3 ₰

Baerlocher, Carl: Rorschach und seine Umgebung. — Rorschach: Selbstverl. 1851. 38 S. 8° 12: Helv. 126. 21.
9.9068

—— 2. Ausg. Rorschach: W. Koch 1862. 48 S. 8° 14.
9.9069

Baerlocher, Charles: Alphabet. Sachreg. z. Zivilgesetzb. u. z. Obligationenrecht. Ausg. in d. 3 Nationalsprachen. (195) gr8° Bern, A Francke '11. L 4 —

Bärlocher, Hans. Beiträge zur Kasuistik der Alexander-Adams'schen Operation. Diss. Med. Univ. Zürich. *Kopftitel:* Aus der Universitäts-Frauenklinik in Zürich. — [Mit 2 Tabellen.] IV + 96 S. 8. Bern, Haller, 1901.

Bärlocher, Joh. (St. Gallen), De pseudoperipneumonia. Diss. med. Göttingen (Dieterich) 2. XII. 1829. 32 S. mit Literatur. (4.80)

Bärlocher, Karl, s. B ä r l o c h e r , Carl

Baerlocher, Max, aus St. Gallen (Schweiz): Beiträge zur Kenntnis einiger Derivate des para-Oxychinolins und des ana-Brom-p-Oxychinolins. *Freiburg i. B.: Speyer & Kaerner 1903.* (39 S.) 8°
Freiburg i. B., Phil. Diss. v. 1903

Bärlocher, V. Handbuch d. Zinzoszins., Renten, Anleihen u. Obligationen. Rechnung mit 5 Tfln. v. F. Thoman. Gr. in-8°, 250 S. Zürich, Orell Füssli & Cie. 1885 15 —

Baerlocher, V.: Handbuch der Zinseszins-, Renten-, Anleihen- und Obligationen-Rechnung. — Zürich: Orell Füssli & Co. (1886). XXXI, 249 S. 8°
1: Fg 7453. 4. 12: Math. P. 17t. 24. 30. 44. 46. 88. 93. 106. 169. 205. 302. 304.
9.9072

B[ärlocher]. V[ictor]. Reiserinnerige us Indie vom V. B. Plauderete ghalte am Familie-Obig vo der Hottinger-Zunft i Züri am Mäntig de 23igst Mai 1898. Im Druck use ggeh ... vom Verfasser. [Mit Vignetten und 3 Tafeln.] 8. *o. O.* [1898].

Barlösius, Georg
Barlösius, Geo.: „Also hat Gott d. Welt geliebet". 20 Konfirmations-Scheine. 4 Sammlgn. (Je 20 Bl.) qu. Lex8° Hannov., H Feesche ('06). Je 1.50 d

Barlösius, Geo., eine Bilderchronik der Städte Berlin u. Cölln an der Spree, s.a. Teuerdank. 13.

Barloesius, Georg: Ein [!] Bilderchronik der Städte Berlin und Cölln an der Spree. A. D. 1902. — Berlin: Fischer & Franke [1902]. 10 gez. Bl. 4° (Teuerdank. Fahrten u. Träume deutscher Maler. 13.) 60. 61. 169.
11.6773

Barlösius, Geo., s.: Kalender, Berliner.

— s.: Wagner, R, d. Meistersinger v. Nürnberg.

Barlovac, Cvetko R. [aus Belgrad]: Das serbische Parlament '(Skupschtina)' ... Heidelberg, Univ.-Buchdr. v. J. Hörning, 1895; 63 S. 8.
Heidelberg, Phil. Fak., Inaug.-Diss. v. [6. Apr.] 1895

Barlow (Arzt) s. Barlow, Richard

Barlow, Henry Clark
— Dante Allighieri at Verona and in the Val Lagarina. — (Leipzig [um 1870]:Teubner.) 31 S. 8°
300:121.675-B.
11.6805

Barlow, Jane, Irish idylls, s.a. Library, the English.

— Irish Idylls. — Leipzig [usw.]:Heinemann & Balestier 1893. 296 S. 8° (The English Library. 173.) 5. 42.
11.6825

Barlow, Joel
(—) — [deutsch] Guter Rath an die Völker Europens bei der Nothwendigkeit, die Regierungsgrundsätze überall zu verändern. [Übers.: Johann Anton Fahrenkrüger.] Bd [1.]2 [nebst] Anh. — London [vielm. Hamburg: Gundermann] 1792-95. 8°
1 . . 7. 8. 10. 12:Pol. g. 786 m. 14. 28. 30. 121. 303.
2 Anh. 17.
11.6832

Barlow, Joel, s. Rath an d. Völker.

BARLOW, Joel 1754 - 1812
Schreiben an den französischen Nationalconvent über die Mängel der Constitution von 1791, und den Umfang der Verbesserungen derselben
s. Joel BARLOW, Guter Rath an die Völker Europens, A. d. Engl., Tl. 2 [London = Hamburg 1795], S. 79-136, Nr. 568.
Übers. v. A Letter to the National Convention of France, on the Defects in the Constitution of 1791, and the extent of the amendments which ought to be applied, London 1792

Barlow's, John, ward, s.: Asher's collection of english authors.

Barlow, John H.: The Bournville Village Trust. (Verf.: John H. Barlow.) — o.O. (1903). 27 S. quer-8° 30.
11.6852

(—) [deutsch] 1910. Die Bournviller Dorf-Verwaltung. (Carlisle [1910]: Scott.) 29 S. quer-8° 1:Tx 317.
11.6854

Barlow, Peter, Ueber die anomale magnetische Wirkung, welche das Eisen in der Hitze zwischen dem Weiss- und dem Blutroth-Glühen äussert. (Gilb. Annal. der Physik, Jahrg. 1823, Drittes Stück.)

Barlow, Richard [Dr. med.]: Beiträge zur Aetiologie, Prophylaxe und Therapie der Cystitis ([Umschlagt.:] ... aus d. kgl. dermatolog. Klinik d. Hrn Prof. Neisser zu Breslau) ... '(M. Taf. 1. u. II.)' Prag, k. u. k. Hofbuchdr. A. Haase, 1892; 92 S., 2 Taf. 8.
München, Med. Fak., Hab.-Schr. v. 1893
(Nicht für den Austausch)

Barlow, Richard, Mediziner, München, geb. 1864. 1893: Beiträge zur Aetiologie, Prophylaxe und Therapie der Cystitis. — Wien [usw.]: Braumüller 1893. 90 S. 8°
Aus: Archiv für Dermatologie u. Syphilis. 25. 1893.
11. 19. 123. 302.
11.6883

Barlow, Richard, ein Fall von myelogenem Osteosarcom des rechten Scheitelbeins. Diss. München 1888, A. Buchholz. 8°. 19 S. mit 2 Taf.

Barlow, Richard [appr. Arzt aus St. Petersburg]: Ein Fall von myelogenem Osteosarcom des rechten Scheitelbeins .... München, k. Hof- u. Univ.-Buchdr. Dr. C. Wolf & Sohn, 1888; 19+1 S. u. 2 Taf. 8°
München, Med. Fak., Inaug.-Diss. v. 1888

Barlow, Casuistisches zur traumatischen Neurose. [Aus: „Annalen d. städt. allg. Krankenhäuser in München".] Lex.-8. (21 S. m. Fig.) München 893. J. F. Lehmann's Verl. n. 1.—

Barlow, Rich., Mittheilungen üb. Reduktion d. Überosmiumsäure durch d. Pigment d. menschl. Haut, s.a. Bibliotheca medica.

— Mittheilungen über Reduktion der Überosmiumsäure durch das Pigment der menschlichen Haut. — Cassel: Th. G. Fischer 1895. 10 S. 4° (Bibliotheca medica. D^{II},5.)
1:4° I 6222-DII,5. 2. 3. 4. 7. 9. 12:4° Med. g. 35 r-D II,5.
15. 21. 24. 25. 29. 202. 302. 304.
11.6884

Barlow, Homogene Structuren. 1 lith. Taf. 32,5×46,5 cm. Leipzig 897. W. Engelmann. n. — 40

Barlow, William Edward, aus Bury, Lancashire, Engl.: Untersuchungen über die genaue Bestimmung des Schwefels in Pflanzensubstanzen und anderen organischen Stoffen. *Göttingen 1903: L. Hofer.* (VII, 87 S.) 8°
Göttingen, Phil. Diss. v. [7. Okt.] 1903

Barlow, William Edward, Untersuchungen über die genaue Bestimmung des Schwefels in Pflanzensubstanzen u. anderen organischen Stoffen. Diss. (VII, 87 S. m. 1 graph. Taf.) gr. 8. Göttingen 903. (Vandenhoeck & Ruprecht.) n. 2.—

Barlow, Willy [aus Rochdale '(Engl.)']: Kondensationen von Amidoguanidin und Semikarbazid mit Chinonen ... München, Druck v. V. Höfling, 1896; 44 S. 8.
München, Phil. Fak., Inaug.-Diss. v. 1896

Barman, Colonel fédéral. 1844 s. *Barman,* Maurice.

Barman, Maurice. Die Ereignisse im Kanton Wallis. Ubersetzung der Schrift: „La contre-révolution en Valais... par M. Maurice Barmann," mit Noten. Nebst einer geschichtlichen Einleitung und einer Schlussbetrachtung von Dr. Ludwig Snell. 8. Zürich und Winterthur 1844.

— [deutsch] Die Ereignisse im Kanton Wallis. Übersetzung d. Schrift: 'La contre-révolution' par Maurice Barmann. Nebst Einl. u. Schlußbetrachtung von Ludwig Snell. — Zürich [usw.]: Lit. Comptoir 1844. IV,111 S. 8°
1:Rv 8546 [u.] an Rv 8545. 5. 10.
12:Helv. 131. 14→17. 24. 27. 30. 41. 43. 109.
11.6924

— Die Contrerevolution in Wallis vom Mai 1844 von Maurice Barmann. Deutsch ... von Ludwig Snell. 2. Ausg. — Leipzig: Verlagsbureau 1847. IV,111 S. 8°
1:Rv 8546 ^{2}. 7. 12:Helv. 132. 14. 15. 17. 18. 30. 123. 302.
11.6925

Barmanen-Familie, e. Aus Missionar Judsons Arbeit, s.a. Missionstraktate, kleine.

Barmanenfamilie. — Eine Barmanen-Familie. Aus Missionar Judsons Arbeit. 4. Aufl. — Basel: Missionsbuchhandl. [1894]. 16 S. 8° ([Kleine Missionstraktate.] 56.) 21.
11.6927

Barmann, G. N. s. *Baermann,* Georg Nikolaus.

Barmann, Johann Baptist: Christ-catholisches Kirchen-Gesang-Buch, nach dem Gedancken des gecrönten Propheten am fünf und neunzigsten Psalmen ersten Vers auf alle Jahrs-Zeiten .:. in anmuthigen Melodien angestimmet. — Augspurg 1760: Pingitzer. 459 S. 8°
19. 21. 24. 38. 66.
11.6928

Barmann, Maurice s. *Barman.*

Baermann, Hamburgischer Schriftsteller, 1785-1850. 1810 s. *Baermann,* Georg Nikolaus.

Bärmann: Erläuterungen der allgemeinen Versicherungsbedingungen..., s. Baermann, Heinrich

Baermann, Arthur, aus Niedergrunstedt (Sachs.-W.): **Beiträge zur Kenntnis der aromatischen Aldehyde.** *Berlin 1902: A. W. Schade.* (26 S.) 8°
Heidelberg, Naturw.-math. Diss. v. 1902

Baermann, Arthur (Hrsg.), s. Zeitschrift für Transportwesen und Straßenbau.

Baermann, Benno [aus Pudewitz (Prov. Posen)]: Ein Beitrag zur Lehre von der Luxatio dorsalis hallucis.... Wurzburg, P. Scheiner's Buchdr., 1890: 44 S. 8°
Würzburg, Med. Fak., Inaug.-Diss. v. 1890

Baermann, Carl. Vollständige Clarinett-Schule. I. Theil (Op. 63). Abtheilung I—III. Theil II (Op. 64). Abtheilung IV, V. Offenbach a. Main.

Baermann, Emil: Ein Tag in Meissen und seiner anmuthigen Umgebung. Einheimischen und Fremden gewidmet. [Verf.: Emil Bärmann.] — Meißen: Bärmann 1874. 24 S. 8° 14.
9.9078

Baermann, Friedr. (Bünde/Westf.), De telae cellularis induratione. Diss. med. Bln. (Aug. Petsch) 21. III. 1825. 31 S. mit Biogr. (4.50)
Oppon.: C. H. Ebermaier, A. Andresse, S. F. Goebel. — Gew.: Ph. v. Walther, Wilh. Wagner.

Bärmann

— **Georg Burchard** (Leipzig), Imputationem culpae circa contractus cumprimis innominatos et reales. Diss. sec. Präs. Jo. Just. Schierschmid. Lpz. (Jo. Chn. Langenheim) 8. IX. 1735. 40 S. (5.—)

— u. **Joh. Benedict Carpzov** (Lpz.), De natura quanti. Diss. philos. Lpz. (Langenheim) 17. IV. 1739. 24 S. (4.80)

Bärmann, Georg Friedrich: Abhandlung von der Beschwerlichkeit eines grossen Ansehens usw., s. Schriften...
Zwo Schriften, welche in der Deutschen Gesellschaft usw.

Bärmann, G. F., kurze Anleit. zur deutsch. Sprachkunst für die Jugend. 8. Leipz. Crusius. 776.

Baermann, Georg Friedrich: Kurze Anleitung zur deutschen Sprachkunst für die Jugend. — Leipzig: Junius 1776. 148 S. 8° 1:Y 4386 [u.] 4387. 14.
9.9079

— Georgii Friderici Baermanni Catalogus librorum maximam partem mathematicorum physicorumque. [Auktionskat.] — Vitembergae (1769): Dürr. 62 S. 8° 2. 14. 32.
9.9080

* Diss. Mathemat. de cuneo, quam praes. *Georgio Friderico Baermanno* Mathem. infer. Prof. P. O. defendit *Joannes Godofredus Hasius* Wittebergensis. Wittebergae ex officina Schlomachiana. 4. 40 S. nebst einer Tafel m. Fig. 1751

* Programma theorematis algebraici demonstrationem exhibens. Orationi qua clementissime sibi demandatam professionem mathematum inferiorum publicam ordinariam d. XXIII. Aprilis auspicabitur praemissum a *Georgio Frider. Baermanno*, L. A. M. Vitembergae, prelo Ephraim Gottlob Eichsfeldi, Academiae a typis. 4. 16 Seit. 1745

— s. Euolid.

* Ordinis Philosophorum in Acad. Wittenbergensi h. t. Decanus et imperiali auctoritate constitutus comes Palatinus *Georgius Fridericus Baermannus* Mathem. Prof. Publ. Ord. Panegyrin creandorum philosophiae ac bonar. art. Magistrorum indicit simul de cubicarum aliarumque aequationum per canonem sinuum resolutione exponit. Wittebergae, ex officina Schlomachiana. 4. 24 S. 1751

* Dissertatio mathematica de vectibus curvilineis, quam.... P. P. *Georg. Frid. Baermann*, Lipsiens. A. M. respondente *Gottlob Carolo Springsfeld*, Weissenfels. Lips. Typis Breitkopfianis. 4. 27 S. m. 1 Kupft. 1737

Bärmann, Georg Nicol., Adlev d. Vierte (Graf zu Holstein), d. Held v. d. Schauenburg. Ein vaterländ. Gedicht in 7 Gesängen. 8. (15 B. u. Titvign.) Hamburg 832. (Zwickau, Gebr. Schumann.)

— Adlev der Vierte, der Held von der Schauenburg. Ein vaterländisches Gedicht. — Hamburg: Verf. 1832. 240 S. 8° 1:Yn 6751. 8. 12: P. o. germ. 70nd. 17. 18. 48.
9.9084

— Alexander von Soltwedel oder der Hansa Begründung. Ein vaterländisches Schauspiel. — Bremen: Heyse 1817. 128 S. 8° 7. 9. 15. 17. 18. 19. 46. 48. 205.
9.9085

— Neunhundert neun und neunzig und noch etliche Almanachs-Lustspiele durch den Würfel ... Von Simplicius [d. i. Georg Nikolaus Baermann]. — Zwickau: Schumann 1829. XXXII, 270 S. 8° 1:Yp 6067. 12: L. eleg. m. 53 u. 14. 30.
9.9086

Bärmann, Georg Nikolaus

— Die Assonanzen der deutschen Sprache. — Berlin: Rücker 1829. X, 364 S. 8° 1:Yb 7301. 10. 11. 18. 24. 32. 38. 42.
9.9087

—— die Assonanzen d. deutsch. Sprache: Prosodisch u. lexicograph., als Anh. zu jed. Reimwörterbuche. 8. (25½ B.) Berlin 829, Rücker.

— Die glücklichen Bettler. Ein tragikomisches Maskenspiel ... Frei nach Carlo Gozzi ... bearb. — Leipzig: Kollmann 1819. 162 S. 8° 7. 300: 3166-A.
9.9088

– s. Bibliothek d. Belletristiker.

– s. Bibliothek, class., der ältern Romandichter Englands, 1.-4., 14.-16. Bd.

Bärmann, Georg Nikolaus, s. Bibliothek ausgewählter neuer Romane des Auslandes. Neue Folge. 4-6. Bd.

[—] Dat sülwern Book. Plattdüüdsche Schrivden ... Van dem, dee 'Dat grote Höög- un Häwel-Book' heruutgäwen hett. D. 1. — Hamborg: Hrsg. 1846. 140 S. 8° 1:Yc 2411. 9. 14. 18. 24. 48.
9.9089

— Dat sülwern' Book. 2. Upl. Hamborg: J. S. Meyer 1859. 156 S. 8° 8. 9. 18. 109.
9.9090

Bärmann, Jürgen Niklaas, dat sülwern' Book. 2. Uplaag. gr. 16. (VIII und 156 S. mit eingedr. Holzschn.) Hamburg 859(61), Meyer. *

Baermann, Georg Nikolaus [Übers.]
s. Bray, Anna Eliza: Historische Romane. 1835-38.

Bärmann, Georg Nikolaus, s. Bulwer's sämmtliche Werke.

— Bürgertreue. Ein vaterstädtisches Schauspiel. — Hamburg: Verf. 1828. 110 S. 8° 1:Ys 5371. 8. 18. 205.
9.9091

— Die Busenuhr. Ein Original-Lustspiel. — Mainz: Kupferberg 1838. 40 S. 8° 18.
9.9092

– s. Calawar.

Bärmann, Georg Nikolaus, s. Calderon: Schauspiele.– Dess. Haus mit 2 Thüren.

Baermann, Georg Nikolaus [Übers.]
s. Chamier, Frederick: Sämmtliche Werke. 1841.

— Eine Charade. In 3 Original-Scenen. — Mainz: Kupferberg 1838. 35 S. 8° 18.
9.9093

Hamburgische Chronik von Entstehung der Stadt bis auf unsere Tage. Th. 1. Hrgg. v. C[arl] W[ilhelm] **Reinhold.** Hamburg. 1820. Th. 2. Nach älteren und neueren Quellen abgefaßt v. Georg Nicolaus **Bärmann.** ⟨2. verb., durchgängig berichtigte u. m. vollständigem Register vers. Ausg.⟩ ebd. 1822. 8°

— **Hamburgische Chronik von Entstehung der Stadt bis auf unsere Tage. ⟨2., verb. Ausg.⟩ Th. 1. 2. — Hamburg: Nestler 1822. 8°**
1. Ausg. s. *Reinhold*, Karl Wilhelm: Hamburgische Chronik. 1820.
1: Sp 1150. 2. 8. 9. 14. 17. 18. 19. 22. 24. 28. 30. 34. 46. 48. 300: 47 Ll 92.
9.9094

— **Contumaz! Vaudevilleposse ... nach d. Franz. d. Scribe. Mainz: Kupferberg 1838. 51 S. 8°** 18.
9.9095

– s. Cooper, J.F.: Die Monikins.

–, s. Cooper, J.F.: Streifereien durch die Schweiz.

– s. Delavigne: Don Jouan.

Bärmann, Georg Nikolaus, s.a. Denkwürdigkeiten, Hamburgische.

— **Hamburgische Denkwürdigkeiten. 2., völlig neu bearb. Ausg. Th. 1. 2. — Hamburg: Schulbuchh. 1817–20. 8°**
1. Kurzgefaßte politische Geschichte von Hamburg. 1817.
2. Topographie von Hamburg. 1820.
1. Ausg. s. *Denkwürdigkeiten*, Hamburgische. 1794.
1: Sp 2412. 8. 9. 17. 18. 30. 46. 205.
9.9096

Bärmann, G. N., Dolch u. Maske. Ein Jahrgeschenk für die deutsche Bühne. 1e Gabe. (Inhalt: die Seeräuber auf Heiligland. — Die Schule oer Männer. — Welcher ist mein Vetter? — Die Briefe.) 8. Bremen 822. Heyse. 1 ß 4 ℛ

– s. Dümas, A.: Der Mann des Ruhms.

— Einer für drei. Lstspl., s. A. v. Kotzebue Almanach. J. 1828.

Baermann, Georg Nikolaus: Der Londoner Gassenjunge, Lustspiel ... nach Théaulon. — (Hamburg [1841]: Wörmer.) 43 S. 8° 31. 300: 623.598–B. Th. S.
9.9097

— **Der Geblendete.** Lustspiel ... nach d. Engl. d. E. L. Bulwer, und d. Franz. d. de Planard. — Hamburg: Magazin für Buchhandel, Musik u. Kunst 1836. 64 S. 8° (Neuestes Theater d. Auslandes. 3.)
300: 623.590–B. Th. S.
9.9098

— **Ausgewählte Gedichte.** — Hamburg: Verf.; Perthes & Beßer in Comm. 1833. 300 S. 8° 1: Yn 7571. 8. 18.
9.9099

— **Gottfried oder Heldentod und Bürgerfreiheit.** Ein scenischer Prolog. — Hamburg 1819: Bruns. 16 S. 8° 18.
9.9100

Bärmann, Georg Nikolaus, s. Gozzi, die glückl. Bettler.

— Kurzgefaßte spanische **Grammatik** nach Cormon und Sobrino. — Hamburg: Benjamin 1837. VIII, 280 S. 8° 18.
9.9101

— **Hamburg** und Hamburgs Umgegend. Ein Hand- u. Hülfsbuch für Fremde u. Einheimische. — Hamburg: Nestler 1822. 336 S. 8°
12: Germ. sp. 25 no. 14. 18. 33. 64. 111.
9.9102

— **Hammonia** und der Genius der Zeit. Ein scenischer Prolog. — ([Hamburg 1842:] Menck.) 2 Bl. 8° 18.
9.9103

— **Handbuch** der spanischen Conversation, zum Gebrauche für Deutsche ... von Georg Nicolaus Baermann u. Joseph Eusebius Gómez de Mier. — Leipzig: F. Fleischer 1843. XII, 275 S. 8°
Nebent: Manual de la conversación española.
4. 128. 211. 214. 304.
9.9104

— **Die Hauptwörter** der französischen Sprache, hinsichtlich ihres Geschlechtes und ihrer Plural-Bildung. — Berlin: Vereins-Buchh. 1830. 62 S. 8° 1: Xs 6275. 11. 207.
9.9105

– s. Holman's Reise um die Welt.

— Homonymicon d. Deutschen, od. vollständ. Verzeichniß aller gleichlaut., dem Sinne nach verschied. Wörter d. deutschen Spr. 8. Hamb. 810. (Herold jun.) 10 ℛ

— **Homonymicon der Deutschen.** Oder vollständiges Verzeichniß aller gleichlautenden, dem Sinne nach aber verschiedenen Wörter der deutschen Sprache. — Hamburg [usw.]: Vollmer [1810]. XV, 128 S. 8°
12: L. germ. 19 x. 14. 15. 18. 35. 44.
9.9107

— Homonymicon français, od. ausführl. französ.-deutsches Wörterbuch aller gleichlaut., jedoch im Sinne verschied. Wörter d. französ. Sprache. 8. Hamb. 810. (Herold jun.) 12 ℛ

— **Homonymicon français.** Oder ausführliches französisch-deutsches Wörterbuch aller gleichlautender, jedoch im Sinne verschiedener Worte der französischen Sprache. Hamburg: Vollmer [1810]. 168 S. 8° 15. 44.
9.9108

— **Dat grote Höög- un Häwel-Book.** Dat sünd Dichtels, Rymels un Burenspillen in hamborger plattdüüdscher Mundart. — Hamborg: Hoffmann & Campe 1827. XII, 358 S. 8° 1: Yc 2400. 2. 7. 8. 9. 11.
12: P. o. germ. 70nb. 14. 15. 17. 18. 28. 32. 35. 39. 42. 44. 48. 64. 121. 205. 300: 79 Aa 42.
9.9106

– s. d'Israeli, Henriette Temple.

— **König Kanut.** Geschichtliches Drama. — Prag: Enders 1820. 70 S. 8° (Neues deutsches Original-Theater. N.F. 5, [1].) 1: Ys 5608. 15. 31. 300: ∘ 44 L 47. Bd 5. 309.
9.9109

[—] Dat välbetaavte **Koffee-Leed** in plattdüüdschen Rymeln ... Van dem, dee de Höög- un Häwel-Böker schrywen däd. — Hamborg 1825: Hartwig & Müller. 15 S. 8°
1: Yc 2405. 8. 64.
9.9110

— **Die Kunst,** ernste und scherzhafte Glückwunsch-Gedichte durch den Würfel zu verfertigen. Ein Spiel. — Berlin: Vereinsbuchh. 1826. 22 S. 8° 18.
9.9111

— **Der Mann des Ruhms,** oder: Dreißig Jahre aus der Geschichte Frankreichs. Großes historisches Gemälde ... Nach ... Alexander Dumas. — Hamburg: Magazin für Buchhandel, Musik u. Kunst 1836. 284 S. 8° 18.
9.9113

Bärmann, Jorge Nicol., y Jose Euseb. Gomez de Mier, Manual de la Conversacion española, at uso de los Alemanes que quieran perfeccionarse en la lengua castellana. — A. u. d. T.: Handbuch d. span. Conversation, z. Gebr. f. Deutsche welche sich in der castilianischen Sprache vervollkommnen wollen. gr. 12. (12 B.) Leipzig 842, Fr. Fleischer. Thlr.

Baermann, Georg Nikolaus [Übers.]
s. Marryat, Frederick: Die Büßung, oder Ardent Troughton. 1838.

Baermann, Georg Nikolaus [Übers.]
s. Marryat, Frederick: Der alte Commodore. 1838.

Baermann, Georg Nikolaus [Übers.]
s. Marryat, Frederick: Ralph Rattlin. 1836.

Baermann, Georg Nikolaus [Übers.]
s. Marryat, Frederick: Ein Tagebuch in Amerika. 1839.

– s. Miniatur-Bibliothek.

– s. Miß Mitford, das neueste gute Buch für die Jugend.

– s. M o r g a n , die Prinzessin.

– s. J. M o r i n o ' s sämmtl. Werke.

Baermann, Georg Nikolaus: [Teils.] Novellen, Märchen und Skizzen. Blätter für müßige Stunden. Bdch. 1.2. — Merseburg: Weidemann 1833. 8° 19.
9.9082

— Papiere aus meiner bunten Mappe. — Berlin: Vereinsbuchh. 1826. VI,278 S. 8° 1:Yw 10021. 7. 19. 121.
9.9114

— Zur Todtenfeier des Herrn Jacob Herzfeld, verewigten Directors des Hamburg. Stadttheaters: ein scenischer Prolog. — Hamburg: Verf. [1826]. 16 S. 8° 8. 18.
9.9115

– s. H. R a n k i n , der Herzlose.

— Nomels u. Dichtels upt Jahr 1822 — 23. 8. Hamb. Nestler.

— Eine Charade in 3 Originalscenen, s. A. v. Kotzebue Almanach. Jahrg. 1826.

— Die Schule der Armen. Originalschauspiel. — Hamburg 1844. 64 S. 8° 48.
9.9116

— kurzgefaßte spanische Sprachlehre, nach Cormon u. Sobrino. gr. 8. Hamburg 837. (Literatur-Comptoir.) 1⅙ ℛ

Bärmann, Geo. Nicol., kurzgef. span. Sprachlehre, nach Cormon u. Sobrino. gr. 8. (18 B.) Hamburg 837, Schuberth u. Co.

— kurzgef., vollständ., leichtfaßl. italien. Sprachlehre, nach Veneroni, Bergani u. And. 8. Hamb. 810. Herold jun. 10 ℊ

— Staatspapiere. Lstspl. s.a. A. v. Kotzebue Almanach. J. 1827.

— Staatspapiere. Ein Lustspiel. — Berlin: Dela Garde 1827. S. 114–188. 8°
Aus: Almanach dramatischer Spiele. 25. 1827.
300:623.594-A. Th. S.
9.9117

— Theater. Th. 1–3. Mainz: Kupferberg 1838. 8°
1 mit Sondertitel:
1. Der Maskenball. 2. Die Höhle auf Lampedusa.
3. Ein Advokatenstreich. 4. Der Oberrock.
5. Einer für Drei.
2 mit Sondertitel:
1. König Kanut. 2. Der Dichter und seine Liebe.
3. Staatspapiere. 4. Alte Sünden.
5. Zum Benefiz.
3 mit Sondertitel:
1. Almasambo. 2. Die Schwiegermutter.
3. Contumaz! 4. Die Busenuhr.
5. Eine Charade.
1:Ys 7006. 7. 17. 28. 36. 300:3774-A.
9.9083

Bärmann, Geo. Nik., Toiletten-Romane des Auslandes, s. Toiletten-Romane.

– s. T r a u m , der, des Spielers.

— Des Spielers Traum oder: Satanas und seine Genossen. Ein Roman ... Aus d. Engl. übers. Th. 1–3. — Altona: Hammerich 1840. 8° 8.
9.9118

– s. T r o l l o p e , Mrs. Vormund u. Mündel.

Baermann, Gust.: Die Assanierg d. javan. u. chines. Arbeiterbestände der d. Serdang-Doctor-Fond, Deli-Sumatra angeschlossenen Pflanzengebiete. — Die spezif. Veränderg d. Haut, d. Hände u. Füsse bei Frambösie, s: Archiv f. Schiffs- u. Tropenhygiene.

Baermann, Gustav, Dr., Assistenzarzt an d. Kgl. dermatolog. Klinik. (Aus d. Kgl. Univ.-Klinik f. Hautkrankheiten in Breslau.) Die gonorrhoische Epididymitis. Breslau 1905: Bresl. Genoss.-Buchdr. (27 S.) 8°
Breslau, Med. Fak., Hab.-Schr. v. 13. Jan. 1905
(Nicht für den Austausch)

Baermann, Gustav, approb. Arzt aus München: Aus d. zweiten gynäkol. Klinik zu München. Vorstand: Privatdoz. Dr. Joseph Albert Amann. Über ein Fibromyom des rechten ligamentum rotundum. *München: R. Oldenbourg 1901.* (36 S.) 8°
München, Med. Diss. v. 1901

Baermann, Heinrich: Das Königreich Bayern nach seiner Eintheilung zufolge der Königlich Allerhöchsten Verordnung vom 2. April 1879, die Bestimmung der Gerichtssitze und die Bildung der Gerichtsbezirke betreffend. Beil. zu d. von H. Baermann entworfenen Uebersichtskarte d. bayerischen Gerichtsbezirke. — München: Huber 1880. 183 S. 8° 19.
9.9126

— Das Königreich Bayern nach seiner Eintheilung im Vollzuge von Gesetzen, Königl. Allerhöchsten Verordnungen und höchsten Ministeriel-Entschließungen. — München: Pössenbacher 1889. 157 S. 4°
12:4° Bavar. 182 hb. 19. 20. 309.
9.9127

— Calciumcarbid und Acetylen. Eine Studie. — München 1901: Callwey. 12 S. 4°
Aus: Bayerisches Industrie- u. Gewerbeblatt. 1901.
12:4° Chem. 1 or.
9.9128

Bärmann. Erläuterungen der allgemeinen Versicherungsbedingungen der Bayerischen Hagelversicherungsanstalt. München 1900.

Baermann, Heinrich: Deutschlands Handel und Industrie und die Entwickelung der deutschen Feuerversicherung im Zeitraum 1890 bis 1900 mit besonderer Berücksichtigung der bayerischen Landes-Gebäudebrandversicherungsanstalt. Vortrag. — München 1902: Callwey. 8 S. 8°
Aus: Bayerisches Industrie- u. Gewerbeblatt. 1902.
12:4° Bavar. 182 i. 19.
9.9129

— Theaterbrände und Sicherung des Publikums. Vortrag. München 1905: Kastner & Callwey. 12 S. 4°
Aus: Bayerisches Industrie- u. Gewerbeblatt. 1905.
12:4° Pol. civ. 1 wi. 19.
9.9130

Baermann, Jorge Nicolas, s. B ä r m a n n , Georg Nikolaus

Baermann, Juergen Niklaas s. *Baermann*, Georg Nikolaus.

Baermann, N., Hamburgischer Schriftsteller, 1785-1850. 1810 s. *Baermann*, Georg Nikolaus.

Baermannus, Georgius Fridericus s. *Baermann*, Georg Friedrich.

Barmbichler, Otto, Medizinalprakt.: Aus d. Prosektur d. Krankenh. r./Isar. (Prosektor: Oberndorfer.) Multiple Divertikelbildung im Processus vermiformis. (Mit 1 Abb.) München 1908: Wolf. 30 S. 8°
München, Med. Diss. v. 13. Jan. 1909, Ref. v. Bollinger
[Geb. 24. Nov. 82 München; Wohnort: München; Staatsangeh.: Bayern; Vorbildung: Wilhelms-Gymn. München Reife Juli 02; Studium: München 10 S.; Coll. 13. Jan. 09; Approb. 31. Dez. 08.] [U 09. 3285

Barmeciden, die, oder die Egypter in Bagdad. Schspl. in 5 A. (v. Weißenbach). 8. Wien 801. Wallishausser. 6 ℊ

Barmeier, Johann Albrecht: Dem Andenken des höchstselig-verstorbenen Landgrafen, Friedrichs des Zweyten, und dem Regierungs-Antritte Seiner Hochfürstlichen Durchlaucht, Wilhelm des Neunten, nunmehrigen regierenden Landgrafen zu Hessen etc. in tiefster Unterthänigkeit geweiht. — [Kassel] 1785. 2 Bl. 4° 34.
11.6038

Barmen [Sachliches OW]

Die Schwebebahn Barmen-Elberfeld-Vohwinkel. — Berlin: (Springer in Komm.) 1900. 32 S. 4°
Aus: Zeitschrift d. Vereines Deutscher Ingenieure. 44. 1900.
62. 82. 87.
11.6943

* Barmen in Bildern. Barmen, Heidsieck & G.

Barmen [Schlagwort]

Barmen, s.a Elberfeld.

Barmen. Pharus-Plan Barmen. 1:8,500. 50,5×76 cm. Farbdr. Nebst: Wissenswerte Angaben f. Einheimische u. Fremde m. Hinweis auf den Pharus-Plan Barmen. (15 S.) 10,5×19,5 cm. Berlin (908). (Barmen, H. Klein's Buchh.) 1. —

Barmen, s.: Woerl's Reisehandbücher.

Barme-Recepte f. Bäcker, Branntweinbrenner, Bierbrauer u. Essighändler. 8. Berl. 810. 2e A. 819. Schöne. 8 gr.

Bärme-Recepte. Mehrere seit 100 Jahren erfundene und erprobte. Für Brauer, Branntweinbrenner u. Bäcker. 8. Berlin ... (Crantz.) 1/2 rℓ

Bärme-Recepte, mehrere, seit 100 Jahren erfundene u. erprobte, f. Brauer, Branntweinbrenner u. Bäcker. Neue Aufl. 8. (Berlin 822, Schöne.)

Baermerezepte. — Mehrere seit hundert Jahren erfundene und erprobte Bärme-Recepte für Brauer, Brantweinbrenner und Bäcker. — o.O.: Schöne in Comm. [um 1870]. 16 S. 8° 36.
9.8139

Barmeyer, E. Die Nominalkomposition im Italienischen. Lüneburg, Johanneum, 1886. 14 S. 4.

Barmeyer, Paul [app. Arzt aus Hannover]: Ueber einen Fall von Pemphigus chronicus ... München, Buchdr. v. M. Ernst, 1895; 24 S. 8.
München, Med. Fak., Inaug.-Diss. v. 1895

Barmherzige. — Der barmherzige Christ gegen den elenden Anblick des weinenden Lazarus wird hiemit bei Gelegenheit des ... auf den 26. Tag des August-Monats dieses 1764. Jahres dem hiesigen Lazareth zur unumgänglichen Nothdurft anzustellenden Kirchen-Standes ... fürgestellet. — Danzig [1764]: Schreiber. 4 Bl. 2° 10.
11.6944

Barmherzigkeit. — Die Barmherzigkeit der Christen gegen einander als ein wichtiges Stück ihres Gottesdienstes wurde bey Gelegenheit des gewöhnlichen Herbstumganges ... demühtigst vorgestellet, zum Besten der Waysen und Armen des Spendamtes. — Danzig 1759: Schreiber. 4 Bl. 2° 44.
11.6945

Barmherzigkeit gegen Thiere. Worte gegen die Thierquälerei. — Hamburg: (Oncken [usw.] [um 1835]). 12 S. 8° ([Traktate des] Hamburger Traktat-Vereins. 3.) 18.
11.6946

Barmherzigkeit in Trübsal. Für Leidtragende bei einem plötzlich ... erfolgten Todesfall. — (Berlin: Christl. Zeitschriftenverein [1896].) 2 Bl. 8° ([Trosttraktate.] Hrsg. vom Evang. Trostbund. 20.) 1: Ds 3596–20.
11.6947

Barn, de, Familie. 1840: Stammtafeln und Nachrichten von dem Geschlechte der Bar, de Bare, de Barn, de Baer, von Baar, jetzt von Bar im Fürstenthume Osnabrück. 1840 s. *Bar*, Herbord Sigismund Ludwig v.

Barna, J. s. *Barna*, Jonas.

Barna, Jakab, Einhundert Kinderspiele, Ungar., Budapest 1906, 139 S., 8°.

Barna, Jónás: Ungarisches Sprachbuch zur gründlichen Erlernung der ungarischen Sprache. Th. 1.2. — Budapest: Pallas 1884–85. 8° 307.
11.6970

Barnaba, San s. *Barnabas* Apostolus.

Barnabas, oder Vers. über die Leiden der Menschen u. den Tod der Christen. 8. Chemnitz, Maucke. 776.

Barnabas, oder Versuch über d. Leiden d. Menschen u. d. Tod d. Christen. 8. Chemn. 775. (Starke). 3 gr

Barnabas Apostolus

Barnabas Apostolus s. *Acta* Barnabae. 1903.

(Barnabas), Brief an die Hebräer. Text m. Angabe der Rhythmen. Hrsg. v. Frdr. Blass. (54 S.) gr. 8. Halle 903. M. Niemeyer. n. 1. 20

Barnabas, Epistula

Barnabas: Epistola s.a. Bibliotheca sanctor. patrum series I.

— epistula graece et latine, s.a. Patrum apostolicorum opera.

Barnabae Epistula Graece et Latine. Clementis Romani Epistulae. Rec. atque illustr., Papiae Quae supersunt, Presbyterorum reliquias ab Irenaeo servatas, Epistulam ad Diognetum adiecerunt Oscar de Gebhardt, Adolfus Harnack. — Lipsiae: Hinrichs 1875. XCII, 248 S. 8° (Patrum apostolicorum Opera. 1.) 1: B 2392–1. 2. 3. 4. 7. 8. 9. 12: P.gr.C. 62f–1. 14. 16. 21. 24. 25. 27. 28. 29. 31. 39. 302.
11.6998

Barnabae epistula. Integram graece iterum ed., veterem interpretationem latinam, commentarium criticum et adnotationes addidit Adph. Hilgenfeld. Ed. II. emendata et valde aucta. gr. 8. (XXXIX. 126 S.) Leipzig 877. T. O. Weigel. n. 5. 60

! — epistula. Jetzt: CH Tauchnitz. 4.20 76/80

— Epistula Graece et Latine. Rec. et illustr., Papiae Quae supersunt, Presbyterorum reliquias ab Irenaeo servatas, Vetus Ecclesiae Romanae symbolum, Epistulam ad Diognetum adiecerunt Oscar de Gebhardt, Adolfus Harnack. (Ed. 2.) — Lipsiae: Hinrichs 1878. LXXIV, 172 S. 8° (Patrum apostolicorum Opera. Ed. 2. 1, 2.) 2→6. 10. 11. 12: P. gr. C. 122–1, 2. 14. 15. 17. 18. 19. 21. 26. 27. 29. 30. 41. 44. 46. 53. 169. 304.
11.6999

Barnabas, Epistulae

Barnabae epistolae; s.a. Codex Novi Testamenti.

Barnabae et Clementis Romani Epistolae. Rec. Eduardus de Muralto. — Turici: Meyer & Zeller 1847. 106 S. 8° (Codex Novi Testamenti deuterocanonicus. 1.)
1: B 2378–1. 7. 10. 12: P. gr. C. 19 m. 15. 18. 19. 27. 48.
11.6997

— [griech. u. lat.] Epistulae Barnabae, Clementis Romani, Ignatii, Polycarpi, Anonymi ad Diognetum; Ignatii et Polycarpi martyria; Pastor Hermae. — Tubingae: Laupp 1881. CXXXI, 612 S. 8° (Opera patrum apostolicorum. Ed. Franciscus Xaverius Funk. 1.)
1: B 2375–1. 6. 7. 14. 16. 24. 304.
11.7001

Barnabas, des Apostels, Sendschreiben. Neu untersucht, übers. u. erklärt von Prof. C. J. Hefele. gr. 8. Tübingen 1840, Laupp. 1⅙ Thlr. — 2 fl.

Barnabas Sanctus s. *Barnabas* Apostolus.

Barnabas, Portiuncula od. Geschichte Unserer lieben Frau v. den Engeln, übers. aus der 2. französ. Aufl. 8. (808 S. m. 2 Grundrissen.) Rixheim 884. (Amberg, Habbel.) n. 1.30

Barnabas, Portiuncula oder Geschichte Unserer lieben Frau von den Engeln, übers. aus der 2. französ. Aufl. 8. (808 S. mit 2 Grundrissen.) Rixheim 884. (Regensburg, Habbel.) *
Ausg. mit 4 Photogr. *
Ausg. mit 6 Photogr. *

Barnabas, Frater, O.F.M.: Vade mecum controversisticum veritatis fidei Romano-catholicae in S. Scriptura fundatum. (Verf.: Fr. Barnabas.) — Ingolstadii 1719: Graß. 202 S. 8° 19.
11.7009

Barnabé, Estevan s. *Barnabé*, Stephan.

Barnabé, Stephan

— Teutsche und italiänische Discurse ... Wienn: Lackner 1686. 230 S. 8° 2.
11.7024

— -- Ebd. 1701. 230 S. 8° 2. 17.
11.7025

Barnabeus, Hieronymus s. *Barnabò*, Girolamo.

Barnabit, P. Gerdil, kurze Darstellung der Merkmale u. Kennzeichen der wahren Religion. Als Einleitung zur christkathol. Lehre. Aus d. Italien. übers. v. P. B. M. K. gr. 12. Landshut 834. Thomann. 1/4 ß

Barnabit, Gerdil: Kurze Darstellung der wahren Religion als Einleitung zur christkatholischen Lehre. Aus d. Ital. übers. von P. M. K. — Dresden 1833: Blochmann. 82 S. 8°
78. 106.
11.7042

Barnabo, Girolamo

— Purpura sancta, seu vita Purpurati S. R. E. Principis Caesaris Baronii ... Auctore Hieron. Barnabeo. Cui acc. praeter copiosum indicem Elogia Baronio ab illustribus sanctitate et doctrina viris attributa, opera Gregorii Fritz. Viennae Austr.: Wolrab 1718. 274 S. 8°
1: Ar 4089. 2. 3. 4. 7. 12: Biogr. 66 [u. ö.] 14→17. 19→24. 26. 30. 35. 36. 41. 48. 61. 117. 180. 302. 304. 307. 308.
11.7044

Barnack, Hermann: Sehenswürdigkeiten der Stadt-Pfarr-Kirche (Marienkirche) zu Wittenberg. — (Wittenberg) 1896: (Wattrodt). 2 Bl. 8° 15.
11.7054

— — 2. Aufl. (Wittenberg) 1901: (Brewing). 2 Bl. 8° 39.
11.7055

Barnard, A.P.: Fortschritte, Die neuen, s. Barnard, Frederick Augustus Porter.

Barnard, Emily, vier weibliche Studienköpfe. 4 Chromolith. gr. Fol. Leipzig 880. (Baldamus.) n. 8. —

Barnard, F., s. Barnard, Frederick Augustus Porter

Barnard, Frederick Augustus Porter

— [Recent Progress of science, deutsch] Die neueren Fortschritte der Wissenschaften nebst e. Prüfung d. angeblichen Identität d. geistigen Thätigkeiten u. d. physikalischen Kräfte. Eine Eröffnungsrede. Aus d. Engl. von G. A. v. Klöden. — Berlin: Weidmann 1869. 56 S. 8°
1: Lf 2790. 7. 9. 11. 12: Phys. g. 24 l. 16. 18→21. 30. 34. 38. 39. 46. 82. 90. 91. 210. 302. 304. 305.
11.7088

Barnard, Friedr. A. P., die neueren Fortschritte der Wissenschaften nebst einer Prüfung der angebl. Identität der geistigen Thätigkeiten und der physikalischen Kräfte. Eine Eröffnungsrede gehalten zu Chicago im Aug. 1868. Aus dem Engl. übersetzt von G. A. v. Klöden. gr. 8. (56 S.) Berlin 870, Weidmann'sche Buchh. *

Barnard, Ludwig: Die Debatten über die Judenfrage auf dem ersten Preußischen und letzten Weimarschen Landtage. — Grimma: Verlags-Comptoir 1847. IV, 500 S. 8°
12: Jud. 2p. 14. 203.
11.7132

— das Königl. Preußische Gesetz vom 23. Juli 1847, die Regelung der Verhältnisse und staatsbürgerlichen Rechte der Juden in den Königl. Preußischen Staaten betreffend, zum Handgebrauch und mit einleitenden Betrachtungen und einer Zusammenstellung der davon abweichenden früher geltenden gesetzlichen Bestimmungen begleitet. 8. Ebd. 847. 4 ngr

(Barnass, Danielus): • De Ioelis prophetae scripto atque aetate dissertatio critica et philologica. LXXVII S. 4° (2°)
Halle-Wittenberg, Phil. Diss. v. 27. Jan. 1874
Geb. Kurnik (Kr. Schrimm) 27. 11. 1849. V.

Barnau, Hermann [Referendar in Berlin]: Stellvertretung im Strafrecht und Strafprozess ... Berlin, Druck v. W. Axt, 1890; 45 S. 8°
Tübingen, Jur. Fak., Inaug.-Diss. v. 1890

Barnau, Herm., Stellvertretung im Strafrecht u. Strafprocess. Diss. gr. 8. (46 S.) Berlin 890. H. Bahr Verl. n. 1. 40

Barnaud, Barthélemy: Désignation, et échantillons d'un ouvrage sur les quatre Évangiles et les Actes des Apôtres. — Basle: Im-Hoff 1744. 72 S. 8° 18.
11.7152

Barnaud, J.: Nouveau Traité de fortification, contenant une nouvelle méthode pour fortifier quelque polygone pour la conservation des places. — Berlin: Schlechtiger 1705. 28 S. 4° 1: Hy 915. 3. 32.
11.7154

Barnaud, Paul: Thomas Erskine de Linlathen. — Mazamet 1902: Carayol. 110 S. 8°
Zugleich Diss. Lausanne 1902. 30.
11.7170

Barnavelt, Lettres dans sa prison à Frumann s. ami. 8. Celle, Gsellius, 765.

Barnay, Ludwig: Erinnerungen. Bd 1.2. — Berlin: Fleischel 1903. 8° 1: Yp 1820/25. 2. 8→11. 12: Biogr. 65 mo. 14. 16→19. 22. 24. 26. 29. 30. 31. 42. 46. 48. 51. 61. 62. 79. 107. 109. 111. 117. 123. 169. 300: 428.458–B. 302.
11.7183

— — 2. Aufl. Bd 1.2. Ebd. 1903. 8°
7. 15 [= 2]. 32. 35. 36. 39. 41. 52. 82.
11.7184

Barnay, L., Erinnerungen. 2 Bde. Jetzt: Berlin-Charlottenburg, Vita.

Barnay, Ludw., Kean, s. Dumas, Alex.

— Kean oder Genie und Leidenschaft. Lustspiel frei nach d. Franz. des Alexander Dumas (Vater). Durchges. u. hrsg. von Carl Friedrich Wittmann. — Leipzig: Reclam [1896]. 108 S. 8° (Universal-Bibliothek. 3566.)
1: Ag 7201-3566. 52. 300: 410.411–A. Per. 3566. 302.
11.7185

Barnay, Ludw. Ein Künstlerleben, s. Wellert, Geo.

Barnay's, Ludw., Wirken am Hamburg-Altonaer Stadttheater, s.: Rückblick.

Barnays, Jac. (Bearb.), s. Aristoteles: Politik.

Barnbeck, Anna, Kochbuch f. vegetarische Küche. (Eine Sammlung, auf Grund der neuesten Erfahrgn. im Haushalt erprobter Kochrezepte), zusammengestellt nach streng hygien. Grundsätzen. (106 S.) 8. Cassel 906. W. Barnbeck. n. 1. 20

Barnbeck, Anna: Kochb. f. vegetar. Küche. (106) 8° Cassel '06. Berl., Verl. Lebenskunst-Heilkunst. (1.20) — 75 d

Barnbeck, Anna, Kochbuch f. die vegetarische Küche. 275 selbst erprobte Koch-, Brat- u. Backrezepte. 2. Aufl. (115 S.) 8. Berlin 910. Verlag Lebenskunst-Heilkunst — 75

Barnbeck, Fr., theoret.-praktische Anleitung zum Violinspiel für Dilettanten, namentlich auch Schullehrer, Seminaristen u. alle solche, denen es an Gelegenheit oder Mitteln zu einem gründl. Unterrichte in der Violinspielkunst fehlt, daher mit besond. Rücksicht auf den Selbstunterricht. Bevorwortet von G. Schilling. gr. 8. Stuttgart 844, Hallberger. 1/3 ß

Barnbeck, Frdr., theoretisch-praktische Anleitung zum Violinspiel f. Dilettanten, namentlich auch Schullehrer, Seminaristen u. alle Solche, denen es an Gelegenheit od. Mitteln zu e. gründl. Unterricht in der Violinspielkunst fehlt, daher m. besond. Rücksicht auf den Selbstunterricht. Bevorwortet v. G. Schilling. 1. Thl. 2. (Titel-)Aufl. br. 8. (VIII u. 112 S.) Stuttgart (844) 850, Hallberger'sche Verlagsh. 27 ngr

Barndt, Isidor: Blätter und Blumen. Gedichte. — Neisse: Hinze 1867. 156 S. 8° 1:Yo 12241. 2. 41. 169.
11.7193

— Herbstblumen. Gedichte. Schweidnitz 864. Weigmann. 8. (IV, 99 S.) 7½ ngr.

— Pius-Hymnen. Sonette. — Schweidnitz: Kaiser 1871. 110 S. 8° 1:Yo 13941.
11.7194

— — 2. Aufl. Ebd. 1871. 144 S. 8° 31. 41.
11.7195

— Wilde Rosen. Eine Sammlung poetischer Versuche. — Breslau 1844: Storch. 165 S. 8° 2. 41. 169.
11.7196

Barndt, Isid., Aus dem Tagebuche eines Schulmeisters. Gedichte. Jauer 859. (Leipzig, H. Barth.) 8. (VII, 96 S.) 7½ ngr.

— Aus dem Tagebuch eines Schulmeisters. Gedichte. — Jauer: Hiersemenzel 1859. 96 S. 8° 14.
11.7197

Barndt, Isid., aus dem Tagebuche eines Schulmeisters. Gedichte. 8. (VII und 96 S.) Jauer 859(61). (Leipzig, Jackowitz.)

— Von Hindostan nach Preußen. Photographische Reisebilder in Versen. — Neisse: Hinze 1868. VII, 97 S. 8° 1:Yo 12666. 2. 169.
11.7198

Barneckow s. *Barnekow.*

v. Barneveld, W., Med. Electricität. A. d. Holl. Lpz. 8°. Mit 3 Taf. 1727.

Barnefeldt, d. Frau v., wunderb. Begebenheiten. 8. Breslau, Pietsch. 745.

Barnek u. Saldorf. 2 Thle. f. **Familiengeschichten** v. A. Lafontaine 1 Rt. 12 gr.

Barnekow, Anna, norddeutsches Kochbuch. Eine Zusammenstellung nur selbst erprobter u. aus eigener Erfahrung best bewährter Rezepte aus dem Gebiete der Kochkunst. (IV, 191 S.) 8. Lübeck (902). (Lübcke & Nöhring.) Geb. in Halbleinw. n. 2. —

Barnekow, Anna: Norddeutsches Kochbuch. — Lübeck: Selbstverl. (1902). 191 S. 8° 48.
11.7208

— — (2. Aufl.) Lübeck: Oldenburg (1910). 151 S. 8° 48.
11.7209

Barnekow, Anna: Norddeut. Kochb. (2. Afl.) (4, 151) kl8° Lüb., (Lübcke & N.) ('11). HL 2 — d

Barnekow, Gustav v.: Gedicht zur Feyer der ehelichen Verbindung des Königl. Preuß. Rittmeisters ... Chr. Gottl. v. Barneckow von seinen Brüdern Gustav, Hellmuth u. Adolph. Den 6. März 1808. — [Königsberg 1808]: Hartung. 3 Bl. 8° 10.
11.7210

— Kleine Gedichte. — o.O. 1830. 41 S. 8° 1:Yn 5976. 33.
11.7211

— Das neue Jahr 1813. — o.O. [1813]. 4 Bl. 8° 10. 44.
11.7212

Barnekow, Frhr Hans v.: Was ich in Amerika fand. Nach 20jähr. Aufenthalt. 1. u. 2. Afl. (4, 161) gr8° Berl., K Siegismund '11. 3 —; L 4 — d

Barnekow, Hellmuth v.: Gedicht zur Feyer der ehelichen Verbindung des Königl. Preuß. Rittmeisters ... Chr. Gottl. v. Barneckow. 1808 s. *Barnekow*, Gustav v.

Barner: Melodienbuch, s. Barner, A.

Barner, Pastor, Elberfeld. 1826-1902. 1856 s. *Barner*, Gottlob.

Barner, A.: Methodische Anleitung zur Ertheilung des Gesangunterrichts nach dem Gehör nebst einer Sammlung ein- und zweistimmiger Lieder. Gesangh. 1. 2. — Tauberbischofsheim: Lang (1878). 207.
11.7218

Barner, A., methodische Anleitung zur Ertheilung des Gesangunterrichts nach dem Gehör, nebst einer Sammlung ein- u. zweistimmiger Lieder. [Gesangheft I.] 8. (III, 64 u. IV, 80 S.) Tauberbischofsheim 879. Lang. cart. n. 1. 40

Barner, A., Choräle zum Gesangbuch der evangelischen Kirche in Baden, für den Schulgebrauch zweistimmig eingerichtet. 8. (62 S.) Lahr 884, Schauenburg. *

— — dass. — Für den Schulgebrauch dreistimmig eingerichtet. 8. (89 S.) Ebendas. 884. *

Barner, A, Choräle z. Gesangbuch d. ev. Kirche in Baden, f. d. Schulgebr. 2stimmig eingerichtet. 3. Afl. 8° (65) Lahr 95, M Schauenburg. — 25

— dass., f. 4stimm. Männerchor eingerichtet. 2. Afl. 8° (132) Ebd. 95. Geb. in Lnw. 1.20

Barner, A: Choräle z. Gesangb. d. ev. Kirche in Baden, f. d. Schulgebr. dreistimmig eingerichtet. 2. Afl. 8° (89) Lahr 98, M Schauenburg. — 50

Barner, A., Choräle zum Gesangbuch der evangelisch-protestantischen Kirche in Baden, f. vierstimm. Männerchor eingerichtet. 3. Aufl (107 S) 8. Lahr 904. M. Schauenburg. Geb. in Leinw. n. 1. 20

—— Gesanglehre für die Volksschule, nebst einer Sammlung zwei- und dreistimm. Lieder. [Gesangheft II.] 8. (IV, 80 S.) Ebendas. 878. cart. *

—— Liedersammlung für die drei ersten Schuljahre. Liedertexte zu Gesangheft 1. gr. 16. (24 S.) Ebendas. 879. *

— — Liedersammlung für die drei ersten Schuljahre. Liedertexte zu Gesangheft I. 2. und 3. Aufl. 8. (24 S.) Tauberbischofsheim 882,84, Lang. *

— Liedersammlung für Töchterschulen. 1—3. Hft. 8. Ebend. 879. 80. cart. n. 3. —
1. (134 S.) — n. — 60. — 2. (III, 174 S.) n. 1. —. — 3. (VIII, 280 S.) n. 1. 40

Barner, A., Liedersammlung für Töchterschulen. 1. Heft. 3. Aufl. 8. (III, 134 S.) Tauberbischofsheim 888, Lang. *

— Liedersammlung f. Töchterschulen. 2. Hft. 4. Aufl. 8. (IV, 192 S.) Karlsruhe 895. J. Lang. Geb. in Leinw. n. 1. —

— **Liedersammlung f. Töchterschulen. 2. u. 3. Heft.** 8. Karlsruhe, J. Lang. Geb. in Leinw. n. 2. 50
2. 5. Aufl. (IV, 192 S.) (903). Geb. n. 1. —
3. 4. Aufl. (IV, 236 S.) (904). Geb. n. 1. 50

Barner, A., Liedersammlung f. Töchterschulen. Bearb. u. hrsg. 3. Heft. 5. Aufl. (IV, 232 S.) 8. Karlsruhe (909.) J. Lang. Geb. 1. 50

— Liedersammlung f. christl. Vereine, hrsg. v. oberrhein. Jünglingsbund. 12. (VIII, 248 S.) Karlsruhe 898. (J. J. Reiff.) Geb. in Leinw. n. 1. 20

— **Liedersammlung f. Volksschulen.** (III, 66 S.) 8. Ebd. 903. Kart. n. — 40

— Melodienbuch f. d. ev. Kindergottesdienst, s.: Metzger, G

Barner, A.: Weihnachtsfeier, Lithurgische, s. Barner, Alfred.

Barner, Alfred: Bilder aus der Freiburger Stadtmission. Bericht über die Tätigkeit der Evang. Stadtmission in Freiburg i. B. in den Jahren 1907–1909. — (Freiburg 1909: Schillinger.) 25 S. 8° **31.**
11.7219

— Fünfundzwanzig Jahre Stadtmission 1882–1907. Ein Beitrag zur Geschichte der Inneren Mission in Baden. Festschrift zum Andenken an das 25jährige Bestehen der Freiburger Stadtmission. — (Freiburg 1907: Schillinger.) 34 S. 8° **31.**
11.7220

Barner, Alfr., liturgische Weihnachtsfeier f. Kindergottesdienste. 12. (16 S.) Karlsruhe 902. J. J. Reiff. n. — 20

Barner, Carl [aus Hornburg a. Harz]: Leichentuberkel an der Hand mit secundärer Knochen- und Gelenktuberkulose .... Würzburg, Becker's Univ.-Buchdr., 1888; 15 + 1 S. 8°
Würzburg, Med. Fak., Inaug.-Diss. v. 1888

Barner, Carl, Leichentuberkel an der Hand mit secundärer Knochen- und Gelenktuberkulose. Diss. Würzburg 1888, Stahelsche Univ.-Buchh. 8°. 15 S.

Barner, Conradine s. *Barner-Aagaard.*

Barner, Dietr. Christoph v. (Mecklenbg. Adel), De promissionibus generosa fide vallatis, vulgo Von der Cavaliers-Parole, oder dem Adel. Wort. / Diss. jur. Präs. Herm. Zoll. Rintheln (Herm. Aug. Enax) 20. XII. 1695. 90 S. (6.—)
Widm. v. Joh. Kahler, Ed. Franz Goclenius.
— — Dasselbe. 66 S., ohne Widm. (6.—)
— — Dasselbe. Neudruck. o. O. (1710). 72 S. Ohne Widmung. (5.50)

Barner, Friedrich [Dr. med. & phil. aus Hornburg]: Ueber ein Melanosarcom des Rectums. — Ueber die Aetiologie der Geschwülste. '(Pag. 20)' ... Würzburg, Becker's Univ.-Buchdr., 1889; 23 S. 8.
Würzburg, Med. Fak., Inaug.-Diss. v. 1889

Barner, Friedr., krystallographische Untersuchung einiger organischen Verbindungen. Inaugural-Dissertation. gr. 8. (45 S. mit 1 Stnt.) Göttingen 882, (Vandenhoeck und Ruprecht's Verlag.) *

Barner, Gottlob: Das Anklopfen des Herrn. Eine Predigt über Offenbarung 3,20. — Reutlingen: Kurtz (1856). 14 S. 8° **24.**
11.7221

Barner, Gottlob [[illegible]]: Comparantur inter se Graeci de regentium hominum virtutibus auctores. ... Marpurgi, Cattorum, typ. Georgi S[illegible]irling, 1889; 62 S. + 1 Bl. 8°
Marburg, Phil. Fak., Inaug.-Diss. v. [20. Mai] 1889

Barner, Heinrich
— Henrici Barneri Abriß des neuen Menschen nach dem Ebenbild des himmlischen. — Dantzig: Culmbach 1703. 421 S. 8° 1:1 in Eq 4–4.
11.7224

Barner, Konrad v.: Beiträge zur Geschichte der Familie von Barner. Unter Mitw. d. Kammerherrn Ulrich v. Barner, überarb., erg. u. hrsg. von F. Rusch. Bd 1.2. — Schwerin 1910–11: Bärensprung. 4°
1:4° S 2443. **28. 33. 42. 61** [**2].
11.7233

— Familienbuch der von Barner. — o. O. (1867). 173 S. 2°
Titelblatt u. Text autographiert. 1:4° S 2442/950. **28.**
11.7234

Barner, Ludwig: Familien-Stammbuch nebst den hauptsächlichsten Bestimmungen des Reichsgesetzes vom 6. Februar 1875 über die Beurkundung des Personenstandes und die Eheschließung. 3. Aufl. — Cassel 1883: Hof- u. Waisenhaus-Buchdr. 32 S. 8° **34.**
11.7235

— — 6. Aufl. Ebd. 1892. 32 S. 8° **34.**
11.7236

Barner, Magnus Friedrich v.: Kurze Anweisung für Einfältige, wie sie es machen sollen, wenn sie gern seelig werden wollen. [Verf.: Magnus Friedrich v. Barner.] — Leipzig: Crusius 1783. 16 S. 8° **28.**
11.7238

[—] — Neu bearb. von einem Freunde der christlichen Einfalt. — Bethlehem 1795. 42 S. 8° **123.**
11.7239

Barner, Ulrich v.: Beiträge zur Geschichte der Familie von Barner. 1910–11 s. *Barner*, Konrad v.

Barner-Agaard, Conradine
Barner-Aagaard, C v.: Das Armband.
s.a Weichert's Wochen-Bibliothek.

Barner-Aagaard, Conradine v.: [Armbaandet, deutsch] Das Armband. Roman. Übers. aus d. Dän. von Katharina Aagaard. — Berlin: Weichert [1904]. 95 S. 8° (Weichert's Wochen-Bibliothek. 158.) 1:Yt 712–158.
11.7244

— die Pflegeschwestern, s.a. Weichert's Wochen-Bibliothek.

— [En Datters Kamp, deutsch] Die Pflegeschwestern. Roman. — Berlin: Weichert [1903]. 96 S. 8° (Weichert's Wochen-Bibliothek. 155.) 1:Yt 712–155.
11.7246

Barner-Aagaard, C. v., Sieg der Kunst, s.a. Weichert's Wochen-Bibliothek.

— [Fru Rigmor, deutsch] Sieg der Kunst. Roman. Übers. aus d. Dän. von Bernhard Mann. — Berlin: Weichert [1908]. 103 S. 8° (Weicherts Wochen-Bibliothek. 229.)
1:Yt 712–229.
11.7248

— Tante Ulrike, s.a. Weichert's Wochen-Bibliothek.

— [Tante Ulrike, deutsch] Tante Ulrike. Roman. — Berlin: Weichert [1907]. 96 S. 8° (Weicherts Wochen-Bibliothek. 210.) 1:Yt 712–210.
11.7249

Bärner, Max, a. Dresden, Oberveterinär in Leipzig: Aus dem Anatomischen Institut der Kgl. Tierärztlichen Hochschule zu Dresden, Medizinalrat Prof. Dr. Baum. Ueber den histologischen Bau der Arterien in der Brust- und Bauchhöhle des Pferdes mit besonderer Berücksichtigung der Anpassung dieser Gefäße an die Umgebung etc. Mit 3 Tafeln und 2 Figuren im Text. Jena: G. Fischer 1905. (66 S.) 8°
Gießen, Verein. Med. Fak.,*) Ref. Martin, Diss. v. 30. Mai 1905
[Geb. 10. Mai 71 Dresden; Wohnort: Leipzig; Staatsangeh.: Sachsen; Vorbildung: Annen-Realgymn. Dresden Reife O. 90; Studium: Dresden Tierärztl. H. 7 S.; Rig. 14. März 05.]

Barnes, Miss AM: Carmio, d. kleine Mexikaner, in indian. Gefangensch., s: Jugendheim.

Barnes, Barnabe, the devil's charter, s.: Materialien zur Kunde des älteren englischen Dramas. VI.

Barnes, Fancourt, a german-english dictionary of words and terms used in medicine and its cognate-sciences. 8. (VIII, 300 S.) London 882. Wien, Toeplitz & Deuticke. geb. n. 8. —

Barnes, James, Gärtner. 1846: Briefe über Gärtnerei. Aus d. Engl. — Potsdam: Decker 1846. VI,165 S. 8°
2. 17. 28. 75.
11.7366

Barnes, James, Briefe üb. Gärtnerei. Aus d. Engl. 8. Potsdam, 1846. (Berlin, Decker). — 22$^1/_2$ Velinp. 1. —

Barnes, James, Briefe über Gärtnerei. Aus dem Engl. 8. Potsdam 840. (Stuhr'sche Buchh.) $^3/_4$ ℛ

Barnes, Reginald Henry

— [deutsch] Charles George Gordon. Eine Skizze zsgest. von R. H. Barnes u. C. E. Brown. Deutsche Ausg. von Hans Tharau. — Gotha: Perthes 1885. VIII,68 S. 8°
1:Tu 9680/16. 5. 7. 12: Biogr. 465 gb. 15. 16. 17. 26. 27. 39. 45. 93. 209. 292.
11.7393

Barnes, S., Gebirgslandschaften. qu. Fol. (4 Farbdr.) Berlin 899. W. Schultz-Engelhard. 6. —

Barnes, William

Barnes, Will.: Gesetze des Staates Newyork in Bez. auf Lebens-Versicherungs-Gesellschaften. Mit Hinzufügung sämmtl. Amendements bis zum 1. Jan. 1869 zsgest. Deutsche Uebers. Berlin 1870.

Barnes, William, Gesetze d. Staates Newyork in Bezug auf Lebens-Versicherungs-Gesellschaften. Mit Hinzufügg. sämmtl. Amendements bis zum 1. Jan. 1869. 8. (35 S.) Berlin 871. Oppenheim. — 75

— A Grammar and glossary of the Dorset dialect with the history, outspreading, and bearings of South-Western English. — Berlin: Asher 1863. 103 S. 8° (Transactions of the Philological Society. 1864,3.)
1:V 483-1864,3. 4. 7. 9. 11. 12: Philol. 277 cf-1864,3. 25. 29. 300: 390.514-B.Per. 1864.
11.7432

Barnett, Canon. 1844-1913. 1888 s. *Barnett*, Samuel Augustus.

Barnett, Reginald, Polizei-Sergeant Nr. 21, s.a. Kriminal- u. Detectiv-Romane, moderne. 21. Bd.

Barnett, Reginald: [Police Sergeant C 21, deutsch] Polizei-Sergeant No 21. Kriminal-Roman. Deutsch von Robert Franz. — Berlin: Jacobsthal [1901]. 305 S. 8° (Moderne Kriminal- u. Detektiv-Romane. 21.)
1:X 8421-21.
11.7496

Barnett, Samuel Augustus: Towards social Reform. By Canon Barnett & Mrs. S. A. Barnett. — London & Leipsic: Unwin 1909. 352 S. 8° 5. 203. 204.
11.7499

Barneveld, Willem

— [De Zamenstelling van het water, deutsch] Abhandlung über die Bestandtheile des Wassers nach Lavoisierischen Grundsätzen. Übers. von Johann Bernhard Keup. Stendal: Franz & Gross 1792. 86 S. 8° 3. 10. 19.
11.7529

van Barneveld, Wlh., medicin. Electricität. Aus d. Holländ. (v. H. C. W. Eschenbach). Mit 3 Kpft. 8. Leipz. 787. Schwickert. 20 gr

Barnewell s.a. Barnwell

Barnewell im Gefängnisse, Parilo in der Sklaverey, zwey heroische Gemälde. 8. Braunschw. Schulbuchhandl. 766.

Barnewitz, Adolf

Barnewitz A.: Kopfweidenüberpflanzen aus der Gegend v. Brandenburg a. d. Havel u. Görlsdorf bei Angermünde. 1898. [Rostr. Saml.].

Barnewitz A.: Die auf der Stadtmauer v. Brandenburg a. H. wachsenden Pflanzen. 1898. [Rostr. Saml.].

Barnewitz, Adolf: Welche Teile der wissenschaftlichen Botanik sind bei dem Unterricht an höheren Schulen vorzugsweise zu berücksichtigen? Brandenburg a. d. H., J. Wiesike's Buchdr., 1897; 71 S. 8.
Brandenburg a. d. H., v. Saldernsches RG, OP 1897 (99)

Barnhausen, Kaspar, aus Bücke (Westfalen): Die Laparotomien in der Greifswalder geburtshülflich-gynäkologischen Klinik vom 1. Januar 1897 bis 1. Januar 1899. *Greifswald 1899: J. Abel.* (42 S.) 8°
Greifswald, Med. Diss. v. 28. Febr. 1899

Barnheim, Geh. Justizrat, Insterburg. 1873: Bibliotheca typographica ... Bibliograph., palaeograph. u. literar.-histor. Werke. Aus d. Nachlasse des Geh. Justiz-Rath Barnheim. [Auktionskat.] — Berlin: Stargardt (1873). 90 S. 8°
1:Ap 986. 4. 16. 23. 28. 44. 109.
11.7567

Barnheim, v. 1853: Vergleichungen der in der Provinz Preußen bis zum Jahre 1816 üblich gewesenen Längen- und Feldmaße miteinander und vorzüglich mit dem seit jenem Jahre im Preußischen Staate geltenden Längen- u. Feldmaaße. [Verf.: v. Barnheim.] — Insterburg: Wilhelmi 1853. 16,38 S. 8° 10.
11.7566

Barnhelm, die Familie von. 8. Leipz. 811. Engelmann. 18 gr

— Minna de; ou les aventures des militaires, p. G. E. Lessing, trad. de l'allemand. 8. Berl. Mylius, 772.

Barnhelm, Minna von. Lustsp. von Lessing. 8. Berlin, Voß. 786.

Barnhelm, Minna v., Lustsp. v. Lessing. 8. Berl. Voß. 812.

Baernhoff, A.: Beitrag zur Lehre vom Magengeschwür. Denkschrift. (Verf.: A. Bärnhoff.) — Riga 1852: Häcker. 22 S. 4°
1:4° K 11720. 2. 11. 12: 4° Path. 432-31. 20. 30. 33.
9.9134

v. Barnholm, Wilhelm, u. Emilie Liebreich, (v. A. Leibrock). 8. Braunschw. 818. Meyer. 1 rh 8 gr

Barnholm, Wilhelm von, und Emilie Liebreich, oder die Gewalt der Liebe und die Macht der Eifersucht. 8. Braunschweig. Meyer. 818.

Barni, Jules

— [deutsch] Napoleon I. und sein Geschichtschreiber Thiers. Verdeutscht von A. Ellissen. — Leipzig: Wigand 1870. XV,279 S. 8° 1:R 6990. 14. 17. 18. 21. 25. 35. 43. 44. 46. 51. 79. 109. 169. 202. 204.
11.7583

Barni, Jules, Napoleon I. und sein Geschichtschreiber Thiers. Nach der 2. Orig.-Ausg. [Paris 1869] verdeutscht von A. Ellissen. 8. (XVI, 280 S.) Leipzig 870, O. Wigand. *

Barnick, Medizinalrat, Frankfurt a. O. 1896 s. *Barnick*, Otto.

Barnick: Adresshandbuch, s. Barnick, Adolf

Barnick, Adolf [Hrsg.] s. *Adresshandbuch* und Geschäftshandbuch der Stadt Zeitz. 1883ff.

Barnick, Eugen: Am Quell der Zeiten. Gedichte von Eugen Barnick, Carl Matthies, Johannes Meru. — (Berlin: Orion [1902].) 80 S. 8° (Walpurgis.)
1:Yo 29282-1. 38. 123.
11.7598

Barnick, Eugen (Hrsg.), s.a. Walpurgis

Barnick, Eug., Carl Matthies, Johs. Meru, Walpurgis. Am Quell der Zeiten. Gedichte. Buchschmuck v. Johs. Meru, Carl Matthies. gr. 8. (80 S.) Berlin (902). „Orion"-Verl. n. 1. —

Barnick, Herm. (geb. Posen 10. 1. 1849): Die Behandlung der Neuralgien im Gebiete des Nervus trigeminus durch Neurectomie. Berlin (1871). (32 S.) 8°
Berlin, Med. Diss. v. 22. Dez. 1871

Barnick, *Karl* Otto [aus Mainz]: Augenspiegelbefunde bei Otitis media purulenta ... Halle a. S., Hofbuchdr. v. C. A. Kaemmerer & C., 1892; 26 S., 1 Bl. 8.
Halle, Med. Fak., Inaug.-Diss. v. 22. Nov. 1892

Barnick, Otto, Klinische u. patholog.-anatom. Beiträge zur Tuberculose d. mittl. u. inn. Ohres. [Aus: „Archiv f. Ohrenheilkde."] gr. 8. (42 S. m. 4 Kurven u. 3 Taf.) Leipzig 896. F. C. W. Vogel. n. 1. —

Barnick, Otto, die tuberkulösen Erkrankungen des Gehörorgans, s.a. Vorträge, klinische, a. d. Gebiete der Otologie etc. 3. Bd. 4. Hft.

— Die tuberkulösen Erkrankungen des Gehörorgans. — Jena: G. Fischer 1899. 54 S. 8° (Klinische Vorträge aus d. Gebiete d. Otologie u. Pharyngo-Rhinologie. 3,4.)
1: Path. 1352p–3,4. 20. 25. 26. 27. 30. 202.
11.7600

Barnick, Paul, prakt. Arzt a. Mrotschen Prov. Posen: Beitrag zur Kenntnis von den Urethralgängen des Weibes. Leipzig 1907: B. Georgi. (29 S.) 8°
Leipzig, Med. Fak., Ref. Zweifel, Diss. v. 27. Nov. 1907
[Geb. 2. Okt. 76 Insterburg; Wohnort: Mrotschen; Staatsangeh.: Preußen; Vorbildung: Gymn. Bromberg Reife O. 96; Studium: Berlin 9 S.; Coll. 16. Dez. 07; Approb. 19. Jan. 03.]

Barnickel, Pfarrer, Bamberg. 1846 s. *Barnickel*, Johann Baptist.

Barnickel. 1737: Kurtzgefaßtes musicalisches Lexicon, worinnen eine nützliche Anleitung und gründlicher Begriff von der Music enthalten, die Termini technici erkläret, die Instrumente erläutert und die vornehmsten Musici beschrieben sind. [Verf.: Barnickel.] — Chemnitz: Stößel 1737. 430 S. 8°
1: Mus. Ad 5. 2. 4. 5. 12: Mus. Th. 2002. 14. 17. 18. 19. 24. 117. 300: 545.515–A. M. S.
11.7601

[—] — Neue Aufl. Ebd. 1749. 431 S. 8°
1: Mus. Ad 5². 6. 10. 12: Mus. Th. 2003. 17. 18. 28. 117.
11.7602

Barnickel, Chr.: Ueber Homothetie und Homologie. pg. 3 - 10. 4°. Mit einer Tafel. Tob. Dannheimer.
Progr. Kempten 1860/61.

Barnickel, Chr. Fr. Wlh., die Leiden der Ortenbergischen Familie. Trspl. in 4 A. 8. Dorpat 801. u. Kassel 803. (Luckhardt). 6 ℋ

Barnickel, Heinrich
Pseudonym: Heinrich v. Selbitz

— Anno dazumal. Bayerische heitere Soldatengeschichten aus vergangener Zeit von Heinrich v. Selbitz. — Ansbach: Eichinger 1895. 202 S. 8°
1: Yy 11691/6. 12: P. o. germ. 76 ub. 29. 107. 300.
11.7603

— Unter dem Raupenhelm. Bayerische Soldaten-Geschichten aus vergangener Zeit. Von Heinrich v. Selbitz. Bd 1. 2. Augsburg: Reichel (1892–98). 8°
12: P. o. germ. 76 u. 19. 300.
11.7604

— In Reih' und Glied. Bayerische heitere Soldaten-Geschichten aus vergangener Zeit von Heinrich v. Selbitz. — Ansbach: Brügel 1906. 135 S. 8°
12: P. o. germ. 76 ubd. 29.
11.7605

Barnickel, H, s.a. Selbitz, H v.

— Von Ingolstadt nach Orleans. Bilder aus Deutschlands großen Tagen von 2 alten Dreizehnern Heinrich Barnickel und August Schleußinger. — Ansbach: Eichinger 1901. 157 S. 8° 12: Eur. 694d–945. 29. 200. 300: 42.763.
11.7607

— Weiß-Blau ist Bayerisch! Bayerische heitere Soldaten-Geschichten aus vergangener Zeit. Von Heinrich v. Selbitz. — Ansbach: Brügel 1906. 152 S. 8°
12: Bavar. 192yi. 29. 200.
11.7609

Barnickel, Heinr. Karl Thdr, s.: Selbitz, Heinr. v.

Barnickel, Joh. Adam Gottlob (Hof), De Curiae Regnitianae judicio urbico vulgo Stadtgericht. Präs. Paul Daniel Longol. Hof (Joh. Andr. Hetschel) 31. III. 1751. 24 S., z. gr. Tl. deutsch. (2.—)

Barnickel, Johann Baptist

Barnickel, M. v. Deinlein, Erzbischof v. Bamberg, s.a. Deutschlands Episcopat in Lebensbildern.

Barnickel, Johann Baptist: Michael von Deinlein, Erzbischof von Bamberg. — Würzburg: Woerl 1874. S. 156–184. 8° (Deutschlands Episcopat in Lebensbildern. 3,4.)
1: Sa 8256–3,4. 6. 12: Biogr. C. 94 o–3. 20. 22. 29. 75. 107. 211.
11.7610

— — Ebd. 1882. S. 156–184. 8° (Deutschlands Episcopat in Lebensbildern. 3,4.)
5. 52.
11.7611

Barnickel, J. B. Satzung des „Pax", Allg. Versicherungsverein für die katholische Geistlichkeit Deutschlands. Ein Entwurf. 1903.

[—] Unsere Zeitverhältnisse nach Recht und Wahrheit. Von e. emiritirten Geistlichen d. Erzdiözese Bamberg. — Bamberg: Hübscher 1875. 105 S. 8°
12: Th. U. 403x. 20. 22.
11.7612

Barnickel, Joh. Christoph, s. Barnikel

Barnickel, Paul Rudolf: Der Eisenbahnfrachtvertrag als Arbeitsvertrag und die Haftpflicht der Eisenbahn bei Verlust und Beschädigung des Gutes. Pfersee-Augsburg (1909): Hieber. 66 S. 8°
Erlangen, Jur. Diss. v. 4. Okt. 1909, Ref. Sehling
[Geb. 4. Mai 85 Augsburg; Wohnort: Augsburg; Staatsangeh.: Bayern; Vorbildung: Neues Gymn. Augsburg Reife 03; Studium: München 5, Paris 1, Erlangen 2 S.; Rig. 9. März 09.]
[U 10. 664

Barnicol, s.a. Barnikol

Barnicol, H: Mathemat. Lehrb. f. höh. weibl. Lehranst., s: Schneider, G.

Barnikel, Christoph Franz Wilhelm: Die Leiden der Ortenbergischen Familie, ein Trauerspiel. — Cassel: Griesbach in Komm. 1803. 80 S. 8° 7. 180. 300: 3092–B.
11.7614

Barnikel, Johann Christoph: Das bishero gantz unbekante Instrument, Polygraphometrum novum, welches ein Officier, Ingenieur und Mathematicus ... gebrauchen kan. — Leipzig: Cörner 1724. 242 S. 8°
1: 8° Bibl. Diez 7191 [u.] an Mw 1875. 2. 7. 10. 12: Math. A. 13. 14. 18. 19. 22. 24. 27. 29. 32. 33. 41. 44. 160. 210. 307. 309.
11.7615

Barnikol und Erck

— — und Rückert, der geschäftliche Aufsatz und das geschäftliche Rechnen für die Fortbildungsschulen. 8. (116 S.) Ebendas. 881.

Barnikol u. Erck, Das Decimalrechnen im Gebiete der neuen Münzen, Maße u. Gewichte, mit Umgehung der Schwierigkeit der Decimalbrüche. 8. (20 S.) Hildburghausen 881. Gadow & Sohn. n. — 10

— — Rechenbuch für Fortbildungsschulen, Gewerbeschulen 2c. 8. (96 S.) Ebend. 881. n. — 50

Barnikol und Erck, Rechenbuch für Fortbildungsschulen, Gewerbeschulen etc. (96 S.) 1881. * 50 Pf.; 2. Aufl. 8. (96 S.) Hildburghausen 884, Gadow und Sohn. *

— u. Erck, Rechenbuch f. Fortbildungsschulen, Gewerbeschulen etc. 3. Aufl. 8. (96 S.) Hildburghausen 886. Gadow & Sohn. n. — 30

— u. Erck, Rechenbuch f. Fortbildungsschulen. 4. Aufl. 8. (96 S.) Hildburghausen 887. Gadow & Sohn. n. — 30

— u. Erck. Rechenbuch f. Fortbildungsschulen, nebst e. Anh. f. die gewerbl. Buchführg. 5. verm. Aufl. 8. (114 S.) Hildburgh. 889, Gadow u. Sohn. * — 40
Vgl.: Sackl, H. Gewerbl. Buchführung.

— u. Erck, Rechenbuch f. Fortbildungsschulen, nebst e. Anh. f. die gewerbl. Buchführg. 10., verm. Gadow & Sohn. m. Fig.) Hildburghausen 895. F. W. Aufl. 8. (122 S. n. — 40

— u. Erck, Rechenbuch f. Fortbildungsschulen, nebst e. Anh. f. d. gewerbl. Buchführg. 12. Aufl. 8. (122 S. m. Fig.) Hildburghausen 898. F. W. Gadow & Sohn. n. — 40

— u. G. Schneider, Rechenbuch nach Sachgebieten in 3 Heften zum Handgebrauch f. die Schüler. 8. Ebd. 905. n. — 80

1. Unterstufe. Zahlenraum von 1 bis 100. (56 S. m. Abbildgn.) n. — 20
2. Mittelstufe. Zahlenraum von 1 bis 1000. (60 S. m. Abbildgn.) n. — 25
3. Oberstufe. Höherer Zahlenraum. Bruchrechnung. Bürgerliche Rechnungsarten. (112 S. m. Abbildgn.) n. — 35

Barnikol und Erck

—— —— und Motschmann, Rechenbuch für Stadt- und Landschulen zum Handgebrauch für die Schüler. 5 Hefte. 8. Ebendas. 880—84. à Heft 20 Pf.

Inhalt:
Heft 1. Zahlenraum von 1 bis 100. (62 S.)
" 2. Die vier Species mit unbenannten und einfach benannten Zahlen. (42 S.)
" 3. Die vier Species mit mehrfach benannten Zahlen. (64 S.)
" 4. Die Bruchrechnung. (68 S.)
" 5. Einfache und zusammengesetzte Regel de tri, Zins-, Zinseszins- und Terminrechnung, Procent-, Rabatt- und Discontorechnung, Gesellschafts- und Mischungsrechnung, gemischte und geometrische Aufgaben. (52 S.)

—— —— und Motschmann, Rechenbuch für Stadt- und Landschulen zum Handgebrauch für die Schüler. 5 Hefte. 8. Ebendas. 885—88.

Inhalt:
Heft 1. Zahlenraum von 1—100. 2.—13. Aufl. (56 S.) * 20 Pf.
" 2. Die vier Species mit unbenannten und einfach benannten Zahlen. 2.—15. Aufl. (40 S.) * 20 Pf.
" 3. Die vier Species mit mehrfach benannten Zahlen. 2.—12. Aufl. (60 S.) * 20 Pf.
" 4. Die Bruchrechnung. 2.—12. Aufl. (64 S.) * 20 Pf.
" 5. Einfache und zusammengesetzte Regel de tri, Zins-, Zinseszins- und Terminrechnung, Procent-, Rabatt- und Discontorechnung, Gesellschafts- und Mischungsrechnung, gemischte und geometrische Aufgaben. 2.—10. Aufl. (72 S.) [* 28 Pf.] * 32 Pf.

—— —— u. Motschmann. Rechenbuch f. Stadt- u. Landschulen zum Handgebrauch f. die Schüler. 5 Hefte. 8. Ebd. 889—92. * 1 17
1. 14.—19. Aufl. (56 S.) * — 20. — 2. 17.—22. Aufl. (40 S.) * — 20. — 3. 13.—19. Aufl. (60 S.) * — 20. — 4. 13.—16. Aufl. (80 S.) * — 25. — 6. 11.—14. Gesamt-Aufl. [Neue Bearbeitg.] (96 S.) * — 32.

— — u. Motschmann, Rechenbuch f. Stadt- u. Landschulen z. Handgebr. f. d. Schuler. 1—3. Hft. 8° Ebd. à — 20
[illegible] 2. 18. Afl. (40) 90. 3. 16. Afl. (60) 90.

— Erck u. Motschmann, Rechenbuch f. Stadt- u. Landschulen z. Handgebrauch f. d. Schüler. 1., 2. u. 5. Hft. 8. Ebd. n. — 72
1. 23., unveränd. Aufl. (56 S.) 895. n. — 20
2. D. 4 Rechnungsarten m. unbenannten u. einfach benannten Zahlen. Anfänge d. Bruchrechnens. 31., unveränd. Aufl. (68 S.) 897. n. — 20
5. Einfache u. zusammenges. Regeldetri. Prozent-, Rabatt- u. Zinsrechg. Gesellschafts- u. Mischungsrechg. Geometr. Rechenaufg. Anh.: Versicherungs-Anstalten des deutschen Reiches. 19., unveränd. Aufl. (100 S.) 898. n. — 32

— Erck u. Motschmann, Rechenbuch f. Stadt- u. Landschulen zum Handgebrauch f. die Schüler. 2. Heft. Die 4 Rechnungsarten m. unbenannten u. einfach benannten Zahlen. Anfänge des Bruchrechnens. 36. Aufl. Ausg. in neuester Rechtschreibg. (68 S.) 8. Hildburghausen 905. F. W. Gadow & Sohn. n. — 20

— — u. Motschmann, Rechenbuch f. Stadt- u. Landschulen. 5. Heft. II. 8. Hildburghausen 908. F. W. Gadow & Sohn. — 40
Einfache u. zusammengesetzte Schlußrechnung. Prozent-, Rabatt- u. Zinsrechnung. Gesellschafts- u. Mischungsrechnung. Geometr. Rechenaufgaben. Versicherungs-Anstalten des deutschen Reiches. Rechenaufgaben aus Sachgebieten. 22. Aufl. (116 S.)

—— —— —— dass. — Resultate zu Heft 2—5. 8. (16; 19; 20; 74 S.) Ebendas. 880. à Heft 20 Pf.

— — — dasselbe. Resultate. 2., 4. u. 5. Hft. 4. Aufl. 8. Ebend. 881. 82. n. — 68
2. (15 S.) n. — 20 — 4. (20 S.) n. — 20. — 5. (74 S.) n. — 28

— — — dasselbe. Resultate zum 2—4. Hft. 8. (à 16 S.) Ebend. 884. à n. — 25
2. 4. Aufl.

—— —— —— dass. — Resultate zum 3. Hefte. 8. (16 S.) Ebendas. 888. *
Resultate zum 2., 4. und 5. Heft. Ebendas. 1889. à * 20 Pf.

—— dass. — Resultate. 5. Heft. 10. Gesamt-Aufl. 8. (27 S.) Ebd. 889. * — 25
Resultate Ebd., zu Heft 2. 1880. * — 20; zu Heft 3. 1884. * — 25; zu Heft 4. 1880. * — 20.

Barnikol, Erck und Motschmann, Rechenbuch für die Volksschulen zum Handgebrauch für die Schüler. 5 Hefte. 8. Hildburghausen 870,71, Gadow und Sohn. cart. à * 80 Pf. *

Inhalt:
Heft 1. Zahlenraum von 1 bis 100. (60 S.)
" 2. Zahlenraum von 1 bis 9999. (38 S.)
" 3. Die vier Species mit mehrfach benannten Zahlen. (34 S.)
" 4. Bruchrechnung. (38 S.)
" 5. Einfache und zusammengesetzte Regel de tri. Zins-, Zinseszins- und Terminrechnung. Procent-, Rabatt- und Discontorechnung. Gesellschafts- und Mischungsrechnung. Gemischte Aufgaben. (52 S.)

Barnikol, method. Sprach-Buch, s.: Erck.

Barnim [Schlagwort]

Barnim. Günther, G., das Land Barnim. Für den Schulgebrauch bearb. 2. verb. Aufl. 1 : 200,000. 37×42,5 cm. Farbdr. Berlin (909). Fussinger. — 25

Barnim. Günther, G., Handkarte des Landes Barnim. Für d. Schulgebrauch bearb. 1 : 200,000. 37×42,5 cm. Farbdr. Berlin (903). Fussinger. n. — 20

Barnim, s.a. Nieder-Barnim. — Ober-Barnim.

Barnim der Ältere Herzog v. Pommern, 1501-1573. 1535
s. *Barnim XI.* Herzog v. Pommern.

Barnim XI., Herzog von Pommern

[—] [nieder- u. hochdeutsch] Kercken Ordeninge im Lande tho Pommern. Anno 1563. [Neudr.] — o.O. [18. Jh.] 111 gez. Bl. 8°
Unterscheidet sich von der Ausgabe von 1569 nur durch das Titelblatt u. das erste Blatt.
1 : Dr 14516.
11.7636

— · [nieder- u. hochdeutsch] Kirchen-Ordnung im Lande zu Pommern, durch die ... Fürsten und Herren, Hn. Barnim und Hn. Philippen ... beyde Hertzogen zu Stettin, Pommern ... anfänglich auf dem Land-Tage zu Treptow, Anno MDXXXV. geschlossen; und ferner, durch die ... Fürsten und Herren, Herrn Barnim den Aeltern, Herrn Johann Friderichen, Herrn Bugslaffen, Herrn Ernst Ludewigen, Herrn Barnim den Jüngern, und Herrn Casimiren ... Hertzogen zu Stettin, Pommern etc. ... erneuert und vermehret. Anjetzo ... aufs neue zum Druck befördert. — Stralsund [usw.]: Löfler 1731. 112,488,40 S. 4°
Nebent.: Kercken-Ordeninge im Lande tho Pamern.
Beigedruckt:
1. Barnim XI.: Kirchen-Agenda, das ist: Ordnung der heiligen Kirchen-Aemter und Ceremonien ... gestellet für die Kirchen in Pommern [Agenda, nieder- u. hochdeutsch]. 1731.
2. Bogislaff XIV. Herzog v. Pommern: Leges, praepositis ecclesiarum eius partis Pomeraniae, quae ab ... Domino Bogislao XIV. ... regitur, praescriptae & publicatae. Satzungen, den Praepositis des Fürstenthumbs zu Pommern ... gehorsamlich zu halten, fürgeschrieben und gestellet. Greiffswalde [usw.]: Löffler 1731.
3. Statuta synodica, in ecclesiis Pomeraniae, prumulgata in synodo Gryphenhagia ... Satzungen der Synoden in Kirchen, für Pfarr-Herren, Prediger und Kirchen-Diener in Pommern, fürgeschrieben und gestellet im Synodo zu Greiffenhagen. Greiffswalde [usw.]: Löffler 1731.
1: 2° Dr 14546 [u.] 14547. 7. 9. 18. 23. 28. 46. 48. 79. 208.
11.7637

(–) [neuhochdeutsch] Die Pommersche Kirchen-Ordnung und Agenda nebst den Legibus praepositorum, Statutis synodicis und der Visitations-Ordnung von 1736. Hrsg. von dem Superintendenten Otto in Naugard. — Greifswald: Koch in Comm. 1854. Getr. Pag. 8°
Sondertitel:
1. Kirchen-Ordnung im Lande zu Pommern.
2. Barnim XI.: Agenda, das ist: Ordnung der heiligen Kirchen-Aemter und Ceremonien.
1: Dr 14552. 3. 6. 7. 9. 21. 29. 79. 208.
11.7638

(—) Die pommersche Kirchenordnung von 1535. Hrsg. vom Oberlehrer Dr. M. Wehrmann. — Stettin 1893: Hessenland. 82 S. 8°
9. 21. 44. 79. 208.
11.7639

Barninger, W. (Red.), s. W o c h e n s c h r i f t, Deutsche kaufmännische.

Barnitzke, Johannes E., Dipl. Bergingenieur: Über das Vorkommen der Porzellanerde bei Meissen und Halle a. S. Halle a. S. 1909: (G. Schade, Berlin). 21 S. 4° ¶(Aus: Zeitschrift f. prakt. Geol. Jg. 17.)
Halle, Phil. Diss. v. 18. Nov. 1909, Ref. Walther
[Geb. 26. Jan. 83 Wriezen; Wohnort: Eisleben; Staatsangeh.: Preußen; Vorbildung: Realgymn. Charlottenburg Reife M. 01; Studium: Berlin Bergakad. 6, Univ. 2. Halle 2 S.; Rig. 4. Mai 09.] [U 10. 1708

Barnoughby, R. [Übers.] Sind stehende Kriegsheere in Friedenszeiten nöthig und rathsam? 1797 s. *Albanicus:*

Baernreither, Sozialpolitiker, Österreichischer Minister, 1845-1925. 1882 s. ***Baernreither,* Josef Maria.**

Baernreither, Franziska C.

Baernreither, F. C., Bonfilia od. gutgemeinte Worte an kathol. Töchter. 12. (279 S.) Einsiedeln 894. Benziger & Co. Geb. in imit. Ldr. m. Goldschn. n. 3. —

Bonfilia oder Gutgemeinte Worte an kathol. Töchter von F[ranziska] C. Baernreither. 4. Aufl. *Einsiedeln, Waldshut, Köln: Benziger & Co. 1895.* (279 S.) 8° [F.] [ot. 6/60 5

— — 5. Aufl. Ebd. [1901]. 279 S. 8°
69.
9.9136

Electa der Wahrheit. Gedanken über Bildung, Wissenschaft u. Religion f. d. gebildete Frauenwelt von F[ranziska] C. Baernreither. Münster i. W.: Alphonsus-Buchh. 1904. (VIII, 316 S.) 8° [F.] [o3. 1604

— Freu' dich in Ehren! Meiner jungen Freundin aus dem Volke. — Donauwörth: Auer 1904. 79 S. 8°
12: Ph. Pr. 59 gb. 19.
9.9137

— — 2. Aufl. Ebd. 1905. 79 S. 8° 12: Ph. Pr. 59 gc. 19.
9.9138

— — 3., verb. Aufl. Ebd. 1907. 79 S. 8°
12: Ph. Pr. 59 gd. 19.
9.9139

Baernreither, Franziska C: Freu' dich in Ehren. Meiner jungen Freundin a. d. Volke. 4. Afl. (79) kl8° Donauw., L Auer '12.
— 40

— Das Kapuzinerkloster zu Linz. — (Linz: Kapuzinerkloster) 1906. 52 S. 8° 1: Sc 1898/15. 307.
9.9142

Martha. Ratschläge f. junge Hausfrauen von F[ranziska] C. Baernreither. *Einsiedeln & Köln: Benziger & Co. 1901.* (255 S.) 8° [F.] [o1. 6/61 5

[—] Mutter-Liebe oder Pflichten und Fehler in der Erziehung von F. C. B. — Innsbruck: Verl. d. Kinderfreundanst. 1903. 120 S. 8°
304.
9.9144

— — [2. Aufl.] Ebd. 1907. 129 S. 8°
304.
9.9145

— Veronika. Ratschläge f. Haushälterinnen in e. geistl. Hause. Hrsg. v. der Red. des „Korrespondenzblattes f. den kathol. Clerus Österreichs". gr. 8. (VII, 204 S.) Wien 903. C. Fromme. Geb. in Leinw. n. 3. —

— — 2. Aufl. Wien [usw.] 1904: Fromme. VI,204 S. 8°
300: 433.744-B. 302.
9.9150

— Ueber die Verwendung des Honigs im Haushalt. — Würzburg ([um 1910]: J. M. Richter). 20 S. 8°
2 verschiedene Drucke. 12: Oecon. 2111a [2 Ex.] 44. 308.
9.9153

Baernreither, J., s. B a e r n r e i t h e r, Josef Maria

Baernreither, J. M., s. B a e r n r e i t h e r, Josef Maria

Baernreither, Josef Maria: Die englischen Arbeiterverbände und ihr Recht. Bd 1. — Tübingen: Laupp 1886. XII,450 S. 8°
1: Fd 378. 2. 3. 5. 6. 7. 9. 10. 11. 12: Cam. Sey. 14. 15. 17. 18. 19. 21. 24→31. 38. 41. 46. 48. 106. 107. 109. 111. 203. 205. 206. 300: 463.342-B. 302. 304.
9.9154

Baernreither, J. M., die englischen Arbeiterverbände und ihr Recht. Ein Beitrag zur Geschichte der sozialen Bewegung der Gegenwart. 1. Bd. gr. 8. (XII, 450 S.) Tübingen 886, Laupp'sche Buchh.
*

Baernreither, J. M., die sozialpolitischen Aufgaben der neuen Regierung. Vortrag, geh. am 25. Jan. 1894 in der Versammlg. des mähr. Gewerbevereines in Brünn. gr. 8. (28 S) Wien 894. C. Konegen. n. 1. —

Baernreither, Josef Maria: Bosnische Eindrücke. — Wien: Manz 1908. 58 S. 8°
1: Ui 14680/30. 5. 14. 106. 203. 205. 206. 208. 212. 300: 465.059-B. 302. 304.
9.9161

— Ergebnisse der von dem Gewerbeausschusse des österreichischen Abgeordnetenhauses veranstalteten mündlichen und schriftlichen Enquête über den Gesetzentwurf, betreffend die Einführung von Einrichtungen zur Förderung des Einvernehmens zwischen den Gewerbsunternehmern und ihren Arbeitern. — Wien: K. k. Hof- u. Staatsdr. 1893. VIII,304 S. 4° 1: 4° Gm 4040. 206. 208. 302.
9.9162

— Zur böhmischen Frage. — Wien: Manz 1910. 75 S. 8°
1: Sd 2483. 11. 106. 203. 206. 212. 213. 300: 473.982-B. 302.
9.9164

Baernreither, Jos. M., Grundfragen der socialen Versicherung in Oesterreich. Ergebnisse der Beratungen des Arbeitsbeirates. 8^0. Wien, Manz, 1908.

— **Jugendfürsorge** und Strafrecht in den Vereinigten Staaten von Amerika. — Leipzig: Duncker & Humblot 1905. LXXIII,304 S. 8°
1: Fd 10935. 5→9. 11. 12: Am. B. 153. 14. 15. 16. 19. 20. 24. 25. 26. 30. 35. 43. 45. 46. 47. 79. 106. 203. 205→208. 300: 439.423-B. 302. 304.
9.9168

— **Jugendgerichte.** — Wien [usw.]: Fromme [1908]. S. 8–16. 8°
Aus: Österreichische Rundschau. 16. 1908. 206.
9.9169

— **Rede**, gehalten in der Delegation des Reichsrates am 14. November 1910 über die bosnischen Angelegenheiten. Wien 1910: K. k. Hof- u. Staatsdr. 14 S. 4° 206. 302.
9.9172

— **Rede**, gehalten im Herrenhause am 26. Juni 1909 über die bosnischen Angelegenheiten. — ([Wien 1909:] K. k. Hof- u. Staatsdr.) 8 S. 4° 206.
9.9173

— **Referentenentwurf** eines Gesetzes betreffend die Regelung des Bruderladenwesens sammt Motiven. — Wien 1888: K. k. Hof- u. Staatsdr. 42 S. 4° 206.
9.9174

Baernreither, Josef Maria: Am **Scheidewege**. Politische Betrachtungen eines Österreichers. [Verf.: Josef Maria Baernreither.] — Wien: Perles 1897. 39 S. 8° 302. 303.
9.9175

Baernreither, M., s. Schriften d. Kinderschutz-Kongress.

— **Socialreform** in Österreich. — Wien: Tempsky [usw.] [1892]. 32 S. 8°
Aus: Zeitschrift für Volkswirtschaft, Sozialpolitik u. Verwaltung. 1. 1892.
206.
9.9176

— **Stammgüter-System** und Anerbenrecht in Deutschland. — Wien: Manz 1882. IX,112 S. 8°
1: Gm 15436. 2. 3. 6. 7. 11. 12: J. germ. 8 br. 15. 16. 17. 19. 20. 21. 28. 29. 31. 35. 90. 106. 203. 206. 208. 300: 32.777-B. 302. 304.
9.9177

— s.a. Ursachen, Erscheinungsformen, d., u. d. Ausbreitung d. Verwahrlosg v. Kindern u. Jugendlichen in Österr.

Baernreither, J. M., Die Ursachen, Erscheinungsformen und die Ausbreitung der Verwahrlosung von Kindern und Jugendlichen in Österreich. [Schriften des Ersten österr. Kinderschutzkongresses in Wien 1907. Bd. I.] 4°. (XVI, 533 S.) † K 8.--
Manz, Wien 1907.

— **Ueber das Vermögensrecht** der geistlichen Orden und ihrer Mitglieder. — Wien: Manz 1882. 58 S. 8°
Aus: Allgemeine österreichische Gerichtszeitung. 1882.
1: Fs 6615. 19. 28. 206. 300: 26.995-B. 302. 304.
9.9179

— s: Zeitschrift, Österreichische, f. öffentl. u. priv. Versicherg.

Baernreither, M., s. B a e r n r e i t h e r , Josef Maria

Barnstedt, Amtsrichter, Oberstein, 1793-1865. 1829
s. *Barnstedt*, August Erich Julius.

Barnstedt, August Erich Julius: Geographisch-historisch-statistische **Beschreibung** des Großherzoglich Oldenburgischen Fürstenthums Birkenfeld. — Birkenfeld: Kittsteiner 1845. XII,331,XIII S. 8° 1: Sn 2968. 7. 10. 12: Germ. sp. 26 h. 14. 19. 25. 27. 34. 35. 38. 45. 61. 107. 208. 209. 302.
11.7666

Barnstedt, Aug. Erich Jul., geograph.-histor.-statistische Beschreibung des Großherzogl. Oldenburg. Fürstenthums Birkenfeld, mit Topographie u. Karte. gr. 8. (Mit 1 Karte.) Birkenfeld 845. (Trier, Troschel. n. $1^1/_2$ ß Oldenburg, bei Schulze.) n. $1^2/_3$ ß

— Die **Hypotheken-**, Concurs- und Versteigerungs-**Ordnung** für das Fürstenthum Birkenfeld, mit Einschaltung d. seither ergangenen neuen Bestimmungen u. Modificationen. — Birkenfeld: Kittsteiner 1852. 100 S. 8° 19.
11.7667

— **Repertorium** der landesherrlichen Verordnungen und der Bekanntmachungen und Verfügungen der Landesbehörden ..., welche während des Zeitraums vom 2. Sept. 1817 ... bis Ende des Jahres 1828 im Fürstenthum Birkenfeld ergangen sind. — Trier 1829: Rodt. 36 S. 8° 45.
11.7668

— **Sammlung** der Gesetze und Verordnungen, welche ... für das Fürstenthum Birkenfeld noch von allgemeinem und bleibendem Interesse sind (2: Sammlung der Gesetze, Verordnungen und allgemeinen Verfügungen für das Fürstenthum Birkenfeld). [1.2.] — Birkenfeld 1830–31: Kittsteiner. 8°
1. Von Anfang 1814 bis 1817. 1830.
2. Vom Monat April 1817 ... bis Ende d. Jahres 1830. 1831.
3 ff. s. *Sammlung* der Gesetze, Verordnungen und allgemeinen Verfügungen für das Fürstenthum Birkenfeld. 1832 ff. [Zeitschriften].
5. 7. 19. 30. 42. 45. 208.
11.7669

— Sammlung der Gesetze, Verordnungen und allgemeinen Verfügungen für das Fürstenthum Birkenfeld. 2. Aufl. Bd 1.2. — Ebd. 1841–42. 8°
1. Anfang 1814 bis 16. April 1817. 1841.
2. Jahrgänge von 1817 bis 1830 incl. 1842. 5. 17.
11.7670

— **Versuch** einer kurzen statistisch-topographischen Beschreibung des Großherzoglich Oldenburgischen Fürstenthums Birkenfeld. Bdch. 1.2. — Birkenfeld 1832–33: Kittsteiner. 8°
1. Statistische Beschreibung. 1832.
2. Topographische Beschreibung. 1833.
7. 22. 27. 31. 35. 45. 117.
11.7671

— — Bdch. 1.2. Hanau: König in Comm. 1832–33. 8°
Inhalt wie in 11.7671. 4[= 2]. 17. 45.
11.7672

— **Versuch** des Entwurfs einer Gemeinde-Ordnung für das Fürstenthum Birkenfeld. — Birkenfeld: Kittsteiner 1848. 27 S. 8° 208.
11.7673

— **Zusammenstellung** der für das Großherzoglich Oldenburgische Fürstenthum Birkenfeld noch gesetzliche Kraft oder vorzüglichen historischen Werth habenden französischen Legislation. — Birkenfeld: Kittsteiner in Comm. 1836. XXXVII,646 S. 8°
1: Gq 13750. 7. 17. 19. 30. 45. 208.
11.7674

Barnstedt, Georg August

— **Erklärung** gegen die in der Denckschrift: Rechtliches Erachten ... von Dr. Christian Friedrich Mühlenbruch ... enthaltenen Andichtungen verbrecherischer Handlungen. — Varel 1841: (Wesche). 14 S. 8°
1: 8 in Gx 14381. 3. 4. 9. 27. 35. 45.
11.7675

— **Erwiederung** auf die Entgegnung des Dr. K. A. Tabor in Göttingen in Betreff der in einer Schrift des Geh. Justizraths u. Professors Dr. C. F. Mühlenbruch in Göttingen enthaltenen Andichtung verbrecherischer Handlungen. — Varel 1841: Wesche. 8 S. 8° 4. 7. 28. 45.
11.7676

Barnstedt, Johann Friedrich: **Specimen** de eo quod iustum est circa hereditatis petitionem qualificatam. — Gottingae 1774: Rosenbusch. XV S. 8° 5. 26.
11.7677

Barnstedt, Max., Kaiserschnitt, durch narbige Stenose der Vagina bedingt. Diss. gr. 8. (18 S.) Tübingen 893. A. Moser. n.n. — 60

Barnstedt, Maximilian [app. Arzt aus Oldenburg]: Kaiserschnitt durch narbige Stenose der Vagina bedingt ... Tübingen, F. Pietzcker, 1893; 18 S. 8.
Tübingen, Med. Fak., Inaug.-Diss. v. 1893

Barnstein, Ferdinand, die Isobutenyltricarbonsäure und ihr Zersetzungsprodukt, die α-Dimethylbernsteinsäure. Diss. Halle 1887, Lippertsche Buchh. 8°. 30 S.

Barnstein, Ferdinand [aus Gebesee]: Die Isobutenyltricarbonsäure und ihr Zersetzungsproduct, die α-Dimethylbernsteinsäure .... Halle a. S., S. Schlesinger's Buchdr., 1887; 30 S. + 1 Bl. 8°
Halle, Phil. Fak., Inaug.-Diss. v. [3. Dez.] 1887

Barnstein, H., Beschreibung der wunderlichen hypochondrischen Krankheit, od. v. d. Darmsucht. Erf. 8°. 1751!

Barnstein, Henry: The Targum of Onkelos to Genesis. A crit. enquiry into the value of the text exhibited by Yemen Mss. compared w. that of the European recension together w. some specimen chapters of the oriental text ... Leipzig, W. Drugulin, 1896; IX, 100 S., 1 Bl. 8.
Heidelberg, Phil. Fak., Inaug.-Diss. v. [21. März] 1896

Bärnstein s.: Pernwerth v. Bärnstein.

Barnstorf, E.: De imperio phantasiae, s. Barnstorff, Eberhard

Barnstorff: De phantasiae imperio, s. Barnstorff, Eberhard

Barnstorff, A.: Jephtha. Tragödie. — Berlin 1883: E. Müller. 100 S. 8° 1: Ys 23082. 12: Heyse-Archiv XI-35,3. 31.
11.7689

Barnstorff, A., Jephtha. Tragödie. 8. (100 S.) Berlin 883. (Bremen, Kühle und Schlenker.) *

Barnstorff, Bernhard, Professor in Rostock, * Rostock 14. Sept. 1627, † Rostock 22. April 1704.
—— Programma de resuscitatione plantarum. Rostochii 1703. 4. 1 plag.

Barnstorff, Dietrich: Psychologische Aufschlüsse über Shakspeare's Hamlet von D. B. Storffrich [d. i. Dietrich Barnstorff]. — Bremen: Schünemann 1859. 159 S. 8° 1: Zc 7766. 12: P. o. angl. 368 i. 21. 24. 32. 45. 46. 180.
11.7690

— Schlüssel zu Shakspeare's Sonnetten. — Bremen: Kühtmann 1860. 179 S. 8° 1: Zc 9244. 12: P. o. angl. 366 y. 15. 26. 32. 45. 46. 109. 300: 162.152-B.
11.7691

Barnstorff, D., Schlüssel zu Shakspeare's Sonnetten. Bremen 861. Kühtmann & Co. 8. (179 S.) n. 28 ngr.

Barnstorff, E. H., der englische Anfangs-Unterricht. Vortrag, geh. auf der Versammlg. v. Lehrern u. Lehrerinnen an mittleren Schulen zu Neumünster. gr. 8. (20 S.) Flensburg 901. A. Westphalen. n. — 40

Barnstorff, E. H., der englische Anfangsunterricht. Begleitschrift zu dem Lehr- u. Lesebuch der engl. Sprache. 2. Aufl. (20 S.) 8. Flensburg 910. A. Westphalen. — 40

Barnstorff, E. H., Lehr- u. Lesebuch der englischen Sprache. gr. 8. (IV, 277 S.) Flensburg 893. A. Westphalen. n. 1. 80

Barnstorff, E. H., Lehr- u. Lesebuch d. engl. Sprache. 2., verb. Aufl. gr. 8. (VII, 239 u. 48 S. m. Abb.) Flensburg 897. A. Westphalen. n. 1. 80

— Lehr- u. Leseb. d. engl. Sprache. 4. Afl. (295 m. Abb.) 8° Ebd. '01. 1.80 ‖ 6. Afl. (296) '04. Geb. nn 2.25; Schlüssel (32) — 80

Barnstorff, E. H., Lehr- u. Lesebuch der englischen Sprache. 7. Aufl. (VIII, 296 S.) 8. Flensburg 906. A. Westphalen. Geb. n.n. 2.25; Schlüssel (32 S.) n. — 80

Barnstorff, EH: Lehr- u. Leseb. d. engl. Sprache. 10. Afl. (294) 8° Flensbg. A Westphalen '09. Geb. 2.25 d

— Lehr- u. Leseb. d. engl. Sprache. 12. Afl. (8, 294) 8° Ebd. '11. L nn 2.25 d

— Lehrb. d. engl. Spr. f. Mittelsch. u. verw. Anst. Ausg. B. I—III. Tl. 8° Ebd. d
I. 3. Afl. (7, 146 m. Abb. u. 1 Taf.) '12. geb. 1.60 ‖ II. (8, 273 m. Abb. u. 1 farb. Kte.) '12. L 2.60 ‖ III. Grammatik. (4, 84) '12. geb. 1 —

— englisches Lesebuch, s.: Schmarje, Johs.

— u. J. Schmarje, English reading-book for German pupils. gr. 8. (VIII, 219 S.) Flensburg 890. A. Westphalen. n. 1. 50

— and J. Schmarje, English readingbook for German pupils. 2. ed. (VIII, 238 S.) 8. Ebd. 907. Geb. 2. —

— u. J Schmarje: Engl. reading-book for German pupils. 3. ed. (8, 241) 8° Flensbg. A Westphalen. '12. L 2 —

— kurzgef. Schulgrammatik. d. engl. Sprache. 8° (112) Flensb. 95, A Westphahlen. 1 —

— Kurzgefaßte Schulgrammatik der englischen Sprache. 2. Aufl. (IV, 112 S.) 8. Ebd. 904. Geb. n.n. 1. 30

— Kurzgefaßte Schulgrammatik der englischen Sprache. 3. Aufl. (IV, 116 S.) 8. Flensburg 909. A. Westphalen. Geb. nn 1. 30

— Stoffe zu mündlichen u. schriftlichen Übungen im Englischen. 2. Aufl. (IV, 96 S.) 8. Ebd. 904. Geb. n.n. 1. 10

— Stoffe zu mündlichen u. schriftl. Übungen im Englischen. 3. Aufl. (IV, 98 S.) 8. Ebd. 908. Geb. nn 1. 10

Barnstorff, Eberhard: Catalogus librorum medicorum aliorumque miscellaneorum Eberhardi Barnstorffii. [Auktionskat.] — (Gryphiswaldiae 1739): Struck. 75 S. 8° 9.
11.7693

— Consilium praeservatorium, oder ... Gedancken, wie man sich bey grassirender ... pestilentzialischen Contagion zu verhalten ... habe. — Greiffswald: Effenbahrt 1709. 84,40 S. 8° 7. 10. 14.
11.7694

Barnstorff (Praes.): De phantasiae imperio in sensus, s.a. Pfeiffer, Sigm. Aug. (Resp.)

Barnstorf, E., praes. C. A. Pfeiffer, De imperio phantasiae in sensus. Gryph. 4°. 1707

Barnstorff, Hermann: Festschrift zum goldenen Jubiläum des Deutschen Literarischen Klubs von Cincinnati 1877–1927. (Verf.: Hermann Barnstorff.) — (Cincinnati 1927.) 80 S. 8° 16. 101.
11.7695

Barnstorff, Johann: Younge Nachtgedanken und ihr Einfluss auf die deutsche Litteratur. Mit e. Vorw. von Franz Muncker. — Bamberg: Buchner 1895. VI,87 S. 8° 1: Zb 703. 5. 7. 16. 12: P. o. angl. 490 d. 14. 15. 18. 19. 21. 24. 30. 31. 93. 302.
11.7696

Barnstorffius s. *Barnstorff.*

Barnum, der Kaufmann, s. B a r n u m , Phineas Taylor

Barnum, Weg zum Wohlstand, s. B a r n u m , Phineas Taylor

Barnum, Phineas Taylor

— Barnum der Kaufmann, Journalist und Raritätenmann ... Eine Selbstbiographie. Deutsch von A. Kretzschmar. Leipzig: Wigand 1855. 315 S. 8° 10. 12: Biogr. 65 q. 14. 22. 26. 30. 31. 33. 41. 48. 106. 107. 300: 622.970-B. Th.
11.7711

Barnum, P.T., s.a. B i b l i o t h e k , amerikanische.

— [deutsch] Kämpfe und Triumphe oder Erinnerungen von vierzig Jahren von P.T. Barnum. Von ihm selbst erzählt. — Hartford: Burr 1869. XXIV,786 S. 8° 1: Uu 4174. 8. 10. 19. 24. 30.
11.7721

— [deutsch] Die Kunst, Geld zu machen ... Für d. deutsche Publikum umgearb. von Leopold Katscher. — Berlin: Staude 1884. 42 S. 8° 1: 12 in 4° Fe 719. 47.
11.7704

Barnum, P. T., die Kunst Geld zu machen. Nützliche Winke u. beherzigenswerthe Rathschläge. Für das deutsche Publikum umgearb. v. Leop. Katscher. 2. Aufl. 8. (42 S.) Berlin 887. Staude. n. — 50

Barnum's Leben, s.a B i b l i o t h e k , amerikanische.

Barnum's Leben, s.a. L e s e - C a b i n e t , amerikanisches

— [deutsch] Barnum's Leben. Von ihm selbst geschildert. Deutsch von W. E. Drugulin. Bd 1-4. — Leipzig: Kollmann 1855. 8° (Amerikanische Bibliothek. 130/133.) 4. 7. 15. 17. 46. 64. 79.
11.7710

— Das Leben von P.T. Barnum. Beschrieben von ihm selbst. — New York: L. W. Schmidt 1855. 397 S. 8° 1: Uu 4171. 5. 30. 36.
11.7712

—— Leben und Abenteuer, s.a Lese-Cabinet, amerikanisches.

— Leben und Abenteuer P. T. Barnum's, seine großartigen Unternehmungen, seine Kunstfahrten mit Jenni Lind, mit Tom Thumb u.a. Von ihm selbst beschrieben. Th. 1-3. Pest [usw.]: Hartleben 1855. 8° 12[$^{-}$3]: Biogr. 3070b. 18. 39. 300: 11.125-A.
11.7713

Barnum's Leben, Wirken, Reisen, Abenteuer, Kämpfe und Triumphe. Von ihm selbst erzählt. gr. 8. (786 S. mit 33 Taf. Abbild.) Hartfort [Leipzig] 869, Bander. (* M 12.) geb. *

Barnum, P.T., s. L e s e c a b ., amerik.

— Vie et histoire du Général Tom Pouce (General Tom Thumb) l'homme en miniature d'Amérique, âgé de vingt et un ans, mesurant trente et un pouces de hauteur et pesant seulement vingt-neuf livres. — Francfort s. M. 1858: Osterrieth. 40 S. 8° 30.
11.7722

Barnum, des berühmten Millionairs, der Weg zum Wohlstand. Anweisung zu einem erfolgreichen Geschäftsbetriebe. Von ihm selbst veröffentlicht. 32. (16 S.) Chemnitz 871, Hager.

Barnum, Wright [aus Chappaqua '(Nordamerika)']: Ueber Atresie der Vagina und des Uterus ... Jena, G. Neuenhahn Univ.-Buchdr., 1891; 50 S., 1 Bl. 8.
Jena, Med. Fak., Inaug.-Diss. v. [9. Dez.] 1891

Barnvell, d. Frau v., Leben u. wundervolle Begebenheiten. 8. Lpz. Hilscher. 769.

Barnwasser, Dav., praes. J. G. a Bergen, De temperamentis. 8 pp. Frcf. ad V. 4°. 1737

Barnwasser, David Theophil: Nachricht von den mineralischen Wassern in und bei Polzin. — Stettin: Effenbart 1773. 72 S. 8° 1: Is 8959. 2. 11.
11.7723

Barnwell s.a. B a r n e w e l l

Barnwell im Gefängnisse; Yariko in d. Sklaverei; zwei heroische Gedichte. 8. Braunschw. 766. Schulbuchh. 3 gl

Barnwell, ... lettres dans sa prison à Framann son ami. 8. Celle 765. Gsellius. 5 gl

Bärnwick, Wilhelm

Bärnwick, W. u. VE Herrmann: Deut. Leseb. d. Unterklassen (II. u. III. Schulj.). Für d. konzentrierten Anschauungs-, Sprach-, Aufsatz-, Rechtschreib-, Lese-, Memorier- u. Gesangunterr. in kath. Volks-, Mittel- u. Töchtersch. 2. Afl. 8° (202 m. Abb. u. farb. Titelbild.) Ravnsbg 96, Dorn. Kart. nn — 65

Bärnwick, Wilh., u. Vikt. Eug. Herrmann, Deutsches Lesebuch d. Unterklassen (II. u. III. Schulj.). F. d. konzentr. Anschauungs-Sprach-Aufsatz-Rechtschreib-Lese-Memorier- u. Gesangunterr. in kath. Volks-, Mittel- u. Töchterschulen. 2., verb. Aufl. M. 47 Ill., darunter 1 farb. Titelb. gr. 8. (X, 200 S.) Ravensburg 897. Dorn. Kart. n.n. — 65

Barnym XI. Herzog v. Pommern s. *Barnim XI.*

Baro, Joh. Gottfr. (Breslau), De tutoris datione. Diss. jur. Präs. Marcus Rhode. Frankft./Od. (Chph. Zeitler) 23. III. 1706. 68 S. (6.50)

Baro, Dr. jur., Ludwig, Ger.-Ass. Voraussetzungen und Wirkungen der Entmündigung wegen Trunksucht nach dem Bürgerlichen Gesetzbuche. Leipzig 1898.

Baroch, Josef: Der Borkenkäfer und seine Nützlichkeit im Walde. — Pinka Mindszent: Hrsg. 1878. 16 S. 8° 300: 171.533-B. 302.
11.7771

Barocio da Vignola, Giacomo s. *Barozzi* da Vignola.

Barock. — Danziger Barock. Aufnahmen von Werken d. Bildnerei u. d. Kunstgewerbes aus öffentlichem u. privatem Besitze in Danzig. — Frankfurt a.M.: Keller 1909. 3 Bl., 48 Taf. 4° 17. 30. 44. 83. 84. 86. 91. 117. 300: 462.217-D. Ks. Hb.
11.7776

—— Ebd. 1910. 3 Bl., 48 Taf. 4° 52. 210.
11.7777

Barock, Wiener. Einführg v. Walt. v. Semetkowski, s: Auslese, Die architektonische.

Barock-Cartouchen. — Barock-Cartouchen s.a. *Barockkartuschen.*

Barock-Cartouchen. 40 Facsimile-Tafeln nach Originalen d. 17. Jahrh. 4° Lpzg 96, KW Hiersemann. In Mappe 20 —

Barockdetails. — Barock- und Rococo-Details aus dem Königl. Bayerischen Schlosse Ansbach. — Ansbach: Eichinger [1896]. 50 gez. Bl. 2° 30. 210.
11.7785

Barockfaçaden, moderne Wiener. Eine Sammlg. der schönsten, in den letzten Jahren in Wien ausgeführt. Bauten dieser Stilrichtg. 30 Blatt Lichtdr. gr. Fol. Wien 890. Schroll & Co. In Mappe. n. 30.—

Barockfaçaden, moderne Wiener. Eine Sammlg. der schönsten in den letzten Jahren in Wien ausgeführten Bauten dieser Stilrichtg. 1. u. 2. Serie. (à Serie 30 Blatt Lichtdr.) gr. Fol. Wien 891,92, Schroll u. Co. à Serie in Mappe * 30 —; * 60 —

Barockfaçaden, moderne Wiener. Eine Sammlg. der schönsten, in den letzten Jahren in Wien ausgeführten Bauten dieser Stilrichtg. 2. Serie. 30 Blatt. Lichtdr. gr. Fol. Wien 892. A. Schroll & Co. In Mappe. n. 30. — (1.2.: n. 60.—)

Barockfassaden, s. Barockfaçaden

Barockkartuschen, s.a. Barockcartouchen

Barock-Kartuschen nach Originalen des 17. Jahrhunderts. (40 T) 4° Leipzig 1896

Barockpaläste, Wiener, v. L. Hildebrand, D. Martinelli u. A. Nach gleichzeit. Aufnahmen v. J. E. Fischer v. Erlach u. Sal. Kleiner. gr. Fol. (30 Lichtdr.-Taf. m. 4 S. Text.) Wien 891, Lehmann. In Mappe * 24 —
Aus: Wien vor 150 Jahren, besonders abgedruckt.

—— dass. — Suppl.: Das k. k. Belvedere v. A. Hildebrand. Nach gleichzeit. Aufnahmen v. Sal. Kleiner. gr. Fol. (24 Lichtdr.-Taf. m. 5 S. Text.) Ebd. 891. In Mappe * 6 —
Aus: Bauschatz, besonders abgedruckt.

Baroggio, Jakob

Baroggio, J. Geschichte der Stadt Mannheim von deren Entstehung bis 1861. (540) 8. Mannheim 1861.

Baroggio, Jakob: Die Geschichte Mannheims von dessen Entstehung bis 1861. — Mannheim: Verf. 1861. VIII, 540 S. 8°
1:Si 4045. 5. 15. 18. 19. 25. 30. 31. 32. 107. 180.
11.7803

Barogo; eine Posse in 1 Aufz. Nach d. Französ. (v. Bilderbeck.) 8. Zeitz 793. Webel. 4 gr

Barol, Moses. Menachem ben Simon aus Posquières und sein Kommentar zu Jeremia und Ezechiel. Diss. Phil. Bern. VIII + 58 S. 8. Berlin — Druck Adolf Alkalay & Sohn, Pressburg — 1907.

Barol, Moses: Menachem ben Simon aus Posquières und sein Kommentar zu Jeremia und Ezechiel. — Berlin: Mayer & Müller 1907. 58 S. 8°
Zugleich Diss. Bern 1907.
1:3 in Ah 9355–1907, 1. 7. 11. 18. 26. 27. 28.
11.7924

Barol, M., Menachem ben Simon aus Posquières u. sein Kommentar zu Jeremia u. Ezechiel. (VIII, 58 S.) gr. 8. Berlin 907. Mayer & Müller. 2.—
Sonderabdr. a. „Monatsschr. f. Gesch. u. Wiss. d. Judent."

Baroldo, Federigo, s.a. Blick, Ein, in die Zukunft

Baroldo, Federigo: Ein Blick in die Zukunft oder Weissagungen des Pabstes Gregor XVI. ... Aus dem Ital. des Sgr. Federigo Baroldo. Ins Deutsche übertr. von Chrysostomus Wahrlieb. — Nürnberg: Endter 1848. 16 S. 8°
12:Phys. m. 322-19.
11.7929

Barolin, Johann Karl, s. Barolin, Johannes Carl

Barolin, Johannes Carl

—— Anregung für den XVIII. internationalen Friedenskongreß in Stockholm. Der Gesang im Dienste der Friedensidee. — (Wien [1910]: Davis.) 2 Bl. 8°
27.
11.7933

Barolin, JC: Entlastg d. Gemeinden. Lösg d. soc. Frage durch Schaffg d. soc. Staates im freien Staate. Dauernde Sicherg d. individuellen Eigenthums u. d. persönl. Freiheit. 8° (15) Wien 98. Selbstverl. — 40

— Entlastung der Gemeinden. Lösung d. socialen Frage durch Schaffung d. socialen Staates im freien Staate. — Wien: Verf. 1898. 15 S. 8°
12:Pol. g. 40 lm. 30. 300:101.208–B. 302. 304.
11.7934

Barolin, Entlastung der Gemeinden. Lösung der socialen Frage durch Schaffg. des socialen Staates im freien Staate. Dauernde Sicherg. des individuellen Eigenthums u. der persönl. Freiheit. Wien 899.

— Importmuseen. — Wien: Akad. Verl. 1907. 60 S. 8°
24. 30. 38. 300:457.016–B. 302. 303.
11.7937

Barolin, J. C., Kampforganisation gegen Friedensstörungen. (15 S.) gr. 8. Wien, C. v. Hölzl. 1905. —. 50.

— Kampforganisation gegen Friedensstörungen. — Wien: v. Hölzl in Komm. 1906. 15 S. 8°
Franz. Ausg. s. Barolin: La Lutte organisée contre les ennemis de la paix. 1906.
47. 212. 300:446.892–B. 302.
11.7939

— Proposals for electional and parliamentary reform. Devoted to XVII Universal Peace Congress and the League of Universal Brotherhood and Native Races Association. Vienna: Eberle 1908. 16 S. 8°
302.
11.7943

Barolin, Johannes C.: Der Schulstaat. Vorschläge zur Völkerversöhnung u. Herbeiführung e. dauernden Friedens durch d. Schule.
Wien & Leipzig: Braumüller 1909.
XII, 286 S. 8° (09.15493)

— Der sociale Staat im Staate. — Leipzig: Friedrich [1899]. 20 S. 8°
24.
11.7946

—— 2. Aufl. Ebd. [1899]. 20 S. 8° 33. 38. 304.
11.7947

— Die Teilung der Erde. — Dresden: Pierson 1904. 206 S. 8° 1:Fe 9079. 30. 38. 106. 203. 300:431.424–B.
11.7948

—— 2., durchges. Aufl. Ebd. 1905. XII, 216 S. 8°
1:Fe 9079². 8. 30. 38. 206.
11.7949

—— 3., durchges. Aufl. Ebd. 1905. XII, 216 S. 8°
14. 24. 26. 30.
11.7950

—— 4., durchges. Aufl. Ebd. 1905. XII, 216 S. 8°
12:Geo. U. 501 p. 218.
11.7951

Barometer, s.a. Barometro

Barometer, das, der Liebe, oder die Kunst zu küssen. 2e Aufl. gr. 12. Annab. 821. (Leipz., Leich). 4 gr

Barometer der Liebe oder die Kunst zu küssen. Nebst einem Unterrichte von allen dabei vorfallenden Umständen: für Herren und Damen gedichtet. Annaberg 1822. V: *Henrici, Christian Friedrich* (pseud. *Picander*). (BGE I³, 176)

Barometer, das, der Liebe, oder d. Kunst zu küssen; 2te Aufl. gr. 12. Annaberg 822, (Leipz., Leich.)

Barometerbuch
- [deutsch] Barometerbuch zum Gebrauch der Seeleute. Übers. von W. v. Freeden. — Oldenburg: Schulze 1885. 41 S. 8° 1:Mz 7976. 9.
11.7958

Barometro
Von dem Barometro und zuvorderst von der Construction und dem Gebrauch des Barometri simplicis. — o.O. [um 1700]. 4 Bl. 8° 14.
11.7963

. **Baron, Der alte englische,** eine gothische Geschichte, aus dem Engl. Nürnberg 1769. V: *Reeve, Clara.* (Mitt. von Prof. Dr. H. Ullrich, Brandenburg a. H.) Ü: *Stieber, Georg Friedrich Stephan.* (Zeitschr. f. Büch. 1923, S. 79)

Baron, Der alte englische; e. gothische Geschichte, (v. G.F.St. Steuber). 8°.– Nürnberg 789. Felssecker.

Baron, der, vom festen Thurme. Ein Singspl. in 3 Aufz. Aus d. Italien. 8. Münch. 777. (Fleischmann). 4 gr.

Baron (Kinderarzt), s. Baron, C.

Baron (Jurist, Prof. in Bonn), s. Baron, Julius

Baron, Dramatischer Schriftsteller u. Artist. 1686
s. *Baron*, Michel Boyron dit.

Baron, Adressbuch der Vegetarianer, s. May, L.

Baron, Preussens Krieg, s. Baron, Richard

Baron, Lustspieldichter. 1764: (Les Russiens villageois, franz. u. deutsch) Die russische Landleute. Ein Lustspiel von Herrn B(aron) ... Durch Herrn J.S. in d. Teutsche übers. — Aachen 1764. 71 S. 8° 52.
11.7967

Baron: Tabellen für den Executor..., s. Baron, Karl

Baron, A., Histoire abrégé de la littérature franç., depuis son orig. jusqu'au XVIIe siècle. II Toms. gr. in-8. (44¾ B.) Bruxelles 841, (Muquardt; Leipzig, Herbig.)

Baron, Alfr.: Der Haus- u. Grundbesitz in Preussens Städten einst u. jetzt, s: Sammlung nationalökonom. u. statist. Abhandlgn d. staatswissenschaftl. Seminars zu Halle a.d.S.

Baron, Auguste
[—] Galerie der gegenwärtig in Spanien lebenden wichtigsten Männer. Oder: Biographische Nachrichten über d. Mitglieder der Cortes u. d. Regierung ... Übers. von Moritz Lange. — Augsburg [usw.]: Bäumer 1824. 182 S. 8° 5. 18. 19. 300: 26 Z 136.
11.7978

[—] [deutsch] Spanische Galerie oder biographische Nachrichten von den berühmten Männern, die sich auf der Halbinsel, während des Unabhängigkeitskrieges oder seit der Revolution von 1820 ausgezeichnet haben. H.1.2. — Leipzig: Magazin für Industrie u. Literatur (1823–24). 8° (Das Echo aus d. Sälen europäischer Höfe u. vornehmer Zirkel. 1823,4. 1824,1 = Die Ameise. 56.57.) 1[=2]: Qn 3004–56. 15. 17. 19. 41.
11.7977

Baron, Bernhard
— über Gerechtigkeit. Eine akadem. Rede. 8. Wien 814. (Gerold). 4 gr.

Baron, Bernhard: Die Constitution, oder Staatsform und bürgerliche Erziehung. — Wien: Gerold in Comm. 1816. 136 S. 8°
1: Fa 1627. 7. 10. 12: Pol. g. 40 m. 30. 41. 106. 117.
11.7994

Baron, Bernhardus *(geb Pitschen in Schles 8 2 1830)*: De urina sanorum et aegrotorum hominum nonnula[!]. Vratislaviae (1853). (32 S.) 8°

Breslau, Med Diss v 29 Nov. 1853

Baron, C. (Schriftsteller) s. Baron, Karl.

Baron, C: Beitrag z. Kasuistik d. Petroleumvergiftgn im Kindesalter. 8° (3) Lpzg 98, B Konegen. 1 —

Baron, C., Beitrag z. Kasuistik d. Petroleumvergiftungen i. Kindesalter. [Aus: „Kinderarzt".] gr. 8. (3 S.) Leipzig 898. Verlag des Reichs-Medicinal-anzeigers, B. Konegen. n. 1. —

— üb. Leguminosen-Präparate u. ihre Verwendung i. Kindesalter. [A.: „Allg. med. Central-Ztg."] gr. 8. (11 S.) Berlin 896. O. Coblentz. n. 1. —

Baron, C., 25 Merkblätter f. die Pflege u. Behandlung v. Kindern in gesunden u. kranken Tagen. Zur Mitgabe an die Mütter od. Pflegerinnen bestimmt. (4 mal 25 Bl. u. S. m. I S. Text.) kl. 8. Leipzig 908. B. Konegen. 1. 60

Baron, Dr. med., C., Kinderarzt in Dresden. Ueber die Wirkungen und die therapeutische Verwendung des Alkohols im Kindesalter. (Sonderabdruck aus dem Aerztl. Praktiker.) Dresden 1897.

Baron, C. M. s. *Baron*, Karl Moritz.

Baron, Carl (Schriftsteller), s. Baron, Karl

Baron, Dav.: Der Hirte Israels u. s. zerstreute Herde. Lösg d. Rätsels d. jüd. Gesch. Aus d. Engl. v. Gräfin Elisab. Groeben. (S, 148) 8° Berl., G Nauck '11. 1.50 d

— Das Alte Test. u. d. moderne Jude. Aus d. Engl. v. Gräfin Elisab. Groeben. (342) 8° Kass., J G Oncken Nf. '11. L 3.50 d

Baron, Em.: Aus dem Sanatorium Brandeis a. d. Adler. Ernährungsschwierigkeiten und Mastkuren. — (München [1910]: Stein.) 16 S. 8°
Aus: Oesterreichische Ärzte-Zeitung. 1910. 30.
11.8037

Baron, Emma: Zweierlei Tuch. Heiteres u. Ernstes aus d. Offiziersleben im Frieden. Von E. v. Münchershof [d. i. Emma Baron]. — Rostock: Werther 1888. 218 S. 8°
12: P. o. germ. 1796b.
11.8038

Baron, [Ernst], Dr., Dir.: **Mitteilungen** über die 'Reformschulen', speziell über die Einrichtung einer solchen an der städtischen Realschule in Görlitz. *Görlitz 1899: Hoffmann & Reiber.* (S. 3—11.) 4°
Görlitz, st. R, OP 1899 (237)

Baron, [Ernst], Dr., Dir.: **Mitteilungen** über die 'Reformschulen', speziell über die Entwickelung einer solchen in Görlitz in den Jahren 1899—1902. *Görlitz 1902: Hoffmann & Reiber.* (S. 3—11.) 4°
Görlitz, R m. RG (Reform-S), OP 1902 (251)

Baron, Ernst *(geb Oppeln 24. 9. 1849)*: Politik der Staufer gegenüber den deutschen Städten. Breslau 1876. (34 S.) 8°

Breslau, Phil. Diss. v 8. Mai 1876

Baron, Ernst Gottlieb: Abriß einer Abhandlung von der Melodie. Eine Materie d. Zeit. — Berlin: Haude & Spener 1756. 12 S. 8°
1: Mus. Gb 75 [u.] an Mus. Gg 131. 4. 10. 14. 28. 117.
11.8039

— Historisch-theoretisch und practische Untersuchung des Instruments der Lauten. — Nürnberg: Rüdiger 1727. 218 S. 8° 1: Mus. Fz 2 [u.] 3. 2. 5. 7. 10. 12: Mus. Th. 262. 14. 15. 17. 18. 19. 24. 27. 28. 32. 36. 117. 302. 309.
11.8040

Baron, G., degli innesti animali con 5 fig. gr. 8. Milano, (Lips. Cnobloch in Comm.)

Baron, Gottfr. (Breslau), De jure domesticorum. Disp. jur. Präs. Sam. Stryk. Frankft./O., Jan. 1672. (Jer. Schrey u. Heinrich Joh. Meyer) 1683. 43 S. (4.80) 1109

— — Dasselbe. Frankft./Od. (Jer. Schreys seel. Erb. u. Joh. Chph. Hartmann) 1700. 43 Seiten. (4.80) 1110

Baron, Gustav: Der selbständige Betrieb eines Erwerbsgeschäftes durch eine Ehefrau nach neuem Rechte. — Halle 1902: Kaemmerer. IV, 58 S. 8°
Leipzig, Jur. Diss. v. 1902.

Baron, [Gustav]: Das Mietrecht nach dem Entwurf des Bürgerlichen Gesetzbuches für das Deutsche Reich begutacht. nach d. Beschlüssen d. 11. Verbandtages zu Dresden (Leipzig 1890) 8°

BARON, Gustavus: De virtutibus cardinalibus in se spectatis et in relatione ad virtutes infusas. — (1876), 122 S. 4° (Handschr.) Diss. 377
Diss. Wien Univ.

Baron, J. (Jurist), s Baron, Julius

Baron, J., De oratione, quae in Sophoclis Oedipo Rege vv. 216—275 exstat. Pr. 1878. 16 S. —.90

Baron, J.: Sprachschule, Deutsche, s. Baron, M.

Baron, J.: Hamburger Theater-Dekamerone, s. Baron, Julius

Baron, J. C.: Geographisch-statistisch-politische Tabellen der wichtigsten deutschen Staaten. — Grätz: Ferstl 1794. 88 S. 8° 14. 15. 17. 303.
11.8053

Baron, J. F., s. W. Mitford, Gesch. Griechenlands.

Baron, Ignace: Poésies. Souvenirs d'un aveugle. — Fribourg 1876: Impr. catholique suisse. VII, 256 S. 8°
1: Xu 7339.
11.8059

Baron, Johannes, aus Köln a. Rh.: Die Bedeutung der Phantasmen für die Entstehung der Begriffe bei Thomas von Aquin. Ein Beitrag zur Geschichte d. erkenntnistheoret. Dualismus. *Münster 1902: Akt.-Ges. 'Der Westfale'.* (VIII, 59 S.) 8°
Münster, Phil. Diss. v. (16. Mai) 1902

Baron, John, s.a. Bericht der für die Untersuchung des gegenwärt. Zustandes d. Vaccination bestimmten Section ꝛc. bestehenden Gesellschaft.

(—) [deutsch] Bericht der für die Untersuchung des gegenwärtigen Zustandes der Vaccination bestimmten Section der in der Provinz bestehenden medicinischen und chirurgischen Gesellschaft. Aus d. Engl. von F. G. Gmelin. Stuttgart [usw.]: Cotta 1840. VI, 90 S. 8°
Nebent.: Der gegenwärtige Zustand der Vaccination.
2. 8. 10. 12: Chir. 12 m [2 Ex.] 21. 24. 27. 30. 52. 61. 300: 77 Cc 83. 302. 309.
11.8069

Baron, (John), Der gegenwärtige Standpunkt der Vaccination. Aus dem Englischen von F. G. Gmelin. (Bericht.) Stuttg. 40. Cotta. M. 1.—

Baron, Josef: Gründungsgeschichte der katholischen Kuratiegemeinde Hoppegarten (Mark). — Hoppegarten: Selbstverl. 1905. 16 S. 8° 41.
11.8071

Baron, Julius, Jurist, Prof., Bonn, 1834-1898. 1860: Abhandlungen aus dem preußischen Recht. — Berlin: Heymann 1860. IV, 143 S. 8° 1: Gr 2087. 2. 3. 5→11. 12: J. germ. 8 f. 19. 44. 208. 302.
11.8082

— Abhandlungen aus dem römischen Civilprozess (3: Civilprocess). 1–3. — Berlin: Simion 1881–87. 8°
1. Die Condictionen. 1881. 2. Die adjecticischen Klagen. 1882. 3. Der Denuntiationsprocess. 1887.
1: Gk 214. 2. 3. 5→11. 12: J. rom. m. 31 mr. 15. 16. 17. 19. 20. 21. 24. 25. 26. 28. 29. 30. 206. 302→304.
11.8083

— Angriffe auf das Erbrecht, s.a. Zeit- u. Streitfragen, deutsche.

— Angriffe auf das Erbrecht. Mit einer Nachschrift über die social-democratischen Wahlen. — Berlin: Habel 1877. 39 S. 8° (Deutsche Zeit- u. Streitfragen. 6,85.)
1: Ag 9122–6,85. 2. 3. 5. 7. 10. 11. 12: Var. 392 d–VI,85. 14. 15. 17→21. 24. 26→31. 34. 35. 36. 38. 41. 45. 47. 61. 82. 90. 93. 106. 180. 203. 205. 208. 300: 406.065–B. Bd 6,85. 302. 305.
11.8084

— Frz. Hotman's Antitribonian. Ein Beitrag zu den Codificationsbestrebungen vom XVI. bis zum XVIII. Jahrhundert. 4. (46 S.) Bern 888. (Schmid, Francke & Co.) n. 2.—

— Die Börsenenquete. — Berlin: Heymann 1895. 114 S. 8°
Aus: Archiv für bürgerliches Recht. 9. 1894.
11. 17. 21. 31. 38. 41. 48. 52. 75. 111. 205.
11.8085

[—] Das Budgetrecht des Reichstages. Von e. Conservativen. — Berlin: Stilke & van Muyden 1867. 28 S. 8°
1: Stals 684 a. 12: J. publ. G. 927–42. 109. 203. 298.
11.8086

— Commentatio ad causam Horatianam. — (Berolini 1870: Schade.) 13 S. 4°
Glückwünsche für Georg Philipp Eduard Huschke zum 50. Doktorjubiläum.
2. 7. 10. 15. 19. 27.
11.8087

Baron, Julius: De judiciorum constitutione in veteris Saxoniae urbibus. Berolini (1855). (48 S.) 8°
Berlin, Jur. Diss v. 15. Juli 1855

— Das Erbrecht in dem Entwurf eines bürgerlichen Gesetzbuchs für das deutsche Reich. 8°
Aus: Archiv für d. civilistische Praxis. 75. 1889. 52.
11.8088

Baron, Das Erbrecht in dem Entwurf eines Bürgerlichen Gesetzbuches für das Deutsche Reich. (149 S.) Freiburg i. B. 1889. J. C. B. Mohr. 3.—

Baron, J. Das staatliche Erbrecht und die Erbschaftssteuer. 8°. Leipzig, 1885.

Baron, J., s. Festgaben für Aug. Wilh. Heffter.

— Zur Fortbildung des Haftpflichtgesetzes vom 7. Juni 1871. — (Altenburg [um 1880]: Pierer.) 29 S. 8° 27.
11.8089

Baron, Julius: Die Gesammtrechtsverhältnisse am Römischen Recht. Marburg und Leipzig 1864.

— Die Gesammtrechtsverhältnisse im römischen Recht. Marburg [usw.]: Elwert 1864. XVI, 536 S. 8° 1: Gf 1609. 2→11. 12: J. rom. m. 31 n. 14→21. 24→30. 33. 34. 42. 45. 66. 111. 203. 208. 300: 145.402–B. 302→304.
11.8090

— **Geschichte des römischen Rechts.** Th. 1. — Berlin: Simion 1884. XII,471 S. 8° 1. Institutionen u. Civilprozeß.
1: G 803. 2→11. 12: Jur. in. 9t. 14. 15. 16. 19. 21. 24. 25. 26. 28. 29. 30. 122. 202. 208. 302→304.
11.8091

(—) **Gutachten betreffend die Ansprüche aus dem Münchensteiner Eisenbahnunglück vom 14. Juni 1891.** — Bern 1892: Stämpfli. 43 S. 4° 15. 16. 52. 208. 302.
11.8092

— **Die Haftung bis zur höheren Gewalt.** 8°
Aus: Archiv für d. civilistische Praxis. 78. 1892. 52. 302.
11.8093

— das Heirathen in alten u. neuen Gesetzen, s.a. Sammlung gemeinverständlicher wissenschaftlicher Vorträge.

— **Das Heirathen in alten und neuen Gesetzen.** — Berlin: Lüderitz 1874. 44 S. 8° (Sammlung gemeinverständlicher wissenschaftlicher Vorträge. 211.) 1: Ag 9016–211. 2→11. 12: Var. 366 am–211. 16→21. 23→31. 32. 35. 36. 38. 39. 41. 43. 45. 46. 47. 52. 60. 61. 62. 79. 82. 83. 84. 87. 89. 90. 93. 107. 109. 121. 169. 184. 202. 205. 208. 300: 395.139–B. Per. 9,211. 302. 304.
11.8094

Baron, d. Condictionen. Berlin 881.

— **Zur Legisactio per iudicis arbitrive postulationem und per condictionem.** 8°
Aus: Festgaben für August Wilhelm Heffter. 1873. 303.
11.8095

— **Zur Lehre vom Besitzwillen.** 8°
Aus: Jahrbücher für d. Dogmatik d. heutigen römischen u. deutschen Privatrechts. 29. 1890. 52.
11.8096

— Pandekten. gr. 8. (XXV, 959 S.) Leipzig 871. Duncker & Humblot. n. 12. —

— **Pandekten.** — Leipzig: Duncker & Humblot 1872. XXV, 949 S. 8° 1: Gb 13751. 2. 3. 6→11. 12: J. rom. c. 404c. 15. 18→21. 23. 27. 29. 30. 31. 38. 39. 43. 52. 60. 111. 203. 208. 302→304.
11.8097

— — 2., verb. u. verm. Aufl. Ebd. 1876. XX,710 S. 8° 1: Gb 13751^{2}. 2. 5. 7. 12: J. rom. c. 22b. 15. 17. 19. 21. 26. 27. 29. 30. 36. 45. 60. 122. 208. 302. 307.
11.8098

—— dass. — 3. verb. Aufl. [Unter Berücksicht. der Civilgesetzgebung des neuen deutschen Reichs.] gr. 8. (XX, 735 S.) Ebendas. 879. *

— — 4. Aufl. Ebd. 1882. XX,756 S. 8° 1: Gb 13751^{4}. 2. 8. 9. 17. 19. 21. 25. 27. 46. 47. 48. 122. 169. 208. 302.
11.8100

— — 5. Aufl. Ebd. 1885. XX,765 S. 8°
2. 11. 16→19. 23. 30. 47. 79. 111. 208. 302. 303.
11.8101

— — 6. Aufl. Ebd. 1887. XX,779 S. 8° 2. 6. 11. 15. 17. 19. 22. 27. 33. 47. 52. 169. 203. 206. 208. 309.
11.8102

— — 7., verb. Aufl. Ebd. 1890. XX,779 S. 8°
5. 10. 11. 15. 18. 19. 21. 29. 38. 169. 211. 302. 307.
11.8103

— — 8., verm. Aufl. Ebd. 1893. XX,809 S. 8°
1: Gb 13751^{8}. 5. 6. 16. 19. 22. 29. 36. 60. 106. 208. 302.
11.8104

— — 9., verm. Aufl. Ebd. 1896. XX,823 S. 8° 5. 6. 8. 9. 17. 19. 21. 25. 26. 29. 38. 41. 60. 208. 302→304.
11.8105

— **Peregrinenrecht und ius gentium.** Festschrift zum fünfzigjährigen Doctorjubiläum von Rudolph v. Jhering am 6. Aug. 1892. — Leipzig: Duncker & Humblot 1892. 40 S. 8° 1: Gk 8665. 2→8. 10. 11. 12: J. rom. m. 31 mt. 15. 16. 24. 26. 29. 52. 208. 300: 135.606–B. 302→304.
11.8106

Baron, Jul., Hamburger Theater-Dekamerone, s. Philipp, Adf.

Baron, K.: Chansons nationales letaviennes, s. Baron, Kr.

Baron, Karl

Baron, C.: Falkenauge, der weiße Häuptling, s.a. Volks-Bibliothek, Neue.

Baron, C.: Der Haidamak, s.a. Volksbibliothek, neue.

Baron, C., der skalpierte Häuptling,)
s.a. Volks-u. Jugend-Erzählungen.

Baron, Karl, Schriftsteller. 1887: **Der skalpierte Häuptling,** oder der Todeskampf von White Wood. Indianer-Erzählung. 3. Aufl. — Oberhausen [usw.]: Spaarmann [1887]. 64 S. 8° (Volks- u. Jugend-Erzählungen. 430.)
1: Ng 25258–430.
11.8108

— der Kampf am Marterpfahl,
s.a. Volks-u. Jugend-Erzählungen.

— **Der Kampf am Marterpfahl.** Eine Indianererzählung. 3. Aufl. — Styrum: Spaarmann [1887]. 64 S. 8° (Volks- u. Jugend-Erzählungen. 414.) 1: Ng 25258–414.
11.8109

– Pfadfinder, s.a. Volks-Bibliothek, Neue.

– Die Rose der Prairie, s.a. Volksbibliothek, neue.

— die „beißende Schlange",
s.a. Volks-u. Jugend-Erzählungen.

— **Die beißende Schlange oder der weiße Häuptling.** Eine Indianererzählung. 3. Aufl. — Styrum: Spaarmann [1887]. 64 S. 8° (Volks- u. Jugend-Erzählungen. 434.)
1: Ng 25258–434.
11.8110

Baron, Karl, Departementskassen- und Rechnungs-Revisor, Magdeburg. 1854: **Tabelle für den Executor über die zu erhebenden Executionsgebühren, wenn bloß ein Theil der Forderung beigetrieben ist.** 2. Aufl. — Magdeburg: Selbstverl. (1854). 14 S. 8°
9.
11.8107

– der Todeskampf v. White Wood, s.a. Volks-Bibliothek, Neue.

Baron, Karl, s.a. Volksbibliothek, Neue

Baron, Karl, s.a. Volks-und Jugenderzählungen

– die verhängnißvolle Wette, s.a. Volksbibliothek, neue.

Baron, Karl Moritz

Baron, C., M., Geschichte der Leibesübungen. Eine kurze u. populäre Darstellung der Gymnastik bei den Alten u. ihrer Weiterentwickelung bis auf die Gegenwart. Chemnitz 865. Ernesti in Comm. 8. (88 S.) n. 10 ngr.

Baron, Karl Moritz: Geschichte der Leibesübungen. — Limbach: Ernesti in Comm. 1865. 86 S. 8° 1¼. 41. 207.
11.8111

— — 2., unveränd. Abdr. Chemnitz: Ernesti 1868. 86 S. 8° 82.
11.8112

— Ein Lutherbild in Wort und Lied. Festgabe zur Feier d. 400jährigen Geburtstages Dr. Martin Luthers. — Leipzig: Klinkhardt in Komm. 1883. 24 S. 8° 1¼. 106. 207.
11.8113

Baron, M., ein Lutherbild in Wort und Lied. Festgabe zur Feier des 400jähr. Geburtstages Dr. Martin Luthers am 10. Novbr. 1883. Für die evangel. deutschen Schulen und für die Familie verfaßt. 1.—4. Aufl. gr. 8. (24 S.) Leipzig 883, Klinkhardt. * *

Baron, Kr., et Wissendorff, Chansons nationales lataviennes. — Latwju Dainas. (In litauischer Sprache.) 1.—6. livr. gr. 8. (LIV u. S. 1—520.) Mitau 894—96. (Leipzig, O. Harrassowitz.) à n. 1. 20

Baron, Kr., et H. Wissendorff, Chansons nationales lataviennes. — Latwju dainas. (In litauischer Sprache.) 7.—10. (Schluss-)Lfg. gr. 8. (S. 521—969.) Mitau 897. 898. (Leipzig, O. Harrassowitz.) à n. 1. 20

Baron, Kr., et H. Wissendorff, Chansons populaires lataviennes. — Latwju dainas. (In litauischer Sprache.) II. u. III, 1. Lex.-8. St.-Pétersbourg. (Leipzig, Voss' Sort.) n. 35. —
II. (VII, 1162 S.) 903. n. 25. —
III, 1. (VI, 658 S.) 904. n. 10. —

Baron, Kr., et H. Wissendorff, Chansons populaires lataviennes. — Latwju dainas. (In lett. Sprache.) III, 2 u. 3. Lex. 8. St.-Pétersbourg. (Leipzig, Voß' Sort.) 22. 60
2. (VIII. 784 S.) 908. 10. —. — 3. (VII, 1007 (S.) 909. 12. 60.

Baron, Kr., et H Wissendorff: Chansons populaires lataviennes. — Latwju dainas. (In lett. Spr.) 4. (7, 646) Lex8° St-Pétersbourg '10. (Lpzg, Voss'Sort.) 8 — (1—4: 75.60) d

Baron, L. F., über die Würde u. den Fortgang der Wissensch übers. von Pfingsten. gr. 8. Pest, Eggenberger. 783.

Baron, Leo, approb. Arzt aus Berlin: Ein **Fall** von **Herzverletzung** mit **Hirnembolie**. *Berlin (1904): G. Schade.* (30 S.) 8°
Leipzig, Med. Diss. v. (28. Mai 1904)

Baron, Ludwig: Häusliche Aufgaben genannt 'Schularbeiten'. — Breslau: Goerlich 1889. 20 S. 8°
Aus: Katholische Schulzeitung für Norddeutschland. 6. 1889.
2.
11.8115

— Zur Schulhygiene. Sitzerhöhungen für verwachsene und im Wachstum zurückgebliebene Schulkinder. — Breslau: Goerlich 1889. 8 S. 8° 2.
11.8116

— Zur Schulhygiene. Vorschläge zur Verbesserung einiger unzweckmäßigen Einrichtungen in Schulen. — Breslau: Goerlich 1889. 11 S. 8° 2.
11.8117

Baron, M.: L u t h e r b i l d in Wort und Lied, s. B a r o n , Karl Moritz

—— Th. Junghanns und H. Schindler, poetische Musterstücke zur deutschen Sprachschule. Für Elementarschulen zusammengestellt. 8. (80 S.) Leipzig 883, Klinkhardt. *

Baron, M., s. Muttersprache, die.

Baron, M. Die Muttersprache, s. Berthelt, Aug.

— Th. Junghanns u. H. Schindler, Proben aus den Werken neuerer Dichter. Anh. zu dem Lesebuche „Die Muttersprache" u. anderen Lesebüchern. (82 S.) gr. 8. Leipzig 903. J. Klinkhardt. n.n. — 10

Baron, M., H. Junghans und H. Schindler, deutsche Sprachschule in Uebungsbeispielen. Orthographie, Grammatik und Stil in konzentr. Kreisen. Für die Volksschule bearb. 8 Hefte und Anhang. 8. Leipzig 874,75, Klinkhardt. [1. Heft. 3.—5. verb. Aufl. (28 S.); 2. Heft. 3.—5. verb. Aufl. (39 S.); 3. Heft. 3. und 4. verb. Aufl. (40 S.); 4. Heft. 2.—4. verb. Aufl. (44 S.); 5. Heft. 2.—4. verb. Aufl. (48 S.); 6. Heft. 1. und 2. Aufl. (44 S.); 7. Heft. 1. und 2. Aufl. (52 S.); 8. Heft. (64 S.); Anhang (48 S.)] 1.—7. Heft à *
8. Heft und Anhang à *

——, Th. Junghanns und H. Schindler, deutsche Sprachschule in Uebungsbeispielen. Orthographie, Grammatik und Stil in konzentr. Kreisen. Für die Volksschule bearbeitet. 8 Hefte mit Anhang. 8. Leipzig 876—79, Klinkhardt.
1.—7. Heft à * 20 Pf.; 8. Heft mit Anhang * 30 Pf. *

Inhalt:
Heft 1. Wörtergruppen. 6.—34. Aufl. (28 S.)
" 2. Der reine einfache Satz. 6.—39. Aufl. (40 S.)
" 3. Der erweiterte einfache Satz. (1. Abthl.) 5.—34. Aufl. (40 S.)
" 4. Der erweiterte einfache Satz. (2. Abthl.) 5.—29. Aufl. (44 S.)
" 5. Der erweiterte einfache Satz. (3. Abthl.) Der zusammengezogene Satz. (1. Abthl.) Das Satzgefüge. (1. Abthl.) 5.—22. Aufl. (48 S.)
" 6. Der erweiterte einfache Satz. (4. Abthl.) Der zusammengezogene Satz. (2. Abthl.) 3.—14. Aufl. (44 S.)
" 7. Das Satzgefüge. (2. Abthl.) 3.—10. Aufl. (52 S.)
" 8. Der zusammengezogene Satz. (3. Abthl.) 1.—7. Aufl. (64 S.)
Anhang zum 8. Hefte. Gedichte, Bruchstücke und Dramen. 4. Aufl. (64 S.)

—— —— —— deutsche Sprachschule in Uebungsbeispielen. Für d. Volksschule bearb. 8 Hfte. 8. Lpzg, Klinkhardt. n. 1. 70
1. 30. Afl. (28) 80. — 2. 41. Afl. (40) 80. — 3. 30. Afl. (40) 80. — 4. 30. Afl. (44) 80. — 5. 22. Afl. (48) 79. — 6. 14. Afl. (44) 79. — 7. 10. Afl. (52) 78. à n. — 20. — 8. Mit Anh., enth. Gedichte u. dramat. Szenen z. stilist. Bearbeitg. 7. Afl. (64) 79. n. — 30

— Th. Junghanns u. J. Schindler, deutsche Sprachschule in Uebungsbeispielen. Orthographie, Grammatik u. Stil in konzentr. Kreisen. Für die Volksschule bearb. 1—8. Hft. 8. Leipzig, Klinkhardt. n. 1. 70
1. 36. Aufl. (28 S.) n. — 20. — 2. 41. Aufl. (40 S.) n. — 20. — 3. 36. Aufl. (40 S.) n. — 20. — 4. 30. Aufl. (44 S.) n. — 20. — 5. 32. Aufl. (48 S.) n. — 20. — 6. 16. Aufl. (44 S.) n. — 20. — 7. 10. Aufl. (52 S.) n. — 20. — 8. 7. Aufl. (64 S.) n. — 30.

— — — dasselbe. Für die bayerische Volksschule bearb. v. Fr. Gärtner. 4 Hfte. 2. Aufl. 8. (44, 64, 60 u. 68 S.) Ebend. 879. à n. — 20

—— —— —— dass. — Ausg. für kathol. und Simultan-Schulen. 5.—8. Heft. 8. (48; 44; 52; 64 S.) Ebendas. 876.
5.—7. Heft à * 20 Pf.; 8. Heft * 30 Pf. *
1.—4. Heft sind in dieser Ausg. nicht erschienen.

— — — dasselbe. Ausgabe für katholische u. Simultan-Schulen. 6. Hft. 15. Aufl. 8. (44 S.) Ebend. 879. n. — 20

—— —— —— dass. — Auf Grund der Lehrpläne für österreich. Volks- und Bürgerschulen bearb. von M. Stein, B. Weiner und W. Wrany. 7 Hefte und Ergänzungsheft. 8. Wien 876, [Sallmayer und Comp.] Klinkhardt. [1. und 2. Heft à * 30 Pf.; 3. und 4. Heft à * 40 Pf.; 5., 6., 7. und Ergänzungsheft à * 50 Pf.] *

Inhalt:
Heft 1. [Für das 2. Schuljahr.] (IV, 55 S.)
" 2. [Für das 3. Schuljahr.] (60 S.)
" 3. [Für das 4. Schuljahr.] (68 S.)
" 4. [Für das 5. Schuljahr.] (76 S.)
" 5. [Für das 6. Schuljahr.] (80 S.)
" 6. [Für das 7. Schuljahr.] (90 S.)
" 7. [Für das 8. Schuljahr.] (82 S.)
Ergänzungsheft. (59 S.)

Baron, M., Th. Junghanns und H. Schindler, deutsche Sprachschule in Uebungsbeispielen. Orthographie, Grammatik und Stil in konzentr. Kreisen. Auf Grund der Lehrpläne für österreichische Volks- und Bürgerschulen bearb. von M. Stein, B. Weiner und W. Wrany. 7 Hefte und Ergänzungsheft. 2. verb. Aufl. 8. Wien 876, Klinkhardt. [1. und 2. Heft à * 30 Pf.; 3. und 4. Heft à * 40 Pf.; 5., 6., 7. und Ergänzungsheft à * 50 Pf.] *

Inhalt:

Heft 1. Wörtergruppen. Der reine einfache Satz. (56 S.)
" 2. Der erweiterte einfache Satz. (1. Abthl.) (60 S.)
" 3. Der erweiterte einfache Satz. (2. Abthl.) (68 S.)
" 4. Der erweiterte einfache Satz. (3. Abthl.) (78 S.)
" 5. Der erweiterte einfache Satz. (4. Abthl.) (80 S.)
" 6. Allgemeine Wiederholung. Der erweiterte Satz. (5. Abthl.) (90 S.)
" 7. Grammatik. Wiederholung. (82 S.)
Ergänzungsheft. Redefiguren. Die Dichtungsarten. Allgemeines aus der Literaturgeschichte. Biografieen deutscher Dichter. Oesterreichs Dichter. (60 S.)

—— —— —— dass. Für österr. Volks- u. Bürgerschulen bearb. v. M Stein, B Weiner u. W Wrarny. 7 Hfte. u. Ergänzgshft. 2. Afl. Wien 78, Sallmayer u. Co. n. 3. 40

1. [Für d. 2. Schulj.] (55) n. — 30
2. [Für d. 3. Schulj.] (60) n. — 30
3. [Für d. 4. Schulj.] (68) n. — 40
4. [Für d. 5. Schulj.] (76) n. — 40
5. [Für d. 6. Schulj.] (80) n. — 50
6. [Für d. 7. Schulj.] (90) n. — 50
7. [Für d. 8. Schulj.] (82) n. — 50
Ergänzgsheft. (59) n. — 50

—— —— —— dass. — Für österreichische Volks- und Bürgerschulen bearb. von M. Stein, B. Weiner und W. Wrany. 7 Hefte und Ergänzungsheft. 8. Ebendas. 880—82. *

Inhalt:

Heft 1. Wörtergruppen. Der reine einfache Satz. 3.—5. Aufl. (56 S.) * 30 Pf.
" 2. Der erweiterte einfache Satz. 1. Abthl. 3.—5. Aufl. (60 S.) * 30 Pf.
" 3. —— dass. — 2. Abthl. 3.—5. Aufl. (68 S.) * 40 Pf.
" 4. —— dass. — 3. Abthl. 3.—5. Aufl. (78 S.) * 40 Pf.
" 5. —— dass. — 4. Abthl. 3. und 4. Aufl. (80 S.) * 50 Pf.

—— —— —— dass. — Auf Grund des vom königl. ungar. Kultus- und Unterrichts-Minister am 26. Aug. 1877 hrsg. Lehrplans zum Gebrauch für ungar. Volksschulen bearb. von Jos. Stricker, Leop. Klein und Adf. Mayer. 5 Hefte. 8. Ebendas. 876. [1. und 2. Heft à * 30 Pf.; 3. Heft * 40 Pf.; 4. und 5. Heft à * 50 Pf.] *

Inhalt:

Heft 1. Für das 2. Schuljahr. (40 S.)
" 2. Für das 3. Schuljahr. (46 S.)
" 3. Für das 4. Schuljahr. (71 S.)
" 4. Für das 5. Schuljahr. (77 S.)
" 5. Für das 6. Schuljahr. (88 S.)

—— T Junghanns u. H Schindler's Sprachschule in Uebungsbeispielen. Grammatik, Ortografie u. Stil in konzentr. Kreisen. Zum Gebrauch f. ungar. Volksschulen bearb. v. J Stricker, L Klein u. A Mayer. 1—5. Hft. Wien 78, Klinkhardt. n. 2. —

1. [Für d. 2. Schuljahr.] (40) n. — 30
2. [Für d. 3. Schuljahr.] (46) n. — 30
3. [Für d. 4. Schuljahr.] (71) n. — 40
4. [Für d. 5. Schuljahr.] (77) n. — 50
5. [Für d. 6. Schuljahr.] (88) n. — 50

— — — dasselbe. Für preuß Mittel- u. gehobene Bürgerschulen bearb. u. hrsg. v. M. Thal u. E. Buhtz. 6 Hfte. 8. Ebd. (905) n. 2. 15

1. (28 S.) — 20. — 2. (48 S.) — 25. — 3. (56 S.) — 30. — 4. (68 S.) — 30. — 5. (64 S.) — 30. — 6. (137 S.) — 60.

— Th. Junghanns u. H. Schindler, deutsche Sprachschule. Für preuß. Mittel- u. gehobene Bürgerschulen bearb. u. hrsg. v. M. Thal u. E. Buhtz. I—III. u. VI. Heft. 8. Leipzig, J. Klinkhardt. 1. 55

I. 2. Aufl. (28 S.) 907. — 20. — II. 2. Aufl. (48 S.) 907. — 25. III. 2. Aufl. (30 S.) 907. — 30. — VI. (Abschlußheft). 2. Aufl. (137 S.) 909. — 80

Baron, M., T. Junghans und H. Schindler: Deutsche Sprachschule.

—— —— —— dass. — Für die bayrischen Volksschulen bearb. von Fr. Gärtner. Ausg. A. in 6 Heften. 8. Ebendas. 880—84. *

Inhalt:

Heft 1. Wörtergruppen. Der Satz. Wortbildung. Stil. 1—4. Aufl. (40 S.) * 20 Pf.
" 2. Grammatik. Der reine einfache Satz. Die Erweiterung des einfachen Satzes durch nähere Bestimmungen. Wortbildung. Orthographie. Stil. 1.—4. Aufl. (52 S.) * 20 Pf.
" 3. Grammatik. Der reine einfache Satz. Der erweiterte einfache Satz. Wortbildung. Orthographie. Stil. 1.—4. Aufl. (64 S.) * 25 Pf.
" 4. Der erweiterte einfache Satz. Der zusammengezogene Satz. Der zusammengesetzte Satz. Wortbildung. Orthographie. Stil. 1.—3. Aufl. (76 S.) * 25 Pf.
" 5. Grammatik. Der erweiterte einfache Satz. Der zusammengezogene Satz. Der zusammengesetzte Satz. Wortbildung. Orthographie. Stil. 1.—3. Aufl. (84 S.) * 30 Pf.
" 6. Grammatik. Der einfache Satz. Der zusammengezogene Satz. Der zusammengesetzte Satz. Der verkürzte Satz. Der mehrfach zusammengesetzte Satz. Die Periode im engeren Sinne. Wortbildung. Orthographie. Stil. 1.—3. Aufl. (96 S.) * 30 Pf.

—— —— —— dass. — Grammatik, Orthographie und Stil in konzentrischen Kreisen. Für die bayrische Volksschule bearb. von Fr. Gärtner. Ausg. A. in 6 Heften. 8. Ebendas. 885—88. *

Inhalt:

Heft 1. Wörtergruppen. Der Satz. Wortbildung. Stil. 5. und 6. Aufl. (40 S.) * 20 Pf.
" 2. Grammatik. Der reine einfache Satz. Die Erweiterung des einfachen Satzes durch nähere Bestimmungen. Wortbildung. Orthographie. Stil. 5. und 6. Aufl. (52 S.) * 20 Pf.
" 3. Grammatik. Der reine einfache Satz. Der erweiterte einfache Satz. Von den Verhältniswörtern. Wortbildung. Orthographie. Stil. 5. und 6. Aufl. (64 S.) * 25 Pf.
" 4. Grammatik. Der erweiterte einfache Satz. Der zusammengezogene Satz. Der zusammengesetzte Satz. Wortbildung. Orthographie. Stil. 4. und 5. Aufl. (76 S.) * 25 Pf.
" 5. —— dass. — 4. und 5. Aufl. (84 S.) * 30 Pf.
" 6. Grammatik. Der einfache Satz. Der zusammengezogene Satz. Der zusammengesetzte Satz. Der verkürzte Satz. Der mehrfach zusammengesetzte Satz. Die Periode im engeren Sinne. Wortbildung. Orthographie. Stil. 4. und 5. Aufl. (96 S.) * 30 Pf.

—— dass. — Grammatik, Orthographie und Stil in konzentrischen Kreisen. Für die bayrische Volksschule bearb. von Fr. Gärtner. Ausg. A. in 6 Heften. 2.—6. Heft. 8. Ebd. 889—92. * 1 30

2. Grammatik. Der reine einfache Satz. Die Erweiterung des einfachen Satzes durch nähere Bestimmungen. Wortbildung. Orthographie. Stil. 7. Aufl. (52 S.) * — 20. — 3. Grammatik. Der reine einfache Satz. Der erweiterte einfache Satz. Von den Verhältniswörtern. Wortbildung. Orthographie. Stil. 7. Aufl. (64 S.) * — 25. — 4. Grammatik. Der erweiterte einfache Satz. Der zusammengezogene Satz. Der zusammengesetzte Satz. Wortbildung. Orthographie. Stil. 6. Aufl. (76 S.) * — 25. — 5. —— dass. — 6. Aufl. (84 S.) * — 30. — 6. 5. Aufl. (96 S.) * — 30.
1. Hft. Ebd. 1888. * — 20.

— dasselbe. Für die bayer. Volksschule bearb. v. Fr. Gärtner. Ausg. A. In 6 Hftn. 8. Ebd. 890—895. n. 1. 50

1. 7. Aufl. (40 S.) n. — 20. — 2. 8. Aufl. (52 S.) n. — 20
3. 8. Aufl. (64 S.) n. — 25. — 4. 7. Aufl. (76 S.) n. — 25
5. 7. Aufl. (84 S.) n. — 30. — 6. 6. Aufl. (96 S.) n. — 30

— — — dasselbe. F. d. bayer. Volksschule bearb. v. Fr. Gärtner. Ausg. A. In 6 Hftn. 8. Ebd. n. 1. 50

1. 8. Aufl. (40 S.) 896. n. — 20
2. 9. Aufl. (52 S.) 897. n. — 20
3. 10. Aufl. (64 S.) 897. n. — 25
4. 8. Aufl. (76 S.) 897. n. — 25
5. 8. Aufl. (84 S.) 898. n. — 30
6. 7. Aufl. (96 S.) 897. n. — 30

— — — dass. Für d. bayer. Volksch. bearb. v. F Gärtner. Ausg. A. In 6 Hftn. 8° Ebd. 1.50

1. 9. Afl. (40) 99. — 20 ‖ 2. 10. Afl. (52) 1900. — 20 ‖ 3. 10. Afl. (64) 97. — 25 ‖ 4. 8. Afl. (76) 97. — 25 ‖ 5. 8. Afl. (84) 98. — 30 ‖ 6. 7. Afl. (96) 97. — 30.

— — — dasselbe. Für die bayer. Volksschule bearb. v. F. Gärtner. Ausg. A. In 6 Hftn. 8. Ebd. n. 1. 50

I. 10. Aufl. (40 S.) 901. n. — 20. — II. 10. Aufl. (52 S.) 900. n. — 20. — III. 11. Aufl. (64 S.) 901. n. — 25. — IV. 9. Aufl. (76 S.) 901. n. — 25. — V. 9. Aufl. (84 S.) 902. n. — 30. — VI. 8. Aufl. (96 S.) 902. n. — 30.

— — — dass. Für d. bayer. Volksch. bearb. v. F Gärtner. Ausg. A in 6 Heften. 8° Ebd. '08. 1.50 d

I. 11. Afl. (40) — 20 ‖ II. 11. Afl. (52) — 20 ‖ III. 12. Afl. (64) — 25 ‖ IV. 10. Afl. (76) — 25 ‖ V. 10. Afl. (84) — 30 ‖ VI. 9. Afl. (96) — 30.

— — — dasselbe. Für die bayerische Volksschule bearb. v. Fr. Gärtner. Ausg. A in 6 Hftn. 8. Ebd. n. 1. 50

I. 12. Aufl. (40 S.) 906. — 20. — II. 12. Aufl. (52 S.) 906. — 20. — III. 13. Aufl. (64 S.) 906. — 25. — IV. 11. Aufl. (76 S.) 905. — 25. — V. 11. Aufl. (84 S.) 906. — 30. — VI. 9. Aufl. (96 S.) — 30.

— — — dass. Für d. bayer. Volkssch. bearb. v. Fr. Gärtner. Ausg. A (in 6 Heften). 8° Ebd. 1.50 d
I. 12. Afl. (40) '06. — 20 | II. 13. Afl. (52) '08. — 20 | III. 14. Afl. (64) '08. — 25 | IV. 12. Afl. (76) '08. — 25 | V. 11. Afl. (84) '06. — 30 | VI. 10. Afl. (96) '08. — 30.

— — — dass. — Für preußische Schulen nach der neuen Orthographie besorgt von W. Jütting. Ausg. A. in 7 Heften. 8. Ebendas. 880—84. *

Inhalt:
Heft 1. Wörtergruppen. Der Satz. Wortbildung. Stil. 1.—6. Aufl. (32 S.) * 20 Pf.
" 2. Der reine einfache Satz. Die Erweiterung des reinen einfachen Satzes durch nähere Bestimmungen. 1.—5. Aufl. (56 S.) * 20 Pf.
" 3. Der reine einfache Satz. Der erweiterte einfache Satz. Orthographie. Stil. 1.—4. Aufl. (64 S.) * 25 Pf.
" 4. Der erweiterte einfache Satz. Der zusammengezogene Satz. Der zusammengesetzte Satz. 1.—4. Aufl. (76 S.) * 25 Pf.
" 5. Der erweiterte einfache Satz. Der zusammengezogene Satz. Der zusammengesetzte Satz. Orthographie. Stil. 1.—4. Aufl. (80 S.) * 25 Pf.
" 6. Der einfache Satz. Der zusammengezogene Satz. Der zusammengesetzte Satz. Orthographie. Stil. 1.—4. Aufl. (92 S.) * 30 Pf.
" 7. Grammatik. Aus der Satzlehre. Aus der Wort- und Rektionslehre. Wortbildung. Orthographie. Stil. (112 S.) * 35 Pf.

— — — dass. — Für preußische Schulen bearb. durch W. Jütting. Ausg. A. in 7 Heften. 8. Ebendas. 885—88. *

Inhalt:
Heft 1. Wörtergruppen. Der Satz. 7.—10. Aufl. (32 S.) * 20 Pf.
" 2. Der reine einfache Satz. Die Erweiterung des reinen einfachen Satzes durch nähere Bestimmungen, 6.—10. Aufl. (56 S.) * 20 Pf.
" 3. Der reine einfache Satz. Der erweiterte einfache Satz. Orthographie. Stil. 5.—8. Aufl. (64 S.) ** 25 Pf.
" 4. Der erweiterte einfache Satz. Der zusammengezogene Satz. Der zusammengesetzte Satz. 5.—7. Aufl. (76 S.) * 25 Pf.
" 5. Der erweiterte einfache Satz. Der zusammengezogene Satz. Der zusammengesetzte Satz. Orthographie. Stil. 5.—7. Aufl. (80 S.) * 25 Pf.
" 6. Der einfache Satz. Der zusammengezogene Satz. Der zusammengesetzte Satz. Orthographie. Stil. 5. und 6. Aufl. (92 S.) * 30 Pf.
" 7. Grammatik. Aus der Satzlehre. Aus der Wort- und Rektionslehre. Wortbildung. Orthographie. Stil. 2.—4. Aufl. (112 S.) * 35 Pf.

— dass. — Für preußische Schulen bearb. durch W. Jütting. Ausg. A. in 7 Heften. 8. Ebd. 889—92. * 1 80
1. Wörtergruppen. Der Satz. 11.—15. Aufl. (32 S.) * — 20. — 2. Der reine einfache Satz. Die Erweiterung des reinen einfachen Satzes durch nähere Bestimmungen. 11.—15. Aufl. (56 S.) * — 20. — 3. Der reine einfache Satz. Der erweiterte einfache Satz. Orthographie. Stil. 9.—13. Aufl. (64 S.) * — 25. — 4. Der erweiterte einfache Satz. Der zusammengezogene Satz. Der zusammengesetzte Satz. 8.—11. Aufl. (76 S.) * — 25. — 5. Der erweiterte einfache Satz. Der zusammengezogene Satz. Der zusammengesetzte Satz. Orthographie. Stil. 8.—10. Aufl. (80 S.) * — 25. — 6. Der einfache Satz. Der zusammengezogene Satz. Der zusammengesetzte Satz. Orthographie. Stil. 7. u. 8. Aufl. (92 S.) * — 30. — 7. Grammatik. Aus der Satzlehre. Aus der Wort- und Rektionslehre. Wortbildung. Orthographie. Stil. 5. u. 6. Aufl. (112 S.) * — 35.

— — — dasselbe. Für preuß. Schulen bearb. durch W. Jütting. Ausg. A. In 7 Hftn. 8. Ebd. 894. n. 1.80
1. 18. Aufl. (32 S.) n. — 20. — 2. 17. Aufl. (56 S.) n. — 20
3. 15. Aufl. (64 S.) n. — 25. — 4. 13. Aufl. (76 S.) n. — 25
5. 11. Aufl. (84 S.) n. — 25. — 6. 9. Aufl. (92 S.) n. — 30
7. 6. Aufl. (112 S.) n. — 35.

— — — dass. Für preuss. Schulen bearb. durch W Jütting. Asg. A. In 7 Hftn. 8° Ebd. 1.80
1. 18. Afl. (32) 94. — 20 | 2. 18. Afl. (56) 95. — 20 | 3. 15. Afl. (64) 94. — 25 | 4. 14. Afl. (76) 95. — 25 | 5. 12. Afl. (80) 95. — 25 | 6. 10. Afl. (92) 95. — 30 | 7. 6. Afl. (112) 93. — 35.

— — — dasselbe. F. d. preuß. Schulen bearb. durch W. Jütting. Ausg. A. In 7 Hftn. 8 Ebd. n. 1.80
1. 23. Aufl. (32 S.) 898. n. — 20
2. 22. Aufl. (56 S.) 898. n. — 20
3. 19. Aufl. (64 S.) 898. n. — 25
4. 16. Aufl. (76 S.) 897. n. — 25
5. 14. Aufl. (80 S.) 898. n. — 25
6. 11. Aufl. (92 S.) 897. n. — 30
7. 7. Aufl. (112 S.) 896. n. — 35

Baron, M, T Junghanns u. H **Schindler**: Deut. Sprachschule. Orthogr., Grammatik u. Stil in konzentr. Kreisen. Für preuss. Schulen bearb. v. W Jütting. Asg. A in 7 Hftn. 8° Lpzg, J Klinkhardt. 1.80
1. 26. Afl. (32) 1900. — 20 | 2. 25. Afl. (56) 1900. — 20 | 3. 22. Afl. (64) 1900. — 25 | 4. 18. Afl. (76) 1900. — 25 | 5. 16. Afl. (80) 1900. — 25 | 6. 12. Afl. (92) 99. — 30 | 7. 8. Afl. (112) 1900. — 35.

— — — dasselbe. Für preuß. Schulen bearb. v. W. Jütting. Ausg. A. In 7 Hftn. 8. Ebd. n. 1.80
I. 27. Aufl. (32 S.) 901. n. — 20. — II. 27. Aufl. (56 S.) 902. n. — 20. — III. 23. Aufl. (64 S.) 901. n. — 25. — IV. 20. Aufl. (76 S.) 902. n. — 25. — V. 17. Aufl. (80 S.) 902. n. — 25. — VI. 14. Aufl. (92 S.) 902. n. — 30. — VII. 9. Aufl. (112 S.) 902. n. — 35.

— — — dass. Für preuss, Schulen bearb. v. W Jütting. Ausg. A. In 7 Heften. 8° Ebd. 1.80 d
I. 30. Afl. (32) '03. — 20 | II. 29. Afl. (56) '03. — 20 | III. 25. Afl. (64) '03. — 25 | IV. 21. Afl. (76) '03. — 25 | V. 18. Afl. (80) '03. — 25 | VI. 14. Afl. (92) '02. — 30 | VII. 10. Afl. (112) '03. — 35.

— — — dass. Für preuss. Schulen bearb. durch W Jütting. Ausg. A (in 7 Heften). I—VI. Heft. 8° Ebd. 1.45 d
I. 32. Afl. (32) '05. — 20 | II. 31. Afl. (56) '05. — 20 | III. 26. Afl. (64) '04. — 25 | IV. 22. Afl. (76) '05. — 25 | V. 20. Afl. (80) '05. — 25 | VI. 16. Afl. (92) '05. — 30.

— — — dasselbe. Für preuß. Schulen bearb. durch W. Jütting. Ausg. A in 7 Hftn. 8. Ebd. n. 1.80
I. 33. Aufl. (32 S.) 906. — 20. — II. 32. Aufl. (56 S.) 906. — 20. — III. 28. Aufl. (64 S.) 906. — 25. — IV. 24. Aufl. (76 S.) 906. — 25. — V. 21. Aufl. (80 S.) 906. — 25. — VI. 16. Aufl. (92 S.) 905. — 30. — VII. 10. Aufl. (112 S.) 903. — 35.

— — — dasselbe. Für preuß. Schulen bearb. durch W. Jütting. Ausg. A in 7 Heften. 8. Ebd. 1.80
I. 30. Aufl. (32 S.) 909. — 20. — II. 35. Aufl. (56 S.) 909. — 20. — III. 30. Aufl. (64 S.) 908. — 25. — IV. 26. Aufl. (76 S.) 908. — 25. — V. 23. Aufl. (80 S.) 909. — 25. — VI. 18. Aufl. (92 S.) 908. — 30. — VII. 11. Aufl. (112 S.) 907. — 35.

Baron, M., Th. Junghanns und H. Schindler, deutsche Sprachschule in Uebungsbeispielen. Orthographie, Grammatik und Stil in konzentrischen Kreisen. Für die Volksschule bearb. Ausg. A. in 7 Heften. 8. Leipzig 881—84, Klinkhardt. *

Inhalt:
Heft 1. Vorübungen für die Rechtschreibung. 37.—43 Aufl. (40 S.) * 20 Pf.
" 2. Rechtschreibung. Wortbildung. Wort- und Satzlehre. Aufsatz. 43.—49. Aufl. (48 S.) * 20 Pf.
" 3. —— dass. — 38.—44. Aufl. (64 S.) * 20 Pf.
" 4. —— dass. — 32.—36. Aufl. (64 S.) * 20 Pf.
" 5. Rechtschreibung. Wortbildung. Wort- und Satzlehre. Stil. 25.—29. Aufl. (64 S.) * 20 Pf.
" 6. —— dass. — 18.—21. Aufl. (64 S.) * 25 Pf.
" 7. —— dass. — 11. und 12. Aufl. (82 S.) * 25 Pf.

— Th. Junghanns u. H. Schindler, deutsche Sprachschule. Orthographie, Grammatik u. Stil in konzentr. Kreisen. Ausg. A. In 7 Hftn. 8. Leipzig 892—895. J. Klinkhardt. n. 1.50
1. 57. Aufl. (40 S.) n. — 20. — 2. 62. Aufl. (48 S.) n. — 20
3. 55. Aufl. (64 S.) n. — 20. — 4. 47. Aufl. (64 S.) n. — 20
5. 37. Aufl. (64 S.) n. — 20. — 6. 27. Aufl. (82 S.) n. — 25
7. 16. Aufl. (82 S.) n. — 25.

— Th. Junghanns u. H. Schindler, Deutsche Sprachschule. Orthographie, Grammatik u. Stil i. konzentr. Kreisen. Ausg. A. In 7 Hften. 8. Leipzig, J. Klinkhardt. n. 1.50
1. 61. Aufl. (40 S.) 899. n. — 20
2. 65. Aufl. (48 S.) 898. n. — 20
3. 58. Aufl. (64 S.) 898. n. — 20
4. 50. Aufl. (64 S.) 898. n. — 20
5. 40. Aufl. (64 S.) 898. n. — 20
6. 30. Aufl. (82 S.) 898. n. — 25
7. 18. Aufl. (82 S.) 898. n. — 25

— — — dasselbe. Ausg. A. In 7 Hften. u. e. Literaturheft. 8. Ebend. 881. 82. n. 1.75
1. 40. umgearb. Aufl. (40 S.) n. — 20. — 2. 46. umgearb. Aufl. (48 S.) n. — 20. — 3. 40. umgearb. Aufl. (64 S.) n. — 20. — 4. 34. umgearb. Aufl. (64 S.) n. — 20. — 5. 26. umgearb. Aufl. (64 S.) n. — 20. — 6. 20. umgearb. Aufl. (80 S.) n. — 25. — 7. 11. umgearb. Aufl. (82 S.) n. — 25. — Literaturheft. 4. Aufl. (80 S.) n. — 25.

— — — deutsche Sprachschule. Orthographie, Grammatik u. Stil in konzentr. Kreisen. Ausg. A. In 7 Hftn. u. e. Litteraturhft. 8. Ebend. 885. 86. n. 1.75
1. 46. Aufl. (40 S.) n. — 20. — 2. 52. Aufl. (48 S.) n. — 20. — 3. 44. Aufl. (64 S.) n. — 20. — 4. 39. Aufl. (64 S.) n. — 20. — 5. 30. Aufl. (64 S.) n. — 20. — 6. 22. Aufl. (82 S.) n. — 25. — 7. 12. Aufl. (82 S.) n. — 25. — Litteraturheft. 7. Aufl. (80 S.) n. — 25.

— Th. Junghanns und H. Schindler, deutsche Sprachschule. Orthographie, Grammatik und Stil in konzentrischen Kreisen. Ausg. A. in 7 Heften und 1 Litteraturheft. 8. Leipzig 885—88, Klinkhardt. *

Inhalt:
Heft 1. Vorübungen für die Rechtschreibung. Grammatik. 44.—49. Aufl. (40 S.) * 20 Pf.
" 2. Rechtschreibung. Wortbildung. Wort- und Satzlehre. Aufsatz. 50.—55. Aufl. (48 S.) * 20 Pf.
" 3. —— dass. — 45.—49. Aufl. (64 S.) * 20 Pf.
" 4. —— dass. — 37.—41. Aufl. (64 S.) * 20 Pf.
" 5. Rechtschreibung. Wortbildung. Wort- und Satzlehre. Stil. 30.—33. Aufl. (64 S.) * 20 Pf.
" 6. —— dass. — 22.—24. Aufl. (82 S.) * 25 Pf.
" 7. —— dass. — 13. und 14. Aufl. (82 S.) * 25 Pf.
Litteraturheft (s. unten). * 25 Pf.

—— Th. Junghanns u. H. Schindler. Deutsche Sprachschule. Orthographie, Grammatik u. Stil in konzentrischen Kreisen. Ausg. A. in 7 Heften u. 1 Litteraturheft. 8. Lpz. 889—92, Klinkhardt. * 1 75
1. Vorübungen für die Rechtschreibung. Grammatik. 50—55. Aufl. (40 S.) * — 20. — 2. Rechtschreibung. Wortbildung. Wort- und Satzlehre. Aufsatz. 56.—60. Aufl. (48 S.) * — 20. — 3. —— dass. — 50.—53. Aufl. (64 S.) * — 20. — 4. —— dass. — 42.—45. Aufl. (64 S.) * — 20. — 5. Rechtschreibung. Wortbildung. Wort- und Satzlehre. Stil. 34.—36. Aufl. (64 S.) * — 20. — 6. —— dass. — 25. u. 26. Aufl. (82 S.) * — 25. — 7. —— dass. — 15. u. 16. Aufl. (82 S.) * — 25. Litteraturheft [s. nach Ausg. H.]. * — 25.

— T Junghanns u. H Schindler, deut. Sprachschule. Orthographie, Grammatik u. Stil in konzentr. Kreisen. Asg. A. In 7 Hftn u. e. Litteraturhft. 8° Lpzg, J Klinkhardt. 1.75
1. 58. Afl. (40) 95. — 20 ‖ 2. 62. Afl. (48) 94. — 20 ‖ 3. 56. Afl. (64) 95. — 20 ‖ 4. 47. Afl. (64) 95. — 20 ‖ 5. 38. Afl. (64) 95. — 20 ‖ 6. 28. Afl. (82) 95. — 25 ‖ 7. 17. Afl. (82) 95. — 25 ‖ Litteraturhft. 10. Afl. (80) 93. — 25.

— T Junghanns u. H Schindler: Deut. Sprachschule. Orthogr., Grammatik u. Stil in konzentr. Kreisen. Asg. A. In 7 Hftn u. 1 Litt.-Hft. 8° Lpzg, J Klinkhardt. 1.75
1. 63. Afl. (40) 1900. — 20 ‖ 2. 68. Afl. (48) 1900. — 20 ‖ 3. 60. Afl. (64) 1900. — 20 ‖ 4. 51. Afl. (64) 1900. — 20 ‖ 5. 41. Afl. (64) 1900. — 20 ‖ 6. 31. Afl. (82) 1900. — 25 ‖ 7. 18. Afl. (82) 98. — 25 ‖ Litt.-Hft. Für d. Oberkl. d. Volks- u. Bürgersch. u. f. Fortbildgssch. 12. Afl. (80) 96. — 25.

— Th. Junghanns u. H. Schindler, deutsche Sprachschule. Orthographie, Grammatik u. Stil in konzentr. Kreisen. Ausg. A. In 7 Hftn. u. 1 Litteraturheft. 8. Leipzig, J. Klinkhardt. n. 1. 55
I. 65. Aufl. (40 S.) 902. n. — 20. — II. 69. Aufl. (48 S.) 901. n. — 20. — III. 62. Aufl. (64 S.) 902. n. — 20. — IV. 52. Aufl. (64 S.) 901. n. — 20. — V. 42. Aufl. (64 S.) 901. n. — 20. — VI. 32. Aufl. (82 S.) 902. n. — 30. — VII. 19. Aufl. (82 S.) 901. n. — 25.

— — — Deut. Sprachsch. Orthogr., Grammatik u. Stil in konzentr. Kreisen. Ausg. A. (In 7 Heften u. 1 Litt.-Heft.) I—VII. Heft. 8° Ebd. 1.55 d
I. 66. Afl. (40) '03. — 20 ‖ II. 70. Afl. (48) '03. — 20 ‖ III. 63. Afl. (64) '03. — 20 ‖ IV. 53. Afl. (64) '03. — 20 ‖ V. 43. Afl. (64) '03. — 20 ‖ VI. 32. Afl. (82) '03. — 30 ‖ VII. 20. Afl. (82) '03. — 25.

— — — Deut. Sprachsch. Sprachlehre, Rechtschreibg u. Aufsatz in konzentr. Kreisen. Ausg. A. (In 7 Heften u. 1 Lit.-Heft.) I—VI. Heft. 8° Ebd. 1.25 d
I. 68. Afl. (40) '05. — 20 ‖ II. 72. Afl. (48) '04. — 20 ‖ III. 65. Aufl. (64) '05. — 20 ‖ IV. 55. Afl. (64) '05. — 20 ‖ V. 45. Afl. (64) '05. — 20 ‖ VI. 33. Afl. (82) '04. — 25.

Baron, M., Th. Junghanns u. H. Schindler, deutsche Sprachschule. Sprachlehre, Rechtschreibg. u. Aufsatz in konzentr. Kreisen. Ausg. A. (In 7 Heften u. 1 Literaturheft.) I.—VII. Heft. 8. Leipzig, J. Klinkhardt. n. 1. 50
I. 70. Aufl. (40 S.) 906. — 20. — II. 73. Aufl. (48 S.) 905. — 20. — III. 66. Aufl. (64 S.) 906. — 20. — IV. 56. Aufl. (64 S.) 906. — 20. — V. 45. Aufl. (64 S.) 905. — 20. — VI. 34. Aufl. (82 S.) 906. — 25. — VII. 22. Aufl. (82 S.) 906. — 25.

— — — dasselbe. Sprachlehre, Rechtschreibg. u. Aufsatz in konzentr. Kreis. Ausg. A. (In 7 Heften u. 1 Literaturheft.) I.—VII. Heft. 8. Ebd. 1. 50
I. 73. Aufl. (40 S.) 909. — 20. — II. 75. Aufl. (48 S.) 908. — 20. — III. 67. Aufl. (64 S.) 908. — 20. — IV. 57. Aufl. (64 S.) 908. — 20. — V. 47. Aufl. (64 S.) 908. — 20. — VI. 36. Aufl. (82 S.) 909. — 25. — VII. 24. Aufl. (82 S.) 908. — 25.

— Junghanns u. Schindler: Deut. Sprachsch. Sprachlehre, Rechtschreibg u. Aufsatz in konzentr. Kreisen. Ausg. A (in 7 Heften u. 1 Lit.-Heft.) 8° Lpzg, J Klinkhardt. d
I. 75. Afl. (40) '11. — 20 ‖ II. 77. Afl. (48) '11. — 20 ‖ III. 68. Afl. (64) '10. — 20 ‖ IV. 59. Afl. (64) '11. — 20 ‖ V. 49. Afl. (64) '11. — 20 ‖ VI. 37. Afl. (82) '11. — 25 ‖ VII. 25. Afl. (82) '11. — 25

— — — dasselbe. Übungsaufgaben f. den deutschen Sprachunterricht im Anschluß an Sprachstücke. Ausg. A in 7 Hstn. u. 1 Literaturheft. Umgearb. v. Emil Rasche. I.—III. Hst. 1. u. 2. Aufl., IV. u. V. Hst. (32, 40, 56, 64 u. 64 S.) 8. Ebd. (906). à n. — 20

— — — dass. Übgsaufg. f. d. deut. Sprachunterr. im Anschl. an Sprachstücke. Bearb. v. Emil Rasche. Ausg. A (in 7 Heften u. 1 Lit.-Heft). I—VII. Heft. 8° Ebd. 1.50 d
I. 1—4. Afl. (32) '06—9. — 20 ‖ II. 1—4. Afl. (40) '06—9. — 20 ‖ III. 1—4. Afl. (56) '06—9. — 20 ‖ IV. 1—3. Afl. (64) '06—8. — 20 ‖ V. 1—3. Afl. (64) '06—8. — 20 ‖ VI. 1—3. Afl. (84) '06—9. — 25 ‖ VII. 1. u. 2. Afl. (80) '06—8. — 25.

—— —— —— deutsche Sprachschule in Uebungsbeispielen. Orthographie, Grammatik und Stil in konzentrischen Kreisen. Für die Volksschule bearb. Ausg. A. in 8 Heften. 1.—6. Heft. 8. Ebendas. 879,80. à Heft * 20 Pf. *
Inhalt:
Heft 1. Wörtergruppen. 35. und 36. Aufl. (28 S.)
" 2. Der reine einfache Satz. 40.—42. Aufl. (40 S.)
" 3. Der erweiterte einfache Satz. (1. Abthl.) 35.—37. Aufl. (40 S.)
" 4. —— dass. — (2. Abthl.) 30. und 31. Aufl. (44 S.)
" 5. —— dass. — (3. Abthl.) Der zusammengezogene Satz. (1. Abthl.) Das Satzgefüge. (1. Abthl.) 23. und 24. Aufl. (48 S.)
" 6. —— dass. — (4. Abthl.) Der zusammengezogene Satz. (2. Abthl.) 15.—17. Aufl. (44 S.)
7. und 8. Heft. Ebendas. 1878,79. à * 20 Pf.

Baron, M., T. Junghans und H. Schindler: Deutsche Sprachschule.

—— — - —— dass. — Ausg. B. von M. Stein, V. Weiner und W. Wrany für ein- bis vierklassige österreichische Volksschulen. 8 Hefte. 8. Leipzig, Klinkhardt. *
Inhalt:
Heft 1. Unterstufe. (2. und 3. Schuljahr.) Wörtergruppen. Der reine einfache Satz. Rechtschreibung. Stilaufgaben. 1. und 2. Aufl. (32 S.) 879,82. * 30 Pf.
" 2. Mittelstufe. (4. und 5. Schuljahr.) Der reine einfache Satz. Der erweiterte einfache Satz. Wortbildung. Rechtschreibung. Stilaufgaben. 1. und 2. Aufl. (108 S.) 879,81. * 40 Pf.
" 3. Oberstufe. (6., 7. und 8. Schuljahr.) Der erweiterte einfache Satz. Der einfache und der mehrfache Satz. Der unvollständige Satz. Der verkürzte Satz. Der Schaltsatz. Der mehrfach zusammengezogene Satz. Die Periode. Wortbildung. Rechtschreibung. Stilaufgaben. 1. und 2. Aufl. (140 S.) 879,81. * 50 Pf.

—— —— —— dass. — Ausg. B. in 3 Heften. 8. Ebendas. 880—84. *
Inhalt:
Heft 1. Wörtergruppen. Der reine einfache (nackte) Satz. Die Satzaussage. Die drei Hauptzeiten. Die Erweiterung des Satzes durch nähere Bestimmungen. Wortbildung. Stil. 3.—19. Aufl. (52 S.) * 20 Pf.
" 2. Der reine einfache (nackte) Satz. Der erweiterte einfache Satz. Der zusammengezogene Satz. Der zusammengesetzte Satz. Wortbildung. Orthographie. Stil. Wörterverzeichnis. 3.—18. Aufl. (96 S.) * 30 Pf.
" 3. Der erweiterte einfache Satz. Der zusammengesetzte Satz. Wortbildung. Orthographie. Stil. Wörterverzeichnis. 3.—13. Aufl. (88 S.) * 30 Pf.

—— —— —— dass. Für d. bayer. Volksschule bearb. v. F Gärtner. Asg. B. [in 3 Hftn.] m. Literaturheft. 8. Ebd. 80. n. 1. 5
1. 4. Afl. (52) n. — 20. — 2. 4. Afl. (96) n. — 30. — 3. 4. Afl. (88) n. — 30. — Literaturheft. 3. Afl. (80) n. — 25

—— —— —— dass. — Ausg. B. in 3 Heften. 8. Ebendas. 885—88. *
Inhalt:
Heft 1. Für die Unterklasse (2. und 3. Schuljahr). Wörtergruppen. Der reine einfache (nackte) Satz. Die Satzaussage. Die drei Hauptzeiten. Die Erweiterung des Satzes durch nähere Bestimmungen. Wortbildung. Stil. 20.—31. Aufl. (52 S.) * 20 Pf.
" 2. Für die Mittelklasse (4. und 5. Schuljahr). Der reine einfache (nackte) Satz. Der erweiterte einfache Satz. Der zusammengezogene Satz. Der zusammengesetzte Satz. Wortbildung. Orthographie. Stil. Wörterverzeichnis. 19.—29. Aufl. (96 S.) * 30 Pf.
" 3. Für die Oberklasse (6. und 7. Schuljahr). Grammatik. Der erweiterte einfache Satz. Der zusammengesetzte Satz. Wortbildung. Orthographie. Stil. Wörterverzeichnis. 14.—20. Aufl. (88 S.) * 30 Pf.

—— dass. — Ausg. B. in 3 Heften. 8. Ebd. 889—92. * — 80
1. Für die Unterklasse (2. u. 3. Schuljahr). Wörtergruppen. Der reine einfache (nackte) Satz. Die Satzaussage. Die drei Hauptzeiten. Die Erweiterung des Satzes durch nähere Bestimmungen. Wortbildung. Stil. 32.—39. Aufl. (52 S.) * — 20. — 2. Für die Mittelklasse (4. u. 5. Schuljahr). Der reine einfache (nackte) Satz. Der erweiterte einfache Satz. Der zusammengezogene Satz. Der zusammengesetzte Satz. Wortbildung. Orthographie. Stil. Wörterverzeichnis. 30.—37. Aufl. (96 S.) * — 30. — 3. Für die Oberklasse (6. u. 7. Schuljahr). Grammatik. Der erweiterte einfache Satz. Der zusammengesetzte Satz. Wortbildung. Orthographie. Stil. Wörterverzeichnis. 21.—25. Aufl. (88 S.) * — 30

— — — dasselbe. Ausg. B. In 3 Hstn. 8. Ebd. 894. 895. n. — 80
1. Für die Unterklasse (2. u. 3. Schulj.). 42. Aufl. (52 S.) n. — 20. — 2. Für die Mittelklasse (4. u. 5. Schulj.). 41. Aufl. (96 S.) n. — 30. — 3. Für die Oberklasse (6. u. 7. Schulj.). 28. Aufl. (88 S.) n. — 30.

— — — dass. Asg. B. In 3 Hftn. 8° Ebd. 95. — 80
1. Für d. Unterklasse (2. u. 3. Schulj.). 43. Afl. (52) — 20
2. Für d. Mittelklasse (4. u. 5. Schulj.). 42. Afl. (96) — 30
3. Für d. Oberklasse (6. u. 7. Schulj.). 29. Afl. (88) — 30

— — — dasselbe. Ausg. B. In 3 Hstn. 8. Ebd. n. — 80
1. F. d. Unterklasse (2. u. 3. Schulj.). 47. Aufl. (52 S.) 898. n. — 20
2. F. d. Mittelklasse (4. u. 5. Schulj.). 47. Aufl. (96 S.) 898. n. — 30
3. F. d. Oberklasse (6. u. 7. Schulj.). 33. Aufl. (88 S.) 898. n. — 30

— — — dass. Asg. B. In 3 Hftn. 8° Ebd. 1900. — 80
1. Unterkl. (2. u. 3. Schulj.). 49. Afl. (52) 1900. — 20 ‖ 2. Mittelkl. (4. u. 5. Schulj.). 50. Afl. (96) 1900. — 30 ‖ 3. Oberst. (6. u. 7. Schulj.). 35. Afl. (88) 1900. — 30.

— — — dasselbe. Ausg. B. In 3 Hftn. 8. Ebd. n. — 80
I. Für die Unterklasse (2. u. 3. Schulj.). 52. Aufl. (52 S.) 902. n. — 20. — II. Für die Mittelklasse (4. u. 5. Schulj.) 52. Aufl. (96 S.) 901. n. — 30. — III. Für die Oberklasse (6. u. 7. Schulj.). 37. Aufl. (88 S.) 902. n. — 30.

— — — dass. Ausg. B in 3 Heften. 8° Ebd. '03. — 80 d
I. Unterkl. (2. u. 3. Schulj.). 53. Afl. (52) — 20 ‖ II. Mittelkl. (4. u. 5. Schulj.). 55. Afl. (96) — 30 ‖ III. Oberkl. (6. u. 7. Schulj.). 39. Afl. (88) — 30.

— — — dass. Für d. bayer. Volkssch. bearb. v. F Gärtner. Ausg. B in 3 Heften. 8° Ebd. '05. — 80 d
I. Unterkl. (2. u. 3. Schulj.). 56. Afl. (52) — 20 ‖ II. Mittelkl. (4. u. 5. Schulj.). 59. Afl. (96) — 30 ‖ III. Oberkl. (6. u. 7. Schulj.). 42. Afl. (88) — 30.

— — — dasselbe. Ausg. B in 3 Hftn. 8. Ebd. n. — 80
I. Für die Unterklasse (2. u. 3. Schulj.). 58. Aufl. (52 S.) 906. n. — 20. — II. Für die Mittelklasse (4. u. 5. Schulj.). 61. u. 62. Aufl. (à 96 S.) 906. n. — 30. — III. Für die Oberklasse (6. u. 7. Schulj.). 43. u. 44. Aufl. (à 88 S.) 906. n. — 30.

— — — dasselbe. Für bayer. Schul. bearb. v. Fr. Gärtner. Ausg. B in drei Heften. 8. Ebd. — 80
I. 61. Aufl. (52 S.) 909. — 20. — II. 66. Aufl. (96 S.) 909. — 30. — III. 47. Aufl. (88 S.) 909. — 30.

— — — dass., f. bayer. Schulen bearb. v. Fr. Gärtner. Ausg. B (in 3 Heften). III. Heft. 48. Afl. (88) 8° Ebd. '10. — 30 d

— — — dass. — Ausg. B. 4 Hefte. 8. Ebendas. 880—81. *
Inhalt:
Heft 1. Wörtergruppen. Orthographische und grammatikalische Vorübungen. Der Satz. Wortbildung. Stil. 1.—32. Aufl. (40 S.) * 20 Pf.
" 2. Der reine einfache Satz. Der erweiterte einfache Satz. Wortbildung. Orthographie. Stil. 1.—22. Aufl. (64 S.) * 20 Pf.
" 3. Der erweiterte einfache Satz. Die wörtliche Rede. Der zusammengezogene Satz. Der zusammengesetzte Satz. Orthographie. Stil. 1.—18. Aufl. (72 S.) * 25 Pf.
" 4. Der einfache Satz. Der zusammengezogene Satz. Der zusammengesetzte Satz. Orthographie. Stil. 1.—13. Aufl. (80 S.) * 25 Pf.

Baron, M., Th. Junghanns und H. Schindler, deutsche Sprachschule. Orthographie, Grammatik und Stil in konzentrischen Kreisen. Für preußische Schulen bearb. durch W. Jütting. Ausg. B. 4 Hefte. 8. Leipzig 885—88, Klinkhardt. *
Inhalt:
Heft 1. Wörtergruppen. Orthographische und grammatikalische Vorübungen. Der Satz. Wortbildung. Stil. 23.—37. Aufl. (40 S.) * 20 Pf.
" 2. Der reine einfache Satz. Der erweiterte einfache Satz. Wortbildung. Orthographie. Stil. 23.—39. Aufl. (64 S.) * 20 Pf.
" 3. Der erweiterte einfache Satz. Die wörtliche Rede. Der zusammengezogene Satz. Der zusammengesetzte Satz. Orthographie. Stil. 19.—27. Aufl. (72 S.) * 25 Pf.
" 4. Der einfache Satz. Der zusammengezogene Satz. Der zusammengesetzte Satz. Orthographie. Stil. 14. und 15. Aufl. (80 S.) * 25 Pf.

— — dass. — Für preußische Schulen bearb. durch W. Jütting. Ausg. B. 4 Hefte. 8. Ebd. 889—92. * — 90
1. Wörtergruppen. Orthographische und grammatikalische Vorübungen. Der Satz. Wortbildung. Stil. 38.—54. Aufl. (40 S.) * — 20. — 2. Der reine einfache Satz. Der erweiterte einfache Satz. Wortbildung. Orthographie. Stil. 40.—55. Aufl. (64 S.) * — 20. — 3. Der erweiterte einfache Satz. Die wörtliche Rede. Der zusammengezogene Satz. Der zusammengesetzte Satz. Orthographie. Stil. 28.—39. Aufl. (72 S.) * — 25. — 4. Der einfache Satz. Der zusammengezogene Satz. Der zusammengesetzte Satz. Orthographie. Stil. 16.—23. Aufl. (80 S.) * — 25.

— — — dasselbe. Ausg. B. In 4 Hftn. 8. Ebd. à n. — 20
1. 51. Aufl. (32 S.) 898.
2. 51. Aufl. (64 S.) 898.
3. 41. Aufl. (64 S.) 898.
4. 28. Aufl. (80 S.) 898. n. — 25

— — — dass. Asg. B. In 4 Hftn. 8° Ebd. 95. — 90
1. 2. 68. Afl. (40 u. 64) à — 20 ‖ 3. 46. Afl. (72) — 25 ‖ 4. 27. Afl. (80) — 25.

— — — dasselbe. Ausg. B. In 4 Hftn. 8. Ebd. 898. n. — 90
1. 77. Aufl. (40 S.) n. — 20
2. 77. Aufl. (64 S.) n. — 20
3. 51. Aufl. (72 S.) n. — 25
4. 32. Aufl. (80 S.) n. — 25

— — — dass. Ausg. B in 4 Hftn. 8° Ebd. — 90
1. 84. Afl. (40) 1900. — 20 ‖ 2. 84. Afl. (64) 1900. — 20 ‖ 3. 59. Afl. (72) 1900. — 25 ‖ 4. 34. Afl. (80) 1900. — 25.

— — — dasselbe. Ausg. B. In 4 Hftn. 8. Ebd. n. — 90
I. 90. Aufl. (40 S.) 902. n. — 20. — II. 89. Aufl. (64 S.) 902. n. — 20. — III. 63. Aufl. (72 S.) 902. n. — 25. — IV. 35. Aufl. (80 S.) 901. n. — 25.

Baron, M, T Junghanns u. H Schindler: Deut. Sprachsch. Orthogr., Grammatik u. Stil in konzentr. Kreisen. Für preuss. Schulen bearb. v. W Jütting. Ausg. B in 4 Heften. 8° Lpzg, J Klinkhardt '03. — 90 d
I. 91. Afl. (40) — 20 ‖ II. 91. Afl. (64) — 20 ‖ III. 64. Afl. (72) — 25 ‖ IV. 37. Afl. (40) — 25.

— — — dass. Ausg. B in 4 Heften. 8° Ebd. '05. — 90 d
I. 97. Afl. (40) — 20 ‖ II. 96. Afl. (64) — 20 ‖ III. 68. Afl. (72) — 25 ‖ IV. 40. Afl. (80) — 25.

— — — dasselbe. Ausg. B in 4 Hftn. 8. Ebd. n. — 90
I. 99. Aufl. (40 S.) 906. — 20. — II. 98. Aufl. (64 S.) 906. — 20. — III. 69. Aufl. (72 S.) 906. — 25. — IV. 40. Aufl. (80 S.) 905. — 25.

— — — dasselbe. Ausg. B in 4 Heften. 8. Ebd. — 90
I. 104. Aufl. (40 S.) 909. — 20. — II. 103. Aufl. (64 S.) 909. — 20. — III. 72. Aufl. (72 S.) 908. — 25. — IV. 41. Aufl. (80 S.) 907. — 25.

— — — dasselbe. Für preuß. Schulen neu bearb. v. M. Thal. Ausg. B. In 4 Hftn.) 8. Ebd. 900. n. 1. —
1. (44 S.) n. — 20. — 2. (64 S.) n. — 20.
3. (96 S.) n. — 30. — 4. (96 S.) n. — 30.

— — — dass. Für preuss. Schulen neu bearb. v. M Thal. Ausg. B in 4 Heften. 2. Afl. 8° Ebd. '03. 1 — d
1. (44) — 20 ‖ 2. (64) — 20 ‖ 3. (96) — 30 ‖ 4. (96) — 30.
Neue Afl. u. d. T.:

— — — dass. Für preuss. Schulen neu bearb. v. M Thal. Ausg. B in 4 Heften. 8° Ebd. '04. 1 — d
I. 3. Afl. (44) — 20 ‖ II. 3. Afl. (64) — 20 ‖ III. 3. Afl. (96) — 30 ‖ IV. 2. Afl. (96) — 30.

— — — dasselbe. Für preuß. Schulen neu bearb. v. M. Thal. Ausg. B in 4 Hftn. gr. 8. Ebd. n. 1. —
I. 4., neu durchgeseh. Aufl. (44 S.) 906. — 20. — II. 4., neu durchgeseh. Aufl. (64 S.) 906. — 20. — III. 4. Aufl. (96 S.) 905. — 30. — IV. 2., nach der neuen Rechtschreibg. durchgeseh. Aufl. (96 S.) 904. — 30.

— — — dasselbe. Für preuß. Schulen neu bearb. v. M. Thal. Ausg. B in 4 Heften. 8. Ebd. 1. —
I. 5. Aufl. (44 S.) 908. — 20. — II. 5. Aufl. (64 S.) 908. — 20. — III. 5. Aufl. (96 S.) 908. — 30. — IV. 4. Aufl. (96 S.) 907. — 30.

— — — dasselbe. Neubearbeitung v. E. Rasche. Für preuß. Schulen bearb. v. M. Krüger u. F. Spanier. Ausg. B in 4 Heften. 8. Ebd. 909. — 85
I—III. (27, 51 u. 60 S.) à — 20. — IV. (68 S.) — 25.

— — — dass., f. preuss. Schulen bearb. durch W Jütting. Ausg. B (in 4 Heften). III. u. IV. Heft. 8° Ebd. d
III. 73. Afl. (72) '10. — 25 ‖ IV. 43. Afl. (80) '10. — 25

— — — dass. Asg. B. [in 4 Hftn.] m. Literaturheft. 8. Ebd. 80. n. 1. 15
1. 2. 2. Afl. (40 u. 64) à n. — 20. — 3. 4. 2. Afl. (72 u. 80) à n. — 25. — Literaturheft. 3. Afl. (80) n. — 25

— — — dasselbe. Ausg. B. In 4 Hftn. u. e. Litteraturheft. 8. Ebend. 882. n. 1. 10
1. 16. Aufl. (40 S.) n. — 20. — 2. 17. Aufl. (60 S.). n. — 20.
3. 14. Aufl. (64 S.) n. — 20. — 4. 11. Aufl. (80 S.) n. — 25.
Litteraturheft. 3. Aufl. (80 S.) n. — 25

— — — dass. — Ausg. B. in 4 Heften und 1 Litteraturheft. 8. Ebendas. 885—88. *
Inhalt:
Heft 1. Vorübungen für die Rechtschreibung. Grammatik. 19.—30. Aufl. (40 S.) * 20 Pf.
" 2. Rechtschreibung. Wortbildung. Wort- und Satzlehre. Aufsatz. 19.—31. Aufl. (60 S.) * 20 Pf.
" 3. — dass. — 16.—26. Aufl. (64 S.) * 20 Pf.
" 4. — dass. — 13.—18. Aufl. (80 S.) * 25 Pf.
Litteraturheft (s. unten). * 25 Pf.

— — — dasselbe. Ausg. B. [In 4 Hftn. u. e. Litteraturhft.] 4 Hfte. 8. Ebd. 889. 890. n. — 85
1. 35. Aufl. (32 S.) n. — 20. — 2. 35. Aufl. (64 S.) n. — 20
3. 29. Aufl. (64 S.) n. — 20. — 4. 20. Aufl. (80 S.) n. — 25

— — — dass. Asg. B. In 4 Hftn u. e. Litteraturhft. 8° Ebd. 1.10
1. 40. Afl. (32) 95. — 20 ‖ 2. 46. Afl. (64) 95. — 20 ‖ 3. 38. Afl. (64) 95. — 20 ‖ 4. 25. Afl. (80) 95. — 25 ‖ Litteraturhft. 10. Afl. (80) 91. — 25.

— — — dass. Asg. B. In 4 Hftn u. 1 Litt.-Hft. 8° Ebd. 1.10
1. 54. Afl. (32) 1900. — 20 ‖ 2. 49. Afl. (64) 1900. — 20 ‖ 3. 44. Afl. (64) 1900. — 20 ‖ 4. 29. Afl. (80) 99. — 25 ‖ Litt.-Hft. Für d. Oberkl. d. Volks- u. Bürgersch. u. f. Fortbildgssch. 13. Afl. (80) 99. — 25.

— — — dasselbe. B. In 4 Hftn. u. 1 Litteraturheft. 8. Ebd. n. — 85
1. 57. Aufl. (32 S.) 902. n. — 20. — II. 57. Aufl. (64 S.) 902. n. — 20. — III. 45. Aufl. (64 S.) 901. n. — 20. — IV. 31. Aufl. (80 S.) 902. n. — 25.

— — — dass. Ausg. B. In 4 Heften u. 1 Lit.-Heft. 8° Ebd. '03. — 85 d
I. 58. Afl. (32) — 20 ‖ II. 58. Afl. (64) — 20 ‖ III. 48. Afl. (64) — 20 ‖ IV. 32. Afl. (80) — 25.

— — — dass. Ausg. B. In 4 Heften u. 1 Lit.-Heft. I—IV. Heft. 8° Ebd. — 85 d
I. 60. Afl. (32) '04. — 20 ‖ II. 60. Afl. (64) '04. — 20 ‖ III. 50. Afl. (64) '05. — 20 ‖ IV. 33. Afl. (80) '04. — 25.

— — — dasselbe. Ausg. B. (In 4 Hftn. u. 1 Literaturheft.) I.—IV. Hft. 8. Ebd. n. — 85
I. 63. Aufl. (32 S.) 906. — 20. — II. 62. Aufl. (64 S.) 906. — 20. — III. 51. Aufl. (64 S.) 906. — 20. — IV. 34. Aufl. (80 S.) 905. — 25.

— — — dasselbe. Ausg. B (in 4 Heften u. 1 Literaturheft), I.—IV. Heft. 8. Ebd. — 85
1. 66. Aufl. (32 S.) 909. — 20. — II. 65. Aufl. (64 S.) 909. — 20. — III. 53. Aufl. (64 S.) 909. — 20. — IV. 37. Aufl. (80 S.) 909. — 25.

— — — dass. Ausg. B in 4 Heften u. 1 Lit.-Heft. kl8° Ebd. d
I. 68. Afl. (32) '11. — 20 ‖ II. 67. Afl. (64) '11. — 20 ‖ III. 54. Afl. (64) '11. — 20 ‖ IV. 39. Afl. (80) '12. — 30

Baron, M, Th. Junghanns u. H Schindler's deut. Sprachsch. Ubgsaufg. f. d. deut. Sprachunterr. im Anschl. an Sprachstücke. Bearb. v. Emil Rasche. Ausg. B (in 4 Heften u. 1 Lit.-Heft). I—IV. Heft. 8° Lpzg, J Klinkhardt. — 90 d
I. 1. u. 2. Afl. (32) '07/08. — 20 ‖ II. 1. u. 2. Afl. (56) '07/08. — 20 ‖ III. 1. u. 2. Afl. (68) '07/08. — 25 ‖ IV. 1. u. 2. Afl. (80) '07/08. — 25.

— — — dass. Für d. Volkssch. Bayerns bearb. v. Frdr. Gärtner u. Frz Walther. Ausg. B in 6 Heften. 8° Lpzg., J. Klinkhardt. '10. d
I. (2. Schulj.) (29) — 15 ‖ II. (3. Schulj.) (36) — 15 ‖ III. (4. Schulj.) (48) — 20 ‖ IV. (5. Schulj.) (51) — 20 ‖ V. (6. Schulj.) (54) — 25 ‖ VI. (7. u. 8. Schulj.) (70) — 25

— — — dass. Asg. B. 8 Hfte. 8. Ebd. n. 1. 70
1. 9. Afl. (40) 80. n. — 20. — 2. 9. Afl. (52) 80. n. — 20. — 3. 8. Afl. (56) 80. n. — 20. — 4. 6. Afl. (68) 80. n. — 20. — 5. (48) 77. n. — 20. 6. (44) 77. n. — 20. — 7. (52) 77. n. — 20. — 8. (64) 77. n. — 30

— — — dasselbe. Für einfache Landschulen nach der neuen Orthographie bearb. v. W. Jütting. Ausg. C. 2 Hfte. 2. Aufl. 8. Ebend. 882. n. — 45
1. Für die Mittelstufe. (64 S.) n. — 20
2. Für die Oberstufe. (88 S.) n. — 25

— — — dass. — Ausg. C. 2 Hefte. 8. Ebendas. 880—84. *
Inhalt:
Heft 1. (Für die Mittelstufe.) Rechtschreibung. Wortbildung. Satzlehre. Aufsatzübungen. 1.—4. Aufl. (64 S.) * 20 Pf.
" 2. (Für die Oberstufe.) Orthographie. Wortbildung. Satz- und Wortbildungslehre. Stilaufgaben. 1.—3. Aufl. (88 S.) * 25 Pf.

— — — dass. — Für einfache Landschulen nach der neuen Orthographie bearb. Ausg. C. 2 Hefte. 8. Ebendas. 885—89. *
Inhalt:
Heft 1. (Für die Mittelstufe.) Rechtschreibung. Wortbildung. Satzlehre. Aufsatzübungen. 5.—8. Aufl. (64 S.) * 20 Pf.
" 2. (Für die Oberstufe.) Orthographie. Wortbildung. Satz- und Wortbildungslehre. Stilaufgaben. 4. und 5. Aufl. (88 S.) * 25 Pf.

— dass. — Für einfache Landschulen nach der neuen Orthographie bearb. Ausg. C. 2 Hefte. 8. Ebd. 889—92. * — 45
1. (Für die Mittelstufe.) Rechtschreibung. Wortbildung. Satzlehre. Aufsatzübungen. 9.—13. Aufl. (64 S.) * — 20. — 2. (Für die Oberstufe.) Orthographie. Wortbildung. Satz- und Wortbildungslehre. Stilaufgaben. 6.—9. Aufl. (88 S.) * — 25.

— — — dasselbe. Ausg. C. In 2 Hftn. 8. Ebd. 894. n. — 45
1. Für die Mittelstufe. 15. Aufl. (64 S.) n. — 20
2. Für die Oberstufe. 10. Aufl. (88 S.) n. — 25

— — — dass. Für einfache Landschulen bearb. v. W Jütting. Asg. C. 2 Hfte. 8° Ebd. — 45
1. Mittelstufe. 16. Afl. (64) 95. — 20 ‖ 2. Oberstufe. 11. Afl. (88) 96. — 25.

— — — dasselbe. F. einf. Landschulen bearb. v. W. Jütting. Ausg. C. In 2 Hftn. 8. Ebd. n. — 45
1. F. d. Mittelstufe. 19. Aufl. (64 S.) 898. n. — 20
2. F. d. Oberstufe. 13. Aufl. (88 S.) 898. n. — 25

— — — dass. Für einfache Landsch. bearb. v. W Jütting. Asg. C in 2 Hftn. 8° Ebd. — 45
1. Mittelst. 20. Afl. (64) 99. — 20 ‖ 2. Oberst. 14. Afl. (88) 1900. — 25.

— — — dasselbe. Für einfache Landschulen bearb. v. W. Jütting. Ausg. C. In 2 Hftn. 8. Ebd. n. — 45
I. Für die Mittelstufe. 22. Aufl. (64 S.) 901. n. — 20
II. Für die Oberstufe. 15. Aufl. (88 S.) 902. n. — 25

— — — dass. Für einf. Landsch. bearb. v. W Jütting. Ausg. C in 2 Heften. 8° Ebd. '03. — 45 d
I. Mittelst. 24. Afl. (64) — 20 ‖ II. Oberst. 16. Afl. (88) — 25.

— — — dass. Für einf. Landsch. bearb. v. W Jütting. Ausg. C in 2 Heften. 8° Ebd. '04. — 45 d
I. Mittelst. 25. Aufl. (64) — 20 ‖ II. Oberst. 17. Afl. (88) — 25.

— — — dasselbe. Rechtschreibung, Sprachlehre u. Aufsatz in konzentr. Kreisen. Für einfache Landschulen bearb. v. W. Jütting. Ausg. C in 2 Hftn. 8. Ebd. n. — 45
I. Für die Mittelstufe. 26. Aufl. (64 S.) 905. n. — 20
II. Für die Oberstufe. 18. Aufl. (88 S.) 905. n. — 25

Baron, M., Th. Junghanns u. H. Schindler, deutsche Sprachschule. Für einfache Landschulen bearb. W. v. Jütting. Ausg. C (in 2 Heften). 8. Leipzig, J. Klinkhardt — 45
1. Für die Mittelstufe. 28. Aufl. (64 S.) 909. — 20. II. — Für die Oberstufe. 19. Aufl. (88 S.) 908. — 25.

— — — dass. Für einf. Landschulen bearb. v. W Jütting. Ausg. C (in 2 Heften u. 1 Lit.-Heft). I. u. II. Heft. 8° Ebd. d
1. 29. Afl. (64) '10. — 20 ‖ II. 20. Afl. (88) '10. — 25

— — — dass. — Sprachlehre, Rechtschreibung und Aufsatz in konzentrischen Kreisen. Für die bayerische Volksschule bearb. von Fr. Gärtner. Ausg. C. in 3 Heften. (Vereinfachte und mit Berücksichtigung des Lesebuches von Solereder bearb. Ausg. B.) 8. Ebendas. 887. *
Inhalt:
Heft 1. Für die Unterklasse (2. und 3. Schuljahr). Sprachlehre. Rechtschreibung. Wortbildung. Aufsatz. (36 S.) * 20 Pf.
" 2. Für die Mittelklasse (4. und 5. Schuljahr). Wort- und Satzlehre. Der reine einfache Satz und seine Erweiterung. Der zusammengezogene Satz. Die Satzverbindung. Wortbildung. Rechtschreibung. Aufsatz. (72 S.) * 25 Pf.
" 3. Für die Oberklasse (6. und 7. Schuljahr). Wort- und Satzlehre. Der erweiterte einfache Satz. Der zusammengezogene Satz. Der zusammengesetzte Satz. Wortbildung. Rechtschreibung. Aufsatz. (72 S.) ** 25 Pf.

— — — dasselbe. Ausg. C. In 3 Hftn. (Vereinfachte u. m. Berücksicht. d. Lesebuchs v. Solereder' bearb. Ausg. B.) 8. Ebd. 891—898. n. — 70
1. Für die Unterklasse. 2. Aufl. (36 S.) n. — 20
2. Für die Mittelstufe (4. u. 5. Schulj.). 2. Aufl. (72 S.) n. — 25
3. Für die Oberklasse (6. u. 7. Schulj.). 2. Aufl. (72 S.) n. — 25

— — — dass. Asg. C. (In 3 Hftn.) (Vereinf. u. m. Berücks. d. z. Z. in Oberbayern eingeführten Leseb. bearb. Asg. B.) 3. Hft. Oberkl. (6. u. 7. Schulj.). 3. Afl. 8° (72) Ebd. 98. — 25

— — — dasselbe. Ausg. C. In III Hftn. (Vereinfachte u. m. Berücksicht. des zur Zeit in Oberbayern eingeführten Lesebuchs bearb. Ausg. B.) II. Hft. Für die Mittelklasse (4. u. 5. Schulj.). 4. Aufl. 8. (72 S.) Ebd. 901. n. — 25

— — — dasselbe. Ausg. C in 3 Hftn. (Vereinfachte u. m. Berücksicht. des zur Zeit in Oberbayern eingeführten Lesebuches bearb. Ausg. B.) 3. Hft. Für die Oberklasse (6. u. 7. Schulj.). 4. Aufl., m. Rücksicht auf die neue Rechtschreibung durchgesehen. (II, 72 S.) 8. Ebd. 903. n. — 25

— — — dasselbe. Für Berliner Schulen bearb. (In 5 Hftn.) 1.—4. Hft. 8. Ebd. 892—94. n. 1. —
1. (40 S.) n. — 20. — 2. (64 S.) n. — 25. — 3. 2. Aufl. (72 S.) n. — 25. — 4. 2. Aufl. (96 S.) n. — 30.

— — — dass. Für Berliner Schulen bearb. v. J Tews. In 5 Hftn. 8° Ebd. 1.30
1. (40) 92. — 20 ‖ 2. 2. Afl. (64) 94. — 25 ‖ 3. 2. Afl. (72) 94. — 25 ‖ 4. 2. Afl. (96) 94. — 30 ‖ 5. 2. Afl. (104) 95. — 30.

— — — dasselbe. Berliner Ausg. in 5 Hftn. Bearb. v. J. Tews. 8. Ebd. n. 1. 30
1. 3. Aufl. (40 S.) 898. n. — 20
2. 4. Aufl. (64 S.) 898. n. — 25
3. 4. Aufl. (72 S.) 898. n. — 25
4. 4. Aufl. (96 S.) 898. n. — 30
5. 3. Aufl. (104 S.) 898. n. — 30

— — — dass. Für Berliner Schulen bearb. v. J Tews. 5 Hfte. 8° Ebd. 1.30
1. 4. Afl. (40) 1900. — 20 ‖ 2. 4. Afl. (64) 98. — 25 ‖ 3. 4. Afl. (72) 98. — 25 ‖ 4. 4. Afl. (96) 98. — 20 ‖ 5. 4. Afl. (104) 99. — 20.

— — — dasselbe. (Berliner.) Ausg. in 5 Hftn. Bearb. v. J. Tews. 8. Ebd. n. 1. 30
I. 4. Aufl. (40 S.) 900. n — 20. — II. 5. Aufl. (72 S.) 902. n. — 25. — III. 5. Aufl. (72 S.) 901. n. — 25. — IV. 5. Aufl. (96 S.) 902. n. — 30. — V. 5. Aufl. (104 S.) 901. n. — 30.

Baron, M., T. Junghans und H. Schindler: Deutsche Sprachschule.

— — — dass. Ubgsaufg. f. d. deut. Sprachunterr. im Anschluss an Sprachstücke. Bearbeitg v. Emil Rasche. Ausg. D in 7 Heften u. 1 Lit.-Hefte. I. u. III. Heft. 8° Ebd. d
I. 6. Afl. (32) '12. — 20 ‖ III. 6. Afl. (56) '11. — 20

— — — dass. Ausg. E in 4 Heften u. 1 Lit.-Hefte. I—IV. Heft. 8° Ebd. d
I. 3. Afl. (32) '10. — 20 ‖ II. 3. Afl. (56) '10. — 20 ‖ III. 3. Afl. (68) '10. — 25 ‖ IV. 3. Afl. (80) '12. — 25

— — — dass. Ausg. F in 3 Heften u. 1 Lit.-Hefte. I—III. Heft. kl8° Ebd. d
I. 64. Afl. (52) '12. — 10 ‖ II. 70. Afl. (90) '12. — 30 ‖ III. 50. Afl. (88) '11. — 30

— — — dass. Ausg. G in 6 Heften. II—VI. Heft. kl8° Ebd. d
II. 14. Afl. (52) '10. — 20 ‖ III. 15. Afl. (64) '11. — 25 ‖ IV. 13. Afl. (76) '10. — 25 ‖ V. 12. Afl. (84) '11. — 30 ‖ VI. 11. Afl. (96) '11. — 30

— — — dass. — Ausg. H. Für die braunschweiger Schulen bearb. von G. Schaarschmidt. Ausg. in 6 Heften. 8. Ebendas. 880—84. *

Inhalt:

Heft 1. Selbstlaute. Mitlaute. Doppellaute. Umlaute. (20 S.) * 20 Pf.
„ 2. Der reine einfache Satz. Orthographisches. Wortbildung. Stil. 1. und 2. Aufl. (32 S.) * 20 Pf.
„ 3. Der reine einfache Satz. Orthographisches. Wortbildung. Stilaufgaben. 1.—3. Aufl. (64 S.) * 20 Pf.
„ 4. Der erweiterte einfache Satz. Der zusammengesetzte Satz. Orthographie. Wortbildung. Aufsatz. 1. und 2. Aufl. (64 S.) * 25 Pf.
„ 5. Der erweiterte einfache Satz. Der zusammengezogene Satz. Der zusammengesetzte Satz. Der verkürzte Satz. Orthographie. Wortbildung. Stil. (76 S.) * 25 Pf.
„ 6. Der erweiterte einfache Satz. Der zusammengezogene Satz. Der zusammengesetzte Satz. Orthographie. Wortbildung. Stil. (104 S.) * 30 Pf.

— — — dass. — In Uebungsbeispielen. Grammatik, Orthographie und Stil in konzentrischen Kreisen. Ausg. H. Für die braunschweiger Schulen bearb. von G. Schaarschmidt. In 6 Heften. 1.—5. Heft. 8. Ebendas. 885—88. *

Inhalt:

Heft 1. Für das 2. Schuljahr. Vorübungen. Wörtergruppen. Selbstlaute. Mitlaute. Doppellaute. Umlaute. 2.—4. Aufl. (20 S.) * 20 Pf.
„ 2. Für das 3. Schuljahr. Der reine einfache Satz. Orthographisches. Wortbildung. Stil. 3. und 4. Aufl. (32 S.) * 20 Pf.
„ 3. Für das 4. Schuljahr. Der reine einfache Satz. Orthographisches. Wortbildung. Stilaufgaben. 4. und 5. Aufl. (64 S.) * 20 Pf.
„ 4. Für das 5. Schuljahr. Der erweiterte einfache Satz. Der zusammengesetzte Satz. Orthographie. Wortbildung. Aufsatz. 3. Aufl. (64 S.) * 25 Pf.
„ 5. Für das 6. Schuljahr. Der erweiterte einfache Satz. Der zusammengezogene Satz. Der zusammengesetzte Satz. Der verkürzte Satz. Orthographie. Wortbildung. Stil. 2. Aufl. (78 S.) * 25 Pf.
6. Heft. Ebendas. 1891. * 30 Pf.

— — — dasselbe. Ausg. H. Für die Braunschweiger Schulen bearb. v. G. Schaarschmidt. In 6 Hftn. 8. Ebd. 888. 889. n. 1. 40
1. 5. Aufl. (20 S.) n. — 20. — 2. 4. Aufl. (32 S.) n. — 20
3. 5. Aufl. (64 S.) n. — 20. — 4. 4. Aufl. (84 S.) n. — 25
5. 3 Aufl. (78 S.) n. — 25. — 6. 2. Aufl. (104 S.) n. — 30

— — dass. — In Uebungsbeispielen. Grammatik, Orthographie und Stil in konzentrischen Kreisen. Ausg. H. Für die braunschw. Schulen bearb. v. G. Schaarschmidt. In 6 Heften. 8. Ebd. 889—92. * 1 45
1. Für das 2. Schuljahr. Vorübungen. Wörtergruppen. Selbstlaute. Mitlaute. Doppellaute. Umlaute. 5. u. 6. Aufl. (24 S.) * — 20. — 2. Für das 3. Schuljahr. Der reine einfache Satz. Orthographisches. Wortbildung. Stil. 5 u. 6. Aufl. (40 S.) * — 20. — 3. Für das 4. Schuljahr. Der reine einfache Satz. Orthographisches. Wortbildung. Stilaufgaben. 6. Aufl. (56 S.) * — 20. — 4. Für das 5. Schuljahr. Der erweiterte einfache Satz. Der zusammengesetzte Satz. Orthographie. Wortbildung. Aufsatz. 4. u. 5. Aufl. (64 S.) * — 30. — 5. Für das 6. Schuljahr, Der erweiterte einfache Satz. Der zusammengezogene Satz. Der zusammengesetzte Satz. Der verkürzte Satz. Orthographie. Wortbildung. Stil. 3. Aufl. (78 S.) * — 25. — 6. Der erweiterte einfache Satz. Der zusammengezogene Satz. Der zusammengesetzte Satz. Orthographie. Wortbildung. Stil. 2. Aufl. (104 S.) * — 30.

— — — dasselbe. Ausg. H. Für die Braunschweiger Schulen bearb. v. G. Schaarschmidt. 1.—6. Hft. 8. Ebd. 893. 894. n. 1. 50
1. 7. Aufl. (24 S.) n. — 20. — 2. 7. Aufl. (40 S.) n. — 20
3. 7. Aufl. (56 S.) n. — 20. — 4. 6. Aufl. (64 S.) n. — 30
5. 4. Aufl. (80 S.) n. — 30. — 6. 3. Aufl. (84 S.) n. — 30

— — — dass. Asg. H. Für d. Braunschweiger Schulen bearb. v. G Schaarschmidt. 1—6. Hft. 8° Ebd. 1.50
1. Für d. 2. Schulj. 8. Afl. (24) 95. — 20 ‖ 2. Für d. 3. Schulj. 7. Afl. (40) 94. — 20 ‖ 3. Für d. 4. Schulj. 7. Afl. (56) 93. — 20 ‖ 4. Für d. 5. Schulj. 6. Afl. (64) 94. — 30 ‖ 5. Für d. 6. Schulj. 4. Afl. (80) 94. — 30 ‖ 6. Für d. 7. u. 8. Schulj. 3. Aufl. (84) 94. — 30.

Baron, M., Th. Junghanns u. H. Schindler, Deutsche Sprachschule. Orthographie, Grammatik u. Stil in konzentr. Kreisen. Ausg. H. F. d. Braunschweiger Schulen bearb. v. G. Schaarschmidt. 5 Hfte. 8. Leipzig, J. Klinkhardt. n. 1. 25
1. F. d. 2. Schulj. 9. Aufl. (24 S.) 898. n. — 20
2. F. d. 3. Schulj. 8. Aufl. (40 S.) 896. n. — 20
3. F. d. 4. Schulj. 8. Aufl. (56 S.) 897. n. — 25
4. F. d. 5. Schulj. 7. Aufl. (64 S.) 898. n. — 30
5. F. d. 6. Schulj. 5. Aufl. (80 S.) 896. n. — 30

— — — dasselbe. Ausg. H. Für die Braunschweiger Schulen bearb. v. G. Schaarschmidt. In 6 Hftn. 8. Ebd. n 1. 55
I. Für das 2. Schulj. 10. Aufl. (24 S.) 901. n. — 20
II. Für das 3. Schulj. 10. Aufl. (40 S.) 902. n. — 20
III. Für das 4. Schulj. 9. Aufl. (56 S.) 900. n. — 25
IV. Für das 5. Schulj. 8. Aufl. (64 S.) 901. n. — 30
V. Für das 6. Schulj. 6. Aufl. (80 S.) 900. n. — 30
VI. Für das 7. u. 8. Schulj. 4. Aufl. (84 S.) 901. n. — 30

— — — dass. Ausg. H. Für d. Braunschweiger Schulen bearb. v. G Schaarschmidt. 6 Hefte. 8° Ebd. 03. 1.55 d
I. 2. Schulj. 11. Afl. (24) — 20 ‖ II. 3. Schulj. 11. Afl. (44) — 20 ‖ III. 4. Schulj. 10. Afl. (56) — 25 ‖ IV. 5. Schulj. 9. Afl. (64) — 30 ‖ V. 6. Schulj. 7. Afl. (80) — 30 ‖ VI. 7. u. 8. Schulj. 5. Afl. (84) — 30.

— — — dass. in Ubgsbeisp. Ausg. H. Für d. Braunschweiger Schulen bearb. v. G Schaarschmidt. I—III. u. V. Heft. 8° Ebd. '04. — 95 d
I. 2. Schulj. 12. Afl. (24) — 20 ‖ II. 3. Schulj. 12. Afl. (44) — 20 ‖ III. 4. Schulj. 11. Afl. (56) — 25 ‖ V. 6. Schulj. 8. Afl. (80) — 30.

— — — dasselbe in Übungsbeispielen. Sprachlehre, Rechtschreibg. u. Aufsatz in konzentr. Kreisen. Ausg. H. Für die Braunschweiger Schulen bearb. v. G. Schaarschmidt. 6 Hfte. 8. Ebd. n. 1. 55
I. Für das 2. Schulj. 13. Aufl. (24 S.) 907. — 20. — II. Für das 3. Schulj. 13. Aufl. (44 S.) 906. — 20. — III. Für das 4. Schulj. 11. Aufl. (56 S.) 904. — 25. — IV. Für das 5. Schulj. 11. Aufl. (64 S.) 906. — 30. — V. Für das 6. Schulj. 8. Aufl., m. Rücksicht auf die neue Rechtschreibg. durchgesehen. (80 S.) 904. — 30. — VI. Für das 7. u. 8. Schulj. 5. Aufl. (84 S.) 903. — 30.

— — — dasselbe. Für die braunschweiger Schulen bearb. v. G. Schaarschmidt. Ausg. H (in 6 Heften). II.—VI. Heft. 8. Ebd. 1. 85
II. 14. Aufl. (44 S.) 909. — 20. — III. Für das 4. Schuljahr 12. Aufl. (56 S.) 907. — 25. — IV. 12. Aufl. (64 S.) 909. — 30. — V. 9. Aufl. (80 S.) 908. — 30. — VI. Für das 7. u. 8. Schulj. 6. Aufl. (84 S.) 907. — 30.

Baron, M. Junghanns u. Schindler: Deut. Sprachsch. Sprachlehre, Rechtschreibg u. Aufsatz in konzentr. Kreisen Für d. Braunschweiger Schulen bearb. v. G Schaarschmidt. Ausg. H in 6 Heften u. 1 Lit.-Hefte. I—IV. Heft. kl8° Lpzg, J Klinkhardt. d
I. 15. Afl. (24) '12. — 20 ‖ II. 15. Afl. (44) '11. — 20 ‖ III. 13. Afl. (56) '12. — 25 ‖ IV. 13. Afl. (64) '12. — 30

— — — dass. Ausg. J in 4 Heften u. 1 Lit.-Hefte. I., III. u. IV. Heft. kl8° Ebd. d
I. 106. Afl. (40) '12. — 20 ‖ III. 74. Afl. (72) '12. — 25 ‖ IV. 44. Afl. (80) '10. — 25

— — — dass. Ausg. K in 7 Heften u. 1 Lit.-Heft. I—VII. Heft. 8° Ebd. d
I. 38. Afl. (32) '11. — 20 ‖ II. 37. Afl. (56) '11. — 20 ‖ III. 32. Afl. (64) '11. — 25 ‖ IV. 28. Afl. (76) '11. — 25 ‖ VI. 19. Afl. (92) '11. — 30 ‖ VII. 12. Afl. (112) '10. — 35

— — — dass. Neubearbeitg v. E Rasche. Für preuss. Schulen bearb. v. M Krüger u. F Spanier. Ausg. L in 6 Heften. 8° Ebd. '10. d
I. (31) — 20 ‖ II. (41) — 20 ‖ III. (53) — 20 ‖ IV. (58) — 20 ‖ V. (63) — 20 ‖ VI. (98) — 30

— — — u. E Rasche: Deut. Sprachsch. Übgsaufg. f. d. deut. Sprachunterr. im Anschluss an Sprachstücke. Ausg. N in 2 Heften u. 1 Lit.-Hefte. I. u. II. Heft. 8° Ebd. '11. d
I. (58) — 20 ‖ II. (88) — 25

— — — dass. Für preuss. Mittelsch. Nach d. Best. v. 3.2.'10 bearb. u. hrsg. v. M Thal u. E Buhtz. Ausg. P in 6 Heften. 8° Ebd. d
I. 3. Afl. (27) '11. — 20 ‖ II. 3. Afl. (52) '12. — 30 ‖ III. 3. Afl. (62) '12. — 35 ‖ IV. 3. Afl. (72) '12. — 40 ‖ V. 3. Afl. (74) '12. — 40 ‖ VI. Abschlussheft. 2. Afl. Das Heft entspricht d. Best. üb. d. Neuordng d. Mittelschulwesens v. 3. 2. '10 f. d. Oberst. (Kl. I—III). (137) '12. — 80

— — — dass. Übgsaufg. f. d. deut. Sprachunterr. im Anschl. an Sprachstücke. Für d. Volkssch. Bayerns bearb. v. Frdr. Gärtner u. Frz Walther. Ausg. Q in 3 Heften. 8° Ebd. '10. d
I. (2. u. 3. Schulj.) (30) — 15 ‖ II. (4. u. 5. Schulj.) (51) — 25 ‖ III. (6. u. 7. Schulj.) (59) — 25

– – – dasselbe. Für die Volksschulen Bayerns bearb. v. Frdr. Gärtner u. Frz. Walther. Ausg. R in 6 Heften. 8°. Ebd. 1910.
I. (2. Schulj.) (29 S.) - 15. – II. (3. Schulj.) (36 S.) – III.(4. Schulj.) (48 S.) – 20. – IV. (5. Schulj.) (51 S.) – 20. – V. (6. Schulj.) (54 S.) – 25. – VI. (7. u. 8. Schulj.) (70 S.) – 25.

Baron, M., T. Junghans und H. Schindler: Deutsche S p r a c h - s c h u l e .
—— —— —— daſſ. — Literaturheft hierzu. Für die Oberklaſſen der Volks- und Bürgerſchulen und für Fortbildungsſchulen. 8. (80 S.) Ebendaſ. 879. *

—— —— —— daſſ. — Litteraturheft zur deutſchen Sprachſchule. Für die Oberklaſſen der Volks- und Bürgerſchulen und für Fortbildungsſchulen. 3. und 4. Aufl. 8. (80 S.) Ebendaſ. 880,82. *
Die Ausg. B. in 3 Heften iſt mit der bisherigen bayr. Ausg. in 4 Heften verſchmolzen worden und ſchließt ſich deshalb die Auflagen-Bezeichnung der der 4heftigen Ausgabe an.

—— —— —— daſſ. — Litteraturheft zur deutſchen Sprachſchule. Für die Oberklaſſen der Volks- und Bürgerſchulen und für Fortbildungsſchulen. 4. und 5. Aufl. 8. (80 S.) Ebendaſ. 882,84. *

Baron, M., Th. Junghanns und H. Schindler, deutſche Sprachſchule. Litteraturheft zur deutſchen Sprachſchule [zu allen Ausgaben]. Für die Oberklaſſen der Volks- und Bürgerſchulen und für Fortbildungsſchulen. 6.—9. Aufl. 8. (80 S.) Leipzig 885—88, Klinkhardt. *

Baron, Th. Junghanns u. H. Schindler. Deutſche Sprachſchule. Orthographie, Grammatik u. Stil in konzentriſchen Kreiſen. Litteraturheft zur deutſchen Sprachſchule [zu allen Ausgaben]. Für die Oberklaſſen der Volks- und Bürgerſchulen und für Fortbildungsſchulen. 10. Aufl. 8. (80 S.) Lpz. 891, Klinkhardt. * — 25

- - — daſſelbe. Litteraturheft zu allen Ausgaben. Für die Oberklaſſen der Volks- u. Bürgerſchulen u. für die Fortbildungsſchulen. 11. Aufl. 8. (80 S.) Ebd. 893. n. — 25

— — — daſſelbe. Litteraturheft. F. d. Oberklaſſen d. Volks- u. Bürgerſchulen u. f. Fortbildungsſchulen. 12. Aufl. 8. (80 S.) Ebd. 896. n. — 25

— — — daſſelbe. Litteraturheft. F. d. Oberklaſſen d. Volks- u. Bürgerſchulen u. f. Fortbildungsſchulen. 13. Aufl. 8. (80 S.) Ebd. 899. n. — 25

— — — daſſelbe. Literaturheft. Für die Oberklaſſen der Volks- u. Bürgerſchulen u. f. Fortbildungsſchulen. 14. Aufl. 8. (80 S) Ebd. 901. n. — 25

— — — dass. Lit.-Heft. Für d. Oberkl. d. Volks- u. Bürgersch. u. f. Fortbildgssch. 15. Afl. (80) 8° Ebd. '04. — 80 d

— — — daſſelbe. Literaturheft. Für die Oberklaſſen der Volks- u. Bürgerſchulen u. f. Fortbildungsſchulen. 16. Aufl. (80 S.) 8. Ebd. 906. n. — 30

— — — daſſelbe. Literaturheft. Für die Oberklaſſen der Volks- u. Bürgerſchulen u. für Fortbildungsſchulen. 17. Aufl. (80 S.) 8. Ebd. 909. — 30

— — — dass. Lit.-Heft f. d. Oberkl. d. Volks- u. Bürgersch. u. f. Fortbildgssch. 19. Afl. (88) 8° Ebd. '12. — 40 d

Baron, M., and others. Deutsche Sprachschule. 3v. Milw. c 1879.

Baron, Michel Boyron dit
— L'Andrienne. Comédie. — Paris: Ribou 1794 [vielm. 1704]. 97 S. 8° 14. 34. 180.
11.8131
— — Vienne 1759: de Ghelen. 125 S. 8° 300: 133.028–A.
11.8133
— — [Dresden]: Gröll 1764. 116 S. 8° 14. 34. 106.
11.8134

[—] La Coquette, et la fausse prude, comédie. — Paris: Guillain 1694. S. 239–362. 8°
Vermutlich abgesplittert von der Ausg. der Werke. Paris 1694.
12: P. o. gall. 1879/3.
11.8136
— — [München 1755.] 192 S. 8° 7. 19. 300: 132.396–A.
11.8138
— — Vienne 1756: de Ghelen. 176 S. 8°
300: 624.825–A. Th. S.
11.8139

— Der Frauen-Günstling. Ein Lustspiel ... Übers. von N.N. [d. i. Anton Klement Graf v. Törring zu Seefeld]. — [München]: Fritz 1773. 96 S. 8° 31.
11.8155

(—) L'Homme à bonne fortune, comédie. — Paris: Guillain 1694. S. 141–234. 8°
Vermutlich abgesplittert von der Ausg. der Werke. Paris 1694.
12: P. o. gall. 1879/2.
11.8141
[—] — Vienne 1752: van Ghelen. 120 S. 8°
300: 132.795–A. 302.
11.8144

[—] L'Homme à bonne fortune, comédie. [Dresden]: Gröll 1764. 111 S. 8° 6. 14. 34. 106.
11.8147

[—] — Vienne 1768: de Ghelen. 125 S. 8°
2. 12: P. o. gall. 2004/3. 300: 132.350–A. 302.
11.8148

— Der irrende Ritter. Oder der Frauenzimmer Liebling. Ein Lustspiel. — Bremen: Cramer [1766]. 128 S. 8°
32. 300: 1 in 440.778–A. Bd 179.
11.8154

Baron, ... der auf gut Glück ausgehende Stuzer. Aus d. Franzöſ. 8. Bresl. 763. (Goſohorsky). 4 ℛ

— [deutsch] Der auf gut Glück ausgehende Stutzer. Ein Lustspiel. — Breslau: J. E. Meyer 1763. 128 S. 8°
18. 19. 24. 35. 39. 78. 300: 624.826–B. Th. S. 302.
11.8153

Baron, Paul
Kreis Berent (in 5fachem Farbendr. Bearb. im kartogr. Inst. von Paul **Baron**. Rev. von d. zuständ. Behörden. Maßst. 1:100.000. Lissa i./P. [1905]; Lith. P. Baron in Liegnitz) (1 Kartenbl. 57×37 cm mit Legende.) 8° [Kopft.]
[Umschlagt.:] Spezial-Karte v. Kreise Berent. [05. 13300]

Kreis Birnbaum (in 5fachem Farbendruck). Bearb. im kartogr. Inst. v. P(aul) **Baron**. (Rev. von d. zuständ. Behörden.) Maßst. 1:100,000. *Lissa i. P.: F. Ebbecke [1903]; Lith. P. Baron, Liegnitz.* (1 Kartenbl. 37×30 cm mit Legende.) 8° [kol.]
[Umschlagt.:] Spezial-Karte d. Kreises Birnbaum. [04. 1303]

Kreis Bomst. Bearb. im kartogr. Inst. v. P(aul) Baron. (2. Ausg., rev. von d. zuständ. Behörden.) Maßst. 1:150,000. *Lissa i. P.: F. Ebbecke [1903]; Lith. P. Baron, Liegnitz.* (1 Kartenbl. 36×30 cm.) 8° [kol.]
[Umschlagt :] Spezial-Karte d. Kreises Bomst (Wollstein). [04. 1304

Baron, Paul: Zur Chininbehandlung des Keuchhustens. (Berlin 1893: Schumacher.) 8 S. 8°
Aus: Berliner klinische Wochenschrift. 30. 1893.
12: Path. 90cq. 17. 19. 28. 46. 302.
11.8157

Stadtkreis Danzig und Kreis Danziger Höhe. (Bearb. im kartogr. Inst. v. P(aul) Baron.) (Rev. von d. zuständ. Behörden.) (Maßst. 1:100.000. *Lissa i. P.: F. Ebbecke [1904]; Lith. P. Baron in Liegnitz.*) (1 Kartenbl. 26×37 cm mit Legende.) 8° [Kopft.] [kol.]
[Umschlagt.:] Spezial-Karte v. Stadtkreis Danzig u. v. Kreise Danziger Hohe ... [04. 26437

Kreis Dirschau. (Bearb. im kartogr. Inst. von P(aul) Baron.) (Rev. von d. zuständ. Behörden.) (Maßst. 1:100.000. *Lissa i. P.: F. Ebbecke [1904]: Lith. P. Baron in Liegnitz.*) (1 Kartenbl. 29×36 cm mit Legende.) 8° [Kopft.] [kol.]
[Umschlagt :] Spezial-Karte v. Kreise Dirschau ... [04. 26333

Baron. Paul [aus Königshütte]: Der Einfluss von Wasserleitungen und Sielcanalisationen auf die Typhusfrequenz in deutschen Städten.... Bonn, Druck v. P. Neusser, 1886; 2 Bl. + 32 S. + 1 Bl. 8°. [vgl. 1885/86 Bonn Nr. 36.]
Bonn. Med. Fak., Inaug.-Diss. v. 24. Jul. 1886.

Kreis Elbing. (Bearb. im kartogr. Inst. v. P(aul) Baron.) (Rev. von d. zuständ. Behörden.) (Maßst. 1:100.000. *Lissa i./P.: F. Ebbecke [1904]; Lith. P. Baron in Liegnitz.*) (1 Kartenbl. 35×32 cm mit Legende.) 8° [Kopft.] [kol.]
[Umschlagt.:] Spezial-Karte v. Kreise Elbing ... [04. 26438

Kreis Fraustadt (in 5fachem Farbendruck. Rev. von d. zuständ. Behörden). [Verf.: Paul Baron.] Maßst. 1:100,000. 3. Aufl. *Lissa i. P.: F. Ebbecke 1903; Kartogr. Anst. P. Baron, Liegnitz.* (1 Kartenbl. 29×30 cm mit Legende.) 8° [kol.]
[Umschlagt :] Spezial-Karte d. Kreises Fraustadt. [04. 1305

— General-K. v. Lothringen. 1:200,000. 59×69,5 cm. Farbdr. Metz, Metzer Stadt- u. Schlachtbilder-Verl. '05. 2 —; auf L. n 2.80

Kreis-[!] Gnesen. [Verf.: Paul Baron.] (Neueste Ausg., rev. von d. zuständ. Behörden.) Maßst. 1:100,000. *Lissa i. P.: F. Ebbecke 1903; Kartogr. Anst. P. Baron, Liegnitz.* (1 Kartenbl. 40×28 cm mit Legende.) 8° [kol.]
[Umschlagt .] Spezial-Karte d. Kreises Gnesen [04. 1306

Kreis Gostyn (in 5fachem Farbendruck). [Verf.: Paul Baron.] (Rev. von d. zuständ. Behörden.) Maßst. 1:100,000. 2. Aufl. *Lissa i. P.: F. Ebbecke 1903; Kartogr. Anst. P. Baron, Liegnitz.* (1 Kartenbl. 35×33 cm mit Legende.) 8° [kol.]
[Umschlagt :] Spezial-Karte d. Kreises Gostyn. [04. 1307

Kreis Grätz (in 5fachem Farbendruck). Bearb. im kartogr. Inst. v. P(aul) Baron. (Rev. von d. zuständ. Behorden.) Maßst. 1:125,000. (2. Aufl.) *Lissa i. P.: F. Ebbecke [1903]; Lith. P. Baron, Liegnitz.* (1 Kartenbl. 27×33 cm.) 8° [kol.]
[Umschlagt :] Spezial-Karte d. Kreises Gratz. [04. 1308

Kreis Graudenz. (Bearb. im kartogr. Inst. v. P(aul) Baron.) (Rev. von d. zuständ. Behörden.) (Maßst. 1:100.000. *Lissa i./P.: F. Ebbecke [1904]: Lith. P. Baron in Liegnitz.*) (1 Kartenbl. 37×30 cm mit Legende.) 8° [Kopft.] [kol.]
[Umschlagt.:] Spezial-Karte v. Kreise Graudenz ... [04. 26334

Kreis G r e i f e n b e r g i/P. Bearb v. Paul Baron. Maßst. 1:100,000. Treptow a. R.: O. Hartung's Nachf. (1899). (1 Kartenbl. 38 x 32 cm.) gr 2°

Kreis Jarotschin (in 5fachem Farbendruck). [Verf.: Paul Baron.] (Rev. von d. zuständ. Behörden.) Maßst. 1:100,000. 2. Aufl. *Lissa i. P.: F. Ebbecke [1903]; Kartogr. Anst. P. Baron, Liegnitz.* (1 Kartenbl. 38×31 cm mit Legende.) 8° [kol.]
[Umschlagt :] Spezial-Karte d. Kreises Jarotschin. [04. 1309

Kreis Inowrazlaw (in 5fachem Farbendruck). [Verf.: Paul Baron.] (Rev. von d. zuständ. Behörden.) Maßst. 1:100,000. *Lissa i. P.: F. Ebbecke [1903]: Kartogr. Anst. P. Baron, Liegnitz.* (1 Kartenbl. 44×42 cm mit Legende.) 8° [kol.]
[Umschlagt :] Spezial-Karte d. Kreises Inowrazlaw. [04. 1330

— Handk. d. Kreises Soldin. 1:150,000. 30×39,5 cm. Farbdr. Soldin 99, C Schulz Nf. 1 —

Baron, Paul: Karte (Umschl.: Wegek.) v. Altvatergebirge (m. d. Farbenmarkiergn d. Touristenwege). 1:200,000. 38,5×42 cm. Farbdr. Schweidn., G Brieger ('09). — 40

— Karte d. Grafsch. Glatz. 1:125,000. 48,5×45,5 cm. Schweidn. 1900, G Brieger. — 50

— Karte d. Grafsch. Glatz. 3. Afl. 1:125,000. 48,5×45 cm. Farbdr. Schweidn., G Brieger ('09). — 50

— Karte d. Kreises Greifenberg i/P. 1:100,000. 40,5×34,5 cm. Farbdr. Treptow 99, O Hartung's Nf. nn 1.25; auf L. nn 1.50; m. L.-Decke nn 1.75

— Karte d. Lausitz. 1:125,000. 54,5×56 cm. Farbdr. Löb., JG Walde ('01). (1.20) 1 —

Baron, P: Karte d. Amtshauptmannsch. Löbau. 1:75,000. 42×47 cm. Farbdr. Löb., JG Walde ('02). — 30

— Karte d. Kr. Mayen. 1:50,000. 64×71,5 cm. Farbdr. Mayen, L Schreder ('06). nn 1.50

— Karte d. Kreises Namslau. 6 Bl. à 40×52 cm. Farbdr. Liegn. 1900, P Baron. 8 —: auf L. m. St. 12 —

Baron, Paul: Karte d. Kreises Neustadt, O/S. 1:125,000. 33,5×48 cm. Farbdr. Neust. O/Schl., F Heinisch ('12). — 20

Karte des Kreises Neustettin. Nach d. neuesten Material bearb. im Kartogr. Inst. v. Paul Baron in Liegnitz. Maasst. 1:150,000. *Neustettin: F. A. Eckstein [1897].* 1 Ktnbl. quer-2. (☐) [98. 1491 Gr

— Karte d. Kreise Posen-Stadt-Kreis, Posen-Ost u. Posen-West. 1:50,000. 90,5×119 cm. Farbdr. Ebd. ('05). 12 —; auf L. m. St. 15 —

— Karte d. Kreises Züllichau-Schwiebus. 1:125,000. 35×30 cm. Farbdr. Züllich. 98, H Liebich. — 60

Kreis Kempen (in 5fachem Farbendruck). [Verf.: Paul Baron.] (Rev. von d. zuständ. Behörden.) Maßst. 1:100,000. *Lissa i. P.: F. Ebbecke [1903]; Kartogr. Anst. P. Baron, Liegnitz.* (1 Kartenbl. 23×32 cm mit Legende.) 8° [kol.]
[Umschlagt :] Spezial-Karte d. Kreises Kempen. [04. 1331

Kreis Koschmin (in 5fachem Farbendruck). Bearb. im kartogr. Inst. v. P(aul) Baron. (Rev. von d. zuständ. Behörden.) Maßst. 1:125,000. (2. Aufl.) *Lissa i. P.: F. Ebbecke [1903]; Lith. P. Baron, Liegnitz.* (1 Kartenbl. 26×32 cm.) 8° [kol.]
[Umschlagt.:] Spezial-Karte d. Kreises Koschmin. [04. 1332

Kreis Kosten. Bearb. im kartogr. Inst. v. Paul Baron. (Rev. von d. zuständ. Behörden.) Maßst. 1:125,000. (2. Aufl.) *Lissa i. P.: F. Ebbecke [1903]; Lith. P. Baron, Liegnitz.* (1 Kartenbl. 32×29 cm.) 8° [kol.]
[Umschlagt.:] Spezial-Karte d. Kreises Kosten. [04. 1333

Kreis Krotoschin. Bearb. im kartogr. Inst. v. P(aul) Baron. (Neueste Ausg. rev. von d. zuständ. Behörden.) Maßst. 1:125,000. *Lissa i. P.: F. Ebbecke [1903]; Lith. P. Baron, Liegnitz.* (1 Kartenbl. 34×25 cm.) 8° [kol.]
[Umschlagt.:] Spezial-Karte d. Kreises Krotoschin. [04. 1334

Kreis Kulm (in 5fachem Farbendruck). (Bearb. im kartogr. Inst. v. Paul Baron. Rev. von d. zuständ. Behörden. Maßst. 1:100,000. Lissa i./P.: F. Ebbecke [1904]; Lith. P. Baron in Liegnitz.) (1 Kartenbl. 44×36 cm mit Legende.) 8° [Kopft.] [kol.]
[Umschlagt :] Spezial-Karte v. Kreise Culm. [05. 11369

Kreis Marienburg. (Bearb. im kartogr. Inst. v. P(aul) Baron.) (Rev. von d. zuständ. Behörden.) (Maßst. 1:100.000. Lissa i/P.: F. Ebbecke [1904]; Lith. P. Baron in Liegnitz.) (1 Kartenbl. 44×38 cm mit Legende.) 8° [Kopft.] [kol.]
[Umschlagt.:] Spezial-Karte v. Kreise Marienburg . [05. 3263

Kreis Meseritz (in 5fachem Farbendruck). [Verf.: Paul Baron.] (Rev. von d. zuständ. Behörden.) Maßst. 1:100,000. *Lissa i. P.: F. Ebbecke [1903]; Kartogr. Anst. P. Baron, Liegnitz.* (1 Kartenbl. 52×41 cm mit Legende.) 8° [kol.]
[Umschlagt.:] Spezial-Karte d. Kreises Meseritz. [04. 1336

Kreis Mogilno (in 5fachem Farbendruck). (Bearb. im kartogr. Inst. v. Paul Baron. Rev. von d. zuständ. Behörden. Maßst. 1:100,000. Lissa i./P.: F. Ebbecke [1904]; Lith. P. Baron in Liegnitz.) (1 Kartenbl. 32×42 cm mit Legende.) 8° [Kopft.] [kol.]
[Umschlagt :] Spezial-Karte v. Kreise Mogilno. [05. 11370

Kreis Neutomischel. Bearb. im kartogr. Inst. v. P(aul) Baron. (Rev. von d. zuständ. Behörden.) Maßst. 1:125,000. (2. Aufl.) *Lissa i. P.: F. Ebbecke [1903]; Lith. P. Baron, Liegnitz.* (1 Kartenbl. 27×33 cm.) 8° [F. u. Ant.] [kol.]
[Umschlagt.:] Spezial-Karte d. Kreises Neutomischel. [04. 1337

Kreis Danziger Niederung. (Bearb. im kartogr. Inst. v. P(aul) Baron.) (Rev. von d. zuständ. Behörden.) (Maßst. 1:100.000. *Lissa i./P.: F. Ebbecke [1904]; Lith. P. Baron in Liegnitz.*) (1 Kartenbl. 44×26 cm mit Legende.) 8° [Kopft.] [kol.]
[Umschlagt.:] Spezial-Karte v. Kreise Danziger Niederung.

Kreis Obornik. Bearb. im kartogr. Inst. v. P(aul) Baron. (Neueste Ausg., rev. von d. zuständ. Behörden.) Maßst. 1:150,000. *Lissa i. P.: F. Ebbecke [1903]; Lith. P. Baron, Liegnitz.* (1 Kartenbl. 30×29 cm.) 8° [kol.]
[Umschlagt.:] Spezial-Karte d. Kreises Obornik.

Kreis Pleschen. Bearb. im kartogr. Inst. v. Paul Baron. (Rev. von d. zuständ. Behörden.) Maßst. 1:100,000. (2. Aufl.) *Lissa i. P.: F. Ebbecke [1903]; Lith. P. Baron, Liegnitz.* (1 Kartenbl. 30×35 cm.) 8° [kol.]
[Umschlagt.:] Spezial-Karte d. Kreises Pleschen.

Kreis Posen-Ost. Bearb. im kartogr. Inst. v. P(aul) Baron. (Neueste Ausg., rev. von d. zuständ. Behörden.) Maßst. 1:125,000. *Lissa i. P.: F. Ebbecke [1903]; Lith. P. Baron, Liegnitz.* (1 Kartenbl. 31×28 cm) 8° [kol.]
[Umschlagt.:] Spezial-Karte d. Kreises Posen-Ost.

Kreis Posen-West u. Ost u. Stadtkreis Posen. Bearb. im kartogr. Inst. v. P(aul) Baron. Neueste Ausg. rev. vom Kgl. Katasteramt in Posen. Maßst. 1:150,000. *Lissa i. P.: F. Ebbecke [1903]; Lith. P. Baron, Liegnitz.* (1 Kartenbl. 27×30 cm.) 8° [kol.]
[Umschlagt.:] Spezial-Karte d. Kreise Posen-West u. Ost.

Kreis Rawitsch. Bearb. i. kartogr. Inst. v. P(aul) Baron. Maßst. 1:125,000. *Lissa i. P.: F. Ebbecke [1903]; Lith. P. Baron, Liegnitz.* (1 Kartenbl. 37×26 cm.) 8° [kol.]
[Umschlagt.:] Spezial-Karte d. Kreises Rawitsch.

Kreis Schildberg (in 5fachem Farbendruck). [Verf.: Paul Baron.] (Rev. von d. zuständ. Behörden.) Maßst. 1:100,000. *Lissa i. P.: F. Ebbecke [1903]; Kartogr. Anst. P. Baron, Liegnitz.* (1 Kartenbl. 38×29 cm mit Legende.) 8° [kol.]
[Umschlagt.:] Spezial-Karte d. Kreises Schildberg

Kreis Schmiegel. Bearb. im kartogr. Inst. v. P(aul) Baron. (Neueste Ausg., rev. von d. zuständ. Behörden.) Maßst. 1:125,000. *Lissa i. P.: F. Ebbecke [1903]; Lith. P. Baron, Liegnitz.* (1 Kartenbl. 25×31 cm.) 8° [kol.]
[Umschlagt.:] Spezial-Karte d. Kreises Schmiegel.

Kreis Schrimm. Bearb. im kartogr. Inst. v. P(aul) Baron. (Rev. von d. zuständ. Behörden.) Maßst. 1:150,000. (2. Aufl.) *Lissa i. P.: F. Ebbecke [1903]; Lith. P. Baron, Liegnitz.* (1 Kartenbl. 27×34 cm.) 8° [kol.]
[Umschlagt.:] Spezial-Karte d. Kreises Schrimm.

Kreis Schroda. Bearb. im kartogr. Inst. v. Paul Baron. (Rev. von d. zuständ. Behörden.) Maßst. 1:150,000. *Lissa i. P.: F. Ebbecke [1903]; Lith. P. Baron, Liegnitz.* (1 Kartenbl. 25×31 cm.) 8° [kol.]
[Umschlagt.:] Spezial-Karte d. Kreises Schroda.

Kreis Schubin (in 5fachem Farbendruck). Bearb. im kartogr. Inst. v. P(aul) Baron. (Rev. von d. zuständ. Behörden.) Maßst. 1:150,000. *Lissa i. P.: F. Ebbecke [1903]; Lith. P. Baron, Liegnitz.* (1 Kartenbl. 34×26 cm.) 8° [kol.]
[Umschlagt.:] Spezial-Karte d. Kreises Schubin

Baron, P: Spezial-K. d. Kreises Adelnau. 1 : 100,000. 80×55 cm. Farbdr. Lissa, F Ebbecke (02). — 50; auf L. 1.20

Baron, P: Spezial-K. d. Kreises Beeskow-Storkow, Reg.-Bez. Potsdam. Neue Afl. 1 : 100,000. 49×60 cm. Farbdr. Storkow 1900, G Bauer. 1 —

— Spezial-K. v. Kreise Berent. 1 : 100,000. 41,5×61 cm. Farbdr. Ebd. (05). — 50; auf L. 1 —

— Spezial-K. d. Kreises Birnbaum. 1 : 100,000. 84,5×41,5 cm. Farbdr. Lissa, F Ebbecke (03). — 50; auf L. 1 —

— Spezial-K. d. Kreises Bomst (Wollstein). 1 : 150,000. 31,5×37,5 cm. Farbdr. Lissa 99, F Ebbecke. — 50

— Spezial-K. v. Kr. Briesen. 1 : 100,000. 38×36 cm. Farbdr. Lissa, O Eulitz (07). — 50; auf L. 1 —

— Spezial-K. d. Kreise Bromberg. Stadt- u. Landkreis. 1 : 150,000. 42×35,5 cm. Farbdr. Ebd. 1900. — 50

— Spezial-K. d. Kreises Bromberg (Stadt u. Land). 1 : 150,000. 2. Afl. 42×35,5 cm. Farbdr. Ebd. (03). — 50; auf L. 1 —

— Spezial-K. d. Kreises Czarnikau. 1 : 100,000. 44×52 cm. Farbdr. Ebd. (05). — 50; auf L. 1 —

— Spezial-K. v. Stadtkreis Danzig u. v. Kreise Danziger Höhe. 1 : 100,000. 42×30,5 cm. Farbdr. Ebd. (04). — 50; auf L. 1 —

— Spezial-K. v. Kreise Dirschau. 1 : 100,000. 40×33,5 cm. Farbdr. Ebd. (04). — 50; auf L. 1 —

— Spezial-K. v. Kreise Elbing. 1 : 100,000. 35,5×38,5 cm. Farbdr. Ebd. (04). — 50; auf L. 1 —

— Spezial-K. d. Kreises Filehne. 1 : 100,000. 39,5×39 cm. Farbdr. Ebd. (03). — 50; auf L. 1 —

— Spezial-K. d. Kreises Fraustadt. 1 : 125,000. 34×29 cm. Farbdr. u. kol. Lissa 97, F Ebbecke. nn — 50

— Spezial-K. d. Kreises Fraustadt. 1 : 100,000. 3. Afl. 35×34 cm. Farbdr. Ebd. (03). — 50; auf L. 1 —

— Spezial-K. d. Kreises Freystadt. Neueste Asg., rev. v. kgl. Katasteramt zu Freystadt. 1 : 150,000. 30×42,5 cm. Farbdr. Liegnitz 99, P Baron. — 60

— Spezial-K. d. Kreises Gnesen. 1 : 100,000. 1. u. 2. Afl. 32×44 cm. Farbdr. Ebd. (01.03). — 50; auf L. 1 —

— Spezial-K. d. Kreises Gostyn. 1 : 100,000. 2. Afl. 37×39 cm. Farbdr. Ebd. (03). — 50; auf L. 1 —

— Spezial-K. d. Kreises Grätz. 1 : 125,000. 35×28,5 cm. Farbdr. Lissa 98, F Ebbecke. — 50

— Spezial-K. v. Kreise Graudenz. 1 : 100,000. 34,5×41 cm. Farbdr. Ebd. (04). — 50; auf L. 1 —

— Spezial-K. d. Kreises Jarotschin. 1 : 100,000. 2. Afl. 35×43 cm. Farbdr. Ebd. (03). — 50; auf L. 1 —

— Spezial-K. d. Kreises Inowrazlaw. 1 : 100,000. 45,5×48,5 cm. Farbdr. Ebd. (03). — 50; auf L. 1.20

— Spezial-K. v. Kr. Karthaus. 1 : 100,000. 39,5×62 cm. Farbdr. Ebd. (06). — 50; auf L. 1 —

— Spezial-K. d. Kreises Kempen. 1 : 100,000. 36,5×27,5 cm. Farbdr. Ebd. (02). — 50; auf L. 1 —

— Spezial-K. d. Kreises Kolmar. 1 : 100,000. 52×53 cm. Farbdr. Ebd. (03). — 50; auf L. 1.20

— Spezial-K. d. Kreises Koschmin. 1 : 125,000. 36×30,5 cm. Farbdr. Lissa 99, F Ebbecke. — 50

— Spezial-K. d. Kreises Kosten. 1 : 125,000. 30,5×34 cm. Farbdr. Ebd. 98. — 50

— Spezial-K. d. Kreises Krotoschin. 1 : 125,000. 1. u. 2. Afl. 25,5×35 cm. Farbdr. Ebd. (01.05). — 50; auf L. 1 —

— Spezial-K. v. Kreise Kulm. 1 : 100,000. 40,5×49 cm. Farbdr. Ebd. (04). — 50; auf L. 1.20

— Spezialk. d. Kreise Leobschütz, Cosel, Ratibor & Neustadt. 1 : 125,000. 70×56 cm. Farbdr. Leobsch. 1900, A Rölle. 2 —

Spezialkarte des Kreises Lissa (i. P.). Bearb. im kartogr. Inst. v. P(aul) Baron. (Rev. v. Kgl. Landratsamt u. Kgl. Katasteramt in Lissa sowie v. d. Kgl. Ansiedlungs-Kommiss. in Posen.) Maßst. 1 : 100,000. 2. Aufl. *Lissa i. P.: F. Ebbecke [1903]; Lith. P. Baron, Liegnitz.* (1 Kartenbl. 48×33 cm.) 8° [kol.]
[Umschlagt.:] Spezial-Karte d. Kreises Lissa i. P.

— Spezial-K. v. Kreise Lissa. 1 : 100,000. 2. Afl. 35×50 cm. Farbdr. Lissa, F Ebbecke (05). — 50; auf L. 1 —

— Spezial-K. v. Kreise Marienburg. 1 : 100,000. 46,5×48 cm. Farbdr. Lissa, F Ebbecke (04). — 50; auf L. 1.20

— Specialk. d. Kreise Meseritz, Schwerin a. W., Züllichau-Schwiebus; wie z. Thl d. benachbarten Kreise Landsberg a. W., Ost-Sternberg, Crossen, Bomst, Neutomischel u. Birnbaum. 1 : 150,000. 50×54,5 cm. Farbdr. Meser., C Haug (01). 1.50; auf L. in Futteral 2.50

— Spezial-K. v. Kreise Mogilno. 1 : 100,000. 46×36 cm. Farbdr. Lissa, F Ebbecke (04). — 50; auf L. 1 —

— Spezial-K. v. Kr. Neustadt i. Westpr. 1 : 100,000. 45×53,5 cm. Farbdr. Lissa, O Eulitz (06). — 50; auf L. 1 —

— Spezial-K. d. Kreises Neutomischel. 1 : 125,000. 34,5×29 cm. Farbdr. Lissa 98, F Ebbecke. — 50

— Spezial-K. v. Kreise Danziger Niederg. 1 : 100,000. 29×48 cm. Farbdr. Ebd. ('04). — 50; auf L. 1 —

— Spezial-K. v. Kreise Obornik. 1 : 150,000. 1. u. 2. Afl. 30,5×31 cm. Farbdr. Ebd. ('01:'05). — 50; auf L. 1 —

— Spezial-K. d. Kreises Ostrowo. 1 : 100,000. 39×55 cm. Farbdr. Ebd. '02. — 50

— Spezial-K. d. Kreises Pleschen. 1 : 100,000. 36,5×31,5 cm. Farbdr. Lissa 98, F Ebbecke. — 50

— Spezial-K. v. Kreise Pleschen. 1 : 100,000. 3. Afl. 36×31 cm. Farbdr. Ebd. ('05). — 50; auf L. 1 —

— Spezial-K. d. Kreises Posen-Ost. 1 : 125,000. 1. u. 2. Afl. 29×33 cm. Ebd. ('01:'05). — 50; auf L. 1 —

— Spezial-K. d. Kreise Posen-West u. Ost u. Stadtkreis Posen. Neueste Asg., rev. v. kgl. Katasteramt in Posen. 1 : 150,000. 34×31,5 cm. Farbdr. Ebd. 99. — 50

Baron, Paul

— Spezial-K. v. Kr. Putzig. 1 : 100,000. 38,5×40,5 cm. Farbdr. Ebd. ('06). — 50; auf L. 1 —

— Spezialk-K. d. Kreises Rawitsch. 1 : 125,000. 28×38,5 cm. Farbdr. Ebd. 98. — 50

— Spezial-K. d. Kreises Rawitsch. 1 : 100,000. 3. Afl. 28×43 cm. Farbdr. Ebd. ('03). — 50; auf L. 1 —

— Spezial-K. d. Kreises Samter. 1 : 150,000. 37×31,5 cm. Farbdr. Ebd. 99. — 50

— Spezial-K. d. Kreises Samter. 2. Afl. 1 : 150,000. 37×31,5 cm. Farbdr. Lissa, F Ebbecke ('01). — 50; auf L. 1 —

— Spezial-K. d. Kreises Schildberg. 1 : 100,000. 33,5×35,5 cm. Farbdr. Ebd. ('02). — 50; auf L. 1 —

— Spezial-K. d. Kreises Schmiegel. 1 : 125,000. 35×30 cm. Farbdr. Ebd. 99. — 50

— Spezial-K. v. Kreise Schmiegel. 1 : 125,000. 3. Afl. 32,5×26 cm. Farbdr. Ebd. ('05). — 50; auf L. 1 —

— Spezial-K. d. Kreises Schrimm. 1 : 125,000. 35,5×29 cm. Farbdr. Ebd. 98. — 50

— Spezial-K. d. Kreises Schubin. 1 : 150,000. 30,5×38 cm. Farbdr. Ebd. 1900. — 50

— Spezial-K. d. Kreises Schubin. 1 : 150,000. 2. Afl. 27×35,5 cm. Farbdr. Ebd. ('05). — 50; auf L. 1 —

— Spezial-K. d. Kreises Schwerin a. W. 1 : 100,000. 30×40 cm. Farbdr. Ebd. ('05). — 50; auf L. 1 —

— Spezial-K. v. Kreise Pr. Stargard. 1 : 100,000. 45×50 cm. Farbdr. Ebd. ('04). — 50: auf L. 1.20

— Spezial-K. v. Kreise Strelno. 1 : 100,000. 35,5×34 cm. Farbdr. Ebd. ('04). — 50; auf L. 1 —

— Spezial-K. d. Kreises Thorn. 1 : 100,000. 54×50 cm. Farbdr. Ebd. ('03). — 50; auf L. 1.25

Special-Karte vom Waldenburger- & Eulen-Gebirge bearb. von P[aul] Baron. Maßst. 1:75,000. Schweidnitz: G. Brieger [1905]; (Lith. P. Baron, Liegnitz). (1 Kartenbl. 45×65 cm.) 8° [kol.]
[Umschlagt.:] Karte v. Waldenburger- u. Eulen-Gebirge bearb. von P. Baron. [06. 3030 2

— Spezial-K. d. Kreises Wirsitz. 1 : 100,000. 40×58 cm. Farbdr. Lissa, F Ebbecke ('03). — 50; auf L. 1.20

— Spezial-K. d. Kreises Witkowo. 1 : 100,000. 26×49 cm. Ebd. ('05). — 50; auf L. 1 —

— Spezial-K. d. Kreises Wongrowitz. 1 : 100,000. 61,5×39 cm. Farbdr. Ebd. ('03). — 50; auf L. 1 —

Baron, P: Spezial-K. d. Kreises Wreschen. 1 : 125,000. 29×31,5 cm. Farbdr. Lissa 1900, F Ebbecke. — 50

— Spezial-K. d. Kreises Znin. 1 : 100,000. 47,5×38 cm. Farbdr. Ebd. ('03). — 50; auf L. 1 —

Kreis Pr. Stargard. (Bearb. im kartogr. Inst. v. P(aul) Baron.) (Rev. von d. zuständ. Behörden.) (Maßst. 1:100.000. Lissa i/P.: F. Ebbecke [1904]; Lith. P. Baron in Liegnitz.) (1 Kartenbl. 46×40 cm mit Legende.) 8° [Kopft.] [kol.]
[Umschlagt.:] Spezial-Karte v. Kreise Pr. Stargard ... [05. 3064

Kreis Strelno (in 5fachem Farbendruck). (Bearb. im kartogr. Inst. v. Paul Baron. Rev. von d. zuständ. Behörden. Maßst. 1:100,000. Lissa i./P.: F. Ebbecke [1904]; Lith. P. Baron in Liegnitz.) (1 Kartenbl. 30×31 cm mit Legende.) 8° [Kopft.] [kol.]
[Umschlagt.:] Spezial-Karte v. Kreise Strelno. [05. 11378

Neuester Taschenplan von Breslau und seiner Umgebung. (Kartogr. Inst. P[aul] Baron, Liegnitz.) Maßst. [1:25,000]. [Mit 1 Nebenkarte.] Schweidnitz: G. Brieger [1904]. (1 Kartenbl. 26×28 cm.) 8° [lith.] [kol.]
[Umschlagt.:] Taschenplan von Breslau. [06. 22 2

Touristen-Karte des Riesen- und Iser-Gebirges. (Bearb. von Paul Baron, Liegnitz. Maßst.. 1:100,000. Schweidnitz: G. Brieger in Comm. [1905]; Lith. P. Baron, Liegnitz.) (1 Kartenbl. 71×41 cm. mit Legende.) 8° [Kopft.] [kol.]
[Umschlagt.:] Wegekarte vom Riesen- u. Isergebirge mit d. Farbenmarkierungen d. Touristenwege [05. 11139

— Touristen-(Umschl.: Wege-)K. d. Riesen- u. Iser-Gebirges (m. d. Farbenmarkiergn d. Touristenwege). 1 : 100,000. 3. Afl. 43×72,5 cm. Farbdr. Schweidn., G Brieger ('09). — 30

— Touristen-Kte d. Riesen- u. Isergebirges. (Umschl.: Mit d. Farbenmarkiergn d. Touristenwege. 3. Afl.) 1 : 100,000. 43×72,5 cm. Farbdr. Schweidn., G Brieger ('11). — 30

Wanderkarte des Weser-Gebirges und des Teutoburger Waldes. Massst. 1:50,000. (Bearb. im Geogr. Inst. v. Paul Baron, Liegnitz.) [Mit 2 Nebenkarten.] Bremen: E. Hampe [1907]. (1 Kartenbl. 82×43 cm.) 8° [lith.] [kol.] [07. 12237

— Wandkte d. Kreises Arnswalde. 1 : 45,000. 4 Bl. je 48×67,5 cm. Farbdr. Arnsw., H Wendt ('11). 18 —; auf L m. St. 23 —

— Wandk. d. Kreise Beuthen, Kattowitz, Tarnowitz u. Zabrze. 1 : 85,000. 8 Bl. je 36×52 cm. Farbdr. Beuth., (H Freund) ('01). 11 —; auf L. m. St. nn 15 —

[Ant. u. F.] Wandkarte des Kreises Bomst entw. nach d. Messtischbl. d. Kgl. Preuss. Landes-Aufnahme v. Paul Baron in Liegnitz i Schl. Maassst. 1:45000. *Lissa: F. Ebbecke [1898].* 1 Ktnbl. quer-gr. 2 in 6 Bl. (je 2) [98. 1544

— Wandk. d. Kreises Bomst. 1 : 45,000. 6 Bl. à 51,5×39 cm. Farbdr. Ebd. 99. 12 —; auf L. m. St. 15 —

— Wandk. d. Kr. Briesen. 1 : 85,000. 4 Bl. je 59×58 cm. Farbdr. Ebd. ('09). 12 —; auf L. m. St. 15 —

— Wandk. d. Kr. Bromberg. 1 : 40,000. 6 Bl. je 50×63 cm. Farbdr. Brombg, Mittler ('07). nn 9 —; auf L. m. St. nn 15 —

— Wandk. d. Kreises Bunzlau. 1 : 50,000. 6 Bl. à 47×38 cm. Farbdr. u. kol. Bunzl. 97, G Kreuschmer. nn 8 —; auf L. m. St. nn 12 —

— Wandk. d. Kr. Czarnikau. 1 : 85,000. 4 Bl. 2 Bl. je 62,5×47 cm u. 2 Bl. je 62,5×58 cm. Farbdr. Lissa, O Eulitz ('09). Auf L. m. St. 15 —

— Wandk. d. Kreises Fraustadt. 1 : 35,000. 6 Bl. à 36,5×51 cm. Farbdr. u. kol. Ebd. 97. 12 —; auf L. m. St. 15 —

[Ant. u. F.] Wandkarte des Kreises Fraustadt entw. nach d. Messtischblättern d. Kgl. Preuss. Landes-Aufn. v. Paul Baron, A. Hilscher's Nachf. i. Liegnitz. Maasst. 1:35,000. *Lissa i/P.: F. Ebbecke [1898].* 6 Ktnbl. quer-2. (2) [98. 4047

— Wandk. d. Kreises Gnesen. 1 : 40,000. 6 Bl. à 47×39 cm. Farbdr. Brombg 98, Mittler. nn 10 —; auf L. m. St. nn 12.50

— Wandk. d. Kreises Goldberg-Haynau. 1 : 40,000. 6 Bl. à 36,5×48 cm. Farbdr. Haynau 97, C Pietzuch. nn 8 —; auf L. m. St. nn 12 —

[Ant. u. F.] Wandkarte des Kreises Grätz, entw. nach d. Messtischbl. d. Kgl. Preuss. Landes-Aufnahme v. Paul Baron in Liegnitz. Maassst. 1:35,000. *Lissa: F. Ebbecke [1898].* 1 Ktnbl gr. 2. in 6 Bl. (je ?) [9. 1845

— Wandk. d. Kr. Hohensalza. 1:40,000. 4 Bl. je 55×59 cm. Farbdr. Lissa, O Eulitz ('08). 12 —; auf L. m. St. 15 —

— Wandk. d. Kr. Kempen. 1:25,000. 4 Bl. je ca 64×52,5 cm. Farbdr. Ebd. ('09). 12 —; auf L. m. St. 15 —

Baron, Paul

— u. E Marotzke: Wandk. d. Kreises Kolmar. 1:40,000. 124×122,5 cm. Farbdr. Ebd. ('05). 12 —; auf L. m. St. 15 —

[Ant. u. F.] Wandkarte des Kreises Kosten, entw. nach d. Messtischbl. d. Kgl. Preuss. Landes-Aufnahme v. Paul Baron ... i. Liegnitz. Maassst. 1:40,000 *Lissa: F. Ebbecke [1898].* 1 Ktnbl. quer-gr. 2. in 6 Bl. (je ?) [9. 1846

— Wandk. d. Kreises Lauban. 1:35,000. 6 Bl. à 41×52,5 cm. Farbdr. Laub. 99, G Reipprich. Auf L. m. St. nn 13.50

[Ant. u. F.] Wandkarte des Kreises Neutomischel, entw. nach d. Messtischbl. d. Kgl. Preuss. Landes-Aufnahme v. Paul Baron ... i. Liegnitz. Maassst. 1:35,000. *Lissa: F. Ebbecke [1898].* 1 Ktnbl. gr. 2. in 6 Bl. (je ?) [9. 1847

— Wandk. d. Kreise Ostrowo u. Adelnau. 1:50,000. 2. Afl. 6 Bl. à 47,5×40 cm. Farbdr. Ostrowo 99, H Hayn. 9 —; auf L. m St. nn 12 —

— Wandk. d. Kreises Pleschen. 1:25,000. 4 Bl. à 66,5×55 cm. Farbdr. Ebd. 1900. 12 —; auf L. m. St. 15 —

— Wandk. d. Kreises Posen-Ost. 1:40,000. 2 Bl. je 90,5×52,5 cm. Farbdr. Ebd. ('01). 12 —; auf L. m. St. 15 —

— Wandk. d. Kreises Samter. 1:50,000. 6 Bl. à 38×54,5 cm. Farbdr. Ebd. 99. 12 —; auf L. m. St. 15 —

— Wandkte d. Kr. Samter. 1:40,000. 4 Bl. je ca 57,5×52 cm. Farbdr. Lissa, O Eulitz ('10). L m. St. 15 —

— Wandk. d. Kr. Schildberg. 1:25,000. 4 Bl. je 61×66 cm. Farbdr. Lissa, O Eulitz ('09). 12 —; auf L. m. St. 15 —

— Wandk. d. Kreises Schlochau. 1:50,000. 4 Bl. je 65×59,5 cm. Farbdr. Ebd. ('02). Auf L. nn 15 —

Wandkarte des Kreises Schmiegel entw. nach den Messtischblattern d. K. Preuss. Landesaufnahme von Paul Baron in Liegnitz. Masst. 1:35,000. *Lissa i. P.: F. Ebbecke [1899].* (4 Kartenbl. je 53×48 cm.) gr-2° [00. 3403

— Wandk. d. Kreises Schrimm. 1:40,000. 6 Bl. à 39×49 cm. Farbdr. Ebd. 1900. 12 —; auf L. m. St. 15 —

— Wandk. d. Kreises Schroda. 1:50,000. 4 Bl. je 57,5×46 cm. Farbdr. Ebd. ('01). 12 —; auf L. m. St. 15 —

— Wandk. d. Kreises Sorau. 1:50,000. 6 Bl. à 41×53 cm. Farbdr. Sorau 99, O Klinkmüller. 10 —; auf L. m. St. 15 —

— Wandk. d. Kr. Pr. Stargard. 1:40,000. 2. Afl. 116×129 cm. Farbdr. Preuss.-Stargard, E Schultz ('08). Auf L. m. St. 12 —

— Wandk. d. Kr. Strasburg. 1:40,000. 145×210 cm. Farbdr. Lissa, O Eulitz ('07). Auf L. m. St. 20 —

— Wandk. d. Kr. Thorn Stadt u. Land. 1:40,000. 127×118 cm. Farbdr. Ebd. ('06). Auf L. m. St. 15 —

— Wandk. d. Kr. Wirsitz. 1:45,000. 4 Bl. je 47×62 cm. Farbdr. Ebd. ('07). Auf L. m. St. 15 —

— Wandk. d. Kreises Wreschen. 1:30,000. 4 Bl. à 53,5×57,5 cm. Farbdr. Ebd. 1900. 12 —; auf L. m. St. 15 —

— Wege-K. v. Lothringen. 1:200,000. 59×69,5 cm. Farbdr. Ebd. '05. 1.80; auf L. n 2.50

Wegekarte der Umgebung von Breslau, des Glatzer-, Eulen- u. Waldenburger Gebirges. Bearb. u. entw. i. kartogr. Inst. v. P[aul] Baron. Maßst. 1:150,000. *Schweidnitz: G. Brieger [1903]; Lith. P. Baron, Liegnitz.* (1 Kartenbl. 56×69 cm mit Legende.) 8° [kol.]
[Umschlagt.:] Wegekarte d. Umgebung von Breslau, d. Glatzer-, Eulen- u. Waldenburger Gebirges. [03. 11684

Kreis Wirsitz (in 5fachem Farbendruck). Bearb. im kartogr. Inst. v. P(aul) Baron. (Rev. von d. zuständigen Behörden.) Maßst. 1:100,000. *Lissa i/P.: F. Ebbecke [1903]; Lith. P. Baron in Liegnitz.* (1 Kartenbl. 54×36 cm mit Legende.) 8° [kol.]
[Umschlagt.:] Spezial-Karte d. Kreises Wirsitz in 5fachem Farbendr. [04. 2465

Kreis Witkowo. (Bearb. im kartogr. Inst. v. P(aul) Baron.) (Rev. von d. zuständ. Behörden.) (Maßst. 1:100.000. *Lissa i./P.: F. Ebbecke [1904]; Lith. P. Baron in Liegnitz.)* (1 Kartenbl. 48×26 cm mit Legende.) 8° [Kopft.] [kol.]
[Umschlagt.:] Spezial-Karte d Kreises Witkowo .. [04. 16335

Kreis Wongrowitz (in 5fachem Farbendruck). Bearb. im kartogr. Inst. v. P(aul) Baron. (Rev. von d. zuständ. Behörden.) Maßst. 1:100,000. *Lissa i. P.: F. Ebbecke [1903]; Lith. P. Baron, Liegnitz.* (1 Kartenbl. 35×57 cm mit Legende.) 8° [kol.]
[Umschlagt.] Spezial-Karte d Kreises Wongrowitz [04. 1348

Kreis Wreschen. Bearb. im kartogr. Inst. v. P(aul) Baron. Neueste Ausg., rev. von d. zuständ. Behörden.) Maßst. 1:125,000. *Lissa i. P.: F. Ebbecke [1903]; Lith. P. Baron, Liegnitz.* (1 Kartenbl. 28×24 cm.) 8° [kol.]
[Umschlagt.: Spezial-Karte d. Kreises Wreschen. [04. 1349

Kreis Znin (in 5fachem Farbendruck). Bearb. im kartogr. Inst. v. P(aul) Baron. (Rev. von d. zuständ. Behörden.) Maßst. 1:100,000. *Lissa i. P.: F. Ebbecke [1903]; Lith. P. Baron, Liegnitz.* (1 Kartenbl. 34×43 cm mit Legende.) 8° [kol.]
[Umschlagt.:] Spezial-Karte d. Kreises Znin. [04 1330

Baron, Richard, Regierungs- u. Schulrat, 1806-1890. 1837: **Anti-Irenikon oder Sendschreiben an Herrn Dr. Joseph Ign. Ritter ... auf Veranlassung seines Schriftchens: Irenikon. Brieg: Schwartz 1840. 31 S. 8° 1: Di 3310. 2. 41.**
11.8160

– Aus Nacht z. Licht, s.a. Trewendt's Jugendbibliothek

— Aus Nacht zum Licht! Erzählung. — Breslau: Trewendt 1858. 109 S. 8° (Trewendt's Jugendbibliothek. 28.) 1: Ng 10530-28.
11.8161

— — 2. Aufl. Ebd. [1895]. 109 S. 8° [(Trewendt's Jugendbibliothek. 28.)] 2.
11.8162

Baron, Richard: 2 feindl. Brüder, s. Trewendt's Jugendbibliothek.

Baron, Rich., zwei feindliche Brüder. Eine Erzählung für die reifere Jugend. 8. (118 S. mit 4 Stahlst.) Breslau 854(55,) [Trewendt.] Thlr.

— Zwei feindliche Brüder. Eine Erzählung. — Breslau: Trewendt 1855. 118 S. 8° [(Trewendt's Jugendbibliothek. 22.)] 1: Ng 10530-22.
11.8163

— — 2. Aufl. Ebd. [1900]. 118 S. 8° (Trewendt's Jugendbibliothek. 22.) 1: Ng 10530^{2}-22. 2.
11.8164

– D. Christfest in d. Familie Frommhold, s.a. Trewendt's Jugendbibliothek.

—— Das Christfest in der Familie Frommhold. Eine Weihnachtsgeschichte für Jung und Alt. 8. (114 S. mit 4 Stahlst.) Breslau 853, [Trewendt.]

— Das Christfest in der Familie Frommhold. Eine Weihnachtsgeschichte. — Breslau: Trewendt & Granier 1854. 114 S. 8° 2.
11.8165

— — 2. Aufl. Breslau: Trewendt 1873. 112 S. 8° (Trewendt's Jugendbibliothek. 18.) 1: Ng 10530^{2}-18.
11.8166

— — 3. Aufl. Ebd. [1889]. 120 S. 8° (Trewendt's Jugendbibliothek. 18.) 1: Ng 10530^{3}-18. 2.
11.8167

— — 4. Aufl. Ebd. [1901]. 119 S. 8° (Trewendt's Jugendbibliothek. 18.) 1: Ng 10530^{4}-18. 2.
11.8168

— Edmund. Erzählung s.a. Unterhaltungen f. d. Jugend.

— Edmund. — Brieg: Schwartz 1840. 112 S. 8° 2.
11.8169

— Zur Erinnerung an die Jubel-Feier des fünfzigjährigen Bestehens der Königlichen Regierung zu Oppeln am 7. Mai 1866. — Oppeln: Tempeltey 1866. 33 S. 8° 2. 41.
11.8170

— Zur Erinnerung an Preußens große Woche. 27. Juni bis 3. Juli 1866. 5 patriotische Gedichte. — Oppeln: Reisewitz 1866. 20 S. 8° 1:9 in Yo 11792. 2.
11.8171

Baron, Rich., Erinnerungs-Blätter aus dem Leben und Lehren eines altgewordenen Lehrers, den Lehrern und Freunden der Volksschule mitgetheilt. 8. (VII, 99 S.) Stettin 878, Brandner. *

– Erzählungen, s.a. Trewendt's Jugendbibliothek

– Fiorita, d. Räubermädchen, s.a. Trewendt's Jugendbibliothek

Baron, Rich., Fiorita, das Räubermädchen. Eine Erzählung f. die Jugend u. ihre Freunde. Mit 4 Stahlst. 8. (110 S.) Breslau 852, Trewendt & Granier. 1/6 ₰

—— Fiorita, das Räubermädchen. Eine Erzählung für die Jugend und ihre Freunde. 8. (110 S. mit 4 Stahlst.) Breslau 853, [Trewendt.]

— Fiorita, das Räubermädchen. 3. Aufl. — Breslau: Trewendt 1885. 107 S. 8° (Trewendt's Jugendbibliothek. 15.) 1:Ng 10530²-15. 2.
11.8173

– Freundschaft u. Rache, s. Trewendt's Jugendbibliothek

—— Freundschaft und Rache. Erzählung für die Jugend und ihre Freunde. 8. (134 S. mit 4 Stahlst.) Breslau 853, [Trewendt.]

— Freundschaft und Rache. Erzählung für die Jugend und ihre Freunde. Mit 4 Stahlst. Ebend. 854. 8. (134 S.) 7 1/2 ngr

— Freundschaft und Rache. Erzählung. 2. Aufl. — Breslau: Trewendt [1876]. 134 S. 8° (Trewendt's Jugendbibliothek. 19.) 1:Ng 10530¹-19.
11.8174

—— 3. Aufl. Ebd. [1899]. 125 S. 8° (Trewendt's Jugendbibliothek. 19.) 1:Ng 10530³-19. 2.
11.8175

— Zum confessionellen Frieden! Ein Neujahrsgruss an Katholiken u. Protestanten. — Breslau: Gosohorsky 1845. 32 S. 8° 1:11 in E 241. 2.
11.8176

Baron, Rich., zum vierten Gebot. Erzählung für die reifere Jugend. 8. (99 S. mit 4 Bildern in Holzschntaf. von Ludw. Löffler.) Breslau 875, Trewendt. cart.

— Zum vierten Gebot. Erzählung. — Breslau: Trewendt 1875. 99 S. 8° (Trewendt's Jugendbibliothek. 55.) 1:Ng 10530-55.
11.8177

—— Ebd. [um 1895]. 97 S. 8° (Trewendt's Jugendbibliothek. 55.) 1:Ng 10530-55. 2.
11.8178

– Geschichte e. jungen Malers, s.a. Trewendt's Jugendbibliothek

Baron, Rich., Geschichte eines jungen Malers. Eine Erzählung für die Jugend und ihre Freunde. 8. (142 S. und 4 Stahlst.) Breslau 851. Trewendt und Granier.

— Geschichte eines jungen Malers. 2. Aufl. — Breslau: Trewendt 1866. 144 S. 8° (Trewendt's Jugendbibliothek. 10.) 1:Ng 10530²-10.
11.8179

—— 3. Aufl. Ebd. [1891]. 139 S. 8° [(Trewendt's Jugendbibliothek. 10.)] 1:Ng 10530³-10.
11.8180

– Geschwister-Leid u. -Freud', s.a. Trewendt's Jugendbibliothek

— Geschwister-Leid und Freud'. — Breslau: Trewendt 1869. 99 S. 8° (Trewendt's Jugendbibliothek. 48.) 1:Ng 10530-48. 2.
11.8181

— Geschwister-Leid u. Freud'. Erzählung für die reifere Jugend. Mit 4 Bildern (Holzschn.) von Ludw. Löffler. Ebend. 870. 8. (99 S.) 7½ ngr

—— 2. Aufl. Ebd. [1891]. 99 S. 8° (Trewendt's Jugendbibliothek. 48.) 1:Ng 10530²-48. 2.
11.8182

Baron, R., Jesus mit Martha u. Maria in Bethanien. Eine Zeit-Betrachtung. Vortrag gehalten am 11. Janr. 1866 in Breslau. Oppeln, Reisewitz. gr. 8. (31 S.) n. 5 ngr

— Jesus mit Martha und Maria in Bethanien. (Luk. 10,38–42.) Eine Zeitbetrachtung. — Oppeln: Reisewitz 1866. 31 S. 8° 1:Et 12946. 2.
11.8183

—— Julius und Maria, s.a. Trewendt's Jugendbibliothek.

— Julius und Maria oder der kindlichen Liebe Macht und Herrlichkeit. Eine Erzählung. — Breslau: Trewendt 1851. 122 S. 8° 2.
11.8184

—— 2. Aufl. Ebd. 1864. 124 S. 8° (Trewendt's Jugendbibliothek. 8.) 1:Ng 10530²-8.
11.8185

—— 3. Aufl. Ebd. [1890]. 127 S. 8° (Trewendt's Jugendbibliothek. 8.) 1:Ng 10530³-8.
11.8186

– Kalifornien in d. Heimat, s.a. Trewendt's Jugendbibliothek.

— Californien [Kalifornien] in der Heimath. — Breslau: Trewendt 1858. 120 S. 8° [(Trewendt's Jugendbibliothek. 29.)] 1:Ng 10530-29. 2.
11.8187

— Kalifornien in der Heimat. 2. Aufl. Ebd. [1886]. 115 S. 8° (Trewendt's Jugendbibliothek. 29.) 1:Ng 10530²-29. 2.
11.8188

—— 3. Aufl. Ebd. [1892]. 112 S. 8° (Trewendt's Jugendbibliothek. 29.) 1:Ng 10530³-29. 2.
11.8189

—— 4. Aufl. Breslau [usw.]: Trewendt [1903]. 112 S. 8° (Trewendt's Jugendbibliothek. 29.) 1:Ng 10530⁴-29.
11.8190

— Ein verstoßenes Kind. — Breslau: Trewendt 1875. 88 S. 8° (Trewendt's Jugendbibliothek. 54.) 1:Ng 10530-54. 2. 207.
11.8191

—— der deutsche Knabe in Amerika. Hold-Else's Wunderaugen. Zwei Erzählungen für die Jugend und ihre Freunde. 8. (149 S. und 4 Stahlst.) Breslau 851, Trewendt und Granier.

— Der deutsche Knabe in Amerika. Hold-Else's Wunderaugen. 2. Aufl. — Breslau: Trewendt 1866. 151 S. 8° (Trewendt's Jugendbibliothek. 9.) 1:Ng 10530²-9.
11.8192

— — 3. Aufl. Ebd. [um 1895]. 139 S. 8° (Trewendt's Jugendbibliothek. 9.) 1:Ng 10530^{2}–9. 2.
11.8193

– König u. Kronprinz, s.a. Trewendt's Jugendbibliothek

— König und Kronprinz. Ein geschichtliches Sitten- u. Charaktergemälde. — Breslau: Trewendt 1852. 126 S. 8°
1:Ng 12574.
11.8194

—— König und Kronprinz. Ein geschichtl. Sitten- und Charaktergemälde für das reifere Jugendalter. 2. Aufl. 8. (124 S. mit 1 Stahlst.) Ebendas. 879. cart.

— — 2. Aufl. Ebd. [1880]. 124 S. 8° (Trewendt's Jugendbibliothek. 16.) 1:Ng 10530^{2}–16. 2.
11.8195

— — 3. Aufl. Ebd. [1892]. 125 S. 8° (Trewendt's Jugendbibliothek. 16.) 1:Ng 10530^{3}–16. 2. 41.
11.8196

— — 4. Aufl. Berlin: Trewendt [1904]. 122 S. 8° (Trewendt's Jugendbibliothek. 16.) 1:Ng 10530^{4}–16.
11.8197

Baron, Richard
— der Deutschen Krieg u. Sieg 1870—1871. Ein Buch f. Volk, Heer u. Schule. 8. (IV, 203 S.) Oppeln 871. Reisewitz. 1. 20

— Der Deutschen Krieg und Sieg in Frankreich 1870. 1871. Oppeln: Reisewitz 1871. 203 S. 8°
1:Kr. Samml. A 9 [u.] Qo 5868. 2. 207.
11.8198

— Preußens Krieg gegen Oesterreich und dessen Verbündete im Jahre 1866. — Oppeln: Reisewitz 1866. 85 S. 8°
1:1 in Qo 3799. 2. 26. 35. 46. 61. 169.
11.8199

— Preußens Krieg gegen Oesterreich u. dessen Verbündete im J. 1866. Ein Gedenkbüchlein für Schule, Volk u. Heer. Oppeln 866. Reisewitz. 8. (IV, 85 S.) n. 5 ngr.

– E. Landwehrmann, s.a. Trewendt's Jugendbibliothek

— ein Landwehrmann. Eine Erzählung aus dem Sommerkriege von 1866 für Jugend u. Volk. Mit 4 Stahlst. Ebend. 867. 8. (115 S.) 7½ ngr.

— Ein Landwehrmann. — Breslau: Trewendt 1867. 115 S. 8° (Trewendt's Jugendbibliothek. 40.)
1:Ng 10530–40. 2. 41.
11.8200

— — 2. Aufl. Ebd. [1890]. 112 S. 8° (Trewendt's Jugendbibliothek. 40.) 1:Ng 10530^{2}–40. 2. 60.
11.8201

— — 3. Aufl. Ebd. [1901]. 112 S. 8° (Trewendt's Jugendbibliothek. 40.) 1:Ng 10530^{3}–40. 2.
11.8202

– a.d. Leben zweier Schüler, s.a. Trewendt's Jugendbibliothek.

— Aus dem Leben zweier Schüler. Erzählung. — Breslau: Trewendt 1864. 100 S. 8° (Trewendt's Jugendbibliothek. 34.)
1:Ng 10530–34.
11.8203

— — 2. Aufl. Ebd. [1889]. 110 S. 8° (Trewendt's Jugendbibliothek. 34.) 1:Ng 10530^{2}–34. 2.
11.8204

— — 3. Aufl. Ebd. [1901]. 106 S. 8° (Trewendt's Jugendbibliothek. 34.) 1:Ng 10530^{3}–34. 2.
11.8205

– Menschenrat - Gottesthat, s. Trewendt's Jugendbibliothek.

— Menschenrath - Gottes That. Erzählung. — Breslau: Trewendt 1869. 103 S. 8° (Trewendt's Jugendbibliothek. 47.) 1:Ng 10530–47. 2.
11.8206

— Menschenrath — Gottes That. Erzählung für die reifere Jugend. Mit 4 Bildern (Holzschn.) von Ludw. Löffler. Ebend. 870. 8. (103 S.) 7½ ngr.

— — 2. Aufl. Ebd. [1896]. 119 S. 8° (Trewendt's Jugendbibliothek. 47.) 1:Ng 10530^{2}–47. 2.
11.8207

– deut. Mut in jungem Blut, s.a. Trewendt's Jugendbibliothek

— Deutscher Muth in jungem Blut. Bilder aus d. Kriege von 1870. — Breslau: Trewendt 1874. 116 S. 8° (Trewendt's Jugendbibliothek. 53.) 2. 41.
11.8208

— — 2. Aufl. Ebd. [1892]. 112 S. 8° (Trewendt's Jugendbibliothek. 53.) 1:Ng 10530^{2}–53. 2.
11.8209

— — 3. Aufl. Ebd. [1901]. 110 S. 8° (Trewendt's Jugendbibliothek. 53.) 1:Ng 10530^{3}–53. 2.
11.8210

Baron, Richard
[—] Nachricht von dem Leben des am 16. Juni 1837 heimgegangenen Johann Friedrich Baron, Königl. Superintendent und Pastor zu Michelau, Brieger Kreises ... von R.B. — Oppeln 1837: Raabe. 28 S. 8° 41.
11.8211

— der 31. Oktober 1844, oder: welche Stellung und Bedeutung haben die religiösen Bestrebungen und Kämpfe der Gegenwart im Entwickelungsgange der Reformation? Eine Rede am Reformationsfeste 1844. 8. Ebd. 844. 1/4 ₰

— Der 31. Oktober 1844, oder: welche Stellung u. Bedeutung haben d. religiösen Bestrebungen u. Kämpfe d. Gegenwart im Entwickelungsgange d. Reformation? — Breslau: Gosohorsky 1844. 46 S. 8° 1:10 in E 241. 2. 41.
11.8212

— Das Prinzip und die Versammlungen der protestantischen Freunde. Offene Antwort auf d. Sendschreiben ...: Die protestantischen Freunde und ihre erste Hauptversammlung in Breslau von C.W.A. Krause. — Breslau: Gosohorsky 1845. 29 S. 8° 1:18 in Dn 4307. 2.
11.8213

— Zur Sache des Thierschutzes. 3 Vorträge. — Oppeln: Tempeltey & Reisewitz 1867. 24 S. 8° 41.
11.8214

– Der Schmuck der Mutter, s. Trewendt's Jugendbibliothek.

— Der Schmuck der Mutter. Erzählung. — Breslau: Trewendt 1860. 107 S. 8° (Trewendt's Jugendbibliothek. 31.)
1:Ng 10530–31.
11.8215

— — 2. Aufl. Ebd. [1899]. 108 S. 8° (Trewendt's Jugendbibliothek. 31.) 1:Ng 10530^{2}–31. 2.
11.8216

Baron, Richard: Der Schulmeister von Tannenrode, s.a. Trewendt's Jugendbibliothek

— Der Schulmeister in Tannenrode. Erzählung. — Breslau: Trewendt 1864. 98 S. 8° (Trewendt's Jugendbibliothek. 33.) 1:Ng 10530–33.
11.8217

— — 2. Aufl. Ebd. [1889]. 107 S. 8° (Trewendt's Jugendbibliothek. 33.) 1:Ng 10530^{2}–33. 2.
11.8218

— — 3. Aufl. Ebd. [1897]. 110 S. 8° (Trewendt's Jugendbibliothek. 33.) 1:Ng 10530³–33. 2.
11.8219

— Offenes Sendschreiben an Herrn Justizrath Müller in Brieg ... als Erwiderung auf seinen Rechenschaftsbericht: An meine Wähler. — Brieg: Schwartz in Comm. 1849. 20 S. 8° 1:Flugschr. 1849–62. 41.
11.8220

– d. Sonntagskind, s.a. T r e w e n d t ' s Jugendbibliothek

—— das Sonntagskind. Erzählung für die reifere Jugend und ihre Freunde. 8. (124 S. mit 4 Stahlst.) Breslau 860, E. Trewendt.

— Das Sonntagskind. 2. Aufl. — Breslau: Trewendt [1891]. 119 S. 8° (Trewendt's Jugendbibliothek. 30.) 1:Ng 10530²–30. 2.
11.8221

– d. Testament, s.a. T r e w e n d t ' s Jugendbibliothek

—— das Testament. Eine Erzählung für die reifere Jugend. 8. (130 S. mit 4 Stahlst.) Breslau 854(55,) [Trewendt.]

— Das Testament. Erzählung. — Breslau: Trewendt & Granier 1855. 130 S. 8° [(Trewendt's Jugendbibliothek. 21.)] 1:Ng 10530–21. 14.
11.8223

— — 2. Aufl. Breslau: Trewendt [um 1885]. 130 S. 8° (Trewendt's Jugendbibliothek. 21.) 1:Ng 10530²–21. 2.
11.8224

— — 3. Aufl. Ebd. [1891]. 120 S. 8° (Trewendt's Jugendbibliothek. 21.) 2.
11.8225

Baron, Richard, s.a. T r e w e n d t ' s Jugendbibliothek

– Trudchen, d. Waisenkind, s.a. T r e w e n d t ' s Jugendbibliothek

— Trudchen, das Waisenkind. Erzählung. — Breslau: Trewendt 1865. 96 S. 8° (Trewendt's Jugendbibliothek. 35.) 1:Ng 10530–35. 2.
11.8226

— — 2. Aufl. Ebd. [1886]. 102 S. 8° (Trewendt's Jugendbibliothek. 35.) 1:Ng 10530²–35. 2.
11.8227

— — 3. Aufl. Ebd. [um 1895]. 101 S. 8° (Trewendt's Jugendbibliothek. 35.) 1:Ng 10530³–35. 2.
11.8228

– d. Überschwemmung, s.a. T r e w e n d t ' s Jugendbibliothek

—— die Ueberschwemmung. Eine Erinnerung an das J. 1854. Erzählung für die Jugend und ihre Freunde. 8. (125 S. mit 4 Stahlst.) Breslau 850, [Trewendt.]

— Die Überschwemmung. Eine Erinnerung an das Jahr 1854. 2. Aufl. — Breslau: Trewendt [1883]. 125 S. 8° (Trewendt's Jugendbibliothek. 26.) 1:Ng 10530²–26. 2.
11.8229

— — 3. Aufl. Ebd. [1890]. 123 S. 8° (Trewendt's Jugendbibliothek. 26.) 1:Ng 10530³–26. 2.
11.8230

—— prakt. Unterricht in der deutschen Sprache, oder Anweisung, dens. an gegebene Lesestücke anzuknüpfen. Zum Gebr. für Volksschullehrer. gr. 8. (XVI und 64 S.) Breslau 848, Gosohorsky's Buchh.

– d. Veteran, s.a. T r e w e n d t ' s Jugendbibliothek

—— der Veteran. Eine Geschichte aus dem J. 1848. Der Jugend erzählt. 8. (122 S. mit 4 Stahlst.) Breslau 856, [Trewendt.]

— Der Veteran. Eine Geschichte aus d. Jahre 1848. 2. Aufl. Breslau: Trewendt [1891]. 119 S. 8° (Trewendt's Jugendbibliothek. 25.) 1:Ng 10530²–25.
11.8232

— Die Volksschule offen vertreten gegen die Anklagen des Herrn Regierungs-Director Dr. Gebel, in den Schlesischen Provinzialblättern ... Nebst 2 Zugaben: 1. Ueber den ersten Religionsunterricht in den Volksschulen. 2. Ueber den deutschen Sprachunterricht in den Volksschulen. — Breslau 1843: Graß, Barth & Co. 60 S. 8° 2. 10. 41. 160. 207.
11.8233

– Was d. Mensch säet, das wird er auch ernten, s.a. T r e w e n d t ' s Jugendbibliothek

— Was der Mensch säet, das wird er auch ernten. Erzählung. — Breslau: Trewendt 1865. 105 S. 8° (Trewendt's Jugendbibliothek. 36.) 1:Ng 10530–36.
11.8234

— — 2. Aufl. Ebd. [1888]. 113 S. 8° (Trewendt's Jugendbibliothek. 36.) 1:Ng 10530²–36. 2.
11.8235

— — 3. Aufl. Ebd. [1900]. 103 S. 8° (Trewendt's Jugendbibliothek. 36.) 1:Ng 10530³–36. 2.
11.8236

Baron, Sally

Baron, S., s.a. Saadia Al-fajjûmi's arabische Psalmenübersetzung.

Baron, Sally, aus Berlin: Saadia Al-fajjûmi's arabische Psalmenübersetzung und Commentar. ⟨Psalm 50—72.⟩ Nach einer Münchener u. einer Berliner Handschrift hrsg., übers. u. mit Anm. vers. *Berlin 1900: H. Itzkowski.* (83, XXIX S.) 8°
Erlangen, Phil. Diss. v. 6. März 1900

Baron, Theodor [aus Berlin]: Über die functionellen Resultate der neueren Methoden der Mastdarmresection. . . . Berlin, Buchdr. v. Gustav Schade (Otto Francke) (1890); 80 S. + 1 Bl. 8°
Berlin, Med. Fak., Inaug.-Diss. v. 20. Mai 1890

Barona, Antonio Balbas s. *Balbas* Barona.

Baroncz, Ralph., Sinnsprüche u. Fabeln. 12. (IV, 192 S.) Wien 892. (H. Kirsch.) n. 3. 60

Baroni, v., K. K. Kommerzialrat. 1764
s. *Baroni* Cavalcabò, Francesco de.

Baroni: A n w e i s u n g , Gründliche, zum Seidenbau, s. B a r o n i C a v a l c a b o , Francesco de

Baroni G. und Segatini A., Lehr- und Lesebuch der italienischen Sprache. I. Teil. Laibach 1910. K l e i n m a y r & B a m b e r g. Geb. K 2.—. (Min.-Erl. vom 1. Oktober 1910, Z. 40996.)

Baroni, G, u. A Segantini: Lehr- u. Lesob. d. italien. Sprache 1. u. 2. Tl. 8° Laib., I v. Kleinmayr & F Bamberg '10. d
1. (4, 146 m. Abb.) '10. geb. 2 — ‖ 2. (6, 157 m. Abb.) '11. geb. 2.20

Baroni Cavalcabò, Francesco de: Anweisung zur Erzüglung und Benutzung der weißen Maulbeerbäume. Nach der allgemeinen Erfahrniß hauptsächlich auf die Gegend an der Etsch und an den wälschen Gränzen von Tyrol eingerichtet. [Verf.: Francesco de Baroni Cavalcabò; Übers.: Franz Edler v. Laicharding.] Th. 1. — Ynnsbruck 1764: Wagner. 40 S. 8° 304.
11.8376

— Gründliche Anweisung zum Seidenbau. Nach der allgemeinen Erfahrniß hauptsächlich auf die Gegend an der Ober-Etsch eingerichtet. Aus d. Wälschen des Herrn v. Baroni übers. durch F[ranz] E[dler] v. L[aicharding]. Th. 1. 2. — Innsbruck 1765: Wagner. 8°
1. Von Erzüglung und Benutzung der weissen Maulbeerbäume.
2. Von Ausbrütung, Erziehung, und Pflegung der Seidenwürme.
12:Oecon. 177 [2 Ex.] 304. 309.
11.8377

Baronin, die neue, vom Lande; ein Lustspl. in 2 Aufz. 8. Augsb. 777. v. Jenisch u. St. 2 gr

Baronin. — Die neue Baroninn vom Lande. Ein Lustspiel. Augsburg: Stage 1777. 51 S. 8° 12: Bavar. 4020-3. 19.
11.8380

Baronin, die, v. der Wilhelmstraße. (Aus den Memoiren e. Ausgewiesenen.) 8. (108 S.) Berlin 889. Cassirer & Danziger. n. 1. —

Die Baronin von der Wilhelmstrasse. (Aus den Memoiren einer Ausgewiesenen.) — Berlin: Willdorff [1898]. 108 S. 8° Nebent.: Interessante Memoiren einer Ausgewiesenen.
1: Yx 30444. 30.
11.8381

Baroninn. — Baroninn s. *Baronin.*

Baronio, Kardinal, Präfekt d. Vatikan. Bibliothek, 1538-1607. 1586 s. *Baronio,* Cesare.

Baronio, Cesare

— des Kardinals u. Kirchengeschichtsschreibers Leben. Nach dem Lateinischen bearbeitet von einem Priester in Franken. gr. 12. Augsburg 1845, Kollmann. (1 fl. 12 kr.) jetzt 2/3 Thlr. — 30 kr.

— Annales ecclesiastici. Adiecta auctoris Vita è Spondano desumpta. T. 1-11. — Venetiis: Basilius & Tivanus 1705-12. 2°
1. 1705. 2. 1706. 3. 1707. 4.5. 1708. 6. 1709. 7.8. 1710. 9.10. 1711. 11. 1712.
4. 28. 42. 45. 61. 302. 304.
11.8399

— — Ed. novissima ..., in qua praeter additam auctoris Vitam ab Henrico Spondano scriptam ... subditae sunt Stephani Baluzii notulae anecdotae, & ad calcem uniuscuiusque tomi adiuncta est Critica historico-chronologica Francisci Pagi (5-12: Antonii Pagi). T. 1-12 [nebst] Ind. Augustae Vind.; Venetiis: Monti 1738-42. 2°
1-5. 1738. 6-8. 1739. 9-10. 1740.
11. Appositus est ... Tractatus Humberti Silvaecandidae Episcopi Cardinalis de azimo & fermentato. 1740. 12. 1740.
Indices generales in Caesaris Baronii Annales ecclesiasticos et in Antonii Pagi Criticam. His ex eodem Pagio subiiciuntur ... Veterum Romanorum pontificum catalogi decem, & eiusdem auctoris Dissertatio hypatica, seu de consulibus Caesareis. 1742.
5. 7. 12: 2° H. eccl. 44-1/13. 16. 17. 30. 36. 66. 180. 308.
11.8400

— Annales ecclesiastici ab anno quo desinit Caes. Baronius 1198. usque ad annum 1565. continuati ... auctore Odorico Raynaldo. T. 21,1.2. — Coloniae Agr.: Huisch 1727. 2° 1: 2° Cb 1354-21,1.2. 2. 6. 9. 12: 2° H. eccl. 33-21 [u.5.] 14. 16. 17. 19. 20. 23. 24. 25. 27→31. 36. 38. 39. 41. 61. 211. 302. 308.
11.8425

— Annales ecclesiastici ab anno quo desinit Caes. Baronius 1198. usque ad annum 1534. continuati ... auctore Odorico Raynaldo. Hac 2. ed. pluribus ab auctore corr. T. 13. 15-20. — Coloniae Agr.: Haas 1776. 2°
17. Acc. 2 illustres Tractatus Baldi de Perusio, et Joannis de Lignano, pro asserendo Urbani VI. pontificatu contra schismaticos.
12: 2° H. eccl. 36-13. 15/20.
11.8427

— Annales ecclesiastici ab anno, quo post Caes. Baronium desinit Odoricus Raynaldus 1566. usque ad annum 1567. continuati ... auctore Jacobo de Laderchio. T. 22. Coloniae Agr.: Huisch 1733. 280 S. 2°
1: 2° Cb 1372. 2. 3. 7. 12: 2° H. eccl. 37-22 [u.5.] 16. 17. 19. 23. 25. 27. 28. 29. 31. 36. 38. 61. 102. 300: 32 O 3. Bd 22.
11.8430

Baronii annales ecclesiastici, denuo excusi et ad nostra usque tempora perducti ab **Augustino Theiner**. Tom. I. 1—69. gr. 4. (XVI, 615 S.) Barri Ducis 864. (Luxemburg, Brück.) n. 12. 80

— Compendium Annalium ecclesiasticorum ... Caesaris Baronii (6.7: Compendium Annalium ecclesiasticorum continuatorum ab Odorico Raynaldo 8: Compendium annalium ecclesiasticorum a variis authoribus continuatorum). T. 1-8. — Herbipoli 1724-31: Kleyer (2-8: Engmann). 8°
1. 1724. 2. 1725. 3. 1726. 4. 1727. 5. 1728. 6. 1729. 7. 1730. 8. 1731.
17 [∞ 7.8]. 21 [∞ 3.5]. 24 [∞ 3.5.6/8]. 34. 36 [∞ 1.2.4.6/8]. 75 [∞ 1.3/8]. 180.
11.8467

— Historiae ecclesiasticae ex Baronio desumptae. Das ist: Kirchischer Historien ... Theil. Durch Martin v. Cochem. Th. 1.2. — Augspurg [usw.] (2: Mayntz): Bencard 1706: (2: J. Mayer). 8°
1. Nach der Weiß und Ordnung Caesaris Baronii beschriben, und aus dessen ersten 7 Tomis heraus genommen.
2. Nach der Weiß und Ordnung Baronii, Bzovii, und Raynaldi beschriben, und auß deren Büchern außgeklaubt.
2 [∞ 1]. 17. 25 [∞ 1]. 36.
11.8474

— Historiae ecclesiasticae ex Baronio desumptae. Das ist: Kirchische Historien ... Nach der Weiß und Ordnung Caesaris Baronii beschriben, und auß dessen ersten 7 Tomis herauß genommen. Durch Martin v. Cochem. [1.] — Dillingen: Bencard 1706. 964 S. 8° 2.
11.8475

Baronio, Giuseppe

— [deutsch] Über animalische Plastik. Übers. von A. F. Bloch. — Halberstadt: Helm 1819. XII,60 S. 8°
1: Ke 8060. 6. 9. 10. 19. 27.
11.8522

Baronio, J., s. Baronio, Giuseppe

Baronius, Kardinal, Präfekt d. Vatikan. Bibliothek, 1538-1607. 1586 s. *Baronio,* Cesare.

Baronius, Caesar s. *Baronio,* Cesare.

Baronius, Justus
Eigentlicher Name: Justus Kahl oder Justus Calvinus

— [Hrsg.] s. *Augustinus,* Aurelius: Tractatus duo De utilitate credendi ad Honoratum, et De unitate ecclesiae contra Petiliani Constantinensis Episcopi Donatistae Epistolam [De Utilitate credendi]: 1764.

— Justi Calvini Veteracastrensis [d. i. Justus Baronius] Pro sacro-sancta catholica Romana Ecclesia, proque sua ad eam transmigratione Apologia ... Unà cum volumine Epistolarum catholicarum Almae Congregationi Maiori Academicae Heidelbergensi sub titulo B. V. Mariae ab Angelo Salutatae in strenam data. — [Heidelberg 1756]: Haener. 240 S. 8° 17. 180.
11.8538

— [Einzelausgaben] Praescriptionum adversus haereticos perpetuarum tractatus 1., qui est Q. Septimii Florentis Tertulliani liber eodem titulo insignitus, De praescriptionibus adversus haereticos, argumentis, notis atque analysi illustratus studio Justi Calvini Veteracastrensis [d. i. Justus Baronius]. — Heidelbergae [1757]: Haener. 267 S. 8°
17. 21.
11.8543

— Praescriptionum adversus haereticos perpetuarum tractatus 2., qui est D. Caecilii Cypriani Carthaginiensis Episcopi et gloriosissimi martyris liber De unitate Ecclesiae catholicae, argumentis, notis, atque analysi illustratus studio Justi Calvini Veteracastrensis [d. i. Justus Baronius]. Una cum 2 Epistolis S. Augustini ad Vincentium et Bonifacium de latitudine ecclesiae Dei, et moderata coercitione haereticorum. — [Heidelberg 1758]: Haener. 113 [vielm. 213] S. 8° 12: P. lat. 489 m. 17. 25.
11.8544

Barons, Georg (Amsterdam), De societate. Disp. jur. Rector Joh. Voet. Leyden (Abrah. Elzevier) 19. III. 1709. 19 S. (5.—)
Gew.: Georg Barons, Pet. vanden Velden, Ger. Noodt.

Baronsky, Bernard, Liederheft für Stolze'sche Stenographen. Zum I. Stiftungsfeste des Stenographen-Vereins „Stolze" zu Eberswalde und der II. General-Versammlung des Märk. Stenographen-Bundes zusammengestellt. 16. (15 S.) Eberswalde 884, (Rust.) * *

Barontsch, P. Raphael [Pseud. Josef Markus] : Exotische Pflanzen. Mit Illustrationen.
Budapest: Grimm 1886. 8°

Barop, Johann Kaspar: Joh. Casp. Baropii Kurtze Introduction und nachrichtliche Anleitung zu einer Dortmundischen Kirchen- und Reformations-Historie. Mit e. Anh. derjenigen Herren Pastorum ... welche in hiesigen 4 Parochial-Kirchen ... gepredigt haben. — Dortmund 1708:Rühl. 16 S. 8° 60.
11.8559

— Synopsis brevissima historiae ecclesiasticae Vet. et N. Testamenti ... autore Joh. Casp. Baropio. — Tremoniae 1700:Rühl. 78 S. 8° 18.
11.8560

Barop, Johann Kaspar Henrich: Was ist Christusreligion und Christenthum? Eine Unterredung eines Lehrers mit seinen Zuhörern für allerhand Bürger und Bauersleute. — Dortmund 1791:Bädeker. 24 S. 8° 60.
11.8561

— Freimüthige Winke und Wünsche, für Christen, die prüfen können und prüfen wollen. — [Dortmund um 1790]: Bädeker. 28 S. 8° 60.
11.8562

Baross, Karl v., über die Kellerei-Genossenschaften, s.: Zigány, Zoltán.

— Unsere Zollpolitik. — Budapest 1896:Litterar. Unternehmen 'Patria'. 86 S. 8° 38
11.8564

Baross de Bellus, Karl, die Grundbesitzer Ungarns. Namensliste aller üb. 100 Joch besitz. ungar. Grundeigentümer, nebst Ausweis d. in ihrem Besitze befindl. Grundgebietes nach Cultivirungszweigen. Auf Grund der Vorarbeiten d. weil. Alb. Szontágh de Igló et Zabár in Druck gelegt u. hrsg. Die wirthschaftl. Beschreibg. der einzelnen Komitate v. Jos. v. Némoth. (In deutscher u. ungar. Sprache.) gr. 4. (VII, 887 u. 155 S.) Budapest 893. (Singer & Wolfner.) Geb. n. 32.

Barow, Isaac s. *Barrow*, Isaac.

Barozzi da Vignola, Giacomo

Barozzi von Vignola, Jakob Anhang zu der ausführlichen Anleitung der ganzen Civil-Baukunst des J. Barozzi de Vignola, welche von dem Sr. A. C Daviler, königl. französ. Baumeister herausgegeben worden etc. Aus dem Französische übersetzt.
4. Augsburg 1759.

Barozzi von Vignola, Jacob. Ausführliche Anleitung zu der ganzen Civilbaukunst, worinnen die Lebensbeschreibungen des Jacob Barozzio von Vignola und des berühmten Michael Angelo nebst der Beschreibung der fünf Ordnungen und der vornehmsten von ihnen aufgeführten Gebäuden enthalten sind, wie auch Alles, was in der Baukunst, dem Bauzeuge, der Austheilung etc vorkommen mag. Zuerst in französischer Sprache zusammengetragen und herausgegeben von A. C. Daviler, nachhero ins Deutsche übersetzt von Leonhard Christ Sturm, ehemaligen Professor der Mathematik in Wolfenbüttel.
4. Augsburg 1777.

— Bürgerliche Baukunst. Die Lehre von den fünf Säulenordnungen nach den Regeln sechs berühmter Baumeister der Vorzeit. 4., verb. Aufl. Th. 2. — Ebd. 1836. 14 S., 47 Taf. 8° 12:4° A. civ. 84b/1.
11.8722

— Bürgerliche Baukunst nach den Grundregeln der fünf Säulenordnung mit nöthigen Anm. verm. von Johann Rudolph Fäsch. — Nürnberg:Weigel & Schneider 1782. 28 S.,50 Taf. 8° 10. 22. 32. 89. 121. 304. 309.
11.8708

— Bürgerliche Baukunst nach den Grundregeln der fünf Säulenordnung mit nöthigen Anm. verm. von Johann Rudolph Fäsch. — Nürnberg : Schneider & Weigel 1795. 18 S.,29 Taf. 8° 89.
11.8710

— — Ebd. [um 1800]. 18 S.,50 Taf. 8°
6. 12:4° A. civ. 84. 27. 30. 33. 61. 75. 83. 107. 123.
11.8711

— — Ebd. [um 1800]. 20 S.,50 Taf. 8° 23. 30. 109.
11.8712

— Bürgerliche Baukunst nach den Grundregeln der fünf Säulenordnung. Mit nöthigen Anm. verm. von Johann Rudolph Fäsch. — Nürnberg:Schneider & Weigel 1815. 20 S.,50 Taf. 8° 39. 305.
11.8715

— Bürgerliche Baukunst nach den Grundregeln der fünf Säulenordnung. Mit nöthigen Anm. verm. von Johann Rudolph Fäsch. Neue Aufl. Th. 1. — Nürnberg:Schneider & Weigel 1822. 20 S.,50 Taf. 8° 83.
11.8716

— Bürgerliche Baukunst nach den Grundregeln der fünf Säulenordnung. Mit nöthigen Anm. verm. von Johann Rudolph Fäsch. Neue Aufl. Th. 1.—Nürnberg:Schneider & Weigel 1825. 20 S.,50 Taf. 8°
12:4° A. civ. 84a. 22. 44. 84. 211.
11.8718

— Bürgerliche Baukunst nach den Grundregeln der fünf Säulenordnungen. Mit nöthigen Anm. verm. von Johann Rudolph Fäsch. Neue Aufl. Th. 1. — Nürnberg:Schneider & Weigel 1832. VI,20 S.,50 Taf. 8°
12:4° A. civ. 84b.
11.8721

— Grund Regeln über die fünff Säulen. Auffs neue ... übersehen, mit unterschiedenen nöthigen Regeln verm. ... durch Johann Rudolph Fäsch. — Nürnberg:Weigel [um 1750]. 28 S.,50 Taf. 8°
2. 4. 11. 14. 26. 39. 41. 75. 82. 117. 300:3671. 303. 307.
11.8705

— — Ebd. [um 1750]. 29 S.,50 Taf. 8°
1:Ny 3823. 17. 24. 89. 106.
11.8706

— Kunst, die fünf architektonische Saulenordnungen auf mechanische Art aufzureißen. Nebst einer Anweisung zu den Saulen- und Bogenstellungen durch alle fünf Ordnungen. Erl. von Lukas Voch. — Augsburg:J. Wolff 1781. 44 S.,20 Taf. 8° 17.
11.8707

– (dän. u. deutsch) Vignolas Laere om de sem Solleordener eller Anviisning i den borgerlige Bygnings Konst . . . med Forklaring tegnet af M. Holm, lithogr. af Henckel. Vignolas Lehre von den fünf Säulenordnungen oder Anleitung in der bürgerlichen Baukunde. – München: Finsterlin (um 1830). 24 S., 32 Taf. 2°
43
11.8686

[—] [deutsch] Lebensart und schlechte Sitten der Ritter auf Maltha. — Leipzig:Weygand 1793. 261 S. 8°
1:Pf 8152 [u.] 8153. 5. 10. 12:Herald. 81. 14. 17. 25.
11.8253

— Neue Ausgabe der Lehre von den Säulenordnungen des Jacob Barozzio v. Vignola ... Mit besserem ... Texte vers. von Christoph Andreas Nilson. — Augsburg:Acad. Kunsth. 1787. 47 S.,50 Taf. 8°
Nebent.: Reglen der 5 ordnung der Architectur ... übersehen ... von Le Muet.
89.
11.8709

— Neue Ausgabe der Lehre von den Säulenordnungen des Jacob Barozzio v. Vignola ... Mit besserem ... Texte ... vers. von Christoph Andreas Nilson. 3., verm. u. verb. Aufl. Augsburg:Acad. Kunsth. 1802. 47 S.,XXXVI Taf. 8°
12:A. civ. 91x.
11.8713

— Neue Ausgabe der Lehre von den Säulenordnungen des Jacob Barozzio v. Vignola ... Mit besserem ... Texte ... vers. von Christian Andreas Nilson. 4., verm. u. verb. Aufl. Augsburg: Herzberg 1832. 47 S., XXXVI Taf. 8°
12: A. civ. 200 v. 75.
11.8720

— · [deutsch u. franz.] Vignola's Lehre von den fünf Säulenordnungen oder Anleitung in der bürgerlichen Baukunde ... mit Erklärung, gez. von M. Holm, in Stein grav. von Henckel, ged. von J. Lacroix. Système des cinq ordres de colonnes d'après Vignole faisant partie d'un cours d'architecture civile. — o.O. [um 1825]. 24 S., 32 Taf. 2°
93.
11.8717

— Vignola's Lehre von den Säulen Ordnungen für Gewerbs- & Feiertags-Schulen & Bauhandwerker von Fr. Brühl. H. 2. — Augsburg: Walch (1845). XII Taf. 2°
12: 2° A. civ. 246b.
11.8723

— Regel der fünff Orden von der Architectur, gestellt durch Jacob Barozzio von Vignola. Auffs neue verm. mit etlichen schönen Gebäuen. — Amsterdam [um 1700]: Fischer. 12 S., L Taf. 8°
Nebent.: Reglen der 5 ordnung der Architectur des Vigniole ... übersehen ... von Le Muet. Aug[sburg]: J. Wolff o. J.
Paginierung fehlerhaft. 24.
11.8697

— — Augspurg: J. Wolff 1705. 16 S., L Taf. 8°
Nebent.: Reglen der 5 ordnung der Architectur des Vigniole ... übersehen ... von Le Muet.
31. 45.
11.8698

— — Ebd. 1710. 16 S., L Taf. 8°
Nebentitel wie in 11.8698. 7. 28. 34. 308.
11.8699

— — Ebd. 1717. 16 S., L Taf. 8°
Nebentitel wie in 11.8698. 3. 12: A. civ. 95 e. 18.
11.8700

— — Ebd. 1725. 16 S., L Taf. 8°
Nebentitel wie in 11.8698. 19.
11.8701

— — Ebd. 1735. 16 S., L Taf. 8°
Nebentitel wie in 11.8698. 32. 33. 36.
11.8702

— — Aufs neue verm. mit etlichen herrlichen Gebäuen des Michaël Angelo Bonaroti, durch den Herrn Muet. — Nürnberg: Rüdiger 1739. 30 S., L Taf. 8°
3. 18. 30. 180. 302.
11.8703

— Regul der fünf Ordnungen von der Architectur, gestellt durch Jacobo Barozzio von Vignola, aufs neue verm. mit etlichen schönen Gebäuen. — Augspurg: Probst [um 1750]. 16 S., XLVIII Taf. 8° 5. 309.
11.8704

— J. B. v. Vignola's Säulen-Ordnungen für Kunst- und Gewerbe-Schulen ... von Th. Raetz. — Berlin: Heymann 1864. 12 S., X Taf. 4° 1: 4° Ny 3833. 11.
11.8725

— Der kleine Vignola, zur Belehrung für Künstler und Handwerker; enth. die fünf Säulen-Ordnungen u. deren Anwendung. — Aachen: La Ruelle & Destez 1828. 34 S., 31 Taf. 8° 18. 31. 33.
11.8719

— Der kleine Vignola, zur Belehrung für Künstler und Handwerker; enth. die fünf Säulen-Ordnungen u. deren Anwendung. Aus d. Franz. übers. — Aachen: J. A. Mayer [usw.] 1850. 32 S., 31 Taf. 8° 1: Ny 6601.
11.8724

— [franz. u. deutsch] Le Vignole moderne. Der neue Vignola oder Elementar-Buch der Baukunst. Grundsätze der fünf Säulenordn. Principes des cinq ordres. Neue Aufl. — Leipzig: Gleditsch 1818. Getr. Pag. 2° 18.
11.8756

— [deutsch u. franz.] Der neue Vignola, oder Elementar-Buch der Baukunst der gemeinsten Fassung angemessen von J.R.L. Aufs neue ausgearb. ... mit der Erklärung in deutscher und französischer Sprache ... begleitet von J.N.C.A.J.K. Le Vignole moderne, ou traité élémentaire d'architecture mis à la portée des plus simples élèves par J.R.L. Composé de nouveau, gravé et publ. ... par J.N.C.I.A.G. Th. 1. — Leipzig: Selbstverl.; C.F.E. Richter [in Komm.] 1804. Getr. Pag. 2°
1. Grundsätze der fünf Säulenordnungen erl.
12: 2° A. civ. 246. 10. 17. 32. 39.
11.8714

Barozzio von Vignola, Jakob
s. *Barozzi* da Vignola, Giacomo.

Barque, la. du pêcheur. Petite histoire pour la jeunesse. Trad. de l'Allemand par le Lt. Colonel de B. de la Rancheraye. gr. in-12. Vienne 837. Gerold. 1/2 ⁿß

Barr [Schlagwort]
Barr, s.: Deutschland. Kürschner-Pelp.

Barr, s.: Preussen. Messtischblätter.

Barr, Amelia Edith
Barr, Amelia: Hans Vedders Frau. Aus d. Engl. v. E v. Feilitzsch. (224) 8° Stuttg., D Gundert '11. L 2.40 d

Barr, Amelia E., die Grenzhirtin. Schottische Erzählg. Frei bearb. v. Emmy v. Feilitzsch. (182 S.) 8. Konstanz (909). Christl. Buch- u. Kunstverlag, E. Hirsch.
Geb. in Leinw. 2. —

Barr, Amelia E., the black shilling, s.: Unwin's library. 26.

— [deutsch] Der Teufelsgroschen. Roman. Übers. von Alfred Peuker. — Minden: Bruns [1908]. 438 S. 8°
1: Zd 16579. 6.
11.8785

Barr, Amélie E., E. Tochter d. Ostküste Schottlands, s.a. Zwißler's (deutsche) Hausbibliothek.

— [A Daughter of Fife, deutsch] Eine Tochter der Ostküste Schottlands. Mit einiger Freiheit nacherzählt von Marie Morgenstern. — Wolfenbüttel: Zwißler 1898. 253 S. 8° (Zwißler's Hausbibliothek. 6.)
12: P. o. germ. 587 li-6.
11.8779

Barr, Andrew, [von Glasgow]: On some reactions' phenomena of aromatic compounds. Glasgow o. Dr. (1887). 28 S. 8°.
Zürich, Phil. Diss. [v. 2. Dec. 1887].

Barr, C. v.: Was lehrt der 'Fall Bilse'? Ein Beitrag zur Hebung d. Grenzgarnisonen nebst ausführlichem Abdruck d. Prozess-Verhandlung vor d. Metzer Kriegsgericht. — Braunschweig: Sattler (1903). 123 S. 8°
Nebent.: Die deutschen Grenzgarnisonen und der Bilse-Prozess.
1: Sa 7797/150. 12: Crim. 409h. 41. 47. 48. 60. 203.
11.8789

Barr, C. v., was lehrt der „Fall Bilse"? Ein Beitrag zur Hebg. der Grenzgarnisonen, nebst ausführl. Abdr. der Prozeß-Verhandlg. vor dem Metzer Kriegsgericht. (128 S.) 8. Braunschweig 903. Leipzig, R. Sattler. n. 1. —

Barr, C.v.: Was lehrt der Fall Bilse? Ein Beitrag zur Hebung der Grenzgarnison nebst ausführlichem Abdruck der Prozeß-Verhandlungen vor dem Metzer Kriegsgericht.
3. Aufl. Braunschw. [1903]

— — Ebd. (1904). 123 S. 8° 22. 38. 208. 209. 302.
11.8790

Barr, L.: Der praktische Weinküfer aus Bremen, oder über die Beschaffenheit u. Bearbeitung d. verschiedenen Sorten Weine.
Halle: Waisenhaus-B. 1821.

Barra de Llanos, Emma de la: Stella. Ein argentin. Roman. (339) 8° Berl., J Ladyschnikow '12. 4 —; geb. 5 — d

Barracco, Giovanni, s.: Collection Barracco.

Barrach, Siegmund s. *Barach*, Karl Siegmund.

Barradas, Emmanuelis, tractatus tres historico-geographici. s.: Rerum aethiopicar. scriptores occidentales inediti.

Barradas, Sebastianus
Der Name d. Verfassers erscheint meist in d. Form Barradius

— Commentariorum in concordiam et historiam quatuor Evangelistarum t.... Ed. nova, diligentius rev. T. 1-4. Augustae Vind. [usw.]: Veith 1742. 2° (Barradas: Opera [Werke]. [1/4.]) 2. 6. 7. 12: 2° Exeg. 47-1/4. 17. 19. 25. 38. 180. 302. 303. 308.
11.8874

Barradius, Sebast., commentar. in evangelia. V Tom. Fol. Augsb. Wolf. 742.

— Opera. (Ed. nova.) (T. [1-]5.) (Augustae Vind. [usw.]: Veith 1742.) 2°
[1-4] u. d. T.: Barradas: Commentariorum in concordiam et historiam quatuor Evangelistarum t. 1-4.
(5.) Itinerarium filiorum Israel ex Aegypto in terram repromissionis.
2. 6. 7. 12: 2° Exeg. 47. 17. 25. 38. 180. 302. 303.
11.8856

Barradius, Seb. (Soc. Jes. † 1615), Opera s. Comment. in concord. et histor. IV Evangelist. c. Itiner. Judaeor. V Tomi. Fol. Aug. Vind. 1742. Wolff's H. L. Stahel in W. 4⅔ Thlr. — 7 fl. 30 kr.

Barradius, Sebastianus s. *Barradas.*

Barraga, Franz: Ueber musikalische Erziehung. Vortrag. Augsburg (1883): Huttler. 13 S. 8°
Aus: Augsburger Postzeitung. 1883. Beil. 4-6.
12: Mus. Th. 266.
11.8880

Barral, Georges
— [Le Livre de l'épouse, deutsch] Die Liebe in der Ehe. Basel: Bernheim 1884. 191 S. 8° 30.
11.8909

Barral, Geo, die Liebe in der Ehe. 2. Aufl. 16. (193 S.) Basel 884. Bernheim. n. 3. —

Barral, J.A. (Hrsg.), s. Arago, François: Œuvres complètes.

Barrande, Joachim B^n v.

Barrande, Joach., Acéphalés. Études locales et comparatives. Extraits du Système silurien du centre de la Bohème. Vol. VI. Acéphalés. Avec 10 planches (lith.). gr. 8. (XXXII, 536 S. m. 10 Bl. Taf.-Erklärgn.) Prague 881. (Leipzig, Gerhardt.) n. 15. —

— üb. die Brachiopoden der silur. Schichten v. Böhmen. 2 Abthlgn. siehe a. Abhandlungen, naturwissenschaftl., hrsg. v. W. Haidinger. I. u. II. Bd.

Barrande, Joachim: Ueber die Brachiopoden der silurischen Schichten von Boehmen. 1.2. – Wien: Braumüller & Seidel 1847-48. 4°.
Aus: Naturwissenschaftliche Abhandlungen.1.2.1847-48.

Barrande, Joach., Brachiopodes. Etudes locales. Extraits du Système silurien du centre de la Bohême, vol. V. Brachiopodes. [I. Variations observées parmi les Brachiopodes siluriens de la Bohême. II. Distribution verticale des genres et espèces de Brachiopodes, dans le bassin silurien de la Bohême. III. Connexions spécifiques établies par les Brachiopodes, entre les faunes siluriennes de la Bohême et les faunes paléozoïques des contrées étrangères] gr. 8. (XIV, 376 S. mit 7 Stnt. in gr. 4.) Prague 879. (Leipzig, Gerhard.) *

— Céphalopodes. Etudes générales. Extraits du Système silurien du centre de la Bohême, vol. II. texte V. gr. 8. (XVI, 253 S. mit 4 Stnt. und 17 S. Tafelerklärungen.) (Ebendas.) 877. *

— Crustacées divers et poissons des dépôts siluriens de la Bohême. Extrait du supplément au vol. I. du Système silurien du centre de la Bohême. gr. 8. (127 S.) Prag 872. (Leipzig, Gerhard.) *

Barrande, Joach., défense des colonies. III. IV. Prag 865, 70. (Leipzig, Gerhard.) gr. 8. n. 2 ℛ 20 ngr.
III. Etude générale sur nos étages. G—H avec application spéciale aux environs de Hluboček, près Prague. 1 carte et 1 feuille de profils (lith. in Fol.). (VI, 307 S.) n. 1 ℛ 20 ngr.
IV.: Description de la colonie d'Archiac. Paix aux colonies. Déclarations de M. M. Krejčí et Lipold. Caractères généraux des colonies, dans le bassin silurien de la Bohême. (186 S. u. 1 lith. Karte in Fol.) n. 1 ℛ

— défense des colonies. V. Apparition et réapparition en Angleterre et en Ecosse des espèces coloniales siluriennes de la Bohême. D'après les documents anglais les plus authentiques et les plus récents. gr. 8. (IV, 77 S.) Ebend. 881. n. 1. 20

— Distribution des Céphalopodes dans les contrées siluriennes. [Extrait du „Système silurien du centre de la Bohême."] gr. 8. (XVIII, 480 S.) Prag 870. (Leipzig, Gerhard.) *

Barrande, J., Echinodermes. Etudes locales et comparatives. Extraits du Système silurien du centre de la Bohême, vol. VII: Echinodermes. Ouvrage posthume, publié par W. Waagen. Edité par le Musée Bohême. gr. 8. (XXVIII, 350 S. mit 4 Taf. u. 8 Bl. Erklärgn.) Prague 887. (Leipzig, Gerhard.) n. 3. —

— [deutsch] Silurische Fauna aus der Umgebung von Hof in Bayern. 8°
Aus: Neues Jahrbuch für Mineralogie, Geologie u. Palaeontologie. 1868.
84.
11.8987

Barrande, Joach., Graptolites de Bohême. Extrait du système silurien du centre de la Bohême. 8. (VIII u. 74 S. 4 lith. Taf. u. 4 Bl. Erklär.) Prague 850, chez l'auteur. (Calve.) n. 2 ℛ

Barrande, Joach., Graptolites de Bohême. Extrait du système silurien du centre de la Bohême. gr. 8. (VII und 74 S. mit 4 Stnt. und 4 Bl. Erklärung.) Prague 850, [Tempsky.]

— Notice préliminaire sur le système silurien et les trilobites de Bohême. — Leipsic: Hirschfeld 1846. VI,97 S. 8°
Suppl. s. *Barrande:* Nouveaux Trilobites. 1846.
1: Mm 1375. 8. 12: Lith. 26 t. 15. 16. 17. 84.
11.8990

Barrande, Joachim, Réapparition du genre Arethusina Barr. — Faune silurienne des environs de Hof, en Bavière. gr. 8. (VII, 110 S. mit 2 Stnt. in gr. 8. und qu. 4.) Prag 869. (Leipzig, Gerhard.) *

— Système silurien du centre de la Bohême. P. 1, Vol. 1-8 [nebst] Suite [1-3]. — Prague [usw.]: Auteur (4.7 ff.: Prague; Leipsic: Gerhard [usw.]) 1852-1911. 4°
P. 1. Recherches paléontologiques. Vol. 1-8.
1. Crustacés: Trilobites. Texte. Planches. Suppl. 1852-72.
Suppl. Trilobites, crustacés divers et poissons. Texte. Planches. 1872.
2. Classe des mollusques. Ordre des céphalopodes. Texte. P. [1]-5. Planches. Sér. 1-4. Suppl. 1867-77.
Texte.
[1.] 1867.
4 [vielm. 2]. Distribution horizontale et verticale des céphalopodes. 1870.
3. Description des formes du genre orthocéras. 1874.
4.5. Études générales sur les nautilides paléozoiques. 1877.
Planches. Sér. 1-4. 1865-70.
Suppl. et série tardive. Texte. Planches. 1877.
3. Classe des mollusques. Ordre des ptéropodes. 1867.
4. Gastéropodes par Jaroslav Perner. Trad. (2.3: Rédigé en français) par A. S. Oudin. T. 1-3. 1903-11.
1. Texte (Patellidae et Bellerophontidae) et planches 1 à 89. 1903.
2. Texte et planches 90-175. 1907.
3. Texte et planches 176-247. 1911.
5. Classe des mollusques. Ordre des brachiopodes. [1.2.] 1879.
1. 3 chapitres de texte et planches.
2. Planches 72 à 153.

6. Classe des mollusques. Ordre des acéphalés. [1-4.] 1881.
1. 4 chapitres de texte et planches 1 à 48.
2. Planches 49 à 154.
3. Planches 155 à 254.
4. Planches 255 à 361.
7. Classe des échinodermes. [1.2.]
1. Ordre des cystidées. Publ. par W. Waagen. 1887.
2. Familles des crinoïdes. Par W. Waagen et J. Jahn. Trad. par A. S. Oudin. 1899.
8. T. 1.2. 1894-1902.
1. Bryozoaires, hydrozoaires et partie des anthozoaires par Philippe Počta. (Übers.: A. S. Oudin.) 1894.
2. Anthozoaires et alcyonaires par Philippe Počta. Trad. par A. S. Oudin. 1902.
Suite. [1-3.]
1. Perner, Jaroslav: Études sur les graptolites de Bohême. Trad. par A. S. Oudin. P. 1-3b. 1894-99.
2. Potonié, Henry: Flore dévonienne de l'étage H de Barrande. Publ. par H. Potonié et Ch. Bernard. 1903.
3. Fritsch, Anton: Problemata silurica. Trad. par A. S. Oudin. 1908.

1: Hauptwerk – 4° Mk 6230; Suite 1 – 4° Mk 5626; 2 – 4° Mk 6231; 3 – 4° Mk 6233. 2. 8. 10. 12: Hauptwerk – 4° Lith. 7m–1/8; Suite 1 – 2° Lith. 29pr; 2 – 4° Lith. 211a; 3 – 4° Lith. 7m–9. 15. 21. 27. 82. 169. 300 [∞ 1,4.1,7,2.1,8. Suite 1-3]: 80.447–D.
11.8994

Barrande Joachim Dr Système silurien du centre de la Bohême Prag 1852-81 Nach dem Tode des Verfassers (1883) fortgesetzt von Dr Wilhelm Heinrich Waagen und Dr Ottomar Novak. Leipzig, Gerhard . . . . . . 280 –

— dassolbe, suite, s.a. Porner, Jaroslav, útudos sur los Graptolitos do Bohômo.

Barrande, J. Le système silurien et les trilobites de la Bohême. Leipzig, 1846.

Barrande, Joachim, Trilobites. I. Résumé général de nos études sur l'évolution des Trilobites. II. Distribution verticale des Trilobites, dans le bassin silurien de la Bohême. III. Parallèle entre les Trilobites et les Céphalopodes siluriens de la Bohême. IV. Epreuve des théories paléontologiques par la réalité. [Extrait du „système silurien du centre de la Bohême."] gr. 8. (VI. 282 S.) Prague 871. (Leipzig, Gerhard.) n. 4. —

—— nouveaux Trilobites. Supplém. à la notice préliminaire sur le système Silurien et les Trilobites de Bohême. gr. in-8. (2¾ B.) Prag 840, Calve'sche Buchh.

Barrande, Joach., Versuch einer Classification der Trilobiten. gr. 8. (22 S.) Wien 850, Braumüller. *
Aus: Sitzungsberichte der mathemat.-naturwissenschaftl. Classe der k. k. Akademie der Wissensch. 1850, Octoberheft, besond. abgedruckt.

Barrande Joachim Versuch einer Klassifikation der Trilobiten S 5. 304 . . . . – 40
Separatabdruck

Barrantes, Francisco Montero
s. Montero Barrantes. (11. 1317?)

Barras, Mitglied des Direktoriums. 1755-1829. 1795
s. *Barras*, Paul.

Barras, Paul

[F.] Memoiren von Paul Barras, Mitgl. d. Direktoriums. M. e. allg. Einl., Vorworten u. Anhängen hrsg. v. George Duruy ... Autoris. Uebs. Bd 1—4. *Stuttgart, Leipzig, Berlin, Wien: Deutsche Verl.-Anst. 1895. 96.* 4 Bde 8.
1 Anc. Régime — Revolution. Unt. Beigabe v. 2 Portr, 1 Facs u 2 Kt 1895. (XLI, 206 S, 2 Portr, 1 Facs)
2. Das Direktorium bis z 18 Fruct. Unt Beigabe v. 2 Portr 1895. (XIX, 407 S, 2 Portr)
3 Das Direktorium v. 18 Fruct. bis z 18. Brum Unt Beig v 2 Portr 1896. (XLIII, 495 S, 2 Portr)
4 Konsulat — Kaiserreich — Restauration. Pers- u Sachreg. Unt. Beig v. 1 Portr. u 2 Facs.-Wiedergaben ... 1896 (XXXVIII, 522 S, 1 Portr, 2 Facs) (96 9018

— Le régime de la terreur. Hrsg. von Erna Friedel. Bielefeld [usw.]: Velhagen & Klasing 1926. 23 S. 8° (Französische u. englische Lesebogen. 25.) 6. 101.
11.9032

Barrasch, D [Übers.]
s. Le Sage, Alain-René: Geschichte des Gil Bas von Santillana. 1856.

Barratt, Thomas Ball

— [deutsch] Die Wahrheit über die Pfingstbewegung. (Übers. von B. v. B. [d. i. Elisabeth Bin v. Brasch].) — Mülheim-Ruhr: Humburg [1906]. 24 S. 8°
12: H. ref. 613 f. 101.
11.9043

—— Ebd. (1908). 24 S. 8° 26.
11.9044

Barrau, Französischer Pädagoge u. Historiker. 1794-1865. 1817
s. *Barrau*, Théodore Henri.

Barrau, Johan Antony

— Spezielle Kummer'sche Konfiguration im Maßpolytop. Wien: Hölder in Komm. 1908. 8 S. 8°
Aus: Sitzungsberichte d. Kaiserl. Akademie d. Wissenschaften in Wien. Math.-nat. Kl. 117. 1908.
302.
11.9055

Barrau J. A.: Spezielle Kummersche Konfigurationen im Maßpolytop S 117 IIa 645 . – 30
Separatabdruck

Barrau, T., Amor filiale. Racconti alla gioventù. Illustrati da 8 tav. lit. 8. (207 S.) Triest 864, Coen.

Barrau, Théodore Henri

— [deutsch] Geschichte der französischen Revolution 1789 bis 1799. Übers. von E. Doehler. Bd 1.2. — Brandenburg: A. Müller 1859. 8° 17. 26. 36. 46. 109.
11.9074

Histoire contemporaine de la France depuis 1789 jusqu'en 1908, hrsg. v. F. J. Wershoven, s.a Auteurs français.

— Histoire contemporaine de la France depuis 1789 jusqu'en 1908. Hrsg. u. erklärt von F. J. Wershoven. [Nebst] Wörterbuch. — Trier: Lintz 1909. 8° (Auteurs français. 16.) 1: Ag 2516–16.
11.9068

Barrau, Théod. H., Histoire de la France au moyen Age, hrsg. v. F. J. Wershoven, s.a Auteurs français.

— Histoire de la France au moyen âge. Hrsg. u. erklärt von F. J. Wershoven. [Nebst] Wörterbuch. — Trier: Lintz 1909. 8° (Auteurs français. 17.) 1: Ag 2516–17.
11.9069

— et Duruy, Histoire de Louis XIV, hrsg. v. F. J. Wershoven, s.a Auteurs français.

— Histoire de Louis XIV. Par Barrau et Duruy. Hrsg. von F. J. Wershoven. [Nebst] Wörterbuch. — Trier: Lintz 1908. 8° (Auteurs français. 14.) 1: Ag 2516–14.
11.9070

Barrau, Théod. H: Histoire de la révolution franç., s: Simion, Leonh., Nf.'s Sammlg französ. Schulausg. (Oschinsky).

— L'histoire de la Révolution française de 1789, ses causes et sa suite ... Mit Einl. u. Anm. bearb. von O. Glöde. (Ausg. A.) [Nebst] Wörterbuch. — Glogau: Flemming [1905]. 8° (Englische u. französische Schriftsteller d. neueren Zeit. 38 A.) 1: X 8447–38. 2.
11.9076

— dasselbe, depuis 1789 jusqu'à la mort de Robespierre, hrsg. v. F. Petzold, s.a. Prosateurs français. 165. Lfg.

— Histoire de la Révolution française depuis 1789 jusqu'à la mort de Robespierre. Für d. Schulgebrauch ausgewählt u. erklärt von Franz Petzold. [Nebst] Anh. [u.] Wörterbuch. — Bielefeld [usw.]: Velhagen & Klasing 1906. 8° (Velhagen & Klasings Sammlung französischer u. englischer Schulausgaben. Prosateurs français. 165 B.)
Die Schrift ist in den verschiedenen Bibliotheken in abweichenden Auflagen vorhanden.
1: X 8355–165 B. 6. 16. 101.
11.9077

Barrau, Theod. H., Histoire de la révolution française de 1789—1792, bearb. v. H. Zech, s.a. Porthos' Schulausgaben englischer u französicher Schriftsteller.

Barrau, T.H.: Hist. de la révolution franç. de 1789-92, s.a. Schriftsteller, engl. u. französ., d. neueren Zeit. (O. Gödel).

— **Histoire de la Révolution française (1789–1793). Für d. Schulgebrauch hrsg. von Max Pfeffer. [Nebst] Wörterbuch. — Leipzig: Freytag [usw.] 1907. 8° (Freytags Sammlung französischer u. englischer Schriftsteller.)**
Die Schrift ist in den verschiedenen Bibliotheken in abweichenden Auflagen vorhanden.
16 [∞Wörterbuch]. 101. 300: 60.628–B. Per. 122 [2 Ex.]
302 [∞Wörterbuch].
11.9078

— **Histoire de la révolution francaise (1789—1793). Für den Schulgebrauch hrsg. v. Max Pfeffer. (119 S.) 8. Leipzig 907. G. Freytag. — Wien, F. Tempsky. Geb. 1.20; Wörterbuch. (82 S.) Kart. — 80**

Barrau, Histoire de la Révolution française (1789–1793). Herausg. v. Prof. Dr. Max Pfeffer. [Freytag's Sammlung französischer und englischer Schriftsteller.] 8°. (119 S.)
geb. K 1.50, hierzu Worterbuch K –.40
Tempsky, Wien 1907.

Barrau, Théod. H, Scènes de la révolution française, hrsg v. Bernh. Lengnick, s.a. Schulbibliothek, franz. u. engl.

— **[Ausz.] Scènes de la Révolution française. Für d. Schulgebrauch erkl. von Bernhard Lengnick. — Leipzig: Renger 1889. VI,125 S. 8° (Französische u. englische Schulbibliothek. A, 47.)**
Die Schrift ist in den verschiedenen Bibliotheken in abweichenden Auflagen vorhanden.
12: L. eleg. g. 504y–A, 47. 19. 26. 41. 44. 60. 101. 207.
11 9075

— **Theorie der öffentlichen und Privat-Erziehung oder von der Rolle der Familie in der Erziehung. Eine von der Akademie der politischen und moralischen Wissenschaften zu Paris gekrönte Preisschrift. Aus dem Französ. übers. und mit erklärenden Anmerkgn. versehen von E. Doehler. Einzig rechtmäßige ꝛc. autorisirte Uebersetzung. Brandenburg 858. Wiesike. gr. 8. (XIX, 324 S.) n. 1 ₰ 10 ngr.**

Barraud, Herm., Gedichte. gr. 16. (116 S.) Posen 858, Merzbach.

Barraud, Samuel. Über Extremitätengangrän im jugendlichen Alter nach infektiösen Erkrankungen. Diss. Med. Bern. [Sep.-Abdr. aus: Deutsche Zeitschrift für Chirurgie. Band 74, Heft 3/4, August 1904.] *Kopftitel:* Aus der chirurgischen Abteilung des Spitals in Chaux-de-Fonds ⟨Oberarzt Dr. F[ritz] de Quervain⟩. II + 61 S. 8. Leipzig, J. B. Hirschfeld, 1904.

Barrauld, Mrs., siehe: Erzählungen u. Gespräche, lehrreiche.

Barrauld, Mrs., lehrreiche Erzählungen, s. Aiken.

Barrault, Ingénieur civil. Paris. 1856 s. *Barrault*, Émile.

Barrault, A., siehe: Fabrikation, die, des Eisens.

Barrault, Émile
— [L'Ingénieur de poche, deutsch] Der Taschen-Ingenieur. 1856 s. *Armengaud*, Charles.

Barrault, Serge: Fribourg à la fin du XIXme siècle d'après deux romans de Mlle Marie Sciobéret. Suivi de Une visite à l'ancien cimetière. — Fribourg: Fragnière 1929. 46 S. 8°
Aus: Annales fribourgeoises. 17. 1929. 1: Rv 2487.
11.9123

Barrault, Sigmund: Die Ausbildung der Rekruten bei den k.k. Fußtruppen in einer achtwochentlichen Unterrichtsperiode; anschaulich gemacht durch Beispiele für das Gefecht in zerstreuter Ordnung. — Wien: Seidel 1870. 96 S. 8° 300: 57.499–B. 302. 307.
11.9124

—— der praktische Dienst im Felde für die Führer kleinerer Abtheilungen, auszugsweise bearb. nebst einer Anleitung zur Verfassung von Themas. 16. (VIII, 292 S.) Wien 868, Seidel und Sohn. *

(Barrault, Sigmund, k. k. Major.) Die Feld-Verhaltungen für die Rangsstufen vom Hauptmann und Rittmeister abwärts, auszugsweise bearbeitet nach dem „Praktischen Dienst im Felde", nebst einer Anleitung zur Verfassung der Themas. 8. Wien 1867.

(—) **Instruktion für die Abrichtung der Rekruten der k.k. Fußtruppen auf Grundlage der hierüber in der Armee bestehenden Vorschriften. — Wien: Selbstverl. 1867. 96 S. 8°**
300: 72.114–B. 302.
11.9125

Barrault, Sigmund. k. k. Major des Ruhestandes, Director der Anstalt. Programm und Lehrplan des ersten k. k. concessionierten Militär-Lehrcurses in Wien, Kolowratring Nr 9 (Donation Liechtenstein.)
8. Wien 1872.

Barre, d. Gräfin v., glaubwürd. Nachrichten, a. d. Engl. 8. Cöln, Hertel. 778.

Barré, Lustspieldichter. Paris. geb. 1854. 1892 s. *Barré*, Albert.

Barre, Kanzler der Universität. Paris. † 1764. 1730 s. *Barre*, Joseph.

Barré: Code civil allemand (u.andere rechtswissenschaftl.Schriften.) s. Barré, Ernst

Barre: Dissert. apologet. adv. Ioecherum. 12. Par. 751.

Barre: Geschichte, Allgemeine, von Deutschland, s. Barre, Joseph

Barré, Herculaneum..., s. Barré, L.

Barré, Albert

Barré, **Lantara, ou le peintre au Cabaret. Vaudeville en 1 A. gr. 8. Rudolst. ... Hofbuchh. 4 gGr**

— **la Matinée et la Veillée villageoix. 8. Braunschw. ... Pluchart. 6 gGr**

— **[deutsch] Tata-Toto. 1894 u. 5. s. *Banès*, Antoine [Komp.]**

— **Toto. 1892 s. *Banès*, Antoine [Komp.]**

Barre, E. (Novellist), s. Barre, Ernst

Barre, Ernst
Barre, E., allzeit Kopf hoch! u. andere Erzählungen f. die Jugend. (233 S. m. 9 Farbdr.) gr. 8. Leipzig (903). E. Kempe. Geb. in Leinw. n. 3. –

Barre, Ernst: Bekehrt. Lustspiel. — Leipzig 1869: Edelmann. 28 S. 8° 1: Ys 15961. 14. 24. 30.
11.9148

— **Über die Bruderschaft der Pfeifer im Elsaß, ein Vortrag. — Colmar 1873: Decker. 54 S. 8°** 1: Rh 5813 [u.]
Mus. Cb 90. 7. 12: Als. 8 f. 14. 16. 25. 30. 32. 212.
11.9149

Barre, Ernst, über die Bruderschaft der Pfeifer im Elsaß, ein Vortrag gehalten im Vogesen-Club zu Colmar nebst urkundl. Beilagen. gr. 8. (54 S.) Colmar 874, Barth. *

Le code civil allemand et le code civil francais compares entre eux par Ernest Barre, Torgau. 2. ed. Ouvr. trad. avec l'autoris, de l'auteur par Jacques Hartmann, notaire a Sarralbe.
Berlin: C. Heymann 1899. (XI, 270 S.) 8°

— **Gedichte. — Leipzig: Dürr 1869. VI,123 S. 8°**
1: Yo 13360. 14. 121.
11.9150

— Bürgerliches Gesetzbuch und Code civil. Vergleichende Darstellung. — Berlin: Heymann 1897. VII,306 S. 8°
1:Gl 22487. 11. 12:J. germ. 1140. 15. 17. 18. 25. 26. 29. 31. 36. 38. 61. 121. 123. 203. 208.
11.9151

— — 2., umgearb. Aufl. Ebd. 1897. IX,328 S. 8°
1:Gl 22487². 2. 5. 6. 7. 10. 11. 16. 20. 25. 31. 62. 203. 204. 208. 300:605.017-B. 302. 303.
11.9152

— Novellen. — Düsseldorf: Voß 1886. 199 S. 8°
1:Yx 22864. 5. 7. 61. 121.
11.9154

Barre, E, s: Rechtsprechung, Die, d. kgl. preuss. Oberverwaltgsgerichts.

Barre, Ernst,
Der ländliche Wucher. Ein Beitrag zur Wucherfrage bezüglich der Vorschläge des Deutsch. Volkswirthschaftsrathes zur Bekämpfung des ländlichen Wuchers. gr. 8⁰. Berlin, v. Decker, 1890.

Barre, Ernst, die Wuchergesetze f. das Deutsche Reich, s.a. Taschen-Gesetzsammlung.

— Die Wuchergesetze für das Deutsche Reich. — Berlin Heymann 1893. 52 S. 8° (Taschen-Gesetzsammlung. 9.)
1:Gv 15329-9. 6. 11. 29. 38. 109. 208. 302.
11.9156

— Der Proceß Ziethen in Elberfeld. 8°
Aus: Preussische Jahrbücher. 68. 1891. 38. 62.
11.9157

— Der Prozeß Ziethen in Elberfeld. — Berlin: G. Reimer 1893. 105 S. 8°
1:Fy 14593. 11. 12:Crim. 9v. 21. 38. 62. 208.
11.9158

Barre, Joseph
Barre, allgem. Gesch. von Deutschland. m. K. 8 Thle. 4. Lpz. Arkstee. 744—58.

— [deutsch] Allgemeine Geschichte von Deutschland, vor und nach Errichtung des Kaiserthums bis auf itzige Zeiten. (Hrsg. u. Übers.: Johann Joachim Schwabe.) Bd 1-8. — Leipzig: Arkstee & Merkus 1749-52. 4°
1:4° Rx 3418. 2. 3. 5. 7→11. 12:4° Germ. g. 4. 14→25. 28. 29. 31. 33. 34. 35. 39. 42. 44. 53. 66. 78. 106. 111. 117. 214. 300:48 S 2. 302. 304.
11.9167

Barré, L., Herculanum u. Pompeji etc. s.a. 9. Bd. Herculanum.

Barre, L.: Herculaneum u. Pompeji. Vollständige Sammlung der daselbst entdeckten, zum Theil noch unedirten Malereien, Mosaiken u. Bronzen. Deutsch bearbeitet von A. Kaiser u. Herman H. ✓ Hamburg 1841.
6 Bde. 8⁰

Barre, Liduwine, s: Grundsätze, n. welchen e. Ordensschwester immer zufrieden usw. leben kann.

Barre Duparcq, de la, s. La Barre Duparcq.

Barreau, Das Wiener. Dekamerone aus dem Gerichtssaale. Wien 1897. V: *Pappenheim, Alfred.* (EB)

Barreau, das Wiener. Dekamerone a. d. Gerichtssaale. schmal gr. 8. (107 S.) Wien 897. (M. Perles.) 2. —; geb. 3. —

Barreau, d. Wiener, Fortsetzg, s.: Pappenheim, A, neues Dekameron a. d. Gerichtssaale.

Barreau, Eugen, appr. Arzt: Aus d. Hygien. Inst. d. Univ. München. Über die Wirkung von Blutplättchenstoffen gegen Milzbranderreger. München 1909: Oldenbourg. 27 S. 8° ¶ (Aus: Archiv f. Hygiene. Bd 70, H. 4.)
München, Med. Diss. v. 17. Juli 1909, Ref. v. Gruber
[Geb. 10. Juli 83 Bollendorf; Wohnort: Bollendorf; Staatsangeh.: Preußen; Vorbildung: Gymn. Echternach Reife Juli 02; Studium: München 6, Berlin 1, Kiel 1, München 2 S.; Coll. 17. Juli 09; Approb. 31. Dez. 08.] [U 09. 3286

Barreau, H., Des causes de la décadence rapide de la langue Latine. Pr. 1841. 84 S. 4°
120

Barrelet, Alphonsus (geb. Bevaix in d. Schweiz 19. 11. 1825): De venenatione per fungos nonnulla. Berolini (1849). (31 S.) 8°
Berlin, Med. Diss. v. 23. Jun. 1849

Barrelet, Theodore
Barrelet, Th., u. O. Vigouroux, zur Geschichte der französisch-reformierten Gemeinde in Hamburg, s.: Geschichtsblätter d. deutschen Hugenotten-Vereins. XII, 7, 8.

Barrelet, Th., u. O. Vigouroux, das Liebeswesen der Diakonie in der franz.-reformierten Gemeinde zu Hamburg 1686—1750, s.a Geschichtsblätter des deutschen Hugenotten-Vereins. XIII, 3. 4.

— Das Liebeswesen der Diakonie in der franz.-reformierten Gemeinde zu Hamburg 1686-1750. Mit d. gütigen Mitw. von O. Vigouroux. — Magdeburg: Heinrichshofen 1906. 24 S. 8° (Geschichtsblätter d. Deutschen Hugenotten-Vereins. 13,3.4.)
1:Sy 10465-13,3.4. 3. 5. 12:H. ref. 167h-13. 14→18. 26. 29. 107. 123. 205. 300:411.880-B. Per. 13.
11.9255

Barrelle, Joseph François
(—) — Das Geheimnis der Erziehung. Pädagogische Winke. (Übers.: Max Huber.) Hrsg. von Arno Bötsch. Mit e. Anh.: 'Die halbe Stunde des Präfekten'. Ausg. A: für Erzieher u. Lehrer. 4., verm. Aufl. — Ebd. 1910. VII,48 S. 8°
304.
11.9269

(—) — Ausg. B: für Erzieherinnen u. Lehrerinnen. 5., verm. Aufl. — Ebd. 1910. VII,48 S. 8°
304.
11.9271

Barrelle, Joseph François: [Avis aux surveillants et aux professeurs de la Compagnie de Jésus, deutsch] Pädagogische Winke für die Präfekten und Professoren an katholischen Lehr- und Erziehungsanstalten. (Verf.: Joseph François Barrelle; Übers.: Max Huber.) Hrsg. von Arno Bötsch. Mit e. Anh.: 'Die halbe Stunde des Präfekten'. 3., verm. Aufl. — Innsbruck: Rauch 1909. IV,40 S. 8°
304.
11.9268

— dasselbe 4. Aufl. s.: Geheimnis, das, der Erziehung.

[—] [deutsch] Die Wunderthäterinn des neunzehnten Jahrhunderts, oder die heilige Filomena, Jungfrau und Martirinn. [Übers.: Alois Adalbert Waibel]. — Innsbruck: Rauch [usw.] 1836. IV,310 S. 8°
304. 308.
11.9275

[—] Die Wunderthäterin des 19. Jahrhundertes, oder die hl. Philomena, Jungfrau u. Martyrin. [Übers.: Alois Adalbert Waibel.] 2. Aufl. — Innsbruck: Rauch 1855. VIII, 246 S. 8°
304.
11.9276

Barren-Pyramiden. 1. u. 2. Heft kl. 8. Leipzig, Rauh & Pohle. à n. 1. 50
1. Pyramiden an 1 Barren. Von G. Völker. (38 S.) Probstheida (903).
2. Pyramiden an 2 Barren m. 4 verschiedenen Stellungen der Geräte f. 20—25 Turner. Von Ernst Schulz. (28 S.) (901.)

Barrera, Petro Maria
Barrera, PM, soll ich heiraten? s.a Bibliothek d. fremden Zungen.

Barrera, Petro Maria, soll ich heirathen? u. andere Novellen v. Henrik Pontoppidan, F. Anstey, Pedro Ivo. 8. (167 S.) Stuttgart 893. Deutsche Verlags-Anstalt. n. 1. —; geb. n. 1. 50

Barrère, Mitglied des Nationalkonvents. 1789
s. *Barère* de Vieuzac, Bertrand.

Barrère, M., s. B a r è r e de Vieuzac, Bertrand

Barrero, Pierre Bouguer und Charles Marie **de La Condamine** Neue Reisen nach Guiana, Peru und durch das südliche America, worin die Merkwürdigkeiten dieser Länder nebst den Sitten und Gewohnheiten der Einwohner beschrieben werden. Aus dem Französischen übersetzt Mit vielen Kupfertafeln und Landkarten Göttingen 1751 (X), 392 S., 16 Tf., 4 Krt 8°

Barrès, Maurice
— [deutsch] Vom Blute, von der Wollust und vom Tode. (Übers.: A.v.K[ühlmann]; Vorr.: Franz Blei.) — Leipzig: Zeitler 1907. XIV,238 S. 8° 17.
11.9676

— In deutschen Heeresdiensten. (Die Schutzwälle im Osten.) Autoris. Übersetzg. v. Armin Schwarz. (282 S.) 8. Budapest 907. G. Grimm. 8. —

— [deutsch] Die Schutzwälle im Osten. In deutschen Heeresdiensten. Übers. von Armin Schwarz. — Budapest: Grimm 1907. 282 S. 8°
1:Xy 17870. 2. 11. 22. 28. 30. 33. 61. 79. 203. 302.
11.9688

Barreswil, Französischer Chemiker. 1817-1870. 1843
s. *Barreswil,* Charles Louis.

Barreswil, Charles Louis
Barreswil, die Anwendung der Chemie auf die Photographie, s.a. Schauplatz, neuer, der Künste. 218. Bd.

— Die Anwendung der Chemie auf die Photographie ... Von Barreswil und Davanne. Bearb. von Christ. Heinr. Schmidt. — Weimar: Voigt 1854. XVIII,395 S. 8° (Schmidt, Christian Heinrich: Handbuch d. Photographie. 2.) (Neuer Schauplatz d. Künste u. Handwerke. 218.) 17. 22. 32. 89. 210. 300: 115.791-B. Bd 2.
11.9746

— — 2., verb. u. verm. Aufl. Ebd. 1860. XX,501 S. 8° (Schmidt, Christian Heinrich: Handbuch d. Photographie. 2., verb. u. verm. Aufl. 2.) (Neuer Schauplatz d. Künste u. Handwerke. 218.) 91.
11.9747

— [deutsch] C. Barreswil & A. Sobrero's Analytische Chemie. Deutsch bearb. von Friedrich Anton Kussin. — Wien: Gerold 1844. XII,597 S. 8°
8. 19. 20. 84. 88. 302. 304. 305.
11.9740

Barreswil und **Davanne,** Handbuch des Photographen. Anweisung zur Erzeugung von Lichtbildern auf Metall, Papier und Glas nach den neuesten Methoden und Verbesserungen, mit Einschluß der Photolithographie oder Verbindung der Photographie mit dem Steindruck. Nebst einem Grundriß der Chemie und Anleitung zur chemischen Prüfung und Selbstbereitung aller Präparate, sowie zur Benutzung der Rückstände. Aus dem Französ. Mit in den Text gedruckten Holzschn. Leipzig (854.) Abel. gr. 8. (2 Bl., 174 S.) n. 1 ₰

— und **Davanne,** Handbuch der praktischen Photographie-Chemie. Enth. die Elemente der Chemie durch Beispiele aus der photographischen Praxis erläutert. Die Verfahren Photographie auf Glas (feuchtes oder trockenes oder albuminirtes Collodium u. Albumin), Papier und Silberplatten herzustellen. Vollständige Anleitung zur Selbstbereitung, zur Prüfung u. Verwendung aller Reagentien, zur Verwerthung der Rückstände etc. Mit 52 Holzschn. (im Text.) Nach der 3. französ. Orig.-Ausg. Deutsche, von den Verff. autorisirte Ausg. Leipzig 863. R. Schäfer. gr. 8. (560 S.) n. 2 ₰ 24 ngr

— — [Nebst] Suppl. Ebd. 1863–64. 8°
Suppl. Krueger, Julius: Universal-Lehrbuch der praktischen Photographie. 1864.
305.
11.9749

— — Supplem.-Band, s.a. Krüger, J.

Barreswil u. Davanne, Handbuch der praktischen Photographie-Chemie. Vollständige Anleitung zur Selbstbereitung, zur Prüfung u. Verwendung aller Reagentien, zur Verwerthung der Rückstände etc. Mit vielen Holzschn. (im Text). Nach der letzten französ. Orig.-Ausg. 2. deutsche, von dem Verf. autoris. Ausg. Leipzig 866. R. Schaefer. gr. 8. (560 S.) 2 ₰ 15 ngr

Barreswil und Davanne, Handbuch der praktischen Photographie-Chemie. Vollständige Anleitung zur Selbstbereitung, zur Prüfung und Verwendung aller Reagentien, zur Verwerthung der Rückstände etc. Nach der letzten französ. Orig.-Ausg. 1. Aufl. 1863. und 2. deutsche, von den Verf. autoris. Ausg. gr. 8. (560 S. mit vielen eingedr. Holzschn.) Leipzig 866, [Waldow.]

Barreswil, Louis Charles, s. B a r r e s w i l , Charles Louis

Barret (Französicher Schriftsteller), s. B a r e t , Paul

Barret, George
Barret, Geo., Anleitung zur Aquarellmalerei. Zum Selbstunterricht für Anfänger, und für Künstler, welche die Mittel kennen lernen wollen, durch welche die engl. Aquarellmaler ihre glänzenden Erfolge erreichen. Aus d. Engl. 8. Stuttgart 841, Neff. 3/8 ₰

— — 2. Aufl. Ebd. 1875. VIII,92 S. 8° 20. 24. 214.
11.9763

— — 3., unveränd. Aufl. Ebd. 1875. VIII,92 S. 8°
32. 302.
11.9764

— — 4. Aufl. Ebd. [1878]. VIII,92 S. 8° 1:Nu 5709.
11.9765

— — 5. Aufl. Ebd. [1881]. VIII,92 S. 8°
1:an Nu 7056. 24. 36. 47.
11.9766

— — 6. Aufl. Ebd. [1889]. VIII,92 S. 8° 6. 207.
11.9767

— — 7., unveränderte Aufl. Ebd. [1898]. VIII,92 S. 8° 210.
11.9768

— — 8., nach d. Leitfaden für Aquarellmalerei von Leonidas Clint Mil[e]s ... verm. u. verb. Aufl. von O. Straßner. — Ebd. 1904. XI,86 S. 8° 12:Art. 336 k. 24. 210.
11.9760

Barret, P.: A n l e i t u n g zur Aquarellmalerei, s. B a r r e t , George

Barret, Paul, Französischer Schriftsteller 1728- um 1795. 1751
s. *Baret.*

Barret, Wilson s. *Barrett,* Wilson.

Barrett, Benjamin Fiske: Die eheliche Liebe im Diesseits und Jenseits nach Schriften E. Swedenborgs, In d. Deutsche v. A.Klatt. Berlin 1885.
314 S. 8°

— Ein Liebesbrief. Herzliche Einladung zur Befolgung des Erlösers einziger Forderung zu einer vollkommenen christlichen Gemeinschaft. — St. Louis, Mo.: Verl. der Deutschen Synode der Neuen Kirche 1901. 8 S. 8°
21.
11.9804

Barrett, Elizabeth Barrett s. *Browning,* Elizabeth Barrett.

Barrett, Frank, out of the j a w s of death, s.a. Collection of British authors.

— Out of the Jaws of death. Vol. 1. 2. — Leipzig: Tauchnitz 1892. 8° (Collection of British authors. Tauchnitz Edition. 2869/2870.)
1:Ah 30-2869.2870. 11. 12:P. o. angl. 25u-2.3. 19. 44.
11.9831

Barett, Frank, gesprengte Kette, s.a. Zehnpfennig-Bibliothek.

— [Breaking the shackles, deutsch] Gesprengte Ketten. Roman. — Neurode [usw.]: Klambt [1908]. 128 S. 8° (Moderne Zehnpfennig-Bibliothek. 78.) 2. 101.
11.9828

— the smuggler's secret, s.a. Collection of British authors.

— The smuggler's Secret. A romance. — Leipzig: Tauchnitz 1891. 270 S. 8° (Collection of British authors. Tauchnitz Edition. 2735.) 1:Ah 30-2735. 9. 11. 12:P.o.angl. 25u-1. 15. 19. 26. 44. 302.
11.9833

— the sin of Olga Zassoulich, s.a. Library, the English.

— The Sin of Olga Zassoulich. Vol. 1.2. — Leipzig [usw.]: Heinemann & Balestier 1891. 8° (The English Library. 56.57.) 24.
11.9835

— [deutsch] Die Sünden der Väter. Kriminal-Roman. Berlin: Steinitz (1901). 279 S. 8° (Neue Kriminal-Bibliothek. 3.) 1:Fy 8858-3.
11.9836

Barrett, Franz, s. B a r r e t t , Frank

Barrett, Herbert Burgess: Abhandlung über allgemeine Codification mit bes. Rücks. auf englisches Criminal Recht. Harrow 1881: Overhead. 18 S. 8° Text englisch. 5.
11.9840

Barrett, Joseph Hartwell

— [deutsch] Das Leben und Wirken Abraham Lincoln's. Frei übers. ... von Johann L.C.Eggers. — Cincinnati: Moore, Wilstach & Baldwin 1866. 786 S. 8° 29. 43.
11.9860

Barrett, Paul s. *Baret.*

Barrett, Vernon
— u. A. F. Meyer, Musjö Clown. Bilder v. V. E. B., Reime v. A. F. M. gr. 4. (10 farb. Taf. m. eingedr. Text.) Nürnberg 893. Th. Stroefer. n. 1. 50

Barrett, Vernon, komische Clowns, s.: Meyer, A. F.

Barrett, WF: Die zeitgenöss. Geisterseherin v. Cöln, s.: Schnütgen, P.

— Grundzüge der spiritistischen Wissenschaft. Autoris Uebersetzg. aus dem Engl. u. m. kurzem Vorwort versehen v. Feilgenhauer. (82 S.) 8. Leipzig 904. O. Mutze. n. — 50

Barrett, Wilson
— [deutsch] Im Zeichen des Kreuzes. Geschichtsbild aus der Zeit der Christenverfolgung unter Kaiser Nero von Wilson Barret. Für die deutsche Bühne bearb. von H. Bohrmann-Riegen. Musik von William Rose. — Wien: Österr. Theater-Verl. 1901. 112 S. 8° 31. 32.
11.9925

Barrett-Barrett, Elizabeth s. *Browning,* Elizabeth Barrett.

Barrett-Browning, Elizabeth
s. *Browning,* Elizabeth Barrett.

Barretti, John. Beschreibung der Sitten und Gebräuche in Italien. Aus dem Englischen mit Anmerkungen und Zusätzen. Breslau 1781. Ü: *Schummel, Johann Gottlieb.* (Ky)

Barrey. — Barrey und Ernestine oder: Die Studenten-Braut, ein Lustspiel. — Bremen: Förster 1783. 60 S. 8° 42. 300:7 in 100.497-A[u.]5 in 392.620-A. Bd 251.
11.9933

—– dasselbe. 8° – Bremen, Müller.

Baerreysen, Johann Wilhelm Ludwig: Predigt ... nach dem Durchbruche der Seedüne bei Neufähr und der Schleuse und des Dammes bei Bohnsack. — Danzig 1840: Sabjetzki. 16 S. 8° 1:3 in E 212. 10. 44.
9.9183

— Verzeichniß der nachgelassenen Bibliothek des verstorbenen Herrn Pred. Bäreysen. [Auktionskat.] — Danzig [1843]: Wedel. 54 S. 8° 44.
9.9184

Bärri, E. Experimentelle Keratitis parenchymatosa, hervorgerufen durch Einwirkung auf das Endothel der Hornhaut. In-8°. 58 S. Basel. These. 1896

Barricaden, s.a. B a r r i k a d e n

Barricaden, die, . . . s. L. Bitet.

Barricadenkampf. — Der Barricaden- und Häuser-Kampf. Von e. höheren k.k. Officier. — Wien 1885: Mechitharisten-Buchdr. 29 S. 8°
Aus: Vedette. 1885. 300:159.005-B.
11.10220

Barricadenlieder. — Barricaden-Lieder. Freiheits-Hymne der Demokraten. — o.O. [1848]. 1 Bl. 8° 41.
11.10221

Deutsche Barricaden-Lieder. — Leipzig: Schreck 1848. 15 S. 8° 14.
11.10222

Barricaden-Plan v. Dresden. Imp. 4. Kpfrst. u. color. Dresden 849. Gottschalck. n. 1/6 ℛ

Barrie, C. (Arzt), s. B a r r i e s , Karl

Barrie, Carl Ludwig, s. B a r r i e s , Carl Ludwig.

Barrie, Sir James Matthew
Barrie, J. M., the little white bird, s.a. Collection of British authors.

— The little white Bird. — Leipzig: Tauchnitz 1903. 287 S. 8° (Collection of British authors. Tauchnitz Edition. 3642.) 1:Ah 30-3642. 3. 8. 11. 12:P.o.angl. 26 h-6. 16. 19. 24. 30. 44. 47. 79. 209. 300:393.080-A.Per. 3642.
11.9962

— [deutsch] Ein Fenster in Thrums. Eine schottische Dorfgeschichte. Übers. von M. Barnewitz. — Stuttgart: Lutz 1899. VIII,244 S. 8° 8. 24. 31.
11.10037

— [deutsch] Im stillen Gäßchen. ⟨Quality Street.⟩ Lustspiel. Deutsch von B.Pogson. — Berlin: (Bloch) 1903. 88 S. 8° 31. 32.
11.10010

Barrie, James Matthew, der kleine Landprediger. Lustspiel in 4 Aufzügen. Für die deutsche Bühne bearb. v. Rud. Lothar. (120 S.) 8. Berlin-Ch. 907. Vita. 2. —

Barrie, James Metthew: The little m i n i s t e r , s.a. L i b r a r y , The English.

— The little Minister. Vol. 1.2. — Leipzig: Heinemann & Balestier 1891. 8° (The English Library. 75.76.) 3. 62. 79. 302.
11.9979

— [deutsch] Eine schottische Mutter. Von ihrem Sohn J.M.Barrie. Übers. von Ina Bock. — Göttingen: Vandenhoeck & Ruprecht 1898. 124 S. 8° 1:Zd 11619. 7. 12:P.o.angl. 26 hf. 35. 70.
11.9999

— Margarot Ogilvy, s.a. Collection of British authors.

Margaret Ogilvy. By her son J[ames] M[atthew] Barrie. Copyright ed. Leipzig: Tauchnitz 1897. 256 S. 8°
(Collection of British authors Tauchnitz Ed. Vol 3244) 11. 8194

— Peter Pan im Waldpark. Frei übertr. v. J Funcke. (99 m. farb. Abb.) 8° Weim., G Kiepenheuer '11. L 4 — d

— [deutsch] Der kleine Pastor. Roman. Übers. von M. Barnewitz. — Gr.-Lichterfelde-Berlin: Runge 1899. 343 S. 8° 1:Zd 11621. 11. 78.
11.9991

— Peter and Wendy, s: Collection of Brit. auth. 4302.

— Der Tag (or the tragic man). A play. — London [usw.]: Hodder & Stoughton (1915). 39 S. 8°
1:Krieg 1914-1762. 2. 12:H. Un. App. 226 d. 18.
11.10014

— Tommy and Grizel, s.a. Collection of British authors.

— Tommy and Grizel. Vol. 1.2. — Leipzig: Tauchnitz 1901. 8° (Collection of British authors. Tauchnitz Edition. 3482. 3483.) 1:Ah 30-3482.3483. 2. 3. 8. 10. 11.
12:P. o. angl. 26 h-4.5. 16. 19. 26. 44. 53. 62. 109.
300:393.080-A. Per. 3482.3483.
11.10015

— Sentimental Tommy, s.a. Collection of British authors.

Sentimental Tommy. The story of his boyhood. By J[ames] M[atthew] Barrie. Copyright ed. In 2 vol. Vol. 1. 2. Leipzig: Tauchnitz 1897. 8°
(Collection of British authors. Tauchnitz Ed. Vol. 3197/8.) 11. 8137

Barrie, James Matthew: A window in Thrums, s.a. Library, The English.

— A Window in Thrums. — Leipzig: Heinemann & Balestier 1891. VI,215 S. 8° (The English Library. 42.) 34. 302.
11.10028

— — Leipzig: Heinemann & Balestier 1897. VI,215 S. 8° (The English Library. 42.) 3.
11.10031

Barrie, Karl (Arzt), s. Barries, Karl

Barrie's, Karl, die Löschung einer Feuersbrunst, s. Barries, Karl

Barriere (Lustspieldichter), s. Barrière, Theodore

Barrière, François

— Tableaux de genre et d'histoire, peints par différens maîtres, ou morceaux inédits sur la Régence, la jeunesse de Louis XV, et le règne de Louis XVI. — Paris: Ponthieu; Leipzig: Ponthieu, Michelsen & Cie. 1828. XVI,391 S. 8°
1:Qz 4298. 2. 11. 14. 15. 24. 30. 32. 35. 45.
300:BE 4 W 60. 302.
11.10061

Barrière, Marcel

— [deutsch] Die Kunst zu verführen. Studien über den modernen Donjuanismus. Mit e. Vorw. von Rudolf Lothar. — Wien [usw.]: Wiener Verl. 1905. XI,182 S. 4°
300:437.704-C. 302. 304.
11.10064

Barrière, Marcel: Die Kunst zu verführen. Studien üb. d. modernen Donjuanismus. (196) Lex8° Dresd., R Kraut ('11).
5 —; geb. 6.50

Barrière, Théodore

Barrière und Lorin, Bertha am Klavier, s.a. Both's, Bühnen-Repertoir.

— Bertha am Klavier. Lustspiel. Nach Barrière u. Lorin, von A. Theobald. — Berlin: Hayn 1855. 25 S. 8° (L.W. Both's Bühnen-Repertoir d. Auslandes. 168.)
1:Yp 6091-168.
11.10162

— Biedermann u. Consorten s.a. Both's Bühnen-Repertoir.

— [deutsch] Biedermann und Consorten. ⟨Die Biedermänner.⟩ Lustspiel. Nach d. Franz. des Th. Barrière u. E. Capendu frei bearb. von J. Neumann. — Berlin: Hayn 1857. 69 S. 8° (L. W. Both's Bühnen-Repertoir d. Auslandes. 188.) 1:Yp 6091-188.
11.10091

— Les faux Bonshommes. Comédie. Par Théodore Barrière & Ernest Capendu. — Berlin: Bloch 1858. 147 S. 8° 11.
11.10085

Barrière, Thdr., et E. **Capendu**, les faux bonshommes. Comédie en 4 actes. Berlin 858. Lassar. 16. (2 Bl., 147 S.)
n. 10 ngf

— Comédie-vaudeville. Par Barrière et Lorin. Berlin: Schlesinger 1853. 26 S. 8° (Répertoire du Théâtre français à Berlin. 388 ⟨= Sér. 2,138⟩.) 1:Xv 1966-388. 5. 7. 11.
11.10159

— [deutsch] Der Dämon des Spiels. Schauspiel nach Barrière u. Crisafulli. — Wien: Förster & Bartelmus [1863]. 92 S. 8° 30. 48. 300:158.196-B. 302.
11.10104

— — Schauspiel von Th. Barrière u. Crisafulli. Berlin [um 1865]: G. Lange. 63 S. 8° 8. 30. 41.
11.10105

— [deutsch] Der Engel der Mitternacht. Phantastisches Drama. Nach Barrière u. Plouvier von Demetrius Schrutz. Halle: Hendel [1898]. 103 S. 8° (Bibliothek d. Gesamtlitteratur d. In- u. Auslandes. 1180. 1181.)
1:X 8366-1180.1181. 3. 30. 52. 79.
11.10077

— [deutsch] Bäffchen's Erben. Lustspiel, nach d. Franz. d. Th. Barrière u. E. Capendu, von A. v. Winterfeld. — Berlin: Hayn 1867. 90 S. 8° (L. W. Both's Bühnen-Repertoir d. Auslandes. 261.) 1:Yp 6091-261.
11.10132

Barriere, Th.: Feuer in der Mädchenschule, s.a. Universal-Bibliothek. 858

— [deutsch] Feuer in der Mädchenschule. Lustspiel. Deutsch von Otto Randolf. — Leipzig: Reclam [1877]. 37 S. 8° (Universal-Bibliothek. 898.) 1:Ag 7201-898.
12:Var. 380 k-898. 15. 300:410.411-A. Per. 898. 302.
11.10115

— Gemüthsmenschen! Komödie nach Barrière und Capendus 'les faux bonshommes' frei ... bearb. von Wilhelm Wolff. — Berlin: (Bloch) 1894. 118 S. 8° 31.
11.10092

— [deutsch] Die Hellseherin oder: Der todte Esel. Drama ... Nach d. von Theodor Barrière u. Adolf Jaime nach Jules Janins Roman: 'L'âne mort' bearb. Drama von Adalbert Prix. — (Wien [um 1855]: Lell.) 45 S. 8° 48.
11.10075

— [deutsch] Am Clavier. Lustspiel von Th. Barrière u. Jules Lorin. Nach d. Franz. frei bearb. von M. A. Grandjean. — ([Wien 1853]: Edl. v. Schmidbauer & Holzwarth.) 23 S. 8° 31. 300:6.344-B.
11.10101

— Am Clavier. Lustspiel von Th. Barrière u. Jules Lorin. Nach d. Franz. frei bearb. von M. A. Grandjean. — Wien: Wallishausser 1855. 17 S. 8° (Wiener Theater-Repertoir. 40.) 300:23.032-B. Bd 2,40.
11.10163

— — 3. Aufl. Ebd. 1878. 18 S. 8° (Wiener Theater-Repertoir. 40.) 1:Xw 9241/93.
11.10164

Barrière, Th., und J. Lorin, am Klavier, s.a. Universal-Bibliothek Nr. 1488.

— Am Klavier. Lustspiel. Von Th. Barrière u. J. Lorin... Bearb. von Carl Friedrich Wittmann. (Die ... Lieder componirt von Julius Siebeck.) — Leipzig: Reclam [1881]. 43,VIII S. 8° (Universal-Bibliothek. 1488.)
1: Ag 7201-1488. 15. 31. 300: 410.411-A. M. S. 1488.
11.10165

— Liebe und Liebelei. Schauspiel. Nach d. Franz. des Th. Barriére [!] u. Lambert-Thiboust von August Fresenius. Berlin: Kühling [um 1875]. 74 S. 8° (A. Kühling's Volks-Schaubühne. 21.)
1: Yp 6325-21. 12: P. o. gall. 1111 td/6 [u.ö.] 41.
11.10141

— [deutsch] Die Lilie im Thale. Drama. Nach d. Franz. der Herren Theodor Barbière [!] u. A. Beauplan von Adalbert Prix. — ([Wien 1854]: Lell.) 53 S. 8°
31. 300: 463.659-B.
11.10140

Barriere, (T): Il mal de nervi, s. Emporeo dramm.

Barriere, Th. u. Thiboust: Marmorherzen, s.a. Universal-Bibliothek. 1096

— [deutsch] Marmorherzen. Sitten-Schauspiel von Th. Barrière u. L. Thiboust. [Übers.: Heinrich Laube.] — Wien: Verl. d. Wiener Stadttheaters 1877. 85 S. 8°
8. 30. 300: 117.913-B. 302.
11.10121

— — Deutsch von Heinrich Laube. Leipzig: Reclam [1878]. 64 S. 8° (Universal-Bibliothek. 1096.)
1: Ag 7201-1096. 8. 12: Var. 380k-1096. 15. 43. 117. 300: 410.411-A. Per. 1096. 302. 309.
11.10122

Barriere, (T),: L'oltraggio, s. Emporeo dramm.

Barriere, (T): Una peccatrice, s. Emporeo dramm.

— et Lorin, le piano de Berthe, s. Répertoire du Théâtre franc.

Barrière, Th., schön, lieber Joseph!, s.a. Both's, L. W., Bühnen-Repertoir.

— Schön, lieber Joseph! Schwank. Nach d. Franz. des Theodore Barrière. Deutsch von A. Winter. — Berlin: Michaelson in Comm. 1869. 36 S. 8° 24.
11.10169

— — Berlin: Hayn 1873. 32 S. 8° (L.W. Both's Bühnen-Repertoir d. In- u. Auslandes. 284.) 1: Yp 6091-284.
11.10170

— die Gräfin v. Somerive, s.a. Theater, neues Wiener.

— [deutsch] Die Gräfin von Somerive. Schauspiel von Barrière u. Prébois. — Wien: Rosner 1872. 64 S. 8° (Neues Wiener Theater. 22.)
22. 30. 109. 300: 104.092-B. Bd 22. 302.
11.10172

Barrière, Th., u. Gondinet, Zerstreut (Tête de linotte), s.a. Universal-Bibliothek.

— [deutsch] Zerstreut ... Lustspiel von Th. Barrière u. Gondinet. Deutsch von Emil Neumann. — Leipzig: Reclam [1893]. 107 S. 8° (Universal-Bibliothek. 3067.)
1: Ag 7201-3067. 12: Var. 380k-3067. 15. 30. 31. 123. 300: 410.411-A. Per. 3067. 302.
11.10176

Barriere-Convention
Barriere-Convention, geschlossen zwischen Ihro Römisch-Kayserliche Majestät, Carl VI. etc.etc.etc. einer Seits, und denen Hochmögenden Hrn General-Staaten der vereinigten Niederlanden andrer Seits, gezeichnet den 15. abgewichenen Monahts Novembr. — Hamburg: [v. Wiering] Im güldenen A.B.C. 1715. 4 Bl. 8°
1: Flugschr. 1715-12 bis.
11.10195

Barriere-Tractat
Barriere-Tractat, zwischen Sr. Kayserl. und Cathol. Majestät Carl VI., Sr. Maj. von Groß-Brittannien König Georg, und denen General-Staaten der Vereinigten Niederlande. Gemacht und geschlossen zu Antwerpen, den 15 Novembr. 1715. — Hamburg 1716: v. Wiering. 48 S. 8° (Happel, Eberhard Werner: Historischer Kern, oder sogenandte kurtze Chronica. 5,2,Beyl.) 2. 8. 18. 23. 41. 48.
11.10196

Barriès, Arzt, Hamburg. 1787-1866. 1827 s. *Barriès*, Karl.

Barries, C., s. Barries, Karl

Barriès, Carolus Ludovicus: De morbillis epidemiis Halae a. 1839. Halae [1839]: Ploetz. 30 S. 8°
Halle-Wittenberg, Med. Diss. nachgeliefert von dem am 26. Apr. 1838 auf Thesen promovierten Verf.
Geb. Hamburg [13. 3.] 1815. V.

Barriès, Carolus Ludovicus: Theses loco dissertationis de matris vi in foetus fabricam [Hall. med. Preisschrift] mox edendae.
Halle-Wittenberg, Med. Thesen v. 26. Apr. 1838
Ein Exemplar nicht nachweisbar. — Das geplante Thema gab die ALZ. 1839, Int.-Bl. S. 12 als Titel der Dissertation an.

Barriès, Charles. 1827 s. *Barriès*, Karl.

Barriès, Karl
(—) Das Hamburger Alexanderbad, die gegenwärtige Einrichtung desselben in Verbindung mit dem neu errichteten Helenenbade. — Hamburg 1829: Nestler. 14 S. 8° 8. 28.
11.10198

Barrie, Karl, Russ. Bäder, nebst e. Anweis. zu dem zweckmäßigen Gebrauch derselben, in Beziehung auf d. Alexanderbad in Hamburg. 1r Thl. gr. 8. Hamb. 828. (Herold). 1 ₰ 8 gr

— Russische Bäder nebst einer Anweisung zu dem zweckmäßigsten Gebrauch derselben, in Beziehung auf das Alexander-Bad in Hamburg. Th. 1. — Hamburg: Verf. 1828. X,VI,166 S. 8° 2. 8. 14. 15. 17. 18. 27. 28. 30. 33. 39. 43. 48. 52. 53. 169. 205. 300: 23 D 15.
11.10199

— Beantwortung des Aufsatzes in den Vaterstädtischen Blättern Nr. 92 und 93, 'Den Magnet und dessen Werth als Heilmittel' betr. — Hamburg 1833: Menk. 30,8 S. 8° 205.
11.10200

— die Cholera morbus. Ueber ihre Entstehung, Ausbildung, Zeugung u. Ansteckungsfähigkeit u. s. w. A. mit d. Umschlagstit.: Winke üb. d. Natur d. Cholera morbus. Mit 2 Steindr. gr. 8. Hamb. 831. (Herold jun.) 1 ₰ 18 gr — Zusätze, nebst e. Anh. über d. Erzeugung d. Malaria (Miasma). Aus d. Engl. gr. 8. Ebd. 831. 8 gr — Prakt. Beitr. dazu: Ein Wort zu seiner Zeit: Was in der jetzigen Lage Deutschlands nothwendig, die Cholera abzuhalten rc. gr. 8. Ebd. 831. 8 gr

— Die Cholera morbus. Ueber ihre Entstehung, Ausbildung, Zeugung u. Ansteckungsfähigkeit ... nebst einem Anh. über die Mängel des Armenwesens. — Hamburg: Verf. 1831. IX,238,26 S. 8°
Nebent.: Barriès: Winke über die Natur der Cholera morbus.
1: Ka 3024. 2. 3. 4. 14. 16. 17. 18. 20. 21. 23. 24. 25. 27→30. 33. 43. 45. 48. 53. 169. 202.
11.10201

— Ueber das russische Dampfbad zu Oldesloe und über die zweckmäßige Benutzung des Wassers aus der dortigen Saline. — Segeberg 1833. 8 S. 8°
Aus: Hamburger wöchentliche Nachrichten. 1833. 8. 28. 33.
11.10202

Barries, (C.,) der Erbring, oder Bestimmung bleibt Bestimmung. Roman nach einer wahren Begebenheit. 8. Leipzig 826, Wienbrack.

— Der Erbring, oder Bestimmung bleibt Bestimmung. Roman. — Leipzig: Wienbrack 1827. 212 S. 8° 7. 19.
11.10203

— Ueber die Herstellung des Gehörs bei Taubstummen. Hamburg: Schuberth & Niemeyer 1838. 24 S. 8° 2. 14. 28. 33.
11.10204

Barries, Carl, üb. d. Herstellung d. Gehörs bei Taubstummen. gr. 8. (1½ B.) Hamburg 839, (Schuberth u. Comp.)

Barriès, Karl, Sanitätsrat, Halle, 1815–1868. 1866: Peter Krukenberg vormals Geheimer Medicinalrath, Doctor und Professor der Medicin ... zu Halle. — Halle: Mühlmann 1866. 59 S. 8° 1: Au 15648. 2. 3. 5→9. 11. 12: Biogr. 587 hl. 14. 15. 20. 23. 27. 30. 44. 109. 202. 302.
11.10213

Barrie's, Karl, die Löschung einer Feuersbrunst und Maaßregeln gegen ihre Verbreitung. In Bezug auf den jüngsten großen Brand in Hamburg dargestellt und erläutert. gr. 8. Rostock u. Schwerin 842, Stiller'sche Hofbuchh. ¼ ℛ

— s. Julie Nordheim.

— Rapport sur la nature du choléra asiatique. — Hambourg 1832: Hartwig & Müller. 105 S. 4°
Nebent.: Barriès: Relation über die Natur der asiatischen Cholera. Text französisch u. deutsch.
1: Ka 3724. 2. 3. 4. 8. 12: 4° Path. 29 l. 18. 19. 27. 28. 30. 33. 34. 42. 46. 47.
11.10206

—— Relation üb. d. Natur d. asiat. Cholera, nach amtlich bestät., prakt. Wahrnehmungen u. zuverläss. Erfahrn., wie diese Krankheit abzuwehren, unschädl. zu machen, u. d. Stoff ders. zu vernichten sey. (Französ. u. Deutsch.) gr. 4. (13¼ B. u. 1 Stndr.) Hamburg 832, (Herold.)

— Sprudelbäder im Alexanderbade zu Hamburg ... nebst Beschreibung eines Feldbades für das Militair in der Garnison u. im Felde. — Hamburg: Verf. 1830. VIII, 146 S. 8° 1: Ir 10773. 2. 3. 8. 11. 14. 18. 19. 28. 29. 33. 39. 52. 109. 202. 205. 300: • 38 D 87.
11.10207

—— Sprudelbäder im Alexanderbade zu Hamburg. (Hohe Bleichen Nr. 214.) Erste öffentl. Anstalt dieser Art. Beschreib. ihrer Anlage u. Einrichtung; nebst Beschreib. ein. Feldbades f. d. Militair in d. Garnison u. im Felde. M. 5 Stndr. 8. (10 B.) Hamburg 831, (Herold.)

Barrie, Karl, prakt. Wegweiser zum zweckmäß. Gebrauch der Russischen Dampfbäder im Alexander-Bade (hohe Bleichen Nr. 10). gr. 8. Hamburg 834. (Herold.) ⅔ ℛ

— Practischer Wegweiser zum zweckmäßigsten Gebrauch der russischen Dampfbäder im Alexander-Bade (hohe Bleichen Nr. 10). — Hamburg 1834: Menck. 71 S. 8° 18. 21. 205. 303.
11.10208

— Wodurch kann die Weiterverbreitung der Cholera in Deutschland verhindert und der Stoff zu dieser Krankheit in der Wurzel vernichtet werden? — Leipzig: Wienbrack 1831. 24 S. 8° 1: 19 in Ka 2053. 2. 3. 15. 16. 18. 20. 21. 28. 29. 30. 33. 39. 45. 46. 47.
11.10209

— Ein Wort zu seiner Zeit. Was ist in der jetzigen Lage Deutschlands nothwendig die Cholera abzuwenden, ohne daß der Handel dadurch gesperrt wird. — Hamburg: Verf. 1831. VIII, 60 S. 8° 1: Ka 3027. 2. 3. 4. 8. 14. 17. 18. 20. 21. 23. 24. 25. 27→31. 33. 39. 43. 53. 202.
11.10210

(—) Gehorsamstes Promemoria. (Einige Worte über Ohrenkrankheiten und Krankheiten des Gehörs, mit Bezug auf die akustischen Verhältnisse der letzteren bei der Taubstummheit.) — (Rostock 1839: Behm.) 14 S. 8° 28.
11.10211

— Zusätze über die von mir herausgegebene Schrift: 'Winke über die Natur der Cholera morbus', nebst e. Anh. über die Erzeugung der Malaria (Miasma), aus dem Engl. — Hamburg 1831: Hartwig & Müller. XLIV, 44 S. 8° 1: Ka 3025. 2. 3. 4. 8. 14. 17. 18. 20. 21. 23. 24. 25. 27→31. 33. 39. 43. 53. 202.
11.10212

Barril, Paulus de s. *Barry*, Paul de.

Barrikade. (Die), von A. Peters. Meissen, 14. Juni - 20. Dec. 1848. (Zeitschr.)

Barrikade, die wandernde, oder: die würtembergische, pfälzische u. badische Revolution. Wohl geleimt u. wohl gereimt in drei Aufzügen, m. der ganzen türkischen Musik. Von einem Schock ungehenkter Hochverräther. gr. 12. (120 S.) Bern 849. (Basel, Fischer.) n. 8 ngr

Die wandernde Barrikade, oder: die würtembergische, pfälzische und badische Revolution ... Von e. Schock ungehenkter Hochverräther. — Bern 1849: Weingart. 120 S. 8° 1: Yo 4117. 16. 31. 107.
11.10219

Barrikaden, s.a. Barricaden

Barrikaden. – Berlin: 1848.

Die Barrikaden. Unterhaltungsblätter der Gegenwart. Verlag von R. Liebmann. Nr. 13 (2. Aug.) bis 20 (20. Aug.) 1848. 8.

Barrikadenkampf, s. Barricadenkampf

Barrikaden-Kämpfer, Die, oder Arbeiter u. Millionär. 8. Lief. 1—4 (S 1—192) Wien, J. Fischer. à 20 kr 3684 u. 3798
1885.

Barrikadenkämpfer, die, an die National-Versammlung. (Gedicht.) Lex. 8. (1 Bl.) Berlin 848. (Hirschfeld.) 1 ngr

Die Barrikadenkämpfer an die National-Versammlung (Ein Volksvertreter von de rechte Seite) Berlin, Jähns. 1 Bl. 4.
Flugblatt. Berlin 1848/49.

Barrikadenlieder, s.a. Barricadenlieder

Barrikaden-Lieder, deutsche. gr. 8. (15 S.) Leipzig 848, Schreck.

Barrikadenplan, s. Barricadenplan

Barrikadenschlacht. — Die Kölner Barrikadenschlacht oder Heldenthaten des Köllschen Drickes. Ein schauerliches Nachtstück aus d. Jahre d. Heils 1848. In Reim gebracht von Hännesche Kappes. — [Köln 1848]: Stahl. 1 Bl. gr. 2°, gefaltet in 8° 5.
11.10223

Barrikadenspaesse. — Wiener Barrikaden-Späße. Geschrieben von e. dabei betheiligten Augenzeugen. — ([Wien 1848]: Lell.) 4 Bl. 8° 300: 400.211-B.
11.10224

Barrili, Anton Giulio

Barrili, Ant. Giulio, Capitan Dodèro, hrsg. v. Heinr. Ungemach, s.a. Sammlung mod. italien. Autoren. 10.

Barrili, Ant. Giulio, Kapitän Dodero, s.a. Universal-Bibliothek.

— · [deutsch] Kapitän Dodero. Erzählung. Übers. von A. Dulk-Pressigny. — Leipzig: Reclam [1904]. 82 S. 8° (Universal-Bibliothek. 4598.) 1: Ag 7201–4598. 12: Var. 380 k–4598. 300: 410.411–A. Per. 4598. 302.
11.10290

— Epheu u. Ulme. (L'olmo e l'edera.) Deutsch v. Thea Svatek. 8. (213 S.) Dresden 902. E. Pierson. n. 3. —; geb. n. 4. —

— [deutsch] Eine abenteuerliche Nacht. Aus d. Ital. von Johannes Kugler. 1872 u.ö.
in: *Novellenschatz* des Auslandes. 2.

— [deutsch] Tizian Cajus Sempronius. Eine Geschichte aus d. alten Rom. (Übers.: Arthur Storch.) Bd 1.2. — Berlin: Globus Verl. [1878]. 8° 4.
11.10341

— — Bd 1.2. Wien [usw.]: Hartleben 1878. 8°
7. 18 [**1]. 31. 300:177.811–B. 302.
11.10342

— Val d'Olivi, s.a: Novellisten, italienische.

— [deutsch] Val d'Olivi. Übertr. von Carl Reissner. Leipzig: Grunow 1877. 281 S. 8° (Italienische Novellisten. 2.)
7. 12:P.o.it.697r–2. 15. 17. 24. 26. 30. 38. 53. 60. 61. 79. 123. 300:408.960–B.
11.10368

Barrili, Ant. Jul., s. Barrili, Anton Giulio

Barrilliet, Th. Leçons sur l'état civil, le mariage et le divorce (Loi fédérale du 24 déc. 1874. — Loi genevoise du 5 avril 1876). Vol. I., p. 1 à 180. In-8°. Genève et Bâle, Georg. 4 —
1879

Barrilliet, Th. Leçons sur l'état civil, le mariage et le divorce (Loi fédérale du 24 déc. 1874 — loi genevoise du 5 avril 1876). Tome I, 2e fasc. In-8°, p. 181—396. Genève et Bâle, H. Georg. 4 —
1879 Volume I, fasc. 1 et 2 8 —

Barrin, Jean

[—] [Ausz.] Les délices du cloître, ou la none éclairée. Avec un discours préliminaire. — Cologne: Jacques le Sincère 1742. XXVIII,66 S. 8° 3. 18. 30.
11.10397

Barrin, Jean: Die aufgeklärte Nonne, oder die Vergnügungen im Kloster. Aus d. Französ.
Chicago. O. J. (c. 1875)
80 S. 12°.

Barrin, Jean: Die aufgeklärte Nonne oder die Vergnügungen im Kloster. Aus d. Französ.
Stuttgart, J. Scheible, c. 1875.
12°

— Vénus dans le cloître ou la religieuse en chemise. Entretiens curieux. Adressez à Madame l'Abbesse de Beau-lieu, par l'Abbé du Prat [d.i. Jean Barrin]. — Cologne: Durand 1683. 166 S. 8°
Als Verfasser wird auch François de Chavigny genannt.
23. 111.
11.10379

— — 8. éd., augm. d'un 5. entretien. Ebd. 1702. 216 S. 8°
14. 30. 41.
11.10385

(—) Vénus dans le cloître ou la religieuse en chemise. (Verf.: L'Abbé du Prat.) Nouvelle éd. — Dusseldorp: Roosen 1746. 141 S. 8° 30.
11.10387

Barring, die Familie, oder das Scheinverbrechen, von C. Friedrich. 8. Magdeburg, Creutz. 816.

Barringer, J. B. Investigations on sorbic and parasorbic acids. Tübingen, 1871. Diss. G. S.

Barringthon, Vers. über das Christenthum u. dem Deismus mit Zus. von Semmler. gr. 8. Halle, Gebauer. 783.

Barrlay, C.L.: Anleitung zur Erkennung und Prüfung photographischer Chemikalien. — Köln: Du Mont-Schauberg 1864. IV,83 S. 8° 5. 38. 209.
11.10490

Barrois de Lemmery, Laure de, née d'Orgeval: Les Suites d'un mariage d'argent. Exposé de plusieurs procédés anciens et nouveaux pour se défaire d'une héritière. (Verf.: Laure de Barrois de Lemmery, née d'Orgeval.) — Francfort a.M. 1866: Adelmann. 72 S. 8° 17.
11.10546

Barron, Archibald Francis: (Vines and vine culture, deutsch) Die Weinrebe und ihre Kultur unter Glas. Übers. u. für deutsche Verhältnisse bearb. von Heinrich Weiler. — Stuttgart: Ulmer 1895. VI,222 S. 8°
24. 30. 91.
11.10547

Barron, Sir Henry: [Suggestions for a government loan by means of a new form of security to be termed 'Accumulative Bonds', franz.] Projet d'une nouvelle forme d'obligations appelées 'Bons accumulatifs'. 4.éd. — Stuttgart [1885]: Lindheimer. 15 S. 8°
Original erschien in: Journal of the Statistical Society. 36. 1873.
21. 24.
11.10559

Barron, Richard, Dissenting Minister, † 1766. 1768 s. *Baron.*

Barron, William
[—] [deutsch] Geschichte der Kolonisirung der freien Staaten des Alterthums, angewandt auf den gegenwärtigen Streit zwischen Großbritannien und seinen amerikanischen Kolonien. — Leipzig: Weygand 1778. 202 S. 8°
1:1 in Q 122 [u.] 8° Bibl. Diez 3900. 5. 8. 14. 15. 34.
11.10579

Barros, João de

de Barros, João, Asia (Lissabon 1561) in wortgetreuer Uebertragung v. E. Feust. 1. Bd. 1. Hälfte. gr. 4. Nürnberg 844, Cramer. n. 3½ ℳ

— [Ausz., deutsch] Geschichte der Entdeckungen und Eroberungen der Portugiesen im Orient, vom Jahr 1415 bis 1539 nach Anleitung der Asia des João de Barros. Von Dietrich Wilhelm Soltau. Th. 1–5. — Braunschweig: Vieweg 1821. 8° 1:Uk 2392. 3. 4. 5. 7→10. 12:H.As.173. 14. 15. 16. 18. 19. 23. 24. 28→34. 39. 43→46. 51. 83. 111. 205. 300:BE 2 Y 46. 302.
11.10625

— Auf dem alten Seewege nach Indien. Beschreibung d. Entdeckungs- u. Eroberungsfahrten d. Portugiesen in d. Jahren 1415 bis 1503 ... erzählt nach der Asia des João de Barros. Mit Federzeichn. von Max Slevogt. — Cöln a. Rh.: Schaffstein (1910). 80 S. 8° (Schaffsteins grüne Bändchen 4.) 1:Ah 4257–4. 5. 43. 211.
11.10626

Barrot, Odilon
— [deutsch] Gutachten für die französischen und englischen Actionaire der anonymen Gesellschaft der vereinigten Pachtungen des Kurhauses ... Homburg vor der Höhe ... ausgearb. von Odilon Barrot u. Adolphe Crémieux. — (Paris 1848.) 12 S. 4°
1:3 in Gx 14920. 7. 18. 22. 23. 25. 30. 203.
11.10705

— [deutsch] Die Centralisation. Deutsch von B. Franz. Mit e. Vorw. von Eduard Fischel. — Berlin: Springer 1862. VIII,103 S. 8° 1:F 9836. 2. 7. 11. 26. 27. 38. 106. 203.
11.10703

Barrow. Guter Rath an die Völker Europens, bey der Nothwendigkeit, die Regierungsgrundsätze überall zu verändern; aus dem Englischen. London 1792. Ü: *Fahrenkrüger, Johann Anton.* (MGT)

Barrow, AJ: Engl. Handelskorrespondenz, s: Neufeld's Unterr.-Briefe f. d. Selbststudium.

Barrow, Fred: Ueber die Kondensation von p-Nitrobenzal- und p-Nitrobenzyl-chlorid mit Aldehyden. Strassburg i. E. 1909: Manias. 39 S. 8°

Straßburg, Math.-naturwiss. Diss. v. 18. Jan. 1909, Ref. Thiele

[Geb. 28. Aug. 82 Birmingham, England; Wohnort: Straßburg; Staatsangeh.: Großbritannien; Vorbildung: Univ. Birmingham B. Sc. Sommer 03; Studium: London 1, Birmingham 12, Straßburg 4 S.] [U 10.4105

Barrow, J. (Forschungsreisender), s. Barrow, John

Barrow, J., Hist. d'Angleterre depuis l'invasion de Jules César jusqu'au 1760. trad. de l'Angl. 8. Vol. av. fig. 12. Paris. (Varrentrapp, Fr.).

Barrow, Johann, s. Barrow, John

Barrow, Sir John

Barrow jun., J., ein Besuch auf d. Insel Island 1834, s.a. Reisen- u. Länderbeschreibungen, 8. Lfg.

Barrow, John: Ein Besuch auf der Insel Island über Tronyem im Sommer 1834. Mit Holzschnitten Stuttgart u Tübingen 1836 XIV, 186 S
= Reisen und Länderbeschreibungen der älteren und neuesten Zeit. Lfg 8. 8°.

— [deutsch] Ein Besuch auf der Insel Island über Tronyem im Sommer 1834. — Stuttgart [usw.]: Cotta 1836. XIV,186 S. 8° (Reisen u. Länderbeschreibungen d. älteren u. neuesten Zeit. 8.) 1:Ps7492-8. 4. 7. 8. 12:It.coll.93m-8. 15. 16. 17. 19. 21→24. 30. 32. 34. 38. 42. 46. 51. 206. 300:393.870-B. Kt. S. 8. 304.
11.10793

— Reise durch China, mit Anmerkk. v. J. C. Hüttner s.a. Bibliothek d. Reisen, 14r u. 16r Bd.

— Reise durch China mit Anm. von J. C. Hüttner. 2 Bde. m. K. gr. 8. Ebend. 804 — 5. (1r 3 Thlr. 2r 2 Thlr.). (a. d. Biblioth. d. Reisebeschr. 14r u. 16r Bd.).

— [deutsch] Reise durch China von Peking nach Canton im Gefolge der Großbrittannischen Gesandtschaft in den Jahren 1793 und 1794. Übers. u. mit einigen Anm. begleitet von Johann Christian Hüttner. Th. 1. 2. — Weimar: Landes-Industrie-Comptoir 1804. 8°
28. 32. 41[∞2]. 117. 300:72 N 183.
11.10769

— — Th. 1.2. Ebd. 1804. 8° (Bibliothek d. neuesten u. wichtigsten Reisebeschreibungen zur Erweiterung d. Erdkunde. 14,1. 16,1.) 2. 3. 4. 7. 8. 9. 12:It. coll. 85-14. 16. 14. 15. 17. 19. 21. 23. 24. 26. 27. 30. 31. 33. 35. 36. 38. 42→45. 52. 102. 111. 205. 211. 300[∞2]:187.672-B. 302.
11.10770

— Reise durch China von Peking nach Canton ... Aus d. Engl. ... von Johann Christian Hüttner. Th. 1. 2. — Wien: Doll in Komm. 1805. 8°

2. Nebst Beyträgen zur Länder- u. Staatenkunde der Tartarey. Aus russ. Berichten.

(Archiv d. neuesten u. interessantesten Reisebeschreibungen. 11.12.) (Bibliothek d. neuesten u. interessantesten Reisebeschreibungen. 23.24.)
1:Ps 7190-23.24. 19. 22. 25. 29. 34. 304. 308.
11.10772

— Reise nach Cochinchina in d. J. 1791 u. 92. Aus d. Engl., mit Anmerkk. v. T. F. Ehrmann, s.a. Bibliothek d. Reisen, 38r Bd.

— Reise nach Cochinchina in den J. 1791 u. 92. rc. a. d. Engl. mit Anm. von T. F. Ehrmann. gr. 8. Weim. Land. Ind. Comt. 808. (a. d. Biblioth. d. Reis. 38. Bd.).

— [deutsch] Reise nach Cochinchina in den Jahren 1792 und 1793. Nebst Nachrichten von diesem Königreiche u. d. übrigen auf dieser Reise besuchten Ländern. Hrsg. u. mit e. Einl. u. Zugabe verm. von T. F. Ehrmann. — Weimar: Landes-Industrie-Comptoir 1808. XLXI [vielm. XLVI],504 S. 8° (Bibliothek d. neuesten u. wichtigsten Reisebeschreibungen zur Erweiterung der Erdkunde. 38.)
1:Up 5064. 2. 3. 4. 7. 8. 9. 11. 12:It. coll. 85-38. 14. 17. 19. 21. 24. 26. 27. 28. 30. 31. 33. 35. 36. 42→46. 52. 53. 102. 111. 117. 205. 302. 304.
11.10776

— Reise nach Cochinchina, über Madera, Teneriffa, das grüne Vorgebirge, Brasilien und Java. Mit d. Berichte über eine Reise in d. Land der Boushouanas. Übers. u. mit Anm. u. Zusätzen verm. — Wien: Doll in Comm. 1808. 332 S. 8° (Magazin d. neuesten u. interessantesten Reisebeschreibungen. 5.) (Bibliothek d. neuesten u. interessantesten Reisebeschreibungen. 29.)
1:Ps 7190-29. 15. 19. 25. 30. 34. 117. 308. 309.
11.10777

— — 2., übers. u. mit Anm. u. Zusätzen verm. Ausg. Leipzig: Rein 1809. 332 S. 8° 23. 207.
11.10778

Barrow, J., Reise durch d. innern Gegenden d. südl. Afrika, s.a. Bibliothek d. Reisen, 5r u. 17r Bd.

— Reisen in China, s.a. Geschichte d. See- u. Landreisen, 18r Bd.

— Reisen in China. Th. 1. 2. Hamburg: Hoffmann 1805. 8° (Neuere Geschichte d. See- u. Land-Reisen. 18,1.2.)

Im Exemplar von 20 fehlt der übergeordnete Gesamttitel.

7. 8. 12:It. coll. 32-18. 14→17. 20. 27. 28. 32. 39. 41. 121.
11.10771

— Reisen durch die inneren Gegenden des südlichen Africa in den Jahren 1797 und 1798. Th. [1.] 2. — Weimar: Industrie-Comptoir (2: Landes-Industrie-Comptoir) 1801-05. 8°

1. Übers. u. mit Anm. begleitet von M. C. Sprengel. 1801.
2. Hrsg. von Theophil Friedrich Ehrmann. 1805.

(Bibliothek d. neuesten u. wichtigsten Reisebeschreibungen zur Erweiterung d. Erdkunde. 5,1.17,1.)
1[∞1]:Us 1526-2. 2. 3. 4. 7. 8. 9. 12:It. coll. 85-5,1.17,1. 14. 15. 17. 19. 21→24. 26. 27. 31. 33→36. 38. 42. 46. 53. 89. 102. 111. 205. 304.
11.10751

— Reisen durch die inneren Gegenden des südlichen Afrika in den Jahren 1797 und 1798. Übers. u. mit Anm. begleitet von M. C. Sprengel. 2. Aufl. [1.] — Weimar: Landes-Industrie-Comptoir 1806. XX,387 S. 8° (Bibliothek d. neuesten u. wichtigsten Reisebeschreibungen zur Erweiterung d. Erdkunde. 5,1.)
12:It. coll. 85-5,2. 30. 38. 43. 45. 302.
11.10754

(Barrow, John: J Barrows Reisen in das Innere von Südafrika in den Jahren 1797 und 1798. Aus dem Englischen mit Anmerkungen übersetzt [Bd 1] Mit einer Charte und einem Sachregister. Bd 2 Nebst Robert Semple's Beschreibung der Capstadt und Schilderung seiner Einwohner Aus dem Englischen mit Anmerkungen übersetzt von J. A Bergk Mit zwei Charten Leipzig 1801 u 1806 2 Bde 18. 526 XXVIII, 584 S 8°

— [deutsch] Reisen in das Innere von Südafrika in den Jahren 1797. und 1798. Mit Anm. übers. (von J. A. Bergk). Bd [1.] 2. — Leipzig: Rein 1801-05. 8°

2. Reisen ins Innere von Südafrika. Nebst Robert Semple's Beschreibung der Capstadt u. Schilderung seiner Einwohner. 1805.

1.2 . . . . 14. 20. 52.
1. . . . 1:Us 1524; 8° Bibl. Diez 703 [u.] 8° Bibl. Diez 8232. 5. 6. 21. 23. 26. 27. 32. 33. 39. 42. 45. 46. 48. 78. 79. 106. 214.
11.10750

— Reisen in das Innere von Südafrika in den Jahren 1797 und 1798. (Mit Anm. übers. von J. A. Bergk.) (Bd [1.] 2.) Berlin [usw.] (2: Wien: Doll in Komm.) 1802-05. 8°

2. Neue Reise in das Innere von Südafrika. Nebst Robert Semple's Beschreibung der Capstadt u. Schilderung seiner Einwohner. Mit Anm. übers. von J. A. Bergk. 1805.

1 = (Bibliothek d. neuesten u. interessantesten Reisebeschreibungen. 9.)
2 = (Archiv d. neuesten u. interessantesten Reisebeschreibungen. 10.) (Bibliothek d. neuesten u. interessantesten Reisebeschreibungen. 22.)

In einigen Exemplaren fehlen die übergeordneten Gesamttitel.

1:Ps 7190-9.22. 12[∞2]:It. coll. 20-9. 15. 19. 34. 300[∞1]: • 6129. 304. 308.
11.10752

— Reisen ins Innere von Südafrika. Nebst Robert Semple's Beschreibung der Capstadt und Schilderung seiner Einwohner. Mit Anm. übers. von J. A. Bergk. Bd 2. — Leipzig: Rein 1806. XXVIII,584 S. 8°

Nebent.: Barrow: Topographische statistische Uebersicht des Vorgebirges der guten Hoffnung mit Hinsicht auf d. politische u. militärische Wichtigkeit desselben.

12:It. sing. 44f. 17. 19. 26. 31. 32. 39. 205.
11.10753

Barrow, Jh., Samml. von Reisen u. Entdeckungen in chronolog. Ordnung. Aus d. Engl. (v. J. J. Volckmann). 2 Thle. gr. 8. Leipz. 767. (Brockhaus). 2 rß 12 gr

Barrow, Joh., Sammlung von Reisen u. Entdeckungen in chronol. Ordnung. 2 Thle. gr. 8. Leipz. Gleditsch. 767.

— [deutsch] Sammlung von Reisen und Entdeckungen in einer chronologischen Ordnung zusammengetragen. [Übers.: Johann Jakob Volkmann.] Bd 1. 2. — Leipzig: Junius 1767. 8° 1:Ps 6834. 8. 12: It. coll. 8. 15. 19. 21. 27. 38. 46. 48. 302. 308.
11.10739

— topograph. statist. Uebers. des Vorgeb. der gut. Hoffn. etc. m. Charte. gr. 8. Leipz. Rein. 805.

Barrow, J. Topographisch-statistische Uebersicht des Vorgebirges der guten Hoffnung. Aus dem Englischen mit Anmerkungen übersetzt von Dr. J. A. Bergk. Mit Karten. 8. Leipzig 1806.

Barrow, John Henry

[—] [Emir Malek, deutsch] Emir Malek der Assassinenfürst. Aus d. Engl. Nebst e. Abhandlung über die Assassinen von * r. [Übers.: Gottfried Wilhelm Becker.] Th. 1–3. — Leipzig: Wienbrack 1829. 8° 5. 7.
11.10794

Barrow, Js., s.

Barrow, Isaac

— [deutsch] Kern aller geist- und lehrreicher Betrachtungen über die außerlesensten Kern-Sprüche Heil. Göttlicher Schrifft. Nunmehro ... übers. u. ... hrsg. von Martino Krügern. T. [1.] 2. — Franckfurt [usw.]: Süstermann in Helmstädt 1705–08. 8° 1[=1]: 4° Ed 8840. 7[=1]. 14[=1]. 23. 34[=2]. 35. 39[=2]. 41[=2]. 111[=1].
11.10824

— [The Duty ... of bounty to the poor, deutsch] Die Pflicht gegen die Arme, und der Pflicht Lohn. Von Isaac Barow ... Übers. von A. W. B. — Wernigeroda: Struck [1718]. 160 [vielm. 180] S. 8° 14. 18. 24.
11.10810

Barrow, Isaac, Von der Pflicht der Armen. 12°. Struntz 1718.

— Vier Predigten über die Sterblichkeit und wider den Aufschub der Bekehrung. Samt einer 5., über Die Bekehrungen auf dem Todbette, von Johannes Tobler. — Zürich: Orell, Gessner & Co. 1765. 248 S. 8° 4. 12: Hom. 98 m.
11.10825

— [deutsch] Gründlicher Tractat von des Pabsts vermeynter obersten Kirchen-Gewalt ... nebst Herrn Maimbourgs Tractat von der Stifftung und Praerogativen der Römischen Kirche, ersteres aus d. Engl., letzteres aus d. Frantz. übers. durch August Titteln. — Leipzig: Übers. 1723: Tietz. 132,832 S. 8°

Sondert.: Maimbourg, Louis: Historischer Tractat von der Stifftung und denen Praerogativen der Römischen Kirche und ihren Bischöffen [Traité historique de l'établissement ... de l'Église de Rome, deutsch]. Übers. durch August Titteln.

1: Ce 2540. 9. 10. 14. 15. 25. 27. 28. 34. 36. 41. 117.
11.10828

— Unumstößlich erwiesener Ungrund des Pabstes angemaßter geistlichen Monarchie, nebst Maimbourgs Abhandlung von der Stifftung und Vorzügen der Römischen Kirche, ersteres aus d. Engl. u. letzteres aus d. Franz. übers. — Leipzig: Born 1743. 132,832 S. 8°

Sondert.: Maimbourg, Louis: Historischer Tractat von der Stifftung ... der Römischen Kirche ... [Traité historique ..., deutsch]. 1723.

27. 29. 33.
11.10829

Barrow, Sam. J: Children's courts in the United States, deut. Bearbeitg, s.: Stammer, Geo., amerikan. Jugendgerichte.

Barrow, William, Archdeacon of Nottingham, 1754-1836. 1813: [An Essay on education, deutsch] Versuch über die Erziehung ... Mit e. Vorr. von Aug. Herrm. Niemeyer. — Leipzig: Vogel 1813. XXXII,271 S. 8° 7. 8. 19. 53. 106. 207. 300: • 3546. 302.
11.10834

Barrucco, Nicolo

— (Della Neurastenia sessuale, deutsch) Die sexuelle Neurasthenie und ihre Beziehung zu den Krankheiten der Geschlechtsorgane. Übers. von Ralf Wichmann. — Berlin: Salle 1899. 177 S. 8° 1: Kh 8134. 7. 8. 11. 12: Path. 90 h. 15. 18. 27. 30. 38 M. 303.
11.10885

— — 2., verb. Aufl. Ebd. 1907. 149 S. 8° 1: Kh 8134². 11. 15. 30. 38 M. 302.
11.10886

Barruel, Abbé. 1779 s. *Barruel*, Augustin.

Barruel, Augustin

Abrégé des mémoires pour servir à l'histoire du jacobinisme. Par [Augustin] Barruel. Londres: Dulau & Co., Hambourg: Fauche 1798. IV, 456, XV S. 1 Taf. 8°

[Dasselbe.] Londres: Le Boussonnier & Co., Hambourg et Brunswick: Fauche & Co. 1799. IV, XVI, 424 S. 1 Taf. 8°

— abregé de mémoires pour servir à l'hist. du Jacobinisme. gr. 8. Augsb. 800. Doll. 1 rß 4 gr

— le même. V Vols. 12. Braunschw. 800. Vieweg. 3 rß

[Dasselbe.] T. 1. 2. Hambourg: Fauche 1800. 8°
1. XXVIII, 332 S.; 2. 424 S. 1 Taf.

[Dasselbe.] Vol. 1. 2. Hambourg: Fauche 1801. 8°
"1.; 2. X, 284, II S. 1 Taf.
[Beigedr.:] Proyart, [L. B.]: Abrégé de l'ouvrage intitulé Louis XVI détroné. Londres 1800.
Kl. 3509–3510. Es gibt noch mehr Ausg. dieser Schrift. Die Taf. enth. ein geogr. u. polit. Verzeichnis der deutschen Illuminaten-Logen.

[—] [deutsch] Briefwechsel der Helvier oder der philosophischen Provinzialen. [Übers.: Johann Georg Beigel.] Th. 1–3. — Bamberg [usw.]: Göbhardt 1787. 8° 19. 20.
11.10898

Denkwürdigkeiten zur Geschichte des Jakobinismus vom [Augustin] Barruel. Nach der in London 1797 erschienenen franz. Orig.-Ausg. ins Teutsche übers. von einer Gesellschaft verschiedener Gelehrten [Riese, J. Jakob J. André, De Luc u. a.]. Th. 1—4. Hannover: Pockwitz 1800—1801. 8⁰
1. VI, 403 S. 1800; 2. 462 S. 1801; 3. IV, 409 S. 1801; 4. IV, 614 S. 1801.
Kl 3507

— [deutsch] Denkwürdigkeiten zur Geschichte des Jakobinismus. Ins Teutsche übers. von e. Gesellschaft verschiedener Gelehrten. Th. 1–4. — Hannover: Pockwitz 1800–03. 8°
Vollst. 42.
1–3 . . . . 1:R9576n. 16. 20. 32. 41. 46.
1.2 . . . . 6. 10. 28. 34.
1.3 . . . . 23.
1 . . . . 15.
3 . . . . 302.
11.10918

— — Th. 1-4. Münster [usw.]: Waldeck 1800–03. 8°
2. 5. 12: Gall. rev. 68 [2 Ex.] 19. 61. 102. 211. 214. 308.
11.10919

— Denkwürdigkeiten zur Geschichte d. Jakobinismus. Aus d. Französ. 4 Thle. gr. 8. Münster 801 — 4. (Theissing). 5 ₰ 8 ℊ (1r—3r Thl. Leipz., Barth. 3 ₰ 12 ℊ)

— Denkwürd. zur Geschichte des Jacobinism. a. d. Franz. 4 Thle. gr. 8. Münster, Waldeck. 801—4. (1r, 2r u. 3r à 1 Thlr. 4 gr. 4r 1 Thlr. 20 gr.).

— Geschichte der Geistlichkeit während der französischen Revolution. — Münster: Theissing 1794. XVI,190 S. 8°
4→7. 14. 30. 32. 211. 214. 302.
11.10905

— — dass. in einer and. Uebers. 3 Thle. Münster, Platvoet. 794.

— [deutsch] Geschichte der Klerisey in Frankreich während der Revolution. Übers. u. mit e. Anh. verm. von Collinet. Th. 1–3. — Frankfurt [usw.] 1794. 8°
2. 5. 8. 10. 12: H. eccl. 84. 16. 17. 19. 21. 22. 25. 39. 52. 211. 302. 307.
11.10904

Barruel, Abt, Geschichte d. Klerisei während d. Französ. Revolution. Aus d. Französ. v. H. Collinet. 8. (Münster) 794. (Theissing). 10 ℊ

— Mémoires pour servir à l'histoire du Jacobinisme. P. 1–4. Londres: Le Boussonnier [usw.]; Hambourg: Fauche 1797–98. 8° 1[= 4]: 8° Bibl. Diez 4475–Bibl. Diez 4475b. 2. 6. 12[= 1/3]: Gall. rev. 69–4. 14. 17. 18. 24. 39. 48. 53.
11.10912

— — T. 1–5. Hambourg: Fauche 1798–99. 8°
7. 12[= 4.5]: Gall. rev. 69–1/3. 15. 19. 30. 800: 74.802–B. 304. 307.
11.10913

— — 3. éd. T. 3.4. Ausbourg [!]: Chez les libraires associés 1799. 8° 21.
11.10914

— — 4. éd. T. 1.2. Ebd. 1799. 8° 21.
11.10915

Barruel, mémoires pour servir à l'histoire du Jacobinisme. 5 Voll. 8. Braunschweig 800. (Leibrock.) 3 ₰

— Mémoires pour servir à l'histoire du Jacobinisme. T. 1-5. — Hamburg: Fauche 1800. 8°
3. 12: Gall. rev. 69 b. 18. 23. 31. 35. 36. 38. 39. 300: 7335. 302. 304.
11.10916

— — (Nouvelle et dernière éd.) T. 1–5. Ebd. 1803. 8°
1: R 9576. 2. 4. 24. 48.
11.10917

[Augustin] Barruels Nachrichten zur Erörterung der Geschichte der Entstehung, der Fortschritte und Folgen der Jakobiner in und ausser Frankreich. London: Bussonier & Co., [Augsburg: Kranzfelder] 1802. 404 S. 8⁰
Kl. 3511, Tt. 1450 a.

— [deutsch] Von dem Pabste und seinen geistlichen Rechten. Übers. von Georg Gottlieb Güldenapfel. Bd 1.2. Landshut: Attenkofer 1806–07. 8°
10. 12[= 2]: J. can. P. 87. 14[= 2]. 16. 19. 307.
11.10931

Barruel, Augustin, Von dem Papste u. seinen geistlichen Rechten. Auf Veranlassung des [französ.] Konkordates [v. J. 1802] übers. von G. G. Güldenapfel. Landshut, Thomann, 1819, gr. 8°, 2 Teile, 2. Ausg. (1. Ausg 1806.)
Du Pape et de ses droits religieux. Paris 1803, 8°, 2 Bde.

Barruel, Abt: Sammlung aller Schriften, d. seit d. Eröffn. d. Reichsstände Frankreichs wegen d. Klerus erschienen sind. Aus d. Französ. 10 Thle.
8. Kempten 795-97. Kösel.

Barruel, Aug.: Vollständige Sammlung der Schriften, die seit der Eröffnung der Reichsstände Frankreichs in Rücks. auf den Klerus, und dessen bürgerl. Verfassung erschienen sind. Aus d. Französ. übers. Bd. 1 - 10. Stift Kempen 1795 - 97.

Barry, Bishop of Sidney. 1826-1910. 1867
s. *Barry*, Alfred.

Barry, Russischer Hüttenwerksdirektor. 1870 s. *Barry*, Herbert.

Barry, Comt. du, Lettres orig. 8. London. (Pauli, Berl.). 779. Rthlr.

Barry, Alfred

— [What is natural theology, deutsch] Die natürliche Theologie. Eine Darstellung der den vereinigten Zeugnissen von Gott innewohnenden Beweiskraft ... Übers. von J. Clark. — Gotha: F. A. Perthes 1882. VIII,294 S. 8°
1: Nq 2796. 4. 16. 17. 20. 21. 26→29. 39.
11.10966

Barry, Herbert

Barry's Russia, s.a. Rußland, das neue.

— Das neue Rußland. Nach 'Barrys' Russia in 1870' und 'Ivan at home'. — Berlin: Berggold 1873. VIII,251 S. 8°
1: Ue 9966. 3. 10. 11. 12: Russ. 9 ttc. 24. 33. 34. 35. 39. 106. 209.
11.11010

Barry, Martin

Barry's, M, Bestätigg ein. neuern mikrosk. Beobachtgn. A. d. Engl. u. m. Zusätzen v. F Keber. 8. (54) Berl. 55, Borntraeger. n. — 20

Barry's, Mart., Bestätigung einiger neuern mikroskopischen Beobachtungen. Aus dem Engl. übers. u. mit Zusätzen versehen von F. Keber. Mit 1 Holzschn. Königsberg 855. Bornträger in Comm. gr. 8. (VI, 54 S.) n. 20 ℊ

— **Neue Untersuchungen** über die schraubenförmige Beschaffenheit der Elementarfasern der Muskeln nebst Beobachtungen über die muskulöse Natur der Flimmerhärchen. Aus d. Ms. d. engl. Orig. übers. von Purkinje. — Berlin: Veit 1851. 68 S. 8°
Aus: Archiv für Anatomie, Physiologie u. wissenschaftliche Medicin. 1850.
15.
11.11035

Barry, Paul de

— Einöde Philagiae, Weiß und Manier, die geistliche Exercitia ... zu verrichten ... Verteutscht von Martino Sibenio. Ed. 6. — Cöllen: Friessem 1694. 672 S. 8° 214.
11.11137

— — Ed. 8. Cöllen: Fromart 1714. 672 S. 8° 19. 34. 38.
11.11138

— Einöde Philagiae, oder Weiß und Manier, die geistliche Exercitia ... zu verrichten ... Verteutscht von Martino Sibenio. 9. u. verb. Druck. — Cöllen: Huisch 1737. 545 S. 8°
2.
11.11139

— Heiliges Jahr, das ist, Underweisungen für Philagia, das gantze Jahr heiliglich zuzubringen ... Ins Teutsch versetzt von Martino Sibenio. Ed. 4., auctior & em. — Ebd. 1704. 848 S. 8° Köln, Friessem. 2. 6. 16.
11.11062

— — Ed. 4., auctior & em. Ebd. 1705. 848 S. 8° 41.
11.11063

— Heiliges Jahr, das ist, Unterweisungen für Philagia, das gantze Jahr heiliglich zuzubringen ... Ins Teutsch versetzt von Martino Sibenio. Ed. 5., auctior & em. — Ebd. 1718. 848 S. 8°
2. 303.
11.11064

— — 6. Aufl., corr. u. verb. Cöllen 1752: Krakamp & Simonis. 848 S. 8°
2.
11.11065

— Sanctae intentiones Hagiophilae, tribus et triginta pactis declaratae. Ed. novissima. — Coloniae 1700: Metternich. 119 S. 8° 2. 17. 211.
11.11092

— Heilige Meinungen der Gott und Heilig-liebenden Seel: Erkläret durch drey und dreyssig Verträge. — Breßlau 1727: Acad. Buchdr. d. Coll. S. J. 154 S. 8° 2.
11.11085

— Heilige Meynungen der Gott- und Heilig-liebenden Seel: Erkläret durch drey und dreyßig Verträge. — Ebd. 1734. 154 S. 8°
2.
11.11086

— XXXIII pacta Hagiophilae cum Filio Dei, totidem sanctis intentionibus declarata. — Olomucii [1700]: Kylian. 144 S. 8°
2.
11.11093

Barry, Paul de, S. J., Philagia s.a. **Bonifazius v. Mainz.**

— Philagia oder zehntägige Exerzitien für eine nach Heiligkeit strebende Seele. Neu bearb. von P. Bonifacius. — Mainz: Kirchheim 1885. VIII, 392 S. 8° 17. 26. 36. 52.
11.11140

— — 2. Aufl., neu durchges. u. hrsg. von P. Petrus. Ebd. 1904. VIII, 384 S. 8°
17. 26. 169.
11.11141

— [lat.] Solitudo Hagiophilae: Sive instructio ad annua octo vel decem dierum exercitia spiritualia utiliter peragenda; interprete Michaele Cuvelier. — Monachii: Henricus 1645. 548 S. 8°
1: Er 1825. 6. 12: Asc. 354. 17. 26. 38. 121. 211. 308.
11.11147

— — Ed. 5., em. Coloniae: Fromart 1707: Friessem. 609 S. 8°
2. 6.
11.11153

— — Ed. 5., em. Ebd. 1708. 609 S. 8° 2. 6. 17. 21. 38.
11.11154

— Philagiae drey Tagreisen, für die kürtzere geistliche Versammlung oder Erneuerung ... Von Martino Sibenio verteutscht u. mitm Zusatz gemehret. — Cölln: Metternich 1701. 520 S. 8° 12: Asc. 360d. 31.
11.11097

— Philagiae drey Tagreisen, für die kürtzere geistliche Versammlung oder Erneuerung ... Von Martino Sibenio verteutscht u. mit e. Zusatz vermehret. — Ebd. 1729. 530 S. 8°
31.
11.11098

Barry, Paul de, drei Tagreisen einer gottliebenden Seele für die kürzere geistliche Sammlung, welche gottselige Personen ein- oder zweimal im Jahre anzustellen pflegen. Aus dem Französ. Mit einem Anhang, enth. Meß-, Beicht-, Kommunion u. viele andere Gebete aus den Schriften des heil. Franz v. Sales. Sigmaringen 860. Tappen. 16. (VI, 422 S. u. 1 Stahlst.)
21 ngr.

Barry, Rich. Ritter v., zwei Fahrten in das nördliche Eismeer nach Spitzbergen u. Novaja Zemlja, unternommen von Sr. kön. Hoh. Prinz Heinrich v. Bourbon, Graf. v. Bardi an Bord der österreichischen Jachten „Fleur de Lys I u. II" des k. u. k. Jacht-Geschwaders in den J. 1891 u. 1892. Im Auftrage des k. u. k. Reichs-Kriegs-Ministeriums (Marine-Section) hrsg. v. der Red. der Mittheilgn. aus dem Gebiete des Seewesens. Mit 7 Porträts, 12 Lichtdr.-Taf., 2 Karten, 21 Plänen u. 4 Fig. gr. 8. (VIII, 169 u. 66 S.) Pola 894. Wien, C. Gerold's Sohn. n. 9. —

Barry, Roger: Barry's **Fixsternbeobachtungen** auf der Gr. Sternwarte zu Mannheim berechnet u. hrsg. von W. Valentiner. 1. — Mannheim 1878. 85 S. 8°
1. Beobachtungen am Passageninstrument.
Aus: Jahresbericht d. Mannheimer Vereins für Naturkunde. 41-44. 1878.
7. 12: Eph. Astr. 2o. 15. 16. 25. 31. 90. 180.
11.11165

Barry, Thomas Dykes

Barry, Th. D.: Englisches **Conversations-Buch** für Pharmaceuten. — Berlin: Springer 1883. 50 S. 8°
1: Il 2158. 11.
11.11166

— — 2., durchges. Aufl. Ebd. 1892. 54 S. 8° 1: Il 2158^{2}. 60.
11.11167

— Englisches Konversations-Buch für Pharmazeuten. 3., verm. u. verb. Aufl. hrsg. von Franz Capelle. — Ebd. 1903. 66 S. 8° 1: Il 2158^{3}.
11.11168

Barry, Thomas Dykes: *Das Propiophenon. Halle 1874: Gebauer-Schwetschke. 39 S. 8°
Halle-Wittenberg, Phil. Diss. [v. 21. Jan. 1874]
Geb. [Hornsey (Middlesex, Grossbritannien) 21. 10. 1849]
Aus: Zeitschrift f. d. ges. Naturwissenschaften. Bd 43. Berlin 1874 S. 97 bis 131. Vermutlich privater S.-A., da nicht in den Tauschlisten.
Vom Verf. ersch. e. Arbeit m. gleich. Tit. in: Berichte der Deutschen chemischen Gesellschaft. Bd 6. Berlin 1873. S. 1006—1008. — Diplom fälschlich vom 19. Jan.

Barry, W: The dayspring, s.a. Unwin's library.

Barry, William

— **The Dayspring.** — London, Leipzig [usw.]: Fisher Unwin 1903. VIII, 405 S. 8° (Unwin's Library.)
10. 19. 23. 66. 79. 123.
11.11173

— [deutsch] Tagesanbruch. Roman. Deutsch von A. Gaus-Bachmann. — Regensburg: Habbel (1909). 398 S. 8°
12: P. o. angl. 26o. 19.
11.11174

— der **Zauberknoten.** Roman. Übers. v. Johanna Szelinska. Mit Bildern v. A. Wawrowski. (VIII, 464 S.) 8. München (903). Allgemeine Verlags-Gesellschaft. n. 4. — ; geb. n. 5. —

— [The wizard's Knot, deutsch] Der Zauberknoten. Roman. Übers. von Johanna Szelinska. — Regensburg: Habbel [1910]. XV,560 S. 8° 12:DD. 11-434. 19. 101.
11.11177

Bars, das höhere Mädchenschulwesen, s. Schriften des Liberalen Schulvereins Rheinlands und Westfalens.

Bars, v.: Widerlegung des Hegesias, s. Bar, Georg Ludwig v.

Barsalou-Fromenty, G., la philosophie terrestre. gr. 8. (488 S.) Genf 876, [Menz.] Mueller. **

Barsanti, A., s.: Catalogue des monuments et inscriptions de l'Égypte antique.

Barsch, Georg, s. Bärsch, Georg

Barsch, H., Polizeistrafgesetzbuch für das Königr. Bayern vom 26. Decbr. 1871. Für den Handgebrauch in der Praxis erläut. 8. (IV, 135 S.) Würzburg 872, Stahel'sche Buchh.

Barsch, H., das Strafgesetzbuch für das Königr. Bayern mit den Abänderungen des Gesetzes vom 10. Mai 1868, hierauf bezüglichen Erläuterungen u. sämmtlichen von Einführung des Strafgesetzbuches an bis zum 1. Janr. 1870 erschienenen oberstrichterlichen Präjudizien. 4. Aufl. Würzburg 870. Stahel. 8. (VI, 258 S.) 24 ngr.

-- das Strafgesetzbuch f. das deutsche Reich, nebst den Zusatz-Bestimmgn. d. Gesetzes vom 26. Dezbr. 1871, betr. den Vollzug der Einführg. d. deutschen Straf-Gesetzbuches in Bayern. Für den Handgebrauch in der Praxis erläut. Mit ausführl. Sachregister. Ausg. B. 8. (XXIX, 381 S.) Ebend. 872. 4. 65

-- dasselbe. Ausg. C. gr. 4. (384 S.) Ebend. 872. 6. 60

Barsch, Otto, a. Waldowstrenk: Die Pseudo-Cannel-Kohle. (Berlin 1908: A. W. Schade.) (30 S.) 8° ¶(Aus: Jahrbuch d. Königl. Preuß. Geolog. Landesanstalt Bd 29, 1908.)
Berlin, Phil. Fak., Ref. Branca, Diss. v. 4. Aug. 1908
[Geb. 5. Nov. 79 Waldowstrenk (Brandenburg); Wohnort: Berlin; Staatsangeh.: Preußen; Vorbildung: Realgymn. Guben Reife O. 00; Studium: Berlin Bergakad. 7, Univ. 3 S.; Rig. 19. Dez. 07.]

Barsch, O., die Pseudo-Cannel-Kohle. (S. 431—457 m. 2 farb. Taf. u. 2 Bl. Erklärgn.) Lex. 8. Berlin (N. 4, Invalidenstr. 44), 908. Vertriebsstelle d. kgl. geolog. Landesanstalt nn 1. 80
Sonderabdr. aus: „Jahrb. d. kgl. preuß. geol. Landesanst."

Barsch, Paul, Kammergerichts Referendar zu Landsberg a. W.: Der selbständige Betrieb eines Erwerbsgeschäfts durch eine Ehefrau nach neuem Recht. Borna-Leipzig 1905: R. Noske. (VIII, 59 S.) 8° [J.]
Leipzig, Jur. Fak., Diss. v. 9. Febr. 1905
[Geb. 21. Juni 76 Waldowstrenk; Wohnort: Berlin; Staatsangeh.: Preußen; Vorbildung: Gymn. Landsberg a. W. Reife M. 97; Studium: Marburg 2, Berlin 2, Halle 3 S.; Rig. 14. März 03.]

Barsch, Paul. Fliegende Blätter. Neue Lieder. 8. (VIII, 112 S.) Großenhain 889, Baumert u. Ronge. * 1 50; geb. * 2 50

— Von Einem, der auszog. Ein Seelen- und Wanderjahr auf der Landstraße. Bd 1.2. — Berlin: Trewendt 1905. 8° 1:Yx 36371. 7. 11. 14. 18. 21. 41. 53.
11.11229

—— 2. Aufl. Bd 1.2. Ebd. 1905. 8° 30. 117. 207. 302.
11.11230

—— 3. Aufl. Bd 1.2. Ebd. 1907. 8° 1:Yx 36371³. 24. 60.
11.11231

—— Volks-Ausg. 4. Aufl. Bd 1.2. Ebd. 1908. 8° 15.
11.11232

Barsch, Paul: Von Einem, d. auszog. Ein Seelen- u. Wanderjahr auf d. Landstrasse. Roman. 2 Bde. 3. Afl. (439 u. 409) 8° Berl. '07. Schweidn., L Heege. 8 —; geb. 10 — || Volks-Ausg. 4. [Tit.-] Afl. 2 Bde. (439 u. 409) [07]08. 4 —; geb. 6 — d

—— Volks-Ausg. 4. Aufl. Bd 1.2. Schweidnitz: Heege 1909. 8° 41. 66.
11.11233

Barsch, Paul: Von Einem, d. auszog. Ein Seelen- u. Wanderjahr auf d. Landstrasse. Roman. Neue wohlfeile Volks-Ausg. 5. Afl. (458 m. Bildn.) 8° Schweidn., L Heege ('12). 3 —: L 4 — d

— Über der Scholle. Gedichte. — München: Allg. Verl.-Ges. [1904]. VIII,77 S. 8° 41. 303.
11.11239

—— Schweidnitz: Heege (Umschlagt.: München: Allg. Verl.-Ges.) [1904]. VIII,77 S. 8°
1:Yo 30230. 12: P. o. germ. 76 ud. 18. 19. 109. 169.
11.11240

— Auf Straßen und Stegen. Lieder. Mit e. Vorw. von Richard Schmidt-Cabanis. Hrsg. von Karl von Klarenthal [d. i. Karl Schneidt]. — Großenhain i. S.: Baumert & Ronge [1885]. XX,86 S. 8° 1:Yo 20153. 2. 169.
11.11243

Barsch, W., prakt. Anleitg. z. Einrichtg. v. Schulsparkassen auf Grund e. kassenmäßigen Buchführg. 3 Systeme. Mit Muster f. Satzgn. u. Formulare, nebst e. eingeh. Besprechg. d. Riedel'schen Sparsystems. (41 S.) Lex. 8. Friedenau-Berlin 908. H. Brücker. 1. 00

Barsch, Wilh., Bericht über die Scharlachepidemie in der Stadt Hirschberg und Umgebung in den J. 1871 und 1872. Inaugural-Dissertation. gr. 8. (36 S.) Jena 874, Neuenhahn.

Bärsch (Regierungsrat und Major) (Schriften der Geschichte), s. Bärsch, Georg

Bärsch, Wegweiser für Reisende, s. Bärsch, Georg

Baersch, Chr. Fr. (Resp.): De capitis tumoribus tunicatis..., s.a. Reichel, Ge. Chr. (Praes.)

Baersch, Christian Friedrich (Zittau), De capitis tumoribus tunicatis post cephalalgiam exortis. Disp. med. Präs. Gg. Chn. Reichel. Lpz. (Breitkopf) 13. XII. 1765. 36 S. (5.50)

Baersch, Georg, Geh. Regierungsrat u. Major. 1778-1866.

Baersch, G, Beitr. z. Gesch. d. sogen. Tugendbundes. 8. (72) Hamb. 52. (Lpzg, Mauke.) n. — 10

Baersch, Geo., Beiträge zur Geschichte d. sogenannten Tugendbundes, m. Berücksicht. der Schrift des Hrn. Prof. Johs. Voigt in Königsberg u. Widerlegung u. Berichtigung einiger unrichtiger Angaben in derselben. gr. 8. (VIII u. 72 S.) Hamburg 852, Perthes-Besser & Mauke. n. 1/2 Rthlr

— Beschreibung des Regierungs-Bezirks Trier. Th. 1.2. Trier: Lintz 1846–49. 4°
1. Die Verhältnisse d. Regierungs-Bezirks in allen seinen Beziehungen. 1849.
2. Ortschafts-Verzeichniß nebst d. Entfernungs-Tabelle. 1846.
1:4° Ti 4348. 5. 7. 10. 12:4° Bor. 1 a. 14. 15. 16. 21. 38. 44. 52. 121. 203. 302.
9.9190

— Erinnerungen aus meinem vielbewegten Leben. — Aachen (1856): Beaufort. 201 S. 4° 5. 18. 109. 117.
9.9191

— Erläuterungen und Nachträge zur Geschichte der Herren von Schönecken. — (Luxemburg 1855: Buck.) 7 S. 4°
Aus: Jahresheft d. Vereins für Vaterländische Geschichts- u. Alterthumskunde d. Großherzogthums Luxemburg. 10. 1855.
1:12 in 4° Tl 1. 38.
9.9192

Bärsch, Die Geschichte der Herren von Schöneck. Nebst Erläuterungen und Nachträgen. 2 Thle. Luxemburg 1855. 4.

— Der Grabstein der Elisabeth von Görlitz, Herzogin von Luxemburg, in der Dreifaltigkeitskirche zu Trier. — (Coblenz 1851.) 15 S. 4°
Aus: Publications de la Société pour la recherche et la conservation des monuments historiques dans le Grand-Duché de Luxembourg. 6. 1851.
5. 38. 43.
9.9193

Bärsch, Geo., Handbuch d. Dienstes d. leichten Kavallerie im Felde, nebst einigen Bemerkk. über verschied. Gegenstände z. Nutzen junger Offiziere. 8. Berl. 814, (Dümmler). 16 gr.

— Handbuch des Dienstes der leichten Cavallerie im Felde. Berlin: Hitzig 1814. XX,170 S. 8°
1: an Hv 28899. 10. 18. 32. 48. 121. 209.
9.9194

Bärsch, Georg, s. L a r o c h e - A y m o n : Über den Dienst.

Bärsch, Geo., der Moselstrom v. Metz bis Coblenz, e. geograph.-histor.-statist.-typograph. Handbuch f. Reisende u. Einheimische. M. 1 Karte. 8. (35¹/₄ B.) Trier 841, Troschel. *

— das Moselthal von Metz bis Coblenz, in histor., antiquar. und pittoresker Beziehung; ein Handbuch für Reisende etc. Nebst 1 Karte d. Mosellaufes. 8. Trier 840. Troschel. n. 1 Thlr

(—) Nachricht von dem Denkmale, welches mehrere Officiere der Hanseatischen Legion zum Gedächtnisse des ... Majors Friedrich Wilhelm Ludwig von Arnim ... am 18. Octob. 1814 errichten lassen. Nebst der Rede, welche ... von dem Herrn Pastor Geibel gehalten worden. — Lübeck 1814: Borchers. 15 S. 8°
18.
9.9196

(—) Einige geschichtliche Nachrichten über Stadtkyll im Kreise Prüm, und über die vormaligen Besitzer dieses Ortes, die Grafen von Manderscheid. — Köln 1821: Bachem. 31 S. 8°
1: Ti 3208. 14. 29. 38. 52. 121.
9.9197

— Einige Nachrichten über 1. den Steinring bei Otzenhausen im Landkreise Trier, 2. Castell im Kreise Saarburg ..., 3. Monclair im Kreise Merzig ... Hrsg. von A. Schriever. — Trier 1838: Hetzrodt. 72 S. 8°
2. 4. 30. 38. 61. 84. 107. 121.
9.9198

— — 2., verm. Aufl. Ebd. 1839. 10,103 [vielm. 10,112] S. 8°
1: Ti 4324. 5. 10. 12: Don. Lud. 284. 14. 16. 17. 18. 23. 30. 35. 38. 43. 52. 61. 121.
9.9199

Barsch, Georg, einige Nachrichten über 1) den Steinring bei Otzenhausen im Landkreise Trier; 2) Castell im Kreise Saarburg und über einige frühere Besitzer derselben, insbesond. über König Johann von Böhmen, Grafen v. Luxemburg; 3) Monclair im Kreise Merzig und dessen frühern Besitzer. Herausg. zu einem wohlthätigen Zwecke von A. Schriever. 2e, durch Berichtigungen u. Zusätze verm. Aufl. gr. 8. Trier 839. (Troschel.) n. ¹/₂ Thlr

— s. J. F. S c h a n n a t , Eiflia illustrata.

— die Städe u. Ortschaften d. Eifel, s. u. S c h a n n a t , Eiflia illustrata.

— Die Städte und Ortschaften der Eifel und deren Umgegend. Bd 1.2. — Aachen [usw.]: J. A. Mayer 1852–55. 8°
1,1.2. 1852. 2,1. 1854. 2,2. 1855.
(Schannat, Johann Friedrich: Eiflia illustrata. 3,1.2.)
1: Th 4142-3,1.2. 4. 5. 7. 8. 10. 16. 25. 26. 31. 34. 38. 43. 52. 61. 64. 121. 203. 300: BE 10 N 47. Bd 3,1.2. 304.
9.9201

— Das Prämonstratenser Mönchskloster Steinfeld in der Eifel. [Nebst] Berichtigungen u. Nachtr. — Schleiden 1857(-58): Braselmann. XIV,172 S. 8°
Vollst. . . . . 18.
[** Berichtigungen u. Nachtr.] . . . 1: Ti 3240. 5. 6. 11. 15. 16. 17. 24. 30. 38. 43. 52. 61. 62. 121. 203.
9.9202

— Die Grafen von Vianden. — (Luxemburg [1855]: Buck.) 15 S. 4°
Aus: Jahresheft d. Vereins für Vaterländische Geschichts- u. Alterthumskunde d. Großherzogthums Luxemburg. 10. 1855.
1: 11 in 4° Tl 1. 38. 121.
9.9203

Bärsch, Die Grafen von Vianden und die Herren von Schönecken. Luxemburg 1855. 4.

Bärsch, Georg, Wegweiser f. Reisende durch d. Eifel v. Trier bis Aachen. Kurze Schilderung dies. f. d. Naturforscher so interess. Landes. (Aus „Schreibers Handbuch für Reisende am Rhein" abgedr.) 8. (2 B.) Heidelberg 831, Engelmann.

— Ferdinand von Schill's Zug und Tod im Jahre 1809. — Leipzig: Brockhaus 1860. 343 S. 8°
1: Sw 4334. 3. 4. 5. 7. 9. 10. 11. 12: Biogr. 1058 rb. 14→17. 19. 20. 21. 24. 27. 28. 30. 32. 33. 35. 36. 38. 39. 43. 45. 46. 47. 51. 53. 64. 75. 91. 109. 111. 117. 203. 207. 209. 302. 303.
9.9205

Ferdinand von Schill's Zug und Tod im Jahre 1809. Zur Erinnerung an d. Helden u. d. Kampfgenossen von Dr. Georg Barsch, Geh. Reg. R., Rittm. u. hanseat. Major a. D. [Neue Ausg.] Mit Bildn., 1 Karte u. 4 Pl. *Berlin: Voss [1901].* (343 S.) 8° [6.-]

Barschall, Franziska: Emilie von Puttkamer, geb. von Below. Aus d. Leben e. Bekennerin. Stolp i. P. 1884. [Neudr.] — o. O. [1927]. 228 S. 8° 1: Cv 39352. 9. 101.
11.11249

Barschall, Herm.: Studien über Formaldehyd, s. A u e r b a c h , Friedrich

Barschall, Hermann, aus Berlin: Synthese des Pentantrions. Zur Kenntnis d. Reaction saurer Methylengruppen mit Nitrosodialkylanilin. *Berlin 1902: A. W. Schade.* (31 S.) 8°
Berlin, Phil. Diss. v. 30. Apr. 1902

— Untersuchgn üb. d. Bildgsverhältnisse d. ocean. Salzablagergn, s.: Hoff, JH van't.

Barschall, Max: Kaufmännischer Beitrag zur Lösung der Schienenstossfrage. (Verf.: Max Barschall.) — (Berlin: Gutenberg) 1903. 54 S. 8° 12: A. hydr. 5003p. 106. 203.
11.11250

(—) — Ebd. 1903. 196,5 S. 8° 12: A. hydr. 5000e.
11.11251

Barschall, Maximil. (geb. Berlin 14. 9. 1836): De uteri fibroideo rotundo. Berolini (1858). (30 S.) 8°
Berlin, Med. Diss. v. 1. Sept. 1858

Barsdorf, Heinrich, Referendar a. Berlin: Das Blankoakzept. Seine rechtliche Konstruktion mit besonderer Berücksichtigung der bei ihm zulässigen Einreden. (Leipzig) 1910: (Spamer). 72 S. 8°
Rostock, Jur. Diss. v. 10. Aug. 1910, Ref. Lehmann
[Geb. 21. April 87 Lindenau b. Leipzig; Wohnort: Werder a. H.; Staatsangeh.: Preußen u. Mecklenburg-Strelitz; Vorbildung: Joachimst. Gymn. Berlin Reife O. 06; Studium: Berlin 7 S.; Rig. 28. April 10.] [U 10. 3827

Barsegapè, Pietro da, Reimpredigt. Kritischer Text m. Einleitg., Grammatik u. Glossar, hrsg. v. Emil Keller. gr. 4. (VIII, 96 S. m. 1 farb. Taf.) Frauenfeld 901. (Huber & Co.) n. 3. —

Barsewisch, v., Hauptmann im 1. Badischen Leib-Grenadier-Regiment. 1889 s. *Barsewisch*, Theophil v.

Barsewisch: Meine Kriegserlebnisse, s. Barsewisch, Ernst Friedrich Rudolf

Barsewisch, C. F. R. v.
s. *Barsewisch*, Ernst Friedrich Rudolf v.

Barsewisch, Ernst Friedrich Rudolf v.: Meine Kriegs-Erlebnisse in den Jahren 1757–1763. Wortgetreuer Abdruck aus d. Tagebuche des E. F. R. v. Barsewisch. — Berlin: Hickethier 1863. IV,140 S. 8°
1: Sv 2476. 9. 11. 15. 17. 18. 48. 109. 209.
11.11276

Barsewisch, C. F. R. v., meine Kriegs-Erlebnisse während des 7jährigen Krieges 1757—1763. Wortgetreuer Abdr. aus dem Tagebuche des Verf. gr. 8. (VIII und 140 S.) Berlin 863, [Schlesier.] [*

— — Berlin: Warnsdorff 1863. IV,140 S. 8° 34. 209.
11.11277

— Meine Kriegs-Erlebnisse während des Siebenjährigen Krieges 1757–1763. Wortgetreuer Abdruck aus d. Tagebuche des C. F. R. v. Barsewisch. 2. Aufl. — Ebd. 1863. 213 S. 8° 1: Sv 2477. 2. 10. 14. 16. 17. 20. 21. 31. 32. 34. 41. 61. 106. 300: 111.385–B.
11.11278

Barsewisch, Julius v.: Einiges v. d. alten Stadt, Fürsten u. d. Adel d. Mark Brandenb. v. 416 v. Chr. bis 1598 n. Chr. Geb. 8. (263) Stuttg. 64. (Gütersl., Bertelsmann.)

Barsewisch, Jul. v., Einiges von den alten Städten, Fürsten und dem Adel der Mark Brandenburg von 416 vor Christi bis 1598 nach Christi Geburt, zusammengestellt aus den Annales marchiae Brandenburgiae von M. A. Angelus. Stuttgart 864. S. G. Liesching. 8. (VII, 263 S.) n. 24 ngr.

Barsewisch, Theophil v.: Anno 13. Ein vaterländisches Festspiel. Verf. durch v. Barsewisch u. v. Freydorf. — Karlsruhe 1895: Chr. Fr. Müller. 71 S. 8° 31.
11.11280

— Die Badener in Russland 1812. Ein vaterländisches Festspiel ... von v. Barsewisch u. Bornhäuser u. Kattermann. — Karlsruhe 1893: Chr. Fr. Müller. 58 S. 8° 31.
11.11281

[—] Praktische Bajonett-Fechtschule auf Grund der Bajonettir-Vorschrift für die Infanterie vom 15. Aug. 1889. Berlin: Mittler 1889. 40 S. 8° 1: Hu 24896. 31.
11.11282

— — 2., neubearb. Aufl. Ebd. 1895. 47 S. 8°
1: Hu 24896². 2.
11.11283

— — Auf Grund der Bajonettier-Vorschrift für die Infanterie vom 10. Januar 1901. 3. Aufl. Neu bearb. durch v. Freydorf. Ebd. 1902. 43 S. 8° 1: Hu 24896³. 11.
11.11284

Barsewisch, v., s.a. Geschichte des großherzogl. badischen Leib-Grenadier-Regiments 1803–1871.

— Geschichte des Großherzoglich Badischen Leib-Grenadier-Regiments 1803–1869. — Karlsruhe: Chr. Fr. Müller 1893. 220 S. 8° (Geschichte d. Großherzoglich Badischen Leib-Grenadier-Regiments 1803–1871. 1.) 1: Si 1794–1. 10. 12: Mil. g. 12 b–1. 16. 17. 25. 31. 47. 180. 209.
11.11286

Barsewisch, v., u. v. Trapp-Ehrenschild: Geschichte des Großh. Bad. Leib-Gren.-Reg. Nr. 109. 1803 - 1871. T. 1.2. Erste bzw. zweite Aufl. Mit. Abb. –
Karlsruhe 1893. T. 1. 1803 - 1869. T.2. 1870/71.

Barsickow, Franz, Oberarzt im Drag.-Reg. Nr. 22: Ueber Appendicitis im Bruchsack. Tübingen 1910: Laupp. 23 S. 8° ¶ (Aus: Beiträge z. klin. Chirurgie. Bd 68, H. 1.)
Tübingen, Med. Diss. v. 10. Juni 1910, Ref. v. Bruns
[Geb. 19. Okt. 82 Gräningen; Wohnort: Mülhausen i. E.; Staatsangeh.: Preußen; Vorbildung: Realgymn. Brandenburg Reife M. 01; Studium Berlin Univ. 2, K. W. A. 10 S.; Coll. 1. Juli 10; Approb. 2. Juni 08.]
[U 10. 4248

Barsickow, Hermann: Zwei Familien mit Lipomatosis musculorum progressiva. (24 Fälle.) Halle 1872: Lipke. 35 S. 8°
Halle-Wittenberg, Med. Diss. v. 31. (August) [überklebt:] Juli 1872
Geb. Walchow bei Neu-Ruppin 3. 8. 1846. V.

Barsickow, Max: Über das sekundäre Dickenwachstum der Palmen in den Tropen. — Würzburg: Stuber 1901. S. 213–245. 8° (Verhandlungen d. Physikalisch-Medicinischen Gesellschaft zu Würzburg. N. F. 34,8.)
Zugleich Diss. Würzburg 1901.
1: Lc 7624–34,8. 2. 4. 5. 7→11. 12: Bavar. 2641 q-34. 16. 17. 18. 21. 24→30. 38M.
11.11293

Barsimaeus Sanctus s. *Acta* S. S. Martyrum Edessenorum Sarbelii, Barsimaei, Guriae, Samonae et Abibi. 1874.

BARSKI, Ludwig: Die baltisch-slawische Doppelheit der Tiefstufe der sogenannten tert-Wurzeln und ihr Verhältnis zur indogermanischen Tiefstufe dieser Wurzeln. — 1906. 162 Bl. Diss. Graz, Univ.

Barson, E.: Ueber Fattingers Körner-Blutfutter auf Grund exakter Stoffwechseluntersuchungen und praktischer Fütterungsversuche. — o. O. [um 1910]. 16 S. 8°
91.
11.11302

— Ueber das Blutfutter 'Lucullus' auf Grund exakter Stoffwechseluntersuchungen und praktischer Fütterungsversuche. — Wien 1910: (Davis). 15 S. 4° 300: 534.190–B.
11.11303

Barsony, Steph. v., der Bauern-Don-Juan, s.: Bibliothek der fremden Zungen.

Barsony, Stefan: Tausendschön. Aus dem Ungarischen. Mit 3 Ill.
Budapest: Grimm, 1886. 8°.

Bárſony, S., Tausendschön. Aus dem Ungar. 2. Aufl. 8. (129 S. mit Illustr. in Buntdr.) Budapest 887. Grimm.
n. 2. 50

Barsony, Stefan: Tausendschön.
Budapest: Gust. Grimm. ca. 1909.

Barsow, Hans, nur so heilt man Nervenleiden s.a. Eckstein's neue medizinische Hausbibliothek. 1. Bd.

Barsow, Hans: Nur so heilt man Nervenleiden. — Berlin: Eckstein [1908]. 46 S. 8° (Ecksteins neue medizinische Hausbibliothek. 1.) 1: N 10.186–1.
11.11341

Barssel [Schlagwort]
Barssel, s.: Preussen, Messtischblätter.

Bärstecher, J.G. (Pseud.), s.a. Müller, J. G. (wirkl. Name)

Bärstecher, J.G. (Hrsg.) s.a. Taschenbuch für Schauspieler und Schauspielliebhaber.

Bärstecher, J.G. (Hrsg.), s.a. Theaterzeitung

BARSY, Arthur: Die Münchener katechetische Methode. — (1907) 67 S. 8° (Handschr.) Diss. Wien Univ. Diss. 880

Barszczewski, s.a. B a r c z e w s k i

Barszczewski, Jana, Szlachcic Zawalnia czyli Białoruś w fantastycznych opowiadaniach. Przez Romualda Podbereskiego. Tom. I—IV. 8. (... B.) Petersburg 844, 45. (Leipzig, Volckmar.) *

Bart, Der. Eine wahre Geschichte aus dem Reiche der Lebendigen. Mit Originalbeylagen. O. O. 1785. V: *Günderode, Carl Freih. von.* (BIBLPORT)

Bart, d., e. wahre Gesch. a. d. Reiche d. Lebendig. 8. Salzb. Mayr. 785.

Bart, te: V e r s i c h e r u n g s p f l i c h t , s. B a r t , Otto te

Bart, Fr. s. *Barth,* Friedrich.

Bart, Georgius s. *Barth,* Georg.

Bart, Otto te

Bart, O te, d. Versicherungspflicht nach d. Invaliditäts- u. Alters-Versicherungsgesetze v. 22. Juni 1889. Anl. d. Reichsversicherungsamtes v. 31. Oktbr 1890 u. d. betr. d. Befreig vorübergeh. Beschäftiggn u. d. Behandlg gewisser, m. persönl. Dienstleistgn beschäftigten Personen vom Bundesrathe getroffenen Anordngn. 8° (72) Berl. 92, Siemenroth & Tr. 1.20

Bart, Otto te: Die Versicherungspflicht nach dem Invaliditäts- und Alters-Versicherungsgesetze vom 22. Juni 1889. Anleitung d. Reichsversicherungsamtes vom 31. Okt. 1890 u. die betreffs d. Befreiung vorübergehender Beschäftigungen ... vom Bundesrathe getroffenen Anordnungen. — Berlin: Siemenroth & Worms 1892. VII,72 S. 8° 1: Fe 11112. 12: Cam. 383. 17. 44. 106. 123. 208.
11.11389

Bart, P. s. *Barth,* Paul.

Baert, Französischer Geograph. 1760-1825. 1798 s. *Baert*-Duholant, Charles Alexandre Balthazar François de Paule Bn de.

Baert, Ph., Mémoires sur les sculpteurs et architectes des Pays-Bas, publiés par le baron de Reiffenberg. gr. 8. (100 S.) Bruxelles 848, (Muquardt.)

Baert-Duholant, Charles Alexandre Balthazar François de Paule Bn de: [Extrait du journal d'un voyage, deutsch] Reise durch den südlichen Theil von Rusland ... Mit Anm. [Verf.: Charles Alexandre Balthazar François de Paule Bn de Baert-Duholant.] — Duisburg: Helwing 1798. XII,199 S. 8° 1: Uf 8220. 17. 26.
9.9215

Barta, Emil, s.: Kalender, Fromme's f. d. k. u. k. Einjährig-Freiwilligen d. Infanterie etc.

[—] Vademecum für den k. u. k. Einjährig-Freiwilligen der Infanterie, Jägertruppe, Cavallerie, Artillerie und Traintruppe sowie für den k. u. k. Lieutenant in der Reserve. Wien: Fromme [1896]. IV,203,17 S. 8° 300: 97.994-A. 302. 304.
11.11395

Barta Erwin: Die Entstehung des Fürstentums Neisse und seine Geschichte bis in die Zeiten Karl IV. H. 1904 PN 1721 Diss. Wien, Univ.

Barta, Ferdinand Über die auf die Dichtkunst bezüglichen Ausdrücke bei den römischen Dichtern. I Theil, „dichten" und „Dichter" 8 (S 3 --28). II Theil „Gedicht". 8 (S 3 35) Progr. Staats-G Linz 1889 1890

Barta, Ferd.: Stellung d. Stenogr.-Unterrichtes in d. Schule. Wien 18?, in: Festbuch z. v. Stenographentage d. Deutschen Gabelsberger-Stenographenbundes. [illegible]

Barta, Ferdinand: Der Linzer Gabelsberger Stenographenverein, seine Entstehung und bisherige Wirksamkeit. — Linz 1885: Feichtinger. 55 S. 8° 1: 2 in V 18360-1. 30. 61. 300: 36.633-B. 307.
11.11398

Barta, Ferd. Sprachliche Studien zu den Satiren des Horaz 2 Teile 30, 33 SS. 8. Progr. G Linz 1879. 1881.

— Der stenographische Unterricht an Mittelschulen, im Lichte der Konzentration betrachtet. — Wolfenbüttel: Heckner (1900). 16 S. 8° 207.
11.11399

Barta, Giuseppe s. *Barta,* Josef.

Barta, Hermann Franz Julian: Haussprüche des Kreises Tecklenburg. — Ibbenbüren: Scholten 1909. 95 S. 8° 1: Yd 3339/100. 6. 7. 38.
11.11400

Barta, Josef: Da ist nicht gut zu rathen, eine comische Oper von Stephanie dem Jüngern. Die Musik dazu ist vom Herrn Bartta. [Textb.] — Wien: Logenmeister 1778. 60 S. 8° 300: 641.433-A. M. 4,5.
11.11401

(—) La Diavolessa. Dramma giocoso per musica ... (Komp.: Giuseppe Barta; [Textdichter: Carlo Goldoni].) [Textb.] — [Wien 1772]: Kurtzboeck. 63 S. 8° 300: 641.432-A. M. 8,6.
11.11402

— Die donnernde Legion. Ein Originaloratorium. [Textdichter: Paul Weidmann.] Die Musik ist von Joseph Bartta. [Textb.] — Wien: Logemeister 1781: Jahn. 32 S. 8° 12: Coll. Her. Orat. 6/221. 300: 3 in 392.620-A. 228.
11.11403

— Il Mercato di Malmantile. Dramma giocoso per musica ... La musica é del Sig. Giuseppe Barta. [Textdichter: Carlo Goldoni.] [Textb.] — [Wien 1784]: de Kurzbeck. 64 S. 8° 180.
11.11404

— Der adeliche Taglöhner. Ein komisches Originalsingspiel ... Die Musik ist von Joseph Bartta. [Textdichter: Paul Weidmann.] — Wien 1780: Jahn. 44 S. 8° 300: 641.433-A. M. 20,11.
11.11405

Barta, Leopold: Ein guter Soldat muß Religion haben. Festpredigt gehalten anläßlich d. Gründung d. Militär-Veteranen-Vereines in Gleinstätten. — Gleinstätten: L. Barta 1903. 12 S. 8° 303.
11.11408

Barta, Rudolf

Barta, Rud.: Kaufmänn. Erläutergn z. Wechselordng. Anh.: Vorentwurf e. einheitl. Gesetzes üb. d. Wechsel. (8, 210 u. 6, 16) kl8° Wien, C Fromme ('11). L u. geh. 2.20

— Lehrb. d. Buchhaltg f. höh. Handelssch., s: Schiller, Rud.

Die österreichische Postsparkassa. Ihre Entstehung, Entwicklung, Bedeutung, Geschäftszweige u. Geschäftsergebnisse nebst e. erschöpfenden Darstellung d. Korrespondenz mit ihren Kontoinhabern. Von Prof. Rudolf Barta. Wien & Leipzig: A. Hartleben 1909. (159 S.) 8°
Geb. 4.60

Bartack, Hans: Ziele d. Wiener städt. Boden- u. Wohnungspolitik. (7, 79) gr8° Wien, A Hölder '12. 1.70

Barták: Vocabula breviarii romani, s. B a r t á k , Josef

Bartak, Johann Baptist
— Abhandl. über d. Theorie u. d. Einfluß d. Fehler in Landesvermessungen, s. Ksp. Bauer, Geometrie.

— Gemeinfaßliche Anleitung zur leichten Kenntniß des gestirnten Himmels mittelst einer beygefügten großen Sternkarte. Mit e. Vorr. von J. J. Littrow. Als passende Beylage zu dessen Populärer Astronomie. — Wien: Heubner 1827. XII,52 S. 8° 42. 45. 90[**Kt.] 117. 300: Text – •43 Bb 239; Karte – •43 F 33. 302. 304.
11.11426

Bartak, Jh. Bapt., s. Ksp. Bauer, Anfangsgründe.

Barták, Josef
— Versuch, die liturgische Sprache der Kirche vom dogmatischen, historischen und pastorellen Standpunkte zu beleuchten. — Königgrätz: Verf. 1875. 71 S. 8° 300:75.945–B. 302.
11.11430

Barták, Jos., Vocabula breviarii romani in classicis aut non aut raro aut aliter occurrantia, qua praemissis de ejus latinitate prolegomenis proxime Bohemis et Germanis idem recitantibus. 16. (187 S.) Prag 876, [Steinhauser.] Steinhauser und Čermák.

Bartakovics, Violante de
de Bartakovics, V., causeries, s.a. Causeries.

Bartakovics, Violante Bne **de:** Causeries en vers d'une jeune personne du monde. [Verf.: Violante Bne de Bartakovics.] — Vienne: Sintenis 1870. 78 S. 8° 302[defekt].
11.11433

Bartal, Ant., Glossarium mediae et infimae latinitatis regni Hungariae. Jussu et auxiliis academiae litterarum hungaricae. gr. 4. (XXVIII, 723 S.) Leipzig 901. B. G. Teubner. n. 50. —

Bartalis, Antal: Notitia parochiae Jegenyensis. Auctore parocho loci [d. i. Antal Bartalis]. — Claudiopoli: Author 1794. 127 S. 8° 7. 300:775–B.
11.11444

Bartalis, A., ortus et occasus imperii Roman. in Dacia mediterr. 8. maj. Poson. Mahler. (Weber. Presb.). 784.

Bartalis, Ant., ortus et occasus imperii Roman. in Dacia mediterr. 8maj. Posen 784. (Pressb., Weber). 8 q/

Bartalits, gemeinnütziger kleiner Bilder-Kalender für das J. 1866. gr. 8. (40 S.) Pest 863, [Lauffer's Verlag.] *

Bartas, Guillaume de Saluste Seigneur du, s. Katharina Regina von Greiffenberg

Bartas, Guillaume de Saluste Seigneur du, siehe Tobias Hübner.

Bartberg, Eduard Bartels Rr v. s. *Bartels* Rr v. Bartberg.

Bartcky, Carl Fried. Ernst (Weissbach), Observat. singularem fungi medullaris in corde. Diss. med. Halle (Friedr. Grunert Sohn) 11. I. 1819. 51 S., mit Biographie u. 1 Abb. (Dzondi lap. inscr.) (4.80)

Bartcky, Carl Friedrich Ernst: Observatio singularis fungi medullaris in corde. Praef. est Carolus Henricus Dzondi. — Halis Sax.: Auctor [usw.] 1821. 46 S. 8°
Erschien zuerst als Diss. Halle 1819. 2. 27. 204.
11.11461

Bartcky, Carl Friedrich Ernst: Observatio singularis fungi medullaris in corde. Commentatio pathologico-medica. Auctore Car(olo) Frid(erico) Ern(esto) Bartcky. Praef. est Carolus Henricus Dzondi. Halis Sax.: Renger 1821. 46 S. 8°
(Erschien zuerst als Med.Diss.Halle 1819)

Bartcky, Iwan: Die Repräsentanten des Sächsischen Cadetten-Corps. Ein Festspiel. — Dresden 1884: Päßler. 11 S. 8° 14.
11.11459

— Deutschlands große Zeit. Eine Erinnerung in Lied und Bild. — Dresden 1885: (Meinhold). 23 S. 8° 14.
11.11460

Bartcky, Karl Friedrich Ernst, s. Bartcky, Carl Friedrich Ernst

Barteau, Ladislaus Richard: Die K. u. k. oesterreichisch-ungarische Armee. Bildlich dargestellt nach d. neuesten Adjustierungs-Vorschriften. Nach Original-Skizzen. — Wien: Seidel [1892]. XXIV Taf. 8° 106. 209. 302.
11.11464

Barteczko. Paul. aus Breslau: Doppelfluoride und -Chloride des einwertigen Thalliums. Über Doppelfluoride. Hamburg und Leipzig 1909. 44 S. 8°. S.-A. aus der Zeitschrift für anorganische Chemie. [4. VI. 08.]
Bern. Phil Diss 1908 09

Barteczko, Paul. [1.] Doppelfluoride und -Chloride des einwertigen Thalliums; [2.] Über Doppelfluoride. Diss. Phil. Bern. 44 S. 3. Hamburg und Leipzig, Leopold Voss, 1909.

Bartel, der treue. Auf Grund d. Sage v. d. Stiftg. d. Markgröninger Schäferlaufs. (15 S.) kl. 8. Stuttgart (909). Holland & Josenhans. p — 20

Bartel, Pathologe, Wien, 1876-1928. 1905 s. *Bartel*, Julius.

Bartel, Steuersekretär, Stettin. 1897 s. *Bartel*, Paul.

Bartel's Phantasie-Stücke, s. Bartels, F.

Bartel, Ant., deutsch-slovenisches Hand-Wörterbuch, s: Janežič, Ant.

Bartel Engelbert: De vulgari Terentii sermone quaestiones tres.
1906 PN 2011 Diss.Wien. Univ.

Bartel, Ernst, aus Vechta in Oldenburg: Der mittelbarer [!] Besitz und die rei vindicatio gegen den mittelbaren Besitzer. *Erlangen 1899: E. Th. Jacob.* (28 S.) 8° [F. u. Ant.]
Erlangen, Jur. Diss. v. 4. Juni 1898

Bartel, F: Torfkraft. Untersuchgn üb. d. Wert d. Torfes als Energiequelle u. Vorschläge f. s. Nutzg f. Grosskraftwerke. (S. 164 m. Abb.) gr8° Berl., J Springer '13. 6 —; L 6.80

Bartel, F.H.
F. H. Bartel's Anleitung zur Rechenkunst, Geometrie und Mechanik in Beyspielen, mit Kupf. Prag, Gerle. 8. (1 Rthlr.) 1780

Bartel, Fr Wilhelm. Über den Wert des Fibrolysins. Diss. Vet.-Med. Bern. 26 S. 8. Berlin, R. Trenkel, 1909.

Bartel, Friedrich, approb. Arzt aus Pirmasens (Rheinpfalz): Ein Beitrag zur Kenntnis der spontanen Herzruptur: Erlangen 1904: Junge & Sohn. (50 S.) 8°
Erlangen, Med. Fak., Ref. Hauser, Diss. v. 8. Juli 1904
[Geb. 2. Juli 77 Pirmasens; Wohnort: Pirmasens; Staatsangeh.: Bayern; Vorbildung: Gymn. Landau Reife 96; Studium: München 4, Berlin 2, Erlangen 6 S.]

Bartel, Friedrich, Lehrer, Stemnitz. 1862: Gedichte, der deutschen Jugend ... gewidmet. — Stolp: Klein 1878. 110 S. 8° 9.
11.11469

Bartel Friedrich: Der römische Stuhl und die Nachfolgefrage unter Kaiser Rudolf II. Diss.Wien, Univ. H. 1910 PN 3077

— Die Wahlen und ihre Qualen. Ein Wort der Belehrung u. Warnung für die Bewohner des platten Landes. — Stolp 1862: Delmanzo. 46 S. 8° 38.
11.11470

Bartel's, G.C.: Homilien, s. Bartels, G.C.

Bartel, H: Cöpenick m. näh. Umgebg. 1:24,000. 41×45,5 cm. Farbdr. Cöpenick, R Schön ('11). nn — 25; m. Strassenverz. (4) 8° — 50

— dass. 1:5,000. 4 Bl. je 93×106 cm. Farbdr. Ebd. ('11). auf L m. St. nn 25 —

Bartel, Heinr., nordböhmische Klänge. Eine Sammlg. v. Arbeiterdichtgn. 12. (144 S.) Chemnitz 899. A. Langer. — 75

Bartel, Hermann: Dämmerungen. Gedichte. Hrsg. von Hermann Heuer. — Hamburg: Bartel 1907. VII,55 S. 8° 1:Yo 31284. 18.
11.11474

Bartel, J. Casp.: Opuscula jurid. III. T. *Francf.* 756—65. 4. (5 Thl.)

Bartel, Julius: Ein Apparat für Inhalationsversuche. Von Julius Bartel. Zur Inhalation zerstäubter bakterienhaltiger Flüssigkeit. Von R. Hartl u. E. Herrmann. — Wien [usw.]: Braumüller 1905. 21 S. 8°
Aus: Wiener klinische Wochenschrift. 18. 1905. 302.
11.11477

— Der normale und abnormale Bau des lymphatischen Systems und seine Beziehungen zur Tuberkulose. — Wien [usw.]: Braumüller 1907. 5 S. 8°
Aus: Wiener klinische Wochenschrift. 20. 1907. 302.
11.11478

— Die Bedeutung der Lymphdrüse als Schutzorgan gegen die Tuberkuloseinfektion. — Wien [usw.]: Braumüller [1905]. 8 S. 8°
Aus: Wiener klinische Wochenschrift. 18. 1905. 302.
11.11479

— Über die Beziehungen zwischen Organzelle und Tuberkuloseinfektion. — Wien [usw.]: Braumüller 1906. 6 S. 8°
Aus: Wiener klinische Wochenschrift. 19. 1906. 302.
11.11480

— Zur Biologie des Perlsuchtbazillus. — Wien [usw.]: Braumüller 1907. 6 S. 8°
Aus: Wiener klinische Wochenschrift. 20. 1907. 302.
11.11481

– Ueber den Einfluß der Hefenukleinsäure auf die Virulenz menschlicher Tuberkelbazillen. 1907, s. Bachrach, Robert.

— Experimentaluntersuchungen über den Einfluß von organischen Substanzen auf den Gang der Tuberkuloseinfektion beim Meerschweinchen. Von Julius Bartel u. Wilhelm Neumann. — Wien [usw.]: Braumüller 1907. 39 S. 8°
Aus: Wiener klinische Wochenschrift. 20. 1907. 302.
11.11482

— Experimentaluntersuchungen über natürliche Infektionsgelegenheit mit Tuberkulose. Von Julius Bartel u. Fritz Spieler. — Wien [usw.]: Braumüller 1907. 19 S. 8°
Aus: Wiener klinische Wochenschrift. 20. 1907. 302.
11.11483

— Der Gang der natürlichen Tuberkuloseinfektion beim jungen Meerschweinchen. Vorläufige Mitteilung von Julius Bartel u. Fritz Spieler. — Wien [usw.]: Braumüller 1905. 8 S. 8°
Aus: Wiener klinische Wochenschrift. 18. 1905. 302.
11.11484

— Der Gang der natürlichen Tuberkuloseinfektion beim jungen Meerschweinchen. Von Julius Bartel u. Fritz Spieler. — Wien [usw.]: Braumüller 1906. 12 S. 4°
Aus: Wiener klinische Wochenschrift. 19. 1906. 302.
11.11485

— Die Infektionswege bei der Fütterungstuberkulose. — Jena: G. Fischer 1905. 102 S. 8°
Aus: Klinisches Jahrbuch. 14. 1905. 24.
11.11486

— Die Infektionswege bei der Fütterungstuberkulose. — Wien [usw.]: Braumüller 1905. 9 S. 8°
Aus: Wiener klinische Wochenschrift. 18. 1905. 302.
11.11487

— Ueber experimentelle Inhalationstuberkulose beim Meerschweinchen. Von Julius Bartel u. Wilhelm Neumann. Wien [usw.]: Braumüller 1906. 11 S. 4°
Aus: Wiener klinische Wochenschrift. 19. 1906. 302.
11.11488

— Ueber die hypoplastische Konstitution und ihre Bedeutung. — Wien [usw.]: Braumüller 1908. 21 S. 8°
Aus: Wiener klinische Wochenschrift. 21. 1908. 302.
11.11489

— Leitsätze zur Frage der Tuberkuloseentstehung. — Wien [usw.]: Braumüller 1907. 7 S. 8°
Aus: Wiener klinische Wochenschrift. 20. 1907. 302.
11.11490

— Ueber Lymphdrüsenbefunde bei kongenitaler und postfötaler Lues. Von Julius Bartel u. Robert Stein. — Wien [usw.]: Braumüller 1908. 10 S. 8°
Aus: Wiener klinische Wochenschrift. 21. 1908. 302.
11.11491

Bartel, Jul.: Üb. Morbidität u. Mortalität, zugl. e. Beitrag z. Frage d. Konstitution. (5, 95) Lex8° Wien, F Deuticke '11. 2.50

Bartel, Jul.: Probleme d. Tuberkulosefrage. (147) Lex8° Wien, F Deuticke '09. 3.50

— Ein kurzer Rückblick auf die 1. Sektion des 6. Internationalen Tuberkulosekongresses in Washington vom 28. September bis 3. Oktober 1908. — Wien [usw.]: Braumüller 1909. 4 S. 8°
Aus: Wiener klinische Wochenschrift. 22. 1909. 302.
11.11495

— Status thymicolymphaticus u. Status hypoplasticus. Beitr. z. Konstitutionslehre. Mit e. allg. orientier. Statistik v. Bartel u. Bauer. (5, 112 m. Fig. u. 4 Taf.) Lex8° Ebd. '12. 4 —

— Lymphatisches System und Tuberkuloseinfektion. — Wien [usw.]: Braumüller 1905. 10 S. 8°
Aus: Wiener klinische Wochenschrift. 18. 1905. 302.
11.11499

— Ueber Tuberkuloseinfektion im Säuglingsalter des Meerschweinchens. — Wien [usw.]: Braumüller 1910. 12 S. 8°
Aus: Wiener klinische Wochenschrift. 23. 1910. 302.
11.11500

— Tuberkuloseinfektion im Säuglingsalter des Meerschweinchens und Kaninchens. — Wien [usw.]: Braumüller [1905]. 6 S. 8°
Aus: Wiener klinische Wochenschrift. 18. 1905. 302.
11.11501

— **Ueber chronisch entzündliche Veränderungen in Organgeweben bei Experimentaltuberkulose. — Wien [usw.]: Braumüller 1907. 4 S. 8°**
Aus: Wiener klinische Wochenschrift. 20. 1907. **302.**
11.11502

Bartel, Louis: Ueber die Lage der Landwirthschaft und den Bund der Landwirthe. Vortrag gehalten von Herrn Oberamtmann Barthel. — Cassel: Drewfs & Schönhoven 1893. 15 S. 8°
4. 34.
11.11507

Bartel, Martin, Arzt: Das Adenom der Nase. Königsberg i. Pr. 1905: O. Kümmel. (38 S.) 8°
Königsberg, Med. Fak., Ref. Garrè, Diss. v. 30. Juni 1905
[Geb. 27. Jan. 79 Königsberg i. Pr.; Wohnort: Königsberg i. Pr.; Staatsangeh.: Preußen; Vorbildung: Friedrichskollegium Königsberg Reife O. 99; Studium: Königsberg 9 S.; Coll. 28. Juni 05; Approb. 20 Febr. 04.]

Bartel, Max, ein Beitrag zur Lehre vom menstrualen Irresein. Diss. Berlin 1887, Mayer & Müller. 8°. 60 S.

Bartel. Max [aus Haynau i. Schles.]: Ein Beitrag zur Lehre vom menstrualen Irresein .... Berlin, Buchdr. v. Gustav Schade (Otto Francke) (1887); 60 S. + 1 Bl. 8°.
Berlin, Med. Fak., Inaug.-Diss. v. 16. Jul. 1887.

Bartel, Max: Entgegnung auf Herrn H. Stichel's Referat über unser 'Handbuch der Grossschmetterlinge des Berliner Gebietes' in der 'Berliner entomologischen Zeitschrift', XLVII, 1902 p. 296–299. (Verf.: Max Bartel u. Arthur Herz.) — (Guben 1903: Scholz.) 8 S. 8°
12: Zool. 22 u. 16. 30.
11.11509

Bartel, Max, s.: Grossschmetterlinge, die palaearktischen.

— **Handbuch der Grossschmetterlinge des Berliner Gebietes. Bearb. von Max Bartel u. Arthur Herz. — Berlin: Böttcher 1902. VIII, 92 S. 8°** **1: Lt 8635. 11. 304.**
11.11510

Bartel, Paul
[J.] Unterricht für Grenz- und Steuer-Aufseher. Z. Selbstunterr. f. ... Grenz- u. Steuer-Aufseher, sowie zu deren Vorbereitg f. d. Prüfg z. Hauptamts-Assist. ... nach amtl. Quellen bearb. v. P[aul] Bartel, Prov.-Steuer-Sekr. *Berlin: E. S. Mittler & Sohn 1897.* (XX, 557 S.) 1 Bd 8.
[97. 9307

[J] Unterrichtsbuch für Grenz- und Steuer-Aufseher. Z. Selbstunterr. f. die aus d. Militäranwärterstande hervorgegangenen Grenz- u. Steuer-Aufseher, sowie zu deren Vorbereitg f. d. Prüfg z. Hauptamts-Assist. bezw. Einnehmern 1. Klasse nach allgem. zugängl. amtl. Quellen bearb. v. P[aul] Bartel, Prov.-Steuer-Sekret. 2., durchges. u. verm. Aufl. *Berlin: E. S. Mittler & Sohn 1898.* (XXI, 591 S.) 1 Bd 8. [98. 9008

— **Bartel's Unterrichtsbuch für Grenz- und Steuer-Aufseher. Zum Selbstunterricht ... bearb. von W. Manzke. 3., durchges. u. verm. Aufl. — Ebd. 1902. XXIII, 636 S. 8°** **1: Gt 3924³. 17. 208.**
11.11516

— — **Nach d. neuesten Stande d. Gesetzgebung durchges u. verm. Ausg. d. 3. Aufl. [Nebst] Nachtr. u. Berichtigungen. — Ebd. 1904. 8°** **1: Gt 3924³°.**
11.11517

— — **4., vollst. neu bearb. Aufl. T. 1–3. Ebd. 1905. 8°**
1: Gt 3924⁴. 12[3]: Cam. 8 tid. 24. 38. 106. 208.**
11.11518

Bartel's Unterr.-Buch f. Grenz- u. Steuer-Aufseher. 5. Afl. v. W Manzke. (24, 804) gr8° Berl., ES Mittler & S. '07. 11 —; geb. 12 — d
Neue Afl. u. d. T.:
Unterrichtsbuch für Zollaufseher.

— **Bartel's Unterrichtsbuch für Zollaufseher. Zum Selbstunterricht ... bearb. von W. Manzke. 6., durchges. u. verm. Aufl. [Nebst] Nachtr. 2 [u.] Erg. H. — Ebd. 1908–09. 8°**
Erg. H. Manzke, Wilhelm: Anweisung für d. Zollkassen u. Oberzollkassen d. Verwaltung d. Zölle u. indirekten Steuern. 1909.
1: Hauptwerk [u.] Nachtr. 2 – Gt 3924⁶; Erg. H. – Gt 10061.
11 [Hauptwerk u. Nachtr. 2].**
11.11520

— — **6., durchges. u. verm. Aufl. [Nebst] Nachtr. 2 [u.] Erg. H. Ebd. 1909. 8°**
Erg. H. Manzke, Wilhelm: Anweisung für d. Zollkassen u. Oberzollkassen d. Verwaltung d. Zölle u. indirekten Steuern.
208.
11.11521

Bartels' Unterrichtsb. f. Zollaufseher. Bearb. v. W Manzke. Neue Ausg. d. 7. Afl., berichtigt u. ergänzt bis Herbst '12. (32, 970 u. 11) gr8° Berl., ES Mittler & S. '12. 12 —; geb. 13 — d

— dasselbe. Ergänzgsh., s.: Manzke, W., Anweisg. f. d. Zollkassen.

Bartel, Rud., s.: Adress-Buch f. abgekürzte Telegramm-Adressen.

Bartel, Rud., s.: Bilanzkritik, die.

Bartel, Wilh. (geb Meyenburg in d. Priegnitz 8 4 1858): Ein Fall von Frühjahrskatarrh der Conjunctiva. Berlin (1885) (28 S.) 8°
Berlin, Med Diss v 7 März 1885

Bartel, Wilhelm [aus Düsseldorf]: Zur Kritik des Berichtes über die Brucker Conferenz. (25. November 1626.) ... Marburg, Buchdr. O. Ehrhardt, 1890; 59 S., 1 Bl. 8°
Marburg, Phil. Fak., Inaug.-Diss. v. [12. Jan.] 1891

Bartel, Wilhelm: Über den Wert des Fibrolysins, s. Bartel, Fr. Wilhelm.

Barteld, Adolf: Weimar, s. Als Deutschland erwachte.

Barteld, H.: Kutschke's Einzug in Berlin. (Verf.: H. Barteld.) — (Berlin: Selbstverl. [1871].) 1 Bl. 4°
1: 26 in 2° Kr. Samml. N 71.
11.11533

Barteldes, Friedrich s. *Barteldes,* Friedrich Konrad.

Barteldes, Friedrich Konrad: Vernünfftige Gedancken und Anmerckungen von wahren Gebrauch und Mißbrauch der mineralischen, sonderlich pyrmontischen Wasser. — Minden: Detleffsen 1726. 94 S. 8°
1: Is 9148; an Is 9119 [u.] 2 an Is 9136². 7. 8. 9. 14. 15. 17. 18. 19. 23. 24. 25. 28. 29. 30. 41. 43. 45. 300: • 69 J 172(3). 302.
11.11534

Bartelemi, Abbé, Französischer Altertumsforscher, Direktor d. Münzkabinetts, Paris, 1716–1795. **1754 s. *Barthélemy,* Jean Jacques.**

Bartelheim, Justus: Rede bei der Einsegnung der Cadetten am Sonntage Misericordias Domini 1849. — Köln 1849: DuMont-Schauberg. 12 S. 8°
38.
11.11536

Bärteli-Zeitung. 1904. Jahrg. Organ des Vergnügungs-Komitees der Zunft zu Safran, Luzern. Bucheliheim, Sonntag, den 10. Januar 1904. Nº. 100. [Mit Vignetten.] 4 S. fol. (Luzern, C. J. Bucher.) Abonnementspreis fr. 1.— V^f Luz
Forts. von: Fritschi-Zeitung.

Bartell, Förster. **1857 s. *Anklage* und Verurtheilung des Hofbesitzers Bartsch wegen versuchten Giftmordes und Meineides und Anklage wider den Königl. Förster Bartell wegen Meineides. 1857.**

Bartell, Ed., üb. d. malerische Anlage u. Verbesserung kleiner geschmackvoller Landhäuserchen od. sogen. engl. Cottages. Nach d. Engl. Mit 2 Kpf. gr. 4. (Aus d. allgem. deutschen Gartenmagazin). Weimar, 1805. Landes-Ind.-Compt. — 22½

Bartelmann, Johannes

Bartelmann, I. De Alcibiade Thucydideo. (28) 4 Oldenburg, Berlin 1864. Schul-Schrift. 1,00.

Bartelmann, J. Einige Bemerkungen über das grammatische System von Becker. Oldenburg, G., 1857. 33 S.

Bartelmann, einige Bemerkungen üb. den Unterricht im Lateinischen u. Griechischen auf Gymnasien. (Programm.) gr. 8. (40 S.) Oldenburg 849. (Schulze.) n. 1/6 ₰

Zu der öffentlichen Classenprüfung der Schüler unserer Gelehrtenschule . . . ladet ein Johannes Bartelmann. 1867. Kiel 1867. 4°.

Bartelmäss, Martin

Bartelmäss, Martin: Die Ausweisung der Armenier aus Bistritz in Folge der Pest im Jahre 1712. 4 (S. 3—17)
Progr. Ev. Oberg. A. B. u. verbund Anstalten Bistritz 1897.

Bartelmees, Balthasar: Rede bey der am 23sten Merz 1819 vollzogenen Hinrichtung des Joseph Burger, gewesenen Rösselwirths zu Urloffen, wegen dem an dem Vogt Görwitz von da, an dessen Ehefrau, Tochter und Bruders Tochter am 6ten Dezember 1817 verübten Raubmords. — Offenburg [1819]:Patsch. 3 Bl. 8° 1:10 in 4° Fy 7898.
11.11546

Bartelmus, „Einiges über die vita Aristophanis und kritische Abh. der Verse 1469—1533 aus den Ranae." Pr. 1875. 9 S. 4°. 1.50

Bartelmus: Zur Frage der Küstenentwicklung. 8 S. Progr. Leutschau ev. 1864.

Bartelmus: Zur Frage der Küstenentwickelung. Pest.4° 12 S. Schul-/Univ.-Schrift 1864.

Bartelmus, Rudolf: Der vergleichende geographische Unterricht. — Troppau:Verf. 1896. 34 S. 8°
Erschien zuerst als Progr. Troppau Staats-Oberrealschule 1895/96.
302.
11.11547

Bartelmus, Traugott

— Die Erstlinge der wiederhergestellten evangelischen Kirchen- und Schulfreyheit zu Bielitz; am feyerlichen Dank- und Freudenfeste den 19. März 1782 ... in der Versammlung der Gemeinde von der Augsburgischen Confeßion dargebracht von Traugott Bartelmuß. — Wien: v. Schönfeld 1782. 45 S. 8° 41.
11.11549

Bartelmuss, Traugott s. *Bartelmus.*

Bartels. —

Christian Bartels, der Töpfermeister. Eine Unterredung über den Nothstand in Ostpreußen i. J. 1868. — Königsberg [1868]:Schultz. 16 S. 8° 10.
11.11562

Dr. Max Bartels zum Gedächtnis. 1905
s. *Bartels,* Paul.

Bartels, Amtsrichter, Sandersleben. 1896 s. *Bartels,* Adolf.

Bartels, (Literaturhistoriker), s. Bartels, Adolf

Bartels, Konsistorial-Vizepräsident, Wolfenbüttel. 1771
s. *Bartels,* August Christian.

Bartels, Domkapitular, Paderborn. 1909 s. *Bartels,* Christian.

Bartels, Hauptmann, Militärlehrer, Berlin. 1873
s. *Bartels,* Ernst.

Bartels, Professor d. Medizin, Marburg. 1804
s. *Bartels,* Ernst Daniel August.

Bartels (Romanschriftsteller), s. Bartels, Friedrich

Bartels, Schuldirektor, Gera. 1875 s. *Bartels,* Friedrich.

Bartels (Theaterschriftsteller), s. Bartels, Friedrich

Bartels, (Jurist, Reg.-Rat in Berlin), s. Bartels, Georg

Bartels, Pastor, Leiferde. 1901 s. *Bartels,* Johann.

Bartels, Professor d. Medizin, Kiel. 1822-1878. 1863
s. *Bartels,* Karl.

Bartels, Regierungsarzt auf den Marschall-Inseln. 1900
s. *Bartels,* Otto.

Bartels, Generalsuperintendent a. D., Aurich. 1857
s. *Bartels,* Petrus.

Bartels (Hrsg.), s. Anzeiger, Kirchlicher, f.d. evang. Gemeinden Dortmunds u. Umgebung.

Bartels: Kritische Beiträge zur Geschichte des Krieges, s. Bartels von Bartberg, Eduard.

Bartels: Bericht über d. Saatreinigungsmaschinen-Prüfung, s. Bartels, Frederik

Bartels: Ehe und Verlöbnis, s. Bartels, Eduard

Bartels' illustr. Familien-Kalender 1906. 26. Jahrg. (16, 16, 16 u. 32 m. 2 [1 farb.] Taf.) 8° Neuweissens., E Bartels. — 50 d

Bartels' illustr. Familien-Kalender 1910. 30. Jahrg. (15, 32, 16, 16, 4 u. 12 S. m. 2 farb. Taf. u. Wandkalender.) gr. 8. Weißensee, E. Bartels. — 50

Bartels' illustrierter Familien-Kalender 1907. 27. Jahrg. (XVI, 16, 16, 16, 16 u. 32 S. m. 2 farb. Taf.) gr. 8. Weißensee, E. Bartels. — 50

Bartels' illustr. Familien-Kaldr '12. 32. J. (48, 32 u. 40 m. 1 farb. Taf.) gr8° Weissens., E Bartels. — 50 d

Bartels, s. Handb. d. Wirtschaftsk.

Bartels (Hrsg.), s. Nachrichten von der Einrichtung und dem Fortgang der Hamburger Armenanstalt.

Bartels': Unterrichtsbuch für Zollaufseher, s. Bartel, Paul

Bartels, A. (Literaturhistoriker), s. Bartels, Adolf

Bartels A.: Ein Beitrag z. Lehre v. der lokalen Tuberkulose. Inaug.-Diss. Flensb. 1885. 20 S. P.

Bartels, A.: Üb. d. Einfluß der Gründüngung (u. andere Schriften zur Landwirtschaft), s. Bartels, Adolf

Bartels, A.C., s. Bartels, August Christian

Bartels, Adolf

Bartels, Adf., der Bauer in der deutschen Vergangenheit, s.a. Monographien zur deutschen Kulturgeschichte. 6.

— Der Bauer in der deutschen Vergangenheit. — Leipzig: Diederichs 1900. 142 S. 4° (Monographien zur deutschen Kulturgeschichte. 6.) 1:Sa 600/81-6. 2→11. 12:4°Germ.g.131k-6. 14→32. 34. 35. 36. 38. 39. 41→48. 51. 52. 53. 60. 61. 62. 75. 78. 79. 84. 91. 106. 107. 109. 111. 121. 123. 180. 203. 204. 207→211. 300:402.932-C. 6. 302. 303. 309.
11.11564

Bartels, Adf., s.: Christoterpe, neue.

— Chronik des Weimarischen Hoftheaters, 1817-1907. Festschrift zur Einweihung d. neuen Hoftheater-Gebäudes, 11. Januar 1908. — Weimar: Böhlau 1908. XXXVI, 375 S. 8° 1:Yp 1265. 5. 6. 8. 11. 12:L.eleg.g.23zh. 14. 15. 24. 27. 29. 30. 32. 39. 41. 45. 48. 78. 109. 117. 123. 300:457.605-B.Th. 302.
11.11568

— Dichterleben. Dramatische Dichtungen. — Frankfurt a. M. [usw.]: Schauenburg 1890. IV,208 S. 8° 1:Ys 26450. 28. 30. 41.
11.11570

Bartels, Adf., Dichterleben. Dramatische Dichtgn. 12. (V, 208 S.) Lahr 890. M. Schauenburg. n. 2. 50

— Die deutsche Dichtung der Gegenwart. Die Alten u. die Jungen. Eine litteraturgeschichtliche Studie. — Leipzig: Avenarius 1897. 119 S. 8° 1:Yc 6092/52. 7. 8. 14. 30. 33. 34. 42. 43. 46. 48. 51. 61. 79. 87. 88. 117. 207. 302. 307.
11.11571

Bartels, Adf., D. deutsche Dichtung d. Gegenwart. D. Alten u. d. Jungen. 2. Aufl. (Neue erweit. Ausg.) gr. 8. (VIII, 272 S.) Leipzig 898. E. Avenarius. n. 3. 60; geb. n. 5. —

— — 2. Aufl. ⟨Neue, erw. Ausg.⟩ Ebd. 1899. VIII,272 S. 8° 1:Yc 6092/52^{2}. 5. 8. 11. 14. 15. 21. 24. 26. 32. 38. 41. 44. 45. 46. 51. 88. 109. 117. 123. 203. 300:96.206-B. 302. 304.
11.11572

— — 3., verb. Aufl. Ebd. 1900. VIII,290 S. 8° 3. 5. 6. 9. 12:H. lit. P. 30w. 15. 19. 20. 23. 24. 30. 35. 36. 43. 47. 48. 61. 64. 75. 87. 88. 123. 207. 302. 307.
11.11573

— — 4., verb. Aufl. Ebd. 1901. VIII,300 S. 8° 2. 4. 7. 8. 10. 11. 14. 16. 18. 24. 28. 29. 38. 39. 41. 75. 93. 107. 111. 117. 211.
11.11574

— — 5., verb. Aufl. Ebd. 1903. VIII,314 S. 8° 7. 8. 14. 18. 32. 34. 46. 53. 62. 123.
11.11575

— — 6., verb. Aufl. Ebd. 1904. VIII,322 S. 8° 7. 17. 26. 30. 31. 38. 43. 60. 79. 91. 109. 207. 309.
11.11576

— — 7., verb. Aufl. Ebd. 1907. VIII,352 S. 8° 1:Yc 6092/52^{7}. 11. 14. 15. 24. 30. 60. 61. 109. 121. 207. 302.
11.11577

— — 8., verb. Aufl. Ebd. 1910. XI,401 S. 8° 1:Yc 6092/52^{8}. 17. 19. 21. 23. 24. 32. 34. 45. 61. 102. 109. 302→304.
11.11578

— Ausgewählte Dichtungen. — Wesselburen: Groth 1887. VI,56 S. 8° 8. 302.
11.11583

Bartels, Adolf, Literarhistoriker, Professor, Weimar, geb. 1862. 1887 [Teils.] Gesammelte Dichtungen. Bd 1.5.6. — München: Callwey 1903–05. 8°

1. Lyrische Gedichte. 1904.
5. Römische Tragödien. Die Päpstin Johanna. Catilina. Der Sacco. 1905.
6. Martin Luther. Eine dramatische Trilogie. 1903.

1:Yc 10375-1. 5. 6. 8. 12:P. o. germ. 76 ul. 14. 18. 19. 34. 107. 117. 169.
11.11563

Die Dithmarscher. Historischer Roman in 4 Büchern v. Adolf Bartels. Bd. 1–2. Kiel und Leipzig. 1898 (1897). 8°.

— Die Dithmarscher. Historischer Roman. Bd 1.2. — Kiel [usw.]: Lipsius & Tischer 1898. 8° 4. 7. 8. 10. 12:36/9914. 28. 62.
11.11584

— — 2. Aufl. Ebd. 1908. 649 S. 8° 5. 8. 9. 11. 15. 18. 24. 32. 53. 209.
11.11586

Die Dithmarscher. Hist. Roman in 4 Büchern von Adolf Bartels. 2. Aufl. Kiel & Leipzig: Lipsius & Tischer 1908. (649 S.) 8° [F.] [08. 13266 B

— Dürer in Venedig. 1898
s. *Baussnern*, Waldemar v. [Komp.]

Bartels, Adolf: Über den Einfluß der Gründüngung mit Senf und Erbsen in verschiedenen Entwickelungsstadien und bei verschiedener Stickstoff-Düngung auf die Denitrifikation. Göttingen 1910: Hoffmann, Leipzig. 132 S. 8°

Göttingen, Phil. Diss. v. 16. April 1910, Ref. v. Seelhorst

[Geb. 10. Mai 83 Celle; Wohnort: Celle; Staatsangeh.: Preußen; Vorbildung: Gymn. Celle Reife M. 03; Studium: Göttingen 2, Berlin 2, Göttingen 4 S.; Rig. 24. Nov. 09.] [U 10. 1393

— Einführg in d. Weltlit. (v. d. ältesten Zeiten bis z. Gegenwart) im Anschluss an d. Leben u. Schaffen Goethes. 3 Bde. 1—5. Taus. (1. u. 2. Bd: 10, 916; 5, 815) gr8° Münch., GDW Callwey '13. f. vollst. 21 —; L 26 —
Bd 3 ist noch nicht erschienen.

— Der Väter Erbe. s.a. Aus klaren Quellen.

— Der Väter Erbe. Ältere deutsche Prosa. — Stuttgart: Ev. Gesellschaft 1910. 159 S. 8° (Aus klaren Quellen. [2.]) 24. 207.
11.11592

— Gedichte. — Leipzig: Reißner 1889. 223 S. 8° 1:Yo 23098. 9. 12:36/9912. 32.
11.11598

Bartels, Adolf. Geschichte der deutschen Litteratur. In zwei Bänden. Band 1: Von den Anfängen bis zum Ende des achtzehnten Jahrhunderts. (*Umschlag:* 1. und 2. Aufl.) VIII + 512 S. 8. Leipzig, Eduard Avenarius, 1901. [M. 5. —]

Darin S. 182—185: Sebastian Brant und Thomas Murner, *S. 185—187:* Ulrich von Hutten, *S. 284—287:* Albrecht von Haller, *S. 496—499:* Johann Heinrich Pestalozzi, *S. 499—508:* Johann Peter Hebel, *u. s. w.*

Bartels, Adolf. Geschichte der deutschen Litteratur. In zwei Bänden. Band 2: Das neunzehnte Jahrhundert. VIII + 850 S. 8. Leipzig, Eduard Avenarius, 1902. [M. 5. —]

Darin S. 383—386 u. 466—482: Charles Sealsfield *und* Jeremias Gotthelf, *S. 422—424 u. 551—566:* Gottfried Keller, *S. 593—595 u. 710—718:* Joseph Viktor Scheffel, *S. 629 f. u. 747—758:* Konrad Ferdinand Meyer; *s. auch S. 53. 59. 66 f. 250. 431. 443. 447—450. 452 f. 610 f. 618. 639. 648. 669. 690—692 etc.*

— — 2. Aufl. Bd 1.2. Ebd. 1901–02. 8° 25. 28. 36. 39. 45. 308.
11.11604

— — 3. u. 4. Aufl. Bd 1.2. Ebd. 1905. 8° 7. 10. 12:H. lit. P. 30 wd. 14→17. 20. 24. 27. 30. 31. 32. 41. 47. 48. 61. 86. 87. 102. 123. 302. 303.
11.11605

— Geschichte d. dtschn. Literatur. 2 Bde. 11—15. Taus. 5. u. 6. Aufl. (XVI, 782 u. VI, 829 S.) 8. Leipzig 907. E. Avenarius. 10.—; geb. in Leinw. 12. —; in Liebh.-Bd. 14. —

— — 5. u. 6. Aufl. Bd 1.2. Ebd. 1909. 8° 1:Yc 5155^{5}. 10. 19. 22. 23. 30. 34. 38. 42. 46. 302. 304. 305.
11.11606

— Geschlechtsleben und Dichtung. Vortrag. — Berlin: Dartsch 1906. 27 S. 8° 1:X 7706/30. 2. 3. 4. 7. 9. 11. 14. 16. 20. 21. 24→29. 38. 41. 44. 60. 61.
11.11612

— Geschlechtsleben u. Dichtung. Vortrag, geh. auf der 18. allgemeinen Konferenz der deutschen Vereine zur Förderg. der Sittlichkeit in Hannover vom 14—16. X. 1906. (27 S.) 8. Berlin 906. (Leipzig, H. G. Wallmann.) n. 1. —

— Friedrich Geßler. Sein Leben u. seine Werke. Vortrag. Lahr: Schauenburg 1892. 130 S. 8°
1:Au 5306. 12:Biogr. 451 ay. 31. 32.
11.11613

Adolf Bartels. Jeremias Gotthelf. *Leipzig & Berlin: G. H. Meyer 1902.* (225 S.) 8° [F.] [02 911]

Bartels, Adolf. Jeremias Gotthelf. 2. [Titel-]Aufl. II + 226 S. 8. München und Leipzig, Georg Müller, 1904. [M. 2. 50, geb. 3. 50]

— Klaus Groth. Zu seinem achtzigsten Geburtstage. — Leipzig: Avenarius 1899. 145 S. 8° 1:Au 6803. 4. 5. 7→11. 12:Biogr. 480 eb. 14→18. 20. 26. 27. 28. 30. 31. 32. 35. 38. 44. 45. 46. 48. 51. 53. 60. 79. 87. 109. 117. 123. 302.
11.11616

— Johann Christian Günther. Trauerspiel. — Leipzig: Reißner 1889. 120 S. 8°
2. 12:Heyse-Archiv XI-42,6. 15. 32. 207.
11.11617

— Handbuch zur Geschichte der deutschen Literatur. — Leipzig: Avenarius 1906. XV,789 S. 8°
1:Yc 5172 [u.] 5172a. 5. 6. 8. 10. 12:H. lit. P. 30 wf. 14→18. 20. 21. 24→27. 29→32. 34. 35. 36. 38. 39. 41. 43→48. 51. 53. 60. 61. 62. 75. 78. 79. 86. 87. 102. 107. 111. 117. 123. 203. 208. 211. 300:444.536-B. Kat. 302. 303. 305.
11.11618

— — 2. Aufl. Ebd. 1909. XV,859 S. 8° 1:Yc 5172^{2}. 2. 3. 4. 6→9. 11. 12:H. lit. P. 30 wg [u.ö.] 15. 17. 18. 19. 21. 22. 28. 31. 32. 34. 38. 42. 44. 46. 48. 62. 64. 79. 84. 111. 169. 302→304.
11.11619

— Gerhart Hauptmann. — Weimar: Felber 1897. 255 S. 8°
1:Au 8183/3. 8. 12:P. o. germ. 587 gzf. 14. 15. 18. 20. 24. 26. 30. 32. 35. 36. 38. 41. 45. 46. 48. 60. 64. 88. 93. 109. 180. 207. 300:90.466-B. 302.
11.11620

— — 2., verm. Aufl. Berlin: Felber 1906. 315 S. 8°
1:Au $8183/3^{2}$. 2→6. 8. 9. 10. 15. 16. 30. 32. 39. 43. 44. 46. 61. 107. 109. 117. 203. 300:603.671-B. 302. 303.
11.11621

Bartels, Adolf (Hrsg.) s.a. H e b b e l, Friedrich: Sämtliche Werke.

— Christian Friedrich Hebbel, s.a. Universal-Bibliothek.

— Christian Friedrich Hebbel. — Leipzig: Reclam [1899]. 128 S. 8° (Dichter-Biographien. 3.) (Universal-Bibliothek. 3998.) 1:Ag 7201-3998. 2. 3. 5. 8. 9. 10. 12:Var. 380 k-3998 [2 Ex.] 14. 15. 16. 18. 20. 21. 28. 32. 41. 43. 46. 48. 53. 79. 107. 123. 207. 300:410.411-A. Per. 3998. 302. 308.
11.11623

— Aus der meerumschlungenen Heimat. Geschichten in Versen. — Wesselburen: R. Schulz 1896. 119 S. 8° 9. 32.
11.11626

— — 2. Aufl. Ebd. 1896. 119 S. 8° 43.
11.11627

— Heimatkunst s.a. Blätter, grüne, f. Kunst u. Volkstum. 8. Hft.

— Heimatkunst. Ein Wort zur Verständigung. — München [usw.]: G. Müller 1904. 20 S. 8° (Grüne Blätter für Kunst u. Volkstum. 8.)
7. 12:Per. 22 no-8. 17. 19. 26. 38. 41. 46.
11.11629

Heinrich Heine. Auch ein Denkmal. Von Adolf Bartels. Dresden & Leipzig: C. A. Koch 1906. (XV, 375 S.) 8° [F.] [06. 8839]

Heine-Genossen. Zur Charakteristik d. deutschen Presse u. d. deutschen Parteien. Von Adolf Bartels. Dresden & Leipzig: C. A. Koch 1907. (130 S.) 8° [F.] [07. 1060]

— — Mit e. Anh.: Sogenannte wissenschaftliche Kritik. (2. Aufl.) — Ebd. 1908. 187 S. 8° 1:Au $8700/220^{2}$. 6→9. 11. 12:P. o. germ. 591 pqs. 14. 15. 18. 24. 60. 61. 203. 302.
11.11632

— Das weimarische Hoftheater als Nationalbühne für die deutsche Jugend. Eine Denkschrift. — Weimar: Böhlau 1905. 60 S. 8° 12:L. eleg. g. 23 zg. 15. 24. 26. 32. 38. 52. 109. 207.
11.11635

— — 2. Aufl. Ebd. 1906. 70 S. 8°
1:Yp 1263^{2}. 2. 14. 22. 29. 32. 38. 41. 123. 207.
11.11636

— — 3. Aufl. Ebd. 1907. 82 S. 8° 1:Yp 1263^{3}. 7. 10. 11. 12:L. eleg. g. 564 f. 17. 25. 27. 30. 32. 33. 38. 39. 47. 111. 207. 300:620.726-B. Th.
11.11637

— Judentum u. deut. Lit. Vortr. (24) 8° Berl., Volkstüml. Bücherei. (Durch H Zieger, Lpzg.) '12. — 40 d

Bartels, Adf., das russische Kaninchen, s.: Poppe's, F., Bibliothek f. Kaninchenzüchter. 8. Bd.

— Konservativ, nicht reaktionär! Eine Art Glaubensbekenntnis. — Leipzig [usw.]: G. H. Meyer 1900. 8 S. 8°
Aus: Heimat. Blätter für Litteratur u. Volkstum. 1900.
1:Fc 4612. 17.
11.11642

Bartels, Adolf, s. K r i e g s f e s t s p i e l e, Schleswig-holsteinische.

— Kritiker und Kritikaster. Pro domo et pro arte. Mit e. Anh.: Das Judentum in d. deutschen Literatur. — Leipzig: Avenarius 1903. 124 S. 8°
1:Al 6668. 3. 8. 9. 10. 12:L. eleg. g. 23 ze. 14. 17. 18. 20. 23. 24. 29. 30. 32. 38. 41. 43. 46. 53. 60. 61. 62. 64. 109. 117. 123. 169. 207. 300:425.576-B. 302.
11.11643

— Jeremias Gotthelfs ⟨Albert Bitzius'⟩ Leben und Schaffen. Leipzig: Hesse (1908). 191 S. 8°
Aus: Gotthelf, Jeremias: Ausgewählte Werke [Teils.] 1. 1908.
8. 15. 29. 30. 35. 62.
11.11644

— Deutsche Literatur. Einsichten u. Aussichten. — Leipzig: Avenarius 1907. 17 S. 8°
Erschien zuerst in: Bayreuther Blätter. 30. 1907.
1:Yc 7188. 2→10. 12:H. lit. P. 30 wm. 14→21. 24→33. 36. 39. 41. 44. 46. 51. 60. 61. 66. 106. 109. 111. 117. 123. 169. 207. 302. 303. 307. 308.
11.11646

— Ein Berliner Litteraturhistoriker, Dr. Rich. M Meyer, s.a. Flugschriften d. Heimat.

Ein Berliner Litteraturhistoriker. Dr. Richard M. Meyer u. seine 'deutsche Litteratur' von Adolf Bartels. *Leipzig & Berlin: G. H. Meyer 1900.* (80 S.) 8° [F.]
= Flugschriften d. Heimat. H. 1. [ot. 1703]

— Der Literaturhistoriker und die Gegenwart. — Leipzig: Avenarius 1910. 17 S. 8°
1: Al 93/5. 2. 4. 5. 7. 8. 9. 11. 14. 15. 17. 21. 24. 26. 32. 34. 36. 41. 47. 51. 60. 61. 117. 207. 302. 304.
11.11648

Bartels, Adolf (Hrsg.), s. Otto Ludwig's Werke.

— Der junge Luther (Luther in Erfurt). Drama. — Leipzig: Avenarius 1900. 117 S. 8° 1: Ys 31573. 8. 12: P. o. germ. 76uh. 14. 15. 18. 20. 32. 39. 44. 53. 60. 117.
11.11650

Bartels, Adolf. *Große Männer in Wort und Bild.* Zwanzig weltgeschichtliche Gestalten . . . Illustriert von namhaften Künstlern. Lahr, Schauenburg [c. 1890]. Mit 20 farb. Taf. Gr.-8°. Orhlwd. 12.—

Bartels, Adolf (Hrsg.), s.a. Nationalfestspiele, Die ersten Weimarer.

Die ersten Weimarer Nationalfestspiele für die deutsche Jugend v. Adolf Bartels. Weimar 1909. 8°

Nochmals: Gustav Frenssens „Hilligenlei" v. Adolf Bartels. Ausschnitt aus: Kunstwart. Jg. 19. H. 9. München. 1906. 8°.

— Wilhelm von Polenz. — Dresden [usw.]: Koch 1909. 140 S. 8° 1: Av 6184/5. 4. 7→11. 12: Biogr. 905 sh. 14. 15. 18. 26. 32. 38. 42. 45. 46. 60. 66. 79. 109. 203. 207. 300: 463.081-B. 302.
11.11659

— Prediger-Geschichten. — Halle: C. E. Müller 1908. 40 S. 8° Aus: Neue Christoterpe. 1908.
2→5. 7→11. 15. 16. 21. 26→29. 32.
11.11660

— Wilhelm Raabe, s.a. Blätter, grüne, f. Kunst u. Volkstum. 2. Hft.

Wilhelm Raabe von Adolf Bartels. Ein Vortrag geh. im Berliner Verein z. Förderung d. Kunst. *Leipzig & Berlin: G. H. Meyer 1901.* (21 S.) 8° [F.]
= Blätter, Grüne. H. 2. [ot. 1046]

— — Ebd. 1901. 21 S. 8° (Grüne Blätter für Kunst u. Volkstum. 2.) 1: Ag 7233/50-2. 4. 7. 9. 10. 11. 17. 18. 23. 26. 30. 32. 38. 41. 51. 79. 107. 109. 304.
11.11662

— — Ebd. 1901. 21 S. 8° (Neue deutsche Hefte für Kunst u. Volkstum. 2.) 27. 30. 302.
11.11663

Wilhelm Raabe v. Adolf Bartels. Ein Vortrag. Leipzig. 1904. 8°

— Rasse. 16 Aufsätze zur nationalen Weltanschauung. — Hamburg: Hanseatische Dr.- u. Verl.-Anst. 1909. 199 S. 8°
1: F 12106. 8. 10. 12: Var. 281 sq. 18. 21. 24. 31. 32. 41. 43. 44. 51. 109. 160. 203. 205. 300: 465.251-B.
11.11664

Bartels, Adolf: Deutsches Schrifttum, s.a. Schrifttum

— Deutsches Schrifttum. Betrachtungen u. Bemerkgn. Jahrg. 1909 u. 1910. à 4 Nrn. (128 S.) gr. 8. Weimar, Selbstverlag. à Jahrg. 1. —

— Deut. Schrifttum. Betrachtgn u. Bemerkgn. '09'10'11. (4, 192) gr8° Weim., A Duncker V. '11. 3 —; jährl. 4 Nrn 1.20

— Dietrich Sebrandt. Roman aus d. Zeit d. schleswig-holsteinischen Erhebung. Bd 1. 2. — Kiel [usw.]: Lipsius & Tischer [1899]. 8° 18. 31.
11.11670

— Aus tiefster Seele. Eine Blütenlese deutscher Lyrik. — Lahr: Schauenburg [1895]. 288 S. 8° 14. 32.
11.11675

— — 2., verm. u. verb. Aufl. Ebd. [1897]. 320 S. 8° 60.
11.11676

— Aus tiefster Seele. Eine Blütenlese d. deutschen Lyrik von Klopstock bis zur Gegenwart. 3., verm. u. verb. Aufl. — Ebd. (1902). 376 S. 8° 11. 109. 207. 302.
11.11677

— Shakespeare u. d. engl. Drama im 16. u. 17. Jahrh. [Aus: „Einführg in d. Weltlit."] (104) gr8° Münch., GDW Callwey ('12). 1 — n

Fritz Stavenhagen. Eine ästhet. Würdigung von Adolf Bartels. Dresden & Leipzig: C. A. Koch 1907. (108 S.) 8° [F.] [ot. 1464]

— Adolf Stern. Der Dichter u. der Literaturhistoriker. Zu seinem 70. Geburtstage. — Dresden [usw.]: Koch 1905. 115 S. 8°
Erschien teilweise in: Westermanns Monatshefte. 81. 1897.
1: Av 16320. 5. 6. 9. 11. 12: Biogr. 1117 pci. 14. 15. 16. 24. 30. 32. 38. 39. 42. 44. 45. 87. 88. 106. 109. 117. 123. 302.
11.11684

Adolf Stern. Der Dichter u. d. Literaturhistoriker. Zu s. 70. Geburtstage von Adolf Bartels. Dresden & Leipzig: C. A. Koch 1905. (115 S.) 8° [F.] [ot. 1706]

— d. dumme Teufel od. d. Geniesuche. Kom. Epos i. 12 Gesängen. 12. (169 S.) [Dresden 896. Dresdener Verlagsanstalt.] Florenz, E. Diederichs. n. 1. 35; erh. Pr. n. 1. 50; geb. n. 2. —

— Der dumme Teufel od. d. Geniesuche. Kom. Epos. 12° (169) Dresd. 96. Lpzg. E Diederichs. 1.35; erh. Pr. 1.50

— Der dumme Teufel. Ein satirisch-komisches Epos. 2., verm. Aufl. — Leipzig: Diederichs 1899. 200 S. 8°
8. 14. 24. 30. 41. 53. 60. 61. 79. 88. 111.
11.11686

— Weimar. Die klass. Literaturperiode in ihrer nationalen Bedeutg., s.a. Als Deutschland erwachte. 7.

— Weimar. Die klassische Literaturperiode in ihrer nationalen Bedeutung. — Hamburg: Schloeßmann 1910. 108 S. 8° (Als Deutschland erwachte. 7.)
1: Qn 7703-7. 4. 18. 25. 26. 32. 51.
11.11693

Deutscher Schillerbund . . . Weimar-Führer. [Verf.: Adolf Bartels.] — Weimar 1909: (Roltsch.) 32 S. 8° [Umschlagt.]

— Die fröhliche Wiederkunft. Festspiel zum 400jährigen Jubiläum d. Stadtkirche in Weimar. — Weimar: Böhlau 1900. X, 36 S. 8° 1: Ys 31259. 14. 27. 32. 39. 109.
11.11701

— Ein ruhiges Wort in der Heinedenkmal-Angelegenheit. — (Weimar [1909]: Roltsch.) 4 S. 8° 39.
11.11702

— Wilde Zeiten (Rolves Karsten) s.a. Volksbücher, Wiesbad., 79.

— Wilde Zeiten (Rolves Karsten). Eine Erzählung aus d. Dithmarscher Geschichte. — Wiesbaden: Volksbildungsverein 1906. 205 S. 8° (Wiesbadener Volksbücher. 78.)
1: Yc 7681/12-78. 17. 24. 41. 43. 60.
11.11703

— — Ebd. 1910. 205 S. 8° (Wiesbadener Volksbücher. 78.)
14. 46. 307.
11.11704

Bartels, Adolf, Amtsrichter, Sandersleben. 1896: **Zusammenstellung** des im Herzogthum Anhalt geltenden Polizeistrafrechts, mit Ausnahme der kreis- und ortspolizeilichen Strafvorschriften. — Dessau (1896): Dünnhaupt. XXIII, 510 S. 8° **111.**
11.11707

Bartels, Amandus, aus Cranz a. d. Elbe: I. Ueber Einwirkung von Aethylengas auf Pseudocumol bei Gegenwart von Aluminiumchlorid. II. Eine neue Methode zur Darstellung hochalkylierter Kohlenwasserstoffe. III. Ueber Hexaäthylbenzol. *Heidelberg 1899: J. Hörning.* (45 S.) 8°
Heidelberg, Naturw.-math. Diss. v. [26. Apr.] 1899

Bartels, August Christian
Bartels, A. C., Cicero orator apte dicens. Gel. 1771. 26 S. 4°.

Bartels, August Christian: Cicero orator apte dicens. Tractatio. — Helmstadii (1771): Leuckart. 26 S. 8°
1: 16 in 4° Bibl. Diez 2520. 12: 4° Diss. 4996/1.
11.11712

— s. J. K. A. Henke, Predigten.

Bartels, A. Chr., de Janis inversis ac de duplicitate generatim. Dissert. inaug. anatom.-physiolog. Acced. tab. aen. II. 4 maj. (4 B.) Berolini 830, (Hirschwald.)

Bartels, Aug. Christian (Helmstedt), De Janis inversis ac de duplicitate generatim. Diss. anatom.-physiol. Bln. (Gebr. Unger) 9. XII. 1830. 28 S. mit Biogr. (M.: Dorothea Herold.) (6.—) 1118
Mit 2 Tafeln Abbild. (C. L. Müller del C. Guinand sc.). — Oppon.: C. F. Picht, H. v. Pommeresche, C. Wallmüller. — Gew.: Gg. Chn. Bartels, Moritz Herold.

— Ueber die **Kennzeichen,** nach welchen man den Werth guter Rührungen beurtheilen muß. Eine Predigt. — Braunschweig: J. C. Meyer 1794. 26 S. 8° **23. 33. 42.**
11.11713

— Eine Confirmationsrede [**Konfirmationsrede**] nebst einer Predigt vom heiligen Abendmahle. — Braunschweig: Fürstl. Waisenhausbuchh. 1780. 79 S. 8° **4. 14. 23. 27. 42.**
11.11714

— Confirmationsrede, nebst e. Predigt v. heil. Abendmahl. gr. 8. Braunschw. 781. Schulbuchh. 4 gr.

— Confirmationsrede [**Konfirmationsrede**] vom Jahre 1784 nebst einer Predigt vom würdigen Gebrauche des heiligen Abendmahls. — Braunschweig: Fürstl. Waisenhausbuchh. 1784. 62 S. 8° **14. 23.**
11.11715

Bartels, Aug. Chr., († d. 16. Dec. 1826.) Confirmationsrede 1784. gr. 8. Braunschw. 785. Schulbuchh. 3 gr.

— Letzte Confirmationsrede [**Konfirmationsrede**] nebst der Abschiedspredigt in der Martinskirche und Antrittspredigt in der Fürstl. Schloßkirche zu Braunschweig. — Braunschweig: Schulbuchh. 1790. 76 S. 8° **27.**
11.11716

— **Confirmationsreden,** nebst einer Predigt vom heil. Abendmahl, gr. 8. Ebend. 789.

— Zwey Confirmationsreden [**Konfirmationsreden**] nebst einer Predigt wider die Aengstlichkeit beim heiligen Abendmale. — Braunschweig: J. C. Meyer 1788. 86 S. 8°
3. 12: Hom. 99.
11.11717

— Von dem **Nutzen** guter geistlicher Lieder. Eine Predigt nach der Einführung des neuen braunschweigischen Gesangbuchs. — Hannover 1780: Schlüter. 47 S. 8° **42.**
11.11718

— **Predigt** bey seiner Amtsjubelfeier am 4ten Adventssonntage 1823 in der Hauptkirche zu Wolfenbüttel gehalten. — Braunschweig: J. H. Meyer [1823]. 32 S. 8° **5. 23. 42.**
11.11719

— **Predigt** bey der öffentlichen Dankfeier wegen der Geburt eines Prinzen des Braunschweigischen Hauses am 23. Sonntage nach Trinitatis 1804 gehalten. — Braunschweig: J. H. Meyer [1804]. 36 S. 8° **27. 42.**
11.11720

— **Predigt** bey der öffentlichen Dankfeier wegen der höchsterfreulichen Rückkehr Seiner Durchlaucht des Herzogs zu Braunschweig Friedrich Wilhelm in seine Staaten am Neujahrstage 1814 in der Hauptkirche zu Wolfenbüttel gehalten. — Wolfenbüttel: Albrecht [1814]. 31 S. 8°
23. 27. 42.
11.11721

— **Predigt** bey Eröffnung des Allgemeinen Landtages am 12ten October 1819 in der Domkirche zu Braunschweig gehalten. — Braunschweig [1819]: J. H. Meyer. 31 S. 8°
18. 23. 42.
11.11722

— **Predigt** bey der dritten hundertjährigen Jubelfeier der evangelischen Kirche am 31. October 1817. — Wolfenbüttel: Bindseil [1817]. 32 S. 8° **23. 27. 42.**
11.11723

— **Predigt** am Reformazionsfeste, dem 13ten Sonntage nach Trinitatis 1789 mit beigefügter öffentlicher Danksagung wegen der seligen Vollendung des Herrn Abts und Vicepräsidenten Jerusalem. — Braunschweig: Schulbuchh. 1789. 30 S. 8° **5. 23. 27. 42.**
11.11724

— **Predigt** beim Schlusse des Allgemeinen Landtages am 12. August 1823 in der Domkirche zu Braunschweig gehalten. — Braunschweig [1823]: J. H. Meyer. 31 S. 8°
23. 42.
11.11725

Bartels, Aug. Chr., Predigt von d. Siege über d. Versuch. d. Sünde. gr. 8. Braunschw. 788. Meyer. 4 gr.

— Predigt von d. Theilnehmung fremder Noth. gr. 8. Braunschw. 787. Schulbuchh. 4 gr.

— **Predigten** zur Beförderung einer vernünftigen Aufklärung in der Religion. — Züllichau: Frommann 1793. 316 S. 8° **1: Eb 11645. 4. 23. 26. 27. 42.**
11.11726

— **Predigten** zur Beförder. einer vernünft. Aufklär. in der Religion. 8. Züllichau, (Frommann in Jena). 793.

— u. G. Fr. Dinglinger, Predigten am Säkularfeste 1801. gr. 8. Wolfenb. 801. Albrecht. 6 gr.

— Zwey **Predigten** zur Empfehlung der neueingerichteten Braunschweigischen Armenanstalt. — Braunschweig 1805: J. H. Meyer. 60 S. 8° **23. 27. 42.**
11.11727

— Zwey **Predigten** am Neujahrstage 1808 und am Feste wegen des Antritts der Regierung Seiner Majestät des Königs von Westphalen Hieronymus Napoleon. — Braunschweig [1808]: J. H. Meyer. 44 S. 8° **23. 27.**
11.11728

— Zwey **Predigten** bey der Secularfeier am Neujahrstage 1801 gehalten und nebst den für diese Feier verordneten Kirchengebeten hrsg. von August Christian Bartels u. Georg Friedrich Dinglinger. — Braunschweig 1801. 92 S. 8° **23. 27. 42.**
11.11729

— Von dem **Siege** über die Versuchungen zur Sünde. Eine Predigt über d. Evangelium am Sonntage Invocavit. — Braunschweig: J. C. Meyer 1788. 54 S. 8°
5. 12: Hom. 99 m. 23.
11.11730

— Von der **Theilnehmung** an fremder Noth. Eine Predigt über das Evangelium am 16. Sonntage nach Trinitatis Lucä 7. v. 11–17. — Braunschweig: Schulbuchh. 1787. 24 S. 8°
23.
11.11731

— **Verzeichnis** der von weiland Herrn Vicepräsidenten Abt und Consistorialrathe D. A. Chr. Bartels zu Wolfenbüttel nachgelassenen Bücher-Sammlung und Repositorien. [Auktionskat.] — Wolfenbüttel 1827. 126 S. 8° 23.
11.11732

— Die **Vorrechte** des Frommen im Leiden und im Tode. Eine Predigt am öffentlichen Bettage den 19. September 1781. — Helmstedt 1781: Leuckart. 32 S. 8° 23. 42.
11.11733

— Ueber den **Werth** und die Wirkungen der Sittenlehre Jesu. Th. 1. 2. — Hamburg: Bohn 1788–89. 8°
1: D 9320. 4. 7. 9. 19. 21. 27. 28. 42. 304.
11.11734

— über d. Werth u. d. Wirkung d. Sittenlehre Jesu. 2 Thle. gr. 8. Hamb. 788, 89. (Hoffmann u. Campe). 1 ℛ 8 gℓ

— Collegialische **Zuschrift** an Herrn Superintendent Breithaupt, mit nochmaliger herzlicher Bitte um collegialische Eintracht. — Braunschweig: J. C. Meyer 1788. 28 S. 8°
5. 7. 14. 44.
11.11735

— collegial. Zuschrift an Breithaupt, mit Bitte um Eintracht. gr. 8. Braunschw. 789. Meyer: 2 gℓ

Bartels, A. J., der Heilige Geist. Predigt. Gehalten zu Pfingsten 1888 in Chicago, Ill. 16. (16 S.) Berlin 889. (Siegismund.) — 1ℓ

—— Die Lehren der Neuen Kirche [Swedenborg], s. Meuschner, J. C.

Bartels, B.: Über N o m a , s. B a r t e l s , Bernhard

Bartels, Balthasar Daniel: Poëtische **Nachricht** von der bey Alten-Stettin im Monath Julio 1736 gewesenen Wasser-Fluth. — Stettin: Reimar [1737]. 6 Bl. 8° 2.
11.11736

— Die im vorigen Jahre von Sr. Königlichen Majestät in Preussen, der hiesigen Schützen-Compagnie ... allergnädigst-ertheilte **Schützen-Freude**. — Alten-Stettin (1735): Effenbahrt. 4 Bl. 8° 2.
11.11737

— Das jetzt-blühende **Stettin**, mit poetischer Feder entworffen ... am 12. May 1734. [Nebst] Poetische Forts. [u.] Anderweitige Forts. — Alten-Stettin (1734–39): Effenbahrt. 8° 1[∞Forts.]: T 6100. 2. 7[∞Forts.] 9[∞Forts.] 79 [∞Anderweitige Forts.]
11.11738

Bartels, Bernhard [aus Meile]: Ueber Noma ... Göttingen, Druck d. Dieterich'schen Univ.-Buchdr., 1892; 35 S. 8.
Göttingen, Med. Fak., Inaug.-Diss. v. [17. Febr.] 1892

Bartels, Bernh. Üb. Noma. Diss. gr. 8. (35 S.) Gött. 892, (Vandenhoeck u. Ruprecht). * — 80

Bartels, C. s. *Bartels*, Karl.

Bartels, C. F., s. Hennemann, W., die differentielle Diagnostik.

Bartels, C. A. s. *Bartels*, Klemens August.

Bartels, C.O. s. *Bartels*, Karl Otto.

Bartels, Carl, s. B a r t e l s , Karl

Bartels, Carl Heinrich: Die L u f t . . . , s. B a r t e l s , Karl

Bartels, Carl Hermann

Ansprachen gehalten in der Loge zum Schwarzen Bären im Or. Hannover von Carl Herm. **Bartels.** [Hannover] 1884: Meinecke. 32 S. 8°
13 Ansprachen u. Toaste in Versen, meist i. d. Tafelloge gehalten.

Erwiderung auf die Begrüssung der besuchenden Brüder bei dem Stiftungsfeste der Loge zu den fünf Thürmen in Halle am 18. Mai 1890 gebracht von Carl Herm. **Bartels.** [Halle 1890.] 2 Bl. 8° [Kopftit.]
Gedicht: „Ehrwürdiger Meister, vielgeliebte Brüder!"

[Lithogr.] **Johannisgruss** an die geliebten Brüder der Loge „Zu den fünf Thürmen am Salzquell" im Or. Halle von Carl Herm. Bartels. Hannover 1890. 2 Bl. 8° [Kopftit.]

Bergmann, Friedr.: Bergmann und seiner geliebten Schwester. **Trinkspruch** in Veranlassung der am 25. Juli 1888 stattgehabten Silberhochzeit, gebracht in der Loge zum schwarzen Bär im Or. Hannover am 6. Sept. 1888 vom Br. Carl Herm. **Bartels.** [Hannover 1888: Höltje.] 2 Bl. 8° [Kopftit.]
In Versen: „All' meine vielgeliebten Brüder ..."

Dem Vaterlande! Trinkspruch gebracht bei der Johannisfest-Tafelloge der Loge zum schwarzen Bär im Or. Hannover vom Carl Herm. **Bartels.** [Hannover] o J.: [Culemann]. 2 Bl. 8° [Kopftit.]

Bartels, Carl Moritz Nicol., s. B a r t e l s , Karl Moritz Nikolaus

Bartels, Christian, Töpfermeister. 1868
s. *Bartels.* — Christian Bartels, der Töpfermeister. 1868.

Bartels, Christian, Domkapitular, Paderborn. 1900: Der katholische **Erziehungsverein** ⟨Sitz Paderborn in Westfalen⟩ E. V. — Paderborn: Schöningh (1909). 30 S. 8° 211.
11.11741

— Die **Förderung** der Priesterberufe nach den Anweisungen des Hl. Vaters Pius' XI. — Paderborn: Bonifacius-Dr. (1926). 53 S. 8° 1: Dp 8088. 6. 101. 211.
11.11742

Bartels, Clemens, s. B a r t e l s , Klemens

Bartels, Daniel: Der Ball, oder: Abentheuer einer Köchin. Ein Gedicht von D. Bs. [d. i. Daniel Bartels]. — Hamburg [um 1870]: H. J. H. Meyer. 8 S. 8° 18.
11.11744

(—) Gambrinus-Leed. — [Hamburg 1881.] 1 Bl. 8° 1:49 in Yf 6831.
11.11745

— Der Grillenscheucher. Original-Gedichte ernsten und meist humoristischen Inhalts zum Deklamiren. — Hamburg [usw.]: Richter [1866]. 111 S. 8° 18.
11.11746

— — 2. Thl. Ebend. 868. 16. (VII, 136 S.) n. 15 ngr.

Bartels, Dan., der Grillenscheucher. Original-Gedichte in hoch- u. plattdeutscher Sprache. Vorzugsweise humoristischen Inhalts zum Declamiren. 1. Thl. 866. (VII, 111 S.) — 2. Aufl. Hamburg 869. J. F. Richter. 16. (VII, 136 S.) n. 15 ngr.

— — Th. 3–8. Hamburg: Nestler & Melle 1871–79. 8°
1 [= 3/6]: Yc 2874–7.8. 9 [= 3.4]. 14 [= 3.4.8]. 15 [= 3/5.6]. 18 [= 3.4.8]. 28 [= 6/8]. 60 [= 3/6].
11.11747

Bartels, Daniel, der Grillenscheucher. Original-Gedicht in hoch- und plattdeutscher Sprache. Scherz und Ernst zum Declamiren. 1. 2. und 4. Thl. gr. 16. Hamburg 873, Nestler und Melle. [1. Thl. 2. Aufl. 869, und 3. Aufl. (IV, 134 S.); 2. Thl. 2. Aufl. (IV, 137 S.); 4. Thl. (IV, 152 S.)] à Thl. *

— — 2. Aufl. Th. 2–6. Ebd. 1872–81. 8°
1 [= 2/4]: Yc 2874–5.6. 9 [= 2.3]. 14 [= 2.3.5.6]. 15 [= 2/4]. 18 [= 5.6]. 28 [= 3/6]. 48 [= 2/4.6]. 60 [= 2/5].
11.11748

— — 3. Aufl. Th. 1–5. Ebd. 1873–79. 8°
1 [= 1/3.5]: Yc 2874–4. 9 [= 1.5]. 14 [= 1.4.5]. 15 [= 1/3.5]. 28 [= 2/5]. 48 [= 1/3.5]. 60 [= 1/3].
11.11749

— — 4. Aufl. Th. 1–3. Ebd. 1874–81. 8°
1 [= 1]: Yc 2874–2.3. 9. 14 [= 2.3]. 15 [= 1.2]. 18 [= 2.3]. 48 [= 1].
11.11750

— — 5. Aufl. Th. 1. Ebd. 1877. 134 S. 8°
1: Yc 2874–1. 15. 30.
11.11751

— — 6. Aufl. Th. 1.3. Ebd. 1884–86. 8° 9 [= 3]. 60 [= 1].
11.11752

— — 7. Aufl. Th. 1. Ebd. 1888. VIII,134 S. 8° 48. 60.
11.11753

— — (Neue, veränd. Ausg.) 2. Aufl. Th. 8. Hamburg: Verl.-Anst. & Dr. A.-G. [1892]. 120 S. 8° 8. 18.
11.11754

— — (Neue, veränd. Ausg.) 3. Aufl. Th. 7.8. Ebd. [1892]. 8°
9 [= 7]. 18 [= 8].
11.11755

— — (Neue, veränd. Ausg.) 4. Aufl. Th. 5/7. Ebd. [1892]. 8°
9 [= 5.6]. 18 [= 7].
11.11756

— — (Neue, veränd. Ausg.) 5. Aufl. Th. 2.5.6. Ebd. [1892].
9 [= 2]. 14 [= 5.6]. 60 [= 5.6].
11.11757

— — (Neue, veränd. Ausg.) 6. Aufl. Th. 2.4. Ebd. [1892]. 8°
9 [= 2]. 18.
11.11758

— — (Neue, veränd. Ausg.) 7. Aufl. Th. 2. Ebd. [1892]. VI,111 S. 8° 8. 9.
11.11759

— — (Neue, veränd. Ausg.) 8. Aufl. Th. 2. Ebd. [1892]. VI,111 S. 8° 9.
11.11760

— — (Neue, veränd. Ausg.) 9. Aufl. Th. 3. Ebd. [1892]. IV, 129 S. 8° 9. 18.
11.11761

— — (Neue, veränd. Ausg.) 10. Aufl. Th. 1. Ebd. [1892]. VI, 105 S. 8° 18.
11.11762

— — (Neue, veränd. Ausg.) 11. Aufl. Th. 1. Ebd. [1892]. VI,105 S. 8° 9.
11.11763

Bartels, Dan., der Grillenscheucher. Scherz u. Ernst in hoch- u. plattdeutscher Sprache. 5. Tl. 6. Aufl. 8. (VI, 123 S.) Hamburg (902). Verlagsanst. u. Druckerei. n. 1.—
1.—4. u. 6.—8. Tl. Ebd. 802. à n. 1.—.

Bartels, Dan.: Der Grillenscheucher. Scherz u. Ernst in hoch- u. plattdeut. Sprache m. Illustr. 9 Tle. 8° Hambg, F Dörling '11. je 1 —; in 3 Bde geb., HL je 3 — d
I. 14. Afl. (5, 142 m. Bildn.) ‖ II. 11. Afl. (5, 110) ‖ III. 12. Afl. (5, 129) ‖ IV. 9. Afl. (5, 124) ‖ V. 7. Afl. (5, 123) ‖ VI. 7. Afl. (5, 118) ‖ VII. 6. Afl. (5, 125) ‖ VIII. 5. Afl. (5, 123) ‖ IX. 2. Afl. (5, 145)

— Hammonia in Greun. Scherzgedicht för Ooldjahrs-Avend. 2. Aufl. — Hamburg: Nestler & Melle 1877. 2 Bl. 8° 18.
11.11773

[—] Musen-Tisch-Lied zum 24. November 1881. — (Hamburg: Isermann 1881.) 1 Bl. 8° 1:48 in Yf 6831.
11.11774

— Datt Cuxhavener Museum. August 1878. — Hamburg 1898: Baumann. 1 Bl. 2° 9. 18. 26.
11.11775

— Aus meiner Plaudermappe. Plattdeutsche und hochdeutsche Gedichte sowie prosaische Schriften. — Hamburg: Kramer 1890. 158 S. 8° 18.
11.11776

— Pluckfinken. Hoch- und plattdeutsche Gedichte. — Hamburg: Nestler & Melle (1882). 154 S. 8°
1: Yc 2874/9. 9. 18. 48.
11.11777

— Pluckfinken. Hoch- u. plattdeutsche Gedichte. 12. (IV, 154 S.) Ebend. 883. n. 1. 50

— Prophezeiung eines alten Siebenschläfers für das Jahr 1880. Scherzgedicht. — Hamburg: Nestler & Melle [1879]. 2 Bl. 8° 18.
11.11778

[—] Spaziergänge im Fabelkleide. — Hamburg [usw.]: J. F. Richter 1869. 124 S. 8° 1: Yo 12982. 9. 18.
300: 120.951-A.
11.11779

(—) Steernsnuppen. — [Hamburg um 1880.] 2 Bl. 8°
1:59 in Yf 6831.
11.11780

Bartels, E. (Kochbücher), s. Bartels, Elvira

Bartels, E. (Post u. Verkehr), s. Bartels, Emil

Bartels, E. (Philologe), s. Bartels, Enno

Bartels, E. (Prof. der Medizin), s. Bartels, Ernst Daniel August

Bartels, E.: Ehe, s. Bartels, Eduard

Bartels, E.: Systembildung, s. Bartels, Erich

Bartels, E.: Zum Vortrag, s. Bartels, Elise

Bartels, E.A.D. (Arzt), s. Bartels, Ernst Daniel August

Bartels, E.D.A. (Arzt), s. Bartels, Ernst Daniel August

Bartels, Eduard: Ehe und Verlöbniß nach gemeinem und particulärem Rechte in der Provinz Hannover. — Hannover: Hahn 1871. VIII,413 S. 8° 1:Ft 2661. 2. 4→11. 15. 17→21. 24. 25. 27. 28. 29. 35. 46. 208.
11.11781

— Die Stellung der evangelischen Kirche zur Civilehe im Hinblick auf deren bevorstehende Einführung in Bremen. Ein Vortrag. — Bremen 1875: Hilgerloh. 22 S. 8° 25.
11.11782

— Die Varusschlacht und deren Oertlichkeit. 8°
Aus: Mittheilungen des Vereins für Geschichte und Landeskunde von Osnabrück. 26. 1902.
18.
11.11783

— — Hamburg: Mauke 1904. 67 S. 8°
1:Rx 8800/24. 6. 14. 15. 16. 18. 20. 24. 25. 28. 29. 44. 45. 47. 51. 60. 61. 202.
11.11784

Bartels, Elise: Zum Vortrage. Eine Sammlung deutscher Gedichte. — Berlin: Wiegandt & Grieben 1897. 599 S. 8°
1:Yf 4263/15. 11. 109.
11.11787

— — 2., völlig umgearb. Aufl. Berlin: Behr 1904. XV,554 S. 8° 1:Yf 4263/15². 11. 30.
11.11790

— — 2., völlig umgearb. Aufl. Ebd. [um 1910]. XV,554 S. 8° 16.
11.11791

Bartels, Elvira: Kochbuch oder gründliche Anweisung, einfache u. feine Speisen mit möglichster Sparsamkeit zuzubereiten. 10. Aufl. — Berlin: Bartels 1883. 427 S. 8°
1:Oq 7980/12¹⁰.
11.11793

Bartels, Elvira, bürgerliches Kochbuch od. gründliche Anweisg., einfache u. feine Speisen m. möglichster Sparsamkeit zuzubereiten, unter besond. Berücksicht. der Fortschritte, die in der Chemie gemacht worden sind. 10. Aufl. 8. (482 S.) Neuweißensee (905). E. Bartels. 3. —; kleine Ausg. (208 S.) 1. 25; kart. 1. 50; geb. 2. —

Bartels, Emil
Bartels, E., s.a. Auslandsdienst, der, bei den Verkehrs- u. Grenzpostanstalten.

Bartels, Emil: Der Auslandsdienst bei den Verkehrs- und Grenzpostanstalten sowie in den Bahnposten und Grundsätze für die Verwendung der Beamten in den deutschen Schutzgebieten nebst den dort gewährten Zuschüssen. Nach d. Stande vom 1. Mai 1902. (Verf.: E. Bartels.) — Berlin: Verband Deutscher Post- u. Telegr.-Assistenten 1902. VII,96 S. 8° 1:Gz 5023. 208.
11.11794

Bartels, Emil, der Auslandsdienst bei den Verkehrs- u. Grenzpostanstalten sowie in den Bahnposten u. Grundsätze f. die Verwendg. d. Beamten in den deutschen Schutzgebieten nebst d. dort gewährten Zuschüssen. Ein Hilfsbuch z. tägl. Gebrauch u. zum Studium. 2., umgearb. Aufl. (VIII, 128 S.) 8. Frankfurt a/M. 908. H. Ehrentraut. 1.60; erm. Pr. — 50

— — 2., umgearb. Aufl. Frankfurt a.M.: Wolstein & Teilhaber 1908. VIII,128 S. 8° 30. 38. 208. 212.
11.11795

— 300 Fragen aus der Postordnung (Abschn. V,1 der A.D.A.) nebst Antworten. Ein Lehr- und Hilfsbuch für Postbeamte. Bearb. von Emil Bartels. Durchges. u. erg. von Hermann Wiltz. — Straßburg: Wolstein & Teilhaber 1905. 96 S. 8° 30. 208.
11.11796

! — 300 Fragen a. d. Postordng. Jetzt: Frankf. a/M., H Ehrentraut. — 50 01/05

— Verzeichnis der Flensburger Stiftungen ... Bearb. von Bartelt. — Flensburg 1904: J. B. Meyer. 127 S. 4°
1:N 09.241. 8. 61.
11.11797

Bartels, Emil: Welche Unterschiede bestehen zwischen der Vertretung des Kaufmannes durch den Prokuristen, der offenen und Kommanditgesellschaft durch die Gesellschafter, und der Aktiengesellschaft und eingetragenen Genossenschaft durch den Vorstand? *Stade 1897: A. Pockwitz.* (29 S.) 8° [Umschlagt.]
Erlangen, Jur. Diss. v. 1897

Wie erlange ich Anstellung bei der Post, Telegraphie oder Reichsdruckerei? Ein Ratgeber z. Berufswahl in bezug auf alle Stellen bei d Reichs-Post- u. Telegraphenverwaltung ... Bearb. von Emil Bartels. Ober-Postassist. *Berlin: Deutscher Verl. [1904].* (84 S.) 8° [J.]

! — Wie erlange ich Anstellg. Jetzt: Stuttg., E Leupoldt. 01/05

Bartels, Enno
Bartels, E., De Terentii memoria apud Nonium servata. Diss. 1883. 50 S. 1.50

Bartels, Enno: De Terentii Memoria apud Nonium servata. — Argentorati: Truebner 1884. 50 S. 8° (Dissertationes philologicae Argentoratenses selectae. 9,1.)
Zugleich Diss. Straßburg 1884. 1:Va 9100–9,1. 4. 12:Philol. 90fm–9,1. 14. 16. 18. 21. 25→28. 36. 38. 300:390.520–B.Per. 9. 302.
11.11799

Bartels, Enno: Vorsch. z. latein. Lektüre f. Reformsch. usw., s: Wartenberg, Wilh.

Bartels, Erich, Dir. Dr.: Bericht über die Einweihung des neuen Schulgebäudes. *Schöneberg b. Berlin (1900): W. Gronau.* (S. 3—8.) 4°
Schöneberg, Hohenzollern-S (G nebst R), P 1900 (67)

Bartels, Erich [Dr., Dir.]: Direktor und Lehrerkollegium *der Realschule zu Schöneberg.* Schöneberg b. Berlin, Buchdr. F. Senss, *1897;* 27—29 S. 4.
Schöneberg, R, P 1897 (133)

Bartels, Erich: Die Feier der Grundsteinlegung für das neue Schulgebäude. *Schöneberg b. Berlin (1898): F. Senss.* (44—48 S.) 4°
Schöneberg, R, P 1898 (136)

Bartels, Erich [Dr., Dir.]: Die Frankfurter Lehrpläne. I. Zur Orientierg. Schöneberg b. Berlin, Buchdr. F. Senss, *1897;* 3—8 S. 4.
Schöneberg, R, P 1897 (133)

Bartels, Erich [Dr., Oberl.]: Der Niederbarnim unter den Anhaltinern. (Einl. zu e. ausführl. Gesch. d. Niederbarnim.) Berlin, Druck v. W. Pormetter, 1892; 30 S. 4.
Berlin, k. Luisen-G, OP 1892 (63)

Bartels, Erich: Rede bei der Trauerfeier für den Geheimen Regierungsrat und Königl. Gymnasialdirektor Professor Dr. Wilhelm Schwartz ... am 9. Dezember 1899. — Berlin 1902: Zacharias. 23 S. 8° 1:Av 13762. 19. 27. 41. 109.
11.11800

— Über Systembildung. Philosophische Studie. — Berlin: Grieben 1879. 63 S. 8°
Zugleich Diss. Berlin 1879. 4. 19. 27. 207. 302.
11.11801

Bartels, Ernst, Professor d. Medizin, Marburg. 1804
s. *Bartels,* Ernst Daniel August.

Bartels, Ernst, Kreisthierarzt: Cysticercus fasciolaris. Anatomie, Beiträge zur Entwicklung u. Umwandlung in Taenia crassicollis. *Jena: G. Fischer 1902.* (58 S.) 8° (Aus: Zool. Jahrbücher, Abth. f. Anat. u. Ontog. d. Thiere, Bd 16, H. 3.)
Giessen, Phil. Diss. v. 1902

Bartels, Ernst. 1907: Fünf Gedichte. (Lyrische Flugblätter.) — Berlin: A. R. Meyer 1907. 5 S. 8°
1:Yo 31253. 11. 12:DD. I. 1210–9.
11.11808

Bartels, Premier-Lieut. à la suite des Kadetten-Korps etc. Grundzüge der angewandten Taktik. Dargestellt an einem Beispiel als Anleitung zum Selbststudium für jüngere Officiere der deutschen Armee. 1. Heft. Mit 1 Terrainskizze. (Und 1 Anlage.) 2. Heft. Mit 2 Anlagen, 1 Uebersichtskarte, 2 Terrainskizzen und 2 Holzschnitten. 3. Heft. (Schluss.) Mit 2 Terrainskizzen. (Und 1 Anlage.) (In 1 Bd.)
8. Berlin 1873—1874.

Bartels, Ernst, Hauptmann, Militärlehrer, Berlin. 1873: **Grundzüge der angewandten Taktik. H. 1–3. — Berlin: Bath 1873–74. 8°**
1: Hv 32965. 10. 26. 33. 45. 209.
11.11802

Bartels, Leitfaden f. den Unterricht in der Dienstkenntniß auf den königl. Kriegsschulen, s.: Schnackenburg.

— **Leitfaden für den Unterricht im militärischen Geschäftsstyl und in der Geschäftskenntniß auf den Königlichen Kriegsschulen. — Berlin: Mittler 1877. 35 S. 8°**
1: Hu 18408. 22. 47.
11.11803

— — **2. Aufl. Ebd. 1878. 51 S. 4°** **1: Hu 18408². 17. 33.**
11.11804

— — **3., veränd. Aufl. Ebd. 1881. 44 S. 8°**
1: Hu 18408³. 33. 61.
11.11805

— — **4. Aufl. Ebd. 1883. 44 S. 8°** **1: Hu 18408⁴. 7. 24.**
11.11806

— **Leitfaden für den Unterricht in der Heeresorganisation auf den Königlichen Kriegsschulen. — Berlin: Bath 1884. 58 S. 8°** **1: Sy 1182. 64.**
11.11807

Bartels, Ernst Daniel August: Anfangsgründe der Naturwissenschaft. Bd 1.2. — Leipzig: Barth 1821–22. 8°
2. 4. 5. 9. 10. 14. 15. 16. 21. 24. 25. 47. 302. 303. 305.
11.11809

— **Die medizinisch-klinische Anstalt zu Marburg nach ihrer Verfassung und ihrem Fortschreiten seit dem Jahre 1821. Berlin 1827. 44 S. 8°**
Aus: Archiv für medizinische Erfahrung. 2. 1827. **4. 34.**
11.11810

— **Anthropologische Bemerkungen über das Gehirn und den Schädel des Menschen. Mit beständiger Beziehung auf d. Gall'schen Entdeckungen. — Berlin: Oehmigke 1806. 138 S. 8°**
1: Ky 16368. 2. 8→11. 12: Anat. 46 g. 15. 17. 18. 202.
11.11811

— anthropol. Bemerkk. üb. d. Gehirn u. d. Seele d. Menschen. gr. 8. Berl. 806. (Sander). 14 Gr.

— über innere u. äußere Bewegung im Pflanzen- u. Thierreiche rc. 8. Kassel u. Marb. 828. Krieger. 3 Gr.

— **Ueber innere und äußere Bewegung im Pflanzenreiche und Thierreiche; und insbesondere über Ersatz der äußeren durch innere oder chemische: mit Rücksicht auf Gestaltungsverschiedenheit. — Marburg: Krieger 1828. 26 S. 8° (Schriften d. Gesellschaft zur Beförderung d. gesammten Naturwissenschaften zu Marburg. 2,2.)**
1: Lc 7004–2,2. 2. 4. 5. 7. 10. 17. 19. 21. 25. 26. 41.
11.11812

Bartels, Ernst Dan. Aug., üb. Bewegung im Pflanzen- u. Thierreiche, s. Schriften d. naturf. Gesellschaft zu Marburg 2. Bd. 2. Hft.

Bartels, E. (Hrsg.), s. Cholera-Archiv.

— Entwurf e. allgem. Biologie. Ein Beitrag zur Vervollkommnung d. Naturwissensch. überhaupt u. d. Erregungstheorie insbesondere. gr. 8. Frankf. 808. F. Wilmanns. 1 Thlr 8 Gr.

— **Systematischer Entwurf einer allgemeinen Biologie. — Frankfurt a. M.: Wilmans 1808. 16,296,VII S. 8°**
1: Ku 1720. 7. 12: Anat. 46 h. 15. 17. 18. 20. 23. 25. 27. 30. 61. 180. 202. 302.
11.11813

— **Die gesammten nervösen Fieber, in sich begreifend die eigentlichen Nervenfieber, nebst den Fieberseuchen und Wechselfiebern. Bd 1.2. — Berlin: Rücker & Püchler 1837–38. 8°**
1. Einleitung. Uebersicht mit Tabellen u. Pathogenie. 1837.
2. Specielle Nosologie u. Therapie. 1838.
1: It 8480. 2→5. 7. 11. 12: Path. 90 m. 15. 17. 20. 22. 24. 29. 43. 45→48. 52. 123. 202. 300: ∘ 70 K 82. 302. 303.
11.11814

Bartels, E[rnst] D[aniel] A[ugust]: Physiologiae et anatomiae Fines. Helmstadii 1803. Fleckeisen. XIV S. 8°.
Helmstedt, Univ.-Schr. v. 1803.

— **Grundlinien einer neuen Theorie der Chemie und Physik. — Hannover: Helwing 1804. XX,306 S. 8°**
1: Mv 11269. 2. 3. 4. 7. 8. 12: Chem. 6 m. 14. 16. 21. 23. 24. 26. 27. 31. 61. 202.
11.11815

— **Grundzüge einer speciellen Pathologie und Therapie der orientalischen Cholera; als Leitfaden für praktische Aerzte. Berlin [usw.]: Mittler 1832. XXIV,259 S. 8°**
1: Ka 3725. 2. 3. 4. 7. 8. 10. 11. 12: Path. 1462 r. 14. 16. 17. 19. 20. 24. 28. 29. 33. 34. 46. 47. 48. 53. 79. 169. 180. 202.
11.11816

— Grundzüge e. speziellen Pathologie u. Therapie d. oriental. Cholera; als Leitfaden f. prakt. Aerzte zu e. d. Verschiedenheiten d. Ganges, Grades u. übrigen Verhaltens d. Krankheit angemess. Behandlung. gr. 8. Posen u. Bromb. 832. Mittler. 1 Thlr 10 Sgr

— **Grundzüge einer Physiologie und Physik des animalischen Magnetismus. — Frankfurt a. M.: Varrentrapp 1812. XII,203 S. 8°**
1: Kk 5975. 2. 4. 7. 8. 11. 12: Anthr. 6 u. 14. 17. 20. 21. 24. 30. 39. 42. 46. 53. 121. 169. 300: 35 Mm 32.
11.11817

— Lehrbuch d. allgem. Pathologie. gr. 8. Bresl. 819. Holäufer. (Graß, B. u. C.) 1 Thlr

— **Lehrbuch der allgemeinen Therapie. — Marburg: Garthe 1824. XVI,168 S. 8°** **1: Id 9170. 2. 4. 5. 7. 12: Path. 90 n. 15. 19. 20. 22. 24. 26. 27. 28. 34. 47. 48. 61. 66. 79. 202. 300: 77 Ee 222. 308.**
11.11819

Bartels, Ernst Daniel August: De monstrorum Origine. [Resp.]: Carolus Fridericus Julius Figulus. Vratislaviae (1816:) Typis Universitatis. 16 S. 8°.
Breslau, Med. Diss. v. 16. März 1816.

— **Physiologie der menschlichen Lebensthätigkeit. — Freyberg: Craz & Gerlach 1809. XXIII,418 S. 8°**
1: Ku 1770. 2. 3. 4. 10. 12: Anat. 46 d. 14. 17. 19. 21. 27. 29. 30. 43. 47. 117. 302.
11.11820

— Physiologie der menschl. Lebensthätigkeit. gr. 8. Freyberg, Cratz u. Gerlach. 810.

— **Pathogenetische Physiologie; oder d. physiologischen Hauptlehren in ihrer Anwendung auf d. Krankheitslehre, u. insbesondere auf Erklärung der Krankheiten. — Cassel [usw.]: Krieger 1829. X,389 S. 8°** **1: Ku 2220. 2→5. 8. 11. 12: Anat. 46 e. 15. 17. 19. 20. 21. 26. 27. 33. 34. 42. 46. 47. 53. 66. 169. 202. 302.**
11.11821

— pathogenetische Physiologie; oder die Hauptlehren in ihrer Anwendung auf d. Krankheitslehre, u. insbesondere auf Erklärung d. Krankheiten. gr. 8. Kassel u. Marb. 829. Krieger. 2 Thlr 6 Gr.

— Die Respiration als vom Gehirn abhängige Bewegung und als chemischer Proceß nebst ihren physiologischen und pathologischen Abweichungen. — Breslau: Korn 1813. XVI,382 S. 8° 1: Kw 2515. 2. 3. 5→8. 10. 11. 12: Anat. 46f. 14→17. 19. 20. 21. 23. 24. 25. 27. 29. 46. 61. 79. 202. 300: 30 H 4.
11.11822

— die Respiration als vom Gehirn abhängige Beweg. u. als chemischer Prozeß, nebst ihren physiologischen u. pathologischen Abweichungen. gr. 8. Breslau, J. F. Korn d. ält. 814.

Bartels, E. D. A., pathologische Untersuchungen. 1r Bd. enth. die allgemeine Theorie der Entzündung u. des Fiebers. gr. 8. Marb. Krieger. 811.

— Pathologische Untersuchungen. Bd 1. — Marburg: Akad. Buchh. 1812. VIII,270 S. 8° 1: Ix 290. 2. 3. 4. 7. 8. 10. 15. 17. 19. 20. 24. 27. 28. 43. 53. 61. 180. 202.
11.11823

— patholog. Untersuchungen. 1r Bd. enth. die allgem, Theorie d. Entzündung u. d. Fiebers. gr. 8. Marb. 812. Krieger. 1 ₰

Bartels, F. (Romanschriftsteller), s. Bartels, Friedrich

Bartels, F. (Schuldirektor), s. Bartels, Friedrich

Bartels, F. (Theaterschriftsteller), s. Bartels, Friedrich

Bartels, F., Ideenmagazin f. Maler, Zeichner, Bildhauer ꝛc. gr. 4. Leipz. 800. (Rauck). 1 ₰

Bartels, F., Ideenmagazin für Maler, Zeichner, Bildhauer ꝛc. gr. 4. Leipz. Sommer. 800.

— Phantasiestücke d. schönen Natur. Für junge Zeichner u. Liebhaber, auf 4 Kpfpl. 4. Leipz. (817.) Centr.-Compt. 1 ₰ 6 gl

Bartels, F.K.

F. K. Bartels kurzer Begriff von der Mechanik, Optik und Astronomie. Wien, Beygang. 8. (1 Rthlr.) 1788.

Bartels, Ferdinand, Referendar a. Münster i. W.: Der Entschädigungsanspruch des durch Originärerwerb Enteigneten im römischen und bürgerlichen Recht. Borna-Leipzig 1907: R. Noske. (VI, 58 S.) 8°
Jena, Jur. Fak., Ref. Danz, Diss. v. 16. Sept. 1907
[Geb. 18. April 80 Leiden (Holland); Wohnort: Rheine i. W.; Staatsangeh.: Preußen; Vorbildung: Gymn. Rheine Reife O. 01; Studium: Freiburg i. B. 1, München 1, Berlin 1, Münster 3 S.; Rig. 16. Juli 07.]

Bartels, Fr. (Schriftsteller), s. Bartels, Friedrich

Bartels, Fr. (Schuldirektor), s. Bartels, Friedrich

Bartels, Fr.: Festigkeits- und Massennachweise für gewölbte Eisenbahn- und Strassenbrücken. — Malstatt-Burbach: Verf. 1907. VIII,76 S. 4° 83. 86. 91.
11.11824

Bartels, Fr., s. Muttersegen, der.

Bartels, Fr. A. (Pfarrer), s. Bartels, Friedrich August

Bartels, Franz, approb. Arzt aus Rathenow: **Leberrupturen nach Kontusionen.** *Berlin (1904): G. Schade.* (42 S.) 8°
Berlin, Med. Diss. v. 12. März 1904

Bartels, *Franz Carl* Otto [app. Arzt aus Colbitz '(Prov. Sachsen)']: Die Tuberkulose der Brustdrüse ... Marburg, Univ.-Buchdr. '(C. L. Pfeil)', 1892; 54 S., 1 Bl. 8.
3. Marburg, Med. Fak., Inaug.-Diss. v. [14. Sept.] 1892

Bartels, Frederik
Bartels, s.a. Bericht üb. die Saatreinigungsmaschinen-Prüfung der Maschinenprüfungs-Station der Landwirtschaftskammer zu Königsberg i. Pr.

Bartels, Frederik: Bericht über die Saatreinigungsmaschinen-Prüfung, s. Gisevius, Paul.

Bartels, Friedrich, Romanschriftsteller. 1831: Lorenzo Albano genannt: Der Papst der Hölle. Romantisches Räubergemälde aus d. 16. Jh. Th. 1.2. — Weimar: Tantz 1835. 8° 1: Yx 2538.
11.11826

Bartels, Friedrich, Theaterschriftsteller, geb. 1877. 1903: Die schiefmäulige Almuth. Lustspiel. — Leipzig: Seemann 1903. 98 S. 8° 1: Ys 34301. 15. 32.
11.11866

Bartels, F: Die schiefmäul. Almuth. Lustsp. (98) 8° Lpzg '03. Berl., H Seemann Nf. 2 —

— — 2., veränd. Aufl. Berlin: (Entsch) 1906. 98 S. 8° 1: Ys 34301/5². 12: DD. I. 2804.
11.11867

— — 2., veränd. Aufl. Leipzig: Haessel 1906. 98 S. 8° 1: Ys 34301². 15. 117.
11.11868

Bartels, Friedrich, Lehrer, Göttingen. 1860: Anleitung zur Anfertigung von Geschäftsaufsätzen und Geschäftsbriefen. Göttingen: Rente 1863. 54 S. 8° 7.
11.11847

— Edoardo Antonio, der Vatermörder, oder: Der Räuberhauptmann in den Apenninen. Eine Räuber- u. Klostergeschichte. Bd 1–3. — Nordhausen: Fürst 1832. 8° 1: Yx 1835/20.
11.11827

Bartels, Friedr. (I.), die Anwendbarkeit der Herbart-Ziller-Stoy'schen didaktischen Grundsätze für den Unterricht an Volks- und Bürgerschulen. gr. 8. (120 S.) Wittenberg 882, Herrosé Verlag. *

Bartels, Friedrich, Schuldirektor, Gera. 1875: Die Anwendbarkeit der Herbart-Ziller-Stoy'schen didaktischen Grundsätze für den Unterricht an Volks- und Bürgerschulen. — Wittenberg: Herrosé 1885. 119 S. 8° 1: Ne 2004. 3. 38. 46. 79. 107. 123. 207.
11.11851

— — 2., verm. u. völlig umgearb. Aufl. Ebd. 1888. 204 S. 8° 1: Ne 2005. 3. 4. 5. 17. 31. 61. 64. 79. 207.
11.11852

Bartels, F, Auswahl deut. Gedichte z. Auswendiglernen. 2. Afl. 8. (120) Gera 74, Strebel's V. n. — 75

Bartels, Friedr., Auswahl deutscher Gedichte zum Auswendiglernen in stufenmäßiger Anordnung für die einzelnen Schuljahre methodisch zusammengestellt von dem Lehrer-Kollegio der städt. Bürgerschulen zu Gera. 1. Aufl. 1874, und 2. Aufl. 8. (VIII, 120 S.) Gera 875, Strebel's Verlag. *

Bartels, Frdr., Auswahl deutscher Gedichte von Haller bis auf die neueste Zeit m. sachlichen u. sprachlichen Erläuterungen. Zur Einführung in die Literaturgeschichte f. Bürger- u. Mittelschulen, Präparandenanstalten u. Seminarien sowohl, als auch f. die Hand des Lehrers hrsg. (In 4 Bdchn.) 1. Bdchn. gr. 8. (XII, 160 S.) Karlsruhe 880. Reuther. n. 2. 40

— Badeeinrichtungen innerhalb der Schulen, besonders der Volksschulen. — Jena: Mauke [1889]. 22 S. 8°
Aus: Lehrer-Zeitung für Thüringen u. Mitteldeutschland. 3.1889.
1: Stala 698. 106. 207.
11.11854

Bartels, Friedr. (I.). Badeeinrichtungen innerhalb der Schulen, besonders der Volksschulen. gr. 8. (22 S.) Jena 890, Mauke. * — 40
Aus: Lehrer-Zeitg. f. Thüringen u. Mittel-Deutschland, besonders abgedruckt.

Bartels, Fr. (Hrsg.), s. Blätter, Rheinische, für Erziehung und Unterricht...

— **Das Bombardement von Antwerpen im Jahre 1830.** Historisch-romantisches Gemälde aus Belgiens neuester Geschichte. — Weimar: Gräbner 1833. 176 S. 8° 15.
11.11828

— der Calabrese, oder: Der schreckliche Frankenwürger. Romant.-histor. Räubergeschichte aus d. italien.-französ. Kriege. 3 Thle. Mit 1 Steindr. 8. Nordhaus. 833. Fürst. 3 1/6 ₰

(Bartels, Friedr.,) de Cäsari, od.: Der Erbfluch d. Verbrechens, s.a. Cäsari, de.

[—] **De Cäsari oder:** Der Erbfluch des Verbrechens. Abenteuerliche Räubergeschichte vom Verf. d. Calabresen. Bd 1-3. — Nordhausen: Fürst 1838. 8° 1:Yx 3651/55. 44.
11.11830

— **Concino Concini,** der Räuberhauptmann. Romantische Erzählung. Th. 1.2. — Nordhausen: Fürst 1831. 8°
1:Yx 1569/25.
11.11829

— **Diavolo,** oder der deutsche Teufel in Neapel. Eine schauderhafte Räubergeschichte. Th. 1.2. — Nordhausen: Fürst 1834. 8° 1:Yx 2459.
11.11831

Bartels, Friedrich, Referendar aus Lübeck: Die Einreden der absoluten Gewalt und des Zwanges gegenüber Wechselverbindlichkeiten. *Rostock 1902: H. Winterberg.* (65 S.) 8°
Rostock, Jur. Diss. v. [24. Dez.] 1902

Bartels, Frdr., Erziehung u. Unterricht. Ein Wort an die Lehrerwelt. Delitzsch 869. Pabst. gr. 8. (30 S.) n. 5 ngr.

Bartels, Friedrich: Otto von Falkenau, oder der Christ und der Muhametaner. Eine Erzählung aus den Zeiten der Kreuzzüge.
Wesel u. Leipzig 1837. 8°

— **Otto von Falkenau,** oder der Christ und der Muhametaner. Eine Erzählung aus d. Zeiten d. Kreuzzüge. — Wesel [usw.]: Klönne 1837. 240 S. 8° 1:Yx 3275/20.
11.11832

—— der Feuerritter. Roman a. d. Zeiten der Kreuzzüge. 2 Thle. 8. (24 B.) Quedlinburg 831, Basse.

Bartels, Friedrich, Pastor, Jesteburg. 1884: Lotze's religionsphilosophische Gedanken im Lichte der göttlichen Offenbarung. — Hannover: Feesche 1884. 45 S. 8°
7. 27. 35.
11.11862

Bartels, Frdr., Gesetze, Verordnungen und Ausschreiben für den Bezirk des königlichen Consistorium zu Hannover, welche in Schulsachen ergangen sind. Zusammengestellt zum Gebrauch für Lehrer, Ortsschulbehörden, Kirchen- u. Schulvorsteher, sowie für Kirchen-Rechnungsführer. Göttingen 863. Dieterich. gr. 8. (X, 166 S.) n. 16 ngr.

— **Die Glaubenslehre** der evangel.-luther. Bekenntnisse in ihren Grundzügen. — Gotha: F. A. Perthes 1887. V, 154 S. 8°
1:Cw 12010. 5. 15. 26. 28. 39. 41. 123. 302.
11.11863

— **Die Gliederung des Bürgerschulwesens** in den mittleren und größeren Städten mit Berücksichtigung der Organisation des Bürgerschulwesens der Stadt Gera. — Gera: Ißleib & Ritzel 1875. 45 S. 8° 1:Stala 699. 27.
11.11855

— **Die ethischen Grundgedanken** der evang.-luth. Bekenntnisschriften. — Hannover: Feesche 1884. 59 S. 8°
5. 7. 35.
11.11864

— **Gulielmo,** der Bandit von Rom. Romantische Erzählung. Bd 1.2. — Nordhausen: Fürst 1836. 8°
1:Yx 3098/10.
11.11833

—— Harzbilder, in histor.-romant. Erzähln. 4—6. Bd. — A. u. d. T.: Die Teufelsschlacht im Dom zu Goslar. Histor.-romant. Gemälde a. d. Zeiten Kaiser Heinrichs IV. 3 Thle. (Mit 1 Abbild.) 8. (34 1/4 B.) Weimar 835, Tanz u. Comp.
1—3. Bd. wird noch erwartet.

— **Robin Hood** oder: Der englische Freibeuter. Eine romantische Erzählung. Bd 1.2. — Nordhausen: Fürst 1839. 8°
1:Yx 4066. 303.
11.11835

— **Giovine Italia,** oder: Der Jesuiten-Zögling. Romantische Erzählung. Th. 1.2. — Nordhausen: Fürst 1835. 8° 7.
11.11836

Bartels, Friedrich [app. Arzt aus Schwittersdorf, Prov. Sachsen]: Über Kiemengangcysten und Kiemengangfisteln. . . . Jena, Druck v. B. Engau, 1890; 31 S. 8°
Jena, Med. Fak., Inaug.-Diss. v. [22. Nov.] 1890

Bartels, F, üb. Kiemengangcysten u. Kiemengangfisteln. 8° (31) Jena 90. (Rudolst., H Dabis.) — 60

— die Kindesmörderin, od. Mönch u. Nonne. Eine Klostergeschichte. 2 Bde. 8. Nordhaus. 831. Fürst. 1 ₰ 12 gr.

— Lehrplan f. den Anschauungsunterricht. 2. Schuljahr. Berathen u. festgestellt v. dem Lehrer-Kollegio der städt. Bürgerschulen zu Gera. gr. 8. (96 S.) Gera 876. Ißleib & Rietzschel. n. — 50

— **Lehrplan für den Anschauungsunterricht und die Heimatskunde.** (Zweites Schuljahr.) Nach methodischen Grundsätzen bearb. 2., verm. u. verb. Aufl. — Altenburg: Pierer 1879. XVI, 120 S. 8° 61. 207.
11.11856

— Lehrplan f. den Unterricht in der Geschichte f. 6- bis 8klassige Bürger- u. Mittelschulen. [Aus: „Zweck u. Auswahl des Unterrichtsstoffes, Behandlg. u. Lehrplan d. Unterrichts in der Geschichte". (Rhein. Blätter f. Erziehg. u. Unterricht).] gr. 8. (44 S.) Frankfurt a/M. 889. Diesterweg. n. — 40

— **Lehrplan für den Unterricht in Naturgeschichte** für die I. Bürger-Knabenschule in Gera. — Gotha [um 1880]: Engelhard-Reyher. 28 S. 8° 207.
11.11858

— **Leitfaden zur Geographie und Geschichte** für Schule und Haus. — Goettingen 1860: Hofer. 68 S. 8° 7.
11.11849

— Leitfaden zur Geographie und Geschichte für Schule und Haus. Göttingen 860. (Vandenhoeck & Ruprecht.) gr. 8. (IV, 68 S.) n. 6 ngr.

—— 2., verb. u. verm. Aufl. Hannover: Hahn 1861. IV, 83 S. 8° 7. 28. 35.
11.11850

Bartels, Frdr., Lern- u. Übungsbuch für die deutsche Sprachlehre u. Rechtschreibung. In 3 Hftn. hrsg. v. Cl. Burkhardt, K. Laaß, E. Fischer, A. Auerbach. 8. Leipzig, B. G. Teubner. Kart. n. 1. 60
1. 9., vollständig neu bearb. Aufl. (III, 80 S.) 904. n. — 40
2. 3. 8., vollständig neu bearb. Aufl. (IV, 189 S.) 906. n. 1. 20

—— Lern- und Uebungsbuch für den Unterricht in der Grammatik und Orthographie der deutschen Sprache. Für vielklass. Bürgerschulen in fünf concentr. Kreisen nach Maßgabe der „allgem. Bestimmungen für Preußen" vom 15. Octbr. 1872. 5 Hefte. 8. Gera 873,74, Ißleib und Rietzschel. *
Inhalt:
Heft 1. [Für das 2. und 3. Schulj.] (31 S.) * 20 Pf.
» 2. [Für das 4. Schulj.] (53 S.) * 30 Pf.
» 3. [Für das 5. Schulj.] (53 S.) * 30 Pf.
» 4. [Für das 6. Schulj.] (48 S.) * 30 Pf.
» 5. [Für das 7. und 8. Schulj.] (64 S.) * 40 Pf.

—— Lern- und Uebungsbuch für den Unterricht in der Grammatik und Orthographie der deutschen Sprache. Für vielklass. Bürgerschulen in 5 concentr. Kreisen nach Maßgabe der „Allgemeinen Bestimmungen für Preußen" vom 15. Octbr. 1872. 2. Heft. [Für das 4. Schulj.] 2. verm. und verb. Aufl. 8. (42 S.) Gera 878, Issleib und Rietzschel. *

1., 3., 4. und 5. Heft. Ebendas. 1873.74. *M 1,30.

—— Lern- und Uebungsbuch für den Unterricht in der Grammatik und Rechtschreibung der deutschen Sprache. Für vierklassige Bürgerschulen in concentr. Kreisen nach Maßgabe der Allgem. Bestimmungen für Preußen vom 15. Oktbr. 1872 und den Vorschriften des königl. preuß. Ministeriums über deutsche Rechtschreibung vom 21. Jan. 1880. 5 Hefte. 3. verm. und verb. Aufl. 8. Gera 880,81, Issleib und Rietzschel. [1. und 2. Heft. (à 56 S.) geb. à * 35 Pf.; 3. Heft. (72 S.) geb. * 40 Pf.; 4. Heft. (98 S.) geb. * 50 Pf.; 5. Heft. (98 S.) geb. * 50 Pf.] geb. *

—— Lern- u. Übungsbuch f. den Unterricht in der Grammatik u. Rechtschreibung d. deutschen Sprache. Für Bürgerschulen in konzentr. Kreisen. 5 Hefte. 8. Gera, Hofmann. [1. Heft. 6. verm. u. verb. Aufl. (52 S.) 891. * — 35; 2. Heft. 5. verm. u. verb. Aufl. (52 S.) 890. * — 35; 3. Heft. 5. verm. u. verb. Aufl. (76 S.) 890. * — 40; 4. Heft. 4. verm. u. verb. Aufl. (112 S.) 887. * — 50; 5. Heft. 5. verm. u. verb. Aufl. (86 S.) 890. * — 50.] cart. * 2 10

Bartels, Frdr., Lern- u. Übungsbuch f. den Unterricht in der Grammatik u. Rechtschreibung der deutschen Sprache. Für Bürgerschulen in konzentr. Kreisen. 4 Hfte. 8. Gera, Th. Hofmann. Kart. n.n. 1. 60

1. 7., verm. Aufl. (56 S.) 895. n.n. — 35
2. 6., verm. Aufl. (52 S.) 893. n.n. — 35
3. 5., verm. Aufl. (76 S.) 890. n.n. — 40
4. 5., verm. Aufl. (85 S.) 893. n.n. — 50

— Lern- u. Übungsbuch f. d. Unterr. i. d. Grammatik u. Rechtschreibg. d. deutschen Sprache. F. Bürgerschulen i. konzentr. Kreisen. III. Hft. 6., verm. u. verb. Aufl. 8. (80 S.) Gera 896. Th. Hofmann. Kart. n. — 40

— Lern- u. Übgsb. f. d. Unterr. in d. Grammatik u. Rechtschreibg d. deut. Sprache. In konzentr. Kreisen. 1—3. Hft. 8° Gera, T Hofmann. Kart. nn 1.10

1. 8. Afl. (48) 99. nn — 35 | 2. Für Bürgersch. 7. Afl. (47) 90. nn — 35. | 3. 6. Afl. (80) 96. — 40.

—— u. Wirth's deutsches Lesebuch. (In 4 Tln.) Nach Gust. Wirths Tode bearb. v. Friedr. Bartels. 1. u. 2. Tl. 2. Aufl. gr. 8. Lpz. 892, Teubner. [1. Tl. (X, 120 S.) * — 55; 2. Tl. (VII, 274 S.) * 1 20.] * 1 75

3. Tl. Ebd. 1881. * 1 60; 4. Tl. Ebd. 1882. * 2 80.

— u. Wirth's deutsches Lesebuch. (In 4 Tln.) N. Gust. Wirth's Tode neu bearb. v. Frdr. Bartels. 3. Tl. 2. Aufl. gr. 8. (X, 464 S.) Leipzig 895. B. G. Teubner. n. 2. —

— u. G. Wirth's deutsches Lesebuch. In 4 Tln. Hrsg. v. Cl. Burkhardt, K. Laaß, E. Fischer u. A. Auerbach. gr. 8. Leipzig, B. G. Teubner. Geb. n.n. 7. 40

1. 4., vollständig neu bearb. Aufl. Mit 13 Bildern v. Ludw. Richter. (VIII, 144 S.) 904. Geb. n.n. — 80
2. 4., vollständig neu bearb. Aufl. Mit 5 Bildern v. O. Schwindrazheim. (XI, 264 S.) 904. Geb. n. 1. 60
3. 3., vollständ. neu bearb. Aufl. (XII, 394 S.) 905. n.n. 2. 20
m. Anh. f. Preuß. (XII, 429 S.) 905. Geb. n.n. 2. 40
4. Oberstufe. 2., vollständig neu bearb. Aufl. (Ausg. f. Bürgerschulen.) (XVI, 488 S.) 905. Geb. n.n. 2. 80

— dasselbe. (Ausg. f. Volksschulen.) (XI, 388 S.) gr. 8. Ebd. 905. Geb. n.n. 2. 20

— dasselbe. (Ausg. f. reuß. Volksschulen.) (XII, 388 u. 61 S.) gr. 8. Ebd. 905. Geb. n.n. 2. 60

Bartels, F: Deut. Leseb. f. Bürgersch. (In 4 Tln.) IV. Tl. (Oberst.) 8° (431) Lpzg 97, BG Teubner. 2.40 (Kplt: 6.15)
Tl I—III sind bearb. v. F Bartels u G Wirth.

—— und Gust. Wirth, deutsches Lesebuch für Mädchenschulen. 4 Teile. gr. 8. Leipzig, Teubner. [1. Teil. (VI, 120 S.) 880. * 55 Pf.; 2. Teil. (VIII, 264 S.) 881. *M 1,20.; 3. Teil. (VI, 402 S.) 881. *M 1,60.; 4. Teil. (XI, 936 S.) 882. *M 2,80.] *

4. Teil auch in 2 Abthlgn. (Prosa und Poesie) à *M 1,50.
Ausgabe für konfessionell gemischte Schulen zu gleichem Preise.

— u. Gust. Wirth, deutsches Lesebuch f. Mädchenschulen. In 4 Tln. Ausg. f. konfessionell gemischte Schulen. gr. 8. Leipzig 883. Teubner. n. 6. 15

1. (VI, 120 S.) n. — 55
2. VIII, 264 S.) n. 1. 20
3. (VI, 402 S.) n. 1. 60
4. (XI, 636 S.) n. 2. 80
Letzterer Bd. auch in 2 Abtlgn. (Prosa u. Poesie). à n. 1. 50

—— Liederborn, s. Kaufmann, W.

— **Der Lütticher.** Historisch-romantisches Gemälde aus Belgiens neuester Geschichte. — Leipzig: Hartmann 1833. 216 S. 8° 1:Yx 2187. 19. 22. 23.
11.11837

Bartels, Friedrich: Der Mädchenspiegel. Jungfrauentribut des modernen Babylon.
Berlin (um 1900). 8°

— **Die Marterkammern des Klosters Walkenried im Harze.** Historisch-romantisches Sittengemälde des Mittelalters. Th. 1–3. — Nordhausen: Fürst 1834. 8° 7. 17 [=2]. 23.
11.11838

Bartels, Frdr.: Freie Menschen. Tragödie. (114) 8° Lpzg, H Haessel V. '11. 2 —; geb. 3 — d

— **Der Mönch,** Spaniens Schrecken; oder: Die Blutbrüder vom rothen Bunde. Historisch-romantisches Gemälde aus d. Leben e. spanischen Räubers. — Nordhausen: Fürst 1835. 224 S. 8° 1:Yx 2782.
11.11839

— pädagogische Psychologie nach Herm. Lotze in ihrer Anwendung auf die Schulpraxis u. auf die Erziehung. 2 Tle. 8. Jena 890. Mauke. n. 6. —

1. (IV, 176 S.) n. 2. 80. — 2. (IV, 222 S.) n. 3. 20.

— **Pädagogische Psychologie** nach Hermann Lotze in ihrer Anwendung auf die Schulpraxis und auf die Erziehung. T. 1.(2.) — Jena: Mauke 1891. 8°
1. 1890. 2. 18(90-)91.
1[=1]: Nd 2976–2. 2. 5. 7. 12: Paed. Th. 297. 21. 24. 29. 31. 33. 44. 46. 47. 64. 107. 207. 302.
11.11859

— — T. 1.2. Leipzig: A. Fischer 1892. 8°
1[=2]: Nd 2976–1. 14. 16.
11.11860

! Bartels, F.: Pädagog. Psychologie. Jetzt: Leipzig, Haacke.

Bartels, Friedrich, Notar. 1812: **Rechtfertigungs-Schrift** für den Herrn Dr. Ernst Horn. — (Berlin: [Rücker]) 1812. 146 S. 8° 1: Ib 14480 [u.] an Ib 14479. 2. 3. 7. 10. 12: Biogr. 538x. 14. 15. 17. 19. 27. 28. 42. 109. 169. 202.
11.11825

Bartels, Fr., Rechtfertigungsschrift für d. Dr. E. Horn, nach d. Acten verfaßt. Berl. 812. Rücker. 18 gr Hbg. Pr. 12 gr

Bartels, Frdr., Jul. Rathmann, u. Rich. Döner, neue Schreib-Lese-Fibel. Nach praktischen Grundsätzen in streng genet. Stufenfolge bearb. gr. 8. (VIII, 78 S.) Altenburg 883. Pierer. n. — 40

— die Schule u. der Socialismus oder Beruf, Aufgabe u. Stellung der Schule im Kampfe gegen die Socialdemokratie. Vortrag, geh. am 8. Aug. 1878 auf der V. allgemeinen Thüringer Lehrer-Versammlung in Ohrdruf. gr. 8. (26 S.) Gera 878. Reisewitz. n. — 50

— Schul-Geographie f. Bürger-, höhere Töchter- u. gehobene Volksschulen. 3., gänzlich umgearb. Aufl. Mit e. Vertheilungsplane f. e. sechs-, fünf-, vier- u. dreiklass. Schule versehen. gr. 8. (VIII, 150 S. m. 1 eingedr. Holzschn.) Hannover 872. Hahn. — 90

— Der Seufzerthurm, oder der blutige Geist um Mitternacht. Eine Ritter- u. Geistergeschichte aus d. Zeiten Heinrichs IV. Bd 1-3. — Nordhausen: Fürst 1832. 8°
1:Yx 1835/7. 17.
11.11840

— Die Sittenlehre der evangelisch-lutherischen Kirche nach deren Bekenntnisschriften. — Hannover: Manz & Lange 1893. VIII,131 S. 8°
1:D 6432. 7. 9. 12:Mor. 85 s. 28. 29. 35. 43. 123.
11.11865

— Der gut unterrichtete Spargel-Gärtner. — Nordhausen: Fürst 1835. 73 S. 8° 1:Ow 41140. 28.
11.11841

Bartels, Friedr., d. gut unterrichtete Spargelgärtner, od. d. auf vieljähr. Erfahr. gegründete Anweis., wie man Spargel v. vorzügl. Grösse u. Schönheit, sogar d. Stengel z. 2 Pfd., d. ganze Jahr hindurch erzeugen kann. 16. Nordhausen, 1835. 2. Aufl. 1836. (Leipzig, Hentze). — 10

— Spruchbuch zu dem biblischen Geschichts- u. Katechismus-Unterrichte in concentrischen Kreisen f. die gesammte Schulzeit. 8. (56 S.) Gera 877. Ißleib & Rietzschel. n. — 30

Bartels, Friedr. (I.). Spruchbuch zu dem Katechismus-Unterrichte für die gesamte Schulzeit. 4. Aufl. 8. (96 S.) Gera 891, Hofmann. cart * — 40

— Spruchbuch zu dem Katechismus-Unterrichte f. die gesamte Schulzeit. 5. unveränd. Aufl. 8. (96 S.) Ebd. 893. Kart. n. — 40

— Spruchbuch z. d. Katechismus-Unterr. f. d. ges. Schulzeit. 7. Aufl. 8. (97 S.) Gera 898. Th. Hofmann. Kart. n. — 40

— Spruchb. zu d. Katechismus-Unterr. f. d. ges. Schulzeit. 8. Afl. (98) Gera 1900, T Hofmann. Kart. — 40

Dr. Friedrich Bartels Spruchbuch für den Katechismus-Unterricht. 10., vollst. neu bearb. Aufl., hrsg. von Cl. Burkhardt, K. Laaß, E[mil] Fischer, A. Auerbach, Rektoren in Gera. Leipzig & Berlin: Th. Hofmann 1905. (70 S.) 8° [J.] 05, 1113

— Spruchbuch f. den Katechismus-Unterricht. 10., vollständig neu bearb. Aufl., hrsg. v. Cl. Burkhardt, K. Laaß, E. Fischer, A. Auerbach. (76 S.) 8. Leipzig 905. [Th. Hofmann], B. G. Teubner. Kart. n. — 40

Bartels', Frdr., Spruchb. f. d. Katechismus-Unterr. 11. Afl., hrsg. v. Cl. Burkhardt, E Fischer, A Auerbach. (76) 8°Lpzg, BG Teubner '11. geb. — 40 d

— Die Teufelsmühle auf dem Ramberge. Romantisches Gemälde, nach Hexensagen bearb. Bd 1.2. — Nordhausen: Fürst 1837. 8° 1:Yx 3275/10.
11.11842

Bartels, Friedrich: Teufelsschlacht, Die, im Dom zu Goslar. Histor.-romant. Gemälde aus den Zeiten Kaiser Heinrich's IV. 3 Thle.
Weimar: A. Tantz u. Co., 1835. 8°

— Der Todespalast oder Venedigs Banditenfürst. Ein Roman. Th. 1-3. — Braunschweig: G. C. E. Meyer 1831. 8°
7. 11. 14.
11.11843

—— der Todtenpalast, od. Venedigs Banditenfürst. Ein Roman. 3 Thle. 8. (39 B.) Braunschweig 831, G. C. E. Meyer.

— Der Todten-Ritter, oder das Bündniss des Brudermörders. Eine Bundesgeschichte. Bd 1.2. — Nordhausen: Fürst 1832. 8° 1:Yx 1835/5.
11.11844

— der geheimnißvolle Unbekannte, oder: Die Brüder von Neapel. Eine Seeräubergeschichte. 2 Thle. Mit 1 lithogr. Abbild. 8. Nordh. 837. Fürst. 2 ß

— Die Vendeer. Historische Novelle aus d. Kriegsjahre 1793. Bd 1.2. — Nordhausen: Fürst 1838. 8° 1:Yx 3607.
11.11845

— Die Victualienbrüder. Romantische Seeräubergeschichte mit Berücks. historischer Quellen. Th. 1.2. — Nordhausen: Fürst 1837. 8° 17.
11.11846

— Herzog Widukind. Tragödie. — Leipzig: Haessel 1905. 126 S. 8° 1:Ys 35402. 12: 36/7686. 15. 23. 44. 60. 300: 440.138–B. 302.
11.11872

Bartels, Friedrich August: Die dreihundertjährige evangelische Jubelfeier der Stadt Hildesheim. Eine Denkschrift. — Hildesheim: Gerstenberg 1843. IV,154 S. 8°
1:Sm 5860. 7. 35.
11.11873

— Zwei Predigten zur dritten Säcularfeier der Uebergabe der Augsburgschen Confession. Am 25. u. 27. Junius 1830. Hannover: Helwing 1830. 30 S. 8° 7. 35.
11.11874

— Uebersicht d. Christenthums, als Leitfaden bei d. Vorbereitung meiner Confirmanden. 8. Hildesh. 812.

Bartels, Frommhold, Pharusstrahlen. Gedichte. (VIII, 22 S.) 8. Berlin (NW. 21) (906), Lyrik-Verlag. n. 1. —

Bartels, G. (Jurist), s. Bartels, Georg

Bartels, G.: Abhandlungen über Corveyer Geschichtsschreibung, s. Bartels, Gerhard.

Bartels, G.C., s. Bartels, Georg Christian

Bartels, Georg
Bartels, Hinterlegungsordnung s.a. Guttentag's Sammlung preuss. Gesetze, 24.

Bartels, Ge.: Die Hinterlegungsordnung vom 14. März 1879 in der Fassung des Preuß. Ausführungsgesetzes zum BGB. vom 20. Sept. 1899 nebst Ausführungsbestimmungen. Text-Ausg. mit Anm.
Berlin: Guttentag 1900.

Bartels, Georg, Die Hinterlegungsordnung in d Fass. d. preuss. Ausführungsgesetzes z. BGB nebst Ausführungsbestimm. Text-Ausg. m. Anmerk. u Sachreg. unter Benutz. amtl. Erl. u. Entscheid. d. Finanzminist. 2. Aufl. Berlin 1908 8°. *[1. Aufl. 1900.]*
(Guttentagsche Sammlung Preuss Gesetze Nr 24)

— Das Verfahren vor den Verwaltungsgerichten unter bes. Berücks. der Rechtsmittel gegen die Heranziehung (Veranlagung) zu den Gemeinde-, Kreis-, Provinzial- und Schulabgaben nebst Zuständigkeitstabelle. — Berlin: Heymann 1907. VI,230 S. 8°
1:Gt 1514. 2. 5→8. 10. 11. 12: J. pract. 18 t. 15. 20. 30. 38. 41. 45. 60. 64. 106. 111. 169. 203. 208. 302.
11.11875

(Bartels, [Georg]), Die politische Vertretung der deutschen Industrie. Vortr. Stettin 1909. 8°. (Veröffentlichungen d. Ver. d. Industriellen Pommerns u. d. benachbarten Gebiete.).

Bartels, Georg Christian, Geistlicher.
Bartels, G. C., Ansichten e. Freundes der Bibel- u. Naturbetrachtung. Abhandlungen u. Aufsätze. Im Druck gegeben v. P. St. gr. 8. (XVI, 264 S.) Barmen 871. Klein. n. 2. 70

Bartels, GO, s.a. Anweisg, kurze, z. Behandlg deut. Weine.

Bartels, Georg Christian: Kurze Anweisung zur rechten Behandlung deutscher Weine. Ein Mittel wider die Noth der Winzer.
Düsselthal: Verl. der Rettungsanst. 1843.
65 S.

[—] **Kurze Anweisung zur rechten Behandlung deutscher Weine. Ein Mittel wider die Noth der Winzer von G. C. B. 2., unveränd. Aufl. — Elberfeld: Bädeker 1854. 67 S. 8°**
1:2 in Ox 1225. 5. 205.
11.11885

Bartels, Georg Christian, Superintendent. Querum bei Braunschweig. 1808: **Specielle Homiletik für die historische und parabolische Homilie. — Braunschweig: Vieweg 1824. X, 261 S. 8°**
1: Dy 3186. 7. 8. 12: Hom. 99 q. 17. 23. 25. 26. 29. 30.
11.11876

— **Homilien über die merkwürdigsten Personen und Ereignisse in der Leidensgeschichte Jesu. — Braunschweig: Vieweg 1822. X,290 S. 8° 41.**
11.11877

— **Homilien über historische Texte aus den Evangelien. — Braunschweig: Vieweg 1817. XX,319 S. 8°**
1: Ec 5134. 61. 79.
11.11878

— **Jubel-Predigt, am 25. April 1856 zum Gedächtniß des vor fünfundzwanzig Jahren erfolgten höchst erfreulichen Regierungsantritts Seiner Hoheit des Herzogs Wilhelm, gehalten in der Klosterkirche zu Riddagshausen. — Braunschweig 1856: Krampe. 15 S. 8° 23.**
11.11879

— **Predigt am Dankfeste wegen der Ankunft Sr. Durchlaucht des Herzogs Friedrich Wilhelm in seine Erbstaaten, den 1. Januar 1814 gehalten. — Wolfenbüttel: Albrecht [1814]. 18 S. 8° 23.**
11.11880

— **Predigt am Dankfeste wegen der Besitznahme des Herzogthums Braunschweig-Lüneburg namens Sr. Durchlaucht des Herzogs Friedrich Wilhelm, den 21. November 1813 gehalten. — Wolfenbüttel: Albrecht [1813]. 18 S. 8° 23.**
11.11881

— **Predigt bei der öffentlichen Feier wegen des Regierungsantritts Seiner Majestät des Königs von Westphalen Hieronymus Napoleon, am zweiten Epiphanias Sonntage 1808 gehalten. — Wolfenbüttel: Albrecht [1808]. 20 S. 8° 23.**
11.11882

— **Zwei Predigten zur dritten Jubelfeier der Reformation der christlichen Kirche. — Wolfenbüttel 1817: Bindseil. 36 S. 8° 23. 27.**
11.11883

Bartels, Gerhard (Hrsg.), s.a. Abhandlung über Corveyer Geschichtsschreibung.

Bartels, G: Abhandlgn üb. Corveyer Gesch.-Schreibg s.a. Backhaus, J.

Bartels, Gerhard: Die Geschichtsschreibung des Klosters Corvey.
Diss. Göttingen 1905/06.

Bartels, Gerhard: **Freie Menschen. Briefe an einen Primaner. — München: Beck 1910. 105 S. 8°**
12: Ph. Pr. 77e. 19. 43. 207.
11.11886

Bartels-Rheydt, Gerh.: Freie Menschen. Briefe an e. Primaner. 1. Afl. u. 2. Abdr. (7, 105) kl8° Münch., CH Beck '10'11. geb. 1.40 d

Bartels, H., Königl. Eisenbahn-, Bau- u. Betriebs-Inspektor. 1878: **Bericht über einige sogenannte Secundairbahnen, insbesondere Schmalspurbahnen in Amerika. — Berlin: Ernst & Korn 1878. 42 S. 8°**
1: Nz 75960. 4. 7. 12: A. hydr. 330 s. 17. 35. 38. 44. 79. 83. 84. 87. 88. 89. 91. 93. 109. 305.
11.11888

— — **2. Aufl. Ebd. 1878. 42 S. 8° 36. 82. 90. 201.**
11.11889

— **Betriebs-Einrichtungen auf amerikanischen Eisenbahnen. 1. — Berlin: Ernst & Korn 1879. XV,267 S. 8°**
1. Bahnhofsanlagen u. Signale.
1: Nz 75962. 38. 82. 83. 84. 86→91. 93. 201. 302. 305.
11.11890

— **Die Organisation der Pennsylvania-Eisenbahn in den Vereinigten Staaten von Nord-Amerika. — Berlin: Ernst & Korn 1878. 16 S. 8°**
Aus: Zeitschrift für Bauwesen. 28. 1878. **1: Stala 700. 305.**
11.11891

Bartels, H.: Exegetische Übersetzung des Briefes St. Pauli, s. Bartels, Hermann

Bartels, HMH: Bereidt den weg d. Heeren. Negendaagsche oefeningen voor en vijfdaagsche oefeningen na de h. communie der kinderen, in den vorm van onderrichtingen en verhalen. (63 m. Titelbild.) 8° Kevel., Butzon & B. ('12). L — 65

— **Mijn schoonste Dag. Verhalen voor kinderen voor en na de H. Eerste Communie. 2. dr. — Kevelaer: Butzon & Bercker (1909). 192 S. 8° 5.**
11.11893

— **Goud, wierook en myrrhe. Gebedenboek. — Kevelaer: Butzon & Bercker [1905]. 384 S. 8° 1: N 10.2561. 5.**
11.11894

— **Leerrijke Verhalen voor communiekinderen door H. M. H. Bartels en J. J. Schreurs. — Kevelaer: Butzon & Bercker 1898. 56 [vielm. 256] S. 8° 1: Ds 11048.**
11.11896

Bartels, Heinr., William Morris' The Story of Sigurd the Volsung and the Fall of the Niblungs, s.a Beiträge, Münstersche, zur englischen Literaturgeschichte. II.

Bartels, Heinrich, Kand. d. höh. Schulamts a. Düsseldorf: William Morris, the story of Sigurd the Volsung and the fall of the Niblungs. Eine Studie über das Verhältnis des Epos zu den Quellen. Münster i. W. 1906: R. Noske, Borna-Leipzig. (IV, 80 S.) 8°
Münster, Phil. Fak., Ref. Jiriczek. Diss. v. 13. Okt. 1906
[Geb. 16. Juni 82 Düsseldorf; Wohnort: Düsseldorf; Staatsangeh.: Preußen; Vorbildung: Realgymn. Münster i. W. Reife O. 01; Studium: Münster 2, Bonn 1, Münster 4 S.; Rig. 4. Juli 06.]

Bartels, Heinrich, Dr. phil., geb. 1882. 1906: **William Morris, the story of Sigurd the Volsung and the fall of the Nibelungs. Eine Studie über d. Verhältnis d. Epos zu d. Quellen. — Münster: Schöningh 1906. VI,80 S. 8° (Münstersche Beiträge zur englischen Literaturgeschichte. 2.)**
Zugleich Diss. Münster 1906.
1: Aw 200/10-2. 4. 6. 12: H. lit. P. 36 ne-2. 14. 16. 18. 21. 27. 28. 38. 60. 300: 448.649-B. Per. 2. 302.
11.11903

Bartels, Heinrich, appr. Arzt: Ueber Wundinfektion im Kriege. Berlin 1909: Ebering. 55 S. 8°
Berlin, Med. Diss. v. 12. Juni 1909, Ref. Bier
[Geb. 27. Juni 82 Gretenburg; Wohnort: Oldenburg; Staatsangeh.: Preußen; Vorbildung: Gymn. Hildesheim Reife O. 03; Studium: Berlin K. W. A. 10 S.; Coll. 9. Juni 09; Approb. 9. Juni 09.] [U 09. 21

Bartels, Heinrich Daniel: Als an den ... Herrn Friedrich Wilhelm König in Preussen ... Bürgermeister und Rath zu Alten Stettin ... die solenne Erb-Huldigung den 10. Augusti 1721 ablegten, wolte ... folgende Zeilen ... entwerffen Heinrich Daniel Bartels. — Alten-Stettin [1721]: Effenbahrt. 2 Bl. 2° **2. 9.**
11.11905

(—) **Beschreibung der Universität Greiffswald als einer Sonnen der pommerschen Städte.** — Franckfurt a.O. [um 1700]: Zeitler. 4 Bl. 8° **9.**
11.11906

Bartels

— **Heinr. Remigius** (Frankf./M.), De adparatu et instructu nuptarum vulgo Aussteuer praeter dotem in pactis dotalibus promisso eiusque jure quum maritus foro cessit. Präs. Joh. Gg. Estor. Marburg (Müller) Nov. 1744. 80 S., z. Tl. deutsch. (6.—) 1119

Bartels, Herm., exegetische Uebersetzung des Briefes St. Pauli an die Römer. gr. 8. (VI, 66 S.) Dessau 879. Reißner. n. 1. —

Bartels, J.: Gerichtliche Erkenntnis..., s. Bartels, Jacob

Bartels, J.: Zwei Fälle v. Elephantiasis Arabum, s. Bartels, Julius

Bartels, J.F.: Die Einrichtung meiner Unterrichts- und Erziehungs-Anstalt für Knaben. — Berlin [1836]: K.A.W. Schmidt. 16 S. 8° **18.**
11.11909

Bartels, J.H., s. Bartels, Johann Heinrich

Bartels, J.M.C., s. Bartels, Johann Martin Christian

Bartels, Jacob

Bartels, Jac., gerichtliche Erkenntnisse in der Stavenow-Behrens'schen Untersuchungssache, vollständig, wie sie am 18. April 1863 in Altona publicirt sind, mit einem Vorwort. Hamburg 863. J. F. Richter. 8. (VIII, 35 S.) n. 3 ngr.

(—) **Die Verwaltungs-Behörde der Altona-Kieler Eisenbahngesellschaft gegenüber den Unrechtfertigkeiten des Bahningenieurs und der daraus hervorgegangenen amtlichen Anzeige des Zahlmeisters Stavenow ... Zum Dr. befördert von e. Freunde Stavenow's.** — Hamburg: Falcke in Comm. 1861. 31 S. 8° **18.**
11.11911

Bartels, Joannes, s. Bartels, Johannes

Bartels, Johann, Dr. phil. 1854 [Hrsg.]
s. *Aristoxenus* Tarentinus: Elementorum rhythmicorum fragmentum [Elementa rhythmica]. 1854.

Bartels, Johann, Pastor, Leiferde. 1901: Hermannsburger Missionsbüchlein. (Verf.: Bartels.) — Hermannsburg: Missionshandl. 1902. 6 S. 8° **7. 35.**
11.11913

Bartels, Johann. 1906: Die St. Stephani-Kirche zu Helmstedt. — Helmstedt: Schmidt 1906. 40 S. 8° **6.**
11.11915

— **Wie erziehen wir unsere Gemeindeglieder zu kirchlicher Mündigkeit? Vortrag.** — Hannover 1901: Hartmann. 15 S. 8° **35.**
11.11914

Bartels, Johann Benedikt [Hrsg.] s. *Bartels,* Johann Christian: Den Mund eines rechtschaffenen Lehrers, aus Psalm CXVI. 10. ... der Gemeine Gottes fürgestellet. 1743.

Bartels, Johann Burchard: Erweckung zur Erfurcht gegen Gott durch die Betrachtung der Geheimnisse in der Natur. Predigt. — Barmen 1814: Stahl. 16 S. 8° **60.**
11.11916

— Der Innhalt und Zweck christlicher Predigten. Eine Synodal-Predigt. — Gemarke [1802]: Churfürstl. privileg. Buchdr. XIII,48 S. 8° **38. 60.**
11.11917

— [2 Predigten am außerordentlichen Buß- und Bettage.] [Wupperfeld 1795.] 51 S. 8° **38.**
11.11918

— Ueber die Verläugnung Petri. Predigt. — Elberfeld 1789: Eyrich. 20 S. 8° **60.**
11.11919

[—] Was haben wir für den Heiland gethan? Eine Passions-Predigt ... über Marc. 14. V. 6. — Elberfeld 1814: Eyrich. 20 S. 8° **60.**
11.11920

[—] Wozu sind die Sonntage? und wie sollen sie recht gefeiert werden? Eine Predigt über Luc. 14,1-11 in Verbindung mit Hesekiel 20,20. — Elberfeld 1814: Eyrich. 28 S. 8° **60.**
11.11921

Bartels, Johann Christian: Die Augen göttlicher Vorsorge zum Trost der Frommen ... Aus Hiob Cap.V,v. 19.23. — Alten Stettin [1708]: Dahl. 34 S. 8° **79.**
11.11922

— Die Augspurgische Bekenntniß als ein Wagen am Kirchen-Himmel ... fürgestellet. — Stettin [1732]: Spiegel. 34 S. 8° **1:Eb 2736. 79.**
11.11923

— Die rechte Bewerbung der Diener Gottes umb die Gottseligkeit. — Stettin [1735]: Spiegel. 34 S. 8° **1:5 in E 194. 7. 9. 79.**
11.11924

— Catalogus librorum theologicorum, philologicorum, philosophicorum et historicorum Joh. Christiani Bartels. [Auktionskat.] — Sedini [1743]: Spiegel. 150 S. 8° **2. 79.**
11.11925

— Das ist: Der für Gott geschriebene Denck-Zedel für die Gottesfürchtigen. Aus Zachar. Cap. I,v. 14-17. — Alten Stettin [1712]: Dahl. 38 S. 8° **79.**
11.11926

— Die Gott dem Herrn zu gebende Ehre. Aus Luc. XVII, v. 17.18 ... der Gemeine Gottes fürgetragen. — Alten Stettin [1710]: Dahl. 30 S. 8° **79.**
11.11927

— Der gerechte Eifer wider die Zerschneidung der Gemeine Christi. — Alten Stettin [1739]: Spiegel. 28 [vielm. 29] S. 8° **10. 79.**
11.11928

— Die in der Unterdrückung bestimmete Erhebung der Kirchen Gottes. — Stettin [1734]: Spiegel. 34 S. 8° **1:5 in E 157. 79.**
11.11929

— Die Feinde des Creutzes Christi. — Alten Stettin [1738]: Spiegel. 30 S. 8° **10. 79.**
11.11930

— Die böse Gedancken den Geist zu dämpffen. — Alten Stettin [1737]: Spiegel. 21 [vielm. 29] S. 8° **1:7 in E 157. 79.**
11.11931

— Die fürstliche Gedancken zur Vertheidigung der göttlichen Wahrheit. — Alten Stettin [1736]: Spiegel. 34 S. 8° **1:6 in E 157. 79.**
11.11932

— Die selbsterwählte Geistlichkeit der Menschen. Predigt. — Stettin [1740]: Effenbahrt. 24 S. 8° **1:8 in E 157. 10. 79.**
11.11933

— Das von Gott der Welt gesandte Geschenck. Aus Galat. 4,v. 4-7. — Alten-Stettin [1709]: Dahl. 28 S. 8° **79.**
11.11934

— Der Seiner Kirchen Wollfahrt liebende Gott. Aus Esa. LXII,v. 2-5. — Alten Stettin [1725]: Spiegel. 34 S. 8° 79.
11.11936

— Gott als der Gläubigen Schild. Aus dem XVIII. Psalm v. 31.32. — Alten-Stettin [1721]: Spiegel. 42 S. 8° 79.
11.11937

— Der seinen Knechten wohlwollende Gott. Aus dem LXXV. Psalm ... zum Trost bey der herumschwebenden Krieges-Gefahr fürgetragen. — Alten Stettin [1714]: Dahl. 38 S. 8° 79.
11.11938

— Gott der rechte Wunder-Mann, der bald erhöhn, bald stürtzen kann. — Stettin [1740]: Effenbahrt. 23 S. 8° 1:10 in E 107. 10. 79.
11.11935

— Der gegen die Gewalt seiner Feinde wolvertretene arme Hauffen des Volckes Gottes auf der Welt. Aus Esa. XLI,v. 8-14. — Stettin [1727]: Spiegel. 38 S. 8° 79.
11.11939

— Die grünende Hütten der Frommen. Aus Hiob XXII, 23-28. — Alten Stettin [1707]: Dahl. 34 S. 8° 79.
11.11940

— Die von dem Strom der Verfolgung befreyete Kirche Jesu Christi. — Alten Stettin [1728]: Spiegel. 30 S. 8° 1:3 in E 157. 79.
11.11941

— Die Kirche, als Gottes Stuhl. Aus Apoc. II,v.13. — Alten Stettin [1723]: Spiegel. 33 S. 8° 79.
11.11942

— Die von Gott gesegnete Kirchen-Verbesserung. — Stettin [1731]: Spiegel. 38 S. 8° 1: Df 3860. 79.
11.11943

— Die Krone der evangelischen Lehre auf dem Haupt der christlichen Kirchen. — Alten-Stettin [1741]: Spiegel. 30 S. 8° 10. 79.
11.11944

— Ein von den Banden langwieriger Kranckheit losgemachtes Land, aus Luc. XIII. v. 11-17. — Alten-Stettin [1719]: Effenbahrt. 42 S. 8° 18. 79.
11.11945

— Das durch die dicke Wolcken der Trübsal herfürbrechende Licht der herrlichen Hülffe Gottes. Aus Deuteron. XXXIII,26. — Stettin [1729]: Spiegel. 34 S. 8° 79.
11.11946

— Die in der Krieges-Unruhe gewünschte und tröstende Liebe Gottes. — Alten Stettin [1715]: Dahl. 37 S. 8° 9. 79.
11.11947

— Die feurige Mauer des göttl. Schutzes. Aus Zach. II,v. 5. — Alten Stettin [1726]: Spiegel. 34 S. 8° 79.
11.11948

— Den Mund eines rechtschaffenen Lehrers, aus Psalm CXVI. 10. ... Zum Druck befodert und ins besondere ausgefertigt von Johann Benedict Bartels. — Stettin [1743]: Spiegel. 22 S. 8° 1:9 in E 157. 79.
11.11949

— Der das Dräuen der Gottlosen zernichtende Ober-Herr im Himmel. — Stettin [1730]: Spiegel. 30 S. 8° 1:4 in E 194. 79.
11.11950

— Die mit Heil gekleidete Priester des Herren. Aus Esaia 52, v.7.8. — Alten Stettin [1740]: Spiegel. 33 S. 8° 79.
11.11951

— Der Schatten Gottes, unter welchen die Gläubigen Gottes sich vertrauen. — Alten Stettin [1717]: Effenbahrt. 40 S. 8° 9. 79.
11.11952

— Die Scheidung des Lichtes von der Finsterniss. Aus Coloss. I,v. 12-14. — Alten Stettin [1718]: Effenbahrt. 42 S. 8° 79.
11.11953

— Die anzugreiffende schädliche Schlangen in der Kirchen Gottes. — Alten Stettin [1742]: Spiegel. 30 S. 8° 10. 79.
11.11954

— Die anzustellende Schuld-Erinnerung eines geistl. Haushalters mit den Schuldnern Gottes ... Predigt. — Alten Stettin [1704]: Dahl. 24 S. 8° 9. 79.
11.11955

— Die zum Heil aufgehende Sonne der Gerechtigkeit. — Alten Stettin [1716]: Dahl. 38 S. 8° 9. 79.
11.11956

— Der tröstende Stab des göttl. Wortes. — Alten-Stettin [1720]: Effenbahrt. 40 S. 8° 9. 79.
11.11957

— Die bey Gottes Gegenwart sichere und wol bleibende Stadt. Aus Esaiae Cap. XXXIII,v. 20-24. — Alten Stettin [1713]: Dahl. 38 S. 8° 79.
11.11958

— Der Stern des göttl. Wortes. Aus dem CXIX. Psalm, v. 105-112. — Alten Stettin [1722]: Spiegel. 38 S. 8° 79.
11.11959

— Die wohlbeforderte Warheit des Evangelii. — Stettin [1733]: Spiegel. 30 S. 8° 1:4 in E 157. 79.
11.11960

— Die zur Erhaltung eines Landes mehr denn zehen Gewaltige vermögende Weisheit. Aus Genes. XVIII,v. 32. Alten-Stettin [1711]: Dahl. 34 S. 8° 79.
11.11961

— Die bey der neuen Jahres Zeit wol zu bemerckende Zeit der Besserung, welche aus 2. Corinth. VI,v. 1.2.3.4 ... der Gemeine Gottes fürgehalten ... hat Johann Christian Bartels. — Alten Stettin [1708]: Dahl. 24 S. 8° 79.
11.11962

— Die grosse Zusammenkunfft des Drey-Einigen Gottes in den Hertzen der Gläubigen. Aus 1. Joh. IV,v. 4. — Stettin [1724]: Spiegel. 34 S. 8° 79.
11.11963

Bartels, Johann Heinrich

— [Hrsg.] s. *Abdruck*, Neuer, der vier Haupt-Grundgesetze der hamburgischen Verfassung. 1823-25.

Bartels, Jh. Hnr., s.a. Abhandll. über e. Gegenstände der Hamburg. Verfassung.

[—] Einige Abhandlungen über Gegenstände der hamburgischen Verfassung. — Hamburg: Campe 1835. XXVIII, 463 S. 8° 1:Sp 2966. 3. 7. 12: J. publ. G. 41 p. 14. 15. 18. 24. 30. 33. 45. 46. 205. 208.
11.11964

[—] Beantwortung einer Anfrage über den 24sten Artikel des Hamburgischen Hauptrecesses und über das darin erwähnte Präliminar-Reglement für die Herren Ministerialen, nebst e. Anh. die Reformirten u. Katholiken in Hamburg betr. Zugleich mit e. Vorberichte über die Säcularfeiern. — Hamburg: Campe 1828. XVIII,66 S. 8° 1:7 in Sp 901. 18. 205.
11.11965

[—] Beleuchtung der Bemerkungen über das in der hamburgischen Bürgerschaft beobachtete Verfahren, welche im 65. Jg. der Neuen Zeitung Nr 86, vom 10. April 1833, eingerückt worden. Von e. Hamburger Bürger. — Hamburg: Campe 1833. 39 S. 8° 1:5 in Sp 901. 18.
11.11966

— **Einige Bemerkungen über die oeffentliche Erklärung des ... Herrn von Haffner betr. seine Theilnahme an den Verhandlungen, welche der Wiederbesetzung Hamburgs im Jahr 1813 vorangegangen sind. — Hamburg: B. G. Hoffmann 1816. 45 S. 8° (Bartels: Bericht über das, was im Jahr 1813 vom 12ten März bis den 30sten May ... in Hamburg vorging. Nachtr. 2.)**
1:Sp 1626/2. 2. 5. 8. 18. 44. 48. 205.
11.11967

Bartels, J.H., s.a. Bericht, Amtlicher, über die Versammlung Deutscher Naturforscher und Ärzte.

Bartels, J. H., u. J. C. G. Fricke: Amtl. Bericht über die Versammlung deutscher Naturforscher und Ärzte in Hamburg im Sept. 1830. Nebst einer lith. Samml. eigenhändiger Namenszüge der Theilnehmer. – Hamburg 1831. 4° (Accedunt 24 pagg. lithogr.)

Bericht über das was im Jahr 1813 vom 12ten März bis den 30sten May unter meinen Augen und unter meiner Mitwirkung in Hamburg vorging wie auch Actenmässige Berichtigung verschiedener irriger Angaben in der von Herrn von Hess herausgegebenen Schrift unter dem Titel Agonieen der Republik Hamburg im Frühjahr 1813 Von Johann Heinrich **Bartels.** Hamburg. 1815. 8°.

— **Bericht über das, was im Jahr 1813 vom 12ten März bis den 30sten May unter meinen Augen und unter meiner Mitwirkung in Hamburg vorging. [Nebst] Nachtr. [1.] 2. Hamburg: B. G. Hoffmann 1815–16. 8°**
Nachtr. 2 u. d. T.: Bartels: Einige Bemerkungen über die oeffentliche Erklärung des ... Herrn von Haffner. 1816.
1:Sp 1626 [auch Nachtr. 2–Sp 1626/2]. 2. 5. 8. 12 [∞Nachtr.]: Germ. sp. 26 n. 18. 33. 44. 48. 205.
11.11968

Bartels, J. H. Bericht über das, was im Jahre 1813—14 in Hamburg vorging. 8. Hamburg 1816. 2,50.

— **Briefe über Kalabrien und Sizilien. Th. 1-3. — Göttingen: Dieterich 1787–92. 8°**
1. Briefe über Kalabrien. 1787. 2.3. Briefe über Sizilien. 1789–91.
1:Rs 5262 [auch Th. 2.3–Rs 5262^{2}–2.3]. 2. 4. 5. 7→11. 12: It. sing. 47. 14. 15. 17. 18. 19. 23→28. 30→33. 35. 36. 39. 44. 45. 46. 75. 79. 111. 117. 205. 300: 4151 [auch Th. 2.3 – 4 Z 2. Bd 2.3]. 302. 304.
11.11969

— — **2., verb. u. verm. Aufl. T. 1. Ebd. 1791. 58,439 S. 8°**
1. Briefe über Kalabrien. 1:Rs 5262^{2}–1. 3. 4. 7. 10. 16. 17. 18. 20. 26. 27. 28. 30. 33. 34. 38. 42. 48. 53. 75. 109. 300: 4 Z 2. Bd 1. 303.
11.11970

Bartels, Johann Heinrich: Briefe über Kalabrien und Sizilien. Th. 1 Reise von Neapel bis Reggio in Kalabrien. 2. verbesserte und vermehrte Auflage. Th 2 Reise von Scilla in Kalabrien bis Katanien in Sizilien. Th. 3 Reise von Katanien in Sizilien bis zurück nach Neapel. Göttingen 1789, 1791 u 1792 3 Bde 439; XXIII, 500, 902 S. 8°.

— **Actenmäßige Darstellung des Verfahrens der Franzosen bei dem durch den Marschall Davoust befohlenen Verbrennen des Krankenhofs zwischen Hamburg und Altona im Jahr 1813 und 1814. — Hamburg: B. G. Hoffmann 1815. VI,48 S. 8° 5. 18. 205.**
11.11971

— **Entwurf zu einem Gesetze über die Civilstands-Register und deren Beybehaltung. — Hamburg: B. G. Hoffmann 1815. 48 S. 8° 2. 18. 45. 48. 205.**
11.11972

Bartels, J. H. De proverbiorum fontibus. Diss. Wittenberg 1725. 16 S. 4.

—— **über Gegenstände d. hamburg. Verfassung, s. Abhandlungen.**

[—] **Ist eine analoge Anwendung des neuen Bundes-Schiedsgerichts auf Hamburg, so lange dessen Verfassung besteht, gedenkbar? — Hamburg: Campe 1835. 26 S. 8°**
1:3 in Sp 901. 18.
11.11973

– s.a. Meurer, Heinrich, der Hamburg. Bürgermeister.

(—) **Der hamburgische Bürgermeister Heinrich Meurer ... oder Darstellung und Beurtheilung seiner öffentlichen Wirksamkeit. [Nebst] Nachtr. — Hamburg: Campe 1836. 8°**
1:Sp 1530. 7. 12 [∞Nachtr.]: Biogr. 778 m. 15. 18. 24. 46. 48. 205.
11.11974

(Bartels, Joh. Heinr.,) der hamburg. Bürgermeister Heinr. Meurer, beider Rechte Licentiat, od. Darstell. u. Beurtheil. sein. öffentl. Wirksamkeit. Eine biograph. Skizze a. d. letzt. 30 Jahren d. 17. Jahrh., als Beitr. z. hamburg. Geschichte jener Zeit. (Mit Ttl.-Vign.) gr. 8. (23½ B.) Hamburg 836, A. Campe. (Leipzig, Brockhaus.)

— (Hamburg), Prolusio sistens brevem quaestionis in dissertatione inaug. jur. mox fusius exponendae explicationem an transactio partibus invitis imperari possit. Göttingen (Joh. Chn. Dieterich) 6. IV. 1790. 40 S. (5.—)

(—) **Reden, welche am Michaëlistage in der Halle des Rathhauses gehalten worden. Hamburg 1828. (Verf.: Johann Heinrich Bartels u. Siegmund Diederich Rücker.) — [Hamburg 1828]: Meissner. VI,11 S. 2°**
1:2° Sp 1762. 4. 7. 18. 28.
11.11975

Bartels, J. H., Sendschreiben an meine vielgeliebten Mitbürger. 1. und 2. Aufl. gr. 8. (19 S.) Hamburg 840, Perthes-Besser und Mauke.

— u. (Resp.) **Gottlieb Findeisen** (Griesbach). De stato die veterum christianorum ad Plin. L. X. ep. 97. Wittenberg (Gerdes) 11. 1. 1727. 20 S. (5.—)

Bartels

— **Joh. Heinr.** (Danzig), De Trajano non optimo Präs. Joh. Wilh. Berger. Wittenbg. (Gerdes Wwe.) 6. X. 1725. 54 S. (2.50)

— **Verzeichniß der nachgelassenen Bücher-Sammlung des verstorbenen Herrn Bürgermeisters J. H. Bartels. [Auktionskat.] — Hamburg 1851: Langhoff. 144 S. 8° 18. 23.**
11.11977

[—] **Wer hat in Hamburg Recht und Macht und wer ist qualificirt und berechtigt an der höchsten Staats-Gewalt dadurch Theil zu nehmen, daß er Sitz und Stimme in den bürgerlichen Conventen hat? ... Von einem Hamburger Bürger. — Hamburg 1831: Langhoff. 15 S. 8°**
18. 205.
11.11978

[—] — **2., verm. Aufl. Hamburg: Campe 1832. 22 S. 8°**
1:4 in Sp 901. 18.
11.11979

[—] **Widerlegung einiger irrigen Ansichten, die in dem zweiten Worte über Hamburgs Kriegspflicht-Ordnung und über die Ausführung und Folgen derselben enthalten sind. Von d. Verf. des ersten Worts. — Hamburg: Hoffmann & Campe 1822. 24 S. 8°**
1:2 in Sp 901. 17. 18. 205.
11.11980

[—] — **Neue Ausg. Hamburg: Campe 1831. 24 S. 8° 18.**
11.11981

[—] **Ein Wort über Hamburgs Kriegspflichtigkeits-Ordnung und über die Ausführung und Folgen derselben. Nebst ... Organisations-Plan. Zur Beruhigung der Hamburger von e. Hamburgischen Bürger. — Hamburg: Hoffmann & Campe 1822. 46 S. 8° 1:1 in Sp 901. 17. 18. 205.**
11.11982

[—] — **Neue Ausg. Hamburg: Campe 1831. 46 S. 8° 18.**
11.11983

— Einige nöthige Worte über Herrn v. Heß neueste Schrift u.d.T.: J. L. v. Heß an das Publicum, Hamburg 1816. — Hamburg: Hoffmann & Campe [1816]. 16 S. 8°
1: Sp 1652. 5. 7. 18. 44. 48. 205.
11.11984

[—] Einige Zweifel gegen das in der kleinen Schrift über den 24sten Artikel des Hamburgischen Hauptrecesses und einige damit zusammenhängende Puncte aufgestellte Princip des Verhältnisses der Kirche zum hiesigen Staate. — Hamburg: Campe 1828. 50 S. 8° 1: 6 in Sp 901. 18. 205.
11.11985

Bartels, Johann Martin Christian [Übers.] s. *Bailly*, Jean Sylvain: Geschichte der neuern Astronomie [Histoire de l'astronomie moderne, deutsch]. 1796–97.

Bartels, (J. M. C.,) Disquisitiones quatuor ad theoriam functionum analyticarum pertinentes. 4maj. Dorpati 824. (Rigae, Meinshausen.)

Bartels, J. M. C. Vorlesungen über mathematische Analysis. J. A. 1833.

— Vorlesungen über mathematische Analysis. Hrsg. von F. G. W. Struve. [Nebst] Anh. — Dorpat: Severin 1837. 4°
3. 4. 7. 12: 4° Math. P. 26 m. 20. 24. 28. 33. 43. 93. 300: 7 R 27.
11.11986

Bartels, Johann Nikolaus: Festrede zum hundertjährigen Geburtstage Schiller's, gehalten bei einer Schulfeier am 11. November 1859. — Hamburg 1859: Pontt & v. Döhren. 8 S. 8° 18. 88.
11.11987

Bartels, Johannes

Bartels, Ioannes ⟨geb. 1829 in Hamburg⟩: Aristoxeni Elementorum rhythmicorum fragmentum emendatum et explicatum ... Bonnae, form. C. Georgii 1854. 2 Bl., 56 S., 2 Bl. 8. ¶ Erschien zugleich selbständig bei Matz in Bonn.

Bonn, Phil. Fak., Diss. v. 18 März 1854

Bartels, Johannes [appr. Arzt aus Heide]: Über den Werth der Drainage mit Berucksichtigung der Contrapunction .... Munchen, Druck v. M. Ernst (vorm. G. Pollner). 1885: 32 S. 8°.

München, Med. Fak., Inaug.-Diss. v. 1885.

Bartels, Jul., zwei Fälle von Elephantiasis Arabum. Inaugural-Dissertation. gr. 8. (21 S.) Göttingen 885, (Vandenhoeck und Ruprecht.) *

Bartels, K., Nachtrag zu dem Verzeichnis der bei Cassel in e. Umkreise v. ungefähr drei Meilen aufgefundenen Koleopteren, s.: Bericht, 29. u. 30., d. Vereins f. Naturheilkunde zu Cassel.

Bartels, K.F., s. Bartels, Karl Friedrich

Bartels, Karl, a. Groß-Düngen: Beitrag zur pathologischen Anatomie der Keratitis disciformis. ⟨Mit 1 Tafel.⟩ Rostock 1907: Adlers Erben. (37 S.) 8°

Rostock, Med. Fak., Ref. Peters, Diss. v. 10. Mai 1907

[Geb. 3. Okt. 78 Gr.-Düngen, Reg.-Bez. Hildesheim; Wohnort: Rostock; Staatsangeh.: Braunschweig; Vorbildung: Gymn. Hildesheim Reife O. 99; Studium: Göttingen 4, München 1, Berlin 3, Rostock 2 S.; Coll. 22. Aug. 06; Approb. 18. Sept. 06.]

Bartels, C., Handbuch der Krankheiten d. Harnapparates, s.: Handbuch der speciellen Pathologie u. Therapie.

— Die Luft, welche wir athmen. Ein Vortrag. — Kiel: Schröder 1863. 26 S. 8° 7. 48.
11.11990

— Rathschläge für die Behandlung des Typhus im Felde. Kiel [usw.]: Schwers 1870. 23 S. 8°
8. 12: Path. 901. 20. 26. 33. 46. 121. 123. 202.
11.11991

— — 2., wenig veränd. Abdr. Ebd. 1871. 23 S. 8° 8.
11.11992

—— klinische Studien über die verschiedenen Formen von chronischen diffusen Nierenentzündungen, s.a. Sammlung klinischer Vorträge.

— Klinische Studien über die verschiedenen Formen von chronischen diffusen Nierenentzündungen. — Leipzig: Breitkopf & Härtel 1871. S. 159–194. 8° (Sammlung klinischer Vorträge. Ser. 1,25 – Innere Medizin. 9.)
1: Ic 2460–Ser. 1,25. 3→11. 12: Path. 1352 g–I,9. 15. 16. 17. 20. 21. 24→31. 38 M. 43. 47. 123. 202. 300: 60.812–B. Inn. Med. 9. 308.
11.11993

Bartels, Karl, Apotheker. 1838: Tabellarische Uebersicht der quantitativen Bestimmung des reinen Ertrags beim Trocknen der frischen Blumen, Kräuter und Wurzeln, sowie auch der Ausbeute an Extract und ätherischem Oel. Quedlinburg [usw.]: Basse 1838. 8 S. 8° 3. 29. 89.
11.11989

— Pathologische Untersuchungen. — Danzig: Ziemssen 1864. 45 S. 8°

Aus: Greifswalder medicinische Beiträge. 3,1. 1865. 8.
11.11994

Bartels, Karl Friedrich

Bartels, K. Fr., Sendschreiben an Hrn. V. F. L. Petri, Prof. d. alt. Lit. am Colleg. Carolinum, der da pranget als obscurer Splitterrichter in Braunschweig. Im Auftr. d. Verf. hrsg. v. Ed. Schopenhauer. gr. 8. (2 B.) Potsdam 831, (Vogler.)

Bartels, Karl Heinrich Christian: Die Luft, welche wir atmen, s. Bartels, Karl.

Bartels, Karl Heinrich Friedrich – Ein Gedenkblatt, s. Bockendahl, Johannes

Bartels, Karl Moritz Nikolaus: Beiträge zur Physiologie des Gesichtssinnes. — Berlin: G. Reimer 1834. VIII, 116 S. 4° 1: 4° Ky 11610. 2. 4. 5. 7. 8. 10. 11. 15. 17. 20. 24. 25. 26. 39. 48. 300: 72 C 98. 302.
11.11997

Bartels, Karl Mor. Nik., Diss. inaug. med. Succincta expositio syringologiae generalis. 8. Dorp. 824.

Bartels, Karl Otto: Thüringer Land, s. Greiner, E.

Bartels, Karl Otto: Die sächsisch-böhmische Schweiz, s. Greiner, E.

— Auf frischer Tat. Beobachtungen aus d. niederen Tierwelt in Bilderserien nach Natur-Aufnahmen. Samml. 1.2. Stuttgart: Schweizerbart 1910–11. 8°
1: Lf 23578. 24. 62. 79. 86.
11.11998

Bartels, Klemens [Hrsg.] s. *Arndt*, Johann: Predigten über die Evangelien des Kirchenjahrs [Postilla, Ausz.] 1909.

Bartels, Klemens August: Ueber die Hundswuth und das Mutterkorn. Zwei Abhandlungen. — Weimar: Voigt 1846. 15 S. 8°

Aus: Allgemeine pharmaceutische Zeitschrift. 2. 27. 32.
11.11999

— Der neuerfundene Lutz'sche Spar-Koch-Heerd. — Jena: Frommann 1838. 8 S. 8° 10. 304.
11.12000

Bartels, M. (Arzt), s. Bartels, Martin

Bartels, M. (Ethnologe), s. Bartels, Max

Bartels, M., Vorschriften zur Uebung im Schönschreiben. 1s u. 2s Heft. 4. Hamburg. Gundermann. 811.

Bartels, M., deutsche u. latein. Vorschriften, zur Uebung im Schönschreiben. 2 Hefte. N. A. 4. Hamb. 810. (Aue in Alt.) 1 ß 8 ℛ

Bartels, M., deutsche und lateinische Vorschriften, zur Uebung im Schönschreiben. 2 Thle. N. A. 4. Hamb., Schulb. Handl. (Leipz. Cnobloch in C.) 816.

Bartels, Marie: Eine Lilie im Thal. Eine Erzählung. [Verf.: Marie Bartels.] — Hannover: C. Meyer 1865. 507 S. 8°
7. 31. 79.
11.12007

[—] — 3. Aufl. Ebd. 1880. 429 S. 8° **7.**
11.12008

Bartels, Martin, Dr., Assistent der Universitäts-Augenklinik: Über Blutgefässe des Auges bei Glaukom und über experimentelles Glaukom durch Versperrung von vorderen abführenden Blutbahnen. Berlin: S. Karger 1905. (95 S.) 8° ¶(S.-A. a. Zeitschrift für Augenheilkunde. Bd XIV.)
Marburg, Med. Hab.-Schr. v. 1905

Bartels, Martin, approb. Arzt aus Gütersloh i. W.: Ueber Encephalo-myelo-meningitis diffusa haemorrhagica mit endophlebitischen Wucherungen. Mit 2 lithogr. Taf. *Berlin 1902: L. Schumacher.* (44 S.) 8° ¶Aus: Archiv f. Psychiatrie u. Nervenkrankh., Bd 36, H. 1.
Straßburg, Med. Diss. v. 1902

Bartels, Max. Dr. Max Bartels zum Gedächtnis. 1905 s. *Bartels*, Paul.

Bartels, Max (geb. Berlin 26. 9. 1843). Ueber die Bauchblasengenitalspalte, einen bestimmten Grad der sogenannten Inversion der Harnblase. Berlin (1867) (62 S.) 8°
Berlin, Med Diss v. 20 Juli 1867

— Die Medicin der Naturvölker. Ethnologische Beiträge zur Urgeschichte d. Medicin. — Leipzig: Grieben 1893. XII,361 S. 8° 1: Ib 6175. 2. 5. 7→11. 12: Med. g. 25 a. 14. 15. 16. 18. 20. 21. 24→28. 36. 38 M. 46. 52. 53. 61. 86. 106. 202. 302. 303.
11.12012

Bartels, Max: Die geschwänzten Menschen. Mit 1 Tafel und 1 Karte (Weltkärtchen) (Archiv für Anthropologie. Bd 15. No. 4. S 45—132.) Braunschweig 1884 88 S 4°

Bartels, Max (Bearb.), s. P l o ß, Heinrich: Das Weib in der Natur- u. Völkerkunde, 8. Aufl.

— Die Traumen der Harnblase. — Berlin: Hirschwald 1878. 189 S. 8°
Aus: Archiv für klinische Chirurgie. 22. 1878. **202.**
11.12013

Bartels, Max, die Traumen der Harnblase. [Aus: „v. Langenbeck's Arch. f. kl. Chir."] gr. 8. (189 S.) Berlin 878. Hirschwald. n. 5. —

Bartels, Max: Das Weib in d. Natur- u. Völkerkde, s: Ploss, Heinr.

— s.: Zeitschrift f. Ethnologie.

Bartels, Oskar: Zur Chirurgie der Nebennieren. *Greifswald 1898: C. Sell.* (32 S.) 8°
Greifswald, Med. Diss. v. 8. März 1898

Bartels, Otto: Klima und Gesundheitsverhältnisse des Schutzgebietes der Marschall-Inseln 1898/99. — Berlin: Springer (1900). S. 553-557. 4°
Aus: Arbeiten aus dem Kaiserlichen Gesundheitsamte. 17,2. 1900. **47.**
11.12015

Bartels, Otto [app. Arzt aus Gretenberg i. Hann.]: Eine seltene Thoraxmissbildung mit congenitalen Muskeldefekten ... Kiel, Druck v. A. F. Jensen, 1894; 13 S., 1 Bl. 8.
Kiel, Med. Fak., Inaug.-Diss. v. [16. Okt.] 1894

Bartels, P. (Pädagoge), s. B a r t e l s, Paul

Bartels, P. (Generalsuperintendent von Aurich), s. B a r t e l s, Petrus

Bartels, P.G. s. *Bartels*, Petrus.

Bartels, Paul. Die häuslichen Arbeiten. Ein Beitrag zur Ueberbürdungsfrage m. besond. Berücksicht. der höheren Mädchenschule. gr. 8. (24 S.) Bonn 889. (Flensb., Westphalen.) * — 60
Aus: Die Mädchenschule, besonders abgedruckt.

(—) Dr. Max Bartels zum Gedächtnis. — o.O. (1905). 16 S. 8° **15. 26.**
11.12017

Bartels, Paul, die Bedeutung Herbarts f. die Pädagogik als Wissenschaft. gr. 8. (43 S.) Breklum 883. Christl. Buchh. n.n. 1. 20

Bartels, Paul, der eversteinsche Erbfolgekrieg zwischen Braunschweig-Lüneburg u. Lippe 1404—1409. gr. 8. (79 S.) Göttingen 882. Akadem. Buchh. n. 1. 20

Bartels, Paul, Dr. phil. 1882: Der eversteinsche Erbfolgekrieg zwischen Braunschweig-Lüneburg und Lippe 1404-1409. — Göttingen: Calvör 1882. 79 S. 8°
Zugleich Diss. Göttingen 1881. **1: Sl 1468. 4. 15. 21. 23. 26. 28. 44. 51. 203. 211. 300: 27.300-B.**
11.12016

Bartels, Paul: Gefässsystem, s.: Tandler, Jul.

Bartels, Paul [Dr.]: Über geographische Grössenverhältnisse im Unterricht. Flensburg, gedr. in d. Buchdr. v. L. P. H. Maass, 1890; S. 15—33, 1 Taf. 8°
Flensburg, st. HM, OP 1890 • •

— Das Lymphgefässsystem, s. a. Handbuch d. Anat. d. Menschen.

— Das Lymphgefässsystem. — Jena: G. Fischer 1909. XII,280 S. 4° (Handbuch d. Anatomie d. Menschen. 3,4.) 1: 4° Kt 9766-3,4. 2→11. 12: 4° Anat. 87d-III,4. 14→21. 24→27. 29. 30. 36. 38 M. 43. 53. 107. 123. 202. 302. 303.
11.12018

Bartels, Paul: Das Weib in d. Natur- u. Völkerkde, s: Ploss, Heinr.

Bartels, Paul *Rudolph August* [aus Berlin]: Über Geschlechtsunterschiede am Schädel ... Berlin, Druck v. Gebr. Unger, 1897; VI, 108 S., 2 Bl. 8.
Berlin, Med. Fak., Inaug.-Diss. v. 30. Juli 1897

Bartels, Petrus: Abriß einer Geschichte des Schulwesens in Ostfriesland. — Aurich: Dunkmann 1870. 34 S. 8°
7. 26. 28. 47. 207.
11.12025

Bartels, die älteren ostfriesischen Chronisten u. Geschichtschreiber u. ihre Zeit. 1. 1. Eggerik Beninga u. seine Cronica der Fresen. 2. Ubbo Emmius u. seine Rerum Frisicarum historia, s. a Abhandlungen u. Vorträge zur Geschichte Ostfrieslands. 4. Hft.

Bartels, die ält. ostfries. Chronisten u. Geschichtschreiber u. ihre Zeit. III. Enno Rudolf Brenneysen. IV. Tilemann Dothias Wiarda, s. a Abhandlungen u. Vorträge zur Gesch. Ostfrieslands. 7. Heft.

— Die älteren ostfriesischen Chronisten und Geschichtschreiber und ihre Zeit. 1.2. — Aurich: Friemann 1905-07. 8°
1.1. Eggerik Beninga u. seine Cronica der Fresen. 2. Ubbo Emmius u. seine Rerum Frisicarum historia. 1905.
2.3. Enno Rudolf Brenneysen u. seine Studien zur ostfriesischen Geschichte. 4. Tilemann Dothias Wiarda. 1907.
(Abhandlungen u. Vorträge zur Geschichte Ostfrieslands. 4.7.) 1: Sm 8184-4.7. 5. 6. 7. 9. 12: Germ. sp. 2 m-4.7. 14. 15. 18. 35. 45. 206.
11.12026

Bartels, P., Einführungs-Predigt, s.: Predigten, geh. bei Einführg. d. ersten Pfarrers der neubegründ. evang.-reform. Gemeinde zu Osnabrück.

Bartels, Ubbo Emmius u. die Karte von Ostfriesland. — Die Landverluste an der Bucht von Wybelsum. — Eigentliche Beschreibung der vor dieser Grafschaft zur See hinaus belegener Eylanden mit angehoffter Erinnerung. (Aus: Jahrbuch der Gesellsch. f. bildende Kunst u. vaterländ. Alterth. zu Emden.) gr. 8. (37 S.) Emden 887. Haynel. n. — 50

Bartels, das rechte Festhalten in trüber Zeit. Predigt üb. 2. Könige 2, 1—13, zur Eröffng. der 2. Hauptversammlg. des Reformirten Bundes zu Detmold am 24. Aug. 1887 geh. gr. 8. (15 S.) Elberfeld 887. Reformirter Schriftenverein (G. Diederich). n.n. — 15

— Zur Geschichte des Ostfriesischen Consistoriums. — Aurich: Reents 1885. 50 S. 8° 1:Sm 9075. 7. 14. 25. 60.
11.12028

[—] Die bisherigen Conflicts [Konflikte], Unionsideen und Unionsversuche zwischen Lutheranern und Reformierten in Ostfriesland. Mittheilungen aus der Pastoralconferenz für Emden und Umgegend. — Aurich 1867: Dunkmann. 24 S. 8° 15.
11.12029

Bartels, P., Johannes a Lasco s.a. Leben und ausgewählte Schriften der Väter und Begründer der reformirten Kirche.

— Johannes a Lasco. — Elberfeld: Friderichs 1860. IV,72 S. 8° (Leben und ausgewählte Schriften der Väter und Begründer der reformirten Kirche. 9 ⟨Suppl.⟩)
1:1 in Cn 504-9. 2→11. 12:H. ref. 255 i-9. 14→21. 23→30. 32→35. 38. 41. 43. 45. 46. 48. 60. 61. 62. 79. 102. 203. 211. 300:8445-B. 9. 302.
11.12030

— Vier Predigten gehalten vor der deutsch-reformirten Gemeinde zu Emden. — Aurich 1867: Dunkmann. 36 S. 8° 7.
11.12031

Bartels, Petrus, Vier Predigten, gehalten vor der deutsch-reformirten Gemeinde zu Emden. gr. 8. (36 S.) Aurich 867. (Emden, Gerhard.) *

Bartels, R.: B e z i e h u n g e n zu Athen (u. ähnl. Schriften), s. B a r t e l s , Rudolf

Bartels, R.: Über die E i n w i r k u n g des Antimon-Wasserstoffs. . . . s. B a r t e l s , Richard

Bartels, Richard [aus Potsdam]: Über die Einwirkung des Antimonwasserstoffs auf Metallsalzlösungen. . . . *Berlin*. Berliner Buchdr.-Actien-Ges. Setzerinnenschule d. Lette Vereins (1889): 88 S. + 1 Bl. 8°
Berlin, Phil. Fak., Inaug.-Diss. v. 19. Jan. 1889

Bartels, Rolf, Assistenzarzt d. Univ.-Augenklinik Erlangen: Ein Fall von Aneurysma der Carotis interna dextra im Sinus cavernosus mit doppelseitiger Stauungspapille. *Würzburg 1903: H. Stürtz.* (24 S.) 8°
Erlangen, Med. Diss. v. 1. März 1903

Bartels, Rudolf: Beziehungen zu Athen und seiner Geschichte in den Dramen des Euripides. Berlin, Druck v. C. Feicht, 1889; 1 Bl., 20 S. 4°
Berlin, k. Joachimsthalsches G, OP 1889 (57)

Bartels, Rudolf: Zu Schillers „Das Ideal und das Leben." S. 197 bis 214. 8.
In: Novae symbolae Joachimicae. Festschrift aus Anlaß des 300 jahr. Jubil. veröffentl. v. d. Lehrer-Kollegium des Kgl. Joachimsthalschen Gymn. *Berlin* 1907. **Progr.**
Sonderabdruck mit einem zweiten kritischen Teil. *Halle a. S.: Buchh. des Waisenhauses* 1907. 46 S. 8. M 1.

— Zu Schillers 'Das Ideal und das Leben'. — Halle: Buchhandl. d. Waisenhauses 1907. 46 S. 8°
1:Ym 3600/90. 3. 5. 11. 12:P. o. germ. 1278 mf [2 Ex.] 14. 18. 25. 26. 32. 302.
11.12033

— Lehrbuch der Demagogik. — Berlin: Springer 1905. VIII,143 S. 8°
1:Fc 4200. 6. 10. 11. 12:Pol. g. 40 v. 14. 18. 21. 30. 33. 35. 38. 39. 41. 44. 79. 106. 117. 169. 203. 302.
11.12034

Bartels, Siegfried *Leopold* [aus Gütersloh in Westf.]: Aus d. Klinik f. Syphilis u. Hautkrankheiten zu Bonn. Ueber Kraurosis vulvae ... Bonn, Buchdr. J. Bach Wwe, 1892; 43 S., 1 Bl. 8.
Bonn, Med. Fak., Inaug.-Diss. v. [15.] Dez. 1892

Bartels, W. (Pfarrer), s. B a r t e l s , Wilhelm

Bartels, W. (Tierarzt), s. B a r t e l s , Wilhelm

Bartels, W.: Die etruskische B r o n z e l e b e r (und Novellen), s. B a r t e l s , Wanda

Bartels, W.: P f l a n z e n in der englischen Folklore, s. B a r t e l s , Wilhelm

Bartels, W: Die Spateisenstein-Lagerstätten d. Zipser Comitates in Oberungarn, s.a. Archiv f. Lagerstättenforschg.

Bartels, W.: Die Spateisenstein-Lagerstätten des Zipser Comitates in Oberungarn. — Berlin: Kgl. Preuß. Geol. Landesanst. 1910. VIII,113 S. 8° (Archiv für Lagerstätten-Forschung. 5.) 1:Mm 15005-5.
2. 4. 6. 7. 9. 10. 11. 16. 26. 27. 28. 30. 33.
11.12037

Bartels, W.: Die Wortstellung in den quatre livres, s. B a r t e l s , William

Bartels, Walth., die Gestalt der deutschen Ostseeküste, s.a. Arbeiten, geographische. 1.

Bartels, Walther: Die Gestalt der Deutschen Ostseeküste. Stuttgart 1908: Strecker & Schröder. IV, 128 S. 8° ¶ (Ersch. auch als: Geograph. Arbeiten. 1.)
Rostock, Phil. Diss. v. 5. März 1908, Ref. Ule
[Geb. 12. Okt. 82 Malchin; Wohnort: Rostock; Staatsangeh.: Mecklenburg-Schwerin; Vorbildung: Realgymn. Malchin Reife M. 01; Studium: Berlin 2, Jena 1. Rostock 6 S.; Rig. 3. März 08.] [U 09. 3738

Bartels, Walter, Dr. phil., geb. 1882. 1908: Die Gestalt der deutschen Ostseeküste. — Stuttgart: Strecker & Schröder 1908. XI,128 S. 8° (Geographische Arbeiten. 1.)
Zugleich Diss. Rostock 1908.
1:Po 2603/2-1. 4. 8. 9. 11. 12:Geo. U. 41-1. 14. 16. 18. 21. 24. 27. 28. 30. 33. 48. 79. 203. 205→207. 300:462.213-B. K. 1. 302.
11.12038

Bartels, Walt., s: Aus e. kleinen Heidestadt.

Bartels, Wanda v.: Die etruskische Bronzeleber von Piacenza in ihrer symbolischen Bedeutung. (Vorr.: Morris Jastrow.) — Berlin: Springer 1910. V,42 S. 8°
1:Ph 8015. 7. 11. 12:Arch. 4 bu. 14. 16. 302. 303.
11.12040

— Die etrusk. Bronceleber v. Piacenza in ihren Beziehgn zu d. 8 kwa d. Chinesen. (4, 274 m. 2 Taf.) gr8° Ebd. '12. 6 —

Bartels, Wanda v., die Hölle. Schauspiel in 3 Akten u. e. Nachspiel. gr. 8. (IV, 94 S. m. Abbildgn.) Leipzig 900. Neu-Weissensee. H. W. Th. Dieter. n. 3.—

Bartels, Wanda v.: Die Hölle. Schausp. (8, 94 m. Abb.) gr8° Lpzg. W Drugulin '12. 2.50

— Aus dem Sonnenflimmern. Novellen u. Erzählungen. Leipzig: Avenarius 1898. 288 S. 8° 1:Yx 30580.
11.12044

— aus dem Sonnenflimmern. Novellen u. Erzählgn. 2. Aufl. 8. (VII, 228 S.) Leipzig 900. E. Avenarius. 2. —; geb. 3. —

Bartels, Wilhelm, approb. Arzt aus Obdrupgaard: Aus d. chirurg. Poliklinik zu Kiel. Beitrag zur Behandlung der Brucheinklemmungen im Säuglingsalter. *Kiel 1901: P. Peters.* (15 S.) 8°
Kiel, Med. Diss. v. [2. März] 1901

Bartels, Wilhelm, approb. Arzt, aus Göttingen: Beiträge zur Statistik der Cholelithiasis. *Göttingen 1898: Dieterich.* (44 S.) 8°
Göttingen, Med. Diss. v. [26. Sept.] 1898

Bartels, Wilhelm, Tierarzt. Helmstedt. 1841: Entwickelung des definitiven Schutzes gegen Rinderpest, ein Verfahren zur raschesten Tilgung des Ansteckungsstoffes mit den geringsten Opfern u. gleichzeitiger Aufhebung der Empfänglichkeit für Rinderpestansteckung bei allem Rindviehe im Seuchenorte. — Braunschweig 1867: (Meinecke). 16 S. 8° 31.
11.12045

— Hülfsbuch zur Beurtheilung der landwirthschaftlichen Hausthiere, speciell des Pferdes, Rindes und Schweines bei Kauf, Haltung, Zucht und dringenden Erkrankungsfällen. — Braunschweig: Verf. 1858. 152 S. 8° 84.
11.12046

Bartels, W., Jesus Christus gestern u. heute u. derselbe auch in Ewigkeit. Predigt am Reformationsfeste, den 31. Oktbr. 1892. gr. 8. (11 S.) Hildesheim 893. (Gerstenberg.) n.n. — 15

Bartels, Wilh. (Hrsg.), s. Organ der Pferdewissenschaft, Viehzucht u. Tierheilkunde ...

Bartels, W: Pflanzen in d. engl. Folklore. 4° (23) Hambg 1900, (Herold). 2 —

Bartels, W[ilhelm]: Pflanzen in der englischen Folklore. *Hamburg 1900: Lütcke & Wulff.* (S. 1—23.) 4°
Hamburg, R auf d. Uhlenhorst, P 1900 (793)

— Programm der Statik des Pferdekörpers, der Lehre, aus äußerlich sicht- und fühlbaren Körperverhältnissen die im Baue des Pferdes gegebenen Mittel für einen Dienst, ihrer Art und Größe nach, so wie die Größe der Leistung in einer gewissen Zeit zu berechnen. — Braunschweig: G.C.E. Meyer 1847. X,67 S. 8° 17. 24.
11.12047

— Die christliche Sonntagsfeier. Predigt. — Hildesheim: Gerstenberg 1886. 12 S. 8° 7. 35.
11.12049

Bartels, W., die christliche Sonntagsfeier. Predigt am 17. Sonntage nach Trinitatis, dem 17. Oktbr. 1886 gehalten. gr. 8. (12 S.) Hildesheim 887, Gerstenberg'sche Buchh. *

Bartels, Wilhelm [aus Neuwied a. Rh.]: Studien über die Cangoura und deren Stammpflanze ... München, Buchdr. v. M. Ernst, 1894; 33 S., 1 Bl., 2 Taf. 8.
Erlangen, Phil. Fak., Inaug.-Diss. v. [1. März] 1894

— Vorträge über die sinnbildliche Bedeutung der christlichen Kirchen und ihrer Bauformen mit besonderer Beziehung auf die neue Pfarrkirche zu Hüls. — Dülmen: Laumann 1872. XV,53 S. 8° 5. 6. 38. 61.
11.12050

— Wesen und Heilung der Lungenseuche des Rindviehes. Helmstedt: Fleckeisen 1841. VIII,79 S. 8° 10. 15. 24. 26. 28. 202.
11.12048

Bartels, William: Die Wortstellung in den Quatre livres des Rois. — (Erlangen: Deichert); Hannover 1886: Höltje. 67 S. 8° Zugleich Diss. Heidelberg 1886.
4. 12: L. lat. f. 9y. 16. 18. 21. 28.
11.12051

Bartels, W., die Wortstellung in den Quatre livres des Rois. gr. 8. (67 S.) Hannover 886. Leipzig, Deichert Nachf. n. 1. 20

Bartels, Wolfgang v.: Li-l-Lan. Eine japanische Liebeslegende ... von Bruno Warden u. I. M. Welleminsky. Musik von Wolfgang v. Bartels. [Textb.] — München [usw.]: Drei Masken-Verl. (1916). 62 S. 8°
1: Mus. Tb 190. 101.
11.12052

Bartels R^r v. Bartberg, Eduard: Kritische Beiträge zur Geschichte des Krieges im Jahre 1866 von ? [d.i. Eduard Bartels R^r v. Bartberg]. — Zürich: C. Schmidt 1901. 352 S. 8° 1: Qo 4400. 2. 12: Mil. g. 12 xn. 14. 17. 36. 209. 300: 410.783-B. 303.
11.12053

[—] Kritische Bemerkungen über die Feldzüge in Böhmen, Italien, Südtirol und am Main. 2., nach d. neuesten Quellen umgearb. Aufl. — Ebd. 1867. 72 S. 8°
14. 41. 209. 302.
11.12058

[—] — 3., nach d. neuesten Quellen umgearb. Aufl. Ebd. 1867. 102 S. 8° 1: Qo 3849. 10. 14. 31. 303.
11.12059

[—] Der Feldzug in Italien 1859. — Leipzig: Wigand 1867. 213,V S. 8° 1: Rm 4503. 12: Ital. 173 ym. 14. 17. 19. 31. 47. 48. 121. 209. 303.
11.12054

[—] Der Krieg im Jahre 1859. Nach offiziellen Quellen nicht offiziell bearb. — Bamberg: Buchner 1894. VI,272 S. 8°
1: Rm 4504/100. 6. 9. 10. 12: Mil. g. 120 o. 16. 17. 20. 22. 23. 24. 26. 31. 34. 35. 36. 209. 300: 99.106-B. 303.
11.12056

[—] Der Krieg 1859 in Italien. Nach offiziellen Quellen nicht offiziell bearb. — Hannover: Helwing 1892. IV,185 S. 8°
48. 117.
11.12055

[—] Der Krieg im Jahr 1866. Kritische Bemerkungen über die Feldzüge in Böhmen, Italien und am Main. — Leipzig: Wigand 1866. 60 S. 8° 1: 6 in Qo 5480-1 [u.]
1 in Qo 3792-3. 7. 11. 12: Germ. g. 235. 14. 17. 26. 106. 109. 209. 300: 47.695-B.
11.12057

[—] Oestreich und sein Heer. — Leipzig: Wigand 1866. 40 S. 8° 5. 14. 106. 300: 71.042-B. 302. 303.
11.12060

Bartels-Rheydt, Gerhard, s. Bartels, Gerhard

Bartelsen, Friedrich

⊙ Claus Harms 95 theses oder Streitsätze mit Zusätzen, Fragen und Bemerkungen begleitet [v. Friedrich Bartelsen]. Altona. 1817. 8°.

Bartelt, Gerichtsassessor, Flensburg. 1902 s. *Bartels*, Emil.

Bartelt: Volksbüros, s. Bartelt, W.

Bartelt, Ernst, approb. Arzt aus Neuhaldensleben: Aus d. Psychiatr. u. Nerven-Klinik zu Kiel. Über einen Fall von Tumor der großen Ganglien. *Kiel 1904: H. H. Peters.* (11 S.) 8°
Kiel, Med. Diss. v. [20. Juli] 1904

Bartelt, Hermann, Referendar: Die Zwangsvollstreckung alternativer Vollstreckungstitel bei Wahl des Schuldners. Greifswald 1906: J. Abel. (35 S.) 8° [F.]
Greifswald, Jur. Fak., Ref. Pescatore, Diss. v. 30. Nov. 1906
[Geb. 30. März 83 Grambow, Kr. Cammin, Pomm.; Wohnort: Cammin; Staatsangeh.: Preußen; Vorbildung: Gymn. Greifenberg Reife O. 03; Studium: Halle 4, Greifswald 2 S.; Rig. 28. Juni 06.]

Bartelt, K.: Die Terpene, s. Bartelt, Konrad

Bartelt, Karl Max, Referendar: Die Auslobung nach dem Bürgerlichen Gesetzbuch für das Deutsche Reich. *Greifswald 1900: F. W. Kunike.* (66 S.) 8° [F.]
Greifswald, Jur. Diss. v. [9. Nov.] 1900

Bartelt, K(onrad), aus Prenzlau: Ueber Merkaptole und Sulfone der Diketone. *Greifswald 1901: F. W. Kunike.* (48 S.) 8°
Greifswald, Phil. Diss. v. 9. Dez. 1901

Bartelt, Konrad: Die Terpene und Campherarten. — Heidelberg: Winter 1908. VIII,392 S. 8° 1: Ms 12844. 7. 11. 12: Chem. 6 mb. 16. 84. 91. 201. 302. 303. 305.
11.12063

Bartelt, Leo, Emendationes Lysiacae. Dissertatio philologica. gr. 8. (31 S.) Breslau 882, (Köhler.) *

Bartelt, L., Emendationes Lysiacae. Diss. 1883. 31 S.

Bartelt, Richard: Über Pulsionsdivertikel des Ösophagus. *Freiburg i. B.: Speyer & Kaerner 1898.* (23 S.) 8°
Freiburg i. B., Med. Diss. v. 1898

Bartelt, W: Bericht d. Berliner Volksbureaus. s.: Behrens. F.

Bartelt, Volksbureaus, s. Hefte d. kirchl.-soz. Konferenz.

Bartelt, Wilhelm

Bartelt, Wilh., u. **Karl Waase**: Die Burgwälle d. Ruppiner Kreises, s.a. Forschungen z. Früh- u. Vorgesch. Europas.

Bartelt, Wilhelm: Die Burgwälle des Ruppiner Kreises. Ein Beitrag zur Heimatkunde von Wilhelm Bartelt u. Karl Waase. — Würzburg: Kabitzsch 1910. 65 S. 4° (Forschungen zur Früh- u. Vorgeschichte Europas. 1.)
1:Pz 5453-4. 7. 12:4° Arch. 64 1-1. 15. 20. 38. 62. 203. 304.
11.12065

— — Ebd. 1910(1911). 65 S. 4° (Forschungen zur Früh- u. Vorgeschichte Europas. 1.) (Mannus-Bibliothek. 4.)
2. 3. 6. 8→11. 14. 16→19. 21. 24→28. 30. 32. 35. 41. 43. 44. 46. 51. 61. 111. 169. 300:473.215-C. Per. 4. 302. 303.
11.12066

Bartelt, Wilh. u. Karl **Waase**, s.: Forschungen zur Früh- u. Vorgeschichte Europas.

— Der Klappgraben. Ein Beitrag zur Heimatkunde. Vortrag. — Neu-Ruppin (1900): Märk. Zeitung. 56 S. 8°
1:Td 9150/8. 10. 11.
11.12069

— Ruppin vor 100 Jahren, im Spiegel des 'Ruppinischen Anzeigers' (1825–1827). — Neuruppin: (Histor. Verein) 1926. 22 S. 8° (Ruppiner Heimat. 2.)
1:Td 9140/20-2. 11. 14. 26. 101.
11.12072

Bartelt, Willy, Rechtsanwalt: Zur Lehre von der Ressortbegrenzung zwischen Justiz und Verwaltung nach dem öffentlichen Recht Preussens. *Greifswald 1901: F. W. Kunike.* (37 S.) 8°
Greifswald, Jur. Diss. v. [3. Aug.] 1901

Barten [Schlagwort]

Barten, s.: Geologische Karten. Karte (Preussen).

Barten, s.: Ostpreussen. Sicker.

Barten, Erich

Barten, E.: Ein Beitrag zur Kenntnis der akuten Alkoholpsychosen. D. 36 S. 8°. Greifswald. 1900.

Barten, Erich, approb. Arzt aus d. Prov. Pommern: Ein Beitrag zur Kenntnis der acuten Alcoholpsychosen. *Greifswald 1902: H. Adler.* (36 S.) 8°
Greifswald, Med. Diss. v. 11. Febr. 1902

Barten, Ernst: Notwendigkeit, Erfolge und Ziele der technischen Unfallverhütung. — Groß-Lichterfelde: Troschel 1909. 100 S. 8°
Zugleich Diss. Berlin 1909. 1:Fe 11195/205. 4. 16. 19. 21. 27. 28. 30. 38. 82. 84. 90. 91. 106. 203. 205. 210.
11.12100

Barten, Hermann, Gewerbe-Refer.: Untersuchungen, betr. die Bewegung der Ventile bei zwangläufigen Dampfmaschinensteuerungen, insbesondere bei der Lentz'schen Ventilsteuerung. 1907. 27 S., 6 Taf. 8°
Hannover, Dr.-Ing.-Diss. v. 30. 7. 1907

Barten, John, neuer kaufmännischer Briefsteller in Englisch u. Deutsch. 2 Thle. gr. 8. Hamburg 892. (C. Boysen.) à n. 2. 50
1. Englisch. (VII, 122 S.) — 2. Deutsch. (VIII, 118 S.)

Barten, John, neuer kaufmännischer Briefsteller in Englisch, Deutsch, Holländisch, Spanisch u. Französisch. 1.—5. Thl. gr. 8. Hamburg, C. Kloss. Kart. à n. 2. 75
1. English. 2., revised and corrected ed. Nederlandsch, vertaalt door E. E. Sickinghe. (VIII, 118 S.)
2. Deutsch. 2., rev. u. verb. Aufl. The translations by José del Carmen García-Baena, Emile Jeand'heur and E. E. Sickinghe. (VIII, 136 S.)
3. Nederlandsch, vertaalt door E. E. Sickinghe. The translations by José del Carmen García-Baena, Emile Jeand'heur and E. E. Sickinghe. (VIII, 144 S.)
4. Français. Traduit par Emile Jeand'heur. Uebers. v. Emile Jeand'heur, Carlos Klöckner, E. E. Sickinghe. (VIII, 140 S.)
5. Castellano, traducida por Carlos Klöckner. (VIII, 111 u. 24 S.)

— a select collection of English and German proverbs, proverbial expressions, and familiar quotations. 8. (VIII, 323 S.) Ebd. 896. Geb. n. 5. —

Ⓑ **Barten**, J., A collection of English and German proverbs. 896. (KBl. 29.) Jotzt: Hamburg, Weltbrecht & Marissal.

— [Das idiomatische System zur Erlernung der englischen Umgangssprache] The echo of colloquial English. Das Echo der englischen Umgangssprache. Zum schnellen und leichten Selbstunterricht, unter bes. Berücks. der Bedürfnisse des Kaufmannsstandes. 2., vielfach verm. u. mit Aussprache vers. Aufl. — Hamburg: Kloss in Comm. [1896]. VI, 159 S. 8°
18.
11.12103

— das idiomatische System zur Erlernung der englischen Umgangssprache. 8. (III, 113 S.) Ebd. 892. n. 2. 50

Barten, John: Vollständ. naut. Taschen-Wörterb. Deutsch-Englisch u. Englisch-Deutsch. (437) 16° Berl., D Reimer ('12). L 8 —

Barten, Kurt, a. Greifswald: Aus d. Universitäts-Augenklinik Greifswald. Über die Folgen aseptisch eingeheilter Kupferstückchen im Auge. Greifswald 1908: H. Adler. (27 S.) 8°
Greifswald, Med. Fak., Ref. Schirmer, Diss. v. 19. Juni 1908
[Geb. 7. Nov. 80 Greifswald; Wohnort: Greifswald; Staatsangeh.: Preußen; Vorbildung: Gymn. Anklam Reife O. 02; Studium: Greifswald 10 S.; Coll. 4. Juni 07; Approb. 6. Juni 08.]

Bartenbach, Karl, appr. Tierarzt: Arbeiten aus d. med. Veterinärklinik d. Univ. Giessen. (Dir.: Gmeiner.) Über die Resorptionsfähigkeit der tierischen Haut für Jodkalium in verschiedenen Salbengrundlagen. Giessen 1909: v. Münchow. 74 S. 8°
Gießen, Veterinär-Med. Diss. v. 22. Dez. 1909, Ref. Geppert
[Geb. 6. Mai 87 Backnang; Wohnort: Ludwigsburg; Staatsangeh.: Württemberg; Vorbildung: Oberrealsch. Kannstatt Reife Juli 05; Studium: Stuttgart Tierärztl. Hochsch. 7 S.; Rig. 5. Nov. 09.] [U 10. 1174

Bartenheim, Auguste, neuestes Kartoffel-Kochbuch für die Küche aller Stände. 8. Aufl. 12. (48 S.) Reutlingen 887. Bardtenschlager. — 80

— Neuestes Kochbuch. — Reutlingen: Bardtenschlager [1864]. 104 S. 8°
24.
11.12119

Bartenheim, Auguste, neuestes Kochbuch. Enthltd.: Anweisung zur Bereitung der im bürgerlichen Leben vorkommenden Speisen, Getränke, Backwerke 2c. Reutlingen 866. (Stuttgart, Fischhaber.) 8. (96 S.) 6 *ngr*

— die einfache Küche. Unentbehrlich für jeden bürgerl. Hausstand mit besond. Rücksicht auf Wohlgeschmack und Billigkeit. 12. (48 S.) Ebendas. 887.

Bartens, Albert

Bartens, A, s.: Blätter f. Zuckerrübenbau.

— Die wirtschaftliche Entwicklung des Königreichs Württemberg mit bes. Berücks. d. Handelsverträge. — Frankfurt a. M.: Schnapper 1901. VIII, 120 S. 8°
1:Sh 4732. 15. 18. 21. 24. 25. 27. 28. 30. 31. 106. 203. 205.
11.12120

Bartens, G. H. L., der Kirchengesang u. das Orgelspiel. Eine Abhandlg. zur Beherzigg. allen treuen Lutheranern, insbesondere allen luther. Lehrern u. Organisten zusammengestellt u. gewidmet. 8. (30 S.) Burgdorf 871. (Celle, H. Schulze.) n. -- 50

Bartens, J., Liturgie f. den evang.-luther. Hauptgottesdienst der Sonn- u. Festtage d. Kirchenjahres für gemischten Chor, Gemeinde u. Orgel. Lex.-8. (IV, 64 S.) Gütersloh 890. Bertelsmann. n. 1. 60

Bartenstajn, Jovan Hristif
s. *Bartenstein*, Johann Christoph Frhr v.

Bartenstein [Schlagwort]
Bartenstein, s.: Deutschland. Kürschner-Peip.

Bartenstein, s.: Geologische Karten (Prousson).

Bartenstein, Arzt, Hildburghausen, 1799-1854. 1846
s. *Bartenstein*, Adolf Wilhelm.

Bartenstein, de, Hofvizekanzler, Wien, 1689-1767. 1710
s. *Bartenstein*, Johann Christoph Frhr v.

Bartenstein, Regierungsrat, Posen, geb. 1867. 1900
s. *Bartenstein*, Otto.

Bartensteinii Progr.: Cur Virgilius . . ., s. Bartenstein, Lorenz Adam

Bartenstein, Adolf Wilhelm: Das Friedrichshaller Bitterwasser, seine Anwendung und Wirkung. — Nordhausen: Büchting 1846. 16 S. 8°
Aus: Allgemeine medicinische Central-Zeitung. 1846.
Verschiedene Drucke.
1:10 in Ir 18003 [u.] 4 in Is 4781. 2. 8. 9. 14. 15. 23. 29. 43. 46. 304.
11.12125

Bartenstein, das Friedrichshaller Bitterwasser, seine Anwendung u. Wirkung. (Aus d. allgem. med. Central - Zeitung.) gr. 8. (16 S.) Nordhausen 847, Büchting. 3 ngr

Bartenstein, Caroline, s. Bartenstein, Karoline

Bartenstein, Friedr. Wilh. [aus Freiburg i. Br.]: Über einen Fall von Osteomalacie m. bes. Berücks. d. Entstehungstheorien ... Freiburg i. Br., Universitätsdr. H. M. Poppen & Sohn, 1897; 35 S. 8.
Freiburg i. B., Med. Fak., Inaug.-Diss. v. 1897

Bartenstein, Johann Christoph Frhr v. [Hrsg.]
s. *Artopoeus*, Samuel: Commentarius in Christophori Schraderi Tabulas chronologicas. 1715.

[—] Vollständige Beantwortung des zweyten Absatzes der sogenannten Gründlichen Ausführung derer dem Durchleuchtigsten Chur-Hauß Bayern zustehender Erb-Folgs, und sonstiger Rechts-Ansprüchen, auf die von weyland Kayser Ferdinand dem Ersten besessene Erb-Königreiche und Länder. — Wienn 1745: v. Ghelen. 18,101 S. 2°
Verschiedene Drucke.
3. 16. 19. 25. 31. 45. 300: 1 an 37 A 15 [u.ö.] 302. 303.
11.12130

[—] — Wienn: Krauß 1745. 18,101 S. 2°
1: an 2° Ql 2379. 4. 5. 12: 2° Bavar. 1205 [2 Ex.] 17. 19. 20. 31.
11.12131

[—] Vollständige Beantwortung der sogenannten Gründlichen Ausführung derer dem Durchleuchtigsten Chur-Hauß Bayern zustehender Erb-Folgs, und sonstiger Rechts-Ansprüchen, auf die von weyland Kaiser Ferdinand dem Ersten besessene Erb-Königreiche und Länder. — Wienn 1742: v. Ghelen. 44,249 S. 4°
14. 16. 25. 46. 300: 37 A 15. 302.
11.12127

[—] — Wienn: Krauß 1742. 44,249 S. 2°
3. 5. 12: 2° Bavar. 1053. 17. 20. 21. 24. 29. 31. 45. 300: 603.719–D. 303. 304. 308.
11.12128

[—] — Constantz: Betz 1743. 44,249 S. 4°
12: 2° Bavar. 1054. 25. 31. 304.
11.12129

[—] Vorläuffige Beantwortung der sogenannten Gründlichen Ausführung derer dem Durchlauchtigsten Chur-Haus-Bayern zustehender Erb-Folgs, und sonstiger Rechts-Ansprüchen auf die von weyland Kaiser Ferdinand dem Ersten besessene Erb-Königreiche und Länder. — o.O. 1741. 90,156,4 S. 4°
Lat. Ausg. s. *Bartenstein*: Praevia Responsio. 1741.
1: 2° Ql 2379/1. 12: 2° Bavar. 1017. 31. 304.
11.12132

[—] — (Franckfurt) 1741: (Eichenberg). 106,150 S. 2°
31.
11.12133

[—] · Vorläuffige Beantwortung der so genannten Gründlichen Ausführung derer dem Durchleuchtigsten Chur-Hauß Bayern zustehender Erb-Folgs, und sonstiger Rechts-Ansprüchen auf die von weyland Kaiser Ferdinand dem Ersten besessene Erb-Königreiche und Länder. — (Ynnsbrugg) 1741: (M. A. Wagner). 110,258 S. 8°
7. 12: 4° Bavar. 201. 16. 19. 25. 31. 304.
11.12136

[—] — (Wien) 1741: (Kgl. Hof-Buchdr.) 106,150 S. 4°
1: 2° Ql 2379. 12: 2° Bavar. 1015. 46. 300: 27 N 5. 302. 303.
11.12134

[—] — 2. Dr. (Wienn: Krauß) 1741. 74,128 S. 4°
4. 6. 12: 2° Bavar. 91 r [2 Ex.] 17. 19. 21. 24. 25. 35. 36. 41. 45. 46. 300: 47 Mm 58. 308.
11.12135

[—] — Gedr. zum drittenmahl. Wienn: Krauss 1742. 74, 128 S. 4° 3. 5. 12: 2° Ded. 354/3 [2 Ex.] 17. 19. 303.
11.12137

[—] Vorläuffige Beantwortung der sogenanten Gründlichen Außführung derer dem Durchlauchtigsten Chur-Haus-Bayern zustehender Erb-Folgs, und sonstiger Rechts-Ansprüchen, auff die von weyland Kaiser Ferdinand dem Ersten besessene Erb-Königreiche und Länder. 3. Dr. Sampt dem von Ihro Königlicher Majestät zu Hungarn und Boheimb, Ertz-Hertzogin zu Oesterreich, ec. an dero Oesterreichische Gesandschafft zu Regenspurg sub dato Wien den 26ten Martii 1742. allergnädigst erlassenen Rescripto eins mit denen Beylagen Num. 1–4. Wien: Kraus 1742. 74,136 S. 4° 52. 61. 121.
11.12138

(—) Kurzer Bericht von der Beschaffenheit der zerstreuten zahlreichen illyrischen Nation in kaiserl. königl. Erblanden. — Frankfurt [usw.] 1802. XXVI,148 S. 8°
4. 7. 12: Austr. 307. 14. 17. 19. 300: 32 X 43. 302. 304.
11.12141

— Lettre à M. le B.*** Au sujet d'un écrit intitulé: Conseil d'ami, &c. — Dat. Vienne 1744. 11 S. 8°
12: Austr. 5364 p.
11.12144

— — Dat. Vienne 1744. 14 S. 8°
1: Ql 2780. 5. 12: 4° Bavar. 3000–III,1. 17. 19. 26. 30. 31. 300: 8813–B.
11.12145

— — Dat. Vienne 1745. 16 S. 8° 23.
11.12146

(—) Natur- und Völkerrecht entworfen von einem großen Staatsminister. [Hrsg.: Johann Georg Friedrich Papst.] — Wien [usw.]: Wappler & Palm 1790. VIII,258 S. 8°
1: Fl 5478. 4. 14. 17. 19. 21. 23. 29. 31. 52. 121. 302. 303.
11.12147

[—] Protocolla, so bey der Wahl und Crönung des Allerdurchleuchtigsten, Großmächtigsten, und Unüberwindlichsten Fürsten und Herrn, Herrn Francisci, erwehlten Römischen Kaysers ... zu Franckfurt am Mayn im Jahr 1745 gehalten worden. — o.O. [um 1745]. 370 S. 4°
4. 7. 17. 24. 30. 31. 107. 300: 28 J 31. 302. 304.
11.12149

[—] Praevia Responsio ad Fundamentalem ita dictam deductionem iurium ac praetensionum in haereditariam successionem regnorum ac provinciarum alias ab Imperatore Ferdinando I. possessarum, Serenissimae Electorali Domui Bavaricae competentium. — (Vindobonae) 1741: (Kaliwoda). 224 S. 2°
Deutsche Ausg. s. *Bartenstein:* Vorläuffige Beantwortung. 1741 u.ö.
300:27 N 6. 302. 303.
11.12150

Bartenstein, Julius [Assistenzarzt a. d. psychiatr. Klinik]: Zur Kenntniss der Reaktionszeiten.... (Aus d. „Berichten d. Naturforsch. Ges." zu Freiburg i. B. Bd. IV.) Freiburg i. B., *Druck v. C. A. Wagner,* 1889; 1 Bl. + 23 S. 8°
Freiburg i. B., Med. Fak., Inaug.-Diss. v. 1889

Bartenstein, Karoline Freiin v.: Seelenblicke. — Speyer: Kleeberger 1876. VI,159 S. 8°
1:Yo 16270. 12:P.o. germ. 76x.
11.12152

Bartenstein, L.: Beiträge zur Lungenpathologie, s. Bartenstein, Ludwig.

Batenstein, L.: Zur Beurteilung des Kaisers Julian, s. Bartenstein, Lorenz

Bartenstein, L.A., s. Bartenstein, Lorenz Adam

[J.] Bartenstein, Lorenz: Zur Beurteilung des Kaisers Julianus. Bayreuth, gedr. bei Th. Burger, 1891; 1 Bl., 53 S. 8°
Bayreuth, k. St.A, P 1891 •

Bartenstein, Lorenz Adam

Bartenstein, Lor. Adm., (†d. 25. Febr. 1796,) erleichterte Anweis. zur griech. Sprache. 8. Coburg 758.

— Latinae linguae commentatio ex ipsa discendi difficultate et molestia repetita. Pars I—III. 4. Coburg 764, 65.

Bartenstein, Lorenz Adam: Latinae linguae Commendatio ex ipsa eam discendi difficultate et molestia (2.3: ... ex ipsa eam discendi difficultate et molestia, imprimis grammatica) repetita. [1]-3. — Coburgi 1765: Findeisen. 8°
17. 39.
11.12153

— Cur Virgilius moriens Aeneida comburi jusserit? 4. 772, Contin. 774.

— Cur Virgilius moriens Aeneida comburi iussit? — Coburgi 1774: Ahl. XXXVI S. 8°
Zugleich Progr. Gymnasium Koburg 1774.
19. 25. 28. 32. 43. 44.
11.12154

— Praemissa Lunulae Hippocratis Chii Descriptione solennem inaugurationem viri ... Joannis Friderici Facii ad delatum ... munus professoris ordinarii Graecae linguae in ... Gymnasio Casimiriano ... indicit Laurent. Ad. Bartenstein. — Coburgi (1784): Ahl. 14 S. 8°
17.
11.12155

Lor. Ad. Bartenstein discussio recentissima machinae quadraturae circuli. 4. 1772

— Religionis Christianae excellentia ex insigniter commendato amoris studio afferenda. 4. Coburg 757.

— Gedanken von der Mäßigung der strengen mathematischen Lehrart in dem Vortrag der Anfangsgründe. — Coburg 1766: Findeisen. 26 S. 8°
1:18 in 8° Bibl. Diez 2574. 3. 32. 39.
11.12156

Bartenstein, Ludwig: Aus der Königl. Universitäts-Kinderklinik zu Breslau. Beiträge zur Lungenpathologie der Säuglinge. Von L. Bartenstein u. G. Tada. — Leipzig [usw.]: Deuticke 1907. 82 S. 8°
1:4° Iz 2674. 11. 12:4° Path. 29 lg. 20. 30. 38 M. 202. 300:452.006-C. 302.
11.12157

Bartenstein, L., u. G. Tada, Beiträge zur Lungenpathologie der Säuglinge. (III, 82 S. m. 5 Abbildgn., 9 Taf. u. 9 Bl. Erklärgn.) Lex. 8. Wien 907. F. Deuticke. 6. —

Bartenstein, Ludwig, Volontärassist. an d. Kgl. Kinderklinik: Aus d. Kgl. hygien. Institut zu Breslau. Zur Bekämpfung der Phtise. *Breslau 1900: Bresl. Genossenschafts-Buchdr.* (40 S.) 8°
Breslau, Med. Diss. v. 17. März 1900

Bartenstein, Oskar: Beobachtungen und Theorie über die Beugung von stark gedämpften elektrischen Schwingungen. Jena; Leipzig: Barth 1909. S. 201—248. 8° ¶(Aus: Annalen d. Physik. Folge 4, Bd 29.)
Jena, Phil. Diss. v. 27. Mai 1909, Ref. Winkelmann
[Geb. 2. Okt. 84 Salzungen; Wohnort: Jena; Staatsangeh.: Sachsen-Meiningen; Vorbildung: Realgymn. Eisenach Reife O. 04; Studium: Jena 5, Göttingen 1, Jena 5 S.; Rig. 20. Febr. 09.] [U 09. 2160

Bartenstein, Otto

— Beiträge zur Bartenstein'schen Familien-Geschichte. — (Posen) 1910: (Merzbach). 69 S. 4° 1:4° S 2445. 3. 12:4° Geneal. 126 n. 25. 27. 39. 75. 106. 300:476.184-C.
11.12159

— Stammtafel der Familie Bartenstein. — [Kahla usw.: Vogt um 1900.] 1 Bl. quer-gr. 2° (Weller's Archiv für Stamm- und Wappenkunde. Beil.) 39.
11.12161

Bartenstein, Rudolf: Grundzüge der Bodenplastik von Tunesien. Marburg 1908: (Knauer, Frankfurt a. M.). 88 S. 8° ¶(Aus: Jahresbericht d. Frankf. Vereins f. Geogr. u. Statistik. Jg. 71/72.)
Marburg, Phil. Diss. v. 20. Aug. 1908, Ref. Fischer
[Geb. 5. Sept. 79 Eisfeld; Wohnort: Eisfeld; Staatsangeh.: Sachsen-Meiningen; Vorbildung: Gymn. Sondershausen Reife M. 01; Studium: Marburg 11 S.; Rig. 27. Febr. 07.] [U 09. 3157

Bartenwerffer, Theodor (Pilk. Ragn. Boruss.), De necessitate et honestate consensus parentum ad nuptias a liberis contrahendas. Diss. acad. Präs. Heinr. Oelmann (Pommern). Königsbg. (Reusner) Dez. 1710. 30 S. (6.—) 1130
Gew.: Friedr. Chph. Burggraf v. Dohna, Gg. Chph. v. Perbandt, Zach. Hessen, Mich. Böhm, Joh. Erh. Etmüller, Gg. Nicolai, Andr. Wilden. — Widm. v.: Lor. Weger, Präs. Gg. Chph. Mülner (Pilkaln.), Chn. Aegly (Insterb.), Gg. Werner, Stephan Hippel, Christoph Tiedemann (dtsch.), Fabian Kahlau.

Barter, Amy: A treasury of Elizabethan lyrics, s: Diesterweg's neusprachl. Reformausg.

Bartesch, Hermine

Bartesch, H: Die Spitzen-Näherei, s.a. Grethlein's prakt. Hausbibliothek.

— Die Spitzen-Näherei. — Leipzig: Grethlein (1904). 104 S. 8° (Grethleins praktische Hausbibliothek. 5.) 48.
11.12176

Bartetschko, Andreas

— Sanctum Saeculare (Hebr. 9.V.1.) Marianum; sive Sanctae Dei Genitricis Virginis Mariae icon sacra ad Praemonstratum ... montem ..., anno 1632 per angelos mirabiliter allata. — Typis Olomucensibus (1732): Hirnle. 78 Bl. 2°
2.
11.12179

— Vivat serenissimus neonatus Archidux Austriae! ter fausta soboles serenissimorum coniugum Josephi I. Romanorum & Hungariae Regis ... ac Wilhelminae Ducis Hannoveranae &c. Pro cuius auspicatissimo natali chronologa votiva & prognostica ... concinnavit ... Andreas Bartetschko. ([Jauer] 1700): J.G.Weber. 2 Bl. 2°
2.
11.12180

— Jo! Vivat natus Leopoldus! Josephus! ... Josephi I Augusti Romanorum & Hungariae Regis ... et Wilhelminae Amaliae ... filius! — Javrovii (1700): J.G.Weber. 6 Bl. 2°
2.
11.12181

Bartetzko, Hans, Rechtsanwalt in Oppeln: Die rechtliche Beurteilung des Lebensversicherungsvertrages zugunsten eines Dritten im Verhältnis zwischen dem Versicherungsnehmer und dem Dritten. Borna-Leipzig 1906: R. Noske. (VII, 30 S.) 8° [F.]
Rostock, Jur. Fak., Ref. Bernhöft, Diss. v. 21. Mai 1906
[Geb. 9. Mai 75 Krassowa, Kr. Gr.-Strehlitz: Wohnort: Oppeln; Staatsangeh.: Preußen; Vorbildung: Gymn. Beuthen Reife O. 94; Studium: Breslau 2, Freiburg, Schweiz 1, Breslau 6 S.; Rig. 28. Okt. 05.]

Bartetzko, Hugo: Untersuchungen über das Erfrieren von Schimmelpilzen. Leipzig: Bornträger 1909. 42 S. 8° ¶ (Aus: Jahrbücher f. wiss. Botanik. Bd 47, H. 1.)
Leipzig, Phil. Diss. v. 9. Nov. 1909, Ref. Pfeffer, Chun
[Geb. 18. Sept. 79 Königshütte; Wohnort: Neiße; Staatsangeh.: Preußen; Vorbildung: Gymn. Neiße bis O. 98, Pharmaz. Staatspr. Leipzig Mai 06; Studium: Leipzig 9 S.; Rig. 22. Juni 09.] [U 10. 3095

Bartfai, Leonh., (Jh. Sam, Klein,) brevis conspectus historiae ecclesiasticae etc. 4. Halle 771.

Barth [Sachliches OW]

D. Christian Gottlob Barth.—Kaiserswerth: Diakonissen-Anstalt [1896]. 12 S. 8° (Geschichten u. Bilder fürs deutsche Volk. 30.) 1:Ng 25276-30. 5.
11.12185

—— 2. Aufl. Ebd. [1897]. 12 S. 8° (Geschichten u. Bilder fürs deutsche Volk. 30.) 12:H. misc. 352c-30.
11.12186

Barth [Schlagwort]

Barth, s.: Deutschland. Kürschner-Pelp.

Barth [Verfasser]

Barth, s.a. Bahrdt

Barth, s.a. Bahrt

Barth, Dr.-Ing., Dr. rer. pol., Schulrat, Frankfurt a. M. 1907 s. *Barth,* Alfred.

Barth, Dr., Missionar, Calw, 1799-1862. 1819 s. *Barth,* Christian Gottlob.

Barth (Schuldirektor), s. Barth, Ernst

Barth, Dekan, Heidenheim, 1816-1886. 1843 s. *Barth,* Friedrich Wilhelm.

Barth, Professor d. Theologie, Bern, 1856-1913. 1882 s. *Barth,* Fritz.

Barth (Kaufmann), s. Barth, Gustav

Barth, Pfarrer, Magstadt, 1809-1877. 1871 s. *Barth,* Gustav.

Barth, Afrikareisender, 1821-1865. 1849 s. *Barth,* Heinrich.

Barth, Arzt, Wien. 1786 s. *Barth,* Josef.

Barth, Oberstaatsanwalt, München. 1853 s. *Barth,* Josef.

Barth, Theologe, Halle, 1741-1792. 1762 s. *Bahrdt,* Karl Friedrich.

Barth, Pastor, Einbeck. 1794 s. *Barth,* Ludwig.

Barth, Direktor d. landwirtschaftlichen Versuchsstation, Rufach. 1884 s. *Barth,* Max.

Barth, Dänischer Kavallerieoffizier. 1856 s. *Barth,* Soeren Christian.

Barth, Dr. iur., Wirtschaftspolitiker, M. d. R., 1849-1909. 1877 s. *Barth,* Theodor.

Barth, v., Professor d. Chemie, Wien, geb. 1839. 1865 s. *Barth* R[r] v. Barthenau, Ludwig.

Barth: Über Ascultation, s. Barth, Jean Baptiste Philippe

Barth: Beitrag zur Entwicklung der Darmwand, s. Barth, L.

Barth: Beiträge zur elsässischen Sagenforschung, s. Barth, Bernhard

Barth: Crispi, s. Barth, Hans

Barth: Sexuelle Degeneration. Budapest, Adolf Estinger (um 1890) 8°

Barth, Dr. med. 1905: Sexuelle Degeneration. Medicinisch-ethnographische Studie über geschlechtliche Entartung und Verirrungen. — München: Hess 1905. 45 S. 8° 12:H. g. hum. 12gv. 19.
11.12191

— [engl.] Sexual degenerations. A medical-ethnographical essay on sexual degenerations and aberrations. — Munich: Hess 1905. 50 S. 8° 12:Path. 90p. 19.
11.12192

Barth: Üb. funktionelle Nierendiagnostik, s. Barth, Arthur

Barth, Rechtsanwalt, Graudenz. 1853: Die von Friedrich dem Großen, Friedrich Wilhelm II., und Friedrich Wilhelm III. bei Mockerau im Graudenzer Kreise von 1772 bis 1804 abgehaltenen Revuen. — Graudenz: Röthe 1853. 18 S. 8° 10. 12:H. g. hum. 252-25.
11.12189

Barth: Das Rhöngebirge, s. Barth, August Jakob

— Ueber die Sitte: den Hut, oder was sonst seine Stelle vertreten mag, beim Gruße abzunehmen. — Graudenz: Röthe 1853. 8 S. 8° 10. 12:H. g. hum. 252-25.
11.12190

Barth: Statik des Obstbaues, s. Barth, Friedrich

Barth: Unterricht für Landpfarrer, s. Barth, Kornelius Josef

Barth: Die Verlobung, s. Barth, Ferdinand

— s.: Zeitschrift, deutsche, f. Chirurgie.

Barth, A. (Oto-Rhinologe), s. Barth, Adolf

Barth, A. (Philologe), s. Barth, Albert

Barth, A. (Dr. Ing., Dr. rer. pol.), s. Barth, Alfred

Barth, A. (Arzt), s. Barth, Arthur

Barth, A., Erinnerung an Norderney. Typen aus dem Badeleben. Skizzen. Ein ABC zum Mitnachhausenehmen. 16. (23 autogr. S.) Norden 883. Braams.

Barth, A. 1884: Erinnerung an Norderney. Typen aus d. Badeleben. Skizzen. 2. Aufl. — Norden [usw.]: Braams [1884]. 12 Bl. 8° 7.
11.12193

Barth, A.: Handbuch f. Magistrats-Personen (u. and. Schriften zu Verwaltung und Recht), s. Barth, Anton

Barth, A., u. J. J. Schäublin, Harfenklänge s.a. Schäublin, J. J.

Barth, A., und J. J. Schäublin, Harfenklänge. Eine Sammlung geistlicher Lieder für gemischten Chor. Basel 860. Bahnmaier. 8. (IV, 140 S.) n. 10 ngr.

— Herrn und Frau Mäusle's Reise nach Norderney. Ein Skizzenblatt. 2. Aufl. — Norden [usw.]: Braams [1884]. 1 Bl. 2° 7.
11.12194

Barth, A. F: Beiträge zur Theorie des Weltgeschehens. Großenhain und Leipzig 1893

Barth, A. F.: Beiträge zur Theorie des Weltgeschehens. — Grossenhain [usw.]: Baumert & Ronge 1893. 58 S. 8° 12:Phys. sp. 33n. 15. 201. 303.
11.12195

Barth, A. F., d. kaufmänn. u. kameralische Buchführung, insbes. f. Sparkassen, Stadtkassen u. Vorschussvereine. gr. 8. (243 S.) Grossenhain 895. (O. Seifort). n. 5.—

Barth, A. F., Formulare f. Kreditanstalten, insbesondere Sparkassen, Darlehns- od. Vorschußkassen. gr. 8. (III, 153 S.) Großenhain 899. Dresden, C. Weiske. n. 5. —

— Formulare für Kreditanstalten, insbesondere Sparkassen, Darlehns- oder Vorschußkassen. — Großenhain 1899: Starke & Sachse. 153 S. 8° 12: Cam. 8tih.
11.12196

Barth AF, Formulare fur Kreditanstalten, insbesondere Sparkassen, Darlehns- oder Vorschusskassen. (153 S) Grossenhain 1900

— Die Grundform der doppelten Buchführung. — Grossenhain: Hentze 1884. 146 S. 8° 205. 208.
11.12197

— Unser Weltsystem. Ein Beitrag zur Theorie d. Weltgeschehens. — Leipzig: G. Fock 1896. 62 S. 8°
12: Astr. U. 22f.
11.12198

Barth, A. J. (Arzt), s. Barth, August Jakob

Barth, A. J.: Das Rhöngebirge, s. Barth, August Jakob

Barth, Adolf, Naturwissenschaftler u. Buchhändler, Leipzig. 1827-1869. 1849: Analyse eines jodhaltigen Mineralwassers von Krankenheil bei Tölz in Oberbaiern. — Leipzig: Barth 1849. 8 S. 8°
Aus: Journal für praktische Chemie. 47. 1849. 43.
11.12199

Barth, Adolf, Oto-Rhinologe, Leipzig. 1852-1936. 1879: Über die Bildung der menschlichen Stimme und ihres Klanges beim Singen und Sprechen vom physiologisch-physikalischen Standpunkte betrachtet. ([1.]2.) — Leipzig: J. A. Barth 1904-06. 8°
2 u. d. T.: Barth: Klang und Tonhöhe der Sprechstimme. 1906.
1: Mus. E 251/18. 2. 12: Mus./Th. 266b. 15. 24. 26. 207.
11.12200

Barth, Adolf, aus Frankfurt a. M.: 1. Charakteristik von Pseudosäuren durch abnorme Beziehungen zwischen ihren Affinitätskonstanten und der Hydrolyse ihrer Salze. 2. Über Beziehungen zwischen Farbe und Konstitution von Oximidoketonen und ihren Derivaten. *Würzburg 1901: H. Stürtz.* (75 S.) 8°
Würzburg, Phil. Diss. v. 1901

Barth, Adolf: Gedenkblatt zum 26. Februar 1909, dem 100. Geburtstag..., s. Schulz, Ernst: Gedenkblatt zum...

— Klang und Tonhöhe der Sprechstimme. — Leipzig: J. A. Barth 1906. 51 S. 8° (Barth: Über d. Bildung d. menschlichen Stimme. 2.) 1: Mus. E 251/18-2.
12: Mus. Th. 266 b-2. 15. 24. 26. 207.
11.12202

Barth, Adolph. (geb Braunsberg 1814) De retibus mirabilibus. Berolini (1837). (21 S) 4°
Berlin, Med Diss v 31 Aug 1837

Barth, Adolph., de retibus mirabilibus. Dissertatio inaug. anatomico-physiologica. Accedit tabula aenea. 4maj. Berolini 837. (Burmeister et Stange.) n. 1/2 ℔

— Über den gegenwärtigen Stand der Hals-, Nasen- und Ohrenheilkunde. Antrittsvorlesung. — Leipzig: J. A. Barth 1899. 24 S. 8° 302.
11.12203

Barth, Adolf (geb. am 26 Nov. 1852 in Alsleben a. S.): Toxikologische Untersuchungen über Chilisalpeter ... Bonn, (Hof-Buchdr. (H. Neubürger) in Dessau) 1879. 1 Bl., 50 S., 1 Bl. 8. ¶ Erschien zugleich selbständig bei Barth in Dessau.
Bonn, Med. Fak., Diss. v. 19 Mai 1879

— Toxikologische Untersuchungen über Chilisalpeter. — Dessau: E. Barth 1879. 50 S. 8°
Zugleich Diss. Bonn 1879. 202.
11.12204

Barth, Adolf: Über das Verhalten des linken Ventrikels bei Mitralstenose. Zürich (1899). 32 S. 8°.
Zürich. Med. Diss. 1898/99.

Barth, Albert

Barth, Albert, aus Basel: Das bischöfliche Beamtentum im Mittelalter vornehmlich in den Diözesen Halberstadt, Hildesheim, Magdeburg und Merseburg. *Wernigerode 1900: B. Angerstein.* (107 S.) 8° [F.]
Göttingen, Phil. Diss. v. [24. Jan.] 1901

Barth, Alb., das bischöfliche Beamtentum im Mittelalter vornehmlich in den Diözesen Halberstadt, Hildesheim, Magdeburg u. Merseburg. Diss. gr. 8. (III, 107 S.) Wernigerode 900. (Göttingen, Vandenhoeck u. Ruprecht.) n. 2. 60

— Die Entwicklung der neuen Machtverhältnisse in Ostasien. — Basel: Helbing & Lichtenhahn 1908. 77 S. 8°
1: Stala 702. 30. 47. 203.
11.12208

Barth, Alb.: Staatsbürgerl. Erziehg m. bes. Rücks. auf d. Schuleinrichtgn u. Erziehgsaufg. in d. Schweiz. (4, 72) 8° Bas.. Kober '11. 1.20 d

Barth, Albert. Le fabliau du Buffet publié par A' B'. Aus der Festschrift zur 49. Versammlung Deutscher Philologen und Schulmänner. Basel 1907. II S. + S. 148—180. 8. [Basel, Buchdr. Emil Birkhäuser;] — *Aufdruck:* Leipzig, Carl Beck, Verlag —, [1907]. [M. 1. 20]

Barth, Alb., de Jubae ὁμοιότησιν a Plutarcho expressis in quaestionibus romanis et in Romulo Numaque. Dissertatio inauguralis. gr. 8. (54 S.) Göttingen 876. (Deuerlich.) n. 1. 50

Barth, Alb., de Jubae ὁμοιότησιν a Plutarcho expressis in quaestionibus romanis et in Romulo Numaque. Dissertatio inauguralis. gr. 8. (54 S.) Göttingen 877, (Deuerlich'sche Buchh.) *

Barth, Albert, und **Brenner,** Wilhelm. Schlagschatten. Zwei Beiträge zur Aufklärung über die Basler Schulverhältnisse. 65 S 8. Basel, Helbing & Lichtenhahn, 1909. [fr. —. 70]

Barth, Albert, Dr., Oberlehrer, Lübeck. 1883: Ziel und Aufgabe einer wissenschaftlichen Landeskunde von Lübeck und Umgegend. — Lübeck 1883: Rahtgens. 13 S. 8°
41.
11.12205

Barth, Albr., s. Barth, Albert

Barth, Alexander, approb. Arzt aus Reval: Aus d. Kgl. Universitäts-Frauenklinik zu Kiel. Über Ureterverletzungen bei Laparotomien. *Kiel 1900: H. Fiencke.* (33 S.) 8°
Kiel, Med. Diss. v. [11. Nov.] 1900

Barth, Alfred, Dr.-Ing., Dr. rer. pol., Schulrat, Frankfurt a. M. 1907: Zur Baugeschichte der Dresdner Kreuzkirche. Studien über d. protestantischen Kirchenbau u. Dresdens Kunstbestrebungen im 18. Jh. — Dresden: Meinhold 1907. 148 S. 4° Zugleich Diss. Dresden 1907.
1: 4° Sr 6448. 3. 4. 8. 15. 19. 21. 29. 41. 87. 91. 93.
106. 117. 207. 300: 455.707-B.
11.12212

Barth, Alfr., Friedrich Nietzsche, s.a. **Männer, bedeutende.**

Friedrich Nietzsche. Von Dr. Alfred Barth. *Berlin: H. Schildberger [1901].* (20 S.) 8° [F.]
— Männer, Bedeutende, aus Vergangenheit u. Gegenwart. 4.

Barth, Andreas: Laut- und Formenlehre des Waldensischen. . . . Bonn, Univ.-Buchdr. v. C. Georgi, 1891; [nur Titelbl., Vita u. Thesen.] 2 Bl. 8°
Bonn, Phil. Fak., Inaug.-Diss. v. 14. Aug. 1891

Barth, Andreas: Laut- und Formenlehre des Waldensischen Erlangen, k. b. Hof- u. Univ.-Buchdr. v. F. Junge, 1892; Bl., 38 S. 8. [vgl. 1890/91 Bonn No 79.]
Bonn, Phil. Fak., Inaug.-Diss. v. 14. Aug. 1891

Barth, Anton v., Innerer Rath und Archivar, München. 1782
s. *Barth,* Karl Anton v.

Barth, Anton v., Priester u. Mathematiker, München, geb. 1729. 1772: **Kurze Anleitung zur Rechenkunst.** Zum Gebrauche d. untern Schulen. — München: Fritz 1772. 112 S. 8°
12: Math. P. 24. 16. 19. 24.
11.12217

— — 2., verb. Aufl. Ebd. 1775. 112 S. 8° 52. 308.
11.12218

— kurze Anweis. zur Rechnenkunst. 8. Münch. ..., 2e Aufl. 775. Lentner. 4 ℛ

— **Anwendung der feinern Mathematick auf die Physick, und Artillerie.** Zum Gebrauche seiner Schüler. (1.2.) — München: Frits 1772–73. 8°
12: Math. U. 12. 17. 19. 21. 24. 26. 34. 304.
11.12219

v. Barth, Ant., Anwendung der feinen Mathematik auf d. Physik u. Artillerie. 2 Thle. Mit Kpf. gr. 8. Münch. 772, 73. Lentner. 2 ℛ.

— — (1.2.) Ebd. 1779. 8° 6. 12[ᵐ 2]: Math. U. 13. 31.
11.12220

Barth, Anton (Hrsg.), s. C e n t r a l - B l a t t für magistratische Verwaltung und allgemeine Polizei-Fama für Bayern.

— **Geographiae mathemathicae Elementorum libri 2.** — Augustae Vind.: Klett 1774. 107 S. 8°
3. 4. 12: Math. A. 15. 14. 19. 25. 30. 66. 111.
11.12221

— geographiae mathematicae elementorum libri II. 8. Augsb. 775. Klett. 8 ℛ

— kgl. Bayer'sche Gemeinde-Wahlordnung, m. erläut. Anmerkungen. 8. ... Augsburg.., Schlosser.

Barth, Anton, Bürgermeister, Augsburg. 1820: **Kurzgefaßte Geschichte der Stadt Augsburg** zum Gebrauche in den Volks-Schulen. Bd [1.] 2. — Augsburg: Kranzfelder 1833–34. 8°
12: Bavar. 193a.
11.12222

Barth, Ant. (ehemal. Bürgermeister), Handb. des kathol. u. protest. Kirchenrechts mit besonderer Rücksicht auf Orden, Zeitinteressen (wie Gemischte Ehen u. s. w.) 2 Bände. Neue Auflage (die 1e erschien 1844). gr. 8. Augsburg 1846, Jenisch. 4⅘ Thlr. — 7 fl. 12 kr.

— **Handbuch des katholischen und protestantischen Kirchenrechts,** mit bes. Rücks. auf die religiösen Orden ... 2. Aufl. Bd 1.2. — Augsburg: v. Jenisch & Stage 1846. 8°
39. 308.
11.12223

Barth, (A.) Handbuch für Magistrats-Personen, Bürgermeister u. Räthe, Gemeinde-Bevollmächtigte, Gemeinde-Vorsteher, Gemeinde- u. Stiftungs-Pfleger, dann Gemeinde-Ausschüsse im Königr. Baiern, od. vollst. Instruktion u. Anweis. z. Geschäfts-Führung für dieselben. 1r, 2r Bd. 8. Augsburg 822, Bürglen. (Nürnberg, Haubenstrikker.)

[—] **Handbuch für Magistrats-Personen,** Gemeinde-Bevollmächtigte, Gemeinde-Vorsteher ... Bd 1.2. — Augsburg: Bürglen 1820–21. 8°
2. Barth: Practisches Handbuch der Polizei in Baiern. 1821.
12[ᵐ 1]: Bavar. 193ac–2. 20. 21. 29[ᵐ 1]. 75.
11.12224

— **Practisches Handbuch der Polizei in Baiern.** — Augsburg: Bürglen 1821. XXXII, 544 S. 8° (Barth: Handbuch für Magistrats-Personen. 2.)
12: Bavar. 193ac–2. 20. 21. 29. 75.
11.12226

— Lexicon der Bayerischen Gesetze, Verordnn., Instruktionen und Reglementar-Verfügungen. 42 Bde compl. 8. Augsb. 820—37. Schlosser. 30 ℛ

— **Lexikon der baierischen Geseze,** Verordnungen, Instruktionen und Reglementar-Verfügungen. H. 1–42. — Augsburg: Bürglen [u.a.] 1823–36. 8°
12: Bavar. 193. 19. 29 [ᵐ 5/42]. 300: •69O376.
11.12227

— **Ueber den Rechtsgrund der Strafe.** — Erlangen 1833: Junge. 32 S. 4° Zugleich Diss. Erlangen 1832.
1: 4° Fy 440. 8. 15. 19. 21. 29. 300: 12.087–B.
11.12228

Barth, Ant., über den Rechtsgrund der Strafe. Eine juristisch-philosoph. Abhandl. gr. 4. Erlang. 833. (Palm u. Enke.) $1/4$ ℛ

— mathemat. Sätze. 4. Münch. 772.

— biograph. Skizze d. Karl Ernst Grafen v. Gravenreuth rc. 8. ... Augsburg 8:4, Schlosser.

— biogr. Skizze d. J. N. Ritter v. Kaiser. 8. ... Augsburg 834, Schlosser.

Barth, Anton v., s. T a s c h e n b i b l i o t h e k sämmtl. im Königr. Bayern gelt. Gesetze.

Barth, Ant. Vorlesungen über Finanzwissenschaft. Zum Selbststudium für jeden Staatsbürger allgemein verständlich bearbeitet. gr. 8°. Augsburg, v. Jenisch u. St., 1843.

— **Vorlesungen über sämmtliche Hauptfächer der Staats- und Rechtswissenschaft.** Zum Selbststudium. Bd 1–12. Augsburg: v. Jenisch & Stage 1835–47. 8°
1. Enthaltend d. juristische Encyclopädie, u. e. Theil d. Naturrechts. 1835.
2. Enthaltend d. Beschluß d. Naturrechts, dann von d. römischen Privatrechte d. allg. Theil u. e. Theil d. Sachenrechts. 1835.
3. Vorlesungen über d. römische Privatrecht in seiner heutigen Anwendung. 1836.
4. Vorlesungen über d. öffentliche Recht d. Deutschen Bundes u. d. deutschen Bundesstaaten oder über d. deutsche Bundes- u. Staats-Recht. 1837.
5. Vorlesungen über d. gemeine deutsche Privatrecht. 1838.
6. Vorlesungen über Polizey-Wissenschaft und Polizeyrecht. 1840.
7.8. Vorlesungen über d. katholische u. protestantische Kirchenrecht. Th. 1.2. 1842.
9. Vorlesungen über National-Oekonomie. 1843.
10. Vorlesungen über Finanz-Wissenschaft. 1843.
11. Vorlesungen über d. gemeine in Deutschland gültige peinliche Recht. 1844.
12. Vorlesungen über d. deutschen, gemeinen Civilprozeß. 1847.
1: Fk 5160. 12: Jur. is. 10. 19. 20. 28. 208.
11.12229

— — 2., verb. Aufl. Bd 1. Ebd. 1838. X, 512 S. 8° 9. 203.
11.12230

— Vorlesungen üb. d. kathol. u. protestant. Kirchenrecht, mit besond. Rücksicht auf d. relig. Orden, deren Geschichte u. Einrichtn.; dann auf d. gemischt. Ehen, d. Lehrsätze d. kathol. Kirche hierüber, u. d. neuesten Zerwürfnisse. Zum Selbststud. f. jeden Staatsbürger allgem. verständl. bearb. 5 Lfgn. gr. 8. (71¾ B.) Augsburg 841, 42, v. Jenisch u. Stage'sche Buchh.

Barth, Anton: V o r l e s u n g e n über National-Oekonomie, mit besonderer Rücksicht auf die deutsche Handelspolitik und den deutschen Zollverein. Zum Studium für jeden Staatsbürger allgemein verständlich bearbeitet. Augsburg 1843.

— Vorlesungen üb. Polizey-Wissenschaft u. Polizeyrecht. Zum Selbststud. f. jeden Staatsbürger allgem. verständl. bearb. 1—5. Lfg. gr. 8. (64¼ B.) Augsburg 841, 42, v. Jenisch u. Stage'sche Buchh.
auch: Dess., Vorles. üb. sämmtl. Hauptfächer d. Staats- u. Rechtswissensch., besond. abgedruckt.

— Vorlesungen über Polizei-Wissenschaft und Polizeirecht. Zum Selbststudium für jeden Staatsbürger allgemein verständlich bearbeitet. 1. (1. Liefg. 2. Aufl.) u. 2. Liefg. gr. 8. Ebd. 841. 1½ ℛ

— Vorlesungen über das gemeine in Deutschland gültige peinliche Recht, mit besond. Rücksicht auf d. neuen Gesetzgebungen u. die Oeffentlichkeit u. Mündlichkeit des Verfahrens u. die Geschwornengerichte. (In 4 Liefg.) gr. 8. Ebd. 841. (à ½ ℛ) 2 ℛ

Barth, Ant., Vorlesungen über den deutschen, gemeinen Civilprozeß. Zum Selbststudium für jeden Staatsbürger, namentlich für Staats-Gerichts- u. Communal-Beamte rc. 1. Liefg. Lex.-8. Augsburg 840, v. Jenisch u. Stage'sche Buchh. ½ ℛ

Barth, Ant., Vorlesungen üb. den deutschen, gemeinen Civilprozeß. 2—4. Liefrg. gr. 8. (S. 129—492.) Augsburg 847, v. Jenisch & Stage. à 1/3 ₰ (cplt. 2 ₰)

Barth, Ant., Centralblatt für magistrat. Verwaltung, s. Centralblatt.

Barth, Arthur: Ueber d. operative Behandlung d. Nierentuberkulose. *Danzig 1898*
in: Festschrift gewidm. ... Heinrich Abegg ... z. 50jaehr. Doctor-Jubilaeum v. aerztl Ver zu Danzig .. 1898.

Barth, Artur, Dr., Arzt, Berlin. 1929: Die Enzephalographie in versicherungsrechtlicher Beziehung. — Berlin: Schoetz 1929. 47 S. 8° (Veröffentlichungen aus d. Gebiete d. Medizinalverwaltung. Bd 30,1 = H. 270.)
1:I 6354–30,1. 2→9. 11. 12:Pol. civ. 200s–30,1. 15. 21. 29. 30. 38M. 202. 203. 208. 302.
11.12234

Barth, Über funktionelle Nierendiagnostik, s. Klinik, Berliner. 245. Heft.

— Über funktionelle Nierendiagnostik. — (Berlin: Fischer's med. Buchh.) 1908. 27 S. 8° (Berliner Klinik. 245.) 1:Ic 2548–245. 7. 11. 12:Path. 685ac–1908. 15. 17. 25. 38M. 43. 46. 202.
11.12233

Barth, A, üb. d. Verhältniss d. Querdurchmessers d. Beckenenge z. d. d. Beckeneingangs. 8. (28) Jena 72, (Neuenhahn). — 75

Barth, Arth., über das Verhältniss des Querdurchmessers der Beckenenge zu dem des Beckeneingangs. Inaugural-Dissertation. gr. 8. (28 S.) Jena 882, (Neuenhahn.)

Barth, Arthur [Dr.]: Ueber die histologischen Vorgänge bei der Heilung von Nierenwunden und über die Frage des Wiederersatzes von Nierengewebe ... (Aus: Langenbeck's Arch., Bd. XLV.) Berlin, gedr. bei L. Schumacher, 1892; 3 Bl., 54 S., 4 Taf. 8.
Marburg, Med. Fak., Hab.-Schr. v. [29. Okt.] 1892

Barth, August: Der Stil von G. A. Bürgers Lyrik. Marburg: Hieronymus, Neumünster i. H. 1911. 117 S. 8°
Marburg, Phil. Diss. v. 13. Febr. 1911, Ref. Elster
[Geb. 11. Nov. 87 Altona; Wohnort: Hamburg; Staatsangeh.: Hamburg; Vorbildung: Oberrealsch. auf d. Uhlenhorst Hamburg Reife O. 06, Erg. Hannover O. 07; Studium: Göttingen 4, Marburg 4 S.; Rig. 23. Febr. 10.] [U 11. 3423

Barth, August Jakob: Erblindung heilbar. Nach schriftlicher Aufzeichnung eines Erblindeten. — Cassel: Selbstverl. 1855. 48 S. 8° 47. 66.
11.12236

—— 2. Aufl. Ebd. 1855. 74 S. 8°
4. 12:Chir. 353–5. 24. 66. 306.
11.12237

— Erblindung heilbar u. Harthörigkeit — nervösen Ursprungs — durch Anwendung des Geranium robertianum (Lin.). Enthält die Selbstbeobachtung und Abbildung der Zeichen bei der successiven Erblindung und die Anwendung der Heilpflanze. 3. verm. Aufl. mit 1 (lith. u. color.) Taf. (in 4.) Ebend. 856. Fischer in Comm. 12. (85 S.) n. 20 ngr

Barth, A. J., Erblindung und Harthörigkeit — nervösen Ursprungs — überhaupt rheumatische Lähmungen heilbar durch Anwendung des Geranium robertianum (Lin.) Enthält die Selbstbeobachtung und Abbildung der Zeichen bei der successiven Erblindung und die Anwendung der Heilpflanze. 4: verm. Aufl. mit 1 (lith. u. color.) Tafel Abbildung (in 4.) u. Abdruck einiger Mittheilungen seither vorgekommener Genesungen. Cassel 859. Fischer in Comm. 12. (85 S. mit Holzschn. im Text.) 15 ngr

—— 4., verm. Aufl. Quedlinburg [usw.]: Ernst [1859]. 85 S. 8° 1:Km 76^4.
11.12240

— Das Rhöngebirge. Wegweiser für Touristen. — Fulda: A. Maier in Comm. 1870. VI,189 S. 8°
5. 12:Bavar. 193b. 47. 66.
11.12241

Barth, Aug. Jak., das Rhöngebirge. Wegweiser f. Touristen, Maler, Naturforscher ꝛc. [m. Bezeichng. der Fundorte f. Botaniker u. Mineralogen], auch zu Erholungs-Touren f. Nervenleidende, Gemüthskranke ꝛc. Nebst e. Reisekarte. 8. (VI, 190 S. m. e. lith. Karte in Fol.) Fulda 871. Maier. n. 2. 40; geb. n. 3. —

Barth, August Mildreich: Kurze, doch gründliche Untersuchung des Dallwizer Gesundbrunnens. — Meißen 1764: G. Schulz. 16 S. 8° 3. 15. 29.
11.12242

Barth

— **August Mildreich** (Grossenhain), De corticis peruviani usu senibus, gravidis et infantibus salutari. Diss. med. Präs. Dan. Wilh. Triller. Wittenbg. (E. G. Eichsfeld) 15. III. 1758. 28 Seiten. (5.50)

Barth, B.: De Graecorum asylis, s. Barth, Bernhard

Barth, B: Willens- u. Charakterbildg durch Leibesübgn, s: Studien. Pädagogische.

Barth, Bartholomaeus: Bartholomaei Barthii Sendschreiben, an Georgium Dünewald ... mit welchen er ihn benachrichtiget, was für iudicia gefallen, in concessu eruditorum, uber Narcissi Züchtigung. — o.O. 1704. 8 Bl. 8° 1:39 in Sp 4100. 15. 18. 23.
11.12253

— Bartholomaei Barthii Zweytes Sendschreiben, an Georgium Dünewald ... mit welchem er ihm notificiret, wie des sich so nennenden Christiani Ketlenii unrichtige Meynung und schlechtes Erachten, von dem consessu eruditorum, sey aufgenommen worden. — o.O. 1704. 8 Bl. 8°
15. 18.
11.12254

Barth, Bernhard

Barth, Bernardus [Oppenhemiensis]: De Graecorum asylis .... Argentorati, apud Carolum I. Truebner, 1888; 1 Bl. + 77 S. 8°
Strassburg, Phil. Fak., Inaug.-Diss. v. 1888

Barth, *Bernhard* Beiträge zur elsässischen Sagenforschung I. Die Thanner Hufeisensage (Umschlagtitel: . . Sagenforschung.) 4 (S. 3—38) Bischöfl. G. an St. Stephan *Strassburg i. E.* 1889 Progr.

Barth [Dr.]: Beiträge zur elsässischen Sagenforschung I. Straßburg, Buchdr. v. G. Bauer, 1889; S. 3—38; 4°
Straßburg, bischöfl. G an St. Stephan, P 1889 (492)

Barth, Bernhard, Augsburg. 1889: Gedichte. — Augsburg: Lampart 1889. IV,76 S. 8° 1:Yo 22729.
11.12256

Barth, Bernhard [approb. Arzt aus Warendorf]: Ueber die Vorzuge der Autotransfusion .... München, Druck v. M. Ernst (vorm. C. Pollner), 1886; 40 S. 8°.
Munchen, Med. Fak., Inaug.-Diss. v. 1886.

Barth, Bruno, Liebe u. Ehe im altfranzösischen Fablel u. in der mittelhochdeutschen Novelle, s.a. Palaestra. 97.

Barth, Bruno: Liebe und Ehe im altfranzösischen Fablel und in der mittelhochdeutschen Novelle. ⟨Kap. 1—2, 1⟩. (Berlin: Mayer & Müller 1910.) 98 S. 8° ¶ (Ersch. vollst. als: Palästra. Bd 97.)
Berlin, Phil. Diss. v. 19. Jan. 1910, Ref. Roethe
[Geb. 16. Sept. 85 Leipzig; Wohnort: Friedenau; Staatsangeh.: Preußen; Vorbildung: Sophien-Realgymn. Berlin Reife O. 05; Erg. O. 09; Studium: Leipzig 1, Freiburg i. B. 1, Berlin 8 S.; Rig. 4. Nov. 09.] [U 10. 125

— Liebe und Ehe im altfranzösischen Fablel und in der mittelhochdeutschen Novelle. — Berlin : Mayer & Müller 1910. VII,273 S. 8° (Palaestra. 97.)
Erschien teilweise auch als Diss. Berlin 1910.
1:X 8426–97. 2→11. 12:P.o.germ. 1041 fo–97. 14→18. 20. 21. 25→28. 30. 34. 36. 38. 39. 43. 44. 300:393.550–B. Per. 97. 302. 303.
11.12258

Barth, C., s.a. B a r t h , Karl

Barth, C., Dr., Missionar, Calw, 1799-1862. 1819
s. *Barth*, Christian Gottlob.

Barth, C., Ministerialrat, München, 1775-1853. 1817
s. *Barth*, Christian Karl.

Barth, C., Kupferstecher, 1787-1853. 1837 s. *Barth*, Karl.

Barth, C., J. B. Friedreich und W. L. Demme, die Grundbegriffe des Criminalrechts, s. Friedreich, J. B.

Barth, C.: Des deut. Knaben Handwerksbuch, s. B a r t h , Ernst

Barth, C.F., s. B a r t h , Carl Friedrich

Barth, C. G. (Missionar), s. B a r t h , Christian Gottlob

Barth, C.G.: F o r t s c h r i t t e der Kenntnis Fremder Erdteile
s. B a r t h , Christian Gottlieb

Barth, C. H. W., s. B a r t h , Christian Heinrich Wilhelm

Barth, C. K. , s. B a r t h , Christian Karl

Barth, C. L.: Zur hundertjährigen Aufführung des Trauerspiels Hamlet, Prinz von Dänemark von Shakespeare. — Berlin [1877]: Litfaß. 5 Bl. 2° 1:2° Zc 7817. 32. 44. 78.
11.12263

— [Mitarb.] s. *Auffuehrung*, Zur 400sten, der Oper Don Juan von Mozart. 1870.

— Zur hundertjährigen Jubel-Feier des Lustspiels Minna von Barnhelm von G. E. Lessing. — ([Berlin 1868]: Litfaß.) 5 Bl. 4° 1:4° Yr 1428.10.
11.12264

— Zur hundertjährigen Jubel-Feier des Schauspiels Götz von Berlichingen mit der eisernen Hand von J.W.v.Goethe. Berlin [1874]: Litfaß. 4 Bl. 4° 1:4° Yr 4458. 7.
11.12265

— Zur hundertjährigen Jubel-Feier des Trauerspiels Clavigo von J.W.v.Goethe. — (Berlin [1874]: Litfaß.) 2 Bl. 2° 1:4° Yr 4572/60.
11.12266

— Zum hundertjährigen Jubiläum des Trauerspiels Emilia Galotti von G. E. Lessing. — Berlin [1872]: Litfaß. 4 Bl. 4° 10.
11.12267

Barth, C. W., s. B a r t h , Christian Wilhelm

Barth, C. W. A., historischer Gedächtnißschatz für den ersten Cursus des Geschichtsunterrichts zusammengestellt. gr. 8. (22 S.) Posen 852, Merzbach. 3 ngr

Barth, C. W. A., Gedichte zur Uebung des Gedächtnisses u. Belebung des Gefühls für das Schöne, Wahre u. Gute. Mit e. Vorworte: Ueber den ersten Unterricht in d. Familie. 1r Thl. 2 Abthll., nebst e. Anh. religiöser Gedichte. 8. Halle 835. Schwetschke u. Sohn. 3/8 ngr

Barth, C.W.A.: Das Wissenswürdigste der Geographie für Schulen. — Halle: Waisenhaus 1833. VI,136 S. 8° 1:Pp 5333. 3. 123.
11.12268

— — 2., sehr verm. Aufl. Berlin: Mittler 1851. XIV,325 S. 8° 1:Pp 5334.
11.12269

Barth, C. W. A., das Wissenswürdigste der Geographie f. höhere Schulen. 1. Thl. den 1. u. 2. Cursus enth. 3. gänzlich umgearb. Aufl. gr. 8. (210 S.) Posen 873. Zolowicz. n. 1. 60

Barth, C. W. A., das Wissenswürdigste der Geographie f. höhere Schulen. 2. Thl., den 3. Cursus [f. die Oberstufe] enth. 3. gänzlich umgearb. Aufl. 8. (VIII, 225 S.) Posen 878. Zolowicz. n. 2. —

Barth, Carl, s.a. B a r t h , Karl

Barth, Carol., Dissertatio inauguralis historico-iuridica de probatione per numismata in sacris. Mainz, 1788, 4°, 132 S.

Barth, Carl, Esthländer, Beiträge zur Wasserbehandlung des Typhus. Diss Dorpat. 4°. 19 pp. mit einer Tabelle.

Barth
— Carl (Eichstätt), De probatione per numismata in sacris. Diss. hist.-jur. Mainz (J. J. Alef, Haeffner Nchf.) Juli 1788. 134 S. (8.—) 1133

(**Barth,** C[arolus]): • Problemata duo ex theoria Maximorum et Minimorum. 10 Bl. 4° (2°)
Halle-Wittenberg. Phil. Diss. v 4 Okt. 1832
Geb. [Thorn . . .]

BARTH, Carl (Eichstatt): de ruminatione humana.- Landishuti: Thomann 1817. 19 S.,4 Bl.
5.9.1817 - Pe 358; P 57
Diss. Ingolst.-Landsh.-Mchn.

Barth, Carl [app. Arzt aus Meerane]: Vom Sarcom des Hodens ... Würzburg, Buchdr. J. Seelmeyr, 1891; 56 S. 8.
Würzburg, Med. Fak., Inaug.-Diss. v. 1891

Barth, Carl, appr. Arzt, Assistenzarzt b. 9. Westpr. Inf.-Reg. No 176, a. Aachen: Über die Technik der gebräuchlichsten Gehverbände bei Frakturen der unteren Extremitäten u. d. bisher. Resultate dieser Behandlung. Mit Berücksichtigung ihrer Verwendbarkeit im Kriege. Bonn 1907: E. Eisele. (25, II S.) 8°
Bonn, Med. Fak., Ref. Bier, Diss. v. 29. Jan. 1907
[Geb. 19. Juli 79 Aachen; Wohnort: Thorn; Staatsangeh.: Preußen; Vorbildung: Kgl. Gymn. Emmerich Reife O. 00; Studium: Berlin K. W. A. 9 S.; Coll. 29. Jan. 07; Approb. 14. Mai 06.]

Barth, Carl Friedrich, s. B a r t h , Karl Friedrich

Barth, Carola: Hilfsb. f. d. evang. Relig.-Unterr., s: Marx, Heinr. d

— Die Interpretation d. Neuen Test. in d. valentinian. Gnosis, s.a Texte u. Untersuchgn z. Gesch. d. altchristl. Lit.

Barth, Carola: Die Interpretation des Neuen Testaments in der valentinianischen Gnosis. Leipzig 1908: Pries. 34 S. 8° ¶ (Ersch. später vollst. als Buch.)
Jena, Theol. Diss. v. 12. Febr. 1909, Ref. Lietzmann
[Geb. 24. Sept. 79 Salzschlirf; Wohnort: Frankfurt a. M.; Staatsangeh.: Preußen; Vorbildung: Gymn. Hadamar Reife O. 02; Studium: Bonn 7, Marburg 1, Jena 2 S.; Coll. 14. Dez. 07.] [U 09. 2077

Barth, Carolus, s.a. B a r t h , Carl

Barth, Carolus, s.a. B a r t h , Karl

Barth, Caspar, s. B a r t h , Kaspar

Barth, Ch. K., s. B a r t h , Christian Karl

Barth, Charles, s. B a r t h , Karl

Barth, Chr. G. (Missionar), s. B a r t h , Christian Gottlob

Barth, Christian, cand. med. aus Leipzig: Zur Behandlung der Struma mit Thyreoidin. *Würzburg 1899: N. Seubert.* (42 S.) 8°
Würzburg, Med. Diss. v. 1899

Barth, Christian, Jurist. 1763: [Novem Tabulae iuris publici. Verf.: Christian Barth.] — Pedeponti (1763): Riepelius. 12 Bl. 2° Titel fingiert. 2. 7. 12:2° J. publ. G. 391.
11.12270

Barth
— **Christian Friedrich** (Annaberg), De inevitabilibus morborum causis. Disp. med. Präs. Anton Wilhelm Plaz. Lpz. (Jacobäer) 13. II. 1778. 38 S. (5.—)

Barth, Christian G.: F o r t s c h r i t t e , s. B a r t h , Christian Gottlieb

Barth, Christian Gotthelf, Archidiakon u. Amtsprediger, Rochlitz. 1750: Confirmirte Leges und Verfaßung des Wittben-Fisci bey einer Löbl. Priesterschafft der Stadt und Inspection Rochlitz. — Rochlitz [1753]: Lange. 48 S. 8° 14.
11.12271

— Kurtze Nachricht von der, bey der Stadt- und Kunigunden-Kirche zu Rochlitz seit einigen Jahren, angefangenen Kirchen-Bibliothec. — Altenburg 1751: P.C. Richter. 92 S. 8° 1:4° Ao 7526. 8. 10. 14. 15. 20. 39. 117.
11.12272

— Visionem propheticam Zachariae c. III. v. 1–8. dimid. de Josua summo sacerdote eiusque officio paucis sistit ... Christianus Gotthelf Barthius. — Altenburgi 1750: P. C. Richter. 44 S. 8° 12:4° Diss. 691/1. 15. 18. 28. 41.
11.12273

Barth, Christian Gotthilf, Mediziner, Leipzig. 1735-1792. 1768: Abhandlung über die Natur, den Nutzen und Gebrauch des Gesund-Brunnens zu Lauchstädt. — Leipzig 1768. 32 S. 8° 3. 7. 14. 15. 18. 27. 32.
11.12274

— Freundschaftliche Briefe von der Cur und der vorzüglichsten Ursache der Hypochondrie die Selbstbefleckung. Leipzig 1771: Büttner. 22 S. 8° 21.
11.12275

— De morbis ex vitae genere. Präs. Anton Wilhelm Plaz. Lpz. (Langenheim) 6. VII. 1764. 31 S. (4.90)

Barth
— **Christian Gotthilf** (Zschorlau), De pulsu venarum ad virum Christian Gottlob Zieger (Oelsnitz/Vogtl.) med. baccal. comment. Präs. Ernst Gottlob Bose gratul. Lpz. (Langenheim) 8. XII. 1758. 12 S. (4.—)

Barth, Christian Gottlieb, Dr., Missionar, Calw. 1799-1862. 1819 s. *Barth,* Christian Gottlob.

Barth, Christian Gottlieb
– „Chuo cha kwanza". Fibel f. d. deut. Schulen in Ost-Afrika. Bearb. v. P Blank. 2. Afl. 8° (74 m. Abb.) Berl. 98, (C Heymann's V.). Geb. 1.50

Barth, Christian Gottlieb, Dr., Rektor i. R., Stuttgart, früher Tanga, geb. 1868. 1898: 'Chuo cha kwanza'. Fibel für die deutschen Schulen in Ost-Afrika. Bearb. von Paul Blank. 2. Aufl. — Berlin: Sittenfeld 1898. VII,74 S. 8° 1:Zz 3184/40². 14.
11.12276

—— 3. Aufl. Berlin: Heymann 1901. 74 S. 8° 4.
11.12277

—— 3. Aufl. Berlin: Sittenfeld 1901. VII,74 S. 8° 1:Zz 3184/40³.
11.12278

—— 4. Aufl. Berlin: Heymann 1904. 74 S. 8° 1:Zz 3184/40⁴.
11.12279

—— 4. Aufl. Berlin: Sittenfeld 1904. 74 S. 8° 1:Zz 3184/40⁴ᵃ.
11.12280

Barth, Christian G.: Die von 1865—1895 erzielten Fortschritte der Kenntnis fremder Erdteile in ihren Einwirkungen auf das staatliche und wirtschaftliche Leben des Deutschen Reiches. *(Stuttgart: Hobbing & Büchle [1898].)* (XVI, 181 S.) 8° (Enthält Theil 1 vollständig, Theil 2 nur im Entwurf.) [H.]
Leipzig, Phil. Diss. v. [25. März] 1898

— Die von 1865–1895 erzielten Fortschritte der Kenntnis fremder Erdteile in ihren Einwirkungen auf das staatliche und wirtschaftliche Leben des Deutschen Reiches. T. 1.2. (Stuttgart: Hobbing & Büchle 1898.) Getr. Pag. 8°
1. Die Fortschritte d. Kenntnis fremder Erdteile in d. Jahren 1865-1895.
2. Die Einwirkungen d. Fortschritte in d. Kenntnis fremder Erdteile auf d. staatliche u. wirtschaftliche Leben d. Deutschen Reiches.
Erschien teilweise auch als Diss. Leipzig 1898.
1:Po 1394. 6. 12: Geo. U. 8 a. 14. 15. 24. 34. 203. 208.
11.12281

Barth, Chr. G: Uns. Schutzgeb. n. ihren wirtschaftl. Verhältn., s.a. Aus Natur u. Geisteswelt 290.

— Unsere Schutzgebiete nach ihren wirtschaftlichen Verhältnissen. Im Lichte d. Erdkunde dargest. — Leipzig: Teubner 1910. 148 S. 8° (Aus Natur u. Geisteswelt. 290.) 1:Ag 7234/20–290. 4. 7. 11. 12: Var. 348 t–290. 14. 15. 17. 18. 20. 24. 26. 30. 31. 38. 41. 43. 46. 47. 52. 60. 62. 79. 84. 90. 91. 106. 109. 121. 123. 169. 180. 201. 207. 209. 210. 212. 302. 304. 309.
11.12282

Barth, Christian Gottlob

Barth, Christian Gottlob, s.a. A l t v ä t e r , Die.

— Die Altväter. Eine Erzählung. — Neu-York: Amerikanische Tractat-Gesellschaft [um 1850]. 72 S. 8° 21.
11.12288

Barth, Chrn. Glo., die Altväter. Eine Erzählung aus der Geschichte der mährischen Brüder für Kinder. 3. Aufl. Stuttgart 864. J. F. Steinkopf. 16. (75 S.) 4 ngr.

—— 4. Aufl. Stuttgart: Steinkopf 1879. 72 S. 8° 24.
11.12289

Barth, Chr., G., die Altväter. Eine Erzählg. f. Kinder aus der Geschichte der mähr. Brüder. Neue Ausg. 12. (64 S.) Konstanz (902). C. Hirsch. Kart. — 25

Barth, Chrn. Gtlob., tres amigos, s.a. Amigos, tres.

[—] Tres Amigos. Eine Erzählung für Christenkinder, vom Verf. d. 'Armen Heinrich'. — Stuttgart: Steinkopf 1856. 127 S. 8° 24.
11.12290

— s. *Barth.* — D. Christian Gottlob Barth. 1896.

Barth (Red.), s. B e l e u c h t u n g e n der Missionssache.

Barth, Christian Gottlob, s.a. B e n o n i .

[—] Benoni. Eine Erzählung für Christenkinder, vom Verf. d. 'Armen Heinrich'. — Stuttgart: Steinkopf 1855. 141 S. 8° 24.
11.12291

Barth, Christian Gottlob: B i b l e s t o r i e s. (Transl. into the Akra), s. B a r t h , Christian Gottlob: Geschichten zweimal zweiundfünfzig biblische, (Akra).

– – (transl. into the Tshi), s. B a r t h , Christian Gottlob: Geschichten, zweimal zweiundfünfzig biblische (Tschi).

Barth, Christian Gottlob. s.a. B i l d , Das, in Deinach.

[—] Das Bild in Deinach. Eine Erzählung für Christen-Kinder vom Verf. d. 'Armen Heinrich'. — Stuttgart: Steinkopf 1833. 132 S. 8° 24.
11.12292

[—] — 3., verb. Aufl. Ebd. 1858. 117 S. 8° 24.
11.12293

Barth, Chr. G., das Bild in Teinach. Eine Erzählung für Christenkinder. 4. Aufl. 16. (96 S.) Stuttgart 879. J. F. Steinkopf. cart. — 50

— das Bild in Teinach. Eine Erzählg. f. Christenkinder. Neue Ausg. 12. (64 S.) Konstanz (899). C. Hirsch. Geb. — 25

— Bilder aus dem innern Leben. Bd [1.]2. — Heidelberg: Winter 1853–54. 8° 1[*1]:Yz 8318. 7. 16. 25. 31. 63.
11.12294

Barth, Chr. G., die vier Brüder. Erzählung. Neue Ausg. (64 S.) kl. 8. Konstanz (905). C. Hirsch. Kart. n. — 25

— der alte Buchmann, s.a Buchmann.

[—] Der alte Buchmann ... Vom Verf. d. 'Armen Heinrich'. — Stuttgart: Steinkopf in Comm. 1832. 130 S. 8° 24.
11.12295

[—] — 2., verb. Aufl. Ebd. 1835. 130 S. 8° 30.
11.12296

— · Der alte Buchmann. Neu-York: Amerikanische Tractat-Gesellschaft [um 1850]. 96 S. 8° 18.
11.12297

[—] — Vom Verf. d. 'Armen Heinrich'. 4. Aufl. Stuttgart: Steinkopf 1862. 96 S. 8° 24.
11.12298

— — 5. Aufl. Ebd. 1879. 92 S. 8° 21.
11.12299

— der alte Buchmann. Eine Erzählg. f. Christenkinder. Neue Ausg. 12. (64 S.) Ebd. (899). Geb. — 25

Barth, (Christ. Glob.), der C-Bund s.a. C.-Bund.

— the C Bund s.a. Library, English, for the young.

[—] Der C-Bund. Eine Erzählung für Christenkinder, vom Verf. d. 'Armen Heinrich'. 2. Aufl. — Stuttgart: Steinkopf 1867. 136 S. 8° 24.
11.12300

Barth, Chrn. Glieb., die C-Feder. Eine Erzählung für Christenkinder. 3. Aufl. gr. 16. (96 S.) Stuttgart 871, J. F. Steinkopf.

— Die C-Feder. Eine Erzählung für Christenkinder. Neue Ausg. — Stuttgart [usw.]: Christliches Verlagshaus [1901]. 64 S. 8° 24.
11.12301

— die C-Feder. Eine Erzählg. f. Christenkinder. Neue Ausg. 12. (64 S.) Ebd. (902). Kart. — 25

— Christmas morning, s.a. Library, english, for the young. Vol. 2.

— [engl.] Christmas morning, or: The little ink cask. A tale. — Stuttgart: J. B. Müller 1852. 84 S. 8° (English Library for the young. 2.) 24.
11.12567

Barth, Christian Gottlob, s.a. Creed, Jerry

— Jerry Creed. Eine Erzählung für d. Jugend. — Stuttgart: Balz 1836. 57 S. 8° 24. 207.
11.12302

— — Neu-York: Amerikanische Tractat-Gesellschaft [um 1850]. 63 S. 8° 18. 21. 46.
11.12303

— Jerry Creed. Eine Erzählg. f. Christenkinder. Neue Ausg. 12. (64 S.) Konstanz (899). C. Hirsch. Geb. — 25

— s.a. Cuff der Negerknabe

Barth, Christian Gottlob: Der Negerknabe Cuff, s.a Kinder-Bibliothek, Kolorierte.

[—] Der Negerknabe Cuff. Eine Erzählung für Christenkinder vom Verf. d. 'Armen Heinrich'. — Stuttgart: Steinkopf 1841. 141 S. 8° 24.
11.12304

[—] — 2. Aufl. Ebd. 1855. 116 S. 8° 24.
11.12305

— — 4. Aufl. Ebd. 1890. 99 S. 8° 24.
11.12306

— — Berlin: Christlicher Zeitschriftenverein [1896]. 83 S. 8° 1: Ng 209–5.
11.12307

— der Negerknabe Cuff. Eine Erzählg. f. Christenkinder. Neue Ausg. 12. (64 S.) Ebd. (899). Geb. — 25

— Cuff, the negro boy. A story for christian children. Translated from the German by Rob. Menzies. (Mit dem Umschlagstitel: Stories for christian children. Part 1.) 12. (91 S.) Stuttgart 850, J. B. Müller. 4 1/2 ng

Barth, Chr. G: Im überseeischen Deutschld, s: Bürger-Bibliothek, Deutsche, f. Jugend u. Volk.

— Die drei i. Brautstuhl, s.a. Blüten u. Früchte.

— Die Drei im Brautstuhl. Eine Erzählung aus d. Volksleben. — Reutlingen: Enßlin & Laiblin [1897]. 48 S. 8° (Blüten u. Früchte. 1.) 24.
11.12308

— Elizabeth; or the supports of faith in the hour of trial. — London: Foster [um 1850]. 84 S. 8° 21.
11.12309

— Der Engel des Bundes. Ein Beitrag zur Christologie. Sendschreiben an v. Schelling. — Leipzig: Tauchnitz 1845. 63 S. 8°
1: Cx 8290. 2. 12: Dogm. 1140–23. 14. 15. 19. 21. 24. 26. 28. 29.
11.12310

— Ein Erbteil a. d. Hause d. Grosseltern, s.: Schubert, GH v.

— Ausgew. Erzählgn. Der Weihnachtsmorgen od. d. Tintenfässchen. — Selma, e. türk. Mädchen. — Das Prämium. Neue Asg. 12° (144 m. 4 Farbdr.) Konst. 99, C Hirsch. Geb. — 75

— Erzählungen für Christenkinder: 1) der arme Heinrich oder die Pilgerhütte am Weißenstein. 3e Aufl. 12. 838. 1/6 ng 2) Gotthilf u. Erdmann. 3e A. 838. 1/6 ng 3) Der Weihnachtsmorgen oder das Tintenfäßchen. 3e Aufl. 837. 1/6 ng 4) Selma, das türkische Mädchen. 2e Aufl. 833. 1/6 ng 5) Der alte Buchmann. 2e Aufl. 835. 1/6 ng 6) Das Bild in Deinach. 2e Aufl. 837. 1/6 ng 7) Der Fensterladen. 834. 1/6 ng 8) Liudger u. die Glaubensboten. 835. 1/6 ng 9) Joh. Schmidgalls Jugendjahre. 836. 1/6 ng 10) Waldmeisterlein. 837. 1/6 ng 11) Thomas Platters merkwürdige Lebensgeschichte. 838. 1/6 ng Stuttgart, Steinkopf.

— Erzählungen für Christenkinder. 1.3.4. Ebd. [um 1840]. 8° 21.
11.12469

—— Erzählgn f. Christenkinder. I. 2. Afl. 8. (367 m. 6 L.) Stuttg. 64, JF Steinkopf. n. 1. —

Barth, Chr. G., Erzählungen f. Christenkinder. 6., 10., 19. u. 21. Bdchn. 16. Stuttgart 890. J. F. Steinkopf. cart. à — 50
6. Der Negerknabe Cuff. 4. Aufl. (99 S.) — 10. Gotthilf u. Erdmann. 5. Aufl. (100 S.) — 19. Selma, das türkische Mädchen. 6. Aufl. (88 S.) — 21. Der Weihnachtsmorgen od. das Tintenfäßchen. 7. Aufl. (95 S.)

— Erzählgn f. Christenkinder. Neue Ausg. (Je 64) 8° Konst., C Hirsch. Kart. je — 25 d
Die Altväter. Erzählg a. d. Gesch. d. mähr. Brüder. (02.) ‖ Die 4 Brüder. (05.) ‖ Die C-Feder. (02.) ‖ Das Felsenkind. (03.) ‖ Gesch. e. Wildfangs. (05.) ‖ Die Glaubensboten. (03.) ‖ Gotthilf u. Erdmann. (01.) ‖ Die 3 Häuser. (05.) ‖ Das Kleeblatt. (01.) ‖ Thomas Platter's merkwürd. Lebens-Gesch. (03.) ‖ Die Reiherfeder. (02.) ‖ Das Rubinenkreuz. — Schmid, C: Die Himbeeren. (03.) ‖ Der Sacktuchhändler. (01.) ‖ Johann Schmidgall's Jugendjahre. (02.) ‖ Waldmeisterlein. (01.)

— 5 Erzählungen, s.a. Jugend- u. Volksbibliothek, deutsche.

— Fünf Erzählungen. — Stuttgart: Steinkopf 1887. 144 S. 8° (Deutsche Jugend- u. Volksbibliothek. 111.) 24.
11.12311

— Kleinere Erzählungen für die christliche Jugend. Bdch. 1-4. — Stuttgart: Steinkopf 1843-63. 8° 21[** 3.4]. 24.
11.12312

— kleinere Erzählungen für die christliche Jugend. 1. u. 2. Bdchn. 2. Aufl. Stuttgart 852, 58. J. F. Steinkopf. 8. (2 Bl., 202; 270 S.) Jedes Bdchn. n. 20 ngr

— — 2. Aufl. Bdch. 1.3. Ebd. 1852-70. 8°
12[** 3]: Paed. Pr. 4408q. 24.
11.12313

— kleinere Erzählgn f. d. christl. Jug. 1. Bd. 3. Afl., 2. Bd. 2. Afl., 3. u. 4. Bd. 8. (à ca. 296) Ebd. 52—63. à n. — 20

Barth, Christian Gottlob: Erzählungen von Kranken und von Krankheiten, s.a. Beispiele des Guten in Erzählungen und Lebensbildern.

Barth, Chr. Glob., kurze Erzählungen, s. Beispiele des Guten.

– Erzählungen aus der Thierwelt, s.a. Beispiele des Guten in Erzählungen und Lebensbildern.

— vier Erzählungen s.a. Jugend- und Volksbibliothek, deutsche.

— Vier Erzählungen. — Stuttgart: Steinkopf 1881. 128 S. 8° (Deutsche Jugend- u. Volksbibliothek. 81.) 24. 60.
11.12315

— s.a. Erzväter, Die.

— die Erzväter. Eine Geschichte für Kinder. 2. Aufl. 16. (72 S.) Stuttgart 864, J. F. Steinkopf.

— das Felsenkind, s.a. Felsenkind, das.

[—] Das Felsenkind. Vom Verf. d. 'Armen Heinrich'. — Stuttgart: Steinkopf 1851. 156 S. 8° 24.
11.12316

— — Neue Ausg. Stuttgart [usw.]: Christl. Verlagshaus [1901]. 64 S. 8° 24.
11.12317

— das Felsenkind. Eine Erzählg. f. Christenkinder. Neue Ausg. 12. (64 S.) Ebd. (902). Kart. — 25

— der Fensterladen, s.a. Fensterladen.

[—] Der Fensterladen. Eine Erzählung für Christenkinder vom Verf. d. 'Armen Heinrich'. — Stuttgart: Steinkopf 1834. 132 S. 8° 24. 44.
11.12318

[—] — 2., verb. Aufl. Ebd. 1839. IV,120 S. 8° 21.
11.12319

[—] — 3. Aufl. Ebd. 1862. 104 S. 8° 24.
11.12320

— der Fensterladen. Eine Erzählg. f. Christenkinder. Neue Ausg. 12. (64 S.) Ebd. (899). Geb. — 25

Barth, Christian Gottlob

— die Feuertaufe. Ein Stück Leben aus den christlichen Kreisen der letzten Jahrzehnte. Zwei Erzählungen. Heidelberg 869. C. Winter. 8. (111 S.) n. 8 ngr

— die Flucht d. Camisarden. s.a. Flucht.

[—] Die Flucht des Camisarden. Vom Verf. d. 'Armen Heinrich'. — Stuttgart: Steinkopf 1840. 130 S. 8°
14. 21. 24.
11.12321

— die Flucht des Camisarden. Eine Erzählung für Christenkinder. 3. Aufl. 16. (104 S.) Stuttgart 879. J. F. Steinkopf. cart. — 50

— — 4. Aufl. Ebd. 1899. 96 S. 8° 24.
11.12322

— dasselbe. Neue Ausg. 12. (64 S.) Konstanz (900). C. Hirsch. Kart. — 25

— — Neue Ausg. Stuttgart: Christl. Verlagshaus [1900]. 64 S. 8° 24.
11.12323

— Tausend biblische Fragen und Antworten aus den Jugendblättern, gesammelt und vermehrt von einem Freund der Kinder. 2. Aufl. 12. (96 S.) Calw 869. (Stuttgart, J. F. Steinkopf.) *

— Tausend biblische Fragen und Antworten aus den Jugendblättern von Chr. G. Barth, gesammelt u. verm. von e. Freund d. Kinder. 2. Aufl. — Calw: Vereinsbuchh. [usw.] 1869. 96 S. 8° 24.
11.12325

Barth, Chr. Gottl., tausend biblische Fragen und Antworten aus den Jugendblättern, gesammelt und verm. von einem Freund der Kinder. 3. Aufl. 1875; 4. Aufl. 8. (96 S.) Calw und Stuttgart 878, Vereinsbuchh. * 60 Pf.; geb. *

— — 5. Aufl. Ebd. 1884. 96 S. 8° 26. 122.
11.12327

Barth, Chr. G., tausend biblische Fragen u. Antworten. 6. Aufl. 12. (96 S.) Calw u. Stuttgart 893. Vereinsbuchh. n. — 60

— das Frauenkreuz. — Das Stöberwetter. Erzählungen f. Kinder. Neue Ausg. 12. (64 S.) Ebd. (899.) Geb. — 25

— Christliche Gedichte. — Stuttgart: Steinkopf 1836. XII, 331 S. 8° 1: Yn 9331. 2. 9. 17. 22. 24. 48.
11.12330

— Geschichte der christlichen Kirche. Neue durchges. Ausg. Hrsg. von d. Amerikanischen Tractat-Gesellschaft. Neu-York [um 1860]. 307 S. 8° 21.
11.12463

— Geschichte eines Wildfangs. Erzählung. Neue Ausg. (64 S.) kl. 8. Konstanz (905). C. Hirsch. Kart. n. — 25

[—] Geschichte von Württemberg. Hrsg. von d. Calwer Verlagsverein. — Calw: Vereinsbuchh. [usw.] 1842. VI, 278 S. 8° 21.
11.12331

[—] — Ebd. 1843. VI,278 S. 8° 5. 9. 24.
11.12332

[—] — 2., verb. u. verm. Aufl. Ebd. 1851. IX,311 S. 8°
18. 24. 41. 302.
11.12333

[—] — 3., verb. u. verm. Aufl. Ebd. 1865. VIII,292 S. 8°
24.
11.12334

[—] — 4., völlig umgearb. Aufl. Ebd. 1876. IV,296 S. 8°
1: Sh 690⁴. 15. 24.
11.12335

(—) — 5., verm. Aufl. Calw [usw.]: Vereinsbuchh. 1884. VIII, 339 S. 8° 1: Sh 690⁵. 24. 31.
11.12336

[—] — 6., verb. Aufl. Ebd. 1898. 376 S. 8° 4. 24. 30. 79.
11.12337

Barth, Christian Gottlob

[—] Zweymal zwey und fünfzig biblische Geschichten für Schulen und Familien. — Calw: Federhaff 1832. VI,216 S. 8°
33.
11.12338

[—] — Neue Aufl. Stuttgart: Steinkopf (1832). 212 S. 8°
207.
11.12339

[—] Zweymal 52 biblische Geschichten für Schulen und Familien. (Neue Aufl.) — Güns: Reichard 1838. 212 S. 8°
207.
11.12340

[—] — Neue Aufl. Güns [um 1840]: Reichard. 217 S. 8°
12: B. hist. 10 tc. 24. 207.
11.12341

[—] Zweimal zwei und fünfzig biblische Geschichten für Schulen und Familien. 34. Aufl. — Calw: Vereinsbuchh. [usw.] [um 1850]. 217 S. 8°
207.
11.12342

[—] — 41. Aufl. Ebd. [um 1850]. 217 S. 8° 1: Bh 3401.
11.12343

[—] — 67. Aufl. Ebd. [um 1850]. 212 S. 8°
12: B. hist. 10 td.
11.12344

[—] — 77. Aufl. Ebd. 1850. 211 S. 8° 207.
11.12345

[—] Zwei und fünfzig biblische Geschichten des Alten Testaments. Zum Gebrauch d. Blinden. Bd 1.2. — Stuttgart: Privilegirte Bibelanstalt 1851. 4°
Titelblatt u. Text in Blinden-Reliefdruck.
9. 12: 4° Paed. Pr. 102. 24. 300: 43-C.
11.12346

[—] Zweimal zweiundfünfzig biblische Geschichten für Schulen und Familien. 97. Aufl. — Calw: Vereinsbuchh. [usw.] [um 1852]. 212 S. 8°
207.
11.12347

[—] — 100. oder Jubel-Ausg. Ebd. 1854. 214 S. 8° 207.
11.12348

[—] — 103. Aufl. Ebd. [um 1855]. 214 S. 8° 18.
11.12349

[—] — 114. Aufl. Ebd. [um 1855]. 214 S. 8° 31.
11.12350

[—] — 120. Aufl. Ebd. [um 1855]. 214 S. 8° 207.
11.12351

[—] — 122. Aufl. Ebd. [um 1855]. 214 S. 8°
12: B. hist. 306 y.
11.12352

[—] — 142. Aufl. Ebd. [um 1865]. 214 S. 8° 29.
11.12353

[—] — 162. Aufl. Ebd. [um 1870]. 214 S. 8° 207.
11.12354

[—] — 170. Aufl. Ebd. [um 1870]. 214 S. 8°
12: B. hist. 310 a.
11.12355

[—] — 172. Aufl. Ebd. [um 1870]. 214 S. 8° 18.
11.12356

[—] — 175. Aufl. Ebd. [um 1870]. 214 S. 8° 207.
11.12357

[—] — 208. Aufl. Ebd. [um 1870]. 214 S. 8° 24.
11.12358

[—] — 231. Aufl. Der neuen Bearb. 1. Aufl. Ebd. [1875]. 202 S. 8°
24.
11.12359

[—] — 270. Aufl. Calw [usw.]: Vereinsbuchh. 1882. 190 S. 8°
24.
11.12360

[—] — 384. Aufl. Ebd. 1899. 191 S. 8° 24.
11.12361

[—] — 415. Aufl. Ebd. 1905. 191 S. 8°
12: B. hist. 313 q.
11.12362

[—] — 435. Aufl. Ebd. 1910. 191 S. 8° 304.
11.12363

— — [Akra] Biblia sădşi. Bible stories. [Übers.: Johann Zimmermann.] — Calw: German & Foreign School-Book-Soc. 1854. VI,197 S.
1: Bh 3143. 12: B. hist. 10 tdh. 24. 30.
11.12368

— — 2. ed., carefully rev. Basel: Missionary Soc. 1867. VII, 244 S. 8°
31.
11.12369

— — Nyoñmo wiemo mli sădši. Bible stories. 4. ed., rev. Basel: Evangelical Missionary Soc. 1896. 176 S. 8°
1: Bh 31434.
11.12370

— — [äthiopisch] Bible-stories. Transl. by J. M. Flad. 2. ed. St. Chrischona near Basle 1872: Mission Pr. 270 S. 8°
Mit äthiopischem Nebentitel. 12: A. or. 329.
11.12366

— — 4. ed. Ebd. 1892. 211 S. 8°
Mit äthiopischem Nebentitel. 21. 24.
11.12367

[—] — [chines.] Shêng-ching-chih-shih. [1.2.] o. O. [um 1850]. 34 gez. Bl. 4° [Chines.]
24.
11.12374

[—] — Šin šu kai s šit. Biblical histories in the romanised colloquial of the Hakka-Chinese in the Province of Canton. Basel: Evangelical Missionary Soc. 1878. 206 S. 8° [Chines. u. Ant.]
21.
11.12375

[—] — [Eskimo] Unipkautsit 52git maggoertorlugit bibelemit. — Calw: Barth [usw.] 1852. VI,203 S. 8°
1: Bh 3135. 9. 12: B. hist. 10 tfs. 21. 24. 300: 197-A.
11.12382

— — [Ewe] Mawu-agbalea me nya veve tewe blaatō vo eve. Two times fifty two Bible stories. — Stuttgart 1858: Steinkopf. VI,222 S. 8°
21. 24.
11.12383

— — [Grebo] Mononāte puhmū nẽno so ā kpudi so, ewo ñyesoa ā kẽnede ke ... Barth's Bible history. — Stuttgart 1871: Steinkopf. XII,214 S. 8°
24.
11.12387

— — [Kinika] Bible-stories, in Kinika. Transl. by the Rev. Dr. Krapf. — Basle 1878: Mission-Pr. of St. Chrischona. 294 S. 8°
Nebent.: Hadzidzi za biblo, tza kuamba, habari sitizo (zazo) lafioa mua chuo cha mulungu, ki-ihoscho biblo, ku fúnshia a hoho a anika.
1: Bh 3178.
11.12401

[—] — [Moskito] Bible stories in the Mosquito-language, Old and New Testaments. Biblia historia. Testament almuk, raya sin. — Stuttgart 1863: Steinkopf. 206 S. 8°
1: Bh 3163. 21. 24.
11.12410

[—] — [Nama] !Nai-!keiti, neisa tsi, asa testamens diti. The Calwer biblical history. Ed. by J. G. Krönlein. — Berlin: Hertz 1866. VIII,191 S. 8°
Nebent.: !Nai-!keiti, neisa tsi, asa testamens diti. Die Calwer biblische Geschichte. Hrsg. von J. G. Krönlein.
1: Bh 3170. 5.
11.12411

[—] — [negerholl.] Tori vo Santa Kristen-kerki na grontapo. — Calw 1869. IV,176 S. 8°
24.
11.12506

[—] — [negro-engl.] Toe-tron feifitentin na toe tori vo da santa bybel-boekoe. — A komopo na Calw 1852. VI,284 S. 8° 1: Bh 3165. 12: B. hist. 10 thn. 21. 24. 300: 199-A.
11.12412

[—] — Nanga foeloe pikin printje. Ebd. 1865. VI,282 S. 8°
24.
11.12413

[—] — Omahungi oomibibela oetestamente ekuru noepe. Guetersloh 1879: Bertelsmann. VI,177 S. 8° 1: Bh 3180.
11.12418

[—] — [poln.] Dwakroć 52. biblicznych historyi dla szokł [!] i czeladzi zborow ewangielickich. — w Lincu: Eyrych; Leipzig: Liebeskind in Comm. 1847. 256 S. 8°
1: Bh 3118. 9. 12: B. hist. 10 ti. 24. 300: 47.637-A.
11.12420

—— Historye biblijne Testamentu Starego i Nowego. Barmen 1860: Steinhaus. VIII,351 S. 8° 21. 24.
11.12421

[—] — [russ.] Skazanija zaimstvovannyja iz svjaščennych knig Vetchago i Novago Zavěta. — Karlsruĕ 1857: Gasper. 295 S. 8° [Russ.] 1:Bh 3158. 24.
11.12425

[—] — Biblejskaja istorija v kratkich skazanijach zaimstvovannych iz svjaščennych knig Vetchago i Novago Zavěta. Novoe izd. — Ebd. 1859. 281 S. 8° [Russ.] 21.
11.12426

[—] — Biblejskaja istorija, sokraščenno izvlečennaja iz svjaščennych knig Vetchago i Novago Zavěta. 4. izd., ispr. i dop. — Ebd. 1861. 294 S. 8° [Russ.] 24.
11.12427

—— [Temne] Ma-kane mah a kaffa kę-somm, mah bek a mollo mah 52, eh lokko yeh ręng, treka a fet. Or two times fifty two Bible stories. — Stuttgart 1854: Steinkopf. VI, 254 S. 8°
1:Bh 3146. 12:B. hist. 10 tn. 21. 24. 300:783-A.
11.12437

—— [Tschi] Anyamesęm mu nsęm. Bible stories. [Übers.: J. G. Christaller.] — Calw 1855: Steinkopf. 192 S. 8°
1:Bh 3153. 24.
11.12442

—— Anyamesęm mu abakosęm. Bible stories ... 2. ed., carefully rev. — Basel: Basel Missionary Soc. 1871. 186 S. 8° 21.
11.12443

—— Anyamesęm mu abasęm. Bible stories ... 3. ed., thoroughly rev. — Basel: Evangelical Missionary Soc. 1890. 172 S. 8° 207.
11.12444

—— [Yoruba] Itan inọ Bibeli nipa C. G. Barth. Testamenti lailai ati titọn li ede yoruba. — Stutgarti ati Kalwu awọn ęgbę ti nkọ iwe kekere ti o dara 1859. 262 S. 8°
12:B. hist. 10 to. 21. 24.
11.12450

Barth, D. Christian Gottlob, s.: Geschichten u. Bilder fürs deut. Volk.

— die Glaubensboten. Eine Erzählung. Neue Ausg. (64 S.) 8. Ebd. Geb. n. — 25

— · Gotthilf und Erdmann, s.a. Gotthilf.

[—] Gotthilf und Erdmann. Eine Erzählung für Christenkinder vom Verf. d. 'Armen Heinrich'. — Stuttgart: Steinkopf 1829. 136 S. 8° 24. 33. 75.
11.12451

[—] — 2. Aufl. Ebd. 1832. 144 S. 8° 10.
11.12452

[—] — 3. Aufl. Ebd. 1837. 142 S. 8° 30.
11.12453

—— 5. Aufl. Ebd. 1890. 100 S. 8° 24.
11.12454

—— Neue Ausg. Bern [usw.]: Christl. Verlagshaus [1901]. 64 S. 8° 24.
11.12455

— Die drei Häuser. Eine Erzählung. — Stuttgart: Belser [1844]. 28 S. 8° Aus: Weihnachtsblüthen. 1844. 24.
11.12456

— die drei Häuser. Erzählg. Neue Ausg. (64 S.) kl. 8. Ebd. (905). Kart. n. — 25

—— der arme Heinrich, s.a. Heinrich.

[—] Der arme Heinrich oder die Pilgerhütte am Weißenstein. Eine Erzählung. — Stuttgart: Steinkopf 1828. 128 S. 8° 24.
11.12457

[—] — 2., verb. Aufl. Ebd. 1833. 130 S. 8° 1:Ng 11425.
11.12458

[—] — 5. Aufl. Ebd. 1858. 112 S. 8° 24.
11.12459

— der arme Heinrich oder die Pilgerhütte am Weißenstein. Eine Erzählung für Christenkinder. 7. Aufl. 16. (104 S.) Stuttgart 879. J. F. Steinkopf. cart. — 50

— der arme Heinrich od. die Pilgerhütte am Weißenstein. Eine Erzählg. f. Christenkinder. 8. Aufl. 16. (92 S.) Stuttgart 886. J. F. Steinkopf. cart. — 50

—— Neu-York: Amerikanische Tractat-Gesellschaft [um 1895]. 94 S. 8° 12:Paed. Pr. 4409i.
11.12460

— der arme Heinrich od. die Pilgerhütte am Weißenstein. Eine Erzählg. f. Christenkinder. 9. Aufl. gr. 16. (92 S.) Stuttgart 899. J. F. Steinkopf. Kart. — 50

— dasselbe. Neue Ausg. 12. (64 S.) Konstanz 900. C. Hirsch. Kart. — 25

—— Neue Ausg. Stuttgart: Christl. Verlagshaus [1900]. 64 S. 8° 24.
11.12462

— poor Henry, s. Library, English, for the young.

Barth, Christian Gottlob

—— Hinauf und Herab. — Die Reise in den Krebs. Zwei Erzählungen. [Bilder aus dem innern Leben 2.] 8. (102 S.) Heidelberg 868, C. Winter's Universitäts-Buchh. cart. *

Barth, C. G. (Hrsg.), s. Jugendblätter.

Barth, Chr. Gtl., Schmidgall's Jugendjahre s.a. Schmidgall.

[—] Johann Schmidgall's Jugendjahre. Eine Erzählung für Christenkinder vom Verf. d. 'Armen Heinrich etc.' — Stuttgart: Steinkopf 1836. 138 S. 8°
12:Paed. Pr. 4412c. 24.
11.12464

[—] — 3. Aufl. Ebd. 1858. 118 S. 8° 24.
11.12465

— Johann Schmidgall's Jugendjahre. Eine Erzählung für Christenkinder. 4. Aufl. 16. (104 S.) Stuttgart 879. J. F. Steinkopf. cart. — 50

—— Neue Ausg. Stuttgart [usw.]: Christl. Verlagshaus [1901]. 64 S. 8° 24.
11.12466

— Joh. Schmidgall's Jugendjahre. Eine Erzählg. f. Christenkinder. Neue Ausg. 8 (64 S.) Ebd. (902). Kart. — 25

— - für Jung und Alt, s. Beispiele des Guten.

[—] Kinderblätter von d. Verf. d. 'Armen Heinrich etc.' Hrsg. von d. Calwer Verlags-Verein. — Calw: Verlags-Verein [usw.] 1836. 142 S. 8° 24.
11.12467

Barth, Christian Gottlob: [Teils.] Ein Kinderfreund. Dr. Christian Gottlob Barth in seiner Stellung zu der von ihm mitbegründeten Kinder-Rettungsanstalt in Stammheim. — Calw: Vereins-Buchh. 1865. IV,191 S. 8°
21. 24.
11.12283

– s.a. Kinderschriften, Christliche.

[—] Christliche Kinderschriften vom Verf. d. 'Armen Heinrich' u. d. 'Rabenfeder'. Gesammt-Ausg. Bd 1-4. — Stuttgart: Steinkopf 1838-41. 8° 24. 41[$^{∞}$1.2.4].
11.12468

[—] Christliche Kirchengeschichte. Hrsg. von d. Calwer Verlags-Verein. — Stuttgart: Steinkopf 1835. 262 S. 8°
24.
11.12471

[—] — 2., verb. Aufl. Ebd. 1835. VI,258 S. 8° 19.
11.12472

[—] — 3., verb. Aufl. Ebd. 1836. VI,258 S. 8° 1:Cb 3554³.
11.12473

[—] — 5., verb. Aufl. Calw: Vereinsbuchh. [usw.] 1838. VIII, 270 S. 8° 10.
11.12474

[—] — 7., unveränd. Aufl. Ebd. 1840. IV,269 S. 8° 44.
11.12475

[—] — 8., unveränd. Aufl. Ebd. 1842. IV,269 S. 8° 33.
11.12476

[—] — Nach der 6., verb. Aufl. ... abgedr. Güns: Reichard 1843. IV,252 S. 8° 12:H. eccl. 88.
11.12477

[—] — 9., unveränd. Aufl. Calw: Vereinsbuchh. [usw.] 1844. IV,269 S. 8° 26.
11.12478

[—] — 11., unveränd. Aufl. Ebd. 1847. IV,269 S. 8°
12:H. eccl. 88d.
11.12479

— — 12., unveränd. Aufl. Ebd. 1850. IV,269 S. 8° 26.
11.12479a

[—] — 13., von neuem durchges. Aufl. Ebd. 1853. IV,269 S. 8°
10. 44.
11.12480

[—] — 14., von neuem durchges. Aufl. Ebd. 1855. IV,269 S. 8°
24. 28.
11.12481

[—] — 15., von neuem durchges. Aufl. Ebd. 1857. IV,269 S. 8°
41.
11.12482

[—] Christliche Kirchengeschichte. 17., von neuem durchges. Aufl. — Calw: Vereinsbuchh. [usw.] 1862. IV,269 S. 8°
29.
11.12484

[—] — 18., verb. Aufl. Ebd. 1866. IV,264 S. 8°
12:H. eccl. 3104o. 24.
11.12485

[—] — 19., verb. Aufl. Ebd. 1871. IV,260 S. 8° 24.
11.12486

[—] — 20., verb. Aufl. Ebd. 1876. IV,260 S. 8° 17. 24. 28.
11.12487

[—] — 21., verm. Aufl. Calw [usw.]: Vereinsbuchh. 1882. 304 S. 8°
24.
11.12488

[—] — 22., verm. Aufl. Ebd. 1887. 316 S. 8°
12:H. eccl. 3106z. 17. 28.
11.12489

[—] — 23., verb. Aufl. Ebd. 1892. 315 S. 8° 24. 26. 29. 41.
11.12490

[—] — 24., verb. Aufl. Ebd. 1905. 304 S. 8° 24.
11.12491

Barth, Christian Gottlob
—— s.a. Kleeblatt, das.

— Das Kleeblatt. Eine Erzählung für Christenkinder. 2. Aufl. — Stuttgart: Steinkopf 1879. 112 S. 8° 21. 24.
11.12521

— das Kleeblatt. Eine Erzählg. f. Christenkinder. Neue Ausg. 12. (64 S.) Ebd. (901). Kart. — 25

— — Neue Ausg. Bern [usw.]: Christl. Verlagshaus [1901]. 64 S. 8°
24.
11.12522

Barth, Chr. Gottlob, u. Blaul: Der Knabe im Ledersack, s.a. Kinder-Bibliothek, Kolorierte.

— Der Knabe im Ledersack. Der kleine Schornsteinfeger. Der Krankenwärter. Drei Erzählungen für Kinder von Christian Gottlieb Barth u. Fr. Blaul. — Berlin: Christlicher Zeitschriftenverein [1896]. 73 S. 8° 1:Ng 209-4.
11.12285

– D. Krankenwärter, s.a. Kinder-Bibliothek, Kolorierte

—— Gregory Krau or the window shutter. Translated fron the German by Rob. Menzies. 12. (77 S.) Stuttgart 851 Müller's Vrlgsh.

— Lebensbilder, s.a. Jugend- u. Volksbibliothek, deutsche.

— Lebensbilder. Der Bernhardskrebs. Die Geschichte vom Sternwirt. Die vier Brüder. Der Sacktuchhändler. Vier Erzählungen. 3. Aufl. — Stuttgart: Steinkopf 1884. 114 S. 8° (Deutsche Jugend- u. Volksbibliothek. 96.)
24.
11.12284

—— vier Lebensbilder: Züge aus dem Leben einer Weltpilgerin. Die Kirche Christi auf den nikobarischen Inseln. Die Frau Hofapothekerin. Die Doppelehe und die Cholera. Erzählungen. [Bilder aus dem innern Leben 4.] 8. (146 S.) Heidelberg 869, C. Winter's Universitäts-Buchh. cart. *

[—] Thomas Platters merkwürdige Lebensgeschichte. Eine Erzählung für Christenkinder vom Verf. d. 'Armen Heinrich etc.' — Stuttgart: Steinkopf 1838. 144 S. 8°
14. 24. 30.
11.12523

[—] — 2. Aufl. Ebd. 1851. 136 S. 8° 2. 24.
11.12524

— — 4. Aufl. Ebd. 1886. 120 S. 8° 123.
11.12525

Barth, Chr. G., Thomas Platter's merkwürdige Lebens-Geschichte. Neue Ausg. (64 S.) 8. Konstanz (903). C. Hirsch. Geb. n. — 25

– s.a. Lieder und Gedichte für Christenkinder.

[—] Lieder und Gedichte für Christenkinder vom Verf. d. 'Armen Heinrich'. Hrsg. von d. Calwer Verlagsverein. — Calw: Vereinsbuchh. [usw.] 1842. 106 S. 8°
12:Paed. Pr. 234. 24.
11.12526

[—] Liudger und die Glaubensboten. Eine Erzählung für Christenkinder vom Verf. d. 'Armen Heinrich'. — Stuttgart: Steinkopf 1835. 142 S. 8°
24.
11.12527

— Mancherlei, s.: Beispiele d. Guten in Erzählungen u. Lebensbildern.

– s.a. Mic und Nic.

[—] Mic und Nick. Eine Erzählung für Christenkinder vom Verf. d. 'Armen Heinrich'. — Stuttgart: Steinkopf 1842. 132 S. 8°
24.
11.12528

—— Mick and Nick; or, the power of conscience. A story for christian children, translated from the German by Rob Menzies. 32. (87 S.) Stuttgart 850, Müller's Vrlgsh.

—— Mic und Nick. Eine Erzählung für Christenkinder vom Verf. des „Armen Heinrich". 3. Aufl. 16. (109 S.) Stuttgart 872, J. F. Steinkopf. *

— Mic u. Nick. Eine Erzählg. f. Christenkinder. Neue Ausg. 12. (64 S.) Ebd. (899). Geb. — 25

Barth, Chr. G. (Hrsg.), s. Missionsblatt, Calwer.

Barth, C.G. (Hrsg.), s. Missions-Blatt für Kinder.

— **Missionslieder.** Hrsg. von d. Calwer Verlags-Verein. Calw: Vereinsbuchh. [usw.] 1864. IV,106 S. 8°
1:Ek 4907. 24.
11.12531

—— Missionslieder. 8. (106) Calw 65. Stuttg., JF Steinkopf. n. — 6

Barth, Christian Gottlob, s. Monatsblätter für Öffentl. Missionsstunden.

– s.a. Mythen, Die, d. Lebens Jesu.

– s.a. Negerknabe, Der.

— **Süddeutsche Originalien.** In Fragmenten gez. von ihnen selbst. H. [1]-4. — Stuttgart: Löflund (4: Beck & Fränkel) 1828-36. 8°
[1.] Bengel, Oetinger, Flattich. 1828.
2. Bengel, Oetinger, Flattich. Mit e. Anh. von Ph. M. Hahn. 1829.
3. Flattich, Hahn, Hosch. 1832.
4. Hahn, Hosch und andere. 1836.
1:Ag 8473. 6. 9. 12[**4]: Var. 281 t. 19. 21. 24.
11.12532

(—) **Süddeutsche Originalien.** Hrsg. von Karl Christian Eberhard Ehmann. N.F. H.1. — Reutlingen: Rupp 1870. IV,138 S. 8°
24.
11.12533

Barth, Chrn. Gottlob, s.a. Pergament, Das.

[—] **Das Pergament.** Eine Erzählung für Christenkinder vom Verf. d. 'Armen Heinrich'. — Stuttgart: Steinkopf 1839. 136 S. 8°
24.
11.12534

—— das Pergament. 8. Stuttgart 840, J. F. Steinkopf. (.. B.)

[—] — 2. Aufl. Ebd. 1852. 134 S. 8°
24.
11.12535

—— das Pergament. Eine Erzählung für Christenkinder vom Verf. des „Armen Heinrich". 3. Aufl. gr. 16. (115 S.) Stuttgart 871, J. F. Steinkopf. *

Barth, Chr. G., das Pergament. Eine Erzählg. f. Christenkinder. Neue Ausg. 12. (64 S.) Konstanz (899). C. Hirsch. Geb. — 25

— der Pfarrer von Irongray. Dienst u. Gegendienst. Zwei Erzählungen. [Bilder aus dem innern Leben 1.] Heidelberg 868. C. Winter. 8. (100 S.) n. 8 ngr.

— **Der Pietismus und die spekulative Theologie.** Sendschreiben an Dr. Märklin in Calw. — Stuttgart: Steinkopf 1839. 30 S. 8°
3. 12: Polem. 92 p/1. 21. 24. 43.
11.12536

[—] **Ueber die Pietisten** mit bes. Rücks. auf die württembergischen und ihre neuesten Verhältnisse. — Tübingen: Fues 1819. 112 S. 8°
7. 10. 19. 21. 24.
11.12537

—— s.: Plattor's, T, Lebensgesch.

– s.a. Poesien, Biblische.

— biblische Poesien für Kinder, s.a. Poesien.

[—] **Biblische Poesieen für Kinder.** Vom Verf. d. 'Armen Heinrich etc.' Samml. [1-]3. — Calw: Federhaff [usw.] 1833-40. 8°
24.
11.12538

[—] — 3. Aufl. [Samml. 1.] Calw: Vereins-Buchh. [usw.] 1837. 98 S. 8°
24.
11.12539

[—] — Gesammtausg., verb., verm., u. nach d. Zeitfolge geordnet. Hrsg. von d. Calwer Verlagsverein. — Ebd. 1853. VIII,300 S. 8°
11. 12: Paed. Pr. 4421 a. 24. 207.
11.12540

—— biblische Poesien für Kinder. 2. Aufl. (208 S.) 1876; 3. Aufl. 8. (192 S. mit eingedr. Holzschn.) Calw und Stuttgart 879, Vereinsbuchh. * M. 1.; geb. *

— biblische Poesieen f. Kinder. 4. Aufl. 8. (192 S. m. Abbildgn.) Calw u. Stuttgart (900). Vereinsbuchh. n. 1.—

– s.a. Rabenfeder, Die.

— **Die Rabenfeder.** Eine Geschichte zu einem Festgeschenk für Kinder. 2. Aufl. — Basel 1835: Schneider. 80 S. 8°
207.
11.12543

— Die Rabenfeder. Eine Erzählung für die Jugend. New-York: Amerikanische Tractat-Gesellschaft [um 1850]. 64 S. 8°
18. 21.
11.12544

– s.a. Reiherfeder, Die.

—— die Reiherfeder. Eine Geschichte für Kinder. 3. Aufl. gr. 16. (77 S.) Stuttgart 871, J. F. Steinkopf. *

— **Die Reiherfeder.** Eine Geschichte für Kinder. Neue Ausg. — Stuttgart [usw.]: Christl. Verlagshaus [1901]. 64 S. 8°
24.
11.12547

— — Neue Ausg. Konstanz: Christl. Buch- u. Kunstverl. [1902]. 64 S. 8°
12: Paed. Pr. 4408 p.
11.12548

— die Reiherfeder. Eine Geschichte f. Kinder. Neue Ausg. 12. (64 S.) Konstanz (902). C. Hirsch. Kart. — 25

—— Rettung aus Pest und Brand. Ein Gang auf dem Glatteis. Zwei Erzählungen nebst einem Anhang von Gedichten. [Bilder aus dem innern Leben 6.] 8. (85 S.) Heidelberg 872, C. Winter's Universitäts-Buchh. cart. *

— Rettungen, s.: Beispiele d. Guten in Erzählungen u. Lebensbildern.

Barth, Christian Gottlob

– D. Rubinenkreuz. D. Erscheinung. Weg hat Er allerwege, s.a. Kinder-Bibliothek, Kolorierte.

— **Das Rubinenkreuz.** Eine Erzählung. — Berlin: Deutsche Evangelische Buch- u. Tractat-Gesellschaft [1894]. 32 S. 8° (Weihnachtsblüthen. 11[,7].)
1:Ng 10551-11,7.
11.12549

— Das Rubinenkreuz. Die Erscheinung. Weg hat Er allerwege. Drei Erzählungen für Kinder. — Ebd. [1896]. 63 S. 8°
1:Ng 209-3.
11.12280

— das Rubinenkreuz. Eine Erzählung. — Schmid, Christoph, die Himbeeren. Eine Erzählung. (64 S.) 8. Ebd. (903). Geb. n. — 25

— **Der Sacktuchhändler.** Eine Erzählung. Neue Ausg. Bern [usw.]: Christl. Verlagshaus [1901]. 64 S. 8°
24.
11.12550

– D. Schatzgräber, s.a. Kinder-Bibliothek, Kolorierte.

— **Die Schatzgräber.** Eine Erzählung. — Berlin: Deutsche Evangelische Buch- u. Tractat-Gesellschaft [1894]. 32 S. 8° (Weihnachtsblüthen. 11[,8].)
1:Ng 10551-11,8.
11.12551

— Die Schatzgräber. Von C. G. Barth. Glatteis. Von Fr. Blaul. — Berlin: Christlicher Zeitschriftenverein [1896]. 60 S. 8°
1:Ng 209-1.
11.12552

[—] **Das Schloß im See.** Eine Erzählung aus Schottland vom Verf. d. 'Armen Heinrich'. — Stuttgart: Steinkopf 1861. 128 S. 8°
24.
11.12553

– s. Schmidgalls, Joh. Jugendjahre.

– D. kl. Schornsteinfeger. s. Kinder-Bibliothek, Kolorierte.

BARTH, CHRISTIAN GOTTLOB. [*Schriften*.] 16 Werke in 2 Bänden. 1.—6. Auflage. Stuttgart 1834/69. Teilw. mit Holzschn. im Text Kl.-8⁰. Hübsche rote Halbmaroqbde. d. Z. mit Rückenvergoldung. 20.—
Diese Sammlung von „Erzählungen für Christenkinder" enth. u. a.: Der C Bund, Der arme Heinrich, das Felsenkind, der Negerknabe Cuff etc. — Etw. benutztes Ex. mit Stempeln auf den Vorsatzbll., Titelvermerken, einer Titelreparatur, Einbd. etwas benutzt.

Barth, Chr. Glob., Seebilder, s. Beispiele des Guten.

– s.a. Seefeder, Die.

Barth, CG: Die Seefeder. Eine Gesch. f. Kinder. Neue Asg. 12⁰ (64) Konst. 99, C Hirsch. Geb. — 25

– s.a. Setma.

[—] Setma, das türkische Mädchen. Eine Erzählung für Christenkinder vom Verf. d. 'Armen Heinrich'. — Stuttgart: Steinkopf in Comm. 1831. 132 S. 8⁰ 24.
11.12554

[—] — 2., verb. Aufl. Stuttgart: Steinkopf 1833. 130 S. 8⁰ 30.
11.12555

Barth, Chr. Gottlob: Setma, das türkische Mädchen. 3. Aufl. Stuttgart 1841.

— — Eine Erzählung für die Jugend. Neu-York: Amerikanische Tractat-Gesellschaft [um 1850]. 91 S. 8⁰ 21. 302.
11.12556

[—] — Eine Erzählung für Christenkinder vom Verf. d. 'Armen Heinrich'. 4. Aufl. — Stuttgart: Steinkopf 1852. 118 S. 8⁰ 24.
11.12557

[—] Hoffmännische Tropfen gegen die Glaubensohnmacht. Worte des Friedens über die neue Württembergische Gemeinde. — Tübingen: Laupp 1820. 32 S. 8⁰ 21.
11.12559

– s.a. Uhrfeder, Die.

[—] Die Uhrfeder. Eine Geschichte für Kinder. Vom Verf. d. 'Rabenfeder'. 2. Aufl. — Stuttgart: Steinkopf 1868. 76 S. 8⁰ 24.
11.12560

— die Uhrfeder. Eine Geschichte f. Kinder. Neue Ausg. 12. (64 S.) Ebd. (899). Geb. — 25

– s.a. Urväter, Die.

—— die Urväter. Eine Geschichte für Kinder. 8. Aufl. 16. (75 S.) Stuttgart 864, J. F. Steinkopf.

– s.a. Waldmeisterlein.

[—] Waldmeisterlein. Eine Erzählung für Christenkinder vom Verf. d. 'Armen Heinrich etc.' — Stuttgart: Steinkopf 1837. 131 S. 8⁰ 1:Ng 11746. 24. 30.
11.12561

— — Eine Erzählung für Christenkinder. Neue Ausg. Bern [usw.]: Christl. Verlagshaus [1901]. 64 S. 8⁰ 24.
11.12562

(—) Christliche Warnung vor swedenborgischer Lehr. — Stuttgart: Metzler 1822. 16 S. 8⁰ 21. 24.
11.12563

— der Weihnachtmorgen, s.a. Weihnachtmorgen.

[—] Der Weihnachtmorgen oder das Tintenfäßchen. Eine Erzählung für Christenkinder vom Verf. d. 'Armen Heinrich'. — Stuttgart: Steinkopf in Comm. 1836. 132 S. 8⁰ 24.
11.12564

[—] — 4., verb. Aufl. Ebd. 1851. 128 S. 8⁰ 12:Paed. Pr. 4412d. 24.
11.12565

[—] — 5. Aufl. Ebd. 1862. 112 S. 8⁰ 24.
11.12566

[—] Die allgemeine Weltgeschichte nach biblischen Grundsätzen bearb. für nachdenksame Leser. Hrsg. von dem Calwer Verlags-Verein. — Calw: Vereinsbuchh. [usw.] 1837. VIII,373 S. 8⁰ 1:Py 1420. 24. 207.
11.12568

[—] — 2., verb. Aufl. Ebd. 1839. X,372 S. 8⁰ 41.
11.12569

[—] — 3. Aufl. Ebd. 1842. X,372 S. 8⁰ 21.
11.12570

[—] — 4. Aufl. Ebd. 1847. VIII,362 S. 8⁰ 12:H. Un. 671 f.
11.12571

— Die Winternacht. Nilus u. Theodolus. Die Nacht am Tage, s.a Kinder-Bibliothek, kolor.

— Die Winternacht. Nilus und Theodolus. Die Nacht am Tage. — Ebd. [1896]. 67 S. 8⁰ 1:Ng 209-2.
11.12287

—— der Negerkönig Zamba, s.a Jugend- und Volksbibliothek, deutsche.

— Der Negerkönig Zamba. Eine Sklavengeschichte. — Stuttgart: Steinkopf 1853. 234 S. 8⁰ 24. 31.
11.12578

— — 2. Aufl. Ebd. 1865. 232 S. 8⁰ 24. 33.
11.12579

— — 3. Aufl. Ebd. 1883. 142 S. 8⁰ (Deutsche Jugend- u. Volksbibliothek. 91.) 24.
11.12580

— der Negerkönig Zamba. Eine Sklavengeschichte. Nach dem Engl. Neue illustr. Ausg. m. 4 Farbendr.-Bildern. 8. (144 S.) Ebd. (902). Geb. — 75

—— Züge aus dem Leben der sel. Mary Isabelle Legge in Hongkong, des Grafen Galeazzo Carracioli, der Lady Johanna Grey. Ein Besuch bei Oberlin. Erzählungen. [Bilder aus dem innern Leben 5.] 8. (144 S.) Heidelberg 870, C. Winter's Universitäts-Buchh. cart. *

— Zwiespalt und Einung der Gläubigen. — Stuttgart: Steinkopf 1835. 48 S. 8⁰
Aus: Homiletisch-liturgisches Korrespondenzblatt. 3. 1827.
3. 12: Polem. 168 r. 24. 29.
11.12581

Barth, Christian Heinrich

— Chn. Heinr. (Annaberg), De pollicitatione inprimis in specie dicta. Präs. Dan. Nettelbladt. Halle (Curtianis) Febr. 1779. 52 S. (5.—) 1137
Widm. v.: C. Chrn. Aug. Sebald (Prenzlau). Ludw. Friedr. Fitzau (Dessau).

Barth, Christian Heinrich: Stimmen der Boten, die Friede verkündigen, welche am 27. März 1763, als am sächsischen Friedensdankfeste in einigen Gemeinden des Erzgebürges erschollen sind. (Verf.: Christian Heinrich Barth u. Gotthelf Friedrich Oesfeld.) — Dreßden [usw.]: Gerlach 1763. XXII,111 S. 8⁰ 3.
11.12582

Barth, Christian Heinrich Wilhelm: Mehrjährige, sorgfältig angestellte Beobachtungen über den Gesichtsschmerz. Nebst e. Vorw. des Professors D. Dzondi. — Leipzig: Herbig 1825. XXVII,83 S. 8⁰ 1:Kh 2850. 2. 10. 11. 17. 19. 20. 21. 24. 30. 31. 46. 48. 300:41.329-B.
11.12583

Barth, Christian Karl: Ueber die Druiden der Kelten und die Priester der alten Teutschen. — Erlangen: Palm & Enke 1826. IV,232 S. 8⁰ 1:Pn 1944. 2. 3. 5. 9. 10. 11. 12:Germ. g. 30 b. 14. 16→19. 23. 24. 29. 30. 31. 33. 34. 35. 39. 43. 45. 46. 51. 60. 78. 121. 300:• 44 Mm 21. 302.
11.12584

Barth, Chr. Karl, über die Druiden d. Kelten, u. die Priester d. alten Deutschen, als Einleit. in die altdeutsche Religionslehre. gr. 8. Erlang, 826. Palm u. E. 1 rthl

— **Hertha** und über die Religion der Weltmutter im alten Teutschland. — Augsburg: Wolff 1828. XIV,266 S. 8°
(Barth: Die altteutsche Religion. [1.])
1: Sa 3690–1. 2. 3. 5. 7. 10.
12: Germ. g. 30e. 17. 19. 20. 21. 23. 24. 28.
29. 34. 35. 43. 45. 46. 102. 121. 302. 309.
11.12585

Barth, Chrn Karl, Hertha und über die Religion der Weltmutter im alten Teutschland. Th. 1. Die altdeutsche Religion. Th. 2. Die Hyperboreer. Augsburg 1828—1836. 8.

— Die **Kabiren** in Teutschland. — Erlangen: Palm & Enke 1832. XVII,402 S. 8° 1: Sa 4203. 3. 5. 6. 7. 9. 10. 11.
12: Germ. g. 30f. 14. 15. 16. 18. 19. 27. 28. 29. 31.
35. 36. 43. 46. 75. 300: 41 Mm 25.
11.12586

— Die altteutsche **Religion**. Th. [1.] 2. — Augsburg: Wolff (2: Leipzig: Fleischer) 1828–36. 8°
1 u. d. T.: Barth: Hertha und über die Religion der Weltmutter im alten Teutschland. 1828.
1: 1 = Sa 3690; 2 = Sa 3692–2. 2. 3. 5. 7. 10.
12 [∞2]: Germ. g. 30e. 23. 28. 29. 35. 45. 46. 302.
11.12587

— — (2., gänzl. umgearb. Aufl.) [Th. 1.] Leipzig: Fleischer 1835. VIII,184 S. 8° 1: Sa 3692–1. 2→5. 7. 9. 11.
12: H. g. hum. 12h. 14. 16. 19. 23. 25. 27.
29. 30. 35. 38. 39. 45. 46. 78. 123. 302.
11.12588

— Teutschlands **Urgeschichte**. (Abth. 1.) — Baireuth 1817: Sackenreuter & Birner. 572 S. 8°
1: Rx 7410–1. 9. 12: Germ. g. 30–1. 19. 20. 25. 123. 304.
11.12589

— Deutschlands Urgeschichte. 2 Theile u. Anhang zum 2n Theile (Register). gr. 8. Hof 817—20. (Erlangen, Palm u. E.) 4 rthl 4 gr

Barth, Ch. K., Teutschlands Urgeschichte. 1r u. 2r Thl. gr. 8. Hof, Grau. 818—820. (1r Thl. 2 Rthl. 12 Gr. 2r Thl. 2 Rthl. 6 Gr.)

— — Th. 1. 2 [nebst] Anh. zu 2. Baireuth [usw.]: Grau in Comm. 1818–21. 8°
Anh. zu 2. Schlußbemerkungen u. Register enth. 1821.
1 [∞1]: Rx 7410–2. 3. 5→8. 12 [∞Anh.]: Germ. g. 30–2.
16. 18. 21. 23. 27. 28. 45. 53. 109. 111.
300 [∞Anh.]: BE 2 S 62. 302.
11.12590

Barth, (Ch. K.,) Anhang (Register) z. 2ten Thle. seiner Urgeschichte. gr. 8. Hof 821, Grau.

— — Th. [1]–5. 2., ganz umgearb. Aufl. Erlangen: Palm & Enke 1840–46. 8°
1: Rx 7411. 4. 7. 8. 10. 11. 12: Germ. g. 29x.
14. 15. 21. 23→26. 29. 30. 31. 35. 107. 208.
11.12591

Barth, Chr. Karl (Hrsg.), s. W o c h e n s c h r i f t, Baierische.

Barth, Christian Wilhelm: Das römische Ass und seine Theile in Abbildungen. — Leipzig 1838. 24 S. 8°
1: Rn 6260. 2. 4. 5. 7. 10. 11. 12: 4° Num. ant. 10m. 14.
15. 17→21. 25. 27. 28. 30→33. 35. 38. 39. 43. 45.
117. 205. 300: 33.575-B. 302.
11.12592

Barth, Christoph Gottfried: Miqrā qōdeš sive Dissertatio epistolica de vanitate ieiuniorum iudaicorum, qua ... synodum ... indicat Christophorus Gothofredus Barthius. — Christian-Erlangae [1716]: Schmatz. 4 Bl. 8°
[Hebr. u. Ant.] 1: Bi 2708. 21.
11.12593

Barth

— **Christoph Gottfried** (Plechen/Frank.), De studiis Romanorum litterariis in urbe et provinciis. Präs. Chph. Cellarius. Halle (Chn. Henckel) 11. II. 1698. 12 Bl. (5.50)

Barth, Christoph Heinrich: Antikennicotus pro tuenda integritate verborum apud Hoseam c. VI. v. 5. — Waldenburgi 1762: Harnisch. 16 S. 8° 17. 41.
11.12594

— Commentationes breves de equitatione Dei in mari. Ad Chabacc. III. 15. Praemissa quaestione de Chaldaeis obiecto libri Chabaccuci. Quas Johanni Christiano Genselio ... a. 1749 ... consecrat M. Christoph. Henricus Barthius. — Annabergae [1749]: Fris. 19 S. 8°
12: 4° Diss. 691/40. 15.
11.12595

— Erläuterung der Hilscherischen Reformationsfragen, Cap. VI. Frage 5. von der Seeligkeit in und durch die päbstliche Religion. — Glauchau: Waysenhaus [1767]. 16 S. 8° 14.
11.12596

Barth, Curt: Die Grundlagen d. Zahnradbearbeitg unter Berücks. d. modernen Verfahren u. Maschinen. (4, 64 m. Fig.) Lex8° Berl., J Springer '11. 3.60

Barth, Curt: Der Wortschatz des Cursor Mundi. Ein Beitrag zur Kenntnis d. mittelengl. Dialekte. *Königsberg i. Pr. 1903: H. Herrmann.* (50 S.) 8°
Königsberg, Phil. Diss. v. 10. Nov. 1903

Barth, David Friedrich: Commentatio de II. Epist. Johannis, coniecturae de ἐκλεκτῇ κυρίᾳ nuper propositae ratione habita. — Chemnitii [1835]: Kretschmar. 28 S. 4°
Glückwunsch der Geistlichen der Diözese Chemnitz an Friedrich August Unger zum 50jährigen Amtsjubiläum. 1835.
10.
11.12597

Barth

— **Dav. Friedrich** (Ebersdorf), Viro Friedr. Aug. Unger sacra muneris sacri semisaecularia gratul. dioeces. Chemnit. verbi div. ministri. — Praem. est comment. de II. epist. Johannis. Chemnitz (Kretschmar) 1835. 28 S. (4.80)
Verzeichnis d. Pastoren.

Barth, E. (Schuldirektor), s. B a r t h, Ernst

Barth, E. (Stabsarzt), s. B a r t h, Ernst

Barth, E.: Das Buch vom guten Ton (u. andere Schriften), s. B a r t h, Emanuel

Barth, E.: Kriegserinnerungen eines deutschen Offiziers. Nach Tagebuchblättern von E. Barth (E. Clarus). — Bromberg: F. Fischer 1878. 310 S. 8°
1: Qo 9498 [u.] Kr. Samml. R 163. 12: Eur. 694d-552. 17.
11.12598

Barth, E. (Hrsg.), s. S c h w u r g e r i c h t s z e i t u n g, Allgemeine, für Deutschland.

Barth, E.: Über Sprache, s. B a r t h, Edm.

Barth, E.: Das Widder-Kaninchen, s. B a r t h, Emil

Barth (E. A.). Beobachtungen ueber die Umwandlung von Antheren in Carpelle. Tueb. 1836. 8°.

Barth, E. L. C., epistola critica in Tibullum. 8. Goth. Ettinger. 812.

Barth, Edm. Über Sprache und Versbau des Moretum. 23 S. 8. *Horn* 1879. Progr.

Barth, Emanuel: Anekdoten aus dem Leben Kaiser Wilhelm's des Siegreichen. — Reutlingen: Bardtenschlager [1889]. 48 S. 8° 24.
11.12601

— Das **Buch** vom guten Ton in der Gesellschaft. — Reutlingen: Bardtenschlager [1891]. 153 S. 8° 24.
11.12602

Barth, Eman., das Buch vom guten Ton in der Gesellschaft. Anstandsregeln u. Umgangsformen im gesellschaftl. Verkehr. Ein sicherer Wegweiser f. junge Leute durch die gebildete Welt. 2. Aufl. 8. (156 S.) Reutlingen (902). R. Bardtenschlager. n. — 80

— Friedrich III. der zweite deutsche Kaiser. Ein Lebensbild, dem deutschen Volke gewidmet. — Reutlingen: Bardtenschlager [um 1890]. 16 S. 8° 24.
11.12603

— Ein Lebensbild Kaiser Wilhelm's des Siegreichen. — Reutlingen: Bardtenschlager [1889]. 16 S. 8° 1:Sw 13492.
11.12604

— Klassisches Vergißmeinnicht. — Reutlingen: Bardtenschlager [1886]. 376 S. 8° 24.
11.12605

Barth, E., klassisches Vergißmeinnicht. 32. (376 S.) Reutlingen 887. Bardtenschlager. geb. m. Goldschn. n. 1. —

— klassisches Vergißmeinnicht. 8. Aufl. 16. (377 S. m. farb. Titelbild.) Ebd. (902).
Geb. in Leinw. m. Goldschn. 1. 20 u. 1. 60

Barth, Emil, das englische Widder-Kaninchen, s.: Poppe's, F., Bibliothek f. Kaninchenzüchter. 1. Bd.

Barth, Emil Adolf, Referendar in Dresden: Sonderrechte des Verkäufers bei Annahmeverzug des Käufers nach HGB. § 373. Borna-Leipzig 1907: R. Noske. (IX, 52 S.) 8° [F.]
Leipzig, Jur. Fak., Diss. v. 20. Juli 1907
[Geb. 19. Mai 83 Dresden; Wohnort: Dresden; Staatsangeh.: Sachsen; Vorbildung: Kgl. Gymn. Dresden Reife O. 02; Studium: Leipzig 1, Berlin 1, Freiburg i. B. 3, Leipzig 2 S.; Rig. 7. Febr. 07.]

Barth, Emmerich: Zur Erinnerung an die den 17. Juli 1853 zu Offenburg stattgehabte feierliche Schlußsteinlegung und Enthüllung des Drake-Denkmals. — Offenburg 1853: Otteni. 32 S. 8° 23. 31.
11.12612

Barth, E(ngelbert), approb. Arzt aus Köln am Rhein: Über hysterische Schlafzustände. *Kiel 1898: H. Fiencke.* (24 S.) 8°
Kiel, Med. Diss. v. [1. Nov.] 1898

Barth, Ernst, Schuldirektor. Leipzig. geb. 1831. 1863: Anleitung zum Gebrauch des Schulrobinson. Für Lehrer bearb. — Leipzig: Verl. für erziehenden Unterricht 1866. 28 S. 8° 207.
11.12613

Barth, Ernst Über Aufbau und Verteilung des zoologischen Unterrichtsstoffes. 17 S. Progr. Barths E. *Leipzig* 1879.

— u. W. Niederley, d. Kindes erstes Beschäftigungsbuch. Praktische Anleitg. zur Selbstbeschäftigg. f. jüngere Kinder. Zugleich f. die Hand der Mutter u. Kindergärtnerin. Mit zahlreichen (eingedr. Holzschn.-)Abbildgn. Vorstufe zu „des deutschen Knaben Handwerksbuch". gr. 8. (VIII, 253 S.) Bielefeld 877. Velhagen & Klasing. geb. n. 4. —

Barth, E., u. W. Niederley, des Kindes erstes Beschäftigungsbuch. Praktische Anleitung zur Selbstbeschäftigung für jüngere Kinder. Zugleich für die Hand der Mutter u. Kindergärtnerin. Mit zahlreichen (eingedr. Holzschn.-)Abbildungen. Vorstufe zu „des deutschen Knaben Handwerksbuch". 2. Aufl. gr. 8. (VIII, 253 S.) Bielefeld 880. Velhagen & Klasing. geb. n. 4. —

Barth, E., u. W. Niederley, des Kindes erstes Beschäftigungsbuch. 4. Aufl. (VI, 258 S. m. Abbildgn. u. 4 farb. Taf.) Bielefeld 890. Velhagen & Klasing. geb. n. 4. —

Barth, E., u. W. Niederley, d. Kindes erstes Beschäftigungsbuch. Praktische Anleitg. zur Selbstbeschäftigg. f. jüngere Kinder. Zugleich f. die Hand der Mutter u. Kindergärtnerin. Mit zahlreichen Abbildgn. u. 4 farb. Taf. Vorstufe zu „d. deutschen Knaben Handwerksbuch". 4 Aufl. gr. 8. (VI, 258 S.) Bielefeld 891. Velhagen & Klasing. Geb. n. 4. —

Des Kindes Erstes Beschäftigungsbuch. Prakt. Anleitung z. Selbstbeschäftigung f. jüngere Kinder. Zugleich f. d. Hand d. Mutter u. Kindergärtnerin. Von E[rnst] Barth u. W. Niederley. Mit Abb. u. Taf. Vorstufe zu 'Des deutschen Knaben Handwerksbuch.' 5. Aufl. *Bielefeld & Leipzig: Velhagen & Klasing 1900.* (VI, 260 S.) 8° [F.] 1a 9664

Des Kindes Erstes Beschäftigungsbuch. Prakt. Anleitung z. Selbstbeschäftigung f. jüngere Kinder ... Von E[rnst] Barth u. W. Niederley. Mit zahlr. Abb. u. 5 Taf. Vorstufe zu [Barth:] 'Des deutschen Knaben Handwerksbuch'. 6. Aufl. Bielefeld & Leipzig: Velhagen & Klasing 1908. (VI, 263 S.) 8° [F.] 1a8. 9990 8

Barth, Ernst, Bilder aus dem Kindergarten für Mütter und Erzieherinnen. gr. 8. (XV, 170 S. mit 211 eingedr. Holzschn. und 2 chromolithogr. Taf.) Leipzig 878, Verlag für erziehenden Unterricht. [Gräbner.] cart. *

Barth, Ernst, Oberstabsarzt. 1893: Die Cholera mit Berücks. der speciellen Pathologie und Therapie. — Breslau: Preuss & Jünger 1893. X, 253 S. 8°
1:Ka 5341. 2. 11. 12:Path. 90 r. 14. 38M. 41. 202. 302.
11.12627

Barth, Ernst: Einführg in d. Physiol., Pathol. u. Hygiene d. menschl. Stimme. (15, 607 m. z. Tl farb. Abb. u. 2 farb. Taf.) Lex8° Lpzg, G Thieme '11. 15 —; L 16 —

Barth, E. (Red.), s. Erziehungs-Schule.

Barth, Ernst, u. W. Niederley Zur Geographie in Sexta. A. Methodisches B. Geographisches Material I 13 S. Barths Erz. *Leipzig* 1878 Progr.

— und Niederley, des deutschen Knaben Handwerksbuch. Prakt. Anleitung zur Selbstbeschäftigung und Anfertigung von Gegenständen auf den Gebieten der Papparbeiten, des Formens in Gyps, der Schnitzerei, der Tischlerei, Zimmermannsarbeiten, Drechslerei, Laubsägerei, zur Herstellung von Thierbehältern, Fahrzeugen, naturwissenschaftl. Apparaten etc. Für geschickte Knaben bearb. 1. Aufl. (V, 229 S.) 878. * M 8., und 2. verm. und verb. Aufl. gr. 8. (312 S. mit vielen Illustr. in eingedr. Holzschn.) Bielefeld 874, Velhagen und Klasing. *

— — des deutschen Knaben Handwerksbuch. Praktische Anleitung zur Selbstbeschäftigung und Anfertigung von Gegenständen auf den Gebieten der Papparbeiten, des Formens in Gyps, der Schnitzerei etc. 3. verm. und verb. Aufl. und 4. unveränd. Aufl. gr. 8. (VI, 329 S. mit vielen eingedr. Holzschn.-Illustrationen.) Ebendas. 876,78. geb. *

— und W. Niederley, des deutschen Knaben Handwerksbuch. Praktische Anleitung zur Selbstbeschäftigung und Anfertigung von Gegenständen auf den Gebieten der Papparbeiten, des Formens in Gips, der Metallarbeiten, der Schnitzerei, der Tischlerei, Zimmermannsarbeiten, Drechslerei, Laubsägerei, zur Herstellung von Tierbehältern, Fahrzeugen, naturwissenschaftl. Apparaten etc. 5. Aufl. (VIII, 352 S.) 1882; 6. verm. und verb. Aufl. (X, 366 S.) 1885; 7. verm. und verb. Aufl. gr. 8. (X, 374 S. mit vielen Illustr.) Bielefeld 888, Velhagen und Klasing. geb. *

— — des deutschen Knaben Handwerksbuch. Prakt. Anleitg. zur Selbstbeschäftigg. u. Anfertigg. v. Gegenständen auf d. Gebieten d. Papparbeiten, d. Formens in Gips, der Metallarbeiten, der Schnitzerei, der Tischlerei, Zimmermannsarbeiten, Drechslerei, Laubsägerei, zur Herstellg. v. Tierbehältern, Fahrzeugen, naturwissenschaftl. Apparaten etc. 8., verb. Aufl. Mit vielen Illustr. gr. 8. (X, 380 S.) Ebd. 888. n. 4. —

— — des deutschen Knaben Handwerksbuch. Praktische Anleitg. zur Selbstbeschäftigg. u. Anfertigg. v. Gegenständen auf den Gebieten der Papparbeiten, d. Formens in Gips, der Metallarbeiten, der Schnitzerei, der Tischlerei, Zimmermannsarbeiten, Drechslerei, Laubsägerei, zur Herstellg. v Tierbehältern, Fahrzeugen, naturwissenschaftl. Apparaten 2c. 8., verm. u. verb. Aufl. Mit vielen Illustr. u. 4 farb. Taf. gr. 8. (X, 380 S.) Ebd. 891. Geb. n. 4. —

— dasselbe. 9., verm. Aufl. Mit vielen Abbildgn. u. 4 farb. Taf. gr. 8. (X, 392 S.) Ebd. 894. Geb. in Leinw. n. 6. —

[J.] Des deutschen Knaben Handwerksbuch. Prakt. Anleitg z. Selbstbeschäftigg ... Von E[rnst] Barth u. W. Niederley. 10., verm. u. verb. Aufl. M. vielen Abb. u. 4 farb. Taf. *Bielefeld & Leipzig: Velhagen & Klasing 1898.* (X, 392 S., 4 Taf.) 1 Bd 8. 19⁸ 917

— — des deutschen Knaben Handwerksbuch. Praktische Anleitg. zur Selbstbeschäftigg. u. Anfertigg. v. Gegenständen auf den Gebieten der Papparbeiten, des Formens in Gips, der Metallarbeiten, der Schnitzerei, der Tischlerei, Zimmermannsarbeiten, Drechslerei, Laubsägerei, z. Herstellg. v. Tierbehältern, Fahrzeugen, naturwissenschaftl. Apparaten 2c. 11., verm. u. verb. Aufl. Mit vielen Abbildgn. u. 4 farb. Taf. gr. 8. (X, 394 S.) Ebd. 903. Geb. in Leinw. n. 6. —

— — Des deutschen Knaben Handwerksbuch. Praktische Anleitung zur Selbstbeschäftigg. u. Anfertigung v. Gegenständen auf den Gebieten der Papparbeiten, des Formens in Gips, der Metallarbeiten, der Schnitzerei, der Tischlerei, Zimmermannsarbeiten, Drechslerei, Laubsägerei, zur Herstellung v. Tierbehältern, Fahrzeugen, naturwissenschaftl. Apparaten usw. 12. Aufl. (X, 394 S. m. Abb. u. 4 farb. Taf.) 8. Ebd. 909. Geb. in Leinw. 6. —

Barth, Ernst, zur Lehre vom Tonansatz auf Grund physiologischer u. anatomischer Untersuchungen. Nach e. am 19. IX. 1904 in der laryngolog. Sektion der 76. Versammlg. deutscher Naturforscher u. Aerzte zu Breslau geh. Vortrage. (23 S.) Lex.-8. Berlin 904. A. Hirschwald. n. 2. —
Sonderabdruck aus: „Archiv f. Laryngologie".

Barth, Ernst [aus Baruthe in Schlesien]: Ueber Ligaturen unter besonderer Berücksichtigung des Catgut- und Seidenmaterials .... Berlin, Buchdr. v. Knoil u. Wölbling (1886): 31 + 2 S. 8°.
Berlin, Med. Fak., Inaug.-Diss. v. 20. Jul. 1886.

Barth, Ernst. über Ligaturen unter besonderer Berücksichtigung des Catgut- und Seidenmaterials. Diss. Berlin 1886, Mayer & Müller. 8°. 31 S.

— Die Reform der Gesellschaft durch Neubelebung des Gemeindewesens in Staat, Schule und Kirche. — Leipzig: Reichardt 1886. VII,167 S. 8°
1:Fc 5800. 10. 16. 27. 47. 106. 203. 205. 207. 302.
11.12617

(—) Als Manuscript für Eltern. Eine neue Schule. —(Leipzig 1863: Ferber & Seydel.) 14 S. 8° 111.
11.12618

— Ueber die erste Schulerziehung. — Leipzig 1881: (Hüthel). 12 S. 8° 207.
11.12619

Barth, E., u. **Niederley**, W., Die Schulwerkstatt. 8°. Bielefeld u. Leipzig 1882.

Barth, E., u. W. Niederley, die Schulwerkstatt. Ein Leitfaden zur Einführung der technischen Arbeiten in die Schule. Mit 103 erläuternden Abbildungen im Text. gr. 8. (IV, 308 S.) Bielefeld 882. Velhagen & Klasing. n. 4. 50

— Das Schulwesen in grossen Städten mit bes. Beziehung auf Leipzig. — Leipzig 1873: Ferber & Seydel. 44 S. 8°
Aus: Jahrbuch d. Vereins für wissenschaftliche Pädagogik. 5. 1873.
207.
11.12621

— die neuropathisch. Störungen der Atmung. (VI, 60 S.) gr. 8. Ebd. 904. n. 1. 60
Sonderabdruck aus: „Senator-Festschrift".

— Therapeut. Taschenb. d. Ohrenheilkde, s: Fischer's therapeut. Taschenbb.

— u. L. Schützer, d. deutschen Knaben Turn-, Spiel- u. Sportbuch. (IX, 478 S. m. Abbildgn.) Ebd. 890. geb. n. 6. —

Barth, E., & L. Schützer: Des deutschen Knaben Turn-, Spiel- und Sportbuch. Prakt. Anl. zu nützlichen Körperübungen außerhalb d. Schule. Bielefeld & Leipzig 1891. 473 S. m. Abb. Ab 22

— Des deutschen Knaben Turn-, Spiel- und Sportbuch. Von E. Barth u. L. Schützer. — Bielefeld [usw.]: Velhagen & Klasing 1891. IX,473 S. 8° 1:Nf 7548. 6. 60.
11.12622

Barth, Ernst

— Über den Umgang. Ein Beitrag zur Schulpädagogik. — Leipzig: Pernitzsch 1870. IV,74 S. 8°
12:Paed. Th. 298. 15. 207. 300:32.516. 302.
11.12623

— — 2. Aufl. Langensalza: Beyer 1876. VI,118 S. 8°
3. 15. 27. 46. 78. 207.
11.12624

— — 3. Aufl. Ebd. 1882. VI,110 S. 8°
1:Nd 10106. 3. 62. 64. 107. 207.
11.12625

— — 4. Aufl. Ebd. 1897. VI,110 S. 8°
1:Nd 10106⁴. 107. 207. 309.
11.12626

— Über den gesundheitlichen Wert des Singens. — Leipzig: Breitkopf & Härtel 1898. VI,51 S. 8° 1:Mus. E 231.
12:Mus. Th. 267. 15. 38M. 43. 47. 300:581.626-B. M.
11.12632

Barth, Ernst Carl, Arzt a. Leipzig: Beiträge zur Pathologie und Therapie der intermittierenden Hydronephrose. Leipzig 1904: B. Georgi. (38 S.) 8°
Leipzig, Med. Fak., Ref. Trendelenburg, Diss. v. 16. Dez. 1904
[Geb. 3. Dez. 79 Leipzig; Wohnort: Leipzig; Staatsangeh.: Sachsen; Vorbildung: Albertgymn. Leipzig Reife O. 99; Studium: Leipzig 4, Berlin 1, Leipzig 6 S.; Coll. 22. Dez. 04; Approb. 15. Juli 04.]

Barth, Ernst Richard: Adolf Diesterweg, der wahre Jünger Pestalozzis. — Leipzig: Dieterich 1910. XII,67 S. 8°
Erschien auch als Diss. u. d. T.: Barth: Diesterwegs Stellung zu Pestalozzi. Leipzig 1910.
4. 14. 21. 27. 31. 79. 169. 207. 300:474.736-B. 302. 303.
11.12636

— — Leipzig: Weicher 1910. XII,67 S. 8° 15.
11.12637

— Für Kopf und Herz. Versuch zur Anregung einer nach psychologischen Stufen aufgebauten Kinderastronomie für den Volksschulunterricht. — Leipzig: Dieterich 1909. 203 S. 8° 1:Nf 4365. 15. 27. 121. 207.
11.12634

Barth, Ernst Richard: Diesterwegs Stellung zu Pestalozzi, das Grundmotiv seiner pädagogischen Entwicklung überhaupt. Leipzig 1910: Kreysing. VIII, 67 S. 8° ¶(Ersch. auch als Buch b. Dieterich, Leipzig, u. d. T.: A. Diesterweg, d. wahre Jünger Pestalozzis.)
Leipzig, Phil. Diss. v. 27. Juli 1910, Ref. Volkelt, Barth
[Geb. 23. Dez. 83 Herold, Erzgeb.; Wohnort: Leipzig; Staatsangeh.: Sachsen; Vorbildung: Sem. Zschopau bis 04, Wahlfähigk. 06; Studium: Leipzig 6 S.; Rig. 12. Mai 10.] [U 10. 3096

Barth, Erwin (Red.), s. Mitteilungen des Vereins Arbeiterpresse.

Barth, Eugen, Rechtspraktikant a. Mosbach (Baden): Die Lehre von der falschen Anschuldigung historisch und dogmatisch dargestellt. Freiburg i. B. 1908: Charitas-Druckerei. (XI, 110 S.) 8°
Heidelberg, Jur. Fak., Ref. v. Lilienthal, Diss. v. 1908
[Geb. 18. Juli 83 Mosbach; Wohnort: Freiburg i. B.; Staatsangeh.: Baden; Vorbildung: Gymn. Tauberbischofsheim Reife Juli 02; Studium: Heidelberg 2, Freiburg i. B. 3, Heidelberg 2 S.; Rig. 21. Febr. 08.]

Barth, Eugen: Das 'Tat'-Motiv der 'Rote Faden' durch Goethes Faust I. und II. — Eller-Düsseldorf [usw.]: Bergische Verlagsanst. 1907. 30 S. 8° 24. 38.
11.12648

Barth, F. (Amtsrichter), s. B a r t h , Friedrich

Barth, F. (Arzt), s. B a r t , Friedrich

Barth, F. (Hauptmann), s. B a r t h , Friedrich

Barth, F. (Ingenieur), s. B a r t h , Friedrich

Bart, F. (Philologe), s. B a r t h , Friedrich

Barth, F. (Pfarrer), s. B a r t h , Fritz

Barth, F.: Kurze A n l e i t u n g im Obstbau (u. ähnl. Schriften), s. B a r t h , Friedrich

Barth, F.: D. A r b e i t des Todes . . . , s. B a r t h , Ferdinand

Barth, F., die Cabbala des Heinr. Corn. Agrippa von Nettesheim, s. Wunder-Schauplatz, kleiner.

Barth, F., Lehrplan m. Stoffverteilungs- u. Lektionsplänen f. die geteilte 2klassige Volksschule. Mit besond. Berücksicht. d. „Anweisg. der Königl. Regierg. zu Merseburg vom 1. Dez. 1886 zur Ausführg. der Allgem. Bestimmgn. üb. das Volksschulwesen vom 15. Oktbr. 1872 im Reg.-Bez. Merseburg". [Aus: „Schule u. Leben".] gr. 8. (40 S.) Berlin 889. Buchhandlg. der deutschen Lehrer-Zeitung (Fr. Zillessen). n. — 30

Barth, F. G., s. B a r t h , Friedrich Gottlieb

Barth, F.W.: Ueber den Geschichtsvortrag auf Gymn. 14 S. Progr. Brandenburg G. 1825.

Barth, F.W.: (Geschichtl. Nachrichten über das Gymn. zu B.) 6 S. Progr. Brandenburg G. 1830.

Barth, Felix. Ueber den Erfolg von 90 eitrigen Adnex-Operationen, ausgeführt in der Universitäts-Frauenklinik zu Basel in den Jahren 1901—1908. Diss. Med. Basel. 77 S. 8. Romanshorn, L. Koch. 1910.

[Barth, Felix Martin.] Freud' und Leid. Gedichte von Georg de Vital. (Als Manuskript gedruckt.) 83 S. 8. Basel, (Fr. Bürgin,) 1904. [cart. fr. 1. 85]

Barth, Ferdinand: Die Arbeit des Todes. Ein Todtentanz. — München: Braun & Schneider [1867]. 24 Bl. 4°
1[ᵐTitelbl.]: 4° Nv 9567. 7. 10. 11. 12: 2° Im. mort. 7 m. 16. 30. 38. 214.
12.3

— Keine Republik! Ein einfach bescheidenes Hobellied. Leipzig: Thenau [1848]. 4 Bl. 8° 11. 14. 35.
12.4

— Rosen und Dornen. Versuche in Reim und Prosa. — Leipzig: Verf. 1842. 91 S. 8° 1: Yz 7843.
12.5

— Die Verlobung im Wasser. Komisches Gedicht in Prosa. Leipzig: Verf. 1843. 28 S. 8° 109.
12.6

Barth, Fr. s. *Barth,* Friedrich Wilhelm.

Barth, Fr. Gli., s. B a r t h , Friedrich Gottlieb

Barth, Fr. Glo. Er., s. B a r t h , Friedrich Gottlob Ernst

Barth, Fr. Karl, s: Barth, Karl.

Barth, Fr. X., s. B a r t h , Franz Xaver

Barth, Franciscus: De glandularum mesaraicarum inflammatione. Halae (1821): Schimmelpfennig. 38 S. 8°
Halle-Wittenberg, Med. Diss., nachgeliefert von dem am 10. Apr. 1821 auf Thesen promovierten Verf.
Geb. Grossenhain (Sachsen) 6. 8. 1798. V.

Barth, Franciscus: Theses medicae loco dissertationis quae novum steatomatosae hepatis degenerationis exemplum continet propediem edendae.
Halle-Wittenberg, Med. Thesen v. 10. Apr. 1821
Titel nach dem Diplom. Ein Exemplar nicht nachweisbar.

Barth, Franz —. Das Vater unser. Historisch dargestellt von — —. Wien. 1855. Gedruckt und verlegt von Karl Barth. (8 Blätt. 4.) geh.

Barth, Franz Karl v., Bürgermeister, München, geb. um 1735. 1773: Entwurf des bürgerlichen Lazareths oder sogenannten Leprosen Hauses am Gasteige, und dessen Einrichtung. Hrsg. von Franz Karl v. Barth u. Franz Anton Pilgram. — München: Osten 1773. 58 S. 8° 5. 12: Bavar. 193 d. 19.
12.9

Barth, Franz Xaver

Barth, Frz. X., Hildebert v. Lavardin (1056—1133) u. das kirchliche Stellenbesetzungsrecht, s.a. Abhandlungen, kirchenrechtliche. 34.—36. Heft.

Barth, Franz X[aver], Priester d. Erzdiözese Köln: Hildebert von Lavardin (1056—1133) und das Recht der kirchlichen Stellenbesetzung. Stuttgart 1905: Union Deutsche Verlagsgesellschaft. (XV, 81 S.) 8° ¶(Ersch. vollst. als: Kirchenrechtliche Abhandlungen. H. 26.)
Bonn, Jur. Fak., Ref. Stutz, Diss. v. 23. Februar 1905
[Geb. 24. Nov. 68 Düsseldorf; Heimatsort: Cöln; Staatsangeh.: Preußen; Vorbildung: Gymn. Mörs Reife O. 88: Studium: Bonn 4 S.; Rig. 28. Okt. 04.]

Barth, Franz Xaver: Hildebert von Lavardin (1056-1133) und das kirchliche Stellenbesetzungsrecht. — Stuttgart: Enke 1906. XX, 489 S. 8° (Kirchenrechtliche Abhandlungen. 34/36.)
Erschien teilweise auch als Diss. Bonn 1905.
1: Fp 800-34/36. 2→11. 12: J. can. U. 0h-34/36. 14→21. 23→31. 33. 35. 38. 43. 45. 52. 61. 102. 203. 208. 211. 300: 450.333-B. Per. 34/36. 302→304.
12.14

Barth, Friedrich, Dr. phil. 1855 [Hrsg.] s. *Agrippa,* Heinrich Kornelius: Die Cabbala des Heinrich Cornelius Agrippa von Nettesheim. Vollst. aus dessen Werke De occulta philosophia [De occulta Philosophia, Ausz., deutsch]. 1855 u. ö.

Barth, F., kurze Anleitung im Obstbau f. junge Lehrer, Landwirte u. ältere Volksschüler. gr. 8. (VII, 75 S. m. 19 Abbildgn.) Jena 889. Mauke. n. 1. —

Barth, Frdr., kurze Anleitung i. Obstbau f. junge Lehrer, Landwirte u. ältere Volksschüler, wie jeden Gartenbesitzer. 2. (Titel-)Aufl. gr. 8. (VII, 75 S. m. 19 Abb.) Leipzig (889) 895. H. Haacke. n. 1. —

Barth, Friedrich. 1891: Kurze Anleitung im Obstbau für junge Lehrer, Landwirte und ältere Volksschüler. 3., verb. Aufl. — Leipzig: Haacke 1900. 85 S. 8° 207.
12.18

Barth, Frdr., die zweckmässigste Betriebskraft, s.a. Sammlung Göschen.

Barth, Friedrich, Oberingenieur, Bayer. Landesgewerbeanstalt, Nürnberg. geb. 1875. 1903: Die zweckmäßigste Betriebskraft. T. 1. 2. — Leipzig: Göschen 1904-05. 8°
1. Die mit Dampf betriebenen Motoren nebst 22 Tabellen über ihre Anschaffungs- u. Betriebskosten.
2. Verschiedene Motoren nebst 22 Tabellen über ihre Anschaffungs- u. Betriebskosten.
(Sammlung Göschen. 224. 225.)
12: Var. 323-224.225. 15. 18. 26. 30. 38. 43. 52. 60. 83. 84. 86. 91. 180. 201. 207. 210. 302.
12.25

— — 2., verm. u. verb. Aufl. 1–3. Ebd. 1910. 8°
1. Einleitung. Dampfkraftanlagen. Verschiedene Kraftmaschinen.
2. Gas-, Wasser- u. Wind-Kraft-Anlagen.
3. Elektromotoren. Betriebskostentabellen. Graphische Darstellungen. Wahl d. Betriebskraft.
(Sammlung Göschen. 224.225.474.)
1:Ag 7216/10²–224.225.474. 10. 11. 17. 30. 41. 79. 83. 85. 87. 89. 91. 169. 201. 209. 210. 303. 305.
12.26

Barth, Fr. (Hrsg.), s. B l ä t t e r , Deutsche, für Poesie, Litteratur, Kunst und Theater.

Barth, Fr., Blutrosen. Samml. v. Gedichten. 8. Berlin ... (Cranz). 1/3 ₰

Barth, Friedrich, Hauptmann. Breslau. 1795-1833. 1814: **Blutrosen.** — Berlin 1814: Platen. 78 S. 8°
1:Yn 1383. 21.
12.15

Barth, Fr., Blutrosen. 8. Berl. 814. (Schöne). 9 gr

Barth, Frdr., Buchführung nach der einfachen Methode, s.: Bauder, Karl.

Barth, Frdr.: Die Dampfkessel, s.a. S a m m l u n g Göschen.

— Die Dampfkessel. — Leipzig: Göschen 1903. 116 S. 8° (Sammlung Göschen. 9.)
12:Var. 323-9. 18. 24. 26. 43. 87. 91. 93.
12.30

— — Neudr. Ebd. 1905. 116 S. 8° (Sammlung Göschen. 9.)
15. 29. 52. 60. 109. 210.
12.31

— Die Dampfmaschine, s.a. Sammlung Göschen. 8

— Die Dampfmaschine. Kurzgefaßtes Lehrbuch. — Leipzig: Göschen 1903. 95 S. 8° (Sammlung Göschen. 8.)
18. 43. 91. 93. 210.
12.38

— — Neudr. Ebd. 1905. 95 S. 8° (Sammlung Göschen. 8.)
15. 26. 52. 60. 207. 210. 305.
12.39

— — Neudr. Ebd. 1907. 95 S. 8° (Sammlung Göschen. 8.)
14. 83. 109.
12.40

— Der Gemüsebau. Theoretisch-praktische Anleitung. — Osterwieck: Zickfeldt [1891]. 111 S. 8°
1:Ow 40380. 3.
12.19

— Handbuch des Obst- und Gartenbaues. Theoretisch-praktische Anleitung u. pädagogische Verwertung d. Obst- und Gartenbaues für Lehrer u. Erzieher. — Leipzig: Wunderlich 1898. VII,290 S. 8° 107. 207.
12.20

Barth, Friedrich [Einj.-freiw. Arzt aus Warendorf]: Hat die Assanierung der Stadt München Einfluss gehabt auf die Häufigkeit der Tuberkulose? . . . München, Druck v. M. Ernst, 1889; 25 S. 8°
München, Med. Fak., Inaug.-Diss. v. 1889

— Die Maschinenelemente, s.a. Sammlung Göschen. 3

— Die Maschinenelemente. Kurzgefaßtes Lehrbuch. — Leipzig: Göschen 1904. 154 S. 8° (Sammlung Göschen. 3.)
12:Math. A. 15bq. 18. 26. 52. 62. 83. 210. 302.
12.49

— — Neudr. Ebd. 1906. 154 S. 8° (Sammlung Göschen. 3.)
14. 15. 60. 86. 89.
12.50

— — 2., verm. u. verb. Aufl. Ebd. 1910. 154 S. 8° (Sammlung Göschen. 3.)
2. 11. 17. 79. 83. 84. 87. 90. 91. 109. 201. 305.
12.51

— Menschengeist und Menschenherz. Eine Rede. — Zerbst [1813]: Füchsel. 31 S. 8° 111.
12.16

Barth, Friedrich (Hrsg.), s. M o d e z e i t u n g , Breslauische, ein Unterhaltungsblatt für alle Stände.

— **Der Obstbau.** Theoretisch-praktische Anleitung. — Halle: Schwetschke 1895. XI,187 S. 8°
1:Ow 35972. 3. 46.
12.21

Barth, Friedrich, Arzt. Mülheim a. Rh., geb. 1863. 1901: **Ärztlicher Ratgeber** bei der Pflege und Ernährung des Kindes, nebst Anleitung zur ersten Hülfe in Erkrankungsfällen, bei Vergiftungen u. äußeren Einwirkungen. — Köln: Bachem [1901]. 128 S. 8° 1:Ii 6147. 5. 38 M.
12.23

— — 3. Aufl. Ebd. [um 1910]. 128 S. 8° 5.
12.24

Barth, Friedrich, Amtslandrichter. Stenn bei Zwickau. 1868: **Real-Credit.** Ein Vorschlag zur gründlichen Verbesserung desselben sowie Abhilfe des Mangels an Hypotheken-Kapitalien. — Dresden: Schönfeld 1868. 14 S. 8°
14. 106. 207.
12.17

Barth, F, Sammlg v. Verkehrs- u. Geschäftsformularien f. gewerbl. u. kaufmänn. Geschäfte. Asg. f. kaufmänn. Fortbildungsschulen, Handelsschulen, Handelsklassen d. Realanstalten etc., sowie z. Selbststudium. 4° (80) Stuttg. 95, R Roth. Kart. 1.20

— u. W **Seytter,** dass. Asg. f. allgemeine u. gewerbl. Fortbildungsschulen, Frauenarbeitsschulen etc., sowie z. Selbststudium. 4° (48) Ebd. 95. Kart. — 50

Barth Fr, Sammlung von Verkehrs- u Geschäftsformularien für gewerbl. u kaufmänn. Geschäfte. Ausgabe für kaufmänn. Fortbildungsschulen. (80 S) 4° Stuttgart 1895

— u. W. **Seytter,** dasselbe. Ausg. f. allgem. u. gewerbl. Fortbildungsschulen, Frauenarbeitsschulen ꝛc., sow. z. Selbststud. f. Gewerbetreibende u. Kaufleute. Hrsg. m. Gutheißen d. kgl. württemb. Kommission f. d. gewerbl. Fortbildungsschulen. 2. (Umschlag-)Aufl. gr. 4. (48 S.) Stuttgart 896. R. Roth. Kart. n. — 50

Barth, F., Sammlung v. Verkehrs- u. Geschäftsformularien f. kaufmänn. u. gewerbl. Geschäfte. Ausg. f. kaufmänn. Fortbildungsschulen, Handelsschulen, Handelsklassen d. Realanst. ꝛc., sow. z. Selbststud. f. Kaufleute u. Gewerbetreibende. 3., verb. Aufl. gr. 4. (80 S.) Stuttgart 898. M. Holland. Kart. n. 1. 20

Barth, F: Sammlg v. Verkehrs- u. Geschäftsformularien f. gewerbl. u. kaufmänn. Geschäfte. Asg. f. kaufmänn. Fortbildgssch., Handelssch., Handelsklassen d. Realanstalten etc. 4. Afl. 4° (80) Stuttg. 99, Holland & Josenhans. Kart. 1.20; Asg. f. Lehrer, handschriftlich ausgefüllt. 1900. 3 —

— u. W. **Seytter,** Sammlung v. Verkehrs- u. Geschäftsformularien f. gewerbliche u. kaufmännische Geschäfte. Ausg. f. allgemeine u. gewerbliche Fortbildungsschulen, Frauenarbeitsschulen ꝛc., sowie zum Selbstunterricht f. Gewerbetreibende u. Kaufleute. Hrsg. m. Gutheißen der kgl. württemb. Kommission f. die gewerbl. Fortbildungsschulen. 4., verb. Aufl. (Kleine Ausg.) gr. 4. (48 S.) Ebd. 900. Kart. n. — 60

— **Sammlung** v. Verkehrs- u. Geschäftsformularien f. kaufmännische u. gewerbliche Geschäfte. Ausg. f. kaufmänn. Fortbildungsschulen, Handelsschulen u. Handelsklassen der Realanstalten ꝛc., sowie zum Selbstunterricht f. Kaufleute u. Gewerbetreibende. 4. u. 5., verb. Aufl. gr. 4. (à 80 S.) Stuttgart 900. 901. Holland & Josenhans. Kart. n. 1. 20; Ausg. f. Lehrer, handschriftlich ausgefüllt. n. 3. —

— u. W. **Seytter,** Sammlung v. Verkehrs- u. Geschäftsformularien f. gewerbliche u. kaufmännische Geschäfte. Ausg. f. allgemeine u. gewerbliche Fortbildungsschulen, Frauenarbeitsschulen etc., sowie zum Selbstunterricht f. Gewerbetreibende u. Kaufleute. Hrsg. m. Gutheißen der kgl. württemb. Kommission f. die gewerbl. Fortbildungsschulen. 5. verb. Aufl. (Kleine Ausg.) (46 S.) gr. 4. Ebd. 903. Kart. n. — 60; Lehrer-Ausg. (46 S.) 903. Kart. n. 1. 50

Barth, Fr., Sammlung v. Verkehrs- u. Geschäftsformularen f. kaufmännische u. gewerbliche Geschäfte. Ausg. f. kaufmänn. Fortbildungsschulen u. Handelsschulen sowie zum Selbst-Unterricht f. Kaufleute u. Gewerbetreibende. Aus der Praxis f. die Praxis hrsg. 7. verb. Aufl. (80 S.) gr. 4. Stuttgart (904). Holland & Josenhans. Kart. n. 1.20

— u. W. Seytter, dasselbe, hrsg. m. Gutheißen der kgl. württemberg. Kommission f. die gewerbl. Fortbildungsschulen. 6. verb. Aufl. (Kleine Ausg.) (48 S.) Lex. 8. Ebd. 907. Kart. — 60

— u. W Seytter: Sammlg v. Verkehrs- u. Geschäftsformularen f. gewerbl. u. kaufm. Geschäfte. Ausg. f. gewerbl. Fortbildgssch., Frauenarbeitssch. etc. 6. Afl. (Kl. Ausg.) (48) Lex 8° Ebd. '07. Kart. — 60 d

Barth, Fr.: Sammlg v. Verkehrs- u. Geschäftsformularen f. kaufm. u. gewerbl. Geschäfte. Ausg. f. kaufm. Fortbildgssch. u. Handelssch. 8. Afl. (80) Lex 8° Stuttg., Holland & J. ('07). Kart. 1.20 d

Barth, Fr.: Sammlg v. Verkehrs- u. Geschäftsformularen f. kaufm. u. gewerbl. Geschäfte. Ausg. f. kaufm. Fortbildgssch. u. Handelssch. 8. Afl. Nachtr. Postüberweisgs- u. Postscheck-Verkehr. (4) Lex8° Stuttg., Holland & J. ('09). — 05 (Hauptw. u. Nachtr., kart. u. geh.: 1.25) d

— u. W Seytter: Sammlg v. Verkehrs- u. Geschäftsformularen f. gewerbl. u. kaufmänn. Geschäfte. Ausg. f. gewerbl. Fortbildgssch., Frauenarbeitssch. etc. 7. Afl. (Kleine Ausg.) (48) Lex8° Ebd. '11. geb. — 80 d

— dass. Ausg. f. Handelssch. 8. (Einbd richtig 9.) Afl. (80) Lex8° Ebd. '11. geb. 1.50 d

Barth, Statik des Obstbaues, s.: Steglich.

Barth, F., die Verwertung des Obstes, s.: Grethlein's praktische Hausbibliothek. 17. Bd.

— Die Verwertung des Obstes. Theoretisch-praktische Anleitung. — Leipzig: Grethlein [1904]. 129 S. 8° (Grethleins praktische Hausbibliothek. 17.) 48.
12.22

Barth, Friedrich Gottlieb

— F. G. — Obitum viri .. M. Friderici Gottlieb Barthii rectoris de schola Portensi optime meriti 6. X. 1794 . . . collegae et amici. Naumburg (Ulig). Folio. 4 S. (4.50)
Widm. v.: Joh. Chph. Coelestin. Schmieder, Ernst Constantin Herbst, Chn. Gottlieb Hildebrand, Carl Wilh. Ernst Heimbach, Benj. Weiske, Joh. Heinr. Fleischmann, Joh. Gottlieb Schmidt, Dan. Friedr. Moebius, Gottfr. Dan. Moritz.

— A new Collection of poetical pieces original and translated. Oder neue englische poetische Chrestomathie für diejenigen, welche theils Muster der höhern Poesie verlangen, theils diese Sprache vollkommener zu erlernen wünschen. — Erfurt: Keyser 1778. 364 S. 8°
16. 19. 21. 24. 27. 33. 39.
12.66

— — Ebd. 1786. 372 S. 8° 12: P. o. angl. 27. 19.
12.67

— De digressionibus poeticis. Präs. Joh. Friedr. Hiller. Wittenberg (Gerdes) 29. VII. 1766. 44 S. (5.50)

[—] Eclogae recentiorum aliquot poetarum praestantiores. In fine add. est Gulielmi Massisei Carmen elegantissimum Caffaeum. — Erfordiae: Keyser 1783. 191 S. 8° 9. 15. 33.
12.68

— Epistola ad ... Carolum Henricum Geislerum ... de nova editione Propertii Deo volente procuranda. — Lipsiae [1773]: Langenheim. 16 S. 8° 5. 10. 15. 32.
12.69

— Epistola, qua ... Friderico Guilielmo Doeringio designato Lycei Gubenensis Rectori munus hoc mense Decembri 1782 adeundum gratulatur Fridericus Gottlieb Barth. — Lipsiae [1782]: Sommer. 12 S. 8°
1: 4° Bibl. Diez 2520. 10. 15. 39.
12.70

— Grammática española oder kurzgefaßte spanische Grammatik. 4., verb. Aufl. ... verm. u. hrsg. vom Prof. T. F. Ehrmann. — Ebd. 1807. XXVI [vielm. XXVIII], 171 S. 8°
1: Xi 2579. 8. 9. 15. 17. 19. 21. 27. 34. 39.
12.74

[—] Kurzgefaßte spanische Grammatik. — Erfurt: Kayser 1778. XVI, 164 S. 8° 1: Xi 2576 [u.] 8° Bibl. Diez 8692. 12: L. lat. f. 304. 14. 21. 24. 27. 28. 36. 39. 41. 304.
12.71

[—] — 2., sehr verm. u. verb. Ausg. Erfurt: Keyser 1788. VIII, 187 S. 8° 5. 15. 16. 19. 20. 24. 28. 33. 38.
12.72

— — 3., verm. u. verb. Aufl. Ebd. 1797. XVI, 169 S. 8°
1: Xi 2578. 2. 10. 12: L. lat. f. 305. 15. 18. 19. 34. 39. 52. 66. 117. 207.
12.73

Barth

— Friedr. Gottlieb (Wittenberg), Providentiam dei circa res singulares demonstrat ac partim vindicat. Präs. Christian Kaschub (Danzig). Wittenberg (Gerdes) 14. II. 1761. 16 S. (5.—)
Gew.: Gottl. Gabr. Weickhmann, Joh. Sam. Ferber.

— Stricturas aliquot animadversionum ad Anacreontem proponit ... Frid. Gottlieb Barth. — Numburgi 1777: Prüfer. X S. 8° 1: 17 in 4° Bibl. Diez 2516. 14. 15.
12.75

— Vorlesungen über einige Elegien des Properz nebst einer prosaischen Uebersetzung der Königinn aller Elegien u. einer poetischen zwoer anderer. — Dresden: Gröll 1775. 141 S. 8° 1: Wg 7210 [u.] 8° Bibl. Diez 2439. 2. 3. 5. 7. 10. 12: A. lat. a. 855 [2 Ex.] 14. 15. 27. 43. 78. 302.
12.76

Barth, Friedrich Gottlob Ernst

Barth, Fr. Glo. Er., († d. 25. Febr. 1797.) s.a. Versuch e. Landesgesch. v. Baireuth.

Barth, Friedrich Gottlob Ernst: Versuch einer Landes- und Regentengeschichte der beyden fränkischen Fürstenthümer Baireuth und Anspach von den ältesten Bewohnern dieser Lande bis auf gegenwärtige Zeiten. (Verf.: F[riedrich] G[ottlob] E[rnst] B[arth].) — Hof: Grau 1795. VIII, 343 S. 8° 1: Sf 5400. 3. 7. 11. 12: Bor. 21 e [2 Ex.] 14. 17. 19. 22. 24. 27. 29. 43. 117.
12.77

Barth, Karl (Fr. Karl): Argentinien in Vergangenh. u. Gegenwart. Tatsachenmaterial. (33) 8° Erl., (Th. Krische) '12. — 80

Barth, Friedrich Karl: Argentinien in Vergangenheit und Gegenwart. — Erlangen: Verf. 1912. 33 S. 8°
1: Uy 8646/35. 2→8. 10. 12: Am. A. 3000. 15. 16. 20. 21. 26→29. 204.
12.78

— Die Kolonie der Walliser im Chubut-Tal. Bilder von den Grenzen der Kultur. — Buenos Aires: Tjarks [1904]. 62 S. 8° Aus: Deutsche La Plata Zeitung (La Plata Post). 1904.
29. 30. 46.
12.79

Barth, Friedrich Wilhelm, Dekan, Heidenheim, 1816-1886. 1843: Die landwirthschaftlichen und realistischen Anforderungen an die Volksschule. — Ulm: Wohler 1864. VI, 62 S. 8° 12: Paed. Th. 301. 24.
12.82

— Patriotische Gedanken über die erste Volksschulausstellung in Stuttgart. — Ulm: Wohler 1861. 52 S. 8° 24. 207.
12.83

— Gedanken über die kunstgewerbliche Schulausstellung in Stuttgart im Jahre 1872. — Ulm: Wohler 1873. 26 S. 8° 1: 17 in Nc 2830. 24. 43. 90.
12.84

— Der Meister in der Volksschule. — Ulm: Wohler 1865. IV,76 S. 8° 24. 302.
12.85

— Predigt zum Beginn der Diöcesansynode in Aalen am 28. Juli 1856. — Nördlingen 1856: Beck. 16 S. 8° 24. 207.
12.86

— Die Verfassungsfrage der evangelischen Kirche in Württemberg. Ein Votum. — Nördlingen: Beck 1858. IV,99 S. 8° 12: J. can. P. 90r. 19. 21. 24.
12.87

Barth, Fr., warum nimmst du das Zeugniß Swedenborgs nicht an? Eine Schrift wider die neue swedenborgische Sectirerei, zur Begründung der Gemüther in der evangel. Lehre und Kirche. gr. 8. Reutlingen 843. (Blaubeuren, Mangold.) n. 1/6 ₰

— Warum nimmst du das Zeugniß Swedenborg's nicht an? Eine Schrift wider die neue swedenborgische Sectirerei, zur Begründung der Gemüther in der evangelischen Lehre und Kirche. — Reutlingen: Rupp & Baur 1843. IV,65 S. 8° 19. 24.
12.88

Barth, wir haben darauf zu achten u. dafür zu sorgen, daß die Kirche im Dorf bleibt. Ein Vortrag, geh. auf der Diöcesansynode zu Heidenheim am 15. Septbr. 1875, nebst angehängter Visitationspredigt üb. Evang. Luc. 14, 1 11. 8. (56 S.) Heidenheim 875. Rees. n. — 50

Barth, Friedrich Wilhelm, Fabrikant, Altenburg. 1849: Vorschläge auf Geschichte, Erfahrung und eigene Ideen begründet, bei deren genauer Ausführung nicht nur das Wohl und die Zufriedenheit des Volkes in Dörfern, Städten und Staaten, sondern in ganzen Welttheilen herbeigeführt werden muß. Nebst e. Nachtrag. — (Berlin 1849: Brandis.) 32 S. 8° 53. 109. 203.
12.90

Barth, Friedrich Wilhelm. Vorschläge für das Wohl und die Zufriedenheit des Volkes in ganzen Welttheilen. Altenburg 1848. 8.

Barth, Fritz. 1856—1912. (Trauerfeier.) (40 m. Bildn.) 8° Bern. A Francke '12. — 60 d

Barth, F[ritz]. Das Abendmahl des Herrn. Ein Geleitwort für Neukonfirmierte. 1.—5. Tausend. II + 33 S. 8. Bern, A. Benteli, [1906]. [fr. —. 35]

— Die Anrufung Jesu in der christlichen Gemeinde. — Gütersloh: Bertelsmann 1904. 13 S. 8°
Aus: Der Beweis d. Glaubens. 40. 1904. 6. 28.
12.91

Barth, F. Tertullians Auffassung des Apostels Paulus und seines Verhältnisses zu den Uraposteln 1881.

— Tertullians Auffassung des Apostels Paulus und seines Verhältnisses zu den Uraposteln. — o.O. [1882]. S. 707–756. 8° Aus: Jahrbücher für protestantische Theologie. 8. 1882.
2. 5. 9. 14. 16. 18. 19. 26. 304.
12.92

Barth, Fritz: Die Aufgabe d. Christen im Volksleben d. Gegenwart, s: Salz u. Licht.

Barth, F, Augustinus, menschl. Verirrgn u. göttl. Führgn in s. Jugendleben s.a. Volksbücher.

— Augustinus, menschliche Verirrungen und göttliche Führungen in seinem Jugendleben. — Karlsruhe: Evang. Schriftenverein 1886. 16 S. 8° (Volksbücher. 3.) 31.
12.94

— Die Bedeutg d. Johannesevangeliums f. d. Geistesleben d. Gegenwart, s: Zeit- u. Streitfragen, Biblische.

— Calvin und Servet. Vortrag. — Bern: Francke 1909. 24 S. 8° 1: Co 7244. 14. 21.
12.97

— Christus uns. Hoffng. Sammlg v. relig. Reden u. Vortr. Mit e. biograph. Vorwort v. Mor. Lauterburg. (20, 416 m. 1 Bildn.) 8° Bern, A Francke '13. 4 —; geb. 5 — d

— Einleitung in das Neue Testament. — Gütersloh: Bertelsmann 1908. VI,467 S. 8° 1: Bp 4532. 5. 6. 9. 11. 12: Exeg. 69 l. 14. 18. 20. 21. 28. 29. 32. 41. 302.
12.99

— Einleitg in d. Neue Test. 2. Afl. (6, 488) gr8° Gütersl., C Bertelsmann '11. 7 —: geb. 8 —

Barth, Fritz, die Frauenfrage u. d. Christentum. Vortrag, geh. im Großratssaal zu Bern. gr. 8. (10 S.) Bern 902. Scheitlin, Spring & Co. n. — 20
Sonderabdruck aus: „Schweizer. Blätter f. Wirtschafts- u. Socialpolitik".

Barth, Fritz. Die Frauenfrage und das Christentum. Vortrag gehalten im Grossratssaal zu Bern. Separatabzug aus den «Schweiz. Blättern für Wirtschafts- u. Socialpolitik.» Heft 8, Jahrg. 10, 1902. II + 10 S. 8. Bern, C. Sturzenegger, 1902. [fr. —. 20]

Barth, Fr[itz]. Gefahr und Segen des theologischen Studiums. Separat-Abdruck aus dem «Kirchenfreund» [Jahrg. 37, № 9 u. 10]. 13 S. 8. Basel, Helbing & Lichtenhahn, 1903.

— Die Grundsätze der Bergpredigt und das Leben der Gegenwart. — Basel: Reich 1899. 26 S. 8° 6.
12.104

— Die Hauptprobleme des Lebens Jesu. — Gütersloh: Bertelsmann 1899. VII,280 S. 8°
1: Bq 2056. 2. 3. 5. 6. 7. 9. 10. 11. 12: B. hist. 10 tu. 15. 18. 20. 24. 29. 46. 48. 51. 207. 302.
12.105

— — 2., umgearb. Aufl. Ebd. 1903. XV,288 S. 8°
1: Bq 2056². 6. 15. 19. 21. 28. 29. 53. 62. 102. 302. 309.
12.106

— — 3. Aufl. Ebd. 1907. XV,316 S. 8° 1: Bq 2056³. 6. 12: B. hist. 10 tub. 14. 15. 17. 20. 24. 28. 29. 61. 64. 302.
12.107

— Die Hauptprobleme d. Lebens Jesu. Geschichtl. Untersuchg. 4. Afl. (8, 333) 8° Ebd. '11. 4 —; geb. 4.80 d

— Heidentum und Offenbarungsreligion. Ein Vortrag. — Gütersloh: Bertelsmann 1901. 18 S. 8°
Aus: Der Beweis d. Glaubens. 36. 1900. 4. 6.
12.110

— Die Heilung des Gichtbrüchigen. — Erlangen: Junge [usw.] 1897. 21 S. 8° Aus: Reformirte Kirchenzeitung. 1897.
12: Hom. 1879 md/5. 29.
12.111

Barth, Fritz. Jesus und Buddha. Vortrag, gehalten an einem akademischen Diskussionsabend in Bern den 4. Juli 1905. 12 S. 8. Bern, A. Francke, 1905. [fr. —. 40]

— Jesus Christus, Gottes Anwort auf die Lebensrätsel der Gegenwart. — Düsseldorf: Schaffnit 1909. 36 S. 8°
1: Dc 8104. 5. 12: Hom. 2021 i. 29. 61. 207. 211.
12.113

— [Ausz.] Jesus Christus ... Cöln [um 1910]: Winz. 13 S. 8° (Flugblätter. Verein für christliche Volksbildung in Rheinland u. Westfalen. 279.) 26.
12.114

— das Johannesevangelium u. die synoptischen Evangelien, s.a. Zeit- u. Streitfragen, biblische. I. 4.

— Das Johannesevangelium und die synoptischen Evangelien. — Gr. Lichterfelde-Berlin: Runge 1905. 45 S. 8° (Biblische Zeit- u. Streitfragen. 1,4.)
1: Bf 1482–1,4. 2. 6. 8. 10. 11. 12: B. isag. 51 t–1. 14. 15. 18. 21. 24. 26→29. 41. 44. 51. 60. 61. 64. 102. 211.
12.115

— Pamphilus, der Bibelfreund zu Cäsarea. 12. (20 S.) Basel 885. (Kober). n. — 08

Barth, Fritz. Calvins Persönlichkeit und ihre Wirkungen auf das geistige Leben der Neuzeit. Festrede, gehalten bei der Calvinfeier der Universität Bern den 3. Juli 1909. 24 S. 8. Bern, A Francke, 1909. [fr. —. 60]

Barth, Fritz: Prediger und Zuhörer im Zeitalter des Origenes. *Basel 1898.* in: Schrift, Aus, u. Geschichte. Theol. Abhandlgn u. Sk. C. v. Orelli z. Feier s. 25j Lehrthätigkt in Basel gew. [99 ...

Barth, F(ritz). Suchen, Finden und Haben im religiösen Leben unsrer Zeit. Vortrag, gehalten an der Westdeutschen Christlichen Akademiker-Konferenz in Siegen i. Westf. den 8. März 1909. 25 S. 8. Gütersloh, C. Bertelsmann, 1909. [M. —. 40]

— Die geschichtliche Zuverlässigkeit der Evangelien. Vortrag. — Stuttgart: Evangelische Gesellschaft 1907. 21 S. 8°
24. 28.
12.119

— Die geschichtliche Zuverlässigkeit der Evangelien. Vortrag, geh. im Saale des Bürgermuseums zu Stuttgart. (21 S.) 8. Stuttgart 908. Buchh. der ev. Gesellschaft. — 30

Barth, Frz. X., s. Barth, Franz Xaver

Barth, G. (Kaufmann), s. Barth, Gustav

Barth, G. (Pfarrer), s. Barth, Gustav

Barth, G. s: Brau-Industrie-Kalender.

Barth, G.: Einrichtung u. Betrieb von Ölmühlen (u. ähnl. Schriften), s. Barth, Georg

Barth, G.: Hodegeta, s. Barth, Gottfried

Barth, G.: Lebensmagnetismus, s. Barth, George H.

Barth, G. A. H., Schul-Choralbuch. Eine Sammlung von 41 der bekanntesten Choräle für den vierstimmigen gemischten Chor u. mit besonderer Berücksichtigung der Sängerchöre höherer Schulanstalten bearb. Wittstock 868. Stein. gr. 8. (34 S.) n. 5 *ngr.*

Barth, G. A. H., Schul-Choralbuch. Eine Sammlung von 41 der bekanntesten Choräle für den vierstimm. gemischten Chor und mit besond. Berücksicht. der Sängerchöre höherer Schulanstalten bearb. 1. und 2. Aufl. Wittstock 868,71, und 3. Aufl. gr. 8. (34 S.) Berlin 875, Stein's Verlag. *

Barth, G. A. H., Schul-Choralbuch. Eine Sammlung von 41 der bekanntesten Choräle, für den vierstimmigen gemischten Chor u. mit besonderer Berücksichtigung der Sängerchöre höherer Schulanstalten bearb. 4. Aufl. gr 8. (34 S.) Wittstock 879. Rother. — 50

Barth, G. A. H., Schul-Choralbuch. Eine Sammlg. v. 41 der bekanntesten Choräle f. den vierstimm. gemischten Chor u. m. besond. Berücksicht. der Sängerchöre höherer Schulanstalten. 5. Aufl. 8. (36 S.) Wittstock 886. Rother. — 50

Barth, G. A. H., Schul-Choralbuch. Eine Sammlg. v. 41 der bekanntesten Choräle, f. d. 4stimm. gemischten Chor u. m. besond. Berücksicht. der Sängerchöre höherer Schulanstalten bearb. 6. Aufl. gr. 8. (36 S.) Wittstock 893. H. Rother. — 50

Barth, G. A. H., Schul-Choralbuch. Eine Sammlg. v. 41 der bekanntesten Choräle, f. den 4stimm. gemischten Chor u. m. besond. Berücksicht. der Sängerchöre höherer Schulanstalten bearb. 7. Aufl. gr. 8. (36 S.) Wittstock 902. H. Rother. n. — 50

Barth, G. K., s. Barth, Georg Karl

Barth, Georg, Dr., Englischer Arzt. 1852 s. ***Barth*, George H.**

Barth, Georg: Über die Beziehungen der Migräne zu anderen Nervenkrankheiten. Leipzig 1909: Herrmann. 38 S. 8°
Leipzig, Med. Diss. v. 27. Juli 1909, Ref. Hoffmann
[Geb. 3. Sept. 84 Freiberg i. S.; Wohnort: Leipzig; Staatsangeb.: Sachsen; Vorbildung: Realgymn. Freiberg Reife O. 04; Studium: Bonn 2, Leipzig 8 S.; Coll. 4. Aug. 09.] [U 09. 2748

Barth, Geo., die Einrichtung und der Betrieb der Oelmühlen, s.a Schauplatz, neuer, der Künste und Handwerke, 100. Bd.

Barth, Georg. 1862: Die Einrichtung und der Betrieb der Oelmühlen, oder die Gewinnung des Brenn- und Speise-Oels aus den Oelfrüchten nach dem jetzigen Standpunkte der Oelfabrikation. — Weimar: Voigt 1862. XII,127 S. 8°
(Neuer Schauplatz d. Künste u. Handwerke. 100.)
32. 82. 83. 88. 89. 91. 201. 205. 305.
12.130

Barth, Georg, aus Lauf bei Nürnberg, geb. 1875. 1900: Chemische Studien über die Bitterstoffe des Hopfens. — München 1900: Oldenbourg. 78 S. 8°
Zugleich Diss. Rostock 1900.
Aus: Zeitschrift für das gesammte Brauwesen. 1900.
1:2 in Ah 9067–1900,1. 28. 304.
12.131

Barth, Georg Heinrich: Entwurf eines Unterrichts in der Religion, für Kinder. — Leipzig: Langenheim 1769. 78 S. 8°
5. 78.
12.134

— Drey geistliche Reden, in welchen einige besondere Pflichten der Christen abgehandelt worden sind. — Leipzig: Langenheim [1759]. 84 S. 8°
78.
12.135

Barth, Georg Karl

Barth, G. K., keine Formel! Nur Anschauung in der Formenlehre der Volksschule! Vortrag. (24 S.) 8. Zschopau 906. R. Gensel. — 40

— Der Begriff Konzentration in der Unterrichtslehre in historischer und systematischer Darstellung. — Borna: Noske 1895. 130 S. 8° 1: Ne 10656.
7. 12: Paed. Th. 300. 14. 15. 46. 47. 64. 169. 207.
12.138

— Die additive Subtraktionsmethode. — Zschopau: Gensel 1903. 45 S. 8° 207. 302.
12.140

— Die Systematik der beiden evangelischen Hauptkatechismen, eine religionswissenschaftliche Studie. — Borna: Noske 1896. 116 S. 8° 1: Eo 830. 15. 29. 207.
12.141

— Über die Ursachen mangelhafter Erfolge im Volksschulrechnen. Anregungen u. Vorschläge. — Zschopau: Gensel 1901. 115 S. 8° 61. 207.
12.139

Barth, George H.: [The mesmerists' Manual of phenomena and practice, deutsch] Der Lebensmagnetismus, seine Erscheinungen und seine Praxis. — Heilbronn [usw.]: Landherr 1852. VIII,236 S. 8°
5. 12: M. med. 71 m. 14. 20. 23. 24. 29. 30. 45.
12.142

Barth, Gli., († d. 6. Oct. 1794,) Collection of poetical Pieces, s. *Collection*.

— s. 1) Eclogae etc.

— Grammatica espannola, oder spanische Grammatik. 8. Erfurt 778. 2e A. 787. 3e verb. Aufl. v. H. L. Teucher ... 4e Aufl. v. J. F. Ehrmann. 807. Keyser. 10 gr.

Barth, Gli., s. Propertius

— Vorlesungen über einige Elegien des Properz. 8. Dresd. 775. (W. Rauck in Leipz). 6 gr.

Barth, Gottfried

— Dissertatio de Beneficio filiae abstinendi hereditate paterna ad effectum exigendi dotem promissam ex parte secunda L. ult. II. de dot. collat. [Resp.:] Johannes Fridericus Lauer. Recusa. — Lipsiae 1747. 87 S. 8°
Erschien zuerst als Diss. Leipzig 1688.
12: 4° Diss. 1065/13. 48.
12.147

— **Ausführlicher Bericht von der Gerade, so wohl insgemein, als auch insonderheit von fürstlicher, gräflicher, auch anderer Herren Standes, und derer von Ritters-Art Wittben fräulichen Gerechtigkeiten ... Dann ferner noch Von Heer-Geräthe. — Leipzig: Fritsch 1721. 800,372 S. 8°**
1: Gn 8292. 2. 4. 6→10. 12: 4° J. germ. 12. 14→18. 21. 23. 24. 27. 29→32. 36. 39. 41. 48. 53. 78. 111. 117. 169.
12.148

— **Dissertatio iuridica de Convicto non-confesso. [Resp.:] Christianus Günther. (Auctior recusa.) — Lipsiae: Schede 1715. 23 Bl. 8°**
Erschien zuerst als Diss. Leipzig 1699. 41.
12.149

— — **Auctior recusa. Ebd. 1715. 27 Bl. 8° 15. 208.**
12.150

— — **Recusa. Ebd. 1729. 42 S. 8°**
4. 9. 15. 17. 26. 48. 302. 303.
12.151

Barth, Gottfried: [Teils.] Gothofredi Barthii, Dissertationum iuridicarum, hemi-decas ... nunc revisarum, & subinde suppletarum. — Francofurti [usw.] 1708. 252 S. 8°
Die einzelnen Abhandlungen erschienen ursprünglich als Dissertationen. 7. 14. 15. 18. 23. 30. 31. 308.
12.143

Barth, Gf., Dissertationes jurid. c. mantissa philolog. 4. Bresl. 773. Gampert. 1 ℛ 16 gr

— Dissertationes juridicae cum mantissa philologica collegit ill. et de B. viri vita scriptisque praef. est Gg. Chn. Gebauer. Lpz. u. Görlitz (Marche) 1733. 912 S., Ind. u. Portr. d. Verf. (15.—)
Respond. d. 18 Arbeiten sind: Joh. Fr. Lauer (Langensalza), Jo. G. v. Diesseldorf (Danzig), Joh. Hammer (Greiffenberg/Schles.), Gottfr. Müller (Belgern), Ant. Chph. Ziegenhorn (Kelbra), Abr. Groddeck (Danzig), Casp. v. Schönberg, Christian Günther (Lauban), Joh. Adam Scherzer (Leipzig), Joh. Christ. Breitenhahn (Liegnitz), Joh. Chph. Strauss (Freiberg), Gg. Matth. Hirsch (Goslar), Gottl. Benj. Krause (Breslau), Christ. Gottfr. Gräfe (Wurzen), Jo. Sam. Schmidt (Erfurt). — Präs.: A. B. Carpzov, Jac. Thomasius.

— **Gothofredi Barthii Dissertationum iuris quadriga. Ebd. 1708. 247 S. 8°**
Die einzelnen Abhandlungen erschienen ursprünglich als Dissertationen. 1: Fi 6911. 3. 7. 14. 15. 18. 25. 36. 48. 308.
12.144

— Dissertationum juris, theoret.-pract. ex jure civili, feudali, Basileae et Lipsiae habitarum. Nunc revisar. Frankft. u. Lpz. 1708. 246 Seiten. (8.—)
I: De extraord. imperat. judicio. II: De beneficio abstinendi hereditate. III: De beneficio abstin. hered. pat. ad effectum. (Resp. Joh. Friedr. Lauer, Langensalsa). IV: De pacto executivo (Resp. Joh. Gottfr. v. Disseldorff, Danzig).

Barth, Gottfr., von der Gerade. 4. Leipz. Gleditsch. 721.

— **Hodegeta forensis civilis et criminalis ... variisque ictorum responsis, praeiudiciis, & observationibus fori confirmatus ... Nunc auctior publice ed. a Gothofredo Barthio. — Lipsiae: Fritsch 1715. 2018 S. 8°**
Paginierung fehlerhaft.
2. 4. 7. 10. 14. 15. 17. 18. 27. 32. 45. 48. 53. 302.
12.152

— — **Nunc rev., & multis modis ... auctior ed. Lipsiae 1725: Fritsch. 1244 S. 8°**
1: Hb 5460. 2. 7. 9. 12: 4° J. pract. 11. 15→19. 21. 23. 24. 27. 28. 31. 33. 41. 45. 111. 302.
12.153

— Hodegeta forens. civ. et criminalis. 4. Hildburgh. ... Ed III. 753. (Er. Fleischer in Leipz.) 3 ℛ

— — **Ed. 3. Hildburghusae: Hanisch 1753. 1244 S. 8°**
Mit geringen Abweichungen im Wortlaut des Titels.
1: Hb 5462. 2. 7. 19. 20. 23. 25→29. 33. 36. 39. 78. 106. 117. 208.
12.154

— Hodegeta forens. civ. et criminalis. 4. Hildburgh. Hanisch. 755.

— De judicio imperatoris extraordinario. Disp. jur. Präs. Aug. Bened. Carpzov. Lpz. (Schede) 20. V. 1719. 48 S. (5.—)

— **Dissertatio iuridica de Iuramento iudiciali contra matrimonium non admittendo. [Resp.:] Georgius Matthias Hirsch. Recusa. — Lipsiae 1747. 48 S. 8°**
Erschien zuerst als Diss. Leipzig 1712.
1: 25 in Fi 159. 4. 16. 19. 25. 34. 48.
12.155

— **De Iurisdictione, quam personae illustres et nobiles per officiales exercere solent, vom Recht, Gerichte zu halten, welche hohe und adeliche Personen durch ihre Beamten auszuüben pflegen. [Resp.:] Caspar à Schönberg. Recus. — Lipsiae: Schedius 1718. 18 Bl. 8°**
Erschien zuerst als Diss. Leipzig 1696.
3. 7. 8. 12: 4° Diss. 2253/2. 17. 19. 25. 26. 27. 48. 208. 300: 184.180–B. 302. 303.
12.156

— **De Iurisdictione, quam personae illustres et nobiles per officiales exercere solent. [Resp.:] Caspar a Schönberg. Recusa. — Lipsiae 1747. 52 S. 8°**
1: 7 in Fi 1758. 2. 12: 4° Diss. 1962/4. 16. 19. 34.
12.157

— **Exercitium legale de Marito usufructuario Saxonico. [Resp.:] Gothofredus Müller. Recusa. — Lipsiae: Schedius 1721. 26 Bl. 8° Erschien zuerst als Diss. Leipzig 1692.**
1: 11 in Fi 14. 3. 4. 7. 16. 43. 48. 302. 303.
12.158

Barth, Gunter Hintz [Resp.]: Dissertatio juridica de Stipulatione ..., s. Grolmann, Melch. Deth [Präs.]

Barth, Gustav. Bericht zur Feier des 25jährigen Bestehens der k. k. mechanisch-technischen Lehrwerkstätte (Fachschule für das Maschinengewerbe) in Klgft. (Klgft., Bertschinger.) 1886. 57 S.

Barth, Gustav, Pfarrer, Magstadt, 1809-1877. **1871: Beschreibung des Oberamts Böblingen. — Böblingen: Schlecht 1871. 28 S. 8° 24.**
12.160

Barth, Gustav, Kaufmann, Stuttgart. **1891: Die historische Entwicklung des Blechnergewerbes. — Stuttgart: Bleher 1910. 24 S. 8°**
Aus: Zeitschrift der IX. Fachausstellung deutscher Flaschner und Installateure im Juni 1910 in Stuttgart. 1910. 21. 24.
12.161

BARTH, Gustav
(F) Der Gemeindesecretär. Ein nützliches, unentbehrliches Handbuch enthaltend über 200 Formulare für Gesuche und Eingaben, welche vornehmlich durch die Gemeindekanzleien verfasst werden. Nebst einem Anhange. Das neue Heimatgesetz vom 5 December 1896, R. G. Bl. Nr. 222, mit Erläuterungen, Formularien und Behelfen von Gustav Barth. Bad Hall. 1900. Selbstverlag. [In Comm. Mareis.] 8°. XVI, 270 S. Geb. K 5.—

Barth, G., Der Gemeindesecretär. Ein nützl., unentbehrl. Handbuch, enth. üb. 200 Formulare f. Gesuche u. Eingaben, welche vornehmlich durch die Gemeindekanzleien verfasst werden. Nebst e. Anh: Das neue Heimatgesetz vom 5. XII 1896, R G.Bl. Nr. 222, m. Erläutergn., Formularien u. Behelfen. 8. (XVI, 271 S.) Linz, E. Mareis. Geb. in Leinw. 5. —

Barth, G: Der Gemeindesekretär. 2. Afl. (281) 8° Bad Hall '02. (Budweis. Verl.-Anst. Moldavia [Nur dir.]. L. 5 — d

Barth, Gust., der Gemeindesekretär. 2., verb. Aufl. Ein nützl., unentbehrl. Handbuch f. jedermann, speziell aber f. die Gemeinden, enth. 258 Formulare f. Gesuche u. Eingaben rc., welche vornehmlich durch die Gemeindekanzlei verfaßt werden. 8. (XIX, 281 S.) Bad Hall 902. (Linz, E. Mareis.) Geb. in Leinw. n.n. 5. —
1. Aufl. (XVI, 271 S.) Ebd. 900. n.n. 5. —.

Barth, Gust., der Gemeindesekretär. 3. Aufl. Ein nützl., unentbehrl. Handbuch f. jedermann, speziell aber f. die Gemeinden, enth. 196 Formulare f. Gesuche u. Eingaben 2c., welche vornehmlich durch die Gemeindekanzlei verfaßt werden, darunter verschiedene Anzeigen üb. Verbrechen, Vergehen u. Uebertretungen f. Sicherheits-Wachorgane. Nebst e. Anh. Erkenntnisse des k. k. Verwaltungsgerichtshofes, welche bisher auf Grund des neuen Heimatgesetzes erflossen sind. (XVI, 279 S.) 8. Bad Hall 904. (Budweis, Verlagsanstalt Moldavia. [Nur direkt.])
Geb. in Leinw. n. 5. —

Barth, Gust., der Gemeindesekretär. 4. verb. u. erweit. Aufl. Ein nützl., unentbehrl. Handbuch f. jedermann, speziell aber f. die Gemeinden, enth. 260 Formulare f. Gesuche u. Eingaben 2c., welche vornehmlich durch die Gemeindekanzlei verfaßt werden. Nebst e. Anh.: Jahrhundert-Kalender über die Wochentage f. die Zeit vom 1. I. 1821 bis 31. XII. 1920. (XVI, 294 S. m. 1 Tab.) 8. Rothau 908. Linz, Zentral-Druckerei vorm. E. Mareis. Geb. in Leinw. 4. —

Barth, G, Der Gemeindevorsteher u. sein Strafrecht. Leicht verständl. Anleitg. in der Durchführg. der Strafamtshandlgn. (XII, 192 S.) 8. Linz, Zentraldruckerei vorm. E Mareis. 1907 2. 80.

— Der Gemeindevorsteher u. sein Strafrecht. Leicht verständl. Anleitg. in der Durchführg. der Strafamtshandlgn. Unentbehrlich f. jede Gemeinde, wichtig u. v. Nutzen f. die Mitglieder der Gemeindevertretung, alle Organe der öffentl. Sicherheit, weiters f. Landwirte (Oekonomen), Hausbesitzer u. überhaupt alle Gemeindeglieder. (XII, 192 S.) 8. Ebd. 907. 2. 80

— Stuttgarter Handel und Handlungshäuser in vergangener Zeit. — Stuttgart: Strecker & Moser 1896. VIII,116 S. 8°
1: Sh 8070. 12: Merc. 16 f. 21. 24. 30. 38. 42. 61. 93. 205.
12.163

Barth, G: Stuttgarter Handel u. Handlgshäuser in vergang. Zeit. 8° (116 m. Abb.) Stuttg. 96, Strecker & Schröder. Geb. 2 —

Nachschlage-Register zum Reichsgesetzblatte von dessen Beginn 1848 bis Ende d. Jahres 1897. Nach Materien geordnet mit alphab. Register. Hrsg. von Gustav Barth, Gemeindesecr. Bad Hall: Selbstverl. 1898. (XI, 244 S.) 8° [J.] 10 1369

— Nachschlage-Register zum Reichsgesetzblatte von dessen Beginn 1848 bis Ende des J. 1897. Nach Materien geordnet m. alphabet. Register. 8. (XI, 244 S.) Linz 898. (E. Mareis). Geb. in Leinw. n.n. 3. 50

! Barth, Gustav: Nachschlage-Register.
Jetzt: Zentraldr. Linz.

Barth, Gustav, Collaborator, Jena. 1865: Predigt zur Todtenfeier den 20. November 1864 in der Garnisonkirche zu Jena gehalten. Zur Erinnerung an d. Dahingeschiedenen. — Jena: Deistung 1865. 14 S. 8° 1: Ec 10640. 78.
12.159

Barth, Gust., das königl. sächsische Preßgesetz vom 24. März 1870 geschichtlich u. praktisch erläutert. Leipzig 870. B. Tauchnitz. gr. 8. (104 S.) n. 16 ngr

Barth Gustav: Zwei Romane eines österreichischen Adeligen.
II. 1910 PN 2873 Diss. Wien, Univ.

— der Steuerzahler. Unentbehrlicher, sehr leicht verständl. Rathgeber in allen Steuersachen f. Ökonomen, Hausbesitzer, Gewerbetreibende, Private, Gemeindevorstehgn., Pfarrämter, Schulleitgn., Notare, Advocaten 2c. Mit zahlreich. Erläutergn., Gesuchs-, Anzeige-, Recurs- u. sonst. Eingabeformularien, Beispielen v. Erwerbsteuer-Erklärgn., Zinsertrags-Bekenntnissen u. Einkommensteuer-Bekenntnissen. 8. (VIII, 155 S.) Bad Hall 901. (Linz, E. Mareis.) n. 2. 40

! Barth, Gustav: Der Steuerzahler.
Jetzt: Zentraldr. Linz.

— Stuttgarts Wirtshäuser und Wirtshausleben in alter Zeit. Ein Vortrag. — Stuttgart: Liebich 1891. 35 S. 8° 21. 24.
12.164

Barth, Gustav A.: Staten Island Chess-Nuts. A selection from the problems. (2. ed.) — Staten Island, N.Y. 1903: (Schenck). 63 Bl. 8° 14.
12.170

Barth, Gustav Adolf: Festspiel zum 450 jährigen Jubiläum der Leipziger Schützengesellschaft. — Leipzig (1894): Leiner. 63 S. 8° 15. 117.
12.171

Barth, H. (Schriftsteller), s. Barth, Hans

Barth, H. (Afrikareisender), s. Barth, Heinrich

Barth, H. (Pfarrer), s. Barth, Hermann

Barth, H. (Schuldirektor), s. Barth, Hermann

Barth, H.: Charakteristik der Personen i.d. altfranzös. Chanson d'Aiol (u.a. Schriften), s. Barth, Hans

Barth, H.: Unter dem Christbaum, s. Barth, Heinrich

Barth, H., De Coorum titulorum dialecto. Diss. 1896. 122 S.

Barth, H.: Das internationale Frachtwesen, s. Barth, Hans

Barth, H.: Kleine Lieder zum Gebrauch beim Anfang und Schluß der Schulstunden für Elementarschulen. — Essen: Bädeker 1831. 45 S. 8° 1: Ng 9764.
12.172

Barth, H.: Reiseführer, s. Barth, Hanns

Barth, H.: Studien üb. d. mikrochem. Nachweis von Alcaloiden, s. Barth, Hermann

Barth, Hanns (Schriftl.), s. Alpenzeitung, Deutsche.

Barth, Hanns: Führer durch die niederösterreichisch-steirischen Voralpen mit Einschluß der Veitschalpe und der Zugänge nach Mariazell. — Wien: Artaria 1922. VIII, 208 S. 8° 101. 300: 543.682-A. K. 302.
12.173

— Karawankenbahn. Klagenfurt-Aßling-Villach. — Wien: K. k. Hof- u. Staatsdr. 1907. 38 S. 8° (Reiseführer auf d. neuen österreich. Alpenbahnen. 2.)
24. 300: 457.015-B. 1. 302. 308. 309.
12.175

Barth, Hanns, Reiseführer auf den neuen österreich. Alpenbahnen. Karawankenbahn Klagenfurt-Aßling-Villach. Verf. unter Benützung amtl. Quellen, m. 19 Abb. u. 1 Karte. (38 S.) kl. 8. Wien 907. Hof- u. Staatsdruckerei. 1. –

— dasselbe. Wocheinerbahn Aßling-Görz-Triest. Verfaßt unter Benützung amtl. Quellen, m. 22 Abb. u. 1 Karte. (52 S.) kl. 8. Ebd. 907. 1. —

— Wocheinerbahn. Aßling-Görz-Triest. — Wien: K.k. Hof- u. Staatsdr. 1908. 52 S. 8° (Reiseführer auf d. neuen österreich. Alpenbahnen. 3.)
24. 300: 457.015-B. 2. 302. 309.
12.177

Barth, Hans

— Römische Allotria. Vademecum für Italien-Bummler. — Zürich: C. Schmidt 1896. II,119 S. 8° 18.
12.179

— — 3. Aufl. Ebd. 1896. II,119 S. 8° 21.
12.180

— — 5. Aufl. Ebd. 1896. II,119 S. 8° 24.
12.181

— — Mit künstlerischen Beitr. von dall'Oca Bianca [u.a.] Ebd. 1896. II,119 S. 8° 18. 47. 60.
12.182

— — 6. Aufl. Zürich: Schweizer. Druck u. Verlagshaus [1908]. II,119 S. 8° 14. 109. 302.
12.183

Barth, Hans. Römische Allotria. Ein Vademecum für Italien-Bummler. Mit künstlerischen Beiträgen von Dall' Oca Bianca..., Klein-Chevalier..., (Hans) Wieland [wovon 10 Tafeln]. 6. Aufl. II + II + 119 S. 8. Zürich, Schweizer. Druck- und Verlagshaus, [1909]. [cart. fr. 2. 50]

Barth, Hans: Bedeutg u. Herstellg e. schweiz. Gesamtkataloges, s.a Publikationen d. Vereinigg schweiz. Bibliothekare.

Barth, Hans. Bedeutung und Herstellung eines schweizerischen Gesamtkataloges. Referat (am 21. April 1907 der 7. Vereinigung schweizerischer Bibliothekare vorgelegt, für den Druck [erweitert]). 22 S. 8. Zürich, Selbstverlag der Vereinigung, 1907.
Publicationen der Vereinigung schweizerischer Bibliothekare = Publications de l'Association des Bibliothécaires Suisses. [Heft] 1.

Barth, Hans, aus Stuttgart: Charakteristik der Personen in der altfranzösischen Chanson d'Aiol mit Zusammenstellung der bezüglichen Epitheta ornantia. Stuttg. A. Bonz Erben Dr. 1885. 79 S. 8°.
Zürich, Phil. Diss. [v. 22. Nov. 1884].

Barth, H. Charakteristik der Personen in der altfranzösischen Chanson d'Aiol mit Zusammenstellung der bezüglichen Epitheta Ornantia. Diss. Zürich 1885. 79 S.

— Crispi. Mit Urteilen hervorragender Zeitgenossen. — Leipzig: Renger 1893. VIII,268 S. 8°
1: Rm 4975/224. 3. 5. 7. 11. 12: Biogr. 289 eg. 14. 15. 18. 29. 31. 38. 43. 109. 207. 209. 300: 170.889-B.
12.185

— Crispi. 2. Aufl. Ebd. 1896. X,198 S. 8°
1: Rm 4975/224ª. 18. 106.
12.186

Barth, Hans, Est! Est! Est! Italienischer Schenkenführer. Venedig—Mailand—Turin—Genua—Bologna—Florenz—Rom u. „Castelli Romani"—Neapel—Capri. 8. (68 S. m. Titelbild.) Oldenburg (900). Schulze.
Kart. n. 1. —

Est! Est! Est! Italienischer Schenkenführer von Dr. Hans Barth, Rom. Venedig, Mailand, Turin, Genua, Bologna, Florenz, Rom u. 'Castelli Romani', Neapel, Capri. 5. Taus. Oldenburg & Leipzig: Schulze [um 1902]. (VIII, 68 S.) 8° (os. 17016

— W Teetzmann u. O Emminghaus: Das internat. Frachtwesen u. d. Spedition im internat. Verkehr üb. Land. Das Seefrachtwesen u. d. Seeversicherg, s.a. Grosskaufmann, d. deut.

Barth, H. u. C Philippi: Frachtwesen u. Spedition, s.: Kaufmann. d. deut.

Barth, Hans: Kleiner Führer durch Tirol. s: Grieben's Reiseführer.

— Unter südlichem Himmel. Bilder aus d. Orient u. aus Italien. — Leipzig: Renger 1893. VI,218 S. 8°
1: Pu 4060. 2. 8. 12: It. sing. 47 lu. 18. 47. 205.
12.189

Barth, Hans, Friedrich Ludwig Imhoof-Hotze, s.a. Neujahrsblatt der Stadtbibliothek Winterthur. 240.

Barth, Hans. Friedrich Ludwig Imhoof-Hotze. Ein Lebensbild nach seinen Aufzeichnungen und Briefen bearbeitet. [Mit Porträt-Tafel.] 36 S. 4. Winterthur, Geschwister Ziegler, 1904. [fr. 1. —] Pu
Neujahrsblatt der Stadtbibliothek Winterthur für 1905. Stück 240.

— Leo XIII. Das Lebensbild eines modernen Papstes. — Dresden: Reissner [1903]. 64 S. 8°
14. 17. 19. 30. 38. 62. 109. 213. 300: 430.292-B. 302. 309.
12.190

Barth, Hans. (Joseph-Antoine) Mengaud und die Revolutionierung der Schweiz. [Mit 2 Vignetten.] (S.A.) 8. [Basel 1900.]

— Osteria. Kulturgeschichtlicher Führer durch Italiens Schenken von Verona bis Capri. — Stuttgart: J. Hoffmann (1908). XV,229 S. 8° 12: Ital. 561 n. 14. 17. 23. 24. 30. 31. 32. 36. 46. 109. 300: 650.329-B. 303.
12.191

Osteria. Kulturgeschichtl. Führer durch Italiens Schenken v. Gardasee bis Capri. Von Hans Barth-Rom. Mit e. Vorr. von Gabriele D'Annunzio. 2. Aufl Stuttgart: Hoffmann (1911). XXIV, 307 S. 8°
(11. 14654

— Johannes Randegger, s.a. Neujahrsblatt der Stadtbibliothek Winterthur. 239.

Barth, Hans. Johannes Randegger. Ein Lebensbild, nach Aufzeichnungen und Mitteilungen bearbeitet. [Mit Porträt-Tafel.] 17 S. 4. Winterthur, Geschwister Ziegler, 1903. [fr. 1. —]
Neujahrsblatt der Stadtbibliothek Winterthur für 1903 und 1904. Stück 239.

Repertorium über die in Zeit- und Sammelschriften der Jahre 1891—1900 enthaltenen Aufsätze und Mitteilungen schweizergeschichtlichen Inhaltes. Als Forts. zu [Josef Leopold] Brandstetters Repertorium für die Jahre 1812—1890 hrsg. von d. Allgem. geschichtforschenden Gesellsch. d. Schweiz u. bearb. von Dr. Hans Barth, Stadtbibliothekar. Basel: Basler Buch- u. Antiquariatshandl. 1906. (VII, 359 S.) 8° (06. 14970

—— Vgl.: Brandstetter, Jos. Leop., Repertorium. 893.

— Roma aeterna. Eine Wanderung durch Rom. 225 Abb. Berlin: Preuss [1908]. 28 S., 52 Taf. 4° (Collection d. 'Reiseziele u. Erinnerungen'.) 1: Kart. 4° Y 65505.
12.194

— Roma aeterna. Eine Wanderung durch Rom. 225 Abbild. (20 S. illustr. Text, 52 S. Abbild. u. 15 Taf.) 32,5×25 cm. Berlin (909). Preuss' Institut Graphik. Geb. in Leinw. 15.—; in Perg. 36.—; in Ldr. 48. —

— dasselbe. (28 S. illustr. Text u. 52 S. Abbild.) 32,5×25 cm. Rom (909). Loescher & Co.
Geb. in Leinw. nn 8. —

— Die ewige Stadt „Roma aeterna". (4, 76 m. Bildern u. Taf.) gr8° Berl., Preuss' Instit. Graphic ('12). L 8 —;
Luxusausg., Ldr 12 —

Barth, Hans. Schweiz seit 1517. [Litteraturbericht] ⟨1900/2⟩ u. [1903]. (Jahresberichte der Geschichtswissenschaft. [Jahrg. 25 u. 26,] 1902 u. 1903. Sonderdruck:) § 24 B. II S. + S. II, 400—429 u. II S. + S. II, 166—185. 8. (Berlin, Weidmann, [1904 u. 1905].)

Barth, Hans. Schweiz seit 1517. [Litteraturbericht.] ⟨1904/5.⟩ (Jahresberichte der Geschichtswissenschaft. [Jahrg. 28,] 1905. Sonderabdruck:) § 24 B. II S. + S. II, 420—463. 8. (Berlin, Weidmann, [1907].)

Barth, Hans. Schweiz seit 1517. [Litteraturbericht.] ⟨1906.⟩ (Jahresberichte der Geschichtswissenschaft. J[ahr]g. 29, 1906. Sonderdruck:) § 24 B. II S. + S. II, 412—433. 8. (Berlin, Weidmann, [1908].)

Barth, Hans. Schweiz seit 1517. [Literaturbericht. 1907.] (Jahresberichte der Geschichtswissenschaft. J[ahr]g. 30. 1907. Sonderdruck:) § 24 B. IV S. + S. II, 381—401. 8. (Berlin, Weidmann, [1909].)

— Scirocco. Künstlerdrama. — Wien: Lit.-Anst. 1905. 62 S. 8° 1: Ys 35389.
12.196

Barth, Hans: Tirol und Vorarlberg, s. Griebens Reiseführer.

— Türke, wehre Dich! — Leipzig: Renger 1898. IV,276 S. 8° 12: Turc. 5 v. 18. 33. 106. 117. 205. 212.
12.197

— — 2. Aufl. Ebd. 1898. VI,276 S. 8°
1: Ui 5480/7ª. 15. 24. 30. 38. 202. 302.
12.198

Barth, Hans. Untersuchungen zur politischen Thätigkeit von Peter Ochs während der Revolution und Helvetik. [Ausschnitt aus: Jahrbuch für Schweizerische Geschichte.... Band 26.] S. 145—204. 8. [Zürich, Fäsi & Beer, 1901.]

Barth, Hans, approb. Arzt aus Dessau: Über Vorkommen, Nachweis und Bestimmung der Oxalsäure im Harn. *Stuttgart 1903: Vereins-Buchdr.* (32 S.) 8°
Freiburg i. B., Med. Diss. v. 1903

Barth, Heinrich: Die Ameisen bei den alten Griechen und Römern. (Ein Beitrag zur Erforschung der griechischen und römischen Altertümer.)
Diss. Prag 1908/1909.

Barth, Heinrich, Afrikareisender, 1821-1865. 1849: **Das Becken des Mittelmeeres in natürlicher und kulturhistorischer Beziehung. Vorlesung. — Hamburg: Meißner 1860. 32 S. 8°**
1: Pq 7436. 2. 7. 8. 10. 12: Geo. U. 8 t. 18. 27. 29. 30. 32. 36. 41. 45. 48. 203. 207.
12.206

Barth, H. Unter dem Christbaum. 4 Weihnachtslieder für die christliche Jugend mit Klavierbegleitung. Mit 1 Bild. In-8°. 16 S. Basel, C. F. Spittler. 1890 — 30

Barth, Heinr., unter dem Christbaum. 4 Weihnachtslieder f. die christl. Jugend, m. Klavierbegleitg., komponiert v. B. 3. Aufl. (16 S. m. Titelbild.) 8. Basel 909. Kober. — 25

Barth, Henr. (geb Hamburg 18 4 1821) Corinthiorum commercii et mercaturae historiae particula Berolini (1844) (55 S.) 8°
Berlin, Phil. Diss. v. 31 Juli 1844

Barth, Heinrich, aus Unteraltenbernheim, z. Z. Rechtspraktikant am kgl. Amtsgericht Nürnberg: Systematische und kritische Darstellung der allgemeinen Gütergemeinschaft des Nürnberger Stadtrechts auf der Grundlage der 'verneuten Nürnbergischen Reformation' vom Jahre 1564 und der einschlägigen Additional-Dekrete. *Nürnberg 1903: R. Stich.* (VIII, 61 S.) 8° [J.]
Erlangen, Jur. Diss. v. 5. Nov. 1903

Barth, Heinrich, Referendar, aus Cöln: Inwieweit ist eine dingliche Sicherung des persönlichen Wiederkaufsrechtes in Ansehung eines Grundstückes möglich? *Cöln 1903: Kölner Verl.-Anst. u. Druckerei.* (48 S.) 8°
Erlangen, Jur. Diss. v. 28. Okt. 1903

Barth, Heinrich Neger, Negerstaaten. [S-A] Deutsches Staatswörterbuch Bd 7, Leipzig 1862 29 S

Barth, Heinrich, Nekrolog und Nachweis seiner Werke Berlin

Barth, Heinrich, appr. Arzt. a. Hedersleben: Ueber Recidive bei croupöser Pneumonie. Leipzig 1904: B. Georgi. (27 S.) 8°
Leipzig, Med. Fak., Ref. Curschmann, Diss. v. 17. Dez. 1904
[Geb. 10. Sept 79 Hedersleben b. Halle a. S.; Wohnort: Hedersleben; Staatsangeh.: Preußen; Vorbildung: Gymn. Eisleben Reife O. 98; Studium: Heidelberg 4, Leipzig 1, München 1, Kiel 1, Leipzig 5 S.; Coll. 22. Dez. 04; Approb. 19. März 04.]

— Rede geh. bei Gelegenheit des fünfunddreißigjährigen Stiftungsfestes der Gesellschaft für Erdkunde in Berlin am 26. April 1863. — (Berlin 1863.) 37 S. 8°
Zur Erinnerung an d. Feier d. fünfunddreißigjährigen Stiftungsfestes d. Gesellschaft für Erdkunde in Berlin.
1: Po 2173/2. 11. 12: Geo. U. 500 b.
12.207

— Reise durch das Innere der Europäischen Türkei von Rustchuk über Philippopel, Rilo (Monastir), Bitolia und den thessalischen Olymp nach Saloniki im Herbst 1862. — Berlin: D. Reimer 1864. IV,232 S. 8° 1: Ui 6766. 3. 5. 7. 8. 10. 11. 12: It. sing. 47 p. 14→17. 21. 24. 25. 30. 31. 32. 34. 35. 45. 48. 83. 93. 109. 121. 203. 205. 209. 300: 70.141-B. K. 302. 303.
12.208

Barth, Heinrich: R e i s e durch Kleinasien,
s. P e t e r m a n n , A. Mittheilungen aus Justus Perthes geogr. Anstalt

— Reise von Trapezunt durch die nördliche Hälfte Klein-Asiens nach Scutari s.a. **Mittheilungen aus Justus Perthes' geographischer Anstalt.**

— Reise von Trapezunt durch die nördliche Hälfte Klein-Asiens nach Scutari im Herbst 1858. — Gotha: J. Perthes 1860. 105 S. 4° (Petermann's geographische Mitteilungen. Erg.H. 3.) 1: 4° Po 2184-Erg.Bd 1,3 [u.] 4° Po 2184 a-Erg.Bd 1,3. 2→9. 11. 12: 4° Geo. U. 124 u-3 [2 Ex.] 14→21. 24→31. 33→36. 38. 39. 43→48. 51. 52. 60. 61. 66. 79. 84. 86. 87. 89. 90. 91. 93. 106. 109. 203. 205. 212. 300: 393.053-C. K. Erg.Bd 1860/61. 302. 304.
12.209

— Reise von Trapezunt nach Scutari, s. **Mittheilungen** aus Justus Perthes' geographischer Anstalt.

— Heinrich Barth, Overweg u. Richardson. Reise in Central-Afrika in den Jahren 1849-1855. — Berlin: Hasselberg [1863]. 558,XII S. 8° (Afrika dargestellt in d. Forschungen u. Erlebnissen d. berühmtesten Reisenden neuerer Zeit. 3.) 1: Uq 486-3. 33. 47. 169.
12.210

Barth, Heinr., Reisen und Entdeckungen in Nord- und Central-Afrika in den J. 1849 bis 1855. Tagebuch seiner im Auftrage der Brittischen Regierung unternommenen Reise. 5 Bde. Mit (15 in Kpfr. gest. u. lith.) Karten (in 4. u. Fol.) Holzschn. (im Text) u. (60 lith. u. in Farben gedr.) Bildern. Gotha 856—58. J. Perthes. 8. (1. Bd. 1. u. 2. unveränd. Abdr.: XLIII, 638 S.; 2. Bd: XII, 762 S.; 3. Bd.: XI, 612 S.; 4. Bd.: XII, 688 S.; 5. Bd.: XII, 804 S.) Jeder Bd. n. 6 ₰; Pracht-Ausg. n. 12 ₰

— Reisen und Entdeckungen in Nord- und Central-Afrika in den Jahren 1849-1855. Bd 1-5. — Gotha: J. Perthes 1857-58. 4°
Engl. Ausg. s. *Barth:* Travels and discoveries in North- and Central-Africa. 1857-58.
33. 42.
12.211

— — Ebd. 1857-58. 8°
Nebent.: Barth's Reisen in Afrika.
1: Uq 574. 2→11. 12: It. sing. 47 o. 14→21. 23. 24. 25. 27→36. 38. 39. 42→48. 52. 53. 61. 66. 78. 83. 87. 91. 93. 106. 109. 111. 117. 180. 202. 203. 209. 300: 24.776-B. K. 302. 304.
12.212

— — 2., unveränd. Abdr. Bd 1-5. Ebd. 1857-58. 8°
5. 17 [∞ 2/5]. 26 [∞ 2/5]. 30 [∞ 2/4]. 38. 51. 79 [∞ 2/5].
12.213

Barth, Heinr., Reisen und Entdeckungen in Nord- und Central-Afrika in den J. 1849 bis 1855. Tagebuch seiner im Auftrage der brittischen Regierung unternommenen Reise. 1—5. Bd. gr. 8. Gotha 857—59, J. Perthes. [1. Bd. 1. und 2., unveränd. Abdr. (XLIII und 638 S. mit 6 in Kpfr. gest. und lithogr. Karten in 4., qu. gr. Fol. und qu. Imp.-Fol., eingedr. Holzschn. und 12 chromolithogr. Bildern.) 2. (XII und 762 S. mit 8 in Kpfr. gest. Karten in Fol., qu. Fol. und qu. Imp.-Fol., eingedr. Holzschn. und 8 chromolithogr. Bildern.) 3. (XI und 612 S. mit 8 in Kpfr. gest. Karten in qu. Fol. und gr. Fol., eingedr. Holzschn. und 1 Holzschnt. in 4. und 16 chromolithogr. Bildern.) 4. (XII und 688 S. mit 1 lithogr. Karte in qu. Imp.-Fol., eingedr. Holzschn. und 14 chromolithogr. Bildern.) 5. (XII und 804 S. mit 2 Karten, wovon 1 lithogr. und 1 in Kpfr. gest., in Imp.-Fol., eingedr. Holzschn. und 10 chromolithogr. Bildern.) geb. à Bd. * 6 Thlr., Prachtausg. à Bd. * 12 Thlr.] Thlr. *
Prachtausg. *

— [Ausz., deutsch] Reisen und Entdeckungen in Nord- und Central-Afrika in den Jahren 1849 bis 1855. Im Ausz. bearb. Bd 1.2. — Gotha: J. Perthes 1859-60. 8°
4. 5. 12: It. sing. 47 ob [2 Ex.] 15. 18. 23. 30. 31. 33. 34. 36. 39. 41. 44. 47. 48. 64. 75. 79. 84. 88. 109. 121. 207. 300: 29.894 a. 302→305.
12.215

— Reisen und Entdeckungen in Nord- und Central-Afrika in den J. 1849—1855. Im Auszuge bearb. nach dem in 5 Bdn. erschienenen Tagebuche. 2 Bde. oder 12 Lfgn. gr. 8. Gotha 859—61, J. Perthes. [1. Bd. (III und 508 S.) 2. Bd. (III und 456 S.) mit eingedr. Holzschn., 4 Chromolithogr., 1 chromolithogr. Karte in qu. Fol. und des Verf. Portr. in Stahlst. à Lfg. * 7½ Ngr.]
*

— Sammlung und Bearbeitung central-afrikanischer Vokabularien. Collection of vocabularies of Central-African languages. Abth. 1–3. — Gotha: J. Perthes 1862–66. CCCXXXIV,295 S. 4°
1. Umfassendere Vokabularien der Kanúri-, Tédâ-, Hausâ-, Fulfúlde-, Soñyai-, Lógonê-, Wándalâ-, Bágrimma- u. Mâba-Sprachen. Einl., Kap. 1-6. Fürwörter. Partikeln. Zahlwörter. Zeitwörter. 1862.
2. Einl., Kap. 7-12. Analyse der Fulfúlde-, Soñyai-, Lógonê-, Wándalâ-, Bágrimma- u. Mâba-Sprachen. 1863.
3. Nennwörter. 1866.
1: 4° Zz 1140. 5. 7. 11. 12: 4° L. rel. 426. 14. 15. 17. 18. 20. 21. 33. 34. 39. 48. 205. 300: 154.426–C. 302.
12.216

und Overweg. Untersuchungs-Reise in das Innere von Afrika, von T. E. Gumprecht 2 Berichte. Berlin 1852. 8.

Barth und Overweg's Untersuchungs-Reise nach dem Tschad-See, s. Gumprecht.

—— Voyages et découvertes dans l'Afrique septentrionale et centrale pendant les années 1849 à 1855. Traduction de l'allemand par Paul Ithier. Livr. 1 et 2. gr. 8. (Tome 1. S. 1—128.) Brüssel 860. Leipzig, A. Dürr. à Livr. * 10 Ngr. *

Barth, Heinrich. Wanderungen durch das Punische und Kyrenaische Küstenland oder Mâg'reb. Afrikia und Barka [= Wanderungen durch die Küstenländer des Mittelmeeres, ausgeführt in den Jahren 1845, 1846 und 1847. Band I. Das Nordafrikanische Gestadeland] Berlin 1849

— Wanderungen durch die Küstenländer des Mittelmeeres, ausgeführt in den Jahren 1845, 1846 und 1847. In 2 Bd. Bd 1. — Berlin: Hertz [usw.] 1849. XXIV,576 S. 8°
1. Wanderungen durch das punische u. kyrenäische Küstenland oder Mâg'reb, Afrik'ia u. Bark'a.
1: Pw 7392. 2→5. 7→11. 12: It. sing. 47 m. 14→19. 21. 23. 24. 26→30. 32. 33. 34. 36. 39. 44. 45. 109. 111. 180. 203. 205. 300: 35.936–B. K. 302.
12.221

Barth, Henr., s. B a r t h , Heinrich

Barth, Hermann

— Johann Sebastian Bach. Ein Lebensbild. — Berlin: Schall [1901]. 383 S. 8° (Verein d. Bücherfreunde. 11,3.)
1: Yt 684–11,3. 6. 7. 11. 12: Var. 377 v–XI,3. 14. 16. 18. 20. 30. 32. 36. 44. 46. 60. 78. 79. 109. 123. 169. 180. 300: 577.645–B. M.
12.249

Barth, Herm., Johann Sebastian Bach. Ein Lebensbild. 8. (VIII, 383 S. m. 11 Bildern.) Berlin (902). A. Schall. n. 3. 50; geb. n. 4. 50

— Karls des Großen Bedeutung in der deutschen Geschichte und im deutschen Lied. — Leipzig: Engelmann 1906. 48 S. 8° (Vortragsstoffe für Volks- u. Familienabende. 1,12.) 12: Var. 384 hm–12. 52. 101. 207.
12.250

— Über einige Choralmelodien und die Notwendigkeit, sie durch neue zu ersetzen. — Berlin: Die Wacht 1903 [vielm. 1904]. 46 S. 8° 1: Mus. E 4988.
12.252

— Die Christianer. Ein Gedicht. — Münden in Hann.: Werther 1899. 260 S. 8° 1: Ys 30513. 2. 7. 15. 32. 35. 41.
12.253

Ewigkeitsleben und Lebenshoffnung. Neujahrspredigt über Kolosser 3, 1–4 von Hermann Barth, Pastor in Ruhlsdorf. Berlin. Selbstverl. 1905. (20 S) 8° [F.]

Barth, Herm., breve totius jurisprudentiae Examinatorium. 16. Lipsiae 837. Polet. 1/3 ß

Barth, Hermann, Schuldirektor, Freiberg, Sachsen, 1813-1894. 1840: Gedichte. Freiberg und Umgegend gewidmet. — Freiberg: Frotscher 1861. VIII,216 S. 8° 14.
12.234

Barth, Herm., Gedichte. 8. (VIII und 216 S.) Freiberg 861(62), Reimmann'sche Buchh. *

Barth, Herm., Geschichte der geistlichen Musik, s.a. Schloeßmann's Bücherei f. das christliche Haus. 2. Bd.

— Geschichte der geistlichen Musik. — Hamburg: Schloessmann 1903. 188 S. 8° (Schloessmann's Bücherei für d. christliche Haus. 2.)
1: Mus. E 2048. 12: H. ref. 620 b–2. 18. 38. 41. 44. 62. 111.
12.257

— Das Geschmeide. Schmuck- u. Edelsteinkunde. Bd 1. 2. Berlin: Schall [1903–04]. 8°
1. Die Geschichte d. Schmucks. 1903.
2. Das Material d. Schmucks. 1904.
(Verein d. Bücherfreunde. 12,5. 13,7.)
1: Yt 684–12,5. 13,7. 10. 12: Var. 377 v–XII,8. XIII,8. 15. 17. 28. 30. 53. 60. 62. 117. 123. 201.
12.258

Barth, Herm.: Aug. v. Goeben s.a. Charakterbilder, militär.

— August von Goeben. Ein Gedächtnisblatt an e. großen Mann aus großer Zeit. — Leipzig: Engelmann 1907. 122 S. 8° (Militärische Charakterbilder. 4.)
1: Qn 500–4. 12: Mil. g. 38 w–4. 17. 26. 101.
12.259

Barth, Herm., Luise Hensel u. Julie v. Hausmann, zwei Dichterinnen geistl. Lieder, s.a. Kirchenliederdichter, unsere.

— Luise Hensel und Julie von Hausmann, zwei Dichterinnen geistlicher Lieder. — (Hamburg: Schloessmann [1902].) 16 S. 8° (Unsere Kirchenliederdichter. 20.)
30. 109.
12.260

Barth, Herm., am eignen Herd. Deutsches Hochzeitsgeläut. Mit Bildschmuck v. Ernst Liebermann. (160 S.) Lex. 8. Berlin 907. [Deutsch-ev. Verlagshaus] Reutlingen, Enßlin & Laiblin. Geb. in Leinw. 6. 50

— Johann Cicero. Joachim I. Nestor, s.: Vortragsstoffe f. Volks- u. Familienabende.

— Johann Cicero, Joachim I. Nestor. — Leipzig: Engelmann 1906. 13 S. 8° (Vortragsstoffe für Volks- u. Familienabende. 1,5.)
1: Ah 4245–1,5. 12: Var. 384 hm–5. 30. 101.
12.262

— Käfer u. Schmetterlinge. Weisheit aus dem Lande des Khalifen. 12. (VII, 128 S.) Berlin (900). A. Schall. Geb. in Leinw. n. 3. —

— Käfer und Schmetterlinge. Weisheit aus d. Lande d. Khalifen. — Berlin: Schall [1901]. VII,128 S. 8°
1: Zy 622. 32. 41.
12.263

Barth, H v.: Aus d. nördl. Kalkalpen, s.a. Natur-Bibliothek.

Barth, Herm. von, Aus den nördlichen Kalkalpen. Gera 1864. 8.

— Aus den Nördlichen Kalkalpen. Ersteigungen ... in d. Gebirgen Berchtesgadens, d. Algäu, d. Innthales, d. Isar-Quellengebietes u. d. Wetterstein. — Gera: Amthor 1874. XXIV,637 S. 8° 1: S 11849. 2. 3. 7. 9. 11. 12: It. coll. 8 s. 14. 15. 17. 19. 20. 22. 24. 44. 45. 300: 403.229–B. 302→304.
12.244

— [Ausz.] Aus den Nördlichen Kalkalpen. Ersteigungen und Erlebnisse. Mit e. Einl. u. Anm. hrsg. von R. H. Francé. 1. 2. — Leipzig: Thomas [1910]. 8° (Natur-Bibliothek. 20/22.)
14. 84. 123. 207. 304.
12.245

! Barth, Hermann: Aus den nördl. K a l k a l p e n .
Jetzt: Leipzig, Amthor.

— s.: Kerner, Justinus, Mitteilgn. aus K.'s Magikon.

Barth, Herm.: Konstantinopel, s.a. Kunststätten, Berühmte.

Konstantinopel. Von Hermann Barth (Mit 103 Abb.) Leipzig & Berlin: E. A. Seemann 1901. (201 S) 8° [F.]
— Kunststätten, Berühmte No 11

— Lichtenwalde. Poëtische Zeichnungen. — Chemnitz [usw.]: Goedsche 1841. 67 S. 8° 14.
12.235

— Deutsches Lied. — Freiberg: Craz & Gerlach [1848]. 4 Bl. 8° 1:Yo 3827/100.
12.236

— Passauer Lied. Gedicht. 8. (32 S.) Freiberg 852, Reimmann in Comm. n. 1/6 ℳ

— David Livingstone, der Afrikareisende. Ostafrika vom Limpopo bis zum Somalilande ... An Stelle der 4. Aufl. von 'Livingstone, der Missionär'. — Leipzig: Spamer 1875. XII,518 S. 8°
Nebent.: Ost-Afrika vom Limpopo bis zum Somalilande.
(Das neue Buch d. Reisen u. Entdeckungen.)
1:Us 1789/1. 9. 11. 19. 38. 109. 300:*8457.
12.246

— — 2. Ausg., verm. durch e. Ausz. aus D. Livingstone's hinterlassenen Tagebüchern. — Ebd. 1876. XII,576 S. 8°
Nebent.: Ost-Afrika vom Limpopo bis zum Somalilande.
(Das neue Buch d. Reisen u. Entdeckungen.)
1 8. 17. 20. 30. 31. 35. 36. 98. 106.
12.247

— — 3., wohlfeile Ausg., verm. durch e. Ausz. aus D. Livingstone's hinterlassenen Tagebüchern. — Leipzig [usw.]: Spamer 1882. XII,576 S. 8°
Nebent.: Ost-Afrika vom Limpopo bis zum Somalilande.
(Das neue Buch d. Reisen u. Entdeckungen.) 45.
12.248

Barth, Herm.: Mirabeau, s.a. Vortragsstoffe für Volks- u. Familienabende.

— Mirabeau. — Leipzig: Engelmann 1906. 24 S. 8° (Vortragsstoffe für Volks- u. Familienabende. 1,2.)
1:Ah 4245-1,2. 12:Var. 384 hm-2. 30. 101. 203.
12.268

Barth, Hermann (Hrsg.): Mitteilungen aus Justinus Kerners „Magikon", s. Kerner, Justinus: Magikon.

— Passauer-Lied. Gedicht. — Freiberg: Frotscher in Comm. [1852]. 32 S. 8° 14.
12.237

Barth, Herm., Passauer-Lied. Gedicht. 8. (32 S.) Freiberg 852, (Reimmannsche Buchh.) *

– Petöfi, s.a. Vortragsstoffe für Volks- u. Familienabende.

— Petöfi. — Leipzig: Engelmann 1906. 20 S. 8° (Vortragsstoffe für Volks- u. Familienabende. 1,9.)
1:Ah 4245-1,9. 12:Var. 384 hm-9. 30. 101. 207.
12.270

— Rede zur Trauung meines Bruders des Ingenieurs Georg Barth mit seiner Braut Martha Dittmann. — (Beeskow 1895: Weniger.) 4 S. 8° 1:Ee 11153.
12.271

Rede zur Trauung des Pfarrers von Rowe und Wobeske in Pommern Gustav Schröder mit seiner Braut Emma Gust geb. in d. Gotteshause von Ruhlsdorf am 23. Apr. 1896 [von] Hermann Barth, Pfarrer von Ruhlsdorf. *(Beeskow 1896: R. Weniger.)* (3 S.) 8° [ου. 0071

— Strebet der Liebe nach! Rede zur Trauung d. Pastors von Salzderhelden Wilhelm Schneemann mit seiner Braut Jungfrau Elsbeth Lindenkohl 1904 in Göttingen. — (Posen) 1905: (Th. H. Lange). 10 S. 8° 1:Ee 11161.
12.273

Barth, Herm. [aus Schleitheim (Kt. Schaffhausen)]: Studien über den mikrochemischen Nachweis von Alkaloiden in pharmaceutisch verwendeten Drogen. Cassel 1898. 58 S. 1 Taf. 8°. (Sep.-Abdr. aus Bot Centralbl., Bd. 75, 1898.)
Zürich. Phil Diss. II. S. 1898/99.

— Schillers Todtenfahrt. Gedicht. — Freiberg: Frotscher & Wolf [1852]. 38 S. 8° 1:Yo 5316. 14. 15.
12.238

—— Schiller's Todtenfahrt. Gedicht. gr. 16. (VI und 38 S.) Freiberg 852, Reimmannsche Buchh. *

—— Schiller's Todtenfahrt. 16. (38) Freib. 52, Wolf. (?) n. — 6

Barth, Hermann (Hrsg.), s. Vortragsstoffe für Volks- u. Familienabende

Weltreformation zu Beginn des 20. Jahrhunderts! Von Hermann Barth, Pfarrer. Halle a. S.: Waisenhaus 1906. (32 S.) 8° [F.] [03. 13090

— Wo ist mein deutsches Vaterland? — Freiberg: Craz & Gerlach [1848]. 2 Bl. 8° 1:1 an Yo 3827/100.
12.239

— Friedrich Wöhler s.a. Sammlung gemeinnütziger Vortr.

Friedrich Wöhler. — Prag (1901): Haase. 14 S. 8° (Sammlung gemeinnütziger Vorträge. 278.)
1:Ag 349-278. 7. 12:Var. 366 ah-278. 14. 16. 210. 300:393.143-B. 278. 302. 305.
12.277

— Worte des Herrn und seiner Apostel. Eine Mahnung an unsere Zeit. Gedicht. — Freiberg: Craz & Gerlach 1850. 14 S. 8° 1:2 an Yo 3827/100.
12.240

Barth, Herrmann, s. Barth, Hermann

Barth, J. (Lehrer), s. Barth, Jakob

Barth, J. (Semitist), s. Barth, Jakob

Barth, J. [Arzt in Wien], s. Barth, Josef

Barth, J. [Staatsanwalt], s. Barth, Josef

Barth, J.: Über die Höhe des Schadenersatzes..., s. Barth, Joh.

— s.: Maimonides' Commentar zum Tractat Makkoth.

Barth, J.A. [Verlag], s. Barth, Johann Ambrosius

Barth, J.A. (Hrsg.), s. Gewerbs- und Handlungszeitung, Schlesische privilegierte.

Barth, J.A.: Etliche seltsame Kunststücke, so der grönländische Kunstmeister J.A. Barth denen Herren Liebhabern zur Vergnügung müßiger Stunden recommandiren will. — o.O. [um 1800]. 4 Bl. 8° 19.
12.280

Barth, J.C., s. Barth, Johann Christian

BARTH, J. Kp.: Opusc. jurid. var. arg. *Bamb.*, Göbhard. 771. III. T. 4. (5 Thl.)

Barth, J. Matth., s. Barth, Johann Matthäus

Barth, Jakob
Barth, J. s.: Al-Quṭâmî, 'Umeir ibn Schuleim, Diwân.

Barth, J, Anleitung zur Anlegung und Fortsetzung der Orts-Chroniken. Sigmaringen. 45 p.
Schul-Univ. Schrift 18‹7

Barth, Jakob, Lehrer, Ringingen, später Geislingen. 1862: Anleitung zur Anlegung und Fortsetzung der Orts-Chroniken. — Sigmaringen: Tappen 1867. 48 S. 8°
1:Ti 6950. 5. 12:H. misc. 18h. 38. 207.
12.290

Barth, J. (Hrsg.), s. At-Tabari, Abu Djafar Mohammed Ibn Djarir: Annales.

Barth, Jakob, Semitist, Berlin. 1876: Babel und israelitisches Religionswesen. Vortrag. — Berlin: Mayer & Müller 1902. 36 S. 8° 1:Bl 9746. 2. 6. 11. 14. 15. 17. 18. 21. 29. 30. 38. 47. 109. 300:410.216-B. 302.
12.296

Barth, J., Beiträge zur Erklärung des Jesaia. gr. 8. (28 S.) Karlsruhe 885. Berlin, Reuther. *

Barth, J, Beiträge zur Erklärung des Jesaia. Karlsruhe und Leipzig 1886

— Beiträge zur Erklärung des Jesaia. — Karlsruhe [usw.]: Reuther 1885. 28[vielm. 27] S. 8°
Aus: Jahresbericht d. Berliner Rabbiner-Seminars. 1883/84.
1:4° Ez 24 258-1883/84, Beil. 2. 3. 11. 15. 16. 20. 21. 28.
12.297

— Beiträge zur Erklärung des Buches Job. — Leipzig: Hinrichs [1876]. 27 S. 4°
1:4° Bn 1278. 2. 3. 4. 10. 11. 15. 21. 25. 27.
12.298

Barth, J., Beiträge zur Erklärung des Buches Iob. gr. 4. (27 S.) Leipzig 877, Hinrichs'sche Buchh. *

Barth, J., hohenzollernsche Chronik oder Geschichte und Sage der hohenzollernschen Lande. Nach dem neuesten Stande der histor. Forschung bearb. (In ca. 6 Lfgn.) 1. Lfg. 8. (80 S.) Sigmaringen 861, Tappen, *

— hohenzollernsche Chronik oder Geschichte und Sage der hohenzollernschen Lande. Nach dem neuesten Stande der histor. Forschungen bearb. 2.—7. (Schluß-)Lfg. 8. (VIII und S. 81—584.) Sigmaringen 862,63, Tappen. à Lfg. * 5 Ngr. *
1. Lfg. Ebendas. 1861. * 5 Ngr.

— Midraschische Elemente in der muslimischen Tradition. Berlin 1903: Itzkowski. 8 S. 8°
Aus: Festschrift zum 70. Geburtstage A. Berliner's. 1903. 21.
12.299

— Geschichte der Stadt Engen und der Herrschaft Hewen. Ein Beitrag zur Geschichte d. Hegaues. — [Geisingen]: Verf. 1882. 209 S. 8° 1:Si 2811. 25. 30. 31.
12.292

— Geschichte der Stadt Geisingen in der Baar. — [Geisingen]: Verf. 1880. 192 S. 8° 1:Si 3148. 24. 25. 31.
12.293

Barth, Jak., Geschichte d. Stadt Stockach i. Hegau b. z. J. 1810. Quellenmäßig bearb. M. 1 Ansicht u. 1 Plan d. Stadt Stockach. gr. 8. (IV, 411 S.) Stockach 894. (Konstanz, E. Ackermann.) Geb. in Leinw. n. 3. —

— Geschichte der Stadt Stockach im Hegau bis zum Jahr 1810. — Stockach 1894: Engler. 411 S. 8° 1:Si 4790. 12:Germ. sp. 26 om. 14. 15. 16. 18. 24. 25. 29. 31. 180. 203.
12.294

— Vor dreihundert Jahren. Ernste u. heitere Erzählungen aus d. schwäbischen Geschichte. Nach d. Zimmern'schen Chronik bearb. — [Geisingen]: Verf. 1888. VII,151 S. 8°
1:Sh 9787.
12.295

— Die Nominalbildung in den semitischen Sprachen. (In 2 Hälften.) — Leipzig: Hinrichs 18(89–)91. XX,XXXII, 492 S. 8°
1:Zt 3980. 2→5. 7. 10. 11. 16. 18. 20. 21. 25. 27. 28. 302.
12.300

Barth, J. Die Nominalbildung in den semitischen Sprachen. 2 Hälften. gr. 8. Lpz., Hinrichs' Verlag. [1. Hälfte: Die schlichten Nomina. (XLVIII, S. 1—208.) 889; 2. Hälfte: Die Nomina m. äusserer Vermehrg. Die gebrochenen Plurale. (S. 209—492.) 891.] à Hälfte * 10 —; * 20 —

— — 2., durch e. Wörter- u. e. Sachverzeichn. verm. Ausg. Ebd. 1894. XX,XXXII,495 S. 8°
2. 6→9. 12: L. as. 0bg. 15. 18. 20. 26. 27. 29. 30. 211.
12.301

*Barth, Jak.: Die Pronominalbildg in d. semit. Sprachen. Lpzg. JC Hinrichs. ca 7 —

— Etymologische Studien zum semitischen, insbesondere zum hebräischen Lexicon. — Leipzig: Hinrichs 1893. IV,76 S. 8° 1:Bk 8266. 2. 3. 4. 6. 7. 9. 10. 11. 12: L. as. 80s. 15. 18. 20. 21. 24. 25. 28. 29. 30. 211. 302.
12.304

Barth, J. (Hrsg.), s. T a ' l a b Ahmad b. Jahja.

Barth, J., s.: Ta 'lab's Kitâb al-Faṣîḥ.

— Sprachwissenschaftliche Untersuchungen zum Semitischen. T. 1. 2. — Leipzig: Hinrichs 1907–11. 4°
1[**2]: 4° Zt 5018. 2. 3. 6. 7. 9. 10. 12: L. as. 0bh. 15. 16. 18. 21. 26. 28. 30. 302. 303.
12.306

— Wurzeluntersuchungen zum hebräischen und aramäischen Lexicon. — Leipzig: Hinrichs 1902. IV,61 S. 8°
1:Bk 8272. 2. 4. 6. 7. 9. 11. 12: L. as. 80 sd. 15. 16. 18. 21. 25. 28. 29. 30. 300: 420.909–B. 302.
12.307

Barth, Jean Baptiste Philippe

Barth u. Roger über Auscultation. Systemat. Darstellung der verschied. Anwendung dieser Untersuchungs-Methode im gesunden und kranken Zustande. Aus dem Franz. übertragen und mit Anmerkungen von D. P. R. Puchelt. gr. 8. Stuttgart 842, Schweizerbart. 1¾ ₰

— vollständ. prakt. Darstellung der Auscultation in ihrer verschied. Anwendung auf den Gebieten der Medicin, Geburtshülfe und Chirurgie. Nach d. französ. Preisschrift bearb. u. mit Erläuterungen ꝛc. begleitet von A. Hetsch. 8. Stuttgart 841, Liesching u. Comp. 11/12 ₰

v. *Barth*, Jh. Nep., s. *Psalmorum*.

Barth
— **Jo. Christoph** (Paserin/Laus.), De ingenio Francorum orientalium poetico. Disp. IV. Präs. Friedr. Theod. Euseb. Simon. Wittbg. (Chn. Zimmermann) 28. V. 1727. S. 91—106. (3.—)

Barth, Jo. Mich., De somno a prandio meditationes. Lps. 4°.
1751

[F.] Barth, Joh. [Eisenb.-Sekr. zu Essen '(Ruhr)']: Ueber die Höhe des Schadensersatzes im internationalen Eisenbahn-Frachtrecht ... Essen '(Ruhr)', Druck v. W. Girardet, 1895; 44 S. 8.
Tübingen, Jur. Fak., Inaug.-Diss. v. 1895

Barth, Joh.: Über den Tod durch Erhängen, s. B a r t h , Johannes

Barth
— **Joh. Nathanael** (Lauban), De contributione Suecica. Disp. jur. Präs. Gottfr. Ludw. Mencke. Wittenbg. (Gerdes) 1. XI. 1718. 43 S., stellenw. deutsch. (5.—)

Barth, Johann Ambrosius [Verlag]

25 Jahre Verlagstätigkeit der Firma Johann Ambrosius **Barth** in Leipzig. 1881–1905. Abgeschlossen Ende Dezember 1905. (Leipzig: J. A. Barth 1905.) (116 S.) 8° [F.]
— **Barth**: Verlags-Katalog. 1780–1880. Gesamt-Nachtr. [06. 718]

Barth, Joh. Ambrosius: 25 Jahre Verlagstätigkeit der Firma Barth in Leipzig. Abgeschlossen Ende Dez. 1905. Gesamt-Nachtrag zum 100jährigen Verlagskatalog. (Leipzig 1906.)

— Verlags-Katalog. Januar, 1838. — (Leipzig 1838: Nies.) 96 S. 8° 14.
12.319

— Verlags-Catalog [Verlagskatalog]. Bis 31. Dec. 1846. — (Leipzig 1846: Reclam.) 107 S. 8° 1:Aq 5520. 14.
12.320

Verlagskatalog von Joh. Ambr. **Barth** in Leipzig. 1780–1880. [Nebst] Gesamt-Nachtrag. (Leipzig: J. A. Barth 1880–1905.) 2 Bde 8°
Verlagskatalag (1880.)
Gesamt-Nachtr. u. d. T.: 25 Jahre Verlagstätigkeit d Firma J. A. Barth in Leipzig. 1881–1905. 1905. [06. 717]

— Verlagskatalog 1780–1880. [Nebst] Nachtr. [1]–3 [u.] Gesamt-Nachtr. — (Leipzig: Barth [u. a.] 1881–1905.) 4° [u.] 8°
1[**Nachtr. 2.3]: Hauptwerk ·· 4° Aq 5521; Nachtr. 1 an 4° Aq 5521; Gesamt-Nachtr. ·· Aq 5523. 3. 4. 10. 12: 4° Cat. 5 m. 14. 15. 19. 21. 26. 27.
12.321

Barth, Johann August

Vereinigte Loge: Denen sämmtlichen Brüdern der drei vereinigten Logen zu den drei Todtengerippen, der Säule und Glocke in Breslau. Zum Andenken am 25. Febr. 1806, von Joh. Aug. Barth. [Breslau 1806.] 4 Bl. 2°
Kl. 1794.

Barth, Johann August: Zur Friedensfeier den 18. Januar 1816. — Breslau [1816]: Grass, Barth & Co. 4 Bl. 2° **15.**
12.327

— — Breslau [1816]: Stadt-Buchdr. 2 Bl. 8° **41.**
12.328

Barth, Jh. Aug., († d. 9. Sept. 1818.) s. a. *Monumentum* pacis annis.

— Pacis annis MDCCCXIV et MDCCCXV foederatis armis restitutae Monumentum orbis terrarum de fortuna reduce gaudia gentium linguis interpretans. — Vratislaviae [1816]: Grass, Barth & Co. 50 Bl. 2°
1: 2° Libri impr. rari 160. 2. 18. 19. 27. 28. 30. 32. 34. 41. 42. 78. 300: 17.223.
12.329

— — Ebd. [1818]. 81 Bl. 2° 2. 3. 5. 6. 8→11. 14. 18. 24. 28. 29. 35. 41. 45. 48. 300: 176.901-E.
12.330

Barth, Joannes Augustus. Universitati litterariae Viadrinae post tria saecula gloriose peracta Francofurto Wratislaviam translatae et cum Leopoldina sorore duobus saeculis minore feliciter iunctae ut benevoli animi quo Wratislavia antiqua musarum nutrix Viadrinam hospitem salutat documentum extet et gratulationis causa. Breslau 1811. Fol.

— Universitati litterariae Viadrinae ... Francofurto Wratislaviam translatae ... ut benevoli animi, quo Wratislavia ... Viadrinam hospitem salutat, documentum extet et gratulationis causa Joannes Augustus Barth. — [Breslau 1811]: Typ. Univ. 22 Bl. 2°
1: 2° Ay 18464; 2° Bibl. Diez 1161 [u.] 2° Libri impr. rari 158. 2. 3. 7. 8. 10. 11. 12: 2° Polygl. 1. 14. 15. 24. 27. 28. 32. 39. 41. 169. 300: • 28 H 10.
12.331

Barth, Johann Carl

Barth, Joan(nes) Car(olus) Theod(orus) Lud(ovicus): De rabie canina [Praes.:] Curtius Sprengel. Halae (1821): Schimmelpfennig. 38 S. 8°
Halle-Wittenberg, Med. Diss. v. 24. Nov. 1821
Geb. Merode (Kr. Düren; Rheinprov.) 19. 2. 1795. V.
Verf. erlebte sein goldenes Dr.-Jubiläum 1871 als Geheimer Sanitätsrat in Aachen.

Barth, Johann Christian: Die galante Ethica. In welcher gezeiget wird, wie sich ein junger Mensch bey der galanten Welt ... recommandiren soll. — Dreßden: Lesche 1720. 329 S. 8° 2. 32. 42. 106. 207. 211.
12.332

— — Dreßden [usw.]: Lesche 1720. 329 S. 8° 41. 44. 117.
12.333

— — Zum andern mahle übersehen. Ebd. 1722. 295 S. 8° 2. 25. 180.
12.334

— — 3. Aufl. Ebd. 1728. 294 S. 8° 1: Np 16150. 20. 111. 302.
12.335

— — 4. Aufl. Ebd. 1731. 294 S. 8° 2. 24.
12.336

— — 5. Aufl. Ebd. 1737. 294 S. 8° 5.
12.337

— Die galante Ethica oder nach der neuesten Art eingerichtete Sitten-Lehre. — Dreßden [usw.]: Harpeter 1748. 332 S. 8° 2. 19. 66. 106.
12.338

Barth, Johann Christian: Die Schönheiten des Frauenzimmers.
Haag (Leipzig, Holle jun.) 1770. 8°

Barth, Johann David: Vollständiges bitterfeldisches Gesang-Buch ... Zum 4. mahl ... nebst einem nöthigen Gebet-Büchlein wiederum auffgel. von Johann George Dörnern. — Jesnitz 1734: Klesser. 531,48 S. 8°
Sondert.: Raeuch-Werck derer Gläubigen, oder nützliches Gebeth-Büchlein. 1734.
1: El 3080. 9.
12.339

— Vollständiges und mit musicalischen Noten neu verfaßtes Gesang-Buch, begreiffend die von Martin Luthern und andern unserer Evangelischen Kirchen geistreichen Lehrern verfertiget, auch in Curfl. S. Landen, insonderheit aber in der Bitterfeldischen Inspection zum Dienste Gottes diese 4. Auffl. mit 460. geistl. Liedern, und mit einen wohleingerichteten Gebet Buche versehen, nebst e. Vorr. Christian Resens u. e. Vorbericht des Autoris. — Delitsch: Koberstein 1719. 549,62 S. 8°
Sondert.: Schuldige Pflicht eines frommen Christen, oder nützliches Gebet Buch.
18.
12.340

Barth, Johann Friedrich: Gottselige Betrachtungen über einige auserlesene theologische Wahrheiten, den Glauben und das heilige Leben betreffend, aus gewissen Stücken der Leidens- und Sterbens-Geschichte unsers Herrn Jesu Christi. — Leipzig [usw.]: Marche 1742. 272 S. 8° 5.
12.341

Barth, Johann Georg, Sachsen-Naumburgischer Renth-Secretarius. 1704: Freude deutscher Nation über die siegreichen Waffen der Allerdurchlauchtigsten Großmächtigsten Königin ... Anna Königin von Engeland, Schottland, Franckreich und Irrland ... Als deroselben tapfere Völcker unter Anführung des großmüthigen Helden Herren Johannes Mylord Duc de Marlborough abermahl eine unvergleichliche ... Victorie wieder die alliirten Bayern und Frantzosen bey Hochstädt an 13. Augusti anno 1704. befochten. Wurde ... entdecket von Johann George Barthen. — Zeitz [1704]: Hucho. 4 Bl. 2° 14.
12.342

Barth, Johann Georg, Industrieschullehrer u. Rechnungsführer. 1842: Rechnung über Einnahme und Ausgabe 1. bei der Armen-Casse und deren Unterrechnungen, 2. bei der Krankenhaus-Casse der Stadt Hildburghausen vom 1. Januar bis 31. December 1841. — Hildburghausen 1842: Gadow. 24 S. 8° 27.
12.344

(—) An eine hochansehnliche Reichs-Versammlung allhier, unterthänig und gehorsame Vorstellung und Bitte nahmens Herren Burgermeister und Rath Löbl. Stadt ... Goßlar den Nachlaß derer Cameral-Restanten ... betreffend. — Dat. Regenspurg 10. Junii 1730. 2 Bl. 4°
1: 15 b in 4° Gw 11160-1.
12.343

Barth, Johann Heinrich

— Johannis Henrici Barthii Diatribe theologica de praeiudiciis, qua sunt veritatis impedimenta, aliquot disputationibus academicis ventilata. — Argentorati [1715]: Beck. 60 S. 8° 12: 4° Diss. 3024-13. 17.
12.346

— — Nunc vero ... recusa. Jenae: Heller 1720. 71 S. 8° 6. 14. 19. 21. 24. 29. 34. 41. 45.
12.347

Barth, Johann Matthaeus: Bibliotheca Barthiana. [Auktionskat.] — [Regensburg 1767]: Zunkel. 388 S. 8°
1: Ap 996. 12: Cat. 32. 14. 28. 29.
12.354

— Johannis Matthaei Barthii De Culice dissertatio. — Ratisbonae: Montag 1737. 32 Bl. 8°
1: Lt 262. 2. 3. 7→10. 12: 4° Zool. 22 [2 Ex.] 14. 15. 17. 18. 22. 26→31. 34. 41. 45. 300: 139.439-B. 302.
12.355

— Gedancken von der seltsamen Begebenheit, welche sich zu Tieffendorff nahe bey Hof in Voigtlande den 22. Junii dieses Jahrs zugetragen. — Regenspurg: Montag 1739. 16 S. 8° 1: Mz 7329/20. 2. 8. 9. 12: 4° Phys. sp. 305–9. 14. 15. 20. 24. 25. 29. 30. 32. 36. 45.
12.356

— Ad Virum Cl. I. F. W. P. M. W. de Luce barometrorum, ut et aliis connexis argumentis epistola ... Auctore Joh. Matthaeo Barthio. — Lipsiae: Grossius 1716. 70 S. 8° 2. 5. 7. 9. 10. 14. 17. 18. 19. 29. 32. 35. 43. 53.
12.357

Barth, J. Matth., Mantissa in B. J. Alb. Fabricii bibliographiam antiquariam etc. Leipz. (Wien.) 751. Gerold. 4 gr

— Joh. Matthaei Barthii Mantissa in B. J. Alb. Fabricii Bibliographiam antiquariam. — Ratisbonae: Zunkel 1751. 102 S. 8° 1: an Q 26 [u.] 4° Bibl. Diez 3096. 4. 5. 7. 8. 10. 14. 15. 17→20. 23. 25. 27. 29. 35. 38. 41. 75. 78. 302.
12.358

— Joh. Matthaei Barthii Physica generalior. — Regenspurg: Peetz 1724. 224 [vielm. 225] S. 8° 1: Mv 4547. 2. 12: Phys. g. 25. 14. 17. 18. 19. 22. 24. 27. 29. 30. 31. 36. 84. 123. 210. 307.
12.359

— Jo. Matthaeus (Regensburg), De *ΠΝΕΥΜΑΤΟΦΟΡΟΙΣ* sive inspiratis recentioribus. Exercit. theol. Präs. Gottlieb Wernsdorf. Wittbg. (Wwe. Gerdes) Sept. 1715. 66 S. (6.50)

[—] Schediasma physicum quo novum consilium barometra phosphorescentia ... conficiendi primum in lucem editur. — Vitembergae: Meisel 1715. 4 Bl. 8° 2. 7. 10. 18. 29. 41.
12.360

— Sr. Hochwürden dem Herrn Pastor Scheurich zur Feier seiner 25jährigen Amtsführung gewidmet. [Gratulationsschrift.] — Dat. Neumarkt 14. Oct. 1823. 2 Bl. 4° 2.
12.362

— Schreiben an einen guten Freund, darinne von einem vor wenig Wochen hieher gebrachten Rhinocerote oder Nashorn umständliche Nachricht gegeben und zugleich untersucht wird: Ob dieses Thier der Hiob Cap. XL. v. 10. seqq. beschriebene Behemoth. — Regensburg: Zunkel 1747. 4 Bl. 8° 12: 4° Zool. 21. 17.
12.361

Barth, Johannes: Ueber den Tod durch Erhängen. Halle a. S. 1881: Plötz. 46 S. 8°

Halle-Wittenberg, Med. Diss. v. 30. Juni 1881

Geb. Sausedlitz (Kr. Delitzsch) 23. 2. 1854. V.

Verf. erlebte die Diplomerneuerung 1932 als Sanitätsrat in Halle a. d. S., vgl. Anh. Nr. 479.

Barth, Josef, Arzt, Wien. 1786: Abbildung und Beschreibung eines Sparofens zum Kochen und Heitzen. — Wien 1805: Gerold. 23 S. 8° 302. 305.
12.363

[—] Anfangsgründe der Muskellehre. — Wien: Gassler 1786. Getr. Pag. 2° 2. 7. 8. 12: 2° Anat. 4m. 15. 18. 19. 23. 29. 300: • 35A 56. 302→304.
12.364

Barth, Jos.; († d. 7. April 1818.) Anfangsgründe der Muskellehre. Mit 46 Kpft. Fol. Wien 786. Wimmer. 4 rß 16 gr 2e Aufl. Mit 53 Kpft. Fol. Ebd. 819. Binz. (Leipz., Liebeskind). 5 rß 8 gr Holländ. Pap. 7 rß 8 gr

Barth, Josef, Oberstaatsanwalt, München. 1853: Der Schwestermörder Anton Bachmaier, Metzgerknecht von Landshut. Anklageschrift. (Unterzeichn.: Barth.) — München [1853]: Schurich. 12 S. 8° 12: Bavar. 4084–32. 19.
12.371

— Etwas über die Ausziehung des grauen Staares für den geübten Operateur. — Wien 1797; Alberti. 28 S. 8° 4. 15. 17. 22. 202. 300: 135.321–B. 302.
12.368

Barth, Josef, Dr., Magnetopath, Berlin. 1836: Der Magnet als Heilmittel, oder praktische Anweisung, durch Magnete ... Krankheiten zu heilen. — Berlin: Bade 1836. XIV, 202 S. 8° 52.
12.369

— — Für Ärzte und Nichtärzte von Ph. Jos. Barth. Ebd. 1836. XX, 202 S. 8° 1: Kh 1450. 10. 11. 17. 19. 28. 30. 36. 46. 48. 52. 53. 202. 302.
12.370

— Muskellehre nach den zwey Hauptverhältnissen, ihrer Lage und Verbindung untereinander, wie auch nach ihren allgemeinen und besonderen Verrichtungen. 2. Aufl. — Wien: Binz 1819. Getr. Pag. 2° 2. 6. 15. 24. 303. 304. 307.
12.365

Barth's, J., Muskellehre. 2te Aufl. M. K. Fol. Wien, Binz. (Leipz. Liebeskind in Comm.) 819. Schrbp. holländ. Pap.

— — 2. Aufl. Wien: Lechner 1819. Getr. Pag. 2° 17.
12.366

— — 2. Aufl. Wien: Binz 1820. Getr. Pag. 2° 16. 19. 302.
12.367

Barth, (J.,) über d. Nothwendigkeit u. Art d. Trennung d. Justiz von d. Administration u. Polizey in Staaten u. Verfassung. gr. 8. Würzburg 823. (Stahel.)

Barth, Iwan: Brandzeichen sämmtlicher Gestüte, sowohl in als außer Europa geordnet nach den Nationen. — o. O. [um 1850]. 33 Taf. 8° Titelblatt u. Text lithographiert. 1: Ov 21252.
12.376

Barth, K. (Jurist) s. Barth, Karl

Barth, K. (Philologe), s. Barth, Karl

Barth, K. (Katholische Dichtungen), s. Barth, Karl

Barth, K., die Kabiren in Teutschland. gr. 8. Erlang. 832. Palm u. E. 1 rß 12 gr

Barth, K. (Hrsg.), s. Napoleon I.: Geschichte Caesars.

Barth, K. Mldr., s. Barth, Karl Mildreich

Barth, Karl, s. a. Barth, Carl

Barth, Karl, Ministerialrat, München, 1775–1852. 1817 s. *Barth*, Christian Karl.

Barth, Karl, Papierfabrikant. 1897: Arbeitsregeln für Fabriken mit bes. Berücks. von Papier-, Zellstoff- und Holzstoff-Fabriken. — Karlsruhe: Verf. (1897). 117 S. 8° 1: Stala 703. 12: Techn. 10 ir. 30. 203. 208.
12.411

Barth, Carl, Arbeitsregeln f. Fabriken m. besond. Berücksicht. v. Papier-, Zellstoff- u. Holzstoff-Fabriken. 12. (117 S. m. 1 Taf.) Karlsruhe (897). (Zweibrücken. Stuttgart, F. Lehmann.) n. 1.—; kart. n. 1. 20

Barth, Karl: Argentinien ..., s. Barth, Friedrich Karl

Barth, Karl, Kupferstecher u. Dichter, 1787–1853. 1837: [Werke] Karl Barth. — Hildburghausen [usw.]: Bibliogr. Inst. [um 1860]. 310 S. 8° (National-Bibliothek d. deutschen Classiker. 93.) 1: Yc 9859. 29. 30. 43. 45.
12.380

— Bemerkungen über das neue bayerische Strafgesetz selbst. Eingeschaltet in seine Kritik des Entwurfes. — Augsburg: Jenisch & Stage 1802. IV, 78 S. 8° 12: Bavar. 193 cd [2 Ex.] 19. 22. 29. 208. 308.
12.385

Barth, Karl (Hrsg.), s. Bienen-Zeitung.

Barth, Karl, s. Blätter, bunte, aus Natur und Leben.

— Denk-Reime für die katholische Jugend. — Augsburg [1857]: Kleinle. 31 S. 8° 12: P. o. germ. 1698-5. 19.
12.380

Duplikate der Bibliothek der ☐ Wilhelm zur aufgehenden Sonne im Or. Stuttgart. [Zsgest. von Karl Barth.] [Stuttgart 1905.] 7 S. 8⁰ [Umschlagtit.]

Barth, Karl, Arzt, Aachen. 1851: Einiges über die Regeln beim Gebrauche der Thermalwässer im allgemeinen und bei dem Gebrauche derselben bei Abend und in den kälteren Jahreszeiten. — Aachen: Benrath & Vogelgesang in Comm. 1858. 74 S. 8°
1: 6 in Ir 1. 5. 11. 12: M. med. 71 k. 31. 47. 52. 180.
12.402

Barth, Karl, Mitglied d. Zollparlaments. 1869: Eisen, Zucker und Leinen-Garne. — Berlin 1869: Moeser. 19 S. 8°
38. 39. 208.
12.409

— Es ist ein Gott, ein heiliger Wille lebt! Ein Beweis aus der Naturanschauung. — Eichstätt: Krüll 1872. 40 S. 8°
12: Ph. Sp. 53m. 29. 211. 308.
12.382

Barth, Karl, pr. Arzt aus Kandern: Über einen Fall traumatischer Erkrankung am untern Ende des Rückenmarks. *Freiburg i. B. 1899: Ch. Lehmann's Nachf.* (32 S.) 8°
Freiburg i. B., Med. Diss. v. 1899

Barth, K., Festgabe zur Augsburger Philologenversammlung 1862. (Grund u. Boden b. d. Römern u. Urgeschichte seiner Rechte. — Zur Geschichte des Eides bei d. Römern. — Die Anfangskapitel von Cicero de nat. deor. nach handschriftl. Randnoten v. Fallmerayer.) Gel. 1862. 24 S. 1.50

— Festgabe für die Philologen-Versammlung in Augsburg vom 24. bis 27. September 1862. — [Augsburg 1862]: Volkhart. 24 S. 8° 1: Va 8965. 6. 9. 12: 4° Philol. 67 r-1862. 19. 20. 30. 32. 111. 300: 145.721-B. 302.
12.387

— Die wahre Freiheit der Gewerbe. Ein Wort an den Gewerbe-Stand. — Augsburg: Kollmann 1850. 16 S. 8°
12: J. germ. 240-8. 19. 30.
12.388

Barth, Karl, Bilderhändler u. Kupferstecher, Wien. 1860: Gedenkschrift zur Feier des 200jährigen Jubiläums des Gnadenortes Mariahilf in Wien. — Wien: (Verf.) 1860. 15 S. 8°
300: 74.054-B.
12.405

— K. Barth. (Gedichte.) — New-York: H. J. Meyer; Hildburghausen [um 1850]: Bibliogr. Inst. 94 S. 8° (Meyer's Groschen-Bibliothek d. deutschen Classiker. 285.)
1: Yc 7543-285. 11. 26. 27. 31. 308.
12.381

— mystische Gedichte. 8. (VIII u. 120 S.) Augsburg 847. (Lindau, Stettner.) 12 ngr

— Mystische Gedichte. — Augsburg 1847: Wirth. VIII, 120 S. 8° 12: P. o. germ. 77 c. 19.
12.389

— die Gesetze: I. vom 10. November 1861, die Einführung des Strafgesetzbuches und des Polizeistrafgesetzbuches für das Königreich Bayern betr.; II. vom 10. Juli 1861, die Aufhebung der Straffolge betr., nebst der Vollzugsverordnung vom 4. September 1861; III. vom 10. November 1861, den Vollzug der Freiheitsstrafen durch Einzelhaft betr. Mit Auslegungsbehelfen, aus den Motiven der Gesetzentwürfe und den Verhandlungen beider Kammern. Landshut 862. Krüll. gr. 8. (VIII, 120 S.) 21 ngr; Schreibpap. n. 1 ₰

— Die Gesetze: 1. vom 10. Nov. 1861, die Einführung des Strafgesetzbuches und des Polizeistrafgesetzbuches für das Königreich Bayern betreffend; 2. vom 10. Juli 1861, die Aufhebung der Straffolgen betreffend, nebst der Vollzugsverordnung vom 4. Sept. 1861; 3. vom 10. Nov. 1861, den Vollzug der Freiheitsstrafen durch Einzelhaft betreffend. Landshut: Wölfle 1862. VIII, 120, 106 S. 8° 19. 29. 209.
12.390

— — (2. Aufl.) Ebd. 1862. VIII, 120, 106 S. 8°
1: Fz 2952². 12: Bavar. 1089 n.
12.391

Barth, K., Grund u. Boden b. d. Römern. — Geschichte des Eides b. d. Römern. — Die Anfangs-Kapitel von Cicero de natura deorum. Gel. 1862. 24 S. 1.50

— Der Grundbegriff der rechtlichen Theilung. — Regensburg: Manz 1850. 56 S. 8°
12: J. rom. m. 31 r. 19. 45. 208.
12.392

Barth, Karl: An die Herrscher, die des Sturmes Zug noch verkennen. fol. s. l. s.a. (1848).

— Der Hochaltar der Liebe. Katholische Dichtungen. — (Mainz: Kirchheim in Comm.) 1866(1867): Wolf in Augsburg. 295 S. 8° 1: Yo 12115.
12.393

Barth, Karl, der Hochaltar der Liebe. Katholische Dichtungen. Augsburg 867. (Mainz, Kirchheim.) 16. (295 S.) n. 1 ₰ 5 ngr

Katalog der Bibliothek der Freimaurerloge Wilhelm zur aufgehenden Sonne im Or. Stuttgart. [Zsgest. von Karl Barth.] Stuttgart 1902: Stähle & Friedel. 77 S. 8⁰
Recens: L. 25 (1902) S. 200 (R. Fischer); BayrBbl. 3 (1902—1903) S. 182—183; Z. 33 (1902—1903) S. 292; Al. 29 (1903) S. 48; Bh. 46 (1903) S. 143—144 (Chr. Gotthold); Bbl. 17 (1903) S. 134 (G. Diercks); R. 30 (1903) S. 24; S. 10 (1903) S. 26 (J. G. Findel); BZC. 32 (1903) S. 173.
cf. FZ. 57 (1903) S. 8, 111 (K. Pilz).

— Kiefersfelden. Eine dramatische Erzählung. — Augsburg 1858: Kleinle. 31 S. 8° 304.
12.394

— Das Kleeblatt. Eine Todtenfeier. Zum Besten des Rückert-Denkmales. — Augsburg 1866: Reichel. 8 S. 8°
14.
12.395

Barth, Karl, Lehrer an d. Landwirtschaftsschule, Hildesheim. 1879: Ueber das Leben und die Werke des Troubadours Wilhelm IX. Grafen von Poitiers. — Hildesheim 1879: Fünfstück. 34 S. 8° 7. 21. 47.
12.410

Barth, Karl, Deutsche Liederdichter des 12. bis 14. Jahrhunderts. Eine Auswahl. 3. Aufl. besorgt v. Wolfgang Golther. Gr.-8. (LXXXVI, 407 S.) o.O.: Joschen'scher Verlag 1893. 3.—

Barth, C., s. J. Longhi, die Kupferstecherei.

— Messlade für die katholische Jugend. — Augsburg [um 1850]: Kleinle. 43 S. 8° 12: P. o. germ. 1698-4. 19. 308.
12.396

— Die einzige Möglichkeit des Fliegens für den Menschen. Eine naturgeschichtliche Studie. — Eichstätt: Krüll 1872. 20 S. 8° 12: Math. A. 207-14. 29. 210.
12.383

— die einzige Möglichkeit des Fliegens für den Menschen. Eine naturgeschichtl. Studie. 8. (20 S.) Eichstätt 878, Krüll'sche Buchh.

— das Polizeistrafgesetzbuch für das Königr. Bayern vom 10. Novbr. 1861. Mit Auslegungsbehelfen aus den Motiven des Gesetzentwurfs, den Vorträgen der Referenten und den Sitzungsprotokollen der Gesetzgebungsausschüsse beider Kammern. 2. Aufl. 18 Ngr. und 3. Aufl. gr. 8. (XV und 226 S.) Landshut 862, Krüll'sche Universitäts-Buchh.
Schreibpap. *

Barth, Carl, Porcellan-Marken und Monogramme. Stuttgart (864.) Koch. (1 lith. Taf. in Fol.) n. 1 ℛ 10 ngr.

Barth, C, Porcellan-Marken u. Monogramme. 2. Afl. Fol. Stuttg. 65, Bruchmann. aufg. u. cart. — 21

Barth, Karl, Antiquitätenhändler, Stuttgart. 1865: Porzellan-Marken und Monogramme. 2. Aufl. — Stuttgart: Koch [1865]. 1 Bl. quer-4°, gefaltet in 8° 9. 39. 82. 91. 205.
12.406

Barth, Karl, Porzellan-Marken u. Monogramme. 3. rev. u. verm. Aufl. Fol. Stuttgart 873. Bruchmann. Auf Leinw. in Carton. 2. 10

Barth, Carl, Porzellan-Marken und Monogramme. 4. revid. und verm. Aufl. Lithogr. Tabelle in gr. Fol. Auf Leinw. gedr. Stuttgart 877, Gebr. Bruchmann. In Etui

Barth, Carl, Porzellan-Marken und Monogramme. 5. revid. und verm. Aufl. Tabelle. Fol. [Ulm 881, Gebr. Bruchmann.] Dresden, Tittel Nachf. Auf Leinw. gedr. in Etui

Barth, Carl, Porcellan-Marken und Monogramme. 6. revid. und verm. Aufl. Stnt. Fol. Dresden 885, Tittel Nachf. In Leinw.-Futteral *

— — 6., rev. u. verm. Aufl. Dresden: Tittel [um 1898]. 1 Bl. quer-4°, gefaltet in 8° 101.
12.408

Barth, C: Porzellan-Marken u. Monogramme. 7. Afl. Fol. (1 Bl.) Dresd. 99, F Tittel Nf. Auf L. gedr. in Etui 2 —
Auf d. Taf. selbst steht noch d. Verleger d. 5. Afl. v. J. 1881.

— Die Rede des kgl. Rechts-Anwaltes Karl Barth in Landsberg bei der Volks-Versammlung in Landsberg. — Landsberg [1849]: Kraus. 8 S. 8° 12: Bavar. 4080–10.
12.397

— Rede zur Zeit des Jubiläums der Leipziger Befreiungs-Schlacht. Gehalten im Großdeutschen Reform-Vereine zu Legau. — Augsburg 1863: Lauter. 8 S. 8°
12: J. publ. G. 926–32.
12.398

— Politische Reden. — Augsburg: B. Schmid 1849. 31 S. 8°
12: Pol. g. 1024–12. 19.
12.399

— Practische Reflexionen über das Wesen, die Ursachen, die Preventivmassregeln resp. über die Desinfectionsmittel und über die Behandlung der Cholera asiatica. — Aachen: (Benrath & Vogelgesang) 1871: Urlichs. 60 S. 8°
1: 1 in Ka 2095. 46. 52. 202.
12.403

— Sach-Register zum Strafgesetz-, Polizeistrafgesetz-Buche, Einführungs-Gesetz etc. — Landshut: Wölfle 1862. 106 S. 8° 12: Bavar. 1089 n/1. 29. 209.
12.400

Barth, Karl, Rechtsanwalt, Augsburg. 1811-1886. 1847: [Werke] Gesammelte Schriften. Bdch. 1–3. — Regensburg: Manz 1850–51. 8°
1.2. Erzählungen. 1.2.
3. Der zweite Harfenstein. Ein religiöses Zeitgedicht.
1: Yc 9859/4. 12 [⁰⁰ 1]: Paed. Pr. 235. 19.
12.384

Barth, Karl, Gymnasiast, Zweibrücken. 1825: Seelengröße und Verworfenheit. Trauerspiel. — Zweibrücken 1825: Ritter. 164 S. 8° 12: P. o. germ. 77.
12.378

Barth, Carl (II.), das Strafgesetzbuch für das Königr. Bayern, vom 10. November 1861. Mit Auslegungsbehelfen, aus den Motiven der Gesetzentwürfe, den Vorträgen der Referenten und den Sitzungsprotokollen der Gesetzgebungsausschüsse beider Kammern. gr. 8. (XII und 284 S.) Landshut 861 (62), Krüll'sche Universitäts-Buchh.
Schreibpap. *

— das Strafgesetzbuch für das Königreich Bayern. Mit vollständigem Sach-Register und den Text erläuternden Anmerkungen. Augsburg 862. v. Jenisch & Stage in Comm. 16. (IV, 208 S.) n. 12 ngr.

—, das Strafgesetzbuch f. d. Kgr. Bayern vom 10. Novbr. 1861. Mit Auslegungsbehelfen, aus den Motiven der Gesetzentwurfe etc. gesammelt. 2. unverand. Aufl. Landshut 1862. 8°. Hfrzb
XII - 283 S.

Barth, Karl v., Ingenieur. 1906: Telephonfragen der nächsten Zukunft. — Wien: Elektrotechn. Verein 1906. 43 S. 8° Aus: Elektrotechnik u. Maschinenbau. 1906. 302.
12.412

Barth, Karl, Teutschlands Urgeschichte. Bd. 1—2. Hof 1818—20. 8.
—— Teutschlands Urgeschichte. 2. umgearb. Aufl. Th. (1)—5. Erlangen 1840—46. 8. (n.)

Barth, Karl, Teutschlands Urgeschichte. 2.—5. Thl. 2. ganz umgearb. Aufl. gr. 8. Erlangen 841—46, Palm u. Enke. (2. Thl. 2 1/6 ℛ 3. Thl. 1 1/4 ℛ 4. Thl. 1 5/6 ℛ 5. Thl. 3/4 ℛ) 1.—5. Thl. 8 ℛ

— De l'Usage des eaux minérales pendant la soirée et suivi de repos en général, et en particulier des eaux thermales sulfureuses-alkalines d'Aix-la-Chapelle et de Borcette. — Aix-la-Chapelle [1851]: Leuchtenrath. XI, 22 S. 8°
52.
12.404

Barth, C., de l'usage des eaux minérales pendant la soirée et suivi de repos en général, et en particulier des eaux thermales sulfureuses-alkalines d'Aix-la-Chapelle et de Borcette 8. (XI und 22 S.) Aix-la-Chapelle 853, (Mayer.)

— Der Verbannte. Trauerspiel. — Zweibrücken 1825: Ritter. VI, 194 S. 8° 12: P. o. germ 77d.
12.379

— Vertheidigungs-Momente. Aus dem Plaidoyer der Schwurgerichts- und öffentlichen Sitzungen des königl. Kreis- und Stadtgerichts Augsburg. H. 1. 2. — Augsburg: B. Schmid 1851–55. 8° 12: Crim. 9x. 19. 22.
12.401

Barth, Karl Anton v.: Oratiuncula ad Pium VI. Pontificem Maximum [lat. u. deutsch] dicta Monachii 30. April. 1782 ab Antonio de Barth &c. et Sanctitatis Suae Responsio. Anrede an Papst Pius VI. ... und Sr. päpstlichen Heiligkeit Antwort. — [München 1782]: Vötter. 4 Bl. 8°
12: 4° Bavar. 2130–II, 1. 19.
12.440

Barth, Karl Friedrich: Anleitung zum Seidenbau. — Leipzig: Kayser 1837. VIII, 147 S. 8°
12: Oecon. 177e. 30. 33. 88. 89. 305.
12.447

Barth, Carl Friedr., Anleitung zum Seidenbau. 8. (9 3/4 B.) Leipzig 837, [Peter.]

— Puppen- u. Kleereiter, od. untrügl. Mittel, wie der Landmann sein Wintergetreide u. Kleeheu bei ungünstiger Witterung gegen das Verderben schützen kann. gr. 8. Leipzig 836. Kaysersche Buchh. (Beyer.) 1/6 ℛ

—— Puppen- u. Kleereiter, od. untrügl. Mittel, wie d. Landmann sein Wintergetreide u. Kleeheu bei ungünstiger Witterung geg. d. Verderben schützen kann. gr. 8. (3 1/4 B.) Leipzig 836, [Peter.] *

— Vater Oswald's Unterricht in Ackerbau, Viehzucht u. a. häusl. Verhältnissen des Landmanns; oder ausführl. Beschreibung, wie die Bewohner Goldenthals zu einer solchen Wohlhabenheit gelangten, daß ihr Dorf gemeinhin nur das Goldmacherdorf genannt wurde. Eine anmuthige und wahrhafte Geschichte für verständige Landleute. 2 Thle. gr. 12. Grimma 839, 40. Verlags-Comptoir. (à n. 1/2 ℛ) 1 ℛ

Barth, Karl Fr., Vater Oswald's Unterricht im Ackerbau, Viehzucht u. andern häusl. Verhältnissen des Landmanns ꝛc. Eine anmuthige und wahrhafte Geschichte für verständige Landleute. 3. Thl. (Mit Holzschnitten.) gr. 12. Grimma 841, Verlags-Comptoir. n. 2/3 ₰ (1.—3.: n. 1 2/3 ₰)

— Vocabularium. 1/2 gr. 8. (3 1/2 B.) Leipzig 839, K. Tauchnitz.
Als Anhang zu dess. Wörterb. d. latein. Sprache.

Barth, Karl Fr., welche Folgen werden die Ablösung der Dienste u. die Gemeinheitstheilungen wahrscheinlich nach sich ziehen? 8. Meißen 833. (832). Klinkicht u. S. 4 gr

— Wie die Goldenthaler Bauern reich wurden! oder Vater Oswalds gründlicher Unterricht im Futter-, Gemüse-, Kartoffel- und Tabacksbau. — Grimma [usw.]: Verl.-Comptoir 1851. VIII,356 S. 8° 7.
12.451

— Wie die Goldenthaler Bauern zu Mustern und Vorbildern für das ganze Land wurden! oder Vater Oswalds gründlicher Unterricht im Wein-, Hopfen- und Seidenbau, der Bienen- und Obstbaumzucht. — Grimma [usw.]: Verl.-Comptoir 1851. IV,202 S. 8° 7.
12.452

— Wie die Goldenthaler Bauern zu tüchtigen Landwirthen wurden! oder Vater Oswalds gründlicher Unterricht über die verschiedenen Bodenarten. — Grimma [usw.]: Verl.-Comptoir 1851. 241 S. 8° 7.
12.453

— Wie kann der Staat Brandunglück möglichst verhüten. Ein Beitrag zur Vervollkommnung unserer Brandkassen-regulative. — Meißen: Klinkicht 1830. 135 S. 8°
1: Fb 7882. 14. 88. 106.
12.454

— Wie wird Sachsen bei Einführung seines neuen Grundsteuersystems verfahren? — Leipzig: Böhme 1841. 72 S. 8° 14.
12.455

— Wörterbuch der lateinischen Sprache. Stereot.-Ausg. — Leipzig: Tauchnitz 1839. XIX,320 S. 8°
1: Wb 2177. 10. 207. 304.
12.456

— Wörterbuch der latein. Sprache. Stereotyp-Ausg gr. 8. Leipzig 839. K. Tauchnitz. 2/3 ₰ Ein Anhang hierzu ist: Vocabularium.

— — Neue, wohlfeile Ausg. Leipzig: Holtze 1866. XIX,320 S. 8° 15.
12.457

Barth, Karl Georg Christian: Der Freund der Natur und des gemeinen Lebens, ein Lesebuch für Freunde und Liebhaber von beiden, nebst einem Anhange Versuch einiger Volkspredigten ganz im gemeinfaßlichen Tone. Bdch. 1. Frankfurt a. M.: Eichenberg in Komm. 1790. X,195 S. 8° 17.
12.459

— Versuch in einigen Predigten. — Frankfurt a. M. 1793: Scheper & Sauerländer. 93 S. 8° 15. 111.
12.460

— Versuch in einigen Predigten. 8. Leipz. 793. Fr. Fleischer. 6 gr

— s. Hollikofer.

Barth, Karl Mildreich

Barth, K. Mldr., Beschreib. e. durch Erfahrung erpropten Erfindung, das Durchgehen der Pferde beim Fahren für die im Wagen befindlichen Personen gänzlich gefahrlos zu machen. Mit 1 Kpft. 4. Dresd. 812. (Arnold). 8 gr

Barth, Karl Mildreich: Beschreibung einer dem Publico annoch unbekannten und durch Erfahrung erprobten Erfindung, das Durchgehen der Pferde beim Fahren für die im Wagen befindlichen Personen und den Wagen selbst gänzlich gefahrlos zu machen. — Dresden [1812]: Gärtner. 8 S. 8° 14.
12.461

Barth, Kaspar

[—] [deutsch] Eigentliche Beschaffenheit und Erörterung der Streitigkeiten, welche aus Gelegenheit der Behmschen Verlassenschaft innerhalb 49. Jahren vorgefallen, vornehmlich aber der Forderungen des Johann Rhetzen und dessen Nachkommen, wie nicht weniger der Händel die desfals der Stadt Dantzig gemacht worden. [Übers.: Jakob Theodor Klein.] — Dantzig 1726: Th. J. Schreiber. 100 S. 2° 44.
12.501

[—] Brevis & modesta Demonstratio exhibens potissima, quae in tribus scriptis, Iustitia nempe causae Retzianae, Refutatione examinis actus cuiusdam iudicialis & Abrogatione responsi facultatis iuridicae Halensis, in favorem Retzianorum emanatis typisque impressis, cum factis, tum iuri, quo civitas Gedanensis utitur, contraria sunt, statui controversiarum & examini dubiorum mantissae loco inserviens. — Gedani 1727: Th. J. Schreiber. 35 S. 2° 44.
12.496

[—] Examen novissime casu inventi et Schmidebergs ad nos transmissi actus iudicialis, d. 23 August. anno 1683 ibidem expediti, super interrogatoria à parte Joannis Retz ad Christinam Wolffin directa, pariter Libelli memorialis ipsius Retzii, scabinatui Schmidebergensi d. 25 Aug. 1683 oblati. Gedani 1726: Th. J. Schreiber. 32 S. 2° 44.
12.497

[—] [poln.] Dyskwyzycya instrumentu sądowego, niedawno trafunkiem znalezionego, w Szmydebergu, d. 23. Sierpnia roku 1683. ułożonego do interrogatoryi, od Janâ Retzy, Krystynie Wolffownie podânych, się stosuiącego, nam z Szmydebergu przesłanego, oraz Suppliki Retza do sądu Szmydeberskiego d. 25. Sierpnia roku 1683. podâney. [Übers.: Theodor Buchholtz.] — w Gdańsku 1726: J. T. Szreyber. 22 S. 2° 44.
12.499

— Casp. Barthii Observationes ad D. Junii Juvenalis Scholia vetera et ad aliquot Catulli, Tibulli, Ovidii, Calpurnii, Plauti, Terentii, aliorumque locos ex eiusdem auctoris Adversariis commentariis a B. Spohnio repertis nunc primum ed. Franciscus Fiedler. — Vesaliae: Klönne & Mannberger 1827. XIX,235 S. 8° 1: Wc 800. 2. 4. 5. 7. 8. 10. 12: Philol. 15m. 15. 17. 20. 21. 27. 28. 30. 39. 45. 52. 300: +31 B 40.
12.478

Barth, Kasp., Observationes ad D. Junii Juvenalis scholia vetera et ad aliquot Catulli, Tibulli, Ovidii, Calpurnii, Plauti, Terentii, alior. locos ex ejusdem auctoris adversariis commentariis a B. Spohnio repertis nunc primum edidit F. Fiedler. 8maj. Vesaliae 827. A. Prinz. (Klönne.) 1 1/6 ₰

[—] Status et expositio controversiarum, occasione haereditatis Behmianae intra quadraginta novem annos subortarum inprimis vero postulatorum Johannis Rhetii eiusque successorum, nec non litis espropter civitati Gedanensi motae. — Gedani [1726]: Th. J. Schreiber. 27,87 S. 2° 44.
12.500

[—] — [deutsch] Gründliche Untersuchung des neulich ungefehr zu Schmiedeberg gefundenen, und anher geschickten gerichtl. Actus vom 23. August. Anno 1683. über die von Seiten des Johann Rhetz an die Christina Wolffin gestellte Interrogatoria, imgleichen der dem Schmiedebergschen Gericht den 25. Anno 1683. übergebenen Rhetzischen Bittschrifft. [Übers.: Jakob Theodor Klein.] — Dantzig 1726: Th. J. Schreiber. 24 S. 2° 44.
12.498

Barth, Konrad Adam: Mémoires de la Reine de Hongrie, ou les événemens intéressans arrivés dans le système de l'Europe après la mort de l'Empereur Charles VII. jusqu'au tems de l'élection de l'Empereur François I. [Verf.: Konrad Adam Barth.] — Francfort [usw.]: Knoch & Esslinger 1745. 199 S. 8°
1: Ql 2912[u.] 2913. 6. 7. 12: Eur. 503. 14. 16. 17. 20. 23. 24. 27. 29. 31. 34. 35. 41. 180. 300: 45 Q 48. 302.
12.503

Barth, Kornelius Josef: Unterricht für die Herren Landpfarrer, wie sie bey bedürftigen Kranken die lieben thätigen Natur in ihrem mühsamen Geschäfte ... unterstützen und erleichtern können. — [Aachen um 1810]: Vliex. 16 S. 8° 52.
12.504

Barth. Unterricht für Landpfarrer bei armen Kranken. *Aachen.* 1 8 2 1

Barth, Kurt *Emil:* Beiträge zur Kenntnis der komplexen Salze der schwefligen Säure ... (Aus: Zeitschr. f. physik. Chemie. IX. Bd. 2. Heft. 1892.) Leipzig, W. Engelmann, 1892; 48 S., 1 Bl. 8.
Leipzig, Phil. Fak., Inaug.-Diss. v. [16. März] 1892

Barth, L., Prof. d. Chemie, Innsbruck, später Wien, 1839-1890. 1865 s. *Barth* R[r] v. Barthenau, Ludwig.

Barth, L., aus St. Petersburg. 1868: **Beitrag zur Entwicklung der Darmwand.** — (Wien [1868].) 8 S. 8°
Aus: Sitzungsberichte d. K. Akademie d. Wissenschaften. Math.-naturw. Cl. 58,2. 1868. 302.
12.507

Barth, Beitrag zur Entwickelung der Darmwand. Lex.-8. (8 S. mit 1 Stnt. in qu. 4.) Wien 869, (Gerold's Sohn.) *
Aus: Sitzungsberichte der k. Akademie der Wissenschaften, besonders abgedruckt.

Barth, Dr. (aus St Petersburg) Beitrag zur Entwicklung der Darmwand (mit 1 Taf.) S 58 II 18 . . . . — 50
Separatabdruck

Barth, L. F., s. Barth, Ludwig Ferdinand

Barth, L. H. W., mehrjährig sorgfältig angestellte Beobachtt.-üb. d. Gesichts-Schmerz. Mit Vorwort v. Prof. Dzondi. gr. 8. Leipz. 825. Herbig. 14 gr.

Barth, Lazarus [wirkl. Name]
s. Jakobi, F. [Pseud.]. A 12. 3370

Barth, Ludwig (Chemiker), s. Barth-Barthenau, Ludwig von

Barth, Ludwig
— Anleit. zur physisch-astronom. ꝛc. Kenntniß des Erdkörpers. gr. 8. Glückst. 806. (Hammerich in Altona). 1 ß 8 gr.

Barth, Ludwig, Pastor, Einbeck. 1794: **Anleitung zur phisischen, astronomischen, mathematischen, historischen und geographischen Kenntniß des Erdkörpers.** Dem Unterrichte junger Leute aus den gebildeten Ständen gewidmet. Glückstadt: Chr. Schneider 1806. VIII, 386 S. 8° 18. 35.
12.508

Barth, Ldw., die Errichtung u. Einführung stehender Armeen, ihre Veranlassungen u. Folgen. Aus K. Karl v. Robertsons Gesch. gezogen. 8. Glückst. 806. (Hammerich in Altona). 5 gr.

— **Die Errichtung und Einführung stehender Armeen** nach ihren Veranlassungen und Folgen ausgezogen aus Rotertsons [vielm. Robertsons] Geschichte der Regierung Kaiser Karl des Fünften. — Glückstadt: Chr. Schneider 1806. 14, 40 S. 8° 18.
12.509

[F.] **Barth,** Ludwig [Forstpraktikant]: Die Geschichte der Flösserei im Flussgebiet der oberen Kinzig. E. Beitr. z. Geschichte d. Schwarzwälder Schifferschaften. M. e. Karte u. e. archival. Beil. ... Karlsruhe, Druck v. F. Gutsch, 1895; 123 S., 1 Kt. 8.
München, Staatswirtsch. Fak., Inaug.-Diss. v. 1895

Barth, Ludwig, Dr., Forstassessor. 1901: **Zur Geschichte des Hagenschieß.** — Stuttgart 1901. 15 S. 4°
Aus: Aus dem Schwarzwald. 9. 1901. 21. 24. 31.
12.511

— **Predigt über 5. Buch Mosis V. 27.** — Göttingen 1794: Rosenbusch. 30 S. 8° 7.
12.510

Barth, Ludwig Ferdinand
Barth, L., Predigt bei der Einweihungsfeier der St. Johanniskirche in Gera, am 18. Septbr. 1885 gehalten. gr. 8. (13 S.) Gera 885, Griesbach's Verlag.

Barth, L. F., Rede zur Erinnerung an den 2. Septbr. 1870 auf dem Markte zu Gera am 2. Septbr. 1871 geh. gr. 8. (8 S.) Gera 871. Griesbach. — 15

Barth, Ludwig Ferdinand: Trost- und Lebensworte an Trauerstätten. Eine Sammlung von Leichen- und Grabreden. Bdch. [1.] 2. — Gera: Griesbach 1869–75. 8°
26. 27. 29. 30[*2].
12.512

— — 2., verm. Aufl. [1.] Ebd. 1870. 182 S. 8°
12: Hom. 2002 t.
12.513

Barth, LF, Trost u. Lebensworte an Trauerstätten. 8. Afl. 8. (182) Gera 70, Griesbach. n. — 18

— — 3., verb. u. verm. Aufl. [1.] Ebd. 1871. VI, 205 S. 8° 2.
12.514

—— Trost- u. Lebensworte an Trauerstätten. 1. Bdchn. 5. Afl. 8. (205) Ebd. 71. n. 3. — ‖ 2. Bdchn. (164) n. 2. 40; geb. n. 3. —

— — 5. Aufl. [1.] Ebd. 1874. VI, 205 S. 8° 5. 17.
12.515

— — 5. Aufl. Bdch. 1. Ebd. 1875. VI, 205 S. 8° 29.
12.516

Barth, L. F., Trost- und Lebensworte an Trauerstätten. Eine Sammlung von Leichen- und Grabreden. 2. Bdchn. 8. (VI, 164 S.) Gera 875, Griesbach's Verlag. * ℳ 2,40.; geb. *
1. Bdchn. Ebendas. 1874. geb. * ℳ 3.

— — 6., verm. Aufl. [1.] Ebd. 1886. VII, 290 S. 8°
3. 4. 10. 26.
12.517

Barth, L. F., Trost- u. Lebensworte an Trauerstätten. Eine Sammlg. v. Leichen- u. Grabreden. 7. verm. Aufl. (VII, 311 S.) gr. 8. Gera 903. [P. Stoetzner.] W.-Jena, Thüring. Verlagsanstalt. n. 5. —; geb. n. 6. —

Barth, L. F., Trost- u. Lebensworte an Trauerstätten. Eine Sammlg. v. Leichen- u. Grabreden. 19.—21. Taus. (VII, 311 S.) gr. 8. Gera (905). Hildburghausen, Thüringer Verlags-Anstalt. 6. —

Barth, LF: Trost- u. Lebensworte an Trauerstätten. Sammlg v. Leichen- u. Grabreden. 19—21. Taus. (311) gr8° Gera (05). Kahla, Thüringer Verl.-Anst. 6 — d

Barth, M. (Direktor d. Landwirtschaftl. Versuchsstation), s. Barth, Max

Barth, M.: Annaberga, s. Barth, Michael

Barth, M., die Verfassung des deutschen Reiches. Nördlingen 1871. 8.

Barth, M. C. G., De recitatione et retractatione veterum, ad mentem sententiamque C Plinii Caecilii Secundi. Hab. 1701. 33 S. 4°. 1.—

BARTH, Marquard Adolph (Eichstätt): Beiträge zur Lehre vom Haupt-Eid im Civilprozesse, vom Standpunkte der Philosophie und Legislation, des römischen und des heutigen gemeinen Rechtes. – Augsburg: Schlosser 1832. 4 Bl., 70 S., 1 Bl.
17.1.1832 – Urk (Titel: Ad disciplinam de iureiurando litisdecisorio annotationes.); F 48
Diss. Ingolst.-Landsh.-Mchn.

Barth, Marquard Adolf: Beiträge zur Lehre vom Haupt-Eid im Civilprozesse, vom Standpunkte der Philosophie und Legislation, des römischen und des heutigen gemeinen Rechtes. — Augsburg: Schlosser 1832. 69 S. 8°
Zugleich Diss. München 1832.
1: Fm 14714. 7. 8. 15. 21. 25. 27. 28. 45.
12.523

Barth, Marq. Ad., Beiträge z. Lehre vom Haupt-Eid im Civilprozesse, v. Standpunkte d. Philosophie u. Legislation, d. römischen u. d. heutigen gemeinen Rechtes. Inaug.-Dissert. 8. (5 B.) Augsburg 833, Schlosser. Thlr.

— **Bericht des Abgeordneten für Rothenburg-Windsheim** [d.i. Marquard Adolf Barth] an seine Wähler in's Zollparlament. Juni 1868. — (Kaufbeuren [1868]: Dorn.) 11 S. 8°
46.
12.524

Barth, M. A., auserlesene Dissertationen, s. Sammlung.

Barth, Marq. Ad., die Erde u. ihre Bewohner. s.a. Erde.

(—) Die Erde und ihre Bewohner. — Augsburg: Schlosser 1833. 104 S. 4° 12: 4° Geo. U. 1.
12.525

— über Gymnasien, als allgemeine gelehrte Bildungsschule, mit Rücksicht v. Bayern, nebst einleitenden Bemerkk. üb. Menschenwesen, Erziehung ec. 8. Augsb. 834. Schlosser. 1/4 ₰

— Commentar [Kommentar] zur neuen Civilprozeßordnung für das Königreich Bayern. Bd 1–3. — Nördlingen: Beck 1869–71. 8° 1: Gp 2109. 3. 7. 9. 12: Bavar. 104. 19→22. 29. 106. 203. 208. 209.
12.526

— über Landesverschönerung als Gegenstand d. Staatsvorsorge. Nebst einer vorbereitenden Abhandlung üb. d. Menschen, d. Familie u. den Staat. 8. Augsb. 834. Schlosser. 1/4 ₰

— Civilistisches Promptuarium oder Realencyklopädie des gemeinen Civilrechtes und Civilprocesses. In alphabetischer Ordnung nach dem gegenwärtigen Standpunkte der Wissenschaft bearbeitet. Bd 1,1.2. — Augsburg: Schlosser 1837. 192 S. 8° 12: Jur. is. 10b. 16. 19.
12.527

— Rede über das Oberhaupt, in der 154sten Sitzung der deutschen Nationalversammlung. — (Frankfurt a. M. [1849]: Horstmann.) 8 S. 8° 7. 14. 30.
12.528

Barth, Marq. Ad., Samml. auserles., theils urspr. deutsch., theils aus d. Latein. übers. Dissertationen aus d. Gebiete d. gem. Civilrechtes u. Civilprocesses. 1r Bd. 4 Lfrgg. 2r Bd. 3 Lfrgg. 3r–5r Bd. à 4 Lfrgg. gr. 8. Augsb. 835–40. v. Jenisch u. Stagesche Buchh. (à Lfrg. n. 1/2 ₰) 9 1/2 ₰ 1r–4r Bd. 2e Aufl. gr. 8. Ebd. 838–40. (1r Bd. 2 2/3 ₰ 2r Bd. 2 ₰ 3r Bd. 2 2/3 ₰ 4r Bd. 2 2/3 ₰) 10 ₰

— Sammlung auserles., theils ursprüngl. deutscher, theils a. d. Lat. übersetzt. Dissertationen aus d. Gebiete d. gemeinen Civilrechtes u. Civilprocesses. 1—4. Bd. (1. Bd. 4 Lfgn., 2. Bd. 3 Lfgn., 3. u. 4. Bd. à 4 Lfgn.) gr. 8. (à Lfg. ca. 8 B.) Augsburg 835—41, v. Jenisch- u. Stage'sche Buchh. [1. 1. Aufl. 835., 2. A. 839. à 2 2/3 Thlr., 2. 2 Thlr., 3., 4. à 2 2/3 Thlr].

Barth, Marq. Ad., Sammlung auserlesener Dissertationen aus dem Gebiete des gemeinen Civilrechtes u. Civilprozesses. 5. Bd. 1. u. 2. Liefg. gr. 8. Augsburg 841—41, v. Jenisch u. Stage'sche Buchh. à 1/2 ₰

— Vorzeit u. Gegenwart, s. Vorzeit.

Barth
— Matthias Josef (Heinsberg), De nonnullis epidemiis et epizootiis simul regnantibus earumque mutua indole contagiosa. Diss. med. Bln. (Friedländer) 18. IX. 1835. 32 S. mit Biogr. (Mutter: Hel. Mertens.) (4.—)
Oppon.: E. Pochhammer, M. Graeff, J. Mertens. — Gew.: M. J. Mertens.

Barth, Matthias W.: Eine geschichtliche Beschreibung der alten Stadt Trier. — Chicago 1896: Kessler. 32 S. 8°
121.
12.529

Barth, Max, über die hygienische Bedeutung des Trinkwassers, s. Schriften der naturforschenden Gesellschaft in Danzig.

Barth, Max, Direktor d. Landwirtschaftlichen Versuchsstation, Rufach. 1884: **Die Blattfallkrankheit der Reben und ihre Bekämpfung.** Von Max Barth-Rufach. — Gebweiler 1891: Dreyfus. 16 S. 8° 17.
12.530

— — 3., verb. u. inhaltlich verm. Aufl. Ebd. 1892. 16 S. 8°
17. 30. 44.
12.531

— — 4., umgearb. u. wesentlich verm. Aufl. Ebd. 1896. 28 S. 8° 17. 26.
12.532

— **Die künstlichen Düngemittel** im Getreide-, Futter- und Handelsgewächsbau mit bes. Berücks. d. Phosphate. 2., verm. Aufl. — Berlin: Parey 1893. VIII, 224 S. 8°
1. Aufl. s. *Barth:* Studie über Phosphate u. Phosphatkunstdünger. 1892.
1: Ow 7789³. 17. 33. 46. 91. 106.
12.533

— **Die Düngung des Hopfens** und die unterelsässischen Hopfendüngungsversuche. Von Barth-Rufach. — Gebweiler 1893: Dreyfus. 16 S. 8° 17.
12.534

Barth, Max *(geb Strehlen in Schles. 9. 10 1855)*: Ueber die Einwirkung der Halogene Jod und Brom auf Natriumäthylat. Breslau 1876. (29 S.) 8°
Breslau, Phil Diss. v 4 März 1876

Barth, *Max* Über das Einwirkungsprodukt von Ammoniak auf Methylaethylketon. 4 (28 S).
Progr. Landwirtschaftl. Sch *Marienberg b. Helmstedt* 1889

Barth, Max: Elektro-Ingenieur-Kaldr, s: Hirsch, Arth. H.

— **Die Kellerbehandlung der Traubenweine.** Kurzgefaßte Anleitung zur Erzielung gesunder klarer Weine. — Stuttgart: Ulmer 1897. VIII, 113 S. 8° 17. 24. 30. 201.
12.535

— — 2., verb. Aufl. bearb. von Richard Meißner. Ebd. 1903. VIII, 126 S. 8° 17. 24.
12.536

— — 3., verb. Aufl. bearb. von Richard Meißner. Ebd. 1907. VIII, 141 S. 8° 24. 208.
12.537

— **Die Obstweinbereitung** mit bes. Berücks. d. Beerenobstweine. Eine Anleitung zur Herstellung weinartiger und schaumweinartiger Getränke aus den Früchteerträgnissen der Gärten und Wälder. — Cannstatt: Chem. Laboratorium (1886). VII, 72 S. 8° 24. 201.
12.539

Barth, Max, die Obstweinbereitung mit besond. Berücksicht. der Beerenobstweine. Eine Anleitung zur Herstellung weinart. und schaumweinart. Getränke aus den Früchteerträgnissen der Gärten und Wälder, leichtverständl. dargestellt. gr. 8. (VII, 72 S. mit 15 in den Text gedr. Holzschn.) Stuttgart 887, Ulmer. *

— — 2., verm. u. verb. Aufl. Ebd. 1889. VII, 78 S. 8°
24. 36. 201.
12.541

—— 3., verm. u. verb. Aufl. Ebd. 1894. VIII,71 S. 8°
17. 24. 26.
12.542

—— 4., verm. u. verb. Aufl. Ebd. 1897. VIII,81 S. 8°
24. 42.
12.543

—— 5., verm. u. verb. Aufl. bearb. von H. Becker. Ebd. 1900. VIII,81 S. 8°
24. 201.
12.544

—— 6., verb. Aufl. bearb. von C. von der Heide. Ebd. 1906. VI,82 S. 8°
12: Oecon. 2043n. 24.
12.545

— Statik d. Obstbaues, s.: Steglich.

— Studie über Phosphate und Phosphatkunstdünger. Die rationelle Anwendung der künstlichen Düngemittel im Getreide-, Futter- und Handelsgewächsbau, gestützt auf in Elsaß-Lothringen ausgeführte Versuche. — Straßburg 1892: Elsässische Dr. IX,186 S. 8°
2. Aufl. s. *Barth:* Die künstlichen Düngemittel im Getreide-, Futter- u. Handelsgewächsbau. 1893.
16. 17. 26. 106.
12.540

BARTH, MAX.
Die Weinanalyse. Kommentar der im kaiserlichen Gesundheitsamte 1884 zusammengestellten Beschlüsse der Kommission zur Beratung einheitlicher Methoden für die Analyse des Weines. Zugleich ein Leitfaden zur Untersuchung und Beurtheilung von Weinen, für Chemiker und Juristen bearbeitet. Mit einem Vorwort von J. Nessler. Hamburg und Leipzig, 1884. vii-[ii]-71, 24mo. Ill.

— Die Weinanalyse. — Hamburg [usw.]: Voss 1884. VII, 71 S. 8°
5. 18. 24. 36. 41. 84. 90. 202. 302.
12.550

Barth, Maximilianus: Über das Aldehydodiacetonamin. Halis Saxonum: Assindiae 1881: Baedeker. 34 S. 8°
Halle-Wittenberg, Phil. Diss. v. [16. Mai] 1881
Geb. Gevelsberg (Kr. Hagen; Westf.) 16.7.1857 V.

Barth, Michael
— Annaberga, carmine heroico olim decantata a Mich. Barthio. (Hrsg.: Henricus Polycarpus Rabenstein.) — Annabergae: Hasper 1791. 90 S. 8°
1: Xd 8199. 7. 14. 15.
12.556

Barth, M., Annaberga, carmine heroico olim decandata. 8. Meissen 791. Goedsche. 4 gr.

Barth, Michael, Freigießer u. Spritzenmacher, Dresden. 1713: Ausführliche Nachricht, wie man mit denen Schlauch-Spritzen ... sowohl in als ausserhalb Feuers-Gefahr geschickt umgehen und sie auf lange Jahre conserviren und erhalten solle. — o. O. 1713. 4 Bl. 8°
3.
12.573

Barth, O, s: Bücherei d. „Landwirtschaftl. Umschau": Was lehren d. bisher. Erfahrgn üb. d. Milchkontrollvereine.

Barth, Oskar, Gerichtsref. zu Cöln: Wesen und Inhalt der Erbschaftsklage nach bürgerlichem Rechte. *Cöln: Gebr. Brocker 1903.* (49 S.) 8° [F.]
Rostock, Jur. Diss. v. [22. Okt.] 1903

Barth, Frau Ottilie, im Kampfe gegen die Lungenschwindsucht. Was kann die Hausfrau zur Bekämpfung der Lungenschwindsucht beitragen? (26 S.) gr. 8. Leipzig 905. O. W. Barth (durch Fritzsche & Schmidt). n. 1. –

Barth, Otto, multiple Abdominalsarkome bei einem $3^1/_2$jährigen Mädchen, s. Beiträge zur pathologischen Anatomie und klinischen Medicin.

Barth, Paul
— Die Elemente der Erziehungs- und Unterrichtslehre. — Leipzig: J. A. Barth 1906. XI,515 S. 8°
1: Nd 3079. 2. 9. 11. 12: Paed. Th. 300h. 15. 16. 18. 20. 21. 26. 29. 30. 41. 45. 46. 75. 109. 207. 300: 443.552-B. 302. 303.
12.578

—— 2., durchges. u. erw. Aufl. Ebd. 1908. XII,584 S. 8°
5. 11. 14. 15. 18. 19. 25. 26. 47. 107. 204. 207. 300: 462.005-B. 302. 303.
12.579

Barth, Paul: Die Elemente d. Erziehgs- u. Unterr.-Lehre. Auf Grund d. Psychol. u. d. Philosophie d. Gegenwart dargestellt. 3. Afl. (12, 644) gr8° Lpzg, JA Barth '11. 7.50; L 8.50 ‖ 4. u. 5. Afl. (12, 695) '12. 8 —; L 9 —

— Die Gesch. d. Erziehg in soziolog. u. geistesgeschichtl. Beleuchtg. (8, 620) gr8° Lpzg, OR Reisland '11. 9 —; geb. 10.20

Barth, Paul [Dr.]: Die Geschichtsphilosophie Hegel's und der Hegelianer bis auf Marx und Hartmann. Ein kritischer Versuch. Leipzig. O. R. Reisland, 1890; 3 Bl. + 148 S. + 1 Bl. 8°
Leipzig, Phil. Fak., Hab.-Schr. v. 26. Apr. 1890

— Die Geschichtsphilosophie Hegel's und der Hegelianer bis auf Marx und Hartmann. — Leipzig: Reisland 1890. 148 S. 8° Zugleich Univ.-Schrift. Leipzig 1890.
1: Nm 8680. 3. 5. 10. 11. 12: H. Un. 19nf. 14. 15. 17. 19. 20. 21. 24→30. 38. 39. 43. 44. 106. 109. 121. 169. 207. 208. 300: 424.351-B. 302→304.
12.590

Barth, Paul, Tiberius Gracchus. Trauerspiel in 5 Aufzügen. 8. (III, 116 S.) Leipzig 893. Dresden, C. Reißner. n. 1. 50

—— 2., veränd. Aufl. Ebd. 1893. 119 S. 8° 32. 41. 109.
12.593

Barth, Paul. David Hess. 1770—1843. Populärer Vortrag, gehalten ... zu Basel am 18. November 1906. Separatabdruck aus den «Basler Nachrichten», Nr. 328 ... [bis] 334 vom 1. ... [bis] 7. Dezember 1906. 33 S. 8. [Basel, Basler Berichthaus.]

Barth, Paul: Die Naturschilderg in Senancours Obermann. (8, 86) gr8° Halle, M Niemeyer '11. 2.40

— Die Philosophie der Geschichte als Soziologie. T. 1. — Leipzig: Reisland 1897. XVI,396 S. 8°
1. Einl. u. kritische Übersicht. 1: Nk 2911. 2. 3. 5→11. 12: Ph. U. 29h. 14. 15. 16. 19. 20. 21. 24→31. 39. 43. 46. 47. 51. 64. 86. 106. 169. 180. 204. 205. 207. 208. 302→304.
12.602

Barth, Paul. Ratschläge und Winke aus dem Gebiete der Häuslichen Gesundheits- und Krankenpflege. Kurzer Leitfaden für Schule und Haus. 36 S. 8. Basel, Helbing & Lichtenhahn, 1907. [fr.—.60]

Barth, P., Schlaf u. Sonntag u. deren gesundheitliche Bedeutung. Vortrag, geh. bei der Jahresfeier der aarg. Gesellschaft f. Sonntagsheiligg. den 30. VIII. 1898 in der Kirche zu Brugg. 8. (16 S.) Basel 899. C. F. Lendorff. n. — 20

Barth, Paul. Über Schulgesundheitspflege. [Illustriert. — Separatabdruck aus: Freiwillige Schulsynode von Basel-Stadt. 1. Jahresbericht. 1891—1900.] 12 S. 8. [Basel, Emil Birkhäuser, 1901.]

— Die Stoa, s.a. Frommanns Klassik. d. Philosophie. XVI.

— Die Stoa. — Stuttgart: Frommann 1903. 191 S. 8° (Frommann's Klassiker d. Philosophie. 16.)
1: Nh 6222-16. 2→11. 12: Ph. U. 92t-16. 14→21. 24. 25. 26. 28→31. 33. 36. 38. 41. 44. 45. 52. 62. 84. 88. 106. 109. 121. 180. 208. 300: 403.808-B. L. 16. 302. 303.
12.607

—— 2., durchges. u. sehr erw. Aufl. Ebd. 1908. 312 S. 8° (Frommanns Klassiker d. Philosophie. 16.)
11. 15. 18. 19. 21. 24. 26. 27. 30. 35. 41. 47. 60. 61. 79. 93. 109. 207. 302.
12.608

Barth, P. Für gesunde und kranke Tage. Kurzer Leitf. f. d. Unterr. in der Gesundh.- u. Krankenpflege in d. Kochschule f. Fabrikarbeiterinnen der Gemeinnütz. Gesellsch. zu Basel. In-16°. 23 S. Basel, Akad. Buchh. 1895 — 25

Barth, Paul, s. gesunde u. kranke Tage. Kurz. Leitfdn. f. d. Unterr. i. d. Gesundheits- u. Krankenpflege i. d. Kochschule f. Fabrikarbeiterinnen d. gemeinnütz. Gesellschaft z. Basel. gr. 16. (23 S.) Basel 895. C. F. Lendorff. n.n. —25

Barth, Paul: Der französische Unterricht in der sechsten Klasse der sächsischen Realschulen. *Oschatz 1901: F. Oldecop's Erben.* (S. 1—34.) 4° [Umschlagt. T.]
Oschatz, st. R m. PG, OP 1901 (627)

Barth, P. De infinitivi apud scaenicos poetas Latinos usu. Diss. 1881. 66 S.

Barth, Paul, de infinitivi apud scaenicos poetas latinos usu. gr. 8. (VII, 66 S.) Berlin 882. Calvary & Co. n. 1. 60

—s: Vierteljahrsschrift f. wissenschaftl. Philos. u. Soziol.

— Was ist „Christian Science" (Christl. Wiss.)?. s.: Schlatter. Wilh.

Barth, Paul, welche Beweggründe giebt es zum sittlichen Handeln? s.a. **Hochschul-Vorträge f. Jedermann.** 15.

— Welche Beweggründe giebt es zum sittlichen Handeln? Vortrag. — Leipzig: Seele 1899. 19 S. 8° (Hochschul-Vorträge für jedermann. 15.) 1:Ag 7229-15. 6. 12: Var. 329 wx-15. 15. 16. 22. 44. 207. 302.
12.610

Barth, Ph. Josef s. *Barth*, **Josef.**

Barth, R. (Arzt), s. Barth, Richard

Barth, R. (Musikdirektor), s. Barth, Richard

Barth, R., Guido de Columna. Beitr. zur Dares-Frage. Diss. 1877. 88 S.

Barth, R.: Freuet euch in d. Herren (u. ähnliche Schriften), s. Barth, Rudolf

Barth, R.: Lateinisches Lese- und Übungsbuch, s. Barth, Robert

Schüler- und Lehrerfahrten nach der Wasserkante, veranstaltet von der Ortsgruppe Eisenach des D. F.-V., mit besonderer Betonung der Thüringer Lehrer-Flottenfahrt 1908, bearb. v. R. Barth und H. Ackermann. Eisenach. (1908.) 8°

Barth, R., u. H. Ackermann, Schüler- u. Lehrerfahrten nach der Wasserkante, veranstaltet v. d. Ortsgruppe Eisenach des D. F.-V., mit besond. Betong. der thüringer Lehrer-Flottenfahrt 1908. Im Auftrage des Vorstandes bearb. (72 S. m. Abbildgn.) 8. Eisenach 909. Hofbuchdr. Eisenach (H. Kahle). nn —50

Barth, R.: Selbstverständliche Wahrheit der Graphologie, s. Barth, Rosa

Barth, R. M. s. *Barth*, **Rosa.**

Barth, Reinhold: Ueber einige Derivate des 1-Phenyl-3-5-Pyrazolidons sowie über das 1-p-Bromphenyl und 1-p-Chlorphenyl-3-5-Pyrazolidon und deren Derivate. Rostock 1910: Hinstorff. 97 S. 8°
Rostock, Phil. Diss. v. 29. April 1910, Ref. Michaelis
[Geb. 8. Jan. 81 Quedlinburg; Wohnort: Rostock; Staatsangeh.: Preußen; Vorbildung: Gymn. Quedlinburg bis M. 98, pharm. Staatspr. 06; Studium: Braunschweig Techn. Hochsch. 6, Rostock 5 S.; Rig. 26. April 10.] [U 10. 3937

Barth, Richard

Barth, Rich., s.: Brahms, Johs, im Briefwechsel m. JO Grimm.

Barth, Richard, Musikdirektor, Hamburg. 1904: **Johannes Brahms und seine Musik. — Hamburg: Meißner 1904. 61 S. 8° 14. 18. 107. 302.**
12.620

— — 2. Aufl. Ebd. 1904. 61 S. 8° 1: Mus. Db 1636². 10.
12.621

Barth, Rich. Diät u. Wegweiser f. Leberkranke, s. Sammlung medizinischer Wegweiser.

Barth, Richard, Arzt, Berlin. 1889: **Diät und Wegweiser für Leberkranke. 2. Aufl. — Berlin: Steinitz 1889. 52 S. 8° (Sammlung medizinischer Wegweiser. 6.) 1: Ic 2542-6.**
12.618

— — 3. Aufl. Ebd. (1907). 64 S. 8° (Sammlung medizinischer Wegweiser. 6.) 1: Ic 2542³-6. 62.
12.619

Barth, Richard, Referendar: Die Zahlung des Wechsels an den unbefugten Inhaber. Borna-Leipzig 1910: Noske. IX, 75 S. 8°
Bonn, Jur. Diss. v. 20. Okt. 1910, Ref. Cosack, Schreuer
[Geb. 22. Sept. 85 Illingen b. Saarbrücken; Wohnort: Frankfurt a. M.; Staatsangeh.: Preußen; Vorbildung: Kaiser-Friedrichs-Gymn. Frankfurt a. M. Reife O. 05; Studium: München 2, Kiel 1, Berlin 1, Bonn 2 S.; Rig. 5. Aug. 10.] [U 11. 366

Barth, Richard *Robert Ernst* [aus Leipzig]: Die geotropischen Wachstumskrümmungen der Knoten ... Leipzig-R., Druck v. O. Schmidt, 1894; 39 S. 8.
Leipzig, Phil. Fak., Inaug.-Diss. v. [22. Nov.] 1894

Barth, Robert

Barth, Rob., lateinisches Lese- u. Uebungsbuch mit vollständigem Vocabular für Sexta u. Quinta. gr. 8. (XX, 150 S.) Leipzig 879. Gräbner. n. 1. 60

Barth, Rosa

— Edith oder wo die Lebensströme rauschen, wird der heiße Durst gestillt. Eine Erzählung aus der christlichen Frauenwelt. — Lorch: Rohm 1905. 76 S. 8° 24.
12.632

— — 2. Aufl. Ebd. 1910. 61 S. 8° 12: P. o. germ. 77 dt. 24.
12.633

— Gedanken über die Graphologie, ihren Nutzen und Segen, bezüglich Karakterbildung, Selbst- und Menschenkenntnis. — Lorch: Rohm [1903]. 16 S. 8° 12: Graph. 1001 u. 24.
12.630

— Marianne's Glück-Suchen. Erzählung. — Lorch: Rohm 1910. 92 S. 8° 12: P. o. germ. 77 ds. 24.
12.637

— Der Herr behüte Dich! Geleitworte auf den Lebensweg für junge Mädchen. — Lorch: Rohm 1906. 63 S. 8° 24. 107.
12.640

— Der Sonne zu! Gedichte. — Stuttgart: Steinkopf 1910. 111 S. 8° 24.
12.647

— Temperament und Handschrift. — Lorch: Rohm 1910. 24 S. 8° 12: Graph. 1001 v. 24.
12.649

Barth, R., die selbstverständliche Wahrheit d. Graphologie. Mit erklär. Schriftproben. (77 S.) kl. 8. Stuttgart 907. (Lorch, K. Rohm.) Geb. in Leinw. 1. 80

— Die selbstverständliche Wahrheit der Graphologie. Mit erklärenden Schriftproben. — (Stuttgart): Selbstverl. 1907. 77 S. 8° 12: Graph. 1001 r. 24.
12.653

Barth, Rudolf

Barth, Rud.: Festklänge f. Posaunenchöre, s: Hager, A.

Barth, R: Freuet euch in d. Herrn allewege, s.: Hager, A.

Barth, Rudolf (Hrsg.), s. Kinderlust. Liederbuch.

Barth, R., Kinderlust, s.: Grönning, W.

Barth, Rud., geistliche Volkslieder, f. Sopran, Alt, Tenor u. Baß gesetzt. gr. 8. (16 S.) Gütersloh 893. C. Bertelsmann. n. — 40

Barth, Samuel: Bileam oder die Weisheit der Welt in ihrem Wesen dargestellt und gerichtet. Predigt. — Bayreuth: Grau 1852. 16 S. 8° 12: Hom. 1801–6.
12.650

(Barth, Samuel.) Zur Erinnerung an Frau Pfr. Sara Barth geb. Lotz. Geboren den 1. November 1817. Gestorben den 18. Januar 1888. (Leichenrede gehalten von Herrn Pfarrer S' B'.) 8. Basel 1888.

Barth, Samuel. Zur Erinnerung an Herrn Benedikt Stahelin-Bischoff. Personalien und Leichenrede gesprochen den 21. December 1886 in der St. Leonhardskirche zu Basel. [Mit Porträt-Tafel.] 8. [Basel.]

— Gedächtniß-Predigt gehalten bei der hundertjährigen Jubelfeier der reformirten Kirche in Bayreuth am 17. Februar 1856. — Bayreuth: Giessel 1856. 17 S. 8°
12: Bavar. 4089–34.
12.660

Barth, Sam. Die Mägde in der Bibel. 10 Betrachtgn. 12. (95 S.) Basel 889, [Spittler.] Jaeger u. Kober. * — 50; geb. * — 80

Barth, S. Die Mägde in der Bibel. 10 Betrachtungen. In-12°. 95 S. Basel, C. F. Spittler. 1890 — 60, gebd. 1 —

— Theophil Stähelin. Lebensgeschichte eines Basler Pfarrers. — Basel: Jaeger & Kober 1897. 96 S. 8° 18.
12.661

Barth, S[amuel]. Schwester Trinette (Catharina Bindschedler). Ein Diakonissenleben. [Mit 1 Tafel.] 8. Basel 1883.

Barth, S., Schwester Trinette. Ein Diakonissenleben. (71 S.) 1883; 2. Aufl. 8. (80 S. mit 1 Holzschn.) Basel 881, Detloff's Buchh. *

Barth, Soeren Christian
Barth S. C. de: Description motivée d'un nouvel équipage de selle avec paquetage et bridage pour le cavalier, inventé et construit p. —. Wandsbeck. 1857. 126 S. 4 Tvl.

— - [deutsch] Die Ring- oder Serpan-Reitstange und der Feld-Kettenhalfter. — Wandsbeck 1858: (Körner in Altona). 11 S. 8° 32. 209.
12.667

Barth, S. Chr. v., die Ring- oder Serpan-Reitstange u. der Feld-Kettenhalfter, ein Supplement zum Sattelungssystem. Wandsbeck 858. (Altona, Uflacker.) 8. (11 S. u. 2 lith. Taf. in 4.) nn. 12 ngr

— neues Sattelungssystem dargestellt in einer motivirten Beschreibung einer neuen Reitequipage nebst Bepackung für den Cavaleristen. Inventirt und construirt. Kopenhagen 858. (Altona, Uflacker.) 8. (X, 120 S., lith. Titel u. 4 lith. Taf. in 4.) n. 25 ngr

— nouveau système de harnachement pour la cavalerie présenté dans une description motivée d'un nouvel équipage de selle avec paquetage et bridage pour la cavalerie. Wandsbeck 857. (Altona, Uflacker.) 8. (1 Bl., XII, 129 S., lith. Titel u. 4 lith. Taf. in 4.) n. 25 ngr

— Supplément pour le Système de harnachement. — Itzehoe 1861: Pfingsten. 34 S. 8° 8.
12.660

Barth, T. (Wirtschaftspolitiker), s. Barth, Theodor

Barth, Tb., s. Barth, Tobias

Barth, Th. (Wirtschaftspolitiker), s. Barth, Theodor

Barth, Theodor, Dr. jur., Wirtschaftspolitiker, M. d. R., 1849–1909.
1877 s. *Andenken*, Dem, Dr. Theodor Barths. 1909.

— Neue Aufgaben des Liberalismus. — Berlin: Hilfe 1904. 14 S. 8° 1: Fc 4635. 7. 11.
12: J. publ. G. 969 l. 17. 19. 24. 30. 60. 61. 107. 203.
12.668

Neue Aufgaben des Liberalismus. Nach einer in München 1904 geh. Rede über 'Liberalen Revisionismus'. Von Dr. Theodor Barth. Berlin-Schöneberg: Hilfe 1904. (14 S.) 8° [F.]

— u. Rud. Breitscheid, die Aufgaben der demokratisch. Vereinigung, s.a. Flugblätter, demokratische. Nr. 2.

— Die Aufgaben der demokratischen Vereinigung. Von Theodor Barth u. Rudolf Breitscheid. — Berlin: Concordia [1909]. 19 S. 8° (Demokratische Flugblätter. 2.)
1: F 600–2. 11. 60. 203.
12.669

— — Berlin [um 1910]: Rinka. 18 S. 8° (Demokratische Flugblätter. 2.) 30.
12.670

Barth. T. s.: Beiträge, krit., z. herrsch. Wirthschaftspolitik.

Barth, Th., die Besteuerung der indirecten Einfuhr, s.a. Blätter, freihändlerische.

— Die Besteuerung der indirecten Einfuhr ... Nebst e. Anh. über die Schifffahrtsbegünstigungen in Frankreich. Berlin: Simion 1880. 64 S. 8° (Freihändlerische Blätter. 8.)
1: Fg 288–8. 2. 3. 10. 11. 12: Merc. 25 am–8. 14. 19. 25. 27. 29. 31. 33. 36. 38. 44. 46. 90. 106. 109. 203. 205.
12.671

— — Ebd. 1880. 64 S. 8° (Mittheilungen d. Vereins zur Förderung d. Handelsfreiheit. 13.)
1: Fg 286–13. 5. 8. 9. 15. 18. 38. 47. 48. 206.
12.672

— Schweizer Bilderbuch. Allerlei aus dem Vaterlande f. Kleine u. Große. Text v. Ernst Jenny. (33 S. m. farb. Abbildgn.) 34×28 cm. Basel-Zürich 908. (Basel, E. Finckh.) Kart. 6. —

Barth, Theodor, [und] Jenny, Ernst. Schweizer Bilderbuch. Allerlei aus dem Vaterlande für Kleine und Grosse. Von Th' B'. Text von E' J' (Basel). [33 S.] 4. Basel-Zürich, Manissadjian & Co.; Druck von Froese & Co., Basel, [1908]. [geb. fr. 6. —]

Barth, Theodor [aus Basel]: Ueber Diphenylaminderivate und Azine. Basel 1898. 43 S. 8°.
Basel. Phil. Diss. 1897/98.

Amerikanische Eindrucke. Eine impressionist. Schilderung amerikan. Zustände in Briefen von Theodor Barth. Berlin: G. Reimer 1907. (117 S.) 8° [F.]

Barth, Th., zur Entwickelungsgeschichte der heutigen reactionären Wirthschaftspolitik s.a. Zeitfragen, volkswirthschaftliche.

— Zur Entwicklungsgeschichte der heutigen reactionären Wirthschaftspolitik. — Berlin: Simion 1879. 35 S. 8° (Volkswirthschaftliche Zeitfragen. H. 5 = [Jg. 1, 5].)
1: Fe 630–1, 5. 2. 3. 5→8. 11. 12: Cam. 187 h–1, 5. 14→19. 21. 23→25. 27. 29. 30. 36. 38. 41. 43. 44. 47. 48. 52. 62. 84. 86. 93. 106. 109. 180. 203. 205. 206. 300: 110.630–B. 5. 302.
12.674

—— d. Erhöhg d. Holzzölle, s.a. Blätter, freihändler.

— Die Erhöhung der Holzzölle. Kritische Untersuchung. Berlin: Simion 1883. 37 S. 8° (Freihändlerische Blätter. 10.) 1: Fg 288–10. 2. 5. 10. 11. 12: Merc. 25 am–11. 14. 19. 25. 27. 29. 90. 203.
12.675

Barth, Theodor: Die Erhöhung der Holz-Zölle. Berlin: Simion 1883. 37 S. 8° (Mitteilungen d. Vereins zur Förderung der Handelsfreiheit. 15.)

— Die Erneuerung des Liberalismus. Ein politischer Weckruf von Theodor Barth u. Friedrich Naumann. — Berlin: Hilfe 1906. 33 S. 8°
Erschien zuerst in: Die Nation. 44-47. 1906 u. Die Hilfe. 35-37. 1906.
1: Fc 4644/4. 5. 11. 14. 17. 18. 26. 30. 38. 41. 44. 46. 60. 106. 203. 207. 302.
12.677

Barth, Theodor [app. Arzt aus Greiz i/V.]: Ein Fall von Lymphangiosarkom des Mundbodens u. Bemerkgn über d. sog. Endothelgeschwülste ... Jena, G. Fischer, 1896; 37 S., 1 Taf. 8.
Heidelberg, Med. Fak., Inaug.-Diss. v. [21. Okt.] 1895

— Der Freisinn im Block. Ein Kapitel aus d. Entwicklungsgeschichte d. Liberalismus. — Berlin: Concordia (1908). 28 S. 8° 1: Fc 4673. 11. 17. 21. 30. 60. 106. 169. 180. 203. 205. 300: 458.735–B.
12.678

— Die sozialdemokratische Gedankenwelt. — Berlin: Simion 1890. 70 S. 8° (Volkswirthschaftliche Zeitfragen. H. 95.96 – Jg. 12,7.8.) 1: Fe 630–12,7.8. 3. 5→8. 10. 11. 12: Cam. 187 h–12,7.8. 14→19. 21. 24→26. 29. 30. 31. 33. 38. 41. 44. 46. 47. 51. 52. 62. 79. 87. 93. 106. 109. 203. 205. 206. 300: 410.630–B. 95.96. 302.
12.679

— dasselbe. s.: Zeitfragen, volkswirthschaftliche.

Barth, Thdr., die sozialdemokratische Gedankenwelt. [Neuer Abdr. v.: „Der sozialist. Zukunftsstaat".] gr. 8. (70 S.) Berlin 890. Simion. n. 2. —

— Gegen die Getreidezölle. Rede. — Köln: 'Deutscher freisinniger Verein' 1885. 16 S. 8° 38. 106. 203.
12.680

— Liberalismus und Sozialdemokratie. — Berlin: Concordia [1908]. 39 S. 8° 1: Fc 4663. 14. 17. 30. 41. 44. 60. 109. 203. 300: 472.100–B. 302.
12.681

Barth, Th. s.a. **Nation, die.**

Die **Nation.** Wochenschrift f. Politik, Volkswirtschaft u. Litt. Hrsg. von Dr. Th[eodor] Barth. Jg. 1–24. Berlin: H. J. Meidinger in Komm. (2–17: H.S. Hermann in Komm.; 18 ff.: G. Reimer) (1883–1907). 24 Bde 4° [Z.]
1. 1883/84. 2. 1884/85 u. s. f. bis 23. 1905/06. 24, No 1–26. 1906/07. [07. 8446

— Die politische Phrase u. anderes, s.a. **Vorkämpfer deutscher Freiheit. 15. Heft.**

— Die politische Phrase und anderes. 9 politische Aufsätze aus d. 'Nation'. (Hrsg.: Hugo Kramer.) — München: Nationalverein 1910. 54 S. 8° (Vorkaempfer deutscher Freiheit. 15.)
1: F 846–15. 4. 7. 12: J. publ. G. 858 r–15 [2 Ex.] 14. 16. 19. 47. 203. 300: 484.761–B. 15.
12.682

— Politische Porträts. — Berlin: G. Reimer 1904. XIII, 161 S. 8° 1: Pb 5244. 5. 11. 12: Biogr. C. 19 te. 14. 16. 17. 28. 30. 31. 36. 44. 45. 46. 48. 60. 106. 109. 111. 202. 205. 300: 457.419–B.
12.683

Barth, Theod.: Politische Porträts Berlin Reimer 1904.
Inhalt Fürst Bismarck Ludw. Bamberger Ludw. Windthorst Graf Caprivi. Georg v. Siemens Franz v. Stauffenberg Königin Victoria von England Gladstone Kaiser Friedrich III. Georg v. Bunsen Cavour William Lloyd Garrison Heinr. Rickert Theod Mommsen. Alex Meyer. Karl Schurz.

– Die Präsidentenwahl u. d. Zollpolitik d. Verein. Staaten v. Amerika, s.a. Zeitfragen, Volkswirthschaftliche.

— Die Präsidentenwahl und die Zollpolitik der Vereinigten Staaten von Amerika. Vortrag. — Berlin: Simion 1888. 29 S. 8° (Volkswirthschaftliche Zeitfragen. H. 79 – Jg. 10,7.)
1: Fe 630–10,7. 2→8. 10. 11. 12: Cam. 187 h–10,7. 14→19. 21. 24. 29. 30. 38. 41. 44. 46. 47. 51. 52. 79. 86. 93. 106. 109. 203. 205. 206. 300: 410.630–B. 79. 302.
12.685

– Rede des Kieler Landtagsabgeordneten Theod. **Barth** über den Zolltarifentwurf. Gehalten in Nürnberg am 20. September 1901. (Kiel. Rotationsdruck der Kieler Zeitung (G.m.b.H.) Ohne bes. Titelblatt.) fol.

Das Reichsschiff im Schlepptau von Zentrum und Konservativen! Vortrag geh. 1904 in Stuttgart, anläßl. d. Tagung d. Süddeutschen Verbandes national-sozialer Vereine von Dr. Theodor **Barth.** (Nebst Diskussion.) Berlin-Schöneberg: Hilfe 1904. (36 S.) 8° [Z.] [04. 3809

— — 2. Aufl. Ebd. 1904. 36 S. 8°
7. 12: J. publ. G. 969 m. 30. 60.
12.687

– Scheinbare und wirkl. Sozialreform, s.a. Zeitfragen, Volkswirthschaftliche.

— Scheinbare und wirkliche Socialreform. Vortrag. — Berlin: Simion 1888. 27 S. 8° (Volkswirthschaftliche Zeitfragen. H. 73 – Jg. 10,1.) 1: Fe 630–10,1. 3. 5→8. 10. 11. 12: Cam. 187 h–10,1. 14→19. 21. 24. 26. 29. 30. 38. 41. 44. 46. 47. 51. 52. 60. 62. 79. 86. 93. 106. 109. 180. 203. 205. 206. 300: 410.630–B. 73. 302.
12.688

— Gegen den Staatssocialismus. 1884
s. *Bamberger*, Ludwig.

— gegen den Staatssocialismus, s.: Zeitfragen, volkswirthschaftliche.

– Die handelspolitische Stellung der deutschen Seestädte, s.a. Zeitfragen, Volkswirthschaftliche.

— Die handelspolitische Stellung der deutschen Seestädte. Berlin: Simion 1880. II,29 S. 8° (Volkswirthschaftliche Zeitfragen. H. 9 – Jg. 2,1.)
1: Fe 630–2,1. 2. 3. 5→8. 10. 11. 12: Cam. 187 h–2,1. 14→19. 21. 24. 27. 29. 30. 38. 41. 43. 44. 46. 47. 48. 52. 62. 79. 86. 93. 106. 109. 201. 203. 205. 206. 300: 410.630–B. 9. 302. 304.
12.689

— Sulla und Sertorius. Trauerspiel ... von Karl Walter [d. i. Theodor Barth]. — Bremen: Heinsius 1877. 77 S. 8°
29. 31.
12.690

Barth, Dr. Tabacksteuer und Tabackmonopol. Referat, abgestattet dem XVIII. volkswirthschaftlichen Congresse zu Posen am 3. Sept. 1878. gr. 8°. Bremen, Schünemann, 1878.

Barth, T., s. Vorkämpfer.

– Wandlungen im Welthandel, s.a. Zeitfragen, Volkswirthschaftliche.

— Wandlungen im Welthandel. Vortrag. — Berlin: Simion 1882. 28 S. 8° (Volkswirthschaftliche Zeitfragen. H. 27 – Jg. 4,3.)
1: Fe 630–4,3. 2. 3. 5. 6. 8. 10. 11. 12: Cam. 187 h–4,3. 14→19. 21. 24. 27. 29. 30. 36. 38. 41. 44. 47. 52. 62. 86. 93. 106. 109. 169. 203. 205. 206. 300: 410.630–B. 27. 302. 304.
12.692

— Was ist Liberalismus? Eine Gegenwartsfrage! — (Berlin): Hilfe 1905. 22 S. 8° Erschien zuerst in: Die Nation. 22. 1905.
4. 5. 12: Pol. g. 1044 l. 15. 17. 26. 28. 38. 41. 44. 61. 106. 203.
12.693

– Amerikanisches Wirthschaftsleben, s.a. Zeitfragen, Volkswirthschaftliche.

— Amerikanisches Wirthschaftsleben. — Berlin: Simion 1887. 31 S. 8° (Volkswirthschaftliche Zeitfragen. H. 68 = Jg. 9,4.)
1: Fe 630–9,4. 3. 5→8. 10. 11. 12: Cam. 187h–9,4. 14→19. 21. 24. 29. 30. 38. 41. 44. 46. 52. 62. 79. 86. 93. 106. 109. 180. 203. 205. 206. 300: 410.630–B. 68. 302.
12.694

— der socialistische Zukunftsstaat. Beitrag zur Kritik des heut. socialist. Staatsideals. Hrsg. vom Centralverein f. das Wohl der arbeit. Klassen zu Berlin. gr. 8. (52 S.) Berlin 879. Simion. n. 1. —

— Der socialistische Zukunftsstaat. Beitrag zur Kritik des heutigen socialistischen Staatsideals. — Berlin: Simion 1879. 52 S. 8° (Der Arbeiterfreund. 16, Suppl.)
In einzelnen Exemplaren fehlt d. Reihentitel.
1: an Fd 624–16 [u.] 2 in F 1022. 3. 4. 7. 11. 12: Cam. 187m–17, Suppl. 15. 17. 21. 24. 25. 30. 35. 43. 46. 82. 84. 86. 87. 117. 203. 205→208. 302.
12.695

Barth, Tobias

Barth, Tb.: Dissensuum in praxi praeprimis jure Saxon. occurr. Cent. I—X. *Dresd.*, Gerlach. (722—25.) 769. C. I—VI. n. Ed. 774. (Weygand in *Leipzig.*) 8. (3 Thl.)

Barth, Tobias: Dissensuum in praxi praeprimis iure Saxonico occurrentium, centuria ... auctore Tobia Barthio. Centuria 1–10. — Dresdae: Zimmermann & Gerlach 1722–25. 8° 1–3. 1722. 4–6. 1723. 7–10. 1725.
1–10 . . . . 4. 15. 29. 39.
1–6 . . . . 14.
1.4–6 . . . . 208.
1.7–10 . . . . 3.
1. . . . . 16.
2–10 . . . . 23. 26. 28. 78.
2–6. 10.
4–10 . . . . 45.
7–10 . . . . 2. 9. 17. 18. 19. 21. 33. 43. 106. 111.
12.697

— — Centuria 1–10. Ebd. 1724–36. 8°
1–10 . . . . 7. 33.
1–6 . . 2. 3. 9. 17. 18. 19. 21. 28. 106. 111. 117.
1–3 . . . . 45.
1 . . . . 78.
2–3 . . . . 208.
7–10 . . . . 23.
12.698

— — Centuria 1–10. Dresdae: Zimmermann & Gerlach (4–10: Gerlach) 1739–46. 8°
1–10 . . . . 1: Hi 5891. 19. 24. 66.
1–6 . . . . 8. 23. 33.
1–3.7–10 . . . . 18.
1–3 . . . . 43.
1.4–10 . . . . 21.
2.3. 2.
4–6 . . . . 7.
7–10 . . . . 5. 17. 39.
12.699

— — Centuria 1–10. Dresdae: Gerlach 1750–67. 8°
1–10 . . . . 20. 27.
1–6 . . . . 17. 39.
1–3 . . . . 7.
2.3 . . . . 21.
7–10 . . . . 3. 78. 208. 303.
12.700

— — Centuriae 6. Ebd. 1774. 912 S. 8° **3. 208. 303.**
12.701

Barth, Tob., Dissensuum in praxi jur. saxon. occur. Cent. X. 8. Dresd. 774. Beger. (Leipz., Weygand). 3 ₰

Barth, W., Dekan, Heidenheim, 1816–1886. 1843
s. *Barth*, Friedrich Wilhelm.

Barth, W. (Hofmaler), s. Barth, Wilhelm

Barth, W., Die landwirthschaftlichen und realistischen Anforderungen an die Volksschule. Ein offenes Sendschreiben an den Ausschuss des landwirthsch. Bezirks-Vereins in Leonberg. gr. 8°. Ulm, Wohler, 1864.

— Das Fortbildungswesen in Würtemberg, ein Muster für Elsass-Lothringen. Eine Studie, angesichts der Einführung der Reichsgewerbe-Ordnung im Reichslande verfasst. gr. 8°. Strassburg, Schmidt, 1888.

Barth, W., patriotische Gedanken über die erste Volksschulausstellung in Stuttgart. gr. 8. (52 S.) Ulm 861, Wohler'sche Buchh. *

Barth, W., Gedanken üb. die kunstgewerbliche Schulausstellung in Stuttgart im J. 1872. gr. 8. (26 S.) Ulm 873. Wohler. — 60

Barth, W., der Meister in der Volksschule. Ulm 865. Wohler. gr. 8. (IV, 76 S.) 12 ngr.

Barth, W. (Hrsg.), s. Orchester, Das.

Barth, W.
Tabellen zum Gebrauche bei der Berechnung des Rohzucker-Rendements. Braunschweig, 1893. 12mo.

Barth, W., die Verfassungsfrage der evangelischen Kirche in Württemberg. Ein Votum zugleich zur Orientirung für Pfarr-Gemeinderäthe u. Diöcesan-Synoden. Nördlingen 858. Beck. gr. 8. (IV, 99 S.) n. 10 ngr.

Barth, W., Kaiser Zeno. Diss. 1894. 124 S. 2.50

Barth, W. Kaiser Zeno. In-8°. 124 S. Basel (Georg & Co.) These. **1894**

— Zunftzwang und Gewerbefreiheit. Vortrag, geh. im Gewerbeverein zu Colmar i. E. 8°. Colmar (Strassburg, Schmidt) 1889.

Barth, Walter [app. Arzt aus Hamburg]: Ein Beitrag zur pathologischen Anatomie der Landry'schen Paralyse. (Paralysis ascendens acuta.) . . . (Aus: Beiträge z. patholog. Anat. u. allg. Pathol. Bd. V.) Jena, Gustav Fischer, 1889; 46 S. 8°
Tübingen, Med. Fak., Inaug.-Diss. v. 1889

Barth, Walter, appr. Arzt a. Radeberg: Aus d. chirurg. Abteilung d. Krankenhauses d. Diakonissenanstalt zu Dresden-Neustadt. Oberarzt Herr Geh. Medizinalrat Dr. Rupprecht. Intrahepatische Cholelithiasis und deren Behandlung durch langdauernde Hepaticusdrainage. Leipzig 1907: B. Georgi. (43 S.) 8°
Leipzig, Med. Fak., Ref. Trendelenburg, Diss. v. 22. Dez. 1907
[Geb. 16. Febr. 81 Radeberg; Wohnort: Dresden; Staatsangeh.: Sachsen; Vorbildung: Kgl. Gymn. Dresden Reife O. 01; Studium: Würzburg 3, Rostock 1, Freiburg i. B. 5, München 2 S.; Coll. 30. Dez. 07; Approb. 4. Sept. 07.]

Barth, Wilhelm, Königl. Preußischer Hofmaler. **1831: Kurzer Abriß der Perspectivé. Für Anfänger. — Berlin: Lüderitz 1831. 34 S. 8°** **1: Nu 9045.**
12.704

Barth, W., Baumstudien f. Anfänger. Leipzig. Fleischer. — 15

Barth, W, Bautischlerarbeiten. Eine Sammlg prakt. Vorlagen f. Bautischler u. bautechn. Lehranstalten. 1—4. Lfg. Fol. (à 6 L. m. 6 Bog. Details) Dresd. 82. 83, Gilbers' V. In Mappe. à n. 8. —

Barth, Wilh., Bautischlerarbeiten. Eine Sammlung prakt. Vorlagen für Bautischler und bautechn. Lehranstalten. Unter Mitwirkung von Fachgenossen hrsg. 4 Lfgn. gr. Fol. (à Lfg. 6 Stnt. mit 6 Bog. Details.) Dresden 883, Gilbers'sche Hofverlagsh. à Lfg. * ℳ 8. *

Barth, Wilh.: Hervorragende B i l d h a u e r und Architekten der Renaissance, s. S e m p e r , Hans.

Barth, Wilhelm, Kammerrat, Beuthen. **1883: Hans Carl Fürst zu Carolath-Beuthen, Reichsgraf von Schönaich etc. — (Beuthen [1883]: Hellmich.) 128 S. 8° 1:Tb 145/25.**
12.706

Barth, W.: C a r p i . Ein Fürstensitz . . . , s. S e m p e r , H.

Barth, Wilhelm, Dr. phil., Athen, Buchhändler, geb. 1856. **1897: Neugriechisch. — Berlin: Mentor Verl. [1910]. 431 S. 8° (Mentor Sprachkurse.) 11.**
12.708

Barth, Wilhelm, Bezirksarzt, Baden bei Wien. **1879: Ueber den Nutzen der patriotischen Hilfsvereine und insbesondere über die Beschaffung und Bereitung brauchbaren Verbandmateriales . . . durch die Hausindustrie. Vortrag. — Baden bei Wien: Verein 1879. 16 S. 8° 302.**
12.705

— Die Familie von Schönaich und die Reformation. Festschrift zur 150jährigen Erinnerungsfeier d. Erhebung d. freien Standesherrschaft Carolath u. Beuthen zum Fürstenthum. — Beuthen (1891): Hellmich. 103 S. 8° 41.
12.707

(—) Unterrichtsbriefe für das Selbst-Studium der neugriechischen Sprache. Kursus 1. 2. — Leipzig: Haberland [1897–1900]. 431 S. 8° 1:Wu 711/20. 15[*2]. 268[*2].
12.711

Barth, Wilh., Unterrichtsbriefe f. d. Selbst-Studium d. neugriech. Sprache. I. Kurs. (Volkssprache.) 14 Briefe. gr. 8. (225 S.) Leipzig 897—898. E. Haberland. à — 50

Barth, Wilh., Unterrichtsbriefe f. das Selbst-Studium der neugriechischen Sprache. II. Kurs. (Schriftsprache.) 15.—26. Brief. gr. 8. (S. 227—432.) Leipzig (899. 900). E. Haberland. à n. — 50; (kplt. in Mappe: n. 12. —)

Barth, W: Unterr.-Briefe d. neugriech. Sprache. Jetzt: Berl.-Schönebg, Mentor-Verl. 96/00

Barth, Wilhelm [app. Arzt aus Höchst i. O.]: Aus d. patholog. Institut zu Giessen. Ueber den angeborenen Verschluss des Ureter mit cystenartiger Vorwölbung desselben in die Harnblase ... M. e. Taf. Giessen, grossh. Hof- u. Univ.-Dr. C. v. Münchow, 1897; 45 S., 1 Taf. 8.
Giessen, Med. Fak., Inaug.-Diss. v. 1897

Barth, Wilhelm Ambrosius: Catalog der von Wilhelm Ambrosius Barth hinterlassenen Sammlung von Oelgemälden älterer und neuerer ausgezeichneter Meister, gewählten Kupferstichen, Radirungen, Kunstvereinsblättern etc. [Auktionskat.] — Leipzig 1853: Hirschfeld. V, 68 S. 8° 1:Ns 9012. 14.
12.723

Barth, Willy: Die Anfänge d. Bankwesens in Hannover, s: Forschungen z. Gesch. Niedersachsens.

Barth - Barthenau, Franz Ritter von, ein Lebensbild. Innsbruck 1878. V: *Graf, Ldw.* (EB)

Barth-Barthenau, Frz. Ritter v. Ein Lebensbild. gr. 8. (28 S.) Innsbruck 878, Wagner'sche Universitäts-Buchh. *

Barth R[r] v. Barthenau, Ludwig: Analyse der Mineralquellen von Levico bei Trient (Südtirol). Von L. Barth u. H. Weidel. — Trient: Badeverwaltung 1886. 15 S. 8°
Erschien zuerst in: Wiener medizinische Wochenschrift. 32. 1882.
304. 308.
12.730

— Analyse der Mineralquellen von Levico bei Trient (Südtirol). Von L. Barth u. H. Weidel. — Trento: Badeverwaltung Levico [usw.] [1894]. 15 S. 8°
Erschien zuerst in: Wiener medizinische Wochenschrift. 32. 1882.
304. 305.
12.731

Barth, L., Analyse der Salzsoole u. Mutterlauge der k. k. Saline zu Hall in Tirol. [Aus d. Sitzungsber. d. k. Akad. d. Wiss. abgedr.] Wien 866. (Gerold's Sohn.) gr. 8. (7 S.) n. 2 *ngr.*

— Analyse der Salzsole und Mutterlauge der k. k. Saline zu Hall in Tirol. S. 53 II. 66 . Ngr.
Separatabdruck

Barth, Ludw. Ritter v., Mitterbad Arsen-Eisen-Trinkwasser, s.: Simon, Herm.

Barth Ritter v. Barthenau, Ludw., die nächsten Aufgaben der chemischen Forschung. Vortrag, geh. in der feierl. Sitzung der k. Akad. der Wiss. am 29. Mai 1880. 8. (25 S.) Wien 880. Gerold's Sohn in Comm. n. – 40

— Die nächsten Aufgaben der chemischen Forschung. Vortrag. — Wien: Gerold in Comm. 1880. 25 S. 8°
Aus: Almanach d. Kaiserl. Akademie d. Wissenschaften in Wien. 30. 1880.
302.
12.734

— Die nächsten Aufgaben der chemischen Forschung. F. S. 1880 . . Ngr.
Separatabdruck

Barth-Barthenau, Ludwig und M. Kretschy
— — Bemerkungen über das Pikrotoxin. S. 89 II. 339 . . Ngr.
Separatabdruck

Barth-Barthenau, Ludwig und J. Herzig
— — Über Bestandteile der Herniaria. S. 98. IIb. 150 . . . . . Ngr
Separatabdruck

Über die Bildung von Carboxytartronsäure aus Brenzkatechin und die Konstitutionsformel des Benzols. S. 82. II. 1024 . . . . . Ngr.
Separatabdruck

— u. M. v. Schmidt, über Derivate der *a* Phenoldisulfosäure. [Aus dem I. Wiener Universitätslaboratorium XXX.] [Aus: „Sitzungsber. d. k. Akad. d. Wiss."] Lex.-8. (9 S.) Ebend. 879. n.n. — 25

— und Schmidt M. von: Über Derivate der a Phenoldisulfosäure. S. 79. II. 631 . — 24
Separatabdruck

Barth-Barthenau, L.: Über einige Derivate d. Dioxybensoesäure, s. M i t t h e i l u n g e n a. d. chem. Laboratorium d. Univ. Innsbruck.

Barth-Barthenau, Ludwig und Karl Senhofer
— — 14. Über einige Derivate der Dioxybenzoesäure. S. 66. II. 80 . —.30
Separatabdruck

Barth-Barthenau, Ludwig und Karl Senhofer
— — 28. Über Dibenzamid. S. 73. II. 681 . . . —.10
Separatabdruck

—— und J. Schreder, über Diphenole. [Aus dem I. Wiener Universitäts-Laboratorium XV.] Lex.-8. (12 S.) (Ebendas.) 878. **

— u. J. Schreder, üb. Diphenole. [Aus dem I. Wiener Universitäts-Laboratorium XV.] [Aus: „Sitzungsber. d. k. Akad. d. Wiss."] Lex.-8. (12 S.) Ebend. 887. n.n. — 25

— und Schreder J.: Über Diphenole. S. 77. II. 451 . — 24
Separatabdruck

Barth-Barthenau: Über Disulfobenzoesäure, s.a. Mittheilungen aus dem chemischen Laboratorium der Universität Innsbruck.

Barth Ludwig, Ritter von **Barthenau,** Dr. und **Senhofer** Karl Mitteilungen aus dem chemischen Laboratorium der Universität Innsbruck 11 Über Disulfobenzoesäure und eine neue Dioxybenzoesäure. S. 64. II. 157 . . . . . K —.40
Separatabdruck

Barth-Barthenau, Ludwig und J. Schreder

— — Über die Einwirkung von schmelzendem Ätznatron auf Orcin und Gallussäure S 86 II. 868 . . . . —.20
Separatabdruck

— — Über die Einwirkung von schmelzendem Ätznatron auf Phenol und die Synthese des Phloroglucins. S 79 II. 287 . . . . —.20
Separatabdruck

— — über die **Einwirkung** von schmelzendem Aetznatron auf aromatische Säuren. [Aus dem I. Wiener Universitätslaboratorium XXIX.] [Aus: „Sitzungsber. d. k. Akad. d. Wiss."] Lex.-8. (7 S.) Ebend. 879. n. — 20

— — Über die Einwirkung von schmelzendem Ätznatron auf aromatische Säuren. S. 79. II. 642 . . . . —.20
Separatabdruck

— Über die Einwirkung des Broms auf Glyzerin S. 46. II. 576 . . . vgr.
Separatabdruck

Barth Ludwig Ritter von **Barthenau,** Dr Über die Einwirkung des Chlors auf den Amylalkohol S. 43 II. 487 . . . . vgr.
Separatabdruck

— über die Einwirkung von schmelzendem Kali auf Benzoësäure. Lex.-8. (11 S.) Wien 873, (Gerold's Sohn.)
Aus: Sitzungsberichte der k. Akademie der Wissenschaften, besonders abgedruckt.

— u. H. **Weidel,** über die Einwirkung der Salzsäure auf das Resorcin. [Aus: „Sitzungsber. d. k. Akad. d. Wiss."] Lex.-8. (12 S.) Ebend. 877. n.n. — 30

— und **Weidel** H. Über die Einwirkung der Salzsäure auf das Resorcin. S. 76 II. 31 . —.30
Separatabdruck

— und C. Senhofer, über die Einwirkung rauchender Schwefelsäure auf Benzolsulfosäure und eine neue Benzoldisulfosäure. Lex.-8. (10 S.) (Ebendas.) 875. *

— — 22 Über die Einwirkung rauchender Schwefelsäure auf Benzolsulfosäure und eine neue Benzoldisulfosäure S. 72. II. 76 . . . —.20
Separatabdruck

Barth [Dr.]: Über das Einwirkungsprodukt von Ammoniak auf Methylaethylketon. Helmstedt, Druck v. J. C. Schmidt, 1889; 1 Bl., 28 S., 1 Bl. 4°
Marienberg, landw. 8, OP 1889 (050)

— u. L. Pfaundler, Die Stubaier Gebirgsgruppe s.a. Stubaier Gebirgsgruppe.

— u. L. **Pfaundler,** die Stubaier Gebirgsgruppe hypsometrisch u. orographisch bearb. u. mit Unterstützung der kaiserl. Akad. d. Wissensch. herausg. Mit 1 (lith.) Karte u. 5 (lith.) artist. Beilagen (in 8., 4. u. Fol.). Innsbruck 865. Wagner. gr. 8. (148 S.) n. 2 ₰ 12 ngr.

— Zur Geschichte der Dioxybenzoesäure. S. 77. II. 760 . . . . . vgr.
Separatabdruck

– Zur Geschichte des Tyrosins, s.a. Mittheilungen aus dem chemischen Laboratorium der Universität Innsbruck.

— Mittheilungen aus dem chemischen Laboratorium in Innsbruck. I. Zur Geschichte des Tyrosins. Lex.-8. (5 S.) Wien 865, (Gerold's Sohn.) *

— Mitteilungen aus dem chemischen Laboratorium in Innsbruck I Zur Geschichte des Tyrosins S 52 II. 82 . . . vgr.
Separatabdruck

— u. H. **Hlasiwetz,** über einige Harze, s. Hlasiwetz, H.

(—) Heinrich Hlasiwetz. Geb. 7. April 1825, gest. 8. Oktober 1875. — (Berlin [1877]: Schade.) 32 S. 8° 304.
12.736

— u. C. **Senhofer,** üb. e. Condensationsproduct aus der Oxybenzoësäure. [Aus „Sitzungsber. d. k. Akad. d. Wiss."] Lex.-8. (9 S.) Wien 874. (Gerold's Sohn.) n. — 20

— — 18 Über ein Kondensationsprodukt aus der Oxybenzoesäure S. 68. II. 178 . . . . . . —.20
Separatabdruck

— über die **Constitution** der Dioxybenzoësäure. [Aus: „Sitzungsber. d. k. Akad. d. Wiss."] Lex.-8. (8 S.) Ebend. 875. — 15

Barth-Barthenau, Ludwig und Karl Senhofer

— — 20 Über die Konstitution der Dioxybenzoesäure. S. 70 II 421 . —.10
Separatabdruck

– Über die Constitutionen der Phleretinsäure und des Tyrosins, s. Mittheilungen aus dem chemischen Laboratorium d. Universität Innsbruck.

Barth-Barthenau, Ludwig und J. Schreder

— — Über die aus Hydrochinon in der Natronschmelze entstehenden Körper. S 90. II. 684 . . . vgr.
Separatabdruck

– Über isomere Kresole s.a. Mittheilungen aus d. chem. Laboratorium d. Univ. Innsbruck.

Barth., L. Mittheilungen aus dem chemischen Laboratorium der Universität Innsbruck VII. Ueber isomere Kresole. (Sonder-Abdr. a. d. Sitzungsber. d. k. Akad. d. Wiss.) gr. 8. (9 S.) Wien, Gerold in Comm. '70 20 kr

— und **Herzig** J Über Mesitylendisulfosäure. S. 82 II. 815 . . . . . vgr.
Separatabdruck

— Mitteilungen aus dem chemischen Laboratorium der Universität Innsbruck: 1 Untersuchungen über die Oxybenzoesäure 2. Notiz über eine Verbindung von Phenol mit Kohlensäure. S 58 II 29 . . . . . —30
— — 3. Über die Produkte der Oxydation der Toluolsulfosäure durch schmelzendes Kali. S. 60. II 7 . . . . . . —.40
— — 4 Über die Konstitution der Phloretinsäure und des Tyrosins. S 60 II. 11 . vgr.
— — 7. Über isomere Kresole S. 61. II 476 . . . . . . —20
— — 8 Über einige Umwandlungen des Phenols S. 62. II. 347 . . . . . —40
— — 12 Über die Umwandlung der Oxybenzoesäure in Protokatechusäure und die Konstitution der letzteren S 64 II 160 . . . . . vgr
— 16 Über die Einwirkung von schmelzendem Kali auf Benzoesäure S 66 II. 117 . —30
Separatabdruck

— Notiz über Mononitropyrogallol. S. 82. II 1057 . . . . . . vgr.
Separatabdruck

Barth-Barthenau, Ludwig und H. Weidel

— — Über die Oxydation des Morphins. Vorläufige Mitteilung. S 88 II 483 . . vgr.
Separatabdruck

Barth-Barthenau, Ludwig und J. Schreder

— — über die **Oxydation** des Resorcins zu Phloroglucin. [Aus dem I. Wiener Universitätslaboratorium XXVI.] [Aus: „Sitzungsber. d. k. Akad. d. Wiss."] Lex.-8. (6 S.) Ebend. 879. n. — 20

— — Über die Oxydation des Resorcins zu Phloroglucin S 79 II. 381 . . . —.16
Separatabdruck

— — Über das Oxyhydrochinon, das dritte isomere Trioxybenzol. S 87. II. 705 . vgr.
Separatabdruck

— über die **Paraoxybenzoësäure.** [Aus d. Sitzungsber. d. k. Akad. d. Wiss.] Ebend. 867. gr. 8. (10 S.) n. 2 ngr.

— Über die Paraoxybenzoesäure S. 54 II 673 . . . —.20
Separatabdruck

— über **Phenolmetasulfosäure.** [Aus dem chem. Laboratorium der Universität Innsbruck.] [Aus: „Sitzungsber. d. k. Akad. d. Wiss."] Lex.-8. (8 S.) Ebend. 876. n. — 20

Barth-Barthenau, Ludwig und Karl Senhofer

— — 27. Über Phenolmetasulfosäure S. 73. II. 671 . . . . —.20
Separatabdruck

— Über das Pikrotoxin S. 48. II 25 . . . . vgr
Separatabdruck

Barth-Barthenau, Ludwig und M. Kretschy

— — Zur Pikrotoxinfrage. S. 84. II. 1119 . . . . vgr.
Separatabdruck

– Über die Producte der Oxidation der Toluolsulfosäure durch schmelzendes Kali, s.a. Mittheilungen aus d. chem. Laboratorium d. Univ. Innsbruck.

Barth, L., Mittheilungen aus dem chemischen Laboratorium der Universitat Innsbruck. III. Ueber die Producte der Oxydation der Toluolsulfosäure durch schmelzendes Kali. Sonder-Abdr. a. d. Sitzungsber. d. k. Akad. d. Wiss.) gr. 8. (18 S. Ebds. in Comm. 1869 20 kr.

-- u. G. **Goldschmiedt**, über die Reduction der Ellagsäure durch Zinkstaub. [Aus dem ersten Universitätslaboratorium XI.] [Aus: „Sitzungsber. d. k. Akad. d. Wiss."] Lex.-8. (9 S.) Ebend. 878. n. — 20

— und **Goldschmiedt** Guido Über die Reduktion der Ellagsäure durch Zinkstaub. S. 77. II. 87 . . . . —.20
Separatabdruck

– und **Hlasiwetz** Heinrich: Über eine neue Säure aus dem Milchzucker. S. 45. II. 41 vgr.
Separatabdruck

Barth-Barthenau, Ludwig und G. Goldschmidt

— — **Studien über die Ellagsäure.** [Aus dem I. Wiener Universitätslaboratorium XXVII.] [Aus: „Sitzungsber. d. k. Akad. d. Wiss."] Lex.-8. (25 S.) Ebend. 879. n. — 40

— — Studien über die Ellagsäure. S. 79 II. 491 . . . . —.40
Separatabdruck

— Über Tetramethylammoniumeisencyanür S. 72. II. 424 . . . . —.10
Separatabdruck

— über **Thymooxycuminsäure.** [Aus dem I. Wiener Universitäts-Laboratorium XIX.] [Aus: „Sitzungsber. d. k. Akad. d. Wiss".] Lex.-8. (13 S.) Ebend. 878. n.n. — 30

— Über Thymooxycuminsäure S. 78. II. 647 . . . . — 30
Separatabdruck

– Über die Umwandlg. der Oxybenzoësäure in Protokatechusäure, s. Mittheilungen aus d. chem. Laboratorium d. Univ. Innsbruck.

– Über einige Umwandlungen d. Phenols, s. Mittheilungen aus d. chem. Laboratorium d. Univ. Innsbruck.

— **Untersuchungen über Oxybenzoësäure,** s.a. **Mittheilungen aus dem chem. Laboratorium v. Innsbruck.**

Barth, Prof. Dr. L., Mittheilungen aus dem chemischen Laboratorium der Universitat Innsbruck. I. Untersuchungen uber die Oxybenzoesäure. (Sonder-Abdr. a. d. Sitzungsber. d. k. Akad. d. Wiss.) gr. 8. (17 S.) Wien, Gerold in Comm. 1868 15 kr.

— u. M. **Kretschy**, Untersuchungen über das Pikrotoxin. [Aus dem I. Wiener Universitäts-Laboratorium XXXVII.] [Aus: „Sitzungsber. d. k. Akad. d. Wiss."] Lex.-8. (38 S.) Ebend. 880. n. — 60

— und **Kretschy** M.: Untersuchungen über das Pikrotoxin S. 81. II. 7 . . . . — 60
Separatabdruck

Barth-Barthenau, Ludwig und J. Schreder

— — Über das Verhalten der Benzoësäure in der Kalischmelze S. 86. II. 767 . . vgr.
Separatabdruck

Barth-Barthenheim (Graf): Österreichs Gewerbe etc., s. Barth-Barthenheim, Johann Ludwig Ehrenreich

Barth-Barthenheim, Adolph Ludw'g Graf von —. Gefühle eines treuen Oberösterreichers bei der ersehnten Ankunft Ihrer königl. Hoheit der durchlauchtigsten Prinzessin Elisabeth, Herzogin in Baiern, als Braut Sr. k. k. Apostol. Majestät Franz Josephs I. Kaisers von Oesterreich. Ihrer königlichen Hoheit der durchlauchtigsten Prinzessin Elisabeth in tiefster Ehrfurcht gewidmet von — —. 4. (2 Bl.) Linz. Aus der akad. Buchdruckerei von Joh. Huemer's Witwe. 1854.

-- **Vortrag, gehalten in d. General-Versammlung d. Katholiken-Central-Vereins zu Linz am 1. Juni 1851.** — Linz 1851: Huemer. 12 S. 8° 308.
12.737

Barth-Barthenheim, J., s. Barth-Barthenheim, Johann Ludwig Ehrenreich

Barth-Barthenheim, J. L. E., s. Bart-Barthenheim, Johann Ludwig Ehrenreich

Barth-Barthenheim, Johan Baptist Ludwig Ehrenreich, s. Barth-Barthenheim. Johann Ludwig Ehrenreich

Barth-Barthenheim, Johann Ludwig Ehrenreich Graf v.: Oesterreich's geistliche Angelegenheiten in ihren politisch-administrativen Beziehungen. — Wien: Braumüller & Seidel 1841. 916 S. 8° (Barth-Barthenheim: Das Ganze d. österreichischen politischen Administration. 2.)
1: Sb 9858. 7. 12: Austr. 312-2 [2 Ex.] 16. 19. 20. 24. 203. 208. 300: 38 V 1. Bd 2 [u. ö.] 302→304. 307. 308.
12.738

BARTH-BARTHENHEIM, J. Bapt. Ludw. Ehrenr.: Beyträge z. polit. Gesetzkunde im Oesterr. Kaiserstaate. 3 Bde. *Wien*, Wallishauser. 821—23. gr. 8. (4 Thl. 12 Gr.)
1. Bd. I. Polit. Verfass. der Israeliten im Lande unter d. Enns, u. insbesond. in Wien. (Ist auch besond. abgedr.) II. Literar. Anzeigen üb. d. neuesten Werke im Gebiete der Oestr. polit. Gesetzkunde. 821. (1 Thlr. 12 Gr.)
2. Bd. I. Die Oesterr. Staatsbürgerschaft. (Ist auch besond. abgedr.) II. Polit.-bürgerl. u. relig. Verfass. der Akatholiken im Oesterr. (Ist auch besond. abgedr.) 822 (1 Thl. 12 Gr.)
3. Bd. I. Die Verfass. der landesfürstl. u. freien Ortschaften im Erzherzogth. Oesterr. unt. d. Enns. (Ist auch besond. abgedr.) II. Grundzüge der allerneuest. Oesterr. Gesetzgebung. 823. (1 Thl. 12 Gr.)

Barth-Barthenheim, Joh. Ludw. Ehrenr. Graf v., das Ganze d. österr. polit. Administration, mit vorzügl. Rücksicht auf d. Erzhzgth. Oesterreich unt. d. Enns. In systemat. geord. Abhandln. 1—20. Lfg. gr. 8. Wien 836—42, [Braumüller u. Seidel.] à Lfg.

Barth-Barthenheim, Joh. Ludw. Ehrenr. v., das Ganze der österr. polit. Administration, m. vorzügl. Rücksicht auf d. Erzherzogth. Oesterreich unter der Enns. 21—36. Lfg. gr. 8. Wien 843—45, Braumüller u. Seidel. [21—27. (...B.) 28—30. (73¾ B.) à 17½ Ngr.]
Lfg. 1—20. Ebendas. 1836—42. (à 17½ Ngr.) 11 Thlr. 20 Ngr. und ist hiernach der Preis im V. Bde. zu berichtigen.

v. Barth=Barthenheim, Jh. Ldw. Ehrenreich Graf, das Ganze der österr. politischen Administration, mit vorzügl. Rücksicht auf das Erzherzogthum Oesterreich unter der Enns. In systemat. geordneten Abhandll. 1e Lfrg. Enthalt.: Einleitung u. vom I Thl. die Abhandl. I. v. dem niederösterr. Verwaltungsgebiete, u. Abhandl. II. von dem österr. Staatsbürger- u. Fremden-Rechte. gr. 8. Wien 836. v. Mösles sel. Witwe u. Braumüller. ²/₃ ℛ 2e—6e Lfrg. Inhalt: I. Thl. Abhandl. III. v. dem österr. Adelsstande. IV. von dem niederösterr. Stände-Institute. V. von dem niederösterr. Lehnwesen. VI. von den Fideicommissen. VII. von den niederösterr. Dominicalgütern u. d. Bauernstande. gr. 8. Ebd. 836, 37. 3¹/₃ ℛ (1 fl. 4 ℛ) — 7e—9e, 11e u. 12e Lfrg. Enth.: Abhandl. VII Die Fortsetzung u. Schluß von d. niederösterr. Dominicalgütern u. d. Bauernstande, u. Abhandl. VIII. von d. niederösterr. Municipalwesen u. d. Bürgerstande. Abhandl. IX. v. d. polit. Rechtsverhältnisse der Akatholiken in Niederösterreich u. Abhandl. X. von d. polit. Rechtsverhältnisse d. Israeliten in Niederösterreich, endlich die Inhaltsanzeige des 1n Bdes. gr. 8. Ebd. 838, 39. 7e u. 8e Lfrg. à ²/₃ ℛ 9e Lfrg. ½ ℛ — 12e u. 13e Lfrg. Enth.: v. 1n Thle. die Fortsetz. d. geistl. Angelegenheiten. gr. 8. Ebd. 840. à ²/₃ ℛ Dieser 1e Thl. auch u. d. T.: Die polit. Rechtsverhältnisse der österr. Staatsbewohner, mit vorzügl. Rücksicht auf d. Erzherzogth. Oesterreich u. d. Enns. gr. 8. Ebd. 838. 5⁵/₆ ℛ

— Das Ganze der österreichischen politischen Administration, mit vorzüglicher Rücksicht auf das Erzherzogthum Oesterreich unter der Enns. Bd 1–4. — Wien: v. Mösle & Braumüller (2–4: Braumüller & Seidel) 1838–46. 8°
1. Barth-Barthenheim: Die politischen Rechtsverhältnisse d. österreichischen Staatsbewohner. 1838.
2,1.2. Barth-Barthenheim: Oesterreich's geistliche Angelegenheiten in ihren politisch-administrativen Beziehungen. 1841.
3,1.2. Barth-Barthenheim: Oesterreich's Schul- und Studienwesen. 1843.
4,1. Barth-Barthenheim: Oesterreich's landwirthschaftliche Cultur in ihren politisch-administrativen Beziehungen. 1843.
4,2. Barth-Barthenheim: Oesterreich's Gewerbe und Handel in politisch-administrativer Beziehung. Th. 1.2. 1846.
2 verschiedene Ausgaben.
In d. einzelnen Exemplaren fehlen teils d. Haupt-, teils d. Stücktitelblätter.
Die besitzenden Bibliotheken sind nur bei den Stücktiteln angegeben. 12.739

— Oesterreich's Gewerbe und Handel in politisch-administrativer Beziehung systematisch dargest. u. mit fortwährender Hinweisung auf d. erlassenen Gesetze u. Verordnungen. Th. 1.2. — Wien: Braumüller & Seidel 1846. 8° (Barth-Barthenheim: Das Ganze d. österreichischen politischen Administration. 4,2.)
24 besitzt ein 2. Ex. mit d. Erscheinungsvermerk: Wien: Seidel 1845.
1: Sb 8922. 7. 20. 24. 83. 89. 203. 208. 300: 38 V 1. Bd 4 [u. ö.] 302→304. 308.
12.740

Barth-Barthenheim, Joh. Ludw. Ehrenr. v., Oesterreichs Gewerbe und Handel, in politisch-administrativer Beziehung systematisch dargestellt u. mit fortwährender Hinweis. auf d. erlass. Gesetze u. Verordnungen. 2 Thle. gr. 8. (67½ B.) Wien 846, Braumüller u. Seidel. Thlr.
Bildet eine Ergänzung von dess. Gewerb- u. Handelsgesetzkunde.

Barth, = Barthenheim, Graf J. v., allgem. Oesterreich. Gewerbs- u. Handelskunde mit vorzügl. Rücksicht auf das Erzherzogth. Oest. 7 Bde. gr. 8. Wien, v. Mösle. 819 u. 20. (1r Bd. 2 Rthl. 2r Bd. 3 Rthl. 3r Bd. 1 Rthl. 4 Gr. 4r Bd. 3 Rthl. 12 Gr. 5r Bd. 2 Rthl. 16 Gr. 6r Bd. 4 Rthl. 8 Gr. 7r Bd. 3 Rthlr.)

— Oesterreichische Gewerbs- und Handelsgesetzkunde mit vorzüglicher Rücksicht auf das Erzherzogthum Oesterreich unter der Ens. Ein Versuch. Bd 1–7 [nebst] Haupt-Reg. [u.] Erg. Bd. — Wien: v. Mösle 1819–24. 8°
1-3. Allgemeine oesterreichische Gewerbs- u. Handelsgesetzkunde. 1,1.2. 2. 1819.
4-7. Besondere oesterreichische Gewerbs- u. Handelsgesetzkunde. 1,1.2. 2,1.2. 1819-20.
1: Gm 3512. 11 [∞3]. 12: J. austr. 4 i–1/0. 24. 33. 83 [∞2/7]. 205 [∞5/7]. 206. 300: ∘ 28 Y 84. 302. 304. 305.
12.741

— dess. 8r Bd. Hauptregister üb. d. Gewerbs- u. Handelskunde d. österr. Staats. gr. 8. Wien 822, v. Mösle.

— dess. 9r Bd. Ergänzungs-Bd. z. Oesterr. Gewerbs- u. Handelsgesetzkunde, mit vorzügl. Rücksicht v. d. Erzherzogthum Oesterreich unter d. Enns. gr. 8. Wien 824, v. Mösle.
(Alle 9 Bde, compl. nur 22 Rthlr.)

v. Barth-Barthenheim, J. Bapt. Ludw. Ehrenr.: Oesterr. Gewerbs- u. Handels-Gesetzkunde, mit vorzügl. Rücksicht auf d. Erzherzogth. Oesterr. unt. d. Enns. 9 Bde. *Wien*, (v. Mösle u. Braumüller.) 919—24. gr. 8. (12 Thl.)

— Oesterreich's landwirthschaftliche Cultur [Kultur], in ihren politisch-administrativen Beziehungen. — Wien: Braumüller & Seidel 1843. 232 S. 8° (Barth-Barthenheim: Das Ganze d. österreichischen politischen Administration. 4,1.)
Das Exemplar von 302 hat d. Erscheinungsjahr 1846.
7. 12: Austr. 312–4 [2 Ex.] 15. 20. 24. 203. 208. 300: 38 V 1. Bd 4. 302→304. 308.
12.742

— Leitfaden für sämmtliche Hausinhaber und Haus-Administratoren der Haupt- und Residenzstadt Wien, in Hauszinssteuer-Angelegenheiten. — Wien: B. Ph. Bauer 1830. 62 S. 8° 300: ∘ 38 Aa 72. 302.
12.743

— Leitfaden f. sämmtl. Hausinhaber u. Haus-Administratoren d. Haupt- u. Residenz-St. Wien, in Hauszins-Angelegenheiten ꝛc. gr. 8. Wien 830. Bauer u. Dirnböck. 12 gr.

— Die politischen Rechtsverhältnisse der österreichischen Staatsbewohner, mit vorzüglicher Rücksicht auf das Erzherzogthum Oesterreich unter der Enns. — Wien: v. Mösle & Braumüller 1838. VI, 1117 S. 8° (Barth-Barthenheim: Das Ganze d. österreichischen politischen Administration. 1.) 1: Sb 7270–1. 7. 12: Austr. 312–1. 16. 24. 203. 208. 300: 38 V 1. Bd 1 [u. ö.] 302→304. 308.
12.744

— Rede bei Gelegenheit der Eröffnung einer Sparcasse-Anstalt in Linz am 5. August 1849 und Gegenrede d. Reinhold Körner. — Linz 1849: Eurich. 2 Bl. 8° 307.
12.745

— Rede bei Gelegenheit der öffentlichen Vertheilung der Sparcassebücheln an brave Dienstboten, hülfsbedürftige Waisen und ausgezeichnete Real-Invaliden am 18. August 1849. — Linz 1849: Eurich. 2 Bl. 8° 307.
12.746

— Oesterreich's Schul- und Studienwesen, mit bes. Rücks. auf d. Schul- und Studienanstalten im Erzherzogthume Oesterreich unter der Enns. Abth. 1.2. — Wien: Braumüller & Seidel 1843. 1156 S. 8° (Barth-Barthenheim: Das Ganze d. österreichischen politischen Administration. 3,1.2.)
In einzelnen Exemplaren fehlen für Abt. 1.2. besondere Titelblätter.
1: Ay 8450. 7. 12: Austr. 312–3 [2 Ex.] 15. 24. 31. 43. 203. 208. 300: 38 V 1. Bd 3 [u. ö.] 302→304. 308. 309.
12.747

— Die österreichische Staatsbürgerschaft, deren Erlangung und Erlöschen. — Wien: Wallishausser 1822. 136 S. 8° 12: J. austr. 4h. 309.
12.748

Ders.: System der österr. administrat. Polizey m. vorzügl. Rücksicht auf d. Erzherzogth. Oesterr. unt. d. Enns. I. Bd., enth.: Einleitung; I. Theil: Polizeyrecht: 1. Hauptst.: Staatssicherheits-Polizey; 2. Hauptst.: Landessicherheits-Polizey. *Wien*. 820. gr. 8. (2 Thl. 8 Gr.)

—— System d. österreich. administrat. Polizey, mit vorzügl. Rücksicht auf d. Erzherzogth. Oesterreich unt. d. Enns. 4 Bde. Lex.-8. Wien, v. Mösle.
Einzeln:
1. Bd. Einleit. I. Thl., Polizeyrecht, 1. Hauptst.: Sicherheits-Poliz. 2. Hauptst.: Landessicherh.-Pol. (47¼ B. u. 1¼ Tab. gr. 4.) 829. 4 Thlr.
2. Bd., 3. Hptst.: Orts-Polizey. (49½ B. u. 1 Tab.) 820. 4 Thlr.
3. Bd., 4. u. 5. Hptst.: Hauspolizey. Privat-, Sicherheits-Polizey. (83 B. incl. 2 Tab.) 829. 3 Thlr.
4. Bd. od. II. Thl. Vom Verfahren in Polizeysachen. (27 B. u. 1 B. Tab.) 830. 2 Thlr. 4 Gr.

— Verfassung der l. f. und freien Ortschaften im Erzherzogthume Oesterreich unter der Enns. — Wien: Wallishausser 1823. 100 S. 8° 12: J. austr. 4g.
12.750

— Politisch-bürgerliche und religiöse Verfassung der Akatholiken im österreichischen Kaiserstaate. — Wien: Wallishausser 1822. S. 139–338. 8°
Aus: Beiträge zur politischen Gesetzkunde im österreichischen Kaiserstaate. 2. 1822.
5. 12: J. austr. 4 f. 24.
12.751

— Politische Verfassung der Israeliten im Lande unter der Enns, und insbesondere in der k. k. Haupt- und Residenzstadt Wien. — Wien: Wallishausser 1821. 367 S. 8°
12: Jud. 2 t. 300: 162.889–B.
12.752

— Das politische Verhältniß der verschiedenen Gattungen von Obrigkeiten zum Bauernstande im Erzherzogthume Oesterreich unter der Ens. Ein Versuch. Th. 1,1.2. 2 [nebst] Reg. [u.] Erg. Bd. — Wien: Wimmer (Erg. Bd: v. Mösle) 1818–20. 8°
1 [∞1. 2. Reg.]: Gm 15811²–Erg. Bd. 106 [∞ Erg. Bd]. 300: 32 X 26. 302. 303 [∞Erg. Bd]. 304 [∞Erg. Bd].
12.753

— das politische Verhältniß der verschiedenen Gattungen d. Obrigkeiten zum Bauernstande im Erzherzogth. Oesterreich unter der Enns. 1n Thls 1e u. 2e Abtheil. u. 2r Thl u. Registerbd. 4 Bde. gr. 8. Wien 819—20. Wimmer. 10 ₰ 16 gr. N. Aug. 4 Bde. gr. 8. Wien 819. Geistinger. (Gerold). 14 ₰ Hbg. Pr. 6 ₰ Ergänzungsband. gr. 8. Ebd. 820. v. Mösle. 1 ₰ 16 gr. Schrbp. 2 ₰ 4 gr.

— Dasselbe Buch. 4 Bde. Neue Aufl. gr. 8. Wien, Geistinger. (Leipzig, F. C. W. Vogel in Comm.) 819.

— — Neue, unveränd. Aufl. Th. 1,1.2.2 [nebst] Reg. Wien [usw.]: Geistinger 1819. 8°
1: Gm 15811²–1.2. Reg. 300: • 46 G 20. 302. 308.
12.754

Barth-Barthenheim, Joh. Ludw. Ehrenreich Graf. Das politische Verhältniss der verschiedenen Gattungen von Obrigkeiten zum Bauernstande im Erzherzogthume Oesterreich unter der Enns. (3 Bde.) 8. Wien und Triest 1819.

Barth, Barthenheim, Johann Ludwig Ehrenreich Graf von: „ Die politischen Verhältnisse der verschiedenen Gattungen von Obrigkeiten zum Bauernstande im Erzherzogthum Oesterreich unter der Ens", 7 Teile.
Wien 1816 - 1819 (Wimmer); Leipzig (Vogel in Komm.); Ergänzungsband dazu, ebenda 1820.

Barth & v. Hirst, Verlag, Athen: Verzeichnis Nr. 4. [Antiquariatskat.] — Athen: Barth & v. Hirst; Leipzig: Fleischer 1898. 58 S. 8°
4. Neugriechische Litteratur. Geographie. Geschichte. Archaeologie. Zeitschriften, von Griechen verfasst oder in Griechenland erschienen.
10.
12.755

Barth-Rufach, Max s. *Barth*, Max.

BARTHA, Thomas: De vero anno nativitatis Christi. — (1872) 80 S. 4° (Handschr.) Diss. Wien Univ. Diss. 309

Barthauer, Paul *Theodor* [aus Eilenstedt, Prov. Sachsen]: Beitrag zur Pathologie und Therapie der malignen Pharynxtumoren. . . . Greifswald, Druck v. J. Abel, 1891; 36 S. 8°
Greifswald, Med. Fak., Inaug.-Diss. v. 2. Apr. 1891

Barthauer, Wilhelm, Pastor in Heldrungen: Optimismus und Pessimismus im Buche Koheleth. *Halle a. S. 1900: Plotz.* (93 S.) 8°
Halle, Phil. Diss. v. 1900

Barthe, Rittmeister Marquis de la, Handbuch des Reiters, zum Behufe der Officiere bey der Cavallerie u. der Pferdeliebhaber. 2te Aufl. 8. Pesth. Hartleben. 815.

Barthe, de, Oeuvres 1 vol. in-18. (Leips. Barth.) édit. stéréot. papier ord., broché, 9 gr. papier fin. 12 gr. papier vélin, 1 thlr. format in-12. pap. vél., 1 thlr. 8 gr.)

Barthe, praktisches französisches Übungsbuch f. Handelsschulen, s.: Giesohen.

Barthe: Die Ungetreuen, s. Barthe, Nicolas Thomas

Barthe, Alfred

Barthe, Alf., üb. d. Präpositionen par u. pur in einigen anglonorm. Denkmälern, nebst einleit. Bemerkgn. üb. das Verhältnis der Quatre Livres des Rois u. der anglonorm. Psalter zu ihren Vorlagen. Inaug.-Diss. gr. 8. (40 S.) Kiel 887. (Lipsius & Tischer.) n. 1. 20

Barthe, Alfred [aus Hamburg]: Über die Präpositionen par und pur in einigen anglonorm. Denkmälern nebst einleitenden Bemerkungen über das Verhältnis der Quatre Livres des Rois und der anglonorm. Psalter zu ihren Vorlagen . . . . Marburg, *Druck v. A. Hopfer in Burg*, 1887; 47 S. 8°.
Marburg, Phil. Fak., Inaug.-Diss. v. [16. Apr.] 1887.

Barthe, Edouard

— [deutsch] Der katholische Glaube vor dem Richterstuhle der Vernunft. — Mainz: Kirchheim 1882. XII,316 S. 8° 17. 26. 56. 121. 211.
12.700

Barthe, Édouard: [Appel à la raison sur la vérité religieuse, deutsch] Die religiöse Wahrheit vor dem Richterstuhle der Vernunft. — Freiburg i. Br.: Herder 1853. XII,408 S. 8° 1: Dd 3258. 6. 16. 19. 21. 22. 25. 31. 52. 214.
12.707

Barthe, Heinrich: Kleine Lieder zum Gebrauch beim Anfang und Schluß der Schulstunden . . . Hrsg. von H. Barth [vielm. Barthe]. — Essen: Bädeker 1831. 45 S. 8°
1: Ng 9764.
12.776

Barthe, Nicolas Thomas

— L'Amateur, comédie en vers. — Paris: Duchesne 1764. 53 S. 8° 17. 26. 28. 34. 39.
12.787

— — Vienne en Autriche 1765: de Ghelen. 43 S. 8°
300: 132.779–A.
12.788

[—] La jolie Femme ou la femme du jour. P. 1. 2. — Amsterdam: Changuion 1769. 8° 24. 39.
12.791

[—] — P. 1. 2. Berlin: Himbourg 1770. 8° 10. 34. 46.
12.793

— Les fausses Infidélités. Comédie . . . en vers. — Paris: Prault 1768. 46 S. 8° 16. 24. 28.
12.790

— — Vienne 1768: de Ghelen. 46 S. 8°
300: 6 in 641.436–B. M. 21.
12.797

— [deutsch] Die eifersüchtige Mutter. Lustspiel. [Übers.: Friedrich Hildebrand Frhr v. Einsiedel.] — Weimar: C. L. Hoffmann 1773. 104 S. 8° 1: Xw 3286. 18. 27. 33. 39.
12.811

Barthe, . . ., die Ungetreuen; ein Lustspl. in 1 Aufz.; aus dem Französ. (v. H. A. O. Reichard). 8. Berl. 779. 8. Münch. 787. J. Lindauer. 3 gr.

— — Berlin: Wever 1779. 36 S. 8° 24. 31. 78.
12.803

— — Aufgeführt auf dem churfürstl. Theater zu München 1787. — o. O. [1787]. 40 S. 8° 18. 19.
12.804

Barthel, Doctor, Lustspiel von Werthes. 8. Augsburg Stage. 786. Rthlr.

— — dasselbe in 5 Akt. nach d. Engl. ic. 8. Münch. Fleischmann. 786.

Barthel, Hans, Grillen, Erscheinung u. Ehestandsscenen, (v. Hnr. Müller VI.) Mit Kpf. 8. Hamb. 810. (Herold jun.) 1 ℔

Barthel Most, od. Leben u. Abenteuer e. Pädagogen neuerer Zeit. 8. Magdeb. Creutz. 797.

Barthel, Sekretär d. Christ-katholischen Gemeinde, Breslau. 1845 s. *Barthels*, J.

Barthel, Rom u. die sociale Frage s.a. Flugschriften, katholische.

Barthel. 1890: Rom und die soziale Frage. Von Barthel. (6. Aufl.) — Berlin: Germania [1890]. 64 S. 8° (Katholische Flugschriften zur Wehr u. Lehr'. 5.) 1: Di 9254. 21. 69. 66.
12.817

— — (9. Aufl.) Ebd. [1890]. 64 S. 8° (Katholische Flugschriften zur Wehr u. Lehr'. 5.) 12: Polem. 1008 p–5.
12.818

Barthel: Die Zerstreutheit, s. Barthel, Karl Friedrich.

Barthel, A.: Handbuch der französischen Sprache, s. Barthel, August

Barthel, A.: Descartes' Leben, s. Barthel, Alex

Barthel, Ad.: Lehrg. f. d. 1. Zeichenunterr. in Metallarbeiterkl. an gewerbl. Fortbildgssch. (24 Bl. m. 2 S. Text.) 12,5× 14,5 cm. Meiss., HW Schlimpert ('11). in Tasche 1.50 ℳ

Barthel, Alex., Descartes' Leben u. Metaphysik auf Grund der Quellen. Inaugural-Dissertation. gr. 8. (156 S.) Erlangen 885. Deichert. n. 2. —

Barthel, A, Descartes' Leben u. Metaphysik auf Grund d. Quellen. 8. (156) Lpzg 85, Deichert Nf. n. 2. —

Barthel, August: Neue sistematische Darstellung der französischen Sprache. Th.1. — Freiberg: Verf. 1825. XXII, 315 S. 8° (Barthel: Hand- oder Taschenbuch für Lehrer d. französischen Sprache.) 207.
12.821

Barthel, August

Barthel, Aug. W., Grammaire élémentaire à l'usage des amateurs de la langue allemande. 8. Marseille 181.,

Barthel, (A.) Handbuch d. französ. Sprache, nach e. neuen systemat. Darstellung derselben. 1r Thl. 3e Aufl. 8. Freyberg Verf. 327. (Hinrichs in Leipz.)

Barthel, Aug., Handbuch d. französ. Sprache, nach ein. neuen sistemat. Darstell. ders. Eine Enciclopädie aller Regeln dies. Sprache, sowol f. Lehrer z. Erleichterung d. Vortrags, als f. diejen., welche sich in dies. Sprache noch völlig ausbilden wollen. 1. Thl. 4., umgearb., verm. u. verb. Aufl. gr. 8. (22 B.) Freiberg 831, Engelhardt.

Barthel, Aug. W., Handbuch d. franz. Sprache rc. 2r Thl. A. u. d. T.: Grammaire particulière à l'usage des allemands qui veulent perfectionner sans maître, dans la construction de la langue française aussi bien que dans la conversation. — Sprachlehre für Deutsche, welche sich in der Konstruktion der franz. Sprache sowohl, als in der Konversation derselben, ohne Lehrer ausbilden wollen. gr. 8. Freiberg 832. Engelhardt. 1 Rthlr Beide Theile nur $1^1/_2$ Rthlr Vgl. Thl. 1. S. 152.

— Hand- u. Taschenbuch d. französ. Sprache, zur Erleichterung d. Vortrags, nach e. neuen Methode systematisch dargestellt. 8. Freiberg 825. A. u. d. T.: Systemat. Darstell. der französ. Sprache, oder faßl. Erörterung aller darin obwalt. Regeln, bes. f. Lehrer rc.; u. auch u. d. T.: Handb. d. französ. Sprache, nach e. neuen systemat. Darstell. derselben. 1r Thl. gr. 8. Ebd. 2e A. ... 3e verb. A. 827. 4e A. 831. Engelhard. 1 Rthlr 2r Thl. gr. 8. Ebd. 832. 1 Rthlr Beide Thle. gr. 8. Ebd. 2 Rthlr

Barthel, August Louis: Memoiren des Kantors. 50jährige Erinnerungen e. treuen Freundes des Corps Frankonia zu Jena [d. i. August Louis Barthel]. — Weimar 1901: Dietsch & Brückner. 87 S. 8° 11.
12.822

Barthel, August W., s. B a r t h e l , August

Barthel, B.: A l t e s und Neues, s. B a r t h e l , Bruno

Barthel, Bernhard: Über die Benutzung der philosophischen Schriften Ciceros durch Lactanz. T. 1. *Strehlen 1903: T. Erler.* (18 S.) 4°
Strehlen, k. G, P 1903 (244)

Barthel, Bruno

Barthel, B., Altes u. Neues aus Groß- u. Kleindrebnitz. (88 S. m. 1 Taf.) 8. Bischofswerda 907. Großdrebnitz (Post Bischofswerda). Selbstverlag. — 60

Barthel, Bruno: Altes und Neues aus Groß- und Kleindrebnitz. — Bischofswerda 1907: May. 88 S. 8° 14.
12.823

Barthel, C. (Schulrat), s. B a r t h e l , Karl

Barthel, C.: Die M e t h o d e n zur Untersuchung von Milch, s. B a r t h e l , Christian

Barthel, C.A. s. *Barthel,* **Karl August.**

Barthel, Carl (Literaturhistoriker), s. B a r t h e l , Karl

Barthel, Carl (Schulrat), s. B a r t h e l , Karl

Barthel, C. Le chansonnier Béranger mérite-t-il ou non l'admiration que les Français lui ont prodiguée? Gross-Glogau, kath. G., 1876. S. 103—111 der Festschr. zur 250jähr. Jubelfeier.

Barthel, Casparus s. *Barthel,* Johann Kaspar.

Barthel, Christian

— [Kortfattad Handbok i mejeribakteriologie, deutsch] Bakteriologie des Meiereiwesens. Ein kurzgefaßtes Handbuch für Studierende, praktische Landwirte ... usw. Übers. von Johs. Kaufmann. — Leipzig: Heinsius 1901. 131 S. 8° 44. 91.
12.836

— Die Methoden zur Untersuchung von Milch und Molkereiprodukten. — Leipzig: Heinsius 1907. VII,271 S. 8°
1: Io 1892. 12: Pol. civ. 9 c. 15. 201. 208. 302. 305.
12.841

Barthel, Chr.: Die Methoden z. Untersuchg v. Milch u. Molkereiprodukten. 2. Afl. (8, 309 m. Abb.) gr8° Lpzg. M Heinsius Nf. '11. 7 —; geb. 8 —

Barthel, Chr., Untersuchungen üb. die Mikroorganismen in der Stall-Luft, in der frisch gemolkenen Milch u. im Euter der Kuh. Aus dem Schwed. übers. v Johs. Kaufmann. (28 S.) gr. 8. Leipzig 908. M. Heinsius Nachf. n. — 60
Sonderabdruck aus: „Milch-Zeitg."

Barthel, E.: Zehn Jahre aus dem Leben eines Bibelboten. Bremen [1883]: Doering. VII,127 S. 8°
12: Biogr. 67 u. 14.
12.857

Barthel, E. (Hrsg.), s. J u g e n d b i l d n e r , Der katholische.

Barthel, Emil s. *Barthel,* **Gustav Emil.**

Barthel, Emma [Hrsg.] s. *Barthel,* Gustav Emil: Gedichte und poetische Übersetzungen. 1906.

Barthel, F.: P a t e n t f r a g e , s. B a r t h e l , Peter.

Barthel, Frieder

Barthel's, F, ond i schreib halt mein Name-n-et na'! 8° (58) Stuttg. 96. Holland & Josenhans. — 60

Barthel's, Frieder, ond i schreib halt mein Name-n-et na'! 8. (58 S.) Stuttgart 896. R. Roth. n. — 60

Barthel, Friedrich, Zeichner u. Kupferstecher, Leipzig. 1775-1840. 1807: Eumorphea. Anleitung zur Geschmacksbildung für die zeichnenden Künste mit besonderer Hinsicht auf landschaftliche Darstellung. — Leipzig: Voß 1807. IV, 82 S., 20 Taf. 4° 17. 18. 19. 111. 121.
12.872

Barthel

— **Friedr. Julius** (Dresden), Conspectum morborum a 1828 ad IX. usque in schola policlinica curatorum. Diss. med. Präs. Carl Gottlob Kühn. Lpz. (Staritz) 30. IV. 1830. 40 S. (4.50)
Gew.: C. A. Küttner, J. A. Arndt.

Barthel, Fr. J., Dissert. inaug. medica sistens conspectum morborum 1828 ad 29 usque in scholia policlinica curatorum. (M. d. Anh.: E. H. Weber, Annotationes anatom. et physiolog. Prol. VIII.) 4 maj. (6½ B. u. 1 Stnt.) Lipsiae 830, (Voss.)

Barthel, G.: Über P i m o s e , s. B a r t h e l , Gustav

Barthel, G. A., Streifblicke in die Geschichte des Turnvereins zu Chemnitz, Festschr. 1858—1908, Chemnitz 1908, 100 S., Gr.-8°.

Barthel, G. Emil: E r n s t , Heiliger (und andere Dichtungen), s. B a r t h e l , Gustav Emil

Barthel, G. Emil, Buch- u. Kunstverlag, Halle a. d. S. 1860: Verlags-Katalog. 1865-1870. — Halle 1869. 28 S. 8° 3.
12.873

Barthel, Gustav [approb. Arzt aus Giessen]: Ueber Phimose und deren Operationsmethoden .... München, Druck v. M. Ernst (vorm. G. Pollner), 1887; 79 S. u. 1 Taf. 8°.
München, Med. Fak., Inaug.-Diss. v. 1887.

Barthel, Gustav Adolf: Verzeichniß der Gemälde-Sammlung des Herzoglichen Museums zu Braunschweig. Braunschweig 1859: Gebr. Meyer. XXIV,214 S. 8°
28. 30. 32. 79.
12.876

— — 2., verb. Aufl. Braunschweig 1861/1862: J. H. Meyer. XXIV,207 S. 8° 1:Ns 5322². 18.
12.877

Barthel, Gustav Emil [Hrsg.]
s. *Barthel*, Karl: Monica, die Mutter Augustin's. 1860 u.ö.

— [Hrsg.] s. *Barthel*, Karl: Die deutsche Nationalliteratur der Neuzeit. 1855 u.ö.

— Sächsisch-thüringisches Dichterbuch. Unter Mitw. von Adolf Brieger u. Kurt v. Rohrscheidt hrsg. [Nebst] N. F. Halle a. S.: Hendel 1885–87. 8° 1:Yf 1102. 3. 11.
12:P. o. germ. 77 g. 14. 15. 22. 29. 88.
12.878

— Humoristische Dichtungen für gesellige Kreise. Von Gustav Haller [d. i. Gustav Emil Barthel]. Samml. 1–3. Halle: G. Emil Barthel 1868–71. 8° (Bibliothek humoristischer Dichtungen. 1.5.9.) 1:Yf 5841–1.5.9. 3. 4. 11[ᵐ3]. 12:P. o. germ. 118 s–1.5.9. 25[ᵐ3]. 33[ᵐ3]. 38[ᵐ2.3].
12.879

— — 2. Aufl. Samml. 2. 3. Ebd. 1868–71. 8° (Bibliothek humoristischer Dichtungen. 5. 9.) 11[ᵐ2]. 38.
12.880

— Heiliger Ernst. Gedichte. — Halle: Gesenius 1876. VIII, 46 S. 8° 1:2 in Yf 6765. 3. 23.
12.881

— Gedichte und poetische Übersetzungen von G. Emil Barthel, kurz nach seinem Tode hrsg. von Emma u. Hedwig Barthel. — Halle: Hendel [1906]. X,191 S. 8°
1:Yo 30895. 3. 300:133.232-B.
12.882

Barthel, G. Emil, neuer poetischer Hausschatz, s. a. Bibliothek d. Gesamtlitteratur d. In- u. Auslandes.

— Neuer poetischer Hausschatz. Hochdeutsche Gedichte aus d. Zeit vom Beginne d. Romantik bis auf unsere Tage in systematisch geordneter Auswahl aus d. Quellen. — Halle: Hendel (1890). XXXX,1194 S. 8° (Bibliothek d. Gesamtlitteratur d. In- u. Auslandes. 983/998.)
1:X 8366–983/998. 3. 18. 32. 302.
12.883

—— s. Kurz, Heinr., Leitfaden zur Geschichte der deutschen Literatur.

— Scherz und Humor. Gedichte. — Leipzig: Joh. Ambr. Barth 1875. VIII,107 S. 8° 1:Yo 15072. 15. 23. 24.
12.884

Barthel, H., die revidirte Gemeindeordnung für das Großherzogthum Sachsen-Weimar mit Zusätzen, Erläuterungen und Formularen für die praktische Anwendung herausgegeben. Weida 854. Huth. 8. (VI, 72 S.) n. 5 ngr

Barthel, Hedwig [Hrsg.] s. *Barthel*, Gustav Emil: Gedichte und poetische Übersetzungen. 1906.

Barthel, Hermann

Nachweis der Unechtheit der von [Theod.] Merzdorf herausgegebenen Geheimstatuten des Ordens der Tempelherren. Von [Herm.] Barthel. Berlin 1879: Mittler & S. 57 S. 8°
Aus: AGr. 2 (1880) S. 5—59, 252—259.
Mit Abdr. der Geheimstatuten (Merzdorf Nr 5204 S. 84—145).

Barthel, J.C., s. B a r t h e l, Johann Kaspar

Barthel, J.Casp., s. B a r t h e l, Johann Kaspar

Barthel, J.K., s. B a r t h e l, Johann Kaspar

Barthel, J.P., s. B a r t h e l, Johann Petrus

Barthel, Johann August

— **Joh. August** (Leipzig), De restamento conjugum reciproco. Disp. jur. Präs. Fr. Gottlieb Zoller. Lpz. (Büschel) 28. IX. 1773. 30 S. (4.80)
Gew.: Jac. Heinr. Born, Chn. Wilh. Kustner.

— Rhapsodiae supplementa. Präs. Carl Ferdin. Hommel. Lpz. (Langenheim) 23. II. 1775. 32 S., meist deutsch. (4.—)

Barthel

— **Joh. Friedrich** (Dresden), De hydrope saccato. Disp. med. Präs. Ernst Benj. Gottlieb Hebenstreit. Lpz. (Klaubarth) 3. VIII. 1792. 32 Seiten. (4.80)

Barthel, Johann Kaspar

— Annotationes ad universum ius canonicum compilatae in collegiis privatis. — Coloniae [usw.] 1757. 351 S. 8°
7. 12:4° J. can. U. 9. 16. 17. 19. 21. 22. 24. 25. 26. 30. 38. 43. 66. 121. 180. 302. 308. 309.
12.895

— — Nunc auctius et em. ed. Coloniae [usw.] 1765. XLV, 331 S. 8° 1:Fq 1738. 4. 5. 6. 8. 12: 4° J. can. U. 10 [2 Ex.] 16. 19. 20. 24. 25. 29. 31. 45. 61. 211. 302. 304.
12.896

— annotationes ad universum jus canonicum. 4. Würzb. 766. Stahel. 1 ꝛβ

– De C o n c o r d a t i s Germaniae. 1740 u. 1743

— Canonica episcoporum Germaniae Constitutio in ... D. Caroli Philippi Dei gratia episcopi Wirceburgensis ... electione, confirmatione et consecratione anno Æ.C.V. 1749 ... discursibus & votis academicis celebrata quando ... D. Jo. Casparus Barthel D. Franciscum Melch. Antonium Haus [u. a.] ... ritu solenni condecorabat. — (Wirceburgi [1749]: Kleyer.) Getr. Pag. 8°
1:Gw 6380/5. 17. 20. 25. 26. 300:133.232-B. 303.
12.897

— de jure reformandi antiquo. ibid. 1744.

— Opera iuris publici ecclesiastici ad statum Germaniae accommodata, quae in praefati authoris opusculis invenire hucusque non licet. — Bambergae [usw.]: T. Göbhardt 1765. 720 S. 8° 6. 7. 12: 4° J. can. U. 12. 14. 17. 22. 32. 35. 300:21.373 a. 305. 308.
12.900

— Opera iuris publici ecclesiastici ad statum Germaniae accommodata, quae im [!] praefati authoris opusculis invenire hucusque non licet. Ed. novissima, auct. et em. — Ebd. 1780. 624 S. 8° 12:4° J. can. U. 13. 17. 22. 303.
12.901

Barthel, Jh. Ksp., († d. 8. April 1771.) opera juris publici ecclesiastici. 4. Bamb. 765. N. A. 4. Ibid. 780. (Wesche in Frankf.) 1 ꝛβ 16 gr

Barthel, Johann Kaspar: [Teils.] Opuscula iuridica varii argumenti, antea seorsim edita. T.1.2. — Francofurti [usw.] 1756. 8° 3. 7. 12:4° Jur. opp. 2-1.2 [2 Ex.] 15. 16. 17. 19. 21. 24. 26. 28. 29. 39. 300:21.373. 308.
12.886

— Opuscula iuridica. T.1.2. Francofurti [usw.]:Poetsch 1756. 8° 6. 12:4° Jur. opp. 4-1.2. 14. 17. 29. 36. 53.
12.887

— opuscula juridica. III Tom. 4. Frankf. u.Leipz. 756—63. N. Aufl. 4. Bamb. 771. (Wesché in Frankf.) 5 ℛ

— Opuscula iuridica varii argumenti, antea (3: nuperrime) seorsim ... edita. T.1-3. — Bambergae (3: Bambergae [usw.]): M. Göbhardt (3: T. Göbhardt) 1756-65. 8°
3. Opuscula iuridica recentiora varii argumenti. 1765.
1[∞3]: Fi 7210. 4. 5. 7. 9. 12:4° Jur. opp. 8. 16. 21. 24. 25. 27. 28. 30. 31. 36. 39. 78. 180. 206. 300[∞3]:34 M 5. 302. 304. 307. 308.
12.888

— Opuscula iuridica varii argumenti, nuperrime seorsim ... edita. Ed. novissima, prioribus corr. T.1-3. — Ebd. 1771. 8°
3. Opuscula iuridica recentiora varii argumenti.
1[∞3]: Fi 7212-1.2. 8. 12:4° Jur. opp. 5. 16. 19. 43. 211. 300:640.172-B. 302. 309.
12.892

— Opuscula iuridica recentiora varii argumenti nuperime seorsim ..., edita. Ed. novissima, prioribus auct. & em. T. 3. — Ebd. 1780. 624 S. 8° 1: Fi 7212-3. 21. 24. 302.
12.893

— — Ed. novissima, prioribus auct. & em. T. 3. Ebd. 1780. 720 S. 8° 24.
12.894

(—) Opusculorum recentiorum p. 1-3. (Wirceburgi: Stahel 1762-64.) 8°
1. Barthel: Tractatus historico-canonico-pragmaticus loco dissertationis tertiae de concordatis Germaniae specialis. 1762.
2. Barthel: Tractatus publico ecclesiasticus de eo quod circa libertatem exercitii religionis ex lege divina, iustum est. 1764.
3. Barthel: Tractatus publico ecclesiasticus de eo quod circa libertatem exercitii religionis ex lege imperii, iustum est. 1764.
12:4° J. can. P. 99 [2 Ex.] 14→16. 19. 21. 24. 33. 61. 121. 211. 214. 302. 303. 305. 309.
12.889

Barthel, Dr. jur. J. Casp. (Univers.-Vicekanzl. in Wrzb. † 1771), Dissertatio hist.-canon. publica de Pallio. 4. Wirceb. 1752. Ist selten u. gesucht. 1 Thlr. — 2 fl.

— Dissertatio historico-canonico-publica de pallio una cum insertis Vindiciis Pallii Herbipolensis. — Herbipoli 1753: Kleyer. 276 S. 8° 5. 7. 12:4° J. can. P. 100 [u. ö.] 14→17. 19. 22→27. 30. 36. 38. 43. 45. 66. 203.
12.898

— — Ed. 2. Ebd. 1753. 142 S. 4° 1:4° Sg 8850. 25.
12.899

— Tractatus historico-canonico-pragmaticus loco dissertationis tertiae de concordatis Germaniae specialis. — Wirceburgi: Stahel 1762. 356 S. 8° (Barthel: Opusculorum recentiorum p. 1.) Zugleich Diss. Würzburg 1762.
6. 7. 8. 12:4° J. can. P. 99-1 [2 Ex.] 14→17. 19. 21. 24. 25. 26. 29. 33. 36. 61. 66. 102. 121. 211. 214. 302. 303. 308.
12.900

— Tractatus publico-ecclesiasticus de eo quod circa libertatem exercitii religionis ex lege divina, iustum est. — Wirceburgi: Stahel 1764. 272 S. 8° (Barthel: Opusculorum recentiorum p. 2.)
12:4° J. can. P. 99-2 [2 Ex.] 14→16. 19. 21. 24. 33. 61. 102. 121. 180. 211. 214. 302. 303. 309.
12.901

— Tractatus publico ecclesiasticus de eo quod circa libertatem exercitii religionis ex lege imperii, iustum est. — Wirceburgi: Stahel 1764. 281 [vielm. 319] S. 8° (Barthel: Opusculorum recentiorum p. 3.)
Zugleich Diss. Würzburg 1764.
12:4° J. can. P. 99-3 [2 Ex.] 14→16. 19. 21. 24. 33. 35. 61. 121. 180. 211. 214. 300:603.808-B. 302. 303.
12.902

Barthel, Johann Petrus

[F.] Die reichen Ablassschätze des hochheiligen Rosenkranzes, z. Förderg d. Rosenkranzgebetes u. bes. d. Rosenkranzbruderschaft, dargelegt v. J. P. Barthel, Rector. 2. Aufl. *M. Gladbach & New-York: A. Riffarth 1897.* (VII, 199 S., 1 Taf.) 1 Bd 8. [98. 4638

— Mutter Maria Dominika Klara Moes vom hl. Kreuz und ihre Klostergründung 1832-1895. 2., verb. Aufl. — (Vechta i. O.: Albertus-Verl. 1927.) XV,326 S. 8°
1: Cg 990/5². 12: Biogr. 3117 b. 101. 211.
12.904

Barthel, Jula: Gedichte. — Stuttgart 1892: Alfred Müller. VIII,127 S. 8° 24.
12.905

Barthel, K. (Literaturhistoriker), s. Barthel, Karl

Barthel, K. (Schulrat), s. Barthel, Karl

Barthel, K.: Monika, s. Barthel, Karl

Barthel, K. (Hrsg.), s. Stenographen-Zeitung, Frankfurter.

Barthel, Karl, Regierungs- u. Schulrat, Breslau. 1834 s. *Anhang* zu jeder biblischen Geschichte, besonders zu der vom Schulrath Barthel herausgegebenen. Um 1850.

Barthel, Carl, Elementar-Lesebuch als Grundlage für den Unterricht in der Weltkunde u. für die damit vereinigten Denk-, Sprech- u. Freischreibübungen. Für preuß. Schulen bearb. gr. 8. (VIII u. 488 S.) Breslau 851, Leuckart. n. 1/3 ℛ — Für kathol. Schulen bearb. 2. verm. u. verb. Aufl. 8. (494 S.) Ebd. 852. n. 13 *ngr*

— Elementar-Lesebuch als Grundlage für den Unterricht in der Weltkunde und für die damit vereinigten Denk-, Sprach- und Freischreibübungen für katholische Volksschulen bearb. 4. durchges. u. verm. Aufl. Ebend. 859. 8. (XII, 482 S.) n. 11 *ngr.*

Barthel, Karl, Literaturhistoriker, Braunschweig. 1817-1853. 1846: [Teils.] Erbauliches und Beschauliches aus dem Nachlasse von Karl Barthel. Mit e. biographischen Charakteristik d. Verf. von J.W. Hanne. — Halle: Mühlmann 1853. XXXVI,251 S. 8°
1: Ak 3746. 3. 7. 9. 11. 12: Asc. 362 d. 15. 18. 22. 207.
12.931

Barthel, Karl, ein Fall von Poliomyelitis anterior acuta bei einem 16jährigen Mädchen. Diss. München 1886, A. Buchholz. 8°. 19 S.

Barthel, Karl [approb. Arzt aus Freiburg i. Schles., z. Z. Assistenzarzt am Prof. v. Hauner'schen Kinderspital zu Munchen]: Ein Fall von Poliomyelitis anterior acuta bei einem 16jährigen Mädchen .... München, G. Franz'sche h. b. Hofbuchdr. (G. Emil Mayer), 1886; 19 S. 8°.
München, Med. Fak. Inaug.-Diss. v. 1886.

Barthel, Karl: Biblische Geschichte. 1.-6. Aufl., s. Barthel, Karl, Biblische Geschichte für Elementarschulen.

Barthel, Carl, biblische Geschichte. Zugleich enthaltend sämmtliche Episteln und Evangelien für die Sonn- u. Festtage des Kirchenjahres. Als Grundlage für den Katechismusunterricht, nach der vom heil. Stuhle approbirten Uebersetzung des alten und neuen Testamentes von Dr. Jos. Franz Allioli, bearbeitet. 7—9. durchgeseh. u. verm. Aufl. Breslau 854—58. Leuckart. 8. (VIII, 238 S.) n. 6 *ngr.*

— — 10., verm. u. verb. Aufl. Von G. Wanjura. Ebd. 1863. XII,244 S. 8° 1: Bh 1986[10]. 102.
12.911

— — 11. durchges. Aufl. Von G. Wanjura. Leipzig: Leuckart 1873. XII,247 S. 8° 25. 302.
12.912

Barthel's C, biblische Geschichte. Mit sämtlichen Episteln und Evangelien von G Wanjura. Leipzig 1874

Barthel, Carl, biblische Geschichte für Elementarschulen. Zugleich enthaltend sämmtl. Evangelien für die Sonn- und Festtage des Kirchenjahrs. Als Grundlage für den Katechismusunterricht, nach der vom heil. Stuhle approbirten Uebersetzung des alten u. neuen Testamentes von Jos. Frz. Allioli. 8. Breslau 844, Leuckart. n. 6¼ Ngr — geb. n. ¼ Thlr

— — 2., verb. u. verm. Aufl. Ebd. 1848. VIII,223 S. 8°
2. 302.
12.907

— — 6., durchges. Aufl. Ebd. 1851. VIII,223 S. 8°
2. 22. 66. 214.
12.908

– folgende Auflagen,
s. B a r t h e l , Karl: Biblische Geschichte.

— Grundriß der mittelhochdeutschen Formenlehre, für Anfänger bearb. — Quedlinburg [usw.]: Basse 1854. VIII, 110 S. 8°
1:Y 6131. 2. 16. 18. 36.
12.952

— Handbuch zur biblischen Geschichte für Katecheten und Lehrer. Bd 1–3. — Breslau: Leuckart 1853–55. 8°
1:Bh 1987. 2. 15[** 2.3]. 52[** 2]. 102. 211. 214.
12.515

— Handbuch z. bibl. Geschichte f. Katecheten u. Lehrer. 1. Bd.: Das alte Testament. 1. Abthl. gr. 8. (S. 1—160.) Ebd. 852. 5/12 Thlr

— Handbuch zur biblischen Geschichte für Katecheten und Lehrer. 1. Bd. (2. Hälfte.) Das alte Testament. (2. Hälfte.) Ebend. 853. gr. 8. (VIII, S. 161—360.) 12½ Ngr

—— Handbuch zur biblischen Geschichte für Katecheten und Lehrer. 1. Bd.: Das alte Testament. 1. Aufl. (VIII und 360 S.) 852,53., und 2. Aufl. gr. 8. (VIII und 378 S.) Breslau 855, Leuckart.

— — 2. u. 3. Bd.: Das Neue Testament. Mit einem kirchengeschichtlichen Anhange. Ebend. 854, 55. gr. 8. (VII, 310; X, 358 S.) Jeder Bd. 25 Ngr

— Handbuch zur biblischen Geschichte für Katecheten und Lehrer. Ein Beitrag zur erbaul. Schriftbetrachtung, enth. Bibelkunde, Geschichte des Reiches Gottes bis zur Gegenwart und Erklärung der darauf bezüglichen Abschnitte aus dem A. u. N. Testamente, insbesondere der sonn- und festtäglichen Episteln und Evangelien. 3. durchges. u. verm. Aufl. 3 Bde. Breslau 860—64. Leuckart. gr. 8. (1. Bd.: Altes Testam. VIII, 359 S.; 2. u. 3. Bd.: Neues Testam. VII, 290; VIII, 337 S.) n. 3 Thlr

— — 3., durchges. u. verm. (2.3: 3., verm. u. verb.) Aufl. Bd 1–3. — Ebd. 1861–64. 8°
1:Bh 1987³. 2. 52[** 1.3]. 61[** 1.2].
12.917

— — 4., verm. u. verb. Aufl. Bd 2. Ebd. 1879. VII,290 S. 8°
61.
12.910

Barthel, Carl, Handbuch zur biblischen Geschichte für Katecheten u. Lehrer. Ein Beitrag zur erbaul. Schriftbetrachtg., enth. Bibelkunde, Geschichte d. Reiches Gottes bis zur Gegenwart u. Erklärg. der darauf bezügl. Abschnitte aus dem Alten u. Neuen Testamente, insbesondere der sonn- u. festtägl. Episteln u. Evangelien. 1. Bd. Das alte Testament. 3. durchgeseh. u. verb. Aufl. gr. 8. (VI, 369 S.) Leipzig 881. Leuckart. n. 3. —

— — 4. Aufl. Bd 2. Ebd. 1882. VII,290 S. 8°
64.
12.920

— — 5., verm. u. verb. Aufl. Bd 3. Ebd. 1883. 360 S. 8°
64.
12.921

— Praktisches Handbuch bei den schriftlichen Sprach- und Aufsatzübungen in Volksschulen. — Löwenberg: Eschrich 1836. XVI,334 S. 8°
2.
12.922

— — Ebd. 1837. XVI,334 S. 8° 2. 41. 47. 102.
12.923

Barthel, C., prakt. Handbuch bei d. schriftl. Sprach- und Aufsatz-Uebungen in Volksschulen. Enth.: zahlreiche, stufenmäßig geord. Aufgaben, welche die ganze Schreibthätigkeit d. Kinder v. 6—14. Jahre umfassen. 3 Lehrgänge. 2., durchges. u. verm. Aufl. 8. (22½ B.) Löwenberg 838, Eschrich.

—— prakt. Handbuch bei den schriftl. Sprach- u. Aufsatz-Uebungen in Volksschulen. 3., u. 4. verm. Aufl. gr. 8. Breslau, Leuckart. [3. (10½ B.) 845. * 20 Ngr., 4. (17½ B.) 46.]*

— prakt. Handbuch bei den schriftl. Sprach- u. Aufsatz-Uebungen in Volksschulen. 3. umgearb. Aufl. 8. Breslau 845, Leuckart. n. ⅔ Thlr — 4. verm. Aufl. gr. 8. Ebd. 846. n. 16 Ngr

— — 4., verm. Aufl. Ebd. 1847. XII,268 S. 8° 2. 52.
12.926

— u. L. Grote, Harfe u. Leyer, s. Harfe u. Leyer.

—— Historya swieta dla katolickich szkoł elementarnych. Zawierajaca oraz wszystkie roku koscielnego Ewangelie niedzielne i swiateczne. Przekład. 8. (15 B.) Breslau 846, Leuckart.

—— Historya święta dla katolickich szkół elementarnych. Zawierająca oraz wszystkie roku kościelnego listy i ewanielie niedzielne i świąteczne. Jako podstawa nauki religijnéj, według przyjętego przez kościół katol. tłumaczenia starego i nowego testamentu. 2. Wydanie, poprawne i pomnożone. (Biblische Geschichte für die katholischen Elementarschulen nebst den Episteln und Evangelien für die Jahressonntage und Feste. 2., verm. und verb. Ausg.) gr. 8. (XII und 259 S.) Breslau 857, Leuckart.

— s. Jugendbildner, d. kathol.

— Katechismus für die reifere katholische Jugend. — Breslau: Leuckart 1843. XII,263 S. 8°
1:Eo 11273. 2. 22. 41. 214. 302.
12.927

—— Katechismus für die reifere katholische Jugend. Ein Lehrbuch für Gymnasiasten, Realschüler und Seminaristen, ein Hülfsbuch für Schullehrer zu einem jeden der gebräuchlichen Katechismen. 2. Aufl. 8. (VIII und 263 S.) Breslau 852, Leuckart. *

— Leben und Dichten Hartmann's von Aue. — Berlin: Schindler 1854. X,65 S. 8°
1:Yg 1466. 3. 4. 5. 7. 8. 11. 12: Biogr. 1282–24. 16. 18. 23. 32. 33. 35. 43. 45. 46. 84. 300: 13.643–A. 303.
12.953

Barthel, Karl: Leben Tersteegen's, s. S o n n t a g s - B i b l i o t h e k

— Leben Gerhard Tersteegen's. — Bielefeld: Velhagen & Klasing 1852(1853). 109 S. 8° (Sonntags-Bibliothek. 5,6.)
1: Du 17600–5,6. 6. 8. 10. 12: Biogr. C. 306 v–5. 18. 23. 48. 62. 123.
12.954

— Lehrgang im Sprachunterrichte, für Elementarschulen u. ihre Lehrer. 8. Berlin u. Züllichau 839. Eyssenhardt. 5/12 Thlr

—— Lehrgang im Sprachunterrichte, f. Lehrer u. solche, die es werden wollen verfaßt. 1. Aufl. (10¾ B.) Berlin 839., 2. verb. u. verm. A. 8. (13¼ B.) Halle 842, Kümmel's Sort.-Bh. à
Die 1. Aufl. hat d. T.: Lehrg. im Sprachunterr., f. Elementarschulen u. ihre Lehrer.

— Lehrgang im Sprachunterrichte, für Lehrer u. solche, die es werden wollen verfaßt. 2. verb. u. verm. Aufl. 8. Halle 842, Kümmel's Sort.-Buchh. Knapp. 5/12 Thlr

– Tersteegen's geistl. Lieder, s. S o n n t a g s - B i b l i o t h e k .

Barthel, Karl, unsere Lieder f. die Volksschule, nebst e. besonderen System, betr. die Veranschaulichg. der Höhe, Tiefe u. Dauer der Töne durch Zeichen an den 5 Notenlinien. I. u. II. Stufe. 8. (18 u. 128 S.) Posen 892. (J. Jolowicz.) n. 1. 50

[—] **Liturgie** für den Nachmittags-Gottesdienst katholischer •Kirchgemeinden ... Zsgest. von e. Priester d. Diözese Breslau. — Breslau: Max 1835. VIII,59 S. 8° **2.**
12.931

— **Monica**, die Mutter Augustin's, ein Muster christlicher Weiblichkeit. — (Bielefeld: Velhagen & Klasing 1846.) S. 317–372. 8° (Sonntags-Bibliothek. 2,5[,1].)
1: Du 17600–2,5,1. **3. 10. 12:** Biogr. C. 306 v–2,5. **123.**
12.955

— — 2. Aufl. Ebd. 1852. S. 317–372. 8° (Sonntags-Bibliothek. 2,5[,1].) **123.**
12.956

Barthel, Carl (II.), Monica, die Mutter Augustin's, ein Muster christlicher Weiblichkeit. 16. (136 S.) Halle 860, Mühlmann. geb.

— — Miniaturausgabe. (Hrsg.: G. Emil Barthel.) Halle: Mühlmann 1860. 136 S. 8° **14. 39. 51. 84. 207.**
12.958

— — 3. Aufl. Bielefeld: Velhagen & Klasing 1872. S. 317–372. 8° (Sonntags-Bibliothek. 2,5[,1].) **6.**
12.957

— — 2. Ausg. (Hrsg.: G. Emil Barthel.) Ebd. 1890. 136 S. 8°
1: Dx 1524[2].
12.959

— Die deutsche **Nationalliteratur** der Neuzeit in einer Reihe von Vorlesungen dargest. — Braunschweig 1850: Krampe. VIII,426 S. 8° **23.**
12.960

— — Braunschweig: Leibrock 1850. VIII,426 S. 8°
6. 18. 109. 302.
12.961

— — 2., stark verm. Aufl. Ebd. 1851. XI,540 S. 8°
9. 10. 12: H. lit. P. 30 xh. **15. 17. 20. 23. 28. 29. 31. 34. 41. 45. 75. 111. 209. 303.**
12.962

— die deutsche Nationalliteratur der Neuzeit, in einer Reihe von Vorlesungen dargestellt. 3. Aufl. (XV und 583 S.) 1853. * 1 Thlr. 20 Ngr. und 4., verm. und verb. Aufl. Ausgabe letzter Hand des Verf. gr. 8. (XVI und 590 S.) Braunschweig 855, Leibrock. *

— — 4., stark verm. u. verb. Aufl. (Hrsg.: G. Emil Barthel.) Ebd. 1855. XVI,590 S. 8°
10. 12: H. lit. P. 30 xk. **14. 21. 29. 30. 32. 33. 41. 44. 45. 109. 117. 300:** 83.605–B.
12.964

— — 5. Aufl. 2. Abdr. der Ausg. letzter Hand des Verf. (Hrsg.: G. Emil Barthel.) — Ebd. 1858. XVI,591 S. 8°
20. 30. 36. 46. 47. 60. 61. 93.
12.965

— die deutsche Nationalliteratur der Neuzeit, in einer Reihe von Vorlesungen dargestellt. 5. Aufl. 1858. und 6. Aufl. 2. und 3. Abdr. der Ausg. letzter Hand des Verf. gr. 8. (XVI und 591 S.) Braunschweig 862, Leibrock. *

— — 7. Aufl., in Anm. ergänzt u. fortgeführt von G. Emil Barthel. — Ebd. 1866. XVIII,647 S. 8°
2. 5. 14. 23. 30. 41. 46. 53. 60. 109. 207. 309.
12.967

Barthel, Karl (II.), die deutsche National-Literatur der Neuzeit in einer Reihe von Vorlesungen dargestellt. 8. Aufl., durch Anmerkungen ergänzt und bis auf unsere Tage fortgeführt. In 6 Lfgn. gr. 8. (XIII, 598 S.) Berlin 870, Ebeling und Plahn. [Gütersloh, Bertelsmann's Verlag.] à Lfg. * ℳ 1. –

Barthel, Karl, die deutsche Nationalliteratur der Neuzeit. 9. Aufl., überarb., durchweg sehr stark verm. u. bis auf die neueste Zeit fortgeführt v. G. Emil Barthel. (In ca. 8 Lfgn.) 1. Lfg. gr. 8. (96 S.) Gütersloh 876. Bertelsmann. n. 1. —

Barthel, Karl, die deutsche Nationalliteratur der Neuzeit. 9. Aufl., überarb., durchweg sehr stark verm. u. bis auf die neueste Zeit fortgeführt von G. Emil Barthel. 2—7. Lfg. gr. 8. (S. 97—672.) Gütersloh 877. 78. Bertelsmann. à n. 1. —

— - Die deutsche Nationallitteratur der Neuzeit. 10. Aufl., neu bearb. u. fortges. von Max Vorberg, weitergeführt u. vollendet von Guido Burkhardt. (In 7 Lfg.) — Ebd. (1897–) 1903. VII,1144 S. 8°
1: Yc 5952[10]. **3. 6. 9. 12:** H. lit. P. 30 xle. **21. 46. 53. 109.**
12.970

— die classische Periode der deutschen Nationalliteratur im Mittelalter, in einer Reihe von Vorlesungen dargestellt. Bearb. und hrsg. von J. G. Findel. gr. 8. (X und 292 S. mit dem Portr. des Verf. nach einer Zeichnung seines Bruders G. A. Barthel in Holz geschn. von G. Mezger.) Braunschweig 856(57,) Schwetschke und Sohn. *

— **Religionsgeschichte** vom katholischen Standpunkte aus. — Breslau: Max 1834. XII,208 S. 8° 1: Cb 3465. **2. 214.**
12.932

— — 2., durchges. Aufl. Ebd. 1835. VIII,211 S. 8°
1: Cb 3466. **2. 211.**
12.933

— — 3., durchges. Aufl. Ebd. 1839. XII,224 S. 8°
1: Cb 3467. **2. 25. 31. 207.**
12.934

— — 4., verb. u. verm. Aufl. Ebd. 1843. XVI,268 S. 8°
2. 12: H. eccl. 88 r. **22. 304. 308.**
12.935

— — 5., verb. u. verm. Aufl. Ebd. 1851. VIII,284 S. 8°
2. 41. 106. 169. 207.
12.936

— Religionsgeschichte vom katholischen Standpunkte aus, für höhere Schulanstalten verfaßt. 6. verb. und verm. Aufl. von C. Otto. 8. (X, 293 S.) Breslau 868, Max und Comp. [Stuttgart, Heitz.] *

Barthel, C., Religionsgeschichte vom katholischen Standpunkte aus, für höhere Schulanstalten verfaßt. Verb. und verm. von C. Otto. 7. und 8. Aufl. 8. (X, 293 S.) Stuttgart 874,79, Heitz. *

— — Verb. u. verm. von K. Otto. 9. Aufl., bearb. von J. Jungnitz. — Ebd. 1882. XII,212 S. 8° **24. 211.**
12.939

— **Religionslehre** für die Unterklasse katholischer Elementar-Schulen. — Breslau: Leuckart 1837. XII,79 S. 8° **2.**
12.940

— — 2., verm. u. verb. Aufl. Ebd. 1840. VIII,96 S. 8°
2. 66. 211. 302.
12.941

Barthel, Carl (I.), Religionslehre für die Unterklasse kathol. Elementarschulen, in geschichtl. Behandlung als Vorbereitungsbuch für jeden der gebräuchlichen Katechismen. 8., verb. Aufl. gr. 16. (VI und 94 S.) Breslau 858, Leuckart. *

— Religionslehre f. d. Unterkl. kath. Elementarsch. 3. Afl. 16. (94) Lpzg 58, Leuckart. n. — 5

— **Schul-Pädagogik.** Ein Handbuch zur Orientirung für angehende Lehrer. — Lissa [usw.]: Günther 1839. 13, 327 S. 8° 1: Ne 1496. **2. 3. 10. 102. 207. 214.**
12.945

— Schul-Pädagogik. Ein Handb. zur Orientirung für angehende Lehrer u. zur Beacht. f. junge Theologen, als künftige Schulrevisoren. 2., umgearb. Aufl. gr. 8. (22 B.) Lissa 845, Günther. *

— Schul-Pädagogik. 3. Afl. 8. (450) Lpzg 56, E Günther. n. 1. 7½

—— Schul-Pädagogik. Ein Handbuch für angehende Schullehrer und Schulrevisoren. 3., umgearb., mit den betreffenden Stellen aus den preußischen Regulativen und mit einer Geschichte des Schul- und Erziehungswesens verm. Aufl. gr. 8. (XII und 450 S.) Lissa 856, Günther. *

--- Schul-Pädagogik. Ein Handbuch für angehende Schullehrer u. Schulrevisoren. In 4. Aufl. neu bearb. von G. Wanjura. Breslau 869. (Leipzig.) Günther's Verlag. gr. 8. (XIV, 404 S.) n. 1 ℳ

—— In 4. Aufl. neu bearb. von G. Wanjura. Ausg. für Baiern. — Ebd. 1869. XIV,418 S. 8°
1:Ne 1499. 2. 15. 22. 64. 102.
12.949

—— In neuer Bearb. hrsg. von G. Wanjura. 5. Aufl. Leipzig: Günther 1873. XII,390 S. 8°
12:Paed. Th. 305. 25. 29. 302. 308.
12.950

Barthel's, Karl, Theater-Bühne. Nr. 1—5. 8. Gera, K. Barthel. à n. 1.—
1. Strafe muß sein. Schwank in 1 Akt. Von Curt Nestler. (24 S.) (899).
2. Der Vetter Christian. Lustspiel in 1 Akt. Von Frdr. Müller. (18 S.) (900).
3. Auf Amors Schwingen. Schwank in 1 Akt. Von Wendel Kiefer. (31 S.) (901).
4. Unter'm Pantoffel. Schwank in 1 Akt. Von Heinr. Helmers. (20 S.) (902).
5. Familie Vollmann. Schwank in 1 Akt. Von A. Bourset. (24 S.) (902).

Barthel's, Karl, Theater-Bühne. Nr. 6—8. 8. Gera, K. Barthel. à n. 1.—
6. Zu Wasser u. zu Lande. Soldatenschwank in 1 Akt. Von S. Steinberg. (23 S.) (903.)
7. Der Geheimschreiber. Lustspiel in 1 Akt. Von Fel. Renker. (27 S.) 903.
8. Das erste Geständnis. Lustspiel in 1 Akt. Von Otto Trendies. (27 S.) (905.)

Barthel's, Karl, Vorlesungen über die deutsche Nationallitteratur der Neuzeit. 9. gänzlich umgearb. Aufl., begonnen von Emil Barthel, fortgesetzt und bis auf die Gegenwart geführt von Geo. Rhard. Röpe. 11 Lfgn. gr. 8. (XXI, 1013 S.) Gütersloh 876—79, Bertelsmann. à Lfg. * ℳ 1. *
geb. *

— Vorlesungen über die deutsche Nationallitteratur der Neuzeit. 9., gänzl. umgearb. Aufl., begonnen von Emil Barthel, fortgesetzt u. bis auf d. Gegenwart geführt von Georg Reinhard Röpe. — Gütersloh: Bertelsmann 1879. XXI,1013 S. 8° 1:Yc 5952. 2. 3. 5. 6. 9. 11.
12:H. lit. P. 30xl. 14. 17. 18. 24. 26. 29. 33. 34. 41. 42. 43. 53. 61. 62. 64. 68. 79. 93. 107. 109. 123. 169. 180. 207. 302. 309.
12.969

— Worte des Aufrufs und der Mahnung in der im Herzogl. Schlosse zu Wolfenbüttel am 29. November 1848 abgehaltenen ersten Versammlung des Braunschweigischen Missionsvereins. — Braunschweig: Leibrock 1848. 16 S. 8° 23.
12.973

Barthel, Karl August: Der Confirmandenunterricht in drei und zwanzig Stunden abgetheilt mit den nöthigen Bibelstellen und einem kurzen Anh. über die Entstehung der protestantischen Kirche vers. — Grimma: Verlags-Comptoir (1839). IV,60 S. 8° 207.
12.975

Barthel, C. A., Predigt am Sonntage Jubilate. 8. Grimma 841, Verlags-Compt. n. 1/12 ℳ

— Was sich in uns regt bei Betrachtung eines mit Vorsatz angel. Feuers. Predigt. gr. 8. Grimma 840. Verlags-Compt. n. 1/12 ℳ

Barthel, Karl *Friedrich:* Völkerbewegungen auf der Südhälfte des afrikanischen Kontinents ... M. e. Kt. Veröffentl. v. Verein f. Erdkunde in Leipzig. [Aus: Wiss. Mitth. d. Ver. f. Erdk. zu Leipzig.] Leipzig, *Druck v. A. Wiede*, 1894; 90 S., 1 Bl., 1 Kt. 8.
Leipzig, Phil. Fak., Inaug.-Diss. v. [12. Febr.] 1894

Barthel, die Zerstreutheit geistig normaler Schüler, s. a. Sammlung pädagogischer Vorträge. XII. 5.

Barthel, Karl Friedrich: Die Zerstreutheit geistig normaler Schüler. — Bonn [usw.]: Soennecken [1899]. 18 S. 8° (Sammlung pädagogischer Vorträge. 12,5.)
1:Nc 3944-12,5. 5. 12:Paed. Th. 4925-12. 38. 107. 203. 207. 302.
12.976

Barthel, Karl Gottfried: Verzeichniß der von dem verstorbenen Stadtgerichtsschreiber Barthel zu Leipzig hinterlassenen Sammlung von Münzen und Medaillen der ältern, mittlern und neuern Zeit. [Auktionskat.] — (Dresden: Heinrich 1818.) IV,218 S. 8° 1:Pi 2300. 19. 28. 30.
12.977

Barthel, Kaspar s. *Barthel,* Johann Kaspar.

Barthel, Otto, Rechtsanwalt. 1908: Beitrag zur Wahlreform. (Augustusburg [1908]: Gutermuth.) 15 S. 8° 14.
12.1030

Heimatkunde des Kreises Rothenburg O.-L. Beilage z. Flemmingschen Schulkarte d. Kreises Rothenburg O.-L. Von Lehrer O[tto] Barthel. 2. Aufl. Glogau: C. Flemming [1906]. (22 S.) 8° [J.] [07. 3177

—— 4. Aufl. Berlin [usw.]: Flemming [um 1910]. 22 S. 8° 41.
12.1029

Barthel, Otto, Lehrer. 1905: Das Wichtigste aus der Heimatkunde des Kreises Rothenburg O.-L. Beil. zur Flemmingschen Schulkarte d. Kreises Rothenburg O.-L. — Glogau: Flemming [1905]. 22 S. 8° 1:Tb 7560. 2.
12.1027

Barthel, P.: Aus Frühlingstagen, s. Barthel, Paul

Barthel, P.: Patentfrage, s. Barthel, Peter.

Barthel, P. Otto [Cand. med. aus Siebenlehn]: Beitrag zur Pathologie des Gedächtnisses ... München, Nationale Verlagsanst., Buch- u. Kunstdr., 1894; 48 S. 8.
München, Med. Fak., Inaug.-Diss. v. 1894

Barthel, Paul, aus Frühlingstagen. Studien. Fol. (4 farb. Taf.) Leipzig 893. E. Baldamus, Sep.-Cto. n. 5.—; einzelne Blätter à 1.80

Barthel, P, a. Frühlingstagen. Studien. Fol. (4 farb. Taf.) Lpzg 93, Wezel & N. 5 —; einz. Bl. 1.80

Die Heimarbeit im Lithographiegewerbe. (Verf.: Paul Barthel.) Hrsg. v. Hauptvorst. d. deutschen Senefelder-Bundes ⟨Verband d. Lithographen, Steindrucker u. verw. Berufe⟩. Berlin 1906: Eichler. 8 S. 8° [10. 1280] 11

Barthel, Peter

— Die Patent-Frage. — Leipzig: J. J. Weber 1869. 106 S. 8° 1:Fm 22075. 11.
12:Techn. 2003s. 47. 82. 201. 203. 205. 208.
12.1035

(—) Schützenfest Frankfurt a./M. 1862. Die Scheib'. Humoristisch-satyrisches Schützenblatt. — (Frankfurt a. M.) 1862: (Wentz). 8 S. 4° 30.
12.1037

Barthel, Peter: [Teils.] Vier lustige Stücklein für das Technische-Vereins-Theater. Nebst e. Liederanh. — Frankfurt a. M. 1891. Getr. Pag. 8° 30.
12.1034

Barthel, R.: Die Revision d. hannov. Städteordnung, s. Barthel, Richard

Barthel, Reinhold, approb. Arzt aus Bennungen: Über Geburten nach Vagino- und Vesicofixatio uteri. *Halle a. S. 1899: C. A. Kaemmerer & Co.* (39 S.) 8°
Halle, Med. Diss. v. 29. Dez. 1899

Barthel, Richard

Barthel, Rich., die Revision der hannoverschen Städteordnung vom 24. VI. 1858. Ein Beitrag zur Lösg. der Revisionsfrage. (16 S.) kl. 8. Hannover 904. Dr. M. Jänecke. n. — 80

— dasselbe. II. Beitrag zur Lösg. der Revisionsfrage, enth. Entwurf der Bestimmgn. üb.: Einwohnerrecht, Bürgerrecht, Zusammensetzg. u. Wahl d. Bürgervorsteher-(Stadtverordneten-)Versammlg. u. des Magistrats, sowie Verpflichtg. zur Übernahme städt. Ämter u. das Ausscheiden aus solchen Ämtern wegen Verlustes des Bürgerrechts. (24 S.) kl. 8. Ebd. 904. n. -- 60

Barthel, Theodor, Assist. am pathol. Institut: Ueber den Bakteriengehalt der Luftwege. *Jena: G. Fischer 1898.* (26 S.) 8°
Erlangen, Med. Diss. v. 12. Juli 1898

Barthel, Walther

Barthel, Walth., das Kastell Cannstatt. Nach d. Untersuchg. v. Ernst Kapff bearb. (76 S. m. 9 Taf.) 32,5×24,5 cm. Heidelberg 907. O. Petters. 12. —
Sonderabdruck aus: „Der obergerm.-raet. Limes des Roemerreiches".

Barthel, Walth.: Führer durch Pompeji, s: Mau, Aug.

Barthel, Walther, aus Elberfeld: Zur Geschichte der römischen Städte in Africa. *Greifswald 1904: J. Abel.* (66 S.) 8°
Greifswald, Phil Diss. v. 2. Juni 1904

— s.: Mau, Aug., Führer durch Pompeji.

— Das Kastell Weissenburg, s.: Fabricius, Ernst.

— Das Kastell Zugmantel, s: Jacobi, L.

Bartheldi, Sekretär d. Christ-katholischen Gemeinde, Breslau, 1845
s. *Barthels*, J.

Bartheldt, Anton: Dissertatio iuris publici de Iurisdictione camerali, eiusdem fundamento, Germanice: Von dem Ursprung, Stifftung und Grundgesetzen der Gerichtsbarkeit des kayserlichen Cammergerichts ... Nunc vero ... rec. — Jenae 1740: Heller. 22 S. 8°
Erschien zuerst als Diss. Erfurt 1686.
3. 4. 8. 9. 10. 14. 16. 19. 24. 28. 31. 34. 300:148.459-B. 302.
12.1054

Bartheldy, J. Barthels- s. *Barthels*, J.

Barthélemi, Abbé, Französischer Altertumsforscher, Direktor d. Münzkabinetts, Paris, 1716-1795. 1754
s. *Barthélemy*, Jean Jacques.

Barthélemy: Napoléon en Egypte, s. Barthélemy, Auguste Marseille

Barthélemy: Reise des jungen Anacharsis, s. Barthélemy, Jean Jacques

Barthélemy: Ein unheimlicher Schatz, s. Barthélemy, S.

Barthélemy: La Tauride, s. Barthélemy, Auguste Marseille

Barthélemy: Waterloo, s. Barthélemy, Auguste Marseille

Barthélemy, A., s. Barthélemy Auguste Marseille

Barthélemy, Auguste Marseille

Barthélemy, J. Jak., l'an 1830. Satire politique. gr. 8. Zweibr. 830 Ritter. 8 gGr.

— [deutsch] Der Aufstand. Ein Gedicht gewidmet den Parisern von Barthélemy und Méry. Metrisch übers. von E. Mayer. — Stuttgart: Löflund 1830. 51 S. 8° 23. 24.
12.1103

Barthélemy, Auguste Marseille

Duel poétique entre MM. Barthélemy et de Lamartine. Stuttgart: Hoffmann 1831. 8°
s. Béranger, Pierre Jean de: Poniatowski.

—— et Méry, le fils de l'homme, ou souvenirs de Vienne. 8. ... Stouttgart 830, [Brodhag.]

— L'Insurrection. Poème dédié aux Parisiens. Par Barthélemy et Méry. — Bruxelles: Hauman 1830. 40 S. 8°
1: Xu 5836. 21. 38. 44.
12.1098

—— Stuttgart: Ch. Hoffmann 1830. 59 S. 8° (Nouveautés de la littérature française. 1.)
In einzelnen Exemplaren fehlt der Reihentitel.
5. 14. 15. 19. 21. 24. 32. 33. 45. 46. 111.
12.1102

— l'Insurrection, poème, dedié aux Parisiens. 8. ... Stouttgart 830, [Scheible.]

— l'insurrection, poème. 8. Stuttg. 832. Scheible. 5 gGr.

Barthélemy, A., douze Journées de la Révolution; Poèmes. 8. (23½ B.) Stouttgart 832, [Scheible.] 1 Thlr. 6 Gr., hrbgs Pr.

— [franz. u. deutsch] Douze Journées de la Révolution. Poèmes. Stuttgart: Schweizerbart 1832. XV,733 S. 8°
Nebent.: Barthélemy: Zwölf Tage der Revolution. Ein Gedicht. Metrisch übers. von C. H. Elsner.
10. 17 [unvollst.] 24.
12.1106

—— Stuttgart: Bureau des nouveautés 1832. 376 S. 8° (Nouveautés de la littérature française. 37/40.)
5. 7. 14. 19. 21. 32. 33. 38. 42. 44. 45. 111.
12.1107

—— 1830. — Satire politique. gr. in-8. (3½ B. u. Titlvgn.) Deux-Ponts 830, Ritter.

Barthélemy, Auguste Marseille, und Méry

— Napoléon en Egypte. Brux. 828. (Berl., Schlesinger). 18 gGr.

—— le même. Nouv. édit. 8. (19 B.) Deux-Ponts 829, Ritter.

— [franz. u. deutsch] Napoléon en Egypte. Poëme, par Barthélemy et Méry. Trad. en vers allemands par Gustave Schwab. — Stuttgart [usw.]: Cotta 1829. XIII,119 S. 8°
Nebent.: Napoleon in Aegypten. Gedicht, von Barthélemy und Méry. Metrisch übers. von Gustav Schwab. Mit d. Original zur Seite.
1: Xu 5653. 10. 11. 15. 17. 21. 24. 27. 30. 45. 109. 180. 302. 304.
12.1118

— Napoléon en Égypte, poëme, par Barthélemy et Méry. Stuttgart: Ch. Hoffmann 1830. 307 S. 8°
4. 5. 7. 21. 24. 25. 44. 84.
12.1119

—— Ebd. 1830. 344 S. 8° (Collection portative d'œuvres choisies de la littérature française. 2,98/100.)
10. 17. 18. 26. 32. 47. 48. 78. 121.
12.1120

— Dieselben. Napoléon en Egypte, poeme en huit chants. Nouv. Edit. Zweybr. 830. Ritter. 14 gGr.

— Napoléon en Egypte, poème en 8 chants. 8. (13 B.) Stouttgart 832, [Scheible.]

—— 2., nouvelle éd. Deux-Ponts: Ritter 1838. 304 S. 8°
9. 14. 46.
12.1121

— Dies. Napoleon in Egypten. Gedicht in 8 Gesängen. Metrisch übersetzt v. G. Schwab. Mit d. französ. Original zur Seite. Schmal gr. 8. Stuttg. 829. v. Cotta. 1 Thlr.

Barthélemy, Auguste Marseille, und Méry

— Dieselben. Oeuvres. III Vols. Brux. 828. (Berl., Schlesinger). 2 Thlr. 6 gGr.

Barthélemy, A., Poésies satyriques. II livr. 8. (6 B.) Stouttgart 830, [Scheible.] Thlr.

— Poésies satiriques. Livr. [1.] 2. Stuttgart: Ch. Hoffmann 1831. 8° (Nouveautés de la littérature française. 22.26.) 3. 5. 14. 21. 24. 28. 32. 42. 45. 48. 111. 12.1123

— poesies satyriques. II livr. 8. Stuttg. 832. Scheible. 10 ℊ

—— Prozeß d. Sohns des Mannes; mit der Vertheidigung in Versen, gesprochen in d. Sitzung d. 29. Jul. 1829. Deutsch v. A. Schäfer. 8. (4 B.) Schw. Gmünd 830. (Leipzig, Lauffer.)

Barthelemy, [Aug. M.], Der Sohn des Mannes. 1829. Siehe unten Méry. (DARP)

—- la Statue de Napoléon. Anniversaire du cinq Mai. — Napoleons Bildsäule. Jahresfeier d. 5. Mai. Metr. übers. u. mit e. Anh. begl. v. Aug. Schäfer. (Französ. u. Deutsch.) gr. 8. (2 B.) Stuttgart 831, [Balz.]

— La Statue de Napoléon [franz. u. deutsch]. Anniversaire du 5 mai. — Stuttgart: Henne 1831. 31 S. 8°
Nebent.: Barthélemy: Napoleons Bildsäule. Metrisch übers. u. mit e. Anh. begleitet von August Schäfer.
2. 16. 21. 22. 24. 109. 12.1135

—— zwölf Tage d. Revolution. Gedichte. 1. u. 2. Tag. (Hft.) Das Ballhaus. — Die Bastille. Metr. übers. v. Aug. Schäfer. gr. 12. (à 1½ B.) Stuttgart 832, [Balz.] à

— Zwölf Tage der Revolution. Gedichte. 1r, 2r Tag: Das Ballhaus. — Die Bastille. Metrisch übers. v. Aug. Schäfer. gr. 12. Stuttg. 832. Henne. (à 4 ℊ) 8 ℊ

—— zwölf Tage d. Revolution. Ein Gedicht. Metr. übers. v. C. H. Elsner. (Französ. u. Deutsch.) (12 Hfte.) gr. 8. (47 B.) Stuttgart 832, Schweizerbart. à 6 Gr.

— La Tauride [franz. u. deutsch] ou: La prise de Sébastopol. Poème militaire. — Berlin: Faudel 1856. 73 S. 8°
Nebent.: Die Tauride oder: Die Eroberung von Sebastopol. Helden-Gedicht ... nach Barthélemy.
41. 12.1140

Barthélemy, d. Tauride od.: d. Eroberg v. Sebastopol. = La Tauride. 8. (75) Berl. 56, Verl.-Mag. (?) n. — 10

Barthélemy, Auguste Marseille

— Waterloo. Au Général Bourmont. Par Méry et Barthélemy. — Paris: Dénain 1829. 71 S. 8°
12: Don. Lud. LIV,15. 209. 300: 57.046-B. 12.1142

—— Stuttgart: Ch. Hoffmann 1829. 48 S. 8°
5. 7. 18. 33. 12.1144

— [deutsch] Waterloo. Ein Gedicht mit Anmerkungen. Dem General Bourmont von Méry und Barthélemy. Metrisch nachgebildet von Karl Geib. — Zweibrücken: Ritter 1829. 74 S. 8° 10. 12: P. o. gall. 1461f. 16. 23. 107. 12.1147

— Waterloo. An den General und Kriegsminister Herrn Grafen von Bourmont. Von Barthélmy u. Méry. Übers. von Julius Michaelis. — Leipzig: Nauck 1830. 64 S. 8°
78. 117. 12.1148

— [franz. u. deutsch] Waterloo. Au Général Bourmont, par Méry et Barthélemy. Avec la trad. en vers de G. Jules Schütz. Parallèle. — Stuttgart: Neff 1830. 109 S. 8°
Nebent.: Waterloo. An den General Bourmont. Von Mery u. Barthélemy. Metrisch übers. von G. Julius Schütz. Mit d. Original zur Seite.
12: P. o. gall. 1461es. 14. 24. 12.1145

— Waterloo. Par Méry et Barthélemy. Stuttgart: Rédaction de la Collection 1831. 64 S. 8° (Collection portative d'œuvres choisies de la littérature française. Sér. 3, Livr. 20.)
4. 16. 24. 27. 30. 33. 41. 47. 12.1146

Barthélemy, Carl, das Schutz- u. Heilmittel der Cholera, sowie der Pocken od. Blattern, auch dienlich bei anderen, sowohl schleunigen als andauernden Krankheiten oder Leiden. gr. 8. (64 S.) Elberfeld 851. (Loewenstein & Co.) ¼ ℬ

Barthélemy, Carl: Das Schutz- und Heilmittel der Cholera sowie der Pocken oder Blattern auch dienlich bei anderen ... Leiden. — Elberfeld 1851: Schellhoff. 63 S. 8° 61. 12.1424

Barthélemy, Ed. de, les filles du régent. La duchesse de Berry. L'abbesse de Chelles. — La princesse de Modène. — La reine d' Espague. — La princesse de Conti. — Mademoiselle de Beaujolais. 2 tomes. gr. 8. (XI, 416 u. 402 S.) Paris 874. Didot & Co. n. 8. —

— une nièce de Mazarin. La princesse de Conti d'après sa correspondance inèdite. gr. 8. (XI, 86 S.) Ebend 875. n. 6. —

Barthélemy, Hippolyte

— [Ausz., deutsch] Kampfbereitschaft (la veillée des armes). Uebers. von I. M. — Hannover: Helwing 1887. VI,50 S. 8° 1: Qo 15508. 7. 17. 35. 41. 45. 48. 79. 169. 12.1222

Barthélemy, J.F., s. Barthélemy, Jean Jacques

Barthélémy, (J. J.,) Vocabulaire phraséologique français-arabe, avec la prononciation figurée, précédé d'un extrait de grammaire et suivi d'un appendix des poids et mesures, de monnaies, d'un almanach muselman et d'autres notices instructives à l'usage des étrangers en Egypte. 16. (LI und 144 S.) Leipzig 854, Gerhard. Thlr. *

Barthélemy, vocabulaire phraséologique français-arabe avec la prononciation figurée, précédé d'un extrait de grammaire et suivi d'un appendix des poids et mesures, des monnais et d'autres notices instructives à l'usage des étrangers en Égypte. 2. édit., revue et augmentée. Leipzig 867. Gerhard. 16. (LII, 144 S.) n. 24 ℊ

Barthélemy, Jean Jacques, s.a. Barthélemy, Auguste Marseille

(—) Abrégé du Voyage du jeune Anacharsis en Grèce. A l'usage des écoles. (Hrsg.: J.H. Meynier.) — Nuremberg: Grattenauer 1794. XVI,637 S. 8° 47. 111. 207. 12.1326

— Abrégé du Voyage du jeune Anacharsis etc. p. Meynier. 8. Nürnb. Grattenauer. 804.

— — — Extrait par Engelmann. Frankf. 809. 10. 3 Vol. 8. 3 rthl. 16 gr.

— — — Extrait par Sanguin. Cobourg 810. 8. 1 rth. 12 gr.

Barthélemy, J. Jacq., Abrégé du voyage du jeune Anacharsis. Extrait par Meynier. Nuremb. 810. 8. 1 rthl. 4 gr. Edit. 4. avec une carte. Halle 822. 8. 1 rthl. 8 gr.

— Abrégé du Voyage de jeune Anacharsis en grec etc. Arrangé des écoles par J. H. Meynier. 4e Aufl. m. Charte. 8. Halle 823, Renger.

— Abrégé du Voyage du jeune Anacharsis en Grèce. Ouvrage de feu M. l'Abbé Barthélemi, arrangé à l'usage des écoles par Jean Henri Meynier. 5. éd. — Halle: Renger 1831. XVI,656 S. 8° 42. 46. 12.1349

[—] [neugriech.] Νέος Ἀνάχαρσις. Μεταφρασθεὶς, τὰ μὲν 32. 33. καὶ 34. κεφάλαια, παρὰ τοῦ Γεωργίου Βεντότη. Τὰ δὲ 35. 36. 37. 38. καὶ 39. παρὰ τοῦ Ῥήγα Βελεστινλῆ. Διορθωθεὶς καὶ ἐκδοθεὶς παρὰ τοῦ αὐτοῦ. Τ. 4. — Ἐν Βιέννῃ 1797. 301 S. 8° 7. 12.1331

[—] [neugriech.] Ἄτλας τῆς Περιηγήσεως τοῦ ν. Ἀναχάρσιδος, ἐπιτμηθεὶς κατὰ τὸν παρὰ τοῦ Βαρβιε δου Βοκαγε. Ἐν Βιέννῃ 1820. 34 Taf. quer-8° 10. 16.
12.1396

(—) [deutsch] Auszug aus des jungen Anacharsis Reise nach Griechenland in der Mitte des vierten Jahrhunderts vor Christi Geburt. (Übers.: Schröder.) Bd 1-3. — Neuwied: Gehra 1792-93. 8° 2. 21[=3]. 25[=3]. 27. 117.
12.1361

— Carite et Polydore. Par J. J. Barthélemi. Lausanne; Paris: Chez les marchands de nouveautés 1796. XXIII, 154 S. 8° 14. 61. 302.
12.1234

— — Par Barthélemi. Nouvelle éd. Hambourg [usw.]: Fauche 1798. 203 S. 8° 10.
12.1236

Barthelemy, J. J., Charité u. Polydor. 8. Lemgo ... N. A. 799. Meyer. 10 ℊ Neue Aufl. 16. Braunschw. 798. Vieweg. 12 ℊ

— Charite und Polydor. Wien: Pichler 1799. 123 S. 8° 121.
12.1239

— Dass. aus d. Französ. übers.; nebst e. Nachr. über Barthelemy's Leben u. Verdienste. 8. Altona 800. Hammerich. 10 ℊ

— Fragmente über Italien. Hamb. 802. 8. 16 gr. Paris und Maynz 802. 8.

(—) Geographie, Chronologie, Staaten-, Gelehrten- und Künstler-Geschichte, Maaß-, Münz- und Gewichtkunde von Alt-Griechenland in 31 Kupfertaf. und 12 Tabellen. Nebst e. kritischen Abhandlung (Verf.: Barbié du Bocage). Aus der Reise des jüngern Anacharsis. (Übers.: Biester.) Berlin: Lagarde 1793. VI,118 S., 31 Taf. 8°
1: 4° Ug 7114. 2. 7. 10. 12: 4° H. ant. 8p. 14. 21. 39. 41. 180. 304.
12.1362

— d. Hellenen, s. Hellenen.

— Die Hellenen oder die Menschheit in Griechenland. Als Handbuch zu Vorlesungen auf Schulen und Universitäten. — Leipzig: Weygand 1799. XVI,600 S. 8°
12: H. ant. 30s. 35.
12.1363

Barthélemy, Jean Jacques: Liebesgeschichte, Die, Charitens und Polydors.
Frankfurt a.M., o. J. (176*). 8°.

— — Dasselbe. Ebd. 1762. 8°.

— s. L. Malesherbes, zwei histor. Versuche.

— Ouvrage de feu M. l'Abbé Barthélemi, arrangé à l'usage des écoles par Jean Henri Meynier. 2. éd. — Nuremberg: Grattenauer 1804. XVI,656 S. 8° 30. 38. 41. 44.
12.1338

— Ouvrage de feu M. l'Abbé Barthélemi, arrangé à l'usage des écoles par Jean Henri Meynier. 2. éd. — Halle: Renger 1807. XVI,656 S. 8° 10.
12.1340

— 3. éd., corr. et augm. d'une carte de l'ancienne Grèce. Ebd. 1809. XVI,656 S. 8°
8. 10. 30. 33. 38. 42. 45. 48. 207.
12.1341

— Ouvrage de feu M. l'Abbé Barthélemi, arrangé à l'usage des écoles par Jean Henri Meynier. 4. éd. — Halle: Renger 1821. XVI,656 S. 8° 19. 26. 66.
12.1345

— Oeuvres diverses, av. fig. IV Vols. 18. Bern, Typogr. Soc. 2 rß 16 ℊ

— Περιήγησις τοῦ νέου Ἀναχάρσιδος εἰς τὴν Ἑλλάδα περὶ τὸ μέσον τοῦ τετάρτου αἰῶνος πρὸ Χριστοῦ. Συντεθεῖσα ... παρὰ τοῦ Βαρθολομαίου, καὶ μεταφρασθεῖσα παρὰ Γεωργίου Κωνσταντίνου Σακελλαρίου. T. 1. — Ἐν Βιέννῃ: Πούλιος 1797. 379 S. 8° 25.
12.1332

— Περιήγησις τοῦ νέου Ἀναχάρσιδος εἰς τὴν Ἑλλάδα παρὰ τοῦ Ἀββᾶ Βαρθολομαίου. Μετενεχθεῖσα ... παρὰ Χρυσοβέργη Κουροπαλάτου. T. 1-7. — Ἐν Βιέννῃ: Σβεῖρερ 1819. 8° 10.
12.1333

— et Beranger, 4 poemes: Poniatowsky, Yatons nous, Duel poétique. 8. Stuttg. 832. Scheible. 5 ℊ

— [deutsch] Polydor und Carite. Aus d. Franz. von Jos. Polt. — Prag [usw.]: Polt 1799. 130 S. 8° 42.
12.1238

— Proceß des Sohnes des Mannes; mit der Vertheidigung in Versen, gesprochen in der Sitzung d. 29. Juli 1829. Deutsch v. Schäfer. 8. Schw. Gmünd 830. (Lauffer in Leipz.) 6 ℊ

[—] — Recueil de cartes géographiques ... relatifs au Voyage du jeune Anacharsis. — Hambourg [usw.]: Fauche 1791. IV,27 Taf. 8° 41. 46.
12.1379

Barthélemy, Jean Jacques.

Rede ... bei seiner Aufnahme in die französische Akademie, den 25sten Aug. 1789. Aus dem Französischen. [Berlin 1789.] Ü: *Brunn, Friedrich Leopold.* (Hitzig)

Barthélemy, Jean Jacques: Reise des jungen (jüngeren) Anacharsis.

— [deutsch] Reise des jungen (3-7: jüngern) Anacharsis durch Griechenland vierhundert Jahr (2: im vierten Jahrhundert; 3-7: viertehalbhundert Jahr) vor der gewöhnlichen Zeitrechnung. Th. 1-7. — Berlin [usw.]: Lagarde & Friedrich (4-7: Berlin: Lagarde) 1789-93. 8°
1. (Übers.: Daniel Jenisch.) 1789.
2. (Übers.: Biester.) 1790. 3-7. Übers. von Biester. 1790-93.
1: Ug 7080. 3. 6. 7. 12: H. ant. 31 [u.ö.] 14. 16. 32. 33. 48. 53. 303.
12.1313

— Anacharsis d. Jüng. Reise nach Griechenland. A. d. Französ. v. J. E. Biester u. D. Jenisch. 7 Thle, mit 34 Kpft. u. 7 Titkpf. gr. 8. Berl. 790—93. (Köchly in Leipz.) 9 rß Engl. P. 12 rß 12 ℊ Schweizer P. 25 rß Fortsetz. der in ders. enthalt. Gesch. v. Alt-Griechenland. 1r Bd, s. Keßler's Alexander.

Barthelemy, J. Jak., Anacharsis des jüngern Reise durch Griechenland, viertehalbhundert Jahre vor der gewöhnlichen Zeitrechnung, aus d. Franz. übers. von Biester. 7 Bde. Mit 34 Kpfrtaf. u. 7 Titelkpfr. (1r Thl. mit 4 Kpfrtaf. N. Aufl. 792. $1^1/_3$ rß 2r Thl. mit 13 Kpfrtaf. 794. $2^1/_3$ rß 3r Thl. mit 6 Kpfrtaf. 795. 2 rß 4r Thl. mit 6 Kpfrtaf. 798. 2 rß 5r Thl. mit 1 Kpfrtaf. 799. $1^2/_3$ rß 6r Thl. mit 4 Kpfrtaf. 802. $1^2/_3$ rß 7r Thl. 793. $1^1/_2$ rß) $12^1/_2$ rß N. wohlf. Ausg. Mit denselb. Kpfrn. 7 Bde. cpl. (wird nicht vereinzelt). gr. 8. Berlin. (Leipzig, Fr. Fleischer.) 9 rß Ausgabe auf geglätt. Schweizerp. u. d. vorzügl. Kupferabdrücken cpl. 25 rß

— — Übers. von Biester. Th. 1. Berlin: Lagarde 1792. LIV, 335 S. 8° 1: Ug 7084-1. 5. 10. 19. 25. 27. 34. 41. 44. 46. 61. 79. 109. 121. 205. 302.
12.1315

— — Neue, wohlfeilere Ausg. Th. 1-7. Ebd. 1792-93. 8°
2. 9. 11. 12: H. ant. 423m. 15. 21. 24. 25. 28. 32. 36. 111. 169. 207. 300: 4137.
12.1316

— Reise des jungen Anacharsis durch Griechenland vierhundert Jahre vor der gewöhnlichen Zeitrechnung. Th. 2.3. Landau: Silberling 1792. 8° 17.
12.1317

— — Ganz neue, verb. Aufl. Th. 4-6. Ebd. 1793. 8° 17.
12.1318

— Reise des jüngern Anacharsis durch Griechenland vier hundert Jahre vor der gewöhnlichen Zeitrechnung. (Übers.: Biester.) Th. (3ff.: Bd) 1–7. — Wien: Schrämbl 1792–93. 8°
22. 106. 303. 307→309.
12.1319

— Anacharsis Reise nach Griechenland, in d. Mitte des vierten Jahrh. vor Christi Geburt. Im Ausz. herausg. von Schröder. Mit 1 Karte u. 2 Plänen. 3 Bde. 8. Thal-Ehrenbreitst. 794

— — Übers. von Biester. 2. Aufl. Th. 2.3. Berlin: Lagarde 1794–95. 8°
1: Ug 7084–2.3. 5. 10. 19. 25. 27. 34. 44. 46. 79. 205. 302.
12.1320

— Reise des jüngern Anacharsis durch Griechenland, vier hundert (2–7: vierthalb hundert) Jahre vor der gewöhnlichen Zeitrechnung. (Übers.: Biester.) Th. (2ff.: Bd) 1–7. Wien [usw.]: Haas 1795–96. 8°
12: H. ant. 31 d. 19. 32. 304. 307.
12.1321

— Reise des jungen Anacharsis durch Griechenland vierhundert (3: viertehalbhundert; 4–7: vierthalbhundert) Jahre vor der gewöhnlichen Zeitrechnung. (Übers.: Biester.) Bd 1–7. — Ebd. 1796. 8°
19. 302.
12.1322

— Reise des jüngern Anacharsis durch Griechenland, viertehalbhundert Jahr vor der gewöhnlichen Zeitrechnung. Übers. von Biester. Neue Aufl. Th. 4–7. — Berlin: Lagarde 1798–1804. 8°
1 [∞7]: Ug 7084–4/6. 10. 19. 25. 27. 44. 205. 302.
12.1323

Barthelemy, J. J. Reise des jungen Anacharsis durch Griechenland, vierhundert Jahre vor der gewohnlichen Zeitrechnung. Aus dem Französischen übersetzt (7 Bde.)
8. Wien und Prag 1802.

— Reise des jungen Anacharsis durch Griechenland vierhundert Jahre vor der gewöhnlichen Zeitrechnung. (Übers.: Biester.) Neueste Aufl. Bd 1–7. — Wien [usw.]: Haas 1802. 8°
26. 102. 300: 23 J 30. 302. 303.
12.1324

— Anacharsis Reise. Neugriech. 7 Bde, mit Atlas. gr. 8. Wien 819. Schalbacher. 13 ℛ 8 ℊ

— Reise des jüngern Anacharsis durch Griechenland, vierthalbhundert Jahre vor der gewöhnlichen Zeitrechnung. Bd 1–4. — Wien: Kaulfuß & Krammer 1826–27. 8°
302. 309.
12.1325

— — Bd 1–7. Wien: Lechner 1820–32. 8° 302[∞1/4]. 304.
12.1326

— Reise des jungen Anacharsis durch Griechenland, in der Mitte des vierten Jahrhunderts vor der christlichen Zeitrechnung. Neu übers. von Chrn. Aug. Fischer (5ff.: u. Th. v. Haupt). Bdch. 1–14. — Mainz: Kupferberg 1828–30. 8°
9. 16. 17. 26. 33. 36. 43. 45. 62. 78. 93. 109. 117. 207. 302.
12.1327

— Reise des jungen Anacharsis durch Griechenland, in d. Mitte des vierten Jahrh. vor d. christl. Zeitrechnung. Aus d. Französ. v. Chr. Aug. Fischer u. Th. v. Haupt. 14 Bdchn, mit 1 Karte, 1 Plan u. 1 Grundr. gr. 12. Mainz 828—31. Kupferberg. 7 ℛ

— — Neu übers. von Chr. Aug. Fischer u. Th. v. Haupt. 2. Aufl. Bdch. 1–14. — Ebd. 1836. 8°
20. 30[∞3.4.11/14]. 36.
12.1328

— — Fortsetz. der in ders. enth. Gesch. v. Altgriechenland. 2c. s. Feßlers Alexander.

Barthélemy, Jean Jacques

— Reise durch Italien. Hamb. 802. 8. 1 rthl. 8 gr. · Paris und Maynz 802. 8. . in

— [deutsch] Reise durch Italien. Nach d. Originalbriefen d. Grafen v. Caylus abgedr. Nebst e. Anh. von noch ungedr. Schriften. Hrsg. von A. Sérieyes. — Paris [usw.] 1802. XVI, 336 S. 8°
7. 25. 41. 53.
12.1400

— Reise durch Italien, nach d. an d. Grafen von Caylus geschriebenen Originalbriefen abgedr. Nebst e. Anh. von noch ungedr. Schriften. Hrsg. von A. Sérieys. — Paris [usw.]: Vollmer 1802. XX, 318, XXVIII S. 8°
64.
12.1401

— Reisen durch Italien. N. d. Orig.-Brief. an d. Grafen Caylus. 8. Hamb. 802. (Herold jun.) 1 ℛ 8 ℊ 2r Thl. A. u. d. T.: Fragmente über Italien 2c. 8. Ebd. 802. 16 ℊ

— Reisen durch Italien. n. d. Orig. Brf. a. d. Grf. Caylus. gr. 8. Hamb. Vollmer. 802.

— Hinterlassene, bisher noch nie gedruckte Schriften. Bd 1.2. — Paris & Mainz: Vollmer 1802–03. 8°
1. Reise durch Italien nach den an den Grafen von Caylus geschriebenen Originalbriefen abgedruckt. Nebst e. Anh. Hrsg. von A. Sérieys. 1802.
2. Fragmente über Italien. 1803.
5. 14. 18. 19. 31. 39. 302.
12.1231

— [deutsch] Vermischte Schriften. Lehrreich u. unterhaltend. Eine freie deutsche Auswahl. Bd 1.2. — Leipzig: Weygand 1799. 8°
1.2. Biographie. Moralische Abhandlungen. Karite u. Polydor. Roman. Ueber herkulanische u. andere antiquarische Gegenstände. Ueber römische Gewohnheiten. Bemerk. über römische Alterthümer. Versuch e. neuern römischen Geschichte. Nachrichten von e. litterarischen Reise in Italien. Allerhand Nachrichten von Münzen. Briefe über verschiedene Gegenstände.
10. 12: Opp. 230. 16.
12.1230

— Skizze n. d. Franz. d. Nivernois v. .:avser. 8. Hof, Grau. 796.

Barthélemy, Jean Jacques: Voyage du jeune Anacharsis.

— — le même l. 9 Vol. 12. Lps. Hinrichs.

Barthélemy, voyage du jeune Anacharsis en Grèce, hrsg. v. O. Schulze, s. a. Prosateurs français.

Barthélemy, J. Jacq., Voyage du jeune Anarchasis en Grèce. Avec un récueil de cartes géographiques, plans, vues et médailles de l'ancienne Grèce, précédé d'une analyse critique des cartes. Paris 788. 7 Vol. 8. 13 rthl. 4 gr. 4 Vol. 4. 19 rthl. 12 gr. Ed. II. Ib. 789. 7 Vol. 8. 16 rthl. Deuxponts et Strasb. 790. 10 Vol. 12. avec atlas. 7 rth. 12 gr. Gotha 790. 7 Vol. 12. 8 rthl. Hamb. 791. 7 Vol. 12. 6 rthl. Leipsic 793. 9 Vol. 12. 6 rthl. 18 gr. Berne 796. 9 Vol. 12. 7 rthl. Ed. IV. publ. par St. Croix. Paris 799. 7 Vol. 8. (12) et un atlas in 4. Ib. 817. 7 Vol. 8. et un atlas in 4.

Barthelemy, J. Jac., Voyage du jeune Anacharsis en Grèce. 7 Vol. gr. 8. Paris. (Lagarde, Berlin) 790.

— Voyage du jeune Anacharsis en Grece. X Vols. Avec Atlas. 12. Strassb. 790. Levrault. 7 ℛ 12 ℊ

[—] Voyage du jeune Anacharsis en Grèce, dans le milieu du quatrième siècle avant l'ère vulgaire. T. 1–9. — Deux-Ponts: Sanson 1791. 8°
In Band 2 u. 5 lautet das Erscheinungsjahr fälschlich 1811.
1[∞1.2.4/8]: Bibl. Varnh. 1292. 1293. 6. 9. 14. 15. 25. 28. 44. 78. 304.
12.1260

[—] — T. 1–9. Hambourg [usw.]: Fauche 1791. 8°
In Band 2, 3 u. 5 lautet das Erscheinungsjahr fälschlich 1811.
33. 46[∞2].
12.1207

— — le même l. 9 Vol. av. Atlas 12. Lps. Sommer. 793.

— — le même l. 9 Vol. av. Cart. gr. 12. Bern. Typ. Soc. 796.

— Voyage du jeune Anacharsis en Grèce. Extrait complet publ. à l'usage des dames et de la jeunesse par J. B. Engelmann. T. 1–3. — Francfort a. M.: Andreae 1809–10. 8°
19. 34. 180. 207.
12.1342

— Voyage du jeune Anacharsis en Grèce dans le milieu du quatrième siècle avant l'ère vulgaire. Précis ... adapté à l'usage des écoles ... par J. F. Sanguin. — Cobourg [usw.]: Sinner 1810. XII,624 S. 8°
27. 38. 39. 41. 47. 117.
12.1343

— le même liv., en extrait p. J. B. Engelmann. III Vols. 8. Frankf. 810, 11. Andreae. 3 ₰ 16 gr

— le même liv. Arrangé des écoles par J. H. Meynier. 8. Halle. 810. Renger. 4e A. 823. 1 ₰ 8 gr

— Voyage du jeune Anacharsis en Grèce ... Précis ... adapté à l'usage des écoles ... par J. F. Sanguin. 2. éd., rev., corr. ... et enrichie. — Cobourg [usw.]: Sinner 1829. XII,452 S. 8°
27. 32. 34. 39. 47.
12.1348

—— le même. (Abrégé du voyage etc.) Arrangé a l'usage des écoles par J. H. Meynier. 5. édit. av. 1 Carte de l'ancienne Grèce (Fol.) 8. (42 B.) Halle 831, Renger.

— Voyage du jeune Anacharsis en Grèce, vers le milieu du quatrième siècle avant l'ère vulgaire. Extrait complet ... arrangé à l'usage des jeunes gens et des écoles par J. H. Sadler. T. 1. 2. — Stuttgart: Erhard 1834. 8°
24. 78 [** 1].
12.1351

Barthélemy, J. J., Voyage du jeune Anacharsis en Grèce, dans le milieu du IV. siècle avant l'ère vulgaire. Extrait complet, arr. à l'usage des écoles p. Jean Henri Meynier, rev., corr., considérabl. augm. et enrichi de notes grammat. etc. p. Charl. Guill. Schiebler. VI. édit. Avec 1 carte. 8. (41¼ B.) Leipzig et Halle 830, Renger. (Volckmar.)

—— 7. éd. Leipsic: Renger 1847. X,490 S. 8°
31. 32. 34.
12.1353

— voyage du jeune Anacharsis en Grèce. Ein Auszug aus dem grössern Werke des Verf. zum Gebrauch f. Schulen eingerichtet u. mit einer deutschen Erklärung der schwierigsten Wörter etc. versehen v. J. F. Sanguin. Neue Ausg. gr. 8. (456 S.) Leipzig 848. Brauns. ½ ₰

— Voyage du jeune Anacharsis en Grèce. Schulausg. ... von A. de Saules. 3. Aufl. — Leipzig: Brauns 1859. IV, 412 S. 8°
44. 51.
12.1356

—— 4. Aufl. Ebd. 1868. 351 S. 8°
28.
12.1357

Bartélemy, voyage du jeune Anacharsis en Grèce. Schulausgabe m. Wörterbuch von A. de Saules. 5. Aufl. 8. (352 S.) Leipzig 875. Brauns. n. 2. —

— Voyage du jeune Anacharsis en Grèce dans le milieu du quatrième siècle avant l'ère vulgaire. In Auszügen mit Anm. zum Schulgebrauch hrsg. von O. Schulze. 1. 2. — Bielefeld [usw.]: Velhagen & Klasing 1881–84. 8°
2. Législation de Lycurgue. Sur la nature et sur l'objet de la tragédie. 1884.
(Prosateurs français. 22. 49.) 1[**1]: X 8355–49. 6. 44.
12.1358

—— Im Ausz. Erklärt von W. Kühne. Bdch. 1. Berlin: Weidmann 1863. 169 S. 8° (Sammlung französischer u. englischer Schriftsteller mit deutschen Anmerkungen.)
1: Ug 7070. 16. 123.
12.1359

Barthélemy, Karl, s. Barthélemy, Carl

Barthelemy, S, o. unheiml. Schatz, s.: Romane, mod., d. Ausl.

Barthelemy, St.: Ein unheiml. Schatz. Roman. Frei nach d. Schwed. v. Sigfr. Nyberg. (144) 8° Berl., O Janke ('10).
1 — d

Barthélemy Saint-Hilaire, Jules

— [Ausz., deutsch] England und Russland. Ihr Kampf um Asien und Constantinopel ... Übers. von J. Singer. — Wien: Steckler 1888. IV,48 S. 8°
300: 92.321–B. 302.
12.1508

Barthélemy-Saint-Hilaire, J., über Metaphysik. Einleitung in die Metaphysik des Aristoteles. Uebers. und mit einem Vorworte versehen von E. P. Goergens. 8. (V, 160 S.) [Berlin 880.] Leipzig, Grieben's Verlag. +

Barthelius, Professor d. Rechte, Dechant am Stift Haug zu Würzburg, 1697–1771. 1749 s. *Barthel*, Johann Kaspar.

Barthelmé, Alfred, a. Friesenheim (U.-Els.): Erfahrungen über Stich- und Schussverletzungen des Thorax in der Straßburger chirurgischen Universitätsklinik. Straßburg i. E. 1905: C. Müh & Cie. (99 S.) 8°
Straßburg, Med. Fak., Ref. Madelung, Diss. v. 27. Apr. 1905
[Geb. 6. Sept. 78 Friesenheim. U.-Els.; Wohnort: Straßburg; Staatsangeh.: Elsaß-Lothringen; Vorbildung: Kathol. Gymn. Straßburg Reife M. 97; Studium: Straßburg 9 S.; Coll. 16. Febr. 05; Approb. 1. Dez. 02.]

Barthelme, Alois

Barthelme, A., das Christ-Püppchen. Ein Schauspiel in fünf Aufzügen. 8. Würzburg 839. (Kitzingen, Köpplinger'sche Buchh.) n. ⅓ ₰

Barthelme, Alois: Das Christ-Püppchen. Ein Schauspiel. — Würzburg 1839: Thein. 116 S. 8°
20.
12.1530

— das Christ-Püppchen. Ein Schauspl. in 5 Aufz. 8. Kitzingen 840. (Köpplinger'sche Buchh.) ⅓ ₰

Barthelme, A., der nützl. Hausfreund, od. Noth- u. Hülfsbuch f. jede Haushaltung überh., besond. f. Oekonomen, Künstler u. Handwerker mit Vortheil zu gebrauchen u. in 284 Vorschlägen u. Mitteln an d. Hand geget. 8. (9¼ B.) Aschaffenburg 834, Pergay.

— Der Rechnungshelfer im Getraidehandel. — Würzburg 1841: Hellmuth. 123 Bl. 8°
12: Math. P. 24 h. 20.
12.1532

— Verbrechen aus Vaterliebe. Schauspl. in 4 Aufz. Neu bearb. 8. Marktbreit 834. (Aschaffenb., Pergay.) 5/12 ₰

Barthelme, Georg, a. Großeibstadt: Das deutsche, insbesondere das Preußische Sparkassenwesen und das Scherlsche Prämiensparsystem. E. Beitrag z. Reform d. deutschen Sparwesens, besonders d. preuß. Sparkassenwesens. (Berlin: Puttkammer & Mühlbrecht 1908.) (208 S.) 8°
Tübingen, Staatsw. Fak., Ref. v. Schönberg, Diss. v. 2. April 1908
(Nur in beschränkter Anzahl für den Austausch)
[Geb. 27. Jan. 69 Großeibstadt (Bayern); Wohnort: Cöln a. Rh.; Staatsangeh.: Bayern; Vorbildung: Schullehrer-Sem. Würzburg, Einj.-Freiw.-Zeugnis 90; Studium: Tübingen 6 S.; Rig. 16. Mai 07.]

Barthelme, Georg Josef: † Joseph Forster, katholischer Pfarrer zu Hüttenheim. Ein Lebensbild, gezeichnet von G. J. B[arthelme]. — Regensburg: Manz 1886. VIII,167 S. 8°
12: Biogr. 418 lh. 20.
12.1536

Barthelme, G. Jos., Gold zum himmlischen Brautgewande vom lieben Christkinde. Ein Wort zur Belehrg., Erbaug. u. Trost f. Kranke u. andere Leidende. Im Anh.: Kranken- u. Sterbegebete. 12. (VIII, 156 S.) Würzburg 894. A. Göbel. n. 1. —; geb. in Leinw. n.n. 1. 50

Barthelme, G. Jos., Gold. Trostbüchl. für Leidende u. Bedrängte. 2. [Titel-] Aufl. 12. (VIII, 156 S.) Würzburg (894) 897. A. Göbel. n. — 70; geb. in Leinw. n. 1. —

Barthelmé, Karl, pract. Arzt aus Sand i. Els.: Zwei Fälle von Pityriasis rubra Hebrae. *Strassburg i. E. 1902: C. & J. Goeller.* (40 S.) 8°
Strassburg, Med. Diss. v. 1902

Barthelmes, A.: Grundsätze der Militärgesundheitspflege, s. Barthelmes, Andreas

Barthelmes, A.: Das Handeln ..., s. Barthelmes, Adolf

Barthelmes, Adolf [Referendar]: Das Handeln in fraudem legis. ... Berlin, Berliner Buchdr.-Act.-Ges., 1889; 2 Bl. + 49 S. 8°
Göttingen, Jur. Fak., Inaug.-Diss. v. 21. Okt. 1889

Barthelmes, Adolf

Barthelmes, A., das Handeln in fraudem legis. Inaug.-Diss. gr. 8. (49 S.) Berlin 889. (Göttingen, Vandenhoeck & Ruprecht.) n. 1. 20

Barthelmes, Andreas [cand. med. aus Aidhausen]: Ueber einen Fall von primärem Lymphdrusensarkom. . . . Würzburg, A. Boegler'sche Buchdr., 1889: 16 S. 8°
Würzburg. Med. Fak., Inaug.-Diss. v. 1889

Barthelmes, Grundsätze der Militär-Gesundheitspflege s.a. Handbibliothek des Offiziers. 11. Bd.

Barthelmes, Andreas: Grundsätze der Militär-Gesundheitspflege für den Truppenoffizier. — Berlin : Mittler 1907. VII,146 S. 8° (Handbibliothek d. Offiziers. 11.)
1:Hu 15100-11. 4. 10. 11. 12:Mil. g. 93p-11. 18. 38M. 62. 109. 202. 203. 209.
12.1540

Barthelmes, Friedrich, approb. Arzt aus Erlangen: Über einen Fall von Angina pectoris bei hochgradiger Sklerose der Coronararterien. *Erlangen 1901: A. Vollrath.* (24 S.) 8°
Erlangen, Med. Diss. v. 30. Juni 1900

Barthelmes, Frau Gretchen, s.: Aschenbach, Hanna.

Barthelmes, Grete [Wirkl. Name] s. *Aschenbach*, Hanna.

Barthelmess, Richard

. Aus und über Amerika. Von R[ich.] Barthelmess. [New York 1853: Teubner.] 18 S. 8⁰ [Kopftit.]
Aus: FZ. 7 (1853) S. 161—166, 345—352.
Über die Logen New-Yorks u. den Grlogenstreit.

Barthelmess, Richard, Dr. med., Arzt, Würzburg. 1854: Bibliographie der Freimaurerei in Amerika. (Nachtrag zu d. Bibliographie des Br. Kloss.) — New York 1856: Teubner. VI,48 S. 8°
1:Nb 3038. 30.
12.1542

. Ueber die wahre Freiheit. Vortrag in der g. u. v. ☐ zu den drei Pfeilen [in Nürnberg] von [Rich.] Barthelmess. [Nürnberg 1848.] 8 S. 4° [Kopftit.]
Tt. 1946.

Barthelmeß, Rich., bayerisches Gesetz vom 9. VIII. 1902, betr. das Nachlaßwesen usw., s.: Haberstumpf, Alb.

Barthelmeß, R., Gesetz, betr. die Berufsvormundschaft vom 23. II. 1908. Handausg. m. Erläutergn. u. Sachregister. (VIII, 138 S.) 8. München 908. J. Schweitzer Verl.
Kart. 3. —

[Rundschreiben.] [Dat.:] Frankfurt a. M., den 13. August 1882. [Unterz.:] Richard Barthelmess, A. Büchle, A. Frick u. a. o. O. [1882]. 2 Bl. 4°.
Die Unterzeichner haben „Allgemeine Grundsätze der Frmrei" aufgestellt und fordern die Logen zur Äusserung darüber auf.
„In vielen Kreisen begegnet man" . . .

Verzeichniss der von der Loge Pythagoras No 1 in Brooklyn gesammelten Bücher und Münzen. [Im Auftr. d. Loge bearb. von Rich. Barthelmess, R. Garrigue, Ed. Kahl.] New-York 1859: Teubner. X, 145 S. 8⁰

[Nebentit.:] Catalogue of books and medals coll. by Pythagoras Lodge No 1 in Brooklyn.
Bh. 2 (1859) S. 133—134 (J. G. Findel).
Tt. 70. Nach Merzdorfs „Denkmünzen" 1851 u. Kloss' Bibliographie angelegt.

Barthelome, die Förderg. des Volksschulwesens im Staate der Hohenzollern. Geschichtl. Überblick. 2. Aufl. (VII, 291 S.) 8. Düsseldorf 907. L. Schwann. 2.60; kart. 3. —

Barthelowsky, A. J., National-Grammatik der französischen Sprache für deutsche Schulen neu bearb. 5. Aufl. des Handbuches der französ. Sprache. Leipzig 853. Gebhardt u. Reisland. gr. 8. (X, 409 S.) 1 ℔ 10 ngl

Barthels, Adolf (Hrsg.), s. Hebbel, Hans Groth: Kriegserinnerungen.

Barthels, Augustus Christianus, De janis inversis ac de duplicitate generatim Berlin 1830

Barthels, E. L., Lehrbuch der Stereometrie u. Trigonometrie in ausführlicher Darstellung. Nebst e. Anh., enth.: die Regeln üb. Potenz-, Wurzel-, Gleichungs-, Reihen- u. Logarithmenlehre. gr. 8. (VII, 120 S. m. 95 Abbildgn.) Wiesbaden 893. H. Sadowsky. n. 2. 80

Barthels, Ed.: Ueber die Aehnlichkeit des Schlafes mit dem Tode. Philosophisch-psychologische Abhandlung. — Trier: (Selbstverl.) 1861: Herzig. 48 S. 8°
Erschien auch als Diss. u. d. T.: Barthels: De Similitudine somni cum morte. 1860.
5. 28.
12.1545

Barthels, Ernst [aus Trier]: Beitrag zur Pharmakologie der Jodpräparate . . . Würzburg, Buchdr. d. „Neuen Bayer. Landeszeitg", 1895; 28 S. 8.
Würzburg, Med. Fak., Inaug.-Diss. v. 1895

Barthels, Friedrich: Die naturgemäße Behandlung der Schafwolle durch schwanenweiße Wäsche vor der Schur. Leipzig: Brockhaus 1838. VIII,333 S. 8°
1:Ov 27798. 7. 10. 15. 17. 24. 27. 30. 34. 88. 89. 100.
12.1548

Barthels, Fr., die naturgemäße Behandlung der Schaafwolle durch schwanenweiße Wäsche vor der Schur, oder das Bleichen der Wolle und die Kräftigung des thierischen Organismus zur Erhöhung der Eigenschaften der Wolle ohne Benutzung fremdartiger Stoffe. Nach vielfachen eigenen Versuchen u. Erfahrr. bearbeitet. Mit 10 lithogr. Taf. gr. 8. Leipzig 839. Brockhaus. n. 2 ℔

Barthels, H., s. Theater-Lexicon.

Barthels, H. L., Jahrbuch und Repertorium des Theaters der Stadt Leipzig. Nebst einem Anhange. (Neujahrsgabe für 1842. Mit Titelbild u. Musikbeil.) gr. 8. Leipzig 842. (Hunger.) 1/3 ℔ — dass. J. 1843. gr. 8. Ebd. 843. 1/3 ℔

—— dass., f. 1843. Nebst Anh.: Abentheuer auf d. Communal-Garden-Wache. Vaudev. in 1 Akt. Anekdoten ꝛc. gr. 8. (3 B.) Ebds.

— s. Theater-Lexicon.

Barthels, Hans, Grillen, Erscheinungen u. Ehestandsscenen, m. K. 8. Hamb. Vollmer. 810.

Barthels, J.: Beschreibung des ersten Gottesdienstes der neuen christ-katholischen Gemeinde zu Breslau. Am 9. März 1845. (Verf.: Barthels-Bartheldy.) — Breslau: Fritz [1845]. 8 S. 8°
Der Name d. Verfassers findet sich auch in d. Formen Barthel, Bartheldi u. Bartholdi.
2. 41.
12.1549

Barthels, J. M., Versuch e. nähern Betracht. d. geistvollst. Worte Jesu u. seiner Jünger. gr. 8. Crefeld 823. (Du-Mont-Schauberg in Köln). 10 ℊ

Barthels, J. M.: Versuch einer nähern Betrachtung der geistvollsten Worte Jesu und seiner Jünger. Bdch. 1. — Crefeld (1823): Schüller. VI,182 S. 8° 61.
12.1550

Barthels, Karl Ludwig: Gesammelte kleine Abhandlungen. — Elbing 1908: Petzold. 36 S. 8° 38.
11.1551

Eine kritische Broschüre von Karl Ludwig Barthels. Heilbronn 1894: C. Rembold. (9 S.) 8° [Umschlagt.] [... 1894]

— Eine kritische Broschüre. (Neue Aufl.) — Heilbronn 1894: Rembold. 9 S. 8° 1: Ay 4816/40. 38.
12.1552

Geschichte der Burschenschaft Arminia im A. D. B. zu Giessen von ihrer Gründung im Nov. 1885 bis zum 10jähr. Stiftungsfest im Juli 1895. Mit 1 farb. Wappentaf. (Von K[arl] L[udwig] Barthels.) *Giessen 1899: E. Ottmann.* (95 S.) 8°
— Barthels: Geschichte d. Allg. Deutschen Burschenbundes. T. 1. [... 1896]

Geschichte des Allgem. Deutschen Burschenbundes in Einzeldarstellungen hrsg. von K[arl] L[udwig] Barthels. T. 1. *Giessen 1899: E. Ottmann.* 8° [... 1 3 5]

— Niestirbt Studentenweise! Heitere Kneipzeitungsgedichte. Frankfurt a.O.: Andres (1896). 52 S. 8°
1: Yd 7564. 5. 11.
12.1553

— Steht die Episode Thekla's und Piccolomini's in wesentlicher Verbindung mit der ganzen Handlung des Schiller'schen Dramas 'Wallenstein'? Johann Gottfried Seume. Ein Bild seines Lebens als Mensch u. Schriftsteller. 2 Vorträge. — Heidelberg 1902: Hörning. 51 S. 8°
1: Yr 8160. 12: P. o. germ. 1284 il. 19. 20. 21. 27. 29. 32. 38. 302→304.
12.1554

— Die biblischen Wunder. Beitrag eines Laien zur Bekämpfung d. Irreligiosität. — Stuttgart 1895: Metzler. 17 S. 8°
1: Dd 1614. 5. 16. 19. 20. 21. 24. 29. 38. 302→304.
12.1555

Barthels, Philipp [aus Königswinter bei Bonn]: Beitrag zur Histologie des Ösophagus der Vögel ... M. 2 lithogr. Taf. (Aus: Zeitschr. f. wiss. Zool., Bd. LIX Heft 4.) Leipzig, W. Engelmann, 1895; 37 S., 2 Taf. 8.
Heidelberg, Naturw.-math. Fak., Inaug.-Diss. v. [22. Juli] 1895

Barthels, Robert (Red.), s. Moderevue, Buttericks.

Barthels-Bartheldy, J. s. *Barthels*, J.

BARTHEN, Dir.
Leitfaden fur das Kneipp'sche Heilverfahren nach praktischen Erfahrungen zusammengestellt Kneipkurverein Berlin.

Barthenau, Ludwig Barth R^r v. s. *Barth* R^r v. Barthenau.

Barthenheim, Adolf Ludwig Graf v. Barth- s. *Barth*-Barthenheim.

Barthenheim, Johann Ludwig Ehrenreich Graf v. Barth- s. *Barth*-Bartenheim.

Barthès de Marmorières s. *Barthez* de Marmorières.

Barthet, Armand
— Henriette. — Bruxelles [usw.]: Muquardt 1851. 168 S. 8°
17. 19. 22.
12.1565

— — Bruxelles & Leipzig: Kiessling 1851. 168 S. 8°
1: Xy 11335. 12: P. o. gall. 198n. 39.
12.1566

Barthet, A., le moineau de Lesbie, s.a. **Répertoire du théâtre** Français à Berlin. Nr. 361.

— Le Moineau de Lesbie. Comédie. — Paris: Blosse 1849. 48 S. 8° 300: 6770-B.
12.1567

— — Berlin: Schlesinger 1850. 23 S. 8° (Répertoire du théâtre français à Berlin. 361.) 1: Xv 1960-361. 5. 7. 11. 109.
12.1568

Barthez, E.

Barthez, Handbuch der Kinderkrankheiten, s.a. **Handbibliothek** üb. pract. Medicin.

Barthez, ..., Handbuch d. Kinderkrankheiten, s.a. Rilliet.

Barthez, E. und F. **Rilliet,** Handbuch der Kinderkrankheiten. 2., gänzlich umgearb. u. bedeutend verm. Aufl. Aus dem Französ. übertr. u. mit Zusätzen versehen von E. R. Hagen. 3 Bde. Leipzig 854—56. Kollmann. gr. 8. (941; 874; XLII, 172 S.) 12 ℔

Barthez, Paul Joseph s. *Barthez* de Marmorières.

Barthez de Marmorières, Paul Joseph
Der Name d. Verfassers erscheint meist in d. Form Paul Joseph Barthez.

— [deutsch] Abhandlung über die Gichtkrankheiten ... Frei übers., mit Anm. u. e. Anh. versehen vom Dr. C. H. E. Bischoff. Th. 1.2. — Berlin: Rottmann 1803. 8°
1: Kg 7792. 2→5. 10. 11. 12: Path. 91 b. 15. 16. 17. 19→23. 26. 27. 28. 30. 33. 38^M. 45. 46. 48. 61. 75. 202. 302. 303.
12.1612

— — Frey übersetzt, mit Anm. u. e. Anh. versehen von C. H. Bischoff. Th. 1.2. — Wien 1807: Bauer. 8° (Auserlesene medizinische Bibliothek. 54.55.) 14. 20. 24. 25. 306.
12.1613

Barthez, P. J., Abhandl. üb. d. Giftkrankheiten. Aus d. Französ., mit Anmerkk. v. Chr. H. E. Bischoff. 2 Bde. gr. 8. Berl. 803. (Enobloch in Leipz.) 3 ℔ 16 ℊ

Barthez, (Paul Joseph): Handbuch der Kinderkrankheiten. (Traité clinique et pratique des maladies des enfants. Dt.) Übers. von G(ustav) Krupp. Th. 1 - 3. Leipzig: 1844

s.: Rilliet, (Frédéric)

JB 4.123

— [deutsch] Neue Mechanik der willkührlichen Bewegungen des Menschen und der Thiere. Übers. von Kurt Sprengel. — Halle: Kümmel 1800. 389 S. 8°
1: Kz 101. 2. 3. 5. 8. 10. 11. 12: Phys. sp. 34. 15→19. 24. 26. 27. 28. 30. 111. 169. 202. 302. 305.
12.1607

Barthius s.a. ***Barth.***

Barthius, F. G.: Epistola, s. Barth, Friedrich Gottlieb

Barthius, Gothofr., s. Barth, Gottfried

Barthius, Tob., s. Barth, Tobias

Barthl, Ignaz, s. Bärthl, Ignaz

Bärthl, Ignaz

Bärthl, Ign., († d. 19. Dec. 1815.) Beiträge zur Gründung wirthschaftl. Vorbegriffe. 8. Münch. 810. J. Lindauer. 16 ℊ

Baerthl, Ignaz: Beyträge zur Gründung wirthschaftlicher Vorbegriffe für Freunde und Beförderer der Wirthschaft in Baiern. — München: Lindauer in Comm. 1811. XVI, 164 S. 8° **19.**
9.9221

Bärthl, J., Beiträge zur Gründung wirthschaftl. Vorbegriffe. 8. München, Lindauer. 812.

Baerthlein, C. P., I. Ueber Orthonitro- und Orthoamidobenzonitrile. II. Zur Kenntniss der Cumole. Inaugural-Dissertation. gr. 8. (34 S.) Göttingen 877, (Vandenhoeck und Ruprecht's Verlag.) *

Bärthlein, Johann Zur Theorie der assoziierten Formen. 8 (32 S.). Progr. Studienanst Nürnberg 1887

Bärthlein, J., zur Theorie der associirten Formen. 8. (32 S.) Nürnberg 887. (Ballhorn.) — 60

Bärthlein, Johann: Zur Theorie der assoziierten Formen.... Nürnberg, Druck d. Schärtel'schen Offizin (Theodor Hasslein), 1887; 32 S. 8°.
Erlangen, Phil. Fak., Inaug.-Diss. v. 1887.

Baerthlein, Karl, appr. Arzt aus Windsheim: Aus d. pathol.-anat. Institut in München (Direktor Obermedizinalrat Prof. Dr. Bollinger). Ueber präsenile Arteriosklerose. *München 1904: M. Ernst.* (29 S.) 8°
München, Med. Diss. v. 1904

Bärthlein, Wilh.: Die relig. Kindererziehg in Bayern. (5, 109) 8° Münch., CH Beck '12. 2.80 d

Barthlmé, Anton: Vom alten Hellmesberger. Komische Aussprüche und Anekdoten. — Wien: Konegen 1908. X, 98 S. 8° **38. 300:462.498-A.M. 302.**
12.1617

Barthmann, Sophie, am häuslichen Heerd! Kochbuch für gute Hausmannskost und ächt bürgerl. Küche. Enthaltend die vorzüglichste Auswahl ausgeprobter Kochrecepte. 16. (XII und 850 S.) Hamburg 864, Jsert. (Leipzig, Köhler.) cart. 22½ Ngr.; geb. *

Barthmes, (Hrsg.), s. Blätter, Akademische.

Barthol's Eisenbahn-Kursbuch, s. Barthol, Carl

Barthol, Carl
—— **Eisenbahn-Fahrplan. Winter-Cursus 1860—1861. 1 Bog. in Imp.-Fol. Berlin 860, Barthol und Comp.**

—— dass. — Sommer-Cursus. 1861. 1 Bog. in Imp.-Fol. Ebendas. 861. *

—— **Eisenbahn-Karte von Europa. Mit Benutzung der officiellen Materialien der Eisenbahn-Directionen hrsg. Entworfen und gez. von Jul. Straube. Maassstab 1:2,702,700. Lithogr. gr. Fol. Mit Text. (8 S. in 8.) Berlin 866, Barthol und Comp.** In Carton

Barthol, Carl, Eisenbahn-Karte von Mittel-Europa. Mit Benutzung der officiellen Materialien der Eisenbahn-Directionen hrsg. Entworfen und gez. von Jul. Straube. Maassstab 1:2,702,700. Lithogr. gr. Fol. Berlin 866, Barthol und Comp.
Velinpap. mit Text. In Carton

——, —— Neue Ausg. Ebenda 1867. (2 versch. Ausg.) . . . . (Pr. Mus.)

Barthol, Carl, Eisenbahn-Karte von Mittel-Europa. Mit Benutzung der officiellen Materialien der Eisenbahn-Directionen hrsg. Entworfen und gezeichnet von Jul. Straube. (Neue Ausg.) 1 : 2,702,700. Fol. Berlin 868, Barthol und Comp.

Barthol, Carl, Eisenbahn-Karte von Mittel-Europa. Mit Benutzung der officiellen Materialien der Eisenbahn-Direction hrsg. Entworfen und gezeichnet von Jul. Straube. 1:2,702,700. Lithogr. und color. Imp.-Fol. Berlin 870, Barthol und Comp.

Barthol, Carl, Eisenbahn-Karte von Mittel-Europa. Mit Benutzung der officiellen Materialien der Eisenbahn-Directionen hrsg. Entworfen und gezeichnet von Jul. Straube. 1:2,702,700. Lithogr. und color. Imp.-Fol. Mit einem Ortschafts-Verzeichniss, enthaltend die Hauptstationen, Kreuz- und Endpunkte der Eisenbahnen Europa's, sowie die bedeutenderen Städte und Badeorte, welche nicht Eisenbahnstationen sind, mit Angabe ihrer Lage auf der Karte. 12. (19 S.) Berlin 880, Barthol und Comp.

Barthol's Eisenbahn-Coursbuch für die norddeutschen Bundesstaaten. Sommer-Cursus 1870. Herausg. unter amtlicher Mitwirkung der Eisenbahn-Directionen. Berlin, Expedit. 16. (64 S.) n. 5 ngr.;
mit (lith.) Karte (in Fol.) n. 7½ ngr.

Barthol's Eisenbahn-Coursbuch für Nord- und Mitteldeutschland. Nebst Anschlüssen nach den Hauptstädten Europa's. Sommer-Cursus 1871. Hrsg. unter amtl. Mitwirkung der Eisenbahn-Directionen. gr. 16. (64 S. mit 1 lithogr. Karte in Fol.) Berlin 871, Expedition. +

Barthol's Eisenbahn-Cours-Buch für Nord- und Mitteldeutschland. Nebst Anschlüssen nach den Hauptstädten Europa's. Hrsg. unter amtl. Mitwirkung der Eisenbahn-Directionen. Sommer-Ausg. 1875—1876/77; Sommer-Ausg. 1877—1879. gr. 16. Berlin, Barthol und Comp. [1875—1876/77. (à 64 S. mit 1 lithogr. Karte in qu. Fol.); 1877—1879. (à 68 S. mit 1 lithogr. Karte in qu. Fol.)] à Heft

Barthol's Eisenbahn-Coursbuch für Nord- und Mitteldeutschland. Nebst Anschlüssen nach den Hauptstädten Europa's. Hrsg. unter amtl. Mitwirkung der Eisenbahn-Directionen. 1880—1882. à 2 Hefte. 12. (à Heft ca. 70 S. mit 1 lithogr. Karte.) Berlin, Barthol und Comp. à Heft
Nicht weiter erschienen.

Barthol, Carl, Eisenbahn-, Post- und Dampfschiff-Cours-Buch, s. a. Eisenbahn-, Post- und Dampfschiff-Cours-Buch.

—— Eisenbahn-, Post- und Dampfschiff-Cours-Buch. Officielle Fahrpläne. Hrsg. unter amtl. Mitwirkung der deutschen Eisenbahn-Directionen. Jahrg. 1870 und 1871. à Jahrg. 6—8 Nr. gr. 16. (à Nr. ca. VIII, 150 S.) Berlin 871, Expedition. à Nr.
Ausg. mit 1 lithogr. Karte (in Fol.) à Nr.
Vgl.: Eisenbahn-Coursbuch.

Barthol's Eisenbahn-Cours-Buch für das deutsche Reich mit den Anschlussbahnen nach den oesterreich. Staaten. Officielle Fahrpläne. Hrsg. unter amtl. Mitwirkung der deutschen Eisenbahn-Directionen. Sommer-Ausg. 1875—1876/77; Sommer-Ausg. 1877—1879. gr. 16. Berlin, Barthol und Comp. [1875—1876/77. (à VIII, 92 S. mit 1 lithogr. Karte in qu. Fol.); 1877—1879. (à VIII, 96 S. mit 1 lithogr. Karte in qu. Fol.)] à Heft *

—— **Eisenbahn-Cours-Buch für das Deutsche Reich mit den Anschlussbahnen nach den Oesterreichischen Staaten und Anschlüssen nach den Hauptstädten Europa's. Officielle Fahrpläne. Hrsg. unter amtl. Mitwirkung der deutschen Eisenbahn-Directionen. 1880—1882. à 2 Hefte. 12. (à Heft ca. 100 S. mit 1 lithogr. Karte.) Ebendas.** à Heft *
Nicht weiter erschienen.
Vgl.: Eisenbahn-Coursbuch, Berliner.

—— **Sommer-Eisenbahn-Fahrplan. 1 Bog. in Imp.-Fol. Berlin 860, Barthol und Comp.**

Barthol, Johann Friedrich: Bericht wegen des Gebrauchs eines Hauß-, Reiß- und Feld-Apotheckgens, bestehend aus denen bißher bekandten hallischen Medicamenten. — o.O. [um 1720]. 14 S. 8° **30.**
12.1620

Barthol, Karl [Bearb.] s. *Becker*, Karl Friedrich: Griechische Geschichte für die Jugend. 1879-80.

Barthol, Paul: Flugblätter des freien Geistes. H. 1. — (Berlin): Selbstverl. [um 1910]. 14 S. 8°
1. Der Mensch und das Weltall. **1: Ag 7242/68.**
12.1623

Bartholameu Fernandes s. *Bartholomaeus* a Martyribus.

Barthold: Georg von F r u n d s b e r g ,
s. B a r t h o l d , Friedrich Wilhelm

Barthold: G e w i t t e r s c h ä d e n , s. B a r t h o l d , Otto

Barthold s.: Jesus u. d. Menschen sr Zeit.

Barthold: W a h r n e h m u n g e n bei Entwicklung d. Transportmittel, s. B a r t h o l d , Karl

Barthold, Andreas

Löper, Sam. David: Trauerrede auf das am 26. Sept. erfolgte Absterben des [Br.] Sam. David Löper, gehalten in der Freymåurerloge zu den dreyen Zirkeln in Stettin von [!] den hiezu bestellten Br. Redner [**Andreas Barthold**]. Den 13ten Oct. 1774. [Stettin 1774]: Effenbart. XVI S. 8⁰ [Umschlagtit.]
Kl. 1329. Gelegenheitsworte.

Barthold, Carl, s. B a r t h o l d , Karl

Barthold, Carl Christian Georg, s. B a r t h o l d , Karl

Barthold, Christian Adolf (Muschwitz), Facta delegatione indebiti condictioni locus dari possit. Quaestio jur. controv. Präs. Chn. Heinr. Breuning. Lpz. (Langenheim) 9.V.1775. 8 S. (4.—)

Barthold, F.W., s. B a r t h o l d Friedrich Wilhelm

Barthold, Friedrich, Vorsteher der Idiotenanstalt Kückenmühle b. Stettin. 1868: Der Idiotismus und seine Bekämpfung. Als Anh. dazu eine Zusammenstellung der deutschen Idioten-Anstalten. — Stettin: von der Nahmer 1868. 51 S. 8°
1: Kl 3130. 21. 24.
12.1625

Barthold
— **Friedr. Traugott** (Muschwitz), Quis mortuo nullis heredibus relictis emphyteuta in emphyteusi succedat. Präs. Chn. Heinr. Breuning. Leipzig (Langenheim) 27. III. 1779. 8 S. (4.—) 1165

Barthold, Friedrich Wilhelm: Anna Joanowna. — [Leipzig 1836.] 222 S. 8°
Aus: Historisches Taschenbuch. 7.1836. 9. 109.
12.1626

— Der Armegeckenkrieg im Jahre 1444 und 1445. — [Leipzig 1842.] 131 S. 8°
Aus: Historisches Taschenbuch. N. F. 3.1842. 109.
12.1627

— Ausgang des Joan'schen Zweiges der Romanow und seiner Freunde. — [Leipzig 1837.] 163 S. 8°
Aus: Historisches Taschenbuch. 8.1837. 109.
12.1628

— Deutsches Bürgertum in Pommern um die Mitte des 15. Jahrhunderts. — [Leipzig 1839.] 223 S. 8°
Aus: Historisches Taschenbuch. 10.1839. 109.
12.1629

— Catalogue d'une collection de livres rares et curieux anciens et modernes, provenants en partie de la bibliothèque de M. F. W. Barthold. [Auktionskat.] — Berlin 1853: Plessner. 170 S. 8° 10. 14. 21. 30. 109.
12.1630

— Deutschland und die Hugenotten. Bd 1. — Bremen: Schlodtmann 1848. VIII,532 S. 8°
1: Ry 131. 2→11. 12: Germ. g. 30 me. 14→21. 23. 24. 25. 28. 29. 30. 32. 34. 35. 38. 43→46. 61. 102. 107. 207. 209. 300: 19.018-B. 302. 304.
12.1631

! — Deutschland u. d. Hugenotten. Jetzt: Lpzg, H Haessel V. 8 — 1848 I

— Die Erweckten im protestantischen Deutschland während des Ausgangs des 17. und der ersten Hälfte des 18. Jahrhunderts; besonders die frommen Grafenhöfe. Abth. 1.2. — [Leipzig 1852–53.] 8°
Aus: Historisches Taschenbuch. F. 3.3.4. 1852-53. 109.
12.1632

— George von Frundsberg oder das deutsche Kriegshandwerk zur Zeit der Reformation. — Hamburg: F. Perthes 1833. X,516 S. 8°
1: Ry 1598. 2→11. 12: Biogr. 430 m [2 Ex.] 14→19. 21. 24→28. 30. 31. 32. 34. 35. 38. 39. 42. 45. 46. 48. 53. 61. 107. 109. 117. 121. 209. 211. 300: 6 J 23. 302→304.
12.1633

— Geschichte der Fruchtbringenden Gesellschaft. Sitten, Geschmacksbildung u. schöne Redekünste deutscher Vornehmen v. Ende des XVI. bis über die Mitte des XVII. Jahrh. gr. 8. (VI u. 328 S. mit 1 lith. u. col. Taf.) Berlin 848, A. Duncker. (Frankfurt a. M., J. Bär.) 2 ₰

Barthold, Friedr. Wilhelm: Geschichte der deutschen Hansa, s.a. V o l k , das deutsche, etc.

Barthold, F. W., Geschichte der deutschen Hansa. Th. 1—3. Leipzig 1850. 8.
A. u. d. T.: Das deutsche Volk. Bd. 11–13. . . . . (D.; HC.)

— Geschichte der deutschen Hansa. Th. 1–3. — Leipzig: Weigel 1854. 8° (Das deutsche Volk, dargest. in Vergangenheit u. Gegenwart zur Begründung d. Zukunft. 11/13.)
4. 7→11. 12: Germ. g. 513 au–11/13. 14→21. 23. 24. 25. 28→34. 38. 39. 42. 43. 45→48. 51. 53. 60. 66. 79. 90. 102. 106. 117. 203. 205. 207. 300: 146.531-B. 302. 304.
12.1635

— — Neue Ausg. Th. 1–3. Ebd. 1862. 8°
1: Sp 186. 2. 3. 5. 6. 7. 12: Germ. sp. 602 p. 26. 27. 29. 30. 33. 35. 38. 45. 46. 52. 62. 64. 75. 91. 102. 122. 203. 212. 300: 30.709. 304.
12.1636

— — Neue Ausg. Bd 1.2. Magdeburg [usw.]: Deubach & Lindemann 1909. 8°
1: Sp 186[2]. 3. 9. 11. 12: Germ. sp. 26 pc. 15→19. 28. 30. 31. 34. 44. 51. 60. 64. 75. 79. 107. 201. 206. 209. 210. 303.
12.1637

Barthold, F. W., Geschichte d. großen deutschen Krieges vom Tode Gustav Adolphs ab; mit besond. Rücksicht a. Frankreich. 2 Thle. Lex.-8. Stuttgart, S. G. Liesching.
Thl. 1. bis zur Wahl Ferdinands III. des römischen Königs. (25 B.) 841. 2 Thlr.
" 2. von der Wahl Ferdinands III. zum römischen Könige bis z. Schlusse d. westfäl. Friedens. (44½ B.) 843. 3 Thlr. 15 Ngr.

— Geschichte des großen deutschen Krieges vom Tode Gustav Adolfs ab mit bes. Rücks. auf Frankreich. Th. 1.2. Stuttgart: Liesching 1842–43. 8°
1: Ry 6208. 2→10. 12: Eur. 48. 14→36. 38. 39. 41→46. 48. 51. 53. 61. 66. 75. 79. 90. 102. 111. 121. 123. 203. 209. 300: 58 H 42. 302. 304.
12.1638

— — Th. 1.2. Berlin: Schlawitz 1851. 8° 28. 52. 109. 303.
12.1639

– Geschichte der Kriegsverfassung der Deutschen, s.a. V o l k , das deutsche, etc.

— Geschichte der Kriegsverfassung und des Kriegswesens der Deutschen. Th. 1.2. — Leipzig: Weigel 1855. 8° (Das deutsche Volk, dargest. in Vergangenheit u. Gegenwart zur Begründung d. Zukunft. 17.18.) 1: Sa 303–17.18. 4. 7→11. 12: Germ. g. 513 au–17.18. 14→17. 19. 20. 21. 25. 27. 28. 30→33. 35. 38. 39. 42. 43. 45→48. 53. 66. 102. 117. 203. 209. 300: 6061-A. 303.
12.1640

— — Neue Ausg. Th. 1.2. Ebd. 1864. 8°
1: Gy 16135. 2. 3. 5. 10. 14. 16. 17. 23. 26→29. 31. 38. 41. 44. 62. 75. 106. 109. 123. 206. 302.
12.1641

! — Gesch. d. Kriegsverfassg. Jetzt: CH Tauchnitz. 1.50 61/65

Barthold, Friedrich Wilhelm
— Geschichte von Rügen und Pommern. Th. 1–4. — Hamburg: F. Perthes 1839–45. 8°
1: T 658. 2→11. 12: Bor. 21 f. 14→17. 19. 20. 21. 23. 24. 26→36. 38. 39. 41→46. 48. 51. 53. 79. 102. 109. 117. 203. 209. 300: 61 E 23. 302. 304.
12.1642

— Geschichte von Rügen und Pommern. 1r Thl. Von den ältesten Zeiten bis auf den Untergang des Heidenthums. gr. 8. Hamburg 839. Fr. Perthes. Subscr.-Pr. n. 2 ℛ

— Geschichte von Rügen und Pommern. 2. Thl. Von der Bekehrung Pommerns zum Christenthume bis zum Tode Barnims I. i. J. 1278. Nebst 1 Höhen- u. Fluß-Charte von Pommern (in Fol.). gr. 8. Hamburg 840, Fr. Perthes. Subscr.-Pr. n. $2\frac{1}{3}$ ℛ (1. 2.: n. $4\frac{1}{3}$ ℛ)

— dass. 3. Thl. Vom Tode Barnims I. (1278) bis zum Auftreten der Hohenzollern in der Mark Brandenburg (1411). gr. 8. Ebd. 842. n. $2\frac{1}{3}$ ℛ — (1.—3. n. $6\frac{2}{3}$ ℛ)

— 4. Thl. 1. Bd. Vom Auftreten der Hohenzollern in der Mark Brandenburg (1411) bis zur Rückkehr Bogislavs X. vom heil. Grabe (1498). gr. 8. Ebd. 843. n. $2\frac{1}{3}$ ℛ — 4. Thl. 2. Bd. Von der Rückkehr Bogislavs X. vom heil. Grabe (1498) bis zum Tode des letzten Herzogs von Pommern. J. 1637. gr. 8. Ebd. 845. n. $2\frac{1}{3}$ ℛ — 1.—4. n. $11\frac{1}{3}$ ℛ

— Geschichte der deutschen Seemacht. Abth. 1.2. — [Leipzig 1850–51.]
Aus: Historisches Taschenbuch. F. 3,1.2. 1850-51. 109.
12.1643

— Geschichte der deutschen Städte u. d. deutschen Bürgerthums. s.a. Volk, das deutsche, dargestellt in Vergangenheit u. Gegenwart. IV—VII. Bd.

— Geschichte der deutschen Städte und des deutschen Bürgerthums. Th. 1–4. — Leipzig: Weigel 1850–53. 8° (Das deutsche Volk, dargest. in Vergangenheit u. Gegenwart zur Begründung d. Zukunft. 4/7.) 1: Sa 303–4/7. 2→11. 12: Germ. g. 513 au–4/7. 14→31. 33→36. 38. 39. 41→48. 51. 52. 53. 60. 66. 75. 86. 91. 102. 106. 111. 117. 123. 203. 207. 208. 300: 9667–A. 302→304. 308.
12.1644

Geschichte der deutschen Städte und des deutschen Bürgerthums. Von Friedrich Wilhelm Barthold. 8°.
Th. 1 Vom Ursprunge deutscher Städte bis gegen den Schluss des 12. Jahrhunderts. Leipzig 1850.
Th. 2. Vom Schlusse des 12 Jahrhunderts bis zum Ende des grossen Zwischenreichs (1273). ebd. 1851
Th. 3: Vom Ende des grossen Zwischenreichs (1273) bis zum Hohestande der Zunftkämpfe (1332). ebd. 1851.
Th. 4. Vom Hohestande der Kämpfe zwischen Zünften und Geschlechtern bis zum Untergange reichsstädtischer Freiheit und zu dem wiedererweckten Gemeindeleben. 1332–1808. ebd. 1853.

Barthold, F. W., Geschichte der deutschen Städte und des deutschen Bürgerthums. 2. (Titel-)Ausg. 4 Thle. in 9 Lfgn. 8. (XXIII und 1260 S.) Leipzig (850)58. 59, T. O. Weigel. à Lfg. 10 Ngr.

— Urkundliche Geschichte der Edlen Herren von Heyden, in Westfalen. — Greifswald 1857: Hache. 268 S. 8°
1: S 5650. 7. 9. 28.
12.1646

— Das Geschlecht der von Lepel, altadlig, gräflich und im Herrenhause vertreten. Urkundliche Forschungen. — Greifswald: Kunike 1856. 160 S. 8° 9.
12.1647

— die deutsche Hansa s.a. Belehrungen, unterhaltende.

— Die deutsche Hansa. — Leipzig: Brockhaus 1853. 79 S. 8° (Unterhaltende Belehrungen zur Förderung allgemeiner Bildung. 17.)
11. 12: Var. 289 b–VII,3. 14. 16. 18. 19. 21. 27. 30. 60. 109. 117. 203. 207. 304.
12.1648

— Die geschichtlichen Persönlichkeiten in Jacob Casanova's Memoiren. Beiträge zur Geschichte des 18. Jh. Bd 1.2. — Berlin: Duncker 1846. 8°
1: Xy 6530. 2→5. 7→11. 12: Biogr. 193 o. 14. 15. 17→20. 24. 27. 28. 30. 32. 33. 35. 38. 39. 43. 45→48. 51. 52. 78. 79. 109. 111. 123. 300: 38.125–B. 302→304. 308.
12.1649

— Philipp Franz und Johann Philipp, Wild- und Rheingrafen zu Dhaun. Ein Reichsstandsdasein im Jahrhundert der Reformation. — [Leipzig 1848.] S. 334–448. 8°
Aus: Historisches Taschenbuch. N. F. 9. 1848. 107.
12.1650

— Der Römerzug König Heinrichs von Lützelburg. Th. 1.2. Königsberg: Bornträger 1830–31. 8°
1: Rx 22334. 2→11. 12: Germ. g. 30 m. 14→21. 23→32. 34. 35. 36. 38. 39. 42. 43. 45. 48. 52. 53. 61. 78. 109. 111. 117. 203. 209. 300: 43 X 12. 302→304. 308.
12.1651

— Kaspar von Schönberg, der Sachse, ein Wohlthäter des französischen Reichs und Volks. — [Leipzig 1849.] S. 168–302. 8°
Aus: Historisches Taschenbuch. N. F. 10. 1849. 109.
12.1652

Barthold, F. W., Soest, die Stadt der Engern. Ursprung, Blüthe und Niedergang eines altdeutschen Gemeinwesens. gr. 8. (XIII und 355 S.) Soest 855, Nasse'sche Buchh. *
Vgl.: Belehrungen, unterhaltende, 17. Bdchn. — Volk, das deutsche.

— Gebhard Truchseß von Waldburg, Kurfürst und Erzbischof von Köln. 8°
Aus: Historisches Taschenbuch. N.F. 1. 1840. 5. 38. 109.
12.1654

— Ueber die angebliche Vergiftung Kaiser Heinrichs VII. im heiligen Abendmahle. — [Königsberg 1831.] 64 S. 8°
Aus: Barthold: Der Römerzug König Heinrichs von Lützelburg. 2. 1831.
15. 109.
12.1655

— Johann von Werth im nächsten Zusammenhange mit der Zeitgeschichte. — Berlin: G. Reimer 1826. IV,216 S. 8°
1: Ry 7028. 2→5. 7→10. 12: Biogr. 1240 o. 14→19. 24. 25. 28. 30. 31. 32. 34. 35. 38. 39. 43. 45. 48. 205. 300: o 44 X 15. 302. 304.
12.1656

— Jürgen Wullenweber oder die Bürgermeisterfehde. — Leipzig: Brockhaus 1834. IV,200 S. 8°
9. 15. 28. 46. 48.
12.1657

— Jürgen Wullenweber von Lübeck oder die Bürgermeisterfehde. — [Leipzig 1835.] 200 S. 8°
Aus: Historisches Taschenbuch. 6. 1835.
1: Sp 6628. 48. 109.
12.1658

Barthold, G.L.T., s. Barthold, Georg Ludwig Pistotheus

Barthold, G.Th., s. Barthold, Georg Theodor

Barthold, Georg Ludwig Pistotheus: Brevis Adumbratio quaestionis de emendando christianorum cultu religioso. — Budissae 1807: Mons. 14 S. 8°
Glückwünsche für Gottlob Adolf Ernst v. Nostitz und Jaenckendorf.
15.
12.1659

— s. Hat ein Prediger.

Barthold, Georg Theodor: [Werke] Gregorii Theodori Bartholdi Opera medica tripartita, coll. ... opera et studio Johannis Jacobi Rosenstengelii. — Francofurti a.M.: a Sande 1717. 443,420,172 S. 8°
1: 4° Ic 5020. 2. 3. 5. 7. 9. 12: 4° Med. g. 22. 14. 15. 17. 18. 27. 29. 30. 36. 121. 300: 70 R 31. 302. 303. 307. 308.
12.1660

Barthold, G. Th. (Resp.): Diss. de peregrinationibus sanitatis causa instituendis, s. Hoffmann, Fr. (Praes.)

Barthold
— **Georg Wilhelm** (Teuditz), De juribus circa lithanthraces, Von denen Rechten derer Stein-Kohlen. Diss. jur. Präs. Jo. Jac. Dornfeld. Leipzig (Langenheim) 21. XII. 1742. 52 Seiten. (6.—)

Barthold, Hermann: Der Held von anno 70. Humoristische Szene. — Recklinghausen [usw.]: Vollmer [um 1910]. 8 S. 8°
1: 1 in N 12.2212.
12.1661

Barthold, Karl, Spediteur, Karlsruhe. 1876: Die Eisenbahntariffrage. Tarifierungskunst u. Tarifreform. — Karlsruhe 1901: Braun. 43 S. 8°
1:Nz 16679. 12:A. hydr. 5003 v. 88. 89. 106. 203.
12.1667

— — 2., verm. u. verb. Aufl. Ebd. 1909. 56 S. 8°
12:A. hydr. 330 w. 27. 30. 31. 86. 90. 205. 206.
12.1668

Barthold K, Entwurf einer Denkschrift uber die Entwicklung des Eisenbahnfrachttarifwesens. 1. Folge. Karlsruhe

Barthold, Carl. Fibel oder erstes Lesebuch f. schwachbefähigte Kinder. 2. Aufl. 8. M.-Gladbach 883. Bresl., F. Hirt. geb. * 1 —

Barthold, Carl, Fibel od. 1. Lesebuch f. schwachbefähigte Kinder. Nach der Schreiblese-Methode bearb. 2. Aufl. 8. (V, 100 S. wovon 46 lith.) M. Gladbach 883. Schellmann. geb. n. 1. —

Barthold, Carl, Fibel oder erstes Lesebuch f. schwachbefähigte Kinder. Nach der Schreiblesemethode bearb. 3., verb. Aufl. gr. 8. (IV, 100 S.) Breslau 893. F. Hirt. Geb. n. 1. —

Fibel oder Erstes Lesebuch für schwachbefähigte Kinder. Nach d. Schreiblese-Methode bearb. von Karl **Barthold**, Dir. in M.-Gladbach. 4., durchges. Aufl. Breslau: F. Hirt 1905. (IV, 100 S.) 8° [J.] [o4. 88.

Barthold, Karl
Barthold, CCG, Fibel f. d. Schreiblese-Unterr. 8. (100) Düsseld. 64, Spaarmann. geb. n. — 8

Barthold, Carl Chrn. Geo., Fibel für den Schreiblese-Unterricht. (Zum Gebrauche in Idioten- und Taubstummen-Anstalten wie überhaupt für schwache Kinder.) gr. 8. (IV und 100 S., wovon 62 lithogr.) M.-Gladbach 864. [Oberhausen, Spaarmann.]

(—) **Ein Gutachten über die den Mitgliedern des Deutschen Handelstages seitens seines Ausschusses unterbreiteten Anträge den Entwurf eines Eisenbahn-Reichs-Gesetzes betreffend.** — Carlsruhe 1876: Hasper. 26 S. 8° 31.
12.1669

Barthold K, Gutachten üb. d Entwurf eines Eisenb. Reichsgesetzes. Karlsruhe 1876

— **Die Pflege und Erziehung blödsinniger Kinder.** — ([Hamburg um 1860]: Rauhes Haus.) 16 S. 8° 18.
12.1663

— **Der erste, vorbereitende Unterricht für Schwach- und Blödsinnige.** — M.-Gladbach: Hephata 1868. 20 S. 8°
1:17 in Kl 5000.
12.1664

— der erste, vorbereitende Unterricht für Schwach- u. Blödsinnige. M.-Gladbach 868. (Hoster.) 8. (20 S. mit Holzschn. im Text.) n. 6 ngr.

Barthold, Carl, der erste vorbereitende Unterricht f. Schwach- u. Blödsinnige. 2. verb. Aufl. gr. 8. (22 S. m. eingedr. Holzschn.) M.-Gladbach 875. (Schellmann.) n. 1. —

— — **Nebst e. Einl. 'Über Grund und Wesen des Blödsinns (Idiotismus)'. 3., verb. u. verm. Aufl.** — M. Gladbach [usw.]: Schellmann 1881. 25 S. 8° 1:17 in Kl 5000³. 61.
12.1665

— — 4., durchges. Aufl. Breslau: Hirt 1895. 26 S. 8°
1:Nf 9008⁴. 2. 309.
12.1666

— **Wahrnehmungen bei der Entwickelung der Transportmittel.** — Berlin: Simion 1886. 115 S. 8°
1:Fb 9440. 11. 64. 88. 89. 106. 203. 203.
12.1670

— **Was ist Religion? Erinnerungen aus Literatur in einem Zeitraum von 60 Jahren.** — Karlsruhe 1910: Braun. 15 S. 4°
31. 90.
12.1671

Barthold, Karl Christian Georg s. *Barthold*, Karl. 1860.

Barthold, Max (Hrsg.), s.a. Stammregister u. Chronik...

Barthold, Max: Stammreg. u. Chronik d. kur- u. kgl. sächs. Armee, s.a. Verlohren, Heinr. Aug.

Barthold, Otto:

Barthold, üb. Gewitterschäden. Auf Beobachtgn. u. Erfahrgn. gegründete Beiträge zur näheren Erkenntniss der Vorgänge bei stattfind. Gewittern, Nachweis der fortgesetzten Zunahme der Gewitterschäden, Ursache derselben u. Vorschlag zur Verminderg. dieser Schäden, sowie Anwendg. der gemachten Erfahrgn. auf sachgemässe Herstellg. v. Blitzableitgn. 8. (35 S.) Leipzig 892. A. Felix. n. — 80

Barthold, Samuel Traugott: Von dem Monarchen unseres Landes, als einem Fürbilde seiner Unterthanen an dem angestellten Friedens-Feste redete an dem ... am 21. Märtz 1763 ... gefeyerten Friedens-Danck-Feste zu seiner Gemeine Samuel Traugott Barthold. — Jena [1763]: Schill. 28 S. 4° 14.
12.1673

Barthold, Theodor
— **Beiträge zur Kritik des Euripides.** S.-A. 1866. 14 S. —.90

Kritische Bemerkungen zu den Prologscenen und der Parodos der Medea (v. Euripides). V. 1—212. v. Theodor **Barthold.** Altona 1885. 4°. Altona. Gymn.-Progr

Kritische Besprechung einiger Stellen aus Euripides und seinen Scholiasten. v. Theodor **Barthold.** Altona. 1875. 4°. Gymn.-Progr

Barthold, Theodorus (geb. am 8 Dez. 1840 in Teuditz bei Leipzig): De scholiorum in Euripidem veterum fontibus ... Bonnae, form. Carthausianis (1864). 2 Bl., 63 S., 1 Bl. 8. ¶ Erschien zugleich selbständig bei Cohen & Sohn in Bonn
Bonn, Phil. Fak., Diss. v. 19 März 1864

Barthold, Th.: Specimen lexici Euripidei, quo explicatur usus particulae ὡς 25 S.
Progr. Posen Fr. W. 1869.

Barthold, Theodor Kritisch-exegetische Untersuchungen zu des Euripides Medea und Hippolytus 4 (42 S)
Progr. Wilhelm-G. *Hamburg* 1887

Barthold, Th., kritisch-exegetische Untersuchungen zu des Euripides Medea u. Hippolytos. gr. 4. (42 S.) Hamburg 887. (Herold's Verl.) n.n. 2. 50

Barthold, Wilhelm
Russische Namensform: Vasilij Vladimirovič Bartol'd

Barthold, W., d. historische Bedeutung d. alttürkischen Inschriften, s.a. Radloff, W., d. alttürk. Inschriften d. Mongolei.

Barthold, W., Die historische Bedeutung der alttürkischen Inschriften. SA. aus: „Die alttürkischen Inschriften der Mongolei. Neue Folge." [= Fa 3810. 4°.] St. Petersburg 1897.

Bartold, W., die Geographie des Ibn Said. (In russ. Sprache.) gr. 8. (17 S.) Berlin (899). S. Calvary & Co. n. — 60
Sonderabdruck aus: „Recueil des travaux réd. en mémoire du jubilé scient. de M. D. Chwolson".

W(ilh.) **Barthold,** Zur Geschichte des Christentums in Mittel-Asien bis zur mongolischen Eroberung. Bericht. u. verm. deutsche Bearbeitung nach d. russ. Orig. hrsg. von Dr. Rudolf Stübe. *Tübingen & Leipzig: J. C. B. Mohr 1901.* (VII, 73 S.) 8° [o1. 7

— **Die alttürkischen Inschriften und die arabischen Quellen.** 1899 in: *Inschriften*, Die alttürkischen, der Mongolei. Folge 2.

— — St. Petersburg 1899. 29 S. 4°
Aus: Die alttürkischen Inschriften der Mongolei. Folge 2. 1899.
19. 21. 36.
12.1677

Barthold, W., Nachrichten üb. den Aral-See u. d. unteren Lauf des Amu-darja, s.a. Quellen u. Forschungen zur Erd- u. Kulturkunde. 2. Bd.

— [deutsch] Nachrichten über den Aral-See und den unteren Lauf des Amu-darja von den ältesten Zeiten bis zum 17. Jahrhundert. Deutsche Ausg. mit Berichtigungen u. Erg. vom Verf. Übers. von H. v. Foth. — Leipzig: Wigand 1910. XIII, 78 S. 4° (Quellen u. Forschungen zur Erd- u. Kulturkunde. 2.)
1:4° Po 2604-2. 2→11. 12: Geo. U. 271 g-2. 14→21. 25. 27. 30. 206. 210. 300: 466.163-C. K. 2. 303. 203.
12.1692

Baerthold, Albert: Die Bedeutung der ästhetischen Schriften Sören Kierkegaards mit Bezug auf G. Brandes: 'Sören Kierkegaard, ein literarisches Characterbild'. — Halle: Fricke 1879. 47 S. 8° 1:Ax 1154. 3. 10.
9.9223

— Zur theologischen Bedeutung Sören Kierkegaards. — Halle: Fricke 1880. 80 S. 8°
1:an Ax 1154. 3. 7. 8. 12: Biogr. 577 mo. 14. 16. 29. 79.
9.9224

— Zur Erinnerung an das am 7. und 8. October 1844 gefeierte Jubelfest des 100jährigen Bestehens evangelischen Gottesdienstes in der Kirchengemeinde Nieder-Hartmannsdorf. — Sagan 1844: Raabe. 55 S. 8°
1:7 in Ta 8976 [u.] Tb 6752. 2. 41.
9.9225

— Professor Benders Festrede und das christliche Lebensideal. — Gütersloh: Bertelsmann 1884. 22 S. 8°
1:6 in Dn 9150. 4→7. 17. 24. 27.
9.9226

Bärthold, A., die Frömmigkeit in den Geschichten d. Alten Testaments. (III, 112 S.) Gütersloh 890. Bertelsmann. n. 1. 50; geb. n. 2. —

Baerthold, Albert: Die Frömmigkeit in den Geschichten des Alten Testaments. — Gütersloh: Bertelsmann 1891. 112 S. 8° 1:Bl 2852. 6. 9. 28. 29.
9.9227

— Geleitbrief für Sören Kierkegaards: 'Ein bißchen Philosophie!'. — Leipzig: F. Richter 1890. 14 S. 8°
1:Dd 9827/10. 9.
9.9228

Bärthold, A, s.a. Kierkegaard, Sören, ausgewählt.

Baerthold, Alb., Sören Kierkegaard. Eine Verfasser-Existenz eigner Art. Aus seinen Mittheilungen zusammengestellt. 8. (174 S.) Halberstadt 873, Frantz'sche Buchh. *

—— aus und über Sören Kierkegaard. Früchte und Blätter. gr. 8. (VIII, 132 S.) Halberstadt 874, Frantz'sche Buchh. *

— Lessing u. die objective Wahrheit aus Sören Kierkegaards Schriften zusammengestellt. gr. 8. (VIII, 99 S.) Ebend. 877. n. 1. 50

— Noten zu Sören Kierkegaards Lebensgeschichte. — Halle: Fricke 1876. IV, 141 S. 8° 1:Ax 1148. 3. 79.
9.9229

— S. Kierkegaards Persönlichkeit in ihrer Verwirklichung der Ideale. — Gütersloh: Bertelsmann 1886. VIII, 141 S. 8° 1:Ax 1155. 6. 8. 9. 12: Biogr. 577 mp. 14. 15. 28. 43.
9.9230

Bärthold, A., Schöpfung u. Entwicklung, s.a. Vorträge, apologet.

Bärthold, A[lbert]: Schöpfung u. Entwicklg. *Halle a. S. 1898.*
in: Vorträge, Apologetische.

— Was Christentum ist. — Gütersloh: Bertelsmann 1884. 51 S. 8° 4. 33.
9.9232

—— 2. Abdr. Ebd. 1884. 51 S. 8°
1:10 in Dc 50°. 6. 27.
9.9233

— Die Wendung zur Wahrheit in der modernen Kulturentwicklung. — Gütersloh: Bertelsmann 1885. 80 S. 8°
1:21 in Nh 315°. 6. 21. 33. 51.
9.9234

Bartholdi, Pastor, und das Tauffomular. (Abdr. aus Nr. 37 der Protestant. Kirchenzeitung.) Berlin (855.) G. Reimer. 8. (19 S.) 2 1/2 ngl

Bartholdi, Sekretär d. Christ-katholischen Gemeinde, Breslau. 1845 s. *Barthels*, J.

Bartholdi, Calculations-Tabelle der Stoffpreise. (Supplement zu Leipold's Tabelle der Stichlöhne.) 4. (4 autogr. S.) St. Gallen 888, Kreutzmann. *

Bartholdi, C. s. *Bartholdi*, Karl. 1907.

Bartholdi, Christian Friedrich Frhr v.: Philosophia principis, pedantismo opposita, scriptore anonymo ... L. B. de *** [d. i. Christian Friedrich Frhr v. Bartholdi]. Addita est praef. Joannis Petr. Ludewig. — Lipsiae: Zeidler 1711. 16,48,400 S. 8° 1:Fa 5920 [u.] 8 in Ag 501. 2. 8. 12: Paed. Th. 4368. 14. 17. 18. 24. 29. 41. 308.
12.1700

Bartholdi, E[mil]. Geschichte Arbon's mit besonderer Berücksichtigung der Verhältnisse der evangelischen Kirchgemeinde daselbst. 8. Rorschach 1877.

Bartholdi, E[mil]. Predigt, gehalten anlässlich des Jubiläums seiner 25jährigen Wirksamkeit in Thalwil, Sonntag, den 13. November 1904. II + 8 S. 8. Thalwil, Otto Kracht.

Bartholdi, Friedrich Jakob: Exercitatio iuris publico-privati de Charta signata, vulgo Stempel-Papier. [Resp.:] Paulus Kolhardt. Recus. — Lipsiae 1718: Schedius. 93 S. 8°
Erschien zuerst als Diss. Frankfurt a. O. 1690.
4. 5. 9. 10. 12: 4° Diss. 3342–5. 14. 16. 17. 19. 24. 26. 27. 28. 30. 44. 208. 300: 58.630–B. 302→304.
12.1707

[—] Pauli Kolhardt Schediasma iuridicum de Charta signata vulgo Stempel-Papier. — Francofurti [usw.] 1724. 78 S. 8°
1:Ff 3435. 3. 4. 7. 12: 4° J. rom. m. 131. 14. 19. 26.
12.1708

— Dissertatio ex iure publico privato de Charta signata, vom Stempel-Papier. [Resp.:] Paulus Kolhardt. — Vitemb[ergae] [usw.]: Eichsfeld 1743. 94 S. 8°
9. 12: 4° Diss. 1952/16. 16. 24. 48. 208. 303.
12.1709

— Disputatio iuridica de Incendiariis famosis, von Mord-Brennern. [Resp.:] Johannes Fridericus Katzsch. Nunc recusa. — Francofurti 1719. 64 S. 8°
Erschien zuerst als Diss. Frankfurt a. O. 1690.
2. 5. 9. 10. 12: 4° Diss. 3025–7. 14. 16. 19. 21. 23. 28.
12.1710

Bartholdi, G., s. Bartholdi, Gottlieb Christoph Karl

Bartholdi, G. W., Lautmethode. 8. Berlin, Reimer. 815.

— Versuch einer Sprachbildungslehre für Deutsche. 1r Thl. N. d. Tode des Verfassers unvollendet herausg. v. J. H. G. Grossmann. Mit 1 Kupf. 8. Berlin, Reimer. 816.

Bartholdi, Gottlieb Christoph Karl: Meine Amts-Enthebung, aktenmäßig dargestellt. — Berlin: G. Reimer 1854. IV, 108 S. 8°
1:Dn 5420. 7. 11. 12: Polem. 171 n. 18. 28. 33. 42.
12.1717

— s. *Bartholdi.* — Pastor Bartholdi und das Tauffomular. 1855.

— christliches Bedenken gegen die Todesstrafe. Ludwigslust 852. Hinstorff. gr. 8. (36 S.) n. 5 ngl

— Christliches Bedenken gegen die Todesstrafe. — Wismar [usw.]: Hinstorff 1852. 36 S. 8° 28. 33. 42.
12.1718

Bartholdi, G., das Familienleben im Licht unsrer Religion betrachtet. Predigt. gr. 8. (14 S.) Ludwigslust 868, (Hinstorff'sche Hofbuchh.)

—— das Leben des Herrn nebst Grundzügen des Protestantismus. gr. 8. (52 S.) Ludwigslust 852, Hinstorff'sche Hofbuchh. *

— Das Leben des Herrn nebst Grundzügen des Protestantismus. — Wismar [usw.]: Hinstorff 1852. 52 S. 8°
1:Bq 1380. 28. 33. 42.
12.1719

—— das Leben Jesu Christi. 8. (22 S.) Röbel 868. (Ludwigslust, Hinstorff'sche Hofbuchh.) *

— Das Leben Jesu Christi. — Röbel: Verf. 1868. 22 S. 8°
28. 33.
12.1720

— Zur Lehre von der Kirche. — Parchim [usw.]: Hinstorff. 1846. 76 S. 8° 1:Dp 6914. 19. 28. 33. 42.
12.1721

—— zwei geistliche Reden, gesprochen bei der Taufe eines jüd. Mannes. gr. 8. (15 S.) Ludwigslust 852, Hinstorff'sche Hofbuchh. *

— Zwei geistliche Reden, gesprochen bei der Taufe eines jüdischen Mannes. — Wismar [usw.]: Hinstorff 1852. 15 S. 8° 28. 33.
12.1722

— Ein Wort freudiger Hoffnung im Hinblick auf den Rathschluss des Vaters, dass Christus leiden musste, um in seine Herrlichkeit einzugehen. — Röbel: Beyer [1877]. 10 S. 8° 33.
12.1723

Bartholdi, Joachim Friedrich: Als Anno 1717. den 31. Octobr. das heilige Andencken der glückseeligen Zeit, an welcher sich D. Martin Luther ... zu widersetzen angefangen ..., celebriret wurde, ließ ... allerunterthänigste Jubel-Ode absingen Joachim Friderich Bartholdi. Franckfurt a. O.: Conradi [1717]. 2 Bl. 8° 1:11 in Cn 20202. 14.
12.1724

— Notio icti, qua iudicatur, quid capiant, et quo tendant studia iuris? — Gubenae [um 1720]: Hofmann. 36 S. 8° 1:8 in 4° Fl 1.
12.1725

Bartholdi

— **Joach. Friedr.,** De renunciationibus et reservationibus filiarum illustrium. Disp. jur. Präs. Heinr. Coccejus. Frkft./O. (J. Chph. Schwartz) April 1714. 48 S. (5.20) 1176

(—) Curiöse Species facti. Woraus man ersehen kan, was vor eines Geistes Kinder es seyn, die vorjetzo bey der Universität zu Franckfurt an der Oder die Juristen-Facultät docendô dirigiren. — o.O. 1722. 4 Bl. 8° 1:8 in Ah 10938.
12.1726

Bartholdi, Karl, Propst, Zarrentin. 1907: Pastor Nicolaus Andreae und die Kanzel der Kirche zu Zarrentin. — Wismar: H. Bartholdi 1907. 14 S. 8° 1:Sn 9970. 7. 18. 28.
12.1727

Bartholdi, L.: Vertheidigungsrede, gehalten vor dem Geschwornen-Gerichte zu Greifswald am 8. October 1849, wider die Anklage auf Aufruhr. — Wolgast 1849: Elsner. 20 S. 8° 1:Fy 13248.
12.1729

Bartholdy: Bruchstücke z. näheren Kenntnis d. heutigen Griechenland (u. ähnl. Schriften), s. Bartholdy, Jak. L. Sal.

Bartholdy: Denkschriften üb. d. geheimen Gesellschaften (u. ähnl. Schriften), s. Bartholdy, Jak. L. Sal.

Bartholdy; Geschichte der Rats-u. Friedrichsschule, s. Bartholdy, Walter

Bartholdy: Aus der Jugendzeit der Loge zum treuen Herzen, s. Bartholdy, Paul

Bartholdy: Der Riesenstaudenroggen, s. Bartholdy, G.

Bartholdy B, das Fortbildungswesen in Württemberg. (32 S) Strassburg 1888.

Bartholdy, Carl Mendelssohn-, s. Mendelssohn-Bartholdy

Bartholdy, F. Mendelssohn-, s. Mendelssohn-Bartholdy

Bartholdy, (G.), der Riesen-Stauden-Roggen z. Anbau empfohlen. 8. (11 S.) Stettin 847, Saunier in Comm. 1/6 ₰

Bartholdy, Georg Wilhelm

Bartholdy, G. W., Prof der Mathematik am Gymnasium zu Stettin Anleitung zur mathematischen, physischen und Staats Geographie. Mit Karten und Kupfern. 2 Auflage. (2 Bde) 4. Berlin 1798—1801.

Bartoldy, Georg Wilhelm: Anleitung zur mathematischen, physischen und Staats-Geographie, von G.W. Bartholdy. 2., verm. u. verb. Aufl. Th. 1. — Berlin: Oemigke 1801. 279 S. 4° 1. Aufl. erschien in: Gallerie der Welt. 1.1798. 7. 12:4° Math. A. 18. 53.
12.3042

— Anleit. z. mathemat. phys. u. Staats-Geogr. 2 Thle. mit K. gr. 4. Berlin, W. Oehmigke. 802.

— Anleit. zur mathemat., physischen u. Staats-Geographie. 2 Thle. Mit Kpf. gr. 4. Berl. 802. 4 ₰ 12 gr. N. A. gr. 4. Ebd. 805. (Sander). 3 ₰ 12 gr. (Aus d. Galerie der Welt 1. 1. 2. abgedr.)

* Bartholdy, G. W., Anleitung zur mathematischen, physischen u. Staats-Geographie. 2te verb. Aufl. Mit illum. Kupf. u. Chart. (Aus der Gallerie der Welt 1r 1te 2te Abth) 4. Berlin, Neue Societätsbuchh. 805.

– s. Bertholet, Statik.

– s. Constitutionen Frankreichs.

– s. Denkwürdigkeiten u. Leben e. schwed. Edelmanns.

– s.a. Elend, über gesellschaftl.

[—] Ueber gesellschaftliches Elend. Hrsg. u. mit einer kurzen Darstellung des Schicksals der unglücklichen Stadt Neu-Ruppin begleitet von Johann Friedrich Zöllner. — Berlin: Maurer 1787. 56 S. 8° 2.
12.3044

— u. J. D. F. Rumpf, Gallerie d. Welt rc., s.a. Gallerie.

— u. J. D. F. Rumpf, Galerie der Welt, in einer bildl. u. beschreibenden Darstell. von merkwürd. Ländern, v. Völkern, nach ihrem körperl., geistigen u. bürgerl. Zustande, von Thieren u. s. w. 5 Bde. Mit Kpf. u. Karten. gr. 4. Berl. 799—803. N. A. Mit ill. Kpf. u. Karten. 22 Hefte oder 5 Bde. 805—12. gr. 4. Ebd. (Sander). 29 ₰

— Geschichte des ältern Europa, s. Geschichte.

— Gesch. d. ältern Europa, s. W. Russel.

– s.a. Journal für Gemeingeist.

— u. J. G. Hagemeister, Journal f. Gemeingeist. 1s—6s Stück. Juli—Dec. 8. Berl. 792. Franke. 2 ₰ Jahrg. 1793. 12 Stücke. 8. Ebd. Nauck. 4 ₰

— Frankreich's drei Constitutionen [Konstitutionen] nebst einer Beleuchtung ihrer ersten Grundsätze. Ein Beitrag zur politischen Aufklärung. — Berlin: Maurer 1794. IV,402 S. 8° 1:Rb 732. 2. 5. 10. 17. 21. 23. 27. 42. 43. 79. 117. 121. 300:20.364. 304.
12.3045

— Lautmethode. 8. Berl. 815. Reimer. 1 ₰ 16 gr.

– s. Raynal, der Redner.

– s. Russel, W.: Ält. Gesch. v. Europa.

Bartholdy, Georg Wilh. (Hrsg.), s. Unterhaltungen, Wöchentliche, uber die Charakteristik der Menschheit.

— Versuch einer Sprachbildungs-Lehre für Deutsche. Nach d. Tode d. Verf. unvollendet hrsg. von F. H. G. Grassmann. Th. 1. — Berlin: Realschulbuchh. 1816. XVI,447 S. 8°
1. Sylbenbildung, oder Anleitung ... zum ersten Unterricht im Sprechen. 1:V 1270. 2. 10. 60. 79.
12.3046

— Versuch einer Sprachbildungslehre für Deutsche. 1r Thl. Nach d. Tode d. Verf. unvollendet herausg. v. J. H. G. Graßmann. Mit 1 Kpf. 8. Berl. 816. Reimer. 1 ₰ 16 gr.

Bartholdy, Gustav Mendelssohn s. Mendelssohn Bartholdy. A 11 1891

Bartholdy, Jak. L. Sal.

— Bruchstücke zur nähern Kenntniß des heutigen Griechenlands, gesammelt auf einer Reise im Jahre 1803–1804. Th. 1. — Berlin: Realschulbuchh. 1805. XII, 518 S. 8° 1:Ug 6136. 2. 5. 7. 10. 11. 12:It. sing. 49. 14. 15. 17. 18. 19. 30. 31. 32. 34. 35. 39. 43. 44. 48. 52. 53. 117. 205. 300:14 L 91. 302.
12.1730

Bartholdy, Jak. L. Sal., († d. 27. Juli 1827.) Bruchstücke zur nähern Kenntniß des heutigen Griechenlands u. d. Jonischen Republik; gesamm. auf e. Reise im J. 1803. 4. 1r Bd. Mit 9 Kpf. gr. 8. Berl. 805. Reimer. 3 ℛ 16 ℊ

[—] [deutsch] Denkschriften über die geheimen Gesellschaften im mittäglichen Italien, und insbesondere über die Carbonari. — Stuttgart [usw.]: Cotta 1822. XVI,271 S. 8°
1: Rs 3080. 12: H. g. hum. 41d. 16. 21. 24. 25. 27. 30. 43. 121. 302.
12.1740

[—] Denkwürdigkeiten der geheimen Gesellschaften in Unter-Italien, insbesondere der Carbonari. Aus d. Orig. übers. von Heinrich Doering. — Weimar: Hoffmann 1822. X,226 S. 8°
1: Rs 3078. 2. 6. 7. 8. 10. 12: Ital. 124 d. 14. 16. 17. 19. 20. 24. 27. 30. 31. 33. 34. 35. 121. 300: 45 X 3.
12.1741

Bartholdy, J. L. S., das heutige Griechenland u. die Jonische Republik. 1r Bd. mit K. gr. 8. Berlin, Realschulbuchhandl. 805.

— Der Krieg der Tyroler Landleute im Jahre 1809. — Berlin: Hitzig 1814. XX,396 S. 8°
1: Sc 8382. 2→5. 7. 8. 11. 12: Austr. 317. 14. 16→19. 21. 23. 24. 26. 27. 28. 30. 31. 32. 34. 35. 38. 39. 41. 43. 48. 51. 53. 102. 117. 121. 180. 207. 209. 212. 300: 78 Y 15. 302. 304.
12.1737

Bartholdy, Jak. L. Sal., der Krieg der Tyroler im Jahre 1809. Mit 1 Karte. gr. 8. Berl. 814. (Dümmler). 2 ℛ 12 ℊ Schrbp. 3 ℛ

— Der Liebe Luftgewebe. Lustspiel. — Berlin: Hitzig (1800). 152 S. 8° (Taschenbuch für d. Trauerspiel u. Lustspiel. 2.)
In d. Exemplaren von 1 u. 7 fehlt d. Serientitel.
1: an Ys 2721. 7. 11. 300: 624.847–A. Th.
12.1738

— Züge aus dem Leben des Kardinals Herkules Consalvi. — o.O. 1824. 64 S. 8°
Aus: Allgemeine Zeitung. Augsburg. 1824. 22.
12.1743

— Züge aus dem Leben des Cardinals Hercules Consalvi. Stuttgart [usw.]: Cotta 1824. 84 S. 8° 1: Ce 14288. 3. 4. 7. 11. 12: Biogr. 266 x. 19. 24. 27. 35. 300: 73 K 100.
12.1744

— Züge aus d. Leben des Cardinals H. Consalvi. Mit dess. Portr. gr. 8. Stuttg. 825. v. Cotta. 6 ℊ

Bartholdy, Johan: Hvorledes bliver jeg Sanger? Spredte Betragtninger over de Müller-Brunow-Tørsleffske Principer for Tonedannelse. — Kjøbenhavn & Leipzig: Hansen 1897. 40 S. 8° 1: Mus. E 1357.
12.1745

— Talestemmens Kultur? Et Memento mori til Talere, Præster, Foredragsholdere, Lærere og Skuespillere. — Kjøbenhavn & Leipzig: Hansen (1903). 16 S. 8°
1: Mus. E 251/8.
12.1746

Bartholdy, Karl Mendelssohn; s. Mendelssohn-Bartholdy

Bartholdy, Kurt, Arzt aus Strassburg i. E.: Beiträge zur Anatomie der Nähte des Schädeldaches. *Strassburg i. E. 1899: Ch. Müh & Co.* (30 S.) 8°
Strassburg, Med. Diss. v. 1899

Bartholdy, Max: Fried. Krupp Aktiengesellschaft Essen. Kruppsche Mikrotast-Geräte. (Von Oberingeniör Bartholdy.) — [Essen: Krupp 1925–26.] 27 S. 4°
Aus: Kruppsche Monatshefte. 6.7. 1925–26. 84.
12.1748

Bartholdy, P.: Ausbildung, Gewerbliche... (u.ähnl. Schriften), s. Bartholdy, Paul

Bartholdy, P.: Ueber Erziehungspläne. 44 S. Progr. Stettin 1859.

Bartholdy, P., F. Kern, R. Volkmann et H. Anton, Specimen novae sibyllinorum oraculorum editionis. Gel. 1854. 22 S. 4°. 1.20

Bartholdy, Paul: Gewerbliche Ausbildung durch Schule und Werkstatt. Vortrag. — Colmar 1889: Eglinsdörfer & Waldmeyer. 24 S. 8° 106.
12.1749

Bartholdy, P., Gewerbliche Ausbildung durch Schule und Werkstatt. Vortrag, geh. im Gewerbeverein zu Colmar i. E. 8⁰. Colmar (Strassburg, Schmidt) 1889.

Bericht über das □ Kaiserfest i. O. Strassburg i. E. am 12. Sept. 1886, auf Wunsch der Festgenossen verf. von Paul Bartholdy. Neuwied a/Rh. [1886]: Heuser. 28 S. 8⁰
Abgedr. in: MitthR. 1886—1887 S. 28—48.
cf. Al. 12 (1886) S. 359—360; Z. 16 (1886) S. 101 bis 102.
Zur Feier der Anwesenheit des Kronprinzen Friedrich Wilhelm von Preussen begangen.

Bartholdy, P., das Fortbildungswesen in Württemberg, ein Muster für Elsass-Lothringen. 8. (32 S.) Strassburg 888, Schmidt's Universitäts-Buchh. *

Bartholdy, P., 1. Jahresbericht des Volksbildungs-Vereines für Elsass-Lothringen zu Strassburg über die Vereinsjahre vom 1. Novbr. 1875 bis dahin 1877. gr. 8. (51 S.) Strassburg 877. (Schultz & Co.) n.n. — 50

Aus der Jugendzeit der □ zum treuen Herzen i. O. Strassburg i. E. Erinnerungen, in gebundener und ungebundener Rede, von [Paul] Bartholdy. Gedr. mit Genehmigung der Gross □ vom 19. Nov. 1903 zur Verbreitung unter Frm. Strassburg i. E.: Engelhardt 1904. 51 S. 8⁰
Recens: R. 31 (1904) S. 72; BZC. 33 (1904) S. 178—179.
cf. Bbl. 18 (1904) S. 495 (G. Diercks); L. 27 (1904) S. 48 (R. Fischer); Bh. 24 (1905) No 84.
Für d. J. 1872—1887.

— St. Odilien. Ein Liederkranz aus allerhand Vogesenblumen den elsässischen Frauenvereinen zu Ehren gewunden. 2. Aufl. — Straßburg: Verf. 1892. 54 S. 8° 107.
12.1751

— Zunftzwang und Gewerbefreiheit. Vortrag. — Colmar 1889: Eglinsdörfer & Waldmeyer. 31 S. 8° 106.
12.1752

Bartholdy, Walter: Aus der Geschichte der alten Ratsschule zu Stolp. Aus Anlaß d. 50jährigen Jubelfeier d. städtischen Gymnasiums zu Stolp. — Stolp 1907: Delmanzo. 32 S. 8° 1: Az 14921. 9. 61.
12.1753

Bartholdy, Walter: Geschichte d. Raths- u. Friedrich-Schule bis z. Jahre 1814. Cüstrin, 1864. 4⁰. Schul-/Univ.-Schrift

Bartholdy, Walter: Geschichte d. Raths- u. Friedrichsschule zu Cüstrin seit 1814. Cüstrin, 1865. Schul-/Univ.-Schrift.

'O Stolpa du bist ehrenreich...' Kulturgeschichtl. Beiträge z. Kirchen- u. Stadtgeschichte von Stolp. Zum 600jähr. Jubelfeste d. Stadt u. d. Marienkirche. Hrsg. von Walther Bartholdy, Superint. Stolp 1910: Delmanzo. 576 S. 8° [10. 14-8]

Bartholdy, Walth., „O Stolpa, du bist ehrenreich . . ." Kulturgeschichtl. Beiträge zur Kirchen- u. Stadtgeschichte v. Stolp. Zum 600jähr. Jubelfeste der Stadt u. der Marienkirche. (576 S.) gr. 8. Stolp 910. Magistrat. nn 3. 60

Bartholemaeus s. *Bartholomaeus.*

Bartholi de Saxaferrata, s. B a r t o l i

Bartholet, C. L., die beiden Brüder Illenbrand zu Weckhausen. 2 Bde. 8. Halle 801. Hendel. 1 ₰ 8 gr.

Bartholet, C.L.: Die beiden Brüder (2: Die beiden Schwestern) Illenbrand zu Weckhusen. Eine Familiengeschichte. Th. 1.2. — Halle: Hendel 1805. 8°
1: Yw 5983.
12.1755

Bartholetti, J. N., Streitschrift wider die verschiedenen Gattungen des Aberglaubens. Uebers. v. A. *Kreil.* Mit Vign. Wien. 8°. 1783

Bartholi, Baldassare s. *Bartoli.*

Bartholi, Daniel s. *Bartoli,* Daniello.

Bartholi, Franciscus s. *Bartoli,* Francesco.

Bartholin, Albert

— Alberti Bartholini Bibliotheca Danica a Thoma Bartholino et Jo. Mollero aucta. Nunc denuo rev. et usque ad haec tempora continuata. — Hamburgi: Heyl 1710. 466,50 S. 8°
14. 21. 35. 38. 44.
12.1761

Bartholin, Caspar, Anatom. Kopenhagen. 1655–1738. 1668
Der Name d. Verfassers erscheint meist in d. Form Caspar Bartholinus.

— Specimen compendii physicae, praecipua philosophiae naturalis capita ... strictim exponens. — Hafniae: Liebe 1687. 36 S. 8°
1: 2 in Le 1263. 2. 3. 5. 7. 8. 12: 4° Diss. 3025–15. 14. 18. 23. 29. 36. 39. 41. 45. 300: 135.575–B.
12.1936

— — Iuxta exemplar Hafniense ... recusum. Lipsiae 1710. 48 S. 8°
2.
12.1937

Bartholin, Hans

Bartholin, Io., elementa theolog. ex var. system. coll. 8. Hafn. 739.

Bartholin, Hans: Johannis Bartholini Elementa theologica ex variis systematibus collecta & publicis privatisque lectionibus in usum iuventutis academicae uberius explicanda. Ed. 5. ... auctior, cui acc. Positiones anti-iudaicae. Lipsiae: Mumme 1739. 496,206 S. 8°
41.
12.1948

Bartholin, Jo, s. B a r t h o l i n , Hans

Bartholin, Th. C., Haandbog i de Fire gangbare Sprog: Dansk, Fransk, Tydsk, of Engelsk; efter Madame de Genlis Manuel du Voyageur, (h. a. d. Tit.: Handbuch für Reisende etc.) 8. Kiel, Acad. m. Buchhdl. 807.

Bartholin, Thomas

— De bibliothecae Incendio dissertatio ad filios. — Hafniae: Haubold 1670. 114 S. 8°
1: Ao 765; 8° Bibl. Diez 10100 [u.] an Ib 10203. 2. 5. 7→11. 12: Med. 76 ac/1 [2 Ex.] 14. 17→21. 23. 24. 25. 27. 29→36. 41. 44. 45. 46. 48. 117. 180. 300: 74 V 169.
12.2016

— — Quam ... luci exposuit Andreas Westphal. Jenae: S. Schmid 1709. 112 S. 8°
1: Ao 738; Ao 765/2 [u.] 5 in Dt 10204. 2. 8→11. 12: Diss. 4/2. 15→18. 25. 26. 27. 29. 75. 78.
12.2017

— De Libris legendis dissertationes quas ... luci restituit, & de vana librorum pompa praef. est Joh. Gerh. Meuschen. Francofurti: Wildt 1711. 192 S. 8°
1: Am 4964 [u.] an Ib 10203. 3. 12: Enc. 12. 15. 19. 21. 27. 28. 38. 39. 41. 44. 48. 52. 75. 211.
12.2024

— Miscellanea medica de morbis biblicis. Francof. 705. 8.

Bartholinus, Albertus s. *Bartholin,* Albert.

Bartholinus, Caspar s. *Bartholin.*

Bartholinus, Johannes s. *Bartholin,* Hans.

Bartholinus, Kaspar s. *Bartholin,* Caspar.

Bartholinus, Thomas s. *Bartholin.*

Bartholis, Balthassar de s. *Bartoli,* Baldassare.

BartholLet, Eugen, keine Kopfschmerzen mehr! Aus dem Französ. von Bernh. Felisch. 12. Nordhausen 843, Fürst. 5/12 ₰

Bartholet, Eugen, keine Kopfschmerzen mehr! Eine gemeinverständl. Belehrung üb. d. verschied. Arten d. Kopfschmerzen, deren Ursachen u. unfehlbare Heilung. Aus d. Franz. übers. von Bernh. Felisch. Neue Ausg. 12. (140 S.) Nordhausen 847. Fürst. 5/12 ₰

Bartholmä: I s t das Christentum. . . (u.a. relig. Schriften), s. B a r t h o l m ä , Johann Georg

Bartholmä, J.B., s. B a r t h o l m ä , Johann Georg

Bartholmae, Johann Georg

— Bemerkungen über den gegenwärtigen Zustand der Geistlichkeit und Religion. — Nürnberg: Riegel & Wießner 1828. 47 S. 8°
12: Pol. g. 41 m. 75.
12.2083

— Das Gebet des Herrn. Eine homiletische Skizze. — Nürnberg: Bauer & Raspe 1829. 56 S. 8°
12: Asc. 362 h.
12.2084

— das Gebet des Herrn. Eine homilet. Skizze. 8. Nürnb. 830. Bauer u. Raspe. 6 gr.

— Hallelujah. Morgen- und Abendandachten an Wochen- und Festtagen in Gesängen. In Witschels Manier. — Dinkelsbühl: Walthr 1836. IV,128 S. 8°
12: Asc. 362 ha.
12.2085

— die Hetaristen. Ein tragisch-komisches Gedicht. 8. Dillingen 827. (Leipz., Central-Compt.) 12 gr.

Bartholomä, J. G., die Hetäristen. Ein tagisch-bramat. Gedicht. 8. Dilingen 827. Roßnagel. (Leipz., Central-Cpt.) 12 gr.

— Hierophantia. Ein didakt. Gedicht. gr. 12. (2 B.) Ansbach 837, Brügel. (Erlangen, F. Enke.)

— Hierophantia. Ein didaktisches Gedicht. gr. 12. Ansbach 837. Brügel. (Leipzig, Herbig.) 1/4 ₰

— Ideen zur Umwandlung des Gesammtarmenwesens Teutschlands in allgemeine Industrieanstalten eines jeden Staates, gegründet auf die bestehenden Verordnungen des Königreichs Bayern. — Berlin: G. Reimer 1837. XIV, 116 S. 8°
1: Fd 5638. 11. 12: Pol. civ. 9 h. 18. 27. 30. 106. 302.
12.2087

— Ist das Christenthum wirklich perfektibel? Ein Sendschreiben an Herrn Prof. Dr. Krug in Leipzig. — Augsburg: Kreuzer 1839. VIII,79 S. 8°
8. 12: Ph. Pr. 771. 19. 214.
12.2088

Bartholomä, J. G., Ist das Christentum wirklich perfektibel? Ein Sendschreiben an Herrn Prof. Dr. Krug in Leipzig, als Beitrag zur Apologetik des Christentums. Regensburg, Manz (jetzt Verlagsanst.), 1839, 8°. 1,15 Mk.

— Lautentöne. Ihrer Königlichen Majestät Therese Charlotte Luise Friederike Amalie, Königin von Bayern am Tage des Regierungsantrittes Sr. Königlichen Majestät, Otto I., Königs von Griechenland ... geweiht. — Dinkelsbühl: Walthr 1835. 14 S. 8°
12: 4° Bavar. 2120–II,10.
12.2089

— das hohe Lied Salomonis s.a. Salomo,

Bartholmä, Johann Georg: Das Hohe L i e d Salomonis, in 43 Minneliedern aus dem 13. u. 14. Jahrhundert, nebst Erläuterungen hrsg. Nürnberg 1827.

— Lieder der Liebe für Gebildete. Ein würdiges Weihnachts-, Neujahr-, Geburts- u. Namenstags-Geschenk. — Dinkelsbühl: Walthr 1836. IV,80 S. 8°
12:P.o.germ.77ma.
12.2090

— Proserpina. Erscheinungen aus der Tiefe des Menschenlebens. — Würzburg: Etlinger 1835. XII,274 S. 8°
12:Asc. 362hb. 17.
12.2091

Bartholmä, J. G.: Proserpina oder Erscheingn. a. d. Tiefe d. Menschenlebens. 8°.– Würzburg 1835, Manz in R.

— Proteus. (Mährchen, Erzähll. u. Gedichte.) 8. Nürnb. 830. Bauer u. Raspe. 16 gr.

— Die barmherzigen Schwestern in München im Bezuge auf Krankenpflege. — Augsburg: Kreuzer 1838. IV,128 S. 8°
1:Ch 7160. 12:Bavar. 195h. 18. 24. 39. 303.
12.2092

— die barmherzigen Schwestern in München ꝛc. gr. 8. Augsburg 1838, jezt Lampart, u. Manz in R. ⅔ Thlr. — 48 kr.

— Zwei dramatische Versuche. 1. Der Schneider von Samarkand. 2. Das große Loos. — Nürnberg: Bauer & Raspe 1829. 56,66 S. 8°
Sondert.: Bartholmae: Der Schneider von Samarkand. Erlangen 1829: Königl. privil. politische Zeitung.
12:P.o.germ.77m.
12.2093

— Das Wundermädchen in Sammenheim. Ein Beitrag zur empirischen Psychologie. — Nördlingen: Beck 1827. 19 S. 8°
1:Na 9401. 12:Path. 93e. 44.
12.2094

Bartholmai, Dominikus: Die grosse Thaten des Herrn seinem geliebten Zion ... erwiesen, vor zwey hundert Jahr in den seligen Tagen der Reformation. — Philadelphia 1749: Francklin [usw.] 54 S. 8°
7.
12.2095

Bartholmess, Wilhelm: Von Gnade und Wahrheit. — Berlin 1850: Sacco. 35 S. 8°
2.
12.2100

Bartholomä, St. [Schlagwort]

St. Bartholomä, s.: Bayern. Atlas.

St. Bartholomä, s.: Bayern. Positionskarte.

Bartholomä [Verfasser]

Bartholomae, Russischer General, Numismatiker, 1812-1870. 1843 s. *Bartolomej*, Ivan Alekseevič.

— s. Apocryphen.

BARTHOLOMAE, Carl (Bayreuth): Die chirurgische Abtheilung und Klinik des Herrn Ober-Med.-Rathes Prof. Dr. v. Rothmund im allgemeinen Krankenhause München i.d.I. Etatsjahr 1867.- Berlin: Reimer 1868. 34 S.
14.3.1868 - Urk (Titel: De aegrotis primae chirurgicae classis urbani valetudinarii Monacensis.); F 71; Chr 1867/68,13
Diss. Ingolst.-Landsh.-Mchn.

Bartholomae, Christian

— Arisches und linguistisches. — Göttingen: Vandenhoeck & Ruprecht 1891. 179 S. 8°
Erweitert aus: Beiträge zur Kunde d. indogermanischen Sprachen. 15.17. 1889-91.
7. 26. 35. 302.
12.2107

— Awestasprache und Altpersisch. [= Grundriss der iranischen Philologie. Band I., Lieferung 1. 2] Strassburg 1895. 1896. 4°.

— Beiträge zur Flexionslehre der indogermanischen Sprachen, insbesondere der arischen Dialekte. — Gütersloh: Bertelsmann 1888. VIII,197 S. 8°
Erweitert aus: Zeitschrift für vergleichende Sprachforschung. 20. 1888.
1:V 3615. 4. 6. 21. 26.
12.2110

Bartholomae, Chr., der Dat.-Sing.-Ausgang der o-Deklination im Lateinisch., s.a. Sitzungsberichte d. Heidelberger Akad. d. Wissenschaften. Philol.-histor. Kl. 1910. V.

— Der Dat.-Sing.-Ausgang der o-Deklination im Lateinischen. — Heidelberg: Winter 1910. 14 S. 8° (Sitzungsberichte d. Heidelberger Akademie d. Wissenschaften. Phil.-hist. Kl. 1910,5.) 1:Ab 1717-1910,5. 2→11. 12:Acad. 41 dd-Phil.-hist. Kl. 1,5 [2 Ex.] 14→21. 23→31. 38. 39. 79. 84. 87. 90. 91. 93. 107. 169. 208. 300:508.194-B. Per. Phil.-hist. Kl. 1. 302→304.
12.2112

— Arische Forschungen. H. 1–3. — Halle a. S.: Niemeyer 1882–87. 8°
1. 1882. 2. 1886.
3. Bartholomae: Jasna XXIX [Awesta, Ausz., deutsch]. 1887.
1:Zv 3110. 2→11. 12:L.rel. 1gl. 14. 15. 16. 18→21. 25→30. 38. 302→304.
12.2114

Bartholomae, Christian: Der gāϑā-dialekt. Leipzig (1879): Dürr. 24 S. 8° (4°)
Halle-Wittenberg, Phil. Hab.-Schr. v. 12. März 1879
Ersch. überarb u. verm. als: Die Gāϑā's u. heiligen Gebete des altiranischen Volkes. (Metrum, Text, Grammatik und Wortverzeichnis.) Halle: Niemeyer 1879. 172 S. 8°

Bartholomae, Christian s.a. Gatha's, die, des Awesta.

— Die Gāthā's und heiligen Gebete des altiranischen Volkes. (Metrum, Text, Grammatik u. Wortverzeichnis.) — Halle: Niemeyer 1879. 172 S. 8°
1:Zv 3488. 2. 3. 4. 6. 7. 12:A. or. 6221sq. 15. 16. 20. 21. 27. 28. 107. 303.
12.2116

— Handbuch der altiranischen Dialekte. — Leipzig: Breitkopf & Härtel 1883. VI,272 S. 8°
1:Zv 3281. 2→7. 9. 10. 11. 12:L.as. 444xd. 15→21. 25. 26. 28. 30. 38. 39. 107. 300:525.643-B. 302.
12.2117

— [Awesta, Ausz., deutsch] Jasna XXIX. Übers. u. erkl. Als Probe e. vollst. Übers. d. altiranischen Hymnen. — Halle: Niemeyer 1887. VI,78 S. 8° (Bartholomae: Arische Forschungen. 3.)
1:Zv 3110-3. 2→11. 12:L.rel. 1gl-3. 14. 15. 16. 18→21. 25→30. 38. 302→304.
12.2109

— 1. Indogermanisch ṡk und ṡkh. 2. Altindisch āsīṣ) lateinisch erās. — Halle: Niemeyer 1891. VI,262 S. 8° (Bartholomae: Studien zur indogermanischen Sprachgeschichte. 2.)
1:V 675-2. 2→7. 9. 10. 11. 12:L.rel. 1glb-2. 15. 16. 18. 19. 21. 25→28. 30. 34. 38. 302. 304.
12.2118

— Indogermanisch ṡs. — Halle: Niemeyer 1890. X,148 S. 8° (Bartholomae: Studien zur indogermanischen Sprachgeschichte. 1.)
1:V 675-1. 2→7. 9. 10. 11. 12:L.rel. 1glb-1. 15. 16. 18→21. 25→28. 30. 34. 38. 302. 304.
12.2119

— über e. sasanidisches Rechtsbuch, s.a. Sitzungsberichte der Heidelberger Akad. d. Wissensch. Philol.-hist. Klasse. 1910. XI.

— Über ein sasanidisches Rechtsbuch. — Heidelberg: Winter 1910. 25 S. 8° (Sitzungsberichte d. Heidelberger Akademie d. Wissenschaften. Phil.-hist. Kl. 1910,11.)
1:Ab 1717-1910,11. 2→11. 12:Acad. 41dd-Phil.-hist. Kl. 1,11 [2 Ex.] 14→21. 23→31. 38. 39. 79. 84. 87. 90. 91. 93. 107. 169. 208. 300:508.194-B. Per. Phil.-hist. Kl. 1. 302→304.
12.2123

— Studien zur indogermanischen Sprachgeschichte. H. 1. 2. Halle: Niemeyer 1890–91. 8°
1. Bartholomae: Indogermanisch ṡs. 1890.
2. Bartholomae: Indogermanisch ṡk und ṡkh. 1891.
Die Besitzvermerke sind nur bei den Stücktiteln angegeben.
12.2125

— Das altiranische Verbum in Formenlehre und Syntax. — München: Ackermann 1878. II [vielm. III],245 S. 8°
1:Zv 3374. 2→7. 9. 10. 11. 12:L. as. 444xb. 14→19. 21. 29. 30. 300:115.704-B. 302. 304.
12.2126

Bartholomae, Christian: Das altiranische Verbum in Formenlehre und Syntax dargestellt. München: Ackermann 1878. II [vielmehr: III], 245 S 8° — Von diesem Werk enthielt Hauptstück 1 = S. 1—178 Formenlehre, Hauptstück 2 = S. 179—241 Syntax. 1 war u. d. T.: Das Verbum im Avesta. München 1878: Wolf. 37 S. 8° Leipzig, Phil. Diss. v. [5. Febr. 1878], 2 hatte der Verf. in Halle als Phil. Hab.-Schr. eingereicht am 21. 1. 1879.

— zum altiranischen Wörterbuch, s.a **Forschungen, indogermanische.** 19. Bd. Beiheft.

— Zum altiranischen **Wörterbuch.** Nacharbeiten u. Vorarbeiten. — Strassburg: Trübner 1906. XIII,287 S. 8° (Indogermanische Forschungen. 19,Beih.) 1:V 681-19,Beih. 2→11. 12:L. rel. 26-19,Beih. 14→21. 24→31. 34. 36. 38. 46. 61. 300:390.620-B. L. 19a. 302→304.
12.2127

— Altiranisches **Wörterbuch.** — Strassburg: Trübner 1904 (1905). XXXII S.,2000 Sp. 4°
1:4° Zv 3215. 2→11. 12:L. as. 444xc. 14→21. 24→30. 38. 43. 300:435.666-B. 302→304.
12.2128

Bartholomae, Eduard: Emil Julius Friedrich Assall, Großh. S. Stadtgerichtsaktuar und Stadtschreiber zu Jena, nach seinem Leben und Wirken geschildert ... von einem Freunde [d.i. Eduard Bartholomae]. — Jena: Frommann in Comm. 1848. 100 S. 8° 27. 39.
12.2130

— Alphabetisches **Verzeichniß** der vorzüglichsten Höhenpunkte in dem Weimar-Jenaer, Ilmenauer und Eisenacher Kreise, sowie des Thüringer Waldes. — Jena 1871. 28 S. 8° 27.
12.2131

Bartholomä, Hermann

Bartholomä, Herm., Erlebn. e. bad. Lazarett-Unteroffiziers i. Feldzuge 1870/71, s.a. **Badener** i. Feldzug 1870/71.

Bartholomae, Hermann: Erlebnisse eines badischen Lazarett-Unteroffiziers im Feldzuge 1870/71. — Karlsruhe: Reiff 1897. VI,141 S. 8° (Badener im Feldzug 1870/71. 14.) 1:Kr. Samml. R 277-14. 16. 31. 111.
12.2132

Bartholomä, J.G.
s. B a r t h o l m ä , Johann Georg

Bartholomaei, de, Russischer General, Numismatiker, 1813-1870. 1843 s. *Bartolomej,* Ivan Alekseevič.

Bartholomäi (Hrsg.), s. Die H a n d e l s w e l t .

Bartholomäi: H e r b a r t , Joh. Friedr.,
s. B a r t h o l o m ä i , Friedrich

Bartholomäi: Über die W i s s e n s c h a f t , Vögel aufzulegen,
s. B a r t h o l o m a y

Bartholomaei, Albert Friedrich: Friedrich der Grosse, ein Original des jezigen Jahrhunderts. 3., verm. Aufl. — Augsburg: Bartholomaei 1780. 94 S. 8° 25.
12.2134

(—) Das goldene **Jahrhundert** oder Maria Theresia und Friedrich. — Augsburg: Bartholomäi 1779. 186 S. 8°
17. 24. 25. 30. 109. 300:112.264-A.
12.2135

[—] Ueber den **Tod** des besten Landesfürsten. — Augsburg: Bartholomäi 1778. 45 S. 8°
1:5 in Rs 4806. 12:Bavar. 2609 [u.5.] 16.
12.2136

Bartholomaei, C. H. , s. B a r t h o l o m a e i , Christian Heinrich

Bartholomäi, Carl (Weimar), An servitutes oppignerari possint? Diss. jur. Jena (Goepferdt) 5. VIII. 1812. 24 S. (4.80)
Gew.: Chn. Friedr. Carl Frh. Wolffskeel v. Reichenberg.

[BARTHOLOMÄI, Christian Friedrich von]
Die Eroberung von Charlestown Poetisch beschrieben von einem Anspachischen Jäger in America.
o. O. 1785. 77 S. 8°.
Staatsarchiv Bamberg
Palmer: ohne Verfasser.
Verfasserangabe in: Chr. F. v. Bartholomäi an K. F. R. Frhr. v. Gemmingen, 20. Dez. 1781 [New York Public Library, Hessian Mss., Anspach Papers, vol. IV, 1; ebd. vol. III, 2, No. 84, 119, 144 weitere Hinweise auf das Gedicht einschl. des Manuskriptes.]

Bartholomaei, Christian Heinrich: De Schismatibus in ecclesia cavendis. Tractatio tribus cautelis disposita. — Cahlae 1778: Grunewald. 63 S. 8° 19.
12.2137

Bartholomaei, Chr. Hnr., († 180..) de schismatibus in ecclesia cavendis. 8. Jena 778. Melchior. 3 ℛ

— Versuch über die Regierungsform der ersten christl. Kirchen. 8. Frankf. u. Leipz. 770.

Bartholomaei, Daniel: Continuatio I. Catalogi [Catalogus] der gebundenen theologischen Bücher, im Bartholomaeischen Buchladen zu Ulm ... zu finden. [Verkaufskat.] [Ulm 1720.] 6 Bl. 8° 41.
12.2141

— Continuatio II. deß Catalogi der gebundenen juristisch, historisch-politisch-philosophisch- und mathematischen Bücher, welche 1727. im Bartholomäischen Buchladen zu Ulm ... zu haben seyn. [Verkaufskat.] — [Ulm 1727.] 12 Bl. 8° 41.
12.2142

— C.B.D. Continuatio 68. Catalogi librorum, quibus officinam suam 1737. nundinis vernalibus auxerunt Daniel Bartholomaei & filius, bibliop. Ulmenses. [Verkaufskat.] [Ulm 1737.] 26 Bl. 8° 31.
12.2143

Bartholomaei, Friedrich, Dr., Lehrer, Jena. 1846: **Arithmetik.** 1.2 [nebst] Resultate zu 1. — Jena: Luden 1852-53. 8°
1. Die absoluten Zahlen. 1852.
2. Die algebraischen Zahlen. 1853.
12:1.2-Math. P. 241b; Resultate-Math. P. 241c. 27. 32.
12.2144

— Herr Curtmann u. die Gemüthsbildung. gr. 8. (VI u. 215 S.) Jena 852. (Döbereiner.) n. 24 ngr

— Herr **Curtmann** und die Gemüthsbildung. — Jena: Schreiber 1852. VI,215 S. 8°
10. 12:Paed. Th. 308. 14. 15. 18. 26. 27. 32. 48. 107. 207.
12.2145

Bartholomäi, Fr., astronom. Geographie in Fragen u. Aufgaben f. d. ersten Unterricht. M. e. Vorw. v. Stoy. 8. (5 B.) Jena 810, Frommann.

— — Neu bearb. von Fr. Th. Heckenhayn. Langensalza: Beyer 1881. VI,58 S. 8° 3. 64. 207.
12.2147

— — 2. Aufl. Ebd. 1883. VI,58 S. 8° 1:Pr 2860. 207.
12.2148

Bartholomäi's, Frdr., astronomische Geographie in Fragen u. Aufgaben f. den ersten Unterricht, neu bearb. v. Fr. Th. Heckenhayn. 2. Aufl. gr. 8. (VI, 58 S.) Langensalza 884. Beyer & Söhne. n. — 60

— — 3. Aufl. Ebd. 1899. VI,58 S. 8° 1:Pr 2860³.
12.2149

Bartholomäi, Fr., Geometrie. 2. Thl. A. u. d. T.: Geradlinige Planimetrie. 1. Thl. Elementarlehre. gr. 8. (XII und 208 S. mit 7 Stnt.) Jena 851, Luden. *
Der erste Theil ist noch nicht erschienen.

— **Geometrie** der einclassigen Volksschule. — Langensalza: Beyer 1876. VII,140 S. 8° 1:Oa 1744. 207.
12.2151

— **Hamburg.** Ein Stammbuchsblatt. — Jena 1856: Schreiber. 32 S. 8° 18. 205.
12.2152

— Hamburg. Ein Stammbuchsblatt. Jena 857. (Döbereiner.) gr. 8. (32 S.) n. 5 ngr

Bartholomäi, Johann Friedrich Herbart, s.: Bibliothek pädagog. Klassiker.

— Joh. Friedr. Herbart. Ein Lebensbild. — Langensalza: Beyer 1875. 128 S. 8°
Aus: Bibliothek pädagogischer Classiker. 9. 1875.
7. 10. 12:Biogr. 517 kb. 45. 51.
12.2153

— Joh. Friedr. Herbart. Ein Lebensbild. [Aus „Bibliothek pädagog. Classiker."] gr. 16. (128 S.) Langensalza 876. Beyer & Söhne. n. 1. —

— Philosophie der Mathematik. 1. — Jena: Luden 1860. XVI,176 S. 8°
Nebent.: Bartholomaei: Zehn Vorlesungen über Philosophie der Mathematik. 1. Die absoluten Zahlen.
1:O 5422. 6. 11. 12:Math. U. 13d. 18. 19. 27. 29. 32. 45. 46. 52. 84. 89. 90. 207. 209. 300:114.396–B. 302.
12.2154

—— Resultate zu den Aufgaben in der Arithmetik. gr. 8. (XX und 28 S.) Jena 852, Luden. *

(—) Das Pädagogische Seminar zu Jena ... von dem ältesten Mitgliede des Seminars. — Leipzig: Engelmann 1858. XVI,228 S. 8° (Monographien zur historischen Pädagogik. 1.) 6. 8. 9. 15. 18. 27. 207.
12.2155

— Zehn Vorlesungen über Philosophie der Mathematik. — Jena: Luden 1860. XVI,176 S. 8° (Bartholomaei: Philosophie d. Mathematik. 1.) 1:O 5422-1. 6. 11. 12:Math. U. 13d-1. 18. 19. 27. 29. 32. 45. 46. 52. 84. 89. 90. 207. 209. 300:114.396–B. 1. 302.
12.2156

Bartholomaei, Friedrich Christoph

Bartholomaei, Fried. Christoph. (geb. Bremen 5. 2. 1799.): De febre flava tropica. (Berolini 1822.) 67 [vielmehr 65] S. 8°
Berlin, Med. Diss. v. 15. Juli 1822

Bartholomaei, Fuerchtegott Leberecht: Für Zwickau's Kinder. Zur gemeinnützlichen Belehrung und angenehmen Unterhaltung. — Zwickau: Verf. 1863. 250 S. 8°
207.
12.2159

— Volkserziehungslehre oder kurzer, leichtfaßlicher Unterricht für Väter und Mütter aus dem Bürger- und Bauernstande, die ihre Kinder zu gesunden, gebildeten, guten und glücklichen Menschen erziehen wollen. — Zwickau: Pinther 1852. VI,244 S. 8° 14. 207.
12.2160

Bartholomäi, Fürchtegott Leberecht, Volkserziehungslehre oder kurzer, leichtfaßlicher Unterricht für Väter und Mütter aus dem Bürger- und Bauernstande, die ihre Kinder zu gesunden, gebildeten, guten und glücklichen Menschen erziehen wollen. gr. 8. (VII und 244 S.) Zwickau 852, [Thieme.] * –

Bartholomäi, Fl., Volkserziehgslehre. 8. (244) Zwick. 52, Werner. n. — 22½

Bartholomaei, J., lettres numismatiques et archéologiques, relatives à la Transcaucasie. Avec 4 planches lith. St.-Pétersbourg 859. (Leipzig, Voss.) gr. 4. (XII, 116 S.) nn. 1 ₰ 15 ngr

Bartholomaie, J. D., s. Bartholomaei, Johann Daniel

Bartholomäi, Johann Christian, s. Acta, histor.-ecclesiast.

Bartholomäi, Johann Christian, s.a. Catalogus omnium librorum

(—) Catalogus omnis generis librorum quorum uno pluribus exemplis instructa fuit Bibliotheca Ducalis Vinariensis. [Auktionskat.] — (Vinariae [1757]): Mumbach. 298 S. 8°
23.
12.2161

— Catalogus omnis generis librorum rarissimorum et utilissimorum a beato Joan. Christiano Bartholomaei collectorum. [Auktionskat.] — Jenae 1778: Maukius. 304 S. 8°
23. 28. 32. 41.
12.2162

Bartholomäi, Jh. Chr. H., († d. 3. Jan. 1814.) s. Genius, das.

Bartholomaei, Johann Daniel, s. Beccaria: v. Verbrechen

— Kurzer Entwurf der innerlichen und äusserlichen Staatsverfassung des Heil. Römischen Reichs an und vor sich betrachtet. — Ulm: Bartholomäi 1752. 56 S. 8°
12:J. publ. G. 42[2 Ex.] 23. 27. 30. 39. 48.
12.2164

— Kurzer Entwurff der innerlichen und äusserlichen Verfassung verschiedener Staaten von Europa. — Ulm: Bartholomäi 1752. 104 S. 8°
12:Eur. 49[2 Ex.] 14. 23. 27. 30. 35. 39. 302.
12.2165

— Entwurf d. Staatsverfassung d. heil. röm. Reichs. 8. Ulm 752. Bartholomäi. 5 gr

— Exercitationes iuridicae duae iuris civilis de iuramento necessario et de testamento rustico ... Tertia iuris publici de differentiis quibusdam inter electionem imperatoris et electionem regis Romanorum. — Ulmae: D. Bartholomaei 1754. 145 S. 8°
23.
12.2166

— Exercitationes quatuor iuridicae, duae priores iuris civilis et canonici de iuramento necessario et de testamento rustico ... posteriores iuris publici et criminalis de differentiis quibusdam inter electionem imperatoris electionemque regis Romanorum et de probationibus criminum in Germania cum reprobatis tum approbatis. — Ebd. 1754. 145 S. 8° 1:Fi 7196. 3. 4. 5. 9. 10. 12:4° Jur. opp. 6[2 Ex.] 15. 17. 19. 27. 300:107.992–B.
12.2167

[—] Neue Fata einiger See-Fahrer, absonderlich Gustav Moritz Frankens eines Deutschen, seine Reisen zu Wasser und Lande ... Von ihm selbst historisch-moralisch aufgesetzt u. ergötzend beschrieben, zum Druck befördert von ***. Th. 1.2. — Ulm: A.F. Bartholomäi 1769. 890 S. 8° 1:Yv 7022. 9. 12:It. sing. 366. 14. 18. 21. 23. 41. 300:178.488–A.
12.2168

— De furto qualificato. Diss. jur. Präs. Joh. Justin Schierschmid. Erlangen (J. D. M. Camerarius) 4. XII. 1751. 72 S. (6.—)
Widm. v.: Jo. Fried. Troeltsch.

— Commentatio inauguralis iuridica de furto qualificato. Ulmae: Bartholmaei [1751]. LXXII S. 8°
Erschien auch als Diss. u. d. T.: Bartholomaei: Dissertatio inauguralis iuridica de furto qualificato. Erlangae 1751.
28.
12.2163

Bartholomaei, Jh. Dn., († d. 31. Oct. 1790.) comment. inaug. jur. de furto qualificato. 4. Ulm 752. Bartholomäi. 4 gr

— De juramento necessario et de testamento rustico coram parocho et duobus tribusue testibus confecto poster. de differentiis quibusdam inter electionem imperatoris. . . et de probationibus criminum in Germania. Ulm (D. Bartholomaei & Sohn) 1754. 146 S. (6.80)

— Dissert. IV jur. de juramento necessario et de testamento rustico coram parocho etc. 4. Ulm 756. Bartholomäi. 6 gr

Bartholomäi, Johann Daniel, s. Maimburg, Geschichte

Bartholomaei, Joh. Daniel (Ulm), Problema historicum de Aquisgrano insignium regni Austrasiae tutelari. Curat. Adam Ant. v. Meyern. Präs. Andr. Elias Rossmann. Ulm (Dan. Bartholomaei & Sohn) 15. XII. 1750. 40 S. (5.50) 1178
Gew.: Phil. Andr. v. Ellrod. — Widm. von Wilhelm Heinr. Meyer (Oehringen), J. G. S. Heerlin.

— Zusätze z. allgem. u. neuesten Häckel'schen Weltbeschreib. gr. 4. Ulm 753. Bartholomäi. 12 xr

Bartholomaei, Johann Gottfried: Seinen vornehmen Gönnern, hochgeehrtesten Freunden und einer wohllöblichen Bürgerschaft der Rammischen Gemeinde zu Dresden wollte zum Neuen Jahre 1827 sich bestens empfehlen Johann Gottfried Bartholomäi. — Dresden [1826]: Ramming. 2 Bl. 4° 300:531.991-D.
12.2169

Bartholomäi, K., Fachzeichnen. Einfache Projektionslehre m. Anwendg. auf das Fachzeichnen in kleineren gewerbl. Fortbildungsschulen. Eine Anleitg. zur Erteilg. dieses Unterrichts. (112 S. m. 44 farb. Taf. u. 1 Bl. Text in 4. In Mappe.) 8. Stuttgart 905. E. H. Moritz. n. 6.—

(112 S 8° u 44 T 4°) Stuttgart 1905
Bartholomäi K, Fachzeichnen in kleinen gewerbl. Fortbildungsschulen. 2 Teile.

Bartholomäi, Robert
Bartholomäi, Rob., aus der Manöverzeit. Drei Marschtage u. e. Ruhetag. Humoristische Soldatenbilder. Mit Illustr. v. G. Sundblad. 8. (113 S.) Leipzig 885. Dencke. n. 1.—

Bartholomäi, Rob., aus der Manöverzeit. Drei Marschtage und ein Ruhetag. Humoristische Soldatenbilder. 1. und 2. Aufl. 8. (118 S. mit Illustr. von G. Sundblad.) Leipzig 885,88, Brehse. *

Bartholomäi, Rob., und C. Cassau, der Offizierbursche. Militair-Humoresken. 1. und 2. Aufl. 8. (V, 65 S.) Leipzig 884, Dencke's Verlag. *

Bartholomaei, Rudolf: Zur Erinnerung an Johann Wilhelm Kühner, Kapellmeister in Wildbad. Geb. den 17. Nov. 1812 ... gest. den 31. Aug. 1882 in Wildbad. Grabrede. — Wildbad [1882]: Hofmann. 6 S. 8° 61.
12.2171

— Josua, einen Fürsten, in dem der Geist des Herrn ist, und in dessen Bilde den ... Herrn Ernst August, Hertzog zu Sachsen ... solte, besonders bey höchst-erfreulicher Ankunfft Sr. Hoch-Fürstl. Durchlaucht in Ilmenau den [27.] Oct. 1728 ... verehren Wilhelm Ernst Bartholomäi. Arnstadt [1728]: Schill. 2 Bl. 2° 3.
12.2172

— Merkwürdige Spuren der gnädigen Vorsorge Gottes für die armen unglaubigen Muhammedaner und ihre Bekehrung zum Reiche seines Sohnes. — Weimar: Mumbach [1735]. 100 S. 8° 1:8° Bibl. Diez 593a. 24. 32. 48.
12.2173

Bartholomaeides J. L. Der fünfte Abschnitt des Anhangs zu meinem Lebenslaufe. Nyomtatta Réthy Szarvason 1852. 8.

Bartholomaeides, J. L. — Der achte Abschnitt des Anhanges zu meinem Lebenslaufe von — —. 8. (14 Blätter.) Szarvas. Schnellpressendruck von L. Réthy. 1854.

Bartholomäides, Ladisl.
— comment. hist. de Bohemis Kishondensib. antiq. et hodiernis. 4. Pressb., Weber. 3 xr

Bartholomaeides, Ladil., Memorabilia provinc. Csetnek. c. tabul. 8. Neos, Eggenberger. 799.

Bartholomaeides, Ladisl., memorabilia provinc. Caetnek. Cum tab. 8. Pesth 799. Eggenberger. 1 fl

— notitia hist. geograph. statist. Inclydi Comit. Gömöriens. 4 maj. Leutschov 808. (Eggenberger). 4 fl 8 xr

— — ejusd. 4. maj. Wien et Triest. Geistinger.

— de Sajone amne natura navigero. 4. Wien, Geistinger. 16 xr

Bartholomaios, Abbas, Französischer Altertumsforscher, Direktor d. Münzkabinetts, Paris, 1716-1795. 1754
s. *Barthélemy*, Jean Jacques.

Bartholomaemarkt, Der, oder Auf Linz will ich ewig denken. Ein Lustsp. in 2 A. Linz 1784. V: *Prothke, Joh.* (Mn)

Bartholomaeus, s.a. Bartolomaeus

Bartholomaeus a Clantio: [Manuale ecclesiasticorum, Ausz.] Manuale decretorum authenticorum Sacrae rituum Congregationis quod ex maiore Bartholomaei a Clantio opere in breviorem commodioremque formam redegit Jacobus Antonius Eberle. — Ratisbonae: Manz 1851. 261 S. 8° 6.
12.2232

Bartholomaeus Coloniensis
— Epistola mythologica. Eine Humoreske aus der Zeit des deutschen Frühhumanismus. Neu hrsg., mit Anm. vers. u. übers. von Dietrich Reichling. — Berlin: Harrwitz 1897. IX,56 S. 8° Text lateinisch u. deutsch.
Aus: Mitteilungen d. Gesellschaft für deutsche Erziehungs- u. Schulgeschichte. 7. 1897.
6. 211.
12.2268

Bartholomaeus a Martyribus
Weltlicher Name: Bartholomeu (Bartholameu) Fernandes
Bartholomaeus a Martyribus, compendium spiritualis doctrinae, ex variis sanctorum patrum sententiis magna ex parte collectum, denuo edid. Jos. Fessler. Einsiedeln 864. Gebr. Benziger. 8. (XXIV, 454 S. u. 1 Stahlst.) 27 ngr

— Stimulus pastorum. — Parisiis: Kerver 1583. 207 gez. Bl. 8° 2. 5. 12: Asc. 387. 21. 25. 102. 300: 4 Mm 105.
12.2296

— — Acc. praef. Francisci Cottae a Castilione ad S. Carolum Borromaeum de libelli huius veri aurei utilitate. — Augustae Vind.: Rieger 1766. XVI,224 S. 8°
12: Asc. 387 ce. 21. 23. 214. 308.
12.2301

—— Stimulus pastorum ex sententiis patrum concinnatus, in quo agitur de vita et moribus episcoporum, aliorumque praelatorum. Nunc denuo ed. Jos. Fessler. Juxta exemplar a. 1572 Romae impressum. 8. (XVII und 280 S. mit 1 Stahlst.) Einsiedeln 863, Gebr. Benziger.

— stimulus pastorum sententiis patrum concinnatus, in quo agitur de vita et moribus episcoporum aliorumque praelatorum. Nunc denuo edid. Jos. Fessler. Juxta exemplar a. 1572 Romae impressum. Editio II. Einsiedeln 870. Benziger. 16. (XVI, 282 S. u. 1 Stahlst.) 25 ngr

Bartholomaeus a Martyribus, summa conciliorum omnium tam generalium quam provincialium collecta dum ageret in concilio Tridentino. Turin 869. (Leipzig, Brockhaus.) 8. (2 Bll., 323 S.) n. 27½ ngr

Bartholomaeus von Sanctus Aegidius,
s. Bartoš, Písař

Bartholomäus Scala
Apologi Centum **Bartholomaei Scalae**, Equitis Aurati et Secretarii Florentini. Ex codicibus edidit Carolus Muellner. 8 (S. 3—39, 1 S Ind.).
ProgrK. k. Staatsg im XVII. Bezirke *Wien* (Hernals) 1896

Bartholomaeus Trismegistus III.: Der untrügliche Damenprophet, oder der gelüftete Schleier der Zukunft ... Nach den hinterlassenen Papieren u. Urkunden des im 125. Jahre selig entschlafenen Urenkels des großen Trismegistus. — Weimar: Voigt 1851. VI,222 S. 8°
1:Na 2442. 14.
12.2325

Bartholomaeus de Usingen
— [Sacramenta Ecclesiae, Ausz.] Polemica de S. S. Eucharistiae sacramento inter Bartholomaeum Arnoldi de Usingen eiusque olim in Universitate Erphurdiana discipulum Martinum Lutherum anno 1530. Manuscripto 'De sacramentis Ecclesiae' extracta ... a Dominico Fr. X. P. Duijnstee. — Wirceburgi: Stahel 1903. VIII,98 S. 8°
1:Dg 2586. 3. 12:Polem. 2866 a. 14. 15. 20. 29. 102. 300:421.381–B. 302.
12.2386

Bartholomaeus: Gutachten, s. Bartholomäeus, Wilhelm

Bartholomäus (Rektor): Der Hammer Zweigverein, s. Bartholomäus, Wilhelm

Bartholomäus, Arnoldus de Usingen, s. Bartholomäus de Usingen

Bartholomäus, Edm.

. *Der flammende Stern:* Der flammende Stern. Eine Gesellen-Arbeit des Brs Edm. **Bartholomäus**, gehalten in der □ Carl zu den drei Adlern im O. zu Erfurt. Als Ms. gedr. Erfurt [ca 1870]: Bartholomäus. 14 S. 8°
Tt. 1947. Der flammende Stern — ein Symbol der Liebe u. der Erkenntnis, eine Mahnung zum Vorwärtsstreben.

Bartholomaeus, Friedrich.

Bartholomäus, Fr., lehrreiches Bilderbuch. Ein Geschenk f. gute u. fleißige Kinder. Neue Ausg. 4. (24 lith. u. col. Taf. m. Text.) Erfurt 851, Bartholomäus. 11/12 ßf

Bartholomäus, Frdr., lehrreiches Bilderbuch. Ein Geschenk f. Kinder von 8—12 Jahren. 8. Aufl. 4. (25 Steintaf. m. eingedr. Text.) Erfurt 881. Bartholomäus. cart. 2. 25

Bartholomäus, F., lehrreiches Bilderbuch für fleißige gute Kinder. 12. (25 Lithogr. u. 24 Bl. Gedichte.) Erfurt 842, Bartholomäus. 1/2 ßf

Bartholomäus, F., lehrr. Bilderbuch f. fleißige gute Kinder. 8. (3 B. u. 24 Stnt.) Erfurt 844, Bartholomäus. Thlr.

[—] Die Literatur des Tanzes und der Komplimentirbücher. Ein Katalog. — Erfurt: Bartholomäus [um 1890]. 29 S. 8°
3.
12.2391

Bartholomäus, Fr., s. Vergißmeinnicht. Zweihundert Stammbuchs-Aufsätze.

Bartholomäus, Friedrich, s.a. Volksliederbuch

— Volks-Liederbuch für Deutschlands Sänger. 4. Aufl. — Erfurt: Bartholomäus [um 1850]. 188 S. 8°
12:P. o. germ. 77nd.
12.2392

Illustrierter Wegweiser durch Thüringen und das Kyffhäuser-Gebirge. (Von Fr **Bartholomäus**.) Nebst 1 Touristen- u. Eisenbahnkarte, sowie 3 Spezial-Karten (5 Aufl.) *Erfurt F Bartholomäus (1899)*. (XX, 163 S.) 8° [Ä u Ant]
[illegible] 3

Illustrierter Wegweiser durch Thüringen und das Kyffhäuser-Gebirge. (Von Fr[iedrich] **Bartholomäus**.) Mit 57 Abb., 1 Touristen- u. Eisenbahnkarte, sowie 5 Spezialkarten. 6. verb. u. verm. Aufl. *Erfurt: F. Bartholomäus (1901)*. (XX, 166 S.) 8°
[illegible] 3

Illustrierter Wegweiser durch Thüringen und das Kyffhäuser-Gebirge. (Von Fr. **Bartholomäus**, neu bearb. von L[ouis] Röll.) Mit 57 Abb. nach Originalaufnahmen, 1 Touristen- u. Eisenbahnkarte, sowie 5 Spezialkarten. 6. verb. u. verm. Aufl. *Erfurt: F. Bartholomäus [1901]*. (XVII, 166, LXXX S.) 8° [Ant. u. F.]
[illegible]

Bartholomäus, Gerhard Walter, aus Dresden: **Beitrag zur** Kenntnis der Siebbeinosteome der Orbita. *Olbernhau i. Sa. (1902): R. Schneider.* (48 S.) 8°
Leipzig, Med. Diss. v. (16. Dez.) 1902

Bartholomaeus, Gotthelf: Die Lichtseite der k. baierischen Landärzte von Gotthelf Bartholomaeus, Landarzt in Kupferberg an Hrn. D. Christian Pfeuffer, Stadtgerichtsarzt zu Bamberg. — Am Fusse des Fichtelbergs 1815. 10 S. 8°
22.
12.2396

Bartholomäus, H.C.W., s. Bartholomäus, H.K. Wilhelm

Bartholomäus, H.K. Wilhelm

– Adolf Diesterweg, s. Bartholomäus, Wilhelm

Bartholomäus, H. C. W., deutsche Gedichte zum Auswendiglernen in stufenmäßiger Anordnung f. die einzelnen Schuljahre, unter Mitwirkung des Lehrer-Kollegiums der evang. Gesammtschule zu Hamm zusammengestellt u. hrsg. 8. (134 S.) Braunschweig 870. H. Bruhn. n. — 60

! **Bartholomäus: Deut. Gedichte. Jetzt: Brnschw., E Appelhans & Co. — 20**
76/80

—— **d. Prov. Hannover, s.a. Kock, H, u. C Johansen, vaterl. Leseb.**

Bartholomäus, H. C. W., die Prov. Hannover. Geschichtliche u. geograph. Bilder. gr. 8. (82 S.) Halle 875. Buchh. d. Waisenh. n. — 40

— Die Provinz Hannover. Geschichtliche u. geographische Bilder. — (Halle [um 1885]: Buchdr. d. Waisenhauses.) 81 S. 8°
207.
12.2398

— — 3., verb. Aufl. Halle: Buchh. d. Waisenhauses 1888. 93 S. 8°
1:Sl 8224³. 3. 207.
12.2399

Bartholomaeus, H. K. Wilhelm: Die Provinz Hannover in geschichtlichen und geographischen Bildern. — (Leipzig [um 1880]: Fischer & Wittig.) 95 S. 8°
14 [ᵒᵒTitelbl.] 35. 207.
12.2397

—— zur Heimathskunde. Die Provinz Hannover s.a. Keck und Johansen, vaterländ. Lesebuch.

Bartholomäus, H. C. W., Heimathskunde der Provinz Hannover in histor., geograph., statist. und topograph. Beziehung für Schule und Haus, zugleich als Nachschlagebuch für Jedermann bearb. 8. (VIII, 208 S. mit 1 Stammtaf. und 3 chromolithogr. Karten in 4.) Gera 869, Ißleib und Rietzschel. *

— u. C. Schmelzer, Lesebuch f. Fortbildungsschulen. 2 Thle. gr. 8. Hannover 877. Hahn. n. 2. 70
1. Unterstufe. (VII, 200 S.) n. 1. 20
2. Oberstufe. (IV, 236 S.) n. 1. 50

—— metrisches und hannoversches Mass und Gewicht. Amtl. Umrechnungszahlen mit Näherungswerthen. 64. (21 S.) Hildesheim 870, Gerstenberg'sche Buchh.

—— kleine Schulgeographie. Heimatskunde der Provinz Hannover. Nebst einer Specialkarte von F. Hoffmeyer. 8. (60 S.) Schleswig 870. [Halle, Buchh. des Waisenhauses.]

Bartholomäus, H.C.W. (Hrsg.), s. Schul-Zeitung, Hannoversche.

—— Umwandlung des hannoverschen Maßes und Gewichtes in das neue metrische Maß und Gewicht. Nach A. Böhme's Uebungsbeispielen bearb. für die Provinz Hannover. 1.—3. Aufl. 8. (32 S.) Hildesheim 869,70, Gerstenberg'sche Buchh.

Bartholomaeus, Joh. (Sundheim/Eisenach), Problemata quaedam medica. Jena (Fickelscher-Stranckmann) 20. XII. 1786. 24 S. (5.—)
Gew.: Gg. Thom. Frh. v. Asch.

Bartholomäus, Paul Bruno, s. Bartholomay

Bartholomäus, Richard
Beamtentoast: Beamtentoast. Von Rich. **Bartolomäus.**
in: H. 19 (1908) No 2.

Christentum und Freimaurerei. Vorträge von R[ich.] **Bartolomaeus.** Berlin: Wunder [1907]. 93 S. 8⁰ (Bücherei f. Frmr. 14.)
Recens: Bh. 50 (1907) S. 399 (C. Gotthold); FZ. 61 (1907) S. 369 (O. Neumann).
cf. Bbl. 21 (1907) S. 066 (G. Diercks); L. 30 (1907) S. 404 (P. Fischer); DrL. 38 (1907 bis 1908) S. 170 (J. H. Papsdorf); ML. 36 (1907—1903) S. 94 (O. Henckel); V. 2 (1907 bis 1908) S. 205 (W. H. Denier v. der Gon); S. 15 (1908) S. 8 (F. Rackhorst).

Bartholomaeus, Wilhelm
Bartholomäus, W. (Hrsg.), s. Abhandlungen, Pädagogische.

Bartholomäus, W., Adolf Diesterweg, s.a. Sammlung pädagogischer Vorträge.

— **Adolf Diesterweg. Gedächtnisrede. — Bielefeld: Helmich 1890. 15 S. 8° (Sammlung pädagogischer Vorträge. 3,2.)** 1:Nc 3944-3,2. 4. 6. 31. 47. 107. 207. 302.
12.2404

Bartholomaeus, Gutachten, s.: Zur Volksschullesebuchsfrage.

Bartholomäus, W., d. Allgem. Landrecht u. d. preuss. Volksschule, s.a. Sammlung pädagog. Vorträge.

— **Das Allgemeine Landrecht und die preussische Volksschule. — Bielefeld: Helmich [1895]. 28 S. 8° (Sammlung pädagogischer Vorträge. 8,5.)** 1:Nc 3944-8,5. 4. 6.
12.2405

— **Lehrplan für die evangelischen Volksschulen in der Stadt Hamm i. W. ... Bearb. von Wilh. Bartholomäus u. Aug. Gräve. — Hamm: Griebsch 1894. 64 S. 8°**
1:Ay 29162.
12.2406

Lesebuch für mehrklassige evangelische Volksschulen. Hrsg. von Wilhelm Bartholomaeus u. August Heinecke. T. 1. 2. *Essen: G. D. Baedeker 1894.* 2 Bde 8° [F.]
1. Mittelstufe. Mit e. Anh.: heimatkundl. Lesestücke. Ausg f Westfalen.
2. Oberstufe.
[on. 5338 5

—— und H. Sermond, Liederbuch für Volks- und Mittelschulen. Im Anschluß an das Lesebuch von Gabriel und Supprian für Stadt- und Landschulen hrsg. 4 Hefte. gr. 8. Bielefeld 886, Velhagen und Klasing. *
Inhalt:
Heft 1. 70 Lieder für die Unterstufe. (II, 86 S.) * 30 Pf.
" 2. 60 Lieder für die Mittelstufe. (80 S.) * 30 Pf.
" 3. 93 Lieder für die Oberstufe. (96 S.) * 50 Pf.
" 4. 52 Lieder und Choräle für die Oberstufe. (64 S.) * 40 Pf.

— die Mittelschule u. das praktische Leben, s.a. Schriften d. liberalen Schulvereins Rheinlands u. Westfalens.

— **Die Mittelschule und das praktische Leben. Referate der Herren Bartholomäus u. L.F.Seyffardt nebst Verhandlung. — Bonn: Strauß 1885. 73 S. 8° (Schriften d. Liberalen Schulvereins Rheinlands u. Westfalens. 11.)**
1:Nc 3884-11. 5. 15. 38. 207.
12.2407

— die Mittelschule in ihrem Verhältnis zur Volksschule u. zu den höheren Lehranstalten, s.a. Zeit- u. Streitfragen, pädagogische.

— **Die Mittelschule in ihrem Verhältnis zur Volksschule und zu den höheren Lehranstalten. Ein Beitrag zur Schulorganisationsfrage. — Gotha: Behrend 1887. 96 S. 8° (Pädagogische Zeit- u. Streitfragen. 1,1.)**
1:Paed.Th. 6451-1. 48. 62. 79. 106. 122. 207. 302.
12.2408

— Ratgeber f. Eltern, Oheime u. Basen, sowie f. Kinderfreunde u. Leiter v. Volks- u. Schulbüchereien bei d. Ausw. v. Jugendschriften, s.a. Abhandlungen, pädagog.

Bartholomäus, Wilh., Ratgeber f. Eltern, Oheime u. Basen, sowie f. Kinderfreunde u. Leiter v. Volks- u. Schulbüchereien bei der Auswahl v. Jugendschriften. 8. (80 S.) Bielefeld 893. A. Helmich. n. — 25

—— **Ebd. [1893]. 80 S. 8° (Pädagogische Abhandlungen. 14.)**
6.
12.2410

— **Verdeutschungs-Wörterbuch. Unter Mitw. von C. Schmelzer bearb. — Bielefeld: Helmich [1894]. VIII, 210 S. 8°** 1:Ya 6954. 6. 26.
12.2411

— **Der schriftliche Verkehr des Lehrers mit seinen vorgesetzten Behörden u. die im Schulbetriebe zu führenden Tabellen, Listen usw. — Bielefeld: Helmich [1893]. 176 S. 8°** 1:Ay 5066. 6. 48. 207.
12.2412

Bartholomäus, Wilhelm, u. Aug. Heinecke
—— die Prov. Westfalen. Heimatkundliche Lesestücke. Sonder-Ausg. des Anh. zu dem Lesebuch f. mehrklass. evangel. Volksschulen v. Bartholomäus u. Heinecke, I. Tl. (Mittelstufe). gr. 8. (II, 64 S.) Ebd. 894. n. — 40

Bartholomäus, Rektor. Der Hammer Zweigverein des Deutschen Vereins etc. Hamm 1897. 8⁰. 8 S.

Bartholomaeus - Bruderschaft, Die, der Deutschen in Lissabon. O. O. 1890. V: *Hinsch, J. D.* (EB)

Bartholomäusnacht od. Pariser Bluthochzeit, die, s.a.: Volksaufklärung.

Bartholomäusnacht, s.a. Brizard.

Bartholomäusnacht, die, ein Trauerspiel in 5 Akten, von Jos. v. Auffenberg. Mit 1 Kupf. 8. Bamberg, Göbhardt. 819.

Bartholomaeusnacht. — Die Bartholomäusnacht oder Pariser Bluthochzeit. Von J.O. Die angeblich clericale Herrschaft in Spanien. Von Registrator. — Warnsdorf: Opitz [um 1900]. 38 S. 8° (Volksaufklärung. Kleine Hand-Bibliothek zur Lehr und Wehr für Freunde der Wahrheit. 12.)
203. 300: 409.778-A. Per. 12.
12.2413

Bartholomay
Bartholomai, ..., die Wissenschaft, Vögel aufzulegen. 8. Cassel u. Marb. 815. Krieger. 8 gr.

Bartholomay, Haushofmeister, Kassel. 1816: **Ueber die Wissenschaft Vögel aufzulegen. — Marburg [usw.] Krieger 1816. 87 S. 8°** 19. 36. 78.
12.2416

Bartholomay, Paul Bruno: Mimik, Tanz- und Fechtkunst in Beziehung auf die Lehre und Bildung des wahren Anstandes, der Etiquette, der Grazie und des gefälligen Aeusseren. (Verf.: P. B. Bartholomay.) — [Gießen 1829.] 4 S. 8° **17.**
12.2419

Bartholomay, Paul Bruno, die Tanzkunst in Beziehung auf die Lehre u. Bildung des wahren Anstandes u. des gefälligen Aeußern; ein gründl. Leitfaden für Schüler u. Lehrer, für Aeltern u. Erzieher, ingleichen für angehende Diplomaten u. Maler. Enthalt. die Methodik, die Grundsätze u. die geläutertsten Begriffe dieser Kunst, mit Hinsicht auf die Lehre sich in allen Stellungen u. Bewegungen in der richtigsten Haltung zu finden, nebst der Lehre der hohen u. höchsten Hofetiquette. Mit 2 choreograph. Tabellen. 8. Gießen 838. (Heyer, Vater.) n. 2 ₰

— Die Tanzkunst in Beziehung auf die Lehre und Bildung des wahren Anstandes und des gefälligen Aeußern. — Giessen: Verf. 1838. XXIV,396 S. 8° **17. 26.**
12.2420

— Ueber den Zweck der Tanzkunst und der Anstandslehre, in Beziehung auf die Lehre und Bildung des wahren Anstandes, der Grazie und des gefälligen Aeussern. — Giessen: Verf. 1846. 219 S. 8° **17.**
12.2421

Bartholomaey, Heinrich: Die Staats-Lotterien des Deutschen Reiches in ihren neuesten Einrichtungen unter Berücksichtigung d. Reichsstempelsteuer. 2. Ausg. — Braunschweig 1882. 60 S. 8° **208.**
12.2415

Bartholome (Schulrat), s. B a r t h o l o m e, Friedrich

Bartholome, A. [Pseud.] s. *Baude,* Adolf.

Bartholomé, Franz, aus M. Gladbach: Aus d. Kgl. Universitäts-Frauen-Klinik in Bonn. Ueber Sterilität bei Myomkranken. *Bonn 1904: S. Foppen.* (42 S.) 8°
Bonn, Med. Diss. v. 8. Juni 1904

Bartholome, Friedrich: Die Förderung des Volksschulwesens im Staate der Hohenzollern. — Düsseldorf: Schwann 1900. VII,157 S. 8°
1: Ay 7269. **5. 38. 41. 46. 47. 61. 64. 107. 208.**
12.2422

Die Förderung des Volksschulwesens im Staate der Hohenzollern. Geschichtl. Überblick von Schulrat Dr. [Friedrich] Bartholome. 2. Aufl. Düsseldorf: L. Schwann 1907. (VI, 290 S.) 8° [F.] (08. 1923)

Bartholome, Frdr.: Kurze Gesch. d. Pädagogik z. Gebrauche an Lehrer- u. Lehrerinnenbildgsanst. (15, 368) 8° FreiburgB., Herder '11. 4.40; L 5 — d

— Handbuch der Erziehungslehre für Lehrerbildungsanstalten nach Maßgabe d. neuen Lehrpläne vom 1. Juli 1901. [T.1.] — Breslau: Hirt 1903. XII,295 S. 8°
1: Nd 3063-1. **2. 64. 211.**
12.2426

— Handbuch der Erziehungs- und Unterrichtslehre für Lehrerbildungsanstalten nach Maßgabe d. neuen Lehrpläne vom 1. Juli 1901. T. 1-3. — Breslau: Hirt 1903-06. 8°
1. Allg. u. besondere Erziehungslehre. Elementar-Logik. 1903.
2. Didaktik oder allg. Unterrichtslehre. Schulkunde. 1904.
3. Besondere Unterrichtslehre oder Methodik d. Unterrichts. Mit e. Anh. über Kinderpsychologie. 1906.
Vollst. . . . . **64. 207. 211.**
2.3 . . . . 1: Nd 3063-2.3. **2.**
3 . . . . **19. 61. 204.**
12.2425

Bartholomé, H., Ovid und die antike Kunst. Diss. 1935. VIII. 92 S.

Bartholomé, Josef Leodegar: Summarisch - doch ausführlich historische Nachricht von dem Sarganser-Land ... Aus alt-bewerthesten Documenten ... zusammen gebracht, durch Joseph Leodegari Bartholome von Glarus, genannt Schudi von Greplang. — Feldkirch 1734: Ph. A. Schmid. 36 S. 8° **25.**
12.2427

Bartholomé, Wilhelm: Bericht über den seitherigen Verlauf und den jetzigen Stand der Wasserleitungs-Angelegenheit der Stadt Graudenz. — Graudenz 1895: Röthe. 8 Bl. 2° **44.**
12.2428

Bartholomeus, s. B a r t h o l o m ä u s

Bartholomey, Max: Ludolf Wienbarg, e. pädagog. Reformer d. „Jungen Deutschld", s: Magazin, Pädagogisches.

Bartholotti, Jh., s. B a r t h o l o t t i, Johann Nepomuk

Bartholotti, Johann Nepomuk:
— Abhandl. über die Gewissensfreiheit im röm. deutschen Reiche; aus d. Latein. v. F. X. v. Wasserberg. 8. Wien 782. 2e A. 783. v. Mösle. 12 ₰

— [deutsch] Politisch-theologische Abhandlung, in welcher die Gewissensfreyheit und die politische sowohl als theologische Duldung der in dem römisch-deutschen Reiche aufgenommenen Religionen untersucht, wie auch von dem Stande der nicht vereinigten Griechen gehandelt wird. Übers. von F. August v. Wasserberg. — Wien: Mößle 1783. 426 S. 8° 12: J. can. P. 91.
14. 16. 19. 23. 31. 121. 300: 11.197. **302. 308.**
12.2510

— Ex dictatis Goritiensibus Dissertatio elenchtica, in qua adversus varia superstitionum genera disputatur. — Viennae 1779: Trattner. 137 S. 8° **24. 307.**
12.2506

— Exercitatio politico-theologica, in qua de libertate conscientiae et de receptarum in Imperio Romano-Theutonico religionum tolerantia cum theologica tum politica disputatur. Nec non de disunitorum statu Graecorum tractatur. — Viennae 1782: de Kurtzbek. 263 S. 8°
12: J. can. P. 92. **14. 24. 30. 307.**
12.2508

— exercit. polit. theol. de libertate conscientiae et de recept. in J. R. G. religion. tolerantia etc. 8. Wien 782. v. Mösle. 12 ₰

— — Viennae: Mössle 1783. 263 S. 8° **23. 48.**
12.2509

Bartholotti, Johann Nepomuk: Über G e w i s s e n s f r e i h e i t im deutschen Reiche. Lat.u. deutsch. – Wien 1784.

Bartholotti, J. Nep., Streitschr. wider den Aberglauben. 8. Wien. Mösle. 784.

Bartholotti, Jh., auch Jh. Nepom., († d. 14. Dec. 1788.) Streitschrift wider die Gattungen d. Aberglaubens. 8. Wien 784. v. Mösle. 12 ₰

— [deutsch] Streitschrift wider die verschiedenen Gattungen des Aberglaubens. Gesammelt aus den görzischen Diktaten. Uebers. von A. Kreil. — Wien: Mößle 1783. 195 S. 8° 12: Mor. 86. **19. 300:** 11.198.
12.2507

Bartholsmay, Paul Bruno, s. B a r t h o l o m a y, Paul Bruno

Bartholus de Saxoferrato s. *Bartolus* de Saxoferrato.

Bartholus, Franciscus s. *Bartoli,* Francesco.

Bartholus, Petrus Sanctus s. *Bartoli,* Pietro Santi.

Barth's, Chr. G., Leben, von W. Kopp, s. Familien-Bibliothek, Calwer.

Barthscherer, Aeg.
— Systema theologicum in sua theoremata divisum genio moderni saeculi accommodat. Amberg 775.

Barthscherer, Aeg., († ...) Theologia dogmatica in sua theoremata per singulos tractat. divisa. 4. Freising. 771.

Bärtich, Richard
Bärtich, Rich., Künstlerherzen, s.a.: Lösch, R.

Baertich, Richard: Künstlerherzen. Komische Oper. Text nach e. Grundidee von J. Haydn. Von Robert Lösch. [Textb.] — München: Brakl's Rubinverl. [1890]. 77 S. 8°
12: P. o. germ. 161 p-32. 24. 31.
9.9235

Bartikowski, Emil [pr. Arzt in Jade]: Ueber Verletzungen der Kniebandscheiben ... Jena, Frommannsche Hof-Buchdr., 1892; 29 S. 8.
Jena, Med. Fak., Inaug.-Diss. v. [13. Apr.] 1892

Bartikowski, Emil, üb. Verletzungen der Knieband-scheiben. Diss. gr. 8. (29 S.) Jena 892. (H. Pohle.) n. — 60

Bartillat, Armand Louis Jean Jehannot
Bartillat, Oberster, Erinnerungen an den Feldzug in Afrika im Jahre 1830, und auf die Unterhandlungen, welche ihm vorausgingen, v. officiellen, zur Hälfte noch ungedruckten Actenstücken begleitet. Aus d. Franz. von Max. Fr. Thielen. Mit 1 Ansicht. gr. 8. Wien 837. Schaumburg u. Comp. n. 5/6 ₰

Bartimäus, der blinde. Eine Betrachtg. üb. Markus 10, 46—52. 16. (31 S.) Bremen 891. Verlag d. Traktat-hauses. n. — 15

— der blinde Prediger, s.a. Missions-Traktate, kleine.

Bartimäus, der blinde Prediger. 2. Aufl. 16. (15 S.) Basel 878. Missionsbuchh. n. — 4

Bartiny. — Rodrigo Bartiny. Der furchtbare Räuberhauptmann mit seiner 300 Mann starken Räuber u. Mordbrennerbande. — Hamburg: Kahlbrock [um 1873]. 4 Bl. 8° 18.
12.2584

Bartisch, Georg
— Otto Mankiewicz. Kunstbuch, derinnen ist der gantze, gründliche, volkommene, rechte, gewisse bericht u. erweisung u. Lehr d. hartenn, reissenden, Schmertz hafftigenn, peinlichen Blasenn Steines. Im Altenn Dreßden. 1575. [Neudr.] — Berlin: Coblentz 1904 (1905). XIX, 232 S. 8° 1: Kc 5145. 6. 11. 12: Chir. 12 p. 14. 15. 21. 106. 300: 435.665-B.
12.2588

Bartisius, Karl Heinrich: Die städtischen Armenschulen in Königsberg. — Königsberg 1849. 46 S. 8°
Aus: Neue preußische Provinzialblätter. 8. 1849. 10. 24.
12.2594

Bartke. Über Kolik. Berlin 1888. 8°. (Bh. z. M. W. B.)

Bartke, über Kolik der Pferde, s. Beiheft zum Militär-Wochenblatt.

Bartke: Kriegschirurgie u. Statistik, s. Handbuch d. tierärztl. Chirurgie u. Geburtshilfe.

Bartke, Sattel- und Geschirrdrücke. Widerristfisteln. S.: Handbuch der tierärztlichen Chirurgie und Geburtshilfe.

Bartko, Jan, s. Bartko, Johann

Bartko, Johann: Prěnja Cžitanka sa szerbske schule. Erstes Lesebuch für den vereinigten Sprech-, Schreib- u. Leseunterricht in wendisch-deutschen Schulen. — Budyschin: Maćica serbska 1872. 40 S. 8° 14.
12.2602

— — 2. Aufl. ib. 1882. —

— — 3. Aufl. Ebd. 1883. 40 S. 8° 14.
12.2603

— — 4. Aufl. Ebd. 1887. 79 S. 8° 14.
12.2604

— Kollegiales Geschenk für das Inventar jeder wendischen resp. wendisch-deutschen Schule im Königreich Sachsen als Einführung in das Erste Lesebuch in wendisch-deutschen Schulen. — (Bautzen) 1887: (Schmaler). 9 S. 8° 14.
12.2606

— Biblische Geschichten für wendisch-deutsche Schulen, nach den Plänen u. unter Mitw. ... der Schulinspektoren Grüllich u. Wild. — Bautzen: Maćica serbska 1880. XI, 359 S. 8°
Nebent.: Bartko: Bibliske Stawisny za serbsko-němske šule. Text wendisch u. deutsch.
1: Bh 3507. 14. 207.
12.2607

Bartko, J: Bibl. Gesch. f. d. ersten 4 Schuljahre, nach d. Plänen u. unter Mitwirkg v. Grüllich u. Wild bearb. 14. Afl. v. Grüllich. 8° (212 m. Abb. u. 1 Karte.) Bautzen 1900, M Schmaler. Geb. — 80

Bartko, J., biblische Geschichten f. die ersten 4 Schuljahre, nach den Plänen u. unter Mitwirkg. v. Grüllich u. Wild bearb. 16. Aufl. (2.—16. Aufl. bearb. v. Grüllich.) Mit 55 bildl. Darstellgn. u. 1 (farb.) Karte v. Palästina. 8 (VIII, 248 S.) Bautzen 902. M. Schmaler. (Leipzig, P. Beyer). Geb. in Leinw. n. — 80

Bartko, J., biblische Geschichten f. die ersten 4 Schuljahre, nach den Plänen u. unter Mitwirkg. v. Grüllich u. Wild bearb. 18. Aufl. (2.—18. Aufl. bearb. v. Grüllich.) Mit 55 bildl. Darstellgn. u. 1 (farb.) Karte v. Palästina. (VIII, 248 S.) 8. Bautzen, M. Schmaler. 905. (Leipzig, P. Beyer.) Geb. in Leinw. n. — 80

Bartko, J., biblische Geschichten f. die ersten 4 Schuljahre, nach den Plänen u. unter Mitwirkg. v. Grüllich u. Wild bearb. (2.—18. Aufl. bearb. v. Grüllich.) 21. Aufl. (Hrsg. v. M. Grüllich.) Mit 55 bildl. Darstellgn. u. 1 (farb.) Karte v. Palästina. (III, VIII, 246 S.) 8. Bautzen 909. M. Schmaler. (Leipzig, P. Beyer.) Geb. in Leinw. — 80

— Lesebuch für wendisch-deutsche Schulen. Bearb. von Kral u. Kappler. 6. Aufl. T. 1.2. — Bautzen: Maćica serbska 1906. 8°
Nebent.: Cžitanka sa szerbske schule wot Jana Bartka. 14.
12.2605

Bartko, Jan, Oberlin. Jeho žiwjenje a skutkowanje w Kamjenjodoli se wschelakich žórłow wučerpał. 1. seschiwk. Bautzen (Leipzig) 865. Schmaler & Pech in Comm. 8. (56 S.) n. 4 ngr

— Oberlin. Jeho žiwjenje a skutkowanje w Kamjenjodoli. Sesch. 1. — w Budyschinje: Maćžica sserbska 1865. 56 S. 8° [Oberlin. Sein Leben u. Wirken in Steinthal.]
1: in At 6954a-1. 14.
12.2608

Bibliske stawizny za serbsko-nemske sule, po nahladach a z pomocu knjezow ... Grüllicha a Wilda zestajal Jan Bartko. ib. 1880 — A. u. d. T.: Biblische Geschichten für wendisch deutsche Schulen, nach den Plänen und unter Mitwirkung der Herren ... Grüllich und Wild bearbeitet von J. Bartko. ib. 1880. 8°

— Bibliske Stawisny [Stawizny] stareho testamenta. — w Budyschini: Maćžiża szerbska 1853. X, 146 S. 8° [Biblische Geschichten nach d. Alten Testament.] (Bibliske Stawisny aby historiski wucžawk se stareho a noweho testamenta. [1.]) (Maćžicžne Spiszy. 21.) 14.
12.2609

Bartko, Jan., nócny strażnik. Wjeselohra we štučkach. Po Körner' owym „Der Nachtwächter." (Wuwzate z Časopisa Maćicy Serbskeje.) Bautzen 863. (Schmaler & Pech.) gr. 8. (26 S.) 7½ ngr

Bartko, Kurt: Blumen u. prakt. Muster f. Spitzen. (15 farb. Taf.) 58×43 cm. Plauen, Ch. Stoll ('11). in HL-M 30 —

von Bartkowski, Wladislaus [aus Westpreussen]: Beiträge zur Enucleation des Bulbus. . . . Greifswald, Druck v. Julius Abel, 1889; 28 S. 8°
Greifswald, Med. Fak., Inaug.-Diss. v. 27. Jun. 1889

Bartky, C. F. E., observatio singularis fungi medullaris in corde. Commentat. patholog.-medica. Cum tab. lap. inscr. Praef. est C. H. Dzondi. 8 maj. Halle 821. Renger. 8 ℊ

Bartl, A.

Bartl: Sophokles Elektra. 7 S. (Ung.).
Progr. Unghvár 1858.

Bartl: Das Volkstribunat. 7 S.
Progr. Unghvár 1858.

Bartl, Eduard
— Ableitung einiger Regeln für das Cubieren dekadischer Zahlen. 28. ibd. 89. Progr.

— Ableitung einiger Regeln für das Quadrieren dekadischer Zahlen. 13 ibd. 85. Progr.

Bartl Eduard: Eine Aufgabe der analytischen Geometrie. 19. Prag I. St. R. 00. Progr.

— Analytische Behandlung einer eiförmigen Curve VI. Grades, 15. ibd. Progr.

— Ein Beitrag zur Lehre vom Obelisken. 5. ibd. 79. Progr.

— Mechanische Bestimmung der Permutationsstufe aus der Permutationsform. 6 ibd. 08. Progr.

Bartl E.: Die Cissoide als specieller Fall einer allgemeineren Curve. 34. Prag R. I. 76. Progr

Bartl Ed.: Die graphische Darstellung der reellen, imaginären u. complexen Zahlen. 31. Prag R. I. 77. Progr.

— Die Fourier'sche Divisionsmethode. 19. ibd. 88. Progr.

Bartl, Ed.: Ueber die Eilinie. 18 S. 4°
Progr. Kaaden RG. 1873.

Bartl, Ed., Einleitung in die Theorie der Determinanten. Zum Gebrauche an Mittelschulen, sowie zum Selbstunterrichte. gr. 8. (IV, 95 S.) Prag 878. Dominicus. n. 2. 20

Bartl, Ed., Einleitg. i. d. Theorie d. Determinanten. gr. 8. (IV, 95 S.) Prag 878. Teplitz-Schönau, A. Becker. (2. 20); erm. Pr. n. 1. —

Bartl Eduard: Ergänzungen zur Lehre der Kettenbrüche. 36. Prag I. d St. R. 95 Progr.

— Die Nepersche Regel für das rechtwinklig sphärische Dreieck. 5. ibd. 03. Progr.

— **Sammlung von Rechnungs-Aufgaben aus der Planimetrie u. Stereometrie.** Für die oberen Klassen der Mittelschulen, insbesondere f. Abiturienten u. Lehramts-Kandidaten. gr. 8. (IV, 111 S.) Ebend. 870. n. 2. —

! Bartl, Ed.: Sammlung von Rechnungsaufgaben. Jetzt: Tepl., A. Becker.

Bartl, Ed.: Zur Theorie der Primzahlen. S. 35-48. 8°.
Progr. Mies ROG. 1871.

— **Uebungsaufgaben aus der ebenen u. sphärischen Trigonometrie u. der analytischen Geometrie der Ebene.** Für die obern Classen der Mittelschulen, insbesondere f. Abiturienten u. Lehramtscandidaten. gr. 8. (VII, 332 S.) Prag 880. Calve. n. 4. —

— Analytische Untersuchung einer Curve VI. Grades m. 1 Tafel. 15. idb. 89. Progr.

— Analytisch-geometrische Untersuchung einer Curve IV. Grades mit 1 Tafel. 19. ibd. 82. Progr.

— Geometrisch-analytische Untersuchung der Cylinderfocale. 16. ibd. 86. Progr.

Bartl, Franz, Professor d. Mathematik, Olmütz. 1776
s. *Bartl*, Franz Konrad.

Bartl, Franz Konrad
Bartl, Konr., († d. 28. Oct. 1813.) Abhandl. von allen möglichen Arithmetiken. 8. Olmütz 787. 2e A. 795.

Bartl, Franz Konrad: Abhandlung von der Interessenrechnung. — Olmütz 1796: Hirnlin. 84 S. 8° **212.**
12.2614

— Abhandl. von d. Interessenrechnung. 8. Prag 796.

— **Abhandlung von der Tastenharmonika.** — Brünn: Haller 1798. 75 S. 4°
1:4° Mus. Fz 9. 12:4° Mus. Th. 69. 14. 117.
300:602.131-C. M. 302. 304.
12.2615

— **Anfangsgründe der Rechenkunst zum Gebrauche des Bürgers.** 2., verb. Aufl. — Prag 1776: Gerzabeck. 87 [vielm. 88] S. 8° **16.**
12.2616

— Anfangsgründe d. Rechenkunst, f. Bürger. 8. Prag 777. Mangold.

— Anleit. zur Mathematik, welche f. die deutschen Schulen in den k. k. Staaten vorgeschrieben ist. 8. Prag 776.

— **Praktische Anleitung zur Bildung des Verstandes.** — Wien 1785: v. Trattner. 91 S. 8° 12: Math. U. 13 m.
12.2617

— **Anleitung zur Rechenkunst, Geometrie, und Mechanik, in Beyspielen.** — Prag: Samm 1780. 288 S. 8° **16. 19.**
12.2618

— Anleit. z. Rechenkunst, Geometrie u. Mechanik, in Beispielen. Mit Kpf. 8. Prag 781. N. A. 806. Widtmann. 1 ₰

— Kurzer Begriff v. der Mechanik, Optik u. Astronomie. 8. Wien, Bergang. 788.

— Erläuterung d. nöthigsten Gegenstände aus d. Buchstabenrechnenkunst u. Algebra. 8. Prag 797. 2e A. 802.

— **Erläuterung der nöthigsten Gegenstände aus der Buchstabenrechenkunst und Algebra.** — Olmütz 1799: Sakarnitzl. 220 S. 8° **300:6656.**
12.2620

— — 3. Aufl. Ebd. 1813. 166 S. 8° **214. 300:17 L 82.**
12.2621

Bartl, Konr., Erläuterung d. nöthigsten Gegenstände aus d. Geometrie. 8. Olmütz 801.

— nützl. Kenntnisse für Unstudirte. 8. Prag 779. (Walther in Dresden).

Bartl, Franz Konrad
— Lehrbegriff von den nöthigsten Gegenständen aus der angewandten Mathematik; mit 9 Kpft. gr. 8. Brünn 808. (Gerold in Wien). 1 ₰ 8 ℊ

— **Kurzer Lehrbegriff von den nöthigsten Gegenständen aus der angewandten Mathematik.** — Brünn 1808: Traßler. XII, 379 S. 8° **300:70 H 59. 308.**
12.2622

— **Kurzer Lehrbegriff von der Mechanik und Optik.** — Wien 1787: v. Trattner. 155 S. 8° **16. 308.**
12.2623

— kurzer Lehrbegriff von der Mechanik, Optik u. Astronomie. Mit 12 Kpf. 8. Wien 787. 2e A. Mit 27 Kpft. 788. Artaria. 1 ₰

— über d. Mechanismus zur Tastenharmonika. 8. Brünn 799.

— Nachricht von der Harmonika. — Olmütz 1796: Hirnlin. 12 Bl. 8° 304. 308.
12.2625

— Nachricht von der Harmonika. 8. Prag 796.

BARTL, Gabriele: Über unanschauliches Erfassen von Gegenständen. — 1909. 300 Bl. Diss. Graz, Univ.

Bartl, Gerald: Theorema binomiale ex analysi finitorum universaliter demonstratum. — Ingolstadii 1794: Haberberger. 25 S. 8° 12:4° Math. P. 28. 19.
12.2626

Bartl, Hans
Pseudonyme: Jodok Martin, Johann Ludwig Weber, Hans Zwickel

— Adam und Eva oder: Die Verlobung im Paradies. Komisches Singspiel. — Wien: Fritz [1885]. 16 S. 8° 302.
12.2627

Bartl, Hans, Adam u. Eva od. die Verlobung im Paradis. Komisches Singspiel. 8. (16 S.) Wien 885. Neidl. n. — 40

[—] Die Alteweiber-Mühle oder: unfehlbares Mittel, um alte Weiber wieder jung und schön zu machen. — Wien: Fritz [1890]. 16 S. 8° 302.
12.2629

— Aus Ärger oder: Nicht ohne Schnurrbart. Ein Lustspiel. Paderborn: Schöningh [usw.] 1890. 24 S. 8° (Dilettanten-Theater. 20.) 1:Yp 6376–20. 6.
12.2628

— Ein Ausrufer aus'm Prater. Soloscene mit Gesang von J. L. Weber. — (Wien: Fritz [um 1890].) 2 Bl. 8°
300:6 in 467.017–B. 1.
12.2630

[—] Der verliebte Barbier. Posse mit Gesang. — Wien: Fritz [1897]. 16 S. 8° 302.
12.2631

— Baron und Wäscherin. Wiener Lebensbild. — Wien: Fritz [1885]. 15 S. 8° 302.
12.2632

— — Wien: Hegenauer [1905]. 15 S. 8°
300:440.139–B. 302.
12.2633

— Böhmin und Wienerin oder: Die Betrogenen. Komische Duoscene. — Wien: Fritz [1885]. 16 S. 8° 302.
12.2634

— — Wien: Hegenauer [1907]. 16 S. 8°
300:449.510–B. 302.
12.2635

Bartl, Hans: B ü r g s c h a f t , Die.– Der Schuster und sein Hausherr. Parodie der Ballade: „ Die Bürgschaft, von Friedrich v. Schiller".
Wien 1835. 8°

— Choristin und Friseur. Komische Duo-Scene mit Gesang von J. L. Weber. — Wien: Fritz [1888]. 8 S. 8°
300:203.692–B. 302.
12.2636

— — Wien: Hegenauer [1903]. 8 S. 8° 300:427.125–B. 302.
12.2637

[—] Das is in Weaner sei 'Schan'! Original-Lied gesungen von Xandl. — (Wien: Fritz [um 1890].) 2 Bl. 8°
300:467.017–B. 2.
12.2638

— Das große Donnerwetter. Original-Posse von Jodok Martin. — Wien: Massanetz [1878]. 16 S. 8° (Sammlung neuer, leicht aufführbarer Possen, Singspiele u. Soloscenen für Haustheater u. gesellige Vereine. 1.)
300:59.286–B. 302.
12.2639

— — Wien: Hegenauer [1904]. 16 S. 8° 300:426.791–B. 302.
12.2640

— Eberhard und Adelgunde oder: Das Trauerspiel der Dorf-Komödianten. Burleske-Scene. — Wien: Fritz [1885]. 16 S. 8° 302.
12.2641

— Der Eifersüchtige im Wurstelprater. Posse. — Wien: Fritz [1885]. 15 S. 8° 302.
12.2643

— Eine vom Ballet. Solo-Scene mit Gesang von J. L. Weber. (Wien: Fritz [um 1890].) 2 Bl. 8°
300:4 in 467.017–B. 1.
12.2644

— Einer, der ein Anderer ist. Posse von Jodok Martin. — Wien: Fritz [um 1885]. 16 S. 8° 300:203.577–B. 302.
12.2645

— Der reiche Fischfang. Original-Burleske. (Repertoir-Komödie der Komiker Guschelbauer & Porkert.) — Wien: Massanetz [1880]. 16 S. 8° 300:24.679–B. 302.
12.2647

[—] Vier Füße und zwei Stiefletten. Posse. — Wien: Hegenauer [1907]. 16 S. 8°
Als Verfasser wird auch Julius Neidl genannt.
300:449.704–B. 302.
12.2648

[—] Erste, zweite und dritte Galerie oder: Das Theaterpublikum zu Pimperlhausen. Burleske Scene. — Wien: Hegenauer [1900]. 16 S. 8° 300:419.434–B. 302.
12.2649

Bartl, Hans: G a s a n z ü n d e r, Der. Komisches Intermezzo mit Gesang.
Wien, o.J. (1885).

[—] Die G'foppten. Komische Duoszene. — Wien: Hegenauer [1907]. 14 S. 8°
Als Verfasser wird auch Julius Neidl genannt.
300:449.712–B. 302.
12.2650

— Der G'frett-Matzl. Solo-Scene mit Gesang von J. L. Weber. — (Wien: Fritz [um 1890].) 2 Bl. 8°
300:2 in 467.017–B. 1.
12.2651

— G'winnst-Fatalitäten oder: Nudelwalker und Nudelbrett. Original-Posse. — Wien: Fritz [1885]. 16 S. 8° 302.
12.2652

— — Wien: Hegenauer [1910]. 16 S. 8° 300:473.988–B. 302.
12.2653

Bartl, Hans: H a u s m e i s t e r , Ein Wiener. Komisches Intermezzo.
Wien, o.J. (1890).

— Meine weiße Hose. Intermezzo, vorgetragen von J. L. Weber. — (Wien: Fritz [um 1890].) 2 Bl. 8°
300:3 in 467.017–B. 1.
12.2654

— Der 'Johann'. Komische Soloscene mit Gesang von J. L. Weber. — (Wien: Fritz [um 1890].) 2 Bl. 8°
300:7 in 467.017–B. 1.
12.2655

[—] Der pfiffige Johann. Komische Scene. — Wien: Hegenauer [1901]. 16 S. 8° 300:415.409–B. 302.
12.2656

[—] Der höchste Jux. Lustige Anekdoten. — Wien: Fritz [um 1890]. 16 S. 8° 300:203.683–A. 302.
12.2657

[—] Jux und Spaß zum Bucklichlachen, oder: So hilft man sich über die schlechte Zeit hinweg! — Wien: Fritz [um 1890]. 16 S. 8° 302.
12.2658

[·–] **Der Juxbruder.** Lustige Geschichten u. Anekdoten. — Wien: Fritz [um 1890]. 16 S. 8° 300:203.688–B. 302.
12.2659

— **Zahme Katz' und wilde Katz'.** Komische Sceno von J.L.Weber. — Wien: Fritz [um 1890]. 8 S. 8°
300:203.682–B.
12.2660

— — Wien: Hegenauer [1904]. 8 S. 8° 300:429.074–B. 302.
12.2661

Bartl, Hans: K r i e g , Der lustige. Komisches Intermezzo im Wiener Dialekt.
Wien, o.J. (1885).

[—] **Der Lautschani.** Komische Duo-Scene mit Gesang. Wien: Fritz [um 1890]. 13 S. 8°
Als Verfasser wird auch Karl Reitberger genannt.
300:203.827–B. 302.
12.2662

[—] — Wien: Hegenauer [1900]. 13 S. 8°
300:404.785–B. 302.
12.2663

— **Die Leich' vor'm Sterben.** Duo-Szene mit Gesang. — Wien [um 1885]. 14 S. 8° 302.
12.2664

— — Wien: Hegenauer [1901]. 14 S. 8°
300:416.783–B. 302.
12.2665

Bartl, Hans: Patzenhuber's L e i d e n . Komisches Intermezzo.
Wien, o.J. (1885).

— **Die beiden Herren Lieutenants.** Schwank von Johann Ludwig Weber. Soufflierbuch. — Leipzig: Reclam [1894]. 30 S. 8° (Reclams Universal-Bibliothek. 3287.)
1:Ag 7201-3287. 15. 300:410.411–A.Per. 3287. 302.
12.2666

Bartl, Hans: L o t t e r i e - S c h w e s t e r n , Die. Komischer Vortrag.
Wien, o.J. (1890).

— **Die listigen Lustigen.** Posse von J. L.Weber. — Wien: Fritz [1888]. 15 S. 8° 300:203.578–B. 302.
12.2667

— — Wien: Hegenauer [um 1906]. 15 S. 8°
300:446.810 B.
12.2668

— **Unter dem Messer.** Komische Duoscene. — Wien: Fritz [1885]. 14 S. 8° 302.
12.2669

Bartl, Hans: M i s s v e r s t ä n d n i s s . Komischer Vortrag für 2 Herren (von Julius Neidl oder Hans Bartl).
Wien 1900.

Bartl, Hans, aus der Mobilisirungs-Zeit. Orig.-Lebensbild. 8. (16 S.) Wien 878. Neidl. n. — 40

— **Bei dem Musikdoktor.** Ein Lustspiel von J. L. Weber. Paderborn: Schöningh [usw.] 1890. 19 S. 8° (Dilettanten-Theater. 19.) 1:Yp 6376–19. 6.
11.2671

— **Mein Naserl.** Burleske von J. L.Weber. — Wien: Wallishausser 1884. 14 S. 8° (Wiener Theater-Repertoir. 309.)
300:23.032–B. 19. 302.
11.2672

[—] **Nur lustig!** Ausgewählte Anekdoten und Witze für Freunde des Humors. — Wien: Fritz [um 1890]. 16 S. 8°
300:206.167–A. 302.
12.2673

— **Der Pechschuster.** Komische Soloscene mit Gesang von J.L.Weber. — (Wien: Fritz [um 1890].) 2 Bl. 8°
300:1 in 407.017–B. 1.
12.2674

Bartl, Hans: R a s t e l b i n d e r und Köchin. Komische Duo-Scene.
Wien, o.J. (1890).

— **Der geschundene Raubritter** oder: Die lange verfolgte und endlich gerettete Unschuld. Von Hans Zwickel. — Wien: Hegenauer [1905]. 16 S. 8° 300:440.113–B. 302.
12.2676

— **Verschiedene Räusche.** Solo-Szene. — Wien: Hegenauer [1903]. 8 S. 8° 300:427.735–B. 302.
12.2675

— eine Reservisten-Familie. Orig.-Lebensbild. gr.8. (15 S.) Ebend. 879. n. — 40

[—] **Eine Reservisten-Familie.** Original-Lebensbild. — Wien: Hegenauer [1900]. 15 S. 8°
Als Verfasser wird auch Julius Neidl genannt.
300:422.950–B. 302.
12.2677

Bartl, Hans: S a u k r ä u t l e r , Der. Komisches Intermezzo.
Wien, o.J. (1885).

— **Ein verliebter Schimmel.** Original-Posse. — Wien: Fritz [1885]. 16 S. 8° 302.
12.2678

Bartl, Hans: S c h n o f e l e s auf der Reis'. Soloscene im jüdischen Jargon.
Wien, o.J. (1885).

— **Der Schuster als Erbe.** Posse. — Wien: Fritz [1885]. 16 S. 8° 302.
12.2679

[—] **Der Schuster und sein Hausherr.** Parodie d. Ballade: Die Bürgschaft von Friedrich v. Schiller. 1844
in: *Sammlung* von Parodien.
[—] — Wien: Fritz [1883]. 8 S. 8° 300:203.695–B. 302.
12.2680

— **Musenklänge aus Wiens Leierkasten. Wiener Singspiel-Halle** ... Burlesken ... (2: arrangirt) von Joh. Ludwig Weber (1: nebst einer Sammlung komischer Vorträge und Couplets von G. Schöpl). Bd[1.]2. — Wien: Wenedikt 1875. 8° 300:73.308–A. 302.
12.2681

Bartl, Hans: Wenzel S t i e r i z e t t , was blaste den Kravlinett. Komisches Intermezzo mit deutsch-böhmischem Dialekt.
Wien, o. J. (1890).

Bartl, Hans: S t r e i t e n d e n , Die. Komischer Vortrag für zwei Damen.
Wien, o.J. (1885).

— **Ein stilles Stündchen.** Solo-Posse. Dargest. vom Komiker Franz Böhm. — Wien: Massanetz [1880]. 12 S. 8°
300:40.423–B. 302.
12.2682

— **Das Talent im Badezimmer.** Duoscene mit Gesang. — Wien: Fritz [1885]. 14 S. 8° 302.
12.2683

— das Talent im Bodenzimmer. Duoscene m. Gesang. 8. (14 S.) Ebend. 885. n. — 40

— **Gemeinsame Trennung.** Schwank von Jodok Martin. — Wien: (Kraupa) 1876. 10 S. 8° 302.
12.2684

— — Wien: Hegenauer [1904]. 16 S. 8° 300:430.552–B. 302.
12.2685

[—] **Der Tritsch-Tratsch.** Komische Duo-Szene. — Wien: Hegenauer [1910]. 13 S. 8°
Als Verfasser wird auch Julius Neidl genannt.
300:473.840–B. 302.
12.2686

-- Um ein Stockwerk geirrt! Schwank. Von Joh. Ludw. Weber. — Wien: Hegenauer [1907]. 14 S. 8°
300:449.421-B. 302.
12.2687

— Ein Vater seiner Mutter. Original-Posse. — Wien: Fritz [um 1885]. 16 S. 8°
302.
12.2688

Bartl, Hans: V e r l i e b t e n , Die. Komische Duo-Scenen mit Gesang.
Wien. o. J. (1890)

Bartl, Hans: V e r w i r r t e r , Ein. Komisches Intermezzo.
Wien o. J. (1890).

[—] Vogelhäusl-Anstreicher und Theaterprinzipalin. Komische Duoscene. — Wien: Fritz [um 1892]. 8 S. 8°
300: 203.694-B. 302.
12.2690

[—] — Wien: Hegenauer [1904]. 8 S. 8° 300:430.892-B. 302.
12.2691

— Die verlorene Wette. Original-Posse. — Wien: Fritz [um 1885]. 15 S. 8°
302.
12.2693

— Ein verbiß'ner Weiberfeind. Komische Solo-Scene mit Gesang, vorgetragen von J. L. Weber. — (Wien: Fritz [um 1890].) 2 Bl. 8°
300:5 in 467.017-B. 1.
12.2692

-- Der Wilderer und sein Dearnd'l. Alpenscene von J. L. Weber. — Wien: Fritz [1888]. 8 S. 8° 300: 203.691-B. 302.
12.2694

-— Wien: Hegenauer [1906]. 15 S. 8° 300: 442.037-B. 302.
12.2695

— Der Wirrwarr vor'm Greißlerladen. Posse. — Wien: Fritz [um 1885]. 15 S. 8°
302.
12.2697

-- — Wien: Hegenauer [1906]. 15 S. 8° 300: 442.167-B. 302.
12.2698

Bartl, Hans: W i t t i b e r , Ein betrübter. Komische Soloscene mit Gesang.
Wien o. J. (1885).

[—] Der Wunderstein. Ein Märchen. — Wien: Fritz [um 1890]. 16 S. 8°
300:37.613-A. 302.
12.2699

Bartl, J.: B e r e c h n u n g der Zentrifugalregulatoren (u.ähnl. Schriften), s. B a r t l , Josef

Bartl, Johann

— Handbuch für den ausübenden Postdienst in Oesterreich. Eine Sammlung der Ende März 1884 in Wirksamkeit stehenden, das Postwesen betreffenden Gesetze u. Verordnungen. 5., gänzl. umgearb. Aufl. — Ebd. 1884. XLIX,744 S. 8°
106. 300:49.597-B. 302.
12.2708

— — Auf Grund der bis Ende des Jahres 1886 erschienenen Verordnungen u. Erlässe. 6., gänzl. umgearb. Aufl. — Ebd. 1887. LX,796 S. 8°
300:187.973-B. 302. 303.
12.2709

— — Auf Grund der bis Ende September 1890 erschienenen Verordnungen u. Erlässe. 7., verm. u. verb. Aufl. — Ebd. 1890. L,789 S. 8°
300:87.663-B. 302.
12.2710

— — Auf Grund der bis Ende October 1892 erschienenen Verordnungen u. Erlässe. 8., umgearb. u. verb. Aufl. — [Nebst] Erg.-H. [1.2.] — Ebd. 1892–97. 8°
Erg.-H. 1. Enthaltend: Die vom Monate November 1892 bis Ende Februar 1895 im Post- u. Telegraphen-Verordnungsblatte erschienenen Verordnungen. 1895.
Erg.-H. 2. Enthaltend: Die vom Monate November 1892 bis Ende August 1897 im Post- u. Telegraphen-Verordnungsblatte erschienenen Verordnungen ... hrsg. von Josef Bartl. 2. Aufl. 1897.
300:114.118-B. 302. 304.
12.2711

— — Auf Grund der bis Ende März 1899 erschienenen Verordnungen u. Erlässe neu bearb. u. hrsg. von Josef Bartl, Franz Pelzl. 9. Aufl. — Wien: Herausgeber 1899. LI, 883 S. 8°
300:402.278-B. 302.
12.2712

— — Auf Grund der bis Ende Dezember 1903 erschienenen Verordnungen u. Erlässe bearb. u. hrsg. von Josef Bartl, Franz Pelzl. 11. Aufl. [Nebst] Erg.-H. — Ebd. 1904–05. 8°
Erg. H. Abgeschlossen mit Post- u. Telegraphen-Verordnungsblatt Nr 5/1905. 1905.
208 [** Erg.-H.] 302.
12.2713

— — Auf Grund der bis Mitte Mai 1906 erschienenen Verordnungen u. Erlässe bearb. u. hrsg. von Josef Bartl, Franz Pelzl. 12. Aufl. — Ebd. 1906. LXV,931 S. 8°
300:448.643-B. 302. 307.
12.2714

— Der Kanzleimanipulations- und Konzeptsdienst bei der österreichischen Postanstalt. 2. Aufl. — Wien: Verf. 1877. 181 S. 8°
302.
12.2700

— Der Kanzleimanipulations- und Conceptsdienst bei der österreichischen Postanstalt. — Ebd. 1888. 136 S. 8°
300:79.790-B. 302.
12.2701

— — 4., erw. u. verb. Aufl. Ebd. 1895. 159 S. 8° 302.
12.2702

— Leitfaden zur Berechnung der Porto-Taxen für in- und ausländische Fahrpostsendungen. — Wien: Verf. 1863. VI,73 S. 8°
302.
12.2703

— Der administrative und technische Postdienst in Oesterreich. Eine systematische Zusammenstellung der Ende April 1880 in Wirksamkeit stehenden, das Postwesen betreffenden Gesetze u. Verordnungen. 4., gänzl. umgearb. Aufl. [Nebst] Erg.-H. — Ebd. 1880–82. 8°
Erg.-H. Enthaltend: Die vom Monate Mai 1880 bis Ende Jänner 1882 im Post-Verordnungsblatte erschienenen Verordnungen, sowie auch viele specielle Entscheidungen des hohen k. k. Handelsministeriums. 1882.
14. 300:183.498-B. 302.
12.2707

— Posthandbuch über die Aufgabe, Taxirung und vorschriftsmäßige Behandlung der Brief- und Fahrpostsendungen nach dem In- und Auslande. — Wien: Verf. 1864. 91 S. 8°
302. 303.
12.2704

— Vorträge über den technischen und administrativen Postdienst in Oesterreich. 2., vollst. umgearb. u. verm. Aufl. — Wien: Verf. 1876. XXXI,743 S. 8°
106. 300:106.412-B. 302.
12.2705

— Eine systematische Zusammenstellung der mit Ende Juni 1878 in Wirksamkeit stehenden, auf das Postwesen Bezug habenden Gesetze und Verordnungen. 3., verm. u. verb. Aufl. — Ebd. 1878. XXXVII,805 S. 8°
300:100.476-B. 302.
12.2706

Bartl, Josef, Professor, Graz. 1900: Die Berechnung der Zentrifugalregulatoren. — Leipzig: Felix 1900. VIII,88 S. 8°
12:Math. A. 15d. 82. 83. 84. 89. 90. 93. 210. 305.
12.2715

Bartl, J: Zur Theorie d. Zentrifugalpumpen, s.a. Veröffentlichungen d. turbinentechn. Gesellsch.

— Zur Theorie der Zentrifugalpumpen. — Berlin: Krayn 1910. 55 S. 8° Aus: Die Turbine. 6. 1910. (Veröffentlichungen d. Turbinentechnischen Gesellschaft. 2.) 1:Og 29041-2. 11. 84. 86. 89. 201. 305.
12.2716

Bartl, Konrad (Mathematiker), s. B a r t l , Franz Konrad

Bartl, V.: Barometrisches Nivellement. 2 S. Progr. Znaim OR. 1872.

Baertl, Ferdinand: Handbuch zur Führung des innern Dienst-Manipulationsgeschäftes bei einer Unterabtheilung der k.k. österr. Armee. [Nebst] Suppl. — Olmütz 1852-53: Slawik. 8° 300:46.261-B.
9.9236

— — 2., verm. Aufl. — Olmütz: Slawik 1853. XVI,317 S.,105 Bl. 8° 300:46.295-B.
9.9237

— Handbuch über die Führung von Mannschafts- und ärarischen Güter-Transporten, dann über die Gebühren bei Dienstreisen einzelner Generäle, Stabs- und Oberoffiziere, und sonstiger Militärparteien. — Olmütz: Slawik 1854. XVIII,306 S. 8° 300:46.387-A. 302. 307.
9.9238

— — 2. Aufl. Ebd. 1855. XVIII,249 S.,30 Bl. 8° 300:46.595-A.
9.9239

Baertl, Ferdinand, k k. Hauptm., Transporthaus-Commandant in Olmütz. Handbuch uber die Fuhrung von Mannschafts-, Pferde- und ärarischen Güter-Transporten. dann über besondere Commanden und Dienstleistungen ausserhalb der Garnison. Zusammengestellt nach den in Kraft bestehenden Dienstes- und Berechnungs-Vorschriften. (Mit 2 Taf.) 8. Olmütz 1871.

Baertl, Ferdinand: Handbuch über die Führung von Pferde-Transporten, dann über die Verführung von ärarischen Gütern. — Olmütz: Slawik 1854. 210 S.,45 Bl. 8° 300:46.309-A. 308.
9.9240

— — 2. Aufl. Ebd. 1855. XVI,210 S.,43 Bl. 8° 302.
9.9241

— Handbuch über die Organisation der k.k. Armee, der k.k. Gendarmerie und des Serežaner-Corps, dann der k.k. Finanzwache. — Olmütz: Grosák 1872. 115 S. 8° 300:145.892-B.
9.9242

— — 10., verm. u. verb. Aufl. Ebd. 1872. Getr. Pag. 8° 300:110.554-A.
9.9243

— — 11., verm. u. verb. Aufl. Ebd. 1874. Getr. Pag. 8° 300:45.903-A.
9.9244

— — 14., verm. u. verb. Aufl. Ebd. 1877. Getr. Pag. 8° 300:154.837-B.
9.9245

— Handbuch für k.k. Unteroffiziere und Gendarmen über die Organisation der k.k. Armee. — Olmütz 1856: Slawik. XII,253 S. 8° 300:44.369-B.
9.9246

— Handbuch für k.k. Unteroffiziere, k.k. Gendarmen und die k.k. Finanzwache, über die Organisation der k.k. Armee. 2., verm. u. verb. Aufl. — Ebd. 1857. XIV,284 S. 8° 300:7.981-A.
9.9247

— Handbuch für k.k. Unteroffiziere, k.k. Gendarmen, und die k.k. Finanzwache, über die Organisation der k.k. Armee, der k.k. Gendarmerie und der k.k. Finanzwache. 9., verm. u. verb. Aufl. — Ebd. 1871. Getr. Pag. 8° 300:122.348-B.
9.9248

Baertl, Ferdinand, Die Commanden und besonderen Dienstleistungen in der k. k. Armee. Zusammengestellt nach den bestehenden Militär-Dienstesvorschriften. 1870. gr. 8. (XIX u. 404 S.) Anhang: Beispiele, Formularien und Tabellen. Olmütz, Hölzel in Comm. 1869. 2 fl.

— Die Commanden [Kommanden] und besondere Dienstleistungen in der kais. königl. Armee. — Olmütz 1870: Grosák. XIX,404 S. 8° 1:Sb 9476. 300:112.715-B.
9.9249

Bärtl, F., Leitfaden zur Ausbildung im Dienst-Manipulations-Geschäfte bei einer Unterabtheilung der k. k. Fußtruppen, der Jäger und Sanitäts-Truppen, der Cavallerie, der Feld-Artillerie, der technischen Truppen und des Fuhrwesen-Corps nach den bestehenden Normalien und Einführungen, namentlich nach dem neuen Verpflegs- und Monturs-Systeme ausgearbeitet und durch mehr als 150 Formularien veranschaulicht. 3. Aufl. 8. (232 S.) Olmütz 860, Hölzel.

—— Supplement dazu. 8. (26 S.) Ebendas. 860.

Baertl, F, Leitf. z. Ausbildg im Dienst-Manipulationsgeschäfte bei e. Unterabth. d. k. k. Fusstruppen, d. Kavall., Art. u. d. Mil.-Fuhrwes.-Korps. 8. (274) Olm. 56, Grosse. n. 1. 6 || Suppl. 8. (109) 56. n. — 22

Baertl, Ferd., Leitfaden zur Ausbildung im Dienst-Manipulations-Geschäfte bei einer Unterabtheilung der k. k. Fußtruppen, der Cavallerie, Artillerie u. des Militär-Fuhrwesens-Korps nach den bestehenden Normalien u. Einführungen, namentlich nach dem neuen Verpflegs- u. Monturs-Sisteme ausgearb. u. durch mehr als 130 Formularien veranschaulicht. Olmütz 856. Neugebauer. gr. 8. (XVIII, 135 S., 92 Bl. Formul. in 8. u. 4. u. 2 Tab. in qu. Fol.) n. 1 ℳ 6 ℳ

— Supplement für den Leitfaden zur Ausbildung im Dienst-Manipulationsgeschäfte rc. Ebend. 856. gr. 8. (VIII, 38 S. u. 36 Bl. Formul.) n. 22 ℳ

— Leitfaden zur Ausbildung im Dienst-Manipulations-Geschäfte bei einer Unterabtheilung der k.k. Linien-Infanterie, der Jäger- und Sanitäts-Truppen, der Kavallerie, der Feld-Artillerie, der technischen Truppen und des Fuhrwesens-Korps. 3., verm. Aufl. [Nebst] Suppl. — Olmütz 1860: Slawik. 8° 300:57.892-B.
9.9251

— Leitfaden zur Ausbildung im Dienst-Manipulations-Geschäfte bei einer Unter-Abtheilung der k.k. Linien-Infanterie, der Jäger- und Sanitäts-Truppen, der Cavallerie, Artillerie, der technischen Truppen, des Fuhrwesens-Corps etc. 4., verm. Aufl. — Ebd. 1864. 315 S.,90 Bl., XII S. 4° 300:120.110-C.
9.9252

Baertl, Josef: Aerztliche Ansichten über Präservative vor Seelenstörungen und Heilung der letzteren nach den Grundsätzen der Homöopathie. — Leipzig: Purfürst 1863. XX,231 S. 8° 15.
9.9253

Baertl, Jos., ärztliche Ansichten über Präservative vor Seelenstörungen und Heilung der letzteren nach den Grundsätzen der Homöopathie. gr. 8. (XX und 231 S.) Leipzig 863, [Dr. Schwabe.]

— — Ebd. 1864. XX,231 S. 8° 1:Kk 1632. 123.
9.9254

—— homöop. Ansichten u. Erfahr. üb. d. Behandlg d. Wechselfieber. 8. (144) Sondersh. 59. (Lüb., Bolhoevener u. S.) — 24

— Homöopathische Ansichten und Erfahrungen über die Behandlung der Wechselfieber nach eigenen und Anderer Beobachtungen. — Sondershausen: Eupel 1859. 144 S. 8° 12:Path. 78r. 41.
9.9255

Baertl, (J), Ansichten üb. Präservative vor Seelenstörgn u. Heilg d. letzteren n. d. Grunds. d. Homöop. 8. (231) Lpzg 63, Schwabe. 1. —

Bartleman, Georg (Glamorgaria)
De hydropis generibus. Inaug. Diss.
[lt. Dekanatsbuch nur handschriftlich eingereicht.]
Dr. med. Giessen 20.6.1844.

Bartlet, John: Pharmakopoe, s. Bartlett, John

Bartlett, Index geologicus, s. Bartlett, John

Bartlett: Pharmacopöa, s. Bartlett, John

Bartlett, AM: Two diseases of Gooseberry Bushes, s: Brooks, FT.

Bartlett, H. W. s. *Bartlett*, William Henry.

Bartlett, John
Bartlett's, Index Geologicus. Ins Deutsche übersetzt v. Aug. Ebenau u. E. Thomä. 1 theilweis lith. Blatt in gr. Adlerformat. Siegen u. Wiesbaden 842, Friedrich'sche Verlagsbuchh. 2½ ℛ — Ders. in 5 einzelnen Blättern. 1 ℛ

— [deutsch] Pharmacopee oder Apotheke eines Roßarztes ... Hrsg. mit Anm. ... von Wilh. Heinr. Sebast. Bucholz. Weimar: K. L. Hoffmann 1778. XXXVI, 442 S. 8°
5. 6. 15. 17. 20. 24. 26→29. 32. 39.
12.2739

Bartlett J., Pharmakopoe oder Apotheke eines Rossarztes; nach der 3. Ausg. mit einem Vorwort vom Rotze. Aus dem Englischen mit Anm. und Vorrede von W. H. S. Buchholz. Mit Kpf. 8. Weimar 788. Hoffmann. M. 2.—

Bartlett, John Russell
— [Ausz., deutsch] Wörterbuch der Americanismen ... Bearb. von Friedrich Köhler. — Leipzig: Reclam 1866. IV, 183 S. 8° 12: L. g. sept. 29 w. 15. 17. 18. 45. 46.
12.2818

Bartlett, William Henry
— [deutsch] America in Bildern, nach d. Natur gezeichnet von W. H. Bartlett. Mit beschreibendem Text von N. P. Willis, deutsch bearb. von Joh. v. Horn. Bd 1.2. — London: Brittische Soc. zur Beförderung d. schönen Künste [um 1840]. 4°
Nebent.: American scenery by N. P. Willis. Illustr. in a series of views by W. H. Bartlett.
2. 12: 4° Don. Reg. 5 w [2 Ex.] 14. 27. 30. 46.
12.2886

Bartlett, W. H., die Donau, s. Wolff, Ock. L. B.

— Erinnerungen an die Donaureise von Ulm nach Linz. 25 malerische Ansichten nach Originalzeichnungen von W. H. Bartlett u. A. Abresch. — Leipzig: Lorck 1845. 25 Bl. 4° 302.
12.2868

— u. A. Abresch, Erinnerungen an die Donaureise von Ulm nach Linz. — Linz nach Wien. — Wien bis Sulina. 75 malerische Ansichten nach Originalzeichnungen. 3 Abthellg. (à 25 Bl.) Imp.-4. Leipzig 845, Lorck. In Mappe. à n. 4 ℛ

— [Ausz., deutsch] Das malerische und romantische Nordamerica. Nach d. Zeichnungen von W. H. Bartlett. In Stahl gestochen von A. H. Payne. — Leipzig: Thomas [1840]. 50 Bl. 4° 24.
12.2889

— Das malerische und romantische Nordamerika. Nach d. Zeichnungen von W. H. Bartlett ... Mit erl. Text von N. P. Willis. Übertr. von Susemihl. — Ebd. [1840]. IV, 169 S. 8° 32.
12.2890

Bartlett, W. H., das malerische u. romant. Nordamerika, nach d. Zeichn. von etc. In Stahl (nach-) gest. v. A. H. Payne. M. erläut. Text v. N. P. Willis. Ins Deutsche übertr. v. E. Susemihl. 1—16. Lfg. Lex.-8. (32 Stahlst. m. 48 Ansicht. u. B. 1—16 Text.) Leipzig (840—42), Thomas. à Lfg. * 4 Gr.

— [deutsch] Syrien, Palästina und Kleinasien. Mit Stahlstichen nach den Originalzeichnungen von H. W. Bartlett, Th. Allom, Will. Purser &c. Aus d. Engl. des John Carne. Bd 1.2. — London [um 1840]. 4° 10. 27.
12.2893

Bartlin, Werner
Bartlin, Wern., das allgemeine Volkswohl u. dessen Schädigung durch die Volksversicherung der Versicherungs-Gesellschaft Victoria zu Berlin. gr. 8. (24 S.) Köln (902). Antisemit. Buchh. n. — 40

Bartlin, Werner: Das allgemeine Volkswohl und dessen Schädigung durch die Volksversicherung der Versicherungs-Gesellschaft Victoria zu Berlin. — Köln: Hensel [1902]. 24 S. 8° 1: Fe 11194/54. 5. 17. 38. 106.
12.2909

Bartling, C. S. v.: Erster Brief über die Donau-Commerzschiffarth an einen seiner Freunde. — Wien: v. Trattner 1768. 30 S. 8° 7. 25.
12.2910

Bartling, C. Sv., Briefe üb. die Donau-Commerz-Schiffahrt ꝛc. mit K. gr. 8. Wien, Trattner. 768.

v. **Bartling,** C. S., († 180..) Briefe über die Donau-Commerz-Schiffahrt ꝛc. Mit Kpf. gr. 8. Wien 778. Tendler. 6 gl

Bartling, F. G., s. Bartling, Friedrich Gottlieb

Bartling, F.T., s. Bartling, Friedrich Gottlieb

Bartling, Fr.Gli., s. Bartling, Friedrich Gottlieb

Bartling, Fr. Th. s. *Bartling*, Friedrich Gottlieb.

Bartling, Friedrich Gottlieb: Beitraege zur Botanik von Fr. Gottl. Bartling u. Heinr. Lud. Wendland. H. 1.2. — Göttingen: Vandenhoeck & Ruprecht 1824–25. 8°
1. Diosmeae descriptae et illustratae. 1824. 2. 1825.
1: Lw 14025. 2. 7. 10. 15. 17. 18→21. 24. 26. 28. 30. 31. 35. 302.
12.2912

Bartling, F. T., Dissertatio geographico-botanica de littoribus ac insulis maris Liburnici. Hanov. 820. 4. (56 S.)

— Der botanische Garten zu Göttingen im Jahre 1837. — Göttingen 1837: Dieterich. 8 S. 4° 1: 4° La 26029. 8. 15. 28. 35. 43.
12.2913

— De Littoribus ac insulis Maris Liburnici dissertatio geographico-botanica. — Hannoverae: (Lamminger & Rosenbusch) 1820. 48 S. 8° Zugleich Diss. Göttingen 1820.
1: Sc 7000. 4. 10. 15. 16. 18. 21. 24. 27. 29.
12.2914

Bartling, Fr. Gli., de littoribus ac insulis maris liburnici. gr. 8. Hannov. 821. (Vandenhöck u. R. in Götting.) 6 gl

— Ordines naturales plantarum eorumque characteres et affinitates adiecta generum enumeratione. — Gottingae: Dieterich 1830. IV, 498 S. 8° 1: Ma 695. 2. 7→10. 12: Phyt. 18 up. 15. 18. 20. 21. 22. 24. 25. 27. 28. 30. 31. 43. 46. 84. 89. 102. 300: 13 K 6. 302. 304.
12.2915

Bartling, F. Gli., et Ed. Hampe, Vegetabilia cellularia in Germania septentrionali, praesertim in Hercynia et in Agro Gottingensi lecta. A. Musci frondosi sive Bryaceae. Decas I. et II. B. Hepaticae. Dec. I. C. Lichenes. Dec. I. D. Fungi. Dec. I. Fol. min. (Götting. 834. Vandenhöck u. R.) 2⅚ ℛ

Bartling, G. Rhymes of English Poets of the XIXth Century. Diss. Rostock 1874. 26 S.

Bartling, Gustav: Über 68 Fälle von Extrauteringravidität aus den Jahren 1903—1907 (Oktober). Würzburg 1909: Staudenraus. 37 S. 8°
Würzburg, Med. Diss. v. 9. Dez. 1909, Ref. Hofmeier
[Geb. 10. Aug. 82 Kl.-Berkel; Wohnort: Würzburg; Staatsangeb.: Preußen; Vorbildung: Gymn. Hameln Reife O. 02; Studium: Jura Freiburg i. B. 1, Leipzig 2, Med. Göttingen 1, Leipzig 2, Greifswald 3, Würzburg 4 S.; Coll. 9. Dez. 08; Approb. 5. Dez. 08.] [U 10. 4340

Bartling, Harry, a. Bemerode vor Hannover: Ein Beitrag zur Frage der Ammoniakausscheidung im menschlichen Organismus. Göttingen 1905: E. A. Huth. (16 S.) 8°
Göttingen, Med. Fak., Ref. Schittenhelm, Diss. v. 1. Apr. 1905
[Geb. 3. Juli 81 Bemerode; Wohnort: Bemerode; Staatsangeh.: Preußen; Vorbildung: Lyzeum 1 Hannover Reife O. 00; Studium: Göttingen 4, München 2, Göttingen 3 S.; Coll. 15. März 05; Approb. 1. Apr. 05.]

Bartling, J. G.: Beiträge zur Botanik, s. Bartling, Friedrich Gottlieb

Bartling, K: Handels- u. Verkehrsgeogr. z. Gebr. in Handels- u. Fortbildgssch. u. verw. Lehranst. Mit Ktnskizzen. 2 Tle. gr8° Lpzg, List & v. Br. '12. nn 3 —; in 1 LBd geb. nn 3.25 d
1. Das Deut. Reich. (123) nn 1.30 | 2. Die Verkehrsländer d. Deut. Reiches. (204) nn 1.70

Bartling, Ph.Fr.Th., s. Bartling, Friedrich Gottlieb

Bärtling: Zeit und Ewigkeit, s. Bärtling, Peter Konrad

Baertling, Peter Konrad: Petri Conradi Baertlingii Zeit und Ewigkeit, oder die gegenwärtige und zukünftige Welt ... Nebst e. Vorr. Joh. Julii Bütemeisteri. — Braunschweig 1735: Weitlein. 60,264 S. 8° 1:Et 2605. 23. 75.
9.9259

Bärtling, Richard
Der Ås am Neuenkirchener See an der mecklenburgisch-lauenburgischen Landesgrenze v. Richard Bärtling. (Hierzu Taf. 1 und 4 Texttaf.) Sonderabdruck a. d. Jahrbuch d. K. Pr. Geol. Landesanstalt für 1905. Bd. 26, H. 1. Berlin. 1905. 4°

Bärtling, R., die nordschwedisch. Eisenerzlagerstätten m. besond. Berücksicht. ihrer chemischen Zusammensetzg. u. ihrer bis jetzt nachgewiesenen Erzvorräte. (S. 89—108 m. Fig.) Lex. 8. Berlin 908. M. Krahmann. 1. —
Sonderabdruck aus: „Ztschr. f. prakt. Geol."

— Geol.-agronom. Karte d. Gegend v. Soest. Mit Bohrk. 1:25,000. 2 Bl. je 43×52 cm. Farbdr. Nebst Erläutergn. (47) Lex8° Berl. (N. 4, Invalidenstr. 44), Vertriebsstelle d. kgl. geol. Landesanst. '09. nn 1.50

Bärtling, Richard, Kgl. Bergreferendar zu Clausthal (Harz): Die Molasse und das Glacialgebiet des Hohenpeißenberges und seiner Umgebung. (Mit 1 geol. Karte u. 1 Profiltaf.) *München 1903: C. Wolf & Sohn.* (30 S.) 4°(8°)
München, Phil. Diss v. 1903

Bärtling, Rich.: Die Schwerspatlagerstätten Deutschlds in geolog., lagerstättenkdl. u. bergwirtschaftl. Beziehg. (7, 188 m. Abb.) Lex8° Stuttg., F Enke '11. 6.10

Baertlingius, Petrus Conradus s. *Baertling*, Peter Konrad.

Bartman, Viktor, Gerichtsref. aus Köln: Geht das Eigentum an Geld, welches in fremde Hände gerät, schon durch Ausgeben seitens des fremden Besitzers, oder erst durch Vermischung mit fremdem Gelde verloren? *Köln 1899: J. B. Heimann.* (22 S.) 8°
Erlangen, Jur. Diss. v. 11. Jan. 1898

Bartmann, Lehrer, Nixdorf. 1907 s. *Bartmann*, Josef.

Bartmann, Bernhard: Christus ein Gegner des Marienkultus? Jesus u. seine Mutter in d. heiligen Evangelien. Gemeinverständlich dargest. — Freiburg i. Br.: Herder 1909. VI,184 S. 8° 1:Dv 3140. 2. 4. 5. 12:B. hist. 10 tw. 20. 21. 102. 203. 211. 300:407.382-B. 302.
12.2922

[—] Entwürfe für die populäre Behandlung der Christologie und Schöpfungslehre, im Anschluß an die theologischen Vorlesungen. — Paderborn: Bonifacius-Dr. 1908. VIII, 144 S. 8° 1:Cx 8709. 6.
12.2925

[—] Entwürfe für die populäre Behandlung der Gotteslehre, im Anschluß an die theologischen Vorlesungen. — Paderborn: Bonifacius-Dr. 1906. VII,88 S. 8° 1:Cx 1435. 6.
12.2926

— Das Himmelreich und sein König nach den Synoptikern biblisch-dogmatisch dargest. — Paderborn: Schöningh 1904. IV,158 S. 8° 1:Bq 4886. 5. 6. 12:Dogm. 59d. 20. 21. 25. 29. 102. 160. 211. 214. 302.
12.2932

Bartmann, Bernh.: Lehrb. d. Dogmatik. 2. Afl. (Theolog. Bibliothek.) (19, 861) gr8° FreiburgB., Herder '11. 14 —; L 15.50 d

[—] Die Lehre von der Erschaffung und Erlösung der Welt. Kosmologie, Christologie, Soteriologie, Mariologie. — Paderborn: Bonifacius-Dr. 1906. VII,256 S. 8° (Bartmann: Dogmatische Vorlesungen gehalten an d. Bischöflichen Fakultät zu Paderborn. W.S. 1905/06.) 1:an Cw 5137-S.S.1905. 6. 19.
12.2942

[—] Die Lehre von Gott dem Einen und Dreipersönlichen. Vorher: Einl. in d. Dogmatik. — Paderborn: Bonifacius-Dr. 1905. IX,208 S. 8° (Bartmann: Dogmatische Vorlesungen gehalten an d. Bischöflichen Fakultät zu Paderborn. S.S. 1905.) 1:Cw 5137-S.S.1905. 6. 19.
12.2943

[—] Die Lehre von der Heiligung des Menschen. Gnade u. Kirche. — Paderborn: Bonifacius-Dr. 1906. V,227 S. 8° (Bartmann: Dogmatische Vorlesungen gehalten an d. Bischöflichen Fakultät zu Paderborn. S.S. 1906.) 1:Cw 5137-S.S.1906. 6. 19.
12.2944

[—] Die Lehre von den Sakramenten und den letzten Dingen. — Paderborn: Bonifacius-Dr. 1907. IX,387 S. 8° (Bartmann: Dogmatische Vorlesungen gehalten an d. Bischöflichen Fakultät zu Paderborn. W. S. 1906/7.) 1:an Cw 5137-S.S.1906. 6. 19.
12.2945

Bartmann, Bernh., St. Paulus u. St. Jacobus üb. d. Rechtfertigg., s.: Studien, biblische.

— St. Paulus und St. Jacobus über die Rechtfertigung. — Freiburg i. Br.: Herder 1897. IX,163 S. 8° (Biblische Studien. 2,1.) 1:Bf 1464-2,1. 2. 5. 6. 7. 9. 12:B. isag. 49 f-2,1. 15. 16. 18→21. 24. 25. 26. 28. 29. 38. 52. 102. 169. 211. 300:395.120-B. Per. 2,1. 302→304.
12.2950

— Das Reich Gottes in d. hl. Schrift, s: Zeitfragen, Biblische.

(—) Dogmatische Vorlesungen gehalten an der Bischöflichen Fakultät zu Paderborn. S.-S. 1905-W.-S. 1906/07. Paderborn: Bonifacius-Dr. 1905-07. 8°
S.S. 1905. Bartmann: Die Lehre von Gott d. Einen u. Dreipersönlichen. 1905.
W.S. 1905/06. Bartmann: Die Lehre von d. Erschaffung u. Erlösung d. Welt. 1906.
S.S. 1906. Bartmann: Die Lehre von d. Heiligung d. Menschen. Gnade u. Kirche. 1906.
W.S. 1906/07. Bartmann: Die Lehre von d. Sakramenten u. d. letzten Dingen. 1907.
Spätere Auflagen s. *Bartmann*: Lehrbuch der Dogmatik. 1911 u. ö. 1:Cw 5137. 6. 19.
12.2955

Bartmann, Goswin: Predigten während der heiligen Fastenzeit und an andern Sonn- und Festtagen des Kirchenjahres. Gehalten in d. St. Hedwigskirche zu Berlin, von G. Bartmann u. Joseph Anton Houf. — Berlin: Stange 1841. VI,299 S. 8° 7.
12.2957

— Sieben Predigten über das hochheilige Altarssakrament. Gehalten in der diesjährigen Fastenzeit an der St. Hedwigskirche in Berlin. — Berlin: Stange 1841. VI,113 S. 8° 19.
12.2958

— Zehn Predigten und Betrachtungen gehalten in der katholischen Pfarrkirche in Potsdam. — Posen: Heine 1837. 135 S. 8° 1:Ec 11180.
12.2959

Bartmann, Hermann
— In der **Kyklopenhöhle. Schulroman eines Unzufriedenen von Johannes Hermann [d. i. Hermann Bartmann]. — Leipzig [usw.]: Püttmann [1908]. 320 S. 8°**
1: Yx 38959. 61. 123. 207.
12.2961

Bartmann, Herm. Die wichtigsten Regeln der deutschen Sprache u. Rechtschreibung in Fragen u. Antworten. Zum Gebrauche in Elementarschulen. 8. (IV, 85 S.) Münster 889, Schöningh.
cart. ** — 40; in Leinw. geb. ** — 60

Bartmann, Hermann: Grabbes Verhältnis zu Shakespeare. *Münster 1898: J. Bredt.* (45 S.) 8° ¶ (Soll vollständig erscheinen.)
Münster, Phil. Diss. v. [14. März] 1898

Bartmann, J.: Aufsatzbehandlung, Moderne (u. andere Schriften zur Sprachlehre), s. Bartmann, Josef

Bartmann, J.: Gerichtsverfahren, s. Bartmann, Johann

Bartmann, Ignaz Josef (Bersensis), De feudis ecclesiasticis, German. Krumstabs-Lehen. Diss. jur. Strassbg. (Josias Staedel) 2. IX. 1711. 16 S. (5.—)
Gewidmet: Ernst Dominicus Salentin, Maxim. Phil. u. Wolfg. Heinr. Grfen. v. Manderscheid.

Bartmann, Johann
Bartmann, J., Gerichtsverfahren, s. a. Beiträge, deutschrechtliche, H. 3.

Bartmann, Johannes, Gerichtsrefer.: Das Gerichtsverfahren vor und nach der Münsterischen Landgerichtsordnung von 1571. Heidelberg: Winter 1908. 45 S. 8° ¶ (Ersch. vollst. als: Deutschrechtl. Beiträge. Bd 2, H. 3.)
Leipzig, Jur. Diss. v. 27. Nov. 1908
[Geb. 2. Sept. 84 Aachen; Wohnort: Münster i. W.; Staatsangeh.: Preußen; Vorbildung: Paulin. Gymn. Münster Reife O. 03; Studium: Lausanne 1, Münster 1, Freiburg i. B. 1, Munster 3 S.; Rig. 22. Mai 06.] [U 09. 2440

Bartmann, Johann: Das Gerichtsverfahren vor und nach der Münsterischen Landgerichtsordnung von 1571 und die Aufnahme des römischen Rechts im Stifte Münster. — Heidelberg: Winter 1908. 77 S. 8° (Deutschrechtliche Beiträge. 2,3.) Erschien teilweise auch als Diss. Leipzig 1908.
1: Gl 1084-2,3. 2→7. 9. 10. 11. 12: J germ. 14. h-2,3. 14→19. 21. 23→30. 35. 38. 43. 45. 60. 61. 64. 203. 208. 211. 300: 448.101-B. Per. 2,3. 302→304.
12.2962

Bartmann, Johannes, s. Bartmann, Johann

Bartmann, Josef
Bartmann, Jos.: Kleine Anschaugsbehelfe f. Erdkde, Gesch. u. Lit. (5, 128 m. Fig. u. 2 [1 farb.] Taf.) 8° Wien, F Deuticke '11. 2 — d

— **Moderne Aufsatzbehandlung auf der Oberstufe der Volksschulen und an Bürgerschulen. Anregungen und Schülerbeispiele. — Wien [usw.]: Deuticke 1910. VII, 138 S. 8°**
207. 300: 471.422-B. 302.
12.2965

Bartmann Josef, Deutsches Sprachbuch für Bürgerschulen. In einem Bande. Wien 1908. Franz Deuticke. Geb. K 1.—. (Min.-Erl. vom 29. Juli 1908, Z. 32320.)

— Deut. Sprachb. f. Bürgersch. (In 1 Bde.) 3. Afl. (5, 181) 8° Ebd. '12. geb. 1 — d

(F) **Bartmann, J.,** Deutsches Sprachbuch für ein- bis vierklassige Volksschulen. In zwei Teilen. 1. Teil. Rechtschreib-, Sprachlehr- und Aufsatzübungen für das zweite bis fünfte Schuljahr. Gr.-8°. (114 S.) Deuticke, Wien 1909. kart. K —.80

Bartmann Josef, Deutsches Sprachbuch für ein- bis vierklassige Volksschulen. In zwei Teilen. II. Teil. Rechtschreib-, Sprachlehr- und Aufsatzübungen für das 5. bis 8. Schuljahr. Wien 1909. Franz Deuticke. Kart. K —.80. (Min.-Erl. vom 2. Juli 1909, Z. 24802.)

(F) **Bartmann, J.,** Deutsches Sprachbuch für fünf- und mehrklassige Volksschulen. In drei Teilen. 1. Teil. Rechtschreibübungen in Verbindung mit unterstützenden Sprachlehrübungen für das zweite und dritte Schuljahr. Gr.-8°. (102 S.) kart. K—.72
Deuticke, Wien 1908.

(F) **Bartmann, J.,** Deutsches Sprachbuch für fünf- und mehrklassige Volksschulen. In drei Teilen. 2. Teil. Sprachlehr-, Rechtschreib- und Aufsatzübungen für das vierte und fünfte Schuljahr. Gr.-8°. (108 S.) kart. K —.72
Deuticke, Wien 1908.

Bartmann Josef, Deutsches Sprachbuch für fünf- und mehrklassige Volksschulen. In drei Teilen. III. Teil: Sprachlehr-, Rechtschreib- und Aufsatzübungen für das 6., 7. und 8. Schuljahr. Wien 1909. Franz Deuticke. Kart. K 1.—. (Min.-Erl. vom 2. März 1909, Z. 7361.)

— **Sprachübungen für die Hand des Lehrers. Vorbereitungsstoffe. — Wien [usw.]: Deuticke 1907. VIII, 233 S. 8°**
207. 300: 452.007-B. 302.
12.2971

Bartmann, Max Josef: Kirchliche Hymnen und Lieder aus neuester Zeit. — Sigmaringen 1882: Tappen. 11 S. 8°
1: 4° Ef 6120.
12.2974

Bartmann-Lüdicke C.: Die Riederhöfe ... U. St. o. A. 7 S. P.

Bartmuss, Richard: Die Apostel in Philippi. Eine Missionskantate nach Apostelgesch., Kap. 16 von P. B. Kindscher ... Komp. von Richard Bartmuss, Op. 50. Text u. Einführung. — Göttingen: Vandenhoeck & Ruprecht [1909]. 21 S. 8° **1: Mus. Tb 201. 7. 35. 111.**
12.2976

— **Kreuz und quer. Lieder-Zyklus mit verbindendem Text von Rudolf Liebisch. Für Männerchor komp. von Richard Bartmuss. Op. 38. Textbuch. — Delitzsch: Pabst [1903]. 15 S. 8°** **1: Mus. Tb 200.**
12.2977

Bartmuß, R., drei kleine Motetten f. dreistimmigen Knabenchor. 8. (15 S.) Delitzsch 889. Pabst. n. — 20

Bartmuß, Rich., kleine Motetten. II. u. III. 8. Delitzsch, R. Pabst. à n. — 20 (1—3.: n. — 60)
II. 3 Motetten f. 3stimmigen Mädchenchor. (16 S.) 889.
III. 4 Motetten f. 3stimmigen Schülerchor. (13 S.) 893.

— der Tag der Pfingsten. Dichtung v. Wilh. Hosäus. In Musik gesetzt v. R. B. Textbuch. 8. (14 S.) Dessau 893. R. Kahle's Verl. n. — 10

Bartmuss, W.: Fachschule, s. Bartmuss, Woldemar

Bartmuß, W., Sangesblüten, s.: Schaab, Rob.

Bartmuß, W., Sangesblüthen f. deutsche Mädchen, s.: Schaab, R.

Bartmuss, Woldemar: Fachschule für Zoll- und Steuerbeamte oder Handelshochschule? Ein Beitr. zur Frage d. höheren Ausbildung d. Zoll- u. Steuerbeamten. Nebst Gutachten von Jacobi u. Gothein. — Düsseldorf: Schaffnit in Komm. 1901. 40 S. 8° **1: Gz 8702/12. 5. 38. 203.**
12.2978

— **Mein Herr und mein Gott! Ein Bekenntnis dem deutsch-evangelischen Volke zur Prüfung überreicht. — Berlin: Walther 1907. 36 S. 8°** **1: Dc 7820. 24. 30.**
12.2979

Bartnick, Johann Christoph: Etwas aus dem Feuer der Liebe, an dem Gedächtnißtage des erlebten fünfhundertjährigen königsbergischen Schloß- und Stadt-Jubiläo. (Verf.: J[ohann] C[hristoph] B[artnick].) — Königsberg 1755. 8 S. 4° **10.**
12.2983

Bartning, Adolf
— Enthaltsamkeit in der Marine. Rede. — Hamburg: Deutschlands Großloge II des I.O.G.T. 1910. 22 S. 8°
1:Fd 9322/13. 18. 29. 38. 207.
12.2986

— Was haben die Abstinenten den Gebildeten zu sagen? Vortrag. — Flensburg: Deutschlands Großloge II (I.O.G.T.) 1906. 16 S. 8°
29.
12.2991

— — (2. Aufl.) Hamburg: Deutschlands Großloge II des I.O.G.T. 1909. 16 S. 8°
1:Fd 9318/9². 12:Pol. civ. 204 z. 18.
12.2992

Bartning, Ludwig, Oberbaurat, Schwerin, † 1864. 1864: Altar und Sacramenthäuschen in der Kirche zu Doberan. — (Berlin [1864]: Kgl.Geh.Ober-Hofbuchdr.) 5 Bl. gr.2° 28.
12.2995

Bartning, Ludw.: Photogr. u. Kunst, s.: Flugschrift d. Dürer-Bundes z. ästhet. Kultur.

Bartok, Lajos

— [Thurán Anna, deutsch] Anna von Bartfeld. Historisches Schauspiel ... von Ludwig v. Bartók. Übertr. von Adolf Silberstein. — Budapest 1889: Franklin-Verein. 104 S. 8°
32.
12.3023

Bartók, Lajos: [Kárpáti Emlékek, deutsch] Ludwig v. Bartók. Karpathenlieder. Erinnerung an die ungarischen Alpen. Nachgedichtet von Adolf Silberstein. — Budapest: Franklin-Verein 1886. VII,93 S. 8°
15.
12.3022

Bartók, Ludw. v., Karpathenlieder. Erinnerung an die ungar. Alpen. Dem Magyar. nachgedichtet v. Adf. Silberstein. Mit Illustr. Lex.-8. (VII, 95 S.) Budapest 886. (Leipzig, Haessel.)
n. 4. —

Bartók, Ludw. v., Karpathenlieder. Erinnerung an die ungarischen Alpen. Dem Magyar. nachgedichtet von Dr. Adf Silberstein. Mit Illustr. Lex.-8°. (VII, 95 S.) Wien, Szelinski fl. 2 —. ^86

Bartók, Ludwig v. s. *Bartók*, Lajos.

Bartol, Herm., die ältesten Spuren des Christentums in der mittleren Rhein- u. unteren Maingegend, s.: Broschüren, Frankfurter zeitgemäße.

Bartold. — Hans Bartold und Hans Unterberg, die Stifter der blutgierigen Räuberbande bei Andreasberg. Historisches Räubergemälde aus d. letzten Hälfte d. 16. Jhs. — Leipzig: Liter. Museum 1866. 158 S. 8°
9. 60.
12.3038

Bartold: Die Hiebwunden, s. Bartold, Karl Adolf Richard

Bartold, Hans s. *Bartold.* — Hans Bartold und Hans Unterberg, die Stifter der blutgierigen Räuberbande bei Andreasberg. 1866.

Bartold, Johann Jac. (Rostock), De sponsalibus illustrium in cunabulis. Spec. jur. Präs. Jac. Carmon. Rostock (Nicol. Schwiegerov) 9. IV. 1718. 26 S. (5.50)

Bartold, Karl Adolf Richard: Die Hiebwunden des Kopfes und Gesichts und ihre Behandlung. Nach eigenen Erfahrungen auf d. Mensurplatze. — Bonn: Cohen 1882. 138 S. 8°
1:Ki 915. 5. 12:Chir. 12t. 22. 202. 302.
12.3030

Bartold, R[ichard] (geb. Mirow in Meckl 25 10 1851) Ueber pyaemische Metastasen Berlin (1876) (31 S.) 8°
Berlin, Med Diss v 30 Jan 1875

Bartol'd, V. s. *Barthold*, Wilhelm.

Bartol'd, Vasilij Vladimirovič s. *Barthold*, Wilhelm.

Bartold, W.: Die Geographie des Ibn Said, s. Barthold, Wilhelm

Bartold, Wilhelm: Friedrich Wilhelm, Grossherzog von Mecklenburg-Strelitz, und Augusta Caroline von Grossbritannien, Irland und Hannover, Grossherzogin von Mecklenburg-Strelitz. Ein Lebensbild. — Neustrelitz: Barnewitz 1893. 111 S. 8°
Verschiedene Drucke. 1:Sn 6210. 28. 33. 42. 70. 111.
12.3040

Bartoldy, G.W., s. Bartholdy, Georg Wilhelm

Bartoli a Saxoferrato, s. Bartolus de Saxoferrato

Bartoli, Adolfo
— [deutsch] Geschichte der italienischen Litteratur. Übers. von Carl v. Reinhardstoettner. Bd 1. — Leipzig (1,2: Hamburg [usw.]): Voss 1881–83. VI,500 S. 8°
1. Die Anfänge der italienischen Litteratur. T. 1.2.
16. 17. 18. 23. 25. 36. 41. 43. 47. 91. 180.
12.3067

Bartoli, Baldassare
(—) Eigentliche Beschreibung des Heiligen Hauß Loreto. Grätz 1711: Widmanstätter. 271 S. 8°
1:Dv 10210. 303.
12.3121

(—) Historische Beschreibung des Heil. Hauses zu Loreto. Franckfurt: Buchner 1725. 199 S. 8°
1:Dv 11720. 2. 10. 14. 17. 36. 41. 308.
12.3122

Bartoli, Daniello
— [Della Vita di S. Francesco Borgia, deutsch] Der heilige Franziscus von Borgia, dritter General der Gesellschaft Jesu. Aus d. Ital. von Albert v. Haza-Radlitz. Bd 1.2. — Wien: Mechitaristen-Congregations-Buchh. 1838–39. 8°
5. 14. 19. 20. 26. 102. 300:34 A 4. 302.
12.3342

Bartoli, D, d. heil. Franziscus v. Borgia. A. d. Ital. v. A Haza v. Radlitz. 8. (410) Wien 61, Kirsch. — 27

Bartoli, Dan., der heilige Franziscus v. Borgia, dritter General der Gesellschaft Jesu. Vier Bücher. Aus d. Italien. von Alb. Haza v. Radlitz. Wien 861. Mechitharisten-Congreg.-Buchhdlg. gr. 8. (410 S.)
27 ngr.

Bartoli, Dan., s. Erinnerungen aus dem Leben heil. Jünglinge.

— [deutsch] Die Ewigkeit, die gute Rahtgeberin. Franckfurt a.M.: G.Müller 1660. 544 S. 8°
10. 23. 27. 32.
— — Wien 1717: Voigt. 368 S. 8°
309.
12.3168

— Geographia moralibus et politicis discursibus illustrata. Ebd. 1709. 653 S. 8°
6. 12:Ph. Pr. 87. 38. 303. 307.
12.3196

— Geographia politico-moralis. Ulmae: Woler 1708. 653 S. 8°
2. 12:Ph. Pr. 86. 211. 309.
12.3195

— Gesch. d. h. Ignaz v. Loyola (od. d. Jesuit.-Ord.); deutsch — s. Brühl.
Ausgabe in französ. Sprache. 3 Bde. 8. Paris 1845 b. Lagny frères.

Bartoli, Dn., l'homme de lettres, trad. de l'Ital. III Vols. gr. 12. Regensb. 769. Montag et W. 2 ℛ

— le même livre. III Vols. 12. Bern 779. Typ. Soc. 1 ℛ

— [Ausz., deutsch] Kurze Lebensgeschichte des heiligen Stanislaus Kostka aus der Gesellschaft Jesu. — Paderborn: Schöningh 1859. 59 S. 8°
6.
12.3378

— Prose scelte. Pubbl. da Ferdinando *Bozzi*. Vienna: Schrämbl 1827. 214 S. 8° (Scelta nuovissima di prose italiane. 9.) (Biblioteca italiana.) **302.**
12.3145

Bartoli, Giorgio, Professor, ehemaliger Jesuit. 1905: [Autobiografia di un superuomo, deutsch] Erlebnisse eines Übermenschen (1830-1870). Aus d. Ital. von Franz Joseph Thoma. Bd 1.2. — Mainz 1905: Lehrlingshaus. 8°
Das Original erschien zuerst in: La Civiltà cattolica. Anno 52.53. 1001-02.
12:P. o. it. 106 og. **17. 26. 38**[** 2].
12.3392

— - [deutsch] Der Untergang Roms. Geschichtliche u. psychologische Studie. Übers. von Fr.Pfäfflin. — Leipzig: Strauch [1910]. IX,303 S. 8° **1**:Do 22511. **14. 21. 24. 41. 47. 79. 203. 211. 300**:473.989-B. **307.**
12.3397

— — 2. Aufl. Ebd. [1910]. IX,303 S. 8° **7. 106.**
12.3398

Bartoli, J.: E r l e b n i s s e eines Übermenschen, s. B a r t o l i, Giorgio

Bartoli, M. s. *Bartoli*, Matteo Giulio.

Bartoli, Matteo s. *Bartoli*, Matteo Giulio.

Bartoli, Matteo Giulio
Bartoli, Matteo, altitalienische Chrestomathie, s.: Savj-Lopez, Paolo.

Bartoli Matthäus: Nuovi contributi allo studio del dialetto veglioto.
1898 PN 1141 Diss.Wien, Univ.

Bartoli, Matteo Giulio: Das Dalmatische, s.a. Schriften d. Balkankommission.

— **Das Dalmatische.** Altromanische Sprachreste von Veglia bis Ragusa u. ihre Stellung in der apennino-balkanischen Romania. 1.2. — Wien: Hölder 1906. 4°
1. Einl. u. Ethnographie Illyriens.
2. Glossare u. Texte. Grammatik u. Lexikon.
(Romanische Dialektstudien. 1.2.) (Schriften d. Balkankommission. Linguistische Abt. 4.5.)
1:4° Ui 10145-4.5. **2**→**11. 12**:4° L. gen. 15 cv-4.5. **14. 15. 17. 18. 21. 24. 27. 29. 30. 300**:407.264-C.Per. 2,4.5: **302**→**304.**
12.3421

Bartoli Matteo Giulio, Dr.: Über eine Studienreise zur Erforschung des Altromanischen Dalmatiens. Siehe I. Abt. Vorläufige Berichte der Balkankommission. V.
Separatabdruck

— **Grammatische Übersicht** über die italienischen Mundarten und Glossar. — Straßburg: Trübner 1903. S. 172-214. 8°
Aus: Savj-López, Paolo: Altitalienische Chrestomathie. 1903.
21.
12.3428

Bartoli, Matthäus, s. B a r t o l i, Matteo Giulio

Bartoli, Pietro Santi
(—) [Ausz., deutsch] Auswahl antiker Gemaelde aus dem vom Grafen Caylus nur in wenigen Exemplaren ausgegebenen Werke. Mit Erl. begleitet von August Rode. H. 1-3. — Dessau: Chalcogr. Ges. 1798. gr. 2°
Sondertitel:
1. Die Pyramide des Caius Cestius zu Rom und ihre antiken Gemaelde.
2. Antike Gemaelde aus den Baedern des Titus zu Rom.
3. Antike Gemaelde aus den Baedern des Constantin zu Rom.
2. 7. 10. 14.
12.3458

(—) — H. 1-3. Weimar: Landes-Industrie-Comptoir 1805. gr. 2° Sondertitel wie in 12.3458. **3. 5. 32.**
12.3459

B a r t o l i, P. S., Veterum lucernae sepulcrales. C. observatt. J. P. Bellorii. Latine cum notis ed. Laur. Begerus. Cum 114 figg. Berol. 702. f.° 3 rthl. 16 gr.

— [lat.] Lucernae veterum sepulchrales iconicae, ex cavernis Romae subterraneis collectae ... Cum observationibus J. Petri Bellorii, ante decennium ed.: Nunc ... recusae. Studio & impensis L. Begeri. — Coloniae March. 1702: Liebpertus. Getr. Pag. 4°
1:4° Nx 10517. **2**→**11. 12**:2° Arch. 19. **14**→**16. 23. 24. 27. 29**→**36. 39. 41. 43. 61. 78. 102. 300**:BE 11 K 10. **302. 308.**
12.3441

Bartolin, Thomas s. *Bartholin.*

Bartolini, Domenico
— Di S.Zaccaria Papa e degli anni del suo pontificato. Commentarii storico-critici. — Ratisbona 1879: Pustet. Getr. Pag. 8° **1**:Cd 5410. **3. 5. 7. 12**:H. eccl. 88 uh. **14. 15. 17. 19. 20. 21. 25. 30. 52. 109. 214. 302. 303.**
12.3524

Bartolinus, Casparus s. *Bartholin*, Caspar.

Bartolinus, Dominicus s. *Bartolini*, Domenico.

Bartolinus, Thomas s. *Bartholin.*

Bartolius, Petrus Sanctius s. *Bartoli*, Pietro Santi.

Bartolomaeus s. auch *Bartholomaeus.*

Bartolomäus: Die A b f a s s u n g der Strafurteile, s. s. B a r t o l o m ä u s, Richard

Bartolomäus: H i n d e r s i n, Der General der Infanterie, s. B a r t o l o m ä u s, Ernst

Bartolomaeus, Ernst: Der General der Infanterie v. Hindersin. Ein Bild seines Lebens u. Wirkens. — Berlin: Mittler 1895. 44 S. 8°
1:Sw 15394. **2. 10. 11. 12**:Biogr. 525 qf. **14.**
12.3552

Bartolomaeus, Richard: Die Abfassung der Strafurteile in Preußen. — Berlin [usw.]: Parrisius [1885]. 31 S. 8°
1:Fz 1440. **3. 14. 208.**
12.3553

Bartolomaeus, R., Christentum u. Freimaurerei s.a: Bücherei f. Freimaurer 14. Bd.

— **Christentum** und Freimaurerei. Vorträge. — Berlin: Wunder [1907]. 93 S. 8° (Bücherei für Freimaurer. 14.)
1:Nb 4925-14. **3. 11. 18. 21.**
12.3554

— Justus Ludwig Decius. Ein deutscher Kaufmann und polnischer Staatsmann. (1485-1545.) — [Königsberg: Beyer 1898.] S. 49-111. 8°
Aus: Altpreussische Monatsschrift. 35. 1898. **10. 212.**
12.3555

— Das Erbe der Väter. Roman aus vergangenen Tagen. — Berlin: Borussia [1909]. 247 S. 8° **1**:Yx 39696. **11.**
12.3556

— **Handbuch** für Mitglieder der Kreisausschüsse in der Provinz Posen. — Posen: Decker 1895. 94 S. 8°
1:Gu 4682.
12.3558

— Der große **König.** Ein Heldengedicht in 9 Gesängen. — Lissa [usw.]: Ebbecke 1891. 290 S. 8° **1**:Yo 23731. **41.**
12.3560

— — 2. Aufl. Lissa: Ebbecke 1894. 290 S. 8° **3. 27.**
12.3561

Bartolomäus, R: Schatten d. Vergangenh. Trauersp. (91) 8° Berl., E Ebering (02). 2 — d

— **Schatten der Vergangenheit.** Trauerspiel. — Berlin: Verl. d. Dramaturgischen Inst. [1902]. 91 S. 8°
1:Ys 33106. **3. 11.**
12.3562

Bartolome de Martiribus s. *Bartholomaeus* a Martyribus.

Bartolomej, Ivan Alekseevic
— **Notice sur les médailles des Diodotes, Rois de la Bactriane, par J. de Bartholomaei. — Berlin 1843. 15 S. 8°**
Aus: Zeitschrift für Münz-, Siegel- und Wappenkunde. 3. 1843.
1:Pk 4206. 34.
12.3573

Bartolomeo s. *Bartolommeo.*

Bartolomeus s. *Bartholomaeus.*

Bartolommeo, Fra, italienischer Maler, 1472-1517. 1879: Werke von Hauptmeistern der venezianischen, paduanischen und lombardischen Maler-Schule des 15. und 16. Jahrhunderts einschliesslich Lionardo da Vinci, Fra Bartolommeo, Andrea del Sarto. 1879 s. *Ausstellung* von Nachbildungen italienischer Malerwerke des 15. und 16. Jahrhunderts.

Bartolommeo, Fra Paolino da San
Bartolommeo, F. da S., Concordio, Ammaestramenti degli Antichi 8gr. Brescia. 817. (Vienna, Volke.)

Bartolomeo, Fra Paol. da San, Reise nach Ostindien, s. Magazin d. neuesten Reisebeschreibb., 15r Bd.

Bartolommeo's, Frz., Biographie u. Charakteristik, s.: Kunst u. Künstler des Mittelalters u. der Neuzeit.

Bartoloni, A., Amoenitates Italicas sist. Opuscula ad rem herbariam et zoologiam Italiae pertinentia etc. Cum VI tabb. in ramis. 4maj. Bonn 820. (Wien, Volke). 8⅛ß 8 gl

Bartolozzi, Francesco
— **Elements of drawing. Étude de dessin. — Vienna: Artaria [um 1790]. 28 Bl. quer-8°** 12:2° Art. 5 u. 34.
12.3610

Bartolt, Karol: Imagines principum, regumque Poloniae politicis dogmatibus, phalerisque poetarum adumbratae: Nuper thesibus philosophicis appensae, nunc ... recusae. [Braunsberg] 1721: (Typ. Coll. Brunsbergensis Soc. Jesu). 194 S. 8° 7. 14. 44.
12.3631

Bartolt, C. S. I., Imagines principum regumq. Poloniae etc. 8. 727.

Bartolt, C., S. I., s. Bartolt, Karl

Bartolus de Saxoferrato
— **[Ausz.] Die theoretischen Abhandlungen von Bartolus und Baldus über das internationale Privat- und Strafrecht. Zsgest. von F. Meili. — Leipzig: Duncker & Humblot 1894. 61 S. 8°**
Erweitert aus: Zeitschrift für internationales Privat- u. Strafrecht. 4. 1894.
7. 208. 302.
12.4088

Bartoli a Saxoferrato opera omnia. Fasc. I. et II. 4 maj. Prati 843. 45. (Monachii, Franz.) à n. 1 ß

Bartoli a Saxoferrato, Perusin, tractatus de insigniis, et armis m. Hinzufügg. e. Uebersetzg. u. der Citate neu hrsg. v. F. Hauptmann. gr. 8. (IV. 30 S.) Bonn 883. Hauptmann. n. 2. —

— **Tractatus de insigniis et armis. 1483**
— **[lat. u. deutsch] Mit Hinzufügung e. Uebers. u. der Citate neu hrsg. von F. Hauptmann. — Bonn: P. Hauptmann 1883. IV,30 S. 8°** 1:Pf 2405. 3. 5. 6. 52.
12.4296

— **Tractatus de ordine iudiciorum nunc primum separatim ed., adnotationibus parallelis instructus et notitia de illius icti vita et scriptis adauctus, quo ad audiendam orationem ... muneris professoris iuris extraordinarii in Acad. Jenensi auspicandi causa habendam ... invitat Gustavus Adolphus Martin. — Jenae: Croeker 1826. 40 S. 8°**
1:Hb 4685 [u.] 10 in Fi 190. 2. 7. 10. 12:Diss. 805-8. 15. 17. 19. 21. 24. 26. 27. 32. 45. 48. 208.
12.4298

Bartoli, ..., de Saxaferrata tractatus de ordine judiciorum ed. G. A. Martin. 8 maj. Jena 827. Cröker. 5 gl

Bartolus, Daniel s. *Bartoli*, Daniello.

Bartolus, Petrus Sanctus s. *Bartoli*, Pietro Santi.

Barton, d. Lady, Gesch. in Briefen, v. d. M. Griffith, a. d. Engl. 8. Lpz. Weidmann. 772.

— — dasselbe. 8. Augsb. Dalfenberger.

Barton, Mrs. Alfred
Barton, Mrs. Alfr., s.: Gassiot, H.

Barton, Miss. Eine Geschichte aus Manchester. Nach der dritten Englischen Auflage übersetzt. Grimma 1849—50. V: *Gaskell, Elizabeth Cleghorn.* (BrMm) (Ky)

Stories from Waverley. From the orig. of Sir Walter Scott by H. Gassiot (Mrs. Alfred Barton). Für d. Schulgebr. erl. von Prof. Dr. J[osef] Klapperich. [Nebst] Wörterbuch, bearb. von Dr. Max Heckhoff. *Glogau: C. Flemming 1903.* 2 Bde 8°
— Schriftsteller, Englische u. französische, d. neuer. Zeit. Bdch. 7.

Barton, Benjamin Smith
— **[deutsch] Abhandlung über den Kropf, so wie er sich in verschiedenen Theilen von Nordamerica häufig findet. Übers. u. mit Anm. versehen von Wilhelm Liebsch. — Göttingen: Dieterich 1802. 136 S. 8°**
1:Kl 3431. 3. 4. 6. 7. 8. 11. 15. 16. 17. 20. 21. 24. 26. 35. 309.
12.4322

— **[deutsch] Abhandlungen über die vermeinte Zauberkraft der Klapperschlange und anderer amerikanischen Schlangen. Übers., mit e. Einl. u. erl. Anm. versehen von E. A. W. v. Zimmermann. — Leipzig: Reinicke & Hinrichs 1798. XXIV,102 S. 8°** 1:Lo 14740. 5. 7. 8. 9. 12: Zool. 23o. 15. 16. 17. 28. 34. 39. 302.
12.4324

— über die vermeinte Zauberkraft der Klapperschlange. a. d. Engl. m. Anmerk. v. E. A. W. v. Zimmermann. 8. Leipz. Hinrichs. 798.

Barton, C. W., Entdeckung e. sichern Mittels, Kleider u. Zimmer von Wanzen u. Motten zu befreien. Aus d. Engl. 8. Berl. 808. 16 gl 17e A. Ebd. 825. (Sander). 6 gl Dass., e. and. Uebersetzung. 8. Hall am K. 818. Schmeißer. 2 gl

— neueste Entdeckung eines sichern Mittels, Kleider, Meubles u. Zimmer von Wanzen u. Motten in kurzer Zeit zu befreien 2c. Aus dem Engl. 8. Berlin, Neue Societätsbuchh. 802.

Barton, C.W.: Neueste Entdeckung eines sichern Mittels, Kleider, Meublen und Zimmer von Wanzen und Motten in kurzer Zeit zu befreien. Aus d. Engl. — Frankfurt [usw.]: Schmeisser in Hall in Komm. [1817]. 19 S. 8° 15.
12.4341

— — **Ebd. [1818]. 23 S. 8°** 12: Oecon. 177h.
12.4342

— sicheres Mittel, Wanzen u. Motten zu vertreiben. 8. Dresden, Beger. 804.

— sicheres Mittel, Wanzen u. Motten auf immer zu vertreiben. 5e Aufl. 8. Dresd. 813. Beger. (Leipz., Weygand). 3 gl

— **Der Wanzen-, Motten-, Fliegen- und Mückenvertilger; eine gründliche ... Anweisung, sich vor diesen Insekten zu verwahren. 17., verb. Aufl. — Berlin: Flittner 1825. VI,64 S. 8°** 30.
12.4343

Barton, Geo. A: The origin and development of Babylonian writing, s: Beiträge z. Assyriol. u. semit. Sprachwiss.

Barton, Mary (v. Mrs. Gaskyll), s. Ausland, Das belletristische. 1668-1676. Lfg.

Barton, Mary (v. Mrs.Gaskyll), s. B i b l i o t h e k , Europäische. 224 u. 238 - 240. Bd.

Barton, Mary (v.Mrs. Gaskyll), s. C o l l e c t i o n of British authors. Vol.182.

Die Barton County Presse: Feb. 1897- 1915t

Independent weekly. An edition of Der Herold (Wichita, Kans). 1901- 15. Place of publication varies Great Bend, Kans., 1897 -Oct. 23, 1903. Circulation 1903, 1800. Many errors in numbering of the Jahrgang. Mar 1907--1915. Edited by Louis Zutavern, & published by John Hoenscheidt, 1897--Oct 23, 1903; edited & published by John Hoenscheidt, 1897—Oct 23, 1903, edited & published by John Hoenscheidt, Oct. 30, 1903- 1915.
Ellinwood, KS

Bartonec, Franz

Bartonec, F. Geognostische Karte des Mährisch-Schlesisch-Polnischen Kohlenreviers. Wien. 1894.

— Die erzführenden Triasschichten Westgaliziens. — Wien: Manz 1906. 10 S. 4°
Aus: Österr. Zeitschrift für Berg- u. Hüttenwesen. 54. 1906.
302.
12.4455

Bartoneo, F, geognost. Übersichts-Karte d. mährisch-schlesisch-poln. Kohlenrevieres. 1:225,000. 45×81,5 cm. Farbendr. Wien 94. Manz. 6.50

Bartonec, Hugo: Über die Bestimmung des Wolframs in Wolframstahl und über Versuche wolframreichere Polywolframate zu gewinnen als es die Metawolframate sind. 17 S.
Diss. TH Wien 1908.

Bartoniczek, P a u l. Programm der Militär-Vorbereitungs-Schule in Klgft. Klgft., Leon, (1889). 4 S.

Bartoš Písař
— [lat.] Des Bartholomäus von Sct. Aegidius Chronik von Prag im Reformationszeitalter. Chronica de seditione et tumultu Pragensi 1524–1531. Im lat. Texte zum 1. Male ... hrsg. u. mit historischer Einl. begleitet von C.Höfler. Prag: Tempsky in Comm. 1859. XVI,301 S. 8°
1:Sd 5705[u.] 5706. 2. 3. 4. 7. 10. 12:H. ref. 16y. 14. 15. 17→21. 24. 26. 27. 29. 30. 34. 35. 300:175.086–B. 302. 304.
12.4461

Bartoš, Kronika Pražská od léta páně 1524 až do konce léta 1530. Dle dvou rukopisů cís, veřejné knihovny Pražske k vydání upravil K. J. E r b e n. gr. 8. (XXIV u. 376 S.) Prag 851, Calvo. 1 1/2 ℳ

Bartosch, Amalie, s.: Wandtafeln, Wiener, f. d. Unterr. i. weibl. Handarbeiten.

Bartosch, Fr.: Ueber die modale Bedeutung des böhmischen Instrumentals. S. 18-36. 8°.
Progr. Teschen kath. 1868.

Bartosch, Fr.: Einige Bemerkungen zur böhm. Syntax. S. 22-27. 8°.
Progr. Teschen kath. 1869.

Bartosch, Stephan: Handbuch zur deutschen Gebühren-Ordnung für Rechtsanwälte. Vom 7. Juli 1879/20. Mai 1908. Unter bes. Berücks. der am 1. April 1910 in Kraft tretenden Novelle für den Bureaugebrauch zsgest. u. bearb. — [Kattowitz]: Verf. 1909. 81,VII S. 8°
Nebent.: Gebühren-Ordnung für Rechtsanwälte vom 7. Juli 1879 /20. Mai 1908.
30.
12.4508

BARTOSCH, V.
Waarenfälschungen und Surrogate. Bozen, 1894. 8vo.

Bartoscheck, Konstantin: Alma, pia, & gratiosa Soror prodigiosi scapularis. Das ist lob- und ehren-schuldige Lob-Verfassung von dem heiligen Scapulier. In welcher Maria die überseeligste jungfräuliche Mutter Gottes als: eine gütige, fromme, und gnädige Schwester deß heiligen Scapuliers. — Neu-Stadt Prag (1711): Hoffäcker. 18 S. 8°
12:4° Hom. 1901-21/11.
12.4509

Bartosságh, Josef v.: Bemerkungen über den Fortgang der landwirthschaftlichen Kultur der feinern Schaf-Zucht und über die verschiedenen Arten der Merinos in Ungarn ... Ihren Mit-Landwirthen ... gewidmet von B-gh [d. i. Josef v. Bartosságh] und G-y. — Preßburg: Verf. 1823. 70 S. 8°
300:110.105–B. 302. 305.
12.4518

— Beobachtungen und Erfahrungen über den Götterbaum (Ailanthus glandulosa L.) — Ofen 1841. 47 S. 8°
1:Oy 12956. 15. 17. 21. 210.
12.4519

v. Bartoſſágh, J., Beobachtt. bei der Veredl. d. Schafe u. über d. Mestizen in Ungarn. Nachfolge d. Bemerkk. über d. Merinos-Racen in Ungarn. gr. 8. Preßb. 826. Landes. 16 K

— Beobachtungen bei der Veredlung der Schafe und über die Mestitzen in Ungarn. Nachfolge der Bemerkungen über die Merinos-Racen in Ungarn. — Preßburg: Landes 1827. 110 S. 8°
302.
12.4520

v. Bartossàgh, J., Erinnerungen für den Schaaf-Ispány, das ist, für die bei Schäfereien angestellten Unterbeamten. Aus vieljährig prakt. Verwaltungs-Erfahrr. zusammen geordnet. A. u. d. T.: Ungarische Mesta-Regeln. 1s Hft. gr. 8. Pesth 839. Heckenast. 3/4 ℳ

— Ungarische Mesta-Regeln. H. 1. — Pesth: Heckenast 1839. 125 S. 8°
1. Erinnerungen für den Schaf-Ispány, das ist: für die bei Schäfereien angestellten Unterbeamten.
300:13.058–B.
12.4521

— Der Schäferei-Verwalter. Erinnerungen für die bei Schäfereien angestellten Unterbeamten. 2. Ausg. — Ebd. 1842. 125 S. 8°
28.
12.4522

Bartoszewicz: Die E r b s c h a f t s s t e u e r ..., s. s. B a r t o s z e w i c z , Joachim

Bartoszewicz, Joachim: Die Erbschaftssteuer im internationalen Rechte. — Lemberg: Seyfarth & Czajkowski 1899. 73 S. 8°
1:Fm 2506. 7. 15. 24. 106. 203. 208. 302. 303.
12.4524

Bartoszewicz, Stephan [aus Belno, Königr. Polen]: Ueber einige Condensationsproducte des β-Naphtyl-Methylketons. Lemberg 1898. 37 S. 8°.
Bern. Phil. Diss. 1897/98.

BARTOSZEWSKI, Johannes: De infallibilitate Romani pontificis. — (1877). 254 S. 4° (Handschr.) Diss. Wien Univ. Diss. 322

Bartoszkiewicz, Joann. Nepom. [geb. Pudewitz in Pos 16 5 1813]: Theses theologicae ... pro licentiati in theologia honoribus rite capessendis. Vratislaviae (1842). (2 Bl.) 8°
Breslau, Kath.-theol Liz.-Thesen v. 23 Juli 1842

Bartow, Edward [aus Glenham, NewYork, U. S. A.]: Ueber neue aus m-Isocymol abgeleitete Verbindungen ... Göttingen, Druck d. Dieterich'schen Univ.-Buchdr., 1895; 41 S. 8.
Göttingen, Phil. Fak., Inaug.-Diss. v. [29. Okt.] 1895

Bartram, Emil, aus Hamburg: Anatomische, histologische und embryologische Untersuchungen über den Verdauungstractus von Eudyptes chrysocome. Mit 2 Taf. *Leipzig 1901: Hallberg & Büchting.* (91 S.) 8°
Leipzig, Phil. Diss. v. [25. Juli] 1901

Bartram, Emil, anatomische, histologische u. embryologische Untersuchungen üb. den Verdauungstraktus v. Eudyptes chrysocome. gr. 8. (64 S. m. 2 Doppeltaf. u. 2 Bl. Erklärgn.) Stuttgart 901. E. Schweizerbart. n. 1. —
Sonderabdruck aus: „Zeitschrift f. Naturwiss."

Bartram, Hermann *Karl Gustav* [app. Arzt aus Neumünster]: Aus d. patholog. Institut in Kiel. Ein Beitrag zur Lehre von der hypertrofischen Leberkirrhose ... Kiel, Druck v. A. F. Jensen, 1893; 16 S., 1 Bl. 8.
Kiel, Med. Fak., Inaug.-Diss. v. [25. Mai] 1893

Bartram, William
— [deutsch] Reisen durch Nord- und Süd-Karolina, Georgien, Ost- und West-Florida ... Mit erläuternden Anm. von E.A.W.Zimmermann. — Berlin: Voss 1793. XXVI,469 [vielm. 501] S. 8° 1: Uu 5222. 2. 4. 8. 9. 12: It. sing. 51. 14. 22. 25. 28. 35. 36. 39. 44. 53. 302.
12.4590

— — Ebd. 1793. XXVI,469 [vielm. 501] S. 8° (Magazin von merkwürdigen neuen Reisebeschreibungen. 10.) 4. 6.
12.4597

BARTRAM, William 1739 - 1823
William Bartrams Reisen durch Nord- und Süd-Karolina, Georgien, Ost- und West-Florida ...
Aus dem Englischen ... von E. A. W. Zimmermann.
Wien: Schrämbl. 1793. 2 Bde. 8°.
Magazin der merkwürdigen neuen Reisebeschreibungen [Wiener Ausg.], Bd. 19 u. 20.
Universitätsbibliothek Leipzig
Übers. v. Travels through North and South Carolina.
Nachdr. d. beiden voraufgehenden Nr.
Eberhard August Wilhelm Zimmermann, 1743-1815

— — Neue Ausg. Th.1.2. Wien: Bauer 1815. 8° 308.
12.4598

Bartram, W., Voyages dans les parties sud de l'Amérique septentrionale, savoir: les Carolines septentrion. etc. traduit de l'Anglois par Benoist. II. Vol. av. fig. gr. 8. *Paris.* (Sommer, Lpz.) 799.

Bartroli, Pablo, S. J., Manjar de cielo. (58 S. m. Abbildgn.) 11,6×6,1 cm. Einsiedeln (909). Verlagsanst. Benziger & Co. Geb. — 50

Bartsch [Freimaurer-Literatur], s. Bartsch, Julius

Bartsch: Unser Auszug nach Mittelasien, s. Bartsch, Franz

Bartsch: Bausteine für die Schule, s. Bartsch, Louis

Bartsch: De Chaeremone poeta tragico, s. Bartsch, Heinrich

Bartsch: Die grundbücherlichen Eintragungen (und andere Schriften zum Grundbuchgesetz), s. Bartsch, Heinrich

Bartsch, v.: Handbuch für den Schwimmunterricht, s. Bartsch, Robert

v. Bartsch. Plan eines Theiles der Festung Pillau und davor liegender inneren Rhede. Pillau 1809. 1 Bl. c. Hz.

Batsch. Nautische Rückblicke. Berlin 1892. 427 S.

Bartsch, Thiergruppen, s. Thiergruppen.

Bartsch, Prediger emer. 1852: Verzeichnis der von dem Prediger emer. Bartsch gesammelten Manuscripte, Autographen, Musikalien & Bücher, letztere theilweise aus der Bibliothek L. Tieck's erworben. [Auktionskat.] — Berlin 1852: (Brandes & Schultze). 71 S. 8° 14. 23.
12.4610

Bartsch, A. (Kunstgeschichtliche Schriften), s. Bartsch, Adam

Bartsch, A. [Schützenmeister], s. Bartsch, Adolf

Bartsch, A. (Schriften zur mecklenburgischen Geschichte), s. Bartsch, Albrecht

Bartsch, A., Geschichtsfibel. Eine Vorstufe f. d. deutschen Geschichtsunterricht. gr. 8. (34 S.) Königsberg 891. Gräfe & Unzer, Sort. n. — 25

Bartsch, A.: Heimatkunde, s. Bartsch, Adalbert

Aus aller Herrn Länder. Reiseerinnerungen von A. Bartsch. Constantinopel. Olymp. Orient. Griechenland. Spanien. Nordcap. Finnland. Kaukasus. Marokko. England u. Schottland. *Liegnitz: Selbstverl.; E. Scholz' Nachf. in Komm. 1904.* (307 S.) 8° [B.] [04 may 2

Bartsch, Adalbert: Erste Heimatkunde, als Grundlage für die deutschen Landeskunden für niedere u. höhere Schulen. — Lissa i.P.: Ebbecke 1904. 28 S. 8°
1: Nf 1638/4. 207.
12.4611

Bartsch, Adam Ritter v., Anleitung zur Kupferstichkunde. 2 Bde. mit 11 Kupfert, gr. 8. Wien, Wallishauser. 820.

Bartsch, Adam v.: Anleitung zur Kupferstichkunde. Bd 1.2. — Wien: Wallishausser 1821. 8°
1: Nv 423. 5. 7. 10. 11. 12: Art. 16t. 14. 15. 17. 18. 19. 21→28. 30→33. 39. 44. 48. 51. 78. 79. 111. 117. 300: BE 5052 [u.ö.] 302. 304.
12.4612

— Catalogue raisonné des desseins originaux des plus grands maîtres anciens et modernes qui faisoient partie du Cabinet de feu le Prince Charles de Ligne. — Vienne: Blumauer 1794. 460 S. 8°
1: Ns 10531. 7. 12: Art. 17. 14. 17. 21. 22. 23. 38. 39. 121. 300: 394.411-B. Ks. 302. 304.
12.4614

— Catalogue raisonné des desseins originaux, qui faisoient partie du cabinet du Pr. C. de Ligne. gr. 8. Wien 794. Schalbacher. (Leipz., W. Nauck). 1 ₰

— Catalogue raisonné des desseins originaux, qui faisoient partie du Cabinet du Pr. C. de Ligne. gr. 8. Wien, Schallbacher. (Sommer, Leipz.) 794.

— Catalogue raisonné des estampes gravées à l'eau-forte par Guido Reni, et de celles de ses disciples Simon Cantarini ... Jean-André et Elisabeth Sirani et Laurent Loli. Vienne: Blumauer 1795. 105 S. 8°
1: Nt 7016. 3. 5. 7. 12: Art. 19. 14. 17. 22. 24. 38. 121. 300: 395.273-A. Ks. 308.
12.4615

— Catalogue raisonné des estampes, gravées à l'eau forte p. G. Reni etc. 8. Wien 795. Sammer. (Schalbacher). 8 gr

— Catalogue raisonné de toutes les estampes qui forment l'œuvre de Lucas de Leyde. — Vienne: Degen 1798. XVIII,124 S. 8° 1: Nt 4196. 3. 7. 12: Art. 19h. 14. 17. 22. 32. 35. 39. 300: 18 Cc 110. 302.
12.4616

— Catalogue raisonné de toutes les estampes, qui forment les oeuvres de Luc. de Leyde. 8. Wien 798. (Grüffer et Schmidl). 1 ₰

v. Bartsch, Adm., († d. 21. Aug. 1821.) Catalogue raisonné de toutes les estampes, qui forment l'oeuvre de Rembrandt etc. II Vols. 8. Wien ... N. Ed., av. 6 planch. 797. (Grüffer et Schmidl). 3 ₰ 8 gr

Bartsch, A., Catalogue raisonné de toutes les estampes, qui forment l'oeuvre de Rembrandt etc. II. Vol. 8. Vienne. (Tourneisen, Cassel) 797.

Bartsch, Adam, catalogue raisonnó do toutes los estampes, qui forment l'oouvre de Rembrandt et coux do ses principaux imitateurs. Composó par los sieurs Gorsaint, Hollo, Glomy et P. Yvor. Nouvello éd. Entièromont rofondue, corrigée ot considórablomont augmontéo. 2 parties. Avec planches. Réimpression toxtuelle do l'od. do **1797**. gr. 8. (XXXIX, 234 u. 182 S.) Leipzig 880. Danz. n. 20.—; in 1 Bd. geb. n. 23.—

— **Catalogue** raisonné de l'œuvre d'estampes de Martin de Molitor. — Nuremberg: Frauenholz 1813. 71 S. 8°
5. 12: Art. 17 f. 17. 22. 300: 394.413-B. Ks.
12.4617

— **Copies** faites d'après des estampes très rares de différens maîtres, décrites dans les volumes I. IV. et V. du Peintre graveur. — Vienne: Degen 1805. 16 Taf. quer-8°
In einigen Bibliotheken sind die ersten 8 Tafeln unter dem Titel 'Copies faites d'après des estampes très rares de différens maîtres, décrites dans le premier volume du Peintre graveur', Vienne 1803, besonders zusammengefaßt.
1: Nv 62. 2. 5. 7. 12: 4° Art. 5. 14. 15. 17. 22. 25. 29. 39. 44. 61. 109. 302.
12.4618

— **Handzeichnungen** italienischer Meister von A. Bartsch u. Ruscheweyh. [1-3.] — Wien: Kunst- u. Industrie Comptoir [1803-07]. quer-gr. 2° 17.
12.4619

Bartsch, J. A[dam] & V[incenz] G[eorg] Kininger. [Heldenthaten von Soldaten der k. k. Armee in den Feldzugen gegen die Franzosen in den Jahren 1792 bis 1799. Nach Zeichnungen von J. A. Bartsch und V. G. Kininger gestochen von J. A. Bartsch.] In Wien, bey T. Mollo und Comp. [um 1800]
12 Taf. in kol. Kupferst. 2°
Text auch franz.

— Anton Waterlo's **Kupferstiche**, ausführlich beschrieben. Wien: Blumauer 1795. 156 S. 8°
1: Nt 10131. 7. 8. 12: Art. 18. 17. 22. 29. 38. 44. 300: 395.442-B. Ks. 302.
12.4620

— A. **Waterloos** Kupfer beschrieben. 8. Wien, Blumauer. (Sommer in Leipz.) 795.

— Waterloos Kupfer beschrieben. 8. Wien 795. (Leipz., W. Rauck). 12 gl.

— **Le Peintre** graveur. Vol. 1. — Vienne 1802: Degen. VIII, 402 S. 8°
3. 7. 12: Art. 20-1. 16. 22. 23. 32. 38. 39. 44. 45. 61. 300: 395.282-B. Ks. Bd 1. 304.
12.4621

— — Vol. 1-21. Vienne (16 ff.: Vienne: Mechetti) 1803-21: Degen. 8°
In einigen Bibliotheken sind die dazugehörigen Tafeln in einem besonderen Bande gebunden. In einigen Exemplaren sind noch 11 S. Additions au premier volume hinzugefügt.
Als Ergänzung hierzu erschienen:
Andresen, Andreas: Der deutsche Peintre-graveur ... in Anschluss an Bartsch's Peintre-graveur. Bd 1-3. 1864-66 u. ö.
Baudi di Vesme, Alessandro: Le Peintre-graveur italien ... Suite au Peintre-graveur de Bartsch. 1906.
Drugulin, Wilhelm Eduard: Allart van Everdingen. Catalogue raisonné ... Supplément au Peintre-graveur de Bartsch. 1873.
Heller, Josef: Zusätze zu Adam Bartsch's Le Peintre-graveur. 1854 u. ö.
Kellen, Philippe van der: Le Peintre-graveur hollandais et flamand ... Ouvrage faisant suite au Peintre-graveur de Bartsch. T. 1. 1866.
Passavant, Johann David: Le Peintre-graveur ... contenant ... un catalogue supplémentaire aux estampes du 15. et 16. siècle du Peintre-graveur de A. Bartsch. T. 1-6. 1860-64.
Robert Dumesnil, A.P.F.: Le Peintre-graveur français ... Suite au Peintre-graveur de Bartsch. T. 1-11. 1835-71.
Rumohr, Karl Friedrich v.: Geschichte der Kgl. Kupferstichsammlung zu Copenhagen. Ein Beitrag zur ... Ergänzung der Werke von Bartsch u. Brulliot. 1835.
Weigel, Rudolf: Suppléments au Peintre-graveur de Adam Bartsch. T. 1. 1843 u. ö.
1: Nv 61 [u.] 61 a. 2. 5. 10. 12 [= 1]: Art. 20-2/21. 14. 15. 17. 19. 24. 25. 30. 34. 51. 61. 109. 117. 300: 390.550-B. L. [u.] 7804 [auch Vol. 2-21 = 395.282-B. Ks. Bd 2/21]. 302. 304.
12.4622

— — Nouvelle éd. Vol. 1-21 [nebst] Atlas. Leipzig: Barth 1854-76. 8° [u.] 4° 4 [= 1/5]. 6 [= Atlas]. 8 [= 1.5]. 11 [= 1.5]. 18 [= 1/5. Atlas]. 21 [= 4/21. Atlas]. 28 [= 6/21. Atlas]. 29 [= 6/21. Atlas]. 30 [= Atlas]. 31 [= 1/5]. 36 [= 1/15.21]. 41 [= 16/21]. 43 [= Atlas]. 48 [= 16/21]. 78 [= 1.5]. 111. 180 [= Atlas].
12.4623

Bartsch, Adam, le peintre graveur. Vol. 6—15. Nouvelle édit. 8. Leipzig 866,67, J. A. Barth. **
Inhalt:
Vol. 6—11. Les vieux maîtres allemands. 1. Partie. (XXII und 416 S. mit 2 Kpfrt.) ** 2 Thlr. 21 Ngr. — 2. Partie. (552 S. mit 6 Kpfrt.) ** 2 Thlr. 21 Ngr. — 3. Partie. (552 S. mit 2 Kpfrt.) ** 2 Thlr. 24 Ngr. — 4. Partie. (600 S.) ** 2 Thlr. 24 Ngr. — 5. Partie. (XIV und 200 S. mit 33 Kpfrt.) ** 1 Thlr. 21 Ngr. — 6. Partie. (276 S.) ** 1 Thlr. 9 Ngr.
» 12. 13. Les vieux maîtres italiens. 1. Partie. (III und 112 S. mit 1 Kpfrt.) ** 1 Thlr. — 2. Partie. (VII und 426 S. mit 1 Kpfrt.) ** 2 Thlr. 9 Ngr.
» 14. Oeuvres de Marc-Antoine, et de ses deux principaux élèves Augustin de Venise et Marc de Ravenne. (XXII und 416 S. mit 5 Kpfrt.) ** 2 Thlr. 6 Ngr.
» 15. Les graveurs de l'école de Marc-Antoine Raimondi. (V und 549 S. mit 5 Kpfrt.) ** 2 Thlr. 9 Ngr.
Preis des completen Werks, 21 Bde. und 2 Hefte Atlas, ist ** 47 Thlr. 3 Ngr. — Bd. 1—5 wurden 1853—54 neu gedruckt; Bd. 16—21 sind noch in Originalaufl. von 1818—21 zu erhalten.

— — Nouvelle éd. Vol. 1-5 [nebst] Atlas. Ebd. 1876-77. 8° [u.] 4° 4 [= Atlas]. 8 [= 2/4. Atlas]. 11 [= 2/4. Atlas]. 18. 31 [= Atlas]. 78 [= 2/4. Atlas]. 180 [= Atlas].
12.4624

Bartsch, Adam. Le peintre graveur. 21 Bde. Wien 1802. 8°. — Suppléments au peintre-graveur de Adam Bartsch récueillis et publiés par Rudolph Weigel. 1 Bd. Leipzig 1843.

— **Recueil** d'estampes d'après les desseins originaux, qui se trouvent à la Bibliothèque I. & R. de Vienne. Cahier 1-6 [nebst] Suite. — o.O. (1782-90). gr. 2°
Suite. Recueil d'estampes d'après les desseins originaux qui se trouvent au Cabinet de Mgr le Prince Charles de Ligne.
1 [= 4/6]: 2° Ns 6933. 7. 17. 300 [= Suite]: 3430.
12.4626

Bartsch, Adam, Supplément au Peintre-graveur de, s. Drugulin, W., Allart van Evardingon.

Bartsch, Adolf: 1431-1906. **Festschrift** zum 21. Schlesischen Provinzial-Bundes-Schießen und dem nachweisbar 475jährigen Bestehen der Schützengilde zu Liegnitz. Liegnitz 1906: R. Wagner. 64 S. 8°
Nebent.: Festschrift zum 475jährigen Jubiläum d. Schützen-Gilde verbunden mit d. 21. Schles. Provinzial-Bundes-Schießen zu Liegnitz 8.-15. Juli 1906.
2. 11. 18. 41.
12.4627

Bartsch, Adolf Die Grundprincipien der Kantschen Ethik u. das Christentum 28 S. Progr. *Sorau* 1884

Bartsch, Adolf Grammatische Winke für den deutschen Aufsatz. 4 (S. 3—8).
Progr. Gedächtnisfeier für weiland Senator Just Kgl. G. *Sorau* 1892.
Nicht im Tauschverkehr.

Bartsch, Adolph. Frid. Guil. Ern. (geb. Hundisburg bei Magdeburg 4. 2. 1840): De scorbuto. Berolini (1864). (32 S.) 8°
Berlin, Med. Diss. v. 19. Aug. 1864

Bartsch, Adolf Julius [Hrsg.] s. *Abschiede* der ersten in der Altmark gehaltenen lutherischen General-Kirchen- und Schul-Visitation. 1868.

Bartsch, Albin, erstes Lesebuch f. gewerbliche Vorbereitungsschulen. Nebst e. Anh. sprachl. Uebgn. gr. 8. (IV, 96 S.) Wien 875. Dirnböck. n. — 70

Bartsch, Albin, Erstes Lesebuch f. gewerbl. Vorbereitungsschulen. 4. Aufl. 8. (97 S.) geb. 85 kr.
Wien, 1881 Dirnböck.

Bartsch, Albrecht: Vorläufiger **Bericht** über den Verein für mecklenburgsche Geschichte und Alterthumskunde. (Verf.: A. Bartsch.) — o.O. [um 1835]. 4 S. 8°
1: 6 in Sn 3734. 2. 33.
12.4629

— Das Denkmal Paul Friederich's zu Schwerin. Geschichte und Beschreibung d. Denkmals u. d. Enthüllungsfeier, nebst d. bei dieser Feier gehaltenen Rede. — Schwerin: Kürschner 1849. 26 S. 8°
23. 28. 33. 42.
12.4630

Bartsch, Albr., das Denkmal Paul Friedrich's zu Schwerin. Geschichte u. Beschreibg. d. Denkmals u. der Enthüllungsfeier, nebst der bei dieser Feier gehalt. Rede. Mit einer (lith.) Abbildg. d. Denkmals (in 4.) gr. 8. (26 S.) Schwerin 849, Kürschner (jetzt Hildebrand.) 1/4 ℛ

Bartsch, A., s. Jahrbücher u. Jahresbericht für mecklenburg. Geschichte.

— s. Jahrbücher u. Jahresbericht d. Vereins für mecklenburg. Geschichte.

— Das sechshundertjährige Jubelfest des Doms zu Schwerin am 15. Junius 1848. — Schwerin 1848: Sandmeyer. 15 S. 8°
1:14 in 4° Sn 3572. 28. 33. 42.
12.4631

(Bartsch, Albr.,) Register zu Hegel's Vorlesungen, s. Register.

— Die Wariner Schützengilde. Ihre Anfänge und ihre Geschichte bis zu ihrer 200jährigen Stiftungsfeier im Jahre 1856. — Schwerin 1856: Bärensprung. 23 S. 8°
28. 33. 42.
12.4632

Bartsch, Albr., die Umschrift um das Bild unsers vollendeten Landesvaters. — Gedächtnißpredigt auf den Großherzog Paul Friederich. gr. 8. Schwerin 842; Berlin, Plahn'sche Buchh. (Nitze.) n. 1/6 ℛ

— Die Umschrift um das Bild unsers vollendeten Landesvaters. Gedächtnißpredigt auf den Großherzog Paul Friederich. — Schwerin: Kürschner [usw.] 1842. 20 S. 8°
28. 33. 101.
12.4633

— Wem gilt unsers Herzens Klage? Trauerpredigt ... nach dem Tode des Großherzogs Paul Friederich zu Schwerin gehalten. — Schwerin: Kürschner [usw.] 1842. 16 S. 8°
3. 28. 33. 42.
12.4634

Bartsch, August Johann Georg Carl. Botanique pour les femmes et les amateurs des plantes. Ouvrage Allemand, mis en Français et augmenté ... Weimar 1799. Ü: *Bourgoing, Jean François, Baron de.* (BrMm)

Bartsch, August Johann Georg Carl. Einleitung zum Studium der allgemeinen Naturgeschichte. Weimar 1805. H: *Bertuch, Friedrich Justin.* (BrMm)

Bartsch, Bruno: Die Legaten der römischen Republik vom Tode Sullas bis zum Ausbruche des zweiten Bürgerkrieges. Breslau 1908: Fleischmann. 95 S. 8°
Breslau, Phil. Diss. v. 24. Okt. 1908, Ref. Cichorius
[Geb. 12. Febr. 81 Glogau; Wohnort: Breslau; Staatsangeh.: Preußen; Vorbildung: Matthias-Gymn. Breslau Reife M. 03; Studium: Breslau 10 S.; Rig. 29. Juli 08.] [U 09. 585

Bartsch, C.: [Volkskundler], s. Bartsch, Christian

Bartsch, (C. F.,) d. Amtsjubelfeier d. Hrn. G. A. Krehl, Superint zu Pirna. gr 8. Leipz. 821, Göschen.

Bartsch, C.F.: Russland, s. Drygalski, Albert.

Bartsch, C. F. W.: Handbuch für preußische Justiz-Subaltern-Beamte und für alle diejenigen, welche mit den gerichtlichen Geschäften näher vertraut werden wollen. — Glogau: Flemming 1842. IV,VIII,792 S. 8°
1:Gs 3942. 2.
12.4636

Bartsch, C. F. W., Handbuch für Preußische Justiz-Subaltern-Beamte u. für alle diejenigen, welche mit den gerichtlichen Geschäften näher vertraut werden wollen. 1.—5. Hft. gr. 8. Glogau 842, 43, Flemming. à 1/2 ℛ

— juristisches Haus-Lexicon für alle Diejenigen, welche sich mit den jurist. Geschäfts-Ausdrücken u. ihren Bedeutungen näher vertraut machen wollen, unter Hinweisung auf die betreff. Gesetzstellen, nebst einem Anhange. 1. Hft. (A—Amtsentsetzung.) 8. Wollstein 845, Alexander. n. 1/6 ℛ

Bartsch, C. F. W., juristisches Haus-Lexicon f. alle Diejen., welche sich mit den jurist. Geschäfts-Ausdrücken u. ihren Bedeutungen näher vertraut machen wollen, unter Hinweisung auf d. betreff. Gesetzstellen; nebst einem Anhange. 2—8 Hft. (Amtsentsetzung—Z., u. Anh.) 8. (S. 55—526.) Wollstein 845. (Posen, Schirmer.) à n. 1/6 ℛ (compl. n. 1 1/3 ℛ)

Bartsch, C. G., sieben Grundsätze, worauf der Glaube eines Christen fest steht. 4. Hamb. Müller. 772.

Bartsch, Carl (Prof. d. deutschen u. romanischen Philologie, s. Bartsch, Karl

Bartsch, Carl, approb. Arzt aus Gleiwitz, Schl.: Ueber einen seltenen Fall von Nierenlipom. *Greifswald 1900: H. Adler.* (27 S.) 8°
Greifswald, Med. Diss. v. 30. Juli 1900

Bartsch, Carolus: •De veteris theodiscae linguae praesertim Olfridi arte metrica. 204 S. 4° (2°)
Halle-Wittenberg, Phil. Diss. v. 11. März 1853
Geb. [Sprottau 25. 2. 1832]

Bartsch, Ch., üb. den naturwissenschaftlichen Unterricht. 8. (51 S.) Tilsit 873. Loesch in Comm. n. — 75

Bartsch, Christian (Hrsg.), s.a. Dainu Balsai

Bartsch, Christian, Volkskundler, Tilsit, 1832-1890. 1886: Dainu Balsai. Melodieen litauischer Volkslieder. Mit Textübers. T. 1. 2. — Heidelberg: Winter 1886–89. 8°
1:Mus. O. 181. 2. 5. 6. 7. 10. 11. 12:P. o. rel. 1039. 14→17. 19. 21. 25. 26. 30. 32. 79. 102. 117. 300:M. S. 5873.
12.4638

Geschichte der Loge Irene zu Tilsit. Zum 50jährigen Jubelfeste der Loge am 26. Febr. 1874 im Auftr. des Meisters v. St. [d. i. Gust. Adolf Kleffel] zsgest. von Ch[ristian] Bartsch. Tilsit [1874]: Post. 40, 6 S. 2 Tab. 4°
Nebst Verzeichn. der Beamten u. Mitgl.

Bartsch, Christian, Pastor, Dohna. 1663-1739. 1735: Historie der alten Burg und Städgens Dohna, derer daher benahmten Burggrafen, und aller dahin eingepfarrten Dörffer. — Dreßden [usw.]: Hilscher 1735. 174 S. 8°
1:Sr 4450. 2. 3. 5. 7. 9. 12:Germ. sp. 27 [2 Ex.] 14→19. 23. 24. 26. 27. 29. 31. 32. 35. 39. 44. 106. 117. 203.
12.4637

Bartsch, Chrn., Skizzen zu e. Geschichte Tilsits v. d. ältesten Zeit bis 1812. 2. verb. Abdr. 8. (VII, 168 S.) Tilsit 888. (M. Bergens). n. 2. —

— Skizzen zu einer Geschichte Tilsits von der ältesten Zeit bis 1812. 2., verb. Abdr. — Tilsit: Reyländer 1888. VI, 168 S. 8° 1:Sz 10044. 10. 11. 14. 21. 26. 44. 46. 102.
12.4639

Bartsch, Conrad: Über Einwirkung von Chlorwasserstoff auf die methylalkoholische Lösung von Azokörpern ... Heidelberg, gedr. bei J. Sittenfeld in Berlin, 1897; 39 S. 8.
Heidelberg, Naturw.-math. Fak., Inaug.-Diss. v. [26. Juni] 1897

Bartsch, D, in heptalogum Christi crucifixi. Budissae 1712. f.

Bartsch, D., de Pontio Pilato, iniquissimo judice. Budiss. 1713. f.

Bartsch, Edgar
Bartsch, Edg.: Die Frauenleiden, ihre rechtzeit. Erkenng u. Bekämpfg. (162) gr8° Lpzg, Helios-Verl. ('12). 2.80; geb. 4 — d

Bartsch, Edgar: Die Influenza u. ihre Nebenerscheinungen, s.: Licht, Luft, Wasser.

— Häusliche Krankenpflege. — Berlin: Max Richter 1899. 76 S. 8° (Hygienische Volksbibliothek. 1.) 1: Ii 2108-1.
12.4042

Bartsch, Edgar: Die Naturheilmethode u. ihre Mittel, s.: Licht, Luft, Wasser.

Bartsch, Edmund: Fest- und Schulreden, in den Jahren 1894 bis 1906 gehalten 67 S. 8
Progr. Gymn u Realschule *Sangerhausen* 1906
Den 2 Sept 1894 (Salamis und Sedan.) Den 1 April 1895. (80. Geburtstag des Fursten Bismarck) Den 2. Sept. 1896 (Ein Nationalfest.) Den 23 Marz 1897. (Centenarfeier fur Kaiser Wilhelm I) 1898. (Schule und Evangelium) Den 6. Juli 1901 (Turnen und Sport) [25 Turnfest des Kyffhäusergaues] Den 18. Januar 1901. (Preußenfeier) Den 27. Januar 1906. (Patriotismus)

Bartsch, Edmund, Prof.: Fest- und Schulreden, in den Jahren 1894 bis 1906 gehalten. Sangerhausen 1906: A. Schneider. (67 S.) 8°
Sangerhausen, G u. R OP 1906 (307)

Bartsch, Edm., s.: Horatius Flaccus, Quintus, ausgew. Oden in modernem Gewande.

[**Bartsch,** Edmund]: Systematisches Verzeichnis der Lehrer-Bibliothek des Gymnasiums zu Sangerhausen. *Sangerhausen 1898: A. Schneider.* (132 S.) 8°
Sangerhausen, G, OP 1898 (250)**

Bartsch, Emil, approb. Arzt aus Pforzheim: Ueber einen Fall von multipler Sklerose im Anschluß an Trauma. *München 1902: C. Wolf & Sohn.* (26 S.) 8°
München, Med. Diss. v. 1902

Bartsch, Emil: Hamburgs Geschichte von der Gründung bis zur Gegenwart. — Hamburg: Boysen 1886. IV,44 S. 8°
18.
12.4644

Bartsch, E(mil), früher Assistenzarzt a. d. Heilstätte Sülzhayn i. Harz: Ueber Tuberkulose der Brustdrüse. *[Jena] 1901.* (23 S.) 8°
Jena, Med. Diss. v. (13. Sept.) 1901

Bartsch, Ernst Louis s. *Bartsch,* Louis.

Bartsch, Eugen
Bartsch, Eug., Beiträge zur Anatomie u. Entwickelung der Umbelliferenfrüchte. 1. Thl. Von der Blüthe bis zur Fruchtreife. Inaugural-Dissertation. gr. 8. (42 S.) Breslau 882. (Köhler.) n. 1.

Bartsch, Ewald Theodor Hermann
Bartsch, Ew. T. H., urkundliche Chronik d. Familien Bartsch zu Striegau, Liegnitz, Jauer, Freiburg ɪc. unter Berücksicht. einiger verschwägerter Familien von d. ältest. Zeiten bis zum J. 1899. 2 Bde., nebst 1 Extrabeilage, Zusätzen u. Berichtiggn. u. genealog. Tafeln. Loschwitz. (Dresden, v. Zahn & Jaensch.) nn 62.40
1. (XVI, 884 S. m. 20 Abbildgn. u. 6 Taf.) Lex.8. 1899/1900. nn 18. . Extra Beilage: Erinnerungen an den französ.-deutschen Krieg von 1870-71. (26 S. m. Bildnis.) Lex. 8. 1899/1900. nn 1.80 Zusätze u. Berichtigungen. (44 S.) Lex. 8. 905. nn 2. 10
2. (XII, 710 S. m. 17 Taf.) Lex. 8. 907 nn 30. - . Genealogische Tafeln. (16 S.) 33×42 cm. 905. nn 4. 50

Bartsch, Ewald Theodor Hermann: Urkundliche Chronik der Familien Bartsch zu Striegau, Liegnitz, Jauer, Freiburg etc. unter Berücksichtigung einiger verschwägerter Familien ... bis zum Jahre 1899. Bd (1.) 2 [nebst] Zusätze u. Berichtigungen [u.] Extra-Beil. zu Bd 1. — Loschwitz: Selbstverl. 1899/1900-07. 4°
(1.) 1899/1900.
2. Spezielle Genealogie auf Grundlage d. Genealogischen Tafeln d. Familie Bartsch vom J. 1905 fortgeführt bis zum J. 1906. 1907.
Zusätze u. Berichtigungen. 1905.
Extra-Beil. (Bartsch:) Erinnerungen an den französisch-deutschen Krieg von 1870-71. 1899/1900.
1: 4° S 2446. 2. 8. 12: 4° Geneal. 122 i. 14. 15. 19. 41. 169.
12.4648

! Bartsch, Ew. Th. H: Chronik d. Familien Bartsch. Jetzt: Lpzg, HAL Degener. 24 — 06/09

(—) Erinnerungen an den französisch-deutschen Krieg von 1870-71. — (Loschwitz): Selbstverl. 1899/1900. 26 S. 4° (Bartsch: Urkundliche Chronik d. Familien Bartsch. Extra-Beil. zu Bd 1.) 1: in 4° S 2446-1. 2. 8. 11. 12: 4° Geneal. 122 i-1 b. 14. 15. 16. 19. 41. 61. 106. 117. 169.
12.4649

Bartsch, Ewald, s.: Jahresbericht u. Mittheilungen d. Ver. f. Greizer Geschichte.

— Genealogische Tafeln der Familie Bartsch zu Striegau, Liegnitz, Jauer, Freiburg usw. von ca. 1575 bis zum Jahre 1905. — Loschwitz: Selbstverl. 1905. 15 Taf. quer-4° 1: quer-4° S 2446/3. 12: 4° Geneal. 122 q. 14. 15. 19. 41. 61. 106. 169.
12.4650

Bartsch, F. (Red.), s. Zeitschrift für Polizei- und Verwaltungsbeamte.

Bartsch, F.W.: Chronologisch-statistische Darstellung der früheren Herrschaft Hardenberg, jetzigen Stadt Langenberg u. Gemeinde Hardenberg, bis Ende des Jahres 1861. Langenberg: Joost [1863]. 107 S. 8° 1: Ti 1444. 5. 11.
12.4651

Bartsch, Fr. (Kustos d. Hofbibl. Wien), s. Bartsch, Friedrich

Bartsch, Franz, Unser Auszug nach Mittelasien. 104 S.
Halbstadt: H. J. Braun 1907

Bartsch, Franz, Unser Auszug nach Mittelasien. 104 S.
Halbstadt: Raduga 1907.
Dasselbe in: Echo-Verlag 1950, Kildonau, Canada

Bartsch, Friedrich v., Kustos, Hofbibliothek, Wien, 1798-1873. 1818: Catalogue des estampes de J. Adam de Bartsch. Vienne: Tendler 1818. VII,165 S. 8° 1: Nt 262. 7. 22. 300: 18 Cc 65 [u. ö.] 302. 308.
12.4669

— Chronologie der griechischen und römischen Künstler bis zu Ablauf des 5. Jahrhundertes nach Christi Geburt. Nebst vorangehender Uebersichtstafel der aegyptischen Kunst. — Wien: Rohrmann & Schweigerd 1835. 9 Taf. 2° 1: 2° Nw 3130. 5. 7. 12: 2° Arch. 33m. 14. 16. 17. 19. 20. 21. 27. 30. 32. 35. 39. 45. 48. 83. 93. 117. 300: 27 C 10. 302->304.
12.4670

— Die Kupferstichsammlung der K.K. Hofbibliothek in Wien. — Wien: Braumüller 1854. XIII,312 S. 8° 1: Nv 2861. 3->7. 12: Art. 20 c. 16. 17. 18. 20. 22. 23. 28. 39. 44. 300: 11.145-B [u. ö.] 302. 303.
12.4671

Bartsch, Friedrich Julius: Die Beschaffung öffentlichen Baugrundes mit bes. Berücks. des Entwurfs eines Bauregulativs für die Stadt Zittau. — Zittau: Menzel 1874. 20 S. 8° 14.
12.4672

Bartsch, *Friedrich Wilhelm* Rudolf [Referendar aus Hirschberg i. Schles.]: Die Verpfändung nach § 744 der Civil-Process-Ordnung ... Halle a. S., Hofbuchdr. v. C. A. Kaemmerer & C., 1894; 49 S., 1 Bl. 8.
Halle, Jur. Fak., Inaug.-Diss. v. 3. Nov. 1894

Bartsch, Fritz, aus Reichenbach i. Schl.: Über Synthesen des Cumaranons und einiger Homologen. *Rostock 1900: C. Boldt.* (47 S.) 8°
Rostock, Phil. Diss. v. [7. Apr.] 1900

Bartsch, Frz., s. Bartsch, Franz

Bartsch, G. (Hrsg.), s. Zeitschrift für Amts- und Gemeinde-Vorsteher.

Bartsch, Georg, Referendar in Polkwitz: Das Rücktrittsrecht wegen positiver Vertragsverletzungen. Liegn.: 1905: C. Seyffarth. (XII, 36 S.) 8° [F.]
Breslau, Jur. Fak., Ref. Jörs, Diss. v. 5. Aug. 1905
[Geb. 2. Juni 82 Liegnitz; Heimatsort: Liegnitz; Staatsangeh.: Preußen; Vorbildung: Evang. Gymn. Liegnitz Reife O. 01; Studium: München 1, Berlin 1, Breslau 4 S.; Rig. 14. Juli 05.]

Bartsch, Gregor Magnus: Meidling und dessen Umgebung. Geschichtlich erläuterte Ortsbeschreibung. — Meidling: Verf. 1877. 70 S. 8° **302.**
12.4675

Bartsch, Gustav [Illustr.]
s. *Bechstein,* Ludwig: Schönste Märchen. 1891.

Bartsch, Gust., Liebesfrühling in der Laube, s.a. Liebesfrühling.

Bartsch, G, Liebesfrühling in d. Laube. Dichtg v. R Dehnicke. 2. Afl. Fol. (4 Chrom. u. 1 Bl.) Berl. 63, Lobeck. 3. —; einz. Bl. — 25

Bartsch, Gust., Liebesfrühling in der Laube. Fol. (4 chromolithogr. Bl. mit Text- und Widm.-Bl.) Berlin 872, Lobeck's Verlag. In Carton

— Deutsche Liedergestalten. Erfunden u. gezeichnet. Lfg 1-(3). — Berlin: Brigl & Lobeck [1859]. gr. 2°
1["2.3]:1 an gr. 2° Nt 268. 11. 300:30.209.
12.4676

— deutsche Liedergestalten. Erfunden und gezeichnet. 4 Liefgn. (à 4 color. Lithogr. u. 1 Bl. Text.) Berlin (859—61.) Lobeck. gr. Fol. Jede Liefg. n. 3 ℳ
Inhalt: 1. Liefg. Abschied. Das Erkennen. Der Schmied. Des Goldschmieds Töchterlein. — 2. Liefg. Haideuröslein. Der Bettler. Die Erwartung. Die Mutter am Christabend. — 3. Liefg. Die Schleichhändler. Der gute Kamerad. Der Edelknabe und die Müllerin. Soldatenabschied. — 4. Liefg. In der Laube. Liebeslenz in vier Bildern.

—— deutsche Liedergestalten. Fol. (12 chromolithogr. Bl. mit 8 Textbl. und Widm.-Blatt.) Berlin 872, Lobeck's Verlag. In Mappe

Bartsch, Gustav. Deutsche Mährchengestalten. Erfunden und gezeichnet von Gustav Bartsch. Aschenbrödel. Rothkäppchen. Schneewittchen. Dornröschen. Verlag und Eigenthum von Franz Lobeck in Berlin [1857]. [Umschlagtit.]
1 Bl. Text; 4 farb. Taf. 2°
Verfasser: Rudolf Dehniker

— Deutsche Märchengestalten. (Text von Rud. Dehnike.) Berlin: Brigl & Lobeck [1858]. 1 Bl.,4 Taf. gr.2° 51.
12.4677

—— dass. — Erfunden und gezeichnet. 4. Aufl. (Neue, zum Theil veränderte Zeichnung.) gr. Fol. (4 ill. Stat. mit 1 Bl. Text.) Berlin 861, Lobeck.
Einzelne Bl.

— Deutsche Mährchengestalten. 4. Aufl. (Neue, z. Th. veränd. Zeichnung.) (Text von Rudolf Dehnike.) — Ebd. [1862]. 1 Bl.,4 Taf. gr. 2° 1:gr. 2° Nt 268. 11.
12.4678

—— deutsche Mährchengestalten. Fol. (4 chromolithogr. Bl. mit Text- und Widm.-Blatt.) Berlin 872, Lobeck's Verlag. In Carton

—— dass. — 5. Aufl. Neue, zum Theil veränd. Zeichnung. gr. Fol. (2 S. mit 4 Chromolithogr.) Berlin 874, Burmester und Stempell.

Bartsch, Gust., deutsche Märchengestalten. 5. Aufl. Neue zum Theil veränd. Zeichng. gr. Fol. (2 S. m. 4 Chromolith.) Berlin 875. Burmester & Stempell. 9. —

Bartsch, H.: Die Gestaltung d. Schiffahrtsabgaben (u. ähnl. Schriften), s. Bartsch, Helmut

Bartsch, H.: De Chaeremone poeta tragico (u. ähnl. Schriften),s. Bartsch, Heinrich

Bartsch, Hans, a. Oldesloe: Aus der Privatklinik des Herrn Prof. Dr. Bulius zu Freiburg i. B. Ein Fall von hochgradiger Missbildung an den weiblichen Sexualorganen. Freiburg i. B.: Speyer & Kaerner 1907. (32 S.) 8°
Freiburg i. B., Med. Fak., Ref. Krönig, Diss. v. 1907
[Geb. 20. Okt. 80 Oldesloe (Holstein); Wohnort: Freiburg i. B.; Staatsangeh.: Preußen; Vorbildung: Realgymn. Hamburg Reife M. 00; Studium: Freiburg i. B. 11 S.; Coll. 9. Marz 06; Approb. 29. Dez. 05.]

Bartsch, Heinrich
— **Der Charakter der Medea des Euripides. Nach der Tragödie gleiches Namens entwickelt. — Mainz: Faber 1852. 47 S. 4°**
Aus: Progr. Breslau, Magdalenen-Gymnasium. 1852.
12:4° A. gr. a. 326. 36. 39.
12.4681

Bartsch, Henr.: De Chaeremone poeta tragico scripsit et fragmenta exhibuit. 52 S.
Progr. Breslau M. 1843.

Bartsch, Heinrich, Oberlehrer, Breslau. 1843: **De Chaeremone poeta tragico. Scripsit et fragmenta exhibuit Henricus Bartsch. — Moguntiae: Faber 1843. 58 S. 4°**
Zugleich Progr. Breslau 1843.
4. 7. 8. 10. 12:4° A. gr. a. 250. 16. 21. 41. 109. 169.
12.4680

Bartsch, die grundbücherlichen Eintragungen. Wien 892.

Bartsch, Heinr., die grundbücherl. Eintragungen dargestellt f. d. prakt. Gebrauch. gr. 8. (XVI, 801 S.) Wien 893. [C. Konegen.] Manz. n. 6. —

Bartsch: Die grundbücherl. Eintraggn, dargestellt f. d. prakt. Gebrauch. Hrsg. v. Heinr. Bartsch. 2. Afl. (19, 307) Lex8° Wien, Manz '11. 6.80 d

Bartsch: Entwickelung des Charakters der Medea in der Tragoedie des Euripides. 47 S.
Progr. Breslau M. 1852.

Bartsch, Henricus (*geb. Armenruh in Schles 6. 10. 1810*): De Euripide Iphigeniae Aulidensis auctore. Vratislaviae (1837). (57 S.) 8°
Breslau, Phil. Diss v. 27 Juli 1837

— **Das österreichische allgemeine Grundbuchsgesetz in seiner praktischen Anwendung. — Wien: Konegen 1888. XIII,272 S. 8°** 15. 208. 300:188.975-C. 302. 304.
12.4685

— dasselbe. 2. Aufl. (XXII, 409 S.) Ebd. 890. n. 6. —

— — 2., umgearb. u. verm. Aufl. Ebd. 1891. XXII,409 S. 8°
300:87.688-B. 302. 303.
12.4686

— das österreich allgem. Grundbuchgesetz in seiner praktischen Anwendung. 3. Aufl. Wien 899.

— — 3., vollst. umgearb. Aufl. Wien: Manz 1902. X,949 S. 8°
1:Gm 19622³. 29. 203. 208. 300:420.041-B. 302. 304.
12.4687

— — 4. Aufl. Ebd. 1905. XXVIII,960 S. 8°
12:J. austr. 4 it. 106. 204. 300:435.668-B. 302.
12.4688

— **Die Landtafel in ihrer gegenwärtigen Gestalt. Eine kurze Darstellung der die Landtafel betreffenden gesetzlichen Bestimmungen. — Wien: Konegen 1890. XII, 209 S. 8°** 1:Go 2350. 12:J. austr. 4 is. 203. 208. 300:184.298-C. 302.
12.4691

Bartsch, Heinr. (Königsberg/Pr.), De negotiis per interpretem gestis. Disp. jur. Präs. Sam. Stryk. Wittenberg (Fincel) 29. V. 1691. 56 S. (6.50) 1187
— — Dasselbe. Halle (Orphanotrophii) 1704. 78 Seiten. (5.50)

(—) Register zu Hegel's Vorlesungen über die Aesthetik, nebst den betreffenden ergänzenden Verweisungen auf dessen sämmtliche übrige Werke. — Mainz: Faber 1844. VIII,72 S. 8° 8. 10. 21. 36.
12.4682

Bartsch, Heinrich, Pfarrer, Königsberg. 1710: Die unter und nach der Züchtigung waltende Gütte Gottes wolte nach der ... in hiesiger Königl. Stadt Tilsitt wütenden pestilentzialischen Contagion ... 1710 bei seiner Dimission ... vorstellen Heinrich Bartsch. — Königsberg [1710]: Reformirte poln. Kirchen-Buchdr. 4 Bl. 2° 10.
12.4079

— Das gerichtliche Verfahren in Ehesachen. — Wien: Konegen 1894. XVI,477 S. 8° 1: Ft 2855.
12: J. pract. 20m. 208. 300: 100.027-B. 302. 303.
12.4692

Bartsch, Helmut, aus Langenbielau i Schl.: Zur Frage der Entwickelung der gewerblichen Arbeitsverfassung. ⟨T. 1: Der Gewerkvereinskonstitutionalismus.⟩ *(Breslau 1904: Theiner & Meinicke.)* (53 S.) 8° ¶ (Erscheint vollst. bei Puttkammer & Mühlbrecht, Berlin.)
Berlin, Phil. Diss. v. 9. Juli 1904

Bartsch, Helmut: Die Gestaltung der Schiffahrtsabgaben im Rheingebiet. Zahlenbelege über d. nötigen Aufwendungen d. Rheinkasse. — Duisburg: 'Rhein' 1910. 40, XXI S. 8°
1 [unvollst.]: Sa 6790/9. 5. 12: Cam. 204x [2 Ex.] 17. 23. 27. 36. 38. 43. 61. 62. 106. 121. 169. 180. 205. 206.
12.4693

— Preussischer Partikularismus? Mahnworte an d. Reichstagswähler zur Abwehr preussischer Angriffe auf die durch Art. 54 d. Reichsverfassung gewährleistete Freiheit d. Schiffahrt auf d. deutschen Strömen. — Düsseldorf: Lintz 1907. 32 S. 8°
1: Gz 3823. 5. 14. 25. 30. 31. 38. 52. 61. 180. 208.
12.4694

[—] Die Schiffahrtabgaben. Denkschrift des Arbeitsausschusses der Rheinschiffahrtinteressenten. — o. O. (1910). 16 S. 4° 180.
12.4695

Bartsch, Henricus, s. Bartsch, Heinrich

Bartsch, Hermann (ed) s.a. Bruck, Julius (pseud.). 528

Bartsch, Hermann: Die deutsche Kunstkritik über Friedrich Haase, Königl. Hofschauspiel-Direktor, Ehrenmitglied des königl. Hoftheaters in Dresden. — New York: Bartsch [um 1880]. 75 S. 8° 300: 623.090-B. Th.
12.4697

Bartsch, Hugo: Bis der Arzt kommt. Grundzüge der naturgemäßen Gesundheitspflege, Krankenpflege und Krankenbehandlung. — Heidelberg: Petters 1904. X,301 S. 8°
16. 24. 30. 31.
12.4698

Bartsch, Hugo [aus Rostock]: Über einen Fall von herdweiser Sklerose des Centralnervensystems. . . . Heidelberg, Univ.-Buchdr. v. J. Horning, 1891; 43 S. 8°
Heidelberg, Med. Fak., Inaug.-Diss. v. [15. Nov.] 1890

— Hausärzte und Spezialisten in der modernen Medizin. Nach e. Vortr. — Heidelberg: Petters 1906. 32 S. 8°
8. 28. 31. 60. 62.
12.4699

— — 2. Aufl. Ebd. 1906. 32 S. 8° 30.
12.4700

Bartsch, J. s.a. *Bartsch*, Friedrich Julius.

Bartsch, J.: Schillers Glaube (u. and. literarhistor. Schriften), s. Bartsch, Julius

Bartsch, J.: Horazische Oden, s. Bartsch, Julius

Bartsch, J. Adam de s. *Bartsch*, Adam v.

Bartsch, J.H., s. Bartsch, Johann Heinrich

Bartsch, Ignaz: Vorrede am Theresien-Tage. — Steyr 1778: Wimmer. 4 Bl. 8° 307.
12.4728

Bartsch, Jo. Job., s. Bartsch, Johann Iob

Bartsch
— **Joh. Thom.,** De eo, quod legitima sit juris civilis et statuto plane tolli possit. Dissertat. jur. Präs. Carl Ott. Rechenberg. Lpz. (Chph. Zunkel) 23. IV. 1733. 28 S. (5.—) 1189
Gew.: Gottlob Hieron. v. Leipziger (Heuda).

Bartsch, Johann Georg: Die Vorrichtungskunst der Werkstühle für die gesammte Seiden- und Wollen-Manufaktur. Bd 1,1.2. 2,1.2 [nebst] Atlas. — Wien 1832–33: Grund. 8° [u.] quer-4°
12 [Atlas]: Techn. 2018b. 21. 24. 63. 84. 89. 90.
300: Text – 26 S 99; Atlas – 26 D 46. 302. 305.
12.4733

Bartsch, Jh. Geo., die Vorrichtungskunst der Werkstühle für die gesammte Seiden- u. Wollenmanufakturen. Zum Gebrauche für alle Seiden-, Baum- und Schaafwollenmanufakturisten, Bandmacher, Posamentierer, Manufakturzeichner, Maschinisten ꝛc. 2 Bde. in 4 Abthl. (u. 1 Atlas mit 50 Steintaf. u. 6 Bl. mit 120 natürl. Mustern). gr. 8. Wien 832, 33. (Wimmer.) 2/3 ₰

Bartsch, Johann Heinrich: Öconomische, theoretische und practische Handgriffe. — Berlin: Decker 1770. 64 S. 8°
1: Ou 28442. 16. 21. 24. 27. 43.
12.4738

Bartsch, Jh. Hnr., ökonom., theoret. u. prakt. Handgriffe. 8. Berl. 770. Rottmann in Basel. 6 gl.

Bartsch, Johann Jakob. 1702: Ulyssis Error Gallici, i. e. anagrammatica quaestio & responsio, de mirabili captura captivi Mareschalli Gallici, Ducis de Villeroy, per heroicum Caesarei exercitûs Mareschallum, Principem Eugenium de Savoya ... Cremonae in Italia anno 1702. die 1. Februarii factâ. (Verf.: Johannes Jacob. Bartschius.) — [Ratisbonae um 1702.] 4 Bl. 8°
Beigedr.: (Bartsch:) Unglückliches Verhängnus deß Frantzösischen Ulyssis, das ist: durch Buchstaben-Wechsel gestellte Frag und Antwort über der höchst verwunderungs-würdigen Gefangennehmung deß frantzösischen Mareschalls Hertzogs von Villeroy, welche durch den heldenmüthigen Feld-Marschall der Kayserl. Armee Ihro Hoch-Fürstl. Durchl. Printzen Eugenium von Savoyen ... zu Cremona in Italien, anno 1702. den 1. Febr. vorgegangen und vollzogen worden. (Verf.: J.J.B.)
12: 4° P. o. lat. 745–13. 18. 300: 33 K 61.
12.4740

Bartsch, Johann Iob
Jo. Job. Bartsch epistola de studio historiae medicae jucundo non minus ac utili. Lips. 1757. 4.

Bartsch, Johann Job: De Studio historiae medicinae iucundo non minus ac utili ad Laurentium Claussen epistola. — Lipsia [1757]: Breitkopf. 12 S. 8°
12: 4° Diss. 1772/4.
12.4741

Bartsch, Joseph von. Salzburg 1877. V: *Pirckmayer, Friedrich.* (Hr)

Bartsch, Josef August: Olmütz im Jahre 1758 und seine frühere Kriegsgeschichte. Denkschrift zur 100jährigen Jubiläumsfeier des Entsatzes von Olmütz am 2. Juli 1758. Olmütz 1858: Slawik. 77 S. 8° 300: 45.727-B. 303.
12.4743

Bartsch, Josef Gregor — Kurze Belehrung für Dienstboten, nebst einem Wegweiser durch alle Straßen und Gassen der Stadt und Vorstädte. Von —. Druck von M. Lell & Komp. (41 S. 8.)

Bartsch, Julius

Alt-Gesellen-Lieder. Allen Brüdern Freimaurern gewidmet von J[ul.] **Bartsch.** Berlin: Mittler & S. in Comm. 1850. 17 S. 8° [Umschlagtit.]
(Bartsch, J.: Frmr-Arbeiten. 4.)
9 Gedichte.

Bartsch, Redner am Goldenen Schiff g. L. L. v. D. Fana et Profana. Allen Br. Freimaurern gewidmet. Zum Vortheil der dienenden Bruder. 5. Heft. Berlin. Mittler & Sohn. 1851. 8. 20 S.
13 Gelegenheitsgedichte. Die fruher erschienenen Hefte sind betitelt: 1. Lehrlingsarbeiten. 2. Gesellenarbeiten, 3. Johannisrosen und Cypressen und 4. Altgesellen-Lieder.

Maurers Feierstunden. Allen Brüdern Freimaurern gewidmet von [Jul.] **Bartsch.** Berlin: Gebauer in Comm. 1853. 36 S. 8° [Umschlagtit.]
(Bartsch, J.: Frmr-Arbeiten. 6.)
26 Gelegenheitsgedichte.

Fest-Rosen. Allen Brüdern Freimaurern zum 18. Oct. 1854 gewidmet von [Jul.] **Bartsch.** Berlin: Mittler & S. in Comm. 1854. 8 S. 8° [Umschlagtit.]
5 Gedichte.

[Freimaurer-Arbeiten. Von Jul. **Bartsch.** H. 1—6. Berlin: Mittler & S. in Comm. 1849—1853.] 8°
[1.] Lehrlings-Arbeiten. 20 S. 1849.
[2.] Gesellen-Arbeiten. 16 S. 1849.
°[3.] Johannis-Rosen u. Cypressen. [ca 1850?]
[4.] Alt-Gesellen-Lieder. 17 S. 1850.
[5.] Fana et Profana. 20 S. 1851.
[6.] Mrers Feierstunden. 36 S. 1853.
Gedichtsammlung.
1. in 23; 2. in 342; °3. 4. in 23; 5. 6. in 23. 25.

Zum goldenen Schiff: [Gedicht.] Am 15. Februar. In der Loge zum goldenen Schiff [in Berlin]. Aufnahme der nach Adelaide Segelnden. V[on] **Bartsch.** [Berlin o. J.] 1 Bl. 2°. [Kopftit.] [Lith.]
„Von Eures Vaterlands geweihter Erde ..."
Selten.

Fickert, Karl: [Gedicht.] Die drei Brüder Carl, Gust., Wilh. Fickert als Maurer-Brüder ihrem Vater Carl Fickert bei seiner Aufnahme in den Orden Berlin den 30. Mai 1860. [Unterz.:] J[ul.] **Bartsch.** [Berlin 1860.] 2 Bl. 8° [Umschlagtit.]

Gesellen-Arbeiten. Allen Freimaurern gewidmet von [Jul.] **Bartsch.** Berlin: Mittler & S. in Komm. 1849. 16 S. 8° [Umschlagtit.]
(Bartsch, J.: Frmr-Arbeiten. 2.)
Vorträge in Versen, 1 Lied ohne Noten, 1 Gedicht.

Bartsch, Julius: Schillers Glaube an die Unsterblichkeit der Seele. — Berlin 1852. 24 S. 8°
Aus: Progr. Berlin Königsstädt. Realschule 1852. 18. 27.
12.4744

— — Zum 101sten Geburtstage des Dichters, 10. November 1860. — Berlin: Uthemann 1860. 16 S. 4° 4. 18. 24.
12.4745

Friedrich Wilhelm z. Gekrönten Gerechtigkeit: Hochmitternachts-Runde des Erz-Meisters zu Ross, 17. Dcbr. 1854. Sein Besuch in der St. Johannis-Loge Friedrich Wilhelm zur gekrönten Gerechtigkeit. [Unterz.:] J[ul.] **Bartsch.** [Berlin 1854: Sittenfeld.] 1 Bl. 8° [Kopftit.]
Gedicht: „Es klopft dreimal! — Wer nahet sich von Osten?"

Johannis-Rosen und Cypressen. Allen Brüdern Freimaurern gewidmet von J[ul.] **Bartsch.** Berlin: Mittler & S. in Comm. [ca 1850?].
(Bartsch, J.: Frmr-Arbeiten. 3.)
[Bartsch, J.: Fana et Profana. 1851]

Bartsch, Jul. Kaiserrede gehalten am 22. März 1880 S 36—42. *Stade* 1881 Progr.

Bartsch, Jul.: Zur Kritik der Briefe Seneca's. 18 S. 4°.
Progr. Anklam 1870.

Bartsch, Jul., zur Kritik der Briefe Seneca's. Anklam 870. (Dietze's Buchhdlg.) 4. (20 S.) 7½ *ngr.*

Lehrlings-Arbeiten. Allen Brüdern Freimaurern gewidmet von J[ul.] **Bartsch.** Berlin: Mittler & S. in Comm. 1849. 20 S. 8° [Umschlagtit.]
(Bartsch, J.: Frmr-Arbeiten 1.)
Gedichte u. Lieder.

— Horazische Oden in deutscher Nachbildung von Jul. Bartsch. 27 S. Progr. *Stade* 1882.

Bartsch, Julius, Prof.: Horazische Oden in deutscher Nachbildung. T. 2. *Stade (1902): A. Pockwitz.* (S. 1—26.) 4° [F. u. Ant.] ¶ [Forts. d. P-Beil. 1882.]
Stade, k. G, P 1902 (354)

— Carl Seidel. Sein Leben und Wirken. — Berlin: Plahn 1845. IV,132 S. 8°
1: Av 14141. 12: Biogr. 1090 f. 14. 15. 35. 109. 207.
12.4746

Bartsch, Julius Aus Kaiser Wilhelms Tagen. Poetische Gedenkblätter, veröffentlicht zur Erinnerung an die Feier des neunzigsten Geburtstages Seiner Majestät des Kaisers und Königs Wilhelms. 4 (32 S.). Progr. G. u. Rprg. *Stade* 1887

Bartsch, Jul., das historische Tagebuch für die Deutsche Jugend. Für Schüler u. Schülerinnen in Elementar-, Mittel- u. höheren Bürger-, Real- rc. Schulen, sowie für jeden Freund der Chronologie u. Historie. 1. Jahrg. Mit Benutzung des Preuß. Schul-Kalenders von E. Mushacke herausg. 2. Aufl. Berlin 857. Plahn in Comm. 8. (143 S.) n. 15 ngl

Bartsch, Julius Albert: Ueber diabetische **Psychosen.** *Jena 1903: G. Neuenhahn.* (39 S.) 8°
Jena, Med. Diss. v. (26. Febr.) 1903

Bartsch, K. (Prof. d. deutschen u. roman. Philologie,
s. B a r t s c h , Karl

Bartsch, Karl
— [Hrsg.] s. *Agnes*. — Sancta Agnes. Provenzalisches geistliches Schauspiel. 1869.

Bartsch, Carl: A l b r e c h t v. Halberstadt,
s.a. B i b l i o t h e k der gesammten deutschen National-Literatur.

— Albrecht von Halberstadt und Ovid im Mittelalter. — Quedlinburg [usw.]: Basse 1861. X,CCLX,501 S. 8° (Bibliothek d. gesammten deutschen National-Literatur. [1,]38.)
1:Yc 7501-1,38. 2→11. 12:P. o. germ. 118 m-1,38. 14→30. 32→35. 38. 39. 44. 45. 46. 61. 117. 300:27 Nn 8. Abt. 1,38. 302→304.
12.4748

— Anmerkungen zu Konrads Trojanerkrieg. — Stuttgart 1877. XXX,489 S. 8° (Bibliothek d. Litterarischen Vereins in Stuttgart. 133.) 1:Ag 308-133. 2→11. 12:II. misc. 33t-133 [2 Ex.] 14→21. 23→30. 32→36. 38. 39. 41. 43→46. 48. 51. 53. 60. 61. 64. 75. 109. 111. 117. 123. 180. 300:393.111-B. Per. 133. 302→304.
12.4749

— [Hrsg.]
s. *Aeschylus:* Die Perser [Persae, deutsch]. 1880 u.ö.

Bartsch, Karl: Aufg. z. Buchführg, s.: Weissbach, Paul.
— Beitr. z. 1. Anschaugsunterr. (63 m. Abb.) gr8° Hannov., C Meyer '08. 1 — 4

(—) Aufruf zu einer Sammlung von Meklenburgs Sagen, Märchen und Gebräuchen. (Verf.: K. Bartsch, G.C.F. Lisch.) — o.O. [1867]. 2 Bl. 8° 33.
12.4750

Bartsch, Karl, prakt. Arzt aus Heilsberg, Ostpr.: **Aus d. pathol.** Institut zu Greifswald. Ein **Beitrag zur Lehre vom Coma** diabeticum als Säureintoxikation. *Greifswald 1904: F. W. Kunike.* (39 S.) 8°
Greifswald, Med. Diss. v. 11. Juli 1904

— Beiträge zum ersten Anschauungsunterrichte. — Hannover [usw.]: C. Meyer 1908. 63 S. 8°
1:Ne 6640/151. 7. 35. 61. 207. 302.
12.4810

Bartsch, K., Be[illegible] zur Ge[illegible] u. K[illegible] der Kudrun. W[illegible]
12[illegible]
Schul-/Univ.-Schrift 1865

— Beiträge zur Geschichte und Kritik der Kudrun. — Wien: Gerold 1865. 128 S. 8°
Aus: Germania. Vierteljahrsschrift für deutsche Alterthumskunde. 10. 1865.
32. 34. 35. 43. 109. 300:74.944-B. 302.
12.4751

— Beiträge zur Quellenkunde der altdeutschen Literatur. Strassburg: Trübner 1886. 392 S. 8°
1:Yd 670. 2→11. 12:P. o. germ. 77 pg. 14→21. 23→27. 29→32. 34. 35. 36. 38. 39. 41. 43. 44. 45. 61. 123. 300:164.302-B. 302→304.
12.4752

Bartsch, Karl, s. Bibliothek des litterarischen Vereins in Stuttgart XXXIX, LIII, LX, LXVIII, CIX, CXXIII, CXXXIII, CXLIII.

— Bilder zur Anregung und Vorbereitung auf den Unterricht in den Unterklassen. — Hannover [usw.]: C. Meyer 1908. 64 S. 8° 1:Ne 6640/153. 7. 35. 207.
12.4811

— Altfranzösische Chrestomathie (VIIIe–XVe Jahrhundert). Chrestomathie, Grammatik, Glossar. — Leipzig: Vogel 1866. VIII S.,678 Sp. 8°
Nebent.: Chrestomathie de l'ancien français.
2. 3. 4. 6. 8. 9. 10. 12:4°P. o. gall. 3 n. 14. 15. 17. 19. 21. 23. 24. 28. 29. 31. 32. 34. 42. 44. 46. 111. 300:158.484-C. 302. 303.
12.4753

— — 2., verb. u. verm. Ausg. Ebd. 1872. X S.,710 Sp. 8°
Nebent.: Chrestomathie de l'ancien français.
1:Xs 14076. 2. 3. 5. 7. 10. 12:4°P. o. gall. 3o. 16. 17. 18. 21. 27. 30. 32. 33. 36. 38. 39. 43. 46. 75. 87. 300:146.911-C. 302→304.
12.4754

— — 3., verb. u. verm. Aufl. Ebd. 1875. VIII S.,736 Sp. 8°
Nebent.: Chrestomathie de l'ancien français.
1:Xs 14076^{3}. 6. 8. 10. 11. 15. 17. 20→23. 26. 29. 31. 46. 48. 75. 123.
12.4755

— Chrestomathie de l'ancien français (VIII—XV siècles). Accompagnée d'une grammaire et d'un glossaire. Lex.-8. (VIII und 677 S.) Leipzig 866, Vogel. *

Bartsch, Karl, chrestomathie de l'ancien Français [VIII—XV. siécles], accompagnée d'une grammaire et d'un glossaire. 3. éd. corrigée et augmentée. Lex.-8. (X, 736 Sp.) Leipzig 873. F. C. W. Vogel. n. 10. —

— Chrestomathie de l'ancien français (VIIIe–XVe siècles). Accomp. d'une grammaire et d'un glossaire. 4. éd., corr. et augm. — Ebd. 1880. VIII S.,748 Sp. 8°
1:Xs 14076^{4}. 2. 7. 9. 10. 12:4°P. o. gall. 3 p. 15. 25. 30. 45. 62. 66. 79. 123. 208. 304.
12.4756

— — 5. éd., corr. et augm. Ebd. 1884. VIII S.,748 Sp. 8°
1:4° Xs 14076^{5}. 3. 6. 10. 11. 15. 17. 19. 21. 22. 30. 36. 38. 61. 180. 302. 304.
12.4757

— — 6. éd., rev. et corr. par A. Horning. Ebd. 1895. IV S., 754 Sp. 8° 1:Xs 14076^{6}. 2. 7. 8. 10. 11. 12:4°P. o. gall. 3 pi. 33. 46. 60. 79. 93. 304.
12.4758

— — 7. éd., rev. et corr. par A. Horning. Ebd. 1901. IV S., 744 Sp. 8° 5. 7. 8. 11. 16. 41. 44. 300:413.508-B. 302.
12.4759

— — 8. éd., rev. et corr. par A. Horning. Ebd. 1904. IV S., 744 Sp. 8° 1:Xs 14076^{8}. 5. 14. 18. 24. 27. 30. 46. 303.
12.4760

— — 9. éd., entièrement rev. et corr. par Leo Wiese. Ebd. 1908. X,537 S. 8° 1:Xs 14076^{9}. 5. 9. 11. 15. 16. 21. 25. 26. 46. 61. 300:457.608-C. L. 302.
12.4761

— — 10. éd., entièrement rev. et corr. par Leo Wiese. Ebd. 1910. XI,543 S. 8° 1:Xs 14076^{10}. 3. 6. 8. 10. 11. 16. 19. 24. 26. 27. 51. 93. 102. 303.
12.4762

— Chrestomathie provençale accomp. d'une grammaire et d'un glossaire. 2. éd., augm. et entièrement ref. — Elberfeld: Friderichs 1868. IV S.,574 Sp. 8°
1. Aufl. s. *Bartsch:* Provenzalisches Lesebuch. 1855.
1:Xs 12931. 2. 4→8. 10. 11. 12:P. o. gall. 198 pc. 16. 17. 21. 22. 23. 27→30. 32. 39. 43. 46. 107. 121. 300:158.616-B. 302. 303.
12.4766

— — 3. éd., rev. et corr. Ebd. 1875. 590 Sp. 8°
1:Xs 12932. 5. 6. 17. 20. 21. 25. 30. 34. 43. 44. 46. 48. 60. 208. 303.
12.4767

— — 4. éd., rev. et corr. Ebd. 1880. 600 Sp. 8°
1:Xs 12933. 2. 3. 5. 7→10. 12:P. o. gall. 198 pd [2 Ex.]
15. 17. 25. 26. 28. 29. 31. 34. 41. 43. 44. 46. 47. 61. 62.
66. 79. 107. 304.
12.4768

Bartsch, Karl, Chrestomathie Provençale, accompagnée d'une grammaire et d'un glossaire. 4me édit. Lex.-8. Elberfeld 882. Berlin, Wiegandt und Schotte. *

— Chrestomathie provençale accompagnée d'une grammaire et d'un glossaire. 5. éd. gr. 8. (III, 600 Sp.) Berlin 892. Marburg, N. G. Elwert's Verl. n. 8. —

— — 5. éd. Berlin: Wiegandt & Schotte 1892. 600 Sp. 8°
3. 24. 36. 38. 43.
12.4769

— — (Xe–XVe siècles.) 6. éd., entièrement ref. par Eduard Koschwitz. (Hrsg.: Eduard Wechssler.) — Marburg: Elwert 1904. XI S., 662 Sp. 8°
1:Xs 12933^6. 2→6. 9. 10. 11. 12:P. o. gall. 198 pdd.
14. 15. 18. 19. 21. 24. 25. 26. 30. 31. 34. 41. 44. 61.
300:425.577-B. 302→304.
12.4770

—, s. Dante Allighieri's Göttliche Komödie.

— Denkmäler der provenzalischen Litteratur. — Stuttgart 1856. XXV, 356 S. 8° (Bibliothek d. Litterarischen Vereins in Stuttgart. 39.)
1:Ag 308-39. 2→11. 12:H. misc. 33 t-39 [2 Ex.]
14→21. 23→36. 38. 39. 41. 43→46. 48. 51. 53.
60. 61. 64. 75. 78. 109. 111. 117. 123. 180. 203.
205. 300:393.111-B. Per. 39. 302→304. 307.
12.4771

— Der Dichter der Erlösung. — Wien 1862. 43 S. 8°
Aus: Germania. Vierteljahrsschrift für deutsche Alterthumskunde. 7. 1862.
32. 300:54.570-B.
12.4772

Bartsch, Karl, s.. Dichtungen, deutsche, des Mittelalters.

— — s. Diez, Friedr., die Poesie der Troubadours.

— Diktatstoffe für Unter- und Mittelstufe. — Berlin: Gerdes & Hödel [1907]. 24 S. 8° 1:N 10.1231. 207.
12.4812

— s. Ditfurth, Frz. Wilh. Frhr. v., die historisch-politischen Volkslieder des dreißigjährigen Krieges.

Bartsch, Karl: Zur Einführg in d. gewerbl. Kalkulation. Rechenb. z. Gebr. an Fortbildgsch. als Ergänzg zu and. Rechenbb. zugl. auch Wiederholgsheft f. junge Handwerksmeister. (18) 8° Meiss. ('11). Lpzg, J Klinkhardt. — 20 d

— Uber Christian's von Troies und Hartmann's von Aue Erec und Enide. — Wien 1862. 47 S. 8°
Aus: Germania. Vierteljahrsschrift für deutsche Alterthumskunde. 7. 1862.
32.
12.4773

Bartsch, Carl: Die Erlösung, s.: Bibliothek der gesammten deutschen National-Literatur.

— Herzog Ernst. Wien 869. Braumüller. gr. 8. (CLXXX, 308 S.) n. 4 ℳ

— Herzog Ernst. gr. 8. (CLXXX, 308 S.) Wien 870, Braumüller. *

— Aus dem Fischerleben. Gedichte nach Zeichnungen von Henry Ritter. — Crefeld (1864): Kramer & Baum. 8 S. 8°
32.
12.4774

— Die Formen des geselligen Lebens im Mittelalter. — Erlangen 1862: Eglau. 31 S. 8° 3. 4. 5. 11. 21. 30. 32. 46.
12.4775

— Über des Minnesangs Frühling. Zwei Recensionen von Karl Bartsch u. Franz Pfeiffer. — Stuttgart 1859. 30 S. 8°
Aus: Germania. Vierteljahrsschrift für deutsche Alterthumskunde. 3. 1858.
29.
12.4776

— Das Fürstenideal des Mittelalters im Spiegel deutscher Dichtung. Rectoratsrede. — Leipzig: Vogel 1868. 36 S. 8°
5. 7. 14. 17. 21. 23. 27. 28. 33. 117. 302.
12.4777

— Die deutschen Gedichte von Sanct Oswald. — Wien 1860. 46 S. 8°
Aus: Germania. Vierteljahrsschrift für deutsche Alterthumskunde. 5. 1860.
10. 11. 302.
12.4778

— Mitteldeutsche Gedichte. — Stuttgart 1860. XXXVI, 229 S. 8° (Bibliothek d. Litterarischen Vereins in Stuttgart. 53.) 1:Ag 308-53. 2→11. 12:H. misc. 33 t-53 [2 Ex.] 14→19. 21. 23. 24. 25. 27→30. 32→36. 38. 39.
41. 43→48. 51. 53. 60. 61. 64. 75. 78. 93. 109. 111. 117.
123. 180. 203. 205. 300: 393.111-B. Per. 53. 302. 304.
12.4779

Bartsch, Karl (Hrsg.), s. Germania.

— die Brüder Grimm. Festrede, geh. am 4. Jan. 1885 zu Hanau. In erweit. Gestalt hrsg. gr. 8. (31 S. m. Holzschn.-Portr.) Frankfurt a/M. 885. Literar. Anstalt. n. — 60

— Die Brüder Grimm. Festrede. — Frankfurt a.M.: Rütten & Loening 1885. 31 S. 8° 1:Au 6719 [u.] 21 in At 6959.
2. 4. 11. 12:Biogr. 477 ox. 14. 17. 18. 21. 24.
25. 28. 30. 32. 33. 34. 39. 41. 52. 62. 66. 180.
12.4780

— Grundriss zur Geschichte der provenzalischen Literatur. Elberfeld: Friderichs 1872. VII, 216 S. 8°
1:Xs 12802 [u.] 12802a. 2→11. 12:H. lit. P. 33g.
14→21. 24→32. 34. 35. 36. 38. 39. 43. 45. 46. 48.
62. 64. 79. 87. 109. 111. 300:74.587-B. 302→304.
12.4781

— die altdeutschen Handschriften, s.a. Katalog der Handschriften der Universitäts-Bibliothek in Heidelberg.

— Die altdeutschen Handschriften der Universitäts-Bibliothek in Heidelberg. — Heidelberg: Koester 1887. VI, 224 S. 4° (Katalog d. Handschriften d. Universitäts-Bibliothek in Heidelberg. 1.) 1:4° Ao 6662-1 [u.]
4° Ao 6662a-1. 2→11. 12:4° Cat. 55i-1 [2 Ex.] 14→21.
23→32. 34. 35. 36. 38. 39. 41. 43→46. 75. 107. 117.
121. 180. 300:397.083-D. H. 1. 302→304.
12.4782

— Berthold v. Holle, s. Holle, Berthold v.

— Kalkulationsaufg. f. Schlosser, s.: Weissbach, Paul.

— Über Karlmeinet. Ein Beitrag zur Karlssage. — Nürnberg: Bauer & Raspe 1861. VIII, 391 S. 8°
1:Yg 3391. 2→7. 9→11. 12:P. o. germ. 705 u. 14→21.
23→26. 28. 29. 30. 32. 33. 34. 38. 39. 43→46. 52. 75.
300:159.308-B. 302→304.
12.4783

— Catalog [Katalog] der werthvollen hinterlassenen Bibliothek des Prof. Dr. Karl Bartsch in Heidelberg nebst anderen kleineren Sammlungen. — (Leipzig: Harrassowitz) 1889. 246 S. 8°
7. 16. 30.
12.4784

— Aus der Kinderzeit. Bruchstück einer Biographie. — Tübingen (1882): Laupp. 32 S. 8°
1:At 9241. 4. 7. 9. 21. 23. 24. 25. 32. 169. 207.
12.4785

— s.: Kluge, diu.

— s: Klassiker, Deutsche, d. MAlters, Walther v. d. Vogelweide.

Bartsch, Karl, s. Koberstein, Aug., Grundriss.

–, s.a. Konrad von Würzburg.

— Provenzalisches Lesebuch. Mit e. literarischen Einl. u. e. Wörterbuche. — Elberfeld: Friderichs 1855. XXII,242 S. 8°
Spätere Aufl. s. Bartsch: Chrestomathie provençale. 1868 u.ö.
1:Xs 12930. 2. 4. 5. 7. 10. 11. 12: L. lat. f. 550 b. 14. 16. 17. 19. 21. 27→32. 36. 44. 46. 300: 47.338–B. 302→304.
12.4787

—— Peire Vidal's Lieder, s. Vidal's Lieder.

— Deutsche Liederdichter des zwölften bis vierzehnten Jahrhunderts. Eine Auswahl. — Leipzig: Göschen 1864. LXVI,390 S. 8°
1:Yf 7351. 2→5. 7→11. 12:P. o. germ. 77 p. 14→21. 23→32. 34. 35. 38. 41. 43. 45. 46. 61. 107. 123. 169. 207. 300: 161.043–B. 302→304.
12.4788

—— deut. Liederdichter d. 12—14. Jahrh. 8. (390) Stuttg. 64, Göschen.
1. 24

— — 2., verm. u. verb. Aufl. Stuttgart: Göschen 1879. LXXIV, 407 S. 8° 1:Yf 7352. 2. 3. 6→9. 11. 12:P. o. germ. 77 pa. 16. 17. 18. 24. 25. 28. 29. 30. 33. 38. 39. 47. 48. 78. 107. 123. 302. 303.
12.4789

— — 3. Aufl., besorgt von Wolfgang Golther. Ebd. 1893. LXXXVI,407 S. 8°
1:Yf 7353. 2. 6. 7. 10. 12:P. o. germ. 77 pac. 15. 16. 19. 23→27. 36. 38. 107. 169. 180. 302. 303.
12.4790

— — 4. Aufl., besorgt von Wolfgang Golther. Berlin: Behr 1901. XCIV,414 S. 8°
1:Yf 7354. 2. 5. 7. 8. 9. 11. 12:P. o. germ. 1862 c. 18. 28. 30. 32. 35. 38. 44. 46. 109. 123. 300: 412.458–B. 302→304.
12.4791

— — 4. Aufl., besorgt von Wolfgang Golther. Unveränd. Neudr. — Ebd. 1906. XCIV,414 S. 8°
30. 31. 38. 48.
12.4792

— — 4. Aufl., besorgt von Wolfgang Golther. 2., unveränd. Neudr. — Ebd. 1910. XCIV,414 S. 8°
4. 10. 21. 31. 43. 46.
12.4793

— Zu Walthers Liedern. — Wien 1861. 30 S. 8°
Aus: Germania. Vierteljahrsschrift für deutsche Alterthumskunde. 6. 1861.
32. 39. 302.
12.4796

— die schweizer Minnesänger, s.: Bibliothek älterer Schriftwerke der deutschen Schweiz.

–, s Nibelunge Nôt, der.

—— s. Nibelungenlied, das.

—— das Nibelungenlied, s. Classiker, deutsche, des Mittelalters.

Bartsch, Carl, Conrads von Würzburg Partonopier und Meliur Turrei von Nantheiz — Sant Nicolaus – Lieder und Sprüche. Aus dem Nachlasse von Franz Pfeiffer und Franz Roth herausgegeben. 1871 gr. 8. (XVI u. 434 S.) Wien, Braumuller. 1870 5 fl 50 kr

— Das älteste deutsche Passionsspiel. — Wien: Gerold 1863. 25 S. 8°
Aus: Germania. Vierteljahrsschrift für deutsche Altherthumskunde. 8. 1863.
14. 17. 32. 300: 54.540–B. 302.
12.4797

(Bartsch, Carl. [und] W[agner]. J[oseph] M[aria].) Franz Pfeiffer, † 29. Mai 1868. SA. 8. (Wien [1868].)

— Franz Pfeiffer. — (Wien: Gerold 1868.) 7 S. 8°
Aus: Germania. Vierteljahrsschrift für deutsche Alterthumskunde. N.R. 1.1868.
1: an Av 5486. 24. 29.
12.4798

— Franz Pfeiffer. Eine Biographie. — Wien: Braumüller 1869. 91 S. 8°
Aus: Lassberg, Josef Frhr v.: Briefwechsel zwischen Jos. Frhrn v. Laßberg u. Ludwig Uhland. 1870.
60. 302.
12.4799

(—) Rede bei der Beerdigung des weil. Geh. Hofraths und Professors J. Chr. F. Bähr zu Heidelberg. 1. Dez. 1872. (Verf.: K. Bartsch u. B. Stark.) — o.O. [1872]. 12 S. 8°
5.
12.4800

Bartsch, Karl: Über Richtung und Gestalt der Interferenzstreifen an keilförmigen dünnen Blättchen bei Beleuchtung mit einer punktförmigen Lichtquelle. Marburg 1910: Friedrich. 66 S. 8°
Marburg, Phil. Diss. v. 20. Sept. 1910, Ref. Feußner, Richarz
[Geb. 25. Aug. 85 Elberfeld; Wohnort: Elberfeld; Staatsangeh.: Preußen; Vorbildung: Oberrealsch. Elberfeld Reife O. 04; Studium: Marburg 10 S.; Rig. 25. Nov. 08.]
[U 11. 3434

– Romantiker u. germanistische Studien in Heidelberg 1804—1808. 4. (46 S.) Heidelberg 882. C. Winter.)
n. 1. 20

— Altfranzösische Romanzen und Pastourellen. — Leipzig: Vogel 1870. XVI,400 S. 8°
Nebent.: Romances et pastourelles françaises des 12. et 13. siècles.
1: Xt 848. 2→11. 12: P. o. gall. 198 pe. 14→21. 23→30. 34. 36. 38. 45. 46. 109. 300: 158.504–B. 302→304.
12.4801

— Sagen, Märchen u. Gebräuche aus Mecklenburg. 1. u. 2. Bd. gr. 8. Wien 879. 80. Braumüller. à n. 8. —
1. Sagen u. Märchen. (XXV, 524 S.)
2. Gebräuche u. Aberglauben. (VI, 508 S.)

Bartsch, K., Sagen, Märchen und Gebräuche aus Mecklenburg. 2 Bde. gr. 8. Wien 879,80. Frankfurt a. M., Völcker's Verlag. *

–, s. Sancta Agnes.

Bartsch, Karl, die lateinischen Sequenzen des Mittelalters in musikalischer und rhythmischer Beziehung. gr. 8. Rostock 868. Heidelberg. K. Groos. *

— Die lateinischen Sequenzen des Mittelalters in musikalischer und rhythmischer Beziehung. — Rostock: Stiller 1868. VIII,245 S. 8°
Zugleich Univ.-Schrift. Rostock 1868.
1: Ef 3440. 2. 4. 5. 7. 8. 10. 11. 14. 24. 29→32. 34. 117. 300: 396.267–B. M.
12.4803

— s.: Studien, germanistische.

Bartsch, K, die deutsche Treue in Sage und Poesie. Leipzig 28 p.
Schul-/Univ.-Schrift 1861

—— die deutsche Treue in Sage und Poesie. Vortrag, gehalten am Geburtstage Sr. Königl. Hoheit des Großherzogs von Mecklenburg-Schwerin Friedrich Franz am 28. Febr. 1867. gr. 8. (28 S.) Leipzig 867, Vogel. *

—— bibliographische Uebersicht der Erscheinungen auf dem Gebiete der deutschen Philologie im J. 1864. gr. 8. (44 S.) Wien 865, Gerold's Sohn.

— — im J. 1865. Ebend. 866. gr. 8. (91 S.) n. 10 ngr.

— — im J. 1866. Ebend. 867. gr. 8. (40 S.) n. 10 ngr.

—— bibliographische Uebersicht der Erscheinungen auf dem Gebiete der germanischen Philologie in den J. 1867, 1868, 1869, 1870. gr. 8. (44; 46; 48; 44 S.) Wien 869—72, Gerold's Sohn. à Jahrg. *
Aus: Germania, besonders abgedruckt.

— Untersuchungen über das Nibelungenlied. — Wien: Braumüller 1865. XII,385 S. 8°
1:Yf 8937. 2→11.12:P. o. germ. 1009 bk. 14→18. 20→36. 38. 39. 41. 43→46. 48. 60. 75. 79. 90. 107. 111. 117. 180. 300:54.134-B. 302→304.
12.4806

Bartsch, K., der saturnische Vers und die altdeutsche Langzeile. Beitrag zur vergleichenden Metrik. Leipzig V u. 67 p. 1867
Schul-/Univ.-Schrift

— Der saturnische Vers und die altdeutsche Langzeile. Beitrag zur vergleichenden Metrik. — Leipzig: Teubner 1867. 62 S. 8°
1:Xa 2840. 2→11. 12:Philol. 15 u. 14. 15. 16. 18. 20. 21. 24→31. 38. 39. 45. 46. 300:69.877-B. 302→304.
12.4807

—— s.: Vidal's, P. Lieder.

— Alte französische Volkslieder. Nebst e. Einl. über d. französische Volkslied d. 12.–16. Jhs. — Heidelberg: Winter 1882. XXXV,248 S. 8°
1:Xt 880. 2→11. 12:P. o. gall. 198 pf. 14→18. 19. 21. 23→26. 28. 30. 32. 34. 38. 41. 43. 45. 60. 62. 88. 123. 207. 302.
12.4808

Bartsch, Karl, Professor d. deutschen u. romanischen Philologie, Heidelberg. 1832–1888. 1855: [Teils.] Gesammelte Vorträge und Aufsätze. — Freiburg i. B. [usw.]: Mohr 1883. V, 404 S. 8°
1:Ag 9410. 2→11. 12:H. lit. P. 33 gb. 14→21. 24→32. 34. 36. 38. 43. 45. 46. 48. 53. 107. 117. 180. 203. 207. 300:04.523-B. 302.
12.4747

— Wanderung und Heimkehr. Gedichte. — Leipzig: Brockhaus 1874. VIII,266 S. 8°
1:Yo 15156. 2. 7. 11. 12:P. o. germ. 77 pe. 15. 16. 18. 21. 24. 26. 38. 39. 46. 117. 302. 308.
12.4809

Bartsch, Karl Ludwig s. *Anklage* und Verurtheilung des Hofbesitzers Bartsch wegen versuchten Giftmordes und Meineides und Anklage wider den Königl. Förster Bartell wegen Meineides. 1857.

Bartsch, Konr. Dom., († d. 14. Dec. 1817.) s. J. M. v. Heß, Gedanken.

Bartsch, Kurt: Aus d. chemischen Institut d. Universität Breslau. 'Ueber einige Derivate des α- und β-Naphtocumarins'. *Breslau 1903: H. Fleischmann.* (52 S.) 8°
Breslau, Phil. Diss. v. 5. Aug. 1903

Bartsch, L. (Oberlehrer), s. Bartsch, Louis

Bartsch, Leop., Schildwach-Abentheuer, s. Jahrbuch deutscher Bühnenspiele v. Gubitz. 13r Jahrg.

Bartsch, Louis [Hrsg.] s. *Bausteine* für die Schule. 1910.

Bartsch, L., s.: Beiträge zur Geschichte der Stadt Buchholz.

— Die Annaberger Bortenschotten. Zugleich unter Bezugnahme auf das Auftreten von Schotten anderwärts in Deutschland. — Annaberg [1905]: Schreiber. 76 S. 8°
1:Sr 3330. 14. 106.
12.4823

— Buchholz. s.a. Grohmann, M. d. Obererzgebirge.

— Buchholz. Heimatkundliche Geschichtsbilder für Haus und Schule. — Buchholz: Handreka (1900). 36,125 S. 8°
Beigedr.: Grohmann, Max: Das Obererzgebirge. Heimatkundliche Geschichtsbilder. 2., veränd. u. erw. Aufl. Annaberg: Graser 1900.
1:Sr 4195.
12.4824

! Bartsch, Louis und M. Grohmann: Buchholz.
Jetzt: Annaberg, Graser.

— Festschrift zum 400jährigen Jubiläum (der Gründung) der Stadt (Buchholz). — Buchholz: Handreka 1901. 150, XXXX S. 8° (Beiträge zur Geschichte d. Stadt Buchholz. 5.)
1:Sr 4194-5. 14. 15. 117. 203. 207.
12.4825

Bartsch, L. (Oberlehrer), Sachsische Kleiderordnungen aus der Zeit von 1450—1750.... (Aus: 39. [u. 40.] Bericht über die Königliche Realschule I. O.... zu Annaberg.... Annaberg 1882 (-1883). Buchdruckerei von E. O. Schreiber.) 4°. Tit., 27+40 S. (Bibl. Lipperheide no. 3338:)

Bartsch, L.: Leseb. f. deut. Volkssch., s.: Hunger, FW.

— Leseb. f. deut. Volkssch., s: Schroyer, W.

— Stoff-Plan f. d. Unterr. in Realien nebst allg. Bemerkgn. (24) kl8° Flöha, A Peitz & S. '10. — 60 d

— Kirchliche und schulische Verhältnisse der Stadt Buchholz während der ersten Hälfte des 16. Jahrhunderts. — Buchholz: Handreka 1899. 192,X S. 8°
Aus: Beiträge zur Geschichte d. Stadt Buchholz. 3.4. 1897-99.
1:Sr 4194/5.
12.4827

Bartsch, Louise, neue Vorlagen f. Holzbrand, Tiefbrand, Pinselbrand u. Lederschnitt in modernem Styl. gr. Fol. (8 Taf.) Berlin 902. W. Schultz-Engelhard. n. 6.—

Bartsch, Martin Friedrich Philipp: Liedersammlung zur Erhebung, Veredlung und Erfreuung des Herzens, ein angenehmes, nützliches und dauerndes Weihnachts-, Neujahrs- und Geburtstagsgeschenk für die deutsche Jugend. Berlin 1811. XII,430 S. 8°
109.
12.4828

Bartsch, Max, Gesanglehrer, Frankfurt a. M. 1927: Führer durch die Ausstellung Musik im Leben der Völker in Frankfurt a. M. 11. Juni bis 28. August 1927. — Frankfurt a. M. [1927]: Union. 47 S. 8°
26. 30. 36. 37. 300:563.129-B.M.
12.4829

Bartsch, Moritz
— Opferfeuer. Roman. — Breslau: Schimmel 1909. 270 S. 8°
1:Yx 39684. 2. 41.
12.4835

—— 2. Aufl. Ebd. 1910. 270 S. 8°
2.
12.4836

— Populäre Philosophie. T. 1.2. — Breslau: Schimmel 1910–12. 8°
1. Was ein moderner Mensch von Kants Erkenntnistheorie wissen muß. 1910.
2. Los von Kant? 1912.
2. 16[*1]. 27. 41.
12.4838

—— 2., verm. Aufl. T. 1. Ebd. 1910. 50 S. 8°
30.
12.4839

Was ein moderner Mensch von Kants Erkenntnistheorie wissen muß. Von Moritz **Bartsch.** Breslau: Schimmel 1910. 44 S. 8°
(Bartsch: Populäre Philosophie. T. 1.) [10. 15/3] 2

Bartsch, Paul, z. Z. Assistenzarzt in Rostock: 24 Tetanusfälle mit einem Überblick über unser heutiges Wissen von dieser Krankheit. Leipzig 1907: B. Georgi. (74 S.) 8°
Leipzig, Med. Fak., Ref. Trendelenburg, Diss. v. 25. März 1907
[Geb. 1. Okt. 79 Berlin; Wohnort: Rostock i. M.; Staatsangeh.: Preußen. Vorbildung: Gymn. Steglitz Reife M. 00; Studium: Berlin 9 S.; Coll. 28. März 07; Approb. 22. Jan. 06.]

Bartsch, R. [Hauptmann], s. Bartsch, Robert

Bartsch, R. [Jurist], s. Bartsch, Robert

Bartsch, R. [Oberleutnant], s. Bartsch, Rudolf Hans

Bartsch, Reinhold: Aus Bergen und Wäldern. Gedichte. Strassburg: Friedemann 1891. 131 S. 8° 30. 41.
12.4857

Bartsch, Rhold., aus Bergen u. Wäldern. Gedichte. 16. (131 S.) Straßburg i/E. 892. H. Friedemann Nachf. n 2. —

Bartsch, R, a. Bergen u. Wäldern. Gedichte. 16° (131) Strassb. 92. Bus., GL Kattentidt. 2 —

[—] **Vorschläge zur Aenderung des deutschen Strafrechts** von ? — Berlin: Ißleib 1884. 21 S. 8°
1:12 in Fu 977. 41.
12.4858

— **Worte zur Sache. Philosophische Erörterungen. (1.) 2.** — Greiffenberg: Verf. 1899[-1900]. 8° 1:Nm 27440. 2. 41.
12.4859

— dasselbe. 2. Bd. gr. 8. (155 S.) Leipzig (900). O. Weber. n. 2. —

Bartsch, Robert

Bartsch, Rob.v.: Einquartierung i.d. Küche, s.: Theaterbibliothek f. Vereine.

– : Ein fideles Gefängnis, s.: Theaterbibliothek f. Vereine.

Bartsch, Rob.: Wiener Gerichte im Vormärz. [Aus: „Festschr. z. 31. deut. Juristentag".] (43 m. Abb. u. 1 farb. Kte.) gr8° Wien, C Fromme '12. 2.50 d

— Das ehel. Güterrecht in d. Summa Raymunds v. Wiener-Neustadt, s: Sitzungsberichte d. kais. Akad. d. Wiss. in Wien.

Bartsch Robert, Dr.: Das eheliche Güterrecht in der Summa Raymunds von Wiener-Neustadt. S 1687 . . . . . . 1 70

Separatabdruck

— **Eheliches Güterrecht im Erzherzogtum Österreich im sechzehnten Jahrhundert.** — Leipzig: Veit 1905. VI, 92 S. 8° 1:Gn 5090. 4. 6. 12: J. austr. 4 iu. 14. 15. 16. 26. 27. 208. 300:435.669-B. 302→304.
12.4873

Bartsch, Robert v., Hauptmann, 1871-1907. 1893: **Handbuch für den Schwimmunterricht zum Gebrauche an Militär-Schwimmanstalten.** — Berlin: Mittler 1894. 31 S. 8°
1:Hu 24370. 2. 12: Gymn. 12h. 41. 202.
12.4860

— a. d. Potsdamer Kadettenhaus. Erinnergn. e. alten Kadetten. 8. (VII, 48 S.) Braunschweig 896. Patriotischer Verlag, Schlegel. Geb. in Leinw. n. 1. 50

! Bartsch, R. v.: Aus dem Potsdamer Kadettenhaus. Verleger jetzt in Salzgitter.

— **Die Königs-Grenadiere bei Weißenburg und Wörth.** Berlin: Freund & Jeckel 1904. 100 S. 8°
1:Yo 30148. 11. 109.
12.4861

— **Le Bourget. Ein Heldengedicht.** — Berlin: Freund & Jeckel 1895. 24 S. 8° 4.
12.4862

– : Die Neujahrswache v. 1871, s.: Theaterbibliothek f. Vereine.

[—] **Der Offizier. Ein Ratgeber für d. jungen Lieutenant** von R. v. B. — Berlin: Liebel 1895. 50 S. 8°
1:Hu 18767. 12: Sc. mil. 80h. 52.
12.4863

— — 2., durchges. u. verb. Aufl. Ebd. 1902. 51 S. 8°
1:Hu 18767². 16.
12.4864

— **Die Rechtsstellung der Frau als Gattin und Mutter. Geschichtliche Entwicklung ihrer persönlichen Stellung im Privatrecht bis in d. 18. Jh.** — Leipzig: Veit 1903. VI, 186 S. 8° 1:Gm 1680. 2. 3. 5→9. 11. 12: H. g. hum. 12k. 14. 15. 16. 20. 21. 24. 25. 26. 34. 35. 38. 41. 43. 46. 61. 106. 203. 208. 300:430.293-B. 302. 303.
12.4874

— **Die Reform des österr. Privatrechts.** — Wien: Manz 1908. 33 S. 8°
Aus: Allgemeine österreichische Gerichts-Zeitung. 59. 1908.
300:457.017-B. 302→304.
12.4875

— **Der Rekrut der deutschen Infanterie im Offizier-Unterricht.** — Berlin: Mittler 1893. 31 S. 8° 1:Hw 7274.
12.4865

– : Das Rendezvous a.d. Gartenbank, s.: Theaterbibliothek f. Vereine.

– : Leutenant Rettig, s.: Theaterbibliothek f. Vereine.

— der Hohenzollern Ruhm u. Ehre, s.a. Theater-Album, militärisches.

— **Der Hohenzollern Ruhm und Ehre. Patriotisches Festspiel.** — Landsberg: Volger & Klein [1893]. 16 S. 8° (Militärisches Theater-Album. 74.) 1:Yp 6370-74.
12.4866

— **Seelgerätsstiftungen im 14. Jahrhundert. Ein Beitrag zur Geschichte d. Testaments in Österreich.** — [Berlin 1908.] 58 S. 8°
Aus: Festschrift für Karl von Amira. 1908. 302.
12.4876

— „Seni" freiweg nach Schiller, s.a. Theater-Album, militärisches.

— **'Seni' freiweg nach Schiller. Ein militärisches Schieß- u. Singspiel.** — Landsberg: Volger & Klein [1896]. 8 S. 8° (Militärisches Theater-Album. 83.) 1:Yp 6370-83.
12.4867

— **Deutsches Soldatenleben. Patriotischer Roman aus d. militärischen Leben d. Gegenwart.** — Minden: Köhler 1907. IV, 259 S. 8° 1:Yx 37840¹²². 6. 17. 26. 60. 111.
12.4868

– : Feldwebel Spürnase, s.: Theaterbibliothek f. Vereine.

– : Der Stabstrompeter, s.: Theaterbibliothek f. Vereine.

— **Die Stellung der Frau innerhalb der Familie. Vortrag.** — Wien: Manz 1903. 31 S. 8°
Aus: Allgemeine österreichische Gerichts-Zeitung. 53. 1902.
10. 300:423.417-B. 302.
12.4877

— **Die Uneigennützigkeit im Privatrecht.** — Wien: Manz 1910. 64 S. 8°
Aus: Allgemeine österreichische Gerichts-Zeitung. 61. 1910.
302.
12.4878

– : Zeit ist Geld od. d. Vereinsmeyer, s.: Theaterbibliothek f. Vereine.

Bartsch, Rudolf s. *Bartsch*, Rudolf Hans.

Bartsch, Rudolf Hans

Bartsch, Rud. Hans, s.a. Als Oesterreich zerfiel

(—) **Als Österreich zerfiel ... 1848.** (Verf.: Johannes Hager [d. i. Rudolf Hans Bartsch].) — Wien: Stern 1905. 337 S. 8° 1:Yx 36503. 12: P. o. germ. 1714h. 30. 300:448.051-B. 302.
12.4883

— **Die Haindlkinder. Roman.** — Leipzig: Staackmann 1908. 334 S. 8° 11. 14. 36. 43. 60. 61. 300:461.347-B. 302.
12.4916

— — Ebd. 1909. 334 S. 8° 17. 19. 24. 29. 30. 60. 87.
12.4917

—— Ebd. 1910. 334 S. 8° 1:Yx 38795[10]. 24.
12.4918

— Haynau. Eine psychologische Studie. — Wien: Konegen 1907. 17 S. 8° Aus: Danzer's Armee-Zeitung. 12. 1907.
30. 38. 300:451.993-B. 302. 303.
12.4926

Bartsch, Rud. Hans: Elisabeth Kött, s.a. Ullstein-Bücher.

— Elisabeth Kött. Roman. — Leipzig: Staackmann 1909. 312 S. 8° 7. 10. 15. 17. 21. 24. 28. 30. 42. 60. 87. 109. 300:467.679-B. 302. 303.
12.4937

— Elisabeth Kött. Roman. Umschlag u. Buchschmuck v. Alfr. Keller. 2. u. 3. Taus. (Je 312 S.) 8. Ebd. 909. 4. —; geb. in Leinw. 5. —

—— Ebd. 1910. 312 S. 8° 5. 14. 29. 36. 42. 62.
12.4938

— Das deutsche Leid. Landschafts-Roman. 1—30. Taus. (434) 8° Lpzg, L Staackmann '12. 5 —; L 6.50; Ldr 7 —; Ldr 8 — d

— Bittersüße Liebesgeschichten. — (Leipzig: Staackmann 1910.) 340 S. 8° 7. 11. 14. 26. 27. 29. 30. 36. 43. 48. 60. 62. 78. 79. 203. 300:473.090-B. 302.
12.4955

— Musikergeschichten, s: Hausbücherei d. deut. Dichter-Gedächtn.-Stiftg, Söhle.

— Novellen, s: Dichter, Neuere, f. d. studier. Jug. (Nathansky).

— Die Schill'schen Offiziere, s.a. Kriegsjahr, das, 1809 in Einzeldarstellungen. 7. Bd.

Die Schill'schen Offiziere von Oberlt. Rudolf Bartsch. Wien-Leipzig: C. W. Stern 1909. (88 S.) 8°
= Kriegsjahr, Das, 1809 in Einzeldarstellungen. Bd 7.

— Vom sterbenden Rokoko. — Leipzig: Staackmann 1909. 251 S. 8° 14. 15. 24. 62. 79. 87. 107. 300:463.849-B. 302.
12.4975

—— Ebd. 1910. 251 S. 8° 307.
12.4976

— Der Schatz. Der steirische Weinfuhrmann, s: Volksbücher, Wiesbadener. 154.

— „Schwammerl". Ein Schubert-Roman. (1—15. Taus.) (308) Lpzg, L Staackmann ('12). 4 —; L 5 —; HPerg. 5.50; Ldr 7 — d

Bartsch, R.: Der Volkskrieg in Tirol s.a. Das K r i e g s j a h r 1809 in Einzeldarstellungen.

— Der Volkskrieg in Tirol. — Wien: C. W. Stern 1905. 117 S. 8° (Das Kriegsjahr 1809 in Einzeldarstellungen. 2.) 1:Qn 6050-2. 5. 7. 12:Mil. g. 123 i-2. 17. 21. 31. 62. 109. 169. 209. 300:449.841-B. 1,2. 302. 304.
12.5017

— Die Wachau, s: Kunst u. Natur in Bildern, Reiffenstein.

[—] Wald- und Feld-Brevier. Ein Schock Liebeslieder. — Wien: Seidel in Comm. 1901. 40 S. 8° 302.
12.5018

— Wien, Das grüne. (84 m. Abb.) 8° Wien, Gesellsch. f. graph. Industrie ('11). Pappbd 2 —

— Zwölf aus der Steiermark. Roman. — Leipzig: Staackmann 1908. 383 S. 8°
14. 24. 30. 42. 87. 300:458.207-B. 302. 303.
12.5023

Bartsch, Rudolf Hans: Zwölf aus der Steiermark. Roman. Mit Umschlagzeichn. v. Alfred Keller. 15. Taus. Lpz. '09. 383 S.

—— Ebd. 1910. 383 S. 8° 28. 61. 66.
12.5025

— [Ausz.] Zwölf aus der Steiermark. Für d. Schulgebrauch hrsg. von Josef M. Weißberg. — Leipzig: Freytag [usw.] 1910. 144 S. 8° (Freytags Schulausgaben u. Hilfsbücher für d. deutschen Unterricht.)
300:408.242-A. Per. 155. 302. 307.
12.5033

— dasselbe. Für den Schulgebrauch hrsg. v. Jos. M. Weißberg. (114 S.) kl. 8. Leipzig 910. G. Freytag. — Wien, F. Tempsky. Geb. 1. —

Bartsch, (Samuelis Germanus Eduardus) Robertus *(geb Oderberg in d Mark 31 7 1833)*: De praescriptione feudi acquisitiva. Vratislaviae (1856). (56 S.) 8°
Breslau, Jur. Diss. v 22 Juli 1856

Bartsch, W., Zur Frage der Entwickelung der gewerblichen Arbeitsverfassung. 8°. Berlin 1904.

Bartsch, W.J., s. B a r t s c h , Wilhelm Julius

Bartsch, Walther, aus Striegau ⟨Schles.⟩: Kryoskopische Untersuchungen. *Heidelberg 1899: J. Hörning.* (42 S.) 8°
Heidelberg, Naturw.-math. Diss. v. 1899

Bartsch, Wilhelm, approb. Arzt aus Breslau: Aus d. dermatol. Abt. d. Allerheiligen-Hospitals zu Breslau. Zur Behandlung der Phimose. *München 1903: C. Wolf & Sohn.* (23 S.) 8°
München, Med. Diss. v. 1903

[B a r t s c h, Wilhelm, et G r o s s, Emile.] La situation politique dans le canton de Fribourg. [Extrait de L'Indépendant, 3e année 1910.] 32 p. 8. [Fribourg, Delaspre & Fils.]

Bartsch, Wilhelm Julius: Maschinenbau-Anstalt Humboldt, Kalk bei Köln. Die magnetische Aufbereitung und ihre Anwendung für gerösteten Spateisenstein im Siegerlande. Vortrag. — Köln [1907]: DuMont Schauberg. 24 S. 4°
201.
12.5037

Bartsch, Willy, aus Riga ⟨Russl.⟩: Synthesen mit Hilfe von Blausäure. *Heidelberg 1900: C. Pfeffer.* (40 S.) 8°
Heidelberg, Naturw.-math. Diss. v. 1900

Bartsch, Zacharias
— Steiermärkisches Wappen-Buch ... 1567. Facs.-Ausg. mit historischen u. heraldischen Anm. von Josef v. Zahn u. Alfred R[r] Anthony v. Siegenfeld. — Graz [usw.]: Moser 1893. 168 Taf., 180 S. 8°
1:Sc 4900. 7. 12:4° Herald. 6 ba. 14. 117. 302. 303.
12.5041

—— Nachw. von Josef v. Zahn u. heraldische Besprechung von Alfred R. Anthony v. Siegenfeld. — Ebd. 1893. 180 S. 8° Separat-Abdruck d. Textes d. Facsimile-Ausg. von 1893. 24.
12.5042

Bartsch v. Sigsfeld, Hans: Anlagen zur Eingabe des Grafen von Zeppelin. Augenblicklicher Stand und Gesichtspunkte für die Entwickelung der Flugschiffahrt. — (Stuttgart [um 1900]: Grüninger.) 18 S. 8° 26.
12.5047

Bärtsch, J.Em., s. B a e r t s c h , Johann Evangelista

Baertsch, Johann Evangelista: Abhandlung über die Natur, Beschaffenheit und Heilung des Koths, oder fliegenden Brandes beim Viehe. — Chur: Otto 1783. 80 S. 8°
18. 24. 25.
9.9204

Bärtsch, J. Em., über d. fliegenden Brand beim Viehe. gr. 8. Chur 783. Otto. 6 gr.

Bartsche, C. G., wahre Definition aus dem Lichte göttl. Offenbarung. 4. ... 769.

— Sieben Grundsätze, worauf d. wahre Glaube e. Christen fest steht. 4. Hamb. 772. Müller. 6 gr.

Bartscher, F.: G e r i c h t s k o s t e n g e s e t z, s. B a r t s c h e r, Franz August

Bartscher, Ferd., der innere Lebensgang der Dichterin Luise Hensel, nach den Orig.-Aufzeichnungen in ihren Tagebüchern vorgelegt. 12. (XII, 432 S.) Paderborn 882. F. Schöningh. n. 3. 60; geb. n. 4. 60; m. Goldschn. n. 5. —

Bartscher, Ferdinand Philipp Ludwig
— s. a. B e s c h r e i b u n g e. Gemälde.

Bartscher, Ferdinand Philipp Ludwig: Beschreibung einiger Gemählden aus der Bildersamlung des Dechanten Harsewinkel zu Wiedenbrück. (Verf.: Ferdinand Philipp Ludwig Bartscher.) — Holzminden 1784: Bohn. 72 S. 8°
7. 23.
12.5049

Bartscher, Fr. P. Wlh. Ldw., Erklärung d. Kunstwörter d. Malerei. 8. Detmold 787. (Bädeker in E.) 8 gr.

Bartscher, P. W. L., Erklär. der Kunstwörter der Malerey. 8. Detmold, Helwing. (Duisb. Bädecker u. Kürzel) 787.

— Erklärung der nöthigsten Kunstwörter in der Malerey. Detmold [usw.]: Helwing 1787. 152 S. 8°
1: Nu 38. 19. 22. 117.
12.5050

Bartscher, Fr.P.Wlh.Ldw., s. B a r t s c h e r, Ferdinand Philipp Ludwig

Bartscher, Franz August

Bartscher, F., A. Drinnenberg, u. P. Wenz, das preußische Gerichtskostengesetz vom 25. VII. 1910, die Gebührenordnung f. Notare vom 25. VII. 1910 u. die landesgesetzl. Vorschriften üb. die Gebühren der Rechtsanwälte. Mit Anmerkgn. u. Tabellen. (VII, 262 S.) gr. 8. Köln 910. Kölner Verlags-Anst. u. Druckerei. Geb. in Leinw. 4. —

Bartscher, Louis [app. Arzt aus Osnabrück]: Aus d. patholog. Institut zu Kiel. Ein seltener Fall von beiderseitigem Nierendefect neben anderen Missbildungen. ... Kiel, Druck v. Carl Böckel, 1890; 15 + 1 S. u. 1 Taf. 8°
Kiel, Med. Fak., Inaug.-Diss. v. 18. Apr. 1890

Bartscher, L., e. seltener Fall v. beiderseitigem Nierendefect neben anderen Missbildungen. Aus d. patholog. Institut zu Kiel. Inaug.-Diss. gr. 8. (15 S. m. 1 Taf.) Kiel 890. (Gnevkow & v. Gellhorn.) n. 1. —
Allg. Bücher-Lexikon. XXV. Band. (X. Supplement-Band 1.)

Bartscher, P.W.L., s. B a r t s c h e r, Ferdinand Philipp Ludwig

Bartscherer, Agnes: Zur Kenntn. d. jungen Goethe. 3 Abhandlgn. (8, 192) gr8° Dortm., FW Ruhfus '12. 4.50; L 5.50

— Paracelsus, Paracelsisten u. Goethes Faust. Quellenstudie. (333) gr8° Ebd. '11. 7 —

Baertschi, Jakob Ulrich: Bilder aus dem Volks-, Staats- und Gerichtsleben des Kantons Bern ... Von Addrich [d.i. Jakob Ulrich Bärtschi]. — Solothurn: Schwendimann 1877. IV,171 S. 8°
1: Rv 1310.
9.9207

Bartta, Josef s. *Barta.*

Barttelot, Walt. G., Stanley's Nachhut in Yambuya unter Major Edm. M. Barttelot. Mit den Tagebüchern u. Briefen d. ermordeten Majors Barttelot in Antwort u. Widerlegg. der v. H. M. Stanley gegen die Offiziere der Nachhut der engl. Emin-Entsatz-Expedition gemachten Anklagen. Nach dem Tode des Majors Barttelot hrsg. Autoris. Uebers. v. E. Oppert. Mit e. Bildniß Barttelots u. 2 Karten. gr. 8. (X, 363 S.) Hamburg 891. Verlagsanstalt u. Druckerei, A.-G. n. 9. —; geb. n. 10. —

Barttlingck, Georg. aus Hildesheim (Prov. Hann.): Ueber Verbindungen von Selenaten mit Jodaten, Phosphaten und Arsenaten. *München 1903: F. Straub.* (27 S.) 8°
München, Phil. Diss. v. 1903

Bartuli, S. J., 1608-1685. 1645 s. *Bartoli,* **Daniello.**

Bartulić: Heutiger Stand der Frage über d. Zusammenhang zwischen Licht und Wärme. 4 S.
Progr. Zengg 1859.

Bartunek, J., De adiectivorum et participiorum apud Lucretium, Catullum, Vergilium, Horatium, Ovidium usu promiscuo. Pr. 1898. 44 S. 1.50

Bartunek, J.: Der B a j o n e t t k a m p f (u. ähnliche Schriften), s. B a r t u n e k, Josef

Bartuněk, Jan. 1902: **Statistika rybníků a vod markrabství** moravského. Statistische Darstellung der Teiche und Gewässer der Markgrafschaft Mähren. — ve Velkém Meziříčí: Rybářský Spolek 1902. 1 Bl. 77 × 56 cm.
Text tschechisch u. deutsch. 302.
12.5071

— **Statistika rybníků a vod okresu velkomeziříčského na** Moravě. Statistische Darstellung der Teiche und Gewässer des Bezirks Groß-Meseritsch in Mähren. — ve Velkém Meziříčí: Rybářský Spolek 1902. 1 Bl. 77 × 56 cm.
Text tschechisch u. deutsch. 302.
12.5072

Bartuněk, Johann s. *Bartuněk,* **Jan.**

Bartunek, Josef

Bartunek, Jos.: Die Austragg v. Ehrenangelegenh. 1. u. 2. Afl. (60) gr8° Wien, LW Seidel & S. '12. 2 —

— Der Bajonettkampf. (52) gr8° Ebd. '12. 2 —

Bartunek, Jos., Ratgeber f. den Offizier zur Sicherung des Erfolges im Zweikampfe m. dem Säbel. (154 S.) gr. 8. Esztergom 904. (Wien, L. W. Seidel & Sohn.) n. 3. —

— **Ratgeber für den Offizier zur Sicherung des Erfolges im** Zweikampfe mit dem Säbel. — Esztergom: Selbstverl. 1904. 154 S. 8°
302.
12.5076

Bartusch, Otto: Ausübung des Verpflegungsdienstes bei der Truppe im Kriege. — Laibach: Verf. 1894. 45 S. 8°
300: 190.652-B. 303.
12.5077

— — 3. verm., u. verb. Aufl. Wien: Preisel & Groger 1896. 46 S. 8°
52.
12.5078

Bartusch, Otto, Ausübung d. Verpflegsdienstes b. d. Truppe i. Kriege. In Beispielen bearb. 3., verm. u. verb. Aufl. gr. 8. (47 S. m. 1 Tab.) Wien 896. (L. W. Seidel & Sohn.) n. 1. 20

Bartusch, Paul, Seminaroberlehrer, Annaberg i. E. 1897: **Die** Annaberger Lateinschule zur Zeit der ersten Blüte der Stadt und ihrer Schule im XVI. Jahrhundert. — Annaberg: Graser in Comm. 1897. VII,192 S. 8°
Zugleich Progr. Königliches Lehrer-Seminar Annaberg i. E. 1897.
1: Ay 11758. 3. 7. 12: H. lit. P. 33 gd. 14. 15. 79. 106. 107. 117. 300: 98.717-B. 302.
12.5079

Die Annaberger Lateinschule z. Z. der ersten Blüte der Stadt und ihrer Schule im XVI. Jh. E. schulgeschichtl. Kulturbild v. Paul Bartusch, Sem.-Oberl. *Annaberg: Commr. d. Graser'schen Buchh.; (Dr. v. C. O. Schreiber) 1897.* (VII, 192 S.) 1 Bd 8. [97

— dasselbe, s.: Bericht üb. d. kgl. Lehrerseminar z. Annaberg i. Erzgeb.

BARTUSKA, ANTONIUS. Die geopferte Vernunft, / Das ist jährlich verpflichte Lob- und Ehren-Rede Von dem Geheimnuß der Allerheiligsten Dreyfaltigkeit / Welche an dem hohen Titular-Fest des Ordens der Allerheiligsten Dreyfaltigkeit Von Erlösung gefangener Christen / In eigener Closter-Kirchen zu Klein-Maria-Zell zu Alt-Ofen. den 6. Junii vor zahlreicher Gegenwart Einer Hoch-Löbl. Ertz-Bruderschaft Erwehnten Ordens / Da sie ihre Würdens-Wahl bestättiget und vollbracht, abgestattet Der Wohl-Edle und Tugendsame Jüngling Antonius Bartuska, Infimae classis grammatices studiosus. Ofen 1762 Gedr. bey Leopold Frantz Landerer. 12 S - 200 mm

Bartz, Friedrich Adolf: Zum Andenken an die feyerliche Eröffnung des wiederhergestellten Gymnasiums von Trarbach, am 7ten Dezember 1818. — Cöln [1818]: Heberle. 7 S. 4° 4. 38. 12.5090

Bartz, Jh. Jak., Leitfaden beim Vortrage der bibl. Geschichte u. Geographie, zunächst bearb. für die Schulen der Inspection Hilbringen. 8. Trier 843, Lintz. 1/8 ℳ

Bartz, Johann: Die Feier des fünfundzwanzigjährigen Bestehens des Moskauer Männer-Gesang-Vereins. Festbericht. — Moskau 1899: Ließner & Göschel. 60 S. 8° 8. 12.5092

— Der Feldwebel. Komische Oper. Text von H. Rockstroh. — Leipzig [um 1885]: Breitkopf & Härtel. 39 S. 8° 1: Mus. Tb 208. 12.5093

Bartz, Johannes, a. Trlong: Über die Diplobazillenconjunctivitis mit besonderer Berücksichtigung der Hornhautcomplicationen. Rostock 1907: Adlers Erben. (50 S.) 8°
Rostock, Med. Fak., Ref. Peters, Diss. v. 17. Aug. 1907
[Geb. 16. Mai 78 Trlong. Reg.-Bez. Bromberg; Wohnort: Trlong; Staatsangeh.: Preußen; Vorbildung: Gymn. Culm a. W. Reife M. 00; Studium: Berlin 2, Leipzig 2, München 2, Leipzig 2, Rostock 2 S.; Coll. 12. Juli 06; Approb. 16. Juli 07.]

Bartz, Karl: Untersuchungen über die Kraftlinienstreuung von Spulen. [1908.] 93 S., 15 Taf. 4°
Aachen, Dr.-Ing.-Diss. v. 20. 3. 1908

Bartz, Karl, Gerichtsassessor: Der gegenseitige Vertrag im Bürgerlichen Gesetzbuch. Greifswald 1910: Abel. 80 S. 8°
Greifswald, Jur. Diss. v. 17. März 1910, Ref. Frommhold
Geb. 18. Sept. 79 Kl.-Rischow; Wohnort: Putbus; Staatsangeh.: Preußen; Vorbildung: Gymn. Pyritz Reife M. 00; Studium: Berlin 3, Freiburg i. B. 1, Greifswald 2 S.; Rig. 9. Febr. 10.] [U 10. 1503

Bartz, Marie Luise: Eltern u. kl. Kinder, s.: Glück. Ländliches.

— Deutsche Frauen, deutsche Treue. Gedächtnisfeier f. Königin Luise v. Preußen s.a. Jugend- u. Volksbühne.

— Deutsche Frauen, deutsche Treue. Gedächtnisfeier für Königin Luise von Preußen. — Leipzig: Strauch [1910]. 24 S. 8° (Jugend- u. Volksbühne. 81.) 28. 101. 207. 12.5000

Bartz, Marie Luise: Im Kranze froher Feste, s.: Ille-Beeg, Marie

— s.: Nußbaumkrause, der.

Bartz, Marie Luise: Rein u. ganz gibt schlichtem Kleide Glanz, s. Glück, Ländliches.

— Siegesfeier, s.a. Jugend- u. Volksbühne.

— Siegesfeier. Patriotisches Festspiel. — Leipzig: Strauch [1908]. 19 S. 8° (Jugend- u. Volksbühne. 19.) 207. 12.5101

— Aus märk. Vergangenh. (Vom Sonnwendfeuer z. Osterlicht. Treue um Treue. Von d. Heimat verbannt. — Ein verhängnisvolles Erbe. Das Geschlecht Derer v. Uchtenhagen im 16. Jahrh. Fluch od. Segen?), s.a. Volksbücher, neue.

— Aus märkischer Vergangenheit. [1]-3. — Berlin: Schriftenvertriebsanst. 1907-08. 8°
[1.] Vom Sonnwendfeuer zum Osterlicht. Treue um Treue. Von der Heimat verbannt. 1907.
2. Ein verhängnisvolles Erbe. 1908.
3. Fluch oder Segen? 1908.
(Neue Volksbücher. 93.96.98.) 1: Ng 25280-93.96.98. 12.5103

Bartz, Marie Luise: Was koche ich heute, wieviel darf es kosten?, s. Glück, Ländliches.

s.: Weihnachtsbotschaft.

Bartz, M., s: Weihnachtsfreude.

Bartz, Marie Luise, wie uns die Alten sungen, s.: Ähren, goldene.

Bartz, Marie Luise: Willst genau du wissen, was sich schickt (f. Mädchen u. Frauen), s. Glück, Ländliches.

Bartz, O.
Heimatkunde von Stettin hrsg. vom Stettiner Lehrerinnen-Verein mit e. Skizze d. Umgegend Stettins gez. von O. Bartz, Lehrer, ... u. e. Plan d. Stadt *Stettin: H. Dannenberg & C. 1900.* (59 S.) 8° [3] [00

Bartz, Oscar, cand. med. aus Annweiler (Rheinpfalz): Über die einzelnen Nahtmethoden zum Schlusse der Bauchwunde nach Laparotomie. *Landau 1899: K. & A. Kaussler.* (48 S.) 8°
Erlangen, Med. Diss. v. 14. März) 1898

Bartz, Otto, Referendar: Das Untervermächtnis nach deutschem Bürgerlichen Gesetzbuch. Borna-Leipzig 1910: Noske. VII, 79 S. 8°
Leipzig, Jur. Diss. v. 25. Nov. 1910
[Geb. 31. Okt. 84 Cöln; Wohnort: Cöln; Staatsangeh.: Preußen; Vorbildung: Realgymn. Cöln Reife O. 04; Studium: Freiburg i. B. 1, Leipzig 1, Bonn 1, Berlin 1, Bonn 7 S.; Rig. 25. Nov. 10.] [U 11. 2798

Bartz, Richard: Ueber Complicierte Frakturen .... Bonn, Univ.-Buchdr. v. C. Georgi, 1886; 38 S. 8°.
Bonn, Med. Fak., Inaug.-Diss. v. 13. März 1886.

Bartz, Richard, über complicierte Frakturen. Diss. Bonn 1886, Emil Strauss. 8°. 38 S.

Bartz, Richard: Gedichte. — Dresden [usw.]: Pierson 1901. VII, 75 S. 8° 9. 38. 12.5107

Bartz, Rudolf: Über die Bromierung des Cinchotoxins. 1909. 47 S., 1 Taf. 8°
München, Dr.-Ing.-Diss. v. 6. 8. 1909

Bartz, Wilhelm. Über die Epithelkörperchen der Thyreoidea und die Nebenschilddrüsen bei Rind, Kalb, Schaf, Schwein, Hund. Diss. Vet.-Med. Bern. [Mit 2 Tafeln.] 44 S. 8. Putbus, R. Decker, 1910.

— Tabellen zum Gebrauche bei der Berechnung des Rohzucker-Rendements. — Braunschweig: Vieweg 1893. 3 Bl. 8° 7. 84. 305. 12.5109

Bartz, Wilhelm: Die Zuckerfabrikation, s. Claaßen, H.

Bartzsch, C.F., s. Bartzsch, Karl Friedrich

Bartzsch, Elisab., Träume u. Lieder. (48 S.) 8. Leipzig (906). (Schulze & Co.) Geb. in Leinw. m. Goldschn. n. 1. 50

Bartzsch, Elisab., Träume u. Lieder. (Neue Aufl.) (64 S.) 8. Leipzig 908. (Schulze & Co.). Geb. in Leinw. 1. 50

Bartzsch, Elisab.: Die Wunderrosen d. Glücks u. and. Erzähign. (106) kl8° Lpzg, Schulze & Co. ('10). Pappbd 1.50 d

Bartzsch, Karl Friedrich

Bartzsch, Karl Fr., die Amtsjubelfeier d. Hrn G. A. Krehl, Superint. zu Pirna. gr. 8. Leipz. 821. Göschen. 16 gr

Bartzsch, Karl Friedrich: Die Amtsjubelfeier des Herrn Doct. Gottlieb Ludolph Krehl, Pastors und Superintendents zu Pirna. — Leipzig: Göschen in Comm. 1822. XVI, 130 S. 8° 14. 35. 78. 207.
12.5110

— Antrittspredigt am zwanzigsten Sonntage nach Trinitatis in der Hauptkirche zu Pirna gehalten. — Dresden: Arnold 1816. 24 S. 8° 14.
12.5111

— Predigt nach der Vermählung des Königl. Sächs. Prinzen, Friedrich August, mit der Erzherzogin Carolina von Oesterreich gehalten. — Dresden: Arnold [1819]. 22 S. 8° 14. 15.
12.5112

— Drei Predigten bei e. Amtsveränderung. 8. Pirna 809. Friese.

Bartzsch, C. F., Predigten mit Rücksicht auf die gegenwärt. Theurung gehalt. 8. Marienberg. (Köhler, L.) 806.

— s. Arn. W. Reinhards Beiträge.

Baruch

— s. *Apokalypsen*, Die, des Esra und des Baruch in deutscher Gestalt. 1910–24.

Baruch. Das apokryphische Buch Baruch im Aethiopischen, übersetzt von Franz Praetorius [A. aus Hilgenfeld's Ztschr. f. wiss. Theol. XV.] [Leipzig 1872.]

Die älteste lateinische Übersetzung des Buches Baruch. Zum ersten Male hrsg. von Gottfried Hoberg. 2. Ausg. *Freiburg i/Br.: Herder 1902.* (91 S.) 4° [o. 02 6]

Baruch, A., über die Methode des geographischen Unterrichts an höheren Lehranstalten. Frankfurt a. M. 870. Jäger. 8. (30 S.) n. 4 ngr.

Baruch, Alfred: Ueber die Differentialrelationen zwischen den Thetafunktionen eines Arguments. Halle a. S. 1910: (Kaestner, Göttingen). 34 S. 4°
Halle, Phil. Diss. v. 26. Sept. 1910, Ref. Cantor
[Geb. 11. Sept. 85 Berlin; Wohnort: Berlin; Staatsangeh.: Preußen; Vorbildung: Friedrichs-Werdersche Oberrealsch. Berlin Reife M. 04; Studium: Berlin Univ. u. Techn. Hochsch. 8 S.; Rig. 3. Mai 10.] [U 11. 1804

Baruch, Bernhard, Referendar: Das Hammerschlagsrecht. Köln: Amsel [1910]. VI, 35 S. 8°
Gießen, Jur. Diss. v. 30. Dez. 1910, Ref. Biermann
[Geb. 30. Sept. 86 Neuwied; Wohnort: Frankfurt a. M. Staatsangeh.: Preußen; Vorbildung: Gymn. Neuwied Reife O. 04; Studium: Bonn 2, München 2, Münster 2 S.; Rig. 28. Okt. 10.] [U 11. 1204

Baruch, Felix [aus Dresden]: Ein Fall von Morbus Addisonii aus der Klinik für innere Medizin in München ... Prag, Druck v. Heller & Stransky, 1895; 33 S. 8.
München, Med. Fak., Inaug.-Diss. v. 1895

Baruch, Hans, approb. Arzt in Breslau: Ueber den galvanischen Leitungswiderstand am Kopfe unter normalen Verhältnissen und bei traumatischen Neurosen. *Breslau 1900: Th. Schatzky.* (39 S.) 8°
Breslau, Med. Diss. v. 11. Mai 1900

Baruch, Hirsch: Schach-Tractat. — Berlin: Rüdiger 1747. 16 S. 8° 32. 33.
12.5124

Baruch, J.: Beiträge zur Lehre der Schwangerschaftslehre, s. Baruch, Julius

Baruch, J.: Über die Konstitutionsbestimmung, s. Baruch, Joseph

Baruch, Joseph. Ueber die Konstitutionsbestimmung der Behenol-, Eruca- und Brassidin-Säure. Bern, 1894. Diss. G. S., S. I.

Baruch, J. Ueber die Konstitutionsbestimmung der Behenol-, Eruca- und Brassidin-Säure. In 8°. 67 S. Bern. These. 1895

Baruch, Julius [cand. med. aus Berlin]: Beiträge zur Lehre der Schwangerschaftsniere ... Strassburg, Els. Druckerei u. Verlagsanst. vorm. C. Fischbach, 1890; 40 S. 8°
Strassburg, Med. Fak., Inaug.-Diss. v. 1890

Baruch, J., Beiträge zur Lehre der Schwangerschaftsniere. 8. (40 S.) Tübingen 890. Moser. n. 1.—

BARUCH, Julius
Ärztliche Reisebriefe aus Franzensbad von Dr. med. Julius Baruch. Eger-Franzensbad. 1899. J. Melzer. In Comm. Kobrtsch & Gschibay. 8°. 46 S. fl. —.60

Baruch, L..., s. Ldw. Börne.

Baruch, Louis (Frankfurt/M.)
Ueber die geometrische Gestalt des Staatsgebieths.
[In: Germanien.Ztschr. f. Staatsrecht. Bd 3 (1809), S. 505-512.]
Diss. phil. Giessen, August 1808.

Baruch, Max: Beitrag zur Therapie der kongenitalen Defekte am Unterschenkel. Freiburg i. B.: Hammerschlag & Kahle 1908. 30 S. 8°
Freiburg i. B., Med. Diss. v. 1909, Ref. Kraske
[Geb. 11. Jan. 83 Gnesen; Wohnort: Charlottenburg; Staatsangeh.: Preußen; Vorbildung: Gymn. Thorn Reife O. 03; Studium: München 2, Freiburg i. B. 5, Berlin 3 S.] [U 09. 702

Baruch, Max Paul, ueber Haematocele retrouterina. Inaugural-Dissertation. 8. (36 S.) Jena 878. Neuenhahn. — 75

Baruch, Samuel: Donum Dei. — (Erfurt: Crusius 1735.) 87 S. 8° (Eleazar, Abraham: Uraltes chymisches Werk. 2.) 12: Alch. 87 [2 Ex.] 14. 17. 18. 75.
12.5132

— — (Leipzig: Lankisch 1760.) 104 S. 8° (Eleazar, Abraham: Uraltes chymisches Werk. 2. Aufl. 2.) 14.
12.5133

Baruch, Simon
— [The Principles and practice of hydrotherapy, deutsch] Hydrotherapie. Ihre physiologische Begründung u. praktische Anwendung. Deutsche Ausg. von W. Lewin. — Berlin: Hirschwald 1904. XIV, 518 S. 8° 1: Ir 4259. 11. 202. 303.
12.5137

— [deutsch] Das Wasser in der ärztlichen Praxis. Übers. von Friedrich Grosse. — Stuttgart: Christliches Verlagshaus in Komm. (1895). VII, 260 S. 8° 5. 12: M. med. 77 d. 16. 17. 21. 24. 27. 30.
12.5140

Baruch, Sim., d. Wasser i. d. ärztl. Praxis. Autor. Uebersetzg. v. Frdr. Grosse. gr. 8. (VII, 260 S.) Stuttgart 896. Berlin, W. Moeller. n. 3. —; geb. n. 3. 60

Barucha, Johann
— Quellen-Lesebuch zur neueren Psychologie und Pädagogik. Für d. Schulgebrauch hrsg. von J. Barucha u. A. Clausen. — Paderborn: Schöningh 1910. XII, 564 S. 8° 1: N 11. 1707. 6. 10. 27. 102. 207.
12.5144

Baruck, Elio M., die ägypt. Aequatorialprovinz u. d. Sudan, s.: Hassan, Vita.

Baruck, Elie M., die Wahrheit üb. Emin Pascha, die ägyptische Aequatorialprovinz u. den Sudan, s.: Hassan, Vita.

Barucker. Plan von dem neu anzulegenden Post-Course von Marienwerder bis Neuendorf 1 Bl. c Hz H

Baruel, v. d. Päpste u. sein. geistl. Rechten rc. A. d. Fr. v. G.G. Güldenapfel. 2 Thle. gr. 8. Landsh. Thomann. 806.

— vollständ. Sammlung d. Schriften d. seit der Eröffn. der Reichsstände Frankr. in Rücksicht a. d. Klerus rc. 10 Bde. 8. Kempten, Kösel. 795—797.

Baruel-Beauvert, de, Vie de J. J. Rousseau. 8. Bern, Typogr. Soc.

Baruffaldi, Girolamo
— Ad Rituale Romanum Commentaria, authore Hieronymo Baruffaldo. — Venetiis 1731: Balleonius. 447 S. 2°
2. 12: 2° Liturg. 32. 19. 22. 300: 2 B 5.
12.5162

— — Augustae Vind. [usw.]: Bencard 1735. 898 S. 8°
2. 5. 10. 12: 4° Liturg. 48. 19. 24. 25. 66. 102. 211. 302. 303. 309.
12.5163

Baruffaldi, Hier., ad Rituale roman. Commentar. 4. Augsb. Wolf. 735.

Baruffaldius, Hieronymus s. *Baruffaldi*, Girolamo.

Baruffaldus, Hieronymus s. *Baruffaldi*, Girolamo.

Baruku s. *Balck*, William.

Barum [Schlagwort]
Barum, s.: **Preussen.** Messtischblätter.

Barus, Carl
-- Die physikalische Behandlung und die Messung hoher Temperaturen. — Leipzig: Barth 1892. VII, 92 S. 8°
15. 21. 26. 28. 38. 82. 83. 87→91. 93. 201. 210. 302. 305.
12.5249

Barus, Carl. Die physikalische Behandlung u. die Messung hoher Temperaturen. gr. 8. (VII, 92 S. m. 30 Fig. u. 2 Taf.) Lpz. 892, Barth. * 3 —

Barus, C.: Über d. Definition des Stahls... (u.a. Schriften über Stahl), s. Strouhal, V.

Baruschke, Herm., die Vertilgung des Raubzeugs, insbesondere der Füchse u. Krähen durch Gift ohne Gefahr f. andere Thiere, nebst Anleitg. zur Selbstherstellg. v. Giftbrocken. Anh.: Jagdpflege, Pflege, Fütterg. u. einfacher Fang v. leb. Wilde. Unentbehrliches Handbuch f. jeden Jagdbesitzer, Jäger u. Landwirth v. Beruf. Nach 30jähr. Erfahrg. hrsg. (VIII, 110 S.) Berlin (900). (Stettin, Bremer.) n. 1.—

Baruschke, der praktische Weidmann. 2. Aufl. d. Broschüre desselben Verf.: „Die Vertilgung des Raubzeugs etc." (X, 184 S.) 8. Stralsund (903). (Bremer.) n. 1.50

Baruschke, Hermann: Der praktische Weidmann. 2. Aufl. d. Broschüre desselben Verf.: 'Die Vertilgung des Raubzeugs etc.' — Stralsund: Selbstverl. [1903]. VIII, 184 S. 8°
1: Oy 20095². 9.
12.5275

Baruth [Schlagwort]
Baruth, s.: **Deutschland.** Kürschner-Pelp. — **Preussen.** Messtischblätter.

Baruth, s.: **Sachsen. Karte.**

Baruth, s.: **Sachsen.** Messtischblätter. — **Wanderkarten.**

Barvthinus Principatvs Brandenburgico-Culmbacensis vel — Tabvla Geographica qvoad Partem Svperiorem expressus 1763? 1: 185.000 1 Bl.

Barver [Schlagwort]
Barver, s.: **Preussen.** Messtischblätter.

Barvic, Heinrich, s. Barvir, Jindrich Ladislaus

Barville, de, l'esprit des gens du monde, s. **l'Esprit des gens du monde.**

Barvir, H., s. Barvir, Jindrich Ladislav

Barvir, H.L., s. Barvir, Jindrich Ladislao

Barvíř, Heinrich s. *Barvíř*, Jindřich Ladislav.

Barvíř, Jindřich Ladislav
Verfasser ist vermutlich identisch mit Jindřich Barvík.

— Beiträge zur Morphologie des Korund. — Wien: Hölder 1892. S. 135–142. 8°
Aus: Annalen des K. K. Naturhistorischen Hofmuseums. 7.1892. 302.
12.5308

— Bemerkungen über die mikroskopische Beschaffenheit des Granulits von dem Iglawa-Flusse in Mähren. — Prag 1893. 27 S. 8° (Sitzungsberichte d. königl. böhmischen Gesellschaft d. Wissenschaften. Math.-nat. Cl. 1893, 48.)
1: Ab 1175-Math.-nat. Cl. 1893, 48. 2. 7→10. 12: Acad. 110t-Math.-nat. Cl. 1893, 48. 14→18. 20. 23. 25. 26. 29. 30. 43. 46. 84. 90. 300: 392.402-B. Per. Math.-nat. Kl. 1893. 302→304.
12.5309

Barvic, Dr. Heinrich, Bemerkungen über die mikroskopische Beschaffenheit des Granulits von dem Iglava-Flusse in Mähren. Gr.-8. (27 S.) Rivnac, Prag 1894 .30

Barvíř, Heinr., Bemerkungen üb. die mikroskop. Beschaffenheit des Granulits v. d. Iglawa-Flusse in Mähren. gr. 8. (27 S.) Prag 903. (F. Řivnáč.) n. —60
Sonderabdruck aus: „Sitzungsber. d. k. böhm. Gesellsch. d. Wiss."

— Weitere Bemerkungen über die Verhältnisse zwischen dem Atomgewicht und der Dichte bei einigen Elementen. Prag 1904. 20 S. 8°
Aus: Sitzungsberichte d. Königlich Böhmischen Gesellschaft d. Wissenschaften in Prag. Math.-nat. Cl. 1904.
300: 436.965-B. 302.
12.5310

Barvíř, Heinr., weitere Bemerkungen üb. die Verhältnisse zwischen dem Atomgewicht u. der Dichte bei einigen Elementen. (20 S. m. 2 Diagr.) Lex.-8. Prag 904. (F. Řivnáč) n. —40

Barvíř, Heinr. Lad.: Betrachtgn üb. d. Herkunft d. Goldes bei Eule u. an ein. and. Orten in Böhmen s.a. Archiv f. d. naturwiss. Landesdurchforschg v. Böhmen.

— [deutsch] Betrachtungen über die Herkunft des Goldes bei Eule und an einigen anderen Orten in Böhmen. — Prag: Řivnáč in Komm. 1906. 137 S. 4° (Archiv für d. naturwissenschaftliche Landesdurchforschung von Böhmen. 12,1.)
1: 4° Sd 3414-12,1. 2. 3. 7. 10. 12: Austr. 169-12,1. 15. 30. 46. 302. 304. 305.
12.5334

— über gegenseitige Distanzen einiger geraden Reihen von Elementen. (15 S.) Lex.-8. Ebd. 906. n. —20

Barvíř, H., Über gegenseitige Distanzen einiger geraden Reihen von Elementen Separatabdr. a. d. Sitzungsber. d. königl. böhm. Gesellschaft d. Wiss. Prag. Gr.-8°. (15 S.) † K —.20
Rivnac, Prag 1907

Barvíř, HL: Zur Frage n. d. Entstehg d. Graphitlagerstätte bei Schwarzbach in Südböhmen. [S.-A.] (13) 8° Prag, (F Řivnáč) '05. — 20

— Gedanken üb. den künftigen Bergbau bei Eule in Böhmen vom geologischen Standpunkte Mit e. Anmerkg. über Neu-Knín u. Berg Reichenstein. (19 S.) gr. 8. Ebd. 902. n. — 28

Barvíř, H. L., Gedanken über den künftigen Bergbau bei Eule in Böhmen. Separatabdr. a. d. Sitzungsber. d. k. böhm. Gesellschaft d. Wiss. Gr.-8°. (19 S.) † K —.28
Rivnac, Prag 1903

— Korund v. Pokojowic bei Okřiško im westlichen Mähren. [Aus: „Sitzungsbor. d. k. böhm. Gesellsch. d. Wiss."] gr. 8. (10 S.) Prag 893. F. Řivnáč. n. — 20

—. Barvíř, H., Zur Lichtbrechung des Goldes, Silbers, Kupfers und Platins. Separatabdruck a. d. Sitzungsber. d. königl. böhm. Gesellschaft d. Wiss. Gr.-8°. (14 S) † K —.20
Rivnac, Prag 1906

— zu meiner Mitteilung „Ueber die wahrscheinliche Möglichkeit der Aufsuchung v. nutzbaren Erzlagerstätten mittels e. photographischen Aufnahme ihrer elektrischen Ausstrahlung". (5 S.) Lex.-8. Ebd. 906. n. — 20

Barvíř, H., Zu meiner Mitteilung über die wahrscheinliche Möglichkeit der Aufsuchung von nutzbaren Erzlagerstätten mittels einer photographischen Aufnahme ihrer elektrischen Ausstrahlung. Separatabdr. a. d. Sitzungsber. d. königl. böhm. Gesellschaft d. Wiss. Gr.-8°. (5 S.) † K —.20
Rivnac, Prag 1907

Barvíř, H, Über die wahrscheinliche Möglichkeit der Aufsuchung von nutzbaren Erzlagerstätten mittels einer photographischen Aufnahme ihrer elektrischen Ausstrahlung. Separatabdruck a. d Sitzungsber. d. königl. böhm. Gesellschaft d. Wiss. Gr.-8°. (4 S.) † K —.20
Prag: Řivnáč 1906.

Barvir, Jindrich Ladislav
— Geologische und bergbaugeschichtliche Notizen über die einst goldführende Umgebung von Neu-Knín und Štěchovic in Böhmen. — Prag 1904. 70 S. 8°
Aus: Sitzungsberichte d. Königlich Böhmischen Gesellschaft d. Wissenschaften in Prag. Math.-nat. Cl. 1904.
300:434.504-B. 302.
12.5320

Barvíř, H., Notizen über den südlichen Teil des Kuttenberger Bergbaubezirkes. Separatabdruck aus dem Sitzungsber. d. königl. böhm. Gesellschaft d. Wiss. Gr.-8°. (17 S.) † K —.20
Rivnac, Prag 1907

— Zwei mineralogische Notizen. — Prag 1894. 4 S. 8° (Sitzungsberichte d. königl. böhmischen Gesellschaft d. Wissenschaften. Math.-nat. Cl. 1894,27.)
1:Ab 1175-Math.-nat. Cl. 1894,27. 2. 5. 7→10.
12:Acad. 110t-Math.-nat. Cl. 1894,27. 14→18. 20.23.25.26.29.30. 43.46.84.90. 300:392.402-B. Per. Math.-nat. Cl. 1894. 302→304.
12.5321

— Quarzin von Heřman Městec. — Prag 1893. 4 S. 8° (Sitzungsberichte d. königl. böhmischen Gesellschaft d. Wissenschaften. Math.-nat. Cl. 1893,13.)
1:Ab 1175-Math.-nat. Cl. 1893,13. 2. 7. 10.
12:Acad. 110t-Math.-nat. Cl. 1893,13. 14→18. 20. 23. 25. 26. 29. 30. 43. 46. 84. 90. 300:392.402-B. Per. Math.-nat. Kl. 1893. 302→304.
12.5326

Barvíř, H., Über die Richtungen einiger geraden Reihen von Elementen bezüglich des Atomgewichtes und der Dichte im festen Zustande. XVIII. [Separatabdruck a. d. Sitzungsber. d königl. böhm. Gesellsch. d. Wiss.) Gr.-8°. (7 S.) † K —.20
Rivnac, Prag 1905

— Über die Structur des Eklogits von Neuhof (Nový Dvůr) bei Rochowan im westl. Mähren. — Prag 1894. 18 S. 8° (Sitzungsberichte d. königl. böhmischen Gesellschaft d. Wissenschaften. Math.-nat. Cl. 1894,16.)
1:Ab 1175-Math.-nat. Cl. 1894,16. 2. 5. 7→10.
12:Acad. 110t-Math.-nat. Cl. 1894,16. 14→18. 20. 23. 25. 29. 30. 43. 46. 84. 90. 300:392.402-B. Per. Math.-nat. Kl. 1894. 302→304.
12.5329

Über die Structur des Eklogits von Neuhof (Nový Dvůr) bei Rochowan im westl. Mähren. Von Dr. Heinrich Barvíř. *Prag: Kgl. böhm. Ges. d. Wiss. 1894.* (18 S.) 8°
= Věstník K. České Společnosti Náuk. Trida math.-přírodovědecká. 1897. [No] 16.

— Uebersicht der wahrscheinlich geraden Reihen einiger Elemente bezüglich ihrer Dichte und des Atomgewichtes für einzelne Gruppen des Mendelejeff'schen periodischen Systems. — Prag 1905. 2 S. 8°
Aus: Sitzungsberichte d. Königlich Böhmischen Gesellschaft d. Wissenschaften in Prag. Math.-nat. Cl. 1905.
300:438.430-B.
12.5330

— Ueber eine Umwandlung von Granat in diopsidartigen Pyroxen, gemeine Hornblende und basischen Plagioklas in einem Granat-Amphibolit. — Prag 1893. 8 S. 8° (Sitzungsberichte d. königl. böhmischen Gesellschaft d. Wissenschaften. Math.-nat. Cl. 1893,27.)
1:Ab 1175-Math.-nat. Cl. 1893,27. 2. 7→10.
12:Acad. 110t-Math.-nat. Cl. 1893,27. 14→18. 20. 23. 25. 26. 29. 30. 43. 46. 84. 90. 300:392.402-B. Per. Math.-nat. Kl. 1893. 302→304.
12.5332

Barvíř, H., Über einige Verbindungsglieder bei den geraden Elementenreihen. Separatabdruck a. d. Sitzungsber. d. königl. böhm. Gesellschaft der Wissenschaften in Prag. 1907. Gr.-8° (4 S.) † Rivnac, Prag 1907

. Barvíř, H., Über die Verhältnisse zwischen dem Atomgewichte und der Dichte bei einigen Elementen. XXIX. [Separatabdruck a. d. Sitzungsber. d. k. böhm. Gesellschaft d. Wiss Prag 19 4.] Gr.-8°. (14 S.) † Rivnac, Prag 1904 K —.20

— Ueb. d. Verhältn. zw. d. Atomgewicht u. d. Dichte bei ein. Elementen. [S.-A.] (14 m. 1 Diagr.) 8° Ebd. '04. — 20; weit. Bemerkgn. (20 m 2 Diagr.)'04. — 40; Zusatz dazu. (6)'05. — 20

Barvíř, H., Über die Verhältnisse zwischen dem Lichtbrechungsexponent und der Dichte bei einigen Mineralien [Separatabdr. a. d. Sitzungsber. d. k. böhm. Gesellschaft d. Wiss.] Gr.-8°. (32 S.) † Rivnac, Prag 1904 K —.48

Barvíř, H., Zusatz zu den Bemerkungen über die Verhältnisse zwischen dem Atomgewicht und der Dichte bei einigen Elementen. II. Separatabdr. a. d Sitzungsber. d. k. böhm. Gesellschaft d. Wiss. Prag. Gr.-8°. (6 S.) † K —.20
Rivnac, Prag 1905

Barvitius, Anton Viktor: Basilica S. Venceslai M. Smichoviensis in archidioecesi Pragensi consecrata a. D. 1885 iconibus illustrata photographicis. — o. O. [um 1885]. 8 Bl. 2°
302.
12.5338

Barvitius, V: Die ersten 25 Jahre d. St Lucas-Ver. in Prag. Mit e. Rückbl. auf früh. Vereinigg d. bild. Künstler in Prag v. 1348 bis in d. Neuzeit. 8° (43) Prag 96, (F Řivnáč). — 72

— Die ersten fünfundzwanzig Jahre des unter dem hohen Protectorate Sr. kais. Hoheit des durchl. Herrn Erzherzogs Ludwig Salvator von Toscana stehenden St. Lucas-Vereines in Prag. — Prag: Selbstverl. 1896. 43 S. 8°
300:90.009-B.
12.5339

Barvitius, Viktor s. *Barvitius,* Anton Viktor.

Baerwald, A.: J o s e p h u s . . . , s. B a e r w a l d , Aron

Baerwald, Arnold [app. Arzt aus Frankfurt a. Main]: Untersuchungen über die Absonderung des Cervicalsecretes ... Frankfurt a. M., Druck v. Kumpf & Reis, 1893; 19 S., 1 Taf. 8.
Heidelberg, Med. Fak., Inaug.-Diss. v. [2. Aug.] 1893

Baerwald, Aron: Josephus in Galiläa, sein Verhältniss zu den Parteien insbesondere zu Justus von Tiberias und Agrippa II. — Breslau: Koebner 1877. 63 S. 8°
Erschien auch als Diss. Breslau 1877.
12: A. gr. b. 1974a. 14. 28. 30. 169. 304.
9.9270

Baerwald, C.F.: Erwiderung auf die Schrift des Herrn Professor Dr. Kranichfeld: Über die Nothwendigkeit gründlicher pharmacologischer Kenntnisse etc. — Berlin: Jonas 1833. 32 S. 8° 1: Ie 1628. 11.
9.9271

BAERWALD, CARL. Beiträge zur Kenntnis des Molybdäns. Berlin, 1885. Diss. G. S

Baerwald, Eduard, Gerichtsassessor aus Frankfurt a. M.: In welchem Umfange sind civilprozessuale Vorschriften bei der Vollstreckung der Geldstrafen anzuwenden? Ein Beitrag zur Erläuterung d. § 495 St.P.O. *Frankfurt a. M. 1902: Gebr. Fey.* (37 S.) 8° [F.]
Tübingen, Jur. Diss. v. 1902

Baerwald, Friedrich Heinrich: Die neuesten Erfindungen und Verbesserungen an den musikalischen Instrumenten, sowohl Saiten- als Blasinstrumenten. — Quedlinburg [usw.]: Basse 1833. IV,64 S. 8°
1: Mus. Fa 10. 3. 28. 44. 88.
9.9273

Baerwald, H.: Das Baumgartenberger Formelbuch, s. Baerwald, Hermann.

Bärwald, H.: Juden ..., s. Baerwald, Hermann

Baerwald, Hans Ludwig
— **Zur Kenntnis der Elektrizitätsträger in Gasen. 1900 s. *Becker*, August.**

Baerwald, Herm. Bemerkungen über den Lehrplan Für die Eltern unserer Schüler und Schülerinnen 13 S R isr Gem *Frankfurt a/M.* 1881. Progr.

Baerwald, (Hermann) [Dir. Dr.]: Veränderte Benennung der Schule. Frankfurt a. M., Druck v. Kumpf & Reis, 1890; S. 22—23; 4°
Frankfurt a. M., R d. israel. Gemeinde (Philantropin), OP 1890 ·399)

Baerwald, *Hermann* [Dir. Dr.]: *Bericht über die Feier des 25jährigen Amtsjubiläums des Professors Dr. Theobald Epstein.* Frankfurt a. M., Druck v. Kumpf & Reis, 1895; 23—24 S. 4.
Frankfurt a. M., R d. israelit. Gemeinde '(Philanthropin)', OP 1895 (429)

Baerwald, *Hermann* [Dir. Dr.]: *Bericht über die Feier seines 25jährigen Jubiläums als Direktor der Anstalt.* Frankfurt a. M., Druck v. Kumpf & Reis, 1894; 22—28 S. 4.
Frankfurt a. M., R d israelit. Gemeinde '(Philanthropin)', OP 1894 (418)

Baerwald, Hermann, Realschuldirektor, Frankfurt a. M. 1883: **Bericht über die B. H. Goldschmidt'sche Stipendienstiftung 1856–1900. — Frankfurt a. M. 1901: Osterrieth. 28 S. 8°** 30.
9.9280

— **Bericht über die Siegmund Stern'sche Waisenstiftung zu Frankfurt am Main (1874–1904). — Frankfurt a. M. 1904: Fey. 40 S. 8°** 30.
9.9281

Baerwald, H, z. Charact. u. Krit. mittelalt. Formelbücher. 8. (21) Wien 58, (Gerold's S.) n. — 8

— zur Characteristik und Kritik mittelalterlicher Formelbücher. Nach Handschriften der Wiener-Hofbibliothek. Wien 858. Tendler u. Co. gr. 8. (21 S.) n. 8 ngl

— — Wien: Tendler 1858. 21 S. 8°
Aus: Sylvester-Spenden. 1858.
1: Gl 15602. 2. 5. 8. 11. 12: J. pract. 339-32. 25. 27. 44.
9.9276

— — Wien 1858: Ullrich. 21 S. 8° 5. 304.
9.9277

— **Über die Echtheit und Bedeutung der Urkunde König Rudolf's I. betreffend die Baierische Kur. — Wien: Braumüller in Comm. 1856. 70 S. 8°**
Aus: Sitzungsberichte d. Kaiserlichen Akademie d. Wissenschaften. Phil.-hist. Kl. 21. 1856.
1: Gw 8995. 5. 11. 17. 30. 109. 203. 304.
9.9278

Baerwald, Herm., über die Echtheit und Bedeutung der Urkunde König Rudolf's I. betr. die Baierische Kur. Ein Beitrag zur Entstehungsgeschichte des kurfürstl. Collegiums. (Aus d. Sitzungsberichten d. k. Akad. d. W.) Wien 856. (Gerold.) gr. 8. (71 S.) n. 12 ngl

Baerwald, Herm. (geb. Nakel in Posen 7 11 1828): De electione Rudolfi I regis Adiecta sunt rerum inter Rudolfum I et Ottocarum Bohemiae regem actarum capita aliquot Berolini (1855) (56 S.) 8°
Berlin, Phil Diss. v. 27. Febr. 1855

Baerwald, H., das Baumgartenberger Formelbuch, s. Fontes rerum austriacarum.

Baerwald, Herm. Der alte Friedhof d israel Gemeinde zu Frankfurt a M. Mit urkundl Beilagen 23 S. R. isr. G *Frankfurt a M* 1883...

— **Der alte Friedhof der israelitischen Gemeinde zu Frankfurt am Main. — Frankfurt a. M.: St. Goar 1883. 23 S. 8°**
Erschien auch als Progr. Frankfurt a. M. 1883.
24. 30. 47. 169.
9.9282

Baerwald, [Hermann], Dir. Dr.: [Zum hundertsten Geburtstage des Begründers der B. H. Goldschmidt'schen Stipendienstiftung.] *Frankfurt a. M. 1899: Kumpf & Reis.* (S. 34—35.) 4°
Frankfurt a. M., R d. isr. Gem. Philanthropin R u HM, OP 1899 (443)

Baerwald, H[ermann], Dir. a. D. Dr., und Dir. Dr. S(alo) Adler: Geschichte der Realschule der israelitischen Gemeinde (Philanthropin) zu Frankfurt am Main 1804—1904. (Frankfurt a. M. 1904: Gebr. Fey.) (169 S.) 4° [F.]
Frankfurt a. M., R der israelit. Gemeinde Philanthropin OP 1904 (483)

— **Juden als deutsche Historiker. — Wien 1858: Sommer. 31 S. 8°**
Aus: Wertheimers Jahrbuch für Israeliten. N. F. 5. 1858-59.
5. 109. 300: 40.914-A. 302.
9.9279

Baerwald, *Hermann* Die neuen Lehrpläne und Prüfungsordnungen Lateinlehrende und lateinlose Schulen. 4 (S. 59—61).
Rsch. der israelit. Gemeinde (Philanthropin) *Frankfurt a. M.* 1892 Progr.

Baerwald, *Hermann* Moses Mendelssohn. Eine Schulrede 4 (S III XIV)
R.- u Volkssch. der israelit. Gemeinde *Frankfurt a M.* 1886 Progr

Baerwald, Herm. Zur Orientierung über einige Schulfragen. Für die Eltern unserer Schüler. 14 S. R. isr G. *Frankfurt a/M* 1877. Progr.

[F.] **Baerwald,** *Hermann* [Dir. Dr.]: Lateinlehrende und lateinlose Schulen. Frankfurt a. M., Druck v. Kumpf & Reis, 1892; 60—61 S. 4.
Frankfurt a. M., R d. isr. Gem. '(Philanthropin)', OP 1892 (409)

Baerwald, *Hermann* [Dir. Dr.]: *Die Stiftungen der Realschule der israelitischen Gemeinde (Philanthropin) zu Frankfurt a. M.* Frankfurt a. M., Druck v. Kumpf & Reis, 1895; 35—39 S. 4.
Frankfurt a. M., R d. israelit. Gemeinde '(Philanthropin)', OP 1895 (429)

[F.] **Baerwald,** *Hermann* [Dir. Dr.]: Emil Strauss geb. am 3. Mai 1859 — gest. am 6. Febr. 1892. Frankfurt a. M., Druck v. Kumpf & Reis, 1892; 47—49 S. 4.
Frankfurt a. M, R d. isr. Gem. '(Philanthropin)', OP 1892 (409)

Baerwald, *Hermann* [Dir. Dr.]: *Adolph Teblée, gest. am 6. Mai 1894, und Dr. Hermann Zirndorfer, gest. am 13. Juni 1894.* Frankfurt a. M., Druck v. Kumpf & Reis, 1895; 26—28 S. 4.
Frankfurt a. M., R d. israelit. Gemeinde '(Philanthropin)', OP 1895 (429)

Baerwald, Hermann: Dr. Hermann Zirndorfer, + 13. Juni 1894. Adolph Teblée, + 6. Mai 1894. 4 (S.26-28) Rsch. israel. Gemeinde (Philantropia) Frankfurt 1896. Progr.

Baerwald, Johann Ludwig ⟨dipl. Ing.⟩ a. Berlin: Über die Adsorption von Gasen durch Holzkohle bei tiefen Temperaturen. Freiburg i. B.: Speyer & Kaerner 1906. (78 S.) 8°
Freiburg i. B., Phil. Fak., Ref. Himstedt, Diss. v. 25. Okt. 1906
[Geb. 28. Nov. 80 Berlin; Wohnort: Freiburg i. B.; Staatsangeh.: Preußen; Vorbildung: Gymn. Freienwalde a. O. Reife M. 99; Studium: T.H. München 1, Berlin 7, Univ. Freiburg i. B. 4 S.; Rig. 24. Juli 06.]

Baerwald, Leo, a. Saaz: Die Entwicklung der Lotzeschen Psychologie. Breslau 1905: H. Fleischmann. 65 S. 8°
Erlangen, Phil. Fak., Ref. Falckenberg, Diss. v. 31. Okt. 1905
[Geb. 20. Sept. 83 Saaz; Wohnort: Straßburg; Staatsangeh.: Preußen; Vorbildung: Wilh.-Gymn. München Reife Juli 02; Studium: Breslau 5, Erlangen 1 S.; Rig. 26. Juli 05.]

Baerwald, Leo: Die Entwicklung der Lotzeschen Psychologie. — Breslau: Koebner 1905. 65 S. 8°
Erschien auch als Diss. Erlangen 1905. **2. 41. 64.**
9.9283

Baerwald, Max, a. Nakel: Wiederverheiratung eines im Auslande geschiedenen Deutschen im Inlande. Borna-Leipzig 1906: R. Noske. (33 S.) 8°
Breslau, Jur. Fak., Ref. Fischer-Brie, Diss. v. 16. März 1906
[Geb. 25. Juli 81 Nakel; Wohnort: Nakel; Staatsangeh.: Preußen; Vorbildung: Gymn. Nakel Reife O. 01; Studium: Heidelberg 2, München 1, Berlin 1, Breslau 2 S.; Rig. 30. Nov. 04.]

Baerwald, Richard

— **Neue und ebenere Bahnen im fremdsprachlichen Unterricht. — Marburg: Elwert 1899. IV,139 S. 8°**
1: Nf 1958. 4. 12: Paed.Th. 259o. 15. 26. 34. 60. 107. 302.
9.9285

— **Eignet sich der Unterricht im Sprechen und Schreiben fremder Sprachen für die Schule? — Marburg: Elwert 1899. 75 S. 8°**
1: Nf 1959. 4. 12: Paed. Th. 259of. 15. 26. 34. 60. 302.
9.9286

Baerwald, R: Psycholog. Faktoren d. modernen Zeitgeistes, s.a. Schriften d. Gesellsch. f. psycholog. Forschg.

— **Psychologische Faktoren des modernen Zeitgeistes von Richard Baerwald. Die Bedeutung des Urteils für die Auffassung von Paul Möller. — Leipzig: Barth 1905. 110S. 8° (Schriften d. Gesellschaft für psychol. Forschung. 15.)**
1: Kk 5365-15. 3. 6. 7. 11. 12: Anthr. 125cf-III,15. 15→18. 20. 21. 25. 26. 27. 28. 64. 204. 207. 209. 302. 303.
9.9287

— **Das Heufieber, seine Linderung und Verhütung. Bericht 3 auf Grund d. vom 'Heufieberbund zu Helgoland' ... veranstalteten Umfragen von R. Baerwald, R. Mohr mit Unterstützung von Otto Schultz. März 1901. — Berlin: Hanff in Comm. [1901]. 32 S. 8°** **46.**
9.9288

Baerwald, Richard. Alpine Heufieberstationen. [Erweiterter] Sonderabdruck aus der »Deutschen Medizinischen Wochenschrift«. [Illustriert.] IV + 16 S. 8. Leipzig, Georg Thieme, (1908).

Baerwald, Richard: Die Objectivation der subjectiven Vorstellung. Darstellg u. Gesch. e. erkenntnis-theoret. Denkfehlers ... Berlin, Philosoph.-histor. Verl. Dr. R. Salinger, 1893; 64 S. 8.
Jena, Phil. Fak., Inaug.-Diss. v. 1893

— **Die Objectivation der subjectiven Vorstellung. — Berlin: Philosophisch-historischer Verl. 1893. 64 S. 8°**
Erschien auch als Diss. Jena 1893.
1: Nm 27114. 11. 207. 304.
9.9293

! Baerwald, R: Objectivation. Jetzt: Lpzg, F Meiner. 91/95

— **Die Sängerreise der Basler Liedertafel nach Berlin-Dresden, 21.-27. Mai 1906. — Basel 1906: Schweighauser. 118 S. 8°** **14. 101.**
9.9310

Theorie der Begabung. Psycholog.-pädagog. Untersuchung über Existenz, Klassifikation, Ursachen, Bildsamkeit, Wert u. Erziehung menschl. Begabungen. Von Dr. Richard Baerwald. *Leipzig: O. R. Reisland 1896.* (x, 289 S.) 8°
[03. 5983

Bärwalde [Schlagwort]
Bärwalde, s.: Geologische Karten. Karte (Preussen).

Barwasser, Carl Adolf (Frauenstein), Tutor, qui pupilli sui vitricus factus, a tutela liberetur. Quaestio jur. Präs. Chn. Heinr. Breuning. Lpz. (Langenheim) 4. XII. 1776. 8 S. (3.80)
Gew.: Rud. Sigism. Ulbricht.

Barwasser, Gottfried
Gottfr. Barwaſſer's Geheimniſs zu multipliciren und zu dividiren in der Rechenkunſt, vermöge deſſen man bloſs durch compendieuſes Addiren und Subtrahiren viel kürzer und gewiſſer, als durch das gewöhnliche Einmaleins, welſche Practicam und alle Rechenknechte, ſowohl in ganzen als gebrochenen Zahlen, alles was zu multipliciren und zu dividiren iſt, ausrechnen kann. 2 Theile. 4. 1718.

Novum multiplicationis et diviſionis arithmeticae compendium. Neue Rechnungsart, verfertigt von Gottfried *Barwaſſern.* Hamburg. 12. 1702.

Barwes, Carol., quaestionum Tullianarum specimen ad Caelianam orationem spectans. Dissert. inaug. Göttingen 868. (Rente.) gr. 8. (39 S.) n. 8 ngr.

Barwick, Carolus: De Iunio Filargirio Vergilii interprete. Lipsiae 1908: Teubner. 66 S. 8° ¶ (Ersch. auch in: Commentationes philol. Ienenses. Vol. 8, Fasc. 2.)
Jena, Phil. Diss. v. 15. Sept. 1908, Ref. Götz
[Geb. 14. Mai 83 Oberndorf; Wohnort: Oberndorf; Staatsangeh.: Bayern; Vorbildung: Gymn. Neustadt a. H. Reife Juli 03; Studium: Straßburg 2, München 4, Jena 3 S.; Rig. 24. Febr. 08.] [U 09. 2161

Barwick, Geo. Fred., B. A., Pocket dictionary of the English and Spanish languages. Commercial, technical and conversational. 2 parts. 12. Leipzig, O. Holtze's Nachf. à n. 2.—; geb. in Leinw. à n. 2.60; in 1 Bd. geh. 4.—; geb. in Halbfrz. n. 4.75
1. Spanish and English. (VIII, 403 S.) 896.
2. English and Spanish. (II, 414 S.) 897.

Barwick, Geo. Fred.: Pocket dictionary of the Engl. and Span. languages. 2 parts. 2. ed. (408 u. 414) kl8°. Lpzg, O Holtze's Nf. '08. 4 —; HF. 4.75; einz. Tle L. 2.40 u. 2.60

Barwik, Arnold: Anhaltspunkte taktischen Inhaltes zum Gebrauche bei applicatorischen Übungen. Von A[rnold] B[arwik]. — Wien: Seidel 1897. 52 S. 8°
300: 103.981-B. 302.
12.5361

— **Taktik-Vorträge und Besprechungen an der Infanterie-Cadettenschule. Th. 1. — Prag: Bellmann 1896. 189 S. 8°**
1. Elementartaktik d. Infanterie, Cavallerie u. Artillerie, Märsche u. Unterkünfte.
300: 92.857-B.
12.5362

Baerwindt, Johann: Die Behandlung von Kranken und Verwundeten unter Zelten im Sommer 1866 zu Frankfurt a/M. — Würzburg: Stahel 1867. 32 S. 8°
1: Stala 578. 6. 9. 12: Path. 78t. 15. 17. 20. 26. 27. 30. 33. 38. 46. 202.
9.9312

Baerwinkel, Theologe, 1840-1911. 1868 s. *Baerwinkel,* Richard.

Baerwinkel, Landrat, Sondershausen. 1906 s. *Baerwinkel,* Rudolf Felix.

Bärwinkel: Über Ennius u. Livius, s. Bärwinkel, Johannes

Bärwinkel: Inhalts-Verz., s.: Gesetzsammlung f. d. Fürstent. Schwarzburg-Sondersh.

Baerwinkel, Carl August: Commentatio de ignis in arte medica usu. — Lipsiae: Reclam 1824. 34 S. 4°
Erschien auch als Diss. Leipzig 1824.
17. 19. 26. 27. 202. 300: 70 V 39.
9.9318

Baerwinkel, Carl August (Voigtstadt), De ignis in arte medica usu. Diss. med. Lpz. (Elbert) 30. I. 1824. 34 S. u. 1 Taf. mit Abb. (A. Thamisch lith. gedr.: E. Pönicke, Lpz.) (4.50)
Gew.: Friedr. Gottlieb Baerwinkel (Bruder).

Baerwinkel

— **Friedrich** (Leipzig), De natura raucedinis. Dissertat. med. Leipzig (Wilh. Staritz) 15. VII. 1851. 27 S. mit Biographie. (Mutter: Amalia Constantin.) (4.—)
Gew.: Friedr. Wilh. Koeppe, Ludw. Schroeter.

Baerwinkel, Fritz: Das Festspiel. Lustspiel. — Leipzig 1903: Lindemann. 92 S. 8° 32.
9.9313

Bärwinkel, F, Lieder ohne Retouche f. Sopran u. Alt. 12. (130) Lpzg 90, (Ellischer Nf.). n. 1. 50

— **Lieder ohne Retouche für Sopran und Alt. [Nebst] N.F. Leipzig: Selbstverl. 1890–95. 8°** 117.
9.9314

Baerwinkel, Fritz: Plänkeleien. Poëtisch-satirische Streifzüge durch eine werdende Großstadt. — Leipzig: Rossberg 1888. 183 S. 8° 117. 207.
9.9315

— **Nach der Schrift. Lustspiel. — Leipzig 1884: Mutze. 62 S. 8°** 30. 31. 32.
9.9316

Bärwinkel, Gust., die Inseraten-Acquisition der deutschen Zeitungen u. Zeitschriften. gr. 8. (88 S.) Leipzig (902). (C. Bange.) Geb. n. 3. —

Bärwinkel, Gust. (Gust. Schmidt), die Inseraten-Acquisition der deutschen Zeitungs- u. Kalender-Verleger. 3. verm. u. verb. Aufl. (III, 101 S.) 8. Leipzig (907). H. Beyer. Geb. 5. —

— u. **Osk. Webel**, die Praxis des Zeitschriften-Verlegers. II. Aufl. gr. 8. (IV, 168 u. 40 S.) Laubegast-Dresden (899). O. Wolf. Geb. in Leinw. n.n. 15.—

— — der Zeitungs-Verleger. 2. Aufl. gr. 8. (IV, 173 u. 39 S. m. 1 Abbildg.) Ebd. (899.) Geb. in Leinw. n.n. 15.—

Bärwinkel, Hans: Zur Kenntn. d. o-Phenylenoxamide. (Diss.) (41) gr8° Berl., R Trenkel '11. 1.20

Baerwinkel, Joa., s. Baerwinkel, Johannes

Bärwinkel, Johannes

Baerwinkel, Joa., de lite Ctesiphontea commentatio. Dissertatio inauguralis. gr. 8. (73 S.) Sondershausen 878. (Eupel.) n. 1. —

Bärwinkel, Joh. Zu Ennius und Livius. 6 S. G. *Sondershausen* 1883. Progr.

Bärwinkel, [Johannes]: Gedichte, welche bei der Centenarfeier am 22. März v. J. zum Vortrage gekommen sind. *Sondershausen 1898: F. A. Eupel.* (11—17 S.) 4° [Umschlagt.] [F.]
Sondershausen, fürstl. G, OP 1898 (760)

[F.] **Bärwinkel**, Johannes [Prof. Dr.]: Vom ersten italienischen Kursus des Kaiserlich Deutschen Archäologischen Instituts 1891. Sondershausen, Hofbuchdr. v. F. A. Eupel, 1892; 3—27 S. 4.
Sondershausen, fürstl. G, OP 1892 (719)

Bärwinkel, Johannes [Oberl. Dr.]: Zur Odyssee. Sondershausen, gedr. i. d. Buchdr. des „Deutschen", 1889; S. 1-34; 4°
Sondershausen, fürstl. G, OP 1889 (680)

Baerwinkel, Karl August, s. Baerwinkel, Carl August

Bärwinkel, Louis Emil Johannes, s. Bärwinkel, Johannes

Baerwinkel, Richard: Die im Jahre 1712 vollzogene Absetzung des Pastors D. Kießling an der Kaufmannskirche zu Erfurt im Lichte des 20. Jahrhunderts. — Erfurt: Villaret in Komm. 1905. 12 S. 4°
Erschien auch als Einladungsschrift zur Gerstenberg-Feier, Gymnasium, Erfurt. 1905.
1: 4° Eq 7204. 3.
9.9319

Bärwinkel, Richard: Die neueste Antisklavereibewegung und die evangel. Mission in Ostafrika, s.a. Flugschriften des Evangelischen Bundes.

— **Die neueste Antisklavereibewegung und die evangelische Mission in Ostafrika. — Halle a. S.: Strien 1889. 20 S. 8° (Flugschriften d. Evangelischen Bundes. 30 = Ser. 3,6.)**
1: Di 8860–3,6. 3. 4. 10. 14. 21. 24. 26. 27. 70. 203.
9.9320

— **Luthers Aufenthalt in Erfurt vom 6.–8. April 1521. — Erfurt: Otto (1883). 15 S. 8°**
Aus: Erfurter Lutherfest-Almanach. 1883.
1: 2 in Cn 7755–A/C. 3. 207.
9.9321

Bärwinkel, D. Bedeutung Erfurts f. Luther, u. d. Reformation in Erfurt, s.: Luther in Erfurt.

— **Bericht über die Geschichte der Regler Kirche und Regler Gemeinde in den letzten 10 Jahren. — Erfurt 1895: Bartholomäus. 25 S. 8°** 29.
9.9322

— **Bericht über die kirchlichen und sittlichen Zustände der Gemeinden in der Diözese Erfurt. — Erfurt 1888: Cramer. 15 S. 8°** 3.
9.9323

[F.] Beweis dass der spätere Fürstbischof Herzog Urheber des sogenannten Schweidnitzer Erlasses gewesen ist, der ... sich auch an der St. Hedwigs-Kirchthüre zu Berlin u. an d. kathol. Kirche zu Greifswald im J. 1882 vorfand, gef. v. Herrn Senior D. Dr. [Richard] Bärwinkel in d. Vers. d. ev. Bundes zu Erfurt, am 15. Apr. 1896. *Erfurt: [Commr. v. C. Villaret]: Dr. r. Schwarz & Schoen (1896).* (12 S.) 1 Bd 8. 196. 1896

– Bildung v. Parochialvereinen u. ihr Anschluß an den Evangelischen Bund, s. Flugschriften des Evangelischen Bundes.

– der evangel. Bund zur Wahrung d. deutsch-protestant. Interessen, s.a. Flugschriften des Evangelischen Bundes.

— **Der evangelische Bund zur Wahrung der deutsch-protestantischen Interessen. — Halle: Strien 1887. III,27 S. 8° (Flugschriften d. Evangelischen Bundes. 1.)**
1: Di 8860–1. 3. 4. 10. 12: Polem. 1008o–1. 14. 16. 17. 21. 24. 26. 27. 33. 203.
9.9326

Das Christusbild in Roseggers 'Mein Himmelreich' u. das in Frenssens 'Hilligenlei' im Lichte d. heil. Schrift. Vortrag von D. Dr. [Richard] Bärwinkel, Superint. Erfurt: K. Villaret 1907. (28 S.) 8° [F.] 07. 6411 3

— Enthüllungsfeier des Lutherdenkmals in Erfurt. Weiherede am Denkmal, den 31. Octbr., Mittag 12 Uhr über Psalm 118, 17 geh. gr. 8. (8 S.) Erfurt 889. Villaret. n. — 25

Bärwinkel, zur Erinnerung an die Erfurter Lutherfeier am 8. Aug. 1883. Sammlung der zu Erfurt u. in Eisenach geh. Predigten u. Festreden, nebst Bericht üb. die Festfeier. 8. (III, 59 S.) Erfurt 883. Bartholomäus. n. — 80

— z. Erinnerung a. d. 5. Oktbr. 1886, s.a. Flugschriften d. Evang. Bundes.

[F.] Zur Erinnerung an den 5. Oktober 1886. Schlusswort bei d. Begrussgsvers. d. Ev. Bundes in Darmstadt . 1886, gesprochen u. m. einigen Erweitergn vers. v. D. Dr. [Richard] Bärwinkel, Senior .. zu Erfurt. *Leipzig: C. Braun 1896.* (14 S.) 8.
= Flugschriften d. Evangelischen Bundes. [No] 126. '(Reihe XI, 6.)'

— **Im Garten Gottes. Beiträge zur Literatur und Kulturgeschichte der zweiten Hälfte des 19. Jahrhunderts. — Erfurt: Villaret 1899. VI,238 S. 8°**
1:Ag 9969. 3. 12:H. lit. P. 26mk. 26. 33. 302.
9.9329

— **Gustav Adolf in der Geschichte und im Devrient'schen Volksschauspiele. — Erfurt: Villaret (1899). 29 S. 8°**
Aus: Baerwinkel: Im Garten Gottes. 1899. 3.
9.9330

Bärwinkel, Gustav Adolf in der Geschichte u. im Devrient'schen Volksschauspiele. 8. (29 S.) Erfurt (900). C. Villaret. n. — 25
Sonderabdruck aus: „Im Garten Gottes".

Baerwinkel, Richard: Hat der Evangelische Bund politische Aufgaben? — Leipzig: Braun 1904. 35 S. 8°
1:Di 11810. 2→10. 14→18. 20. 24→29. 35. 169. 203.
9.9331

Bärwinkel, der Herr hat Großes an uns gethan! Vier Predigten gehalten in der Regler-Kirche zu Erfurt. Zur Erinnerg. an e. ernste Zeit u. als Mahnwort f. die Aufgaben d. Friedens hrsg. 8. (47 S.) Erfurt 871. Villaret. n. — 75

— **Hülfsbuch für den Konfirmandenunterricht. — Erfurt: Villaret in Komm. (1906). 24 S. 8° 1:Eo 15002. 3.**
9.9333

[F.] Ist das Gymnasium zu Erfurt evangelisch oder paritätisch? Vortr. in d. Vers. d. ev. Bundes zu Erfurt am 10. Sept. 1896 geh. v. D. Dr. [Richard] Bärwinkel, Pfarrer ... *Erfurt: In Komm. b. C. Villaret; (Dr. v. Schwarz & Schoen) (1896).* (31 S.) 1 Bd 8. [96. 8097

— **Aus meinem Leben. Ein Beitrag zur Kirchengeschichte Erfurts in den letzten 40 Jahren. — Erfurt: Villaret 1909. 145 S. 8° 1:At 8766/200. 3. 6. 14. 25. 26.**
9.9335

Baerwinkel, Richard
— **Luther in Erfurt. — Erfurt: Villaret 1868. 40 S. 8°**
1:Cn 4015. 3. 33. 39.
9.9336

— **Das Luther-Denkmal in Erfurt. — Erfurt: Lutherdenkmal-Ver. . (1883). 14 S. 8° 7.**
9.9337

— **Das Lutherfestspiel von Hans Herrig in seiner Bedeutung für die evangelische Kirche und für die nationale Kultur. — Halle: Strien 1888. 40 S. 8°**
1:Ys 23305. 3. 4. 7. 18. 29. 39. 123. 207.
9.9338

[F.] Joh. Matthaus Meyfart, Rektor d. Univ. ... zu Erfurt, Dichter des Liedes 'Jerusalem, du hochgebaute Stadt.' Einladgsschr. z. Gerstenberg-Feier am 27. Dec. 1896, verf. v. D. Dr. [Richard] Bärwinkel, Pfarrer ... zu Erfurt. Ausg. f. d. Buchhandel. *Erfurt: Dr. v. A. Stenger: in Comm. b. C. Villaret 1896.* (17 S.) 1 Bd 4. [96. 949

Ricardus **Bärwinkel** ... Joh. Matthäus Meyfart, rector magnificus, ein Vorläufer Speners und ein Freund der Union. Erfordiae 1899: A. Stenger. (15 S.) 4°
(Solemnia, Memoriae beati Ioannis Henrici de Gerstenberg dicata 1899.) [97. 6049

— **Naturwissenschaft u. Gottesglaube (Gegen Häckels Welträthsel),** s. a. **Flugschriften des Evangel. Bundes.**

— **Naturwissenschaft und Gottesglaube. Ein apologetischer Streifzug gegen Häckels 'Welträtsel'. — Leipzig: Braun 1902. 23 S. 8° (Flugschriften d. Evangelischen Bundes. 196–Reihe 17,4.)**
1:Di 8860–17,4. 2→11. 14. 17. 18. 20. 21. 24→30. 32. 35. 38. 39. 46. 48. 123. 203. 309.
9.9340

Neujahrspredigt über Luc. 2, 21. Jesus, unsre Losung zum neuen Jahre. Am Neujahrstage 1907 zu Erfurt geh. von D. Dr. [Richard] Bärwinkel, Superint. Erfurt: K. Villaret 1907. (7 S.) 8° [F.] [07. 14xc3 J

[F.] Die Parität in Erfurt, Vortr. v. D. Dr. [Richard] Bärwinkel, Pfarrer ... [Nebst] Nachtrag. *Erfurt: In Komm. b. C. Villaret; (Dr. v. Schwarz & Schoen) 1895. 96.* 2 Bde 8.
Die Parität. 1895. (16 S.)
Nachtrag ... enth. die gegen denselben in d. 'Eichsfeldia' gericht. Angriffe ... 1896 (32 S.) [96. 8098

— **die Pilgerfahrt zur Einweihung der Erlöserkirche in Jerusalem,** s. a. **Flugschriften des Evangel. Bundes.**

— **Die Pilgerfahrt zur Einweihung der Erlöserkirche in Jerusalem. Reisebericht. — Leipzig: Braun 1899. 26 S. 8° (Flugschriften d. Evangelischen Bundes. 161–Reihe 14,5.)**
1:Di 8860–14,5. 3. 4. 12:Polem. 1008o–161. 14. 21. 24. 26. 27. 203.
9.9343

[F.] Predigt über 1. Cor. 16, 13, welche bei dem am 18. Jan. 1896 z. Erinnerg an die vor 25 Jahren erfolgte Wiederaufrichtg d. Deutschen Reiches in d. Regler Kirche zu Erfurt veranstalteten Festgottesdienste gehalten wurde v. D. Dr. [Richard] Bärwinkel, Pfarrer an d. Regler Kirche ... *Erfurt: H. Neumann 1896.* (10 S.) 1 Bd 8. [96. 456)

— **Predigt über Nehemia 4,1-9. — Erfurt: Villaret 1875. 15 S. 8°**
1:3 in E 251–2. 3.
9.9345

— **Der Religionsunterricht in der Volksschule und seine Leitung durch die Kirche. — Erfurt: Villaret 1910. 32 S. 8° 1:Eo 2412. 3. 106. 207.**
9.9346

— **Die Restauration der Regler Kirche in Erfurt und die Geschichte ihrer Gemeinde ... Nebst e. Anh., einen kurzen Abriß der Geschichte der Kirche und Gemeinde von ihren ersten Anfängen an enthaltend, verf. von Dr. Lorenz. Erfurt: Villaret in Comm. 1885. 83 S. 8°**
1:Te 2742. 3. 14. 29.
9.9347

Des Christen Stellung zur Schiller-Feier. Predigt über 1. Cor. 3. 21–23 z. Gedächtnis an d. hundertjahr. Todestag Schillers zu Erfurt geh. 1905 von D. Dr. [Richard] Bärwinkel, Superint. Erfurt: C. Villaret 1905. (8 S.) 8° [F.] [05. 4073

Bärwinkel, die Theilung der Massengemeinden bezw. die Organisation der Einzelgemeinden zu lebendigen Körperschaften. Vortrag, auf der Pastoral-Konferenz der Prov. Sachsen am 10. Septbr. 1890 geh. gr. 8. (20 S.) Leipzig 890. (Buchhandlg. d. Evang. Bundes v. C. Braun.) n. — 30

— **Moderne Theologie und moderne Weltanschauung. — Erfurt: Villaret 1907. 36 S. 8°**
1:Dn 11434. 3. 11. 18. 27. 41. 107.
9.9350

— **Der Tod Jesu in seiner Bedeutung als Heilstatsache. — Erfurt: Villaret 1908. 20 S. 8° 1:Cx 10880. 3. 29. 107.**
9.9351

Baerwinkel, Richard
— **Verträgt sich die Naturwissenschaft mit dem Gottesglauben? Ein Wort gegen Ladenburg und Häckel. — Leipzig: Braun 1904. 38 S. 8° 26.**
9.9352

— **Enthüllungsfeier des Lutherdenkmals in Erfurt. Weiherede. — Erfurt: Villaret 1889. 8 S. 8°**
1:Te 2468. 3. 39.
9.9353

— **Welchen Gewinn für die volksthümliche Entwicklung der evangelischen Kirche können wir aus den Erfahrungen des vorigen Jahres ziehn? — Erfurt: Villaret in Comm. 1884. 36 S. 8° 1:18 in Dc 50°. 3. 21.**
9.9354

— **Ueber den religiösen Werth von Fritz Reuter's 'Ut min Stromtid'. — Erfurt: Stenger 1876. 46 S. 8°**
1:Yc 2788/9. 3. 12:P. o. germ. 1153 ip. 14. 28.
9.9355

Baerwinkel, Rudolf Felix
— Die Körpergrösse der Wehrpflichtigen der Unterherrschaft des Fürstentums Schwarzburg-Sonderhausen. — Braunschweig: Vieweg 1905. S. 41–47. 4°
Aus: Archiv für Anthropologie. N. F. 4. 1906. **203.**
9.9356

Barwinoff, J. S., Heil aus China? E. Werklein, geschrieben f. d. Herren Schuhmachermeister v. Wien, d. aber auch Tischlermeister, Agrarier, selbst Beamte u. and. Arten v. Menschen lesen dürfen. gr. 8. (42 S.) Berlin (a. d. Stadtbahn 50) 895. (Dr. Rich. Hirsch, litterar. Bureau). 1.—

Barwinoff, J. S.: Heil aus China? Ein Werklein, geschrieben für die Herren Schuhmachermeister von Wien, das aber auch Tischlermeister ... lesen dürfen. — Berlin: Verf. 1895. 42 S. 8° 1: Deutsche Flugschr. 1895–6.
12.5363

Barwinski: A n l e i t u n g z. hydropathischen Behandlung (u. ähnliche Schriften), s. B a r w i n s k i , Oskar Valerius

Barwinski: E l g e r s b u r g , Bad, im Thüringer Wald (u.a. Schriften über Elgersburg), s. B a r w i n s k i , Oskar Valerius.

Barwinski, Alexander
Barwiński, Alex., (Auszüge aus der nationalen ukrainischen ruthenischen Literatur des XIX. Jahrhundertes). II. Theil. 2. umgearbeitete und erweiterte Auflage. Lemberg 1893. (Min.-Erl. v. 8. Dec. 1895, Z. 8614 ex 1894.) Geb. 1.50

Barwiński, Alexander, Auszüge aus der nationalen ukrainisch-ruthenischen Literatur des XIX. Jahrhundertes für die Oberclassen der Mittelschulen. II. Theil. 2. ergänzte und umgearbeitete Auflage. Lemberg, 1896. Verlag des Landesfondes. (Min.-Erl. v. 5. December 1897, Z. 30181) 2.20

Barwinski, Bernhard
Barwinski, B., quaestiones ad Dracontium et Orestis tragoediam pertinentes. Quaestio I. De genere dicendi. Diss. inaug. gr. 8. (100 S.) Göttingen 887. (Vandenhoeck & Ruprecht.) n. 2.—

Barwinski, Bernhard Quaestiones ad Dracontium et Orestis tragoediam pertinentes Quaestio II. De rerum mythicarum tractatione. 4 (S 3—15) Pars III De rationibus prosodiacis et metricis 4 (S 3—10)
Progr. Kath. G. Deutsch-Krone 1888 (26) 1890

Barwinski, Bernhard [Dr.]: Quaestiones ad Dracontium et Orestis tragoediam pertinentes. Pars III. De rationibus prosodiacis et metricis. (Quaestio I: Inaug.-Diss. Gött. 1887; II: P-Beil. 1888.) Deutsch-Krone, P. Garms'sche Buchdr., 1890; S. 3–10; 4°
Deutsch-Krone, k. kath. G, OP 1890 (27)

Barwinski, Oskar Valerius
Barwiński, Anleitung zur hydropathischen Behandlung der acuten Infectionskrankheiten, s.a: Bibliothek, medicinische, für praktische Ärzte.

Barwinski, Oskar Valerius: Anleitung zur hydropathischen Behandlung der acuten Infectionskrankheiten mit einer kurzen Beschreibung der dazu nöthigen Proceduren. Leipzig: Naumann (1893). VIII,240 S. 8° (Medicinische Bibliothek für praktische Aerzte. 16/18.)
14. 15. 16. 21. 25. 30. 36. 78. 102. 202. 214.
12.5368

— Bad Elgersburg mit seiner nächsten und weiteren Umgebung. 4., verm. Aufl. — Gotha: Stollberg 1885. VIII,76 S. 8° (Thüringer Reisebücher. 2.) **52. 214.**
12.5369

— — 7. Aufl. Ebd. (1890). VI,100 S. 8° (Thüringer Reisebücher.) 1: Ir 14085[7]. **39.**
12.5371

— Bad Elgersburg im Thüringer Wald m. seiner nächsten u. weiteren Umgebung, s.a: Reisebücher, Thüringer.

— Bad Elgersburg im Thüringer Wald mit seiner nächsten und weiteren Umgebung. 8. Aufl. — Ebd. (1892). VIII, 129 S. **47.**
12.5372

Barwinski, Wasserheilanstalt Bad Elgersburg, s.a Reisebücher, Thüringer.

— Wasserheilanstalt und Bad Elgersburg im Thüringer Walde mit seiner nächsten und weiteren Umgebung. Fest-Schrift für d. Jubelfeier d. 50jährigen Bestehens d. Wasserheilanstalt nach amtlichen Quellen bearb. — Gotha: Stollberg 1887. XIV,200 S. 8° **39.**
12.5373

— Wasserheilanstalt Bad Elgersburg im Thüringer Wald mit seiner nächsten und weiteren Umgebung. 6. Aufl. — Ebd. 1888. 97 S. 8° (Thüringer Reisebücher.) **123.**
12.5370

Barwinski, Führer durch Bad Elgersburg, s.: Reisebücher, Thüringer.

— Die Gymnastik als Erziehungs- und Heilmittel. — Weimar: Hoffmann in Komm. 1886. 24 S. 8°
15. 26. 33. 78. 202. 207.
12.5374

Barwiński, Osc. Valerius (geb. Guttstadt in Ostpr. 9. 12. 1844). Ueber die Basedow'sche Krankheit. Berlin (1868). (32 S.) 8°
Berlin, Med. Diss. v. 5. Aug. 1868

Barxel, Georg: Talentum sacerdotale in quinque sacris triduis ... ed. (Verf.: Georgius Barxel.) T. 1–5. — Augustae Vind.: Wagner 1792. 8° **31. 308.**
12.5378

Barxel, Léong, Talentum Sacerdotale in quinque sacris Triduis a venerabili Clero Seculari Capituli Engensis Riedoeschingae in domo Ss. Exercitiorum, olim magno cum fervore et fructu expensum, nunc in V Tomulis publicis Typis editum. 8maj. Augsburg, Wagner. 792.

Bary.– Herrn Professor Dr. H. Anton de Bary zu seinem Jubiläum die Senckenbergische naturforschende Gesellschaft zu Frankfurt a.M. Frankfurt a.M. 1880. Druck von Mahlau & Waldschmidt. A. u.d. T.: H. Th. Geyler, Botanische Mittheilungen. Mit 2 Tafeln. i. 1880.–4°.

Bary, A.de (Botaniker) s. B a r y , Anton de

Bary, A.: B e i t r ä g e zur Bariumwirkung, s. B a r y , Alexander

Bary, A.: Z u r e c h n u n g s f ä h i g k e i t , Über verminderte, s. B a r y , Adolf

Bary, Ado., die Stimme d. Herrn an die Lauen unt. seinen Bekennern. — Eine von den Vollziehern d. Rheinhardstiftung zu Leipzig gekr. Preispredigt üb. Offenb. Joh. 3, 15. 16. gr. 8. (1¼ B.) Leipzig 841. (Dresden, Naumann.) *

Bary, Adolf
Bary, A., über verminderte Zurechnungsfähigkeit, s.a. Klinik, Wiener. 31. Jhrg. 12. Hft.

Bary, Adolf: Über verminderte Zurechnungsfähigkeit. Berlin [usw.]: Urban & Schwarzenberg 1905. S. 317–350. 8° (Wiener Klinik. 31,12.) 1: I 8551–31,12. **2. 9. 11.**
12: Med. g. 265 m–31,12. **15. 16. 17. 25. 28. 29. 38M. 202. 208. 300**: 393.562–B. Per. IV,31.
12.5379

Bary, Alexander
Bary, A., Beiträge zur Baryumwirkung. Inaug.-Diss. gr. 8. (157 S.) Dorpat 888. (Karow.) n. 2.—

von Bary, Alfred [cand. med. aus München]: Carcinom im jugendlichen Alter ... München, Buchdr. v. M. Ernst, 1896; 36 S. 8.
München, Med. Fak., Inaug.-Diss. v. 1897

Bary, Anton de

Bary, A. de, vergleichende **Anatomie** der Vegetationsorgane der Phanerogamen u. Farne, s.a **Handbuch** der physiologischen Botanik.

Bary A. de: Vergleichende Anatomie d. Vegetationsorgane d. Phanerogamen u. Farne. Leipz. 1877. 663 S. Fig.
(= **Hofmeister** etc.: Handb. d. physiolog. Botanik. Bd. 3). 78.

Bary, Anton de: Vergleichende Anatomie der Vegetationsorgane der Phanerogamen und Farne. — Leipzig: Engelmann 1877. XVI,663 S. 8° (Handbuch d. physiologischen Botanik. 3.) 1:M 2550-3. 2→11. 12:Phyt. 273 cl-3. 14→19. 21. 24→30. 38. 39. 43. 46. 52. 62. 66. 84. 86. 89. 90. 91. 109. 169. 302→305.
12.5386

Bary, Anton de, s.a. B a r y .

— **Über den Befruchtungsvorgang bei den Charen. — Berlin 1871. S. 228–239. 8°**
Aus: Monatsberichte der Kgl. Preußischen Akademie d. Wissenschaften zu Berlin. 1871.
28.
12.5387

—— und M. **Woronin.** Beitrag zur Kenntniss der Chytridieen. Freiburg 1863. 8. 40 p. 2 tab.
Separatabdruck aus den Berichten der naturf. Ges. in Freiburg Bd. 3.

— **Beitrag zur Kenntniss der Nostocaceen, insbesondere der Rivularien. — Regensburg 1863. 19 S. 8°**
Aus: Flora. 46. 1863.
5.
12.5389

Bary A. de u. Woronin M.: Beitrag z. Kenntnis d. Ustilagineen. Frankf. 1883. 35 S. 4 Tvl. (Særtr.). 4°. Se Akl. 84.

— **Beiträge zur Morphologie und Physiologie der Pilze. Von A. de Bary u. M. Woronin. Bd 1 (= Reihe 1-3). Reihe 4.5. Frankfurt a. M.: Winter 1864-82. 4°**
Aus: Abhandlungen d. Senckenbergischen Naturforschenden Gesellschaft. 5.7.12. 1864-82.
5[=2/5]. 6[=4.5]. 9[=4.5]. 15[=2/5]. 21[=3/5]. 22. 28[=3/5]. 29. 52[=4.5]. 91. 202.
12.5388

Bary, A. de, Beiträge zur Morphologie und Physiologie der Pilze. 1. Reihe: Protomyces und Physoderma. Exoascus Pruni und die Taschen oder Narren der Pflaumenbäume. Zur Morphologie der Phalloideen. Syzygites megalocarpus. Mit 6 (lith.) Taf. (Abdr. aus d. Abhandlgn. der Senckenberg. Naturforsch. Gesellsch. 5. Bd.) Frankfurt a. M. 864. Brönner. gr. 4. (2 Bl., 96 S.) n. 2 ₰ 20 ngr.

— u. M. **Woronin,** Beiträge zur Morphologie u. Physiologie der Pilze. 4. Reihe: Untersuchungen über die Peronosporeen u. Saprolegnieen u. die Grundlagen eines natürl. Systems der Pilze. Mit 6 (lith.) Taf. [Aus: „Abhandlgn. d. Senckenberg. naturforsch. Gesellsch."] gr. 4. (136 S.) Frankfurt a/M. 881. Winter. n. 10. —

— — dasselbe. 5. Reihe. Beitrag zur Kenntniss der Ustilagineen. Mit 4 (lith. u. color.) Taf. [Aus: „Abhandlgn. der Senckenberg. naturforsch. Gesellsch."] gr. 4. (35 S.) Ebend. 882. n. 6. —

Bary, A. de, Beiträge z. Morphologie u. Physiologie der Pilze. 1. Reihe: Protomyces und Physoderma. Exoascus Pruni u. d. Taschen od. Narren d. Pflaumenbäume. Zur Morphologie der Phalloideen. Syzygites megalocarpus. Mit 6 Taf. 2. unveränd. Abdr. [Aus: „Abhandlgn. d. Senckenberg. naturforsch. Gesellsch."] gr. 4. (94 S.) Basel 888. Schwabe. n. 8. —

Bary, A. de, u. H. Graf zu Solms-Laubach, Botanik, s.a **Elementarbücher,** naturwissenschaftliche.

— **Botanik. — Straßburg: Trübner 1878. VIII,134 S. 8° (Naturwissenschaftliche Elementarbücher.)**
Die einzelnen Bibliotheken besitzen d. Schrift in verschiedenen Auflagen.
1:Lw 20377. 12:Phys. g. 99a-8. 15. 23. 25. 26. 30. 36. 43. 52. 60. 62. 91. 109. 123. 160. 207. 300:477.077-A. 7. 304.
12.5390

Bary, A. de, Botanik. 2. verb. Aufl. gr. 16. (VIII, 134 S. mit eingedr. Holzschn.-Abbild.) Straßburg 884, Trübner. cart.

— **Botanik.** 3., unveränd. Aufl. (Naturwissenschaftl. Elementarbücher 8.) 12. (VIII, 134 S. mit Abbildungen.) Straßburg i/E. 890. Trübner. cart. n. — 80

Bary (A. de). Ueber die Brandpilze und Krankheiten der Pflanzen. Berlin, 1853. 8°.

Bary, Ant. du, s.: **Braun,** Alex.

— **Caeoma pinitorquum, ein neuer, der Kiefer verderblicher Pilz. — Berlin 1864. S. 625–640. 8°**
Aus: Monatsberichte d. Kgl. Preußischen Akademie d. Wissenschaften zu Berlin. 1863.
5. 21. 28. 30. 52. 90. 300.
12.5391

— **Die Erscheinung der Symbiose. Vortrag. — Strassburg: Trübner 1879. 30 S. 8° 1:Mb 15940. 2. 5. 17. 24. 27. 29. 31. 52.**
12.5392

Bary (A. de). Familie der Conjugaten. Leipzig, 1858. 4°.

— **Über die Fruchtentwicklung der Ascomyceten. Eine pflanzenphysiologische Untersuchung. — Leipzig: Engelmann 1863. 38 S. 4° 1:4° Mb 6272. 5. 6. 7. 12:4° Phyt. 10 t. 15. 16. 20. 21. 28. 29. 30. 52. 86. 109. 302.**
12.5393

de Bary, (Heinr.) Anton (geb. Frankfurt a. M. 26. 1. 1831): De plantarum generatione sexuali. Berolini (1853). (35 S.) 8°
Berlin, Med. Diss. v. 30. März 1853

Bary, *Heinrich Anton de*, Professor der Botanik an der Universität Halle, * Frankfurt a. M. 26. Jan. 1831.
De plantarum generatione sexuali. D. Berolini, typ. Schade. 1853. 8. 35 p.

Bary, A. de: H a n d b u c h der ... Botanik,
s. H o f m e i s t e r , W.

— **die gegenwärtig herrschende Kartoffelkrankheit, ihre Ursache und ihre Verhütung. Eine pflanzenphysiolog. Untersuchung in allgemein verständlicher Form dargestellt. Mit 1 Steindrucktaf. Leipzig 861. Felix. gr. 8. (2 Bl., 75 S.)** n. 16 ngr.

— **Die gegenwärtig herrschende Kartoffelkrankheit, ihre Ursache und ihre Verhütung. Eine pflanzenphysiologische Untersuchung. — Leipzig: Förstner 1861. 75 S. 8° 1:Ow 13082. 2. 5. 8. 9. 10. 14→18. 21. 26. 29. 30. 34. 38. 45. 46. 52. 84. 90. 302.**
12.5394

Bary, Anton de

— **Mikro-Photographien nach botanischen Präparaten von A. de Bary, photographisch aufgenommen ... von Jul. Grimm. H. 1. — Strassburg [usw.]: Trübner 1878. 10 Taf. 4° 1:4° Ma 9230. 9. 12:4° Phyt. 16 u. 30.**
12.5395

— Morphologie u. Physiologie der Pilze etc., s.a. **Handbuch** der physiologischen Botanik.

— **Morphologie und Physiologie der Pilze, Flechten und Myxomyceten. — Leipzig: Engelmann 1866. XII,316 S. 8° (Handbuch d. physiologischen Botanik. 2,1.) 1:M 2550-2,1. 2→11. 12:Phyt. 273 cl-2,1. 14→21. 24. 25. 26. 28. 29. 30. 38. 39. 41. 43. 45. 46. 52. 66. 84. 86. 87. 89. 90. 91. 123. 169. 302→305.**
12.5396

Bary A. de: Morphologie u. Physiologie d. Pilze, Flechten u. Myxomyceten. Leipz. 1866. 316 S. Fig. 1 Tvl.
(= Hofmeister etc.: Handb. d. physiolog. Botanik. Bd. 2 Abth. 1). 78.

— Vergleichende Morphologie und Biologie der Pilze, Mycetozoen und Bacterien. — Leipzig: Engelmann 1884. XVI,558 S. 8° 1:Mb 4256. 2→8. 10. 11. 12:Phyt. 18xp. 14→18. 20. 21. 24→30. 36. 38M. 41. 43. 45. 52. 84. 90. 91. 93. 202. 302→305.
12.5397

— Die Mycetozoen. Ein Beitrag zur Kenntniss d. niedersten Thiere. — Leipzig: Engelmann 1859. 89 S. 8°
Aus: Zeitschrift für wissenschaftliche Zoologie. 10. 1860.
21. 30.
12.5398

— Die Mycetozoen (Schleimpilze). Ein Beitrag zur Kenntniss d. niedersten Organismen. 2., umgearb. Aufl. — Ebd. 1864. XII,132 S. 8°
1:Mb 6140. 3. 5. 7. 8. 9. 12:Zool. 23p. 15. 16. 18→21. 24. 27→31. 43. 52. 86. 90. 93. 202. 302. 304. 305.
12.5399

— Ueber die Algengattungen Oedogonium und Bolbochaete. 4°
Aus: Abhandlungen d. Senckenbergischen Naturforschenden Gesellschaft. 1. 1854-55.
21.
12.5400

— Prosopanche Burmeisteri, eine neue Hydnoree aus Süd-Amerika. — Halle: H.W. Schmidt 1868. 20 S. 4°
Aus: Abhandlungen d. Naturforschenden Gesellschaft zu Halle. 10. 1868.
1:4° Mb 15880. 15. 21.
12.5401

Bary, A. de, üb. Schimmel u. Hefe, s.a. Sammlung gemeinverständl. wissenschaftl. Vorträge.

— Ueber Schimmel und Hefe. — Berlin: Lüderitz 1869. 78 S. 8° (Sammlung gemeinverständlicher wissenschaftlicher Vorträge. 87.88.)
1:Ag 9016-87.88. 2→11. 12:Var. 366am-87.88. 15→21. 24. 26→31. 33. 35. 36. 38. 39. 43→47. 51. 52. 61. 62. 79. 82. 83. 84. 86. 87. 89. 90. 109. 180. 205. 207. 300:305.139-B. Per. 4. 302. 304.
12.5403

—— 2., verb. Aufl. Ebd. 1873. 84 S. 8° (Sammlung gemeinverständlicher wissenschaftlicher Vorträge. 87.88.)
14. 24. 38. 41. 52. 91. 169. 201. 203.
12.5404

— Ueber Schwärmsporenbildung bei einigen Pilzen. Vorläufige Mittheilung. — Freiburg i. Br. 1860. 17 S. 8°
Aus: Berichte über d. Verhandlungen d. naturforschenden Gesellschaft in Freiburg i. B. 2. 1862.
21.
12.5405

Bary, Anton de

— Untersuchungen über die Brandpilze und die durch sie verursachten Krankheiten der Pflanzen mit Rücksicht auf das Getreide und andere Nutzpflanzen. — Berlin: G.W. F. Müller 1853. VIII,144 S. 8°
1:Mb 6070. 4→11. 12:Phyt. 18xm. 14→17. 19→22. 24. 25. 28. 29. 30. 38M. 39. 43. 46. 52. 90. 91. 93. 202. 300:28.042. 305.
12.5406

—— Unters. üb. d. Fam. d. Conjugaten. 4. (91 m. 8 K.) Lpzg 58, Felix. n. 4. —

— Untersuchungen über die Familie der Conjugaten (Zygnemeen und Desmidieen). Ein Beitrag zur physiologischen u. beschreibenden Botanik. — Leipzig: Förstner 1858. 91 S. 4° 1:4° Mb 10113. 2→7. 10. 12:4° Phyt. 16a. 15. 16. 20. 21. 24→31. 46. 52. 90. 300:115.441-C. 302. 304.
12.5407

— Neue Untersuchungen über Uredineen. Mittheilung [1.] 2. — Berlin 1865-66. 8°
1. Insbesondere d. Entwicklung d. Puccinia graminis.
Aus: Monatsberichte d. Kgl. Preußischen Akademie d. Wissenschaften zu Berlin. 1865. 1866.
21. 28. 30[=2].
12.5408

— Vorlesungen über Bacterien. — Leipzig: Engelmann 1885. VI,146 S. 8° 1:Ik 10737. 3. 5→11. 12:Path. 93ec. 15. 16. 17. 19. 21. 24→27. 29. 30. 36. 38. 38M. 39. 44→47. 61. 83. 84. 90. 93. 111. 202. 302. 303. 308.
12.5409

—— 2., verb. Aufl. Ebd. 1887. VI,158 S. 8°
2. 4. 12:Path. 93ecb. 16. 17. 20. 26. 27. 30. 47. 79. 90. 123. 202. 302. 303. 305.
12.5410

—— 3. Aufl., durchges. u. teilw. neu bearb. von W. Migula. Ebd. 1900. VI,186 S. 8° 2. 5. 11. 12:H. nat. 17h. 14. 15. 16. 18. 24. 26. 27. 29. 30. 43. 89. 202. 303.
12.5411

Bary, A. de: Würdigung d. Leistungen..., s. Gottsche, C.M.

Bary, August de: Zur Kenntnis der Wundheilung in der Leber. *Frankfurt a. M. 1897: C. Naumann.* (43 S.) 8°
Freiburg i. B., Med. Diss. v. 1897

de Bary, Augustus Theod. (geb. am 25 Okt. 1802 in Frankfurt a. M.): De hyperaesthesia ... Bonnae, typ. Büschlerianis (1825). 3 Bl., 50 S. 8.
Bonn, Med. Fak., Diss. v. 14 Sept. 1825

Bary, Benjamin: Aufruf an das deutsche Volk zur Erfüllung seiner Mission. — Frankfurt a.M.: Brönner in Comm. 1857. 36 S. 8°
1:Rz 10040. 2. 4. 8→11. 12:Paed. Th. 311. 16. 19. 21. 25. 27. 28. 30. 41. 300:110.688-B.
12.5412

Bary, B. Aufruf an d. deut. Volk z. Erfüllg s. Mission. 8. (36) Frankf 57 Winter. n. — 5

Bary, B., Endursache u. Abhilfe der Arbeitslosigkeit und der Geldkrisis der Gegenwart und der Zukunft. gr. 8°. Frankfurt a. M., Brönner in Comm., 1857.

— Endursache und Abhilfe der Arbeitlosigkeit und der Geldkrisis der Gegenwart und der Zukunft. — Frankfurt a. M.: Brönner in Comm. 1858. 20 S. 8° 1:Stala 720. 205.
12.5413

— Entwurf der Läuterung des Unterrichtes zur Befriedigung aller Menschen. — Frankfurt a. M.: Brönner in Comm. 1857. IV,86 S. 8° 1:Ne 1760. 2. 4. 8→11. 12:Paed. Th. 312. 16. 19. 25. 27. 28. 300:110.689-B.
12.5414

— Zeitgemäße Gedanken über die Emancipation des Menschen. — Königsberg 1843: Dalkowski. 269 S. 8°
1:Ez 1090. 10. 106. 203.
12.5415

— Vorläufige Mittheilungen über: Die Erfindung der vortheilhaftesten beständigen Schwerkraftsbeweger aller Maschinen, aller Wagen und aller Schiffe ... Anbei: 3 zuträgliche Anzeigen. — [Detroit]: Verf. [um 1850]. 8 S. 8°
16.
12.5416

Bary, Emile

— [Nouveaux Problèmes de physique, deutsch] E. Bary's Neue physikalische Probleme. Für d. oberen Klassen höherer Lehranstalten ... von F.A. Korschel. — Halle: H.W. Schmidt 1857. VIII,163 S. 8°
3. 4. 6. 20. 84. 305. 308.
12.5418

BARY, Erwin von (München): Ueber die Flexionen des Uterus.- München: Mühlthaler 1870. 23 S.
4.8.1869 - Urk (Titel: De flexionibus uteri.); F 72; Chr 1869/70,12
Diss. Ingolst.-Landsh.-Mchn.

Bary, Henr. Anton de, s. B a r y , Anton de

Bary, J. de s. *Bary,* Johann Jakob de.

Bary, Johann Jakob de
— **Clementine-Mädchen-Spital. 1875–1899.** — Frankfurt a. M. 1899: Mahlau. 8 S. 8° 30.
12.5426

Bary, J[ohann] J[acob] De. Kurze Darstellung der Neuenburger Angelegenheiten seit Entstehung Neuenburgs aus den Ruinen des burgundischen Konigreichs Anno 1032. als Grafschaft von Neuenburg.... bis zum Jahr 1848.... gezogen aus authentischen Quellen. Hrg. von J. J. De Bary.... 8. Sissach 1857.

— **Ueber Pneumatocele cranii occipitalis.** — Stuttgart: Enke [1903]. 9 S. 8°
Aus: Archiv für Kinderheilkunde. 37.1903. 30.
12.5427

Bary's, M. E., neue physikal. Probleme. s. K o r s c h e l.

Bary's, M. E., neue physikalische Probleme. Für die oberen Klassen höherer Lehranstalten, Gymnasien, Realschulen, so wie für Studirende und Lehrer der Mathematik und Physik. Von F. A. Korschel. gr. 8. (VIII und 184 S. mit 3 Kpfrt.) Halle 857, Schmidt's Verlagsh. *

Bary, W. de [prakt. Arzt aus Strassburg i. Els.]: Beitrag zur Kenntniss der niederen Organismen im Mageninhalt.... Leipzig, Druck v. J. B. Hirschfeld, 1885; 31 S. 8°.
Strassburg, Med. Fak., Inaug.-Diss. v. 1885.

Bary, W. de, Beitrag zur Kenntniss der niederen Organismen im Mageninhalt. Diss. Strassburg i. Els. 1885. Trübners Buchh. 8°. 31 S.

Bary, W. de, u. E Moser, Pharmacopoea oeconomica. Elsass-lothring. Arznei-Taxe f. Aerzte u. Krankenkassen. 12. (VII, 65 S.) Strassburg 896 W. Heinrich. Geb. in Leinw. n. 2. —

Barychar von Marienhort, Carl Ritter
Barychar v. Marienhort, C. R., Berechnung der Kosten f. den Personen-, Gepäck-, Eilgut- u. Frachten-Transport auf den Eisenbahnen. gr. 8. (VI, 201 S. m. Tab.) Wien 877. (Gerold's Sohn.) n. 6. –

Barychar v. Marienhort, **Carl Rr: Berechnung der Kosten** für den Personen-, Gepäck-, Eilgut- und Frachten-Transport auf den Eisenbahnen. — Wien: Selbstverl. 1877. VI,201 S. 8° 1: Stala 721. 14. 30. 82. 83. 89. 90. 180. 203. 300: 117.959-B. 302.
12.5472

Barychar v. Marienhort, C. R., Berechnung der Kosten für den Personen-, Gepäck-, Eilgut- und Frachten-Transport auf den Eisenbahnen. gr. 8. (VI, 201 S. mit Tab.) Wien 878, (Gerold's Sohn.) *

Barz: D i e n s t - und Pensions v e r h ä l t n i s s e , s. B a r z , Josef

Barz, Anton [pr. Arzt aus Trier]: Die klinische Diagnose des Osteosarcoms der Extremitäten im Anfangsstadium ... Würzburg, Druck v. F. Fromme, 1894; 18 S., 1 Bl. 8.
Würzburg, Med. Fak., Inaug.-Diss. v. 1894

Barz, Johann Wilhelm: Predigt am 16ten November 1822, da Friedrich Wilhelm III. 25 Jahre über uns geherrscht hatte. — Berlin 1823. 8 S. 8° 1: Sw 7271.
12.5485

— **Sechs Reden über die Fortdauer des Menschen nach dem Tode.** — Berlin: Maurer 1786. VI,133 S. 8°
1: 8° Bibl. Diez 6212. 17. 19.
12.5486

Barz, Jh. Wlh., 6 Reden über Unsterblichkeit u. Fortdauer nach dem Tode. 8. Berl. 786. Maurers B. 9 ℛ

— **Ad quaestiones quasdam de resurrectione mortuorum Responsio.** Quam in memoriam ... Bogislai Liebeherr ... posuit Joannes Ludovicus (vielm. Joannes Guilielmus) Barz. — Traiecti a. V. [um 1780]: Winter. 10 S. 8°
9.
12.5487

Barz, Johannes Ludovicus s. *Barz,* Johann Wilhelm.

Barz, Josef: Berechner des Stundenlohnes der Arbeiter zum Gebrauche d. Beamten, Aufseher u. Werkmeister d. Fabriken, Bau- u. dergl. Unternehmungen. — Frankenthal: Christmann [um 1890]. 16 S. 8° 22.
12.5488

Barz, Jos., die Dienst- u. Pensionsverhältnisse der nichtpragmatischen Staatsbeamten u. Staatsbediensteten im Königr. Bayern. Kgl. Allerh. Verordng. vom 26. Juni 1894. Erläutert v. B. 12. (88 S.) München 894. J. Schweitzer, Verl. n. 1. —

Barz, Jos., d. Dienst- u. Pensionsverhältnisse d. nichtpragmat. Staatsbeamten u. Staatsbediensteten i. Königr. Bayern. Kgl. Allerh. Verordng. v. 26. Juni 1894. M. Anmerkgn. u. Regist. 2. Aufl. 12. (IV, 62 u. XXXIX S.) München 895. J. Schweitzer, Verl. n. 1. —

Alphabetisches Lexikon der Entscheidungen des bayerischen Verwaltungsgerichtshofes Bd 1 17 ⟨1879-1896⟩. Bearb. von Joseph Barz, Bezirksamtsgehilfe. *Kirchheimbolanden: C. Thieme 1897.* (377 S) 8° [ꝺ]

— **Die Rechtsverhältnisse der Kaufleute und gewerblichen Beamten.** Enth. d. einschlägigen Bestimmungen d. Handelsgesetzbuches, d. Gewerbeordnung u. d. Bürgerlichen Gesetzbuches nach d. Stande d. Gesetzgebung vom 1. Jan. 1900. — Frankenthal: Christmann 1899. IV,74 S. 8° 36.
12.5489

Barz, Otto: Shakespeare's Brautnacht. Festspiel u. dramatisirte Anecdote zur 300jährigen Feier d. großen Dichters. Stepenitz i.P.: Selbstverl.; Stettin: Waldow & Spaethen in Comm. [1864]. 19 S. 8° 14. 30.
12.5490

Barz, Rob., das Pronomen im Lateinischen. Für den Gebrauch in unteren u. mittleren Gymnasialklassen. gr. 8. (18 S.) Riga 877. Kymmel. cart. n. — 60

Barz, Rob., Uebungs-Beispiele zum lateinischen Pronomen für untere und mittlere Gymnasialklassen. gr. 8. (10 S.) Riga 882, Kymmel's Buchh. *

Barsack, M: Der deut. Herkules, s.: Gabelsberger-Bibliothek.

Barzaghi Cattaneo, **Antonio:** Die Fresko-Gemälde in der reformirten Kirche in Horgen am Zürichsee. Mit Text von C.W. Kambli. — Zürich: Orell Füssli 1875. 24 S. 4°
1: 4° Rv 9812.
12.5497

Barzal, Franz. Zur Kenntnis der Dayak-Stämme am obern Barito. [SA. aus: Jahresbericht der Geographisch-Ethnographischen Gesellschaft Zürich für das Jahr 1901/1902.] 10 S. 8. [Zürich, Druckerei der Neuen Zürcher Zeitung, 1902.]

Barzdyla
Apsireiškimai iš žemės gyvenimo. Parašė J. Barzdyla. Tilžė: [Saunus] 1902. 44 S. 8°
[Darstellungen aus d. Leben d. Erde.] Aus: Naujienos. [10. 13344] 10

Barzellotti, Giacomo
— **Tabellen der praktischen Heilkunde** ... Übers. von Eduard Wilhelm Güntz. — Leipzig: Magazin für Industrie u. Litteratur 1824. 22 Bl. 2°
Das Original erschien als Anhang in: Barzellotti: Epitome di medicina pratica rationale. 1819-20.
10. 17. 19. 22. 26. 28. 300: 28 H 11.
12.5533

Barzellotti, J., s. B a r z e l l o t t i , Giacomo

Barzia, Josephus de s. *Barcia* y Zambrana, José de.

Barzia y Zambrana, José de s. *Barcia* y Zambrana.

Barzilai, Giuseppe

— [deutsch] Josua und die Sonne. Erklärung d. Stelle Josua, Cap. X. v. 9–14. Übers. von J. M. (2. Ausg.) — Triest 1868: Buchdr. d. Oesterr. Lloyd. 17 S. 8°
1:8 in Bm 7010. 7. 21. 30. 47. 300: 171.658–B.
12.5562

Barzilai, G., Josua u. die Sonne. Erklärung der Stelle Josua, Cap. X. v. 9—14. Aus dem Italien. von J. M. Triest 868. (Schimpff.) gr. 8. (17 S.) n. 5 ngr.

Barzini, Luigi

Barzini, L: Der „Baqueano", s.a Bibliothek, illustr., d. Reisen u. Abenteuer.

— Der 'Baqueano'. Episode aus d. südamerikanischen Bürgerkriege. Uebers. von H. Dévidé. — Berlin: Freyhoff [1904]. 136 S. 8° (Illustrierte Bibliothek d. Reisen u. Abenteuer. 20.) 1[*Titelbl.]: Yt 718–20.
12.5587

— [deutsch] Mukden. Übers. von Emil Kerbs. Leipzig: Dieterich 1906. VI,181 S. 8° 1: Un 8982/246. 4.
12: Mil. g. 12 h. 15. 18. 24. 26. 30. 34. 46. 61. 109. 203. 209. 212. 300: 462.499–B.
12.5589

— [La Metà del mondo vista da un'automobile, deutsch] Peking-Paris im Automobil. Mit e. Einl. von Fürst Scipione Borghese. — Leipzig: Brockhaus 1908. 558 S. 8°
1: Pu 2706. 14. 16. 21. 22. 24. 26. 30. 31. 43. 46. 53. 60. 61. 62. 64. 109. 121. 205. 209. 210. 309.
12.5602

—— 2. Aufl. Ebd. 1908. 558 S. 8° 17. 31. 41. 62. 79. 85.
12.5603

Barzinsky, Mieczyslaus, aus Warschau: Über Dystrophia musculorum progressiva. *Berlin (1904): G. Schade.* (31 S.) 8°
Berlin, Med. Diss. v. 3. Mai 1904

Barzoni, Vittorio

[—] [deutsch] Die Römer in Griechenland. (Übers.: August Wichmann.) — Triest: Wage, Fleis & Co. 1798. 75 S. 8° 1: Qm 7601. 5. 7. 10. 17. 24. 31. 35. 39.
12.5676

Bas, Giulio: Über die Ausführung der gregorianischen Gesänge. — Düsseldorf: Schwann 1906. 43 S. 8°
1: Mus. E 4665. 5. 12: Liturg. 32 w. 61. 102. 211.
12.5694

Bas, Jul. s.a: Gradualia versus alleluiatici et tractus.

— Gradualia, versus alleluiatici et tractus pro dominicis et festis duplicibus in cantu simplici. E cantu ecclesiarum Ambrosianae, Aquileiensis, Graecae et Mozarabicae desumpsit et novo usui accommodavit Julius Bas. — Duesseldorf: Schwann 1910. 180 S. 8° 1: Mus. O 182. 5. 61.
12.5698

— [span.] Manual de canto gregoriano. Ed. española notablemente ampliada y retocada por el autor y acomodada por Nemesio Otaño. — Ebd. 1909. IV,122 S. 8°
1: Mus. E 4666. 300: 467.072–B. M.
12.5696

— [ital.] Manuale di canto gregoriano. Ebd. 1910. IX, 122 S. 8° 1: Mus. E 4667. 5.
12.5695

— Un rinnovamento negli studi d'armonia e contrappunto. (4, 92) 8° Ebd. '11. 1.20

Bas, Julius s. *Bas,* Giulio.

Bas, Ruwin. Ueber Stieldrehung der Myome und des Uterus. Diss. Med. Basel. 24 S. 8. Basel, J. Kohlhepp. 1907.

Baes, Jean, historische u. malerische Thürme Belgiens. Nach Aquarellen. 2 Thle. gr. Fol. (50 Farbentaf. m. 2 Bl. Text.) Berlin 891. Bessling & Spielmeyer. In 2 Mappen n. 80. —

Bašagić Safret: Bosniaken und Hercegovcen auf dem Gebiete der orientalischen Literatur.
II. 1909 PN 2731 Diss. Innsbruck, Univ.

Bašagić, Safvet Beg R., der älteste Ferman der Cengić-Begs, s.a Mitteilungen, wissenschaftliche, aus Bosnien u. der Hercegovina. 6. Bd.

BAŠAGIĆ, Safvet Beg R.
Der älteste Ferman der Cengić-Begs. Von Safvet Beg R. Bašagić. Mit einer Tafel. (Separat-Abdruck aus Wissenschaftliche Mittheilungen aus Bosnien und der Hercegovina. VI. Bd. 1899.) Wien. 1899. In Comm. Gerold's Sohn. Lex.-8°. 10 S.
fl. —.20

Bazaine, Maréchal de France, 1811-1888. 1870
s. *Bazaine,* François Achille.

Basalt, Der Sächsische,
[Dresden 1809.] V: *Weinart, Benjamin Gottfried.* (MGT)

Basalt-Aktien-Gesellschaft. — Basalt-Actien-Gesellschaft (Köln). — o. O. [1898]. 15 Taf. quer-4° 52.
12.5722

Basalte, die, in d. Gegend v. Eisenach. 8. Eisen. 802. Bärecke. 6 gr.

Basanow, W. D.: Zwischen zwei Welten. Eine realistische Novelle. — Elberfeld: Loewenstein 1890. 64 S. 8°
1: Yx 24796. 5. 62.
12.5761

Basanowa, Frau Julie, s.: Arbeiten aus der kaiserl. Universitätsklinik f. Ohren-, Hals- u. Nasenleiden in Moskau.

Basaroff, J. s. *Bazarov,* Ioann Ioannovič.

Basch (Rechtsanwalt) s. B a s c h , Julius

Basch: Über latente A r t e r i o s c l e r o s e (und andere medizinische Schriften), s. B a s c h , Samuel

Basch: De colli uteri forma, s. B a s c h , Mich.

Basch, Alfred: Über den Einfluß lokaler Inhomogenitäten, insbesondere starrer Einschlüsse auf den Spannungszustand in elastischen Körpern. 36 S., 1 Taf.
Diss. TH Wien 1908.

— Über rotierende Scheiben gleichen Fliehkraftwiderstandes. Von Alfred Basch u. Alfons Leon. — Wien: Hölder in Komm. 1907. 37 S. 8°
Aus: Sitzungsberichte d. K. Akademie d. Wissenschaften in Wien. Math.-nat. Kl. Abt. 2a, Bd 116. 1907.
84. 302.
12.5815

Basch, Carl Joseph: Die Entwicklung der elektrischen Beleuchtung und der Industrie elektrischer Glühlampen in Deutschland. Berlin 1910: (Sächs. Maschinendr., Werdau). 98 S. 8° ¶ (Ersch. auch als Buch b. Siemenroth, Berlin.)
Tübingen, Staatswiss. Diss. v. 13. April 1910, Ref. Fuchs
[Geb. 26. Juli 82 Berlin; Wohnort: Berlin; Staatsangeh.: Preußen; Vorbildung: Luisen-Gymn. Berlin Reife O. 06; Studium: Heidelberg 1, Berlin 1, München 4, Tübingen 3 S.; Rig. 27. Nov. 09.] [U 10. 4203

Basch, Ernst Eugen, aus San Franzisko: Die künstliche Darstellung und die Bildungs-Verhältnisse des Polyhalit. *Berlin (1901): E. Ebering.* (35 S.) 8°
Berlin, Phil. Diss. v. 11. Mai 1901

BASCH, E. E. Die künstliche Darstellung und die Bildungsverhältnisse des Polyhalit. Berlin, 1901. Diss.

Basch, Emerich: Die Gemeindebetriebe in Ungarn, s: Schriften d. Vereins f. Sozialpolitik, Gemeindebetriebe.

Basch, Erdmann Siegmund: Betrachtungen über die götliche Vorsehung. (Verf.: Erdmann Siegmund Basch.) Halle: Gebauer 1756. 24 S. 8° 32.
12.5822

— **De Doctrinis quae in Symbolo apostolico desiderantur, in Augustana confessione obviis. Oratio in anniversariam dictae Confessionis memoriam ... in templo academico recitata. — Ienae 1761: Schill. 16 S. 8°** 36.
12.5823

Basch, E. S, Meditationes quaedam de gustu in litteris praecipue elegantioribus. Diss. 1760. 58 S. 4°. —.90

Basch, F. J.: Grandes Soirées de physique amusante. Soirées en ville, leçons d'escamotage d'une manière nouvelle physique. — (Dresden [um 1860]: Ernst & Portèger.) 16 S. 8°
Nebent.: Physikalisch-mechanische Vorstellungen. 28.
12.5824

Basch, Georg. Über das Verhalten des Sajodins im Organismus. Diss. Vet.-Med. Bern. [Sep.-Abdr. aus: Zeitschrift für physiologische Chemie, Band 55, Heft 5.] *Kopftitel:* Aus dem chemischen Laboratorium des pathologischen Instituts der Universität Berlin. 15 S. 8. Strassburg, Karl J. Trübner, 1908.

Basch, Hermann

Basch, Herm., neue Moral u. Erziehung. Für Eltern u. solche, die es werden wollen. Ein kleines Kompendium, nach e. im Vereine „Frauenbund" (Brünn) geh., im Auszuge in der Zeitschrift „Die Wage" (Wien) erschienenen Vortrage. (18 S.) 8. Brünn (908). (L. & A. Brecher). — 40

— **Neue Moral und Erziehung. Für Eltern und solche, die es werden wollen. — Brünn: Verein 'Frauenbund' [1908]. 18 S. 8°** 30. 207. 300: 457.019–B.
12.5827

Basch, Julius, Rechtsanwalt, Berlin.
Basch, J., das Faustpfandrecht f. Pfandbriefe u. die Hypotheken-Banken, s.a: Zeitfragen, volkswirthschaftliche.

Basch, Julius, Redakteur d. Nationalzeitung, Berlin. 1879: **Das Faustpfandrecht für Pfandbriefe und die Hypotheken-Banken. — Berlin: Simion 1880. 50 S. 8° (Volkswirthschaftliche Zeitfragen. H. 15 = Jg. 2,7.)** 1: Fe 630–2,7. 3. 5→8. 10. 11. 12: Cam. 187h–2,7. 14→19. 21. 24. 27. 29. 30. 36. 38. 41. 44. 47. 52. 62. 79. 86. 106. 109. 203. 205. 206. 208. 300: 410.630–B. 15. 302. 304.
12.5835

— die allgemeine Gerichtsordnung für die preußischen Staaten [Thl. I—III] in ihrer heutigen Gestalt u. Geltung. Mit Anmerkgn. hrsg. gr. 8. (XVI, 232 S.) Berlin 880. H. W. Müller. cart. n. 5. —

Basch, Jul., die allgemeine Gerichtsordnung f. die Preußischen Staaten. [Thl. I—III u. die Nachtragsgesetze — sogenannter IV. Thl.] in ihrer heutigen Gestalt u. Geltung. Mit Anmerkgn. hrsg. 2. Aufl. gr. 8. (XXIII, 264 S.) Berlin 883. H. W. Müller. cart. n. 6. —

Basch, Jul., Geschäfts-Tabelle für das Amtsgericht I und das Landgericht I in Berlin. qu. gr. Fol. Berlin 887, J. J. Heine. **

Basch, J., Geschäfts-Tabelle f. das Amtsgericht I. u. das Landgericht I. in Berlin f. d. J. 1889. qu. gr. Fol. Berlin 889. J. J. Heine. n. — 60

— **Der Gesetzentwurf über das Faustpfandrecht für Pfandbriefe und die deutschen Hypothekenbanken im Jahre 1878. Berlin: Simion 1879. 8 S. 4°**
Aus: Deutsches Handelsblatt. 1879. 203.
12.5836

— **Die preußischen Grundbuchgesetze nebst Kosten- und Stempelgesetzen mit Anm. ... Handausg. — Berlin: Heine 1888. 251 S. 8°** 1: Gr 15212. 2. 11. 208.
12.5828

— allgemeines deutsches Handelsgesetzbuch u. allgemeine deutsche Wechselordnung, nebst Einführungs- u. Ergänzungsgesetzen. Ausg. ohne Seerecht. Erläutert durch die Rechtsprechg. d. Reichsoberhandelsgerichts. 8. (VII, 357 S.) Ebend. 880. cart. n. 2. —;
Ausg. m. Seerecht (VIII, 611 S.) cart. n. 4. —

— allgemeines deutsches Handelsgesetzbuch u. allgemeine deutsche Wechselordnung, nebst Einführungs- u. Ergänzungsgesetzen. [Ausg. ohne Seerecht.] Erläutert durch die Rechtsprechg. d. Reichsgerichts u. d. vormal. Reichs-Oberhandelsgerichts. 2. Aufl. 8. (VII, 392 S.) Ebend. 885. geb. n. 2. —

— dasselbe. [Ausg. m. Seerecht.] 2. Aufl. 8. (VIII, 642 S.) Ebend. 885. geb. n. 4. —

— allgemeines deutsches Handelsgesetzbuch u. allgemeine deutsche Wechselordnung, nebst Einführungs- u. Ergänzungsgesetzen. [Ausg. ohne Seerecht.] Erläutert durch die Rechtsprechg. d. Reichsgerichts u. des vormal. Reichs-Oberhandelsgerichts. 3., verb. Aufl. 8. (VII, 394 S.) Berlin 890. H. W. Müller. geb. n. 2. —

— dasselbe. [Ausg. mit Seerecht.] 3., verb. Aufl. 8. (XI, 657 S.) Ebd. 890. geb. n. 4. —

Basch, Jul., allgem. deutsches Handelsgesetzbuch u. allgem. deutsche Wechselordnung, nebst Einführgs- u. Ergänzungsgesetzen. (Ausg. ohne Seerecht.) Erläut. durch d. Rechtsprechg. d. Reichsgerichts u. d. vormal. Reichs-Oberhandelsgerichts. 4., verb. Aufl. 12. (VII, 433 S.) Berlin 895. H. W Müller. Geb. in Leinw. n. 2. —

— dasselbe. (Ausg. m. Seerecht.) 4., verb. Aufl. 12. (X, 678 S.) Ebd. 895. Geb. in Leinw. n. 4. —

— dasselbe. (Ausg. ohne Seerecht.) Erläutert durch die Rechtsprechg. des Reichsgerichts u. des vormal. Reichs-Oberhandelsgerichts. 5. verb. Aufl. 12. (VIII, 399 S.) Ebd. 899. Geb. in Leinw. n. 2. —

Basch, Jul., Handelsgesetzbuch vom 10. V. 1897 u. allgemeine deutsche Wechselordng., nebst Einführungs- u. Ergänzungsgesetzen. (Ausg. m. Seerecht.) Erläutert durch die Rechtsprechg. des Reichsgerichts u. des vormal. Reichs-Oberhandelsgerichts. 5. verb. Aufl. 12. (XII, 643 S.) Berlin 902. H. W. Müller. Geb. in Leinw. n. 4. —

Basch, Jul., Handelsgesetzbuch vom 10. V. 1897 u. allgemeine deutsche Wechselordnung nebst Einführungs- u. Ergänzungsgesetzen. (Ausg. ohne Seerecht.) Erläutert durch die Rechtsprechg. des Reichsgerichts u. des vormal. Reichs-Oberhandelsgerichts. 6., verb. Aufl. (VIII, 419 S.) kl. 8. Berlin 905. H. W. Müller. Geb. in Leinw. n. 2. —

Basch, Jul., Handelsgesetzbuch vom 10. V. 1897 u. Wechselordnung in der vom 1. X. 1908 ab geltenden Fassung nebst Einführungs- u. Ergänzungsgesetzen. (Ausg. ohne Seerecht.) Erläutert durch die Rechtsprechg. des Reichsgerichts u. des vormal. Reichs-Oberhandelsgerichts. 6., verb. Aufl. Neue Ausg. (VIII, 419 S.) kl. 8. Berlin 908. H. W. Müller. Geb. in Leinw. 2. 40

Basch, Jul.: Handelsgesetzb. u. Wechselordng nebst Einführgs- u. Nebengesetzen. (Ausg. ohne Seerecht.) Erläutert durch d. Rechtsprechg d. Reichsgerichts u. d. vormal. Reichs-Oberhandelsgerichts. 7. Afl. (8, 446) kl8° Berl., HW Müller '11. L 2.50 d

— **Die Justiz-Ministerial-Verfügungen aus den Jahren 1839–1878 in ihrer heutigen Geltung. Mit Verweisungen auf d. neueren Verfügungen. — Berlin: H.W. Müller 1884. VII, 722 S. 8°** 1: Gr 4320. 2. 3. 6. 9. 10. 11. 14. 28. 39. 52. 201. 203. 208.
12.5829

— Codex [Kodex] des Handelsrechts. Eine Sammlung d. den deutschen Handelsstand interessirenden Gesetze erl. durch d. Rechtsprechung d. Reichs-Oberhandelsgerichts. Nebst e. gemeinfaßlichen Darstellung d. Prozeßganges. — Berlin: H.W. Müller 1879. XIV,838 S. 8°
5. 7. 17. 26. 29. 36. 44. 52. 60. 203. 205.
12.5830

— — (Ausg. mit Seerecht.) Ebd. 1879. XV,1097 S. 8°
1: Fn 4980. 16. 18. 27. 30. 41. 206.
12.5832

— — 2., wohlfeile Ausg. Ebd. 1884. XIV,838 S. 8°
2. 7. 17. 47. 51.
12.5831

— — (Ausg. mit Seerecht.) 2., wohlfeile Ausg. Ebd. 1884. XV,1097 S. 8°
26. 30. 180. 206.
12.5833

— Der Prozeßgang nach der deutschen Civilprozeßordnung mit bes. Berücks. d. Interessen d. Handelsstandes. Gemeinfaßlich dargest. — Berlin: H.W. Müller 1879. VIII, 104 S. 8°
Aus: Basch: Codex d. Handelsrechts. 1879.
30.
12.5834

— allgemeine deutsche Wechselordnung erläutert durch die Rechtssprechung des Reichs-Oberhandelsgerichts u. Wechselstempelsteuergesetz. gr. 16. (IV, 76 S.) Ebend. 879. cart. n. — 75

— allgemeine deutsche Wechselordnung u. Wechselstempelsteuergesetz, erläutert durch die Rechtsprechg. d. Reichsgerichts u. d. vormaligen Reichs-Oberhandelsgerichts. 2., verb. Aufl. 12. (IV, 93 S.) Ebend. 885. cart. n. — 75

— allgemeine deutsche Wechselordnung und Wechselstempelsteuergesetz, erläutert durch die Rechtsprechg. des Reichsgerichts u. des vormal. Reichs-Oberhandelsgerichts. 3., verb. Aufl. 12. (IV, 96 S.) Ebd. 890. cart. n. — 75

— allgemeine deutsche Wechselordnung u. Wechselstempelsteuergesetz, erläutert durch die Rechtsprechg. des Reichsgerichts u. des vormal. Reichs-Oberhandelsgerichts. 4. verb. Aufl. 12. (IV, 82 S.) Ebd. 899. n. — 60

— allgemeine deutsche Wechselordnung u. Wechselstempelsteuergesetz. Erläutert durch die Rechtsprechg. des Reichsgerichts u. des vormal. Reichs-Oberhandelsgerichts. 5., verb. Aufl. (IV, 88 S.) kl. 8. Ebd. 905. n. — 60

— Wechselordng, Scheckgesetz, Postscheckordng u. Wechselstempelgesetz v. 15.7.'09. Erläutert durch d. Rechtsprechg d. Reichsgerichts u. d. vormal. Reichs-Oberhandelsgerichts. 7. Afl. (102) kl8° Ebd. '11. IIL 1.20 d

— Wechselordnung u. Wechselstempelsteuergesetz in der vom 1. X. 1908 ab geltenden Fassung. Erläutert durch die Rechtsprechg. des Reichsgerichts u. des vormal. Reichs-Oberhandelsgerichts. 6., verb. Aufl. (IV, 81 S.) kl. 8. Ebd. 908. Kart. — 90

Wirtschaftliche Weltlage. (Börse u. Geldmarkt.) Von Julius Basch, Red. Folge [1]–12. Berlin: R. L. Prager 1889–1902. 12 Bde 8°
[1.] (1888.) 3. Aufl. 1889. [2.] (1891.) 1892. [3.] 1892. 4. Aufl. 1893. (4.) 1893 1894. (5.) 1894. 3. Aufl 1895. (6.) 1895. 3. Aufl 1896. (7.) 1896. 3. Aufl. 1897. (8.) 1897. 3. (4.) Aufl. 1898. (9.) 1898. 1899. (10.) 1899. 1900. (11.) 1900. 1901. (12.) 4. Aufl. 1902.
Aus: National-Zeitung
[illegible]

— wirthschaftliche Weltlage. [Aus: „National-Ztg."] 8. (72 S.) Berlin 889. Simion. n. 1.—

Basch, Jul. (II.). Wirthschaftliche Weltlage. Börse u. Geldmarkt. 3. Aufl. 8. (67 S.) Berl. 892, Prager. * 1 —
Aus: National-Zeitg., besonders abgedruckt.
Die 1. Aufl. erschien 1889 bei Simion in Berlin.

Basch, J, wirthschaftl. Weltlage. Börse u. Geldmarkt in d. J. 1890 u. 1891. 3. Afl. 8° (67) Berl. 92, RL Prager. || Im J. 1892. 4. Afl. (60) 93. || Im J. 1893. 4. Afl. (64) 94. || Im J. 1894. (5. Folge.) 2. Afl. (64) 95. à 1 —

Basch, J: Wirthschaftl. Weltlage. Börse u. Geldmarkt im J. 1895. (6. Folge.) 3. Afl. 8° (64) Berl. 96, RL Prager. || 1896. (7. Folge.) (64) 97. || 1897. (8. Folge.) 1—3. Afl. (64) 98. || 1898. (9. Folge.) (64) 99. || 1899. 10. Folge. (64) 1900. à 1 —

Basch, J: Wirtschaftl. Weltlage. Börse u. Geldmarkt im J. 1900 u. 1. (11. u. 12. Folge.) 2. Afl. (64 u. 68) 8° Berl., RL Prager '01.'02. Je 1 — ö F

Basch, K: Chemie u. Physiol. d. Milch, s.: Raudnitz, RW.

Basch, K.J., s. Basch, Carl Joseph

Basch, Karl, s.a. Basch, Carl Joseph

Basch, Karl: Üb. Ammenwahl u. Ammenwechsel v. Standpunkte e. Physiol. u. Pathol. d. Milchapparats. [Aus: „Prakt. Ergebn. d. Geburtshilfe u. Gynäkol."] (5, 49 m. Abb. u. 3 Taf.) Lex8° Wiesb., JF Bergmann '12. 1.80

Basch, Karl, Beiträge zur Physiologie u. Pathologie der Thymus. I. Über Ausschaltg. der Thymusdrüse. (S. 285—335 m. 11 Taf.) gr. 8. Berlin 906. S. Karger.
Sonderabdruck aus „Jahrb. f. Kinderheilkde." 7. —

Basch, Leopold. Über die Einwirkung von salpetriger Säure auf Amino-Campher-Harnstoff. Diss. Phil. Basel. 45 S. 8. Basel, Gasser & Cie., 1903. Ba

Basch, Mich (geb Landsberg a. W. 2 5 1841): De colli uteri inter partum forma sacciformi ceterisque quae oris uterini dilatationi obstant. Berolini (1864) (35 S) 8°
Berlin, Med. Diss v. 5. Dez 1864

Basch, Oscar: Materialien zur Beurteilung des Wilhelm von Saliceto als Arzt (13. Jahrhundert). *Berlin (1898): E. Ebering.* (34 S.) 8°
Berlin, Med. Diss. v. 15. März 1898

Basch, R. v., Gefässstarre (Angiorhigosis). Nach im „Wiener medicin. Club" geh. Vorträgen. (Aus: „Wiener med. Presse".) gr. 8. (27 S.) Wien 896. Urban & Schwarzenberg. n. 1. —

— s.: Studien, klinische u. experimentelle.

Basch, S. (Arzt), s. Basch, Samuel

Basch, S.: De interpretatione N.T., s. Basch, Siegmund

Basch, Samuel R[r] v.: Ueber latente Arteriosclerose und deren Beziehung zu Fettleibigkeit, Herzerkrankungen und anderen Begleiterscheinungen. — Wien [usw.]: Urban & Schwarzenberg 1893. 43 S. 8°
Aus: Wiener medizinische Presse. 34. 1893.
26. 36. 46. 300: 157.153–C. 302. 308.
12.5840

Basch, S. v., Beitrag zur Entwicklungsgeschichte der experimentellen Pathologie als Lehrfach (24 S.) gr. 8. Wien 905. Urban & Schwarzenberg. n. 1. 20

— Die volumetrische Bestimmung des Blutdrucks am Menschen. — Wien: Ueberreuter 1876. 30 S. 8°
Aus: Medizinische Jahrbücher. 1876.
4. 16. 38M. 302→304. 308.
12.5842

— Die ersten Chyluswege und die Fettresorption. — (Wien: Gerold in Comm. 1870.) 18 S. 8°
Aus: Sitzungsberichte d. Kaiserlichen Akademie d. Wissenschaften. Math.-nat. Kl. 62. 1870.
16.
12.5843

— Die Deutung der plethysmographischen Curve. — (Leipzig: Veit 1881.) S. 446–454. 8°
Aus: Archiv für Anatomie u. Physiologie. Phys. Abth. 1881.
30.
12.5844

Basch, S. v., die cardiale Dyspnoe u. das cardiale Asthma, s.a. Zeit- u. Streitfragen, klinische.

— Die cardiale Dyspnoe und das cardiale Asthma. — Wien: Breitenstein 1887. S. 81–152. 8° (Klinische Zeit- u. Streitfragen. 1,3.4.)
1: Ic 2540–1,3.4. 15. 25. 30. 202. 300: 187.861-B. 1.
12.5845

— Ueber den Einfluss der Athmung von comprimirter und verdünnter Luft auf den Blutdruck des Menschen. — Wien: Ueberreuter 1877. 11 S. 8°
Aus: Medizinische Jahrbücher. 1877. 308.
12.5846

— Über den Einfluss des gereizten Nervus splanchnicus auf den Blutstrom innerhalb und ausserhalb seines Verbreitungsbezirkes. — (Leipzig) 1876. 51 S. 8°
Aus: Arbeiten d. Physiologischen Instituts zu Leipzig. 10. 1875.
16. 304. 308.
12.5847

— Die Entfettungscur in Marienbad. Ein Beitrag zur Therapie d. Kreislaufstörungen. — Wien: Perles 1885. 22 S. 8°
Aus: Centralblatt für d. gesammte Therapie. 3. 1885. 302.
12.5848

— Erinnerungen aus Mexico. Geschichte d. letzten 10 Monate d. Kaiserreichs. Bd 1.2. — Leipzig: Duncker & Humblot 1868. 8° 1: Ux 2714. 2→5. 7. 8. 9. 11. 12: Am. A. 236. 14→20. 24. 27. 29. 30. 31. 34. 35. 38. 43. 45. 46. 48. 52. 70. 106. 109. 203. 204. 209. 212. 300: 110.881-B. 302. 303.
12.5849

— Ueber Gefässstarre (Angiorhigosis). Nach im 'Wiener Medicinischen Club' gehaltenen Vorträgen. — Wien[usw.]: Urban & Schwarzenberg 1896. 27 S. 4°
Aus: Wiener medizinische Presse. 37. 1896.
300: 89.016-B. 302.
12.5852

— die Hemmung der Darmbewegung durch den Nervus splanchnicus. Lex.-8. (22 S. mit 1 Stnt. in qu. 4.) Wien 874, (Gerold's Sohn.)
Aus: Sitzungsberichte der k. Akademie der Wissenschaften, besonders abgedruckt.

Basch, Samuel

— Die Herzkrankheiten bei Arteriosclerose. — Berlin: Hirschwald 1901. VIII,313 S. 8° 1: Iv 4389. 3. 11. 12: Path. 93egd. 15. 25. 30. 202. 203. 302.
12.5853

— Historisches und Kritisches zur Lehre von der Compensation der Herzfehler. — Wien: Braumüller 1893. 25 S. 8°
Aus: Wiener klinische Wochenschrift. 6. 1893. 308.
12.5854

— Die Kohlensäure als Nervenreiz. — Wien: Verf. 1872. 22 S. 8° Erschien zuerst in: Oesterreichische Badezeitung. 1872.
11. 19.
12.5855

— Über die Messung des Capillardruckes am Menschen und deren physiologische und klinische Bedeutung. — Wien: 1900. 20 S. 8°
Aus: Wiener klinische Rundschau. 14. 1900. 308.
12.5856

— Allgemeine Physiologie und Pathologie des Kreislaufs. Wien: Hölder 1892. VIII,186 S. 8°
1: Kv 4786. 7. 9. 12: Path. 93 egc. 16. 20. 21. 25. 26. 30. 33M. 61. 202. 300: 185.414-C. 302.
12.5857

— Der Sphygmomanometer und seine Verwerthung in der Praxis. — Berlin: Hirschwald 1887. 40 S. 8°
Aus: Berliner klinische Wochenschrift. 24. 1887. 24.
12.5858

— s.: Studien, klinische u. experimentelle.

Basch, S. v., üb. die Summation v. Reizen durch das Herz. [Mit 51 (eingedr.) Holzschn.] [Aus: „Sitzungsber. d. k. Akad. d. Wiss."] Lex.-8. (39 S.) Wien 879. (Gerold's Sohn.) n. — 80

— Die Theorien des Herrn Prof. Oertel in München. — Wien: Braumüller 1886. 27 S. 8°
Aus: Wiener medizinische Blätter. 8.9. 1885–86.
12: Path. 93eg. 16. 302.
12.5859

— Untersuchungen üb. Darmbewegungen, s.: Mayer, S.

— Untersuchungen über das chylopoetische und uropoetische System der Blatta orientalis. — Wien: Gerold in Comm. 1858. 29 S. 8°
Aus: Sitzungsberichte d. Kaiserlichen Akademie d. Wissenschaften. Math.-nat. Kl. 33. 1858.
1: 8 in Lt 9601. 10. 12: Zool. 23 r. 16. 19. 41. 302.
12.5860

— das Zottenparenchym u. die ersten Chyluswege. [Aus dem physiolog. Institute der Wiener Universität.] Abdr. aus den Sitzungsb. der k. Akad. der Wissensch. Wien 865. (Gerold's Sohn.) gr. 8. (9 S. u. 1 lith. Taf.) n. 5 ngr

Basch, Siegmund: Bey der Legung des Eckssteins an der neuen Kirche der hiesigen Neustadt ... hielt diese Rede Siegmund Basch. — Hildburghausen [1755]: Hanisch. 12 S. 8° 3. 32.
12.5862

— De Disciplina ecclesiastica digito magis divini spiritus quam brachio seculari instauranda paucis disserit ... Sigismundus Basch. — Vinariae [1758]: Mumbach. 22 S. 8°
3. 14. 27. 32. 36. 41.
12.5863

— Die Glaubwürdigkeit der Heil. Schrift aus deutlichen Gründen erwiesen und mit nöthigen Anmerckungen erl. Verm. Aufl. — Sorau: Hebold 1749. 82 S. 8° 32. 41.
12.5864

— Die göttliche Wohlthat des Friedens in der Kirche und in der Seele wurde ... an dem zweiten evangelischen Jubel-Feste ... vorgestellet ... von Siegmund Basch. — Hildburghausen: Hanisch 1755. 64 S. 8°
11. 27. 32. 41.
12.5865

— Der Inhalt aller vorhergehenden Predigten wurde in der lezten zu Hildburghausen wiederholt und ... nach dem Feste der heiligen Dreieinigkeit im Jahr 1756 vorgestellet von Siegmund Basch. — Jena 1757: Fickelscherr. 32 S. 8°
14. 32. 39.
12.5866

Basch, S, de interpretatione N. T. ex patribus apostolicis. Lips. 1726. 4.

— Lehrer als Gehülfen Gottes in der Arbeit an den Seelen, und Zuhörer, als Gehülfen der Lehrer hierbey. Rede. — Jena: Cröker 1761. 24 S. 8° 14. 32. 39.
12.5867

[—] Einige gantz neue geistreiche Lieder zur Erweckung heils-begieriger Seelen. — o. O. 1734. 47 S. 8° 1: Ei 3420.
12.5868

— s. Ab. L. Müller, Kirch.- u. Hausandachten.

— Ode, Sr. Hochwürden dem Herrn Oberconsistorialrath Burg gewidmet. — o. O. 1763. 4 Bl. 4° 2.
12.5869

— Pastorale Christi ex eius litteris ad ecclesias septem Asianas per Johannem Apoc. C. II. et III exaratis strictim delineatum. — Hildburghusae: Hanisch 1751. 31 S. 8°
1: Bt 18120. 14. 18. 41.
12.5870

— Rede bei der Tauffe des ... Herrn Carl August Herzogs zu Sachsen Weimar und Eisenach. — Weimar: C. L. Hoffmann 1771. 16 S. 8°
3. 32.
12.5871

— Die ersten Reden bey dem Antritte seines Amtes und den darinnen vorgekommenen ersten heiligen Handlungen in der Einseegnung zweier angehenden Lehrer und der Vorstellung eines neuen Superintendentens nebst der in Sorau gehaltenen Abschieds-Predigt. — Hildburghausen: Hanisch 1751. 116 S. 8°
2. 14. 32.
12.5872

— Samlung alter und neuer geistreicher Lieder. — Hildburghausen: Hanisch [um 1750]. 1046,63 S. 8°
1: El 2430. 7. 24.
12.5873

— Samlung einiger Predigten, am Tage des Herrn gehalten. — Weimar: S. H. Hoffmann 1764. 274 S. 8°
3. 32. 41.
12.5874

— Der Segen eines Volks, dessen Schild der Herr im Kriege war und im Friede seine Hülfe bleibet, bei dem am Sonntage Cantate verordneten Friedens Feste betrachtet von Siegmund Basch. — Weimar: Glüsing 1763. 20 S. 8°
32. 36.
12.5875

— Eine Stunde in den Vorhöfen des Himmels wurde über das Evangelium Matth. XVII, 1–9 am 6. Sonntag nach dem Fest der Erscheinung Christi vorgestellet von Siegmund Basch. — Hildburghausen: Hanisch 1753. 40 S. 8°
19. 32.
12.5876

— Versuch eines ueberzeugenden Erweises, daß die Heil. Schrift das wahre Wort Gottes sey. Verm. Aufl. — Sorau: Hebold 1742. 82 S. 8°
9. 17. 32.
12.5877

Baschand, F. J. G.: Betrachtungen moralischer Gegenstände an seine Freunde. — Prag [usw.] 1776. 147 S. 8°
12: Ph. Pr. 101.
12.5896

Baschand, Betrachtung. moral. Gegenstände &c. gr. 8. Prag (Wolf, Augsb.) 776.

Baschanov, B. s. *Bašanov*, Vasilij Borisovič.

Basche, Pastor, Költschen. 1879 s. *Basche*, Franz.

Basche, Franz: Die Arbeit der Tractat-Gesellschaft ein Zeugniß von Christo ... Predigt. — Berlin: Deutsche Evang. Buch- u. Tractat-Ges. 1885. 11 S. 8°
1: 5 in 4° Cv 43100.
12.5898

— [Übers.] s. *Arthur*, William: Die göttliche Natur unsers Herrn und Heilandes im Lichte seines Erlösungswerkes [The Divinity of Our Lord in relation to his work of atonement, deutsch]. 1886.

Basche, Past., Die Sonntagsschule in ihrem Einflusse auf das Volksleben. Vortrag, geh. auf der 2. Sonntagsschul-Convention in Berlin am 14. Okt. 1878. gr. 16°. Berlin, Verl. f. Sonntagsschul-Litteratur, 1878.

— Die Sonntagsschule in ihrem Einflusse auf das Volksleben. Vortrag. — Berlin: Prochnow 1879. 36 S. 8°
1: 12 in Nc 2836.
12.5899

Basche, Curt, s. Basche, Kurt

Basche, F., die Arbeit der Tractat-Gesellschaft, e. Zeugniß v. Christo. Apostel-Gesch. 1, 8. Predigt am 6. Jahresfest der Deutschen Evangel. Buch- u. Tractat-Gesellschaft geh. 8. (11 S.) Berlin 885. Deutsche evangel. Buch- u. Tractat-Gesellschaft. n. — 10

Basche, Kurt: Knospen. Gedichte. — Dresden [usw.]: Pierson 1899. III,66 S. 8°
1: Yo 27635.
12.5900

Baschik's, Kratky, kleiner Hexenmeister oder Anleitung zur Erlernung von mehr als 200 der interessantesten Kunst- und Zauberstücke &c. 2. Aufl. Reutlingen 866. (Stuttgart, Fischhaber.) 16. (80 S.) 5 ngr.

Baschin, Otto: Die Bedeutung wissenschaftlicher Ballonfahrten für die geographische Forschung und das Andréesche Polarprojekt. — [Berlin]: Paetel 1896. 40 S. 8°
Aus: Aus allen Weltteilen. 27. 1896. 1: 6 in 4° Po 2459. 210.
12.5922

Baschin, Otto, s. a. Bibliotheca geographica.

Baschin, Otto, Bibliotheca geographica Band I–IV. Jahrgang 1891–95 Berlin 1895–98.

Baschin, O., Bibliotheca Geographica. Bd V, VI, Jahrg. 1896, 97. Berlin 1899 1900. 8°.

Bibliotheca Geographica. . . . Bearb. von O. Baschin. Berlin. Bd 15. Jg 1906. 1910.

— Die Entstehung wellenähnlicher Oberflächenformen. Ein Beitrag zur Kymatologie. — Berlin 1900. S. 408–424. 8°
Aus: Zeitschrift d. Gesellschaft für Erdkunde zu Berlin. 34. 1899.
1: 10 in 4° Po 2459. 27.
12.5924

Baschin, Otto, Zur Frage des jahreszeitlichen Luftaustausches zwischen beiden Hemisphaeren [Sond-Abdr aus der Zeitschrift der Gesellsch. f. Erdkunde, Bd XXX 1895] Berlin 1895

Baschin, O, Die Hauptfahrten No. 11, 23, 31, 33 und 34 (Sonder-Abdrücke aus Wissenschaftliche Luftfahrten, herausgegeben von Assmann & Berson). Braunschweig 1900. 4°

Die geographische Lage von Berlin. Die erdmagnetischen Elemente. Das Klima von Berlin. Von O[tto] Baschin. (Berlin 1899: Elsner.) 16 S. 8° [Umschlagt.]
Aus: Festgabe d. Stadt Berlin f. d. Teilnehmer an d. 7. Internat. Geographen-Kongress 1899. [10. 10985 11

Baschin, Otto, s. Luftfahrten, wissenschaftl.

Baschin, Otto, Neuere Mittheilungen über das Andree'sche Polarproject. ([S.-A.] Zeitschrift für Luftschiffahrt und Physik der Atmosphäre. No 11. November 1895. S 274–279.) Berlin 1895 6 S. 8°

— Die ersten Nordlichtphotographien aufgenommen in Bossekop (Lappland). — (Wien 1900.) 3 Bl. 4°
Aus: Meteorologische Zeitschrift. 17. 1900.
1: 11 in 4° Po 2459. 27. 99. 210.
12.5929

Baschin, Otto: Die wissenschaftlichen Resultate der Nansen'schen Nordpolexpedition. Nach H. Mohn. Mit einer Karte ([S.-A.] Geographische Zeitschrift Jahrg. 2. 1896 S. 583–586.) Leipzig 1896 4 S. 8°

Die deutsche Südpolar-Expedition. Von Otto Baschin. (Vorr.: [Ferd.] v. Richthofen.) Mit 3 Taf. *Berlin 1901: W. Pormetter.* (56 S.) 4°(8°)
Aus. Zeitschr. d. Gesellsch. f. Erdkunde zu Berlin. Bd 36, No 4 [08 10

Baschin, Otto: Andrees Vorschlag einer Nordpolexpedition im Luftballon ([S.-A.] Geographische Zeitschrift. Jahrg 1. 1895.) Leipzig 1895. 6 S. 8°.

- Die Wellen des Meeres. s. a. Meereskunde. I, 12.

— Die Wellen des Meeres. — Berlin: Mittler 1907. 38 S. 8° (Meereskunde. 1,12.)
1: Hz 14850–1,12[u.]
19 in 4° Po 2459. 7. 11. 12: Phys. sp. 453 um–1,12.
14. 15. 18. 21. 28. 39. 41. 45. 79. 83. 86. 109. 205.
210. 300: 454.815–B. K. 12. 302.
12.5931

— Ziele und Erfolge der Nordpolarforschung. — Berlin: Paetel (1909). S. 243–264. 8°
Aus: Deutsche Rundschau. 141. 1909.
1: 25 in 4° Po 2459. 109.
12.5932

Baeschlin, F: Ueb. d. Absteckg d. Lötschbergtunnels. [Aus: „Schweiz. Bauztg".] (13 m. Abb.) 32×23 cm. Zür., Rascher & Co. '11. — 80

[Bäschlin, Fritz, und Schmid, Gustav Albert.] Kirchenbau der reformierten Kirchgemeinde Biberist-Gerlafingen. [Illustriert.] 24 S. 8. Solothurn, Vogt & Schild, 1909.

Baeschlin, Johann Heinrich

Bäschlin, J. H., Bilder aus dem alten Schaffhausen, s.a. Beck, J. J.

Baschlin, J[ohann] H[einrich]. Bilder aus dem alten Schaffhausen von J[ohann] J[acob] Beck. Beschreibender Text von J. H. B'. [Mit 1 Portrat-Vignette und 1 Porträt-Tafel.] 4. Schaffhausen 1899.

Baeschlin, J. H., Schaffhauser Glasmaler d. XVI. u. XVII. Jahrh., s.a: Neujahrsblatt d. Kunst-Vereins in Schaffhausen.

Baeschlin, J[ohann] H[einrich]. Schaffhauser Glasmaler des XVI. und XVII. Jahrhunderts. [Mit 2 Tafeln.] 2 [Hefte]. Njbl. Kunst-Ver. Schaffhausen 1879–1880. 4. Schaffhausen.

Bæschlin, J. H. Schaffhauser Glasmaler des XVI. u. XVII. Jahrh. I. Heft. In-4°. Schaffhausen, Schoch. 1879 2 75

Bäschlin, J[ohann] H[einrich]. Die Stadt Schaffhausen im XVII. und XVIII. Jahrhundert. [Illustriert.] Separatabdruck aus der Festschrift des Kantons Schaffhausen zur Bundesfeier, 10. August 1901. II + 50 S. gr.-8. Schaffhausen, H. Meier & Cie., 1901.

Bascho, Paula. Ein Fall von starkzystischem, Papillen bildenden primären Adenokarzinom der Leber mit wässeriger Sekretion seitens der Krebszellen. Diss. Med. Univ. Zürich. Mit 3 Abbildungen auf Tafel I/II. *Kopftitel:* Aus dem pathologischen Institute der Universität Zürich.... 22 S. 8. Wiesbaden, J. F. Bergmann, 1909.

Baschwitius, Marcus, s. Baschwitz, Marcus

Baschwitz, Hermann: Rückblick auf die hundertjährige Geschichte der Gesellschaft der Freunde zu Berlin und Nachtrag zur Chronik bis zum Schluß des Jahres 1891. Vortrag. — Berlin 1892: Boll. 64 S. 8°
1: Td 1988. 11. 109.
12.5938

Baschwitz, Hirsch Meyer: Šir šebaḥ we-tōdā. Dank und Lobgedicht wegen der sichtbaren göttlichen Hülfe zu den entscheidenden Siegen, die Ihre Majestät unser Allergnädigster König ... vom 16. bis zum 19. Oktober ... erfochten haben ... Von Hertz Schlesinger ins Deutsche übers. — Frankfurt a. O. 1813. 4 Bl. 8° [Hebr. u. F.]
Text hebräisch u. deutsch. 1: Ev 3104.
12.5939

— Mizmōr šīr ... Danklied gesungen bei der Synagogen-Weihe zu Frankfurth a.d.O. den 4. Sept. 1823. — [Frankfurt a. O. 1823]: Trowitzsch. 4 Bl. 8° [Hebr. u. F.]
Text hebräisch u. deutsch. 1: 17 in Eu 50.
12.5940

Baschwitz, Kurt, die Organisation der städt. Haus- u. Grundbesitzer in Deutschland, s.a. Studien, Münchener volkswirtsch. 88.

— Die Organisation der städtischen Haus- und Grundbesitzer in Deutschland. Ihre Entwicklung, ihr Wesen u. ihr Wirken. — Stuttgart [usw.]: Cotta 1909. XIII, 206 S. 8° (Münchener volkswirtschaftliche Studien. 88.)
Erschien teilweise auch als Diss. München 1908.
1: Fo 677–88. 2. 3. 4. 6. 7. 10. 11. 12: Cam. 160p–88. 14→17. 19. 20. 21. 23. 24. 27. 28. 30. 36. 38. 41. 47. 84. 00. 91. 106. 180. 203. 205. 206. 208. 300: 161.006–B. Per. 88. 302. 303.
12.5943

Baschwitz, Kurt: Die Organisation der Städtischen Haus- und Grundbesitzer in Deutschland. T. 1. Die organisierten Hausbesitzer und die Grundkreditfrage. Stuttgart 1909: Union. VII, 60 S. 8° (Ersch. vollst. als: Münchener volkswirtsch. Studien. Stück 88.)
München, Staatswirtsch. Diss. v. 14. Dez. 1908, Ref. Brentano
[Geb. 2. Febr. 86 Offenburg; Wohnort: München; Staatsangeh.: Baden; Vorbildung: Gymn. Bruchsal Reife Juni 05; Studium: Heidelberg Med.-Dent. 1, Jura u. Staatsw. 2. Jura Berlin 1, Staatsw. Frankfurt a. M. Akad. f. Sozial- u. Handelswiss. 1, München 3 S.; Rig. 14. Dez. 08.] [U 09. 3253

Baschwitz, Marcus (Frankfurt/O.), De anthelminticis brevi morbi verminosi expositione praemissa. Diss. med. Bln. (Ferd. Nietack) Oktober 1831. 32 S. mit Biogr. (4.50)
Oppon.: Fr. Jac. Behrend. Rud. Steinbrück, Rud. Gotsch. — Gew.: Fr. Hufeland.

Baschwitz, S.: Unpartheiische Ansichten eines Denkers über die gegenwärtige politische, religiöse und soziale Bewegung. — [Offenbach]: Strauß [1878]. 8 S. 8° 30.
12.5944

— Entgegnung auf die Vorträge des Herrn Dr. Julius Faucher, nebst Ansichten über Volkswirthschaft und Mittel zur Einigung Deutschland's. — Offenbach: Selbstverl. 1861. 20 S. 8° 32.
12.5945

Basci, Serse. Beitrag zur Chemie ammoniakalischer Chromsalze. Diss. Phil. [II.] Univ. Zürich. [Mit 1 Tabelle.] VIII + 60 S. 8. Borna-Leipzig, Robert Noske, 1907.

Bascides, ..., s. *Lexicon* anagrammaticale.

Basconi, Domenico: L'Amour ennemi de la vieillesse. Ou le docteur magicien. Comédie pantomime, représentée à la Cour Palatine au carnaval de l'année 1748. (Komp.: Basconi.) — Mannheim 1748: Oberholzer. 43 S. 8°
180.
12.5984

(—) L'Injustice vangée ou les nôces d'Arlequin avec Colombine, le tout par magie. Pièce pantomime représentée le 10. déc. 1747 par les seigneurs de la Cour Palatine. (Komp.: Basconi.) — Mannheim 1747: Oberholzer. 31 S. 8°
180.
12.5985

(—) La Naissance d'Arlequin, comédie pantomime. Représentée par les cavaliers de la Cour Électorale Palatine. (Komp.: Basconi.) — Mannheim 1748: Impr. Électorale. 63 S. 8° 180.
12.5986

Frau Base: Die Frau Base
v Die Waldstätter-Bötin

Base d'instruction donnée p. une mère à son fils. 18. Strasburg, König, 802.

Baese, Friedr., Feierstunden. Eine Reihe Erzählungen u. Fabeln f. Kinder von 5 bis 8 Jahren. gr. 12. (5 B. u. 8 ill. Bild.) Berlin 842, Winckelmann u. Söhne.

Baese, Guilelmus, Burgensis: De canticis Terentianis capita tria. *Halis Sax. 1903: A. Hopfer Burgensis Parthenop.* (50 S.) 8°
Halle, Phil. Diss. v. 1903

Baesecke, Ernst: Ernst Iron [d.i. Ernst Baesecke]. Hie Braunschweig allewege, ein vaterlaendischer Gesang. — Düpenheim: Pimpe 1900. 8 S. 8° 23.
9.9374

Baesecke, Georg

Baesecke, Geo., s: Bibliothek, Germanische, Oswald.

— Hannchen und Maria. Gedicht. — Göttingen: Horstmann 1899. 59 S. 8° 7. 10. 23. 35.
9.9377

Baesecke, Geo., der Münchener Oswald, s.: Abhandlungen, germanistische, 28. Heft.

— Seelenwanderungen. Novellen. (5, 98) kl8° Münch., CH Beck '13. Pappbd 2.80 d

— die Sprache der Opitzischen Gedichtsammlungen v. 1624 u. 1625. Laute, Flexionen, Betong. Diss. gr. 8. (IV, 180 S.) Braunschweig 899. (Leipzig, Buchh. G. Fock.) n. 2.—

Baesecke, Georg, aus Braunschweig: Die Sprache der Opitzischen Gedichtsammlungen von 1624 und 1625. Laute, Flexionen, Betonung. *Braunschweig 1899: J. Krampe.* (IV, 108 S.) 8°
Göttingen, Phil. Diss. v. [13. Sept.] 1899

— **Zweins, Fantasia quasi una sonata.** — Berlin: Deutsche Landbuchh. 1906. 136 S. 8° 1:Yx 37352. 11. 23. 24.
9.9385

BAESECKE, 'HERMANN. Ueber Chlorcumarin. Tübingen, 1869. G. S. Diss.

Bäsecke, Herman, a. Braunschweig: Die Einrichtung der preußischen Herrschaft auf dem Eichsfelde, 1802—1806. Göttingen 1905: Dieterich. (VI, 95 S.) 8° [F.]
Göttingen, Phil. Fak., Ref. M. Lehmann, Diss. v. 15. Febr. 1905
[Geb. 10. Mai 81 Braunschweig; Wohnort: Braunschweig; Staatsangeh.: Braunschweig; Vorbildung: Neues Gymn. Braunschweig Reife M. 99; Studium: Göttingen 3, München 1, Marburg 2, Göttingen 5 S.; Rig. 9. Nov. 04.]

Baesecke, Hermann, Dr. phil., Braunschweig. geb. 1881. 1905: Die Einrichtung der preußischen Herrschaft auf dem Eichsfelde, 1802-1806. — Göttingen: Vandenhoeck & Ruprecht 1905. VI,95 S. 8°
Erschien auch als Diss. Göttingen 1905.
1:To 1277. 2. 14. 16. 20. 23. 35. 43. 61. 109. 203. 208.
9.9386

Bäsecke, Paul, a. Braunschweig: Beiträge zur Kenntnis der physiologischen Scheiden der Filicinen-Achsen und -Wedel sowie über den Ersatz des Korkes bei den Filicinen. Marburg 1908 (Altenburg S.-A.: Pierer). (63 S.) 4° ¶ (Erschien mit 3 Taf. in: Botan. Zeitung Jg. 66 H. 2—4.)
Marburg, Phil. Fak., Ref. Meyer, Diss. v. 27. April 1908
[Geb. 14. Dez. 77 Braunschweig; Wohnort: Braunschweig; Staatsangeh.: Braunschweig; Vorbildung: Gymn. Braunschweig Einj.-Freiw.-Zeugnis O. 96; Studium: Marburg 10 S.; Rig. 12. Juni 07.]

Basedovius, Bernhardus s. *Basedow,* Johann Bernhard.

Basedovius, Johannes Bernhardus
s. *Basedow,* Johann Bernhard.

Basedow, v., das Infanterie-Regiment Graf Tauentzien v. Wittenberg Nr. 20, s.: Kirchhof.

Basedow: Projekt über Stiftung von Armen-Anstalten,
s. B a s e d o w , Johann Bernhard

Basedow: Die strafrechtliche Verschuldung, s. B a s e d o w , Hermann.

Basedow, A.: K a t h o l i z i s m u s , Der römische,
s. B a s e d o w , Armin

Basedow, A.: Mission, Die innere, s. B a s e d o w , Armin

Basedow, A.: Waidmannsfahrten, s. B a s e d o w , Adolf

Basedow, Adolf v.: Festspiel, aufgeführt am Tage des Einzuges Ihrer Hoheiten des Erbprinzen und der Erbprinzessin von Anhalt, am 24. April 1854. [Verf.: Adolf v. Basedow.] — Dessau (1854): Neubürger. 16 S. 8°
1:Ys 0238. 111.
12.6004

[—] **Das Friedensfest.** Lustspiel von A.v.B. — Cöthen 1872: Schettler. 24 S. 8° 31. 111.
12.6005

— **Papa's Junge.** Lustspiel. — Berlin: Bloch 1882. 75 S. 8°
32. 300: 621.851-B. Th.
12.6006

[—] **Liebe ist blind.** Schwank von A. v. B. — Leipzig [1875]: Mutze. 39 S. 8° 31. 111.
12.6007

— **Waidmannsfahrten.** Ein Geschichtlein in Reimen. — Leipzig: J. J. Weber 1865. VIII,134 S. 8°
1:Yo 11631. 14. 32. 111.
12.6008

Basedow, Armin

— **Die Inclusen in Deutschland vornehmlich in der Gegend des Niederrheins um die Wende des 12. und 13. Jahrhunderts.** — Heidelberg: Hörning 1895. 52 S. 8°
5. 6. 15. 16. 21. 24. 38. 52. 61. 300: 84.821-B.
12.6010

Basedow, A., der römische Katholizismus in den nordischen Reichen (Dänemark, Norwegen u. Schweden), s.a. Flugschriften des Evangelischen Bundes.

— **Der römische Katholizismus in den nordischen Reichen (Dänemark, Norwegen u. Schweden).** — Leipzig: Braun in Komm. 1908. 46 S. 8° (Flugschriften d. Evangelischen Bundes. 256. 257–Reihe 22,4.5.)
1:Di 8860-22,4.5. 2→10. 12: Polem. 1008 o-256.257. 14→18. 20. 21. 24→29. 35. 38. 39. 46. 75. 203.
12.6011

— **Die innere Mission in Thüringen.** — Gotha: Schloeßmann 1899. 195 S. 8° 1: Stala 723. 3. 26. 27. 78.
12.6012

Basedow, Bernhard s. *Basedow,* Johann Bernhard.

Basedow, Carl Adolf

Basedow, Carolus Adolphus [1832: von]: Commentationes in novam amputationis cruris panniculatae encheiresin Accedit tabula lapidi inscripta Halae (1821): Hendel. 26 S., 1 Taf. 8°
Halle-Wittenberg, Med. Diss. v. 11. Jan. 1821
Geb. Dessau [28. 3.] 1799. V.
Nach ihm war die B.'sche Krankheit (die sog. „Glotzaugenkachexie") benannt, die Priorität der Beschreibung derselben kommt jedoch Graves in Dublin zu.

Basedow, Friedrich

Basedow, F. Commentationis de Euripidis fabula, quae inscribitur *Κρεσφόντης* part. prior. 36 S. Progr. *Eberswalde* 1878.

Basedow, Friedrich, Lehrer, Berlin. 1881: **Germania. Zweitausend Jahre vaterländischer Geschichte in deutscher Dichtung.** — Berlin: Meidinger 1890. XXXV,430 S. 8°
1:Yf 4162. 6. 33. 35. 44. 106. 107.
12.6014

! Basedow. F: Germania. Jetzt: Meidinger's Jugendschr.-Verl. 86/90

Basedow, Friedrich v. (Bearb.), s. K i r c h h o f , Georg Heinrich: Das Infanterieregiment Graf Tauentzien . . . 3. Aufl.

Basedow, F., Schulsyntax der mustergültigen lateinischen Prosa. Mit Verweisg. auf die kleine u. große lateln. Sprachlehre v. Ferd. Schultz bearb. gr. 8. (X, 144 S.) Paderborn 884. F. Schöningh. n. 1.35

— **Das französische Verb in der Schule.** — Berlin: Weidmann 1881. 65 S. 8° Zugleich Progr. Charlottenburg 1881.
1:5 in Xs 4. 16.
12.6015

Basedow, H.v. (Dramatiker), s. B a s e d o w , Hans v.

Basedow, H.v.: England und seine Armee,
s. B a s e d o w , Heino v.

Basedow, Hans v.

Basedow, H.v. (Hrsg.), s. B l ä t t e r , Münchener dramaturgische.

Basedow, Hans v., Charaktere u. Temperamente. Dramaturgische Studien. I. Shakespearesche Charaktere m. e. Anh.: Über Goethe's Faust. 8. (122 S.) Berlin 898. E. Rentzel. n. 1.—

— — 2. Aufl. 1. Ebd. 1893. IV S., S. 12-122. 8° 11.
12.6017

— **Dolores.** Drama. — Leipzig: Mutze in Comm. (1888). 99 S. 8° 4. 12: Heyse-Archiv XI-39,11. 15. 308.
12.6018

Basedow, H. v., Dolores. Drama in 4 Aufzügen. 8 (99 S.) Leipzig 887. Mutze. n. 1. 50

— Vor's Gericht. Drama. — Leipzig: W. Friedrich 1888. XII,100 S. 8° 1: Ys 25416.
12.6019

— Johannes. Handlung in 5 Akten. — Zürich: Verlags-Magazin 1889. 122 S. 8° 14.
12.6020

— gerechte Menschen, s.a. Büchersammlung, allgemeine, lebender Schriftsteller.

— Gerechte Menschen. Drama. — Leipzig: Körner [1889]. 71 S. 8° (Allgemeine Büchersammlung lebender Schriftsteller. 6.) 1: Ys 25940–6. 14. 38.
12.6021

— e. Modell. Künstler-Novelle. 12. (84 S.) Leipzig 893. G. A. Müller & Co. n. 1. —

Basedow, H v., e. Testament. Aus d. hinterlass. Papieren e. Componisten. 8° (237 m. 1 Bildnis.) Münch. 92, Münch. Handelsdr. & Verl.-Anst., M Poessl. 2.50: geb. 3.50

Basedow, Heino v.

— England und seine Armee. Von Heino v. Basedow. Die französische Militärreitschule in Saumur mit einem Rückblick auf die Entwicklung der Reiterei in Frankreich. Von Trautz. — Berlin: Mittler (1906). S. 447–493. 8° (Militär-Wochenblatt. Beih. 1906,12.) 1: Hu 2318–1906,12. 2. 4→11. 12: 4° Mil. g. 110 ob–Beih. 1906,12. 14→18. 21. 24→27. 29. 33. 34. 39. 41. 52. 61. 209.
12.6024

Basedow, Heino v.: Reiseeindrücke a. d. militär. Russld, s.a. Militär-Wochenblatt.

— Reiseeindrücke aus dem militärischen Rußland. Von Heino v. Basedow. Über die Ausrüstung der norddeutschen Heere 1815. Von J. v. Pflugk-Harttung. — Berlin: Mittler (1910). S. 351–382. 8° (Militär-Wochenblatt. Beih. 1910,11.) 1: Hu 2318–1910,11. 2. 4→11. 12: 4° Mil. g. 110 ob–Beih. 1910,11. 14→17. 21. 24→27. 29. 33. 34. 39. 41. 46. 60. 61. 62. 209. 302.
12.6025

Basedow, Heinr., s. Basedow, Heino

Basedow, Herbert: Beiträge zur Kenntnis der Anthropologie Australiens. Berlin 1910: Unger. 56 S. 8° ¶ (Ersch. auch u. d. T.: Der Tasmanierschädel, in: Zeitschrift f. Ethnol. Jg. 42, H. 2.)

Göttingen, Med. Diss. v. 8. März 1910, Ref. F. Merkel

[Geb. 27. Okt. 81 Adelaide; Wohnort: Adelaide; Staatsangeh.: Großbritannien; Vorbildung: Prince Alfred College Adelaide Reife 98; Studium: Adelaide 10, Breslau 4. Heidelberg 1. Göttingen 1 S.; Rig. 20. Dez. 09.] [U 10. 1364

Basedow, Herbert: Beiträge zur Kenntnis der Geologie Australiens. (T. 1.) Breslau 1908: Fleischmann. S. 306–353. 8° ¶ (Aus: Zeitschr. d. Dtsch. geol. Gesellsch. Bd 61, H. 3. 1909. T. 2, eine spezielle Arbeit über die sogen. cambrische Eiszeit Australiens ersch. ebd.) (Vgl. Jg. 23, Br. 99.)

Breslau, Phil. Diss. v. 30. Juli 1908, Ref. Frech

[Geb. 27. Okt. 81 Adelaide, Süd-Australien; Wohnort: Adelaide; Staatsangeh.: Großbritannien; Vorbildung: Prince Alfred College, Univ. Adelaide Reife 02; Studium: Adelaide 10, Breslau 3 S.; Rig. 22. Juli 08.] [U 09. 586

Basedow, Hermann, Referendar aus Hamburg: Die strafrechtliche Verschuldung, ein Willensvorgang mit dem Bewusstsein einer Normwidrigkeit des Handlungserfolges. *Hamburg: J. W. Basedow 1898.* (112 S.) 8°

, Erlangen, Jur. Diss. v. 23. März 1898

Basedow, strafrechtl. Verschuldung, e. Willensvorgang m. dem Bewusstsein e. Normwidrigk. d. Handlungserfolg. Diss. Hamb. 899.

Basedow, Hermann: Wie wähle ich zur Hamburger Bürgerschaft? Kurze Darlegung des neuen Wahlgesetzes vom 5. März 1906. — Hamburg: Diedrich 1906. 24 S. 8° 18.
12.6030

Basedow, J.H., s. Basedow, Johann Bernhard

Basedow, J. N., Lehr- u. Lesebuch. 8. Kopenh. 705. Schubothe. 10 ℊ︎

Basedow, J.W., s. Basedow, Johann Bernhard

Basedow, Johann Bernhard, s.a. Bernhard aus Nordalbingien.

— Abgenöthigte polemische Abhandlungen im Jahr 1764. [Nebst] Anh. 1. 2. — Altona: Iversen (1764). 8°

Sondertitel:

1. Basedow: Vorstellung an das denkende Publicum gegen beyderseits Hochwürden den Herrn Doctor Winkler Hauptpast. in Hamb., den Herrn Doctor Profe Königl. Prof. in Altona auch andere Gegner. 1764.
2. Basedow: Schutzschrift für seine neuesten Bücher gegen Se. Hochehrwürden, den Herrn Goeze, Senior und Hauptpastor zu Hamburg. 1764.
3. Basedow: Vertheidigung der Philalethie wider die Anmerkungen Sr. Hochwohlehrwürden, des Herrn Paulsen, Past. in Wedel. 1764.

Anh. 1. Basedow: Freundschaftliches Sendschreiben an Se. Hochedelgebohrnen Herrn Johann Martin Müller Conrector in Hamburg, über seine Prüfung des Basedowischen Lehrbegriffs von der Taufe und dem Glauben der Kinder. 1764.

Anh. 2. Basedow: Ernsthafte Gedanken auf Anlaß der doppelten Vertheidigung des hamburgischen Seniors und Hauptpastors Herrn Goeze. 1764.

Die Anhänge erschienen auch selbständig.

Vollst. . . . . 1: Dd 8616 [u.] 8620 a.
Unvollst. . . . . 1: Dd 8620. 7. 8. 9. 18. 27. 207.
12.6032

Basedow, Jh. Bernh., († d. 25. Juli 1790.) polemische Abhandlungen. 8. Berl. (Lübeck) 764. Iversen. 4 ℊ︎

— Agathokrator: oder von Erziehung künftiger Regenten nebst Anh. u. Beylagen. — Leipzig: Fritsch in Comm. 1771. XXIV,279 S. 8° 1: Fa 7544 [u.] 8° Bibl. Diez 6598. 3. 5. 6. 7. 10. 11. 12: Pol. g. 41 n. 14. 15. 17. 18. 27. 30→34. 41. 46. 47. 53. 109. 111. 117. 207. 300: • 31 D 42. 302.
12.6033

— Agathokrator, von zweckmäß. Erziehung künftiger Regenten. Mit 3 Kpf. gr. 8. Leipz. 771. (W. Vogel). 20 ℊ︎

— Anfang der Arbeit am Elementarbuche zur Verbesserung des Schulwesens. — Berlin: Mylius 1769. 62 S. 8° 3. 11. 16. 23. 30. 51. 111. 207.
12.6035

— Anfang d. Elementarwerks od. Grundbaues an ein. würdigen Schulwesen. 8. Berl. Mylius. 769.

— Anschläge zu Armen-Anstalten wider die Unordnung der Betteley, besonders in mittelmäßig-großen Städten. — Dessau; Leipzig: Fritsch in Comm. 1772. 48 S. 8° 1: Fd 5230. 7. 8. 15. 31. 44. 111. 207. 303.
12.6036

Basedow, Jh. Bernh., Anschläge zu Armenanstalten wider die Bettelei. 8°. Leipzig (W. Vogel) 1772.

— Anschläge zu Armenanstalt, wider d. Betteley. 8. Leipzig, F. C. W. Vogel, 782.

— Philantropinisches Archiv. 3 Stck. 8. 776.

— Arithmetik, zum Vergnügen u. Nachdenken. 8. ... 777.

— Philalethie. Neue Aussichten in die Wahrheiten und Religion der Vernunft bis in die Gränzen der glaubwürdigen Offenbarung. Bd (1.) 2. — Altona: Iversen 1764. 8° 1: Dd 8610. 4. 7. 8. 12: Ph. Sp. 54 [2 Ex.] 14. 15. 17→20. 22→26. 28. 29. 31. 32. 35. 36. 38. 39. 44. 45. 46. 75. 78. 107. 109. 117. 207. 300: • 48 M 134. 302. 307.
12.6037

— Philalethie; neun Aussichten in die Wahrheiten u. Religion d. Vernunft ꝛc. 2 Bde. gr. 8. Lübeck 764. Iversen. 2 ꝑ 20 ℊ︎

[—] Paraphrastischer Auszug des Neuen Testamentes nach dem Bedürfnisse unsrer Zeiten eingerichtet, von einem vieljährigen christlichen Selbstforscher. — Berlin: Mylius in Comm. 1781. VI,372 S. 8° 7. 111.
12.6038

— Auszug des N. Test., s. Auszug.

— [Ausz.] Auszug aus der Vorstellung wegen des vollendeten Elementarwerks, für die Pränumeranten, Subscribenten und Commissionairs. — Dessau 1774. 8 S. 8° 7. 17. 34.
12.6130

— Ein Beytrag [Beitrag] zur basedowschen Lebensbeschreibung, von ihm selbst aufgesetzt 1783 im Januar. — o.O. [1783]. 8 S. 8° 1:At 9268.
12.6039

— Documentirte Beschreibung der Schlözerischen Thaten wider das Elementarwerk, den Verfasser und einige Beförderer desselben nebst Anmerkungen zu des Herrn de la Chalotais Versuch über den Kinder-Unterricht. — Leipzig: Fritsch 1771. 88 S. 8°
1:Ng 675. 2. 7. 12:Paed.Th. 315. 19. 27. 207.
12.6040

(—) Zur christlichen Besserung und Zufriedenheit in vornehmen Ständen. Ein Buch veranlaßt durch Toleranz-Edicte Josephs II. (Verf.: Joh.Bernh.Muldelber [d.i. Johann Bernhard Basedow].) — Leipzig: Crusius 1782. VIII, 302 S. 8° 1:Dd 8650. 4. 7. 23. 30. 111. 207.
12.6041

— z. christlichen Besserung u. Zufriedenheit in vornehmen Ständen. 8. Leipz. 782. (W. Vogel). 12 gr

— Betrachtungen über die wahre Rechtgläubigkeit und die im Staate und in der Kirche nothwendige Toleranz. — Altona: Iversen in Comm. 1766. 32,176,16 S. 8°
1:Dd 8627. 7. 11. 18. 21. 23. 24. 31. 41. 46. 109. 111. 117. 207.
12.6042

— Betrachtt. üb. wahre Rechtgläubigkeit u. die im Staate u. in d. Kirche nothwend. Toleranz. 8. Alt. 766. (Lpz., W. Vogel). 8 gr

— ad bibliothecam elementarem; liber methodicus interpret. C. E. Mangelsdorf. 8 maj. Leipz., (W. Vogel). 4 ₰ 16 gr

— ad biblioth. element. liber method. 8. maj. ibid. 774.

Basedow. *Zur Elementarischen Bibliothek.* Das Methodenbuch für Väter und Mütter der Familien und Völker. Von Johann Bernhard Basedow, P. P. in Altona. Altona, und in der Cramerschen Handlung in Bremen [1770]. XXIV, 560 S. 8°. Halbpgt. d. Z. 22.—
★ Originalausgabe dieses s. Zt. aufsehenerreg., oft übersetzten Werkes, dem später ein 2. Band folgte, und das als Einleitung zum Elementarbuch gedacht war, dessen Inhalt und Zweck neben allgem. Erziehungs- und Unterrichtsfragen im vorliegenden Buch besprochen wird. Unter den Geldgebern findet sich u. a. auch der „Hochvermögende Stand in Basel". — Teilw. leicht gebräunt.

Basedow, Johann Bernhard

— Kleines Buch für Eltern und Lehrer aller Stände. Stück 1. Leipzig: Fritsch in Comm. [1771]. 116 S. 8°
1:Ng 662. 7. 8. 10. 14. 15. 26. 30. 31. 34. 42. 45. 47. 51. 111. 117. 207.
12.6043

— kl. Buch f. Eltern u. Lehrer aller Stände. 1s Stück. 8. Leipz. 771. (W. Vogel). 3 gr

— Kleines Buch für Kinder aller Stände. Stück 1. — Leipzig: Fritsch in Comm. [1771]. 77 S. 8°
1:Ng 661. 7. 8. 10. 14. 15. 23. 26. 30. 31. 34. 42. 44. 45. 47. 51. 111. 117. 207.
12.6044

— kl. Buch für Kinder aller Stände. 1s Stück. Mit 3 Kpf. 8. Leipz. 771. (W. Vogel). 6 gr

— Historiae antiquae Chrestomathia philanthropica, volumina ... Quibus continentur praeter geograph. mythol. antiq. Rom ... Eutropius, Justinus, Florus, Velleius, Nepos, Suetonius, Curtius utiliter breviati. Auctore Joh. Bernh. Basedovio. Vol. 1-3 = Libri 1-8. — Dessaviae; Lipsiae: Crusius 1776. 8°
1:Wl 334. 7. 15. 30. 51. 111. 117. 207. 302.
12.6045

— historiae antiquae chrestomathia philantrop. III Voll. 8. Leipz. 777. (W. Vogel). 1 ₰ 12 gr

— Chrestomathie v. Young's Lehren d. natürl. Religion u. Tugend, aus d. Nachtgedanken. 8. Leipz. 778. (W. Vogel). 8 gr

— s. Corderius.

— Des Elementarbuchs für die Jugend und für ihre Lehrer und Freunde in gesitteten Ständen 1—3. St. Altona und Bremen. 1770.

— Des Elementarbuchs für die Jugend und für ihre Lehrer und Freunde (2.3: für die Jugend, ihre Eltern und Freunde) in gesitteten Ständen ... Stück. St. 1-3 [nebst] Kupfertaf. Bd 1. — Altona: Verf. [usw.] 1770. 8° [u.] quer-8°
Vollst. . . . . 23. 32. 111.
1-3 . . . 1:Ng 652. 2. 4. 10. 14. 15. 17. 18. 27. 41. 51. 109. 123. 207. 300.
1. Kupfertaf. . . . . 9.
2. Kupfertaf. . . . . 7.
Kupfertaf. . . . . 31. 39. 302.
12.6046

— Elementarbuch für die Jugend u. für ihre Lehrer u. Freunde in gesitteten Ständen. 3 Thle u. 1 Bd Kupfertafeln. 8. Altona u. Leipz. ... N. Aufl. u. d. Titel: Elementarwerk, 3 Bde. Mit Kpf. Dessau u. Leipz. 774. 2e Aufl. 8. Leipz. 785. (W. Vogel). 2 ₰ 12 gr Mit 100 Kpf. 7 ₰ 12 gr Die Kpf. besond., in 4. 5 ₰

(—) Des Elementarwerks ... Band. Ein geordneter Vorrath aller nöthigen Erkenntniß ... In Verbindung mit e. Sammlung von Kupferstichen. Bd 1-4 [nebst] Kupfersammlung. — Dessau; Leipzig: Crusius (2-4: Dessau) 1774. 8° [u.] quer-8°
Kupfersammlung ... Recueil d'estampes ... Tabularum aenearum collectio. (Zeichn.: Daniel Chodowiecki.) Lfg 1.2. Berlin [usw]; Leipzig: Crusius 1774.
Verschiedene Ausgaben d. Kupfertafeln.
Ausgabe d. Entwürfe zu d. Kupfertafeln s. *Chodowiecki*, Daniel: 62 bisher unveröffentlichte Handzeichnungen zu dem Elementarwerk von Johann Bernhard Basedow. 1922.
1:Hauptwerk – Ng 680; Kupfersammlung – quer-8° Ng 681. 2. 5. 6. 7. 10. 12:Rar. 366. 15. 16. 21. 30. 32. 34. 35. 38. 41. 51. 109. 111. 117. 207. 300 [** Hauptwerk]: • 31 B 7. 302.
12.6048

— Das Basedowische Elementarwerk. Ein Vorrath d. besten Erkenntnisse. 2., sehr verb. Aufl. Bd 1-3. — Leipzig: Crusius 1785. 8°
1 [** 3]: Ng 684. 4. 6. 7. 8. 15. 16. 26. 28. 30. 33. 43. 46. 47. 60. 109. 111. 207. 300: • 31 F 15. 307. 309.
12.6049

— Elementarwerk. 3 Bde. mit K. 8. Leipz. J. C. W. Vogel. 785.
desselben Kupf. besond. in 4.

— Elementarwerk. Ein encyklopädisches Methoden- u. Bildungsbuch für alle Kindererziehung u. den Jugendunterricht in allen Ständen. 3., verm. u. verb. Aufl. — Stuttgart: Verl.-Bureau 1847. XVI,1020,XV S. 8° 26. 111.
12.6050

— — 3., verm. u. verb. Aufl. 2. vollst. Ausg. Ebd. 1849. XVI, 1020,XV S. 8° 9. 15. 41. 207.
12.6051

— Elementarwerk mit den Kupfertafeln Chodowieckis u.a. Kritische Bearb. Mit Einl., Anm. u. Anh. ... hrsg. von Theodor Fritzsch. Bd 1-3. — Leipzig: Wiegandt 1909. 8° [u.] quer-8° 3. Mit e. Einl. von Hermann Gilow.
1:Ng 685. 2. 4→7. 9. 11. 12:Paed.Th. 318 b. 15→21. 23→30. 32. 35. 38. 41. 44→48. 53. 60. 61. 62. 66. 75. 79. 84. 87. 88. 107. 109. 111. 117. 123. 207. 210. 300: 469.451-B. 302. 303.
12.6052

— [Ausz.] Sonderabdruck aus J.B. Basedows Elementarwerk ... hrsg. von Theodor Fritzsch. Bd 1.3. — Leipzig: Wiegandt 1909. 8° [u.] quer-8°
Der Sonderabdruck enthält nur die Einleitungen zum 1. u. 3. Band.
14. 111.
12.6055

— Empfindungen der Ehrerbietung und Dankbarkeit gegen Josephs des Zweyten Römisch-Kaiserliche Majestät. Dessau 1773. 4 Bl. 4° 1:Rz 4390. 2. 14. 32. 78. 111.
12.6056

— encyclopaedia colloquior. Erasmi. 8. Leipz. 776. (W. Vogel). 8 ggr.

Basedow, Jh. Bernh., encyclopaedia Horatii Fl. 8. Leipz. 775. (W. Vogel). 3 ggr.

— encyclopaedia Ovidii Nas. philantropica. 8. Leipz. 775. (W. Vogel). 8 ggr.

Basedow, J. B.: Encyclopaedia philanthropica colloquiorum Erasmi. Lipsiae 1775. 324 S. Tc 201

Basedow, Johann Bernhard

— **Endzweck**, Möglichkeit und Probe des versprochenen Elementarbuches der Sacherkenntniß und Spracherkenntniß. — Bremen: Cramer in Comm. [1769]. 52 S. 8° (Basedow: Vierteljährige Unterhandlungen. 3.) 30. 207.
12.6057

(—) **Entwurf** der Zeichnungen zu der ersten Hälfte des Elementarbuches für Gönner, Freunde und Zeichner. — Dat. Berlin 27. April 1769. 16 S. 8° 3. 11. 23.
12.6058

— **Epistolae** ad Michaelem Richeium 2. Jo. Bern. Basedovi. Add. pueri nobilis octavum annum agentis Epistolis 3. non emendatis. — Hamburgi [um 1750]: Piscator. 15 S. 8° 24.
12.6059

— Basedows und Wolkens Gemeinschaftliche **Erklärung** ihrer ... geendigten Streitigkeiten. — Leipzig: Crusius 1783. 38 S. 8° 1: 2 in Ne 5602. 3. 4. 8. 23. 31. 111.
12.6060

— **Etwas** aus dem Archive der Basedowischen Lebensbeschreibung von ihm selbst, betreffend des Herrn Professor Wolke und des Herrn M. Reichs vereinigte Feindschaft gegen ihn. Nebst e. vorgängigen Ankündigung einer Quartalschrift, genannt: Nutzbare Erfahrungen des Basedowischen Lebens. — Leipzig 1783. 180 S. 8° 1: Ne 5652. 11. 14. 18. 43. 111. 117. 207.
12.6061

— Für Cosmopoliten **Etwas** zu lesen, zu denken und zu thun. In Ansehung eines in Anhalt-Dessau errichteten Philanthropins oder pädagogischen Seminars von ganz neuer Art, die schon alt seyn sollte. — Leipzig: Crusius 1775. 56 S. 8° 1: 2 in Ne 881. 3. 7. 10. 18. 24. 30. 31. 45. 51. 111. 207. 300: = 31 G 12.
12.6062

— Für Kosmopoliten etwas zum lesen u. zu thun. 8. Leipz. 775. (W. Vogel). 3 ggr.

– s. Examen d. Religion

[—] **Examen** in der allernatürlichsten Religion und in andern practischen Lehren von Bürgerpflicht, Toleranz und Tugend. — Germanien; Leipzig: Crusius 1784. 344 S. 8° 1: Dd 8652. 4. 5. 7. 8. 15. 19. 23. 109. 111. 207. 303.
12.6064

– s. E. Freymuth.

— Ernst Freimuths [d. i. Johann Bernhard Basedow] Exemplarischer **Gebrauch** des höchstunbedachtsamen hamburgischen Ministerial-Zeugnisses wider die Reformirten. Berlin 1766. 84 S. 8° 1: an Dd 8620. 5. 7. 8. 18. 23. 46. 66.
12.6065

— Am 33sten Geburtstage des Landesvaters von Anhalt-Dessau. **Gedanken**. — o. O. 1773. 4 Bl. 8° 3. 31.
12.6066

— Einige **Gedanken** über jugendliche Erbprinzen. Am 4. Geburtstage Seiner Durchlauchten Friedrichs Erbprinzen von Anhalt-Dessau. — Dessau 1773: Heybruch. 4 Bl. 8° 1: 4 in Fa 4092. 3. 14. 15. 32. 78. 111.
12.6067

— Ernsthafte **Gedanken** auf Anlaß der doppelten Vertheidigung des hamburgischen Seniors und Hauptpastors Herrn Goeze. — Altona: Iversen 1764. 28 S. 8° (Basedow: Abgenöthigte polemische Abhandlungen im Jahr 1764. Anh. 2.) 1: Dd 8616-Anh. 2; Dd 8620-Anh. 2 [u.] Dd 8620a-Anh. 2. 9. 18.
12.6068

— An Monarchen, Staaten und ihre Rathgeber ehrerbietigst bestimmte Gedanken von weltlichen Schulen und Verbesserungen derselben nach den Bedürfnissen des 18. Jahrh. Altona. 1769. 4. P.

— Gedanken von der Stärke u. Schwäche d. natürl. Religion. 8. Leipz. 765.

— Friedenlieb [d. i. Johann Bernhard Basedow] **Gedanken** über die Streitsache zwischen beyderseits Hochwürden dem Hn. Doctor Winckler, Hauptpastor in Hamburg, und dem Hn. Joh. Bernh. Basedow ..., wie auch über deshalb bis hiezu erschalleten Stimmen. — Frankfurt [usw.] 1764. 14 S. 8° 8. 18.
12.6069

— Zwey **Gedichte**. — Altona: Iversen 1764. 8 Bl. 8° 8.
12.6070

Basedow, Johann Bernhard

[—] Allgemein-christliches **Gesangbuch** für alle Kirchen und Sekten. — Riga & Altona 1781: Eckhardt. 362 S. 8° 1: Ei 6720, 6720a [u.] 6720b. 7→11. 12: Liturg. 1369p. 14. 18. 23. 30. 35. 41. 207.
12.6071

— allgem. christl. Gesangbuch f. alle Kirchen u. Sekten. 8. Riga u. Altona. 781. (Leipz., W. Vogel). 12 ggr.

– s. Gesangbuch e. phil Gesellsch.

[—] Einer Philadelphischen Gesellschaft **Gesangbuch** für Christen und für philosophische Christgenossen. — Germanien; Leipzig: Crusius 1784. XVI, 400 [vielm. 440] S. 8° 1: Ei 6724. 4. 5. 7. 9. 12: Liturg. 1376 v. 15. 18. 23. 35. 111. 207.
12.6072

— Geschenk an Bürgerschulen, s. a. unten: Verbesserung.

— Geschenk an Bürgerschulen. Neues Werkzeug z. gemäßigten Aufklär. d. Schüler. 2 Stcke. 8. Leipz. 786. (W. Vogel). 4 ggr.

— Geschenk an Bürgerschul., od. neues Werkzeug, lesen zu lehren. 2 Stck. 8. Ebend. 787.

— An **Gönner und Freunde**, welche mir bisher die Gewogenheit und Freundschaft erwiesen haben zur Pränumeration und Subscription auf das Elementarwerk und zur Ablieferung der Exemplarien Mittelspersonen zu seyn. Dat. Dessau 14. Juli 1775. 8 S. 8° 207.
12.6073

— deutsche Grammatik, od. Lehrart der deutschen Sprache. 8. Kopenhag. (Gleditsch, Leipz.) 759.

— elementar. deutsche Grammatik. 8. Ebend. 775.

— Die durch Wahl des Nützlichsten elementarische teutsche **Grammatik** der Philanthropinischen Seminare in Anhalt-Dessau und zu Marschlins in Bündten und andrer, die ihnen gleichförmig werden wollen. — Leipzig: Crusius 1775. XIV, 128 S. 8° 1: an Wg 8581. 5. 6. 7. 15. 19. 25. 31. 111. 117. 180. 207.
12.6074

— Philanthropische **Grundlage** der Sittenlehre und des christl. Glaubens. — Dessau: Buchh. d. Gelehrten 1781. 96 S. 8° 1: Np 3586. 10. 15. 17. 46. 51. 111. 117. 207.
12.6075

—philantropische Grundlage d. Sittenlehre u. d. christl. Glaubens. 8. Leipz. 781. (W. Vogel). 4 gl

— Grundlage der Sittenlehre u. des christl. Glaubens. 8. Leipzig, F. C. W. Vogel. 781.

— Grundriß der Religion, welche durch Nachdenken und Bibelforschen erkannt wird, in Fragen und Antworten nebst einigen Zusätzen. — Altona: Iversen 1764. 144 S. 8°
5. 7. 15. 23. 32. 36. 117. 207.
12.6076

—Bewiesene Grundsätze d. reinen Mathematik. Mit Kpf. 2 Bde. gr. 8. Leipz. 772. 2e A. 774. (W. Vogel). 1 rß 12 gl

— Bewiesene Grundsätze der reinen Mathematik. Bd 1.2. Leipzig: Crusius 1774. 8°
2. 3. 6. 7. 14. 15. 23. 24. 31. 32. 34. 35. 43. 79. 111. 117. 207.
12.6077

— Grunds. d. reinen Mathematik. mit K. 2 Bde. gr. 8. Ebend. 774.

—Grundsätze d. Religion, welche durch Nachdenken erkannt wird. 8. Lübeck 764. Iversen. 4 gl

Basedow, Johann Bernhard

— Haupt-Probe der Zeiten, in Ansehung der Religion, Wahrheitliebe und Toleranz. Mit 2 Beylagen. 1. Neuer Antihobbesius vom Kirchen-Wesen. 2. Vorschlag zur Sacramental-Liturgie und zu Lehrgesängen. — Berlin [usw.] 1767. Getr. Pag. 8°
Sondert.: 1. (Basedow): Neuer Antihobbesius. Recht u. Klugheit im Kirchen-Wesen für d. bürgerliche Gleichheit d. Dißidenten an allen Orten. Warschau [usw.] 1767.
Sondert.: 2. Basedow: Robert Mennotsons [d. i. Johann Bernhard Basedow] Öffentlicher Vorschlag zu einer Sacramental-Liturgie, und einem Lehrbegriffe der Christen.
1: Dd 8634 [u.] 8634 a. 2. 3. 4. 6. 7. 8. 12: Th. U. 23. 15. 17. 18. 31. 46. 111. 117. 207.
12.6078

—Hauptprobe d. Zeiten, in Ansehung d. Religion rc. 8. Berl. u. Altona 767. (Leipz., W. Vogel). 1 rß

[—] Jesus Christus, die große Christenwelt und die kleine Auswahl. — Germanien; Leipzig: Crusius 1784. 154 S. 8°
1: Dd 8654. 4. 5. 7. 8. 15. 17. 18. 33. 109. 111. 207. 302.
12.6079

—Jesus Christus, die große Christenwelt u. die kleine Auswahl. 8. Leipz. 784, (W. Vogel). 7 gl

— v. d. patriot. Jugend. gr. 8. Lübeck, Iversen. 765.

— Neue Lehrart und Übung in der Regelmäßigkeit der teutschen Sprache. — Kopenhagen: Ackermann 1759. 180 S. 8°
1: Y 4276 [u.] 3 in Y 1205. 2. 5. 7. 10. 23. 29. 32. 111. 117. 207.
12.6080

—Lehrart u. Uebung der deutschen Sprache. 8. Kopenh. 759. 2e A. 772. (Leipz., Brockhaus). 6 gl

—Lehrbuch prosaischer u. poet. Wohlredenheit. 8. Kopenh. 756. Brummer. 16 gl

— Lehrbuch prosaischer und poetischer Wohlredenheit in verschiedenen Schreibarten und Werken, zu academischen Vorlesungen eingerichtet. — Koppenhagen: Roth 1756. 622 S. 8° 1: X 1432. 7. 10. 19. 23. 117. 207.
12.6081

—Lehren der Apostel im Auszug ihrer Briefe, mit einigen Anmerkk. Altona 766. (Leipz., W. Vogel). 12 gl

[—] Für forschende Selbstdenker. Lehren der christlichen Weisheit und Zufriedenheit. — Christianopel in Alethinien [vielm. Leipzig: Crusius] 1780. XVI,590 S. 8°
1: Dd 8648. 7. 15. 17. 30. 41. 52. 111. 207.
12.6082

—Lehren d. christl. Weisheit u. Zufriedenheit, für Selbstdenker. 2 Thle. 8. Leipz. 780. (W. Vogel). 1 rß

Basedow, J. B., von d. Lehrform der Latinität, durch Sachkenntniß. 8. Leipz. F. C. W. Vogel. 784. Rthlr.

— Zum Nachdenken und Nachforschen. Von der Lehrform der Latinität durch Sachkenntniß. — Hamburg: Bohn 1785. 56 S. 8°
1: W 370. 2. 7. 10. 15. 23. 31. 32. 39. 43. 111. 117.
12.6083

— [lat.] Ad bibliothecam elementarem. Liber methodicus scriptus patribus et matribus familiarum et gentium a Joh. Bernh. Basedovio. Interprete Carolo Ehregott Mangelsdorfio. — Dessaviae 1774: (Heybruch). 224 S. 8°
1: Ng 663. 7. 9. 10. 14. 15. 17. 24. 32. 33. 34. 42. 45. 51. 109. 111. 117. 207.
12.6091

— liber provocabularis Cellarian. etc. 8. Leipz. 776. (W. Vogel). 9 gl

— [lat.] Libri elementaris pars ... sive prima educationis elementa. Tradita a Bernhardo Basedovio, in Theotiscum sermonem, transl. a Car. Ehreg. Mangelsdorfio. P. 1.3. — Halae 1772: Gebauer. 8°
1: Ng 655. 12: Don. Lud. 658. 18. 31. 51. 78. 109.
12.6047

Basedow, Johann Bernhard. Manuel élémentaire d'éducation, ... Berl. u. Dessau 1774. Ü: *Huber, M.* (BrMm)

[—] [franz.] Manuel élémentaire d'éducation. T. 1–4. Berlin [usw.]; Leipzig: Crusius (2–4: Berlin) 1774. 8°
1: Ng 690 [u.] 690 a. 7. 10. 11. 14. 16. 17. 18. 21. 24. 32. 33. 34. 42. 45. 51. 109. 111. 117. 207.
12.6053

Johann Bernhard Basedow's Methode der Arithmetik. Altona. 8. 1763.

— Méthode d'Education. gr. 8. ibid. 772.

— Methode d. auf das Leben angewandten Mathematik. 8. Lübeck, Iversen. 763.

— [franz.] Nouvelle méthode d'éducation. Trad. par Huber. — Francfort [usw.]: Fritsch in Comm. 1772. XVI [vielm. XXVI],398 S. 8°
1: Ng 666. 7. 10. 14. 15. 17. 18. 23. 24. 32. 33. 34. 42. 45. 51. 109. 111. 207.
12.6090

— nouvelle méthode d'éducation gr. 8. Leipz. 772. (W. Vogel). 18 gl

— Ueberzeugende Methode d. auf das Leben angewandten Arithmetik. 8. Altona (Lübeck) 763. Iversen. 3 gl

— Ueberzeugende Methode der auf das bürgerliche Leben angewendeten Arithmetik. — Altona: Iversen 1763. 268 S. 8° 1: an Y 4276. 5. 7. 12: Math. P. 25. 22. 36. 111. 207.
12.6084

Basedow, Johann Bernhard

— Zur elementarischen Bibliothek. Das Methodenbuch für Väter und Mütter der Familien und Völker. Th. (1.)2,1 [nebst] Verbesserungen des 1. Theiles nach 1. Ausg. — Altona; Bremen: Cramer [1770]. 8°
Vollst. . . . . 2. 14.
1.2,1 . . . 1: Ng 659 a [auch Th. 1 = Ng 659]. 2. 23.
1. Verb. . . . . 18.
1 . . . . 7. 10. 11. 21. 30. 79. 207.
2,1 . . . . 111.
12.6085

— — 2. Aufl. Th. (1.)2,1. Leipzig: Fritsch in Comm. 1771. 8°
1: Ng 660. 7. 12: Paed. Th. 316. 15 → 17. 32. 43. 51. 111. 207. 300: a 31 D 43.
12.6086

— — 3. Aufl. [1.] Dessau; Leipzig: Fritsch in Comm. 1773. 384 S. 8°
3. 6. 7. 10. 12: Paed. Th. 317. 14. 15. 16. 24. 27. 28. 30→34. 39. 43. 44. 45. 62. 79. 109. 111. 121. 207.
12.6087

— Methodenbuch f. Väter u. Mütter d. Familien u. Völker. gr. 8. Leipz. ... 3e A. 773. (W. Vogel). 1 ℛ

BASEDOW, JOH. BERNH., Inusitata eademque optima honestioris juventutis methodus, tum in reliquis studiis scholasticis tum præcipue in lingua latina. Kiliæ. 1752. 4. P. [Præs. Jo. Cph. Hennings].

— Zum Nachdenken u. Nachforschen von d. Lehrform d. Latinität durch Sachkenntniß. 8. Hamb. 784. (Leipz., W. Vogel). 3 gl

(—) Nachricht von dem Verfasser des Elementarwerks in der Michaelis-Messe 1773. — Dat. Dessau 1. Oct. 1773. 4 Bl. 8°
3. 24. 51.
12.6092

— vierteljähr. Nachricht von seinem Elementarwerke. 6 Stücke. 8. ... 771—73. 17 gl

(—) Nachrichten von dem Fortgange der Arbeit am Elementar-Werke. — Dat. Altona 22. Aug. 1769. 4 Bl. 8°
3.
12.6093

Basedow, Joh. Bernh. (Hrsg.) s.a.: Nachrichten, Vierteljährige, von Basedows Elementarwerke und von andern Bemühungen, die Erziehung und das Schulwesen zu verbessern.

(—) Viertheljährige Nachrichten von Basedows Elementarwerke und von andern Bemühungen, die Erziehung und das Schulwesen zu verbessern. Stück 1–6. — Leipzig (4–6: Dessau; Leipzig): Fritsch in Comm. 1771–73. 8°
1-4.6. (Verf.: Johann Bernhard Basedow.) 1771-73.
5. Von C. W. Dohm. 1772.
1[∞6]: Ng 672. 3. 7. 10. 30. 109. 111. 207.
12.6094

— [lat.] Cosmopolitis nonnulla legenda, cogitanda, agenda. De coepto Dessaviae-Anhaltinae philanthropio seu seminario paedagogico novissimae indolis, quam vetustissimam esse oportuit. A Jo. Bernh. Basedovio. — Lipsiae: Crusius 1775. LII S. 8° 1:1 in Nc 3003 [u.] 48 in 8° Bibl. Diez 2463. 7. 8. 12: 4° Diss. 1129/17. 14. 24. 30. 31. 34. 45. 78. 207. 300: + 31 J 51.
12.6063

(—) Das Nöthigste von der Vorstellung an Menschenfreunde und vermögende Männer wegen einer versprochnen Folge von untheologischen Schulbüchern nach dem Bedürfnisse und Geschmacke unsrer Zeiten. — Dat. Altona 24. Jun. 1768. 48 S. 8°
3. 8. 10. 11. 27. 30. 42. 78. 207.
12.6095

— das Nöthigste von d. Vorstellung. an Menschenfreunde ꝛc. 8. Bremen 768. Cramer. 2 gl

BASEDOW, JOH. BERNH., Zu dem Nöthigsten von der Darstellung etc. Ehrerbietiges Schreiben. u. Titelbl. [Altona. 1768 ?].

— Die Nothwendigkeit der Geschichts-Kunde, dem ... Herrn Michael Richey zur Bezeugung seiner dankbegierigen Ehrfurcht gewidmet von dem Verf., Johann Bernhard Bassedau [d.i. Johann Bernhard Basedow]. — Hamburg: König [1740]. 20 Bl. 8° 18. 28. 34 [unvollst.] 48.
12.6096

— [lat.] Operis elementaris pars ... Auctore J. B. Basedovio, interprete Carolo Ehregott Mangelsdorfio. P. 1–4. Dessaviae: Auctor; Lipsiae: Crusius [in Komm.] 1774. 8°
1: Ng 688 [u.] 688a. 7. 9. 10. 11. 14. 15. 16. 18. 24. 32. 33. 34. 38. 43. 45. 51. 109. 111. 207. 309.
12.6054

— opus elementare in latin. transl a K. E. Mangelsdorf III Tomi. 8 maj. Leipz. 772—74. (W. Vogel). 2 ℛ 20 gl

— Oratio auspicalis de variis gravissimis circa axiomata moralia quæstionibus, die VII. Oct. 1761 Altonæ habita. Altonæ. P. (U. B.).

— Organon erleichterter Untersuchung der Religionen. Bd 1 (= Buch 1. 2). Buch 5. — Altona: Iversen in Comm. (5: Berlin [usw.]) 1765–66. 8°
5. Die Religion Israels in einem Auszuge ihrer heiligen Bücher [Biblia, Testamentum Vetus, Ausz., deutsch]. 1766.
1.5 . . . . 7.
1 . . . . 18. 23.
5 . . . . 1: Bl 2570. 8. 9.
12.6097

— Organon erleichterter Untersuchung d. Religionen. 8. Lübeck 765. Iversen. 12 gl

— von d. Pflichten, die wir dem Vaterlande schuldig sind. 8. Ebend. 762.

— Philaletie, od. Aussicht. in die Wahrheiten u. Religion der Vernunft. 2 Bde. gr. 8. Ebend. 763.

— Philalethie. 1764 s.a. *Basedow:* Neue Aussichten in die Wahrheiten und Religion der Vernunft.

Basedow, J. B., Philalethie. Altona 1764. 3 Bde. 8.

Basedow, Johann Bernhard
— Das in Dessau errichtete Philanthropinum, eine Schule der Menschenfreundschaft und guter Kenntnisse. — Leipzig: Crusius 1774. XXXII, 96 S. 8° 1:1 in Ne 881 [u.] 2 in Ne 5601. 3. 7. 10. 12: Paed. Th. 319 [2 Ex.] 14. 17. 20. 23. 31. 35. 43. 45. 46. 52. 109. 111. 123. 207.
12.6098

— das in Dessau errichtete Philantropinum. 8. Leipz. 774. (W. Vogel). 3 gl

— Practische Philosophie für alle Stände. Th. 1. 2. — Copenhagen & Leipzig: Ackermann in Comm. 1758. 1034 S. 8°
1: Np 3584. 7. 8. 16. 17. 23→26. 28. 52. 109. 117. 180. 207. 304. 307.
12.6099

— prakt. Philosophie f. alle Stände. 8. Kopenh. u. Leipz. 758. 2e verb. A. 2 Thle. gr. 8. Leipz. 777. (W. Vogel). 2 ℛ

— — 2., verb. Aufl. Th. 1. 2. Dessau; Leipzig: Crusius 1777. 8°
1: Np 3585. 2. 4. 7. 10. 12: Ph. Pr. 102. 14. 15. 16. 19. 21. 22. 23. 25. 29→32. 36. 38. 43. 44. 52. 61. 109. 111. 117. 207. 214. 302. 303. 307.
12.6100

— s.a. Privatgesangbuch, ein. 1767.

— ein Privatgesangbuch z. gesellschaftl. u. unanstößigen Erbauung ꝛc. 8. Berl. u. Altona 767. (Leipz., W. Vogel). 12 gl

Basedow. Projekt über Stiftung von Armen-Anstalten, um die Betteley zu verhüten. *Dessau.* 1772

[—] An das Publikum, die Mangelsdorfsche Schmähschrift wider das Dessauische Educationsinstitut und den Professor Basedow betreffend. — Dessau 1777. 52 S. 8°
1: 3 in Ne 881. 3. 23. 45. 111. 207.
12.6102

— Recueil d'estampes relatives au Manuel élémentaire d'éducation... – *Berlin et Dessau.* In-4° oblong. 1770.
100 pl. gravées par Chodowiecki et Schellenberg.

Basedow, Johann Bernhard
— Rede für das pädagogische Philanthropinum in Dessau. Leipzig: Crusius 1775. VIII, 23 S. 8°
1: 3 in Ne 5601. 3. 14. 45. 51. 109. 111. 207.
12.6103

— Reden am Geburtstage des Königs von Dännemark. 4. Kopenhagen, Proft. 755.

— moral. u. polit. Reden. gr. 8. Ebend. 771.

— -- Politische und moralische Reden durch eine Von der patriotischen Tugend vermehrt u. von neuem bekannt gemacht. — Leipzig: Fritsch in Comm. 1771. 332 S. 8°
1: Yz 11322. 6. 7. 8. 14. 111. 207.
12.6105

— Reden über die Regierung Friedrich V. gr. 8. Kopenh. 761. Ackermann. 12 Gr. N. Aufl. u. d. T.: Moral. u. polit. Reden. gr. 8. Leipz. 771. (W. Vogel). 16 Gr.

— Reden über die glückselige Regierung Friedrichs des Fünften Königs in Dännemark und Norwegen. Nebst andern Reden. — Kopenhagen & Leipzig 1761: Lindgren. 288 S. 8° 1: Yz 11321.
12.6104

— altchristl. Religion, in e. Ausz. d. Evangelien etc. 8. Berl. u. Altona 766. (Leipz., W. Vogel). 7 Gr.

— Religion Israel, in e. Auszuge ihrer heil. Bücher. 8. Berl. u. Altona 766. (Leipz., W. Vogel). 14 Gr.

(—) Ehrerbietiges Schreiben an hochwürdige theologische Facultäten und andre Hauptpersonen kirchlicher Gesellschaften. Bey Uebersendung der Hauptprobe der Zeiten. o.O. 1767. 2 Bl. 8° 8.
12.6106

(—) Ehrerbietiges Schreiben an diejenigen Menschenfreunde und vermögende Männer, welche um Beförderung der Schulbibliothek und des Elementarbuchs ersucht zu werden verlangen. — Dat. Altona 1. April 1768. 15 S. 8°
1: an Nd 1122. 7. 14.
12.6107

(—) Anstatt eines nach der Würde der Stände eingerichteten Schreibens an Cosmopoliten, denen für das Anhalt-Dessauische Philanthropinum eine gedruckte Schrift gesendet oder auf irgend eine Weise eingehändigt wird. — Dat. Dessau 24. Jul. 1775. 2 Bl. 8°
Nebent.: (Basedow:) Instar Epistolae ordinum differentiis accomodatae ad cosmopolitas quibus libellum ad ipsos titulo: Legenda, cogitanda, agenda etc. de Philanthropio Dessaviensi aliqua ratione innotescere contigit.
Text deutsch u. lateinisch. 1: Ne 885. 34. 51.
12.6108

Basedow, J. B., pädagog. Schriften, s.: Bibliothek pädagogischer Klassiker.

Basedow, Johann Bernhard: [Teils.] Ausgewählte Schriften. Mit Basedow's Biographie, Einl. u. Anm. hrsg. von Hugo Göring. — Langensalza: Beyer 1880. XIV, CXII, 519 S. 8° (H. Beyer's Bibliothek pädagogischer Classiker. 17.)
1: Nc 7456-17. 2. 3. 5. 6. 8. 11. 12: Paed. Th. 322. 14→17. 19. 20. 21. 25. 26. 27. 29. 31. 36. 41. 44. 46. 47. 48. 60. 61. 62. 64. 78. 88. 106. 107. 109. 111. 121. 180. 207. 302. 303. 309.
12.6031

— Schutzschrift für seine neuesten Bücher gegen den Hrn. Goeze. Altona. 1764.

— Schutzschrift seiner neuesten Bücher gegen Götze. 8. Lübeck 764. Jversen. 3 Gr.

— Freundschaftliches Sendschreiben an Se. Hochedelgebohrnen Herrn Johann Martin Müller Conrector in Hamburg, über seine Prüfung des Basedowischen Lehrbegriffs von der Taufe und dem Glauben der Kinder. — Altona: Iversen 1764. 16 S. 8° (Basedow: Abgenöthigte polemische Abhandlungen im Jahr 1764. Anh. 1.)
1: Dd 8616-Anh. 1; Dd 8620-Anh. 1 [u.] Dd 8620a-Anh. 1. 9. 18.
12.6109

— [Ausz.] Johann Bernhard Basedow (Von der Staatsaufsicht über Erziehung, Schulen und Studien) und Ludwig Feuerbach (Aphorismen). Mit Biographieen. — New York: H. J. Meyer (1853). 89 S. 8° (Meyer's Groschen-Bibliothek der deutschen Classiker für alle Stände. 297.)
1: Yc 7543-297. 11. 14. 31. 109.
12.6135

(—) Eine ehrbare Stimme aus dem Publico nach der unehrbaren Stimme des Herrn Magister Hans Unverfert über das gewesene Misverständniß zwischen dem Herrn Basedow ... und dem Herrn Doctor Winkler ... (Verf.: Christian Traugott [d. i. Johann Bernhard Basedow].) — Altona: Iversen 1764. 14 S. 8° 8. 18. 207.
12.6110

— Theoretisches System der gesunden Vernunft, ein akademisches Lehrbuch. — Altona: Iversen in Comm. 1765. 48, 160, 304 S. 8° 1: Dd 8626. 7. 10. 16. 18. 19. 20. 24. 27. 28. 29. 31. 35. 36. 38. 46. 111. 117. 207. 307.
12.6112

— theoret. System der gesunden Vernunft. 1s — 4s Buch. 8. Leipz. 765. (W. Vogel). 16 Gr.

— Von der patriotischen Tugend. Eine Rede. — Altona: Iversen 1763. 46 S. 8° 1: 7 in Y 1204. 5. 24. 28.
12.6113

— Von den patriotischen Tugenden; Rede am Geburtstage des Königs v. Dänemark. 4. Kopenh. 755. Brummer. 3 Gr.

Basedow, J.B. (Hrsg.), s. Unterhandlungen, Pädagogische

— vierteljähr. Unterhandlungen mit Menschenfreunden über Erziehung. 1s, 2s, 3s Stück. 8. Bremen 768, 69. Cramer.

Basedow, Joh. Bernh. (Hrsg.) s.a. Jnterhandlungen, Vierteljährige, mit Menschenfreunden über moralische ... Verbesserungen der Erziehung und Studien.

— Viertheljährige Unterhaltungen mit Menschenfreunden über moralische und dennoch unkirchliche Verbesserungen der Erziehung und Studien. 1—2. St. Altona. u. A. [1768].

— Viertheljährige Unterhandlungen mit Menschenfreunden über moralische und dennoch unkirchliche Verbesserungen (2: über Verbesserungen) der Erziehung und Studien (3: Vierteljährige Unterhandlungen über Verbesserung der Schulen und Studien). Stück 1-3. — Bremen: Cramer in Comm. (1768-[69]). 8°
3. Basedow: Endzweck, Möglichkeit und Probe des versprochenen Elementarbuches der Sacherkenntniß und Spracherkenntniß. [1769.]
1-3 . . . . 30. 207.
1.2 . . . . 8. 10. 29. 109. 111.
12.6114

— method. Unterricht in d. überzeug. Erkenntniß d. Religion. 8. Altona 764. (Lübeck, Jversen). 14 Gr.

— Methodischer Unterricht in der überzeugenden Erkenntniß der biblischen Religion zur fortgesetzten Ausführung des in der Philalethie angegebenen Plans. — Altona: Iversen 1764. XXXII, 224, 144 S. 8°
Darin außerdem: (Basedow:) Grundriß der Religion, welche durch Nachdenken und Bibelforschen erkannt wird.
1: Nf 91. 7. 8. 10. 12: Paed. Th. 314-2. 14. 15. 17. 18. 23. 24. 32. 41. 48. 52. 62. 78. 109. 111. 207.
12.6115

— method. Unterr. d. Jugend in d. Religion. 8. Alt. 764. (Lübeck, Jversen). 12 Gr.

— Methodischer Unterricht der Jugend in der Religion und Sittenlehre der Vernunft nach dem in der Philalethie angegebenen Plane. — Altona: Iversen 1764. LXII, 272 S. 8°
1: Nf 90. 7. 8. 10. 12: Paed. Th. 314-1. 14. 17. 18. 21. 24. 27. 32. 41. 48. 52. 78. 109. 111. 207.
12.6116

— erste Urkunde von d. Gefahr d. Christenthums durch d. Semmler'sche Vertheidigung. 8. Leipz. 780. (W. Vogel). 6 Gr.

(—) Eine Urkunde des Jahrs 1780 von der neuen Gefahr des Christenthums durch die scheinbare Semlerische Vertheidigung desselben wider den ungenannten Fragmentisten. [Nebst] Anh. — Dessau 1780. 151 S. 8°
1:Dd 9093. 4. 5. 7. 8. 15. 19. 25. 27. 30. 33. 61. 109. 111.
12.6117

— große Verbesserung. in der Kunst lesen zu lehren. 8. Ebend. 785.

Basedow, J. B.: Unerwartlich große Verbesserung der Kunst Lesen zu lehren nebst einem Buchstabier-Büchlein. Leipzig & Hamburg 1785 72 S. Tc 27

— Unerwartlich grosse Verbesserung der Kunst lesen zu lehren, nebst einem Buchstabir-Büchlein. — Leipzig: Crusius [usw.] 1785. 72 S. 8°
Spätere Ausg. s. *Basedow:* Neues Werkzeug zum Lesenlehren. 1786.
1:Nf 5549. 2. 43. 117. 207.
12.6118

— unerwartlich große Verbesserung in d. Kunst, lesen zu lehren. 8. Leipz. 785. (W. Vogel). 3 gr 2e Aufl. unt d. T.: Geschenk an Bürgerschulen, oder neues Werkzeug zum Lesenlehren. 8. Ebd. 785. 4 gr 3e A. u. d. T.: Neues Werkzeug zum Lesenlehren. 8. Ebd. 787. 4 gr

— Vergleichung der Lehren des nordischen Aufsehers. 8. Soroe, Heinsius. 760.

— Vergleichung der Lehren und Schreibart des Nordischen Aufsehers, und besonders des Herrn Hofprediger Cramers, mit den merkwürdigen Beschuldigungen gegen dieselben. — Soröe 1760: Lindgren. 71 S. 8° 5.
12.6110

Basedow, Johann Bernhard
— Bernhards aus Nordalbingien (oder Basedows) Vermächtniß für die Gewissen. Th. 1. 2. — Dessau 1774: Heybruch. 8°
1:Dd 8042. 3. 4. 5. 7. 14. 15. 17. 19. 21. 23. 27. 30. 31. 32. 34. 38. 41. 45. 61. 111. 117. 207. 302. 304.
12.6120

— Vermächtniß f. die Gewissen rc. 2 Thle. 8. Leipz. 774. (W. Vogel). 12 gr

— Versuch einer freymüthigen Dogmatik nach Privat-Einsicht Johann Bernhard Basedows. — Berlin 1766. XVI, 240 S. 8° 1:Dd 8630. 2. 3. 4. 7. 8. 15. 17. 18. 21. 23. 28. 31. 32. 46. 109. 111. 117. 207.
12.6121

— Versuch einer freimüth. Dogmatik, nach Privateinsicht. 8. Berl. u. Altona. 766. 8. (Leipz., W. Vogel). 16 gr

— Vers. einer Privat-Dogmatik. 8. Ebend. 766.

— Versuch für d. Wahrheit d. Christenthums. 8. Altona 764. (Lübeck, Iversen). 12 gr

— Versuch für die Wahrheit des Christenthums als der besten Religion. Berlin und Altona. 1766.

— Versuch, wie fern die Philosophie zur Freygeisterey verführe? — Copenhagen 1753: Lillie. 44 S. 8° 111.
12.6123

— Vertheidigung der Philalethie wider die Anmerkungen des Herrn Paulsen. Altona. 1764. — 1. Anhang. Freundschaftliches Sendschreiben an Herrn Johann Martin Müller über seine Prüfung des Basedowischen Lehrbegriffs von der Taufe und dem Glauben der Kinder. Sm. St. o. A. P. — 2. Anhang. Ernsthafte Gedanken auf Anlasz der doppelten Vertheidigung des Herrn Goeze. Sm. St. o. A. P. (U. B.).

— Vorbereitung der Jugend zur Moralität und natürlichen Religion. — Berlin [usw.] 1766. XVI, 126 S. 8°
Alle Exemplare dieser Schrift sind unvollständig. 7. 31. 180.
12.6124

— Vorbereitung d. Jugend zur Moralität u. natürlichen Religion. 8. Lübeck 766. Iversen. 5 gr

— Vorschlag und Nachricht von bevorstehender Verbesserung des Schulwesens durch das Elementarwerk durch Schulcabinette, Edukationshandlung und ein elementarisches Institut. — Altona [usw.]: Verf. 1770. 76 S. 8°
1:1 in Ne 5601. 2. 3. 7. 10. 14. 15. 27. 29. 30. 34. 46. 109. 111. 207.
12.6126

— Vorschlag u. Nachr. v. bevorsteh. Verbesserung d. Schulwesens. 8. Leipz. 771. 3e A. 8. Dessau u. Lpz. 773. (W. Vogel). 3 gr

[—] Vorschlag an die Selbstdenker des 19ten Jahrhunderts zum Frieden zwischen dem wohlverstandnen Urchristenthume und der wohlgesinnten Vernunft. — Irenopel in Alethinien [vielm. Leipzig: Crusius] 1780. XVI, 365 S. 8°
1: an Dd 8642. 6. 7. 23. 27. 30. 52. 111. 207.
12.6127

— Vorschlag an Selbstdenker d. 19ten Jahrh., z. Frieden d. wohlverstand. Ur-Christenthums. 8. Leipz. 780. (W. Vogel). 14 gr

[—] Vorschläge an das kundige Publicum zu einer pädagogischen Privat-Academie in Dessau. — Dessau 1774: Heybruch. 6 Bl. 8° 1:47 in 8° Bibl. Diez 2463. 111. 207.
12.6125

Basedow, Johann Bernhard
— Vorstellung wegen des nun vollendeten Elementarwerks an mancherley Leser, vornehmlich an Pränumeranten und Subscribenten. — Dessau; Frankfurt a. M.: Eichenberg 1774. 72 S. 8° 7. 34. 111.
12.6128

— — Dessau; Leipzig: Crusius 1774. 80 S. 8°
3. 7. 10. 15. 17. 31. 34. 42. 109.
12.6129

— Erbauliche Vorstellung bey der im Fürstenthum Anhalt-Dessau am 28sten Februar 1772 vollzognen Lebensstrafe eines Vatermörders. — Dessau: Heybruch [1772]. 8 S. 8°
3. 48.
12.6131

Basedow, J. B., Vorstellung an Menschenfreunde, s.a. Neudrucke pädagogischer Schriften.

Basedow's, JH, Vorstellg an Menschenfreunde, s.a Universal-Bibliothek.

— Vorstellung an Menschenfreunde. Mit Einl. u. Anm. hrsg. von Hermann Lorenz. — Leipzig: R. Richter 1893. 120 S. 8° (Neudrucke pädagogischer Schriften. 14.)
2. 5. 10. 11. 12: Paed. Th. 4128–14. 14. 17. 18. 25. 29. 31. 32. 36. 38. 107. 123. 207. 309.
12.6133

— — Mit Einl. u. Anm. hrsg. von Theodor Fritzsch. Leipzig: Reclam [1904]. 112 S. 8° (Universal-Bibliothek. 4663.)
1: Ag 7201–4663. 12: Var. 380 k–4663. 14. 27. 29. 52. 79. 109. 111. 207. 300: 410.411–A. Per. 4663. 302.
12.6134

[—] Vorstellung an Menschenfreunde und vermögende Männer über Schulen, Studien und ihren Einfluß in die öffentliche Wohlfarth. — Hamburg 1768. 174 S. 8°
1: Nd 1122. 3. 6. 7. 8. 10. 11. 14. 26. 27. 30. 42. 45. 84.
12.6132

— Vorstellung an das denkende Publicum gegen beyderseits Hochwürden den Herrn Doctor Winkler ..., den Herrn Doctor Profe ..., auch andre Gegner. — Altona: Iversen in Comm. 1764. 30 S. 8° 3. 18. 35.
12.6130

— Vorstellungen an Menschenfreunde über Schulen. 8. Hamb. 768. (Bremen, Cramer). 6 gr

— Vorstellungen an das denkende Publikum gegen Winkler, Profe u. andere Gegner rc. 8. Lübeck 764. Iversen. 2 ℛ

Basedow, Johann Bernhard
— die ganze natürl. Weisheit im Privatstande der gesitteten Bürger. 8. Altona 768. (Bremen, Cramer). 8 ℛ

— Die ganze natürliche Weisheit im Privatstande der gesitteten Bürger. — Halle: Curts in Comm. (1768). XXIV, 184 S. 8° 1:Np 3688. 2. 7. 10. 11. 16→20. 22. 26. 31. 41. 44. 51. 62. 111. 207. 307.
12.6137

—— Ebd. (1771). XXIV,184 S. 8° 118° Bibl. Dies 6583.
12.6138

(—) An die Wenigen, welche das Etwas aus dem Archive der Basedowischen Lebensbeschreibung aufmerksam gelesen und die Hauptsachen behalten haben. — Dat. Leipzig 3. April 1783. 16 S. 8° 1:2 in Ne 5652. 111. 207.
12.6139

— Geschenk an Bürgerschulen. Neues Werkzeug zur gemäßigten Aufklärung der Schüler durch die Lehrer des Mittelstandes. Stück 1.2. — Leipzig: Crusius 1786. XVI, 96 S. 8° 1:5 in Ne 5601. 3. 7. 8. 10. 22. 27. 30. 66. 111.
12.6140

— Geschenk an Bürgerschulen. Neues Werkzeug zum Lesenlehren, zur Gotteserkenntniß und zur nothwendigsten Sprachrichtigkeit. — Leipzig: Crusius 1786. 144 S. 8°
Früheres Ausg. s. Basedow: Unerwartlich grosse Verbesserung der Kunst lesen zu lehren. 1785.
1:Ng 710. 3. 7. 10.
12:Paed. Th. 321. 22. 30. 42. 51. 66. 111. 207.
12.6141

— - [Ausz.] Neues Werkzeug zum Lesenlehren, besonders der Theil für Eltern und Lehrer. 2. Aufl. — Ebd. 1787. XII,44 S. 8° 1:Nf 5550. 7. 15. 117.
12.6142

— - Neues Werkzeug zum Lesenlehren, der für die Lernenden bestimmte Theil. 2. Aufl. — Ebd. 1787. 124 S. 8°
1:Nf 5551. 15. 207.
12.6143

Basedow, K, s.: Bericht üb. d. Verbandstag d. Hilfssch. Deutschlds.
— Handbuch, statist., üb. d. Schul- u. Gehaltsverhältn. usw. d. Reg.-Bez. Hannover.

Basedow, Karl: Was kann in unterrichtlicher und erziehlicher Beziehung geschehen, um den schwachbegabten Kindern in kleinen Gemeinden zu helfen? Vortrag. — (Halle [1909].) 19 S. 8°
Aus: Bericht über d. 7. Verbandstag d. Hilfsschulen Deutschlands zu Meiningen ... 1909. 1909.
61.
12.6143a

Basedow, Karl Adolf, s. Basedow, Carl Adolph

Basedow, Ludwig: Beleuchtung der Verhältnisse Anhalts zu Preußen in Bezug auf das von letzterm angenommene und auf ersteres ausgedehnte Zoll- und Verbrauchssteuer-System. Von Chlodwig Bunder [d. i. Ludwig Basedow]. — Deutschland [vielm. Dessau: Ackermann] 1819. 112 S. 8°
1: Ss 8920. 2. 12: Cam. 17 h. 14. 15. 18. 22. 27. 33. 35. 42. 46. 111.
12.6144

Basedow, Ldw., s. Bunder, Chlodw.

— An die Leser des Stenzelschen Handbuchs der anhaltischen Geschichte. — Dessau: Schlieder 1821. 16 S. 8°
16. 111. 117.
12.6145

[—] Freimüthige Worte eines Deutschen in Anhalt über die durch ein Königl. Preuß. Ministerialrescript verfügte Ausdehnung der in dem Königl. Gesetze vom 26. Mai 1818 für die Preuß. Staaten angeordneten Verbrauchssteuer auf die in die Anhaltischen Staaten transitirenden Waaren. — Deutschland [vielm. Dessau: Ackermann] 1819. 31 S. 8°
1: Gt 6375. 2. 10. 111. 117.
12.6146

Basedowius, J.B., s. Basedow, Johann Bernhard.

Basedow's Begräbniß, e. Abendgespräch zweier Freunde. 8. Magdeb. 791. Scheidhauer. 5 ℛ

Basedowsche Krankheit, s. Bootz, Albert.

Basel, s.a. Basilia

Basel [Sachliches OW]

Basel. Illustr. Fremdenführer. M. 34 Ansichten u. 1 Plan der Stadt. 12. Basel, Gebr. Hug. 1875

Basel. 45 Kunstblätter. Ansichten in Lichtdruck ausgeführt. In-8° obl. Basel, E. Birkhäuser. 1893 In Elg. Lwd. m. Goldschn. 15 —

Basel. 53 Kunstblätter in Lichtdruck. II. Folge. In-8° obl. Basel, E. Birkhäuser. Lwd. 16 — 1895

Basel. [Ansichten-Album von 20 Tafeln, mit illustriertem Umschlag.] [II S. + 20 Tafeln.] quer-8. (Basel, G. Metz, [1910].) [geb. fr. 2. —]

Basel. Das alte B'. dargestellt nach seiner allmähligen Erweiterung bis zum Erdbeben 1356. (Njbl.) s. [Fechter, Daniel Albert].

Basel, das alte. Eine Sammlung früherer städtischer Ansichten. Gezeichnet und herausgegeben von *J. J. Schneider*. Heft 1—5. Gr. in-4°, à 4 Bl. in Lichtdruck. Basel, Selbstverlag des Herausgebers 1888 à Heft 1 25

Basel, das alte. Eine Sammlung früherer städtischer Ansichten. Gezeichnet und herausgegeben von *J. J. Schneider*. Heft 6—9. Gr. in-4°, à 4 Bl., in Lichtdruck. Basel, Selbstverlag des Herausgebers. 1888 à Heft 1 25

Basel. Das alte B'. Eine Sam̄lung v[on] Reproduktionen alter Stiche, Aquarelle u. s. w. Zusam̄engestellt u. hrg. von Alb[ert] Sattler's Wwe in Basel. (Liefg. 1.) IV S. + 15 Tafeln, *in Umschlag*, 4. (Basel, Wassermann & Schäublin, [1906].) [*cpl.* in 4 Liefg., à Subscr. fr. 12. —, im Buchh. 15. —]

Basel. Das alte B'. Eine Sam̄lung v[on] Reproduktionen alter Stiche, Aquarelle u. s. w. Zusam̄engestellt u. hrg. von Alb[ert] Sattler's Wwe in Basel. Liefg. 2. II + II S. + 15 Tafeln, *in Umschlag*, 4. Basel, Wassermann & Schäublin, [1907]. [*cpl.* in 4 Liefg., à Subscr. fr. 12. —, im Buchh. 15. —]

Basel. Das alte B'. Eine Sammlung v[on] Reproduktionen alter Stiche, Aquarelle u. s. w. Zusam̄engestellt u. hrg. von Alb[ert] Sattler's Wwe in Basel. (4 Lieferungen.) [*zus.* XII S. + *je* 15 Tafeln], *jede Liefg. in Umschlag*, 4. Basel, Wassermann & Schäublin, [1907—1908]. [*cpl.*; pro Liefg.: Subscr. fr. 12.—, im Buchh. 15.—]

Basel seit dem dritten August 1833. Basel 1834 s.a.(B[uch], G[eorg] v[on]).

Basel seit dem dritten August 1833. Auch als Fortsetzung der Übersichtlichen Darstellung des gegen den Stand Basel beobachteten Verfahrens der Eidgenossenschaft. (Verf.: G. v. B.) — Basel 1834: F. Schneider. 127 S. 8°
1: Ru 9431. 2. 28. 300: 40.056-B. 2.
12.6164

Basel seit d. 3. Aug. 1833. Auch als Fortsetzung der „übersichtl. Darstellung des gegen den Stand Basel beobacht. Verfahrens d. Eidgenossenschaft." gr. 8. Basel 834. (Schweighäuser.) 7/12 ℛ

Basel. 21ter August 1831. Manuskript, denjenigen gewidmet, welche dem Auszuge beiwohnten. Basel [1831]. V: *Burkhardt, Gedeon.* (AarF)

Basel im Burgunderkriege 1473—1479, s.: Neujahrsblatt.

Basel im Burgunderkriege 1473–1479. (Njbl s.a. [Buxtorf-Falkeisen, Carl].

Basel im Burgunderkriege 1473–1479. [Neujahrsblatt XLII]. (34.) 4. Basel 1861. 1,20.

Basel im vierzehnten Jahrhundert. Geschichtliche Darstellungen. Zur 5ten Säcularfeier des Erdbebens . . . Basel 1856. V: *Hagenbach, Carl Rud., Dan. Alb. Fechter, Theod. Meyer-Merian, W. Wackernagel, Carl Schmidt & Joh. Schnell.* (AarK)

Basel im vierzehnten Jahrhundert. Geschichtliche Darstellungen zur 5. Säcularfeier des Erdbebens ... 1356 hrsg. von der Basler Historischen Gesellschaft. — Basel: Georg 1856. VIII,425 S. 8° 1:Ru 9358. 2. 5. 7. 12:Helv. 133. 14. 16. 19. 21. 22. 24. 25. 27→31. 35. 36. 43. 48. 79. 123. 208. 300:541-B. 302. 12.6168

Basel im Kampfe mit Oesterreich und dem Adel. 1400–1430. (Njbl. s.a. Burckhardt-Piguet, Theophil].

Basel im Kampfe mit Oesterreich und dem Adel. Neujahrsblatt XXXIV. (34.) 4. Basel 1861. 1,00.

Basel — Canton — sive Pagus Helvetiae Basileensis cum confinibus recenter delineatus a Gabriele Walsero, Pastor in Bernek in Valle Rhenana. Edentibus Homannianis Heredibus. Norimbergae 1767. 1: 70,000. 1 Bl.

Basel — Der Kanton — und dessen Umgebung. Entw. v. A. Kündig. 50.000. Bei Detloff in Basel 1851. 1 Bl.

Basel: Z'Basel an mim Rhy ... v Genossenschaftliches Volksblatt (I).

Basel. Die Stadt B. Ein Gruss an unsere Schweizerische Besatzung. [Kurzer Führer.] 8. (Basel) *o. J.* [1856 1857].
Wer die eidgenössische Binde tragt, kann dieß Büchlein als Geschenk abholen bei C. Detloff ...

Die Stadt Basel und ihre Umgebung. Hrsg. vom Verkehrsverein der Stadt Basel. — Basel: Schwabe 1898. VIII, 352 S. 8° 30. 41. 302. 12.6169

Basel vom grossen Sterben bis zur Erwerbung der Landschaft. 1349–1400. (Njbl.) *s.* [Heusler, Andreas *II*].

Basel vom Tode König Rudolfs bis zum Regierungsantritte Karls IV. (Njbl.) *s.* [Vischer, Wilhelm *II*].

— in der Westentasche. Lokalfahrplan mit Anschlüssen nach dem Ausland. Sommer-Saison 1888. In-32°, 80 S. Basel, F. Thiele. — 20

Basel wird eidsgenossisch. 1501. (Basel) *s.* [Hanhart, Rudolf].

Basel als Wohnort. Hrsg. vom Verkehrsverein Basel. — (Basel) 1909: (Birkhäuser). 112 S. 8° 9. 26. 47. 12.6170

Basel als Wohnort. Hrsg. vom Verkehrsverein Basel. (112 S. m. 7 Lichtdr.-Taf.) 8. Basel 909. (E. Finckh). Geb. in Leinw. 1. 20

Basel [Schlagwort]

Basel, s.a. Basiliense Territorium

Basel, s.a.: Deutschland, Kürschner-Peip.

— s. a.: Europa, Liebenow.

– s.a.: Radfahrerkarten, Freytag.

– s.a.: Schweiz, Karte.

Basel-Frankfurt a. M., s.: Automobilkarten. Mittelbach.

Basel-Mainz, s.: Automobilkarten. Mittelbach.

Basel-München, s.: Automobilkarten. Mittelbach.

Basel-Strassburg, s.: Automobilkarten. Automobil-Tourenkarte.

Basel-Stuttgart, s.: Automobilkarten. Automobil-Tourenkarte.

Basel, Kanton [Schlagwort]

Basel, Kanton. Gerster, J. S., Karte der Kantone Baselstadt u. Baselland. 1 : 100,000. 2., verb. Aufl. Mit 1 Plane der Stadt Basel. 1 : 25,000. Chromolith. qu. Fol. Basel 887. [Schneider.] Geering. n. — 80

Basel, Stadt [Schlagwort]

Basel. Beckmann-Plan, neuester, v. Basel. 1:7,500. 61×55 cm. Farbdr. Mit Strassenverzeichnis. (7 S.) schmal 8. Stuttgart (906). W. Seifert. n. — 50

Basel. Beckmann-Plan, neuester, v. Basel. 1:7,500. (Neue Ausg.) 56,5×55 cm. Farbdr. Mit Strassenverzeichnis. (7 S.) 19,5×11 cm. Stuttgart (908). W. Seifert. — 50

Basel — Grundriss der Gegend am Rhein bey und unterhalb — 1757. Emanuel Büchel del. David Redinger sculps. 1: 13,000. 1 Bl.

Basel — Grundriss der Stadt — Aufgenommen im Jahre 1784 von Samuel Ryhiner, Artillerie-Hauptmann. Herausgegeben von Christian von Mechel, Kupferstecher und Kunstverleger in Basel 1786. 1: 5000. 1 Bl.

— Karte von Basel und Umgebung bearb. von *J. Schlumpf.* 1 :75,000. 83×77 cm. in Farbendruck. Basel, R. Reich, vorm. C. Detloff's Buchh. 1893 Leinwd. 6 50

Basel, Stadt. Karte v. Basel u. seinen Umgebungen. 1 : 100,000. Neue Aufl. Ergänzt bis Juli 1889. Lith. gr. Fol. Basel 889. Amberger's Verl. Auf Leinw. 3. 20

Basel. Karte von Basel und seinen Umgebungen, 1 : 100,000. Neue Aufl. März 1893. 54,5×51 cm. Farbendruck und kolor. Basel, H. Amberger's Verlag. 3 —; Leinwd. 4 —

Basel. Karte v. Basel u. seinen Umgebungen. 1 : 100,000. Neue Aufl. 1894. 54,5×51 cm. Farbendr. Basel 894. H. Amberger. n. 2. 40; auf Leinw. n. 3. 20

Basel. Karte v. Basel u. s. Umgebgn. 1 : 100,000. Neue Aufl., m. Ergänzgn. bis März 1898. 54,5 × 50,5 cm. Lith. u. kolor. Basel 898. H. Amberger. n. 2. 40; auf Leinw. n. 3. 20

Basel. Karte von Basel u. seinen Umgebungen. 1:100,000. (Neue Aufl. 1900.) 54,5×50,5 cm. Lith. u. kolor. Basel, H. Amberger. n. 2. 40; auf Leinw. n. 3. 20

Basel. Merian, Matthaeus, Plan v. Basel, Fcsm. d. Ausg. v. 1615, s. im Alphabet d. Bücher: Mitteilungen d. histor. u. antiquar. Gesellschaft zu Basel.

Basel. Plan der Stadt Basel. In-8°. Zürich, Art. Inst. Orell Füssli. 1893 — 50

— Plan der Stadt Basel. 1 : 10,000. 2. Aufl. 35 × 40 cm. Farbendr. Zürich 895. Artist. Institut Orell Füssli, Verl. n. — 50

— **Plan der Stadt Basel.** 1 : 11,000. 6. Aufl. 36×52 cm. Farbdr. Mit Strassen-Verzeichnis. (7 8.) 21×10,5 cm. Zürich (907). Art. Institut Orell Füssli. — 50

— **Schlumpf, J.,** Karte v. Basel u. Umgebung. 1 : 75,000. 83×75 cm. Farbendr. Basel 893. R. Reich. Auf Leinw. n.n. 5. 60

— **Stadtplan** u. Strassenverzeichnis v. Basel, m. Angabe d. Quadrats, in welchem die Strassen auf dem Plane zu suchen sind. 1 : 10,000. Farbendr. Fol. Basel 890. Schwabe. n. — 40

— **Stadtplan** u. Strassenverzeichnis v. Basel, m. Angabe des Quadrats, in welchem die Strassen auf dem Plane zu suchen sind. 1 : 10,000. (Neue Aufl. 1894.) 50×45 cm. Farbendr. m. 3 S. Text in 8. Basel 894. B. Schwabe. n. — 40

— **Uebersichts-Plan** der Stadt Basel. 1 : 10,000. 35×40 cm. Farbendr. Zürich 893. Art. Institut Orell Füssli. Verl. n. — 50

— **Uebersichtsplan der Stadt Basel. (Ausg. 1903.) 47,5×54 cm. Farbdr. Mit Strassenverzeichnis auf der Rückseite. Basel, B. Schwabe n. — 50**

— — **dasselbe. 1 : 10,000. 5. Aufl. 34,5×40 cm. Farbdr. Mit Strassenverzeichnis. (5 S.) 8. Zürich 904. Art. Institut Orell Füssli. — 50**

— **Übersichtsplan der Stadt Basel. 1 : 8000. 59×65,5 cm. Farbdr. Mit Strassenverzeichnis auf d. Rückseite. Basel 908. B. Schwabe. — 50**

— **Übersichtsplan, neuester, v. Basel, m. bildlicher Angabe der hervorragendsten Bauten etc. 45×58 cm. Farbdr. (Mit Text auf der Rückseite u. auf dem Umschlag.) Basel (898). B. Schwabe. n. — 80**

— — **(Umschlag: Stadtplan) der Stadt Basel 1901, m. Angabe des Quadrats, in welchem die Strassen auf dem Plane zu suchen sind. 47,5×54 cm. Farbdr. (Nebst Strassen-Verzeichnis auf der Rückseite.) Ebd. 901. n. — 50**

Basel [Verfasser]

Basel, s. Ernst, Graf v. Basel.

Basel, F.G., s.a. B a s e l , S.G.

Basel, F. G., der Whist- u. Boston-Spieler wie er seyn soll. Od. gründl. Anweis., d. Whist- u. Boston-Spiel u. dess. Abarten nach d. best. Regeln u. allgem. geltenden Gesetzen spielen zu lernen, nebst 25 belustig. Karten-Kunststücken. 12. (5 B.) Kaschau 826, (Wigand u. Czerneczky.)

Basel, Fritz, Tierarzt: Aus d. Poliklinik f. grosse Haustiere d. Tierärztl. Hochsch. zu Berlin. Vorstand: Kärnbach. Beitrag zu den Neubildungen am Auge des Pferdes. Berlin 1909: Zum Gutenberg, Magdeburg. 48 S. 8°

Gießen, Veterinär-Med. Diss. v. 15. Juli 1909, Ref. Pfeiffer

[Geb. 3. Febr. 83 Stettin-Bredow: Wohnort: Stettin; Staatsangeh.: Preußen; Vorbildung: Gymn. Stargard i. P. Reife M. 08; Studium: Tierärztl Hochschulen Berlin 3. Dresden 2. Berlin 2 S.: Rig. 15. März 09.] [U 09 1134

Basel, Richard: Zur Geschichte des Predigerordens in Oesterreich. S. 5--37. 8. III. S. 3—21, 2 Taf. 8.
Progr. K. k. Staatsgymn. *Eger* (*Bohmen*) 1907. 1908

Basel, Richard: Kirchengeschichte in Octava. S. 3—21. 8.
Progr. K. k. Staatsgymn. *Eger* (Bohmen) 1910.

—: 29. Juli 1909: Prof. Josef Kostlivy †. S. 51—54. 8.
Progr. K. k. Staatsgymn. *Eger* (*Bohmen*) 1910.

—: 8. März: Prof. Hermann Kravogl †. S. 49. 8.
Progr. K. k. Staatsgymn. *Eger* (*Böhmen*) 1909.

Basel, Richard Die Marina-Legende 8 (22 S)
Progr. Staats-Ober-G Eger 1889
I. Quellen II. Entwickelung. III. Neueste dichterische Bearbeitung.

— **Das Sakristei-Inventar und der Bibliothekskatalog des Dominikaner-Konventes in Eger vom Jahre 1474. — Wien: Verf. [1907]. S. 353–356. 8°** Aus: Die Kultur. 8. 1907. **302.**
12.6174

Basel, Richard: 7. Oktober: Schulrat Prof. Jakob S t i p p e l †.
S. 45-47. 8° Progr.
K.K. Staatsgymn. Eger (Böhmen) 1909.

Basel, S.G., s.a. B a s e l , F.G.

Basel, S. G., der Whistspieler wie er seyn soll, oder gründl. Anweisung, das Whistspiel und dessen Abarten, nach besten Regeln u. allgemein geltend. Gesetzen spielen zu lernen. 2e verb. Ausg. 12. Kauschau 830. (Pesth, Heckenast.) 1/4 ß

Baselbieter (I)

① Vereinspresse (Untertitel des Probeblattes 26 10 1844) Volksblatt für Baselland (1873—1927. 1931 cont) ② Der Baselbieter (8 2 1845—27 12. 1833). Baselbieter (31 12 1863—22 11 1873). Der Baselbieter (25 11 1873 cont) ③ Sissacher Zeitung (Fusion 12 11 1872) ④ Baselbieter (II) (Juni 1868) ⑤ Probeblatt unter dem Titel «Stiftungs-Prospektus vom Baselbieter» (26.10 1844), woraufhin ein Verbot erfolgt 3 1 1845 (cont) ⑥ 4° (26 10 1844—19 12 1846. 24 9 1847 — 1848 ?, 1850 -- 27 12 1863) Anfangs unregelmäßiges Format in 4°. 2° (26 12. 1846—18. 9 1847. 1848 ?—29 12 1849. 31. 12 1863 cont) Vergrößerung (1882, um 1900) ⑦ Wochenblatt (1845- 28 6 1856). wochentlich 2× (3 7 1856—24. 9 1871). wochentlich 3× (26 9 1871 cont) ⑧ Sissach Meyer & Vollmy (Oktober 1844). Heinrich Vollmy «zum Baselbieter» (3 1 1845—10. 5. 1868) Fr Vollmy «zum Baselbieter» (14 5 1868—13 2. 1870). J A Furrer (17 2 1870—9 4 1872) Carl Schneider (12 4 1872—21 12 1876). A Vollmy (23. 12 1876—31 12 1878). Eduard Loosli (2 1 1879—1930). Liestal Landschäftler AG (1931 cont) ⑨ Der Lugner ohne Gleichen als Reisebegleiterin vom Baselbieter (Probeblatt 26 10. 1844 4°. Beilage zur Probenummer) Der Spiegel aus dem Baselbiet Beilage zum «Baselbieter» zur Unterhaltung und Belehrung (27 8. 1865—1866 8° jahrlich 4×. illustriertes humoristisches Blatt mit politischen Karikaturen) Baselbieter Sonntagsblatt (Grat. Beilage zum «Baselbieter» & «Farnsburger-Boten» (um 1915—um 1918 4°) ⑩ die Drucker (bis 1878). Eduard Loosli-Ziegler (2. 1 1879—1918) Otto Loosli (1919—1930). Landschäftler AG (1931) ⑪ Jakob Heinrich Meyer (Meier), genannt der «Zottelmeyer» (Oktober 1844). Advokat Heinrich Vollmy junger (Oktober 1844—11 1. 1845 21 4 1845--13. 2 1870). Heinrich Vollmy alter (18 1 1845—4 11 1845). J A. Furrer (17 2 1870—9. 4. 1872) R Bieler (23 12 1876—29 9 1877). A Vollmy (2 10 1877 —31 12. 1878) Dr Sandmeyer (2. 1 1879—10 4 1880). Eduard Loosli-Ziegler (10 4 1880—1928). Ernst Keller (1929—1930). Walter Menzi (1931—1933). Alfred Kundert (1 5 1934 cont) Ständiger Mitarbeiter der «Revisionsgeneral» Christian Rolle (Ende 1861—1863) ⑫ radikal Organ der kleinbäuerlichen Kreise. Bezeichnet sich als «rein demokratisch», von «freisinniger, volkstumlicher Tendenz». Zeitweilig Organ der Revisionspartei Christian Rolles (1860—1866) Spater freisinnig Seit 1931 neutral ⑬ BGSZ 954 (p 72—73). H Gautschy Die Schweizer Presse in der Mitte des 19 Jahrhunderts Ihre Reaktion auf den Staatsstreich Napoleon Bonapartes (Basler Beiträge zur Geschichtswissenschaft Bd 33) Basel 1949. p 60 ⑭ Bs U (17 2 1859 1862—1880). Bs. L (1845—1847. 1849—1877. 1900. 1915—1918. 1945 cont) ⑮ Seit 1931 Kopfblatt zum Landschäftler. — Seit 9 7. 1868 dreispaltig. um sich vom neuen «Baselbieter» zu unterscheiden — Charakter eines bauerlichen Blattes unter der Redaktion von Heinrich Vollmy Dialektgedichte und Illustrationen (Cliché-Bilder. Karikaturen und Portraits)

Baselbieter (II)

② Neue Baselbieter Zeitung (Mitte Juni 1868) Baselbieter (Juli 1868) Der neue Baselbieter ③ Baselbieter (I) ④ Der Farnsburger-Bote ⑤ Anfangs Juni 1868—1872 ⑥ 2° ⑦ wöchentlich 2× ⑧ Sissach. Martin Gysin «zum Baselbieter» ⑩ Martin Gysin ⑪ Martin Gysin ⑫ freisinnig ⑮ Es handelt sich um ein Kokurrenzunternehmen zur Zeitung «Baselbieter (I)». — v. Baselbieter (I) 7 6. 1868 und 9. 7. 1868.

Baselbieter: Der freie Baselbieter

① Basellandschaftliches Volksblatt ⑤ 7. 7 1834—29 12 1834 ⑥ 4° ⑦ Wochenblatt ⑧ Liestal Banga & Honegger ⑩ Pfarrer Johann Ulrich Walser ⑪ Pfarrer Johann Ulrich Walser ⑫ radikal ⑬ BGSZ 954 ⑭ Bs: U.

Baselbieter: Der neue Baselbieter

v Baselbieter (II).

Baseler, G., Hauptsätze d. Elementar-Mathematik, s.: Mehler, F. G.

Baeseler, Rud (geb Aachen 13 5 1851). Ueber Dysenterie Berlin (1875) (32 S) 8°
Berlin, Med. Diss v 7 Aug. 1875

Bäseler, Rud.: Die rechtl. Natur d. Eisenbahnverkehrsordng, s: Abhandlungen a. d. Staats-, Verwaltgs- u. Völkerrecht.

Baselgia, Placi L.: Devoziuns per affons pigns. — Altstätten 1878 : Cavelti. 96 S. 8° [Andachten für kleine Kinder.] 1:Xn 8831.
12.6175

Baselli, Anton, aus Gorizia (Oesterreich, Küstenland): Untersuchungen über complexe Kobaltammoniaksalze. Uster-Zür Gebr. Frey Dr. 1897. 50 S. 8°.
Zürich, Phil. Diss. [v. 24. März 1897].

Basel's Eintritt in den Schweizerbund 1501, s. Neujahrsblatt.

Baselt, Fritz: Albrecht Dürer. Oper ... (nach e. älteren Stoff) von Friedrich Leber. Musik von Fritz Baselt. Textbuch. — Nürnberg: W. Schmid [1891]. 29 S. 8°
29→32. 75.
12.6185

Basenach, Rich.: Bau u. Betrieb v. Prall-Luftschiffen, s: Luftfahrzeugbau u.-Führung.

Basenach, Rob.: Bau u. Betrieb v. Prall-Luftschiffen, s: Luftfahrzeugbau u. -Führung.

Basenthin [Schlagwort]
Basenthin, s.: Geologische Karten. Karte (Preusson).

Baserin, Zum Sergeanten befördert, s.: Bloch's, Ludw., Militär-Festmappe.

Baserin, Oscar
Baserin, O., über den Eisengehalt der Galle bei Polycholie. Inaug.-Diss. 8. (19 S.) Königsberg i. P. 888. (Koch's Antiq.) n.n. — 80

Baserin, Oscar [pract. Arzt]: Ueber den Eisengehalt der Galle bei Polycholie .... Königsberg in Pr., Druck v. M. Liedtke, 1888; 19 S. + 2 Bl. 8°
Königsberg, Med. Fak., Inaug.-Diss. v. 21. Jul. 1888

Basfeld, J. A., der praktische Hosenschneider, od. die Anleitg. zu e. sicheren Zuschnitt der Beinkleider u. Gamaschen nach dem direkten Körpermaß. (Lehrbuch f. den Unterricht an der deutschen Bekleidungs-Akademie zu Berlin. 3. Thl.) Wissenschaftlich u. allgemein verständlich f. den Selbstunterricht erfunden u. bearb. [Aus: „Das Winkelsystem".] gr. 4. (18 S. m. 8 lith. Taf.) Berlin 889. (Harrwitz Nachf.) cart. n. 5. —

Basfeld, J. A. Das Winkel-System. Die vereinfachte Körperausmessg. auf Grund der bis jetzt noch nicht angewandten Hilfspunkte f. Civil- u. Militär-Bekleidg. Lehrbuch der Gesammt-Fachwissenschaft d. Schneiders, m. den amtl. Vorschriften üb. die Uniformirg. sämmtl. Hof-, Reichs-, Staats-, Communal-, Civil- u. Militär-Beamten, sowie d. ganzen Reichsheeres u. der Marine d. deutschen Reiches nach den Allerhöchsten Bestimmgn., wissenschaftlich u. allgemein verständlich, auch f. den Selbstunterricht bearb. u. m. erläut. Zeichngn. versehen. 2 Bde. gr. 4. (X, 232, 18 S. m. 36 lithogr. Taf.) Berl. 890, (Harrwitz Nachf.) geb. * 20 —

Bashford, Ernest Francis
— **Einige Ergebnisse der experimentellen Krebsforschung. Von E. F. Bashford, J. A. Murray u. W. Cramer. — (Berlin [1905].) 8 S. 8°**
Aus: Berliner klinische Wochenschrift. 42.46. 1905. **24.**
12.6256

— **Ergebnisse der experimentellen Krebsforschung. Von E. F. Bashford, J. A. Murray u. M. Haaland. — (Berlin [1907].) 25 S. 8°**
Aus: Berliner klinische Wochenschrift. 44.38. 39. 1907. **24.**
12.6257

— **Ergebnisse der experimentellen Krebsforschung. Von E. F. Bashford, J. A. Murray u. M. Haaland. — Jena: G. Fischer 1909. S. 449–545. 8°**
Aus: Zeitschrift für Immunitätsforschung u. experimentelle Therapie. 1. 1909. **24.**
12.6258

Bashford, Norah: Hans u. d. Wunderbohne. (52) 8° Lpzg, Modernes Verl.-Bureau '11. 1.50

Bashforth, Francis
— **[deutsch] Praktische Anweisung zu der Construction schiefer Brücken mit Spiral- und mit abgewogenen Schichten ... Übers. von W. Hertel. — Weimar: Voigt 1851. VIII, 39 S. 4° 12: 4° A. hydr. 8h. 32. 83. 84. 88. 89. 90. 205.**
12.6283

— **A historical Sketch of the experimental determination of the resistance of the air to the motion of projectiles. — Cambridge: Univ. Pr. [usw.]; (Leipzig: Brockhaus) 1903. 30 S. 8°**
1: Hu 29249. 2. 5. 7. 8. 10. 11. 12: App. mil. 10 pc. 14. 15. 16. 21. 27. 29. 83. 86.
12.6278

Bashkirtseff, Marie s. *Baškirceva*, Marija Konstantinovna

Bashuysen, van, Gymnasialprofessor, Zerbst. 1707
s. *Bashuysen*, Heinrich Jakob van.

Bashuysen, Gualtherus van s. *Bashuysen*, Walter van.

Bashuysen, H.J., s. Bashuysen, Heinrich Jakob

Bashuysen, Heinrich Jakob van
— **Apologia innocentissimi Gymnasii Anhaltini, eiusque genuini filii iam exauctorati ad Virum Excellentissimum Dominum ***. Cum Epistola ad Dn. Heuslingium. — Servestae [1718]: Ernestus. 8 Bl. 8° 1: Az 19534. 14. 16. 78.**
12.6285

— Apologia poetarum, sive approbatio publica poetarum Servestanorum. Ed. II: Walter v. Bashuysen. Zerbst (S. Titius) 10. VIII. 1721. 20 S. (4.80)

— **Apologia poetarum, sive approbatio publica poetarum Servestanorum, decantantium laudes ... Serenissimi Joh. Augusti, Principis Anhaltini ... ipsis natalibus 45. ... celebratis a. d. 10. Aug. 1721. Ed. 2., cui ... notas adiecit Gualter. van Bashuysen. — Servestae [um 1750]: Titius. 20 S. 8° 7. 18.**
12.6286

— **Catalogus bibliothecae, quam collegit ... Henricus Jacob. van Bashuysen. [Auktionskat.] — Servestae [1760]: Boehmius. 366 S. 8° 3. 18.**
12.6287

— **Clavis talmudica maxima etc. 4. Frankf. Herrmann. 740.**

— **Theologiae elenchticae sciagraphica Descriptio V. disputationibus et appendice comprehensa, operis plenioris delineatio, in usum auditorum suorum. — Hanoviae 1712: In Typogr. orientali. Getr. Pag. 8°**
Die einzelnen Disputationen erschienen ursprünglich als Dissertationen.
5. 34.
12.6288

Bashuysen, H J. van, de emphasi stili N. T. Serv. 1728. 4.

Bashuyson, H. J., Diss. do enthusiasmo poëtico. Servestao. 4°.
1719

— **Ad Compendium oeconomiarum Dei Wilhelmi Mommae, theologi quondam clarissimi, Exercitationes. — Servestae: Ernestus 1718. 288 S. 8° 1: Cw 16623. 23. 111.**
12.6291

Bashuysen, H. J. van, de flagellatione Pauli. Servest. 1720. 4.

— **Gasophylazium graecor. 8. Frankf.**

— **Glaube und Busse. In einigen auserlesenen Fest-Predigten uber die Haupt-Feste des gantzen Jahrs, nebst e. Anh. von etlichen Buß-, Eintritts- und Abschieds-Predigten. — Zerbst: Zimmermann 1718. 454 S. 8°**
Beigedr.: Bashuysen: De genuina analyseos Sacrae Scripturae Natura. [Resp.:] Nicolaus Gürtlerus. Servestae 1717: Ernestus.
9. 39.
12.6292

Bashuysen, J. van, de sex. hydriis Canae Galilaea positis earumque mysterio. Serv. 1726. 4.

Bashuysen, H.J.de: De impositione manuum. – Hannov. 1704.

Bashuysen, Henricus Jacobus van, Maftēach hat-Talmūd hag-gadōl sive Clavis talmudica maxima Constans ex Josuæ Levitæ libro Halīchōt 'ōlām et R. Samuelis Mebō ha-Gemārā ... et R. Eliakim Pauzi Maftēach ha-Gemārā Hanoviæ 1714.

Maftēach hat-Talmūd hag-gadōl sive Clavis Talmudica maxima. Hanau 1740.

— **Meditationes pentecostales de nexu paschatis et pentecostes. — Servestae 1722: Titius. 4 Bl. 8° 9. 18. 45.**
12.6293

— **Nachricht von ... Henr. Jac. van Bashuysen ... eigner Meynung, wie Maria die Mutter Jesu Christi ohne Mann habe können concipiren und gebähren, zur nothwendigen Ehren-Rettung gegen einen Anonymum, welcher sich mit denen Buchstaben H.P.L.M. in seiner Historie der Journale verbergen, nicht aber bloß geben wollen. — Zerbst: Auctor 1725. 80 S. 8°**
1: Dv 5470. 12: Anthr. 38 ma/3. 18. 24. 111.
12.6294

— Notae selectissimorum commentatorum Judaicorum in Psalmos Davidis ex collectione Hebraica. Lat. redditae a Conrado Stephano Meintelio. Praef. praemisit ... Joh. Georgius Meintel. Acc. eiusdem Dissertatio in Levit. XI, 20.21.22. Andr. Norrelio Sueco opposita. Lib. 1. — Suabaci: Enderes 1744. 284 S. 8° 10. 24.
12.6295

— Observationum sacrarum liber 1. — Francofurti a. M.: Andreae 1708. 152 S. 8°
1. De integritate Sacrae Scripturae, inprimis Veteris Testamenti.
1: Ex 1705 [u.] 1705 a. 4. 5. 7. 9. 12: 4° L. as. 31/1. 15. 20. 26. 27. 28. 30. 34. 36. 39. 45. 78.
12.6296

— Orthodoxia exposita orbi erudito dissertatione propria de Siclo & auditoris de Cherubinis. Cui ... praemissa est Dissertatio epistolaris ad viros ... Carolum Conradum Achenbachium et Joh. Danielem Schmidmannum, in qua de nuperis controversiis theologicis in Belgio modeste disseritur. — Hanoviae 1715: Beausang. 148 S. 8°
1: Ex 18824. 19. 27. 28 [unvollst.] 45.
12.6297

Bashuysen, Heinr. Jacob van (Hannover), Ad dominum Joh. Caspar Frh. von Döringberg dissertatio subm. de rationalitate fidei christianae . . gratul. Zerbst (Sam. Titius) 1720. 32 S. (4.80)

— Ad ... Dn. Christian. Thomasium ... Dissertatio epistolaris de reliquiis primi Adam in secundo. — Servestae 1722: Titius. 4 Bl. 8° 1: Cx 17648.
12.6289

— Dissertatio epistolaris ad V.Cl.Dn. .... de sensu loci 1.Tim. V,17. — Servestae [1722]: Titius. 4 Bl. 8° 18. 46.
12.6290

— Systema antiquitatum Hebraicarum minus ... 18. exercitationibus publico-privatis defensum. — Francofurti a. M.: à Sande 1715. 32,284 S. 8°
Die einzelnen Exercitationes erschienen ursprünglich als Dissertationen.
4. 7. 9. 18. 20. 24. 26. 28. 45.
12.6298

— — Ed. 2. Cui ... adiecta est Wilhelmi Mommae Disputatio de oeconomia foederum Dei ... Cum notis auctoris. — Jenae: Bötticher 1716. 32,284 S. 8°
Die Disputatio des W. Momma ist nicht enthalten. 17. 302.
12.6299

(—) Moderirte und langsame Vertheidigung des bekannten Send-Schreibens Anti-Haltani wieder eines ... Alethophili Eylfertigen Bericht und ... Schmäh-Schrifft. Ingleichen nöthige ... Anm. über das gantz neue Bedencken eines genandten Christian Anhaltini. Nebst denen zu beyden Tractaten gehörigen Beylagen u. Documenten. — [Zerbst 1725.] 46 S. 8° 1: Dl 2368.
12.6300

Bashuysen, Walter van [Hrsg.] s. *Bashuysen*, Heinrich Jakob van: Apologia poetarum, sive approbatio publica poetarum Servestanorum. Um 1750.

— Lyk-Predicatie, over het zaeligh afsterven van wylen ... Heer Frederik Casimir Grave tot Hanau, Rieneck, en Tweebrughen &c ... gedaen in de Neder-landsche Kercke tot Hanau, den 29. Mey 1685. — Hanau 1686: Aubry. 20 S. 2° 17.
12.6301

— De Usu philologiae in omnibus disciplinis, tractatus ... Praefixa est patris (d.i. Henricus Jacobus van Bashuysen) Praefatio ad novum cursum theologicum, qua philologiam theologiae praemittendam esse probatur ... Nunc primum ed. — Servestae: Autor 1726. 16,88 S. 8°
1: Va 242 [u.] 5 in 4° Bibl. Diez 2598. 2. 8. 9. 12: 4° L. gen. 17 [2 Ex.] 14. 18. 23. 28. 29. 41. 46. 180. 300: 74 D 51.
12.6302

Bäsi, D' Frä, v. X. X. (14) 8° Aar., HR Sauerländer & Co. '13. — 50 d

Basia elegant. stud. Basiatoribus etc. vide Joannes secundus.

Basiades, Constantin Herocles (geb Delvinaki in Epirus 29 3 1821)
De veterum Graecorum gymnastice Berolini (1858) (107 S) 8°
Berlin, Med Diss v 13 Okt 1858

Basil, Graf. Trauerspiel in Jamben, in 5 Akten. 8. Amsterdam, Kunst- u. Ind. Compt. 809.

Basil, Saint
s. *Basilius* Magnus Archiepiscopus Caesareae Cappadociae.

Basilakes, Germanos
Βασιλάκης, Γερμανός [διδάκτωρ τῆς φιλοσοφίας]: Κλήμεντος τοῦ Ἀλεξανδρέως ἡ ἠθικὴ διδασκαλία ... Erlangen, k. b. Hof- u. Univ.-Buchdr. v. F. Junge, 1892; 68 S. 8.
Erlangen, Phil. Fak., Inaug.-Diss. v. 1892

Basile, Giambattista, s. Basile, Giovanni Battista

Basile, Giovanni Battista, Dichter, Neapel, † 1637. 1612
Pseudonym: Gian Alesio (Alessio) Abbattutis

Basile, Giambattista: Das Märchen aller Märchen od.: Das Pentameron s.a. Perlen ält. roman. Prosa.

Giambattista Basile. Das Märchen aller Märchen oder. Das Pentameron (Il Pentamerone). Unter Zugrundelegung d Übers. von Felix Liebrecht neu bearb von Hans Floerke Mit 10 Bildbeil von Franz v. Bayros Bd 1 2. München & Leipzig G Müller 1909. 8°
(Perlen Älterer Romanischer Prosa Bd 13 14) A 11 1393

— [deutsch] Der Pentamerone oder: Das Märchen aller Märchen. Aus d. Neapolitanischen übertr. von Felix Liebrecht. Nebst e. Vorr. von Jacob Grimm. Bd 1.2. — Breslau: Max 1846. 8° 1: Xn 6386. 2→11. 12: P. o. it. 107 d. 14. 15. 16. 18→21. 24. 25. 27→30. 32. 39. 41. 43. 44. 51. 109. 111. 300: 5042-A. 304. 308.
12.6343

— Der Pentamerone oder: die Erzählungen der Frauen des Prinzen Thaddäus. Aus d. Ital. verdeutscht von Paul Heichen. — Berlin: Neufeld & Mehring [1888]. VIII,393 S. 8° 1: Xn 6388. 3. 30.
12.6344

— — Berlin: Neufeld & Henius [1889]. VIII,393 S. 8° 34.
12.6345

— — 7. Aufl. Berlin: Schreiter [um 1890]. VIII,393 S. 8° 62. 302.
12.6346

— — 3. Aufl. Berlin: Neufeld & Henius [um 1895]. VIII, 393 S. 8° 43.
12.6347

Basile, Giambattista, Der Pentamerone od. d. Erzählgn. d. Frauen d. Prinzen Thaddäus. A. d. Ital. verdeutscht v. Paul Heichen. 5. Aufl. 8. (VIII, 393 S.) Berlin 898. Neufeld & Henius. 4. —

Basile, Giambattista, der Pentamerone od. die Erzählungen der Frauen des Prinzen Thaddäus. Aus dem Ital. verdeutscht v. Paul Heichen. 6. Aufl. 8. (VIII, 393 S.) Berlin 900. [Neufeld & Henius] Schreiter. n. 4. —

Basilea poetica. Altes und Neues aus unserer Vaterstadt. XVI u. 528 Stn. 8. Basel, Fel. Schneider's Buchh. (A. Geering). 6. —
— — dasselbe, sehr elegant gebunden, mit den Medaillon-Portraits von Hagenbach, Wackernagel, Oser u. Mähly. 1873 9. —

Basilea poetica. Altes u. Neues aus unserer Vaterstadt. 8. (XVI, 528 S.) Basel 874. Schneider. n. 6. —; geb. n. 9. 90

Basilea. — Basilea poetica. Altes u. Neues aus unsrer Vaterstadt. 2., neu bearb., verm. Aufl. — Basel: Geering 1897. XXVII,543 S. 8° 1:Yf 3949[2]. 5. 12:P. o. germ. 77 so. 21.
12.6365

Basileiu, Alexandros: *Ἐπιστολαὶ αὐτοσχέδιοι γραφεῖσαι ὅταν ἐφάνη ἡ δευτέρα τῆς Τερψιθέας γραμματικῆς ἔκδοσις. Ἐκδοθεῖσαι ὑπὸ Ἀλεξάνδρου Βασιλείου. — Ἐν Βιέννῃ τῆς Αὐστρίας* 1809. 68 S. 8° [Zwanglose Briefe, geschrieben beim Erscheinen der 2. Aufl. der Grammatik 'Terpsithea' von Neophytos Dukas.] 12:L. gr. 446. 300:20.838–A.
12.6384

Basilevitsch, G., de systemate resorbente. 4. Strassb. 792. König. 8 gr

Basilewitsch, G., de systemate resorbente. 4. Strasb. König. 792.

Basilewski, B, s.: Staatsverbrechen in Russl.

Basili, Joannes Baptista s. *Basile*, Giovanni Battista. 1732.

Basilia. Ohne M. 1 Bl.

Basiliades, Demetrius, *διορθωτικὰ εἰς τὰ ἀρχαῖα εἰς τὸν Λουκιανὸν σχόλια.* gr. 8. (51 S.) Jena 884. (Neuenhahn.) n. 2. —

Basiliades, Nicolaus (geb Bukarest 16 7 1824) De chronica gastritide Berolini (1850) (28 S) 8°
Berlin, Med Diss v 14 Okt 1850

Basilica, s.a. B a s i l i k a

Basilica. – Basilicorum libri.
[griech. u. lat.] Basilicorum titulus de diversis regulis iuris antiqui nunc demum integer, e Codice Coisliniano ed. Ca rolo Witte. — Vratislaviae: Editor 1826. XXVI,46 S 4°
1:4° Gk 16390. 2. 3. 4. 6. 7. 8. 10. 12:2° J. rom. f. 62. 17. 18. 21. 24→29. 39. 45. 48. 208. 300:79 D 20. 303.
12.6425

—— titulus de diversis regulis juris antiqui nunc demum integer e codice Coisliniano edente C. Witte. 4 maj. (9½ B. u. lith. fac-simile.) Halae 826. [Lipsiae, Barth.]

— — **[griech. u. lat.] Specimen novae editionis Basilicorum libri 46. Tit. 1. exhibens. Curavit Carolus Guilielmus Ernestus Heimbach. — Lipsiae: Barth 1829. 8 S. 8° 6.**
12.6426

Basilicorum libri LX. (Vol. I—VI: Post Annibalis Fabroti curas ope codd. mss. a. Gustavo Ernesto Heimbachio aliisque collatorum integriores c. scholiis ed., editos denuo rec., deperditos restituit, translationem lat. et adnotationem crit. adiecit D. Carolus Guilielmus Ernestus Heimbach, Antecessor Jenensis.) T. (I)--VI. Suppl. VII. *Lipsiae: J. A. Barth 1833– 97.* 8 Bde 4.
(I) 1833 (XX S, 1 Bl, 822 S)
II Lib XIII--XXIII contin. 1840 (XVI, 781 S., 1 Bl)
III Lib XXIV—XXXVIII contin 1843 (VIII, 786 S, 1 Bl.)
IV Lib XXXIX—XLVIII contin 1846. (VIII, 704 S)
V. Lib. XLIX—LX. contin. 1850 (XVI, 918 S., 1 Bl.)
VI. Prolegomena et manuale Basil. contin. 1870. (IV, 434 S.)
Suppl. [I] Lib XV—XVIII Basilic. c. scholiis antiquis integros nec non lib XIX Basilic novis auxiliis restitutum continens Ed ... Carolus Eduardus Zachariae a Lingenthal, ... prof. Heidelberg. ... 1846. (VIII, 288 S.)
VII. Suppl II Reliquias librot. ined ex libro rescripto Ambrosiano ed. E. C[ontardo] Ferrini, antecessor Ticinensis. [&] J Mercati, Bibl Ambros. dr. Praefationem, versionem lat., notas, appendices add E. C. Ferrini 1897 (XV, 256 S) [97 5688

—— **Supplementum, s.a. Supplementum.**

— — **[griech. u. lat.] Basilicorum supplementa inedita. (Hrsg.: Carolus Witte.) — Halis Sax. [1846]: Heynemann. X S. 8°**
Glückwunsch für Ludwig Wilhelm Anton Pernice zum 25. Doktorjubiläum 1846.
3. 4. 6.
12.6427

— — **Synopsis Basilicorum. Ed. C. E. Zachariae a Lingenthal. — Lipsiae: Hirschfeld 1869. XI,705 S. 8° (Jus Graeco-Romanum. 5.)** 1:Gk 15140–5. 2. 3. 4. 7. 8. 10. 11. 12:J. rom. f. 154 nc–5. 16. 17. 19. 20. 24→28. 30. 111. 208. 300:34.009–B.H. 5.
12.6428

— — **[griech. u. lat.] Paralipomena ad Basilica. Auctor C. E. Zachariae a Lingenthal. — Lipsiae: G. E. Schulze 1893. 31 S. 8°** 1:Gk 16420. 6. 8. 27. 29. 208. 300:157.138–C.
12.6429

Basilica Carolina, opus grande ... duobus a Carolis genuinis divi Caroli M. posteris ... Mannhemii palatina in metropoli aedificata: a Carolo Philippo e ducali domo Neoburgica ... inchoata: a Carolo Theodoro e ducali domo Neoburgico-Solisbacensi ... consummata. — (Mannhemii [1760]: Ex Typogr. Electorali aulico.) 80 S. 2°
Als Verfasser wird Johann Heinrich Andreae genannt.
1:2° Si 4134. 5. 7. 12:2° Germ. sp. 10 [2 Ex.] 14. 16. 17. 19. 20. 22. 24. 26. 31. 32. 36. 38. 61. 66. 89. 90. 107. 121. 180. 209. 304.
12.6408

Basilica, daß ist Herrliche Kirchen des Frey-Reichs Klosters St. Ulrich und Afra in Augspurg . . .; auß latein in teutsch vbersetzt und vermehrt von Romano Kiztler . . . Augspurg 1712. V: *Hertfelder von Hettingen, Bernhard.* (CLZür Forts. III)

Basiliense Territorium
Basiliensis Territorii Descriptio nova. Auctore Sebastiano Munstero. 1 : 190,000 circa. 1 Bl

Basiliensis — Territorij — Nova Descriptio. Amstelaedami Penes Gerardum Valk et Petrum Schenk. Petrus Kaerius caelavit. 1 : 260,000. 1 Bl.

Basiliewicz, Iwan, s. Iwan ꝛc.

Basilika, s.a. B a s i l i c a

Basilika.– Τῶν Βασιλικῶν βιβλία, s. B a s i l i c a.– Basilicorum libri.

Die Basilika des heil. Bonifazius, als die Münchener Pfarrkirche zum heil. Bonifazius. München, o. J. (184*). 8°. Cart.
8 S. – Grundsteinleg 12 Oktob. 1835.

Basilika, die, in Trier. Deren Geschichte und Einweihung zur Evangelischen Kirche am 28. Septbr. 1856. Mit (2) Stahlst. (in gr. 8. u. 4.) Trier 857. Lintz. gr. 8. (2 Bl., 40 S.) 20 ngr; Prachtausg. in gr. 4. mit lith. Titel in Farbendr. 1 rthl 10 ngr

Basilika, die, in Trier. Deren Geschichte und Einweihung zur evangel. Kirche am 28. Septbr. 1856. gr. 8. (III und 40 S. mit 2 Stahlst. in gr. 8. und gr. 4.) Trier 858, Lintz' Verlag. Prachtausg. in gr. 4. mit chromolithogr. Titel.

Basiliken, die, d. christl. Roms. (50 T) fol m Text v. C C J Bunsen. 4° München (1842)

Basiliken, die, des christl. Roms aufgenommen von den Architekten J. G. Gutensohn u. J. M. Knapp. Nach der Zeitfolge geordnet u. erklärt, u. in ihrem Zusammenhange mit Idee u. Geschichte der Kirchenbaukunst dargestellt von Chr. Karl Josias Bunsen. (In 7 Heften.) Fol. München 843, 44, Literar.-artist.-Anstalt. (à n. 1½ rthl) n. 9½ rthl
Text besonders gr. 4. Ebendas. 1844. 1 Thlr. 15 ggr. — 2 fl. 42 kr.

Basiliken, d., d. christl. Roms. (Geordn. u. erkl. v. CKJ Bunsen.) N. Asg. Fol. (6 m. 50 K.) Münch. 64. (Frankf., Baer u. Co.) n. 8. —

Basiliken, die, des christlichen Roms. (Geordnet und erklärt von C. K. J. Bunsen.) (Neue Ausg.) München 864. Literar.-artist. Anstalt. gr. Fol. (50 Kpfrtaf. u. 3 Bl. Text.) n. 8 rthl

Basilio, Francesco: Le assicurazioni marittime a Trieste ed il centro di riunione degli assicuratori. (214 m. Fig., 30 [13 Fksm.-, 9 Bildn.-]Taf. u. 2 Bl. Erklärgn.) Lex8° Trieste '11. (Triest, FH Schimpff.) 8.50

Basilio, San
s. *Basilius* Magnus Archiepiscopus Caesareae Cappadociae.

Basiliscus. — Basiliscus. Tragoedia. Das ist: Trauriger Undergang Basilisci deß Käysers, sambt seinen 4. Söhnen. Vorgestellt von d. studierenden Jugend d. Gymnasii d. Societet Jesu zu Landsperg. Im Jahr 1701. — Augspurg [1701]: Utzschneider. 4 Bl. 8° 12:4° Bavar. 2193-VI,12.
12.6441

Basilisk: Der Basilisk
v National-Zeitung

Basilisk: Der Basilisk (I)
① Blätter von und für Basel und die Schweiz, aus dem Gebiete der Politik, Belletristik, Kunst, Industrie, Literatur und des Humors — «Wer leisten kann fur aller Wohl, der leist' es Es ist der Geist der Zeit, es ist die Zeit des Geistes» ④ Neue Basler Zeitung ⑤ 1. 1. 1839—31 12 1839 ⑥ 8° (bis 11 1), 4° (seit 15 1 1839) ⑦ wöchentlich 2× ⑧ Basel J C. Schabelitz ⑩ Prof Dr Joh Eckenstein ⑪ Prof. Dr Joh Eckenstein («der Basilisk») ⑫ freisinnige Opposition ⑬ 91 Neujahrsblatt hg von der Gesellschaft zur Beförderung des Guten und Gemeinnützigen 1913 p 36—53. Paul Burckhardt Geschichte der Stadt Basel von der Zeit der Reformation bis zur Gegenwart (Basel 1942), p. 227, 273 ⑭ Bs U ⑮ Einziges Basler Blatt, das für D. F Strauß eintritt

Basilisk. Der Basilisk, neue illustrirte Fastnachtszeitung Februar 1901. 3 Nummern. [*zus.* 12 S.] 4. Basel, Gebr. Lips. *je* fr. —. 20

Basilisk. Der Basilisk, neue illustrirte Fastnachtszeitung. Februar 1902. 3 Nummern. [*zus.* 12 S] 4. Basel, Gebr. Lips. *je* fr. —.20

Basilisk. Der Basilisk. Neue Illustrirte Fastnachtszeitung. März 1903. 3 N^{ro}. [*zus.* 12 S.] 4. Basel, Gebr. Lips. [*je* fr. —. 20]

Basilisk. Der B'. Neue Illustrirte Fastnachtszeitung. Februar 1904. 3 N^{ro}. [*zus.* 12 S.] 4. Basel, Gebr. Lips. [*je* fr. —. 20]

Basilius Achridensis Archiepiscopus Thessalonicensis: Bisher unedirte Dialoge. Ein Beitrag zur Geschichte des griechischen Schismas. Von Josef Schmidt. — München: Lentner 1901. VIII,54 S. 8° (Veröffentlichungen aus d. Kirchenhistorischen Seminar München. 7.) 1:Cb 7218-7. 2. 3. 5. 6. 7. 11. 12:H. eccl. 1170f-1,7. 14. 15. 16. 19. 20. 25. 26. 28. 29. 38. 52. 102. 300:400.494-B. Per. 7. 302→304.
12.6445

Basilius Archiepiscopus Caesareae s. *Basilius* Magnus.

Basilius Camaldulensis
Basilii, P. D., Diarium od. Camaldulensisches Tagebuch, d. i. Lebensbeschreibungen ꝛc. aus d. Orden d. heil. Romualdi. 4 Thle. 4. Wien 753, 54. Trattner. 3 ℛ

Basilius Camaldulensis: Diarium oder camaldulensisches Tag-Buch. Th. (1)-4. — Wien: Trattner 1754. 8° 7. 12:4° Asc. 99. 16. 19. 25. 307.
12.6446

Basilius Imperator Constantinopolitanus
s. *Basilius I.* Imperator.

Basilius Abt v. Einsiedeln
Weltlicher Name: Basil Oberholzer
— [Hrsg.] s. *Aktenstuecke* zur Beleuchtung des Verhältnisses des Stiftes Einsiedeln zum Kloster Fahr. 1880.

Basilius der Heilige
s. *Basilius* Magnus Archiepiscopus Caesareae Cappadociae.

Basilius I. Imperator, s. Basilica. - Basilicorum libri.

— [Prochiron legum, griech. u. lat.] *'Ὁ πρόχειρος νόμος.* Imperatorum Basilii, Constantini et Leonis Prochiron ... Nunc primum ed., prolegomenis, annotationibus et indicibus instr. C. E. Zachariae. Acc. Commentatio de Bibliotheca Bodleiana eiusque codicibus ad ius Graeco-Romanum spectantibus. — Heidelbergae: Mohr 1837. CCXII, 368 S. 8° 1:Gk 18120. 2. 4→11. 12:J. rom. f. 136 fa. 16. 17. 19. 24. 25. 23. 23. 35. 809:2 V 30.
12.6464

Basilius Magnus Archiepiscopus Caesareae Cappadociae
— de utilitate ex profanor. scriptor. lectione capienda ad studios. literar. juvent. allocutio. 8. (Alt., Aue). 779. 2 gr.

— Epistola ad Gregor. Nazianzenum de vita ascetica, correctius edente, et praelectionibus academicis illustrandam exhibente Christophoro Sonntagio. — [Altdorf] 1700. 4 Bl. 8° 26. 180.
12.6604

Basilius, adversus Eunomium. Siehe Nonnus.

— Homilia XV et XVI de fide in Deum unum et trinum. Opus a Congregatione latina maiori, quae Salisburgi viget ... oblatum. — Salisburgi 1840: Duyle. 30 S. 8° (Excerpta ss. patrum continuata. 29.) 300:99.558-A. 27. 303. 308.
12.6619

— *'Ὁμιλία πρὸς τοὺς νέους, ὅπως ἂν ἐξ ἑλληνικῶν ὠφελοῖντο λόγων.* De utilitate ex profanorum scriptorum lectione capienda ad studiosam iuventutem allocutio. In usum auditorii sui recudi fecit Christ. Frid. Boernerus. — Lipsiae 1713: Fleischer. 32 S. 8° 14. 24.
12.6534

— *'Ὁμιλία πρὸς τοὺς νέους, ὅπως ἂν ἐξ ἑλληνικῶν ὠφελοῖντο λόγων.* De utilitate ex profanorum scriptorum lectione capienda ad studiosam literarum iuventutem allocutio. Ad ed. Potterianam denuo excusa. — Lipsiae 1779: Jacobaeer. 31 S. 8° 5. 8. 15. 34.
12.6536

— [deutsch] Auserlesene Homilien ... Übers. u. erl. von Johann Georg Krabinger. — Landshut: Thomann 1839. XXXV, 231 S. 8° 1:B 7905. 4. 10. 12:P. gr. 28 m. 19. 24.
12.6614

Basilius des Großen auserlesene Homilien. Aus d. Griech. übersetzt u. erläutert von Joh. Georg Krabinger. gr. 8. Landshut 839. Thomannsche Buchh. (Attenkofer.) 11/12 ℛ Hieraus ist besond. abgedruckt: Predigt über die Demuth. Aus d. Griech. übersetzt von Joh. Georg Krabinger. gr. 8. Ebd. 839. 1/12 ℛ

Basilius der Große, Neun Homilien über das Sechstagewerk, übersetzt von Valentin Gröne. Kempten, Kösel, 1875, 12°. 531 S. 1 Bd. der ausgew. Schriften, 2,40 Mk.
Vgl. auch die ältere Übersetzung. Ebendas., 1838 ff.

Basilii liber de spiritu sancto, s.a. Patrum, sanctorum, opuscula selecta.

— Liber de Spiritu Sancto ad Amphilochium Iconii Episcopum. — (Oeniponti: Wagner 1875.) 162 S. 8° (Sanctorum patrum Opuscula selecta, ed. et comm. auxit H. Hurter. 31.) 12:P. lat. C. 100 d-1,31. 20. 300:146.603-A. 31. 302. 308.
12.6688

Basilius (d. hl.) der Grosse, Mahnworte an die Jugend üb. den nützlichen Gebrauch der heidnischen Literatur. Hrsg. u. erklärt v. Jos. Bach. 2 Tle. 8. Münster 900. Aschendorff. n. 1.45
1. Text. Nebst e. Anh. (XXX, 38 S.) Geb. in Leinw. — 70
2. Kommentar u. lateinische Übersetzung. (52 u. 22 S.) — 75

Basilii Menologium Graecorum. Graece et latine studio Ann. Card. Albani. Cum figg. Urban. 727. f. 28 rthl.

— opera dogmatica, s.a. Bibliotheca patrum Graecor. dogmatica.

— [griech. u. lat.] Sancti Basilii et Sancti Gregorii Nazianzeni Opera dogmatica selecta ... Acc. app. Eunomii Apologeticum et Confessionem et Amphilochii Epistolam synodalem continens. Edenda curavit Joannes Davides Henricus Goldhorn. — Lipsiae: Weigel 1854. VI,733 S. 8° (Bibliotheca patrum Graecorum dogmatica. 2.) 1:B 1404-2. 2. 3. 5. 7. 8. 9. 12:P. gr. C. 8 x-2. 15. 20. 21. 26. 29.
12.6507

Basilii, Sancti, Opera omnia quae exstant, vel quae ejus nomine circumferuntur, ad msptos. cod. Gallicanos, Vatican. Florentin. et Anglic. necnon ad antiquiores edition. castigata, multis aucta; nova interpretat., crit. praefationib., notis, variis lectionib. illustrata, nova sancti doctoris Vita et copiosissimis indicib. locupletata; opere et stud. monachor. ord. St. Benedicti e congreg. s. Mauri. Gr. et lat. III Vol. (à 2 Pts.) 8maj. Paris 839. (Lipsiae, Michelsen.)

— · **Ad adolescentes oratio de modo e literis Graecis utilitatem percipiendi. Graece ... ed. ... Fridericus Guil. Sturz. — Gerae: Roth 1791. 190 S. 8°**
1: 8° Bibl. Diez 2139a. 4. 5. 7. 8. 10. 12: P. gr. 29f. 14. 15. 19. 45.
12.6537

– O r a t i o
— — *de humana Christi generatione.* Gr. et lat. cum notis ed. J. B. Carpzov. Helmst. 756. 4.

— **Oratio de humana Christi generatione. Graece et Latine ex rec. Juliani Garnier in sectiones primum descripta, nova versione, argumento et notulis macta per Joh. Bened. Carpzov. — Helmstadii (1757): Schnorr. XXXXVII S. 8°**
7. 8. 12: 4° Diss. 1887/14 [2 Ex.] 19. 24. 45. 53.
12.6636

— — **[griech. u. lat.] De legendis gentilium libris oratio cum interpretatione gemina Hugonis Grotii et Leonardi Aretini notisque Joan. Potteri. Joann. Henr. Maius ... rec. ... atque ... Epistolam Hieronymi ad Magnum oratorem Romanum ... adiecit. — Francofordiae a. M.: Hocker 1714. 115 S. 8°**
1: B 7950. 4. 5. 7. 10. 12: 4° P. gr. 20 [2 Ex.] 14. 15. 17. 18. 19. 21. 26. 36. 41. 48. 52. 300: 74 R 60.
12.6535

Basilius, Sanctus. De legendis gentilium libris, oratio, . . . In usum scholarum. Lipsiae 1779. H: *Krebs, Joh. Tob.* (HOFF)

– O r a t i o de modo . . . , s. B a s i l i u s : Ad adolescentes o r a t i o .

— **[griech. u. lat.]** ***Πρὸς τοὺς νέους, πῶς ἂν ἐκ τῶν ἑλληνικῶν ὠφελοῖντο λόγων παραίνεσις.*** **Mahnworte an die Jugend über den nützlichen Gebrauch der heidnischen Litteratur. Hrsg. u. erkl. von Joseph Bach. T. 1. 2. — Münster: Aschendorff 1900. 8°** **1: B 7956. 6.**
12.6545

— — **T. 1. 2. Ebd. 1900. 8° (Aschendorffs Klassiker-Ausgaben.)** **211.**
12.6546

—— Predigt über die Demuth. A. d. Griech. übers. v. Joh. Geo. Krabinger. gr. 8. (1 B.) Landshut 830, Thomann'sche Bh.
Aus d. vorsteh. Werke besond. abgedruckt.

— Predigten u. Schrift. a. d. Griech. v. Wendel. 6 Bde. 8. Wien, Camesina. 776.

— **Predigten, und sämmtliche Schriften. Übers. von Joseph Edlen von Wendel. Bd 1–6. — Wien 1776–78: Kurzböck. 8°**
2. 12: P. gr. 27 m. 22. 30. 31. 61. 102 [³3]. 211. 214. 300: • 43 Aa 26.
12.6479

— Predigten u. sämmtliche Schriften, übers. von J. v. Wendel. 6 Thle. gr. 8. Wien 1777, Heubner. 3⅓ Thlr. — 6 fl.

— · **[Ausz., deutsch] Zur Feyer der Faste eine Rede des heil. Vaters Basilius sammt einer Litaney mit Buß- und Kirchengebeten. ⟨Aus d. Griech. u. Lat. übers.⟩ Von Herenäus Haid. — München: Giel 1822. 48 S. 8°**
12: P. gr. 28 u. 19.
12.6679

-- **[griech. u. deutsch] Rede an christliche Jünglinge über den rechten Gebrauch der heidnischen Schriften. Recension des Textes, Erklärung u. Uebers. von Corbinian Wandinger. — München: Lentner 1858. 69 S. 8°**
Zugleich Progr. Freising Kgl. Studienanstalten 1858.
1: B 7955. 12: P. gr. 30 mc. 15. 19. 22. 25. 102.
12.6542

— · **[deutsch] Rede an christliche Jünglinge, über den rechten Gebrauch der heidnischen Schriftsteller, übers. und erl. von Friedr. Aug. Nüsslin. — Mannheim: Loeffler 1839. VIII, 56 S. 8°** Zugleich Progr. Lyzeum Mannheim 1839.
12: P. gr. 30 m. 180.
12.6548

-- **Rede an christliche Jünglinge über den rechten Gebrauch der heidnischen Schriftsteller ... Mit deutschen Anm. von Gustav Lothholz. — Jena: Mauke 1857. XXII, 153 S. 8°** **1: B 7954. 2. 7. 9. 10. 12: P. gr. 29 q. 14. 15. 16. 21. 24. 25. 27. 32. 34. 45. 48. 169.**
12.6541

Basilius d. Gr.: Rede an d. Jünglinge, wie sie m. Nutzen heidn. Schriftsteller lesen können. Üb. d. Aufn. u. Erziehg d. Kinder im Kloster, s. a. Sammlung d. bedeutendsten pädagog. Schriften.

— **Basilius der Große. Rede an die Jünglinge, wie sie mit Nutzen heidnische Schriftsteller lesen können. Über die Aufnahme und Erziehung der Kinder im Kloster. Johannes Chrysostomus. Seine pädagogischen Grundsätze, dargest. in ausgewählten Kapiteln und Zitaten aus seinen Homilien über die paulinischen Briefe. Bearb. von Aloys Hülster. — Paderborn: Schöningh 1906. VI, 54 S. 8° (Sammlung d. bedeutendsten pädagogischen Schriften. 31.)**
1: Nc 7476–31. 6. 14. 20. 25. 29. 38. 61. 84. 207. 211.
12.6549

Basilius der Große, ausgewählte Reden, s. a. Predigt, die, der Kirche.

— **Ausgewählte Reden. Mit e. einleitenden Monographie ... hrsg. von F. J. Winter. — Leipzig: F. Richter 1892. XXI, 150 S. 8° (Die Predigt d. Kirche. 19.)** **2. 3. 6. 12: Hom. 1239 g–19. 17. 21. 26. 27. 29. 38. 75. 302.**
12.6615

Basilius' ausgewählte Schriften, s. a. Bibliothek der Kirchenväter.

— **[deutsch] Ausgewählte Schriften. (Übers.: Valentin Gröne.) Bd 1–3. — Kempten: Kösel 1875–81. 8°**
1. Mit e. kurzen Lebensbeschreibung ... u. Einl. versehen von Valentin Gröne. 1875.
(Bibliothek d. Kirchenväter. 33. 48. 69.) **1: B 1367–7. 2 → 6. 8 → 11. 12: P. gr. C. 8 wc–33. 48. 69. 15 → 21. 24 → 28. 43. 52. 102. 169. 211. 300: 93.403–A. 13/15. 302 → 304.**
12.6508

Basilius v. Cäsarea, d. Gr., sämmtl. Schriften. Aus d. Urtext in d. Deutsche übers. (von G. Waitzmann, Privatlehrer). 8 Bde. (der Werke der Kirchen. Väter 19—26r). gr. 8. Kempten 1840—41, Kösel. 6⅔ Thlr. — 12 fl.
Diese Uebersetzung ist ohne kritischen Werth.

Basilius: S e r m o de . . . , s. a. B a s i l i u s , Oratio de . . .

— – **Sermo de legendis libris gentilium. Salisburgi 1841: Duyle. 36 S. 8° (Excerpta SS. Patrum continuata. 30.)**
300: 99.558–A. 28. 308.
12.6592

– De u t i l i t a t e . . . , s. B a s i l i u s : De utilitate . . . a l l o c u t i o .

– De v i t a ascetica, s. B a s i l i u s : E p i s t o l a . . . de vita ascetica.

Basilius Salvendensis: Zwo Predigten vom Wucher. — Leipzigk 1550: Günter. 19 Bl. 8°
1: E 2608. 7. 12: 4° Hom. 172 i. 14. 15. 18. 23. 28. 30. 41. 45. 300: 20 Dd 1539.
12.6708

Basilius Sanctus, s. B a s i l i u s M a g n u s

Basilius Archiepiscopus Thessalonicensis, 12. Jh. 1901 s. ***Basilius*** **Achridensis.**

Basilius Valentinus: [Werke] Chymische Schriften alle, so viel derer verhanden, anitzo zum ersten mahl zusammen gedruckt ... verm. u. verb. (Hrsg.: W.S.L[ange].) (Th. 1.2.) — Hamburg: Nauman & Wolff 1677. 8°
1: Mu 1450. 4. 7. 10. 14. 17. 18. 22. 24. 29. 30. 35. 38. 41. 48. 61.
12.6728

— — Anitzo zum dritten mahl zusammen gedruckt ... verm. u. verb. (Hrsg.: W.S.L[ange].) (Th.1.2.) — Ebd. 1700. 8° 2. 6. 7. 11. 12: Alch. 298. 15. 17. 18. 20. 26. 28. 36. 41. 111.
12.6730

Basilius Valentinus, Frater: Chymische Schriften. Ed.5, hrsg.von Bened(ikt) Nik(olaus) Petraeus. Th.1 - 3, 1188 S., gbd., Abb.

O.O.: 1704

— Basilius innovatus. Das ist: Basilii Valentini Chymische Schrifften, anjetzo zum vierdten mahl zusammen gedruckt ... Nebst e. neuen Vorr. ... von Bened.Nic.Petraeo. (Th. 1-3.) — Hamburg: Heyl 1717. 1133 S. 8°
3. Chymischer Schrifften 3. Theil. Oder: Eschenreuters Tractätlein, nebst noch einigen andern MS. vom Basilio, so noch niemahls gedruckt worden.
1: Mu 1450[4]. 2. 3. 7→10. 12: Alch. 301 [2 Ex.] 17. 24. 26. 27. 31. 34. 38. 41. 42. 43. 61. 210. 300: 75 J 33. 302.
12.6731

— Chymische Schriften ... Samt e. neuen Vorr. ... von Bened. Nic. Petraeo. 5. Ed. (Th. 1-3.) — Hamburg: Richter 1740. 1133 S. 8°
2. 7→10. 17. 18. 29. 38. 302. 303.
12.6732

— — 6. Ed. (Th. 1-3.) Leipzig; Wien: Krauß 1769. 1133 S. 8° 3. 12: Alch. 304. 24 [** 1.2].
12.6733

— Letztes Testament, darinnen die geheime Bücher vom grossen Stein der uralten Weisen und andern verborgenen Geheimnüssen der Natur. Auß d. Orig. ... nachgeschrieben: Und nunmehr ... neben angehengten XII Schlüsseln
— — Zum vierdtenmahl ans Liecht gegeben, deme angehänget ein Tractätlein von der Alchimie ... von Georg Philips Nenter. (Th. 1-5.) — Strasburg: Dulßecker 1711-12. 8°
Sondertitel:
1. Basilius: Von dem großen Stein der Uhralten ... Neben angehängten Tractätlein. 1711.
2. Basilius: De Microcosmo. o. J.
3. Basilius: Conclusiones oder Schluß-Reden. 1711.
Im Exemplar von 7 fehlt die Schrift Von dem grossen Stein der Uralten.
2. 7. 10. 12: Alch. 299 [2 Ex.] 23. 29. 30. 61 [** Titelbl.] 300: Hauptwerk = 70 Cc 240; Sondert. 1.2 = 70 Cc 239.
12.6763

— Tractatus chymicus de quinta essentia. Das ist: Chymisches Werck von dem fünfften Wesen, welches bishero niemals gedruckt ... Nebst zugehörigen Oefen, e. kurtzen Vorr. u. Reg., wie auch einem andern raren Msto, wie nemlich aus e. gewaschenen Gold-Schlich eine grosse Tinctura leicht u. bald zu bereiten ... Ans Licht gestellet ... von Sincero Aletophilo. — Erfurt: Crusius 1738. 69 S. 8° 7. 10. 14. 17. 23. 28. 29. 41. 300: 75 J 119.
12.6767

— Triumph-Wagen des Antimonii, mit Theodori Kerckringii Anmerckungen, nebst e. Vorbericht. Neue Aufl. — Nürnberg: Felßecker 1752. 350 S. 8° 17 [defekt]. 30. 211.
12.6772

Basilius Vicentinus s. *Basilius* Valentinus.

Basilius, B., das Geheimniß aller Geheimnisse im allerheiligsten Sakramente des Altars. In Betrachtungen auf jeden Tag des Monats. Aus dem Latein. übers. von Matth. Schneider. gr. 16. (XX, 564 S. mit 1 Stahlst.) Freiburg i. Br. 878, Herder'sche Verlagsh. *

Basilius, Timotheus Caesarinus [Pseud.],
s. Kuttge, Johann Daniel

Basin der Jüngere, Kunstreiter: Die Reitkunst für Damen auf Quersätteln, oder sogenannten englischen Hornsätteln. Nebst Vorschriften für die sie auf ihren Spazierritten begleitenden Cavaliere. — Ilmenau: Voigt 1827. VI,54 S. 8°
15. 17. 32.
12.6781

Basiner, Alfr., die Vergiftung m. Ranunkelöl, Anemonin u. Cardol in Beziehung zu der Cantharidinvergiftung. Inaugural-Dissertation. gr. 8. (69 S.) Dorpat 881. (Karow.) n. 1. —

Basiner A., d. Vergift. m. Ranunkelöl 1882. —.60

Basiner, Oskar
Basiner, O., De bello civili Caesariano. Quaestiones Caesarianae. I. Diss. 1883. 79 S.

Basiner, Osc., de bello civili Caesariano. Quaestiones Caesarianae. Pars I. gr. 8. (VI, 78 S.) Dorpati Livonorum 883. (Moskau, Deubner.) n. 1. 60

Basiner, Osk. v., Wladimir Ssolowjew, e. russischer Dichtergenius. (84 S.) 8. St. Petersburg (908). (Bonn, F. Cohen.) n. — 50
Sonderabdruck aus: „St. Petersburger Zeitg.“

Basiner, Theod., Bericht üb. das 50jähr. Jubilaeum Sr. Exc. des wirkl. Staatsraths u. Ritters Dr. Chr. v. Steven, siehe: Bulletin de la société Imp. des naturalistes de Moscou. Tome XXIII. 1. partie.

Basiner, Theodor, Dr., Ueber die Biegsamkeit der Pflanzen gegen klimatische Einflüsse. Moskau 1857

Basiner, Theodor Friedrich Julius
Basiner, Th. Fried. Jul., Enumeratio monographica specierum generis Hedisari. (8 B. u. 2 Stnt.) Petropoli 846. (Leipzig, Voss.) *
Aus: Mémoires des sav. étrangeres Tom. VI. besond. abgedruckt.

— Naturwissenschaftliche Reise durch die Kirgisensteppe nach Chiwa. — St.Petersburg 1848: Buchdr. d. Kaiserl. Acad. d. Wiss. XV,379 S. 8° (Beiträge zur Kenntniss d. Russischen Reiches u. d. angränzenden Länder Asiens. 15.)
1: Ue 274-15. 2. 3. 6. 7. 10. 12: Russ. 14 r-15. 14→17. 21. 22. 24. 26. 30. 43. 44. 111. 203. 205. 300: 105.059-B. 15. 302. 303.
12.6796

Basis. — Basis. [Philosophische Abhandlung.] — o.O. 1814. 55 S. 8° 1: Ni 4610. 9.
12.6811

Die Basis auf Egeberg bei Christiania und Die Basis auf Rindenleret bei Levanger. — Christiania 1882: (Fabritius). 42 S., 42 Bl. 4° (Geodätische Arbeiten. 1.) (Publication der Norwegischen Commission der Europäischen Gradmessung.) 20.
12.6813

Basis firma aedificii Gerseniani . . Ratisb. 1762. V: *Kraus* [*Krauss*], *Johann Baptist.* (ML)

Basis des Rastadter Friedens ... Paris [Hamburg] 1798. Ü (nicht V): *Tobiesen*, *Ludolph Herm.* (Ky) (MGT) (Wr)

Basis d. Rastädter Friedens oder d. Friedensartikel von Campo Formio. 8. Hamb. 798. (Herold jun.) 3 K Dass. Lingen, Jülicher. 1 K

Basis des Rastädter Friedens, oder die Friedensartikel von Campo Formio. 8. Hamb. Vollmer. 798.

Basis Geographiae Recentioris Astronomica, in qua situs locorum insigniorum geographici ea exactitudine, qua celeberrimi Astronomi eosdem per observationes é plurimis luminarium et circumjovialium Eclipsibus nobis hactenus suppeditarunt pro certiori Geographiae stabilimento positi designatur a Johanne Gabriele Doppelmajero Matth. P. P. operá Joh. Bapt. Homanni S. C. M. Georg. Norimbergae. 1723? 1 Bl.

Basis historiae ecclesiasticae ad usum cleri Augustani. Augustae Vind. 1748. V: *Sandinus, Ant.* (Hauptkat. d. Univ.-Bibl. Tübingen. G. S. 352.)

Basis von Munchen bis Aufkirchen. Blondeau sc. 1:50,000. 1 Bl.

Basisnetz. — Das Berliner Basisnetz 1885–1887. (Vorr.: A. Fischer.) — Berlin: Stankiewicz 1891. IV,87 S. 4° (Veröffentlichung des Königl. Preuss. Geodätischen Institutes.)
1:4° Pr 4772 [u.] 7 in 4° Pr 4700–1889/1891. 4. 7. 10. 11. 12:4° Math. P. 279–33. 17. 18. 27. 29. 48. 84. 87. 89. 90. 109. 169. 203. 205. 302. 305.
12.6818

Basius, Johannes: Paradoxarum Disputationum iuris civilis libri 4 ... Nunc primum aed. — Basileae (1575): Henricpetri. 290 S. 4°   1:2° G 11423 [u.] 11423a. 2. 6. 7. 8. 12:2° Decis. 165/1 [2 Ex.] 14. 18. 19. 21. 23. 25. 27. 28. 29. 34. 39. 41. 44. 46. 48. 51. 117. 208.
12.6821

Baske, H. J., die Masern u. der Keuchhusten, s.a. Hausbücher, medicinische.

Baske, H. J.: Die Masern und der Keuchhusten. Ihre Ursachen, Verhütung u. Heilung. — Berlin: Denicke [um 1880]. 39 S. 8° (Medicinische Hausbücher. 30.)
1: Ic 2490–30. 26.
12.6822

—— Berlin: Denicke (Umschlagt.: Hampel) [um 1880]. 39 S. 8° (Medicinische Hausbücher. 15.)   1: Ic 2494–15.
12.6823

Baske, J., De alliterationis usu Plautino particula I. Diss. 1884. 88 S.

Baske, Johannes Zum Humor bei Jean Paul 4 (18 S) Progr. G Wehlau 1887

Baske, Kurt: Gedenkschrift zur Feier des fünfzigjährigen Stiftungsfestes der Landsmannschaft Littuania. [Verf.: Kurt Baske.] — Koenigsberg i. Pr.: Leupold 1879. IV, 47 S. 8°   10.
12.6824

Baeske, Wilhelm
Baeske, W: Oldcastle-Falstaff in d. engl. Lit. bis zu Shakespeare, s. a. Palaestra.

Baeske, Wilhelm, a. Berlin: Oldcastle-Falstaff in der englischen Literatur bis zu Shakespeare. ⟨T. 1: bis zum Beginn der Reformation.⟩ (Berlin: Mayer & Müller 1905.) (IV, 44 S.) 8° ¶(Erschien vollst. 1905 als Palaestra H. 50.)*)
Berlin, Phil. Fak., Ref. Brandl, Diss. v. 28. Sept. 1905
[Geb. 15. Apr. 78 Berlin; Wohnort: Charlottenburg; Staatsangeh.: Preußen; Vorbildung: Andreasrealgymn. Berlin Reife O 97; Studium: Berlin 8 S.; Rig. 12. Jan. 05.]

Baeske, Wilhelm: Oldcastle-Falstaff in der englischen Literatur bis zu Shakespeare. — Berlin: Mayer & Müller 1905. VI,119 S. 8° (Palaestra. 50.)
Erschien teilweise auch als Diss. Berlin 1905.
1: X 8426–50. 2→11. 12: P. o. germ. 1041 fo–50. 14→18. 20. 21. 25→28. 30. 36. 38. 39. 44. 46. 109. 800: 393.550–B. Per. 50. 302. 303.
9.9392

Baskerville, Alfred: An English Grammar for the use of the Germans. — Cologne: Dumont-Schauberg 1859. VI, 169 S. 8°   5. 38.
Spätere Auflagen dieser Schrift sind in den Bibliotheken 1. 5. 36. 38. 44 u. 207 vorhanden.
12.6830

Baskerville, A., an English grammar for the use of the Germans. 2. edit. Köln 866. Du Mont-Schauberg. gr. 8. (VIII, 182 S.)   n. 20 ngr.

Baskerville, A., an english. grammar for the use of the Germans. 3. ed. gr. 8. (VIII, 182 S.) Köln 873. Du Mont-Schauberg.   n. 2. 20

Baskerville, A., an english grammar for the use of the Germans. 4. ed. gr. 8. (VIII, 182 S.) Köln 879. Du Mont-Schauberg.   n. 2. 20

Baskerville, A., an English Grammar for the use of the Germans. 5th edit. gr. 8. (VIII, 182 S.) Köln 884, DuMont-Schauberg'sche Buchh. *

Baskerville, A., an english grammar for the use of the Germans. 5. ed. gr. 8. (VIII, 182 S.) Köln 885. Du Mont-Schauberg.   n. 2. 20

Baskerville, A., an English grammar for the use of the Germans. 6. ed. gr. 8. (VIII, 182 S.) Köln 890. Du Mont-Schauberg.   n. 2. 40

Baskerville, A., an English grammar for the use of the Germans. 7. ed. gr. 8. (VIII, 182 S.) Köln 896. M. Du Mont-Schauberg.   n. 2. 40

Baskerville, A., an English grammar for the use of the Germans. 8. ed. (VIII, 182 S.) gr. 8. Cöln 905. M. Du Mont-Schauberg.   n. 2. 40

— A practical German Grammar. — Cologne: Dumont-Schauberg [usw.] 1865. X,354 S. 8°   1: Ya 1376. 5. 38.
12.6831

— Legends of the Rhine. — Bonn: Cohen 1878. VIII, 118 S. 8°   1: Zb 10894. 5. 36. 46.
12.6833

Baskerville, Alfred., praktisches Lehrbuch der engl. Sprache, in welchem die wichtigsten Regeln d. Grammatik durch eine große Menge von Beispielen erklärt u. dem Gedächtnisse eingeprägt werden, wobei zugleich eine strenge Stufenfolge vom Leichten zum Schweren beobachtet worden ist. gr. 8. (VI u. 154 S.) Oldenburg 847, Stalling. — 2. verb. Aufl. gr. 8. (VI u. 170 S.) Ebd. 850. — 3. verb. Aufl. gr. 8. (VI u. 169 S.) Ebd. 851. — 4. verb. Aufl. gr. 8. (VI u. 169 S.) Ebd. 852. 5/12 ß

Baskerville, Alfr., praktisches Lehrbuch der englischen Sprache, in welchem die wichtigsten Regeln der Grammatik durch eine große Menge von Beispielen erklärt u. dem Gedächtnisse eingeprägt werden, wogegen zugleich eine strenge Stufenfolge vom Leichten zum Schwerern beobachtet worden ist. 5. verb. Aufl. 1853. — 6. verb. Aufl. 1854. — 7. verb. Aufl. Oldenburg 857. Stalling. gr. 8. (VI, 169 S.)   12½ ngr.

— praktisches Lehrbuch der englischen Sprache, in welchem die wichtigsten Regeln der Grammatik durch eine große Menge von Beispielen erklärt werden, und wobei zugleich eine strenge Stufenfolge vom Leichten zum Schwereren beobachtet worden ist. 8. Aufl. 859. — 9. Aufl. 862. — 10. verb. Aufl. Oldenburg 864. Stalling. gr. 8. (IV, 173 S.)   12½ ngr.

— — 2. Thl. Ebend. 865. gr. 8. (VII, 150 S.) 12½ ngr.

—— praktisches Lehrbuch der englischen Sprache, in welchem die wichtigsten Regeln der Grammatik durch eine große Menge von Beispielen erklärt werden, und wobei zugleich eine strenge Stufenfolge vom Leichten zum Schwereren beobachtet worden ist. 1. Thl. 11.—14. verb. Aufl. gr. 8. (IV, 182 S.) Oldenburg 867—73, Stalling's Verlag.

—— dass. — 2. Thl. 2. verb. Aufl. gr. 8. (IV, 150 S.) Ebendas. 875.

— praktisches Lehrbuch der englischen Sprache, in welchem di. wichtigsten Regeln der Grammatik durch e. große Menge v. Beispielen erklärt werden, u. wobei zugleich e. strenge Stufenfolge vom Leichten zum Schwereren beobachtet worden ist. 1. Thl. 15. verb. Aufl. gr. 8. (IV, 182 S.) Oldenburg 876. Stalling's Verl. 1. 25

Baskerville, A., praktisches Lehrbuch der englischen Sprache, in welchem die wichtigsten Regeln der Grammatik durch eine große Menge von Beispielen erklärt werden, und wobei zugleich eine strenge Stufenfolge vom Leichten zum Schwereren beobachtet worden ist. 1. Thl. 16. verb. Aufl. gr. 8. (IV, 183 S.) Oldenburg 881, Stalling's Verlag.

Schlüssel (38 S.) *

2. Thl. Ebendas. 1875. ℳ 1,50.

— praktisches Lehrbuch der englischen Sprache, in welchem die wichtigsten Regeln der Grammatik durch eine große Menge v. Beispielen erklärt werden, u. wobei zugleich e. strenge Stufenfolge vom Leichten zum Schwereren beobachtet worden ist. 1. Tl. 16. verb. Aufl. gr. 8. (IV, 183 S.) Oldenburg 882. Stalling's Verl. 1. 50;

Schlüssel (38 S.) n. — 50

— —Aussprachebezeichnung dazu, s. Rick, J.

— Englisches Lesebuch für Anfänger. Mit Erläuterungen u. e. vollständigen Wörterbuch. — Oldenburg: Stalling 1852. VIII,192 S. 8°
45. 207.
12.6835

— englisches Lesebuch für Anfänger. Mit Erläuterungen und e. vollständ. Wörterbuch worin die Aussprache durch deutsche Buchstaben genau angegeben wird. Zum Schul- u. Privatgebrauch. 2. umgearb. Aufl. Ebend. 857. gr. 8. (VIII, 205 S.)
n. 10 ngl.

— englisches Lesebuch für Anfänger. Mit Erläuterungen und einem vollständ. Wörterbuch worin die Aussprache durch deutsche Buchstaben genau angegeben wird. Zum Schul- u. Privatgebrauch. 3. Aufl. Ebend. 863. 12. (VIII, 204 S.) 10 ngr.

— englisches Lesebuch für Anfänger. Mit Erläuterungen u. e. vollständigen Wörterbuch, worin die Aussprache durch deutsche Buchstaben genau angegeben wird. Zum Schul- u. Privatgebrauch. 4. Aufl. Ebend. 868. 8. (VIII, 204 S) n. 12½ ngr.

—— the poetry of Germany, s.a Poetry.

— The Poetry of Germany. Consisting of selections from ... the most celebrated poets, transl. into English verse, with the original text. — Leipzig: G. Mayer [usw.] 1854. XXIV,663 S. 8°
14. 21. 26.
12.6837

— — 2., stereot.-ed. Leipzig: G. Mayer [usw.] 1858. XXIV, 332 Doppel-S. 8°
31. 111.
12.6839

— — 3., stereot.-ed. Altona: Haendcke & Lehmkuhl 1870. XXIV,332 Doppel-S. 8°
Nebent.: Deutsche Dichtungen.
87.
12.6840

— the poetry of Germany consisting of selection from upwards of seventy of the most celebrated poets, translated into english verse, with the original text on the opposite page. — Deutsche Dichtungen. Eine Auswahl aus den Werken der berühmtesten Dichter Deutschlands ins Engl. übertragen m. gegenüberstehendem Originaltext. — 3. Ster.-ed. br. 8. (XXIV, 332 S.) Baden-Baden 870. Haendcke & Lehmkuhl. n. 4. —

—— the Poetry of Germany consisting of selections from upwards of seventy of the most celebrated poets, translated into English verse, with the original text on the opposite page. — Deutsche Dichtungen. Eine Auswahl aus den Werken der berühmtesten Dichter Deutschlands ins Engl. übertragen mit gegenüberstehendem Originaltext. 3. Ster.-Aufl. br. 8. (XXIV, 332 S.) Hamburg [Gotha] 871, Haendcke und Lehmkuhl. k

— — 4., stereot.-ed. Baden-Baden [usw.]: Haendcke & Lehmkuhl 1876. XXIV,332 Doppel-S. 8°
106.
12.6841

I Baskerville: Poetry of Germany. Jetzt: Dresd., F Jacobi. 71/75

— - [Schlüssel] Schlüssel zu Baskerville's 'Praktischem Lehrbuch der englischen Sprache. 1.Th.' — Ebd. 1882. 38 S. 8°
207.
12.6834

Baškirceva, Marija Konstantinovna: [Werke, deutsch] Schriften der Maria Bashkirtseff. Bd 1.2. — Oppeln [usw.]: Maske 1901. 8°
1. 2. Tagebuch. Übers. von Lothar Schmidt. 2. Aufl. T. 1. 2.
1: Nt 279[3]. 2. 24. 62. 79.
12.6857

Schriften der Maria Bashkirtseff [Baškircev]. Uebers. aus d. Franz. von Lothar Schmidt [d. i. Goldschmidt]. 2. durchges. Aufl. Bd 1. 2. *Oppeln & Leipzig: G. Maske 1901.* 2 Bde 8° [F.]
[Nebent.:] Tagebuch der M. Bashkirtseff . Bd 1. 2.
[01. 9442

[F.] Tagebuch der Maria Bashkirtseff [Marija Baškircev]. Übs. a. d. Französ. v. Lothar Schmidt [d. i.: Goldschmidt]. Tl. I. II. *Breslau-Leipzig-Wien: L. Frankenstein 1897.* 2 Bde 8.
I (X, 440 S.) II (1 Bl., 447 S.)
[97 1744

Bashkirtseff, M., Tagebuch. Übersetzg. a. d. Franz. v. Loth. Schmidt. 2 Tle. 8. (X, 449 u. 447 S.) [Breslau 897. L. Frankenstein.] Oppeln, G. Maske. 5. —

— — 2., durchges. Aufl. T. 1.2. Oppeln [usw.]: Maske 1901. 8°
46.
12.6877

Baskirceva, Marija Konstantinova
— [deutsch] Maria Bashkirtseff. Tagebuchblätter und Briefwechsel mit Guy de Maupassant. Übertr. u. eingel. von Julia Virginia. — Berlin [usw.]: H. Seemann [1906]. 248 S. 8° (Kultur-Dokumente.)
11. 18. 32. 60.
12.6888

— — 2. Aufl. Ebd. [1906]. 248 S. 8° (Kultur-Dokumente.)
30.
12.6889

— — 3. Aufl. Ebd. [1906]. 248 S. 8° (Kultur-Dokumente.)
9. 12: Art. 22 amb. 24. 32. 38. 43. 61. 79. 302.
12.6890

— — 4. Aufl. Ebd. [1906]. 248 S. 8° (Kultur-Dokumente.)
41. 44. 51. 60. 303.
12.6891

— — 5. Aufl. Ebd. [1906]. 248 S. 8° (Kultur-Dokumente.)
1: Nt 279/2[5].
12.6892

Maria Bashkirtseff [Marija Baškirceva] Tagebuchblätter und Briefwechsel mit Guy de Maupassant. Einzig autor. Ausg. Aus d. Franz. übertr. u. eingel. von Julia Virginia [d. i. Julia Virginia Scheuermann]. 5. Aufl. Berlin & Leipzig: H. Seemann [1906]. 248 S. 8°
[09 7014

Baeskow, Alfred: Die Zangenoperationen an der Marburger-Frauenklinik vom 1. Januar 1885 bis 1. Juli 1897. *Marburg a. L. 1897: O. Ehrhardt.* (45 S.) 8°
Marburg, Med. Diss. v. 4. Okt. 1897

Basl, Ludwig, appr. Arzt, Ass.-Arzt am städt. Krankenh. Nürnberg: Welche Bedeutung kommt dem Trauma in der Aetiologie der malignen Geschwülste zu? Erlangen 1908: Jacob. 28 S. 8°
Erlangen, Med. Diss. v. 18. Dez. 1908, Ref. Graser
[Geb. 30. Okt. 79 Straubing; Wohnort: Nürnberg; Staatsangeh.: Bayern; Vorbildung: Ludwigs-Gymn. München Reife 00; Studium: München 10 S.; Coll 14. Juli 08; Approb. 05.]
[U 09. 704

Basler. Die B. an ihre Bundesgenossen. ([Erklärung, verfasst] Im Namen eines Bürgervereins.... Basel, den 1. Februar 1831.) Auf Verlangen einiger Freunde aus dem Französischen übersetzt. 8. Basel 1831.

Basler Jura [Schlagwort]
Basler Jura. Spezialkarte des Basler Jura u. der angrenzenden Gebiete. 1 : 50,000. Nach den neuesten eidg. topograph. Aufnahmen bearb. v. H. Kümmerly & Frey, geogr. Anstalt, Bern. 2. Aufl. Hrsg. v. der Sektion Basel des schweizer Alpenclub, dem Verkehrsverein f. Basel u. Umgebung u. der Kommission der G. G. zur Verschönerung der Umgebgn. Basels 59× 82 cm. Farbdr. Bern (902). Geograph. Karten-Verlag. n. 3. 20; auf Leinw. n. 3. 80

Basler, Lehrer, Goldberg u. Hirschberg. 1834
s. *Basler*, Johann Gottlieb.

Basler, A.: Erläuternder Text und Beispiele zum musikalischen Faulenzer. (Graphische Darstellung der Tonverwandtschaften.) — Ludwigshafen a. Rh.: Lauterborn 1879. 11 S. 8°
Die graphische Darstellung fehlt. 1:Mus. Gb 96.
12.6904

Basler, A., musikalischer Faulenzer oder graph. Darstellg. der Tonverwandtschaften. Tabelle. Lith. u. color. gr. Fol. Nebst erläut. Text u. Beispielen dazu. gr. 8. (14 S.) Ludwigshafen 879. Lauterborn. 2. 10

Basler, Adolf, approb. Arzt aus Offenburg: Ueber die Art des Absterbens verschiedener quergestreifter Muskeln bei erhöhter Temperatur. *Tübingen: F. Pietzcker 1902.* (35 S.) 8°
Tübingen, Med. Diss. v. 1902

Basler, A: Ueb. d. Art d. Absterbens verschied. quergestreifter Muskeln bei erhöhter Temperatur. (33) 8° Tüb., F Pietzcker '02. nn 1 —

Basler, Adolf, Dr. med., Assistent am physiologischen Institut zu Tübingen: Über Ausscheidung und Resorption in der Niere. Mit 2 Textfiguren und 1 Tafel. Tübingen 1906. (M. Hager, Bonn.) (40 S.) 8° ¶(Aus: Archiv für die ges. Physiologie Bd 112).
Tübingen, Med. Fak., Hab. Schr. v. 1906
(Nicht für den Austausch)

— Beiträge zur Kenntnis der willkürlichen Bewegung. Mitteilung 1. — Bonn: Hager 1908. S. 380–418. 8°
1. Die Kontraktion des Froschmuskels bei Strychninvergiftung.
Aus: Archiv für d. gesammte Physiologie d. Menschen u. d. Tiere. 122. 1908. 21. 31.
12.6906

— Beiträge zur Kenntnis der Bewegungsvorgänge des Blinddarminhaltes. — Bonn: Hager 1909. S. 251–276. 8°
Aus: Archiv für d. gesammte Physiologie d. Menschen u. d. Tiere. 128. 1909. 31.
12.6907

— Ueber den Einfluss der Reizstärke und der Belastung auf die Muskelcurve. — Bonn: Hager 1904. S. 254–268. 8°
Aus: Archiv für d. gesammte Physiologie d. Menschen u. d. Tiere. 102. 1904. 21. 31.
12.6911

— Über den Einfluss der Reizstärke auf die Tetanuskurve des Froschsartorius. — Bonn: Hager 1904. S. 344–364. 8°
Aus: Archiv für d. gesammte Physiologie d. Menschen u. d. Tiere. 105. 1904. 21. 31.
12.6912

— Eine einfache Einrichtung zur objektiven Mischung zweier beliebiger Spektralfarben. — Bonn: Hager 1907. S. 625–627. 8°
Aus: Archiv für d. gesammte Physiologie d. Menschen u. d. Tiere 116. 1907. 31
12.6915

— Über das Erkennen von Bewegungen mittelst des Tastgefühls. — Bonn: Hager 1910. S. 368–401. 8°
Aus: Pflüger's Archiv für d. gesammte Physiologie d. Menschen u. d. Tiere. 136. 1910. 19. 21. 31.
12.6916

— Ein einfacher Gärungssaccharometer für den praktischen Arzt. — München: Lehmann 1907. 6 S. 8°
Aus: Münchner medizinische Wochenschrift. 54. 1907. 21.
12.6918

— Über die Größe der mit der Haut eben wahrnehmbaren Bewegungen. — Bonn: Hager 1910. S. 494–510. 8°
Aus: Pflüger's Archiv für d. gesammte Physiologie d. Menschen u. d. Tiere. 132. 1910. 19. 21. 31.
12.6921

— Ein Modell, welches die bei bestimmten Stellungen des Auges auftretende scheinbare Verzerrung eines Nachbildes anschaulich macht. — Bonn: Hager 1909. S. 323–330. 8°
Aus: Archiv für d. gesammte Physiologie d. Menschen u. d. Tiere. 126. 1909. 21. 31.
12.6924

— Über das Sehen von Bewegungen. Mitteilung 1.2.5–7. — Bonn: Hager (7: Berlin: Springer) 1906–23. 8°
1. Die Wahrnehmung kleinster Bewegungen. 1906.
2. Die Wahrnehmung kleinster Bewegungen bei Ausschluss aller Vergleichsgegenstände. 1908.
5. Untersuchungen über d. simultane Scheinbewegung. 1910.
6. Der Beginn d. Bewegungsnachbildes. 1911.
7. Der Einfluß d. Helligkeit auf d. Erkennen kleiner Bewegungen. 1923.
Aus: Archiv für d. gesammte Physiologie d. Menschen u. d. Tiere. 115. 1906. 124. 1908. 132. 1910. 139. 1911. 199. 1923.
19[=1.2.5.7]. 21[=2]. 31[=7].
12.6928

— Über das verschiedene Verhalten des Sartorius und Gastrocnemius des Frosches bei Ermüdung. — Bonn: Hager 1904. S. 141–159. 8°
Aus: Archiv für d. gesammte Physiologie d. Menschen u. d. Tiere. 106. 1904. 21.
12.6932

Basler, Emanuel: Erläuterungen über das neue Mass und Gewicht. (Auszug aus Vorträgen.) — Offenburg 1871: Reiff. 12 S. 8° 31.
12.6947

Basler, Johann Gottlieb: Festrede des Auditor Basler vorgetragen an seinem 25jährigen Amts-Jubiläo, den 19. April 1844. — Goldberg [1844]: Klincke. 20 S. 8° 1:12 in E 241. 2.
12.6948

Basler, J. G. s. a. Gesänge zur Erhöhung des Frohsinns.

Basler, J. G.. Gesänge z. Erhöhung des Frohsinns in freundschaftlichen Zirkeln. Nebst einem Anhange, enth. Gesellschaftsspiele. qu. 8. Liegnitz 827. Kuhlmey. 6 gr.

— Gesänge zur Erhöhung des Frohsinns in freundschaftlichen Cirkeln. Neue, wohlfeilere Ausg. — Liegnitz: Kuhlmey 1834. 93 S. quer-8°
Nebent.: Gesänge und Spiele für frohe Cirkel. 2.
12.6949

Basler, Josef: Über die Bemontirung der k. k. österreichischen Armee. (Verf.: Josef Basler.) — Wien: Basler 1867. 7 S. 8° 300:69.502-B.
12.6950

Basler, Karl: Konrads von Würzburg 'Trojanischer Krieg' und Benoîts de Ste Maure 'Roman de Troie'. (Leipzig 1910: Hoffmann.) 134 S. 8°
Berlin, Phil. Diss. v. 14. Okt. 1910, Ref. Roethe, E. Schmidt
[Geb. 2. Mai 84 Mainz; Wohnort: Berlin; Staatsangeh.: Hessen; Vorbildung: Gymn. z. grauen Kloster Berlin Reife M. 05; Studium: Berlin 10 S.; Rig. 24. Febr. 10.] [U 11. 178

Basler, Kasimir: Reisekarte für das Reich der Töne oder bildliche Darstellung der Tonverwandtschaften. — Carlsruhe: Bielefeld [usw.] [um 1850]. 11 S. 4° 98.
12.6951

Basler, Lucius, Club u. Stunde. Novellencyclus. Basel 865. (Amrisweil, Häberlin.) 8. (151 S.) n. 12 ngr.

Basler, L, Club u. Stunde. Novellencycl. 8. (151) Bas. 65. (Amrisw., Jukor.) n. — 12

Basler, Lucius: Club und Stunde. Novellencyclus. — Basel 1865: Wassermann. 151 S. 8° 1: Yx 13018.
12.6953

Basler, Otto *(geb Goldberg in Schles 21 3 1843)*: Quae cum labore musculorum conjunctae sint mutationis [!] chemicae, quaeritur Vratislaviae (1864). (24 S.) 8°
Breslau, Med. Diss. v. 8 Aug. 1864

Basler, P[eter]. Entsumpfung und Güter-Regulierung im Bünztale. Vortrag des P. B', Kantonsgeometer, gehalten den 28. April 1907 in Villmergen. 15 S. 8. Zofingen, Joh. Fehlmann, 1907.

Basler, W., Betrachtungen über die Massage der Griechen und Römer. S.-A. 1895. 17 S. —.90

Basler, Hans Joachim: Die Erwerbs- und Wirtschaftsgenossenschaften nach bayrischem Recht. Erlangen, Diss. 1910.

Basler, J. L., geistliche Lieder fürs Landvolk. 8. Leipzig, Weygand. 778.

Basler-Confession

Christliche Basler-Confession oder Glaubens-Bekenntniß wie solches bald nach der seligen Reformation aus Gottes Wort gestellt und als der heiligen Schrift gemäß von der Stadt unnd Landschaft Basel angenommen, auch unter uns bisher rein und unverfälscht erhalten worden ist. Basel [um 1800]: Thurneisen. 16 S. 8° 10.
15.

Basnage u. Roques, Betracht. über das Duellir. 8. Jena. 747.

Basnage, historique sur les duels et les ordres de chevalerie. 8. Basel, Flick.

Basnage, Jacques, Seigneur de Beauval
— Würdiger-Tischgast zu dem heiligen-Abendmahl, unsers Herrn Jesu Christi. Übers. durch A. Wohlleb. — Berlin: Rüdiger 1710. 340 S. 8° 18.
12.7009

Basold, C.F. s. *Basold*, Karl Friedrich.

Basold, Karl Friedrich: Tafel zur Bestimmung des Kubik-Inhaltes aller Gattungen geschnittener oder vierkantiger Hölzer, als der Breter, Latten, Pfosten (Bohlen), Stollen, Balken, Werkstücke &c. Nebst e. Gebrauchsanweisung. 2. Aufl. — Dresden: Adler & Dietze 1851. 8 S., 1 Taf. 8°
Sondert.: Anweisung zum Gebrauche der Kubik-Tafel für geschnittene oder vierkantig bearbeitete Hölzer. Nebst e. Vorw. zur 1. Aufl. von G. L. W. Krausch. 2. Aufl. 1851.
12: Math. P. 25f. 14 [= Anweisung].
12.7066

Bason, Paul, die Organisation der Staatseisenbahnverwaltung u. die Büreauordnungen f. die königl. Eisenbahn-Direktionen u. Eisenbahn-Betriebsämter, s.a. Leitfäden f. d. Selbstunterricht u. den Unterricht an Eisenbahnschulen.

Bason, Paul: Die Organisation der Staatseisenbahnverwaltung und die Büreauordnungen für die Königlichen Eisenbahn-Direktionen und Eisenbahn-Betriebsämter. — Breslau: Korn 1893. X, 162 S. 8° (Leitfäden für d. Selbstunterricht u. d. Unterricht an Eisenbahnschulen. 7.)
1: Nz 16344–7. 2. 14. 41. 106. 208.
12.7068

Basquin, Olin Hanson: [Luxfer Prism Handbook, deutsch] Handbuch über Luxfer-Prismen und Elektro-Glas. — (Berlin): Deutsches Luxfer-Prismen-Syndikat 1899. 82 S. 4° 7. 17. 83. 91.
12.7087

Basreliefs, d. antiken, s. Zoega.

Basreliefs. — Historische Basreliefs in Darstellungen ausgezeichnet merkwürdiger Scenen aus der Geschichte. Mit e. Vorr. von Remer. — Halle: Waisenhaus 1803. XVI, 412 S. 8° 1: Pa 368. 10. 12: H. misc. 256. 17. 33. 53. 111.
12.7088

Historische Basreliefs. (Hrsg.: Julius August Remer.) 2., verm. Aufl. — Halle [usw.]: Waisenhaus 1809. XVIII, 436 S. 8°
Nebent.: Historische Gemälde. Darstellungen ausgezeichnet merkwürdiger Scenen aus d. Geschichte früherer Jahrhunderte.
6. 10. 33. 48.
12.7089

Historische Basreliefs. 1821–23
s.a. *Becker*, Gottfried Wilhelm.

— histor., Schilderungen merkwürdiger Personen u. interessanter Begebenheiten vergangener Zeiten. Von *r (G. W. Becker). 2 Bde, 8. Leipz. 821, 23. Klein. 2 ℛ

Basreliefs, histor., Schilderngn. merkwürd. Personen u. interessanter Begebenheiten vergang. Zeiten. Von *r. 2r Bd. 8. Leipz. 822, Klein.

Ueber die von den Herren Brondstedt [u.a.] neu aufgefundenen Basreliefs in dem Tempel des Apollo Epikurius zu Phigalia in Arkadien. Aus d. Ital. u. Engl. zsgest. Mit 5 Kupfertaf. — Weimar: Landes-Industrie-Comptoir 1816. 8 S. 4° 1: 4° Nx 3208. 2. 5. 7.
12: 4° Arch. 16 m. 14. 15. 17. 24. 30. 32. 39. 42. 45. 48. 53.
12.7090

Neue historische Basreliefs. 1827
s.a. *Becker*, Gottfried Wilhelm.

Basreliefs
— neue histor., Schilderungen merkwürd Personen ꝛc. Dargestellt v. *r (G. W. Becker), 8. Leipz. 827. Weygand. 1 ℛ 6 gℛ

Basreliefs, die, an der Vorderseite des Doms zu Orvieto, s. Gruner, L.

Basreliefs, Zwölf, griechischer Erfindung aus Palazzo Spada, dem capitolinischen Museum und Villa Albani . . . Rom 1845. V: *Braun*, *Em.* (Bibl. d. archäol. Instituts in Rom. Rom 1900—02.)

Basreliefs, 12, griechischer Erfindung aus Palazzo Spada, d. capitolinischen Museum u. Villa Albani, herausg. durch das Institut f. archaeolog. Correspondenz. Roy. Fol. (19 Bl. Text u. 13 Kpfrtaf.) Rom 845. (Leipzig, Voss.) baar 18 ℛ

Bass (Hrsg.), s. Heimat, Aus der.

Bass, Alfred, Verlagsbuchhändler, Leipzig. 1901
Pseudonyme: Aristides, Fralba, Feirefiss, Alfred v. Salten
— Neue Bahnen – neue Ziele! Aphorismen zur Schulreform. Von Alfred v. Salten. — Leipzig: Teutonia-Verl. [1906]. 31 S. 8° 26.
12.7093

Bass, Alfred, Chirurg. Wien. 1907: Beiträge zur Behandlung der Laugenverätzungen der Speiseröhre. — Wien [usw.]: Braumüller 1907. 11 S. 8°
Aus: Wiener klinische Wochenschrift. 20. 1907. 302.
12.7126

— Beiträge zur Kenntnis deutscher Vornamen. Mit Stammwörterbuch. — Leipzig: Ficker 1903. 95 S. 8°
1: Dt 600. 6. 8. 10. 12: L. germ. 19 ye. 15→18. 20. 25. 29. 30. 32. 39. 41. 43. 44. 46. 52. 60. 61. 106. 207. 208. 302.
12.7094

! Bass, Alfred: Beiträge zu Kenntnis deutscher Vornamen.
Jetzt: Leipzig, Teutoniaverlag

— Deutsche Erziehung. Praktisch-theoretische Grundlagen einer allgemeinen deutschen Erziehung von Alfred v. Salten. — Leipzig: Teutonia-Verl. 1906. 124 S. 8°
1: Nd 3078/4. 27. 31. 46. 107. 207. 302.
12.7099

— — 2. u. 3. Aufl. Ebd. 1906. 124 S. 8°
12: Paed. Th. 324. 207.
12.7100

— s.: Frühling, deut.

— Feirefiss. Moderner Götzendienst. Tote Bildungselemente in Schule und Haus. — Leipzig: Deutsche Zukunft 1909. 128 S. 8° 26. 207. 300:466.080–B.
12.7101

— Heilwirkung und Aberglauben. Ein kulturgeschichtlicher Ueberblick von Alfred v. Salten. — Leipzig: Borggold [1907]. 19 S. 8° 53.
12.7103

— Der Kaiser und die Nation von Aristides. — Leipzig: Deutsche Zukunft 1909. 31 S. 8° (Deutsch-nationaler Volksbund. Volksschriften. 21.) 101.
12.7104

— Alfred v. Salten. Pädagogische Kleinigkeiten. — Leipzig: Teutonia-Verl. 1907. 74 S. 8° 30.
12.7107

— Kulturwissenschaft und Sprachwissenschaft von Alfred v. Salten. — Leipzig: Deutsche Zukunft 1909. 18 S. 8° (Sprachwissenschaftliche Vorträge. 9.)
1: V 694/10–9. 12: L. gen. 102 ms–9. 15. 207.
12.7108

— — Ebd. 1909. 18 S. 8° (Sonntagspredigten für freie Deutsche. 13.) 101.
12.7109

— Feirefiss. Reden und Aufsätze eines Volkserziehers. — Leipzig: Deutsche Zukunft 1909. 157 S. 8°
300:471.504–B.
12.7112

Bass, Alfr., s. a.: Salten, Alfr. v.

— Deutsche Schulreform. 23 Kapitel vom deutschen Schul- u. Erziehungswesen von Alfred v. Salten. — Leipzig: Deutsche Zukunft 1909. 143 S. 8° 1: Ne 11996/4.
12: Paed. Th. 6726 b. 46. 207. 300:466.173–B.
12.7115

— — Ebd. 1909. 143 S. 8° (Schriften-Folge d. Deutschnationalen Volksbundes.) 101.
12.7116

Bass, Alfr., deutsche Sprachinseln in Südtirol u. Oberitalien. Eine volkskundlich-sprachwissenschaftl. Untersuchg. gr. 8. (V, 104 S. m. Abbildgn.) Leipzig 901. [E. Lucius.] (O. Ficker.) n. 2.50

— Deutsche Sprachinseln in Südtirol und Oberitalien. (H. 1.) — Leipzig: Verf. 1901. 104 S. 8°
30. 34. 41. 47. 106. 109. 207. 212. 302.
12.7117

— Deutsche Sprachinseln in Südtirol u. Oberitalien. 1. Heft: Land u. Leute. 2. durchgeseh. u. verm. Aufl. (IX, 109 S. m. 14 Bl. Abbildgn. u. 1 farb. Karte.) gr. 8. Leipzig 909. Leipziger Verlags- u. Kommissionsbuchh. 2.—

— — 2., durchges. u. verm. Aufl. H. 1. Leipzig: Deutsche Zukunft [1909]. VIII, 109 S. 8°
1: Sa 5923/114³. 5. 8. 12: L. germ. 19 yda. 18. 21. 26. 30. 34. 43. 46. 91. 109. 203. 212. 300:548.252–B. K. 302. 304.
12.7119

! Bass, Alfred: Deutsche Sprachinseln.
Jetzt: Leipzig: Teutoniaverlag

— Deut. Vornamen s.a. Vorträge, Sprachwissenschaftl.

— Deutsche Vornamen. — Leipzig: Deutsche Zukunft 1909. 26 S. 8° (Sprachwissenschaftliche Vorträge. 3.)
1: V 694/10–3. 6. 12: L. gen. 102 ms–3. 15. 36. 53.
12.7121

— — Mit Stammwörterbuch. 2.–5. Aufl. Ebd. 1909. 154 S. 8° 6. 10. 14. 18. 27. 30. 36. 66. 180. 207. 302.
12.7122

— s.: Vorträge, sprachwiss.

— Deutsche Wortforschung und Wortkunde. Hrsg. von Alfred v. Salten, bearb. von Robert Douffet. — Leipzig: Teutonia-Verl. 1907. IX, 215 S. 8° (Teutonia. 3.)
1: Y 25/87–3. 12: L. germ. 271 c–3. 14. 34. 207.
12.7123

— — (3. Aufl.) Ebd. 1907 (1910). IX, 215 S. 8° (Teutonia. 3.)
18.
12.7124

Bass, Eduard

Bass, Ed, Mittel u. Wege zur Schaffung u. Erhaltung e. entsprechenden Sanitäts-Hilfspersonals f. die Militär-Sanitäts-Anstalten u. die Truppen im Frieden u. Kriege. s.a.: Publikationen, militärärztliche. Nr. 50.

BASS, Eduard

Mittel und Wege zur Schaffung und Erhaltung eines entsprechenden Sanitäts-Hilfspersonals für die Militär-Sanitäts-Anstalten und die Truppen im Frieden und im Kriege. Von Dr. Eduard Bass. Vom k. u. k. Militär-Sanitäts-Comité gekrönte Preisschrift. [Militärärztliche Publicationen Nr. 50.] Wien. 1900. Šafář. Gr.-8. 155 S mit 8 Beilagen. fl. 1.80

Bass, Eugen

Pseudonym: Reber

— Das Amyloform, ein neues Wundheilmittel. — Jena: G. Fischer (1897). 2 Bl. 8°
Aus: Zeitschrift für Thiermedicin. 1. 1897. 26.
12.7130

Baß, Eug., Haltung u. Pflege der Haustiere in gesunden u. kranken Tagen. Illustriertes Tierarzneibuch der landwirtschaftl. Nutzsäugetiere. Eine gründl. Unterweisg. üb. die Haltg. u. Pflege der Haussäugetiere in gesunden u. kranken Tagen, üb. die inneren u. äußeren Krankheiten unter bes. Berücksicht. ihrer Ursachen u. ihrer Verhütg. Gemeinverständlich bearb. 1.—6. Taus. (594 S. m. üb. 800 Abbildgn.) gr. 8. Reutlingen (910). Enßlin & Laiblin. Geb. in Leinw. 5.—

— Der bewährte Haustierarzt ... Hrsg. von Reber. Neue Stereot.-Ausg. — Reutlingen: Enßlin & Laiblin [1904]. 127 S. 8° 24.
12.7136

Bass, Eugen (Hrsg.), s.a. Jahrbuch, Therapeutisches, der Thierheilkunde.

Bass, Eug., Therapeutisches Jahrbuch der Tierheilkunde für das Jahr 1894. Berlin 95. R. Schoetz. M. 3.—. Dasselbe für das Jahr 1895. Ebd. 96. M. 4.—

Bass, Eugen: Die Rotzkrankheit der Pferde. E. litterarhist. Studie. Aus: Deutsche Zeitschrift für Thiermed. u. vergleich. Pathologie. Bd 19. [1892.]

Bass, Heinrich

— Anmerk. über Nucks chirurg. Handgriffe. Halle, Renger. 728.

Bass, Heinrich: Henrici Bassii Gründlicher Bericht von Bandagen. — Leipzig: Eyssel 1720. 192 S. 8°
2. 3. 7. 18. 20. 26. 27. 29. 36. 46. 78.
12.7139

— — 2., verb. u. ... verm. Aufl. Ebd. 1732. 255 S. 8°
14. 16. 17. 21. 26. 27. 41. 46. 48. 79. 302.
12.7140

— — 3., verb. u. ... verm. Aufl. Leipzig: Schönermarck 1744. 253 S. 8° 4. 5. 7. 8. 14. 21. 24. 30. 31. 34. 79. 300: • 69 N 46. 302. 309.
12.7141

— — 4., verm. Aufl. Ebd. 1755. 253 S. 8°
1: Ig 11825. 2. 7. 12: Chir. 13. 15. 26. 42. 45.
12.7142

Bassius, Hnr., († d. 5. März 1754.) gründl. Bericht v. Bandagen. Mit Kpf. 8. Leipz. 720. 2e A. 8. Ebd. 732. 3e A. Ebd. 755. (W. Nauck). 10 gr

Bassius, H., gründl. Bericht v. Bandagen, m. Kupf. 8. Leipzig, Sommer. 755.

Bass, Heinr. (Bremen), De fistula ani feliciter curanda. Dissert. chir. Präs. Friedr. Hoffmann. Halle (G. J. Lehmann) Juli 1718. 32 S. (5.50)

— Henrici Bassii Erläuterter **Nuck**, oder gründliche Anmerckungen über Anthon Nucks Chirurgische Hand-Griffe und Experimente ... Nebst ... e. Vorr. Friedrich Hoffmanns. Halle: Renger 1728. 352 S. 8° 1: Ig 4202. 2. 7. 8. 14→18. 21. 23. 26. 27. 29. 36. 46. 79. 302. 304.
12.7144

— Henrici Bassii **Observationes** anatomico-chirurgico-medicae, in 4 decades digestae. — Halae Magdeburgicae: Renger 1731. 327 S. 8°
1: Kt 4140. 2. 5. 7→11. 12: Anat. 58. 14. 15. 17. 21. 24. 27. 29. 30. 33. 41. 46. 48. 61. 79. 211. 300: • 69 J 43. 302.
12.7145

— Henrici Bassii **Tractatus** de morbis venereis, quem observationibus auxit ... J[ohann] W[ilhelm] B[aumer]. — Francofurthi [usw.] 1763. 92 S. 8°
2. 7. 8. 15. 16. 17. 24. 27. 29. 43. 48. 53.
12.7146

— tractatus de morbis venereis etc., c. annotat. ed. Jh. Wlh. Baumer. 8. Frankf. u. Leipz. 763. (Dieterich in Götting.) 3 gr

— tractatus **Veneris**. 8. Erfurt, Dietrich. 762.

Baß, J., Bücher-Auswahl f. württemberg. Schülerbibliotheken, zusammengestellt vom Jugendschriften-Ausschuß des württ. Volksschullehrer-Vereins in Stuttgart u. f. württemberg. Volksbibliotheken, im Auftrag des Vereins f. Wohlfahrts- u. Heimatpflege in Württemberg u. Hohenzollern zusammengestellt. (16 S.) 16. Stuttgart (909.) Holland & Rosenhans. — 10

Bass, J.: Dionysios, s. Bass, Josef

Bass, J.: Geschichte, Biblische, (u. andere Schulbücher) s. Bass, Jakob.

Bass, J, s.: Kling-Klang.

Bass, J: Michael Kohlhaas, s.: Kleist, Heinr. v.

Bass, Jakob

— J. Reinhardt u. O. Spohn, biblische Geschichte f. die Unter- u. Mittelstufe. Im Auftr. des württemb. evangel. Lehrer-Unterstützungsvereins verf. Mit 48 Bildern v. Schnorr v. Carolsfeld. Anh.: Kindergebete f. Schule u. Haus u. 3 Karten: Palästina aus der Vogelschau, Jerusalem u. Umgebg. u. Jerusalem z. Z. Jesu u. der Apostel. gr. 8. (125 S.) Stuttgart 900. Buchh. der ev. Gesellschaft. — 40; geb. n.n. — 60

Baß, J., J. Reinhardt u. O. Spohn, biblische Geschichte f. die Unter- u. Mittelstufe. Im Auftrag des württ. ev. Lehrer-Unterstützungsvereins verf. Mit 50 Bildern von Schnorr v. Carolsfeld. 2., verm. Aufl. (128 S.) gr. 8. Stuttgart 902. Buchh. der ev. Gesellschaft. n. — 40; geb. n.n. — 60

Bass, J., J Reinhardt und O. Spohn Biblische Geschichte für die Unter- und Mittelstufe Im Auftrag des württ ev Lehrer-Unterstützungsvereins verf. Mit Bildern 6 Aufl (Nebst Ergänzung Stuttgart Buchhdlg d Ev Gesellschaft (1906).

— J. Reinhardt u. O. Spohn, Hilfsbuch f. den Religionsunterricht auf der Mittel- u. Oberstufe. Hrsg. vom württ. ev. Lehrer-Unterstützungsverein. (152 S.) 8. Stuttgart 908. Buchh. d. ev. Gesellschaft. Geb. nn — 60

— **J Reinhardt u. D Spohn**: Hilfsb. f. d. Relig.-Unterr. auf d. Mittel- u. Oberst. 2. Afl. (176) 8° Stuttg., Verl. d. ev. Gesellsch. ('11). geb. nn — 70 d

Bass, Jak.: Deut. Kinderreime u. Lieder. Ausgewählt. Ein Buch f. d. Kinderstube. (94 m. z. Tl farb. Abb.) 8° Stuttg., Loewe ('12). L 2 — d

— dass. Volksausg. (46) 8° Ebd. ('12). Pappbd 1 — d

— s: Knabenbuch, Das goldene.

— **Praktisches Latein.** Kurzgefaßter Lehrgang für Buchdrucker. — Stuttgart: Graphischer Klub 1910. 72 S. 8°
1: An 2428. 19. 30. 101.
12.7149

Baß, J., praktisches Latein. Kurzgefaßter Lehrgang f. Buchdrucker. 2., verm. Aufl. (80 S.) gr. 8. Stuttgart 911. J. H. W. Dietz Nachf. nn 1. —

(—) **Märchen aus Schwaben.** Hrsg. vom Jugendschriften-Ausschuss des Württembergischen Volksschullehrer-Vereins. — Stuttgart [usw.]: Union 1906. 202 S. 8°
12: P. o. germ. 892 xl. 14. 24.
12.7151

— s: Realienbuch, Deutsches.

— Realienb., s.: Streich, TF.

— Sagen u. Geschichten aus deutschen Gauen, soweit die deutsche Zunge klingt. Auswahl f. die Jugend. Mit 4 Bunt- u. 12 Tonbildern v. C. Fahringer. (VIII, 182 S.) 8. Stuttgart (910). Loewe. Geb. in Leinw. 3. —

— Dasselbe. Mit 12 Tonbildern v. C. Fahringer. Volksausg. (VIII, 182 S.) 8. Ebd. (910).
Geb. in Halbleinw. 1. 80

— dass. Volksausg. (8, 182 m. 12 Bild.) 8° Ebd. ('10).
HL 1.80 d

— Die schönsten Sagen d. klass. Altertums. s: Schwab, Gust..

— Sagen d. deut. Volkes, s.: Grimm, Jak.

— **Wege** zur künstlerischen Erziehung und literarischen Bildung der Jugend und des deutschen Volkes. — Stuttgart: Franckh [1904]. 111 S. 8° 21.
12.7159

— — 3. Aufl. Ebd. [1905]. 111 S. 8° 33. 207.
12.7160

— — 4. Aufl. Ebd. [1906]. 111 S. 8° 5. 24.
12.7161

— — 5. Aufl. Ebd. [1907]. 111 S. 8° 60. 62. 207.
12.7162

— — 6. Aufl. Ebd. [1908]. 111 S. 8°
1: Ng 154/54⁶. 24. 302.
12.7163

Bass Josef: Geschichtliche Analogien (30). Wien XV. R. 93. Progr.

Bass Jos.: Die physikalischen und geographischen Bedingungen für die Anlage und Entwicklung großer Städte. 25. Wien R. Sechsh. 88. Progr.

Bass, Josef: Dionysios I. von Syrakus. — Wien 1881. 45 S. 8°
Aus: Jahresbericht über das K. K. Staatsgymnasium im II. Bezirke von Wien. 1881.
1: Rt 8760. 5. 12: H. ant. 32 f. 14. 16. 39. 45. 48. 106. 207. 300: 34.418-B. 302. 304.
12.7168

Bass, Jos., Dionysios I. von Syrakus. Nach den Quellen dargestellt. Lex.-8. (45 S.) Wien 881, (Hölder.) *

Baß Josef: 1.) Dionysios I von Syrakus. 2.) Ueber das Verhältnis Herodats zu Hellanikos. Diss.Wien, Univ. D: Wien. 1882.
1881 PN 214

Bass Josef: Die Eintheilung der Alpen und die Schule. (21). Wien XV. R. 96 Progr

— Ludwig Philippson. Eine literar-historische Würdigung zur Hundertjahrfeier s. Geburtstages (28. Dez. 1811). 8°
Aus: Monatsschrift für Geschichte und Wissenschaft des Judentums. 56. 1912.
302.
12.7169

Bass Josef: Selbstbewußtsein und Selbstlob. 16. Wien XV. R. 05. Progr.

Wege zur künstlerischen Erziehung und literarischen Bildung der Jugend und des deutschen Volkes. Ratgeber f. Eltern u. Lehrer ... Hrsg. von J[osef] Baß. 6. Aufl. Stuttgart: Franckh [1905]. (111 S.) 8° [F.]

— Über den Wert historischer Analogien für die Schule. Vortrag. — Wien: Verein 'Mittelschule' 1882. 16 S. 8° 302.
12.7171

Baß, K., Deutschlands Heldenkaiser Wilhelm der Siegreiche. Ein Gedenkbüchlein für das deutsche Volk und seine Jugend. 2., verb. und verm. Aufl. 8. (101 S.) Langensalza 874, Schulbuchh. von Greßler.

Bass, Oskar [aus Prossnitz (Oesterreich)]: Ein Fall von Carcinom und Tuberculose des Uterus. Zürich 1899. 22 S. 8°.
Zurich. Med. Diss. 1898/99.

Bassa.– Der Bassa von Algier, eine dramatisierte Novelle. Frankfurt [usw.] 1781. 92 S. 8°.
1: Yr 9051.7.300:2 in 392.620-A.230. 127176.

Bassa, der, von Algier. Novelle. 8. Götting. 781. Vandenhöck u. R. 4 gr

Der Bassa von Ofen. — o.O. 1765. 72 S. 8° 24.
12.7177

— der, v. Ofen; aus d. Französ. 8. Augsb. 766. v. Jenisch u. St. 3 gr

— d. von Ofen, a. d. Franz. 8. Augsb. Stage. 766.

Bassa von Tunis, eine komische Operette. Berlin und Leipzig 1774. V: *Henisch, Carl Franz* [?] (Minor, Weisse. Innsbr. 1880, S. 199.)

Bassanelli, Eduard s. *Bassanelli*, Odoardo.

Bassanelli, Odoardo: [Memorie autobiografiche, deutsch] Aus dem Leben eines freidenkenden Mönchs, vaterlandsliebenden Priesters und gläubigen Christen. Übers. von M. Ehni. — Barmen: Wiemann [1892]. 62 S. 8°
1: Ck 8788. 5. 12: Biogr. 71 im. 21.
12.7188

Bassanello, Eduard, s. Bassanelli, Odoardo

Bassange, Juwelier, Paris. 1786 s. *Bassenge*, Paul.

Bassani, A: Elemente d. Geometrie, s: Lazzeri, G.

Bassani, Francesco

— Descrizione dei pesci fossili di Lesina accompagnata da appunti su alcune altre ittiofaune cretacee (Pietraroia, Voirons, Comen, Grodischtz, Crespano, Tolfa, Hakel, Sahel-Alma e Vestfalia). — Wien: Gerold in Comm. 1882. 96 S. 4°
Aus: Denkschriften der math.-nat. Classe der Kaiserl. Akademie der Wissenschaften. 45. 1882.
12: 4° Lith. 8h. 302.
12.7193

Bassani Fr. Dr. *Descrizione dei pesci fossili di Lesina accompagnata da appunti su alcune altre ittiofaune cretacee (Pietraroia, Voirons, Comen, Grodischtz, Crespano, Tolfa, Hakel, Sahel-Alma e Vestfalia)* (mit 16 Taf.). D 45. II 195. 12.—
Separatabdruck

Bassanini, Francesco s. *Bassanino*.

Bassanini, Pietro, s. Bassanino, Francesco

Bassanino, Francesco: [La Religiosa, deutsch] Die einsame Kloster-Frau, betrachtet in drey Ständen ... Von Francisco Bassanini. Übers. durch Petrum Obladen. — Augspurg: Rieger 1748. 844 S. 8° 2. 6. 12: Asc. 389. 19.
12.7207

Bassano, Daniele da: [Il Segreto dell'amor di Dio nell'unione spirituale, deutsch] Das Geheimniß der göttlichen Liebe in der geistlichen Vereinigung. Ein katholisches Gebetbuch. Übers. von Benedictus Bechte. — Augsburg: Huttler 1888. 380 S. 8° 12: Asc. 389d. 19. 214.
12.7208

Bassari [Schlagwort]
Bassari, s.: Kolonialkarten.

Basse: De adverbiis, s. Basse, Rob.

Basse: Zusammenstellung des Wichtigsten aus der Lehre... s. Basse, Rob.

Basse, A. F. W., hundert Gedichte, Lieder u. Fabeln f. Kinder v. 3 bis 9 Jahren. Allen wahren Kinderfreunden gewidmet, gesammelt u. hrsg. 16. (64 S.) Düsseldorf 850, Engels & Lensch in Comm. n. 1/12 ß

Basse, Albert, a. Kassel: Beiträge zur Kenntnis des Baues der Tardigraden. Marburg 1905 [übergeklebt, darunter:] Leipzig: W. Engelmann 1905. (24 S.) 8° (Aus Zeitschr. f. wiss. Zoologie Bd 80, H. 2.)
Marburg, Phil. Fak., Ref. Korschelt, Diss. v. 25. Nov. 1905
[Geb. 2. März 79 Kassel; Wohnort: Kassel; Staatsangeh.: Preußen; Vorbildung: Realgymn. Kassel Reife O. 98; Studium: Marburg 4, München 1, Marburg 6 S.; Rig. 29. Juli 02.]

Basse, Ch. Ph. Ant., († d. 10. Mai 1808.) Predigten über den Hannöv. Katechismus. 8. Zelle 797. Schulze. 5 gr

Basse, Franz August [aus Bonn]: Ueber die aus aliphatischen Säurechloriden durch Einwirkung von Natrium entstehenden Producte ... Bonn, Univ.-Buchdr. v. C. Georgi. 1893; 2 Bl., 45 S. 8.
Rostock, Phil. Fak., Inaug.-Diss. v. [19. Juni] 1893

Basse, Gottfried
Pseudonyme: Hilarius Jocosus Federkiel, Emilie Gleim, Polikarpus Krittelmann, Pastor Lachemann, Cyriacus Niesewurz, Gabriel Schlegel, Uriel a Costa

Basse, Gottfried, s.a. Almathologie, prosaische.

[—] Prosaische Almathologie. Enthaltend Erzählungen von Langbein, Lafontaine, Schreiber, Rochlitz, Reinbeck u. St. Schütz. — Quedlinburg: Basse 1811. 352 S. 8°
1: Yt 564. 7.
12.7241

— Dummlinger und Krähwinkeler Briefsteller. Enthaltend merkwürdige Liebesbriefe u. andere lächerliche Aufsätze ... Hrsg. von Jocosus Federkiel. — Quedlinburg: Basse 1812. VIII, 136 S. 8° 1: Yy 8601.
12.7242

— Das Buch zum Lachen ... Von Hilarius Jocosus Federkiel. Quedlinburg [usw.]: Basse 1830. 252 S. 8° 7. 302.
12.7243

– s. Joc. Federkiel

– s. Gesellschaftsbüchlein

[—] Neuestes Gesellschaftsbüchlein für frohe Zirkel ... Th. 2. — Quedlinburg: Basse [1810]. 128 S. 8° (Neuer Talisman d. Fröhlichkeit.)
25.
12.7244

[—] — 4., stark verm. u. verb. Aufl. Th. 1-3. Ebd. 1817. 8°
In Th. 3 fehlt die Auflagebezeichnung. 10[∞ 2.3]. 39.
12.7245

– s. Em. G l e i m

– s.a. H e r c y n i a.

[—] Hercynia. Ein Erinnerungsbuch für Harzreisende. — Quedlinburg [usw.]: Basse 1823. XVI,312 S. 8°
1:Yf 2823. 5. 11. 17. 23.
12.7246

[—] Hercynia. Ein Führer durch den Harz. 4., neu umgearb. Aufl. — Quedlinburg [usw.]: Basse [1839]. IV,185 S. quer-8°   1:S 12168. 12:Germ. sp. 206f. 14.
12.7247

– s. J u d e n k i r s c h e n

— Frische und eingemachte Judenkirschen. Eine Sammlung von Anekdoten ... noch lebender u. verstorbener Juden. Von Polikarpus Krittelmann. — Germanien [vielm. Quedlinburg: Basse] 1811. 176 S. 8°   1:Ez 27951.
12.7248

– s. K n a c k m a n d e l n

— Kränze der Liebe und Freundschaft gewunden. Stammbuch-Aufsätze ... Hrsg. von Emilie Gleim. 4., verm. Aufl. Quedlinburg [usw.]: Basse 1823. 72 S. 8°   30.
12.7249

– s. L e b e n ber. Männer

[—] Lebensbeschreibungen großer und merkwürdiger Männer. Ein unterhaltendes u. lehrreiches Lesebuch für d. Jugend. — Quedlinburg: Basse 1810. 226 S. 8°   14.
12.7250

— Neuester theatralischer Nußknacker. Sammlung von Schnacken ... noch lebender u. verstorbener Schauspieler u. Schauspielerinnen. Nebst e. Weihe an August von Kotzebue ... Von Gabriel Schlegel. — Quedlinburg: Basse 1813. VIII,136 S. 8°   7. 8.
12.7251

– s. P i l l e n s c h ä c h t e l c h e n

— Satyrisches Pillenschächtelchen. Enthaltend Anecdoten ... von noch lebenden u. verstorbenen Aerzten u. Wundärzten ... Hrsg. von Cyriacus Niesswurz. — Quedlinburg: Basse 1813. XII,131 S. 8°   121.
12.7252

– s. P l a p p e r t a s c h e.

Basse, Gottfried: Die P l a p p e r t a s c h e. Ein Sorgenbrecher für Mädchen, Frauen, Matronen, Jünglinge, Männer u. Greise. Gesammelt von Ilsegarthe Klatschrose (d. i. Gottfr. Basse). Mit TKpf.
Quedlinburg, Gfr. Basse. 1813. 12°.

Basse, Gf., s.a. R ä u b e r : Diebs- u. Gauner-Archiv.

[—] Neuestes Räuber-, Diebes- und Gauner-Archiv. Eine Sammlung listiger Kniffe ... u. Anekdoten berüchtigter Räuber u. Gauner. — Quedlinburg: Basse 1812. 188 S. 8°
14.
12.7253

— Geistliche Reden und Predigten zum Todtlachen. Oder Original-Auszüge aus merkwürdigen Predigten u. geistlichen Reden, welche im 17. u. 18. Jh. wirklich gehalten worden sind ... Hrsg. von Pastor Lachemann. — Germanien [vielm. Quedlinburg: Basse] 1811. 168 S. 8°
1:Dy 2964.
12.7254

– s. R e d e n u. Predigten zum Todtlachen

— Reise-Scenen und Reise-Abentheuer, auch Kreuz- und Querzüge eines deutschen Musensohns des neunzehnten Jahrhunderts von Uriel a Costa. — Quedlinburg: Basse 1811. 206 S. 8° Verschiedene Drucke.   1:Yw 6914. 14. 60.
12.7255

– s. Gabr. S c h l e g e l

Basse, Gottfried [Pseud.: Hans Kurzbein] : Schwänke und Erzählungen.
Quedlinburg, Basse, 1812. 8°.

— Stammbuch-Aufsätze. Aus d. Werken d. vorzüglichsten deutschen u. ausländischen Schriftsteller. Hrsg. von Emilie Gleim. Samm
l. 2. — Quedlinburg [usw.]: Basse 1828. 64 S. 8°   1:Yf 5461-2.
12.7256

— — 5., verb. Aufl. Samml. 3.4. Ebd. 1830. 8°
1:Yf 5461-3.4.
12.7257

– s. U r i e l à Costa.

– s. V o l t a i r e ' s moral. Erzähll.

Basse, Heinrich, Politischer Schriftsteller, München, geb. 1850.1895
Pseudonyme: Quidam u. J. Quidam

— Deutschland am Scheidewege! Eine Studie der heutigen europäischen Lage vom Standpunkte der Rassenfrage aus. Von Quidam. — Zürich: C. Schmidt 1897. 200 S. 8°   8. 30. 106.
12.7260

— Die europäische Gefahr. Glossen zur 25jährigen Siegesfeier des deutsch-französischen Krieges 1870/71. Von Quidam. — München: Galler 1895. 32 S. 8°
12:Eur. 694d-841,20. 19. 106.
12.7261

— Der große Kampf und Staub in Dresden. Randglossen über den sozialdemokratischen Parteitag im roten Sachsenlande von J. Quidam. — München: Volksschriftenverl. 1903. 32 S. 8°   19. 106.
12.7262

— Eine profane Pilgerfahrt. Allerlei Gedanken eines Weltbummlers. Von Quidam. — München: Galler [1896]. 214 S. 8°   12:It. sing. 52k. 19.
12.7263

— Die lustige Station. Briefe aus und über Wörishofen. Von Quidam. — Nürnberg: Wörlein 1896. 46 S. 8°
808.
12.7264

— Die roten Volksbetrüger. Ein Warnungsruf für das katholische Volk von J. Quidam. — München: Buchh. d. Verb. südd. kath. Arbeitervereine 1909. 46 S. 8°   19.
12.7265

— Kaiser Wilhelm, Künstler oder Dilettant? Eine ernste Mahnung an d. Zeitgenossen. Von Quidam. — Amsterdam: Dieckmann 1895. 22 S. 8°   30.
12.7268

— — Ebd. 1895. 28 S. 8°   1:Rs 13751. 14. 17. 70. 106.
12.7269

Basse, Julius

Basse, Jul. v., Stammliste des Infanterie-Regiments Herwarth v. Bittenfeld (1. westfälisches) Nr. 13. Zusammengestellt unter Benutzg. der schon früher v. Gottlieb. v. Stockhausen gesammelten Notizen. gr. 8. (VIII, 351 S.) Münster 900. (Coppenrath.)   Geb. n. 7. —

Basse, Julius v.: Stammliste des Infanterie-Regiments Herwarth von Bittenfeld (1. Westfälisches) Nr. 13. Zsgest. von Julius v. Basse unter Benutzung der schon früher von Gottlieb v. Stockhausen gesammelten Notizen. — Münster 1900: Westf. Vereinsdr. VIII,351 S. 8°
1:Sy 3490. 6. 101.
12.7271

Basse, Rob.
Basse: De adverbiis in δην cadentibus. 16 S.
Progr. Königsberg F.G. 1849.

Basse, R.: Die Tempusfolge in konjunctivischen Nebensätzen, ein Beitrag zur lat. Grammatik. 30 S.
Progr. Gumbinnen 1871/72.

Basse, Rob., die Tempusfolge in konjunktivischen Nebensätzen, e. Beitrag zur latein. Grammatik. 2 Thle. gr. 4. (17 u. 16 S.) Gumbinnen 871. 72. (Berlin, Calvary & Co.) à n. 1. 20

Basse: Eine Zusammenstellung des Wichtigsten aus der Lehre von den hypothetischen Sätzen in der mustergültigen lateinischen Prosa. Zs. 29 S.
Progr. Gumbinnen 1861/62.

Basse, W.

Festrede, gehalten in der ger.·. und vollk.·. Loge Eos zu Crefeld zur Feier der Aufnahme des Prinzen Friedrich Wilhelm von Preussen in den Freimaurer-Orden vom Br. W. **Basse** am 15. Nov. 1853. Crefeld [1853]: Kühler. 2 Bl. 2⁰ [Umschlagtit.]
Abgedr. in: Brblr. 1854 S. 50—53; FZ. 8 (1854) S. 54—55.

Basse, Wilhelm: Das Rittergeschlecht und die Stadt Cronberg im Taunus. — Frankfurt a. M.: Knauer [1886]. 62 S. 8⁰ 1:Si 9013. 5. 14. 16. 21. 24. 30. 36. 43. 60.
12.7282

— Reden gehalten am Grabe des am 8. Januar 1865 verstorbenen Professor Dr. H. Cassian ... Gehalten von Basse und Paldamus. — (Frankfurt a.M.): Jaeger [1865]. 16 S. 8⁰ 30.
12.7283

Bassedau, Johann Bernhard s. *Basedow.*

Bassel, Aurel, s. B a s z e l, Aurel

Basselet v. La Rosee, Clara Reichsgräfin, Mannestreue. Roman. (374 S.) 8. Braunschweig 904. Leipzig, R. Sattler. n. 4. —; geb. n. 5. —

Bassenco, Abram, aus Rußland: Ein Fall von hysterischer Aphasie im Kindesalter. *Berlin-Charlottenburg (1904): J. Zalachowski.* (25 S.) 8⁰
Berlin, Med. Diss. v. 11. Aug. 1904

Bassenge: Staatskde f. d. höh. Schulen Sachsens, s: Kloss.

Bassenge: Deutschlands W e l t s t e l l u n g,
s. B a s s e n g e, Edmund

Bassenge, Carl Friedrich: Stammtafel der Familie Bassenge. (Verf.: Carl Friedrich Bassenge u. Paul Bassenge.) [Nebst] Begleitschreiben [u.] Erg. Tab.—o.O. 1881–(1926). 4⁰ 14. 101. 106.
12.7309

Bassenge, Edmund

— Schiller unser Erzieher zur geistigen Einheit der deutschen Nation. Rede. — Dresden: Holze & Pahl 1905. 24 S. 8⁰ 14. 15. 106. 207.
12.7302

— Die Sendung Augustins zur Bekehrung der Angelsachsen (596–604 n.Chr.) — Leipzig: Fock 1890. 75 S. 8⁰
Zugleich Diss. Leipzig 1890. 21. 38. 207. 211. 263. 304.
12.7303

— Der Streit vor Ilios. Drama nach griechischem Vorbild. (Vorr.: Otto Lyon.) — Dresden: Holze & Pahl 1902. IV, 56 S. 8⁰ 1:Ys 33542. 14. 15. 106. 207.
12.7305

Bassenge, Edm., Deutschlands Weltstellung u. die nächsten Aufgaben deutscher Politik, s.a. Flugschriften des Alldeutschen Verbandes. 9. Hft.

— Deutschlands Weltstellung und die nächsten Aufgaben deutscher Politik. — München: Lehmann 1899. 15 S. 8⁰ (Flugschriften d. Alldeutschen Verbandes. 9.)
1:Rx 387-9. 2. 8. 11. 12: Germ. g. 133 fu-9. 14. 16. 19. 21. 26. 30. 31. 34. 106. 203. 212. 300: 390.744-B. 9.
12.7306

— Der Wert des kaiserlichen Vorbilds für den Idealismus der deutschen Jugend. Rede. — Dresden: Holze & Pahl 1905. 20 S. 8⁰ 14. 207.
12.7307

Bassenge, *Friedrich* Edmund [aus Dresden]: Die Sendung Augustins zur Bekehrung der Angelsachsen (596—604 n. Chr.) ... Leipzig, Druck v. G. Reusche, 1890: 2 Bl., 75 S. 8⁰
Leipzig, Phil. Fak., Inaug.-Diss. v. 23. Sept. 1890

Bassenge, Jac. Friedr. (Dresden), De acido phosphoreo usui therapeutico rite accommodando. Lpz. (Richter) 3. V. 1799. 36 S. (4.80)
Gew.: Mich. Heinr. Reinhard Carl Ludw. Cauer.

Bassenge, Karl Friedrich, s. B a s s e n g e, Carl Friedrich

Bassenge, L.: G e d e n k t a g e aus der Geschichte des Kgl. preussischen Sanitätskorps. Berlin, 1910. (Festschrift zur Einweihung des Neubaues Nr. 1)

Bassenge, Lothar *Scipio* [aus Ratibor (O.-Schl.)]: Der Exhibitionismus und seine forensische Bedeutung ... Berlin, Buchdr. v. G. Schade, *1896*; 36 S., 2 Bl. 8.
Berlin, Med. Fak., Inaug.-Diss. v. 3. März 1896

Bassenge, Loth.: Die Heranziehg u. Erhaltg e. wehrfäh. Jugend, s: Veröffentlichungen a. usw. Militär-Sanitätswesens.

Bassenge, Paul. 1881: Stammtafel der Familie Bassenge. 1881 s. *Bassenge,* **Carl Friedrich.**

Bassenge

— Rudolf (Liegnitz), Ueber Anheilung sekundärer Knochensplitter nach Schussfracturen. Dissert. med.-chir. Bln. (Teichler & Fickert) 10. XI. 1884. 35 S. mit Biogr. (2.60)
Oppon.: Arendt, v. Harbou, Händel.

Bassenge, R, u. W **Rimpau:** Beitrag z. aktiven Immunisierg d. Menschen geg. Typhus, s.: Festschrift z. 60. Geburtstage v. Rob. Koch.

Bassenge, Rudolf: Zur Schutzimpfung gegen Typhus. Von R. Bassenge u. Martin Mayer. — Leipzig: Thieme 1905. 12 S. 8⁰
Aus: Deutsche medizinische Wochenschrift. 31. 1905. 47.
12.7312

Bassenheim [Schlagwort]

Bassenheim, s.: **P r e u s s e n.** Messtischblätter.

Bassenheim s.: Waldbott v. Bassenheim.

Basser, Jo. Chr.: De libertate religionis. *Giess.* 738

Baesser. Das Leben und die Regierung Katharinas II. 8. Berlin 1797.

Bassermann, der Unterstaats-Secretair u. Reichs-Kommissar. (Proclamation der preuß. Abgeordneten Arnß, Brill, Waldeck u. 80 A.) gr. 4. (8 S.) Berlin 849, Stargardt. 1 1/2 ngr

Bassermann: Die A r b e i t e r b e r u f s v e r e i n e (u. andere politische Schriften), s. B a s s e r m a n n, Ernst

Bassermann, Adolf: Immer schneidig. Schwank. — Karlsruhe [um 1900]: Macklot. 52 S. 8⁰ 30.
12.7322

Bassermann, Alfred

Bassermann, Alfr., Dantes Spuren in Italien. Wanderg. u. Forschungen. Mit 1 Karte v. Italien u. 67 Bildertaf. gr. 4. (IX, 303 S.) Heidelberg 897. München, R. Oldenbourg. Geb. in Leinw. n. 40. —

— **Dantes Spuren in Italien. Wanderungen und Untersuchungen.** — Heidelberg: Winter 1897. VII,303 S. 2°
1:2° Ar 5850/140. 10. 11. 12:2° P. o. it. 24c. 14. 15. 16. 25. 30. 45. 52. 121. 123. 180. 300:86.876-D. 302. 303.
12.7324

Dantes Spuren in Italien. Wanderungen u. Untersuchungen von Alfred Bassermann. Mit 1 Karte. Kl. Ausg. *München & Leipzig: R. Oldenbourg (1898).* (XII, 631 S.) 8° [∞ 10989 7

— — München: Oldenbourg 1899. VII,303 S. 2° 17. 18. 29.
12.7325

Bassermann, Elisab.: Die Champagnermessen. Beitrag z. Gesch. d. Kredits. (92) gr8° Tüb., JCB Mohr '11. 2.80

Bassermann, Ernst

(—) **Ahnentafel des Rechtsanwalts und Stadtrats in Mannheim Ernst Bassermann, Mitglied d. Deutschen Reichstags.** — Frankfurt a. M. 1910: Englert & Schlosser. VIII, 71 S. 4° 1:4° S 2452/7. 11. 15. 16. 17. 21. 24. 25. 26. 30. 31. 44. 47. 106. 107. 123. 180.
12.7332

Bassermann, u. Giesberts, die Arbeiterberufsvereine, s.a. Schriften der Gesellschaft f. soziale Reform. 2. Hft.

— **Die Arbeiterberufsvereine.** Referate, erstattet in d. Ausschußsitzung am 4. Mai 1901 in Berlin durch Bassermann u. Giesberts. — Jena: G. Fischer 1901. 32 S. 8° (Schriften d. Gesellschaft für Soziale Reform. 2.)
1:Fc 396-2. 2. 5. 6. 7. 9. 15→19. 21. 25. 26. 27. 29. 30. 31. 38. 39. 41. 46. 47. 51. 60. 64. 75. 106. 203. 205. 206. 302.
12.7333

— **Ludwig Bassermann. 1781–1828. Eine Lebensskizze.** — Mannheim 1904: Haas. 22 S. 8° 1:Si 586. 12:Biogr. 71 ip. 14. 17. 24. 31. 34. 47. 90. 106. 107. 123. 180. 203.
12.7334

— **Wilhelm Bassermann, 1744–1811, Kaufmann in Heidelberg, und seine Nachkommen.** Beiträge zur Bassermann'schen Familiengeschichte. — Mannheim 1905: Haas. 102 S. 8°
1:S 2452. 16. 31. 47. 90. 106. 107. 123. 180. 203.
12.7335

Bassermann. Bericht über seine Sendung nach Berlin nebst Bericht des Ausschusses zur Begutachtung mehrerer Anträge, die neuesten Ereignisse in Berlin betr. (Extrablatt Nr. 10 u. 11
Flugblatt. Berlin, 21. Nov. 1848.

— **Zur Frage der Reichsfinanzreform.** Rede im Reichstage am 16. Juni 1909. — Berlin: Buchh. d. Nationalliberalen Partei 1909. 32 S. 8° 1:Gz 7921/23. 17. 24. 29. 47.
12.7336

— **Die Interpellation des Reichstagsabgeordneten Bassermann über die auswärtige Politik Deutschlands** ⟨117. Sitzung d. Reichstags vom 14. Nov. 1906⟩ und die Antwort des Reichskanzlers Fürsten Bülow. — Berlin: Zentralbureau d. Nationalliberalen Partei [1906]. 32 S. 8°
12:J. publ. E. 554. 212.
12.7337

— **Nachrichten über die Familie Frohn nebst Mitteilungen über die Familie Kußell u. v. Heiligenstein.** — Mannheim 1906: Haas. 107 S. 8°
1:S 4410. 30. 31. 34. 47. 61. 106. 180. 203.
12.7340

— Üb. d. innere u. äussere Politik Deutschlds s.a. Schriften, nationalliberale.

Reichstagsabg. [Ernst] **Bassermann** über die innere und äußere Politik Deutschlands. Rede, geh. in Magdeburg 1907. Berlin: Buchh. d. nationallib. Partei (1907). (28 S.) 8° [J.]
— **Schriften**, Nationalliberale. No 6. [08. 2176

— **Rede, gehalten auf dem allgemeinen Vertretertag der Nationalliberalen Partei in Cassel.** — (Berlin: Buchh. d. Nationalliberalen Partei 1910.) 12 S. 4° 47.
12.7342

Bassermann: Rede, geh. auf d. Vertretertag d. nat.-lib. Partei in Cassel '10. (35) gr8° Berl., Reichsverl. '10. — 10 (Pp.) d

Bassermann s.a. Schriften, nat.-liberale.

— **Verband deutscher Gewerbevereine. Welche Aufgaben erwachsen den Gewerbevereinen aus dem Gesetz betr. Organisation des Handwerks?** Vortrag. — Köln: Selbstverl. d. Verbandes 1897. 24 S. 8° 180.
12.7346

Bassermann, Felix: Chronik und Stammbaum der Familie Bassermann mit bes. Berücks. des Heidelberg-Mannheimer Zweiges. (Verf.: Felix Bassermann.) — München: Fr. Bassermann in Komm. 1885. 45 S. 2° 31. 180.
12.7347

— Alterthumsverein Mannheim. **Griechische Musik und die Apollo-Hymne von Delphi.** — Mannheim 1894: Bartsch. 18 S. 8° 7. 17. 21. 24. 25. 31. 90. 107. 123. 180.
12.7348

Bassermann, Friedrich: Die strafrechtlichen Bestimmungen des Depotgesetzes vom 5. 7. 1896. Borna-Leipzig 1908: Noske. VI, 39 S. 8°
Heidelberg, Jur. Diss. v. 1908, Ref. v. Lilienthal
[Geb. 11. Okt. 82 Mannheim; Wohnort: Mannheim; Staatsangeh.: Baden; Vorbildung: Gymn. Mannheim Reife M. 01; Studium: Freiburg i. B. Med. 2, Jura 1, München 1, Berlin 1, Heidelberg 6 S.; Rig. 5. Aug. 08.] [U 09. 1741

Bassermann, Friedrich Daniel s. *Beleuchtung* über die Begründung der Motion des Abgeordneten Bassermann. 1842.

[—] **Brief an einen Abgeordneten über die Erübrigungsfrage des bayerischen Staatsrechts.** Vom Verfasser des 'Versuchs über die ständischen Budgets-Modifikationen und die Erübrigungen'. — Mannheim: Bassermann 1843. 39 S. 8° 1:1 an Sf 1454/5. 12:Bavar. 4071-27. 19. 25. 29. 31.
12.7349

[—] **Die ständischen Budgets-Modifikationen und die Erübrigungen.** Versuch über einige Streitfragen d. bayerischen Staatsrechts. — Mannheim: F. Bassermann 1843. 54 S. 8° 1:2 an Sf 1454/5.
12:Bavar. 4070-10. 14. 17. 19. 26. 29. 31.
12.7350

[—] **Deutschland und Rußland.** [Verf.: Friedrich Daniel Bassermann u. Leopold Ladenburg.] — Mannheim: Hoff 1839. VI,320 S. 8° 1:Qo 2386. 5. 7. 10. 12:Eur. 219 n. 14. 16. 17. 25. 29. 31. 35. 38. 41. 46. 180. 205.
12.7352

— **Erklärung** [gegen Julius v. Kirchmann]. — Frankfurt 25. Nov. 1848. — [Frankfurt a. M. 1848.] 1 Bl. 8° 10.
12.7353

— **Rede.** 97. Sitzung am 16. Oktober 1848. — [Frankfurt a. M. 1848.] 1 Bl. 4°
Aus: Stenographischer Bericht über d. Verhandlungen d. Deutschen constituierenden Nationalversammlung zu Frankfurt. 98. 1848.
34.
12.7354

— **Rede über die Oberhauptsfrage** in der 153. Sitzung am 16. Januar 1849. — ([Frankfurt a. M. 1849]: Sauerländer.) 7 S. 4° (Frankfurter Ober-Postamts-Zeitung. 1849, Extra-Beil.) 17. 30. 34.
12.7355

— **Rede gehalten in der 146. Sitzung über den Häusser'schen Bericht**, die Motion von Baum auf Vorlage eines Wahlgesetzes zur Berufung einer verfassunggebenden Versammlung betreffend. — [Frankfurt a. M. 1849.] 2 Bl. 4°
Aus: Vaterländische Blätter. 1849. 25.
12.7356

— **Rede über das Wahlgesetz in der 171. Sitzung am 16. Februar 1849.** — ([Frankfurt a. M. 1849]: Sauerländer.) 2 Bl. 4° (Frankfurter Ober-Postamts-Zeitung. 1849, Extra-Beil.)
30.
12.7357

(—) **An den verehrlichen Vorstand des Sinsheimer Volks-Vereins.** — Dat. Frankfurt a. M. 28. April 1849. 1 Bl. quer-8°
34.
12.7358

Bassermann, Heinrich: Ansprache gehalten bei der ... Bach-Feier im Universitätsgottesdienst am 29. Juli 1900 in der St. Peterskirche zu Heidelberg. — Heidelberg: Rochow 1900. 7 S. 8°
31.
12.7359

— **Arbeiten und Ziele der heutigen praktischen Theologie. — Frankfurt a. M.: Diesterweg 1880. 52 S. 8°**
Aus: Zeitschrift für praktische Theologie. 2. 1880.
1:15 in Dp 20a. 25. 30. 31.
12.7360

Bassermann, Heinr., die Bedeutung des Liberalismus in der evangelischen Kirche. Vortrag, gehalten am 11. März 1883 in Wiesbaden. 8. (30 S.) Wiesbaden 883, Kreidel's Verlag. *

— **Beiträge zur praktischen Theologie. Gesammelte Aufsätze u. Vorträge. — Leipzig: Heinsius 1909. VI,325 S. 8°**
1:Dp 324. 3. 5. 6. 7. 9. 10. 11. 12:Th. U. 23 mc. 14. 16. 21. 26. 30. 48. 302.
12.7362

Bassermann, H., Bilder aus der Geschichte der deutschen Volksschule. Ein Vortrag, gehalten am 11. Jan. 1879 im Museum zu Heidelberg. gr. 8. (27 S.) Heidelberg 879, Koester. *

Bassermann, Heinr. Johann Amos Comenius. Festrede, geh. bei der Comenius-Feier in Heidelberg am 28. März 1892. gr. 8. (20 S.) Heidelb. 892, Koester. * — 40
Aus: Neue Heidelberger Jahrbb., besonders abgedruckt.

— **Sine ira et studio. Der Entwurf der neuen preußischen Agende beurtheilt. — Freiburg i. Br. [usw.]: Mohr 1894. 62 S. 8°** **1:Dr 15674. 3. 4. 12:Liturg. 33 ed. 15. 16. 17. 21. 26. 29. 30.**
12.7364

— **Entwurf eines Systems evangelischer Liturgik. — Stuttgart: Cotta 1888. IV,68 S. 8°** **1:Dr 2475. 4. 6. 11. 12:Liturg. 33c. 15. 16. 17. 24. 26. 28. 31. 302.**
12.7365

Festgottesdienst zur Zentenar-Feier der Erneuerung der Universität Heidelberg Donnerstag d. 6. Aug. 1903 in d. Peterskirche zu Heidelberg. (Verf. Heinrich Bassermann) *(München: Allg. Zeitung 1903)* (20 S.) 8° [F.]
[04 12.510]

—— Festpredigt, gehalten bei der 2. Jahresversammlung des Allgemeinen evangelisch-protestant. Missionsvereins in der Augustinerkirche zu Gotha am 17. Aug. 1886. gr. 8. (15 S.) Gotha 886, Thienemann. *

Zur Frage des Unionskatechismus. Eine Darstellung s. gesch. Entwickelung in Baden nebst prakt. Ergebnis. Von Prof. D. Heinrich Bassermann. *Tübingen & Leipzig: J. C. B. Mohr 1901.* (vii, 85, 34 S.) 8° [F.]
[01. 5075]

—— Geschichte der evangelischen Gottesdienstordnung in badischen Landen, zugleich e. Beitrag zum liturg. Studium. gr. 8. (VI, 259 S.) Stuttg. 891, Cotta Nachf. * 4 —

— **Der Glaube an Jesus Christus. — Frankfurt a. M.: Diesterweg 1881. 23 S. 8°** **1:11 in 4° Dc 50b. 30. 31. 35.**
12.7369

— dasselbe, s.: Vorträge, wissenschaftliche, über religiöse Fragen.

Bassermann, Heinr., Gott s.a. Predigt-Bibliothek, mod. IV. 8.

— **Gott. Akademische Predigten. — Göttingen: Vandenhoeck & Ruprecht 1906. 87 S. 8° (Moderne Predigt-Bibliothek. Ser. 4,3.)** **1:Ec 27108–4,3. 7. 10. 12:Hom. 1239 id-IV,3. 16. 29. 31. 35.**
12.7370

— **Handbuch der geistlichen Beredsamkeit. — Stuttgart: Cotta 1885. X,638 S. 8°**
1:Dy 4255. 2→11. 12:Hom. 102g. 15. 16. 17. 20. 21. 24→30. 33. 39. 45. 46. 48. 169.
12.7371

— **Die ersten 25 Jahre des Evangel. Kirchengesangvereins für Baden. — Karlsruhe 1905: Malsch & Vogel. 16 S. 8°**
16. 31.
12.7372

Bassermann, H: Der Katechismus f. d. ev.-protestant. Kirche im Grossh. Baden, z. Gebr. d. Lehrer u. Eltern erklärt. 3 Hfte. 8° Freibg i/B. Tüb., JCB Mohr. 3 —; in 1 Bd geb. 4 —
1. 2. (91 u. 95) 96. 4 — 90 ‖ 3. (135) 07. 1.20.

— **De Loco Matthaei capitis V, 17-20 commentatio exegetica critica historica. — Jenae: Dabis 1876. 94 S. 8°**
Zugleich Univ.-Schrift. Jena 1876.
1:Bs 1372*. 11. 15. 16. 18. 21. 26. 27. 30. 39. 302.
12.7374

Bassermann, Henr., de loco Matthaei capitis V, 17—20 commentatio exegetica, critica, historica. gr. 8. (94 S.) Jena 876. Deistung. n. 1. 80

— Mission u. Bildung s.a. Flugschriften-Reihe, 2., des allgem. evangelisch-protest. Missionsvereins. 9. Heft.

— **Mission und Bildung. — Heidelberg 1907: Evang. Verl. 15 S. 8° (Flugschrift d. Allgemeinen evangelisch-protestantischen Missionsvereins. R. 2,9.)** **9. 16. 26. 31. 41.**
12.7375

—— **2. Aufl. Ebd. 1907. 15 S. 8° (Flugschrift d. Allgemeinen evangelisch-protestantischen Missionsvereins. R. 2,9.)**
26.
12.7376

— **Akademische Predigten. — Stuttgart: Cotta 1886. XVI, 238 S. 8°** **12:Hom. 102gb. 16. 20. 24. 26. 31. 79.**
12.7377

— **Dreissig christliche Predigten, gehalten in Arolsen. — Leipzig: Barth 1875. VIII,342 S. 8°** **15. 16.**
12.7378

— **Vier Predigten über das Gebet. — Heidelberg: Koester 1889. 33 S. 8°** **30. 33. 101.**
12.7379

—- vier Predigten vom Reiche Gottes. Gehalten im Universitätsgottesdienst zu Heidelberg. gr. 8. (46 S.) Heidelberg 882, Koester. *

— **Zwei Predigten bei der 34. Hauptversammlung des Evangel. Vereins der Gustav-Adolf-Stiftung in Karlsruhe ... 1880 geh. von Bassermann u. Staehlin. — Leipzig: Gustav-Adolf Stiftung 1880. 32 S. 8°** **7. 16. 24. 31.**
12.7381

Bassermann, Heinrich

— **Rede gehalten am Sedanfeste in Arolsen. — Arolsen: Speyer 1875. 8 S. 8°** **1:1 in Kr. Samml. N 27.**
12.7383

Über Reform des Abendmahls. Briefe an e. 'Laien' von D. Heinrich Bassermann. Prof. *Tübingen & Leipzig: J. C. B. Mohr 1904.* (81 S.) 8° [F.]
[04. 8093]

[F.] Richard Rothe als praktischer Theologe. Denkschr. d. prakt.-theol. Sem. in Heidelberg z. hundertj. Wiederkehr v. Rothes Geburtst am 28. Jan. 1899 v. f. v. D. Heinrich Bassermann, ... Prof. d. Theol. ... *Freiburg i. B., Leipzig & Tübingen: J. C. B. Mohr 1899* (2 Bl., 102 S.) 1 Bd 8.
[99 778]

— Die Seligpreisungen unseres Herrn, s. Schmitthenner, Adf.

— sine ira et studio. Der Entwurf d. neuen preuss. Agende beurtheilt. 8° (62) Freib. i/B. 94, JCB Mohr. 1 —

—- **Unsere Stellung zur heiligen Schrift. Die Stellung der weltlichen Mitglieder in der evangelischen Kirchengemeinde. Zwei Vorträge gehalten von H. Bassermann u. K. v. Stoesser. — Karlsruhe: Braun 1893. 30 S. 8°**
1:Dn 10054. 16. 21. 25. 31.
12.7386

Die praktische Theologie als eine selbständige, wissenschaftliche theologische Disciplin. Akadem. Rede z. Feier d. Geburtsfestes d. höchstsel. Grossh. Karl Friedrich am 21. Nov. 1896 bei d. Vortrage d. Jahresberichtes u. d. Verkündg d. akadem. Preise geh. v. Dr. Heinrich Bassermann, Grossh. Bad. Kirchenr., o. ö. Prof. d. Theol., d. z. Prorektor ... Heidelberg, Univ.-Buchdr. v. J. Hörning, 1896; 1 Bl., 51 S. 4.

— s.: Vorträge, gottesdienstliche.

Bassermann, Heinr.: Was ist d. Mensch, dass du sein gedenkest? Akadem. Predigten. (6, 225 m. Bildn.) gr8° Lpzg, M Heinsius Nf. '11. 5 —; geb. 6.50 d

— was kann d. evang. Kultuspredigt erstreben u. erreichen? Vortrag, geh. b. d. 30. Hauptversammlg. d. bad. wissenschaftl. Predigervereins i. Karlsruhe a. 28. Juni 1894. gr. 8. (24 S.) Karlsruhe 894. (Heidelberg, G. Koester.) n.n. — 50

— Was kann die evangelische Kultuspredigt erstreben und erreichen? — Karlsruhe: Gutsch 1894. 24 S. 8°
1: Dy 4328. 16. 26. 30. 31.
12.7388

—— die religiöse Weltanschauung, s. Vorträge, wissenschaftliche, über religiöse Fragen.

— s.: Werde Licht!

— Wie studiert man evangelische Theologie? — Stuttgart: Violet 1905. V,172 S. 8° (Violets Studienführer.)
1: Bc 4772. 5. 7. 11. 12: Paed. Th. 5991–4. 15. 16. 18. 19. 21. 26. 29. 30. 31. 64. 107. 204.
12.7389

Bassermann, Heinrich (Hrsg.), s. Zeitschrift für praktische Theologie.

Bassermann, Robert: Zur Frage des Bekenntnisstandes und der Gleichberechtigung der Richtungen in der vereinigten evangelisch-protest. Kirche des Großherzogtums Baden. — (Heidelberg: Evang. Verl.) 1904. 23 S. 8°
16. 30. 31.
12.7392

[---] Stammbaum der Familie Bassermann mit bes. Berücks. des Heidelberg-Mannheimer Zweiges unter Benutzung des Stammbaumes von Felix Bassermann und der Aufzeichnungen von Ernst Bassermann vervollständigt für den zweiten Bassermann'schen Familientag in Heidelberg, 9. Juni 1906. [Nebst] Nachträge u. Veränderungen. — o. O. (1906–08). 8° 101. 180 [° Nachtr.]
12.7393

Bassermann, W: Der Strauss u. s. Zucht, s: Süsserott's Kolonialbibliothek.

Bassermann-Jordan, Ernst, Dominicus Auliczek. Sein Leben u. seine Kunst, auf Grund der einschläg. Litteratur dargestellt. gr. 4. (4. S. m. Abbildgn. u. 8 Taf.) München (901). H. Helbing. n. 2. —
Sonderabdruck aus: „Monatsber. f. Kunstwiss. u. Kunsthandel".

Bassermann-Jordan, Ernst, s.a. Gemälde, unveröffentlichte, alter Meister aus dem Besitze des bayerischen Staates.

— Unveröffentlichte Gemälde alter Meister aus dem Besitze des Bayerischen Staates. Bd 1–3. — Frankfurt a. M.: Keller (3: Leipzig: Hiersemann) 1907–10. 2°
1. Die Gemäldegalerie im Kgl. Schlosse zu Aschaffenburg. 1907.
2. Die Gemälde-Galerien in d. Kgl. Schlössern zu Ansbach, Bamberg u. Würzburg u. d. Gemälde aus bayer. Staatsbesitze in d. Städt. Galerie zu Bamberg. 1908.
3. Die Gemäldegalerie im Kgl. Schlosse Schleissheim. 1910.
1: 2° Ns 204. 12: 2° Bavar. 88i. 16. 17. 22. 75. 117. 300: 448.645–E. Ks.
12.7396

— Die Geschichte der Räderuhr. Unter bes. Berücks. d. Uhren d. Bayerischen Nationalmuseums. — Frankfurt a. M.: Keller 1905. 113 S. 2° 1: 2° Or 11691. 7. 12: 2° Math. A. 17e. 14. 16. 20. 22. 29. 30. 34. 36. 75. 117. 121. 201. 210. 300: 438.790–D. 302.
12.7397

— Das Glas im Altertume, s.: Kisa, Ant. C.

— Römische Glas- und Thongefässe im Besitze der Familie Bassermann-Jordan zu Deidesheim. — Speier 1900. 9 S. 8°
Aus: Mitteilungen d. Historischen Vereines d. Pfalz. 24. 1900.
12: Ant. 41m. 29. 107. 123.
12.7400

[—] — München 1904: (Bruckmann). 10 S. 8°
12: Bavar. 1951. 19.
12.7401

— s.a. Kunstsammlung, d., d. kgl. Prof. Dr. Wilh. v. Miller.

(—) Die Kunstsammlung des Kgl. Professors Dr. Wilhelm von Miller in München. — München: Bruckmann 1906. 78 S., 39 Taf. 4°
1: 4° Ns 10618. 12: 4° Art. 49vt. 20. 30. 300: 445.978–C. Ks.
12.7404

— Die dekorative Malerei der Renaissance am Bayerischen Hofe. — München: Bruckmann 1900. 180 S. 4°
Erschien teilweise auch als Diss. u. d. T.: Bassermann: Studien zur dekorativen Malerei der Renaissance am Bayerischen Hofe. München 1900.
1: 4° Nr 7240. 5→7. 11. 12: 4° Bavar. 190 l. 14→17. 19→22. 25. 29. 30. 60. 91. 107. 300: 409.072–C. Ks. 304.
12.7406

— der schöne Mensch in der Kunst der Neuzeit, s.: Hirth, Herb.

— s.a. Sammlung, d., v. Pannwitz.

(—) Die Sammlung von Pannwitz, München. Kunst u. Kunstgewerbe d. 15.–18. Jhs. [Auktionskat.] — München: Helbing 1905. IX,81 S., 103 Taf. 2°
12: 2° Bavar. 760fi [2 Ex.] 17. 30. 89.
12.7408

— Renaissance-Ausstellung des Bayer. Museums-Vereins, II. Kunstgewerbe. — München: Callwey 1907. S. 93-100. 4°
Aus: Münchner Jahrbuch d. bildenden Kunst. 1907. 107.
12.7409

— Der Schmuck s.a. Monographien des Kunstgewerbes. XII.

— Der Schmuck. — Leipzig: Klinkhardt & Biermann 1909. XII,134 S. 4° (Monographien d. Kunstgewerbes. 12.)
1: 4° Oo 9159–12. 2. 3. 6. 7. 8. 10. 12: 4° Techn. 60hm-12. 14. 15. 17. 20. 22. 24. 28→31. 34. 36. 39. 41. 44. 45. 52. 60. 62. 64. 79. 86→89. 107. 109. 121. 123. 180. 201. 300: 416.924–C. Ks. 12. 303.
12.7410

Bassermann-Jordan, Ernst, aus Deidesheim: Studien zur Dekorativen Malerei der Renaissance am bayerischen Hofe. *München 1900: Bruckmann.* (31 S.) 4°(8°) [Umschlagt.] ¶ [Erschien vollst. 1900 u. d. T.: Die dekorative Malerei d. Renaissance am bayer. Hofe.]
München, Phil. Diss. v. 1900

Bassermann-Jordan, Friedrich v.

— Führer durch das pfälzische Wein-Museum im Historischen Museum der Pfalz zu Speyer am Rhein. 1. Ausg. — Speyer: Museum 1910. 48 S. 8°
1: Ox 5310. 12: Bavar. 195 lc [2 Ex.] 15. 18. 29. 30. 43. 107. 111. 121. 123. 210.
12.7419

— Geschichte des Weinbaus unter bes. Berücks. d. Bayerischen Rheinpfalz. Bd 1–3. — Frankfurt a. M.: Keller 1907. 962 S. 4° 1: 4° Ox 5304. 2. 5. 6. 10. 12: 4° Bavar. 190lf. 14. 16. 17. 19. 20. 21. 25. 26. 29→32. 36. 38. 39. 43. 61. 64. 75. 86. 91. 102. 107. 117. 121. 123. 180. 201. 205. 208. 210. 300: 452.011–C. 302. 303.
12.7423

— Zur Geschichte des Weinbaus in der Rheinpfalz. Vortrag. Bad Dürkheim [usw.] [1905]: Rheinberger. 29 S. 8°
12: Bavar. 195 ld. 16. 101. 107. 123.
12.7422

Bassermann-Jordan, F.: Zur Geschichte des Weinbaues in der Rheinpfalz. Vortrag beim XXII. deutschen Weinbaukongreß in Neustadt a.H. (W). Neustadt a.H., 1905.

Bassermann-Jordan, Frdr.: Ein plast. „Kelterbild" im histor. Weinmuseum zu Speyer a. Rh. [Aus: „Pfälz. Museum".] (10 m. Abb.) Lex8° Kaisersl., H Kayser '12. 1 — d

Basset, Entwicklung u. gegenwärtiger Stand der Jugendfürsorge in Elsaß-Lothringen. (April 1910.) Der elsaß-lothring. Lehrerschaft gewidmet. (54 S.) gr. 8. Straßburg 910. Buchh. d. ev. Gesellschaft — 50

Basset, Alfred *(geb Ullersdorf bei Löwenberg in Schles 26 12 1850)* Ueber die in der gynäkologischen Klinik und Poliklinik zu Breslau in den Jahren 1866 bis 1873 durch den Geburtsact entstandenen Uro-Genital-Fisteln Breslau (1874). (30 S) 8°
Breslau, Med Diss v 2 Apr 1874

Basset, Charles
Pseudonyme: Charles Newil, Charles Newill, Adrien Robert

— [deutsch] Excentrische Geschichten. Von Adrien Robert. — Leipzig: Bergson-Sonenberg [1863]. 96 S. 8° (Bergson's Eisenbahnbücher. 56.) 1: Per. 29 l-56.
12.7460

— Les Gueux verts par Adrien Robert. 1. 2. — Leipzig: Dürr 1858. 8° (Collection Meline.) 19. 39.
12.7464

— [deutsch] Der Lord der Admiralität. Von Adrien Robert. Deutsch von A. Kretzschmar. Th. 1. 2. — Pest [usw.]: Hartleben 1858. 8°
4. 12: P.o.gall. 2428 p. 14. 300: 45.630–A.
12.7468

— Le nouveau Roman comique, par Adrien Robert. — Leipzig: Dürr [usw.] 1861. 320 S. 8° (Collection Hetzel.)
7. 12: P.o.gall. 1894 n. 79.
12.7473

Basset, D.C.E. (Hrsg.), s. Kirchenblatt, Katholisches, für die nordischen Missionen.

Basset, O.: Heilkunde für das Volk. Versuch zur Zeitgeschichte d. Heilkunde. — Glogau: Zimmermann [1884]. 37 S. 8° Aus: Unsere Zeit. 1884. **2. 122.**
12.7494

Basset, O., Heilkunde für das Volk. Versuch zur Zeitgeschichte der Heilkunde. gr. 8. (37 S.) Glogau 885, Zimmermann. *
Aus: Unsere Zeit. besonders abgedruckt.

Basset, R., s: Enzyklopaedie d. Islam.

Basset, Richard. Assistenzarzt am Stadtkrankenhaus zu Hof A. S.: Über Hernien der regio duodenojejunalis. Berlin 1908: G. Reimer. (19 S.) 8°
Erlangen, Med. Fak., Ref. Hauser, Diss. v. 3. Febr. 1908
[Geb. 2. März 80 Otterdamm, Kr. Verden; Wohnort: Hof; Staatsangeh.: Preußen; Vorbildung: Gymn. Hof Reife M 01; Studium: Erlangen 8, Leipzig 1, Kiel 1 S.; Rig. 16. Juni 07.]

Bassett, jun., Henry, a. London: Über o-Aminotriphenylcarbinol. München 1904: V. Höfling. (44 S.) 8°
München, Phil. Fak., Ref. v. Baeyer, Diss. v. 17. Jan. 1905
[Geb. 1. Mai 81 London; Wohnort: London; Staatsangeh.: England; Vorbildung: University of London Reife Juli 03; Studium: London, Univ. College 10, München 2 S.; Rig. 17. Nov. 04.]

Bassevič, Holstein-Gottorpscher Staatsmann, 1680-1749. **1714**
s. *Bassewitz*, Henning Friedrich Graf v.

Basseville, Nicolas Jean Hugou de
— Lettre à Monsieur Moreau le jeune, négociant à Chantilly, suivie d'une Épître en vers sur le commerce. Par Mr. de Basseville. — Leipzig 1787: Dürr. 8 Bl. 8° 15.
12.7581

Bassewitz s. *Bassewitz*.

Bassevix s. *Bassewitz*.

Bassewitz, Gräfin, s: Roon, ML v.

v. Bassewitz, Kurt, oder der gerettete Kyritz. Schspl. 8. Berl. 789. Schöne. 6 ℛ

Bassewitz, Kurt von, Schauspiel. 8. Berlin, Schöne. 789. Jetzt Verlag von Nauck.

Bassewitz: Die Kurmark Brandenburg, s. Bassewitz, Magnus Friedrich

Bassewitz, von: Das kgl. württ. 3. Reiter-Regiment s. Bassewitz, Ludwig August.

Bassewitz, v., Familie. Genealogisches Taschenbuch der adligen und gräflichen Familie von Bassewitz. 1878 u. ö. s. *Bassewitz*, Henning Graf v.

Bassewitz, Adolf Graf v.: Aus dem Leben des Reichsgrafen Henning Friedrich von Bassewitz ... Mit einigen Nachrichten über die Familie Bassewitz wendischer Linie. (Rostock 1859: Hirsch.) 240 S. 4° 28. 32.
12.7585

Bassewitz, Bernhard Friedrich Graf v.: Gedanken über die Korn-Ausfuhr von Mecklenburg. [Verf.: Bernhard Friedrich Graf v. Bassewitz.] — Schwerin: Bärensprung 1792. 45 S. 8° 1: 4 in Sn 6668. 28. 32.
12.7586

Bassewitz, Carl, s. Bassewitz, Karl

Bassewitz, Dedo Ernst v., ein Kaisers-Geburtstag. Festspiel zur Aufführung in Soldatenkreisen, Kriegervereinen rc. 12. (15 S.) Stuttgart 882. Hohl. n. — 20

Bassewitz, Dedo Ernst v.: Undine. Romantisches Epos. Frei nach Fouqué. — (Cannstatt [1881]: Bosheuyer.) 104 S. 8° 24. 32.
12.7587

— Undine. Romantisches Epos in 10 Gesängen. Frei nach Fouqué bearb. 8. (III, 104 S.) Ebend. 882. n. 2. —

—— Undine. Romantisches Epos in 10 Gesängen. Frei nach Fouqué bearb. 8. (III, 104 S.) Ebendas. 883. *

Bassewitz, Ferdinandus de: De Romanorum fiducia eiusque vestigiis in libris iuris civilis addita Germanorum iuris pignoraticii adumbratione. Halae 1858: Hendel. 97 S 8°
Halle-Wittenberg, Jur. Diss. v. 22. Mai 1858
Geb. [Halle a. d. S. 21. 8. 1834]

Bassewitz, Friedrich Magnus v.
s. *Bassewitz*, Magnus Friedrich v.

Bassewitz, Gerdt v.: Judas. Tragödie. (110) 8° Lpzg. K Wolff '11. 2.50; geb. n 3.50

— Peterchens Mondfahrt. Märchenspiel. (127) Lex8° Ebd. '12. 2.50; geb. 3.50 d

— Schahrazade. Schausp. (4, 116) gr8° Ebd. ('11). 2.50; geb. 3.50

— Die Sunamitin. Drama. (114) gr8° Ebd. '12. 2.50; geb. 3.50

— Worte zu dir. — Jena: Diederichs 1907. 89 S. 8°
24. 26. 38. 300: 603.876–B.
12.7598

B[assewitz], H A Der Kaufmann von London. Trauerspiel a. d. Engl. von *Lillo*. Hamburg, Herold, 1766 = G. III, 369, 53.

Bassewitz, Hans-Bartold v., das Staatsgrundgesetz f. die Herzogtümer Coburg u. Gotha vom 3. V. 1852. Mit Erläutergn. u. Hinweisen auf die Reichs- u. Landesgesetzgebg. versehen. (128 u. VI S.) 8. Coburg 905. E. Riemann. Geb. in Leinw. n. 2. —

Bassewitz, Henning Graf v.: Genealogisches Taschenbuch der adligen und gräflichen Familie von Bassewitz. (Verf.: H. Graf v. Bassewitz.) — Rostock 1878: Boldt. 32 S. 8° 1: S 2454. 22. 24. 28. 33. 61.
12.7599

(—) — 2. Aufl. Ebd. 1883. 32 S. 8° 1: S 2455. 14. 28. 32.
12.7600

(—) — (Hrsg.: Carl v. Bassewitz.) 3. Aufl. Schwerin 1901: Herberger. 38 S. 8° 32. 61.
12.7601

(—) — (Hrsg.: Carl v. Bassewitz.) 4. Aufl. Ebd. (1909). 42 S. 8° 61.
12.7602

Bassewitz, Henning Adam v.: Der freymüthige Edelmann in Mecklenburg, zum Dr. befördert von e. grossen Theil der gegenwärtigen Landes-Versammlung. [Verf.: Henning Adam v. Bassewitz.] — Rostock 1768. 10 S. 4°
Die Schrift ist in einigen Bibliotheken unselbständig vorhanden in: Vollständige Sammlung aller das Credit-Wesen in Mecklenburg betreffenden seit dem Landtage 1765 bis zum Schlusse des Landtages 1768 erschienenen Stücke. 1770.
28. 33. 42.
12.7603

[—] — Von neuen abgedr. Rostock 1768. 8 S. 4°
9. 28. 33. 42.
12.7604

[—] Gerdt von Cölln an den Verfasser der Anmerkungen über den Freymüthigen Edelmann. — o.O. [1768]. 4 Bl. 4°
Die Schrift ist in einigen Bibliotheken unselbständig vorhanden in: Vollständige Sammlung aller das Credit-Wesen in Mecklenburg betreffenden seit dem Landtage 1765 bis zum Schlusse des Landtages 1768 erschienenen Stücke. 1770.
9. 28. 33. 42.
12.7605

Bassewitz, Henning Friedrich Graf v., Holstein-Gottorpscher Staatsmann, 1680-1749. 1714: Antwort auf die von dem holsteinischen Legations-Secretario Muhlio hier in Wienn übergebene ... Speciem facti betr. die von dem Herren Grafen von Fersen an mich gemachte Forderung von 11000. Rthlr. courant cum usuris. (Verf.: H. F. Graff v. Bassewitz.) — Dat. Wienn 10. Febr. 1732. 42 S. 4°
12:2° Ded. 440–6. 24. 28.
12.7606

— s. *Baswitz*. — Baswitz ante portas! 1714.

— Unterthänigstes Memorial und Justification wider die unbefugte Verfolgung des ... Geheimben Rahts Baron von Goertzen, an ... Herren Christian August, Erwehlten Bischoff zu Lübeck ... abgelassen von Henning Friederich von Bassevitz. — [Stralsund] 1714. 8 Bl. 4°
7. 8. 14. 18. 28.
12.7608

Bassewitz, Joachim Ludolf v.: Neuester Briefwechsel. o.O. [1777]. 2 Bl. 4°
28. 33.
12.7610

— — 2., veränd. u. verm. Aufl. Dat. Nehringen 20. Nov. 1777. 2 Bl. 4°
28. 33.
12.7611

— Neuester Briefwechsel des Geheimen- und Reichs-Hofraths v. Bassevitz. [Nebst] Nachtr. — Stettin 1780: Struck. 8°
1:12 in Sn 3580. 10. 28. 33. 42.
12.7612

— Rede nomine Directorii, bey Eröfnung des allgemeinen Landes-Convents. — o.O. 1768. 4 S. 4°
Die Schrift ist in einigen Bibliotheken unselbständig vorhanden in: Vollständige Sammlung aller das Credit-Wesen in Mecklenburg betreffenden seit dem Landtage 1765 bis zum Schlusse des Landtages 1768 erschienenen Stücke. 1770.
28. 33. 35. 42.
12.7613

— Votum consultativum des Herrn Land-Raths v. Bassevitz über das Gutachten, der auf dem vorjährigen Land-Tag erwehlten Committe, in Betref des Credit-Wesens. [Nebst] Nachtr. — o.O. 1768. 4°
Die Schrift ist in einigen Bibliotheken unselbständig vorhanden in: Vollständige Sammlung aller das Credit-Wesen in Mecklenburg betreffenden seit dem Landtage 1765 bis zum Schlusse des Landtages 1768 erschienenen Stücke. 1770.
7. 9[** Hauptw.] 28. 33. 35.
12.7614

Bassewitz, Karl v., Großherzoglich-Mecklenburgischer Drost, 1842-1913. 1901 [Hrsg.] s. *Bassewitz*, Henning Graf v.: Genealogisches Taschenbuch der adligen und gräflichen Familie von Bassewitz. 1901 u.ö.

Bassewitz, Karl, Pastor, Brüs, geb. 1809. 1868: Gedichte. — Hoexter: Andreae 1868. XI,269 S. 8°
33.
12.7615

— — Goldberg i.M.: Selbstverl. [1898]. XI,269 S. 8°
1:Yo 12901.
12.7616

Bassewitz, Ludwig August v.: Das Königlich Würtembergische dritte Reuter-Regiment. (Verf.: Ludwig August v. Bassewitz.) — Ludwigsburg 1820: Nast. 230 S. 8°
2. 21.
12.7621

Bassewitz, Magnus Friedrich, s.a. Brandenburg, Die Kurmark.

Bassewitz, Magnus Friedrich v.: Die Kurmark Brandenburg im Zusammenhang mit den Schicksalen des Gesammtstaats Preußen während der Zeit vom 22. Oktober 1806 bis zu Ende des Jahres 1808. Von e. ehemaligen höhern Staatsbeamten [d. i. Magnus Friedrich v. Bassewitz]. Bd 1.2. — Leipzig: Brockhaus 1851–52. 8°
1:Tc 1703. 2→5. 7→11. 12: Bor. 21 hy. 14→17. 19. 20. 21. 24→30. 33. 34. 35. 38. 41. 43. 44. 45. 90. 109. 117. 203. 205. 208.
12.7622

Bassewitz, Magn. Friedr. v., die Kurmark Brandenburg im Zusammenhange mit den Schicksalen des Gesammtstaats Preußen während der J. 1809 und 1810. Aus dem Nachlasse (des Verf.) hrsg. von Carl v. Reinhard. Nebst einer Biographie und dem (lithogr.) Portr. des Verf. sowie einem Register aller in diesem wie in den früheren beiden Werken vorkommenden Personennamen. gr. 8. (XL und 759 S. mit 20 Tab. in 4., qu. 4. und qu. Fol. nebst 1 Stmt.) Leipzig 860, Brockhaus. *

[—] Die Kurmark Brandenburg, ihr Zustand u. ihre Verwaltung unmittelbar vor dem Ausbruche des französischen Krieges im Okt. 1806. Von e. ehemaligen höheren Staatsbeamten. — Leipzig: Brockhaus 1847. XXII,554 S. 8°
1:Tc 1700. 2→11. 12: Bor. 21 hw. 14→17. 19. 20. 21. 24→30. 33. 34. 35. 38. 41. 44. 90. 106. 109. 117. 203. 205. 208. 304.
12.7624

Bassewitz, Sabine Elisabeth Oelgard Gräfin v.: Das wirksamste Hülfsmittel für das entkräftete Mecklenburg, der gegenwärtigen ansehnlichen Convocations-Versammlung angerathen, von einem wohlgesinnten Patrioten [d. i. Sabine Elisabeth Oelgard Gräfin v. Bassewitz]. [Nebst] Nachtr. — o.O. 1768. 4°
Die Schrift ist in einigen Bibliotheken unselbständig vorhanden in: Vollständige Sammlung aller das Credit-Wesen in Mecklenburg betreffenden seit dem Landtage 1765 bis zum Schlusse des Landtages 1768 erschienenen Stücke. 1770.
28[** Nachtr.] 33.
12.7625

Bassewiz s. *Bassewitz*.

Bassfreund, J.: Über das 2. Prinzip des Sinnlichen, s. Bassfreund, Jakob

Bassfreund, Jakob

Bassfreund, J: Das Fragmenten-Targum z. Pentateuch, s. Ursprg u. Charakter u. s. Verhältniss zu d. and. pentateuch. Targumim. 8° (99) Bresl. 96. (Frankf. a/M., J Kauffmann.) 2.50

Bassfreund, Jakob: Das Fragmenten-Targum zum Pentateuch, sein Ursprung und Charakter und sein Verhältniss zu den anderen pentateuchischen Targumim. — Breslau: Schottlaender 1896. 98 S. 8°
Aus: Monatsschrift für Geschichte u. Wissenschaft des Judenthums. 40. 1896.
30. 47. 121. 300: 98.168-B.
12.7627

— Ueber das zweite Prinzip des Sinnlichen oder die Materie bei Plato. — Breslau 1885: Schatzky. 74 S. 8°
Zugleich Diss. Jena 1885.
121.
12.7628

Bassfreund, Jab., üb. das zweite Prinzip d. Sinnlichen od. die Materie bei Plato. gr. 8. (74 S.) Leipzig 886. Fock. n. 1.50

Bassfreund, Jac., zur Redaktion der Mischna. I. Tl. (III, 97 S.) gr. 8. Trier 908. (Berlin, L. Lamm.) 2.50
Sonderabdr. a. „Monatsschr. f. Gesch. u. Wiss. d. Judent."

Bassfreund, Joseph (geb. Kempen in Posen 27. 11. 1833): De kali jodati in materiarum metamorphosin effectu secundum experimenta nonnulla. Berolini (1858). (40 S.) 8°
Berlin, Med. Diss. v. 6. Sept. 1858

Bassi: Die beste A r t , Seidenzucht zu betreiben,
s. B a s s i , Agostino

Bassi, Agostino
Der Name des Verfassers erscheint auch in der Form Carlo Bassi.

Bassi, ..., die beste Art die Seidenzucht zu betreiben. Frei übers. m. einigen unserm Klima entsprechenden Abändergn. u. mehreren aus eigener Erfahrg. geschöpften Zugaben, nebst einem Anh. üb. die Anpflanzung u. Pflege der Maulbeerbäume rc. v. Jos. Höpfner. 8. (64 S.) Gratz 852. (Damian & Sorge.) n. 8 ngl.

Bassi, d. beste Art d. Seidenzucht zu betreiben. Frei übers. v. J Höpfner. 8. (64) Gratz 52, (Leuschner u. L.) n. — 8

— (Il miglior Governo dei bachi da seta, deutsch) Die beste Art die Seidenzucht zu betreiben. Frei übers. mit einigen unserm Klima entsprechenden Abänderungen ... von Josef Höpfner. — Gratz 1852: Tanzer. 64 S. 8°
202.
12.7637

Bassi, Bernardo: Lobrede auf den Heiligen Benedictus an dessen Festage (den 21. Merz 1767). — Regenspurg [1767]: Englerth. 16 S. 4° 12:2°Hom.442–I,9.
12.7667

Bassi, C., il Podestà di Burgos, Melodrama, giocoso. Poesia, Musica di S. Mercadante. 12. Wien 825. Wallishausser. 6 ¼

Bassi, Carlo, Biologe, Lodi, 1773–1856. 1817 s. *Bassi*, Agostino.

Bassi, Domin., s.: Catalogus codicum astrologorum graecorum.

Bassi, Dominic.: Catalogus cod. graecor. bibliothecae Ambrosianae, s.: Martini, Aemidius.

Bassi (=Passi), Giuseppe: All-erdenkliche, warhaffte W e i b e r - M ä n g e l , beygefügt ein Tractat Curiose Erörterung der Frage, ob die Weiber Menschen seynd. Gedruckt zu Cölln bey Peter Marteau (Augsb urg, Walther), Anno 1722. 8°.

Bassich, Antonio

— Istruzione ed esercizi di divozione per uso della gente di mare. P.1.2. — Vienna: I.R. Dispensa dei libri scolastici 1861–62. 8°
1. Destinata in ispecialità pei marinai austriaci.
2. Destinata in ispecialità pei capitani e direttori dei navigli austriaci.
300:75.341–A.
12.7725

— Della Vita e del martirio di San Trifone, titolare della chiesa cattedrale, primario patrono della città e diocesi di Cattaro. — Vienna 1845: Padri mechitaristi. 39 S. 8°
2. 300:16.428–B. 304. 308.
12.7732

Bassin, Elieser

— Die Judenfrage und die zu ihrer Lösung vorgeschlagenen Mittel. Erste Orig.-Ausg. H. [1.] 2. — Iasii 1881: Gheorghiu (2: Iassi 1881: Tipo-litogr. Buciumului roman). 8°
19.
12.7746

Bassin, Henr. Car. (geb Jagsal in d Prov. Sachsen 7 8 1841). De diabete mellito. Berolini (1865) (32 S.) 8°
Berlin, Med Diss v 12 Aug 1865

B a s s i n , Naum. Kann das Herz tetanisiert werden? Diss. Med. Bern. (Hierzu Taf. IX [nebst Figuren].) Separatabzug aus dem Archiv für Anatomie und Physiologie. (1907.) Physiologische Abteilung. IV S. + S. 429–450. 8. Leipzig, Veit & Comp., 1907 — Ausgegeben 1910.

Bassin, Naum, aus Charkow: Kann das Herz tetanisiert werden? [Mit 12 Figuren im Text.] Leipzig 1910. 24 S. und eine Tafel. 8°. S.-A. aus dem Archiv für Anatomie und Physiologie. Physiologische Abteilung. [19. I. 10.]
Bern. Med. Diss. 1909/10.

B a s s i n e r, Hugo, praktisches Handbuch für Dekorations- und Zimmer-Maler, Schilder-Maler, Vergolder, Lackirer und Fachgenossen. 12. (88 S.) Lübben 887, Volger. cart. *

Bassiner, Hugo: Praktisches Handbuch für Dekorations- und Zimmer-Maler, Schilder-Maler, Vergolder, Lackirer u. Fachgenossen. (3. Aufl.) — München: Callwey in Komm. (1890). 86 S. 8° 12:Techn. 10 it. 19. 201.
12.7748

— — 4., verm. Aufl. Ebd. 1894. 120 S. 8°
12:Techn. 10 itd. 19.
12.7749

— — 6., verm. Aufl. Ebd. [1905]. 128 S. 8°
12:Techn. 10 itf. 60. 62. 109.
12.7750

Bassiner, R. H. s. *Bassiner*, Hugo.

Bassing, Theodor

— Zustand der Stadt und Grafschaft Vianden zur Zeit der französischen Revolution und unter dem ersten Kaiserreiche, sowie d. ersten Jahre der Wiederherstellung des Königthums. Vom Jahre 1794 bis 1816 ... Unter Mitw. des Lehrers N. Revenig bearb. — Luxemburg 1895. 27 S. 8° Aus: Ons Hémecht. 1. 1895. **16.**
12.7754

Bassinordnung. — Kaiserliche Werft zu Wilhelmshaven. Bassinordnung. (§1462 d.W.D.O.) — Berlin: Mittler 1888. 20 S. 8° 1:an Sm 6201.
12.7759

Bassius, Henricus s. *Bass*, Heinrich.

Bassler, August Friedrich

Seid ihr Maurer? [Unterz.:] [Aug. Friedr.] Bassler. [Altenburg] o. J. 2 Bl. 4° [Autogr.] [Kopftit.]
Gedicht: „Wenn eure Blicke sich begegnen ..."
[N. Bearb. u. d. Tit.:]
Seid ihr Maurer? Comp. von [Wilh.] Tschirch. [Unterz.:] [Aug. Friedr.] Bassler. o. O. u. J. 1 Bl. 8° [Kopftit.]

Bassler, C.E , s. B a s s l e r K.E .

Bassler, Ernst: Kleiner Führer durch das Kloster Maulbronn. — Maulbronn: Krüger [1902]. 29 S. 8°
Nebent.: Führer durch das Kloster Maulbronn.
24. 30. 33. 47. 52.
12.7767

Bassler, Eugen: Polarisation der X-Strahlen, nachgewiesen mittels Sekundärstrahlung. Leipzig: J. A. Barth 1908. (104 S.) 8° ¶ [Erscheint, gekürzt, in: Annalen d. Physik 1908.]
München, Phil. Fak., Ref. Röntgen, Diss. v. 19. Dez. 1907
[Geb. 13. Jan. 82 Nördlingen; Wohnort: Nördlingen; Staatsangeh.: Bayern; Vorbildung: Altes Gymn. Würzburg Reife Juli 02; Studium: München 10 S.; Rig. 19. Dez. 07.]

Bassler, F. (Red.), s. L a n d w i r t h , Der deutsche.

Bassler, Ferdinand: H e l d e n g e s c h i c h t e n ,
s. B ä s s l e r , Ferdinand.

Baßler, Ferd., Emerson's Rechenbuch, s. Emerson.

— Schlüssel zu Emerson's Kopf- u. Tafelrechnen. Zum Gebr. f. Lehrer. 8. (2¼ B.) Leipzig 840, Hartung.

Bassler, Ferd.: U n t e r r i c h t im Kopfrechnen,
s. E m e r s o n .

— Unterricht im Tafelrechnen, s. Emerson.

Baßler, G., Bilder aus dem Kaukasus, s. Familien-Bibliothek.

Bassler, G.(Red.) s. Organisation.

Baßler, G., aus Rußland, s.: Familien-Bibliothek.

Bassler, Gustav: Grahambrot (Weizenschrotbrot) und dessen hoher Werth als Heil- und Nährmittel. — Berlin: Grieben 1880. 36 S. 8° 1: Ip 8845. 30. 12.7770

Baßler, Gust., Grahambrot [Weizenschrotbrot] u. dessen hoher Werth als Heil- u. Nährmittel. 8. (IV, 36 S.) Leipzig 880. Grieben. n. — 50

— — 2. Aufl. Ebd. 1880. 36 S. 8° 17. 12.7771

Baßler, Gust., Pfarrer Kneipp's „Kleienbrot" u. „Kraftsuppe" u. deren hoher Werth als Ernährungs- u. Heilmittel. 8. (IV, 31 S.) Leipzig 891. Th. Grieben. n. — 50

— Im fernen Osten oder: Aus meinem Leben. Erinnerungen. — Heidelberg: Weiß in Comm. 1898. 229 S. 8° 30. 31. 12.7772

! Bassler, Gustav: Im fernen Osten.
Verleger jetzt in Kassel.

Baßler, Hans (Red.), s. Imker, Der deutsche, aus Böhmen.

Bassler, Hans (Hrsg.). s.a. Lesebuch, Deutsches, für Mädchenlyceen und verwandte Lehranstalten.

Baßler, Hans, deutsches Lesebuch für Mädchenlyzeen, s.a. **Vardachai, Frz.**

Bassler, Josef: Ein österreichischer Armee-Lieferant. Eine wahrheitsgetreue Enthüllung. — Wien: Verf. 1868. 10 S. 8° 300: 63.155-B. 302. 12.7774

Baßler, K. E., Beibuch zu Hirzels Grammatik bei dem ersten Unterrichte u. Privatstudium nach den Grundsätzen der neuern Lehrart. Nebst e. Vorrede üb. Methode des Sprachunterrichts überhaupt u. über die Benutzung dieses Buches. gr. 8. Eisenb. 837. Schöne. 3/8 ₰

—— **Wörterbuch der engl. Aussprache, nach d. zuverläss. Quellen u. mit e. vervollkommneten, sehr genauen u. leicht fassl. Bezeichnungsart durch Buchstaben bearb. br. 16. (31¼ B.) Leipzig 840, [Hartung.]**

Bassler, K. E.: Wörterbuch der englischen Aussprache. Leipzig: Wunder 1840. XXII, 475 S. 8° 6. 10. 304. 12.7775

BÄSZLER, STEFAN; BECKER, JAKOB: Kurze Geschichte der Apatiner Kirche und der Gemeinde Apatin Zur hundertjährigen Jubiläumsfeier der Kirche. Verfaßt von Stefan Bászler und Jakob Becker. Apatin 1898: Josef Szavadill. 115 S. - 206 mm

Bassler, Thdr: Das Deutschtum in Russld, s.a. **Kampf, Der, um d. Deutschtum.**

Baessler, Agrikulturchemiker, Köslin. 1900 s. *Baeßler*, Paul.

Baessler, A.: Beiträge, Ethnologische,. . . (u. andere Schriften zur Ethnologie), s. Baessler, Artur

Baeßler, Ado, Referendar: Der Minderkaufmann. Leipzig: Wigand 1910. 99 S. 8°

Leipzig, Jur. Diss. v. 31. März 1910

[Geb. 3. Sept. 86 Leipzig; Wohnort: Leipzig; Staatsangeh.: Sachsen; Vorbildung: Thomassch. Leipzig Reife O. 06; Studium: Lausanne 1, Leipzig 2, Berlin 1, Leipzig 2 S.; Rig. 16. Juni 09.] [U 10. 2648

Baessler, Artur:

Baessler, A.: Ethnographische Beiträge zur Kenntnis des Ostindischen Archipels. Mit sechs Tafeln und Illustrationen im Text. ([S.-A.] Internationales Archiv für Ethnographie Bd 4 1891) Leiden 1891 22 S. 4°

Baessler, Arthur, das Hydrochinon und seine Derivate. Diss. Berlin 1886. Mayer & Müller. 8°. 87 S.

Baessler, Arthur [aus Glauchau]: Das Hydrochinon und seine Derivate . . . . Berlin, A. W. Schade's Buchdr. (L. Schade) 1886; 87 S. 8°.

Berlin, Phil. Fak., Inaug.-Diss. v. 24. Jul. 1886.

Baessler, A: Altperuan. Kunst. Beitr. z. Archaeol. d. Inca-Reichs. 4 Bde in 15 Lfgn. (165 z. Tl farb. Taf. m. 75 Bl. illustr. Text.) Fol. Berl. (02/03). (Lpzg, KW Hiersemann.) In M. (450 —; engl. Ausg. nn 450 —) 280 —

— Altperuanische Kunst. Bd 1–4. — Berlin: Asher 1902–03. gr. 2° 1: gr. 2° Uy 6625. 3. 11. 12: 2° Am. A. 29 b. 16. 30. 34. 46. 300: 424.911-E. Ks. Hb. 9.9393

— Altperuanische Metallgeräte. — Berlin: Asher 1904. VI, 142 S. 2° 1: 2° Uy 6626. 11. 9.9394

— altperuanische Metallgeräte, nach seinen Sammlgn.) Mit 570 Abbildgn. auf 40 Taf. (VII, 142 S.) gr. 4. Berlin 906. G. Reimer. Kart. n.n. 50. —

— Peruanische Mumien. Untersuchungen mit X-Strahlen. Berlin: Asher 1904. 29 Bl., 15 Taf. 2° 1: 2° Uf 6627. 11. 9.9396

— — Berlin: G. Reimer 1906. 29 Bl., 15 Taf. 2° 12: 2° Am. A. 29. 15. 46. 300: 444.532-D. 9.9397

— u. Fel. v. **Luschan:** Sammlg Baessler. Schädel v. polynes. Inseln s.a. Veröffentlichungen a. d. kgl. Museum f. Völkerkde.

Sammlung Baessler, Schädel von polynesischen Inseln. Gesammelt u. nach d. Fundorten beschrieben von Arthur **Baessler** †. Bearb. von Felix v. Luschan. Mit 33 Taf. Berlin: G. Reimer 1907. (256 S.) 2°
= **Veröffentlichungen** aus d. Kgl. Museum f. Völkerkunde. Bd 12. [07. 9141 3

— Südsee-Bilder. — Berlin: Asher 1895. 371 S. 8° 1: Uz 2060. 3. 5. 6. 10. 11. 12: It. sing. 36 gf-1. 14. 30. 31. 35. 36. 43. 45. 106. 109. 202. 203. 205. 9.9398

— Neue Südsee-Bilder. — Berlin: Asher 1900. 420 S. 8° 1: Uz 2061. 7. 11. 12: It. sing. 36 gf-2. 14. 16. 30. 31. 45. 109. 117. 205. 300: 408.056-B. 9.9399

Ⓑ Bäßler, Arth., Südsee-Bilder. 895. — Neue Südseebilder. 900. (KBL. 29. 81.) Jetzt: Berlin, (G. Reimer.)

Bässler, Ferdinand (Schriften zur Rechenkunst), s. Bassler Ferdinand.

Bässler, Ferdinand

Bäßler, Ferd., Abriß der Kirchengeschichte für Gymnasien. 1. Aufl. (VII, 95 S.) 1876; 2. Aufl. 8. (VII, 96 S.) Berlin 879, v. Decker's Verlag. cart. *

Bäßler, Ferd., Abriß der Kirchengeschichte für Gymnasien. 3. Aufl. 8. (VII, 96 S.) Berlin 881, v. Decker's Verlag. cart. *

Bäßler, Ferd., Abriß der Kirchengeschichte für Gymnasien. 4. Aufl. 8. (VII, 96 S.) Berlin 885, v. Decker. cart. *

Bäßler, F., Abriß der Kirchengeschichte f. Gymnasien. 5. Aufl. 8. (VII, 96 S.) Berlin 890. v. Decker. cart. n. 1.50

Bäßler, Ferd., Abriß der Kirchengeschichte f. Gymnasien. 6. Aufl. 8. (VII, 94 S.) Berlin 894. R. v. Decker. Kart. n. 1.50

— dasselbe. 7., durchges. Aufl. 8. (VII, 95 S.) Ebd. 894. Kart. n. 1.50

Bäßler, Ferd., Abriß d. Kirchengeschichte f. Gymnasien. 9., verb. u. verm. Aufl. 8. (V, 102 S.) Berlin 897. R. v. Decker. Kart. n. 1.50

Bäßler, Ferd., Abriß der Kirchengeschichte f. Gymnasien 11., verb. u. verm. Aufl. 8. (V, 102 S.) Berlin 901. R. v. Decker. Kart. n. 1. 50

Bässler, F: Abriss d. Kirchengesch. f. Gymnasien. 12. Afl. (102) 8°. Berl., R v. Decker 03. Kart. 1.50 d

Bäßler, Ferd., Abriß der Kirchengeschichte f. Gymnasien. 13., verb. u. verm. Aufl. v. Adf. Rohmeder. (VII, 121 S.) 8. Berlin 906. R. v. Decker. Geb. n. 1. 60

Bässler, Ferd.: Abriss d. Kirchengesch. f. Gymnasien. 14. Afl. v. Adf Rohmeder. (121) 8° Berl., R v. Decker 07. Geb. 1.60 d

Bäßler, Ferd., Abriß der Kirchengeschichte f. Gymnasien. 15., verb. u. verm. Aufl. v. Adf. Rohmeder. (VII, 119 S.) gr. 8. Berlin 910. R. v. Decker. Geb. 1. 60

Bäßler, Ferd., Abriß der Kirchengeschichte f. evangelische Gymnasien. gr. 8. (VII, 95 S.) Berlin 876. v. Decker. n. 1. 50

Baessler, Ferdinand: Der Ämsen-Immen-Krieg. Ein komisches Heldengedicht ... Von Ferdinand Bereslas [d. i. Ferdinand Baessler]. — Berlin: Haude & Spener 1841. VI,61 S. 8° 1: Yo 131. 15. 30. 109. 308. 9.9400

Bäßler, Ferd., Auswahl altchristlicher Lieder s. a. Auswahl.

Bäßler, Ferd., Auswahl altchristlicher Lieder vom 2. bis 15. Jahrhundert. Im Urtext u. in deutschen Uebersetzungen. Mit lebensgeschichtl. Skizzen u. erläuternden Anmerkungen. Berlin 858. Decker. 4. (VIII, 256 S.) 1 Thlr 7½ ngr; Velinp. 2 Thlr

— Auswahl altchristlicher Lieder vom zweiten bis funfzehnten Jahrhundert. Im Urtext u. in deutschen Übers. — Berlin: Kgl. Geh. Ober-Hofbuchdr. 1858. VIII,256 S. 8° 1: Ef 1320. 3. 4. 6. 7. 10. 11. 12: 4° Liturg. 46 g. 15. 16. 18. 21. 24. 29. 41. 43. 46. 48. 51. 109. 111. 211. 9.9401

— Auswahl altchristlicher Lieder vom 2. bis 15. Jahrh. Im Urtext u. in deutschen Uebersetzgn. Mit lebensgeschichtl Skizzen u. erläut. Anmerkgn. (Anastatischer Neudruck.) gr. 8. (VIII, 256 S.) Ebd. 888. 3. 75

—— Auswahl altchristlicher Lieder vom 2. bis 15. Jahrh. Im Urtext u. in deutschen Uebersetzgn. Mit lebensgeschichtl. Skizzen u. erläut. Anmerkgn. (Anastatischer Neudruck nach d. Ausg. von 1858.) gr. 8. (VIII, 256 S.) Ebd. 889. 3 75

— W Friedrich, Washington Irving, Osk. Schroebel: Frithjof, e. nord. Held, u. and. Sagen, s: Jugendbücher, Bunte.

— Die Frithjof-Sage, s: Schatzgräber, Der.

— Gedichte. — Gotha: F.A.Perthes 1881. VII,206 S. 8° 1: Yo 18498. 14. 18. 39. 41. 43. 9.9405

— Erzählende Gedichte. — Berlin: Decker 1849. 18 gez. Bl. 8° 23. 9.9406

[J.] Der gute Gerhard Deutsche Volksnovelle a. d. Mittelalter v. Ferdinand Bässler. M. 7 Ill v L. Burger u. Unzelmann. 3. Aufl *Berlin: R v Decker 1897.* (2 Bl, 90 S) 1 Bd 8
= Bässler, F.. Heldengeschichten d Mittelalters. N. F. H. 1. 99 776

— Altchristliche Geschichten und Sagen, gemeinhin Legenden genannt. — [Eisleben:] Christl. Verein im nördl. Deutschland 1864. XII,550 S. 8° 1: Du 6400. 3. 11. 18. 19. 23. 30. 33. 34. 41. 60. 109. 9.9407

— — 2. Aufl. Ebd. 1867. XVI,550 S. 8° 9. 26. 9.9408

— altchristliche Geschichten u. Sagen, gemeinhin Legenden genannt. 3. Aufl. 12. (XII, 552 S.) Eisleben 884. Christl. Verein im nördl. Deutschland. Geb. 1. 50

— — 5. Aufl. Eisleben: Christl. Verein 1900. XXIII,486 S. 8° 17. 9.9409

— Geschichten von Kaiser Otto dem Großen. — [Eisleben:] Christl. Verein im nördl. Deutschland 1871. IV, 241 S. 8° 1: Ng 14550. 41. 9.9410

Baessler, Ferdinand: Die sechs Hauptstücke des kleinen Katechismus, fragweise und durch reichliche Sprüche der heiligen Schrift ausgelegt. — Magdeburg: Heinrichshofen 1866. VI,150 S. 8° 28. 207. 9.9411

Bäßler, Ferd., Heldengeschichten des Mittelalters. Ihren Sängern nacherzählt. Mit Illustr. (in Holzschn.) v. L. Burger und Unzelmann. (1. Heft.) A. u. d. T.: Der gute Gerhard. Deutsche Volksnovelle aus dem Mittelalter. gr. 16. (90 S.) Berlin 849, Deckersche geheime Ober-Hofbuchdr. Thlr.

—— dass. (2. Heft.) A. u. d. T.: Kleeblatt kurzweiliger Erzählungen aus alter Zeit. 1. Zwerg Laurin. 2. Der arme Heinrich. 3. Kaiser Otto mit dem Barte. gr. 16. (97 S.) Ebds. 849.

— Heldengeschichten des Mittelalters. (3-5: N.F.) H. [1-]5. — Berlin: Decker 1848-56. 8°
[1.] Der gute Gerhard. 1848.
[2.] Kleeblatt kurzweiliger Erzählungen aus alter Zeit. 1849.
3. Beowulf, Wieland der Schmied u. die Ravennaschlacht. 1852.
4. Sagen aus der Geschichte des deutschen Volkes. 1855.
5. Sagen aus allen Gauen des Vaterlandes. 1856.
1: Xa 3057. 11. 52[^{m} 1–4]. 302. 9.9412

— Heldengeschichten des Mittelalters. Ihren Sängern nacherzählt. Neue Folge. Mit Illustr. (Holzschn.) von L. Burger u. Unzelmann. Berlin 869. v. Decker. gr. 16. 10 ngr.

1. Heft: Der gute Gerhard. Deutsche Volksnovelle aus dem Mittelalter. 2. Aufl. (90 S.) 10 ngr.

— Heldengeschichten d. Mittelalters. Ihren Sängern nacherzählt. Neue Folge. 2—4 Hft. Mit Illustr. v. L. Burger u. Unzelmann. gr. 16. Berlin 870. 75. v. Decker. 7. 50

2. Hft. Kleeblatt kurzweiliger Erzählungen aus alter Zeit. 1. Zwerg Laurin, 2. der arme Heinrich, 3. Kaiser Otto m. dem Barte. (111, 92 S. m. eingedr. Holzschn.) 1. 20
3. Hft. Beowulf, Wieland der Schmied u. die Ravennaschlacht. Für die Jugend u. das Volk bearb. Mit Illustr. (in eingedr. Holzschn.) v. L. Burger u. Unzelmann. 2. Aufl. (VIII, 148 S.) 1. 80
4. Hft. Sagen aus der Geschichte d. deutschen Volkes. Für die Jugend u. das Volk bearb. Mit 8 (eingedr. Holzschn.-)Illustr. v. L. Burger. 2. Aufl. (XVI, 453 S.) 4. 50

— Heldengeschichten d. Mittelalters. Neue Folge. 5. Hft. A. u. d. T.: Sagen aus allen Gauen d. Vaterlandes. Für die Jugend u. das Volk bearb. Mit 4 (Holzschn.-) Illustr. v. L. Burger. 2. Aufl. gr. 16. (XV, 506 S.) Berlin 877. v. Decker. 4. 50

— Heldengesch. d. M.-A. Neue Folge. 1. Hft. 12° Ebd. 1 —
1. Der gute Gerhard. Deut. Volksnovelle. 3. Afl. (90 m. 7 Illustr.) 97. 1 —

— Die schönsten Heldengeschichten des Mittelalters. H. 1-5. — Leipzig: Hartung 1843-45. 8°
1. Die Frithjof-Sage. 1843. 2. Der Nibelungen Noth. 1843.
3. Gudrun. 1844. 4. Roland. 1845. 5. Die Alexander-Sage. 1845.
1: Xa 3056. 3[^{m}1.2.4.5]. 30[^{m}2]. 207. 211[^{m}1–3.5]. 302. 9.9415

—— d. schönsten Heldengesch. d. Mittelalters. 1. u. 2. Hft. 2. Afl. 8. Lpzg, Hartung. n. — 20
Die Frithjofs Sage. (73) 62. — 7½
Der Nibelungen Noth. (186) 54. n. — 12½

—— die schönsten Heldengeschichten des Mittelalters. Ihren Sängern nacherzählt. 1. und 3. Heft. 8. Leipzig, Hartung.

Inhalt:
Heft 1. Die Frithjofs Sage. Für die Jugend und das Volk bearb. 2., verb. Aufl. (VI und 73 S.) 863. 7½ Ngr.
" 3. Gudrun. Für die Jugend und das Volk bearb. 2., verb. Aufl. (161 S.) 867. * 12½ Ngr.

—— dass. N. F. 1. Hft. 16. Berl. 69, v. Decker. — 10
Der gute Gerhard. 2. Afl. (90)

— die schönsten Heldengeschichten d. Mittelalters. Ihren Sängern nacherzählt u. f. die Jugend. u. das Volk bearb. 2. 4. u. 5. Hft. 8. Leipzig 875. Hartung & Sohn. à n. 1. 25

2. Der Nibelungen Noth. 3. Aufl. (186 S.)
4. Die Rolands-Sage. (X, 117 S.)
5. Die Alexander-Sage. 2. Aufl. (VIII, 103 S.)

—— die schönsten Heldengeschichten des Mittelalters. Ihren Sängern nacherzählt und für die Jugend und das Volk bearb. 5 Hefte. 8. Leipzig, Hartung und Sohn. *

Inhalt:
Heft 1. Die Frijof-Sage. (VI, 73 S.) 879. * 75 Pf.
„ 2. Der Nibelungen Noth. 3. Aufl. (186 S.) 875. *ℳ 1,25.
„ 3. Gudrun. (160 S.) 880. *ℳ 1,25.
„ 4. Die Rolands-Sage. (X, 117 S.) 875. *ℳ 1,25.
„ 5. Die Alexander-Sage. 2. Aufl. (VIII, 103 S.) 875. *ℳ 1,25.

— die schönsten Heldengeschichten d. Mittelalters. Ihren Sängern nacherzählt. 4. Hft. Die Rolands-Sage. Für die Jugend u. das Volk bearb. 3. Aufl. 8. (X, 117 S.) Rudolstadt 883. Hartung & Sohn. n. 1. 25

—— die schönsten Heldengeschichten des Mittelalters. Ihren Sängern nacherzählt. 4. Aufl. 2. Heft: Der Nibelungen Noth. Für die Jugend und das Volk bearb. 12. (197 S.) Rudolstadt 886, Hartung und Sohn. *

1. und 3.—5. Heft. Ebendas. 1875—83. *ℳ 4,50.

— die schönsten Heldengeschichten des Mittelalters. Ihren Sängern nacherzählt. Für die Jugend u. das Volk bearb. 1.—4. Bd. 12. (Mit je 1 Bild.) Leipzig, H. Hartung & Sohn. Geb. in Leinw. n. 4. 55

1. Die Frithjof-Sage. 4. Aufl. (VI, 75 S.) 893. n. — 80
2. Der Nibelungen Not. 5. Aufl. (V, 200 S.) 894. n. 1. 25
3. Gudrun. 4. Aufl. (175 S.) 894. n. 1. 25
4. Die Roland-Sage. 4. Aufl. (X, 121 S.) 893. n. 1. 25

— die schönsten Heldengeschichten des Mittelalters. Ihren Sängern nacherzählt. Für die Jugend u. das Volk bearb. 5 Bde. (Mit je 1 Titelbild.) 12. Leipzig (900). H. Hartung & Sohn. n. 5. 80; geb. n. 7. —; in 1 Bd. geb. n. 6. —

1. Die Frithjof-Sage. 5. Aufl. (VII, 75 S.) n. — 80; geb. n. 1. —
2. Der Nibelungen Not. 6. Aufl. (201 S.) n. 1. 25; geb. n. 1. 50
3. Gudrun. 5. Aufl. (176 S.) n. 1. 25; geb. n. 1. 50
4. Die Roland Sage. 5. Aufl. (X, 122 S.) n. 1. 25; geb. n. 1. 50
5. Die Alexander-Sage. 4. Aufl. (IX, 104 S.) n. 1. 25; geb. n. 1. 50

— die schönsten Heldengeschichten des Mittelalters. Ihren Sängern nacherzählt. Für die reifere Jugend bearb. 1.—4. Bd. 8. Leipzig, H. Hartung & Sohn. Geb. u. kart. n. 6. 50

1. Die Frithjof-Sage. 6. Aufl. (VII, 75 S. m. Titelbild.) (903.) Kart. n. 1. —
2. Der Nibelungen Not. 7. Aufl. (201 S. m. Titelbild.) (905.) Kart. n. 1. 50
3. Gudrun. Mit Bildschmuck v. A. C. Baworowski. 7. Aufl. (178 S.) (905.) Geb. n. 2. —
4. Die Roland-Sage. Mit Bildschmuck v. A. C. Baworowski. 7. Aufl. (X, 125 S.) (905.) Geb. n. 2. —

— dass. Illustr. Ausg. 3. u. 4. Bd. 8° Ebd. Geb. je 2 — d
3. Gudrun. 7. Afl. (178) ('05.) | 4. Die Roland-Sage. 7. Afl. (125) ('05.)

— Die schönsten Heldengeschichten des Mittelalters. Ihren Sängern nacherzählt. Illustr. Ausg. 5 Tle. in 1 Bde. (VII, 80; V, 206; 178; X, 125 u. XI, 109 S.) kl. 8. Leipzig (907). H. Hartung & Sohn. Geb. in Leinw. 5. —

Hieraus einzeln:
1. Die Frithjof Sage. Für die Jugend u. das Volk bearb. Mit Orig.-Bildern v. Ant. C. Baworowski. 7. Aufl. (VII, 80 S.) — 80; kart. 1. —.
2. Der Nibelungen Not. Für die Jugend u. das Volk bearb. Mit 12 Orig. Bildern v. Ant. C. Baworowski. 8. Aufl. (V, 206 S.) 1. 25; kart. 1. 50; geb. in Leinw. 2. —.
3. Die Alexander Sage. Für die Jugend u. das Volk bearb. Mit Orig. Bildern v. Ant. C. Baworowski. 6. Aufl. (XI, 109 S.) 1. 25; kart. 1. 50.

— Die schönsten Heldengeschichten d. MAlters. NAfl 4. Bd. kl8° Lpzg, H Hartung & S. 1.25; HL 1.50 d
4. Roland-Sage, Die. Für d. reif. Jug. bearb. 10. Afl. (10, 125 m. Abb.) ('10.) 1.25; HL 1.50

Baessler, Ferdinand

—— hellenischer Heldensaal oder Geschichte der Griechen in Lebensbeschreibungen der Alten. 2 Bde. gr. 16. Berlin, Deckersche geheime Ober-Hofbuchdr. [1. (XV und 431 S. mit 17 Holzschn.) 849. 3 Thlr. 7½ Ngr., 2. (IV und 533 S. mit 15 Holzschn.) 851. 2 Thlr. 7½ Ngr.]

— Hellenischer Heldensaal od. Geschichte der Griechen in Lebensbeschreibungen der Alten. 2 Bde. gr. 16. (1. Bd. XVI u. 431 S. m. 17 Holzschn. 2. Bd. IV u. 533 S. m. 15 Holzschn.) Ebd. 849. 52. In Engl. Einb. (1. Bd. 3¼ ß 2. Bd. 2¼ ß) 5½ ß

— Hellenischer Heldensaal oder Geschichte der Griechen in Lebensbeschreibungen nach den Darstellungen der Alten. 2. Aufl. Mit 32 in den Text gedr. Holzschn. Berlin 862. v. Decker. 4. (VIII, 359 S.) 2 ß

—— 2. Aufl. Berlin: Kgl. Geh. Ober-Hofbuchdr. 1862. V, 359 S. 4° 1: 4° Ug 691. 17. 30. 51. 121. 207.
9.9420

—— 3. Aufl. Bd 1. 2. Berlin: v. Decker 1879. 8° 1: Ug 692. 2. 41. 43. 62. 308.
9.9421

— Das Heilige Land und die angrenzenden Landschaften. — Merseburg: Garcke 1846. XVI, 192 S. 8° 3. 10.
9.9423

—— 2. Aufl. Ebd. 1847. XVI, 192 S. 8° 1: Ul 7820ᵃ.
9.9424

—— d. heil. Land u. d. angr. Landschaften. 2. Afl. 8. (192) Lpzg 56. (Langens., Beltz.) — 15

—— 2. Aufl. Leipzig: Hebenstreit 1856. XVI, 192 S. 8° 15.
9.9425

— das heilige Land u. die angrenzenden Landschaften. In anschaul. Schildergn. dargestellt. 3. verm. u. verb. Aufl. 8. (XVI, 209 S.) Leipzig 872. Wilfferodt. n. 2. —

— dasselbe. Vierzehn Illustr. nach der Natur aufgenommen (auf 10 Holzschntaf.) Nebst e. (chromolith.) Karte v. Palästina (in Fol.) 8. Ebend. 872. n. 1. 20

—— 3., verm. u. verb. Aufl. Leipzig: Wilfferodt 1873. XVI, 209 S. 8° 79.
9.9426

—— Legenden und Balladen. Neue Ausg. 12. (141 S. und 12 Holzschn. in Tondr.) Berlin 851, Deckersche geheime Ober-Hofbuchdr.

— Drei Legenden. — Berlin: Decker 1849. 9 Bl. 8°
Aus: Kalender für Alt u. Jung in Dorf u. Stadt. 1. 1849.
1: Yo 4031. 2. 12: P. o. germ. 70 ni. 23. 109.
9.9427

— Evangelische Liederfreude. Auswahl geistlicher Lieder von der Zeit Luthers bis auf unsere Tage. — Berlin: Decker 1853. XXXIV, 358 S. 8°
1: Ek 4122. 7. 9. 10. 12: 4° Liturg. 697 av. 18. 29. 30. 41. 43. 44. 46. 51. 78. 109.
9.9429

- Predigt über Joh. 19, 25–27. — Magdeburg: Heinrichshofen 1861. 15 S. 8° 1: 4 in E 251–2.
9.9431

— über die Sage vom ewigen Juden, s. a. Sammlung wissenschaftl. Vorträge.

— Ueber die Sage vom ewigen Juden. — Berlin: Heinersdorff 1870. 24 S. 8° (Sammlung wissenschaftlicher Vorträge. 5.) 1: Ag 9088–5. 7. 12: Var. 366 sp–5. 21. 32. 41.
9.9432

Bassler, Ferd., Sagen aus allen Gauen des Vaterlandes. Für die Jugend und das Volk bearb. Mit 4 (Holzschn.-) Illustr. von L. Burger. 2. Aufl. Berlin 1877. 8.
S. a. d. T.: Bd. der Heldengeschichten des Mittelalters. N. 1. H. 5.

Bäßler, Ferd., Timotheus. Geistliche Ansprachen an die Schulgemeinde. gr. 8. (VIII, 246 S.) Berlin 875, v. Decker's Verlag.

— **Timotheus.** Geistliche Ansprachen an die Schulgemeinde. — Berlin: Kgl. Geh. Ober-Hofbuchdr. 1875. VIII, 246 S. 8°
1:Ep 1220. 2. 3. 7. 11. 27. 34. 44. 53. 62. 169. 207.
9.9434

—— Willfried. Episches Gedicht in 9 Gesängen. 16. (VII und 132 S. mit 1 Holzschnt. in Tondr.) Berlin 859, Decker'sche geheime Ober-Hofbuchdruckerei. 27 Ngr.; geb. *

[—] Fünf Zeitgedichte. — (Naumburg [1871]: Sieling.) 16 S. 8°
1:Yo 13804/8. 109.
9.9436

Bäßler, Friedrich: Über den Einfluss des Dekapitierens auf die Richtung der Blätter an orthotropen Sprossen. (Altenburg) 1909: (Pierer). 26 S. 4° (Aus: Botan. Zeitung. 1909, H. 5/7.)
Leipzig, Phil. Diss. v. 5. Aug. 1909, Ref. Pfeffer, Chun
[Geb. 13. Dez. 84 Leipzig; Wohnort: Leipzig; Staatsangeh.: Sachsen; Vorbildung: König-Albert-Gymn. Leipzig Reife O. 05; Studium: Leipzig 8 S.; Rig. 10. Febr. 09.] [U 09. 2920

Baessler, Fritz, Referendar: Die rechtliche Natur und die Bedeutung des Frachtbriefs. ⟨Mit bes. Berücks. d. neuen Eisenbahnverkehrsordnung vom 23. Dez. 1908.⟩ Leipzig: Wigand 1909. 56 S. 8°
Leipzig, Jur. Diss. v. 17. Aug. 1909
[Geb. 5. Juni 84 Glauchau; Wohnort: Dresden; Staatsangeh.: Sachsen; Vorbildung: Furstensch. Meißen Reife O. 03; Studium: Genf 1, Heidelberg 3, Leipzig 3 S.; Rig. 12. Febr. 07.] [U 10. 2649

Baessler, Johann Leonhard: Geistliche Lieder fürs Landvolk. — Leipzig: Weygand 1778. 100 S. 8°
1:Ei 7841. 9. 18.
9.9438

— Hundert und sechs geistliche Lieder zur Unterhaltung der Andacht. — Memmingen: J. Mayer 1782. 226 S. 8°
9. 19. 27. 30.
9.9439

Baessler, K.M.: Das Fünfliniennotensystem mit Einschaltung besonderer Noten für die Zwischentöne, das Oktavennotensystem und das reguläre Dreiliniennotensystem. — (Zwickau: Selbstverl. 1900.) 8 S. 4°
1:4° Mus. Gb 28.
9.9440

— **Das Nonplusultra! Tonschrift der Zukunft! Neuestes zwölfstufiges Notensystem mit nur einer Notenform.** — (Zwickau: Selbstverl. 1900.) 4 S. 4°
1:an 4° Mus. Gb 28.
9.9441

— **Die neue deutsche Tonschrift.** ⟨Nebst e. Anh. über Variationen von früheren Tonschriften.⟩ — (Berlin 1904: Preuß.) 4 Bl. 4° (Der Klavier-Lehrer. 1904, Nr 21, Sonderbeil.)
1:4° Mus. Gb 29. 12:4° Mus. Th. 784-27.
9.9442

— **Zwölfstufen-Tonschrift - Zwölfstufen-Tonnamen.** — (Leipzig 1907: Röder.) 4 S. 4°
1:4° Mus. Gb 30.
9.9443

Bässler, K. M., Zwölfstufen-Tonschrift—Zwölfstufen-Tonnamen. (4 u. Notenbeilage 4 S.) 34,5×27,5 cm. Zwickau i/Sa. (907). Selbstverlag. 2. 50

Bäßler, Karl, d. Ernährung d. Menschen. E. gemeinfaßl. Darstellg. m. bes. Berücksicht. d. neuesten Erscheingn. a. d. Gebiete d. Ernährungslehre. gr. 8. (86 S.) [Stuttgart 895. Buchh. d. Gesundheitsrat.] Leipzig, H. Hartung & Sohn. Geb. in Leinw. n. 1. 20

Baessler, Louis

[Ant. u. F.] **Bässler,** *Louis:* Die Behandlung der Arithmetik auf der Realschule. Bitterfeld, Druck v. J. G. Schencke & Sohn, 1895; 3—15 S. 4.
Bitterfeld, R. P 1895 (273)

Baessler, Paul

— **Ratschläge für Bezug und Anwendung von Kalk und Mergel.** — Köslin 1908: Hendess. 37 S. 4° (Arbeiten d. Landwirtschaftskammer für d. Provinz Pommern. 1.)
1:4° Ou 13688-1. 9. 79. 203.
9.9445

Baessler-Archiv. Beiträge z. Volkerkunde hrsg. aus Mitteln d. Baessler-Instituts. Unter Mitw. d. Direktoren d. ethnol. Abteilungen d. Kgl. Museums f. Völkerkunde in Berlin red. von P[aul] Ehrenreich. Bd 1, H. 1. Leipzig & Berlin: Teubner 1910. 4° [10. 11076

Baessler-Archiv. Beiträge z. Völkerkde. Red. v. P Ehrenreich. 1—3. Bd je 6 Hefte. (1. Heft: 54 m. Abb. u. 11 Taf.) 34,5×24,5 cm. Lpzg, BG Teubner '10—12. je 20 —

— dass. 1—3. Beiheft. 34,5×24,5 cm. Ebd.
Claus, Heinr.: Die Wagogo. Ethnograph. Skizze e. ostafrikan. Bantustammes. (4, 72 m. Abb.) '11 [2] 8 —; f. Abonnenten d. Archivs 6 —
Le Coq, Alb. v.: Sprichwörter u. Lieder a. d. Gegend v. Turfan m. e. dort aufgenomm. Wörterliste. (4, 100 m. 1 Taf.) '11 [1] 9 —; bezw. 6.75
Zeller, Rud.: Die Goldgewichte v. Asante (Westafrika). (4, 77 m. 21 Taf. u. 21 Bl. Erklärgn.) '12 [3] 12 —: bezw. 9 —

Basslinger, Ignaz: Pepsin, seine physiologischen Erscheinungen und therapeutischen Wirkungen gegen Verdauungsschwäche. — Wien: Typ.-lit.-art. Anst. in Comm. 1858. 216 S. 8°
1:K 11100. 4. 7. 9. 12:Path. 93er [2 Ex.] 15. 16. 17. 19. 24. 48. 180. 202. 300: 122.604-B. 302. 308.
12.7785

— **Untersuchungen über die Schichtung des Darmcanals der Gans, über Gestalt und Lagerung seiner Peyer'schen Drüsen.** — [Wien 1854.] 22 S. 8°
Aus: Sitzungsberichte d. Kaiserlichen Akademie d. Wissenschaften. Math.-nat. Cl. 13. 1854.
1:15 in Lo 3601. 12:Zool. 571-13. 302.
12.7786

Basslinger J Untersuchung über die Schichtung des Darmkanals der Gans, über Gestalt und Lagerung seiner Peyerschen Drusen (mit 2 Taf.). S 13. 5s . . . . —.70
Separatabdruck

— **Rhythmische Zusammenziehungen an der Cardia des Kaninchenmagens.** ⟨Cardiapuls.⟩ — Wien: Gerold in Comm. 1859. 9 S. 8°
Aus: Sitzungsberichte d. Kaiserlichen Akademie d. Wissenschaften. Math.-nat. Cl. 37. 1859.
12:Zool. 23 t. 302.
12.7787

— Rhythmische Zusammenziehungen an der Cardia des Kaninchenmagens (Cardiapuls) S. 37. 5s . . . . Ngr.
Separatabdruck

Bassmann, Emil, approb. Arzt aus Marktbreit a. M.: Ein Fall von Hysterie. *München 1903: Kastner & Callwey.* (46 S.) 8°
München, Med. Diss. v. 1904

Bassmann, Johannes (Phil. Friedr.) (geb. Waldbockelheim im Rheinl. 28 2 1858) Statistik der Operationen in der geburtshilflichen Klinik zu Berlin vom Jahre 1870-81. Berlin (1882) (38 S.) 8°
Berlin, Med. Diss. v 15 Juli 1882

Bässmann, Fr[iedrich], a. Uetzingen, Prov. Hannover: Die Landwirtschaft im Kreise Fallingbostel, ihre Entwicklung und ihr gegenwärtiger Stand, nebst Untersuchungen über die Rentabilität dortiger Betriebe. Halle a. S. 1908: H. John. (168 S., 8 Anl., 1 Karte) 8°
Jena, Phil. Fak., Ref. Edler, Diss. v. 4. Juni 1908
[Geb. 9. Okt. 82 Uetzingen; Wohnort: Uetzingen; Staatsangeh.: Preußen; Vorbildung: Landwirtschaftssch. Hildesheim Reife O. 02; Studium: Landw. Hochsch. Berlin 1, Univ. Bonn 2, Jena 5 S.; Rig. 1. Aug. 07.]

Basso. Die Eisenbahnen in Kriegszeiten. [Russ.] St. Petersburg 1870

Basso, Carlo Andrea

— **Curator animarum e Sacrarum Litterarum doctrina, sanctorumque patrum auctoritate concinnatus. Authore Carolo Andrea Basso.** — Graecii: Walder 1712. 775 S. 8°
2. 6. 303. 307.
12.7792

Basso, C. A., die vollkommene Klosterfrau, s. a. Leitsterne, neue auf der Bahn des Heils.

— [La Monaca perfetta, deutsch] Vollkommene Closter-Frau, das ist: Wahre Tugent-Form, für alle der geistlichen Vollkommenheit begirig- und beflissene Seelen. Von Carolo Andrea Basso. — München 1700: Rauch. 724 S. 8°
2. 12: 4° Asc. 100. 19. 307. 308.
12.7793

— Die vollkommene Klosterfrau oder die wahre klösterliche Tugend. Neu bearb. u. hrsg. von e. kath. Geistlichen. Bd 1.2. — Regensburg: Manz 1867. 8° (Neue Leitsterne auf d. Bahn d. Heils. 29.30.)
12: Asc. 2808 p–29.30. 19. 211 [= 2].
12.7794

— — 2. Aufl. Bd 1.2. Ebd. 1905. 8° 12: Asc. 389f. 19. 211.
12.7795

— Regula Instituti Petrini seu praxis quotidianarum exercitationum sacerdotis, et curatoris animarum ... Auctore Carolo Andrea Basso ... Recusa ... curâ et impensis Ludovici de Kozielak Oginski. — Constantiae 1707 : Typ. Univ. Soc. Jesu. 314 S. 8° 102. 214.
12.7799

— — Recusa. Augustae Vind.: Schlüter & Happach 1713. 261 S. 8° 6. 12: Past. 23. 36.
12.7800

Basso, Karl Andreas, s. Basso, Carlo Andrea.

Basso v. Goedel-Lannoy, Richard Frhr: Astronomie. — Wien: Gerold in Komm. 1886. 26 S. 4°
Aus: Die internationale Polarforschung 1882-1883. Die österreichische Polarstation Jan Mayen. 1. 1886.
303.
12.7811

Bassompiere, François de s. *Bassompierre.*

Bassompierre, François de: Ambassade en Espagne l'an 1621. — Cologne: du Marteau 1668. 163 S. 8°
Verschiedene Drucke. 1: Qx 4698 [u.] 8° Bibl. Diez 4537. 2→8. 10. 12: J. publ. E. 34 x [2 Ex.] 14. 15. 18. 19. 21. 22. 24. 27. 28. 30. 32. 34. 35. 46. 52. 78. 180. 300: BE 9 T 34. Bd 1. 302. 309.
12.7825

— — Nouvelle éd. Vol. 1.2. Ebd. 1744–45. 8°
1: 8° Bibl. Diez 4436.4437. 12: J. publ. E. 35c. 14. 21. 45. 300: 39.654–A. 302. 308.
12.7827

— Mémoires du Maréchal de Bassompierre, contenant l'histoire de sa vie et de ce qui s'est fait de plus remarquable à la Cour de France pendant quelques années. T. 1–4. — Cologne: Sambix 1703. 8°
Verschiedene Drucke. 17. 18 [= 3.4]. 31 [= 3.4].
12.7840

Bassompierre, Isaac de: An Ihro römisch kaiserliche ... Majestät ... allerunterthänigest gelangete rechtliche Erörterung: Ob unser Magistrat allhie zu Frankfurth am Mayne ... die Landstrase von einer Gegend in die andere ... verlegen oder ziehen könne. — o.O. [1771]. 15 S. 4°
7. 30.
12.7852

Bassompierre, V.

— u. Mich. **Litschgy:** Geschäftsaufsatz- u. Buchführgsheft. Mit Heft- u. Formularmappe. 1. u. 2. Afl. (70) Lex8° Colm., Strassburger Dr. u. Verl.-Anst. Filiale Colmar ('10).
in M nu 1 ---

— u. K. Sandel, Handreichung f. den Gebrauch der Schreib-Lese-Fibel m. Bildern. (59 S.) gr. 8. Ebd. 903.
n. 1. 20; geb. n.n. 1. 50

— — deutsche Schreiblesefibel. 2 Tle. (70 S. m. Abbildgn. u. IV, 70 S.) gr. 8. Ebd. 903. Kart. à n.n. — 50

— u. K. Sandel, deutsche Schreib-Lese-Fibel m. Bildern. 1. Tl. 2. Aufl. (70 S.) 8. Straßburg 909. F. Bull.
Kart. nn — 50

— u. K Sandel: Deut. Schreib-Lese-Fibel. 2. Tl. 2. Afl. (70) 8° Strassbg, F Bull '11. geb. nn — 50 d

Bassompierre, V., deutsche Schreib-Lese-Fibel m. Bildern f. die einklassigen katholischen Schulen in Lothringen. (80 S.) 8. Straßburg 905. F. Bull. Kart. n n. — 50

— dasselbe f. die einklassigen katholischen Schulen in Lothringen. 2. Aufl. (80 S.) 8. Ebd. 908. Kart. nn — 50

Bassompierre, V: Deut. Schreiblese-Fibel f. d. kathol. Schulen in Elsass-L. 2 Tle. 8° Strassbg, F Bull. Kart. je nn — 50 d
I. 1—3. Afl. (70 m. Abb.) '03/05. ‖ II. 1. u. 2. Afl. (72) '03/05.

Bassompierre, V., deutsche Schreib-Lese-Fibel f. die katholischen Schulen in Elsaß-Lothringen. 2 Tle. 8. Straßburg, F. Bull. Kart. à nn — 50
I. 5. Aufl. (70 S. m. Abb.) -- II. 4. Aufl. (IV, 72 S.) 909.

Bassompierre, V: Deut. Schreib-Lese-Fibel f. d. kathol. Schulen in Elsass-L. 2 Tle. 8° Strassbg, F Bull '11.
geb. je nn — 50 d
I. 7. Afl. (70 m. Abb.) ‖ II. 5. Afl. (4, 72)

Bassompierre, V. und K. Sandel

— — 10 Lese-Wandtafeln zu den deutschen Schreib-Lese-Fibeln m. Bildern. 65×75 cm. Ebd. (903).
n. 3. —; auf Pappe n n. 6. —

Basson, C. s. *Basson,* Karl.

Basson, Karl

Basson, C., e. Höllenfahrt. Episode aus der Jetztzeit. Erlebt u. geschildert v. C. B. Hamburg, Anfang Septbr. 1892. gr. 8. (16 S.) Hamburg 892. (Leipzig, Kößling.)
n. — 50

Basson, Karl: Eine Höllenfahrt. Episode aus der Jetztzeit. Hamburg: Pontt & v. Döhren [1892]. 16 S. 8° 18. 205.
12.7856

Basson, Wilhelm: Die Eisenbahnen im Kriege nach den Erfahrungen des letzten Feldzuges. — Ratibor: Wichura 1867. II,72 S. 8° 1: Hy 45026. 2. 12: A. hydr. 334. 24. 30. 45. 82. 89. 91. 203. 209. 210. 305.
12.7860

Basson, W., der Locomotivbau, s. Handbuch für specielle Eisenbahn-Technik.

Bassum [Schlagwort]

Bassum, s.: Preussen. Messtischblätter.

Bassus, Baron C.V., s. Bassus, Konrad.

Bassus, Carolus Andreas s. *Basso,* Carlo Andrea.

Bassus, Dominicus: Redivivus ingenii Partus, seu D. Just. Imp. quinquaginta decisiones, praecipuis controversiis ex universo iure communi desumptis ... illustr., iurique Bavarico passim accommodatae, per Dominicum Bassum. Nunc ... de novo impr. — Viennae in Austr.: Esslinger 1708: Heyinger. 347 S. 8°
Erschien zuerst als Diss. Ingolstadt 1684.
16. 17. 211. 300: •28 L 8. 303.
12.7865

— — Ulmae: Baeurlein 1718. 347 S. 8°
1: Gc 17204. 7. 12: 4° J. rom. c. 15. 18. 36. 308.
12.7866

Bassus, Konrad B^n v.: Über das Ausmessen von Registrierballondiagrammen. — Straßburg: Trübner 1906. S. 73–77. 8°
Aus: Beiträge zur Physik d. freien Atmosphäre. 2. 1906. 26. 91.
12.7868

Bassus, Baron C v.: Graf Zeppelins Fernfahrten, s.: Hergesell, H.

— Ueber das Graf Zeppelin'sche Luftschiff. Vortrag. — München 1901. 16 S. 4°
Aus: Bayerisches Industrie- u. Gewerbeblatt. N.F. 33. 1901.
210.
12.7871

Bassus, Thomas Franz Maria Frh.v.

Vorstellung denen hohen Standeshäuptern der Erlauchten Republik Graubünden, in Ansehung des Illuminaten Ordens auf hohen Befehl vorgelegt von Thom. Franz Maria, Frh. v. Bassus. [Nürnberg: Felssecker] 1788. 172 S. 8°
Kl. 3262.

Bassville, Elemens de mythologie, avec l'analyse des poëmes d'Ovide, d'Homère et de Virgile etc. 12. Genève, Levrault, Strasb. 797.

Bassville, Nicolas Jean Hugou de s. *Basseville.*

Basswald, J, Brucker Heimats-Atlas, s.: Rothaug, JG.

Basswald, J: Karte d. Bez. Bruck an d. Leitha. 1:150,000. (Neudr.) 31,5×41 cm. Farbdr. Wien, G Freytag & B. (09). nn — 20

Bassy, Friedrich Ludwig (Strassburg), De processu arresti ad effectum sistendi. Diss. jur. Präs. Jo. Salom. Brunnquell. Jena (J. F. Ritter) Juni 1725. 60 S., teilw. deutsch. (5.80)

Bast: Fürst Bismarck, s. Bast, Konrad

Bast, Carl, s. Bast, Karl

Bast, Friedrich Jakob

— [lat.] Frider. Jac. Bastii Epistola critica ad ... Joann. Franciscum Boissonade super Antonino Liberali, Parthenio et Aristaeneto. Cum auctoris emendationibus et additamentis manuscriptis e lingua Gallica in Lat. versa a Carolo Alberto Wiedeburg. [Nebst] App. — Lipsiae: Weidmann 1809. 8°
App. Ed. Godofr. Henricus Schaefer.
1: Vd 7727. 2→11. 12: A. gr. b. 388. 14→18. 20. 21. 23. 24. 26. 27. 29. 30. 34. 38. 43. 75. 78.
12.7893

Bast, Friedrich Jakob [Hrsg.] s.a. *Aristaenetus:* Specimen editionis novae epistolarum [Epistolae, Ausz., griech. u. lat.] 1796.

Bast, Fr. Jak., († d. 13. Nov. 1811.) specimen edit. novae epist. Aristaeneti. Accedunt J. B. Bolla Jambi Graeci in Pantomimam. 8 maj. Wien 796. (Berl., List). 8 gr

Bast, F. Iac., specimen edit. novae epist. Aristaeneti. 8. maj. Wien, Sommer in Leipzig. 796.

— krit. Versuch üb. d. Text d. platon. Gastmahls, nebst e. beurtheil. Anzeige merkwürd. Lesearten aus d. 3 Handschriften d. k. k. Hofbibliothek zu Wien. 8. Leipz. 794. Central-Compt. 16 gr

— kritischer Versuch über den Text des platon. Gastmahls, nebst einer beurtheilenden Anzeige merkw. Lesarten aus den drey Handschriften der K. K. Hofbibliothek zu Wien. 8. Lpz. Joachim. 794.

-- Kritischer Versuch über den Text des platonischen Gastmahls nebst e. beurtheilenden Anzeige merkwürdiger Lesarten aus d. 3 Handschriften d. k.k. Hofbibliothek zu Wien. Leipzig: J. G. Müller 1794. XXVIII,171 S. 8°
1: Vs 9360. 2. 3. 5. 7. 8. 10. 12: A. gr. b. 2666. 14. 15. 18. 19. 26. 28. 30. 75. 111. 300: 62 L 25. 302.
12.7894

Bast, Johann Philipp Christian

Bast, Jh. Ph. Chr., (†...) grammatikal. Auflösung des ersten Kapitels des ersten Buch Mose; als e. Anh. zur Kyptischen Uebersetz. d. Danzischen Grammatik. 8. Bresl. 753. N. A. 757.

— [Hrsg.] s. *Baumgarten,* Siegmund Jakob: Anweisung zum erbaulichen Predigen. 1752.

— [Hrsg.] s. *Baumgarten,* Siegmund Jakob: Kurzer Begrif der theologischen Streitigkeiten. 1750 u.ö.

Bast, K.: Fürst Bismarck (u. ähnliche monographische Schriften), s. Bast, Konrad

Bast, K.: Sprachlehre, s. Bast, Karl

Bast, Karl (Red.), s. Reform, Pädagogische.

— deutsche Sprachlehre f. Volksschulen. 4. Aufl. gr. 8. (41 S.) Worms 872. Kräuter. n. — 25; geb. n. — 30
vorangehende Auflagen u.d. T.: Bast, Karl: Praktische Sprachlehre.

Bast, K., deutsche Sprachlehre f. Volksschulen. 5. Aufl. 8. (43 S.) Worms 877. Kräuter. cart. n. — 40

-- praktische Sprachlehre für deutsche Volksschulen. 866. — 2. Aufl. 867. — 3. verb. u. verm. Aufl. Ebend. 869. 8. (48 S.) n. 2¼ ngr
weitere Auflagen u.d. T.: Bast, Karl: Sprachlehre, deutsche.

— Stilübungen für Volksschulen. gr. 8. (47 S.) Worms 872, Kräuter'sche Buchh. *
geb. *

Bast, Carl, was muß man von der deutschen Sprachlehre wissen? Für Schulen u. den Selbstunterricht methodisch bearb. gr. 8. (88 S.) Berlin (902). H. Steinitz. n. 1. —; geb. n. 1. 50

Bast, Konrad: Fürst Bismarck. Ein Gedenkbüchlein. Langensalza: Greßler 1873. 114 S. 8° 1: Sw 14494.
12.7897

Bast, K., Fürst Bismarck. Ein Gedenkbüchlein f. das deutsche Volk. 8. (114 S.) Langensalza 873. Schulbuchh. -- 90

Bast, K., Wormser Luther-Büchlein, oder Luther u. die übrigen Kämpfer des Wormser Lutherdenkmals. Zur Erinnerung an die Enthüllungsfeier dieses Denkmals am 24., 25. u. 26. Juni 1868. 1—6. Aufl. Worms 868, 69. Kräuter. 16. (88 S.) 5 ngr

-- Wormser Luther-Büchlein, oder Lebensbeschreibung Luthers, sowie seiner Vor- und Mitkämpfer, deren Statuen auf dem Wormser Luther-Denkmal aufgestellt sind. — Worms: Stern 1868. 82 S. 8° 28. 123.
12.7898

—— 2. Aufl. Ebd. 1868. 84 S. 8° 107.
12.7899

—— 3. Aufl. Ebd. 1868. 84 S. 8° 17. 293.
12.7900

—— 4. Aufl. Ebd. 1868. 88 S. 8° 17. 26. 36. 60.
12.7901

— Wormser Luther-Büchlein, oder Luther und die übrigen Kämpfer des Wormser Lutherdenkmals. 5. Aufl. — Ebd. 1869. 88 S. 8° 1: Cn 7586^{5}. 17. 26.
12.7902

—— 6. Aufl. Ebd. 1869. 88 S. 8° 17. 34. 123.
12.7903

— Deutschlands Heldenkaiser Wilhelm der Siegreiche. Ein Gedenkbüchlein. — Langensalza: Greßler 1871. VI,86 S. 8° 1: Sw 13276. 17. 123.
12.7904

Bast, K., Deutschlands Heldenkaiser Wilhelm der Siegreiche. Ein Gedenkbüchlein f. das deutsche Volk u. seine Jugend. 8. (VII, 86 S.) Langensalza 871. Schulbuchh. — 60

—— 2., verb. u. erw. Aufl. Ebd. 1874. 101 S. 8° 1: Sw 13276^{2}. 19.
12.7905

Bašta, Jan

— **Der neue Zentral-Bahnhof in Pilsen.** — Wien: Verf. 1907. 32 S. 8°
Aus: Österreichische Eisenbahn-Zeitung. 30. 1907. **302.**
12.7943

Bastanier, Ernst [app. Arzt aus Berlin, Assist. am anatom. Inst. d. Univ. Königsberg]: Ueber traumatische Perforationen des Trommelfelles m. Berücks. d. Fremdkörper d. Ohres ... Berlin, Druck v. Thormann & Goetsch, 1897; 30 S., 1 Bl. 8.
Berlin, Med. Fak., Inaug.-Diss. v. 9. Aug. 1897

Bastanzi, Paul Anton: Verzeichnis der hinterlassenen Bibliothek des Herrn Paul Anton Bastanzi. [Auktionskat.] Leipzig: (List & Francke) 1873. 122 S. 8° 17. 18. 23. 44.
12.7961

Bastard, Der, oder Geschichte, Abentheuer, Wanderungen und Liebschaften eines Teutschen Fürstensohns. Fürth 1799. V: *Brückner, Johann Jacob.* (BGE) (KY) (MGT)

Bastard, Der, oder Schicksale, Abenteuer, Wanderungen und Liebschaften eines Fürstensohnes. Fürth 1799. V: *Brückner, Johann Jacob.* (BGE Ia, 183) Vgl. I, 3987.

— der, od. Schicksale, Abenteuer, Wanderungen und Liebschaften e. deutsch. Fürstensohns. 2 Thle. 8. Fürth, Bureau f. Lit. (Campe in Nürnb.) 802. (I. 20 gr. II. 16 gr.)
Druckp. (I. 16 gr. II. 12 gr.)

Bastard, der, u. seine Eltern, wahre Gesch. a. d. Gräueln d. Ritterzeit. 8. Lpz. G. Fleischer. 808.

Der Bastard und seine Eltern. Wahre Geschichte aus d. Gräueln d. Ritterzeiten. — Oschatz 1808. 178 S. 8°
19.
12.7964

Bastard, der kaiserl.; a. d. Memoiren d. Obersten Duvar, natürl. Sohne d. Kaisers Napoleon. A. d. Franz. 3 Bde. gr. 12. (25 B.) Stuttgart 828, [Brodhag.]

Der kaiserliche Bastard. Aus d. Memoiren des Obersten Duvar, natürlichem Sohne des Kaisers Napoleon. Aus d. Franz. Bd 1–3. — Stuttgart: Franckh 1828. 8° 24.
12.7967

Bastard, der, von Castilien. Historischer Roman. Aus dem Spanischen. Frankfurt a. M. 857. Hedler. (Mainz, Kirchheim.) 8. (1 Bl., 191 S.) n. 15 ngr

Der constituirende [konstituierende] Bastard. 1848 s. *Baumeister*, Hermann.

Bastard

— **von Navarra.** Novelle von Erle. 8. Eisenberg, Schöne. 806.

Bastardbrüder, die, Roman s.a. Hesekiel, George.

Bastardbrüder, Die, oder Geheimnisse von Altenburg. Roman. Aus dem Nachlass eines Criminalbeamten. Altenburg 1845. II. V: *Hesekiel, Gg.* Vgl. Kat. d. Berl. Stadtbibl. 4 (1907), S. 421 anonym; Kayser 9. 415 unter H.s Namen. (DARP)

Baštecký, Otto, aus Nimburg i. Böhm.: **Untersuchungen über den Wert der Roggenkörner verschiedener Größe für den Mehl- und Backprozeß.** *Halle a. S. 1904: (O. Henning, Greiz).* (48 S.) 4° ¶(Erscheint vollst. in: Berichte aus d. physiol. Laborat. u. d. Versuchsanst. d. landw. Inst. d. Univ. Halle, H. 17.)
Halle, Phil. Diss. v. 1903

Baštecký, Otto: Untersuchungen über den Wert der Roggenkörner verschiedener Größe für den Mehl- und Backprozeß. Von Otto Baštecky. Untersuchungen über den Futterwert des gemeinen Heidekrautes (Calluna vulgaris). Von Kurt Müller. Über ungewöhnlich hohe Roggenerträge. Von Julius Kühn. Mitteilungen der Prüfungsstation für landwirtschaftliche Maschinen und Geräte. — Leipzig: R. C. Schmidt 1904. Getr. Pag. 4° (Berichte aus d. physiologischen Laboratorium u. d. Versuchsanstalt d. landwirtschaftlichen Instituts d. Universität Halle. 17.)
Die Schrift von Baštecký erschien teilweise auch als Diss. Halle 1904. **1: 4° Ou 22889-17. 4. 7. 12: 4° Oecon. 26 m-17. 16. 19. 20. 21. 25. 28.**
12.8007

Bastei-Chronik. — Bastei-Chronik 1857–1893. Aus d. Archive d. 'Bastei', Verein jüngerer Buchhändler zu Dresden ... hrsg. von L. Hamann. — Dresden: Bastei [usw.] 1893. 56 S. 8° 11. 14. 15.
12.8009

Bastei-Chronik 1857–1907 ... Fortgef. u. neu hrsg. von Adolf Beschoren. — Dresden 1907: (Baensch). 87 S. 8°
14. 101. 106.
12.8010

Bastel, Fritz

Bastel, F, u. H Schulz: Reseda. Tuberosen. Citrus s.a. Radetzki, gärtner. Kultur-Anweisgn.

Bastel, Fritz: Reseda. Tuberosen. Citrus. Die Kultur d. Reseda odorata, Tuberosen u. Citrus sinensis von F. Bastel u. H. Schulz. 2. Aufl. — Berlin: 'Berliner Gärtner-Börse' [1904]. 12 S. 8° (Gärtnerische Kultur-Anweisungen. 7.)
1: Ow 24437-7. 11.
12.8011

Bastel, H., 6 Blatt Formenlehre, zum Gebrauche an Bauschulen gezeichnet u. lith. gr. Fol. Hildburghausen (903). Karlsruhe, Polytechn. Verlag, O. Pozoldt. — 60

Bastelberger: Beschreibg neuer u. Besprechg weniger bekannter exot. Geometriden. [SA] (73—90) gr8° Wiesb., JF Bergmann '07. — 60

— Besprechg u. Beschreibg ein. neuer od. sonst. interessanter Arten v. exot. Geometriden im naturhistor. Museum zu Wiesbaden. [SA] (71—77) gr8° Ebd. ('08). — 40

— Weitere Neubeschreibungen exotischer Geometriden in meiner Sammlung. (S. 77—87.) gr. 8. Ebd. 908. — 60
3 Sonderabdrucke aus „Jahrb. d. nass. Ver. f. Naturkde."

Bastelberger: Prüfung, Experimentelle... (u.ä. Schriften), s. Bastelberger, Josef Maximilian

Bastelberger, über Zonosoma Lenigiaria Fuchs u. ihre Beziehung zu Albiocellaria HB. gr. 8. (S. 201—215.) Wiesbaden 900. J. F. Bergmann. n. — 80
Sonderabdruck aus: „Jahrbuch d. nass. Ver. f. Naturkde."

Bastelberger, J. M., die militärischen Reformen unter Mahmud II., dem Retter d. osman. Reiches. Eine militärhistor. Studie. gr. 8. (200 S.) Gotha 874. F. A. Perthes. n. 4. --

Bastelberger, Josef Maximilian: Experimentelle Prüfung der zur Drucksinn-Messung angewandten Methoden nebst Angabe einer neuen verbesserten Methode. — Stuttgart: Enke 1879. 70 S. 8° Zugleich Diss. Straßburg 1879.
1: Ky 9576. 7. 11. 16. 20. 21. 24→27. 29. 46. 202. 303.
12.8035

Bastelberger, Maximilian Joseph [prakt. Arzt u. Assistent am physiologischen Institut der Universität Strassburg]: Experimentelle Prüfung der zur Drucksinn-Messung angewandten Methoden, nebst Angabe einer neuen verbesserten Methode. (Eine von der Universität Strassburg gekrönte Preisschrift.) Stuttgart, Druck von Gebrüder Kröner, 1879. 8. II, 70 S
Diss. Strassburg

Basten, Hubert, appr. Arzt aus Cöln: Aus d. Universitäts-frauenklinik zu Gießen. Das Kephalhaematoma externum beim Neugeborenen, insbesondere seine Aetiologie. *Gießen 1904: v. Münchow.* (42 S.) 8°
Gießen, Med. Diss. v. 1904

Bastenaire-Daudenart, F.

Bastenaire-Daudenart, die Kunst alle Arten Töpferwaaren anzufertigen, s.a. Schauplatz der Künste.

Bastenaire-Daudenart, die Kunst alle Arten Töpferwaaren anzufertigen s.a. Schauplatz, neuer., der Künste. 88. Bd.

— Die Kunst, alle Arten ordinairer Töpferwaare ... anzufertigen ... Aus d. Franz. von Chr. H. Schmidt. 3., sehr verm. u. verb. Aufl. — Ebd. 1859. XX,373 S. 8° (Neuer Schauplatz d. Künste u. Handwerke. 88.) 18.
12.8048

Bastenaire-Daudenart, Kunst, weisses Steingut anzufertigen, s.a. Schauplatz d. Künste, 56. Bd.

— [deutsch] Die Kunst, weisses Steingut mit durchsichtiger Glasur nach Art der Franzosen und Engländer anzufertigen ... Übertr. von Georg Frick. — Ilmenau: Voigt 1832. XIV,415 S. 8° (Neuer Schauplatz d. Künste u. Handwerke. 56.)
1:Ot 26096. 17. 27. 32. 44. 47. 82. 83. 88. 89. 210. 302. 305.
12.8041

Bastenaire-Daudenart, d. Kunst Töpferwaaren anzufert., s.a. Schaupl. d. Künste.

Bastenaire-Daudenart, die Kunst, Topferware anzufertigen. Mit Atlas. 3. und 4. Auflage. (Schauplatz der Künste und Handwerke 88) Weimar 1859. 70

Bastenaire-Daudenart, die Kunst ordin. Töpferwaare, Ofentafeln, feines u. ordin. Steingut anzufertigen s.a. Schauplatz d. Künste, 88. Bd.

Bastenaire-Daudenart, die Kunst ordinäre Töpferwaare, Steinzeug ꝛc. anzufertigen s.a. Schauplatz, neuer, d. Künste u. H. 88. Bd.

— [deutsch] Die Kunst, ordinäre Töpferwaare ... anzufertigen ... Übertr. von Ch. H. Schmidt. — Weimar: Voigt 1836. VIII,800 [vielm. 300] S. 8° (Neuer Schauplatz d. Künste u. Handwerke. 88.) 17. 27. 44. 47. 89. 302.
12.8046

— — 2., rev. u. verm. Aufl. Ebd. 1843. XVI,351 S. 8° (Neuer Schauplatz d. Künste u. Handwerke. 88.) 32. 89.
12.8047

— [deutsch] Die Kunst, das echte Porzellan zu fabriciren, die Porzellanmalerei und die Porzellanvergoldung. Übertr. ... von Chr. Heinr. Schmidt. Bd 1.2. — Quedlinburg [usw.]: Basse 1838. 8° 1:Ot 26098. 2. 88[= 1].
12.8044

Bastenaire-Daudenart, Töpferwaarenfabrikation, s. Schauplatz, neuer, d. Künste.

Bastert, Heinrich [aus Oeynhausen]: Beitrag zur Art der Verbreitung der Metastasen des Zungencarcinoms ... Stadthagen, F. Kwiecinski's Buchdr., 1895; 25 S. 8.
Würzburg, Med. Fak., Inaug.-Diss. v. 1895

Bastgen, Franz Josef, appr. Arzt a. Wittlich i. Rhl., z. Zt. II. Assistent am Institut: Aus d. pathol. Institut d. Univ. Gießen. Ueber die behaarten Rachenpolypen. Gießen 1908: v. Münchow. (42 S.) 8°
Gießen, Med. Fak., Ref. Bostroem, Diss. v. 30. Juni 1908
[Geb. 19. Aug. 82 Wittlich (Rheinprovinz); Wohnort: Gießen; Staatsangeh.: Preußen; Vorbildung: Gymn. Trier Reife O. 02; Studium: Würzburg 4, Berlin 1, Heidelberg 1, Straßburg 2, Gießen 1 S.; Coll. 27. Juli 07: Approb. 18. April 08.]

Bastgen, Hubert: Eine amtliche Berichterstattung über den Diözesanstand in dem Erzbistum Salzburg im Jahre 1806. — [Salzburg] 1912. 28 S. 8°
Aus: Mitteilungen d. Gesellschaft für Salzburger Landeskunde. 52. 1912.
308.
12.8068

Bastgen, Hubert, Privatgeistlicher der Diözese Trier: Die Entstehungsgeschichte der Trierer Archidiakonate. Trier 1906: J. Lintz. (56 S.) 8°
Breslau, Kath.-theol. Fak., Ref. Laemmer, Diss. v. 3. Aug. 1906
[Geb. 21. Aug. 76 Cochem; Wohnort: Berlin; Staatsangeh.: Preußen; Vorbildung: Kaiser Wilhelm-Gymn. Montabaur Reife O. 96; Studium: Trier (Priesterseminar) 8, Bonn 2, Berlin 4 S.; Rig. 8. März 06.]

Bastgen, Hubert, Dr. theol., a. Cochem: Geschichte des Domkapitels zu Trier im Mittelalter. Einl. u. T. 1, Kap. 1—3. (Berlin 1907: B. Paul.) (38 S.) 8° ¶ (Erscheint später vollst. in Buchform.)
Berlin, Phil. Fak., Ref. Tangl, Diss. v. 21. Sept. 1907
[Geb. 21. Aug. 76 Cochem a. d. Mosel; Wohnort: Rom; Staatsangeh.: Preußen; Vorbildung: Kaiser-Wilhelms-Gymn. Montabaur Reife O. 96; Studium: Bonn 2, Berlin 5 S.; Rig. 25. Juli 07.]

Bastgen, Hub.: Die Geschichte d. Trierer Domkapitels im MAlter, s.a. Görres-Gesellschaft z. Pflege d. Wissensch. im kath. Deutschld.

— Die Geschichte des Trierer Domkapitels im Mittelalter. Paderborn: Schöningh 1910. VIII,334 S. 8° (Görres-Gesellschaft zur Pflege d. Wissenschaft im katholischen Deutschland. Sektion für Rechts- u. Sozialwissenschaft. 7.)
Erschien teilweise auch als Diss. Berlin 1907.
1:Fi 0860-7. 2→7. 10. 11. 12: Jur. is. 55 m-7. 14→21. 24→27. 29. 30. 36. 38. 41. 43. 52. 121. 203. 208. 211. 214. 300: 458.302-B. Per. 7. 302. 304.
12.8071

Bastgen, Josef: Stammbaum der Familie Bastgen 1545-1907. — (Straßburg [1907]: Du Mont Schauberg.) 15 S. 8°
16. 25. 26. 121.
12.8075

Bastgen. Matthias [Rhenanus]: Quaestiones de locis ex Arnobii adversus nationes opere selectis .... Monasterii, ex typogr. Brunniana, 1887; 42 S. + 1 Bl. 8°.
Münster, Phil. Fak., Inaug.-Diss. v. [12. März] 1887.

Bastgen, Matthias, quaestiones de locis ex Arnobii adversus nationes opere selectis. Diss. Münster 1887, Heinrich Mitsdörffer. 8°. 42 S.

Bastholm, Christian

— schrift- u. vernunftmäß. Erklärung üb. die Auferstehung d. Todten. 8. Kopenh. 774. Brummer. 4 gl.

— Schrift- und vernunftmäßige Erklärung über die Auferstehung der Todten. — Copenhagen: Proft 1774. 88 S. 8° 44.
12.8089

— — dasselbe, gr. 8. Leipzig, Graffe 784.

— Schrift- und vernunftmäßige Erklärung der Lehre von der Auferstehung der Todten. — Dresden 1785: Meinhold. 64 S. 8° 19. 196.
12.8090

— [Korte Tanker til nærmere Eftertanke over den geistlige Stand, deutsch] Kurze Gedanken zu weiterem Nachdenken über den geistlichen Stand. — Altona: Hammerich 1797. 132 S. 8° Aus: Dänische Blätter. 1. 1795. 8.
12.8130

Bastholm, Chr., Gedanken zum weitern Nachdenken über den geistl. Stand. gr. 8. Altona, Hammerich. 797. Rthlr.

— Geschichte der Juden von Erschaffung der Welt an, a. d. Dän. 3 Bde. 8. Leipzig, Graffe' 786.

— Geschichte der Juden von der Schöpfung der Welt an bis auf jezige Zeiten ... Übers. von Johann Friedrich Marcus. Bd 1-3. — Leipzig: Beer 1786. 8°
12: Jud. 5. 16. 17. 19. 20. 24. 32. 35. 117. 300: 32 Z 6. 302.
12.8100

Bastholm's, C., Geschichte der Juden bis auf die jetzigen Zeiten. Aus dem Dän. von J. F. Marcus. Leipzig 786. 3 Bände. 8.

— [deutsch] Jüdische Geschichte von der Schöpfung der Welt an (3: von der letzten Zerstörung Jerusalems) bis auf unsere Zeiten ... Übers. von Johann Friedrich Marcus. Bd 1–3. — Pirna 1785: Schuffenhauer. 8°
1: Bh 4460. 2. 14. 28. 27. 30. 45. 48. 106. 302.
12.8099

Bastholm, Chr., († d. 25. Jan. 1819.) 2 Confirmationsreden ꝛc. 8. Hamb. 786. Herold. 4 gl.

— Lobrede auf den Messias. — Zürich: Orell, Geßner, Fueßlin & Co. 1772. 110 S. 8° 1: Bq 574. 10.
12.8110

— [deutsch] Historische Nachrichten zur Kenntniß des Menschen in seinem wilden und rohen Zustande. Übers. von H. E. Wolf. Th. 1–4. — Altona: Hammerich 1818–21. 8° 1: Nq 13364. 5. 8. 10. 17. 20. 27. 32. 46.
12.8088

— Philosophie für Ungelehrte, a. d. Dan. gr. 8. Copenh. Krogen. 788.

— Predigten üb. d. Sonn- u. Festtags-Evangelien. A. d. Dän. 2 Bde. gr. 8. Leipz. 787. Beer. 3 rß Schrbp. 3 rß 18 gl.

— Predigten über die Sonn- u. Festtags-Evangelien, a. d. Dän. 2 Bde. gr. 8. Leipz. Graffe' 787.
Schreibp.

— [deutsch] Geistliche Redekunst, nebst einer Critik über eine Rede vom Saurin. Übers. von Johann Friedrich Marcus. — Copenhagen & Leipzig: Gyldendal 1780. XXIV, 542 S. 8° 7. 117. 304.
12.8122

— — Neue Aufl. Ebd. 1784. XXIV, 542 S. 8°
1: Dy 2292. 28. 302.
12.8123

— geistl. Redekunst; aus d. Dän. übers. (v. J. F. Marcus). N. Aufl. 8. Kopenh. 784. Brummer. 20 gl.

— geistl. Redekunst. 8. Copenh. Proft. 784.

— [deutsch] Geistliche Reden über alle Evangelia (2: nebst e. Abhandlung von der Auferstehung der Todten). Übers. von Johann Friedrich Marcus. Th. 1.2. — Dresden 1784–85: Meinhold. 8° 14 [= 1]. 106.
12.8126

— geistl. Reden über alle Evangelia; aus d. Dän. übers. v. J. F. Marcus. 2 Bde. 8. Freiberg 785.

— geistl. Reden über Wahrheiten der Religion Jesu. 2 Thle. 8. Ebend. 782.

— Geistliche Reden über wichtige Wahrheiten der Religion Jesu. Th. 1.2. — Copenhagen: Gyldendal 1781. 8°
4. 14 [= 2]. 302.
12.8114

— [deutsch] Zwo Reden, welche bey den Confirmationen Seiner Königlichen Hoheit des Kronprinzen Friederich, und Ihro Königlichen Hoheit, der Kronprinzeßinn Louise Augusta, in der Christiansburger Schloßkirche zu Kopenhagen gehalten worden sind. — Schleswig 1785: Serringhausen. 64 S. 8°
Darin:
1. Confirmations-Handlung, da Seine Königl. Hoheit, Kronprinz Friederich ... in Seinem Taufbunde bestätigt ward.
2. Confirmations-Handlung, da Ihro Königl. Hoheit, die Kronprinzeßinn Louise Auguste ... in Ihrem Taufbunde bestätigt ward [Konfirmationsakten, da ... Kronprintsesse Lovisa Augusta blev ... bekræftet i sin Daabs-Pagt, deutsch].
23. 42.
12.8106

Bastholm, Christian

— [Den naturlige Religion, deutsch] Die natürliche Religion, wie solche in den Schriften der heidnischen Philosophen gefunden wird. [Übers.: Johann Andreas Lesser.] Copenhagen & Leipzig: Proft 1784. XVI, 283 S. 8°
1: 2° Bibl. Diez 946. 5. 7. 12: Ph. Sp. 55. 17. 19. 21. 26. 27. 35. 302.
12.8115

— natürl. Religion, a. d. Schriften der heidnischen Philosophie. gr. 8. Ebend. 785.

— natürl. Religion aus d. Schriften d. heidnischen Philosophie. gr. 8. Kopenh. 811. Brummer. 18 gl.

— Religionsbuch f. d. Jugend. 8. Kopenh. 786. Brummer. 4 gl.

— geistl. Staatskunst, nebst e. Kritik über e. Rede von Saurin. 8. Kopenh. 780.

— auserl. Stücke, a. d. A. Testamente, übers. u. erläut. a. d. Dän. 8. Flensb. (Christiani in Schlesw.) 794.

— auserles. Stücke aus d. alten Testamente; übersetzt u. erläut. A. d. Dän. v. Chr. G. Zahle. gr. 8. Flensb. 794. (Hammerich in Alt.) 1 rß

— [Udvalgte Stykker af det Gamle Testamente, deutsch] Auserlesene Stücke aus dem Alten Testamente nach der Grundsprache übers. u. mit Anm. erl. Übers. von C. G. Zahle. — Flensburg [usw.]: Korte 1794. 32, 503 S. 8°
1: Bl 9330. 45.
12.8120

— s. a. Verbesserung d. Gottesdienstes.

(—) Ueber Verbesserung des äußerlichen Gottesdienstes. [Übers.: Christian Heinrich Reichel.] Mit e. Vorr. begleitet von Johann Georg Rosenmüller. — Leipzig: Jacobäer 1786. 142 S. 8° 17. 19. 24. 302.
12.8095

— dasselbe, neue vermehrte Ausgabe, nebst Beantwortung verschiedener gegen die 1ste Ausgabe gemachten Einwürfe, 8. Copenh. Proft. 786.

— [Forsøg til en forbedret Plan i den udvortes Gudstieneste, deutsch] Versuch einer verbesserten Einrichtung des öffentlichen Gottesdienstes. — Kopenhagen & Leipzig: Faber & Nitschke 1785. 77 S. 8° 29.
12.8093

— Versuch einer verbesserten Einrichtung des öffentl. Gottesdienstes, a. d. Dän. gr. 8. Copenh. Schubothe. 785.

— Versuch e. verbess. Einrichtung d. öffentl. Gottesdienstes. Aus d. Dän. gr. 8. Kopenh. 786. Schubothe. 5 gl.

— Versuch e. Plans z. verbess. Einrichtung d. äußerl. Gottesdienstes. Neue verm. Ausg., nebst Beantwortung verschied. gegen d. 1e Ausg. gemachten Einwürfe. 8. Kopenh. 786. Brummer. 12 gl.

— Versuch eines verbesserten Plans zur Einrichtung des äußerlichen Gottesdienstes ... Eine verm. u. verb. Ausg. nebst e. Beantwortung verschiedener gegen die 1. Ausgabe gemachten Einwürfe. — Kopenhagen: Proft 1786. 182 S. 8° 19.
12.8094

Básthy, József: Denkmahl heldenmüthiger Auszeichnungen deutscher und ungarischer Helden der neuesten Zeit. o. O. 1845. 499 S. 8° 12: Biogr. C. 19 wx.
12.8140

Bastian, der kleine Schornsteinfeger in Paris, oder so lohnt Gott Diejenigen, welche seine Gebote halten. Ein nutzbares Lese- u. Bilderbuch für artige Kinder. Mit 8 ill. Kupf. gr. 16. Leipzig 813, Baumgärtners Buchh. n. $^2/_3$ rß — 2te Aufl. 815. n. $^2/_3$ rß

Bastian (Ethnologe), s. B a s t i a n, Adolf

Bastian: B a n k t e c h n i s c h e s, s. B a s t i a n, Emil

Bastian: B i e n e n z ü c h t e r, Der elsass-lothringische, s. B a s t i a n, F.

Bastian, Mester. 1723: Allerunnerdänigste Dankseggung, an Usen Allergnädigsten Hern Könje, van Grohten-Britannien, vor einige uhtgelahtene heilsame Lannes-Verornungen, mit Bidde, dat doch dei bösen Wiefer ohk möchten bekehret weren. — [Hannover] 1723. 2 Bl. 4°
9. 35.
12.8150

Bastian: F e s t p r e d i g t (u. andere religiöse Schriften), s. B a s t i a n , Karl

Bastian: Die Konstruktion der wichtigsten geometrischen Oerter aus der elementaren Geometric. 24 S. u. Fgt. Progr. Luckau 1868.

Bastian, A. (Ethnologe), s. B a s t i a n , Adolf

Bastian, Adolf: Allerlei aus Volks- und Menschenkunde. Bd 1.2. — Berlin: Mittler 1888. 8°
1:Pn 843. 3. 10. 11. 12: Anthr. 7fö. 14. 18. 28. 32. 33. 35. 43→46. 78. 202. 205. 211. 302. 304.
12.8151

Bastian, A., s. A n l e i t u n g z. wissenschaftl. Beobachtungen auf Reisen.

— Die Aufgaben der Ethnologie. — Batavia: Albrecht 1898. 23 S. 8°
Aus: Tijdschrift van het Bataviaasch Genootschap van Kunsten en Wetenschappen. 40. 1898.
46.
12.8153

— s. *Bastian-Feier* am 26. Juni 1896. 1896.

Bastian, Adolf: Der Baum in vergleichender Ethnologie. (Zeitschrift für Völkerpsychologie und Sprachwissenschaft. Bd 5. S. 287—316) (Berlin 1875.) 30 S 8°.

Bastian, Adolf: Ueber die Bedeutung der Ethnologie. ([S-A] Die Völker des östlichen Asien Bd. 5) Jena 1869 61 S. 8°.

[Bastian, Adolf] Ueber die ärztlichen Befugnisse des Capitains auf Kauffahrtheischiffen. Berlin [ca 1869] 26 S 8°

— allgemeine Begriffe der Ethnologie, s.: Anleitung zu wissenschaftl. Beobachtungen auf Reisen.

— Zur naturwissenschaftlichen Behandlungsweise der Psychologie durch und für die Völkerkunde einige Abhandlungen. — Berlin: Weidmann 1883. XXVIII,230 S. 8°
1:Pn 116. 4→7. 10. 11. 12: Anthr. 7fl. 14. 15. 17. 18. 19. 26. 32. 34. 45. 46. 64. 205. 207. 302.
12.8154

Bastian, Adf., Beiträge zur Ethnologie, s.a Zeitschrift f. Ethnologie.

— Beiträge zur Ethnologie und darauf begründete Studien. Berlin: Wiegandt & Hempel 1871. XC,534 S. 4° (Zeitschrift für Ethnologie. 3,Suppl.)
2. 5→11. 12: Anthr. 154t-Suppl. 1871. 15→18. 20. 21. 24. 25. 27→33. 35. 45. 46. 48. 61. 79. 86. 93. 102. 107. 109. 117. 300:391.229–C. L. 3,Suppl. 302. 303. 305.
12.8155

— Beiträge zur vergleichenden Psychologie. Die Seele u. ihre Erscheinungsweisen in d. Ethnographie. — Berlin: Dümmler 1868. XII,288 S. 8° 1:Nn 766. 2. 4→8. 10. 11. 12: Anthr. 7fd. 14. 15. 17. 19. 20. 25→29. 36. 39. 41. 43→46. 106. 109. 202. 207. 300:119.491–B. 302.
12.8156

— Beiträge zu geschichtlichen Vorarbeiten auf westlicher Hemisphäre. — Berlin: Weidmann 1878. XXXVIII,967 S. 8° (Bastian: Die Culturländer d. alten America. 2.)
1:Ut 1340–2 [u.] Ut 1340a–2. 2→7. 10. 11. 12: Am. A. 237–2. 14→20. 24→27. 29. 30. 34. 35. 43. 44. 46. 64. 109. 117. 203. 204. 300:119.581–B. 2. 302.
12.8157

— üb. psychische Beobachtungen bei Naturvölkern, s.a. Schriften der Gesellschaft f. Experimental-Psychologie zu Berlin.

— Über psychische Beobachtungen bei Naturvölkern. Von Adolf Bastian. Die Magiker Indiens. Von Friedrich v. Hellwald. — Leipzig: Günther 1890. 32 S. 8° (Schriften d. Gesellschaft für Experimental-Psychologie zu Berlin. 2.3.)
11. 12: 4° Phys. m. 83d–2.3. 19. 21. 304.
12.8158

— Das Beständige in den Menschenrassen und die Spielweite ihrer Veränderlichkeit. Prolegomena zu e. Ethnologie d. Culturvölker. — Berlin: D. Reimer 1868. XVI,287 S. 8°
1: La 4490. 2. 4. 5. 7. 9. 10. 11. 12: Anthr. 7fc. 14→18. 24. 26. 27. 28. 30. 31. 32. 35. 36. 41. 43→46. 82. 84. 89. 90. 91. 106. 107. 205. 207. 208. 300: 119.020–B. 302. 304. 305.
12.8159

— Ein Besuch in San Salvador, der Hauptstadt des Königreichs Congo. — Bremen: Strack 1859. XVII,365 S. 8° (Bastian: Afrikanische Reisen. 1.)
1: Uq 580–1. 2. 3. 4. 7. 9. 10. 11. 12: It. sing. 53. 15→18. 21. 22. 24. 26. 27. 30. 33. 35. 38. 43. 46. 84. 106. 205. 207. 300: 70.249–B. 1. 302.
12.8160

Bastian, A., bunte Bilder für die Spielstunden des Denkens auf 20 Tafeln. [Aus: „Allerlei aus Volks- u. Menschenkunde, Bd. I u. II."] gr. 8. (XI, 140 S.) Berlin 888. Mittler & Sohn. n. 8. —

—— geogr. u. ethnol. Bilder. 8. (599) Jena 72, Costenoble. n. 13. —

— Geographische und ethnologische Bilder. — Jena: Costenoble 1873. VIII,599 S. 8° 1: Pp 6168. 2. 4. 6. 7. 10. 11. 12: Geo. U. 8u. 14→17. 20. 21. 24. 26→29. 31. 32. 34. 35. 36. 38. 41→46. 62. 93. 109. 205. 300: 100.394–B. 302. 303. 305. 309.
12.8161

— Ethnologisches Bilderbuch. Mit erklärendem Text. — Berlin: Mittler 1887. 25 Taf., 23 S. quer-4° (Bastian: Die Welt in ihren Spiegelungen. Illustr.) 1: 4° Pn 840.3. 11. 12: 2° Anthr. 1i. 14. 18. 28. 32. 33. 35. 45. 46. 78. 205. 304.
12.8162

[—] Einige Blätter zur Kolonial-Frage. — Berlin: Dümmler 1884. 41 S. 8° 1: 1 in Fe 9036. 18. 30. 46. 203. 205.
12.8163

(—) Lose Blätter aus Indien. 1–7. — Batavia: Albrecht [u.a.] 1897–99. 8°
5. Colombo, Ceylon: Ferguson 1898. 6. Berlin: D. Reimer 1898. 7. (Nachtrag.) [Bastian:] Zur Verständigung über Zeit- u. Streitfragen in d. Lehre vom Menschen. Berlin: D. Reimer 1899.
1: Up 6691. 3. 5. 11. 12: H. As. 179o. 14. 16. 30. 109. 205. 300: 60.389–B. 302.
12.8164

Bastian, Adf., Lose Blätter aus Indien. I.—V. gr. 8. Batavia u. Colombo. (Berlin, D. Reimer.) n. 26. —
I. (VII, 171, XIV, 2 u. 2 S.) 897. n. 4. —
II. (VII, 139, 112, XXVI, 6 u. 11 S.) 897. n. 10. —
III. (8, 136, 68, XXV u. 3 S. m. 1 Taf.) 898. n. 6. —
IV. (IV, 128 u. 16 S. m. 1 Taf.) 898. n. 5. —
V. (VII, 53 S.) 898. n. 1. —

Bastian, Adf., lose Blätter aus Indien. VI u. VII. gr. 8. Berlin, D. Reimer. à n. 4. —
VI. (III, 151 S.) 898.
VII. Nachtrag. Zur Verständigung üb. Zeit- u. Streitfragen in der Lehre vom Menschen. (XII, 140 u. 60 S.) 899.
I—V. Ebd. 897. 898. n. 26. —.

— Borneo und Celebes. Reise-Ergebnisse u. Studien. — Berlin: Dümmler 1889. CVIII,74 S. 8° (Bastian: Indonesien. 4.)
1: Up 6690–4. 3. 4. 8. 10. 11. 12: H. As. 179m–4. 14→17. 20. 21. 22. 24. 26. 27. 29. 31. 34. 35. 36. 38. 41. 43→46. 64. 109. 203. 208. 212. 300: 148.770–C. Lfg 4. 302. 303.
12.8165

(—) Offner Brief an Herrn Professor Dr. E. Häckel, Verfasser d. 'Natürlichen Schöpfungsgeschichte' vom Unterzeichneten. — Berlin: Wiegandt, Hempel & Parey 1874. 26 S. 8° 1: 8 in Li 7402. 2→5. 7. 10. 15. 16. 17. 21. 27. 28. 30. 46. 82. 109. 305.
12.8166

— Die Bronzeschwerter des Königlichen Museums zu Berlin. Hrsg. durch A. Bastian u. A. Voss. — Berlin: Weidmann 1878. XVI,79 S., 16 Taf. 2° 1: 2° Pn 3882. 2. 4. 5. 8. 9. 11. 12: 2° Arch. 33a. 16. 25. 26. 27. 29. 32. 33. 43. 51. 52. 61. 107. 128. 300: 68.863–D. 302.
12.8167

— Der Buddhismus in seiner Psychologie. — Berlin: Dümmler 1882. XXII,366 S. 8°
1:Uo 6593. 2→5. 10. 11. 12:H. g. hum. 12qf. 14→21. 24. 27. 28. 29. 31. 38. 39. 41. 43→46. 64. 66. 117. 302.
12.8168

— Der Buddhismus als religions-philosophisches System. Vortrag. — Berlin:Weidmann 1893. 63 S. 8°
1:Uo 6599/69. 3. 6. 11. 12:H. g. hum. 12ql. 14. 16. 17. 19. 24. 26. 46. 106. 107. 111. 300:171.779–B. 302. 303.
12.8169

Bastian, Adolf: Ueber die graphische Darstellung des buddhistischen Weltsystems. (Verhandlungen der Berliner Anthropologischen Gesellschaft Sitzung vom 21 April 1894 S. 203—213.) (Berlin 1894) 11 S., 5 Tf. 8°.

— Die Denkschöpfung umgebender Welt aus kosmogonischen Vorstellungen in Cultur und Uncultur. — Berlin: Dümmler 1896. VI,211 S. 8° 1:Nq 2993. 7. 8. 11. 12:H. g. hum. 12qo. 14. 17. 26. 27. 46. 205. 300:83.700–B.
12.8170

(—) Einiges aus Samoa und andern Inseln der Südsee. Mit ethnographischen Anm. zur Colonialgeschichte. — Berlin: Dümmler 1889. IV,107 S. 8°
1:Uz 8982. 5. 7. 11. 15. 17. 19. 27. 32. 35. 46. 64.
12.8171

— Ethnische Elementargedanken in der Lehre vom Menschen. Abth. 1.2. — Berlin:Weidmann 1895. 8°
1:Pn 903. 3. 4. 6. 7. 10. 11. 12:H. g. hum. 12qn. 14. 17. 42. 46. 107. 202. 205. 300:183.532–C. 302.
12.8172

Bastian, A.. Alte Erinnerungen und alte Monumente. S.-A. 1882. 10 S. u. Abb.

— Zur ethnischen Ethik. — Berlin:Dümmler 1889. CVIII S. 8° Aus: Bastian: Borneo u. Celebes. 1889. 106. 302.
12.8173

— zur ethnischen Ethik. [Aus: „Indonesien". 4. Lfg.] Lex.-8. (CVIII S.) Berlin 889. Dümmler's Verl. n. 3. —

— Ethnologie und Geschichte in ihren Berührungspunkten. Unter Bezugnahme auf Indien. — Berlin: Felber 1892. 270 S. 4° (Bastian: Ideale Welten. 2.) 1:4°Pn 865-2. 2. 7. 11. 12:4°H. As. 28–2. 14. 16. 17. 18. 22. 24. 28. 29. 38. 43. 46. 205. 300:155.140–C. 2. 302.
12.8174

[—] In Sachen der Ethnologie als Lehre vom Menschen. Denkschrift an d. Versammlung deutscher Naturforscher u. Ärzte überreicht. — (Berlin) 1893:(Unger). 61 S. 8°
2. 26. 29. 38. 43. 47. 84. 90.
12.8175

— Die deutsche Expedition an der Loango-Küste, nebst älteren Nachrichten über die zu erforschenden Länder. Nach persönlichen Erlebnissen. Bd 1.2. — Jena: Costenoble 1874–75. 8° 1:Us 3838. 2. 3. 4. 6. 7. 9. 10. 11. 12:It. sing. 53b[2 Ex.] 14→17. 19→22. 24→36. 38. 42. 43→47. 53. 61. 64. 84. 106. 109. 117. 180. 205. 209. 212. 300:464.707–B. K. 302→304. 309.
12.8176

Bastian, Adolf, s. Festschrift für Bastian, Adolf

— Der Fetisch an der Küste Guinea's auf den deutscher Forschung nähergerückten Stationen der Beobachtung. — Berlin:Weidmann 1884. 134 S. 8°
1:Us 3432. 5. 7. 11. 12:H. g. hum. 12qh. 14. 15. 17. 19. 26. 32. 46. 64. 79. 205. 302.
12.8177

— der Fetisch an der Küste Guinea's auf den deutscher Forschung näher gerückten Stationen der Beobachtung. gr. 8. (IV, 134 S.) Ebend. 885. n. 2. 40

Bastian, Adolf: Ueber Feusche und Zugehöriges. Berlin 1894. VIII, 88, IX S. = Bastian. Controversen in der Ethnologie Bd. 3. 8°.

— Ethnologische Forschungen und Sammlung von Material für dieselben. Bd 1.2. — Jena: Costenoble 1871–73. 8°
1:Pn 92. 2→5. 7. 8. 10. 12:Anthr. 7fc. 14→17. 20. 21. 24. 26. 27. 28. 30. 31. 32. 34. 36. 43. 45. 46. 47. 109. 205. 300:63.487–B. 302→304.
12.8178

— Das Fremdwort der Colonien zur Sprachreinigung empfohlen. Eine Anfrage an Freunde derselben von Ph. Philomathes [d. i. Adolf Bastian]. — Berlin: Mittler 1889. 106 S. 8°
1:Sa 5905. 11. 203.
12.8179

[—] Der Friede auf dem Papier und der Friede eines thatsächlichen status quo. Eine Fragestellung zur Orientirung über den deutsch-russischen Handelsvertrag. — Berlin: D. Reimer 1894. 30 S. 8° 3. 6. 14. 16. 203.
12.8180

[—] — 2., verm. Aufl. Ebd. 1894. 35 S. 8°
1:Gz 13730³. 11. 12:J. publ. E. 137 l. 41. 79. 106.
12.8181

— Koenigliche Museen. Führer durch die Ethnographische Abtheilung. — Berlin 1877:(Berg & v. Holten). 76 S. 8° 9.
12.8234

Adolf Bastian. Gedächtnisfeier am 11. März 1905. (Berlin 1905: Unger.) 20 S. 8°
Aus: Zeitschrift f. Ethnologie. 1905 H. 2 3. [illegible] 9

— Die Geschichte der Indochinesen. Aus einheimischen Quellen. — Leipzig: Wigand [usw.] 1866. XVI,576 S. 8° (Bastian: Die Voelker d. oestlichen Asien. 1.)
1:Uk 1008–1. 2→5. 7→11. 12:H. As. 177–1. 14→17. 19. 20. 21. 24→27. 30. 32→36. 38. 39. 41. 43. 45. 46. 53. 61. 75. 84. 106. 109. 203. 205. 207. 300:57.208–B. 1. 302. 303.
12.8182

— s.a. Geschichtsdrama, das, am Cap aus der Vogelperspective.

[—] Das Geschichtsdrama am Cap aus der Vogelperspektive, wie vor den Augen eines Zuschauers abgespielt, und darin gespiegelt. — Berlin: D. Reimer 1901. IV,46 S. 8°
1:Us 2765/52. 11. 14. 15. 16. 203. 205.
12.8183

— Allgemeine Grundzüge der Ethnologie. Prolegomena zur Begründung e. naturwissenschaftlichen Psychologie auf d. Material d. Völkergedankens. — Berlin: D. Reimer 1884. XXXII,144 S. 8° 1:Pn 812. 2. 4. 10. 11. 12: Anthr. 7fm. 14. 15. 16. 19. 21. 24. 27. 30. 34. 35. 38. 38M. 41. 43. 45. 46. 83. 107. 202. 204. 205. 300:49.866–B. 302. 303.
12.8184

Bastian, Adolf Die Haidas (Verhandlungen der Berliner Anthropologischen Gesellschaft 1882 S 278—2 8) Berlin 1882. 21 S 8°

Bastian, Adolf Alexander von Humboldt. Festrede bei der von den naturwissenschaftlichen Vereinen Berlins veranstalteten Humboldt-Feier am Saculartage gesprochen Berlin 1869 30 S 8° [Humboldt Sammlung]

—— Alexander v. Humboldt. Festrede bei der von den naturwissenschaftlichen Vereinen Berlins veranstalteten Humboldt-Feier, am Säculartage gesprochen. Lex.-8. (30 S.) Berlin 869, Wiegandt, Hempel und Parey. **

— Alexander v. Humboldt. Festrede bei der von den naturwissenschaftl. Vereinen Berlins veranstalteten Humboldt-Feier. Gesprochen am Säkulartage, den 14. Septbr. 1869. — 2. Aufl. Berlin 870. Wiegandt & Hempel. gr. 8. (30 S.) n. 7½ ngr.

— Ein Jahr auf Reisen. Kreuzfahrten zum Sammelbehuf auf transatlantischen Feldern d. Ethnologie. — Berlin: Weidmann 1878. XVIII,704 S. 8° (Bastian: Die Culturländer d. alten America. 1.) 1:Ut 1340–1 [u.] Ut 1340a–1. 2→7. 10. 11. 12: Am. A. 237–1. 14→20. 24→27. 29. 30. 34. 35. 43. 44. 46. 64. 109. 117. 203. 204. 300:119.581–B. 1. 302.
12.8187

— Indonesien oder die Inseln des malayischen Archipel. (Reise-Ergebnisse u. Studien.) Lfg 1–5. — Berlin: Dümmler 1884–94. 8°
1. Bastian: Die Molukken. 1884.
2. Bastian: Timor u. umliegende Inseln. 1885.
3. Bastian: Sumatra u. Nachbarschaft. 1886.
4. Bastian: Borneo u. Celebes. 1889.
5. Schlussheft unter Bezugnahme auf Java. 1894.
1:Up 6690. 3. 4. 8. 10. 11. 12:H. As. 179m. 14. 15. 17. 21. 24. 26. 27. 29. 31. 35. 38. 44. 45. 46. 106. 109. 203. 208. 300:148.770–C. 302.
12.8188

— Inselgruppen in Oceanien. Reiseergebnisse u. Studien. [Nebst] Nachtr. u. Erg. — Berlin: Dümmler 1883. 8°
Nachtr. u. Erg. Bastian: Zur Kenntniss Hawaii's.
1: Hauptwerk – Uz 298; Nachtr. u. Erg. – Uz 300. 3. 5. 7. 10. 11. 12: H. As. 179. 14→17. 27. 32. 34. 36. 45. 46. 106. 205. 208. 212. 302.
12.8190

[—] Deutschlands Interessen in Ostasien. — Berlin 1870: Koebke. 16 S. 4° 1: 4° Fe 9057/8.
12.8191

— Zur Kenntniss Hawaii's. — Berlin: Dümmler 1883. XVI, 128 S. 8° (Bastian: Inselgruppen in Oceanien. Nachtr. u. Erg.) 1: Uz 300. 3. 5. 7. 10. 11. 12: H. As. 179–2. 14→17. 19. 21. 27. 29. 32. 34. 36. 38. 45. 46. 79. 90. 106. 205. 207. 208. 212. 302.
12.8192

— Ueber Klima und Acclimatisation nach ethnischen Gesichtspuncten. — Berlin: Mittler 1889. 8,241 S. 8°
1: Li 4438. 3. 10. 11. 12: Anthr. 7 fp. 14. 18. 35. 46. 106. 203. 205. 302.
12.8193

[—] Die Colonie [Kolonie] der Tagesdebatte und coloniale Vereinigungen. Einige Fragestellungen. — Berlin: Dümmler 1884. 59 S. 8°
1: 2 in Fe 9036. 4. 7. 8. 43. 46. 79. 106. 203. 212.
12.8194

[—] Europäische Colonien [Kolonien] in Afrika und Deutschlands Interessen sonst und jetzt. — Berlin: Dümmler 1884. 62 S. 8°
Sondert.: [Bastian:] Deutschlands Interessen in Ostasien. 1871.
1: 3 in Fe 9036. 3. 4. 5. 11. 12: H. Afr. 2262. 14. 18. 24. 29. 30. 36. 41. 43. 46. 109. 205.
12.8195

— Die mikronesischen Colonien [Kolonien] aus ethnologischen Gesichtspunkten. [Nebst] Erg. 1. — Berlin: Asher 1899–1900. 8° 1: Uz 9756. 3. 5. 11. 12: Anthr. 7 fst. 14. 15. 106. 203. 205. 209. 300: 403.264–B. 302.
12.8196

— Controversen [Kontroversen] in der Ethnologie. 1–4. — Berlin: Weidmann 1893–94. 8°
1. Die geographischen Provinzen in ihren culturgeschichtlichen Berührungspuncten. 1893.
2. Sociale Unterlagen für rechtliche Institutionen. 1894.
3. Ueber Fetische u. Zugehöriges. 1894.
4. Fragestellungen d. Finalursachen. 1894.
1: Pn 880. 11. 12: Anthr. 7 fq. 14. 16. 17. 18. 20. 26. 34. 46. 107. 208. 300: 157.170–B. 303.
12.8197

— Kosmogonien und Theogonien indischer Religionsphilosophien (vornehmlich der jainistischen). — Berlin: Felber 1892. 232 S. 4° (Bastian: Ideale Welten. 3.)
1: 4° Pn 865–3. 2. 7. 11. 12: 4° H. As. 28–3. 14. 16. 17. 18. 22. 24. 28. 29. 38. 43. 46. 205. 300: 155.140–C. 3. 302.
12.8198

— Die Culturländer [Kulturländer] des alten America. Bd 1–3. — Berlin: Weidmann 1878–89. 8°
1. Bastian: Ein Jahr auf Reisen. Kreuzfahrten zum Sammelbehuf auf transatlantischen Feldern d. Ethnologie. 1878.
2. Bastian: Beiträge zu geschichtlichen Vorarbeiten auf westlicher Hemisphäre. 1878.
3. Nachträge u. Ergänzungen aus d. Sammlungen d. Ethnologischen Museums. Abth. 1.2. 18(86)–89.
1: Ut 1340 [u.] 1340a. 2→5. 7. 10. 11. 12: Am. A. 237. 14→17. 19. 20. 24→27. 29. 30. 34. 35. 46. 64. 109. 204. 300: 119.581–B. 302.
12.8199

(—) Die Lehre vom Denken. Zur Ergänzung d. naturwissenschaftlichen Psychologie für Ueberleitung auf d. Geisteswissenschaften. (T.) 1–3. — Berlin: Dümmler 1902 (1903)–05. 8° 1: Nn 4488. 12: Ph. Sp. 55 d. 14. 15. 17. 26. 29. 30. 31. 41. 46. 205. 300: 424.113–B. 302.
12.8200

— Zur Lehre vom Menschen in ethnischer Anthropologie. Abth. 1.2. — Berlin: D. Reimer 1895. 8° 1: Pn 910. 3. 6. 11. 12: Anthr. 7 fa. 14. 21. 46. 202. 300: 189.369–C. 302.
12.8201

— Zur Lehre von den geographischen Provinzen. — Berlin: Mittler 1886. XXV,118 S. 8° 1: Li 4430. 7. 10. 11. 12: Geo. U. 8 ub. 14. 18. 28. 30. 33. 44. 46. 106. 205. 302.
12.8202

Bastian, Adolf: Masken und Maskereien (Zeitschrift für Völkerpsychologie und Sprachwissenschaft. Bd 14. S. 335—358.) Berlin 1884. 24 S. 8°.

Bastian, Adf., der Mensch in der Geschichte. Zur Begründung einer psycholog. Weltanschauung. 3 Bde. Leipzig 860. O. Wigand. gr. 8. (XXXV, 1500 S.) n. 9 ℛ
1. Bastian: Die Psychologie als Naturwissenschaft.
2. Bastian: Psychologie u. Mythologie.
3. Bastian: Politische Psychologie.
Die Besitzvermerke sind nur bei den Stücktiteln angegeben.
12.8203

(—) Der Menschheitsgedanke durch Raum und Zeit. Ein Beitrag zur Anthropologie u. Ethnologie in d. 'Lehre vom Menschen'. Bd 1.2. — Berlin: Dümmler 1901. 8°
1: Pn 911. 10. 11. 12: Anthr. 7 fw. 14. 15. 17. 26. 30. 32. 35. 46. 205. 300: 415.705–B. 302. 303.
12.8204

— Mexiko, s.a. Sammlung gemeinverständl. Vorträge.

— Mexico, s.a. Sammlung gemeinverständl. wissenschaftl. Vorträge.

—— Mexico s.a. Sammlg wiss. Vortr.

— Mexico. Vortrag. — Berlin: Lüderitz 1868. 39 S. 8° (Sammlung gemeinverständlicher wissenschaftlicher Vorträge. 62.) 1: Ag 9016–62. 2→11. 12: Var. 366 am–62. 14→21. 23. 24. 26→31. 33. 35. 36. 38. 39. 41. 43→47. 51. 52. 61. 62. 64. 79. 83. 84. 89. 90. 93. 109. 204. 205. 211. 300: 395.139–B. Per. 62. 302. 304. 305. 308.
12.8205

—— 2. Aufl. Ebd. 1874. 44 S. 8° (Sammlung gemeinverständlicher wissenschaftlicher Vorträge. 62.)
106. 169. 180. 203. 212.
12.8206

Bastian, Adolf: Mittheilungen von seiner letzten Reise nach Niederländisch-Indien. ([S.-A.] Verhandlungen der Berliner Anthropologischen Gesellschaft. 1899) Berlin 1899. 18 S. 8°.

— Die Molukken. Reise-Ergebnisse u. Studien. — Berlin: Dümmler 1884. XII,166 S. 8° (Bastian: Indonesien. 1.)
1: Up 6690–1. 3. 4. 8. 10. 11. 12: H. As. 179 m–1. 14→17. 20. 21. 22. 24. 26. 27. 29. 31. 34. 35. 36. 38. 41. 43→46. 64. 109. 203. 208. 300: 148.770–C. Lfg 1. 302. 303.
12.8207

(Bastian, Adolf): Königliche Museen. Ethnographische Abtheilung. Von A. Bastian. Berlin 1872 VIII 92 S. 8°.

— Zur Mythologie und Psychologie der Nigritier in Guinea mit Bezugnahme auf socialistische Elementargedanken. — Berlin: D. Reimer 1894. XXXI,162 S. 8° 1: Us 3454. 10. 11. 12: Anthr. 7 fr. 14. 43. 46. 300: 99.130–C. 302.
12.8208

Bastian, Adolf: Das Nirvana und die buddhistische Moral. (Zeitschrift für Ethnologie. Jahrg 1871 S 236–253) (Berlin 1871.) 18 S. 8°.

(Bastian, Adolf). Amerika's Nordwest-Küste. Neueste Ergebnisse ethnologischer Reisen. Aus den Sammlungen der Königlichen Museen zu Berlin herausgegeben von der Direktion der Ethnologischen Abtheilung. Th 1, 2 (Neue Folge) Berlin 1883 u 1884. 1 Bd. 14 S. 13 Tf mit Text; 6 S. 11 Tf mit Text, 1 Kt. Fol

Bastian, A. (Hrsg.), s. Original-Mittheilungen aus der etnologischen Abteilung der kgl. Museen zu Berlin.

Bastian, A., Afrika's Osten mit dort eröffneten Ausblicken. 1. Heft. gr. 8. (64 S.) Berlin 885, Dümmler's Verlag. *
Nicht weiter erschienen.

— Der Papua des dunkeln Inselreichs im Lichte psychologischer Forschung. — Berlin: Weidmann 1885. XX,368 S. 8° 1: Uz 316. 10. 11. 12: H. As. 179 n. 14. 16. 17. 19. 21. 26. 28. 34. 38. 46. 64. 205. 300: 183.805–B. 302.
12.8210

— s.a.: Phasen, die wechselnden, im geschichtlichen Sehkreis etc.

[—] Die wechselnden Phasen im geschichtlichen Sehkreis. Kartographisch skizzirt mit einl. Text. 1-4. — Berlin: D.Reimer 1900. 8°
1. Im ... Sehkreis occidentalischer Cultur.
2. Im ... Sehkreis auf d. asiatischen Continent.
3. Im ... Sehkreis hier u. da.
4. Ihre Rückwirkungen auf d. Völkerkunde.
1:Py 10968. 11. 12:4° Mapp. 82g. 14. 16. 26. 30. 41. 46. 106. 300:404.577-B. 302.
12.8211

Bastian, Adolf: Die wechselnden Phasen im geschichtlichen Sehkreis occidentalischer Cultur. Kartographisch skizzirt mit einleitendem Text I. — Die wechselnden Phasen im geschichtlichen Sehkreis auf dem asiatischen Continent. II. — Die wechselnden Phasen im geschichtlichen Sehkreis hier und da. III. — Die wechselnden Phasen im geschichtlichen Sehkreis und ihre Rückwirkungen auf die Völkerkunde. IV. Berlin 1900—1902. 2 Bde 34 S., 3 Krt.; 14 S., 1 Krt.; 15 S., 1 Krt; VII, 48 S., 1 Krt. 8°

— Die Probleme humanistischer Fragestellungen und deren Beantwortungsweisen unter den Zeichen der Zeit. — Berlin: D.Reimer 1901. X,260 S. 8° 1:Pn 968. 8. 11. 12:H. g. hum. 12qr. 14. 16. 109. 160. 300:411.077-B.
12.8212

— Religions-philosophische Probleme auf dem Forschungsfelde buddhistischer Psychologie und der vergleichenden Mythologie. — Berlin: Asher 1884. Getr. Pag. 8°
1:Uo 6599/12. 5. 6. 10. 11. 12:H.g.hum. 12qg. 14. 16. 18. 20. 29. 36. 46. 109. 302.
12.8213

Bastian, Adolf: Die geographischen Provinzen als Berührungspuncte der Naturwissenschaft und Geschichte (S.-A.) Zeitschrift der Gesellschaft für Erdkunde zu Berlin Bd. 7. 1872. Berlin 1872 10 S 8°

Bastian, Adolf: Die geographischen Provinzen in ihren kulturgeschichtlichen Berührungspuncten. Berlin 1893 XII, 108 S.
= Bastian Controversen in der Ethnologie. Bd. 1. 8°

— Psychologie und Mythologie. — Leipzig: Wigand 1860. VIII,623 S. 8° (Bastian: Der Mensch in d. Geschichte. 2.)
1:Nq 14372-2. 2. 4→7. 9. 10. 11. 12:Anthr. 7f-2. 14. 15. 17→21. 25→30. 32. 33. 35. 39. 43→46. 61. 82. 111. 169. 203. 300:58.310-B. 2 [u.ö.] 302→305.
12.8214

— Die Psychologie als Naturwissenschaft. — Leipzig: Wigand 1860. XX,448 S. 8° (Bastian: Der Mensch in d. Geschichte. 1.)
1:Nq 14372-1. 2. 4→7. 9. 10. 11. 12:Anthr. 7f-1. 14. 15. 17→21. 25→30. 32. 33. 35. 41→46. 61. 82. 111. 169. 180. 203. 300:58.310-B. 1 [u.ö.] 302→305.
12.8215

— Politische Psychologie. — Leipzig: Wigand 1860. VI, 429 S. 8° (Bastian: Der Mensch in d. Geschichte. 3.)
1:Nq 14372-3. 2. 4→7. 9. 10. 11. 12:Anthr. 7f-3. 14. 15. 17→21. 25→30. 32. 33. 35. 39. 43→46. 61. 82. 111. 169. 203. 300:58.310-B. 3 [u.ö.] 302→305.
12.8216

[—] La Race prussienne par Quatrefages. — Berlin: Wiegandt & Hempel 1872. 20 S. 8°
Aus: Zeitschrift für Ethnologie. 4. 1872. 1:7 in St 106. 304.
12.8217

— Das logische Rechnen und seine Aufgaben. Erweiterung einer d. Versammlung deutscher Naturforscher u. Ärzte 1903 überreichten Denkschrift. — Berlin: Asher 1903. 176 S. 8° 1:Pn 985. 11. 12:Ph. Sp. 55 e. 14. 20. 30. 46. 205. 300:431.425-B. 302.
12.8218

— das logische Rechnen u. seine Aufgaben. Erweiterung e. der Versammlg. deutscher Naturforscher u. Ärzte 1903 überreichten Denkschrift. (176 S.) gr. 8. Berlin 903. Behrend & Co. n. 4. —

— Die Rechtsverhältnisse bei verschiedenen Völkern der Erde. Ein Beitrag zur vergleichenden Ethnologie. — Berlin: G.Reimer 1872. LXXX,435 S. 8° 1:Fk 558. 2→11. 12:H. g. hum. 12q. 14→17. 19. 20. 21. 24. 27. 28. 30. 31. 32. 34. 35. 38. 43. 45. 46. 52. 106. 111. 203. 205. 206. 208. 302→304.
12.8219

— Rede gehalten bei Gelegenheit des vierzigjährigen Stiftungsfestes der Gesellschaft für Erdkunde in Berlin am 26. April 1868. — (Berlin 1868: Schade.) 59 S. 8°
Zur Erinnerung an d. Feier d. vierzigjährigen Stiftungsfestes der Gesellschaft für Erdkunde in Berlin am 26. April 1868.
1:Po 2173/2 bis. 11. 18. 34. 41. 109.
12.8220

— Reise durch Kambodja nach Cochinchina. — Jena: Costenoble 1868. IX,436 S. 8° (Bastian: Die Voelker d. oestlichen Asien. 4.) 1:Uk 1008-4. 2→5. 7→11. 12:H. As. 177-4. 14→17. 19. 20. 21. 24→27. 30. 32→35. 38. 39. 43. 45. 46. 53. 61. 66. 75. 109. 203. 300:57.208-B. 4. 302.
12.8221

— Afrikanische Reisen. (Bd 1.) — Bremen: Strack 1859. XVII,365 S. 8°
1. Bastian: Ein Besuch in San Salvador, der Hauptstadt des Königreichs Congo.
1:Uq 580. 2. 3. 4. 7. 9. 10. 11. 12:It. sing. 53. 15→18. 21. 22. 24. 26. 27. 30. 33. 35. 38. 43. 45. 46. 84. 205. 207. 300:70.249-B. 302.
12.8222

Bastian, A., Amerikanische Reisen. Ein Besuch in San Salvador, der Hauptstadt des Königreiches Congo. (Ein Beitrag zur Mythologie und Psychologie.) Bremen 1859.

— Reisen im Indischen Archipel. Singapore, Batavia, Manilla u. Japan. — Jena: Costenoble 1869. LIX,552 S. 8° (Bastian: Die Voelker d. oestlichen Asien. 5.)
1:Uk 1008-5. 2→5. 7→11. 12:H. As. 177-5. 14→17. 19. 20. 21. 24→27. 30. 33. 34. 35. 38. 39. 43. 45. 46. 53. 61. 66. 75. 109. 203. 300:57.208-B. 5. 302.
12.8223

— Reisen in Birma in den Jahren 1861-1862. — Leipzig: Wigand [usw.] 1866. XIII,521 S. 8° (Bastian: Die Voelker d. oestlichen Asien. 2.)
1:Uk 1008-2. 2→5. 7→11. 12:H. As. 177-2. 14→17. 19. 20. 21. 24→27. 30. 32→36. 38. 39. 41. 43. 45. 46. 53. 61. 75. 84. 106. 109. 205. 300:57.208-B. 2. 302.
12.8224

— Reisen in China von Peking zur mongolischen Grenze und Rueckkehr nach Europa. — Jena: Costenoble 1871. CXIV,664 S. 8° (Bastian: Die Voelker d. oestlichen Asien. 6.) 1:Uk 1008-6. 2→5. 7→11. 12:H. As. 177-6. 14→17. 19. 20. 21. 24→27. 30. 33→36. 38. 39. 43. 45. 46. 53. 61. 66. 75. 109. 209. 300:57.208-B. 6. 302.
12.8225

— Reisen auf der Vorder-Indischen Halbinsel im Jahre 1890. — Berlin: Felber 1892. 289 S. 4° (Bastian: Ideale Welten. 1.) 1:4°Pn 865-1. 2. 7. 11. 12:4° H. As. 28-1. 14. 16. 17. 19. 22. 24. 28. 29. 38. 43. 46. 205. 300:155.140-C. 1. 302.
12.8226

Bastian Adolf Reisen durch Kambodja und Cochinchina. Jena 1868 IX, 436 S.
= Bastian Die Völker des östlichen Asien Bd 4 8°

— Reisen in Siam im Jahre 1863. — Jena: Costenoble 1867. XX,540 S. 8° (Bastian: Die Voelker d. oestlichen Asien. 3.)
1:Uk 1008-3. 2→5. 7→11. 12:H. As. 177-3. 14→17. 19. 20. 21. 24→27. 30. 32→35. 38. 39. 43. 45. 46. 53. 61. 75. 109. 203. 209. 300:57.208-B. 3. 302.
12.8227

[—] Religion und Theologie. Lose Blätter d. Zeit von e. Lehrling im Dienste d. Anthropologie. 1-3. — Berlin: Wiegandt & Hempel 1872-73. 8°
1:Dd 10210. 4. 5[=2.3]. 7[=2.3]. 11[=1.2]. 14. 20[=1.3]. 21[=1.3]. 46. 47[=2.3].
12.8229

— Das Religioese in ethnologischer Auffassung. — Jena: Costenoble 1871. CXIV S. 8°
Aus: Bastian: Die Voelker des oestlichen Asien. 6. 1871. 11.
12.8228

(—) Zur heutigen Sachlage der Ethnologie in nationaler und socialer Bedeutung. — Berlin: D.Reimer 1899. IV,56 S. 8°
1:Pn 945. 3. 6. 9. 11. 12:Anthr. 7 ft. 14. 21. 46. 109. 203. 300:97.130-B.
12.8231

— Die heilige Sage der Polynesier. Kosmogonie u. Theogonie. — Leipzig: Brockhaus 1881. XII,302 S. 8°
1: Uz 272. 2→5. 7. 9. 10. 11. 12: H. g. hum. 12 qe. 14→17. 19. 20. 21. 26. 28. 30. 32. 38. 44. 45. 46. 52. 109. 205. 207. 300: 51.758–B. 302→304.
12.8232

— Koenigliche Museen. Ethnographische Sammlung. [Nebst] Kt. — Berlin 1872: (Unger). 8° 35.
12.8233

— Schöpfung oder Entstehung. Aphorismen zur Entwicklung d. organischen Lebens. — Jena: Costenoble 1875. XXXI,340 S. 8° 1: Li 11330. 2→5. 7. 8. 10. 12: H. nat. 17 n. 14→17. 19. 20. 21. 24→29. 32. 34. 36. 38. 46. 52. 60. 64. 109. 122. 203. 205. 307.
12.8235

— Vorgeschichtliche Schöpfungslieder in ihren ethnischen Elementargedanken. Ein Vortrag. — Berlin: Felber 1893. III,146 S. 8° 1: Pn 5744. 3. 11. 12: H. g. hum. 12 ql. 14. 21. 41. 43. 46. 300: 157.157–B. 302.
12.8236

— Die samoanische Schöpfungs-Sage und Anschliessendes aus der Südsee. — Berlin: Felber 1894. 50 S. 8°
1: Uz 8983/50. 12: H. g. hum. 12 qm. 14. 17. 19. 27. 30. 38. 46. 60. 207. 300: 99.754–B. 302.
12.8237

— Die Seele indischer und hellenischer Philosophie in den Gespenstern moderner Geisterseherei. — Berlin: Weidmann 1886. XLVIII,223 S. 8° 1: Na 10810. 5. 7. 11. 12: Phys. m. 13 u. 14. 16. 17. 19. 26. 43. 46. 64. 107. 302. 304.
12.8238

— In Sachen des Spiritismus und einer naturwissenschaftlichen Psychologie. — Berlin: Nicolai 1886. XX,216 S. 8°
1: Na 10818. 9. 11. 12: Phys. m. 13 ub. 14. 18. 43. 79. 84. 302. 304.
12.8239

— Königliche Museen zu Berlin. Steinsculpturen aus Guatemala. — Berlin: Weidmann 1882. 30 S. 2°
1: 2° Ux 2030. 8. 11. 14. 17. 18. 25. 26. 64. 86. 109.
12.8240

— s.a. Studien, die humanistischen, in ihrer Behandlungsweise nach comparativ-genetischer Methode.

(—) Die humanistischen Studien in ihrer Behandlungsweise nach comparativ-genetischer Methode auf naturwissenschaftlicher Unterlage. — Berlin: Dümmler 1901. IV,186 S. 8° 1: Pn 967. 3. 11. 12: Anthr. 7 fv. 14. 15. 17. 26. 32. 46. 205. 300: 410.095–B.
12.8241

— s.a. Studien, culturhistorische.

(—) Culturhistorische Studien unter Rückbeziehung auf den Buddhismus. 1. — Berlin: Haack 1900. II,197 S. 8°
1: Pn 5809. 3. 5. 11. 12: H. g. hum. 12 qp. 14. 45. 46. 300: 410.096–B.
12.8242

— Sprachvergleichende Studien mit bes. Berücks. der indochinesischen Sprachen. — Leipzig: Brockhaus 1870. XXXVIII,344 S. 8°
1: V 3462. 2→7. 9. 10. 11. 12: L. gen. 6 x. 14→18. 21. 26. 28. 30. 34. 45. 61. 62. 64. 109. 300: 119.497–B. 302. 303.
12.8243

— Sumatra und Nachbarschaft. Reise-Ergebnisse u. Studien. — Berlin: Dümmler 1886. XXVIII,132 S. 8° (Bastian: Indonesien. 3.)
1: Up 6690–3. 3. 4. 8. 10. 11. 12: H. As. 179 m–3. 14→17. 20. 21. 24. 26. 27. 29. 31. 34. 35. 38. 41. 43→46. 64. 109. 203. 208. 212. 300: 148.770–C. Lfg 3. 302. 303.
12.8244

— s.a. Theilung, die, der Erde, u. die Theilung Samoas.

[—] Die Theilung der Erde und die Theilung Samoa's. Eine Momentaufnahme in augenblicklicher Sachlage. — Berlin: D. Reimer 1899. 78 S. 8°
1: Qo 17004. 3. 10. 11. 14. 41. 203. 205. 300: 97.668–B.
12.8245

— Timor und umliegende Inseln. Reise-Ergebnisse u. Studien. — Berlin: Dümmler 1885. LXXIV,116 S. 8° (Bastian: Indonesien. 2.)
1: Up 6690–2. 3. 4. 8. 10. 11. 12: H. As. 179 m–2. 14→17. 20. 21. 22. 24. 26. 27. 29. 31. 34. 35. 38. 41. 43→46. 64. 109. 203. 208. 300: 148.770–C. Lfg 2. 302. 303.
12.8246

Bastian, Adolf: Übersicht der Schriften von..., s. Übersicht...

— u. H. Kiepert, Uebersichtskarte der ethnologischen Culturkreise nach ihrer ungefähren Begrenzung im 15. Jahrh. Berlin 868. D. Reimer. qu. Fol. (1 lith. u. color. Bl.) 7⅓ ngr.

Bastian, Adolf: Sociale Unterlagen für rechtliche Institutionen. Berlin 1894. IV, 56 S.
— Bastian: Controversen in der Ethnologie. Bd. 2. 8°.

— Die Verbleibs-Orte der abgeschiedenen Seele. Ein Vortrag in erweiterter Umarbeitung. — Berlin: Weidmann 1893. II,116 S. 8°
1: Pn 5743. 2. 3. 7. 11. 12: H. g. hum. 12 qk. 14. 15. 17. 18. 26. 46. 107. 300: 189.218–B. 302.
12.8247

[—] Zur Verständigung über Zeit- und Streitfragen in der Lehre vom Menschen. — Berlin: D. Reimer 1899. XII, 140,59 S. 8° (Bastian: Lose Blätter aus Indien. 7.)
1: Up 6691–7. 3. 5. 9. 11. 12: H. As. 179 o–7. 14. 16. 30. 109. 205. 300: 60.389–B. 7. 302.
12.8248

— Die Voelker des oestlichen Asien. Studien u. Reisen. Bd 1–6. — Leipzig: Wigand [usw.] (3 ff.: Jena: Costenoble) 1866–71. 8°
1. Bastian: Die Geschichte d. Indochinesen. 1866.
2. Bastian: Reisen in Birma in d. Jahren 1861-1862. 1866.
3. Bastian: Reisen in Siam im Jahre 1863. 1867.
4. Bastian: Reise durch Kambodja nach Cochinchina. 1868.
5. Bastian: Reisen im Indischen Archipel. 1869.
6. Bastian: Reisen in China von Peking zur mongolischen Grenze u. Rueckkehr nach Europa. 1871.
Die Besitzvermerke sind nur bei den Stücktiteln angegeben.
12.8250

(—) Der Völkergedanke im Aufbau einer Wissenschaft vom Menschen und seine Begründung auf ethnologische Sammlungen. — Berlin: Dümmler 1881. XXVII,184 S. 8°
1: Pn 768. 3. 4. 6. 10. 11. 12: Anthr. 7 fi. 14. 15. 16. 20. 25. 27. 30. 38. 46. 51. 75. 106. 117. 204. 205. 300: 424.353–B. 302. 303. 309.
12.8251

— s.a. Völkerhass od. Völkerfrieden?

[—] Völkerhass? oder Völkerfrieden? Eine Fragestellung an d. Zeit. — Berlin: D. Reimer 1902. 27 S. 8°
1: Fm 4394. 11. 12: J. publ. E. 464 i. 14. 27. 28. 44. 47. 106.
12.8252

— Die Völkerkunde und der Völkerverkehr unter seiner Rückwirkung auf die Volksgeschichte. Ein Beitrag zur Volks- u. Menschenkunde. — Berlin: Weidmann 1900. IV,171 S. 8°
1: Pn 957. 3. 7. 11. 12: Anthr. 7 fu. 14. 17. 24. 26. 32. 34. 35. 41. 42. 46. 106. 107. 205. 209. 300: 408.671–B. 302. 303.
12.8253

— Völkerstämme am Brahmaputra und verwandtschaftliche Nachbarn. Reise-Ergebnisse u. Studien. — Berlin: Dümmler 1883. LXIX,130 S. 8°
1: Up 4705. 3. 4. 5. 7. 10. 11. 12: H. As. 178. 14→19. 24. 26. 27. 28. 32. 34. 36. 39. 46. 106. 109. 203. 205. 302.
12.8255

— s.a. Völkerverkehr, der, u. s. Verständigungsmittel.

[—] Der Völkerverkehr und seine Verständigungsmittel im Hinblick auf China. — Berlin: D. Reimer 1900. 31 S. 8° 1: Un 3609. 11. 106. 203. 300: 409.001–B.
12.8256

— s.a. Vorgeschichte, die, der Ethnologie.

(—) **Die Vorgeschichte der Ethnologie.** Deutschland's Denkfreunden gewidmet für e. Mussestunde. — Berlin: Dümmler 1881. 132 S. 8° 1:Pn 771. 2→5. 7. 8. 10. 11. 12:Anthr. 7 ff. 14→18. 26. 27. 41. 45. 46. 51. 52. 64. 106. 117. 123. 202. 204. 205. 300:424.907-B. 302. 303.
12.8257

— die Vorstellungen v. der Seele, s.a. Sammlung gemeinverständl. wissenschaftl. Vorträge.

— **Die Vorstellungen von der Seele.** Vortrag. — Berlin: Lüderitz 1875. 48 S. 8° (Sammlung gemeinverständlicher wissenschaftlicher Vorträge. 226.)
1:0 in Nh 314b. 2→7. 9. 10. 11. 12:Var. 366 am-226. 16. 17→21. 23→31. 33→36. 38. 39. 41. 43→48. 51. 61. 62. 64. 79. 82. 83. 84. 87. 89. 90. 93. 109. 121. 169. 180. 203. 205. 207. 300:395.139-B.Per. 226. 302. 304. 305.
12.8258

— **Die Welt in ihren Spiegelungen unter dem Wandel des Völkergedankens.** Prolegomena zu e. Gedankenstatistik. [Nebst] Illustr. — Berlin: Mittler 1887. 8° [u.] quer-4°
Illustr. Bastian: Ethnologisches Bilderbuch.
1:8° [u.] 4° Pn 840. 3. 11. 12:Hauptwerk-Anthr. 7 fn; Illustr.-2° Anthr. 1 i. 14. 18. 28. 32. 35. 36. 45. 46. 205. 304.
12.8259

—— die Weltauffassung der Buddhisten. Vortrag gehalten zu Berlin. gr. 8. (40 S.) Berlin 870, Wiegandt, Hempel und Parey. *

— **Ideale Welten nach uranographischen Provinzen in Wort und Bild.** Ethnologische Zeit- u. Streitfragen, nach Gesichtspunkten d. indischen Völkerkunde. Bd 1–3. — Berlin: Felber 1892. 4°
1. Bastian: Reisen auf d. Vorder-Indischen Halbinsel im Jahre 1890.
2. Bastian: Ethnologie u. Geschichte in ihren Berührungspunkten.
3. Bastian: Kosmogonien u. Theogonien indischer Religionsphilosophien (vornehmlich d. jainistischen).
1:4° Pn 865. 2. 7. 11. 12:4° H. As. 28. 14. 16. 17. 18. 22. 24. 28. 29. 38. 43. 46. 205. 300:155.140–C. 302.
12.8261

-- wie das Volk denkt. Ein Beitrag zur Beantwortg. socialer Fragen auf Grundlage ethn. Elementargedanken in der Lehre vom Menschen. Lex.-8. (XVIII, 223 S.) Berlin 892. Weimar, E. Felber. n. 6. —

[—] **Zwei Worte über Colonial-Weisheit von jemandem,** dem dieselbe versagt ist. — Berlin: Dümmler 1883. 24 S. 8°
1:14 in Sa 5799. 11. 17. 18. 30. 46. 106. 109. 203. 205.
12.8264

[—] **Zeitbetrachtungen eines Supernumerarius.** — Batavia: Albrecht 1897. 47 S. 8° 1:Qo 16803. 11. 46.
12.8265

Bastian, A. (Hrsg.), s. Z e i t s c h r i f t für Ethnologie und ihre Hülfswissenschaften als Lehre vom Menschen . . .

Bastian, Albert, a. Berlin: Der Gottesbegriff bei Jakob Böhme. Kiel 1905: Lüdtke & Martens. (45 S.) 8° ¶ (Nur T. 1 gedr.)
Kiel, Phil. Fak., Ref. Martius u. Deussen, Diss. v. 1. Apr. 1905
[Geb. 14. Jan. 70 Berlin; Wohnort: Groß-Lichterfelde; Staatsangeb.: Preußen; Vorbildung: Luisenst. Realgymn. Berlin Reife O. 90; Studium: Berlin 8 S.; Rig. 11. Juni 04.]

Bastian, Anselm, Schwester Lies. Eine Geschichte. 8. (153 S.) Leipzig 894. W. Fiedler. n. 2. 50; geb. in Leinw. m. Goldschn. 3. 50

Bastian, C., s. B a s t i a n , Karl

Bastian, Emil

Bastian, E., Banktechnisches für junge Juristen u. Volkswirtschaftler, Bankbeamte u. Kaufleute. (103 S.) 8. Stuttgart 909. Muth. Geb. 2. —

— **Die Schwierigkeiten der Geschäftskorrespondenz.** Zugleich e. Hilfsbuch für d. Bank- u. Wechselverkehr. — Stuttgart: Muth 1908. 112 S. 8°
16. 17. 24. 26. 30. 38. 44. 62. 180. 205.
12.8289

Bastian, E: Die Schwierigk. d. Geschäftskorrespondenz. Zugl. Hilfsb. f. d. Bank- u. Wechselverkehr. 2. Afl. (100) gr8° Stuttg., Muth '13. 2 —

Bastian, F.
Bastian (Red.), s. B i e n e n - Z ü c h t e r , Der elsass-lothringische

Bastian, F., Handbüchlein d. elsässischen Bienenzüchters. 16. (VIII, 71 S.) Weißenburg 874. Wentzel. n. — 50

Bastian, Ferdinand

— **D'r Vetter Bläsel.** Schwank . . . in Straßburger Mundart. Straßburg: Schlesier & Schweikhardt 1898. 45 S. 8°
1:Yb 9004. 25.
12.8299

— — 2. Aufl. Straßburg: Vomhoff 1903. 46 S. 8°
1:Yb 9004^2.
12.8300

Bastian, Ferd., Breesle un Brocke. Gedichte in Stroßburjer Mundart. Mit e're Deckezeichng. vun Thdr. Haas. (102 S.) 8. Straßburg 905. C. A. Vomhoff. n. 2. 50; geb. n. 3. 50; Luxusausg. auf Japanpap. n. 12. —

— **'s Deifele.** Komödie. — Strassburg: Vomhoff 1909. 96 S. 8° 1:Yb 9012/568. 31.
12.8302

Bastian, Ferd., d'r Dorfschmidt. Volksstück in 3 Aufzügen. 8. (109 S.) Straßburg 901. C. A. Vomhoff. n. 2. —

Bastian, Ferd.: Der Dorfschmied. Volksstück. (74) 8° Berl.-Friedenau, Bureau K Fischer ('12). 1 -- d

— **E komischi Erbschaft.** Lustspiel in elsässer Mundart. Straßburg: Vomhoff 1907. 39 S. 8° 1:Yb 9012/400.
12.8310

— Es spückt. Schwank. (73) 8° Strassbg, CA Vomhoff '11. 2 — d

— **Vor'm Friddesrichter.** (Gerichtssitzung üss alte Zitte.) Straßburg: Vomhoff 1908. 29 S. 8° 1:Yb 9012/484.
12.8312

— **D'r Hans im Schnokeloch.** Volksspiel. — Straßburg: Vomhoff 1903. 93 S. 8° 1:Yb 9012/79.
12.8315

Bastian, Ferd., D'r ney Jean. Schwank i. 1 Aufz. i. Straßburger Mundart. 12. (46 S.) Straßburg 899. Schlesier & Schweikhardt. n. — 80

— **Junggeselle.** Farce in Stroßburjerditsch. — Straßburg: Vomhoff 1903. 23 S. 8° 1:Yb 9012/85.
12.8318

— Junggeselle. E einaktigi Farce in Stroßburjerditsch. (2. Aufl.) (23 S.) 8. Ebd. 910. 1. —

Ferd. Bastian. D'r schwarz Kaffee. Farce in 1 Aufzug. Straßburg i. E.: C. A. Vomhoff 1907. (29 S) 8° [F.] [s6. 14570

— D'r schwarz Kaffee. Farce in 1 Aufzug. (2. Aufl.) (30 S.) 8. Ebd. 910. 1. —

— **D'r Kindbetter.** Schwank . . . von Ferd. Bastian u. Ernst Clausen. — Straßburg: Vomhoff 1908. 39 S. 8°
1:Yb 9012/480.
12.8323

— **s' chinesisch Loos.** Schwank in . . . Stroßburjer Mundart. 2. Aufl. — Straßburg: Vomhoff 1903. 27 S. 8°
1:Yb 9012/82^2.
12.8320

— **D'r Millionegartner.** Volksschauspiel . . . in elsässer Mundart. — Straßburg: Vomhoff 1900. 90 S. 8°
1:Yb 9010/40. 25.
12.8328

— E Serenädl. E schwankächts Lustspiel ... in Stroß-burjer Babbelart. — Straßburg: Vomhoff 1905. 27 S. 8°
1: Yb 9012/250.
12.8332

— Im Wald. Volksstück. 's Dunneraxl. Drama. — Straß-burg: Vomhoff 1907. 88 S. 8° 1: Yb 9012/417.
12.8337

Bastian, Frz., s.: Festgabe, Hermann Grauert zur Vollendung des 60. Lebensjahres gewidmet.

Bastian, Franz: Mittelalterliche Münzstätten und deren Absatzgebiete in Bayern. T. 1. Berlin: G. Nauck 1910. 94, VIII S., 1 Kt. 8°
München, Phil. Diss. v. 19. Dez. 1908, Ref. v. Riezler, v. Heigel
[Geb. 13. Juli 81 Bremen; Wohnort: Braunschweig; Staatsangeh.: Braunschweig; Vorbildung: Gymn. Martino-Katharineum Braunschweig Reife O. 00; Studium: Heidelberg 2, München 15 S.; Rig. 19. Dez. 08.] [U 11. 3776

Bastian, H.: Üb. Aphasie, s. Bastian, Henry Charlton

Bastian, H. Charlton, s. Bastian, Henry Charlton.

Bastian, Hella M., später Mrs. Hella O'Cuire Quirke
Pseudonym: Ellen Svala

— Im Dienste der Pflicht. Erzählung. — Berlin: Schriften-vertriebsanst. 1900. 144 S. 8° 1: Yx 32428.
12.8343

Der Weihnachtsstern. Von Ellen Svala [d. i. Hella M. Bastian]. Berlin: Schriftenvertriebsanst. 1897. (10 S.) 8° [J.]
— Kleinkindergarten. No 33. [05. 6083

Bastian, Henry Charlton

[deutsch] Über Aphasie und andere Sprachstörungen. Übers. von Moritz Urstein. — Leipzig: Engelmann 1902. X, 511 S. 8° 9. 11. 12: Path. 93 erm.
15. 16. 17. 20. 21. 27. 30. 107. 123. 202. 302. 303.
12.8360

Bastian, H. Ch., das Gehirn als Organ eines Geistes, s. a. Bibliothek, internationale wissenschaftliche.

— [The Brain as an organ of mind, deutsch] Das Gehirn als Organ des Geistes. Th. 1. 2. — Leipzig: Brockhaus 1882. 8° 1. Die Thiere. 2. Der Mensch.
(Internationale wissenschaftliche Bibliothek. 52. 53.)
2. 3. 4. 7. 8. 10. 11. 12: Anthr. 7 g. 15→18. 21. 24. 26.
28→31. 36. 44. 47. 79. 83. 84. 302→305.
12.8350

Bastian, J.: Die Hauptschädlinge unserer Reben am Kaiserstuhl und deren Bekämpfung. — Endingen 1909: Wild. 22 S. 8° 31.
12.8361

Bastian, Josef [app. Arzt aus Bitschhofen '(Els.)']: Ueber einen Fall von Gonorrhoe eines präputialen Ganges ... Freiburg i. B., Buchdr. E. Kuttruff, 1895; 27 S. 8.
Freiburg i. B., Med. Fak., Inaug.-Diss. v. 1895

Bastian, Karl: Fest-Predigt ... gehalten am Missions-Feste zu Halle. — Halle: Fricke 1867. 13 S. 8°
1: 11 in E 251-2.
12.8362

Bastian, Fest-Predigt gehalten am Missions-Feste zu Halle. Halle, 868. Fricke. 8. (13 S.) n. 2 ngr.

— Die Magdalenensache. 1876 s. *Baur*, Wilhelm.

— Die Magdalenensache im Lichte des Wortes und der Thatsachen. (Vortrag.) — Hamburg: Rauhes Haus 1880. 20 S. 8° 18. 24. 106.
12.8363

— Predigt über Ev. Lukas 18, V. 35–43. Von T. [vielm. Karl] Bastian. (Eine Missionsstunde.) — Duisburg (1857): Ewich. 12 S. 8° (Sonntagsblatt für innere Mission. 8, Beil. 2.)
1: in 4° Cv 35400–8. 5.
12.8364

Bastian, Klara: Ernste Klänge. Gedichte. — Wittenberg: Verf. (1868). 48 S. 8° 1: Yo 12880.
12.8365

— Schlacht-Gesänge. — Wittenberg: Verf. 1871. 16 S. 8°
1: Kr. Samml. Ua 221. 83.
12.8366

Bastian, *Ludwig Albert Karl* Bei der Eröffnung des Sommersemesters am 19 April. 4 (S 28—30 der Schuln).
Progr. G Fridericianum *Schwerin* 1887

Bastian, *Ludwig Albert Karl* Am Morgen nach Direktor Meyer's Tod. 4 (S. 27—28) Progr G Fridericianum *Schwerin* 1887

Bastian, Otto H: Wie soll man müllern? Erläutergn u. Ergänzgn zu JP Müllers Gesundheitssystem. 1. u. 2. Afl. (24) 8° Berl., H Steinitz '07. — 60 ‖ 3—9. Afl. (39) ('07.) 1 —

Bastian, Otto H., wie soll man müllern? Erläuterungen u. Ergänzgn. zu J. P. Müllers Gesundheitssystem. 7. u. 8. verm. Aufl. (à 39 S.) 8. Berlin (907.) H. Steinitz.
1. u. 2. Aufl. (à 24 S.) 907. — 60. 1. —

Bastian, Richard

Bastian, Richard, Hauptlehrer an d. städt. Baugewerksch. i. Nürnberg: Das elastische Verhalten der Gleisbettung und ihres Untergrundes. Wiesbaden: Kreidel 1906. 38 S. 4° ¶ Aus: Organ f. d. Fortschritte d. Eisenbahnwesens. Jg. 61. N. F. Bd 43. Erg. H.
München, Dr.-Ing.-Diss. v. 21. 3. 1906

Bastian, Rudolf

Bastian, Rud., das Stiftungsfest s. a. Heidelmann's, A., Theaterbibliothek.

Bastian, Rud.: Das Stiftgsfest s. a. Theaterbibliothek (Heidelmann).

Bastian, Rudolf: Das Stiftungsfest. Schwank in plattkölnischer Mundart. [Nebst] Musikbeil. — Bonn: Heidelmann [1900–01]. 8° (A. Heidelmann's Theaterbibliothek. 10. 33.) 1: Yp 6421–10. 33. 5.
12.8370

— Das Stiftungsfest. Schwank in plattkölnischer Mundart. 2. Aufl. — Ebd. [1903]. 23 S. 8° (A. Heidelmann's Theaterbibliothek. 10.) 38.
12.8371

Bastian, T. s. *Bastian*, Karl.

Bastian, W.G., s. Bastian, Wilhelm Gottlieb.

Bastian, Wilh. (geb. Kreuzbruch in d. Mark 15. 10. 1859): Ueber Beckennekrosen. Berlin (1884) (34 S.) 8°
Berlin, Med. Diss. v. 30. Mai 1884

Bastian, Wilhelm Gottlieb

Bastian, W. G., franz. Lesebuch. 8. Leipzig, Sommer. 807.

Bastian, Wilhelm Gottlieb: Französisches Lesebuch für deutsche Söhne und Töchter. Neue, verm. u. verb. Aufl. Leipzig: Sommer 1799. III, 457 S. 8° 111.
12.8373

Bastian, Wlh. Gli., französ. Lesebuch für deutsche Töchter. (1e Aufl. ohne des Verf. Namen. 8. Halberst. 789.) 6e A. 8. Leipz. 811. (W. Nauck). 20 K

Bastian, W. G., franz. Lesebuch, vorzüglich für Töchterschulen. 8. Leipzig, Sommer, 811.

— s. a. Sprachlehre, kurze französ.

(—) Kurzgefaßte französische Sprachlehre. [Nebst] Anh. — Halberstadt: Gross in Komm. 1789–90. 8°
Anh. Kleines französisch-deutsches Verzeichniß von den Wörtern und Redensarten, welche am häufigsten vorkommen. 1790.
2.
12.8374

Bastian, Willibald, appr. Arzt a. Wernigerode a. H.: Ueber einen Fall von akuter Phosphorintoxikation. München 1903: Kastner & Callwey. (27 S.) 8°
München, Med. Fak., Ref. v. Bauer, Diss. v. 23. Juli 1903
[Geb. 10. Okt. 68 Bernburg a. S.; Wohnort: Wernigerode a. H.; Staatsangeh.: Preußen; Vorbildung: Gymn. Goslar Reife O. 89; Studium: Halle 3, Erlangen 1, München 5 S.; Rig. 23. Juli 03; Approb. 30. Mai 03.]

Bastian, Willy, Kammergerichtsreferendar: Rechtliche Beurteilung der allgemeinen Bedingungen der Berliner Fondsbörse. Greifswald 1908: Abel. 70 S. 8°
Greifswald, Jur. Diss. v. 31. Dez. 1908, Ref. Frommhold
[Geb. 8. Okt. 83 Juterbog; Wohnort: Potsdam; Staatsangeh.: Preußen; Vorbildung: Gymn. Potsdam Reife O. 03; Studium: Jena 1, Berlin 1, Greifswald 6 S.; Rig. 22. Juni 08.] [U 09. 1441

Bastian-Feier. — Bastian-Feier am 26. Juni 1896. — Berlin: Asher 1896. 8 S. 8°
Aus: Verhandlungen d. Gesellschaft für Anthropologie, Ethnologie u. Urgeschichte. 1896.
18. 33. 46.
12.8389

Bastiani, E. Croquis et fleurs des environs de Montreux. 8 Radierungen nach Originalzeichn. Mit 2 Bouquets gepresster natürlicher Alpenblumen aus der Umgebung von Montreux. Quer-Format. Leipzig, H. Zieger. **1895** 20 —

Bastiano, Graf, im Süden. Reiseskizzen. Berlin 865. v. Decker. 8. (V, 390 S.) 1 ₰ 15 ngr.

Bastiano, Graf: Im Süden. Reiseskizzen. — Berlin: Ober-Hofbuchdr. 1865. VI,390 S. 8° 1: Qt 1978. 2. 5. 7. 9. 12: It.sing. 53t. 16. 34. 38. 48. 204. 300: 119.187-B.
12.8399

Bastiat: Volkswirtschaftl. Harmonien (u. andere volkswirtschaftliche Schriften), s. Bastiat, Frédéric

Bastiat, Frédéric

—— Eine Auswahl aus seinen Werken hrsg. von Karl Braun-Wiesbaden. — Berlin: Herbig 1880. XVI,271 S. 8° (Deutsche Bibliothek volkswirthschaftlicher Klassiker. 1.)
1: Fe 1145-1. 11. 19. 26. 28. 44. 84. 204. 206.
12.8415

— [Les deux Haches, deutsch] Die beiden Beile. Bittschrift d. Zimmermanns Jakob an den Handels-Minister, Hrn. Cunin-Gridaine. Aus d. Frans. ... von Dr. Asher. (Berlin [um 1848]: Nietack.) 4 S. 8° 30. 47. 203.
12.8432

—— Berlin [um 1848]: Unger. 4 S. 8° (Verhandlungen d Berliner Freihandels-Vereines. 4.) 7.
12.8433

— volkswirthschaftliche Harmonien, s.a. **Bibliothek volkswirthschaftl. Schriften.**

Bastiat, Frédéric. Volkswirthschaftliche Harmonien . . . Berlin 1850. H: *Prince-Smith, John.* (Kat. d. stat. Bureaus. Dresden 1890.)

— [deutsch] Volkswirthschaftliche Harmonien. Berlin: Hempel 1850. 368 S. 8° (Bibliothek volkswirthschaftlicher Schriften. 1.) Im Exemplar von 30 fehlt d. Serientitel.
1: Fe 4196-1. 5. 9. 11. 12: Cam. 8 tlb. 15. 18. 19. 26. 27. 28. 30. 33. 35. 38. 42. 46. 47. 60. 79. 84. 203. 205. 206. 303.
12.8437

— volkswirthschaftl. Harmonien. Berlin 852.

— Kapital u. Verzinsung, s.a. **Verein z. Verbreitg. volkswirthschaftl. Kenntnisse. 1. Hft.**

— [deutsch] Kapital und Verzinsung. Berlin: F. Schneider 1849. IV,46 S. 8° (Verein zur Verbreitung volkswirthschaftlicher Kenntnisse. 1.) 2. 7. 9. 12: Cam. 8 tkz-1. 18. 21. 27. 34. 38. 44. 47. 79. 109. 203.
12.8422

— Kapital und Zins. Die Polemik zwischen Bastiat u. Proudhon. Mit Einl. u. in Uebers. hrsg. von Arthur Mülberger. — Jena: G. Fischer 1896. V,232 S. 8°
3. 5. 6. 9. 11. 12: Cam. 8 tlk. 16. 21. 27. 31. 35. 46. 203. 205. 206. 208. 302. 304.
12.8431

— Protectionisme et communisme. Paris, Guillaumin et Cie 1849. 64 S. 8
— Dasselbe. Deutsche Uebersetzung. Berlin 1849. 12.

—— [deutsch] Schriften: Was man sieht und was man nicht sieht ... Frieden und Freiheit ... Der Krieg gegen die Lehrstühle der politischen Oekonomie. Übers. von Carl Julius Bergius. — Leipzig: Hübner 1853. XII,144 S. 8° 1: Fe 4202. 2. 12: Cam. 8 tlg. 14→17. 19. 20. 22. 26. 29. 33. 35. 38. 41. 109. 205. 304.
12.8413

— Schriften. Auswahl. Hrsg. Braun. Berlin 880.

—— Ausgewählte volkswirthschaftliche und politische Schriften. Übers. von Carl Julius Bergius. Th. 1. 2. — Hamburg: Hoffmann & Campe 1859. 8°
2. 5. 10. 11. 12: Cam. 8 tlh. 16. 18. 26. 29. 30. 35. 41. 45. 46. 79. 90. 106. 109. 180. 203. 205. 206. 302. 304.
12.8414

— Der Staat. Das verwünschte Geld, s.a **Verein z. Verbreitg. volkswirthschaftl. Kenntnisse. 3. Hft.**

— [deutsch] 1. Der Staat. 2. Das verwünschte Geld. — Berlin: F. Schneider 1849. 50 S. 8° (Verein zur Verbreitung volkswirthschaftlicher Kenntnisse. 3.) 2. 7. 10. 12: Cam. 8 tkz-3. 18. 21. 27. 34. 38. 44. 47. 79. 109. 203. 205.
12.8420

— [Le Percepteur, deutsch] Der Steuer-Empfänger. — Berlin 1851: Nietack. 8 S. 8°
1: Ff 2321. 6. 38. 47. 109. 203.
12.8443

Bastiat, F., Streitschriften, s.: Bibliothek, deutsche, volkswirthschaftlicher Klassiker.

Bastiat, M. Frdr., die Trugschlüsse der Schutzzöllner gegenüber der gesunden Handels-Politik. Aus d. Franz. mit einem Vorwort von C. Noback. 16. (VI u. 167 S.) Berlin 847, A. v. Schröter. (Gurn.) ½ ₰

— [deutsch] Die Trugschlüsse der Schutzzöllner gegenüber der gesunden Handels-Politik. Mit e. Vorw. von C. Noback. — Berlin: v. Schröter 1847. VI,167 S. 8°
Enthält nur die Übersetzung von Série 1.
1: Fe 4086/15. 2. 7. 8. 12: Merc. 16m. 18. 20. 21. 33. 34. 35. 38. 41. 79. 106. 111. 203. 205.
12.8453

— **Junghanns,** 6 volksw. Trugschl. von **Bastiat.** Leipz. 848.

— [deutsch] Der classische Unterricht und der Socialismus. — Hannover: C. Meyer 1858. 94 S. 8° 7. 10. 12: Paed. Th. 325. 15. 18. 24. 27. 35. 41. 205. 207. 302. 303.
12.8419

— Was man sieht und was man nicht sieht, oder die politische Ökonomie in einer Lektion. Frieden und Freiheit oder das Budget. Der Krieg gegen die Lehrstühle der politischen Ökonomie. Übersetzt von CJ Bergius. Leipzig 1853

Bastiat, M. Frdr., Zollschutz u. Communismus s.a **Verein Verbreitg. volkswirthschaftl. Kenntnisse. 2. Hft.**

—— [deutsch] Zollschutz und Communismus. — Berlin: F. Schneider 1849. 48 S. 8° (Verein zur Verbreitung volkswirthschaftlicher Kenntnisse. 2.)
2. 7. 9. 12: Cam. 8 tkz-2. 16. 18. 21. 22. 27. 34. 38. 44. 47. 79. 109. 203.
12.8447

Bastiat, Friedrich, s. Bastiat, Frédéric

Bastiat, M. Frdr., s. Bastiat, Frédéric

Bastide, le Dépit et le Voyage, poëme. gr. 8. Paris, (Sommer. L.) 771.

Bastide, J., s. Bastide Jh.

Bastide, Jean François de

[—] Les Confessions d'un fat. Par M. le Chevalier de La B***. P. 1. 2. — o. O. 1749. 8° 12: P. o. gall. 200 wn. 17.
12.8476

[—] — P. 1. 2. Francfort: Aux dépens des lecteurs 1750. 183 S. 8° 1: Xy 2772. 3. 7. 18. 19. 29. 30. 34.
12.8477

[—] [deutsch] Le désenchantement inespéré. Die unverhofte Entzauberung. Ein Lustspiel. Aus d. Franz. d. Herrn de la B. Übers. von T. [d. i. Johann Alexander Tiessen]. — Quedlinburg: Biesterfeld 1773. 48 S. 8° 1: Xw 3791 [u.] 2 an Yv 6993. 300: 5 in 392.620–A. 100.
12.8480

— L'Épreuve de la probité, comédie. — Paris 1762: Cellot. 110 S. 8° 300: 132.397–A. 304.
12.8482

—— Vienne 1764: de Ghelen. 93 S. 8° 300: 641.436–B.M. 24,5.
12.8483

Bastide, Jenny, Anaïs. Uebersetzt von Fanny Tarnow. 2 Bde. 8. Leipzig 841, Kollmann. 2¾ ₰

Bastide, Jh., Essai sur les Prés artificiels. 8. Berl. 801. Duncker u. H. 2 ℳ

Bastide, Jules, la république française et l'Italie en 1848. Récits, notes et documents diplomatiques. Leipzig 858. A. Dürr. gr. 12. (269 S.) n. 1 ₰

Bastide, Louis, Talleyrands, Fürsten von Benevent, politisches u. religiöses Leben. Aus d. Franz. 7 Lfrgg. gr. 12. Cassel u. Leipzig 838, 39. Kriegersche Buchh. (Fischer.) 2⅜ ₰

Bastide, Louis, Talleyrand's, Fürsten v. Benevent, polit. u. relig. Leben. A. d. Franz. (7 Lfgn.) gr. 12. (24½ B.) Cassel 839, Fischer.

— Des Fürsten Talleyrand's politisches und religiöses Leben und dessen Charakter, Stellung und Wirksamkeit als Diplomat. Th. 1. 2. — Quedlinburg [usw.]: Ernst [um 1840]. 8° 5.
12.8510

Bastien, J.: Artillerieschule, s. Bastien, Johann

Bastien, J.F.: Dictionnaire, s. Boiste, P. Cl. Vict.

Bastien, Johann: Artillerie-Schule. Lehrbuch der gesammten Artillerie-Wissenschaft. Lfg 1–4. — Prag: Bellmann 1865. 8° 17. 30. 209. 300: 61.958–B.
12.8528

Bastien, Joh., Artillerie-Schule. Lehrbuch der gesammten Artillerie-Wissenschaft. (In ca. 10 Lfgn.) 1.—4. Lfg. gr. 8. (S. 1—610 mit eingedr. Holzschn., 1 Holzschntaf. und 1 Stnt. in Imp.-Fol.) Prag 865,66, Bellmann. à Lfg. * 26 Ngr. *

Bastien, Pet.: Kirchenrechtl. Handb. f. d. relig. Genossensch. m. einfachen Gelübden. Aus d. Franz. v. Konr. Elfner. (19, 456) 8° FreiburgB., Herder '11. 4.50; L 5.30 d

Bastienne, eine französische Opera comique . . . Nachgeahmet von F. W. Weiskern. Wien 1774. V: *Favart, J. B.* (BrMm)

Bastier, Paul s.a. Chrestomathie, dramat.

— Chrestomathie dramatique. Le gendre de M. Poirier par É. Augier et J. Sandeau. Le fils de Giboyer par É. Augier. Le monde où l'on s'ennuie par E. Pailleron. Cabotins par E. Pailleron. Extraits reliés par des analyses narratives. Préc. d'une introd. littéraire et suivis d'un commentaire explicatif. — Berlin: Weidmann 1908. XV, 232 S. 8° (Schulbibliothek französischer u. englischer Prosaschriften aus d. neueren Zeit. 1,25.) 1: X 8361²–1,25. 207.
12.8535

— 3 comédies modernes (Le village par O Feuillet. — L'Oeille blanc par A Daudet. — Gringoire par Th. de Banville), s.a. Schulbibliothek französ. u. engl. Prosaschriften.

— Trois Comédies modernes. Le village par O. Feuillet. L'œillet blanc par A. Daudet. Gringoire par Th. de Banville. Recueil de commentaires explicatifs préc. d'une courte introd. littéraire. — Berlin: Weidmann 1906. 78 S. 8° (Schulbibliothek französischer u. englischer Prosaschriften aus d. neueren Zeit. 1,57.) 1: X 8361–1,57. 9. 207.
12.8536

— Victor Hugo und seine Zeit. Eine Einführung in d. Studium d. Dichters. — Leipzig: Xenien-Verl. 1908. 240 S. 8° 1: As 8770/137. 7. 9. 11. 12: Biogr. 546 qop. 16→19. 28. 30. 34. 41. 45. 48. 60. 64. 79. 93. 117. 169. 302.
12.8542

—— 2. Aufl. Ebd. 1910. 240 S. 8° 5. 6. 10. 14. 15. 17.
12.8543

Bastille. — Die Bastille, ein Trauerspiel. Nach franz. Originalen bearb. von K. B. — Breslau [usw.]: Gutsch 1790. 111 S. 8° 1: Ys 294. 18. 35. 42. 300: 1707–A.
12.8547

Die Bastille, oder Carl Townley, ein Mann aus der großen Welt. Aus d. Engl. [Übers.: Dorothea Margarete Liebeskind.] Bd 1–4. — Leipzig: Fritsch 1790. 8° 35.
12.8548

Bastille, die, od. Karl Townley; aus d. Engl. (v. Dor. Marg. Liebeskind). 4 Bde. Leipz. 790. Hahn. 2 ₰

Bastille, Die, oder Carl Townley ein Mann von der grossen Welt. A. d. Engl. Leipz. 1791. Ü: *Liebeskind, Dorothea Margarethe verm. Forkel geb. Wedekind.* (MGT) (schl)

Bastille, d. enthüllte. 7 Hefte. 8. Tüb. 790, 91. Riemann. 1 ₰

— d. entlarvte, od. Nachr. zu ihrer Geschichte, (v. J. F. C. Menzel). 4 Hefte. Mit Kpf. 8. Bair. 789—91. Grau. 1 ₰ 8 ℊ

— die entlarvte, oder Nachricht zu ihrer Geschichte. 5 Hefte. 8. Bayreuth, (Grau, H.) 789. 91.

Bastin, Friedrich Karl: Ueber die Verstopfung des Oesophagus durch ein Blutgerinnsel bei Melaena neonatorum. München 1908: Kastner & Callwey. (42 S.) 8°
München, Med. Fak., Ref. v. Bollinger, Diss. v. 9. Mai 1908
[Geb. 5. Dez. 79 Cöln; Wohnort: Cöln; Staatsangeh.: Preußen; Vorbildung: Friedrich-Wilhelm-Gymn. Cöln Reife O. 00; Studium: München 6, Heidelberg 1, München 5 S.; Coll. 9. Mai 08; Approb. 30. April 08.]

Bastin, J. guide du voyageur à St. Pétersbourg, ses environs immédiats et ses résidences impériales: Schlusselbourg et les îles du Ladogo, Moscou, Novgorod etc. avec l'indication des lignes routières de l'empire russe, 1 plan de St. Pétersbourg, 1 plan de Moscou, 1 carte de la Russie etc. (lith. in Fol.) St. Pétersbourg 866. (Leipzig, Wagner.) 8. (XXIV, 368 S.) n. 3 ₰

Bastine, Paul: Berechnung und Bau hoher Schornsteine. Vortrag. — Leipzig: Felix 1898. VIII, 138 S. 8°
Erweitert aus: Zeitschrift d. Vereins Deutscher Ingenieure. 41. 1897.
12: A. civ. 9o. 82. 87. 89. 90. 91. 201. 210. 305.
12.8586

Bastine, P., die Eisenkonstruktionen des einfachen Hochbaues, s.: Lauenstein, R.

Bastine, P., die graphische Statik, s.: Lauenstein, R.

Bastineller, Gebhard Christian: De Dote virgini a marito vitiatae non praestanda. [Resp.:] Eide Peke Wollers. Rec. Vitembergae 1743: Scheffler. 40 S. 8°
Erschien zuerst als Diss. Wittenberg 1715.
4. 9. 12: 4° Diss. 621/26. 14. 16. 19. 24. 25. 27. 28. 40. 48. 302.
12.8591

Bastineller, Gebh. Chr., Dissertatio de hominibus propriis. Vittembergae 1739. 4.

— De Iure creditoris literarum cambii cum vel sine clausula hypothecae in concursu. [Resp.:] Johannes Wilhelmus Rehfeldt. Rec. — Halae Magdeburgicae 1746. 54 S. 8°
Erschien zuerst als Diss. Halle 1714.
4. 5. 10. 12:4° Diss. 1338–4. 16. 17. 26. 28.
12.8592

— — Vitembergae 1746: Hak. 46 S. 8°
9. 17. 19. 24. 27. 48. 121. 300: 184.108–B.
12.8593

— De Iure sepulturarum. [Resp.:] Jo. Gottlieb Ehrlich. — Vitembergae 1755: Eichsfeld. 42 S. 8°
Erschien zuerst als Diss. Wittenberg 1730.
2. 5. 12:4° Diss. 2367/18. 16. 19. 23. 24. 25. 28. 34. 48.
12.8594

— De Iure viarum publicarum vulgo von öffentlichen freyen Heer- und Land-Strassen. [Resp.:] Georg Ernst Heim. Ed. 2., denuo recogn. — Vittembergae 1755: Eichsfeld. 38 S. 8° Erschien zuerst als Diss. Wittenberg 1729.
4. 5. 9. 12:4° Diss. 1959/1. 16. 19. 24. 28. 30. 302.
12.8595

— Lectori benevolo. Wittenbg. (Wwe. Gerdes) 1719. 8 Bl. (3.—) 1204
Biogr. v. Joh. Gottfried Vogel. (Dresden. M.: J. E. Forchheim.)

— — Dasselbe. Wittenberg (Schroeder) 1720. 8 Bl. (3.—) 1205
Biogr. v. Christian Hanack. (Mutter: M. E. Schubart.)

— — Dasselbe. Wittenberg (Wwe. Gerdes) 1720. 8 Bl. (3.—) 1206
Biogr. v. Christian Gottlieb Reinhard (Schmiedeberg. Mutter: R. H. Schleusner.)

— — Dasselbe. Wittbg. (Wwe. Gerdes) 1. V. 1723. 8 Bl. (3.—) 1207
Biogr. v. Carl Sigism. Francke. Wittenbg. Mutter: D. E. Roeder.)

— — Dasselbe. Wittenberg (Wwe. Creusig) 1723. 6 Bl. (3.—) 1208
Biogr. v. Christian Gottfr. Graef (Wurzen. Mutter: E. S. Fleischer.)

— — Dasselbe. Wittenberg (Gerdes) 1723. 6 Bl. (3.—) 1209
Biogr. von Jo. Friedr. Seyfried (Freiberg. Mutter: D. M. Hasse).

— — Dasselbe. Wittenberg (G. Gaeberdt) 1725. 8 Bl. (3.—) 1210
Biogr. v. Ernst Adolf Nester (Merseburg. Mutter: A. R. Pohle).

— — Dasselbe. Wittenberg (Gaeberdt) 1726. 7 Bl. (3.—) 1211
Biogr. v. Gg. Friedr. Beyer (Leipzig. M.: R. E. Gros).

— Lectori benev. Wittenberg (E. G. Eichsfeld) 1730. 4 Bl. (3.—) 1213
Biogr. von Joh. Gottlieb Ehrlich (Dresden. M.: M. M. Doehme, Schrebitz).

— — Dasselbe. Wittenbg. 1730. 4 Bl. (3.—) 1214
Biogr. v. Carl Gottfried Engelschall (M.: M. Dassdorff).

— — Dasselbe. Wittenbg. (Aug. Koberstein) 1730. 8 S. (3.—) 1215
Biogr. von Joh. Daniel Kettner (Wittenberg. M.: J. D. Müller).

— — Dasselbe. Wittenberg (E. G. Eichsfeld) 1730. 4 Bl. (3.—) 1216
Biogr. v. Joh. Chph. Roehring (Schmiedeberg. M.: M. E. Weyrauch).

— — Dasselbe. Wittenberg (Eichsfeld) 1732. 6 Bl. (3.—) 1217
Biogr. v. Joh. Gottfr. Schwencke (M.: J. S. Hartung).

— — Dasselbe. Wittenberg (Schlomach) 1732. 6 Bl. (3.—) 1218
Biogr. v. Joh. Gottlob Weidler (Gr.-Nehusa, Thür. M.: M. E. Wiegleb).

— — Dasselbe. Wittenberg (Hak) 1735. 4 Bl. (3.—) 1219
Biogr. v. Friedr. Benedict Carpzov (Zittauer Mutter: J. Ch. Reinhard).

— — Dasselbe. Wittenberg (E. G. Eichsfeld) 1736. 6 Bl. (3.—) 1220
Biogr. v. Gottlob Christian Klügel (Zwickau. M.: J. S. Hoelzel).

— — Dasselbe. Wittenberg (Hak) 1737. 7 Bl. (3.—) 1221
Biogr. v. Christian Gottlieb Seebach (M.: A. D. Doering).

— — Dasselbe. Wittenberg (Scheffler) 1739. 7 Bl. (3.—) 1222
Biogr. v. Joh. Friedr. Packbusch (Leipzig. M.: J. Trier).

— — Dasselbe. Wittenberg (E. G. Eichsfeld) 1740. 6 Bl. (3.—) 1223
Biogr. von Joh. Christoph Keil (Wittenberg. M.: E. C. Frosch).

— — Dasselbe. Wittenberg (E. G. Eichsfeld) 16. X. 1742. 7 Bl. (3.—) 1224
Biogr. v. Gottlob Chn. Moritz Wacks (Heilbronn. M.: S. M. Feyerabend).

— — Dasselbe. Wittenberg (Schlomach) 1745. 12 S. (3.—) 1225
Biogr. v. Wilh. Friedr. Kroeber (Breunsdorf. M.: Ch. E. Reichardt, Frauenbreitingen).

— — Dasselbe. Wittenberg (E. G. Eichsfeld) 1754. 16 S. (3.—) 1226
Biogr. von Joh. Gottfr. Kretschmann (Zittau. M.: Th. El. Posselt).

— — Dasselbe. Wittenberg (E. G. Eichsfeld) 1754. 16 S. (3.—) 1227
Biogr. v. Christian Adolf Struve (Prenzlau. M.: D. E. Berchelmann).

— Lectori salut digit. Wittenberg (G. Gaeberdt) 19. VIII. 1728. 6 Bl. (3.—) 1212
Biogr. v.: Carl Friedr. Koehlau (Lpz. M.: D. S. Pharetratina).

Bastineller, Gebh.Chn. (Präs.): De lite heredis cum possessore singulari, s. B e c k e r , Joh.August (Resp.)

-- De Medico ex voluntate aegroti, perperam curante, ob ein Medicus den Patienten auf sein Verlangen übel curiren dürffe? Denuo rec. — Vitembergae 1741 : Hak. 30 S. 8° Erschien zuerst als Diss. Wittenberg 1719.
5. 12:4° Diss. 3026–19. 14. 16. 24. 27. 28. 29. 41. 208.
300: 148.411–B. 302. 303.
12.8596

--- De Medico ex voluntate aegroti perperam curante. [Resp.:] Johannes Henricus Brendelius. Rec. — Jenae: Buch 1746. 32 S. 8° 4. 12:4° Diss. 958/4. 19. 21. 24. 26. 34. 36. 39. 300: 139.441–B.
12.8597

— De Modo venandi vulgo dicto die Klapper-Jagd. [Resp.:] Joannes Nicolaus Biel. — Vitembergae 1734: Eichsfeld. 40 S. 8° Erschien zuerst als Diss. Wittenberg 1724.
4. 9. 16. 17. 19. 23. 25. 28. 32. 48. 208.
300: 151.996–B. 302. 304.
12.8598

— — Ebd. 1754. 44 S. 8°
5. 9. 12:4° Diss. 2152/3. 16→19. 23. 26. 28. 30. 34. 61.
12.8599

— Panegyricus Serenissimo Principi ac Domino, Domino Friderico Wilhelmo, Regni Borussiae heredi ... in natali XX, 15. Augusti 1707, dictus. — Halae Magd. [1707]: Henckel. 12 Bl. 2° 10. 12: 2° Diss. 10/30a. 14. 34.
12.8600

— De prodomino feudi directo. Dissert. jur. Präs. Jo. Sam. Stryk. Halle (J. Gruner) 23. IV. 1711. 52 S., teilw. dtsch. (5.50) 1203

Bastineller

— Gebhard Christian (Halle), De vitio reali et personali. Disp. jur. Präs. Jac. Friedr. Ludwig. Halle (Chph. Andr. Zeitler) Jan. 1710. 32 Seiten. (5.20)

— — Dasselbe. Halle (J. Ch. Grunert) 17.9. (5.—) 1202

Bastineller

— Heinr. Ludw. (Wittenberg) De institutione heredis cum maledicto. Diss. jur. Präs. Ernst Martin Chladen. Wittenbg. (E. G. Eichsfeld) 5. IV. 1759. 60 S. (6.—) 1228

Bastineller

— Johann Andreas (Halle), De cauta Judaeorum tolerantia. Diss. jur. Präs. Just. Henning Böhmer. Halle (Chr. Henckel) März 1708. 36 S. (5.—)
Gew.: Jo. Burch. Freystein, Chn. Otto Myllus. — Widm. v.: Sam. Stryk.

— — Dass. Halle (Chr. Henckel) 1717. (5.—)

— — Dasselbe. 1723. (5.—)

Bastineller

— Joh. Friedrich (Halle), De testamento principi vel judici oblato. Diss. jur. Präs. Sam. Stryk. Halle (Orphanotrophii) Sept. 1702. 56 S., teilw. deutsch. (5.50)

— De usu practico accuratae distinctionis inter emtionem cum pacto de retrovendendo et contractum pignoratitium. Diss. jur. Präs. Christian Thomasius. Halle (Salfeld) 4. VII. 1707. 62 S. (5.50)

Basting, A.: Wie können für Irrenanstalten menschenliebende Wärter und Aufseher gewonnen werden? — (Halle 1845: Gebauer-Schwetschke.) 56 S. 8° 30.
12.8601

Bastings, Alexandre
— - [deutsch] Die Lungenschwindsucht und ihre Heilung durch Electricität. Übertr. von Silbermann. — Erlangen: Enke 1866. IV,154 S. 8° 1: Iz 4282.
12: Path. 93 es. 15. 16. 20. 22. 29. 30. 31. 111. 302.
12.8612

Bastius, Fridericus Jacobus s. *Bast*, Friedrich Jakob.

Bastl, Johann: Index über die im Postfache erlassenen Vorschriften, welche in den Verordnungsblättern vom Jahre 1839 bis Ende des Jahres 1854 enthalten sind. — Prag 1855: Haase. IV,184 S. 8° 300: 12.799-B.
12.8620

Bästlein, A., Quid Lucretius debuerit Empedocli Agrigentino. Pr. 1875. 21 S. 4°. 3.—

Baestlein, Alb[ertus]: *Rationem quae intercedit inter Lucretium et Empedoclem examinavit. 33 Bl. 4° (2°)
Halle-Wittenberg, Phil. Diss. v. 25. Febr. 1867
Geb. [Suhl 12. 3. 1842]
Ausz. ersch. u. d. T.: Quid Lucretius debuerit Empedocli Agrigentino. Meiningen (1875): Keyßner. 21 S. 4° Schleusingen, Gymn.-Progr.

Bästlein, Albert Über deutsche Satzlehre im Anschluss an den lateinischen Unterricht auf der mittleren Gymnasialstufe (Umschlagtitel: ... mittleren Stufe des Gymnasiums.) 4 (S. III —XX). Progr. Henneberg. G. *Schleusingen* 1887

Bastler, A.D., s. Bastler, Anton Dominik.

Bastler, A. D., die Heilquelle zu Deutsch-Altenburg bei Hainburg an der Donau. 2. verm. Aufl. gr. 16. (IV u. 35 S.) Wien 850. (Leo.) n. 6 ngr

Die Heilquelle zu Deutsch-Altenburg bei Hainburg an der Donau. 2., verm. Aufl. — Wien 1850: Mechitharisten Buchdr. 35 S. 8° 12: M. med. 1127-26.
12.8628

(—) Vorschläge zu einer umfassenden und soliden finanziellen Selbsthilfe für den Staat und für die Völker Oesterreichs. Kein Staatsbankerot u. keine Geldklemme mehr. Mit Hilfe e. vollwerthigen ... Reichsvaluta. — Wien: Bastler 1866. XXXII,25 S. 8° 300: 70.834-C [u.ö.] 302. 303.
12.8626

— Das Wildbad zu Deutsch-Altenburg in Oesterreich. — (Wien 1844: v. Ghelen.) 24 S. 8° 302. 308.
12.8627

Bastler, Antal s. *Bastler*, Anton Dominik.

Bastler, Anton, s. Bastler, Anton Dominik.

Bastler, Anton Dominik

Bastler, Dr. Ant. Dom. — Anleitung zum Gebrauche der Original-Schutz-Tinktur. Von — —. Wien. Druck von L. C. Zamarski. (70 S. 16) 1855

— Populäre Anleitung zur Verhüthung, Behandlung und Heilung der Cholera in allen Stadien durch die Anwendung von Cholera-Tropfen. — Wien 1849: Klopf & Eurich. 44 S. 8° 303.
12.8622

— Populäre Anleitung zur Verhüthung und Heilung der Cholera in allen Formen und Stadien durch die Anwendung der Cholera-Tinktur. 2. Aufl. — Ebd. 1849. 48 S. 8° 308.
12.8623

Bastler, Dr. Anton —. Anleitung zum Schutze und zur Rettung in der Cholera bis zur Ankunft des Arztes durch die Anwendung der Cholera-Tinktur von — —. O.-Kl.-8. (100 S.) Wien. Mechitharisten-Buchdruckerei. 1854.

Bastler, Anton Dominik: Anleitung zur Verhütung und Heilung der Cholera durch die Anwendung der Cholera-Tinktur. — (Leipzig [um 1848]: Rückmann.) 30 S. 8°
1: Stala 732.
12.8621

— Die Cholera in Wien. — Wien 1832: Strauß. 134 S. 8°
1: Ka 2073. 2. 8. 14. 15. 22. 29. 36. 46. 48. 52. 53.
300: 37 H 73. 302→304.
12.8624

Bastler, A. D., die Cholera in Wien. — Ein Beytrag z. Lösung d. wicht. Fragen: Worin besteht d. wahre Wesen dies. Krankheit? Wie wird ihr zuverlässig vorgebeugt? — Durch welche Cur-Methoden werden selbst die im höchst. Grade Befallenen schnell u. sicher gerettet? — Wie ist man im Stande, diese Seuche minder verheerend zu machen, u. die Furcht vor selber ganz zu verbannen? — Als Resultat hiesiger Beobachtn. u. eines Heilverfahr., durch welches v. 143 Cholerakranken, in d. Tagen d. größten Gefahr, 139 gerettet u. vollkommen wieder hergest. wurden. Zur allgemeinen Beruhigung mitgetheilt. 8. (8½ B.) Wien 832, (Tendler.)

—— Gesundheits-Zeitung, s. Gesundheits-Zeitung.

– s Gesundheitszeitung, österr.

Bastler, Ant. Dom., s. Gesundheits-Zeitung, populäre.

Bastó, *Valentin*.
—— De Aspidio filice mare. (Historisch-chemische Betrachtung über die Wurzel des männlichen Farrnkrautes.) D. chemica. Vindobonae 1826. 8. 37 p.

Baston, Guilleaume André René

[—] — [deutsch] Omais Freund und Reisegefährte des Kapitain Cook Erzählungen und Berichte von seinen Reisen, Unternehmungen und Einrichtungen auf den Südseeinseln. Bd 1-3. — Dresden [usw.]: Richter 1792-93. 8°
12[∞ 3]: It. sing. 723. 14. 34.
12.8652

[—] — Neue Aufl. Bd 1-3. Leipzig: Hinrichs 1805. 8° 15.
12.8653

Bastos, João, u. Alb. Schmidt, portugiesische Unterrichts-Briefe für das Selbst-Studium nach der Methode Toussaint-Langenscheidt. 1. Brief. gr. 8. (16 S.) Leipzig 882. Morgenstern. — 60

Bastos, João, u. Alb. Schmidt, portugiesische Unterrichts-Briefe f. das Selbst-Studium nach der Methode Toussaint-Langenscheidt. 2—30. (Schluß-) Brief. gr. 8. (S. 17—320.) Leipzig 883. Morgenstern. à n. — 50

I **Bastos, J, u. A Schmidt**: Portugies. Unterr.-Briefe. Jetzt: Berl.-Schöneberg, Mentor-Verl. 81/85

Bastyr, Hans. Puppenhochzeit. (Gedicht von Martha Spickenreuter.) Humoristisches Duett für 2 junge Mädchen von H' B'. (Op. 42.) II + 3 + *Text* 1 S. 4. Basel, Max Pohl-Wohnlich, [1903]. fr. 2.50

Baswitz. — Baswitz ante portas! Das ist Relation von der wie unvermutheten, also auch Welt-erschallenden schwedischen Armatur in Zweybrücken und Pommern, und dem March derer schwedischen Trouppen aus Zweybrücken nach Pommern unter d. Commando des Stanislai u. dessen Generalität. Gedruckt nach d. Original von Franckfurt a.M. Franckfurt a.M. [1714]. 4 Bl. 8° 14.
12.8684

—— o.O.u.J. 4 Bl. 8° 23.
12.8685

Baswitz, Holstein-Gottorpscher Staatsmann, 1680-1749. 1714
s. *Bassewitz*, Henning Friedrich Graf v.

Baswitz, Dr., s. Magendie, Vorlesungen über die physikal. Erscheinungen des Lebens.

Baswitz, Hermannus: De rheumatismi speciebus. Halae (1833): Baentsch. 27 S. 8°
Halle-Wittenberg, Med. Diss. v. 2. Okt. 1833
Geb. Frankfurt a. d. O. [8. 11.] 1811. V.

Basy, Edmond: Zwei Doochtermanner. Schwank in elsässischer Mundart. — Straßburg: Schlesier & Schweikhardt 1910. 48 S. 8° 1:Yb 9012/600.
12.8686

— Führer durch Bad Niederbronn und Umgegend. Cure d'air de Niederbronn et ses environs trad. par Adolf Klein. (Freiburg i. Br. [um 1900]: Poppen.) 59 S. 8° 107.
12.8688

D'r gepfänd Hochzittr. Schwank in 1 Aufz. in elsäss. Mundart von Edmond **Basy**. Straßburg: Schlesier & Schweikhardt 1911. 27 S. 8° [10. 1790]

Basy, Edmond: Dr gepfänd Hochzittr. Schwank in elsäss. Mundart. (27) 8° Strassbg, P Schweikhardt '11. 1 — d

— Stüdentestreich. Schwank in elsäss. Mundart. (39) 8° Ebd. '12. 1 — d

— D'r Unkel v. Land. Schwank in elsäss. Mundart. (39) 8° Ebd. '12. 1 — d

Basyrjamka, s. Brost

Bászel, Aurel, die Bedeutung d. Studiums der Klassiker im Rahmen d. humanistischen Gymnasiums. Parënese an die studir. Jugend beim Beginne d. neuen Schuljahres. [Aus: „Nera".] 12. (16 S.) Ung.-Weißkirchen 887. (Hepke.) n. — 30

Bászel, Aurél: Ueber Wesen und Werth der deutschen Universitäten. — Ung.-Weisskirchen 1888. 24 S. 8°
Aus: Nera. 41.
12.8701

Baszynski, J.: Radicale Lösung der socialen Frage für ganz Deutschland. — (Berlin: 1848.) 8 S. 8°
1:Fc 5650. 109. 203.
12.8702

Baszynski, J., radikale Lösung der socialen Frage f. ganz Deutschland. gr. 8. (8 S.) Berlin 849. (Eichenhauer.) n. 1 ngr

Baszynski, Sally, approb. Arzt aus Lobsens i. Pr.: Ueber die Fibrome der Bauchdecken. *Freiburg i. B.: Speyer & Kaerner 1901.* (21 S.) 8°
Freiburg i. B., Med. Diss. v. 1901

Baeta, Rob., u. Thdr Sedode: Reste heidn. Anschaugn in d. Christengemeinden Togos, s: Missions-Schriften, Bremer.

Batabyal, B. B., die Heilung der fieberhaften Krankheiten, s.a. Volks- u. Gesundheitsbibliothek. Bd. 3.

Batabynl, B. B.: Die Heilung der fieberhaften Krankheiten. Leipzig: Strauch [1901]. 59 S. 8° (Volks- u. Gesundheitsbibliothek für jedes Haus. 3.) 12:Path. 1352gc-3. 30.
12.8706

— die Krankheiten der Leber u. deren naturgemäße Heilung, s.a. Volks- u. Gesundheitsbibliothek. Bd. 5.

— Die Krankheiten der Leber und deren naturgemässe Heilung. Übers. aus d. Engl. — Leipzig: Strauch [1901]. 41 S. 8° (Volks- u. Gesundheitsbibliothek für jedes Haus. 5.) 12:Path. 1352gc-5.
12.8707

Bataillard, Victor s.a. Alliévi, Lorenzo. Allgemeine Theorie über die veränderliche Bewegung des Wassers....

Bataillard, V, s.: Theorie, allg., üb. d. veränderl. Bewegg d. Wassers in Leitgn.

Bataille [Sachliches OW]

Bataille, La, d'Austerlitz ...
Hamb. 1806. V: *Stutterheim*, *K. Frh. v.* (EB)

Bataille de Bergen près Francfort. Gagnée par M. le Duc de Broglie Lieut. General des Armées du Roy et Commandant l'Armée du Mein, sur l'Armée des Alliés aux Ordres de M. le Prince Ferdinand le 13. Avril 1759. de Beville scr. 1 : 25,000. 1 Bl.

Bataille de Breslau du 22 Novembre 1757. Gagnée par Mr. le Prince Charles sur un gros Corps de l'armée prussienne Commandée par M. le Duc de Bevern qui y fut fait prisonier. 1 : 28,000 circa. 1 Bl.

Bataille de Creveld gagnée par le Duc de Brunswick le 23 Juin 1758. Wexelberg sculp. 1 : 41,000. 1 Bl.

La Bataille de Fontenoy, poème de M. de Voltaire. Eines patriotischen Deutschen poetische Antwort. — o. O. [nach 1745]. 19 S. 8°
2. 5. 12:4°P. o. gall. 175-36. 31. 300:79 Cc 215.
12.8745

Bataille, la, de Froeschwiller dite de Reichshoffen. Racontée par un Français. gr. 8. (15 S. m. Abb.) Fröschweiler 895. (Strassburg, J. Noiriel.) n. — 60

Bataille de Grossjägerndorf en Prusse entre l'Armée Russe aux ordres du Feldmaréchal Comte d'Apraxin et les Troupes Prusiennes commandées par le Feldmaréchal de Lehwald le 30. Août 1757. 8. (10 S.)

Bataille de Hastenbeck le 26 Juillet 1757. (ohne Titel).
O. M. 1 Bl. Handzeichnung.

Bataille de Hastenbeck près de Hameln entre l'armée combinée des troupes Françaises impériales et Palatines command. par le Maréchal d'Etrées et les Alliés aux ordres du duc de Cumberland le 26 Juill. 1757. 8. (12 S.)

Bataille d'Hohenkirch. Livrée le 14 8bre 1758. Wexelberg sculps. 1 : 33,000. 1 Bl.

Bataille. La. de Jena ou d'Auerstaedt, livrée le 14 octobre 1806. Avec un plan. 8. Leipzig 1806.

— La Bataille de Iéna et d'Hassenhausen du 14 oct. 1806, entre les armées françoises et prussiennes. Explication d'un plan bien détaillé. — Zeitz: Webel [nach 1806]. 8 S. 8° 17.
12.8747

Bataille près de Liegnitz en Silésie entre les Prussiens commandés par le roi, et un corps d'impériaux. Aux ordres du général Laudon le 15. Août 1760. 8. 11 S.

Bataille de Lissa ou de Leuthen Du 5. December 1757 entre le Roy de Prusse et le Prince Charles de Lorraine. 1 : 8000 circa. 1 Bl.

Bataille de Marengo. 1 : 50,000. 1 Bl. a. d. W. „Hist. milit. Handbuch fur die Kriegs-Geschichte der Jahre 1795 — 1808 v. Freyh. v. Gross."

Bataille de Palzig près de Zullichau dans le duché de Crossen entre les Russes aux ordres du maréchal comte de Soltikow, et les Prussiens commandés par le lieutenant-général de Wedel le 23. Juillet 1759. 8. 11 S.

Bataille de Rossbach en Saxe de l'Armée combinée des Français et des cercles de l'Empire aux ordres des Princes Soubise et Hildbourghausen, contre les Prussiens commandés par le Roi. Le 5 Novembre 1757. 8. (13 S.)

Battaille de Sandershausen du 23. Juillet 1758. Entre l'avantgarde de l'armée de Soubise aux ordres de M. le Duc de Broglie Lieut. Gen. etc. et le corps des troupes Hessoises Commandée par M. le Prince d'Isenbourg. 1 : 22,000. 2 Bl.

Bataille de Strelna, donnée le 7 Juin 1808, poème en un chant. gr. 8. Braunschw. 808. Pluchart. 8 gr.

Bataille de Zorndorf. Gagnée par Frederic, Contre les Russes le 25. Aoust 1758. F. Wexelberg sc. 33,000. 1 Bl.

Bataille [Verfasser]

Bataille: Handbuch d. Dampfmaschinenbaukunst, s. Bataille, Eugène Martial

Bataille, Albert

Gegen Monte Carlo von Albert Bataille (Hrsg.: Dott. Giuseppe Bertajo) Berlin-Leipzig: C. Wigand 1909. VIII, 202 S. 8° 109. 14785

Bataille, Alb., gegen Monte Carlo. (III, VIII, 202 S.) S. Leipzig 909. Modernes Verlagsbureau. 2. —

Bataille, C.M., s. Bataille, Eugène Martial.

Bataille, Eugène Martial

Bataille, E. M. u. C. E. Jullien, Handbuch der Dampfmaschinen-Baukunst, s.a. Demme, A. W., der prakt. Maschinenbauer. 24. Lfg.

— [deutsch] Handbuch der Dampfmaschinen-Baukunst. Von E. M. Bataille u. C. E. Jullien. Th. 1-3. — Quedlinburg [usw.]: Basse 1847-50. 8° [u.] 2° (Der praktische Maschinenbauer. 24.27.28.)
Die zu dem Handbuch gehörigen Tafeln sind in den meisten Bibliotheken selbständig gebunden.
1: Text – Og 9646-24.27.28; Taf. – 2° Og 9617 3.
3. 82. 86. 89. 302.
12.8809

Bataille, Henry

— [deutsch] Auferstehung. Drama u. e. Vorspiel. Nach Leo N. Tolstoi. Deutsch von Annie Neumann-Hofer. — Berlin [usw.]: Ahn [nach 1905]. 100 S. 8° 31.
12.8835

— [deutsch] Der Clown (Poliche). Schauspiel. Deutsch von Ernst Huldschinsky u. Arthur Rundt. — (Paris: 'L'Intermédiaire dramatique' [um 1910].) 90 S. 8°
1: Xw 10216/50.
12.8832

— [deutsch] Die törichte Jungfrau. (La vierge folle.) Schauspiel. Deutsch von Julius Elias. — Berlin: Bloch 1910. 120 S. 8° 300: 624.853-B.Th.
12.8848

— [Übers.: Julius Elias.] Ebd. 1910. 132 S. 8°
300: 624.850-B.Th.
12.8849

— [deutsch] Liebestraum. (Le songe d'un soir d'amour). Dramatisches Gedicht. Deutsch von Ernst Huldschinsky. Berlin: Bloch 1910. 41 S. 8° 300: 624.855-B.Th.
12.8843

— [deutsch] Der Skandal. Schauspiel. Berlin: Bloch 1909. 127 S. 8° 304.
12.8840

Bataillen

Des Prinzen Ferdinand von Braunschweig Bataillen. 23 Karten theilweise mit Text. Nebst einer table des quartiers des cantonnemens dans l'evêché de Münster, einigen aufgeklebten Ergänzungs-Kärtchen u. dem vorgeheft. Bilde des Prinzen. (Ohne Tit.) (1757—69.) gr. fol.

Bataillon Anhalt, das, in Spanien 1810 und in Schleswig 1849, s. Soldaten-Freund.

Bataillon, Regiment u. Brigade auf dem Exercierplatz u. ihre Ausbildung f. das Gefecht. Im Sinne d. neuen Reglements practisch dargestellt von H. Frhr. v. d. G.-R. 8. (136 S. m. Abbildgn. u. 1 Taf.) Düsseldorf 892. Mainz, Militär-Verlagsanstalt. n. 2. 50

— dasselbe. Nachtrag, s.: Gefecht, das, der Infanterie.

— dasselbe. Im Sinne der neuen Reglements practisch dargestellt von H. Frhr. v. d. G.-R. 2 Thle. 8. Mainz 894. Militär-Verlagsanstalt. n. 6. —
1. 2., verm. Aufl. (156 S. m. Abbildgn.) Geb. n. 4. —
2. (75 S.) n. 2. —

Bataillon, Regiment u. Brigade a. d. Exercierplatz u. ihre Ausbild. f. d. Gefecht. Im Sinne d. neuen Reglements pract. dargest. v. H. Frhr. v. d. G.-R. 3., verm. Aufl. 2 Tle. in 1 Bde. 8. (156 u. 80 S. m. Abb. u. 1 Tab.) Berlin 896. Militär-Verlagsanstalt.
Geb. in Leinw. n. 6. —

Das 7 Bataillon (der Bürgerwehr) am 24. Juli 1848. (4 Lieder) Druck von E. Litfaß. 2 Bl. 8.
Flugblatt.

Bataillons, der Garde-Landwehr-Infanterie u. des Lehr-Bataillons (8 B.) 4 Berlin 1832.

Bataillons-Notizen s.a. Notizbuch f. Bataillons-Kommandeure.

Bataillons-Notizen. Notizbuch f. Bataillons-Kommandeure u. Bataillons-Adjutanten. 3. Aufl. (180 S.) 16. Wesel 904. C. Kühler. Geb. in Segeltuch n. 2. -

Bataillons-Notizen. Notizb. f. Bataillons-Kommandeure u. Bataillons-Adjutanten. 4. Afl. (183) 16° Wes., C Kühler ('12). L 2 — d

Bataillonsschule. — Die Bataillons-Schule. Ein Hülfsbuch für Bataillons-Adjutanten u. Unteroffiziere von O. E. — Hannover: Helwing 1881. X, 66 S. 8° 7. 35.
12.8878

Aus der Praxis. Die Bataillonsschule. — Berlin: Eisenschmidt 1902. 80 S. 8°
1:Hw 7473. 12:Sc. mil. 215 m. 41. 209.
12.8879

Aus der Praxis. Die Bataillonsschule. Mit zahlr. Formationszeichn. im Text u. auf 4 Anl. 2. verb. Aufl. *Berlin: R. Eisenschmidt 1903.* (84 S.) 8° [F.]
(o. 14…

Bataillons-Schule für das Bürger-Militair. — Hamburg: Appel 1816. 206 S. 8°
18.
12.8881

Bataillons-Schule, u. Linienevolutionen aus d. Reglement für die französ. Infanterie v. 1. Aug. 1791. Aus d. Französ. v. … Mechel. gr. 8. Basel 801. Levrault in Straßb. 2 fl 12 K

Batard. — Der Batard. Ein Gedicht in zwanglosen Reimen. [München] 1812. 13 S. 8°
12:P.o.germ. 77 t. 300:110.094-B.
12.8898

Bataver, der, oder Mädchenhandel. Schspl. (v. Jh. Wlh. Steinmüller). 8. Augsb. 796. v. Jenisch u. St. 12 K

Der Bataveraufstand, von F. v. W. o. O. (1887). 8°.

Batavia — Der Holländisch-Ostindianischen Compagnie Weltberühmte Haupt- Handels- und Niederlags-Stadt — in Asien auf dem grossen Eyland Java. in dem Königreich Jacatra Nordwestlich gelegen, nach ihrem Grundriss und Prospect mit Erläuterung einiger ihrer besondersten Merkwürdigkeiten auf das accurateste vorgestellet von Homännischen Erben. Nürnberg Anno 1733. 1 : 16,800. 1 Bl.

Baetcke, A. W. L. (Libbenov/Uckermark), Comment. de notis ingenii Ovidiani in methamorphosibus animadversis. Präs. Jo. G. Zierlein. Primislaviae (C. G. Ragoczy) 28. III. 1774. 32 S. (5.—)
Gew.: Hans Ernst u. Gg. Heinr. v. Arnim, Otto Friedr. v. Rauen. — Widm. v.: Müller, Hopff.

Baetcke, Adolf Julius: Geschichte der Familie Baetcke. — Hamburg 1898: Rademacher. 409 S. 4°
1:4° S 2408. 5. 7. 8. 15. 18. 19. 25. 205.
9.9457

Baetcke

— **Joh. Dietr.** (Hamburg), De distinctione inter animum occidendi directum et indirectum e jurisprudentia criminali eliminanda Diss. Präs. Josia Ludw. Ernst Püttmann (Naumburg . .) Lpz. (Bueschel) 3. XII. 1789. 32 S., z. Teil deutsch. (4.80)

Baetcke, Rud. (geb Hamburg 1799): De quibusdam oculi inflammationibus (Berolini 1820) (22 S) 8°
Berlin, Med Diss v. 9 Sept 1820

Bate s.a *Batteux*, **Charles.**

Bate, Alb., Pianoforte-Technik. Virgil-Technik-Klavier-Methode. I.—III. Heft. (7 u. 7 S. m. Abbildgn. u 6 S.) 4. Berlin (903). Charlottenburg, Virgil-Verlag.
à n. 2.—

— dasselbe. Einführende Erläutergn. (9 S. m. Abbildgn.) 4. Ebd. (903).
n. 2.—

Bate, George, Mediziner, Oxford, 1608-1669. 1648
Pseudonym: Theodorus Veridicus

— Pharmacopoeia Bateana … Huic acc. Arcana Goddardiana, item Orthotonia medicorum observata: Et Tabula posologica … Curâ J[acob] S(hipton). Ed. 3. — Londini: S. Smith & Walford 1700. 286 S. 8°
7. 19.
12.9020

— — Ed. 4. Francofurti a. M.: Oehrling 1702. 372 S. 8°
1:Il 3625⁴. 3. 8. 9. 10. 12:M. med. 80. 18. 24. 30. 31. 44. 300:•69 L 57. 309.
12.9021

— — Ed. 5. Francofurti a. M.: Oehrling 1709. 372 S. 8°
19. 29.
12.9024

Bate, Julius: [The Blessing of Judah by Jacob, considered: the aera of Daniel's weeks ascertained, deutsch] Abhandlungen von dem Segen Jacobs über Juda und von der Bestimmung der Zeit der Wochen Daniels. Auch Anmerkungen eines Ungenannten über das Betragen des Josua gegen die Canaaniter. — Bremen: Rump 1754. 144 S. 8°
1:Bm 4880. 4. 25. 26. 46.
12.9050

Bate, Jul., Abhandl. v. Seegen Jacobs über Juda und d. 70 Wochen Daniels, a. d. Engl. 8. Bremen, Rump. 754.

Bate, William. Übereinstimmung der göttlichen Eigenschaften in dem Werke der Erlösung; aus dem Engl. Nürnberg 1766. Ü: *Panzer, Georg Wolfgang.* (MGT) (will)

Batěk, Karl: Gutachten zur Zivilgesetz-Novelle, erstattet von Karl Batěk, Jaroslav Čulík, Gustav Kreiml. — (Wien [um 1910]: Fromme.) 17 S. 4°
300:466.472-D.
12.9064

Batelli, A, A. Occhialini u. S. Chella, die Radioaktivität. Aus dem Ital. übers. v. Max Iklé. (XII, 428 S. m. 144 Fig.) gr. 8. Leipzig 910. J. A. Barth.
6.40; geb. in Leinw. 7.40

Batelt, Lona, s.: Wagner-Album.

Bateman: Darstellung, Praktische, der Hautkrankheiten, s. Bateman, Thomas

Bateman, Georg (Ormesbic/Norfolk)
De rheumatismo eique medendi ratione. Inaug. Diss.
[lt. Dekanatsbuch nur handschriftlich eingesandt.]
Diss. med. Giessen 30.7.1844.

Bateman, Thomas

— [deutsch] Abbildungen von Hautkrankheiten, wodurch die characteristischen Erscheinungen der Gattungen und Arten nach der Willan'schen Classification dargestellt werden. Lfg (1-)8 [nebst] Suppl. — Weimar: Landes-Industrie-Comptoir 18(29)-41. 4°
(1-4.) 18(29)-30.
6-8 u. d. T.: Froriep, Robert: Atlas der Hautkrankheiten oder Sammlung sorgfältig colorirter Abbildungen sämtlicher Hautkrankheiten. 1837-39.
Suppl. u. d. T.: Froriep: Atlas der Hautkrankheiten und dyskrasischen Affectionen. Lfg 1. 1841.
Der Umfang der 4 ersten Lieferungen weicht in den einzelnen Exemplaren voneinander ab.
Vollst. 3.
1-8 . . . . 8. 25. 26.
1-6 . . . . 27.
1-5 . . . . 31.
1-4 . . . . . 2. 5. 7. 9. 12:4° Path. 29 m. 15. 16. 17. 20. 21. 24. 28. 30. 33. 38M. 45. 169. 202. 304.
12.9129

— [deutsch] Praktische Darstellung der Hautkrankheiten nach Willan's System. Übers. von Abraham Hanemann, mit Vorr. u. Anm. von Kurt Sprengel. — Halle: Renger 1815. VIII,488 S. 8°
1:Ko 309. 2. 3. 5→11. 12:Path. 93 f. 15→20. 22. 27→30. 38M. 46. 79. 202. 300:77 Ec 35. 304.
12.9140

— Praktische Darstellung der Hautkrankheiten nach dem Systeme des Dr. Willan. Übers. von Ludwig Calmann, hrsg. … von Ernst Blasius. — Leipzig: Kollmann 1835. XIX,387 S. 8°
1:Ko 306. 2. 5→8. 16. 18. 19. 20. 24. 27. 30. 33. 36. 38M. 42. 46. 48. 52. 79. 121. 169. 180. 202. 300:70 H 16. 304. 308.
12.9141

— — 2. deutsche Aufl. Ebd. 1841. XVI,447 S. 8°
1:Ko 307. 3. 5. 11. 12:Path. 93 g. 15. 16. 18. 19. 20. 28. 29. 43. 46. 202.
12.9142

Batereau, Alfred

Batereau, Alfr, Georges de Scudéry als Dramatiker. Diss. (VIII, 207 S.) gr. 8. Leipzig-Plagwitz 902. (Leipzig, Buchh. G. Fock.) n. 2. 50

Batereau, Alfred, aus Berlin: Georges de Scudéry als Dramatiker. *Leipzig-Plagwitz 1902: E. Stephan.* (VIII, 208 S.) 8°
Leipzig, Phil. Diss. v. [2. Okt.] 1902

Batereau, Otto: Die Tiere in der mittelhochdeutschen Literatur. Borna-Leipzig 1909: Noske. 65 S. 8°
Leipzig, Phil. Diss. v. 25. Mai 1909, Ref. Sievers, Köster
[Geb. 8. Jan. 85 Schwerin i. M.; Wohnort: Leipzig-Plagwitz; Staatsangeh.: Sachsen; Vorbildung: Thomassch. Leipzig Reife O. 04; Studium: Freiburg i. B. 2, Leipzig 6 S.; Rig. 9. Febr. 09.] [U 09. 2921

Bates, George s. *Bate*, George.

Bates, Gulielmus s. *Bates*, William.

Bates, Henry Walt., der Naturforscher am Amazonenstrom. Leben der Thiere, Sitten und Gebräuche der Bewohner, Schilderung der Natur unter dem Aequator und Abenteuer während eines 11jähr. Aufenthalts. Aus dem Engl. gr. 8. (VIII und 416 S. mit 8 Kpfrn., zahlreichen eingedr. Holzschn. und 1 lithogr. Karte in qu. Fol.) Leipzig 866, Dyk'sche Buchh.

Bates, William

— [deutsch] Abhandlung von den vier letzten Dingen, als vom Tod, Gericht, Himmel und Hölle. Übers. von Carl Friedrich Uhrlandt. Abth. 1-4. — Gera: Rothe 1775-76.
1:Cz 2050. 9[**2.3]. 33.
12.9240

Bates, Wlh., 2 Abhdlgen v. d. Aufrichtigkeit u. Gelassenheit. Aus d. Engl. v. K. F. Uhrlandt. 8. Gera 778. Rothe. 12 gr

— Christl Betracht. Aus d. Engl. v. K. F. Uhrlandt. 8. Gera 777. Rothe. 18 gr

— Zwo Betrachtungen von der Vergebung der Sünde und von der Furcht Gottes. Aus d. Engl. übers. von Carl Friedrich Uhrlandt. — Gera: Rothe 1779. VI,256 S. 8°
Darin:
1. Bates: Von der Vergebung der Sünde [Sermons upon Psalm CXXX ver. 4. But there is forgiveness with thee, deutsch].
2. Bates: Von der Furcht Gottes [On the Fear of God, deutsch].
1:Es 19630.
12.9228

— [deutsch] Des Ehrwürdigen ... Herrn Richard Baxters ... Ehren-Gedächtniß, welches ihm ... sowohl in einer Leichen-Rede als beygefügtem Lobspruche auffgerichtet worden. Ins Deutsche gebracht von Joh. Georgio Pritio. Leipzig: Heinich 1701. 139 S. 8°
1:Aw 4128. 8. 9. 23. 32. 180.
12.9233

— [deutsch] Uebereinstimmung der göttlichen Eigenschaften in dem Werke der Erlösung der Menschen durch Jesum Christum. Übers. von Georg Wolfgang Panzer. — Nürnberg: Monath 1766. 792 S. 8° 5. 23. 75.
12.9210

Bates, Wilh., s. Bates, William

Batesville Independent: 1887?-1891?
Non political weekly, published in English and German. Title varies: Batesville Independent. Circulation 1890, 407. Edited & published by George H. Gabler, 1887?-1890, by D. McCallum, 1891. Batesville, IN.

Bateus, Georgius s. *Bate*, George.

Bateus, Gulielmus s. *Bathe*, William.

Bateus, Johannes s. *Bathe*, William.

Baetge, Sanitätsrat, Lauchstädt. 1877. s. Baetge, Wilhelm.

Bätge, Arthur, Estonus. Ueber Keratosis circumscripta multiplex. Diss. Dorpat. 8°. 44 pp. mit drei lithographirten Tafeln. 1878

Bätge, Ernst, a. Reval: Über das Verhalten von Nitrobenzol in elektrischen Feldern, die sich schnell ändern. Leipzig: J. A. Barth 1907. (26 S.) 8°
Straßburg, Math.-naturw. Fak., Ref. Braun, Diss. v. 1906
[Geb. 4. Nov. 79 Reval in Estland; Wohnort: Reval; Staatsangeh.: Rußland; Vorbildung: Oberrealsch. Reval Reife O. 96; Studium: Polytechnikum Riga 6, T.H. Karlsruhe 8, Univ. Straßburg 3 S.]

Baetge, Guilelmus, s. Baetge, Wilhelm

Baetge, Joach. Christian (Hamburg), De variolarum luc insitionis. Präs. Bernh. Christian Otto. Frankf./O. (Apitz) 12. I. 1798. 28 Seiten. (4.80)
Gew.: Joach. Claessen.

Bätge, Ralf, cand. med., a. Reval (Estland): Aus d. Königl. med. Klinik zu Kiel. Histologische Untersuchungen über das spongiöse Knochenmark in verschiedenem Lebensalter. Kiel 1908: H. Fiencke. (23 S.) 8°
Kiel, Med. Fak., Ref. Graf Spee, Diss. v. 20. Febr. 1908
[Geb. 16. Mai 82 Reval (Rußland); Wohnort: Reval; Staatsangeh.: Rußland; Vorbildung: Gymn. Reval Reife O. 00; Studium: Dorpat 10, München 2, Kiel 2 S.; Rig. 14. Jan. 08.]

Baetge, Wilhelm: Stahlbad Lauchstädt. — Halle 1877: Gebaur-Schwetschke. 18 S. 8° **22.**
9.9504

Baetge, Guilelmus: De typhi abdominalis complicationibus et de morbis ex eo sequentibus. Halis Saxonum (1863): Schmidt. 30 S. 8°
Halle-Wittenberg, Med. Diss. v. 28. März 1863
Geb Dreileben (Kr. Wolmirstedt) 16. 12. 1836. V.

Baetgen, Johann Ludolf

Bätgen, J. L., histor. Nachrichten vom Lüneburger Gesangbuche. 8. Lüneb. Herold. 794.

Baetgen, Johann Ludolf: Historische Nachricht von dem Lüneburger Gesang-Buche und dessen seltern und neuern Lieder-Verfassern. — Lüneburg: Lemcke 1794. 76 S. 8°
1:Em 510. 4. 7. 9. 18. 23. 35.
9.9505

Baetgen, Ludwig: Schriftliche Arbeiten im neusprachlichen Unterricht. Eisenach, Hofbuchdr., 1890; S. 3—24; 4°
Eisenach, großh. RG, OP 1890 (658)

Baetgen, Ludwig Zur Neugestaltung des französischen Unterrichts. 4 (S. 3—30). Progr. Rg *Eisenach* 1886 (616)

Baetgen, Ludwig: Der französische Unterricht. — Langensalza: Beyer 1896. 40 S. 8°
Aus: Encyklopädisches Handbuch d. Pädagogik. 2. 1896.
2. 107. 207.
9.9506

Bath, Adelard v. s. *Adelardus* Bathoniensis.

Bath, Georgius s. *Bate*, George.

Bath, Heinrich Leopold: Der christliche Glaube. Ein Handbuch zum Confirmanden-Unterrichte. — Schlawe 1817: Dietlein. 104 S. 8° 1:Eo 11416.
12.9277

Bath, L. s. *Bath*, Heinrich Leopold.

Bath, Robert

Bath, Rob., uber d. Charakter d. Arztes; aus d. Engl. v. Chr. Fr. Michaelis 11. gr. 8. Leipz. 791. (Aue in Altona). 8 gr

— [deutsch] Über den Charakter des Arztes ... Verteutscht von Christian Friedrich Michaelis. — Leipzig: Jacobäer 1791. XII,116 S. 8° 8. 14. 15. 17. 19. 23. 27. 202.
12.9280

Bath, W.: Die Geschmacksorgane der Vögel etc., s. Bath, Wolfgang.

Bath, W. Instruction wie sie im Regiment Garde-du-Corps eingeführt ist. Potsdam 1847. 8°.

Bath, W. [aus Russland]: Ueber Nervendehnung als Heilmittel. . . . München, Buchdr. v. M. Ernst, 1889; 37 S. 8°
München, Med. Fak., Inaug.-Diss. v. 1889

Bath, Wilhelm, a. Waren: Zur Theorie der gleichseitig-hyperbolischen Schnitte der Oberflächen 2. Ordnung. Rostock 1904: Adlers Erben. (190 S.) 8°
Rostock, Phil. Fak., Ref. Staude, Diss. v. 15. Nov. 1904
[Geb. 1. Juni 82 Waren; Wohnort: Waren; Staatsangeh.: Mecklenburg-Schw.; Vorbildung: Gymn. Waren Reife O. 00; Studium: Rostock 4, Berlin 1, Rostock 3 S.; Rig. 10. Okt. 04.]

Bath, Wilh., zur Theorie der gleichzeitig-hyperbolischen Schnitte der Oberflächen 2. Ordnung. Diss. (190 S.) 8. Rostock (904). (G. B. Leopold.) n. 1.60

Bath, Wolfgang, a. Charlottenburg: Die Geschmacksorgane der Vögel. ⟨T. 1 der Arbeit: Die Geschmacksorgane der Vögel und Krokodile.⟩ (Berlin-Wilmersdorf: C. Arnold 1906.) (46 S.) 8° ¶(Erscheint vollst. im Archiv für Biontologie H. 1.)
Berlin, Phil. Fak., Ref. F. E. Schulze, Diss. v. 3. März 1906
[Geb. 31. Mai 82 Charlottenburg; Wohnort: Berlin; Staatsangeh.: Preußen: Vorbildung: Gymn. Kolberg Reife M. 02; Studium: Berlin 1, Marburg 1, Berlin 4 S.; Rig. 8. Febr. 06.]

Bath, Wolfgang: Die Geschmacksorgane der Vögel und Krokodile. — Berlin: Friedländer in Komm. 1906. 47 S. 4° (Archiv für Biontologie. Bd 1,H.1,2.)
Erschien teilweise auch als Diss. u. d. T.: Bath: Die Geschmacksorgane der Vögel. Berlin 1906.
1:in 4°Lc 7960-1. 2→8. 10. 11. 18→21. 25. 27→30. 302.
12.9281

Die Geschmacksorgane der Vögel und Krokodile. Von W(olfgang) Bath. Hierzu Taf. 1–5. Berlin: R. Friedländer & Sohn in Komm. 1906. (47 S.) 4°
= Archiv f. Biontologie. Bd 2, H. 1. 2. Ind. 1,4,1 4

Baethcke, Pfarrer, Georgenthal. 1892 s. Baethcke, Paul.

Baethcke, H., bellum Helvetiorum. Leitfaden f. den Anfangsunterricht im Latein. auf Grund der Lektüre in der Tertia höherer Lehranstalten. gr. 8. (XV, 90 S.) Lübeck 892. Lübcke & Hartmann. n. — 90

Baethcke, Herm., s. Bibliothek des litterarischen Vereins in Stuttgart CXXVII.

Baethcke, Hermann, Referendar in Lübeck: Deutsches Strandrecht. Marburg 1908: R. Friedrich. (49 S.) 8°
Marburg, Jur. Fak., Ref. André, Diss. v. 1. Juni 1908
[Geb. 26. Juni 85 Lübeck; Wohnort: Lübeck; Staatsangeh.: Lübeck; Vorbildung: Katharineum Lübeck Reife O. 04; Studium: Jena 3, Berlin 1, Marburg 2 S.; Rig. 26. Sept. 07.]

Baethke, Paul
Baethcke (Hrsg.), s. Auferstehungsbote, Der.

Baethcke, Paul: Die Schlenk'schen Fenster in der Kirche zu Georgenthal in Thüringen. [Verf.: Paul Baethcke.] — (Gotha [um 1900]: F.A.Perthes.) 11 S. 8° 39.
9.9507

[—] Die Kirche zu Georgenthal in Thüringen. — Georgenthal: H. Müller [1902]. 7 S. 8° 39.
9.9509

— Die Ruinen vom Kloster St. Georgenthal. — Eisenach [um 1900]: Hofbuchdr. 40 S. 8° 39.
9.9510

Bathe, Erwin, Referendar: Die Folgen der Testamentsanfechtung auf die von dem Testamentserben und ihm gegenüber vorgenommenen Rechtsgeschäfte und auf die von ihm geführten Prozesse über Nachlassverbindlichkeiten oder Erbenrechte. Berlin 1906: W. Pilz. (VII, 64 S.) 8°
Marburg, Jur. Fak., Ref. Leonhard, Diss. v. 19. Sept. 1906
[Geb. 19. Dez. 83 Spandau; Wohnort: Spandau; Staatsangeh.: Preußen; Vorbildung: Gymn. Spandau Reife O. 02; Studium: Berlin 7 S.; Rig. 27. Juli 06.]

Bathe, Fritz, prakt. Arzt: Zur Kenntnis der Pseudoleukämie. *Breslau 1899: Bresl. Genossenschafts-Buchdr.* (20 S.) 8°
Breslau, Med. Diss. v. 12. Aug. 1899

Bathe, Johann Christoph (Halle), Exceptionem Scti Macedoniani etiam fidejussori pro filiofamilias competere. Diss. jur. Präs. Dan. Nettelbladt. Halle (Wwe. Curtius) 17. IX. 1785. 31 S. (5.—)
Gew.: Dan. Nettelbladt, Ernst Christ. Westphal, Joh. Christ. Woltaer, Fr. Christ. Jon. Fischer. — Widm. v.: J. Casp. Ludw. Menken, Adolf Gruezmacher, Christ. Heinr. Buchner, L. B. v. Reiswiz, Ludw. Friedr. Gabcke.

Bathe, Jh. Cph., († d. 17. März 1818.) s. Ph. J. Heisler, jurist. Abhdl.

Bathe [Johannes]: Die moralischen Ensenhamens im Altprovenzalischen. Ein Beitrag zur Erziehungs- und Sittengeschichte Südfrankreichs. Warburg 1906: F. Quick. (29 S.) 4°
Warburg, G OP 1906 (445)

Bathe, William

[—] Pascasii Grosippi Mercurius bilinguis, sive nucleus linguae Latinae, nunc primum in locos communes redactus, & auctus appendice. Hoc est, nova facilisque ratio Latinae vel Germanicae linguae, intra vertentem annum addiscendae . . . Das ist: Kern der lateinischen Sprache . . . Ins Teutsche übers. von Johanne Jacobo Schürero. — Hamburgi: à Wiering [usw.] 1701. 176 S. 8°
. . 14. 18.
12.9302

— Mercurius bilinguis, das ist: Eine neue u. leichte Art, d. lat. Sprache . . . zu lernen, ehedem erfunden von Johanne Bateo, nachgehends von Grosippo, oder Casp. Scioppio aus d. ital. in d. holl., itzt aber in d. deutsche Sprache übers., u. statt e. Anhanges d. Wohl-informirten Lateiners hrsg. von E.C.M. — Breßlau [usw.]: Korn 1731. 175 S. 8°
Text lateinisch u. deutsch. 9. 14. 44. 211.
12.9304

— Ehedem erfunden von Johanne Bateo, nachgehends von Pascasio Grosippo oder Caspare Scioppio, aus der ital. in d. holl., itzt aber in d. deutsche Sprache übers. u. statt e. Anhanges d. Wohl-in-formierten Lateiners hrsg. von E.C.M. 3., durchgehends verb. Aufl. — Ebd. 1737. 141 S. 8°
Text lateinisch u. deutsch. 1:Wb 8956³. 18. 19. 27.
12.9305

Bathel, Wilhelm: Taschenliederbuch für christliche Sänger. 2. Aufl. — Kassel: Oncken 1904. VIII,176 S. 8°
4. 34.
12.9306

Bathel, W., Taschenliederbuch f. christliche Sänger. Im Auftrag der „Nordwestl. Vereinigg." d. christl. Sängerbundes deutscher Jungl. 4. verm. Aufl. (VIII, 190 S.) 8. Kassel 907. J. G. Oncken Nachf. Geb. 1.50

Batheus, Gugl. s. Bathe, William.

Baethgen, Ernestus [Bremensis]: De vi ac significatione galli in religionibus et artibus Graecorum et Romanorum . . . Gottingae, typ. expr. offic. acad. Huthiana, 1887; 41+1 S. 8°
Göttingen, Phil. Fak., Inaug.-Diss. v. 11. Jun. 1887

Baethgen, Ernst, de vi ac significatione galli in religionibus et artibus Graecorum et Romanorum. Dissertatio inauguralis. gr. 8. (41 S.) Göttingen 887, (Vandenhoeck und Ruprecht.) *

Baethgen, Friedrich, Prof. d. Theologie, Berlin, 1849-1905. 1878: Anmuth und Würde in der alttestamentlichen Poesie. Ein Vortrag. — Kiel: Lipsius & Tischer 1880. 28 S. 8°
1:Bi 8620. 5. 8. 11. 20. 25. 30. 47.
9.9512

— **Beiträge zur semitischen Religionsgeschichte. Der Gott Israel's und die Götter der Heiden. — Berlin: Reuther 1888. 316 S. 8°**
1: Pn 5660. 2→11. 12: H. g. hum. 12 feh. 14→18. 20. 21. 24→31. 46. 102. 207. 302.
9.9513

Baethgen, F, Beitr. z. semit. Religionsgeschichte. Der Gott Israel's u. d. Götter d. Heiden. 8. (316) Berl. 89, Reuther. n. 10. —

Baethgen, Friedrich (Hrsg.), s. D a v i d : Die Psalmen.

— s.: Elias v. Tirhan, Mar, syrische Grammatik.

Baethgen, Frdr., Evangelien-Fragmente. Der griech. Text d. Cureton'schen Syrers, wiederhergestellt. gr. 8. (96 u. 92 S.) Leipzig 886. Hinrichs' Verl. n. 10. —

Baethgen, Friedrich (Hrsg.) s.s F r a g m e n t e syrischer und arabischer Historiker.

— Fragmente syrischer u. arabischer Historiker, hrsg. u. übers., s.a. Abhandlungen f. die Kunde d. Morgenlandes.

Baethgen, Friedrich, Prof. d. Theologie, Berlin, 1849-1905. **1878: Fragmente syrischer und arabischer Historiker. — Leipzig: Brockhaus in Comm. 1884. 160 S. 8° (Abhandlungen für d. Kunde d. Morgenlandes. 8,3.)**
1: Uk 1370. 2→11. 12: A. or. 4–8. 14→19. 21. 24. 25. 27→30. 39. 46. 300: 391.266–B. Pp. S. 8. 302.
9.9514

— **Über eine im Orient vorhandene syrische Handschrift, enthaltend die Übersetzung des Commentars zum Johannes-Evangelium von Theodor von Mopsuestia. — Leide: Brill 1892. 10 S. 8°**
Aus: Actes du 8. Congrès international des orientalistes. 1889.
5. 11.
9.9515

Baethgen, Friedrich (Hrsg.), s. H a n d w ö r t e r b u c h des biblischen Altertums

Baethgen, Frdr., s.: Hiob.

Baethgen, F., u. K Hampe: Mitteilgn a. d. Capuaner Briefsammlg, s: Sitzungsberichte d. Heidelb. Akad. d. Wiss.

— Die Psalmen, s.: Handkommmentar z. Alten Testament.

— **Der Psalmencommentar des Theodor von Mopsuestia in syrischer Bearbeitung. — o. O. [1885]. S. 53–101. 8°**
Aus: Zeitschrift für die alttestamentliche Wissenschaft. 5. 1885.
1: Ba 1278.
9.9516

Baethgen, F, Evagrius grössere Schrift v. d. 8 Lastergedanken, s.: Zöckler, O, bibl. u. kirchenhistor. Studien.

— Sindban oder die sieben weisen Meister. Syrisch und Deutsch. Von Friedrich Baethgen [Diss.] Leipzig 1878

Baethgen, Friedr., Sindban oder die sieben weisen Meister. Syrisch und deutsch. gr. 8. (38; 26 S.) Leipzig 879, Hinrichs'sche Buchh. *

— **Untersuchungen über die Psalmen nach der Peschita. Abth. 1. — Kiel: Schwers 1878. 29 S. 8°**
Erschien auch als Univ.-Schrift. Kiel 1878.
6. 15. 19. 21. 47. 302. 304.
9.9517

— **Der textkritische Werth der alten Uebersetzungen zu den Psalmen. 8°**
Aus: Jahrbücher für protestantische Theologie. 8. 1882. **21.**
9.9518

Bathiani s. *Batthyány.*

Bathianus, Kardinal, 1727-1799. 1751 s. *Batthyány,* József Gróf.

Baethig, Heinrich: Offene Antwort auf den offenen Brief des Herrn Johann Wirth. — Nürnberg: Tümmel 1850. 23 S. 8° **12: Polem. 2978p/1. 75.**
9.9520

— **Der Christusglaube. Predigt. — Nürnberg: Tümmel (1849). 16 S. 8°** **12: H. eccl. 3047am. 75.**
9.9521

— **Gesang- und Gebetbuch für freie christliche Gemeinden. — Nürnberg: Hrsg. 1849: Tümmel. VI,VI,184 S. 8°**
12: Liturg. 30hg. 75.
9.9522

Bäthig, Heinr., Gott. Predigt für die Denkenden unter allen Confessionen (zu Glogau gehalten.) gr. 8. (16 S.) Glogau 848, Flemming's Verlag.

— **Gott. Predigt über Marc. 12,28–34 und Röm. 1, 19–25. — Glogau: Flemming 1848. 16 S. 8°** **1: 5 in E 251–2.**
9.9523

— **Jesus Christus kein Mensch wie wir, und doch ein Mensch wie wir! Predigt. — Glogau 1848: Flemming. 14 S. 8°**
2. 38.
9.9524

— — **Nürnberg: Tümmel 1849. 12 S. 8°**
12: H. eccl. 3047am/3. 75.
9.9525

Baethig, Heinrich: Die versöhnende Kraft der Liebe. Predigt über Mtth. 5,44–48 und 1. Petr. 4,8–11. — Glogau 1848: Flemming. 15 S. 8°
2.
9.9526

— **Was giebt uns Muth im Kampfe für die neue Zeit, das Gottesreich? Predigt. — Nürnberg: Tümmel 1849. 10 S. 8°**
75.
9.9527

— **Was wollen wir? Was sollen wir? Was hoffen wir? Predigt. — Nürnberg: Tümmel 1849. 15 S. 8°**
12: H. eccl. 3047am/4. 75.
9.9528

Bathka, W., Verzeichniss der neuesten chemischen und pharmaceutischen Geräthschaften mit Abbildungen Leipzig 1812.

Baethke, Eugen [aus Schoenermark, Brandenb.]: Ueber die Sulfonierung des α-Oxychinolins ... Freiburg i. B., Buchdr. v. Ch. Ströcker, 1893; 39 S. 8.
Freiburg i. B., Phil. Fak., Inaug.-Diss. v. 1893

Baethke, Herm., der Lübecker Todtentanz. Ein Versuch zur Herstellung des alten niederdeutschen Textes. 8. (80 S.) Berlin 873, Calvary und Comp. *

Bathmann: Eisenb.-Hygiene, s.: Brähmer, O.

Bathmann, Regierungs- u. Baurat, Berlin. **1903: Die Entwicklung der Eisenbahnanlagen im Norden von Berlin seit dem Jahre 1890. — Berlin: Ernst 1903. 13 S. 2°**
Aus: Zeitschrift für Bauwesen. 53. 1903.
12: 2° A. hydr. 3000u. 84. 87.
12.9344

Bathmendi. Oper in 3 Aufzügen. Dessau 1798. V: *Behrisch, Ernst Wolfgang.* (Hosäus, Behrisch. Dessau 1883, S. 34.)

Bathmendi. Oper in 2 A. 8. Wien 801. Wallishausser. 5 Ngr.

Bathmendi ein persisches Märchen. Nach dem Französischen d. Florian. [Hamburg 1825.] V: *Meyer, Anton Johann Heinrich.* (schr)

Bathonia. — Bathonia, zu teutsch: Eine Tochter deren Schmertzen, so zum Beyspiel menschlicher Seele ihren ... Bräutigam den Sünder-Hold mit eigener Hand ermordend, zu ruhm-würdigsten Ehren der ... Fräule Maria Josepha Felicitas, gebohrner Gräfin von Dietrichstein etc. etc. von denen ... Jünglingen ... deß Hochfürstl. Cardinal-Dietrichsteinischen Stiffts zu Nickolspurg schau-bühn-weiß vorgestellet worden. — Wienn [1708]: Schlegel. 4 Bl. 8°
300: 111.611–B.
12.9317

Bathori. — Gräfin Elisabeth Bathori und ihre Opfer. Roman aus d.Vergangenheit. — Berlin:Weichert [1897]. 1440 S. 8°
1:Yx 29190.
12.9348

Bathori, Steph., König v. Pohlen, e. histor. romant. Gemälde v. Verf. d. schwarzen Brüder. (H. Zschokke.) 8. Bayreuth, Lübeck. 796.

Bathori, Stephan, König v. Polen; e. histor.-romant. Gemälde, (v. H. Zschokke). 8. Bayr. 796. Grau in Hof. (Schnuphase in Altenb.) 1 ₰ 8 gr.

Báthory, Erzsébet s. *Bathori*. — Gräfin Elisabeth Bathori und ihre Opfer. 1897.

Báthory, Stephan. Epistolarum decus, ed. Johann Burchard Menike. 8. Lipsiae 1703.

Báthory, Theodor: Synopsis der serbischen Geschichte. Seit der Epoche Alexander des Großen, bis zum J. Ch. 1858. — Baja 1860: Mederschitzky. 144 S. 8°
300:70.394-A.
12.9363

Bathyan, Kardinal. 1727-1799. 1751 s. *Batthyány*, József Gróf.

Bathyan, I. Cte. de, s. B a t t h y a n, Ign.

Bathyany, Grf.v.: R e i s e nach Constantinopel, s. B a t t h y a n y, Vince Graf.

Bätjer, Heinr., zwei Dichter des Lyonnais. Progr. gr. 4. (26 S.) Hamburg 898. (Herold.) n. 2. 50

Bätjer, Heinrich: Zwei Dichter des Lyonnais. *Hamburg 1898: Lütcke & Wulff.* (26 S.) 4° ¶(Theil 1.)
Hamburg, R in Eilbeck, P 1898 (777)

Bätjer, Heinrich, Dr.: Zwei Dichter des Lyonnais. T. 2 (: Pierre Dupont, Charakterisierung). *Hamburg 1900: Lütcke & Wulff.* (32 S.) 4° ¶(Forts. d. P-Beil. 1898.)
Hamburg, R in Eilbeck, P 1900 (791)

Bätjer, Heinrich [aus Delmenhorst]: Die verwendung der konjunktion ‚daz' in Wolfram von Eschenbachs Parzival. . . . Marburg, Druck v. L. Döll in Kassel, 1890; 51 S., 1 Bl. 8°
Marburg, Phil. Fak., Inaug.-Diss. v. [16. Okt.] 1890

Batiffol, Pierre

Urkirche und Katholizismus [L'Église naissante et le catholicisme] von Pierre **Batiffol**. Übers. u. eingeleitet von Dr. theol. Franz Xaver Seppelt, Priv.Doz. Kempten & München: Kösel 1910. XXIX, 420 S. 8°
[11. 3838 6

Batigne, Paul

Batigne, P . Einiges über die Bedeutung des Thigenols in der gynäkologischen Praxis. Von Dr. P. B', Paris. [Erschienen in] Paris, «Gazette des Hôpitaux», No. 123, 1904. [Deutsch hrg. von] F. Hoffmann-La Roche & Cie., Fabrik chemisch-pharmazeutischer Produkte, Basel.... IV + 48 S. 8. [Basel, Schweizer. Verlags-Druckerei G. Böhm,] I. [19]05.

Batigne, Paul: Essai sur la digestion, et sur les principales causes de la vigueur, de la durée de la vie, &c. — Berlin: Decker 1768. 222 S. 8°
1:Kw 7830 [u.] 8° Bibl. Diez 7517. 2. 7. 10. 11. 14. 15. 17. 21. 27. 61. 202. 300:76 646.
12.9168

Batigne, ..., († ... 1773.) essais sur la digestion etc. 8. Berl. 769. (Rottmann in Basel). 16 gr.

Batjin, Nicol., histoire de l'empereur Napoléon I., surnommé: le grand. Ouvrage orné de 6 planches gravées. 2 tomes. London 867. (Leipzig, Köhler.) gr. 8. (1300 S.)
n. 8 ₰ 27 ngr

Batik, Anton: Knospen. Sammlung von Gedichten. Mit Original-Beiträgen von Ernst Mildner [u.a.] — Wien: Pichler 1861. 156 S. 8°
300:54.404-A. 302.
12.9471

Batík, Friedrich. Über unsymmetrische Phenylhydrazinderivate. Diss. Phil. Basel. 46 S. 8. Basel, Gasser & Cie, 1904.

Batilde. Trauersp. von Goué, s.a. Samml. n. Originalstücke 2c.

Batilde, ou l'héroïsme de l'amour, anecdote historique par d'Arnaud. 8. Frcf. Gebhardt et K. (et. Hermann.) 772.

Batiß, Georg, das Apostolat und Martirium der Gesellschaft Jesu in Japan. gr. 8. (VIII und 461 S.) Wien 863, Mayer und Comp.

Batist, Simon; Über die Mercaptane und Disulfide der aromatischen Reihe. 29 S.
Diss. TH Wien 1909.

Batista, N.: [Samohana (Onanie) a její následky, deutsch] Die Onanie und ihre Folgen ... Erg. u. hrsg. von L. Svoboda. — Prag: Storch [1900]. 56 S. 8°
300:428.462-B.
12.9495

Batistić, Nicolò, la Nekyia ossia il libro XI dell'Odissea. Considerato dal lato linguistico e sintattico e confrontato col resto delle poesie di Omero. gr. 8. (261 S.) Zara 895. (Internationale Buchh. [H. v. Schönfeld]).
n.n. 5. —

Batius, Georgius s. *Bate*, George.

Batka: Über die E n t s t e h u n g der Harze ..., s. B a t k a, W.

Batka: V e r z e i c h n i s der neuesten chemischen... Apparate, s. B a t k a, Wenzel

Batka, J.B.: R e i s e b u c h, Postbuch etc., s. B a t k a, Johann Baptista

Batka, J. W. s. *Batka*, Wenzel.

Batka, János s. *Batka*, Johann.

Batka, Johann

— — Zur Enthüllung des Hummel-Denkmals. 16. October 1887. Joh. Nep. Hummel. Biographische Skizze ... zusammengest. von Johann Batka & Emerich Wodiáner. — Pressburg: Denkmal-Comité [1887]. 60 S. 8°
Nebent.: A Hummel-emlékszobor leleplezéséhez. 1887. October 16. Hummel Nep. János. Életrajzi vázlat ... Összeállitották Wodiáner Imre és Batka János.
Text ungarisch u. deutsch.
302.
12.9519

(—) **Rückblick** auf die lebenden Bilder der Huldigungs-Festvorstellung vom 16. Mai 1897. — Preßburg 1897. 27 S. 8°
Aus: Preßburger Zeitung. 134. 1897.
302.
12.9520

Batka, Johann Baptista: Ueber die Abstammung der Sennes-Blätter. — [Berlin 1849.] 14 Sp. 8°
Aus: Botanische Zeitung. 7. 1849.
27.
12.9522

— **Bericht** über die Leipziger Gewerbeausstellung 1850. — (Prag 1850: Haase.) 28 S. 8°
300:11.417-B. 308.
12.9523

Batka, Joh. B., Monographie der Cassien-Gruppe Senna. Festabhandlung, gewidmet der Feier des 100jähr. Jubiläums des Handlungshauses Wenzel Batka in Prag. gr. 4. (52 S. mit 1 Karte und 5 Stnt.) Prag 866, Tempsky.

— — Prag: Selbstverl. 1873. 52 S. 4°
2.
12.9525

— — **Post-, Eisenbahn- und Telegraphen-Buch** oder die Verkehrsanstalten der beiden Kaiser-Reiche: Oesterreich-Ungarn und Deutschland. Guide postal, chemins de fer et télégraphes de deux empires: L'Autriche et l'Allemagne. Prag: Selbstverl. 1872. XXII, 65 S. 8°
12: Austr. 5394 x. 205. 305.
12.9526

Batka JB, Reise-, Post-, Eisenbahn- und Telegraphen-Buch, oder die Verkehrsanstalten von Osterreich-Ungarn mit Deutschland. Prag 1872

Batka, Richard
Batka, Rich.: Die alt-italien. Arie. — Ida Isori u. ihre Kunst d. Bel-Canto. (21 m. Bildn.) 8° Wien, H Heller & Co. '12. 1 —

— s.: Aus der Musik- u. Theater-Welt.

Batka, Rich., J.S. Bach, s.a. Universal-Bibliothek.

-- J.S.Bach. — Leipzig: Reclam [1893]. 119 S. 8° (Musiker-Biographien. 15.) (Universal-Bibliothek. 3070.)
1: Ag 7201-3070 [u.] Mus. D 1227-15. 2. 9. 15. 16. 18. 25. 30. 38. 41. 43. 44. 60. 62. 64. 79. 107. 109. 123. 300: 410.411-A. Per. 3070. 302. 308.
12.0528

Batka, Rich., s.a. Bühne, bunte.

Bunte Bühne Gesammelt von Richard Batka. Hrsg. vom Kunstwart. Folge 1. *München: G. D. W. Callwey 1902.* 8° [3]

— der Corregidor v. Hugo Wolf, s.a. Opernführer.

-- Der Corregidor. Oper ... Dichtung nach Pedro d'Alarcons Novelle 'Der Dreispitz' von Rosa Mayreder-Obermayer. Musik von Hugo Wolf. Textlich u. musikalisch erl. Leipzig: Seemann [1901]. 34 S. 8° (Opernführer. 26.)
1: Mus. D 1343-26. 11. 101. 300: 410.211-B. M. 26.
12.9530

— Die neugierigen Frauen. Musikalische Komödie ... von Graf Luigi Sugana. Musik von Ermanno Wolf-Ferrari. — Berlin: Schlesinger [1907]. 22 S. 8° (Opernführer. 97.) (Schlesingersche Musik-Bibliothek.)
1: Mus. D 1343-97. 101. 300: 410.211-B. M. 97.
12.9531

— Der einstimmige Gesang im Mittelalter. — Prag: Selbstverl. 1900. 18 S. 8° 300: 410.482-B. M.
12.9532

Batka, Rich., Allgemeine Geschichte der Musik. Mit Bildern u. Notenbeispielen. (1. Bd.) (VIII, 300 S.) Lex. 8. Stuttgart (909). C. Grüninger.
Geb. in Leinw. 5. --

— Allg. Gesch. d. Musik. 2. Bd. (12, 332 m. Abb. u. Notenbeisp.) Lex8° Stuttg., C Grüninger ('11). L 6 —
(1 u. 2: 11 —)

— Geschichte der Musik in Böhmen. Buch 1. — Prag: Dürerverl.; Leipzig: Breitkopf & Härtel 1906. XII, 167 S. 4° X
1. Böhmen unter deutschem Einfluß. (900-1333.)
1: 4° Mus. Cb 133. 4. 10. 12: 4° Mus. Th. 70. 14. 15. 21. 24. 30. 79. 169. 300: 446.894-C. M. [u.ö.] 302. 305.
12.9534

Batka, Rich. Grillparzer und der Kampf gegen die deutsche Oper in Wien. (Jahrbuch der Grillparzer-Gesellschaft, 4. Jahrgang.) Wien 1894.

— s.: Handbuch f. Konzertveranstalter.

— Hänsel u. Gretel von Engelbert Humperdinck, s.a. Opernführer.

— Hänsel und Gretel. Märchenspiel ... Dichtung von Adelheid Wette, Musik von Engelbert Humperdinck. Textlich u. musikalisch erl. — Leipzig: Seemann [1901]. 30 S. 8° (Opernführer. 37.)
1: Mus. D 1343-37. 11. 101. 300: 410.211-B. M. 37.
12.9536

— der polnische Jude, s.: Weis, Karl.

-- Kranz. Gesammelte Blätter über Musik. — Leipzig: Lauterbach & Kuhn 1903. VIII, 308 S. 8°
1: Mus. Hb 41. 5. 10. 14. 16. 24. 30. 78. 117. 207. 303.
12.9537

! — Kranz. Jetzt: Berl., E Bote & G Bock. 01/05

-- Die mehrstimmige Kunstmusik des Mittelalters. — Prag: Selbstverl. 1901. 24 S. 8° 1: Mus. Cb 131.
12.9538

— der Kuß. Ein Schäferspiel in 1 Aufzuge. Mit Musik v. Gluck, P. A. Schulz, Mozart, Beethoven. (16 u. 23 S.) gr. 8. München 904. G. D. W. Callwey.
n. 1. —; Text der Gesänge (16 S.) n. — 40

Batka, Richard. Die Lieder Mülichs von Prag (um 1300). Denkmäler deutscher Musik aus Böhmen. I. Prag 1905. X

-- s.: Merker, der.

— s.: Mülich v. Prag, Lieder.

— Die Musik in Böhmen, s.a. Musik, d.

— Die Musik in Böhmen. — (Berlin): Bard, Marquardt & Co. [1906]. IV, 100 S. 8° (Die Musik. 18.)
1: Mus. Ha 88-18. 7. 10. 11. 12: Mus. Th. 2405a-18. 14. 15. 17. 29. 30. 41. 46. 61. 62. 66. 79. 107. 123. 207. 300: 473.313-A. M. 18. 302.
12.9541

BATKA, Richard
(F) Die Musik der alten Griechen. Ein Vortrag von Dr. Richard Batka. Prag. 1900. Selbstverlag. [In Comm. Ehrlich.] Gr.-8°. 18 S. K —.60

Batka, R, s.a Aus d. Musik- u. Theater-Welt.

(--) Aus der Musik- und Theater-Welt. Beschreibendes Verzeichnis d. Autographen-Sammlung Fritz Donebauer in Prag. — Prag: Selbstverl. 1894. LXXX, 150 S. 8°
1: Mus. Ac 260. 12: Mus. Th. 270. 14. 19. 25. 79. 300: 09.896-B. M. 302.
12.9543

— die moderne Oper, s.a. Bericht, 53., der Lese- u. Redehalle der deutschen Studenten in Prag.

— Die moderne Oper. — Prag 1902. 16 S. 8°
Aus: Bericht d. Lese- u. Redehalle d. deutschen Studenten in Prag. 53. 1902.
107. 109.
12.9544

— Aus der Opernwelt. Prager Kritiken u. Skizzen. — München: Callwey 1907. VIII, 204 S. 8°
1: Mus. Cb 134. 5. 12: Mus. Th. 270c. 14. 17. 19. 41. 43. 107. 117. 169. 300: 450.375-B. M. 302.
12.9545

— Lex Parsifal? — München 1903. 7 S. 8°
Aus: Der Kunstwart. 16. 1903. 17.
12.9546

— Hugo Wolfs Penthesilea. — Leipzig: Lauterbach & Kuhn 1903. 15 S. 8° 24.
12.9547

! — Hugo Wolf's Pentesilea. Berl., E Bote & G Bock. Erh. — 20 01/05

— Martin Plüddemann und seine Balladen. Eine kritische Studie. — Prag: Ehrlich 1896. 56 S. 8°
1: Mus. Dp 389. 12: Mus. Th. 4991. 25. 27. 79. 106. 300: 189.986-B.
12.9548

— Les précieuses ridicules (Zierpuppen). Komödie n. Molière. Musik v. A Götzl. (87) 8° Prag, (I Taussig) '05. — 60

– Schumann, s.a. Universal-Bibliothek

— Schumann. — Leipzig: Reclam [1891]. 111 S. 8° (Musiker-Biographien. 13.) (Universal-Bibliothek. 2882.)
1: Ag 7201-2882 [u.] Mus. D 1227-13. 5. 9. 10. 11. 14. 15. 18. 38. 44. 60. 61. 62. 64. 79. 109. 123. 207. 211. 300: 410.411-A. Per. 2882. 302. 308.
12.9550

Batka, Richard
— Altnordische Stoffe u. Studien in Deutschland. Mit Unterstützg. der „Gesellschaft f. deutsche Wissenschaft, Kunst u. Literatur in Böhmen". 1. Abschn. Von Gottfried Schütze bis Klopstock. (70 S.) 8. Bayreuth 896. (Bamberg, C. C. Buchner's Verl.) 1. -- X
Sonderabdruck aus: „Euphorion". 2. Ergänzungshft.

— Richard Strauss, s.a Persönlichkeiten 16. Heft.

— Richard Strauss. — Charlottenburg: Virgil-Verl. [1908]. 30 S. 8° (Persönlichkeiten. 16.)
1:Pb 3945/30-16. 30. 109. 300:459.830-B. Per. 16.
12.9553

— Musikalische Streifzüge. — Florenz & Leipzig: Diederichs 1899. VI,287 S. 8°
1:Mus. Hb 42. 9. 10. 12:Mus. Th. 270b. 14. 26. 27. 30. 41. 43. 44. 60. 62. 79. 109. 300:92.652-B. M. 302.
12.9554

— Studien zur Geschichte der Musik in Böhmen, s.a Studien zur Geschichte der Musik in Böhmen. 1I.

— Studien zur Geschichte der Musik in Böhmen. 1.2. — Prag 1901-04. 8°
Aus: Mitteilungen d. Vereines für Geschichte d. Deutschen in Böhmen. 39.42. 1901-04.
(Studien zur Geschichte d. Musik in Böhmen. 1.2.)
1[**2]: Mus. Cs 1023-1.2. 11. 17. 30. 300:435.458-B. M. 1.2. 302.
12.9555

— Studien zur Geschichte der Musik in Böhmen. I. Studien zur Geschichte der Musik in Böhmen. gr. 8 (32 S. m. 1 Abbildg.) Prag 901. (J. G. Calve) n. — 60
Sonderabdruck aus „Mittheilgn. d. Vereins f. Gesch. d. Deutschen in Böhmen".

Batka, Richard: Studien zur Geschichte der Musik in Böhmen. Prag: Selbstverl. d. Ver. f. Gesch. d. Deutschen in Böhmen 1901. (32 S.) 8°
Aus: Mitteilungen d. Ver. f. Gesch. d. Deutschen in Böhmen. Jg. 30.
= Studien zur Geschichte d. Musik in Böhmen. 1

— Richard Wagner, s: Musiker, Berühmte.

— Wieland der Schmied. Ein Richard Wagner-Festspiel f. Gedenkfeiern. (31 S.) 8. Prag 908. (Akadem. Antiquariat Taussig & Taussig. nn — 90

— s: Wolf's, Hugo, musikal. Kritiken.

— Zierpuppen, s: Götzl, Anselm.

— von der Zukunft des Konzertwesens, s.: Flugschrift des Dürer-Bundes zur ästhetischen Kultur. 10.

Batka, (W.), über die Entstehung der Harze in der Natur. [Für d. kais. Leopold.-Carol. Akad. der Naturforscher.] gr. 4. (8 S.) Breslau u. Bonn 850, Weber. n. 1/6 ₰ (siehe auch: Actorum, nov., academiae Caes. Leop. Carolinae vol. XXII. pars 2.)

Batka, Wenzel (Pharmazeutische Handlung)
Batka's, medizinisch-chirurgische Gegenstände, so wie auch solche für den häuslichen Gebrauch, und zur Erleichterung der Krankenpflege auf welche die Niederlagen in Prag am Bergstein Nr. 357 und in Wien alle frankirten Aufträge annehmen und ausführen. Prag, 1856. Druck von Johann Spurny. (16 S. 8.)

Batka, Wenzel, Pharmazeutische Handlung, Prag: Prospectus über Apothekeneinrichtung. — (Prag 1856: Spurny.) 11 S. 8°
15.
12.9559

— Über Salsaparill. — Leipzig 1834. 16 S. 8° 29. 307.
12.9560

(Batka). — Verzeichniss der neuesten chemischen, physikalischen u. pharmaceut. Apparate, Geräthschaften u. Instrumente der Handlung W. Batka in Prag, mit 300 in dem Text gedruckten erläuternden Abbildgn. (Holzschn.) Prag 857. — Leipzig, Barth in Comm. gr. 8. (8 Bl., 144 S.) nn. 12 ngl

— Verzeichniss der neuesten chemischen und pharmaceutischen Geräthschaften. — Nürnberg: Schrag 1829. 16 S. 8°
12: Chem. Gp.
12.9561

— — o. O. 1832. 29 S. 8° 5.
12.9562

— — Leipzig: Barth (1832). 29 S. 8° 2. 31. 305.
12.9563

Batka, W., Verzeichniß der neuesten chemischen u. pharmaceut. Geräthschaften, mit Abbildd. 2e verm. u. verb. Aufl. — (Apérçu) des plus nouveaux Appareils et Instrumens de Chemie et de Pharmacie, avec des Lithographies à l'indice qui font connaître et trouver les Objets sans savoir l'Allemand. gr. 8. Leipz. 833. Barth. 1/4 ₰ 3e Aufl. 838. Ebd. n. 5 1/3 gl

Batka, W., Verzeichniss d. neuesten chem. u. pharmaceut. Geräthschaften, mit Abbildn. (auf 1 Bl. in gr. 4. u. im Text). gr. 8. (3 1/4 B.) Leipzig 838, Barth.

Batke, A., Sammlung vermischter Gedichte. 8. Hannover Hahn. 800.

Bätke, Franz, appr. Arzt a. Gr. Schmölen: Über die Operation des Empyema sinus frontalis nach Killian. Rostock 1905: J. G. Tiedemann. (29 S.) 8°
Rostock, Med. Fak., Ref. Körner, Diss. v. 30. Sept. 1905
[Geb. 10. Jan. 80 Gr.-Schmölen b. Dömitz; Wohnort: Rostock; Staatsangeh.: Preußen; Vorbildung: Gymn. Rostock Reife M. 99; Studium: Rostock 9 S.; Coll. 23. Juni 05; Approb. 2. Juli 04.]

Bätke, Johannes, approb. Arzt a. Gr. Schmölen: Aus d. physiol. Institut d. Universität Rostock. Experimentelle Prüfung des Jaquetschen Sphygmochronographen. *Rostock 1901: C. Hinstorff.* (28 S.) 8°
Rostock, Med. Diss. v. [30. März] 1901

Baetke, Walter
–. Hans Hoffmanns Briefe aus Sizilien vom Juli 1873. S. 90 bis 93. 4. Progr. Stadtgymn. ehemal. Ratslyceum *Stettin* 1910

Baetke, Walter, a. Sternberg (Reg.-Bez. Frankf. O.): Kindergestalten bei den Zeitgenossen und Nachfolgern Shakespeares. Halle a. S. 1908: C. A. Kaemmerer & Co. (108 S.) 8°
Halle, Phil. Fak., Ref. Wagner, Diss. v. 11. Jan. 1908
[Geb. 28. März 84 Sternberg; Wohnort: Halle a. S.; Staatsangeh.: Preußen; Vorbildung: Schiller-Realgymn. Stettin Reife M. 02; Studium: Halle 2, Berlin 2, Halle 4 S.: Rig. 10. Dez. 06.]

Baetke, Walter: Zu Hans Hoffmanns Tode. [Nebst] Hans Hoffmanns Briefe aus Sizilien vom Juli 1873. Stettin 1910: (Herrcke & Lebeling). S. 89—93. 4°
Stettin, Stadt-G OP 1910 (211)

Batko, Józef: [Zakażenie całej rodziny przewlekła nosacizną, deutsch] Aus dem hygienischen Institute der Universität in Krakau ... Chronische Rotzinfection bei einer Bauernfamilie. — Wien [usw.]: Braumüller 1898. 9 S. 8°
Aus: Wiener klinische Wochenschrift. 11. 1898. 302.
12.9567

Bat-Kol. — Bat-Kol s. *Bat-qôl.*

Batkowski, Anton *(geb Posen 12 2 1847)*: Die eitrige Entzündung der Gallengänge. Breslau (1869). (32 S.) 8°
Breslau, Med. Diss. v 10 [vielmehr 12.] Aug 1869

Bato. — Die Familie Bato. — Barmen 1858: Steinhaus. 24 S. 8° ([Schriften der] Wupperthaler Tractatgesellschaft. 422.)
1: Cv 5204: 422.
12.9577

Bato. Blumenlese holländischer Gedichte älterer u. neuerer Zeit. Uebersetzt von Edw. Troß. Nebst einer Zugabe von G. H. van Senden. 8. Siegen 815, Friedrich'sche Verlagshandl. 3/4 ₰

Bato, Blumenlese holländischer Gedichte älterer und neuerer Zeit. Uebers. von Ludw. Troß. Nebst einer Zugabe von G. H. van Senden. 2. (Titel-) Ausg. Wiesbaden (845) 854. Friedrich. 8. (XI, 187 S.) 18 ngr

Batocki, v.: Erfahrungen bezügl. d. Krankenversicherung, s. Batocki, Adolf v.

Batocki, Adolf v.
Der Name d. Verfassers findet sich auch in d. Form Adolf Tortilowicz v. Batocki-Friebe.

Batocki, v., Erfahrungen bezüglich der Krankenversicherung ländlicher Arbeiter. (21 S.) gr. 8. Königsberg 902. (Gräfe & Unzer, Buchh.) n. — 60

— Erfahrungen bezüglich der Krankenversicherung ländlicher Arbeiter. — Königsberg 1902: Rautenberg. 21 S. 8° 1:Fe 11194/66. 10. 11. 38. 203. 12.9682

Batocki, Adolf (Hrsg.), s. Monatsschrift f. d. soziale u. wirtschaftl. Aufgaben.

— Praktische Ratschläge für den Abschluß von Pachtverträgen. Von v. Batocki-Bledau. — Berlin: Parey 1909. IV,62 S. 8° 1:Gn 2465. 10. 11. 78. 91. 106. 111. 1'9587

Batocki, v.: Gegen d. Überspanng d. Kommunalabgaben. (20) 8° Königsbg, Gräfe & U. '12. — 60 d

Batocki, Erminia v. Olfers-
s. *Batocki*, Erminia Tortilowicz v.

Batocki, Erminia Tortilowicz v.
Die Schlacht bei Pr. Eylau am 7. u. 8. Februar 1807 ... von Erminia Tortilowicz v. Batocki, Tharau. (Pr. Eylau: R. Scheffler 1907.) (1 Bl.) 2° [Kopft. F.]
[Gedicht.] [07 3000 10

Tropfen im Meer. Heimatliche Verse u. preußische Balladen von E. v. Natangen (Erminia Tortilowicz v. Batocki). — Jena: Costenoble 1910. 143 S. 8° 10. 44. 109. 12.9598

— ½ Schock alte ostpreußische Volkslieder. In Heuaust u. Spinnstube gesammelt. — Königsberg 1910: Ostpreußische Dr. u. Verl. Anst. 81 S. 8° 10. 44. 62. 12.9599

Eine Zigeuner-Geschichte von E. v. Natangen [d. i. E. v. Batocki-Tharau] (u. Anderes). *Königsberg 1900: Hartung.* (16 S.) 8° [F.]
(Tierschutz-Verein Königsberg i Pr) [01. 761 10

Batocki-Bledau, Adolf v. s. *Batocki*, Adolf v.

Batocki-Friebe, Adolf Tortilowicz v. s. *Batocki*, Adolf v.

Batocki-Tharau, E. v., s. Batocki, Erminia Tortilowicz

Batoni's, Pompeo, Biographie u. Charakteristik, s.: Wessely, J. E.

Bator, S. (Hrsg.) s. a. Jugend- und Volks-Lektüre

Jugend- und Volkslektüre. Organ d. Zentral-Jugendschriften-Kommission d. Kath. Lehrerverbandes d. Dt. Reiches. Hrsg. von S. Bator, Rektor in Thorn. Jg. 1, No 1. *Thorn: Zentral-Jugendschriften-Komm. 1903.* 8° [04. 3024

Bator, St.
Festschrift zur VI General-Versammlung des Verbandes katholischer Lehrer Westpreussens am 4., 5. u. 6 Okt. 1897 in Thorn. (Verf.: St. Bator-Thorn) *Thorn: A. Mattheus (1897).* (101 S.) 8° [F.] [00 1134

Bat-qōl. — Bat-Kol. Oder göttlicher Wieder-Ruff auff des Andreae Neufelds Dreymahligen Zu-Ruff Revocation-Revocations Revocation &c. ... Vorgestellet von dem so genandten S.V.F.B. Magistro. — Rostock [um 1700]: Weppling. 16 S. 8° 33. 12.9024

Batrachaetomachia, s. Batrachomyomachia

Batrachomachia, s. Batrachomyomachia

Batrachomyomachia

Batrachomyomachia ex recensione et cum notis J. A. Ernesti ... Wolfenb. 1765. H: *Schier, J. A.* (Ky)

Batrachomyomachia vorstellend die blutige und muthige Schlacht der Mäuse und Frösche. Von J. H. W. Hamburg 1780. V: *Wolterstorf, Johann Heinrich.* (BrMm) (Mn)

Batrachomyomachie, die blutige u. muthige Schlacht d. Mäuse u. Frösche, mit Fleiß beschrieben, lustig u. lieblich zu lesen; von J. H. Wolterstorf. 8. Hamb. 784.

Batrachaetomachia. Die Froschiade, enthaltend die blutige und muthige Schlacht der Frösche und des Adlers ... travestirt. Nimwegen [Wesel] 1787. V: *Woltersdorf, Johann Heinrich.* (BrMm)

Batrachomyomachia, d. Froschiade. 12. Nimweg. Wesß. 788.

— graece ed. Borheck. 8. Lemgo, Meyer. 789.

Batrachomyomachia für Anfänger mit Zurechtweisungen und einem Wortregister versehen. Hildburghausen 1820. Ü: *Klein, H. W. F.* (ErschDL) (MGT) (Gi)

Βατραχομυομαχια Ὁμηρου. Für Anfänger mit Zurechtweisungen u. einem Wortregister versehen. 8. Hildburghausen, Kesselring. 820.

Batrachomyomachia in metr. deutscher Uebers. mit d. Urtexte. Mannh. 1826. Ü: *Helm, J.* (Gi)

Batrachomyomachia Homero vulgo attributa. Textum ad fidem codd. recensuit varietatem lectionis adjecit prolegomena critica scripsit Aug. Baumeister. 8maj. (III und 70 S.) Gottingae 852, libr. Dieterich. •

Batrachomachiae homericae archetypon ad fidem codicum antiquissimorum ab Arth. Ludwich restitutum. Progr. gr. 4. (28 S.) Königsberg 894. (Akadem. Buchh. v. Schubert & Seidel.) n. — 20

Batrachomachia, die homerische, des Karers Pigres, nebst Scholien u. Paraphrase. Hrsg. u. erl. v. Arth. Ludwich. gr. 8. (VI, 484 S.) Leipzig 896. B. G. Teubner. n. 20. —

Bats, Pierre de
— [deutsch] Inventarium des königlichen, heiligen, raren und überauß kostbaren herrlichen Schatzes zu St. Denys in Franckreich. — Hamburg: Im Gülden ABC [d. i. v. Wiering] [um 1700]. 8 Bl. 8° 14. 18. 24. 41. 12.9689

Baets, Maurice de: Les Bases de la morale et du droit. — Paris: Alcan [usw.]; Fribourg: Herder 1892. XXIII,385 S. 8° 5. 41. 9.9538

Batsany, Gabriele, s. Batsanyi

Batsanyi, Gabriele: A m o r und Hymen. Ein Gedicht. Wien 1807. 8°

v. Batsany, Gabriele s.a. Gabr. Baumberg.

Batsányi, Gabriele, geb. v. Baumberg: Auf Laudons Ankunft in Wien nach dem glorreichen Feldzuge MDCCLXXXIX. Von Gabriela v. Baumberg. — Wien: Kraus [1789]. 2 Bl. 4°
300:526.377-D.
12.9703

— Gedichte. Mit e. Abhandlung über die Dichtkunst von F[riedrich] W[ilhelm] M[eyer]. — Wien 1805: Degen. LXXII,152 S. 8°
1:Ym 8024 [u.] Bibl.Varnh.1937. 27. 30. 300:27 Ll 24.
12.9705

Batsany geb. Baumberg, Gabriele v., Gedichte mit einer Abhandl. über Dichtkunst, 8. Wien, (Eggenberger, Pest.) 805.

— Sämmtliche Gedichte Gabrielens v. Baumberg. — Wien: v. Trattner 1800. XXII,297 S. 8°
1:Ym 8021. 11. 300:26 N 105. 302. 303.
12.9704

— Die deutsche Muse, am 10. November 1816. — Wien (1816): Akkermann. 3 Bl. 8° 300:526.376-B. 307.
12.9706

Batsch [Vice-Admiral], s. B a t s c h, Karl Ferdinand.

Batsch: B l u m e n z e r g l i e d e r u n g e n (u.a. naturwiss. Schriften), s. B a t s c h, August Johann Georg Karl

Batsch, Hauptm., Leitfaden beim ersten theoretischen Unterricht des Kanoniers der Feld-Artillerie von P. G. 7. Aufl. (336 S. mit 14 eingedr. Holzschn.-Abbild.) 1874, mit Anhang: Eintheilung der Feldartillerie; Munition und Feldgeschütz C/73.; die neuen Münzen. 16. (30 S. mit 1 eingedr. Holzschn.) Berlin 875, [Schlesier.] Liebel'sche Buchh. *
Anhang *

Batsch, Hauptmann im 2. Hannoverschen Feldartillerie-Regiment Nr 26: Leitfaden für den theoretischen Unterricht des Kanoniers der Feld-Artillerie. 8. Aufl., nach d. neuesten Bestimmungen zsgest. u. verm. — Berlin: Liebel 1876. 336 S. 8°
1:Hw 30176.
12.9707

— Von P. G. 8. Aufl., nach d. neuesten Bestimmungen zsgest. u. verm. von Batsch. — Berlin: Schlesier 1876. 288 S. 8° 209.
12.9708

— dass. — 9. Aufl. 2. Abdr. (336 S. mit 14 eingedr. Holzschn.-Abbild.); 10. verm. Aufl. 16. (XII, 352 S. mit 20 eingedr. Holzschn.-Abbild.) Berlin 879, Liebel'sche Buchh. *

Leitfaden für den theoretischen Unterricht des Kanoniers der Feld-Artillerie. 10., verm. Aufl. — Berlin: Liebel 1879. XII,352 S. 8° 1:Hw 29685[10].
12.9709

— Nach d. neuesten Verordnungen bearb. von Gottschalk. 11. Aufl. — Ebd. 1880. XII,351 S. 8°
1:Hw 29685[11].
12.9710

Batsch, Hauptm., Leitfaden für den theoretischen Unterricht der Feld-Artillerie. Nach den neuesten Verordnungen bearb. von Gottschalk. 11.—14. Aufl. 16. (XII, 355 S. mit eingedr. Holzschn.) Berlin 878—84, Liebel'sche Buchh. *

— 15. Aufl. Ebd. 1885. XII,356 S. 8° 1:Hw 29685[15].
12.9712

Batsch' Leitf. f. d. theoret. Unterricht d. Kanoniers d. Feld-Artillerie, bearb. v. Gottschalk. 16. Afl. 16. (356 m. H.) Berl. 85, Liebel. n. — 75

— 16. Aufl. Ebd. 1886. XII,356 S. 8° 1:Hw 29685[16].
12.9713

Batsch' Leitfaden f. den theoretischen Unterricht d. Kanoniers der Feld Artillerie. Nach den neuesten Verordngn. bearb. v. Gottschalk. 17. Aufl. 16. (XII, 356 S. m. Illustr.) Berlin 886. Liebel. n. — 75

— 17. Aufl. Ebd. 1887. XII,356 S. 8°
1:Hw 29685[17]. 17.
12.9714

— 18. Aufl. Ebd. 1888. XII,359 S. 8° 1:Hw 29685[18].
12.9715

— Nach d. neuesten Verordnungen bearb. 19. Aufl. Ebd. 1890. X,380 S. 8° 1:Hw 29685[19].
12.9716

— 20. Aufl. Ebd. 1891. X,368 S. 8° 1:Hw 29685[20].
12.9717

— Nach d. neuesten Verordnungen bearb. von Gottschalk. 21. Aufl. — Ebd. 1892. X,438 S. 8° 1:Hw 29685[21].
12.9718

— Nach d. Exerzir-Reglement für d. Feldartillerie vom 27.6.92 u. den sonstigen neuesten Verordnungen bearb. von Gottschalk. 22. Aufl. — Ebd. 1893. X,386 S. 8°
1:Hw 29685[22].
12.9719

— Nach d. neuesten Bestimmungen bearb. von Zwenger. 23. Aufl. — Ebd. 1894. XII,429 S. 8°
1:Hw 29685[23]. 29.
12.9720

— 24. Aufl. Ebd. 1895. XII,422 S. 8°
1:Hw 29685[24]. 33.
12.9721

— 25. Aufl. Ebd. 1896. XII,416 S. 8°
1:Hw 29685[25].
12.9722

— Leitfaden für den Unterricht der Kanoniere und Fahrer der Feldartillerie. Nach d. neuesten Bestimmungen bearb. von Zwenger. 26., vollst. umgearb. Aufl. — Ebd. 1897. VIII,315 S. 8° 17.
12.9723

— 27. Aufl. Ebd. 1898. VIII,357 S. 8° 1:Hw 29685[27].
12.9724

— 28. Aufl. [Nebst] Nachtr. Ebd. 1899. 8°
Nachtr. Zwenger, Hans: Das Feldartillerie-Material C/96.
1:Hw 29685[28].
12.9725

— 29. Aufl. Ebd. 1900. VII,339 S. 8°
1:Hw 29685[29]. 12:App. mil. 2011.
12.9726

— 30. Aufl. Ebd. 1901. VII,337 S. 8° 1:Hw 29685[30]. 33.
12.9727

— 31. Aufl. Ebd. 1902. VII,339 S. 8°
1:Hw 29685[31]. 17.
12.9728

— Batsch-Zwenger. Leitfaden für den Unterricht und die Ausbildung der Kanoniere und Fahrer der Feldartillerie. Gleichzeitig als Forts. von Hoffmann-Preiß 'Der Feldkanonier'. Auf Grund d. neuesten Bestimmungen bearb. von Zwenger. 32. Aufl. — Berlin: Voß 1903. XI,316,102 S. 8°
1:Hw 29685[32].
12.9729

— 33. Aufl. Ebd. 1904. IX,424 S. 8° 1:Hw 29685[33]. 4.
12.9730

— 35. Aufl. Ebd. 1906. XVI,422 S. 8° 1:Hw 29685[35].
12.9731

-- Batsch-Zwenger. Leitfaden für die Kanoniere und Fahrer der Feldartillerie. Auf Grund d. neuesten Bestimmungen hrsg. von Zwenger [u.a.] (Ausgabe für Feldkanonenbatterien.) 36. Aufl. — Ebd. 1907. Getr. Pag. 8°
Sondert.: 1. Zwenger: Das Feldartillerie-Material 96. 1906.
Sondert.: 2. Zwenger: Das Feldhaubitz-Material 98. 1906.
1:Hw 29685[36].
12.9732

— — (Ausg. mit amtlicher Beschreibung d. Feldartill.-Materials 96 n.A.) 37. Aufl. — Ebd. 1908. XII,398,60 S. 8°
Sondert.: Das Feldartilleriegerät 96 n/A. 1907. 18.
12.9733

— — dass. Ausg. m. Beschreibg d. Feldhaubitz-Materials 98. (89—399 u. 72 m. Abb., 1 Bildn., 6 farb. Taf. u. 1 Karte.) kl8° Ebd. '08.
nn — 70; kart. nn — 80 d
Schlüssel s. u. d. T.: Maur, v., Anl. f. d. Ausbildg d. Rekruten d. Feldartill.

— — (Ausg. mit amtlicher Beschreibung d. Feldartill.-Geräts 96 n. A.) 38. Aufl. — Ebd. 1909. XI,424,60 S. 8°
Sondert.: Das Feldartillerie-Gerät 96 n/A. 1908.
1:N 09.1702.
12.9734

-- — Bearb. von Zwenger. (Ausg. mit Beschreibung d. Feldhaubitz-Materials 98.) 38. Aufl. — Ebd. 1909. XI,424,72 S. 8°
1:N 09.1703.
12.9736

Batsch u. Zwenger: Leitf. f. d. Kanoniere u. Fahrer d. Feldartill. 39. Afl. v. Zwenger, in Verbindg m. Landauer, Szmula, Zincke, nebst e. Beitr. von v. Liebert. (Ausg. m. amtl. Beschreibg d. Feldartill.-Geräts 96 n. A. unter Berücks. d. Verändergn d. letzteren.) (12, 396 u. 60 m. Abb., 10 [6 farb.] Taf. u. 1 Karte.) kl8° Berl., Vossische Bh. '10. nn — 65; kart. nn — 75 (Partiepreise) d

Batsch u. Zwenger, Leitfaden f. die Kanoniere u. Fahrer der Feldartillerie. Auf Grund der neuesten Bestimmgn. hrsg. v. Zwenger, in Verbindg. m. Landauer, Szmula, Brück, nebst einem Beitrage von v. Liebert. 40. Aufl. (Ausg. m. amtl. Beschreibg. des Feldartill.-Geräts 96 n. A.) (XV, 394 u. 66 S. m. Abbildgn., 2 Bildnistaf., 6 farb. Taf. u. 1 farb. Karte.) kl. 8. Berlin 910. Vossische Buchh. p nn — 75; geb. nn — 85

— — dasselbe. (Ausg. m. Beschreibgn. des Feldhaubitz-Geräts 98.) (XV, 394 u. 79 S. m. Abbildgn., 2 Bildnistaf., 6 farb. Taf. u. 1 farb. Karte.) kl. 8. Ebd. 911.
p nn — 75; geb. nn — 85

— — dass. (Ausg. m. Beschreibg d. Feldhaubitz-Geräts 98/09.) (13, 382 u. 48 m. Abb. u. 8 farb. Taf.) kl8° Ebd. '12.
nn — 75 (Pp.) d

Batsch u. Zwenger: Leitf. f. d. Kanoniere u. Fahrer d. Feldartill. Hrsg. v. Zwenger, Landauer u. Szmula. Nebst e. Beitrage von v. Liebert. 42. Afl. (Ausg. m.. amtl. Beschreibg d. Feldartill.-Geräts 96 n. A.) (13, 376 u. 65 m. Abb., 9 Bildn. u. 6 farb. Taf.) kl8° Berl., Vossische Bh. '13.
nn — 75 d

-- [Ausgabe für Bayern] Batsch-Zwenger. Leitfaden für den Unterricht und die Ausbildung der Kanoniere und Fahrer der bayrischen Feldartillerie. Gleichzeitig als Forts. von Hoffmann-Preiß 'Der Feldkanonier'. Auf Grund d. neuesten Bestimmungen bearb. von Gombart u. Zwenger. 33. Aufl. — Ebd. 1904. IX,120 S. 8°
1:Hw 29685[33]-Bayr. Ausg. 29. 209.
12.9748

- [Ausgabe für Sachsen] Batsch-Zwenger. Leitfaden für den Unterricht und die Ausbildung der Kanoniere und Fahrer der sächsischen Feldartillerie. Gleichzeitig als Forts. von Hoffmann-Preiß, 'Der Feldkanonier'. Auf Grund d. neuesten Bestimmungen bearb. von Zincke. 33. Aufl. — Ebd. 1904. IX,417 S. 8° 1:Hw 29685[33]-Sächs. Ausg.
12.9751

— — 34. Aufl. Ebd. 1905. IX,385 S. 8° 14.
12.9752

— — 35. Aufl. Ebd. 1906. XVI,399 S. 8°
1:Hw 29688[35]-Sächs. Ausg.
12.9753

— — dasselbe der sächsischen Feldartillerie. Auf Grund der neuesten Bestimmgn. bearb. v. Zincke. 37. Aufl. Anh.: Standortkarte des deutschen Heeres m. Armeekorps-Einteilg. u. s. w. in farb. Steindr. Ausg. m. amtl. Beschreibgn. des Feldartill.-Materials 96 n. A. (XII, S. 39—399 u. 60 S. m. Abbildgn., 1 Bildnis u. 6 farb. Taf.) kl. 8. Ebd. 908. nn — 70; kart. nn — 80

-- [Ausgabe für Württemberg] Batsch-Zwenger. Leitfaden für den Unterricht und die Ausbildung der Kanoniere und Fahrer der württembergischen Feldartillerie. Gleichzeitig als Forts. von Hoffmann-Preiß 'Der Feldkanonier'. Auf Grund d. neuesten Bestimmungen bearb. von Wiedtemann u. Zwenger. 33. Aufl. — Ebd. 1904. IX,424 S. 8°
1:Hw 29685[33]-Württemb. Ausg. 24.
12.9754

- — 33. Aufl. Ebd. 1905. IX,424 S. 8° 24.
12.9755

Batsch: W a n d e r u n g e n , Hydrotechnische, s. B a t s c h , Karl

Batsch, August Johann Georg Karl: Analyses florum e diversis plantarum generibus. Vol.1,Fasc.1.2. — Halae Magd.: Gebauer 1790. 8°
Nebent.: (Batsch:) Blumenzergliederungen aus verschiedenen Gattungen der Pflanzen.
Text lateinisch u. deutsch.
1:M 10270. 2. 3. 7. 9. 10. 12:4° Phyt. 18. 16. 20. 21. 24. 28. 30. 300:65 S 15. 302.
12.9756

Batsch (A. J. G. K.). Anleitung zur Kenntniss und Geschichte der Pflanzen. Halle, 1787-8. 2 vols. 8°.

— Beitrag zur Berichtigung der Urtheile über das Brown'sche System, von einem prakt. Arzte. 8. Jena, Göpfert. 797.

Beyträge [Beiträge] und Entwürfe zur pragmatischen Geschichte der drey Natur-Reiche nach ihren Verwandtschaften.

- - Gewächsreich. Th. 1. Weimar: Industrie Comptoir 1801. 96 S. 8°
1. Gewächse mit fünfblättrigen Blumen.
Der Text bricht mit S. 96 ab. 14. 17. 28.
12.9757

-- Mineralreich. Th. 1. Weimar: Industrie Comptoir 1800. 192 S. 4° 1. Erd- u. Steinarten.
Vollst. . . . . 20.
Unvollst. . . . . 2. 3. 5. 12:4° II. nat. 12. 17. 19. 21. 27. 53.
12.9758

— Beiträge u. Entwürfe zur pragmatischen Naturgeschichte der 3 Naturreiche. Mineralreich 1r Thl. Erd- und Steinarten, 1ste 2te Liefer. mit K. gr. 4. Weimar, L. Industrie-Compt. 800. (I. 2 Thlr. II. 1 Thlr.)

— — derselben Gewächsreich. 1ster Theil 1ste Liefer. gr. 4. Ebend. 801.

Botanische Bemerkungen. St. 1. — Halle: Gebauer 1791. XVI,104 S. 8° 1:Lw 13700. 2. 5. 7. 8. 10. 12:Phyt. 19. 15. 16. 21. 24. 25. 29. 30. 31.
12.9759

Batsch, Aug. Joh. Gg. Carl, d. geöffnete Blumengarten, theils nach d. Engl. v. Curtis botan. Magazin, theils mit neuen Originalien bereichert etc. Mit 100 ausgemalten Kpftaf. u. deutsch. u. französ. Texte. gr. 8. Weimar, 1796 u. 97. 2. Ausg. 1802. Landes-Ind.-Compt. 6 10

— Blumenzergliederungen aus verschied. Gattungen d. Pflanzen, in welchen alle äussern u. selbst d. kleinsten Theile d. Blumen gezeigt werden. A. u. d. T.: Analyses florum etc. 2 Hfte mit 20 ill. Kpf. gr. 4. Halle, 1790. Gebauer. 9. 20

— Bethlehems Bluttag. 8. Jena 779.

— Botanik für Frauenzimmer und Pflanzenliebhaber, welche keine Gelehrten sind. — Weimar: Industrie-Comptoir 1795. VIII,184 S. 8°
7. 8. 12:Phyt. 20. 17. 20. 25. 27. 28. 30. 38. 43. 79. 202.
12.9760

— — 2., durchges. u. verm. Aufl. Ebd. 1798. XIV,191 S. 8°
3. 8. 18. 27. 30. 60. 209. 214.
12.9761

— — 3., durchges. Aufl. Ebd. 1804. XIV,194 S. 8°
32. 33. 207.
12.9762

— — 4., unveränd. Aufl. Ebd. 1818. XIV,194 S. 8°
2. 17. 303.
12.9763

— [franz.] Botanique pour les femmes et les amateurs des plantes ... Mis en français, et augm. par J. Fr. B*** [d. i. Jean François de Bourgoing]. — Weimar [usw.]: Treuttel & Würtz 1799. XVI,198 S. 8° 1: Lw 19205. 10.
12.9764

— Botanique pour les femmes. Trad. de l'allem. par Bourgoing. Av. 101. fig. color. gr. 8. Strassb. 801. Treuttel et W. 2 rℬ

Batsch, August Johann Georg Karl
— conspectus horti botanici Jenensis secundum arctas systematice dispositus, in usum botan. Jenens. 4 maj. Jena 795. (Ettinger in Gotha).

[—] Conspectus Horti botanici Ducalis Jenensis secundum areolas systematice dispositas in usum botanicorum Jenensium. — Jenae: Goepferdt 1795. 17 S. 4°
5. 7. 8. 15. 17. 32.
12.9766

— dispositio generum plantarum Europae synoptica secundum systema sexuale emendatum exarata adjunctis ordinibus naturalibus. 4 maj. Jena 794. Cröker. 16 ℊ

— Dispositio generum plantarum Jenensium secundum Linnaeum et familias naturales. — Jenae [1786]: Heller. 65 S. 8° Zugleich Diss. Jena 1786.
3. 6. 12: 4° Phyt. 19. 14→17. 24. 27. 53.
12.9768

— dispositio generum plantarum Jenensium. 4. Jena 786. (Hennings in Neisse). 8 ℊ

— dispositio generum plantarum Ienensium. 4. Iena, Acad. Buchhandl. 788.

— Einleitung zum Studium der allgemeinen Naturgeschichte. Abth. 1-3 [nebst] Berichtig. Anm. u. Zusätze. 1-3. — Weimar: Landes-Industrie-Comptoir 1805-06. 8°
1. Mineralreich. 2. Pflanzenreich. 3. Thierreich.
Berichtig. Anm. u. Zusätze. 1. Haberle, Karl Konstantin: Beiträge zu e. allgemeinen Einleitung in d. Studium d. Mineralogie. 1805. Berichtig. Anm. u. Zusätze. 2. Von Carl Constantin Haberle. Berichtig. Anm. u. Zusätze. 3. Von Ludw. Friedr. Froriep.
1 [∞ 2. 3. Anm. 2. 3]: 1→Mg 5455; Anm. 1→Mg 5458.
9. 12 [∞ Anm. 1]: H. nat. 18. 17. 61. 207. 305.
12.9769

— Einleitung zum Studium der allgem. Naturgeschichte, 1ste Abth. Mineralreich, mit Anmerk. und Zusätzen v. K. C. Haberle. gr. 8. Ebend. 805.

— Elenchus fungorum. Acc. icones 57. fungorum nonnullorum agri Jenensis, secundum naturam ab autore depictae; aeri incisae ... a. J. S. Capieux. [Nebst] Cont. 1. 2. — Halae Magd.: Gebauer 1783-89. 4°
Nebent.: [Batsch:] Gattungen u. Arten d. Schwämme.
1: 4° Mb 5230. 2. 3. 7. 8. 10. 12: 4° Phyt. 20. 15. 17. 18. 21. 24→27. 29. 30. 42. 43. 45. 121. 202. 300: 65 S 11. 302.
12.9770

— Erano. Ein Schauspiel mit Gesängen aus d. Zeiten d. Kreuzzüge. — o. O. 1779. 56 S. 8°
1: Yr 7261. 17. 18. 27. 39. 41. 300: 3 in 302.620-A. 203.
12.9771

Batsch, A. J. G. K., Erano. Schspl. mit Gesang. 8. Leipz. 779. Barth. 3 ℊ

[—] Kurze Erklärung derjenigen Naturalien des Herzogl. Kabinets zu Jena, welche bey den naturhistorischen Vorlesungen des Professor Batsch ... vorgezeigt werden. (Verf.: B.) — Jena [usw.]: Gabler 1796. 80 S. 8°
12: H. nat. 19. 14. 17. 31.
12.9772

— Erklärung derjen. Naturalien des herzogl. Kabinets zu Jena, welche bei d. naturhistor. Vorlesungen des Prof. Batsch in besondern Stunden vorgezeigt werden, s.a. unten Umriß.

— auserl. freundschaftliche Gedichte s.a. unten Oden.

— auserlesene freundsch. Gedichte, mit Musik. 8. Nürnberg, Schneider u. W. 781.

— erste Gründe der systemat. Chemie, zum Unterricht für Anfänger u. zu leichterer Uebersicht tabellarisch vorgetragen. gr. 8. Jena, Academ. Buchhandl. 788.

Batsch, Aug. Jh. Geo. Karl, erste Gründe d. systemat. Chemie, z. Unterricht f. Anfänger u. zu leichterer Uebersicht tabellar. vorgetragen. gr. 8. Jena 788. (Hennings in Neisse). 1 rℬ

— Erste Gründe der systematischen Chemie zum Unterricht für Anfänger, und zu leichterer Uebersicht tabellarisch vorgetragen. — Jena: Akad. Buchh. 1789. 312 S. 8°
8. 12: Chem. 6 s. 15. 16. 17. 19. 22. 24. 27. 39. 48. 302. 308.
12.9773

— Grundzüge der allgem. Naturgeschichte, nach den drei Reichen, oder Handbuch für Lehrer der Naturgeschichte auf Gymnasien u. Schulseminarien, so wie für Liebhaber zum Selbstunterricht. 1ster Theil. Thierreich. gr. 8. Weimar, L. Ind. Compt. 801—2. (1r Thl. 1ste Abth. 18 gr. 2te Abth. 1ste, 2te, 3te Liefer. à 9 gr.)

— — derselben Gewächsreich. (1ster Thl. 1ste Abtheil. 18 gr. 2te Abth. 1te, 2te, 3te Lief. à 9 gr.) gr. 8. Ebend. 801—2.

— — derselben Mineralreich. (1ster Thl. 1ste Abtheil. 18 gr. 2te Abth. 1ste, 2te, 3te Lief. à 9 gr.) gr. 8. Ebend. 801—2.

Grundzüge der Naturgeschichte des Gewächs-Reichs. Ein Handbuch für Lehrer ... u. für Naturfreunde. Th. 1, Abth. [1.] 2. — Weimar: Industrie-Comptoir 1801. 8°
1 [unvollst.]: Lw 19285. 5 [unvollst.] 12: H. nat. 19 m-1. 17. 19. 27. 39 [unvollst.] 209.
12.9774

— Grundzüge der Naturgeschichte des Mineral-Reichs. Ein Handbuch für Lehrer ... u. für Naturfreunde. Th. 1, Abt. [1.] 2. — Weimar: Industrie-Comptoir 1801. 8°
12 [unvollst.]: H. nat. 19 m-2. 17. 19. 27. 31. 39 [unvollst.] 61 [unvollst.] 78 [unvollst.] 180. 209.
12.9775

— Grundzüge der Naturgeschichte des Thier-Reichs. Ein Handbuch für Lehrer ... u. für Naturfreunde. Th. 1, Abth. [1.] 2. — Weimar: Industrie-Comptoir 1801. 8°
5 [unvollst.] 12: H. nat. 19 m-3. 17. 19. 27. 39 [unvollst.] 78 [unvollst.] 209.
12.9776

— Sechs Kupfertafeln mit Conchylien des Seesandes. — Jena: Acad. Buchh. in Comm. 1791. 2 Bl., 6 Taf. 4°
12: 4° Zool. 23. 17. 86.
12.9777

— Ebd. 1791. 4 Bl., 6 Taf. 4°
Nebent.: Batsch: Testaceorum arenulae marinae Tabulae sex priores ad opus Testacea minutiora.
Text lateinisch u. deutsch. 10. 24. 30.
12.9778

Batsch, August Johann Georg Karl, s.a. Lilien d. deutschen Dichtung.

[—] Lilien der deutschen Dichtung für einsame Spaziergänge. — Jena: Göpferdt 1798. X,126 S. 8°
1: Yf 2570. 10. 18. 32.
[illegible]

— N a c h r i c h t e n v. d. Gründung d. naturforsch. Gesellschaft.

- Naturgeschichte der Bandwurmgattung überhaupt und ihrer Arten insbesondere. — Halle: Gebauer 1786. 298 S. 8°
1:2 an Lu 5882. 2. 3. 5. 7→10. 15. 16. 17. 19. 20. 21. 23. 24. 26. 29. 30. 31. 169. 202. 300:70 Bb 2. 302.
12.9781

— Oden, Lieder u. Gesänge. (A. u. d. T.: Auserles. freundschaftl. Gedichte, mit Musik.) 8. Nürnb. 781. Schneider u. W. 6 gr

— Synopsis universalis analytica generum plantarum fere omnium hucusque cognitorum. P.1.[2.] — Jenae: Cröker 17(93-)94. 426 S. 8° 1:Ma 420. 4. 10 [defekt]. 12[∞2]:4°Phyt. 21. 14. 15. 27. 28. 30. 39.
12.9783

— analyt. Tabellen über die Arten d. Mineralien. Ein Versuch zu genauerer Bestimm. u. zu eigener Auffindung. Mit 1 Kpf. gr. 4. Jena. (Schmid). 21 gr

— Analytische Tabellen über die Arten der Mineralien. — Jena: Göpferdt 1799. XII,131 S. 8°
7. 10. 12:4° Lith. 9. 14. 17. 21. 27. 31. 30. 89.
12.9784

— Tabula affinitatum regni vegetabilis. — Vinariae: Landes-Industrie-Comptoir 1802. XVI,286 S. 8°
1:Ma 485. 7. 8. 10. 12:Phyt. 21. 14. 15. 17. 21. 24. 25. 27. 28. 30. 39. 300:64 L 9. 302. 309.
12.9785

— [lat.] Testaceorum arenulae marinae tabulae sex priores ad opus Testacea minutiora. — Jenae Saxonum: Bibliopolium academicum in Comm. 1791. 2 Bl.,6 Taf. 4° 33.
12.9779

— 6 Tafeln mit vergrößerten Conchylien des Seesandes, nach der Natur gezeichnet. gr. 4. Jena, Academ. Buchhdl. 791.

— 6 Tafeln, mit vergrößerten Conchylien d. Seesandes, nach d. Natur gezeichnet. gr. 4. Jena 791. (Hennings in Neisse). 18 gr ill. 1 rthl 12 gr

Batsch, August Johann Georg Karl
— Taschenbuch für mineralogische Excursionen in die umliegende Gegend von Jena. — Weimar: Industrie-Comptoir 1802. 361 S. 8°
1:Mn 4402. 12:Lith. 27. 17. 20. 21. 27. 32. 38. 39. 42. 48.
12.9786

— Taschenbuch f. topograph. Excursionen in d. umlieg. Gegend v. Jena. M. 2 topogr. Karten. gr. 12. Weim. 799. L.-Ind.-Compt. 1 rthl 6 gr

- Taschenbuch für topographische Excursionen in die umliegende Gegend von Jena. — Weimar: Industrie-Comptoir 1800. 253 S. 8° 1:Ss 2836. 5. 12:Germ. sp. 27d. 14. 15. 17. 21. 27. 32. 34. 39. 42.
12.9787

Uebersicht der Kennzeichen zur Bestimmung der Mineralien und kurze Darstellung der Geologie. — Jena: Göpferdt 1796. 116 S. 8° 1:Mg 4500. 8. 9. 12:Lith. 27b. 17. 19. 21. 27. 28. 30. 32. 38. 39. 43. 53.
12.9788

— Uebersicht d. Kennzeichen z. Bestimmung d. Mineralien rc. gr. 8. Jena 796. Göpferdt. (Schmid). 10 gr (Gerig in Leipz.) 8 gr

-- Umriß der gesammten Naturgeschichte, ein Auszug aus den frühern Handbüchern des Verfassers für seine Vorlesungen. — Jena [usw.]: Gabler 1796. VIII,288,160 S. 8°
1:Le 3708. 10. 12:H. nat. 21. 14. 17. 20. 26. 27. 30. 38. 48. 52. 117. 123.
12.9789

— Umriß d. gesammten Naturgeschichte, e. Auszug aus d. frühern Handbüchern d. Verf. gr. 8. Jena 796. (Leipz., Gnobloch). 1 rthl 12 gr Dass. in 4. Schrbp. 2 rthl Anh. hiezu, od. Erklärung derjen. Naturalien, welche bei den naturhistor. Vorlesungen vorgezeigt werden. gr. 8. Jena 796. (Ebd.) 8 gr Dass. in 4. Schrbp. 10 gr

--- Botanische Unterhaltungen für Naturfreunde. Th.1.2. Jena: Cröcker 1793. XIV,VIII,621 S. 8° 1:Lw 13715. 7. 12[∞2]:Phyt. 23. 15. 17. 24. 27. 30. 39. 46. 79. 302.
12.9790

— botan. Unterhaltungen für Naturfreunde zu eigner Belehrung über d. Verhältnisse d. Pflanzenbildung. 2 Thle. gr. 8. Jena 792,93. Cröker. 1 rthl 12 gr

BATSCH, August Johann Georg Carl: Versuch einer Anleitung zur Kenntniß und Geschichte der Pflanzen, für academische Vorlesungen entworfen, und mit nöthigsten Abbildungen versehen. - Halle 1787 u. 1788. 2 Tl. - Tl. 1: Allgemeine Einleitung, Kenntniß des Pflanzenkörpers, seiner Theile und seines Lebens, wissenschaftliche Behandlung des Pflanzenreichs. - Tl. 2: Merkwürdige Arten der Gewächse nach ihren Ähnlichkeiten geordnet

— Versuch einer Anleitung zur Kenntniß und Geschichte der Pflanzen. Th.1.2. — Halle: Gebauer 1787-88. 8°
1:Lw 19130. 3. 4. 5. 8. 10. 12:Phyt. 22. 14. 15. 17. 20. 22. 24. 27→31. 43. 52. 61. 79. 169. 302.
12.9791

— Versuch einer Anleitung, zur Kenntniß und Geschichte der Thiere und Mineralien. Th.1.2. — Jena: Akad. Buchh. 1788-89. 690 [vielm. 890] S. 8° 1:Le 3654. 10. 12:H. nat. 20. 15. 16. 19. 24→30. 36. 45. 52. 300:2588.
12.9792

— Versuch e. Anleit. z. Kenntniß u. Gesch. d. Thiere u. Mineralien, f. akadem. Vorlesungen entworfen. M. Kpf. 2 Thle. gr. 8. Jena 788,89. (Hennings in Neisse). 2 rthl M. ill. Kpf. 2 rthl 12 gr

— — Th.1.2. Ebd. 1793. 690 [vielm. 890] S. 8° 17. 25. 36.
12.9793

— Versuch einer Arzneymittellehre nach den Verwandtschaften der wirkenden Bestandtheile. — Jena: Acad. Buchh. 1790. VIII,432 S. 8° 1:Il 4529. 2. 3[defekt]. 5. 8. 12:M. med. 81. 15. 16. 17. 19. 21. 22. 24. 25. 27. 30. 32. 33. 36. 38 M [defekt]. 39. 48. 52. 202. 302.
12.9794

— Versuch e. Arzneimittellehre nach d. Verwandtschaften der wirk. Bestandtheile. gr. 8. Jena 790. (Hennings in Neisse). 1 rthl 4 gr

• — Versuch einer Arzneimittellehre, ist Verlag von Ettinger in Gotha.

— Versuch e. Mineralogie f. Vorlesungen u. für anfangende Sammler v. Mineralien. gr. 8. Jena 796. (Gnobloch in Leipz.) 1 rthl 8 gr

— Versuch einer Mineralogie. — Jena [usw.]: Gabler 1796. 452 S. 8° 1:Mg 5356. 5. 8. 12:Lith. 27. 14. 17. 21. 26. 27. 30. 38. 42. 52. 107. 302. 305.
12.9795

— Versuch einer historischen Naturlehre oder einer allgemeinen und besondern Geschichte der cörperlichen Grundstoffe. Th.1.2. — Halle: Gebauer 1789-91. 8°
1:Mv 10088. 3. 10. 12:Phys. g. 30. 17. 19. 24. 27. 30. 36.
12.9796

[—] Verzeichniß der Gräflich Reuß-Plauischen Naturaliensammlung zu Köstritz. (Th.1.2.) — Gera 1785: Roth. 8° 27.
12.9797

Batsch, Aug. Jh. Geo. Karl, Verzeichniß der gräfl. Reuß.-Plauischen Naturaliensamml. zu Köstritz. 2 Thle. gr. 8. Jena 786.

Batsch, C., s. B a t s c h , Karl

Batsch, C.F. s. *Batsch*, Karl Ferdinand.

Batsch, Carl Ferdinand, s. B a t s c h , Karl Ferdinand

Batsch, J.A.G.C., s. B a t s c h , August Johann Georg Karl

Batsch, John: Ileus und Atropin. — Grossenhain i. S.: Starke [1899]. 23 S. 8° **24.**
12.9798

Batsch, Karl: Hydrotechnische Wanderungen in Baiern, Baden, Frankreich und Holland, gemacht in dem Jahre 1821. H.1.2 [nebst] Atlas. — Weimar: Landes-Industrie-Comptoir 1821-25. 8°
1 mit Nebent.: Marginalien zur neu umgearbeiteten u. vermehrten Ausgabe d. Theoretisch-practischen Wasserbaukunst von Carl Friedrich v. Wiebeking; nebst andern hydrotechnischen Bemerkungen.
1: Nz 8139. **12**[∞ Atlas]: A. hydr. 5 v. **17. 27. 32. 33. 45. 84. 89. 210. 300:** Text – 46 K 65; Atlas – 46 N 1.
12.9799

Batsch, Karl Ferdinand: Admiral Prinz Adalbert von Preußen. Ein Lebensbild. — Berlin: Brachvogel 1890. 311 S. 8°
1: Sw 9272. **2. 3. 5. 7→11. 12:** Biogr. 3 p. **14. 15 17. 20. 24. 26. 30. 32. 33. 34. 38. 41. 43. 45. 46. 47. 51. .9. 106. 107. 109. 117. 123. 203. 205. 206. 209. 300:** 87.300 – B.
12.9800

Batsch, C. F., u. Meuß, die Flotte Frankreichs, s.: Heere u. Flotten, die, der Gegenwart.

Batsch, C. F., d. Flotte Rußlands, s.: Heere u. Flotten, die, d. Gegenwart.

Frankreich. Die Flotte von C[arl] F[erd.] Batsch †, Vize-Admiral, u. Kapitän z. See z. D. [Johann] Meuss, Oberbibliothekar. *Berlin: A. Schall (1900).* (x, 269 S.) 4°(8°) [J.]
= **Heere** u. Flotten d. Gegenwart. Bd 6. [04. 7537

Heere und Flotten der Gegenwart. 5. Bd Frankreich 2 Theil. Die Flotte. Von **Batsch** und **Meuss.** — Siehe A d. Berlin **1900.**

Batsch, Vice-Admiral. Nautische Rückblicke. I. Reformen im Seekrieg, Kriegs-Kauffahrer und See-Manöver. II. Zur Marine-Geschichte. III. Deutsches Meer und Ostsee. 8 Berlin 1892.

– Nautische Rückblicke. — Berlin: Paetel 1892. 427 S. 8°
1: Hz 4014. **3. 5. 8. 10. 11. 12:** A. hydr. 5 vg. **14. 16. 17. 25. 26. 28. 30→33. 44→48. 60. 79. 83. 86. 89. 106. 203. 205. 209.**
12.9802

Batsch, C. F. Rußland. Die Flotte. Berlin 1898. 4°.

– Deutsch' See-Gras. Ein Stück Reichsgeschichte. — Berlin: Paetel 1892. 448 S. 8° 1: Sa 8160. **6. 7. 8. 10. 11. 12:** J. publ. G. 42 k. **14. 15. 16. 19. 20. 22. 24. 27. 30. 32. 33. 35. 41. 43→46. 60. 62. 89. 106. 117. 169. 203. 205. 208. 300:** 117.317 – B.
12.9803

[ ] Sogenannte Tagesfragen. Erwiderung auf einen Artikel der Revue des deux mondes 'Torpilleurs et canonnières' von e. Seeofficier. — Braunschweig: Goeritz & zu Putlitz 1885. 42 S. 8° **23. 28. 33. 44.**
12.9804

Bätsch, J. Ueber das Requisit der Vitalität für den Beginn der Persönlichkeit. Gr. in-8°, 141 S. Zürich, F. Schulthess. 1888 3 —

Batscha Albert: Thomas Lodges Drama „The wounds of civil war".
H. 1908 PN 2462 **Diss.** Wien, Univ. 00

Bätschi, Joos, von Filisur [Kt. Graubunden]: Ueber das Requisit der Vitalitat für den Beginn der Persönlichkeit. Zür. Zürcher u. Furrer Dr. 1887. 141 S., 1 Bl. 8°
Zurich, Jur. Diss [v. 23 Juli 1887].

Baetschi, Joos: Ueber das Requisit der Vitalität für den Beginn der Persönlichkeit. — Zürich: Schulthess in Comm. 1887. 141 S. 8°
Erschien auch als Diss. Zürich 1887.
1: Gd 6210. **10. 12:** J. rom. m. 26 d. **28. 208.**
9.9542

Batschinskij, W.: Theorie der arithmetischen und anderer verwandten Reihen. H.1.2. — Leipzig: Schmaler & Pech 1872-73. 8° **12**[∞2]: Math. P. 25 i. **305.**
12.9805

Batschinsky, W., s. B a t s c h i n s k i j , W.

Batsdorff, Heinrich v.
Pseudonym für Christoph Reibhand oder Reibehand

— Filum Ariadnes, das ist: Neuer chymischer Discurs von den grausamen und verführischen Irrwegen der Alchymisten ... Denen sind noch beygefüget LXXIX. grosse und sonderbahre Wunder. — Gotha: Mevius 1718. 136, 71 S. 8°
Sondert.: [Batsdorff:] Neun und siebentzig grosse und sonderbahre Wunder, so in einem special-angegebenen Subjecto ... sich befunden haben. 1717.
Die beigefügte Schrift: Batsdorff: Neun und siebentzig grosse und sonderbahre Wunder ist in 10 selbständig vorhanden.
Vollst. . . . . **2. 14. 20. 31. 303.**
[∞ Sondert.] . . **7. 12:** M. med. 242/1. **17. 26. 302.**
12.9809

[– –] Neun und siebentzig grosse und sonderbahre Wunder, so in einem special-angegebenen Subjecto ... sich befunden haben. — Gotha: Mevius 1725. 71 S. 8°
2. 7. 12: Alch. 110 c/4 [2 Ex.] **17. 302.**
12.9810

Batsl, od. der Eigensinn des Schicksals. 8, Frkf. a. M. 770. Brönner. 12 Kr

Batson, Henrietta M.: Dark. A tale of the down country. [Verf.: Henrietta M. Batson.] — Leipzig: Tauchnitz 1893. 303 S. 8° (Collection of British authors. Tauchnitz Edition. 2885.) 1: Ah 30-2885. **11. 12:** P. o. angl. 88 d. **19. 300:** 393.080 – A. Per. 2885.
12.9811

Batt, . s.a. Denkmäler, deutsche.

Batt, Babo, Eitenbenz, Mone u. Weber. Teutsche Denkmäler. 1ste Lieferung enthält d. Bilder zum Sächsischen Land- u. Lehnrecht. gr. Folio. Heidelberg, Mohr und W. 820.

Batt, C(harles) Strawder, aus Tarrytown-on-Hudson, New-York U. S. A.: Zur Geschichte der Englischen Südsee-Handelsgesellschaft 1711—1719. *Jena 1904: A. Kämpfe.* (97 S.) 8°
Jena, Phil. Diss. v. (4. März) 1904

Batt, Franz: Das Eigenthum zu Hagenau im Elsass. T.1.2. — Colmar 1876-81: M. Hoffmann. 8°
1. Das alte herrschäftliche Eigenthum, dessen Zerstücklung und allmälige Befreiung.
2. Die Burglehen und, beiläufig, das etichonische Besitzthum in der Umgegend.
1: Rh 6002/83 [u.] 6002/83 a. **12:** Als. 8 q. **24. 25. 107**[∞2]. **208**[∞2].
12.9821

Batt, Joh.: Gesch. d. Ultramontanismus. (44) 8° Würzbg, Memminger '12. — 50 d

— Ultramontane Hirtensorge. (41) 8° Ebd. '12. — 50 d

— Ist d. Ultramontanismus christl.? Eine ernste Frage. (35) 8° Ebd. '13. — 50 d

— Ultramontanes Lehr- u. Priesteramt. (32) 8° Ebd. ('12). — 50 d

Batt, Ludwig, aus Hagenau i. Els.: Ueber die Einwirkung von Zimmtaldehyd auf bernsteinsaures Natrium bei Gegenwart von Essigsäureanhydrid. *Strassburg i. E. 1901: C. & J. Goeller.* (40 S.) 8°
Strassburg, Math.-naturw. Diss. v. 1901

Battaglia bei Padua. Zürich [1883]. V: *Mautner, Eduard.* (Cat. d. Stadtbibl. Zürich. Zürich 1864—97.)

Battaglia, v.: Darstellung systemat.u.krit., d. modernen Auswanderungsrechts., s. Battaglia, Roger Frh.v.

Battaglia, Giovanni
Battaglia, Giov., s.a. Libro di lettura e di traduzione.

Battaglia, Giovanni: Libro di lettura e di traduzione ad uso degli studiosi delle lingue tedesca e italiana ... Deutsch-italienische Lese- und Uebersetzungsübungen. (Verf.: Giovanni Battaglia.) (P.[1.]2.) — Vienna: Volke 1817. 110,130 S. 8° 302.
12.9883

Battaglia, Johannes Fidelis. Die Autorität. Fastenmandat Sr. Gnaden des hochwst. Herrn J' F' B', Bischofs von Chur, auf das Jahr 1906. (1906 Februar 10.) II + 10 S. 8. Chur, A.-G. Bündner Tag[b]latt, 1906.

Battaglia, Nicolo C[arl]. Rechte und Pflichten der Generalversammlung der Aktiengesellschaft, auf Grundlage des schweizerischen Obligationenrechts. Diss. Jur. Leipzig. VIII + 44 S. 8. Borna-Leipzig, Robert Noske. 1908.

Battaglia, Roger Frh.v.
v. Battaglia, systemat.- u. krit. Darstellung d. modernen Auswanderungsrechtes. Triest 897.

— Versuch einer systematischen und kritischen Darstellung des allgemeinen modernen Auswanderungsrechtes. — Triest: Schimpff 1897. 99 S. 8°
1: Fe 9020. 12: J. publ. E. 35ci. 20. 203. 208. 212.
12.9890

Battall, Ariman: Viviane.
Berlin o.J., Hegner.

Battallia, Georg (Zizers), De apoplexia sanguinea. Diss. med. Präs. Mich. Albert. Halle (Chn. Henckel) Juli 1719. 55 S. (6.—)
Gew.: Georg Ernst Stahl.

Battara, Antonio: Zara, s: Venezia, La, giulia o la Dalmazia.

Battaszeki, Lajos
— [Mindenféle antisemiták és zsidókról, deutsch] Allerhand über Antisemiten und Juden. Übertr. von Josef Sattinger. — Arad: Széchenyi 1887. 148 S. 8° 41.
12.9965

Battegay, Martin. [1.] Beitrag zur Kenntnis des Hystazarins; [2.] Über den Ersatz von negativen Gruppen durch Hydroxylgruppen in ortho-substituierten Diazoniumsalzen. Diss. Phil. Basel. 80 S. 8. Basel, Emil Birkhäuser, 1904.

Batteiger, J: Der Pietismus in Bayreuth s.a. Studien, histor.

Batteiger, Jakob, aus Meckenheim. Der Pietismus in Bayreuth. *Berlin: E. Ebering 1903.* (31 S.) 8° ¶ [Erschien vollst. in: Hist. Studien, H. 28.]
Erlangen, Phil. Diss. v. 25. Mai 1903

Batteiger, Jakob: Der Pietismus in Bayreuth. — Berlin: Ebering 1903. 163 S. 8° (Historische Studien. 38.)
Erschien teilweise auch als Diss. Erlangen 1903.
1: P 7638-38. 2→7. 9. 11. 12: H. misc. 293 apd-38. 14→18. 20. 21. 25→30. 34. 38. 41. 43. 203. 300: 392.087-B. Per. 38. 302→304.
12.9960

Battelli, Angelo
— [deutsch] Die Radioaktivität. Von A. Battelli, A. Occhialini u. S. Chella. Übers. von Max Iklé. — Leipzig: Barth 1910. XII,428 S. 8°
1: Mx 9420. 11. 12: Phys. sp. 381. 15. 16. 18. 19. 20. 24. 60. 83. 89. 90. 201. 210. 302. 303. 305.
12.9977

Battenberg, Prinzessin Beatrice v., s.a. Trost im Leide.

[—] Trost im Leide. Lesefrüchte einer Trauernden. Aus d. Engl. von B. v. B. (Vorr.: G. Vogel.) — Darmstadt: Waitz 1898. 95 S. 8° 17. 26.
12.10003

Battenberg, F.W., s. Battenberg, Friedrich Wilhelm

von Battenberg. Franz Joseph Prinz: Die volkswirthschaftliche Entwicklung Bulgariens von 1879 bis zur Gegenwart nach amtlichen Quellen bearbeitet.... Leipzig, Veit & Co., 1890: 1 Bl. 202 S. 8°
Leipzig, Phil. Fak., Inaug.-Diss. v. 14. Okt., 1890

Battenberg, Franz Josef Prinz v.: Die volkswirthschaftliche Entwicklung Bulgariens von 1879 bis zur Gegenwart. — Leipzig: Veit 1891. X,202 S. 8°
Nebent.: Bulgarien. Zugleich Diss. Leipzig 1890.
1: Ui 16690. 3. 6. 7. 8. 12: Turc. 6f. 15. 16. 17. 20. 21. 24. 26. 27. 30. 31. 36. 38. 106. 205. 209. 300: 87.452-B. 302. 304.
12.10005

Battenberg, Friedrich Wilhelm
Battenberg, F. W., Erinnerungen a. großer Zeit. S. Kriegskameraden gewidmet. 8. (120 S.) Frankfurt a/M. 895. Kesselring. n. 1. 25

Battenberg, Friedrich Wilhelm: Erinnerungen aus großer Zeit. Seinen Kriegskameraden gewidmet. — Leipzig [usw.]: Kesselring [1895]. 120 S. 8°
1: Kr. Samml. R 263. 12: Eur. 694d-808. 30. 34. 46. 123.
12.10006

Battenberg, F. W., der Fall Harnack in seiner Bedeutung u. Tragweite. Für Nichttheologen dargestellt. gr. 8. (40 S.) Frankfurt a/M. 892. Kesselring. n. — 75

— Der Fall Harnack in seiner Bedeutung und Tragweite. Für Nichttheologen dargestellt. — Leipzig [usw.]: Kesselring [1892]. 40 S. 8°
1: Dn 9918. 4. 10. 17. 21. 26. 30. 38. 51. 297.
12.10007

— Orientreise der Firmen Palmer, Kappus & Co. und W. Jesinghaus & Co. im Herbst 1898. — Frankfurt a. M. 1899: Voigt & Gleiber. 70 S. 8° 30.
12.10008

— Die alte und die neue Peterskirche zu Frankfurt am Main. — Leipzig [usw.]: Kesselring 1895. XVI,338 S. 8°
1: Si 6487. 15. 17. 29. 30. 52.
12.10009

Battenberg, FW, s.: Wolff, d. Magisters Johs. Beichtbüchl.

Battenberg, J. F., Zins-Ertrag aus einem Kapital von 1 bis 1000 Reichsmark für 1 Tag bis zu 1 Jahr für die Zinsfüße von 3, 3½, 4, 4½, 5, 5½, 6 Procent. Mit angehängten Tabellen, enth. die Verwandlung der süddeutschen Münze in deutsche Reichsmünze und umgekehrt der deutschen Reichsmünze in süddeutsche Münze. 8. (156 S.) Frankfurt a. M. 874. Winter. *

Batteny, ... prakt. Anweis. z. Einricht. d. Archive, s. Lemoine.

Batterie

Die Batterie. Eine Sammlung freimüthiger Abhandlungen über d. wichtigsten Gegenstände unserer Tage. (Verf.: v.Th**.) — Mainz 1798. XII,276 S. 8° (Kreuz- u. Querzüge wider d. bösen Feind.) 33. 39.
12.10013

Die große Batterie. Ein Lustspiel. 1770 u.ö.
s.a. *Ayrenhoff,* Kornelius v.

Batterie, Die grosse. Ein Lustspiel in einem Aufzuge von dem Verfasser des Postzugs. Wien 1770. Zweite verbesserte Auflage. Frankfurt u. Leipzig 1771. V: *Ayrenhoff, Cornelius Hermann von.* (J. de Luca, Das gelehrte Oesterreich I [a]) (BiblPort)

Batterie, die große, ein Nachspiel (v. K. H. v. Ayrenhoff). 8. Leipz. 780. Linke. 2 K N. A. 8. Wien 803. Pichler. 3 K s. auch: Unterhaltungen, dramat., e. Offiziers.

Batteriebau-Vorschrift. Entw. Jüterbog 1897.

Batteriebauvorschrift. — (Entwurf.) Batteriebau-Vorschrift. (Bb. V.) — Berlin: Mittler 1901. 40 S. 8°
1: Hw 43802. 209.
12.10014

Batterieban-Vorschrift. (Bb. V.) *Berlin: E. S. Mittler & Sohn 1901.* (40 S.) 8° [J.]

Batteriedeckungsvorschrift. — Batteriedeckungs-Vorschrift für die Fußartillerie. (Bd. V. f. d. Fßa.) Vom 13. April 1909. — Berlin: Mittler 1909. VI,65 S. 8° (D.V.E. 240.)
1: Hw 32135. 11. 12: Bavar. 4190–84. 33. 203.
12.10016

Batteriedeckungs-Vorschrift für die Fußartillerie (Bd. V. f. d. Fßa.) — München 1909. VI,65 S. 8° (D.V. 107.)
209.
12 10017

Batterien. — Die schwimmende Batterien. Eine Romanze. Braunschweig 1782. 4 Bl. 8°
35.
12.10019

Batterie-Notizen. Dienst-Notizbuch f. Batterie-Chefs d. Feldartillerie. 16° (181) Wes. 96, C Kühler. Geb. in Segeltuch 2 —

Batterie-Notizen. Dienst-Notizbuch f. Batterie-Chefs d. Feldartillerie. 2., verb. Aufl. 16. (171 u. Schreibkal., 32 S.) Wesel 899. C. Kühler. Geb. im Segeltuch n. 2. —

Batterie-Notizen. Dienst-Notizbuch f. Batterie-Chefs der Feldartillerie. 3., verb. Aufl. 16. (157 u. 31 S.) Wesel 903. C. Kühler. Geb. in Segeltuch u. geh. n.n. 1. 75

Batterie-Notizen. Dienst-Notiz-Buch f. Batterie-Chefs der Feldartillerie. 4. verb. Aufl. (174 S.) 16. Wesel 906. C. Kühler. Geb. in Segeltuch n.n. 1. 75

Batterie-Notizen. Dienst-Notizb. f. Batteriechefs d. Feldartill. 6. Afl. (219) 16° Wesel, C Kühler '10. Geb. 2 — d

Batterie-Notizen. Dienst-Notizb. f. Batteriechefs d. Feldartill. 7. Afl. (233 u. 30) 16° Wes., C Kühler '12. L u. geh. 2 — d

— Dienst-Notizbuch f. Fußartillerie. 4. verb. Aufl. (130 u. 81 S.) 16. Ebd. 909. Geb. in Leinw. nn 1. 75

— dass. f. Fussartill. 5. Afl. (143 u. Kaldr 31) 16° Ebd. '12. L nn 1.75 d

Battermann, Hans

Battermann, H., Beitrag zur Bestimmung der Mondbahn u. des Mondhalbmessers aus Beobachtungen v. Sternbedeckungen, s. a. Beobachtungs-Ergebnisse der kgl. Sternwarte zu Berlin, Nr. 13.

— Beitrag zur Bestimmung der Mondbahn und des Mondhalbmessers aus Beobachtungen von Sternbedeckungen ausgeführt in den Jahren 1902–1903 auf der Königlichen Sternwarte zu Berlin am Merz'schen Refraktor der Akademie der Wissenschaften nebst Vereinigung der Resultate der drei Berliner Reihen. — Berlin: Dümmler 1910. 46 S. 4° (Beobachtungs-Ergebnisse d. Königlichen Sternwarte zu Berlin. 13.)
1: 4° Ol 8616-13. 7. 10. 11. 12: 4° Eph. astr. 11 i-13. 39. 169.
12.10025

Battermann, Hans (Felix Heinr.) (geb. Bückeburg 20. 6. 1860) Beiträge zur astronomischen Aberrationslehre. Berlin 1881. (51 S.) 8°
Berlin, Phil. Diss. v. 30. Juli 1881

Battermann, H., Beiträge zur Bestimmung der Mondbewegung u. der Sonnenparallaxe aus Beobachtungen v. Sternbedeckungen am sechsfüssigen Merzschen Fernrohr der Berliner Sternwarte, s. a. Beobachtungs-Ergebnisse der königl. Sternwarte zu Berlin.

Battermann, Hans: Beiträge zur Bestimmung der Mondbewegung und der Sonnenparallaxe aus Beobachtungen von Sternbedeckungen am sechsfüssigen Merz'schen Fernrohr der Berliner Sternwarte. — Berlin: Dümmler 1891. 42 S. 4° (Beobachtungs-Ergebnisse d. Königlichen Sternwarte zu Berlin. 5.)
1: 4° Ol 8616-5. 7. 10. 11. 12: 4° Eph. astr. 11 i-5. 15. 39.
12.10024

Battermann, H., Bestimmung der Mondlänge, des Mondhalbmessers u. der Sonnenparallaxe aus Beobachtungen von Sternbedeckungen, s. a. Beobachtungs-Ergebnisse d. königl. Sternwarte zu Berlin. 10. Hft.

— Bestimmung der Mondlänge, des Mondhalbmessers und der Sonnenparallaxe aus Beobachtungen von Sternbedeckungen ausgeführt in den Jahren 1894–1897 auf der Königl. Sternwarte zu Berlin am Merz'schen Refractor der Akademie der Wissenschaften. — Berlin: Dümmler 1902. 57 S. 4° (Beobachtungs-Ergebnisse d. Königlichen Sternwarte in Berlin. 11.)
1: 4° Ol 8616-11. 7. 10. 11. 12: 4° Eph. astr. 11 i-11. 39.
12.10026

— Resultate aus Beobachtungen v. 379 Anhaltsternen u. 1640 durch Anschluss bestimmten Sternen, s. a. Beobachtungs-Ergebnisse der königl. Sternwarte zu Berlin. 8. Hft.

— Resultate aus Beobachtungen von 379 Anhaltsternen und 1640 durch Anschluss bestimmten Sternen angestellt in den Jahren 1892–1897 am grossen Berliner Meridiankreise. Berlin: Dümmler 1899. 156 S. 4° (Beobachtungs-Ergebnisse d. Königlichen Sternwarte in Berlin. 8.)
1: 4° Ol 8616-8. 7. 10. 11. 12: 4° Eph. astr. 11 i-8. 15. 39
12.1002

— Resultate aus Beobachtungen v. 579 Sternen, ausgeführt in den J. 1901–1907 am grossen Berliner Meridiankreise nebst Ableitung der Eigenbewegungen v. 346 Sternen, s. a. Beobachtungs-Ergebnisse der Königl. Sternwarte zu Berlin. Nr. 12.

— Resultate aus Beobachtungen von 579 Sternen ausgeführt in den Jahren 1901–1907 am großen Berliner Meridiankreise von H. Battermann, L. Courvoisier, K. Hessen nebst Ableitung der Eigenbewegungen von 346 Sternen bearb. von H. Battermann. — Berlin: Dümmler 1909. 117 S. 4° (Beobachtungs-Ergebnisse d. Königlichen Sternwarte zu Berlin. 12.)
1: 4° Ol 8616-12. 7. 10. 11. 12: 4° Eph. astr. 11 i-12. 39.
12.10028

— Resultate aus Beobachtungen v. 560 Sternen, nebst Ableitg. der Eigenbeweggn. v. 233 Sternen, s. a. Beobachtungs-Ergebnisse der königl. Sternwarte zu Berlin. 11. Hft.

— Resultate aus Beobachtungen von 560 Sternen ausgeführt in den Jahren 1897–1901 am grossen Berliner Meridiankreise nebst Ableitung der Eigenbewegungen von 233 Sternen. — Berlin: Dümmler 1902. 12,49 S. 4° (Beobachtungs-Ergebnisse d. Königlichen Sternwarte zu Berlin. 10.)
1: 4° Ol 8616-10. 7. 10. 11. 12: 4° Eph. astr. 11 i-10. 39.
12.10029

— Centralbureau d. Internationalen Erdmessung. Resultate aus den Polhöhenbestimmungen in Berlin ausgeführt in den Jahren 1891 und 1892 am Universal-Transit d. Königl. Sternwarte. — Berlin: G. Reimer 1899. 45 S. 4°
1: 4° Pr 4818. 3. 7. 8. 11. 12: 4° Astr. P. 30 r. 14. 16. 17. 25. 26. 30. 48. 82. 83. 84. 88. 89. 90. 169. 205. 300: 96.034-C. 302. 304.
12.10030

— Untersuchungen über die Gestalt der Bilder und die Theorie der Messungen ausserhalb der optischen Axe von astronomischen Instrumenten. Mit specieller Berücks. d. Heliometers mit ebener Führung. — Kiel 1889. Sp. 339-416. 4° Aus: Astronomische Nachrichten. 120. 1889. 7. 169.
12.10031

Battermann, Hans (Felix Heinr.), s. Battermann, Hans

BATTERSHALL, JESSE P. Investigations on some new Derivatives of Naphthalene. Tübingen, 1872. Diss. G. S.

Battes, Reinhold, prakt. Arzt aus Oberursel i. T.: Aus d. Universitäts-Augenklinik in Giessen. Ein Fall von Akromegalie mit Sehstörungen. *Giessen 1901: v. Münchow.* (26 S.) 8°
Giessen, Med. Diss. v. 1901

Battes, Robert: Aus d. gynaekolog. Klinik zu Bonn. Die supravaginale Amputation des graviden Uterus wegen Myom. . . . Bonn, Buchdr. Jos. Bach Wwe., 1889: 59 + 1 S. 8°
Bonn. Med. Fak., Inaug.-Diss. v. 15 Febr. 1889

Batteux, Charles
—— Auszug aus des Herrn Batteux, öffentlichen Lehrers der Redekunst zu Paris, Schönen Künsten, aus dem einzigen Grundsatze der Nachahmung hergeleitet. Zum Gebrauche seiner Vorlesungen mit verschiedenen Zusätzen und Anmerkungen erläutert von Johann Christoph Gottscheden, der Weltweisheit ordentlichen, und der Dichtkunst außerordentlichen Lehrern. - *Leipzig, Bernhard Christoph Breitkopf,* 1754. In-8, 218 p.

——... und mit verschiedenen eignen damit verwandten Abhandlungen begleitet von Johann Adolf Schlegeln. Erster [-zweyter] Theil. Dritte von neuem verbesserte und vermehrte Auflage. - *Leipzig, Weidmanns Erben und Reich,* 1770. 2 vol. in-8, 424 p., 586 p.

Batteux, Corso di belle Lettere. Ediz. 5ta 4 Vol. in 8gr. Palermo. 816. (Vienna, Volke)

[—] [Principes de la littérature] Cours de belles-lettres, ou principes de la littérature. Nouvelle éd. T.1-4. — Paris: Desaint & Saillant [usw.] 1753. 8° 1:X 1344. 19[∞1/3]. 29.
12.10080

(—) — Nouvelle éd. T.1-4. Francfort; Liége: Bassompierre [usw.] 1755. 8°
1:X 1345. 17. 20. 23. 30. 32. 39. 42. 300:74 K 158.
12.10081

— [deutsch] Einleitung in die schönen Wissenschaften ... Mit Zusätzen verm. von C.W. Ramler. Bd 1-4. — Leipzig: Weidemann 1756-58. 8°
1:X 1366. 2. 3. 4. 9. 10. 11. 14. 17. 18. 21. 23. 29. 34. 44. 48. 61. 109. 180. 304[∞3.4].
12.10094

— — 2. u. verb. Aufl. Bd 1-4. Leipzig: Weidmann & Reich 1762-63. 8° 1:X 1367 [u.] 8° Bibl. Diez 6478.6479. 7. 10. 14. 16. 18. 27. 28. 30. 33. 75. 123. 302. 303.
12.10095

— — 3. u. verb. Aufl. Bd 1-4. Ebd. 1769. 8°
1:X 1368. 6. 7. 8. 12:L.eleg.g. 28 m. 17. 20. 21. 23. 25. 27. 28. 35. 39. 41. 43. 44. 46. 66. 123. 302.
12.10096

— — 4. u. verb. Aufl. Bd 1-4. Leipzig: Weidmann & Reich 1774. 8° 1:X 1369. 2. 6. 9. 10. 14→17. 21→25. 27. 29→33. 35. 38. 41. 43. 53. 106. 109. 111. 117. 300:46 X 37.
12.10098

— — 5. u. verb. Aufl. Bd 1-4. Leipzig: Weidmann 1802. 8°
5. 15. 34. 75. 117.
12.10099

— Einleitung in die schönen Wissenschaften ... Mit Zusätzen verm. von C.W. Ramler. Th. (3.4: Bd) 1-4. — Wien 1770-71: v. Trattner. 8° 12:L.eleg.g. 28 n. 19. 20. 25. 26. 29. 30. 44. 78. 300[∞3.1]: 569.667 A. 309.
12.10097

— — Einschränkung der schönen Künste auf einen einzigen Grundsatz ... Übers. u. mit e. Anhange einiger eignen Abhandlungen versehen. [Übers.: Johann Adolf Schlegel.] Leipzig: Weidmann 1751. 408 S. 8° 5. 10. 14. 18. 19. 21. 22. 28. 41. 53. 117. 180. 300:74 Y 123. 304.
12.10059

— — (Übers.: Johann Adolf Schlegel.) 2., verb. u. verm. Aufl. Ebd. 1759. XXXVI,615 S. 8°
1:X 1261. 2. 7. 8. 14. 24→29. 41. 44. 117. 302. 304.
12.10060

— — Übers. u. mit verschiednen eignen ... Abhandlungen begleitet von Johann Adolf Schlegeln. 3., verb. u. verm. Aufl. Th. 1.2. — Leipzig: Weidmann 1770. 8°
1:X 1262. 7. 10. 14. 17. 19. 20. 23. 26. 28. 35. 38. 75. 109. 117. 300:20.115.
12.10061

— [deutsch] Geschichte der Meynungen der Philosophen von den ersten Grundursachen der Dinge. [Übers.: Johann Jakob Engel.] — Leipzig: Dyck 1773. XII,346 S. 8°
1:Nm 2960. 4. 5. 9. 10. 12:Ph.Sp.56. 19. 20. 21. 23. 24. 27. 29. 32. 41. 44. 75. 79. 117. 202. 303. 304. 307.
12.10070

— Geschichte d. Meinungen der Philosophen, von d. ersten Grundursachen d. Dinge. A. d. Französ. (v. J. J. Engel). gr. 8. Mietau 774. (Dyck in Leipz.) 20 gr (Coppenrath in Münster). 1 rß

— — Uebers. von J. J. Engel. Mitau: Hinz 1774. XII,346 S. 8°
11. 18. 31. 46. 66.
12.10071

Batteux, Charles. Geschichte der Meinungen der Philosophen von den ersten Grundursachen der Dinge; aus dem Französischen. Leipzig 1792. Ü: *Engel, Johann Jacob.* (ErGr)(ErschDl.) »Mitau 1774« (Ky) (MGT) »1773« (Milchs)

— s. Horace, poésies.

— schöne Künste, a. e. Grundf. hergeleitet. A. d. Französ. v. Ph. Ern. Bertram. 8. Gotha 751. (Dieterich in Götting.) 6 gr

— [deutsch] Die schöne Künste aus einem Grunde hergeleitet. Übers. von P[hilipp] E[rnst] B[ertram]. — Gotha: Mewius 1751. 226 S. 8°
1:X 1256. 2. 7. 14. 18. 21. 24. 27. 29. 32.
12.10058

— Meynungen der Philosophen von den ersten Grundursachen der Dinge. — Halberstadt: Groß in Komm. 1792. XII,316 S. 8° 14. 15. 19. 302.
12.10072

— Meinungen der Philosophen von d. ersten Grundursachen d. Dinge. A. d. Französ. gr. 8. Leipz. 792. (W. Nauck). 1 rß

— Meinungen d. Philosophen v. d. ersten Grundursachen d. Dinge. a. d. Franz. gr. 8. Leipzig, Sommer. 792.

— quatre mémoires sur la poétique d'Aristote, avec 2 mémoires de Rochefort. 8. Berl. 781. Nicolai. 12 gr

— Moral des Epikurs aus s. Schrift. gr. 8. Halberstadt, Groß. 792.

— Moral d. Epikur; aus d. Französ. (v. Jh. Gf. Bremer). 8. Mitau 774. Mit neuem Titel. Halberst. 792. (W. Nauck in Leipz.) 16 gr

— [deutsch] Die Moral des Epikur aus seinen eignen Schriften ausgezogen. [Übers.: Johann Gottfried Bremer.] Mitau: Hinz 1774. 232 S. 8°
1:an Nk 5155. 4. 10. 11. 12:Var. 270/1. 21. 29. 30. 41. 46. 78. 111. 302.
12.10076

— Moral des Epikureismus oder Ueberschriften aus der Philosophie des Epikur mit Erl. — Halberstadt: Groß in Komm. 1792. 232 S. 8° **14. 60. 117.**
12.10077

— principes de **Littérature**, 4 part. 12. Gött. 754.

(– –) Principes de littérature. Nouvelle éd. T.1–4. Göttingue [usw.]: Luzac 1755. 8°
1. Contenant Les beaux arts réduits à un même principe (Verf.: Charles Batteux). Avec Deux petits traités, l'un sur l'art, & l'autre sur la musique, la peinture & la poésie [Verf.: James Harris]. Trad. de l'anglois & qui ne se trouvent pas dans l'édition de Paris.
2-4. Contenant le Cours de belles lettres. T. 1-3.
7. 14. 17. 28. 35. 39. 45. 111. 117. 300:74 K 129.
12.10082

— Principes de la littérature. Nouvelle éd. T.1–5. Gottingue: Luzac [usw.] 1764. 8° **2. 24.**
12.10085

— Principes de la **littérature**. VI. Vol. gr. 12. Strasb. König, 800.

— schöne Wissenschaften s. Ramler.

Batteux, K., s. B a t t e u x , Charles

Batteville, de la Baronne de, mémoires, par Maria le Prince de Beaumout. 12. Leips. Weidmann. 766. Rthlr.

— der Fr. Baron. v., Geschichte, v. Mar. le Prince de Beaumout, a. d. Franz. übers. 8. Bern, Typogr. 766.

Battgen, P., Quo tempore et consilio Pindarus carmen olympicum II. et III. composuerit. Diss. 1888. 86 S. 1.20

Batthanyi, Joseph, s. B a t t h y a n y , Jozsef

Batthiany, Julie, s. B a t t h y a n y , Julia

Batthiany, Vinzenz, s. B a t t h y a n y , Vince

Batthyan, Ign. Comte de
Com. de **Batthyan**, Ign.: Leges eccl. regni Hungariae et provincc. adjacentium, coll. et illustr. *Karlsb. in Siebenbürgen*. (785.) 787. fol.

Bathyan, I. C. de, leges ecclesiast. regni Hungar. etc. Tom. I. fol. Pest, Weingand. 788.

Batthyan, Joseph, s. B a t t h y a n y , Jozsef

Batthyáni, Vinzenz Graf v. s. *Batthyány*, Vince Gróf.

Batthyány. — Graf Ludwig Batthyány, ungarischer Premierminister, sein Leben, Wirken und Ende. Mit bisher ungedruckten Documenten u. Reden Batthyány's belegt von e. Deutsch-Ungar. — Grimma [usw.]: Verl.-Comptoir 1850. 48 S. 8° **12:Biogr.71o. 14. 18. 46. 302.**
12.10107

Batthyány, Alajos Gróf: Tausend und ein Irrthum des Verfassers der Ungrischen Irrthümer. [Verf.: Alajos Gróf Batthyány.] — o.O. 1791. 150 S. 8° **300:44 T 62.**
12.10108

Batthyány, József Gróf

BATTHYAN, JOSEPH VON. Freuden-, lieb- und ehrfurchtsvolle Bewillkommnungs-Rede eines löbl. Raths und gesammten Bürgerschaft der hochfürstlichen und erzbischöflichen Stadt Grann bey Gelegenheit der höchst feyerlichen Installation des heil röm. Reichs Fürsten Joseph von Batthyan, Erzbischofen zu Grann, Primas des apostol Königreichs Ungarn Verfasset und vorgetragen von einem getreuen Mitbürger der Stadt Grann im Jahre 1776. Pest 1776. Gedr. bey Franz Anton Royer. 8 S. - 210 mm

BATTIAN, JOSEF: Hirtenbrief an die Ordensgeistlichen von Sr. Eminenz Josef dem Kardinal Fürst Primas von Ungarn, und Erzbischofen zu Gran. Verdeutscht und herausgegeben von einem Augustiner F. H. o O. 1787 o Dr. 16 S. - 12°

BATTHÁNYI, JOSEPH· Kanzelrede bey Eröffnung der Visitation des Collegiats-Stifts, und Stadtpfarr der königl freyen Krönungs-Stadt Preßburg vorgetragen von St. Eminenz Joseph von Batthányi, des Königreichs Ungarn Primaten, den 20. Julii 1783. als den 6-ten Sonntag nach Pfingsten. Preßburg 1783. Gedr bey Joh Mich. Landerer. 52 S - 190 mm

BATTHYÁNY, JOSEPH VON: Ode. Seiner hochfürstlichen Eminenz . . . Joseph von Batthyány . . . des Königreiches Ungarn Primas dargereicht, als Hochdieselben die Pester National-Schule in der Joseph-Stadt mit ihrer Gegenwart beehrten. Pest o. J.: Trattner. (4 S.) - 8°

BATTHYÁN, JOSEPH: Rede des Primas Joseph von Batthyán gehalten in der Landtags-Sitzung den 5. März 1791. In welchen Streit über die Art der dem Artikel in Religions Geschäfte einzuschaltender Protestation, oder Gegeneinwendung des Cleri wiederum angezogen werden. Preßburg (1791)· Bey Mich. Landerer. 13 S - 8° OSZK

— [deutsch] Demütige Vorstellung von Seiten des Kardinals Bathiani ... an Joseph den Zweiten, Römischen Kaiser, in betreffe der geistlich-politischen Verordnungen von wegen den geistlichen Orden, dem Placito Regio, und den Bullen Coenae und Unigenitus. — o.O. 1782. 61 S. 8° **30. 52.**
12.10115

BATTHYAN, JOSEPH· Unterthaenige Vorstellung des Cardinals Batiani, Primas von Hungarn, an den Kayser Joseph II. In Betreff der kirchlich-politischen Verordnungen über die Ordensgemeinden und andere Gegenstände. Rom 1782 o Dr 62 S - 180 mm

- Dass. Augsburg 1785. Bullmann. 78 S - 170 mm

Batthyány, Júlia Grófné
Mädchenname: Grafinja Julia Apraksina
Batthiany. Julie, Gräfin. Ilona s.a. Lese Cabinet 411 4.Mi. Xfa.

— [Ilona, deutsch] Ilona. Roman aus d. ungarischen Leben von Eiluj Nixarpa [d.i. Júlia Grófné Batthyány]. Aus d. Franz. von G.F.W. Rödiger. Th. 1.2. — Pest [usw.]: Hartleben 1861. 8° **12:P.o.gall.2431x. 300:160.556·A.**
12.10119

– — Th. 1.2. Ebd. 1861. 8° (Neuestes belletristisches Lese-Cabinet d. besten u. interessantesten Romane aller Nationen. 433/436.) **302.**
12.10120

Batthyany, Graf Ludwig, Ungarischer Premierminister, sein Leben, Wirken u. Ende. Mit bisher ungedr. Documenten u. Reden Batthyány's belegt v. e. Deutsch-Ungar. 16. (48 S. m. 1 Holzschn.) Grimma 850, Verlags-Compt. 1/4 ₰

Batthyány, Vince Gróf: Über das ungrische Küstenland. In Briefen. (Hrsg.: Ludwig Schedius.) — Pesth: Hartleben 1805. XX, 228 S. 8°
Erschien zuerst in: Zeitschrift von u. für Ungarn. 5. 1804.
1:Sd 10844. 2. 3. 7. 8. 12:Austr. 320. 14. 17. 19. 24. 32. 46. 53. 88. 203. 300:75 Q 15. 302→304.
12.10125

— Rede bey Aufstellung des von Franz dem Ersten dem Andenken Joseph's des Zweyten gewidmeten Monuments. — Pesth: Hartleben 1807. 28 S. 8° **14. 24. 28.**
12.10126

v. **Batthyany**, Vinc. Graf, Reise nach Constantinopel. Mit 1 Kpf. 8. Leipz. ... 2e A. 810. Er. Fleischer. 1 ₰ 8 gr

— Reise nach Constantinopel. In Briefen. 2., verb. u. verm. Ausg. — Pesth: Hartleben 1810. 270 S. 8°
Erschien zuerst in: Zeitschrift von u. für Ungarn. 2-4. 1802-04
1:Uh 240. 5. 7. 10. 12:It. sing. 54 b. 14→17. 24. 32. 34. 53. 88. 300:43.547–A. 303.
12.10127

— Reise durch einen Theil Ungarns, Siebenbürgens, d. Moldau u. Buccowina im J. 1805. 8. Leipz. 811. Er. Fleischer. (Pesth, Hartleben). 1 ₰ 8 gr

— Reise durch einen Theil Ungarn, Siebenbürgen, der Moldau u Buccowina. 8. Ebend. 812.

Battian, Josef, s. B a t t h y a n y , Jozsef

Battiany, Otto, s.: Hof- u. Offizier-Adreßbuch des XI. Armeekorps.

— s.: Hof- u. Offizier-Adreßbuch, königl., s. Sachsen.

Battiany, Otto, s.: Verzeichnis der Inhaber v. Kraftfahrzeugen in Baden, bezw. Württemberg.

Battie, Franz Xaver: Ehrenrettung des bei dem Fürstl.-Fürstenbergischen Oberamt der Landgrafschaft Baar zu Hüfingen angestelltgewesenen Justizraths ... Franz Xaver Battie ... gegen widerrechtliche Suspension und factische Kassation von bemelter Oberamtsraths-Stelle. (Verf.: Franz Xaver Battie.) — o.O. 1790. 46 S. 4° 5. 17.
12.10131

Battie, G.: Aporismi . . . , s. B a t t i e William.

Battie, Guilelmus s. *Battie*, William.

Battie, William: Gulielmi Battie (William Battie) Aphorismi de cognoscendis et curandis morbis nonnullis ad pricipia animalia accommodati, rursusque . . . cum transl.adnotationum Anglicarum in linguam Lat. ed. curante Davide Samuele de Madai. Halae Magd.: Orphanotropheum 1780. XIV, 320 S. 8°

Battie, G., aphorismi de cognoscendis et curand. morbis c. Madai. 8. maj. Halae, Waisenh. 780.

Battier's Weg zum Himmel, s. B a t t i e r , Friedrich.

Battier, Andreas. Predigt über die Eintracht nach Psalm 133. aus Anlaß der Einquartierung der Gemeineidgenößischen Truppen in Basel, gehalten den 10ten Juny 1792. 8. Basel.

Battier, Andr., Predigten üb. freigewählte Texte. gr. 8. Basel 803. 3e mit 4 Gelegenheitspred. verm. Aufl. mit d. Verf. Portr. gr. 8. Ebd. 815. 4e verm. A. 823. Schweighäuser. 1 ₰ 8 gl

Battiers, Andr., Predigt. über freigew. Texte. gr. 8. Basel, (Levrault. Str.) 803.

Battier, Andreas: Predigten über freygewählte Texte. Neue Aufl. — Basel: Schöll [usw.] 1803. 892 S. 8° 24.
12.10139

— 3., verm. Aufl. Abth. (1.)2. Basel: Schweighauser 1814. 8° 1:Ec 944. 79.
12.10140

Battier, (A.,) Predigten über freigewählte Texte. 2 Abtheil. 4te, mit 4 Predigten auf d. 4 Jahreszeiten verm. Aufl. M. des Verf. Bildniß. gr. 8. Basel 822, Schweighäuser.

Battier, Andr., Predigten, über freigewählte Texte gehalten. 6e, mit vier Predigten auf die vier Jahreszeiten verm. Aufl. (2 Abtheil.) gr. 8. Basel 837. Schneider. n. 1 1/3 ₰

Battier, Andreas. Rede bey der Trauung Herrn Obristmeister Leonhard Heußler mit Jungfrau Agnes Mitz, gehalten in Kleinhüningen den 12ten December 1791. 8. Basel.

Battier, Christoph: De t r a n s a c t i o n e hereditaria vulgo Auskauf. 39 S.–
Basel, Jur.Diss.v. 8.April 1718.

Battier, Friedrich
— Der Weg zu dem Himmel gezeiget von Gott selbst in dem XV. Psalm Davids: Erkläret in 20 Predigten. — Basel: König 1716. 293 S. 8° 17.
12.10142

Battiers Weg zum Himmel, gezeig. v. Gott selbst, 4. Basel, Thurneisen. 716.

Battier, Jean Jacques: J. Jacobi Battierii Orationes duae, una secularis, de foedere à Basileensibus cum Helvetica gente ante haec duo secula an. MDI. feliciter contracto. Altera panegyrica, qua Helvetiis pro praesidio Basileensibus hoc an. MDCII. [!] submisso gratiae aguntur. — Basileae 1702: Bertsch. 41 S. 8° 21.
12.10113

Battieri, J. Jacob, Orationes duae, una secularis, de foedere a Basileensibus cum Helvetica gente ante haec duo secula an. 1501 feliciter contracto. Altera panegyrica, qua Helvetiis pro praesidio Basileensibus hoc an. 1602 submisso gratiae aguntur. Basel (J. Bertsch) 1702. 42 S. (6.50)
Gew.: Chrph. Burcard. — Widm. v.: Sam. Werenfels (Basel).

Battier, Joh.Jakob: Q u a e s t i o n e s juris controversae. (Resp.: Joh.Heinrich Eglinger). 6 S. —
Basel, Jur.Diss.v. 30.Aug. 1706.

Battierius s. *Battier.*

Battig, A.: M e m o i r über Eisenbahnoberbau. . . ,
s. K ö s t l i n , A.

Battig, Alfred (*geb Glogau [15 10 1849]*): Die Angiome und ihre galvanokaustische Behandlung. Breslau (1874). (22 S.) 8°
Breslau, Med Diss. v. 16 [vielmehr 18.] Nov. 1874

Battig, Gust., Aufgaben f. das Kopfrechnen. Für Lehrer- u. Lehrerinnen-Seminare u. f. die oberen Klassen v. Mittelschulen, Töchterschulen u. Elementarschulen bearb. 2. Aufl. 8. (34 S.) Berlin 872. Oppenheim. n. — 30

Battig, Gust., Aufgaben zum Kopfrechnen. Für ein- und zweiklassige Elementarschulen bearb. Mit Berücksicht. der neuen Maß- und Gewichtsordnung vom 17. Aug. 1868. 1. Aufl. 1872, 2. Aufl. 1873, und 3. nach dem Münz-, Maß- und Gewichts-System des deutschen Reiches neu bearb. Aufl. In 3 Heften. 8. Breslau 874, Morgenstern. à Heft 15 Pf.
Inhalt:
Heft 1. Die vier Species mit unbenannten und benannten Zahlen im Gebiete über 100. (20 S.)
" 2. Die gemeinen Brüche. (18 S.)
" 3. Die bürgerlichen Rechnungsarten. (18 S.)

Battig, Gust., Aufgaben zum Kopfrechnen. Für ein- und zweiklassige Elementarschulen bearb. Nach dem Münz-, Maß- und Gewichts-System des deutschen Reiches neu bearb. Aufl. In 3 Heften. 8. Breslau, Morgenstern. à Heft 15 Pf.
Inhalt:
Heft 1. Die vier Species mit unbenannten und benannten Zahlen im Gebiete über 100. 4. Aufl. (20 S.) 877.
" 2. Die gemeinen Brüche. 2. Aufl. (18 S.) 874.
" 3. Die bürgerlichen Rechnungsarten. 2. Aufl. (18 S.) 874.

Battig, Gust., Aufgaben für das Kopf- und Tafel-Rechnen. In geordneter Stufenfolge für Volksschulen bearb. 4 Hefte. 8. Breslau 856, Korn. à Heft * 5 Ngr. *
Inhalt:
Heft 1. Vier Spezies in unbenannten und einfach benannten Zahlen. (IV und 80 S.)
" 2. Vier Spezies in vielfach benannten Zahlen und Regula de tri. (IV und 76 S.)
" 3. Die Brüche. Kettenrechnung. (IV und 60 S.)
" 4. Zins-, Rabatt-, Gesellschaftsrechnung und Anhang. (III und 67 S.)

Battig, G, Aufg. f. d. Kopf- u. Tafel-Rechnen. 4 Hfte. 8. (283) Bresl. 56, Korn. à n. — 5 || Auflösgn. 1—3. Hft. (106) à n: — 3; 4. Hft. n. — 4

— Aufgaben zum Tafelrechnen. Für ein- und zweiklassige Elementarschulen bearb. Mit Berücksicht. der neuen Maß- und Gewichtsordnung vom 17. Aug. 1868. 1. Aufl. 1872, 2. Aufl. 1873, und 3., nach dem Münz-, Maß- und Gewichtssystem des deutschen Reiches neu bearb. Aufl. In 3 Heften. 8. Breslau 874, Morgenstern. à Heft 15 Pf.
Inhalt:
Heft 1. Die vier Species mit unbenannten und benannten Zahlen im Gebiete über 100. (22 S.)
" 2. Gemeine Brüche und Dezimalzahlen. (20 S.)
" 3. Die bürgerlichen Rechnungsarten. (18 S.)

— Aufgaben zum Tafelrechnen. Für ein- und zweiklassige Elementarschulen bearb. Nach dem Münz-, Maß- und Gewichtssystem des deutschen Reiches neu bearb. Aufl. In 3 Heften. 8. Ebendas. à Heft 15 Pf.
Inhalt:
Heft 1. Die vier Species mit unbenannten und benannten Zahlen im Gebiete über 100. 4. Aufl. (24 S.) 878.
" 2. Gemeine Brüche und Dezimalzahlen. 2. Aufl. (20 S.) 874.
" 3. Die bürgerlichen Rechnungsarten. 2. Aufl. (18 S.) 874.

Battig, Gust., Aufgaben f. das Zifferrechnen. Für Lehrer- u. Lehrerinnen-Seminare u. f. die oberen Klassen v. Mittelschulen, Töchterschulen u. Elementarschulen bearb. 2. Aufl. 8. (56 S.) Berlin 872. Oppenheim. n. — 50

— Auflösungen der Aufgaben zum Tafelrechnen. 2. Aufl. In 3 Heften. 8. (8; 10; 12 S.) Ebendas. 874.
à Heft * 20 Pf. *

— Auflösungen zu den Tafelrechenaufgaben. 4 Hefte. 8. (106 S.) Breslau 856, Korn. 1—3. Heft à * 3 Ngr.; 4. Heft * 4 Ngr. *

Battig, Gustav: Blätter und Blüthen. Gesammelt auf d. Gebiete d. Volksschulpraxis. — Leipzig: Fleischer 1884. VII,91 S. 8° 15. 207.
12.10147

— Buntes aus der Schulwelt. — (Breslau): Verf. 1863. 80 S. 8° 207.
12.10148

— Elementargeometrie. Für Oberklassen von Volksschulen und Präparandenanstalten. Halle 861. Anton. 8. (51 S. m. Holzschn. im Text.) n. 5 ngr.

— Elementargeometrie. Für Oberklassen v. Volksschulen u. f. Präparandenanstalten. 2. Aufl. 8. (50 S. m. eingedr. Holzschn.) Halle 871. Anton. n. — 50

— Erinnerungsblätter. Gesammelt aus seinem 33jährigen Lehrerleben. — Breslau: Preuß & Jünger 1888. 110 S. 8°
1: Nc 2632. 2. 41. 169. 207.
12.10149

—— es lebe das Gedächtniß! Eine Samml. v. 250 Sprüchen u. kleinen Gedichten, zum Gebr. in d. untern Klassen kathol. Volksschulen u. in Familienkreisen. 1. Thl. 8. (2 B.) Fraustadt 845. (Neustadt u. Goldschiener.) *

— Die physikalischen Experimente der Volksschule. — Langensalza: Greßler 1867. IV,40 S. 8° 207.
12.10150

—— 2. Aufl. Ebd. 1873. IV,40 S. 8° 207.
12.10151

—— 3., unveränd. Aufl. Ebd. 1876. IV,40 S. 8°
1: Mw 216³. 207.
12.10152

— die physikalischen Experimente der Volksschule. 3. unveränd. Aufl. 8. (IV, 40 S.) Langensalza 876. Schulbuchh. — 60

—— Formenlehre und Zeichnen. Für die ein- und zweiklassige Elementarschule bearb. 1. Aufl. 1872, 2. verb. Aufl. 1878, und 3. durchgeseh. Aufl. gr. 8. (44 S. mit 27 Fig. in Holzschn.) Breslau 874, Morgenstern. *

Battig, Gust., Commentar zum Lesebuch für die Oberklassen katholischer Elementarschulen. Zur Unterstützung namentlich jüngerer Lehrer bearb. Glogau 862. Flemming. gr. 8. (42 S.) n. 5 ngr.

—— die Lehre von den gemeinen Brüchen. Für Elementarschulen bearb. 2. Aufl. gr. 8. (16 S.) Breslau 867, Goerlich und Coch.

— Leitfaden für den Unterricht in der Raumlehre. Für Seminarien, Präparandenanstalten und Oberklassen von Elementarschulen bearbeitet. Mit 6 (lith.) Figurentaf. (in gr. 8. u. qu. Fol.) Breslau 855. Graß, Barth u. Co. Verlhdlg. gr. 8. (2 Bl., 67 S.) n. 12½ ngr.

— Leitfaden für den Unterricht in der Raumlehre. Zunächst für Seminarien und Präparanden-Anstalten bearb. 2. verm. u. verb. Aufl. Mit zahlreichen Fig. in Holzschn. Breslau 864. Morgenstern. gr. 8. (VIII, 87 S.) n. 12 ngr.

—— Leitfaden für den Unterricht in der Raumlehre. Für Seminarien, Präparanden-Anstalten, Mittel- und höhere Töchterschulen bearb. 3., mit Berücksichtigung des metrischen Systems umgearb. Aufl. gr. 8. (VIII, 87 S. mit zahlreichen eingedr. Fig. in Holzschn.) Breslau 871, Morgenstern. *

— Leitfaden f. den Unterricht in der Raumlehre. Für Seminarien, Präparanden-Anstalten, Mittel- u. höhere Töchterschulen. 4., m. Berücksicht. d. neuen Münz-Systems umgearb. Aufl. Mit zahlreichen (eingedr.) Fig. in Holzschn. gr. 8. (VIII, 80 S.) Ebend. 875. n. 1. 20

— Leitfaden für den Unterricht im Rechnen. Für Lehrer an Volksschulen bearbeitet. Breslau 856. Korn. 8. (V, 98 S.) n. 12 ngr.

— Leitfaden für den Unterricht im Rechnen. Für Lehrer an Volksschulen u. Schullehrer-Seminare bearb. 2. Aufl. Breslau: Korn 1860. 135 S. 8° 2.
12.10153

—— 3. Aufl. Ebd. 1865. VII,135 S. 8°
5. Aufl. s. *Battig:* Wegweiser für d. gesammten Rechen-Unterricht in Volksschulen. 1872.
41.
12.10154

—— erstes Lesebuch Für utraquist. Schulen bearb. gr. 8 (64 S.) Halle 875, Anton. *

— Erstes Lesebuch. Für utraquistische Schulen bearb. — Halle: E. Anton 1876. 64 S. 8° 1: Ng 5056.
12.10155

—— Leseb. f. d. Oberkl. kath. Elementarsch. 8. (383) Glog. 62, Flemming. n. — 10 || Comm. dazu (42) n. — 5

—— Liederhalle. 8. (71) Lpzg 58, E Günther. n. — 4 || Melod. dazu. qu. 4. (41) 58. — 7½

—— Liederhalle. Sammlung von 100 auserlesenen Volksliedern. Für Volksschulen, Gymnasien, Realschulen und ihnen ähnliche Privatanstalten bearb. gr. 8. (VIII und 71 S.) Lissa 858, Günther's Verlag. *
Melodieen dazu. qu. 4. (VI und 41 S.) Ebendas. 858.

Battig, Gust., Melodieen zu der Sammlg. v. Begräbnissgesängen etc. 2. verb. Aufl. 8. (31 S.) Fraustadt 847, Neustadt. n. ⅙ ngr

— die bürgerlichen Rechnungsarten. Wiederholungsaufgaben f. schriftliches Rechnen. Zunächst für Oberklassen von Elementarschulen bearb. Breslau 868. (Leipzig) Günther's Verlag. 8. (38 S.) n. 3½ ngr.

— Felix Rendschmidt. (Geboren am 30. Mai 1786, gestorben am 13. August 1853.) Biographische Skizze. — Breslau: Verf. 1854. 16 S. 8° 41. 169.
12.10156

Battig, Gust., Sammlung von Begräbnißgesängen für kathol. Stadt- u. Landgemeinden. 8. (2¾ B.) Fraustadt 845. (Neustadt u. Goldschiener. *

—— Melodien dazu. 8. (2 B.) Ebds. 845. *

—— 27 Schul-Lieder. Zunächst für ein-, zwei- und dreiklass. utraquist. Schulen bearb. Heft für den Lehrer. (Mit Noten.) 8. (24 S.) Ebendas. 875.
Heft für die Schüler (ohne Noten). (11 S.) *

— 27 Schul-Lieder. Zunächst f. ein-, zwei- u. dreiklass. utraquist. Schulen bearb. Heft f. den Lehrer. (Mit Noten.) 8. (24 S.) Ebend. 876. — 30; Heft f. die Schüler (ohne Noten.) (11 S.) n. — 10

—— Skizzen aus der Schulwelt. Zunächst für Volksschullehrer entworfen. 8. (VIII und 252 S.) Lissa 858, Günther's Verlag.

— Skizzen aus der Schulwelt. Th. [1.] 2. — Lissa: Günther 1858–60. 8°
2. Battig: Streifzüge auf d. Gebiete d. Schulpädagogik. 1860.
1: Nc 3710. 27[= 2]. 48[= 2]. 302[= 1].
12.10157

—— kleine deutsche Sprachlehre in Beispielen. Für Oberklassen utraquist. Schulen bearb. gr. 8. (20 S.) Ebendas. 875.

— Kleine deutsche Sprachlehre in Beispielen. Für Oberklassen utraquistischer Schulen bearb. — Halle: E. Anton 1876. 20 S. 8° 1: Acc. P. 88/5742. 3. 207.
12.10158

—— deut. Stylübgn. 8. (20) Bresl. 65, Goerlich. — 1½

— deutsche Stylübungen. Zunächst für Oberklassen von Volksschulen zusammengestellt. Breslau 865. (Maruschke & Berendt.) gr. 8. (20 S.) 1½ ngr.

— Streifzüge auf dem Gebiete der Schulpädagogik. — Lissa: Günther 1860. 345 S. 8° (Battig: Skizzen aus d. Schulwelt. 2.) 1:Nc 3710-2. 302.
12.10159

—— 5 Wandtafeln für den Unterricht in der Physik. Für Volks-Schulen, als Begleiter des in den Lesebüchern für Oberklassen enthalt. physikal. Unterrichts-Materials, entworfen und gezeichnet. Imp.-Fol. (4 S. Text und 5 Stnt.) Erfurt 857, Körner's Verlag. *

—— 5 Wandtaf. f. d. Unterr. in d. Physik. Fol. (4) Lpzg 57, GW Körner. n. — 24

— Wegweiser für den gesammten Rechen-Unterricht in Volksschulen. Für Lehrer- u. Lehrerinnen-Seminare ... bearb. 5. Aufl. d. Leitfadens für d. Rechenunterricht. — Berlin: Oppenheim 1872. 160 S. 8° 1:Oc 3554[b]. 101. 207.
12.10160

— Wegweiser f. den gesammten Rechen-Unterricht in Volksschulen. Für Lehrer- u. Lehrerinnen-Seminare, Töchterschulen, Mittelschulen, Elementarschulen bearb. gr. 8. (VIII, 160 S.) Liegnitz 872. Kuhlmey. n. 2. 50

Battig, Josef: Puncta armatae pacis, Divino praeside Spiritu, Solymae in Comitiis, primorum christianae fidei principum unanimi suffragio subscripta, & in basilica Divi Stephani Proto-Martyris ... oratoria dictione proposita. Anno Domini 1718. — Viennae Austriae [1718]: Voigt. 5 Bl. 8° 300:74.920-B.
12.10161

Bättig s.a. W[ymann], E[duard]).

Bättig, Nikolaus, Pfarrer von Vitznau. [Basel 1903.] V: *Wymann, Eduard.* (BBullschw 3, 1903.)

Battin, Benjamin F., aus Nordamerika: Das ethische Element in der Ästhetik Fichte's und Schelling's. *Jena 1901: A. Kämpfe.* (37 S.) 8°
Jena, Phil. Diss. v. (27. Juni) 1900

Battinelli, Enzo: L'Unificazione dell'emissione e la stabilizzazione della lira in Italia. — Weinfelden: Neuenschwander 1928. 64 S. 8° (Volkswirtschaftstheoretische Abhandlungen. 5.) Zugleich Diss. Bern 1928.
1:Fe 1091/52-5. 15. 21. 25. 26. 27. 30. 106. 203. 205. 206.
12.10164

Battis, Jakob de: Abhandlung von den ältesten Staatsveränderungen der Obern Pfalz, ehe sie die obere Pfalz hieß. Ingolstadt 1785: Haberberger. 32 S. 8°
7. 12:4° Bavar. 522. 31. 38.
12.10171

Battista, Ludw.: Probleme d. Erziehg u. d. Unterr. in d. Grossstadt, s: Zeitfragen. Pädagogische.

Battista, Ludw., Franz Wisbacher, sein Leben u. sein Dichten. (8 S.) gr. 8. Wien (905). (Salzburg, H. Dieter.) n. — 20

Battistella, Luigi, mille pronuncie massimali della corte di giustizia in affari amministrativi relative alle leggi sulle competenze per atti civili, documenti, scritti ed atti d'ufficio del 9 febbrajo 1850 N. 50 B. L. I. e del 13 dicembre 1862 N. 89 B. L. I. nonchè alle loro appendici. gr. 8. (292 S.) Triest 893. (J. Dase.) n.n. 4. —

Battisti, Bartholomäus

Battisti a San Giorgio, Bartholomäus de: Abhandlung von den Krankheiten des schönen Geschlechts. 136 S., gbd.

Wien: mit Sonnleithnerischen Schriften 1784

Battisti, B. B., Abhandlungen über d. Krankheiten d. schönen Geschlechts. N. Aufl. 8. Wien, Wimmer. 819.

v. Battisti, Barthol., v. d. Krankheiten d. schönen Geschlechts. gr. 8. Wien 784. (Coppenrath in Münst.) 8 gr. 2e Aufl. 785. N. A. 8. Wien 819. Wimmer. 12 gr.

Battisti a San Giorgio, Bartholomaeus de: De foeminarum morbis. Diss. 118 S., gbd.

Viennae: typ. Sonnleithner 1782

Battisti, Carlo

Battisti, Carlo: Le dentali esplosive intervocaliche nei dialetti italiani, s: Zeitschrift f. roman. Philol., Prinzipienfragen.

— B. H. Brockes' Bethlehemitischer Kindermord. — Wien: Selbstverl. 1908. S. 289-321. 8°
Aus: Zeitschrift für d. österreichischen Gymnasien. 59. 1908.
302.
12.10239

— Zur Lautlehre der Nonsberger Mundart. — Halle: Sekretariat d. 'Soc. internationale de dialectologie romane' [1910]. 30 S. 8°
Aus: Revue de dialectologie romane. 2. 1910. 302. 304.
12.10240

Battisti, Carlo, die Nonsberger Mundart (Lautlehre), s.a. Sitzungsberichte der kais. Akademie der Wissenschaften in Wien. Philos.-histor. Kl. 160, III.

— Die Nonsberger Mundart. (Lautlehre.) — Wien: Hölder in Komm. 1908. 179 S. 8° (Sitzungsberichte d. Kais. Akademie d. Wissenschaften in Wien. Phil.-hist. Kl. 160,3.)
1: Ab 1502-Phil.-hist. Kl. 160,3. 2→11.
12: Acad. 127 fb-Phil.-hist. Kl. 160,3 [2 Ex.] 14→20.
24→31. 33. 34. 38. 39. 41. 88. 300:392.392-B. L. Phil.-hist. Kl. 160,3. 302. 304.
12.10241

Battisti Carlo Dr Die Nonsberger Mundart. Teil I. Lautlehre (mit 2 Karten) S. 160/3 . 4 10
Separatabdruck

— Die Mundart von Valvestino (mit 1 Karte). S. 174/1 . . . . . 2.40
Separatabdruck

Battisti Karl: Alttrientinischer Vokalismus.
II. 1905 PN 1863 Diss. Wien Univ

Battisti, Cesare
[—] Illustrierter Führer für den Höhenkurort Antica Fonte Peio. — Trento: Soc. tipogr. ed. trentina 1907. 18 S. 8°
304.
12.10273

[ ] [deutsch] Führer durch Mezolombardo und Umgebung. — Ebd. 1906. VIII,117 S. 8° 304.
12.10278

[--] [deutsch] Führer von Trento. Ebd. 1906. 39 S. 8°
304.
12.10282

[ ] [deutsch] Führer für Turisten durch das Trentino und über den Gardasee. — (Trento [1906].) 13 S. 8°
304.
12.10286

Battisti, Cesare, guida di Mezolombardo e dintorni. Il distretto di Mezolombardo, da Mezolombardo a Campiglio, Peio, Rabbi, Mondola, il gruppo di Brenta. Con 28 illustrazioni nel testo, 31 tavole e 2 carte geografiche. (Publicazione della „Società d'abellimento di Mezolombardo" e della „Società Rododendro di Trento".) (VI, 138 S.) kl. 8. Trento 905. (Bozen, F. Moser.) Geb. in Leinw. n.n. 2. 50

— [deutsch] Auf der Localbahn Trento-Malè. Ebd. 1909. 130 S. 8° 304.
12.10271

Battisti, Karl, s. Battisti, Carlo

Battisti, V.B., s. B a t t i s t i, Bartholomäus

Battisti a San Giorgio, Bartholomäus, s. B a t t i s t i, Bartholomäus

Battistini, Luigi G.: Das Andere. Deutsch von Rudolph Lothar. — Berlin: Entsch 1906. 34 S. 8°
1:Xq 14860. 302.
12.10308

[—] Das Andere. Ein Akt von Rudolf Lothar. Leipzig: Reclam (1908). 38 S. 8° (Universal-Bibliothek. 4987.)
1:Ag 7201–4987. 300:410.411–A.Per. 4987.
12.10309

Battke, Ada, heißer Atem s.a. 1 Mark-Bibliothek „Continent".

Heisser Atem. Novellen von Ada **Battke**. 1.–3. Taus. Berlin: Continent [1905]. (96 S.) 8° [F.]
— 'Continent', 1 Mark-Bibliothek. No 6. [07. 11245

Battke, Ada, heimliche Bräute s.a. **Eckstein's moderne Bibliothek.**

Battke, Ada

Heimliche Bräute. Lose Geschichten von Ada **Battke**. 1. bis 10. Taus. *Berlin: R. Eckstein Nachf. [1902].* (96 S.) 8°
— **Bibliothek.** Ecksteins Moderne. No 15. [03. 12908

— **kleine Mädchen,** s.a.: **Eckstein's moderne Bibliothek.**

Kleine Mädchen. Lose Geschichten von Ada **Battke**. 1. bis 10. Taus. *Berlin: R. Eckstein Nachf. [1901].* (94 S.) 8°
— Bibliothek, Ecksteins Moderne. No 5. [03. 13585

Battke, Gust

Battke, G, Jugendfreund. Eine Auswahl v. 2- u. 3stimm. Liedern z. Schulgebrauch geordnet. 2. Afl. 16. (99) Rost. 77, Werther's V. geb. n. — 60

Battke, Gust., Jugendfreund. Eine Auswahl ein-, zwei- und dreistimm. Lieder, zum Schulgebrauch geordnet und hrsg. 3 Hefte. gr. 16. [Braunsberg 879, StrübigVerlag.] Rostock, Werther's Verlag. cart. *

Inhalt:
Heft 1. Einstimmige Lieder. (III, 31 S.) * 20 Pf.
" 2. Zweistimmige Lieder. (III, 56 S.) * 30 Pf.
" 3. Zwei- und dreistimmige Lieder. 2. Aufl. (VI, 100 S.) * 50 Pf.

Battke, Gust., Jugendfreund. 3 Hefte. 12. Rostock 880,81. Königsberg, Strübig's Verlag. cart. *

Battke, Gust., Jugendfreund. Eine Auswahl 1-, 2- und 3stimm. Lieder, zum Schulgebrauch geordnet und hrsg. 3 Hefte. In neuer Schulorthogr. 12. Rostock, Werther's Verlag. cart. *

Inhalt:
Heft 1. Einstimmige Lieder. 2. Aufl. (31 S.) 880. * 20 Pf.
" 2. Zweistimmige Lieder. 2. Aufl. (56 S.) 881. * 30 Pf.
" 3. Zwei- und dreistimmige Lieder. 5. Aufl. (IV, 100 S.) 881. * 50 Pf.

Battke, Gust., Jugendfreund. Eine Auswahl ein-, zwei- u. dreistimm. Lieder, zum Schulgebrauch geordnet u. hrsg. 3. Hft. Zwei- u. dreistimm. Lieder. 6. Aufl. 12. (IV, 100 S.) Königsberg u. Leipzig 885. Strübig. cart. n. — 50

Battke, Gust. Jugendfreund. 3. Heft: Zwei- u. dreistimm. Lieder. 7. Aufl. 16. (IV, 100 S.) Döbeln 891. — Lpz., H. Bredt. cart. * — 50

1. u. 2. Heft. Rostock 1880,81. — Lpz. H. Bredt. cart. * — 50.

Battke, G., Jugendfreund. Eine Auswahl ein-, zwei- u. dreistimm. Lieder, zum Schulgebrauch geordnet u. hrsg. 3. Hft. Zwei- u. dreistimm. Lieder. 7. Aufl. 16. (IV, 100 S.) Döbeln 891. H. Schmidt. cart. n. — 50

Battke, Max: Anleitg z. Gebr. d. Primavista-Tafeln. (16) 8° Berl.-Lichterf., Ch. F Vieweg ('11). — 20

Elementarlehre der Musik (Rhythmus, Melodie, Harmonie) mit 462 Beispielen zum Diktat. Für d. Gebrauch in Conservatorien, Schulen, Chören u. z. Privatunterr. von Max **Battke**. *Berlin: R. Sulzer Nachf. 1898.* (VI, 80 S.) 8° [99. 1809

Battke, Max, Elementarlehre der Musik (Rhythmus, Melodie, Harmonie) m. 462 Beispielen zum Diktat. Für den Gebrauch in Konservatorien, Schulen, Chören u. zum Privatunterricht. 2. neubearb. Aufl Ausg. f. Lehrer u. Musikstudierende. (VIII, 86 S. u. XXX Taf. Notenbeispiele) gr. 8. Berlin 903. [A. Stahl.] Gr. Lichterfelde, Chr. Fr. Vieweg. n. 3. —

— dasselbe. Ausg. f. Schüler u. Ausländer. (VI, 26 S. u. XXX Taf. Notenbeispiele.) gr. 8. Ebd. (903.) n. 1. —; Notenschreibheft dazu. (16 S.) qu. schmal gr. 8. n. — 20

— dasselbe. Ausg. f. Schüler u. Ausländer. 3. Aufl. (VI. 25 u. 81 S. m. Fig.) 8. Ebd. (908). 1. —

Elementarlehre der Musik (Rhythmus, Melodie, Harmonie) mit 462 Beispielen zum Diktat f. d. Gebr. in Konservatorien ... von Max **Battke**. Ausg. A f. Lehrer ... 3. Aufl. Berlin-Gr.Lichterfelde: Vieweg [1909]. VIII, 84 S 8° [10. 3409

Battke, Max: Die Erziehung des Tonsinnes. 304 Übungen für Ohr, Auge u. Gedächtnis. — Berlin: Vieweg (1905). 193 S. 8° 1:Mus. Gb 103. 11. 19. 30. 84. 207. 302.
12.10311

— — 2. Aufl. Ebd. [1905]. 193 S. 8° 64.
12.10312

Musikalische Grammatik. Einführung in d. Reich d. Tonkunst mit besond. Berücks. d. Stoffes f. d. Schulgesangunterricht von Max **Battke**. Berlin-Gr.Lichterfelde: Vieweg [1910]. VIII, 102 S. 8° [10. 3410

Jugend-Gesang. Sammlung mehrstimm. Lieder in losen Blättern f. d. Schulgebrauch hrsg. von Max **Battke**. No 1–20. Berlin-Gr.Lichterfelde: Ch. F. Vieweg [1906]. 8° [07. 569

— **Jugend-Gesang.** Sammlung mehrstimm. Lieder in losen Blättern, f. den Schulgebrauch hrsg. 120 Nrn. in 6 Bdn. (Jede Nr. 4 S.) gr. 8. Ebd. (906). à Bd. n. 1. —; einzelne Nrn. — 05

— **Jugend-Gesang.** Sammlung mehrstimm. Lieder in losen Blättern f. den Schulgebrauch. 7–14. Sammelheft. Nr. 121–280. (Jede Nr. ca. 4 S.) 8. Ebd. (908–10). Jedes Heft 1. —; einzelne Nrn. — 05

— dasselbe. Sonderhefte. 1.—16. u. 18.—21. Heft. (Je 10 Nrn. zu 4 S.) 8. Ebd. (908—10). à — 50

1. Advents- Weihnachts-, Sylvester-Lieder. — 2. Geistliche Lieder. - 3. Geistliche Lieder v. Robert Schwalm. — 4.—6. Kaiser- u. Vaterlandslieder. — 7. 8. Heitere Lieder. — 9. Weihnachtslieder. — 10. Kaiser- u. Vaterlandslieder. — 11. Geistliche Lieder. — 12. Heitere Lieder. — 13. Weihnachtslieder. — 14. 15. Deutsche Volkslieder. — 16. Kaiser- u. Vaterlandslieder. — 18. Schulentlassung u. Abschied. — 19. Geistliche Lieder. 20. Weihnachtslieder. — 21. Deutsche Volkslieder.
17 ist noch nicht erschienen.

— **Notenschreibheft** zum Singebüchlein. (16 S.) 15,5 ×24 cm. Ebd. (907). — 20

Primavista. Eine Methode, vom Blatt singen zu lernen. Mit 212 einstimmigen u. 36 zweistimmigen Übungen z. Absingen. Für d. Gebr. in Chören, Schulen, Conservatorien u. z. Privatunterr. von Max **Battke**. *Berlin: R. Sulzer Nachf. 1900.* (35 S., XXVI Taf.) 8° [01 1314

— **Primavista.** Eine Methode, vom Blatt singen zu lernen. Mit 212 einstimm. u. 36 zweistimm. Übgn. zum Absingen. Für den Gebrauch in Chören, Schulen, Konservatorien u. zum Privatunterricht. 2. Aufl. Ausg. f. Lehrer u. Musikstudierende. (VII, 57 S. u. XXVI Taf. Notenbeispiele.) gr. 8. Berlin (903). [A. Stahl] Gr.-Lichterfelde, Ch. F. Vieweg. n. 2. —

— dasselbe. Ausg. f. Schüler u. Ausländer. (II S. u. XXVI Taf. Notenbeispiele.) gr. 8. Ebd. (903). n.n. — 75

— **Primavista.** Eine Methode, vom Blatt singen zu lernen. Mit 212 einstimm. u. 86 zweistimm. Übgn. zum Absingen, f. den Gebrauch in Chören, Schulen, Konservatorien u. zum Privatunterricht. Ausg. f. Lehrer u. Musikstudierende. 3. Aufl. (VIII, 54 u. 26 S. m. Fig.) 8. Ebd. (908). 2.—

— **dasselbe. Ausg. f. Schüler u. Ausländer.** 3. Aufl. (II, 26 S.) 8. Ebd. (908). —75

— **Primavista-Lieder.** Zum Gebr. in Schulen u. Konservatorien komponiert. op. 44. (4, 55) Lex8° Ebd. '12. Klavierausgabe 2.50; L 3.75; Stimmheft (40) ('11). —50

Singebuchlein Von Max **Battke** T. 1 · Berlin Gr Lichterfelde: Vieweg [1907 08] 8°
1 Fur d Unterricht in d untersten Schulklassen . [1907]
2 Fur d Unterricht in d mittleren Schulklassen . [1908] [09 5194

Battke, Max

— **Stimmbildg in d. Schule.** Anleitgn f. d. Lehrer u. Übgn f. d. Schüler. (74) 8° Ebd. ('12). 1.50; L2.25

— **u. Frz Pagel: Stimmt an! Ein Liederquell,** gar frisch u. hell, z. Singen, Wandern, Leben, d. Jugendklubs gegeben. (222) 16° Ebd. ('12). — 60 L — 90 d

Tonsprache – Muttersprache. Anleitung z. musikal. Satzbau ... von Max **Battke**. Berlin-Gr.Lichterfelde: Vieweg [1909]. 246 S. 8° [10. 4574

55 Übungslieder für Männerchor in methodisch aufsteigender Schwierigkeitsfolge von Max **Battke**. Op. 42. Berlin-Gr.Lichterfelde: Vieweg [1908] 80 S. 8° [09. 5551

50 Übungslieder für vierstimmigen gemischten Chor in methodisch aufsteigender Schwierigkeitsfolge Von Max **Battke**. Op. 38 Berlin-Gr Lichterfelde: Vieweg [1907]. 65 S. 8° [09. 5549

60 Übungslieder zwei-, drei- u. vierstimmig f. Frauen- u. Kinderchor komp. u. ... in methodisch geordneter Schwierigkeitsfolge hrsg. von Max **Battke** Op. 40. Berlin-Gr Lichterfelde: Vieweg [1908]. 68 S. 8° [09 5550

— **Wandtaf. f. d. elementaren Musik- u. Gesangsunterr.** (I. Serie.) 12 Bl. Je 51×78,5 cm. Ebd. ('07). Mit Notenkamm u. 8 Notenzeigern nn 10—; auf Pappe m. L.-Rand u. Ösen nn 21.50; Mappe dazu nn 4—; einz. Bl. nn —60; 5, 6, 11 je nn —75; auf Pappe nn 1.60; bezw. nn 1.75; Tonleiterkamm nn 1.20; Notenanz. je nn —50

— **dass.** (II. Serie.) 8 Bl. je 78×82 cm. Ebd. ('07). nn 2.25; auf Pappe u. geschnitten nn 4.60

Battle, a lost, s. **Collection of British Authors.**

Battle, The, of the Nile. A Pindarick ode . . . Vienna 1800. V: *Knight, Ellis Cornelia.* (EB)

Battlehner, Ferdinand

Anleitung zur Hilfeleistung bei Körperverletzungen. 2., verm. Aufl. — Ebd. 1870. VII,55 S. 8° 31. 180.
12.10342

Battlehner, Ferdinand: Anleitung für Krankenwärterinnen. [Verf.: Ferdinand Battlehner.] — Karlsruhe 1860: C.F.Müller. IV,80 S. 8° 16. 25. 31.
12.10336

[—] Anleitung zur Krankenwartung für Frauen und Jungfrauen. (2. Aufl.) — Karlsruhe: C. F. Müller 1860. IV, 103 S. 8° 16. 17. 25. 26. 30. 31
12.10337

Anleitung zur Krankenwartung und Pflege Verwundeter. 3., umgearb. Aufl. — Ebd. 1880. XII,166 S. 8° 25. 30. 31. 180. 305.
12.10338

Anleitung zur Pflege Kranker und Verwundeter. Umgearb. von Th. Battlehner. 4. Aufl. — Ebd. 1897. XII, 167 S. 8° 31.
12.10339

— — 5., neu bearb. Aufl. Ebd. 1909. X,205 S. 8° 31.
12.10340

( ) Anleitung zum Verbande bei Körperverletzungen. — Karlsruhe: C.F.Müller 1866. VII,38 S. 8° 16. 25. 30. 31.
12.10341

— **Über Schulhausbaulichkeiten.** Mit erl. Planskizzen von Theod. Krauth u. Friedr. Kredell. — Karlsruhe 1897: Malsch & Vogel. 8 S.,13 Taf. 4°
4. 27. 30. 38. 38M. 60. 83. 89. 90.
12.10343

Battlehner, Fritz, Assistenzarzt am neuen Krankenh. d. Hospitalstiftung: Über Latenz von Typhusbazillen im Menschen. Saarbrücken 1910: Hofer. 12 S. 8°

Straßburg, Med. Diss. v. 10. Mai 1910, Ref. Moritz

[Geb. 26. Nov. 81 Mannheim; Wohnort: Saarbrücken; Staatsangeh.: Baden; Vorbildung: Gymn. Landau Reife Juli 01; Studium: Straßburg 10 S.; Coll. 17. Febr. 10; Approb. 16. Jan. 08.] [U 10. 4037

Battlehner, Theodor [Bearb.] s. *Battlehner*, Ferdinand: Anleitung zur Pflege Kranker und Verwundeter [Anleitung für Krankenwärterinnen]. 4. Aufl. 1897 u.ö.

Battlehner, Theodor [app. Arzt aus Karlsruhe]: Ein seltener Fall von Carcinose der inneren Genitalien ... Heidelberg, Univ.-Buchdr. v. J. Hörning, 1894; 28 S., 1 Bl., 1 Taf. 8.
Freiburg i. B., Med. Fak., Inaug.-Diss. v. 1894

Battlogg, Franz Josef: Dr. Franz Albert Eder, Fürsterzbischof von Salzburg. — Bregenz: Teutsch [1890]. 12 S. 8°
Aus: Der Kirchenchor. 20. 1890. 300:87.335-B. 304. 308.
12.10351

Battlogg, Frz. Jos., liturgischer Katechismus in Fragen und Antworten. Für Chorregenten, Chorgesangschulen und Volksschulen. gr. 16. (62 S.) Graz 879, [Vereinsbuchdruckerei.] Verlagsh. Styria. *

– Franz Joseph Saler, geboren in Gaschurn. Eine Lebensskizze. — Bregenz: Selbstverl.; Teutsch in Comm. [1893]. 31 S. 8° 300:81.845-B. 304.
12.10353

Battmann, Ernst Eduard (Radeburg), De scabie. Diss. med. Lpz., 11. II. 1851. 16 S., mit Biogr. u. Literatur. (4.—)
Gew.: Otto Friedrich, Carl Ludw. Battmann.

Battonn, Joh. Geo.

Battonn, JG, örtl. Beschr. d. Stadt Frankf. a. M. Hrsg. v. LH Euler. 1—3. Hft. 8. (940) Frankf. 61—64, (Alt.) à n. 1. 10

Battonn, Joh. Geo., örtliche Beschreibung der Stadt Frankfurt a. M. Aus dessen Nachlasse hrsg. von dem Vereine für Geschichte und Alterthumskunde zu Frankfurt a. M. durch den zeitigen Director desselben L. H. Euler. 1. Heft die geschichtl. Einleitung enthaltend. gr. 8. (X und 266 S.) Frankfurt a. M. 861, (Sauerländer's Sortimentsbuchh.) **

Battonn, Joh. Geo., örtliche Beschreibung der Stadt Frankfurt a. M. Aus dessen Nachlasse hrsg. von dem Vereine für Geschichte und Alterthumskunde zu Frankfurt a. M. durch den zeitigen Dir. desselben L. H. Euler. 2. und 3. Heft. gr. 8. Frankfurt a. M. 863,64, (Schömann.) à Heft ** 1 Thlr. 10 Ngr. **

Inhalt:
Heft 2. Die Beschreibung der Altstadt und zwar des östl. und nördl Theils der Oberstadt enth. (V und 329 S.)
" 3. Die Beschreibung der Altstadt und zwar des südl. und westl Theils der Oberstadt enth. (VI und 352 S.)
1. Heft. Ebendas. 1861. ** 1 Thlr. 10 Ngr.

Battonn, Joh. Geo., örtliche Beschreibung der Stadt Frankfurt am Main. Aus dessen Nachlasse hrsg. von dem Vereine für Geschichte und Alterthumskunde zu Frankfurt a. M. durch den derzeit. Dir. desselben L. H. Euler. 4.—6. Heft. gr. 8. Frankfurt a. M., (Alt.) à Heft * ℳ 4. *

Inhalt:
Heft 4. Die Beschreibung der Altstadt und zwar des letzten Theils der Oberstadt und des Anfangs der Niederstadt enth. (IV, 343 S.) 866.
Heft 5. Die Beschreibung des Schlusses der Altstadt und des Anfangs der Neustadt enth. (IV, 348 S.) 869.
" 6. Die Beschreibung des übrigen Theils der Neustadt enth. (IV, 308 S.) 871.
1.—3. Heft. (Ebendas.) 1861—64. à * ℳ 4.

Battonn, Joh. Geo., oertliche Beschreibung der Stadt Frankfurt a. M. Aus dessen Nachlasse hrsg. von dem Vereine für Geschichte und Alterthumskunde zu Frankfurt a. M. durch den zeit. Dir. desselben L. H. Euler. Mit den Bildnissen Battonn's und des Schöffen J. C. v. Fichard. 7. (Schluss-) Bd., die Beschreibung von Sachsenhausen enth. gr. 8. (VI, 244 S.) Frankfurt a. M. 875, (Völcker's Verlag.) *
Compl. 7 Bde. 1861—75 (*ℳ 29.) herabges. Pr. *ℳ 10.

! **Battonn, JG**: Beschreibg d. Stadt Frankf. Jetzt: Frankf. a/M., H Keller. 61/80

Battonn, Joh. Geo., der Kaiserdom zu Frankfurt a. M. Beiträge zur Geschichte des St. Bartholomäus-Stiftes u. seiner Kirche. Aus dem handschriftlichen Nachlasse mit Anmerkungen hersg. von Ernst Kelchner. Frankfurt a. M. 869. Auffarth. gr. 8. (57 S.) 7½ ngr.

Battré, Curtius: De recompositionis in verbis latinis adhibitae usu et notione. Ienae 1909: Neuenhahn. 47 S. 8°
Jena, Phil. Diss. v. 18. März 1909, Ref. Götz
[Geb. 16. Juli 81 Halberstadt; Wohnort: Jena; Staatsangeh.: Sachsen-Weimar; Vorbildung: Gymn. Magdeburg Reife M. 01; Studium: Jura Kiel 2, Phil. Berlin 1, Kiel 2, Jena 11 S.; Rig. 14. Nov. 08.] [U 09. 2162

Battu, Léon
— Eine Fürstenschule. Drama. — Leipzig: Sturm & Koppe in Komm. [um 1850]. 64 S. 8° **30. 32. 48.**
12.10366

Battu, L., et M. Carré; Jobin et Nanette, s.: Répertoire du théâtre Français. Nr. 377.

Battuécas, les, par la Comt. de Genlis. 2 Vol. 12. Bronsv. Meyer. 816.

— — Ebendass bearbeitet von Theod. Hell. 2 Theile. 8. Leipzig, Hinrichs. 817.

Battuecas, die, oder das stille Thal in Spanien. Nach d. Franz. d. Gräfin von Genlis bearbeitet. 2 Theile. Mit Kupf. 12. Pesth, Hartleben. 817.

Battus, Greifswald. 1717: Catalogus librorum miscellaneorum, qui Gryphiswaldiae, in aedibus Battianis ... anno 1717. ... publica auctione ... distrahentur. [Auktionskat.] Gryphiswaldiae [1717]: Starckius. 24 S. 8° **9.**
12.10375

Battus, Abraham: De Agno mactato ab origine mundi, Apoc. 13, 8. [Resp.:] Johannes Christophorus Ottonis. Recusa. — Suobaci: Pfotenhauer 1691. 50 S. 8°
Erschien zuerst als Diss. Greifswald 1655. **14. 19. 28. 41.**
12.10376

— — Recusa. Gryphiswaldiae 1703: Jeger. 48 S. 8° **41.**
12.10377

— Disputatio solennis exhibitura lipsanolatriae pontificiae sceleton. [Resp.:] Bernhardus Gosman. Recusa. — Gryphiswaldiae 1690: Jeger. 24 S. 8°
Erschien zuerst als Diss. Greifswald 1655.
9. 12: 4° Diss. 3027-2.
12.10379

— — Recusa. Ebd. 1709. 12 Bl. 8° **12**: 4° Diss. 2214/12. **41.**
12.10380

Battus, Jakob: Dissertatio epistolaris, de senis medici praerogativa, qua Georgio Dethardingio ... fasces academicos susceptos ... gratulabatur ... Jacobus Battus. — Rostochii [1732]: Adler. 4 Bl. 8° **9.**
12.10398

—, praes. Jo. Lembken, De spiritibus ardentibus per abusum morborum causis, ejusdemque therapia. 8 pp. Gryph. 4°.
1733

Battus, Jac., De spiritibus ardentibus per abusum morborum causis, ejusdemque therapia, Oder v. d. Brandtwein u. denen so genannten Liqueures, auch deren Mißbrauch als Ursachen vieler Krandheiten des menschl. Cörpers u. wie demselben abzuhelffen. 46 pp. Gryph. 1733. 4°.

Batty. — Thomas Batty, der Löwenbändiger. Kurze Lebensbeschreibung, nebst Mittheilung über d. Einfangen u. Zähmen d. 5 dressirten Löwen. — Berlin: Lassar [1863]. 13 S. 8°
1: Os 10085.
12.10412

Batty, Thomas, der Löwenbändiger. Kurze Lebensbeschreibung nebst Mittheilung über das Einfangen und Zähmen der 5 dressirten Löwen. Berlin 864. Lassar. 8. (13 S.) n. 2½ ngr.

Batty, Agnes M.: [The great big World, deutsch] 'Durch die weite, weite Welt.' Ein Missionsspaziergang durch d. zoologischen Garten ... Übers. von M. R. — Frankfurt a. M.: Verl. Orient 1910. 48 S. quer-8° **26. 101. 207.**
12.10413

Batty, Thomas
s. *Batty*. — Thomas Batty, der Löwenbändiger. 1863.

Battyán, Excell. Illustr. ac Rever. Dno Ignatio com. de, dum l. r. civitatem Claudiopolitanam solemniter ingrederetur, ... 1781. [Claudiopoli.] V: *Bolla*, *Mart.* (Pk)

Batu-Khan, der mächt. Herrscher in Kiptschak ꝛc., s. hist. romant. Heldengemälde ꝛc., 3s Bdchn.

Baturi [Schlagwort]

Baturi, s.: Kolonialkarten.

Baturin, Sergius. Bilder a. d. russ. Leben d. neueren Zeit. Aus d. Franz. v. M v. K. Mit e. Vorwort v. Dalton. 8° (288) Halle 94, J Fricke's V. 2.80; geb. 3.60

Baty, Thom.: Das Handels- usw. Recht Grossbritanniens u. Irlds, s.: Goldschmidt, Siegfr.

Baty, Th., Prozessverfahren, s. Handelsgesetze des Erdballs. XI. Bd. 1. Abtlg.

Batz, August Friedrich
--- [Ausz.] Abhandlungen über einige Gegenstände des natürlichen Rechts. — Tübingen 1818. 130 S. 8°
3. 21.
12.10458

Batz, August Friedrich v.: Abhandlungen über verschiedene Gegenstände des natürlichen und positiven Rechts. Tübingen 1816. VI, 295 S. 8° **2. 5. 6. 7. 10.**
12: Jur. opp. 5 m. **15. 17. 19. 20. 21. 24. 28. 29. 30. 33. 45.**
12.10456

v. **Batz, Aug. Fr.**, († d. 10. Febr. 1821.) Abhandll. üb. verschied. Gegenstände d. natürl. u. positiv. Rechts. gr. 8. Stuttg. 816. Sattler. 1 ℔ 6 gr 2e Aufl. 8. Ulm 822. Ebner. 16 gr

— Vermischte Abhandlungen über verschiedene Gegenstände des natürlichen und positiven Rechts. 2. Aufl. — Ulm: Ebner 1822. VI, 295 S. 8° **3. 8. 14. 23. 24. 25. 208.**
12.10457

— Bemerkungen über das Reformations-Recht der deutschen Reichsstände, aus Veranlassung der von der Osnabrückischen Stadt Fürstenau geführten Religions-Beschwerden und der Pütterischen Unmaßgeblichen Gedanken. — (Stuttgard) 1788. 36 S. 8°
3. 7. 9. 12: 4° J. publ. G. 116. **14. 19. 24. 300**: 23. 180.
12.10469

Batz, A. F.: Bemerkk. üb. d. Reformationsrecht d. deutschen Reichsstände. *Tüb.*, Heerbrandt. 788. 4. (4 Gr.)

Batz, A. F., Bemerk. über das Reformationsrecht der deutschen Reichsstände. 4. Tübingen, Heerbrand. 789. Rthlr.

— Bemerkk. üb. d. Reformationsrecht d. deutschen Reichsstände. 4. Tübing. 789. (Osiander). 4 gr

[--] Bemerkungen (2: Fortgesezte Bemerkungen) über die Schriften unter dem Titel Die Revision &c. und Über die Revision &c. Stük [1.] 2. — o. O. 1782. 8°
12: 1–4° J. publ. G. 1030 m/4; 2–4° Eur. 41 f/3. **17. 19. 21. 39.**
12.10460

Batz, Aug. Fr., s.a. Beschreibung d. Karlsschule.

[--] **Beschreibung** der Hohen Karls-Schule zu Stuttgart. [Stuttgart]: Selbstverl. 1783. 256 S. 8°
Verschiedene Drucke.
1: Az 15168. 3. 5. 7. 10. 11. 12: H. lit. P. 38 h. 15. 16. 17. 21. 23. 24. 25. 34. 44. 109. 121. 180. 209. 300: 47 Ll 112. 302.
12.10461

[—] Getreue **Darstellung** und Beurtheilung der Handlungen der Reichsversammlung bey ihrer unlängst gefährdeten Sicherheit. — o.O. 1796. 64 S. 8°
7. 12: J. publ. G. 768/8 [2 Ex.] 17. 21. 33. 34. 46. 300: 521.828-B.
12.10463

-- [**franz.**] Description de l'Académie Caroline de Stouttgard, librement trad. [Übers.: Joseph Uriot.] — Stouttgard 1784: Acad. Caroline. 323 S. 8°
1: Az 15169. 17. 18. 21. 24. 25.
12.10462

Batz, Aug.Fr., s.a. Entwickelung d. Begriffs d. Ehen.

[—] **Entwicklung** des Begriffs unstandesmäßiger Ehen, hauptsächlich der teutschen Reichs-Stände aus teutschen Gewohnheiten und Gesetzen. — [Erlangen: Palm] 1781. 127 S. 8°
1: Gy 5117. 2. 7. 12: 4° J. can. P. 307 m. 15. 16. 17. 19. 21. 24. 28→31. 33. 34. 39. 45. 106. 208. 302.
12.10464

Batz, Aug.Fr., s.a. Entwickelung d. Brandenburg. Hausverträge.

Batz, A. F.: Entwickel. d. Brandenburg. Hausverträge in Hins. auf Theilung u. Erbfolge. *Frankfurt u. Leipzig.* (*Stuttg.*, Metzler.) 794. gr. 8. (6 Gr.)

Batz, Aug.Fr., s.a. Ernennung d. Reichsdeputirten.

[--] Ueber die **Ernennung** der Reichsdeputirten als ein dem Recht nach eigenes Geschäft der Religionstheile nebst einer Prüfung der Schrift: Die gemeinschaftliche Wahl der Mitglieder zu einer Reichsdeputation &c. von e. Freunde d. Wahrheit. [Nebst] Nachtr. — o.O. 1797. 8°
7. 12: Hauptwerk = 4° J. publ. G. 671/13; Nachtr. = 4° J. publ. G. 1030 m/3. 16. 17. 19. 21. 29. 35.
12.10466

[--] **Gedanken** über das Recht des Prinzen von Wallis zur Interims-Regierung von Hannover. Von e. teutschen Rechtslehrer. — o.O. 1789. 20 S. 8°
3. 7. 12: 4° Ded. 300-4. 14. 17. 21. 24. 32.
12.10467

Batz, August Friedrich
-- Von dem **Grund** der Verbindlichkeit der Verträge. Rede. — Stuttgart 1793. 14 S. 8°
17. 24.
12.10468

[—] Rechtliches **Gutachten** der löblichen Juristen-Fakultät bey der Herzogl. Würtenbergl. Hohen Carl Schule zu Stuttgart in der an Höchstpreißl. Kayserl. Reichs-Kammer-Gericht anhängigen Rechtssache des Freyherrn Rupert von Freyberg contra die Freyherren Anton, und Benedict von Freyberg, als Vormündere deren minderjährigen Freyherren Carl Joseph und Anton von Freyberg zu Oepfingen. o.O. [um 1790]. 36 S. 4°
24.
12.10469

[—] Ueber das Kaiserliche **Hofdekret** vom 26ten Jun. mit Hinsicht auf die vorige und künftige Reichsberathung nebst Abdruck des Dekrets mit Noten. — Landshut 1801. 51 S. 8°
7. 14. 17. 19. 21. 39.
12.10470

[—] **Pensées** sur l'opposition formée par les États provinciaux du duché de Mecklenbourg à l'obtention du privilège illimité contre les appels, et sur les écrits qui en ont traité. — Ratisbonne [1780]. 12 S. 8°
1: 12 in Sn 7246. 12: 4° Eur. 420-21. 24. 28. 30. 33. 39.
12.10471

[—] **Prüfung** des Etwas von den Religions-Verhältnissen katholischer Lande und Unterthanen gegen ihre neuen evangelischen Landesherren, und den katholischen und evangelischen Reichstagsstimmen. — o.O. 1803. 44 S. 8°
17. 21. 24.
12.10472

[—] **Rechtfertigung** meiner Entwiklung der brandenburgischen Hausverträge &c. gegen deren Critik im XXXII. Theil der Deutschen Staats-Kanzley. — Frankfurt [usw.] 1794. 71 S. 8°
12: J. publ. G. 909-13. 14. 17. 19. 21. 24. 29. 31.
12.10473

[—] Ueber die sogenannte **Rechtfertigung** des Versuchs einer doktrinellen Auslegung des siebenten Friedensartikels von Lüneville und über eine das Postwesen betreffende Stelle der Schrift: Der Friede von Lüneville ist über alle Auslegung erhaben von dem Verfasser des Versuchs einer natürlichen Erklärung dieses Artikels. — Germanien 1802. 72 S. 8° 7. 12: J. publ. G. 157 t/3. 17. 21. 29. 32. 39. 308.
12.10474

— Rechtmäßigkeit meiner Entwickelung d. Brandenburg. Hausverträge rc. gegen e. Kritik vertheidigt. 8. Frankf. 794.

[—] **Sendschreiben** an den Verfasser der Schrift: meine Gedanken über den Innhalt des Kurbraunschweigischen Reskripts &c. — Regensburg 1789. 23 S. 8°
3. 7. 14. 17. 21. 24. 32.
12.10475

[—] **Ungrund** der Behauptung des Reichsstädtischen Kollegiums, zur Konkurrenz bey der Wiederverleihung aller dem Reich eröfneten Reichs-Lehen berechtiget zu seyn. o.O. 1780. 16 S. 8°
1: 2 in Gx 13000-39. 7. 12: 4° J. publ. G. 674/6. 21. 24. 39.
12.10476

[—] Gemeinschaftlicher **Ursprung** aller Direktorial-Aemter nebst einer kurzen Betrachtung des Kur-Maynz zuständigen Reichs Direktoriums. — o.O. 1780. 94 S. 8°
1: 3 in Gx 13000-39. 7. 12: 4° J. publ. G. 1244-27. 19. 21. 31. 39. 302.
12.10477

[—] **Versuch** einer natürlichen Erklärung des siebenten Friedensartikels von Luneville. — Germanien 1801. 83 S. 8°
7. 12: J. publ. E. 457y. 14. 17. 19. 32. 39. 43.
12.10478

[—] **Zusäze** zu dem Commentarius oder Denckbuch und Erklärung, was der Reichstag sey? — Regensburg 1780. 16 S. 8°
14. 19. 21. 24. 39.
12.10479

Batz, Carl Wilhelm: **Beiträge** zur Beurtheilung des gegenwärtigen Zustandes der Autorrechtspflege innerhalb des Deutschen Reiches oder Richard Wagner und seine Rechtsnachfolger vor den Königlich Sächsischen Gerichten wegen Verletzung des Autorrechts an seinen Opern: 'Rienzi, Fliegender Holländer, Tannhäuser u. Lohengrin'. — Leipzig 1885: Teubner. 51 S. 8°
1: Fm 21083 [u.] Mus. Dw 302. 4. 11. 16. 32. 36. 117. 208.
12.10514

— — 2. Ausg. Ebd. 1885 (vielm. 1889). 33,66 S., S. 34-51. 8°
Beigedr.: Reuling, Wilhelm: Revisionsbegründung in Sachen d. Schriftstellers Carl Wilhelm Batz. 1884.
11. 34.
12.10515

-- **Beiträge** zur Frage von den durch das Gesetz ⟨Reichsgesetz vom 11. Juni 1870⟩ veränderten Autorrechten. — o.O. [um 1880]. 31 S. 8°
1: Fm 21018. 12: N. libr. 12q. 15. 26. 106. 208.
12.10516

— Die **Biographie** der Künstlerin. Dramatische Scene. — Erfurt: Bartholomäus [1870]. 23 S. 8° (Wallner's allgemeine Schaubühne. 2.)
1: Yp 6312-2. 24. 30.
12.10517

-- Die **Briefe**. Schauspiel. — Leipzig 1869: Wigand. 77 S. 8°
7. 14. 24. 30. 32. 41.
12.10518

— **Gedichte**. — Leipzig: Fritzsche 1859. VI,104 S. 8°
21. 117.
12.10519

— — Leipzig: Wigand 1862. VIII,125 S. 8°
1: Yo 10498. 14. 30.
12.10520

— — dass. — 2., stark verm. und verb. Aufl. 16. (223 S.) Ebendas. 865.

Batz, Carl Wilh., Gedichte. 8. verm. Aufl. 16. (379 S.) Leipzig 869, O. Wigand.

— Catharina [Katharina] die Große. Historisches Drama. Leipzig 1869: Wigand. X,134 S. 8° 1: Ys 15955. 5. 14.
12.10522

— Moritz von Oranien-Nassau. Historisches Drama. — Leipzig: Matthes 1870. V,173 S. 8°
1: Ys 10464. 14. 32. 43. 66.
12.10523

— Ochino. Historisch-dramatisches Gedicht. Festgabe zur 15. allgemeinen deutschen Lehrerversammlung. — Leipzig: Wigand 1865. 111 S. 8°
1: Ys 13957. 14. 24. 30. 31. 207.
12.10524

— Die Unvermeidlichen. Lustspiel. — Wiesbaden 1870: Schellenberg. 92 S. 8° 30. 32. 41.
12.10525

— Die Verlobung nach Tische. Lustspiel. — Wiesbaden 1869: Schellenberg. 28 S. 8° 30. 31. 300: 624.858–B.Th.
12.10526

Batz, F., s. Ovid's Lieder der Liebe

Batz, F., s. Reinhardt, K.v.: Felddienst

v. Batz, Frdr., Freih., siehe: v. Phull, C. L. Freih., Versuch.

Batz, Johann Friedrich

Batz, Jh. Frdr., († d. 14. Aug. 1807.) Andacht für Kinder, welche zur Kommunion gehen. 12. Bamb. 798.

— Aphorismi theologici. 4. Bamb. 794.

Batz, J. Fr, moral. Betrachtung. über d. Klerikalisch. Geist rc. gr. 8. Bamberg, Dederich (Göbhardt, Bamberg.) Bog.

Batz, Johann Friedrich: Moralische Betrachtungen über den wahren klerikalischen Geist. Nebst e. Rede über den Einfluß der Wissenschaften auf Humanität von Johann Friedrich Batz. Nach dessen Tode hrsg. von Johann Joseph Batz. — Bamberg: Dederich 1809. 102 S. 8°
2. 22. 102. 211. 308.
12.10482

— — 2. Aufl. Ebd. 1825. 102 S. 8° 102.
12.10483

— — 3. Aufl. Ebd. 1834. 102 S. 8° 12: Past. 23 h. 22.
12.10484

— Erinnerungen über das grosse und kleine Lehrbuch der christkatholischen Religion in Fragen und Antworten. — o.O. 1811. IV,71 S. 8° 102.
12.10485

— Catechismus oder kleines Lehrbuch der katholischen Religion in Fragen und Antworten. Nebst e. Anh. von Gebethen und Gesängen. 3. Aufl. — Rastatt 1811: Sprinzing. 124 S. 8° 25. 31.
12.10503

— Katechismus ... 4. Aufl. Mannheim: Bürgerhospitals-Bücherverl. 1814. 124 S. 8° 25. 31.
12.10504

— [Ausz.] Kleines Lehrbuch der katholischen Religion in Fragen und Antworten. 5., verb. u. verm. Aufl. — Bamberg: Dederich 1807. 96 S. 8° 22. 26.
12.10498

— — Mit einigen Gesängen u. Gebethen verm. Berlin: Franke 1809. 120 S. 8° 1: Eo 10166–1809.
12.10499

— — Kleines Lehrbuch der christkatholischen Religion in Fragen und Antworten. 9., verb. u. verm. Aufl. — Bamberg: Dederich 1810. 106 S. 8° 24.
12.10500

— — 10., verb. u. verm. Aufl. Ebd. 1811. 106 S. 8°
22. 66.
12.10501

— — 10., verm. u. verb. Aufl. Köln: Odendal 1811. 112 S. 8° 22.
12.10502

— Kleines Lehrbuch der katholischen Religion in Fragen und Antworten. 15., verb. u. verm. Aufl. — Bamberg: Dederich 1823. 106 S. 8° 17.
12.10505

— — 16., verb. u. verm. Original-Aufl. Ebd. 1827. 106 S. 8°
12: Catech. 14 g. 16.
12.10506

— — Neueste, verb. Ausg. Rotweil 1830: Rapp. 80 S. 8°
24. 207.
12.10507

—— kleines Lehrbuch d. kathol. Religion, in Fragen u. Antworten. 18., verb. u. verm. Orig.-Aufl. 8. (6¼ B.) Bamberg 832, Dederich.

— — 19., verb. u. verm. Original-Aufl. Bamberg: Dederich 1834. 103 S. 8° 22.
12.10508

—— kleines Lehrbuch d. kathol. Religion in Fragen u. Antworten. Ein gemeinfaßl. Ausz. aus d. größ. Lehrbuche. Neueste Aufl. 12. (4 B.) Lippstadt 834, (Lange).

— — Neueste Aufl. Lippstadt: Staats 1834. 92 S. 8°
1: Eo 10166–1834.
12.10509

— — 20., verb. u. verm. Aufl. Bamberg: Dederich 1835. 238 S. 8° 22.
12.10510

Batz, J. F., Lehrbuch u. Leseb. d. christkatholischen Religion in Fragen u. Antworten rc. 16te verb. Aufl. 8. Ebend. 819.

Batz, Johann Friedrich
— Lehrbuch d. christkathol. Religion f. Kind. 8. Ebend. 810.

— Lehrbuch der christkatholischen Religion in Fragen und Antworten, ein Geschenk für Kinder. — Bamberg: Dederich 1799. XVI,360 S. 8° 12: Catech. 13 x. 22. 66. 308.
12.10486

— — 2., verb. Aufl. Ebd. 1801. XVI,320 S. 8° 2.
12.10487

— — 4., verb. Aufl. Ebd. 1803. XVI,320 S. 8° 211.
12.10488

— — 7., verb. Aufl. Ebd. 1807. XVI,320 S. 8° 211. 214.
12.10489

— — 8., verb. Aufl. Ebd. 1808. XVI,320 S. 8° 66.
12.10490

— — 9., verb. Aufl. Ebd. 1809. XVI,320 S. 8° 102.
12.10491

— — 11., verb. Aufl. Ebd. 1811. XVI,320 S. 8° 211. 214.
12.10492

— — 12., verb. Aufl. Ebd. 1812. XVI,320 S. 8°
12: Catech. 14. 22. 24. 308.
12.10493

— — 13., verb. Aufl. Ebd. 1813. XVI,320 S. 8° 22. 308.
12.10494

Batz, (J. F.,) Lehrbuch d. christ-kathol. Religion in Fragen u. Antworten. 18e rechtmäß. durchaus verb. Aufl. 8. Bamberg 822 (Kitzingen Gundelach.)

— — Neue, verb. Aufl. Lippstadt: Lange 1825. 8,200 S. 8°
1: Eo 9875.
12.10495

— — 21., verb. Aufl. Bamberg: Dederich 1828. XVI,256 S. 8°
12: Catech. 14 h.
12.10496

— Lehrbuch d. christkathol. Religion in Fragen u. Antworten. 8. Bamb. 799. 23e Aufl. 8. Ebd. 832. Dederich. 10 kr (Gundelach in Kitzing.) 10 kr Dass. im Auszuge. 12. Bamb. 800. 18e Aufl. 12. Ebd. 831. Dederich. 3 kr

— — Neue, verb. Aufl. Lippstadt: Staats 1836. 8,200 S. 8°
1: Eo 9876. 21. 22.
12.10497

Batz, Jh. Fr., Lehrbuch der christkathol. Religion, in Fragen u. Antworten. Ein Geschenk für Kinder. N. verb. Aufl. 8. Lippstadt 839. (Lange.) 1/8 Rthlr.

—— dass. — 20., rechtmäß. durchaus verb. Aufl. 8. (15 B.) Bamberg 841, Dederich'sche Buchh.

Batz, Joh. Frider., Lehrbuch d. christkath. Religion, in Fragen u. Antworten. 27., verb. Aufl. 8. (15 B.) Bamberg 842, Dederich.

— — dasselbe im Auszuge. 12te Aufl. gr. 12. Ebend. 815.

Batz, J. F., Lehrbuch der christkatholischen Religion für Kinder. 14te Aufl. gr. 8. Bamb. Dederich. 816.

— — Dasselbe im Auszug 13te Aufl. gr. 12. Ebend. 817.

Batz, Johann Friedrich
— Leitfaden z. Religionsunterr. f. Protest. 8. Dortmund, Mallinerodt. 801.

— Leitfaden z. Religionsunterricht f. Protestanten, eingerichtet v. G. E. Gierig. 8. Dortm. 802. (Wundermann in H.) 3 kr

— Nachrr. über die neue Organisation des Lyceums zu Bamberg. 4. Bamb. 804. 2 kr

- - Predigten über verschiedene Gegenstände. — Bamberg [usw.]: Göbhardt 1797. VIII,367 S. 8°
4. 22.
12.10511

— Predigten üb. verschied. Gegenstände. 8. Bamb. 797. 2e A. 810. 3e A. Ebd. 812. (Wesché in Frankf.) 16 kr

-- Christliche Religion und Kirchengeschichte. Bd 1,1. — Bamberg [usw.]: Göbhardt 1797. XX,325 [vielm. 425] S. 8°
16. 20. 22. 214.
12.10512

Batz, Jh. Frdr., christl. Religions- u. Kirchengeschichte. 1r Bd. 1e Abthlg. gr. 8. Bamb. 797. (Wesché in Frankf.) 1 Rthlr. 4 kr

Batz, Johann Josef [Hrsg.] s. *Batz*, Johann Friedrich: Moralische Betrachtungen über den wahren klerikalischen Geist. 1809 u.ö.

Batz, Joann. Jos., Commentatio in psalmum 109., qua continuationem praelectionum suarum indicit. Bamberg, Dederich, 1809. 8°. 24 S.

Batz, Johann Josef, s.a. H a r m o n i e d. baier. Ehescheidungsgesetze.

[—] Harmonie der neuesten baierischen Ehescheidungs-Gesetze mit Schrift und Tradition. Eine freymüthige Abhandlung von e. Katholiken. — Bamberg [usw.]: Goebhardt 1809. 144 S. 8°
5. 12: Bavar. 195n. 17. 22. 27. 31. 43.
12.10513

Batz, Joh. Josef (Präs.), Pro licentiatu philosophico D. M. A. disputabunt candidati: Theses ex universa philosophia. Bamberg (J. G. Klietsch) 1798. 24 S. (5.50)
Candidaten: Alb. Sondinger, L. Siebenwurst, G. Resch, L. Kitzing, Ign. Schieder, Jos. Sammüller, Fr. J. Fuchs, N. Haas, Gg. Fick, N. Grebner, P. Soelner, Fr. Voll, Fr. Dittmaier, Gg. Friderich.

— theses philosophicae. 8. Bamb. 796.

Batz, Joh. Jos. (Hrsg.), s. Z e i t s c h r i f t , Theologische.

Batz, Jos. F. (Geistl. Rath), theol. Zeitschrift; in Verbindung mit einer Gesellschaft Gelehrter herausg. u. fortges. von Prof. Fr. B r e n n e r (gegenwärt. Domherr), 10 Bde. 8. Bamb. 1809—14, Wesche in Fr. à 3 fl. (30 fl.) jetzt 10 Thlr. — 15 fl.

Batz, Karl Wilhelm, s. B a t z , Carl Wilhelm

Batz, Minna: Die letzten Hohenstaufen. 1876 u.ö.
s. *Batz*, Philipp.

Batz, Philipp: Die letzten Hohenstaufen. Ein dramatisches Gedicht ... Enzo-Manfred-Conradino von P. M. Mainländer [d. i. Philipp u. Minna Batz]. — Leipzig: Schmidt & Günther [1876]. 327 S. 8°
1: Ys 19420.
12.10527

- — 2. Ausg. Ebd. [1878]. 327 S. 8°
17.
12.10528

- - Die Philosophie der Erlösung. Von Philipp Mainländer [d. i. Philipp Batz]. Bd (1.) 2. — Berlin: Grieben (2: Frankfurt a. M.: Koenitzer) 1876–86. 8°
1: Nm 23324. 8. 12: Ph. U. 325 i. 24. 27. 30. 302.
12.10529

- — 2. Aufl. Bd [1.] 2. Berlin: Th. Hofmann (2: Frankfurt a. M.: Jaeger) 1879–94. 8°
1.2 . . . . 30.
1 . . . 1: Nm 23325. 2. 14. 16. 17. 18. 24. 25. 27.
2 . . . . 3→6. 10. 11. 19. 21. 28. 43. 46.
300: 424.606-B. 2.
12.10530

- — 3. Aufl. Bd 1. Frankfurt a. M.: Jaeger 1894. VIII,623 S. 8°
3→6. 10. 11. 19. 21. 28. 30. 300: 424.606-B. 1.
12.10531

Baetz, s. Handb. d. Wirtschftsk.

Baetz, A.: Anleitung für den Schwimm-Unterricht an die Mannschaften bei den Heeresabteilungen. — Augsburg: Reichel 1881. 40 S. 8°
12: Gymn. 4fb. 19. 209.
9.9545

Baetz, Georg, appr. Arzt a. Oldesloe: Ueber die Erfolge der operativen Therapie bei Morbus Basedowii. **München** 1908: Kastner & Callwey. (40 S.) 8°
München, Med. Fak., Ref. v. Angerer, Diss. v. 25. Febr. 1908
[Geb. 2. Febr. 81 Oldesloe (Schleswig-Holstein); Wohnort: Oldesloe; Staatsangeh.: Preußen; Vorbildung: Matthias-Claudius-Gymn. Wandsbek Reife O. 01; Studium: Erlangen 5, München 2, Berlin 1, München 3 S.; Coll. 25. Febr. 08; Approb. 19. Febr. 07.]

Bätz, H. (Red.), s. K u n s t , Dresdener.

Bätz, Josef und Josef Schmölzl, (Hauptleute im k. bayerischen Artillerie-Reg. Prinz Luitpold: V e r s u c h eines Handbuches für die königl. bayrische Artillerie. Mit 12 Steintafeln. 8°
München 1847.

Baetz, Konrad: Neue Grundsätze zur Umwandlung strömender Wärme in mechanische Energieströme und deren Anwendung zum Bau idealer Wärmekraftmaschinen. — Würzburg: Frank 1909. 20 S. 8°
12: Math. A. 8v. 20. 83. 91. 304. 305.
9.9546

Baetz, Rudolf: Geschwister. Ein Trauerspiel. — (Werdau 1890: Booch.) 108 S. 8° 14.
9.9548

Bätz, Rud. Geschwister. Ein Trauerspiel. 8. (108 S.) Werdau 890, (Thümmler). * 1 50

Bätz, R: Die Schuld d. Glücks. Schauspiel. 8° (75) Dresd. 93, AW Rost. 1.50

— Tagebuchblätter. Gedichte. — Dresden [usw.]: Pierson 1897. 146 S. 8° 14.
9.9549

Batzároff, Jvan, aus Schumen '(Bulgarien)': Aus der chirurgischen Klinik des Herrn Professor Dr. U. Krönlein. Ueber die Malignen Tumoren des Gesichtes und die Resultate ihrer operativen Behandlung nach Beobachtungen auf der chirurg. Klinik zu Zürich und in der Privatpraxis des Herrn Prof. Dr. Krönlein in den Jahren 1881—1890. Zür. E. Meyer Dr. 1892. 243 S. 8°.
Zürich, Med. Diss. [v. 6. Aug. 1892].

Batzenhaeusl. — Das Batzenhäusl in Bozen, mit 220 Originalgemälden, Skulpturen und Gedichten von berühmten Meistern. Hrsg. von E. M. Trebo. T.1. — Innsbruck: Wagner in Komm. [1909]. 132 S. 8°
1·Sc 9243. 33. 300: 470.803-B. 1. 304.
12.10546

Das **Batzenhäusl** in Bozen mit 220 Originalgemälden, Skulpturen u. Gedichten von berühmten Meistern. Hrsg. von E. M. Trebo. T. 1. Innsbruck: Wagner in Komm. [1910]. 8° [10. 936

Batzer, Ernst: Die Bruderschaft des hl. Eligius zu Offenburg. (4 Urkunden zur Geschichte d. Minoriten u. d. Handwerks in Offenburg.) — Offenburg 1906: Geck. 12 S. 8° 25. 31.
12.10546

— Dekrete der Stadt Offenburg aus den Jahren 1600 bis 1788. — Offenburg 1907: Geck. 134 S. 8° 25. 31.
12.10547

— Die Geschichte der Andreas-Kirche zu Offenburg. — Offenburg i. B. 1904: Huggle. 21 S. 8° 23. 31.
12.10549

Batzer, Ernst: Die Handschriften der Formularsammlung des Richard von Posi. Heidelberg: Winter 1910. 34 S. 8° (Ersch. vollst. u. d. T.: Zur Kenntnis d. Formularsamml. d. Richard v. Posi, als: Heidelberger Abhandlungen z. mittl. u. neueren Gesch. H. 27.) =Hist.
Heidelberg, Phil. Diss. v. 7. Febr. 1910, Ref. Hampe
[Geb. 12. Jan. 82 Metz; Wohnort: Offenburg; Staatsangeh.: Baden; Vorbildung: Gymn. Offenburg Reife M. 04; Studium: Straßburg 6, Heidelberg 3 S.; Rig. 1. Febr. 09.] [U 10. 2108

— Wundersame Historie des Museums, so die stat Offenburg besitzet. — Offenburg 1904: Geck. 14 S. 8° 25.
12.10550

Batzer, Ernst, zur Kenntnis der Formularsammlung des Richard v. Posi, s.a. Abhandlungen, Heidelberger, zur mittleren u. neueren Geschichte. 28. Heft.

— Zur Kenntnis der Formularsammlung des Richard von Posi. — Heidelberg: Winter 1910. V, 149 S. 8° (Heidelberger Abhandlungen zur mittleren u. neueren Geschichte. 28.)
Erschien teilweise auch als Diss. u.d.T.: Batzer: Die Handschriften d. Formularsammlung d. Richard von Posi. Heidelberg 1910.
1: P 7736-28. 2. 3. 5→8. 10. 12: 11. misc. 1k-28. 14→19. 24→28. 30. 31. 35. 38. 52. 203. 300: 419.171-B. Per. 28. 302. 303.
12.10551

— Die Schulaufführungen der Minoriten zu Offenburg. Mit e. Anh.: Prolog bei Eröffnung der Bühne zu Offenburg im Oktober 1787. — Offenburg 1906: Geck. 63 S. 8° 25. 31.
12.10552

— Die Widergrüner Stiftung im St. Andreas-Hospital zu Offenburg. — Offenburg 1905: Geck. 15 S. 8° 25.
12.10553

— Die Urkunden des St. Andreas-Hospitals zu Offenburg. Offenburg 1905. 63 S. 8° Aus: D'r alt Offeburger. 1905. 16. 25. 31.
12.10554

Batzer, Maria: Aus frohen Kindertagen. 23 heitere Kindergeschichten. (157 m. 8 [4 farb.] Vollbild.) 8° Nürnbg, E Nister ('12). L 3 — d

Batzer, Maria, aus dem Leben. Erzählungen. (VII, 138 S.) 8. Dresden 906. E. Pierson. n. 2. —; geb. n. 3. —

— Der Puppenspieler u. and. lust. Kindergeschichten. (63 m. 20 Vollbild.) 8° Ess., Fredebeul & K. ('12). Pappbd 1.50 d

BATZER, Martin (Obergünzburg): Specimen inaugurale medicum de eo, quod arthritidi proprium est et commune. - Landishuti: Storno (1820). 29 S., 1 Bl.
30.8.1820 - Pe 381; F 59 Diss. Ingolst.-Landsh.-Mchn.

Bätzer, Fink (A Kosler): Am Grenzverhau. 1. Tl: Der Spielmann. Rittergeschichte a. d. Zeit Kaiser Barbarossas f. alt u. jung. (157) 8° Dresd., H Jaenicke ('11). L 1 — d

Bätzer, Fink, schlesische Märchen. (119 S.) kl. 8. Leipzig 908. Verlag f. Literatur, Kunst u. Musik. 2. —; geb. n 3. —

— Die Rache. Weihnachten. Zwei Erzählgn. (120 S.) kl. 8. Ebd. 908. 2. —; geb. n 3. —

Das lateinische Zelt oder 1870 vor Metz. Schauspiel von Fink Bätzer. Dresden: E. Pierson 1908. (96 S.) 8° [F.] [68. 18764

Baetzmann, F., La question des accidents du travail en Danemark, en Norvège et en Suède. 8°. Berne 1891.

Baetzner, Wilhelm, approb. Arzt aus Wildbad (Württ.): Ein Fall von myelogener Leucämie. *München 1903: C. Wolf & Sohn.* (18 S.) 8°
München, Med. Diss. v. 1903

Baetzner, Wilh., die gonorrhoische Gelenkentzündung u. ihre Behandlung m. Stauungshyperämie. (Aus der kgl. chirurg. Universitäts-Klinik in Berlin.) (8 S.) Lex. 8. Leipzig 910. B. Konegen. 1. —
Sonderabdr. aus: „Reichs-Medizinal-Anzeiger".

Bätzner W, Handbuch über öffentliche Armenpflege. Stuttgart 1873

Bätzner, W., Handbuch der neuen Gesetzgebung üb. die öffentliche Armenpflege nach deutschem u. württembergischem Recht. Enth. e. Zusammenstellg. d. Reichsgesetzes vom 1. Nov. 1867 üb. die Freizügigkeit, d. Reichsgesetzes vom 6. Juni 1870 üb. den Unterstützungswohnsitz, d. württemberg. Ausführungsgesetzes vom 17. April 1873 u. der zu dem letzteren ergangenen Instruktionen u. Verfüggn. Mit Erläutergn. u. e. ausführl. alphabet. Sachregister. gr. 8. (XLVII, 284 S.) Stuttgart 873. Metzler. n. 5. —

Bau [Sachliches OW]

Bau, der. Neue Folge der bautechn. Zeitschrift. Schriftleitung: Alex. Heilmeyer. 25. Jahrg. 1910. 52 Nrn. (VIII, 416 S. m. Abb. u. 52 Taf.) 30,5×23 cm. München, G. D. W. Callwey. 9. 60
Vergl. Zeitschrift, bautechnische.

Bau, Der. N. F. d. bautechn. Zeitschr. Schriftleitg: Alex. Heilmeyer. 25—27. J. '10—12 je 52 Nrn. ('12, Nr 1: 8 u. 4 m. Abb. u. 1 Taf.) Lex8° Münch., GDW Callwey. viertelj. 2.40; einz. Nrn — 30 d

Haus- und Grundbesitzerverein zu Danzig. Bau von Arbeiter-Wohnungen. — Danzig 1898: Kafemann. 7 S. 8° 27.
12.10569

Bau und Betrieb der Dampfbagger der Preussischen Wasserbauverwaltung. — Berlin 1904: Stankiewicz. 103 S. 4°
1: 4° Nz 8819/5 [u.] 8819/5a. 82. 84. 86. 89. 91. 93. 210.
12.10570

Bau und Betrieb der Krankenhäuser. Hygiene der Gefängnisse. Bearb. von H. Merke [u.a.] Abt. 1.2. — Jena: G. Fischer 1899. 8°
1.1. Ruppel, Friedrich: Anlage u. Bau d. Krankenhäuser nach hygienisch-technischen Grundsätzen. 1896.
1.2. Merke, Heinrich: Verwaltung, Betrieb u. Einrichtung d. Krankenhäuser. 1899.
2. Baer, Abraham Adolf: Die Hygiene d. Gefängniswesens. 1897.
(Handbuch d. Hygiene. Hrsg. von Theodor Weyl. 5.)
Die Schrift bildet T. A von: Specielle Bauhygiene. 1897.
1: Kr 2458-5. 2. 3. 4. 6→11. 12: Pol. civ. 156 oc-5. 14. 16. 20. 21. 22. 24. 25. 27. 30. 34. 38 M. 79. 87. 90. 111. 123. 202.
12.10571

Bau und Betrieb der Secundär- und Tertiärbahnen einschließlich der schwebenden Draht- und Seilbahnen. Bearb. von Rom. Abt [u.a.] [Nebst] Atlas. — Leipzig: Engelmann 1878. 4° (Handbuch für specielle Eisenbahn-Technik. 5.) 17. 84. 87. 90. 91. 202.
12.10572

Ueber den Bau und Betrieb der bayerischen Staatsbahnen und der bayerischen Ostbahnen. — München: Franz 1868. 27 S. 8° 1: Stats 746. 12: Bavar. 4099-1. 19.
12.10573

Bau u. Bild Österreichs v. Carl Diener, Rud. Hoernes, Frz. E. Suess u. Vict. Uhlig. Mit e. Vorwort v. Eduard Suess. Mit 4 Titelbildern, 250 Textabbildgn., 5 Karten in Schwarzdr. u. 8 Karten in Farbendr. (XXIV, 1110 S.) Lex.-8. Wien 903. F. Tempsky. — Leipzig, G. Freytag n. 65. —

Hieraus einzeln:

Bau u. Bild der Ostalpen u. des Karstgebietes. Von Carl Diener. Mit 1 Titelbild, 28 Textabbildgn., 5 Karten in Schwarzdr. u. 1 Karte in Farbendr. (V u. S. 325–646.) n. 20. —

Bau u. Bild der Ebenen Österreichs. Von Rud. Hoernes. Mit 1 Titelbild u. 27 Textabbildgn. (VI u. S. 917–1110.) n. 10. —
Bau u. Bild der böhmischen Masse. Von Frz. E. Suess. Mit 1 Titelbild, 66 Textabbildgn. u. 1 Karte in Farbendr. (IV, 322 S.) n. 20. —
Bau u. Bild der Karpaten. Von Vict. Uhlig. Mit 1 Titelbild, 139 Textabbildgn. u. 1 Karte in Farbendr. (IV u. S. 649–911.) n. 15. —

Der Bau einer neuen Börse in Bremen. (Mitarb.: Joh. Achelis [u.a.]) — Dat. Bremen Mai 1853. 2 Bl. 4°
46.
12.10577

C J. K. Der Bau der Domkirche zu Kaschau, oder: Die Nebenbuhler. Historisches Volksgemälde aus Ungarns Vorzeit in 3 Acten. Nebst einem Vorspiele betitelt: Rückkehr und Dankopfer. Frei aus dem Ungarischen übersetzt von C J. K Mit 1 Bild Kaschau 1840 Gedr bei C Werfer 56 S - 8°

— Der Bau des Dortmund-Ems-Canals. Bearb. im Auftrage d. Herrn Ministers d. öffentlichen Arbeiten. [Nebst] Atlas. — Berlin: Ernst 1902. 4° [u.] 2°
Aus: Zeitschrift für Bauwesen. 51. 52. 1901-02.
60. 61. 83. 90. 91.
12.10579

Ueber den Bau und die Einrichtung von Bierbrauereien. Nach einem vom Herrn Architekten Karl Tietz im österreichischen Ingenieur- und Architekten-Verein gehaltenen Vortrage. Mit Zeichnungen. Imp. 4. (12 S.) Wien, Waldheim. 1868. 1 fl

Bau. —
— u. Einrichtung ländl. Volksschulhäuser in Preußen. Ministerium d. geistl., Unterrichts- u. Medizinal-Angelegenheiten. Fol. (III, 25 S. m. 50 Zeichngn. im Text.) Nebst (kart.) Atlas m. 30 Bl. Zeichngn. qu. gr. Fol. (1 Bl. Text.) Berlin 895. Besser. n. 18. —

— — Berlin: Hertz 1895. 4° [u.] quer-2° Späterer Druck.
1 [°° Zeichn.]: 4° Ny 10916. 11. 33. 51. 60. 64. 82. 83. 84. 86. 87. 89. 207. 305.
12.10581

Bau und Einrichtung ländlicher Volksschulhäuser in Preußen. Ministerium d. geistlichen, Unterrichts- u. Medizinal-Angelegenheiten. [Nebst] Zeichnungen. — Berlin 1895: Reichsdr. 4° [u.] quer-2° 1: Text - 4° Ny 10916a; Zeichn. - quer-2° Ny 10916. 90 [°° Zeichn.]
12.10580

Ueber den Bau einer Eisenbahn von Rothemühle über Freudenberg, Kirchen nach Betzdorf und Daaden. — Siegen 1871: Vorländer. 7 S. 4°
38.
12.10582

Ueber den Bau einer Eisenbahn von Rothemühle über Freudenberg, Kirchen, Betzdorf durch das Daaden-Thal nach Hadamar und weiter ... nach Wiesbaden und Mainz. Siegen 1869: Vorländer. 15 S. 4°
38.
12.10583

Der Bau der neuen Eisenbahnbrücken über die Weichsel bei Dirschau und über die Nogat bei Marienburg. — Berlin: Ernst 1896. 40 S., 11 gez. Bl. gr. 2°
Aus: Zeitschrift für Bauwesen. 46. 1895. 44. 82. 83. 86.
12.10585

Der Bau des Elbe-Trave-Kanals und seine Vorgeschichte. — Lübeck: Borchers 1900. 64 S. quer-8°
1: Sa 6249/99. 8. 24. 27. 44. 48. 87. 106. 205. 305.
12.10586

Bau
— der, des Elbe-Trave-Kanals u. seine Vorgeschichte. (Fest-Ausg. der „Lübeckischen Anzeigen" zur Eröffng. des Elbe-Travekanals, 16. VI. 1900.) Mit 18 Portr., 20 Abbildgn. u. 1 Landkarte. qu. gr. 8. (64 S.) Lübeck 900. Gebr. Borchers. n. 1.20

Bau der Fabrikschornsteine und statische Berechnung ihrer Stabilität nach den in Österreich und Deutschland gegebenen Ministerialerlässen. (ill. VIII, 82 S.:) † * K 3.—
Wien: Lehmann u. Wentzel, 1903.

Bau, über den der Geige u. anderer Saiteninstrumente. Zum Gebrauche für Künstler, Dilettanten u. Instrumentenmacher. Nach einem in der Académie des Sciences in Paris von Savart gehaltenen Vortrage ins Deutsche übertragen. 8. Leipzig 814, Kistner. 1/2 ₰

Der Bau des Hafens in Prag-Holleschowitz. Erläutert vom technischen Departement der k. k. Statthalterei für Böhmen. — Prag 1895. 63,47 S., 14 Taf. 4°
Beigedr.: Stavba přístavu v Praze-Holešovicích. Podává technický odbor c. k. Místodržitelství pro Čechy. v Praze 1895.
304. 305.
12.10589

Bau der Staustufe 'Kaiserbad' im Wiener Donaukanale. Denkschrift verfasst ... an der Hand amtlicher Daten von der Strombaudirektion der N.-Ö. Donauregulierungskommission. — Wien: Waldheim, Eberle & Co. 1910. 17 S., 15 gez. Bl. 2° Aus: Allgemeine Bauzeitung. 75. 1910.
300: 541.629-D. 305.
12.10591

Der Bau des Kaiser Wilhelm-Kanals. Dargest. in photographischen Aufnahmen u. Lichtdrucken. [Nebst] Erl. — Kiel: Schmidt & Klaunig 1898. gr. 2° [u.] 2°
1: gr. 2° [u.] 2° Sa 6240/71. 15. 83. 84. 89. 90. 111. 203.
12.10592

Bau einer Kunsthalle in Hamburg. Aufforderung zur Einreichung von Entwürfen. Programm. — Hamburg 1862: (Pontt & v. Döhren). 12 S. 4° 18. 89. 90.
12.10593

Bau eines Main-Hafens zu Hanau. — [Hanau 1904.] 8 S. 4° 4. 34.
12.10594

Der Neue Bau in Tübingen mit seinen vereinigten Familien-, Armen- und andern Stiftungen. — Tübingen: Laupp 1822. 20 S. 8° 1: Sh 8898. 21. 24.
12.10598

Ueber den Bau der Böhmischen Nordwestbahn. Denkschrift d. Handels- u. Gewerbekammer in Prag. — Prag 1868. VIII, 29 S. 8° 300: 72.195-B.
12.10590

Bau. Zum B' der neuen Pauluskirche in Bern. ([Mit 1 Tafel. Veröffentlicht von der] Kommission für Sammlung freiwilliger Beiträge zur Ausstattung der P', 4. Mai 1904.) 29 S. 8. Bern, Ott & Bolliger, 1904.

Der Bau eines neuen Stadt-Theaters in Göttingen. — Göttingen: Spielmeyer 1886. 9 S. 8° 7.
12.10602

Von dem Bau auf Steinkohlen mit e.Vorr.d.Herrn Hofrath Medicus. — Mannheim 1768: Mit akad. Schriften. 223 S. 8°
6. 7. 9. 21. 27. 38. 43. 44. 60. 64. 180. 300:+44Y254.
12.10603

Der Bau des israelitischen Tempels in Reichenberg. Bericht u. Rechnungslegung erstattet in d. General-Versammlung vom 28. Sept. 1891. — Reichenberg: Israelitische Cultusgemeinde 1891. 19 S. 8° 300:195.630-B.
12.10604

Ueber den Bau eines neuen Theaters in Hamburg. — Hamburg 1822: Nestler. 16 S. 8° 8. 18. 205.
12.10605

Regierungsbezirk Potsdam. Der Bau von hölzernen Thoren für Schleusen von Finowmaaß. — (Potsdam) 1899: (R. Müller). 27 S. 4° ([Märkische Wasserstrassen.] 2.)
82. 83.
12.10606

Bau
— u. Unterhaltung d. Kunststraßen i. Großherzogth. Hessen. Gesetz v. 12. Aug. 1896. Amtl. Handausg. gr. 8. (22 S.) Darmstadt 897. (G. Jonghaus.) n.n. —.30

Der Bau der Wannseebahn und die Umgestaltung des Potsdamer Bahnhofs in Berlin. — Berlin: Ernst 1893. 17 S., 6 gez. Bl. 2°
Aus: Zeitschrift für Bauwesen. 43. 1893. 83. 84. 86.
12.10607

Bau und Weihe des neuen Schulhauses in der Gesammtstadt Merseburg. Ein Erinnerungsblatt. Merseburg 1858. V: *Seffner.* (Russell VIII, 296)

Bau und Weihe des neuen Schulhauses für die Gesammtstadt Merseburg. Ein Erinnerungsblatt für die Bewohner Merseburgs. Merseburg 858. Garcke. gr. 8. (19 S.) n. 2 ngr

Bau und Weihe des neuen Schulhauses für die Gesammtstadt Merseburg. Ein Erinnerungsblatt. — Merseburg: Stollberg 1858. 19 S. 8° 1: Ay 5006-24.
12.10610

Ueber den wunderbaren Bau des menschlichen Leibes und die Erhaltung der Menschen durch die Speisen. 2 Predigten. — Berlin: Himburg 1780. 64 S. 8° 1: an Et 5960.
12.10612

Bau
— Zweckmässiger, u. Einrichtg v. Zuchtstierstallgn, s: Veröffentlichungen d. Landwirtschaftskammer f. d. Rheinprov.

Bau [Verfasser]

Bau, A: Bierbrauerei, s: Aus Natur u. Geisteswelt 333.

Bau, A.: Handbuch f. Insektensammler, s. Bau, Alexander

Bau, A.: Die Lustfeuerwerkerei, s. Bau, Alexander

Bau Adolf: Maria Magdalena in der deutschen Literatur.
H. 1909 PN 2685 Diss Wien Univ.

Bau, Alexander (Hrsg.), s. Centralblatt, Pyrotechnisches.

— Handbuch für Insekten-Sammler. Bd [1.]2. — Magdeburg: Creutz 1886–88. 8°
1 u. d. T.: Handbuch für Schmetterlings-Sammler. 1886.
2. Handbuch für Käfer-Sammler. 1888.
1: Ls 3291. 3. 7. 10. 12[∞ 1]: Zool. 23 wp. 16[∞ 1]. 28[∞ 1]. 30[∞ 2]. 64[∞ 1]. 109[∞ 1]. 304[∞ 1].
12.10615

BAU, Alexander: Handbuch für Käfersammler. - Magdeburg 1888. 494 S.

Bau, Alex. Handbuch für Schmetterlingssammler. Eine Naturgesch. aller in Deutschland, Oesterreich und der Schweiz vorkommenden Gross-, sowie der vorzugsweise gesammelten Klein-Schmetterlinge. In-8°. Magdeburg, Creutz'sche Buchhandlung. 6 70
1886 eleg. gebd. 8 —

— Käfer-Buch zum Selbstbestimmen der in Deutschland, Österreich, Ungarn und der Schweiz vorkommenden Coleopteren. — Magdeburg: Creutz [um 1900]. 494 S. 8° 46.
12.10616

Bau, A: Der Käfersammler s.a. Taschenbücher, illustr., f. d. Jugend.

— Der Käfersammler. 5. Aufl. — Stuttgart [usw.]: Union [1903]. 112 S. 8° (Illustrierte Taschenbücher für d. Jugend. 22.)
24 u. 101 besitzen d. Schrift in späteren Auflagen mit abweichenden Erscheinungsjahren.
1: Ng 2135-22. 24. 101.
12.10617

Bau, Alexander. 1876: Die Lustfeuerwerkerei in Verbindung mit transparenten Montgolfieren. — Berlin: Mode [1876]. 112 S. 8° 1: Hw 51609. 201. 210.
12.10614

— Naturgeschichte der deutschen Vögel, s.: Friderich, C. G.

Bau, Alex., der Schmetterlingssammler s.a. Taschenbücher illustrierte, f. die Jugend. 7.

Der Schmetterlingssammler. Mit 98 Abb. Hrsg. von d. Red. d. Guten Kameraden. Bearb. von Alexander Bau. 3. Aufl. *Stuttgart, Berlin, Leipzig: Union [1900].* (123 S.) 8° [J.]
— Taschenbücher Illustrierte, f. d. Jugend. 7.

Bau, Arminius: Beitrag zur Kenntnis der Dipteren-Fauna Vorarlbergs. — o.O. [1909]. 33 S. 8°
Aus: Jahresbericht d. Landes-Museums-Vereins für Vorarlberg. 46. 1909.
46.
12.10619

— Chemismus der Alkoholgärung. — Jena: G. Fischer 1906. S. 371–438. 8°
Aus: Handbuch d. technischen Mykologie. 4. 1906. 46.
12.10621

Bau, Arminius, aus Berlin: Ueber krystallisierte Melibiose. *Berlin 1904: 'Die Post'.* (46 S.) 8°
Göttingen, Phil. Diss. v. [6. Mai] 1904

Bau, Arminius, über krystallisierte Melibiose. Diss. (45 S. m. 1 Fig.) gr. 8. Berlin 904. (Göttingen, Vandenhoeck & Ruprecht.) n. 1.20

Bau, Christian [Übers.] s. *Ahnfelt,* Oscar: Geistliche Lieder [Andeliga Sånger, deutsch]. 1910.

— Alle eure Sorge werfet auf Ihn. 2. Aufl. — Flensburg: Kordt 1904. 36 S. 8° 8. 12: Mor. 1232 u.
12.10627

— Bin ich ein Christ? 2. Aufl. — Flensburg: Kordt 1908. 48 S. 8° 12: Asc. 5429 o.
12.10628

— Die Gesunden bedürfen des Arztes nicht, sondern die Kranken. 2. Aufl. — Flensburg: Kordt 1907. 32 S. 8° 8. 12: Catech. 803 e.
12.10629

— Gewogen und vollgültig erfunden! 2. Aufl. — Flensburg: Kordt 1904. 16 S. 8° 8.
12.10630

— Das Lamm Gottes. 3. Aufl. — Flensburg: Kordt 1905. 28 S. 8° 8.
12.10632

— Die Nacht der Ewigkeit. — Flensburg: Kordt 1904. 16 S. 8° 8. 12: Mor. 1316 c.
12.10633

— Siehe, Ich komme bald! — Flensburg: Kordt 1904. 23 S. 8° 8. 12: Asc. 5421 n.
12.10635

— Uns ist ein Kind geboren. — Flensburg: Kordt 1908. 29 S. 8° 8. 12: Hom. 2007 z.
12.10636

— Was ist die Taufe und wer soll getauft werden? 2. Aufl. — Flensburg: Kordt 1902. 48 S. 8° 8. 10.
12.10637

— Wer will verdammen? 2. Aufl. — Flensburg: Kordt 1904. 31 S. 8° 8.
12.10639

Bau, Emil: Zur Arbeiterwohnungsfrage. Von E. Learri [d. i. Emil Bau]. — Köln: Kölner Verl. Anst. u. Dr. 1896. 19 S. 8° 38. 203.
12.10640

— — Ebd. [um 1900]. 19 S. 8° 26. 38. 180.
12.10641

— Jedem sparsamen Arbeiter ein eigenes Wohnhaus. (Köln [um 1900]: Du Mont Schauberg.) 30 S. 8° 27. 38. 60. 61.
12.10642

— — (4. Aufl.) Ebd. [1910]. 68 S. 8° 1: Fd 3816/54. 3. 5. 12: Pol. civ. 253 u. 23. 26. 30. 38. 44. 47. 106. 180. 207. 302.
12.10643

Bau., Joh. s. *Baumgarten*, Johann.

Bau-Adressbuch, schweizerisches, f. Hochbau, Ingenieur- u. Maschinenwesen sowie Kunstgewerbe, nebst Bezugsquellenangaben f. alle einschlag. Berufe. Hrsg. v. e. Komité v. Architekten unter Billigg. des Contralkomités des schweizer. Ingenieur- u. Architektenvereins. 1. Jahrg. 1899—1900. (Deutsch u. französisch.) gr. 8. (IX, 724 S.) Lausanne 900. B. Benda. Geb. 10. —

Bauadressbuch. Schweizerisches Bau-Adressbuch für Hochbau, Ingenieur- u. Maschinenwesen sowie Kunstgewerbe, nebst Bezugsquellenangaben für alle einschlagenden Berufe. Zum ersten Male hrg. im Jahre 1899 von einem Komitee von Architekten unter Billigung des Zentralkomitees des Schweizer. Ingenieur- u. Architektenvereins. 2. Aufl. Juli 1903 bis Juli 1904. — *A. u. d. T.*: Annuaire Suisse de la Construction. Renseignements, adresses et informations.... 2e éd. Juillet 1903 — Juillet 1904. [Illustriert.] (*xus.* 84) + 707 S. gr.-8. Neuenburg und Lausanne, Bureau ...; Neuenburg, Edm. Sandoz; Lausanne, Th. Sack ... = Neuchâtel et Lausanne ..., 1903. [geb. fr. 10. —]

Bau-Almanach. Jahrbuch für den Geschäftsverkehr im Bauwesen. 1. Jahrg. 1880. Redig. und hrsg. von Sigm. Figdor. gr. 16. (162, 128 S, mit 1 Lichtdr.) Wien, Perles. geb. in Leinw. * ℳ 3,20.; geb. in Leder *

Bau-Almanach. Jahrbuch für den Geschäftsverkehr im Bauwesen. 2. Jahrg. 1881. Redig. und hrsg. von Sigm. Figdor. gr. 16. (IV, 296 S.) Wien, Perles. geb. *
Die Fortsetzung erschien u. d. T.: Bau-Kalender, österreichisch-ungarischer.

Bau-Almanach, österreichischer, für Architekten, Ingenieure, Bauhandwerker, Bauunternehmer etc, nebst Agenda. gr. 16. Wien, Bartelmus. I—V. Jahrg. 1858—1862.
— — dasselbe. VI.—VIII. Jahrg. 1863-65 In engl. Einband

Bau-Almanach, österreichischer, und Agenda für das Jahr 1858. 1. Jahrg. Wien, Förster. 16. (2 Bl., 118 S. u. 64 Notizbl.) n. 1 ß

Bau-Almanach, österr., f. Archit. etc. 3. Jahrg. 12. (281) Wien 60. (Lpzg, Köhler.) n. 1. —

Bau-Almanach, österr., f. Architekten, Ingenieure, Bauhandwerker, Bauunternehmer 2c., und Agenda f. d. J. 1860, 3. Jahrg. gr. 16. (281 S.) Wien. Förster. In engl. Einb. 2 fl.

Bau-Almanach, österreichischer, fur Architekten, Ingenieure, Bauhandwerker, Bauunternehmer etc. u. Agenda für das Jahr 1861. 4. Jahrg. Mit eingedr. Holzschnitten. kl. 8. (VII, 213 S. u. 64 Notizbl.) Wien, Förster & Bartelmus. Lwdbd. 2 fl.
— — Derselbe 1862. 5. Jahrg kl 8. (VII. 231 S. u. 64 Notizbl.) Ebds. Lwdbd. 2 fl.
— — Derselbe 1863. 6 Jahrg. kl. 8. (175 S. u. 64 Notizbl.) Ebds. Lwdbd. 2 fl.

Bau-Almanach, österr. für Architekten, Ingenieure, Bauhandwerker, Bauunternehmer etc. u. Adenda für das Schalt-Jahr 1864. 7. Jahrg. kl 8. (183 S. u. 64 Notizbl.) Wien, Förster & Bartelmus. Lwdb. 2 fl.

Bau-Almanach, österr. für Staats-, Landes- und Gemeinde-Beamte, Architekten, Ingenieure, Bauhandwerker, Bauunternehmer etc. für das gemeine Jahr 1865. Zusammengestellt von Heinrich Grave. 8. Jahrgang. kl. 8. (186 S. 34 Notizbl. u. 4 Tabellen) Wien, Bartelmus. Leinwdbd. 2 fl.

Bau-Almanach österr. für Staats-, Landes- u Gemeinde-Beamte, Architekten, Ingenieure, Bauhandwerker, Bauunternehmer etc. für das gemeine Jahr 1866. Redigirt von Heinrich Grave. 9 Jahrg. 2 Thle. kl. 8. (346 S. u. 20 Notizbl.) Wien, Bartelmus 1. Thl. geb. 2. Thl. geh. 2 fl.
(Beide Thle. werden nicht getrennt abgegeben.)

Bau-Almanach, österr. für Staats-, Landes- und Gemeinde-Beamte, Architekten, Ingenieure, Bauhandwerker, Bauunternehmer etc. für das gemeine Jahr 1867. Herausg. u redig v Heinrich Grave. X. Jahrg 8. (VIII, 64 u. 140 S.) Wien, Bartelmus. In Lwbd. 2 fl.

Bau-Almanach, österreichischer, für Staats-, Landes- und Gemeinde-Beamte, Architekten, Ingenieure, Bauhandwerker, Bauunternehmer etc. für das Schaltjahr 1868. Herausgegeben und redigirt von Heinrich Grave. XI. Jahrgang. 8. (VII. 132 u. 119 S. u. Notizbl.) Wien, Bartelmus [illegible] geb. in L[illegible] 2 fl.

Bau-Almanach, österreichischer, [für Cis- u. Transleithanien.] Zum Gebrauche für Staats-, Landes-, Gemeinde- u. Eisenbahnbeamte, Architecten, Ingenieure etc. f. d. J. 1865—1870. Redig. von H. Grave. 8—13. Jahrg. Wien, Beck. 16. (à ca. 200 S.) Jeder Jahrg. n. 1 ß 10 ngr.

Bau-Almanach, österreichischer, [für Cis- und Transleithanien]. Zum Gebrauche für Staats-, Landes-, Gemeinde- und Eisenbahn-Beamte, Architecten, Ingenieure etc. für die J. 1869—72. Redig. vom Architekt Heinr. Grave. 12.—15. Jahrg. 16. (VIII, 279; VIII, 191; XII, 196; VIII, 192 S.) Wien, Hölder. geb. à Jahrg. *

Bau- u. Ingenieur-Almanach, oesterreichisch-ungarischer. Zum Gebrauche f. Staats-, Landes-, Gemeinde- u. Eisenbahn-Beamte, Architekten, Ingenieure, Bauhandwerker, Bauunternehmer etc. f. das gemeine J. 1873. Red. v. Heinr. Grave. 16. Jahrg. 16. (IV, 163 S.) Wien 873. Hölder. geb. n. 4. —
cf.: Grave, H.

Bauanlage. — Bau- und Betriebs-Anlage für Spinnereien und Webereien. — Leipzig: Baumgärtner 1875. 99 S. 8°
Aus: Der practische Maschinen-Constructeur. 8. 1875.
1: Stala 747. 82. 83. 201.
12.10649

Bauanlagen. — Köln-Mindener Eisenbahn-Gesellschaft. Bauanlagen der Köln-Gießener Eisenbahn und der Zweigbahn von Betzdorf nach Siegen. — ([Köln] 1865.) 63 S., 45 gez. Bl. gr. 2° 6. 15. 26. 38. 46. 82. 83. 84. 86. 89.
12.10650

Die Bau-Anlagen der Kreuz-Cüstrin-Frankfurter Eisenbahn. Hrsg. von d. Kgl. Kommission für d. Bau d. Kreuz-Cüstrin-Frankfurter Eisenbahn. — o.O. [um 1860]. Getr. Pag. 2° 89.
12.10651

Die Bau-Anlagen der Saarbrücken-Trier-Luxemburger Eisenbahn. — o.O. 1861. 81 S., 50 Taf. 2° 15. 41. 64. 82. 89. 121.
12.10652

Die Bau Anlagen der Rhein Nahe Eisenbahn ausgeführt in den Jahren 1857. 1858. 1859. — o.O. [um 1860]. 71 S. 2° Text u. Tafeln autographiert.
1: 2° Nz 33710. 5. 15. 41. 82. 89. 210.
12.10653

Bau-Anlagen der Ruhr-Sieg Eisenbahn. — Düsseldorf: Breidenbach [1864]. 34 S., 69 Taf. 2° 5. 38. 47. 60. 62. 64. 82. 89.
12.10654.

Bau- und Submissions-Anzeiger, allgemeiner. Offerten-Blatt für das Baugewerbe und Organ für das gesammte Submissionswesen. Jahrg. 1887/88. 52 Nrn. (à Nr. 1½ Bog.) gr. 4. Wien, (Sallmayer und Comp.) **

Bau- u. Submissions-Anzeiger, allgemeiner. Offerten-Blatt für das gesammte Baugewerbe. Vereins-Organ d. Allgem. Bautechniker-Vereins in Wien. Hrsg. u. Chef-Red.: J. Hubatschek. Red.: J. Berndt. 3. Jahrg. 1889. 52 Nrn. (à $1^1/_4$—$1^1/_2$ B.) gr. 4. Wien. (Sallmayer & Co.) n.n. 12.—

Bauarbeiter, der. Wochenblatt für alle Bau- u. Straßenarbeiter, sowie deren freie Vereinigungen rc. Red.: C. Lange. 1. Jahrg. 1889. 2. Semester. 26 Nrn. (2 B.) Fol. Hamburg, Jensen & Co. Vierteljährlich n. 1.50

— dasselbe. 2. Jahrg. 1890. 52 Nrn. (2 B.) Fol. Ebd. n. 6.—

Bauarbeiterschutz im Kgr. Sachsen. Hrsg. von der Landeskommission für Bauarbeiterschutz im Kgr. Sachsen. 16⁰. Dresden, Aug. Friedrich, 1901.

Bauarbeiterschutz im Königreich Sachsen. Hrsg. von d. Landeskommission für Bauarbeiterschutz im Königreich Sachsen. — Dresden: Friedrich 1908. 72 S. 8° 106.
12.10661

Erster Bauarbeiterschutz-Kongreß in Berlin 1899. Hamburg: Bömelburg (1899). 8° [10. 6110]

Bauarbeiterschutz-Kongreß, 1., in Berlin, am 20. u. 21. III. 1899. (134 S.) 8. Hamburg (Valentinskamp) (899). (M. Josephsohn.) n. —50

Bauarbeiterschutz-Kongress, 1., Berlin 1899. (134) 8° Hambg (5), Zentralkommiss. f. Bauarbeiterschutz, G Heinke (1899). —50 d
Den Bericht üb. d. 2. Kongress s. u. d. T.: Protokolle d. Verhandlgn d. 2. deut. Bauarbeiterschutz-Kongresses.

Bauarbeiter-Verein

Erster Bau-Arbeiter-Verein Donnerstag, den 2 November. — Das Curatorium. Druck von C. A. Schiementz 1 Bl. Fol.

Flugblatt. Berlin, 30. Okt. 1848.

Bauarn-Gspoaß, s.a.: **Puff, Ferd.**

Bauarn-Gspoaß, steirische, und kloane Doarfgschichtn, dazählt von Ferd. Puff. 1. Büachl. 16. (IV und 32 S.) Graz 852, [Mühlfeith.]

Bauaufsicht. — Bauaufsicht und Bauausführung. Handbuch für d. praktischen Baudienst. Von G. Tolkmitt. 4., umgearb. u. erw. Aufl. Red. von M. Guth. T. 1-3. — Berlin: Ernst 1908-09. 8°
1. Allgemeine Vorkenntnisse, Überschlagsberechnungen u. Veranschlagen von Hochbauten. 1909.
2. Einleitung, Ausführung u. Unterhaltung von Hochbauten. 1909.
3. Berechnungen u. Ausführung von Ingenieurbauten. 1908.
1: Nz 70⁴. 82.
12.10663

Bauausfuehrung. — Die Bauausführung des Nord-Ostsee-Kanals dargestellt in einer Auswahl von Lichtdrucken. Lfg (1.)2. — Hanerau [usw.]: Constabel & Knackstedt (1892 94). quer-2° 12: 2° A. hydr. 1 r. 18. 83. 91. 205.
12.10665

Bauausführung, die, d. Nord-Ostsee-Kanals, dargestellt in e. Auswahl v. Lichtdrucken nach den v. der kaiserl. Kanal-Kommission zu Kiel angeordneten Aufnahmen u. begleitet v. kurzen Erläutergn. (v. Reverdy). (In 3 Lfgn.) 1. Lfg. qu. gr. Fol. (24 Taf. m. 1 Bl. Text.) Hamburg 893. Constabel & Knackstedt. In Leinw.-Mappe. n. 25.—

Bauausführung, die, d. Nord-Ostsee-Kanals, dargest. in e. Ausw. v. Lichtdrucken n. d. v. d. kaiserl. Kanal-Kommission z. Kiel angeordnet. Aufnahmen u. begleit. v. kurzen Erläutergn. (v. Reverdy.) 2. Lfg. qu. gr. Fol. (24 Taf. m. 1 Bl. Text) Hamburg 895. Constabel & Knackstedt. In Leinw.-Mappe (à) n. 25.—

Bauausfuehrungen. — Die Bauausführungen auf der Eisenbahnstrecke Berlin-Blankenheim. — Berlin: Ernst & Korn 1883. 17 S. 2° Aus: Zeitschrift für Bauwesen. 33. 1883. 47. 84.
12.10666

Bauausführungen aus dem Hochbau und Baugesetze. T. 1-3. — Berlin: Ernst 1909. 4°
1. Die Sicherheit gegen Feuer, Blitz u. Rost. Innerer Ausbau. Treppen. Kragbauten. Dachbauten. Kuppelgewölbe. Bearb. von R. Salger [u. a.]
2. Silos. Hohe Schornsteine. Fabrikgebäude u. Lagerhäuser. Landwirtschaftl. Bauten. Saal- u. Versammlungsbauten. Geschäftshausbau. Bearb. von S. Sor [u. a.]
3. Bestimmungen für d. Ausführung von Eisenbetonbauten. Bauunfälle. Bearb. von A. Natorp, F. v. Emperger.
(Handbuch für Eisenbetonbau. 4.)
1: 4° Nz 5552/111-4. 7. 11. 12: 4° Techn. 527 b-4. 17. 24. 27. 60. 82. 84. 87->91. 93. 210.
12.10667

Bauausführungen aus dem Ingenieurwesen. T. 1-3. — Berlin: Ernst 1907-08. 4°
1.2. Grund- u. Mauerwerksbau. Wasserbau u. verwandte Anwendungen. Bergbau. Tunnelbau. Stadt- u. Untergrundbahnen. Bearb. von F. v. Emperger [u. a.] 1907.
3. Brückenbau u. Eisenbahnbau. Anwendungen d. Eisenbetons im Kriegsbau. Bearb. von J. A. Spitzer [u. a.] 1908.
(Handbuch für Eisenbetonbau. 3.)
1: 4° Nz 5552/111-3. 7. 11. 12: 4° Techn. 527 b-3. 17. 24. 60. 82. 84. 87->91. 93. 210.
12.10668

Bauausführungen des Preussischen Staats. Für d. Dienstgebrauch hrsg. von d. Ministerium d. Innern. — Berlin 1830: Petsch. 66 S., 24 Bl. 4° 38. 44.
12.10669

— — Ebd. 1830. 113 S., 36 Taf. 4° 3.
12.10670

— — Hrsg. von d. Ministerium d. Finanzen u. d. Handels. Bd 1.2 [nebst] Atlas Bd 1.2. — Ebd. 1842-48. 4° [u.] quer-2° 1: Text = 4° Ny 6396; Atlas = quer-2° Ny 6397. 2. 3. 5. 10. 11. 12: Text = 4° A. civ. 17 c; Atlas = 2° A. civ. 14 l. 61. 82. 86.
12.10671

— — Hrsg. von d. Königlichen Ministerium für Handel, Gewerbe u. öffentliche Arbeiten. Bd 1.2 [nebst] Atlas Bd 1.2. — Berlin: Ernst & Korn 1851-52. 4° [u.] quer-2° 9. 32. 45. 83. 89. 91.
12.10672

Bauausstellung. —
Württembergische Bauausstellung verbunden mit einer Ausstellung künstlerischer Wohnräume ... Hrsg. d. Beratungsstelle für d. Baugewerbe. — Stuttgart: Mosse [1908]. 138 S. 8°
Nebent.: 1908. Juni bis Oktober. Bauausstellung Stuttgart ... Offizieller Katalog.
24.
12.10677

— — (2. Ausg.) Ebd. [1908]. 145 S. 8°
Nebent.: 1908. Juni bis Oktober. Bauausstellung Stuttgart ... Offizieller Katalog.
21. 24.
12.10678

Baubach, Hans: Ein kl. Beitrag z. Heimatgesch. d. Städtchens Gräfenberg u. sr Umgebg. (5, 107 m. Abb.) 8° Nürnbg, F Korn ('12). 1.40 d

Baubeamte, d. prakt., (v.. Koller). 3 Thle. M. 140 Kpf. gr. 4. Wien 801. Gräffer. 20 ß

BAUBERGER, Johann (Thannhausen): Ueber die Ruhr.- Augsburg: Rieger 1838. 24 S. 1.6.1838 - Urk: F 64

Diss. Ingolst.-Landsh.-Mchn.

Bauberger, Wilhelm

Bauberger, W., fromme Abenderzählungen, s. Abenderzählungen, fromme.

[—] Fromme Abenderzählungen am Heerde christlicher Familien. Heilige Legenden ... Von d. Verf. d. Beatushöhle. Bd 23.24. — Regensburg: Manz 1843. 8° 4.
12.10691

[—] — 2. Aufl. Bd 1-24. Ebd. 1866-67. 8°
12: V. SS. C. 26 ec. 19.
12.10692

Bauberger, W., s.a. Beatushöhle, die.

-- Die Beatus-Höhle, s.a Jugendschriften, Münchener.

[—] Die Beatushöhle. Eine Erzählung für d. reifere Jugend. 2., verb. Aufl. — Augsburg: Wolff 1833. 262 S. 8°
24.
12.10693

[—] Die Beatushöhle. Eine lehrreiche Erzählung für d. reifere Jugend. — Rottenburg a. N. 1833: Fleischhauer. 203 S. 8°
24.
12.10694

[--] Die Beatushöhle. Schauspiel mit Gesang frei nach d. bekannten gleichnamigen Erzählung für d. Jugend bearb. 2., umgearb. u. verb. Aufl. — Augsburg: Schlosser 1861. 97 S. 8°
19.
12.10720

[—] Die Beatus-Höhle oder Unrecht leiden ist besser denn Unrecht thun. — Reutlingen: Enßlin & Laiblin [1866]. 60 S. 8° (Reutlinger Volksbücher. 75.)
24.
12.10695

— Die Beatushöhle. Eine Erzählung. Neue, illustr. Originalaufl. — Regensburg: Manz [1873]. 263 S. 8°
1: an Ng 11241/10.
12.10696

[—] Die Beatus-Höhle oder Unrecht leiden ist besser denn Unrecht thun. — Reutlingen: Enßlin & Laiblin [um 1880]. 63 S. 8° (Reutlinger Volksbücher.)
29.
12.10697

[—] Die Beatushöhle. Eine Erzählung. Neue, illustr. Originalaufl. — Regensburg: Manz 1885. 263 S. 8°
1: Ng 11450.
12.10698

[—] — 16. Aufl. Ebd. 1887. 252 S. 8°
12: Paed. Pr. 260-8. 19.
12.10699

[—] [Ausz.] Die Beatushöhle. Eine wahre Geschichte aus alter Zeit. — Styrum: Spaarmann [1887]. 16 S. 8° (Neue deutsche Volksbücher. 27.)
1: Ng 25254-27. 11.
12.10719

[–] — Neue, illustr. Originalaufl. Ebd. [1889]. 263 S. 8°
12: Paed. Pr. 263. 19. 207.
12.10700

[-] — München: Seyfried [usw.] [1892]. 182 S. 8° (Katholische Volksbibliothek. 1,67/69.)
12: Paed. Pr. 3868-1,67/69. 19.
12.10701

[—] — Stereot.-Ausg. Reutlingen: Enßlin & Laiblin [1890] 160 S. 8° (Hausschatz deutscher Erzählungen. 855.)
24.
12.10702

(–) — Graz: 'Styria' 1905. IV,126 S. 8° (Volksbücherei. 68. 69.)
303.
12.10703

–– — München: Münchener Volksschriften-Verl. [1905]. 127 S. 8° (Münchener Jugendschriften. 9. 10.)
12: Paed. Pr. 1707 m-9. 10. 19. 207.
12.10704

(––) — (Verf.: Christoph v. Schmid [vielm. Wilhelm Bauberger].) — Reutlingen: Enßlin & Laiblin [1910]. 176 S. 8°
24.
12.10705

Bauberger, Wilh.: Die Beatushöhle. Neu bearb. v. Frz Tschauder. 80. Taus. Neue Ausg. 1—5. Taus. (4, 198 m. Abb. u. 3 Vollbild.) 8° Regensbg, Verl.-Anst. vorm. GJ Manz '13.
1 —; L 1.40 d

(––) Simprecht von Benzenau. Ein Gemälde aus d. Bauernkriege. Mit e. Vorw. d. Verf. d. Beatushöhle. — Augsburg: Kollmann 1844. IV,107 S. 8°
1: Yx 5368. 12: P. o. germ. 77 vb [2 Ex.]
12.10721

– s.a. Bilder aus d. Leben

[-] Bilder aus dem Leben. Eine Reihe von Erzählungen ... Von d. Verf. d. Beatushöhle. 1. — Augsburg: Wolff 1833. 86 S. 8° 1. Die Wildschützen.
12: Paed. Pr. 240. 308.
12.10722

(—) Bilder aus dem Leben. Lektüre für Schule u. Haus ... Von d. Verf. d. Beatushöhle. — Regensburg: Manz 1843. 191 S. 8°
12: Paed. Pr. 252.
12.10723

(—) — 3. Aufl. Ebd. 1868. 189 S. 8°
12: Paed. Pr. 260-3. 19.
12.10724

[—] — 12. Aufl. Regensburg: Nationale Verl. Anst. [1895]. 189 S. 8°
30.
12.10725

– s.a. Blumenspende

[—] Blumenspende für das reiferblühende Alter. Von d. Verf. d. Beatushöhle. — Augsburg: Rieger 1836. 150,II S. 8°
12: Paed. Pr. 243.
12.10726

[—] — 12. Aufl. Regensburg: Nationale Verl. Anst. 1895. 176 S. 8°
30.
12.10727

– s.a. Einsiedler, Der, am Karmel

[-] Der Einsiedler am Carmel. Von d. Verf. d. Beatushöhle. — Augsburg: Rieger 1838. 175 S. 8°
12: Paed. Pr. 245.
12.10728

[-] — 2., verb. Aufl. Regensburg: Manz 1842. 172 S. 8°
12: Paed. Pr. 249. 19.
12.10729

[—] — Neue, illustr. Originalaufl. Ebd. 1874. 238 S. 8°
12: Paed. Pr. 261. 19.
12.10730

– s.a. Elsbeth von Riedhof

[—] Elsbeth vom Riedhof, oder: Die Bauern in Schwaben. (Im Jahre 1525) ... Von d. Verf. d. Beatushöhle. 3. Aufl. Regensburg: Manz 1868. 192 S. 8°
12: Paed. Pr. 260-4. 19.
12.10731

Bauberger, Wilhelm: Die Erdbeeren. Die Macht d. Gebets. Der listige Baumeister, s.a. Zehnpfennigbibliothek, Regensburger.

— Die Erdbeeren. Die Macht des Gebetes. 2 Erzählungen. Der listige Baumeister. Ein Mährchen. 8. Aufl. — Ebd. [1892]. 62 S. 8° (Regensburger Zehnpfennigbibliothek für Volk u. Jugend. 2.)
12: Paed. Pr. 4237-2. 19.
12.10688

— s.a. Erlösung, Die

[–] Die Erlösung. Ein religiöser Harfengesang ... Von d. Verf. d. Beatushöhle. — Regensburg: Manz 1841. 126 S. 8°
12: P. o. germ. 77 v. 19.
12.10732

[—] — Ebd. 1848. 126 S. 8°
1: Yo 3805.
12.10733

Bauberger, W., s.a. Erzählungen und Märchen.

Bauberger, W, d. patriot. Erzählgn a. d. Gesch. Bayerns. 8. (225) Augsb. 55, Lampart u. Co. — 15

Bauberger, W., s.a. Erzählungsschriften.

— Erzählungsschriften. Bd (1)-19. Ebd. (1899-1919). 8
(1.) Die Beatushöhle. 1913.
2. Bilder aus d. Leben. 18. Aufl. [1914.]
3. Szenen u. Gespräche. 15. Aufl. 1918.
4. Das Tal von Almeria. 24. Aufl. [1914.]
5. Die irländische Hütte. 19. Aufl. [1917.]
6. Blumenspende für d. reiferblühende Alter. 17. Aufl. [1912.]
7. Parabeln, Sagen u. Erzählungen. 14. Aufl. [1915.]
8. Der Einsiedler am Karmel. 17. Aufl. [1915.]
9. Erzählungen u. Märchen. 15. Aufl. 1919.
10. Der Kohler aus Valencia. 23. Aufl. [1914.]
11. Die Klausnerin am Karrenberge. 17. Aufl. 1918.
12. Die Negerin in Guayana. 18. Aufl. [1914.]
13. Heinrich von Dinkelsbühl. 18. Aufl. 1919.
14. Die Geschichte von d. Spielern. 16. Aufl. [1912.]
15. Otto von Regensberg. 16. Aufl. 1919.
16. Elsbeth vom Riedhof oder die Bauern in Schwaben im Jahre 1525. 18. Aufl. [1915.]
17. Das schwäbische Wanderlied. 1899.
18. Das wahre Glück. [1899.]
19. Der Jüngling von Nyssa. 2. Aufl. [1905.]
12[∞2/19]:Paed. Pr. 263c. 19[∞1-16]. 101.
12.10690

Bauberger, W. s.a.: Erzählungsschriften, sämmtl. d. Verfassers d. Beatushöhle.

Bauberger, Wilhelm
[—] [Teils.] Sämmtliche Erzählungsschriften d. Verf. d. Beatushöhle. Bd 1-17. — Regensburg: Manz 1851-67. 8°
1. Die Beatushöhle. 1866.
2. Bilder aus d. Leben. 1867.
3. Scenen u. Gespräche. 1867.
4. Das Thal von Almeria. 1866.
5. Die irländieche Hütte. 1867.
6. Blumenspende. 1864.
7. Parabeln, Sagen u. Erzählungen. 1866.
8. Der Einsiedler am Carmel. 1853.
9. Erzählungen u. Mährchen. 1867.
10. Der Köhler aus Valencia. 1853.
11. Die Klausnerin am Karrenberge. 1865.
12. Die Negerin in Guayana. 1866.
13. Heinrich von Dinkelsbühl. 1867.
14. Die Geschichte von d. Spielern. 1864.
15. Otto von Regensberg. 1867.
16. Elsbeth vom Riedhof, oder: Die Bauern in Schwaben. 1851.
17. Idda von Tokenburg. 1866.
Die einzelnen Bände sind teilweise in abweichender Aufl. u. mit abweichenden Erscheinungsjahren vorhanden.
12:Paed. Pr. 258. 19. 38 [∞1/7.9.11/17].
12.10687

– s.a. Geschichte, Die, von den Spielern

(—) Die Geschichte von den Spielern. Ein Sittengemälde. Von d. Verf. d. Beatushöhle. — Regensburg: Manz 1844. 168 S. 8° 1:Yx 4931. 12:Mor. 87h. 19.
12.10734

(—) — 4. Aufl. Ebd. 1868. 163 S. 8° 12:Paed. Pr. 260-1. 19.
12.10735

-- Das wahre Glück. Eine Erzählung fürs Volk. — Regensburg: Nationale Verl. Anst. 1899. 159 S. 8°
12:Paed. Pr. 264.
12.10736

– das Hahnenweiblein. Der Holzhacker u. sein Sohn. Der Pelzrock. Der leichtsinnige Erbe, s.a. Zehnpfennigbibliothek, Regensburger.

— Das Hahnenweiblein. Der Holzhacker und sein Sohn. Der Pelzrock. Der leichtsinnige Erbe. — Ebd. [1893]. 61 S. 8° (Regensburger Zehnpfennigbibliothek für Volk u. Jugend. 18.) 19.
12.10689

– s.a. Heinrich von Dinkelsbühl

(–) Heinrich von Dinkelsbühl. Eine Erzählung ... Von d. Verf. d. Beatushöhle. — Regensburg: Manz 1842. 191 S. 8° 12:Paed. Pr. 250. 19.
12.10737

[—] — 2. Aufl. Ebd. 1865. 175 S. 8° 12:Paed. Pr. 257. 19.
12.10738

(——) die irländische Hütte s.a. Hütte.

[--] Die irländische Hütte. Eine Erzählung ... Von d. Verf. d. Beatushöhle. — Augsburg: Rieger 1835. IV,162 S. 8°
12:Paed. Pr. 241. 24.
12.10741

[--] — 3. Aufl. Ebd. 1840. 160 S. 8° 12:Paed. Pr. 247. 19.
12.10742

[-] -- 3., verb. Aufl. Regensburg: Manz 1864. 159 S. 8°
12:Paed. Pr. 255. 19.
12.10743

[ ] -- 5., verb. Aufl. Ebd. 1869. 159 S. 8°
12:Paed. Pr. 260-2. 19.
12.10744

[-] -- 8. Aufl. Ebd. 1881. 159 S. 8° 308.
12.10745

—— Idda v. Tokenburg s.a. Idda v. Tokenburg.

(—) Idda von Tokenburg. Eine rührende Geschichte aus d. Ende d. 12. u. Anfang d. 13. Jahrhunderts ... Von d. Verf. d. Beatushöhle. — Regensburg: Manz 1866. 183 S. 8°
12:Paed. Pr. 259. 19.
12.10746

(—) — 2. Aufl. Ebd. 1869. 183 S. 8°
12:Paed. Pr. 260-7. 19.
12.10747

[--] Itha von Toggenburg. Eine rührende Geschichte aus d. Mittelalter ... 6. Aufl. — Reutlingen: Enßlin & Laiblin [um 1875]. 62 S. 8° (Reutlinger Volksbücher.) 29.
12.10748

[—] — Stereot. Ausg. Ebd. [um 1890]. 62 S. 8° (Neue Volksbücher. 79.) 300:420.734-A. 79.
12.10749

[—] Idda von Tokenburg. Eine rührende Geschichte aus d. Ende d. 12. u. Anfang d. 13. Jahrhunderts. Von d. Verf. d. Beatushöhle. — Regensburg: Nationale Verl. Anst. [1896]. 183 S. 8° (Regensburger Zehnpfennigbibliothek für Volk u. Jugend. 98/100.)
12:Paed. Pr. 4237-98/100. 19.
12.10750

Bauberger, Wilhelm
-- Der Jüngling von Nyssa. Eine Erzählung aus d. 1. Jahrhundert christlicher Zeitrechnung. — Regensburg: Nationale Verl. Anst. 1899. 155 S. 8° 12:Paed. Pr. 265.
12.10751

– s. Klausnerin, Die

–s.a. Köhler, Der, aus Valencia

[ ] Der Köhler aus Valencia. Eine Erzählung ... Von d. Verf. d. Beatushöhle. — Augsburg: Rieger 1839. IV,202 S. 8° 12:Paed. Pr. 246 [2 Ex.]
12.10752

[--] -- 2. Aufl. Ebd. 1841. IV,212 S. 8° 19.
12.10753

[—] — 3., verb. Aufl. Regensburg: Manz 1864. 189 S. 8°
12:Paed. Pr. 256. 19.
12.10754

[—] — Neue, illustr. Originalaufl. Ebd. [1874]. 236 S. 8°
1:Ng 11800.
12.10755

(——) Myrtha, s. Myrtha.

Bauberger, W., s.a. Negerin, Die, von Guyana

[—] Die Negerin von Guyana. Eine Geschichte aus d. nördlichen Südamerika ... Von d. Verf. d. Beatushöhle. — Regensburg: Manz 1841. 164 S. 8° 308.
12.10758

(—) — 4. Aufl. Ebd. 1868. 159 S. 8° 12:Paed. Pr. 260-6. 19.
12.10759

– s. Otto von Regensberg

Bauberger, Wilhelm, s.a. Parabeln

[—] Parabeln, Sagen und Erzählungen ... Von d. Verf. d. Beatushöhle. 3. Aufl. — Regensburg: Manz 1868. 191 S. 8°
12:Paed. Pr. 260-5. 19.
12.10760

—— der Patriot. Oder Erzählungen aus der Geschichte Bayerns und seines uralten, erhabenen Herrscherhauses. Ein vaterländ. Lesebuch für Schule und Haus. 8. (IV und 225 S.) Augsburg 855, Lampart und Comp. (Leipzig, Hübner.)

— Der Patriot oder Erzählungen aus der Geschichte Bayerns und seines uralten, erhabenen Herrscherhauses. Für Jugend u. Volk, Schule u. Haus. 2. Ausg. — (Augsburg: Lampart 1857); [übergekl.:] Regensburg: Manz 1874. 225 S. 8°
107.
12.10761

— Kurzer Rath, wie man sich bei der bevorstehenden Gefahr der Cholera-Krankheit zu benehmen habe. — Augsburg: Wolff 1832. 31 S. 8°
12:Path. 1423-3. 308.
12.10763

— Das Räthsel oder der Narr des Königs. Historisches Original-Lustspiel. — Augsburg 1857: Geiger. 107 S. 8°
30. 300:024.857-B.Th.
12.10762

[—] Die heilige Sage ... Von d. Verf. d. Beatushöhle. Bd 2-7. Augsburg: Rieger 1836-38. 8°
12:V. SS. C. 26e.
12.10764

Bauberger, Wilhelm: Die heilige Sage, s.a. Sage

[—] — Bd 1-22. Regensburg: Manz 1843-46. 8°
12:V. SS. C. 26 f.
12.10765

[—] Fromme Sagen und Erzählungen für die Jugend. Von d. Verf. d. Beatushöhle. — Donauwörth: Veith 1836. 188 S. 8°
12:Paed. Pr. 214.
12.10766

– s. Simprecht von Benzenau

— s.a. Scenen u. Gespräche

[—] Szenen und Gespräche. Von d. Verf. d. Beatushöhle. — Regensburg: Manz 1843. 191 S. 8°
12:Paed. Pr. 253. 19.
12.10767

(——) das Thal v. Almeria, s.a. Thal.

[—] Das Thal von Almeria. Eine Erzählung ... Von d. Verf. d. Beatushöhle. — Augsburg: Rieger 1834. VI, 146 S. 8°
24. 32.
12.10768

[—] — 2. Aufl. Ebd. 1835. 154 S. 8°
12:Paed. Pr. 242 [2 Ex.]
12.10769

[—] — 3. Aufl. Ebd. 1838. 154 S. 8°
12:Paed. Pr. 247/2. 19.
12.10770

[—] — 11., verb. Aufl. Regensburg: Manz 1881. 149 S. 8°
308.
12.10771

[—] — München: Seyfried [usw.] [1893]. 190 S. 8° (Katholische Volksbibliothek. 1,85/87.)
12:Paed. Pr. 3868-1,85/87. 19.
12.10772

— s.: Tolenburg, Idda v.

BAUBERGER, Wilhelm (Thannhausen): Medicinisch-topographischer Überblick über den Gerichtsbezirk Thannhausen an der Mindel und seine Umgebung m. bes. Berücks. geschichtlicher Notizen über das Gedeihen der Vaccination in demselben. - Augsburg: Wolff 1830. 30 S.
9.8.1830 - Urk (Titel: Über das Gedeihen der Vaccination im Gerichtsbezirk Thannhausen.); F 39
Diss. Ingolst.-Landsh.-Mchn.

[—] Dramatische Unterhaltungen für die reifere Jugend. Von d. Verf. d. Beatushöhle. 1. — Augsburg: Rieger 1834. 40 S. 8°
1. Myrtha. Ein Hirtenschauspiel mit Gesang.
12:Paed. Pr. 240 d.
12.10775

— Das schwäbische Wanderlied. Eine Erzählung. — Regensburg: Manz 1899. IV, 159 S. 8°
12:Paed. Pr. 265c.
12.10776

— d. schwäbische Wanderlied. E. Erzählg. f. d. reif. Jug. 8. (IV, 160 S. m. 2 Ill.) Regensburg 899. Nationale Verlagsanstalt. 1. —; geb. n. 1. 35

– sämmtliche Werke, s.a. Werke des Verfassers der Beatushöhle.

Bauberger, Wilhelm: [Werke] Sämmtliche Werke d. Verf. d. Beatushöhle [d. i. Wilhelm Bauberger]. Bd 1-55. — Regensburg: Manz 1842-48. 8°
1.2. Die Beatushöhle. 1842.
3.4. Bilder aus d. Leben. 1843.
5.6. Szenen u. Gespräche. 1843.
7.8. Das Thal von Almeria. 1844.
9.10. Die irländische Hütte. 1846.
11.12. Blumenspende. 1847.
13-36. Die heilige Sage. 1-24. 1843-46.
37.38. Parabeln, Sagen u. Erzählungen. 1847.
39.40. Der Einsiedler am Carmel. 1842.
41.42. Erzählungen u. Mährchen. 1843.
43.44. Der Köhler aus Valencia. 1846.
45.46. Die Klausnerin vom Karrenberge. 1848.
47. Die Erlösung. 1848.
48.49. Die Negerin in Guayana. 1848.
50.51. Heinrich von Dinkelsbühl. 1842.
52.53. Die Geschichte von d. Spielern. 1844.
54.55. Otto von Regensberg. 1845.
Einzelne Bände liegen in späterer Auflage vor.
12:Paed. Pr. 251. 19.
12.10686

(——) die Wildschützen, s.a.: Bilder a. d. Leben.

– die Wildschützen. Der arme Holzhacker u. der reiche Geizhals s.a. Zehnpfennigbibliothek, Regensburger.

— Die Wildschützen. Eine Erzählung. Der arme Holzhacker und der reiche Geizhals. Ein Mährchen. 8. Aufl. — Regensburg: Manz [1892]. 62 S. 8° (Regensburger Zehnpfennigbibliothek für Volk u. Jugend. 1.)
12:Paed. Pr. 4237-1. 19.
12.10777

Bauberger, W., s. Zehnpfennigbibliothek, Regensburger.

Baubericht. —
Baubericht über die technischen Anlagen für das Königliche Astrophysikalische Observatorium auf dem Telegraphenberg bei Potsdam ... Mit e. Vorw. durch P. Spieker. Berlin: Ernst & Korn 1879. IV, 6 S. 2°
1:2° Ol 6715. 2→10. 12:2° Astr. U. 50a. 20. 21.
12.10778

Baubericht der Eisenbahnverwaltung nebst den Rechenschaftsberichten über die Verwendung der extraordinären Dispositionsfonds dieser Verwaltung. [Bis 1879 u. d. T.: „Stand und Fortgang der Staatseisenbahnbauten"; 1879/80 —1897/98: „Bericht über die Bauausführungen und Beschaffungen der Eisenbahnverwaltung".] Jg. 1875—1906/07. Berlin, 1876—1908.

Verein f. d. Herstellung u. Ausschmückung d. Marienburg Wpr. Bau- und Geschäftsbericht der Schloßbauverwaltung. Vom 1. Okt. 1905 bis 1. Okt. 1908. Danzig 1908: Kafemann. 13 S. 4°
Forts s.: Nachrichten d. kgl. Schloßbauverwaltung zu Marienburg Westpr.
A11.1970 10

Baubericht, Kurzerbaulicher kurzer, wenn auch nicht officiell, so doch nach den besten Quellen bearbeitet. Hamburg 1891. V: *Wiebe, Carl.* (wolfstieg I, 538)

Statistischer Bau-Bericht über den Bau des Forts Hensel (Talsperre bei Malborgeth) in den Jahren 1881 bis 1883. [Wien] 1888: k. k. t. u. a. Militär-Comité. 41 S., 8 Taf. 4° (Fortificatorische Bauten. 4.)
Text lithographiert.
302. 304.
12.10779

Statistischer Bau-Bericht über den Bau der fortificatorischen Objecte in der Krivošije in den Jahren 1882 und 1883. — [Wien] 1885: k. k. t. & a. Mil.-Comité. II, 48 S., 19 Taf. 4° (Fortificatorische Bauten. 3.)
Text lithographiert.
302. 304.
12.10780

Bau-Berichte (II—7a), Statistische, über ausgeführte Militär-Hochbauten. Heft I—VI, Nr. 1—31. (Mit 96 Taf) (6 Bde.)
4. Wien 1875—1882.

Baubeschreibung. — Kaiser Wilhelm-Kanal. Erweiterungsbau. Baubeschreibung zu den Bauten einer Arbeiterbarackenanlage. — o.O. (1908). 6 S.,3 Pl. 4° 90.
12.10781

K. k. Staatseisenbahn-Verwaltung. Baubeschreibung für einen neuen Bodensee-Dampfer der k. k. österreichischen Staatsbahnen. — Innsbruck : K. k. österreichische Staatsbahnen 1909. 20 S. 4° 304.
12.10782

Kaiser Wilhelm-Kanal. Erweiterungsbau. Bauamt II. Baubeschreibung zu der Einzel-Baracke. — o.O.[1908]. 5 S.,4 Pl. 4° 90.
12.10783

Baubeschreibung (des neuen Gymnasialgebäudes zu Kattowitz). Vom Bauamt d. Stadt Kattowitz. (Taf. 3 unterzeichnet: Weiss [Stadtbaurat].) *Kattowitz 1901: Gebr. Böhm.* (S. 17—20.) 4°
Kattowitz, st. G, OP 1901 (204)

Baubeschreibung des bosn.-herceg. Landesspitales in Sarajevo. Hrsg. von d. Landesregierung für Bosnien u. d. Hercegovina. — Wien: Šafář 1898. 31 S.,12 Taf. 4°
Aus: Jahrbuch d. bosn.-herceg. Landesspitales. 1894-96.
17. 302.
12.10784

Baubeschreibung des 'Olympion'. 1897
s. *Baumann*, Ludwig.

Baubeschreibung der Realschule in der Neustadt zu Bremen. S. 20 bis 39. 4. [Die Hochbauinspektion II.]
Progr. Realschule in der Neustadt *Bremen* 1910

Baubestimmungen. — Allgemeine Baubestimmungen. Nr 3-90. — Berlin: Reichs-Marine-Amt 1906-12. 8°
86.
12.10785

Baubestimmungen für Schrevenborn, Gesellschaft mit beschränkter Haftung. (Mit 1 Karte.) o. O. u. J. (1903?) Fol.

Baubuch gemäss d. Bestimmgn d. Gesetzes üb. d. Sicherg d. Bauforderg n. 9. Afl. (30, 4 u. Text auf d. Umschl.) 33×21 cm. Tüb. ('11). Stuttg., W Kohlhammer. 1.50

Baucapital, Das, für die Gotthardsbahn . . . [Zürich 1866.] V: *Widmer Carl.* (BSchwLk V 9 b)

Bauch, Geschichte des Leipziger Frühhumanismus, s. Bauch, Gustav

Bauch, Albert: Die Psychologie Arthur Schopenhauer's, dargestellt als Lehre von den Motiven. *Zwickau 1902: C. A. Günther Nachf.* (64 S.) 8°
Leipzig, Phil. Diss. v. [2. Juli] 1902

Bauch, Alfred: 'Barbara Harscherin', Hans Sachsens zweite Frau. — Nürnberg: Raw 1896. 112 S. 8°
1: Av 9727/39. 3. 7. 10. 11. 12: Biogr. 1021 ef. 14→17. 22. 23. 24. 29. 30. 34. 75. 117. 302.
12.10800

Bauch, Alfred [aus Laskowitz bei Ohlau]: Die Markgrafen Johann I. und Otto III. von Brandenburg in ihren Beziehungen zum Reich. 1220--1266/67 .... Breslau, Ed. Trewendts Buchdr., 1885; VI + 42 S. 8°.
Breslau, Phil. Fak., Inaug.-Diss. v. 14. Okt. 1885.

Bauch, Alfred, die Markgrafen Johann I. und Otto III. von Brandenburg in ihren Beziehungen zum Reich. 1220—1266/67. Diss. Breslau 1885, Wilhelm Koebner. 8°. VI, 42 S.

— Die Markgrafen Johann I. und Otto III. von Brandenburg in ihren Beziehungen zum Reich. 1220-1267. Anh.: Reichslegat Gebhard von Arnstein, ein Brandenburger im Dienste Kaiser Friedrichs II. Die Initiative zur Wahl Richards von Cornwall zum römischen König. — Breslau: Trewendt 1886. VIII,158 S. 8°
Erschien teilweise auch als Diss. Breslau 1885.
1: St 3500. 2. 3. 7. 9. 11. 12: J. publ. G. 42 m. 14. 16. 21. 23. 24. 26. 28. 29. 34. 35. 38. 41. 109. 203. 208. 300: 47.771-B. 302. 304.
12.10801

Bauch, Bruno
— s: Zum 70. Geburtstag Otto Liebmanns.

Bauch, Bruno, s.a. Zu Kants Gedächtnis

Bauch, Bruno: Gesch. d. Philosophie. s.: Sammlung Göschen 394.

Bauch, Bruno: Gesch. d. Philos., s: Sammlung Göschen 536.

Geschichte der Philosophie. Von Dr. Bruno **Bauch**, Privatd. 4. Leipzig: Goschen 1908. 8°
(Sammlung Göschen 394) In. 15/09

Bauch, Bruno, aus Groß-Nossen i. Schl.: Glückseligkeit und Persönlichkeit in der kritischen Ethik. *Freiburg i. B. 1902: Ch. Lehmann's Nachf.* (VI, 101 S.) 8°
Freiburg i. B., Phil. Diss. v, 1902

— Glückseligkeit und Persönlichkeit in der kritischen Ethik. — Stuttgart: Frommann 1902. VI,101 S. 8°
Zugleich Diss. Freiburg 1901.
14. 15. 16. 26. 38. 41. 107. 207.
12.10812

Bauch, Bruno (Hrsg.), s. Kantstudien.

- - Luther und Kant. — Berlin: Reuther & Reichard 1904. VI,191 S. 8°
Erweitert aus: Kant-Studien. 9.1904.
Zugleich Univ.-Schrift. Halle 1903.
1: Cn 8168. 2→5. 7→11. 12: Ph. Pr. 103 o. 16. 17. 18. 20. 21. 26. 27. 29. 30. 31. 35. 41. 46. 51. 64. 90. 302.
12.10823

— Neuere Philosophie bis Kant. — Leipzig: Göschen 1908. 173 S. 8° (Geschichte d. Philosophie. 4.) (Sammlung Göschen. 394.) 1: Ag 7216/10-394. 11. 12: Var. 323-394. 14. 15. 17. 18. 19. 24. 26. 27. 28. 30. 31. 38. 44. 52. 60. 62. 79. 107. 207. 302.
12.10827

Bauch, Bruno, Dr. phil.: Vom **Princip** der **Moral** bei **Kant.** *Halle a. S. 1903: C. A. Kaemmerer & Co.* (22 S.) 8° ¶(Erscheint vollst. in: Kantstudien, Bd 9., sowie auch separat bei Reuther & Reichard in Berlin u. d. Titel 'Luther und Kant').
Halle, Phil. Hab.-Schr. v. 19. Nov. 1903

— Schiller u. seine Kunst in ihrer erzieherischen Bedeutung f. unsere Zeit, s.a.: Magazin, pädagogisches. 263. Hft.

Schiller und seine Kunst in ihrer erzieherischen Bedeutung für unsere Zeit. Festrede, geh. bei d. Schiller-Gedenkfeier d. Stadt Halle a. S. 1905. Von Dr. Bruno **Bauch**, Privatd. Langensalza: H Beyer & Söhne 1905. (15 S.) 8°
= **Magazin**, Pädagogisches. H. 263. [illegible]

— s.: Schiller als Philosoph.

— Studien z. Philos. d. exakten Wissensch. (8, 262) 8° Heidelbg. Carl Winter '11. 5 —: geb. n 6 —

— Das Substanzproblem in der griechischen Philosophie bis zur Blütezeit. — Heidelberg: Winter 1910. XI,265 S. 8°
1: Nk 5854. 2→6. 8→11. 12: Ph. Sp. 56 n. 14. 15. 16. 18→21. 24→28. 30. 38. 39. 41. 84. 211. 300: 472.854-B. 302. 303.
12.10835

Bauch, C., die Agende für die evangel. Kirche in den Königl. Preuß. Landen, mit besond. Bestimmungen für Schlesien u. die gegen sie erhob. Bedenken beleuchtet nach der Bibel, nach den luther. Bekenntnißschriften und den älteren Agenden. gr. 8. Brieg 837. (Breslau, Graß, Barth u. Comp.) n. 1/2 ₰

Bauch, C.: Die Agende für die evangelische Kirche in den Königl. Preuß. Landen ... und die gegen sie erhobenen Bedenken beleuchtet. — Brieg [1837]: Falch. VI,189 S. 8°
1: Sy 6288. 2.
12.10837

Bauch, Christian: Des vortrefflichen Heil- und Gesund-Brunnens zu Bielfeld neuere Beschreibung und vorlaeuffiger Bericht von dessen Mineralien, Krafft und Würckung, auch ordentlichem Gebrauch und dabey erforderter Diaet. — Bielfeld 1707: Tränkner. 31 S. 8° 23.
12.10838

Bauch, E.
— u. V Bury: Luthers kl. Katech., f. Schule, Kirche u. Haus erklärt. (152) 8° Bresl., F Hirt '03. Geb. — 75 d

Bauch, E., u. B. Bury. Dr. Martin Luthers kleiner Katechismus, f. Schule, Kirche u. Haus erklärt. 2., durchgeseh. Aufl. (152 S.) 8. Breslau 906. F. Hirt. Geb. n. — 75

Bauch, E.: Die Mitwirkung der Volksschullehrer bei d. Ausführung d. preuß. Gesetzes üb.d. Fürsorgeerziehung etc. (u.a. sozialpädagog. Schriften), s. Bauch, Emil

Bauch, E., Religionsbuch f. evangelische Schulen d. Provv. Ost- u. Westpreußen, enth. den gesamten religiösen Unterrichtsstoff. Auf Grundlage der biblischen Historien v. Woike-Triebel bearb. Mit Titelbild u. 2 (farb.) Karten zur bibl. Geschichte. 2. unveränd. Abdr. (XV, 240 S.) gr. 8. Breslau 908. F. Hirt. Geb. 1. —

Bauch, Eduard: Epaminondas und Thebens Kampf um die Hegemonie. — Breslau: Max 1834. VIII,84 S. 8°
1: Uh 2476. 2. 7. 10. 12: H. ant. 32i. 18. 21. 29. 41. 48. 300: 38.172-B. 302. 304.
12.10839

Bauch, Emil
— Die Mitwirkung der Volksschullehrer bei der Ausführung des preußischen Gesetzes über die Fürsorgeerziehung Minderjähriger vom 2. Juli 1900. — Langensalza: Greßler 1902. 52 S. 8° 1: Fd 10916. 3. 47. 207.
12.10840

Bauch, E., die Mitwirkung der Volksschullehrer bei der Ausführung des preuß. Gesetzes üb. die Fürsorgeerziehung Minderjähriger vom 2. VII. 1900. 8. (IV, 52 S.) Langensalza 902. Schulbuchh. Kart. — 60

Bauch, E., Reichsgesetz, betr. die Kinderarbeit in gewerblichen Betrieben, vom 30. III. 1903 (Kinderschutzgesetz), nebst den dazu ergangenen Bekanntmachungen des Bundesrats u. den f. Preußen erlassenen Ausführungsbestimmungen. Für Lehrer, Geistliche, Schulinspektoren u. Behörden. Dargestellt u. erläutert. (VIII, 125 S.) 8. Potsdam 906. A. Stein. n. 2. 50; geb. n. 3. —

— Sittlichkeit u. Volkserziehung. Vortrag, geh. auf der XII. allgemeinen Konferenz der deutschen Sittlichkeitsvereine in Stettin, am 1. X. 1900. gr. 8. (36 S.) Berlin 901. (Leipzig, H. G. Wallmann.) n. — 50

— Sittlichkeit und Volkserziehung. Vortrag. — Berlin: Geschäftsstelle d. deutschen Sittlichkeitsvereine 1901. 36 S. 8° 1: Fb 4870. 2→10. 12: Mor. 1221 a. 15. 16. 17. 19. 20. 21. 25. 26. 27. 29.
12.10841

Bauch, Emil [aus Lodz in Russland]: Ueber moleculare Umlagerungen des Monojod-m-Xylols und Dijod-m-Xylols mit Schwefelsäure. . . . Rostock, Univ.-Buchdr. v. Adler's Erben, 1891: 43 S. 8°
Rostock, Phil. Fak., Inaug.-Diss. v. 13. Mai 1891

— wie kann der Lehrer durch Unterricht u. Erziehung auf die Willensrichtung u. Willenskraft seiner Schüler einwirken?, s.a. Abhandlungen, pädagogische. N. F. X. 12.

— Wie kann der Lehrer durch Unterricht und Erziehung auf die Willensrichtung und Willenskraft seiner Schüler einwirken? Von G. [!] Bauch. — Bielefeld: Helmich [1905]. 28 S. 8° (Pädagogische Abhandlungen. N. F. 10,12.)
1: Nc 3973-N. F. 10,12. 6. 12: Paed. Th. 5a-10. 18. 84. 207. 309.
12.10842

Bauch, F.: Die Rechtsform der Kartelle, s. Bauch, Fritz

Bauch, Fridericus Julius (Theaenus) *(geb Laskowitz bei Ohlau 19 4 1804)*: De polypis antri maxillaris Vratislaviae (1830). (54 S., 2 Taf.) 8°
Breslau, Med Diss v 25 Jan 1830

Bauch, Fritz, Referendar am Großherzogl. Sächs. Amtsgericht Gerstungen: Die dem Käufer und dem Verkäufer bei einem Quantitätsmangel der Kaufsache zustehenden Ansprüche. Weimar 1906: F. Roltsch. (IV, 55 S.) 8°
Jena, Jur. Fak., Ref. Thon, Diss. v. 23. März 1906
[Geb. 13. Dez. 82 Weimar; Wohnort: Weimar; Staatsangeh.: Sachsen-Weimar; Vorbildung: Gymn. Weimar Reife M. 02; Studium: Leipzig 1, Jena 2, Leipzig 2, Jena 1 S.; Rig. 23. März 06.]

Bauch, F., Rechtsform der Kartelle s.a. Abhandlungen d. Seminars zu Jena VII, 1.

Bauch, Fritz, Dr. jur., Referendar am Großherzogl. S. Landgericht Weimar: Die Rechtsform der Kartelle. Jena: G. Fischer 1908. (36 S.) 8° ¶ (Erscheint vollst. in: „Abhandlungen d. Staatswissenschaftl. Seminars" Bd 7 H. 1.)
Jena, Phil. Fak., Ref. Pierstorff, Diss. v. 10. Aug. 1908
[Geb. 13. Dez. 82 Weimar; Wohnort: Weimar; Staatsangeh.: Sachsen-Weimar; Vorbildung: Gymn. Weimar Reife O. 02; Studium: Leipzig 3, Jena 3 S.; Rig. 1. Juni 07.]

Bauch, Fritz: Die Rechtsform der Kartelle. — Jena: G. Fischer 1908. 85 S. 8° (Abhandlungen d. staatswissenschaftlichen Seminars zu Jena. 7,1.)
Erschien teilweise auch als Diss. Jena 1908.
1: F 573-7,1. 4. 11. 12: Cam. 3 ow-7,1. 14→17. 21. 25. 27. 30. 35. 38. 47. 86. 88. 201. 203. 205. 206. 208. 300: 442.114-B. 7,1. 302. 303.
12.10843

Bauch, G. s. *Bauch*, Emil.

Bauch, Gustav [Hrsg.] s. Acten und Urkunden der Universität Frankfurt a.O. 1897-1906 u.ö.

Bauch, Gustav [Oberl. Dr.]: Rudolphus Agricola Junior. E. Beitr. z. Gesch. d. Humanismus im deutsch-polnisch-ungar. Osten. Breslau, Druck v. Grass, Barth & C., *1892*; 38 S. 8.
Breslau, st. ev. HB II, OP 1892 (221)

Bauch, Gust., s.: Akten u. Urkunden der Universität Frankfurt a. O.

Bauch, Gustav: Aktenstücke zur Geschichte des Breslauer Schulwesens im XVI. Jahrhundert. *Breslau (1898): Graß, Barth & C.* (48 S.) 8°
Breslau, ev. R II, OP 1898 (233)

— Analekten zur Biographie des Johann Heß. [1.]2. — Liegnitz 1903-04. 8°
Aus: Correspondenzblatt d. Vereins für Geschichte d. evangelischen Kirche Schlesiens. 8.9. 1903-04.
41.
12.10844

— die Anfänge der Universität Frankfurt a. O., s.a. Texte u. Forschungen zur Geschichte d. Erziehung u. des Unterrichts in d. Ländern deutscher Zunge. III.

— Die Anfänge der Universität Frankfurt a. O. und die Entwicklung des wissenschaftlichen Lebens an der Hochschule (1506-1540). — Berlin: Harrwitz 1900. 179 S. 8° (Texte u. Forschungen zur Geschichte d. Erziehung u. d. Unterrichts in d. Ländern deutscher Zunge. 3.)
1: Nc 7831/50-3. 2→11. 12: Paed. Th. 5760-3. 14→22. 24. 25. 26. 28→32. 38. 39. 41. 44. 45. 47. 203. 303.
12.10845

— die Anfänge des Humanismus in Ingolstadt, s.a. Bibliothek, historische. 13. Bd.

Die Anfänge des Humanismus in Ingolstadt. Eine litterar. Studie z. deutschen Universitätsgesch. Von Dr. Gustav **Bauch**, Prof. *München & Leipzig: R. Oldenbourg 1901.* (XIII, 115 S.) 8° [F.]
— Bibliothek, Historische. Bd 13. [01. 696]

— Laurentius Corvinus, der Breslauer Stadtschreiber und Humanist. Sein Leben u. seine Schriften. 8°
Aus: Zeitschrift d. Vereins für Geschichte u. Alterthum Schlesiens. 17. 1883.
14. 41.
12.10847

Bauch, Gustav v. (Hrsg.), s. Decanatsbuch, Das älteste, der Philos. Fakultät . . .

Bauch, Gustav, Dr., Prof.: Drei Denkmäler zur älteren schlesischen Schulgeschichte. Mit einem Anh.: Rede Hieronymus Gürtlers für die Brüder-Schule in Culm 1531. *Breslau (1901): Grass, Barth & Co.* (31 S.) 8°
Breslau, ev. R II, OP 1901 (239)

— die Einführung der Melanchthonischen Declamationen u. andere gleichzeitige Reformen an der Universität zu Wittenberg. Aus den Akten des Weimarer Gesamtarchivs mitgeteilt. gr. 8. (24 S.) Breslau 900. (M. & H. Marcus.) n. — 80

— Die Universität Erfurt im Zeitalter des Frühhumanismus. Breslau: Marcus 1904. XI,250 S. 8°
1: Ay 22849. 2→11. 12: H. lit. P. 33 gic. 14→22. 24→30. 32. 35. 36. 38. 39. 41. 43. 44. 46. 75. 78. 117. 169. 203. 208. 300: 434.505-B. 302.
12.10810

Bauch, G, Universität Frankfurt, siehe Akten.

— Geschichte des Leipziger Frühhumanismus m. besond. Rücksicht auf die Streitigkeiten zwischen Konrad Wimpina u. Martin Mollerstadt, s.a. Centralblatt f. Bibliothekswesen. Beihefte XXII.

— Geschichte des Leipziger Frühhumanismus mit bes. Rücksicht auf d. Streitigkeiten zwischen Konrad Wimpina u. Martin Mellerstadt. — Leipzig: Harrassowitz 1899. 194 S. 8° (Centralblatt für Bibliothekswesen. Beih. 22.)
1: Ao 49-22 [u.] Ao 49a-22. 2→11. 12: N. libr. 57 da-22. 14→21. 23→36. 38. 39. 41. 43→48. 51. 52. 61. 66. 75. 78. 79. 82. 90. 106. 109. 111. 117. 121. 123. 203. 207. 208. 300: 393.197-B. H. Beih. 22. 302→304. 308. 309.
12.10850

— Gesch. d. Breslauer Schulwesens vor d. Reformation s.a. Codex diplomaticus Silesiae.

— Geschichte des Breslauer Schulwesens vor der Reformation. — Breslau: Hirt 1909. XII,313 S. 4° (Codex diplomaticus Silesiae. 25.)
1: 4° Ta 618-25. 2→11. 12: 4° Bor. 11 p-25. 14→21. 23→30. 33→36. 38. 39. 41. 43. 44. 46. 48. 60. 106. 169. 203. 207. 208. 211. 300: 173.503-C. 25. 302→304.
12.10851

— Der Begründer der Goldberger Particularschule Hieronymus Gürtler von Wildenberg. — Breslau 1895. 42 S. 8°
Aus: Zeitschrift d. Vereins für Geschichte u. Alterthum Schlesiens. 29. 1895.
2. 12: Biogr. 484 r. 14. 38. 41. 43. 75. 102.
12.10853

Bauch, Gustav, Prof. Dr.: Aus dem Hausbuche des Goldberger Lehrers Zacharias Bart. 1529—1612. Familien- und Schulnachrichten. Breslau 1907: Grass, Barth & Comp. (38 S.) 8°
Breslau, ev. R II OP 1907 (276)

— Dr. Johann Henckel, der Hofprediger der Königin Maria von Ungarn. — Budapest: Kilian 1884. 31 S. 8°
Aus: Ungarische Revue. 4. 1884. 1: 3 in At 6950. 2. 41.
12.10854

— Ueber die Historia Romana des Paulus Diaconus. — Göttingen: Peppmüller 1873. 75 S. 8°
Zugleich Diss. Göttingen 1873. 1: Px 52. 14. 16. 17. 19. 21. 24. 27. 30. 35. 41. 203. 300: 64.812-B. 302.
12.10855

Bauch, Gust., Aus dem ersten Jahrhundert der Universität und die ältesten Dekanatsbücher der Juristen und der Mediziner. Breslau 1906. 8°.
Festschrift zur 400jähr. Jubelfeier d. Univ. Frankfurt a. O. 26. April 1906 (Akten u. Urkunden d. Univ. Frankfurt a. O. H. 6.)

— Zu Krautwald, Witiger und Schleupner. — Liegnitz 1904. S.144-145. 8°
Aus: Correspondenzblatt d. Vereins für Geschichte d. evangelischen Kirche Schlesiens. 9. 1904.
41.
12.10856

— Der humanistische Dichter George von Logau. Ein Beitrag zur Literaturgeschichte d. schlesischen Humanismus. Nach einem ... Vortrage. — (Breslau [1896].) 29 S. 8°
Aus: Jahresbericht d. Schlesischen Gesellschaft für vaterländische Cultur. 73. 1896.
2. 14. 41. 44. 169. 300: 98.109-B.
12.10857

— Die Nürnberger Poetenschule. 1496-1509. — [Nürnberg 1901.] 64 S. 8°
Aus: Mitteilungen d. Vereins für Geschichte d. Stadt Nürnberg. 14. 1901.
41.
12.10858

Die Reception des Humanismus in Wien. Eine litterar. Studie z. deutschen Universitätsgesch. Von Dr. Gustav Bauch, Prof. *Breslau: M. & H. Marcus 1903.* (VIII, 176 S.) 8° [03. 9?? 3]

— Ein Satyrvorspiel zur Gründung der Ludoviciana. — [Darmstadt 1909.] S.424-464. 8°
Aus: Archiv für hessische Geschichte u. Altertumskunde. N. F. 6. 1909.
41.
12.10860

— Ritter Georg Sauermann, der erste adelige Vorfahr der Grafen Saurma von Jeltsch. — Breslau 1885. 40 S. 8°
Aus: Zeitschrift d. Vereins für Geschichte u. Alterthum Schlesiens. 19. 1885.
2. 22. 41.
12.10861

— Deutsche Scholaren in Krakau in der Zeit der Renaissance. 1460 bis 1520. — Breslau: Marcus in Comm. 1901. 80 S. 8°
Aus: Jahresbericht d. Schlesischen Gesellschaft für vaterländische Cultur. 78. 1901.
1: Az 44530. 2. 10. 12: 4° Occon. 367 m-78. 15. 16. 18. 19. 24→27. 29. 38. 41. 44. 208. 212. 300: 414.042-B. 302.
12.10862

— Caspar Ursinus Velius, der Hofhistoriograph Ferdinands I. und Erzieher Maximilians II. — Budapest: Kilian 1886. 84 S. 8° 1: Av 19981. 2→5. 7. 14. 21. 25. 26. 41. 43. 44. 214. 300: 158.554-C. 302.
12.10864

Bauch, Hermann

Bauch, Herm., Erzählungen u. Gedichte in schlesischer Mundart. 1. u. 7. Bdchn. 8. Breslau, F. Goerlich. n. 2. 60; geb. n. 4 05.
1. Quietschvergnügt. 4. Aufl. (IV, 173 S. m. Bildnis.) (901). n. 1. 60; geb. n. 2. 25
7. Schläsch ihs Trumpf! Heiteres u. Ernstes in schles. Mundart. (101 S.) (906.) n. 1. —; geb. n. 1. 80

— Erzählungen u. Gedichte in schlesischer Mundart. 5. 6. u. 8. Bdchn. 8. Ebd. à 1.—; geb. à 1. 80
5. Uff'm Durfe is schien! Heiteres u. Ernstes in schles. Mundart. 2. Aufl. (IV, 104 S.) (900.)
6. Plomp uff de Stoadt! Heiteres u. Ernstes in schles. Mundart. 2. Aufl. (IV, 100 S.) (900.)
8. Immer fidel. Humoresken u. Gedichte in schles. Mundart. (IV, 107 S.) (900.)

Bauch, Herm., humoristische Erzählungen in schlesischer Mundart. I. u. II. Bdchn. 8. Breslau 893. F. Goerlich. à 1. 25; geb. à n. 2. —
I. Quietschvergnügt. Schnoken. 2., verm. Aufl. (IV, 156 S.)
II. Huch de Schläsing! Schnoken. (IV, 164 S.)

Bauch, Herm., humorist. Erzählungen in schles. Mundart. 3. Bdchn. Tälsches Vulk. Schnoken. 8. (IV, 150 S.) Breslau 896. F. Goerlich. 1. 50; geb. in Leinw. n. 2. —; (1—3.: 4. —; geb. n. 6. —)

Bauch, Herm., humoristische Erzählungen u. Gedichte in schlesischer Mundart. 1., 2. u. 4.—6. Bdchn. 8. Breslau, F. Goerlich. n. 6. 80; geb. n. 10. 35
1. Quietsch vergnügt. (Schnoken in schles. Mundart.) 3. Aufl. (IV, 173 S. m. Bildnis.) (899.) 1.60; geb. n. 2. 25
2. Huch de Schläsing! Humoresken in schles. Mundart. 2. Aufl. (IV, 168 S.) (900.) 1.60; geb. n. 2. 25
4. „Juchhe" u. „o weh!" Heiteres u. Ernstes in schles. Mundart. (IV, 169 S.) (900.) n. 1. 60; n. 2. 25
5. Uffm Durfe is schien! (Heiteres u. Ernstes in schles. Mundart.) (II, 104 S.) (902.) n. 1.—; geb. n. 1. 80
6. Plomp uff de Stoadt! (Heiteres u. Ernstes in schles. Mundart.) (II, 99 S.) (902.) n. 1.—; geb. n. 1. 80
3. Bdchn. Ebd. 896. n. 1.50; geb. n. 2. —.

Humoristische Erzählungen in schlesischer Mundart von Hermann Bauch. 4. Aufl. Bdch. 1. Breslau: F. Goerlich [1904]. 8° [3.] [05. 7?? 2]

— Humoristische Erzählungen in schlesischer Mundart. (Neue Aufl.) 1 Bdchn. 8. Ebd. 1.60; geb. 2.25
Quietschvergnügt. Humoresken in schles. Mundart. 5. Aufl. (IV, 173 S. m. Bildnis.) (909.)

Bauch, Herm., Erzählungen in schlesischer Mundart. (Neue Aufl.) 2. Bdchn. 8. Breslau, F. Goerlich. 1.60; geb. 2.25
Huch de Schläsing! Humoresken in schles. Mundart. 3. Aufl. (IV, 168 S.) (909.)

Bauch, Herm., s: Familien-Kaldr. Allgemeiner.

— Huch de Schläsing! Schnoken in schlesischer Mundart. Breslau: Goerlich [1893]. 154 S. 8° (Bauch: Humoristische Erzählungen in schlesischer Mundart. 2.)
1:Yb 10000/40-2. 2. 8. 41. 169.
12.10870

— Huch de Schläsing! Humoresken in schlesischer Mundart. 2. Aufl. — Ebd. [1900]. 168 S. 8° (Bauch: Erzählungen in schlesischer Mundart. 2.) 1:Yb 10000/40²-2. 2.
12.10871

— — 3. Aufl. Ebd. [1909]. 168 S. 8° (Bauch: Erzählungen in schlesischer Mundart. 2.) 1:Yb 10000/40³-2. 2. 169.
12.10872

— Huch de Schläsing! Humoresken u. Gedichte in schlesischer Mundart. 3. Aufl. — Schweidnitz: Heege [1909]. 168 S. 8° (Bauch: Erzählungen in schlesischer Mundart. 2.)
4. 41.
12.10873

— Humoresken in schlesischer Mundart. 3. Bdchn. Tälsches Vulk. 2. Aufl. (IV, 150 S.) 8. Ebd. (904).
n. 1.60; geb. n. 2.25

— Immer fidel! Humoresken u. Gedichte in schlesischer Mundart. — Breslau: Goerlich [1909]. 107 S. 8° (Bauch: Erzählungen u. Gedichte in schlesischer Mundart. 8.)
1:Yb 10000/40-8. 2. 101. 169. 207.
12.10875

— — 2. Aufl. Ebd. [1909]. 107 S. 8° (Bauch: Erzählungen u. Gedichte in schlesischer Mundart. 8.) 41.
12.10876

— 'Juchhe' und 'o weh!' Heiteres u. Ernstes in schlesischer Mundart. — Breslau: Goerlich [1900]. 169 S. 8° (Bauch: Erzählungen in schlesischer Mundart. 4.)
1:Yb 10000/40-4. 2. 15. 41. 169.
12.10879

— Schles. Jugendfreund, s: Rauprich.

— s: Lesebuch f. mehrklass. Volkssch.

— Is Monopol oder Kupp muuß ma hoan. Humoristische Scene in schlesischer Mundart. — Schweidnitz: Heege [1886]. 13 S. 8° 1:Yb 10000/14. 41. 169.
12.10881

— Plomp uff de Stoadt! Erzählungen u. Gedichte in schlesischer Mundart. — Breslau: Goerlich [1902]. 99 S. 8° (Bauch: Erzählungen u. Gedichte in schlesischer Mundart. 6.) 1:Yb 10000/40-6. 2. 41.
12.10884

— Plomp uff de Stoadt. Heiteres u. Ernstes in schlesischer Mundart. 2. Aufl. — Ebd. [1909]. 100 S. 8° (Bauch: Erzählungen u. Gedichte in schlesischer Mundart. 6.)
1:Yb 10000/40²-6. 2.
12.10885

— Quietschvergnügt. Schnoken in schlesischer Mundart. Mit e. Vorw. von Max Heinzel. — Breslau: Max 1886. 123 S. 8° 1:Yb 10000/8. 2. 8. 41.
12.10888

— — 2., verm. Aufl. Breslau: Goerlich [1893]. 156 S. 8° (Bauch: Humoristische Erzählungen in schlesischer Mundart. 1.) 1:Yb 10000/40²-1. 2. 11.
12.10889

— — 3. Aufl. Ebd. [1899]. 173 S. 8° (Bauch: Humoristische Erzählungen in schlesischer Mundart. 1.)
1:Yb 10000/40³-1. 2.
12.10890

— — 4. Aufl. Ebd. [1904]. 173 S. 8° (Bauch: Humoristische Erzählungen in schlesischer Mundart. 1.)
1:Yb 10000/40⁴-1. 2. 41.
12.10891

— Quietschvergnügt. Humoresken in schlesischer Mundart. 5. Aufl. — Ebd. [1909]. 173 S. 8° (Bauch: Humoristische Erzählungen in schlesischer Mundart. 1.)
1:Yb 10000/40⁵-1. 2. 25.
12.10892

— — 6. (Umschlagt.: 5.) Aufl. Ebd. [um 1910]. 173 S. 8° (Bauch: Humoristische Erzählungen in schlesischer Mundart. 1.) 101.
12.10893

— Rübezoahl und de biese Sieben oder wie der Rübezoahl 'm Schneider Lichtebloo aus Pitterschwale zum Schützenfeste uff Brassel verhulfa hoot. Schwank in schlesischer Mundart. — Breslau: Goerlich [1900]. 32 S. 8°
1:Yb 10007. 2. 41. 169.
12.10896

— Rübezoahl u. de biese Sieben od. Wie d. Rübezoahl 'm Schneider Lichtebloo a. Pitterschwale z. Schützefeste uff Brassel verhulfen hoot. Schwank. 2. Afl. (32) 8° Bresl., F Goerlich ('12). 1 — d

— Schläsch ihs Trumpf! Heiteres u. Ernstes in schlesischer Mundart. — Breslau: Goerlich [1906]. 101 S. 8° (Bauch: Erzählungen u. Gedichte in schlesischer Mundart. 7.)
1:Yb 10000/40-7. 2. 8. 25. 41.
12.10899

Bauch, Herm., s.: Schläsinger, Der gemittliche.

— Uff'm Durfe is schien! Erzählungen u. Gedichte in schlesischer Mundart. — Breslau: Goerlich [1902]. 104 S. 8° (Bauch: Erzählungen u. Gedichte in schlesischer Mundart. 5.) 1:Yb 10000/40-5. 2. 41.
12.10902

— Uff'm Durfe is schien! Heiteres u. Ernstes in schlesischer Mundart. 2. Aufl. — Ebd. [1909]. 104 S. 8° (Bauch: Erzählungen u. Gedichte in schlesischer Mundart. 5.)
1:Yb 10000/40²-5. 2.
12.10903

— Tälsches Vulk. Schnoken in schlesischer Mundart. — Breslau: Goerlich [1896]. 150 S. 8° (Bauch: Humoristische Erzählungen in schlesischer Mundart. 3.)
1:Yb10000/40-3. 2. 8. 41. 207.
12.10906

— — Tälsches Vulk. Humoresken in schlesischer Mundart. 2. Aufl. — Ebd. [1904]. 150 S. 8° (Bauch: Humoristische Erzählungen in schlesischer Mundart. 3.)
1:Yb 10000/40²-3. 2.
12.10907

— — 3. (Umschlagt.: 2.) Aufl. Ebd. [1910]. 150 S. 8° (Bauch: Humoresken in schlesischer Mundart. 3.) 101.
12.10908

Bauch, J. F., Dispositionen üb. bibl. Sprüche auf d. Evangel, eingericht. 8. Jena. 714.

— Jenaische Predigermethode in Disposit. üb. d. Epist. 8. Jena. 706.

Bauch, Johann: Über die Prinzipien des Stenographie-Systems von Dr. Julius Brauns. Vortrag. — Hamburg [1899]: Berngruber & Henning. 15 S. 8° 15.
12.10911

— Stenographie und Schule. — Hamburg: Brauns 1894. 8 S. 8° Aus: Kurzschriftliche Mitteilungen. 3. 1894. 33.
12.10912

Bauch, Johann Friedrich: Jenaische Predigermethode in vollständigen Dispositionibus über die ordentlichen Sonn- und Festtags-Episteln. — Jena: Bielcke 1700. 1410 S. 8° 32.
12.10913

-- Jenaische Prediger-Methode in vollständigen Dispositionibus über die Sonn- und Festtags-Evangelia. — Jena: Bielcke 1701. 1010 S. 8° 18. 23.
12.10914

Bauch, Johann Gottfried: Verschiedene Denkwürdigkeiten aus den ältern Zeiten unsers Erdbodens und dessen Menschengesellschaft bis zu der ... 50jährigen Jubelfeyer der evangelischen Hermsdorfischen Kirche unterm Kynast. — Bunzlau [1792]: Reimers. 79 S. 8° 2. 41.
12.10915

Bauch, Johann Heinrich: Devisen der Transparente, welche bei der festlichen Illumination Frankfurts am 1sten April 1848 zu Ehren der deutschen Volksmänner ausgestellt waren. [Hrsg.: Johann Heinrich Bauch.] — [Frankfurt a. M.]: G. A. Meyer [1848]. 10 S. 8°
12: Rar. 242-1,18. 17. 30.
12.10916

—— Frankfurt a. M.: Wüst [1848]. 16 S. 8° 34.
12.10917

Bauch, K.: Die A g e n d e für die evangel. Kirche, s. B a u c h , C.

Bauch, Ludwig, aus Coblenz, Unterarzt im Feldart.-Reg. No 47: Aus d. 1. med. Universitätsklinik zu Berlin. Über periodisches Erbrechen. *Berlin (1901): L. Schumacher.* (68 S.) 8°
Berlin, Med. Diss. v. 15. Nov. 1901

Bauch, Ludwig Julius
Pseudonyme: Louis Julius, Prinz Carneval III. u. Schalksnarr Udo
— Alle Mittel gelten. Lustspiel ... nach Scribe, von L. Julius. — Wien: Wallishausser 1853. 16 S. 8° (Wiener Theater-Repertoir. 15.) 41. 300: 23.032-B. 1. 302.
12.10919

— Allerlei mit Krebsnasen. Aufgetischt von Prinz Carneval III. ⟨Louis Julius⟩. — Leipzig: Matthes 1869. 260 S. 8°
1: Yx 14697. 14. 33. 207.
12.10920

- Die Hochzeit unterm Schleier. Lustspiel ... von Louis Julius. — Wien: Wallishausser 1871. 15 S. 8° (Wiener Theater-Repertoir. 258.) 300: 23.032-B. 13. 302.
12.10921

-- Der Hof-Friseur, oder wie man sein Glück macht. Lustspiel ... nach d. Franz. von Louis Julius. — Berlin: (Michaelson in Comm.) 1858. 43 S. 8° 24.
12.10922

-- Eine Jugendsünde. Lustspiel ... frei nach d. Franz. von L. Julius. Georgi. Posse ... von L. Julius. — Wien: Wallishausser 1853. 25 S. 8° (Wiener Theater-Repertoir. 16.) 300: 23.032-B. 1. 302.
12.10923

— Eine Nacht in Salzbrunn. Posse ... nach d. Franz. von L. Julius. — Berlin: Hayn 1859. 15 S. 8° (L. W. Both's Bühnen-Repertoir d. Auslandes. 195.) 1: Yp 6091-195.
12.10924

--- Olga. Lustspiel ... frei nach d. Franz. d. Scribe, von L. Julius. — Wien: Wallishausser 1853. 16 S. 8° (Wiener Theater-Repertoir. 17.) 300: 23.032-B. 1. 302.
12.10925

— Der goldene Pfau. Humoristische Erzählung von Louis Julius. — Leipzig: Seyfarth 1864. VI, 176 S. 8° 33.
12.10926

— Die Schnurranten. Vom Schalksnarren Udo. — Mainz 1862: Hellermann. X, 176 S. 8° 18.
12.10927

— Numero Sicher. Posse ... frei nach d. Franz. von L. Julius. — Berlin: Hayn 1858. 11 S. 8° (L. W. Both's Bühnen-Repertoir d. Auslandes. 194.) 1: Yp 6091-194.
12.10928

· Der Stellvertreter. Lustspiel ... nach d. Franz. von Louis Julius. — Hamburg: Verlags-Comptoir 1865. 16 S. 8° (Das Theater d. Auslandes in Bearbeitung. Bd 10,6 = Lfg 111.) 14.
12.10929

2. Aufl. Berlin: Bloch [um 1870]. 16 S. 8° (Eduard Bloch's Theater-Gartenlaube. 109.) 1: Yp 6302-109.
12.10930

Bauch M.: Vergleichende anatomische u. histologische Untersuchungen üb. die Harnblase d. Haustiere. Diss. Dresd. 1911. 93 S. 8 Tvl.

Bauch, R.: B l ä t t e r für Elektrotechnik (u.a Schriften zur Elektrotechnik), s. B a u c h , Richard

Bauch, R.: Das spekulative P r i n z i p d. aristotel. Kategorien (u. ähnl. Schriften), s. B a u c h , Richard

Bauch, Reinhold, a. Glauchau: Studien über Thackerays „Sketches and Travels in London" und Dickens' „Sketches". Nordhausen 1907: K. Koch. (74 S.) 8° [F.]
Leipzig, Phil. Fak., Ref. Wülker u. Birch-Hirschfeld, Diss. v. 7. Dez. 1907
[Geb. 22. Febr. 86 Glauchau i. S.; Wohnort: Leipzig; Staatsangeh.: Sachsen; Vorbildung: Realgymn. Leipzig Reife O. 04; Studium: Leipzig 6 S.]

Bauch, Richard
Bauch, R. (Red.), s. B l ä t t e r für Elektrotechnik.

Bauch, R. (Red.), s. B l ä t t e r für Maschinenbau.

-- Die Einrichtung elektrischer Beleuchtungsanlagen für Wechsel- und Drehstrombetrieb. — Leipzig: Leiner 1905. X, 283 S. 8° 85. 86. 87. 201. 210. 305.
12.10947

— die Entstehung der Spannungscurve in Gleich-, Wechsel- u. Drehstrom-Erzeugern. Erweiterte Ausarbeitg. e. Vortrages, geh. vor der Jahresversammlg. des Verbandes deutscher Elektrotechniker, Kiel 1900. (32 S.) gr. 8. Potsdam 903. Geschäftsstelle der Zeitschrift f. Elektrotechnik u. Maschinenbau. n. 1. 25
Sonderabdr. a.: „Ztschr. f. Elektrotechnik u. Maschinenbau".

BAUCH, RICHARD: *Das speculative Prinzip der aristotelischen Kategorien,* [Progr. Bad Doberan], Rostock, 4

— Der Satz der Identität. Versuch einer Kritik des menschlichen Bewufstseins in theoretischer Beziehung, im Anschlufs an die Wissenschaftslehre des Aristoteles. Erster Teil: Der menschliche Geist und seine Bewufstseinsursache 20 S Progr. *Doberan* 1885

Bauch, Richard Der Satz der Identität. Schluss des ersten Theiles. 4 (S. 21—35). Progr. G. Friderico-Francisceum *Doberan* 1886

Bauch, Richard (Red.), s. Z e i t s c h r i f t für Elektrotechnik und Maschinenbau sowie für Metall- und Montanindustrie.

Baucher, François
-- [deutsch] Methode der Reitkunst nach neuen Grundsätzen. Aus d. Franz. von e. Ueberzeugten (d. i. v. Willisen). [Nebst] Anh. u. Zusätze. — Berlin: Duncker 1843. 8°
1[ºº Anh.]: Ov 22400. 10. 21. 33. 70. 209.
12.10963

— dass. Anhang u. Zusätze. Zunächst für die Besitzer der 1. Aufl. Lex.-8. Ebd. 843. n. 1/2 ₰

——- 2. Aufl. [Nebst] Anh. Ebd. 1843. 8°
17. 23. 42. 45. 209. 300: ∘ 5131.
12.10964

—— 3. Aufl. Ebd. 1845. X, 110 S. 8° 19. 34. 66. 209.
12.10965

——- 4. Aufl. Ebd. 1852. XI, 100 S. 8°
1: Ov 22403. 12: Gymn. 5m. 19. 47. 209.
12.10966

Baucher, F., Methode der Reitkunst nach neuen Grundsätzen. Aus dem Franz. in's Deutsche übertr. von Carl v. Kopal. Mit 14 Abbildgn. gr. 8. (V, 124 S.) Stockerau 884. (Wien, Seidel & Sohn.) n. 4. —

— Methode der Reitkunst nach neuen Grundsätzen. Übertr. von Carl v. Kopal. — Stockerau: Koch 1884. V,124 S. 8°
302.
12.10967

— – [deutsch] Erläuterndes Wörterbuch der Reitkunst. Übers. von H. Ritgen. — Leipzig: Fleischer 1844. 241 S. 8°
15. 19.
12.10967

Baucher, L.: La Roussouline de Rodez. — Cologne: Marteau 1706. 78 S. 8°
14.
12.10072

Bauchinger, Matthaeus

Bauchinger, M: Die soc. Frage. Rede. 8° (16) Wien 95. Warnsdf, A Opitz. — 06

Bauchinger, M., d. sociale Frage. Rede. 8. (16 S.) Wien 895. Verl. der Reichspost. (Ambr. Opitz.) n. — 05

Bauchinger, Matthaeus: Der heilige Klemens Maria Hofbauer, s. Bauchinger, Matthaeus: Der selige Klemens Maria Hofbauer, 5. Aufl.

— Der selige Clemens M. Hofbauer. Ein Lebensbild. Mit Illustr. von Theophil Melicher. — Wien: Verl. d. PP. Redemptoristen 1889. VI,898 S. 8° 300:186.307-B. 302.
12.10985

Bauchinger, Matthäus, der sel. Clemens M. Hofbauer. Ein Lebensbild. Mit Illustr. v. Theophil Melicher. 2. u. 3. Aufl. 8. (XII, 904 S.) Wien-Hernals 891. 891. (Wien, Verlagsbuchh. St. Norbertus.) n.n. 2. 40; geb. in Leinw. n.n. 3. —

— — 2., verb. Aufl. Ebd. 1891. XI,900 S. 8° 29. 302.
Wien: Verl. d. PP. Redemptoristen.
12.10086

— — 3. Aufl. Ebd. 1894. XII,900 S. 8°
300:100.095-B. 302. 307.
12.10087

— — 4. Aufl. Ebd. 1902. XII,900 S. 8°
300:419.221-B. 302.
12.10088

— Der heilige Klemens Maria Hofbauer. Ein Lebensbild. 5. Aufl. — Ebd. 1910. XII,923 S. 8° 169. 211. 302.
12.10089

— Das Verhalten der Katholiken gegenüber der katholischen Presse. Rede. — Graz: Katholischer Pressverein 1889. 22 S. 8°
303.
12.10991

Bauchius s. *Bauch.*

Baeuchle, C. s. *Baeuchle*, Christian Philipp.

Baeuchle, Christian Philipp: Alte und neue Geschichten aus dem schwäbischen Unterlande. Erzählungen. — Vaihingen: Selbstverl. 1861. 189 S. 8°
21. 24.
9.9560

— Schul-Räthsel. Eine Sammlung von 350 geographischen, geschichtlichen u. naturgeschichtlichen Charaden, Wort-Räthseln u. Räthselfragen. [Nebst] Auflösungen. — Stuttgart: Belser 1856. IV,64,40 S. 8° 24. 26. 207.
9.9561

— Geographisch-statistische Tabelle des deutschen Contingents, nach den neuesten Bestimmungen. — Tübingen: Laupp 1818. 20 Tab. 2°
21.
9.9562

Bäuchle, J., vierhundert biblische Aufgaben zur nützlichen Selbstbeschäftigung für die Jugend in Schulen und Familien. 2 Bdchn. (in 1 Bde.) 2. Aufl. Reutlingen 858. (Palm.) 8. (78 S. u. 1 lith. Taf.) n. 7 ngr.

Bauchnitz, Siegmund, approb. Arzt Veränderungen des Nervensystems in der Gravidität. *München 1903: Kastner & Callwey.* (32 S.) 8°
München, Med. Diss. v. 1903

Bauchwitz, üb. d. polit. Lage Preußens nach d. holländ. Revolut. 8. Ehlinger. 795.

Bauchwitz, (...) üb. d. polit. Lage Preußens nach d. holländ. Revolution. 8. Frankf. 795. (Schäfer). 6 gr.

Bauchwitz. Ueber die politische Lage u. das Staatsinteresse Preussens nach der neuesten holländischen Revolution. 8. Frankfurt 1795. 0,75.

Bauchwitz, Hans, Referendar in Leipzig: Der Rechtsschutz des Pseudonyms, insbesondere nach dem Bürgerlichen Gesetzbuche. Leipzig: O. Wigand 1907. (105 S.) 8°
Leipzig, Jur. Fak., Diss. v. 8. Jan. 1907
[Geb. 1. Aug. 83 Leipzig; Wohnort: Leipzig; Staatsangeh.: Sachsen; Vorbildung: König-Albert-Gymn. Leipzig Reife O. 02; Studium: Leipzig 5, Berlin 1 S.; Rig. 17. Juli 05.]

Bauchwitz, M. (Red.), s. Eisenbahn-Zeitung, Stettiner.

Bauchwitz, Max

Bauchwitz, M: Die Behandlg d. sensiblen Dentins m. Kohlensäure u. deren weit. Verwendg in d. Zahnheilkde. (80 m. Abb.) 8° Wiesb. '02. Berl., Berlinische Verl.-Anst. 2 —

Bauchwitz, Max: Die Behandlung des sensiblen Dentins mit Kohlensäure und deren weitere Verwendung in der Zahnheilkunde. — Wiesbaden: Limbarth 1902. 39 S. 8°
304.
12.10905

Bauchwitz, Max, d. Entartung d. Kiefer d. Menschengeschlechtes, s.: Talbot, Eug. S.

Bauck, Kaiser Wilhelm II, s. Bauck, Louis

Bauck. David [pr. Arzt aus Cöslin]: Über das Verhalten des acuten Gelenkrheumatismus zu Jahreszeiten und Monaten. Nach Beobachtungen im Spandauer Garnisonlazareth von 1882—1888. . . . Berlin, Buchdr. v. Gustav Schade (Otto Francke) (1888); 29 + 1 S. + 1 Bl. 8°
Berlin, Med. Fak., Inaug.-Diss. v. 11. Dez. 1888

Bauck, E. Um 1910: Die feindlichen Brüder. Dramatischer Scherz. — Weissensee b. Berlin: Bartels [um 1910]. 11 S. 8° (Theater-Allerlei. 34.)
1:Yp 6445-34.
12.10999

Bauck, E. Um 1910: Der Hausgarten. Ein praktisches Handbuch für jeden Gartenbesitzer. (Verf.: E. Bauck.) — Leipzig: Dieter [um 1910]. 88 S. 8°
30.
12.10998

— In der Postkutsche. Dramatischer Scherz. — Weissensee b. Berlin: Bartels [um 1910]. 12 S. 8° (Theater-Allerlei. 32.)
1:Yp 6445-32.
12.11000

— In der Spinnstube. Dramatischer Scherz. — Weissensee b. Berlin: Bartels [um 1910]. 16 S. 8° (Theater-Allerlei. 36.)
1:Yp 6445-36.
12.11001

— Die Ueberweibchen. Dramatischer Scherz. — Weissensee b. Berlin: Bartels [um 1910]. 11 S. 8° (Theater-Allerlei. 35.)
1:Yp 6445-35.
12.11002

— Das Wetterhäuschen. Ein dramatischer Scherz. — Weißensee b. Berlin: Bartels [um 1910]. 11 S. 8° (Theater-Allerlei. 33.)
1:Yp 6445-33.
12.11003

Bauck, Elisabeth

Bauck, E: Das Bergmannskind, s.: Blumen u. Sterne.

— Die kl. Bettlerin, s.: Goldkörner.

Bauck, Elisab., s.: Blumen u. Sterne.

— Breit a. d. Flügel beide, s.: Blumen u. Sterne.

— das häßliche Brüderchen. Erzählung. Neue Ster.-Ausg. (64 S.) 8. Reutlingen (903). Enßlin & Laiblin. n. —20; kart. n. —30

Bauck, Elisabeth: Das häßliche Brüderchen. Erzählung. Neue Stereot.-Ausg.—Reutlingen: Enßlin & Laiblin [1904]. 64 S. 8° 24. 12.11004

— Hella Dune, s.: Goldkörner.

— s.: Ehre sei Gott in der Höhe.

— der Engel der Geduld u. anderes. 4 Erzählgn. (160 S. m. Titelbild.) 8. Reutlingen (903). Enßlin & Laiblin. Geb. in Leinw. n. 1. 75

— Der Engel der Geduld und anderes. 4 Erzählungen. — Reutlingen: Enßlin & Laiblin [1904]. 159 S. 8° 24. 78. 12.11005

— s.: Goldkörner.

Bauck, Elisab.: Klein-Evchen. Erzählg f. jüng. Mädchen. (259 m. 4farb. Farbdr.) 8° Berl., A Weichert ('10). HL (3 —) d

Bauck, E.: Die Macht der Liebe, s. Goldkörner.

— Menschenrecht. — Berlin: Gose & Tetzlaff 1906. 115 S. 8° 1:Yx 37054. 11. 12.11007

– Der Pfeifer von Glion, s. Goldkörner

– Die Quellen d. Gesundmachg., s. Goldkörner

Bauck, E., richtet nicht, s.a. Weichert's Wochen-Bibliothek.

— Richtet nicht! Roman. — Berlin: Weichert [1909]. 96 S. 8° (Weicherts Wochen-Bibliothek. 246.) 1:Yt 712-246. 12.11008

– Die 3 Tannenbäumchen, s. Goldkörner

— s.: Weihnachtsbotschaft.

— Eine Weihnachtsfeier, s.: Blumen u. Sterne.

Bauck, G., Analyse der Salzsolen von Colberg nebst Beiträgen zur analytischen Chemie. Inaug.-Dissert. Göttingen 860. (Vandenhoeck & Ruprecht.) gr. 8. (69 S.) n. 12 ngr.

Bauck, L.: J.J. Rousseau, s. Bauck, Ludwig

Bauck, Louis: Kaiser Wilhelm II. Ein Charakterbild unseres Kaisers als Regent. Festrede. — Gumbinnen: Reimer 1902. 15 S. 8° 1:Rz 13784. 10. 38. 12.11009

Bauck, Kaiser Wilhelm II. Ein Charakterbild unseres Kaisers als Regent. Festrede, geh. am Geburtstage Sr. Maj. des Kaisers Wilhelm II. am 27. I. 1902 in der Aula des königl. Friedrichs-Gymnasiums in Gumbinnen. gr. 8. (15 S.) Gumbinnen 902. C. Sterzel. n. – 50

Bauck, Ludw., de proverbiis aliisque locutionibus ex usu vitae communis petitis apud Aristophanem comicum. Dissertatio inauguralis. gr. 8. (88 S.) Königsberg 880. (Beyer.) n. 1. 20

Bauck, L. J. J. Rousseau und Montaigne. Ein Beitrag zur Geschichte der Pädagogik. Gumbinnen, G., 1885. 15 S. 4.

Bauck, Matthias Andreas: Anleitung zur Kenntniß der Harmonie in Fragen und Antworten. — Lübeck: Michelsen 1814. XVI,55 S. 8° 1:Mus.Gb 111. 48. 121. 12.11010

Bauck, M. A., Anleit. zur Kenntniß d. Harmonie in Fragen und Antworten, für Lehrer u. Lernende. 8. Leipz. 814. Rein. 14 gr.

Bauck, M. A., Anleitung zur Kenntniß d. Harmonie in Fragen u. Antworten, für Lehrer und Lernende. Neue Aufl. 8. Leipz., Rein u. Comp. 818.

— Lübeckisches vierstimm. Choralbuch. qu. 4. Lüb. 826. v. Rohden. 20 gr.

— Lübeckisches Choralmelodienbuch. 2e verb. Aufl. 8. Lüb. 826. v. Rohden. 3 gr.

— Erinnerungen beim Studium der Harmonie. — Lübeck 1824. 8 S. 8° 48. 12.11012

— Die nothwendigsten Vorkenntnisse zur Harmonielehre nach einer leichten und faßlichen Bezeichnung. — Lübeck 1832: Rahtgens. VIII,39 S. 8° 48. 117. 12.11013

Baucke, Ernst, aus Calvörde: Ein Beitrag zur Pathologie der Nebennieren mit besonderer Berücksichtigung des Morbus Addisonii. *Göttingen 1899: Dieterich.* (48 S.) 8° Göttingen, Med. Diss. v. [12. Juni] 1899

Baucke, Ernst, ein Beitrag zur Pathologie der Nebennieren m. besond. Berücksicht. des Morbus Addisonii. Diss. gr. 8. (48 S.) Göttingen 899. (Vandenhoeck & Ruprecht.) n. 1. 20

Baucke, Florian

Der Name d. Verfassers erscheint auch in d. Formen Paucke u. Pauke.

— P. Florian Baucke. (1749-1768). Bilder aus d. alten Indianermission von Paraguay. Nach d. Aufzeichnungen Bauckes neu bearb. von Augustin Bringmann. — Freiburg i. B.: Herder 1908. VII,139 S. 8° (Missions-Bibliothek.) 6. 25. 31. 12.11016

Pater Florian Baucke, ein Jesuit in Paraguay. (1748-1766.) Nach dessen eigenen Aufzeichnungen von A. Kobler. — Regensburg [usw.]: Pustet 1870. XI,712 S. 8° 1:Uy 9206. 5. 12:Jes. 712 g. 17. 19. 21. 211. 300:57.453-A. 302. 12.11015

— P. Florian Baucke, ein deutscher Missionär in Paraguay (1749-1768). Nach d. Aufzeichnungen Bauckes neu bearb. von Augustin Bringmann. — Ebd. 1908. VII,139 S. 8° (Missions-Bibliothek.) 1:Cv 4982-1. 4. 12:H. eccl. 769bd-1. 26. 29. 41. 300:460.754-B. 1. 302. 12.11017

— [Treu gegebene Nachricht durch einen im Jahre 1748 aus Europa in West-America ... abreisenden und im Jahre 1769 nach Europa zurückkehrenden Missionarium, Ausz.] Florian Pauke's Reise in die Missionen nach Paraquay, und Geschichte der Missionen St. Xaver und St. Peter. Ein Beytrag zur Geschichte d. Jesuiten in Paraquay. Aus d. Hs. Pauke's hrsg. von Johann Frast. — Wien: v. Schmid 1829. 164 S. 8°
Der vollständige Text liegt bisher nur handschriftlich vor.
1:Uy 9594. 2. 8. 12:Jes. 712f. 17. 19. 21. 24. 39. 45. 300:• 38 R 146. 302. 12.11014

Baucke, Franz August

Baucke, Fr. A., De Athesmothetis Atheniensium. Diss. 1844. 55 S.

Baucke, Franciscus Aug. (geb. Breslau 11 1 1816): De Thesmothetis Atheniensium Vratislaviae (1844). (55 S.) 8°
[Es gibt Exemplare mit d. Datum: 14 Febr.]
Breslau, Phil. Diss. v 15 Febr. 1844

Baucke, H., Beitrag zur Metallographie des Flusseisens. (Mitteilung aus der Prüfungsanstalt f. Baumaterialien v. Koning & Bienfait in Amsterdam.) (Deutsch u. französisch.) (6 S. m. 7 Fig.) 31,5×23,5 cm. Stuttgart 899. (Freiburg i/B., J. Bielefeld.) 1.20
Sonderabdruck aus: „Baumaterialienkde".

Baucke, H., Beitrag zur Mikrographie des Kupfers. Mitteilung aus der Prüfungs-Anstalt für Baumaterialien Koning & Bienfait in Amsterdam. (Deutsch u. französisch.) (6 S. m. 3 Taf.) hoch 4. Stuttgart 902. Freiburg i. B, J. Bielefeld. 1.—
Sonderabdruck aus: „Baumaterialienkunde".

— Über die Zusammensetzung alter Mörtel. Mitteilung aus der Versuchsanstalt Koning & Bienfait in Amsterdam. (4 S.) 31,5×23,5 cm. Stuttgart 900. (Freiburg i/B., J. Bielefeld.) —75
Sonderabdruck aus: „Baumaterialienkde."

Baucke, Joann. Joseph. Julius (geb. Breslau 9 11. 1813): Theses theologicae ... pro licentiati in theologia honoribus rite capessendis. Vratislaviae (1841). (2 Bl.) 8°
Breslau, Kath.-theol Liz.-Thesen v 13 Febr. 1841

Bauckhage, Frid. Gust. (geb. Weissenfels 4. 11 1827): De hydrocele tunicae vaginalis propriae chronica. Berolini (1854). (29 S.) 8°
Berlin, Med. Diss v 12. Juli 1854

Bauckner, Arthur: Mabillons Reise durch Bayern im Jahre 1683. München 1910: Wild. 79 S. 8°
München, Phil. Diss. v. 23. Febr. 1910, Ref. v. Heigel, Grauert
[Geb. 2. Okt. 87 München; Wohnort: München; Staatsangeh.: Bayern; Vorbildung: Ludwigs-Gymn. München Reife Juli 06; Studium: München 7 S.; Rig. 23. Febr. 10.] [U 11. 3777

Bauckner, Jakob

Bauckner, Jak.: 1. Einführg in d. Physik. (7, 355 m. Abb.) 8° Münch., R Oldenbourg '12. L 3.60

— Chemische Grundgesetze und Grundbegriffe erarbeitet durch Schülerübungen. — Diessen vor München: Huber 1910. 103 S. 8° 12: Chem. 6v. 19. 22.
12.11023

— Chem. Grundgesetze u. Grundbegriffe, erarbeitet in Schülerübgn. 2. Afl. (12, 243 m. Abb.) gr8° Diessen, JC Huber '11. 3 —

— Physikalische Messungen und Wägungen in Schülerübungen. — Diessen vor München: Huber 1910. 190 S. 8° 12: Phys. g. 30b. 19. 46. 207.
12.11026

Bauclair, Pierre Louis de s. *Beauclair.*

Bau-Compass. Adress- u. Geschäftsbuch f. das Baugewerbe Oesterreichs. Hrsg. v. F. W. Glückselig. Red. unter Mitwirkg. hervorrag. Fachmänner v. Ed. Wallwitz. gr. 8. (X, 550 S.) Wien 891. (Leipzig, Literar. Anstalt Aug. Schulze.) Geb. in Leinw. n. 6.—

Bauconcession.

Bau- und Betriebs-Concession für die Ostafrikanische Eisenbahn-Gesellschaft. — [Berlin 1901.] 8 S. 4° 33.
13.2180

Bauconstructionen, neue u. neueste Wiener, aus dem Gebiete der Maurer-, Steinmetz-, Zimmermanns-, Tischler-, Schlosser-, Spengler- u. s. w. Arbeiten. Auf Veranlassung u. mit Unterstützung des k. k. Ministeriums für Cultus u. Unterricht hrsg. von den Fachlehrern der bautechnischen Abtheilung an der k. k. Staats-Gewerbeschule in Wien, unter der Leitung von Gust. Gugitz. 1—7. Lfg. gr. Fol. (à 10 z. Th. farb. Steintaf. in Imp.-Fol.) Wien 881. 82. v. Waldheim. à 7. 50

Bauconstructionen, neue u. neueste Wiener, aus dem Gebiete der Maurer-, Steinmetz-, Zimmermanns-, Tischler-, Schlosser-, Spengler- u. s. w. Arbeiten. Auf Veranlassg. u. m. Unterstützg. d. k. k. Ministeriums f. Cultus u. Unterricht hrsg. v. den Fachlehrern der bautechn. Abtheilg. an d. k. k. Staats-Gewerbeschule in Wien, unter der Leitg. d. Dir. Gust. Gugitz. 8. u. 9. (Schluss-)Lfg. gr. Fol. (à 10 zum Th. farb. Steintaf. in Imp.-Fol. m. 1 Bl. Text.) Wien 883. v. Waldheim. à 7. 50

Baud: Bericht betr. Erstellung einer kathol. Kirche... [dt. u. franz. Ausg.], s. Baud, Antoine

Baud, Antoine: Bericht betreffend die Erstellung einer katholischen Kirche in Bern. 1853. — Bern 1853: Gaßmann. 14 S. 8°
Franz. Ausg. s. *Baud:* Mémoire concernant l'établissement d'une église catholique à Berne. 1853. 1: Rv 1704.
12.11033

— Mémoire concernant l'établissement d'une église catholique à Berne. 1853. — Bern 1853: Haller. 13 S. 8°
Deutsche Ausg. s. *Baud:* Bericht betreffend die Erstellung einer katholischen Kirche in Bern. 1853. 1: an Rv 1704.
12.11034

— [L'Orthodoxie de la confession sacramentelle, deutsch] Die Orthodoxie der sakramentalischen Beicht, unter Zugrundlegung der göttlichen Glaubensprincipien, mit einer Beigabe über die Tradition insbesondere. Übers. u. mit Erl. verm. von J. X. Huber. — Schaffhausen: Hurter 1857. XXXIV, 364 S. 8° 12: Dogm. 62t. 22. 304.
12.11035

Baud, Marie Philippertine, geb. Freiin v. Stocquart de Court-au-Bois, Handbuch der Geburtshilfe in Fragen und Antworten, zum Gebrauche sowohl für angehende als absolvirte Geburtshelferinnen. Wien 854. (Typogr.-liter.-artist. Anstalt.) gr. 8. (VIII, 344 S.) n. 1 ℳ 20 ₰

Baud, Marie Philippertine, geb. Freiin v. Stocquart de Court-au-Bois: Handbuch der Geburtshilfe in Fragen und Antworten. — Wien 1854: Sollinger. VIII, 344 S. 8° 12: A. obst. 1 n. 300: 18.535-B. 302. 303.
12.11011

Baud, Marie Philippertine, geb. Freiin v. Stocquart de Court-au-Bois, Handbuch der Geburtshilfe in Fragen und Antworten, zum Gebrauche sowohl für angehende als absolvirte Geburtshelferinnen. gr. 8. (VIII und 344 S.) Wien 854, [Zamarski.]

Baud-Bovy, Auguste, in s. Briefen, s. Neujahrsblatt d. Kunstgesellsch. in Zürich.

Baud-Bovy, Auguste. Auguste Baud-Bovy in seinen Briefen. ([Hrg. von] Daniel Baud-Bovy.) [Mit 5 Tafeln.] 40 S. 4. (Zürich,) Berichthaus. [fr. 2. 50]
Neujahrsblatt der Kunstgesellschaft in Zürich für 1901.

Baud-Bovy, Auguste: Auguste Baud-Bovy in seinen Briefen. (Hrsg.: Daniel Baud-Bovy.) — (Zürich 1901): Ulrich. 35 S. 4° (Neujahrsblatt d. Kunstgesellschaft in Zürich. 1901.) 1: 4° Rv 8808-1901. 12: 1° Art. 70h-1901. 21.
12.11050

Baud-Bovy (Daniel). — A travers les Alpes. De Brigue à l'Egishorn. — *Bale et Genève, Georg et Cie,* 1898, in-4° de 106 pp.
Orné de 136 gravures et vignettes (dont 18 pl. hors texte) en *phototypie.*
— Edition allemande. *Ibd.,* 1898, gr. in-4°, couv. ill. Même illustration.

Baud-Bovy, Daniel. A travers les Alpes. Brigue-Naters – Bel-Belalp – L'Oberaletsch... Louèche-les-Bains. Illustré de nombreuses gravures et initiales et de 18 planches hors texte (* *Umschlag:* À travers les Alpes. De Brigue à l'Eggishorn et au glacier d'Aletsch. Texte de D. B'-B'. Illustrations de la Société anonyme des arts graphiques à Genève). 4. Neuchâtel, Bâle & Genève 1899.

· [Hrsg.] s. *Baud*-Bovy, Auguste: Briefe. 1901.

Baude-Bovy, Dan., Auguste Baud-Bovy in seinen Briefen, s.: Neujahrsblatt der Kunstgesellschaft in Zürich. 1901.

— (L'Art rustique en Suisse, deutsch) Schweizer Bauernkunst. (Übers.: Gritta Baerlocher.) — Zürich [usw.]: Orell Füßli 1926. XXVI,95 S. 4°
1:4° Nr 8646. 5. 10. 11. 12: 4° Techn. 524 p. 14. 16. 17. 18. 21. 24. 25. 26. 36. 43. 60. 75. 79. 85. 87. 91. 93. 109.
12.11051

Baud-Bovy, Daniel, et Boissonnas, Fréd[éric]. En Grèce, par monts et par vaux. Avec des notices archéologiques par Georges Nicole et une Préface de Th[éophile] Homolle, Directeur des Musées nationaux de France. Livraison Spécimen extraite de l'ouvrage en préparation. [Avec des illustrations et 6 planches.] 26 p. fol. (Impressions d'art Meisenbach Riffarth & Co., Berlin ...; édité par Fréd. Boissonnas & Cie., Photographie, Genève, Mai 1907.)

Baud-Bovy, Daniel. Le Mont-Blanc de près et de loin. Illustrations [dont 10 planches] de Lacombe & Arlaud, photographes-Genève. Impressions phototypique et typographique de la Société Anonyme des Arts Graphiques — Sécheron-Genève. VI + 139 p. 4. Bâle et Genève, Georg & Cie; Grenoble, Gratier, Rey & Cie, (1903). [souscr. fr. 20. —, relié fr. 25. — *et* 30. —; en libr. à fr. 5. — *de plus*]

Baud-Bovy, Daniel: Die Sennen, s. Doret, Gustave (Mus.)

— Wanderungen in den Alpen. Von Brieg auf das Eggischhorn, den Aletschgletscher u. Umgebung. Mit 118 Illustr. im Text u. 18 grossen Bildern. Hoch 4°. XI, 106 S. Basel, Georg & Co.
90 —

Baud-Bovy, Daniel Wanderungen in den Alpen. Von Brieg auf das Eggischhorn, den Aletschgletscher und Umgebung. Brieg-Naters — Bel-Belalp — Der Oberaletsch — Riederalp — Die Arven — Der Bettmersee — Der Merjelensee — Das Eggischhorn — Die Concordiahütte — Der Lötschen-Gletscher — Die Bafler-Alp — Das Lötschenthal und die Kummenalp — Der Berdenpass — Leuker-Bad. Mit 118 Illustrationen im Text und 18 grossen Bildern
Fol Basel und Genf Neuchatel 1899.

— Wanderungen in den Alpen. Von Brieg auf das Eggischhorn, den Aletschgletscher und Umgebung. — Basel: Georg [usw.] 1899. X,106 S. 4° 12:4° It.sing. 16k. 109.
12.11060

Baudach: Das 8. pommersche Infanterieregiment Nr. 61, s. Baudach, Karl.

Baudach, Musterschreibhefte, s. Baudach, Otto

Baudach: Schul-Gesangschule, s. Baudach, Otto

Baudach, Karl, Hauptmann, Neustettin. 1878: Das 8. Pommersche Infanterie-Regiment Nr. 61 seit seiner Entstehung bis Ende 1873. — Berlin: Bath 1878. 101 S. 8°
1: Sy 3822. 11. 14. 17. 45. 46. 209.
12.11062

Baudach, Otto

Baudach. Musterschreibhefte, s.: Lubitz.

Baudach, O., u G. Noack, Schul-Gesangschule. E. bew. Anleitg., d. Schüler schnell u. sicher z. Singen u. Noten z. führen. 3. Aufl. 8. (48 S.) Herford 894. G. Noack's Selbstverl. n. — 40

Baudach, Otto: Schul-Gesangschule. Eine bewährte Anleitung ... Hrsg. von O. Baudach u. G. Noack. 3. Aufl Herford i. W.: Selbstverl. 1894. 48 S. 8°
1: Mus. E 2231³. 6.
12.11064

— — 10. Aufl. Berlin: Selbstverl. 1909. 48 S. 8°
1: Mus. E 2231¹⁰.
12.11065

Baudach, O, u. G Noack: Schul-Gesangsch. 13. Afl. (48) kl8° Berlin-Karlshorst, G Noack '13. (Nur dir.) — 40 d

Baudat, E., Etude sur Denys D'Halicarnasse et le traité de la disposition des mots. Diss. 1879. 78 S. 8.—

Baude, Rektor, Landeshut. 1833: Actus-Rede, am 10ten Juli 1833 gehalten. — Landeshut (1833): Pfingsten. 12 S. 8°
1: Nc 8172.
12.11098

Baude, baron de. L'Algérie (1836). (2 Bde.) Paris et Leipzig 1841.

Baude, Klaviatur-Lehrtabelle, s.: Hübner.

Baude, Jean Jacques

(–) [Les Ateliers nationaux, deutsch] Ein Augenzeuge der Schleuderwirthschaft in Frankreich über die Verderblichkeit der Werkstätten auf öffentliche Rechnung und der französischen Nationalwerkstätten insbesondere, und über die Unmöglichkeit einer Gewährleistung der Arbeit von Seiten des Staates. — Stuttgart: Neff 1848. 23 S.
Original erschien in: Revue des deux mondes. N. S. 23. 1848.
7. 11. 18. 31. 35.
12.11105

– · [La Marine de l'Autriche, deutsch] Oestreich's adriatische Küste und Seemacht. Calamota–Triest–Pola. Aus d. Franz. von H. Föhring. — Hamburg: Hoffmann & Campe 1859. 76 S. 8°
Original erschien in: Revue des deux mondes. Pér. 2,6. 1856.
1: Sb 9748/102. 7. 11. 12: Austr. 325. 14. 18. 19. 24. 36. 45. 205. 209. 302. 304.
12.11107

— [L'Autriche et sa puissance militaire en Italie, deutsch] Oestreich und seine Militair-Macht in Italien. Aus d. Franz. von H. Föhring. — Hamburg: Hoffmann & Campe 1859. 68 S. 8°
Original erschien in: Revue des deux mondes. Pér. 2,20. 1859.
1: Sb 9748/100. 7. 11. 12: 36/4533. 14. 17. 18. 24. 36. 45. 209.
12.11106

Baude-Bovy, Dan., s. Baud-Bovy, Daniel

Baudeau, Nicolas

— [deutsch] Kleine Abhandlungen über das erste und vornehmste Bedürfniß des Volkes. — Bern: Neue Buchh. 1768 (1769). 293 S. 8° (Sammlung auserlesener Schriften, von staats- u. landwirthschaftlichem Inhalte. 2,4.)
12: Pol. civ. 10. 25. 27. 51. 302.
12.11115

Baudeau, ..., Kl. Abhdll. üb. d. Bedürfniß d. Volks. 8. Bern 769. Typogr. Soc. 10 gr

— [deutsch] Gedanken eines Bürgers von den Bedürfnissen, Rechten, und Pflichten der wahren Armen. Aus d. Franz. d. Herrn Pesselier [vielm. Nicolas Baudeau] übers. von Johann Daniel Heyde. — Frankfurth [usw.] 1769. 180, 128 S. 8° 1: Fd 5211. 2. 3. 5. 8. 12: Pol. civ. 108. 25.
12.11126

Baudecorationen, äussere u. innere, der Neuzeit. Eine Sammlung moderner Sculpturen, hauptsächlich Barock u. Rococo. (In 12 Lfgn.) 1. Lfg. gr. Fol. (4 Lichtdr.-Taf.) Leipzig 891. G. Larsen. n. 2. —

Baudekorationen, ausgeführte, u. andere plastische Arbeiten. Von Colda Kloušek u. seinen Schülern. (50 Lichtdr.-Tafeln m. III S. Text.) Fol. Wien 906. A. Schroll & Co. In Mappe n. 35. —

Baudelaire, Charles

— [deutsch] Blumen des Bösen. Umgedichtet von Stefan George. — o.O. [1891]. 79 S. 8°
Handschriftlich autographiert. 1:Xu 7078.
12.11225

— — Umdichtungen von Stefan George. Berlin: Bondi 1901. 197 S. 8° 1:Xu 7079. 5. 11. 12:DD. II. 2. 62.
12.11226

— Blumen des Bösen, in deutsche Verse übertr. von Graf Wolf v. Kalckreuth. — Leipzig: Insel-Verl. 1907. 155 S. 8°
1:Xu 7082. 14. 19. 21. 79.
12.11227

— Die Blumen des Bösen. Umdichtungen von Stefan George. 2. Aufl. — Berlin: Bondi 1908. 197 S. 8°
18. 19. 109.
12.11228

— Die Blumen des Bösen. Eine Anthologie deutscher Übertragungen. (Hrsg.: Erich Oesterheld.) — Berlin: Oesterheld 1908. 127 S. 8° 1:Xu 7080. 11. 21. 24.
12.11229

— Des Teufels Blumen. Gedichte. Uebers. v. Martha Asmus. (VI, 80 S.) 8. Dresden 909. M. Seyfert.
Geb. in Leinw. 2. —

— Les fleurs du mal. (Edité Georges A Tournoux.) (8, 282) gr8° Lpzg. K Wolff '11. Pappbd 8 —; HLdr 12 —; Ldr 18 —; Vorzugsausg. 50 —

— [Werke, Ausz., deutsch] Baudelaire und Verlaine. Gedichte. Übertr. u. eingel. von Paul Wiegler. — Berlin: Behr 1900. XVI, 111 S. 8° 1:Xu 7074. 11. 17. 46.
12.11173

— Gedichte u. Skizzen, s.a. Universal-Bibliothek 5076.

— Gedichte und Skizzen. In Übertragungen hrsg. u. eingel. von Fritz Gundlach. — Leipzig: Reclam [1909]. 85 S. 8° (Universal-Bibliothek. 5076.)
1:Ag 7201-5076. 9. 11. 12:Var. 380k-5076. 79. 123. 180.
300:410.411-A. Per. 5076. 302.
12.11175

— Gedichte in Vers und Prosa übers. von Camill Hoffmann u. Stefan Zweig. — Leipzig: Seemann 1902. 152 S. 8°
5. 19. 30. 60. 302.
12.11174

— [deutsch] Raketen. Die beiden Tagebücher nebst autobiographischem Entwurf hrsg., eingel. von Erich Oesterheld. — Berlin: Oesterheld 1909. 162 S. 8°
1:As 3874/40. 11. 17. 24. 28.
12.11180

— Die Vorhölle. Eine lyrische Nachlese, nebst den unbekannten Jugend- und satirischen Poesien, sowie den erotischen und den aus den »Fleurs du Mal« ausgeschiedenen Gedichten. Einzige autorisierte Ausgabe unter Mitwirkung von Heinrich Horvát herausgegeben von Er. Oesterheld. Mit 6 Zeichnungen von Percy Walter Wolff. 4°. Berlin 1901. In Lammleder gebunden.
350 Expl. auf handgeschöpftem Velin-Bütten (Zanders).

— Die Vorhölle. Lyr. Nachlese. (Unter Mitwirkg v. Heinr. Horvat hrsg. v. Erich Oesterheld.) 2. Taus. (97) 16° Berl. Oesterheld & Co. '11. 1 —; geb. 1.75; Perg. 2.50

— dass. (Übertragg v. Erich Oesterheld u. Heinr. Horvat. (105 m. 6 Vollbild.) Lex8° Ebd. '11.
Luxusausg. Lammldr 25—; Saffian 50—; Perg. 100—

— [deutsch] Werke in deutscher Ausg. Von Max Bruns. Bd 1-5 [nebst] Erg.Bd. — Minden: Bruns (19[01-]10). 8°
1. Novellen u. kleine Dichtungen in Prosa. Übers. von Margarete Bruns. (1904.)
2. Die künstlichen Paradiese (Opium u. Haschisch). (1901.)
3. Poes Leben u. Werke. Wagner in Paris u. a. (1902.)
4. Zur Ästhetik d. Malerei u. d. bildenden Kunst. (1906.)
5,1. Paralipomena. (1910.)
5,2. Tagebücher. Nebst e. Anh. (1907[-10].)
Erg.Bd. Briefe 1841-1866. (Übers.: Auguste Förster.) 1909.
1:Ai 3626. 6. 10. 12:P. o. gall. 203 ha. 16. 30. 73. 109. 303.
12.11152

Baudelocque, Auguste Cesar, s.a. Baudelocque, Jean Louis

Baudelocque, A. C., Abhandlung üb. die Bauchfellentzündung der Wöchnerinnen. Eine von der Königl. Societät der Medicin zu Bordeaux gekrönte Preisschrift. Aus d. Franz. mit Zusätzen u. Anmerkk. herausg. von Dr. Fr. Wilh. Fest. Nebst e. Vorrede u. Anmerkk. von Dr. Busch. .. Potsdam 832. Vogler. Jetzt Bethge in Berlin. $1^1/_2$ ℛ

— Anfangsgründe d. Geburtshülfe. A. d. Französ. v. Cpp. Fr. Camerer. 8. Tübing. 779. (Osiander). 10 ℊ

— Anfangsgründe d. Geburtshülfe in Fragen u. Antworten. A. d. Französ. v. C. G. Morel. M. Kpf. 8. Straßb. 810. Levrault. 2 ℛ 18 ℊ

— [deutsch] Monographie der Scrophelkrankheit ... Deutsch bearb. u. mit Zusätzen hrsg. vom Dr. Eduard Martiny. — Weimar: Voigt 1836. XXII, 274 S. 8°
8. 10. 12:Path. 93 hb. 15. 19. 20. 24. 26. 29. 32. 43.
46. 180. 202. 300:45 S 17. 303.
12.11286

— u. Sacombe, Streitschr., e. Endbindung, wobei e. Gebärmutterriß entstand, betr. A. d. Französ, mit Anmerkk. v. Sander. 8. Nordh. 805. Nitzsche.

Baudelocque, Jean Louis, s.a. Baudelocque, Auguste César.

— [deutsch] Anfangsgründe der Geburts-Hülfe ... Übers. von Christoph Friderich Camerer. — Tübingen: Heerbrandt 1779. XXIV, 228 S. 8°
2. 4. 7. 17. 21. 24. 26. 27. 30. 48. 202. 303.
12.11309

— — Übers. von L. G. Morel. Colmar: Decker 1807. XVIII, 460 S. 8°
15. 111.
12.11310

— Anfangsgründe, d. Geburtshülfe in Frag. u. Antw., a. d. Franz. übers. v. L. G. Morel, m. K. 8. Strasburg, Levrault u. Comp. 810.

— [deutsch] Anleitung zur Entbindungskunst ... Mit Anm. vers. u. hrsg. von Philipp Friedrich Meckel. Bd 1.2. Leipzig: Weygand 1782-83. 8° 1:Ih 2370. 2. 5. 8. 11.
17. 21. 25. 26. 27. 30. 42. 45. 48. 53. 61. 309.
12.11301

— — 2. Ausg. ... Übers., mit Anm. vers. u. verm. von Philipp Friedrich Meckel. Bd 1.2. — Ebd. 1791-94. 8°
1:Ih 2371. 3. 5. 7. 8. 10. 12:A. obst. 1 u. 14. 15. 16.
20. 21. 22. 24. 25. 27. 28. 30. 44. 46. 47. 48. 180. 202.
300:60 H 7. 303. 308.
12.11302

— Anleit. zur Entbindungskunst. 2 Thle. Aus d. Französ. mit Anmerkk. v. Ph. F. Th. Meckel. gr. 8. Leipz. 783. 2e A. M Kpf. 791, 94. Weygand. 6 ℛ 18 ℊ Anmerkk. dazu, s. Rentrish, Briefe.

Baudelocque, J. L., l'art des Accouchemens. II Vol. av. Fig. 8. Par. (Sommer, Leipz.) 796.

— — le même livre, II Vol. av. Fig. 8. Par. (Typogr. Sociét. Bern.) 797.

— Entbindungskunst. 2 Thle. a. d. Franz. v. Meckel. gr. 8. Leipzig, Weygand. 790, 94. (1r 3 Rthlr., 2r 5 Rthlr. 18 gr.)

— — Anmerk. dazu 1r Thl. gr. 8. Leipzig, Rein. 801.

— u. Sacombe, Streitschrift., e. Entbindung, wobei ein Gebärmutterriß entstand, betr. a. d. Franz. m. Anmerk. v. Sauber. 8. Nordheim, Nitsche. 805.

Baudenbacher, C: Preis-Liste über magische Apparate. Nürnberg (1901?)

Baudenbacher, E[mil]. Bildung von Herz und Gemüt. 69 S. 8. Bern, A. Francke, 1903. [fr. 1. —]

Baudenbacher, E[mil]. Erhaltung und Förderung schweizerischen Volkstums. Mit 2 Bildern: Kappeler Milchsuppe und Zwingli-Denkmal. IV + 11 + 29 S. 8. Schweizerischer Verein für freies Christentum: Aug. Frick, Zürich, Hauptdepot, 1906. [fr. —. 20]

Baudenbacher, E[mil]. Die Erziehung zum bürgerlichen Mut. Vortrag gehalten an der Jahresversammlung des kant. bern. Reformvereins in Lyss den 27. Januar 1901. (Separat-Abdruck aus den «Schweizerischen Reformblättern» [Jahrg. 35, 1901, N° 34].) 15 S. 8. Bern, Büchler & Co., 1901.

— Heimatglück. Erzählungen, Skizzen, Betrachtungen u. Sprüche. — Bern: Grunau 1907. 220 S. 8° 15.
12.11341

—— 2. Aufl. Ebd. [um 1910]. 220 S. 8° 101.
12.11342

Baudenbacher, Emil: Lebenssterne! Ein Familienb. (144) 8° Bern, A Francke '12. T. 3.20 d

Baudenbacher, E[mil]. Züge und Ziele unseres Volkslebens. II + 23 S. 8. Bern, W. Wälchli, 1910. fr. —. 25

Baudenbacher, Josef

Baudenbacher, J., Zusammenstellg. d. Hochwasser d. weissen Elster u. Mulde i. Bereiche d. Königr. Sachsen während d. J. 1868—1893 i. Verbindg. m. d. Landesdurchschnitten d. Niederschlags u. Temperaturbeobachtgn. in Chemnitz, s.a. Klima, das, d. Königr. Sachsen.

Baudenbacher, Josef: Zusammenstellung der Hochwasser der Weissen Elster und Mulde im Bereich des Königreiches Sachsen während der Jahre 1868 bis 1893 in Verbindung mit den Landesdurchschnitten des Niederschlages und Temperaturbeobachtungen in Chemnitz. Bearb. vom Markscheider J. Baudenbacher. Amtliche Publikation d. Königl. Sächsischen Meteorologischen Institutes durch dessen Director Paul Schreiber. — Chemnitz 1898. 27 S. 4° (Das Klima d. Königreiches Sachsen. 5.)
1: 4° Mz 21351-5. 3. 4. 5. 7→11. 12: 4° Phys. sp. 143 s-5. 14. 15. 16. 19. 20. 21. 24. 26. 27. 29. 30. 46. 48. 84. 87. 88. 90. 106. 117. 205. 210. 302.
12.11351

Zusammenstellung der Hochwasser der Weissen Elster und Mulde im Bereich des Königreiches Sachsen während der Jahre 1868 bis 1893 in Verbindung mit den Landesdurchschnitten des Niederschlages und Temperaturbeobachtungen in Chemnitz. Bearb. v. II. wiss. Assist., Markscheider J. Baudenbacher. M. 2 Textfig. Amtl. Publ. d. Kgl. sächs. meteorol. Inst. durch dessen Dir. Prof. Dr. Paul Schreiber. *Chemnitz: Selbstr. d. kgl. sächs. meteorol. Inst.; In Comm. b. C. Brunner 1898.* (27 S.) 4. Bd 4.
— Klima, Das, d. Kgr. Sachsen. H. v. [98 11358

Baudenbacher, Karl Josef

— Geschichte der ehemaligen Benediktiner-Abtei Niederalteich, nebst e. Führer durch d. Kirche. — Deggendorf [1903]: Nothhaft. 48 S. 8° 12: Bavar. 4203 h. 19.
12.11354

— Gotteszell. Ein Klosterbild aus alten Zeiten. — Deggendorf [1903]: Nothhaft. 40 S. 8° 12: Bavar. 196 h [2 Ex.]
12.11355

— Das Marienmünster zu Cham i. Wald. Beschreibung der Mariahilfkirche d. Patres Redemptoristen in Cham (bay. Wald). — Cham i. Wald: Redemptoristenkloster 1910. 60 S. 8° (Jahresgabe nebst Jahrbüchlein d. Marian. Männer- u. Jünglingskongregation Cham für d. Jahr 1910.)
12: Bavar. 1323 ad-1910. 19.
12.11360

— Osterhofen-Damenstift. Ein Klosterbild aus alter Zeit. Osterhofen: Dietrich 1904. 41 S. 8°
12: Bavar. 196 hd. 19.
12.11365

— P. Joh. B. Schaumberger, C. Ss. R., ein Mariensänger, † als Opfer d. Priesterhasses in Brasilien d. 31. März 1908. Regensburg [usw.]: Pustet 1909. 104 S. 8°
12: Biogr. 1055 pt. 19.
12.11367

Baudenkmale, s.a. Baudenkmäler

— Alt-christliche Baudenkmale von Constantinopel vom V. bis XII. Jahrhundert. Auf Befehl Seiner Majestät d. Königs aufgenommen u. historisch erl. von W. Salzenberg. Im Anh. d. Silentiarius Paulus Beschreibung d. Heiligen Sophia und des Ambon, metrisch übers. u. mit Anm. vers. von C. W. Kortüm. — Berlin: Ernst & Korn 1854. 40, XV S., 39 Taf. gr. 2°
In einigen Exemplaren hat d. Nebentitel d. Erscheinungsjahr 1855.
1: gr. 2° Ny 2051. 4. 8. 12: 2° A. civ. 174 h [2 Ex.] 15→18. 21. 24. 30. 43. 61. 86. 300: 28 A 11.
12.11369

—— [Nebst] Tafelbd. Ebd. 1854. 4° [u.] gr. 2°
In einigen Exemplaren hat d. Tafelbd. d. Erscheinungsjahr 1845.
2. 3. 5. 6. 7. 9. 10. 11. 25. 29. 90. 117.
12.11370

Baudenkmale, kirchliche, im Erzherzogthum Österreich unter der Enns. Nach Conr. Grefe's Aquarell-Aufnahmen in Farbendruck dargestellt. 24 Blätter. Wien 861. (Leipzig, Denicke.) gr. Fol. (60 S. Text in gr. 4.) nn. 38 ₰ 10 ngr.

Baudenkmale, kirchliche, im Erzherzogthume Oesterreich unter der Enns. Nach Conrad Grefe's Aquarell-Aufnahme in Farbendruck dargestellt. XXIV Blätter in gr. Fol. mit erläuterndem Texte in 4. (60 S) Wien, k. k. Hof- und Staatsdruckerei. 1861. brosch. 30 fl. einzelne Bl. à 2 fl.

Inhalt:

I. Pfarrkirche in Baden.
II. Pfarrkirche zu Brunn am Gebirge.
III. Grabkapelle in Burg Schleinitz.
IV. Kirche zu Deutsch-Altenburg.
V. St. Leonhardskapelle zu Deutsch-Altenburg.
VI. Das Cistercienserstift Heiligen-Kreuz.
VII. St. Wolfgangskapelle zu Kirchberg am Wechsel.
VIII. Stiftkirche zu Klosterneuburg.
IX. Othmarskirche im Markte Mödling.
X. Rundkapelle zu Mödling.
XI. Spitalkirche zu Mödling.
XII. Pfarrkirche zu Neunkirchen.
XIII. Liebfrauenkirche zu Wiener Neustadt.
XIV. Burgkapelle in Wiener Neustadt.
XV. Kapuziner-, vormals Minoritenkirche in Wiener Neustadt.
XVI. Burgruine, Martinskapelle, Pfarrkirche und Marktthurm zu Perchtoldsdorf.
XVII. Spitalkirche zu Perchtoldsdorf.
XVIII. Taufkapelle zu Petronell.
XIX. Rundkapelle zu Pulkau.
XX. Pfarrkirche zu Schöngrabern.
XXI. Pfarrkirche zu Sivering.
XXII. Pfarrkirche zu Spitz an der Donau.
XXIII. Grabkapelle der heil. drei Könige in Tulln.
XXIV. Kirche Maria am Gestade in Wien

Mittelalterliche Baudenkmale aus Schwaben. [1-]8. — Stuttgart: Ebner & Seubert 1856-72. gr. 2°
[1.] Beisbarth, Karl: Eßlingen. 1856.
[2.] Leibnitz, Heinrich: Die Cisterzienser-Abtei Bebenhausen im Schönbuch. 1858.
3-8. Beyer, August: Der Münster in Ulm. Hrsg. von J. v. Egle. Aufgenommen u. gez. von A. Beyer u. C. Riess. (H. 1-6.) 18[62-]72.
(Die Kunst d. Mittelalters in Schwaben. Suppl. [1-]8.)
Text zu 3-5 s. *Hassler*, Konrad Dietrich: Ulms Kunstgeschichte im Mittelalter. 1864.
1: 1 = gr. 2° Nr 7987; 2 = gr. 2° Nr 7988; 3-8 = gr. 2° Nr 7989. 3. 4. 7. 8. 12[= 7.8]: 2° A. civ. 84 ne-2. 14. 17. 21. 24. 29. 30. 33. 82. 83. 86. 89. 90. 03. 117. 300: 121.960-D-E. 304. 305.
12.11412

Nürnberg's untergegangene Baudenkmale oder Abbildung von Kirchen und andern öffentlichen Gebäuden, welche ehemals in Nürnberg standen, nebst Ansicht der Stadt vor ihrer Erweiterung. In 13 Kupferstichen nebst kurzer historischer Beschreibung. (Hrsg.: Gottlieb Bäumler.) — Nürnberg: Bäumler 1846. 26 Bl., 13 Taf. quer-8°
12: Bavar. 196 s [2 Ex.] 75.
12.11416

— In 12 Lithographien nebst kurzer historischer Beschreibung. (Hrsg.: Gottlieb Bäumler.) — Ebd. 1847. 24 Bl., 12 Taf. 8° 32. 75. 300: B-112. Ks.
12.11417

Die Baudenkmale in der Pfalz, gesammelt u. hrsg. von d. Pfälzischen Kreisgesellschaft des bayerischen Architecten- u. Ingenieur-Vereins. Bd 1–5. — Ludwigshafen a. Rh. 1884–98: Lauterborn. 4°
Einzelne Lieferungen der Bände sind in einigen Bibliotheken in späterer Aufl. vorhanden.
1:4° Ns 4717. 5. 7. 8. 9. 12:4° Bavar. 190 o [2 Ex.] 14→17. 21. 24. 25. 30. 32. 35. 36. 38. 43. 79. 83. 86. 90. 91. 107. 123. 180. 203. 300:190.264-C.
12.11419

Die Baudenkmale in der Pfalz, gesammelt u. hrsg. von d. Pfälzischen Kreisgesellschaft d. Bayerischen Architecten- u. Ingenieur-Vereins. Bd 1–5. (Neustadt a. H.): Selbstverl. 1900–02. 4°
Bd 1. 3. Aufl. Bd 2–5. 2. Aufl. [10. 18371 2

Rheinlands Baudenkmale des Mittelalters. Ein Führer zu den merkwürdigsten mittelalterlichen Bauwerken am Rheine und seinen Nebenflüssen. Hrsg. von Fr. Bock. (Ser. 1–3.) — Köln [usw.]: Schwann [1869–72]. 8°
1: Ny 1070. 3→7. 9. 10. 12: A. civ. 15 lr. 14→17. 21. 23. 24. 25. 29. 30. 33. 34. 36. 38. 41. 43. 45. 46. 48. 51. 52. 60. 61. 62. 64. 84→87. 91. 107. 121. 169. 203. 300: 70.802-B. 302. 304. 305.
12.11421

Baudenkmale
— Rheinlands, d. Mittelalters. Ein Führer zu den mittelalterl. Bauwerken am Rheine u. seinen Nebenflüssen. Mit zahlreichen erklär. (eingedr.) Holzschn. hrsg. v. Fr. Bock. 3. Serie. 12 Lfgn. gr 8. (1. Lfg. 20 S.) Köln u. Neuß 872. Schwann. 6. —

Baudenkmäler, s.a. Baudenkmale

Anhalts Bau- und Kunst-Denkmäler. Hrsg. u. bearb. von Büttner Pfänner zu Thal. (Vorr.: Th. Stenzel.) [Nebst] Archiv. — Dessau [usw.]: Kahle 1892[–95]. 4°
Vollst. . . . 1:4° Ns 4736/15. 14. 24. 32. 35. 111.
Unvollst. . . 3. 4. 5. 7→11. 12:4° A. civ. 17 cs. 15. 16. 17. 23. 26. 27. 28. 33. 38. 42. 45. 53. 83. 84. 86. 87. 89. 90. 106. 117. 203. 300: 88.237-C. 302. 305.
12.11371

Braunschweigs Bau-Denkmäler. Kurze Erl. zu d. photographischen Aufnahmen von Constantin Uhde. Ser. [1]–3. Braunschweig: Goeritz [usw.] 1892–96. 4°
3. Architektur- u. Landschaftsbilder aus d. Herzogthum Braunschweig. Hrsg. vom Verein von Freunden d. Photographie. 1896.
23[=3]. 30[=1.3]. 84[=1.2]. 87[=1.3].
12.11373

— 2. Aufl. Ser. [1]2 [nebst] Text. Ebd. 1893–94. 4°
1[=1]: 4° Sl 6330-2. 7[=2]. 17[=1]. 30[=2]. 87[=2]. 93.
12.11374

– Braunschweigs's Baudenkmäler. Hrsg. vom Verein von Freunden d. Photographie. Erl. von Constantin Uhde. 3. Aufl. Ser. 1. — Ebd. 1895. 40 Taf. 4°
1:4° Sl 6330-1. 89.
12.11375

Braunschweig's Bau-Denkmäler. — Braunschweig: Behrens [um 1900]. 16 Taf. quer-8° 90.
12.11376

— Ebd. [um 1900]. 32 Taf. quer-8° 90.
12.11377

Die Baudenkmäler in Frankfurt am Main. Hrsg. ... von d. Architekten- u. Ingenieur-Verein u. d. Verein für Geschichte u. Alterthumskunde. Bearb. von Carl Wolff u. Rudolf Jung (3: Unter Mitw. von Fachgenossen bearb. von Rudolf Jung u. Julius Hülsen). Bd 1–3. — Frankfurt a. M.: Selbstverl.; Völcker in Komm. (3: Keller in Komm.) 1896–1914. 4°
1. Kirchenbauten. 18(96–)96.
2. Weltliche Bauten. 18(97–)98.
3. Privatbauten. 19(02–)14.
1:4° Si 5501. 2→6. 11. 12:4° A. civ. 17 cw. 14→17. 21. 23. 24. 26. 27. 28. 30. 33. 35. 36. 43. 83→87. 89. 91. 93. 106. 117. 123. 305.
12.11379

Baudenkmäler, die, in Frankfurt am Main. Hrsg. m. Unterstützg. der Stadt u. der Administration des Dr. Johann Friedrich Böhmer'schen Nachlasses v. dem Architekten- u. Ingenieur-Verein u. dem Verein f. Geschichte u. Alterthumskunde. 5. Lfg. Mit 10 Taf. u. 163 Textabbildgn. Unter Mitwirkg. v. Fachgenossen bearb. v. Rud. Jung u. Jul. Hülsen. Lex.-8. (XIV, 265 S.) Frankfurt a/M. 902. (K. Th. Völcker.) n. 6. —
Lfg. 1—4 u. d. T.: Wolff, Carl, u. Rud. Jung, d. Baudenkmäler i. Frankfurt. Ebd. 895—898. à n. 6.—.

Die Baudenkmäler im Regierungsbezirk Cassel [Kassel] ... Zsgest. von Heinrich v. Dehn-Rotfelser u. Wilhelm Lotz. Hrsg. durch d. Verein für hessische Geschichte u. Landeskunde. — Cassel 1870: (Döll & Schäffer). XVI, 373,32 S. 8° (Inventarium d. Baudenkmäler im Königreiche Preussen. Provinz Hessen-Nassau. Regierungsbezirk Cassel.) 1: Ns 4695-1. 2→11. 12: Germ. sp. 106 ri. 14. 15. 17. 18. 21. 24. 26. 27. 30. 34. 35. 43. 45. 47. 51. 60. 66. 79. 86. 87. 89. 90. 102. 121. 123. 300: 123.524-B. 1.
12.11380

Die Bau- und Kunstdenkmäler von Berlin. Im Auftrage d. Magistrats d. Stadt Berlin bearb. von R. Borrmann. Mit e. geschichtlichen Einl. von P. Clauswitz. — Berlin: Springer 1893. X,436 S. 4° 1:4° Ns 4736/12. 7. 9. 10. 11. 12:4° A. civ. 24 r. 14. 15. 17. 18. 21. 24. 26. 29. 30. 33. 34. 35. 43. 44. 45. 79. 86. 87. 90. 117. 300: 128.191-D.
12.11382

Die Bau- und Kunstdenkmäler des Herzogthums Braunschweig ... Hrsg. von d. Herzogl. Braunschweigischen Bau-Direction (3–6: Hrsg.: P. J. Meier). Bearb. von P. J. Meier (4–6: von Karl Steinacker). Bd 1–6. — Wolfenbüttel: Zwissler 1896–1922. 4°
1. Kreis Helmstedt. 1896.
2. Kreis Braunschweig. 1900.
3,1. Stadt Wolfenbüttel. 1904.
3,2. Kreis Wolfenbüttel. 1906.
4. Kreis Holzminden. 1907.
5. Kreis Gandersheim. 1910.
6. Kreis Blankenburg. 1922.
1:4° Ns 4738/15. 2. 3. 5. 6. 8→11. 12:4° A. civ. 17 cu. 14→18. 21. 23. 24. 25. 27→30. 35. 36. 38. 44. 45. 48. 84→87. 89. 90. 91. 117. 300: 100.729-C. Ks. 302.
12.11383

Die Bau- und Kunst-Denkmäler der Stadt Braunschweig (mit Ausschluss der Sammlungen). ... Bearb. von P. J. Meier u. K. Steinacker. — Wolfenbüttel: Zwissler 1906. 150 S. 8° 7. 12: A. civ. 65 l. 15. 23. 30. 35. 44. 47.
12.11381

Die Bau- und Kunstdenkmäler des Askanischen Fürstenhauses im ehemaligen Herzogtum Lauenburg. Mit Unterstützung d. Herzoglich Anhaltischen Staatsministeriums hrsg. von Robert Schmidt. — Dessau 1899: Gutenberg. 22 S., 15 Taf. gr. 2°
1: gr. 2° Ns 4727/1. 2. 8. 9. 14→17. 25. 35. 45. 86. 111.
12.11386

Bau- und Kunstdenkmäler, Die, des Kreises Graudenz . . . Danzig 1894. H: *Heise, Johs.* (Berl)

Bau - und Kunstdenkmäler
— — die, d. Stadt Hanau. I. Tl. Bearb. u. hrsg. v. A. Winkler u. J. Mittelsdorf. Festschrift z. 300jähr. Jubiläum d. Gründg. d. Neustadt Hanau. Lex.-8. (VII, 218 u. X S. m. 188 Abb. u. 1 Taf.) Hanau 897. (G. M. Alberti.) n. 6. —

Die Bau- und Kunstdenkmäler im Regierungsbezirk Cassel. Bd 1-8. — Marburg: Elwert [u.a.] 1901-34. 4°
6.7. Cassel: Landesverwaltung; Keßler [in Komm.] 8. Kassel: Landesverwaltung; Marburg: Elwert [in Komm.]
1. Kreis Gelnhausen ... bearb. von L. Bickell. Text. Atlas. 1901.
2. Kreis Fritzlar ... bearb. von C. Alhard v. Drach. Text. Atlas. 1909.
3. Kreis Grafschaft Schaumburg ... bearb. von Heinrich Siebern unter Mitarb. von H. Brunner. 1907.
4. Kreis Cassel-Land ... bearb. von A. Holtmeyer. Text. Atlas. 1910.
5. Kreis Herrschaft Schmalkalden ... bearb. von Paul Weber. Textbd. Tafelbd. 1913.
6. Kreis Cassel-Stadt ... bearb. von A. Holtmeyer. Text. T. 1. 2. Atlas. T. 1-3. 1923.
7. Kreis Hofgeismar. T. 1: Schloß Wilhelmstal ... bearb. von Friedrich Bleibaum. 1926.
8. Kreis Marburg-Stadt ... bearb. von Friedrich Küch u. Bernhard Niemeyer. T. 1: Atlas. 1934.
1: 4° Ns 4690. 2→7. 9. 10. 11: 12: 4° A. civ. 17 cv. 14→18. 20. 21. 24→27. 30. 34. 35. 36. 39. 43. 44. 45. 47. 48. 60. 61. 66. 82. 83. 85. 86. 87. 89. 90. 117. 300: 411.474-D. Ks. 302.
12.11387

Bau- und Kunstdenkmäler, Die, in Königsberg. Königsberg 1897. H: *Bötticher, Adolph.* (Berl)

Die Bau- und Kunst-Denkmäler in den Hohenzollern'schen Landen. Im Auftrage d. Hohenzollern'schen Landes-Ausschusses bearb. von Karl Theodor Zingeler u. Wilhelm Friedrich Laur. — Stuttgart: Neff 1896. XI, 304 S. 4°
1: 4° Ns 4738. 5. 6. 8. 9. 12: 4° Art. 111. 14. 15. 17. 18. 21. 24. 25. 27. 30. 33. 45. 61. 85. 86. 87. 111. 117. 123. 180. 203.
12.11388

Bau- und Kunstdenkmäler, Die, des Kreises Herzogtum Lauenburg, s. Bau- und Kunstdenkmäler der Provinz Schleswig-Holstein.

Bau- und Kunstdenkmäler, Die, des Kreises Löbau. Danzig 1895. H: *Heise, Johs.* (EB)

Die Bau- und Kunstdenkmäler der Freien und Hansestadt Lübeck. Hrsg. von d. Baudeputation. Bd 2-4. — Lübeck: Nöhring 1906-28. 4°
2. Hirsch, Fritz: Petrikirche. Marienkirche. Heil.-Geist-Hospital. Bearb. von F. Hirsch, G. Schaumann u. F. Bruns. 1906.
3. Baltzer, Johann: Kirche zu Alt-Lübeck. Dom. Jakobikirche. Ägidienkirche. Bearb. von Joh. Baltzer u. F. Bruns. (T. 1. 2.) 1920.
4. Baltzer, Johann: Die Klöster. Die kleineren Gotteshäuser der Stadt. Die Kirchen u. Kapellen in d. Außengebieten. Denk- u. Wegekreuze u. d. Leidensweg Christi. Bearb. von Joh. Baltzer, F. Bruns u. H. Rahtgens. (T. 1. 2.) 1928.
1: 4° Ns 4729. 2→5. 7→11. 12: 4° A. civ. 17 cy. 14→18. 21. 24. 25. 27. 28. 30. 33. 35. 36. 38. 44. 45. 48. 82→86. 89. 90. 111. 117. 203. 300: 470.012-C. Ks. 302. 305.
12.11389

Bau- und Kunstdenkmäler, Die, der Kreise Marienwerder ... Danzig 1887. H: *Heise, Johs.* (EB)

Die Bau- und Kunstdenkmäler des Kreises Marienwerder östlich der Weichsel. Mit 38 Abb. u. 24 Beilagen. Danzig: Th. Bertling in Comm. 1898. (111 S.) 4°
— Bau- u. Kunstdenkmäler, Die, d. Prov. Westpreussen. H. 11.

Bau- und Kunstdenkmäler, Die, in Natangen. 2. Aufl. Königsberg 1898. H: *Bötticher, Adolph.* (Berl)

Bau- und Kunstdenkmäler, Die, des Oberlandes. [2. Aufl.] Königsberg 1898. H: *Bötticher, Adolph.* (Berl)

Die Bau- und Kunstdenkmäler des Herzogtums Oldenburg. Bearb. im Auftrage d. Grossherzoglichen Staatsministeriums. H. 1-5. — Oldenburg: Stalling 1896-1909. 4°
1. Wildeshausen. 1896. 2. Vechta. 1900.
3. Cloppenburg u. Friesoythe. 1903.
4. Oldenburg, Delmenhorst, Elsfleth u. Westerstede. 1907.
5. Brake, Butjadingen, Varel, Jever u. Rüstringen. 1909.
1: 4° Ns 4738/12. 2. 3. 5→10. 12: 4° A. civ. 17 de. 14→18. 20. 21. 23. 24. 30. 32. 33. 35. 38. 44. 45. 46. 48. 83→87. 89. 117. 123. 300: 90.644-C.
12.11390

Die Bau- und Kunstdenkmäler der Provinz Ostpreußen. Im Auftrage d. Ostpreußischen Provinzial-Landtages bearb. von Adolf Boetticher. H. 1-9. — Königsberg: Teichert in Komm. 1891-99. 4°
1. Das Samland. 1891. 2. Natangen. 1892.
3. Das Oberland. 1893. 4. Das Ermland. 1894.
5. Litauen. 1895. 6. Masuren. 1896.
7. Königsberg. 1897.
8. Aus d. Kulturgeschichte Ostpreußens. Nachträge. 1898.
9. Namens- u. Ortsverzeichnis aufgestellt durch v. Schimmelfennig. 1899.
1: 4° Ns 4735. 2→5. 7→11. 12: 4° A. civ. 17 ds. 14. 16. 21. 24. 26. 27. 30. 32. 34. 35. 44. 45. 47. 83. 85. 86. 89. 90. 102. 117. 203. 214. 300: 185.458-C. 302.
12.11391

— — 2., durchges. u. erw. Aufl. H. 1-3. Ebd. 1898. 4°
Inhalt wie in 12.11391.
1: 4° Ns 4735². 10. 17. 25. 30. 43. 90.
12.11392

Die Bau- und Kunstdenkmäler der Provinz Pommern. 2.3,3. 1898-1934.
sa *Baudenkmaeler*, Die, der Provinz Pommern.

[Baudenkmaeler]. Die Bau- und Kunstdenkmäler der Provinz Pommern. Hrsg. von d. Ges. f. Pommer. Geschichte u. Altertumskunde. Tl 1—3. Stettin 1881 ff. 8°. — Qb 3302 —
1: *Haselberg*, E v., D Reg.-Bez. Stralsund. H. 1—5.
1: Kr. Franzburg. 1881.
2: Kr. Greifswald. 1885
3. Kr. Grimmen 1888.
4 Kr. Rügen 1897.
5: Stadtkr Stralsund 1902.
2 *Lemcke*, Hugo Der Reg.-Bez. Stettin. Bd 1—3. H. 1—9.
1: Kr. Demmin 1898.
2. Kr Anklam 1899
3: Kr. Ückermünde 1900
4: Kr. Usedom-Wollin. 1900.
5: Kr Randow 1901
6. Kr. Greifenhagen. 1902.
7: Kr. Pyritz 1906.
8: Kr Satzig 1908.
9: Kr. Naugard 1910.
3 *Böttger*, Ludw., Der Reg.-Bez. Köslin Bd 1. 2. H 1—4.
1: Kr. Köslin u. Colberg-Körlin 1889
2: Kr. Belgard u. Nachtr. z. Kreise Colberg Körlin. 1890.
3: Kr. Schlawe 1892
4 Kr. Stolp 1894.
5. Heft. Die Kreise Butow u. Lauenburg. (113—320 m. Abb. u. Taf.) '11. 10 —

DIE BAU- UND KUNSTDENKMÄLER DER PROVINZ POMMERN.
Herausgegeben von der Gesellschaft für Pommersche Geschichte und Alterthumskunde (spater. Altertumskunde).
Theil (Teil) 2: Der Regierungsbezirk Stettin. Stettin. 1898. 1901. 1912. Léon Saunier. 8°. — A. u. d. T.: Die Bau- und Kunstdenkmäler des Regierungsbezirks Stettin. Herausgegeben im Auftrage der Gesellschaft für Pommersche Geschichte und Alterthumskunde (später: Altertumskunde) von HUGO LEMCKE.
Bd. I (Heft I—IV.): Die Kreise Demmin, Anklam, Ückermünde und Usedom-Wollin. ib. 1900. Kommissionsverlag von Léon Saunier.
Heft I: Der Kreis Demmin. (Mit Tafeln.) ib. 1898. —
Heft II: Der Kreis Anklam. (Mit Tafeln.) ib. 1899. Kommissionsverlag von Léon Saunier.
Heft III: Der Kreis Ückermünde. (Mit Tafeln.) ib. 1900. —
Heft IV: Der Kreis Usedom-Wollin. (Mit Tafeln.) ib. 1900. —
Bd. II. (Heft V—VII.) Die Kreise Randow, Greifenhagen und Pyritz. ib. 1901. —
Heft V: Der Kreis Randow. ib. 1901. —
Heft VI: Der Kreis Greifenhagen. (Mit Tafeln.) ib. 1902. —
Heft VII:[1]) Der Kreis Pyritz. (Mit Tafeln.) ib. 1906. —
Bd. III (Heft VIII—X.) Die Kreise Satzig, Naugard und Regenwalde. ib. 1912. —
Heft VIII: Der Kreis Satzig. ib. 1908. —
Heft IX: Der Kreis Naugard. ib. 1910. —
Heft X. Der Kreis Regenwalde. ib. 1912. —
Heft XIV, Abteilung I: Das Königliche Schloss in Stettin. ib. 1909. —

Bisher u. d. T.: Baudenkmäler, d., d. Prov. Pommern.

Die Bau- und Kunstdenkmäler des Rheingaues. Im Auftrage des Bezirksverbandes des Regierungsbezirks Wiesbaden bearb. v. Ferdinand **Luthmer.** Frankfurt a. M. 1902.
Bd. 2. Der östliche Taunus. Frankfurt a. M. 1905 (1904). 4°

Die Bau- und Kunstdenkmäler der Rheinprovinz. Beschrieben u. zsgest. im Auftrage . . . d. Provinzialverbandes d. Rheinprovinz. (Bd 1.) — Düsseldorf: Voss 1886. 788 S. 8°

1. Lehfeldt, Paul: Die Bau- u. Kunstdenkmäler d. Regierungsbezirks Coblenz. 1886.

1: Ns 4721. 3. 4. 5. 7. 10. 11. 12: A. civ. 9r. 14. 16. 17. 20. 21. 24. 26. 27. 30. 34. 35. 38. 43. 46. 47. 52. 61. 83. 84. 86. 87. 89. 90. 91. 93. 117. 121. 203. 300: 181.211–B.
12.11393

Fortgesetzt u.d. T.:
Kunstdenkmäler der Rheinprovinz.

Bau- und Kunstdenkmäler, Die, des Samlandes. [2. Aufl.) Königsberg 1898. H: *Bötticher, Adolph.* (Berl)

Die Bau- und Kunstdenkmäler der (5.6: in der) Provinz Schleswig-Holstein (5.6: mit Einschluß benachbarter Gebiete und Landschaften). Bearb. von Richard Haupt. Bd 1-6 [nebst] Anh. u. Erg.Bd. — Kiel: Homann 18(86)-1929 (4: Ratzeburg 1890: Pierer in Altenburg; 5ff.: Heide in Holstein: 'Heider Anzeiger' 1924-29). 8°

1-3. Haupt: Die Bau- u. Kunstdenkmäler d. Provinz Schleswig-Holstein mit Ausnahme d. Kreises Herzogtum Lauenburg. 18(86)-89.

[4.] Haupt: Die Bau- u. Kunstdenkmäler im Kreise Herzogtum Lauenburg. Dargest. von Richard Haupt u. Friedrich Weysser. 1. 2. 1890.

5. Haupt: Geschichte u. Art d. Baukunst im Herzogtum Schleswig. 1924.

6. Haupt: Geschichte u. Art d. Baukunst in Nordelbingen, in d. Herzogtümern Holstein u. Lauenburg sowie d. Fürstentümern Lübeck u. Ratzeburg. 1925.

Anh. u. Erg.Bd. Haupt: Kurze Geschichte d. Ziegelbaus u. Geschichte d. deutschen Ziegelbaukunst bis durch d. zwölfte Jahrhundert. 1929.

1: Ns 4726. 3. 4. 7→11. 12: A. civ. 44 ug. 14. 17. 18. 21. 24. 28. 33. 34. 35. 45. 48. 83→87. 89. 90. 117. 300 [∞ 4]: 76.848–B.
12.11394

Bau- und Kunstdenkmäler, Die, des Kreises Stargard. Danzig 1885. H: *Heise, Johs.* (EB)

Die Bau- und Kunstdenkmäler des östlichen Taunus: Landkreis Frankfurt — Kreis Höchst — Obertaunus-Kreis — Kreis Usingen. Bearb. v. Ferdinand **Luthmer.** ebd. 1905 (1904). 4°.

Bau- u. Kunstdenkmäler Thüringens. Im Auftrag der Regiergn. v. Sachsen-Weimar-Eisenach, Sachsen-Meiningen-Hildburgh., Sachsen-Altenburg, Sachsen-Coburg u. Gotha, Schwarzburg-Rudolstadt, Reuss ält. Linie u. Reuss jüng. Linie bearb. v. P. Lehfeldt. 1.—7. Hft. Lex.-8. Jena 888—890. Fischer. n. 28. 75

1. Grossherzogth. Sachsen-Weimar-Eisenach. Amtsger.-Bez Jena. (XVI, 244 S. m. 100 Abbildgn. im Text u. 20 Bildern in Lichtdr.) n. 8. –
2. Amtsger.-Bez. Roda. (V, 59 S. m. eingedr. Illustr. u. 7 Lichtdr.-Taf.) n. 2. 50
3. Amtsger.-Bez. Kahla. (VI, 189 S. mit eingedr. Illustr. u. Taf.) n. 5. –
4. Amtsger.-Bez. Eisenberg. (2. Bd. Altenburg. Westkreis. IV, VIII u. S. 191—235 m. eingedr. Abbildgn., 6 Lichtdr.-Taf. u. 4 Karten.) n. 2. —
5. Fürstenthum Schwarzburg-Rudolstadt. Unterherrschaft. Amtsger.-Bez. Frankenhausen u. Schlotheim. (IV, 81 S. m. 53 Textabbildgn. u. 10 Lichtdr.-Bildern.) n. 3. 25
6. Herzogthum Sachsen-Meiningen. Amtsger.-Bez. Saalfeld. Mit 13 Lichtdr.-Bildern u. 47 Abbildgn. im Texte. (IV, 138 S.) n. 5. –
7. Herzogthum Sachsen-Meiningen. Amtsger.-Bez. Kranichfeld u. Camburg. Mit Lichtdr.-Bildern u. 43 Abbildgn. im Texte. (IV u. S. 139—206.) n. 3.

Bau- u. Kunstdenkmäler Thüringens. Im Auftrage der Regiergn. v. Sachsen-Weimar-Eisenach, Sachsen-Meiningen u. Hildburghausen, Sachsen-Altenburg, Sachsen-Coburg u. Gotha, Schwarzburg-Rudolstadt, Reuss älterer Linie u. Reuss jüngerer Linie bearb. v. P. Lehfeldt. 8.—20. Hft. Lex.-8. Jena, G. Fischer. n. 54. 60 (1—20.: n. 83. 35)

8. Herzogth. Sachsen-Coburg u. Gotha. Amtsgerichtsbezirk Gotha. (V, 191 S. m. 8 Lichtdr.-Bildern u. 28 Abbildgn. im Texte.) 891. n. 6. –
9. Fürstenthum Reuss ältere Linie. Amtsgerichtsbezirke Greiz, Burgk u. Zeulenroda. (VIII, 80 S. m. 3 Lichtdr.-Bildern u. 18 Abbildgn. im Texte.) 891. n. 3.
10. Herzogth. Sachsen-Coburg u. Gotha. Amtsgerichtsbezirk Tonna. (IV u. S. 191—264 m. 3 Lichtdr.-Bildern, 1 Heliograv. u. 13 Abbildgn. im Texte.) 891. n. 2. 75
11. — dasselbe. Landrathsamt Waltershausen. Amtsgerichtsbezirke Tenneberg, Thal u. Wangenheim. (IX, 144 S. m. 6 Lichtdr.-Bildern u. 19 Abbildgn. im Texte.) 891. n. 4. 50
12. Fürstenthum Reuss jüngere Linie. Amtsgerichtsbezirke Schleiz, Lobenstein u. Hirschberg. (X, 137 S. m. 6 Lichtdr.-Bildern u. 27 Abbildgn. im Texte.) 891. n. 4. 80
13. Grossherzogth. Sachsen-Weimar-Eisenach. Amtsgerichtsbezirk Allstedt. (IV, 63 S. m. 5 Lichtdr.-Bildern u. 30 Abbildgn. im Texte.) 891. n. 2. 40
14. — dasselbe. Amtsgerichtsbezirke Apolda u. Buttstädt. (VIII, X, 84 u. IV, 88 S. m. 6 Lichtdr.-Bildern u. 30 Abbildgn. im Texte.) 892. n. 5. 40
15. Herzogth. Sachsen-Meiningen. Amtsgerichtsbezirke Gräfenthal u. Pössneck. (VII, VI, 58 S. m. 20 Abbildgn. u. 6 Lichtdr.-Bildern.) 892. n. 2. 75
16. Grossherzogth. Sachsen-Weimar-Eisenach. Amtsgerichtsbezirke Grossrudestedt u. Vieselbach. (VI, 94 S. m. 13 Textabbildgn. u. 2 Lichtdr.-Taf.) 892. n. 2. 40
17. — dasselbe. Amtsgerichtsbezirke Blankenhain u. Ilmenau. (VIII, 88 u. 18 S. m. 25 Abbildgn. u. 4 Lichtdr.-Taf.) 893. n. 4. —
18. — dasselbe. Amtsgerichtsbezirk Weimar. (VI, X, 244 S. m. 62 Abbildgn. u. 11 Lichtdr.) 893. n. 7. –
19. Fürstenth. Schwarzburg-Rudolstadt. Amtsgerichtsbezirke Rudolstadt u. Stadtilm. (IV, 185 S. m. 60 Abbildgn. u. 7 Lichtdr.) 894. n. 6. —
20. — dasselbe. Amtsgerichtsbezirke Königsee, Oberweissbach u. Leutenberg. (Schwarzburg-Rud. 1. Bd. VIII, VI u. S. 187—281 m. 22 Abbildgn. u. 5 Lichtdr.-Taf.) 894. n. 3. 60

Bau- u. Kunstdenkmäler Thüringens. Im Auftr. d. Regiergn. v. Sachsen-Weimar-Eisenach, Sachsen-Meiningen u. Hildburghausen, Sachsen-Altenburg, Sachsen-Coburg u. Gotha, Schwarzburg-Rudolstadt, Reuss ä. L. u. Reuss j. L. bearb. v. P. Lehfeldt. 21.—25. Hft. Lex.-8. Jena, G. Fischer. n. 32. 50 (1—26.: n. 115. 85)

21. Herzogth. Sachsen-Altenburg. Amtsger.-Bez. Altenburg. (VIII, 307 S. m. 73 Abb. u. 8 Lichtdr.-Bild.) 895. n. 7. 50
22. Herzogth. Sachsen-Altenburg. Amtsger.-Bez. Ronneburg u. Schmölln. (X u. S. 309—435 u. VIII S. m. 17 Abb. u. 1 Lichtdr.-Bild.) 895. n. 3. 50
23. Fürstenth. Reuss j. L. Amtsger.-Bez. Gera u. Hohenleuben. M. 8 Bild. u. 7 Lichtdr.-Taf. u. 43 Abb. i. Texte. (VIII, 174 u. V S.) 896. n. 6. —
24. Grossherzogth. Sachsen-Weimar-Eisenach. Amtsger.-Bez. Neustadt a. Orla u. Auma. M. 9 Lichtdr.-Bild. u. 63 Abb. i. Texte. (3. Bd. VIII u. S. 1—250.) 897. n. 6. —
25. Grossherzogth. Sachsen-Weimar-Eisenach. Amtsger.-Bez. Weida. M. 7 Lichtdr.-Bild. u. 59 Abb. i. Texte. (3. Bd. VIII, VIII u. S. 251—425.) 897. n. 5. —
26. Herzogth. Sachsen-Coburg u. Gotha. Sachsen-Gotha II. Bd. Landrathsamtsbez. Ohrdruf. Amtsgerichtsbez. Ohrdruf, Liebenstein u. Zella. M. 4 Lichtdr. a. 2 Taf. u. 44 Abb. i. Texte. (V, IV, 198 S.) 898. n. 4. 50

— — **Thüringens.** Im Auftrage der Regiergn. v. Sachsen-Weimar-Eisenach, Sachsen-Meiningen u. Hildburghausen, Sachsen-Altenburg, Sachsen-Coburg und Gotha, Schwarzburg-Rudolstadt, Reuss älterer Linie u. Reuss jüngerer Linie bearb. v. P. Lehfeldt. Nach d. Tode des Verf. hrsg. v. G. Voss. 27. u. 28. Hft. Lex.-8. Jena, G. Fischer. n. 6. 50

27. Herzogth. Sachsen-Meiningen. III. Bd. Kreis Sonneberg. Amtsgerichtsbezirke Sonneberg, Steinach u. Schalkau. Mit 1 Lichtdr. u. 15 Abbildgn. im Texte. (VIII, 73 S.) 899. n. 2. –
28. Herzogth. Sachsen-Coburg u. Gotha. Landrathsamt Coburg. Amtsgerichtsbezz. Neustadt, Rodach, Sonnefeld u. Königsberg in Franken. Mit 5 Lichtdr. u. 45 Abbildgn. im Texte. (VIII, 153 S.) 902. n. 4. 50

Hft. 1—26. Ebd. 888—898. n. 115. 85.

— — **Thüringens.** Im Auftrage der Regierungen v. Sachsen-Weimar-Eisenach, Sachsen-Meiningen u. Hildburghausen, Sachsen-Altenburg, Sachsen-Coburg u. Gotha, Schwarzburg-Rudolstadt, Reuss älterer Linie u. Reuss jüngerer Linie bearb. v. P. Lehfeldt u. G. Voss. 29.—32. Heft. Lex.-8. Jena, G. Fischer. n. 27. —

29. Herzogth. Sachsen-Meiningen. Amtsgerichtsbez. Hildburghausen. Mit 2 Lichtdr. u. 12 Abbildgn. im Texte. (VIII, 112 S.) 903. n. 3. 50
30. Dasselbe. Amtsgerichtsbezz. Eisfeld u. Themar. Mit 2 Lichtdr. u. 27 Abbildgn. im Texte. (VI u. S. 113—247.) 903. n. 4 50
31. Dasselbe. Amtsgerichtsbezz. Heldburg u. Römhild. Mit 11 Lichtdr.-Taf. u. 68 Abbildgn. im Texte. (XVIII u. S. 249—479 u. VII S.) 904. n. 7. —
32. Herzogth. Sachsen-Coburg u. Gotha. Landrathsamt Coburg. Amtsgerichtsbez. Coburg. (Die Stadt Coburg. Landorte des Amtsgerichtsbez. Coburg.) Mit 42 Taf u. 84 Abbildgn. im Texte. (VIII u. S. 153—474.) 906. n 12. —

Hft. 1—23. Ebd. 888—902. n. 122. 35.

— — Thüringens. Im Auftrage der Regiergn. v. Sachsen-Weimar-Eisenach, Sachsen-Meiningen u. Hildburghausen, Sachsen-Altenburg, Sachsen-Coburg u. Gotha, Schwarzburg-Rudolstadt, Reuss älterer Linie u. Reuss jüngerer Linie bearb. v. P. Lehfeldt u. G. Voss. 33.—36. Heft. Lex.8. Jena, G. Fischer. 89. 60

33. Herzogth. Sachsen-Coburg u. Gotha. Landrathsamt Coburg. Mit 37 Taf. u. 55 Abb. im Texte. (VIII u. S. 475—600.) 907. 9. —

34. Herzogth. Sachsen-Meiningen. Kreis Meiningen. Amtsgerichtsbez. Meiningen. (Die Stadt Meiningen u. die Landorte.) Von G. Voss. (X, 584 S. m. 356 Abb. u 74 Taf.) 909. 20. —

35. Herzogth. Sachsen-Meiningen. Kreis Meiningen. Amtsgerichtsbez. Salzungen. Von G. Voss. Mit 28 Taf. u. 73 Abb. im Texte. (VIII, 130 S.) 909. 6. 60

36. Herzogth. Sachsen-Meiningen. Kreis Meiningen. Amtsgerichtsbez. Wasungen. Von G. Voss. (IX—XV, S. 131—272 u. V S. m. 107 Abb. u. 4 Taf.) 910. 4. —

Hft. 1 32. Ebd. 888—906. 149. 85

Bau - und Kunstdenkmäler

— — Thüringens. Bearb. v. P Lehfeldt u. G Voss. 36. u. 37. Heft. Lex8° Jena, G Fischer. (1—37: 204.95)
36. Herzogth. Sachsen-Meiningen, Kreis Meiningen. Amtsgerichtsbez Wasungen. Von G Voss. (9—15, 131—272 u. 5 m. Abb. u. 4 Taf.) '10. 4 — ‖ 37. Grossh. Sachsen-Weimar-Eisenach. Amtsgerichtsbezz. Vacha, Geisa, Stadtlengsfeld, Kaltennordheim u. Ostheim v. d. Rhön. Von G Voss. (10, 302 m. Abb. u. 69 Lichtdr.-Taf.) '11. 16 —.

— —— Fürstenthum Reuss Älterer Linie. H. 9. 1891. IV, 180 S. 1:4° Ns 4706-9. 2→5. 7→11. 12:4° A. civ. 17cc-F. 14→21. 23→36. 38. 39. 43. 44. 45. 48. 53. 75. 78. 83→87. 89. 90. 91. 93. 111. 117. 123. 203. 300:189.012-C. 9.
12.11400

— —— Fürstenthum Reuss Jüngerer Linie. Bd 1.2 = H. 12. 23. 1891–96.
1. Verwaltungsbezirk Gera. Amtsgerichtsbezirke Gera u. Hohenleuben. 1896.
2. Landrathsamtsbezirk Schleiz. Amtsgerichtsbezirke Schleiz, Lobenstein u. Hirschberg. 1891.
1:4° Ns 4706-12. 23. 2→5. 7→11. 12:4° A. civ. 17cc-G. 14→21. 23→36. 38. 39. 43. 44. 45. 48. 53. 75. 78. 83→87. 89. 90. 91. 93. 111. 117. 123. 203. 300:189.012-C. 12. 23.
12.11401

— —— Herzogthum Sachsen-Altenburg. Bd 1.2 = H. 2–4. 21. 22. 1888–95.
1. Verwaltungsbezirk Altenburg (Ostkreis). 1895.
2. Westkreis. 1888.
1:4° Ns 4706-2/4. 21. 22. 2→5. 7→11. 12:4° A. civ. 17cc-C. 14→21. 23→36. 38. 39. 43. 44. 45. 48. 53. 75. 78. 83→87. 89. 90. 91. 93. 111. 117. 123. 203. 300:189.012-C. 2/4. 21. 22.
12.11397

— —— Herzogthum Sachsen-Coburg und Gotha. Bd 1–4 = H. 8. 10. 11. 26. 28. 32. 33. 1891–1907.
1. Landrathsamtsbezirk Gotha. 1891.
2. Landrathsamtsbezirk Ohrdruf. 1898.
3. Landrathsamtsbezirk Waltershausen. 1891.
4. Landrathsamt Coburg. 19(02-)07.
1:4° Ns 4706-8. 10. 11. 26. 28. 32. 33. 2→5. 7→11. 12:4° A. civ. 17cc-D. 14→21. 23→36. 38. 39. 43. 44. 45. 48. 53. 75. 78. 83→87. 89. 90. 91. 93. 111. 117. 123. 203. 300:189.012-C. 8. 10. 11. 26. 28. 32. 33.
12.11398

— —— Herzogthum Sachsen-Meiningen. Bd 1–4 = H. 6. 7. 15. 27. 29–31. 34–36. 1892–1910.
1. Kreis Meiningen. Abth. 1.2.
   1. Amtsgerichtsbezirk Meiningen. 1909.
   2. Amtsgerichtsbezirke Salzungen u. Wasungen. 19(09-)10.
2. Kreis Hildburghausen. 19(03-)04.
3. Kreis Sonneberg. 1899.
4. Kreis Saalfeld. 1889-92.
1:4° Ns 4706-6. 7. 15. 27. 29/31. 34/36. 2→5. 7→11. 12:4° A. civ. 17cc-B. 14→21. 23→36. 38. 39. 43. 44. 45. 48. 53. 75. 78. 83→87. 89. 90. 91. 93. 111. 117. 123. 203. 300:189.012-C. 6. 7. 15. 27. 29/31. 34/36.
12.11396

— —— Großherzogthum Sachsen-Weimar-Eisenach. Bd 1–5 = H. 1. 13. 14. 16–18. 24. 25. 37–41. 1888–1917.
1. Verwaltungsbezirk Weimar. 18(92-)93.
2. Verwaltungsbezirk Apolda. 1888(-92).
3. Verwaltungsbezirk Eisenach. Abth. 1.2.
   1. Amtsgerichtsbezirke Gerstungen u. Eisenach (ohne Wartburg). 19(13-)15.
   2. Die Wartburg. 1917.
4. Verwaltungsbezirk Dermbach. 1911.
5. Verwaltungsbezirk Neustadt. 1897.
1:4° Ns 4706-1. 13. 14. 16/18. 24. 25. 37/41. 2→5. 7→11. 12:4° A. civ. 17cc-A. 14→21. 23→36. 38. 39. 43. 44. 45. 48. 53. 78. 83→87. 89. 90. 91. 93. 111. 117. 123. 203. 300:189.012-C. 1. 13. 14. 16/18. 24. 25. 37/41.
12.11395

— —— Fürstenthum Schwarzburg-Rudolstadt. Bd 1.2 = H. 5. 19. 20. 1889–94.
1. Oberherrschaft. 1894.
2. Landrathsamt Frankenhausen (Unterherrschaft). 1889.
1:4° Ns 4706-5. 19. 20. 2→5. 7→11. 12:4° A. civ. 17cc-E. 14→21. 23→36. 38. 39. 43. 44. 45. 48. 53. 75. 78. 83→87. 89. 90. 91. 93. 111. 117. 123. 203. 300:189.012-C. 5. 19. 20.
12.11399

Die Bau- und Kunstdenkmäler von Westfalen. Hrsg. vom Provinzial-Verbande d. Provinz Westfalen, bearb. von A. Ludorff (38.39: bearb. von J. Körner; 40: bearb. von J. Körner u. N. Rodenkirchen; 41–43: hrsg. von Wilhelm Rave). Bd 1-43. — Münster: Schoeningh in Komm. [u.a.] 1893–1937. 4°
38-41,2. Stenderhoff in Komm. 41,3-43. Aschendorff.
1. Der Kreis Lüdinghausen ... von J. Schwieters. 1893.
2. Der Kreis Dortmund-Stadt ... von E. Röse. 1894.
3. Der Kreis Dortmund-Land ... von E. Roese. 1895.
4. Der Kreis Hörde ... von E. Roese. 1895.
5. Der Kreis Münster-Land ... von A. Weskamp. 1897.
6. Der Kreis Beckum ... von J. Schwieters. 1897.
7. Der Kreis Paderborn ... von W. Richter. 1899.
8. Der Kreis Iserlohn ... von H. Henniges. 1900.
9. Der Kreis Ahaus ... von J. Schwieters. 1900.
10. Der Kreis Wiedenbrück ... von Eickhoff. 1901.
11. Der Kreis Minden ... von Wurm. 1902.
12. Der Kreis Siegen ... von Heinzerling. 1903.
13. Der Kreis Wittgenstein ... von Heinzerling. 1903.
14. Der Kreis Olpe ... von F. Hölscher. 1903.
15. Der Kreis Steinfurt ... von Döhmann. 1904.
16. Der Kreis Soest ... von Vogeler. 1905.
17. Der Kreis Bochum-Stadt ... von Darpe. 1906.
18. Der Kreis Arnsberg ... von Féaux de Lacroix. 1906.
19. Der Kreis Bielefeld-Land ... von R. Schrader. 1906.
20. Der Kreis Bielefeld-Stadt ... von R. Schrader. 1906.
21. Der Kreis Tecklenburg ... von A. Brennecke. 1907.
22. Der Kreis Lübbecke ... von Frhr von der Horst. 1907.
23. Der Kreis Bochum-Land ... von Darpe. 1907.
24. Der Kreis Herford ... von Jellinghaus. 1908.
25. Der Kreis Meschede ... von F. Brügge †. 1908.
26. Der Kreis Gelsenkirchen-Land ... von Darpe. 1908.
27. Der Kreis Gelsenkirchen-Stadt ... von Darpe. 1908.
28. Der Kreis Halle ... von Nitzsch. 1908.
29. Der Kreis Hattingen ... von Darpe. 1909.
30. Der Kreis Witten-Stadt ... von Darpe. 1910.
31. Der Kreis Schwelm ... von Dütschke. 1910.
32. Der Kreis Hagen-Stadt ... von Darpe. 1910.
33. Der Kreis Hagen-Land ... von Darpe. 1910.
34. Der Kreis Altena ... von A. Kuemmel. 1911.
35. Der Kreis Lippstadt ... von F. Schelhasse. 1912.
36. Der Kreis Coesfeld ... von Darpe † u. Weskamp. 1913.
37. Der Kreis Höxter ... von Schrader † u. Gemmeke. 1914.
38. Der Kreis Büren ... von Heinrich Schotte. 1926.
39. Landkreis Recklinghausen u. Stadtkreise Recklinghausen, Bottrop, Buer, Gladbeck u. Osterfeld ... von A. Weskamp. 1929.
40. Stadt Bocholt ... von A. Schmeddinghoff. 1931.
41,1-5. Die Stadt Münster. Bearb. von Max Geisberg. 1932-37.
42. Kreis Warendorf. Bearb. von Karl Hölker. Mit geschichtlicher Einl. von Rudolf Schulze. 1936.
43. Stadt Hamm. Bearb. von Heinrich Ossenberg. Mit geschichtlicher Einl. von Josef Lappe. 1936.
1:4° Ns 4720. 3→9. 11. 12:4° Art. 49 ud. 14. 15. 18. 20. 21. 24→27. 30. 34. 35. 36. 38. 43. 45. 48. 51. 60. 61. 62. 64. 82. 83. 84. 86. 87. 89. 90. 91. 93. 117. 203. 211. 300:390.882-C. Ks. 302.
12.11403

Die Bau- und Kunstdenkmäler der Provinz Westpreussen. Bearb. im Auftrage d. Westpreussischen Provinzial-Landtages von Joh. Heise (12-14: Bernhard Schmid). Bd 1-4 = H. 1-14. — Danzig: Bertling in Comm. [u. a.] 1884-1919. 4°

12. Saunier in Komm. 13. Selbstverl.; Saunier in Komm.
14. Selbstverl.; Kafemann in Komm.
Bd 1. Pomerellen mit Ausnahme d. Stadt Danzig. H. 1-4. 1884-87.
1. Die Kreise Carthaus, Berent u. Neustadt. 1884.
2. Der Landkreis Danzig. 1885.
3. Der Kreis Pr. Stargard. 1885.
4. Die Kreise Marienwerder (westlich der Weichsel), Schwetz, Konitz, Schlochau ... 1887.
Bd 2. Kulmerland u. Löbau. H. 5-10. 1887-95.
5. Der Kreis Kulm. 1887.
6. Der Kreis Thorn. 1889.
7. Der Kreis Thorn (Stadt Thorn.) 1889.
8. Der Kreis Strasburg. 1891.
9. Der Kreis Graudenz. 1894.
10. Der Kreis Löbau. 1895.
Bd 3. Pomesanien. H. 11-13. (1898-)1909.
11. Der Kreis Marienwerder östlich d. Weichsel. 1898.
12. Der Kreis Rosenberg. 1906.
13. Kreis Stuhm. 1909.
Bd 4. Der Kreis Marienburg. H. 14. 1919.
14. Die Städte Neuteich u. Tiegenhof u. d. ländlichen Ortschaften. 1919.

1: 4° Ns 4716. 2→11. 12: 4° A. civ. 17e. 14→17. 21. 24. 25. 35. 44. 45. 48. 83. 86. 87. 89. 90. 91. 102. 111. 117. 203. 212. 300: 395.407-C. Ks. 302.
12.11404

Die Bau- und Kunstdenkmäler des Regierungsbezirks Wiesbaden. Hrsg. von d. Bezirksverband d. Regierungsbezirks Wiesbaden. (Bearb.: Ferdinand Luthmer.) Bd 1-6. Frankfurt a. M.: Keller in Komm. 1902-21. 4°

1. Der Rheingau. 1902.
2. Der Östliche Taunus. 1905.
3. Das Lahngebiet. 1907.
4. Die Kreise Biedenkopf, Dill, Ober-Westerwald u. Westerburg. 1910.
5. Die Kreise Unter-Westerwald, St. Goarshausen ... 1914.
6. Nachlese u. Erg. zu d. Bänden 1-5. Orts- u. Namensregister d. Gesamtwerkes. 1921

1: 4° Ns 4697. 4. 6. 11. 12[∞1]: 4° A. civ. 17ef-2/6. 14. 16. 17. 18. 21→26. 30. 34. 35. 36. 39. 43. 45. 52. 61. 82. 83. 84. 87. 89. 91. 93. 117. 121. 300: 410.223-C. Ks. 305.
12.11405

—— (2. Aufl.) Bd 1. Ebd. 1907. VIII,242 S. 4°

1. Der Rheingau.

2. 3. 5. 7. 9. 10. 12: 4° A. civ. 17ef-1. 15. 24. 30. 43. 85. 86. 90. 180.
12.11406

Baudenkmaeler. —

Magdeburger Baudenkmäler. Hrsg. vom Architekten- u. Ingenieurverein u. vom Kunstgewerbeverein zu Magdeburg 1889-1890. Aufgenommen durch E. v. Flottwell. (Magdeburg [1891].) 40 Taf. gr. 2° 86. 89. 90. 109. 117.
12.11407

Magdeburgs Bau- und Kunstdenkmäler. Nach photographischen Aufnahmen von E. v. Flottwell. Ser. 1.2. — Berlin: Schuster & Bufleb [1895-96]. gr. 2°

1. Mittelalterliche Bau- u. Kunstdenkmäler.
2. Bau- u. Kunstdenkmäler d. Renaissance u. des Barock.

7. 17. 89. 117.
12.11409

Mittelalterliche Baudenkmaeler im Regierungsbezirk Cassel, als Forts. d. Werkes: Mittelalterliche Baudenkmäler in Kurhessen. Hrsg. von d. Verein für Hessische Geschichte u. Landeskunde. Lfg 1. — Cassel: Freyschmidt in Comm. 1882. IV,15 S.,10 Taf. gr. 2°

1. Dehn-Rotfelser, Heinrich v.: Die Pfarrkirche u. d. Marienkapelle zu Frankenberg. Unter Mitw. von F. Koeberlein. 1882.

1: 2° Sk 5984. 2→10. 12: 2° A. civ. 14 mb. 14. 17. 20. 27. 29. 30. 34. 43. 47. 66. 82. 83. 89. 90. 91. 300: 182.132-E. 2.
12.11410

Mittelalterliche Bau- und Kunstdenkmäler in Magdeburg. (Hrsg.: Eduard v. Flottwell.) — (Magdeburg: Flottwell [1892].) VI S.,40 Taf. gr. 2°

1: 2° Tc 9081. 3. 12: 2° A. civ. 69o. 18. 22. 24. 38. 84. 89. 109. 117. 300: 61.145-D. 305.
12.11408

Bau- und Kunstdenkmäler, mittelalterliche, in Magdeburg. Aufgenommen unter Leitg. der Herren Jaehn u. Ochs v. E. v. Flottwell. Imp.-Fol. (40 Lichtdr.-Taf. u. VI S. Text m. 2 Grundrissen.) Magdeb. 892, (Niemann). In Mappe * * 40 —

Mittelalterliche Baudenkmaeler in Kurhessen. Hrsg. von d. Verein für Geschichte u. Landeskunde. Bd 1, Lfg 1-4. — Cassel: Freyschmidt in Comm. 1866. 2°

1. Dehn-Rotfelser, Heinrich v.: Die Schlosskapelle u. d. Rittersaal d. Schlosses zu Marburg. 1862.
2.[3.] Dehn-Rotfelser, Heinrich v.: Die Stiftskirche St. Petri zu Fritzlar. 1864-[65].
4. Dehn-Rotfelser, Heinrich v.: Die St. Michaelskirche zu Fulda. 1866.

Forts. s. *Baudenkmaeler*, Mittelalterliche, im Regierungsbezirk Cassel. 1882.

1: 2° Ny 1070. 4. 7. 8. 10. 12: 2° A. civ. 14 m. 14. 15. 17. 24. 27. 29. 30. 32. 33. 34. 47. 66. 82. 83. 84. 86. 89. 90. 91. 300: 182.132-E. 1.
12.11411

Baudenkmäler, mittelalterliche, aus Schwaben. 8 Hefte. gr. Fol. Stuttgart 856—72. Frankfurt a. M., Völcker's Verlag.

Die mittelalterlichen Baudenkmäler Niedersachsens. Hrsg. von d. Architecten- u. Ingenieur-Verein für d. Königreich Hannover (2.3: zu Hannover.) (3: Hrsg.: C. W. Hase.) Bd 1-3. — Hannover: Rümpler (3: Schmorl & von Seefeld) 1861-83. 2°

Erschien teilweise zuerst in: *Zeitschrift des Architekten- und Ingenieur-Vereins zu Hannover.* 1-10.12.13.15. 1855-69.

1: 2° Ny 1057. 4. 5. 6. 8. 10. 12: 4° A. civ. 17d. 14→17. 21. 23. 24. 28. 32. 34. 35. 38. 45. 46. 48. 82. 83. 86. 89. 90. 300: 110.316-D. 305.
12.11413

Baudenkmäler

— die mittelalterlichen, Niedersachsens. Herausg. von dem Architecten- u. Ingenieur-Verein für das Königreich Hannover. 1—3. Heft. Hannover 856—58. Rümpler. gr. 4. (Sp. 1—108. mit Holzschn. im Text u. 24 lith. Taf.) Jedes Heft n. 1 ₰ 10 ngr

Baudenkmäler, die mittelalterlichen Niedersachsens. Herausg. von dem Architecten- u. Ingenieur-Verein für das Königreich Hannover. 4—8. Hft. Hannover 859—62. C. Rümpler. gr. 4. (1. Bd.: Sp. 109—252 m. Holzschn. im Text.) Jedes Heft mit 8 lith. Taf. n. 1 ₰ 10 ngr

— die mittelalterlichen Niedersachsens. Hersg. von dem Architecten- u. Ingenieur-Verein zu Hannover. 9—15. Heft. Hannover 864—869. Schmorl & v. Seefeld. gr. 4. (53 lith. Taff. mit erklär. Text.) n. 8 ₰ 20 ngr

Baudenkmäler, die mittelalterlichen, Niedersachsens. Hrsg. v. dem Architekten- u. Ingenieur-Verein zu Hannover. Red. v. C. W. Hase. 16—18. Hft. [3. Bd. 4—6. Hft.] Jahrg. 1870. Imp.-4. (3. Bd. Sp. 33—88 m. 23 Steintaf.) Hannover 872—75. Schmorl & Seefeld. à n. 3. — (1—18.: n. 67. —)

— die mittelalterlichen, Niedersachsens. Hrsg. v. dem Architekten- u. Ingenieur-Verein zu Hannover. Red. v. C. W. Hase. 19. u. 20. Hft. [3. Bd. 7. u. 8. Hft.] Fol. (III u. Sp. 89—103 m. 20 photolith. Taf.) Hannover 883. Schmorl & v. Seefeld. n. 6. — (3. Bd. cplt. cart.: n. 20. —; 3 Bde. cplt.: n. 40. —)

—— Neue Ausg. Bd 1.2. Leipzig: Baumgärtner 1882. 324 Sp., 92 Bl. 4° 8[∞2]. 52[∞2]. 64. 84[∞2].
12.11414

Baudenkmäler in Nassau. Im Auftr. des Vereins für Nassauische Alterthumskunde u. Geschichtsforschung hrsg. (Wiesbaden 1852-57.) 4. (Haupt-Titel fehlt.)

Inhalt: Abtei Eberbach u. die kirchlich. Alterthümer von Wiesbaden, insbes. die Pfarrkirche z. h. Mauritius, v. Karl Rossel, die Heilig-Grabkapelle zu Weilburg u. das graue Haus zu Winkel, von R. Görz.

Die Baudenkmäler der Stadt Nürnberg. — Nürnberg: Brunner [1891]. 50 Taf. 2° 75.
12.11415

Die Baudenkmäler von Olympia. Bearb. von Friedrich Adler [u.a.] Textbd. Tafelbd 1.2. — Berlin: Asher 1892-96. 2° [u.] gr. 2° (Olympia. Die Ergebnisse der von d. Deutschen Reich veranstalteten Ausgrabung. Textbd 2. Tafelbd 1.2.) 1: 2° Uh 7154-Textbd 2. Tafelbd 1.2. 2→11. 12: 2° Arch. 173 kf-Textbd 2. Tafelbd 1.2. 14→19. 21. 24→29. 31. 33. 34. 44. 46. 48. 61. 83. 84. 86. 90. 93. 102. 300: Text=394.181-D. 2; Taf.=394.181-E. 1.2. 302. 303.
12.11418

Die Baudenkmäler (Th. 2.3,3: Die Bau- und Kunstdenkmäler) der Provinz Pommern. Hrsg. von d. Gesellschaft für Pommersche Geschichte u. Alterthumskunde. Th.1–3. Stettin: Saunier in Comm. (3,3: Saunier) 1881–1934. 8° [u.] 4°
1. Die Baudenkmäler d. Regierungsbezirks Stralsund. Bearb. von E. v. Haselberg. (H. 1-5.) 1881-(1902).
2. Die Bau- u. Kunstdenkmäler d. Regierungsbezirks Stettin. Hrsg. von Hugo Lemcke. Bd 1-[5]=H. 1-11.14 [nebst] Anh. zu H. 7. 1898-(1914).
Anh. zu H. 7. Holsten, Robert: Die Volkskunde d. Weizackers. 1914.
3. Die Bau- u. Kunstdenkmäler d. Regierungsbezirks Köslin. Bd 1-3. 1889-1934.
Bd 1(,H. 1-3). Bearb. von Ludwig Böttger. 18(89-)92.
Bd 2,H. 1. 2. Bearb. von Ludwig Böttger u. Hugo Lemcke. 1894-1911.
Bd 3. Bearb. von Julius Kohte. 1934.
1: 8° [u.] 4° Na 4736. 2. 3. 8→11. 12: A. civ. 9 qe. 14. 16. 17. 21. 24. 33. 35. 44. 45. 48. 79. 83. 85. 86. 91. 300: 420.912–B. 302.
12.11420

Baudenkmäler, die, der Provinz Pommern. Hrsg. v. der Gesellschaft für pommersche Geschichte u. Alterthumskunde. I. Thl. Der Reg.-Bez. Stralsund. Bearb. von E. v. Haselberg. 1. Hft. Der Kreis Franzburg. gr. 8. (VIII, 62 S. m. eingedr. Holzschn.) Stettin 881. Saunier in Comm. n. 2. —

— die, der Prov. Pommern. Hrsg. v. der Gesellschaft f. pommersche Geschichte u. Alterthumskunde. 1. Thl. Der Reg.-Bez. Stralsund. Bearb. von E. v. Haselberg. 2. Hft. Der Kreis Greifswald. gr. 8. (S. 63—192 m. eingedr. Holzschn.) Stettin 885. (Saunier.) n. 4. — (1. u. 2.: n. 6. —)

Baudenkmäler, die, der Prov. Pommern. Hrsg. v. der Gesellschaft f. pommersche Geschichte u. Alterthumskunde. 1. Thl.: Der Reg.-Bez. Stralsund. Bearb. v. E. v. Haselberg. 3. Hft.: Der Kreis Grimmen. gr. 8. (S. 193—260 m. eingedr. Fig.) Stettin 888. (Saunier.) n. 2. 50 (1—3.: n. 8. 50)

Baudenkmäler, die, d. Prov. Pommern. Hrsg. v. d. Gesellsch. f. pommersche Geschichte u. Alterthumskunde. I. Thl. 4. Hft. gr. 8. Stettin 897. (L. Saunier.) n. 3. 50
D. Baudenkm. d. Reg.-Bez. Stralsund. Von E. v. Haselberg. 4. Hft. D. Kreis Rügen. (II u. S. 259—370 m. Abb.) n. 3. 50 (1—4.: n. 12. —)

DIE BAUDENKMÄLER DER PROVINZ POMMERN.
Herausgegeben von der Gesellschaft für Pommersche Geschichte und Alterthumskunde.
Theil 3. Der Regierungs-Bezirk Köslin. Bearbeitet von LUDWIG BÖTTGER (später: und HUGO LEMCKE). Stettin. 1892. 1911 Commissions-Verlag von Léon Saunier's Buchhandlung. 8°. — A. u. d. T.: Die Bau- und Kunstdenkmäler des Regierungs-Bezirks Köslin. Herausgegeben von der Gesellschaft für Pommersche Geschichte und Alterthumskunde. (Bearbeitet von LUDWIG BÖTTGER.)
Bd. I. Die Kreise Köslin, Kolberg-Köslin, Belgard und Schlawe. (Mit Karten und Tafeln.) ib. 1892. — A. u. d. Heftt.: Die Bau- und Kunstdenkmäler des Regierungsbezirks Köslin. Herausgegeben von der Gesellschaft für Pommersche Geschichte und Alterthumskunde. Bearbeitet von LUDWIG BÖTTGER.
Heft I. Die Kreise Köslin und Colberg-Köslin. (Mit 1 Karte und Tafeln.) ib. 1889. Druck von F. Hessenland.
Heft II. Kreis Belgard und Nachträge zum Kreise Colberg-Köslin. (Mit 1 Karte.) ib. 1890. —
Heft III. Kreis Schlawe. (Mit 1 Karte.) ib. 1892. Commissions-Verlag von Léon Saunier's Buchhandlung.
Bd. II. I. Der Kreis Stolp. Bearbeitet von LUDWIG BÖTTGER. II. Die Kreise Bütow und Lauenburg Bearbeitet von HUGO LEMCKE. ib. 1911. — A. u. d. Heftt.: Die Bau- und. Kunstdenkmäler des Regierungsbezirks Köslin. . .
Heft 1. (Der ganzen Reihe IV. Heft) Kreis Stolp. ib. 1894. —
Heft 2. Der ganzen Reihe V. Heft. Die Kreise Bütow und Lauenburg ib. 1911. —

— die, der Prov. Pommern, Fortsetzg., s.: Bau- u. Kunstdenkmäler.

Baudenkmaeler in Spanien und Portugal hrsg. von Constantin Uhde, Prof. in Braunschweig. Bd 1. 2. *Berlin: E. Wasmuth 18(89–)92.* 2 Bde gr. 2° [illegible]

Baudenkmäler deutscher Vergangenheit. Hrsg. von Hugo Steffen. Bd 1,H. 1–12. — Berlin: Baumgärtel (1904–05). 36 S., 108 Taf. 4° 1: 4° Ny 1221/5. 11. 12: 4° A. civ. 17 du. 17. 30. 84. 86. 87. 117. 121. 123. 303.
12.11423

Baudenkmäler aller Völker rc., s.a. Breton.

Baudenkmäler, die, aller Völker der Erde, in getreuen Abbildgn. dargestellt u. m. Hindeutung auf ihre Entstehung, Bestimmung u. geschichtl. Bedeut. geschildert. Nach d. 2. Ausg. v. Ernst Breton's Monumenten. Hrsg. v. Heinr. Berghaus. 2 Bde. in 36 Lfgn. schmal hoch 4. (1. Bd. IV u. 284 S. 2. Bd. 240 S. m. eingedr. Holzschn. u. 88 Holzstichtaf. in Tondruck.) Brüssel u. Leipzig 848. 49, Muquardt. (à n. 1/3 ℛ) n. 12 ℛ

Baudenkmäler, die, aller Völker der Erde, in getreuen Abbildungen dargestellt und mit Hindeutung auf ihre Entstehung, Bestimmung und geschichtl. Bedeutung geschildert. Nach der 2. Ausg. von Ernst Breton's Monumens de tous les peuples, hrsg. von Heinr. Berghaus. 2. (Titel-)Ausg. 2 Bde. hoch 4. (IV und 526 S. mit eingedr. Holzschn. und 150 Holzschnt. in Tondr.) Brüssel und Leipzig 854, Muquardt. Thlr. *

Baudenkmäler, die, aller Völker der Erde, in getreuen Abbildungen dargestellt. Nach der 2. Ausg. von Ernst Bretons Monumenten hrsg. von Heinr. Berghaus-Groessen. Neue wohlf., unveränd. Ausg. 30 Lfgn. hoch 4. (1. Bd. IV und 240 S. und 2. Bd. 240 S. mit eingedr. Holzschn. und 150 Holzschntaf. in Tondr.) Brüssel 862,63, Muquardt. à Lfg. * 7 Ngr.

Baudenkmäler, Die, der Vorzeit. Salzb. 1867. V: *Mayer von Mayregg.* (Hr)

Die Baudenkmäler im Regierungsbezirk Wiesbaden. Im Auftrage d. Königlichen Ministeriums für Geistliche, Unterrichts- u. Medizinal-Angelegenheiten bearb. von W. Lotz. Hrsg. von Friedrich Schneider. — Berlin: Ernst & Korn 1880. XVII,567 S. 8° (Inventarium d. Baudenkmäler im Königreiche Preussen. Provinz Hessen-Nassau. Regierungsbezirk Wiesbaden.) 1: Na 4695–2. 2→11. 12: Germ. sp. 284 p. 16→19. 24→27. 30. 32. 34. 35. 36. 43. 51. 61. 86. 87. 89. 102. 123. 300: 123.521 B. 2.
12.11424

Baudens, Lucien
— [deutsch] Der Krimmkrieg. Die Lager, die Unterkunft, die Ambulancen, die Spitäler &c. Übers. von W. Mencke. Mit e. Vorw. von Fr. Esmarch. — Kiel: Homann 1864. XIV,214 S. 8°
1: Kq 9121. 8. 10. 11. 12: Eur. 40 p. 15. 17. 20. 24. 26. 29. 30. 31. 33. 38M. 43. 45. 46. 61. 111. 202. 209. 300: 123.369–B.
12.11430

Baudéon, de, Mémoires p. servir à l'histoire de l'année dernière, 12. Strasburg, Acad. 786.

Bauder, Übungsstoff z. deutschen Sprach- u. Rechtschreibunterr., s.: Fick, W.

Bauder, Ad., siehe: Fürst. (Pseud.)

Bauder, Adolf: Der süddeutsche Landwirth, zeitgemäßes Taschenbuch für Landwirthe u. Freunde d. Landwirthschaft. — Stuttgart: Rommelsbacher 1846. 118 S. 8°
15. 21. 24. 106.
12.11435

Bauder, J. v., über die neuesten Verbesserungen und die allgemeine Einführung der Eisenbahnen. München 1825. 8 ½ Thlr.

— , über die Vortheile einer verbesserten Einrichtung der Eisenbahnen und Wagen, welche an einer zu Nymphenburg ausgeführten Vorrichtung sich bewährt haben. München 1826. 8. ½ Thlr.

Bauder, Johann Friedrich: Kurze Abhandlung von der besten Art den Hopfen zu erbauen. — Altdorf 1777: Hessel. 40 S. 8° 12: 4° Oecon. 21 z. 19. 21. 27. 75.
12.11436

— — 2. Aufl. Altdorf: J. P. Meyer 1795. 44 S. 8°
12: 4° Oecon. 22. 17. 19. 32. 75.
12.11437

Bauder, Joh. Frdr.: Kurze Abhandlung von der besten Art den Hopfen zu erbauen, nach eigener Erfahrung entworfen.
Verf. Bürgermeister von Altdorf.
Altdorf, 1812.

Bauder, J. F., kurze Abhandlung v. der besten Art den Hopfen zu erbauen. 3te Aufl. 4. Nürnb. Riegel u. W. 817.

Bauder, Jh. Frdr., († d. 31. Mai 1791.) von d. besten Art, d. Hopfen zu bauen. 4. Altd. 770. Monath u. K. 5 gr. 2e A. 795. Ebd. 5 gr. 3e A. 4. Ebd. 817. Riegel u. W. 5 gr.

— Beschreib. eines bei Altdorf im Nürnberg. neuerlich gefundenen kostbaren u. noch nie gesehenen Ammoniten- u. Bebemniten-Marmors. 4. 754. Französ. u. d. T.: Description de Marbre d'Altdorf etc. N. A. 4. Ebd. 771.

— Beschreibung des kostbarhn altdorfischen Ammoniten- und Belemniten-Marmors, wie solche zum erstenmal im Jahr 1754. gemacht u. in d. Drucke vorgeleget worden ist . . . Wieder hrsg. — Altdorf 1771: Hessel. 6 Bl. 8°
12: 1° Lith. 9n [u.ö.] 16. 17. 26. 27. 75.
12.11439

— Kurze, doch eigentliche Beschreibung eines bey Altdorf im Nürnbergischen neuerlich gefundnen kostbahrn und noch nie gesehenen Ammoniten und Belemniten Marmors. — [Altdorf] 1754. 4 Bl. 8°
12: 1° Lith. 9 m. 14. 15. 17. 19. 27. 30. 39. 75.
12.11438

— [franz.] Description du marbre d'Altdorf de la dépendence de Nuremberg, nouvellement découvert. — o.O. [um 1755]. 2 Bl. 8° 75.
12.11440

Bauder, Joh. Friedrich (Altdorf), De homoeoteleutis Germanorum poeticis. Präs. Gg. Andr. Wille. Altdorf (J. G. Meyer) 10. II. 1759. 40 S. (5.—)
Gew.: J. Ad. Rud. Carl Geuder v. Heroldsberg, Gg. Friedr. Poemer, Carl Friedr. Behaim v. Schwarzbach, Chph. Sigism. Fürer v. Haimendorf.

— Joh. Friedrich Bauders Burge Meisters zu Altorf Nachricht von denen seit einigen Jahren daselbst von ihm entdeckten versteinten Cörpern. — Jena 1772: Heller. 16 S. 8°
5. 7. 12: Lith. 28 [u.ö.] 17. 19. 25. 27. 34. 75.
12.11441

— Nachricht von denen, seit einigen Jahren zu Altdorf entdeckten verstein. Körpern. 8. Jena 774.

— Nachricht von den Versteinerungen in der Gegend Altdorf. — Altdorf: Selbstverl. 1786. 1 Bl. 8° 75.
12.11442

— Observationes ex jure Romano Germanico ad occupationem bellicam rerum mobilium potissimum pertinentes. Diss. jur. Altdorf (J. G. Meyer) 14. VIII. 1764. 36 S., tlw. dtsch. (5.—)

Bauder, Johann Friedrich.
Relation des Fossiles decouvertes depuis quelques années dans les environs d' Altorf. Altorf 1772. Ü: *Junge.* (will)

— [franz.] Relation des fossiles, découvertes depuis quelques années dans les environs d'Altdorf. — Altdorf 1772: Hessel. 8 S. 8° 12: Lith. 466-10. 17. 75.
12.11443

Bauder, Johann Georg: Predigt über Hebr. 12,5.6. nach dem schrecklichen Brand und völliger Einäscherung der Stadt Sulz am Neccar den 20. Julii 1794. — Stuttgart [1794]: Erhard. 12 Bl. 8° 21. 24.
12.11444

Bauder, Karl
Bauder K, Berechnung des steuerpflichtigen Einkommens, sowie Beschwerde gegen zu hohe Einschätzung. 2. Auflage. (32 S) (Waiblingen 1905)

Bauder, Karl, Buchführung nach der einfachen Methode in 3 Stufen. Hrsg. unter Mitwirkg. v. Frdr. Barth. Ausg. A—C. gr. 8. Stuttgart 902. Holland & Josenhans. n. 1 75
A. (Unterstufe): Buchführung f. einfache Verhältnisse. (VI, 28 u. Beilage 10 S.) n. — 85
B. (Mittelstufe): Buchführung f. mittlere Verhältnisse. (VIII, 68 u. Beilage 12 S.) n. — 60; kart. n. — 75
C. (Oberstufe): Buchführung f. erweiterte Verhältnisse. (VIII, 80 u. Beilage 15 S.) n. — 80; kart. n. 1. —

- - dasselbe. Lösung v. Aufgaben. Ausg. A, B, C. (Unter-, Mittel- u. Oberstufe.) gr. 8. (63 S.) Ebd. 902. n. 1.50

— Übungen üb. die Elemente der französ. Sprache — zu jedem französ. Lehrbuch brauchbar. — Für die Hand der Schüler bearb. 2. Aufl. gr. 8. (40 S.) Ebd. 899. n. — 50

— Ubgsstoff z. deut. Sprach- u. Rechtschreibunterr., s.: Fick, W.

Bauder, Karl, deutsche Verbalformen zur Einübung u. Wiederholung der unregelmäßigen franz. Konjugation, f. die Hand der Schüler bearb. Zu jedem Lehrbuch der französ. Sprache brauchbar. 2. Aufl. (82 S.) 8. Stuttgart 908. J. F. Steinkopf. — 60

Bauder, Wilhelm
Bauder, W Die Behandlung der deutschen Grammatik an den höheren Lehranstalten. 4 (S. 3—13).
Prog. Rsch u. Prg. *Homburg v d. Hohe* 1886

Bauder, Wilhelm, Justizreferendär: Das Benificium Competentiae, seine Geschichte und heutige Geltung. Borna-Leipzig 1905: R. Noske. (79 S.) 8° [F.]
Tübingen, Jur. Fak., Ref. v. Wendt, Diss. v. 15. Dez. 1904
[Geb. 27. April 80 Waiblingen; Wohnort: Waiblingen; Staatsangeh.: Württemberg: Vorbildung: Eberhard-Ludwigsgymn. Stuttgart Reife M. 98; Studium: Tübingen, Berlin, Leipzig, zus. 8 S.; Anrechnung der Justizdienstprüfung.]

Bauder, Wilhelm, Prof. Dr.: Friedrich Hebbel, ein Vorkämpfer für das neuere deutsche Drama. Homburg v. d. H. 1905: Taunusbote. (S. 1—10.) 4°
Homburg v. d. H., Kaiserin-Friedrich-G m. R P 1905 (471)

Bauder. W., De generis neutrius pluralis cum verbo construendi vi et usu praecipue apud Homerum et Hesiodum. Diss. 1877. 41 S. 1.20

Bauder, Wilhelm [Dr.]: Wie lehren wir die elementare griechische Syntax im Anschluss an die Lektüre? Homburg v. d. H., Schudt's Buchdr. d. Taunusboten, 1897; 1—11 S. 4.
Homburg v. d. H., PG u. R, P 1897 (400)

Bauderet, Paul
Bauderet. P.. Prof. u. Reinhard, Ph. Cours pratique de langue française à l'usage des écoles allemandes. (Abrégé des trois parties „Grammaire et lectures françaises.") 4me Edition. In-8°. XII, 224 p. Bern, Schmid & Francke. 1900 1 80

Bauderet, Paul. Prof. et Reinhard, Phil. Grammaire et lectures françaises à l'usage des écoles allemandes. Ire Partie. — Déclinaison — Avoir — Être — Planter. 4me Edition. 8°. XII et 110 p. Bern, Schmid & Francke 1900 1 —

Bauderet, P. u. Reinhard, Ph. Grammaire et lectures françaises à l'usage des écoles allemandes. 8°. 3me partie. (Verbes passifs et pronominaux, verbes irréguliers, règles du subjonctif et du partic.) 8°. 172 p. Bern, Schmid & Francke. 1 80
1900

Baudert, Samuel

Baudert, S: Bilder a. d. Mission d. Brüdergemeine. (24 m. Abb.) Lex8° Herrnh., Missionsbh. '11. — 60 d

Baudert, S., der phonet. Unterricht in der Missionsschule, s.a. Hefte zur Missionskunde. Nr. 7.

— Der phonetische Unterricht in der Missionsschule. Vortrag. — Herrnhut: Missionsbuchh. 1910. 25 S. 8° (Hefte zur Missionskunde. 7.) 1:Cv 13391-7. 2. 7. 9. 11. 12:H. ref. 635 o-7. 14. 26. 29. 41. 203. 12.11475

Baudessin, s. Baudissin

Baudevin, Bernhard, appr. Arzt: Aus d. Volksheilstätte b. Planegg. Oberarzt Krebs. Beitrag zur Behandlung der Lungentuberkulose mit Kochs Alt-Tuberkulin. Kiel 1910: Schmidt & Klaunig. 63 S. 8°

Kiel, Med. Diss. v. 19. Jan. 1910, Ref. Lüthje

[Geb. 6. Juni 79 Königstein i. T.; Wohnort: Königstein; Staatsangeh.: Preußen; Vorbildung: Gymn. Mainz Reife O. 99; Studium: München Techn. Hochsch. 1, Univ. 5, Berlin 2, München 2 S.; Coll. 27. Dez. 09; Approb. 24. April 08.] [U 10. 2421

Baudevin, Theodor: Die Königlich Preußische Erziehungs- u. Besserungs-Anstalt zu Steinfeld, ihre Verwaltung und die Barmherzigen Schwestern vom heil. Karl Borromäus. Aus d. hinterlassenen Papieren d. Dr. med. Theodor Baudevin, veröffentl. vom Bruder desselben. — Bad Soden 1860: Pusch. 49 S. 8° 38. 12.11494

Baudevin, Theodorus (geb. 1834 in Köln): De orthopaedia operativa non cruenta ... Bonnae, typ. C. Georgii (1857). 3 Bl., 47 S., 1 Bl. 8.

Bonn, Med. Fak., Diss. v. 8 Aug. 1857

Baudewien, Johann s. *Baudewin.*

Baudewin, Johann

— Die kluge Einfalt. Oder des so genannten Schlecht und recht ander Theil. — Stralsund: Ebeling & Raht 1689. 120 S. 8° 19. 12.11498

—— Th. 1. Ebd. 1711. 119 S. 8° 9. 12.11500

—— Th. 1. Stralsund: Schindler 1729. 119 S. 8° 1:Eo 8420. 12.11501

Baudewin, Karl

Baudewin, K: Stradella, s.a. **Dilettantenbühne, rhein.**

Stradella. Parodie z. gleichnamigen Oper. Plattkölnische Operette in 3 Akten. Text von Karl **Baudewin**, Musik von Fr[iedrich] v. Flotow. Düsseldorf: J. P. Mischel [1904] (34 S.) 8° [F.]
— Dilettantenbühne, Rheinische. No 22. [03. 14000

Baudewyn, Johann s. *Baudewin.*

Baudhajana

[Sanskr.] Pitṛimedhasûtrâṇi [Ant.] The Pitṛmedhasûtras of Baudhayana [Bâudhâjana], Hiraṇyakeśin [Hiranjakêsin], Gautama ed. with critical notes and index of words by Dr. W. Caland. *Leipzig: In Comm. bei F. A. Brockhaus 1896.* (XXIV, 132 S., 1 Bl.) 1 Bd 8.
— Abhandlungen für die Kunde des Morgenlandes. Bd X. No 3. [96. 9066

Baudhâyanadharmaśâstra, the, ed. by E. Hultzsch, s.: Abhandlungen f. die Kunde d. Morgenlandes.

Baudi, Joh. (Rotterdam), Ethico-pneumatica de libertate dissert. Präs. Wolferd Senguerd. Leyden (A. Elzevier) 2./3. VII. 1710. 14 Bl. (5.—)
Gew.: Eberh. v. Zypestein, Joh. v. Baerle, Wolf. Senguerd.

Baudi di Vesme, Carlo

Baudi a Vesme, C., Edicta regum Longobardorum, s. Monumenta historiae patriae.

Baudii a Vesme, C, s.: Monumenta historiae patriae.

Baudi Ritter v. Vesme, Caesar, Geschichte d. Spiritismus. Einz. autoris. Übersetzg. a. d. Ital. u. m. Anmerkgn. vers. v. Feilgenhauer. 2 Bde. gr. 8. Leipzig 898. O. Mutze. à n. 10.—; geb. n. 12.—
1. D. Altertum. (XIX, 548 S.)
2. Mittelalter u. Neuzeit. (XI, 567 S.)

Baudi Ritter v. Vesme, Caesar, Geschichte des Spiritismus. Einzig autoris. Übersetzg. aus dem Ital. u. m. Anmerkgn. versehen v. Feilgenhauer. 3. Bd. Die Neuzeit. gr. 8. (386 S.) Leipzig 900. O. Mutze. n. 8.—; geb. n. 10.—
1. u. 2. Bd. Ebd. 898. à n. 10.—; geb. à n. 12.—.

Baudienst-Vorschriften (II—31) für das k. k. (k. u. k.) Heer. I. Th. Instruction für die Administration der Militär-Bau-Objecte. 1877. II. Th. Instruction für die Verfassung von Special-Bau-Anträgen und für die Ausführung von Militär-Bauten. 1878. III. Th. Administration der in Benützung der Heeresverwaltung stehenden Gebäude und Liegenschaften (Immobilien). (Zu Abth. 8, Nr. 5397 v. J. 1894, N.-V.-Bl f. d. k. u. k. Heer, 55. Stück.) (3 Bde.) 4. Wien 1877—1894.

Baudienstvorschriften. — Baudienstvorschriften für das k. und k. Heer. Th. 1-3. — Wien: K. k. Hof- u. Staatsdr. 1895-1907. 4°
1. Militärbaubehörden. 1895.
2. Beschaffung von Immobilien zu Heereszwecken, Auflassung u. Vermietung von Bauobjecten, Pachtung u. Verpachtung von Nutzungen, dann Durchführung von Transactionen. 1895.
3. Instruktion für d. Militärgebäudeverwaltung nebst Anh. (Beleuchtung, Marketendereibetrieb). 1907. 302. 12.11543

—— Th. 1-3. Ebd. 1896-1907. 8°
1.2. 1896. 3. 1907.
(Taschenausgabe d. Militär-Vorschriften. 34. 35. 30. 31.) 300:412.767-A. Per. 34. 35. 30. 31. 302. 12.11544

— dasselbe, s.: Militärvorschriften.

— dasselbe, s.: Taschenausgabe der Militärvorschriften. 31.

Baudier, Historiker, Languedoc, 1589-1645. 1617 s. *Baudier*, Michel.

Baudier, Michel

— [Histoire de l'incomparable administration de Romieu, deutsch] Historische Beschreibung der unvergleichlichen Regiments Führung des Romieu, Obersten Staats Ministers in der Provence ... Hrsg. von Michael Baudier ... Übers., u. mit e. Vorr. von d. Verf. Leben u. Schrifften verm. — Leipzig [usw.]: Rohrlach 1708. 16 Bl. 8° 1:Ri 3561. 2. 8. 14. 15. 18. 27. 41. 304. 12.11548

Báu di hsien [Schlagwort]

Báu di hsiën, s.: Tschili.

Baudin. — Franz Baudin, Räuber und Giftmischer oder die Rache folgt dem Verbrechen. Aus d. Engl. — Erfurt: Beyer & Maring 1805. 348 S. 8° 19. 12.11575

Baudin - Franz; Räuber u. Giftmischer; aus d. Engl. 8 Erfurt. 805. Maring. (Otto). 1 ℔.

Baudin, Räuber u. Giftmischer, oder die Rache folgt dem Verbrechen. 2. verb. Aufl. 12. Leipz. 844. (Liter. Museum.) 1 ℔

Baudin, Beschreibung eines feurigen Meteors, das am 24. Juli 1790 in Gascogne gesehen wurde. (Ausgezogen aus der Décade philosophique, 1796, No. 67.) (Annalen der Physik, Bd. 13, St. 3, J. 1803, St. 3.)

Baudin, Henry

— [Villas et maisons de campagne en Suisse, deutsch] Villen und Landhäuser in der Schweiz. Übers. von Albert Baur. — Genf: Kündig [usw.]; Leipzig: Hermann 1909. XXXIX, 251 S. 4° 1:4° Ny 1480/39. 12.11584

Báu ding fu [Schlagwort]

Báu ding fu, s.: Tschili.

Baudis: Ad analysin monogrammatum, s. Baudis, Gottfried Leonhard

Baudis

— **Carl Traugott** (Leipzig), De vulgatiorum remediorum usu non rejidiendo. Disp. med. Präs. Ant. Wilh. Plaz. Lpz. (Langenheim) 25. XI. 1763. 32 S. (5.—)

Baudis

— **Chn. Friedr. Gottlob** (Dahme), Dem Herrn Doctor Ludwig seinem künftigen Lehrer als er sich in d. medicinische Fakultät eindisputirte ehrfurchtsvoll gewidm. Lpz. (Sommer) 1789. 4 S. mit reiz. Vign. (Baudius fec.) (4.80)

Baudis, Geo. F, s: Bandis, Geo. F.

Baudis, Gottfried Leonhard

Programma funebre ad memoriae viri **Gottfried Leonhard Baudis** . . invitat. academiae Lipsiensis rector. Lpz. (Langenheim) 1739. 6 Blatt. (5.—)
Biograph. Notizen.

Baudis, Gottfried Leonhard, Academiae rectorem . . ad audiendam orationem auspicalem . . invitat. Lpz. (Breitkopf) 25. XI. 1734. 6 Bl. (2.40)

— Solemnia inauguralia candidati Christian Ehrenfr. Adolf Fritzsch (Luckau/Laus.) et de allegationibus quae actionem sequuntur ex veteri jure praef. Lpz. (Richter) Juli 1736. 12 Seiten. (3.—)
Mit Biogr. (M.: A. M. Froelich).

— Monogrammatum imperatorum ac regum Germanicorum a Carolo M. usque ad excessum Conradi III. analysin et usum in probationibus. Lpz. (Breitkopf) 7. V. 1737. 76 S. u. 1 Taf. Abb. (7.—)
Gew.: Bernh. Frh. v. Zech.

— u. **Gottfried Daniel Longol** (Kesselsd.), Ad analysin monogrammatum imperatorum et regum Germ. praeparatio. Lpz. (Breitkopf) 3. II. 1737. 43 S. (5.—)
Gew.: Ludw. Adolf Frh. v. Zech.

Baudis, Gottfried Leonhard, Jurist, Leipzig, 1683-1739. 1740: Catalogus librorum maximam partem nitidissime compactorum rarissimorumque quibus dum viveret usus est Gottfrid. Leonardus Baudis. [Auktionskat.] — (Lipsiae: Winckler [1740].) 156 S. 8°
Der Name d. Verfassers findet sich auch in d. Form Baudiss.
14. 18. 23. 39.
12.11623

— Actum solemnem quo vir Heinr. Theophil Schellhaffer (Leipzig) summis in utr, jure honor. ornabitur . . et de dote juris Germanici disserit. Lpz. (Langenheim) 14. VI. 1738. 12 S. (3.—)
Mit Biogr. (M.: M. M. Sibeth.)

— (Leipzig), De emigratione religionis caussa. Präs. August Friedrich Müller. Lpz. (Breitkopf) 3. IX. 1732. 46 S. (5.—)
Gew. (v. A. F. Müller): Bernh. Frh. v. Zech.

— u. **Gottfr. Leonh. Baudis** (Leipzig), De indole causarum ecclesiasticarum prima de fundamentis earundem. Diss. jur. eccles. Lpz. (Breitkopf) 24. II. 1735. 84 S. (5.50)

Baudis

— **Gottfried Leonh.,** De legibus conviviorum, Von Gasterey-Ordnungen. Diss. jur. Präs. Christian Wildvogel. Jena (Müller) 19. XI. 1709. 43 S. (5.—)
Gew.: Bernh. Zech. Joh. Aegid. Alemann. Casp. Chn. Seligmann.

— — Dasselbe. Wittenberg (E. G. Eichsfeld) 1738. 45 S. (5.—)

De sortitione magistratuum Atticorum contra Pythagoreos defensa dissertatio epistolica ad virum **Gottfried Leonh. Baudis.** Lpz. (Breitkopf) März 1734. 16 S. (5.—)

Baudis, Hans Wenzel: Die Amme. Schauspiel. — Berlin: Bureau Fischer [1910]. 84 S. 8°
1:Ys 39039. 11. 300:473.984–B.
12.11624

Baudis, Josef: Über den Ablaut.
Phil. Diss. Prag 1906/07.

Baudis, Jos.: Zur Wortzusammensetzg im Indogermanischen. [Aus: „Sitzgsber. d. böhm. Gesellsch. d. Wiss."] (27) Lex8° Prag, F Řivnáč '12. — 60

Baudis, Leonhard (Liegnitz), De eo quod differt executionem. Diss. jur. Präs. Paul Franz Romanus. Lpz. (Joh. Erich Hahn) Jan. 1674. 14 Bl. (5.40)

— — Dasselbe. Lpz. (G. A. Stopffel) 1748. 40 S. (5.—)

Baudis, Wolff Heinrich Frhr v.
s. *Baudissin*, Wolf Heinrich Graf v. 1733.

Baudisch, H: Eine Dieselanlage f. Walzwerksbetrieb. [Aus: „Ztschr. d. öst. Ingen.- u. Archit.-Ver."] (8 m. Abb.) Lex8° Wien '12. (Berl., Verl. f. Fachlit.) — 70

Baudisch, Hans: Die Rückführung indirekt wirkender Turbinenregulatoren. 25 S.
Diss. TH Wien 1905.

— Das Elektrizitätswerk Sterzing. — Wien: Verf. 1910. 4 S. 4°
Aus: Zeitschrift d. Österreichischen Ingenieur- u. Architekten-Vereines. 62. 1910.
302.
12.11639

Baudisch, Hermann: Eine graphische Bestimmung von Bahnkurven bei reibungslosen , wirbelfreien Flüssigkeitsbewegungen. 32 S.
Diss. TH Wien 1908.

Baudisch, Hermann: Eine graphische Bestimmung von Bahnkurven bei reibungslosen, wirbelfreien Flüssigkeitsbewegungen. — Wien: Verf. 1910. 12 S. 8°
Aus: Zeitschrift d. Österreichischen Ingenieur- u. Architekten-Vereines. 62. 1910.
302.
12.11640

Baudisch, J., Schul-Commentar zu Milton's „Paradise lost", Gesang I—V. gr. 8. (IV, 82 S.) Salzburg 885. (Wien, Pichler's Wwe & Sohn.) n. 1. 60

Baudisch, J., Schul-Commentar zu Milton's „Paradise lost". [Gesang I—XII.] gr. 8. (IV, 146 S.) Wien 887. Pichler's Wwe. & Sohn. n. 3. —

Baudisch, J.: Üb. Vergleiche im Neufranzösischen (u. ähnl. Schriften), s. Baudisch, Julius

Baudisch, Johann s. *Baudisch*, Hans.

Baudisch, Josef

Baudisch, Jos., einige ins Papierfach schlagende Berechnungen, m. e. Anh. v. 2 Umrechnungstabellen. gr. 8. (20 S.) Biberach 893. (Dorn.) n. 1. 20

Baudisch, Josef: Einige ins Papierfach schlagende Berechnungen. — Biberach 1893: Heberle. 20 S. 8° 24.
12.11641

Baudisch Julius: Ein Beitrag zur Kenntnis des altschottischen Dichters John Barbour. Diss. Wien, Univ
D: Jahresbericht d. Ober-Realschule Salzburg 1885.
1885 PN 384

Baudisch Dr. Julius: Ein Beitrag zur Kenntnis der früher Barbour zugeschriebenen Legendensammlung. (24). Wien III. R. (Rainer). 03. Progr.

Baudisch Dr. Julius: Über Eigennamen als Gattungsnamen im Französischen und Verwandtes. 20. Wien III. R (Rainer). 05. Progr.

Baudisch Dr. Julius: Die Eigennamen im Wortschatze der englischen Sprache. 14. Wien III. R (Rainer). 04. Progr.

Baudisch, Jul., Grammatik d. engl. Sprache, s.: Sonnenburg, Rud.

Baudisch Dr. J.: Über Vergleiche im Französischen u. Englischen. 34. Wien R. III. 88. Progr.

Baudisch Dr. Jul.: Über Vergleiche im Neufranzösischen. 16. Marburg R. 87. Progr.

Baudisch, Oscar. Beiträge zur Kenntnis der Aminoxyde. Diss. Phil. [II.] Univ. Zürich von Oskar B'.... 152 S. 8. Zürich, Geb(r). Leemann & Co., 1905.

Baudisch, Rudolf: Strassen-Kilometer-Zeiger von Kärnten für Radfahrer, Fuhrwerksbesitzer, Touristen etc. Klagenfurt: Raunecker in Comm. 1892. 32 S. 8° 309.
12.11653

Baudisii, G. L.: Diss. d e Hermis . . . , s. Baudis, Gottfried Leonhard

Baudiss, Gottfried Leonhard s. *Baudis.*

Baudiss, Leo

— Beitrag zur Ausmittlung des Kulissenantriebes bei der Heusinger- (Walschaert-) Steuerung. — Berlin 1908. 3 S. 4°
Aus: Zeitschrift des Vereines deutscher Ingenieure. 52.1908.
305.
12.11655

Baudiss, Leo: Beiträge zur zeichnerischen Ausmittlung von Steuerungsgetrieben. — o.O. [1907]. 13 S. 4°
Aus: Dinglers polytechnisches Journal. 32. 1907. 305.
12.11654

— Ein neues Verfahren zur Ausmittlung der Zweiexzenter-Kulissensteuerungen. — Wien: Verf. 1910. 22 S. 8°
Aus: Zeitschrift d. Österreichischen Ingenieur- u. Architekten-Vereines. 62. 1910.
302. 305.
12.11656

BAUDISS-MERCY, Emmy

(F) Emmy Baudiss-Mercy. Geträumtes und Erdachtes. Mit einem Geleitwort von Felix Dahn. Herausgegeben zu Gunsten armer blinder Kinder. Prag. 1901. Neugebauer. Gr.-8°. 47 S.
K 2.—

Baudissin, Kaiserlicher Bezirksamtmann a. D., Berlin. 1900 s. *Baudissin,* Otto Graf v.

Baudissin, Gräfin v. (Romanschriftstellerin), s. Baudissin, Sophie Gräfin v.

Baudissin, Graf: Abgekürzte Kurrentschrift, s. Baudissin, Otto Graf v.

Baudissin, A. Graf von, s. Baudissin, Adelbert

Baudissin, Gräfin A.: Ihr, die Ihr Euch Herren der Schöpfung nennt, s. Baudissin, Susanne Gräfin v.

Baudissin, Adalbert, s. Baudissin, Adelbert

Baudissin, Adalbert Heinrich, s. Baudissin, Adelbert Graf v.

Baudissin, Adelbert Graf v.: Annektiren. Charakterbild in 2 Aufzügen. — Kiel 1867: Mohr. 114 S. 8° 8. 30.
12.11660

— Der Ansiedler im Missouri-Staate. Den deutschen Auswanderern gewidmet. — Iserlohn: Bädeker 1854. 181 S. 8°
1: Uw 5140. 8. 12: Am. B. 238. 14. 17. 18. 205.
12.11661

— Bericht über die Dünen der Insel Silt. — Flensburg: Herzbruch 1865. 87 S. 8° Aus: Norddeutsche Zeitung.
1: Stala 751. 12: Hols. 25. 89. 205.
12.11662

Baudissin, Graf A, Ber. üb. d. Dünen d. Ins. Silt. 16. (87) Flensb. 65. Westphalen. — 9

Baudissin, A, Blicke in die Zukunft der nordfriesischen Inseln und die Schleswig'sche Festlandsküste. Schleswig. 1867.
Schul-/Univ.-Schrift

— Blicke in die Zukunft der nordfriesischen Inseln und der schleswigschen Festlandsküste. Officielle Ausg. — Schleswig: Spethmann 1867. 101 S. 8°
1: So 8848. 7. 8. 10. 12: Hols. 27. 18. 38. 45. 205.
12.11663

— — 2. Ausg. Schleswig: Meves 1876. 101 S. 8°
1: So 8849. 3. 9. 17. 20. 35. 84. 205.
12.11664

— Die Familie Burk, ihre Thaten, Träume und Gedanken. Bd 1-3. — Hannover: Rümpler 1863. 8° 1: Yx 12086. 7. 9. 11. 12 [∞ 1. 2]: P. o. germ. 1750 q. 17. 31. 38. 44.
12.11665

Caroline Mathilde. Historischer Roman v. Graf Adelbert Baudissin. Bd. 1-2. Hannover 1863. 8°.

— Christian VII. und sein Hof. Historischer Roman. Abth. 1-3. — Hannover: Rümpler 1863. 8°
1. Caroline Mathilde. Bd 1.2.
2. Juliane Marie. Bd 1.2.
3. Hans Pogwisch. Bd 1.2.
1 [∞ 1]: 2 = Yx 12097; 3 = Yx 12103. 7. 9. 12: P. o. germ. 77 w. 17. 24. 33. 35. 42.
12.11666

(— —) Denkschrift betreffend das Unternehmen einer Hafen-Anlage an der Ostseite der Insel Röm (Römoe) und einer Eisenbahn-Verbindung derselben mit dem Festlande. — (Berlin [1869]: Heinicke.) 14 S. 4° 2. 8. 38.
12.11667

Baudisson, Adelbert Heinrich v. Der Einsiedler im Missouri Staat. Iserlohn, 1854

Baudissin, Graf Adb., Peter Tütt. Erlebnisse e. Schleswig-Holstein. Offiziers in Nord-Amerika 1851—61. Neue (Titel-)Ausg., m. Erläutergn. u. Notizen versehen v. Aug. Christian. gr. 8. (VI, 273 S.) Altona 894. A. C. Reher. n. 3. —

— Erzählungen und Skizzen. Th. 1. 2. — Hannover: Rümpler 1863. 8° 4. 7. 9. 11. 31. 35. 38. 43. 44.
12.11668

— Geschichte des schleswig-holsteinischen Kriegs. — Hannover: Rümpler 1862. 751 S. 8° 1: So 2984. 2→5. 7→11. 12: Hols. 26. 14. 16→19. 22. 24. 26. 27. 28. 30→35. 39. 41. 43→46. 51. 53. 61. 64. 79. 106. 109. 117. 121. 203. 205. 209. 212. 300: 173.351 B.
12.11669

— Die gefundene Handschrift, oder: Ich heiße Scholtz. Lustspiel. — Schleswig 1867: Taubstummen-Inst. 34 S. 8°
30.
12.11670

— Hüben und drüben. Lose Blätter aus e. Menschenleben. Hannover: Rümpler 1862. 412 S. 8°
1: Yx 11716. 4. 7. 24. 33. 44. 61.
12.11671

[—] Liegt es in Preußens Interesse, Flensburg zum Freihafen zu machen? [Verf.: Adelbert Graf v. Baudissin u. Ernst v. Bertouch.] — Flensburg [um 1865]: Herzbruch. 14 S. 8°
8. 43.
12.11672

— Schleswig-Holstein meerumschlungen. Kriegs- u. Friedensbilder aus d. Jahre 1864. — Stuttgart: Hallberger 1865. 371 S. 4° 1:4° So 7036. 6. 8. 9. 10. 12:4° Hols. 11. 14. 15. 17. 23. 24. 28. 30. 33. 34. 35. 38. 41. 43. 45. 46. 62. 79. 106. 109. 209. 300:31.155. 302. 305.
12.11673

— Schleswig-holsteinische Soldatengeschichten. — Hannover: Rümpler 1863. 127 S. 8°
1:So 2990. 7. 8. 9. 17. 24. 32. 35. 209.
12.11674

— Philippine Welser oder vor dreihundert Jahren. Historischer Roman. Bd 1-3. — Hannover: Rümpler 1864. 8°
4. 7. 12:P. o. germ. 77 x. 24. 31. 35. 304.
12.11675

— Zustände in Amerika. — Altona: Mentzel [usw.] 1862. VI,273 S. 8° 1:Uu 7048. 2. 4. 7. 8. 10. 11. 12:Am. B. 238 d. 14. 17. 18. 31. 33. 36. 106. 209.
12.11676

— · Peter Tütt. Zustände in Amerika. 2. Aufl. Altona: Mentzel 1862. VI,273 S. 8° 24. 27. 30. 33. 46.
12.11677

— — 3. Ausg. Ebd. 1866. VI,273 S. 8°
Im Exemplar von 8 ist das Impressum überklebt mit: Altona: Reher.
1:Uu 7034³. 8. 44. 48.
12.11679

Baudissin, Annie Gräfin v.
s. *Baudissin*, Susanne Gräfin v.

Baudissin, Asta Gräfin v.: Auch ein Menschenschicksal. Die Geschichte e. Mädchenseele. — Berlin [usw.]: Wigand 1907. 217 S. 8° 1:Yx 38323. 38.
12.11680

Baudissin, Gräfin Asta, auch e. Menschenschicksal. Die Geschichte e. Mädchenseele. (217 S.) 8. Leipzig 907. Modernes Verlagsbureau. 4.50

Baudissin, Aurelie [Pseud.] s. Baudissin, Sophie

Baudissin, Carl Graf von, s. Baudissin, Karl Graf von

Baudissin, Eduard Graf v.: Zur Erinnerung an die schleswig-holsteinische Armee. — Kiel: Gerbracht & Esslinger 1879. 100 S. 8° 48.
12.11681

Baudissin, Eduard Graf (Hrsg.), s. Landeskalender, Schleswig-Holsteinischer.

Baudissin, Eva Gräfin v.: 'Ahoi!' 3 See-Erzählungen. — Leipzig: Grethlein [1906]. 127 S. 8° 18.
12.11682

Blaues Blut. Roman v. Eva Gräfin v. **Baudissin.** Stuttgart u. Leipzig. 1910. 8°

Baudissin, Eva Gräfin v.: Blaues Blut. Roman. 1—3. Afl. (361) 8° Stuttg., Deut. Verl.-Anst. '10. 3.50; geb. 4.50 d

— Spemanns goldenes Buch der Sitte. 1901
s. *Baudissin*, Wolf Graf v. 1891.

Baudissin, Eva Gräfin (Bernh. v. Brandenburg), Daheim u. Draußen, s.a. **Universal-Bibliothek.**

— Daheim und draußen. Humoresken. — Leipzig [1901]. 95 S. 8° (Reclams Universal-Bibliothek. 4132.)
1:Ag 7201-4132. 12:Var. 380 k-4132. 15. 26. 29. 300:410.411-A.Per. 4132. 302. 308.
12.11685

Baudissin, Eva Gräfin v., „a. D." s.a. **Kürschner's, Jos., Bücherschatz.**

'a. D.' Roman von Eva Gräfin v. **Baudissin.** Mit Ill. von Arthur Levin. *Berlin, Eisenach, Leipzig: H. Hillger [1903].* (109 S.) 8° [J.]
— **Bücherschatz, Kürschner's.** No 331. (04. 937

— Rittmeister v. Dobblen. Roman. (250) 8° Dresd., M Seyfert '12. 3 —; geb. 4 — d

Baudissin, Eva Gräfin v., im Doktorhause. Roman. 8. (174 S.) Mannheim 894. J. Bensheimer's Verl. n. 3. —; geb. n.n. 4. —

— Die Entlobten. Erzählung. — Stuttgart: Bonz 1904. IV, 176 S. 8° 24. 60.
12.11690

— **Der gute Erich,** s.a. **Kürschner's Bücherschatz.**

— Der gute Erich. Roman von Eva Gräfin von Baudissin. (Bernhard v. Brandenburg.) — Berlin: Janke (1900). 352 S. 8° 1:Yx 32270. 11.
12.11691

— Der gute Erich. Roman. Berlin [usw.]: Hillger [1910]. 112 S. 8° (Kürschners Bücherschatz. 746.)
1:X 8420-746. 11. 101.
12.11692

— 'Glück'. Roman. — Berlin: Steinitz (1900). 102 S. 8°
1:Yx 32408. 11.
12.11694

Baudissin, Gräfin Eva v., Auf d. Grenze, s.a. **Kürschner's Bücherschatz.**

[J.] Auf der Grenze. Roman v. Gräfin Eva v. **Baudissin.** M. Ill. v. M. Ränike. *Berlin, Eisenach, Leipzig: H. Hillger [1898].* (126 S.) 1 Bd 8.
— **Bücherschatz, Kürschners.** No 87. (99. 340

Eine glückliche Hand. Roman v. Eva Gräfin v. **Baudissin.** Dresden u. Leipzig. [1906.] 8°

— Eine glückliche Hand. Roman. — Dresden [usw.]: Minden [1906]. 340 S. 8° 24. 43.
12.11696

— **auf den Hügeln v. Wales,** s.a. **Deva-Roman-Sammlung.**

— Auf den Hügeln von Wales. Novelle. — Stuttgart [usw.]: Deutsche Verl. Anst. 1903. 152 S. 8° (Deva-Roman-Sammlung. 29.)
24.
12.11697

Kiel und seine Geselligkeit v. Eva Gräfin von **Baudissin.** Hierzu 18 Spezialaufnahmen für die „Woche" u. 1 Porträtaufnahme. (Berlin. 1908.) 4° Ausschnitte aus: Die Woche 1908, H. 26

— Kinder einer Familie. Roman. — Dresden: Seyfert 1908. 266 S. 8° 24. 31. 60.
12.11700

— **im engen Kreise,** s.a. **Engelhorn's allgem. Romanbibliothek. 16. Jahrg. 24. Bd.**

— Im engen Kreise. — Stuttgart 1900. 160 S. 8° (Engelhorns allgemeine Romanbibliothek. 16,24.)
1:Yt 664-16,24. 5. 12:L. eleg. g. 126 n-XVI,24. 24. 26. 29.
12.11702

Im Laufgraben. Roman v. Eva Gräfin v. **Baudissin.** Dresden u. Leipzig. [1907.] 8°

— Im Laufgraben. Roman. — Dresden [usw.]: Minden [1907]. 273 S. 8° 1:Yx 38368.
12.11705

Susanne Matthissons Liebe. Roman v. Eva Gräfin v. **Baudissin.** Leipzig. Berlin. [1909.] 8°

— Susanne Mathissons Liebe. Roman. — Leipzig [usw.]: Grethlein [1909]. 249 S. 8° 60.
12.11706

Baudissin, Eva Gräfin v.: Aus Liebe zu Russland. Roman. 2. Afl. (316) 8° Dresd., H Minden ('11). 4 —: geb. n 5.20 d

-- Liebeskämpfe, s.a. Kürschner's, Jos., Bücherschatz.

Liebeskämpfe. Roman von Eva Gräfin v. Baudissin. Mit Ill. von E. Ranzenhofer. Berlin, Eisenach, Leipzig: H. Hillger [1899]. (128 S.) 8° [F.]
= Bücherschatz, Kürschners No 111. [00. 10770

— Macht der Vergangenheit. Roman. — Leipzig: Elischer [1910]. 274 S. 8° 1:Yx 40701. 24.
12.11710

Baudissin, Eva Gräfin von

— unsere Menagerie u. andere Humoresken, s.a. Kürschner's, Jos., Bücherschatz.

— Uns. Menagerie u. and. Humoresken s.a. Willkommen.

Unsere Menagerie und andere Humoresken. Von Eva Gräfin v. Baudissin. Mit Ill. von W. Roegge. Berlin, Eisenach, Leipzig: H. Hillger [1903]. (108 S.) 8° [F.]
= Bücherschatz, Kürschner's. No 366. [04. 990

— Von nah u. fern, s.a. Universal-Bibliothek.

— Von Nah und fern. Humoresken. — Leipzig [1907]. 95 S. 8° (Reclams Universal-Bibliothek. 4910.)
1:Ag 7201-4910. 12:Var. 380k-4910. 29. 300:410.411-A. Per. 4910. 302. 308.
12.11714

'Die Rastedts'. Eine heitere Reisegeschichte (aus Orient u. Okzident) von Eva Gräfin v. Baudissin. Berlin & Leipzig: H. Hillger 1907. (279 S.) 8° [F.] [07. 13064

-- Die Schwestern, s.a. Kürschner's Bücherschatz.

Die Schwestern. Roman von Eva Gräfin v. Baudissin. Berlin, Leipzig: H. Hillger [1908]. (112 S.) 8° [F.]
= Bücherschatz, Kürschners. No 614. [08. 13086

Eva Gräfin Baudissin: Selbstverschuldet. 2. Aufl. Berlin. [1893] 8°

— Selbstverschuldet. Zwei Geschichten. 8. (234 S.) Berlin 897. H. Steinitz. n. 3. —

— Selbstverschuldet. 2 Geschichten. — Berlin: Steinitz [1898]. 234 S. 8° 1:Yx 29952. 31.
12.11721

Grete Wolters Roman v. Eva Gräfin v. Baudissin. Stuttgart u. Leipzig. 1905. 8°

— Grete Wolters. Roman. — Stuttgart [usw.]: Deutsche Verl. Anst. 1905 (1906). 283 S. 8° (Bibliothek zeitgenössischer Autoren.) 2. 4. 31. 60.
12.11727

Treibende Wracks. Roman v. Eva Gräfin v. Baudissin. Dresden u. Leipzig. 1904. 8°

— Treibende Wracks. Roman. — Dresden [usw.]: Minden [1904]. 302 S. 8° 31.
12.11728

Baudissin, Hermann Graf v.

— Dem Gedächtnisse ... des Grafen Hermann von Baudissin. 1891 s. *Baudissin*, Wolf Graf v. 1891.

Baudissin, J. Gräfin v.: Über die Alpen, s. Baudissin, Julia Gräfin v.

Baudissin, Ida Gräfin v.: Dem Gedächtnisse der Gräfin Ida von Baudissin geb. Kohl. 1891
s. *Baudissin*, Wolf Graf v. 1891.

Ueber die Alpen v. Ida Gräfin v. Baudissin [geb. v. Ahlefeldt]. Berlin. [1898.] 8°

Baudissin, Julia Gräfin v.

Baudissin, J. Gräfin v., Über d. Alpen, s.a. Veröffentlichungen d. Vereins d. Bücherfreunde.

Baudissin, Julia Gräfin v.: Über die Alpen. — Berlin: Schall & Grund [1898]. 476 S. 8° (Verein d. Bücherfreunde. [8,1.]) 1:Yt 684-8,1.
4. 10. 11. 12:Var. 377 v-VIII,1. 18. 24. 31. 33. 169.
12.11730

Baudissin, Gräfin KAK, s. Baudissin, Karoline Adelheid Kornelia Gräfin v.

Baudissin, Karl Graf v.: Forstrath Lupin an Madame Hellbrook oder die Natur im Geiste. — Leipzig: Wigand 1857. 184 S. 8° 14.
12.11737

Baudissin, Karoline Adelheid Kornelia Gräfin v.

v. Baudissin, Gräfin K. A. K. s.a. Dorfgesellschaft.

Baudissin, Karoline Adelheid Kornelia Gräfin v.: Die Dorfgesellschaft. [Verf.: Karoline Adelheid Kornelia Gräfin v. Baudissin.] — Hamburg: B. G. Hoffmann 1791. 182 S. 8° 18. 32.
12.11738

[—] — 2. Aufl. Th. 1. 2. Kiel: Schulbuchh. [usw.] 1792. 8° 8.
12.11739

Baudissin, Otto Graf v.

— Abgekürzte Kurrentschrift. — Berlin: Harmonie [1906]. 12 S. 8° 1:V 23196. 11. 16. 17. 89. 207.
12.11743

— — (Neue, veränd. Ausg.) Ebd. [um 1910]. 11 S. 8° 25. 90. 207.
12.11744

Baudissin, Graf O v.: Deutsch-suaheli Taschen-Wörterb. 12° (142) Berl. 1900, W Süsserott. Geb. in L. nn 4 —; erm. Pr. nn 3 —

Baudissin, Sophie Gräfin v.
Pseudonyme: Aurelie, Tante Aurelie

— Deutsch und Welsch. Ein Kampf um Lothringen. — Leipzig: Böhme 1890. 488 S. 8° 31.
12.11750

— Elisabeth-Album. Von Aurelie. Als Forts. d. früher erschienenen Sammlung 'Bunte Blätter', 'Erlebtes u. Erzähltes', 'Lese-Abend'. — Wien: Lechner [um 1865]. 331 S. 8° 207.
12.11751

— Erlebtes u. Erzähltes. Von Aurelie. — Wien: Lechner [um 1865]. 316 S. 8° 207.
12.11752

— Kleine Geschichten für kleine Leute. Erzählt von Aurelie. — Gotha: F. A. Perthes [um 1885]. 187 S. 8° (Sammlung von Kinderschriften. 13.) 39.
12.11753

— Der Johannistag. Erzählung ... von Aurelie. — Leipzig [1908]. 92 S. 8° (Oehmigkes Jugendbibliothek. 49.) 7.
12.11754

— Jugendmärchen. Erzählt von Aurelie. Ebd. [1891]. 255 S. 8° (Universal-Bibliothek für d. Jugend. 268/271.)
1:Ng 10561-268/271. 12:Paed. Pr. 4405 k-268/271. 24.
12.11749

— Kindermärchen. Erzählt von Aurelie. Stuttgart [usw.]: Union [1891]. 112 S. 8° (Universal-Bibliothek für d. Jugend. 266.267.) 1:Ng 10561–266.267. 24.
12.11748

Baudissin, Sophie Gräfin v. [Aurelie] s.a. Kinder- u. Novellenmärchen.

— [Teils.] Kinder- und Novellen-Märchen ... Erzählt von der Tante Aurelie. — Potsdam: Janke [1849]. 278 S. 8° 1:Ng 12278.
12.11746

— Der Leseabend bei Elisabeth. Als Forts. d. früher erschienenen 'Bunte Blätter' u. 'Erlebtes u. Erzähltes' von Aurelie. — Wien: Lechner [um 1865]. II,317 S. 8° 207.
12.11755

— Mährchen für Kinder. Erzählt von Aurelie. 2., veränd. u. verm. Aufl. — Berlin: Springer [1875]. 117 S. 8° 1:Ng 15002.
12.11747

— Der Pflegesohn. Eine Erzählung ... von Aurelie. — Stuttgart: Hallberger [1853]. 284 S. 8° 24.
12.11756

— In der Provinz. Roman. — Gotha: F.A.Perthes 1884. 406 S. 8° 1:Yx 21351. 16.
12.11757

— Resi. Eine Erzählung ... von Sophie Gräfin Wolf-Baudissin (Aurelie). — Stuttgart: Thienemann [1897]. 191 S. 8° 14.
12.11758

— Reuchlin. Roman. Bd 1.2. — Jena: Costenoble 1884. 8° 1:Yx 21358. 12:P. o. germ. 77 wy.
12.11759

— Aurelie: Der rechte Soldat. Erzählung aus d. Zeit d. französischen Krieges. — Leipzig [1908]. 102 S. 8° (Oehmigkes Jugendbibliothek. 11.) 7.
12.11760

— Die Stieftochter. Erzählung ... von Aurelie. — Stuttgart: Hallberger [1854]. 262 S. 8° 24.
12.11761

– s. Theater-Almanach f.d. Jugend.

— Aurelie: Die Töchter des Farmers. Erzählung. — Leipzig [1908]. 140 S. 8° (Oehmigkes Jugendbibliothek. 105.) 7.
12.11762

— Ums Vaterland. Eine Geschichte aus d. Zeit d. Befreiungskriege ... erzählt von S. Gräfin Wolf-Baudissin. — Stuttgart: Thienemann [1903]. 150 S. 8° 24.
12.11763

— Wer ist der Held? Roman. — Gotha: F.A.Perthes 1884. 338 S. 8° 1:Yx 21334. 7. 12:P. o. germ. 1803 l. 16. 30. 39. 47.
12.11765

— Aurelie: Wer ist reich? Erzählung. — Leipzig [1908]. 127 S. 8° (Oehmigkes Jugendbibliothek. 81.) 7.
12.11766

Baudissin, Susanne Gräfin v.: Gräfin Annie Baudissin (A. v. Bauer). Ein Bruder und eine Schwester. — Eutin: Ivens in Komm. [1909]. 222 S. 8° 18. 26.
12.11767

— Vera Hagen. Aus dem Tageb. einer Dreißigjährigen. (95 S.) 8. Leipzig 908. Modernes Verlagsbureau. 2. 50

Vera Hagen. Aus d. Tagebuch einer Dreißigjährigen von Gräfin Annie Baudissin (A. v. Bauer). Berlin-Leipzig: C. Wigand 1908. 94 S. 8° log 14786

„Ihr, die Ihr Euch Herren der Schöpfung nennt —" und andere Humoresken und Erzählungen v. Gräfin Annie Baudissin. Dresden u. Leipzig. 1901. 8°

— 'Ihr, die Ihr Euch Herren der Schöpfung nennt –' u. andere Humoresken u. Erzählungen von Gräfin A. Baudissin. Dresden [usw.]: Pierson 1901. 147 S. 8° 17. 169.
12.11769

„Wenn einer ein Buch schreibt — — —." Erfahrungen, Bekenntnisse v. Gräfin Annie Baudissin. Eutin. 1909. 8°

Baudissin, Thekla

Baudissin, Th., buntes A. B. C., s.a. A. B. C., buntes.

Baudissin, Thekla Gräfin v.: Buntes A-B-C. Von Tante Ernestine (Gräfin Thekla Baudissin). Mit Illustr. von Franz Pocci. — Wien: Pichler (1861). 30 S. 8° 11. 14.
12.11770

— Englische Sprachlehre. Nach d. in englischer Sprache verfaßten English Grammar d. Lindley Murrey. — Wien: Fr. Beck 1846. 347 S. 8° 302.
12.11771

— englische Sprachlehre. Nach der in englischer Sprache verfaßten english grammar des Lindley Murrey. 2. Ausg. Wien 865. Beck. 8. (VI, 347 S.) 16 ngr.

Baudissin, Ulrich, ein Abenteuer auf der Eisenbahn. Posse mit Gesang in 2 Aufzügen. Altona 862. Mentzel. 8. (36 S.) n. 7½ ngr.

— Ein Abenteuer auf der Eisenbahn. Posse. — Altona 1862: Rüter. 36 S. 8° 30. 31. 48.
12.11773

— Der Albatros. Humoristisch-ernster Roman. Bd 1–4. — Hannover: Rümpler 1864. 8° 1:Yx 12731. 7. 25. 43. 60. 79.
12.11774

— Eine Audienz. Lustspiel. — Altona: Mentzel 1862. 46 S. 8° 1:Ys 12252.
12.11775

— — Altona; Leipzig 1862: Vollrath. 46 S. 8° 30. 31. 32.
12.11776

— Falsche Behauptungen. Lustspiel. — Leipzig 1876: Mutze. 45 S. 8° 30. 31.
12.11777

— Cora oder die Sklavin. Amerikanisches Charakterbild. — Altona: Mentzel 1862. 122 S. 8° 1:Ys 12431. 7. 14. 30. 32. 41. 48.
12.11778

Baudissin, Graf Ulr., das Damenstift. Roman. 4 Bde. 8. (245; 246; 220; 228 S.) [Stuttgart] Herzberg 875, Simon. *

— Ehestandsfesseln. Roman. Bd 1.2. — Berlin: Kogge & Fritze 1882. 8° 1:Yx 20441. 60.
12.11780

Baudissin, Graf Ulr., Ehestandsfesseln. Roman. 2. Aufl. 2 Bde. 8. (304 u. 366 S.) Leipzig 885. Bergmann. 6. —

— Ein Fräulein, welches bei Hofe gelebt hat. Lustspiel. — Altona; Leipzig 1862: Vollrath. 47 S. 8° 30. 31. 32.
12.11781

— ein Fräulein, welches bei Hofe gelebt hat. Lustspiel in 1 Aufzuge. (Den Bühnen gegenüber Mscr.) 8. (47 S.) Altona 862, Mentzel. *

— die feindlichen Gatten, s.: Reiselectüre.

— Gattin und Tochter. Roman. Bd 1–3. — Berlin: Janke 1867. 8° 4. 79.
12.11782

— e. pseudon. Hauslehrer. 4 Bde. 8. (1037) Berl. 64, Janke. 5. —

— Ein pseudonymer Hauslehrer. Roman. Bd 1–4. — Berlin: Janke 1865. 8° 1:Yx 12908. 12[an 1.2.4]: P. o. germ. 1847 k.
12.11783

Baudissin, Ulrich Graf v.: [Teils.] Kleinigkeiten für das Theater. — Altona: Mentzel 1863. 47,46,38 S. 8°
Sondertitel:
1. Ein Fräulein, welches bei Hofe gelebt hat. 1862.
2. Eine Audienz. 1862.
3. Ein Abenteuer auf der Eisenbahn. 1862. 7.
12.11772

— In engen Kreisen. Roman. Bd 1-4. — Leipzig 1874. 8° (Günther's Bibliothek deutscher Original-Romane. 29,7/10.) In einigen Bibliotheken fehlt der Serientitel.
7. 9. 12: P. o. germ. 19 k-1874,7/10. 17. 26. 31. 60.
12.11784

— in engen Kreisen. Roman. 4 Bde. 8. (232, 235, 219 u. 202 S.) Leipzig 874. E. J. Günther. n. 10. 50

— Der Lebensretter. Humoristischer Roman. Bd 1-3. — (Leipzig) 1872. 8° (Günther's Bibliothek deutscher Original-Romane. 27,7/9.) In einigen Bibliotheken fehlt der Serientitel.
12: P. o. germ. 19k-1872,7/9. 17. 31.
12.11785

— der Lebensretter. Humoristischer Roman. 3 Bde. 8. (178; 187; 175 S.) Leipzig 872, E. J. Günther.

— Liebe und Leidenschaft. Roman. Bd 1-4. — Berlin: Janke 1866. 8° 1: Yx 13331 17.
12.11786

— Marotte. Humoristischer Roman. 2 Bde. Stuttgart 870. Kröner. 8. (495 S.) 2 ₰ 15 ngr

— Marotte. Humoristischer Roman. Bd 1.2. — Stuttgart: Kröner 1871. 8°
1: Yx 15517. 12[= 1]: P. o. germ. 1847 u. 17. 24. 33. 60.
12.11787

— Am Marterpfahl. Lustspiel von H. Hunold [d. i. Graf Ulrich v. Baudissin]. — Leipzig 1877: Mutze. 91 S. 8°
1: Ys 19999. 31.
12.11788

— Am Marterpfahl. Schwank von Graf Ulrich Baudissin. (H. Hunold.) In neuer Bearb. — Ebd. 1878. 73 S. 8°
1: Ys 20000. 7. 32. 43.
12.11789

— Ein seelenguter Mensch. Lustspiel. — Leipzig 1876: Mutze. 51 S. 8° 30. 31.
12.11790

— Ronneburger Mysterien. Humoristischer Roman. Bd 1-3. — Stuttgart: Kröner 1869. 8°
4. 12[= 2.3]: P. o. germ. 1847 r. 24. 60. 70.
12.11791

— Pack. Lustspiel in 5 Aufzügen. Nach dem Dän. des Th. Overskou. (Den Bühnen gegenüber Mscr.) gr. 8. (IV und 115 S.) Altona 862, Mentzel. *

Baudissin, Ullrich v. (Hrsg.), s. Roman-Zeitung, Deutsche.

— Am Scheidewege. Lustspiel. — Leipzig 1880 (1881): Mutze. 100 S. 8° 1: Ys 21452. 31. 32.
12.11792

— Die Stiefkinder. Roman. Bd 1-3. — Stuttgart: Kröner 1870. 8° 4. 12: P. o. germ. 1846 o. 24. 60.
12.11793

— Fünfundzwanzigtausend Thaler. Lustspiel. — Leipzig 1878: Mutze. 20 S. 8°
1: Ys 20490. 30. 31. 32. 300: 624.859-B. Th.
12.11794

— Eine Wanderung durch Jahrtausende. Ein culturgeschichtlicher Novellen-Cyclus aus d. schwäbischen Vorzeit. — Stuttgart: Neff 1875. VIII,320 S. 8°
1: Yx 17021. 7. 15. 21. 24. 46. 123.
12.11795

— Was ist Liebe? Lustspiel. — Leipzig 1879: Mutze. 82 S. 8° 1: Ys 20749. 30. 31. 32.
12.11796

Baudissin, W. W., s. Baudissin, Wolf Wilhelm

Baudissin, Wolf Graf, Professor d. Theologie, Berlin. 1870
s. *Baudissin*, Wolf Wilhelm Graf v.

Baudissin, Wolf Graf v., Militärschriftsteller, 1867-1926. 1891
Pseudonyme: Graf Günther Rosenhagen, Frhr v. Schlicht

Baudissin, Wolf Graf v., s.a. Baudissin, Wolf Wilhelm

Der falsche Adjutant. Humoristisch-militärische Erzählung v. Frhr. v. Schlicht [d. i. Wolf Graf v. **Baudissin**]. Berlin. [1906.] 8°

Der falsche Adjutant. Humorist.-militär. Erzählung von Frh v. Schlicht ⟨Wolf Graf v. **Baudissin**⟩. 2. Aufl. Berlin: O. Janke 1907. (316 S.) 8° [F.]
(Kollektion Otto Janke.) (07. 17313

Der Adjutant Seiner Hoheit. Humoristischer Roman v. Frhr. v. Schlicht [d. i. Wolf Graf v. **Baudissin**]. Leipzig. o. J. 8°

— Frhr v. Schlicht. Ein Adjutantenritt und andere Militärhumoresken. — München: Langen 1905. 186 S. 8°
12: P. o. germ. 77 ye. 19.
12.11809

— Frhr v. Schlicht. Alarm und andere Militärhumoresken. München 1900. 149 S. 8° (Kleine Bibliothek Langen. 28).
12: L. eleg. g. 222p-28. 19. 31.
12.11811

Frhr. v. Schlicht [d. i. Wolf Graf v. **Baudissin**]: Alarm und andere Militärhumoresken München [1902.] 8°

— Armeetypen. Humoresken von Frhr v. Schlicht. — Berlin: Schall [1898]. 234 S. 8° (Verein d. Bücherfreunde. [8,2.])
In einigen Exemplaren ist die Paginierung fehlerhaft.
1: Yt 684-8,2. 4. 10. 11. 12: Var. 377 v-VIII,2. 43. 64. 78. 106.
12.11812

Armeetypen. Humoresken von Frh v. Schlicht ⟨Wolf Graf v. **Baudissin**⟩. 8. Aufl. Berlin: A. Schall [1904]. (240 S.) 8° [F.] (05. 1019

— Aus der Schule geplaudert. Militärische Humoresken von Frhr v. Schlicht. [Nebst] N. F. — Berlin: Freund & Jeckel 1897-98. 8°
1: Yy 11742. 11 [= N. F.] 39 [= N. F.] 109 [= N. F.]
12.11814

Aus der Schule geplaudert. Militärische Humoresken v. Frhr. v. Schlicht [d. i. Wolf Graf v. **Baudissin**]. 2. Aufl. Berlin. o. J. [1902?] 8°

— Aus der Schule geplaudert. Militärische Humoresken. 3. Aufl. — Berlin: Globus-Verl. [1909]. 350 S. 8°
1: Yy 11742³. 209.
12.11815

Im Barackenlager und anderes v. Frhr. v. Schlicht [d. i. Wolf Graf v. **Baudissin**]. Leipzig. [1910.] 8°

v. Baudissin, Graf Wolf, s. Ben Jonson.

Baron Borken. Drama in 1 Akt v. Frhr. v. Schlicht [d. i. Wolf Graf v. **Baudissin**] Dresden u. Leipzig. 1902 8°

— Baron Borken. Drama von Frhr v. Schlicht. — Dresden [usw.]: Minden (1902). 42 S. 8° 106.
12.11820

— Die Braut seines Bruders. Erzählung von Graf Günther Rosenhagen. — Hamburg: Christians 1893. 150 S. 8°
1: Yx 26648/10. 12: P. o. germ. 1781 z. 18.
12.11821

— u. Gräfin Baudissin, goldenes Buch der Sitte, s.a. Spemann's Hauskunde. IV.

Spemanns goldenes Buch der Sitte. Eine Hauskunde f. Jedermann von [Wolf] Graf u. [Eva] Gräfin **Baudissin**. *Berlin & Stuttgart: W. Spemann [1901].* (363 Bl.) 8° [F.]
= **Hauskunde, Spemanns.** 4 [o 6589

— **Frhr v. Schlicht. Der Dichterleutnant und andere Militärhumoresken. — München 1905. 119 S. 8° (Kleine Bibliothek Langen. 83.)**
1:Yt 715/3-83. 12:L. eleg. g. 222 p-83. 19. 52.
12.11824

— — **Ebd. 1906. 119 S. 8° (Kleine Bibliothek Langen. 83.)**
31.
12.11825

Aus meiner Dienstzeit. Militärische Erinnerungen v. Frhr. v. Schlicht ⟨Wolf Graf v. **Baudissin**⟩ (Kiel. 1909.) Fol., geb. in 8° Ausschnitt aus: Kieler Neueste Nachrichten. Jg. 15. 1909, Nr. 4, 6 u. 7.

Dresden und die Dresdener. Ein lustiges Vademecum von Frh. v. Schlicht ⟨Wolf Graf v. **Baudissin**⟩. Dresden & Leipzig: Dresd. Verlagsanst. 1907. VI, 237 S. 8° [o. 6690

— — **2., veränd. u. verm. Aufl. Ebd. 1908. X,236 S. 8°**
1:Sr 5205^2. 38.
12.11828

— **Frhr v. Schlicht. Ihre Durchlaucht der Regimentschef. Militärische Humoresken u. Satiren. — Dresden: Reissner 1906. 149 S. 8°**
31.
12.11829

Ehestandshumoresken von F[rh] v. Schlicht ⟨Wolf Graf v. **Baudissin**⟩. 3. Aufl. Berlin: O. Janke [1904]. (152 S.) 8° [F.]
(Kollektion Otto Janke.) [o. 10944

Ehestandshumoresken v. Frhr. v. Schlicht [d. i. Wolf Graf v. **Baudissin**]. 3. Aufl. Berlin. [1905] 8°

Um Ehre. Ein Freund. Zwei Brüder. Eine Schuld. Rehabilitiert. Kurzes Glück. Erzählungen von F[rh] v. Schlicht [d. i. Wolf Graf **Baudissin**] Mit Ill. von Martin Ranke. *Berlin, Eisenach, Leipzig: H. Hillger [1900].* (128 S.) 8° [F.]
= **Bücherschatz, Kürschners.** No 218. [o 1066

— **Ein Ehrenwort. Erzählungen aus d. Offiziersleben von Frhr v. Schlicht. — Dresden [usw.]: Minden [1903]. 335 S. 8°**
51.
12.11835

— — **2. Aufl. Ebd. [1903]. 335 S. 8°**
4.
12.11836

— **Frhr v. Schlicht. Einquartierung und andere Humoresken. — Stuttgart [1900]. 127 S. 8° (Sammlung Franckh.)**
24. 60.
12.11838

— **Frhr v. Schlicht. Exzellenz ist wütend! Militärische Humoresken u. Satyren. — Leipzig: Elischer [1900]. 161 S. 8°**
31.
12.11839

— **Excellenz kommt! Humoresken von Frhr v. Schlicht. — Berlin [usw.]: Hillger [1898]. 128 S. 8° (Kürschners Bücherschatz. 119.)**
1:X 8420-119. 39. 101. 302.
12.11840

— **Exzellenz lassen bitten. Militärhumoresken. Von Frhr v. Schlicht. — Dresden [usw.]: Reissner 1901. 208 S. 8°**
7. 24. 60.
12.11841

— — **2. Aufl. Ebd. 1902. 217 S. 8°**
209.
12.11842

Excellenz lassen bitten. Militärhumoresken v. Frhr. v. Schlicht [d. i. Wolf Graf v. **Baudissin**] 3. Aufl. Dresden u. Leipzig. 1907. 8°

— **Frhr v. Schlicht. Die Fahnenkompagnie und andere Militärhumoresken. — München: Langen 1904. 158 S. 8°**
1:Yy 12109. 12:P. o. germ. 77 yd. 19. 31. 38.
12.11846

Baudissin, Wolf Graf v., Schleswig-holsteinischer Beamter, 1812-1887. **1872: Zur Feier der Einweihung der Siegesdenkmäler auf den Düppeler Höhen und bei Arnkiel. — Sonderburg [1872]: La Motte. 16 S. 8°**
8.
12.11799

— **Sociale Fragen der Gegenwart. Allen Freunden wahrer Freiheit gewidmet. — Dresden: Grumbkow 1883. 50 S. 8°**
1:Fc 5773. 7. 14. 41. 106. 203. 205. 300: 168.945-B.
12.11800

— **Die Frau und meine Frau. Lustige Ehegeschichten von Frhr v. Schlicht. 8. Aufl. — Dresden: Seyfert 1910. 152 S. 8°**
1:Yy 13451^8.
12.11850

— **Meine kleine Frau und ich. Humoresken von Frhr v. Schlicht. — Charlottenburg: Simson [1898]. 134 S. 8°**
1:Yy 11861. 5. 11.
12.11858

— — **2. Aufl. Berlin [1903]. 135 S. 8° (Collektion Otto Janke.)**
1:Yy 11801^3.
12.11859

Meine kleine Frau und ich. Humoresken von Frh. v. Schlicht ⟨Wolf Graf v. **Baudissin**⟩. 4. Aufl. Berlin: Janke [1908]. 135 S. 8°
(Kollektion Otto Janke.) [o. 3016

Treulose Frauen. Humoristisches u. Satyrisches aus d. Frauenleben. Von F[rh] v. Schlicht [d. i. Wolf Graf v. **Baudissin**]. 11.–15. Taus. *Berlin: R. Eckstein Nachf. [1901].* (94 S.) 8°
= **Bibliothek, Ecksteins Moderne.** Bd 11. [o. 12890

— — **Berlin: Schreiter [1902]. 94 S. 8° (Erzählungen berühmter Autoren.)**
22.
12.11863

Die Fürstengondel und andere Humoresken von Frh. v. Schlicht ⟨Wolf Graf v. **Baudissin**⟩. Berlin: Janke [1909]. 143 S. 8°
(Kollektion Otto Janke.) [10 1483o

— **Der Gardestern. Humoristischer Roman von Frhr v. Schlicht. — Stuttgart [usw.]: Deutsche Verl. Anst. 1904. 274 S. 8° (Bibliothek zeitgenössischer Autoren.)**
24. 60.
12.11873

— — **3. Aufl. Ebd. 1904. 274 S. 8° (Bibliothek zeitgenössischer Autoren.)**
78.
12.11874

— — **4. Aufl. Ebd. 1904. 274 S. 8° (Bibliothek zeitgenössischer Autoren.)**
30. 43.
12.11875

— — **5. Aufl. Ebd. 1904. 274 S. 8° (Bibliothek zeitgenössischer Autoren.)**
1:Yx 36010^5.
12.11876

[—] Aus einer grossen Garnison. Von General von *. — London; Zürich: C. Schmidt in Komm. 1904. 256 S. 8°**
1:Yx 35606. 12:P. o. germ. 77 ybd. 14. 60. 70. 117.
12.11877

Garnison und Manöver. Militär-Humoresken von F[rh] v. Schlicht [d. i. Wolf Graf **Baudissin**] ... u. a. Mit 49 Ill. von Hans Leiter. Berlin-Schöneberg: G. E. Nagel [1905]. (120 S.) 8° [F.]
= **Bibliothek**, Nagel's, illustrierter Humoresken. Bd 13/14. [o. 4700

(—) Dem Gedächtnisse der Gräfin Ida von Baudissin geb. Kohl, geboren zu Bremen am 25. Juli 1814, gestorben zu Freiburg i. B. am 25. Dec. 1888 und des Grafen Hermann von Baudissin geboren zu Kopenhagen am 2. Oct. 1798, gestorben zu Freiburg i. B. am 13. Mai 1891. (Verf.: Wolf Baudissin u. Koellreutter.) — (Leipzig [1891]: Naumann.) 12 S. 8°
46.
12.11879

Baudissin, Wolf Graf v., Übersetzer, 1789-1878. 1818: [Teils.] Wolf Graf Baudissin. Gedenkbuch für seine Freunde. — (Leipzig) 1880:(Breitkopf & Härtel). IV,489 S. 8°
1:At 9330. 8. 14. 18. 43. 106. 169. 302.
12.11797

— Der kleine Gerd. Humoristisch-militärische Erzählung von Frhr v.Schlicht (Wolf Graf v.Baudissin). — Berlin: Janke (1903). 329 S. 8° 1:Yy 12031.
12.11881

— — (2. Aufl.) Ebd. [1908]. 288 S. 8° (Kollektion Otto Janke.) 1:Yx 38054. 11.
12.11882

— Kleine Geschichten. Von Graf Günther Rosenhagen. — Hamburg: Christians 1893. 112 S. 8° 1:Yx 26117. 18.
12.11883

Die von Gründingen. Humoristisch-satirischer Roman v. Frhr. v. Schlicht [d. i. Wolf Graf v. Baudissin]. Leipzig u. Berlin. [1907.] 8°

— Die von Gründingen. Humoristisch-satirischer Roman von Frhr v. Schlicht. — Leipzig [usw.]: Grethlein [1907]. 330 S. 8° 43.
12.11885

— Frhr v. Schlicht. Halt aus! — Groß-Lichterfelde-Ost: Langenscheidt [1906]. 144 S. 8° (Sammlung moderner Meisterskizzen. 4.) 1:Yt 727/58-4. 11.
12.11887

v. Baudissin, Graf Wolf, s. Hartmann von der Aue, Iwein mit dem Löwen.

— Frhr v. Schlicht. Seine Hoheit. Militärische Humoresken u. Satiren. — Dresden: Reissner 1906. 147 S. 8° 60.
12.11890

— — 2. Aufl. Ebd. 1906. 147 S. 8° 43.
12.11891

— Seine Hoheit. Lustspiel von Frhr v. Schlicht u. Walter Turszinsky. Neudr. — Berlin: Bloch 1907. 131,8 S. 8° 24.
12.11894

— Humoresken. Von Frhr v.Schlicht. — Berlin: Freund & Jeckel 1896. 220 S. 8° 1:Yy 11716.
12.11896

— Humoresken und Erinnerungen. Von Frhr v.Schlicht. — Berlin: Globus-Verl. [1909]. 276 S. 8° 1:Yy 13412. 209.
12.11897

— Die Hunnen kommen. Humoreske von Frhr v.Schlicht. In der Kunstausstellung. Novellette von G.Schreibershofen. — Berlin: F.Schulze [1899]. 22 S. 8° (Daheim. Stenographen-Bibliothek. 1.)
Text in Stenographie. 1:V 22700-1.
12.11900

— Ein Kampf. Humoristisch-militärische Erzählung aus e. kleinen Garnison von Frhr v. Schlicht. — Berlin: Janke (1900). 341 S. 8° 1:Yy 11924. 43.
12.11907

— — Berlin: Globus-Verl. [1906]. 344 S. 8°
1:Yy 13278/20. 11. 60.
12.11908

— Das Kasernengespenst. Eine Besichtigung von A-Z von Frhr v. Schlicht. — Dresden: Seyfert 1909. 155 S. 8° 43.
12.11910

— Frhr v.Schlicht. Die Kommandeuse und andere Militärhumoresken. — München: Langen 1906. 153 S. 8°
12: P.o.germ. 77yed. 19. 60.
12.11913

— Leutnant Krafft. Humoristische Erzählung aus d. Offiziersleben von Frhr v. Schlicht. T.1.2. — Berlin: Janke (1901). 8° 1:Yy 11939. 7. 11. 43. 60.
12.11914

Leutnant Krafft Humoristische Erzählung aus dem Offiziersleben v. Frhr. v Schlicht [d. i. Wolf Graf v. Baudissin]. 2. Aufl. Berlin. [1904.] 8°

— Leutnant Kramer. Schauspiel von Frhr v. Schlicht u. Victor Hahn. — Berlin: Bloch 1904. 78 S. 8° 32.
12.11915

Oberleutnant Kramer. Roman v. Frhr. v Schlicht [d. i. Wolf Graf v. Baudissin]. Dresden u. Leipzig. [1906] 8°

— Oberleutnant Kramer. Roman von Frhr v.Schlicht. — Dresden [usw.]: Minden [1906]. 306 S. 8°
1:Yx 37705^{6}. 4. 19. 43.
12.11916

— — 2. Aufl. Ebd. [1906]. 306 S. 8° 14.
12.11917

— — 3. Aufl. Ebd. [1906]. 306 S. 8° 38.
12.11918

— Im Kreuzfeuer. Militärisch-humoristischer Roman von Frhr v.Schlicht (Wolf Graf Baudissin). — Berlin: Janke [1908]. 398 S. 8° 1:Yy 13341. 5. 43.
12.11920

— hinter den Coulissen, s.a. Limmer, Emil.

— Hinter den Coulissen [Kulissen]. Ein Bilder-Prachtwerk von Emil Limmer mit Text von Wolf Graf Baudissin (Frhr v.Schlicht). — Berlin: Elsner 1902. 78 S. 4°
1:4° Yp 1074/10. 11. 30. 47. 300: 623.716-D.Th. 302.
12.11923

— Hinter den Coulissen der Dresdener Hoftheater. Ein Bilder-Prachtwerk von Emil Limmer mit Text von Wolf Graf Baudissin (Frhr v.Schlicht). — Ebd. 1902. 78 S. 4°
14. 79. 106.
12.11924

Ein Leben in Waffen Von Frh v Schlicht [d i. Wolf Graf v Baudissin] 1. Berlin & Stuttgart: W. Spemann [1899]. 8° [ ] [illegible]

— Ein Leben in Waffen. Von Frhr v.Schlicht. 1. — Berlin [usw.]: Spemann [1899]. 361 S. 8°
1. Baudissin: Leutnantsleben. Von Frhr v. Schlicht.
1:Yx 31686. 11. 24. 31. 38.
12.11925

Frh. v. Schlicht [d. i. Wolf Graf v. Baudissin]. Der nervose Leutnant u. andere Militärhumoresken. München: Langen 1901. 157 S. 8° (Kleine Bibliothek Langen. Bd 41.) [illegible]

— Leutnant d. R. Ein Zeitroman von Frhr v. Schlicht. — Dresden: Reissner 1907. 420 S. 8° 30. 106.
12.11927

— — 3. Aufl. Ebd. 1907. 360 S. 8° 51.
12.11928

Leutnantsleben von Frh v. Schlicht [d i Wolf Graf v Baudissin] Berlin & Stuttgart: W. Spemann [1899] (301 S.) 8° [ ]
= Baudissin. Ein Leben in Waffen 1. [illegible]

Frh v Schlicht [d i Wolf Graf Baudissin] Leutnantsleben Ein Leben in Waffen Neue Ausg Berlin: Globus Verl. [1908]. 351 S. 8° [illegible]

— Frhr v. Schlicht. Leutnantsleben. Ein Leben in Waffen. Neue Ausg. — Berlin: Globus-Verl. [1909]. 351 S. 8°
1:Yx 31686^{2}. 11. 26. 30.
12.11930

Leutnants Liebe Humoreske von Frh v. Schlicht [d i Wolf Graf Baudissin] Berlin Concordia [1908]. 126 S. 8° (Kleine Concordia-Bibliothek Bd 7) [illegible]

— Frhr v. Schlicht. Der **Lügenmajor** und andere Militärhumoresken. — München 1904. 132 S. 8° (Kleine Bibliothek Langen. 71.) 12: L. eleg. g. 222p-71. 17. 19.
12.11934

Frhr. v. Schlicht [d. i. Wolf Graf v Baudissin]: Der Lügenmajor und andere Militarhumoresken München. 1908. 8°

— Der **Manövergast**. Militärisch-humoristische Erzählung von Frhr v. Schlicht ⟨Wolf Graf v. Baudissin⟩. — Berlin: Globus-Verl. [1905]. 315 S. 8° 43.
12.11943

— — Berlin: Janke [1905]. 370 S. 8° 1: Yy 12190. 19.
12.11944

— Das **Manöverpferd** und andere Militär-Humoresken. Von Frhr v. Schlicht. — Berlin [1900]. 135 S. 8° (Collection Otto Janke.) 1: Yy 11922.
12.11946

Das Manöverpferd und andere Militär-Humoresken von Frh v. Schlicht. ⟨Wolf Graf Baudissin⟩. 2. Aufl. Berlin: O. Janke [1903]. (135 S.) 8° [F.]
(Collection Otto Janke)

— — (4. Aufl.) Ebd. 1908. 135 S. 8° (Kollektion Otto Janke.) 1: Yy 11922⁴. 30.
12.11948

Der höfliche Meldereiter und andere militärische Humoresken u. Satiren v. Frhr. v. Schlicht [d. i. Wolf Graf v. Baudissin]. Berlin. o. J. 8°

— Der höfliche **Meldereiter**. Militärische Humoresken u. Satiren von Frhr v. Schlicht. — Dresden [usw.]: Reißner 1903. 251 S. 8° 19. 31. 60.
12.11949

Baudissin, Wolf
— **Erstklassige Menschen**. Roman aus d. Offizierskaste. Von Frhr v. Schlicht ⟨Wolf Graf v. Baudissin⟩. — Berlin: Janke 1904. 354 S. 8° 1: Yx 35442.
4. 7. 8. 12: DD. I. 704. 14. 18. 19. 23. 30. 38. 203.
12.11951

— — Wien: Konegen 1904. 354 S. 8° 1: Yx 35442³⁰. 117. 302.
12.11952

— — Ebd. [um 1905]. 354 S. 8° 12: DD. I. 4338.
12.11953

— **Militaria**. Heitere Soldatengeschichten von Frhr v. Schlicht. — Leipzig: Reclam [1895]. 95 S. 8° (Universal-Bibliothek. 3458.) 1: Ag 7201–3458. 14. 60. 302.
12.11956

— Frhr v. Schlicht. **Mobil**. Roman. — München: Langen 1907. 311 S. 8° 12: P. o. germ. 77 yf. 19. 31. 43.
12.11959

— Im **Notquartier**. Ein Manöverbild von Frhr v. Schlicht u. Heinz Gordon. — Berlin: Bloch 1905. 85 S. 8° 24. 32.
12.11961

— **Offiziere a. D.** Militär-Roman von Frhr v. Schlicht. — Leipzig: Elischer [1909]. 320 S. 8° 17.
12.11963

— **Offiziers-Ehen**. Roman von Frhr v. Schlicht. — Wien: Konegen 1907. 317 S. 8°
1: Yx 38053⁶. 24. 30. 38. 300: 455.217–B. 302.
12.11965

— — Ebd. 1908. 317 S. 8° 14.
12.11966

Frhr. v. Schlicht [d. i. Wolf Graf v. Baudissin]: Parade-Haare. Humoresken und Satyren. Leipzig. [1908.] 8°

— Frhr v. Schlicht. Der **Parademarsch**. Militär-Humoresken. — München 1900. 189 S. 8° (Illustrierte Bibliothek Langen.)
1: Yy 11932. 4. 12: P. o. germ. 77 yb. 19. 29. 30. 38. 60.
12.11970

Frhr. v. Schlicht [d. i. Wolf Graf v. Baudissin]: Der Parademarsch. Militar-Humoresken. Illustrationen v. E. Thöny. München. 1904. 8°

— — Ebd. [um 1905]. 173 S. 8° 43.
12.11971

— **Pensionopolis**. Humoristisch-militärische Erzählung aus e. kleinen Garnison von Frhr v. Schlicht. T. 1. 2. — Berlin: Janke (1902). 8° 1: Yy 11987. 5. 11. 19. 31.
12.11972

— — 2. Aufl. Ebd. [1905]. 310 S. 8° (Kollektion Otto Janke.) 4. 30. 60.
12.11973

— **Point d'honneur**. 6 Erzählungen aus d. Offiziersleben von Frhr v. Schlicht. — Berlin [usw.]: Hillger [1897]. 127 S. 8° (Kürschners Bücherschatz. 31.)
1: X 8420–31. 29. 39. 43. 300: 393.601–A. Per. 31. 302.
12.11977

Baudissin, Wolf
— Das **Regimentsbaby**. Humoristischer Roman von Frhr v. Schlicht. — Leipzig: Elischer [1908]. 281 S. 8° 43.
12.11978

— Die **Regiments-Walküren**. Erzählungen aus Offizierskreisen von Frhr v. Schlicht. — Berlin: Freund & Jeckel 1898. 272 S. 8° 1: Yx 30560. 11. 31.
12.11980

— — Berlin: Globus Verl. [1909]. 343 S. 8° 1: Yx 30561. 17.
12.11981

Rekrutenbriefe und andere Militärhumoresken von Frh. v. Schlicht ⟨Wolf Graf v. Baudissin⟩. Berlin: O. Janke [1904]. (152 S.) 8° [F.]
(Kollektion Otto Janke.)

— — 2. Aufl. Ebd. [1908]. 152 S. 8° (Kollektion Otto Janke.) 28.
12.11983

Der geplagte Rittmeister und andere Militär-Humoresken von Frh v. Schlicht [d. i. Wolf Graf v. Baudissin]. Berlin: O. Janke [1901]. (79 S.) 8° [F.]
(Collection Otto Janke)

— — 3. Aufl. Ebd. [1908]. 74 S. 8° (Kollektion Otto Janke.) 1: Yy 11942³.
12.11986

Baudissin, Wolf Graf v., s.a. S c h l i c h t, Frhr v. [Pseud.].

Arme Schlucker. Militär-Humoresken u. -Satiren von Frh. v. Schlicht [d. i. Wolf Graf v. Baudissin]. Leipzig, Berlin, Paris: Grethlein & Co. [1907]. (135 S.) 8° [F.]

— Der **Schrecken des Regiments**. Roman von Frhr v. Schlicht ⟨Wolf Graf v. Baudissin⟩. 2. Aufl. — Berlin: Janke 1910. 320 S. 8° 1: Yx 40306². 11. 60.
12.11992

— Der **Schwippleutnant**. Humoristischer Roman von Frhr v. Schlicht ⟨Wolf Graf v. Baudissin⟩. — Leipzig: Elischer (1910). 287 S. 8° 1: Yx 40220. 43.
12.11995

— **Excellenz Seyffert**. Humoristischer Roman aus dem Militärleben von Frhr v. Schlicht. — Dresden [usw.]: Minden [1901]. 304 S. 8° 14.
12.11997

— — 2. Aufl. Ebd. [1901]. 304 S. 8° 31.
12.11998

— — 3. Aufl. Ebd. [1901]. 304 S. 8° 42.
12.11999

— — 4. Aufl. Ebd. [1902]. 304 S. 8° 106.
12.12000

— — 8. Aufl. Ebd. [1905]. 304 S. 8° 38.
12.12001

Excellenz Seyffert. Humoristischer Roman aus dem Militärleben v. Frhr. v. Schlicht [d. i. Wolf Graf v. Baudissin]. 10. Aufl. Dresden u. Leipzig. [1907.] 8°

v. Baudissin, Graf Wolf, s. Shakespeare, König Heinrich VIII.

Sie will nicht heiraten und andere Militärhumoresken von Frh. v. Schlicht (Wolf Graf v. **Baudissin**). Berlin: Janke 1908. 119 S. 8°
(Kollektion Otto Janke.) [09. 7163 11

— — **2. Aufl. Ebd. 1908. 119 S. 8° (Kollektion Otto Janke.)**
1:Yy 13347².
12.12001

König Eduards Testament und andere Humoresken. Von Frh. v. Schlicht [d. i. Wolf Graf **Baudissin**]. (1. bis 10. Taus.) Berlin: O. Janke [1906]. (153 S.) 8° [F.]
(Kollektion Otto Janke.) [06. 13070

Baudissin, W Graf, s.a Theater, italien.

— Italienisches Theater. Übers. von Wolf Grafen Baudissin. Leipzig: Hirzel 1877. X,518 S. 8°
5. 7. 10. 12:P. o. it. 109c. 14. 18. 21. 26. 27. 31. 32. 44. 46. 48. 88.
12.11798

Frhr. v. Schlicht [d. i. Wolf Graf v. **Baudissin**]: Die Tochter des Kommandeurs Humoristisch-militärische Erzählung. Berlin. [1902.] 8°

— Die Tochter des Kommandeurs. Humoristisch-militärische Erzählung von Frhr v. Schlicht (Wolf Graf v. Baudissin). — Berlin: Janke 1903. 345 S. 8°
1:Yy 12033. 11. 19. 31.
12.12007

— — Ebd. [um 1905]. 326 S. 8° **17.**
12.12008

— — 3. Aufl. Ebd. 1908. 326 S. 8° (Kollektion Otto Janke.)
1:Yy 12033³.
12.12009

— Türke und Stachelschwein. Militärische Humoresken von A. Frhr v. Schlicht. — Berlin [usw.]: Hillger [1897]. 127 S. 8° (Kürschners Bücherschatz. 55.)
1:X 8420–55. 29. 39. 300:393.601–A. Per. 55. 302.
12.12011

— Graf Udo Bodo. Satirischer Roman von Frhr v. Schlicht (Wolf Graf v. Baudissin). 4. Aufl. — Berlin: Janke 1905. 373 S. 8° **107.**
12.12013

— — 14. Aufl. Ebd. 1905. 373 S. 8° **79.**
12.12014

— — 18. Aufl. Ebd. 1905. 373 S. 8° **1:Yy 13236¹⁸. 60.**
12.12015

— Graf Udo Bodo. Satirischer Roman. Berlin: Globus Verl. [um 1910]. 373 S. 8° **11.**
12.12016

Der grobe Untergebene und andere Militär-Humoresken von Frh. v. Schlicht [d. i. Wolf Graf v. **Baudissin**]. *Berlin: O. Janke [1901].* (136 S.) 8° [F.]
(Collection Otto Janke.) [02. 4659

Der grobe Untergebene und andere Militär-Humoresken v. Frhr. v. Schlicht [d. i. Wolf Graf v. **Baudissin**]. 2. Aufl. Berlin. [1901.] 8°

Baudissin, G. Gr. Wolf, ums Vaterland. Eine Geschichte aus der Zeit der Befreiungskriege. Nach alten Familienpapieren der Jugend erzählt. Mit 4 Farbenbildern nach Aquarellen v. Hans G. Jentzsch. (150 S.) gr. 8. Stuttgart (903). K. Thienemann. Geb. in Leinw. n. 3.—

Viel umworben. Roman v. Frhr. v. Schlicht [d. i. Wolf Graf v. **Baudissin**]. 5. Aufl. Dresden u. Leipzig. o. J. · [nach 1902]. 8°

— Viel umworben. Roman von Frhr v. Schlicht. — Dresden [usw.]: Minden [1902]. 336 S. 8° **48. 106.**
12.12019

Baudissin, Wolf

— Vielliebchen und andere Militär-Humoresken. Von Frhr v. Schlicht. — Berlin [1901]. 132 S. 8° (Collection Otto Janke.) **1:Yy 11940.**
12.12022

Vielliebchen und andere Militär-Humoresken v. Frhr. v. Schlicht (Wolf Graf v. **Baudissin**). 3. Aufl. Berlin. [1901.] 8°

— — 3. Aufl. Ebd. [1905]. 132 S. 8° (Kollektion Otto Janke.)
107.
12.12023

Die feindlichen Waffen Humorist. Roman von Frh. v. Schlicht [d. i. Wolf Graf v. Baudissin] *Berlin: G. Grote 1899.* (297 S.) 8° [F.]
— Sammlung Grote'sche, v. Werken zeitg. Schriftsteller. Bd 64 [00. 6611

— — Ebd. 1900. 297 S. 8° (Grote'sche Sammlung von Werken zeitgenössischer Schriftsteller. 64.) **29.**
12.12027

— Was ist los? Militär-Humoresken. Von Frhr v. Schlicht. — Berlin [1899]. 134 S. 8° (Collection Otto Janke.)
1:Yy 11891. 11.
12.12035

— — 2. Aufl. Ebd. [1902]. 134 S. 8° **39.**
12.12036

— — 3. Aufl. Ebd. [1905]. 132 S. 8° (Kollektion Otto Janke).
44.
12.12037

Was ist los? Militär-Humoresken v. Frhr. v. Schlicht [d. i. Wolf Graf v. **Baudissin**]. 4. Aufl. Berlin. 1908. 8°

— Frhr v. Schlicht. Zu dumm! und andere Militärhumoresken. — München: Langen 1907. 145 S. 8°
12:P. o. germ. 77 yg. 19. 60.
12.12043

— Zurück-marsch, marsch! Militärhumoresken von Frhr v. Schlicht. — Stuttgart: Bonz 1902. 251 S. 8° **24. 106.**
12.12044

— — 2. Aufl. Ebd. 1902. 251 S. 8° **19.**
12.12045

Baudissin, Wolf Wilhelm, s.a. B a u d i s s i n , Wolf

Baudissin, Wolf Wilh. Graf: Adonis u. Esmun. Untersuchg z. Gesch. d. Glaubens an Auferstehgsgötter u. an Heilgötter. (20, 575 m. 10 Taf.) gr8° Lpzg, JC Hinrichs'11. 24—; L26—

Baudissin, Wolf, Franz Delitzsch, Iris. [Aus: „Theolog. Literaturzeitg."] gr. 8. (10 S.) Leipzig 889. J. C. Hinrichs' Verl. n. —50

— August Dillmann. — Leipzig: Hirzel 1895. 30 S. 8°
Aus: Allgemeine Zeitung. München. 1895, Beil.
1:Au 1772. 6. 7. 9. 11. 14. 15. 16. 24. 39. 45. 109. 300:99.478–B.
12.12048

— Einleitung in die Bücher des Alten Testamentes. — Leipzig: Hirzel 1901. XVIII,824 S. 8°
1:Bl 794. 2→11. 12:Exeg. 78 ld. 14. 15. 17. 18. 20. 21. 24→28. 30. 35. 43→46. 48. 109. 302→304.
12.12049

Baudissin, Wolf Wilh. Graf, Esmun-Asklepios, s.a. Studien, orientalische.

— Esmun-Asklepios. — Gießen: Töpelmann 1906. 27 S. 8°
Aus: Orientalische Studien. Theodor Nöldeke zum 70. Geburtstag gewidmet. 1906.
4. 17. 53.
12.12050

— Eulogius und Alvar. Ein Abschnitt spanischer Kirchengeschichte aus d. Zeit d. Maurenherrschaft. — Leipzig: Grunow 1872. VIII,213 S. 8° **1:Qt 8434. 2→11. 12:H. eccl. 92 w. 14. 15. 16. 18. 19. 21. 24→30. 32. 34. 45. 46. 52. 121. 300:61.378–B. 302. 304.**
12.12051

Baudissin, Wolf Wilh. Graf, Eulogius u. Alvar. Ein Abschnitt span. Kirchengeschichte aus der Zeit der Maurenherrschaft. gr. 8. (VIII, 213 S.) Leipzig 873. Grunow. n. 4. —

— Die Geschichte des alttestamentlichen Priesterthums. — Leipzig: Hirzel 1889. XV,312 S. 8°
1:Bi 1004. 2→11. 12:Exeg. 78 l. 14→16. 20. 21. 24→30. 39. 43. 46. 48. 211. 302. 303.
12.12052

— Ein Jahr in Waffen. Erzählg f. d. reifere Jugend. (256 m. Abb.) 8° Stuttg., Union ('11). L 4.50 d

—— Jahve et Moloch sive de ratione inter deum Israelitarum et Molochum intercedente. Dissertatio inauguralis. gr. 8. (85 S.) Leipzig 868, Grunow. *

Jahve et Moloch sive de ratione inter deum Israelitarum et Molochum intercedente. Dissertatio inauguralis auctore Wolfio Guilielmo Comite de Baudissin. Lipsiae. 1874. 8°

Baudissin, Wolf Wilhelm (Hrsg.), s. Iob

— Der karthagische Iolaos. — Berlin: Trowitzsch 1907. 24 S. 8°
Aus: Philotesia. Paul Kleinert zum 70. Geburtstag dargebracht. 1907.
21.
12.12056

Baudissin, Wolf Wilh. Graf, s.: Philotesia.

Die alttestamentliche Spruchdichtung. Rede, geh. b. Antritt d. Rectorats d. Univ. Marburg 1893 von Wolf Wilhelm Grafen Baudissin. Leipzig: S. Hirzel 1893. (24 S.) 8° [F.]

Baudissin, W. Graf v., der heutige Stand der alttestamentlichen Wissenschaft, s.: Diegel, G., theologische Wissenschaft u. pfarramtliche Praxis.

Studien zur semitischen Religionsgeschichte v. Wolf Wilhelm Grafen Baudissin. II. 1. 2. Leipzig. (Berlin.) 1876. 1878. 8°

— Studien zur semitischen Religionsgeschichte. H.1.2. — Leipzig: Grunow 1876–78. 8°
1:Pn 5386. 2→11. 12:11.g.hum. 12 t. 14→18. 20. 21. 24→30. 39. 43. 46. 102. 300:178.349-B. 302. 304.
12.12059

! — Studien z. semit. Relig.-Gesch. Jetzt: Berl., G Reimer. 76/80

s.: Theater, italienisches.

— s.: Translationis antiquae arabicae libri Jobi, quae supersunt.

— enige plattdütsche Vertelln un Rimels. 8. (VI, 210 S.) Braunschweig 878. H. Bruhn. n. 2. 50

— Worte der Erinnerung am Sarge des Geheimen Medicinalraths Hermann Nasse, Prof., Marburg, gesprochen am 4. Juli 1892. — (Marburg 1892: Friedrich.) 3 Bl. 8°
4.
12.12060

Worte der Erinnerung am Sarge von Leopold Schmidt, Professor an der Universität Marburg, gesprochen ... am 8. März 1892. — (Marburg [1892]: Friedrich.) 4 Bl. 8°
4. 5. 16. 34. 61.
12.12061

Baudissin-Dreikronen, Eduard Graf v.
s. *Baudissin*, Eduard Graf v.

Baudissin-Gersdorff, Pauline Gräfin: Vortrag über Blumen- und Kunstblumen-Industrie. — Wien: Selbstverl. 1874. 8 S. 8°
305.
12.12062

Baudisson, Adelbert Heinrich, s. Baudissin, Adelbert

Bauditz, Carl Adolf
[—] [deutsch] Die schleswigsche Frage. Eine historische Betrachtung als Beitrag zur Lösung des Knotens. Von e. Schleswiger. — Kopenhagen: Reitzel 1848. 31 S. 8°
8. 9.
12.12064

Bauditz, Eduard Ludwig: Geistliches und Weltliches für Schule und Haus. — Döbeln: C. Schmidt [1896]. VII, 303 S. 8°
107. 207.
12.12065

— Das Kinderfest. — Döbeln: C. Schmidt 1890. 126 S. 8°
107. 207.
12.12066

— d. Kinderfest. Freunden u. Erziehern d. Jug. gewidmet. 2., unver. [Titel-]Aufl. 8. (VI, 126 S. m. Abb.) Ebd. (890) 896. n. 1. 25

Bauditz, Sophus

— [deutsch] Absaloms Brunnen. Erzählung. Übers. von Mathilde Mann. — Leipzig: Grunow 1901. 419 S. 8°
8. 19. 25. 28. 29. 43. 79. 109. 303.
12.12081

— [deutsch] Die Chronik des Garnisonstädtchens. Roman. Übers. von Mathilde Mann. — Leipzig: Grunow 1898. 580 S. 8°
6. 24. 28. 43. 60. 109. 303.
12.12121

— — 2. Aufl. Ebd. 1903. 580 S. 8°
1:Zk 15185/730³. 8. 14. 31. 33. 41.
12.12122

Bauditz, Sophus: Das Erdbeben v. Windeby s.a. Kürschner's Jos. Bücherschatz.

— [Jordskjælvet i Vindeby, deutsch] Das Erdbeben in Windeby und anderes. 6 Novellen. Deutsch von H. Prehn. Leipzig: Reinecke 1900. 127 S. 8°
19. 23. 24. 109.
12.12109

— Erzählungen, s.a. Nordlicht.

— [deutsch] Erzählungen. Übers. von J. C. Poestion. 2. Aufl. — Leipzig: G. H. Meyer 1897. 200 S. 8°
30. 79.
12.12074

Ⓑ Bauditz, Sophus. Erzählungen. 897. (KBB 29.) Jetzt: Berlin, F. Wunder.

Bauditz, Sophus, a. d. Forsthause. Novellencyklus. Deutsch v Therese Lorck. Autor. Ausg. 8. (IV, 264 S.) Leipzig 896. F. A. Berger. n. 2. 50; geb. n. 3. 50; m. Goldschn. n. 3. 75

— Aus dem Forsthause. Novellencyklus. Deutsch von Therese Lorck. 2. Aufl. — Leipzig: Berger [1899]. 264 S. 8°
8. 43. 60.
12.12104

— [deutsch] Geschichten aus dem Forsthause. Übers. von Mathilde Mann. — Leipzig: Grunow 1899. 426 S. 8°
5. 17. 25. 33. 109. 303.
12.12103

Bauditz, Sophus: Der Glockengießer, s.a. Kürschner's, Jos., Bücherschatz.

— [deutsch] Jägerblut. Erzählungen. (Übers.: Mathilde Mann.) — Leipzig: Grunow 1907. VII, 124 S. 8°
8. 24. 30. 43. 45. 60. 109. 300:604.845-B.
12.12106

— [deutsch] Die Komödie auf Kronborg. Erzählung. (Übers.: Mathilde Mann.) — Leipzig: Grunow 1903. 161 S. 8°
8. 14. 25. 101. 109.
12.12114

— dass. s.: Nordlicht.

– Die Prinzessin u. ihre beiden Freier, s.a. Kürschner's, Jos., Bücherschatz.

— Schneespuren, s.a. Kürschner's, J, Bücherschatz.

— Schneespuren, s.a. Universal-Bibliothek.

Schneespuren. Der Glockengiesser. Die Prinzessin u. ihre beiden Freier. Die Stimme d. Schicksals. Das Erdbeben von Windeby. Erzählungen von Sophus Bauditz. Dem Dän. nacherz. von Emil Jonas. Mit Ill. von A. v. Schrotter. *Berlin, Eisenach, Leipzig: H. Hillger [1901].* (124 S.) 8° [F.]
— Bücherschatz. Kürschners. No 233.

— Schneespuren. Eine Winternovelle. Übertr. u. mit e. Einl. versehen von Carl Küchler. — Leipzig: Reclam [1902]. 83 S. 8° (Universal-Bibliothek. 4275.)
1:Ag 7201-4275. 10. 12: Var. 380k-4275. 28. 29. 300:410.411-A. Per. 4275. 302.
12.12131

Bauditz, Sophus

— [deutsch] Spuren im Schnee, und andere Erzählungen. Übers. von Mathilde Mann. — Leipzig: Grunow 1899. 285 S. 8° 7. 28. 33. 43. 109. 303.
12.12130

– Die Stimme des Schicksals, s. K ü r s c h n e r ' s, Jos., Bücherschatz.

— [deutsch] Truggold und andere Erzählungen. Leipzig: Grunow 1909. 248 S. 8° 24. 43. 101.
12.12108

— [deutsch] Wildmoorprinzeß. Roman. Übers. von Mathilde Mann. — Leipzig: Grunow 1897. 400 S. 8°
1: Zk 15185/700. 12: P. o. germ. 1778k. 23. 24. 28. 43. 303.
12.12088

— — 2. Aufl. Ebd. 1899. 464 S. 8° 8.
12.12089

— — 3. Aufl. Ebd. 1904. 464 S. 8° 14.
12.12090

Bauditz, Sophus: Wildmoorprinzess. Roman. Übers. v. Mathilde Mann. 4. Afl. (467) kl8° Lpzg, FW Grunow ('11). 5.50; L 6 — d

Baudius, Carl Heinr. (Leipzig), De jure mortuorum. Diss. jur. Präs. Friedr. Gottlieb Zoller. Lpz. (Stopffel) 25. IX. 1749. 23 S. (5.—)

Baudius, G.: Spielereien f. Kinder, d. gern zeichnen u. ausmalen wollen. Auf 6 Kpft. nebst Erklär. ders. u. ausgemalt. Probeblättern. 8. (Leipz. 816. Joachim). 4 gl.

Baudius, Johann Friedrich: Panegyricum gratulatorium in Augustissimi ac Potentissimi Regis Poloniarum atque Electoris Saxoniae Domini Domini Friderici Augusti ... diem natalem 7. Oct. 1756. sexagesies revertentem. (Verf.: Joannes Fridericus Baudius.) — Dresdae (1756): Harpeter. 2 Bl. 2° 3.
12.12183

Baudius, Karl Christian: Eine philologische Abhandlung περὶ τῆς ψήβου [!] λευκῆς d. i. von dem weisen [!] Steine derer Alten aus Apoc. II. 17. — Wittenberg (1763): Eichsfeld. 40 S. 4° 3. 14.
12.12184

— Des sächsischen Zions so schuldig- als williges Dank-Opfer vor dem nach dem Kriege aus Gnaden geschenkten Frieden. — Leipzig [1763]: Büschel. 34 S. 8° 14.
12.12185

— Disquisitio an aequum et iustum sit in lutheranoevangelica ecclesia iubilaea celebrare secularia? — Vitembergae 1755: Schlomach. XVI S. 8° 15. 19. 41.
12.12186

— Περὶ τοῦ Μισθοῦ τῶν δικαίων ἐν τῷ Κυρίῳ i.e. de mercede illa splendida quam iusti habent in Domino positam. Ex Sap. V, 15. — Vitembergae (1763): Eichsfeld. 32 S. 8° 15.
12.12187

Baudler, A.: Guiot v. Provins, s. B a u d l e r, Arthur

BAUDLER, Alvin (Mittelwasungen): Fractura spinae scapulae.- München: Wolf 1885. 17 S. 3.2.1885 - Urk; Chr 1884/85,20 Diss. Ingolst.-Landsh.-M'chn.

Baudler, A(rthur), Dr.: Sully Prudhommes philosophische Anschauungen. Ohligs 1907: W. Müller jr. (S. 5—30.) 4°
Ohligs-Wald, R u. RPG i. E. P 1907 (639)

Baudler, A[rthur]: Sully Prudhommes philosophische Anschauungen. T. 2. Ohligs 1908: Knoche. S. 3—27. 4° ¶ [Forts. d. P-Beil. 1907.]
Ohligs-Wald, RG i. E. u. R P 1908 (669)

Baudler, Artur: Guiot von Provins, seine Gönner, die 'Suite de la Bible' und seine lyrischen Dichtungen. — Halle: Kaemmerer 1902. 91 S. 8°
Zugleich Diss. Halle 1902. 16. 21. 25. 101.
12.12188

Baudnik, Zdenko: Ein Beitrag zur Analyse und Datierung der sogenannten orphischen Hymnen-Sammlung.
Phil. Diss. Prag 1898/99.

Baudnik Dr. Zdenko: Ein Beitrag zur Analyse und Datierung der orphischen Hymnensammlung. 23. Krumau. 05. **Progr.**

Baudnik. Z., Die epische Technik des Silius Italicus im Verhältnis zu seinen Vorbilder Tl. I. Pr. 1906. 88 S. 1.

Baudo, Heinz: „Das Muhseeum" u. and. Lausbubengeschichten, erzählt v. d. kleinen Kurti. (Im Stile v. „A bad boy's diary".) (76) kl8° Magdebg, Creutz '11. 1.25 d

Baudon, Adolphe

— [Méditations pratiques pour le mois de Saint Joseph, franz.] Praktische Betrachtungen für den Monat des Hl. Joseph. — Hildesheim: Nolte & Schneidler 1871. 216 S. 8° 52.
12.12224

Baudon, A: Der Christ im Weltleben, neue Afl. s.a., Christ, d., im Weltleben.

— Der Christ im Welt-Leben und seine kleinen Unvollkommenheiten. Hrsg. von Tilmann Pesch. 4., neu bearb. Aufl. — Ebd. [1896]. VIII, 288 S. 8° 21.
12.12210

[F.] Der Christ im Welt-Leben und seine kleinen Unvollkommenheiten. Z. Beherzigg f. gebildete Christen aller Stände. Nach d. Französ. v. A. Baudon. Hrsg. v. Tilmann Pesch, S. J. 5., neu bearb. Aufl. ... *Köln a. Rh.: J. P. Bachem (1896).* (VIII, 288 S.) 1 Bd 8. (98. 4660

— — 5., neu bearb. Aufl. Ebd. [1897]. VIII, 288 S. 8°
1: Db 2481[5]. 102.
12.12211

— — 6., neu bearb. Aufl. Ebd. [1897]. VIII, 288 S. 8° 5.
12.12212

— — 7., neu bearb. Aufl. Ebd. [1897]. VIII, 288 S. 8° 5.
12.12213

— — 8., neu bearb. Aufl. Ebd. [um 1900]. VIII, 288 S. 8° 15. 52.
12.12214

— — 9., neu bearb. Aufl. Ebd. [1901]. VIII, 288 S. 8° 5.
12.12215

[—] — Der Christ im Weltleben und seine Unvollkommenheiten ... Hrsg. von Tilmann Pesch. 11., verm. Aufl. Ebd. [1902]. 335 S. 8° 5.
12.12216

[—] — 12., verm. Aufl. Ebd. [1902]. 335 S. 8° 5.
12.12217

[—] — 13., verm. Aufl. Ebd. [1902]. 335 S. 8° 5.
12.12218

[—] — 16. Aufl. Ebd. [1906]. 352 S. 8° 1: Db 2481[16]. 5.
12.12219

[—] — 22. Aufl. Durchges. von Heinrich Liese. Ebd. [1908]. 354 S. 8° 1: Bd 7003/62-1. 5.
12.12220

[—] — 23. Aufl. Durchges. von Heinrich Liese. Ebd. [1910]. 354 S. 8° 5.
12.12221

— [Mois du Sacré Cœur, franz.] Der Monat des H. Herzens. Nebst e. kurzen Gebetsanhange. — Hildesheim: Nolte & Schneidler 1871. IV, 271 S. 8° 44.
12.12225

Baudon, Adolphe: [Lettres à un camarade d'enfance sur les petites imperfections chez les chrétiens vivant dans le monde, deutsch] Die kleinen Unvollkommenheiten der Christen im Weltleben. Briefe an einen Schulgenossen ... Übers. durch C. J. Cämmerer. — Köln: Bachem 1864. XII, 185 S. 8° 1: Db 2480. 30. 52. 211. 214.
12.12208

— — 2. Aufl. Ebd. 1865. XII, 186 S. 8° 5. 17. 52. 211.
12.12209

Baudonin, s. B a u d o u i n

Baudot, Alphonse: Deux Années d'illusion. T. 1. 2. — Bruxelles & Leipzig: Meline, Cans & Cie 1839. 8° 19. 33.
12.12233

Baudouin, Major. 1910 s. *Baudouin,* Ferdinand.

Baudouin, Conseiller au Grand Conseil. 1761 s. *Baudouin* de Guémadeuc.

Baudouin. 1850: Album eines Conservativen. — Göttingen 1850: Huth. 34 S. 8° **111. 203.** 12.12291

Baudouin, Andreas: Vorlageblätter für das Fachzeichnen der Zimmerleute. [Nebst] Erl. — Wien: Graeser 1906. quer-2° [u.] 8° **87. 302. 305.** 12.12300

Baudouin, Andr.: Der Zimmerer-Meister. Überblick üb. d. ges. Zimmergn u. ihre Vorbedinggn. 13 Lfgn. (Je 40 Taf.) 38,5×53 cm. Wien. K Graeser & Co.'06—9. In M. je 12 —

Baudouin, Andr., s: Zimmermeister-Kalender, Österreichischer.

Baudouin, Benoit

— B. Balduinus. De Calceo antiquo, et Jul. Nigronus De caliga veterum. Acc. ex Q. Sept. Fl. Tertulliani, Cl. Salmasii, & Alb. Rubenii scriptis plurima eiusdem argumenti ... Praef. est, Christ. Gottl. Joecherus. — Lipsiae: Loewe 1733. 330,210 S. 8° Sondertitel wie in 12.12305. 2[unvollst.] **4. 6. 7. 8. 10. 12:** Ant. 28. **15. 16. 18. 20. 24. 27→30. 32. 36. 41**[unvollst.] **78. 117. 207. 302.** 12.12307

Baudouin, Charles, appr. Arzt, Unterarzt b. Inf.-Reg. Nr. 167: Das Lernen des Hundes nach Versuchen mit der Pawlowschen Speichelmethode. Berlin (1909): Berg & Schoch. 45 S. 8°
Berlin, Med. Diss. v. 22. Febr. 1909, Ref. Rubner
[Geb. 2. Dez. 81 Berlin; Wohnort: Kassel; Staatsangeh.: Preußen; Vorbildung: Friedrich-Wilhelms-Gymn. Berlin Reife M. 02; Studium: Berlin K. W. A. 10 S.; Coll. 15. Febr. 09; Approb. 16. Febr. 09.] [U 09. 22

Baudouin, Ferdinand

Baudouin, das Gefecht v. Pontarlier, s.a. **Militär-Wochenblatt.**

Baudouin, Ferdinand, Major. 1910: Das Gefecht von Pontarlier. — Berlin: Mittler 1910. S. 95–130. 8° (Militär-Wochenblatt. 1910, Beih. 4.) **1:** Hu 2318-1910, Beih. 4. **2. 4→7. 9. 10. 11. 12:** 4° Mil. g. 110ob-1910, Beih. 4. **16. 17. 24. 25. 29. 30. 31. 33. 34. 39. 41. 46. 60. 61. 121. 209. 302.** 12.12311

Baudouin, François

— Biga responsionum ad Calvinum, et Bezam. Denuo ed. a Goswino Josepho de Buininck. — Dusseldorpii: Stahl 1763. 414 S. 8° **1:** Dg 6221. **6. 12:** Polem. 148 s. **19. 52. 61. 180. 211.** 12.12364

— Catechesis iuris Antejustinianei atque Justinianei, cum auctoris vita, instructo ind. ac praef. J.P. a Ludewig. — Halae Venedorum: Boetticher 1723. XXXII,269 S. 8° **17. 18. 27.** 12.12318

— —Cum auctoris vita ... ac praef. De causis iuris incerti denuo ed. a Rudolph. Christoph. Henne. — Erfordiae: Jungnicolius 1747. XLVIII,269 S. 8° **7. 9. 14. 16. 17. 19. 28. 33. 38. 48. 78. 180.** 12.12319

Balduinus, Franc.: Commentarius ad edicta veterum principum Romanorum de Christianis. Ed nova. Lipsiae et Halae 1727.

— Commentarius de iurisprudentia Muciana. — Basileae (1558): Oporinus. 306 S. 8° **1:** Ga 10763. **2. 3. 7. 10. 12:** J. rom. c. 17 [2 Ex.] **15→18. 20. 21. 23. 24. 28. 32. 35. 39. 41. 46. 48. 117. 121. 180. 300:** 47 Gg 57. 12.12328

— — Cum praef. Nicolai Hieron. Gundlingii. Ed. nova. Halae: Crugius 1729. 308 S. 8° **1:** Ga 10765. **2→5. 10. 12:** J. rom. c. 17 c. **14. 15. 17. 21. 23. 24. 25. 27. 29. 33. 34. 38. 39. 45. 302. 307.** 12.12329

— Constantinus Magnus sive commentariorum de Constantini Imp. legibus ecclesiasticis et civilibus libri 2. Acc. eiusdem Commentarius ad edicta veterum principum Rom. de christianis cum Nic. Hieron. Gundlingii praef. — Lipsiae [usw.]: Crugius 1727. 32,235,129 S. 8°
Sondert.: Baudouin: Commentarius ad edicta veterum principum Romanorum de christianis. Ed. nova.
1: Ga 5076. **3. 4. 5. 8. 10. 12:** J. rom. c. 19 f. **14→19. 23. 24. 25. 27. 29. 30. 31. 33. 35. 36. 39. 41. 46. 52. 75. 300:** 30 M 3. **308.** 12.12334

Balduin, Frz., hist. Carthaginensis collationis G. J. v. Buininck. 8. Duisb. et Düsseld. 763. (Aue in Alt.) 6 gr

— Historia Carthaginensis collationis sive disputationis de Ecclesia, olim habitae inter Catholicos, et Donatistas ex eius commentariis rerum ecclesiasticarum. Denuo ed. a Goswino Josepho de Buininck. — Düsseldorfi [usw.]: J.C.B. Hoffmann 1763. 192 S. 8° **1:** Ck 5412. **7. 15. 19. 38. 121.** 12.12341

— historia Carthagin. ed. Buininck. 8. Leips. Jacobaeer. 763.

— De Institutione historiae universae, et eius cum iurisprudentia coniunctione, προλεγομένων libri 2. — Parisiis: Wechel 1561. 214 S. 8° **1:** P 564 [u.] 3 an As 3700. **2. 5. 7. 10. 12:** 4° H. Un. 7 [u. 8.] **14→19. 21. 23. 25. 35. 38. 41. 46. 102. 300:** 49 G 23. **304.** 12.12342

— — Denuo ed. cum praef. Nicolai Hieron. Gundlingii. Ed. nova. — Halae: Crugius 1726. 360 S. 8° **1:** P 566. **2→5. 8. 9. 12:** H. Un. 18 [2 Ex.] **15→19. 21. 24. 25. 27. 31. 33. 35. 36. 38. 41. 61. 302.** 12.12345

— Justinianus, sive de iure novo, commentariorum libri 4. Basileae (1560): Oporinus. 580 S. 8° **1:** Gb 10550. **2. 3. 4. 7. 10. 12:** J. rom. c. 20 [2 Ex.] **15. 16. 18→21. 23. 24. 27. 28. 29. 32. 41. 78. 300:** 27 K 39. **304.** 12.12346

— — Cum Nic. Hier. Gundlingii praef. Halae [usw.]: Crugius 1728. 440 S. 8° **1:** 2 an Ga 5076. **3. 4. 5. 8→11. 16. 17. 20. 23. 24. 25. 27. 45.** 12.12348

— Ad Leges de iure civili, Voconiam, Falcidiam, Juliam Papiam Poppaeam, Rhodiam, Aquiliam, commentarii. Acc. eiusdem Disputationes duae de iure civili ex Papiniano, quibus praemissa est vita Papiniani. Cum praef. Nicol. Hieron. Gundlingii. Ed. nova. — Halae: Crugius 1730. 360 S 8° **1:** 1 an Ga 10765. **2. 3. 5. 8. 10. 11. 15. 17. 18→21. 23. 25. 27. 31. 33. 34. 36. 39. 46. 111. 303.** 12.12351

— de Constantino M. legib. civilib. te eccles. 8. Halle. 727.

— — Opuscula varia collecta, et denuo ed. a Goswino Josepho de Buininck. T. 1. — Dusseldorpii: Stahl 1765. 596 S. 8° **6. 12:** Opp. 20. **61. 180.** 12.12316

BALDUINUS, Frc.: Opuscula varia, coll. et denuo edita a G. J. a BUININCK. T. I. *Düsseld.* 769. 8.

Baudouin, H.: Meine erste Ausflucht. Zum Nutzen der Krüppel u. Wittwen der Lebuser Landwehr. — Berlin: (Selbstverl.) 1815. 34 S. 8° **1:** Yn 1792; 18 in Yn 882 [u.] 81 in Yn 887. 12.12370

Baudouin, H. Plan der Stadt Stettin mit der nächsten Umgegend 1828. 1 Bl. c. L.

Baudouin, Herrmann: (Das Siegesdenkmal zu Berlin.) 1864 Düppel. 1866 Königgrätz. 1870–1871 Sedan. (Verf.: Herrmann Baudouin.) — Berlin: Selbstverl. 1874. 16 S. 8° **45. 180.** 12.12371

Baudouin, Jan s. *Baudouin* de Courtenay, Jan.

Baudouin d'Aubigny, Théodore

— [deutsch] Der graue Mann. Schauspiel. Nach d'Aubigny u. A. Poujol bearb. von Theodor Hell. — [Dresden: Arnold 1819.] 101 S. 8° (Bühne d. Ausländer. 1,1.) **31.** 12.12452

Baudouin de Courtenay, G. s. *Baudouin* de Courtenay, Jan.

Baudouin de Courtenay, **Jan**

Baudouin de Courtenay, J, zwei Fragen a. d. Lehre üb. d Palatalisation in d. slav. Sprachen. (In russ. Sprache m. Auszug in deut. Sprache.) 8° (30) Jurj.-Dorp. 93. (Krak., Bh. d. poln. Verl.-Gesellsch.) n.n. — 60

— O drevne-pol'skom Jazykě do XIVgo stolětija. Soč. I. Boduėna-de-Kurtenė. — Lejpcig 1870: Bėr & German. Getr. Pag. 8° [Russ.] [Über d. altpolnische Sprache bis zum 14. Jahrhundert.] 1:Zo 4000. 2. 10. 12:L. rel. 2608 w. 15. 18. 300:119.036-B. 302. 12.12476

— Zur Kritik der künstlichen Weltsprachen. Veranlaßt durch d. gleichnamige Broschüre von Karl Brugmann u. August Leskien. — Leipzig: Veit 1908. 51 S. 8°
Aus: Ostwalds Annalen d. Naturphilosophie. 6. 1907.
2. 15. 16. 18. 19. 29. 30. 38. 46. 61. 300:457.420-B. 302. 303. 12.12482

Baudouin de Courtenay, J., Übersicht der slavischen Sprachenwelt im Zusammenhange m. den andern ario-europäischen [indogermanischen] Sprachen. Antrittsvorlesung, geh. an der Universität Dorpat am 6/18. Septbr. 1883. gr. 8. (21 S.) Leipzig 884. T. O. Weigel. n. — 60

— Vermenschlichung der Sprache, s.a. Sammlung gemeinverständlicher wissenschaftlicher Vorträge.

— Vermenschlichung der Sprache. — Hamburg: Verl. Anst. 1893. 27 S. 8° (Sammlung gemeinverständlicher wissenschaftlicher Vorträge. N.F. Ser.8.H.173.)
1:Ag 9017-173. 2→7. 9. 11. 12:Var.366an-173. 16→19. 24→28. 30. 31. 33→36. 38. 41→45. 47. 51. 61. 82. 84. 87. 89. 90. 93. 107. 180. 202. 204. 205. 300:395.139-B.N.F.8,173. 302. 303. 305. 308. 12.12521

— Versuch einer Theorie phonetischer Alternationen. Ein Capitel aus d. Psychophonetik. — Straßburg: Trübner in Komm. 1895. V,124 S. 8°
1:V 5699/40. 2. 8. 10. 11. 12:L. gen. 6 xu. 15. 25. 28. 53. 300:92.073-B. 302. 303. 12.12522

Baudouin de Courtenay, **Johann**
s. *Baudouin* de Courtenay, Jan.

Baudouin de Guemadeuc

— [deutsch] Abhandlung von der Entdeckung eines Trabanten der Venus und den neuen Beobachtungen, welche darüber angestellt worden ... Von Baudouin. Übers. u. mit Anm. begl. (Übers.: Leonhard Euler.) — Berlin: Realschule 1761. 48 S. 8°
1:Om 7158. 2. 8. 10. 12:Astr.P. 7. 18. 19. 48. 111. 12.12543

[—] [deutsch] Der geplünderte Spion. Leipzig: Barth 1783. 304 S. 8° 1:R 3238. 12.12540

[—] — London [vielm. Leipzig] 1783. 304 S. 8° 302. 12.12541

Baudran, Abbé, S. J., 1701-1787. 1771 s. *Baudrand*, Barthélemy.

Baudran, Barthélemy, s. Baudrand, Barthélemy

Baudrand, Barthélemy

- [deutsch] Buchstäbliche und moralische Auslegung der evangelischen Gleichnisse und der acht Seligkeiten. Aus d. Franz. d. Abts Beaudran. 3. Aufl. — Augsburg: Doll 1826. VIII,246 S. 8° 12:Asc. 392su. 12.12577

— [deutsch] Lehrreiche Erwägungen über die Geheimnisse Jesu Christi, und seiner göttlichen Mutter Maria. Aus d. Franz. d. Abts Beaudran. 3. Aufl. (Th. 1.2.) — Augsburg: Doll 1822. VIII,404 S. 8° 12:Asc. 392t. 12.12586

-- [deutsch] Erbauliche und merkwürdige Geschichten aus bewährten Schriftstellern gesammelt ... Aus d. Franz. d. Abts Beaudran. 3. Aufl. — Augsburg: Doll 1826. VIII, 240 S. 8° 12:Asc. 392w. 308. 12.12598

-- Des Herrn Abts Beaudran geistliche Schriften. Th. 5-9 (Augsburg: Doll 1794-98.) 8°
5. Die Seele auf d. Kalvarienberg; oder Betrachtungen über d. Leiden Jesu Christi, u. Trostgründe am Fuße d. Kreuzes in d Widerwärtigkeiten dieses Lebens. 1794.
6. Die betrachtende Seele; oder Erwägungen über d. Vollkommenheiten Gottes, sammt d. Vorbereitung zum Tod. 1795.
7. Die Seele in d. Betrachtung d. göttlichen Geheimnisse; oder heilige Erwägungen über d. Geheimnisse Jesu u. seiner göttlichen Mutter. 1797.
8. Die erleuchtete Seele, durch Betrachtung d. evangelischen Gleichnisse, u. d. acht Seligkeiten. 1797.
9. Die von d. göttlichen Liebe brennende Seele, durch ihre Vereinigung mit d. geheiligten Herzen Jesu u. Mariä. 1798.
19. 25[∞5.6.8.9]. 52[∞5/7.9]. 12.12561

— — 2. Aufl. Th. 3.4. Ebd. (1796). 8°
3. Die durch vollkommene Verrichtung aller Werke d. Lebens geheiligte Seele.
4. Die büßende Seele; oder Betrachtungen über d. wichtigsten Glaubenswahrheiten mit Geschichten u. Beyspielen beleuchtet.
19. 12.12562

— — 3. Aufl. Th. 1.2. Ebd. (1796). 8°
1. Die in d. Glauben befestigte u. wider d. Verführung d. Irrthums bewaffnete Seele.
2. Die zu Gott erhobene Seele; oder Erwägungen d. wichtigsten Glaubenswahrheiten ... eines Christen.
19. 12.12563

Baudrand, (Abbé), (sämmtliche geistliche Schriften. In 18 Bdn. 1. u. 2. Bd. A. u. d. T.:) Die Weihe der Seele oder Erhebungen zu Gott. Neue vollständ. Uebersetzung aus dem Französ. 1. u. 2. Bd. Die Seele bei der Betrachtung der göttlichen Vollkommenheiten u. bei der Vorbereitung auf die Ewigkeit. — Die Seele in ihrer Erhebung zu Gott mittelst Erwägung der wichtigsten Religionswahrheiten. 8. Regensburg 844, Manz. 1 ℛ $16^{1}/_{4}$ ngr

— Dies. 3. Bd. A. u. d. T.: Die Weihe der Seele oder Erhebungen zu Gott. 3. Bd. Die Seele in der Heiligung des Herzens rc. 8. Ebd. 846. $^{5}/_{8}$ ℛ

— 4. Bd. Die Seele bei der Betrachtung der Geheimnisse Jesu Christi u. der Mutter Mariä. 8. Ebd. 846. $^{5}/_{8}$ ℛ — 1. bis 4. Bd. 2 ℛ 24 ngr
(1. Bd. einzeln $^{3}/_{4}$ ℛ 2. Bd. einzeln $1^{1}/_{8}$ ℛ 3. einzeln $^{3}/_{4}$ ℛ 4. einzeln $^{3}/_{4}$ ℛ)

Baudrand, sämmtl. geistl. Schriften. Neue vollständ. Uebersetzung a. d. Franz. 5—7. Bd. 8. 5. u. 6. Bd. Die Weihe der Seele od. Erhebungen zu Gott. 5. u. 6. Bd. Die Seele auf d. Calvarienberge, od. Betrachtgn. üb. d. Leiden Jesu Christi rc. — Die Uebung des geistl. Lebens. (366 u. 323 S.) — 7. Bd. Das innerliche Leben od. die Liebe. 8. (382 S.) Regensburg 847. 48, Manz. à $^{5}/_{8}$ ℛ (1—7: $4^{2}/_{3}$ ℛ)

— [deutsch] Die betrachtende Seele; oder Erwägungen über die Vollkommenheiten Gottes. Aus d. Franz. d. Abts Beaudran. — Fuld[a] 1798. 277 S. 8° 34. 12.12575

Baudran, Barthélemy. Die in dem Glauben befestigte ... Seele ... Wien 1784. Ü: *Schilde, Theophil.* (JES)

Beaudran, Abbé, Die im Glauben befestigte u. wider die Verführung des Irrtums bewaffnete Seele, oder: Kurze Beweistümer der Religion. Augsburg, Doll, 1805, 8°, 4. Aufl.

Baudran, Barthélemy. Die in Unterhaltung mit Gott beschäftigte Seele. ... Augsburg 1812. Ü: *Gröbl, Cas.* (MGT)

— [deutsch] Die in Unterhaltung mit Gott beschäftigte Seele. Ein vollständiges Gebetbuch frommer Christen von Abt Beaudran. 3. Aufl. — Augsburg: Kranzfelder 1829. VIII,292 S. 8° 12:Asc. 392xb. 25. 12.12580

Baudran, Barthélemy. Die büssende Seele ... Aus dem Französ. übersetzt. Augsb. 1793. Ü: *Schelkle, Dominikus.* (MGT)

Baudran, Barthélemy. Die Seele auf dem Kalvarienberge, ... Augsb. 1794. Ü: *Schelkle, Dominik.* (MGT)

— [deutsch] Die Seele auf dem Kalvarienberge. Oder: Betrachtungen über das Leiden Jesu Christi, und Trostgründe am Fuße des Kreuzes in den Widerwärtigkeiten dieses Lebens. Von Bartholomäus Beaudran. Neue deutsche Ausg. von Michael Sintzel. — Augsburg: Kollmann 1846. XIV,330 S. 8°
12: Asc. 392xc. 19.
12.12569

[—] Die Seele auf dem Kalvarienberge in der Betrachtung der Leiden unsers Herrn und Heilandes, Jesu Christi. Aus d. Franz. von Joseph de Weldige gen. Cremer. — Münster: Regensberg 1840. XXII,143 S. 8° 6.
12.12570

— — Von Abbé Beaudran. Aus d. Franz. von Joseph de Weldige gen. Cremer. 2., durchges. u. verm. Aufl. — Ebd. 1855. XXIV,195 S. 8° 1: Er 8260³. 6.
12.12571

— [deutsch] Vorbereitung zum Tode nach Abbé Beaudran. — Paderborn: Bonifacius-Dr. 1892. 112 S. 8° (Geistlicher Hausschatz für katholische Christen. 14,1.)
1: Eq 250–14. 6.
12.12591

— Die Weihe der Seele oder Erhebungen zu Gott. Bd 1–7. Regensburg: Manz [usw.] (5ff.: Manz) 1844–48. 8°
1. Die Seele bei d. Betrachtung d. göttlichen Vollkommenheiten u. d. Vorbereitung auf d. Ewigkeit. 1844.
2. Die Seele in ihrer Erhebung zu Gott mittelst Erwägung d. wichtigsten Religionswahrheiten. 1844.
3. Die Seele in d. Heiligung d. Herzens durch alle ihre Handlungen, oder d. Weg zur Vollendung. 1844.
4. Die Seele bei d. Betrachtung d. Geheimnisse Jesu Christi u. seiner göttlichen Mutter Maria. 1847.
5. Die Seele auf d. Calvarienberge, oder: Betrachtungen über d. Leiden Jesu Christi u. Tröstungen am Fuße d. Kreuzes in d. Drangsalen d. Lebens. 1847.
6. Die Uebung d. geistlichen Lebens. 1848.
7. Das innerliche Leben oder d. Liebe. 1848.
Im Exemplar von 12 hat Bd 1 noch ein weiteres Gesamttitelblatt mit dem Wortlaut: Sämmtliche geistliche Schriften.
12[ᵒ 5/7]: Asc. 389m. 19[ᵒ 5/7]. 52. 102[ᵒ 5.7]. 211.
12.12564

Baudreville, J. B. P., Conjectures sur le feu, considéré dans l'univers, dans l'homme physique et moral etc. 8. Strasbourg, Levrault. 808.

Baudrexel, Anton: Das Kaiserfest. Illustr. Erinnerungsblätter an d. Feier d. Silbernen Hochzeit d. Allerhöchsten Kaiserpaares. — Wien: Hrsg. 1879. 79 S. 8°
300: 117.157–B. 302.
12.12611

Baudrexel, August, a. München: Ueber stereochemische Untersuchungen in der Piperidinreihe. Über Semicarbazone und Phenylhydrazone der zyklischen Acetonbasen. Kiel 1908: Lüdtke & Martens. (54 S.) 8°
Kiel, Phil. Fak., Ref. Harries, Diss. v. 26. Juni 1908
[Geb. 11. Juni 83 München; Wohnort: München; Staatsangeh.: Bayern; Vorbildung: Luitpold-Gymn. München Reife M. 03; Studium: München 3, Kiel 6 S.; Rig. 18. Jan. 08.]

BAUDREXL, Bernhard (Donauwörth): Ueber die vorzüglichsten Puerperal-Krankheiten.- Donauwörth: Krieger 1845. 37 S.
3.7.1843 - Urk (Titel: Von den vorzüglichsten Kindbettkrankheiten.); F 66
Diss. Ingolst.-Landsh.-Mchn.

BAUDREXL, Edmund (Donauwörth): Der Typhus in Ingolstadt seit dem Jahre 1829. Mit 1 graph. Tab.- München: Wolf 1883. 45 S., Tab.
14.7.1883 - Urk (Titel: De typho.); Chr 1883/84,12 Diss. Ingolst.-Landsh.-Mchn.

Baudri (Pfarrer), s. B a u d r i , Johann Anton Friedrich

Baudri, Fr. (Hrsg.), s. O r g a n für christliche Kunst.

Baudri, J.A., s. B a u d r i , Johann Anton Friedrich

Baudri, Johann Anton Friedrich

Baudry, Abbé, s. Fr. v. Chantal, Leben und W. Frz. v. Sales.

— Die bittern Früchte des Branntwein-Trinkens. Eine christliche Rede. — Elberfeld: C. J. Becker 1832. 28 S. 8°
1: Fd 9022. 5. 15. 61.
12.12614

Baudri, J. A., die Gebrüder v. Stolzenfels. Tragödie in 5 Aufzügen nebst e. Vorrede. 8. (XXXVI, 64 S.) Aachen 872. (Cremer.)
n. 1. —

— Die Gebrüder von Stolzenfels. Tragödie. — Aachen 1872: Urlichs. XXXIII,64 S. 8° 38.
12.12615

— Der Erzbischof von Köln Johannes Cardinal von Geissel und seine Zeit. — Köln: Bachem 1881. 328 S. 8° 19.
12.12616

— — Ebd. 1881. 328 S. 8° (Görres-Gesellschaft zur Pflege d. Wissenschaft im katholischen Deutschland. Vereinsschrift. 1881,2.3.) 1: in Ab 1639–1881. 2. 3. 5→6. 10. 11.
12: Per. 61 hm–1881,2.3. 14. 15. 17. 19. 20. 23. 25. 29.
30. 36. 38. 43. 52. 61. 66. 102. 107. 109. 117. 121. 169.
203. 211. 300: 183.138–B. Per. 1881,2.3. 302.
12.12617

— Gott mit uns! Eine Abschiedsrede. — Köln 1843: DuMont-Schauberg. 20 S. 8° 1: 13 in E 241. 5. 214.
12.12618

Baudri, J. A. F., der h. Johannes von Gott, s.a.: Leben der Heiligen, 12. Lfg.

— Der heilige Johannes von Gott. — Leipzig: Meline [1848]. 4 Bl. 4° (Das Leben d. Heiligen. 12.) 15.
12.12619

— Die ehemalige Klosterkirche der Minoriten zu Köln. — Köln [usw.]: Schwann (1871). 17 S. 8° (Vereinsgabe für d. Mitglieder d. christlichen Kunstvereins für d. Erzbisthum Köln. 1871.) 1: 25 in Th 7740. 5. 29. 38. 52. 83. 211.
12.12620

— Kränze auf das Grab eines Jubilarpriesters. 2 Predigten am Tage d. Jubelfestes u. d. Beerdigung d. Pfarrers Franz Stephan Oberrhe nebst e. biographischen Skizze. — Köln a. Rh.: Du Mont-Schauberg 1843. 36 S. 8°
1: 10 in E 236. 5. 214.
12.12621

— Christlicher Neujahrswunsch an meine Gemeinde. Predigt. — Lennep: Schumacher 1831. 16 S. 8° 5.
12.12622

[—] Synodal-Richter, Synodal-Examinatoren und Diözesan-Synoden. Mit bes. Bezugnahme auf Dr. Binterim's Schrift: 'Die Wünsche und Vorschläge der kath. Geistlichkeit Düsseldorfs an den Hochwürdigsten Herrn Erzbischof von Köln'. — Köln: Bachem 1849. 82 S. 8°
1: 2 in Do 5000. 5. 52. 61. 102. 211. 214.
12.12623

[—] Die kirchlichen Zustände in Preußen und die Berufung und Thätigkeit des Herrn von Geissel als Cölner Oberhirte. — Freiburg i. Br.: Herder 1880. IV,185 S. 8°
1: Sy 8990. 3→7. 11. 12: H. eccl. 93 r. 21. 36. 38. 52.
102. 107. 109. 203.
12.12624

Baudry, Abbé, s. B a u d r i , Johann Anton Friedrich

Baudry, Sosthène: [Démonstration d'un procédé facile et certain de provoquer la diplopie monoculaire à l'aide du prisme simple, deutsch] Ein neues und sicheres Verfahren, mit Hilfe des einfachen Prismas monoculäre Diplopie zu erzeugen, und seine Anwendung zur Untersuchung einseitiger simulirter Blindheit. ⟨Uebers. von V. Hanke.⟩ — Wien [usw.]: Braumüller 1897. 9 S. 8°
Aus: Wiener klinische Wochenschrift. 10. 1897. 302.
12.12726

Baudry de Saunier, **Louis**

BAUDRY de SAUNIER, L.

Das Automobil in Theorie und Praxis Elementarbegriffe der Fortbewegung mittelst mechanischer Motoren. Von L. Baudry de Saunier. Autorisirte Uebersetzung von Dr R. von Stern. I. Bd.: Das Motocycle und die Voiturette mit Benzin-Motor. Mit 198 Abbildungen und 20 Initialen. Wien. Pest. Leipzig 1900. Gr.-8°. XVI, 478 S. Geb. fl. 7.50

BAUDRY de SAUNIER, L.

Das Automobil in Theorie und Praxis. Elementarbegriffe der Fortbewegung mittelst mechanischer Motoren. Von L. Baudry de Saunier. Autorisirte Uebersetzung von Dr. R. von Stern und Hermann A. Hofmann. II. Bd.: Automobilwagen mit Benzin-Motoren. Mit 252 Abbildungen und 29 Initialen. Wien. Pest. Leipzig. 1901. Hartleben. Gr.-8°. XIV, 528 S. Geb. K 15.—

Baudry de Saunier, L., das Automobil in Theorie u. Praxis. Elementarbegriffe der Fortbewegung mittelst mechan. Motoren. Autoris. Uebersetzung von R. v. Stern. 1. Bd.: Das Motocycle u. die Voiturette m. Benzin-Motor. Mit 198 Abbildungen u. 20 Initialen. Neuer Abdr. (XVI, 452 S.) 8. Wien (905). A. Hartleben. Geb. in Leinw. n. 13.50

— [deutsch] Grundbegriffe des Automobilismus. Kurz zusammengefasste Darstellung d. Functionen d. Motor-Wagen, ihrer Nützlichkeit u. ihres Einflusses auf die Sitten ... Dampf-Wagen. Elektrische Wagen. Benzin-Wagen. Uebers. von Hermann A. Hofmann. — Wien [usw.]: Hartleben 1902. XIV,128 S. 8° 33. 38. 44. 60. 83. 89. 91. 93. 210. 300:418.067-B. 302. 305. 307.
12.12751

BAUDRY DE SAUNIER, L.

Praktische Rathschläge für Automobilisten. Sammlung von nützlichen Kenntnissen, Verhaltungsmassregeln und Auskunftsmitteln bei Betriebsstörungen für Fahrer von Benzin-Motorwagen. Von L. Baudry de Saunier. Autorisirte Uebersetzung von Hermann A. Hofmann. Mit 78 Abbildungen und 15 Vignetten. Wien. Pest. Leipzig. 1902. Hartleben. 8°. VIII, 300 S. Geb. K 9.—

Bauduin s. auch *Balduin*.

Bauduin s. auch *Baudouin*.

Bauduin, Ant. Franc., Specimen chirurgico-medicum inaug., de Resectione Maxillae Superioris, casu memorabili illustrata. 8maj. (Mit 2 lith. Taf.) Groningae 846. (Leer, Prätorius et Seyde.) n. 5/12 ₰

Bauduin, Arnold s. *Akten*, welche der Rheinschiffahrts-Central-Commission zur Entscheidung einer Klage des Rhein-Schiffers Bauduin gegen den Dampfschiffs-Kapitain Schmitz vorliegen. 1858.

Bauduin, François s. *Baudouin*.

Bauduin, Melchior: Denkschrift über die Revaccination, welche bei dem Ausbruche der Menschenpocken im Februar u. März 1849 in Köln statt fand, und Anlass zu einem Prozesse gab. — Köln: Verf. 1850. IV,48 S. 8° 1:Ko 6156. 10. 11. 16. 22. 30.
12.12765

Baudus, Marie Jean Louis Amable

[—] Tableau de l'Europe en janvier 1796, préc. du Tableau de l'Europe en juin 1795. — Hambourg: Fauche [1796]. 88 S. 8° 1:Qm 7555. 7.
12.12772

Baudus a Vesme, **Carolus** s. *Baudi* di Vesme, Carlo Cte.

Baudy, Causes particulières de la Révolution franç. gr. 8. Lond. (Eslinger, Frankf.) 793.